W0256206

# HANDBUCH DER PFLANZENANALYSE

HERAUSGEGEBEN VON

G. KLEIN
WIEN UND HEIDELBERG

VIERTER BAND

SPEZIELLE ANALYSE

DRITTER TEIL

ORGANISCHE STOFFE III

BESONDERE METHODEN

TABELLEN

SPRINGER-VERLAG WIEN GMBH
1933

# SPEZIELLE ANALYSE

DRITTER TEIL

# ORGANISCHE STOFFE III

---

# BESONDERE METHODEN

---

# TABELLEN

BEARBEITET VON

M. BERGMANN · R. BRIEGER · M. EISLER · C. FUNK
M. HADDERS · E. KEYSSNER · G. KLEIN · E. KLENK
M. KOBEL · L. KOFLER · H. LINSER · S. LOEWE
C. NEUBERG · E. PEISER · R. SEKA · K. SJÖBERG
F. SOMLÓ · M. STEINER · H. STEUDEL · K. TAUBÖCK
H. THIERFELDER† · E. UNGERER · C. WEHMER
A. WINTERSTEIN · L. ZERVAS · W. ZIESE

MIT 121 ABBILDUNGEN

ERSTE HÄLFTE

SPRINGER-VERLAG WIEN GMBH
1933

ISBN 978-3-7091-5269-0 ISBN 978-3-7091-5417-5 (eBook)
DOI 10.1007/978-3-7091-5417-5


URSPRÜNGLICH ERSCHIENEN BEI JULIUS SPRINGER IN VIENNA 1933

SOFTCOVER REPRINT OF THE HARDCOVER 1ST EDITION 1933

# Inhaltsverzeichnis.

## II. Organische Stoffe.

(Fortsetzung.)

### Erste Hälfte.

Seite

## Zweite Hälfte.

## III. Besondere Methoden.

## IV. Tabellen.

Von Dr. MAXIMILIAN STEINER, Stuttgart.

# II. Organische Stoffe.

(Fortsetzung.)

## 35. Aminosäuren[1].

Mit 21 Abbildungen.

Von ALFRED WINTERSTEIN, Heidelberg.

### A. Einleitung.

Unter Amino- oder Amidosäuren versteht man organische Säuren, in welchen ein oder mehrere an Kohlenstoff gebundene H-Atome durch die $NH_2$-Gruppe ersetzt sind. Im einfachsten Fall gelangt man also von der Essigsäure zur Aminoessigsäure:

$$\begin{array}{l} CH_3 \\ | \\ COOH \end{array} \longrightarrow \begin{array}{l} CH_2—NH_2 \\ | \\ COOH \end{array}$$

Die Aminosäuren unterscheiden sich prinzipiell von den mit ihnen isomeren Oxysäure-amiden

$$\begin{array}{l} CH_2—OH \\ | \\ CONH_2 \end{array} \quad \text{Oxy-essigsäure-amid}$$

dadurch, daß aus letzteren beim Behandeln mit Alkalien die Aminogruppe leicht abgespalten wird, während diese in den Aminosäuren fest gebunden ist.

Als integrierende Bestandteile des Eiweißes beanspruchen die Aminosäuren größtes Interesse vom biochemischen Standpunkt aus, sie können aus dem Eiweiß unter physiologischen oder pathologischen Bedingungen hervorgehen. Aminosäuren sind stets dort zu erwarten, wo Eiweiß abgebaut, aufgebaut oder umgebaut wird.

Im pflanzlichen Organismus finden sich Aminosäuren in freiem Zustand in größerer Menge in etiolierten Keimlingen und reifenden Samen, ferner in Pflanzenmaterial, welches enzymatischen Prozessen ausgesetzt ist (23).

Der tierische Organismus enthält freie Aminosäuren nur in geringer Menge, reichlicher treten sie zuweilen bei pathologischen Zuständen auf, z. B. bei akuter Leberatrophie oder nach Phosphorvergiftungen.

Aus Eiweißkörpern erhält man Gemische von Aminosäuren durch hydrolytische Spaltung mit Säuren, Alkalien oder Enzymen; in manchen Fällen wiegen einzelne Aminosäuren quantitativ so vor, daß ihre Abscheidung ohne große Schwierigkeiten gelingt.

Über die Geschichte der Entdeckung der Aminosäuren vgl. VICKERY (237) (ausführliche Literatur).

Folgende Aminosäuren sind bis jetzt aus pflanzlichem Material isoliert worden (siehe hierzu die Bemerkungen Seite 37).

[1] Herrn Dr. H. BROCKMANN, Heidelberg, danke ich für die Ausarbeitung der seit Abschluß des Manuskriptes (1930) erforderlich gewordenen Ergänzungen.

## 1. Monoamino-monocarbonsäuren.

$$H-\overset{\displaystyle R}{\underset{\displaystyle COOH}{C}}-NH_2$$

| Formel | Name | Beschreibung Seite | Trennungen Seite |
|---|---|---|---|
| $H_2N-CH_2-COOH$ | Glykokoll | 39 | 115 122 126 139 140 |
| $CH_3-CH(NH_2)-COOH$ | Alanin | 41 | 115 122 126 136 139 140 140 |
| $(H_3C)_2C(NH_2)-COOH$ | Aminobuttersäure | 41 | 140 |
| $(H_3C)_2CH-CH(NH_2)-COOH$ | Valin | 41 | 115 122 126 136 140 141 142 |
| $(H_3C)_2CH-CH_2-CH(NH_2)-COOH$ | Leucin | 42 | 115 122 133 139 142 144 146 |
| $H_3C-CH_2(H_3C)CH-CH(NH_2)-COOH$ | Isoleucin | 44 | 115 122 142 144 |
| $H_2C(OH)-CH(NH_2)-COOH$ | Serin | 45 | 115 122 |
| $C_6H_5-CH_2-CH(NH_2)-COOH$ | Phenylalanin | 46 | 115 122 136 139 148 |
| $HO-C_6H_4-CH_2-CH(NH_2)-COOH$ | Tyrosin | 49 | 115 125 144 145 146 |
| $(HO)_2C_6H_3-CH_2-CH(NH_2)-COOH$ | Dioxyphenylalanin | 50 | 145 |
| $HO-C_6H_4-CH_2-CH(NH-CH_3)-COOH$ | Surinamin | 51 | |

## 2. Monoamino-dicarbonsäuren.

$$H-\overset{\displaystyle \overset{\displaystyle COOH}{R}}{\underset{\displaystyle COOH}{C}}-NH_2$$

| Formel | Name | Beschreibung Seite | Trennungen Seite |
|---|---|---|---|
| $COOH-CH_2-CH(NH_2)-COOH$ | Asparaginsäure | 52 | 115 122 126 136 146 147 148 |
| $COOH-CH_2-CH_2-CH(NH_2)-COOH$ | Glutaminsäure | 52 | 115 122 126 136 144 146 |
| $COOH-CH_2-CH(OH)-CH(NH_2)-COOH$ | Oxyglutaminsäure | 54 | 122 126 |

### 3. Diamino-monocarbonsäuren.

$$\begin{array}{l} H_2-C-NH_2 \\ \quad | \\ \quad CH_2 \\ \quad | \\ \quad CH_2 \\ \quad | \\ \quad CH_2 \\ \quad | \\ H-C-NH_2 \\ \quad | \\ \quad COOH \end{array}$$

Lysin

| Beschreibung Seite | Trennungen Seite |
|---|---|
| 65 | 115, 122, 126, 129, 151, 152, 153 |

$$\begin{array}{l} \qquad\quad NH_2 \\ HN{=}C\langle \\ \qquad\quad NH-CH_2 \\ \qquad\qquad\quad | \\ \qquad\qquad\quad CH_2 \\ \qquad\qquad\quad | \\ \qquad\qquad\quad CH_2 \\ \qquad\qquad\quad | \\ \qquad\quad H-C-NH_2 \\ \qquad\qquad\quad | \\ \qquad\qquad\quad COOH \end{array}$$

Arginin

| Beschreibung Seite | Trennungen Seite |
|---|---|
| 55 | 115, 122, 126, 129, 136, 149, 151, 152, 153 |

$$\begin{array}{l} \qquad\quad NH_2 \\ O{=}C\langle \\ \qquad\quad NH-CH_2 \\ \qquad\qquad\quad | \\ \qquad\qquad\quad CH_2 \\ \qquad\qquad\quad | \\ \qquad\qquad\quad CH_2 \\ \qquad\qquad\quad | \\ \qquad\quad H-C-NH_2 \\ \qquad\qquad\quad | \\ \qquad\qquad\quad COOH \end{array}$$

Citrullin

| Beschreibung Seite | Trennungen Seite |
|---|---|
| 61 | 63 |

*Canavanin*, Konstitution unbekannt. 78

### 4. Heterocyclische Aminosäuren.

$$\begin{array}{l} N\!=\!\!=\!\!=C-CH_2-CH-COOH \\ | \qquad\quad \| \qquad\qquad\quad | \\ H-C \quad C-H \qquad NH_2 \\ \quad \diagdown N \diagup \\ \qquad | \\ \qquad H \end{array}$$

Histidin

| Beschreibung Seite | Trennungen Seite |
|---|---|
| 67 | 115, 122, 126, 129, 149 |

$$\begin{array}{l} C_6H_4\!-\!\!-\!\!-C-CH_2-CH-COOH \\ \qquad\qquad \| \qquad\qquad\quad | \\ \qquad\qquad CH \qquad\quad NH_2 \\ \quad \diagdown N \diagup \\ \qquad | \\ \qquad H \end{array}$$

Tryptophan

| Beschreibung Seite | Trennungen Seite |
|---|---|
| 72 | |

$$\begin{array}{l} H_2C\!-\!\!-\!\!-\!\!-CH_2 \\ \;\; | \qquad\qquad | \\ H_2C \qquad CH-COOH \\ \quad \diagdown N \diagup \\ \qquad | \\ \qquad H \end{array}$$

Prolin

| Beschreibung Seite | Trennungen Seite |
|---|---|
| 70 | 115, 122, 126, 133, 149 |

$$\begin{array}{l} HO-CH\!-\!\!-\!\!-\!\!-CH_2 \\ \qquad\; | \qquad\qquad | \\ \quad H_2C \qquad CH-COOH \\ \qquad \diagdown N \diagup \\ \qquad\quad | \\ \qquad\quad H \end{array}$$

Oxyprolin

| Beschreibung Seite | Trennungen Seite |
|---|---|
| 71 | 115, 122, 149 |

### 5. Schwefelhaltige Aminosäuren.

$$\begin{array}{l} \quad H_2C-S-S-CH_2 \\ \qquad | \qquad\qquad | \\ H_2N-C-H \quad H-C-NH_2 \\ \qquad | \qquad\qquad | \\ HOOC \qquad\quad COOH \end{array}$$

Cystin

| Beschreibung Seite | Trennungen Seite |
|---|---|
| 73 | 146 |

$$\begin{array}{l} \quad CH_2 \cdot S \cdot CH_3 \\ \quad | \\ \quad CH_2 \\ \quad | \\ H-C-NH_2 \\ \quad | \\ \quad COOH \end{array}$$

Methionin

| Beschreibung Seite | Trennung Seite |
|---|---|
| 74 | |

## 6. Aminosäuren, die bisher noch nicht aus Pflanzen isoliert wurden.

(s. auch S. 37).

| | Beschreibung Seite | Trennung Seite |
|---|---|---|
| $H-C(H)(NH_2)-CH_2-CH_2-CH(NH_2)-COOH$ <br> Ornithin | 66 | 129 <br> 153 |
| $H_3C-CH_2-CH_2-CH(NH_2)-COOH$ <br> Norvalin | 42 | 141 |
| $H_3C-CH_2-CH_2-CH_2-CH(NH_2)-COOH$ <br> Norleucin | 45 | 144 |

Mit Ausnahme von Prolin und Oxyprolin sind die hier aufgeführten Aminosäuren als $\alpha$-Aminosäuren aufzufassen, die Aminogruppe steht also direkt benachbart der Carboxylgruppe. Die auffallende Regelmäßigkeit der Struktur der natürlichen Aminosäuren drängt zur Auffassung, daß die Pflanze diese Säuren in allen Fällen auf die prinzipiell gleiche Art und Weise aufbaut. Nur für Prolin konnten KLEIN und LINSER (117) beim Studium der Biogenese von Betainen (Stachydrin und Trigonellin) aus Prolin auch die Bildung von Prolin aus Glutaminsäure und Ornithin bzw. aus $\delta$-Aminovaleriansäure und anderen Zwischenstufen wahrscheinlich machen (s. unter Betaine, S. 253).

**Die Bildung der Aminosäuren in der Pflanze.** Unsere Kenntnisse über die Bildung der Aminosäuren in der Pflanze sind noch verhältnismäßig gering. Es sind eine Reihe von Theorien darüber aufgestellt worden, die alle experimentell nur mangelhaft gestützt sind und von denen die wichtigsten kurz angeführt werden sollen.

Der für die Aminosäuresynthese von der Pflanze benötigte Stickstoff wird in der Hauptsache entweder in Form von Ammoniak (gasförmig oder als Ammonsalz) oder als Nitrat aufgenommen. In der Ammoniakform wird der Stickstoff zweifellos direkt zur Synthese verwendet, und es bleibt zu untersuchen, mit welchen Stoffen das $NH_3$ unter Bildung von Aminosäuren reagiert. Anders ist es, wenn Nitrate als Stickstoffquelle dienen. Dann ist von der Pflanze eine Reduktion zu leisten, und es erhob sich die Frage, ob vor der Reaktion mit den zur Aminosäuresynthese bestimmten Verbindungen eine vollständige Reduktion zu $NH_3$ stattfindet oder ob Zwischenstufen dieser Reduktion schon an der Reaktion teilnehmen und erst in diesen Zwischenprodukten völlige Reduktion zu $NH_2$ erfolgt. Die letztgenannte Annahme wurde von verschiedenen Forschern, insbesondere von BAUDISCH (26), vertreten, der annahm, das aus dem Nitrat durch Reduktion Nitroxyl gebildet wird, das mit Formaldehyd nach folgender Gleichung Formhydroxamsäure bildet:

$$\underset{\text{Formaldehyd}}{H-C\begin{matrix}\nearrow O\\ \searrow H\end{matrix}} + NOH \rightarrow \underset{\text{Formhydroxamsäure}}{H-C\begin{matrix}\nearrow NOH\\ \searrow OH\end{matrix}}$$

Aus diesem ersten stickstoffhaltigen Assimilationsprodukt sollen dann weiterhin nach Reaktionen, die hier nicht weiter angeführt werden können, die Aminosäuren entstehen. Solange die Existenz sauerstoffhaltiger Stickstoffverbindungen in der Zelle nicht mit Sicherheit nachgewiesen ist, hat allein die besonders von LOEW (147) vertretene Annahme, daß zuerst vollständige Reduktion zu $NH_3$ stattfindet, bisher experimentelle Stützen gefunden (s. hierzu G. KLEIN Bd. 2, S. 97—98).

Erwähnt sei noch, daß auch die Möglichkeit einer Aminosäuresynthese mit Hilfe von Blausäure nach dem Schema der STRECKERschen Synthese diskutiert worden ist. Die Bildung des Glykokolls würde dann nach folgender Gleichung verlaufen:

$$\underset{\text{Formaldehyd}}{H\cdot C{\overset{O}{\underset{H}{\lessgtr}}}} + \underset{\text{Blausäure}}{HCN} \rightarrow \underset{\text{Cyanhydrin}}{CH{\overset{OH}{\underset{CN}{\lessgtr}}}} + NH_3 \rightarrow H_2O + CH{\overset{NH_2}{\underset{CN}{\lessgtr}}} + 2\,H_2O \rightarrow \underset{\text{Glykokoll}}{\underset{NH_2}{CH_2}}\cdot COOH + NH_3$$

Zur Bildung von Alanin müßte Acetaldehyd als Ausgangsmaterial dienen, und in ähnlicher Weise ließen sich alle anderen Aminosäuren enstanden denken. Danach spielte die Blausäure, die ja in den Glucosiden im Pflanzenreich weit verbreitet ist, eine wichtige Rolle bei der Aminosäuresynthese. Diese Theorie, die vom physiologischen Standpunkt aus nicht sehr wahrscheinlich ist, wurde von mehreren Seiten experimentell widerlegt (ROSENTHALER u. a.).

Die Verbindungen, die mit dem assimilierten Stickstoff unter Bildung von Aminosäuren reagieren, können entweder schon Säuren sein oder Stoffe, die erst nach Eintritt des Stickstoffs in solche übergehen. Als Säuren kommen in Betracht Oxysäuren, bzw. deren Oxydationsprodukte die Ketocarbonsäuren. So vermag z. B. der tierische Organismus die als Abbauprodukt im Kohlehydratstoffwechsel auftretende Milchsäure über die Brenztraubensäure in Alanin zu verwandeln:

$$\underset{\text{Milchsäure}}{CH_3\cdot CH(OH)\cdot COOH} + O \rightarrow H_2O + \underset{\text{Brenztraubensäure}}{CH_3\cdot CO\cdot COOH}$$

$$\underset{\text{Brenztraubensäure}}{CH_3\cdot CO\cdot COOH} + NH_3 \rightarrow CH_3\cdot C{\overset{OH}{\underset{NH_2}{\lessgtr}}}\!-\!COOH + H_2 \rightarrow \underset{\text{Alanin}}{CH_3\cdot CH\cdot NH_2\cdot COOH} + H_2O$$

Als Zwischenprodukt entstehen wahrscheinlich Oxy-aminosäuren, die einerseits leicht zu Aminosäuren reduziert werden können, andrerseits leicht unter Abspaltung von $CO_2$ und $NH_3$ oxydierbar sind. Für die Entstehung höherer Aminosäuren muß das Vorliegen der Oxy- bzw. Ketosäuren angenommen werden. In welchem Umfang sich die Pflanze solcher Säuren zur Aminosäuresynthese bedient, ist noch unbekannt.

Eine weitere Möglichkeit zur Aminosäurebildung ergibt sich durch die Addition von $NH_3$ an ungesättigte Säuren. So kann Fumarsäure unter der Einwirkung von Bacterium fluorescens liquefaciens $NH_3$ addieren und in Asparaginsäure übergehen (239, 240).

$$\begin{matrix} NH_2 \\ | \\ H \end{matrix} + \underset{\text{Fumarsäure}}{\begin{matrix} HC-COOH \\ \| \\ HOOC-CH \end{matrix}} \rightleftarrows \underset{\text{Asparaginsäure}}{\begin{matrix} H_2N\cdot CH-COOH \\ | \\ CH_2-COOH \end{matrix}}$$

Wie die Gleichung zeigt, ist der Vorgang umkehrbar und folgt dem Massenwirkungsgesetz. Je größer die $NH_3$-Konzentration, desto größer die Konzentration der entstehenden Asparaginsäure. Das Ferment, das den Übergang von

Fumarsäure in Asparaginsäure katalysiert, heißt Aspartase und ist im Pflanzenreich weit verbreitet. Die Wirkungsweise dieses Fermentes ist streng spezifisch. Der obengenannte Bacillus vermag auch Äpfelsäure in Asparaginsäure zu verwandeln, doch läßt sich zeigen, daß dieser Vorgang nicht direkt verläuft, sondern daß zunächst unter dem Einfluß der ebenfalls in dem Bacterium enthaltenen Fumarase aus der Äpfelsäure Fumarsäure gebildet wird, die dann ihrerseits erst durch die Aspartase in Asparaginsäure übergeführt wird. Zweifellos entstammen sowohl die Äpfelsäure als auch die durch Succinodehydrase leicht zu Fumarsäure dehydrierbare Bernsteinsäure dem Kohlehydratabbau und stellen Bindeglieder dar, über die hinweg der Kohlehydratstoffwechsel mit dem Aminosäurestoffwechsel verknüpft ist. Je kohlehydratreicher eine Pflanze ist, desto eher ist sie in der Lage, durch Bereitstellung geeigneter Kohlehydratabbauprodukte die Bildung von Aminosäuren zu ermöglichen, wie das für die Bildung von Asparagin in sterilen Maiskeimlingen von SMIRNOW (212) nachgewiesen ist. Durch die Auffindung der Aspartase ist zum ersten Male der Übergang eines pflanzlichen Kohlehydratabbauproduktes in eine Aminosäure als Fermentreaktion in vitro nachgewiesen worden. Obwohl es noch keine Beweise dafür gibt, ist es nicht ausgeschlossen, daß aus der Asparaginsäure in der Pflanze andere Aminosäuren entstehen. So würde die Abspaltung von $CO_2$ zu Alanin, die hydrolytische Spaltung zu Serin führen.

Es erscheint nicht ausgeschlossen, daß neben der Fumarsäure noch andere ungesättigte Säuren als Ausgangssubstanzen für die Synthese von Aminosäuren dienen können. Nach TRIER (227) sind die folgenden 4 Säuren in Pflanzen aufgefunden worden, die durch Anlagerung von $NH_3$ leicht in die entsprechenden Aminosäuren übergehen können:

$$\underset{\text{Zimtsäure}}{C_6H_5 \cdot CH{=}CH \cdot COOH} + NH_3 \rightarrow \underset{\text{Phenylalanin}}{C_6H_5 \cdot CH_2 \cdot CH(NH_2) \cdot COOH}$$

$$\underset{\text{p-Cumarsäure}}{(OH)C_6H_4 \cdot CH{=}CH \cdot COOH} + NH_3 \rightarrow \underset{\text{Tyrosin}}{(OH) \cdot C_6H_4 \cdot CH_2 \cdot CH \cdot (NH_2) \cdot COOH}$$

$$\underset{\text{Kaffeesäure}}{3{,}4(OH)_2 \cdot C_6H_3 \cdot CH{=}CH \cdot COOH} + NH_3 \rightarrow \underset{\text{Dioxyphenylalanin}}{3{,}4(OH)_2 \cdot C_6H_3 \cdot CH_2 \cdot CH \cdot (NH_2) \cdot COOH}$$

$$\underset{\text{Urocaninsäure}}{C_3H_3N_2 \cdot CH{=}CH \cdot COOH} + NH_3 \rightarrow \underset{\text{Histidin}}{C_3H_3N_2 \cdot CH_2 \cdot CH \cdot (NH_2) \cdot COOH}$$

An Stelle einer Säure können, wie schon oben erwähnt, Verbindungen mit dem $NH_3$ reagieren, die erst nachträglich in eine Säure umgewandelt werden. Ein solcher Stoff könnte das Kondensationsprodukt des Formaldehyds, der Glykolaldehyd, sein, der mit $NH_3$ unter Austritt von Wasser in Aminoacetaldehyd übergeht. Aus zwei Molekülen Aminoacetaldehyd wäre nach einer CANNIZZAROschen Reaktion die Bildung von Aminoäthylalkohol und Glykokoll möglich, wie folgende Gleichung zeigt:

$$\underset{\text{Aminoacetaldehyd}}{\begin{matrix} H_2N \cdot CH_2 \cdot COH \\ H_2N \cdot CH_2 \cdot COH \end{matrix}} + \begin{matrix} H_2 \\ | \\ O \end{matrix} \rightarrow \begin{matrix} H_2N \cdot CH_2 \cdot CH_2OH \text{ (Aminoäthylalkohol)} \\ H_2N \cdot CH_2 \cdot COOH \text{ (Glykokoll)} \end{matrix}$$

Wird statt des Glykolaldehyds Glycerinaldehyd verwendet, so bildet sich Serin. In ähnlicher Weise könnten sich die höheren Aminosäuren von Polymeren des Formaldehyds mit 5 oder 6 C-Atomen ableiten.

## B. Allgemeine Charakteristik der Aminosäuren.

Die $\alpha$-Aminosäuren sind farblose krystalline Substanzen. Die Mehrzahl ist in Wasser löslich, in Alkohol sind sie mit Ausnahme von Prolin sehr schwer oder unlöslich. Manche der natürlichen Aminosäuren schmecken süß, während $\beta$- und $\gamma$-Aminosäuren keinen charakteristischen Geschmack besitzen.

Die Aminosäuren vereinigen in ihrem Molekül sowohl eine basische —$NH_2$—- als auch eine saure —COOH—- Gruppe. Die wäßrigen Lösungen der Monoamino-monocarbonsäuren, in welchen also nur je eine basische und saure Gruppe enthalten ist, reagieren neutral oder ganz schwach sauer. Die Ursache dieser Erscheinung ist in neuerer Zeit vor allem durch die Arbeiten von P. PFEIFFER eingehend erörtert worden. Danach sind die Aminosäuren als dipolare Verbindungen aufzufassen, mit einem intramolekularen positiven bzw. negativen Komplex, sie besitzen also die Natur von intramolekularen Salzen, mit anderen Worten: Amino- und Carboxylgruppe sättigen sich bei den Aminosäuren intramolekular ab in ähnlicher Weise, wie beim Zusammentreffen eines Amins mit einer Carbonsäure extramolekulare Neutralisation erfolgt. Das Glykokoll wäre nach PFEIFFER folgendermaßen zu formulieren:

$$\overset{+}{(NH_3)}—CH_2—\overset{-}{COO}$$

Durch die Annahme einer salzartigen Struktur würden sich manche physikalischen Eigenschaften der Aminosäuren, wie ihre hohen Schmelzpunkte, ihre Unlöslichkeit in Alkohol, Äther usw. erklären lassen.

Nach einer anderen Auffassung wird für das Glykokoll z. B. folgende Formulierung angenommen:

$$\begin{array}{ccc} & CH_2 & — & NH_3 \\ & | & & | \\ O{=} & C & — & O \end{array}$$

*Siehe hierzu die einleitenden Bemerkungen zum Kapitel Betaine, S. 253.*

Vom Standpunkt der elektrolytischen Dissoziationstheorie aus stellen die Aminosäuren ein Beispiel amphoterer Elektrolyte dar, d. h. solcher Substanzen, die in wäßriger Lösung sowohl Wasserstoff- als auch Hydroxylionen abspalten können. Entsprechend ihrem amphoteren Charakter bilden die Aminosäuren sowohl mit starken Säuren als auch mit starken Basen Salze:

$$\begin{array}{l} CH_2—NH_2 \cdot HCl \\ | \\ COOH \end{array} \qquad \begin{array}{l} CH_2—NH_2 \\ | \\ COONa \end{array}$$

Glykokoll-chlorhydrat reagiert sauer — Glykokoll-natrium reagiert basisch

Die Doppelnatur der Aminosäuren ist besonders dann deutlich zu erkennen, wenn man entweder die Amino- oder die Carboxylgruppe besetzt. In den verschiedenen Estern der Aminosäuren ist letzteres verwirklicht: die saure Gruppe ist verschlossen und die Verbindung daher basisch geworden.

Anderseits kann die basische Funktion der Aminogruppe durch geeignete Substitution ausgeschaltet werden: setzt man zu einer Lösung einer Aminosäure Formaldehyd, so reagiert dieser mit der Aminogruppe folgendermaßen:

$$\begin{array}{l} CH_2—NH_2 \\ | \\ COOH \end{array} + H—C\begin{array}{l} {}^{\diagup}H \\ {}_{\diagdown}O \end{array} = \begin{array}{l} H_2C—N{=}CH_2 \\ | \\ COOH \end{array} + H_2O$$

und es tritt infolge der „Trennung von Basen- und Säurefunktion" die saure Reaktion des Carboxyls zutage. Diese Reaktion ist von SÖRENSEN zu einer quantitativen Bestimmungsmethode für Aminosäuren ausgearbeitet worden (Formoltitration).

Auch beim Lösen in hinreichend konzentriertem Alkohol wird die Dissoziation der Aminogruppe so weit zurückgedrängt, daß sich die Aminosäuren in alkoholischer Lösung wie gewöhnliche Säuren titrieren lassen. Auf dieser Tatsache fußt eine titrimetrische Bestimmung der Aminosäuren mit Lauge (s. S. 94).

Bei den Monoaminodicarbonsäuren ist der saure Charakter des Moleküls infolge des Vorhandenseins einer zweiten Carboxylgruppe stärker ausgeprägt, anderseits besitzen Arginin, Histidin und Lysin (Hexon*basen*) ausgesprochen basischen Charakter.

Die Aminosäuren sind nach den Untersuchungen von N. D. ZELINSKY und W. S. SSADIKOW (263) gegen konzentrierte Säuren und Laugen nicht so indifferent, wie bis anhin allgemein angenommen wurde. Daß unter Umständen mehr oder weniger weitgehende Racemisierung eintreten kann, war schon lange bekannt, hingegen verdient folgende Tatsache Beachtung:

Wird z. B. Glykokoll in 15% Salzsäure oder 25% Schwefelsäure gelöst und einige Zeit in der Kälte stehen gelassen, so sinkt die Menge des formoltitrierbaren Stickstoffs bis auf 10% d. Th. Die Aminogruppen werden dabei maskiert, vielleicht beruht dieser von den Autoren als „Peptisation" bezeichnete Vorgang darauf, daß sich mehrere Glykokollmoleküle in irgendeiner Weise miteinander verbinden.

Vergleiche aber hierzu ABDERHALDEN und SCHWAB (16).

Beim Erhitzen mit Bariumhydroxyd können die Aminosäuren unter Kohlendioxydabspaltung in Amine übergehen:

$$\underset{\displaystyle NH_2}{R{-}\overset{}{C}H{-}COOH} \longrightarrow R{-}CH_2{-}NH_2 + CO_2$$

Auch schon beim Erhitzen für sich werden manche Aminosäuren in dieser Richtung zersetzt. Die gleiche Reaktion kann auch unter der Einwirkung von Mikroorganismen stattfinden. Die Kohlendioxydabspaltung kann weitgehend quantitativ verwirklicht werden, wenn man die Aminosäuren in Fluoren, Diphenylamin usw. auf etwa 230° erhitzt (7, 250).

Durch längeres Erhitzen mit Jodwasserstoffsäure auf etwa 200° läßt sich die Aminogruppe abspalten, wobei die Aminosäure in die entsprechende stickstoffreie Säure, Glykokoll z. B. in Essigsäure, übergeht.

Von großem praktischen Interesse sind die Umwandlungen, welche die Aminosäuren unter der Einwirkung salpetriger Säure erleiden. Die Aminosäuren verhalten sich wie die primären aliphatischen Amine: unter Austausch von $NH_2$ gegen OH liefern sie die entsprechenden Oxysäuren:

$$\underset{\displaystyle NH_2}{R{-}CH{-}COOH} + HONO = \underset{\displaystyle OH}{R{-}CH{-}COOH} + N_2 + H_2O$$

Diese Reaktion wurde von D. D. VAN SLYKE zu einer quantitativen Bestimmungsmethode für Aminostickstoff ausgebaut (S. 104). Der Vorgang kann auch unter der Einwirkung von Mikroorganismen stattfinden, dabei können durch sekundäre Abspaltung von Wasser ungesättigte Säuren entstehen.

Die Oxydation der Aminosäuren mit den verschiedensten Oxydationsmitteln war Gegenstand vieler Untersuchungen. Hier mag nur erwähnt werden, daß Aminosäuren in wäßriger Lösung bei Gegenwart von aktiver Kohle und Sauerstoff unter Umständen vollständig zerstört werden (205).

Die Reduktion von Aminosäuren ist von P. KARRER und seinen Mitarbeitern mit gutem Erfolg durchgeführt worden. Durch Reduktion acetylierter Aminosäureester mit Natrium gelangt man zu den entsprechenden Aminoalkoholen:

$$\begin{array}{l} R \\ | \\ CH{-}NH{-}COCH_3 \\ | \\ COOC_2H_5 \end{array} \longrightarrow \begin{array}{l} R \\ | \\ CH{-}NH_2 \\ | \\ CH_2{-}OH \end{array}$$

### a) Über die optische Aktivität der Aminosäuren.

Alle in der Natur vorkommenden Aminosäuren mit Ausnahme des Glykokolls sind optisch aktiv, d. h. sie sind imstande, die Ebene des polarisierten Lichtes zu drehen. Die Fähigkeit beruht auf der Anwesenheit eines asymmetrischen Kohlenstoffatoms, einem C-Atom, dessen vier Substituenten verschieden sind. Ordnet man diese, wie die VAN T'HOFFsche Theorie es verlangt, in den Ecken eines Tetraeders um das C-Atom im Mittelpunkt desselben an, so erhält man je nach der Richtung, in welcher man schreibt, zwei Modelle, die sich nicht zur Deckung bringen lassen, sondern sich wie Bild und Spiegelbild verhalten. Das Vertauschen der Substituenten untereinander, wobei ebenfalls stets die Atom- oder Atomgruppenabstände gegenseitig gleichwertig bleiben, führt auch nur zu den beiden Formen:

D D
| |
●—B B—●
/C\ /C\
E A A E

Es bestehen also zwei Körper derselben „Konstitution", aber verschiedener „Konfiguration". Da nur die Richtung der Atomanordnung eine andere ist, unterscheiden sich beide lediglich in ihren Richtungseigenschaften, so in der Drehung des polarisierten Lichts, und zwar dreht die eine Form ebenso stark nach rechts wie die andere nach links. Dagegen sind alle anderen physikalischen und chemischen Eigenschaften, wie Schmelzpunkt, Siedepunkt, Löslichkeit, Reaktionsgeschwindigkeit gleich. Die beiden Spiegelbildisomeren heißen optische Antipoden. Chemische Reaktionen, bei denen ein asymmetrisches C-Atom gebildet wird, führen notwendig zu einem optisch inaktiven Gemisch mit je 50% beider Komponenten, da die Bildungsmöglichkeit für beide die gleiche ist; es entsteht ein Racemat. Durch Kochen mit verschiedenen Agenzien, z. B. konzentrierten Säuren, werden optisch aktive Stoffe racemisiert.

Bei dem naheliegenden Versuch, asymmetrisch gebaute Verbindungen in Bezug auf ihre Konfiguration miteinander in Beziehung zu bringen, ergaben sich zwei wichtige Tatsachen:

1. Ist der Drehungssinn einer optisch aktiven Verbindung unabhängig von ihrer Konfiguration. So besitzt z. B. das rechtsdrehende natürliche Alanin die gleiche sterische Anordnung am Asymmetriezentrum wie das linksdrehende natürliche Serin (70). Auf die Größe der optischen Drehung ist in hohem Maße das Lösungsmittel von Einfluß. Selbst ein und dieselbe Substanz kann in verschiedenen Solvenzien einmal positiv, d. h. nach rechts, einmal negativ, d. h. nach links drehen.

2. Kann bei Substitutionsreaktionen am Asymmetriezentrum eine Konfigurationsumkehr erfolgen. Dieser Vorgang wird nach seinem Entdecker P. Walden (244) als Waldensche Umkehrung bezeichnet. Setzt man (—)-Äpfelsäure mit Phosphorpentachlorid zu Chlorbernsteinsäure um und verseift mit Silberhydroxyd, so kommt man zur (+)-Äpfelsäure. Diese, wieder in Chlorbernsteinsäure übergeführt und mit Kalilauge verseift, ergibt (—)-Äpfelsäure zurück. Mit Hilfe verschiedener Agenzien, die zu konstitutiv gleichen Verbindungen führen — im vorliegenden Falle Silberhydroxyd und Kalilauge —, können demnach optische Antipoden erhalten werden, und es läßt sich auf diesem Wege in einem Kreisprozeß eine optisch aktive Verbindung in ihren Antipoden und weiter in die Ausgangssubstanz zurückverwandeln:

$$\text{(—)-HOOC}\cdot\text{CH}_2\cdot\text{CHCl}\cdot\text{COOH} \underset{\text{KOH}}{\overset{\text{PCl}_5}{\rightleftarrows}} \text{(+)-HOOC}\cdot\text{CH}_2\cdot\text{CH(OH)}\cdot\text{COOH}$$

$$\text{AgOH} \downarrow \qquad\qquad \uparrow \text{AgOH}$$

$$\text{(—)-HOOC}\cdot\text{CH}_2\cdot\text{CH(OH)}\cdot\text{COOH} \underset{\text{KOH}}{\overset{\text{PCl}_5}{\rightleftarrows}} \text{(+)-HOOC}\cdot\text{CH}_2\cdot\text{CHCl}\cdot\text{COOH}$$

Ähnliche Reaktionsfolgen fand E. Fischer (62) bei den Aminosäuren.

Die Ergebnisse der zahlreichen Untersuchungen auf dem Gebiet der Waldenschen Umkehrung, die für die Konfigurationsermittlung optisch aktiver Verbindungen von großer Wichtigkeit wurden, sind im wesentlichen folgende:

Bei Substitutionsreaktionen am asymmetrischen Kohlenstoffatom kann ganz allgemein nicht vorausgesagt werden, ob Konfigurationswechsel eintritt oder nicht. Das gleiche Reagens, welches bei einer Substanz Umkehrung bewirkt, läßt die Konfiguration einer anderen unverändert. Selbst die Verschiedenheit der Lösungsmittel kann eine Rolle spielen (196). Jedoch sind Reaktionen bekannt, bei denen bisher niemals WALDENsche Umkehrung beobachtet wurde, die demnach mit einiger Sicherheit zur Konfigurationsermittlung Anwendung finden können, z. B. die auf dem Gebiet der Aminosäuren wichtige Reaktion der $NH_2$-Gruppe mit salpetriger Säure.

Bislang ist eine stichhaltige Erklärung für die WALDENsche Umkehrung nicht vorhanden. Betrachtet man das Modell oben, so ist nicht einzusehen, warum in einem Fall der Substituent einfach an die Stelle des verdrängten tritt, warum aber im anderen Fall auch noch Platzwechsel mit einem schon vorhandenen erfolgt.

Unter Beachtung dieser theoretisch erörterten Tatsachen sind bereits eine große Zahl optisch aktiver Verbindungen miteinander durch chemische Reaktionen verknüpft worden. Diejenigen, die in bezug auf ihre Substituenten am Asymmetriezentrum gleichartig gebaut sind, wurden von A. WOHL und K. FREUDENBERG (261) in zwei Gruppen eingeordnet, welche man als sterische Reihen bezeichnet. Die Grundglieder der beiden Reihen, d- und l-Glycerinaldehyd, stehen in direkter Beziehung zur natürlichen d-Glucose, deren Formel willkürlich von E. FISCHER (61) festgelegt wurde; in Projektion geschrieben:

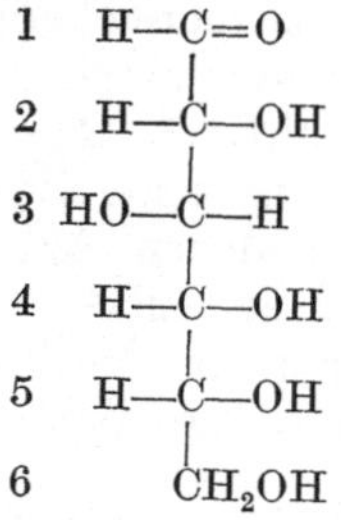

```
1    H—C=O
       |
2    H—C—OH                       H   H   OH  H
       |                          |   |   |   |
3   HO—C—H          oder  HOH₂C—C—C—C—C—CHO
       |                          |   |   |   |
4    H—C—OH                       OH  OH  H   OH
       |
5    H—C—OH                  6    5   4   3   2   1
       |
6      CH₂OH
```

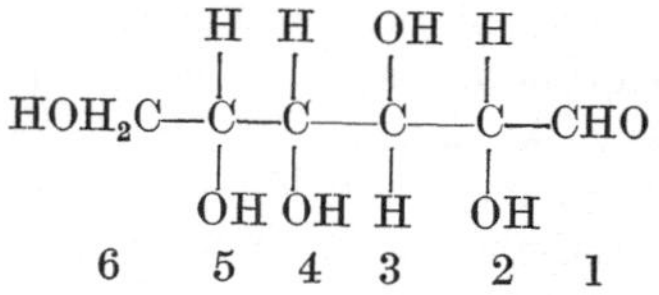

Welcher Antipode einer asymmetrisch gebauten Verbindung im Sinne der obigen Zeichnung seine Substituenten in einer Rechts- und welcher sie in einer Linksspirale angeordnet hat, ist unbekannt. d-Glycerinaldehyd läßt sich durch geeignet geleitete Oxydation aus d-Glucose gewinnen und entspricht den C-Atomen 4, 5 und 6. Er dreht das polarisierte Licht nach rechts und enthält nur ein asymmetrisches C-Atom. l-Glycerinaldehyd ist der optische Antipode.

Die Reihen werden, ihren Grundgliedern entsprechend, als d- und l-Reihe bezeichnet. Diese Buchstaben sind vor den Namen der entsprechenden Verbindung zu setzen. Der jeweilige Drehungssinn wird durch ein (+)- oder (—)-Zeichen angegeben. Es heißt also:

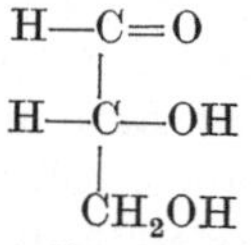

```
    H—C=O                      H—C=O
      |                          |
    H—C—OH                    HO—C—H
      |                          |
      CH₂OH                      CH₂OH
d-(+)-Glycerinaldehyd      l-(—)-Glycerinaldehyd

      COOH                       COOH
      |                          |
  H₂N—C—H                    H₂N—C—H
      |                          |
      CH₂OH                      CH₃
  l-(—)-Serin                 -(+)-Alanin
```

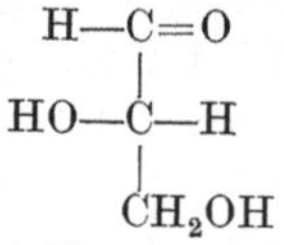

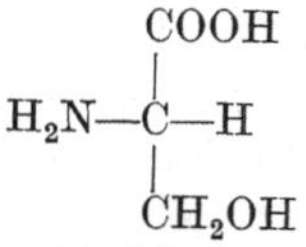

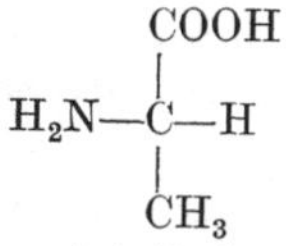

Die Bezeichnungen in der älteren Literatur beziehen sich stets nur auf die Richtung der optischen Drehung, nicht auf die Konfiguration.

Durch Überführung in Stoffe, die mit einem der Glycerinaldehyde in direktem Zusammenhang stehen, sind bisher die Konfigurationen folgender Aminosäuren festgelegt:

| | |
|---|---|
| Alanin, | Asparagin, |
| Serin, | Glutaminsäure, |
| Leucin, | Histidin, |
| Asparaginsäure, | Cystein. |

Die natürlich vorkommenden α-Aminosäuren gehören mit wenigen Ausnahmen der l-Reihe an. Von einigen sind auch die optischen Antipoden aufgefunden worden.

Durch Vergleich der optischen Eigenschaften von Derivaten des (+)-Ornithins und des (+)-Lysins konnte noch ihre Zugehörigkeit zur l-Reihe wahrscheinlich gemacht werden (110).

**Verschiedenes Verhalten optischer Antipoden.** Zeigen sich Unterschiede in der chemischen Reaktionsweise oder in der biologischen Wirkung von optischen Antipoden, so ist das nur möglich, wenn eine andere optisch aktive Verbindung als Reaktionsteilnehmer zugegen ist. Liegt ein Racemat vor, welches die beiden Komponenten zu je 50 % enthält, so reagiert die optisch aktive Verbindung (*V*) mit den d- und l-Formen des Racemates so, daß eine Substanz d-*V* und eine Substanz l-*V* gebildet wird. Diese sind, wie aus der Zeichnung ersichtlich, keine optischen Antipoden mehr, sie enthalten mindestens zwei Asymmetriezentren, von denen diejenigen des Restes *V* in beiden Produkten die gleiche Konfiguration besitzen, während diejenigen der d- und l-Verbindung spiegelbildisomer sind.

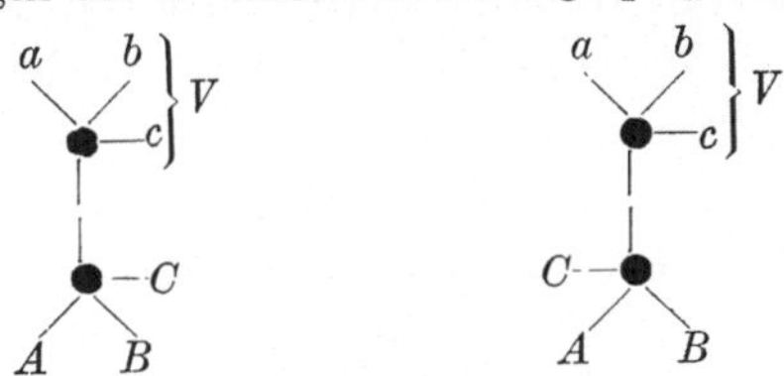


Solche Verbindungen werden als Diastereomere bezeichnet und unterscheiden sich, wie zu erwarten, nicht nur in ihrer optischen Drehung, sondern auch in anderen Eigenschaften, so in Schmelzpunkt, Löslichkeit, Reaktionsgeschwindigkeit.

Die Überführung racemischer Verbindungen in diastereomere Körper gestattet es, sie in ihre aktiven Komponenten zu zerlegen.

Durch Umsetzung von racemischen Aminosäuren, deren Aminogruppe mit einem Formyl- oder Benzoylrest besetzt ist, welche also sauer reagieren, mit optisch aktiven Basen, wie Brucin, Chinin oder Cinchonin, werden diastereomere Salze erhalten, die durch fraktionierte Krystallisation trennbar sind. Aus diesen lassen sich die Antipoden der freien Aminosäuren durch Abspaltung der Base und des Substituenten an der Aminogruppe gewinnen. Solche Spaltungsmethoden sind besonders von E. Fischer (60) ausgearbeitet worden.

Von F. Ehrlich (55) und C. Neuberg (165) wurde gefunden, daß gärende Hefe sowie andere Bakterien von dem Substrat zugesetzter racemischer Aminosäure in vielen Fällen nur die natürliche Form aufzehren und der Antipode zurückbleibt. Ausnahmen sind Tyrosin, Prolin, Glutaminsäure und Asparaginsäure; sie werden symmetrisch angegriffen.

An dem Abbau der Aminosäuren durch Bakterien sind gewisse Fermente beteiligt, von denen heute allgemein angenommen wird, daß sie asymmetrisch gebaut sind. Verbindet sich das Ferment zunächst mit dem Substrat, der racemischen Aminosäure, so entstehen zwei diastereomere Verbindungen, von denen die eine auf Grund ihrer besonderen Eigenschaften schneller umgesetzt wird.

Die Fähigkeit eines Ferments, eine Auswahl unter stereoisomeren Verbindungen zu treffen, wird als stereochemische Spezifität bezeichnet.

Der asymmetrische Angriff eines Substrats durch Fermentpräparate, der zuerst von H. D. Dakin (48) an Racemkörpern gezeigt worden ist, wurde auf dem Gebiet der Aminosäuren von O. Warburg (249) an Leucinestern und später von E. Abderhalden (17) am dl-Tyrosin-äthylester bei der Behandlung mit Pankreatin beobachtet. Zur Darstellung des d(+)-Tyrosins ist diese Methode aus Mangel an anderen von Wichtigkeit.

Auf die stärker ausgeprägte Spezifität der Polypeptidasen beim Abbau asymmetrischer Polypeptide kann hier nur hingewiesen werden.

Wie in den angeführten Beispielen, so muß stets, wenn Unterschiede im biologischen Verhalten optischer Antipoden beobachtet werden, die intermediäre Mitwirkung anderer asymmetrischer Verbindungen angenommen werden.

Die Verarbeitung der Antipoden von Aminosäuren bei höheren Tieren kann verschieden sein. Im allgemeinen wird die natürliche Komponente schneller abgebaut, während die andere ganz oder teilweise unverändert ausgeschieden wird.

Bemerkenswert ist weiterhin die unterschiedliche Reizwirkung spiegelbildisomerer Aminosäuren auf Bakterien. Die natürlichen Formen l(+)-Alanin, l(—)-Leucin und l(—)-Phenylalanin üben eine außerordentlich viel größere chemotaktische Reizwirkung aus als die Antipoden.

Schließlich ist zu erwähnen, daß sich die beiden Formen vieler α-Aminosäuren im Geschmack unterscheiden. Es sei hier eine Zusammenstellung aus FREUDENBERGS Handbuch der Stereochemie, Beitrag H. BROCKMANN (37), angeführt:

| | | | |
|---|---|---|---|
| d(—)-Alanin . . . . . . . . . . | süß | l(+)-Alanin . . | weniger süß als die d-Form |
| d(+)-Serin. . . . . . . . . . . | süß | l(—)-Serin . . . | fade |
| d(—)-Valin. . . . . . . . . . . | süß | l(+)-Valin . . . | weniger süß als die d-Form |
| d(+)-Leucin . . . . . . . . . . | süß | l(—)-Leucin . . | fade |
| d(—)-Isoleucin . . . . . . . . . | süß | l(+)-Isoleucin . | fade, bitter |
| d(+)-Histidin . . . . . . . . . | süß | l(—)-Histidin . . | fade |
| d(+)-Asparagin. . . . . . . . . | süß | l(—)-Asparagin . | fade |

Vergleichende Untersuchungen optischer Antipoden sind auf dem Gebiet der Tierphysiologie bereits zahlreich ausgeführt worden. Da es von Interesse ist, auch die Bedeutung optischer Isomerer auf pflanzenphysiologischem Gebiet zu prüfen, sollen anschließend die wichtigsten Methoden zur Darstellung der Antipoden der natürlichen α-Aminosäuren beschrieben werden. Für Spezialfälle muß auf das „Biochemische Handlexikon" von E. ABDERHALDEN Band 4, 9 und 12 verwiesen werden.

## Darstellung der optischen Antipoden natürlicher Aminosäuren.

**Racemisierung.** Die zur Gewinnung der optischen Antipoden benötigten racemischen Aminosäuren lassen sich im allgemeinen durch etwa 24stündiges Erhitzen mit Baryt unter Rückfluß oder im geschlossenen Rohr darstellen. Der überschüssige Baryt wird nachher mit Schwefelsäure entfernt, und die neutrale Lösung auf dem Wasserbad eingedampft. Die Aminosäuren können zur Reinigung aus Wasser umkrystallisiert oder mit Alkohol aus wäßriger Lösung gefällt werden. Eine Racemisierung von Aminosäuren kann auch durch Behandlung der aktiven Formen mit überschüssigem Essigsäureanhydrid in Eisessiglösung vorgenommen werden. Man erhält dann die am Stickstoff acylierten dl-Aminosäuren (30).

In einigen Fällen, so beim Tyrosin und Arginin, empfehlen wir eine etwas andere Methode (s. S. 13, 14). Für Alanin und Leucin ist die Synthese aus Acetaldehyd bzw. Isovaleraldehyd am ratsamsten. Eine direkte Überführung von l(+)-Alanin (durch Hydrolyse von Seide gewonnen) in d(—)-Alanin gelingt nach unseren Erfahrungen bei einiger Umsicht durch WALDENsche Umkehrung.

**d(—)Alanin** (F. EHRLICH [55]). *Prinzip.* Vergärung von dl-Alanin durch Hefe in einer Zuckerlösung. d(—)-Alanin bleibt unverändert, während l(+)-Alanin als Stickstoffquelle von der Hefe verarbeitet wird.

*Ausführung.* 10 g dl-Alanin mit 300 g Zucker im 4l-Rundkolben in 2,5 l Wasser lösen und 150 g frische Preßhefe eintragen. Die anfangs stürmisch verlaufende $CO_2$-Entwicklung von der Vergärung des Zuckers ist am dritten Tage beendet. Die Flüssigkeit, die nicht mehr mit FEHLINGscher Lösung reagiert, auf großen Trichtern, die mit einer dünnen Schicht von Kieselgur bedeckt sind, abfiltrieren. Die eingedampfte Lösung zu dünnem Sirup einengen, nach 2 Tagen die abgeschiedenen Krystalle scharf absaugen und auf Ton trocknen. Aus der Mutterlauge fallen durch nochmaliges Einengen 0,5 g aus. Gesamtausbeute 3,6 g. Umkrystallisieren durch Lösen in wenig heißem Wasser und Fällen mit Alkohol ergibt 3,2 g reines d(—)-Alanin (65% der Theorie). Zur Bestimmung der spezifischen Drehung Substanz durch Lösen in verdünnter Salzsäure und Eindampfen zur Trockne auf dem Wasserbad ins Hydrochlorid überführen, bei 110° trocknen. $[\alpha]_D^{20} = -9{,}82^0$ in wäßriger Lösung.

**d(+)-Leucin** (E. FISCHER u. O. WARBURG [71]). *Prinzip.* Überführung von dl-Leucin in die Formylverbindung, Darstellung und Trennung der Brucinsalze durch fraktionierte Krystallisation, Abspaltung des Brucins und des Formylrestes.

*Ausführung. Formyl-dl-Leucin.* dl-Leucin mit der $1^1/_2$fachen Menge wasserfreier Ameisensäure 3 Stunden auf dem Wasserbad erhitzen. Ameisensäure im Vakuum verdampfen und den zurückbleibenden Sirup noch zweimal mit der gleichen Menge Ameisensäure je 3 Stunden auf 100° erhitzen. Rückstand erstarrt krystallinisch. Diesen mit ungefähr der $1^1/_2$fachen Menge eiskalter n-Salzsäure verreiben, um das unveränderte Leucin zu lösen, dann scharf absaugen und mit wenig eiskaltem Wasser waschen, um alle Salzsäure zu entfernen. Ausbeute: (im Vakuum getrocknet) 80% der Theorie. Zum Umkrystallisieren in der dreifachen Menge heißem Wasser lösen, mit wenig Tierkohle aufkochen, filtrieren und das Filtrat stark abkühlen, wobei ein dicker Krystallbrei entsteht. Fp. 115 bis 116° (korr.).

*Spaltung des Formyl-dl-Leucins mit Brucin.* 50 g Formyl-dl-Leucin in 4 l absolutem Alkohol lösen, 124 g wasserfreies Brucin (1 Mol.) zusetzen und unter Umschütteln bis zur Lösung erwärmen. Beim Abkühlen fällt das Brucinsalz des Formyl-(+)-Leucins aus. Unter zeitweisem Umschütteln 12 Stunden im Eisschrank stehen lassen, dann scharf absaugen und mit etwa 500 cm³ kaltem Alkohol waschen. Die das Brucinsalz des Formyl-(—)-Leucins enthaltende Mutterlauge zur Gewinnung dieses Salzes im Vakuum eindampfen. Das Formyl-(+)-Leucin-Brucinsalz in 450 cm³ Wasser lösen, auf 0° abkühlen und mit 175 cm³ n-Natronlauge versetzen; dadurch wird das Brucin gefällt. Nach 10 Minuten absaugen, mit wenig kaltem Wasser waschen, Filtrat mit Chloroform und dann mit Äther ausschütteln, bis die wäßrige Lösung mit Salpetersäure keine Brucinreaktion mehr gibt. Lösung mit 23 cm³ 5n-Salzsäure versetzen, unter vermindertem Druck auf etwa 100 cm³ eindampfen und mit 15 cm³ derselben Salzsäure übersättigen, wodurch die während des Einengens begonnene Abscheidung des Formyl-(+)-Leucins vervollständigt wird. $^1/_4$ Stunde im Eiswasser stehen lassen, absaugen und mit kaltem Wasser waschen. Ausbeute roh 22 g, nach Umkrystallisieren aus der fünffachen Menge Wasser 19 g. Fp. 141—144° (korr.), $[\alpha]_D^{20} = -18{,}4^0$ in absolutem Alkohol. Das Formyl-(—)-Leucin wird aus dem Rückstand der Mutterlauge des Brucinsalzes vom Formyl-(+)-Leucin in der gleichen Weise gewonnen.

*Hydrolyse der Formylverbindung.* Formyl-(+)-Leucin mit der 10fachen Menge 10proz. Salzsäure 1—$1^1/_2$ Stunden unter Rückfluß kochen und die Flüssigkeit unter stark vermindertem Druck möglichst stark eindampfen. Rückstand in Wasser lösen und auf dem Wasserbade eindampfen, um den Rest der überschüssigen Salzsäure und geringe Mengen von Ameisensäure zum größten Teil zu entfernen. Schließlich wieder in Wasser lösen, auf ein bestimmtes Volumen bringen und in einem aliquoten Teil der Lösung das Chlor bestimmen. Dann zum Hauptteil die nach dem Chlorgehalt berechnete Menge n-Lithiumhydroxydlösung zugeben, auf dem Wasserbad auf ein geringes Volumen einengen, bis der größte Teil des Leucins auskrystallisiert ist und den Rest durch absoluten Alkohol fällen, wobei das Lithiumchlorid in Lösung bleibt. Ausbeute etwa 90% der Theorie, auf aktives Formylleucin berechnet. Zur völligen Reinigung das Präparat in heißem Wasser lösen und durch starkes Eindampfen zur Abscheidung bringen. $[\alpha]_D^{20} = -15{,}6^0$ in 20proz. Salzsäure.

l-(—)-Leucin wird in derselben Weise erhalten.

**d-(—)-Arginin** (O. Riesser [179]). *Prinzip.* Durch Einwirkung von arginasehaltigem Leberpreßsaft wird von dl-Arginin nur die natürliche l-Form in Ornithin und Harnstoff gespalten, d-Arginin ist durch Abtrennung vom Ornithin zu gewinnen.

*Ausführung. Racemisierung von l-Arginin.* 10 g Arginincarbonat in ganz wenig konzentrierter Schwefelsäure lösen, mit 50 cm³ Wasser verdünnen, filtrieren, auf dem Wasserbad erhitzen, um die Kohlensäure zu vertreiben. Zur klaren Lösung 50 cm³ 90proz. Schwefelsäure geben und im Bombenrohr 33 Stunden auf 180—200° erhitzen. Nach dem Erkalten öffnen (merklicher Druck), schwefelsaure Lösung auf optische Drehung prüfen. Sie muß Null sein. Schwefelsäure aus der Lösung mit Baryt entfernen, filtrieren und einen Überschuß an Baryt mit verdünnter Salpetersäure neutralisieren. Nach dem Einengen der Lösung erneut mit Salpetersäure ansäuern und so lange festes Silbernitrat zufügen, bis eine Probe mit Barytwasser eine braune Fällung ergibt. Sodann die Lösung mit warmer konzentrierter Barytlauge stark alkalisch machen. Das Argininsilber fällt als brauner flockiger Niederschlag aus. Abfiltrieren, gut auswaschen und bei Gegenwart von etwas überschüssiger Schwefelsäure das Silbersalz mit Schwefelwasserstoff zerlegen. Das erhaltene Argininsulfat in das Carbonat überführen, indem die überschüssige Schwefelsäure mit einem geringen Überschuß an Baryt entfernt, der überschüssige Baryt durch Einleiten von $CO_2$ gefällt und das Filtrat mit den Waschwässern der Barytniederschläge auf dem Wasserbad vollständig eingedampft wird. Nochmals mit Wasser aufnehmen, vom neuerdings ausgeschiedenen $BaCO_3$ abfiltrieren und zur Sirupkonsistenz eindampfen. Das dl-Arginincarbonat erstarrt beim Stehen an der Luft zu einer strahlig krystallinen Masse. Stark hygroskopisch. Ausbeute 50—60 % der Theorie.

*d-(—)-Arginin.* Je 10 g dl-Arginincarbonat in 300 cm³ Wasser lösen, mit 30 cm³ frisch bereitetem Leberpreßsaft (mit Hilfe der hydraulischen Presse nach dem BUCHNERschen Verfahren aus frischer Kalbsleber gewonnen) sowie 10 cm³ Toluol versetzen. Die schwach alkalische Lösung in einem locker verschlossenen Kolben ca. 20 Stunden im Brutofen bei 37° aufbewahren. Dann in einer Schale auf dem Wasserbade zur Verflüchtigung des Toluols erhitzen, ganz schwach mit Essigsäure ansäuern und durch einmaliges Aufkochen das Eiweiß koagulieren. Das Filtrat enthält d-Arginin neben dem bei der Fermentwirkung entstandenen l-Ornithin. Zur Lösung so viel Schwefelsäure hinzusetzen, daß sie ca. 5 % freie Säure enthält und die Basen (d-Arginin und l-Ornithin) mittels Phosphorwolframsäure fällen. Weiterbehandlung wie bei der Trennung der Hexonbasen angegeben (s. S. 91, 133), und Aufarbeitung auf d-Arginincarbonat wie bei dl-Arginin. $[\alpha]_D^{20°} = -20{,}51°$ (in 7n-HCl).

**d-(+)-Tyrosin** (E. ABDERHALDEN, H. SICKEL u. H. UEDA [17]). *Prinzip.* Verseifung der natürlichen Komponente des racemischen Tyrosinäthylesters durch käufliches Pankreatin und Abtrennung des unverseiften Esters, welcher für sich zu d-(+)-Tyrosin hydrolysiert wird.

*Ausführung. Racemisierung von l-Tyrosin* (E. WASER u. E. BRAUCHLI [251]). 50 g reines l-Tyrosin in 750 cm³ Wasser mit 250 g NaOH so lange kochen, bis eine Probe, auf das Doppelte verdünnt, keine Drehung mehr zeigt (3 Tage). Empfohlen wird die Anwendung silberner oder kupferner Gefäße, damit sich weniger Verunreinigungen anorganischer Art bilden können als bei Glasgefäßen. Nach dem Filtrieren mit Salzsäure genau neutralisieren, ausfallendes Tyrosin durch Lösen und wieder Ausfällen und schließlich durch Umkrystallisieren aus heißem Wasser reinigen. Ausbeute 36 g dl-Tyrosin.

*Partielle Verseifung des dl-Tyrosinäthylesters.* Fermentlösung: 24stündige Extraktion von käuflichem Pancreatinum activum mit der fünffachen Menge Glycerin bei etwa 38°, Filtrieren durch Glaswolle.

*d-(+)-Tyrosin.* 2,8 g racemischen Tyrosinäthylester in 400 cm³ n/10 Natriumbicarbonatlösung auflösen, 16 cm³ des frischen Fermentextrakts zugeben und bei 16—18° stehen lassen. Drehung des Substrats verfolgen. Wenn nach ungefähr 16 Stunden die maximale Drehung erreicht ist (—8,4°), das ganze Substrat mit je 200 cm³ Chloroform dreimal extrahieren, um den unverseiften Tyrosinester vom verseiften Tyrosin zu trennen. Die auf 10 $cm^3$ eingeengten Extrakte an der Luft ganz zur Trockne eindampfen, mit der zehnfachen Menge 4proz. Salzsäure 6 Stunden hydrolysieren, im Vakuum eindampfen zur Entfernung der freien Mineralsäure, Rückstand in Wasser aufnehmen und mit Natriumacetat sättigen. d-(+)-Tyrosin fällt krystallin aus. Ausbeute 0,44 g. $[\alpha]_D^{20°} = +8{,}63°$ in 21proz. Salzsäure.

### b) Abbau der Aminosäuren durch Mikroorganismen.

Unter der Einwirkung von Fäulnisbakterien können die Aminosäuren auf zwei prinzipiell verschiedenen Wegen abgebaut werden:

a) Bildung eines um 1 Kohlenstoffatom ärmeren Amins (siehe Kapitel Amine). Dabei wird die Carboxylgruppe abgespalten, und zwar entweder in Form von Kohlendioxyd:

$$\begin{array}{c} R \\ | \\ CH—NH_2 \\ | \\ COOH \end{array} = \begin{array}{c} R \\ | \\ CH_2—NH_2 \\ + \\ CO_2 \end{array}$$

oder bei gleichzeitigem Ablauf eines reduktiven Prozesses als Ameisensäure:

$$\begin{array}{l} R \\ | \\ CH—NH_2 + H \\ | \\ COOH \quad\;\; + H \end{array} = \begin{array}{c} R \\ | \\ CH_2—NH_2 \\ + \\ HCOOH \end{array}$$

Man findet bei Fäulnisprozessen sowohl Kohlendioxyd als auch Ameisensäure, beide Prozesse verlaufen in der Regel nebeneinander. Die Bildung von Aminen bei der Fäulnis von Aminosäuren ist fast in allen Fällen beobachtet worden, besonders charakteristisch ist die Umwandlung des Arginins bzw. Ornithins und des Lysins in Putrescin und Cadaverin.

b) Bildung einer Fettsäure mit gleicher Kohlenstoffzahl unter Abspaltung von Ammoniak:

$$\begin{array}{l} R \\ |\;\diagup H \quad + H \\ C \\ |\;\diagdown NH_2 + H \\ COOH \end{array} = \begin{array}{l} R \\ | \\ CH_2 \\ | \\ COOH \end{array} + NH_3$$

Es handelt sich dabei also um eine reduktive Desamidierung. Wahrscheinlich verläuft der Prozeß über die entsprechende Oxysäure unter primärer hydrolytischer Abspaltung von Ammoniak und sekundärer Reduktion der Oxysäure.

Häufig kombinieren sich Abbau a und b, so daß also $NH_3$-Abspaltung, Reduktion und Verkürzung um 1 Kohlenstoffatom eintritt. Aus Glykokoll kann auf diese Weise Methan entstehen:

$$\begin{array}{l} CH_2—NH_2 \\ | \\ COOH \end{array} + H_2 = CH_4 + NH_3 + CO_2$$

Aus Asparaginsäure kann in analoger Weise Propionsäure, aus Glutaminsäure Buttersäure entstehen.

Bei Anwesenheit von Sauerstoff können zu den oben angeführten Reaktionen noch oxydative Prozesse hinzutreten, die zu einer weiteren Verkürzung der Kohlenstoffkette bzw. zur Bildung niederer Fettsäuren führen.

Aus Tyrosin kann p-Kresol und schließlich Phenol, aus Tryptophan Skatol und schließlich Indol entstehen. Ferner muß zur Erklärung der Bildung von

Bernsteinsäure aus Glutaminsäure ebenfalls die Annahme eines oxydativen Abbaues herangezogen werden:

$$\begin{array}{l} COOH \\ | \\ CH_2 \\ | \\ CH_2 \\ | \\ CH{-}NH_2 \\ | \\ COOH \end{array} + O_2 = \begin{array}{l} COOH \\ | \\ CH_2 \\ | \\ CH_2 \\ | \\ COOH \end{array} + NH_3 + CO_2$$

In analoger Weise wie durch Fäulniserreger dürften die Aminosäuren auch durch eine große Anzahl anderer Bakterien abgebaut werden.

In seinen umfassenden Arbeiten konnte F. EHRLICH zeigen, daß der Abbau der Aminosäuren durch Hefe in Gegenwart von Zucker sich in grundsätzlich anderen Bahnen bewegt. Man spricht von alkoholischer Gärung der Aminosäuren. Grundgleichung:

$$\begin{array}{l} R \\ | \\ CH{-}NH_2 \\ | \\ COOH \end{array} + H_2O = \begin{array}{l} R \\ | \\ CH_2{-}OH \\ \\ \end{array} + NH_3 + CO_2$$

Bei der Vergärung racemischer Aminosäuren wird häufig nur die natürliche Komponente in obigem Sinne abgebaut, so daß der optische Antipode zurückbleibt und isoliert werden kann (56).

Daß auch in höheren Pflanzen die Aminosäuren einem ähnlichen und gleichgearteten Abbau unterworfen sein können, lehrt das Auftreten verschiedener Verbindungen, die sich ungezwungen aus Aminosäuren ableiten lassen. Wir erinnern an das Vorkommen von Skatol, Phenyläthylalkohol, Indol und von Aminen, verschiedenen Säuren und Oxysäuren (116a).

Ferner ist die Methylierung von Aminosäuren in den Pflanzen, die zu den Betainen (s. S. 253) führt, ein Vorgang, der recht häufig eintritt.

## C. Spezielle Charakteristik der Aminosäuren.

### a) Qualitativer Nachweis.

#### Farbreaktionen.

**Ninhydrinreaktion.** Aminosäurelösungen (mit Ausnahme von Prolin und Oxyprolin) geben mit Ninhydrin (Triketohydrindenhydrat) beim Kochen eine sehr intensive Blauviolettfärbung. Die Bedeutung der Reaktion liegt in der großen Empfindlichkeit, es können noch Spuren von Aminosäuren damit nachgewiesen werden.

C=O
C(OH)(OH)
C=O

Ninhydrin

Die Ninhydrinreaktion wird hauptsächlich von folgenden Faktoren beeinflußt:

von der Dauer des Erhitzens,
von der Wasserstoffionenkonzentration und
vom Gehalt der zu untersuchenden Lösung an Aminosäuren.

Das Optimum der Wasserstoffionenkonzentration liegt bei $p_H = 6{,}98$. Unter Umständen ist die Anwendung eines Phosphatpuffergemisches angezeigt.

Empfindlichkeit.

| | | | |
|---|---|---|---|
| Glykokoll | 1:65000 | Leucin | 1:25000 |
| Alanin | 1:26000 | Phenylalanin | 1:26000 |
| α-Aminobuttersäure | 1:16000 | Glutaminsäure | 1:22000 |
| Valin | 1:15000 | Asparaginsäure | 1:19000 |

Die Reaktion besitzt insofern nur einen bedingten Wert, als eine ganze Anzahl anderer Stoffe ebenfalls eine Blaufärbung geben. Außer Eiweiß und dessen primären Abbauprodukten reagieren auch Ammoniak und dessen Salze, Amine, Aminoaldehyde usw. mit Ninhydrin unter Bildung blauer Farbstoffe. Aldehyde und Zuckerarten mit freier Aldehyd- oder Ketogruppe sowie Allantoin reagieren ebenfalls, jedoch ist der dabei auftretende Farbstoff eher rötlich.

Bei Ammoniumverbindungen und Aminen ist die Empfindlichkeit wesentlich geringer als bei den Aminosäuren. Bei Anwesenheit kleinerer Mengen der genannten Verbindungen (unter 15 mg Stickstoff pro Liter) ist somit eine Beeinflussung des Nachweises von Aminosäurestickstoff nicht zu erwarten.

Die Anwesenheit von Aminosäuren in einer Lösung, die nicht mehr als 5 mg Stickstoff in 100 cm³ und nicht zuviel Phosphate enthält, wird noch sicher angezeigt, wenn die Ninhydrinreaktion beim 20 Minuten langen Erhitzen im Wasserbad von 1 cm³ Lösung + 1 cm³ einer 1 proz. Ninhydrinlösung positiv ausfällt (93).

Ausführung der Reaktion (s. auch S. 110):

Eine Probe von 10 cm³ genau neutralisieren, mit 1 cm³ einer 1 proz. Ninhydrinlösung versetzen und 1 Minute kochen. Nötigenfalls $^1/_2$ Stunde stehen lassen. Bei Anwesenheit größerer Mengen von Aminosäuren wird die Lösung sofort tiefblauviolett, bei Anwesenheit kleinerer Mengen erst nach einigem Stehen.

Hat man zur Untersuchung stark gefärbte Flüssigkeiten verwendet, in denen die Blaufärbung nicht zu erkennen ist, so schüttelt man nach 3 Minuten langem Kochen mit 2 cm³ Amylalkohol aus, wobei der Farbstoff mit violetter Farbe in Lösung geht. Eine von aldehyd- oder ketonartigen Verbindungen herrührende Färbung läßt sich mit Amylalkohol nicht ausschütteln.

*Reaktion mit* NESSLERS *Reagens nach* SANNIÉ (182).

Eine Anzahl von Aminosäuren reagieren in alkalischer Lösung mit NESSLERS Reagens unter Bildung gelber bis braunroter Niederschläge und lassen sich dadurch von solchen unterscheiden, die keine Reaktion zeigen. Folgende Tabelle gibt das Verhalten verschiedener Aminosäuren gegen NESSLERS Reagens in der Kälte und beim Erwärmen an:

| Aminosäure | In der Kälte | Beim Erwärmen |
|---|---|---|
| α-Alanin | keine Reaktion | keine Reaktion |
| β-Alanin | keine Reaktion | rötlicher Niederschlag |
| Arginin | weißer Niederschlag | gelblicher Niederschlag |
| Asparaginsäure | keine Reaktion | keine Reaktion |
| Cystin | roter Niederschlag | schwarzer Niederschlag |
| Dioxyphenylalanin | brauner Niederschlag | braunschwarzer Niederschlag |
| Glutaminsäure | geringer Niederschlag | gelbe Fällung |
| Histidin | keine Reaktion | Niederschlag |
| Leucin | gelbe Lösung | gelbroter Niederschlag |
| Lysin | keine Reaktion | keine Reaktion |
| Phenyl-α-alanin | keine Reaktion | rötlicher Niederschlag |
| Phenyl-β-alanin | Niederschlag | Niederschlag |
| Serin | keine Reaktion | Niederschlag |
| Tryptophan | geringer Niederschlag | starke Fällung |
| Tyrosin | keine Reaktion | keine Reaktion |
| Valin | keine Reaktion | keine Reaktion |

*Reaktion nach* Folin (73) *mit β-Naphthochinonsulfosaurem Natrium.*

Aminosäuren geben mit diesem Reagens in alkalischer Lösung eine charakteristische Färbung. Die Reaktion ist zu einer quantitativen colorimetrischen Bestimmungsmethode ausgearbeitet worden. Eine ausführliche Schilderung findet sich in der Abhandlung von Mandel und Steudel (152).

*Reaktion nach* Waser *und* Brauchli (251) *mit p-Nitrobenzoylchlorid.*

Erhitzt man einige Milligramm einer Aminosäure mit 3 $cm^3$ 10proz. Sodalösung zum Sieden und setzt eine kleine Menge des festen Reagens hinzu, so tritt sofort oder nach einiger Zeit eine bald wieder verschwindende dunkelweinrote bis rotviolette Färbung auf. Kühlt man sofort ab, so bleibt die Farbe etwas blasser, ist aber beständiger. Die Reaktion läßt sich auch in der Weise ausführen, daß man die Aminosäure mit wenig p-Nitrobenzoylchlorid zusammenschmilzt und dann in Pyridin löst. Mit 3,5-Dinitrobenzoylchlorid wird die Reaktion noch empfindlicher. Glykokoll, Cystin, Prolin geben keine Färbung, Serin eine bräunliche. Die Empfindlichkeit der Reaktion ist recht groß, für Tyrosin z. B. 1 : 100000.

*Biuretreaktion.* Aminosäuren geben keine Biuretreaktion.

Beim *trockenen Erhitzen* gehen verschiedene Aminosäuren unter Kohlendioxydabspaltung in Amine über, die sich durch einen charakteristischen Geruch auszeichnen (s. z. B. bei Leucin).

Erhitzt man in einem trockenen Glühröhrchen die mit *Natronkalk* gut vermengte trockene Aminosäure, so wird der Stickstoff als Ammoniak entbunden. Befeuchtetes rotes Lackmuspapier wird durch die herausströmenden Dämpfe gebläut.

*Reaktion mit Formaldehyd.* Löst man etwa 0,1 g einer Aminosäure in etwas Wasser auf (bei Unlöslichkeit in Säure und darauffolgender Neutralisation gegen Lackmus) und fügt zur Lösung 1 $cm^3$ einer Formalinlösung, die mit etwas Phenolphthalein versetzt und mit n/5 Lauge neutralisiert wurde (s. S. 98), so verschwindet die schwache Rosafärbung, und die Lösung verbraucht außerdem noch etwas Lauge.

Aminosäuren geben mit *Alloxan* eine rosarote Farbreaktion, die von F. Lieben und E. Edel (143) weiter untersucht wurde. Diese Reaktion ist für die einzelnen Vertreter der Aminosäuren verschieden, und zwar ist unter gleichen Versuchsbedingungen bei neutraler Reaktion und äquivalenten Aminosäurelösungen folgende Reihenfolge nach abnehmender Farbstärke geordnet, wahrzunehmen: Cystein etwa gleich Histidin, Glykokoll, Glutaminsäure, Tryptophan, Phenylalanin, Arginin, Asparaginsäure, Tyrosin, Leucin, Serin, Alanin, Valin, Lysin; Prolin gibt keine Reaktion, Cystin einen anderen, mehr fleischfarbenen Farbton. Für das Zustandekommen der Reaktion ist außer anderen Bedingungen noch das Vorhandensein einer freien $NH_2$-Gruppe notwendig.

Auch Eiweißkörper geben diese Reaktion. Sie scheint dort (neben dem Bestehen freier $NH_2$-Gruppen) in erster Linie vom Vorhandensein freier Sulfhydrylgruppen abhängig zu sein. Zur quantitativen Bestimmung von Aminosäuren ist diese Reaktion nicht brauchbar.

*Mikrochemischer Nachweis der Aminosäuren als Kupfersalze.*

Reagens. 0,5 g Kupferchlorid; 20 $cm^3$ Methylalkohol; 20 $cm^3$ Glycerin; so viel 10proz. Ammoniak, bis der größte Teil des Kupferhydroxyds gelöst ist und nur eine schwache Trübung bestehen bleibt.

Auf die — am besten sublimierte — Aminosäure bringt man 1 Tröpfchen des Reagens. Der Rest der Kupferhydroxydtrübung löst sich, und an ihre Stelle tritt das Kupfersalz der Aminosäure, welches in Alkohol nicht löslich ist und aus Glycerin langsam auskrystallisiert (s. hierzu auch S. 34 u. 194).

**Fällungsmittel für Aminosäuren.** Die Aminosäuren lassen sich mit verschiedenen Schwermetallsalzen aus ihren Lösungen mehr oder weniger quantitativ abscheiden, und zwar muß hierbei in der Mehrzahl der Fälle in alkalischer Lösung gearbeitet werden. Spezielle charakteristische Fällungsmittel sind bei den einzelnen Aminosäuren angegeben.

Besonders wichtig ist die Fällbarkeit der Aminosäuren durch *Mercuriacetat in sodaalkalischer Lösung.* Es werden durch dieses Reagens etwa 95% der Aminosäuren als carbaminosaure Quecksilberverbindungen aus ihren Lösungen ausgefällt. Es können die Aminosäuren dadurch von anorganischen Salzen sowie von Zuckerarten usw., nicht aber von primären Abbauprodukten des Eiweißes getrennt werden.

*Reagenzien.* 25% Lösung von Mercuriacetat, in der Kälte oder höchstens bei 40° zu bereiten, da sonst Hydrolyse eintritt; 10% Sodalösung.

Zu der 10—20proz. (oder auch verdünnteren) Lösung der Aminosäuren, die mit Soda deutlich alkalisch gemacht worden ist, tropfenweise unter Umrühren Quecksilberacetatlösung hinzufügen. Der erste einfallende Tropfen erzeugt manchmal eine gelbliche Fällung, die beim Umschütteln verschwindet, um einem weißen Niederschlage Platz zu machen. *Abwechslungsweise* Soda- und Quecksilberacetatlösung in kleinen Portionen zufügen, so daß die Lösung dauernd alkalisch bleibt. Den Zusatz der beiden Lösungen so lange fortsetzen, als noch ein weißer Niederschlag entsteht. Von diesem Punkte an noch so viel von beiden Reagenzien zufügen, bis eine, auch beim Durchrühren bestehen bleibende Gelbrotfärbung des Niederschlages das Ende der Reaktion anzeigt. Es sind manchmal ziemlich beträchtliche Mengen der Reagenzien notwendig, bis die Ausscheidung beginnt. Zur Vervollständigung der Fällung und Beseitigung der Schaumbildung das 6—8fache Volumen Alkohol zufügen, gut umrühren. Es resultiert eine über einer voluminösen, gelbroten Fällung stehende farblose Flüssigkeit, welche neutral oder schwach alkalisch, aber nicht sauer reagieren darf. Prüfung auf Vollständigkeit der Reaktion: in einigen Kubikzentimetern der klaren Lösung darf nach erneutem Zusatz von etwas Quecksilberacetat- und Sodalösung kein weißer Niederschlag, sondern nur gelbes Mercuricarbonat ausfallen. Abnutschen, mit 80proz. Alkohol gut auswaschen, den noch feuchten Niederschlag mit Wasser anrühren und das Quecksilber durch Einleiten von Schwefelwasserstoff entfernen. Bei Anwesenheit größerer Mengen Tyrosin oder Cystin empfiehlt es sich, die Zersetzung in salzsaurer Lösung vorzunehmen, da diese Aminosäuren infolge ihrer Schwerlöslichkeit ausfallen könnten. Nach kurzem Erhitzen auf dem Wasserbad ballt sich der Quecksilbersulfidniederschlag zusammen und kann gut abfiltriert werden. Am besten im Vakuum einengen und von allfällig durchgegangenen Spuren Quecksilbersulfid nochmals abfiltrieren.

*Phosphorwolframsäure* ist ein spezifisches Fällungsmittel für die Hexonbasen. *Es ist jedoch darauf zu achten, daß auch verschiedene andere Aminosäuren — besonders wenn sie in konzentrierten Lösungen vorliegen — mit Phosphorwolframsäure ausgefällt werden können.* Dies trifft vor allem zu für Prolin und Oxyprolin sowie für Phenylalanin. Verschiedentlich sind auch noch andere Aminosäuren im Phosphorwolframsäureniederschlag angetroffen worden.

Durch Bleiessig und Gerbsäure werden die Aminosäuren nicht ausgefällt, ein Umstand, der zur Abtrennung letzterer von Eiweißsubstanzen Verwendung findet.

*Erdalkalisalze der Carbaminosäuren* (39, 199).

Leitet man in die Lösung eines Erdalkalisalzes von Aminosäuren Kohlendioxyd ein, so bildet sich zunächst kein Niederschlag von Erdalkalicarbonat, sondern es entsteht ein Carbaminat:

$$\underset{NH_2}{\overset{R}{HC}}-COO\,\frac{Ba}{2} + CO_2 = \begin{array}{l}\overset{R}{HC}-COO \\ HN-COO\end{array}\!\!\!\!>Ba$$

Zur Darstellung der Calciumsalze wird die wäßrige Lösung der Aminosäuren bei $0^0$ mit Kohlendioxyd gesättigt, Kalkmilch zugefügt, die sich zunächst auflöst, dann wieder mit Kohlendioxyd gesättigt und nach mehrmaligem abwechselnden Zusatz von Kalkmilch und Einleiten von Kohlendioxyd zum Schluß mit Calciumhydroxyd übersättigt und filtriert. Aus dem Filtrat scheiden sich nach Zusatz von Alkohol (bei starker Kühlung) die Calciumsalze krystallinisch ab. Sie werden zuerst mit verdünntem, dann mit absolutem Alkohol und schließlich mit Äther gewaschen. Das cystincarbaminosaure Calcium ist sehr schwer löslich.

Die Carbaminoreaktion kann dazu benutzt werden, die Aminosäuren von anderen Stoffen abzutrennen. Wäßrige Lösung mit etwas mehr als der gleichen Menge Alkohol versetzen, mit Bariumhydroxyd sättigen und Kohlendioxyd

Tabelle 1.

| Aminosäure | Formel | Löslichkeit |
|---|---|---|
| Alanin d- . . . . . . | $[C_3H_6O_2N]_2Cu$ | l W. w A. |
| Alanin d,l- . . . . . | $[C_3H_6O_2N]_2Cu + H_2O$ | — |
| α-Aminobuttersäure d,l- | $[C_4H_8O_2N]_2Cu$ | — |
| Arginin d- . . . . . . | $[C_6H_{14}O_2N_4]_2Cu(NO_3]_2 + 3\,H_2O$ | wl W. |
| Asparaginsäure l- . . . | $C_4H_5O_4NCu + 4^1/_2H_2O$ | k W. 1:2870 (!) h W. 1:234 zlh verd. Essigsäure |
| Asparaginsäure d,l- . . | $C_4H_5O_4NCu + 4^1/_2H_2O$ | — |
| Canavanin . . . . . . | $[C_5H_{11}O_3N_4]_2Cu$ | ll W. |
| Citrullin . . . . . . . | $[C_6H_{12}O_3N_3]_2Cu$ | swl W. |
| Cystin l- . . . . . . . | $C_6H_{10}O_4N_2S_2Cu$ | wl W. |
| Glutaminsäure d- u. d,l- | $C_5H_7O_4NCu + 2^1/_2N_2O$ | — |
| Glykokoll . . . . . . | $[C_2H_4O_2N]_2Cu + H_2O$ | W. $15^0$ 1:173 |
| Isoleucin d- . . . . . | $[C_6H_{12}O_2N]_2Cu$ | kW. 1:278; kA. 1:476; llhW. A. ll Methyl-, Benzylalkohol (!) |
| Isoleucin d,l- . . . . . | $[C_6H_{12}O_2N]_2Cu$ | l Methyl-, Benzylalkohol |
| Leucin l- . . . . . . . | $[C_6H_{12}O_2N]_2Cu$ | k W. 1:3000, h W. 1:1460 |
| Lysin d,l- . . . . . . . | $[C_7H_{16}O_2N_4]_2Cu + Cu(NO_3)_2 + H_2O$ | — |
| Methionin . . . . . . | $[C_5H_{10}O_2NS]_2Cu$ | swl W. |
| Norleucin d- . . . . . | $[C_6H_{12}O_2N]_2Cu$ | W. 0,005 % ! |
| Norvalin d,l- . . . . . | $[C_5H_{10}O_2N]_2Cu$ | — |
| Oxyglutaminsäure d- . | $C_5H_7O_5NCu$ | ll W. |
| Oxyprolin l- . . . . . | $[C_5H_8O_3N]_2Cu$ | ll W. |
| Phenylalanin l- . . . . | $[C_9H_{10}O_2N]_2Cu$ | k W. 1:1200, h W. 1:250 |
| Phenylalanin d,l- . . . | $[C_9H_{10}O_2N]_2Cu + 2\,H_2O$ | swl k W. A. |
| Prolin l- . . . . . . . | $[C_5H_8O_2N]_2Cu$ | ll W. l A., |
| Prolin d,l- . . . . . . | $[C_5H_8O_2N]_2Cu + 2\,H_2O$ | wl W., unl A. |
| Tryptophan l- . . . . | $[C_{11}H_{11}O_2N_2]_2Cu$ | unl W. |
| Tyrosin l- . . . . . . | $[C_9H_{10}O_3N]_2Cu$ | k W. 1:1230, h W. 1:240 |
| Valin d- . . . . . . . | $[C_5H_{10}O_2N]_2Cu + H_2O$ | in Methylalkohol $18^0$ 1:52 |
| Valin d,l- . . . . . . | $[C_5H_{10}O_2N]_2Cu$ | 96 % A. 1:9200, wl in Methylalkohol |

Abkürzungen: W. = Wasser, A. = Alkohol, Me.A = Methylalkohol l = löslich, einleiten. Diese Operation ist viermal zu wiederholen. Bei guter Kühlung und hinreichendem Alkoholzusatz fallen etwa 90% der vorhandenen Aminosäuren als Bariumcarbaminate aus. Die Aminosäuren können durch einfaches Erhitzen der wäßrigen Lösung der Carbaminate regeneriert werden, wobei Erdalkalicarbonat ausfällt und die Aminosäuren in Lösung bleiben.

Die Bariumcarbaminate der verschiedenen Aminosäuren unterscheiden sich durch ihre Löslichkeit in Wasser. Fast unlöslich sind die Bariumverbindungen von Glykokoll, Asparagin- und Glutaminsäure; diejenigen von d, l-Alanin und d, l-Valin sind leichter löslich als die des Phenylalanins und Tyrosins, letztere sind leichter löslich als das Bariumcarbaminat des l-Leucins (s. auch S. 113).

## b) Derivate der Aminosäuren, die zur Identifizierung geeignet sind.

### 1. Kupfersalze (Tabelle 1).

Die Kupfersalze eignen sich in manchen Fällen zur Trennung der Aminosäuren (siehe hierzu die Methode von BRAZIER, Seite 133), ferner dienen sie zur Identifizierung derselben, die auf Grund der charakteristischen Farbe und Krystallform sowie ihrer Löslichkeit in Wasser oder Alkohol (Isoleucin) und

Kupfersalze.

| Farbe, Krystallform | Cu-Gehalt (ohne $H_2O$) | Bemerkungen |
|---|---|---|
| dunkelblaue, monokline Nadeln, Blättchen | — | ein Cu-Salz mit $3 H_2O$ beschr. B. 42, 362 (1909) |
| lazurfarbige Blättchen, Nadeln | — | — |
| veilchenblaue Nadeln | 23,72 % | — |
| blaue Prismen | — | d,l-Verb. ll $H_2O$-Gehalt schwankt |
| hellblaue zu Garben vereinigte Nadeln | 23,3 % | — |
| blaue Warzen | — | — |
| — | — | Fp. 205—207° unter Zersetzung |
| hellblaue Prismen | — | Fp. 252—258° |
| himmelblaue Nadeln und Tafeln | — | — |
| blaues Krystallpulver | — | d,l- etwas schwerer löslich, auch and. $H_2O$-Gehalt angegeben |
| dunkelblaue Nadeln | — | verliert $H_2O$ bei 130° |
| blaue Blättchen | — | Löslichkeit in Benzylalkohol! |
| Sternchen, Rosetten, an einem Ende zugespitzte Stäbchen | | — |
| blaßgelbe Blättchen | — | — |
| blaßblaue Schüppchen, rhombische Tafeln | 19,64 % | Farbe, Krystallform! |
| dunkelblaue Blätter | — | Fp. 210° unter Aufschäumen; s. auch F. WREDE (262) |
| tiefblaue Platten | — | Fp. über 350° |
| lichtblaue Blätter | — | — |
| blaue Blättchen | — | — |
| — | — | — |
| tiefblaue Nädelchen | 19,66 % | — |
| blaue Prismen | — | — |
| blaßblaue Schuppen | — | $H_2O$ entweicht schon über $H_2SO_4$ |
| dunkelblaue, oft mm-dicke Tafeln | 21,79 % | Löslichkeit in Alkohol im Gegensatz zu d,l! |
| blaue Blättchen oder Prismen | 21,79 % | — |
| graublaues Pulver | — | — |
| blaue Prismen | — | — |
| blaue Blättchen | — | Löslichkeit in Methylalkohol! |
| blaue Blättchen | — | — |

ll = leicht löslich w = wenig k = kalt h = heiß s = sehr 0 = unlöslich z = ziemlich schließlich auf Grund der Kupferbestimmung erfolgt. Zur Kupferbestimmung sind zweckmäßig die bei ca. 110° im Vakuum zur Gewichtskonstanz getrockneten Salze zu verwenden, da der Krystallwassergehalt manchmal etwas schwankt.

*Darstellung.* Wäßrige Lösung der Aminosäure mehrere Minuten mit einem Überschuß von frisch gefälltem Kupferhydroxyd kochen, durch einen Heißwassertrichter abfiltrieren, überschüssiges Kupferhydroxyd mit kleinen Portionen heißem Wasser unter Durchrühren mit einer Gänsefeder gut auswaschen. Sind Aminosäuren vorhanden, die schwer lösliche Kupfersalze bilden, so scheiden sich diese schon beim Erkalten aus, andernfalls sind die Kupfersalzlösungen entsprechend zu konzentrieren. Es empfiehlt sich die Konzentration bei nicht allzu verdünnten Lösungen langsam erfolgen zu lassen, da sich dabei aus einem Gemisch einzelne Kupfersalze in weitgehend reiner Form abscheiden können. Wir haben zu diesem Zweck die Kupfersalzlösungen in reichlich großen, flachen Krystallisierschalen unter großen Glasglocken über Schwefelsäure stehen lassen. Zur Analyse werden die Kupfersalze aus wenig Wasser — nötigenfalls unter Zusatz von etwas Alkohol — unter raschem Abkühlen umkrystallisiert.

Das Kupferhydroxyd stellt man sich am besten aus einer nicht zu konzentrierten Lösung von Kupfersulfat durch Fällen mit verdünnter Natronlauge her. Das Kupferhydroxyd wird zuerst durch mehrmaliges Dekantieren unter Verwendung von viel kaltem Wasser und schließlich auf einem großen Faltenfilter so lange ausgewaschen, bis das Waschwasser keine Schwefelsäurereaktion mehr zeigt.

In manchen Fällen lassen sich die Kupfersalze bequemer durch Kochen der Aminosäurelösung (z. B. Asparaginsäure) mit Kupfercarbonat darstellen. Ferner kann auch die Ausfällung mit Kupferacetat zum Ziele führen. Leucinkupfer erhält man z. B. auf einfache Weise durch Versetzen einer konzentrierten Lösung von Leucin und Kupferchlorid mit der eben erforderlichen Menge Bariumhydroxydlösung (135).

Beim Kochen von Kupfersalzlösungen der Aminosäuren mit etwas Lauge wird alles Kupfer als Oxyd ausgefällt, während die Kupfersalze von Peptonen und Polypeptiden dabei nicht zerlegt werden. Dieser Umstand kann zur Erkennung von Aminosäuren neben Polypeptiden sowie zu deren Trennung verwendet werden.

Tabelle 2.

| Aminosäure | Formel | Fp. | | |
|---|---|---|---|---|
| | | d- | l- | dl- |
| Arginin . . . . | $C_6H_{14}O_2N_4 \cdot C_6H_3O_7N_3 + 2H_2O$ | 217—218° | — | — |
| Arginin . . . . | ohne $H_2O$ | — | — | 200—201° |
| Canavanin . . . | — | — | 205—207° | — |
| Glykokoll . . . | $(C_2H_5O_2N)_2C_6H_3O_7N_3$ | — | — | 199—200° |
| Histidin . . . . | $(C_6H_9O_2N_3)_2C_6H_3O_7N_3$ | — | — | 190° |
| Histidin . . . . | $(C_6H_9O_2N_3)_2C_6H_3O_7N_3$ | — | 86° | — |
| Lysin . . . . . | $C_6H_{14}O_2N_2 \cdot C_6H_3O_7N_3$ | 252° | — | — |
| Lysin . . . . . | $C_6H_{14}O_2N_2 \cdot C_6H_3O_7N_3$ | — | — | 230° Zers. |
| Ornithin . . . . | $C_5H_{12}O_2N_2 \cdot C_6H_3O_7N_3$ | — | 208° | — |
| Ornithin . . . . | $C_5H_{12}O_2N_2 \cdot 2C_6H_3O_7N_3$ | — | 208° | — |
| Phenylalanin . . | $C_9H_{11}O_2N \cdot C_6H_3O_7N_3$ | — | — | 173° |
| Prolin . . . . . | $C_5H_9O_2N \cdot C_6H_3O_7N_3$ | — | — | 135—137° |
| Prolin . . . . . | $C_5H_9O_2N \cdot C_6H_3O_7N_3$ | — | 153—154° | — |
| Oxyprolin . . . | $C_5H_9O_3N \cdot C_6H_3O_7N_3$ | — | 188° | — |
| Tryptophan . . | $C_{11}H_{12}O_2N_2 \cdot C_6H_3O_7N_3$ | 195—196° | — | — |

### 2. Pikrate (Tabelle 2).

Verschiedene Aminosäuren geben charakteristische Pikrate, die sowohl zur Trennung als auch zur Identifizierung verwendet werden können. Die Darstellung der Pikrate erfolgt von Fall zu Fall auf etwas verschiedenem Wege, manchmal gelangt man schon beim Arbeiten mit wäßrigen Lösungen der beiden Substanzen zum Ziel (Glykokoll), in anderen Fällen sind geeignete organische Lösungsmittel anzuwenden (Lysin).

### 3. Pikrolonate (Tabelle 3).

Zur Darstellung der Pikrolonate verwendet man am besten konzentrierte Lösungen von Pikrolonsäure in 96proz. Alkohol.

### 4. Benzoylverbindungen (Tabelle 4).

```
C6H5      R
|         |
CO—NH—CH
          |
          COOH
```

Bei der Benzoylierung der Aminosäuren nach SCHOTTEN-BAUMANN ist zur Erzielung guter Ausbeuten an Stelle der Natronlauge Natriumbicarbonat zu verwenden.

1 Mol einer Monoamino-monocarbonsäure in 1 Mol n-Natronlauge und 15—20 Molen Wasser lösen und mit 6 Molen festem Natriumbicarbonat versetzen. 3 Mole Benzoylchlorid in kleinen Portionen eintragen. Nach jedem Zusatz des Benzoylchlorids stark schütteln, bis das Säurechlorid umgesetzt ist. (Vorsicht, $CO_2$-Entwicklung, Stopfen öfters lüften!) Die Operation dauert etwa 2 Stunden. Das trübe Reaktionsgemisch mit etwas aktiver Kohle schütteln, filtrieren und mit Schwefelsäure ansäuern. Auf 0° abkühlen, abnutschen, mit eiskaltem Wasser gründlich auswaschen und den Krystallbrei an der Luft trocknen. Zur Entfernung der Benzoesäure den vollständig trockenen Rückstand mehrmals mit Petroläther (Sdp. 70°) auskochen. Krystallisation der Benzoylverbindung aus Äther unter Zusatz von Petroläther, in einzelnen Fällen auch aus Wasser. Ausbeute ca. 80% d. Th.

Pikrate.

| Löslichkeit | Krystallform | $[\alpha]_D$ | Bemerkungen |
|---|---|---|---|
| 95 W. 16°, 100 zl | lange, dünne, seidenglänzende Nadeln | — | — |
| 0,22% W. | Prismen | — | — |
| ll W. | Nädelchen | — | — |
| wl k W. | — | — | zur Trennung von Alanin geeignet |
| ll A., wl k W. | gelbe Tafeln | — | sintert bei 182° |
| l W. | Blättchen aus $H_2O$ | — | sintert bei 80° |
| k W. 1:185°, Me.A 0,1% | — | — | — |
| l h W., abs. A., 0 Ae. | kleine, dicke Nadeln | — | — |
| ll W. | orangegelbe Nadeln | — | — |
| ll W. | schwefelgelbe rhomb. Prismen | — | — |
| k W. 2,55%, A. 1,3, wl Ae. | gelbe Nadeln | — | — |
| ll h W., A., wl k A., wl Ae. | gelbe, unvollkommene Krystalle | — | — |
| weniger löslich als d,l- | gut ausgebildete Nadeln aus A. | — | — |
| ll W., wl A. | feine, büschelförmige Nadeln | — | — |
| 0,91% k W., ll A., wl Ae. | carminrote Nadelbüschel und Tafeln | — | — |

Für Monoamino-dicarbonsäuren ist entsprechend mehr Lauge, für Diamino-monocarbonsäuren entsprechend mehr Benzoylchlorid und Bicarbonat zu verwenden.

### 5. β-Naphthalinsulfosäureverbindungen (Tabelle 5).

```
C10H7      R
|          |
SO2—NH—CH
           |
          COOH
```

Mit Ausnahme von Glutamin- und Asparaginsäure bilden die Aminosäuren mit β-Naphthalinsulfochlorid schwer lösliche Derivate, die sich in den meisten Fällen durch gute Krystallisationsfähigkeit und ziemlich scharfen Schmelzpunkt auszeichnen.

Das zu verwendende Napthalinsulfochlorid soll den Fp. 78° besitzen, nötigenfalls ist es durch Destillation im Vakuum (0,3 mm) und Krystallisation aus wasserfreiem Benzol zu reinigen.

2 Mole Naphthalinsulfochlorid in Äther lösen, hierzu die Lösung der Aminosäure in der für 1 Mol berechneten Menge n-Natronlauge geben und auf der Maschine schütteln. In Zeitintervallen von je 1—1½ Stunden noch dreimal dieselbe Menge Natronlauge zufügen. Die wäßrige Lösung muß am Ende der Reaktion noch alkalisch reagieren. Sie wird von der ätherischen Lösung getrennt und, falls dunkel gefärbt, mit etwas aktiver Kohle geschüttelt. Filtrieren, mit Salzsäure ansäuern. Dabei fällt das Kondensationsprodukt als krystallinischer Niederschlag aus, bisweilen vermengt mit dem Natriumsalz der Naphthalinsulfosäure, und zwar besonders dann, wenn das Hinzufügen

Tabelle 3.

| Aminosäure | Formel | Fp. | | |
|---|---|---|---|---|
| | | d- | l- | dl- |
| Alanin . . . . . | $[C_3H_7O_2N]_2 \cdot C_{10}H_8O_5N_4$ | ca. 145° | — | — |
| Alanin . . . . . | $C_3H_7O_2N \cdot C_{10}H_8O_5N_4$ | — | ca. 215° | — |
| Alanin . . . . . | $C_3H_7O_2N \cdot C_{10}H_8O_5N_4$ | — | — | 216° |
| Arginin . . . . | $C_6H_{14}O_2N_4 \cdot C_{10}H_8O_5N_4 + H_2O$ | 225° (231°) | — | — |
| Arginin . . . . | $C_6H_{14}O_2N_4 \cdot C_{10}H_8O_5N_4$ | — | — | 248° |
| Asparaginsäure . | $C_4H_7O_4N \cdot C_{10}H_8O_5N_4$ | — | — | — |
| Glutaminsäure . | $C_5H_9O_4N \cdot C_{10}H_8O_5N_4$ | 184° | — | 184° |
| Glykokoll . . . | $C_2H_5O_2N \cdot C_{10}H_8O_5N_4$ | | 214° Zers. | |
| Histidin . . . . | $C_6H_9O_2N_3 \cdot C_{10}H_8O_5N_4$ | 232° u. Zers. | — | — |
| Histidin . . . . | $C_6H_9O_2N_3(C_{10}H_8O_5N_4)_2$ | 265° u. Zers. | — | — |
| Isoleucin . . . . | $C_6H_{13}O_2N \cdot C_{10}H_8O_5N_4$ | ca. 170° | — | — |
| Leucin . . . . . | $C_6H_{13}O_2N \cdot C_{10}H_8O_5N_4$ | — | 145—150° | — |
| Leucin . . . . . | $C_6H_{13}O_2N \cdot C_{10}H_8O_5N_4$ | — | — | ca. 150° |
| Lysin . . . . . | $C_6H_{14}O_2N_2 \cdot C_{10}H_8O_5N_4$ | 246—252° | — | — |
| Methionin . . . | — | — | 178° | — |
| Phenylalanin . . | $C_9H_{11}O_2N \cdot C_{10}H_8O_5N$ | — | 208° | — |
| Phenylalanin . . | $C_9H_{11}O_2N \cdot C_{10}H_8O_5N$ | — | — | 238° |
| Serin . . . . . | $C_3H_7O_3N \cdot C_{10}H_8O_5N_4$ | — | — | 265° u. Zers. |
| Tryptophan . . | $C_{11}H_{12}O_2N_2 \cdot C_{10}H_8O_5N_4$ | — | 203—204° | — |
| Valin . . . . . | $C_5H_{11}O_2N \cdot C_{10}H_8O_5N_4$ | 170—180° | — | — |
| Valin . . . . . | $C_5H_{11}O_2N \cdot C_{10}H_8O_5N_4$ | — | — | 150—220° |

der Lauge nicht portionenweise erfolgte. Wenn die Naphthalinsulfoverbindung als Öl ausfällt, läßt man einige Zeit in der Kälte stehen. Umkrystallisieren aus Wasser oder verdünntem Alkohol. Ist die Verbindung stark verunreinigt, so löst man in Ammoniak und fällt durch Zusatz von verdünnter Salzsäure fraktioniert aus. Auch die Reinigung über die Bariumsalze führt in manchen Fällen zum Ziel.

Die Naphthalinsulfoverbindungen lassen sich durch dreistündiges Erhitzen mit der zehnfachen Menge Salzsäure (spez. Gew. 1,19) bei 110° spalten.

### 6. p-Toluolsulfosäureverbindungen (Tabelle 6).

$$\begin{array}{lcl} C_7H_7 & & R \\ | & & | \\ SO_2 & —NH— & CH \\ & & | \\ & & COOH \end{array}$$

Die Darstellung erfolgt in gleicher Weise wie bei den Naphthalinsulfoverbindungen. Fischer und Bergmann (67—69) empfehlen das p-Toluolsulfochlorid als billiger und wegen des Vorzugs, daß sich nach der Spaltung p-Toluolsulfosäure von der Aminosäure leichter trennen läßt als Naphthalinsulfosäure von der Aminosäure.

Die 4-Nitrotoluol-2-sulfoverbindungen werden in ähnlicher Weise hergestellt (198).

### 7. Uraminosäuren (Tabelle 8).

Hydantoinsäuren, Ureidosäuren, bezüglich der Nomenklatur s. Meyer und Jacobson (158).

Pikrolonate.

| Löslichkeit | Krystallform | $[\alpha]_D$ | Bemerkungen |
|---|---|---|---|
| l h Ae., wl verd. A. | — | +11,08° | zersetzt sich bei 217° |
| A. 8,07 %, W. 20° 1,6 % | Prismen | +12,4° | — |
| W. ca. 1 % | Prismen | — | — |
| 1:1124 W., 1:2800 A. | gelbe Nadeln | — | — |
| W. 0,03 % b. 16° | — | — | Krystallwasser entweicht bei 110° |
| W. 20° 1,7 % | Prismen | — | bei 130° Schwärzung |
| ll W. | — | — | — |
| 0,99 % W. | — | — | unter Umständen $(C_2H_5ON_2)_2C_{10}H_8O_5N_4$ |
| W. 1:80 h, 500 k | reingelbe, mikroskopische Nadeln | — | — |
| h W. 1:150 | orangegelbe Krystalle | — | — |
| — | — | +32,8° (A.) | — |
| 0,6 % k W. | rhombische Krystalle | +19,6° (A.) | — |
| — | — | — | — |
| sll W., ll A. | Nadeln | — | — |
| sl W. | hellgelbe Krystalle | — | — |
| 0,34 % k W. | Prismen | +30,1° (A.) | — |
| k W. 0,11 %, A. 0,3 %, wl A. | gelbe, viereckige Blättchen | — | — |
| 0,98 % k W. | — | — | — |
| 0,384 % W., ll A., l Ae. | orangerote, büschelförmige Krystallgruppen | — | — |
| 1,2 % k W. | — | +24,2 (A.)° | — |
| 0,81 % k W. | — | — | — |

Tabelle 4.

| Aminosäure | Formel | Fp. d- | Fp. l- | Fp. dl- |
|---|---|---|---|---|
| Alanin | $C_{10}H_{11}O_3N$ | 150—151° | — | — |
| ,, | $C_{10}H_{11}O_3N$ | — | 150—151° | — |
| ,, | $C_{10}H_{11}O_3N$ | — | — | 165—166° |
| Arginin | $C_{20}H_{22}O_4N_2$ | 217—218° | — | — |
| α-Aminobuttersäure | $C_{11}H_{13}O_3N$ | — | — | 145—146° |
| ,, | $C_{11}H_{13}O_3N$ | 120—121° | — | — |
| ,, | $C_{11}H_{13}O_3N$ | — | 120—121° | — |
| Asparaginsäure | $C_{11}H_{11}O_5N$ | — | 184—185° | — |
| ,, | $C_{11}H_{11}O_5N$ | 184—185° | — | — |
| ,, | $C_{11}H_{11}O_5N$ | — | — | 164—165° |
| Cystin | $C_{20}H_{20}O_6N_2S_2$ | — | 180—181° | — |
| 3,4-Dioxyphenylalanin | $C_{30}H_{27}O_7N$ | — | ca. 170° | — |
| Glutaminsäure | $C_{12}H_{13}O_5N$ | — | — | d, l- |
| ,, | $C_{12}H_{13}O_5N$ | 137—138° | — | — |
| ,, | $C_{12}H_{13}O_5N$ | — | 130—132° | — |
| Glykokoll | $C_9H_9O_3N$ | 187,5° | — | — |
| Histidin | $C_{13}H_{13}O_3N_3 + H_2O$ | 230° Zers. | — | — |
| ,, | $C_{13}H_{13}O_3N_3 + H_2O$ | — | — | 248° |
| Isoleucin | $C_{13}H_{17}O_3N$ | 116—117° | — | — |
| ,, | $C_{13}H_{17}O_3N$ | — | — | 115° |
| Leucin | $C_{14}H_{17}O_3N$ | — | — | 137—141° |
| ,, | $C_{14}H_{17}O_3N$ | 105—107° | — | — |
| ,, | $C_{14}H_{17}O_3N$ | — | 105—107° | — |
| Lysin | $C_{20}H_{22}O_4N_2$ | 144—145° | — | — |
| ,, | $C_{20}H_{22}O_4N_2$ | — | — | 145—146° |
| ,, | $C_{13}H_{18}O_3N_2$ | — | — | 268° |
| Phenylalanin | $C_{16}H_{15}O_3N$ | 145—146° | — | — |
| ,, | $C_{16}H_{15}O_3N$ | — | — | 187—188° |
| Serin | $C_{17}H_{15}O_5N$ | — | — | 124° |
| ,, | $C_{10}H_{11}O_4N$ | — | — | 171° |
| Tyrosin | $C_{16}H_{15}O_4N$ | — | — | 195—197° |
| ,, | $C_{16}H_{15}O_4N$ | — | 165—166° | — |
| ,, | $C_{23}H_{19}O_5N$ | — | 211—212° | — |
| Valin | $C_{12}H_{15}O_3N$ | — | — | 132,5° |

Aminosäuren reagieren mit Harnstoff oder Isocyanaten unter Bildung von Hydantoinsäuren:

$$\text{a)}\quad \begin{array}{c} R \\ | \\ CH{-}NH_2 \\ | \\ COOH \end{array} + H_2N{-}\underset{\underset{O}{\|}}{C}{-}NH_2 = \begin{array}{c} R \\ | \\ CH{-}NH{-}\underset{\underset{O}{\|}}{C}{-}NH_2 \\ | \\ COOH \end{array} + NH_3$$

Benzoylverbindungen.

| Löslichkeit | Krystallform | $[\alpha]_D$ | Bemerkungen |
|---|---|---|---|
| 1,3 % W. | Platten aus $H_2O$ | +3,3° | — |
| — | Platten | —3,3° | — |
| l W. A. | Blättchen | — | — |
| 1:750 W. 100°, l A. | lange Nadeln, rhombische Tafeln | — | — |
| W. 1:225 (20°), 1:50 (100°) sll A. Ae., ll B. | spießförmige Krystalle | — | — |
| wl Ae. ll als dl- W. 1:93 (20°) | — | +30,7 (A.)° | ähnliche Eigenschaften |
| ll als dl- W. 1:93 (20°) | — | —31,8° (A.) | |
| W. (100°) 1:3, 20° (1:260) | krystallin | +37,4° (2 n KOH) | — |
| — | — | —37,6° (2 n KOH) | — |
| W. h 1:3—4 (wasserfrei), 1:664 $H_2O$ (20°) | — | — | — |
| W 0, A. l, Ae. wl | seidenglänzende Nadeln | — | Na-Salz |
| wl h W., ll A. | feine, weiße Nadeln | — | — |
| W wl (1:124), l A. | — | — | — |
| — | — | +17,18°(KOH) | Benzoylierung der d-Säure liefert Gemisch von aktivem und inaktivem Körper. Fp. inkonstant |
| — | — | —18,7° (KOH) | |
| | | +13,8° (W.) | |
| wl k W., A., Ae., ll h W., A. | rhombische Säulen | — | — |
| 0 W., org. Solv., ll Alkalien | wasserhelle Krystalle | — | F.P. 249° |
| wl W., A., l verd. Säuren, Alkalien | Prismen | — | — |
| swl k W., l h W., ll A., Ae. | farblose, lange Stäbchen, Nadeln | +26,36° (Alkalien) | Benzoesäure mit Benzol ausschütteln |
| — | — | — | — |
| wl k W., h W.: 200, ll A., Ae. | Blättchen oder Prismen | — | scheidet sich erst ölig ab |
| wl k W., h W.: 200, ll A., Ae. | Nadeln | +6,59° (KOH) | — |
| wl k W., h W.: 200, ll A., Ae. | — | —6,39° (KOH) | — |
| k W., Ae. swl., ll A. | kleine, glänzende Blätter | — | — |
| ll A., swl W., Ae. | farblose, schief abgeschnittene Plättchen | — | — |
| k W. 1:150, h W. 1:60, 0 A., 0 Ae. | zu Rosetten vereinigte Krystalle | — | — |
| lw W. | Nadeln (a. W.) | —17,1°(NaOH) | — |
| lw W. | Blättchen | — | — |
| wl h W., ll A., Ae. | feine Nadeln | — | — |
| ll A., wl Ae. | flache, 4—6eckige Tafeln | — | — |
| k W. wl., l A., wl Ae. | Nädelchen | — | — |
| — | Blätter, Tafeln aus Wasser | +18,29° (5 % A.) | — |
| ml k W., Ae., ll A. | Nadeln aus Eisessig | — | — |
| ll Ae., A., swl h W. | Blättchen | — | — |

b) $$\underset{\displaystyle COOH}{\overset{\displaystyle R}{CH}}—NH_2 + R'—N = C = O = \underset{\displaystyle COOH}{\overset{\displaystyle R}{CH}}—NH—\underset{\displaystyle O}{\overset{}{C}}—NH—R',$$

wobei R′ = Phenyl oder Naphthyl für praktische Fälle.

Tabelle 5. β-Naphthalin-

| Aminosäure | Formel | Fp. d- | Fp. l- | Fp. dl- |
|---|---|---|---|---|
| Alanin . . . . . . . . . | $C_{13}H_{13}O_4NS$ | 122—123° | — | — |
| Arginin . . . . . . . . | $C_{16}H_{20}O_4N_4S$ | 87—89° | — | — |
| „ . . . . . . . . | $+ {}^1/_2 H_2O$ | — | — | 85° |
| α-Aminobuttersäure . . . | $C_{14}H_{15}O_4NS$ | — | — | 148° |
| Asparaginsäure . . . . . | — | — | 153° | — |
| Cystin . . . . . . . . . | $C_{26}H_{24}O_8N_2S_4$ | — | 226—230° | — |
| Glykokoll . . . . . . . | $C_{12}H_{11}O_4NS$ | — | — | 159° |
| Histidin . . . . . . . . | $C_{26}H_{21}O_6N_3S_2$ | 149—150° | — | — |
| Leucin . . . . . . . . . | $C_{16}H_{19}O_4NS + H_2O$ | — | 60—67° | — |
| „ . . . . . . . . . | ohne $H_2O$ | — | — | 145—146° |
| Norleucin . . . . . . . | $C_{16}H_{19}O_4NS$ | 149° | — | — |
| β-Oxyglutaminsäure . . . | — | — | — | — |
| Oxyprolin . . . . . . . | $C_{15}H_{15}O_5NS + H_2O$ | — | 90—91° | — |
| Phenylalanin . . . . . | $C_{19}H_{17}O_4NS$ | — | — | 143—144° |
| Prolin . . . . . . . . . | $C_{15}H_{15}O_4NS + H_2O$ | — | 133,7° | — |
| Serin . . . . . . . . . | $C_{13}H_{13}O_5NS + H_2O$ | — | — | 214° |
| Tryptophan . . . . . . | $C_{29}H_{28}O_4N_2S$ | — | 185° | 185° |
| Tyrosin . . . . . . . . | $C_{29}H_{23}O_7NS_2$ | — | 100—120° unscharf | — |

Die Salze dieser Uraminosäuren sind in Wasser meist leicht, in Alkohol schwer löslich. Bei Abwesenheit von Chloriden geben die Säuren mit Mercurinitrat noch bei sehr starker Verdünnung amorphe Fällungen (Nachweisreaktion!).

Unter der Einwirkung von Mineralsäuren gehen diese Uraminosäuren in lactamartige Verbindungen über, welche als cyclische Oxysäure-ureide aufgefaßt werden können. Sie werden heute allgemein als *Hydantoine* bezeichnet:

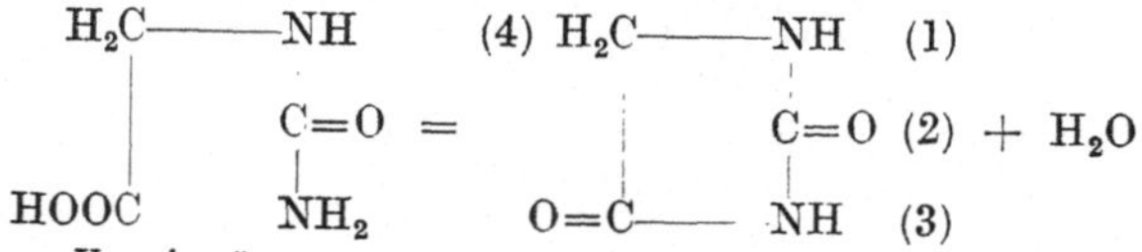

```
   H2C———NH          (4) H2C———NH  (1)
    |                     :      :
    |     C=O   =         :     C=O (2) + H2O
    |     |               :      :
  HOOC    NH2          O=C———  NH  (3)
     Uraminosäure          Hydantoin
```

Nimmt man an Stelle von Glykokoll andere Aminosäuren, so erhält man Hydantoine, die bei 4 substituiert sind. Nimmt man statt Isocyansäure bzw. Harnstoff Phenyl- oder Naphthylisocyanat, so sitzt der Phenyl- bzw. Naphthylrest bei 3. Thiohydantoine besitzen bei 2 an Stelle des Sauerstoffs ein Schwefelatom usw.

Viele dieser Verbindungen eignen sich vorzüglich zur *Charakterisierung der Aminosäuren.*

sulfosäure-verbindungen.

| Löslichkeit | Krystallform | $[\alpha]_D$ | Bemerkungen |
|---|---|---|---|
| — | feine Nadeln | —57,7° (KOH) | am besten über Ba-Salz reinigen, krystallisiert manchmal erst nach einigem Stehen bei 0° |
| — | — | — | — |
| ll A. | — | — | — |
| — | — | — | — |
| — | — | — | — |
| l W., k A., ll k A. | flache, verbogene Nadeln | —82,88° | bei 100° getrocknet zersetzt es sich bei 214° zu braunem Öl |
| k W. 1:2670, h W. 1:90, ll abs. A. | lange, zugespitzte Blättchen | | — |
| 0 W., wl A., ll Alkalien | atlasglänzende Nädelchen | — | — |
| h W. 1:400, swl k W. | lange, spießige Prismen | — | bei 85° entweicht Krystallwasser |
| W. 1:500, ll A., Ae. | farblose, glänzende Blättchen | | — |
| wl W., ll A., Ae. | | —22,54° | — |
| wl W., ll A. | harte, kryst. Masse | — | — |
| l k W., ll A., l Ae. | sehr dünne, lange Blättchen | — | Krystallwasser entweicht bei 85° |
| h W. 1:1500, ll A., Ae. | Nädelchen aus Wasser | | — |
| h W. 1:130, ll A., wl Ae. | — | | wasserfrei Fp. 138°, Krystallwasser entweicht bei 90° |
| h W. 1:75, h A. 1:7 | winzige Nädelchen | — | Krystallwasser entweicht bei 80° im Vakuum, aus A. wasserfreie Krystalle. |
| | Nadeln | — | |
| swl h W., l h A. | Nädelchen, Büschel verwachsene Blätter | — | Na-Salz Fp. 304°. Verbindung unterscheidet sich durch seine geringe Löslichkeit in kaltem A. von den andern Aminosäuren |

*a) Einfache Uraminosäuren.* Sie bilden sich beim Kochen wäßriger Lösungen von Aminosäuren mit Harnstoff, Gegenwart von Bariumhydroxyd begünstigt die Reaktion, doch tritt dabei in den meisten Fällen Racemisierung ein. Die Uraminosäuren sind bei Gegenwart verdünnter Mineralsäuren in der Regel weniger löslich als die Aminosäuren. Durch Kochen mit Mineralsäuren gehen sie in die Hydantoine über (s. weiter unten).

*b) Phenylisocyanatverbindungen* (Tabelle 7). Die Bildung dieser Verbindungen verläuft nicht in jedem Fall quantitativ, außerdem bilden sie manchmal unerfreuliche Harze, die erst durch Kochen mit Mineralsäuren in die krystallisierenden Hydantoine übergeführt werden müssen.

```
C6H5
|
NH         R
|          |
CO—NH—CH
           |
           COOH
```

Beim Arbeiten mit Phenylisocyanat in wäßriger Lösung soll die Temperatur des Reaktionsgemisches etwa 0° betragen, ferner muß ein Überschuß an Alkali vermieden werden, da sich das Phenylisocyanat sonst leicht unter

Tabelle 6.

| Aminosäure | Formel | Fp. d- | Fp. l- | Fp. dl- |
|---|---|---|---|---|
| Alanin | $C_{10}H_{13}O_4NS$ | — | 131—132° | — |
| „ | $C_{10}H_{13}O_4NS$ | 134—135° | — | — |
| „ | $C_{10}H_{13}O_4NS$ | — | — | 138—139° |
| Leucin | $C_{13}H_{19}O_4NS$ | — | 124° | — |
| Phenylalanin | $C_{16}H_{17}O_4NS$ | — | 164—165° | — |
| „ | $C_{16}H_{17}O_4NS$ | 164—165° | — | — |
| Prolin | — | 130—133° | — | — |
| Tyrosin | $C_{16}H_{17}O_5NS$ | — | 187—188° | — |

Tabelle 7.

| Aminosäure | Formel | Fp. d- | Fp. l- | Fp. dl- |
|---|---|---|---|---|
| Alanin | — | — | — | 169° |
| Cystin | — | — | 160° | — |
| Glykokoll | — | — | — | 195° |
| Isoleucin | $C_{13}H_{18}O_3N_2$ | 119—120° | — | — |
| Leucin | $C_{13}H_{18}O_3N_2$ | — | — | 165° |
| Norvalin | $C_{12}H_{16}O_3N_2$ | — | 137° | — |
| Oxyprolin l- | $C_{12}H_{14}O_4N_2$ | — | 172° | — |
| Oxyprolin d- | — | — | — | — |
| Oxyprolin dl- | — | — | — | 194—195° |
| Phenylalanin | $C_{16}H_{10}O_3N_2$ | — | — | 180—181° |
| Serin | $C_{10}H_{12}O_4N_2$ | — | — | 168—169° |
| Tryptophan | $C_{18}H_{17}O_3N_3$ | — | 166° | — |
| Tyrosin | $C_{16}H_{16}O_4N_2$ $^1/_2H_2O$ | — | 104° | — |
| Valin d- | $C_{12}H_{16}O_3N_2$ | 140—145° | — | — |
| Valin dl- | — | — | — | 163,5° |

Bildung des schwer löslichen sym. Diphenylharnstoffs (Fp. 235°) zersetzt. (Mit der Möglichkeit des Eintritts dieser Reaktion ist in allen Fällen zu rechnen!)

*Ausführung.* 1 Mol Aminosäure in 1 Mol n-Natronlauge lösen, mit der 20—40fachen Menge Wasser (bezogen auf Gewicht der Aminosäure) verdünnen und in einem dickwandigen Kolben in einer Kältemischung auf 0° abkühlen. Genau 1 Mol Phenylisocyanat in kleinen Anteilen und unter gutem Schütteln zufügen. Unter öfterem Schütteln stehen lassen, bis der Geruch des Phenylisocyanates verschwunden ist. Dauer der Reaktion für 2 g Substanz etwa $^1/_2$ Stunde. Aus der klaren Lösung der Uraminosäure scheidet sich auch bei richtigem Arbeiten manchmal eine kleine Menge Diphenylharnstoff ab. Abfiltrieren und Filtrat mit verdünnter Schwefelsäure übersättigen. Ausbeute 90—95% d. Th. Umkrystallisieren aus heißem Wasser oder Essigester unter Zusatz von Petroläther.

## 8. Phenylhydantoine (Tabelle 8).

```
   R
   |
  HC—CO
   |     >N—C6H5
  HN—CO
```

Aus den Phenylisocyanatverbindungen durch Kochen mit Mineralsäuren.

*Beispiel.* 2 g Phenylisocyanat-glykokoll (Phenylhydantoinsäure, Phenylureidoessigsäure) in 160 cm³ 25proz. Salzsäure (spez. Gew. 1,124) lösen und p-Toluolsulfo-säure-verbindungen.

| Löslichkeit | Krystallform | $[\alpha]_D$ | Bemerkungen |
|---|---|---|---|
| l A., Ae., w W. | Nadeln | —9,17° | — |
| ll A., l h W. | — | —6,8° | — |
| wl W. | Nadeln | — | — |
| wl h W., ll A., Ae. | — | +4,5° (A.) | — |
| — | — | —2,11° (Ac.) | — |
| ll Ae. | feine Nadeln | +2,42° (Ac.) | — |
| ll A., W. | rosettenförmige Krystalle | — | — |
| ll A., swl k W. | — | —0,85° (A.) | — |

Phenylisocyanate.

| Löslichkeit | Krystallform | $[\alpha]_D$ | Bemerkungen |
|---|---|---|---|
| wl W. | — | — | — |
| l h A., Ae. | — | — | — |
| k W. sw., 70 Tle. h W. l. | lange Spieße | — | — |
| 0 k W., ll h W., A., Ae. | seideglänzende Nadeln | +14,92° | — |
| h W. 1:300, h A. 1:2 | Prismen, Blättchen, Nadeln | — | — |
| ll A., Essigester wl W | weiße glänzende Prismen | — | — |
| ll W., A., wl Ae. | farblose Blättchen | —37,2° | $[\alpha]_D$ in (NaOH) |
| — | — | +34,1° | — |
| ll A., 0 Ae. | — | — | — |
| swl k W., ll h A. | feine Nadeln | — | — |
| ll h W., ll k W., lll A. | sternförmig vereinigte Nadeln | — | — |
| ll A., Ae., wl k W. | feine Nadeln | — | sehr lichtempfindlich |
| ll Ae., A., l W. | zu Büscheln vereinigte Nadeln | — | Schmp. l- 194° u. Zers. |
| l h W. 1:130 | mikroskopische kleine Prismen | — | — |
| ll h A., wl Ae. | farblose Blättchen | — | — |

die Flüssigkeit auf $^1/_4$ ihres Volumens eindampfen. Beim Erkalten scheidet sich das Hydantoin in prächtigen Krystallen ab. Aus der Mutterlauge erhält man bei weiterem Eindampfen eine zweite Fraktion. Umkrystallisieren aus Wasser oder verdünntem Alkohol.

### 9. α-Naphthylisocyanatverbindungen (Tabelle 9).

```
C10H7
|
NH        R
|         |
CO—NH—CH
          |
          COOH
```

In vielen Fällen ist die Anwendung von Naphthylisocyanat an Stelle von Phenylisocyanat zur Identifizierung der Aminosäuren geeigneter. Ersteres gibt auch mit Oxyaminosäuren gut krystallisierende, schwer lösliche Verbindungen. Das α-Naphthylisocyanat zeichnet sich vor dem Phenylisocyanat dadurch aus, daß es infolge seines hohen Siedepunktes (270°) weniger durch seinen Geruch belästigt, ferner ist es gegen Wasser viel beständiger, so daß es ohne weitere Vorsichtsmaßregeln, d. h. ohne Kühlung und ohne starkes Schütteln, mit den Aminosäuren zur Reaktion gebracht werden kann. Es eignet sich ganz besonders zur Abscheidung von Aminosäuren aus sehr verdünnten Lösungen. 1 Mol Aminosäure in n-Natronlauge lösen, mit der 50fachen Menge Wasser (bezogen auf

Tabelle 8.

| Aminosäure | Formel | Fp. | | |
|---|---|---|---|---|
| | | d- | l- | dl- |
| α-Aminobuttersäure . . . | $C_{11}H_{12}O_2N_2$ | — | — | 120—127° u. Zers. |
| Cystin . . . . . . . . . | $C_{20}H_{18}O_4N_4S_2$ | — | 117° | — |
| Glutaminsäure . . . . . | $C_6H_8O_4N_2$ | 165° | 165° | 165° |
| Glykokoll . . . . . . . | $C_9H_8O_2N_2$ | — | — | 159—160° |
| Leucin . . . . . . . . . | — | — | — | 125° |
| Lysin . . . . . . . . . | $C_{20}H_{22}O_3N$ | 183—184° | — | — |
| ,, . . . . . . . . . | $C_{20}H_{22}O_3N$ | — | — | 196° |
| Oxyprolin l- . . . . . . | $C_{20}H_{22}O_3N + 2H_2O$ | — | — | — |
| Phenylalanin . . . . . . | $C_{10}H_{14}O_2N_2$ | — | — | 173—174° |
| Prolin . . . . . . . . . | — | — | 143° | 1— |
| ,, . . . . . . . . . | — | — | — | 18° |
| Serin . . . . . . . . . | $C_{10}H_{10}O_3N_2$ | — | — | 168—169° |
| Valin . . . . . . . . . | $C_{12}H_{14}O_2N_2$ | 131—133° | — | — |
| ,, . . . . . . . . . | $C_{12}H_{14}O_2N_2$ | — | — | 124—125° |
| ,, . . . . . . . . . | $C_{12}H_{14}O_2N_2$ | — | 131—133° | — |

Tabelle 9.

| Aminosäure | Formel | Fp. | | |
|---|---|---|---|---|
| | | d- | l- | dl- |
| Alanin . . . . . . . . . . . | $C_{14}H_{14}O_3N_2$ | — | — | 198° |
| ,, . . . . . . . . . . . | — | — | 202° | — |
| α-Aminobuttersäure . . . . . | $C_{15}H_{16}O_3N_2$ | — | — | 194—195° |
| Asparaginsäure . . . . . . . | $C_{15}H_{14}O_5N_2$ | — | 115° | — |
| Cystin l- . . . . . . . . | $C_{28}H_{28}O_6N_4S_2$ | — | — | — |
| Glutaminsäure . . . . . . . | $C_{16}H_{16}O_5N_2$ | 236—237° | — | — |
| Glykokoll . . . . . . . . . | $C_{13}H_{12}O_3N_2$ | — | — | 190,5—191,5° |
| Isoleucin . . . . . . . . . | $C_{17}H_{20}O_3N_2$ | 178° | — | — |
| Leucin . . . . . . . . . . | $C_{17}H_{20}O_3N_2$ | — | 163,5° | — |
| Methionin . . . . . . . . . | $C_{16}H_{18}O_3N_2S$ | — | 187° | — |
| Phenylalanin . . . . . . . | $C_{20}H_{18}O_3N_2$ | 155° | — | — |
| Prolin . . . . . . . . . . | — | — | — | 171—172° |
| Serin . . . . . . . . . . | $C_{14}H_{14}O_4N_2$ | — | — | 192° |
| Tryptophan . . . . . . . . | $C_{22}H_{19}O_3N_3$ | — | 159—160° | — |
| Tyrosin . . . . . . . . . . | $C_{20}H_{18}O_4N_2$ | — | 205—206° | — |

das Gewicht der Aminosäure) verdünnen, $^5/_4$ Mole α-Naphthylisocyanat zufügen, 2 Minuten umschütteln, stehen lassen und im Verlauf von $^1/_2$—1 Stunde das Schütteln einige Male wiederholen. Dabei ist jedesmal der Stopfen zu lüften, da bei der Zersetzung des Isocyanates Dinaphthylharnstoff und Kohlendioxyd gebildet wird. Vom ausgefallenen Dinaphthylharnstoff abfiltrieren und Filtrat mit Salzsäure ansäuern. Die Ausbeute ist häufig fast quantitativ. Umkrystallisieren aus verdünntem Alkohol.

Aus unreinen Lösungen fallen die α-Naphthylhydantoinsäuren sehr oft in gelatinösem Zustand aus und färben sich an der Luft leicht bläulich. In solchen Fällen wird der Niederschlag auf einer großen Nutsche abgesaugt, gut ausgewaschen und im Exsiccator über Phosphorpentoxyd getrocknet. Durch Umfällen aus verdünnten Alkalien mit verdünnten Säuren und nachfolgender Krystallisation aus verdünntem Alkohol unter Zusatz von

Phenylhydantoine.

| Löslichkeit | Krystallform | $[\alpha]_D$ | Bemerkungen |
|---|---|---|---|
| sl h W., ll h A., Ae. | — | — | — |
| 0 W. | — | — | — |
| — | hexagonale Prismen | — | — |
| ll A., 0 Ae. | glänzende Nadeln aus $H_2O$ | — | — |
| — | — | — | — |
| swl W., wl h konz. HCl | voluminöse unkrystallisierte Masse | — | — |
| — | voluminöse unkrystallisierte Masse | — | — |
| — | — | $-50,7^0$ | — |
| swl W., ll h A. | — | — | — |
| h W. l | flache Nadeln aus h W. | — | — |
| — | feine Prismen aus h A. | — | — |
| ll h A., wl Ae. | kleine Nadeln | — | — |
| swl h W., l Ae., A. | farblose, dünne Prismen | $-97,5^0$ (A.) | — |
| wl h W., ll A., Ne. | feine, lange Nadeln | — | — |
| wie d- | farblose dünne Prismen | $+97,2^0$ (A.) | — |

$\alpha$-Naphthylisocyanate.

| Löslichkeit | Krystallform | $[\alpha]_D$ | Bemerkungen |
|---|---|---|---|
| — | kleine Nadeln | — | schmilzt unter Zersetzung |
| — | — | — | — |
| — | lange, spießige Krystalle aus verdünntem Alkohol | — | — |
| — | undeutliche Nädelchen | — | schäumt b. Fp. auf |
| K- und besonders Na-salz sl | — | — | aus der alkalischen Lösung mit Dinaphthylharnstoff |
| — | Nädelchen aus A. | — | am besten aus 90proz. Alkohol in langen, verfilzten Nadeln |
| l h A., wl W. | farblose Nädelchen | — | — |
| — | farblose Nadeln | — | — |
| — | lange, spießige Krystalle | — | — |
| wl W. | kurze Nadeln | — | — |
| — | farblose Nadeln | — | — |
| wl k W. | — | — | — |
| l A. | Nadeln | — | — |
| l h A. | mikroskopische Nadeln | — | Nachweis! Lichtempfindlich, bei $144^0$ dunkel werdend |
| — | feine, sternförmig gruppierte Nadeln | — | — |

aktiver Kohle lassen sich die Naphthylisocyanate auch in solchen Fällen rein erhalten.

Es kommt vor, daß sich die alkalische Lösung der Naphthylisocyanate außerordentlich schwer vom Dinaphthylharnstoff abtrennen läßt. Man verdünnt in solchen Fällen mit dem fünffachen Volumen Wasser und erhitzt kurze Zeit zum Sieden, wobei sich der Dinaphthylharnstoff zusammenballt und nunmehr leicht filtriert werden kann.

Durch längeres Kochen mit Bariumhydroxyd lassen sich die Naphthylisocyanate spalten.

Von analytischer Bedeutung sind *Kupfer- und Silbersalze der Naphthylhydantoinsäuren.*

Diese bilden sich sehr leicht, durch einfaches Glühen läßt sich der Kupfer- bzw. Silbergehalt bestimmen.

Zur Darstellung der Salze löst man die Naphthylisocyanate in heißem verdünntem Ammoniak, dampft das überschüssige Ammoniak ab, filtriert und versetzt mit Kupferacetat- bzw. Silbernitratlösung, wobei die Salze ausfallen. Sie werden mit kaltem Wasser, Alkohol und Äther gewaschen.

Die Überführung in diese sehr beständigen Salze ist auch geeignet zur Reinigung der Isocyanate, besonders in den Fällen, wo sie gelatinös ausgefallen sind.

Über Darstellung der 1-Phenyl-2-Thiohydantoine s. BRAUTLECHT (35).

### c) Mikrochemische Charakteristik der Aminosäuren (254).

**Prinzip.** Das Verfahren beruht darauf, daß manche Aminosäuren bei der Vakuumsublimation unter geeigneten Versuchsbedingungen in charakteristischen Krystallformen erscheinen und sich durch mehr oder minder gute Sublimationsfähigkeit auszeichnen. Zur weiteren Erkennung und Auseinanderhaltung der Aminosäuren dient das Fällungsvermögen von Phosphorwolframsäure, Eigenschaften der Kupfersalze sowie die Bestimmung des Lösungsvermögens für Asparaginkupfer.

*Allgemeine Bemerkungen.* Das Verfahren dürfte in manchen Fällen geeignet sein, kleinste Mengen von Aminosäuren mit ziemlicher Sicherheit zu identifizieren. Die Sublimation erfolgt mit Mengen von etwa 0,5 mg! Die mit reinen Substanzen durchgeführte Trennung erlaubte eine sichere Unterscheidung der wichtigeren Monoaminosäuren. Über die Hexonbasen liegen keine diesbezüglichen Untersuchungen vor, ein Umstand, der das Verfahren in seiner Anwendungsmöglichkeit beschränkt. Unter Umständen wird eine Ausfällung der Hexonbasen durch Phosphorwolframsäure nach dem auf S. 91 beschriebenen Verfahren am Platze sein. Da man erfahrungsgemäß beim Arbeiten mit pflanzlichem Material recht häufig auf verhältnismäßig einfache Gemische von Monoaminosäuren stößt, scheint uns die Durchführung dieser Mikrotrennungsmethode auch in den Fällen angezeigt, wo größere Substanzmengen zur Verfügung stehen, man wird dabei zum mindesten sehr wertvolle Fingerzeige über verschiedene der vorhandenen Aminosäuren erlangen können.

*Reagenzien.* 1. 10% Lösung von Phosphorwolframsäure und 10% Schwefelsäure.
2. Kupferhydroxyd in Alkohol-Glycerin nach S. 18.
3. Asparaginkupfer. 0,5 g Asparagin in wäßrig ammoniakalischer Kupfersulfatlösung, die reichlich gefälltes Kupferhydroxyd enthält, lösen, das gebildete Asparaginkupfer mit Alkohol ausfällen, abzentrifugieren, aus heißem Wasser umkrystallisieren und das so erhaltene reine Asparaginkupfer in einem Gemisch von 20 cm³ Glycerin + 20 cm³ Methylalkohol verteilen und einige Tropfen Ammoniak zufügen. In einem Tropfen dieses Reagens kann die Auflösung des Asparaginkupfers unter allmählicher Bildung eines Kupfersalzes von leichterer Löslichkeit beobachtet werden.

*Apparatur* siehe Bd. 1, S. 142 (der Apparat ist bei Glasbläser Ewald, Wien IX, Währingerstraße, erhältlich).

*Ausführung der Sublimation.* Das Näpfchen wird mit feinem, geglühtem Sand gefüllt, auf diesen bringt man in einem kleinen Uhrgläschen die Substanz. An die untere Fläche des Kühlers wird mittels eines Tropfens Wasser ein dünnes Deckglas 18×18 mm luftblasenfrei angeklebt. Der Abstand zwischen Deckglas und Substanz soll nicht mehr als etwa 4 mm betragen. Man evakuiert mit einer Wasserstrahlpumpe auf etwa 15 mm und kühlt gut mit Wasser. Dann wird der untere Teil des Apparates in ein auf etwa 80° vorgewärmtes Sandbad so eingeführt, daß die Oberfläche des im Apparat befindlichen kleinen Sandbades um einige Millimeter tiefer liegt als die des äußeren.

Die zu verwendenden Mengen Substanz sollen nicht groß sein, etwa 0,5 mg; will man größere Substanzmengen an einem Deckglas erhalten, so sublimiert man mehrmals kleine Substanzmengen. Die Sublimation beginnt bei etwa 200°, man kann gut bis 300° gehen.

Unter diesen Versuchsbedingungen sublimieren vollständig und ohne Zersetzung Glykokoll, Alanin, Valin, Leucin, Phenylalanin, Tyrosin und Glutaminsäure. Unter teilweiser Zersetzung sublimieren Dioxyphenylalanin und Asparaginsäure, als nicht sublimierbar erwiesen sich Asparagin und Cystin (Schwefelabspaltung). Die Sublimate sind rein weiß und pulverig. Zur Erzielung charakteristischer Krystallformen müssen sie umkrystallisiert werden.

Für die direkte Gewinnung schön krystallisierter Sublimate verfährt man folgendermaßen: Die Substanz wird in das Näpfchen gebracht, dieses wird mit einem passenden runden Deckglas bedeckt, auf welches man ein mit Paraffinöl getränktes Wattebäuschchen legt. Durch den Kühler wird es gegen das Deckglas gepreßt und bewirkt so eine gelinde Kühlung. Schließlich kann man auch das Wattebäuschchen weglassen und nur auf Distanz kühlen. Bei diesen beiden Verfahren ist allerdings mit partieller Zersetzung der Aminosäuren zu rechnen.

*Untersuchung des Sublimates.* Man prüft die vorliegende Substanz auf Vorhandensein von Aminosäuren mit der Ninhydrinreaktion sowie durch Fällung mit Quecksilberacetat in Gegenwart von Soda: wenig Substanz in einem größeren Tropfen 10proz. Sodalösung auflösen und ein winziges Tröpfchen 25proz. Mercurinitratlösung zufügen. Bei Anwesenheit von Aminosäuren geht die entstandene Fällung von gelb in weiß, bei Abwesenheit von gelb in rotorange über.

Nun unterwirft man die Substanz der Sublimation unter Totalkühlung. Resultiert ein Sublimat ohne wesentlichen Rückstand zu hinterlassen, so liegen eine oder mehrere Aminosäuren der Gruppe I (s. Tabelle 10) vor. Ist die Substanz nur zum geringen Teil oder gar nicht sublimierbar, dann handelt es sich um Aminosäuren der Gruppe II. Hierbei ist allerdings zu berücksichtigen, daß fremde sublimierbare oder unsublimierbare Verbindungen den Aminosäuren beigemengt sein können. Lassen sich solche Beimengungen nicht durch Lösungsmittel usw. abtrennen, so empfiehlt sich die Reinigung nach dem auf S. 19 beschriebenen Quecksilberacetatverfahren.

Um die für die einzelnen Aminosäuren charakteristischen Krystallformen zu erhalten, bringt man auf das Sublimat einen großen Tropfen Wasser. Sehr schwer löslich sind Tyrosin und Cystin. Ersteres wird am besten aus Ameisensäure, letzteres aus Ammoniak umkrystallisiert. Zusatz von Ammoniak ist auch in anderen Fällen günstig. Beim langsamen Verdunsten des Wassers erhält man immer schön ausgebildete Krystalle. Durch Vergleich mit den auf S. 36 abgebildeten Krystallformen erhält man schon gewisse Hinweise über die Natur der vorhandenen Aminosäuren.

Das Sublimat wird nun weiter auf sein Verhalten gegenüber Phosphorwolframsäure untersucht. Hierbei sind frische, mit Totalkühlung erzielte Sublimate zu verwenden, da nur in der dabei erhaltenen feinen Verteilung der Aminosäuren die Beurteilung der Art des Phosphorwolframsäureniederschlages möglich ist. Man verwendet 0,5 mg Sublimat und einen entsprechend großen Tropfen des Phosphorwolframsäurereagens.

Es empfiehlt sich, vor Ausführung der Versuche die Reaktion sowohl mit reinen Substanzen als auch mit einfachen Gemischen durchzuführen. Hat man z. B. bei der mikroskopischen Untersuchung die für Valin charakteristischen Nadelbäumchen in größerer Menge neben einigen Blättchen von Phenylalanin beobachtet, so wird das Eintreten einer starken Trübung, die in eine schwache

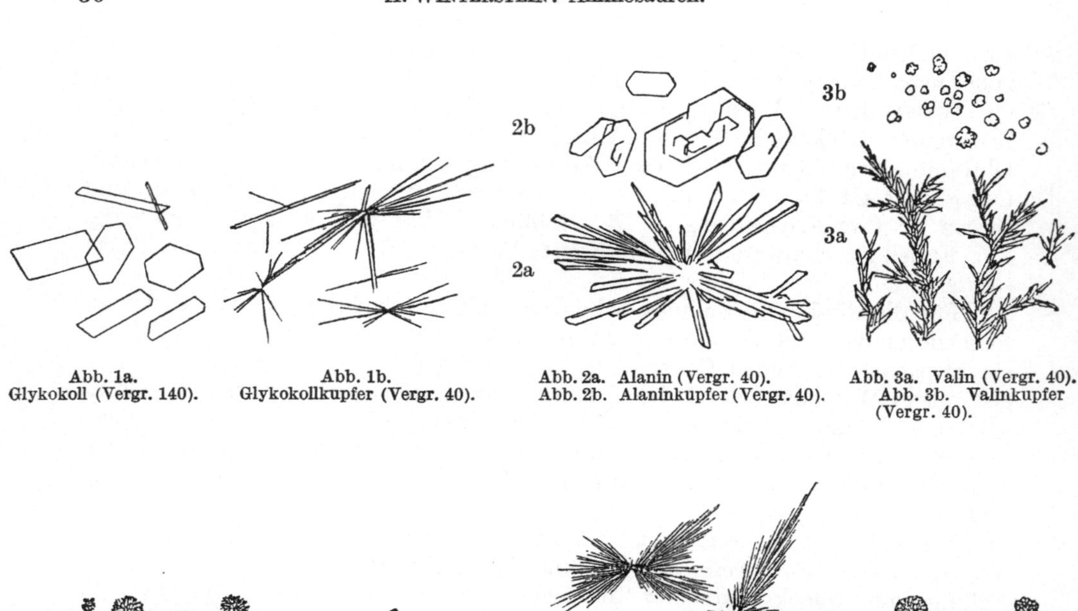


Abb. 1a. Glykokoll (Vergr. 140).

Abb. 1b. Glykokollkupfer (Vergr. 40).

Abb. 2a. Alanin (Vergr. 40). Abb. 2b. Alaninkupfer (Vergr. 40).

Abb. 3a. Valin (Vergr. 40). Abb. 3b. Valinkupfer (Vergr. 40).

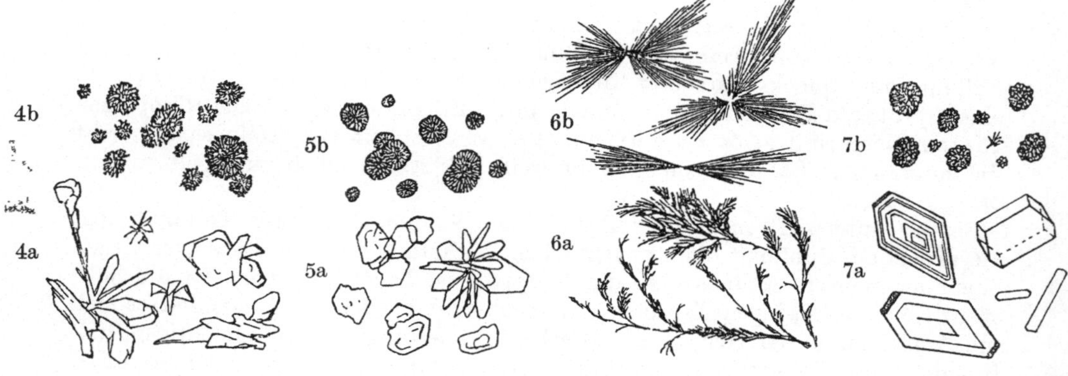


Abb. 4a. Leucin (Vergr. 40). Abb. 4b. Leucinkupfer (Vergr. 280).

Abb. 5a. Phenylalanin (Vergr. 40). Abb. 5b. Phenylalaninkupfer (Vergr. 60).

Abb. 6a. Tyrosin (Vergr. 40). Abb. 6b. Tyrosinkupfer (Vergr. 40).

Abb. 7a. Asparagin (Vergr. 140). Abb. 7b. Asparaginkupfer (Vergr. 280).

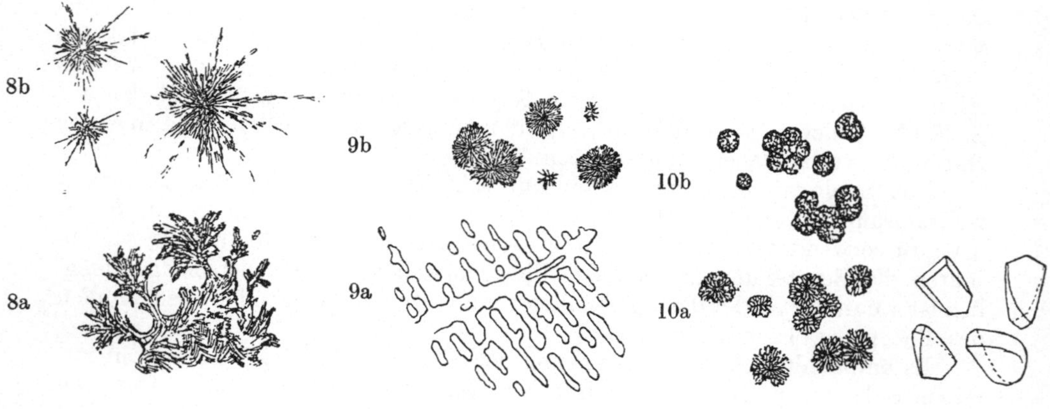


Abb. 8a. Asparaginsäure (Vergr. 60). Abb. 8b. Asparaginsäurekupfer (Vergr. 60).

Abb. 9a. Glutaminsäure (Vergr. 40). Abb. 9b. Glutaminsäurekupfer (Vergr. 280).

Abb. 10a. Cystin (Vergr. 60). Abb. 10b. Cystinkupfer (Vergr. 60).

Abb. 11. Dioxyphenylanalin (Vergr. 60).

Fällung übergeht, auf viel Valin hinweisen. Das langsame Eintreten einer beständigen Trübung nach Zusatz der Phosphorwolframsäure macht die Anwesenheit von viel Tyrosin neben wenig Phenylalanin wahrscheinlich usw.

Zur weiteren Identifizierung werden die Kupfersalze herangezogen. Diese können aus dem Ausgangsmaterial oder dem Sublimat hergestellt werden. Mit Ausnahme von Glykokoll-, Alanin-, Asparagin- und Cystinkupfer, welche rasch entstehen, dauert die Ausbildung der Kupfersalze längere Zeit, unter Umständen einige Tage. Am längsten dauert es bei der Glutaminsäure. Das Lösungsvermögen für Asparaginkupfer kann zur Unterscheidung von Kupfersalzen dienen, welche ähnliche Kupfersalze bilden.

Liegen bei Untersuchungen eines Gemisches von Aminosäuren größere Mengen von leicht löslichen neben schwer löslichen Kupfersalzen vor, so kann die Abscheidung der letzteren verzögert werden. Die Krystallisation dauert dann oft 3—4 Tage, kann aber durch Einbringen der Substanz in einen Exsiccator etwas beschleunigt werden.

Da die Kupfersalze in der Regel keine Mischformen zeigen, ihre Bildung mit sehr kleinen Substanzmengen erfolgt und eine Beseitigung der Schwierigkeiten, welche einer Krystallisation bei gleichzeitiger Anwesenheit von leicht- und schwerlöslichen Kupfersalzen entgegenstanden, weitgehend gelang, ist diese Methode zur Unterscheidung der Aminosäuren sehr von Wert (Tabelle 10).

## D. Beschreibung der einzelnen Aminosäuren.

Neben den im folgenden angeführten Aminosäuren werden in der Literatur noch andere beschrieben, die aber einerseits äußerst selten aufgefunden, anderseits in ihrer Konstitution noch nicht in allen Fällen sicher aufgeklärt wurden (2, 4, 65, 162, 203).

H. B. Vickery und C. L. A. Schmidt (237) stellen folgende Forderungen auf, um eine Aminosäure als Proteinbestandteil anzuerkennen: Die Aminosäure muß von mehreren anderen Forschern außer ihrem Entdecker isoliert worden sein, die Konstitution muß durch Synthese bewiesen und die Identität der im Protein aufgefundenen mit der synthetisch dargestellten ist durch Vergleich sicherzustellen. Auf Grund dieser Definition sind folgende 21 Aminosäuren mit Sicherheit als Proteinbestandteile anzusprechen:

Alanin
Asparaginsäure
Arginin
Cystin
Glutaminsäure
Glykokoll
Histidin
Isoleucin
Jodgorgosäure
Leucin
Lysin
Methionin
Oxyglutaminsäure
Oxyprolin
Phenylalanin
Prolin
Serin
Thyroxin
Tryptophan
Tyrosin
Valin

Diese Liste schließt eine beinahe ebenso große Zahl von Aminosäuren nicht ein, die der oben aufgestellten Forderung nicht genügen. Die folgenden Aminosäuren sind in ihrer Existenz als Proteinbestandteil nach Vickery und Schmidt nicht ganz sichergestellt:

Aminobuttersäure (18, 80)
Caseansäure (201)
Diaminoadipinsäure (201)
Diaminoglutarsäure (201)
3-5-Dibromtyrosin (162)
Dioxydiaminokorksäure (201)
Dioxyphenylalanin (89, 160)
Dioxypyrrolalanin (229)
Norleucin
Norvalin
Oxyaminobuttersäure (185)
Oxyasparaginsäure (201)
Oxylysin (189)
Oxyvalin (185)
Protoctin (188)
Thiolhistidin (188)

Nach unserem Dafürhalten dürfen auf Grund neuerer Arbeiten mindestens folgende Aminosäuren als sicher nachgewiesene Proteinbestandteile angesehen werden: Citrullin, Aminobuttersäure, Norvalin, Norleucin und Dioxyphenylalanin.

**Tabelle 10. Mikrochemische Charakteristik der Aminosäuren.**

I. Unter Anwendung von Totalkühlung vollständig sublimierbar: Glykokoll, Alanin, Valin, Leucin, Phenylalanin, Tyrosin, Glutaminsäure.

A. Sublimat in Wasser und in Essigsäure löslich. Glykokoll, Alanin, Valin, Leucin, Phenylalanin, Glutaminsäure. Das Sublimat gibt mit Phosphorwolframsäure:

1. keine Fällung. Glutaminsäure:
   U.K. Skeletformen (9a).
   K.S. kleine, blaue Nadelkugeln, sehr langsam entstehend (9 b).
   A.K. wird sehr schnell gelöst.

2. schnell in Trübung übergehende Fällung: Glykokoll, Alanin
   - schon beim Anhauchen teilweise umkrystallisierend. Glykokoll:
     U.K. Rhomben, Prismen, Stäbchen (1a).
     K.S. blaue Nadelbüschel, sehr schnell entstehend (1b).
     A.K. wird sehr schnell gelöst.
   - erst im Wassertropfen umkrystallisierend. Alanin:
     U.K. Nadelbüschel (2a).
     K.S. blaue, sechsseitige Tafeln, schnell entstehend (2b).
     A.K. wird schnell gelöst.

3. schnell verschwindende Fällung: Valin, Leucin
   - A.K. wird ziemlich schnell gelöst. Valin:
     U.K. aus breiteren Nadeln gebildete Dendriten (3a).
     K.S. blaue Drusen, ziemlich schnell entstehend (3b).
   - A.K. wird fast nicht gelöst. Leucin:
     U.K. Sternchen, Platten (4a).
     K.S. Kugeln, aus blauen verfilzten Nädelchen bestehend, langsam entstehend (4b).

4. starke Fällung. Phenylalanin:
   U.K. Plättchen und sternförmige Aggregate davon (5a).
   K.S. blaue Kugeln von sphäritischer Struktur, langsam entstehend (5b).
   A.K. wird langsam gelöst.

B. Sublimat in Wasser und in Essigsäure schwer löslich, in Ameisensäure sehr leicht löslich.

Tyrosin:
U.K. aus feinen Nadeln gebildete Dendriten (6a).
K.S. blaue Büschel und Doppelpinsel, ferner gerade Nadeln, langsam entstehend (6b).
A.K. wird langsam gelöst. Phosphorwolframsäure gibt keine Fällung (mit $HNO_3$ gelbe Färbung, mit Millon Rotfärbung).

II. Auch mit Totalkühlung kein oder sehr wenig zersetztes Sublimat.

Asparaginsäure:
U.K. dendritisch verzweigte Nadelaggregate (8a).
K.S. blaue Nadelsterne, langsam entstehend (8b).
A.K. wird sehr wenig gelöst. Sehr wenig Sublimat.
Mit Phosphorwolframsäure vorübergehende Fällung.

Asparagin:
U.K. Rhomben, Prismen (7a).
K.S. blaue Sternchen und Rosetten, schnell entstehend (7b).
Kein Sublimat.
Mit Phosphorwolframsäure farblose Tetraeder usw. (1).

Dioxyphenylalanin:
U.K. Wetzsteinformen (11), kein K.S.
Sehr wenig unzersetztes Sublimat.
Mit Phosphorwolframsäure rotviolette Färbung.

Cystin:
U.K. Sphärite (10a).
K.S. Schollen, oft nur in der Aufsicht blau, in der Durchsicht braun, sehr schnell entstehend (10b).
Mit Phosphorwolframsäure farblose Nadelsterne (2).

Abkürzungen: U.K. = Umkrystallisation. K.S. = Kupfersalz. A.K. = Asparaginkupfer.

In neuerer Zeit ist das Vorkommen von Oxyaminobuttersäure, Oxyvalin und Oxylysin in Proteinen durch die Untersuchungen von S. B. SCHRYVER und H. W. BUSTON (186, 187) wahrscheinlich gemacht worden. Auf den Umstand, daß auf Grund des hohen Sauerstoffgehaltes der Proteine eine größere Anzahl von Oxysäuren erwartet werden könnte, ist schon früher von verschiedenen Autoren hingewiesen worden, und es scheint auf Grund der neueren Forschung durchaus möglich, daß neben jeder Aminosäure auch die entsprechende Oxyverbindung in der Natur vorkommen kann (s. hierzu auch die Ausführungen von Z. STARY [217]).

Daß verschiedene dieser Oxysäuren erst verhältnismäßig spät gefunden wurden, liegt darin begründet, daß sie infolge ihrer großen Löslichkeit in Wasser usw. besonders beim Arbeiten nach älterer Methodik nicht leicht zu fassen sind.

In freiem Zustand sind die meisten Aminosäuren in Keimpflanzen aufgefunden worden, neuerdings Serin und Alanin im Saft der Luzerne.

Es steht außer Zweifel, daß die auf Grund älterer Arbeitsmethodik gewonnenen Resultate über die Mengenverhältnisse der Aminosäuren bei der Nacharbeitung mit Hilfe neuerer Methoden wesentliche Korrekturen erfahren werden.

## 1. Glykokoll (Glycin, Aminoessigsäure, Leimzucker).

$C_2H_5O_2N$: C 31,98, H 6,71, N 18,67 %. Mol.-Gew. 75,05 (Nomenklatur: Glykokoll = glykos kollos = Leimsüß, weil süß und im Leim gefunden).

$H_2C—NH_2$
|
COOH

*Vorkommen.* In freiem Zustand in geringer Menge im Rohrzucker, im Pferde- und Rinderblut. Gebunden in den meisten Eiweißstoffen, in pflanzlichem Eiweiß in der Regel zu etwa 0,4—1 %. Edestin 3,8 %. Globulin aus Sonnenblumensamen 2,5 %. In großer Menge ist es in verschiedenen Seidenfibroinen enthalten, und zwar zu 25—38 %.

Als Galloyl-glycin in den Galläpfeln von Quercus aegilops, aus welchem es durch Hydrolyse mit 10proz. Salzsäure abgespalten werden kann.

$CO—NH—CH_2COOH$ (Benzolring mit HO, OH, OH)

*Eigenschaften.* 100 Teile Wasser von 25° lösen 51 Teile Glykokoll. In 100 Teilen 50proz. Pyridin lösen sich nur 0,74 g, in reinem Pyridin 0,61 g. Durch Zusatz von Neutralsalzen wird die Löslichkeit in manchen Fällen beträchtlich erhöht. In einer gesättigten Ammonsulfatlösung ist es relativ leicht löslich. Beim langsamen Krystallisieren erscheint es in auffallend großen, harten Krystallen von rhomboedrischer Form oder in vierseitigen Prismen. Seltener wird es in langen Nadeln erhalten. Fp. 240° unter Gasentwicklung. (Zersetzungspunkt 289° [52].) Schmeckt süß.

Durch Mercurichlorid oder Phosphorwolframsäure wird Glykokoll nur aus sehr konzentrierten Lösungen partiell gefällt. Es krystallisiert gerne zusammen mit Neutralsalzen, z. B. $C_2H_5NO_2 \cdot KCl$. Bei Temperaturen von über 35° vereinigen sich in Gegenwart von Mercurichlorid 2 oder 3 Moleküle Glykokoll unter Austritt von Ammoniak zu Di- bzw. Triglykolamidsäuren:

$$N(CH_2COOH)_3.$$

Die Möglichkeit des Eintretens dieser Reaktion ist zu berücksichtigen, wenn man Hydrolysate oder Pflanzenextrakte mit Quecksilbersalzen behandelt.

Beim Erhitzen mit Bariumhydroxyd zerfällt Glykokoll in Methylamin und Kohlensäure, ein Vorgang, der wohl auch durch Mikroorganismen bewirkt werden kann.

*Nachweis und Bestimmung.* Trennung von anderen Aminosäuren s. S. 115, 122, 126, 139, 140.

Das Glykokoll läßt sich durch *Überführung in Benzoylglykokoll* (Hippursäure) leicht von den anderen Aminosäuren abtrennen und einigermaßen quantitativ bestimmen. Das salzsaure Hydrolysat von 50 g Protein (Hauptmenge der Salzsäure im Vakuum abdampfen!) wird mit Natronlauge ziemlich stark alkalisch gemacht und mit 30 cm³ Benzoylchlorid geschüttelt. Nachdem der Geruch des Benzoylchlorids verschwunden ist, wird mehrmals mit Essigester ausgeschüttelt, und das Lösungsmittel nach Waschen mit wenig Wasser abdestilliert. Man behandelt den Rückstand mit 100 cm³ Chloroform, das 5 cm³ Benzol enthält, wobei sich die Hippursäure als feines, weißes Pulver abscheidet. Nach 24 Stunden wird abfiltriert, mit wenig kaltem Chloroform nachgewaschen und nach dem Trocknen gewogen.

Kleine Mengen von Hippursäure lassen sich durch Überführen in das Lactimid der Benzoylaminozimtsäure (Fp. 165—166°) charakterisieren. Zu diesem Zweck wird die rohe Hippursäure mit 3 Molen Essigsäureanhydrid, 1 Mol Natriumacetat und 1 Mol Benzaldehyd ½ Stunde erwärmt, wobei das Lactimid auskrystallisiert. Will man dieses noch weiter charakterisieren, so kann man es durch Erhitzen mit starker Lauge in Phenylbrenztraubensäure überführen:

$$C_6H_5—CO—N—C{=}CH—C_6H_5 \quad \text{Lactimid}$$
$$\diagdown\diagup$$
$$CO$$
$$\downarrow$$
$$C_6H_5—CH_2—CO—COOH \quad \text{Phenylbrenztraubensäure}$$

Die Phenylbrenztraubensäure wird durch Ansäuern aus der alkalischen Lösung ausgefällt und mit Äther ausgezogen, mit Eisenchlorid tritt Grünfärbung auf (216).

*Farbreaktion zum Nachweis kleiner Mengen.* Einige Milligramm Glykokoll auf stark holzschliffhaltiges Papier (Packpapier) bringen und mit 1 Tropfen Formalin befeuchten. Nach 1 Minute tritt eine merkbare, nach 3—4 Minuten eine sehr deutliche Grünfärbung an der durchnäßten Stelle auf.

Quantitative colorimetrische Bestimmung s. S. 156.

*Nachweis kleiner Mengen Glykokoll nach* ZIMMERMANN (264). *Prinzip.* Versetzt man eine etwa 1 proz. Glykokoll-Lösung mit 10 Tropfen 2 n-Natronlauge und 8 Tropfen wäßriger Orthophtaldialdehydlösung, schüttelt um und gibt jetzt nach etwa 10 Sekunden 10 Tropfen konzentrierte Salzsäure zu, so entsteht sofort eine intensiv violette Färbung. Bei verdünnten Lösungen mehr rotstichig, bei konzentrierten tritt ein violetter Niederschlag auf.

*Darstellung der Reagenslösung.* 10 g Tetrabrom-o-xylol (SCHERING-KAHLBAUM) und 9 g krystallisiertes Kaliumoxalat mit 62 cm³ Wasser + 62 cm³ Alkohol (95 %) 40 Stunden unter Rückfluß kochen. Aus der klargelben Flüssigkeit 50 cm³ Alkohol abdestillieren, 10 g Natriumphosphat und 300 cm³ Wasser zugeben und jetzt aus dem Reaktionsgemisch 250—300 cm³ Flüssigkeit abdestillieren, in welcher der zum Schluß im Kühler auskrystallisierende Phtalaldehyd aufgelöst wird. Lösung ist direkt verwendbar und hält sich in braunen Flaschen unbegrenzt lange.

*Ausführung.* Substanzgemisch zunächst in verdünnter schwefelsaurer Lösung mit Phosphorwolframsäure fällen, um positiv reagierende basische Stoffe zu entfernen (Histidin, Histamin, Carnosin, Arginin, Cystein und Glutathion in der Sulfhydrilform reagieren unter Rot- bis Violettfärbung). Aus dem Filtrat die Phosphorwolframsäure und Schwefelsäure mit Baryt entfernen, überschüssiger Baryt mit $CO_2$ ausfällen, abfiltrieren und Filtrat zur Trockne verdampfen. Rückstand in wenig Wasser lösen, filtrieren und in der oben geschilderten Weise prüfen. Geeignet zum Nachweis von Glykokoll in Hydrolysengemischen von Proteinen und im Glutathion.

Zur Identifizierung eignet sich das Kupfersalz (S. 20), die β-Naphthalinsulfoverbindung (S. 28), das Phenylisocyanat (S. 30) sowie das α-Naphthylisocyanat (S. 32).

Liegen größere Mengen von Glykokoll in einem Hydrolysat vor — was allerdings bei pflanzlichem Material selten der Fall sein wird —, so scheidet man es nach der Veresterung zweckmäßig als Esterchlorhydrat ab (Fp. 144°), welches in absolutem Alkohol schwer löslich ist (64). Aus dem Ester läßt sich Glykokoll am besten durch Kochen mit Thalliumcarbonat gewinnen (81).

## 2. Alanin (α-Aminopropionsäure).

$C_3H_7O_2N$: C 40,42, H 7,93, N 15,73%. Mol.-Gew. 89,07 (Nomenklatur: Alanin, zuerst aus Aldehyd synthetisiert).

$$CH_3—CH(NH_2)—COOH$$

*Vorkommen.* In freiem Zustand neuerdings im Saft der Luzerne aufgefunden worden (230). Pflanzliches Eiweiß enthält in der Regel etwa 1,5—2,5% Alanin. Globulin aus Baumwoll- und Sonnenblumensamen 4,5%. Kartoffeleiweiß 5%. Größere Mengen finden sich in verschiedenen Seidenfibroinen, und zwar 20—25%.

*Eigenschaften.* Das natürliche Alanin dreht rechts. Löst sich leicht in heißem Wasser und krystallisiert je nach den Bedingungen in verschiedenen Formen. Beim langsamen Verdampfen aus Wasser in großen, dicken, rhombischen Krystallen. Zersetzt sich beim raschen Erhitzen bei 297° unter Gasentwicklung. Schmeckt süß mit fadem Nachgeschmack.

$[\alpha]_D^{20} = +2{,}7^0$ in 10proz. wäßriger Lösung.

$[\alpha]_D^{20} = +10{,}3^0$ für Alaninchlorhydrat in 10proz. wäßriger Lösung.

Da bei der Hydrolyse der Proteine das Alanin teilweise racemisiert wird, findet man bei nicht sorgfältig umkrystallisierten Produkten $[\alpha]_D$ des Chlorhydrates 1—2° zu tief.

Aus 18 cm³ einer 2proz. Alaninlösung fällen 3 cm³ Phosphorwolframsäurelösung (2 :1) 11% des Alanins aus.

*Nachweis und Bestimmung.* Dem Nachweis hat die Isolierung vorauszugehen.

Alanin läßt sich durch Überführen in Milchsäure auch in kleinen Mengen quantitativ bestimmen (83).

Trennung von anderen Aminosäuren s. S. 115, 122, 126, 136, 139, 140, 144.

Zur Identifizierung eignet sich neben der Elementaranalyse das Kupfersalz (S. 20), p-Toluolsulfoverbindung (S. 30), Benzoylverbindung (S. 26), Naphthalinsulfoverbindung (S. 28). Letztere läßt sich am besten über das Bariumsalz reinigen und krystallisiert manchmal erst nach einigem Stehen bei 0°.

d, l-Alanin besitzt ähnliche Eigenschaften wie das d-Alanin. Fp. 293° unter Zersetzung. l-Alanin schmeckt süß, ebenso wie die in der Natur vorkommende Verbindung.

## 3. Aminobuttersäure.

$C_4H_9O_2N$: C 46,57, H 8,80, N 13,59%. Mol.-Gew. 103,08.

$$CH_3—CH_2—CH(NH_2)—COOH$$

*Vorkommen.* In einigen Proteinen aufgefunden worden (154).

*Eigenschaften.* Die natürliche Verbindung dreht rechts.

In Wasser leicht, in Alkohol schwer löslich. Fp. 303° (korr.) unter Zersetzung. Schmeckt süß.

$[\alpha]_D^{20} = +8^0$ in 5—6proz. wäßriger Lösung.

*Nachweis und Bestimmung.* Dem Nachweis hat die Isolierung vorauszugehen.

Trennung von anderen Aminosäuren s. S. 140 Identifizierung als Kupfersalz (S. 20), Benzoylverbindung (S. 26).

## 4. Valin (α-Amino-isovaleriansäure).

$C_5H_{11}O_2N$: C 51,24, H 9,47, N 11,96%. Mol.-Gew. 117,1 (Nomenklatur: Abkömmling der Valeriansäure).

$$(H_3C)(CH_3)CH—CHNH_2—COOH$$

*Vorkommen.* In freiem Zustand in manchen etiolierten Keimpflanzen aufgefunden worden. In pflanzlichem Eiweiß in der Regel zu weniger als 1% enthalten. Im Protein der Leinsamen 12,7%! In Hornsubstanz bis zu 10% (Fischbein).

*Eigenschaften.* Das natürliche Valin dreht rechts. Löst sich in 17 Teilen Wasser von 25°. Krystallisiert in feinen, silberglänzenden, gewöhnlich sechseckigen Blättchen. Die Krystalle ähneln denen des Leucins. Fp. 315° (korr.) im geschlossenen Capillarrohr. Im offenen Röhrchen sublimiert es sehr stark unter partieller Anhydrisierung. Schmeckt schwach süß mit bitterem Beigeschmack.

$[\alpha]_D^{20} = +6{,}42^0$ in 3—5proz. wäßriger Lösung.

$[\alpha]_D^{20} = +28{,}8^0$ für 3proz. Lösung in 20proz. Salzsäure.

Durch Phosphorwolframsäure wird es aus 5proz. Lösung in Gegenwart von Schwefelsäure nicht gefällt.

Bei der Fäulnis geht es in Isovaleriansäure und Butylamin über. Unter der Einwirkung von Hefe bei Gegenwart von Zucker wird aus dem d,l-Valin das d-Valin in Isobutylalkohol übergeführt.

*Nachweis und Bestimmung.* Dem Nachweis hat die Isolierung voranzugehen. Trennung von anderen Aminosäuren s. S. 115. 122, 126, 136, 140, 141, 142. Zur Identifizierung eignet sich neben der Elementaranalyse die Bestimmung der Drehung in 20proz. Salzsäure (!), ferner das Phenylhydantoin (S. 32), Kupfersalz (S. 20).

d, l-Valin besitzt ähnliche Eigenschaften wie das d-Valin. Fp. 298°. Nachweis als Benzoylverbindung (S. 26) oder Phenylhydantoin (S. 32). l-Valin schmeckt ziemlich stark süß.

### 5. Norvalin.

$CH_3—CH_2—CH_2—CH(NH_2)—COOH$

$C_5H_{11}O_2N$: C 51,25, H 9,47, N 11,96%. Mol.-Gew. 117,10.

*Vorkommen.* Von ABDERHALDEN und Mitarbeitern aufgefunden im Globin, Casein, Keratin des Rinderhorns, Tussahseidenfibroin und im Sericin (9, 15).

*Eigenschaften.* Krystallisiert in mikroskopisch kleinen, unregelmäßigen, silbrig glänzenden Blättchen. Leicht löslich in heißem Wasser. In kaltem Wasser löst sich 1 Teil in 10 Teilen. Sintert gegen 305°. $[\alpha]_D^{20^\circ} = +23{,}0^0$ (10proz. Lösung in 20proz. Salzsäure).

Kupfersalz $[C_5H_{10}NO_2]_2Cu$. Bildet krystallinische blaue Blättchen, die in Wasser ziemlich schwer löslich sind (1 Teil in 500 Teilen Wasser von 18°).

*Phenylisocyanat-norvalin.* Scheidet sich aus Alkohol bei Zusatz von Wasser in weißen glänzenden Prismen ab. Wenig löslich in Petroläther, leicht löslich in Alkohol und Essigester. Sintert gegen 137°.

*Nachweis und Bestimmung.* Dem Nachweis hat die Isolierung voranzugehen. Trennung von Valin (S. 141). Nachweis als Phenylhydantoin (S. 30).

### 6. Leucin (α-Amino-isobutylessigsäure).

$(H_3C)(CH_3)CH—CH_2—CH(NH_2)—COOH$

$C_6H_{13}O_2N$: C 54,97, H 9,99, N 10,69%. Mol.-Gew. 131,11 (Nomenklatur: Leukos = weiß, glänzend, wegen Krystallhabitus).

*Vorkommen.* In freiem Zustand findet es sich in vielen Keimlingen, ferner in Hefe, Mutterkorn, Rübenmelasse usw. In jedem pflanzlichen Eiweiß ist es in größerer Menge enthalten, in der Regel zu etwa 7—15%. Zein 19% (!). Oxyhämoglobin 20%. Da sich das Leucin sehr leicht aus Proteinen abspalten kann, ist es in manchen Fällen schwer, zu entscheiden, ob es ursprünglich schon im lebenden Organismus als solches vorhanden war oder ob es als ein nach dem Absterben des Organismus entstandenes Zersetzungsprodukt anzusprechen ist.

Mit Gallussäure gepaart als l-Galloylleucin. Bei der Extraktion der auf Quercus Aegilpos L. durch den Stich von Cynips calcis erzeugten Gallen mit Benzol wird ein gelbes Wachs von salbenartiger Konsistenz erhalten, das beim

Stehen Krystalle von Galloylleucin ausscheidet. Die Verbindung krystallisiert aus abs. Alkohol in prismatischen Nadeln vom Fp. 234—238° unter Zersetzung $[\alpha]_D^{16} = -57{,}35^0$ in 0,3% alkoholischer Lösung. Durch Kochen mit 10proz. Salzsäure wird d,l-Leucin abgespalten (166).

*Eigenschaften.* Das natürliche Leucin dreht links. Ganz reines Leucin löst sich in etwa 45 Teilen Wasser, leichter in heißem. Etwas löslich in heißem Alkohol. Das l-Leucin, wie es bei der Hydrolyse der Proteine erhalten wird, ist gewöhnlich nicht ganz rein (isoleucin- und valinhaltig). Durch geringe Beimengungen wird seine Löslichkeit in Alkohol und auch in Wasser ganz beträchtlich erhöht. In 100 Teilen siedendem Eisessig lösen sich 30 Teile Leucin. Die größere Löslichkeit des Leucins in diesem Lösungsmittel im Vergleich zum Tyrosin kann zur Trennung der beiden Aminosäuren dienen. In ganz reinem Zustande krystallisiert das Leucin in glänzend weißen, sehr leichten Blättchen, die fettig anzufühlen sind und von Wasser schwer benetzt werden. In der Regel erhält man es in schwach lichtbrechenden runden Knollen oder Kugeln, die entweder hyalin erscheinen oder auch aus radial gruppierten Blättchen zusammengesetzt sind.

Im geschlossenen Capillarrohr schmilzt es unter Zersetzung bei 293—295° (korr.). Langsam erhitzt, sublimiert es in weißen Flocken, ohne zu schmelzen und ohne Rückstand zu hinterlassen. Beim raschen Erhitzen im Glührohr färbt es sich braun, gleichzeitig tritt der charakteristische Geruch des Isoamylamins auf.

l-Leucin schmeckt fade und schwach bitter, d-Leucin süß.

$[\alpha]_D^{20} = -10{,}4^0$ bis $-10{,}8^0$ in 2—3proz. wäßriger Lösung.

$[\alpha]_D^{20} = +15{,}4^0$ für 3—5proz. Lösung in 20proz. Salzsäure.

Durch Kochen mit Säuren wird es nicht racemisiert, wohl aber quantitativ bei 24stündigem Erhitzen mit Bariumhydroxydlösung (1 Teil Leucin, 2—3 Teile Bariumhydroxyd und 20 Teile Wasser) im Autoklaven auf 170°. d,l-Leucin ist wesentlich schwerer löslich als die aktiven Komponenten, nämlich in 106 Teilen Wasser von 18°. Wenn man auf die Isolierung der aktiven Aminosäure verzichtet, ist es oft vorteilhaft, das zu trennende Gemisch zu racemisieren.

Aus wäßrigen Lösungen wird das Leucin durch Metallsalze im allgemeinen nicht ausgefällt. Beim Versetzen einer siedend heißen wäßrigen Lösung mit Kupferacetat fällt jedoch das Kupfersalz aus. Sind in der Lösung noch Kupfersalze anderer Aminosäuren enthalten, so fällt Leucinkupfer nur sehr langsam und unvollkommen aus. Auf Grund dieser Tatsache läßt sich Leucin in einigen Fällen von Phenylalanin trennen, da die Löslichkeit des ziemlich schwer löslichen Phenylalaninkupfers durch Beimengungen nicht so stark beeinflußt wird.

Aus 10proz. Lösungen wird Leucin durch Phosphorwolframsäure ölig ausgefällt, bei einem Überschuß an Fällungsmittel geht es wieder in Lösung. Trotzdem es aus verdünnten Lösungen durch Phosphorwolframsäure nicht gefällt wird, findet man es manchmal teilweise in den Phosphorwolframsäureniederschlägen.

Durch verschiedene Pilze wird Leucin in Isoamylalkohol, einen wesentlichen Bestandteil des Fuselöls, übergeführt.

Die Frage nach der Bedeutung des Leucins als Nährstoff für die Pflanze scheint nicht geklärt. Phanerogamen sind befähigt, Leucin als Stickstoffquelle zu verarbeiten, wenn man die Wurzeln der Pflanzen direkt mit der wäßrigen Lösung der Aminosäure in Berührung bringt. Für Hefe scheint Leucin ein ungünstigeres Nährmittel zu sein als Asparagin. Nach den Untersuchungen von E. Schulze (191) scheint es nicht ausgeschlossen, daß das Leucin in den jungen Pflanzen zur Bildung von Asparagin verbraucht wird.

*Nachweis und Bestimmung.* Dem Nachweis hat die Isolierung vorauszugehen.

Trennung von anderen Aminosäuren s. S. 115, 122, 133, 139, 142, 144, 146.

Es ist nicht leicht, das Leucin quantitativ zu bestimmen und in reinem Zustand zu gewinnen, da es von Valin und Isoleucin hartnäckig begleitet wird. Zur Abtrennung dieser Aminosäuren empfiehlt sich die Durchführung der auf S. 142 angegebenen Trennungsverfahren. Die Reinigungsoperationen werden zweckmäßig mittels der spezifischen Drehung kontrolliert. In manchen Fällen dürfte eine Racemisierung zwecks leichterer Isolierung am Platze sein.

Zur Erkennung eignen sich Krystallform und Sublimationsprobe, Identifizierung als Phenylhydantoin (S. 32) und Benzoylverbindung (S. 26).

Zur Identifizierung kleiner Mengen Leucin eignet sich sehr gut dessen *Überführung in Leucinursäure:*

Etwa 3 mg Leucin in einem mit Steigrohr versehenen kleinen Reagensglas mit 10 mg Harnstoff und 1 $cm^3$ Barytwasser $1^1/_2$ Stunden kochen und nach dem Abkühlen mit Salzsäure vorsichtig ansäuern. Die Leucinursäure krystallisiert (manchmal erst nach längerem Stehen, impfen!) in zu Büscheln vereinigten Nadeln, die bei 200° schmelzen.

Zum Nachweis kleiner Mengen eignet sich auch die folgende Reaktion: Man erhitzt eine kleine Menge einer leucinhaltigen Substanz mit 2 $cm^3$ 25proz. Schwefelsäure und einigen Körnchen Kaliumbichromat, wobei der intensive Geruch der Isovaleriansäure auftritt.

### 7. Isoleucin ($\alpha$-Amino-$\beta$-methyläthylpropionsäure).

$H_3C$ $CH_2$—$CH_3$ \ / CH | H—C—$NH_2$ | COOH

$C_6H_{13}O_2N$: C 54,97, H 9,99, N 10,69%. Mol.-Gew. 131,11.

*Vorkommen.* In freiem Zustand findet es sich in Keimpflanzen und Rübenmelasse. Scheint ein regelmäßiger Begleiter des Leucins zu sein, mit dem es Mischkrystalle bildet, die den Eindruck einer einheitlichen Verbindung machen. Größte bis jetzt gefundene Menge in einer Heteroalbumose.

Eigenschaften. Das natürliche Isoleucin dreht rechts. Es ist in Wasser leichter löslich als Leucin, und zwar in 26 Teilen von 15°. Ziemlich löslich in heißem Methylalkohol, leicht löslich in heißem Eisessig. Bei raschem Abkühlen einer heißgesättigten wäßrig-alkoholischen Lösung krystallisiert es in glänzenden, dem Leucin ähnelnden Blättchen. Läßt man es langsam aus schwach übersättigter 70proz. alkoholischer Lösung auskrystallisieren, so schießt es in zentimeterlangen dünnen Stäbchen und Täfelchen von rhombischem Habitus an. Die Krystalle sind oft in Büscheln oder Sternen angeordnet. Fp. im geschlossenen Röhrchen bei raschem Erhitzen 284° (Block Maquenne). Bei vorsichtigem Erhitzen im offenen Röhrchen sublimiert es bei etwa 230°, wobei der Geruch von frischen, zerriebenen Pflanzen auftritt. Es schmeckt bitter und schwach adstringierend. Dreht die Ebene des polarisierten Lichtes in wäßriger, alkalischer und saurer Lösung nach rechts. Die Angaben über die Drehung schwanken etwas.

$[\alpha]_D^{12} = +12,77°$ in wäßriger Lösung.

$[\alpha]_D^{20} = +37,4°$ in 4,6proz. Lösung von 20proz. Salzsäure (auch andere Werte!).

Setzt man zur gesättigten wäßrigen Lösung die gleiche Menge 10proz. Bleiessiglösung, so dreht es viermal so stark nach links, als ursprünglich nach rechts.

Durch Phosphorwolframsäure, Bleiessig, Quecksilbersalze sowie Pikrinsäure wird es auch aus konzentrierten Lösungen nicht gefällt.

Durch Erhitzen mit Barytwasser geht das Isoleucin in das isomere d'-Allo-isoleucin (s. unten) über.

Bei der Vergärung mit Hefe in Gegenwart von Zucker bildet sich aus d-Isoleucin d-Amylalkohol, ein wichtiger Bestandteil des Fuselöles. Bei der Fäulnis entsteht d-Isovaleriansäure und d-Isocapronsäure.

N-Trimethyl-isoleucin:

$CH_3 \cdot CH_2 \cdot CH \cdot (CH_3) \cdot CH$—CO | | $(CH_3)_3N$— O

Bildet sich beim Einwirken einer konzentrierten wäßrigen Lösung von Trimethylamin auf $\alpha$-Brom-$\beta$-äthyl-propionsäure. Aufarbeitung genau wie beim Trimethylnorleucin beschrieben.

*Golddoppelsalz* $C_9H_{20}O_2NCl_4Au$. Darstellung wie beim Norleucin (45). Leuchtend gelbe Krystalle. Fp. 178°. Leicht löslich in heißem Wasser und Alkohol, schwer löslich in kaltem Wasser, fast unlöslich in Äther und Chloroform.

*Nachweis und Bestimmung.* Dem Nachweis hat die Isolierung vorauszugehen.

Trennung von anderen Aminosäuren s. S. 115, 122, 142, 144.

Zur Identifizierung eignen sich das Phenylisocyanat (S. 30) und das entsprechende Hydantoin (S. 32), sowie das $\alpha$-Naphthylisocyanat. Ferner sind die Eigenschaften des Kupfersalzes (S. 20) von Wichtigkeit für die Charakterisierung und Trennung von anderen Aminosäuren. Das Kupfersalz löst sich etwas in kaltem Alkohol, leichter in siedendem. Ziemlich leicht löslich ist es in konzentriertem kaltem Methylalkohol (1:55) und fast ebenso leicht in Benzylalkohol (charakteristisch!).

*d,l-Isoleucin* verhält sich ähnlich wie d-Isoleucin. *l-Isoleucin* schmeckt im Gegensatz zum bitteren d-Isoleucin süß (nach älteren Angaben fade und schwach bitter).

### d-Allo-isoleucin.

Bildet sich aus dem d-Isoleucin durch sterische Umlagerung. Äußerlich dem d-Isoleucin durchaus ähnlich. Löslich in 34 Teilen Wasser von 20°. Fp. im geschlossenen Röhrchen bei raschem Erhitzen 280—281° unter Zersetzung. Schmeckt süß.

$[\alpha]_D^{20} = -12{,}87°$ in 3,6proz. wäßriger Lösung.

$[\alpha]_D^{20} = -34{,}38°$ in 4,71proz. Lösung in 20proz. Salzsäure.

Das Kupfersalz stimmt in seinen Eigenschaften mit denen des Isoleucins überein. d-Allo-isoleucin bildet sich beim Erhitzen von Isoleucin mit Barytwasser im Autoklaven auf 180°. Beim Vergären eines Gemisches der beiden Isoleucine mit Hefe und Zucker bleibt das d′-Allo-isoleucin unangegriffen.

## 8. Norleucin (α-Amino-n-capronsäure).

$C_6H_{13}O_2N$: C 54,97, H 9,99, N 10,69 %. Mol.-Gew. 131,11.

$CH_3$—$CH_2$—$CH_2$—$CH_2$—$C(H)(NH_2)$—$COOH$

*Vorkommen.* Aus Pflanzeneiweiß bis jetzt noch nicht isoliert worden, dagegen aus Eiweißstoffen, die am Aufbau des Nervensystems beteiligt sind.

*Eigenschaften.* Das natürliche Norleucin dreht rechts. In Wasser und Alkohol sehr schwer löslich. Krystallisiert in glänzenden Schuppen. Fp. 301° nach starkem Sintern und Sublimieren von 275° an. Die d-Verbindung schmeckt fad süß, die l-Verbindung bitter.

$[\alpha]_D^{20} = +4{,}5°$ in Wasser (eher höher).

$[\alpha]_D^{20} = +26{,}5°$ in 20proz. Salzsäure.

N-Trimethyl-norleucin:

$CH_3 \cdot CH_2 \cdot CH_2 \cdot CH_2 \cdot CH—CO$, $(CH_3)_3N$—O (Ring)

Entsteht, wenn 45proz. wäßrige Trimethylaminlösung 48 Stunden bei Zimmertemperatur auf α-Brom-n-capronsäure einwirkt. Brom mit Silbersulfat und Bariumhydroxyd entfernen und Filtrat im Vakuum zur Syrupkonsistenz einengen. Nach längerem Stehen scheiden sich Krystalle aus, die bei 70—80° schmelzen. Sehr leicht löslich (am schwersten in Äther). Zur Identifizierung eignet sich das *Golddoppelsalz* $C_9H_{20}O_2NCl_4Au$. *Darstellung*: Zur Lösung des Betains in 20proz. Salzsäure die annähernd berechnete Menge Goldchlorid in 10proz. Lösung geben. Das Goldsalz scheidet sich in leuchtend gelben Krystallen aus. Absaugen und aus salzsäurehaltigem Wasser umkrystallisieren. Fp. 137—138°. Sehr leicht löslich in Alkohol und Äther, leicht löslich in heißem Wasser, schwer in kaltem, sehr wenig löslich in siedendem Chloroform.

*Nachweis und Bestimmung.* Zum Nachweis eignet sich das Kupfersalz (S. 20), das in Wasser so schwer löslich ist, daß es als Reagens auf Kupfer Verwendung finden könnte (bei 23° zu 0,005% löslich). Naphthalinsulfoverbindung (S. 28).

## 9. Serin (α-Amino-β-oxypropionsäure).

$C_3H_7O_3N$: C 34,26, H 6,72, N 13,34 %. Mol.-Gew. 105,07 (Nomenklatur: Serin, weil aus Sericin Seidenleim gewonnen).

$H_2C$—OH, H—C—$NH_2$, COOH

*Vorkommen.* In freiem Zustand neuerdings im Saft der Luzerne aufgefunden worden. Als Eiweißbaustein ziemlich verbreitet, in der

Regel aber nur in geringer Menge vorkommend. Im Pflanzeneiweiß bis 1 %. In tierischem Eiweiß bis 8 % (Salmin). Zur Darstellung eignet sich das Seidenfibroin, das 1,4—2 % enthält.

*Eigenschaften.* Das natürliche Serin dreht links. Bei der Hydrolyse wird es zum größten Teil racemisiert. Das l-Serin ist in Wasser viel leichter löslich als das racemische und entzieht sich deswegen leicht der Beobachtung. Es krystallisiert in kleinen Nadeln oder Prismen, die sich beim raschen Erhitzen bei 233° zersetzen. Es schmeckt süß mit fadem Beigeschmack, weniger süß als das d-Serin. d,l-Serin löst sich in 23 Teilen Wasser von 20°, leichter in heißem, krystallisiert daraus in sehr dünnen, unregelmäßigen Blättchen, die bei raschem Erhitzen bei 245° unter Gasentwicklung schmelzen.

$[\alpha]_D^{20} = -6{,}83^0$ in wäßriger Lösung.

$[\alpha]_D^{25} = +14{,}45^0$ in n-Salzsäure.

*Nachweis und Bestimmung.* Dem Nachweis hat die Isolierung vorauszugehen. Trennung von anderen Aminosäuren s. S. 115, 122.

Die Reindarstellung des Serins ist in der Regel nicht sehr einfach. Aus den oben angegebenen Gründen wird man es häufig mit der Isolierung des Racemates zu tun haben.

Wenn die Krystallisation des Serins aus der wäßrigen Lösung durch kleine Mengen anderer Aminosäuren gestört wird, führt man das Gemisch zweckmäßig in die Kupfersalze über und läßt sehr langsam auskrystallisieren. Infolge der größeren Löslichkeit des Serinkupfers bleibt dieses größtenteils in der Mutterlauge.

Zur Identifizierung und auch zur Isolierung aus einem Gemisch eignet sich die Naphthalinsulfoverbindung (S. 28). Das d,l-β-Naphthalinsulfo-serin unterscheidet sich von den entsprechenden Derivaten anderer Aminosäuren durch seine geringe Löslichkeit in kaltem Alkohol. Aus heißem Alkohol fällt es beim Erkalten in feinen Nädelchen aus, die bei 214° schmelzen. Auch das Naphthylisocyanat (S. 32) eignet sich zur Charakterisierung.

## 10. Phenylalanin

(β-Phenyl-α-aminopropionsäure, α-Aminohydrozimtsäure).

$C_6H_5$—$CH_2$—$HC(NH_2)$—COOH

$C_9H_{11}O_2N$: C 65,41, H 6,72, N 8,49 %. Mol.-Gew. 165,10.

*Vorkommen.* In freiem Zustand findet es sich in manchen etiolierten Keimpflanzen. Die Achsenorgane enthalten mehr als die Cotyledonen. Die Menge des in Keimpflanzen aufgefundenen Phenylalanins war in der Regel — besonders bei siebentägigen Pflänzchen — nicht sehr groß. Die Ausbeute an Phenylalanin kann auch bei der gleichen Pflanzenart und bei gleichem Entwicklungsstadium größeren Schwankungen unterliegen. Es findet sich als solches im Käse und in unreifen Rüben. In pflanzlichem und tierischem Eiweiß ist es gewöhnlich in Mengen von 3—5 % enthalten.

*Eigenschaften.* Das natürliche Phenylalanin dreht links. Es löst sich in 32,4 Teilen Wasser von 25°, leichter in heißem. Wenig löslich in Methylalkohol. Krystallisiert aus warmen konzentrierten Lösungen in kleinen, glänzenden Blättchen, aus verdünnten Lösungen in krystallwasserhaltigen, feinen Nädelchen. Fp. 318—320° unter Zersetzung. Die racemische Verbindung ist etwas schwerer löslich. Kurze sternförmig verwachsene Prismen vom Fp. 271—273° unter Zersetzung. Die l-Verbindung schmeckt leicht bitter, die d-Verbindung süß.

$[\alpha]_D^{20} = -35{,}1^0$ in etwa 2proz. wäßriger Lösung.

$[\alpha]_D^{20} = +6{,}86^0$ in 3,5proz. Lösung in 20proz. Salzsäure.

Durch konzentrierte Lösung von Ammonsulfat, Natriumsulfat, Magnesiumsulfat, Natrium- und Kaliumacetat wird es aus seinen Lösungen ausgefällt, nicht aber durch Kaliumsulfat, Ammonchlorid, Bariumchlorid, Aluminiumsulfat usw. Durch Mercurinitrat wird es gefällt.

Wichtig ist das Verhalten gegen Phosphorwolframsäure. Aus 10proz. Lösungen wird es fast quantitativ gefällt. Auch aus 5proz. Lösungen bei Gegenwart von Mineralsäuren wird es im Gegensatz zu anderen Aminosäuren durch konzentrierte Phosphorwolframsäurelösung weitgehend gefällt. Das Phosphorwolframat fällt in der Regel zuerst ölig aus, um sich nach einigem Stehen in Krystallblättchen zu verwandeln. Durch einen Überschuß an Fällungsmittel wird das Phosphorwolframat wieder gelöst. Ist die Lösung nicht zu verdünnt, so bewirkt Phosphorwolframsäure auch in Gegenwart anderer Aminosäuren eine Fällung. Aus einer 0,5proz. Lösung wird es in Gegenwart von Leucin nicht mehr gefällt.

Durch Einwirkung von Natriumnitrit auf in Salzsäure gelöstes Phenylalanin entsteht Phenylchloressigsäure.

Bei der Fäulnis entsteht aus Phenylalanin ß-Phenylpropionsäure, Phenylessigsäure und Phenyläthylamin. Oidium lactis und bac. proteus führen das racemische Phenylalanin in *d*-Phenylmilchsäure über. Bac. subtilis liefert aus der d,l-Verbindung die *l*-Phenylmilchsäure. Bei der Gärung mit Zucker und Hefe bildet sich Phenyläthylalkohol, erkenntlich am rosenartigen Geruch.

*Nachweis und Bestimmung.* Das Phenylalanin läßt sich auch ohne vorangehende Isolierung sowohl qualitativ als auch quantitativ bestimmen. (Colorimetrische Bestimmung s. S. 156.)

Trennung von anderen Aminosäuren s. S. 115, 122, 136, 139, 148,.

Charakteristisch ist sein Verhalten beim trockenen Erhitzen. Ein Teil sublimiert, der größte Teil zerfällt unter Kohlendioxyd- und Wasserabspaltung, einen gelben Rückstand hinterlassend, der nach einiger Zeit krystallisiert. Im oberen Teil des Röhrchens setzen sich farblose Tropfen von Phenyläthylamincarbonat ab, die beim Erkalten erstarren. Das Phenyläthylamin besitzt einen charakteristischen Geruch.

Eine weitere bequeme Methode des Nachweises besteht in der Überführung des Phenylalanins in Phenylacetaldehyd, der sich durch einen charakteristischen, an Hyacinthen erinnernden Geruch auszeichnet: 0,02 g Substanz in 3 cm³ konzentrierter Schwefelsäure lösen und nach Zusatz von einigen Körnchen Kaliumbichromat kochen. Beim Erwärmen mit Salpetersäure tritt Gelbfärbung ein.

*Qualitativer Nachweis von Phenylalanin in Eiweißhydrolysaten nach* KAPELLER-ADLER (104, 105).

*Prinzip*: Phenylalanin wird durch Nitrierung in 3,4-Dinitrobenzoesäure übergeführt, die durch Hydroxylamin in Gegenwart von Ammoniak in das blauviolett gefärbte Ammoniumsalz der o-Diaci-dihydrodinitrobenzoesäure übergeht.

*Ausführung*: Erforderliche Reagenzien:

1. Nitriergemisch. 10 g Kaliumnitrat (pro analysi) in 100 cm³ konzentrierter Schwefelsäure (pro analysi) lösen.
2. 15proz. wäßrige Lösung von Hydroxylaminchlorhydrat (MERCK, 95—98proz.).
3. Konzentriertes Ammoniak.

Einige Kubikzentimeter des schwefelsauren Hydrolysates mit einigen Kubikzentimetern 10proz. Schwefelsäure und wenigen Kubikzentimetern 10proz. Phosphorwolframsäure versetzen und von dem entstandenen Niederschlag abfiltrieren. Zum Filtrat n/10 Kaliumpermanganatlösung geben bis Rosafärbung auftritt und Flüssigkeit bis zur öligen Konsistenz in einem Krystallisierschälchen einengen. Nach dem Erkalten mit 2 cm³ Nitriergemisch 20 Minuten auf dem siedenden Wasserbad erwärmen. Inhalt des Schälchens mit Wasser in eine Eprouvette spülen, mit etwas Wasser verdünnen, unter Eiskühlung mit einigen Kubikzentimetern der Hydroxylaminlösung versetzen und dann die doppelte Menge Ammoniak vorsichtig zugeben. An der Berührungsstelle beider Flüssigkeiten erscheint ein breiter violetter Ring. Beschleunigt wird diese Reaktion durch Eintauchen der Eprouvette in warmes Wasser (40°) und darauffolgendes starkes Abkühlen.

Zur Identifizierung eignen sich Phenylisocyanat- (S. 30), Naphthylisocyanat- (S. 32) und p-Toluolsulfoverbindung (30).

*Quantitative Bestimmung des Phenylalanins auf oxydativem Wege* (123).

*Prinzip.* Das vollständig von Fett befreite Protein wird hydrolysiert, die Aminosäuren mit Kaliumbichromat oxydiert, wobei Phenylalanin in Benzoesäure übergeht und nach Beseitigung verunreinigender Substanzen durch Waschen mit gesättigter, wäßriger Benzoesäurelösung in reiner Form zur Wägung gebracht wird.

*Allgemeine Bemerkungen.* Es gelingt mit dieser Methode auf verhältnismäßig einfachem Wege das Phenylalanin mit befriedigender Genauigkeit zu bestimmen, und zwar erhält man stets etwas weniger als die berechnete Menge. Bei der Durchführung ist vor allem darauf zu achten, daß keine höheren Fettsäuren zugegen sind, da man sonst zu hohe Werte erhält. Sowohl das Eiweiß als auch das Hydrolysat sind aus diesem Grunde mit Äther zu extrahieren. Die Methode dürfte besonders wertvoll sein, wenn es sich darum handelt, Aminosäuregemische, wie sie z. B. aus Keimpflanzen erhalten werden, *vergleichend* auf ihren Phenylalaningehalt zu untersuchen.

*Ausführung.* Eiweißsubstanz in möglichst trockenem Zustand mit Äther im Soxhlet von Fett befreien. 30 Stunden mit der zehnfachen Menge 25proz. Schwefelsäure hydrolysieren. Hydrolysenflüssigkeit in 1—2 Portionen 3 Stunden lang im LINDTschen Apparat mit Äther extrahieren; die im Äther enthaltenen Fettsäuren wägen und die erhaltene Menge von der angewandten Eiweißmenge abziehen. Um größere Mengen von Hydrolysenflüssigkeit verarbeiten zu können, wird dem LINDT-Apparat am unteren Ende des Zylinders eine halbkugelförmige Erweiterung von 500 cm³ Inhalt angeschmolzen. Die ausgeätherte Hydrolysenflüssigkeit ist durch Erhitzen auf dem Wasserbad von Ätherresten zu befreien.

Die Oxydation wird mit dem BECKMANNschen Gemisch durchgeführt. Dieses enthält 20 Gew.% Kaliumbichromat und 17 Gew.% Schwefelsäure. Zur Flüssigkeit so viel Bichromat zufügen, als für die vollkommene Verbrennung des Eiweißes erforderlich ist (in der Regel etwa die zehnfache Gewichtsmenge angewandter Substanz).

Das Flüssigkeitsvolumen ist dabei so zu regulieren, daß die für das BECKMANNsche Gemisch gegebenen Mengenverhältnisse eingehalten sind. Es ist vor allem auf richtige Schwefelsäurekonzentration zu achten. Die Oxydation wird in einem Jenaer Rundkolben mit aufgesetztem Liebigkühler auf einem Babotrichter durch 5—6 Stunden langes Erhitzen durchgeführt. Dabei erscheinen besonders bei phenylalaninreichen Proteinen weiße Tröpfchen an der Kühlerwandung. Das Erhitzen ist so zu regulieren, daß diese Tröpfchen nie über das untere Drittel des Kühlers gelangen, da sonst Verluste auftreten. Nach beendigter Oxydation sind diese Tröpfchen verschwunden.

Erkalten lassen und Oxydationsgemisch (Kühler ausspülen usw.) im LINDTschen Apparat 3 Stunden lang mit Äther extrahieren. Äther über Natriumsulfat trocknen, weitgehend abdestillieren, in ein kleines Becherglas mit schiefen Wandungen überspülen und Äther bei Zimmertemperatur verdunsten lassen. Es hinterbleibt die Benzoesäure, vermengt mit etwas Isovaleriansäure, Essigsäure usw. Die Krystallmasse mit einer kaltgesättigten wäßrigen Lösung von Benzoesäure 24 Stunden lang stehen lassen, durch einen gewogenen Goochtiegel abnutschen, mit benzoesäurehaltigem Wasser waschen und bei 60° zur Gewichtskonstanz trocknen.

*Beispiel.* 23,32 hydrolysiertes Casein in 240 cm³ 25proz. Schwefelsäure (Hydrolysenflüssigkeit); zugesetzt wurden 240 g Kaliumbichromat, 144 g konzentrierte Schwefelsäure und das Ganze auf 1200 cm³ mit Wasser aufgefüllt. Resultat = 0,4362 g Benzoesäure entsprechend 0,6258 g Phenylalanin = 2,68 %.

Dasselbe Casein gab in anderen Versuchen 3,04 %, 3,2 %, 3,4 % Phenylalanin, in guter Übereinstimmung mit den Literaturangaben (2,75—3,2 %).

## 11. Tyrosin

(p-Oxy-$\beta$-phenyl-$\alpha$-aminopropionsäure, p-Oxyphenylalanin).

$C_9H_{11}O_3N$: C 59,64, H 6,12, N 7,74 %. Mol.-Gew. 181,10 (Nomenklatur: Tyros = Käse, aus Käse isoliert worden).

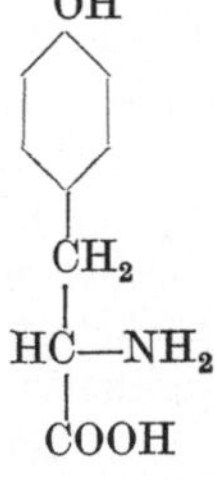


*Vorkommen.* Es findet sich in freiem Zustand in verschiedenen Keimpflanzen, in Kartoffelknollen, in der Steckrübe, im Saft der Zuckerrübe, in unreifen Samen von Phaseolus vulgaris, in den grünen Hülsen der Bohnen usw. In ungekeimten Samen ist es nur in geringer Menge enthalten. Man findet es in einwöchigen Lupinenkeimlingen, nicht mehr aber in 2—3 Wochen alten. Ebensowenig findet es sich in zweitägigen Keimpflanzen, da in so jungen Pflänzchen erst ein minimaler Teil des Reserveproteins zerfallen ist. In 3—4 Tage alten Keimlingen läßt es sich schon nachweisen. Es findet sich stets in den Cotyledonen, in Wurzeln oder im hypocotylen Glied konnte es nicht aufgefunden werden. Das den im Wachstum begriffenen Pflanzenteilen zuströmende Tyrosin wird jedenfalls abgebaut.

In pflanzlichem Eiweiß ist es in der Regel zu etwa 2—4 % enthalten. Im Globulin der chinesischen Samtbohne zu 6,3 %. Die in tierischen Proteinen enthaltenen Mengen schwanken sehr stark, und zwar von 1—10 %. Im Fibroin verschiedener Seidenraupen finden sich 8—10 %. Im Leim ist es nicht enthalten. Das Tyrosin ist, ebenso wie Tryptophan, zum Teil recht labil im Eiweißkomplex gebunden. Bei der Einwirkung von Pankreasferment auf Edestin resultieren schon nach 2 Tagen tyrosinfreie Reste.

*Eigenschaften.* Das natürliche Tyrosin dreht links. Sehr charakteristisch ist die Schwerlöslichkeit des Tyrosins in Wasser (1:2500 bei 17°) und in Alkohol (1:13500 in 90proz. Alkohol). Die racemische Verbindung löst sich noch schwerer (1:3000 in Wasser von 17°). In heißem Wasser ist es wesentlich leichter löslich. Sehr schwer löslich in kaltem und auch in siedendem Eisessig. Auf Grund dieser Tatsache läßt es sich von anderen Aminosäuren trennen (s. S. 144, 145).

In reinem Zustand krystallisiert es in feinen seidenglänzenden, oft zu Büscheln vereinigten Nadeln. Wenn es nicht ganz rein ist, kann es dem Leucin ähnliche Kugeln bilden. Fp. 342—344° bei raschem Erhitzen. Schmeckt fade.

$[\alpha]_D = -8{,}64°$ in 4—5proz. Lösung in 21proz. Salzsäure. Mit abnehmender Säurekonzentration nimmt die Drehung ziemlich stark zu.

$[\alpha]_D = -9°$ in 6proz. Lösung in 11,6proz. Kalilauge.

Beim Kochen mit 33proz. Schwefelsäure wird es nicht racemisiert, wohl aber bei fünfstündigem Erhitzen mit der dreifachen Menge Bariumhydroxyd und der zehnfachen Menge Wasser auf 170°.

Durch Phosphorwolframsäure wird Tyrosin nicht gefällt, wohl aber aus ammoniakalischer Lösung mit Bleiessig als basisches Salz. Beim Kochen mit Bleioxyd scheidet sich das schwerlösliche Tyrosinblei aus (!).

Löst man Tyrosin in ziemlich konzentrierter Salpetersäure, so krystallisiert nach einigem Stehen das gelbgefärbte salpetersaure Nitrotyrosin aus. Auf dessen Bildung beruht — wenigstens zum Teil — die Xanthoproteinreaktion.

Der Abbau des Tyrosins durch Bakterien ist Gegenstand eingehender Untersuchungen gewesen. Die Art der dabei auftretenden Produkte ist stark abhängig von der Wasserstoffionenkonzentration der Nährböden und anderen Faktoren. Bac. coli com. bildet bis zu 80 % d. Th. p-Oxy-phenyläthylamin. Oidium lactis führt das l-Tyrosin fast quantitativ in d-p-Oxyphenylmilchsäure über. Bac. phenologens bildet Phenol. Mit viel Hefe und Zucker erhält man p-Oxy-phenyläthylalkohol usw.

*Nachweis und Bestimmung.* Tyrosin läßt sich auch im Gemisch mit anderen Aminosäuren oder direkt in der Eiweißsubstanz nachweisen.

Trennung von anderen Aminosäuren s. S. 115, 125, 144, 145, 146.

*Farbreaktionen:*

HOFMANNS *Probe.* Mit MILLONS Reagens beim Sieden Rotfärbung, dann eine rote Fällung.

MÖRNERS *Probe.* Zu 2—3 $cm^3$ einer Lösung von 1 Vol. Formalin in 45 Vol. Wasser und 55 Vol. konzentrierter Schwefelsäure setzt man etwas Tyrosin in Lösung oder Substanz zu und erhitzt zum Sieden, wobei eine beständige Grünfärbung auftritt. Phenol, Proteine und Albumosen geben diese Reaktion nicht.

FOLIN-DENIS*sche Probe.* Reagens: Lösung von 10proz. Natriumwolframat, 2proz. Phosphorwolframsäure und 10proz. Phosphorsäure. Man mischt 1—2 $cm^3$ des Reagens mit dem gleichen Volumen der Tyrosinlösung und setzt 5—10 $cm^3$ gesättigte Sodalösung hinzu, wobei eine intensive Blaufärbung auftritt. Empfindlichkeit: 1:1000000. Tryptophan und Oxyprolin geben diese Reaktion auch.

DENIGÈS*sche Probe.* Setzt man ein wenig Tyrosin zu 2—3 $cm^3$ einer Lösung von 1 $cm^3$ Formalin in 50 $cm^3$ Schwefelsäure (konz.), so tritt nach kurzer Zeit weinrote Färbung auf. Fügt man jetzt sofort das doppelte Volumen Eisessig hinzu und kocht, so färbt sich die Flüssigkeit grün.

PIRIAS *Probe.* Man erwärmt Tyrosin in 4—5 Teilen konzentrierter Schwefelsäure auf dem Wasserbad, verdünnt nach dem Abkühlen mit Wasser, neutralisiert mit Bariumcarbonat und filtriert. Zum Filtrat, welches Tyrosinsulfosäure enthält, fügt man tropfenweise Eisenchlorid hinzu, wobei eine blauviolette Färbung auftritt.

*Nitritprobe auf Tyrosin nach* B. KISCH (114): Zu 4,5 $cm^3$ der zu untersuchenden Lösung 0,5 $cm^3$ einer n/25—n/50 Salzsäure und 0,2 $cm^3$ Nitritlösung (1 proz.) geben. 5—10 Minuten im siedenden Wasserbad erwärmen und mit 0,5 $cm^3$ Amylalkohol kräftig ausschütteln. Der Alkohol färbt sich violett. Nach dem Ausschütteln hat die wäßrige Phase einen gelben bis grünen Farbton. Setzt man der Lösung sofort nach dem Ausschütteln 1 $cm^3$ n/50 Natronlauge zu, so wird die wäßrige Phase gelb bis rotgelb, während der Amylalkohol violett bleibt. Empfindlichkeit: 1 Teil Tyrosin in 30000 Teilen Wasser läßt sich noch gut erkennen.

*Reaktion mit Tyrosinase.* Darstellung der Tyrosinase: 1 g Trockenpulver von Russula delica 24 Stunden mit 50 $cm^3$ Wasser, das mit Toluol überschichtet ist, bei 37° stehen lassen und filtrieren. Die Wirksamkeit des Extraktes läßt rasch nach. Gibt man zu einer Tyrosinlösung Tyrosinaselösung, so färbt sich die Flüssigkeit zunächst hellrot, nach einiger Zeit wird sie dunkler, und später scheiden sich schwarze Flocken ab.

Zur Identifizierung eignen sich das Phenylhydantoin (S. 32), die Phenylisocyanatverbindung (S. 30), Naphthylisocyanat- (S. 32) sowie p-Toluolsulfoverbindung (S. 30).

Colorimetrische Bestimmung des Tyrosins s. S. 157.

## 12. Dioxyphenylalanin

(3,4-Dioxyphenyl-$\alpha$-aminopropionsäure, Dopa).

$C_9H_{11}O_4N$: C 54,79, H 5,62, N 7,12%. Mol.-Gew. 197,12.

OH, OH (Benzolring), $CH_2$, H—C$NH_2$, COOH

*Vorkommen.* Findet sich in den Fruchtschalen und Keimlingen von Vicia faba, ferner wurde es auch aus der Samtbohne isoliert (160). Es scheint ein charakteristischer Bestandteil der Stizolobiumarten zu sein.

*Eigenschaften.* Das natürliche Dioxyphenylalanin dreht links. Löst sich in 200 Teilen kaltem und in 40 Teilen heißem Wasser. In Alkohol usw. ist es unlöslich. In Soda löst es sich mit schwach gelber Farbe, die bei Luftzutritt in Rotbraun übergeht. Krystallisiert in derben Prismen oder feinen Nädelchen. Fp. 280° unter Zersetzung.

$[\alpha]_D^{20} = -14,28^0$ (1,1 g Substanz in 10 g n-Salzsäure).

Durch das in den Basalzellen der Epidermis vorhandene Ferment Dopaoxydase wird Dioxyphenylalanin zu einem dunklen Farbstoff, dem Dopamelanin, oxydiert.

Trennung von Tyrosin s. S. 145.

*Nachweis und Bestimmung.* Das Dioxyphenylalanin gibt folgende Reaktionen:

Eine 1—5proz. Ferrichloridlösung erzeugt eine ziemlich beständige smaragdgrüne Färbung, die auf Zusatz von Alkali in purpurrot übergeht.

MILLONs Reagens ruft eine orangerote Färbung hervor.

Mit Phosphorwolframsäure keine Fällung, mit der Zeit entsteht eine rotviolette Färbung.

Ferricyankalium bewirkt Rotfärbung.

Ammoniakalische Silbernitratlösung wird reduziert.

Beim Kochen mit frisch gefälltem Kupfercarbonat geht dieses in Lösung, wobei eine blaugrüne Farbe auftritt, nach einiger Zeit scheiden sich schwarze Flocken aus.

Zur Identifizierung eignet sich das Tribenzoylderivat (S. 26). Fp. ca. 170°.

*Darstellung.* 10 kg von den Samen befreite Fruchtschalen von Vicia faba mit einer verdünnten Lösung von schwefliger Säure anrühren, in einer Fleischhackmaschine fein zerkleinern, mit Essigsäure ansäuern und mit etwa 30 l Wasser extrahieren. Das trübe, schwach grün gefärbte Filtrat mit 20proz. Bleiacetatlösung versetzen (ca. $2^1/_2$ l), bis kein Niederschlag mehr entsteht. Abfiltrieren, auswaschen und Filtrat mit Ammoniak deutlich lackmusalkalisch machen. Dabei scheidet sich die Bleiverbindung als reichlicher, gelblichweißer Niederschlag ab. Abnutschen und mehrmals mit Wasser auswaschen. Niederschlag in etwa 5 l Wasser aufschlämmen und mit Schwefelwasserstoff entbleien. Filtrat vom Bleisulfid im Kohlensäurestrom bei 15 mm stark einengen, wobei sich das Dioxyphenylalanin als gelbliches Krystallpulver abscheidet.

Ausbeute an Rohprodukt ca. 25 g.

Zur Reinigung aus heißem verdünntem Alkohol, dem etwas schweflige Säure zugefügt wird, unter Zusatz von aktiver Kohle umkrystallisieren.

### 13. Surinamin (N-Methyl-tyrosin, Ratanhin).

$C_{10}H_{13}O_3N$: C 61,5, H 6,71, N 7,18 %. Mol.-Gew. 195,11.

OH

(Benzolring)

$CH_2$

H—C—N<H / $CH_3$

COOH

*Vorkommen.* In der Rinde von Geoffroya surinamensis und aus anderen exotischen Papilionaceen erhalten worden. Manchmal bildet es auf der Borke einen wolligen Überzug.

*Eigenschaften.* Schwer löslich in Wasser und Alkohol, löslich in kochender Essigsäure. Bildet feine, wollige, verfilzte Krystalle. Fp. 270° (auch andere Werte).

$[\alpha]_D^{21} = +19,75^0$ in 11proz. Salzsäure.

*Nachweis und Bestimmung.* Gibt ganz ähnliche Farbreaktionen wie Tyrosin.

Zur Identifizierung eignet sich das Kupfersalz $(C_{10}H_{12}NO_3)_2Cu$. Pfirsichrote Krystalle, Fp. 270°. Phenylhydantoin, Fp. 200°.

*Darstellung.* Das aus der Rinde gewonnene Rohprodukt in Salzsäure in der Hitze lösen, vom schmierigen Rückstand abtrennen, neutralisieren und die dabei ausfallenden Krystalle in salzsaurer Lösung mit Tierkohle kochen und wieder ausfällen.

## 14. Asparaginsäure (Aminobernsteinsäure).

COOH
|
$CH_2$
|
H—C—$NH_2$
|
COOH

$C_4H_7O_4N$: C 36,08, H 5,31, N 10,53 %. Mol.-Gew. 133,07 (Nomenklatur: Asparagin, zuerst aus Asparagus isoliert).

*Vorkommen.* In freiem Zustande ist sie in Maulbeerblättern, Mutterkorn, im Drüsensekret von Meerschnecken usw. aufgefunden worden. In pflanzlichem Eiweiß nach älteren Angaben zu etwa 2 % enthalten. Hanfedestin 4,5 %. Globulin der Cocosnuß 5,2 %. In tierischem Eiweiß etwa 2—3 %. Da nach der früher fast allgemein angewandten Estermethode von E. FISCHER mindestens 40 % der Asparaginsäure nicht erfaßt wurden, dürften die für die einzelnen Eiweißkörper angegebenen Werte zum mindesten verdoppelt werden. Die nach neueren Methoden durchgeführte Untersuchung von Casein und Globulin der chinesischen Samtbohne ergab neunmal mehr Asparaginsäure, als früher gefunden wurde.

*Eigenschaften.* Die Asparaginsäure ist ziemlich schwer löslich in Wasser (bei 10° in 376 Teilen, bei 20° in 222 Teilen), leichter in heißem. Durch Zusatz von verschiedenen Salzen wird die Löslichkeit der Asparaginsäure ganz beträchtlich erhöht (1 Teil in 55 Teilen Wasser, das 80 Teile Ammonchlorid enthält). Unlöslich in kaltem Eisessig. Krystallisiert in rhombischen Säulen oder Blättchen. Fp. 270—271° im geschlossenen Röhrchen. Sie schmeckt ausgesprochen sauer. Unterschied von Glutaminsäure und den einbasischen Aminosäuren!

Die Verhältnisse bezüglich der optischen Aktivität sind etwas kompliziert. In wäßriger Lösung dreht die natürliche Asparaginsäure schwach nach rechts, bei 75° weist sie keine Drehung auf, bei höherer Temperatur dreht sie links.

$[\alpha]_D^{20} = +25,7°$ in 4proz. Lösung bei Gegenwart von 3 Mol Salzsäure.

$[\alpha]_D^{20} = -2,34°$ in 3,3proz. Lösung bei Gegenwart von 3 Mol Natronlauge.

Die Rotationsdispersionskurve strebt einem positiven Maximum zu; die natürliche, allgemein als l-Verbindung angesprochene Asparaginsäure sollte richtiger als d-Verbindung bezeichnet werden. Durch Erhitzen einer Lösung von Asparaginsäurechlorhydrat im Autoklaven auf 170° wird sie racemisiert.

Asparaginsäure läßt sich wie eine einbasische Säure titrieren. Durch Phosphorwolframsäure wird sie nicht gefällt, wohl aber weitgehend beim Kochen mit Bleioxyd. Das Zinksalz ist im Gegensatz zu demjenigen der Glutaminsäure in Wasser leicht löslich. Das Calciumsalz ist in wäßrigem Alkohol im Gegensatz zu demjenigen vieler anderer Aminosäuren im Alkohol-Wasser-Gemisch unlöslich. Das Kupfersalz zeichnet sich durch Schwerlöslichkeit aus.

Läßt man auf eine salzsaure Lösung von Asparaginsäure Natriumnitrit einwirken, so erhält man Monochlorbernsteinsäure vom Fp. 174°.

Hefe vergärt Asparaginsäure in Gegenwart von Zucker vollständig. Bei der Fäulnis bildet sich Bernsteinsäure, Propion- und Ameisensäure.

*Nachweis und Bestimmung.* Dem Nachweis hat die Isolierung vorauszugehen. Trennung von anderen Aminosäuren s. S. 115, 122, 126, 136, 146, 147, 148. Zur Identifizierung eignet sich die Benzoylverbindung (S. 26), sowie die Analyse des Kupfersalzes, welches mit $4^1/_2$ Molen Krystallwasser krystallisiert, sehr schwer löslich in kaltem Wasser, ziemlich löslich in verdünnter siedender Essigsäure ist. Das Krystallwasser entweicht erst bei längerem Erhitzen auf 130—140° im Vakuum!

## 15. Glutaminsäure (α-Aminoglutarsäure).

COOH
|
$CH_2$
|
$CH_2$
|
H—C—$NH_2$
|
COOH

$C_5H_9O_4N$: C 40,80, H 9,50, N 43,51 %. Mol.-Gew. 147,08 (Nomenklatur: Abkömmling der Glutarsäure).

*Vorkommen.* In freiem Zustand findet sich Glutaminsäure wohl nur als sekundäres Spaltungsprodukt von Glutamin. Über die Bindungsart der Glutaminsäure in Eiweiß s. S. 53. In pflanzlichem Eiweiß ist die Säure in der Regel in größeren Mengen enthalten, und zwar zu 15—35 %. Weizengliadin 44 %! In tierischem Eiweiß meistens weniger, 2—10 %. Casein 21 %.

*Eigenschaften.* Die natürliche Glutaminsäure dreht rechts. Sie löst sich in 100 Teilen Wasser von 16° und in 1500 Teilen 80proz. Alkohol. Unlöslich in kaltem Eisessig. Krystallisiert in klaren, diamantglänzenden Tetraedern oder Oktaedern, manchmal auch in kleinen glänzenden Blättchen. Der Fp. ist stark abhängig von der Art des Erhitzens. Schon beim Trocknen bei 110° treten Umsetzungen ein (s. unten), die sich in einem Sinken des Fp. auswirken. Bei raschem Erhitzen schmilzt sie bei 247—249° (korr.) unter Zersetzung. Schmeckt schwach sauer mit fadem Nachgeschmack. Die d, l-Säure ist etwas leichter löslich (1:67 in Wasser von 20°) und schmilzt bei 225—227° (korr.).

$[\alpha]_D = +12{,}6^0$ in Wasser.

$[\alpha]_D = +31{,}7^0$ in 5proz. Lösung in 9proz. Salzsäure.

Die Drehung ist stark abhängig von der Säurekonzentration. Die neutralen Salze drehen nach links. Durch zehnstündiges Erhitzen auf 170° mit der vierfachen Menge Bariumhydroxyd und der 20fachen Menge Wasser wird sie racemisiert. Dabei entsteht auch etwas Pyrrolidoncarbonsäure.

Bei der Titration mit Phenolphthalein als Indicator wird etwas mehr als die theoretisch berechnete Menge Lauge (für 1 Carboxyl) verbraucht.

Durch Phosphorwolframsäure wird Glutaminsäure nicht gefällt. Nach unseren Erfahrungen findet man aber doch hin und wieder Glutaminsäure in den Phosphorwolframsäurefällungen. Durch Mercuriacetat wird die Säure gefällt, beim Kochen mit Zinkoxyd erhält man ein sehr schwerlösliches Zinksalz (!) (s. unter Trennung von Asparaginsäure, S. 146).

Durch Einwirkung von Natriumnitrit auf in Salzsäure gelöste Glutaminsäure entsteht α-Chlorglutarsäure.

Der Angriff von Mikroorganismen auf Glutaminsäure erfolgt meist asymmetrisch. Durch bakterielle Zersetzung kann α-Aminobuttersäure entstehen. Bei der Fäulnis entsteht aus d-Glutaminsäure bis zu 60 % d. Th. an Buttersäure und bis zu 36 % Ameisensäure, daneben etwas Bernsteinsäure, aber keine Glutarsäure. Glutaminsäure ist die Muttersubstanz der bei der Hefegärung entstehenden Bernsteinsäure. Die Anwesenheit von Zucker ist für die Umwandlung der Glutaminsäure in Bernsteinsäure erforderlich. Durch Zusatz anderer Aminosäuren, wie Alanin, Leucin, Asparaginsäure usw., tritt weitgehende Schützung der Glutaminsäure und damit Verminderung der Bernsteinsäurebildung ein. Im gleichen Sinne wirkt ein Zusatz von Ammoniumsalzen.

*Umwandlung in α'-Pyrrolidon-α-carbonsäure* (Pyroglutaminsäure, Glutiminsäure).

Die Glutaminsäure enthält die Aminogruppe in γ-Stellung zur Carboxylgruppe und läßt sich dementsprechend durch Wasserabspaltung in ein Lactam überführen:

$$\begin{array}{l} H_2C\text{—}COOH \\ \quad| \\ H_2C \\ \quad| \\ HC\text{—}NH_2 \\ \quad| \\ COOH \end{array} \longrightarrow \begin{array}{l} H_2C\text{——}CH_2 \\ \quad|\qquad\quad| \\ O{=}C\qquad CH\text{—}COOH \\ \quad\diagdown\quad\diagup \\ \qquad N \\ \qquad H \end{array}$$

Da diese Wasserabspaltung sehr leicht vor sich gehen kann und die Pyrrolidoncarbonsäure ganz andere Eigenschaften besitzt als die Glutaminsäure, ist *beim Arbeiten mit Glutaminsäure auf die Möglichkeit des Eintritts dieser Reaktionzu achten.*

Wird eine wäßrige Lösung von Glutaminsäure oder deren Salze längere Zeit auf 80° erwärmt, so tritt in beträchtlichem Umfange Lactambildung ein. Nach 170stündigem Kochen einer 3proz. wäßrigen Glutaminsäurelösung erhält man nach dem Eindampfen fast 100proz. l-Pyrrolidoncarbonsäure. Bei Anwesenheit von 8proz. Schwefelsäure oder 3proz. Salzsäure tritt keine Lactambildung ein, bei geringeren Säurekonzentrationen nur partielle, durch schwache Säuren wird die Lactambildung nicht behindert. *Das Auftreten von Pyrrolidoncarbonsäure ist also in den Fällen zu erwarten, wo wäßrige oder schwachsaure Glutaminsäurelösungen erhitzt oder verdampft werden.* Liegt die Möglichkeit vor, daß Pyrrolidoncarbonsäure entstanden ist, so kocht man einige Zeit mit 2 n-Salzsäure und arbeitet die dabei entstandene Glutaminsäure in saurer Lösung auf. Es scheint nicht ausgeschlossen, daß die Glutaminsäure — wenigstens teilweise — bei der Hydrolyse des Eiweißes aus ihrem Lactam hervorgegangen ist.

Die Pyrrolidoncarbonsäure ist in Wasser ziemlich leicht löslich, sie krystallisiert nur aus reinen, glutaminsäurefreien Lösungen. Aus einer Lösung äquivalenter Mengen von Pyrrolidoncarbonsäure und Glutaminsäure krystallisiert keine der beiden Säuren. Die entstehende Verbindung, wahrscheinlich pyrrolidonsaure Glutaminsäure, bildet einen nicht krystallisierenden Sirup. Verluste, die beim Umkrystallisieren der Glutaminsäure aus heißem Wasser auftreten, sind zum größten Teil auf die Bildung dieser Doppelverbindung zurückzuführen.

Fp. der Pyrrolidincarbonsäure 158—160°.

$[\alpha]_D$ = ca. + 11° in wäßriger Lösung.

Zur Trennung von Glutaminsäure und Pyrrolidoncarbonsäure ist Eisessig geeignet, in welchem sich die Pyrrolidoncarbonsäure löst, während Glutaminsäure ungelöst zurückbleibt.

*Nachweis und Bestimmung der Glutaminsäure.* Dem Nachweis hat die Isolierung vorauszugehen.

Trennung von anderen Aminosäuren s. S. 115, 122, 126, 136, 144, 146.

Bezüglich der Isolierung verweisen wir auf die oben gemachten Angaben. Wir haben beim Arbeiten mit Glutaminsäure stets die Möglichkeit der Bildung von Pyroglutaminsäure a priori ausgeschaltet, indem wir sie in salzsaurer Lösung aufarbeiteten.

Zur Isolierung und zur Identifizierung eignet sich am besten das Chlorhydrat, welches man entweder direkt nach der Hydrolyse des Eiweißes erhält oder durch Einleiten von Salzsäuregas in eine wäßrige Lösung gewinnen kann. Das Glutaminsäurechlorhydrat wird zweckmäßig aus ziemlich konzentrierter Salzsäure umkrystallisiert, da es in kalter konzentrierter Salzsäure sehr schwer löslich ist. Fp. 210° bei raschem Erhitzen. Noch schöner krystallisiert das Glutaminsäurebromhydrat.

Charakteristisch für Glutaminsäure (im Gegensatz zu Asparaginsäure) ist die Schwerlöslichkeit seines Zinksalzes, welches man durch Kochen von Glutaminsäure mit Zinkoxyd erhält. Es krystallisiert mit 2 Molen Krystallwasser in glänzenden, zu Drusen vereinigten Säulen oder feinen Nadeln. Löslichkeit in Wasser: 0,0064 Teile in 100 Teilen Wasser von 20°.

Zur Identifizierung eignen sich Pikrolonat (S. 24) und Naphthylisocyanat, letzteres wird am besten aus 90proz. Alkohol umkrystallisiert und erscheint in langen verfilzten Nadeln (S. 32). Naphthalinsulfosäure- und Benzoylverbindung sind zur Charakterisierung nicht geeignet.

## 16. β-Oxyglutaminsäure (α-Amino-β-oxyglutarsäure).

COOH
|
$CH_2$
|
H—C—OH
|
H—C—$NH_2$
|
COOH

$C_5H_9O_5N$: C 36,79, H 5,56, N 8,59 %. Mol.-Gew. 163,07.

*Vorkommen.* Ist erst in neuerer Zeit als Spaltungsprodukt von Eiweiß aufgefunden worden (44, 46, 102). In Casein zu 10 %, im Globulin der chinesischen Samtbohne zu 2,8 % enthalten. Infolge seiner großen Löslichkeit in Wasser entzog es sich wohl der Beachtung früherer Forscher. Höchst wahrscheinlich ist diese Oxysäure nicht nur in den oben erwähnten Eiweißstoffen enthalten, sondern weit verbreitet.

*Eigenschaften.* Die natürliche Oxyglutaminsäure dreht rechts.

Infolge der Anwesenheit einer Hydroxylgruppe sehr leicht löslich in Wasser. Krystallisiert aus der zum Sirup eingedickten Lösung nur langsam und in großen Prismen. Leicht löslich in Eisessig, etwas löslich in Methylalkohol, fast unlöslich in Äthylalkohol. Besitzt keinen scharfen Schmelzpunkt, wird beim Erhitzen auf 100° teigig und verwandelt sich bei raschem Erhitzen auf 140—150° in eine klare glasartige Masse.

$[\alpha]_D$ = + 0,8° in 4proz. Lösung.

$[\alpha]_D$ = + 16,3° in 2proz. Lösung in 20proz. Salzsäure.

Wird durch Mercuriacetat + Natriumcarbonat gefällt. Kupfer-, Blei-, Zink-, Cadmium- und Erdalkalisalze sind in Wasser leicht löslich. Wird die Säure einige Zeit auf 140° erhitzt, so läßt sich in der Schmelze nicht mehr aller Stickstoff als Aminostickstoff nachweisen. Es ist anzunehmen, daß sich in analoger Weise wie bei der Glutaminsäure Lactamisierung vollzieht, unter Bildung von Oxypyrrolidoncarbonsäure.

*Nachweis und Bestimmung.* Dem Nachweis hat die Isolierung vorauszugehen. Trennung von anderen Aminosäuren s. S. 122, 126.

*Farbreaktionen.* Setzt man zu einigen Tropfen einer verdünnten Lösung der Aminosäure 1 $cm^3$ konzentrierte Schwefelsäure + einige Milligramm eines Phenols zu, so treten folgende Farbreaktionen auf:

Resorcin: hellrotpurpur, Brenzcatechin: blaugrün, Pyrogallol: dunkelgrün, Phloroglucin: kirschrot, $\alpha$-Naphthol: fluorescierend grün, $\beta$-Naphthol: beim Erwärmen gelblich mit grüner Fluorescenz.

Strychninsalz (aus Butylalkohol mit wenig Wasser), rosettenförmig angeordnete Nadeln, die bei 165—175° erweichen und bei 245° unscharf schmelzen. $[\alpha]_D^{20} = -26{,}3°$.

Brucinsalz (aus absolutem Methylalkohol) krystallisiert in wasserfreien Nadeln, die sich über 200° zersetzen. Löslich in Alkohol und Wasser, unlöslich in Aceton. $[\alpha]_D^{20} = -25°$.

Das Naphthalinsulfoderivat ist schwer und nur nach längerem Stehen krystallin zu erhalten.

Oxydation mit Chloramin *T* liefert wahrscheinlich den Aldehyd $C_4H_6O_4$, der mit p-Nitrophenylhydrazin charakteristische rotbraune Nadeln vom Fp. 297 bis 299° gibt.

### 17. Arginin ($\delta$-Guanidin-$\alpha$-aminovaleriansäure).

$$HN{=}C\begin{cases}NH_2\\ NH{-}CH_2{-}CH_2{-}CH_2{-}CH(NH_2){-}COOH\end{cases}$$

$C_6H_{14}O_2N_4$. C 41,34, H 18,10, N 32,18%. Mol.-Gew. 174,13.

*Vorkommen.* In freiem Zustand findet sich Arginin nach KLEIN und TAUBÖCK (120) in geringen Mengen im Samen. Vor allem sind Leguminosen-, Cucurbitaceen- und Coniferensamen untersucht. Darunter wurden die Coniferensamen am argininreichsten befunden. Ebenso wurde Arginin in vielen Keimlingen festgestellt. Auch hier sind wiederum vor allem die Leguminosen und Coniferen untersucht worden. Letztere sind besonders argininreich und stellen überhaupt hinsichtlich des Argininstoffwechsels einen eigenen Typus dar. Gewöhnlich enthalten die Kotyledonen mehr freies Arginin als die Achsenorgane. In den Organen erwachsener Pflanzen ist nur wenig Arginin enthalten. Geringe Mengen wurden gefunden in den Knollen der Steckrübe, Kartoffel, Dahlie, des Topinamburs, in den Wurzeln der Zichorie, in jungen Coniferentrieben. Da Arginin ein wesentlicher Bestandteil des Pflanzeneiweißes ist, kann man es überall finden, wo hydrolytische Prozesse laufen. EULER und BURSTRÖM fanden den Gehalt der chlorophyllfreien Partien panaschierter Blätter an freiem Arginin bedeutend erhöht im Vergleich zu den grünen Teilen (58).

Den mittleren Argininegehalt von 35 Eiweißkörpern aus Pflanzen gibt A. KIESEL mit 8,13% an. Er ist höher als der von 42 tierischen Eiweißkörpern (5,40%), wenn man von den hauptsächlich aus Arginin bestehenden *Protaminen* absieht.

Es seien hier 51 pflanzliche Eiweißpräparate nach ihrem Argininegehalt geordnet:

| | | | | |
|---|---|---|---|---|
| 15 Präparate | = 29,4 % | der in Betracht gezogenen enthalten | 1—5 % | Arginin |
| 14 „ | = 27,5 % | „ „ „ „ „ | 5—10 % | „ |
| 17 „ | = 33,3 % | „ „ „ „ „ | 10—15 % | „ |
| 5 „ | = 9,8 % | „ „ „ „ „ | 15—20 % | „ |

Als extrem niedriger Befund sei angeführt: Coicin aus Coix lacrima mit 0,20 % Arginin. Etwa die 100fache Argininmenge enthält ein aus Tuberkelbacillen dargestelltes Albumin. Als besonders argininreich seien auch die aus Coniferen (Pinus pinea) dargestellten Eiweißpräparate erwähnt.

*Eigenschaften.* Das natürliche Arginin dreht rechts. Es ist leicht löslich in Wasser, fast unlöslich in Alkohol. Krystallisiert in rosettenartigen Drusen, die aus rechtwinkligen oder zugespitzten Tafeln und dünnen Prismen zusammengesetzt sind. Nach neueren Beobachtungen krystallisiert Arginin aus Wasser als Dihydrat in rechtwinkligen Prismen, die häufig Pyramidenform besitzen, aus 66proz. Alkohol ohne Krystallwasser in dünnen, zu Rosetten vereinigten Tafeln. Zersetzungspunkt 207° bei raschem Erhitzen. Schmeckt ganz schwach bitter.

$[\alpha]_D = +10{,}70^0$ für Argininchlorhydrat in 10proz. Lösung.

$[\alpha]_D = +21{,}25^0$ bei Anwesenheit von sieben und mehr Molen Salzsäure.

$[\alpha]_D^{25} = +25{,}0^0$ bei Gegenwart von 15 Mol HCl auf 1 Mol Arginin. Abhängigkeit der Drehung von der Säure- und Alkalimenge s. MILLER (161).

Arginin reagiert stark alkalisch und zieht aus der Luft Kohlendioxyd an, welches jedoch bei mehrmaligem Umkrystallisieren aus Wasser entweicht.

Beim Kochen mit konzentrierten Säuren verändert es sich nicht, also keine Ammoniakabspaltung. Beim Erhitzen mit 20proz. Salzsäure in Gegenwart von Zucker werden 2,3 % des Stickstoffs in Humin verwandelt.

Beim Erhitzen mit Alkalien zerfällt Arginin in Ornithin und Harnstoff, letzterer wird dabei weiter in Kohlendioxyd und Ammoniak gespalten, so daß also die Hälfte des im Arginin enthaltenen Stickstoffs durch starke Basen abgespalten werden kann:

$$\underset{\underset{NH}{\|}}{H_2N{-}C}{-}NH{-}CH_2{-}CH_2{-}CH_2{-}\underset{\underset{NH_2}{|}}{CH}{-}COOH + HOH =$$

$$\underset{\underset{O}{\|}}{H_2N{-}C}{-}NH_2 + H_2N{-}CH_2{-}CH_2{-}CH_2{-}\underset{\underset{NH_2}{|}}{CH}{-}COOH \quad \text{Ornithin.}$$

Durch Arginase wird es ebenfalls in Harnstoff und Ornithin gespalten.

Arginin wird durch Phosphorwolframsäure bei einem Überschuß des Fällungsmittels nahezu vollständig ausgefällt, das Filtrat enthält pro Liter nur etwa 0,07 g Arginin. Bei Abwesenheit von Mineralsäuren gefällt, gibt Argininnitrat mit Phosphorwolframsäure einen Niederschlag von kleinen, in kochendem Wasser ziemlich löslichen Prismen der Zusammensetzung $(C_6H_{14}N_4O_2)_3 \cdot 2H_3PO_4$, $24WO_3 + 10H_2O$. Bei Gegenwart von Mineralsäuren erhält man das Phosphorwolframat als käsigen, allmählich krystallinisch werdenden Niederschlag. Konzentrierte Argininlösungen geben mit konzentrierter Phosphorwolframsäurelösung eine schleimige, fadenziehende Masse. In einem *großen* Überschuß des Fällungsmittels löst sich das Phosphorwolframat wieder auf. Mit Phosphorantimonsäure entsteht ebenfalls eine weiße Fällung. Mit Phosphormolybdänsäure gelbliche Fällung, löslich im Überschuß des Fällungsmittels. Mit Kaliumwismutjodid roter Niederschlag. Mit NESSLERS Reagens weißer Niederschlag. *In reinen Argininlösungen entsteht mit Mercurinitrat kein Niederschlag, wohl aber läßt sich das Arginin, wenigstens teilweise, aus pflanzlichen Extrakten mit Mercurinitrat ausfällen!* Im Gegensatz zu Histidin wird Arginin durch Silbernitrat und Ammoniak nicht gefällt, wohl aber durch Silbernitrat und überschüssiges Bariumhydroxyd.

Ein sehr wichtiges Fällungsmittel für Arginin ist die Flaviansäure (l-Naphthol-2,4-dinitro-7-sulfosäure, erhältlich bei der I. G. Farbenindustrie). Die Säure ist in Wasser sehr leicht, in starker Schwefelsäure und Salzsäure sehr wenig löslich. Fp. 150—151° (unkorr.). Die Anwendung dieses Reagenses zur Abscheidung von Arginin führt wegen der Schwerlöslichkeit des Argininflavianates zu ausgezeichneten Resultaten. Bei der Abscheidung des Arginins als Flavianat ist immerhin darauf Rücksicht zu nehmen, daß auch andere in pflanzlichen Extrakten enthaltene Substanzen mehr oder weniger schwer lösliche Flavianate bilden:

Löslichkeit einiger Flavianate in Prozenten.

| Substanz | Verhältnis Substanz zu Flaviansäure | Fp. | Wasser | n/50 $H_2SO_4$ | n/50 Flaviansäure |
|---|---|---|---|---|---|
| d-Arginin . . . . | 1:1 | 258—260 Bräunung | 0,0109 | 0,0121 | sehr gering |
| d, l-Arginin . . . | — | — | 0,162 | 0,084 | 0,018 |
| Guanidin . . . . . | 1:1 | 274 Zers. | 0,250 | 0,198 | 0,082 |
| Guanin . . . . . | 1:1 | 300 | 0,172 | 0,087 | — |
| Harnstoff . . . . | 1:1 | 299 Zers. | 2,132 | 0,678 | 1,840 |
| Lysin . . . . . . | 1:1 | 213 Zers. | 1,862 | 2,424 | 1,760 |
| Histidin . . . . . | 1:1 | 226 Zers. | 0,146 | 0,102 | 0,128 |

Die Abscheidung der Argininsalze erfolgt am besten bei schwach saurer Reaktion, und zwar ist im allgemeinen die Anwendung der freien Säure zur Ausfällung ihrem Natriumsalz vorzuziehen, da letzteres weniger löslich ist und unter Umständen ausgesalzen werden kann.

Die geringe Löslichkeit des Argininflavianates auch in warmem Wasser erleichtert die Abtrennung von allfällig mit ausgefällten anderen Flavianaten.

Die Darstellung des Argininflavianates gestaltet sich folgendermaßen:

250 g Eiweißsubstanz durch 18stündiges Kochen mit 33volumenproz. Schwefelsäure hydrolysieren, Schwefelsäure zum größten Teil durch Bariumhydroxyd entfernen und Niederschlag gut auswaschen. Dem Filtrat fügt man eine konzentrierte wäßrige Lösung der Flaviansäure zu, und zwar in einer Menge von ungefähr 4 Gewichtsteilen der Säure auf je 1 Gewichtsteil der zu erwartenden Argininmenge. Durch häufiges Umrühren, besonders in den ersten Stunden nach Zusatz des Fällungsmittels, verhindert man die Bildung harter Krusten, welche das Auswaschen erschweren.

3 Tage an einem kühlen Ort stehen lassen, abnutschen, mit kaltem Wasser auswaschen. Niederschlag mit der 2—3fachen Menge Wasser 2 Stunden auf dem Wasserbad erhitzen. Ein Teil des Argininflavianates geht zugleich mit beigemengten Salzen der Flaviansäure in Lösung und scheidet sich nach 24stündigem Stehen in der Kälte wieder ab. Abnutschen und mit Wasser unter Zusatz von wenig Flaviansäure auswaschen.

Zur Regenerierung des Arginins wird das Flavianat mit 33volumenproz. Schwefelsäure im Ölbad bis zur völligen Lösung gekocht und die nach dem Abkühlen ausgeschiedene Flaviansäure nach 24 Stunden abfiltriert. Da die abgeschiedene Flaviansäure noch etwas Arginin zurückhält, ist es zur Gewinnung der letzten Reste des Arginins ratsam, sie noch einmal der Einwirkung siedender Schwefelsäure zu unterwerfen. Die auf diese Weise wiedergewonnene Flaviansäure kann wieder verwendet werden. Die schwefelsauren Lösungen enthalten noch eine kleine Menge Farbstoff, welcher aus der sauren Lösung durch Kochen mit aktiver Kohle entfernt werden kann. Die farblose Lösung wird durch Bariumhydroxyd von Schwefelsäure und durch Einleiten von Kohlendioxyd von überschüssigem Bariumhydroxyd befreit. Beim starken Einengen krystallisiert das Arginincarbonat aus.

Nach G. J. Cox (42) wird das Arginin in einfacherer Weise folgendermaßen aus dem Flavianat als Monochlorhydrat isoliert:

Je 100 g Flavianat mit 200 cm³ konzentrierter Salzsäure unter häufigem Schütteln oder Rühren 1—2 Stunden auf dem Dampfbad erhitzen. In Eiswasser kühlen und von der ausgeschiedenen Flaviansäure durch eine poröse Filternutsche abnutschen. Mit kalter konzentrierter Salzsäure nachwaschen, bis sie nur noch schwach gelb gefärbt durchfließt. Filtrat im Vakuum bis zum dicken

Sirup einengen, Zusatz von Octylalkohol verhindert Schaumbildung. Sirup unter Erwärmen in 400 cm³ 95proz. Alkohol lösen und über Nacht im Eisschrank stehen lassen, dabei krystallisiert eine kleine Menge Argininflavianat aus. Abfiltrieren, zum Filtrat 50 g frisch destilliertes Anilin zufügen. Bei starkem Rühren und Kratzen mit einem Glasstab krystallisiert das Argininmonochlorhydrat aus. Über Nacht im Eisschrank stehen lassen, abnutschen und mit Alkohol nachwaschen.

Zur Reinigung Argininchlorhydrat in 300—500 cm³ Wasser lösen und mit 10—15 g aktiver Kohle kochen. Im Vakuum zum dünnen Sirup einengen, auf Zimmertemperatur abkühlen und unter Rühren und Kratzen mit einem Glasstab Alkohol zufügen, bis eine bleibende Trübung auftritt. Sobald die Krystallisation des Chlorhydrates beginnt, langsam 400 cm³ Alkohol zugeben. Über Nacht im Eisschrank stehen lassen. Abnutschen und mit Alkohol nachwaschen. Der Autor erhielt auf diese Weise aus 1 kg Gelatine 80 g Argininmonochlorhydrat. Fp. 216—217° (unkorr.).

In Übereinstimmung mit Vickery und Leavenworth (232) beschreibt der Verfasser ein Diflavianat der Zusammensetzung $C_{26}H_{26}O_{18}N_8S_2$, das gelb gefärbt ist und bei raschem Erhitzen bei 170—175° schmilzt. Beim Behandeln mit Wasser geht es leicht in das orange gefärbte Monoflavianat über.

*Darstellung von Arginin nach* M. Bergmann *und* L. Zervas (33). 1 kg gute Gelatine in 3 l konzentrierter Salzsäure eintragen und nach einigem Stehen 6—8 Stunden unter Rückfluß kochen. Dann die mit Tierkohle nahezu entfärbte Lösung unter vermindertem Druck zum Sirup eindampfen, noch dreimal mit $^1/_2$ l Wasser aufnehmen und wieder verdampfen. Rückstand in $^1/_2$ l Wasser lösen und unter Rühren, Kühlen mit Kältemischung und Vermeidung jeder Erwärmung über Zimmertemperatur allmählich mit so viel 33proz. Natronlauge versetzen, bis eine Probe Lackmus schwach bläut. Nun noch 120 cm³ derselben Natronlauge zufügen, von ausgefallenen Verunreinigungen abfiltrieren und in vier Portionen unter kräftigem Schütteln 200—250 cm³ reinen Benzaldehyd im Verlauf von 10 Minuten zugeben. Nach dem Animpfen erfolgt Abscheidung von Benzyliden-arginin. Nach achtstündigem Stehen im Eis absaugen, zweimal im Mörser mit kaltem Wasser verreiben, wieder absaugen und schließlich mit Alkohol und Äther waschen. Die Verbindung schmilzt bei 204° und soll farblos sein. Ist das nicht der Fall, so zerlegt man zur Reinigung mit 15proz. Salzsäure, äthert aus, macht wieder alkalisch und schüttelt wieder mit Benzaldehyd. Ausbeute an Benzyliden-arginin 70—100 g.

Zur Zerlegung der Benzylidenverbindung mit 48proz. Schwefelsäure eine halbe Stunde auf dem Wasserbade erwärmen, wiederholt ausäthern, die Schwefelsäure in der Kälte mit Baryt in der üblichen Weise entfernen und das Filtrat vom Bariumsulfat im Vakuum bei 35° unter Ausschluß von Kohlensäure verdampfen. Krystallisation aus wenig Wasser unter Zusatz von Alkohol und Äther ergibt eine Ausbeute von 90% der Theorie Arginin vom Zp. 207—208.

Benzylidenarginin: $C_{13}H_{18}O_2N_4 + 1\,H_2O$. Fp. 204—205°.

Bei der Fäulnis von d-Arginincarbonat wurde d,l-Ornithin erhalten. Da Ornithin bei der Fäulnis in Putrescin übergeht, ist das Arginin als Muttersubstanz dieser Base zu betrachten. Bei der Fäulnis von Gliadin wurde Putrescin und δ-Aminovaleriansäure erhalten.

*Die Rolle des Arginins in der Pflanze.* Während bei etiolierten Keimlingen von Lupinus luteus der Argininingehalt im Verlaufe der ersten Entwicklungsperiode sehr stark, später nur langsam anwächst, tritt bei anderen Leguminosen, wie Lupinus albus und angustifolius, Vicia sativa und Pisum sativum das Arginin in der ersten Keimungsperiode zwar auf, nimmt aber später an Menge wieder ab und verschwindet in manchen Fällen bis auf einen zum sicheren Nachweis kaum noch genügenden Rest (190).

Das Anwachsen des Argininge haltes in Keimpflanzen von Lupinus luteus zeigt die folgende Tabelle:

Die schalenfreie Trockensubstanz lieferte:

| | | | | | |
|---|---|---|---|---|---|
| bei 6tägigen Pflänzchen | 2,35 % Arginin | | bei 15tägigen Pflänzchen | 3,78 % Arginin | |
| „ 11 „ | 3,23 % „ | | „ 20 „ | 3,84 % „ | |

Die Argininbildung hält gleichen Schritt mit dem Eiweißzerfall. Im Mittel kommen auf 100 Teile verloren gegangener Eiweißsubstanz 6,44 Teile gebildetes Arginin, d. h. nur unbedeutend weniger, als bei der Spaltung der Eiweißsubstanz der Samen von Lupinus luteus erhalten wurde. Während in anderen Keimpflanzen das Arginin wieder verbraucht wird, ist dies bei Lupinus luteus nicht der Fall, was wohl auf das Fehlen des entsprechenden Enzyms hindeutet.

Zum Unterschied von Asparagin, dessen Menge in manchen Fällen sich auch dann noch vergrößert, wenn der Eiweißverlust des betreffenden Pflänzchens schon sein Ende erreicht hat, hört die Neubildung von Arginin auf, wenn kein Eiweiß mehr zersetzt wird.

Die Samenkörner vom Pisum sativum enthalten mindestens 40mal mehr Arginin als die Samenhülsen. Deshalb muß aber noch nicht eine Synthese von Arginin in den Samen angenommen werden, denn vielleicht werden die aus den Blättern und Stengeln den reifenden Früchten zufließenden Stickstoffverbindungen nicht sämtlich vor ihrem Eintritt in die reifenden Samen Bestandteile der Hülsen; es ist im Gegenteil möglich, daß sie zum Teil durch gewisse Gefäßbündel den Samen direkt zugeführt werden. So könnte der Argininge halt der unreifen Samen erklärt werden, der einen großen Teil des Nichtproteinstickstoffs der reifenden Samen liefert. Die Anhäufung des Arginins spricht dafür, daß dasselbe dem Verbrauch zur Proteinsynthese entgeht (195). Beim Ausreifen der Samen (Pisum sativum, Phaseolus vulgaris) nimmt der Argininge halt wieder ab.

Über den Argininge halt etiolierter Keimlinge von Lupinus albus unterrichtet die folgende Zusammenstellung:

Gehalt der Trockensubstanz an Arginin:

| | | | |
|---|---|---|---|
| Ungekeimte Samen . . . . . . | 0,02 % | 4tägige Keimpflanzen . . . . . | 0,25 % |
| 2tägige Keimpflanzen . . . . . | 0,1 % | 6 „ „ . . . . . | 0,13 % |
| | | 8 „ „ . . . . . | 0,13 % |

Das Arginin nimmt also im Beginn der Keimung zu, später dagegen wieder ab, es wird also ebenso wie z. B. Leucin und Tyrosin im Stoffwechsel der Keimpflanzen wieder verbraucht. In Autodigestionsversuchen, die nach dem SALKOWSKIschen Verfahren ausgeführt wurden, konnte eine Zunahme an Arginin konstatiert werden, offenbar bedingt durch die Wirkung eines proteolytischen Enzyms. In lebenden Keimpflanzen dürfte ein Teil des Arginins zur Regeneration von Eiweißstoffen verwendet werden. Am Licht entwickelte Keimpflanzen von Lupinus albus enthielten nach 18tägiger Keimung nur noch 0,03% Arginin. Die Erfahrungen E. SCHULZEs über die Verteilung des Asparagins auf die verschiedenen Organe normaler Pflanzen von Lupinus albus sprechen dafür, daß das Asparagin ein für die Eiweißbildung besonders geeignetes Material ist und die Abnahme des Argininge haltes durch einen Abbau desselben zu erklären ist, in dem ein dabei entstehendes Produkt (Ammoniak?) zur synthetischen Bildung von Asparagin verwendet wird. In etiolierten Keimpflanzen kann die Wiederverwendung des bei Eiweißabbau auftretenden Arginins schon deshalb eine geringe sein, weil bei diesem die Eiweißregeneration gegenüber dem Eiweißgehalt stark zurücktritt.

Über die Art, in welcher dieser Abbau des Arginins sich in Keimpflanzen vollzieht, ist noch nichts Sicheres bekannt. Jedenfalls aber geht die Zersetzung nicht bis zur Entwicklung von freiem Stickstoff, denn eine Verminderung der absoluten Stickstoffmenge während der Keimung von Lupinensamen konnte nicht nachgewiesen werden. Möglicherweise tritt beim Abbau des Arginins in Keimpflanzen Guanidin auf, das ja im Pflanzenreich auch in Keimpflanzen aufgefunden worden ist.

Eine Argininspaltung, bei welcher vielleicht Guanidin gebildet worden war, wurde bei einem Autolysenversuch mit 14tägigen Keimpflanzen von Lupinus luteus festgestellt (111). Nach SUZUKI ist ein Teil der Arginins in den Proteiden von Coniferensamen locker gebunden und wird schon durch Einwirkung verdünnter Säuren in Freiheit gesetzt. Coniferensamen und deren Keimlinge enthalten, wie E. SCHULZE gezeigt hat, sehr viel Arginin. Dieses entsteht nach der Ansicht SUZUKIS in den Coniferen nicht nur beim Eiweißabbau, sondern auch zum Teil synthetisch, durch die Umbildung anderer Aminoverbindungen (219).

*Nachweis und Bestimmung.* Der Identifizierung hat die Isolierung vorauszugehen.

Argininbestimmung nach A. HUNTER und J. DAUPHINEE (98). Zur Argininbestimmung, auch in Pflanzenextrakten, kann man sich einer fermentativen Methode bedienen. Diese Methode beruht auf der Zersetzung des Arginins durch Arginase und weiterem Abbau des entstandenen Harnstoffs durch Urease. Dieses kombinierte Fermentverfahren wurde 1917 von JANSEN eingeführt und seither von HUNTER und seiner Schule viel verwendet.

Vor allem kommt es darauf an, ein wirksames Arginasepräparat zur Verfügung zu haben. Am besten eignen sich Glycerin-Rohauszüge von Säugetierlebern (Ochs, Kalb, Schwein). Nach den EDLBACHERschen Ergebnissen wird man stets die Organe *männlicher* Tiere verwenden.

Die Leber wird abgehäutet, zerschnitten, mit Wasser abgespült und durch die Fleischmaschine getrieben. Sie kommt zusammen mit 75proz. Glycerin in eine Flasche (ebensoviel cm³ Glycerin als g Leberbrei). Es wird 10 Minuten tüchtig geschüttelt, dann kommt die Flasche in ein Wasserbad von 62—65°. Wenn der Flascheninhalt (häufig schütteln!) die Temperatur von 58° angenommen hat, bleibt die Flasche bei dieser Temperatur noch 5 Minuten und wird dann abgekühlt. Der Inhalt wird dann durch ein Faltenfilter filtriert, das Filtrat mit verd. NaOH auf $p_H$ 7,0 gebracht. Der Extrakt wird bei 0° aufbewahrt.

Ein wirksames Trockenenzympräparat wird hergestellt, wenn man zur Extraktion an Stelle von Glycerin Wasser verwendet, das Filtrat als dünnen Film auf Glasplatten gießt, die am Rand mit einem Wall von Glycerin versehen sind, im FAUST-HAIMschen Apparat trocknet und das Pulver über Schwefelsäure im Vakuum trocknet.

Zur Bestimmung der Aktivität des Präparates werden 2 cm³ des Leberextraktes auf 20 cm³ verdünnt und in einen Thermostaten von 37° gebracht. In 8 Tubengläser werden je 2 cm³ einer 0,5 molaren Phosphatpufferlösung von $p_H$ 8,4 gefüllt. In 4 Gläser kommen nun 5 cm³ Argininlösung (neutralisierte Lösung: in 5 cm³ 31,1 mg Base = 10 mg N), in die 4 anderen destilliertes Wasser. Wenn der Tubeninhalt im Thermostaten 37° erreicht hat, wird je ein Versuchs- und ein Kontrollglas mit dem verd. Leberextrakt versetzt, und zwar mit 0,5, 1, 2,5 bzw. 5 cm³.

Genau 30 Minuten nach Enzymzusatz wird durch Aufkochen abgestoppt. Nach dem Abkühlen wird auf $p_H$ 7,2 eingestellt und mit Urease der entstandene Harnstoff bestimmt (s. TAUBÖCK und WINTERSTEIN (S. 220).

Man erhält eine Kurve, ähnlich wie Abb. 12, aus der man die Arginaseeinheiten des Präparates ablesen kann. (1 A. E. = die Menge, die 0,5 mg Harnstoff-N aus 10 mg Arginin-N in 30 Minuten bei 37° und $p_H$ 8,4 freimacht.) 5 $cm^3$ verd. Leberextrakt sollen etwa 40 A. E. haben.

Ähnlich wie die Wirksamkeitsbestimmung wird die Argininbestimmung vorgenommen, zu der man einen Überschuß von Arginase verwendet. Der gefundene Harnstoff-N-Wert wird auf Arginin umgerechnet.

Wenn man mit dieser Methode in Pflanzenextrakten arbeiten will, muß man entweder auf eine Enteiweißung verzichten, da die üblichen Fällungsmittel schwere Fermentgifte sind, oder dialysieren. Man kann die Arginasemethode auch bei Hydrolysaten verwenden.

Trennung von anderen Aminosäuren s. S. 115, 122, 126, 129, 136, 149, 151, 152, 153.

Zur Identifizierung eignet sich das Nitrat: $C_6H_{12}N_4O_2 \cdot HNO_3 + \frac{1}{2}H_2O$. Krystallisiert sehr gut aus heißem Wasser in zu Drusen vereinigten Nädelchen. Löst sich in 2 Teilen Wasser von 15°. Fp. 175° nach dem Trocknen bei 85°.

$[\alpha]_D = +9,95°$.

Kupfernitrat ebenfalls geeignet: $(C_6H_{14}N_4O_2)_2 \cdot Cu(NO_3)_2 + 3H_2O$ (oder $3\frac{1}{2}H_2O$). Kupfergehalt 10,79%. Man erhält es durch Kochen von Argininnitrat mit Kupferhydroxyd oder Kupfercarbonat. Krystallisiert in kugelförmigen Aggregaten von dunkelblauen, monoklinen Nadeln oder dünnen zugespitzten Prismen. 1 Teil löst sich in 95 Teilen Wasser von 16°. Fp. 112—114°. Fp. nach dem Entwässern 232—234°. Bei Gegenwart von Verunreinigungen krystallisiert es nicht oder nur schwer. Pikrolonat! (S. 24), Dibenzoylverbindung (S. 26).

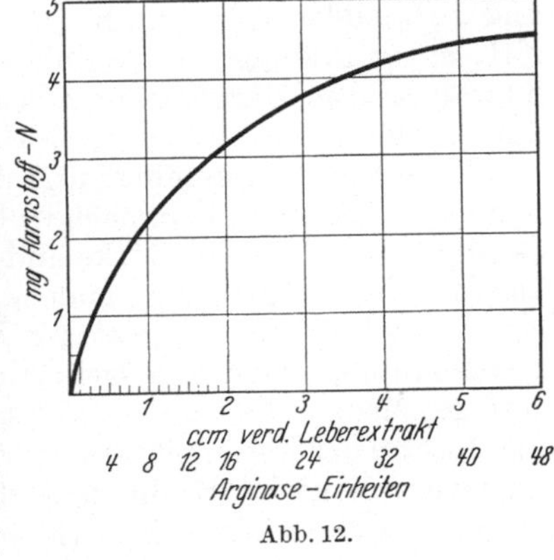

Abb. 12.

Quantitative colorimetrische Bestimmung s. auch S. 161.

## 18. Citrullin

($\delta$-Carbamido-ornithin, $\alpha$-Amino-$\delta$-carbamido-valeriansäure).

$C_6H_{13}O_3N_3$ : C = 41,11 %, H = 7,48 %, N = 23,99 %. Mol.-Gew. 175,12.

$$\begin{array}{l} H_2—C—NH \cdot CO \cdot NH_2 \\ \quad\;\; | \\ \quad\; C \cdot H_2 \\ \quad\;\; | \\ \quad\; C \cdot H_2 \\ \quad\;\; | \\ H—C—NH_2 \\ \quad\;\; | \\ \quad COOH \end{array}$$

*Vorkommen*: Aufgefunden 1928 von WADA (242) in freiem Zustande im Preßsaft der Wassermelone Citrullus vulgaris SCHRAD. Kommt außerdem vor (116): Frei im Preßsaft von Cucurbita pepo (Kürbis), gebunden im Samen von Citrullus colocynthus (neben kleinen Mengen freier Säure), von Cucumis sativus (Gurke), Momordica charantia, Ecballium elaterium (Springgurke) und im Samen von Cucurbita pepo (neben kleiner Menge freier Säure). Neuerdings von WADA aus den tryptischen Verdauungsprodukten des Caseins gewonnen (243).

*Eigenschaften*. Leicht löslich im Wasser, unlöslich in Äthyl-, Methylalkohol und anderen organischen Lösungsmitteln. Citrullin krystallisiert in farblosen dünnen Prismen. Fp. 220—222°. Phosphorwolframsäure fällt aus konzentrierter Lösung, doch löst sich der Niederschlag im Überschuß wieder auf. Quecksilbersalze (Acetat, Nitrat, Sulfat und Chlorid) in alkalischer Lösung fällen ebenfalls, nicht dagegen Phosphormolybdänsäure, Gerbsäure oder basisches Bleiacetat. Achtstündiges Erwärmen mit konzentrierter Salzsäure zerstört Citrullin nicht. Dagegen ist es gegen Alkali recht empfindlich und kann schon bei schwach alkalischer Reaktion, z. B. im Aufarbeitungsgang bei unvorsichtiger Barytfällung unter Abspaltung von $NH_3$ und $CO_2$ in Ornithin übergehen. Die wäßrige Lösung reagiert gegen Lackmus neutral und schmeckt schwach süßlich. Bei der Fäulnis durch Saprophyten in schwach alkalischer Lösung entsteht aus Arginin das Citrullin (19).

$$HN=C\begin{matrix}\diagup NH_2 \\ \diagdown NH\cdot CH_2\cdot CH_2\cdot CH_2\cdot CH\cdot NH_2\cdot COOH\end{matrix}$$
Arginin

$$+ H_2O \rightarrow NH_3 + O=C\begin{matrix}\diagup NH_2 \\ \diagdown NH\cdot CH_2\cdot CH_2\cdot CH_2\cdot CH\cdot NH_2\cdot COOH\end{matrix}$$
Citrullin

Im Tier ist eine solche hydrolytische Desimidierung noch nicht nachgewiesen (20). Nach der modernen Theorie über die Harnstoffbildung im Tierkörper spielt Citrullin eine wichtige Rolle als Zwischenprodukt (129). Aus Ornithin, $CO_2$ und $NH_3$ bildet sich Citrullin, an das unter Wasseraustritt ein weiteres Molekül $NH_3$ unter Bildung von Arginin angelagert wird. Arginin wird durch Arginase hydrolytisch in Harnstoff und Ornithin zerlegt, das aufs neue die Reaktionsfolge durchlaufen kann und so als Katalysator für die Harnstoffbildung wirkt.

In der Pflanze kommt möglicherweise Citrullin neben Arginin als Harnstoffbildner in Betracht, denn nach Untersuchungen von G. KLEIN (116) reicht z. B. bei der Jackbohne, bei der Gurke und Canavalia die verbrauchte Argininmenge nicht aus, um die Menge des gefundenen Harnstoffs zu erklären, die nach KLEIN nur einen Bruchteil der umgesetzten Harnstoffmenge ausmacht. Genau wie andere Aminosäuren, findet sich freies Citrullin im Saft reifender Früchte nur in sehr geringer Menge. Es befindet sich nach G. KLEIN auf dem Transport zum Samen, um dort an der Eiweißbildung teilzunehmen. Demgemäß war es naheliegend, im Sameneiweiß nach Citrullin zu suchen, was sich nach Arbeiten von G. KLEIN und A. GROSSE als erfolgreich erwiesen hat (116).

In folgender Tabelle sind die Ausbeuten an Citrullin aus verschiedenen Samen zusammengestellt. (Nach G. KLEIN.)

| Pflanze | Ausgangsmaterial | Menge | Frei oder an Eiweiß gebunden | Ausbeute % | Gefunden von |
|---|---|---|---|---|---|
| Citrullus vulgaris (Wassermelone) | Preßsaft des Fruchtfleisches | 80 kg | frei | 2,74 g (0,0034%) | WADA |
| Citrullus Colocynthus | Samenextrakt | 300 g | frei | qualitativ | G. KLEIN |
| Citrullus Colocynthus | Samen | 300 g | nach Hydrolyse | 1,17 g (0,39%) | „ |
| Cucurbita Pepo (Kürbis) | Preßsaft | | frei | 1,77 g | „ |
| Cucurbita Pepo (Kürbis) | Samen | 200 g | gebunden | 0,435 g (0,27%) | „ |
| Cucumis sativus (Gurke) | Samen | 250 g | gebunden | 0,8 g (0,32%) | „ |
| Momordica charantia | Samen | 183 g | gebunden | 0,85 g (0,37%) | „ |
| Ecballium Elaterium (Springgurke) | Samen | 147 g | gebunden | 0,42 g (0,23%) | „ |

*Darstellung* (242). Preßsaft aus 80 kg Wassermelonen klar filtrieren und im Vakuum eindampfen. Syrupösen Rückstand mit 2 l Wasser verdünnen und solange mit basischem Bleiacetat versetzen, bis nichts mehr ausfällt. Nach 24 Stunden den Niederschlag absaugen, aus dem Filtrat das Blei mit Schwefelwasserstoff entfernen und auf 2 l einengen. Mit 10proz. Natriumcarbonatlösung neutralisieren und solange mit NEUBERGschem Reagens (25proz. Quecksilberacetatlösung) versetzen, bis gerade ein gelber Niederschlag von Quecksilberoxyd auftritt. Während dieser Operation stets etwas Natriumcarbonat zugeben, um die Flüssigkeit neutral bis schwach alkalisch zu halten. Darauf soviel Alkohol zusetzen, daß die Flüssigkeit etwa 5—8 % davon enthält. Nach 24 Stunden den Quecksilberacetatniederschlag absaugen, mit 80proz. Alkohol waschen, den Niederschlag in Wasser verteilen und Schwefelwasserstoff in die Suspension einleiten. Das entstandene Quecksilbersulfid abfiltrieren, Filtrat einengen, mit Schwefelsäure ansäuern und mit Phosphorwolframsäure fällen. Filtrat vom Phosphorwolframsäureniederschlag, welches das Citrullin enthält, mit Alkohol versetzen, bis dieser 50 % des Flüssigkeitsvolumens ausmacht, durch Bariumhydroxyd von Schwefelsäure und Phosphorwolframsäure befreien und im Vakuum stark einengen. Zur Isolierung des Citrullins als Kupfersalz eingeengte Lösung mit Kupferhydroxyd kochen, heiß filtrieren und weiter eindampfen. Das schwerlösliche Kupfersalz scheidet sich in hellblauen Prismen ab. Fp. (nach dreimaligem Umkrystallisieren) 257—258°. Ausbeute 3,4 g.

Das Kupfersalz ist in Wasser so schwer löslich, daß es sich schon beim Filtrieren abscheiden kann und beim Absaugen mit dem Kupferhydroxyd zusammen auf der Nutsche bleibt. Dieses Gemisch wird mit dem später auskrystallisierenden Kupfersalz vereinigt und folgendermaßen auf Citrullin verarbeitet: In die schwefelsaure Lösung zur Entfernung des Kupfers Schwefelwasserstoff einleiten, Niederschlag abfiltrieren, Schwefelwasserstoff mittels Luftstrom, Schwefelsäure durch Bariumhydroxyd entfernen und vorsichtig einengen. Citrullin scheidet sich in farblosen dünnen Prismen ab, die nach mehrfachem Umkrystallisieren aus Methylalkohol-Wasser bei 222° schmelzen.

*Nachweis und Bestimmung.* Citrullin fällt mit Arginin und Ornithin in der Hexonbasenfraktion aus. Abtrennung des Arginins durch Fällung mit Flaviansäure (s. unten). Trennung vom Ornithin durch fraktionierte Krystallisation der Kupfersalze (s. unten). Zur Identifizierung eignet sich das Kupfersalz (S. 20).

*Farbreaktionen.* Ninhydrin: intensiv blau. EHRLICH*sche Reaktion*: Mit p-Dimethyl-amino-benzaldehyd und Salzsäure gelblich grün. SCHIFF*sche Reaktion*: Mit Furfurol, Aceton und konzentrierter Salzsäure violettrot. *Phenol und Natriumhypochlorit*: Blau, beim Erwärmen braun, beim Erkalten wieder blau. *Mit Formalin und Schwefelsäure erhitzt*: weißer Niederschlag. FEHLING*sche Lösung* wird nicht reduziert. *Negativ*: Biuret- und Murexidreaktion sowie die Reaktionen nach MILLON, JAFFÉ, PAULY, LIEBERMANN, FOLIN und ADAMKIEWICZ. *Farbreaktion zur Unterscheidung von Ornithin und Arginin.* Citrullin gibt mit Vanillinsalzsäure eine gelblich-braune Färbung, Ornithin eine schwach gelbe Färbung, Arginin dagegen zeigt keine Farbreaktion, ebenso nicht mit Phenol und Natriumhypochlorit.

Die beiden Aminogruppen lassen sich nach VAN SLYKE bestimmen, die Carboxylgruppe ist nach der Formolmethode titrierbar.

*Beispiel für die Abtrennung von Citrullin, das bei der Fäulnis von Arginin gebildet wird* (19). 26 g Arginin mit Schwefelsäure neutralisieren (Salzsäure muß vermieden werden, da das Vorhandensein von Chloriden die Isolierung des sehr leichtlöslichen Citrullins stört) mit Wasser auf etwa 1 l auffüllen und nach Zusatz von 2 g Pepton Witte, 5 g Traubenzucker und nach Impfung mit etwas faulem Pankreasgewebe 4 Wochen schwach sodaalkalisch bei 37° aufbewahren. Die anfangs eintretende Säuerung durch vorsichtigen Sodazusatz beseitigen.

Zur Aufarbeitung auf 4 l verdünnen und bei Gegenwart von 5% Schwefelsäure mit Phosphorwolframsäure fällen (Abscheidung von Putrescin und Aminovaleriansäure). Phosphorwolframsäureverbindung des Citrullins, die verhältnismäßig löslich ist, findet sich im Filtrat. Dieses durch Schütteln mit Barytpulver bei Zimmertemperatur von Phosphorwolframsäure befreien und bei schwach schwefelsaurer Reaktion im Vakuum stark einengen. Vom abgeschiedenen Natriumsulfat unter Zugabe von etwas Methanol abtrennen. Zur Abtrennung von unverändertem Arginin mit Flaviansäure fällen (s. S. 57). Die reichlich entstehende Fällung enthält im wesentlichen das Natriumsalz der Flaviansäure. Aus dem Filtrat die Flaviansäure entweder in bekannter Weise mit Bariumhydroxyd (bei Zimmertemperatur) und Kohlensäure oder nach S. 232 durch Adsorption an Wolle entfernen. Bei schwefelsaurer Reaktion kurz mit Tierkohle durchschütteln, die bei der Fäulnis gebildeten Fettsäuren durch Ausäthern beseitigen und die Schwefelsäure mit Bariumhydroxyd quantitativ entfernen. Beim starken Einengen der so erhaltenen Lösung scheidet sich nach Zusatz von Methanol oder Äthanol das rohe Citrullin als weißer Niederschlag ab (2 g). Reinigung über das Kupfersalz, wie oben beschrieben.

Beispiel für die Isolierung von gebundenem Citrullin aus Samen: *1. Kürbissamen.* 200 g lufttrockene Samen fein zermahlen und im Soxhlet-Apparat mit Äther erschöpfend entfetten. Äther hinterläßt beim Verdampfen braungefärbtes Öl mit grüner Fluorescenz (50 g).

Getrocknetes, entfettetes Samenpulver im Soxhlet-Apparat mit destilliertem Wasser extrahieren. Wäßriger Extrakt mit Tierkohle entfärbt, gibt mit Natriumhypochlorit und Phenol schwach blaue und mit Vanillinsalzsäure gelblichbraune Färbung (qualitativer Nachweis für freies Citrullin im Samen).

Die entfetteten, mit Wasser extrahierten Samen mit 350 cm³ 40proz. Schwefelsäure 48 Stunden am Rückfluß kochen. Nach Entfernung der Schwefelsäure mit Bariumhydroxyd Arginin mit Flaviansäure (vgl. S. 57) in der Siedehitze fällen und heiß filtrieren. Ausbeute an Arginin-Flavianat 16 g = 5,92 g freies Arginin. Nach Entfernung der überschüssigen Flaviansäure durch Baryt und des Baryts durch Kohlensäure nach dem angegebenen Aufarbeitungsgang Citrullin isolieren.

*2. Gurkensamen.* 200 g entfettete Samen mit 350 cm³ 40proz. Schwefelsäure 48 Stunden lang unter Rückfluß kochen. Nach Entfernung der Schwefelsäure durch Bariumhydroxyd unter Eiskühlung, ohne vorher das Arginin zu isolieren, sofort nach dem Aufarbeitungsgang, der oben angegeben ist, weiterarbeiten.

Man erhält 1,7 g Kupfersalz, Fp. 220—228°. Durch mehrfaches Umkrystallisieren des Kupfersalzes aus Methanol-Wasser wird das Kupfersalz des Citrullins erhalten. Fp. 252—258°, Ausbeute 0,9 g, woraus nach der Zersetzung mit Schwefelwasserstoff 0,54 g freie Säure erhalten wird. Fp. 220—222°. Aus dem Filtrat der ersten Umkrystallisation des Kupfersalzes läßt sich nach der Zersetzung mit Schwefelwasserstoff Ornithin als schön krystallisiertes Pikrat vom Fp. 204° erhalten.

Die Ausbeute an Citrullin läßt sich nach G. Klein (116) erhöhen, wenn die Hydrolyse unter Druck bei höherer Temperatur vorgenommen wird. Man verfährt so, daß die zu untersuchende Substanz in Portionen zu je 5 g mit 30 cm³ 10proz. Schwefelsäure im geschlossenen Bombenrohr etwa 3 Stunden auf 200° erhitzt wird. Die weitere Aufarbeitung erfolgt in der angegebenen Weise.

## 19. Lysin ($\alpha$, $\varepsilon$-Diaminocapronsäure).

$C_6H_{14}O_2N_2$: C 49,27, H 9,66 N, 19,17 %. Mol.-Gew. 146,13.

$H_2C—NH_2$
$H_2C$
$H_2C$
$H_2C$
$HC—NH_2$
$COOH$

*Vorkommen.* Lysin findet sich in freiem Zustand in verschiedenen Keimpflanzen, im innern, dem Lichte wenig ausgesetzten Teil des Kohlkopfes, in unreifen Samen von Pisum sativum, in Kartoffelknollen usw. In pflanzlichem Eiweiß ist es in der Regel zu etwa 2—5 % enthalten. In einer Gruppe, in verdünntem Alkohol löslicher Pflanzenproteine, nämlich im Gliadin aus Weizen- und Roggenmehl, im Zein des Maises usw. fehlt es oder ist nur in ganz geringen Mengen enthalten. In tierischen Proteinen ist es in stark schwankenden Mengen enthalten, Hefeeiweiß 11 %, Histopepton 18 %, Cyprinin aus Karpfen 29 %.

*Eigenschaften.* Das natürliche Lysin dreht rechts. Es ist erst in neuester Zeit in krystallinem Zustand erhalten worden, und zwar durch Zersetzung eines sehr reinen Pikrates mit Schwefelsäure, Ausäthern der Pikrinsäure, quantitative Entfernung der Schwefelsäure usw. unter Einhaltung besonderer Kautelen, insbesondere wurde vor Zutritt von Kohlendioxyd geschützt. Es krystallisiert in zu Büscheln vereinigten Nadeln und zersetzt sich bei 224°.

$[\alpha]_D^{20} = +14{,}6^0$ in wäßriger Lösung.

$[\alpha]_D =$ ca. $+15^0$ für Lysinchlorhydrat in 2—5proz. Lösung.

Zum Unterschied von Arginin und Histidin wird das Lysin aus seinen wäßrigen Lösungen durch Silbernitrat und Barytwasser nicht gefällt (!), ebensowenig durch Bleiessig, Gerbsäure und Kaliumwismutjodid. Durch Phosphorwolframsäure, Mercurichlorid und Barytwasser sowie durch Mercurinitrat und Natronlauge wird es gefällt.

Bei der trockenen Destillation entsteht etwas Pentamethylendiamin, dieses bildet sich auch unter der Einwirkung von Bakterien, besonders unter Sauerstoffausschluß.

Mit salpetriger Säure läßt sich nach VAN SLYKE bei 8° und geringer Lysinkonzentration nur der Stickstoff der $\alpha$-Aminogruppe abspalten, bei 32° reagieren beide Aminogruppen schon nach 5 Minuten quantitativ.

Lysin ist für das Wachstum des tierischen Organismus unentbehrlich.

*Nachweis und Bestimmung.* Dem Nachweis hat die Isolierung vorauszugehen.

Trennung von anderen Aminosäuren s. S. 115, 122, 126, 129, 151, 152, 153.

Lysin haftet gern dem ungereinigten Tyrosin an.

Zur Identifizierung und Abscheidung ist das Pikrat (S. 22) besonders geeignet. Man erhält es aus der wäßrigen Lösung von Lysinchlorhydrat durch Zusatz von Natriumpikrat oder aus konzentrierten Lösungen von freiem Lysin durch tropfenweisen Zusatz von alkoholischer Pikrinsäurelösung. Überschuß an Pikrinsäure ist unbedingt zu vermeiden, da das Lysinpikrat darin löslich ist. Es läßt sich gut aus wenig Wasser umkrystallisieren. Löslichkeit 1:185 bei 21°. *Reines* Lysinpikrat beginnt sich bei 240° zu bräunen, bei 250° wird es sehr dunkel und schmilzt unter Zersetzung bei 265—266°.

Ferner eignet sich zur Identifizierung das Dichlorhydrat, welches beim Umkrystallisieren aus nichtsalzsäurehaltigen Lösungsmitteln leicht 1 Mol Salzsäure verliert. Fp. 192—193°. $[\alpha]_D = +16{,}44^0$.

Chloraurat aus stark salzsaurer Lösung mit Goldchlorid $(C_6H_{14}N_2O_2)_2 \cdot 4\,HCl \cdot 3\,AuCl_3 + 2\,H_2O$. Fp. 152—153°.

Dem Lysin isomere Verbindungen sind von WINTERSTEIN (258) aus hydrolysierten Ricinussamen, von KRIMBERG (131) aus Liebigs Fleischextrakt, von SUZUKI (218) aus Fischfleisch gewonnen worden. Vielleicht liegen Methylornithine vor (s. dazu auch E. FISCHER und M. BERGMANN [66]).

## 20. Ornithin
(2,5-Diamino-pentansäure, $\alpha$-$\delta$-Diamino-n-valeriansäure).

$$\begin{array}{c} H \\ | \\ H—C—NH_2 \\ | \\ C \cdot H_2 \\ | \\ C \cdot H_2 \\ | \\ H—C—NH_2 \\ | \\ COOH \end{array}$$

$C_5H_{12}O_2N_2$. C = 45,40%, H = 9,16 %, N = 21,21%. Mol.-Gew. 132,12.

*Vorkommen und Bildung.* Bisher aus Pflanzen noch nicht isoliert. Wird gebildet durch Secale cornutum, Samen und Keimpflanzen von Vicia sativa, reifen Früchten von Angelica silvestris und 22tägigen Keimpflanzen von Trifolium pratense nach Zusatz wäßriger Argininlösung (112).

*Eigenschaften.* Ornithin ist erst in allerneuster Zeit in festem Zustande erhalten worden (231). Es bildet ein amorphes weißes Pulver, das von mikroskopisch kleinen Nädelchen durchsetzt ist. Fp. 140° (sintert bei 120°), außerordentlich leicht löslich in Wasser. $[\alpha]_D^{25°} = +11,5°$ in 6,5proz. wäßriger Lösung. Freies Ornithin scheint nicht ganz beständig zu sein. Es nimmt beim Aufbewahren im zugeschmolzenen Glasröhrchen unter Lichtabschluß nach mehreren Monaten eine gelbliche Färbung an. Unterschied von Lysin, das nach dreijährigem Aufbewahren im Dunkeln unverändert ist. Ornithin wirkt als Katalysator für die Harnstoffbildung in der Rattenleber und dient im Organismus der Vögel zur Entfernung zugeführter Benzoesäure, die an Ornithin gekuppelt (gepaart) im Harn in Form von Benzoylornithin (Ornithursäure) ausgeschieden wird. Unterschied zum Benzoyl-glykokoll (Hippursäure) der Säugetiere.

*Darstellung.* Erfolgt durch hydrolytische Spaltung von Arginin, die entweder durch Kochen mit Bariumhydroxyd oder besser durch fermentative Hydrolyse mit Arginase vorgenommen werden kann.

*1. Spaltung mit Bariumhydroxyd nach* M. BERGMANN *und* L. ZERVAS (32): 3 g d-Arginin-nitrat mit 5 g krystallisiertem Bariumhydroxyd und 15 cm³ Wasser $1^1/_2$ Stunde kochen, nach dem Erkalten mit 3 g Salicylaldehyd schütteln, wobei sich das o-Oxybenzyliden-ornithin als Bariumverbindung in gelben Nadeln abscheidet. Niederschlag mit Salzsäure zerlegen, ausäthern, ausgeätherte Lösung zur Trockne verdampfen und aus dem Rückstand das Ornithin-hydrochlorid durch Extraktion mit Methanol vom Bariumchlorid trennen und aus der eingeengten methylalkoholischen Lösung mit absolutem Äthylalkohol abscheiden. Ausbeute 22% der Theorie.

*2. Fermentative Spaltung von Arginin durch Arginase* (231):

a) Darstellung des Arginasepräparates. Preßsaft aus fein zerkleinerten Schweinelebern auf 60° erwärmen, abkühlen, filtrieren und im Vakuum bei 45° zur Syrupkonsistenz eindampfen. Syrup mit Kohlensäureschnee verfestigen und im Vakuumexsiccator über Schwefelsäure bei mäßigem Vakuum trocknen. Das so erhaltene Produkt läßt sich im Mörser leicht zu einem feinen Pulver zerreiben.

b) Spaltung des Arginins. 3,1 g freies krystallisiertes Arginin in 15 cm³ Wasser lösen, mit Schwefelsäure neutralisieren und auf $p_H$ 8,0 bringen. Nach Zusatz von 2 cm³ Phosphatpufferlösung $p_H$ 8.0, 0,2 g Arginasepulver zugeben, gut durchrühren und unter Toluol 2—3 Tage bei 37° aufbewahren. Unter diesen Bedingungen erfolgt Hydrolyse zu 50—60%.

c) Isolierung des Ornithins als Pikrat. Aus dem mit Schwefelsäure angesäuerten Reaktionsgemisch das unveränderte Arginin als Silberverbindung abscheiden und aus dem Filtrat das Silber entfernen. Neutralisierte Lösung zur Syrupkonsistenz einengen und mit konzentrierter Lösung von Phosphorwolframsäure so lange versetzen, bis nichts mehr ausfällt. Nach

48stündigem Aufbewahren in der Kälte Niederschlag abtrennen, mit Phosphorwolframsäurelösung waschen und in Acetonlösung in der üblichen Weise zerlegen. Abscheidung des Ornithins aus der stark alkalischen Lösung geschieht als Pikrat. Zu dem Zweck auf 10—15 cm³ einengen, mit einer Lösung von 3 g Pikrinsäure in heißem Alkohol versetzen und auf etwa 10 cm³ einengen. Nach 24stündigem Stehen im Eisschrank Pikrat abfiltrieren und bei 100° trocknen.

d) Krystallisation des Ornithins. 27 g Ornithin-dipikrat (Fp. 208°) mit heißer 10proz. Schwefelsäure behandeln, die freigemachte Pikrinsäure nach dem Abkühlen abfiltrieren und den Rest der Pikrinsäure ausäthern. Ausgeätherte Lösung auf 500 cm³ verdünnen und mit Bariumhydroxyd gegen Kongorot neutralisieren. Das Filtrat und die Waschwasser vom Bariumsulfat auf 300 cm³ einengen und den Rest der Schwefelsäure mit Bariumhydroxyd entfernen, wobei die Kohlensäure der Luft ferngehalten werden muß. Filtrat unter Ausschluß von Kohlensäure im Vakuum auf etwa 6 cm³ zur Syrupkonsistenz einengen, den Rückstand in 25 cm³ aldehydfreiem Alkohol lösen und mit 2 cm³ absolutem Äther versetzen. Den geringen ausfallenden Niederschlag nach 24stündigem Stehen im Eisschrank abnutschen und mit einem Gemisch von 10 cm³ Alkohol und 5 cm³ Äther waschen. Filtrat und Waschflüssigkeit mit 30 cm³ absolutem Alkohol vermischen. Ornithin fällt als voluminöser weißer, schnell absitzender Niederschlag aus. Nach 3tägigem Stehen im Eisschrank abnutschen, zuerst mit einem Gemisch aus gleichen Teilen Alkohol und Äther, zuletzt mit absolutem Äther waschen und sofort über Schwefelsäure und konzentrierter Natronlauge im Vakuumexsiccator trocknen. So bereitet, bildet Ornithin eine schneeweiße Masse, die sich leicht pulvern läßt.

*Nachweis und Bestimmung.* Dem Nachweis hat die Isolierung voranzugehen. Ornithin fällt mit Arginin und Lysin in der Hexonbasenfraktion aus. Trennung s. S. 129, 153. Zur Idendifizierung eignet sich das Pikrat.

*Monopikrat.* Aus konzentrierter wäßriger Lösung des Ornithins mit der für 1 Mol. berechneten Menge Pikrinsäure. Krystallisiert am besten aus 50proz. Alkohol in orangegelben Nadeln. Fp. 208° (Zersetzung).

*Dipikrat.* Krystallisiert aus konzentrierten wäßrigen Lösungen mit einem Überschuß von Pikrinsäure in schwefelgelben rhombischen Prismen. Fp. 208° (Zersetzung). Läßt sich am besten aus 50proz. Alkohol umkrystallisieren.

### 21. Histidin ($\beta$-Imidazol-$\alpha$-aminopropionsäure).

$C_6H_9O_2N_3$: C 46,45, H 5,85, N 27,11 %. Mol.-Gew. 155,1. (Nomenklatur: aus Histon [Gewebe] isoliert worden.)

```
HC—NH
||    \
C      CH
 \    //
   N
CH₂
|
H—C—NH₂
|
COOH
```

*Vorkommen.* Findet sich in freiem Zustand in verschiedenen Keimpflanzen, in kleinen Mengen in Kartoffelknollen, Pollen von Pinus silvestris L. In verschiedenen Böden usw. Die Angaben über das Vorkommen von Histidin in Proteinen sind im allgemeinen recht zuverlässig. Pflanzliches und tierisches Eiweiß enthält in der Regel etwa 1,5—2,5%, Oxyhämoglobin 11%, Sturin (daraus zuerst isoliert) 13%.

*Eigenschaften.* Das natürliche Histidin dreht links. Es ist in kaltem Wasser ziemlich schwer löslich, dagegen löslich in 20 Teilen heißem, fast unlöslich in Alkohol. Krystallisiert gewöhnlich in glänzenden dünnen, parallelseitigen Tafeln, die zu Rosetten vereinigt sind. Fp. 287—288° (korr.) unter Zersetzung nach vorangehender Braunfärbung. l-Histidin schmeckt schwach süßlich, d-Histidin etwa so süß wie Rohrzucker.

$[\alpha]_D^{20} = -39,65°$ in wäßriger Lösung.

$[\alpha]_D^{20} = +2{,}14^0$ (1 Mol Base auf 1 Mol Salzsäure).
$[\alpha]_D^{20} = +7{,}82^0$ (1 Mol Base auf 2 Mol Salzsäure).
$[\alpha]_D^{20} = +9{,}49^0$ (1 Mol Base auf 4 Mol Salzsäure).

Durch Phosphorwolframsäure wird es gefällt, löst sich aber im Überschuß des Fällungsmittels wieder auf. Beim Versetzen einer neutralen Histidinlösung mit Silbernitrat entsteht kein Niederschlag, gibt man aber tropfenweise verdünntes Ammoniak hinzu, so fällt das Silbersalz amorph und voluminös aus. In überschüssigem Ammoniak löst sich der Niederschlag wieder auf. Histidincarbonat wird bei Abwesenheit von Alkalisalzen noch aus sehr verdünnten Lösungen durch Sublimat gefällt. Durch Quecksilbersulfat wird es auch aus schwefelsaurer Lösung — allerdings nur, wenn es in ziemlich hohen Konzentrationen vorhanden ist — gefällt. Bei Gegenwart anderer Aminosäuren entsteht mit 7proz. Quecksilbersulfatlösung jedoch noch bei Anwesenheit von 0,02% Histidin eine Fällung. Da Diamino- und Monoaminosäuren durch Quecksilbersulfat nicht gefällt werden, kann das Histidin auf diese Weise abgetrennt werden. Durch Bleiessig wird es nicht gefällt.

Ein sehr wichtiges Fällungsmittel ist die l-Naphthol-2,3-dinitro-7-sulfosäure (Flaviansäure) (s. unter Arginin).

Diese Molekülverbindung löst sich zu 0,14% in Wasser und ist löslicher als die entsprechende Arginin-, unlöslicher als die entsprechende Lysinverbindung. Die Flaviansäure eignet sich ausgezeichnet zur quantitativen Abscheidung von Histidin (s. S. 153).

Auch die Verbindung des Histidins mit Reineckesalz ist neuerdings mit großem Nutzen zur Abtrennung von anderen Aminosäuren herangezogen (über Reineckesalz s. S. 149). Man erhält das Histidinreineckat durch Versetzen einer Lösung des Chlorhydrates mit Reineckesalzlösung. Das Doppelsalz besteht aus 1 Mol Histidin und 2 Molen Reineckesäure und besitzt die Zusammensetzung: $C_6H_9N_3O_2 \cdot 2C_4H_7N_6S_4Cr \cdot 4H_2O$, krystallisiert also mit 4 Molen Wasser, sechsseitige Tafeln, die in der Richtung der Diagonalen auslöschen und in Richtung der längeren Diagonale optisch positiv sind. Zersetzungspunkt 220° (unkorr.). 0,71 Teile lösen sich in 100 Teilen Wasser von 20°, leicht löslich in Aceton, Methyl- und Äthylalkohol.

Bei längerem Kochen einer Lösung von freiem Histidin in Wasser wird es etwas zersetzt.

Aus l-Histidin entsteht unter der Einwirkung von Hefe Histidol ($\beta$-Imidazoläthylalkohol), durch Fäulnis Histamin und $\beta$-Imidazolpropionsäure.

Das Histidin spielt im Stoffwechsel des tierischen Organismus eine große Rolle.

*Nachweis und Bestimmung.* Histidin läßt sich leicht im Gemisch mit anderen Aminosäuren nachweisen.

Trennung von anderen Aminosäuren s. S. 115, 122, 126, 129, 149.

*Farbreaktionen:*

*Biuretreaktion.* Versetzt man eine Histidinlösung mit Kalilauge und einer Spur Kupfersulfat und erwärmt, so tritt Violettfärbung ein.

WEIDEL*sche Reaktion.* Fügt man zu einer Lösung von Histidin in verdünnter Salzsäure etwas Kaliumchlorat, verdampft fast zur Trockne, fügt mit einer Spur Salpetersäure versetztes frisches Chlorwasser hinzu, verdampft wieder zur Trockne und läßt auf den Rückstand Ammoniakdampf einwirken, so tritt eine lebhaft rote Färbung auf, die bei Zusatz von wenig Natronlauge in Rotviolett übergeht.

*Diazoreaktion.* Versetzt man eine Histidinlösung mit überschüssiger Natriumcarbonatlösung und hierauf mit 3—5 cm³ einer frisch bereiteten sodaalkalischen Lösung von Diazobenzolsulfosäure, so tritt — unter Umständen nach einigem Stehen — eine dunkelkirschrote Färbung auf, die auch nach dem Verdünnen mit viel Wasser keinen Stich ins Gelbe bekommt (Unterschied von Tyrosin), aber beim Ansäuern in ein reines Orange übergeht. Bei einer Verdünnung von 1:100000 ist die Färbung noch blaßrot.

Um zwischen Histidin und Tyrosin zu unterscheiden, schüttelt man die Lösung nach Zusatz von ziemlich viel Sodalösung mit einigen Tropfen Benzoylchlorid, bis dessen Geruch verschwunden ist. Fügt man nun Diazobenzolsulfosäure hinzu, so entsteht keine Rotfärbung, wenn Tyrosin, wohl aber, wenn Histidin vorhanden ist.

*Modifikation der* PAULY*schen Diazoreaktion nach* E. GEBAUER-FÜLNEGG (84). Verwendet man bei der PAULYschen Diazoreaktion anstatt der diazotierten Sulfanilsäure diazotiertes p-Nitranilin oder p-Toluidin, so bilden sich mit Imidazolderivaten aus diesen diazotierten Komponenten Farbstoffe, die sich leicht und vollständig aus der wäßrigen sodaalkalischen Reaktionsflüssigkeit mit Butylalkohol ausschütteln lassen. Dabei ist die Farbe der beiden Phasen die gleiche. Verwendet man Tyrosin, so ist bei gleicher Ausführung der Reaktion und Verwendung von p-Nitranilin die wäßrige alkalische Lösung rot, die Butylalkoholschicht braun gefärbt, und der Farbstoff läßt sich nicht völlig aus der wäßrigen Phase extrahieren.

*Ausführung.* p-Nitranilin unter den Bedingungen der PAULY-Reaktion diazotieren, mit der zu untersuchenden Lösung versetzen und rote Lösung mit Butylalkohol ausschütteln. Ist z. B. Histidin allein in der Probe, so ist die butylalkoholische Lösung von der gleichen Farbe wie die wäßrige Lösung vor dem Ausschütteln war, und diese läßt sich durch öfteres Durchschütteln mit Butylalkohol leicht und vollständig entfärben. Ist Tyrosin allein vorhanden, so färbt sich die butylalkoholische Schicht beim Ausschütteln braun, während die wäßrige Schicht rot bleibt und sich nur schwierig extrahieren läßt. In sehr verdünnten Lösungen erscheint die wäßrige Schicht rosa mit einem violetten Stich, während die alkoholische Schicht gelbbraun ist.

Eine Mischung von Tyrosin und Histidin wird daran erkannt, daß sich die wäßrige Schicht einerseits nicht gänzlich extrahieren läßt und andererseits die butylalkoholische Schicht rotbraun ist. Bei äußerster Verdünnung ist Vorsicht geboten, da diazotiertes p-Nitranilin sich aus alkalischer Lösung mit gelber Farbe in Butylalkohol löst, was zu Verwechslungen mit geringen *Tyrosinmengen führen kann.*

KNOOP-HUNTER*sche Reaktion.* Man versetzt eine wäßrige Lösung von Histidin oder dessen Salzen (bei Abwesenheit von Alkali!) mit Bromwasser bis zur bleibenden Gelbfärbung, schüttelt das überschüssige Brom mit Chloroform aus und erwärmt, wobei zunächst eine rötliche Färbung auftritt, die schließlich dunkelweinrot wird. Empfindlichkeit ca. 1:10000.

Zur Identifizierung eignen sich die Chlorhydrate: l-Histidinmonochlorhydrat $C_6H_9N_3O_2 \cdot HCl + H_2O$. Fp. 255°. In Wasser ziemlich leicht löslich. Glashelle rhombische Tafeln. Das Krystallwasser wird erst nach längerem Erhitzen im Vakuum auf 165° vollständig abgegeben. Löst man das Monochlorhydrat in wenig heißer konzentrierter Salzsäure, fällt mit Alkohol-Äther, wiederholt dieses Verfahren mehrmals und löst dann in verdünnter Salzsäure, so scheidet sich bei langsamem Verdunsten das l-Histidindichlorhydrat ab, $C_6H_9N_3O_2 \cdot 2HCl$. Fp. 231—233°. Glashelle Tafeln, fast unlöslich in konzentrierter Salzsäure.

Beim Kochen der aktiven Chlorhydrate mit Bleioxyd wird das Histidin weitgehend racemisiert. Am besten erhält man die freie Base durch Einleiten von Ammoniakgas in eine konzentrierte Lösung der Chlorhydrate.

Auch das Monopikrolonat (S. 24) ist zur Identifizierung geeignet. Im Gegensatz zu demjenigen des Lysins ist es in Wasser schwer löslich (in 80 Teilen siedendem). Hellgelbe Nadeln vom Fp. 232° unter Zersetzung.

Quantitative colorimetrische Bestimmung des Histidins s. S. 158.

## 22. Prolin (α-Pyrrolidincarbonsäure).

```
H2C—CH2
 |    |
H2C  CH—COOH
  \  /
   N
   |
   H
```

$C_5H_9O_2N$: C 52,14, H 7,88, N 12,17 %. Mol.-Gew. 115,08.

*Vorkommen.* In freiem Zustande wurde es in geringen Mengen in etiolierten Keimlingen von Lupinus albus aufgefunden, ferner in Maispollen. Da früher für die Isolierung von Prolin keine befriedigenden Verfahren zur Verfügung standen, sind die verschiedenen Angaben über die in Proteinen enthaltenen Mengen zum Teil wohl unrichtig. Es werden Mengen von 1—13% für die verschiedenen pflanzlichen Proteine angegeben, in der Mehrzahl der Fälle wurden 3—5% gefunden. Gelatine enthält nach neueren Untersuchungen 9,5% Prolin.

*Eigenschaften.* Das natürliche Prolin dreht links. Prolin ist in Wasser und auch in absolutem Alkohol löslich, dadurch unterscheidet es sich von den anderen Aminosäuren. In 100 cm³ absolutem Alkohol von 19° lösen sich 1,5 g l-Prolin. Da die Möglichkeit vorliegen kann, daß ein Gemisch von Prolin und Oxyprolin zu trennen ist, sei auf folgendes hingewiesen: in 6 cm³ absolutem Alkohol wurden durch Erwärmen auf 40° 0,1726 g l-Prolin gelöst; in dieser warmen Lösung konnten noch 0,0096 g Oxyprolin gelöst werden, während von einer 40° warmen Lösung, die 0,1726 g Prolin in 12 cm³ absolutem Alkohol enthielt, nur 0,0066 g Oxyprolin aufgenommen wurden. Das im Alkohol sehr schwer lösliche Oxyprolin ist also in einer konzentrierten Prolinlösung leichter löslich als in einer verdünnten. Ähnliche Verhältnisse dürften auch bei Gemengen von anderen Aminosäuren bestehen (107). Aus heißem Propyl- oder Butylalkohol läßt sich Prolin leicht umkrystallisieren. Aus alkoholischer Lösung scheidet es sich auf Zusatz von Äther in kleinen, hygroskopischen Prismen ab, die sich bei raschem Erwärmen bei ca. 220° zersetzen. Das racemische Prolin krystallisiert etwas leichter, ist etwas schwerer löslich und zersetzt sich bei 205°. l- und d-Prolin schmecken stark süß.

$[\alpha]_D^{20} = -84{,}9^0$ in wäßriger Lösung.

$[\alpha]_D^{20} = -95{,}24^0$ in alkalischer Lösung.

$[\alpha]_D^{20} = -54{,}46^0$ in 20proz. Salzsäure (108).

Bei der Eiweißhydrolyse wird l-Prolin teilweise racemisiert.

Aus verdünnter Lösung wird Prolin in Gegenwart von Schwefelsäure durch Phosphorwolframsäure partiell gefällt! Aus 10 cm³ einer Lösung von 0,115 g Prolin in 10 cm³ 4volumproz. Schwefelsäure mit 3 cm³ einer 40proz. Phosphorwolframsäurelösung bildete sich im Verlauf von 5 Stunden ein Niederschlag, der nach dem Trocknen 0,483 g wog. Im Filtrat waren noch 55 mg Prolin enthalten. Unter diesen Umständen werden also etwa 50% des Prolins durch Phosphorwolframsäure ausgefällt. Durch Anwesenheit von Monoaminosäuren wird die Fällbarkeit durch Phosphorwolframsäure anscheinend nicht beeinflußt. Beim Ausfällen der Hexonbasen durch Phosphorwolframsäure ist auf die Möglichkeit der Mitfällbarkeit des Prolins zu achten!

Ein wichtiges Fällungsmittel für Prolin ist Cadmiumchlorid. 0,23 g l-Prolin wurden in 15 cm³ absolutem Alkohol gelöst, der heißen Lösung wurden 30 cm³ einer kaltgesättigten Lösung von Cadmiumchlorid in 96proz. Alkohol zugesetzt. Schon in der Hitze bildete sich eine krystallinische Fällung. Nach dem Erkalten erhielt man 0,58 g = 92% d. Th. an $C_5H_9NO_2 \cdot CdCl_2 + H_2O$. Das Cadmiumdoppelsalz krystallisiert in langen dünnen Prismen. In Wasser und Eisessig leicht, in Alkohol fast unlöslich, in Aceton usw. ganz unlöslich.

Aus alkoholischer konzentrierter Lösung scheidet sich auf Zusatz von alkoholischer Sublimatlösung das Quecksilberdoppelsalz allmählich krystallinisch ab.

Ein wichtiges Fällungsmittel ist ferner das Reineckesalz (S. 149). 0,5755 g l-Prolin in 10 $cm^3$ Wasser mit einer warmen Lösung von 1,7 g Reineckesalz in 30 $cm^3$ Wasser versetzt und hierauf mit Salzsäure bis zur kongosauren Reaktion angesäuert, liefert nach zwölfstündigem Stehen bei 12° 1,46 g l-Prolinreineckat. Aus dem auf 60° angewärmten Filtrat wurde nach Zusatz weiterer 0,4 g Reineckesalz und Einengen auf 20 $cm^3$ im Vakuum noch 0,35 g Prolinreineckat gewonnen, so daß die Ausbeute 84% d. Th. betrug. Das Prolinreineckat $C_5H_9NO_2 \cdot C_4H_7N_6S_4Cr$ löst sich zu 0,5% in Wasser von 19°. Leicht löslich in Aceton, Alkohol, sehr schwer löslich in Essigester, unlöslich in Eisessig usw. Krystallisiert in büschelförmig angeordneten Nadeln, die sich beim langsamen Krystallisieren zu rechtwinklig abgestumpften Prismen ausbilden, welche in Längsrichtung auslöschen und optisch aktiv sind. Fp. 199° (unkorr.) unter Zersetzung.

*Nachweis und Bestimmung.* Dem Nachweis hat die Isolierung vorauszugehen.

Trennung von anderen Aminosäuren s. S. **115**, **122**, **126**, **133**, **149**.

Mit Ninhydrin Gelbfärbung! Reagiert nicht mit salpetriger Säure nach VAN SLYKE. Durch Bestimmung des Gesamtstickstoffs eines Aminosäuregemisches (Monoaminosäuren + Prolin) und des Aminostickstoffs kann der Prolingehalt ermittelt werden.

Zur Identifizierung sind geeignet: Phenylhydantoin (S. 32). Analyse des Kupfersalzes (S. 20), Pikrat (S. 22).

## 23. Oxyprolin ($\gamma$-Oxypyrrolidin-$\alpha$-carbonsäure).

```
HO·CH—CH2
   |    |
  H2C   CH—COOH
    \  /
     N
     H
```

$C_5H_9O_3N$: C 45,77%, H 6,19%, N 10,68%. Mol.-Gew. 131,08.

*Vorkommen.* In freiem Zustande ist es bis jetzt nur im Emmentaler Käse aufgefunden worden. Wahrscheinlich ist Oxyprolin weit verbreitet; da dessen Abscheidung nach den älteren Verfahren sehr mühsam war, wurden die Hydrolysate der Proteine selten daraufhin untersucht. Edestin aus Hanfsamen enthält ca. 2%, Leim 6,4%.

*Eigenschaften.* Das natürliche Oxyprolin dreht links. Sehr leicht löslich in Wasser, schwer in Alkohol (s. unter Prolin), aus wäßriger Lösung kann es nach DAKIN durch Propylalkohol leicht extrahiert werden. Krystallisiert in glänzenden Tafeln. Fp. ca. 274° unter Zersetzung. d,l-Oxyprolin ist löslich in 1,5 Teilen Wasser, wenig in Alkohol, ziemlich löslich in heißem Methylalkohol. l-Oxyprolin schmeckt süß, d-Verbindung eher fade, racemische Verbindung stark süß.

$[\alpha]_D^{20} = -80,6°$ in wäßriger Lösung! Schwer racemisierbar!

Oxyprolin wird durch Phosphorwolframsäure teilweise ausgefällt. Aus einer Lösung von 0,13 g Oxyprolin in 5 $cm^3$ Wasser lassen sich durch 3 $cm^3$ 40proz. Phosphorwolframsäure etwa 40% ausfällen, die Fällbarkeit wird durch Anwesenheit von Monoaminosäuren nicht beeinflußt.

Durch Mercuriacetat und Barytwasser wird es nur unvollkommen gefällt.

Ein wichtiges Fällungsmittel ist das Reineckesalz (s. auch bei Prolin). 0,656 g Oxyprolin in 6 $cm^3$ Wasser gelöst wurden mit einer 60° warmen Lösung von 4 g Reineckesalz in 55 $cm^3$ Wasser versetzt und mit Salzsäure schwach kongosauer gemacht, wobei sich sofort ein krystalliner Niederschlag abschied, der nach 12 Stunden abgenutscht und mit Wasser gewaschen wurde. Ausbeute = 3,35 g

Oxyprolinreineckat oder 80 % d. Th. an Oxyprolin. Das Doppelsalz ist zu 1,1 % in Wasser von 20° löslich, leicht löslich in Alkohol und Aceton, schwer löslich in Essigester, unlöslich in Eisessig usw. Bildet Krystallaggregate aus zahlreichen rechteckigen Tafeln, die der Länge nach auslöschen und optisch aktiv sind. Fp. 248° (unkorr.) unter Zersetzung. Krystallisiert mit 3 Molen Krystallwasser und besteht aus 1 Mol Oxyprolin, 1 Mol Reineckesäure und 1 Mol Reineckesalz: $C_{13}H_{26}N_{14}O_3S_8Cr_2 \cdot 3H_2O$.

*Nachweis und Bestimmung.* Dem Nachweis hat die Isolierung vorauszugehen. Trennung von anderen Aminosäuren s. S. 115, 122, 149.

Gibt mit Ninhydrin eine rote, eosinartige Färbung, mit dem FOLIN-DENISschen Reagens eine Blaufärbung, ähnlich wie Tryptophan und Tyrosin.

Zur Identifizierung eignen sich Naphthalinsulfosäureverbindung (S. 28) und Pikrat (S. 22).

### 24. Tryptophan (β-Indol-α-aminopropionsäure).

CH₂ — H—C—NH₂ — COOH; N H

$C_{11}H_{12}O_2N_2$: C 64,67%, H 5,93%, N 13,72%. Mol.-Gew. 204,12 (Nomenklatur: in *tryptischen* Verdauungssäften zuerst nachgewiesen).

*Vorkommen.* Der Nachweis des Tryptophans wurde in den meisten Fällen nur qualitativ auf Grund der charakteristischen Farbreaktionen geführt. In freiem Zustand findet es sich in verschiedenen Keimpflanzen. In pflanzlichem Eiweiß konnte es fast immer nachgewiesen werden. Die darin enthaltenen Mengen dürften etwa 1—2 % betragen. In tierischem Eiweiß findet es sich in Mengen bis zu 4 % (Wittepepton).

*Eigenschaften.* Das natürliche Tryptophan dreht links. Es ist in kaltem Wasser wenig löslich, leicht in heißem. Schwer löslich in heißem absolutem Alkohol, wenig löslich in kaltem Pyridin, leichter in heißem. Krystallisiert in rhombischen, sechsseitigen seidenglänzenden Blättchen. Fp. ist sehr abhängig von der Art des Erhitzens. Bei sehr raschem Erhitzen färbt es sich bei etwa 260° gelb, um gegen 290° (korr.) zu schmelzen. l-Tryptophan schmeckt ganz schwach bitter, die racemische Form süßlich.

$[\alpha]_D = -30$ bis $-35°$ in wäßriger Lösung.

$[\alpha]_D^{20} = +6{,}3°$ in 10proz. Lösung in n-Natronlauge.

l-Tryptophan racemisiert sich ziemlich leicht unter der Einwirkung saurer oder basischer Agenzien, teilweise schon beim Umkrystallisieren aus Pyridin.

Eine wäßrige Lösung des Natriumsalzes von Acetyl-l-tryptophan wird durch Essigsäureanhydrid bei 35—40° racemisiert. Um bei der SCHOTTEN-BAUMANNschen Reaktion Racemisierung zu vermeiden, muß bei der Darstellung von Acetyltryptophan für reichliche Alkalimengen gesorgt werden.

Kocht man reines Tryptophan mit mäßig konzentrierten Säuren, so wird es nur wenig angegriffen, es bilden sich aber in reichlicher Menge Huminsubstanzen, sobald Proteine oder Kohlehydrate anwesend sind. Bei Gegenwart größerer Mengen von Kohlehydraten finden sich bis zu 90 % des Tryptophanstickstoffs in der Huminstickstoffraktion. Die bei der Säurehydrolyse von Proteinen auftretenden Huminsubstanzen bestehen zum größten Teil aus Umwandlungsprodukten des Tryptophans. *Nach der Hydrolyse mit Säuren läßt es sich als solches in der Regel gar nicht oder nur in kleinen Mengen nachweisen.* Die Bildung der Huminsubstanzen steht im engsten Zusammenhang mit den Eigenschaften des Tryptophans als Indolabkömmling. Will man Tryptophan aus einer Eiweißsubstanz isolieren, so wird man sich fermentativer Methoden bedienen (13). Auch die Spaltung mit Bariumhydroxyd führt zum Ziel.

Beim trockenen Erhitzen von Tryptophan entsteht Indol und Skatol, letzteres erkenntlich am fäkalartigen Geruch.

Durch Quecksilbersulfat wird es gefällt!

Durch Hefe in Gegenwart von Zucker und anorganischen Salzen entsteht aus l-Tryptophan β-Indoläthylalkohol, durch Oidium lactis l-Indolmilchsäure, durch Bac. subt. Anthranilsäure. Tyrosinase (S. 50) ruft in Tryptophanlösungen leichte Färbung hervor.

*Nachweis und Bestimmung.* Auf Grund charakteristischer Farbreaktionen läßt sich Tryptophan leicht neben anderen Aminosäuren nachweisen.

*Farbreaktionen.*

*Sog. Tryptophanreaktion.* Setzt man zu einer neutralen Tryptophanlösung tropfenweise Brom- oder Chlorwasser hinzu, so entsteht bei geringer Konzentration eine rotviolette Färbung, bei größerer Konzentration eine Fällung. Ist die Lösung trübe oder gefärbt, so kann man das Halogenderivat mit Essigester aus der mit Essigsäure angesäuerten Lösung ausziehen. Der Essigester färbt sich himbeerrot. Die Lösung besitzt ein charakteristisches Absorptionsspektrum. Bei Überschuß von Halogen verschwindet die Färbung. Alkalische Lösungen sind vor der Probe zu neutralisieren. Das im Eiweiß gebundene Tryptophan gibt diese Reaktion nicht.

*Glyoxylsäurereaktion nach* HOPKINS. Auf Zusatz einer sehr verdünnten Glyoxylsäurelösung und konzentrierter Schwefelsäure tritt eine charakteristische blauviolette Färbung auf. Sehr empfindlich 1:200000.

*Reaktion nach* EDLBACHER. Schüttelt man eine Tryptophanlösung mit Dimethylsulfat und Natronlauge und unterschichtet mit konzentrierter Schwefelsäure, so entsteht an der Grenzfläche eine blaurote Zone. Indol und Skatol geben nur Rotfärbung.

EHRLICH*s Reaktion.* Nach Zusatz von p-Dimethylamidobenzaldehyd und konzentrierter Salzsäure tritt Rotfärbung ein. Eiweiß gibt diese Reaktion ebenfalls. Empfindlichkeit 1:30000.

Mit MILLONs Reagens gekocht tritt eine rotbraune Färbung auf, die sich von der mit Tyrosin erhaltenen gut unterscheiden läßt.

*Xanthoproteinreaktion.* Gelbfärbung mit konzentrierter Salpetersäure.

Es gibt die Reaktion von FOLIN-DENIS auf Phenole, wenn auch nicht in ganz typischer Weise, zunächst grünblau, dann mehr und mehr reinblau.

*Indolreaktion.* Die beim trockenen Erhitzen auftretenden Dämpfe färben einen mit konzentrierter Salzsäure befeuchteten Fichtenspan rot.

Zur Identifizierung eignen sich Pikrat (S. 22), Benzolsulfosäureverbindung sowie Naphthylisocyanatverbindung (S. 32).

Quantitative colorimetrische Bestimmung s. S. 159.

## 25. Cystin ($\alpha$-Diamino-$\beta$-dithiodilactylsäure).

$C_6H_{12}O_4N_2S_2$: C 29,97 %, H 5,03 %, N 11,65%, S 26,69 %.
Mol.-Gew. 240,26.

```
  H2C—S—S—CH2
   |       |
H2N—C—H  H—C—NH2
   |       |
 HOOC     COOH
```

*Vorkommen.* In pflanzlichem Eiweiß in der Regel in kleinen Mengen (ca. 0,5—1 %) enthalten. Große Mengen (bis 14 %) in den verschiedenen Hornsubstanzen.

*Eigenschaften.* Das natürliche Cystin dreht links. Sehr schwer löslich in Wasser (1:9000 bei 17°!), etwas leichter in heißem. Löslich in Mineralsäuren und Oxalsäure, unlöslich in Essigsäure und Weinsäure. Leicht löslich in Alkalien, aus einer ammoniakalischen Lösung kann es sehr gut durch Essigsäure ausgefällt werden, dabei krystallisiert es in sechsseitigen Tafeln oder kurzen Prismen. Das racemische Cystin ist etwas leichter löslich und krystallisiert in tyrosinähnlichen langen Nadeln oder sehr schmal zugespitzten Blättchen. Fp. ca. 260°. l-Cystin dreht in salzsaurer Lösung außerordentlich stark nach links:

$[\alpha]_D^{29} = -205{,}1^0 \pm 0{,}2^0$ für 1proz. Lösung in n-HCl (Temperaturkoeffizient zwischen 20—30° 2,06° für —1°).

$[\alpha]_{Hg}^{29} = -241{,}87^0 \pm 0{,}15^0$.

Temperaturkorrektionsgleichungen für 1proz. Lösungen in n-HCl

$$(2{,}431\,t - 312{,}37) \pm 0{,}2^0$$
$$(2{,}061\,t - 264{,}84) \pm 0{,}2^0$$

Bei längerem Erhitzen mit 10proz. HCl wird es weitgehend racemisiert.

Unterkühlte Lösungen von Cystin geben starke Fällungen mit Mercurinitrat und Millons Reagens. Ferner wird es durch Quecksilbersulfat aus schwefelsaurer Lösung sowie durch Quecksilberacetat bei Gegenwart von Essigsäure gefällt. Eine verdünnte schwefelsaure Cystinlösung gibt mit Phosphorwolframsäure nach etwa 10 Minuten eine krystalline Fällung von langen, fünfseitigen, mikroskopisch kleinen Täfelchen. Beim Versetzen einer salzsauren Lösung von Cystin mit Kupferacetat erhält man das charakteristisch krystallisierende Kupfersalz (S. 20). Das Calciumsalz ist in wäßrigem Alkohol unlöslich, man kann daher unter Umständen das Cystin in der Asparaginsäure-Glutaminsäure-Fraktion finden, wenn die Dicarbonsäuren als Erdalkalisalze ausgefällt wurden.

Cystin in verdünnter Schwefelsäure mit überschüssigem Silbersulfat behandelt gibt nach Neutralisation bei $p_H$ 6 einen Niederschlag, der zum großen Teil aus einer Silberverbindung $[C_3H_5NSO_2Ag]_2Ag_2SO_4$ besteht. Die starke Reduktion, die während der Bildung stattfindet, ist von einer Oxydation begleitet, bei der unter anderem Cystinsäure gebildet wird.

Beim trockenen Erhitzen zersetzt sich Cystin unter Bildung eines übelriechenden Öles, indem unter Kohlendioxydabspaltung Aminoäthandisulfid entsteht. Die sich entwickelnden Dämpfe geben die Pyrrolreaktion.

Reines Cystin oxydiert sich in alkalischer Lösung leicht, bei Anwesenheit von aktiver Kohle wird es beim Schütteln bei 40° zu Ammoniak und Kohlendioxyd abgebaut. Beim Erhitzen mit alkalischer Bleilösung wird der größte Teil des Schwefels abgespalten.

In stark alkalischer Lösung wird Cystin zerstört.

*Nachweis und Bestimmung.* Trennung von anderen Aminosäuren s. S. 46. Zum Nachweis des Cystins eignet sich die Bildung von Sulfiden beim Behandeln mit Laugen: Kocht man etwas Cystin mit einigen Tropfen Natronlauge auf einem Silberblech, so tritt die Heparreaktion ein. Nitroprussidnatriumreaktion! Eine angesäuerte Lösung von Cystinkupfer gibt mit 5proz. Nitroprussidnatriumlösung einen flockigen, rostbraunen Niederschlag. Ferner dienen zur Erkennung des Cystins seine Schwerlöslichkeit, Krystallform und Kupfersalz.

*Nachweis von Cystin nach* R. Fleming (72). *Prinzip.* Cystinhydrochlorid gibt beim Erwärmen mit Dimethyl-p-phenylendiaminhydrochlorid in Gegenwart einer geringen Menge Ferrichlorid eine tiefblaue beständige Farbe ähnlich der des Methylenblaus.

*Reagenzien.* 1. Lösung von 0,2 g Dimethyl-p-phenylendiaminhydrochlorid in 100 cm³ Wasser.

2. 5proz. Lösung von Ferrichlorid (bei Nachweis sehr geringer Mengen verdünnter).

*Ausführung.* Zu 0,5 cm³ der Reagenslösung 1 cm³ der zu untersuchenden Lösung geben, 1 Tropfen der Ferrichloridlösung zufügen, langsam zum Sieden erwärmen und stehen lassen, wobei eine tiefblaue Farbe auftritt.

Empfindlichkeit und Spezifität: Nachweisbar 0,05 mg Cystin. Cystein, Thiomilchsäure, Thioessigsäure und Glutathion reagieren nicht.

*Quantitative Cystinbestimmung nach* Vickery *und* White (238). Cystin wird in schwefelsaurer Lösung mit Zinn zu Cystein reduziert, das sich als Cuproverbindung durch Zusatz von Cuprooxyd ähnlich wie das Glutathion quantitativ ausfällen läßt. Der Schwefelgehalt des Niederschlages wird bestimmt und daraus der Cystingehalt berechnet. Die Ergebnisse der Methode stimmen mit denen der colorimetrischen Methoden überein.

Colorimetrische Bestimmung s. S. 65.

## 26. Methionin ($\alpha$-Amino-$\gamma$-methyl-thiobuttersäure).

$CH_2 \cdot S \cdot CH_3$
|
$CH_2$
|
H—C—$NH_2$
|
COOH

$C_5H_{11}O_2NS$. C = 40,24%, H = 7,43%, N = 9,39%, S = 21,50%. Mol.-Gew. 149,17.

*Vorkommen.* In kleiner Menge isoliert aus Casein (0,2 bis 0,4%), Eieralbumin (0,2%) und in noch kleinerer Ausbeute aus Edestin, Wolle, dem Keratin des Rinderhornes (11) und aus Hefe (168). 1922 zuerst von Müller aus Casein dargestellt (164).

*Eigenschaften.* Methionin ist löslich in Wasser und in warmem verdünntem Alkohol, aus dem es sich beim Erkalten wieder ausscheidet, unlöslich in absolutem Alkohol, Äther, Benzol und Aceton. Krystallisiert in mikroskopischen, hexagonalen Platten oder in dünnen, farblosen, weichen, glänzenden monoklinen Tafeln aus Wasser oder verdünntem Alkohol. Fp. 283° (Zersetzung).

$[\alpha]_D^{20} = -7{,}2^0$. (Odake gibt für Methionin aus Hefe $[\alpha]_D^{16} = -11{,}77^0$ an [168]. Bei der Spaltung von synthetischem Methionin erhält man (25): (—)-Methionin $[\alpha]_D^{25} = -8{,}1^0$, (+)-Methionin $[\alpha]_D^{25} = +8{,}7^0$. Methionin ist gegen kochende verdünnte Natronlauge beständig. Die wäßrige Lösung gibt mit Ninhydrin violette Färbung. Beim Erwärmen mit Kupferhydroxyd, Kupferacetat und Kupfercarbonat entsteht eine blau-violett gefärbte Lösung, aus der sich beim Erkalten das fast unlösliche Kupfersalz abscheidet. Methionin wird aus der kalten, wäßrigen Lösung durch Mercurichlorid, Mercurisulfat und Mercurinitrat als weißer, schwerlöslicher Niederschlag gefällt. Mit Phosphorwolframsäure, Pikrinsäure, Biuretreagens, Millons- und Folins-Reagens reagiert Methionin in wäßriger Lösung nicht.

Methionin hat vielleicht Beziehung zum Cheirolin aus Cheirantus cheiri, das man sich aus Methionin entstanden denken kann (25).

$$\begin{array}{ll}
CH_3 & CH_3 \\
| & | \\
S & SO_2 \\
| & | \\
CH_2 & CH_2 \\
| & | \\
CH_2 & CH_3 \\
| & | \\
CH \cdot NH_2 & CH_2{-}N \\
| & \quad \| \\
COOH & \quad C = S \\
\text{Methionin} & \text{Cheirolin}
\end{array}$$

Methionin wird auch bei fermentativem Abbau von Proteinen erhalten (s. weiter unten). Dieser Befund, sowie die Tatsache, daß es im Organismus in normaler Weise abgebaut wird, widerlegt die zuerst gehegte Vermutung, daß es sich hier um ein sekundär entstandenes Produkt handelt.

Bei der Verfütterung von Methionin wird es in normaler Weise oxydiert, denn der Sulfatschwefel im Harn nimmt beträchtlich zu, und die Verfolgung der Stickstoffausscheidung zeigt, daß diese Vermehrung nicht auf eine Anregung des Stoffwechsels und Spaltung von Körpereiweiß zurückzuführen ist, sondern durch das verfütterte Methionin bedingt ist.

*Darstellung.* 1500 g Handelscasein in einer Flasche von 20 l Inhalt mit etwa 8 l Wasser übergießen und gut durchschütteln. Dann 150 g Natriumcarbonat und 15 g Natriumfluorid in 2 l Wasser gelöst, hinzufügen. Nach Zusatz von 50 g Pankreatin, das vorher mit 200 cm³ Wasser zu einem dünnen Brei verrührt worden ist, wird auf 15 l verdünnt, mit Toluol überschichtet, gründlich durchgeschüttelt und ungefähr 2 Wochen bei 37° aufbewahrt. Die Flasche wird jeden Tag durchgeschüttelt. Am 5. Tage wird nochmals 50 g Pankreatin zugesetzt. Nach Beendigung der fermentativen Spaltung abkühlen und das Tyrosin und ungelöstes Material abfiltrieren. Aus dem Filtrat Tryptophan in der üblichen Weise mit Mercurosulfat ausfällen. Filtrat von diesem Niederschlag mit 1 kg Mercurosulfat versetzen, das in 5 l 7proz. Schwefelsäure gelöst ist. Eine kaltgesättigte Lösung von Natriumhydroxyd langsam unter Umrühren hinzugeben, bis die Lösung gegen Kongorot neutral reagiert. Ein Alkaliüberschuß muß sorgfältig vermieden werden. Nach Stehen über Nacht Niederschlag abfiltrieren und 4—5 mal mit Wasser waschen, wobei der Niederschlag jedesmal in Wasser suspendiert wird. (Niederschlag 1.)

Vereinigte Filtrate und Waschwasser mit einer Lösung von 500 g Mercurosulfat in 5 l 5proz. Schwefelsäure versetzen. Lösung sorgfältig mit Natriumhydroxyd gegen Kongorot neutralisieren, abfiltrieren und den Niederschlag wie beschrieben auswaschen. (Niederschlag 2.)

Das Filtrat wird nochmals mit 3 l einer Lösung von 300 g Mercurosulfat in 5proz. Schwefelsäure versetzt und der Niederschlag in derselben Weise behandelt. (Niederschlag 3.)

Nun Niederschlag 1 in 1,5 l Wasser suspendieren, mit konzentrierter Bariumhydroxydlösung unter Umrühren versetzen, bis die Lösung schwach alkalisch gegen Lackmus reagiert. Dann feinpulverisiertes Bariumhydroxyd zusetzen, bis die Lösung 2% davon enthält. Lösung unter Umschütteln $^1/_2$ Stunde lang auf dem Wasserbad erhitzen und abfiltrieren. Den Rückstand wiederum in 1,5 l Wasser suspendieren, festes Bariumhydroxyd zusetzen, bis die Lösung 2proz. ist und wie vorher erwärmen. Dieselbe Extraktion wird noch dreimal wiederholt. Die Filtrate von diesen Extraktionen vereinigen und im Vakuum auf $^1/_2$ l eindampfen. Lösung quantitativ von Barium- oder Sulfationen befreien, mit Salzsäure ansäuern und zum Kochen erhitzen. Eine kochende, gesättigte, wäßrige Lösung, die 100 g Mercurichlorid enthält, hinzugeben. Reaktionsgemisch über Nacht in den Eisschrank stellen und vor der Filtration gut kühlen. Niederschläge 2 und 3 werden bis zum Eindampfen im Vakuum genau so behandelt wie der Niederschlag 1, nur wird hier auf 250 cm$^3$ eingeengt, beide Lösungen vereinigt und nach Entfernung der Barium- und Sulfationen 75 g Mercurichlorid zur mit Salzsäure angesäuerten Lösung hinzugegeben.

Die Niederschläge der beiden Mercurichloridfällungen werden nach der Filtration und gründlichem Waschen mit Eiswasser vereinigt. Vereinigte Niederschläge in 1 l Wasser suspendieren, 50 cm$^3$ konzentrierte Salzsäure hinzufügen und die Lösung mit Schwefelwasserstoff schütteln. Quecksilbersulfid abfiltrieren, mit wenig Wasser waschen und die Filtrate und Waschwasser langsam unter vermindertem Druck zur Trockne verdampfen. Rückstand in 95proz. Äthylalkohol in der Wärme auflösen und mit Tierkohle entfärben. Zum abgekühlten Filtrat 35 cm$^3$ Anilin hinzugeben und Mischung in den Eisschrank stellen. Nach 24stündigem Aufbewahren im Eisschrank in Eis-Kochsalzmischung kühlen und das rohe Methionin abfiltrieren. Zur Reinigung in kleinem Volumen Wasser lösen, mit Tierkohle entfärben und durch Zusatz von absolutem Alkohol ausfällen. Die Ausbeute an analytisch reinem Methionin beträgt im Mittel 1 g. $[\alpha]_D^{25} = -7{,}3^0$. Ausdehnung der fermentativen Hydrolyse auf 4 Wochen statt 2 Wochen erhöht die Ausbeute nicht.

*Nachweis und Bestimmung.* Dem Nachweis hat die Isolierung voranzugehen. Abtrennung von anderen Aminosäuren, insbesondere Leucin und Phenylalanin ist schwierig und gelingt am besten durch Fällung mit Mercurichlorid. Zur Identifizierung eignen sich:

*Kupfersalz* $(C_5H_{10}O_2NS)_2Cu$: Tiefblaue Platten, fast unlöslich in Wasser. Schmilzt bis 350$^0$ nicht.

*Pikrolonat*: Schwachgelbe Krystalle. Fp. 178$^0$. Sehr leicht löslich in Wasser und Alkohol.

*α-Naphthyl-isocyanat*: $C_{16}H_{18}O_3N_2S$. Fp. 187$^0$, wenig löslich in Wasser, leichter löslich in Alkohol, unlöslich in Äther und Benzol.

*Quantitative Bestimmung von Methionin nach* BAERNSTEIN. *Prinzip.* Die Methode beruht darauf, daß sich die am Schwefelatom sitzende Methylgruppe bei der Behandlung des Methionins mit konzentrierter Jodwasserstoffsäure, genau so wie die am O-Atom gebundene Methylgruppe von Methoxylverbindungen (Methoxylbestimmung nach ZEISEL), als Methyljodid quantitativ abspalten läßt. Dadurch ist es möglich, das Methionin sowohl frei als auch in gebundener Form in den Proteinen zu bestimmen. Bei der Bestimmung von gebundenem Methionin ist zu berücksichtigen, daß sowohl Glycerin als auch Alkohol und Äther unter den Bedingungen der Methode flüchtige Jodverbindungen geben. Man muß also darauf achten, daß diese Stoffe dem zu untersuchenden Protein nicht mehr vom Reinigungsgang her anhaften.

*Ausführung.* Zur Analyse dient der in Abb. 13 abgebildete Apparat. Reaktionsgefäß mit einer genau abgewogenen Menge des zu untersuchenden Proteins (etwa 0,5 g) beschicken, 10 cm³ reine Jodwasserstoffsäure (spez. Gew. 1,7) und einige Siedesteinchen zugeben und mit dem Kühler verbinden, an den ein Waschgefäß und zwei Absorptionsgefäße angeschlossen sind. Das Waschgefäß enthält zur Absorption kleiner Mengen von Jod, Jodwasserstoff und Schwefelwasserstoff, die aus dem Reaktionsgefäß mitgerissen werden können, eine 20proz. Cadmiumlösung, die mit 1 cm³ einer Suspension von rotem Phosphor vermischt ist. Die beiden Absorptionsgefäße werden mit je 10 cm³ einer Lösung von Silbernitrat in abs. Äthylalkohol gefüllt (Darstellung der Lösung: 8 g Silbernitrat in 500 cm³ abs. Äthylalkohol ¹/₂ Stunde unter Rückfluß kochen, 2 Tage im Sonnenlicht stehenlassen, durch ein feines Filter filtrieren und in einer braunen Flasche aufbewahren). Durch das Gaseinleitungsrohr des Reaktionsgefäßes wird ein Strom von $CO_2$ geleitet, das einem Kippschen Apparat oder einem Gasometer entnommen wird und vor Eintritt in die Apparatur eine Waschflasche mit Silbernitratlösung und eine mit Schwefelsäure passiert hat.

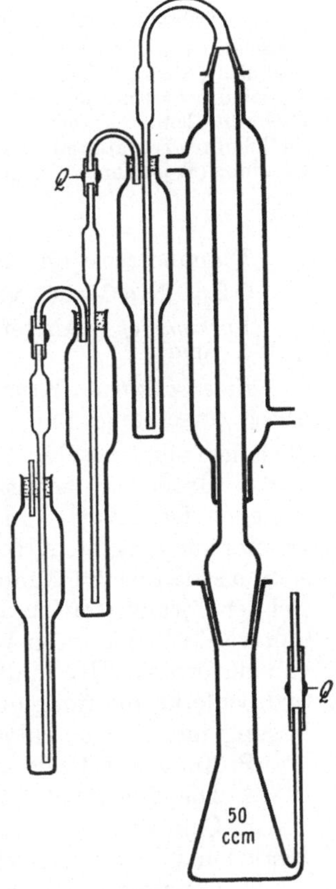

Abb. 13.

Soll das Gas einer Bombe verwendet werden, so muß zwischen den Flaschen und der Bombe ein Druckregler eingeschaltet werden. Die Durchströmungsgeschwindigkeit des $CO_2$ läßt sich durch den Schraubenquetschhahn am Gaseinleitungsrohr regulieren. Durch eine kleine Flamme (Sparflamme eines Bunsenbrenners) das Reaktionsgemisch zum Sieden erhitzen und den Schraubenquetschhahn zwischen dem Waschgefäß und den Absorptionsgefäßen so einstellen, daß man die Gasblasen eben zählen kann. Durch den Kühler fließt Wasser von 60⁰. Innerhalb einer Stunde gehen 90% des Methyljodides über. Um den Rest in die Absorptionsgefäße überzuführen, muß mehrere Stunden erhitzt werden; am besten ist es, den Apparat über Nacht laufen zu lassen.

Nach Beendigung der Reaktion Absorptionsflüssigkeit aus den beiden Absorptionsgefäßen quantitativ in ein Becherglas (50 cm³) spülen und Lösung auf dem Wasserbad auf etwa 10 cm³ einengen. Eingeengte Lösung quantitativ in einen 50-cm³-Meßkolben überführen und bis zur Marke auffüllen. Dann durch ein feines Filter filtrieren und 5 cm³ des Filtrates nach Zusatz von 2 cm³ Salpetersäure und 2 cm³ gesättigter Ferriammoniumsulfatlösung mit 0,02 n-Kaliumrhodanidlösung aus einer Mikrobürette titrieren. Parallel mit der eigentlichen Analyse läuft eine Blindbestimmung ohne Protein. Die dabei gefundene Menge Silberjodid wird von der bei der Analyse gefundenen Silberjodidmenge abgezogen.

Bei Verwendung von reinem Methionin findet man nach dieser Methode 97,6% ± 1,4% der eingesetzten Menge wieder. Soweit bisher untersucht, geben die anderen Aminosäuren unter den Bedingungen der Methode kein Methyljodid, doch steht eine eingehendere Prüfung noch aus, und es ist daher bei der Auswertung von Analysenergebnissen eine gewisse Vorsicht geboten.

Methioningehalt verschiedener Proteine.

| | | | |
|---|---|---|---|
| Ovalbumin | 4,75 | Casein | 3,53 |
| Edestin | 2,07 | Albumin (MERCK) | 5,29 |
| Fibrin | 2,40 | | |
| *Proteine, dargestellt nach GORTNER:* | | | |
| Fibrin | 2,37 | Kafirin | 1,61 |
| Gliadin | 2,03 | Teozein | 3,25 |
| Zein | 2,21 | Durumin | 2,39 |
| Monococcumin | 3,04 | Secalin | 1,15 |
| Dicoccumin | 2,78 | Hordein | 2,24 |
| Speltin | 2,61 | Sativin | 3,93 |
| Sorghumin | 1,76 | Casein | 3,36 |
| *Proteine, dargestellt nach JONES:* | | | |
| Conavalin (Jackbohnen) | 1,81 | Arachin | 0,54 |
| Globulin (Adsukibohnen) | 2,37 | Cocosnußglobulin | 2,05 |
| β-Globulin (Adsukibohnen) | 1,22 | Lactalbumin | 2,63 |
| Globulin (Tomatensamen) | 3,14 | Zein | 2,35 |
| β-Globulin (Tomatensamen) | 1,73 | Casein | 3,25 |
| Glycinin (Sojabohnen) | 1,84 | Gelatine | 0,97 |

## 27. Canavanin.

Diaminosäure unbekannter Konstitution.

$C_5H_{12}O_3N_4$: C 34,07 %, H 6,87 %, N 31,82 %. Mol.-Gew. 176,09.

*Vorkommen.* Aufgefunden in den Jackbohnen (Canavallia ensiformis) im Jahre 1929.

*Eigenschaften.* Krystallisiert aus alkoholischen Lösungen. Fp. 182—183° unter Zersetzung. $[\alpha]_D^{17} = +8{,}09^0$. Die wäßrige Lösung reagiert gegen Phenolphthalein alkalisch. Mit Flaviansäure bildet es ein gut krystallisierendes Flavianat, das zur Isolierung benutzt wird, mit Pikrinsäure ein Pikrat, das zur Reinigung geeignet ist. Zwei von den vier N-Atomen gehören, wie die VAN-SLYKE-Bestimmung ergibt, $NH_2$-Gruppen an. Davon reagiert die eine wie die α-Aminosäuren schon nach 5 Minuten quantitativ, die andere dagegen braucht 2 Stunden. Bei der Formoltitration der wäßrigen Lösung wird nur eine Aminogruppe erfaßt. Canavanin bildet ein in Wasser leicht lösliches Cu-Salz, läßt sich durch Einleiten von gasförmiger HCl in die methylalkoholische Lösung leicht in das Methylesterhydrochlorid überführen und gibt bei sechsstündigem Schütteln seiner alkalischen Lösung mit Benzoylchlorid ein Tribenzoylderivat.

Prüfung auf Ureidogruppen:

1. Die SCHIFFsche Furfurolreaktion ist negativ.

2. Canavanin gibt mit EHRLICHS Reagens eine grünliche Färbung. Dieselbe Reaktion gibt auch Glykokoll.

3. Canavanin spaltet im Gegensatz zu Citrullin beim Erwärmen mit gesättigter Baryt- oder Sodalösung nur Spuren von $NH_3$ ab.

4. Ureidosäuren geben keine Benzoylverbindungen.

Aus diesen Reaktionen ist zu schließen, daß im Canavanin keine Ureidogruppe vorliegt.

Prüfung auf Guanidinogruppen:

1. Im Gegensatz zu Guanidinoverbindungen gibt Canavanin bei mehrstündigem Kochen mit 5proz. Barytlösung nur Spuren von Harnstoff.

2. SAKAGUCHIS Reaktion ist negativ.

3. Canavanin gibt mit frisch hergestellter Lösung von Nitroprussidnatrium keine Farbreaktion. Gibt man dagegen zu seiner neutralen, schwach sauren oder schwach alkalischen Lösung eine Nitroprussidnatriumlösung, die längere Zeit dem Sonnenlicht ausgesetzt war, so tritt eine sehr beständige rubinrote

Farbe auf. Diese Farbreaktion ist empfindlicher als Ninhydrin (1 : 10000) und charakteristisch für Canavanin. Eine ähnliche Reaktion gibt auch Arginin und Semicarbazid, aber bei diesen ist die Farbe nur rot und nicht so tief rubinrot wie beim Canavanin und vor allen Dingen bei weitem nicht so beständig wie bei letzterem. Diese Reaktion wird auch von Canavanin gegeben, das mit Formol behandelt worden ist, nicht dagegen von Benzoyl-canavanin.

Canavanin scheint keine Guanidinogruppe zu enthalten. Es reduziert FEHLINGsche Lösung und ammoniakalische Silbernitratlösung nicht. Pyrrolreaktion mit Vanillin ist negativ, ebenso die Reaktionen nach JAFFÉ, LIEBERMANN und PAULY.

Bemerkenswert ist, daß Canavanin durch ein in der Säugetierleber vorkommendes Ferment (Canavanase, Optimum $p_H$ 7,7) in Harnstoff und eine neue Aminosäure *Canalin* gespalten wird.

*Darstellung.* Vom Öl befreites Jackbohnenmehl zweimal mit der fünffachen Menge 50proz. Alkohol extrahieren und den Extrakt zur Sirupkonsistenz einengen. Beim Zusatz von 95proz. Alkohol zu diesem Sirup fällt das rohe Canavanin als zähflüssige Masse aus, die in wenig Wasser gelöst und wiederum mit Alkohol gefällt wird. Das so erhaltene Produkt in Wasser lösen, mit genügend Schwefelsäure ansäuern und mit der berechneten Menge Flaviansäure fällen. Das ausgefallene Flavianat aus heißem Wasser umkrystallisieren und in das Pikrat verwandeln, aus dem in der üblichen Weise die Aminosäure in Freiheit gesetzt wird. Ausbeute etwa 2,8% des ölfreien Mehles.

*Flavianat,* $C_5H_{12}O_3N_4 \cdot 2C_{10}H_6O_8N_2S$. Löslich in Wasser im Verhältnis 1 : 200. Sintert bei 190—192°. Fp. 210—215° (unter Zersetzung).

*Pikrat.* Krystallisiert in Nädelchen. Fp. 205—207° (Zersetzung).

*Kupfersalz,* $(C_5H_{11}O_3N_4)_2Cu$. Entsteht beim Erwärmen der wäßrigen Canavaninlösung mit Kupfercarbonat. Leicht löslich in Wasser. Fp. 205—207° (Zersetzung).

*Canalin,* $C_4H_{10}O_3N_2$, C 35,79%, H 7,52%, N 20,89%. Mol.-Gew. 134,08.

*Eigenschaften.* Krystallisiert aus der alkoholischen Lösung in feinen Nadeln. Fp. 214° (unter Zersetzung). Leicht löslich in Wasser. Wäßrige Lösung reagiert gegen Lackmus neutral. $[\alpha]_D^{21} = -8{,}31°$. Von den beiden Stickstoffatomen gehört eins einer Aminogruppe an, wie die VAN-SLYKE-Bestimmung zeigt. Canalin wird von Silbernitrat in alkalischer Lösung gefällt (nicht dagegen in neutraler oder alkalischer Lösung) und gibt mit NESSLERS Reagens einen gelben Niederschlag. Ninhydrinreaktion ist positiv, ebenso die Pikrinsäurereaktion nach JAFFÉ, doch ist die orangerote Färbung schwächer als die durch Kreatinin hervorgerufene. Dagegen ist die WEYLsche Kreatininreaktion mit Nitroprussidnatrium negativ.

*Darstellung.* Fein zerriebene Schweineleber mit dem zweifachen ihres Gewichtes an Wasser extrahieren, mit dem doppelten Volumen Aceton fällen und den dreimal mit Wasser gewaschenen Niederschlag in einem Volumen Wasser suspendieren, das dem des ursprünglichen Extraktes gleich ist.

Ansatz:

1 g Canavanin  
15 cm³ Fermentsuspension  
10 cm³ n/10 Natriumphosphatpufferlösung ($p_H$ 7,7).

Mischung auf 66 cm³ auffüllen und 5 Tage bei 37° aufbewahren. Dann filtrieren und Filtrat mit der berechneten Menge Pikrinsäure versetzen. Canalinpikrat krystallisiert auch aus verdünnten Lösungen leicht aus. Zur Reinigung ist es zweckmäßig, das Pikrat in das Flavianat zu verwandeln, und aus diesem erst das Canalin in der üblichen Weise in Freiheit zu setzen.

*Pikrat.* Schwer löslich in Wasser. Fp. 192—193° (Zersetzung). $C_4H_{10}O_3N_2 \cdot 2C_6H_3N_3O_7$.

*Kupfersalz*, $C_8H_{18}O_6N_4Cu$. Leicht löslich in Wasser. Krystallisiert aus der alkoholischen Lösung und zersetzt sich beim Erwärmen auf 100°, wobei die Farbe in Grün übergeht.

*Di-benzoyl-canalin*, $C_4H_8O_3N_2(C_6H_5CO)_2$. Entsteht beim sechsstündigen Schütteln des Canalins in alkalischer Lösung mit Benzoylchlorid. Löslich in Alkohol, wenig löslich in Wasser. Fp. 99° (Zersetzung).

### 28. Glutathion ($\gamma$-Glutaminyl-cysteinyl-glycin).

$$H_2N-\underset{\underset{COOH}{|}}{\overset{H}{C}}-CH_2-CH_2-CO\cdot NH-\overset{\overset{CH_2SH}{|}}{CH}-CO\cdot NH\cdot CH_2\cdot COOH$$

$C_{10}H_{17}O_6N_3S$: C 39,09 %, H 5,54 %, N 13,68 %, S 10,42 %. Mol.-Gew. 307.

Die angegebene Konstitution ist gut gesichert, der endgültige Beweis durch Synthese steht noch aus.

*Vorkommen.* Entdeckt von F. G. HOPKINS im Jahre 1921. Im Pflanzen- und Tierreich weit verbreitet. Kommt außer in den Algen in fast allen Pflanzen vor (55), und zwar besonders reichlich an den Stellen, wo lebhafte Neubildung erfolgt und die respiratorische Tätigkeit lebhaft ist (primäres und sekundäres Meristem der Wurzeln und Stengel sowie Fortpflanzungsorgane. Bei den Angiospermen auch im Phloem gefunden. Besonders reich ist die Hefe (0,16—0,26 %).

Bei Tieren und Menschen in den roten Blutkörperchen. Die Hauptmenge des Blutschwefels ist auf Glutathion zurückzuführen, das auch im wesentlichen die optische Aktivität des enteiweißten Blutes hervorruft. Aus 100 cm³ Menschen- oder Tierblut lassen sich 0,1 g des Peptides gewinnen. Ferner kommt es vor in den verschiedensten normalen und pathologischen Geweben, Drüsen (Niere, Nebenniere, Thyreoidea, Pankreas und Ovarien) und Muskeln. Drüsen sind reicher als die Gewebe, besonders die Nebenniere.

*Eigenschaften.* Krystallisiert aus Wasser in rhombischen Prismen. Leicht löslich in Wasser, schwer löslich in Alkohol, unlöslich in den anderen organischen Lösungsmitteln. Fp. 190° unk. (HOPKINS) ohne vorherige Bräunung. Nach GRASSMANN (88) Fp. 203° (mehrfach umkrystallisiertes Präparat).

$[\alpha]_{5461}^{15} = -18{,}5^0 \pm 0{,}3^0$ in 2proz. $H_2O$-Lösung.

Beim Kochen wäßriger Glutathionlösungen tritt Zersetzung ein, die Glutaminsäure wird als Pyrrolidoncarbonsäure abgespalten und außerdem entsteht Cysteinyl-glycin-anhydrid. Erhitzt man statt zu kochen 120 Stunden auf 62°, so wird ebenfalls Pyrrolidoncarbonsäure abgespalten, während neben Spuren von Anhydrid Cysteinyl-glycin entsteht. Die gleiche Spaltung findet statt, wenn längere Zeit auf 37° erwärmt wird.

Vergleichende Versuche über die Umwandlung der Glutaminsäure in Pyrrolidoncarbonsäure beim Erwärmen in wäßriger Lösung allein und in Gegenwart von Glutathion zeigen, daß der Ringschluß zur Pyrrolidoncarbonsäure schon vor der Abspaltung der Glutaminsäure stattfinden muß und nicht erst sekundär nach der Abspaltung erfolgt (153). Es ist die Möglichkeit diskutiert worden, ob die Prolinbildung über das Glutathion als Zwischenprodukt verlaufen kann.

Hydrolyse mit Säuren ergibt glatte Spaltung in die drei Aminosäuren (97). Theoretisch sind zwölf Kombinationsmöglichkeiten dieser drei Aminosäuren denkbar, von denen die eines $\gamma$-Glutaminyl-cysteinyl-glycins am besten mit allen Beobachtungen in Einklang steht.

In alkalischer Lösung wird Glutathion rasch unter Abspaltung von Schwefel zersetzt, die merklich schneller als beim Cystein bzw. Cystin verläuft und zur quantitativen Bestimmung verwendet werden kann (s. weiter unten). Glutathion gibt mit Silber-, Cadmium- und Quecksilbersalzen amorphe Verbindungen, die ungefähr 1 Atom Metall auf 1 Molekül Glutathion enthalten (241). Mit Hilfe solcher Verbindungen ist es möglich, Glutathion von kleinen Mengen Kupfer, die ihm noch von der Darstellung her anhaften können, zu befreien. Für manche Versuche ist es nützlich, solche besonders gereinigten Präparate zu verwenden.

*Cuprosalz des Glutathions*, $C_{10}H_{16}O_6N_3SCu$, Cu 17,26%. Entsteht beim Eintragen einer Suspension von Cupro-oxyd (s. S. 84) in eine warme wäßrige Lösung von Glutathion und scheidet sich in Form weißer schwerlöslicher Nädelchen ab. Dasselbe Salz entsteht aus G-SS-G, wenn man in dessen 1proz. Lösung in n/2 Schwefelsäure eine Suspension von Cupro-oxyd einträgt (4 Mol. $Cu_2O$ auf 1 Mol. G-SS-G), durchschüttelt, filtriert, 1—2 Stunden Luft durchleitet und dann filtriert.

$[\alpha]_{5461}^{16,5^0} = +45,8$ in verdünnter Salzsäure.

*Disulfidform.* Sauerstoff oxydiert in wäßriger Lösung bei Zimmertemperatur und $p_H = 7,6$ zur Disulfidform. Aus der Disulfidform läßt sich durch Reduktion mit Magnesium und Salzsäure die Sulfhydrylform regenerieren.

Der Einfachheit halber bezeichnet man die *Sulfhydrylform auch als G-SH* und die *Disulfidform als G-SS-G*.

Die Entstehung der Disulfidform verläuft nach folgender Gleichung:

$$4\,\text{G-SH} + O_2 = 2\,\text{G-SS-G} + 2\,H_2O.$$

Präparativ läßt sich G-SS-G aus G-SH durch Oxydation mit Luft oder mit $H_2O_2$ darstellen.

*Darstellung durch Oxydation mit Luft.* Wäßrige Glutathionlösung mit Bariumhydroxyd auf $p_H = 7,6$ einstellen und einen schnellen Sauerstoffstrom durch die Lösung leiten, bis die Nitroprussidreaktion negativ ausfällt. Bariumhydroxyd mit Schwefelsäure entfernen, Lösung im Vakuum stark einengen und mit Alkohol fällen. Man erhält so amorphe Produkte, die keine guten Analysenwerte geben. Nach Hopkins und nach Grassmann ist das so zu erklären, daß etwa 20% des eingesetzten G-SH irreversibel verändert werden, während nach Schöberl (184) sich die schlechten Analysenwerte durch hartnäckig festgehaltenen Alkohol erklären. Besser ist die folgende Darstellungsmethode.

*Darstellung durch Oxydation mit Wasserstoffsuperoxyd nach* Schöberl (184). 1 g G-SH in 10 cm³ Wasser lösen, mit einer Spur Mohrschem Salz versetzen und bei 0° eine Lösung von 0,2 g Perhydrol in 5 cm³ Wasser zugeben. Etwa 3 Stunden bis zum Verschwinden der Nitroprussidreaktion stehen lassen und in einer Krystallisierschale im Vakuum über konzentrierter Schwefelsäure eindunsten, wobei ein dicker Sirup entsteht. Mit wenig absolutem Alkohol durchrühren, abfiltrieren und über konzentrierter Schwefelsäure trocknen. Das so erhaltene G-SS-G bildet ein schneeweißes, amorphes Pulver, das bisher noch nicht in den krystallisierten Zustand übergeführt werden konnte. $[\alpha]_{577}^{23} = -99,2^0$. Für ganz reines G-SS-G berechnet Schöberl aus Oxydationsversuchen $[\alpha]_{577}^{23} = -100,4^0$. Drehung ist ziemlich stark von der Temperatur abhängig, sie nimmt mit fallender Temperatur zu. Die spezifische Drehung ist sehr geeignet, um den Reinheitsgrad von G-SS-G-Präparaten zu ermitteln.

G-SH nimmt bei gewöhnlicher Temperatur beim Stehen an der Luft in wäßriger Lösung Sauerstoff auf, es ist autoxydabel. Die Geschwindigkeit der Autoxydation ist abhängig von Spuren gewisser Metalle und von bestimmten Stoffen, vielleicht Zersetzungsprodukten, die offenbar mit diesen Metallen Komplexe bilden können. G-SH, das durch Adsorption an Kaolin gereinigt worden ist, ist in wäßriger Lösung sehr beständig. Fügt man jedoch Spuren von Eisen hinzu, so setzt die Autoxydation sofort wieder ein, nimmt aber bei Zusatz größerer Eisenmengen im Gegensatz zum Cystein nicht mehr zu, so daß die Autoxydation von nicht besonders gereinigtem G-SH, das stets geringe Mengen von Eisen enthält, durch Eisenzusatz nicht mehr beschleunigt wird. In gleicher Weise unwirksam sind unter denselben Bedingungen: Salze von Mangan, Nickel, Quecksilber, Zinn, Blei und Platin. Beschleunigt dagegen wird die Autoxydation von G-SH in Phosphatpuffer mit physiologischem $p_H$ bei Gegenwart verhältnismäßig kleiner Mengen von: Kupfer-, Palladium-, Gold-,

Kobaltsalzen, Selenat und Selenit, von denen Kupfersalze bei weitem am wirksamsten sind.

*Biologisches Verhalten von Glutathion.* Glutathion kommt in den lebenden Organismen vorwiegend in der reduzierten Form vor, die mit der Disulfidform in einem dynamischen Gleichgewicht steht. In isolierten Organen kann dieses Gleichgewicht je nach den Versuchsbedingungen bald auf der Seite von G-SH, bald auf der von G-SS-G liegen. Der leichte Übergang beider Formen ineinander führte zu der Vermutung, daß dem Glutathion bei biologischen Oxydationsprozessen (Zellatmung) eine wichtige Rolle im Sinne eines Acceptors bzw. Donators für Wasserstoff zukomme. Trotz sehr vieler Arbeit hat sich die Frage nach der Beteiligung des Glutathions an solchen Oxydationsvorgängen nicht befriedigend klären lassen, und man neigt neuerdings mehr der Ansicht zu, daß eine solche Beteiligung, wenn überhaupt, nur in beschränktem Maße stattfindet. Sichergestellt ist, daß Glutathion die Oxydation der C=C-Bindungen von Fettsäuren katalytisch zu beschleunigen vermag.

Dagegen scheint es auf das Cytochrom-Indophenoloxydase-System der Hefe keinen Einfluß zu haben. Die Atmung der Hefe kann nach N. U. MELDRUM (156) 1. durch Narkotica, welche die reduzierenden Systeme hemmen, 2. durch Cyanide, welche die Indophenoloxydase hindern Cytochrom zu oxydieren, um 60—90% herabgedrückt werden, ohne daß der Gehalt an G-SH sich ändert. Glutathion reduziert Cytochrom in der Hefe nicht.

Auf die Sauerstoffaufnahme von Gewebsschnitten hat G-SH keinen Einfluß, und ebenso wirkungslos ist sowohl G-SH als auch G-SS-G auf die anaerobe Glucolyse von Tumorzellen. In Sauerstoff dagegen steigert G-SH (nicht aber G-SS-G) die Milchsäurebildung erheblich, und zwar ist der Vorgang reversibel; wird das Gewebe (Tumorzellen) in glutathionfreie Ringerlösung gebracht, so sinkt die Milchsäurebildung auf den ursprünglichen Wert zurück. Die „PASTEURsche Reaktion", die Hemmung der Glucolyse durch Atmung, wird also gehemmt. Drückt man die PASTEURsche Reaktion durch den Quotienten: $\frac{\text{Anaerobe Glucolyse — aerobe Glucolyse}}{\text{Atmung}}$ (aus MEYERHOF-Quotient), so kann bei Gegenwart von Glutathion die aerobe Glucolyse so groß werden, daß der MEYERHOF-Quotient = 0 wird (38).

Nach K. LOHMANN (148) wirkt G-SH als Co-Ferment der Methyl- und Phenylglyoxalase. Wäßrige Extrakte aus Muskulatur und Leber verschiedener Tiere, die durch Dialyse gegen verdünnte Salzlösung die Fähigkeit verloren haben, synthetisches Methylglyoxal in Milchsäure zu verwandeln, erlangen diese Fähigkeit nach Zusatz von Glutathion wieder, und zwar vermag das Glutathion mehr als die 400fache molare Menge an Methylglyoxal umzuwandeln. Diese Wirkung scheint für Glutathion spezifisch zu sein und ist an die reduzierte Form gebunden. Die gleiche Co-Fermentwirkung zeigt sich bei der Umwandlung des Phenylglyoxals in Mandelsäure. Die Tatsache, daß die Fermentlösungen stets Kupfer enthalten und mit anderen Schwermetallkomplexbildnern außer G-SH keine Co-Fermentwirkung zeigen, läßt es als sicher erscheinen, daß G-SH nicht in seiner Eigenschaft als Schwermetallkomplexbildner die Co-Fermentwirkung ausübt. Im Gegensatz zur Ketonaldehydmutase wird die Aldehydmutase nicht durch G-SH ergänzt. Es handelt sich hier demnach um zwei grundsätzlich verschiedene Fermentprozesse. Die Aufspaltung des Glykogens in Milchsäure dagegen erfolgt auch in Abwesenheit von Glutathion, woraus zu schließen ist, daß der Umwandlungsmechanismus des synthetischen Methylglyoxals ein anderer ist als der desjenigen Methylglyoxals, das nach der Theorie von NEUBERG als Zwischenprodukt bei dem desmolytischen Kohlehydratabbau entstehen soll.

Eine ähnliche Wirkung wie auf die Ketonaldehydmutase hat Glutathion auf Kathepsin und Papain. Es wirkt nach WALDSCHMIDT-LEITZ (245) sowie nach GRASSMANN (88) aktivierend auf diese proteolytischen Fermente und ist nach diesen Autoren identisch mit Zookinase und Phytokinase, doch sind diese Ansichten von anderer Seite eingeschränkt worden (121). Auch bei diesen Aktivierungen ist nur G-SH wirksam, und es ist daher die Möglichkeit diskutiert worden, ob die Wirksamkeit der beiden intracellulär wirkenden Fermente über das Glutathion mit Oxydoreduktionsprozessen gekuppelt ist und von diesen in dem Sinne gesteuert wird, daß bei Sauerstoffmangel das Vorwiegen der Sulfhydrilform eine Steigerung der proteolytischen Tätigkeit bewirkt. Auch bei der Arginase ist eine Aktivierung durch Glutathion beobachtet worden (246), doch wird diese offenbar durch Schwermetalle beeinflußt, es wirkt hier wahrscheinlich der Komplex Glutathion-Schwermetall aktivierend. Die aktivierende Wirkung des Glutathions oder besser seine Co-Fermentwirkung ist bei der Arginase (54) nicht unbestritten und bedarf weiterer Untersuchungen. Das gleiche gilt von der Aktivierung der Phosphatase und der sich daraus ergebenden Möglichkeit einer Steuerung des Kohlehydratabbaus, der ja bekanntlich durch Hydrolyse von Kohlehydrat-Phosphorsäureestern eingeleitet wird.

Die Peptidnatur des Glutathions macht seine Spaltung durch Polypeptidasen möglich. Fermentativ angreifbar ist nur G-SS-G, und zwar wird es von Pankreas-carboxy-polypeptidase zerlegt (86, 8). Nach der Hydrolyse von genau einer CO-NH-Bindung kommt die Spaltung zum Stillstand und es läßt sich 80% des Glykokolls isolieren. Ob die Unangreifbarkeit von G-SH auf einer Hemmung des Fermentes durch die SH-Gruppen beruht oder andere Gründe hat, ist nicht bekannt. SH-Gruppe kann hemmend wirken auf Dipeptidasen und Polypeptidasen aus Hefe und auf die Carboxy-polypeptidase aus Pankreas (86). Alle anderen Fermente (Pepsin, Pankreasproteinase, Papain und Erepsin bzw. Amino-polypeptidase) wirken nicht auf Glutathion ein. Die Wirkungslosigkeit der Amino-polypeptidase, die nur auf Substrate wirkt, die in $\alpha$-Stellung zur CO-NH-Bindung die freie Aminogruppe tragen, ist ein guter Beweis für die $\gamma$-Stellung der Aminogruppe im Glutathion, wie sie in der obigen Formel zum Ausdruck kommt. Ebenso ist die Abspaltung des Glykokolls durch Carboxy-polypeptidase als Beweis dafür anzusehen, daß diese Aminosäure im Glutathion die freie COOH-Gruppe trägt.

*Darstellung des Glutathions nach* HOPKINS (97). Nach eigenen Erfahrungen erhält man nach diesem Verfahren befriedigende Ausbeuten. 1 kg Bäckerpreßhefe in 1 l Wasser, das 0,1% Essigsäure enthält, suspendieren, 5 Minuten lang aufkochen und durch eine Nutsche filtrieren, die mit einer dünnen Schicht von Kieselgur bedeckt ist (hergestellt durch Aufgießen einer Suspension von Kieselgur). Extraktion mit der halben Menge Wasser wiederholen, die vereinigten Filtrate mit einer gesättigten Lösung von Bleiacetat versetzen (20 $cm^3$ auf 1 l Extrakt) und ohne zu filtrieren so lange eine 10proz. Mercurisulfatlösung in 5proz. Schwefelsäure zugeben, bis nichts mehr ausfällt, wobei ein großer Überschuß an Reagens vermieden werden muß. Man braucht im allgemeinen 150 $cm^3$ auf 1 l Extrakt. Nach einigen Stunden die überstehende Flüssigkeit abhebern, den Niederschlag abfiltrieren und einmal mit 2—3proz. Schwefelsäure, darauf mit destilliertem Wasser zweimal gründlich waschen, in einer Reibschale zu einem dünnen Brei verrühren und in eine geräumige Standflasche spülen. Zur Zersetzung des Niederschlages in die Suspension Schwefelwasserstoff einleiten, wobei man am besten so verfährt, daß man den Schwefelwasserstoff einem KIPPschen Apparat entnimmt, ihn unter Druck in die Flasche mit der Suspension einleitet und häufig umschüttelt. Zur Aufschwemmung des Niederschlages genügen 250 cm³ Wasser pro Kilogramm Hefe. Die Zersetzung kann bei der Verarbeitung größerer Mengen 48 Stunden in Anspruch nehmen. Niederschlag abfiltrieren und durch das Filtrat zuerst Luft, dann Wasserstoff leiten, um überschüssigen Schwefelwasserstoff zu entfernen. Nachdem die Lösung durch Zusatz von Schwefelsäure ungefähr 0,5 n gemacht worden ist, wird das Glutathion aus der Lösung als Cuprosalz abgeschieden.

Das geschieht dadurch, daß in die etwa 50⁰ warme Lösung unter gutem Umrühren in kleinen Portionen eine Suspension von Cuprooxyd eingetragen wird. (Darstellung der Cuprooxydsuspension: Kochende FEHLINGsche Lösung langsam mit einem Überschuß von Glucoselösung versetzen, wobei sich das Oxyd mit leuchtend roter Farbe abscheidet, durch Dekantation gewaschen, abfiltriert und als trocknes Pulver aufbewahrt wird. Zur Fällung des Glutathions wird eine abgewogene Menge in Wasser suspendiert.)

Schon nach Zusatz geringer Mengen von Cuprooxyd scheidet sich das Glutathionkupfer in Form feiner mikrokrystalliner Nädelchen ab, die beim Umschütteln des Gefäßes seidig glänzende Schlieren bilden. Überschuß von Cuprooxyd muß sorgfältig vermieden werden, da sich das Kupfersalz im Überschuß wieder auflöst. Man braucht etwa 0,3 g Cuprooxyd auf 1 kg Hefe. Überschuß wird vermieden, wenn man jedesmal nach Zusatz des Oxydes absitzen läßt, eine Probe der überstehenden Flüssigkeit mit Cuprooxyd behandelt und sieht, ob sich noch Kupfersalz bildet. Ist dennoch zuviel zugegeben, so muß das Kupfer mit Schwefelwasserstoff entfernt werden und nach Entfernung des Schwefelwasserstoffs die Fällung aufs neue durchgeführt werden. Bisweilen ist der Niederschlag zuerst etwas grau gefärbt (Cuprisalz), was für die Isolierung des Glutathions nicht von Bedeutung ist. Um ihn farblos zu machen, wird er bei 30—40⁰ mit 0,5 n Schwefelsäure digeriert.

Glutathionkupfer nicht abfiltrieren, sondern abzentrifugieren, zuerst mit 0,5 n Schwefelsäure und dann mit destilliertem frisch ausgekochtem Wasser waschen, bis im Waschwasser kein Sulfat mehr nachzuweisen ist.

Soll das Kupfersalz als solches aufbewahrt werden, mit Alkohol waschen und im Vakuumexsiccator trocknen. Sonst zur Gewinnung des Glutathions das Kupfersalz sofort in der 4—5fachen Menge Wasser suspendieren und mit Schwefelwasserstoff zersetzen. Aus dem wasserklaren Filtrat vom Sulfidniederschlag den Schwefelwasserstoff durch Durchleiten von Luft entfernen und die Lösung unter gutem Vakuum bei nicht mehr als 40⁰ einengen (auf etwa 6—8 cm³ pro Kilogramm Hefe). Nach Zusatz des halben Volumens Alkohol zur Krystallisation im Vakuum über Schwefelsäure aufbewahren. Nach 24—36 Stunden haben sich Krystalle von Glutathion abgeschieden, die analysenrein sind. Auch die Präparate aus den Mutterlaugen geben gute Analysenzahlen.

Zur Umkrystallisation in sehr wenig Wasser lösen, Alkohol zugeben und wie vorher in den Exsiccator stellen. Aus dem Filtrat vom Glutathionkupfer läßt sich unausgefälltes Glutathion dadurch gewinnen, daß wiederum mit dem Mercurisulfatreagens gefällt wird, der Niederschlag in der beschriebenen Weise zerlegt und nach der Entfernung des Schwefelwasserstoffes erneut mit Cuprooxyd gefällt wird. Ausbeute etwa 1 g Glutathion aus 1 kg Hefe.

*Vereinfachtes Verfahren nach* N. W. PIRIE (175). 20 cm³ konzentrierte Schwefelsäure langsam unter Kühlung zu 100 cm³ 89proz. Alkohol gießen, nach dem Abkühlen 80 cm³ peroxydfreien Äther zugeben und diese Mischung mit 2 kg grob zerkrümelter Bäckerpreßhefe zu einer Suspension verrühren. Auf zwei großen Büchnertrichtern über Kieselgur bei mäßigem Vakuum absaugen. Filtration geht langsam und hört nach etwa 3 Stunden auf. Dann von der auf dem

Filter abgelagerten Hefe auf zwei neue Filter abgießen und den auf dem Filter verbleibenden Hefekuchen trocken saugen. Eine Probe der vereinigten Filtrate (etwa 1200 $cm^3$) mit Natronlauge gegen Kongorot titrieren und soviel 20proz. Schwefelsäure zugeben, bis die Lösung 2,5% $H_2SO_4$ enthält. Die Fällung mit Cuprooxyd wird, wie oben (Vorschrift von HOPKINS) angegeben, ausgeführt. Die Umsetzung geht bei 20° genügend schnell, doch ist es besser, bei 40° zu arbeiten. Man braucht etwa 1 g Cuprooxyd, das in 30 $cm^3$ Wasser suspendiert ist und in Portionen von 2 $cm^3$ zugesetzt wird. Ist die Hälfte verbraucht, Niederschlag absitzen lassen, die überstehende Flüssigkeit abgießen und weiter mit Cuprooxyd behandeln.

Eine weitere Menge Glutathion läßt sich der vorbehandelten Hefe durch Digerieren mit 1proz. Schwefelsäure bei 40° entziehen. Über Kieselgur filtrieren und das klare Filtrat wie oben beschrieben mit Cuprooxyd fällen. Aus den vereinigten Filtraten von beiden Kupfersalzfällungen läßt sich der Rest des Glutathions wie oben angegeben mit Mercurisulfatreagens fällen und auf das Kupfersalz verarbeiten.

Das Glutathionkupfer wird zunächst mit 0,5 n Schwefelsäure, dann mit destilliertem Wasser gewaschen, wobei folgende Vorrichtung ein schnelles Filtrieren gestattet. Niederschlag in eine Jenaer Glasnutsche geben, auf diese eine zweite gleich große setzen und mit der unteren durch einen weiten Gummischlauch wasserdicht verbinden. Das Abflußrohr der unteren Nutsche wird mit einer 1 m höher stehenden Vorratsflasche mit destilliertem Wasser verbunden, das Rohr der oberen Nutsche führt zur Wasserstrahlpumpe. Das Glutathionkupfer läßt sich so in einem Strom von destilliertem Wasser sehr schnell auswaschen, wobei der Apparat von Zeit zu Zeit umgeschüttelt wird, damit alle Teile des Niederschlages mit der Waschflüssigkeit in Berührung kommen. Die Zersetzung der Kupferverbindung geschieht wie in der Vorschrift von HOPKINS beschrieben. Zur Erzielung großer Krystalle ist es ratsam, die stark eingeengte Lösung nicht mit Alkohol zu versetzen, sondern direkt zur Krystallisation zu verwenden. Es lassen sich so millimeterlange Nadeln erzielen. Spuren von Metallen, welche die Autoxydation beschleunigen, lassen sich durch Adsorption an Kaolin entfernen. Ausbeute: 2 g krystallisiertes Glutathion aus 2 kg Hefe.

*Darstellung von sehr reinem G-SH* (241). Alle Operationen werden mit 2mal in Glas- oder Quarzgefäßen destilliertem Wasser ausgeführt. 1 g krystallisiertes G-SH in 10 $cm^3$ Wasser lösen und so lange eine Lösung von Cadmiumacetat zusetzen, bis das Maximum der Fällung erreicht ist. Im Überschuß des Fällungsmittels tritt Lösung ein. Amorphen Niederschlag abzentrifugieren, mehrmals gründlich mit Wasser waschen und schließlich mit Schwefelwasserstoff zersetzen. Aus dem Filtrat den Schwefelwasserstoff (Durchleiten von Wasserstoff) entfernen und die Lösung zur Krystallisation stark einengen.

*Nachweis und Bestimmung.* Hier sind zwei Punkte zu beachten: 1. Die meisten Methoden zum qualitativen Nachweis und zur quantitativen Bestimmung des Glutathions beruhen auf Reaktionen der SH-Gruppe des Cysteins und zeigen daher strenggenommen nur die Anwesenheit und Menge dieser Aminosäure an. Der Schluß, daß die SH-Gruppe dem Glutathion angehört, kann erst dann unbedenklich gezogen werden, wenn die Abwesenheit von freiem Cystein bzw. von anderen SH-haltigen Verbindungen mit Sicherheit erwiesen ist. 2. Bei der großen Empfindlichkeit von G-SH gegen Sauerstoff ist dafür Sorge zu tragen, daß während der Vorbereitung und Ausführung der Analyse die Menge des anfangs vorhandenen G-SH nicht durch Oxydation vermindert wird.

*Qualitativer mikrochemischer Nachweis in der Pflanze nach* V. B. WHITE (255). Nachweis erfolgt in dünnen, von Hand angefertigten Schnitten. Auf die Schnitte heiße verdünnte Essigsäure (20proz.) geben, nach einigen Sekunden die Säure abfließen lassen, die Schnitte mit 5 $cm^3$ einer gesättigten Ammoniumsulfatlösung und 6—10 Tropfen einer 5proz. Natriumnitroprussidlösung übergießen und mindestens 20 Minuten stehen lassen, damit die Flüssigkeit genügend eindringen kann. Dann die Schnitte herausnehmen und mit verdünntem Ammoniak (1:3) befeuchten. Anwesenheit von G-SH zeigt sich durch das Auftreten einer blaßrosa bis purpurroten Farbe an, die nach wenigen Sekunden wieder verschwindet.

*Quantitative Bestimmung.* Die quantitativen Bestimmungsmethoden für Glutathion lassen sich in drei Gruppen einteilen.

I. Jodometrische Titration der SH-Gruppe.

II. Colorimetrische Methoden.

III. Quantitative Bestimmung des abgespaltenen Schwefels.

*I. Jodometrische Titration.* Die Bestimmung erfolgt in einer vorher enteiweißten Lösung nach der Gleichung:

$$2\,\text{G-SH} + J_2 = \text{G-SS-G} + 2\,\text{HJ}.$$

Ausführung (228): Pflanzenmaterial in einer Reibschale mit Sand und 10proz. Trichloressigsäure verreiben und durch eine Glasfilternutsche filtrieren. Extraktion noch zweimal wiederholen und die vereinigten Filtrate mit n/100 Jodlösung titrieren. Für die Bestimmung des Glutathiongehaltes der Hefe diese mit der Trichloressigsäure verreiben, die so entstandene Suspension in einem Becherglas auf $50^0$ erwärmen und nach dem Abkühlen über Kieselgur filtrieren. Diese Methode gibt keine scharfen Werte, denn der Jodverbrauch hängt von der Verdünnung ab und es kommt zu keinem scharfen Titrationsendpunkt. Besser ist es daher, die eiweißfreien Filtrate mit einem Überschuß an Jod zu versetzen und dieses nach einer gewissen Zeit zurückzutitrieren.

*Beispiel für die Glutathionbestimmung nach* C. MONCORPS u. R. SCHMIDT (163). *1. Im Blut.* Zur Hämolyse 3 $cm^3$ Blut mit 24 $cm^3$ einer 5proz. Trichloressigsäure versetzen und nach 5 Minuten zur völligen Enteiweißung 3 $cm^3$ 20proz. Trichloressigsäure zugeben. Nach kurzem Umschütteln filtrieren und nach Zugabe von 1 $cm^3$ n/100 Jodlösung (Mikrobürette) zu aliquoten Teilen des Filtrates nach 3 Minuten mit n/500 Natriumthiosulfatlösung (täglich frisch bereitet!) gegen 2 Tropfen Stärkelösung zurücktitrieren. Doppelbestimmungen geben bei gleicher Zulaufgeschwindigkeit gut übereinstimmende Werte. Die verbrauchte Anzahl Kubikzentimeter der n/100 Jodlösung auf n/500 umgerechnet und multipliziert mit 0,1614 (1 $cm^3$ n/500 Jodlösung = 0,1614 mg Glutathion) ergeben den G-SH-Gehalt des jeweils titrierten Blutanteils.

*2. Im Gewebe.* Nicht unter 300 mg Naßgewicht verarbeiten. Zerkleinerung geschieht mit Schere oder Wiegemesser. Nach 20 Minuten langer Einwirkung von 27 $cm^3$ einer 5proz. Trichloressigsäure 3 $cm^3$ einer 20proz. Säure zugeben und die weitere Bestimmung so wie oben angegeben ausführen.

*II. Colorimetrische Bestimmung von G-SH nach* G. HUNTER u. B. A. EAGLES (99). *Prinzip.* Die Methode beruht darauf, daß Glutathion sowie Cystein in alkalischer Lösung mit Phosphorwolframsäure und Natriumsulfit eine Blaufärbung gibt.

Reagenzien.

1. Testlösung, enthaltend 1 mg Glutathion in 1 $cm^3$ Wasser.
2. n-Natronlauge, frei von $CO_2$.
3. Phosphorwolframsäurelösung nach FOLIN und TRIMBLE: 10 g Lithiumcarbonat, 20 $cm^3$ 85proz. Phosphorsäure und 80 $cm^3$ Wasser in einen 300 $cm^3$ ERLENMEYER-Kolben geben, erhitzen, bis sich fast alles gelöst hat, 80 g Phosphor-

wolframsäure zusetzen und 1 Stunde unter Rückfluß kochen. Nach dem Abkühlen eine Lösung zugeben, die in 200 cm³ Wasser 65 cm³ Phosphorsäure und 15 g Lithiumcarbonat enthält und auf 1 l verdünnen.

4. Lithiumsulfatlösung, enthaltend 20 g in 100 cm³ Lösung.

5. Natriumsulfitlösung, enthaltend 20 g in 100 cm³ Lösung.

*Ausführung der Bestimmung.* 1 cm³ der zu analysierenden, vorher neutralisierten Lösung mit 0,50 cm³ der Lithiumsulfatlösung, 2 cm³ n-Natronlauge und 2 cm³ Natriumsulfitlösung versetzen und 1 Minute stehen lassen. Dann 0,5 cm³ Phosphorwolframsäurelösung zugeben, 5 Minuten stehen lassen und danach auf 20 cm³ auffüllen. Die Vergleichslösung wird in genau derselben Weise hergestellt, nur daß man an Stelle der Analysenlösung soviel der Glutathiontestlösung anwendet, daß die Vergleichslösung nach dem Auffüllen auf 20 cm³ im ganzen 0,2 mg Glutathion enthält. Der colorimetrische Vergleich erfolgt in einem DUBOSCQ-Colorimeter, wobei man zweckmäßig die Analysenlösung auf eine konstante Schichtdicke einstellt und nur die Schichtdicke der Vergleichslösung variiert, die dann dem Glutathiongehalt proportional ist. Da man auf diese Weise die Menge des im Glutathion enthaltenen Cysteins bestimmt, kann man natürlich auch eine Cysteinlösung als Vergleichslösung benutzen, wobei man berücksichtigen muß, daß 4,64 Teile Cystein dieselbe Farbstärke geben wie 10 Teile Glutathion.

*III. Glutathionbestimmung durch Schwefelabspaltung* nach C. MONCORPS und R. SCHMIDT (163). Eiweißfreie Lösung mit 30proz. Natronlauge und einigen Kubikzentimeter gesättigter Bleiacetatlösung versetzen und einige Minuten erwärmen, wobei als Katalysator etwas Platinmohr zugegeben wird. Bleisulfid abfiltrieren und mit konzentrierter Salzsäure in einer Apparatur zersetzen, in der der gebildete Schwefelwasserstoff quantitativ in 3—4proz. ammoniakalischer Wasserstoffsuperoxydlösung aufgefangen werden kann. Nach der Überführung des Schwefelwasserstoffes in Schwefelsäure wird diese gravimetrisch oder in kleinen Mengen nephelometrisch bestimmt.

*Bestimmung von Glutathion und Cystein nebeneinander* nach H. HARTMANN (94). Nickel bildet mit Glutathion und Kohlenoxyd in alkalischem Medium eine Carbonylverbindung, in der 1 Atom Nickel maximal 4 Atome CO bindet. Mit Eisen, Cobalt, Mangan und Kupfer lassen sich keine CO-Verbindungen nachweisen. Cystein dagegen gibt mit Eisen und CO eine Carbonylverbindung, während es mit Nickel nicht reagiert. Es lassen sich dadurch, daß man auf die zu untersuchende Lösung einmal in Gegenwart von Eisen, dann in Gegenwart von Nickel CO einwirken läßt, die Mengen von Cystein und Glutathion manometrisch in einer WARBURG-Apparatur nebeneinander bestimmen. Näheres ist im Original einzusehen.

*Bestimmung des Glutathions durch Titration nach* HOPKINS (97). *1. Titration einer COOH-Gruppe.* Im Glutathion wird eine COOH-Gruppe kompensiert durch die $NH_2$-Gruppe, die andere läßt sich mit Lauge titrieren, wenn man nach HOPKINS einen Indikator verwendet, der bei etwa $p_H = 7$ umschlägt. Ein solcher Indicator ist das Bromthymolblau.

Beispiel. 0,0614 g Glutathion + 1 cm³ $CO_2$ freies Wasser + 0,5 cm³ 0,5proz. Bromthymolblaulösung verbraucht 0,205 cm³ n-Natronlauge. Berechnet 0,200 cm³.

*2. Titration beider COOH-Gruppen.* Die Methode von WILLSTÄTTER und WALDSCHMIDT-LEITZ, die sonst bei der Titration der COOH-Gruppen von Polypeptiden gute Dienste leistet, versagt beim Glutathion (sie gibt zu hohe Werte). Richtige Werte werden erhalten, wenn man nach folgender Methode verfährt: Etwa 0,06 g Glutathion in 1 cm³ Wasser lösen, 20 cm³ 97proz. Alkohol zugeben

(Lösung muß am Ende der Bestimmung 80% davon enthalten), 1 cm³ Formalin (gegen Phenolphthalein neutralisiert) und 1 cm³ Phenolphthaleinlösung (0,5proz. in 50proz. Alkohol) hinzufügen und mit 0,1 n oder besser mit n-Natronlauge bis zur beginnenden Rötung titrieren.

*3. Titration der $NH_2$-Gruppe.* Die $NH_2$-Gruppe des Glutathions läßt sich nach der VAN-SLYKE-Methode nicht analysieren, man erhält zu hohe Werte. Sie läßt sich aber nach folgender Methode titrieren, wenn die COOH-Gruppen mit einer, nach der vorhergehenden Methode ermittelten Menge Natronlauge vorher neutralisiert worden sind, und man einen Indicator verwendet, der erst im stark sauren Gebiet umschlägt.

Beispiel. Etwa 0,06 g Glutathion in so viel Wasser lösen, daß eine ungefähr 0,1 molare Lösung entsteht, so viel Alkohol zugeben, daß die Lösung am Ende der Bestimmung 80% davon enthält und eine Menge Natronlauge zusetzen, die gerade ausreicht, um beide COOH-Gruppen zu neutralisieren (diese Menge wird in einer besonderen Probe nach der unter 2 beschriebenen Methode ermittelt). Nach Zusatz von 1 cm³ Methylrotlösung (0,02proz. Lösung in 60proz. Alkohol) mit n-Salzsäure bis zum scharfen Umschlag von Gelb nach Rot titrieren.

## E. Bestimmungsmethoden.

### a) Bestimmung der Stickstoffverteilung in Proteinen in 7 Gruppen nach VAN SLYKE (207, 209, 211).

*Prinzip.* Die Methode stellt im wesentlichen eine Kombination der Methode von HAUSMANN (95, 96) und der VAN SLYKEschen Methode zur Bestimmung des Aminostickstoffs (S. 104) dar.

In einem Hydrolysat wird Ammoniak durch Destillation entfernt, Huminsubstanzen auf Calciumhydroxyd niedergeschlagen, die Hexonbasen und Cystin durch Phosphorwolframsäure gefällt. Cystin + Methionin berechnet man aus dem Schwefelgehalt, Arginin auf Grund der Ammoniakabspaltung beim Kochen mit Laugen usw. Im Filtrat des Phosphorwolframsäureniederschlages wird der Gesamtstickstoff und der Aminostickstoff bestimmt, wobei der Nichtaminostickstoff von Prolin, Oxyprolin und Tryptophan und der Aminostickstoff der anderen Aminosäuren gefunden wird.

*Allgemeine Bemerkungen.* Nach dieser Methode läßt sich in einem Eiweißhydrolysat folgendes bestimmen:

Ammoniak (erlaubt einen Schluß auf die Menge vorhandener Asparagin- und Glutaminsäure),

Huminstickstoff,

Arginin,

Histidin,

Lysin,

unzerstörtes Cystin,

Aminostickstoff von nicht mit Phosphorwolframsäure fällbaren Verbindungen,

Nichtaminostickstoff von Prolin, Oxyprolin und Tryptophan.

*Genauigkeitsgrenzen der Bestimmungen:* Die maximalen und mittleren Differenzen, welche in Doppelanalysen von sechs verschiedenen Eiweißverbindungen aufgetreten sind — in Prozenten des Gesamtstickstoffs ausgedrückt —, mögen einen Anhaltspunkt über die Leistungsfähigkeit der Methode geben.

| Art des Stickstoffs | Maximaler Unterschied zwischen Doppelbestimmungen in % | Durchschnittsdifferenz in % | Art des Stickstoffs | Maximaler Unterschied zwischen Doppelbestimmungen in % | Durchschnittsdifferenz in % |
|---|---|---|---|---|---|
| Ammoniak | 0,37 | 0,12 | Lysin | 1,23 | 0,61 |
| Humin | 0,56 | 0,20 | Aminostickstoff im Basenfiltrat | 1,60 | 0,63 |
| Cystin | 0,11 | 0,05 | Nichtaminostickstoff im Basenfiltrat | 1,20 | 0,68 |
| Arginin | 1,27 | 0,73 | | | |
| Histidin | 2,14 | 0,79 | | | |

Der größte Unterschied wurde bei einer Edestinanalyse für Histidin gefunden, normalerweise beträgt die Differenz jeweils höchstens 1%.

Folgende Tabelle gibt einen Anhaltspunkt über die Verteilung des Stickstoffs, wie sie in zwei pflanzlichen Proteinen nach dieser Methode gefunden wurde.

| Art des Stickstoffs in % d. Gesamt-N | Gliadin (Weizen) | Edestin (Hanf) |
|---|---|---|
| Ammoniak | 25,52 | 9,99 |
| Humin | 0,86 | 1,98 |
| Cystin | 1,25 | 1,49 |
| Arginin | 5,71 | 27,05 |
| Histidin | 5,20 | 5,75 |
| Lysin | 0,75 | 3,86 |
| Aminostickstoff im Basenfiltrat | 51,98 | 47,55 |
| Nichtaminostickstoff im Basenfiltrat | 8,50 | 1,70 |
| Summe: | 99,77 | 99,37 |

Die große Bedeutung, die der Methode zukommt, liegt einerseits darin begründet, daß für einen Analysengang nur etwa 3 g Eiweiß notwendig sind und dabei annähernd quantitative Resultate gewonnen werden können. Man wird die Methode also dort anwenden, wo es sich darum handelt, auf Grund von wenig Substanz einen *Überblick* über die Zusammensetzung des Eiweißkörpers zu gewinnen. Da anderseits aber auch ein tieferer Einblick in das Vorhandensein *einzelner Gruppen* von Aminosäuren ermöglicht wird, liefert diese Analysenmethode eine wichtige Kontrolle über die Menge der nach den verschiedenen Trennungsverfahren isolierten Aminosäuren.

Da auch von erfahrenen Analytikern in der Regel nur etwa 80%, in Ausnahmefällen bis zu 90% des Gesamtstickstoffs einer Eiweißverbindung in Form freier Aminosäuren gefunden werden kann, ist es empfehlenswert, den im folgenden beschriebenen Analysengang auch dann durchzuführen, wenn reichliche Mengen Eiweiß zur Verfügung stehen.

*Es sollte bei jeder Proteinanalyse der hier beschriebene Analysengang mit der Methode der Isolierung der einzelnen Aminosäuren kombiniert werden.*

Da die Methode zum Teil auf sog. indirekter Analyse beruht, können kleine Ungenauigkeiten in der Bestimmung zu großen Fehlern führen.

Das Protein ist möglichst weitgehend zu reinigen, da z. B. die Anwesenheit von Kohlehydraten zur Bildung größerer Mengen von Huminsubstanzen führt und man für die Basen und Monoaminosäuren zu niedrige Werte erhält.

Neuerdings ist auf folgende Fehlerquellen hingewiesen worden (85).

Nach der Hydrolyse des Proteins mit Salzsäure werden größere Mengen von Cystin nicht mehr durch Phosphorwolframsäure gefällt. Prolin wird durch Phosphorwolframsäure teilweise mitgefällt, wodurch für Arginin zu hohe, für Lysin zu niedrige Werte gefunden werden.

*Reagenzien.* Normallösungen und Zuverlässigkeit des Apparates werden zweckmäßig durch Bestimmungen, die mit reinen Substanzen ausgeführt werden, kontrolliert.

Die Reagenzien sind unbedingt nach KJELDAHL auf ihren Stickstoffgehalt zu prüfen, gewöhnlich ist für das käufliche Alkali eine Korrektur notwendig. Die Phosphorwolframsäure ist nach E. WINTERSTEIN zu reinigen.

*Hydrolyse.* Zur Analyse verwendet man am besten 3—6 g Protein, nötigenfalls kann man auch mit weniger auskommen. Es empfiehlt sich, zwei Versuche nebeneinander durchzuführen.

3 g Protein in 10—20 Teilen 20proz. Salzsäure lösen und in einem tarierten Kolben 10 Stunden unter Rückfluß kochen. Abkühlen und 1—2 cm³, entsprechend ca. 0,1 g Protein, herauspipettieren, auf 10 cm³ verdünnen und im VAN SLYKEschen Apparat den Aminostickstoff bestimmen. Wegen des Ammoniakgehaltes der Lösung sind die Aminostickstoffbestimmungen jeweils unter genau den gleichen Bedingungen auszuführen: salpetrige Säure genau 6 Minuten einwirken lassen und nur die letzte Minute schütteln. Bei konstanter Zimmertemperatur wird in jedem Falle die gleiche Menge Ammoniak (15—20 %) zersetzt.

Nachdem man die Probe für die Aminostickstoffbestimmung entnommen hat, Kolben samt der Hydrolysenflüssigkeit wägen, dann nochmals 10 Stunden kochen und wieder wägen, ehe die nächste Probe entnommen wird. Falls etwas verdampft ist, durch Zusatz von 20proz. Salzsäure wieder auf das ursprüngliche Gewicht bringen. Die Hydrolyse wird so lange fortgesetzt, bis die Probebestimmungen einen konstanten Aminostickstoffgehalt ergeben. Dies ist gewöhnlich nach etwa 24 Stunden der Fall. Diese Kontrollbestimmungen sind unbedingt erforderlich, da sonst bei der Analyse große Fehler auftreten können.

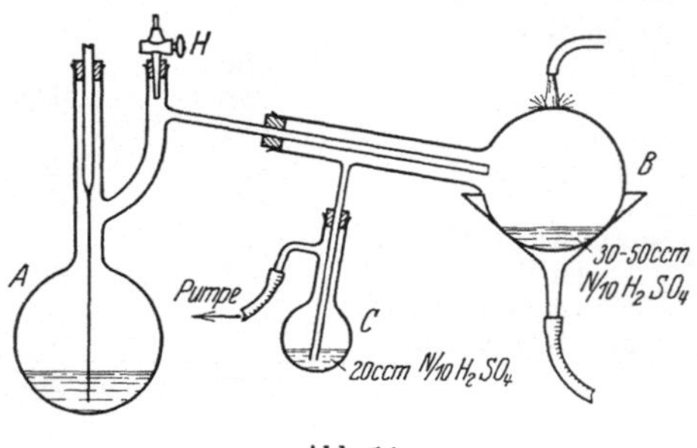

Abb. 14.

Hydrolysenflüssigkeit im Vakuum bei einer Badtemperatur von nicht mehr als 40° weitgehend eindampfen, d. h. bis fast alle Salzsäure entfernt ist. Rückstand in warmem Wasser lösen und in einem Maßkolben auf 100 cm³ bringen.

*Gesamtstickstoff.* Nach KJELDAHL in einer Flüssigkeitsmenge bestimmen, die etwa 0,2 g Protein entspricht. Die Summe der Einzelbestimmungen soll auf etwa 2 % genau dem Gesamtstickstoff entsprechen.

*Ammoniak.* Das Ammoniak wird nach Zusatz der erforderlichen Menge Calciumhydroxyd und unter Zuhilfenahme von Alkohol im Vakuum abdestilliert und in titrierter Säure aufgefangen (s. Abb. 14).

Analysenlösung quantitativ in den Kolben *A* bringen, mit Wasser nachspülen, so daß etwa 200 cm³ Flüssigkeit resultieren. 100 cm³ Alkohol und so viel einer 10proz. Calciumhydroxydsuspension zufügen, bis eine ziemlich starke Trübung auftritt, und die Lösung deutlich alkalisch reagiert. Kolben *A* sofort nach dem Zusatz des Calciumhydroxyds mit Vorlage *B* verbinden. Diese wird mit 60 cm³ n/10 Schwefelsäure, Vorlage *C* mit 20 cm³ derselben Säure beschickt.

Destillation bei einem Druck von 30 mm oder auch weniger, Badtemperatur soll nicht wesentlich über 40° betragen. Für die Destillation ist etwa $^1/_2$ Stunde erforderlich. Sollte sie zu rasch vor sich gehen, so läßt man etwas Luft durch den Hahn *H* eintreten. Starkes Schäumen kann durch Zusatz von etwas Octylalkohol behoben werden. Nach beendeter Destillation das Wasserbad entfernen und Vakuum durch Öffnen des Hahnes *H* aufheben.

Die Säure der beiden Vorlagen wird vereinigt und die überschüssige Säure unter Verwendung von Alizarinsulfonat als Indicator mit n/10 Natronlauge zurücktitriert.

Die Bestimmung des Ammoniakstickstoffs gewinnt dadurch eine besondere Bedeutung, weil man aus dessen Menge wertvolle Schlüsse auf die Mengen vorhandener Asparagin- und Glutaminsäure ziehen kann. Das Ammoniak entstammt zur Hauptsache den im Eiweiß ursprünglich vorhandenen Säureamidgruppen dieser Säuren (169, 170, 221).

Diese Amidstickstoffbestimmungen können durch die Anwendung von Salzsäure zur Hydrolyse (s. oben) unter Umständen fehlerhaft sein, denn nach VICKERY (236) kann bei überschüssiger Salzsäure durch die Gegenwart noch unbekannter Substanzen Salpetersäure zu Ammoniak reduziert werden und umgekehrt kann durch die Mischung von Salpetersäure und Salzsäure Oxydation von Ammoniak erfolgen, Fehler, die sich aufheben können. VICKERY schlägt deshalb vor, zur Hydrolyse Schwefelsäure zu verwenden, bei deren Gebrauch diese Störungen nicht auftreten.

*Huminstickstoff 1.* Während der Destillation des Ammoniaks werden in der Regel die gesamten Huminsubstanzen vom ungelösten Calciumhydroxyd adsorbiert. Unter Umständen wird ein zweiter Teil von Huminstickstoff bei der Zerlegung des Phosphorwolframsäureniederschlages gefunden.

Destillationsrückstand von Ammoniak durch ein Faltenfilter filtrieren, mit Wasser chlorfrei waschen und Rückstand samt Filter mit 35 cm³ konzentrierter Schwefelsäure zur Kjeldahlstickstoffbestimmung verwenden.

*Fällung der Basen mit Phosphorwolframsäure.* Filtrat von Huminstickstoff mit Salzsäure nahezu neutralisieren, im Vakuum auf etwa 100 cm³ konzentrieren und in einem Erlenmeyerkolben von 300 cm³ Inhalt mit 18 cm³ konzentrierter Salzsäure und einer Lösung von 15 g Phosphorwolframsäure versetzen. Mit Wasser auf 200 cm³ verdünnen, auf dem Wasserbad erwärmen, bis der Niederschlag nahezu oder vollständig wieder aufgelöst ist. 48 Stunden bei Zimmertemperatur stehen lassen, dann auf 5—10° abkühlen (nicht tiefer!) und bei *mäßig* starkem Vakuum (das Filter soll eben gut angesaugt sein) in einer 5-cm³-Nutsche durch ein gehärtetes Filter abnutschen. Mit einer auf 0° abgekühlten Lösung von 2,5% Phosphorwolframsäure und 3,5% Salzsäure in Portionen von je 10 cm³ auswaschen. Der Niederschlag ist dabei gut mit der Waschflüssigkeit zu vermischen. So lange auswaschen, bis 3 Tropfen des Filtrates mit 1 cm³ einer Lösung von Oxalsäure auch nach einigem Stehen keine Spur einer Fällung geben. Sollte das Filtrat trübe sein, so wird es nochmals durch eine kleine Nutsche filtriert.

Niederschlag mittels eines Spatels möglichst vom Filter entfernen und in einen 500-cm³-Scheidetrichter bringen. Die auf dem Filter verbleibenden Reste mit 200—300 cm³ Wasser überspülen. 10 cm³ konzentrierte Salzsäure zufügen und mit so viel eines Amylalkohol-Äther-Gemisches schütteln, daß nach dem Auflösen des Niederschlages eine zusammenhängende Schicht auf dem Wasser schwimmt. Meistens genügen 100 cm³ Lösungsmittel und 2 Min. langes Schütteln. Wenn ein Teil des Phosphorwolframsäureniederschlages ölig niedersinkt, muß mehr Lösungsmittel zugegeben werden. Sollten Wasser und Amylalkohol-Äther keine scharfe Trennungsschicht aufweisen, so wird abgenutscht und mit Amylalkohol-Äther nachgewaschen. Auf dem Filter verbleiben dabei allfällig nicht vom Calciumhydroxyd adsorbierte·

*Huminsubstanzen 2.* Stickstoffgehalt bestimmen.

Wäßrige Lösung von Amylalkohol-Äther abtrennen und dreimal mit je einem Viertel ihres Volumens Amylalkohol-Äther-Gemisch ausschütteln. Die vereinigten Amylalkohol-Äther-Lösungen zur Entfernung kleiner Mengen Basen mit wenig Wasser durchschütteln und das Waschwasser nochmals mit frischem Lösungsmittelgemisch behandeln.

Die vereinigten wäßrigen Lösungen müssen frei von Phosphorwolframsäure sein, d. h. einige Tropfen dürfen in einer gesättigten Bariumhydroxydlösung keinen Niederschlag erzeugen. Ist dies dennoch der Fall, so muß nochmals mit Amylalkohol-Äther ausgeschüttelt werden.

Wäßrige Lösung der Basen im Vakuum vorsichtig zur Trockne verdampfen, um die Salzsäure zu entfernen. Rückstand mit Wasser in einen 50-cm³-Maßkolben spülen und bis zur Marke auffüllen.

*Argininstickstoff.* Die Bestimmung des Arginins gründet sich auf die Tatsache, daß es beim Kochen mit Alkalien die Hälfte seines Stickstoffs in Form von Ammoniak abgibt. Apparatur: 200-cm³-Kjeldahlkolben (höchstens für 3 Bestimmungen verwendbar), der einerseits mit einer mit verdünnter Schwefelsäure beschickten Waschflasche, anderseits mit einem Rückflußkühler, der oben an eine zweite Waschflasche angeschlossen ist, in Verbindung steht. Letztere ist mit einer Wasserstrahlpumpe verbunden. Während des Kochens läßt man einen langsamen Luftstrom durch die Flüssigkeit gehen, wodurch das Stoßen vermieden wird.

25 cm³ der Basenlösung in den Kjeldahlkolben bringen, mit 12,5 g Kaliumhydroxyd und Siedesteinchen versetzen und genau 6 Stunden lang zum gelinden Sieden erhitzen. Nun 100 cm³ Wasser zufügen und am absteigenden Kühler den Rest des Ammoniaks abdestillieren. Inhalt der zweiten Waschflasche quantitativ in die Vorlage verbringen. Es dürfen nicht mehr als 100 cm³ Wasser abdestillieren, da in stärker alkalischer Lösung Nebenreaktionen vor sich gehen können. Der Säureüberschuß in der Vorlage wird in üblicher Weise zurücktitriert.

1 cm³ n/10 Säure = 5,6 mg Argininstickstoff, unter Berücksichtigung, daß die Hälfte der Basenlösung in Arbeit genommen wurde.

Falls auch Cystin vorhanden ist, werden 17% seines Stickstoffs als Ammoniak entbunden, es muß also dann eine entsprechende Korrektur für das Arginin angebracht werden. Für unseren speziellen Fall kann der Fehler vernachlässigt werden.

*Gesamtstickstoff der Basen.* Im Rückstand der Argininzersetzung bestimmt man den Gesamtstickstoff nach KJELDAHL. Addiert man zu dem gefundenen Wert den als $NH_3$ abgespaltenen Argininstickstoff, so erhält man den Gesamtstickstoff der Basen.

*Bestimmung des Cystins.* Da die pflanzlichen Proteine in der Regel nicht reich an Cystin sind, bei der Hydrolyse außerdem ein großer Teil verändert wird und danach mit Phosphorwolframsäure nicht mehr fällbar ist (260), wird man hier unter Umständen sehr wenig oder gar kein Cystin auffinden.

Für die Bestimmung des Cystins dienen 10 cm³ der Basenlösung, in welcher der Schwefel nach üblichen Methoden in Bariumsulfat übergeführt wird (27). Siehe hierzu die Bemerkungen bei Methionin.

*Aminostickstoff der Basen.* Im Rest der Basenlösung wird der Aminostickstoff nach VAN SLYKE (s. S. 104) bestimmt.

Doppelanalysen unter Benutzung von je 1—2 cm³ der Lösung. Bei Anwesenheit größerer Mengen Lysin muß 20—30 Minuten geschüttelt werden.

*Histidinstickstoff.* Den Gehalt an Histidin berechnet man folgendermaßen:

1. Gesamtstickstoff der Hexonbasen minus Aminostickstoff = gesamter Nichtaminostickstoff, herrührend von Arginin, das $^3/_4$, und Histidin, das $^2/_3$ nicht mit salpetriger Säure reagierenden Stickstoff enthält.

2. Nichtaminostickstoff minus $^3/_4$ des Argininstickstoffs = Nichtaminostickstoff des Histidins. *Histidinstickstoff* = $^3/_2$ · (Nichtaminostickstoff minus $^3/_4$ Argininstickstoff) = *1,5 · Nichtaminostickstoff minus 1,125 · Argininstickstoff.* Doppelbestimmungen für das Histidin stimmen gewöhnlich auf etwa 1% miteinander überein. Fehler in der Bestimmung des Argininstickstoffs wirken sich hier am stärksten aus.

*Lysinstickstoff.* Dieser ergibt sich aus der Differenz des Gesamtstickstoffs und dem Stickstoff der drei anderen Basen, also:

*Lysinstickstoff = Gesamtstickstoff minus (Arginin-N + Histidin-N + Cystin-N).*

Ist der Cystinstickstoff und der Aminostickstoff genau bestimmt worden, so erhält man für Lysin sehr gut stimmende Werte.

*Gesamtstickstoff im Filtrat des Phosphorwolframsäureniederschlages.* Das mit der Waschflüssigkeit vereinigte Filtrat der Basenfällung *vorsichtig* mit konzentrierter Natronlauge versetzen, bis eben eine Trübung von Calciumhydroxyd auftritt. Essigsäure zusetzen, bis die Lösung wieder vollkommen klar ist. Natronlauge darf auch nicht vorübergehend in einem Überschuß von mehr als einigen Tropfen vorhanden sein, da sich der Niederschlag sonst nicht mehr mit Essigsäure in Lösung bringen läßt. Nötigenfalls etwas konzentrierte Salzsäure zufügen und nochmals vorsichtig neutralisieren.

Im Vakuum in einem Claisenkolben bis zur beginnenden Krystallisation der Salze einengen, dann in einen 150 $cm^3$ Maßkolben überspülen und bis zur Marke auffüllen.

Bestimmung des Gesamtstickstoffs nach KJELDAHL in 2 Proben von je 25 $cm^3$ unter *vorsichtigem* Zusatz von je 35 $cm^3$ konzentrierter Schwefelsäure (Salzsäureentwicklung!) und 0,25 g Kupfersulfat. Nachdem die Lösung klar geworden ist, noch 3 Stunden weiter erhitzen.

*Aminostickstoff im Filtrat des Phosphorwolframsäureniederschlages.* Bestimmung nach VAN SLYKE in einem aliquoten Teil des Filtrates. Versuchsdauer wie üblich 6—10 Minuten.

Das Stickstoffvolumen, das aus einer bestimmten Menge des Filtrates entwickelt wird, ist in der Regel zweieinhalbmal so groß, wie bei der Stickstoffbestimmung nach KJELDAHL für dieselbe Menge Kubikzentimeter n/10 Säure verbraucht worden sind.

*Nichtaminostickstoff im Filtrat des Phosphorwolframsäureniederschlages.* Der Nichtaminostickstoff des Filtrates gehört Prolin, Oxyprolin und eventuell vorhandenem Tryptophan an. Er ergibt sich aus der Differenz: Gesamtstickstoff minus Aminostickstoff. Zu einer weiteren Kontrolle kann die direkte Bestimmung des Nichtaminostickstoffs dienen.

Den gemessenen Rest des Filtrates (etwa 90 $cm^3$) mit 5 $cm^3$ konzentrierter Salzsäure versetzen und im Scheidetrichter nacheinander mit 75, 50, 25 und 15 $cm^3$ Amylalkohol-Äther-Gemisch ausschütteln, die vereinigten Auszüge in der oben angegebenen Weise reinigen und die wäßrige Lösung auf Phosphorwolframsäure prüfen. Die von Phosphorwolframsäure vollständig befreite Lösung im Vakuum konzentrieren, nötigenfalls filtrieren und in einem Maßkolben auf 100 $cm^3$ bringen.

Je 20 $cm^3$ der Lösung mit 1,2 $cm^3$ einer 30proz. Natriumnitritlösung und 5 $cm^3$ konzentrierter Salzsäure zur Entfernung des Aminostickstoffs 45 Minuten lang in kochendem Wasser halten. Zur Entfernung der salpetrigen Säure mit Natronlauge neutralisieren, 0,75 g Magnesiumoxyd zusetzen, mit Wasser auf 250 $cm^3$ verdünnen und Nitrit durch ein Zink-Kupfer-Paar zu Ammoniak reduzieren, d. h. kochen, bis alles Ammoniak entfernt ist (etwa 45 Minuten). Reaktionsgemisch vom Zink abgießen, letzteres sorgfältig auswaschen und in der Lösung den Gesamtstickstoff nach KJELDAHL bestimmen.

Darstellung des Zink-Kupfer-Paares. 80 g aufgerollte Zinkblechstreifen (2 × 8 cm) zweimal mit 1proz. Schwefelsäure anätzen, etwa 10 Minuten in einer Lösung von 10 g Kupfersulfat + 6 $cm^3$ konzentrierter Schwefelsäure in 2 l Wasser einlegen, dann die Zinkstreifen mit Wasser sorgfältig abspülen. Die so vorbereiteten Zinkstreifen können etwa sechsmal benützt werden, nach dem Versuch sind sie unter destilliertem Wasser aufzubewahren.

*Notiz zur Berechnung.* Um aus den gewonnenen Stickstoffwerten zu berechnen, wieviel Gramm Aminosäuren auf 100 g Protein entfallen, können die folgenden mittleren Faktoren herangezogen werden, die sich unter der Annahme ergeben, daß das Protein 17 % Stickstoff enthält.

Der Stickstoffwert des Arginins wird mit 0,528 multipliziert, derjenige des Histidins mit 0,626, derjenige des Lysins mit 0,886 und der des Cystins mit 1,46.

*Modifizierte Bestimmung der Stickstoffverteilung in Proteinen nach* CAVETT (40) Durch einige Abänderungen der eben beschriebenen Methode (Mikrokjeldalbestimmungen, zentrifugieren statt filtrieren u. a.) läßt sich diese so modifizieren, daß nur 0,5 g Protein zur Analyse nötig sind. Diese modifizierte Methode, die zur Ausführung nur halb so viel Zeit braucht wie die ursprüngliche, ist also dann besonders wichtig, wenn nur wenig Material zur Verfügung steht. Einzelheiten müssen im Original eingesehen werden.

### b) Alkalimetrische Bestimmung der Aminosäuren.

**Makromethode nach WILLSTÄTTER und WALDSCHMIDT-LEITZ.** (256). Wie an anderer Stelle erörtert, reagieren die Aminosäuren in alkalischer Lösung sauer und lassen sich infolgedessen mit Lauge und Phenolphthalein als Indicator titrieren. Die Alkoholkonzentration, unter welcher die basische Wirkung der Aminogruppe vollständig ausgeschaltet wird, ist verschieden für die einzelnen Aminosäuren. Glykokoll und Alanin lassen sich z. B. nur in 97 proz. Alkohol quantitativ titrieren, während für die quantitative Erfassung des Phenylalanins ein solcher von 70 % hinreichend ist.

Bei der Titration von Aminosäuren hat man also darauf zu achten, daß die Endkonzentration des Alkohols nicht unter 97 % liegt. Man titriert deshalb mit alkoholischer Kalilauge.

*Ausführung.* Liegen mineralsaure Salze der Aminosäuren vor, so löst man in möglichst wenig Wasser und titriert zuerst in wäßriger Lösung auf neutrale Reaktion. Bei der Titration des Lysin-dichlorhydrates findet man dabei nur 1 Mol Salzsäure, während das zweite erst bei der Titration in alkoholischer Lösung gefunden wird.

Liegen Kupfersalze vor, so zersetzt man diese zuerst mit Schwefelwasserstoff und titriert nach Verjagen desselben.

Liegen Pikrate vor, so löst man in wenig Salzsäure, äthert die Pikrinsäure aus, verdampft die salzsaure Lösung zur Trockne und neutralisiert die Chlorhydrate wie oben angegeben.

Das Volumen einer wäßrigen Aminosäurelösung soll keinesfalls mehr als etwa 10 $cm^3$ betragen, da man hierbei schon 400 $cm^3$ absoluten Alkohol verwenden muß.

Titration mit n/2 alkoholischer Kalilauge und Phenolphthalein als Indicator.

Ebenso wie Aminosäuren lassen sich auch Eiweißkörper unter Zusatz von Alkohol alkalimetrisch titrieren. Es zeigt sich jedoch dabei ein charakteristischer Unterschied bezüglich der erforderlichen Alkoholkonzentration, indem sich die Polypeptide usw. schon in 40 proz. Alkohol wie gewöhnliche Carbonsäuren verhalten.

Will man Polypeptide und Aminosäuren nebeneinander titrieren, so verfährt man folgendermaßen:

1. Man setzt zur Analysenflüssigkeit (bei Fermentversuchen darf kein Sodapuffer verwendet werden) so viel Alkohol zu, daß eine 50 proz. Lösung resultiert und titriert in normaler Weise mit Kalilauge und Phenolphthalein. Dabei wird aber auch schon ein Teil der Aminosäuren mittitriert. Auf empirischem Wege

wurde festgestellt, daß diese Menge 28 % der gesamten Aminosäuren ausmacht. Diese Titration liefert also die Menge der Polypeptide + 28 % der Aminosäuren.

2. Einer zweiten Probe der Analysenflüssigkeit setzt man so viel Alkohol zu, daß eine 97 proz. Lösung resultiert. Die Titration liefert die Menge der Polypeptide + Menge der gesamten Aminosäuren.

*Berechnung.*

$a$ = Ergebnis der 1. Titration
$b$ = Ergebnis der 2. Titration
$P$ = Alkalianteil der Polypeptide
$A$ = Alkalianteil der Aminosäuren

$$P = \frac{100 \cdot a - 28 \cdot b}{72}$$

$$A = \frac{100(b - a)}{72}$$

Für die Bestimmung der Gesamtacidität kann man an Stelle von Phenolphthalein als Indicator Thymolphthalein anwenden. Letzteres hat dabei insofern einen Vorteil, als schon bei einer Alkoholkonzentration von 90 % die gesamten Aminosäuren titriert werden. Man spart dabei also ganz erheblich an Lösungsmittel. Nach unseren Erfahrungen ist aber der Umschlagspunkt des Thymolphthaleins in Alkohol nicht so gut erkennbar wie derjenige des Phenolphthaleins. Zudem läßt sich das Mengenverhältnis vorhandener Aminosäuren und Peptide bei Anwendung von Thymolphthalein nicht feststellen, da man bei einer Alkoholkonzentration von 50 % den Anteil der mittitrierten Aminosäuren nicht mit Sicherheit experimentell feststellen konnte.

**Mikromethode nach Grassmann und Heyde** (87).

*Allgemeine Bemerkungen.* Diese Methode beruht auf dem gleichen Prinzip wie die oben angegebene Makromethode.

Bei Einhaltung der unten angegebenen Versuchsbedingungen lassen sich noch Mengen von $^4/_{1000}$ Millimol Aminosäuren, also z. B. 0,30 mg Glykokoll, mit derselben Genauigkeit bestimmen wie bei der Makrotitration, d. h. mit einem Fehler von kaum $\pm 1$ %, entsprechend 0,0030 mg Glykokoll oder 0,00056 mg Aminostickstoff. Diese Mikromethode dürfte also — wenigstens bei ungefärbten Lösungen und bei Abwesenheit von störenden Salzen — der Mikromethode von van Slyke überlegen sein, da deren Genauigkeit auf etwa 0,003 mg Aminostickstoff zu veranschlagen ist.

Für die Schärfe des Umschlages von Thymolphthalein bei der Aminosäuretitration ist nicht so sehr die Natur und die Menge der anwesenden Aminosäuren, als vielmehr das Volumen des angewandten Alkohols maßgebend. Da der Umschlagspunkt nicht sehr scharf ist, ist es notwendig, die Titration immer an einem bestimmten, durch eine Kontrollösung festgelegten Punkt zu beenden und in einem Blindversuch die Menge Alkali zu ermitteln, welche eine dem Versuchsansatz entsprechende Menge 90 proz. Alkohols für sich allein zur Erreichung desselben Farbtons benötigt.

*Diese Titrationsmethode eignet sich wohl für die Bestimmung kleiner Substanzmengen, aber nicht für extrem verdünnte Lösungen.* Man erhält noch befriedigende Resultate, wenn die Aminosäuren in n/100 wäßriger Lösung vorhanden sind und zur Bestimmung mit Alkohol auf das Zehnfache verdünnt werden. Im allgemeinen wird man bestrebt sein, die in den Makroansätzen üblichen Konzentrationen beizubehalten und zur Titration entsprechend kleine Volumina der Lösungen anzuwenden. Nach den Erfahrungen der Autoren kann man fermentative Spaltungen ohne besondere Schwierigkeiten und mit hinreichender Genauigkeit im Gesamtvolumen von 1 cm³ durchführen und den Verlauf der Reaktion durch Titration von 0,1—0,2 cm³ Proben verfolgen.

Zur Durchführung der Versuche werden benötigt:

1. Genaue Maßkolben von 1 cm³ Inhalt. Jenaer Glas, übliche Maßkolbenform, eingeschliffener Stopfen, Gesamthöhe $3^1/_2$ cm, innerer Durchmesser des Halses 0,4—0,5 cm.

2. Mehrere genaue Capillarmeßpipetten von 0,5, 0,2 und 0,1 cm³ Inhalt, davon die letzten beiden in $^1/_{1000}$ cm³ unterteilt. Die Pipettenspitze ist unterhalb der Teilung etwa 4 cm lang so dünn ausgezogen, daß sie leicht durch den Hals der Maßkolben bis zu deren Boden eingeführt werden kann. Beim Füllen der Kölbchen läßt man die Flüssigkeit stets am Boden des Kölbchens einlaufen, da sich sonst im Halse leicht Luftblasen bilden können. Es ist wichtig, die Pipetten gleichmäßig und nicht zu rasch auslaufen zu lassen und außen jedesmal mit Filtrierpapier zu trocknen.

3. Mehrere Erlenmeyerkolben von 5, 10 und 15 cm³ Inhalt.

4. Mikrobürette aus Jenaer Glas von etwa 35—40 cm Skalenlänge und 2 cm³ Fassungsvermögen, in $^1/_{100}$ cm³ eingeteilt. Der Auslaufhahn ist möglichst fein ausgezogen, die Tropfengröße bei alkoholischer Lauge daher nur etwa 0,005 cm³. Die Bürette ist auf den Hals einer 500 cm³ fassenden Vorratsflasche aufgeschliffen und gegen die Flasche durch einen besonders sorgfältig gearbeiteten, nicht gefetteten Hahn verschließbar. Die Füllung der Bürette erfolgt in üblicher Weise durch Eindrücken von Luft in die Flasche. Gegen die Kohlensäure der Luft ist der Inhalt der Flasche und der Bürette durch Natronkalkrohre geschützt, diese sind unten mit Glaswolle und Watte sehr sorgfältig abzudichten, damit keine Natronkalkstäubchen in die Lauge gelangen können.

5. Maßflüssigkeit. n/100 Kalilauge in 90 % reinem Alkohol. Ihr Titer sinkt gewöhnlich in den ersten Tagen und bleibt dann wochenlang konstant. Immerhin empfiehlt es sich, den Titer öfters gegen n/10 Säure zu kontrollieren.

6. Indicator. 0,1 % alkoholische Thymolphthaleinlösung.

7. Vergleichsflüssigkeit. 1/400 molare Kupferchloridlösung in überschüssigem Ammoniak.

*Ausführung der Titration.* Die Titration erfolgt beim Lichte einer 200kerzigen Tageslichtlampe in einem gegen Fremdlicht möglichst abgeblendeten und auf der Innenseite weiß ausgekleideten Kasten.

Menge der anzuwendenden Substanz etwa $^1/_{100}$—$^1/_{500}$ Millimol. Für die Titration von 0,7 mg Glykokoll oder 1,7 mg Phenylalanin benötigt man etwa 1 cm³ n/100 Kalilauge.

Eine abgemessene Probe der vorliegenden Lösung, z. B. 0,2 cm³, mit 2 Tropfen Indicatorlösung (12) versetzen und Lauge bis zur deutlichen Blaufärbung zufließen lassen. Hierauf aus einer Pipette das neunfache Volumen der angewandten wäßrigen Lösung — in diesem Falle also 1,8 cm³ — absoluten Alkohols zufließen lassen, wobei die Blaufärbung wieder verschwindet, und zu Ende titrieren. Wird die Titration bei der allerersten erkennbaren Farbänderung beendet, so erhält man Werte, die etwa 2 % zu tief liegen. Der richtige Endpunkt, der bei einiger Übung leicht mit einer Genauigkeit von einem Tropfen erkannt werden kann, entspricht einer deutlichen hellblauen Färbung, vergleichbar mit der oben erwähnten Kupferchloridlösung (13).

Von dem so gewonnenen Resultat ist der Laugenverbrauch einer gleich großen Menge Alkohols (absoluten Alkohol mit reinstem Wasser auf 90 % verdünnen) abzuziehen.

### c) Acidimetrische Bestimmung von Aminostickstoff nach K. LINDERSTRÖM-LANG (144).

*Prinzip.* Die Aminogruppen von Aminosäuren lassen sich mit n/10 alkoholischer Salzsäure in wasserhaltigem Aceton unter Verwendung von Naphthylrot (Benzolazo-$\alpha$-naphthylamin) als Indicator *direkt* titrieren.

*Allgemeine Bemerkungen.* Diese Methode stellt sich der VAN SLYKEschen zur Seite und dürfte geeignet sein, sie zu ersetzen oder wenigstens zu ergänzen. Über die praktische Anwendbarkeit liegen anscheinend noch keine Angaben vor; mit reinen Aminosäuren erhält man ausgezeichnete Resultate. Ein Mangel, der der VAN SLYKEschen Methode anhaftet, wird bei Anwendung dieser Methode beseitigt: auch Prolin und Oxyprolin lassen sich danach titrieren. Anderseits aber stört die Anwesenheit von Ammoniak, das mittitriert wird und in einer besonderen Probe zu bestimmen wäre.

A priori ist zu sagen, daß dieses Verfahren gute Werte liefern wird, wenn es sich darum handelt, eine proteolytische Spaltung quantitativ zu verfolgen oder wenn man reine Aminosäuren vor sich hat. Als Titrationsmethode besitzt sie den Vorteil großer Einfachheit und rascher Durchführbarkeit. Durch die üblichen Pufferlösungen werden die Resultate nicht beeinflußt. Experimentelle Schwierigkeiten: Manche Aminosäuren sind in dem beim Versuch anzuwendenden Aceton-Wasser-Gemisch schwer löslich. Man arbeitet in solchen Fällen in der Weise, daß man zur Analysenlösung etwas weniger als die nötige Menge Salzsäure aus der Bürette zufließen läßt, dann das Aceton zugibt und rasch zu Ende titriert. Dabei können sich nur bei Histidin und Lysin infolge der Schwerlöslichkeit ihrer Chlorhydrate Schwierigkeiten ergeben, die aber durch rasches Arbeiten leicht zu überwinden sind.

Die Titration erfolgt mit einer Genauigkeit von etwa 0,04 cm³ n/10 Salzsäure.

*Reagenzien.* 1. Indicator. Naphthylrot (Benzolazo-α-naphthylamin).

20 g frisch destilliertes Anilin + 13,3 g Amylnitrit in 200 cm³ Äther lösen und den Äther in einer Krystallisierschale langsam verdunsten lassen. Das ausgeschiedene Diazoamidobenzol von Zeit zu Zeit abnutschen und mit Äther auswaschen.

Zu einer Lösung von 5 g Diazoamidobenzol und 4 g α-Naphthylamin in 100 cm³ absolutem Alkohol unter gutem Schütteln 10 cm³ n/5 Salzsäure zutropfen lassen, wobei die Kupplung sofort beginnt. Unter häufigem Schütteln 1 Stunde stehen lassen, weitere 10 cm³ n/5 Salzsäure zufügen und auf 60° erwärmen. Nochmals 1 Stunde stehen lassen, 10 cm³ n/5 Salzsäure und 200 cm³ Wasser zugeben und Alkohol sowie etwas gebildetes Phenol mit Wasserdampf abblasen. Den grünen Niederschlag abfiltrieren, einige Male mit kaltem Wasser waschen und in einer Schale mit 100 cm³ Wasser und 20 cm³ n/5 Ammoniak anrühren. Der Niederschlag nimmt dabei eine schöne rote Farbe an. Nun auf dem Wasserbad auf 70—80° erwärmen, abfiltrieren und mit kaltem Wasser sorgfältig waschen. Nach dreimaligem Umkrystallisieren aus 80proz. Alkohol erhält man ca. 2 g glänzender dunkelroter Krystalle vom Fp. 124°.

0,1 g des so gewonnenen Indicators in 100 cm³ 96proz. Alkohol lösen, für jede Titration 10 Tropfen verwenden. Der Indicator ist in saurer Lösung rot, in basischer gelb.

2. Reines Aceton.

3. n/10 Salzsäure in 90proz. Alkohol.

*Ausführung der Titration.* Die Titration läßt sich bis zu zwei verschiedenen Indicatorfarben durchführen:

I. Stadium orange ($p_H = 5,1$ in Wasser).

II. Stadium rötlich ($p_H = 4,8$ in Wasser).

Je nach den Umständen bevorzugt man Stadium I oder II. Vom Titrationsergebnis wird der Verbrauch einer Kontrollösung abgezogen. Die Menge des zu verwendenden Acetons beträgt gewöhnlich 100, 150 oder 200 cm³.

Man arbeitet in 250-cm³-Erlenmeyerkolben.

Kontrollösung: 10 cm³ Wasser, 10 Tropfen Indicatorlösung und gleichviel Aceton, wie im eigentlichen Versuch angewendet wird. Stadium I wurde vom Autor nach Zusatz von 0,53 cm³ n/10 Salzsäure, Stadium II nach Zusatz von 1,1 cm³ erreicht.

Hauptversuch: 10 cm³ Analysenlösung abpipettieren, 10 Tropfen Indicatorlösung zusetzen und so viel Salzsäure, bis die wäßrige Lösung deutlich rot wird. Dann einen Teil des Acetons zufügen, aber nur so viel, daß die Lösung klar bleibt. Weiter titrieren, bis Lösung etwas röter gefärbt ist als die Kontrollösung, nun den Rest des Acetons zusetzen und schließlich Salzsäure, bis Farbengleichheit mit der Kontrollösung besteht, was mit einer Genauigkeit von 0,02—0,04 cm³ n/10 Salzsäure möglich ist.

Auf diese Weise geben die meisten Aminosäuren ganz klare Schlußlösungen, selbst mit 200 cm³ Aceton. Bei Histidin und Lysin, deren Chlorhydrate im Acetongemisch schwer löslich sind, muß man auf Stadium II titrieren und möglichst wenig Aceton anwenden. Außerdem ist bei Anwesenheit größerer Mengen dieser Basen sehr rasch zu arbeiten.

*Beispiel einer Titration*: $\alpha$-Amino-$\delta$-oxyvaleriansäure. Mol.-Gew. 133,1. 0,6718 g in 50 cm³ Wasser gelöst. 10 cm³ der Lösung enthielten 14,04 mg Stickstoff nach KJELDAHL bestimmt. Kontrollösung: 10 cm³ Wasser + 0,53 cm³ n/10 Salzsäure + 100 cm³ Aceton.

10 cm³ Analysenlösung, mit 100 cm³ Aceton versetzt, verbrauchten 10,43 cm³ n/10 Salzsäure. Nach Abzug des Verbrauchs der Kontrollösung also 9,90 cm³ n/10 Salzsäure entsprechend 13,87 mg Stickstoff oder 98,8 % der Theorie.

Sowohl zur Kontrolle als zur Versuchsflüssigkeit wurden weitere 50 cm³ Aceton zugefügt. Die Versuchsflüssigkeit verbrauchte noch 0,1 cm³ n/10 Salzsäure. Totalverbrauch also 10,0 cm³ Salzsäure entsprechend 14,01 mg Stickstoff oder 99,7 % d. Th.

*Berechnung.* Für die Berechnung gilt als Grundlage, daß jede $NH_2$-Gruppe (bzw. NH-Gruppe bei Prolin und Oxyprolin) 1 Mol Salzsäure verbraucht.

10 cm³ n/10 Salzsäure entsprechen 14,01 mg Stickstoff.

Lysin reagiert mit 2 Molen Salzsäure. Beim Histidin werden $^2/_3$ des Gesamtstickstoffs, von Tryptophan, Arginin, Asparagin und Glutamin die Hälfte des Gesamtstickstoffs bestimmt.

## d) Formoltitration nach SÖRENSEN.

*Prinzip.* Die Aminogruppen der Aminosäuren werden in schwach saurer Lösung ($p_H = 6{,}8$) durch Formaldehyd nach der auf S. 7 angegebenen Gleichung in ihrer basischen Wirkung ausgeschaltet, so daß die nunmehr frei gewordenen Carboxylgruppen mit Lauge titriert werden können.

*Allgemeine Bemerkungen.* Die Formoltitration eignet sich zur quantitativen Bestimmung von Aminosäuren, sowie zur quantitativen Verfolgung von Proteolysen.

Die Methode liefert nur dann richtige Resultate, wenn die im folgenden gegebenen Vorschriften streng befolgt werden, dies ist vor allem bei der quantitativen Bestimmung von Aminosäuren zu beachten, während bei der Verfolgung einer Proteolyse die Titration — als Differenzmethode — leichter durchzuführen ist.

Prolin und Oxyprolin geben infolge des Fehlens der Aminogruppe, Tyrosin infolge der Anwesenheit einer sauren Hydroxylgruppe nur unsichere Resultate, so daß bei Anwesenheit größerer Mengen dieser Aminosäuren die Methode unbrauchbar wird. Da Prolin zu hohe, Tyrosin zu tiefe Resultate ergibt, kann sich der Fehler in manchen Fällen kompensieren. Arginin verhält sich auch nach Formolzusatz wie ein völlig neutraler Stoff, es kann daher nicht titriert werden, wohl aber seine Salze, wie z. B. das Chlorhydrat, das sich wie eine einbasische Säure verhält.

*Reagenzien.* 1. Indicatoren. Phenolphthalein 0,5 g in 100 cm³ 50proz. Alkohol. Thymolphthalein 0,5 g in 1 l 93proz. Alkohol.

2. Empfindliches Lackmuspapier. Dieses ist nach folgender Vorschrift von Zeit zu Zeit frisch herzustellen: 0,5 g fein pulverisiertes Azolithmin in 200 cm³ Wasser und 22,5 cm³ n/10-Natronlauge lösen. Nach dem Filtrieren 50 cm³ Alkohol zufügen. Durch diese Lösung Streifen von gutem, aschearmem Filtrierpapier ziehen und zum Trocknen aufhängen. Vor Verwendung ist dieses Lackmuspapier in seinem Verhalten gegenüber den SÖRENSENschen Phosphatpuffern zu prüfen, und zwar muß es in Lösung von

3 Teilen sek. Na-Phosphat + 7 Teilen prim. K-Phosphat ($p_H = 6{,}47$) schwach saure
5 „ „ „ + 5 „ „ „ ($p_H = 6{,}81$) neutrale
7 „ „ „ + 3 „ „ „ ($p_H = 7{,}17$) schwach alkalische

Reaktion zeigen (213, 214)[1].

[1] Phosphate zu Enzymstudien nach SÖRENSEN bei KAHLBAUM erhältlich.

Sollte das Papier diesen Anforderungen nicht entsprechen, so muß entsprechend mehr oder weniger Lauge zum Azolithmin zugesetzt werden.

3. n/5-Natronlauge (kohlensäurefrei).

Diese wird verwendet, wenn man eine von Phosphorsäure und Kohlensäure freie Analysenlösung hat oder wenn die Abtrennung von Phosphorsäure und Kohlensäure nicht möglich war und man ein durchhydrolysiertes Gemisch vor sich hat.

4. n/5-Bariumhydroxyd.

Dieses wird verwendet, wenn die Abtrennung der Phosphorsäure und Kohlensäure nicht möglich war und man eine proteolytische Spaltung zu verfolgen hat (s. zu 3 und 4 die Bemerkungen auf S. 100 und 103).

Die Anwendung schwächerer als n/5-Laugen bedingt Ungenauigkeiten (Ausnahmen bei Verwendung des LÜERSschen Colorimeters (S. 102).

5. n/5-Salzsäure.

6. Formollösung (30—40 % Formaldehyd enthaltend). Für jede Titration ist die benötigte Formollösung frisch zu neutralisieren. Je nachdem, ob man mit Phenolphthalein oder Thymolphthalein arbeitet, benötigt man eine besondere Lösung:

a) Formol-Phenolphthaleinlösung.

50 cm³ Formol + 1 cm³ Phenolphthalein mit n/5 Natronlauge bis zur beginnenden Rötung versetzen.

b) Formol-Thymolphthaleinlösung.

50 cm³ Formol + 25 cm³ absoluter Alkohol + 5 cm³ Thymolphthaleinlösung mit n/5 Natronlauge bis zum Auftreten eines grünlichen oder bläulichen Farbtons versetzen.

7. Zur Entfärbung: Lösung von 244 g Bariumchlorid in 1 l Wasser. 57 g Silbernitrat in 1 l Wasser.

8. Zur Entfernung von Phosphorsäure und Kohlensäure: festes Bariumchlorid.

9. Bei der Neutralisation benötigte Vergleichslösung: 9,078 g prim. Kaliumphosphat auf 1 l Wasser, 11,876 g sek. Natriumphosphat auf 1 l Wasser (s. unter 2).

*Vorbereitung der Analysenflüssigkeit.* Wenn man eine Proteolyse mittels der Formoltitration verfolgen will und die Lösung nicht stark gefärbt ist, ist keine weitere Vorbereitung nötig. Man titriert einen aliquoten Teil der Lösung nach den gewünschten Zeitintervallen bis zum gleichen Farbton. In diesem Fall bietet die Verwendung von Bariumhydroxyd zur Titration einen Vorteil, weil es mit den schwachen Säuren einen etwas schärferen Umschlag gibt als Natronlauge. Die Differenz des Laugenverbrauches ist das Maß für den Verlauf der Proteolyse.

Wenn man hingegen die in einer Flüssigkeit anwesende *absolute* Menge formoltitrierbaren Stickstoffs zu bestimmen hat, wird folgendermaßen verfahren:

*a) Entfärbung.* Eine Entfärbung der Lösung wird stets notwendig sein, wenn man es mit Säurehydrolysaten — speziell nach Verwendung von Salzsäure — zu tun hat. Die Entfärbung gelingt in den meisten Fällen durch Erzeugung eines reichlichen Niederschlages von Silberchlorid in der Analysenlösung. Das Silberchlorid adsorbiert die färbenden Bestandteile, so daß in der Regel nur schwach hellgelb gefärbte Lösungen resultieren.

Die zu entfärbende Lösung soll etwa n/10 sauer sein. Acidität ungefähr durch Titration gegen Lackmus ermitteln, nötigenfalls mit etwas Salzsäure oder Natronlauge auf die gewünschte Acidität bringen. Liegt ein fester Stoff vor, so werden 1—3 g in 25 cm³ n/10 Salzsäure gelöst.

Ausführung der Entfärbung: 25 cm³ der Analysenlösung in einem 50-cm³-Maßkolben mit 4 cm³ Bariumchloridlösung und darauf tropfenweise und unter starkem Schütteln 20 cm³ der Silbernitratlösung (Nr. 7) zufügen. Schaum absitzen lassen, mit Kohlendioxyd-freiem Wasser bis zur Marke auffüllen + 4 Tropfen Wasser, um das Chlorsilbervolumen zu kompensieren. Durch 11 cm-Filter filtrieren, von Anfang an möglichst viel vom Niederschlag auf das Filter bringen. Das anfänglich trübe durchfließende Filtrat nochmals zurückgießen. Die Entfärbung gelingt meistens sehr gut. Mit einem aliquoten Teil der Lösung führt man nach Neutralisation usw. die Titration durch.

Muß die zu entfärbende Lösung noch von Phosphorsäure und Kohlensäure befreit werden, so geht man zur Entfärbung von der doppelten Substanzmenge aus.

Ist eine Entfärbung ausnahmsweise nicht zu erreichen, so stellt man sich künstlich gefärbte Kontrollösungen her, die etwa denselben Farbton besitzen wie die Analysenflüssigkeit. Als Färbemittel eignen sich besonders Bismarckbraun, Tropäolin 0 und Tropäolin 00 (0,2 g in 1 l Wasser), oder auch Methylviolett (0,02 g in 1 l Wasser). Die Verwendung entsprechend gefärbter Kontrolllösungen ist nicht immer angängig, da sich die Eigenfarbe der Analysenlösung während der Titration mit der Reaktion der Flüssigkeit ändern kann. Zweckmäßig bedient man sich dabei des von G. S. WALPOLE beschriebenen kleinen Kolorimeters. In einem Gestell werden zwei Bechergläser mit flachem Boden übereinandergestellt. In $C$ bringt man die auf die Endfarbe eingestellte Kontrollösung, in $D$ Wasser, in $A$ und $B$ je 20 cm³ der zu untersuchenden Flüssigkeit. Nun wird die Lösung in $B$ mit der Formollösung versetzt und titriert, bis beim Durchsehen von oben gegen eine weiße belichtete Fläche in $A$ und $B$ gleicher Farbton beobachtet wird (247).

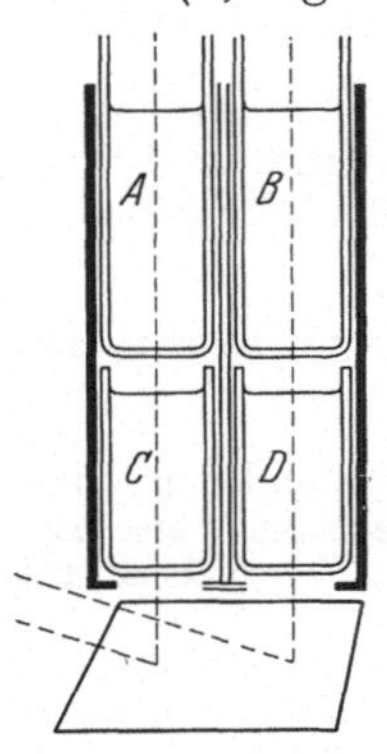

Abb. 15.

b) *Neutralisation.* Ist keine Phosphorsäure, keine Kohlensäure und nur wenig Ammoniak vorhanden, so wird die Versuchslösung nach allfälliger Entfärbung neutralisiert bzw. auf schwachsaure Reaktion gegen Lackmus eingestellt. Einen Tropfen der Vergleichslösung (23) auf Lackmuspapier bringen und die Färbung mit derjenigen vergleichen, die ein dicht daneben gebrachter Tropfen der zu untersuchenden Flüssigkeit erzeugt. Man neutralisiert so lange, bis man genau die gleiche Färbung erhält.

Bei vergleichenden Titrationen (Verfolgung einer Proteolyse) ist die Neutralisation nicht erforderlich.

c) *Entfernung von Ammoniak.* Ammoniak ist zu entfernen, sobald es in größeren Mengen als 0,02 Mol vorhanden ist. Das Ammoniak wird nach Versetzen der Lösung mit Bariumhydroxyd und Alkohol nach der auf S. 90 beschriebenen Methode abdestilliert. Siehe auch KRÜGER und REICH (132, 133).

d) *Entfernung von Phosphorsäure und Kohlensäure, Bestimmung von Ammoniak.* 50 cm³ der Analysenlösung in einen 100-cm³-Maßkolben bringen, dazu 1 cm³ Phenolphthaleinlösung + 2 g festes Bariumchlorid, schütteln bis gelöst. Gesättigte Bariumhydroxydlösung zugeben, bis der Indikator umschlägt, dann noch 5 cm³ und 15 Minuten stehen lassen. Durch trockenes Filter filtrieren. 80 cm³ des Filtrates = 40 cm³ der Analysenlösung in einen 100-cm³-Maßkolben bringen, mit n/5 Salzsäure gegen Lackmus neutralisieren (s. unter b) und mit kohlensäurefreiem Wasser bis zur Marke auffüllen. Je 40 cm³ = 16 cm³ Analysenlösung dieser Lösung dienen zur Formoltitration und zur Ammoniakbestimmung (s. c).

Die Ausfällung der Phosphorsäure und Kohlensäure ist nicht angängig:

1. wenn durch den Bariumniederschlag formoltitrierbare Verbindungen mitgerissen werden (kolloidal gelöste Stoffe).

2. wenn die in der Analysenlösung verbleibenden Bariumsalze störende Niederschläge hervorrufen.

In diesen Fällen muß man auf die Ausfällung der Phosphate und Carbonate verzichten und einen kleinen Fehler in Kauf nehmen. Titration mit Bariumhydroxyd ist zu vermeiden, da zuerst alle Phosphate als tertiäre Salze ausgefällt werden. Siehe dazu auch SÖRENSEN (215).

*Ausführung der Titration.* Zur Titration verwendet man am besten eine Lösung die bezüglich des formoltitrierbaren Stickstoffs etwa 0,1 normal ist.

Um den Endpunkt der Titration scharf zu erkennen, ist die Versuchslösung in jedem Fall mit einer Kontrollösung zu vergleichen. Diese soll dasselbe Volumen haben wie die Versuchslösung und in einem gleichgeformten Gefäß bereitet werden.

Je nachdem, ob Phenolphthalein oder Thymolphthalein als Indicator verwendet wird, verfährt man nach a oder b.

*a) Titration mit Phenolphthalein als Indicator.* Kontrollösung: Zu 20 cm³ ausgekochtem, destilliertem Wasser 10 cm³ der neutralisierten Formollösung (12) zufügen und dann etwa halb so viel n/5 Natronlauge, wie bei der eigentlichen Titration verbraucht wird. Mit n/5 Salzsäure zurücktitrieren, bis die Flüssigkeit nach gutem Schütteln eben einen schwachen rosa Farbton aufweist ($p_H = 8{,}3$ = I. Stadium). Nun 5 Tropfen n/5 Natronlauge zugeben, wobei die Lösung eine deutliche rote Farbe annimmt ($p_H = 8{,}8$ = II. Stadium).

Durch den Zusatz der entsprechenden Mengen Lauge und Säure erreicht man, daß das Volumen der Kontrollösung gleich groß wird, wie das der Versuchslösung. (Wichtig!) Wird für die Analyse ein anderes Volumen Flüssigkeit als 20 cm³ verwendet, so muß die Kontrollösung entsprechend bemessen werden!

Versuchslösung: Zu 20 cm³ der zu untersuchenden Lösung (s. unter b) 10 cm³ Formollösung (12) zusetzen, hierauf n/5 Natronlauge, bis die Farbe der Lösung tiefer ist als die der Kontrollösung. Mit n/5 Salzsäure zurücktitrieren, bis Farbe wieder heller, schließlich Lauge zutropfen lassen, bis die Farbstärke der beiden Lösungen miteinander übereinstimmt, also Stadium II erreicht ist, nötigenfalls mehrere Male mit Lauge bzw. Säure über- und zurücktitrieren.

Nun zur Kontrollösung 2 Tropfen n/5 Natronlauge zufügen, wodurch sie eine stark rote Färbung annimmt ($p_H = 9{,}1$ = III. Stadium). Zum Schluß die zu untersuchende Lösung durch Laugenzusatz auf den Farbton der Kontrolllösung im III. Stadium bringen. Selbstverständlich kann man auch sofort bis zum III. Stadium titrieren.

Berechnung siehe unten.

*b) Titration mit Thymolphthalein als Indicator.* Kontrollösung: Zu 20 cm³ ausgekochtem, destilliertem Wasser 15 cm³ Formollösung zusetzen, dann etwa halb so viel n/5 Natronlauge, wie bei der eigentlichen Titration verbraucht wird. Mit n/5 Salzsäure zurücktitrieren, bis die Lösung bläulich opalescierend erscheint (I. Stadium). Dann 2 Tropfen Lauge zusetzen, wobei die Lösung deutlich blau wird (II. Stadium) und schließlich 2 weitere Tropfen Lauge, welche der Lösung eine schöne starke blaue Färbung erteilen ($p_H = 9{,}45$ = III. Stadium).

Versuchslösung: Zu 20 cm³ der zu untersuchenden, gegen Lackmus neutralisierten Lösung (siehe unter b) 15 cm³ Formollösung zusetzen und gleich darauf einen kleinen Überschuß an Lauge (über das III. Stadium), hierauf Salzsäure, bis die Farbe heller ist, als diejenige der Kontrollösung im III. Stadium. Nun Lauge zutropfen lassen, bis Farbengleichheit mit der Kontrollösung im III. Stadium besteht.

*Berechnung.* Von der Lauge, die bis zum Endpunkt der Titration (Stadium III) insgesamt nach Abzug der Salzsäure verbraucht worden ist, zieht man den Laugenverbrauch der Kontrolle (gewöhnlich etwa 0,1 cm³) ab.

*1 cm³ n/5-Lauge entspricht 2,8 mg formoltitrierbarem Stickstoff.*

**Gasvolumetrische Formolreaktion nach ASCHMARIN** (22). Eine Methode, die vielleicht manchen Übelstand der Titrationsmethode vermeiden ließe, wurde von ASCHMARIN angegeben.

Zu der mit Formol versetzten Lösung fügt man Kaliumbicarbonat und mißt das entwickelte Kohlendioxyd. Die Luft wird aus dem Apparat durch Kohlendioxyd verdrängt.

Die Methode liefert nach den Angaben des Autors Werte, die höchstens 2 % von der KJELDAHL-Bestimmung abweichen. Sie wurde aber noch nicht weiter nachgeprüft und ist anscheinend praktisch nicht verwendet worden, trotzdem sich ein Versuch wohl lohnen dürfte.

**Bestimmung des formoltitrierbaren Stickstoffs in Pflanzenextrakten nach H. LÜERS** (149, 150). Ist die Analysenlösung — wie dies bei pflanzlichen Extrakten fast immer der Fall sein wird — mehr oder weniger gefärbt, und ist eine Entfärbung mit Silberchlorid nicht möglich, so arbeitet man in teilweiser Modifikation der SÖRENSENschen Methode nach H. LÜERS folgendermaßen:

Die Entfernung der Phosphate und Carbonate geschieht genau so, wie im vorhergehenden Kapitel beschrieben.

Nach den von LÜERS gewählten Versuchsbedingungen wird die nach SÖRENSEN angewandte Tüpfelprobe bei der Neutralisation hinfällig. Der Formollösung wird wesentlich mehr Indicator zugesetzt, und zwar etwa 10 Vol.% der üblichen Phenolphthaleinlösung. Man neutralisiert bis zum eben wahrnehmbaren rötlichen Ton, zweckmäßigerweise zuerst mit n/2, dann mit n/10 Lauge. Für 20 cm³ Formollösung benötigt man etwa 0,5 cm³ n/2 und 1 cm³ n/10 Lauge.

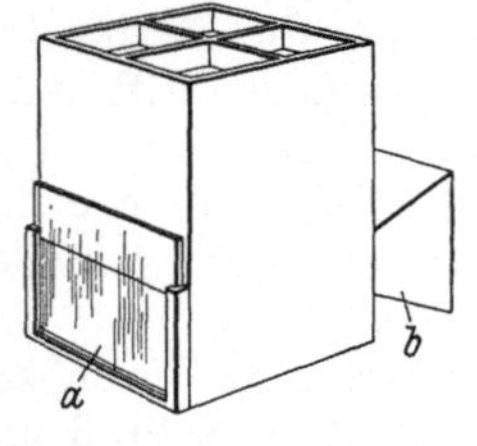


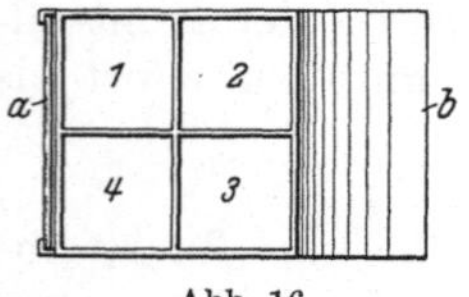


Abb. 16.

Man arbeitet in einem LÜERSschen Colorimeter[1], das nach dem WALPOLEschen Prinzip (s. S. 100) gebaut ist. Es besteht aus einem viereckigen Holzkästchen, in welchem vier quadratische Cuvetten stehen. Zum Schutz gegen einfallendes Licht dient ein Holztrichter *b*, auf der anderen Seite des Apparates befindet sich eine Mattscheibe *a*.

Füllung der Cuvetten:

Glas 1 enthält die gefärbte Vergleichslösung
„ 2 „ 20 cm³ der Analysenlösung
„ 3 „ 20 „ „ „
„ 4 „ destilliertes Wasser.

Titriert wird die in Glas 3 befindliche Lösung, hinter welcher das Glas mit destilliertem Wasser steht.

Zuerst wird nun die Analysenlösung in 3 genau neutralisiert. Dies geschieht durch Vergleich mit einer Standardlösung von Neutralrot, die dem Apparat mitgeliefert wird.

Folgendes Schema illustriert die Anordnung.

| | |
|---|---|
| 4 destilliertes Wasser | 1 Vergleichslösung (Neutralrot) |
| 3 zu titrierende Lösung | 2 anfangs gleiche Lösung wie 3 |
| links | rechts |

↑
Durchblick

Man fügt nun zu der in Glas 3 enthaltenen Lösung 2 cm³ Neutralrot und zu 2 ebensoviel Wasser, damit in 2 und 3 Volumengleichheit besteht. Nun titriert man in 3 zuerst mit n/2 Salzsäure bis nahe auf Farbengleichheit. Zu 2 wird dieselbe Menge Salzsäure zugegeben und dann in beiden Gefäßen mit n/10 Natronlauge oder n/10 Salzsäure, je nachdem, ob man sich auf der sauren oder alkalischen Seite des Neutralpunktes befindet, auf Farbengleichheit titriert, wobei

[1] Erhältlich bei Hellige & Co., Freiburg i. B.

nach erfolgter Farbenübereinstimmung rechts und links die gleichen Mengen an Lauge bzw. Säure insgesamt verbraucht sein müssen. Die Einstellung auf Farbengleichheit ist manchmal keine mustergültige. Die Farb*nuance* ist links manchmal anders als rechts. Doch gelingt es bei einiger Übung leicht, auf 1 Tropfen n/10 Säure oder Lauge genau auf gleiche Farb*intensität* einzustellen.

Nachdem dies erreicht ist, wird titriert:

Glas 1. An Stelle von Neutralrotlösung in 1 setzt man eine dunkelrot gefärbte Phosphatvergleichslösung. Diese wird hergestellt durch Mischen von 13 cm³ mol/15 sek. Natriumphosphat + 7 cm³ mol/15 prim. Kaliumphosphat + 2 cm³ einer 0,02proz. Neutralrotlösung in 50proz. Alkohol. Das Phosphatgemisch entspricht einem $p_H$ von 7,07, also der wahren Neutralität.

Glas 2. Zu Lösung 2 fügt man 10 cm³ destilliertes, kohlensäurefreies Wasser + 2 cm³ Neutralrotlösung und titriert mit n/10 Lauge, bis ein rein gelber Ton aufgetreten ist, das Neutralrot also eben von Rot nach Gelb umgeschlagen ist.

Glas 3. Zur Analysenlösung fügt man 2 cm³, d. h. etwa 10% des Flüssigkeitsvolumens, an Phenolphthaleinlösung hinzu + 10 cm³ des Formolgemisches, dabei tritt infolge der Infreiheitsetzung von Carboxylgruppen eine Vertiefung des Neutralrottones ein. Nun titriert man mit n/10 Natronlauge, bis man beim Durchblick durch die rechte Seite (Gläser 1 und 2) und durch die linke Seite (Gläser 3 und 4) Farbengleichheit beobachtet. Bei der Titration verschwindet der Neutralrotton allmählich, wird schließlich rein gelb, und bald darauf spricht das Phenolphthalein an. Die Lösung färbt sich immer röter, bis links schließlich der gleiche Farbton herrscht wie rechts.

*Beispiel.*

Vorbereitung des Formolgemisches:

| | |
|---|---|
| 20 cm³ Formol | 0,5 cm³ n/2-Natronlauge |
| 2 cm³ Phenolphthalein | 1,1 cm³ n/10-Natronlauge |

Analyse:

| Links (Glas 3) | | Rechts (Glas 2) | |
|---|---|---|---|
| 20,0 | cm³ Lösung | 20,0 | cm³ Lösung |
| 2,0 | cm³ Neutralrot | 2,0 | cm³ Wasser |
| 2,1 | cm³ n/2-Salzsäure | 2,1 | cm³ n/2-Salzsäure |
| 0,49 | cm³ Natronlauge | 0,49 | cm³ Natronlauge |
| 2,0 | cm³ Phenolphthalein | 2,0 | cm³ Neutralrot |
| 10,0 | cm³ Formolgemisch | 10,0 | cm³ destilliertes Wasser |
| 3,5 | cm³ n/10-Natronlauge | 1,5 | cm³ n/10-Natronlauge |

Verbraucht 3,5 cm³ n/10-Natronlauge.

*Blindversuch.*

20 cm³ ausgekochtes, destilliertes Wasser
2 cm³ Phenolphthaleinlösung
10 cm³ auf ganz schwach rot eingestelltes Formolgemisch so viel ausgekochtes, destilliertes Wasser, bis das gleiche Volumen wie bei der Titration erreicht ist.

Das so vorbereitete Gläschen kommt in Raum 3 an Stelle der Analysenlösung. Dann wird sofort gegen die dunkelrote Phenolphthaleinvergleichslösung (Glas 1) auf Farbengleichheit titriert. Der Laugenverbrauch des Blindversuches wird vom Hauptversuch abgezogen. Berechnung s. voriges Kapitel.

Bemerkung zur Laugenkonzentration. Ist die Menge des formoltitrierbaren Stickstoffs eine geringe, so daß bei der Titration keine erhebliche Verdünnung stattfindet, so kann man ohne Bedenken an Stelle der von SÖRENSEN empfohlenen n/5 Lauge n/10 Lauge verwenden. Wenn aber beispielsweise für 20 cm³ einer Lösung mehr als etwa 4 cm³ n/10 Lauge verbraucht werden, benützt man vorteilhafter die n/5 Lauge.

*Fehlerquellen.* Kommt bei Pflanzenextrakten der immerhin seltene Fall vor, daß die in der Untersuchungsflüssigkeit enthaltenen Ammoniumionen mehr als 2 cm³ n/5 Lauge verbrauchen, so muß der Ammoniakstickstoff vor der Formoltitration gesondert bestimmt werden (s. S. 90, 100), worauf in dem von Ammoniak befreitem Rest die Formoltitration in üblicher Weise durchgeführt wird.

**Titration der Aminosäuren nach FELIX** (59). Eine Anzahl von Aminosäuren läßt sich nach K. FELIX in wäßriger Lösung titrieren, wenn man sich geeigneter Indicatoren bedient. Als Indicatoren werden Thymolblau ($p_H = 1{,}2$—$2{,}8$) und Alizaringelb ($p_H = 9{,}1$—$12{,}1$) angewandt. Die erste der beiden angegebenen Zahlen gibt die Zahl der titrierbaren Aminogruppen, die zweite die der Carboxylgruppen an.

| | | | | | |
|---|---|---|---|---|---|
| Leucin | 1 | 0,95 | Arginin + HCl | 0,25 | 0,2 |
| Tryptophan | 0,785 | 0,67 | Dibenzoylarginin | 0,45 | 0,2 |
| Prolin | 0,9 | 0,67 | Histidin + HCl | 0,34 | 0,7 |
| Taurin | 0,205 | 1 | Ornithin + HCl | 0,49 | 0,8 |
| Glutaminsäure | 1,02 | 2 | Glycyl-glycin | 0,55 | 0,5 |
| Asparaginsäure | 0,96 | 2,06 | Leucyl-glycin | 0,59 | 0,5 |

## e) Gasvolumetrische Bestimmung der primären aliphatischen Aminogruppen nach VAN SLYKE (204, 206, 208—210).

*Prinzip.* Primäre aliphatische Aminogruppen reagieren mit salpetriger Säure nach folgender Gleichung:

$$R—NH_2 + HONO = R—OH + H_2O + N_2.$$

Bei der Reaktion wird also doppelt so viel Stickstoff frei, als in den Aminogruppen vorhanden ist. Der Stickstoff wird von den aus der salpetrigen Säure entwickelten Stickoxyden mittels alkalischer Permanganatlösung befreit und in einer Gasbürette gemessen. Vor der Bestimmung wird die Luft durch Stickstoffmonoxyd, welches aus Nitrit und Eisessig entwickelt wird, vollständig aus dem Apparat verdrängt.

*Allgemeine Bemerkungen.* Die Bestimmung von Aminostickstoff läßt sich nach dieser Methode in wenigen Minuten durchführen. Bei einiger Übung ist es leicht möglich, in 1 Stunde 5—6 Bestimmungen durchzuführen.

$\alpha$-ständige Aminogruppen reagieren in 5 Minuten bei Zimmertemperatur quantitativ mit salpetriger Säure. Steht eine Aminogruppe nicht in $\alpha$-Stellung, wie beispielsweise beim Lysin, so ist die Reaktion erst nach etwa 20—30 Minuten beendet. Liegt Lysin in einem Hydrolysat in normalen Mengen vor, so wird auf dessen verzögerte Zersetzung keine Rücksicht genommen, bei einer Temperatur von 24° ist es nach 5 Minuten zu 95% umgesetzt.

Die Hexonbasen reagieren nach Untersuchungen von PLIMMER (176) bei Temperaturen von 14—17° sehr verschieden rasch mit salpetriger Säure. Während nach den Arbeiten von VAN SLYKE Lysinpikrat bei 22° den Stickstoff schon nach 15 Minuten quantitativ abgibt, dauert es bei 14—17° etwa 1 Stunde. Die Reaktionsgeschwindigkeit ist also stark abhängig von der Temperatur. Für Histidin und Arginin wird der theoretische Endwert nach 15—20 Minuten bei 14—17° erreicht. Bei längerer Einwirkung der salpetrigen Säure wird dem Arginin etwas mehr als ein Viertel des Gesamtstickstoffs entbunden, der Mehrbetrag bedingt aber keinen großen Fehler.

Handelt es sich um die Bestimmung von VAN SLYKE-Stickstoff in einem Hexonbasengemisch, so dehnt man die Einwirkung der salpetrigen Säure zweckmäßig auf etwa 1 Stunde aus, hält die Temperatur aber nicht höher als 14—17°.

Pyrrolidin-, Indol-, Imidazol-, Guanidin- und Amidstickstoff wird unter den Versuchsbedingungen durch salpetrige Säure nicht in Freiheit gesetzt.

Keinen VAN SLYKE-Stickstoff geben daher Prolin und Oxyprolin; Asparagin, Glutamin und Tryptophan geben die Hälfte; Histidin ein Drittel und Arginin ein Viertel ihres Gesamtstickstoffs ab.

Etwas mehr als die berechnete Menge VAN SLYKE-Stickstoff liefern Glykokoll (103 %) und Cystin (107 %). Diese beiden Aminosäuren werden durch salpetrige Säure weitergehend zersetzt, unter Bildung von Gasen, die durch alkalische Permanganatlösung nicht absorbiert werden. Da in pflanzlichen Produkten vor allem Glykokoll und auch Cystin nur in kleinen Mengen vorhanden sind, fällt dieser Fehler nicht ins Gewicht.

Proteine liefern nur spurenweise Stickstoff. Ihre primären und sekundären Abbauprodukte geben entsprechend ihrem Gehalt an freien Aminogruppen mehr oder weniger VAN SLYKE-Stickstoff. Die Methode liefert also Vergleichszahlen für den Grad einer Eiweißhydrolyse. Vor allem lassen sich fermentative Spaltungen sehr bequem durch Bestimmung des Aminostickstoffs verfolgen.

Edestin reagiert z. B. nur mit 2,5 % seines Gesamtstickstoffs, Albumosen mit 6—14 %.

Ammoniak und Methylamin benötigen 2 Stunden, Harnstoff bis 8 Stunden zur vollständigen Zersetzung.

Hat man sehr stärke- und eiweißreiches Material zu untersuchen, wie z. B. Futtermittel, so ist eine Entfernung der Stärke und des Eiweißes erforderlich, um brauchbare Zahlen zu erhalten.

Bestimmung von Prolin und Oxyprolin. Da diese beiden Aminosäuren nicht nach VAN SLYKE reagieren, ist es möglich, deren Gehalt in einem Aminosäuregemisch, wie es z. B. durch Extraktion mit Butylalkohol gewonnen wird, durch Differenzbestimmung zu ermitteln. Gesamtstickstoff minus Aminostickstoff liefert den Prolin- und Oxyprolinstickstoff.

Alkohol, Aceton usw. dürfen in der Analysenflüssigkeit nicht enthalten sein, da deren Anwesenheit Fehler bedingt.

Über die Zersetzung von Aminogruppen durch Natriumnitrit und Salzsäure s. die Untersuchungen von PLIMMER (177).

*Reagenzien.* 1. Eisessig.

2. Natriumnitritlösung ca. 30 %. In der Regel gibt auch „chemisch reines" Natriumnitrit in der im Versuch angewandten Menge mit Eisessig im Blindversuch etwas Gas. Wird in 5 Minuten mehr als 0,5 cm³ Gas entwickelt, so soll das Nitrit nicht verwendet werden. Die Anwendung von Essigsäure an Stelle von Mineralsäure, wie sie bei früheren Methoden verwendet wurde, hat den Vorteil, daß verhältnismäßig wenig Stickoxyd entwickelt wird, außerdem ist nicht zu befürchten, daß allfällig vorhandene Proteine oder deren primäre Zerfallsprodukte hydrolysiert werden.

3. Alkalische Permanganatlösung. 50 g Kaliumpermanganat + 25 g Kalilauge auf 1 l Wasser. Das Stickoxyd wird durch diese Lösung sehr rasch oxydiert. Der Braunstein, der dabei in sehr feiner Verteilung entsteht, stört nicht, und es können mit ein und derselben Lösung zahlreiche Bestimmungen ausgeführt werden. Um ein Verstopfen der Capillare zu vermeiden, ist die Permanganatlösung bei Nichtgebrauch des Apparates daraus zu entfernen und durch Wasser zu ersetzen.

4. Zur Lösung in Wasser unlöslicher Aminoverbindungen kann man Essigsäure in irgendeiner Konzentration bis 50 % verwenden oder auch möglichst wenig verdünnte Mineralsäure. Zur Lösung von Lysinpikrat verwendet man zweckmäßig einige Tropfen Natronlauge.

5. Hahnfett, erhalten durch Zusammenschmelzen von Paragummi (1 Teil), Paraffin (1 Teil) und Vaseline (2 Teile).

6. Schaumverhinderer. Oktylalkohol oder Phenyläther.

*Apparatur* (siehe auch Abbildung Band I, Seite 234). Der bei der Firma R. Goetze, Leipzig, Nürnberger Straße 56, erhältliche Mikroapparat liefert brauchbare Werte schon bei Verwendung von 0,5 mg Stickstoff pro Versuch.

Desamidierungsgefäß *D* mit Einfülltrichter *A* für Eisessig und Nitritlösung. Das Gefäß *D* muß mit einem straffen Draht von oben her so fest aufgehängt sein, daß die Drahtschlinge um das Capillarrohr herum wie ein festes Zentrum wirkt. Das Gefäß *A* ist so angebracht, daß sein Schwerpunkt sich diesem Zentrum möglichst nähert. Bei allfällig notwendigen Reparaturen infolge Bruchs einzelner Teile des Apparates ist darauf zu achten, daß die Originaldimensionierung der Capillaren usw. erhalten bleibt.

Bürette *B* mit Skalenteilung für Untersuchungslösung und Hahn *b* mit Winkelbohrung (L). Hahn *d* (—) zum Ablassen der Reaktionsflüssigkeit durch Kreuzstück *k*. Dreiweghahn *c* (⊥) zur Verbindung von *D*, *F* und *k*.

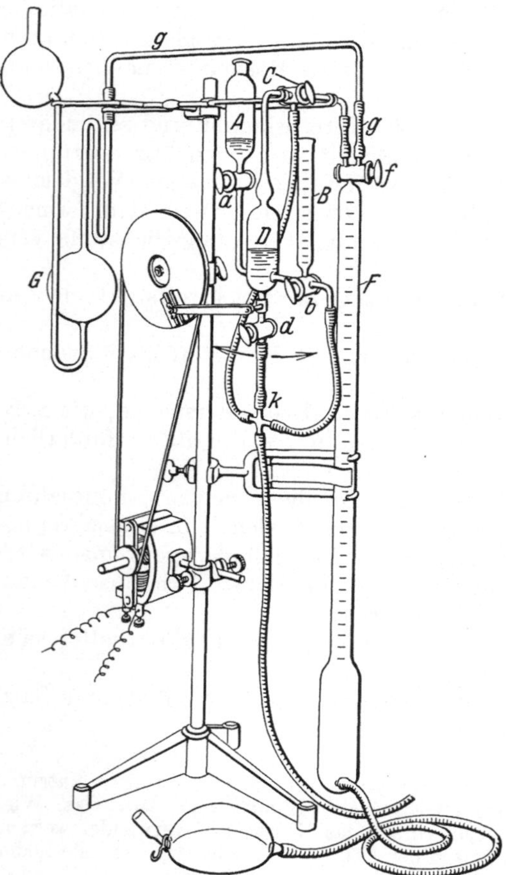

Abb. 17.

Azotometer *F* mit Hahn *f* (//), welcher zur Verbindung von *F* mit *D* und *G* über Capillarrohr *g* eine parallele Doppelbohrung besitzt.

Hempelpipette *G* zur Absorption der Stickoxyde mit Permanganatlösung bis zur Hälfte der oberen Kugel gefüllt. Die Triebwelle wird so angebracht, daß man mit ihrer Hilfe abwechselnd sowohl das Gefäß *D* als auch die Hempelpipette schütteln kann. Wenn die Klammer am Ende der Triebstange und der Haken, an dem *G* aufgehängt wird, mit Gummischlauch überzogen werden, arbeitet der Apparat beim Schütteln fast geräuschlos.

Als Triebkraft verwendet man am besten einen kleinen Elektromotor mit Regulierwiderstand. Die Triebstange, welche an der Scheibe exzentrisch angebracht ist, soll sich nicht mehr als 1,5—2 cm vom Mittelpunkt entfernt befinden. Die Scheibe soll zur Ermöglichung raschen Arbeitens 300—500 Touren pro Minute machen.

Die Gummiverbindungen, insbesondere jene, die das Desamidierungsgefäß mit der Gasbürette verbinden, sollen aus 3—4 mm dickem, weichem Schlauch bestehen.

Um gute Abdichtung des Apparates zu erzielen, wähle man die Hähne überdimensioniert.

*Ausführung der Bestimmung.* Gefäß *D* vor dem Versuch mit Chromsäure-Schwefelsäure-Gemisch und Wasser sorgfältig reinigen. Hähne gut einfetten (s. Reagenzien 5) und anbinden.

1. Verdrängen der Luft. Durch Senken der mit Wasser gefüllten Birne allfällig in *G* vorhandene Luft nach *F* saugen. Übergeflossene Permanganatlösung nach Drehen der Hähne *f* und *c* durch Heben der Birne mit Wasser durch das Kreuzstück *k* ausspülen.

Mittels Hahn *c* Zersetzungsgefäß *D* mit *k* verbinden. Nach Schließen der Hähne *a* und *b* Eisessig in den Einfülltrichter bis zum Teilstrich einfüllen und durch Öffnen von *a* in *D* einfließen lassen. Hahn *c* bleibt dabei geöffnet, so daß die Luft aus *D* entweichen kann. Durch *A* Nitritlösung nach *D* einfließen lassen, und zwar so viel, daß in *A* und *D* Niveaugleichheit besteht. Bei geöffnetem Hahn *a* und geschlossenem *c* schütteln, bis sich so viel Stickoxyd entwickelt hat, daß es die Flüssigkeit in $D$ bis zur Marke verdrängt hat. Sodann Hahn $a$ schließen und $c$ öffnen und mit dem Motor 2 Minuten lang schütteln, wobei die Luft vollständig vertrieben wird.

Bei geöffnetem Hahn $a$ und geschlossenem $c$ Zersetzungsgefäß mit dem Motor schütteln, bis nur noch 20 cm³ Lösung in $D$ zurückbleibt, d. h. bis das Gas in $D$ den Raum bis zur Marke anfüllt, wobei die Flüssigkeit nach $A$ zurückgedrängt wird. Hahn $a$ schließen und $c$ und $f$ so stellen, daß Verbindung zwischen $D$ und $F$ besteht. Die Ausführung dieser Operationen beansprucht etwa 2 Minuten.

*Blindversuch.* Dieser dient zur Bestimmung der Stickstoffmenge, welche von Verunreinigungen des verwendeten Natriumnitrites herrühren kann. Die im Blindversuch ermittelte Gasmenge ist vom Hauptversuch abzuziehen.

Bei geschlossenem Hahn $a$ und bestehender Verbindung zwischen $D$ und $F$ aus $B$ die der Analysenflüssigkeit entsprechende Wassermenge nach $D$ überfließen lassen (Ansaugen durch Senken der Birne). Genau gleich stark und gleich lang schütteln wie im Hauptversuch (in der Regel etwa 5 Minuten). Durch die Stickoxydgase wird der entwickelte Stickstoff nach $F$ geführt (Birne gesenkt).

Nach beendeter Reaktion den Rest des Gases in $D$ durch Öffnen von Hahn $a$ und Hinzulassen von Flüssigkeit aus $A$ vollständig nach $F$ überführen.

Zur Absorption Hahn $f$ um 180° drehen und durch Heben der Birne das Gas bis in die Kugel der Hempelpipette treiben (Capillare soll vollständig mit Wasser gefüllt sein!). Pipette 1 Minute lang mit dem Motor schütteln. Restgas durch Senken der Birne langsam nach $F$ saugen und bei Niveaugleichheit messen. Temperatur und Atmosphärendruck berücksichtigen. Während dieser Operation Hahn $a$ offen lassen, damit Flüssigkeit bei der Bildung von Stickoxyden aus $D$ nach $A$ zurücktreten kann.

Man macht für eine größere Menge Natriumnitritlösung mehrere Blindversuche und nimmt das Mittel.

Nach Reinigen von $B$ mit Alkohol und Äther ist die Apparatur für den Hauptversuch bereit.

*3. Hauptversuch.* Er wird in gleicher Weise wie der Blindversuch durchgeführt, indem man die Untersuchungsflüssigkeit aus der Bürette $B$ zufließen läßt und die erforderliche Zeit schüttelt.

Etwaiges Schäumen der Flüssigkeit kann durch Zusatz von Phenyläther oder Octylalkohol behoben werden.

*4. Prüfung auf Vollständigkeit der Reaktion.* Bei Gebrauch der mechanischen Schüttelvorrichtung ist kaum zu befürchten, daß die Zersetzung nicht vollständig verläuft. Besteht die Möglichkeit einer unvollkommenen Reaktion (eventuell bei Hexonbasen), so verfährt man folgendermaßen: Stickstoff aus $F$ durch $c$ austreiben, $a$ schließen und $D$ mit $F$ verbinden und in gleicher Weise verfahren wie unter 2. Das hierbei entwickelte Gasvolumen soll nicht größer sein als beim Blindversuch.

Nach beendeter Reaktion, d. h. wenn das Gas vollständig von $D$ nach $F$ übergetrieben worden ist, salpetrige Säurelösung aus $D$ durch den Hahn $d$ austreten lassen. $B$ ausspülen, mit Alkohol und Äther nachwaschen und trocknen.

5. *Berechnungsbeispiel.* 2 cm³ Lösung mit 2 mg Gesamtstickstoff gaben 1,884 cm³ N (17°, 745 mm) Korrektur nach dem Mittel aus Blindversuchen 0,2 cm³ Volumen für Aminostickstoff $= \frac{1{,}884 - 0{,}2}{2} = 0{,}842$ cm³ N. Aus den üblichen Tabellen entnimmt man die dem Volumen entsprechende Gewichtsmenge Stickstoff. In diesem Fall 0,95 mg = 47,5% des Gesamtstickstoffs.

Zur Bequemlichkeit der Berechnung diene die folgende Tabelle. Die Zahlen stellen die Gewichte des Aminostickstoffs in Milligramm dar, welche 1 cm³ Stickstoff entsprechen (schon durch 2 dividiert!).

Tabelle zur Berechnung der Aminostickstoffbestimmungen.

| Temperatur | 728 | 730 | 732 | 734 | 736 | 738 | 740 | 742 | 744 | 746 | 748 | 750 |
|---|---|---|---|---|---|---|---|---|---|---|---|---|
| | Millimeter | | | | | | | | | | | |
| 11° | 0,5680 | 0,5695 | 0,5710 | 0,5725 | 0,5745 | 0,5760 | 0,5775 | 0,5790 | 0,5805 | 0,5820 | 0,5840 | 0,5855 |
| 12° | 0,5655 | 0,5670 | 0,5685 | 0,5700 | 0,5720 | 0,5735 | 0,5750 | 0,5765 | 0,5780 | 0,5795 | 0,5815 | 0,5830 |
| 13° | 0,5630 | 0,5645 | 0,5660 | 0,5675 | 0,5695 | 0,5710 | 0,5725 | 0,5740 | 0,5755 | 0,5770 | 0,5785 | 0,5805 |
| 14° | 0,5605 | 0,5620 | 0,5635 | 0,5650 | 0,5665 | 0,5680 | 0,5700 | 0,5715 | 0,5730 | 0,5745 | 0,5760 | 0,5775 |
| 15° | 0,5580 | 0,5595 | 0,5610 | 0,5625 | 0,5640 | 0,5655 | 0,5670 | 0,5685 | 0,5705 | 0,5720 | 0,5735 | 0,5750 |
| 16° | 0,5555 | 0,5570 | 0,5585 | 0,5600 | 0,5615 | 0,5630 | 0,5645 | 0,5660 | 0,5675 | 0,5690 | 0,5710 | 0,5725 |
| 17° | 0,5525 | 0,5540 | 0,5555 | 0,5575 | 0,5590 | 0,5605 | 0,5620 | 0,5635 | 0,5650 | 0,5665 | 0,5680 | 0,5695 |
| 18° | 0,5500 | 0,5515 | 0,5530 | 0,5545 | 0,5560 | 0,5580 | 0,5595 | 0,5610 | 0,5625 | 0,5640 | 0,5655 | 0,5670 |
| 19° | 0,5475 | 0,5490 | 0,5505 | 0,5520 | 0,5535 | 0,5550 | 0,5565 | 0,5580 | 0,5595 | 0,5610 | 0,5630 | 0,5645 |
| 20° | 0,5445 | 0,5460 | 0,5475 | 0,5495 | 0,5510 | 0,5525 | 0,5540 | 0,5555 | 0,5570 | 0,5585 | 0,5600 | 0,5615 |
| 21° | 0,5420 | 0,5435 | 0,5450 | 0,5465 | 0,5480 | 0,5495 | 0,5510 | 0,5525 | 0,5540 | 0,5555 | 0,5575 | 0,5590 |
| 22° | 0,5395 | 0,5410 | 0,5425 | 0,5440 | 0,5455 | 0,5470 | 0,5485 | 0,5500 | 0,5515 | 0,5530 | 0,5545 | 0,5560 |
| 23° | 0,5365 | 0,5380 | 0,5395 | 0,5410 | 0,5425 | 0,5440 | 0,5455 | 0,5470 | 0,5485 | 0,5500 | 0,5515 | 0,5530 |
| 24° | 0,5335 | 0,5350 | 0,5365 | 0,5380 | 0,5400 | 0,5400 | 0,5415 | 0,5430 | 0,5445 | 0,5460 | 0,5475 | 0,5505 |
| 25° | 0,5310 | 0,5325 | 0,5340 | 0,5355 | 0,5370 | 0,5385 | 0,5400 | 0,5415 | 0,5430 | 0,5445 | 0,5460 | 0,5475 |
| 26° | 0,5280 | 0,5295 | 0,5310 | 0,5325 | 0,5340 | 0,5355 | 0,5370 | 0,5385 | 0,5400 | 0,5415 | 0,5430 | 0,5445 |
| 27° | 0,5250 | 0,5255 | 0,5280 | 0,5295 | 0,5310 | 0,5325 | 0,5340 | 0,5355 | 0,5370 | 0,5385 | 0,5400 | 0,5415 |
| 28° | 0,5220 | 0,5235 | 0,5250 | 0,5265 | 0,5280 | 0,5295 | 0,5310 | 0,5325 | 0,5340 | 0,5355 | 0,5370 | 0,5385 |
| 29° | 0,5195 | 0,5210 | 0,5220 | 0,5235 | 0,5250 | 0,5265 | 0,5280 | 0,5295 | 0,5310 | 0,5325 | 0,5340 | 0,5355 |
| 30° | 0,5160 | 0,5175 | 0,5190 | 0,5205 | 0,5220 | 0,5235 | 0,5250 | 0,5265 | 0,5280 | 0,5295 | 0,5310 | 0,5325 |

| Temperatur | 752 | 754 | 756 | 758 | 760 | 762 | 764 | 766 | 768 | 770 | 772 |
|---|---|---|---|---|---|---|---|---|---|---|---|
| | Millimeter | | | | | | | | | | |
| 11° | 0,5870 | 0,5885 | 0,5900 | 0,5915 | 0,5935 | 0,5950 | 0,5965 | 0,5980 | 0,5995 | 0,6010 | 0,6030 |
| 12° | 0,5845 | 0,5860 | 0,5875 | 0,5890 | 0,5905 | 0,5925 | 0,5940 | 0,5955 | 0,5970 | 0,5985 | 0,6000 |
| 13° | 0,5820 | 0,5835 | 0,5850 | 0,5865 | 0,5880 | 0,5895 | 0,5910 | 0,5930 | 0,5945 | 0,5960 | 0,5975 |
| 14° | 0,5790 | 0,5805 | 0,5825 | 0,5840 | 0,5855 | 0,5870 | 0,5885 | 0,5900 | 0,5915 | 0,5935 | 0,5950 |
| 15° | 0,5765 | 0,5780 | 0,5795 | 0,5810 | 0,5830 | 0,5845 | 0,5860 | 0,5875 | 0,5890 | 0,5905 | 0,5920 |
| 16° | 0,5740 | 0,5755 | 0,5770 | 0,5785 | 0,5800 | 0,5815 | 0,5830 | 0,5850 | 0,5865 | 0,5880 | 0,5895 |
| 17° | 0,5710 | 0,5730 | 0,5745 | 0,5760 | 0,5775 | 0,5790 | 0,5805 | 0,5820 | 0,5835 | 0,5850 | 0,5865 |
| 18° | 0,5685 | 0,5700 | 0,5715 | 0,5730 | 0,5745 | 0,5765 | 0,5780 | 0,5795 | 0,5810 | 0,5825 | 0,5840 |
| 19° | 0,5660 | 0,5675 | 0,5690 | 0,5705 | 0,5720 | 0,5735 | 0,5750 | 0,5765 | 0,5780 | 0,5795 | 0,5810 |
| 20° | 0,5630 | 0,5645 | 0,5660 | 0,5675 | 0,5690 | 0,5705 | 0,5725 | 0,5740 | 0,5755 | 0,5770 | 0,5785 |
| 21° | 0,5605 | 0,5620 | 0,5635 | 0,5650 | 0,5655 | 0,5680 | 0,5695 | 0,5710 | 0,5725 | 0,5740 | 0,5755 |
| 22° | 0,5575 | 0,5590 | 0,5605 | 0,5620 | 0,5635 | 0,5650 | 0,5665 | 0,5680 | 0,5695 | 0,5715 | 0,5730 |
| 23° | 0,5545 | 0,5560 | 0,5575 | 0,5595 | 0,5610 | 0,5625 | 0,5640 | 0,5655 | 0,5670 | 0,5685 | 0,5700 |
| 24° | 0,5520 | 0,5535 | 0,5550 | 0,5565 | 0,5580 | 0,5595 | 0,5610 | 0,5625 | 0,5640 | 0,5655 | 0,5670 |
| 25° | 0,5490 | 0,5505 | 0,5520 | 0,5535 | 0,5550 | 0,5565 | 0,5580 | 0,5595 | 0,5610 | 0,5625 | 0,5640 |
| 26° | 0,5460 | 0,5475 | 0,5490 | 0,5505 | 0,5520 | 0,5535 | 0,5550 | 0,5565 | 0,5580 | 0,5595 | 0,5610 |
| 27° | 0,5430 | 0,5445 | 0,5460 | 0,5475 | 0,5490 | 0,5505 | 0,5520 | 0,5535 | 0,5550 | 0,5565 | 0,5580 |
| 28° | 0,5400 | 0,5415 | 0,5430 | 0,5445 | 0,5460 | 0,5475 | 0,5490 | 0,5505 | 0,5520 | 0,5535 | 0,5550 |
| 29° | 0,5370 | 0,5385 | 0,5400 | 0,5415 | 0,5430 | 0,5445 | 0,5460 | 0,5475 | 0,5490 | 0,5505 | 0,5520 |
| 30° | 0,5340 | 0,5355 | 0,5370 | 0,5385 | 0,5400 | 0,5415 | 0,5430 | 0,5445 | 0,5460 | 0,5475 | 0,5490 |

**Modifikation des VAN SLYKEschen Apparates zur Bestimmung von Aminostickstoff nach E. KUPELWIESER (134).** *Allgemeine Bemerkungen.* Die Grundform des Originalapparates ist beibehalten worden. Die Verbesserungen bestehen im Prinzip darin, daß durch eine andere Anordnung zweier Hähne ein Verlust von Stickstoff ausgeschlossen wird, während dies bei der früheren Anordnung nicht mit Sicherheit zu vermeiden war. Ferner ermöglicht die Modifikation durch die zum Teil anders gewählten Abmessungen Flüssigkeitsmengen bis zu 15 cm³ mit der Genauigkeit des Mikroapparates auf ihren Aminostickstoffgehalt zu untersuchen. Außerdem wird ein Meßverfahren angegeben, das den Meßbereich des Apparates von dem auf 5 cm³ beschränkten Meßbereich der Gasbürette weitgehend unabhängig macht. Die Modifikation nach KUPELWIESER ermöglicht unter Verwendung des *gleichen* Apparates die Vornahme von Makro- und Mikro-aminostickstoffbestimmungen mit einer Genauigkeit, die sonst nur mit dem Mikroapparat erreichbar ist.

Die von den Autoren angestellte Fehlerrechnung ergibt für den mittleren Fehler einer Bestimmung $e = \pm 0{,}003$ mg und für den wahrscheinlichen Fehler einer Bestimmung $e_\omega = \pm 0{,}002$ mg.

*Beschreibung des Apparates* (siehe auch Abbildung in Band I, Seite 236).

Geändert wurde die Verbindung des Gefäßes $A$ mit $D$, um ein Entweichen von Stickstoff von $D$ nach $A$ während des Schüttelns gänzlich auszuschließen. Das Verbindungsrohr $C$ mündet an der tiefsten Stelle des Desamidierungsgefäßes in dieses ein, dorthin wurde auch der Hahn $c$ verlegt.

Eine zweite Änderung betrifft die Verbindung des Gefäßes $D$ mit der Gasbürette: die durch einen Schlauch verbundenen Rohrenden $F$ und $E$ wurden so gelegt, daß sie in die Verlängerung der Achse $x$—$x$ zu liegen kam, um die sich das Gefäß $D$ und die mit ihm starr verbundenen Teile beim Schütteln drehen. Dadurch ist die Übertragung von groben Schüttelbewegungen auf die Gasbürette vermieden und die sonst nicht unerhebliche Bruchgefahr behoben.

Weitere Abänderungen betreffen die Ausmaße der einzelnen Teile des Apparates. Die getroffenen Änderungen erlauben, die im Makroapparat analysierbaren, verhältnismäßig großen Ausgangsmengen mit der Empfindlichkeit des Mikroapparates untersuchen zu können.

Der Apparat wird in gleicher Weise wie auf S. 106 angegeben gehandhabt.

Befindet sich nach erfolgter Absorption des Stickoxydes in der Hempelpipette eine größere Gasmenge als 5 cm³, so wird zunächst einerseits von der Füllkugel aus durch den Hahn 5, anderseits von $A$ aus der ganze Apparat luftblasenfrei mit Wasser gefüllt. Man treibt nun aus der Hempelpipette ein Volumen von weniger als 5 cm³ in die Gasbürette und bestimmt die Stickstoffmenge. Dann wird diese gemessene Gasmenge nach $D$ befördert und hierauf aus der Hempelpipette eine weitere Gasportion in die Gasbürette eingelassen. Dieses Verfahren setzt man fort, bis das ganze Gasvolumen portionenweise ermittelt ist. Zur Kontrolle wird der Vorgang dann in umgekehrter Richtung durchgeführt, indem man das nun in $D$ befindliche Gasvolumen sukzessive wieder in die Hempelpipette zurückbefördert.

**Modifikation des VAN SLYKEschen Apparates nach S. J. FOLLEY** (76). Der gebräuchliche VAN SLYKE-Apparat hat den Nachteil, daß die Verbindung zwischen Reaktionsgefäß einerseits und Absorptionspipette sowie Meßbürette andererseits durch Gummischläuche hergestellt wird, die beim Schütteln stark beansprucht und namentlich bei Umsetzungen, die sich über eine Stunde erstrecken (Lysin, Histidin), undicht werden.

Diese Fehlerquellen beseitigt eine Modifikation des VAN SLYKE-Apparates, die von S. J. FOLLEY beschrieben ist und die auch sonst einige bemerkenswerte Abänderungen besitzt. Wie die beiden Figuren zeigen, sind Reaktionsgefäß, Meßbürette und Absorptionspipette starr durch Glasröhren miteinander verbunden. Der ganze Apparat (Abb. 18) ist auf ein senkrecht stehendes solides Brett montiert, das mit Winkelfedern auf dem Grundbrett befestigt ist und durch die bei $G$ (Abb. 19) befestigte Pleuelstange der vom Elektromotor $J$ betriebenen Exzenterscheibe $H$ geschüttelt werden kann. Das Reaktionsgefäß besitzt einen weiten, unkalibrierten Einfülltrichter, der nach unseren Erfahrungen bequemer ist als die oft üblichen engen Meßröhren, die mit einer Capillarpipette gefüllt werden müssen, während man in den weiten Einfülltrichter die zu untersuchende Flüssigkeit direkt einpipettiert.

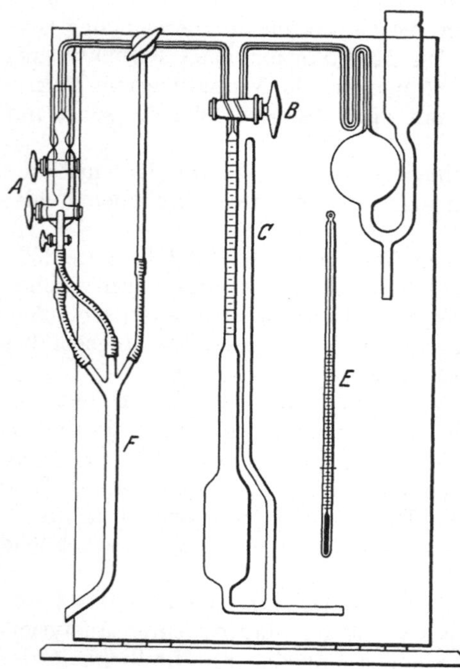

Abb. 18.

Die Meßbürette faßt 10 cm³ und ist im oberen Teil in 0,01 cm³ graduiert. Der untere weitere Teil hat ein Volumen von 40 cm³, was sich bei der Bestimmung von Hexonbasen, bei denen während des langen Schüttelns beträchtliche Mengen Gas entwickelt werden, als vorteilhaft erwiesen hat. Das Rohr $C$ dient zur genauen Einstellung des Gasvolumens auf Atmosphärendruck, die durch Heben oder Senken des Niveaugefäßes (in der Abbildung nicht gezeichnet) dann erreicht ist, wenn in $C$ und der Meßbürette die Flüssigkeit gleich hoch steht. $C$ ist am oberen Teil rechtwinklig umgebogen und durch das Brett geführt und wird auf der anderen Seite durch den Hahn $D$ (Abb. 19) verschlossen.

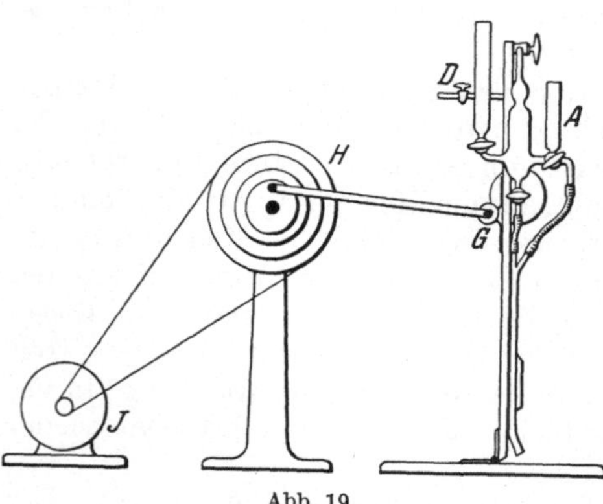

Abb. 19.

Bei der Gaspipette ist das sonst kugelförmige Reservoir durch einen weiten zylindrischen Trichter ersetzt (60 cm³), der ein bequemes Einfüllen der Absorptionsflüssigkeit gestattet. Am unteren Teil des Verbindungsrohres mit der Absorptionskugel (100 cm³) ist ein Ablaßrohr angebracht, das mit einem Hahn verbunden ist und ein bequemes Erneuern der Absorptionsflüssigkeit ermöglicht.

**f) Colorimetrische Bestimmung des Aminosäurestickstoffs mit Ninhydrin (180).**

*Allgemeine Bemerkungen.* Für die quantitative Durchführung der Ninhydrinreaktion gelten im Prinzip die auf S. 17 gemachten Angaben. Die colorimetrische Methode wird besonders in den Fällen mit Erfolg angewendet werden können, wo es sich darum handelt, sehr kleine Mengen von $\alpha$-Aminosäuren noch exakt zu bestimmen. Es können danach noch Mengen von 3 mg Aminostickstoff im Liter gut bestimmt werden. Verschiedene Mängel, die der SÖRENSENschen

Formoltitration anhaften, treten bei dieser Methode nicht zutage. Immerhin werden Prolin und Oxyprolin auch nach dieser Methode nicht erfaßt.

Auf den großen Einfluß der Wasserstoffionenkonzentration bei der Durchführung der Reaktion ist schon a. a. O. hingewiesen worden. Um einen für die colorimetrische Bestimmung stets gleichbleibenden blauvioletten Farbton zu erhalten, ist darauf zu achten, daß bei der Untersuchung stets ein und dieselbe Wasserstoffionenkonzentration vorhanden ist. Dies wird durch Zusatz eines Phosphatpuffergemisches erreicht ($p_H = 6{,}976$).

*Reagenzien.* 1. m/15 Lösung von „Kaliumphosphat zu Enzymstudien nach SÖRENSEN" (9,078 g Kaliumphosphat in 1 l Wasser).

2. m/15 Lösung von „Natriumphosphat zu Enzymstudien nach SÖRENSEN" (11,876 g Natriumphosphat in 1 l Wasser).

3. Puffergemisch. Die als Puffer, und mit Neutralrot versetzt als Vergleichslösung bei der Neutralisation dienende Phosphatmischung von $p_H = 6{,}976$ bereitet man aus den m/15 Kalium- und Natriumphosphatlösungen durch Mischen derselben im Verhältnis 2:3. Dieses Puffergemisch ist zweckmäßig aus den Stammlösungen jedesmal frisch zu bereiten.

4. Neutralrotlösung nach SÖRENSEN: 0,1 g Neutralrot in 1 l 50proz. Alkohol. Die Neutralrotlösung ist, in braunen Flaschen aufbewahrt, einige Zeit haltbar. Es empfiehlt sich jedoch, sie öfters zu erneuern.

5. n/10, n/100 und n/400 Natronlauge und Schwefelsäure.

6. 1 % wäßrige Ninhydrinlösung. Das Ninhydrin wird von den Höchster Farbwerken in Ampullen von 0,1 g geliefert. Die 1proz. Lösung ist in braunen Flaschen aufzubewahren und wird zweckmäßig jedesmal frisch bereitet, da sie sich nach einiger Zeit zersetzt.

7. Asparaginsäure- und je nach Wahl Alanin-, Glykokoll- oder Leucin-Vergleichslösungen. Zur Herstellung der erforderlichen verdünnten Vergleichslösungen bereitet man sich zweckmäßig erst Lösungen, die 100 mg Aminosäurestickstoff im Liter enthalten. Dazu sind abzuwägen für 500 cm³:

| | | | |
|---|---|---|---|
| Asparaginsäure | 0,4753 g | Alanin | 0,3179 g |
| Glykokoll | 0,2678 g | Leucin | 0,4678 g |

Aus diesen Lösungen werden durch Verdünnen von 20, 18, 16, 14, 12, 10, 8, 6, 4 und 2 cm³ auf 100 cm³ die einzelnen Vergleichskonzentrationen hergestellt. In den meisten Fällen wird man mit Asparaginsäure als Vergleichslösung auskommen. Liegen zur Untersuchung unbekannte Aminosäuren vor, so ist bei allfällig auftretenden geringen Farbunterschieden die Vergleichslösung entsprechend zu variieren. Um eine Zersetzung der Vergleichslösung zu verhindern, empfiehlt es sich, dieselbe mit Toluol zu überschichten und im Eisschrank aufzubewahren. Nach 2 Monaten hatten sich auf diese Weise aufbewahrte Lösungen noch nicht verändert. Bei der jeweiligen Entnahme der mit Toluol überschichteten Lösungen ist darauf zu achten, daß kein Toluol mit entnommen wird; man erreicht dies, indem man mit der oben verschlossenen Pipette die Toluolschicht rasch durchstößt und die Pipette bis fast auf den Boden des Gefäßes bringt.

Das zur Herstellung verwendete Wasser muß frei von Kohlensäure sein und daher nach L. MICHAELIS (159) in einem alten, oft gebrauchten Glaskolben ausgekocht sein.

*Ausführung der Bestimmung.* Je 2 cm³ der Vergleichslösungen, der zu untersuchenden Lösung und des Puffergemisches in gut gereinigte trockene Reagensgläser pipettieren. Die Analysenflüssigkeit darf nicht mehr als 20 mg Aminostickstoff im Liter enthalten, nötigenfalls ist entsprechend zu verdünnen. Liegen zur Untersuchung Lösungen vor, bei denen keine Anhaltspunkte über den annähernden Gehalt an Aminosäurestickstoff bestehen, so sind außer der unverdünnten Lösung auch die Verdünnungen 1:5, 1:25, 1:125 usw. zur Untersuchung heranzuziehen.

Zu allen Lösungen je 0,05 cm³ Neutralrotlösung zufügen, vorsichtig einmal umschwenken und mit Säure oder Lauge auf die Färbung der Phosphatvergleichslösung einstellen. Bei den Aminosäurevergleichslösungen bedarf es hierzu nur weniger Tropfen n/400 Lauge. Ist die Wasserstoffionenkonzentration der zu untersuchenden Lösung unbekannt, so ermittelt man zuerst durch einen Vorversuch die zur Neutralisation erforderliche Menge Säure oder Alkali. Dann verfährt man zweckmäßig so, daß je nach der Wasserstoffionenkonzentration tropfenweise n/10, n/100 oder n/400 Lauge bzw. Säure bis zum Farbumschlag zugegeben werden. Wurden n/10 oder n/100 Lösungen verwendet, so ist mit der nächst schwächeren Lösung bis zum neuen Farbumschlag zurückzutitrieren, bis mit n/400 Lösungen die Neutralisation endgültig erreicht ist. In den meisten Fällen läßt sich mit 1 Tropfen n/400 Säure oder Lauge der Farbton der Vergleichslösung genau einstellen. Bei der Neutralisation ist darauf zu achten, daß das Volumen der betreffenden Lösung nicht zu stark vergrößert wird. Zu den so neutralisierten Lösungen je 2 cm³ der Phosphatmischung sowie je 1 cm³ der Ninhydrinlösung zufügen, gut umschütteln und die Reagensgläser in einem Einsatz in ein lebhaft siedendes Wasserbad bringen. So lange erhitzen, bis die 3 mg/l Aminosäurestickstoff enthaltende Vergleichslösung eben anfängt, sich blauviolett zu färben. Dies ist gewöhnlich etwa nach $^1/_2$ Stunde der Fall. Man überzeugt sich, indem man den Einsatz mit *sämtlichen* Reagensgläsern heraushebt und die Färbungen betrachtet. Einzelne Reagensgläser dürfen während des Erhitzens auch nicht vorübergehend aus dem Wasserbad entfernt werden, da die Ninhydrin-reaktion stark von der Erhitzungsdauer abhängt.

Nach dem Erhitzen auf Zimmertemperatur abkühlen, $^1/_2$ Stunde stehen lassen und in Standzylindern auf 100 cm³ verdünnen. Gegen einen weißen Hintergrund an Hand der Vergleichslösungen den Gehalt der zu untersuchenden Lösung an Aminostickstoff feststellen.

## F. Trennungsmethoden.

*Allgemeine Bemerkungen.*

Von den im folgenden beschriebenen drei „großen Trennungsmethoden" ist die E. FISCHERsche in einzelnen Teilen überholt; von prinzipieller, großer Bedeutung verbleibt die Trennung der Monoamino-monocarbonsäuren nach der Estermethode.

Das Verfahren von DAKIN, nach welchem wir in neuerer Zeit mit sehr guten Erfolgen gearbeitet haben, bietet den großen Vorteil, daß die Monoamino-monocarbonsäuren auf einfache Weise von allen anderen Aminosäuren getrennt werden können. Es scheint verwunderlich, daß in manchen neueren Arbeiten diese prinzipielle Trennung nicht immer angewandt, bzw. daß die DAKINsche Methode nicht häufiger mit den Errungenschaften neuerer Forschung kombiniert wurde.

Das JONES-FOREMANsche Verfahren gibt im Vergleich zur FISCHERschen Methode ebenso wie das DAKINsche Verfahren unvergleichlich bessere Ausbeuten, es besitzt jedoch den Nachteil, daß das Tyrosin in verschiedenen Fraktionen erscheint.

Unter Zuhilfenahme der im nachfolgenden Teil beschriebenen „kleinen Trennungsverfahren" wird man bei einer Trennung eines Aminosäuregemisches nicht auf allzu große Schwierigkeiten stoßen, es ist allerdings zu bemerken, daß besonders bei der fraktionierten Krystallisation die große Erfahrung mancher Forscher ausschlaggebend für eine erfolgreiche Trennung war.

Nach welchem der Verfahren man im einzelnen arbeiten soll, hängt einerseits ab von der Menge und Art des vorliegenden Aminosäuregemisches und ferner davon, ob man es bei der Untersuchung auf einen ganz bestimmten Eiweißbaustein abgesehen hat. Für den letzteren Fall sind in neuerer Zeit einige Methoden bekannt geworden, die die Abtrennung einzelner Aminosäuren aus einem Gemisch erlauben. Wir erinnern an die Abscheidung des Arginins, Histidins, Prolins usw. Ferner lassen sich für diesen Fall auch die colorimetrischen Methoden heranziehen (s. S. 156).

Von der Schilderung eines einzigen, allgemein und streng gültigen Trennungsverfahrens ist vor der Hand noch abzusehen, und es bleibt der Geschicklichkeit des Einzelnen überlassen, durch Kombination aller im folgenden beschriebenen Methoden die für den speziellen Fall am günstigsten erscheinenden Bedingungen zu schaffen.

*Im Laboratorium von* E. WINTERSTEIN, *Zürich, wird seit einiger Zeit prinzipiell etwa folgendermaßen vorgegangen.*

Hydrolyse mit Salzsäure. Abscheidung der Glutaminsäure als Chlorhydrat. Entfernung der Salzsäure durch mehrmaliges Einengen der wäßrigen Lösung im Vakuum. Rest der Salzsäure mit Silber- oder Bleicarbonat entfernen. Extraktion mit Butylalkohol und Propylalkohol im Vakuum nach DAKIN. Monoaminosäuregemisch von Prolin und Oxyprolin befreien und so weit als möglich durch fraktionierte Krystallisation trennen. Hierbei dürften verschiedene der kleinen Trennungsverfahren nutzbringend anzuwenden sein. Den durch fraktionierte Krystallisation nicht weiter trennbaren Rest nach FOREMAN verestern und entsprechend aufarbeiten.

Die von den Monoaminosäuren befreite wäßrige Lösung in zwei oder *mehrere* aliquote Teile teilen. In einem Teil die Hexonbasen bestimmen, in einem zweiten Dicarbonsäuren mit Bariumhydroxyd und Alkohol ausfällen. Weitere aliquote Teile können unter Umständen zur direkten Abscheidung einer einzelnen Aminosäure verwendet werden (Benzylidenarginin usw.).

*Da die* VAN SLYKE*sche Methode zur Bestimmung der Stickstoffverteilung in 7 Gruppen sehr wichtige Anhaltspunkte liefert, sollte sie vor der eigentlichen Trennung oder parallel mit dieser durchgeführt werden.*

In neuerer Zeit ist von S. B. SCHRYVER und H. W. BUSTON (186) die Carbaminatmethode zur Trennung eines Aminosäuregemisches weiterentwickelt worden. Das Verfahren beruht im Prinzip darauf, daß die Bariumcarbaminate durch Behandeln mit verschiedenen Lösungsmitteln voneinander getrennt werden. Die Autoren fanden dabei einige noch unbekannte Oxyaminosäuren, auch werden einige allgemein wichtige Angaben gemacht. Darüber, ob sich das Verfahren praktisch in quantitativer Hinsicht bewähren wird, kann mit Bestimmtheit noch nichts ausgesagt werden.

## a) Trennung der Aminosäuren nach der Estermethode von E. FISCHER (63). (Tabelle A.)

*Prinzip*: Die salzsauren Hydrolysate werden nach Verdünnen mit Wasser durch Filtration von Huminsubstanzen befreit, konzentriert, bis sich der größte Teil der Glutaminsäure als Chlorhydrat abgeschieden hat. Die übrigen Aminosäuren werden in ihre Ester übergeführt, der fraktionierten Destillation unterworfen, und die einzelnen Fraktionen nach Verseifung im wesentlichen durch fraktionierte Krystallisation zu trennen versucht. Die im Destillationsrückstand enthaltenen Hexonbasen werden von noch vorhandenen Aminosäuren durch Ausfällen mit Phosphorwolframsäure abgetrennt.

*Hydrolyse*: Siehe die Ausführungen von M. BERGMANN über Eiweißstoffe S. 299. Die Vollständigkeit der Hydrolyse ist nach dem auf S. 90 beschriebenen Verfahren festzustellen.

*Abscheidung von Glutaminsäure.* Das salzsaure Eiweißhydrolysat so weit mit Wasser verdünnen, daß es ein Koliertuch nicht mehr zerstört. Durch ein engmaschiges Koliertuch filtrieren und die darauf verbleibenden Huminsubstanzen mit Wasser so lange auswaschen, bis das Filtrat farblos abläuft.

[1] Filtrat in einem Claisenkolben im Vakuum einengen, Konzentrat 24—48 Stunden im Eisschrank stehen lassen und das abgeschiedene Glutamin-

säurechlorhydrat auf einer porösen Porzellannutsche abnutschen. Mit etwas 20proz. Salzsäure nachwaschen und aus mäßig konzentrierter Salzsäure umkrystallisieren. Mutterlaugen mit dem Filtrat vereinigen.

Bei dieser oder ähnlichen Operationen gelingt in den seltensten Fällen eine vollkommene Trennung von Unlöslichem und Mutterlauge. Es soll hier in einem Falle gezeigt werden, wie krystallinische Ausscheidungen und deren Mutterlaugen zu verarbeiten sind. In allen analogen Fällen ist in dieser Weise zu verfahren.

| Ausscheidung | | Filtrat | |
|---|---|---|---|
| (Glutaminsäurechlorhydrat) umkrystallisieren | | mit Mutterlauge I vereinigen, konzentrieren, auskrystallisieren lassen | |
| Krystalle I | Mutterlauge I | Krystalle II | Mutterlauge II |

Krystalle II umkrystallisieren und mit Mutterlauge II vereinigen. Mutterlauge II nötigenfalls nochmals konzentrieren usw.

Das Glutaminsäurechlorhydrat wird durch eine Stickstoffbestimmung auf seinen Reinheitsgrad geprüft und durch die auf S. 54 angegebenen Derivate charakterisiert.

Da die pflanzlichen Proteine meistens sehr reich an Glutaminsäure sind, ist diese in allen Fällen auf diese Weise abzuscheiden. Das Filtrat vom Glutaminsäurechlorhydrat kann nach der hier beschriebenen Methode oder nach den Verfahren von DAKIN oder JONES-FOREMAN weiter verarbeitet werden.

[A] Die vereinigten Filtrate in einem Claisenkolben unter vermindertem Druck eindampfen, bis der zurückbleibende Syrup Blasen wirft. (Nicht zur Trockne!) Der Destillationskolben ist so groß zu wählen, daß er nach Zusatz der dreifachen Menge Alkohol, bezogen auf Rückstand zu etwa $^{2}/_{3}$ angefüllt ist.

Den noch warmen Rückstand mit der dreifachen Menge *absoluten* Alkohols übergießen und zuerst unter mäßiger Kühlung, dann bei Zimmertemperatur Salzsäuregas bis zur Sättigung einleiten, d. h. bis die Lösung zu rauchen anfängt. Der Salzsäurestrom soll lebhaft sein. Man entwickelt die Salzsäure am besten aus einem mit Ammonchlorid in Würfeln beschickten KIPPschen Apparat. Feuchtigkeit ist während der ganzen Operation fernzuhalten, vor allem ist das Salzsäuregas sorgfältig zu trocknen. Sollte der Rückstand nicht vollständig in Lösung gehen, so wird vor beendeter Salzsäurezufuhr auf dem Wasserbad unter gutem Umschwenken erwärmt. Sandartige Massen, die eventuell am Boden zurückbleiben, bestehen bei pflanzlichen Proteinhydrolysaten gewöhnlich aus Ammonchlorid, bei tierischen, die reich an Glykokoll sind, scheidet sich beim Erkalten Glykokollesterchlorhydrat aus.

[2] Kolbeninhalt bei 10—15 mm Druck und etwa 40° Badtemperatur bis zur Trockne eindampfen und die Veresterung in der oben angegebenen Weise wiederholen. Es ist vorteilhaft, die Veresterung noch ein drittes Mal durchzuführen. Die mehrmalige Veresterung ist notwendig, da sich bei der Reaktion Wasser bildet, welches der Veresterung entgegenwirkt.

[B] *Isolierung der Aminosäureester aus den Esterchlorhydraten mit Natriumalkoholat.* Das von E. FISCHER ursprünglich angewandte Verfahren der Umsetzung mittels Natronlauge und Kaliumcarbonat ist ziemlich umständlich. Nach neueren Untersuchungen von E. ABDERHALDEN (4) und auch nach eigenen Erfahrungen führt die Verwendung von Natriumalkoholat besser zum Ziel.

Den nach dem Abdestillieren des salzsäurehaltigen Alkohols hinterbleibenden Sirup in absolutem Alkohol lösen, nötigenfalls filtrieren und die klare Lösung in einem Maßkolben auf ein bestimmtes Volumen bringen. In einem aliquoten Teil dieser Lösung den Chlorgehalt gravimetrisch oder titrimetrisch *genau* bestimmen.

Tabelle A. Trennung der Aminosäuren nach E. FISCHER.

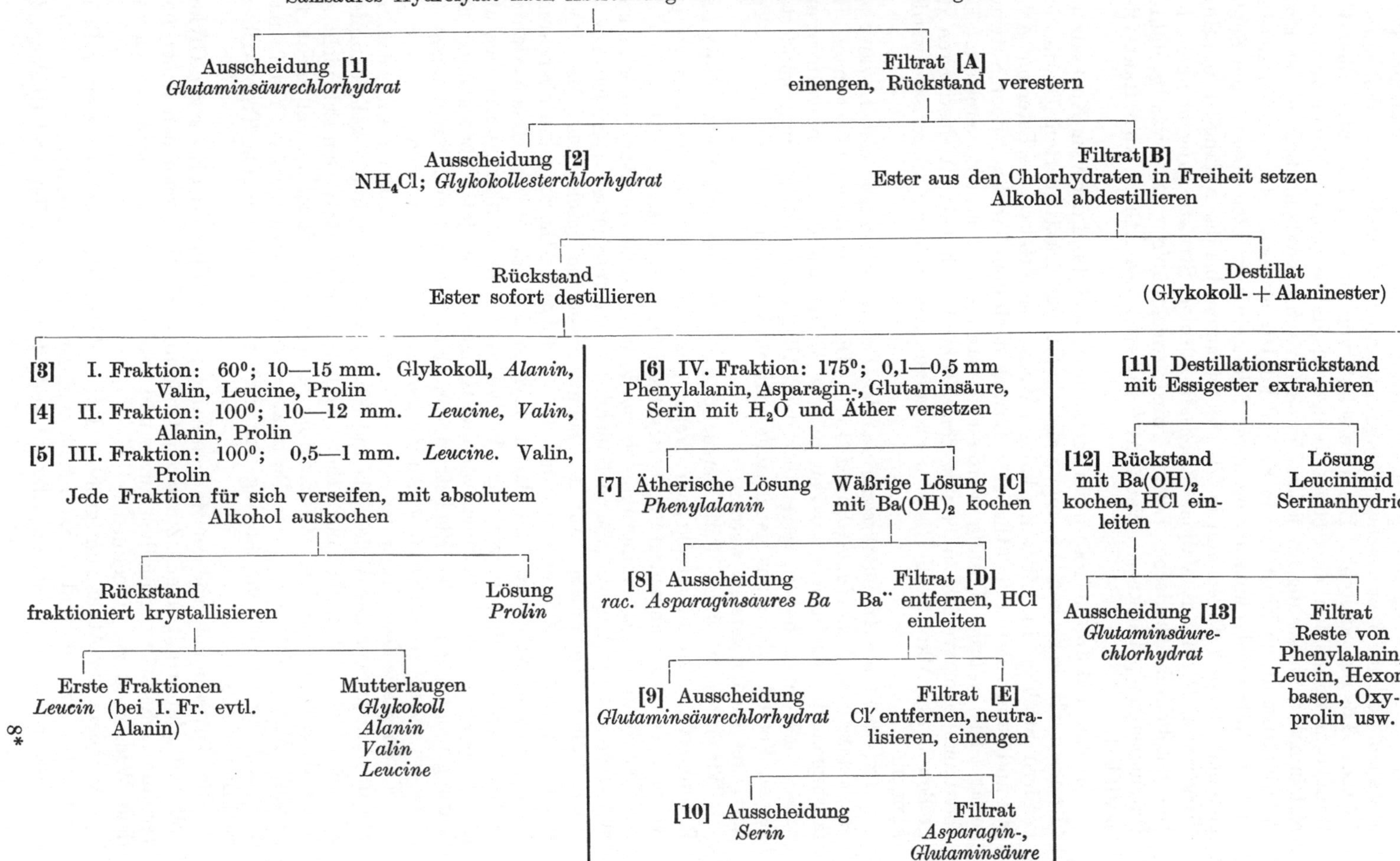

Die zur Bindung des gesamten Chlors benötigte Menge Natrium genau abwägen und in einer solchen Menge absoluten Alkohols lösen, daß eine ca. 2,5proz. Lösung entsteht. Ein Überschuß von Natrium ist unter allen Umständen zu vermeiden, eher etwas weniger als die berechnete Menge anwenden! Natriumalkoholatlösung für jeden Versuch frisch herstellen. Lösung der Esterchlorhydrate durch Einstellen in Eis gut kühlen, etwas absoluten Äther zusetzen und die Natriumalkoholatlösung unter Schütteln zutropfen lassen, zum Schluß nochmals Äther zufügen und in Eis stehen lassen, bis das anfänglich in schwer filtrierbarer Form ausgefallene Kochsalz körnige Struktur angenommen hat. Die alkoholisch-ätherische Lösung wird zweckmäßig mit etwas geglühtem Natriumsulfat getrocknet. Nach Abdestillieren des Äthers wird fraktioniert destilliert.

JONES und JOHNS (100) unterwarfen den Rückstand der vom Kochsalz abfiltrierten alkoholischen Lösung nicht direkt der fraktionierten Destillation, sondern mischten ihn mit wenig kaltem Wasser, schüttelten die Ester mit Äther aus und verarbeiteten die ätherische Lösung nach dem Trocknen über Natriumsulfat. Die wäßrige Lösung wurde eingedampft und erneut verestert. Das Natriumalkoholatverfahren besitzt den Nachteil, daß beim Abdestillieren der großen Menge Alkohols die Ester der niederen Aminosäuren mitgerissen werden können.

*Isolierung der Aminosäureester aus den Esterchlorhydraten nach* LEVENE *mit Bariumoxyd und Bariumhydroxyd* (137). Dieses Verfahren bietet nach Erfahrungen, die wir in neuester Zeit bei der Aufarbeitung von Aminosäuren aus Silagen gewonnen haben, gegenüber dem Alkoholatverfahren zum mindesten keinen Vorteil. Bei nicht ganz sachgemäßem Vorgehen kann ein großer Teil der Ester wieder verseift werden.

Wir haben in einem Falle versucht, die Ester nur mit Verwendung von Bariumoxyd, also auf trockenem Wege, aus den Esterchlorhydraten zu gewinnen. Der Versuch zeitigte gute Resultate (J. A. BACHMANN [23]).

Der Syrup der Esterchlorhydrate wurde mit absolutem Äther versetzt und mit einer entsprechenden Menge äußerst fein pulverisiertem Bariumoyxds in einem kühlen Kellerraume auf der Schüttelmaschine geschüttelt. Der Äther wurde von Zeit zu Zeit erneuert und die vereinigten Ätherextrakte über wenig Natriumsulfat getrocknet. Das Bariumoxyd muß alkalifrei sein. Das Verfahren besitzt gegenüber den anderen den Vorteil großer Einfachheit, ob es sich allgemein bewähren wird, können wir auf Grund der bis jetzt vorliegenden Erfahrung nicht sagen. Der Rückstand von Bariumchlorid und Bariumoxyd ist nicht auf eventuell vorhandene Aminosäuren untersucht worden.

*Fraktionierte Destillation der Ester.* Da die Ester der niederen Aminosäuren, vor allem diejenigen des Glykokolls und Alanins mit Äther- und Alkoholdämpfen teilweise flüchtig sind, darf der Äther aus dem Alkohol-Äther-Gemisch nicht zu rasch abdestilliert werden. Zweckmäßig verfährt man dabei so, daß nicht die gesamte Menge auf einmal zur Destillation gebracht wird, sondern daß man die alkoholisch-ätherische Lösung von Zeit zu Zeit aus einem Tropftrichter nachfließen läßt.

Bei Anwesenheit größerer Mengen Äther gehen stets etwas Ester von Glykokoll und Alanin mit über. Zu deren Isolierung schüttelt man den Äther mit verdünnter Salzsäure gründlich durch und verdampft die salzsaure Lösung auf dem Wasserbad zur Trockne.

Nachdem der Äther zum größten Teil entfernt ist, Alkohol bei einer Badtemperatur von 40$^0$ und einem Druck von etwa 10 mm abdampfen. Destillat mit etwas Salzsäure versetzen, Alkohol weitgehend abdampfen und Rückstand, der aus Alanin- und Glykokollester oder freien Aminosäuren bestehen kann, mit der aus dem Äther gewonnenen Fraktion vereinigen. Trennung von Alanin und Glykokoll nach S. 139.

Den noch warmen, von Alkohol möglichst befreiten Destillationsrückstand unter Zuhilfenahme von wenig absolutem Äther in einen Claisenkolben passender Größe bringen. Die zu verwendende Capillare soll unten nicht zu eng sein; um starkes Blasenwerfen zu vermeiden, wird das aus dem Kolben herausragende Ende des Glasrohres zu einer feinen Capillare ausgezogen. Schweinchen mit Glasschliff und 5 Ansätzen, an denen sich gewogene Vorlagen befinden. Da bei der Destillation Gummi angegriffen wird, sind die Stopfen unten mit Korkscheiben zu versehen. Am Ableitungsrohr des Destillationskolbens selbst keinen Kühler anbringen, hingegen Vorlagen, besonders bei den ersten Fraktionen gut kühlen. Es wurde auch die Verwendung einer mit flüssiger Luft gekühlten Vorlage empfohlen. Die Destillate sollen farblos sein, sie werden zweckmäßig sofort nach der Destillation verseift. Man mache es sich zur Regel, das Gewicht der einzelnen Fraktionen jeweils zu bestimmen.

In der Regel wird man mit 4—5 Fraktionen auskommen. Außer der Badtemperatur ist unbedingt auch die Temperatur der übergehenden Dämpfe zu beachten. Stellt man fest, daß wesentliche Mengen des Kolbeninhaltes bei konstanter Temperatur übergehen, so fängt man diese Fraktion für sich auf. In der nachfolgenden Tabelle ist ein Fraktionierungsschema angegeben, wie es E. FISCHER gewöhnlich angewandt hat. Es bleibt jedoch der Geschicklichkeit des Einzelnen überlassen, gegebenenfalls davon abzuweichen, da die Mengen der einzelnen Aminosäuren naturgemäß von Fall zu Fall verschieden sind.

| Fraktion | Bad-temperatur | Druck in mm | enthält die Ester von |
|---|---|---|---|
| 1 | bis 60° | 12 | Glykokoll, Alanin, nur wenig Valin, Leucin und Prolin. |
| 2 | bis 100° | 12 | Leucine, Valin, Alanin, Glykokoll, Prolin. |
| 3 | bis 100° | 0,1—0,5 | reichlich Leucin, Isoleucin, daneben Alanin, Valin, Prolin. |
| 4 | bis 175° | 0,1—0,5 | Phenylalanin, Asparaginsäure, Glutaminsäure, Serin, Leucin. |
| 5 | Rückstand | | Hexonbasen, Anhydride, Phenylalanin usw. |

[3] *Aufarbeitung der I. Fraktion.* Bei Aminosäuren aus pflanzlichem Material besteht diese Fraktion zur Hauptsache aus Alaninester, daneben können die Ester von Glykokoll sowie von Valin und Prolin, eventuell auch Leucin vorhanden sein.

Verseifen durch 6—8stündiges Kochen mit der 8—10fachen Menge Wasser unter Rückfluß bis zum Verschwinden der alkalischen Reaktion. Enthielt das Ausgangsmaterial sehr viel Leucin, so kann sich dieses hier schon zum Teil beim Erkalten der Lösung ausscheiden.

Entfernung von Prolin:

Wäßrige Lösung im Vakuum zur Trockne eindampfen und Rückstand mehrmals mit absolutem Alkohol auskochen, um das Prolin in Lösung zu bringen. Beim Abkühlen trübt sich der Alkohol gewöhnlich durch Ausscheidung von mitgelösten Aminosäuren. Nach einigem Stehen abfiltrieren und die alkoholischen Auszüge im Vakuum zur Trockne verdampfen, Rückstand wieder mit Alkohol auskochen, vom ungelösten abtrennen und wieder zur Trockne verdampfen. Dieser Prozeß ist so oft zu wiederholen, bis alle in Alkohol unlöslichen Anteile möglichst entfernt sind, wobei zu beachten ist, daß das teilweise racemisierte Prolin in Alkohol nicht sehr leicht löslich ist, man darf also nicht zu kleine Mengen Alkohol anwenden.

Die II. und III. Fraktion, in denen ebenfalls Prolin enthalten sein kann, werden auf gleiche Weise behandelt. Reinigung von Prolin s. auch S. 70, 137, 149).

Alkoholische Lösung eindampfen, Rückstand wägen und mit überschüssigem, frisch gefälltem Kupferoxyd kochen. Filtrat vom Kupferoxyd im Vakuum zur Trockne bringen. Den meist syrupösen Rückstand zur Trennung des l-Prolinkupfers von der racemischen Verbindung mit absolutem Alkohol auskochen. Aus dem konzentrierten alkoholischen Filtrat scheidet sich nach einigem Stehen das l-Prolinkupfer aus. Die syrupösen Mutterlaugen bestehen wohl zum Teil aus Zersetzungsprodukten des Prolins. Das in Alkohol unlösliche racemische Prolinkupfer aus Wasser umkrystallisieren und als solches oder nach dem Entkupfern zur Identifizierung verwenden.

Die quantitative Erfassung des Prolins nach dieser Methode ist unmöglich. Weit bessere Resultate zeitigt das Verfahren von DAKIN.

Der von Prolin befreite Rückstand wird von Leucin und Valin durch fraktionierte Krystallisation zu trennen versucht. Trennung von Glykokoll und Alanin s. S. 139.

Für $[\alpha]_D$ von Alanin findet man meistens zu niedrige Werte, da das bei der Hydrolyse entstehende racemische Alanin nur sehr schwer von der aktiven Verbindung zu trennen ist.

[4] *Aufarbeitung der II. Fraktion.* Sie besteht zur Hauptsache aus einem Gemisch von Leucin, Isoleucin und Valin, daneben findet man wechselnde Mengen von Alanin und Prolin.

Wenn Leucin in reichlicherer Menge vorhanden ist, scheidet es sich nach dem Verseifen in blättrigen Krystallen ab. Abnutschen, im Vakuum zur Trockne verdampfen und Rückstand zur Entfernung des Prolins wie oben angegeben mit Alkohol behandeln.

Den in Alkohol unlöslichen Teil in einer entsprechenden Menge Wasser lösen und durch sukzessives und langsames Einengen — unter Verwendung der jeweils anfallenden Mutterlaugen — in möglichst zahlreiche Krystallfraktionen zerlegen. Die ersten Fraktionen bestehen meist aus Leucin + Isoleucin, dann folgen Gemische von Leucin und Valin, aus den letzten Mutterlaugen erhält man Valin und Alanin.

Die einzelnen Fraktionen werden systematisch untersucht. Aus den verschiedenen Schmelz- bzw. Zersetzungspunkten lassen sich mancherlei Schlüsse ziehen. Ferner kann auch die Geschmacksprüfung schon Anhaltspunkte ergeben: Glykokoll und Alanin schmecken ausgesprochen süß, Valin nur schwach süß mit bitterem Nachgeschmack, Leucin süß und leicht bitter.

Besonders schwierig ist eine Trennung durch fraktionierte Krystallisation, wenn Alanin vorhanden ist.

Die im Kapitel „Kleine Trennungsverfahren" beschriebenen Methoden ermöglichen immerhin eine so weitgehende Trennung von Leucin, Isoleucin, Valin und Alanin, wie es für den Pflanzenchemiker notwendig erscheint, dies um so mehr, als man es in vielen Fällen mit *vergleichenden Untersuchungen* zu tun haben wird, und nicht darauf angewiesen ist, chemisch reine Stoffe darzustellen.

[5] *Aufarbeitung der III. Fraktion.* Diese Fraktion enthält bei gut geleiteter Destillation im wesentlichen nur Leucin, Isoleucin und Valin. Glykokoll, Alanin und Prolin sind in der Regel nur in geringen Mengen vorhanden.

Das Prolin wird wie oben angegeben entfernt, und der Rückstand fraktioniert krystallisiert, wobei die ersten Fraktionen viel Leucin und Isoleucin liefern.

Die Mutterlaugen können mit denjenigen der II. Fraktion vereinigt und nach den speziellen Trennungsverfahren auf einzelne Aminosäuren verarbeitet werden.

[6] *Aufarbeitung der IV. Fraktion.* Diese Fraktion enthält die Ester von Phenylalanin, Asparaginsäure, Serin und Glutaminsäure.

[7] Estergemisch zur Entfernung des Phenylalanins mit dem 5fachen Volumen Wasser versetzen, wobei sich der Phenylalaninester in feinen Tröpfchen abscheidet. Im Scheidetrichter mit dem gleichen Volumen Äther ausschütteln, ätherische Lösung zur Entfernung anderer Aminosäureester mehrmals mit wenig Wasser waschen. Waschwasser mit der wäßrigen Lösung vereinigen. Ätherische Lösung über Natriumsulfat trocknen, Äther abdestillieren, Rückstand wägen und den Ester durch wiederholtes Abdampfen mit konzentrierter Salzsäure verseifen. Das zurückbleibende Phenylalaninchlorhydrat läßt sich durch Umkrystallisieren aus Salzsäure reinigen. Reinigungsmethoden für Phenylalanin s. S. 139, 148, 172.

[C] [8] Die vom Phenylalanin befreite wäßrige Lösung mit zweimal so viel Bariumhydroxyd, als das Gewicht der gesamten Esterfraktion betrug, versetzen und 2 Stunden kochen. Dabei werden die Ester verseift und die Asparaginsäure racemisiert. Nach mehrtägigem Stehen krystallisiert neben Bariumhydroxyd das Bariumsalz der d, l-Asparaginsäure in feinen Drusen aus. Abnutschen und Krystalle mit 25% Schwefelsäure kochen. Vom Bariumsulfat abfiltrieren, gut auswaschen und Filtrat genau mit Bariumhydroxyd neutralisieren. Das Filtrat vom Bariumhydroxyd liefert beim Eindunsten reine Asparaginsäure.

Die Bestimmung der Asparaginsäure nach diesem Verfahren ist nicht annähernd quantitativ!

[D] [9] Filtrat vom asparaginsauren Barium mit Schwefelsäure vom Barium befreien und im Vakuum zur Trockne verdampfen. Rückstand wägen, in Wasser lösen, nötigenfalls mit Tierkohle kochen und unter Kühlung Salzsäuregas bis zur Sättigung einleiten. Nach mehrtägigem Stehen im Eisschrank scheidet sich Glutaminsäurechlorhydrat ab, das mit der ersten Fraktion vereinigt wird.

Die Mutterlaugen können neben Glutaminsäure noch Asparaginsäure enthalten, über deren Trennung s. S. 146.

[E] [10] Die Abtrennung des Serins, das sich ebenfalls in diesen Mutterlaugen befinden kann, ist nicht ganz einfach. Am besten kommt man noch zum Ziel, indem man nach Entfernung des Chlors als $PbCl_2$ und des überschüssigen Bleis mit Schwefelwasserstoff die beigemengte Glutamin- bzw. Asparaginsäure mit Natronlauge genau neutralisiert und dann einengt. Das Serin scheidet sich dabei in Krusten monokliner Krystalle ab. Gelingt die Abscheidung auf diesem Wege nicht, so wird es zweckmäßig als Naphthalinsulfoderivat isoliert.

[11] *Aufarbeitung des Destillationsrückstandes.* Dieser kann Leucinimid, Serinanhydrid, Tyrosinester, manchmal reichliche Mengen Glutaminsäureester, sowie Oxyprolin und kleinere Mengen von Leucin und Phenylalaninester enthalten. Ferner befinden sich die gesamten Hexonbasen, soweit sie nicht zersetzt worden sind, im Rückstand.

Der Kolbenrückstand besteht aus einer dunkelbraunen, meist zähflüssigen Masse; an den Kolbenwandungen beobachtet man manchmal krystallinische Ausscheidungen, die aus Anhydriden der Aminosäuren bestehen, diese lassen sich mit Essigester herauslösen und als solche oder nach Verseifung identifizieren.

Nach unseren Erfahrungen lohnt sich nach Extraktion allfällig vorhandenen Leucinimids mit Essigester nur noch die Aufarbeitung des Rückstandes auf Glutaminsäure, die darin zum Teil als Pyrrolidoncarbonsäure enthalten ist.

[12] [13] Rückstand in Wasser lösen und mit der doppelten Menge seines Gewichts an Bariumhydroxyd 16 Stunden unter Rückfluß kochen. Barium mit Schwefelsäure entfernen, Filtrat stark einengen und Glutaminsäure in üblicher Weise als Chlorhydrat abscheiden.

Die Isolierung der Hexonbasen erfolgt am besten vor der Veresterung aus einem aliquoten Teil der Lösung.

Will man aus dem Rückstand Oxyprolin isolieren, was wesentlich einfacher nach der DAKINschen Methode gelingt, so fällt man die Hexonbasen aus dem in Wasser gelösten Rückstand mit Phosphorwolframsäure aus, verarbeitet das Filtrat in bekannter Weise auf Aminosäuregemisch und entzieht demselben das Oxyprolin mit Methylalkohol wie auf S. 123 angegeben.

**Methode von CHERBULIEZ** (41). Besser als die Ester scheinen zur Trennung durch fraktionierte Destillation die acetylierten Aminosäureester geeignet zu sein. Die Methode hat den Vorteil, daß während der Destillation sekundäre Veränderungen (Bildung von Dioxopiperazinen beim Erhitzen von Aminosäureestern) vermieden werden, doch fehlt noch eine eingehenderen Bearbeitung des Verfahrens.

### b) Trennung der Aminosäuren nach der Butylalkoholmethode von DAKIN (47). (Tabelle B.)

*Prinzip.* Das wäßrige Aminosäuregemisch wird im Vakuum mit Butylalkohol extrahiert, wobei die Monoamino-monocarbonsäuren sowie Prolin und Oxyprolin in Lösung gehen. Aus dem butylalkoholischen Extrakt scheiden sich die Monoamino-monocarbonsäuren sowie Oxyprolin beim Erkalten aus, während Prolin in Lösung bleibt. In der wäßrigen Lösung verbleiben die Hexonbasen sowie die Dicarbonsäuren und unter Umständen auch ein Teil des Glykokolls.

*Hydrolyse.* Die Hydrolyse erfolgt nach den Angaben von M. BERGMANN S. 299.

DAKIN hat mit Schwefelsäure hydrolysiert, wohl wegen der bequemeren Entfernung der überschüssigen Säure. Das schwefelsaure Hydrolysat wird mit Wasser verdünnt und die Säure in üblicher Weise mit Bariumhydroxyd entfernt, bis das Filtrat gegen Lackmus nur noch ganz schwach sauer reagiert, nicht aber gegen Kongopapier. Das Optimum für die Extraktion mit Butylalkohol hängt vom $p_H$ der Lösung ab. Die Monoaminosäuren sollen sich in einer Lösung befinden, die gegen Lackmus genau neutral ist! Die Reaktion der gesamten Hydrolysenflüssigkeit weicht dann bei den einzelnen Proteinen ein wenig davon ab, je nach ihrem Gehalt an Hexonbasen und Dicarbonsäuren. Die letzte Neutralisation kann unter Umständen mit Essigsäure und Ammoniak erfolgen, doch ist dieses Verfahren nicht immer empfehlenswert.

Beim Einengen des neutralen Filtrates kann bei Anwesenheit von viel Tyrosin dieses teilweise ausfallen.

Liegt ein Salzsäurehydrolysat vor, so weicht man am Anfang von der DAKINschen Methode insofern vorteilhaft ab, als die Hauptmenge der Glutaminsäure vor der Extraktion als Chlorhydrat abgeschieden wird. Hierauf entfernt man die Salzsäure möglichst weitgehend durch Eindampfen im Vakuum. Zur Entfernung der letzten Reste Salzsäure verdünnt man mit Wasser, fällt mit Silbersulfat, einen allfälligen Überschuß von Silber mit Schwefelwasserstoff und die Schwefelsäure mit Barytwasser. Auch die direkte Neutralisation einer nur noch schwach salzsauren Lösung mit Natronlauge dürfte geeignet sein. Nach den Angaben von J. BACHMANN (24) waren nach einer Extraktionszeit von 100 Stunden beträchtliche Mengen anorganischer Salze oder Salze von Aminosäuren in den Butylalkohol übergegangen.

*Apparatur:* Abb. 20.

*Extraktion.* Neutrale Flüssigkeit auf dem Wasserbad bis zur beginnenden Ausscheidung von Leucin einengen und dann noch warm in das Extraktionsgefäß *A* überführen. Für 100 g Ausgangsmaterial ist ein Gefäß von etwa 300 $cm^3$ Inhalt erforderlich. Die wäßrige Lösung soll $^3/_4$ bis $^5/_6$ des zur Verfügung stehenden Raumes einnehmen, während die darüber stehende Butylalkoholschicht nur sehr klein sein soll.

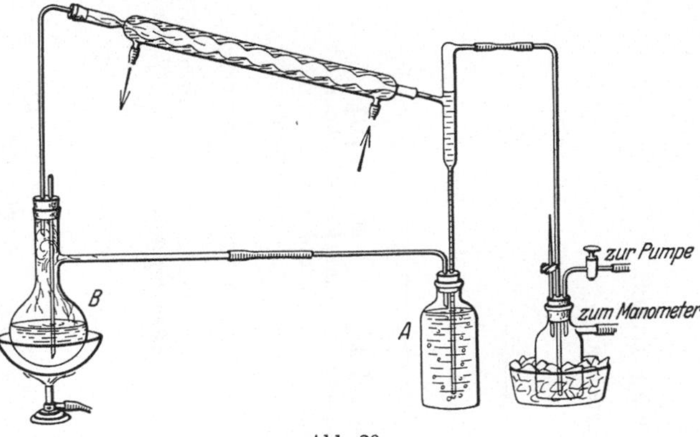


Abb. 20.

Kolben *B* mit dem Butylalkohol in ein Wasserbad gut versenken und so stark erhitzen, daß ein rascher Strom von Butylalkohol dauernd zurückfließt. Druck: ca. 10 mm. Badtemperatur: 40—50°.

Man arbeitet unter vermindertem Druck, um Anhydrisierung der Aminosäuren möglichst zu vermeiden.

Extraktion tagsüber laufen lassen, über Nacht abkühlen, die aus dem Butylalkohol ausgeschiedenen Aminosäuren abnutschen und mit Butylalkohol nachwaschen. Waschalkohol für weitere Extraktionen verwenden. Bei lästigem Stoßen der Lösung werden die ausgeschiedenen Aminosäuren nach Bedarf öfters abgenutscht. Die Extraktion darf als beendet angesehen werden, wenn über Nacht aus dem Butylalkohol nichts mehr auskrystallisiert. In der Regel benötigt man für eine Extraktion mindestens 36 Stunden, bei Anwesenheit von viel Glykokoll wesentlich mehr. Serin, Glykokoll und Oxyprolin gehen am schwersten in den Butylalkohol über. Es ist zweckmäßig zum Schluß noch mit Propylalkohol zu extrahieren, welcher das Oxyprolin ziemlich rasch aufnimmt.

DAKIN erhielt auf diese Weise aus 113 g Zein 60 g eines Gemisches von Monoaminosäuren (49).

*Verarbeitung der butylalkoholischen Lösung.* In der erkalteten butylalkoholischen Lösung findet sich das gesamte Prolin.

[A] Lösung im Vakuum bis zur Syrupkonsistenz eindampfen. Das so gewonnene Rohprolin durch Behandeln mit absolutem Alkohol nach den auf S. 117 gemachten Angaben möglichst von beigemengten Aminosäuren befreien (über die Reinigung des Prolins s. auch S. 148). Die im absoluten Alkohol unlöslichen Aminosäuren werden gemeinsam mit den aus dem Butylalkohol auskrystallisierten verarbeitet.

[B] Bei Anwesenheit größerer Mengen von Oxyprolin findet sich dieses unter Umständen vermengt mit Serin im Propylalkoholextrakt.

[1] *Verarbeitung der aus dem Butylalkohol auskrystallisierten Aminosäuren.* Das Gemisch kann aus Alanin, Valin, den Leucinen, Phenylalanin, Tyrosin sowie Serin, Oxyprolin und Glykokoll bestehen. Serin und Glykokoll finden sich in der Regel erst in den letzten Extrakten.

Aus dem so gewonnenen Aminosäuregemisch wird man häufig mit Erfolg schon durch fraktionierte Krystallisation einzelne Aminosäuren isolieren können, dies um so mehr, als die verschiedenen Aminosäuren verschieden rasch durch den Butylalkohol herausgelöst werden. Die verschiedenen im Verlaufe der

Tabelle B. Trennung der Aminosäuren nach DAKIN.

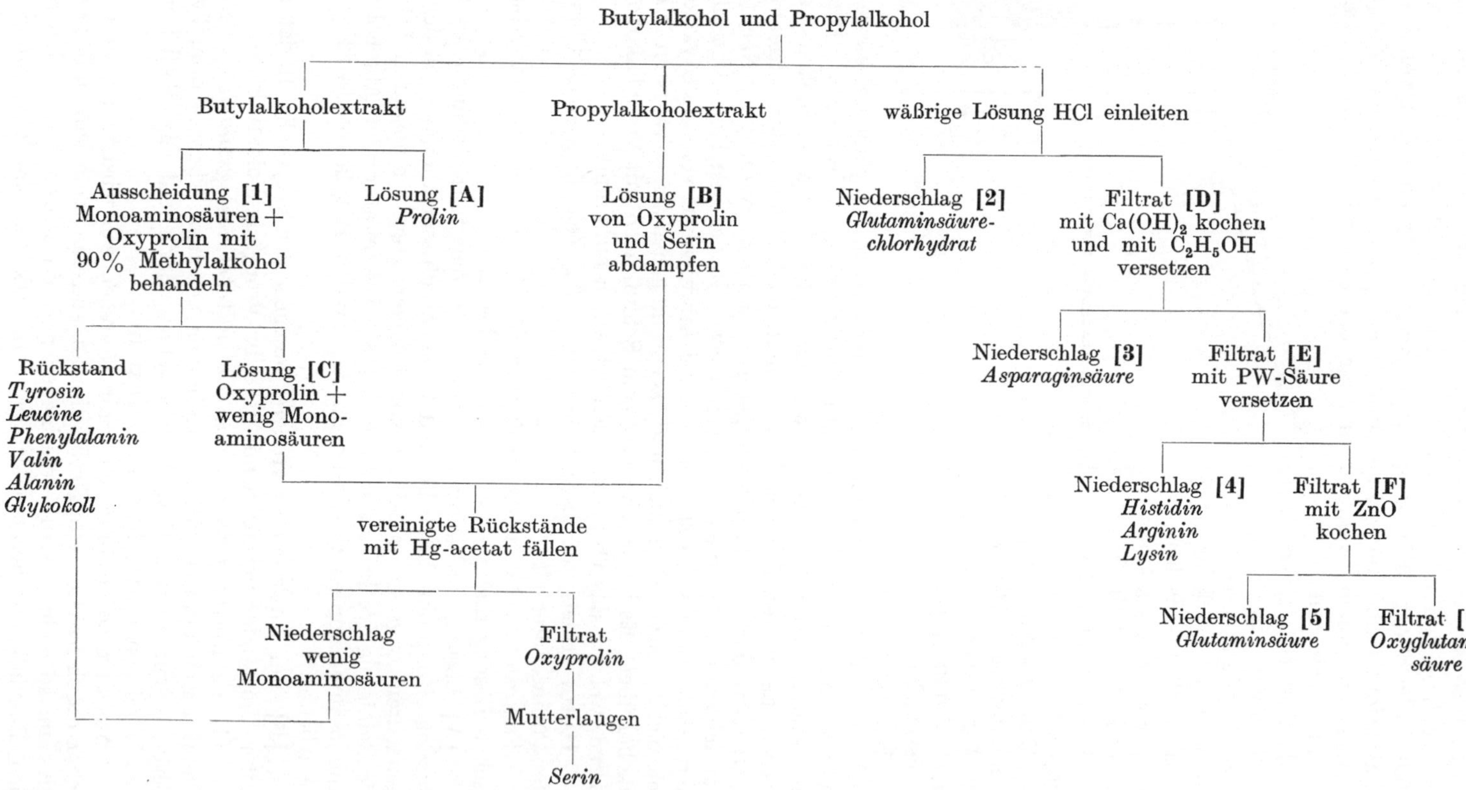

Extraktion erhaltenen Fraktionen sind also in jedem Falle zuerst für sich getrennt zu untersuchen.

Das schwerlösliche Tyrosin ist in der Regel in allen Fraktionen nachzuweisen und krystallisiert bei Anwesenheit größerer Mengen zuerst aus. Bei tyrosinreichen Proteinen findet man einen Teil schon beim Einengen der Ausgangslösung. Besonders leicht haftet das Tyrosin der Prolinfraktion an. Über die Trennung des Tyrosins von anderen Aminosäuren s. S. 145.

Beim weiteren Einengen der Mutterlaugen krystallisiert Leucin aus usw.

Liefert die fraktionierte Krystallisation auch nach Verwendung von Methylalkohol verschiedener Konzentration keine einheitlichen Produkte mehr, so werden sämtliche Mutterlaugen vereinigt und im Vakuum zur Trockne gebracht.

Die Trennung dieses Gemisches kann nach der E. FISCHERschen Methode oder nach einem der im Kapitel „Kleine Trennungsmethoden" (S. 139) angegebenen Verfahren erfolgen.

Reinheitsprüfung der isolierten Aminosäuren in allen Fällen durch Bestimmung des Stickstoffgehaltes, des Aminostickstoffs nach VAN SLYKE und der optischen Aktivität, nötigenfalls durch Darstellung geeigneter Derivate.

[C] *Isolierung von Oxyprolin.* Das Oxyprolin findet sich teils in dem aus dem Butylalkohol ausgefallenen Aminosäuregemisch, teils im Propylalkoholextrakt. Das von den schwerer löslichen Aminosäuren abgetrennte Aminosäuregemisch mit dem gleichen Gewicht an Wasser auf dem Wasserbade digerieren. Das leichtlösliche Oxyprolin geht dabei in Lösung neben einer größeren Menge anderer Aminosäuren. 9 Gewichtsteile Methylalkohol unter gutem Umrühren zusetzen, so daß eine 90proz. methylalkoholische Lösung resultiert. Nach zweitägigem Stehen hat sich die Hauptmenge der gelösten Aminosäuren wieder ausgeschieden, während Oxyprolin in Lösung bleibt. Abnutschen, mit Methylalkohol nachwaschen und Rückstand durch Bestimmung von Gesamtstickstoff und Aminostickstoff auf eventuell noch nicht herausgelöstes Oxyprolin prüfen. Gesamtstickstoff- und Aminostickstoffgehalt soll gleich groß sein.

Die methylalkoholische Oxyprolinlösung enthält vor allem noch etwas Serin und Alanin. Im Vakuum eindampfen und den Rückstand mit dem durch Abdestillieren des Propylalkohols erhaltenen rohen Oxyprolin vereinigen. Die vereinigten Rückstände in Wasser lösen und auf ein bestimmtes Volumen bringen. Der Unterschied im Gehalt an Gesamtstickstoff und Aminostickstoff gibt ein Maß für die Menge vorhandenen Oxyprolins.

Beispiel für eine Reinigung von Oxyprolin:

1 g Oxyprolin, das ungefähr 7 % Verunreinigungen enthielt, wurde in 10 $cm^3$ Wasser gelöst, mit 20 $cm^3$ einer gesättigten Lösung von Mercuriacetat und 80 $cm^3$ einer ebensolchen von Bariumhydroxyd versetzt. Dabei fallen die dem Oxyprolin beigemengten Aminosäuren aus, während letzteres in Lösung bleibt. Nach dem Abfiltrieren wurde das Barium aus dem Filtrat mit Schwefelsäure entfernt, das überschüssige Quecksilber mit Schwefelwasserstoff. Nach dem Eindampfen des Filtrates erhielt man 0,87 g Oxyprolin von $[\alpha]_D^{20} = -72{,}5^0$.

Eine weitere Reinigungsmöglichkeit besteht in der Überführung in das ätherlösliche Hydantoin, das auf gleiche Weise wie dasjenige des Prolins gewonnen werden kann (s. auch S. 149).

Aus den Oxyprolinmutterlaugen läßt sich unter Umständen Serin am besten als Naphthalinsulfoderivat oder Pikrolonat isolieren.

Die von Oxyprolin befreiten Aminosäuren werden wie oben angedeutet nach E. FISCHER oder FOREMAN verestert und weiter verarbeitet oder nach den für den einzelnen Fall geeigneten kleinen Trennungsverfahren getrennt.

*Verarbeitung der mit Butylalkohol extrahierten wäßrigen Lösung.* Der nicht in Butylalkohol lösliche Anteil des hydrolysierten Proteins enthält Glutaminsäure, falls sie nicht schon zu Anfang als Chlorhydrat ausgefällt worden ist, sodann Asparaginsäure, Oxyglutaminsäure und die Hexonbasen, eventuell auch Glykokoll.

Die Hexonbasen werden von den Dicarbonsäuren durch Fällen mit Phosphorwolframsäure getrennt. Da hierbei aber auch kleinere oder größere Mengen Dicarbonsäuren mitgerissen werden können, ist es unter Umständen angezeigt, einen Teil der wäßrigen Lösung für sich getrennt auf die letzteren aufzuarbeiten und aus einem zweiten Teil der Lösung die Hexonbasen direkt auszufällen und den Phosphorwolframniederschlag nach den auf S. 91, 173 gemachten Angaben aufzuarbeiten.

[2] Isolierung der Dicarbonsäuren. Einen aliquoten Teil der wäßrigen Lösung einengen, mit Salzsäuregas bei 0° sättigen und nach Impfen mit einem Krystall von Glutaminsäurechlorhydrat einige Tage im Eisschrank stehen lassen. Glutaminsäurechlorhydrat in einer porösen Porzellannutsche abnutschen, mit konzentrierter Salzsäure waschen und Filtrat nach weiterem Einengen nochmals mit Salzsäuregas sättigen und wieder stehen lassen. Bei richtigem Arbeiten läßt sich die Glutaminsäure beinahe quantitativ abscheiden. Sie kann durch etwas Glykokoll verunreinigt sein.

[D] Mutterlaugen zur Entfernung überschüssiger Salzsäure im Vakuum unter wiederholtem Zusatz von Wasser eindampfen. Rückstand in 10 Teilen heißem Wasser lösen und mit einem frisch dargestellten, abgekühlten Brei von so viel Calciumhydroxyd gut durchschütteln, daß ein Überschuß vorhanden ist. Portionenweise 95proz. Alkohol unter gutem Schütteln zugeben, bis bei weiterem Zusatz keine Fällung mehr entsteht. Auf etwa 10° abkühlen, die etwas zerfließlichen Calciumsalze rasch abnutschen und mit Alkohol auswaschen. Calciumsalze in der erforderlichen Menge Wasser lösen und Calcium mit der eben notwendigen Menge Oxalsäure ausfällen. Die vom Calciumoxalat abfiltrierte Lösung unter Rückfluß zum Sieden erhitzen und frisch gefälltes, gut ausgewaschenes Bleihydroxyd in kleinen Portionen zusetzen, bis die Lösung alkalisch reagiert. Dann noch 15 Minuten kochen und über Nacht im Eisschrank stehen lassen.

[3] Es scheidet sich dabei neben Bleichlorid asparaginsaures Blei aus.

Niederschlag abnutschen und mit Eiswasser waschen. Filterrückstand in Wasser aufschwemmen und Blei mit einem kleinen Überschuß von Schwefelsäure ausfällen. Bleisulfat abnutschen, mit heißem Wasser gut auswaschen und Filtrat zur Entfernung der überschüssigen Schwefelsäure mit einem kleinen Überschuß von frisch gefälltem Bariumcarbonat gut durchschütteln. Nach dem Filtrieren auf ein solches Volumen bringen, daß jedem Gramm in Arbeit genommenen Proteins 1 cm³ der Lösung entspricht. Maßkolben!

Zur ungefähren Ermittelung der Asparaginsäuremenge Gesamtstickstoffbestimmung nach Kjeldahl ausführen.

1,5 Mol einer heißen konzentrierten Lösung von Kupferacetat zusetzen und zur Abscheidung des asparaginsauren Kupfers einige Tage in der Kälte stehen lassen.

[E] [4] Die Mutterlaugen vom asparaginsauren Blei und Kupfer durch Einleiten von Schwefelwasserstoff von den Schwermetallen befreien, das Filtrat auf ein Volumen bringen, das etwa dem vierfachen Gewicht des angewandten Proteins entspricht, und mit so viel Schwefelsäure versetzen, daß die Lösung 5% davon enthält. Hexonbasen mit 10proz. Phosphorwolframsäure ausfällen, Niederschlag scharf abpressen und mit 5proz. Schwefelsäure, der etwas Phosphorwolframsäure zugefügt wurde, gut auswaschen.

Die Darstellung der Hexonbasen kann aus dem hier gewonnenen Niederschlag oder besser aus dem, aus einem zweiten Teil der Ausgangslösung durch direkte Fällung mit Phosphorwolframsäure erhaltenen, erfolgen.

Filtrat des Phosphorwolframsäureniederschlages durch Zusatz von Baryt nach der auf S. 133, 173 beschriebenen Methode vollständig von Phosphorwolframsäure befreien. Enthält das Filtrat viel Halogen, so wird dies zweckmäßig aus schwach saurer Lösung mit Silbersulfat ausgefällt und die Schwefelsäure mit Barytwasser entfernt. Ein kleiner Überschuß von Silber schadet nichts.

Zur Ausfällung der Oxyglutaminsäure mit Natronlauge schwach alkalisch stellen und abwechslungsweise 10proz. Silbernitratlösung und n/1 Natronlauge in kleinen Portionen (gut rühren!) zugeben, so lange als noch ein weißer Niederschlag auftritt. Wenn die gesamte Oxyglutaminsäure ausgefallen ist, tritt an Stelle des weißen Silberniederschlages ein solcher von braunem Silberoxyd. Starken Laugenüberschuß vermeiden, da sonst das Silbersalz zersetzt wird! Das durch beigemengtes Silberoxyd leicht braun gefärbte Silbersalz abnutschen, mit kaltem Wasser auswaschen, in Wasser aufschwemmen und Silber mit Schwefelwasserstoff ausfällen.

Filtrat im Vakuum unter Vermeidung von Überhitzung vorsichtig weitgehend einengen. Nach einigem Stehen krystallisiert die Oxyglutaminsäure in dicken Prismen aus. Zur Entfernung der Mutterlaugen mit einem Gemisch von 4 Teilen Methylalkohol und 1 Teil Eisessig digerieren, abnutschen und zuerst mit dem Gemisch, dann mit Methylalkohol nachwaschen. Oxyglutaminsäure aus wenig Wasser umkrystallisieren.

Ist die Glutaminsäure nicht früher schon sorgfältig entfernt worden, so ist folgendermaßen zu verfahren:

[F] [5] Lösung mit überschüssigem Zinkoxyd kochen, wobei das Zinksalz der Glutaminsäure ausfällt. Zinkniederschlag nach den auf S. 146 gemachten Angaben aufarbeiten.

[G] Das Filtrat vom Zinkniederschlag eben zum Sieden erhitzen, Strychnin bis zur lackmusneutralen Reaktion eintragen. Zur besseren Lösung des Strychnins kann man etwas Methylalkohol anwenden. Neutrale Lösung im Vakuum eindampfen und Rückstand zweimal aus der zwölffachen Menge wasserhaltigem Butylalkohol umkrystallisieren.

Strychninsalz der Oxyglutaminsäure mit verdünnter Lauge zersetzen, vom ausgeschiedenen Strychnin abfiltrieren und wäßrige Lösung durch Ausschütteln mit Amylalkohol vollständig von Strychnin befreien. Lösung mit Essigsäure neutralisieren und Oxyglutaminsäure mit einer Lösung von Quecksilberacetat ausfällen. Quecksilberniederschlag mit Schwefelwasserstoff zersetzen, Filtrat vom Quecksilbersulfid einengen, wobei die Oxyglutaminsäure auskrystallisiert.

Beim Arbeiten mit Oxyglutaminsäure sollen die Lösungen möglichst wenig erwärmt werden.

### c) Trennung der Aminosäuren nach JONES-FOREMAN (77—79, 102). (Tabelle C.)

Dieses kombinierte Trennungsverfahren basiert zum Teil auf schon früher angegebenen Methoden. *Besonderes Interesse verdient die Abscheidung der Oxyglutaminsäure, die weitgehend quantitativ gelingt, sowie die Veresterungsmethode nach* FOREMAN, die mit Vorteil auch bei den anderen Trennungsmethoden angewandt werden kann.

[1] Abtrennung der Glutaminsäure als Chlorhydrat aus dem salzsauren Hydrolysat wie auf S. 113 angegeben.

[A] → [2] Fällung der Hexonbasen aus 5proz. schwefelsaurer Lösung mit Phosphorwolframsäure wie auf S. 155 beschrieben.

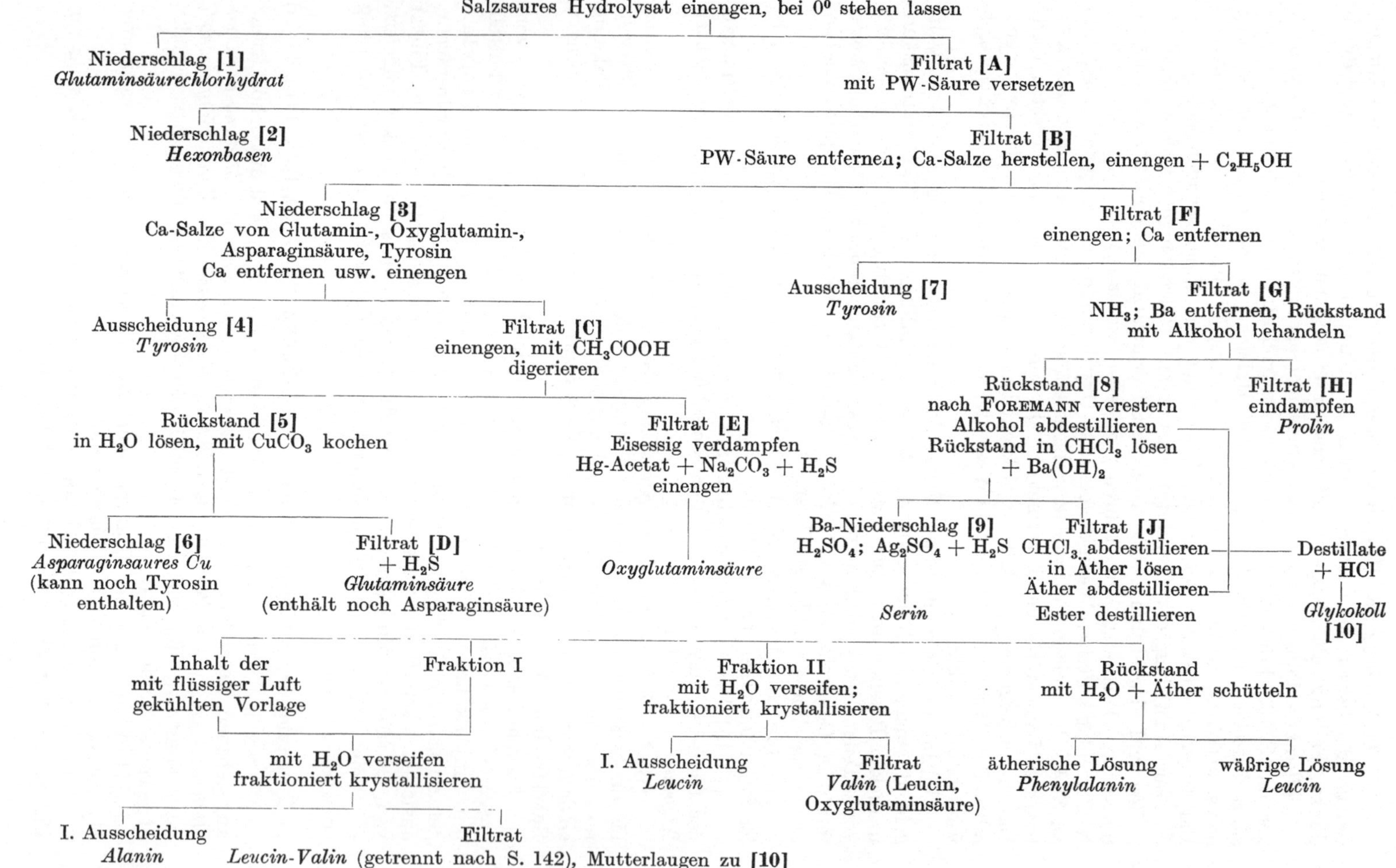


Tabelle C. Trennung der Aminosäuren nach JONES-FOREMAN.

[B] Entfernung der überschüssigen Phosphorwolframsäure aus dem Filtrat durch Ausschütteln mit Amylalkohol-Äther-Gemisch (s. S. 91), letzte Reste von Phosphorwolframsäure nötigenfalls mit Bariumhydroxyd ausfällen.

[3] Die von Phosphorwolframsäure befreite Lösung, wie auf S. 133 angegeben, eindampfen und die Dicarbonsäuren als Calciumsalze (S. 52, 124) oder Bariumsalze (S. 20, 147) ausfällen. Dabei wird ein Teil des Tyrosins mit ausgefällt.

[4] [C] [5] Filtrat von Calciumcarbonat bzw. Bariumsulfat im Vakuum einengen. Nach einigem Stehen scheidet sich Tyrosin aus, abnutschen, mit Wasser auswaschen und Filtrat samt Waschwasser im Vakuum vorsichtig einengen, bis die Dicarbonsäuren eine dicke Paste bilden. Paste unter gelindem Erwärmen mit Eisessig längere Zeit digerieren, wobei Oxyglutaminsäure in Lösung geht. Über Nacht stehen lassen, abnutschen. Rückstand, der nun zur Hauptsache aus Asparaginsäure und Glutaminsäure besteht, mit Eisessig auswaschen und nochmals mit etwas Eisessig digerieren. Manchmal läßt sich der dabei entstehende Brei schwer filtrieren, in solchen Fällen läßt man längere Zeit in der Kälte stehen.

[6] Den in Eisessig unlöslichen Anteil in einem trockenen Luftstrom, schließlich im Exsiccator über Natronkalk trocknen und wägen. Dann in der 30fachen Menge Wasser auflösen und mit einem Überschuß von Kupfercarbonat kochen, heiß filtrieren, überschüssiges Kupfercarbonat mit heißem Wasser auswaschen. Aus dem Filtrat scheidet sich asparaginsaures Kupfer ab, das nach 24stündigem Stehen in der Kälte abfiltriert wird. Mit kaltem Wasser waschen und bei Zimmertemperatur trocknen.

[D] Filtrat vom asparaginsauren Kupfer mit Schwefelwasserstoff entkupfern, konzentrieren und Glutaminsäure von Asparaginsäure am besten über die Zinksalze trennen (S. 146). Unter Umständen scheidet sich aus dem Konzentrat noch etwas Tyrosin aus.

[E] Die obenerwähnte Lösung von Oxyglutaminsäure in Eisessig im Vakuum bei einer Temperatur von höchstens 40° bis zu einem *dünnen* Syrup einengen. Zur Entfernung des Restes Eisessig in einer reichlich großen, flachen Schale im Exsiccator über Natronkalk stehen lassen, bis der Syrup dick geworden ist. Dies kann unter Umständen einige Wochen dauern, Natronkalk nötigenfalls erneuern. Syrup in der 5—10fachen Menge Wasser lösen, mit Sodalösung neutralisieren und die Oxyglutaminsäure nach dem auf S. 19, 125 beschriebenen Verfahren mit Quecksilberacetat ausfällen. Niederschlag mit Alkohol waschen und nach Aufschwemmen in Wasser mit Schwefelwasserstoff zersetzen. Filtrat vom Quecksilbersulfid bei 40° im Vakuum weitgehend einengen und absoluten Alkohol zusetzen, bis sich nichts mehr ausscheidet. Das ausgeschiedene ölige Produkt mehrmals mit absolutem Alkohol unter gutem Rühren auswaschen. Das Öl wird nach und nach fest. Zuerst im Vakuum über Calciumchlorid, dann im Hochvakuum über Phosphorpentoxyd trocknen und wägen. Zur weiteren Reinigung wird die so gewonnene Oxyglutaminsäure nochmals in wenig Wasser aufgenommen und mit absolutem Alkohol gefällt.

[F] [7] *Aufarbeitung des alkoholischen Filtrates der Calcium- bzw. Bariumsalze der Dicarbonsäuren.* Im Vakuum bis auf $^1/_6$ des ursprünglichen Volumens einengen. Calcium mit Ammoncarbonat (Barium in üblicher Weise) quantitativ entfernen. Filtrat im Vakuum weiter einengen: Ausscheidung von Tyrosin.

[G] Filtrat vom Tyrosin weiter konzentrieren, einen kleinen Überschuß von Bariumhydroxyd zufügen und Ammoniak durch Erwärmen austreiben. Überschüssiges Barium durch Einleiten von Kohlendioxyd ausfällen.

Filtrat vom Bariumcarbonat im Vakuum zur Trockne verdampfen, Rückstand zur Entfernung des Prolins mit Alkohol nach der auf S. 117 angegebenen Vorschrift behandeln.

[8] —➤ [H] Die nach Herauslösen des Prolins verbleibenden Rückstände werden nach FOREMAN verestert.

[8] *Veresterung nach* FOREMAN. Aminosäuregemisch in Wasser lösen und mit einem kleinen Überschuß gut pulverisiertem Bleioxyd versetzen. 45 Minuten lang Dampf einblasen, so daß das Bleioxyd gut durchgewirbelt wird. Die kochend heiße Lösung filtrieren und zurückbleibendes Bleioxyd mit heißem Wasser auswaschen. Filtrat zuerst auf dem Wasserbad weitgehend einengen, dann im Dampftrockenschrank bis zur Gewichtskonstanz trocknen.

Die getrockneten Bleisalze pulverisieren, im sechsfachen Gewicht absoluten Alkohols suspendieren und zuerst bei gewöhnlicher Temperatur, dann bei 0° mit Salzsäuregas sättigen. Bleichlorid abnutschen und mit absolutem Alkohol nachwaschen.

Filtrat im Vakuum bei einer Badtemperatur von höchstens 40° (!) bis auf etwa die Hälfte eindampfen, dann unter Nachspülen mit absolutem Alkohol in ein dickwandiges Becherglas verbringen. Im Kältegemisch stark abkühlen und unter gutem Rühren vorsichtig eine Lösung von Ammoniakgas in absolutem Alkohol zugeben, bis die Lösung nur noch ganz schwach sauer reagiert und sich noch nicht dunkel verfärbt hat. Vom Ammonchlorid abfiltrieren, mit absolutem Alkohol nachwaschen.

Filtrat vom Ammonchlorid im Vakuum bis zum dicken Syrup eindampfen und in trockenem Chloroform aufnehmen, wobei die Esterchlorhydrate gelöst werden, während noch etwas Ammonchlorid zurückbleibt.

Chloroformlösung in eine Flasche bringen, die mit einem bis fast auf den Boden des Gefäßes reichenden Thermometer versehen ist und mit fein pulverisiertem Bariumoxyd versetzen, um die Ester in Freiheit zu setzen. Zufügen des Bariumoxydes in kleinen Portionen unter gutem Schütteln, bis der sich rasch setzende Niederschlag körnig geworden ist, die Temperatur nicht mehr ansteigt und in der Chloroformlösung keine Chlorionen mehr nachweisbar sind.

[9] [J] Vom Bariumniederschlag abfiltrieren, mit Chloroform nachwaschen und Filtrat im Vakuum einengen. Abdestilliertes Chloroform, das Glykokoll- und Alaninester enthalten kann, aufbewahren, Rückstand in absolutem Äther lösen, mit Natriumsulfat einige Zeit stehen lassen, Äther abdestillieren, Destillat ebenso wie die Chloroformlösung aufbewahren.

Den Bariumniederschlag in Wasser aufnehmen, Barium mit Schwefelsäure quantitativ entfernen und im Filtrat mit Bleioxyd in der oben angegebenen Weise Bleisalze herstellen, verestern usw.

Den bei der zweiten Esterifizierung ausgefallenen Bariumniederschlag mit warmer verdünnter Schwefelsäure zersetzen, Chlor quantitativ mit Silbersulfat und Schwefelsäure mit Bariumhydroxyd entfernen.

Filtrat einengen, unter Umständen erhält man hier eine weitere kleine Fraktion von Tyrosin. Beim weiteren Einengen krystallisiert Serin aus.

*Aufarbeitung der Ester.* Die Autoren trennten die Ester nur in 2 Fraktionen und schalteten zwischen Vorlage und Pumpe noch eine mit flüssiger Luft gekühlte Vorlage ein:

| | Badtemperatur | Temperatur der Dämpfe | Druck |
|---|---|---|---|
| Fraktion I . . . . . . . . . . . . . . . . | 80° | 65° | 13 mm |
| Fraktion II . . . . . . . . . . . . . . . . | 115° | 100° | 2 mm |
| Destillationsrückstand . . . . . . . . | — | — | — |

*Fraktion I* wird mit dem Inhalt der mit flüssiger Luft gekühlten Vorlage vereinigt und nach den auf S. 117 gemachten Angaben verseift und fraktioniert krystallisiert.

Die erste Abscheidung besteht zur Hauptsache aus Alanin, dann folgen Gemische von Valin und Leucin, welche nach der Bleisalzmethode von LEVENE und VAN SLYKE (142) getrennt werden können.

Aus den Mutterlaugen dieser Krystallisationen können nach starkem Einengen und auf Zusatz von Alkohol kleine Mengen von Glykokoll gewonnen werden. Das Glykokoll wird mit der aus den destillierten Lösungsmitteln (s. oben) gewonnenen Fraktion vereinigt und von allfällig anhaftendem Alanin nach einem der auf S. 139 beschriebenen Trennungsverfahren befreit.

*Fraktion II* wie üblich aufarbeiten. Die ersten Krystallisationen liefern ziemlich reines Leucin. In dieser Fraktion findet sich unter Umständen noch etwas Oxyglutaminsäure, besonders dann, wenn man die Dicarbonsäuren als Calciumsalze ausgefällt hat.

*Destillationsrückstand* enthält hauptsächlich Phenylalanin. Aufarbeitung wie auf S. 119 beschrieben. In den Mutterlaugen können noch kleine Mengen Leucin enthalten sein.

### d) Trennung der Hexonbasen. (Arginin, Histidin, Lysin.) (126)

*Prinzip.* Histidin und Arginin werden aus einer Bariumhydroxyd-alkalischen Lösung durch Silbersalze gefällt, Lysin aber nicht.

Die Trennung des Histidins vom Arginin beruht darauf, daß das Histidinsilber aus schwächer alkalischer Lösung ausfällt als Argininsilber. Setzt man also zu einer neutralen Lösung der beiden Silbersalze vorsichtig Bariumhydroxyd zu, so erreicht man einen Punkt, bei welchem die Ausfällung des Histidinsilbers beendet ist und die Fällung des Argininsilbers noch nicht begonnen hat.

*Allgemeine Bemerkungen.* Das von A. KOSSEL und F. KUTSCHER (128) beschriebene Verfahren ist neuerdings bezüglich der Trennung von Arginin und Histidin von H. B. VICKERY und CH. S. LEAVENWORTH (232) unter Berücksichtigung geeigneter Wasserstoffionenkonzentration verfeinert worden. Beschreibung s. S. 152.

Manchmal erhält man wesentlich weniger Lysin in Form seines Pikrates, als aus dem Gesamtstickstoffgehalt der Lösung zu erwarten gewesen wäre. Die Differenz rührt zum Teil von der Löslichkeit des Lysinpikrates her, zum Teil ist sie aber jedenfalls auf die Anwesenheit anderer durch Phosphorwolframsäure fällbarer Stoffe zurückzuführen. *Wir erinnern an die Fällbarkeit des Prolins und Oxyprolins durch Phosphorwolframsäure, ferner kann auch Phenylalanin, eventuell Leucin in den Phosphorwolframsäureniederschlag eingehen.* Unter Umständen werden auch Dicarbonsäuren mitgerissen, sodann verweisen wir auf die besonderen Verhältnisse bei Pflanzenextrakten (s. S. 166).

*Wir möchten mit allem Nachdruck darauf hinweisen, daß nicht ohne weiteres angenommen werden darf, daß in einem Phosphorwolframsäureniederschlag ausschließlich die Hexonbasen enthalten sein müssen.* Mit Rücksicht auf die Fällbarkeit einiger Monoaminosäuren durch Phosphorwolframsäure scheint uns die Abtrennung letzterer von den Hexonbasen nach der DAKINschen Methode in allen Fällen sehr empfehlenswert.

Die Durchführung einer Proteinanalyse nach VAN SLYKE (S. 88) gibt, wie schon anderwärts hervorgehoben, besonders für die Hexonbasen sehr wichtige Anhaltspunkte über deren Mengen, es ist daher dringend zu empfehlen, neben der eigentlichen Trennung dieser Basen stets noch eine Analyse nach VAN SLYKE durchzuführen.

Sind in einer Eiweißsubstanz die Hexonbasen zu bestimmen, so stehen zwei Wege offen:

1. Es steht ein besonderer Anteil des Eiweißes für die Isolierung der Hexonbasen zur Verfügung.

2. Man hat die Hexonbasen nach einem der drei großen Trennungsverfahren als Phosphorwolframate ausgefällt.

Steht eine besondere Eiweißmenge zur Verfügung, so wird diese zur Bestimmung der Hexonbasen mit Schwefelsäure hydrolysiert.

*Hydrolyse.* Je nach dem Hexonbasengehalt des Ausgangsmaterials werden 15—50 g Eiweißsubstanz verwendet. Mit dem dreifachen Gewicht an konzentrierter Schwefelsäure und dem sechsfachen Gewicht Wasser 14 Stunden unter Rückfluß kochen. Siehe auch die Ausführungen von M. BERGMANN S. 299. Hydrolysat mit Wasser verdünnen und nötigenfalls von Huminsubstanzen abfiltrieren. In der Siedehitze mit einer heißgesättigten Bariumhydroxydlösung (alkalifrei!) versetzen, bis die Lösung nur noch schwach sauer reagiert. Vom Bariumsulfat scharf abnutschen und letzteres 3—4mal mit Wasser auskochen, bis das Filtrat mit Phosphorwolframsäure keine Fällung mehr gibt. Vereinigte Filtrate auf etwa 1 l eindampfen.

*Ausfällung von Histidin und Arginin.* Zur kalten Lösung unter gutem Rühren eine 10proz. Silbernitratlösung zutropfen lassen. Wenn man in den einzelnen Lösungen den Stickstoffgehalt sehr genau bestimmen will, verwendet man an Stelle von Silbernitrat eine heißgesättigte Lösung von Silbersulfat. Bis zur völligen Nitratfreiheit lassen sich die mit Silbernitrat erzeugten Niederschläge manchmal nicht auswaschen.

Menge der erforderlichen Silberlösung durch Tüpfelprobe folgendermaßen ermitteln: Einen Tropfen der Flüssigkeit in Barytwasser bringen, welches sich in einem Uhrglas auf schwarzer Unterlage befindet. Wird hierbei ein weißer oder hellgelber Niederschlag erzeugt, so ist noch nicht genügend Silberlösung hinzugefügt worden, ist der Niederschlag braun, so reicht die Menge des Silbers aus. Sobald dies der Fall ist, pulverisiertes Bariumhydroxyd zusetzen, bis es auch nach längerem Umschütteln noch einen Bodenkörper bildet, bis die Lösung also kalt gesättigt ist.

Den voluminösen braunen Niederschlag abnutschen, samt Filter in einer geräumigen Reibschale unter Zuhilfenahme von reinem Quarzsand mit Barytwasser gut verreiben, abnutschen und mit Barytwasser nachwaschen. Der Niederschlag enthält Arginin und Histidin.

*Trennung von Arginin und Histidin.* Niederschlag mit verdünnter Schwefelsäure anrühren, bis die Lösung schwach sauer reagiert und mit Schwefelwasserstoff entsilbern. Überschüssigen Schwefelwasserstoff durch Erhitzen vertreiben. Abnutschen, Silbersulfid und Bariumsulfatniederschlag mit heißem Wasser auskochen und nachwaschen, bis das Waschwasser mit Phosphorwolframsäure keine Fällung mehr gibt. Filtrat und Waschwasser auf 1 l eindampfen, mit Bariumhydroxyd genau neutralisieren und Bariumnitratlösung zufügen, bis keine Fällung mehr entsteht. Vom Bariumsulfat abfiltrieren und gut auswaschen.

Filtrat auf 100 cm$^3$ einengen und nach Ansäuern mit Salpetersäure tropfenweise mit einer konzentrierten Silbernitratlösung versetzen, bis eine Tüpfelprobe in Barytwasser einen braunen Niederschlag erzeugt. Wenn dies der Fall ist, Barytwasser zusetzen, bis die Lösung nur noch ganz schwach sauer oder eben neutral reagiert. Zur neutralen oder schwach sauren Lösung Bariumcarbonat zufügen, im Wasserbad aufwärmen und über freier Flamme bis zum einmaligen Aufkochen erhitzen. Die Flüssigkeit soll jetzt Phenolphthalein röten, Thymolphthalein aber noch nicht bläuen.

Abkühlen und Niederschlag, der sämtliches Histidin enthält, absitzen lassen. Abnutschen und Niederschlag mit einer verdünnten Bariumhydroxydlösung (5 Tropfen einer 5proz. Lösung auf 100 cm³ Wasser) bis zum Verschwinden der Salpetersäurereaktion auswaschen. Filtrat und Waschwasser enthalten das Arginin.

*Isolierung und Bestimmung von Histidin.* Den Niederschlag des Histidinsilbers in einem Kolben mit sehr verdünnter Schwefelsäure in der Hitze bis zur sauren Reaktion versetzen und mit Schwefelwasserstoff entsilbern. Überschüssigen Schwefelwasserstoff durch Erhitzen verjagen, filtrieren und Rückstand mit Wasser auskochen, bis das Filtrat mit Phosphorwolframsäure keine Fällung mehr gibt.

Filtrat und Waschwasser auf 100 cm³ einengen (Maßkolben) und in einem aliquoten Teil — unter Berücksichtigung allfällig früher entnommener Proben — den Gesamtstickstoff nach Kjeldahl bestimmen und auf Histidin umrechnen. Sicherer fallen die Stickstoffbestimmungen aus, wenn man mit dem — allerdings infolge seiner Schwerlöslichkeit umständlich zu handhabenden — Silbersulfat arbeitet.

Zur gravimetrischen Bestimmung bzw. Isolierung des Histidins die Lösung in der Hitze von Schwefelsäure mit Bariumhydroxyd befreien, Überschuß von Bariumhydroxyd nötigenfalls durch Einleiten von Kohlendioxyd ausfällen und abnutschen. Nach gründlichem Auswaschen des Niederschlages Filtrat im Vakuum auf etwa 10 cm³ einengen. Zur Überführung des Histidins in das Monopikrolonat eine Lösung von Pikrolonsäure in heißem Alkohol zufügen. Erforderliche Pikrolonsäuremenge aus dem Stickstoffgehalt der Lösung berechnen und einen Überschuß von etwa 5% anwenden. Histidinpikrolonat nach 3 Tagen abnutschen, mit wenig Wasser waschen und bei 100° trocknen. Histidingehalt nach der Formel $C_6H_9N_3O_2 \cdot C_{10}H_8N_4O_5$ berechnen.

Bestimmung des Histidins als Flavianat s. S. 153.

*Isolierung und Bestimmung des Arginins.* Zu diesem Zweck dient entweder das Filtrat des Histidinsilbers, oder — falls kein Histidin vorhanden war (Prüfung durch die Diazoreaktion usw.) — die durch Zersetzung des ersten Silberniederschlages mit Schwefelwasserstoff erhaltene Flüssigkeit. Bei Abwesenheit von Histidin liefert eine Gesamtstickstoffbestimmung in letzterer Lösung die Menge des Arginins.

Falls Histidin vorhanden war, ist eine nochmalige Fällung des Arginins als Silbersalz nötig: die vom Histidinsilber abfiltrierte Lösung mit pulverisiertem Bariumhydroxyd bis zur völligen Sättigung (kalt!) versetzen.

Wurde zur Hydrolyse kein reines Eiweiß verwendet, so wird nur bis zur deutlichen Bläuung von Thymolphthalein versetzt, da bei stärkerer alkalischer Reaktion auch andere Basen als Silberverbindungen ausgefällt werden können.

Niederschlag abnutschen, samt Filter unter Zuhilfenahme von Quarzsand mit Bariumhydroxydlösung anrühren, wieder abnutschen und mit verdünnter Barytlösung (s. unter Histidin oben) bis zum Verschwinden der Salpetersäurereaktion auswaschen. Den ausgewaschenen Niederschlag mit sehr verdünnter Schwefelsäure bis zur sauren Reaktion anreiben, mit Schwefelwasserstoff entsilbern, Schwefelwasserstoff verjagen, abfiltrieren, gut auswaschen und Filtrat samt Waschwasser auf 500 cm³ einengen. Maßkolben! Gesamtstickstoffbestimmung in einem aliquoten Teil der Lösung ergibt den Argininigehalt.

Zur Isolierung des Arginins schwefelsaure Lösung in der Hitze *vorsichtig* mit Bariumhydroxydlösung versetzen, bis die Lösung gegen Kongopapier nur noch schwach sauer reagiert. Ein Überschuß von Bariumhydroxyd ist unbedingt zu vermeiden, kleine Mengen Schwefelsäure schaden nicht. Zweckmäßig entfernt man einen allfälligen Überschuß von Bariumhydroxyd durch Einleiten von Kohlendioxyd, filtriert und säuert mit wenigen Tropfen Schwefelsäure an. Bariumsulfat abnutschen, viermal mit Wasser auskochen, Filtrat samt Waschwasser einengen und in einem Maßkolben auf 100 cm³ bringen.

Aus einem aliquoten Teil der Lösung, welcher ungefähr 0,02—0,05 g Argininstickstoff, d. h. 0,06—0,15 g Arginin enthalten soll, wird das Arginin als Flavianat (s. S. 57) ausgefällt. Die Menge der zuzusetzenden Flaviansäure berechnet sich aus dem Wert für Argininstickstoff, und zwar soll auf 1 Teil Argininstickstoff 15 Teile Flaviansäure verwendet werden.

Mäßig konzentrierte Flaviansäure verwenden, so daß eine Gesamtflüssigkeit von etwa 50 cm³ entsteht. Drei Tage stehen lassen und durch einen gewogenen Goochtiegel filtrieren. Mit Wasser, dem eine Spur Flaviansäure zugefügt ist, auswaschen. Dabei geht eine Spur des Argininflavianates in Lösung und verstärkt die gelbe Farbe des Waschwassers etwas. Vollständigkeit des Auswaschens feststellen, indem man die Farbstärke des durchgehenden Waschwassers laufend kontrolliert. Der Niederschlag ist als ausgewaschen zu betrachten, wenn sich die Farbstärke nicht mehr ändert.

Tiegel mit dem Argininflavianat bei 105° trocknen. 1 Gewichtsteil Flavianat entspricht 0,3566 Gewichtsteilen Arginin.

*Isolierung und Bestimmung von Lysin.* Filtrat vom ersten Silberniederschlag des Histidins und Arginins zur Entfernung des Bariums mit Schwefelsäure ansäuern und von Silber durch Einleiten von Schwefelwasserstoff befreien. Nach Abnutschen und gutem Auswaschen des Niederschlages das Filtrat je nach der Menge angewandter Substanz auf 50—200 cm³ einengen. Schwefelsäure zusetzen, bis die Lösung etwa 5% davon enthält. Phosphorwolframsäure (10%) zusetzen, bis die vom Niederschlag abfiltrierte Lösung auf weiteren Zusatz von Phosphorwolframsäure 10 Sekunden klar bleibt. Ein Überschuß von Phosphorwolframsäure ist zu vermeiden. Nach 24stündigem Stehen abnutschen und Niederschlag zur Reinigung mit 5% Schwefelsäure, der etwas Phosphorwolframsäure zugefügt wird, in der Reibschale anrühren, wieder abnutschen und mit Schwefelsäure nachwaschen.

Die Phosphorwolframsäure wird nach dem unten beschriebenen Verfahren zersetzt und aus dem Filtrat das Lysin als Pikrat ausgefällt.

Filtrat im Vakuum bis zum dicken Syrup eindampfen und mit einer geringen Menge alkoholischer Pikrinsäurelösung unter Zusatz einer entsprechenden Menge Alkohol anrühren. Zu dieser Lösung in einer Porzellanschale sukzessive kleine Mengen einer konzentrierten alkoholischen Pikrinsäurelösung zufügen, bis keine Fällung mehr entsteht und feuchtes Lackmuspapier noch nicht gerötet wird. Ein Überschuß an alkoholischer Pikrinsäure ist zu vermeiden, da dieser das Lysinpikrat wieder in Lösung bringt. Nach 24 Stunden durch einen gewogenen Goochtiegel abfiltrieren, mit wenig absolutem Alkohol nachwaschen, trocknen und wägen.

Die vereinigten Mutterlaugen des Lysinpikrates durch Erhitzen von Alkohol befreien, mit Schwefelsäure bis zu einem Gehalt von 4% ansäuern und Pikrinsäure durch Ausschütteln mit Äther entfernen. Die durch Erhitzen ätherfrei gemachte schwefelsaure Lösung wie oben angegeben, mit Phosphorwolframsäure versetzen und in gleicher Weise auf Pikrat aufarbeiten. Diese Operationen sind so lange zu wiederholen als durch alkoholische Pikrinsäure noch Lysinpikrat gefällt wird. Bei richtigem Arbeiten, d. h. vor allem bei Vermeidung eines Überschusses an Pikrinsäure, sind die Ausbeuten aus dem dritten Phosphorwolframsäureniederschlag bereits so klein, daß sie vernachlässigt werden können.

Formel des Lysinpikrates: $C_6H_{14}O_2N_2 \cdot C_6H_3O_7N_3$.

*Isolierung des Hexonbasengemisches aus dem Phosphorwolframsäureniederschlag.* Sind die Hexonbasen in einem der verschiedenen Trennungsverfahren als Phosphorwolframate gefällt worden, so handelt es sich im Prinzip nur darum, die Phosphorwolframsäure quantitativ zu entfernen, wobei keine Chlorionen hinzukommen dürfen, da die Trennung der Hexonbasen, wie oben beschrieben, durch Fällung als Silbersalze usw. erfolgt.

Den gut ausgewaschenen Phosphorwolframsäureniederschlag in einer geräumigen Schale oder Flasche in Wasser aufschwemmen und so viel feinpulverisiertes alkalifreies Bariumhydroxyd hinzufügen, bis eine Probe des Filtrates mit Kohlendioxyd eine Fällung gibt.

Die Verwendung reinsten, feinkörnigen Bariumhydroxydes ist bei dieser und bei allen ähnlichen Operationen von großer Bedeutung. Am einfachsten gewinnt man es in der erforderlichen Reinheit und Feinheit, indem man Bariumhydroxyd (alkalifrei) in ziemlich viel heißem Wasser löst und die heißgesättigte Lösung unter starkem Schütteln unter der Wasserleitung oder in Kältemischung rasch abkühlt.

Zwecks rascher Ausfällung der Phosphorwolframsäure haben wir den Niederschlag mit der erforderlichen Menge Bariumhydroxyd stets auf einer Schüttelmaschine geschüttelt.

Die Vollständigkeit der Fällung basischer Aminosäuren ist abhängig von der N-Konzentration. Die Löslichkeit der Phosphorwolframate nimmt mit steigendem N-Gehalt zu (222). Daselbst Beschreibung krystallisierter Phosphorwolframate und Bestimmung der Löslichkeit von Aminosäuren in der Fällungsflüssigkeit.

*Die Umsetzung der Phosphorwolframsäurefällungen kann dadurch bedeutend erleichtert werden, daß man den Niederschlag vollständig oder teilweise durch wasserhaltiges Aceton in Lösung bringt.* Die Phosphorwolframate von Arginin, Lysin und Histidin sind in einem Gemisch von 4 Teilen Aceton und 3 Teilen Wasser recht leicht löslich (253).

Nach dem Abfiltrieren des Bariumphosphorwolframates und gutem Auswaschen wird das überschüssige Barium aus der Lösung durch Einleiten von Kohlendioxyd entfernt und die Lösung nötigenfalls mit verdünnter Salpetersäure genau neutralisiert.

Über die auf S. 91 beschriebene Methode zur Entfernung von Phosphorwolframsäure mit einem Amylalkohol-Äthergemisch haben wir nur bei Vorhandensein kleinerer Mengen Phosphorwolframsäure Erfahrungen. Sie läßt sich danach recht bequem entfernen.

Das von E. WINTERSTEIN (259) beschriebene Verfahren zur Entfernung der Phosphorwolframsäure mit Äther führt zu guten Resultaten, ist aber etwas umständlich.

### e) Trennung der Aminosäuren über die Kupfersalze nach M. A. BRAZIER (36). (Tabelle D.)

*Prinzip.* Die Methode beruht auf der verschiedenen Löslichkeit der Aminosäurekupfersalze in Wasser und Methylalkohol. Die Ausbeuten an isolierten Aminosäuren sollen besser sein als die mit anderen Methoden erreichten. Eingehendere Erfahrungen über den Anwendungsbereich der Methode liegen noch nicht vor. Wichtig ist, daß die Kupfersalze gut trocken sind und nur sehr reine Lösungsmittel verwendet werden. Nach der Wasserlöslichkeit lassen sich die Kupfersalze zunächst in zwei große Gruppen teilen: in wasserlösliche und wasserunlösliche. Die wasserlöslichen wiederum lassen sich trennen in solche, die in Methylalkohol löslich, und solche, die darin unlöslich sind. Diese Zerlegung in verschiedene Gruppen und deren weitere Auftrennung soll an einem Beispiel, an der Aufarbeitung eines Zeinhydrolysats erläutert werden.

*Darstellung des Zeins.* Als Ausgangsmaterial dient fein gemahlener Mais, der zehnmal mit 73proz. Alkohol extrahiert wird (über Nacht unter Alkohol stehen lassen). Das beim Verdampfen des Alkohols im Vakuum erhaltene Produkt wird mit Aceton mehrmals extrahiert, um den Farbstoff und die Feuchtigkeit zu entfernen, und läßt sich nach dieser Behandlung leicht pulverisieren. Das so erhaltene Zein enthält 7,2% Wasser und 0,3% Asche. Ausbeute: 3,4% des Ausgangsmaterials.

*Hydrolyse.* 250 g dieses Präparates (entsprechend 231 g wasser- und aschefreiem Zein) mit der vierfachen Menge 25proz. Schwefelsäure 24 Stunden unter Rückfluß kochen. Nach dem Abkühlen filtrieren, eventuell ungelöste Substanz nach dem Trocknen mit Alkohol und Äther extrahieren und den Rückstand erneut mit Säure kochen (infolge Umhüllung mit Fett kann etwas Zein unangegriffen bleiben und wird auf diese Weise erfaßt). Hydrolysenflüssigkeit mit Bariumhydroxyd neutralisieren und das Bariumsulfat 7—8mal mit Wasser auskochen. Durch eine Stickstoffbestimmung wird festgestellt, ob noch Aminosäuren am Bariumsulfat adsorbiert sind (dabei ist zu berücksichtigen, daß ein Teil des Stickstoffes von Huminsubstanzen herrühren kann).

*Entfernung des Ammoniaks.* Nachdem in einer kleinen Probe der Gehalt an freiem Ammoniak ermittelt ist, mit Bariumhydroxyd alkalisch machen und unter schwachem Erwärmen mehrere Stunden Luft durch die Flüssigkeit leiten.

*Überführung in die Kupfersalze.* Nach Entfernung des Ammoniaks das Barium mit Schwefelsäure entfernen (kein Überschuß an Schwefelsäure!), mit Kupfercarbonat im Überschuß versetzen, kurze Zeit kochen und mit Kupfercarbonat zur Trockene verdampfen. Rückstand mit Wasser extrahieren und den Extrakt wiederum mit Kupfercarbonat kochen und verdampfen. Nach nochmaligem Kochen und Verdampfen mit Kupfercarbonat wird der Rückstand mit Wasser ausgezogen und so die erste Trennung in wasserlösliche und schwerlösliche Kupfersalze vorgenommen.

*A. In Wasser schwerlösliche Kupfersalze.* Diese Fraktion enthält den Überschuß an Kupfercarbonat und die Kupfersalze von Leucin, Phenylalanin und Asparaginsäure. Es ist ein Vorteil der Kupfersalzmethode, daß die Glutamin- und Asparaginsäure in zwei verschiedenen Fraktionen vorkommen. Das ganze Material in verdünnter Schwefelsäure lösen und das Kupfer mit Schwefelwasserstoff entfernen. Lösung mit Bariumhydroxyd alkalisch machen, Bariumsulfat abfiltrieren und das dreifache Volumen Alkohol (95%) zugeben, um die Asparaginsäure als Bariumsalz auszufällen (die Lösung soll etwa 8 g Stickstoff im Liter enthalten, um möglichst vollständige Fällung zu erzielen). Bariumsalz mit Schwefelsäure zersetzen und die Lösung, die weder Barium noch Schwefelsäure enthalten darf, bis zur Syrupkonsistenz eindampfen und mit absolutem Alkohol verrühren. *Ausbeute:* 6,55 g Asparaginsäure mit 10,41% N (Ber. 10,53%), die also fast rein ist. Das alkoholische Filtrat vom Bariumsalzniederschlag mit Schwefelsäure vom überschüssigen Bariumhydroxyd befreien. Schwefelsäurefreie Lösung auf dem Wasserbad eindampfen, wobei das Leucin auszukrystallisieren beginnt. Abkühlen der stark eingeengten Lösung vervollständigt die Abscheidung.

Nach Abfiltrieren des Leucins sind im Filtrat Phenylalanin und geringe Mengen Leucin vorhanden. Die Trennung erfolgt durch Überführen in die Zinksalze, die sich in ihrer Wasserlöslichkeit stark unterscheiden (Zinksalz des Leucins ist nach dem Trocknen bei 110° fast unlöslich in kaltem Wasser). Filtrat auf etwa 500 $cm^3$ verdünnen und mit überschüssigem, frisch gefälltem Zinkhydroxyd $^1/_2$ Stunde kochen. Abfiltrieren und das Filtrat nochmals mit Zinkhydroxyd kochen, um eine vollständige Überführung in die Zinksalze zu erreichen. Filtrat zur Trockene verdampfen und den Rückstand bei 110° trocknen. Ebenso das abfiltrierte Gemisch von Zinkhydroxyd und Zinksalzen bei 110° trocknen. Jede der getrockneten Fraktionen mit kaltem Wasser extrahieren, beide Extrakte zusammen verdampfen, Rückstand mit kaltem Wasser ausziehen und den Extrakt wiederum verdampfen und mit kaltem Wasser extrahieren. Dieser Vorgang wird so oft wiederholt, bis sich der Verdampfungsrückstand vollkommen klar in Wasser auflöst. Erst dann ist vollständige Trennung erreicht. Die beiden Zinksalze mit Schwefelwasserstoff in alkalischer Lösung zersetzen und die Filtrate (frei von Bariumhydroxyd und Schwefelsäure!) zur Trockne verdampfen. *Ausbeute:* 51,43 g rohes Leucin und 15,18 g rohes Phenylalanin.

*B. In Wasser leicht lösliche Kupfersalze.* Lösung zur Trockene verdampfen und den Rückstand mit Aceton verrühren, um die letzten Reste von Feuchtigkeit zu entfernen. Aceton durch ein Filter abgießen, noch mehrmals mit Aceton verreiben und zuerst im Vakuumexsiccator, dann $^1/_2$ Stunde bei 110° trocknen. Die fein gepulverten Kupfersalze wiederholt 10 Minuten lang auf der Schüttelmaschine mit trockenem Methylalkohol durchschütteln, bis keine merklichen Mengen mehr gelöst werden (infolge geringer Feuchtigkeitsmengen aus der Luft ist der Methylalkohol immer schwach blau gefärbt. Man extrahiert so lange, bis die Intensität der blauen Farbe nicht mehr abnimmt).

*1. In Methylalkohol unlösliche Kupfersalze.* Diese Fraktion enthält: Alanin, Glutaminsäure, Tyrosin, Arginin und Histidin (ist Glykokoll vorhanden, findet es sich ebenfalls in dieser Fraktion). Das gleiche gilt von basischen Stoffen. Nachdem geprüft ist, ob in Wasser klare Lösung erfolgt, die Kupfersalze mit Schwefelwasserstoff zersetzen und das Filtrat vom Sulfidniederschlag auf 1500 $cm^3$ einengen. Mit Bariumhydroxyd alkalisch machen, den Niederschlag von Bariumsulfat abfiltrieren und das Filtrat mit dem dreifachen Volumen an 95proz. Alkohol versetzen, um das Bariumsalz der Glutaminsäure abzuscheiden. Es ist vorteilhaft, den Niederschlag wieder in Wasser zu lösen und die Fällung mit Alkohol zu wiederholen, da sonst das Bariumsalz in gröberer Form ausfällt. Das Bariumsalz wird genau so wie das der Asparaginsäure mit Schwefelsäure zerlegt. *Ausbeute* an roher Glutaminsäure: 73 g.

Aus dem Filtrat vom Bariumsalz der Glutaminsäure das Barium mit Schwefelsäure entfernen, Alkohol abdestillieren und auf ein kleines Volumen einengen. Dabei scheidet sich das Tyrosin ab. *Ausbeute* an Rohprodukt: 5,04 g.

Aus dem Filtrat wird zunächst das Histidin als Zinksalz mit Mercurichlorid ausgefällt. Zu dem Zweck die Lösung $^1/_2$ Stunde mit überschüssigem, frisch gefälltem Zinkhydroxyd kochen, Überschuß von Hydroxyd abfiltrieren und so lange eine Lösung von Mercurichlorid zugeben, bis nichts mehr ausfällt. Niederschlag in saurer Lösung mit Schwefelwasserstoff zersetzen, aus dem Filtrat vom Sulfidniederschlag den Schwefelwasserstoff durch Hindurchleiten von Luft entfernen und das Chlor mit Silbersulfat entfernen. Überschüssiges Silber mit Schwefelwasserstoff fällen, Filtrat mit Bariumhydroxyd alkalisch machen und wieder Schwefelwasserstoff einleiten, um das Zink zu entfernen. Nachdem aus dem Filtrat das Barium mit Schwefelsäure ausgefällt ist, auf dem Wasserbad zur Syrupkonsistenz einengen und den Rückstand mit Alkohol verreiben. Das so erhaltene weiße Pulver gibt auf Histidin berechnet zu niedrige Stickstoffwerte, auch wenn nochmals gelöst, mit Tierkohle aufgekocht und mit Alkohol gefällt wird (24,96% statt ber. 26,96%). An dieser Stelle ist die Methode offenbar verbesserungsbedürftig.

Tabelle D. Trennung

## A. In Wasser schwerlösliche Kupfersalze.

Cu-Salze zerlegen, in die Ba-salze überführen und mit 95proz. Äthylalkohol behandeln.

| *Niederschlag.* | *Filtrat.* |
|---|---|
| Ba-Salz der Asparaginsäure. Zerlegen mit Schwefelsäure. Asparaginsäure. | Ba¨ und $SO_4''$ entfernen und einengen. Es fällt aus: *Leucin.* Filtrat in die Zinksalze überführen, die mit kaltem Wasser behandelt werden. |

| *Rückstand.* | *Lösung.* |
|---|---|
| Zn-Salz von Leucin. ↓ $H_2S$ Leucin. | Zn-Salz von Phenylalanin. ↓ $H_2S$ Phenylalanin. |

## B. In Wasser leicht-

Trockene Salze mit trockenem

In Methylalkohol lösliche Kupfersalze.

Kupfer mit Schwefelwasserstoff entfernen und einengen.

| *Niederschlag.* | *Filtrat.* |
|---|---|
| Prolyl-phenylalanin. | Verdampfen und Rückstand mit absolutem Äthylalkohol verreiben. |

| *Rückstand.* | *Lösung.* |
|---|---|
| In Wasser lösen, in die Zinksalze überführen und mit Methanol behandeln. | Prolin als Pikrat isolieren. |

| *Rückstand.* | *Lösung.* |
|---|---|
| Zn-Salz von Valin ↓ $H_2S$ Valin. | Zn-Salz von Oxyvalin ↓ $H_2S$ Oxyvalin. |

Das Filtrat von der Histidinfällung (enthaltend Alanin und Arginin) mit Silbersulfat vom Chlor und mit Schwefelwasserstoff von Quecksilber, Silber und Zink befreien, auf 500 cm³ eindampfen und so viel Schwefelsäure zugeben, bis die Lösung 0,5% davon enthält. Das Arginin wird nach KOSSEL und STAUDT als Flavianat gefällt. Lösung von Flaviansäure in 0,5proz. Schwefelsäure zugeben und gut schütteln (man braucht etwa 2 g Flaviansäure auf 1 g Arginin). Nach 3 Tagen, während denen sich ein krystallinischer Niederschlag gebildet hat, abfiltrieren und mit 0,5proz. Schwefelsäure waschen. Stickstoffbestimmung ergibt das Vorliegen eines Monoflavianats. *Ausbeute:* 2,6 g entsprechend 0,96 g Arginin. Filtrat vom Flavianatniederschlag (enthaltend Alanin) durch kontinuierliche Extraktion mit Butylalkohol bei 60° von überschüssiger Flaviansäure befreien. Butylalkohol mit Wasser extrahieren, um mitgerissenes Alanin zurückzugewinnen, die wäßrige Lösung nach Entfernung der Schwefelsäure mit Bariumhydroxyd zur Syrupkonsistenz einengen und mit Alkohol durchrühren. *Ausbeute* an rohem Alanin 12,8 g. Nach Wiederauflösen in Wasser und erneuter Fällung mit Alkohol ist das Alanin schon leidlich rein (gef. N = 15,18%, ber. N = 15,73%).

2. *In Methylalkohol lösliche Kupfersalze.* Zur Trockene verdampfen, den Rückstand mit Aceton verreiben, Aceton durch ein Filter abgießen und den Rückstand zuerst im Vakuumexsiccator, dann bei 110° trocknen. Nach der Prüfung, ob alles in Wasser und Alkohol löslich ist, in wäßriger Lösung mit Schwefelwasserstoff zersetzen und das vom überschüssigen Schwefelwasserstoff

der Aminosäuren nach BRAZIER.

**lösliche Kupfersalze.**

Methylalkohol extrahieren:

In Methylalkohol schwerlösliche Kupfersalze.

Mit Schwefelwasserstoff zerlegen, in die Ba-Salze überführen und mit 95proz. Äthylalkohol behandeln.

| *Rückstand.* | *Lösung.* |
|---|---|
| Ba-Salz der Glutaminsäure. Zerlegen mit Schwefelsäure. Glutaminsäure. | $Ba^{\cdot\cdot}$ und $SO_4''$ entfernen und einengen. |

*Lösung* (Fortsetzung):

| *Niederschlag.* | *Filtrat.* |
|---|---|
| Tyrosin. | In die Zinksalze überführen und mit Mercurichlorid fällen. |

*Filtrat* (Fortsetzung):

| *Niederschlag.* | *Filtrat.* |
|---|---|
| Histidin. | $Hg^{\cdot\cdot}$, $Ag^{\cdot}$, $Zn^{\cdot\cdot}$ und $Cl'$ entfernen und mit Flaviansäure fällen. |

*Filtrat* (Fortsetzung):

| *Niederschlag.* | *Filtrat.* |
|---|---|
| Arginin. | Alanin. |

befreite neutrale Filtrat stark einengen. Es fallen Krystalle aus, deren Abscheidung durch weiteres Eindampfen vervollständigt wird. Substanz erweist sich als Prolyl-phenylalanin (ber. N = 10,70 %, gef. N = 10,67 %), das zuerst von OSBORNE und CLAPP (171) aus dem Gliadin isoliert worden ist und im Zein noch nicht aufgefunden war. Gesamtausbeute an Dipeptid: 3,25 g.

Filtrat vom Peptid zur Syrupkonsistenz eindampfen und mit Aceton verreiben. Die gut getrocknete Substanz mit absolutem Alkohol extrahieren, die Lösung wiederholt zur Trockene verdampfen und den Rückstand in Alkohol lösen, bis alles glatt in Lösung geht. Man erhält so eine gute Trennung in eine in absolutem Alkohol lösliche und eine schwerlösliche Fraktion, die in folgender Weise weiter verarbeitet werden.

*a) In absolutem Alkohol lösliche Fraktion.* Enthält das Prolin, das als Pikrat isoliert wird. Alkoholische Lösung zur Trockene verdampfen, den Rückstand in Wasser lösen und zur kochenden Lösung überschüssige Pikrinsäure geben. Beim Abkühlen scheiden sich Krystalle von Prolinpikrat, vermischt mit Pikrinsäure, ab. Nachdem durch vorsichtiges Einengen die Abscheidung vervollständigt ist, abfiltrieren und die trockene krystallinische Fällung mit Äther extrahieren, um den Überschuß an Pikrinsäure zu entfernen. Rückstand schmilzt nach dem Umkrystallisieren aus heißem Wasser bei 148° und ist Prolinpikrat. Eine weitere Menge Prolin läßt sich aus der Mutterlauge nach Entfernung der Pikrinsäure durch Fällung mit Cadmiumchlorid gewinnen. Zu dem Zweck

1proz. Schwefelsäure zur Mutterlauge geben, um das Pikrat zu zersetzen und die Pikrinsäure durch Ausschütteln mit Äther entfernen. Wäßrige Lösung neutralisieren, zur Trockene verdampfen und den Rückstand in absolutem Alkohol aufnehmen. Kleine Mengen von Ungelöstem werden zur Hauptfraktion der in absolutem Alkohol unlöslichen Aminosäuren gegeben, deren Verarbeitung weiter unten beschrieben wird. Zum alkoholischen Extrakt eine Lösung von Cadmiumchlorid in 90proz. Alkohol tropfenweise zugeben, bis nichts mehr ausfällt, wobei ein Überschuß (bei dem sich die Cadmium-prolinverbindung wieder auflöst) vermieden werden muß. Niederschlag nach dem Abfiltrieren in Wasser lösen, das Chlor mit Silbersulfat entfernen und das Silber und Cadmium mit Schwefelwasserstoff ausfällen. Aus der so erhaltenen neutralen Lösung den Rest des Prolins in der oben beschriebenen Weise als Pikrat ausfällen. Gesamtausbeute an Prolinpikrat: 53,9 g, entsprechend 18,0 g Prolin.

Aus dem Filtrat vom Cadmium-prolinniederschlag ließ sich 2,42 g einer Substanz gewinnen, die 6,85% N enthielt (fast kein Amino-N) und nicht näher untersucht wurde.

*b) In absolutem Alkohol unlösliche Fraktion.* In Wasser lösen, wobei ein kleiner Teil ungelöst bleibt (der aus Prolyl-phenylalanin besteht) und in die Kupfersalze überführen, um festzustellen, ob diese vollständig in Methylalkohol löslich sind. Geringe Menge von Ungelöstem abfiltrieren (enthält 0,02% N), Methylalkohol abdestillieren, mit Wasser verdünnen und das Kupfer mit Schwefelwasserstoff entfernen. Neutrale Lösung zur Trockene verdampfen, Rückstand in der oben beschriebenen Weise in die Zinksalze überführen, die nach dem Trocknen bei 110° mit absolutem Alkohol mehrmals extrahiert werden. Alkoholischen Auszug zur Trockene verdampfen und prüfen, ob sich alles wieder in Alkohol löst, sonst so lange verdampfen und den Rückstand wieder auflösen (wobei das Unlösliche natürlich immer abfiltriert wird), bis dieser Zustand erreicht ist. Der größere Teil der Zinksalze ist in Methylalkohol unlöslich und gibt nach Entfernung des Zinks aus alkalischer Lösung mit Schwefelwasserstoff beim Verdampfen der neutralisierten Lösung einen Syrup, aus dem sich beim Verreiben mit Alkohol Valin gewinnen läßt. Ausbeute an Rohprodukt: 9,15 g. Die in Alkohol löslichen Zinksalze werden nach dem Verdampfen des Alkohols in Wasser gelöst und in der schon beschriebenen Weise mit Schwefelwasserstoff zersetzt. Beim Verdampfen der neutralen Lösung hinterbleibt Oxyvalin, das zuerst von SCHRYVER und BUSTON (185) aus Hafer isoliert wurde.

**Elektrolytische Methode zur Trennung von Aminosäuren.** Die elektrolytischen Trennungsmethoden für Aminosäuren sind noch nicht so weit entwickelt, daß sie mit Erfolg für die Praxis der Pflanzenanalyse Verwendung finden können. Trennung von Asparaginsäure und Glykokoll (21). Daselbst auch Literatur.

### f) Kleine Trennungsmethoden.

**Trennung der Monoaminosäuren von Substanzen anderer Art.** Zur Trennung der Aminosäuren von einer großen Anzahl anderer Verbindungen, wie Kohlehydrate, anorganischer Salze usw., ist die Abscheidung der Aminosäuren nach dem auf S. 19 angegebenen Verfahren mit Quecksilberacetat und Soda sehr geeignet. Hierbei werden aber auch andere Abbauprodukte des Eiweißes mit ausgefällt. Von letzteren lassen sich die Aminosäuren auf Grund des verschiedenen Verhaltens ihrer Kupfersalze gegen Natronlauge abtrennen (s. S. 22).

Hat man von aliphatischen Carbonsäuren zu trennen, so wird das Gemisch mit Alkohol und Salzsäure verestert, im Vakuum weitgehend eingeengt, und der Rückstand zur Entfernung des Carbonsäureesters mit Äther behandelt.

Zur Abtrennung organischer Salze kann man auch die Löslichkeit der Aminosäurechlorhydrate in salzsäurehaltigem Alkohol benützen.

**Trennung von Glykokoll und Alanin.** a) Durch fraktionierte Krystallisation. Es scheidet sich zuerst Alanin aus, dann Glykokoll.

b) Durch fraktionierte Krystallisation der Kupfersalze. Es scheidet sich zuerst Glykokollkupfer aus, dann Alaninkupfer. Der Unterschied in der Löslichkeit ist ziemlich groß (202). Verfahren a und b kombiniert geben gute Resultate.

c) Fraktionierte Krystallisation der Pikrate. Gemisch in 3—4 Teilen heißem Wasser lösen, Pikrinsäure zufügen, und zwar etwas weniger als nötig ist, um beide Aminosäuren, aber mehr als nötig ist, um das Glykokoll zu fällen. Auf $0^0$ abkühlen und stehen lassen, wobei Glykokoll-pikrat in ziemlich reinem Zustand auskrystallisiert. Fp. $190^0$ (141).

d) Durch fraktionierte Krystallisation der Bariumsalze der Carbaminosäuren aus Wasser. Es scheidet sich zuerst das carbaminoessigsaure Barium, herrührend von Glykokoll, aus. Der Unterschied in der Löslichkeit ist groß.

Lösung auf $0^0$ abkühlen, Barytwasser zusetzen. Phenolphthalein als Indicator. Kohlendioxyd einleiten bis zum Verschwinden der Rotfärbung. Dann wieder Barytwasser zusetzen bis zur stark alkalischen Reaktion. 24 Stunden im Eisschrank stehen lassen. Abnutschen, mit kaltem Barytwasser auswaschen. Der Niederschlag enthält nur carbaminoessigsaures Barium. Zur Regenerierung des Glykokolls auf dem Wasserbad mit Ammoncarbonat digerieren. Bariumcarbonat abfiltrieren. Filtrat hinterläßt beim Eindampfen reines Glykokoll (197).

e) Mittels der Calciumchlorid-Additionsverbindungen.

Gemisch mit etwas mehr als der gleichen Menge $CaCl_2 \cdot 6H_2O$ in sehr wenig Wasser lösen und so viel absoluten Alkohol zusetzen, daß man eine Lösung von mindestens 93proz. Alkohol erhält. Über Nacht im Eisschrank stehen lassen. Dabei scheidet sich eine Verbindung aus, die auf 1 Mol Calciumchlorid 2 Mole Glykokoll enthält. Die Fällung enthält etwa 80% des Glykokolls und nur wenig Alanin. Aufarbeitung der Fällung: In wenig Wasser lösen, mit Silberoxyd oder Bleioxyd kräftig durchschütteln und filtrieren. Das chlorfreie Filtrat mit Schwefelwasserstoff behandeln. Überschüssigen Schwefelwasserstoff verjagen. Calcium mit Ammoniak und Ammoncarbonat fällen, filtrieren. Filtrat eindampfen, in wenig Wasser lösen, mit Kupferhydroxyd kochen und filtrieren. Beim Einengen liefern die ersten Fraktionen reines Glykokollkupfer (174).

**Trennung von Leucin und Glykokoll.** Leucin läßt sich von Glykokoll trennen, indem man die wäßrige Lösung der beiden Aminosäuren mit Ammonsulfat versetzt, wobei in der Hauptsache Leucin ausgefällt wird.

Beispiel. 10 $cm^3$ einer Lösung, die 0,1—0,2 g Glykokoll und etwas weniger als 0,1 g Leucin enthält, wird mit 7 g Ammonsulfat versetzt, wobei über 60% des Leucins neben kleinen Mengen Ammonsulfat ausgefällt werden. Die Ausbeuten werden durch wechselnde Glykokollmengen nicht beeinflußt (174).

**Trennung von Glykokoll und Phenylalanin.** Dieses Gemisch kann nach der Aussalzmethode von PFEIFFER getrennt werden.

Beispiel. 70 $cm^3$ gesättigte Phenylalaninlösung, enthaltend etwas weniger als 1 g Phenylalanin und daneben 2 g Glykokoll mit 49 g Ammonsulfat versetzen und über Nacht stehen lassen. Es werden über 80% des Phenylalanins neben kleinen Mengen Glykokoll ausgefällt. Die Fällung enthält stets auch etwas Ammonsulfat. Niederschlag mit Kupfersulfat und etwas Bariumhydroxyd kochen, filtrieren und fraktioniert krystallisieren. Die ersten Fraktionen liefern reines Phenylalaninkupfer (174).

**Trennung von Glykokoll, Glutaminsäure und Leucin.** Die Trennung erfolgt auf Grund der Überführung in die Carbaminoverbindungen. Details sind im Original nachzusehen (200).

**Trennung von Alanin und $\alpha$-Aminobuttersäure.** Zur Trennung dieser beiden Aminosäuren eignet sich die fraktionierte Krystallisation der Kupfersalze der racemisierten Verbindungen.

Racemisierung durch Erhitzen mit der vierfachen Menge Bariumhydroxyd und der 100fachen Menge Wasser im Autoklaven auf 170° während 24 Stunden. Barium quantitativ entfernen und Kupfersalze in üblicher Weise darstellen. Beim Einengen krystallisiert zuerst das in hellblauen Nadeln ohne Krystallwasser krystallisierende $\alpha$-aminobuttersaure Kupfer aus, das nach zweimaligem Umkrystallisieren rein erhalten werden kann. Die letzte Fraktion liefert reines d,l-Alaninkupfer, das mit 1 Mol Krystallwasser krystallisiert. Die Bestimmung des Krystallwassergehaltes gibt einen Anhaltspunkt über die Reinheit der Präparate (155).

**Trennung von Valin und Alanin.** *Prinzip.* d-Alanin wird in Gegenwart von 10% Schwefelsäure durch Phosphorwolframsäure als krystalline Verbindung gefällt, die auf 14 Teile Phosphorwolframsäure 1 Teil Alanin enthält. Bei 0° sind in einer Lösung von 100 cm³, die 10 g Schwefelsäure und 20 g Phosphorwolframsäure enthält, 0,15 g Alanin gelöst, während sich unter gleichen Bedingungen 1,2 g Valin in Lösung befinden. Damit aus einer Valin-Alanin-Lösung nur Alaninphosphorwolframat ausfällt, muß das Volumen der Lösung für je 1 g vorhandenes Valin etwa 100 cm³ betragen.

*Ausführung.* Einhaltung der angegebenen Schwefelsäurekonzentration ist wesentlich für das Gelingen der Trennung, Leucin muß möglichst vollständig entfernt werden. Das Gemisch soll nicht mehr als 50% Valin enthalten. Ist mehr vorhanden, so muß ein Teil zuerst durch fraktionierte Krystallisation entfernt werden. Es gelingt dies ziemlich leicht durch Umkrystallisieren aus Wasser, in dem das Valin schwerer löslich ist als das Alanin. Falls ein Gemisch der beiden Phosphorwolframate ausgefallen ist, kann man es durch Krystallisation aus einer Lösung von 10proz. Schwefelsäure und 20proz. Phosphorwolframsäure vom leichter löslichen Valinphosphorwolframat befreien.

Beispiel. 1 g d-Valin und 1 g d-Alanin in 35 cm³ heißer 10proz. Schwefelsäure lösen, mit 23 g gereinigter Phosphorwolframsäure versetzen und 24 Stunden bei 0° stehen lassen. Die über den ausgeschiedenen Krystallen stehende Flüssigkeit abdekantieren. Krystallmasse in 35 cm³ 10proz. Schwefelsäure auf dem Wasserbad in Lösung bringen und 8 g Phosphorwolframsäure zufügen. Wieder 24 Stunden bei 0° stehen lassen. Abnutschen und Krystalle mit kleinen Portionen einer auf 0° abgekühlten Lösung von 10proz. Schwefelsäure und 20proz. Phosphorwolframsäure auswaschen. Rückstand = Alaninphosphorwolframat; Valinphosphorwolframat befindet sich in den Filtraten, die samt dem Waschwasser nunmehr etwa 100 cm³ ausmachen.

*Aufarbeitung des Alaninphosphorwolframates.* Größten Teil mit einem Spatel in ein Becherglas überführen, letzte Reste mit siedendem Wasser überspülen. Mit insgesamt etwa 100 cm³ Wasser alles in Lösung bringen und in einem Maßkolben auf 150 cm³ auffüllen.

Mit 2 cm³ der Lösung eine Aminostickstoffbestimmung nach VAN SLYKE ausführen (die Autoren fanden dabei 0,9 g des Alanins wieder).

Aus den restlichen 148 cm³ wird die Phosphorwolframsäure nach dem Verfahren von BENEDICT und MURLIN (28) mit Bleiacetat entfernt. Dieses Verfahren ist dem auf S. 133 angegebenen Barytverfahren in diesem Falle vorzuziehen. Die Adsorption von Aminosäuren an Bleisulfat ist nicht so groß wie diejenige an Bariumsulfat.

Lösung des Alaninphosphorwolframates zum Sieden erhitzen und mit einer 20proz. Bleiacetatlösung versetzen, bis ein kleiner Überschuß vorhanden ist, d. h. bis einige Tropfen der Lösung mit Schwefelsäure eine Fällung geben. Bleiniederschlag abnutschen, sorgfältig mit heißem Wasser auswaschen und Filtrat auf 50 $cm^3$ einengen. Zur Ausfällung kleiner Mengen gelösten Bleisulfates mit dem gleichen Volumen Alkohol versetzen und 1 Stunde auf dem Wasserbad stehen lassen. Bleisulfat abnutschen. Überschüssiges Blei mit Schwefelwasserstoff ausfällen, abnutschen und Bleisulfidniederschlag mit Schwefelwasserstoffwasser auswaschen.

Filtrat auf dem Wasserbad weitgehend einengen, letzte Reste von Wasser und Essigsäure im Exsiccator über Kaliumhydroxyd und konzentrierter Schwefelsäure entfernen. Die Autoren erhielten auf diese Weise 83 % des angewandten Alanins zurück. Es ist in jedem Falle die Löslichkeit des Alaninphosphorwolframates in den Mutterlaugen zu berücksichtigen. Kleine Mengen Alanin können noch aus den Mutterlaugen des Valins gewonnen werden.

War außer Alanin und Valin noch Glykokoll zugegen, so findet es sich neben dem Alanin, von dem es sich nach den auf S. 139 angegebenen Trennungsverfahren abscheiden läßt (Trennung über die Pikrate empfehlenswert).

*Aufarbeitung der Lösung des Valinphosphorwolframates.* Filtrate und Waschwasser vom Alaninphosphorwolframat im Maßkolben auf 150 $cm^3$ bringen und mit 2 $cm^3$ der Lösung Aminostickstoffbestimmung durchführen.

Aus den restlichen 148 $cm^3$ Phosphorwolframsäure, wie oben angegeben, entfernen und Filtrat konzentrieren, bis Valin auf der Oberfläche auszukrystallisieren beginnt. Zu der noch warmen Flüssigkeit das Dreifache ihres Volumens an 80proz. Aceton zufügen, in einen Erlenmeyerkolben überführen und mit etwas 80proz. Aceton nachspülen. Nach einigem Stehen im Eisschrank abnutschen. Die Autoren erhielten auf diese Weise 78 % des angewandten Valins zurück.

Das Acetonfiltrat vom Valin kann nach Konzentration bis auf 25 $cm^3$ nochmals wie oben angegeben mit Phosphorwolframsäure gefällt und weiter verarbeitet werden, wodurch die Totalausbeute an Valin und Alanin nahezu quantitativ wird (142).

**Trennung von Valin und Norvalin nach Abderhalden und Heyns** (10), vgl. (5). Die Trennung beruht darauf, daß die beiden Aminosäuren zunächst in die entsprechenden $\alpha$-Bromfettsäuren übergeführt werden, von denen die n-$\alpha$-Bromvaleriansäure durch $NH_3$ bedeutend schneller aminiert wird, so daß sich bei geeigneter Unterbrechung der Aminierung bereits Norvalin isolieren läßt, während ein großer Teil der $\alpha$-Brom-isovaleriansäure noch unverändert ist.

8 g Aminosäuregemisch in 30 $cm^3$ 25proz. HBr lösen und 15 g Brom hinzufügen. Nach dreistündigem Durchleiten von NO unter Rühren durch die auf 0° abgekühlte Lösung nochmals 7 g Brom zugeben und weitere 2 Stunden lang NO einleiten. Das als Öl ausgefallene Bromfettsäuregemisch nach Entfernung des überschüssigen Broms (Luftdurchleiten) ausäthern, Äther trocknen und im Vakuum eindampfen. Die Bromfettsäuren gehen im Vakuum (12 mm) bei 118—122° über. Die Säuren in 15 $cm^3$ 25proz. Ammoniak lösen und bei 37° aufbewahren. Nach 3 Stunden mit HCl unter Kühlung ansäuern und ausäthern. Nach Verdampfen der zuvor mit $Na_2SO_4$ getrockneten Lösung wird die nicht umgesetzte Bromfettsäure als gelbes Öl gewonnen, das sofort wieder in 25proz. $NH_3$ gelöst und wiederum 3 Stunden bei 37° aufbewahrt wird. Wie das erstemal ansäuern und ausäthern. Das nach dem Verdampfen des Äthers erhaltene Öl erstarrt beim Stehen krystallinisch und besteht zum größten Teil aus $\alpha$-Bromisovaleriansäure, die sich durch längeres Aminieren in Valin überführen läßt. Aus der ausgeätherten Lösung läßt sich nach Entfernung des Halogens mit

Silbersulfat und Bariumhydroxyd reines oder nahezu reines Norvalin gewinnen. Charakterisierung geschieht mit Hilfe der Hydantoine. Darstellung S. 30.

l-(+)-Valinhydantoin: N 12,84 %. Fp. 133°. $[\alpha]_D^{20} = -92{,}3^0$ in absol. Alkohol.

l-(+)-Norvalinhydantoin: N 12,84 %. Fp. 112°. $[\alpha]_D^{20} = -73{,}4^0$ in absol. Alkohol.

**Trennung von Leucin, Isoleucin und Valin.** Die Trennung dieses Gemisches durch fraktionierte Krystallisation ist schwierig und unsicher, besonders wenn wenig Valin vorhanden ist. Valin und Leucin bilden Mischkrystalle, sowohl als freie Aminosäuren wie auch als Kupfersalze. Dennoch können die Kupfersalze zur Trennung dienen. Extrahiert man nämlich das Gemisch der Kupfersalze mit Methylalkohol, so gehen d-Valinkupfer und d-Isoleucinkupfer in Lösung. Aus den in Lösung gegangenen Kupfersalzen stellt man durch Zersetzen mit Schwefelwasserstoff die freien Aminosäuren her und racemisiert sie durch Erhitzen mit Bariumhydroxyd im Autoklaven auf 180°. Aus Valin entsteht dabei quantitativ d,l-Valin, während d-Isoleucin sich ungefähr zur Hälfte in d-Allo-isoleucin verwandelt, d. h. in eine stereoisomere Verbindung, die nicht dem optischen Antipoden des d-Isoleucins entspricht. Während die Löslichkeit des Allo-isoleucinkupfers in wäßriger und alkoholischer Lösung fast die gleiche ist, wie die des Isoleucinkupfers, wird das Kupfersalz des racemischen Valins im Gegensatz zu den Kupfersalzen der beiden Isoleucine und dem des aktiven Valins von Methylalkohol nur wenig aufgenommen und ist in Äthylalkohol praktisch unlöslich.

Aus dem Gemisch der Isoleucine und des d,l-Valins stellt man wieder die Kupfersalze her und extrahiert mit Methylalkohol (eventuell Benzylalkohol, s. S. 45), wobei das Isoleucinkupfer in Lösung geht.

*Beispiel.* 4,2 g Kupfersalze von d-Valin und d-Isoleucin mit einem Kupfergehalt von 20,6 % in Wasser lösen und mit Schwefelwasserstoff entkupfern. Filtrieren, eindampfen. Den Rückstand von 3,8 g in 500 cm³ Wasser, das 15 g Bariumhydroxyd enthält, lösen und im Autoklaven während 20 Stunden auf 180° erhitzen. Barium mit Schwefelsäure quantitativ entfernen. Lösung mit einem Überschuß von Kupfercarbonat kochen, filtrieren, zur Trockne verdampfen und aus wäßrigem Alkohol umkrystallisieren. Die resultierenden 3,9 g Kupfersalz zweimal mit je 500 cm³ Methylalkohol auskochen und jedesmal vor dem Filtrieren erkalten lassen. Dann Auskochen mit kleineren Mengen Methylalkohol fortsetzen, bis der Alkohol nur noch ganz schwach blau gefärbt wird.

Rückstand: 0,8 g d,l-Valinkupfer. Methylalkoholische Lösung lieferte 2,1 g Isoleucinkupfer.

Es ist zu beachten, daß die Methode keinesfalls quantitativ ist. In manchen Fällen scheint es angezeigt zu sein, das Gemisch der Kupfersalze zuerst mit Methylalkohol durchzuschütteln, wobei nur Isoleucinkupfer in Lösung geht und nachher mit 96proz. Äthylalkohol zu behandeln, da der Methylalkohol unter Umständen auch Valinkupfer aufnehmen kann (57).

**Trennung von Leucin, Isoleucin und Valin.** *Prinzip.* Leucin und Isoleucin werden durch Bleiacetat, das in berechneter Menge hinzuzufügen ist, als $Pb(C_6H_{12}O_2N)_2$ aus ammoniakalischer Lösung gefällt, während Valin in Lösung bleibt. Das Mengenverhältnis der als Bleisalze ausgefällten Leucine wird durch Bestimmung der spezifischen Drehung ermittelt; die beiden Leucine können nach dem im vorigen Abschnitt beschriebenen Verfahren durch Extraktion der Kupfersalze mit Methylalkohol voneinander getrennt werden.

*Allgemeine Bemerkungen.* Nach diesem Verfahren läßt sich Valin auf einfache Weise von den Leucinen abtrennen, die Trennung ist weitgehend quantitativ. Immerhin ist das Mengenverhältnis, in dem die Leucine und Valin vorliegen, von wesentlichem Einfluß auf das Gelingen der Trennung. Ist nämlich sehr viel Valin vorhanden, so fällt auch sein Bleisalz aus. Die Bleisalzmethode versagt z. B. bei der Trennung der Aminosäuren aus den Barten des Nordwales, aus welchem 10% Valin und nur 4% Leucin isoliert werden konnten (14). Bei der Trennung von Aminosäuren aus pflanzlichem Material führt die Bleisalzmethode nach unseren Erfahrungen stets zum Ziel und ist der im vorangehenden Abschnitt beschriebenen Methode vorzuziehen.

Unter günstigen Bedingungen wird durch Bleiacetat reines $Pb(C_6H_{12}O_2N)_2$ ausgefällt, die Bleibestimmung liefert einen wichtigen Anhaltspunkt über die Reinheit der Präparate. Aus einer 10proz. ammoniakalischen Lösung von Leucin werden 80% des Leucins durch eine äquivalente Menge Bleiacetat ausgefällt, sind jedoch einige Prozent Valin zugegen, so wird die Fällung des Leucins quantitativ: das Valin übt gleichsam einen aussalzenden Effekt aus. Ein größerer Überschuß an Bleiacetat ist zu vermeiden, da sonst auch das Valin ausfallen kann, aus diesem Grunde ist der Gehalt an Leucinen durch eine Kohlenstoffbestimmung zu ermitteln, und die erforderliche Menge Bleiacetat danach zu berechnen.

*Ausführung der Trennung.* a) Ausfällung und Bestimmung von Leucin und Isoleucin.

Gehalt von Leucin und Isoleucin aus dem Kohlenstoffgehalt des Gemisches nach der Formel:

$$\text{Leucin} + \text{Isoleucin in Prozent} = \frac{\%\,C - 51{,}24}{3{,}68} \cdot 100$$

berechnen (C-Gehalt von Valin = 51,24%; C-Gehalt der Leucine = 54,92%; daraus 3,68 = 54,92—51,24).

Gemisch sehr fein pulverisieren, in 7 Teilen Wasser suspendieren, zum Sieden erhitzen und auf je 1 g Substanz 1,5 $cm^3$ konzentriertes Ammoniak zufügen. Beim Schütteln gehen die Aminosäuren in Lösung. Für jedes Gramm der vorhandenen Leucine aus einer Bürette 4 $cm^3$ einer 1,1 molaren Lösung von Bleiacetat unter starkem Rühren zutropfen lassen. 1 Stunde in kaltem Wasser stehen lassen, scharf absaugen (bei kleinen Mengen durch einen *Gooch*tiegel), mit kleinen Portionen 90proz. Alkohol, dann mit Äther nachwaschen und im Vakuumexsiccator über Schwefelsäure zur Gewichtskonstanz trocknen.

Wenn das Aminosäuregemisch zu weniger als $^1/_3$ seines Gewichts aus Valin besteht (C-Gehalt des Gemisches höher als 53,7% ist), etwas weniger Bleiacetat zur Fällung anwenden, nämlich nur 3,7 $cm^3$ pro Gramm Isoleucin + Leucin. Abnutschen und Filtrat vom Leucinblei im Vakuum einengen, bis eine Valinkonzentration von etwa 10% erreicht ist. Durch Zusatz von Ammoniak den Rest des Leucinbleies ausfällen, abnutschen und auswaschen wie oben angegeben. Bleibestimmung: 0,3 g Bleisalz in 5 $cm^3$ n-Salpetersäure (100 $cm^3$ Becherglas) in der Kälte lösen. 5 $cm^3$ n-Schwefelsäure und darauf 50 $cm^3$ absoluten Alkohol zufügen, wodurch das Bleisulfat in leicht filtrierbarer Form ausfällt. Nach 15 Minuten durch einen *Gooch*tiegel filtrieren und mit 95proz. schwefelsäurehaltigem Alkohol auswaschen.

Ist der Bleigehalt zu hoch, so müssen die Bleisalze umgefällt werden: pulverisieren, in 5 Teilen Wasser + $^1/_4$ Teil Eisessig lösen und mit 0,5 $cm^3$ konzentriertem Ammoniak auf je 1 g Bleisalz versetzen. Ausgefallene Bleisalze wie oben angegeben aufarbeiten.

Regenerierung der Leucine. Bleisalze in 20 Teilen Wasser und $^1/_4$ Teil Eisessig in der Wärme lösen, mit Schwefelwasserstoff entbleien, abnutschen, Bleisulfid sorgfältig mit heißem Wasser auswaschen. Filtrat im Vakuum zur Trockne bringen und zur Entfernung kleiner Mengen Essigsäure mit wenig Alkohol-Äther (1:1) auswaschen.

Polarimetrische Bestimmung von Leucin und Isoleucin. Leucin und Isoleucin werden bei der Säurehydrolyse nicht racemisiert, und da die spezifische Drehung in 20proz. Salzsäure zwischen Leucin ($[\alpha]_D = +15{,}4^0$ in 20proz. HCl) und

Isoleucin ($[\alpha]_D = +37{,}4^0$ in 20proz. HCl) die große Differenz von 21,8° aufweist und additiv ist, läßt sich das Mengenverhältnis Leucin-Isoleucin mit großer Genauigkeit aus der spezifischen Drehung nach den folgenden Formeln errechnen:

$$\% \text{ Gehalt an Leucin} = \frac{37{,}4 - \alpha}{21{,}8} \cdot 100$$

$$\% \text{ Gehalt an Isoleucin} = \frac{\alpha - 15{,}6}{21{,}8} \cdot 100.$$

Zur präparativen Trennung der beiden Leucine werden die Kupfersalze dargestellt, und das Isoleucinkupfer durch Extraktion mit 94proz. Methylalkohol herausgelöst (s. auch die vorhergehende Trennungsmethode).

b) Isolierung von Valin.

Filtrat vom Leucinblei mit Schwefelwasserstoff entbleien und zur Trockne bringen. Rückstand zur Entfernung kleiner Mengen Essigsäure und des Ammonacetates mit Alkohol-Äther (3:1) digerieren. Ein kleiner Teil des Valins geht mit in Lösung und kann nach Verdampfen des Lösungsmittels durch nochmalige Behandlung des Rückstandes mit Alkohol-Äther gewonnen werden (140).

**Trennung von Leucin, Valin und Alanin.** Die Aufarbeitung der Leucinfraktion der Ester wird durch den Umstand erleichtert, daß Leucinester ebenso wie Phenylalaninester aus einer Lösung oder Suspension in Wasser durch Äther ausgezogen werden kann.

Die Esterfraktion, die Leucin, Valin und Alanin enthält, mit 3 Volumen Wasser vermischen und mit Äther extrahieren. Ätherauszug dreimal mit Wasser waschen. Es geht praktisch alles Leucin in den Äther, gewöhnlich mit kleinen Mengen Valin. Unter Umständen liefert die ätherische Lösung nach dem Verseifen direkt reines Leucin.

Aus der wäßrigen Lösung erhält man Valin nach dem Verseifen durch fraktionierte Krystallisation, Alanin durch Umkrystallisieren des löslicheren Anteils aus verdünntem Alkohol (138).

**Trennung von Norleucin, Leucin und Isoleucin.** Nach Abderhalden und Beckmann (6) ist die Geschwindigkeit mit der n-$\alpha$-Brom-capronsäure mit Trimethylamin reagiert bedeutend größer als die Reaktionsgeschwindigkeit von $\alpha$-Brom-$\beta$-methyl-$\beta$-äthyl-propionsäure sowie $\alpha$-Brom-isobutyl-essigsäure. Trennt man zunächst das Isoleucin mit Hilfe des Kupfersalzes ab, so kann Abtrennung des Norleucins vom Leucin dadurch erfolgen, daß man die beiden Verbindungen nach der bekannten Volhardschen Methode in die entsprechenden Bromfettsäuren überführt und diese dann mit Trimethylamin reagieren läßt, wobei sich das schneller gebildete Trimethylamin-norleucin von noch unveränderter $\alpha$-Brom-isobutyl-essigsäure abtrennen läßt (siehe S. 44, 45).

**Trennung des Leucins von Asparaginsäure und Glutaminsäure.** Ein Gemisch der Chlorhydrate von Leucin, Asparaginsäure und wenig Glutaminsäure läßt sich durch fraktionierte Krystallisation nicht trennen. Wird aber die Lösung mit n-Natronlauge gegen Lackmus neutralisiert und entsprechend eingeengt, so scheidet sich das Leucin aus (172).

**Trennung von Leucin und Tyrosin.** Gemisch der beiden Aminosäuren mit Eisessig unter Rückfluß zum Sieden erhitzen und mit dem gleichen Volumen 95proz. Alkohol versetzen, Leucin geht in Lösung. Tyrosin abnutschen und aus Wasser umkrystallisieren. Wenn es nach dem Umkrystallisieren aus Wasser noch einen gelblichen Stich aufweist, mit wenig Eisessig digerieren, wodurch es blendend weiß wird.

Filtrat nötigenfalls mit Tierkohle kochen und im Vakuum eindampfen. Rohleucin aus 95proz. Alkohol umkrystallisieren. Man erhält auf diese Weise ein Leucin, das die bekannten Reaktionen auf Tyrosin auch nicht spurenweise gibt (90).

**Trennung des Tyrosins von anderen Monoaminosäuren.** Die quantitative Abtrennung des Tyrosins von anderen Aminosäuren durch fraktionierte Krystallisation ist trotz seiner Schwerlöslichkeit überraschend schwer, und zwar auch dann, wenn die Monoaminosäuren von den Dicarbonsäuren und den Hexonbasen durch Extraktion mit Butylalkohol nach DAKIN schon abgetrennt worden sind. Es ist nicht ausgeschlossen, daß die Anwesenheit größerer Mengen Phenylalanin die Ursache der erhöhten Löslichkeit des Tyrosins ist. Es haftet unter Umständen aber auch sehr leicht der Prolinfraktion an. Wenn es sich darum handelt, den Tyrosingehalt genau zu ermitteln, so wird man sich mit Vorteil an dessen colorimetrische Bestimmung halten.

Zur Abscheidung des Tyrosins von anderen Aminosäuren stehen zwei Verfahren zur Verfügung, die sich besonders gut eignen, wenn ein Gemisch der Monoaminosäuren vorliegt.

*a) Trennung durch Überführung in die Uraminosäuren. Prinzip.* Überführung der Aminosäuren durch Kaliumcyanat in die Uraminosäuren. Die Uraminosäure des Tyrosins ist im Gegensatz zu denen der anderen Aminosäuren in Wasser leicht löslich und kann aus der wäßrigen Lösung mit Äther extrahiert werden. Durch Behandeln mit verdünnter Salzsäure wird das in Wasser schwerlösliche p-Oxybenzylhydantoin hergestellt, aus Wasser umkrystallisiert und gewogen.

Ausführung. 10 g eines Gemisches von Monoaminosäuren in 50 cm³ Eisessig zum Sieden erhitzen und mit 50 cm³ Alkohol versetzen. Erkalten lassen, abfiltrieren, Rückstand mit alkoholischer Eisessiglösung nachwaschen. Nun mit 10 cm³ Wasser kochen und nach dem Erkalten abfiltrieren. Auf diese Weise erhielt der Autor aus den Monoaminosäuren des Zeins 0,6 g optisch reines Tyrosin.

Die vereinigten Filtrate im Vakuum konzentrieren, Rückstand in Wasser lösen, mit Soda neutralisieren und unter allmählichem Zufügen von 8 g Kaliumcyanat 1 Stunde auf dem Wasserbad gelinde erwärmen. Mit Schwefelsäure eben kongosauer machen. Dabei scheiden sich die schwerlöslichen Uraminosäuren ab. Abfiltrieren und das Filtrat (etwa 70 cm³) 72 Stunden lang in einem entsprechenden Extraktionsapparat (KUTSCHER-STEUDEL) mit Äther extrahieren. Ätherrückstand in 10 cm³ Wasser lösen, Ungelöstes abfiltrieren. Filtrat mit verdünnter Salzsäure eindunsten (über die Darstellung der Hydantoine s. S. 30). Rückstand aus wenig heißem Wasser auskrystallisieren lassen. Das so erhaltene p-Oxybenzylhydantoin muß einen Fp. von 259—261° besitzen; nötigenfalls ist es nochmals aus wenig Wasser umzukrystallisieren.

Man erhält auf diese Weise Resultate, die mit der colorimetrischen Bestimmung des Tyrosins gut übereinstimmen (50).

*b) Trennung durch Überführung in die Bleisalze.* Tyrosin wird beim Kochen mit Bleioxyd in ein schwerlösliches Bleisalz übergeführt, während die anderen Monoaminosäuren in Lösung bleiben. Da auch Asparaginsäure ein schwerlösliches Bleisalz bildet, dürfte diese Trennungsmethode nur bei Abwesenheit der Dicarbonsäuren Verwendung finden.

*Beispiel.* 250 cm³ einer wäßrigen Lösung, enthaltend je 1 g Tyrosin, Leucin und Valin, mit einem Überschuß von Bleioxyd kochen. Bleiniederschlag auswaschen, in siedendem Wasser aufschlemmen und verdünnte Schwefelsäure bis zu einem kleinen Überschuß zufügen. Filtrat von Bleisulfat durch Bariumhydroxyd vollständig von Schwefelsäure befreien. Beim Eindampfen des Filtrates erhält man etwa 80 % des angewandten Tyrosins zurück. Die im ersten Filtrat enthaltenen Aminosäuren sind auf bekannte Weise zu regenerieren (139).

**Trennung von Tyrosin und Dioxyphenylalanin** (183). Die Trennung beruht darauf, daß Tyrosin durch Bleiacetat erst aus stark alkalischer Lösung gefällt wird, Dioxyphenylalanin dagegen schon aus schwach alkalischer Lösung. Störende Verunreinigungen fallen schon aus saurer Lösung.

Wäßrige Lösung so lange mit einer 20proz. Lösung von neutralem Bleiacetat versetzen, bis kein Niederschlag mehr ausfällt. Abfiltrieren, Filtrat mit 20 cm³ 25proz. Ammoniak alkalisch machen und mit 140 cm³ basischem Bleiacetat (D.A.B. 6) fällen. Niederschlag I.

Filtrat mit 50 cm³ 25proz. Ammoniak versetzen und mit 100 cm³ basischem Bleiacetat fällen. Niederschlag II.

Beide Niederschläge einzeln in etwa 1 l Wasser aufschlämmen und mit Schwefelwasserstoff zersetzen. Filtrate von den Sulfidniederschlägen einzeln im Vakuum auf 50 cm³ einengen. Lösung I mit so viel Ammoniak versetzen, daß Lackmus gerade noch gerötet wird. Beim Stehen in Eis scheidet sich fast reines Dioxyphenylalanin ab. Aus der Lösung II fällt beim Stehen in Eis das Tyrosin aus.

**Trennung von l-Histidin und l-Leucin.** Histidin wird aus einer wäßrigen Lösung, die pro 10 cm³ 0,52 g Aminosäure enthält, durch Ammonsulfat (5,3 g pro 10 cm³) nicht ausgesalzen.

Beispiel. Zu 10 cm³ einer gesättigten Leucinlösung, die 0,26 g Histidin enthält, 5,3 g Ammonsulfat zusetzen. Es scheiden sich 60% des vorhandenen Leucins mit etwas Ammonsulfat und 0,1% des Histidins aus (173).

**Trennung von Cystin und Tyrosin.** Wird ein Eiweißhydrolysat nach Entfärben mit Tierkohle mit Natronlauge nahezu neutralisiert, so krystallisieren nach längerem Stehen in der Kälte Tyrosin und Cystin aus.

Zur Trennung in heißem 10proz. Ammoniak lösen, abkühlen und Eisessig bis zur schwach alkalischen oder eben neutralen Reaktion zugeben, wobei zunächst Tyrosin ausfällt. Zur Abscheidung des Cystins mit Eisessig übersättigen. Das erhaltene Cystin darf mit Millons Reagens keine Reaktion mehr geben. Tritt Rotfärbung ein, so ist die Trennung auf gleiche Weise zu wiederholen (1).

**Trennung von Glutaminsäure und Asparaginsäure.** Die Trennung beruht auf der Tatsache, daß glutaminsaures Zink im Gegensatz zum asparaginsauren Zink in Wasser schwer löslich ist.

Die Anwesenheit von Leucin stört die Trennung, da es sich mit der Glutaminsäure als Zinksalz abscheiden kann. Schwefelsäure ist nötigenfalls vollständig zu entfernen, ein kleiner Überschuß von Bariumhydroxyd schadet nichts.

Wurde von 50 g Eiweiß ausgegangen, so bringt man die Lösung der beiden Säuren auf etwa 250 cm³. Zum Sieden erhitzen und in die siedende Lösung Zinkoxyd im Überschuß eintragen. Reaktion wird dabei neutral. Aus glutaminsäurereichen Lösungen scheidet sich das Zinksalz bereits während des Siedens in großen Mengen ab. 48 Stunden stehen lassen, glutaminsaures Zink samt überschüssigem Zinkoxyd abnutschen und mit kaltem Wasser auswaschen (Niederschlag A, Filtrat I).

Filtrat I auf 250 cm³ einengen und mit 20proz. Silbernitratlösung versetzen, bis eine Probe mit einigen Kubikzentimetern 10proz. Silbernitratlösung versetzt keine bleibende Fällung mehr gibt. Silberniederschlag (Niederschlag B) scharf absaugen und mit wenig kaltem Wasser waschen (Filtrat II).

Das Filtrat II kann unter Umständen noch Monoaminosäuren enthalten. Mit Silbernitrat versetzen und darauf vorsichtig mit Barytwasser, wodurch die Silberverbindungen der Monoaminosäuren abgeschieden werden. Aufarbeitung wie üblich.

Silberniederschlag B in Wasser aufschwemmen, mit Schwefelwasserstoff entsilbern, Silbersulfid abnutschen, gut auswaschen und Filtrat auf dem Wasserbad auf 50—100 cm³ einengen. In der Siedehitze mit Zinkoxyd übersättigen. Beim Stehenlassen scheiden sich diejenigen Teile der Glutaminsäure als Zinksalz ab, die der ersten Fällung mit Zink eventuell entgangen sind. Abnutschen (Niederschlag a) und mit wenig kaltem Wasser nachwaschen (Filtrat III).

Niederschläge A + a vereinigen und in siedender verdünnter Essigsäure lösen. In die heiße Flüssigkeit Schwefelwasserstoff einleiten, bis alles Zink ausgefällt ist. Filtrat auf ein kleines Volumen einengen, im Exsiccator über Natronkalk stehen lassen, dabei krystallisiert die Glutaminsäure in sehr reinem Zustand aus.

Aus Filtrat III durch Schwefelwasserstoff das Zink entfernen, Filtrat vom Zinksulfid einengen und mit Kupfercarbonat kochen. Vom überschüssigen Kupfercarbonat heiß abfiltrieren: Asparaginsäure scheidet sich beim Stehenlassen als Kupfersalz aus (135).

**Isolierung von Asparagin- und Glutaminsäure aus Edestin.** Wie schon a. a. O. erwähnt, sind die Angaben über die in den Proteinen enthaltenen Asparaginsäure- und auch Glutaminsäuremengen sehr ungenau. In neueren Untersuchungen wurde festgestellt, daß in manchen Fällen 4—9 mal mehr Asparaginsäure in verschiedenen Proteinen vorhanden war, als man ursprünglich angenommen hatte. Es sei deshalb am Beispiel des Edestins die Abscheidung der beiden Säuren nach neuerer Methodik beschrieben (103).

*Beispiel.* 50 g Edestin wurden mit 200 cm³ 20proz. Salzsäure übergossen und auf dem Wasserbad erwärmt, bis der größte Teil in Lösung gegangen war. Hierauf wurde im Ölbad 36 Stunden gekocht.

Die Huminsubstanzen wurden über Asbest (vorher gut mit konzentrierter Salzsäure ausgekocht) abfiltriert, und das dunkelgefärbte Filtrat im Vakuum bei etwa 50° zu einem Syrup eingedickt. Nach dem Verdünnen mit Wasser wurden die Hexonbasen in üblicher Weise ausgefällt. Das Filtrat des Phosphorwolframsäureniederschlages wurde durch Schütteln mit Amylalkohol-Äther-Gemisch (1:1) (s. S. 91) von überschüssiger Phosphorwolframsäure befreit und die wäßrige Lösung im Vakuum zu einem dicken Syrup eingedampft.

Der syrupöse Rückstand wurde in 300 cm³ Wasser aufgenommen und mit feuchtem, frisch umkrystallisiertem Bariumhydroxyd versetzt, bis die Lösung gegen Lackmus schwach alkalisch reagierte. Dabei schied sich eine kleine Menge einer braunen Masse ab, von welcher abfiltriert wurde. Mit heißem Wasser gut auswaschen. Hierauf wurde in die nunmehr 600 cm³ betragende Lösung festes Bariumhydroxyd eingetragen, bis es nach gutem Schütteln einen kleinen Bodenkörper bildete. Die Lösung der Bariumsalze wurde in die fünffache Menge 95proz. Alkohols unter gutem Rühren eingegossen, und das Gemisch 2 Tage stehen gelassen. Nach dem Abnutschen wurde mit 95proz. Alkohol ausgewaschen, und das Gemisch der Bariumsalze in 350 cm³ Wasser gelöst. Zu dieser Lösung wurden 400 cm³ 95proz. Alkohol gegeben und nach zwölfstündigem Stehen im Eisschrank abgenutscht. Weiterer Zusatz von Alkohol zum Filtrat bewirkte nur eine schwache Trübung, nach 9 Wochen hatte sich ein kleiner Niederschlag gebildet, der aus 1,2 g Tyrosin und 0,2 g Glutaminsäure bestand. Die Fällung der Dicarbonsäuren war also weitgehend quantitativ.

Zur Isolierung der Glutaminsäure wurde der Bariumniederschlag mit einem kleinen Überschuß von Schwefelsäure zersetzt, vom Bariumsulfat abgenutscht, gut ausgewaschen und das Filtrat auf 800 cm³ eingeengt. Die überschüssige Schwefelsäure wurde mit Bariumhydroxyd quantitativ entfernt, das Filtrat weitgehend konzentriert, mit Salzsäuregas gesättigt und die Glutaminsäure in üblicher Weise als Chlorhydrat isoliert. Es resultierten 7,9 g Glutaminsäurechlorhydrat.

Zur Isolierung der Asparaginsäure wurden Filtrat und Waschwasser von der Glutaminsäure im Vakuum konzentriert, um die Salzsäure möglichst weitgehend zu entfernen. Die noch vorhandene Salzsäure wurde durch Schütteln mit Silbersulfat, die dabei gebildete Schwefelsäure mit Bariumhydroxyd entfernt. Das Filtrat wurde zur Trockne gebracht und mit Eisessig behandelt. Bei Anwesenheit von Oxyglutaminsäure und Pyrrolidoncarbonsäure würden diese in den Eisessig übergehen. In diesem Fall war keine der beiden Säuren anwesend. Der trockene Rückstand wurde in Wasser aufgenommen und mit Kupfercarbonat gekocht. Das asparaginsaure Kupfer wurde in üblicher Weise aufgearbeitet (s. S. 134). Ausbeute 9 g. Beim Einengen des Filtrates wurden weitere 0,14 g erhalten. Totalausbeute an reiner Asparaginsäure = 4,85 g oder 10,2 % des Edestins.

Das Filtrat vom asparaginsauren Kupfer lieferte nach dem Entkupfern und fraktionierter Krystallisation noch 2,56 g Glutaminsäure. Zweckmäßiger wird das Filtrat wohl nach der auf S. 146 beschriebenen Methode über die Zinksalze aufgearbeitet. Der nach der fraktionierten Krystallisation verbleibende Rückstand war tyrosinhaltig. Bei Anwesenheit größerer Mengen Glutaminsäure wird man einen Teil schon aus dem konzentrierten Hydrolysat als Chlorhydrat gewinnen können.

**Trennung von Asparaginsäure und Phenylalanin.** In einer Abhandlung „Über die stickstoffhaltigen Substanzen in reifenden Roggenähren", auf die wir in diesem Zusammenhang besonders hinweisen möchten, wird von A. KIESEL (113) eine Trennungsmethode für Asparaginsäure und Phenylalanin beschrieben, die unter Umständen auch zur Trennung anderer Aminosäuren dienen könnte.

Wir haben schon a. a. O. darauf hingewiesen, daß unter Umständen bei der Hexonbasenfällung auch Dicarbonsäuren mitgerissen werden können, ebenso ist die Fällbarkeit des Phenylalanins durch Phosphorwolframsäure erörtert worden. Aus dem Phosphorwolframsäureniederschlag von etwa 2 kg getrockneten Ähren konnte der Autor 3 g Asparaginsäure isolieren! Nach der Auffassung von KIESEL ist die Asparaginsäure als solche in den reifenden Ähren entstanden, immerhin scheint es nach unserer Auffassung nicht ausgeschlossen, daß sie doch aus Asparagin entstanden ist.

*Ausführung.* Das Aminosäuregemisch wurde in wäßriger Lösung mit Silberoxyd erwärmt, vom überschüssigen Silberoxyd abfiltriert, die Lösung der Silbersalze konzentriert, und das Konzentrat tropfenweise in 2 Volumen 96proz. Alkohol gegossen, wobei sich ein klebriger weißer Niederschlag bildete. Zur vollständigen Ausfällung wurde mit mehr Alkohol versetzt. Die über dem Niederschlag stehende Flüssigkeit wurde abgegossen und der Niederschlag (Asparaginsilber) mit Alkohol gut verrieben.

Zur Isolierung der Asparaginsäure wurde der Niederschlag in verdünnter Schwefelsäure suspendiert, mit Schwefelwasserstoff entsilbert, Schwefelsäure quantitativ mit Bariumhydroxyd entfernt und das Filtrat zum Syrup eingedickt; durch Zusatz von Kupferacetatlösung wurde das asparaginsaure Kupfer in bekannter Weise isoliert.

Aus der vom asparaginsauren Silber abgetrennten alkoholischen Lösung konnte durch Versetzen mit Kupferacetat Phenylalaninkupfer gewonnen werden.

**Trennung des Prolins von anderen Aminosäuren.** Der Prolinfraktion, wie sie durch Behandeln einer Aminosäurefraktion mit Alkohol erhalten wird, haften stets kleinere oder größere Mengen anderer Aminosäuren an. Ausschließlich reines, identifiziertes Prolin ist besonders in älteren Arbeiten nur in den seltensten Fällen der Berechnung der Ausbeute zugrunde gelegt worden (12).

Durch Überführen der Prolinfraktion in die Uraminosäuren gelingt es, das Prolin einigermaßen quantitativ von den anderen Aminosäuren zu trennen. Die Uraminosäure des Prolins ist in Wasser leicht löslich und läßt sich im Gegensatz zu denen des Leucins, Isoleucins, Valins, Alanins und Phenylalanins seiner wäßrigen Lösung durch Äther nicht entziehen. Der Umstand, daß die in Wasser lösliche Uraminosäure des Tyrosins nur durch längere Extraktion mit Äther aus der wäßrigen Lösung ausgezogen werden kann, ist anscheinend bis jetzt nicht beachtet worden. Da jedoch das Hydantoin des Tyrosins im Gegensatz zu demjenigen des Prolins in Wasser schwer löslich ist, dürfte auch bei Anwesenheit von Tyrosin die Prolinbestimmung nicht wesentlich beeinflußt werden.

*Ausführung.* Rohprolin mit etwa dem gleichen Gewicht Kaliumcyanat und dem zehnfachen Gewicht Wasser auf dem Wasserbad eindunsten. Rückstand in Wasser aufnehmen, mit Schwefelsäure bis zur Kongobläuung ansäuern und mit Äther in einem Extraktionsapparat 8 Stunden lang extrahieren. Ätherische Lösung mit wenig Wasser auswaschen. Die Uraminosäuren der dem Prolin beigemengten Aminosäuren gehen in den Äther über.

Wäßrige Lösung samt Waschwasser zur Überführung in das Prolyl-hydantoin mit $^1/_5$ Volumen 50proz. Schwefelsäure versetzen und 1—2 Stunden in kochendem Wasser halten. Erkalten lassen und von allfällig ausgeschiedenem Hydantoin des Tyrosins abfiltrieren.

Prolylhydantoin im Extraktionsapparat (Kutscher-Steudel) mit Äther extrahieren (etwa 36 Stunden lang) und aus sehr wenig Wasser umkrystallisieren oder besser in einem Tropfen Alkohol lösen und mit Petroläther fällen. Fp. des l-Prolyl-hydantoins 165—167°. $[\alpha]_D = -232$ bis $-238,5°$. Das Hydantoin des d,l-Prolins schmilzt bei 142—143° und besitzt ähnliche Eigenschaften wie dasjenige des l-Prolins. Da bei der Hydrolyse neben l-Prolin stets auch die Racemform auftritt, wird sich die Reinheit der Prolylhydantoine schwer durch den Schmelzpunkt feststellen lassen. Elementaranalyse! (43, 63).

Prolin läßt sich auch in analoger Weise wie das Oxyprolin mit Quecksilberacetat von den anderen Aminosäuren trennen (s. S. 123).

**Trennung von Histidin, Arginin, Prolin und Oxyprolin** (109, 106). *Prinzip.* Man fällt aus dem Hydrolysat zuerst das Arginin als Flavianat (127), versetzt das kongosaure Filtrat der Flaviansäurefällung mit einer Reineckesalzlösung (s. unten), und zwar ohne Rücksicht auf die noch gelöste Flaviansäure. Es fallen die Reineckeverbindungen von l-Histidin, l-Oxyprolin und l-Prolin aus. Nach Spaltung der Reineckate wird die Lösung der Aminosäuren mit Pikrolonsäure versetzt, wobei dann je nach der Menge der angewandten Pikrolonsäure ein Gemisch der Histidinpikrolonate ausfällt, während Prolin und Oxyprolin in Lösung bleiben. Prolin wird aus alkoholischer Lösung durch alkoholisches Cadmiumchlorid ausgefällt, während Oxyprolin in Lösung bleibt.

*Allgemeine Bemerkungen.* Die Verfasser weisen darauf hin, daß sich dieses Verfahren in seiner Anwendung auf Eiweißhydrolysate und Extrakte tierischer oder pflanzlicher Herkunft vorläufig nur als präparative, nicht als quantitative Methode eignet. Mit Rücksicht darauf aber, daß die Isolierung von Prolin und Oxyprolin auch nach anderen Verfahren sich nicht leicht quantitativ gestalten läßt und zudem oft mit erheblichen Schwierigkeiten verbunden ist, möchten wir die Reineckatmethode zum mindesten als sehr gut brauchbare Vergleichsmethode empfehlen.

*Darstellung des Reineckesalzes* $(SCN)_4Cr(NH_3)_2NH_4$. 200 g Ammoniumrhodanat in einer Porzellanschale über einem kräftigen Bunsenbrenner schmelzen, in die Schmelze in möglichst kleinen Portionen 34 g fein pulverisiertes Ammoniumbichromat eintragen. Die geschmolzene dunkelviolette Masse während des Abkühlens mit einem Glasstab umrühren. Nach dem Erkalten im Mörser fein zerreiben, mit 150 cm³ Wasser auslaugen und abnutschen.

Das Filtrat wird verworfen. Niederschlag in 400 cm³ Wasser bringen, auf 50° erwärmen und bei dieser Temperatur rasch abnutschen. Aus dem mit Eis gekühlten Filtrat scheidet sich das Reineckesalz (4-Tetrarhodanato-2-amminchromisäure) aus. Zur vollständigen Reinigung noch dreimal aus Wasser von 50° umkrystallisieren. Ausbeute 15 g. Es krystallisiert mit 1 Mol Krystallwasser, das ziemlich fest gebunden ist.

*Ausführungsbeispiel.* 250 g Hämoglobin wurden mit 550 g konzentrierter Schwefelsäure und 1,2 l Wasser 28 Stunden lang gekocht. Durch konzentrierte, heiße Bariumhydroxydlösung wurde der größte Teil der Schwefelsäure entfernt. Der Bariumsulfatniederschlag wurde zweimal mit heißem Wasser nachgewaschen. Die vereinigten Filtrate wurden bei schwach kongosaurer Reaktion im Vakuum eingeengt, die dabei abgeschiedenen Monoaminosäuren wurden abfiltriert. Das Filtrat wurde mit Wasser auf 1 l verdünnt. Es enthielt 26,6 g Gesamtstickstoff.

Die heiße Lösung wurde mit 35 g Natriumflavianat, das in verdünnter Schwefelsäure gelöst war, versetzt. Nach 24stündigem Stehen im Eisschrank waren 18,35 g Argininflavianat auskrystallisiert. Das Filtrat des Argininflavianats wurde mit einer warmen Lösung von 10 g Reineckesalz in 150 cm³ Wasser versetzt. Es entstand ein geringer, schmutziger, roter Niederschlag, von dem nach 2 Tagen abfiltriert wurde. Dieser erste Niederschlag wurde verworfen. Das Filtrat wurde erneut mit einer warmen Lösung von 150 g Reineckesalz versetzt, wobei sich sofort ein krystallinischer Niederschlag ausschied. Nach zwölfstündigem Stehen wurde abfiltriert, und der Niederschlag über Schwefelsäure getrocknet. Niederschlag I = 75,35 g. Das Filtrat wurde bei möglichst niederer Temperatur im Vakuum auf 1 l eingeengt. Nach 24stündigem Stehen im Eisschrank hatte sich eine weitere Menge von 23,3 g (Niederschlag II) ausgeschieden.

*Zerlegung des Reineckatniederschlages I.* Den 75,35 g schweren Niederschlag in 2 l 50proz. Methylalkohol suspendieren, mit einer heißen konzentrierten Lösung von 130 g Kupfersulfat versetzen und $^1/_2$ Stunde auf dem kochenden Wasserbad erwärmen. Die Menge des Kupfersulfates ist so zu bemessen, daß eine abfiltrierte Probe beim Kochen mit Kupfersulfat und schwefliger Säure keine Trübung mehr gibt. Noch heiß von dem entstandenen gelben Cuproreineckat absaugen und in das noch warme Filtrat Schwefeldioxyd einleiten, bis die Lösung erkaltet ist. Abfiltrieren. Das Filtrat enthält meist noch etwas Ammoniak, Rhodan und Chrom, die von einer Zersetzung des Reineckesalzes herrühren. Das Rhodan läßt sich leicht entfernen, wenn man die Lösung mit etwas Silbersulfat kurz aufkocht. Durch Einleiten von Schwefelwasserstoff Kupfer und Silber entfernen. Das Filtrat der Schwermetallsulfide ist meist durch etwas Chrom gefärbt. Einen Überschuß von Bariumhydroxyd zufügen und 5 Minuten lang kochen, wobei die letzten Spuren Chrom entfernt werden, dabei entweicht auch das Ammoniak. Filtrat vom gut ausgewaschenen Bariumsulfat im Vakuum auf 300 cm³ einengen und die heiße Lösung mit einer alkoholischen Lösung von Pikrolonsäure (in diesem Fall 15 g) versetzen. Es entsteht sofort ein Niederschlag von Histidinpikrolonat, von dem nach 24 Stunden abfiltriert wird. Es resultierten 19 g Pikrolonat. In etwa 250 cm³ Wasser suspendieren, mit 30 cm³ konzentrierter Salzsäure versetzen und aufkochen. Nach dem Erkalten filtrieren und Filtrat mit Tierkohle entfärben. Die wasserhelle Lösung im Vakuum auf ein kleines Volumen einengen und im Vakuumexsiccator der Krystallisation überlassen. Es resultierten 12,2 g Histidindichlorhydrat, das aus Salzsäure umkrystallisiert und im Vakuum bei 105° über Kaliumhydroxyd bis zur Gewichtskonstanz getrocknet wurde.

Filtrat der Pikrolonsäurefällung durch Kochen mit Schwefelsäure von der Pikrolonsäure befreien. Nach dem Abfiltrieren der Pikrolonsäure und nach Aufkochen des Filtrates mit aktiver Kohle Schwefelsäure quantitativ mit Bariumhydroxyd ausfällen. Diese Lösung, die Oxyprolin und Prolin enthält, wird zusammen mit dem Filtrat verarbeitet, das nach der Zerlegung des Reineckatniederschlages II erhalten wurde.

*Zerlegung des Reineckatniederschlages II.* Niederschlag wie oben angegeben mit Kupfersulfat (40 g) zerlegen. Die von Schwefelsäure, Chrom und Baryt befreite Lösung gab mit alkoholischer Pikrolonsäurelösung keinen Niederschlag, die Diazoreaktion war negativ, es befand sich also alles Histidin im Niederschlag I. Lösung mit der oben erhaltenen vereinigen und im Vakuum möglichst weitgehend (auf etwa 10 $cm^3$) einengen. Konzentrat so lange mit einer alkoholischen Lösung von Cadmiumchlorid versetzen, bis eine Probe des Filtrates auf weiteren Zusatz der Cadmiumchloridlösung keinen Niederschlag mehr gibt. Niederschlag auf der Nutsche mit Alkohol auswaschen, es resultierten 5,9 g Prolin-Cadmiumchlorid, entsprechend 2,17 g Prolin.

Filtrat von Prolin-Cadmiumchlorid durch Behandeln mit Schwefelwasserstoff von Cadmium befreien, Salzsäure durch Schütteln mit Silbercarbonat quantitativ entfernen. Filtrat im Vakuum zur Trockne bringen, Rückstand in möglichst wenig Wasser lösen und mit absolutem Alkohol versetzen. Das Oxyprolin fällt nach kurzer Zeit aus. Umkrystallisieren aus wäßrigem Alkohol. Es wurden 4 g Oxyprolin erhalten.

**Trennung des Arginins von anderen Aminosäuren, speziell von Lysin und Prolin.** *Prinzip.* Die Aminosäuren lassen sich durch Behandeln mit verschiedenen Aldehyden in wäßriger Lösung und in Gegenwart geeigneter Basen leicht in Salze der N-Aldehyd-aminosäuren überführen. *Das Arginin reagiert dabei anders als die übrigen Aminosäuren, indem es auch in alkalischer Lösung frei von Alkali ausfällt.* Da die Benzylidenverbindung des Arginins im Gegensatz zu denen der andern Aminosäuren auffallend wenig löslich ist, ist anzunehmen, daß das Carboxyl mit in die Reaktion eintritt, also als saure Gruppe nicht mehr vorhanden ist. In Wasser und den gebräuchlichen Lösungsmitteln ist das Benzylidenarginin praktisch unlöslich. In Säuren löst es sich leicht, spaltet aber gleichzeitig den Benzaldehyd wieder ab, wodurch sich das Arginin wieder regenerieren läßt.

*Allgemeine Bemerkungen.* Im nachfolgenden wird ein Trennungsverfahren beschrieben, nach welchem die aus einem Hydrolysat von 200 g Gelatine mit Phosphorwolframsäure ausgefällten Aminosäuren (Arginin, Lysin und Prolin) voneinander getrennt werden können. Da die Gelatine kein Histidin enthält, läßt sich das Verfahren nur bedingt auf pflanzliche Proteine übertragen. Immerhin bietet diese Methode die Möglichkeit, das Arginin auf einfache und bequeme Weise von den andern Aminosäuren abzutrennen und wird dort anzuwenden sein, wo es sich darum handelt, speziell das Arginin quantitativ zu bestimmen. Im Vergleich mit dem auf S. 57 beschriebenen Verfahren (Abtrennung des Arginins mit Flaviansäure) ist das Benzylidenverfahren weniger zeitraubend und dabei ebenso quantitativ.

*Ausführung.* Phosphorwolframsäureniederschlag durch mehrstündiges Schütteln mit Bariumhydroxyd zersetzen (s. S. 133). Überschüssiges Barium mit der eben notwendigen Menge Schwefelsäure entfernen. Filtrat bei höchstens 11 mm und 40° unter Ausschluß von Kohlendioxyd zur Trockene verdampfen. Rückstand in 40—45 $cm^3$ Wasser lösen und 20 g Benzaldehyd unter gutem Schütteln in zwei Portionen zusetzen. 2 Stunden bei 0° stehen lassen, wobei die ganze Masse zu einem Krystallbrei erstarrt. Abnutschen, mit 10 $cm^3$ eiskaltem Wasser, dann mit viel Alkohol waschen.

Niederschlag I enthält alles Arginin und einen Teil des Lysins als Benzylidenverbindungen.

Filtrat I enthält den Rest des Lysins und alles Prolin.

*Aufarbeitung des Niederschlages I.* Den Niederschlag zur Entfernung des Benzylidenlysins mit einer Lösung von 5 g Bariumhydroxyd in 60 $cm^3$ Wasser $^1/_4$ Stunde tüchtig schütteln. Filtrieren und das zurückbleibende Benzyliden-arginin sorgfältig mit Eiswasser, dann mit Alkohol und Äther waschen. Filtrat II enthält das Bariumsalz des Benzyliden-lysins.

Zur Umwandlung des Benzyliden-arginins in das Nitrat mit der genau berechneten Menge Salpetersäure $^1/_2$ Stunde auf dem Wasserbad erwärmen, Benzaldehyd durch Ausäthern entfernen und wäßrige Lösung im Vakuum eindampfen. Rückstand in wenig Wasser aufnehmen und Argininnitrat durch Zusatz von Alkohol und Äther ausfällen.

Zur Umwandlung des Benzyliden-arginins in freies Arginin auf dem Wasserbad mit 5 n-Schwefelsäure $^1/_2$ Stunde erwärmen, Benzaldehyd ausäthern, Schwefelsäure mit Bariumhydroxyd in der Kälte quantitativ entfernen und das neutrale Filtrat im Vakuum eindampfen. Arginin aus wenig Wasser unter Zusatz von Alkohol und Äther umkrystallisieren (Benzyliden-arginin s. S. 58, 155).

*Aufarbeitung des Filtrates II.* Schwefelsäure bis zu einem kleinen Überschuß zufügen und am Wasserbad erwärmen, filtrieren, ausäthern, Schwefelsäure quantitativ als Bariumsulfat fällen, filtrieren und im Vakuum eindampfen. In einigen Kubikzentimetern Wasser aufnehmen und mit 3 g Salicylaldehyd kräftig durchschütteln, wobei ein gelber Brei von o-Oxybenzyliden-lysin entsteht. 2 Stunden bei $0^0$ stehen lassen, abnutschen, mit sehr wenig Eiswasser, dann mit Alkohol und Äther waschen.

Zur Abspaltung des Aldehydes mit überschüssiger 5 n-Salzsäure auf dem Wasserbad erhitzen, ausäthern und eindampfen. Das so erhaltene Lysindichlorhydrat aus Methylalkohol unter Zusatz von Äther umkrystallisieren.

*Aufarbeitung des Filtrates I.* Filtrat samt alkoholischer Waschflüssigkeit mit Schwefelsäure ansäuern, Alkohol im Vakuum abdestillieren, ausäthern und mit der nötigen Menge Bariumhydroxyd von der Schwefelsäure befreien. Eindampfen, mit Alkohol versetzen, wieder eindampfen und nun durch Auskochen mit Alkohol Prolin entfernen (s. S. 117). Den ungelösten Rückstand in wenig Wasser lösen und Lysin als Pikrat fällen.

Die prolinhaltigen alkoholischen Extrakte in üblicher Weise auf Prolin aufarbeiten (s. S. 70, 149) (31).

**Trennung von Hexonbasen nach VICKERY und LEAVENWORTH** (233—235).

*Prinzip.* Histidin kann annähernd quantitativ aus einer Lösung der Silbersalze von Arginin und Histidin ausgefällt werden, indem man die anfänglich saure Lösung auf $p_H = 7,0$ bringt, wobei Histidinsilber ausfällt. Arginin bleibt im Filtrat, sein Silbersalz fällt bei $p_H = 10—11$ aus.

*Allgemeine Bemerkungen.* Diese Methode bietet gegenüber der auf S. 129 beschriebenen prinzipiell nichts Neues, wesentlich ist die Einhaltung einer bestimmten Wasserstoffionenkonzentration zur Fällung des Histidins. Wegen einer beträchtlichen Ersparung an Reagenzien und Zeit verdient diese Methode gegenüber der obenerwähnten unbedingt den Vorzug. Es sei allerdings darauf hingewiesen, daß nach den ersten Arbeiten von VICKERY und LEAVENWORTH die Einhaltung von $p_H = 7,0$ vorgeschrieben war, während bei der Untersuchung von Hämoglobin eine solche von 7,4 gefordert wird. Da bei pflanzlichen Proteinen das Mengenverhältnis Histidin-Arginin für diese spezielle Methode günstiger liegt als beim Hämoglobin, dürfte die Ausfällung von Histidin bei $p_H = 7,0$ für unsere Zwecke stets am Platze sein.

Zur Fällung von Histidin und Arginin empfehlen die Autoren die Verwendung von Silberoxyd in Gegenwart von etwas Schwefelsäure. Auf diese

Weise kann man die Verwendung von Silbersulfat, das infolge seiner Schwerlöslichkeit im Gebrauch unbequem ist, umgehen.

Liegen zur Trennung die Phosphorwolframate der Hexonbasen vor, so wird die Phosphorwolframsäure in üblicher Weise entfernt, man kann die Hexonbasen aber auch direkt aus einem Hydrolysat wie folgt abscheiden und trennen.

*Ausführung.* Wurde das Protein mit Salzsäure hydrolysiert, so wird das Hydrolysat nach mehrmaligem Zusatz von Wasser im Vakuum eingeengt, um die Salzsäure möglichst weitgehend zu entfernen. Von den letzten Resten Salzsäure befreit man durch Schütteln mit der erforderlichen Menge Silberoxyd in Gegenwart von Schwefelsäure.

Liegt ein Schwefelsäurehydrolysat vor, so wird die Schwefelsäure mit Bariumhydroxyd entfernt, und zwar so weit, daß Kongopapier noch deutlich gebläut wird. Das Bariumsulfat muß ausgekocht werden und wird am besten zentrifugiert.

Zur ganz schwach schwefelsauren Lösung, die pro Liter etwa 50 g Aminosäuren enthalten soll, einen Überschuß von Silberoxyd (mit Wasser zu einem dicken Brei anreiben) zufügen, die Reaktion der Lösung ist durch entsprechenden Zusatz von Schwefelsäure dauernd eben kongosauer zu halten. Gut mit kaltgesättigter Bariumhydroxydlösung verrühren, bis die Lösung gegen empfindliches Lackmuspapier (s. S. 98) eben neutral oder ganz schwach alkalisch reagiert. Um auf das gewünschte $p_H = 7{,}0$ zu gelangen, vergleicht man die Farbe von Bromthymolblau in einer Pufferlösung von $p_H = 7{,}0$ (s. S. 103, 111) mit der Untersuchungsflüssigkeit. Man verfährt dabei am zweckmäßigsten in der Weise, daß man einen Tropfen Bromthymolblaulösung auf die Oberfläche der schwach gerührten Lösung fallen läßt. Wenn der einfallende Tropfen gelb gefärbt wird, muß mehr Bariumhydroxyd zugefügt werden; wenn er blau wird, ist schon ein Überschuß vorhanden. Der richtige Punkt ist erreicht, wenn der einfallende Tropfen blaßgrün wird. Ist dies der Fall, so wird eine kleine Probe der Flüssigkeit mit der obenerwähnten Pufferlösung verglichen.

Bei richtigem Arbeiten setzt sich der Silberniederschlag rasch ab. Er enthält sämtliches Histidin und, falls die Hexonbasen nicht zuerst als Phosphorwolframate ausgefällt worden sind, noch etwas Dicarbonsäuren, Tyrosin usw.

Der Histidinsilberniederschlag wird mit Salzsäure zerlegt und, wie auf S. 175, 131 beschrieben, auf Histidin aufgearbeitet.

Das Filtrat vom Histidinsilber mit Schwefelsäure ganz schwach kongosauer machen und, wie oben angegeben, mit einem Überschuß von Silberoxyd versetzen. Die Autoren weisen ausdrücklich darauf hin, daß die Lösung nicht zu sauer sein soll — gegen Bromthymolblau nur ganz schwach sauer — da sonst die Menge des erforderlichen Silberoxyds nicht richtig bemessen werden kann. Um ganz sicher zu gehen, entnimmt man eine kleine Probe, versetzt mit etwas Silbersulfatlösung und etwas Bariumhydroxyd: braune Fällung zeigt an, daß genügend Silber vorhanden ist. Sobald dies der Fall ist, mit einer heißgesättigten Lösung von Bariumhydroxyd versetzen, bis die Reaktion gegen Phenolphthalein stark alkalisch geworden ist. Der Niederschlag wird in bekannter Weise auf Arginin aufgearbeitet.

Aus dem Filtrat des Argininsilbers wird das Lysin nach Entfernung von Silber mit Schwefelwasserstoff und des Ammoniaks durch Erwärmen mit Bariumhydroxyd als Phosphorwolframat ausgefällt und in üblicher Weise aufgearbeitet.

**Trennung der Hexonbasen über die Flavianate.**

In G. KLEINs Laboratorium wurde von TH. MEYER (157) das Flavianatverfahren von KOSSEL und GROSS speziell für pflanzenanalytische Zwecke ausgearbeitet. Es bewährt sich recht gut zu quantitativen Bestimmungen, wenn Materialmengen von 50—100 g Frischgewicht zur Verfügung stehen. Wenn es sich jedoch um Serienversuche handelt und nur wenig Pflanzenmaterial zur Verfügung steht, kommen die auf S. 158, 161 beschriebenen Mikromethoden in Frage.

Im folgenden sei die Flavianatmethode mit allen zu beachtenden Einzelheiten beschrieben.

Diese Methode beruht darauf, daß die Flaviansäure (Dinitro-$\alpha$-naphtholsulfosäure) mit dem Arginin ein praktisch unlösliches Salz bildet. Es lösen sich in 1 l Wasser nur 0,0177 g (also nicht ganz 0,002 %) Argininflavianat bei Gegenwart von Flaviansäure. Außer mit dem Arginin bildet die Flaviansäure auch noch mit anderen im Pflanzenorganismus vorkommenden Basen, z. B. mit Ornithin, Histidin, Lysin, Guanidin und Galegin, Salze, die aber durchwegs leichter löslich sind.

Es können jedoch auch diese Körper, wenn auch nicht ganz quantitativ, durch die Flavianatmethode erfaßt werden. Die Löslichkeit der Flavianate in 1 l Wasser beträgt bei

| | | | |
|---|---|---|---|
| Ornithin . . . . . . . . . . . . . | 0,604 g | Guanidin . . . . . . . . . . . . . | 0,250 g |
| Histidin . . . . . . . . . . . . . | 0,146 g | Galegin . . . . . . . . . . . . . | 2,500 g |
| Lysin . . . . . . . . . . . . . . | 1,862 g | | |

In einer 0,0125 proz. Argininlösung tritt auf Zusatz von Flaviansäure noch ein Niederschlag auf. Beim Ornithin liegt die Grenze bei einer Konzentration von 0,1 %. Harnstoff und Ammoniak bilden wohl auch Flavianate, doch sind diese sehr wasserlöslich. Außerdem bilden sie mit Flaviansäure nur Salze, wenn sie in größeren Konzentrationen (bei Harnstoff 1,6 % und bei Ammonsalzen 0,6 %) vorliegen. Diese Körper stören also nicht.

Treten neben dem Argininflavianat noch Flavianate anderer Körper auf, so erfolgt eine Trennung des Argininsalzes von den anderen Flavianaten auf folgende Weise: Der Niederschlag wird mit der 2—3fachen Menge Wasser, zu dem etwas Flaviansäure zugegeben wird, in einem Kolben 2 Stunden auf dem Wasserbad erhitzt und nach 24 Stunden filtriert. Es geht zwar auch ein Teil des Argininflavianates in Lösung, doch fällt es später wieder aus, während die anderen Flavianate, einmal gelöst, in Lösung bleiben.

Die Argininflavianatkrystalle, wohlausgebildete Nadelkugeln, unterscheiden sich schon durch ihre orangegelbe Farbe von den meist hellgelben Krystallen (durchwegs nadelförmig) der anderen Flavianate.

Die Schmelzpunkte der in Betracht kommenden Körper sind in der folgenden Tabelle zusammengestellt:

Schmelzpunkte.

| Flavianat von | Temperatur | Bemerkung |
|---|---|---|
| Arginin . . . . . . . . . . . . . . | 258—260° | starke Bräunung |
| Ornithin . . . . . . . . . . . . . . | 234—235° | — |
| Histidin . . . . . . . . . . . . . . | 224—226° | schmilzt unter Zersetzung |
| Guanidin . . . . . . . . . . . . . . | 274° | schmilzt unter Zersetzung |
| Lysin . . . . . . . . . . . . . . | 213° | schmilzt unter Zersetzung |
| Galegin . . . . . . . . . . . . . . | — | — |

Zur genaueren Identifizierung eines Flavianates kann man es nach der von Kossel und Gross angegebenen Barytmethode wieder aufspalten. Die Versuchsanordnung ist folgende: Das mit heißem Wasser ausgelaugte Argininflavianat wird mit Hilfe von etwas Ammoniak in einer größeren Menge Wasser bei Wasserbadtemperatur gelöst. Zu der heißen Flüssigkeit gibt man einen Überschuß einer Bariumhydroxydlösung, die die Flaviansäure fast ganz niederschlägt.

Um die restliche Flaviansäure zu entfernen, wird das überschüssige Barium mit verdünnter Schwefelsäure entfernt, die Flüssigkeit schwach angesäuert und mit Tierkohle gekocht. Man erhält auf diese Weise eine farblose Lösung des Argininsulfats. Zur Krystallisation des relativ schwerlöslichen Carbonates wird die Flüssigkeit stark eingeengt und Kohlensäure eingeleitet. Man kann nun aber auch das *Benzyliden-Arginin* nach dem von Bergmann und Zervas angegebenen Verfahren herstellen. Die genannten Verfasser lösen 1 g Argininnitrat in 4,1 cm³ 33% Natronlauge, versetzen mit 0,45 g Benzaldehyd und schütteln kräftig durch. Bald beginnt die Abscheidung von farblosen, wetzsteinartigen Blättchen, die bei 0° abgesaugt, mit wenig eiskaltem Wasser und dann mit Alkohol und Äther gewaschen werden. Die Krystalle sintern bei 200° und schmelzen bei 204—205° zu einer gelbbraunen Flüssigkeit.

Zur Anwendung der Flavianatmethode für die Untersuchung wäßriger Pflanzenextrakte, die aus frischem oder getrocknetem Material hergestellt werden, wird zuerst mit heißer, schwach essigsaurer Bleiacetatlösung enteiweißt. Vor der eigentlichen Flaviansäurefällung wird, wie von Fürth und Deutschberger für tierisches Material angegeben, eine Fällung der Hexonbasen mit Phosphorwolframsäure zwischengeschaltet, wobei man sich an die von Kiesel für die Ornithinfällung angegebene Optimalbedingungen hält, nämlich:

1. Überschuß von Phosphorwolframsäure.
2. Neutrale Reaktion vor der Fällung.
3. Auswaschen der Fällung mit Phosphorwolframsäure oder wenigstens mit einer Mischung von ersterer mit Schwefelsäure (5%) und nicht, wie angegeben, mit 5proz. Schwefelsäure allein.
4. Längeres Stehenlassen der Fällung (mindestens 24 Stunden). Optimaltemperatur bei der Fällung: 40—50°.

Trotzdem verläuft die Fällung nicht ganz quantitativ. In 1 l Wasser sind 70 mg Argininphosphorwolframat löslich.

Der getrocknete Phosphorwolframsäureniederschlag wird in bekannter Weise zerlegt. Das Filtrat wird auf 10—20 cm³ eingedampft und mit Flaviansäure versetzt. Beim Eindampfen kann die Schwefelsäurekonzentration leicht zu hoch werden, so daß die in der Wärme gelöste Flaviansäure wieder ausfällt. In diesem Falle gibt man destilliertes Wasser hinzu, so daß sich die Flaviansäure bei der jetzt geringeren Schwefelsäurekonzentration wieder löst. Die überschüssige Schwefelsäure wird nun mit Bariumhydroxyd entfernt. Gibt man Baryt im Überschuß hinzu, so bildet sich neben dem Bariumsulfat noch das Bariumflavianat. Beide Salze werden abfiltriert und zum Filtrat wenig 5proz. Schwefelsäure gegeben, um das noch vorhandene Bariumhydroxyd zu entfernen. Das Filtrat wird auf 10—20 cm³ eingedampft und 3—4 Tage in den Eisschrank gestellt. In dieser Zeit ist das Flavianat quantitativ auskrystallisiert. Es wird abfiltriert, mit Wasser, Alkohol und Äther gewaschen. Nach gründlichem Trocknen bei 105° wird das Produkt gewogen (1 Gewichtsteil Argininflavianat = 0,3566 Gewichtsteile Argininbase) und auf die früher angegebene Weise überprüft.

Die Flavianatmethode kann auch zur Bestimmung des Eiweißarginins verwendet werden. Man muß sich dabei an die von Klein und Tauböck für Pflanzenmaterial angegebenen Hydrolysebedingungen halten, die auf S. 163 dieses Bandes beschrieben sind. Die für Eiweißpräparate üblichen Hydrolysemethoden sind bei Pflanzenmaterial nicht verwendbar. Durch die Bestimmung des Arginins in Hydrolysaten erhält man den Wert für das Gesamtarginin. Durch Subtraktion des Wertes für freies Arginin erhält man das Eiweißarginin.

## G. Colorimetrische Bestimmung einiger Aminosäuren.

Bezüglich einer Kritik über verschiedene colorimetrische Bestimmungsmethoden von Tyrosin und Tryptophan verweisen wir auf die Ausführungen von J. TILLMANS, P. HIRSCH und F. STOPPEL (224).

### 1. Bestimmung des Glykokolls nach G. KLEIN und H. LINSER (117).

*Vorbemerkung.* Der von ZIMMERMANN (s. S. 40) angegebene qualitative Nachweis für Glykokoll läßt sich zu einer quantitativen Methode umwandeln, wenn man die gefärbte Lösung mit Chloroform ausschüttelt und die dabei entstehende grüne Chloroformlösung mit einer Standardlösung vergleicht, die unter Verwendung einer bekannten Glykokollmenge in der gleichen Weise hergestellt worden ist. Die Reaktion wird gestört durch Tryptophan und Ammoniak, die daher vorher entfernt werden müssen. Auf die Intensität der Farbe übt die Menge des zur Reaktion verwendeten Reagens einen starken Einfluß aus. Die limitierende Wirkung des Reagens macht sich bei 3 cm³ Reagens bereits bei 3 mg, bei 15 cm³ etwa bei 6 mg Glykokoll bemerkbar. Es ist nur in engen Bereichen (bei 15 cm³ Reagens von 0,5—6,5 mg Glykokoll) einfache Proportionalität von Konzentration und Farbintensität vorhanden. Ist die Konzentration der Probe höher, so verdünnt man sie am besten.

*Ausführung.* Zu 0,5 cm³ der genau neutralen wäßrigen Lösung 0,75 cm³ einer Mischung von 25 Teilen m/15 Phosphatpuffer $p_H = 8{,}0$ und 75 Teilen des Reagens (Mischung jedesmal knapp vor Gebrauch frisch herstellen. Darstellung der Reagenslösung geschieht nach der oben angegebenen Vorschrift von ZIMMERMANN) geben, gut durchschütteln und nach genau 2 Minuten 1 cm³ eines ebenfalls vor Gebrauch frisch hergestellten Gemisches aus 5 Teilen konzentrierter Schwefelsäure und 30 Teilen 96proz. Alkohol zufügen, gut durchschütteln, nach weiteren 2 Minuten 5 cm³ Chloroform zusetzen und die grüne Farbe ausschütteln (Farbe läßt sich nur in Gegenwart von Alkohol ausschütteln). Nach Absetzen der zwei Schichten des Gemisches mit einer Pipette genau 3 cm³ der Chloroformlösung abheben, mit 0,5 cm³ Alkohol mischen und die klare Lösung colorimetrieren. Die grünen Lösungen zeigen goldgelbe Fluorescenz. Die Methode ist bis zu Mengen von 0,05 mg Glykokoll verwendbar.

### 2. Bestimmung von Phenylalanin nach R. KAPELLER-ADLER (104).

*Vorbemerkung.* Die oben geschilderte Reaktion zum qualitativen Nachweis von Phenylalanin läßt sich auch zur quantitativen Bestimmung verwenden. 0,1 mg Phenylalanin lassen sich noch gut bestimmen. Die Reaktion wird gestört durch Histidin und Tyrosin. Das Histidin wird durch Phosphorwolframsäure, das Tyrosin durch Oxydation mit n/10 Kaliumpermanganatlösung in schwefelsaurem Medium entfernt. Die Reagenzien sind dieselben wie für den qualitativen Nachweis (s. S. 47).

*Ausführung einer quantitativen Bestimmung von Phenylalanin in Eiweißhydrolysaten.* Hydrolyse wird vorgenommen durch 20stündiges Kochen der Probe (1,5—3 g) mit 25proz. Schwefelsäure. Das dunkelbraun gefärbte Hydrolysat filtrieren und auf ein bestimmtes Volumen (100 cm³) auffüllen. Zur Entfernung des Histidins mit Phosphorwolframsäure fällen, wobei die braunen Zersetzungsprodukte des Tryptophans am Niederschlag adsorbiert werden und ein farbloses Filtrat entsteht. Überschuß von Phosphorwolframsäure stört und muß daher vermieden werden. Fällung wird am besten folgendermaßen ausgeführt: Hydrolysat mit der entsprechenden Menge 10proz. Schwefelsäure und 10proz. Phosphorwolframsäure versetzen (die Mengen schwanken je nach der untersuchten Eiweißart) und mit destilliertem Wasser auf etwa 180 cm³ verdünnen. Hierauf auf dem siedenden Wasserbad so lange erwärmen, bis die Basenfällung fast ganz wieder in Lösung gegangen ist, und dann über Nacht stehen lassen. Am nächsten Tag filtrieren, Niederschlag mit schwefelsäurehaltigem Wasser nachwaschen und das Filtrat auf 200 cm³ auffüllen.

Einen aliquoten Teil zur Entfernung des Tyrosins mit n/10 Kaliumpermanganatlösung portionsweise in der Kälte bis zur schwachen Rosafärbung versetzen und auf dem Wasserbad einengen, wobei von Zeit zu Zeit geprüft wird, ob Kaliumpermanganatlösung noch entfärbt wird. Den öligen Rückstand nach dem Erkalten mit 2 cm³ Nitriergemisch versetzen, 20 Minuten auf dem Wasserbad erwärmen und Nitrierungsprodukt mit wenig Wasser quantitativ in eine 25 cm³ Meßeprouvette spülen. Flüssigkeitsvolumen beträgt etwa 8—9 cm³. Unter Kühlung 5 cm³ der Hydroxylaminlösung zugeben, kräftig umschütteln und mit konzentriertem Ammoniak bis zur Marke vorsichtig auffüllen. An der Berührungszone beider Flüssigkeit entsteht alsbald ein violetter Ring. Reaktionsflüssigkeit unter guter Kühlung (Wasserleitungsstrahl) durch Umschwenken vorsichtig mischen, wobei heftige Stickstoffentwicklung einsetzt. Eprouvette für 5 Minuten in ein Becherglas mit Wasser von 40° bringen (Lösung färbt sich schon schwach violett) und dann 15 Minuten in eiskaltes Wasser stellen, wobei es zur Entwicklung des Farbmaximums kommt. Nach Ablauf dieser Zeit wird mit einer analog behandelten Phenylalaninstandardlösung (1—4 cm³ dieser Lösung werden zunächst zur Trockne verdampft und dann wie angegeben verarbeitet) colorimetrisch verglichen.

Grundbedingung für die Erlangung guter Resultate ist die Nitrierung wasserfreien Phenylalanins (gründliches Abdampfen) und die peinlichste Einhaltung gleicher Arbeitsbedingungen. Als Standardlösung dient eine Lösung von 0,1 g Phenylalanin in 100 cm³ ammoniakhaltigem Wasser. 1 cm³ dieser Lösung entspricht 1 mg Phenylalanin.

Phenylalaningehalt einiger Proteine nach dieser Methode bestimmt.

| Protein | Gehalt an Phenylalanin in % | Protein | Gehalt an Phenylalanin in % |
|---|---|---|---|
| Casein | 5,00 | Elastin | 3,34 |
| Legumin | 4,98 | Zein | 5,03 |
| Edestin | 3,92 | Gelatine | 1,15 |
| Hämoglobin | 5,34 | | |

### 3. Bestimmung von Tyrosin nach O. Folin u. A. D. Marenzi (75, 74).

*Prinzip.* Zum colorimetrischen Vergleich wird die Millonsche Reaktion (Rotfärbung einer Tyrosinlösung mit Millons Reagens) in einer etwas modifizierten Form benutzt, bei der die zu untersuchende Lösung zunächst mit Mercurisulfat, darauf mit Natriumnitrit versetzt wird, wobei die Rotfärbung entsteht, die mit der Farbe einer gleichartig behandelten Standardlösung verglichen wird.

*Bemerkungen.* Die Methode benötigt nur Mengen von 0,1 g Protein und erlaubt eine gleichzeitige Bestimmung des Tryptophans, das vor der Bestimmung des Tyrosins mit Mercurisulfat ausgefällt wird. Casein eignet sich nicht für die Analyse nach dieser Methode, weil es zu langsam hydrolysiert wird. Die Hydrolyse der Proteine erfolgt durch 20proz. Natronlauge. Soll mit Säuren hydrolysiert werden, so muß Schwefelsäure verwendet werden, da Salzsäure und Chloride die Reaktion stören.

*Reagenzien.* 1. Standardlösung von Tyrosin in 10proz. Schwefelsäure, enthaltend 1 mg Tyrosin in 1 cm³.

2. 70proz. Schwefelsäure (400 cm³ konzentrierte Säure vom spez. Gew. 1,82 auf 1 l verdünnen). Die Säure geringerer Konzentration wird durch Verdünnen dieser Stammlösung hergestellt.

3. 2proz. Natriumnitritlösung.

4. 15proz. Mercurisulfatlösung (30 g Mercurisulfat mit 80—90 cm³ 70proz. Schwefelsäure in einen 200-cm³-Meßkolben spülen, 30 cm³ Wasser zugeben und so lange schütteln, bis alles gelöst ist). Mit 35proz. Schwefelsäure bis zur Marke auffüllen. 10 cm³ dieser Lösung mit 10 cm³ 70proz. Schwefelsäure vermischt und auf 100 cm³ aufgefüllt, gibt die 1,5proz. Lösung.

*Ausführung.* 0,1 g des zu untersuchenden Proteins in einem Reagenzglas (150 × 16 mm) mit 2 cm³ 20proz. Natronlauge übergießen und unter Schütteln schwach erwärmen, bis alles gelöst ist. Auf das Rohr einen mit Zinnfolie überzogenen Kork setzen, durch den ein 50 cm langes Rohr führt, das als Rückflußkühler wirkt, und im Wasserbad 12—18 Stunden auf 100° erwärmen. Albumine brauchen 12—14 Stunden, Globuline 16—18 Stunden zur vollständigen Hydrolyse. Zur noch heißen Flüssigkeit sofort 3 cm³ 55proz. Schwefelsäure geben, nach dem Abkühlen quantitativ in einen graduierten Schüttelzylinder spülen und auf 25 cm³ auffüllen. 0,2—0,5 g Kaolin zugeben, gut durchschütteln und durch ein kleines Filter (9 cm) filtrieren, wobei der Trichter, um Verdunstung zu vermeiden, mit einem Uhrglas bedeckt wird. Filtration dauert lange. Für die Bestimmung werden 20 cm³ des Filtrates verwendet.

Diese Menge des Filtrates in ein konisches Zentrifugenglas geben (50 cm³) und 4 cm³ der 15proz. Mercurisulfatlösung zufügen. Um ohne Aufwirbeln der Flüssigkeit gute Durchmischung zu erzielen, läßt man das Reagens aus einer Höhe von etwa 5 cm tropfenweise zufließen, läßt 2—3 Stunden stehen und zentrifugiert 5—10 Minuten. Im Niederschlag befindet sich das Tryptophan, fast alles Cystin und geringe Mengen von Tyrosin. Klare Flüssigkeit in einen 100 cm³ Meßkolben abdekantieren und den Ausguß des Zentrifugenglases mit 1 cm³ 0,5proz. Schwefelsäure abspülen. In das Zentrifugenglas 10 cm³ der 1,5proz. Mercurisulfatlösung geben, mit einem Glasstab gut durchrühren, den Glasstab mit 2 cm³ derselben Lösung abspülen, nach 10 Minuten langem Stehen zentrifugieren und wie vorher in den Meßkolben abdekantieren. Um die letzten Reste des Tyrosins aus dem Niederschlag zu entfernen, noch einmal in der gleichen Weise mit 10 cm³ 5proz. Schwefelsäure waschen, zentrifugieren, dekantieren und die klare Waschflüssigkeit in den Meßkolben geben.

In einem zweiten 100-cm³-Meßkolben wird mit den gleichen Mengen Säure und Mercurisulfat die Vergleichslösung angesetzt. Zu dem Zweck werden vermischt: 4 cm³ Tyrosinstandardlösung, 16 cm³ Wasser, 4 cm³ 15proz. Mercurisulfatlösung, 12 cm³ 1,5proz. Mercurisulfatlösung und 14 cm³ 0,5proz. Schwefelsäure. Nachdem in jeden Meßkolben 6 cm³ 35proz. Schwefelsäure gegeben worden sind, werden beide 5 Minuten lang im siedenden Wasserbad erwärmt. Meßkolben unter der Wasserleitung abkühlen, 1 cm³ der 2proz. Natriumnitritlösung zugeben, umschütteln, nach 2 Minuten bis zur Marke auffüllen und sofort den colorimetrischen Vergleich durchführen. Wenn die Schichtdicke der Standardlösung auf 20 mm eingestellt wird, so ergibt $4 \times 20 = 80$ dividiert durch die Schichtdicke der Analysenlösung den Betrag an Tyrosin in Milligramm, der in 20 cm³ der Hydrolysenflüssigkeit enthalten ist.

Tyrosingehalt verschiedener Proteine nach dieser Methode bestimmt.

| Protein | Gehalt an Tyrosin in % | Protein | Gehalt an Tyrosin in % |
|---|---|---|---|
| Eieralbumin . . . . . . . . | 4,00 | Gliadin . . . . . . . . . . | 2,9—3,4 |
| Serumalbumin . . . . . . . | 4,66 | Edestin . . . . . . . . . . | 4,28 |
| Baumwollsamenglobulin . . . | 3,65 | Hämoglobin . . . . . . . | 3,15 |
| Muskelglobulin . . . . . . . | 3,92 | Zein . . . . . . . . . . . | 5,88 |

### 4. Bestimmung von Histidin (82, 91, 92).

*Prinzip.* Histidin wird mit Diazobenzolsulfosäure gekuppelt, und der dabei entstehende Farbstoff mit einer Lösung des Farbstoffs bekannter Konzentration im Colorimeter verglichen.

*Allgemeine Bemerkungen.* Tyrosin gibt ebenfalls diese „Diazoreaktion", es muß also sorgfältig entfernt werden, zu diesem Zweck fällt man das Histidin nach Entfernen des Ammoniaks aus einem Hydrolysat mit Phosphorwolframsäure. Histamin und Tyramin könnten unter Umständen einen Fehler verursachen, da sie mitbestimmt werden, doch ist mit deren Anwesenheit wohl nur in sehr seltenen Fällen zu rechnen.

*Reagenzien.* 1. 4,5 g Sulfanilsäure und 45 cm³ 37proz. Salzsäure in 500 cm³ Wasser.

2. 25 g Natriumnitrit (ca. 90%) in 500 cm³ Wasser.

3. 5,5 g wasserfreie Soda in 500 cm³ Wasser, aufzubewahren in alkalibeständigem Glas.

4. Lösung von Histidindichlorhydrat 1 : 10000.

5. Diazoreagens. Dieses ist täglich frisch herzustellen: Je 1,5 cm³ der Lösung 1 und 2 in einem 50-cm³-Maßkolben zusammenbringen, Kolben 5 Minuten in Eis tauchen, nochmals 6 cm³ der Lösung 2 hinzufügen und weitere 5 Minuten in Eis stellen. Zur Marke auffüllen und in Eis aufbewahren.

6. Vergleichslösung: 1,5 cm³ Lösung 5 + 10 cm³ Lösung 4 + 3,6 cm³ der Lösung 3 zusammenmischen.

*Bereitung der Histidinlösung.* 1—3 g Protein mit 60 cm³ 20proz. Salzsäure hydrolysieren, bis beinahe zur Trockne verdampfen und noch 1 Stunde bei 80° im Vakuum halten. Rückstand in 100 cm³ Wasser lösen, mit Überschuß von Calciumhydroxyd versetzen, 50 cm³ Alkohol zugeben und Ammoniak wie auf S. 90 angegeben abdestillieren. Abnutschen, Rückstand mit Wasser auswaschen, bis das Waschwasser keine Histidinreaktion mehr zeigt. Filtrat mit kleinem Überschuß von Salzsäure versetzen, auf dem Wasserbad zur Trockne bringen. Rückstand mit 18 cm³ 37proz. Salzsäure quantitativ in einen Erlenmeyerkolben überführen, mit Wasser auf 100 cm³ verdünnen, auf dem Wasserbad erwärmen und 100 cm³ einer heißen 15proz. wäßrigen Lösung von Phosphorwolframsäure zusetzen. Mischung $^1/_2$ Stunde auf dem Wasserbad digerieren, abkühlen lassen und 48 Stunden im Eisschrank, hierauf noch 24 Stunden bei 0° halten.

Korrektur: unter diesen Bedingungen bleiben 5,71 mg Histidin in Lösung!

Durch einen Platinkonus mit doppelter Papiereinlage absaugen. Mit einer eiskalten Waschflüssigkeit, die 18 cm³ 37proz. Salzsäure + 15 g Phosphorwolframsäure auf 200 cm³ enthält und mit Histidinphosphorwolframat gesättigt ist, auswaschen. Niederschlag samt Filter in ein Becherglas überführen und in der eben erforderlichen Menge 3 n-Natronlauge lösen (Überschuß schadet!). Durch Faltenfilter in 1000 cm³-Maßkolben filtrieren, sorgfältig auswaschen und zur Marke auffüllen.

*Ausführung.* In einem Zylinder des Dubosqcolorimeters werden 1—x cm³ Wasser und 5 cm³ der Lösung 3 gemischt, 2 cm³ der Lösung 5 zufließen lassen, dann x cm³ der Histidinlösung, hierauf mischen und längstens 1 Minute nach Beginn anfangen abzulesen, eingestellt auf 20 mm. x soll zwischen 0,01 und 1 cm³ betragen. Man erhält die besten Werte, wenn die Höhe der Vergleichslösung 5—20 mm beträgt mit 0,5—3% Fehler. Maximum der Farbintensität nach 6 Minuten, es ist 2—3 Minuten haltbar.

*Berechnung.* Millimeter der Vergleichsflüssigkeit × 0,000002 g gibt Gramm Histidindichlorhydrat in $x$ cm³ der Lösung.

### 5. Bestimmung von Tryptophan (223).

*Prinzip.* Eine tryptophanhaltige Verbindung gibt mit Formol-Schwefelsäure eine Gelbfärbung; durch Vergleich mit einer Standardlösung von reinem Tryptophan läßt sich letzteres bestimmen.

*Allgemeine Bemerkungen.* Das vor einigen Jahren beschriebene Verfahren hat sich nach einer neueren Mitteilung des Autors in seiner praktischen Verwendbarkeit durchaus bewährt. Auch E. KOMM (124) findet, daß die von TILLMANS angegebene Methode sehr gut brauchbar sei. Beide Methoden sind verhältnismäßig einfach ausführbar. Die Methode von TILLMANS sowie diejenige von KOMM besitzt gegenüber anderen den Vorteil, daß die Bestimmung ohne vorangehende Hydrolyse möglich ist, ein Umstand, der wegen der leichten Zersetzlichkeit des Tryptophans vor allem ins Gewicht fallen muß. Bei sämtlichen Versuchen traten bei Parallelbestimmungen nie Schwankungen über 10 % auf.

*Reagenzien.* 1. 2proz. Formollösung.

2. Reinste *Kontakt*schwefelsäure.

Für die colorimetrische Auswertung der Reaktion liegt das Optimum der Schwefelsäurekonzentration bei 66—67 Gew. %. Das zur Verdünnung erforderliche Wasser soll zweimal destilliert sein. Die Konzentration der Schwefelsäure wird je nach der Menge verwendeter Eiweißlösung bemessen, in der Regel wird man mit einer 67—69proz. Lösung auskommen.

3. Standardlösung.

0,1proz. Lösung von Tryptophan in 50proz. Alkohol. Die Lösung färbt sich zwar mit der Zeit etwas gelb, eine Abnahme des Farbtiters war jedoch nach 6 Monaten noch nicht zu beobachten.

4. Lösungsmittel für Eiweißsubstanzen.

Als Lösungsmittel kommen Natronlauge, Salzlösungen oder Alkohol in Betracht. Die Lauge darf nicht stärker als 5 % sein! Es ist nicht erforderlich, daß das Protein in klarer Lösung vorliegt, es genügt eine gleichmäßige Suspension, welche in allen Fällen mit n/10 Natronlauge erreicht werden konnte (125).

*Apparatur.* Der Autor hat beim Arbeiten mit dem *Hehnerzylinder* sehr gute Erfahrungen gemacht, im Vergleich mit einem Dubosqcolorimeter erwies sich ersterer in der Handhabung als bedeutend einfacher und ebenso genau.

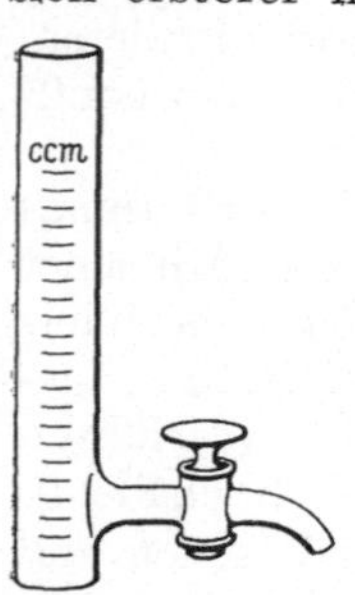

Abb. 21. Meßzylinder ohne Fuß, auf 50 oder 100 cm³ geeicht. In 2 cm Höhe befindet sich ein Hahn, der dazu dient, durch Ablassen der Lösung Farbengleichheit zu erzielen.

*Ausführung.* Das zur Untersuchung gelangende Eiweiß soll möglichst von Fett befreit sein. Es empfiehlt sich, von der Untersuchungsflüssigkeit nur so viel zu verwenden, daß sie mit 0,4—1 cm³ der Standardlösung (= 0,4—1 mg Tryptophan) vergleichend gemessen werden kann. Der bei diesen Verhältnissen erzielte Farbton ist schön weingelb, nicht zu intensiv, und gestattet daher eine gute Durchsicht durch die Hehnerzylinder.

Je nach der Konzentration der Eiweißlösung 0,5—10 cm³ in ein Becherglas pipettieren, 1 Tropfen 2proz. Formollösung hinzufügen, hierauf im Überschuß Schwefelsäure (max. 70 %). Umschütteln, wobei die ausgeschiedene Eiweißsubstanz völlig in Lösung geht. Im Hehnerzylinder bis zur Marke mit Schwefelsäure verdünnen und zur gleichmäßigen Verteilung noch zweimal ins Becherglas zurückgießen. 10 Minuten im Hehnerzylinder stehen lassen. Nach Ablauf dieser Zeit in genau gleicher Weise die Reaktion mit der Standardlösung ansetzen. Nach 5 Minuten ist deren Maximum erreicht, nun vergleichen. Farbengleichheit in beiden Zylindern durch Ablassen von Flüssigkeit aus dem einen oder anderen herstellen.

Gewöhnlich arbeiteten die Autoren so, daß die Standardlösung im Farbton gegenüber der Untersuchungsflüssigkeit intensiver war, jedoch höchstens um 30—40 %. Es muß unter allen Umständen vermieden werden, daß die Standardlösung etwa doppelt so tief gefärbt ist als die zu untersuchende Lösung, da wegen der geringen Flüssigkeitssäule das Auge leicht getäuscht werden kann.

*Beispiel*: Untersuchung von Eieralbumin. Das Eiweiß eines frischen Hühnereies wurde in Wasser durch Umrühren gleichmäßig suspendiert und zwecks

Entfernung der Keratinhäutchen filtriert. 5 cm³ der Lösung dienten zur Stickstoffbestimmung nach KJELDAHL.

5 cm³ der Eiweißlösung enthielten 0,02327 g N.

Der Gesamteiweißgehalt wurde bei allen Untersuchungen durch Multiplikation mit dem Faktor 6,25 erhalten. 5 cm³ der Lösung enthielten demnach 0,145 g Protein. Zur Ausführung der Bestimmung wurden 2 cm³ = 0,058 g Protein in Anwendung gebracht.

Reaktion wie oben angegeben durchgeführt unter Verwendung von 1 cm³ = 1 mg Tryptophan als Standard. Nach Ablassen der Standardlösung bis auf 72 cm³ ergab sich Farbengleichheit mit der Albuminlösung.

58 mg Eieralbumin enthalten also 0,72 mg Tryptophan = 1,24%.

## 6. Bestimmung von Arginin.

Zur quantitativen Bestimmung von *freiem* und von *Eiweißarginin* in *Pflanzenmaterial* bedient man sich am zweckmäßigsten der für diesen besonderen Zweck von KLEIN und TAUBÖCK (119) ausgearbeiteten Methodik, die auf der quantitativen Argininbestimmung nach SAKAGUCHI-WEBER beruht. Diese Methode kann auch zur Bestimmung des freien Arginins in Nährlösungen für Mikroorganismen und höhere Pflanzen und des Proteinarginins von Eiweißpräparaten verwendet werden.

SAKAGUCHI (181) beobachtete im Jahre 1925 an einer großen Anzahl von Eiweißkörpern eine neue Farbreaktion mit $\alpha$-Naphthol und Natriumhypochlorit, die nur durch eine einzige Aminosäure des Proteinmoleküls, nämlich Arginin, bedingt ist und die mit freiem Arginin bis in außerordentliche Verdünnungen intensive Rotfärbung gibt (1 : 2500000). Diese Reaktion wurde dann von K. POLLER (178) weiter studiert. Außer Arginin ergeben mit $\alpha$-Naphthol und Natriumhypochlorit (bzw. Hypobromit) positive Reaktion: Dicyandiamid, Monomethylguanidin, sym. Dimethylguanidin, sym. Trimethylguanidin, Glykocyamin, Alakreatin, $\delta$-Guanido-Buttersäure, Galegin, Agmatin, 1, 4-Diguanido-n-Butan (Arcain). Dagegen bleibt die Reaktion negativ bei: Guanidin, asym. Dimethylguanidin, Kreatin, asym. Trimethylguanidin, Glykocyamidin, Alakreatinin, Nitroguanidin, Nitroarginin, Hydantoinsäure, Thiohydantoinsäure, Biuret, Harnstoff, Allantoin, Alloxan, Guanin, Hydantoin, Methylhydantoin, Cyanursäure, Histidin, Tryptophan, Asparagin, Tyrosin, Lysin, Ornithin Citrullin, Aldehyd- und Säureureiden und anderen stickstoffhaltigen Körpern. Für das Eintreten der Farbreaktion ist der Guanidinkern verantwortlich zu machen, wobei mindestens ein H-Atom des Guanidins substituiert sein muß, aber zwei H-Atome an einer Aminogruppe nicht substituiert sein dürfen. Auch darf an keiner Aminogruppe ein negativer Substituent hängen. Für den roten Farbstoff nimmt SAKAGUCHI folgende Formel an:

$$\mathrm{HN:C}\begin{cases}\mathrm{N}\begin{cases}\mathrm{O\cdot C_{10}H_6\cdot Cl}\\ \mathrm{O\cdot C_{10}H_7}\end{cases}\\ \mathrm{NH\cdot CH_2\ldots}\end{cases}$$

POLLER ist hingegen der Ansicht, daß je ein Naphthol an je eine Aminogruppe tritt. Zur quantitativen Bestimmung im Colorimeter war diese Reaktion allerdings zunächst ungeeignet, weil die Farbe sehr wenig stabil ist. Das Hypochlorit zersetzt den gebildeten Harnstoff mit großer Schnelligkeit. Es ist nun C. J. WEBERS (252) großes Verdienst, diese empfindliche Reaktion der colorimetrischen Auswertung zugänglich gemacht zu haben, indem er sofort nach der Reaktion, die bei Eiskühlung mit Bromlauge an Stelle des Natriumhypochlorits durchgeführt wird, zur Zerstörung der überschüssigen Bromlauge *Harnstoff* zufügt, wodurch die Farbe längere Zeit stabil bleibt. Mit Bromlauge wird sehr rasch höchste Farbintensität erreicht.

Reagenzien:

1. *α-Naphthol*, 0,02 % (20 cm³ einer 0,1proz. Lösung in 95proz. Alkohol werden mit Wasser auf 100 cm³ verdünnt. Die Lösung kann in einer dunklen Flasche mindestens 2 Monate aufbewahrt werden).
2. NaOBr (2 g Brom in 100 cm³ 5proz. NaOH; diese Lösung ist in dunkler Flasche 2 Wochen haltbar).
3. *Harnstofflösung* (40 %) und *Natronlauge* (10 %).

Die Reaktion wird folgendermaßen durchgeführt: 5 cm³ der zu prüfenden Lösung werden in einem Reagensglas in Eiswasser abgekühlt. Man fügt je 1 cm³ der Natronlauge und der α-Naphthollösung zu. Nach 3 Minuten werden 0,1 bis 0,2 cm³ Bromlauge zugegeben, rasch geschüttelt und nach 4—6 Sekunden 1 cm³ der Harnstofflösung zugesetzt. Nach kurzem, gründlichem Mischen kommt das Reagensglas wieder ins Eiswasser, worauf die Standardlösung in derselben Weise zubereitet wird. Nach 5 Minuten wird im Colorimeter verglichen.

Wenn eine Lösung mit unbekanntem Arginingehalt vorliegt, muß die zur vollen Farbentwicklung notwendige Menge Bromlauge in einem Vorversuch ermittelt werden, indem man die Reaktion mit um 0,1 cm³ steigenden Bromlaugemengen nebeneinander macht. Die Reaktion wird mit 0,005—0,05 mg Arginin pro 5 cm³ Lösung ausgeführt. Es genügt also eine Konzentration von $^1/_{10000}$ %.

Die modifizierte SAKAGUCHI-Reaktion kann zur Argininbestimmung in gereinigten Pflanzenextrakten herangezogen werden, da von Körpern, die positiv reagieren können, im Pflanzenorganismus außer dem Arginin lediglich das Galegin vorkommt.

Da das Galegin (118) nur bei Galega officinalis vorkommt, kann diese Fehlerquelle leicht vermieden werden (s. auch bei Galegin, Alkaloide). Agmatin (Aminobutylenguanidin) kommt nur bei einigen Pilzen vor und bildet bei höheren Pflanzen sicher keine Fehlerquelle, ebensowenig die entsprechende Diguanidinform, das Arcain.

Die von M. KITAGAWA und T. TOMITA (115) in Canavaliasamen in der Argininfraktion entdeckte neue basische Verbindung $C_5H_{11}O_3N_4$ gibt die SAKAGUCHI-Reaktion nicht. Diese Verbindung ist mit Phosphorwolframsäure und Flaviansäure fällbar und zerfällt unter dem Einfluß von Schweineleberextrakt (Arginase ?) in Harnstoff und einen noch unbekannten Paarling. Diese neue Base hat für den Pflanzenanalytiker schon deshalb großes Interesse, weil sie sich außer bei Canavalia sicher auch noch bei anderen Leguminosen nachweisen lassen wird.

Die Methode kann also bei ihrer Anwendung auf Pflanzenmaterial als durchaus spezifisch betrachtet werden.

### α) *Bestimmung des freien Arginins in der Pflanze.*

Das trockene, fein gepulverte Pflanzenmaterial (etwa 0,5 g, bei argininreichem Material entsprechend weniger, bei Pinuskeimlingen genügen 0,05 g) kommt in einen kleinen Kolben mit aufgesetztem Rückflußkühler und wird 30 Minuten mit Wasser gekocht. Der noch heiße Extrakt wird durch vorher mit heißem Wasser getränkte Watte filtriert, dann wäscht man zweimal mit heißem Wasser nach. Nun werden die Proteine, die mit α-Naphthol reagieren würden, mit Bleiacetat entfernt, indem man zum erkalteten Filtrat etwa 10 cm³ einer heißgesättigten Bleiacetatlösung tropfenweise hinzufügt. Der Niederschlag läßt sich durch ein Schleicher-&-Schüll-Filter Nr. 589 leicht abfiltrieren. Er wird mit kaltem Wasser ausgewaschen. Dann wird das überschüssige Blei aus dem Filtrat entfernt, indem man es mit heißer 10proz. Schwefelsäure so lange versetzt, bis sich Kongopapier eben schwach blau färbt. Man läßt nun etwa 15 Minuten auf dem Dampfbad stehen, filtriert durch ein Hartfilter (Schleicher & Schüll Nr. 575) und wäscht mit heißem Wasser nach. Die Lösung soll jetzt etwa 400 cm³ betragen. Sie wird mit etwas Carbo animalis (Merck) versetzt und bleibt $^1/_2$ Stunde auf dem Dampfbad, dann wird sie zweimal dekantiert und durch ein Hartfilter gegossen. Die Tierkohle wird mit heißem Wasser ausgewaschen. Wenn die Lösung bei dieser Reinigung, so wie vorgeschrieben, kongosauer ist, sind praktisch keine Argininverluste feststellbar. Die nun proteinfreie, klare, farblose Lösung (etwa 600 cm³) wird auf dem Dampfbad eingeengt und im Meßkolben auf genau 50 cm³ gebracht. Die Reaktion wird nun in etwas modifizierter Weise nach der auf S. 162 gegebenen Vorschrift von WEBER durchgeführt. Benötigt werden an Reagenzien $\alpha$-Naphthollösung, Bromlauge und Harnstofflösung wie dort beschrieben, ferner zum Alkalischmachen der sauren Versuchslösung 25proz. NaOH, für den Standard 10proz. NaOH. Von der Versuchslösung verwendet man im allgemeinen am besten 1 cm³ zur Reaktion. In Ausnahmefällen (Pinus pinea in manchen Stadien), genügen 0,5 cm³. Ist wenig Arginin vorhanden, so verwendet man 2 oder 3 cm³. Die zu untersuchende Lösung wird in einem Reagensglas mit destilliertem Wasser auf 3 cm³ gebracht, dann wird 1 cm³ der 25proz. Lauge und 1 cm³ $\alpha$-Naphthollösung zugesetzt. Das Reagensglas wird in Eis gestellt, während die Standardlösung vorbereitet wird. Je nach Stärke der zu erwartenden Reaktion 1—3 cm³ einer Arginin- oder Argininsalzlösung, die 0,010 mg = 10 $\gamma$ Arginin pro 1 cm³ enthält. Es wird auf 3 cm³ aufgefüllt. Dann wird 1 cm³ der 10proz. Lauge und 1 cm³ $\alpha$-Naphthol zugesetzt und in Eis 5 Minuten gekühlt. Dann läßt man aus einer Bürette 0,5 cm³ Bromlauge zufließen, schüttelt kräftig durch und fügt dann, zweckmäßig aus einer Bürette, 1 cm³ der 40proz. Harnstofflösung zu, derart, daß die Bromlauge allein nicht länger als 5—6 Sekunden einwirken kann. Die Standardlösung wird ebenso behandelt. Die Reagensgläser bleiben nun weitere 5 Minuten im Eis stehen, dann werden die Farben *sofort* im Colorimeter verglichen. Nur in seltenen Fällen sind zur vollen Farbentwicklung in der Versuchslösung mehr als 0,5 cm³ Bromlauge notwendig. Wenn man alle Einzelheiten genau beachtet und einige Übung besitzt, sind die mit dieser Methode gewonnenen Resultate sehr gleichmäßig und zuverlässig. Diese Methode hat sich neuerdings auch nach EULER und BURSTRÖM (58) bei Messungen des Arginingehaltes chlorophylldefekter Blätter bewährt.

### $\beta$) *Bestimmung von Eiweiß-Arginin.*

Obwohl die Argininruppen der Proteinmoleküle mit $\alpha$-Naphthol und Bromlauge direkt reagieren (besonders intensiv argininreiche Eiweißkörper, z. B. Edestin) kommt bei Pflanzenmaterial nur eine Bestimmung des Arginins im Hydrolysat in Frage. Um quantitative Werte zu bekommen, muß natürlich das gesamte Material, nicht bloß ein Extrakt oder eine bestimmte Fraktion, der Hydrolyse unterworfen werden. Man kommt jedoch nicht zum Ziel, wenn man das Pflanzenpulver in Schwefelsäure oder Salzsäure suspendiert und in der üblichen Weise hydrolysiert.

a) Nach KLEIN und TAUBÖCK. 0,2 g des fein gepulverten Pflanzenmaterials werden in ein Bombenrohr gebracht und mit 10 cm³ 10proz. Schwefelsäure übergossen. Das Bombenrohr kommt in ein oben offenes Eisenrohr und damit in ein Ölbad. Man erhitzt nun so, daß in etwa 2 Stunden eine Temperatur von 200° erreicht ist, die eine weitere Stunde konstant gehalten wird. Dann läßt man abkühlen, spült den Inhalt des Rohres in ein Becherglas und gibt 20 cm³ heißgesättigte Bleiacetatlösung zu. Man filtriert zweimal durch ein Hartfilter, wäscht den Niederschlag gründlich aus und gibt so lange heiße 10proz. Schwefelsäure zu, bis sich Kongopapier eben blau färbt. Nach halbstündigem Erhitzen auf dem Dampfbad wird das Bleisulfat abfiltriert und gründlichst ausgewaschen, dann muß, wie bereits beschrieben, mit Tierkohle entfärbt werden. Schließlich wird die Lösung nach entsprechendem Einengen auf dem Dampfbad auf 100 cm³ gebracht, von denen 1 cm³ zur Farbreaktion verwendet wird.

Bei argininreichem Material (Pinus, Cucumis) verwandten wir stets nur 0,05 g Material für eine Hydrolyse. Man macht immer 3 Parallelhydrolysen und von jeder einzelnen 2 colorimetrische Bestimmungen.

Wenn sehr stark fetthaltiges Material vorliegt (Samen von Pinus pinea, Cucumis u. v. a.) wird vor der Hydrolyse das Fett im SOXLETHschen Extraktionsapparat mit Äther extrahiert.

Unter den oben beschriebenen Bedingungen der Hydrolyse wird Arginin nicht angegriffen, auch wenn man länger als 2 Stunden bei 200° beläßt. Die Resultate bei Pflanzenmaterial sind sehr gleichmäßig. Man erhält schon bei einstündiger Behandlung bei 200° aus Pflanzenmaterial die erreichbaren Maximalwerte, so daß die Hydrolyse unter den gegebenen Bedingungen wohl praktisch quantitativ verläuft. Durch die erhöhte Temperatur wird das Verfahren sehr abgekürzt.

Bei sehr vorsichtigem Arbeiten kann man die zu den quantitativen Argininbestimmungen notwendigen Mengen von Ausgangsmaterial noch weiter herabsetzen, da bei dem beschriebenen Verfahren die gewonnenen Lösungen für 50—100 Bestimmungen ausreichen. Es steht jetzt also eine ausgesprochene *Mikromethode* zur Bestimmung von freiem und gebundenem Arginin in Pflanzen zur Verfügung.

b) Nach KONRAD LANG (136). Diese Mikromethode beruht auf dem Prinzip der Diacetylreaktion (Violettfärbung). Bestimmungsfehler kleiner als 5%.

*Reagenzien:* 1. 20% HCl. 2. 1% alkoholische Lösung von Acetylbenzoyl, darf nicht älter als 2 Tage sein. 3. 60% KOH. 4. 5% Hydroxylaminchlorhydrat. 5. Argininstandardlösung, enthält zweckmäßig in 1 ccm 1,141 mg Argininnitrat (= 1,00 mg Arginin). 6. Gereinigten Kaolin. Man extrahiert den käuflichen Kaolin 24 Stunden im Soxhlet mit Alkohol und trocknet dann bei 110°.

*Durchführung der Bestimmung.* 200 mg Eiweiß werden 20 Stunden mit 4 cm³ 20proz. Salzsäure unter Rückfluß gekocht. Nach dem Erkalten wird in einen kleinen Meßkolben übergespült und mit Wasser auf 5,0 cm³ aufgefüllt. Dann überführt man das Hydrolysengemisch in ein Zentrifugenglas, gibt eine Spatelspitze Kaolin hinzu, schüttelt gut durch, läßt 5—10 Minuten stehen und zentrifugiert. Je 1 cm³ des klaren Zentrifugates wird mit 1 cm³ der 60proz. KOH und 0,2 cm³ der Acetylbenzoyllösung versetzt. Die gleichen Zusätze macht man zu 1 cm³ der Argininstandardlösung. Man stellt die Gläser für 15 Minuten in ein kochendes Wasserbad, kühlt sofort ab, versetzt mit 1 cm³ Hydroxylaminlösung und füllt in einem 10-cm³-Meßkolben bis zur Marke auf. Innerhalb 30 Minuten wird colorimetriert oder photometriert. Beim Arbeiten mit dem Stufenphotometer verwendet man das Filter S 53.

Bei der Bestimmung können Nebenfärbungen störend wirken. Arbeitet man mit dem Colorimeter, so kompensiert man dieselben am besten derart, daß beim Auffüllen der gefärbten Standardlösung auf 10 cm³ 1 cm³ der zu untersuchenden Flüssigkeit zugefügt wird. Man darf dies unbedenklich tun, da sich die Farbreaktion in der Kälte nicht und auch bei sehr großen Argininmengen nur langsam entwickelt. Arbeitet man mit dem Stufenphotometer, so dient zur Kompensation der Nebenfärbung eine Lösung, die man sich aus 1 cm³ der Hydrolysenflüssigkeit + 1 cm³ 60proz. KOH + 8 cm³ Wasser bereitet.

Das BEERsche Gesetz gilt bei Argininmengen von 0,9 mg pro 1 cm³ Lösung aufwärts. Argininmengen unter 0,2 mg pro 1 cm³ geben keine Farbreaktion mehr. Die bei Hydrolysen sich ergebenden hohen Salzkonzentrationen haben auf die Bestimmung keinen Einfluß. Erfahrungen über den Wert der Methode liegen noch nicht vor. Die Darstellung des Acetylbenzoyl ist etwas umständlich, aber genau beschrieben (151a, 164a).

### 7. Bestimmung von Cystin nach FOLIN und MARENZI, modifiziert nach S. L. TOMPSETT (225). Vgl. (151).

*Vorbemerkung.* Cystin wird durch Natriumsulfit zu Cystein reduziert, das mit Phosphorwolframsäure in alkalischer Lösung eine Blaufärbung gibt, die mit der Farbe einer ebenso behandelten Standardlösung verglichen wird. Vergleiche auch die beim Glutathion beschriebene Methode von HUNTER und EAGLES, bei der dieselbe Reaktion unter etwas abgeänderten Bedingungen verwendet wird und die auch zur Cystinbestimmung benutzt werden kann.

*Ausführung.* Benötigt werden folgende Reagenzien:

1. Phosphorwolframsäurereagens nach FOLIN und TRIMBLE (vgl. S. 86).
2. 20proz. Natriumsulfitlösung.
3. Gesättigte Natriumbicarbonatlösung.
4. Cystinstandardlösung, enthaltend 1 mg in 1 cm³ 5proz. Schwefelsäure.

1—5 g Protein in einem 300-cm³-KJELDAHL-Kolben mit 20 cm³ 30proz. Schwefelsäure 18 Stunden unter Rückfluß kochen. Nach dem Abkühlen in einen 100-cm³-Meßkolben filtrieren und bis zur Marke auffüllen. 5—10 cm³ davon in einen 100 cm³ Meßkolben pipettieren und 2 cm³ der Natriumsulfitlösung zugeben. Nach einer Minute 20 cm³ der gesättigten Natriumbicarbonatlösung und 8 cm³ Phosphorwolframsäurereagens hinzufügen und nach 8 Minuten auf 100 cm³ auffüllen. Nach gutem Durchmischen mit der in gleicher Weise bereiteten Standardlösung vergleichen.

### 8. Bestimmung von Cystin nach A. BLANKENSTEIN (34).

*Vorbemerkung.* Cystin wird mit Natriumsulfit zu Cystein reduziert, das mit Nitroprussidnatrium in alkalischer Lösung eine Rotfärbung gibt, die mit der Farbe einer ebenso behandelten Standardlösung colorimetrisch verglichen wird.

*Ausführung der Cystinbestimmung in Proteinen.* 0,5—1 g des Proteins mit 15—20 cm³ 20proz. Schwefelsäure 12 Stunden unter Rückfluß kochen und das Hydrolysat nach dem Erkalten mit Bolus alba im gleichen Kolben durchschütteln. Abfiltrieren, das Filtrat in einem 50-cm³-Meßkolben auffangen und Kolben sowie Filterinhalt mit kleinen Mengen 5proz. Schwefelsäure so lange auswaschen, bis das Gesamtfiltrat 50 cm³ beträgt.

Die Standardlösung enthält im allgemeinen 20 mg Cystin in 100 cm³ und wird hergestellt, indem man 20 cm³ einer 0,1proz. Cystinlösung in 5proz. Schwefelsäure mit 30 cm³ einer 20 vol.-proz. Schwefelsäure und 50 cm³ einer 5proz. Schwefelsäure mischt.

Je 10 cm³ dieser Standardlösung und des Hydrolysats mit 5 cm³ n/50 Cyankalilösung und 6 cm³ Ammoniak in einem 25-cm³-Meßkolben nach Umschütteln $^1/_4$ Stunde im Wasserbade kochen, wobei kleine Trichter auf die Kolben gesetzt werden, um Überspritzen zu vermeiden. Schnell unter fließendem Wasser abkühlen, mit Ammoniak genau auf 25 cm³ auffüllen und 6—8 Tropfen einer 5proz. frisch bereiteten Nitroprussidnatriumlösung zugeben, worauf beide Lösungen colorimetrisch verglichen werden.

Stellt man das Colorimeter auf der Seite der Standardlösung auf 5 mm, so ist die Berechnung bei Verwendung von 0,5 g Protein zur Hydrolyse besonders einfach. War z. B. die Colorimeterstellung auf der Seite des Proteins gleich 7 mm, so verhält sich $5:7 = x:2$ (2 mg Cystin sind in 10 $cm^3$ Standardlösung enthalten). $x$ sind die Milligramme Cystin in 10 $cm^3$ des Hydrolysats. In diesem Beispiel ist $x = 1{,}43$ mg. In 10 $cm^3$ Hydrolysat sind 1,43 mg; in 50 $cm^3$ (0,5) 7,15 mg; in 100 $cm^3$ sind also 14,3 mg Cystin enthalten, entsprechend 1,43 %.

Cystingehalt einiger Proteine nach dieser Methode bestimmt.

| Protein | Cystingehalt in % | Protein | Cystingehalt in % |
|---|---|---|---|
| Witte-Pepton . . . . . . . . | 1,25 | Serumglobulin . . . . . . . . . . | 0,8 |
| Fibrin . . . . . . . . . . . . | 1,3 | Serumalbumin . . . . . . . . . . | 1,6 |
| Gelatine . . . . . . . . . . . | Spuren | | |

## H. Isolierung von Aminosäuren aus Pflanzen.

### a) Allgemeine Bemerkungen.

Die grundlegenden Arbeiten von E. Schulze und seinen Mitarbeitern über das Vorkommen von Aminosäuren in etiolierten Keimlingen usw. sind zu einer Zeit ausgeführt worden, als die Verfahren zur Trennung von Aminosäuregemischen noch recht unvollkommen waren. Immerhin sind die Versuche stets ungefähr unter gleichen Bedingungen ausgeführt worden, so daß die damals gewonnenen Resultate als *Vergleichswerte* recht brauchbar sind.

Es steht außer Zweifel, daß eine Nacharbeitung dieser Versuche unter Zuhilfenahme der neuen, weitgehend verbesserten Trennungsmethoden in quantitativer Hinsicht wesentlich andere Ergebnisse zeitigen werden. Dabei ist auch — weit mehr als dies bei früheren Arbeiten der Fall war — auf die Möglichkeit des Eintretens enzymatischer Prozesse während der Aufarbeitung (Extraktion!) Rücksicht zu nehmen.

Eine Neubearbeitung dieses Gebietes bietet einerseits mit Rücksicht auf diese Umstände ein dankbares Arbeitsfeld, anderseits scheinen aber auch noch manche andere Fragen ungelöst. Wir denken z. B. an die auffallenden Unterschiede im Aminosäuregehalt von Keimpflanzen verschiedener Spezies aus ein und derselben Pflanzenfamilie.

Aus zweiwöchigen Keimpflanzen von Lupinus angustifolius konnte neben Asparagin, Leucin und Valin isoliert werden, während Arginin entweder ganz fehlte oder nur in höchst geringer Menge vorhanden war. In Keimlingen von Lupinus luteus dagegen findet sich Arginin in großen Mengen, daneben Valin und Phenylalanin, während Leucin nicht isoliert werden konnte. Nach einer neueren Untersuchung (248) wird das in den Keimlingen von Lupinus luteus enthaltene Arginin durch Arginase schon während der Extraktion zerstört. Für den Pflanzenphysiologen dürften z. B. Untersuchungen an Kreuzungen dieser Gattungen von Interesse sein.

Auf einen Umstand, der bei der Isolierung von Aminosäuren aus Keimlingen und anderem pflanzlichem Material vor allem zu berücksichtigen ist, haben wir mit allem Nachdruck hinzuweisen:

*Die Aminosäuren, wie sie in pflanzlichen Extrakten enthalten sind, besitzen vor allem bezüglich der Löslichkeit und Ausfällbarkeit in vielen Fällen durchaus andere Eigenschaften als ein Aminosäuregemisch, wie es z. B. durch Hydrolyse von Eiweißstoffen gewonnen wird.*

Wir erinnern z. B. daran, daß reines Arginin durch Quecksilbernitrat aus seinen Lösungen nicht gefällt werden kann, während es aus Pflanzenextrakten damit weitgehend fällbar ist. Die Löslichkeit der Aminosäuren wird durch die aus den Pflanzen stammenden Begleitstoffe sehr stark erhöht, so daß es beispielsweise nur in den seltensten Fällen gelingt, das schwerlösliche Tyrosin direkt zur Krystallisation zu bringen.

Wir geben im nachfolgenden einige Beispiele zur Darstellung von Aminosäuren nach älteren Originalarbeiten, möchten aber darauf hinweisen, daß die Trennung derselben in den allermeisten Fällen nach den auf S. 138—155 beschriebenen kleinen Trennungsmethoden oder nach dem Verfahren von Dakin und Jones-Foreman (S. 120—129) unzweifelhaft zu besseren Resultaten führen wird.

Es lassen sich sicher Verbesserungen in der Extraktion und Isolierung der Aminosäuren anbringen. Vor allem wäre zu versuchen, die Extraktion mit Äthylalkohol zu umgehen und an dessen Stelle Butylalkohol oder Aceton geeigneter Konzentration zu verwenden.

*Extraktion.* Aus sehr wasserhaltigen Pflanzenteilen, wie z. B. aus Kartoffelknollen, läßt sich der Pflanzensaft durch einfaches Abpressen mit Hilfe einer starkwirkenden Presse gewinnen. Manchmal ist es zweckmäßig, auch sehr stark wasserhaltige Pflanzenteile noch mit etwas Wasser im Mörser anzurühren und erst dann abzupressen. Um einen Anhaltspunkt über die effektiv verwendete Menge Materials zu gewinnen, bestimmt man im Ausgangsmaterial sowie im Preßrückstand den Wassergehalt.

Bei der Darstellung wäßriger Extrakte aus frischen oder getrockneten Pflanzen soll die Temperatur des Wassers mindestens 50° betragen, falls nicht besondere Gründe das Einhalten einer niedrigeren Temperatur wünschenswert machen. Bei stärkearmem Material kann man die Temperatur bis auf 90° steigern. Längeres Kochen mit Wasser ist aber zu vermeiden, da manche Pflanzenstoffe dabei eine Veränderung erleiden können. Bei einer Temperatur von 50—60° gehen manche schwerlöslichen Pflanzenbestandteile, wie z. B. die Aminosäuren, in Lösung, da ihre Löslichkeit durch das Vorhandensein anderer leicht löslicher Bestandteile meist ganz beträchtlich erhöht wird, das gleiche gilt für die Extraktion mit Alkohol. Die Menge des zu verwendenden Wassers hängt von der Beschaffenheit des Pflanzenmaterials ab. Es soll stets so viel Wasser verwendet werden, daß ein dünner Brei entsteht. In der Regel wird man mit etwa der 5—6fachen Menge des Gewichtes an Ausgangsmaterial auskommen, bei wasserreichem Material mit entsprechend weniger.

Bei der Trennung der Extrakte von den Rückständen ist die Anwendung einer gut wirkenden Presse erforderlich. Die Preßsäfte sind stets etwas getrübt und schwer filtrierbar, doch stört diese Trübung nicht, da die Extrakte doch einer Vorreinigung unterzogen werden müssen, nach welcher die Trübung verschwindet.

Alkoholische Extrakte werden am zweckmäßigsten durch 2—3stündiges Kochen mit 90 bzw. 92% Alkohol gewonnen. Lufttrockenes Material enthält häufig 8—10% Wasser, so daß zu dessen Extraktion absoluter Alkohol zu verwenden ist.

In den meisten Fällen erwies sich eine 2—3stündige Extraktion mit etwa der fünffachen Menge 92proz. Alkohol und darauffolgende Extraktion mit etwa der dreifachen Menge 90proz. Alkohol als vollständig hinreichend.

An Stelle von Alkohol haben wir neuerdings mit gutem Erfolg ein Rohaceton (Holzverkohlungsindustrie Konstanz) für die Extraktionen verwendet.

Durch Extraktion von Pflanzenmaterial mit Wasser bei gewöhnlicher oder mäßig erhöhter Temperatur erhält man Extrakte, welche manche löslichen Substanzgruppen nicht mehr in derjenigen Form enthalten, in welcher sie ursprünglich in dem betreffenden Material vorgebildet waren. Für die Beurteilung der biochemischen Vorgänge ist aber gerade die Kenntnis der Menge an ursprünglich in den betreffenden Pflanzenmaterialien vorhandenen Substanzen von großer Bedeutung.

Methoden, welche die Bestimmung der ursprünglich vorhandenen Substanzen zu bestimmen gestatten, müssen also der allgemeinen Forderung genügen, daß die Fermenttätigkeit usw. während der Extraktion vollständig ausgeschaltet bleibt, ohne daß dabei störende Nebenreaktionen auftreten.

Ein naheliegendes, einfaches Mittel besteht nach W. WINDISCH (257) darin, daß man die Extraktion bei Temperaturen von etwa $0^0$ ausführt. Das Abpressen hat nach der Extraktion sehr rasch zu erfolgen. Eine Filtration, die bei pflanzlichem Material häufig längere Zeit in Anspruch nimmt, hat in einem Kühlschrank bei $0^0$ zu erfolgen. Die Temperaturen in einem gewöhnlichen Eisschrank (ca. $5^0$) genügen nicht, um Fermentwirkung auf längere Zeit völlig auszuschalten.

Unter Umständen dürfte auch der Zusatz von Fermentgiften zur Extraktionsflüssigkeit angebracht sein. Als Fermentgifte kommen z. B. Salicylsäure, Quecksilberchlorid oder Quecksilberoxycyanat oder auch andere Schwermetallsalze in Betracht. Es ist jedoch in jedem Fall zu untersuchen, ob die fermenttötende Wirkung ausreichend ist und dabei der Umstand zu berücksichtigen, daß z. B. Schwermetallsalze in reinen wäßrigen Lösungen sehr giftig wirken können, während sie in Gemisch mit Pflanzenmaterial manchmal viel weniger wirksam sind, was wohl auf Adsorption des Schwermetallsalzes an Kolloide zurückzuführen sein dürfte. Als besonders wirksam erwiesen sich in manchen Fällen Quecksilbersalze, vor allem das Oxycyanat, doch steht der allgemeinen Verwendung dieser und ähnlicher Salze wieder die Fällbarkeit mancher Aminosäuren durch die genannten Verbindungen im Wege.

Für unsere Zwecke recht günstig erscheint die Abtötung der Fermente mittels heißem 90proz. Alkohol. Man verfährt dabei nach LINTNER-MASON (146) am besten folgendermaßen:

Das lufttrockene pulverisierte Material wird in einem Metallbecher mit so viel säurefreiem Alkohol von 90% übergossen, daß sich nach dem Digerieren noch eine Schicht von 1—2 $cm^3$ Alkohol über dem Pflanzenmaterial befindet. Man bringt den Becher, mit einem Uhrglas bedeckt, in ein $85^0$ warmes Wasserbad und hält den Alkohol in *gelindem* Sieden. Die über dem Material stehende Alkoholschicht soll in etwa $^1/_2$ Stunde verdunstet sein. Nun steigert man die Wasserbadtemperatur auf $90^0$ und vertreibt unter gutem Rühren mit einem dicken Stab den noch in der Masse steckenden Alkohol, bis letztere krümelig wird. Schließlich wird die Badtemperatur so weit gesteigert, bis die Masse trocken ist und beim Umrühren keine Alkoholdämpfe mehr wahrnehmbar sind.

Nach dem Abkühlen auf gewöhnliche Temperatur digeriert man mit der erforderlichen Menge Wasser (am besten nach Zusatz von etwas Toluol). Bei feingemahlenem Material ist eine Extraktionsdauer von etwa 3 Stunden hinreichend. Es ist darauf zu achten, daß vor der Extraktion Klumpen, die sich besonders am Boden des Gefäßes bilden können, gut zerkleinert werden.

Die Widerstandsfähigkeit der Fermente gegen siedenden Alkohol ist recht verschieden. Manche, wie z. B. Amylase verlieren ihre Wirksamkeit schon nach etwa 15 Minuten, während zur Zerstörung von Phosphatasen oft mehrere Stunden erforderlich sind. Nötigenfalls kann man die Zerstörung der Fermente durch längeres Kochen mit Alkohol *unter Rückfluß* vornehmen.

Dieses Verfahren führt zwar sicher zum Ziel, besitzt jedoch den Mangel, daß bei der höheren Temperatur Veränderungen der präformierten Substanzen eintreten können. Vor allem ist mit einer Koagulation von Eiweißkörpern zu rechnen. Da die Eiweißsubstanzen je nach ihrer Natur 2—10 % formoltitrierbaren Stickstoff enthalten, verursacht die Koagulation eine Abnahme des formoltitrierbaren Stickstoffs. Diese ist jedoch ohne Bedeutung, falls man vor der Formoltitration bei der Vorbereitung der Lösung die koagulierbaren Eiweißkörper zur Abscheidung gebracht hat (149).

Wertvolle Angaben über Vorbereitung des Pflanzenmaterials finden sich auch in den Arbeiten von K. P. LINK und W. E. TOTTINGHAM (145, 226).

### b) Aufarbeitung der Extrakte.

Die alkoholischen Extrakte werden zweckmäßig für sich getrennt eingedampft, die Destillationsrückstände vereinigt und mit einer entsprechenden Menge Wasser versetzt. Dabei resultiert eine trübe Flüssigkeit.

Zur Vorreinigung der auf diese Weise oder durch Extraktion mit Wasser gewonnenen Lösungen verwendeten SCHULZE und seine Mitarbeiter Bleiessig oder Gerbsäure.

Die Bleiessiglösung (käufliche vom spez. Gew. 1,235) soll langsam und unter gutem Rühren eingetragen werden, und zwar so viel, daß noch nach kurzer Zeit ein Niederschlag entsteht. Durch einen größeren Überschuß des Fällungsmittels könnten vor allem Tyrosin und Asparaginsäure ausgefällt werden. Durch den Bleiessig werden Eiweißkörper, die meisten Pflanzensäuren und Phosphate ausgefällt.

Da durch den Bleiessigzusatz die Lösung stark alkalisch wird, kann in Fällen, wo dies nicht erwünscht ist, zuerst mit einer kleineren Menge Bleiessig, dann mit Bleiacetat (Bleizucker) behandelt werden. Mit Bleiacetat werden aber weniger Beimengungen ausgefällt.

In manchen Fällen wurde vor dem Bleiessigzusatz mit 5—10 proz. Tanninlösung versetzt, um Eiweißstoffe und deren nächste Abbauprodukte möglichst vollständig zu entfernen. Man setzt so lange Gerbsäurelösung zu, als noch ein deutlich sichtbarer Niederschlag sofort auftritt. Durch Gerbsäure werden die Aminosäuren nicht gefällt, wohl aber manche Basen, Alkaloide usw. Auch Trigonellin wird gefällt, löst sich aber im Überschuß des Fällungsmittels wieder auf.

Wenn der Bleiniederschlag sich schwer absetzt und eine schwer filtrierbare Lösung entstanden ist, ist es angezeigt, die über dem Niederschlag stehende Flüssigkeit abzuhebern und den Niederschlag durch ein großes Filter abzufiltrieren. Zur Klärung werden die trüben Filtrate vorsichtig mit Tanninlösung versetzt, bis kein Niederschlag mehr entsteht. Auf diese Weise erhält man auch unter ungünstigen Bedingungen leicht filtrierbare Lösungen.

Zur Filtration erwiesen sich große Rundfilter mit einem Gazegerüst als sehr zweckmäßig. Zur Oberflächenvergrößerung wird das Filter in einen entsprechend großen, geriffelten Trichter eingebracht.

Der Bleiniederschlag wird auf dem Filter mit kleinen Portionen kalten Wassers ausgewaschen unter gleichzeitigem Durchrühren mit einer Gänsefeder.

Das Filtrat wird durch Einleiten von Schwefelwasserstoff vom überschüssigen Blei befreit und dann eingedunstet. Sehr zweckmäßig erwies sich dabei die Verwendung von Vakuumkonzentrationsapparaten, die aus einem Unterteil aus Porzellan und aus einer Glashaube bestehen[1].

---

[1] Die Apparate sind z. B. bei C. Bittmann in Basel erhältlich.

Man dunstet bis zum mäßig dickflüssigen Syrup ein. Enthält die Flüssigkeit Aminosäuren in nicht zu geringer Menge, so erhält man eine aus solchen Stoffen bestehende Ausscheidung, die häufig schon während des Eindunstens auftritt und dann meistens eine Haut auf der Oberfläche der Flüssigkeit bildet. Man läßt einige Tage in der Kälte stehen, nutscht, wenn möglich, ab und bringt die Krystallmasse auf Tonplatten. Trocknen im Exsiccator. Die in die Tonplatten übergegangene Mutterlauge kann durch Extraktion mit 80proz. Alkohol leicht wieder daraus gewonnen werden.

Die Darstellung reiner Aminosäuren aus solchen Mutterlaugen ist infolge verschiedener Beimengungen früher nur auf umständlichem Wege oder überhaupt nicht geglückt. Die Extraktion syrupöser Mutterlaugen mit Butylalkohol nach DAKIN (s. S. 120) dürfte leicht zum Ziele führen.

Das auf den Tonplatten getrocknete rohe Aminosäuregemisch wird mit wenig absolutem Alkohol behandelt und das alkoholische Filtrat mit der syrupösen Mutterlauge vereinigt.

Das nur noch schwach braungefärbte Gemisch wird nun mit Alkohol übergossen, bis fast zum Sieden erhitzt und konzentriertes Ammoniak in kleinen Anteilen zugefügt. Die Monoaminosäuren lösen sich in dem heißen Gemisch teils leichter, teils schwieriger, am schwersten löst sich das Tyrosin. Letzteres bleibt daher größtenteils zurück, wenn man den ammoniakalischen Alkohol in nicht zu großem Überschuß anwendet und nicht zu lange erhitzt, das gleiche gilt auch für etwa beigemengtes Asparagin. Nach dem Abfiltrieren überläßt man die alkoholische Flüssigkeit in einem Becherglas unter einer Glasglocke über konzentrierter Schwefelsäure der langsamen Verdunstung, wobei sich die Aminosäuren meist in farblosen Krystallen abscheiden. Unter Umständen gelingt dabei auch schon eine weitgehende Trennung.

Bei einem aus etiolierten Keimlingen gewonnenen Gemisch von Monoaminosäuren muß man vor allem mit der Anwesenheit von Tyrosin, Phenylalanin, Leucin, Isoleucin, Valin sowie einigen andern rechnen. Wie man ein solches Gemisch zu verarbeiten hat, hängt sehr von dessen Zusammensetzung ab.

Besteht das Gemisch, wie es hin und wieder der Fall ist, vorzugsweise aus Phenylalanin und Valin, so erhitzt man eine wäßrige Lösung mit Kupferhydroxyd. Der dabei zum Teil schon in der Wärme, vollständiger beim Erkalten entstehende krystalline Niederschlag besteht vorzugsweise aus Phenylalaninkupfer, während die davon abfiltrierte Lösung hauptsächlich Valinkupfer enthält. Enthält das Aminosäuregemisch auch Leucin in größeren Mengen, so gelingt die Abscheidung des Phenylalanins auf obige Weise nicht.

Tyrosin läßt sich aus Pflanzensäften und wäßrigen Pflanzenextrakten auch durch Fällung mit Mercurinitrat zur Abscheidung bringen. Man versetzt die Lösungen in üblicher Weise mit Bleiessig und fügt den Filtraten Mercurinitrat zu, bis keine Fällung mehr entsteht. Die durch dieses Reagens hervorgebrachten Fällungen können neben Tyrosin auch Arginin, Glutamin und Asparagin enthalten. Wenn man diese Niederschläge mit Schwefelwasserstoff zersetzt, die vom Quecksilbersulfid abfiltrierte Flüssigkeit mit Ammoniak neutralisiert und stark einengt, so scheidet sich das Tyrosin, falls es nicht in zu kleiner Menge vorhanden ist, in der Regel vor den anderen Bestandteilen in feinen Krystallen aus. Doch geht in die auf diese Weise erhaltenen Quecksilberniederschläge nur ein Teil des vorhandenen Tyrosins ein. Eine weitere Menge kann man erhalten, wenn man der vom Mercurinitrat-Niederschlag abfiltrierten Lösung noch etwas Mercurinitrat und hierauf Natronlauge bis zur schwach alkalischen Reaktion zusetzt. Der so gewonnene Niederschlag kann neben Tyrosin noch Leucin, unter Umständen auch noch andere Aminosäuren enthalten. Er wird auf gleiche

Weise wie der erste Niederschlag aufgearbeitet. Über die Trennung des Tyrosins von anderen Aminosäuren s. auch S. 145.

Im allgemeinen wird man ein aus etiolierten Keimlingen gewonnenes Aminosäuregemisch zuerst durch fraktionierte Krystallisation und dann unter Zuhilfenahme der im Kapitel „Kleine Trennungsmethoden“ beschriebenen Verfahren verarbeiten. Stehen größere Mengen zur Verfügung, so wird eine geeignete Kombination der drei großen Trennungsverfahren (S. 113—138) zum Ziele führen.

### c) Beispiele für die Isolierung von Aminosäuren aus der Pflanze.

1. *Isolierung von Aminosäuren aus 6—7 Tage alten Keimlingen von Vicia sativa.* In 6—7 Tage alten etiolierten Keimpflanzen von Vicia sativa findet sich neben kleinen Mengen Tyrosin vor allem Arginin, Leucin, Lysin und Histidin. In mehrwöchigen etiolierten Pflänzchen Leucin, Valin und Phenylalanin.

Zur Verarbeitung gelangten die Keimpflanzen von etwa 20 kg Wickensamen.

Die getrockneten und fein pulverisierten Pflänzchen wurden zuerst mit 92proz., dann mit 90proz. Alkohol in der oben angegebenen Weise extrahiert.

Jeder Extrakt wurde für sich eingedampft und die vereinigten Destillationsrückstände in Wasser aufgenommen. Die trübe Flüssigkeit wurde mit Tannin versetzt, bis keine Fällung mehr entstand, dann mit Bleiessig in schwachem Überschuß. Aus dem Filtrat der Bleiniederschläge wurde das überschüssige Blei mit Schwefelwasserstoff entfernt und das Filtrat vom Bleisulfid auf dem Wasserbad eingeengt, bis sich auf der Flüssigkeitsoberfläche eine Haut bildete. Nach einigen Tagen wurden die ausgeschiedenen Aminosäuren von der syrupösen Mutterlauge abgenutscht, der Rückstand mit wenig absolutem Alkohol gewaschen und zur Entfernung letzter Reste von Mutterlaugen auf Tonplatten gepreßt. Man erhielt auf diese Weise eine nicht sehr stark gefärbte Masse vom Aussehen des unreinen Leucins. Nach dem Pulverisieren wurde der Rückstand mit wenig Alkohol ausgekocht, abfiltriert und das alkoholische Filtrat mit der syrupösen Mutterlauge vereinigt. Das Gewicht des alkohol-unlöslichen Rückstandes betrug 50 g, bestehend aus ca. 96% Leucin und 4% Isoleucin (Trennung von Leucin und Isoleucin s. S. 142, 144).

Die Autoren verarbeiteten die syrupösen Mutterlaugen nach der E. FISCHERschen Methode durch dreimalige Veresterung mit je 1 l abs. Alkohol. Dabei entstanden infolge der Anwesenheit von Kohlehydraten in reichlicher Menge Huminsubstanzen, die stark emulgierend wirkten und die Aufarbeitung der Esterchlorhydrate auf freie Ester stark behinderten.

Aus der II. und III. Destillationsfraktion konnte Valin, aus der IV. etwas Phenylalanin isoliert werden.

Wir möchten empfehlen, in ähnlichen Fällen die Mutterlaugen nicht direkt zu verestern, sondern mit Butylalkohol zu extrahieren (s. S. 120) und entsprechend weiter zu verarbeiten. Wir stützen uns dabei auf Erfahrungen, die wir bei der Darstellung von Aminosäuren aus Silagen gemacht haben.

Aus 18—20tägigen Keimpflanzen von 11 kg Lupinus albus wurden auf gleiche Weise 123 g eines festen Aminosäuregemisches erhalten. Da Pflänzchen von solchem Alter nur noch wenig lösliche Kohlehydrate enthalten, war die Menge der Mutterlauge viel kleiner, als bei der Aufarbeitung siebentägiger Wickenkeimlinge.

2. *Untersuchung der Keimlinge von Lupinus albus auf Tryptophan.* Zur Untersuchung auf Tryptophan dienten 8—9tägige Keimpflanzen von Lupinus albus. Sie wurden in frischem Zustand verarbeitet und für jeden Versuch 2 bis

5 kg frischer Pflänzchen verwendet, entsprechend einem Trockengehalt von 200—500 g.

Die frischen Pflänzchen wurden unter Zusatz von wenig Wasser in einem Mörser zerkleinert, und der Saft mit einer kräftig wirkenden Presse ausgepreßt. Die in solcher Weise gewonnene Flüssigkeit wurde mit Bleiessig versetzt, das Filtrat vom Bleiniederschlag durch Zusatz von Schwefelsäure vom Blei befreit und das Filtrat zu einer Säurekonzentration von 5% angesäuert.

Hierauf wurde Quecksilbersulfat in kleinen Anteilen zugefügt, wobei ein schwach gelblicher, nicht sehr voluminöser Niederschlag entstand, der nach 2 Tagen abfiltriert wurde. Der Quecksilberniederschlag wurde in Wasser aufgeschwemmt und mit Schwefelwasserstoff zersetzt. Überschüssiger Schwefelwasserstoff durch Einblasen von Luft entfernt, überschüssige Schwefelsäure mit Bariumhydroxyd ausgefällt.

Das Filtrat vom Bariumsulfat wurde im Vakuum stark eingeengt. Die Isolierung des Tryptophans in reinem Zustand gelang infolge der Anwesenheit anderer, durch Quecksilbersulfat fällbarer Substanzen nicht, hingegen konnte es auf Grund seiner Farbreaktionen erkannt werden (194).

*3. Isolierung von Phenylalanin aus Keimlingen von Lupinus albus.* Phenylalanin läßt sich unter gewissen Bedingungen mit Phosphorwolframsäure ausfällen (s. unter Phenylalanin S. 46).

750 g getrocknete, feinpulverisierte 2—2$^1/_2$wöchige Keimlinge von Lupinus albus, die neben Valin und Leucin auch Phenylalanin enthalten, wurden mit 92proz. Alkohol extrahiert und die Extrakte in bekannter Weise aufgearbeitet.

Das erhaltene Rohprodukt der Aminosäuren wurde aus alkoholischem Ammoniak einmal umkrystallisiert, mit Alkohol gewaschen und auf Tonplatten gepreßt. Ausbeute 8 g. Das Gemisch wurde in 5proz. Schwefelsäure gelöst und mit 50proz. Phosphorwolframsäure versetzt, so lange als noch ein Niederschlag entstand. Das Phosphorwolframat des Phenylalanins schied sich ölig ab (charakteristisch!) und sammelte sich am Boden als bräunliche Masse an. Nach dem Abgießen der überstehenden Flüssigkeit wurde das Öl in heißem Wasser gelöst.

Die von einem schwerlöslichen Rückstand abfiltrierte Lösung lieferte, nachdem sie auf dem Wasserbad eingeengt worden war, beim Erkalten wieder eine ölige Ausscheidung, die nach etwa 24 Stunden blättrig krystallinisch wurde. Nach dem Abgießen der Mutterlauge wurde wieder in heißem Wasser gelöst, nochmals filtriert und mit heißem Barytwasser bis zur alkalischen Reaktion versetzt. In die vom Bariumphosphorwolframat befreite Lösung wurde Kohlendioxyd eingeleitet, vom Bariumcarbonat abfiltriert und auf dem Wasserbade eingeengt. Nun wurde mit Kupferacetatlösung versetzt, bis nur noch sofort oder nach ganz kurzer Zeit eine Fällung entstand. Das so erhaltene Phenylalaninkupfer war ziemlich rein und wurde in bekannter Weise auf Phenylalanin aufgearbeitet.

Aus dem Filtrat des Phosphorwolframsäureniederschlages ließen sich nach Entfernen der Phosphorwolframsäure noch die anderen Aminosäuren in bekannter Weise isolieren.

Aus sehr verdünnter Lösung, vor allem, wenn andere Aminosäuren zugegen sind, läßt sich Phenylalanin mit Phosphorwolframsäure nicht oder nur teilweise ausfällen, das Verfahren ist also keinesfalls quantitativ, dürfte in manchen Fällen aber doch nutzbringend sein (193).

*4. Isolierung von Arginin aus den Samen von Lupinus luteus.* 200 g fein pulverisierte Samen von Lupinus luteus wurden in 1 l Wasser von 90° unter Umrühren in kleinen Portionen eingetragen. Nach einigen Stunden wurde abgepreßt und der wäßrige Auszug mit Gerbsäure versetzt, bis dieses Reagens nur noch eine ganz schwache Fällung hervorbrachte. Nach dem Abfiltrieren wurde das Filtrat mit Bleiessig versetzt, bis keine Fällung mehr entstand. Das Filtrat vom Bleiniederschlag wurde auf dem Wasserbad eingeengt und mit Schwefelsäure angesäuert, bis die Lösung etwa 5% davon enthielt. Nach nochmaliger Filtration wurde mit Phosphorwolframsäure versetzt, bis keine sofort mehr auftretende Fällung entstand. Der Phosphorwolframsäureniederschlag wurde nach Waschen mit 5proz. Schwefelsäure in bekannter Weise aufgearbeitet. Die Autoren erhielten aus 200 g Samen 0,8 g reines Arginin (192). Wahrscheinlich ist die Benzylidenmethode zur Abscheidung des Arginins (s. S. 58, 155) gerade in solchen Fällen sehr gut anwendbar.

5. *Darstellung von Arginin, Lysin und Histidin.* Zur Darstellung dieser Basen aus Pflanzenextrakten verfährt man folgendermaßen: Der Extrakt wird mit Bleiessig, wie oben angegeben, versetzt, das Filtrat vom Bleiniederschlag bei neutraler oder schwach saurer Reaktion auf dem Wasserbad stark eingeengt mit Schwefelsäure 5% sauer gemacht, filtriert, und mit einer konzentrierten Lösung (50%) von Phosphorwolframsäure versetzt, bis kein sofort auftretender Niederschlag mehr entsteht. Der Niederschlag wird nach dem Ablaufen der Flüssigkeit in einer Schale mit 5proz. Schwefelsäure, der man zweckmäßig etwas Phosphorwolframsäure zufügt, angerührt, wieder abgenutscht und auf der Nutsche mit Schwefelsäure nachgewaschen. Dann übergießt man den Niederschlag in einer Schale mit Wasser und fügt so viel zerriebenes Bariumhydroxyd hinzu, bis die Lösung alkalisch reagiert, d. h. bis beim Einleiten von Kohlendioxyd in das Filtrat eine Fällung von Bariumcarbonat auftritt. Die Zersetzung der Phosphorwolframsäurefällung kann dadurch bedeutend erleichtert werden, daß man die Niederschläge vorher vollständig oder teilweise mit einem Aceton-Wasser-Gemisch (4 Vol. auf 3 Vol.) in Lösung bringt. Die Phosphorwolframate der drei Hexonbasen sind in diesem Gemisch leicht löslich. Ehe man die unlöslichen Bariumverbindungen abfiltriert, entfernt man das in der Flüssigkeit enthaltene Ammoniak. Dies darf nicht durch Erhitzen geschehen, da das Arginin zersetzt werden könnte. Die Entfernung des Ammoniaks geschieht am besten in der Weise, daß man das Gemisch des Niederschlages mit Wasser und Bariumhydroxyd in eine flache Glasschale bringt und mit einem durch eine Turbine getriebenen Rührer kräftig rührt, bis ein über der Flüssigkeit aufgehängtes feuchtes rotes Lackmuspapier nicht mehr gebläut wird.

Nach dem Abtreiben des Ammoniaks entfernt man die unlöslichen Bariumverbindungen durch Filtration. In das Filtrat wird zur Entfernung des überschüssigen Bariumhydroxyds Kohlendioxyd eingeleitet. Nach dem Abfiltrieren des Bariumcarbonates neutralisiert man die Lösung mit Salpetersäure und engt sie hierauf auf dem Wasserbade stark ein. Wenn sie während des Eindunstens wieder alkalisch wird, setzt man noch ein wenig Salpetersäure zu.

Die in dieser Weise erhaltene Basenlösung gibt in der Regel mit Silbernitrat einen Niederschlag, welcher Alloxurbasen enthält. Aus dem Filtrat fällt man durch Silbernitrat und Barytwasser Histidin und Arginin in bekannter Weise aus (s. S. 152).

Die Histidinfraktion enthält häufig Nebenbestandteile, welche die Reindarstellung des Histidins sehr erschweren. So wurde z. B. Adenin gefunden (s. Purine S. 373). Das Histidin läßt sich in manchen Fällen ohne Schwierigkeit gewinnen, indem man die bei Zerlegung des Phosphorwolframsäureniederschlages mittels Bariumhydroxyd erhaltene Lösung, nachdem sie durch Einleiten von Kohlendioxyd vom Baryt befreit worden ist, mit einer wäßrigen Sublimatlösung versetzt, die dadurch hervorgebrachte Fällung abfiltriert und mit Schwefelwasserstoff zersetzt. Die vom Quecksilbersulfid abfiltrierte Lösung liefert beim Eindunsten in der Regel Krystalle von Histidinchlorid.

Das Arginin kann aus den mit Bleiessig vorbehandelten Pflanzenextrakten durch Mercurinitrat partiell gefällt werden. Ganz reines Argininnitrat wird durch Mercurinitrat nicht gefällt; gewisse Nebenbestandteile der Extrakte müssen also ausfällend wirken. Da das Arginin einerseits nicht vollständig ausgefällt wird, anderseits aber andere Verbindungen mit ausfallen, wie z. B. Asparagin, Glutamin, Tyrosin, Alloxurbasen usw., so führt dieses Verfahren nur zu approximativen Werten, besonders dann, wenn die Niederschläge reich an Glutamin und Asparagin sind. Es gelingt in manchen Fällen nach Zersetzen des Niederschlages mit Schwefelwasserstoff beim Eindampfen ziemlich reines Argininnitrat zu erhalten.

Das Filtrat vom Arginin- und Histidinsilber-Niederschlag, welches neben Lysin noch andere Basen, z. B. Cholin, Betain, Trigonellin usw., enthalten kann, wird durch Zusatz von etwas Salzsäure vom Silber befreit, dann mit Schwefelsäure neutralisiert und nach dem Filtrieren stark eingeengt. Hierauf fügt man Schwefelsäure bis zu einem Gehalt von 5% zu, entfernt das Bariumsulfat und fügt eine konzentrierte Phosphorwolframsäurelösung zu. Der Niederschlag wird in bekannter Weise aufgearbeitet, die resultierende Lösung mit Salzsäure übersättigt und eingedunstet. Den Rückstand trocknet man im Exsiccator und behandelt ihn zuerst mit kaltem, dann mit kochendem Alkohol. Die Chloride des Cholins, Betains und Trigonellins gehen dabei in Lösung, während Lysinchlorhydrat wenigstens zum größten Teil zurückbleibt. Die erstgenannten Chloride können aus der alkoholischen Lösung mit Sublimat gefällt werden, während Lysin in Lösung bleibt.

Am zweckmäßigsten ist es wohl, den Lysinrückstand in Wasser zu lösen, die Lösung mit der Mutterlauge der Quecksilberdoppelsalze des Betains usw. zu vereinigen und das Lysin durch Sublimat und Barytwasser auszufällen. Man zerlegt den dabei erhaltenen Niederschlag unter Zusatz von etwas Schwefelsäure durch Schwefelwasserstoff, fällt aus der vom Quecksilbersulfid abfiltrierten Lösung das Lysin nochmals mit Phosphorwolframsäure und arbeitet den Niederschlag auf Lysinpikrat auf (s. auch das Beispiel auf S. 65).

*6. Darstellung von Arginin, Lysin und Histidin aus Kartoffelknollen.* Als Material für die Untersuchung diente der aus 50 kg zerkleinerter Kartoffelknollen durch Auspressen gewonnene Saft. Der Saft läßt sich nicht vollständig abpressen, durch eine Bestimmung des Feuchtigkeitsgehaltes der frischen Knollen und des Preßrückstandes läßt sich die effektiv verarbeitete Kartoffelmenge errechnen.

Nach dem Abpressen wurde der Saft sofort mit Bleiessig versetzt, solange als dieses Reagens noch einen Niederschlag hervorbrachte. Das Filtrat von den Bleiniederschlägen wurde im Wasserbad auf etwa die Hälfte seines ursprünglichen Volumens eingeengt, nachdem ihm soviel verdünnte Essigsäure zugesetzt worden war, daß es ganz schwach saure Reaktion besaß. Nun wurde mit Schwefelsäure stark angesäuert (etwa 5proz.) und nach nochmaliger Filtration mit Phosphorwolframsäure versetzt, solange als dieses Reagens einen sofort entstehenden Niederschlag gab. Niederschlag abgenutscht und mit 5proz. Schwefelsäure ausgewaschen. Die Zersetzung des Niederschlages erfolgte in bekannter Weise durch Verreiben mit überschüssigem Bariumhydroxyd in kaltem Wasser. Hierauf wurde die noch nicht von den unlöslichen Bariumverbindungen getrennte Flüssigkeit zur Entfernung des Ammoniaks in einer flachen Glasschale mit einem durch eine kleine Turbine getriebenen Rührwerk gerührt, bis der Ammoniakgeruch verschwunden war und ein über der Flüssigkeit aufgehängtes feuchtes Lackmuspapier nicht mehr gebläut wurde. Das Ammoniak läßt sich auch durch Einblasen von Luft unter gleichzeitiger Rührung entfernen. Ein Erhitzen der Flüssigkeit ist wegen der Zersetzlichkeit des Arginins durch Basen zu vermeiden. Das von den unlöslichen Bariumverbindungen abgetrennte Filtrat wurde durch Einleiten von Kohlendioxyd vom überschüssigen Bariumhydroxyd befreit, mit verdünnter Salpetersäure genau neutralisiert und auf dem Wasserbad auf ein kleines Volumen eingeengt. Da während des Eindunstens infolge des Entweichens von Kohlensäure die Reaktion der Flüssigkeit wieder alkalisch werden kann, wird sie nötigenfalls wieder mit Salpetersäure neutralisiert. Die Ausfällung von Histidin und Arginin erfolgte durch Zusatz von Silbernitrat (s. dazu S. 152).

Der Histidinsilber-Niederschlag wurde von SCHULZE und seinen Mitarbeitern in der Regel in folgender Weise verarbeitet: Der Niederschlag wurde mit verdünnter Salzsäure zersetzt, das Histidin aus dem Filtrat vom Chlorsilber durch Phosphorwolframsäure ausgefällt. Der Phosphorwolframsäure-Niederschlag wurde in bekannter Weise aufgearbeitet und die dabei gewonnene neutrale Lösung mit Sublimat versetzt. Die Fällung des Histidins erfolgt dabei keinesfalls quantitativ, doch gelingt es auf diese Weise, das Histidin von Beimengungen zu trennen, die sich anscheinend stets in den Histidinsilber-Niederschlägen vorfinden. Der Quecksilberniederschlag wurde mit Schwefelwasserstoff zersetzt und in bekannter Weise auf Histidinchlorhydrat aufgearbeitet.

Im Filtrat vom Histidin- und Argininsilber finden sich die Basen vor, welche durch Phosphorwolframsäure, nicht aber durch Silbernitrat und Barytwasser gefällt werden. Da die Pflanzenextrakte in der Regel Kalium enthalten, und dieses durch Phosphorwolframsäure gefällt wird, so ist das Filtrat in der Regel mehr oder weniger kalihaltig. Man neutralisiert zunächst mit Salzsäure, filtriert vom ausgeschiedenen Chlorsilber ab und engt auf dem Wasserbade weitgehend ein. Beim Erkalten scheiden sich in reichlicher Menge anorganische Salze ab. Aus der von den Krystallen getrennten Mutterlauge wurde der größte Teil des darin enthaltenen Kaliums durch vorsichtigen Zusatz von Weinsäure ausgefällt. Die vom Niederschlag abfiltrierte Lösung wurde mit Schwefelsäure angesäuert, vom Bariumsulfat abfiltriert und mit Phosphorwolframsäure in schwachem Überschuß versetzt. Der Phosphorwolframsäureniederschlag wurde in bekannter Weise aufgearbeitet und die dabei erhaltene Lösung mit Salzsäure neutralisiert. Die neutrale oder ganz schwach salzsaure Lösung wurde auf dem Wasserbade konzentriert und im Exsiccator über Schwefelsäure vollständig zur Trockne gebracht. Dabei erhielt man in der Regel eine krystallinische Masse. Die Zerlegung der aus einer Reihe verschiedener Basenchlorhydrate bestehenden Krystalle kann mit beträchtlichen Schwierigkeiten verbunden sein. Durch wiederholte Extraktion mit heißem Alkohol lassen sich die Chlorhydrate des Cholins, Betains, Trigonellins, Stachhydrins und des Guanidins in Lösung bringen, während z. B. salzsaures Lysin ungelöst bleibt. (Über die Verarbeitung der alkoholischen Extrakte siehe unter „Betaine".) Die Abtrennung des Lysins gelingt in der Regel verhältnismäßig leicht.

Das salzsaure Lysin läßt sich mit Methylalkohol in Lösung bringen. Gleichzeitig gehen auch ein Teil der vorhandenen anorganischen Chloride in Lösung. Zu deren Entfernung wird der methylalkoholische Extrakt mehrmals zur Trockne verdampft und wieder mit Methylalkohol ausgezogen. Die auf diese Weise von anorganischen Verbindungen befreite methylalkoholische Lysinlösung wurde zur Trockne gebracht, der Rückstand gewogen, in ganz wenig Wasser gelöst und die Lösung mit einer alkoholischen Platinchloridlösung (Menge auf Rückstand berechnet) versetzt. Ein dabei entstehender Niederschlag wurde abfiltriert, das Filtrat mit mehr Alkohol versetzt und der Krystallisation überlassen. Ist Lysin vorhanden, so scheidet es sich im Verlauf von einigen Tagen aus der alkoholischen Lösung als Lysinplatinchlorid in gut ausgebildeten prismatischen Krystallen ab. Auf diesem Wege konnte in verschiedenen Fällen Lysin auch dann isoliert werden, wenn neben demselben noch andere Basen vorhanden waren. Eine Abscheidung des Lysins als Pikrat dürfte in vielen Fällen versagen, da die ihm beigemengten Basen ebenfalls schwerlösliche Pikrate geben.

Aus den in Arbeit genommenen 50 kg Kartoffelknollen konnten auf diese Weise 2 g reines Arginin, sowie kleinere Mengen von Histidin und Lysin gewonnen werden.

**d) Mikrochemischer Nachweis des Tryptophans in der Pflanze** (130).

*Prinzip.* Das Verfahren besteht darin, daß das Tryptophan auf Grund der VOISINET-FÜRTHschen Reaktion nach Durchtränkung des Untersuchungsobjektes mit Natriumnitrat im pflanzlichen Gewebe nachgewiesen wird.

*Allgemeine Bemerkungen.* Es gelang dem Autor mit Hilfe seiner Untersuchungsmethodik Tryptophan in Pflanzen aus den verschiedensten Gruppen des Systems nachzuweisen; sein Vorkommen konnte, abgesehen von schon bekannten Fällen, bei einem Schimmelpilz, dem Herrenpilz, bei einer Alge und einigen Cormophyten festgestellt werden.

In der höheren Pflanze zeichnen sich vor allem die embryonalen Gewebe durch hohen Tryptophangehalt aus; von Dauergeweben weisen Speichergewebe und die eiweißleitenden Elemente der Gefäßbündel ein reichlicheres Vorkommen von Tryptophan auf, während es im Grund- und Hautgewebe im allgemeinen nicht nachweisbar war.

Bezüglich seines Vorkommens in Zellinhaltskörpern stellte der Autor fest, daß es in allen eiweißhaltigen Zelleinschlüssen, wie dem Kern, Nucleolus, Protoplasma, Aleuron, in Eiweißkrystallen und dem Chloroplastenstroma eindeutig nachweisbar ist.

*Ausführung.* Es ist vorteilhaft, in den zu untersuchenden Präparaten das Eiweiß auszufällen, zu fixieren, ohne dabei seine morphologischen Eigenschaften wesentlich zu ändern. Als Fällungsmittel haben sich Formalin und Sublimat am besten geeignet, und zwar hat sich Formalin zur Darstellung cytologischer Details am besten bewährt, während Fixierung mit Sublimat ein weit rascheres Arbeiten ermöglicht. Es empfiehlt sich, das Untersuchungsobjekt zuerst nach Sublimathärtung zu untersuchen und erst, wenn eine Untersuchung feinerer Details erforderlich scheint, die etwas zeitraubende Formalinhärtung in Anwendung zu bringen. Letztere hat auch den Nachteil, daß sie bei nicht vollständig richtiger Arbeitsweise die Reaktion stören kann.

a) Formalinhärtung: Die zu untersuchenden Schnitte mindestens $^1/_2$ Stunde in 2—4proz. Formalinlösung einlegen und 2 Stunden in fließendem Wasser gründlich auswaschen, um sämtliches Formalin zu entfernen. Werden die Schnitte erst nach der Härtung hergestellt, so ist für das Fixieren sowie für das Wässern entsprechend mehr Zeit aufzuwenden.

b) Sublimathärtung: Präparat 10—15 Minuten in eine 2proz. Sublimatlösung einlegen, ohne weitere Waschung für die Durchführung der Reaktion verwenden. Bei Anwendung von Sublimatlösungen geringerer Konzentration bleiben zwar die Einzelheiten der Struktur besser erhalten, doch ist eine entsprechend längere Härtungsdauer erforderlich (für 0,1proz. Lösung etwa 24 Stunden).

Die nach a) oder b) fixierten Schnitte auf 3—5 Sekunden in eine wäßrige Lösung von Natriumsilicat (d = 1,1) eintauchen, dann 1—2 Sekunden in destilliertem Wasser abspülen und mit Glasnadeln in das VOISENETsche Reagens übertragen:

10 cm³ Salzsäure (d = 1,19)
1 Tropfen Formaldehyd 2 %
1 Tropfen Natriumnitrit 0,5 %.

Da sich verdünnte Lösungen von Natriumnitrit rasch zersetzen, stellt man sich eine 5proz. Stammlösung her und verdünnt diese erst vor Gebrauch.

In diesem Reagens, das sich in einer Glasdose mit aufgeschliffenem Deckel befindet, verbleiben die Schnitte bis zum maximalen Eintreten der Reaktion, in der Regel werden hierfür etwa 10—15 Minuten erforderlich sein, unter Umständen etwas länger, d. h. bis zu $^1/_2$ Stunde.

In einigermaßen tryptophanreichen Geweben ist schon makroskopisch eine violette Tönung zu beobachten. Schnitte mit Glasnadeln auf einen Objektträger in einen Tropfen Paraffinöl verbringen und mit einem Deckglas bedecken. Wurde das Präparat nach dem Eintauchen in Natriumsilicatlösung zu wenig ausgewaschen, so fällt im Kieselsäuregel eine große Anzahl von Krystallen aus (NaCl), welche die mikroskopische Beobachtung beeinträchtigen können. In solchen Fällen ist etwas länger zu waschen, immerhin ist stets darauf zu achten, daß soviel Silicat vorhanden ist, daß eine Kieselsäuremembran zur Ausbildung gelangen kann.

Zur mikroskopischen Untersuchung eignet sich eine gleichmäßige Lichtquelle, am besten elektrisches Licht. Durch Weglassen des normalerweise gebrauchten Blauglases kann in manchen Fällen der Konstrast der Reaktionsfarbe gegen die Umgebung verstärkt werden. Auf diese Weise war die Farbe sogar noch bei 1500facher Vergrößerung an den kleinsten Zellinhaltskörpern eindeutig erkennbar.

## Literatur.

(*1*) ABDERHALDEN, E.: Ztschr. f. physiol. Ch. **37**, 484 (1903). — (*2*) Ebenda **65**, 61 (1910). — (*3*) Ebenda **72**, 24 (1911). — (*4*) Ebenda **120**, 208 (1922). — (*5*) ABDERHALDEN, E., u. A. BAHN: Ber. Dtsch. Chem. Ges. **63**, 914 (1930). — (*6*) ABDERHALDEN, E., u. S. BECKMANN: Ztschr. f. physiol. Ch. **207**, 93 (1932). — (*7*) ABDERHALDEN, E., u. F. GEBELEIN: Ebenda **152**, 125 (1925). — (*8*) ABDERHALDEN, E., u. W. GEIDEL: Fermentforschung **13**, 97 (1932). — (*9*) ABDERHALDEN, E., u. K. HEYNS: Ztschr. f. physiol. Ch. **206**, 137 (1932). — (*10*) Ebenda **206**, 142 (1932). — (*11*) Ebenda **207**, 191 (1932). — (*12*) ABDERHALDEN, E., u. K. KAUTZSCH: Ebenda **78**, 100 (1912). — (*13*) ABDERHALDEN u. KEMPE: Ebenda **52**, 207 (1907). — (*14*) ABDERHALDEN, E., u. B. LANDAU: Ebenda **71**, 458 (1911). — (*15*) ABDERHALDEN, E., u. F. REICH: Ebenda **193**, 198 (1930). — (*16*) ABDERHALDEN, E., u. E. SCHWAB: Ebenda **136**, 219 (1924). — (*17*) ABDERHALDEN, E., H. SICKEL u. H. UEDA: Fermentforschung **7**, 91 (1923). — (*18*) ABDERHALDEN, E., u. A. WEIL: Ztschr. f. physiol. Ch. **88**, 272 (1913). — (*19*) ACKERMANN, D.: Ebenda **203**, 67 (1931). — (*20*) Ebenda **209**, 12 (1932). — (*21*) ANDERSON, J. A.: Biochem. Ztschr. **221**, 284 (1930). — (*22*) ASCHMARIN: Arch. Sc. biolog. St. Pétersb. **23**, 347 (1926); C. **1926 I**, 3418.

(*23*) BACHMANN, J. A.: Einiges über Säuren und Aminosäuren aus Silofutter. Dissert., Eidgen. Techn. Hochschule Zürich, Agrikulturchem. Lab. 1927. — (*24*) Ebenda. — (*25*) BARGER, G., u. F. P. COYNE: Biochem. Journ. **22**, 1417 (1928); daselbst auch Synthese. Andere Synthese: W. WINDUS u. C. S. MARWELL: Journ. Amer. Chem. Soc. **52**, 2575 (1930). Spaltung, des synthetischen Methionins in die aktiven Komponenten. — (*26*) BAUDISCH, O.: Ztschr. f. physiol. Ch. **89**, 175 (1914). — (*27*) BENEDICT: Journ. Biol. Chem. **6**, 363 (1909). — (*28*) BENEDICT u. MURLIN: Proc. Soc. exper. Biol. a. Med. **1912**. — (*29*) BERGMANN, M., u. L. ZERVAS: Biochem. Ztschr. **203**, 289 (1928). — (*30*) Ebenda **203**, 280 (1928). — (*31*) Ztschr. f. physiol. Ch. **152**, 282 (1926). — (*32*) Ebenda **152**, 282 (1926). — (*33*) Ebenda **172**, 286 (1927). — (*34*) BLANKENSTEIN, A.: Biochem. Ztschr. **218**, 321 (1930). — (*35*) BRAUTLECHT: Journ. Biol. Chem. **10**, 139 (1912). — (*36*) BRAZIER, M. A. B.: Biochem. Journ. **24**, 1188 (1930). — (*37*) BROCKMANN, H., in FREUDENBERG: Stereochemie, S. 959. — (*38*) BUMM, E., u. H. APPEL: Ztschr. f. physiol. Ch. **210**, 79 (1932). — (*39*) BUSTON u. SCHRYVER: Biochem. Journ. **15**, 636 (1921).

(40) CAVETT, J. W.: Journ. Biol. Chem. **95**, 335 (1932). — (41) CHERBULIEZ, E., PL. PLATTNER u. S. ARIEL: Helv. chim. Acta **13**, 1390 (1930). — (42) COX, G. J.: Journ. Biol. Chem. **78**, 477 (1928).

(43) DAKIN, H. D.: Biochem. Journ. **12**, 290 (1918). — (44) Ebenda **13**, 398 (1919). — (45) C. **1919 I**, 679. — (46) Journ. Biol. Chem. **44**, 527 (1920). — (47) Ebenda **44**, 499 (1920). — (48) Journ. of Physiol. **30**, 253 (1904); **32**, 199 (1905). — (49) Ztschr. f. physiol. Ch. **130**, 161 (1923). — (50) Ebenda **130**, 162 (1923). — (51) DENIS: Journ. Biol. Chem. **8**, 401 (1911). — (52) DUNN, M. S., u. T. W. BROPLEY: Journ. Biol. Chem. **89**, 221 (1932).

(53) EAGLES, B. A., u. T. B. JOHNSON: Journ. Amer. Chem. Soc. **49**, 575 (1927). — (54) EDLBACHER: Ztschr. f. physiol. Chem. **206**, 65 (1932). — (55) EHRLICH, F.: Biochem. Ztschr. **1**, 8 (1906); **63**, 382 (1914). — (56) Ebenda **63**, 379 (1914). — (57) EHRLICH, F., u. WENDEL: Ebenda **8**, 426 (1908). — (58) EULER, HANS v., u. DAGMAR BURSTRÖM: Ztschr. f. physiol. Ch. **215**, 47 (1933).

(59) FELIX, K.: Ztschr. f. physiol. Ch. **171**, 4 (1927). — (60) FISCHER, E.: Gesammelte Werke **1**, **2**. Berlin: Julius Springer. — (61) Ber. **27**, 3217 (1894). — (62) Ann. **340**, 171 (1905); Ber. **40**, 489, 1052 (1907); A. **357**, 11, 14 (1907). — (63) Ztschr. f. physiol. Ch. **33**, 151 (1901). — (64) Ebenda **35**, 227 (1902). — (65) Ebenda **42**, 540 (1904). — (66) FISCHER, E., u. M. BERGMANN: Ann. der Chemie **398**, 96 (1913). — (67) Ann. **398**, 117 (1913). — (68) Ber. **48**, 360 (1915). — (69) Ztschr. f. physiol. Ch. **89**, 158 (1914). — (70) FISCHER, E., u. K. RASKE: Ber. **40**, 3717 (1907). — (71) FISCHER, E., u. O. WARBURG: Ebenda **38**, 3997 (1905). — (72) FLEMING, R.: Biochem. Journ. **24**, 965 (1932). — (73) FOLIN: Journ. Biol. Chem. **51**, 377 (1922). — (74) FOLIN, O., u. V. CIOCALTEU: Ebenda **73**, 627 (1927). — (75) FOLIN, O., u. A. D. MARENZI: Ebenda **83**, 89 (1929). — (76) FOLLEY, S. J.: Biochem. Journ. **24**, 961 (1930). — (77) FOREMAN: Ebenda **8**, 463 (1914). — (78) Ebenda **13**, 378 (1919). — (79) C. **1916 I**, 1097. — (80) Biochem. Ztschr. **56**, 1 (1913). — (81) FREUDENBERG u. UTHEMANN: Ber. **52**, 1509 (1919). — (82) FÜRTH, O.: Ergebn. d. Physiol. **24**, 64 (1925). — (83) FÜRTH, O., R. SCHOLL u. H. HERRMANN: Biochem. Ztschr. **251**, 404 (1932).

(84) GEBAUER-FÜLNEGG, E.: Ztschr. f. physiol. Ch. **191**, 222 (1930). — (85) GORTNER u. SANDSTRÖM: Journ. Amer. Soc. **47**, 1663 (1925). — (86) GRASSMANN, W., H. DYCKERHOFF u. H. EIBELER: Ztschr. f. physiol. Ch. **189**, 112 (1930). — (87) GRASSMANN u. HEYDE: Ebenda **183**, 32 (1929). — (88) GRASSMANN, W., O. v. SCHOENEBECK u. H. EIBELER: Ebenda **194**, 124 (1930). — (89) GUGGENHEIM, M.: Ebenda 88, 276 (1913).

(90) HABERMANN, J. R. EHRENFELD: Ztschr. f. physiol. Ch. **37**, 18, 33 (1902). — (91) HANKE u. KOESSLER: Journ. Biol. Chem. **39**, 497 (1919). — (92) Ebenda **43**, 527 (1920). — (93) HARDING u. WARNEFORD: Ebenda **25**, 337 (1916). — (94) HARTMANN: Biochem. Ztschr. **223**, 489 (1930). — (95) HAUSMANN: Ztschr. f. physiol. Ch. **27**, 95 (1899). — (96) Ebenda **29**, 136 (1900). — (97) HOPKINS, F. G.: Journ. Biol. Chem. **84**, 269 (1929). — (98) HUNTER, A., u. J. DAUPHINEE: Ebenda **85**, 627 (1930). — (99) HUNTER, G., u. B. A. EAGLES: Ebenda **72**, 177 (1927).

(100) JONES, D. B., u. C. O. JOHNS: Journ. Biol. Chem. **36**, 323 (1918). — (101) Ebenda **40**, 435 (1919). — (102) Ebenda **48**, 347 (1921). — (103) JONES, D. B., u. O. MOELLER: Ebenda **79**, 429 (1928).

(104) KAPELLER-ADLER, R.: Biochem. Ztschr. **252**, 185 (1932). — (105) Ebenda **252**, 199 (1932). — (106) KAPFHAMMER, J., u. R. ECK: Ztschr. f. physiol. Ch. **170**, 294 (1927). — (107) Ebenda **170**, 304 (1927). — (108) Ebenda **170**, 303 (1927). — (109) KAPFHAMMER, J., u. H. SPÖRER: Ebenda **173**, 245 (1927/28). — (110) KARRER, P., K. ESCHER u. R. WIDMER: Helv. chim. Acta **9**, 301 (1926). — (111) KIESEL, A.: Ztschr. f. physiol. Ch. **60**, 460 (1909). — (112) Ebenda **118**, 267 (1922). — (113) Ebenda **135**, 61—83 (1924). — (114) KISCH, B.: Biochem. Ztschr. **220**, 358 (1930). — (115) KITAGAWA, M., u. T. TOMITA: Proc. imp. Acad. Tokyo **5**, 380 (1929). — (116) KLEIN, G., und A. GROSSE: Im Druck. — (116a) KLEIN, G., und M. STEINER: Jahrb. f. wiss. Bot. **68**, 602 (1928) u. KLEIN, G., Erg. d. Agrikulturchemie II, 143 (1930). — (117) KLEIN, G., u. H. LINSER: Ztschr. f. physiol. Ch. **205**, 251 (1932). — (118) KLEIN, G., u. C. SCHLÖGEL: Österr. bot. Ztschr. **79**, 390 (1930). — (119) KLEIN, G., u. K. TAUBÖCK: Biochem. Ztschr. **251**, 10 (1932). — (120) Ebenda **251**, 12 (1932). — (121) KLEINMANN, H.: Ebenda **251**, 275; **252**, 145 (1932). — (122) KNOOP: Ztschr. f. physiol. Ch. **148**, 294 (1925). — (123) KOLLMANN, G.: Biochem. Ztschr. **194**, 1 (1927). — (124) KOMM, E.: Ztschr. f. physiol. Ch. **156**, 202 (1926). — (125) Ebenda **156**, 204 (1926). — (126) KOSSEL, A.: Protamine und Histone (Literaturzusammenstellung). Leipzig: Deuticke 1929. — (127) KOSSEL u. GROSS: Ztschr. f. physiol. Ch. **135**, 167 (1924). — (128) KOSSEL, A., u. F. KUTSCHER: Ebenda **31**, 165 (1900). — (129) KREBS, A. H., u. K. HENSELEIT: Ebenda **210**, 33 (1932). — (130) KRETZ, F.: Biochem. Ztschr. **130**, 86 (1922). — (131) KRIMBERG: Ztschr. f. physiol. Ch. **55**, 477 (1908). — (132) KRÜGER u. REICH: Ebenda **39**, 165 (1903). — (133) Ebenda **64**, 137 (1910). — (134) KUPELWIESER, E., u. K. SINGER: Biochem. Ztschr. **178**, 324 (1926). — (135) KUTSCHER, F.: Ztschr. f. physiol. Ch. **38**, 114 (1903).

(*136*) LANG, KONRAD: Ztschr. f. physiol. Ch. **208**, 278 (1932). — (*137*) LEVENE: Journ. Biol. Chem. **6**, 419 (1909). — (*138*) LEVENE, P. A., u. D. D. VAN SLYKE: Biochem. Ztschr. **13**, 443 (1908). — (*139*) Journ. Biol. Chem. **8**, 285 (1910). — (*140*) Ebenda **8**, 391 (1910). — (*141*) Ebenda **12**, 285 (1912). — (*142*) Ebenda **16**, 103 (1913/14). — (*143*) LIEBEN, F., u. E. EDEL: Biochem. Ztschr. **244**, 403 (1932). — (*144*) LINDERSTRÖM-LANG, K.: Ztschr. f. physiol. Ch. **173**, 32 (1927). — (*145*) LINK, K. P., u. W. E. TOTTINGHAM: Journ. Amer. Chem. Soc. **45**, 439 (1923). — (*146*) LINTNER u. MASON: Ztschr. f. ges. Brauwesen **26**, 457 (1903). — (*147*) LOEW: Biochem. Ztschr. **41**, 224 (1912). — (*148*) LOHMANN, K.: Ebenda **254**, 332 (1932). — (*149*) LÜERS, H.: Die Bestimmung präexistierender Substanzgruppen (Säure, formoltitrierbarer Stickstoff, Kohlehydrate usw.) in Pflanzen. Handbuch der biologischen Arbeitsmethoden, Abt. XI, Teil 3, H. 4, Lief. 186. Berlin und Wien: Urban & Schwarzenberg 1926. — (*150*) Biochem. Ztschr. **104**, 38 (1920). — (*151*) LUGG, J. W.: Biochem. Journ. **26**, 2144 (1932).

(*151a*) MANASSE, O.: Ber. **21**, 2176 (1888). — (*152*) MANDEL u. STEUDEL: Minimetrische Methoden der Blutuntersuchung. Berlin: W. de Gruyter & Co. 1924. — (*153*) MASON, H. L.: Journ. Biol. Chem. **90**, 25 (1931). — (*154*) MEISENHEIMER, J.: Ztschr. f. physiol. Ch. **104**, 272 (1919). — (*155*) Ebenda **104**, 275 (1919). — (*156*) MELDRUM, N. U.: Biochem. Journ. **24**, 1421 (1930). — (*157*) MEYER, TH.: Dissert., Wien 1930. — (*158*) MEYER u. JACOBSON: Bd. 2, S. 1403. — (*159*) MICHAELIS, L.: Die Wasserstoffionenkonzentration. Berlin. — (*160*) MILLER. E. R.: Journ. Biol. Chem. **44**, 481 (1920). — (*161*) MILLER, H. K., u. J. C. ANDREWS: Ebenda **87**, 435 (1930). — (*162*) MÖRNER, C. T.: Ztschr. f. physiol. Ch. **88**, 138 (1913). — (*163*) MONCORPS, C., u. R. SCHMIDT: Ebenda **205**, 151 (1931). — (*164*) MÜLLER, J. H.: Journ. Biol. Chem. **58**, 373 (1923). — (*164a*) MÜLLER u. PECHMANN: Ber. **22**, 2127 (1889).

(*165*) NEUBERG, C., u. L. KARCZAG: Biochem. Ztschr. **18**, 434 (1909). — (*166*) NIERENSTEIN, M.: Ztschr. f. physiol. Ch. **92**, 53 (1914). — (*167*) NISHIDA, KOTARO: Bull. Agricult. Chem. Soc. Japan **8**, 80 (1932).

(*168*) ODAKE: Biochem. Ztschr. **161**, 446 (1925). — (*169*) OSBORNE: Journ. Biol. Chem. **23**, 194 (1908). — (*170*) Ebenda **43**, 311 (1915). — (*171*) OSBORNE u. CLAPP: Amer. Journ. Physiol. **18**, 123 (1907). — (*172*) OSBORNE, T. B., u. L. M. LIDDLE: C. **1910 IV**, 1204.

(*173*) PFEIFFER, P., u. O. ANGERN: Ztschr. f. physiol. Ch. **133**, 191 (1924). — (*174*) PFEIFFER, P., u. F. WITTKA: B. **48**, 1041 (1915). — (*175*) PIRIE, N. W.: Biochem. Journ. **24**, 51 (1930). — (*176*) PLIMMER: Ebenda **18**, 105 (1924). — (*177*) Journ. Chem. Soc. London **127**, 2651 (1925). — (*178*) POLLER, K.: Ber. Dtsch. Chem. Ges. **59**, 1927 (1926).

(*179*) RIESSER, O.: Ztschr. f. physiol. Ch. **49**, 232 (1906). — (*180*) RIFFART, H.: Biochem. Ztschr. **131**, 78 (1922).

(*181*) SAKAGUCHI, S.: Journ. Biochem. Japan **5**, 25 (1925). — (*182*) SANNIÉ, CH., u. R. TRUHAUT: Compt. rend. **196**, 65 (1933). — (*183*) SCHMALFUSS, H., A. HEIDER u. K. WINKELMANN: Biochem. Ztschr. **259**, 465 (1933). — (*184*) SCHÖBERL, A.: Ztschr. f. physiol. Ch. **201**, 167 (1931). — (*185*) SCHRYVER, S. B. u. H. W. BUSTON: Proc. Royal Soc. London, Ser. B **99**, 476 (1926). — (*186*) Ebenda **99**, 476 (1926). — (*187*) Ebenda **98**, 58 (1925). — (*188*) Ebenda **100**, 360 (1926). — (*189*) SCHRYVER, S. B., H. W. BUSTON u. D. H. MUKESERJEE: Ebenda **98**, 58 (1925). — (*190*) SCHULZE, E.: Ztschr. f. physiol. Ch. **24**, 18 (1897). — (*191*) Ebenda **30**, 241—313 (1900). — (*192*) SCHULZE, E., u. N. M. CASTORO: Ebenda **41**, 457 (1904). — (*193*) SCHULZE, E., u. E. WINTERSTEIN: Ebenda **35**, 210 (1902). — (*194*) Ebenda **45**, 38 (1905). — (*195*) Ebenda **65**, 431 (1910). — (*196*) SENTER, G.: Journ. Chem. Soc. London **127**, 1847 (1925). — (*197*) SIEGFRIED, M.: B. **39**, 400 (1906). — (*198*) Ztschr. f. physiol. Ch. **43**, 68 (1905). — (*199*) Ebenda **46**, 401 (1905). — (*200*) SIEGFRIED, M., u. H. SCHMITZ: Ebenda **65**, 315 (1910). — (*201*) SKRAUP, Z.: Ber. Dtsch. Chem. Ges. **37**, 1596 (1904). — (*202*) SKRAUP, H.: Monatshefte f. Chemie **26**, 351 (1905). — (*203*) Ztschr. f. physiol. Ch. **42**, 274 (1904). — (*204*) SLYKE, D. D. VAN: Ber. **43**, 3170 (1910). — (*205*) Ber. **60**, 930 (1927). — (*206*) Journ. Biol. Chem. **9**, 185 (1911). — (*207*) Ebenda **10**, 15 (1911). — (*208*) Ebenda **16**, 187 (1913). — (*209*) Ebenda **22**, 281 (1915). — (*210*) Ebenda **23**, 407 (1915). — (*211*) Ebenda **39**, 479 (1919). — (*212*) SMIRNOW: Biochem. Ztschr. **137**, 1 (1923). — (*213*) SÖRENSEN: Ebenda **21**, 175 (1909). — (*214*) Ebenda **22**, 355 (1909). — (*215*) Ebenda **25**, 1 (1910). — (*216*) SPIRO, K.: Ztschr. f. physiol. Ch. **28**, 174 (1899). — (*217*) STARY, Z.: Ebenda **186**, 137 (1930). — (*218*) SUZUKI: C. **1913 I**, 1042. — (*219*) Bull. College Agric. Tokyo **4**, 25 (1900).

(*220*) TAUBÖCK u. WINTERSTEIN: Bd. 4. — (*221*) THIERFELDER u. v. CRAMM: Ztschr. f. physiol. Ch. **105**, 58 (1919). — (*222*) THIMANN, K. V.: Biochem. Journ. **24**, 368 (1930). — (*223*) TILLMANS, J., u. A. ALT: Biochem. Ztschr. **164**, 135 (1925). — (*224*) TILLMANS, P. HIRSCH u. F. STOPPEL: Ebenda **198**, 379 (1928). — (*225*) TOMPSETT, S. L.: Biochem. Journ. **25**, 2014 (1931). — (*226*) TOTTINGHAM, W. E.: Journ. Amer. Chem. **46**, 203 (1924). — (*227*) TRIER: Die Alkaloide, 2. Aufl., S. 43. Berlin 1931. — (*228*) TUNNICLIFFE, H. E.: Biochem. Journ. **19**, 194 (1925).

(229) VAN SLYKE, D. D., u. A. HILLER: Proc. National Acad. Sci. 7, 185 (1921). — (230) VICKERY, V. B.: Journ. Biol. Chem. 65, 657 (1925). — (231) VICKERY, H. B. u. C. A. COOK: Ebenda 94, 393 (1931). — (232) VICKERY, H. B., u. CH. S. LEAVENWORTH: Ebenda 72, 403 (1927). — (233) Ebenda 72, 403 (1927). — (234) Ebenda 75, 115 (1927). — (235) Ebenda 79, 377 (1928). — (236) VICKERY, H. B., u. G. W. PUCHER: Ebenda 90, 179 (1931). — (237) VICKERY, H. B., u. C. L. A. SCHMIDT: Chem. Rev 9, 169 (1931); Chem. Zentralblatt 1932 I, 1866. — (238) VICKERY, H. B., u. A. WHITE: Journ. Biol. Chem. 99, 700 (1933). — (239) VIRTANEN, A.: Chem. Zentralblatt 1931 II, 588. — (240) VIRTANEN, A., u. J. TARNANEN: Ebenda 1932 II, 2655. — (241) VOEGTLIN, C., J. M. JOHNSON u. S. M. ROSENTHAL: Journ. Biol. Chem. 93, 435 (1931).

(242) WADA, M.: Biochem. Ztschr. 224, 420 (1930). — (243) Ebenda 257, 1 (1933). — (244) WALDEN, P.: Ber. 29, 133 (1896); 32, 1841 (1899). — (245) WALDSCHMIDT-LEITZ, E.: Naturwissenschaften 18, 644 (1930). — (246) WALDSCHMIDT-LEITZ, E., A. SCHARIKOVA u. A. SCHÄFFNER: Ztschr. f. physiol. Ch. 214, 75 (1933). — (247) WALPOLE, G. S.: Biochem. Journ. 5, 212 (1910). — (248) WALTER: C. 1925 III, 44. — (249) WARBURG, O.: Ber. 38, 187 (1905). — (250) WASER, E.: Helv. chim. Acta 8, 758 (1925). — (251) WASER u. BRAUCHLI: Ebenda 6, 213 (1923). — (252) WEBER, C. J.: Journ. Biol. Chem. 86, 217 (1930). — (253) WECHSLER, E.: Ztschr. f. physiol. Ch. 73, 138 (1911). — (254) WERNER, O.: Mikrochemie 1, 33 (1923). — (255) WHITE, B.: Science 71, 74 (1930). — (256) WILLSTÄTTER u. WALDSCHMIDT-LEITZ: B. 54, 2988 (1921). — (257) WINDISCH, W.: Wchschr. f. Brauerei 1918. — (258) WINTERSTEIN: Ztschr. f. physiol. Ch. 45, 69 (1905). — (259) Ebenda 54, 153 (1908). — (260) Ebenda 54, 156 (1908). — (261) WOHL, A., u. K. FREUDENBERG: Ber. 56, 309 (1923). — (262) WREDE, F.: Ztschr. f. physiol. Ch. 203, 162 (1931).

(263) ZELINSKY, N. D., u. W. S. SSADIKOW: Biochem. Ztschr. 141, 97 (1923). — (264) ZIMMERMANN, W.: Ztschr. f. physiol. Ch. 189, 4 (1930).

# Systematische Verbreitung und Vorkommen freier Aminosäuren[1].

Von **C. WEHMER** und **M. HADDERS**, Hannover.

Vorkommen: Freie Aminosäuren finden sich vielfach bei *Phanerogamen* vorzugsweise in Samen und Keimpflanzen, kommen aber auch in Blättern, Rinde, Wurzel, Knollen und Blütenstaub vor; bei *Pilzen* und *Bakterien* gleichfalls nachgewiesen. Am verbreitetsten sind *Leucin, Tyrosin, Arginin, Histidin.*

## Übersicht.

a) *Monoamino-monocarbonsäuren*:

| | | |
|---|---|---|
| 1. Glykokoll, | 5. Leucin, | 9. Phenylalanin, |
| 2. Alanin, | 6. Isoleucin, | 10. Tyrosin, |
| 3. Aminobuttersäure, | 7. Norleucin, | 11. Dioxyphenylalanin, |
| 4. Valin, | 8. Serin, | 12. Methyltyrosin. |

b) *Monoamino-dicarbonsäuren*:

1. Asparaginsäure, 2. Glutaminsäure, 3. Oxyglutaminsäure.

c) *Diamino-monocarbonsäuren*:

1. Lysin, 2. Arginin, 3. Citrullin, 4. Ornithin.

d) *Heterocyclische Aminosäuren*:

1. Histidin, 3. Prolin,
2. Tryptophan, 4. Oxyprolin.

e) *Schwefelhaltige Aminosäuren*:

1. Cystin, 2. Methionin.

[1] *Literaturnachweise*: H. SCHEIBLER in ABDERHALDEN: Biochemisches Handlexikon 4, 391. 1910/11. — G. ZEMPLÉN: Ebenda S. 486, 648; 9, 65. 1915; 11, 47. 1924. — H. PRINGSHEIM: Ebenda 4, 587. 1910/11. — E. WINTERSTEIN u. TRIER: Ebenda 4, 619, 668, 703. 1910/11. — H. MAHN: Ebenda 12, 305. 1930. — C. WEHMER: Pflanzenstoffe 2. Aufl., 1 u. 2. 1929/31. — G. KLEIN u. TAUBÖCK: Biochem. Ztschr. 251, 10 (1932) (Argininstoffwechsel). — Die spätere Literatur ist auch hier bis 1932 berücksichtigt.

## a) Monoamino-monocarbonsäuren.

### 1. Glykokoll, $C_2H_5O_2N$
*(Glucin, Aminoessigsäure).*

Vorkommen: Bislang nur in zwei Fällen als freie Säure nachgewiesen.

Fam. **Gramineae:** *Saccharum officinarum* L., Zuckerrohr; im Rohr ((s. auch Nr. 5).

Fam. **Rutaceae** (*Aurantioideae*): *Citrus grandis* OSB. forma *Buntan* HAY., „Buntan"; in Frucht.

### 2. Alanin, $C_3H_7O_2N$
*(α-Aminopropionsäure).*

Vorkommen: Nur in wenigen Fällen bisher gefunden.

Fam. **Leguminosae** (*Papilionatae*): *Medicago sativa* L., Luzerne, „Alfalfa"; im Saft des Krautes.

Pilze

(*Ascomycetes*):

Fam. **Aspergillaceae:** *Aspergillus niger* VAN TIEGH. (*Sterigmatocystis n.* CRAM.); im wäßrigen Auszug des Mycels. — *A. Oryzae* F. COHN, Reisschimmel; im „*Miso*" (japan. Nahrungsmittel, hergestellt aus gedämpftem Reis und mit dem Pilz verzuckert), neben anderen freien Aminosäuren, anscheinend aus dem Eiweiß des *Reis* abgespalten.

Fam. **Saccharomycetaceae:** *Saccharomyces*-Species, „Hefe".

(*Basidiomycetes*):

Fam. **Agaricaceae:** *Cortinellus shiitake* HENNGS.; im Fruchtkörper (neben *Leucin, Phenylalanin, Glutaminsäure* u. *Prolin*).

### 3. Aminobuttersäure, $C_4H_9O_2N$.

Vorkommen: Als freie Säure bislang nicht gefunden.

### 4. Valin, $C_5H_{11}O_2N$
*(α-Amino-isovaleriansäure).*

Vorkommen: Mehrfach besonders in Keimpflanzen von *Leguminosen* nachgewiesen, sonst vereinzelt.

Fam. **Leguminosae** (*Papilionatae*): *Medicago sativa* L., Luzerne, „Alfalfa"; im Saft des Krautes (neben *Phenylalanin, Leucin, Serin, Histidin, Cystin, Tyrosin, Arginin* u. *Lysin*). — Als *d-Valin* in Keimpflanzen folgender: *Lupinus luteus* L., Gelbe Lupine. — *L. albus* L., Weiße Lupine; in etiolierten K. — *L. angustifolius* L., Blaue Lupine; in etiolierten u. grünen K. — *Vicia sativa* L., Futterwicke; in jungen K. — *Glycine Soja* SIEB. (*Soja hispida* MNCH.); Sojabohne. — *Phaseolus vulgaris* L., Gartenbohne; in etiolierten K.

Fam. **Euphorbiaceae:** *Hevea brasiliensis* MÜLL. (*Siphonia b.* H. B. et KTH.); im Harz des Kautschuk (*Parakautschuk*), als *d-Valin*; auch in gereiftem Kautschuk, „*Slabs*" (neben *α-Aminocapronsäure*).

Pilze (*Ascomycetes*):

Fam. **Saccharomycetaceae:** *Saccharomyces*-Species, „Hefe".

Bakterien:

Fam. **Proactinomycetaceae:** *Mycobacterium lacticola* L. et N.; bei Kultur in Bouillon, auch in eiweißfreier Nährlösung (neben *Lysin, Arginin* u. *Histidin*).

### 5. Leucin, $C_6H_{13}O_2N$
*(α-Amino-isobutylessigsäure).*

Vorkommen: Nachgewiesen besonders in Keimpflanzen von *Leguminosen* und in *Pilzen*, vereinzelt auch in anderen Familien. Bei Fäulnis von Bierhefe entstehend.

Fam. **Gramineae:** *Coix lacryma* L., Tränengras; Samen = „*Hiobstränen*" (hier aber sek. aus Protamin *Coicin*! neben *Tyrosin, Glutaminsäure, Lysin, Arginin* u. *Histidin*). — *Saccharum officinarum* L., Zuckerrohr; im Rohr, unsicher! (neben *Tyrosin* u. *Glykokoll*). — *Sorghum saccharatum* PERS. (*Andropogon s.* ROXB.), Zuckerhirse; im Saft des Stengels, als *l-Leucin* (neben angeblich *Cystin*). — *Paspalum-Species*; in Blättern, nach anderen nicht vorhanden!

Fam. **Dioscoreaceae:** *Dioscorea Batatas* DCNE., Yamswurzel; Knollen = *Yamswurzel, Igname* (doch erst sekundär aus *Yam-Mucin* neben *Glucosamin, Tyrosin* u. *Glutaminsäure*, nicht frei).

Fam. **Fagaceae:** *Quercus Aegilops* L.; im Wachs der Gallen, als *d,l-Leucin* (nicht frei, aber aus *l-Galloylleucin* abspaltbar).

Fam. **Chenopodiaceae:** *Chenopodium album* L., Weißer Gänsefuß; im Kraut (früheres „*Chenopodin*" ist *Leucin*) u. Keimlingen, als *l-Leucin*. — *Ch. hybridum* L. u. *Ch. viride* L.; wie vorige. — *Ch. anthelminticum* L. (*Ch. ambrosioides* var. *anthelminticum* GRAY), „Wormseed"; im Kraut; anscheinend wie vorige. — *Beta vulgaris* L. var. *Rapa*, Zuckerrübe; Wurzel = *Zuckerrübe*, in der Melasse, als *l-Leucin* (neben *Asparaginsäure, Glutaminsäure, Tyrosin* u. *Isoleucin*).

Fam. **Ranunculaceae:** *Ranunculus aquatilis* L., Wasserhahnenfuß; als *l-Leucin*.

Fam. **Leguminosae** (*Papilionatae*): In Keimpflanzen folgender als *l-Leucin*: *Lupinus luteus* L., Gelbe Lupine (neben *Phenylalanin, Arginin, Tyrosin, Lysin* und *Histidin*). — *L. albus* L., Weiße Lupine (wie vorige). — *L. angustifolius* L., Schmalblättrige Lupine, Blaue Lupine (neben *Aminovaleriansäure*). — *Medicago sativa* L., Luzerne, „Alfalfa"; im Kraut (neben *Arginin, Lysin, Asparaginsäure, Valin, Serin* u. a.). — *Melilotus albus* DESR. (*M. vulgaris* WILLD.); im Kraut, das hier angegebene „*Chenopodin*" ist wohl *Leucin* oder *Cholin*. — Als *l-Leucin* in folgenden: *Vicia sativa* L., Futterwicke; in Keimpflanzen (neben *Phenylalanin, Aminovaleriansäure* u. *Glutaminsäure*). — *V. Faba* L., Pferdebohne; in Hülsen (neben *Tyrosin* u. *Dioxyphenylalanin*). — *Pisum sativum* L., Gartenerbse; in jüngeren etiol. Keimpflanzen (neben *Tyrosin, Phenylalanin, Histidin* u. *Lysin*). — *Glycine Soja* SIEB. (*Soja hispida* MNCH.), Sojabohne; in Keimpflanzen (neben *Aminovaleriansäure* u. *Arginin*). — *Phaseolus vulgaris* L., Gartenbohne; in Fruchtschale vor Reife der Samen, wahrscheinlich auch in etiol. Keimpflanzen (neben *Arginin, Tyrosin* u. *Lysin*).

Fam. **Hippocastanaceae:** *Aesculus Hippocastanum* L. (*Hippocastanum vulgare* GÄRTN.), Roßkastanie; in Knospen, anscheinend als *l-Leucin*.

Fam. **Vitaceae:** *Vitis vinifera* L., Weinstock; im Saft der Beeren = *Weintrauben* (neben *Tyrosin*).

Fam. **Solanaceae:** *Solanum tuberosum* L., Kartoffel; Knolle = *Kartoffel*, als *l-Leucin* (neben *Arginin, Lysin, Histidin* u. *Tyrosin*).

Fam. **Cucurbitaceae:** *Cucurbita Pepo* L., Kürbis; in etiolierten Keimpflanzen, als *l-Leucin* (neben *Arginin, Asparaginsäure, Tyrosin* u. *Histidin*).

Pilze

(*Ascomycetes*):

Fam. **Aspergillaceae:** *Aspergillus Oryzae* COHN, Reisschimmel; im „*Miso*" (s. oben Nr. 2); auch im *Reiswein* („*Sake*", Japan), neben anderen *Aminosäuren*.

Fam. **Hypocreaceae:** *Claviceps purpurea* KÜHN; in Sklerotien = *Mutterkorn*.

Fam. **Saccharomycetaceae:** *Saccharomyces*-Species, „Hefe".

(*Basidiomycetes*): Im Fruchtkörper folgender:

Fam. **Lycoperdaceae:** *Lycoperdon Bovista* L., Riesenstäubling (Alkoholextrakt).

Fam. **Polyporaceae:** *Boletus edulis* BULL., Steinpilz (Alkoholextrakt). — *Psalliota campestris* L., Champignon (im Preßsaft nachgewiesen). — *Amanita muscaria* L., Fliegenpilz (Alkoholextrakt).

Fam. **Agaricaceae:** *Cortinellus shiitake* HENNGS.; im Fruchtkörper (neben *Alanin, Phenylalanin, Glutaminsäure* u. *Prolin*).

### 6. d-Isoleucin, $C_6H_{13}O_2N$

(*α-Amino-β-methyläthylpropionsäure*).

Vorkommen: Bislang in Keimpflanzen einiger *Leguminosen* und in der Zuckerrübe gefunden.

Fam. **Chenopodiaceae:** *Beta vulgaris* L. var. *Rapa*, Zuckerrübe; Wurzel = *Zuckerrübe*, in der Melasse (neben *Asparaginsäure, Glutaminsäure, Leucin* u. *Tyrosin*).

Fam. **Leguminosae** (*Papilionatae*): *Lupinus albus* L., Weiße Lupine; in Keimpflanzen (neben *Leucin, Tyrosin, Aminovaleriansäure, Phenylalanin, Lysin, Arginin* u. *Histidin*). — *Vicia sativa* L., Futterwicke; in 8—9tägigen Keimpflanzen.

### 7. Norleucin, $C_6H_{13}O_2N$

(*α-Amino-n-capronsäure*).

Vorkommen: Im gereiften Kautschuk („*Slabs*"), fraglich! s. Nr. 4, neben *α-Aminoisovaleriansäure*; sonst in Pflanzen nicht gefunden.

### 8. Serin, $C_3H_7O_3N$

(*α-Amino-β-oxypropionsäure*).

Vorkommen: Als solches nur in der Luzerne sicher nachgewiesen.

Fam. **Leguminosae** (*Papilionatae*): *Medicago sativa* L., Luzerne, „Alfalfa"; im Kraut (neben *Histidin, Cystin, Phenylalanin, Leucin, Valin, Alanin, Arginin* u. *Asparaginsäure*).

Pilze (*Ascomycetes*):
Fam. **Saccharomycetaceae:** *Saccharomyces*-Species, „Hefe"; unsicher!

### 9. Phenylalanin, $C_9H_{11}O_2N$

(*β-Phenyl-α-aminopropionsäure, α-Aminohydrozimtsäure*).

Vorkommen: Bislang als *l-Phenylalanin* besonders in Keimpflanzen von *Leguminosen* gefunden, vereinzelt bei *Gräsern, Chenopodiaceen* und *Pilzen*.

Fam. **Gramineae:** *Secale cereale* L., Roggen; in Frucht = *Roggen*, im reifenden Korn (neben *Arginin* u. *Asparaginsäure*).

Fam. **Chenopodiaceae:** *Beta vulgaris* L. var. *Rapa*, Zuckerrübe; Wurzel = *Zuckerrübe*; im Saft unreifer sowie ausgewachsener Rüben, als *l-Phenylalanin*.

Fam. **Leguminosae** (*Papilionatae*): *Lupinus albus* L., Weiße Lupine; in etiol. Keimpflanzen, als *l-Phenylalanin*. — *L. luteus* L., Gelbe Lupine; in etiol. Keimpflanzen, als *l-Phenylalanin*. — *Medicago sativa* L., Luzerne, „Alfalfa"; im Saft des Krautes (neben *Arginin, Lysin, Leucin, Histidin, Cystin, Valin, Serin, Alanin* u. *Asparaginsäure*). — *Vicia sativa* L., Futterwicke; in jungen Keimpflanzen, als *l-Phenylalanin* (neben *Aminovaleriansäure, Valin, Isoleucin, Glutaminsäure, Leucin, Tyrosin, Tryptophan, Histidin* u. *Arginin*). — *Pisum sativum* L., Gartenerbse; in jungen Keimpflanzen (neben *Tyrosin, Leucin, Histidin* u. *Lysin*). — *Glycine Soja* Sieb. (*Soja hispida* Mnch.), Sojabohne; in Keimpflanzen, als *l-Phenylalanin*. — *Phaseolus vulgaris* L., Gartenbohne, Schminkbohne; wie vorige.

Pilze (*Ascomycetes*):
Fam. **Saccharomycetaceae:** *Saccharomyces*-Species, „Hefe".
(*Basidiomycetes*):
Fam. **Agaricaceae:** *Cortinellus shiitake* Henngs.; im Fruchtkörper (neben *Alanin, Leucin, Glutaminsäure* u. *Prolin*).

### 10. Tyrosin, $C_9H_{11}O_3N$

(*p-Oxy-β-phenyl-α-aminopropionsäure, p-Oxyphenylalanin*).

Vorkommen: Als *l-Tyrosin* vielfach bei *Leguminosen*, in Keimpflanzen, Hülsen, Samen, Kraut und Wurzel angegeben, aber auch in anderen Phanerogamenfamilien und einzelnen *Pilzen* verbreitet.

Fam. **Gramineae:** *Coix lacryma* L., Tränengras; Samen = „*Hiobstränen*" (hier aber sek. aus *Coicin*, neben *Arginin, Leucin, Histidin, Lysin* u. *Glutaminsäure*). — *Saccharum officinarum* L., Zuckerrohr; im Rohr (neben *Leucin* u. *Glykokoll*). — *Sasa paniculata* Shib. et Mak.; in Schößlingen.

Fam. **Liliaceae:** *Asparagus officinalis* L., Spargel; in jungen Sprossen = *Spargel*.

Fam. **Dioscoreaceae:** *Dioscorea Batatas* Dcne., Yamswurzel; Knollen = *Yamswurzel, Igname* (doch erst sekundär aus *Yam-Mucin*, neben *Leucin* u. *Glutaminsäure*).

Fam. **Moraceae** (*Moroideae*): *Ficus Carica* L., Feigenbaum; in Blättern.

Fam. **Chenopodiaceae:** *Beta vulgaris* L. var. *Rapa*, Zuckerrübe; Wurzel = *Zuckerrübe*, in den entzuckerten Laugen u. der Melasse, als *l-Tyrosin* (neben *d-Arginin, d-Lysin, l-Histidin, l-Cystin, Asparaginsäure, Glutaminsäure, Leucin* u. *Isoleucin*) u. in Schößlingen, als *d-Tyrosin*.

Fam. **Cruciferae:** *Brassica Napus* L. var. *esculenta* DC., Steckrübe; in der Rübe, als *l-Tyrosin*.

Fam. **Leguminosae** (*Caesalpinioideae*): *Krameria triandra* Ruiz et Pav., Ratanhia; in Wurzel = als *Peruanische Ratanhiawurzel, Tyrosin* ist hier nach anderen *Ratanhin* (*Methyltyrosin*). — (*Papilionatae*): *Lupinus luteus* L., Gelbe Lupine; in Keimpflanzen; von anderen auch nicht oder nur spurenweise gefunden (neben *Leucin, Lysin* u. *Histidin*). — *L. albus* L., Weiße Lupine; ebenso, als *l-Tyrosin*. — *Trifolium pratense* L., Wiesenklee; in Blättern (anscheinend!). — *Medicago sativa* L., Luzerne, „Alfalfa"; im Saft des Krautes (neben *Arginin, Lysin, Asparaginsäure, Valin, Serin* u. a.). — *Vicia sativa* L., Futterwicke; in Keimpflanzen, als *l-Tyrosin* (neben *Leucin, Isoleucin, Tryptophan, Phenylalanin* u. *Aminovaleriansäure*). — *V. Faba* L., Pferdebohne; in Hülsen (neben *Leucin*). — *Pisum sativum* L., Gartenerbse; in jüngeren etiol. Keimpflanzen u. reifenden Samen, als *l-Tyrosin* (neben *Leucin, Phenylalanin, Histidin* u. *Lysin*). — *Phaseolus vulgaris* L., Gartenbohne; in Fruchtschale vor Reife der Samen und in Wurzel, als *l-Tyrosin*. — *Canavalia ensiformis* DC., Schwertbohne; im Samen = *Jackbohne* (neben *Cystin* u. *Tryptophan*).

Fam. **Tropaeolaceae:** *Tropaeolum majus* L., Kapuzinerkresse, „Unechte Kapper"; in Keimpflanzen, als *l-Tyrosin*.

Fam. **Vitaceae:** *Vitis vinifera* L., Weinstock; in Beeren = *Weintrauben* (neben *Leucin*).

Fam. **Umbelliferae:** *Apium graveolens* L., Gemeine Sellerie; in Knollen, als *l-Tyrosin.*

Fam. **Labiatae:** *Stachys Sieboldii* Miq.; in Knollen = *Japanknollen*, als *l-Tyrosin* (neben *Arginin*).

Fam. **Solanaceae:** *Solanum tuberosum* L., Kartoffel; in Knollen = *Kartoffel*, als *l-Tyrosin* (neben *Arginin, Lysin, Histidin* u. *Leucin*).

Fam. **Caprifoliaceae:** *Sambucus nigra* L., Schwarzer Holunder; in Früchten = *Holunderbeeren.*

Fam. **Cucurbitaceae:** *Cucurbita Pepo* L., Kürbis; in Keimpflanzen, als *l-Tyrosin* (neben *Arginin, Histidin* u. *Asparaginsäure*).

Fam. **Compositae:** *Ambrosia artemisifolia* L., „Ragweed"; hier aus Polleneiweiß (*Proteose*) abgespalten (neben *Arginin* u. *Lysin*). — *Helianthus annuus* L., Sonnenblume; in keimenden Samen, bei Lichtabschluß (neben *Histidin, Arginin* u. *Lysin*). — *Dahlia variabilis* Desf., Georgine, Dahlie; in Knollen = *Dahlienknollen*, auch in anderen Teilen der Pflanze, als *l-Tyrosin.*

Pilze

(*Ascomycetes*):

Fam. **Aspergillaceae:** *Aspergillus niger* van Tiegh. (*Sterigmatocystis n.* Cram.); im Mycel. — *A. Oryzae* Cohn, Reisschimmel; im „*Miso*" (s. Nr. 2 S. 181), auch im *Reiswein* (*Saké*) (s. Nr. 5 S. 182).

Fam. **Saccharomycetaceae:** *Saccharomyces*-Species, „Hefe".

(*Basidiomycetes*):

Fam. **Lycoperdaceae:** *Lycoperdon Bovista* L., Riesenstäubling; im Fruchtkörper.

Bakterien:

Fam. **Proactinomycetaceae:** *Mycobacterium tuberculosis* L. et N. (*Bacterium t.* Koch), Tuberkelbacillus; *Tyrosin* (neben *Tryptophan*).

### 11. Dioxyphenylalanin, $C_9H_{11}O_4N$

(*3,4-Dioxyphenyl-α-aminopropionsäure*).

Vorkommen: Nur in einigen *Leguminosen* als solches bislang gefunden.

Fam. **Leguminosae** (*Papilionatae*): *Vicia Faba* L., Pferdebohne; in Hülsen, Blättern u. Wurzel, auch in Keimpflanzen? — *Mucuna pruriens* DC. (*Stizolobium p.* Pers.), bei der Variet. Velvetbean, Samtbohne; im Samen. — *M. Deeringiana* (?) (*Stizolobium D.*), Samtbohne von Georgia; ebenso.

### 12. Methyltyrosin, $C_{10}H_{13}O_3N$

(früheres *Surinamin*, auch als *Geoffroyin, Andirin, Angelin* und *Ratanhin*).

Vorkommen: Bislang nur für *Leguminosen* angegeben, besonders in Rinden.

Fam. **Leguminosae** (*Caesalpinioideae*): *Krameria triandra* Ruiz et Pav., Ratanhia; in Wurzel = *Peruanische Ratanhiawurzel.* — (*Papilionatae*): *Andira retusa* H. B. K. (*Geoffroya r.* Lam.); in Rinde = *Geoffroyarinden.* — *A. anthelmintica* Benth.; in Rinde u. im Harz des Holzes. — *A. spectabilis* Fr. (*Ferreirea s.* Allem.); wie vorige. — *A. inermis* H. B. et K.; in Rinde = *Jamaicanische Geoffroyarinde.* — *Geoffroya surinamensis*; in Rinde = *Surinamensische Geoffroyarinde.*

## b) Monoamino-dicarbonsäuren.

### 1. Asparaginsäure, $C_{10}H_{13}O_3N$

(*Aminobernsteinsäure*).

Vorkommen: Bislang in fünf angiospermen Familien, vereinzelt bei *Pilzen.*

Fam. **Gramineae:** *Secale cereale* L., Roggen; im reifenden Korn (neben *Arginin* u. *Phenylalanin*).

Fam. **Moraceae** (*Moroideae*): *Morus nigra* L., Schwarzer Maulbeerbaum; in Blättern. — (*Cannabinoideae*): *Humulus Lupulus* L., Hopfen; in Fruchtständen = *Hopfen* (neben *Arginin* u. *Histidin*).

Fam. **Chenopodiaceae:** *Beta vulgaris* L. var. *Rapa*, Zuckerrübe; Wurzel = *Zuckerrübe*, in der Melasse (neben *Glutaminsäure, Leucin, Tyrosin* u. *Isoleucin*).

Fam. **Leguminosae** (*Papilionatae*): *Medicago sativa* L., Luzerne, „Alfalfa"; im Saft des Krautes, frei (neben *Arginin, Lysin, Tyrosin, Valin* u. a.). — *Phaseolus vulgaris* L., Gartenbohne, Schminkbohne; in etiol. Keimpflanzen, zeitweise (neben *Aminovaleriansäure* u. *Leucin*).

Fam. **Cucurbitaceae:** *Cucurbita Pepo* L., Kürbis; im keimenden Samen (neben *Arginin* u. *Histidin*).

Pilze (*Ascomycetes*):

Fam. **Aspergillaceae:** *Aspergillus Oryzae* COHN, Reisschimmel; im „*Miso*" (s. Nr. 2 S. 181), wohl aus dem Protein des *Reis* abgespalten.

Fam. **Hypocreaceae:** *Claviceps purpurea* KÜHN; in Sklerotien = *Mutterkorn*.

Fam. **Saccharomycetaceae:** *Saccharomyces*-Species, „Hefe".

### 2. Glutaminsäure, $C_5H_9O_4N$

(*α-Aminoglutarsäure*).

Vorkommen: Bislang in Pflanzen im freien Zustande nicht sicher aufgefunden, (in der Form ihres Amids, des *Glutamins*, s. S. 223).

Fam. **Gramineae:** *Coix lacryma* L., Tränengras; im Samen, „*Hiobstränen*", aber nur als Bestandteil des Protamins *Coicin* (neben *Leucin*, *Tyrosin*, *Histidin*, *Lysin* u. *Arginin*).

Fam. **Dioscoreaceae:** *Dioscorea Batatas* DCNE., Yamswurzel; in Knollen = *Yamswurzel*, *Igname*, auch hier aber sekundär aus *Yam-Mucin* (neben *Tyrosin* u. *Leucin*) entstehend.

Fam. **Chenopodiaceae:** *Beta vulgaris* L. var. *Rapa*, Zuckerrübe; Wurzel = *Zuckerrübe*, in der Melasse (neben *Asparaginsäure*, *Leucin*, *Tyrosin* u. *Isoleucin*). — *B. vulgaris* L. var. *crassa*, Futterrübe; angeblich im Saft der Wurzel.

Fam. **Leguminosae:** *Pueraria hirsuta* MATS., „Kuzu" (aus Blättern als Eiweißspaltprodukt erhalten).

Fam. **Cucurbitaceae:** *Cucurbita Pepo* L., Kürbis; in etiol. Keimpflanzen (neben *Leucin*, *Arginin*, *Tyrosin* u. *Asparaginsäure*).

Pilze

(*Ascomycetes*):

Fam. **Aspergillaceae:** *Aspergillus Oryzae* COHN, Reisschimmel; im „*Miso*" (s. Nr. 2 S. 181).

(*Basidiomycetes*):

Fam. **Agaricaceae:** *Cortinellus shiitake* HENNGS.; im Fruchtkörper (neben *Alanin*, *Leucin*, *Phenylalanin* u. *Prolin*).

### 3. β-Oxyglutaminsäure, $C_5H_9O_5N$

(*α-Amino-β-oxyglutarsäure*).

Vorkommen: Nur als Spaltprodukt von Eiweiß bekannt, aus Globulin der *Samtbohne* u. a. (s. S. 184).

## c) Diamino-monocarbonsäuren.

### 1. Lysin, $C_6H_{14}O_2N_2$

(*α-ε-Diaminocapronsäure*).

Vorkommen: Besonders in Keimpflanzen von *Leguminosen* (doch auch in Kraut, Hülse und Samen), vereinzelt in mehreren anderen Familien, auch *Pilzen*.

Fam. **Pinaceae** (*Abietineae*): *Pinus silvestris* L., Gemeine Kiefer; im Samen (neben *Arginin* u. *Histidin*).

Fam. **Gramineae:** *Coix lacryma* L., Tränengras; Samen = „*Hiobstränen*", hier aber sekundär als Spaltprodukt von Protamin *Coicin* (neben *Glutaminsäure*, *Leucin*, *Tyrosin*, *Arginin* u. *Histidin*).

Fam. **Chenopodiaceae:** *Beta vulgaris* L. var. *Rapa*, Zuckerrübe; Wurzel = *Zuckerrübe*, in entzuckerten Laugen, als *d-Lysin* (neben *d-Arginin*, *l-Histidin* u. *l-Cystin*), sekundär?

Fam. **Cruciferae:** *Brassica oleracea* var. *capitata alba* L., Weißkohl; im Saft der Blätter (neben *Arginin* u. *Histidin*).

Fam. **Leguminosae** (*Papilionatae*): *Lupinus luteus* L., Gelbe Lupine; in Keimpflanzen (neben *Aminovaleriansäure*, *Phenylalanin*, *Leucin*, *Tyrosin* u. *Histidin*). — *L. albus* L., Weiße Lupine; in Keimpflanzen (neben *Leucin*, *Arginin* u. a., wie vorige). — *Medicago sativa* L., Luzerne, „Alfalfa"; im Saft des Krautes, frei oder als Salz (neben *Arginin*) u. in trockenem Kraut („Heu"). — *Pisum sativum* L., Gartenerbse; in jüngeren etiol. Keimpflanzen u. unreifen Samen (neben *Tyrosin*, *Leucin*, *Phenylalanin* u. *Histidin*). — *Phaseolus vulgaris* L., Gartenbohne; in Fruchtschale; vor Reife der Samen (neben *Arginin*, *Tyrosin* u. *Leucin*). — *Vicia sativa* L., Futterwicke; in Keimpflanzen.

Fam. **Euphorbiaceae:** *Croton Tiglium* L. (*Tiglium officinale* Kltz.), Purgierbaum, im Samen (neben *Arginin*).

Fam. **Solanaceae:** *Solanum tuberosum* L., Kartoffel; in Knolle = *Kartoffel* (neben *Arginin, Histidin, Leucin* u. *Tyrosin*).

Fam. **Cucurbitaceae:** *Cucumis Melo* L. (*Melo sativus* Sag.), Echte Melone; im Samen, doch sekundär aus *Globulin* u. *Glutelin* (neben *Arginin, Histidin, Cystin* u. *Tryptophan*).

Fam. **Compositae:** *Ambrosia artemisifolia* L., „Ragweed“; im Pollen, erst bei Hydrolyse (neben *Arginin* u. *Tyrosin*). — *Helianthus annuus* L., Sonnenblume; in keimenden Samen im Dunkeln (neben *Histidin, Arginin* u. *Tyrosin*).

Pilze (*Ascomycetes*):

Fam. **Aspergillaceae:** *Aspergillus niger* van Tiegh. (*Sterimatocystis n.* Cram.); im Mycel. — *A. Oryzae* Cohn, Reisschimmel; im „*Miso*“ (s. Nr. 2, S. 181), auch im *Reiswein* (s. Nr. 5, S. 182).

Bakterien:

Fam. **Proactinomycetaceae:** *Mycobacterium lacticola* L. et N.; bei Kultur in Bouillon, auch in eiweißfreier Nährlösung (neben *Valin, Arginin* u. *Histidin*).

## 2. Arginin, $C_6H_{14}O_2N_4$

(*δ-Guanidin-α-Aminovaleriansäure*).

Vorkommen: In zahlreichen Familien gefunden, vielfach bei *Leguminosen* als *d-Arginin*, auch bei *Nadelhölzern, Compositen, Cruciferen* und *Ranunculaceen*, sonst nur vereinzelt; in Keimpflanzen, Samen, auch in unterirdischen Organen.

Fam. **Ginkgoaceae:** *Ginkgo biloba* L. (*Salisburia adiantifolia* Sm.), Ginkgo; in Samen = *Ginkgonüsse*.

Fam. **Pinaceae** (*Abietineae*): *Pinus silvestris* L., Gemeine Kiefer; im Samen (neben *Lysin* u. *Histidin*), etiol. Keimpflanzen u. Blütenpollen (neben *Histidin*). — *P. Cembra* L., Zirbelkiefer, Arve; in Samen = *Zirbelnüsse*. — *P. Pinea* L., Pinie; in Samen, grünen u. etiol. Keimpflanzen. — *P. Massoniana* Sieb. et Z. (*P. Thunbergii* Parl.), Kuromatsu; in Samen, etiol. Trieben u. Keimpflanzen. — *Picea excelsa* Lk. (*P. vulgaris* Lk.), Fichte; in Keimpflanzen u. jungen Trieben. — *Abies pectinata* DC. (*A. excelsa* Lk.), Edeltanne, Weißtanne; in etiol. Keimpflanzen. — (*Taxodineae*): *Cryptomeria japonica* Don. (*Cupressus j.* L.), Japanische „Ceder“; in Samen, etiol. Trieben u. Keimpflanzen.

Fam. **Gramineae:** *Coix lacryma* L., Tränengras; in Samen = „*Hiobsträncn*“, hier sekundär aus Protamin *Coicin* abspaltbar (neben *Glutaminsäure, Leucin, Tyrosin, Histidin* u. *Lysin*). — *Secale cereale* L., Roggen; im reifenden Korn (neben *Phenylalanin* u. *Arginin*). — *Triticum sativum* Lmk., Weizen; in der Frucht = *Weizen*, im Embryo, u. im Korn vor Reife u. grünen Keimpflanzen. — *Zea Mays* L., Mais; in Blättern, aber nur Spuren. — *Avena sativa* L., Hafer; in grünen Keimpflanzen.

Fam. **Liliaceae:** *Asparagus officinalis* L., Spargel; in Wurzel (Rhizom?). — *Tulipa Gesneriana* L., Garten-Tulpe; in Blättern u. Blütenteilen.

Fam. **Iridaceae:** *Iris Pseudacorus* L. (*I. lutea* Lam.), Gelbe Schwertlilie; im Rhizom.

Fam. **Musaceae:** *Musa paradisiaca* L., Banane; in Blütenknospen.

Fam. **Salicaceae:** *Salix viminalis* L., Korbweide; in männlichen Blüten.

Fam. **Fagaceae:** *Castanea vesca* Gaertn. (*C. vulgaris* Lam.), Echte Kastanie, Edelkastanie; in Blättern u. Blüten.

Fam. **Moraceae** (*Cannabinoideae*): *Humulus Lupulus* L., Hopfen; in Fruchtständen = *Hopfen*.

Fam. **Chenopodiaceae:** *Beta vulgaris* L. var. *Rapa*, Zuckerrübe; in entzuckerten Laugen gefunden, als *d-Arginin* (neben *d-Lysin, l-Histidin* u. *l-Cystin*). — *B. vulgaris* L. var. *crassa*, Futterrübe; im Saft der Wurzel (neben *Glutaminsäure*).

Fam. **Ranunculaceae:** *Paeonia arborea* Don. (*P. officinalis* Thbg.), Pfingstrose, Päonie; in der Rinde des Wurzelstocks u. grünen Blättern. — *Caltha palustris* L., Sumpfdotterblume; im Kraut. — *Anemone nemorosa* L., Buschwindröschen; im Rhizom. — *Ranunculus acer* L., Scharfer Hahnenfuß; im Kraut.

Fam. **Cruciferae:** *Cochlearia Armoracia* L. (*Amoracia rusticana* Lam.), Meerrettich; in Wurzel = *Meerrettich*. — *Brassica Rapa* var. *communis* Metzg. (*B. R.* var. *esculenta* Koch), Weiße Rübe; in Wurzel. — *B. Napus* L. var. *esculenta* DC., Steckrübe; in Schale der Rübe. — *B. oleracea* var. *capitata alba* L., Weißkohl; in Blättern (neben *Histidin* u. *Lysin*).

Fam. **Rosaceae** (*Rosoideae*): *Alchemilla vulgaris* L., Frauenmantel; im Wurzelstock. — (*Potentilleae*): *Fragaria vesca* L., Erdbeere; in Blüten.

Fam. **Leguminosae** (*Papilionatae*): *Lupinus luteus* L., Gelbe Lupine; in Samen u. Keimpflanzen, als *d-Arginin*. — *L. angustifolius* L., Blaue Lupine, Schmalblättrige Lupine; in Keimpflanzen, als *d-Arginin*. — *L. albus* L., Weiße Lupine; in Samen u. Keimpflanzen, als *d-Arginin*, in letzteren nach anderen fehlend (neben *Lysin, Histidin, Leucin, Phenylalanin* u. *Aminovaleriansäure*). — *Medicago sativa* L., Luzerne, „Alfalfa"; im Saft des Krautes, frei oder als Salz (neben *Lysin* u. a.). — *Arachis hypogaea* L., Erdnuß; im Samen = *Erdnuß*. — *Vicia sativa* L., Futterwicke, in ganzer Pflanze (neben *Histidin*), unreifen Samen, Hülsen, Keimpflanzen, als *d-Arginin*. — *Pisum sativum* L., Gartenerbse; in Fruchtschale u. reifenden Samen, als *d-Arginin* (neben *Histidin* u. *Tryptophan*), Wurzel, grünen u. etiol. Keimpflanzen. — *Glycine Soja* SIEB. (*Soja hispida* MNCH.), Sojabohne; in Keimpflanzen, (ist zweifelhaft!) neben *Leucin* u. *Aminovaleriansäure* u. Samen. — *Phaseolus vulgaris* L., Gartenbohne; in Fruchtschale vor Reife der Samen (neben *Tyrosin, Leucin* u. *Lysin*), Samen u. etiol. Keimpflanzen. — *Ornithopus sativus* BROT. (*O. roseus* DUF.), Seradella; in etiolierten Keimpflanzen. — *Galega officinalis* L., Geisklee; in der ganzen Pflanze (fraglich!). — *Canavalia ensiformis* DC., Schwertbohne; in etiolierten Keimpflanzen. — *Laburnum anagyroides* MEDIC., in Blütenknospen u. Blüten.

Fam. **Rutaceae** (*Toddalioideae*): *Ptelea trifoliata* L.; in Wurzel.

Fam. **Euphorbiaceae:** *Croton Tiglium* L. (*Tiglium officinale* KLTG.), Purgierbaum; im Samen = *Purgierkörner* (neben *Lysin*). — *Ricinus communis* L., Christuspalme, Ricinus; in Samen (u. Blättern?), Spur. — *R. c.* var. *zanzibarensis*; im Samen.

Fam. **Aceraceae:** *Acer Pseudoplatanus* L., Bergahorn; in Blatt und Blattstiel (Spur!).

Fam. **Umbelliferae:** *Heracleum Spondylium* L., Gemeine Bärenklau; im Rhizom.

Fam. **Primulaceae:** *Lysimachia vulgaris* L., Gilbweiderich; im Rhizom.

Fam. **Oleaceae:** *Syringa vulgaris* L., Gemeine Syringe; in Blütenknospen.

Fam. **Labiatae:** *Stachys Sieboldii* MIQ. (*St. tuberifera* ND.); in Knollen = *Japanknollen* (neben *Tyrosin*).

Fam. **Solanaceae:** *Solanum tuberosum* L., Kartoffel; in Knolle = *Kartoffel* (neben *Lysin, Histidin, Leucin* u. *Tyrosin*). — *S. Lycopersicum* L. (*Lycopersicum esculentum* MILL.), Tomate; in Blättern, fraglich!

Fam. **Cucurbitaceae:** *Cucumis Melo* L. (*Melo sativus* SAG.), Echte Melone (hier als Spaltprodukt von Globulin u. Glutelin der Samen nachgewiesen, neben *Histidin, Lysin, Cystin* u. *Tryptophan*). — *C. sativus* L., Gurke; in Samen, grünen u. etiol. Keimpflanzen. — *Cucurbita Pepo* L., Kürbis; in Keimpflanzen, als *d-Arginin* (neben *Leucin*). — *Sicyos edule* JACQ. (*Sechium e.* SW.); im Saft der Frucht (diese als *Chayote, Couchou* u. a.)[1].

Fam. **Compositae:** *Ambrosia artemisifolia* L., „Ragweed" (als Spaltprodukt des Polleneiweiß [Proteose] nachgewiesen) neben *Lysin* u. *Tyrosin*. — *Helianthus tuberosus* L., Topinambur; in Knollen = *Topinambur* (neben *Histidin*). — *H. annuus* L., Sonnenblume; in Samen, auch bei Keimung im Dunkeln (neben *Histidin, Lysin* u. *Tyrosin*). — *Dahlia vavialilis* DESF., Georgine, Dahlie; in Knollen = *Dahlienknollen* (neben *Histidin*). — *Taraxacum officinale* WIGG. (*Leontodon Taraxacum* L.), Löwenzahn; in Wurzel, Blüten, Blütenboden u. Früchtchen. — *Scorzonera hispanica* L., Schwarzwurzel; in Wurzel (neben *Histidin*). — *Cichorium Intybus* L., Zichorie; in Wurzel.

Pilze (*Basidiomycetes*):

Fam. **Agaricaceae:** *Psalliota campestris* L., Feld-Champignon; in Stiel, Fleisch u. Hymenium der Fruchtkörper (jung und alt).

Bakterien:

Fam. **Proactinomycetaceae:** *Mycobacterium lacticola* L. et N.; bei Kultur in Bouillon, auch in eiweißfreier Nährlösung (neben *Valin, Lysin* u. *Histidin*).

### 3. Citrullin, $C_6H_{13}O_3N_3$

(*δ-Carbamido-ornithin, α-Amino-δ-carbamido-valeriansäure*).

Vorkommen: Nur bei Vertretern einer Familie nachgewiesen, vorwiegend im Samen vorkommend, frei u. gebunden.

Fam. **Cucurbitaceae:** *Citrullus vulgaris* SCHRAD. (*Cucumis Citrullus* L.), Wassermelone; in der Frucht, frei. — *Ecballium Elaterium* RICH., Springgurke; im Samen. — *Citrullus Colocynthis* SCHRAD., Bittergurke, Coloquinte; im Samen, gebunden, in kleiner Menge frei. — *Cucurbita Pepo* L., Kürbis; wie vorige, frei u.

[1] In der Literatur auch als *Name der Pflanze* (und der Knolle?).

gebunden, auch in Frucht (Preßsaft)? — *Cucumis sativus* L., Gurke; im Samen, gebunden. — *Momordica Charantia* L.; wie vorige.

**4. Ornithin,** $C_5H_{12}O_2N_2$
(*2,5-Diamino-pentansäure*).

Vorkommen: Bislang in Pflanzen nicht nachgewiesen.

### d) Heterocyclische Aminosäuren.

**1. Histidin,** $C_6H_9O_2N_3$
(*β-Imidazol-α-aminopropionsäure*).

Vorkommen: Bei einer Mehrzahl von Familien, auch *Pilzen* gefunden; besonders bei *Leguminosen* und *Compositen* als *l-Histidin*, in Keimpflanzen, Knollen, Blütenpollen u. a.

Fam. **Pinaceae** (*Abietineae*): *Pinus silvestris* L., Gemeine Kiefer; in Samen und Blütenpollen (neben *Arginin*).

Fam. **Gramineae:** *Coix lacryma* L., Tränengras; Samen = „*Hiobstränen*" (hier als Spaltprodukt des Protamin *Coicin* nachgewiesen (neben *Glutaminsäure, Leucin, Tyrosin, Lysin* u. *Arginin*). — *Hordeum sativum* Jess. (*H. vulgare* L.), Gerste; in Malzkeimen. — *Secale cereale* L., Roggen; angeblich in Ähren (Körner?).

Fam. **Moraceae** (*Cannabinoideae*): *Humulus Lupulus* L., Hopfen; in Fruchtständen = *Hopfen*, anscheinend! (neben *Arginin*).

Fam. **Chenopodiaceae:** *Beta vulgaris* L. var. *Rapa*, Zuckerrübe; Wurzel = *Zuckerrübe*, in entzuckerten Laugen, als *l-Histidin* (neben *d-Arginin, d-Lysin, l-Cystin* u. *Tyrosin*).

Fam. **Ranunculaceae:** *Caltha palustris* L., Sumpfdotterblume; im Kraut.

Fam. **Cruciferae:** *Brassica oleracea* var. *capitata alba* L., Weißkohl; in Blättern (neben *Arginin* u. *Lysin*).

Fam. **Leguminosae** (*Papilionatae*): *Lupinus luteus* L., Gelbe Lupine; in Keimpflanzen, als *l-Histidin* (neben *Tyrosin, Lysin, Leucin, Phenylalanin, Aminovaleriansäure* u. *Arginin*). — *L. albus* L., Weiße Lupine; in Keimpflanzen, als *l-Histidin* (neben *Tyrosin, Leucin, Arginin, Tryptophan, Isoleucin, Lysin, Aminovaleriansäure* u. *Phenylalanin*). — *Medicago sativa* L., Luzerne, „Alfalfa"; im Saft des Krautes (neben *Valin, Leucin, Serin* u. a.). — *Vicia sativa* L., Futterwicke; in jungen Pflanzen u. unreifen Samen, anscheinend! (neben *Arginin*), u. Keimpflanzen (neben *Lysin, Arginin, Isoleucin, Tryptophan, Leucin, Tyrosin, Aminovaleriansäure* u. *Phenylalanin*). — *Pisum sativum* L., Gartenerbse; in Fruchtschale (neben *Arginin* u. *Tryptophan*) u. jungen etiol. Keimpflanzen (neben *Tyrosin, Leucin, Lysin* u. *Phenylalanin*).

Fam. **Euphorbiaceae:** *Jatropha stimulosa* MICHX. (*J. urens* L.) (hier aus Sameneiweiß bei Hydrolyse entstanden).

Fam. **Solanaceae:** *Solanum tuberosum* L., Kartoffel; in Knollen = *Kartoffel*, als *l-Histidin* (neben *Arginin, Lysin, Leucin* u. *Tyrosin*).

Fam. **Cucurbitaceae:** *Cucumis Melo* L. (*Melo sativus* SAG.), Echte Melone; im Sameneiweiß (*Globulin* u. *Glutelin*) als Spaltprodukt gefunden, neben *Arginin, Lysin, Cystin* u. *Tryptophan*. — *Cucurbita Pepo* L., Kürbis; in Keimpflanzen (neben *Arginin, Leucin* u. *Tyrosin*).

Fam. **Compositae:** *Ambrosia artemisifolia* L., „Ragweed"; Polleneiweiß liefert bei Spaltung *Histidin*, neben *Arginin* u. *Lysin*. — *Helianthus tuberosus* L., Topinambur; in Knollen = „*Topinambur*" (neben *Arginin*). — *H. annuus* L., Sonnenblume; in keimenden Samen im Dunkeln (neben *Arginin, Lysin* u. *Tyrosin*). — *Dahlia variabilis* DESF., Georgine, Dahlie; in Knollen = *Dahlienknollen* (neben *Arginin*). — *Scorzonera hispanica* L., Schwarzwurzel; in Wurzel (neben *Arginin*).

Pilze

(*Ascomycetes*):

Fam. **Aspergillaceae:** *Aspergillus niger* VAN TIEGH. (*Sterigmatocystis n.* CRAM.); im Mycel. — *A. Oryzae* COHN, Reisschimmel; in Sporen, im „*Miso*" (s. Nr. 2, S. 181), auch im *Reiswein* (s. Nr. 5, S. 182).

(*Basidiomycetes*):

Fam. **Polyporaceae:** *Boletus edulis* BULL., Steinpilz; im Hut, *Histidin* neben *Trimethylhistidin*.

Fam. **Hypocreaceae:** *Claviceps purpurea* KÜHN; in Sclerotien = *Mutterkorn*; als *Trimethylhistidin*, sekundär aus *Ergothionein*.

Bakterien:

Fam. **Proactinomycetaceae:** *Mycobacterium lacticola* L. et N.; bei Kultur in Bouillon, auch in eiweißfreier Nährlösung (neben *Valin, Lysin* u. *Arginin*).

**2. Tryptophan,** $C_{11}H_{12}O_2N_2$
(*β-Indol-α-aminopropionsäure*)[1].

Vorkommen: Hauptsächlich bei *Leguminosen* in Keimpflanzen und Samen, mehrfach auch in *Gräsern* gefunden.

Fam. **Gramineae:** Im embryonalen Gewebe, Wurzelspitze, Rinde, Vegetationspunkt des jungen Stengels u. Samen folgender: *Hordeum sativum* JESS. (*H. vulgare* L.), Gerste. — *Secale cereale* L., Roggen. — *Triticum sativum* LMK., Weizen. — *Zea Mays* L., Mais.

Fam. **Leguminosae** (*Papilionatae*): *Lupinus albus* L., Weiße Lupine; in Keimpflanzen (neben *Leucin, Arginin, Phenylalanin, Aminovaleriansäure, Tyrosin, Histidin* u. *Isoleucin*). — *Vicia sativa* L., Futterwicke; in Keimpflanzen (neben *Isoleucin, Leucin, Tyrosin, Phenylalanin* u. *Aminovaleriansäure*). — *Pisum sativum* L., Gartenerbse; in Fruchtschale u. Samen = *Erbsen*. — *Phaseolus vulgaris* L., Gartenbohne; in Fruchtschale (neben *Arginin, Tyrosin* u. *Leucin*) u. Samen (= *Bohnen*), Keimpflanzen u. auch wie bei *Gramineen*, s. oben. — *P. lunatus* L., Javabohne, Mondbohne; im Samen = *Limabohnen* u. a. — *Canavalia ensiformis* DC., Schwertbohne; im Samen = *Jackbohnen* (neben *Tyrosin* u. *Cystin*).

Fam. **Solanaceae:** *Solanum tuberosum* L., Kartoffel; im inneren Knollengewebe.

Fam. **Cucurbitaceae:** *Cucumis Melo* L. (*Melo sativus* SAG.), Echte Melone; aus Sameneiweiß (*Globulin* u. *Glutelin*) abgespalten, neben *Arginin, Histidin, Lysin* u. *Cystin*.

Pilze (*Ascomycetes*):

Fam. **Aspergillaceae:** *Aspergillus Oryzae* COHN, Reisschimmel; im *Reiswein* (s. Nr. 5, S. 182).

Bakterien:

Fam. **Proactinomycetaceae:** *Mycobacterium tuberculosis* L. et N. (*Bacterium t.* KOCH), Tuberkelbacillus; *Tryptophan* neben *Tyrosin*.

**3. Prolin,** $C_5H_9O_2N$
(*α-Pyrrolidincarbonsäure*).

Vorkommen: Bislang nur vereinzelt bei wenigen Familien (auch Pilzen) gefunden, in Pollen, Wurzeln und Keimpflanzen.

Fam. **Gramineae:** *Zea Mays* L., Mais; im Blütenpollen, als *l-Prolin*.

Fam. **Chenopodiaceae:** *Beta vulgaris* L. var. *Rapa*, Zuckerrübe; Wurzel = *Zuckerrübe*, in entzuckerten Laugen (neben *d-Arginin, d-Lysin, l-Histidin, l-Cystin* u. *Tyrosin*).

Fam. **Leguminosae** (*Papilionatae*): *Lupinus albus* L., Weiße Lupine; in etiol. Keimpflanzen.

Pilze (*Ascomycetes*):

Fam. **Aspergillaceae:** *Aspergillus Oryzae* COHN, Reisschimmel; im „*Miso*" (s. Nr. 2, S. 181), auch im *Reiswein* (s. Nr. 5, S. 182), u. wohl Spaltprodukt des *Reis-Eiweiß*.

Fam. **Saccharomycetaceae:** *Saccaromyces*-Species, „Hefe".

(*Basidiomycetes*):

Fam. **Agaricaceae:** *Cortinellus shiitake* HENNGS., im Fruchtkörper (neben *Alanin, Leucin, Phenylalanin* u. *Prolin*).

**4. Oxyprolin,** $C_5H_9O_3N$
(*γ-Oxypyrrolidin-α-carbonsäure*).

Vorkommen: Als freie Säure in Pflanzen bislang nicht gefunden.

## e) Schwefelhaltige Aminosäuren.

**1. Cystin,** $C_6H_{12}O_4N_2S_2$
(*α-Diamino-β-dithiodilactylsäure*).

Vorkommen: Vereinzelt für eine Mehrzahl Familien angegeben, in Kraut, Wurzel, Pollen und Samen. Wohl meist sekundär als Spaltprodukt.

Fam. **Gramineae:** *Sorghum saccharatum* PERS. (*Andropogon s.* ROXB.), Zuckerhirse; im Saft des Stengels, angeblich! (neben *l-Leucin*).

Fam. **Moraceae** (*Moroideae*): *Antiaris toxicaria* LESCH., Javanischer Giftbaum, Upas; nicht frei! (Eiweiß aus dem Milchsaft der Rinde liefert aber *Cystin* u. a. bei künstlicher Spaltung).

---

[1] Literatur s. H. MAHN in ABDERHALDEN: Biochemisches Handlexikon **12**, 693, 1930, u. frühere Bände.

Fam. **Chenopodiaceae:** *Beta vulgaris* L. var. *Rapa*, Zuckerrübe; Wurzel = *Zuckerrübe*, in entzuckerten Laugen, als *l-Cystin* (neben *d-Arginin, d-Lysin, l-Histidin* u. *Tyrosin*).

Fam. **Leguminosae** (*Papilionatae*): *Medicago sativa* L., Luzerne, „Alfalfa"; im Saft des Krautes (neben *Arginin, Lysin, Asparaginsäure, Tyrosin, Histidin* u. a.). — *Canavalia ensiformis* DC., Schwertbohne; im Samen = *Jackbohnen* (neben *Tyrosin* u. *Tryptophan*).

Fam. **Cucurbitaceae:** *Cucumis Melo* L. (*Melo sativus* SAG.), Echte Melone; nur aus Sameneiweiß (*Globulin* u. *Glutelin*) als Spaltprodukt, neben *Arginin, Histidin, Lysin* u. *Tryptophan*[1].

Fam. **Compositae:** *Ambrosia artemisifolia* L., „Ragweed"; aus Polleneiweiß, nur als Spaltprodukt bei Hydrolyse[1], (neben *Arginin, Lysin* u. *Histidin*).

Pilze (*Ascomycetes*):

Fam. **Aspergillaceae:** *Aspergillus Oryzae* COHN, Reisschimmel; im „*Miso*" (s. Nr. 2 S. 181), auch im *Saké, Reiswein* (s. Nr. 5 S. 182).

Fam. **Saccharomycetaceae:** *Saccharomyces*-Species, „Hefe", nicht ganz sicher!

### 2. Methionin, $C_5H_{11}O_2NS$

(*α-Amino-γ-methyl-thiobuttersäure*).

Vorkommen: In Pflanzen als solches nicht vorkommend.

# 36. Amide.

Von KARL TAUBÖCK, Ludwigshafen a. Rh. und ALFRED WINTERSTEIN, Heidelberg.

Mit 4 Abbildungen.

## a) Asparagin. Glutamin.

**Pflanzenphysiologische Bedeutung.** Auf Grund der Versuche über die fermentative Spaltung von Eiweiß könnte man erwarten, daß die Spaltung des Reserveeiweißes durch Fermente bei der Samenkeimung ein Aminosäuregemisch von gleicher Zusammensetzung liefert, wie die Säurehydrolyse von Eiweiß. Tatsächlich liegen die Verhältnisse wesentlich komplizierter: bei der Samenkeimung entstehen nämlich gewaltige Mengen von Asparagin, dem Halbamid der Asparaginsäure:

$$\begin{array}{l} H_2N\text{—}CH\text{—}COOH \\ \quad\quad\;\; | \\ \quad\quad CH_2\text{—}CONH_2 \end{array}$$

Asparagin

Besonders intensiv tritt die Bildung von Asparagin bei der Keimung von Leguminosen ein, deren Samen große Mengen von Reserveeiweiß enthalten. Bei der Keimung kann über die Hälfte des Eiweißstickstoffs in Asparaginstickstoff übergehen.

PFEFFER (52) versuchte zuerst, die Asparaginanhäufung theoretisch zu deuten. Durch Verdunkelung von Keimpflanzen kann Asparaginanhäufung sicher hervorgerufen werden. Bei der Kohlensäureassimilation wird Asparagin zur Eiweißresynthese in den wachsenden Pflanzenteilen verwendet, bei Kohlehydratmangel bleibt es dagegen als Reservestoff zurück. Asparagin spielt die Rolle eines Stoffes, in welchen der Eiweißstickstoff zeitweilig übergeht, um sich in eine für den Transport geeignete leichtlösliche Form zu verwandeln.

E. SCHULZE und Mitarbeiter konnten dann in eingehenden Untersuchungen über die Proteolyse bei der Keimung für die Amidfrage grundlegende Tatsachen feststellen: In jungen Keimlingen, in denen noch die Cotyledonen der Masse nach vor den Pflänzchen überwiegen, sind in den Pflanzen vor allem Aminosäuren zu finden. Wenn sich aber dann der Keimling auf Kosten der Cotyledonen stärker entwickelt, häuft sich Asparagin in großen Mengen an.

---

[1] Solche Fälle sind hier strenggenommen auszuschalten, Eiweißspaltung liefert stets Aminosäuren.

Die in Keimlingen auftretenden Asparaginmengen können jedoch keinesfalls aus der direkten Eiweißhydrolyse stammen, da bei der Keimung wesentlich mehr Asparagin entsteht, als ursprünglich im Eiweiß enthalten ist. Der Asparagingehalt trockener Keimlinge beträgt oft 20—25 % des Gesamtgewichtes (62), so daß über 70 % des Gesamteiweißstickstoffs in Form von Asparagin vorliegt. Es liegt deshalb die Annahme nahe, daß Asparagin auf Kosten anderer Bausteine des Eiweißmoleküls synthetisiert wird.

Nach den Untersuchungen von SCHULZE (61) geht die Asparaginbildung weiter, auch nachdem die Eiweißspaltung zum Stillstand gekommen ist, wobei die Asparaginzunahme mit der Abnahme der übrigen stickstoffhaltigen Verbindungen gleichen Schritt hält. Folgende Tabelle macht dies ersichtlich:

| Vegetationsdauer von Lupinus luteus | Vom Stickstoff des eiweißfreien Extrakts aus Cotyledonen fallen auf | | Vom Stickstoff des eiweißfreien Extrakts aus den übrigen Pflanzenteilen fallen auf | |
|---|---|---|---|---|
| | Asparagin<br>% | andere N-haltige Verbindungen<br>% | Asparagin<br>% | andere N-haltige Verbindungen<br>% |
| 4 Tage . . . . . | 17,5 | 82,5 | 70,0 | 30,0 |
| 6 Tage . . . . . | 20,5 | 79,5 | 68,8 | 31,2 |
| 12 Tage . . . . . | 26,2 | 73,8 | 78,1 | 21,9 |

Nach 15 Tagen hörte die Eiweißbildung auf, die Asparaginmenge vergrößerte sich aber noch weiter, und zwar hauptsächlich auf Kosten der Monoaminosäuren. In etiolierten Ricinuskeimlingen waren manchmal gar keine Monoaminosäuren nachweisbar, offenbar, weil diese vollständig zur Asparaginbildung verbraucht worden waren. Dann zeigte PRJANISCHNIKOW (54), daß Eiweißzerfall und Asparaginbildung zwei verschiedene Prozesse sind, daß Monoaminosäuren bei der Asparaginbildung die Hauptrolle spielen, wobei zunächst durch deren Oxydation Ammoniak entstehen müsse; denn während die Eiweißspaltung in Keimpflanzen auch in sauerstoff-freiem Milieu stattfindet, tritt Asparaginbildung nur bei Gegenwart von Sauerstoff auf. Die für die Asparagin- und Glutaminsynthese erforderliche Energie wird durch den Atmungsprozeß geliefert. Atmungshemmung verhindert die Amidsynthese. Die Ammoniakbildung wurde dann von BUTKEWITSCH experimentell erwiesen, der durch Narkose die synthetischen Prozesse in Lupinenkeimlingen hemmte und eine Vergiftung der Keimlinge mit „eigenem" aus dem Eiweißabbau stammendem Ammoniak erreichen konnte, was darauf hinweist, daß normalerweise dieses Ammoniak in Asparagin verwandelt und damit entgiftet wird. Die Entgiftung künstlich zugeführten Ammoniaks erfolgt ebenfalls durch Asparaginbildung (PRJANISCHNIKOW [54]).

Bei Kohlehydratmangel (kohlehydratarme Lupine) wird die Ammoniakentgiftung (in Form der Asparaginbildung) eingestellt, bei künstlicher Glucosezufuhr wieder aufgenommen; auch kohlehydratreiche Pflanzen (z. B. Gerstenkeimlinge) können durch „Aushungern" (längere Dunkelkultur) dem Lupinentypus angeglichen werden.

Farne und Caryophyllaceen und Cucurbitaceen speichern vorzugsweise Glutamin, das Halbamid der Glutaminsäure.

Asparagin und Glutamin spielen also eine wichtige Rolle bei der Eiweißbildung bzw. beim Eiweißumsatz in der Pflanze. Alles Ammoniak, das nicht direkt zum Aminosäureaufbau verarbeitet oder an organische Säuren (Säurepflanzen) gebunden werden kann, wird durch Amidbildung entgiftet und so eine vorübergehende organische Stickstoffreserve angelegt, die bei Kohlehydratzunahme wieder zur Eiweißsynthese herangezogen wird.

Ammoniak → Aminosäuren
↓
Eiweißstoffe
↙ ↖
Aminosäuren Aminosäuren + $NH_3$
↘ ↗
Ammoniak → Amide

Die Ammoniakabspaltung aus dem Amid wird durch Amidasen bewerkstelligt, von denen die Asparaginase für Bakterien, Pilze und höhere Pflanzen bereits näher studiert ist (Virtanen [72]). Dies gilt nicht nur für den Stoffwechsel des Keimlings, sondern auch für die vegetativen Organe der erwachsenen grünen Pflanze. Durch die Untersuchungen von CHIBNALL (9) und MOTHES (46) wurde dargetan, daß auch in Stengeln und Blättern Eiweißumbau und Stickstoffumsatz stattfindet, der im Prinzip den Vorgängen im Keimling entspricht. Amidbildung scheint ununterbrochen stattzufinden, was für dauernde Ammoniakbildung und damit für ununterbrochene Eiweißspaltung spricht (ob das Ammoniak ausschließlich aus Proteinstoffen entsteht, scheint noch nicht genügend sichergestellt).

Bei der Samenreife spielt sich der gegenläufige Vorgang zur Eiweißspaltung bei der Samenkeimung ab, indem durch eine intensive Ableitung von Stickstoffverbindungen aus den Blättern in die Samen die Eiweißresynthese ermöglicht wird.

Bemerkenswert erscheint die Wirkung von Amiden auf die Pflanzenlipase. Beschleunigung der fettspaltenden Wirkung bei $p_H = 6{,}8$.

**Asparagin.** Amino-succinamidsäure.

$$\begin{array}{l} CH_2-CONH_2 \\ | \\ CH-COOH \\ | \\ NH_2 \end{array}$$

$C_4H_8O_3N_2$: C 36,36, H 6,11, N 21,22 %. Mol.-Gew. 132,08.

*Vorkommen.* Die ersten Angaben beziehen sich auf das Vorkommen in Spargelschößlingen, welches ihm den Namen gegeben hat (1802). l-Asparagin kommt in sehr vielen Pflanzen vor. Die Mengen schwanken in weiten Grenzen, eine starke Anhäufung findet vor allem in etiolierten Keimlingen statt. Aus 1 l *Vicia*-saft konnten 40 g, aus 1 l Bohnensaft 14 g gewonnen werden. 10 cm lange etiolierte Keimlinge von *Lupinus luteus* enthalten bis zu 20% der Trockensubstanz an Asparagin. Die größte Anhäufung von Asparagin findet in Leguminosen statt, so daß man selbst aus blühender Vicia noch Asparagin isolieren kann. Weniger Asparagin enthalten die Gräser, Tropaeolum, Cucurbita, Helianthus usw. Die Mengen erzeugten Asparagins sind je nach den Umständen in derselben Keimlingsart verschieden; so wurde in Helianthuskeimlingen manchmal nur Asparagin, manchmal nur Glutamin beobachtet. Allgemein findet sich Asparagin in Knospen und Laubtrieben, und zwar häuft es sich in im Dunkeln treibenden Baumzweigen ebenso an, wie in etiolierten Keimlingen.

Bei gelben Lupinen stieg die Asparaginmenge nach achttägiger Keimung auf 9,8% der Trockensubstanz der reifen Samen, nach 13 Tagen auf 18,2%, bei Vicia sativa nach 20 Tagen auf 7,9%, nach 40 Tagen auf 9,9%. Bei Lupinensamen, die 45% Eiweiß enthielten, wurden nach achttägiger Keimung im Dunkeln nur noch 8% Eiweiß gefunden, während mehr als 60% des Gesamtstickstoffs als Asparagin vorhanden waren, dessen Menge 25% der Trockensubstanz ausmachte. Am reichsten an Asparagin (28,7%) waren Lupinenkeimlinge, die erst 10 Tage im Dunkeln, dann einige Wochen bei beschränktem Luftzutritt vegetiert hatten.

In den Achsenteilen ist bedeutend mehr Asparagin enthalten als in den Cotyledonen; so wurden in 11tägigen Lupinen in den Achsenorganen 31,8%, in den Cotyledonen nur 7,6% Asparagin gefunden. Asparagin kommt auch in Coniferen-Keimlingen vor.

d, l-Asparagin wurde in der Sorghumpflanze gefunden.

*Eigenschaften.* In der Natur in der Regel als l-Asparagin. Krystallisiert in großen rhombischen, linkshemiedrischen Krystallen mit Krystallwasser (s. mikrochem. Nachweis). Löslichkeit in Wasser bei 0° in 105 Teilen, 10° in 56 Teilen, 28° in 28 Teilen, 100° in 1,9 Teilen. Unlöslich in kaltem, absolutem Alkohol. In 100 Teilen 50proz. Pyridin lösen sich 0,15 g, in 100 Teilen 100proz. 0,03 g. Fp. im geschlossenen Rohr 226—227° unter Zersetzung.

d, l-Asparagin krystallisiert in triklinen Tafeln mit 1 Mol $H_2O$, zersetzt sich bei 213—215° ohne zu schmelzen.

$$[\alpha]_D^{34} = -6{,}7^\circ \text{ in Wasser,}$$
$$[\alpha]_D^{14} = +29{,}2^\circ \text{ in Salzsäure,}$$
$$[\alpha]_D^{25} = -8{,}8^\circ \text{ in n-Natronlauge.}$$

Beim Kochen einer wäßrigen Lösung tritt starke Racemisierung ein.

l-Asparagin schmeckt fade, d-Asparagin süß, das racemische ist geschmacklos.

Verbindet sich wie eine einbasische Säure mit Basen, ferner mit Säuren und Salzen. Beim Kochen mit starken Säuren oder Basen zerfällt es in Asparaginsäure und Ammoniak, gegen Säuren ist es jedoch resistenter als gegen Basen. Salpetrige Säure erzeugt Äpfelsäure.

Beim Erwärmen bildet das Asparagin ein Diketopiperazin. Mit Aldehyden kondensiert es sich zu Pyrimidinen. Wird acyliertes Asparagin erwärmt, so entsteht durch intramolekulare Ringschließung Acylaminosuccinimid (Formel nebenstehend). Durch diese Reaktion ist ein Übergang einer einfachen Aminosäure zum Pyrolidinring gegeben (8).

$$\begin{array}{l} CH_2—CO \\ \quad\;\; \rangle NH \\ CH—CO \\ | \\ NH \\ | \\ CO \\ | \\ R \end{array}$$

Nach 200 Stunden langem Kochen einer Lösung von 10 g Asparagin in 200 cm³ Wasser konnte durch Fällung mit Bleizucker reines Asparaginsäuredipeptid isoliert werden (6). Nach der Auffassung des Autors besteht die Rolle des Asparagins in den Pflanzen darin, daß es die Synthese von Polypeptiden ermöglicht, die aus Aminosäuren allein nicht entstehen können. Die Synthese eines Peptides der Asparaginsäure gelang RAVENNA (55) in folgender Weise: In einem Kolben von 3 l Inhalt werden 500 g fein gehackte Spinatblätter mit 20 g in 500 cm³ warmem Wasser gelösten Asparagins und etwas Toluol versetzt und 20 Tage bei 25⁰ stehen gelassen. Das Filtrat des ausgepreßten Breies wird mit einem geringen Überschuß von Bleiessig versetzt, mit Schwefelwasserstoff entbleit und im Vakuum eingeengt. Zuerst krystallisiert etwas Oxalsäure aus. Der schließlich resultierende Sirup wird mit Alkohol behandelt, wobei 1 g eines amorphen, in Wasser leicht löslichen Pulvers entsteht, das sich bei 100⁰ unter Aufblähen zersetzt. Bei der Hydrolyse mit 20proz. Schwefelsäure entsteht Asparaginsäure. Da im Kontrollversuch weder Spinatbrei noch Asparagin allein das aus beiden resultierende Produkt liefern, handelt es sich wahrscheinlich um eine fermentative Bildung eines Asparaginsäurepeptides.

Durch Bac. proteus wird Asparagin anaerob in Buttersäure und Essigsäure gespalten. Bei der Hefegärung bilden sich 17 % Essigsäure, 77 % Propionsäure und 6 % Buttersäure. Bei der Fäulnis entsteht ebenso wie aus Asparaginsäure Ameisensäure, Propionsäure und Bernsteinsäure, von letzterer jedoch dreimal mehr als aus Asparaginsäure. Bacillus fluorescenz liquefaciens erzeugt aus Asparagin: Essigsäure, Äpfelsäure, Bernsteinsäure, Fumarsäure und Spuren Malonsäure.

*Nachweis und Bestimmung.* Zum Nachweis eignen sich neben der charakteristischen Krystallform (s. unten) und der Abspaltbarkeit von Ammoniak durch Alkalien folgende Derivate:

*Asparaginkupfer.* $Cu(C_4H_7O_3N_2)_2$, aus Asparagin und Kupferacetat oder durch Erwärmen von A. mit Kupferhydroxyd (s. S. 22). Fast unlöslich in kaltem Wasser.

*α-Naphthylisocyanat-l-Asparagin.* $C_{15}H_{15}O_4N_3$, aus 1,3 g Asparagin, 60 cm³ Wasser, 10 cm³ n-Natronlauge und 4 g Naphthylisocyanat (s. S. 31). Aus verdünntem Alkohol in weißen Nadeln vom Fp. 199⁰.

*Phenylisocyanat.* $C_{11}H_{14}O_4N_3$ (s. S. 30). Farblose Prismen vom Fp. 164⁰. Unlöslich in Benzol und kaltem Wasser, leicht löslich in heißem Wasser, verdünntem Alkohol und Aceton.

$[\alpha]_D^{16} = +21{,}66^0$ in wäßrig alkoholischer Lösung.

1-*Phenyl-2-thiohydantoin-4-acetamid.* $C_{11}H_{11}O_2N_3S$. Aus Asparagin, Kalilauge und Phenylthioisocyanat in alkohol. Lösung beim Erwärmen. Prismen aus Alkohol vom Fp. 234⁰. Löslich in 1550 Teilen Wasser, unlöslich in Äther.

*Mikrochemischer Nachweis* (45). Zum Studium des mikrochemischen Nachweises von Asparagin eignen sich am besten etiolierte Keimlinge von Lupinen.

Nach PFEFFER läßt sich Asparagin, wenn es in größeren Mengen in pflanzlichem Gewebe vorhanden ist, leicht nachweisen, wenn man nicht allzu dünne Schnitte, deren Zellen zum größten Teil ungeöffnet sind, in ein Uhrgläschen mit absolutem Alkohol einlegt und durch Schwenken das Eindringen des Alkohols erleichtert, weil sonst zu viel Asparagin aus den Zellen herausdiffundiert. Bei längerer Einwirkung des Alkohols erscheint das Asparagin in charakteristischen Krystallen, die oft so zahlreich auftreten, daß die Schnitte und ihre Umgebung mit Asparaginkrystallen wie übersät aussehen. Ist Asparagin in geringerer Menge vorhanden, so gelingt der Nachweis in der angegebenen Weise oft nicht mehr, manchmal führt jedoch Anwendung dickerer Schnitte noch zum Ziel.

Nach BORODIN verfährt man in der Weise, daß zahlreiche mikroskopische Schnitte auf dem Objektträger mit Alkohol befeuchtet, mit einem Deckglas bedeckt und die Präparate erst einige Stunden später, d. h. nach vollständigem Verdunsten des Alkohols, untersucht werden. Das Asparagin schießt teils an den Schnitten, teils am Rand des Deckglases in Krystallen von verschiedener Form und Größe an. Da bei dieser Methode auch andere Substanzen auskrystallisieren können, ist auf folgende Merkmale zu achten:

Das Asparagin ist in Wasser löslich und wird aus konzentrierten Lösungen durch Alkohol gefällt. Zu den am häufigst auftretenden Krystallformen gehören rautenförmige Täfelchen mit einem spitzen Winkel von 65° und einem stumpfen von 129,18°. Es kann auch in Sechsecken auftreten mit sehr charakteristischen hemiedrischen Abstumpfungen der Kanten der Endflächen. Rhombische Sphenoide und einfache oder mehrfache Durchkreuzungszwillinge kommen gleichfalls vor. Die Krystalle sind optisch positiv und löschen parallel der langen Diagonale aus.

Um die Asparaginkrystalle von anderen zu unterscheiden, empfiehlt Borodin zwei Methoden. Die erste besteht darin, daß man die Krystalle auf 100° erwärmt, wobei sie sich unter Verlust des Krystallwassers in helle, homogene, stark lichtbrechende, wie Öl aussehende Tröpfchen verwandeln, die sich in Wasser leicht lösen und beim Eintrocknen wieder krystallisiertes Asparagin liefern. Beim Erwärmen auf über 200° zersetzt es sich unter Bildung brauner schäumender Tropfen, die sich in Wasser nicht mehr lösen. Die zweite Methode besteht darin, daß man die Asparaginkrystalle in eine gesättigte wäßrige Lösung von Asparagin einbringt, wobei sie sich nicht lösen dürfen.

Manchmal wird die Krystallisation des Asparagins durch Begleitsubstanzen verhindert. So erhält man z. B. aus Dahliaknollen nur höchst selten Asparaginkrystalle. In diesem Falle verfährt man in der Weise, daß man etwa 1 cm dicke, frische Querscheiben aus der Knolle in 90proz. Alkohol einlegt. Nach einigen Tagen bedecken sich die Schnittflächen mit oft schon makroskopisch sichtbaren Asparaginkrystallen, welche über mehlige Krusten von Inulin herausragen.

Nach Werner (75) läßt sich die mikrochemische Identifikation von Asparagin in der Form des *phosphorwolframsauren* Salzes und noch besser in der des *Kupfersalzes* vornehmen. Das Asparaginphosphorwolframat krystallisiert schön in Tetraedern und prismatischen Formen.

Das Asparaginkupfersalz erhält man mit folgendem Reagens: 0,5 g Kupferchlorid werden in 20 cm³ Methylalkohol gelöst, mit 20 cm³ Glycerin vermischt und dann so lange Ammoniak zugegeben, bis nach gutem Umschütteln eine eben noch bestehende Trübung der tiefblauen Flüssigkeit wahrzunehmen ist. Die Reaktion wird mit einem kleinen Reagenstropfen vorgenommen.

Die Reaktion spielt sich folgendermaßen ab: Das Kupferhydroxyd des Reagens wird von der Aminosäure rasch gelöst und gleichzeitig findet eine geringe Ausfällung von fein verteiltem Asparaginkupfer durch den Methylalkohol statt. Die gefällten Kryställchen sind die Bildungszentren für weitere Krystallisation. Im selben Maße, wie aus der Tetraminverbindung des Kupferchlorids Ammoniak weggeht, wird weiteres Kupferhydroxyd gebildet, welches von der Aminosäure gelöst und zur Bildung des Kupfersalzes verbraucht wird. Gleichzeitig verdunstet der Methylalkohol. Im Glycerin des Reagens kann nun eine langsame Krystallisation stattfinden, die zu schönen Reaktionsprodukten führt. Asparaginkupfer bildet sich rascher als das Kupfersalz der meisten anderen Aminosäuren. Asparagin läßt sich auch im Vakuum nicht destillieren; Glutamin ist nach der hier beschriebenen Methode noch nicht bearbeitet. Über die Unterscheidung der Reaktionsprodukte der wichtigsten Aminosäuren s. Werner a. a. O.

*Quantitative Bestimmung.* Das von Sachsse begründete Verfahren beruht darauf, daß Asparagin als Amid beim Kochen mit verdünnter Salzsäure oder Schwefelsäure unter Wasseraufnahme nach untenstehender Gleichung: in Asparaginsäure und Ammoniak zerfällt, wobei 132 Teile wasserfreies Asparagin 17 Teile Ammoniak liefern.

$$\begin{array}{l} CH_2-CONH_2 \\ | \\ CH-COOH \\ | \\ NH_2 \end{array} + H_2O = \begin{array}{l} CH_2-COOH \\ | \\ CH-COOH \\ | \\ NH_2 \end{array} + NH_3$$

Das Verfahren läßt sich auch zur Bestimmung von Glutamin anwenden, wobei 146 Teile Glutamin 17 Teile Ammoniak geben.

Die Darstellung der für diese Bestimmung zu verwendenden Extrakte erfolgt in der Weise, daß man frische Pflanzenteile möglichst fein zerreibt oder durch eine fein gestellte Fleischhackmaschine gehen läßt, mit etwas Wasser anrührt und $1/2$ Stunde auf $50^0$ erwärmt. Nach scharfem Abpressen wird eventuell ein zweiter Extrakt hergestellt. Bei stärkearmen Objekten kann man kurze Zeit bis zum Siedepunkt erhitzen, längeres Kochen ist jedoch zu vermeiden. Reagieren die Extrakte sauer, so fügt man Alkali hinzu, bis die Reaktion fast neutral geworden ist. Auch die Verwendung von Extrakten nach PIUTTI (s. unten) ist möglich.

Die für die Bestimmung zu verwendenden Extrakte müssen von anderen, beim Erhitzen mit verdünnten Säuren ammoniakliefernden Substanzen so vollständig als möglich befreit werden. Proteinstoffe kann man durch Zusatz von reinem Tannin entfernen; um die dadurch erzeugten Niederschläge besser abfiltrieren zu können, fügt man einige Tropfen Bleiacetat hinzu. Man kann zur Ausfällung der Proteinstoffe auch Phosphorwolframsäure verwenden, das Filtrat muß dann vor dem Erhitzen mit Säuren von dem genannten Reagens befreit werden, was durch Zusatz von Bleiacetat geschehen kann. Eine beim Kochen mit Säuren ammoniakliefernde Verbindung, die sich aus den Extrakten nicht entfernen läßt, ist das Allantoin (auch andere Ureide s. S. 200 u. 206); findet sich dasselbe neben Asparagin oder Glutamin in den Extrakten, so bedingt dies einen Fehler in der Bestimmung.

Das Verfahren liefert jedenfalls nur *approximative Werte*, um so mehr, als Asparagin und Glutamin häufig nebeneinander vorkommen. Immerhin findet sich in der Regel, bei gleichzeitigem Vorhandensein der beiden Amide, entweder das Asparagin oder das Glutamin nur in sehr kleiner Menge; nur selten hat man beobachtet, daß beide nebeneinander in ansehnlicher Quantität auftreten (s. S. 197).

*Ausführung.* Man setzt dem asparagin- oder glutaminhaltigen Extrakt auf je 100 $cm^3$ 10 $cm^3$ konzentrierte Salzsäure oder 3 $cm^3$ konzentrierte Schwefelsäure zu und kocht 2 Stunden am Rückflußkühler. Nach dem Erkalten wird die Flüssigkeit mit Natronlauge annähernd neutralisiert und hierauf unter Zusatz von Magnesiumoxyd der Destillation unterworfen, das übergehende Ammoniak fängt man in titrierter Säure auf. Es ist zweckmäßig, das Austreiben des Ammoniaks durch Einleiten von Luft zu beschleunigen oder die Destillation im Vakuum vorzunehmen (s. S. 90, 100).

In einem aliquoten Teil des Extraktes ist das ursprünglich schon vorhandene Ammoniak zu bestimmen, und zwar durch Destillation im Vakuum bei $40^0$ nach Zusatz von Magnesiumoxyd nach den auf S. 90, 100 gemachten Angaben.

*Darstellung.* Die Darstellung von Asparagin aus etiolierten Keimpflanzen, Kartoffelsaft und anderen asparaginreichen Objekten gelingt in der Regel leicht, da das Amid in kaltem Wasser ziemlich schwer löslich ist und die Eigenschaft besitzt, auch aus Extrakten, die viel Nebenbestandteile enthalten, sich in gut ausgebildeten Krystallen abzuscheiden.

Man kann die asparaginhaltigen Säfte und Extrakte, nachdem sie durch Erhitzen von den koagulierbaren Eiweißstoffen befreit worden sind, im Vakuum direkt zur Sirupkonsistenz eindunsten, wobei nach einiger Zeit die Krystallisation beginnt. Das Asparagin läßt sich in der Regel leicht von der Mutterlauge abtrennen und durch Umkrystallisieren aus wenig Wasser reinigen.

Ein großer Teil Begleitstoffe läßt sich auch durch Versetzen der Extrakte mit Bleiessig (s. S. 169) entfernen, das Filtrat wird mit Schwefelwasserstoff entbleit, mit Natronlauge neutralisiert und nun zur Sirupkonsistenz eingedunstet.

Hat man es mit asparaginarmen Objekten zu tun, so empfiehlt sich die Ausfällung des Asparagins durch Mercurinitrat. Man versetzt den Extrakt mit einem geringen Überschuß an Bleiessig, entfernt den Bleiniederschlag durch Filtration und fügt dem Filtrat Mercurinitrat zu (käufliches Mercurinitrat in Wasser, unter Zusatz von etwas Salpetersäure lösen). Die Ausfällung der Asparagin-Quecksilberverbindung wird vollständiger, wenn man die saure Lösung mit etwas Natronlauge abstumpft. Der Niederschlag wird abfiltriert, mit kaltem Wasser gewaschen, zwischen Filtrierpapier abgepreßt, dann in Wasser verteilt und durch Schwefelwasserstoff zerlegt. Man neutralisiert das Filtrat vom Quecksilbersulfid mit Ammoniak und dunstet es bei mäßiger Temperatur zum Sirup ein. Während des Eindunstens fügt man von Zeit zu Zeit etwas Ammoniak hinzu, um die Flüssigkeit dauernd neutral zu halten. Nach kurzem Stehen krystallisiert das Asparagin aus. Es kann unter Umständen durch Tyrosin, Vernin oder Allantoin verunreinigt sein. Tyrosin und Vernin lassen sich wegen ihrer Schwerlöslichkeit ziemlich leicht abtrennen; die Trennung des Asparagins vom Allantoin läßt sich am besten durch Überführen des Asparagins in das in Wasser sehr schwer lösliche Asparaginkupfer bewerkstelligen. Reinigung des Asparagins durch Umkrystallisieren aus wenig Wasser.

PIUTTI (53) gelang es auf folgende Weise d-Asparagin zu isolieren: 30 cm lange Keimlinge von Lupinus albus wurden verrieben, abgesaugt und das Filtrat kräftig mit 2proz. gepulvertem Kupferacetat geschüttelt. Der dabei entstehende flockige Niederschlag wurde rasch abfiltriert, aus dem Filtrat schied sich beim Stehen Asparaginkupfer in blauen Krystallen aus. Das Asparaginkupfer wurde mit Schwefelwasserstoff zerlegt. Filtrat vom Kupfersulfid mit Tierkohle behandelt und im Vakuum bei 40° konzentriert. Das d-Asparagin scheidet sich in prächtigen Krystallen aus.

Nach der sog. Diffusionsmethode erhielt PIUTTI aus Lupinus albus doppelt soviel Asparagin wie nach älteren Verfahren.

Die Keimlinge werden in Gegenwart von Toluol mit Wasser ausgezogen, wobei die Keimlingsepidermis als Diffusionsmembran dient. Die von Wurzeln, Cotyledonen und Blättchen befreiten Sprößlinge werden ca. 1 Monat mit Wasser und Toluol stehen gelassen, abgepreßt, und der Saft im Vakuum konzentriert. Die Cotyledonen müssen sorgfältig entfernt werden, da ihre Enzyme auch in Gegenwart von Toluol das Asparagin rasch zersetzen. Das Verfahren läßt sich nicht überall mit gleichem Erfolg anwenden, so erhält man z. B. bei Vicia sativa nur kleine Ausbeuten an Asparagin.

**Glutamin.** Glutaminsäuremonoamid.

$CH_2$—$CONH_2$
|
$CH_2$
|
CH—COOH
|
$NH_2$

$C_5H_{10}O_3N_2$ : C 41,07; H 6,90; N 19,18%. Mol.-Gew. 146,1.

*Vorkommen.* Im Pflanzenreich ebenso wie Asparagin weit verbreitet, jedoch in der Regel nicht in so großen Mengen auftretend wie Asparagin. In 16tägigen Kürbiskeimen 1,74%, in Picea agabilis 2,5%. Etiolierte Helianthuskeimlinge liefern bald mehr Asparagin, bald mehr Glutamin. Fichtenkeimlinge sollen im Zimmer wenig Glutamin und mehr Asparagin, im Freiland nur Glutamin bilden (61). Aus 12 l Zuckerrübensaft wurden 5 g Glutamin erhalten.

*Eigenschaften.* In der Natur als d-Glutamin. Krystallisiert in feinen weißen Nadeln oder rhombischen Tafeln ohne Krystallwasser. Löslich in 25 Teilen Wasser von 16°, unlöslich in starkem Alkohol.

Das wahre Drehungsvermögen für Glutamin liegt mit großer Wahrscheinlichkeit zwischen

$$[\alpha]_D = +6^0 \text{ bis } +7^0 \text{ in Wasser.}$$
$$[\alpha]_D^{20} = +31{,}8^0 \text{ bis } +32{,}5^0 \text{ in 5proz. Salzsäure.}$$

Man findet oft zu hohe Werte für $[\alpha]_D$, was wenigstens teilweise durch eine Beimengung von Glutaminsäure verursacht wird.

d, l-Glutamin krystallisiert mit 1 Mol Krystallwasser, schmilzt bei 255° und schmeckt süßlich.

Das Glutamin wird leichter hydrolysiert als Asparagin, schon beim Kochen seiner wäßrigen Lösung zersetzt es sich, beim Eindunsten entsteht glutaminsaures Ammonium, welches leicht Ammoniak verliert und in Glutaminsäure übergeht.

*Nachweis und Bestimmung.* Das Glutamin läßt sich leicht vom Asparagin unterscheiden, da es in der Regel in feinen Nädelchen krystallisiert, und die Krystalle kein Wasser enthalten. Im übrigen gibt es die gleichen Reaktionen wie Asparagin. Das in Wasser sehr schwer lösliche Glutaminkupfer $(C_5H_9O_3N_2)_2Cu$ ist blauviolett.

Zur Identifizierung eignet sich die Analyse des freien Glutamins oder des Glutaminkupfers. Auch Überführung in Glutaminsäure und Bestimmung dieser nach S. 52 ist geeignet. Wenn man Glutamin bis zum Aufhören der Ammoniakentwicklung mit Barytwasser kocht, die Flüssigkeit sodann mit Hilfe von Schwefelsäure vom Baryt befreit und stark einengt, so scheiden sich bald Krystalle von Glutaminsäure aus.

*Darstellung.* Wegen der leichten Zersetzlichkeit des Glutamins ist es angezeigt, dem Pflanzenmaterial bei der Extraktion etwas Calciumcarbonat zuzufügen und das Eindunsten der auf Glutamin zu verarbeitenden Lösungen in kleinen Portionen im Vakuum vorzunehmen.

Obwohl das Glutamin in kaltem Wasser ziemlich schwer löslich ist, gelingt es doch nicht, dieses Amid durch Krystallisation aus den zur Sirupkonsistenz eingedunsteten Pflanzensäften direkt zu gewinnen; man kann es aber leicht mit Hilfe von Mercurinitrat zur Abscheidung bringen. Man verfährt wie bei Asparagin angegeben.

Die nach Zersetzung des Mercurinitratniederschlages erhaltene Flüssigkeit ist dauernd neutral zu halten und vorsichtig im Vakuum zu konzentrieren. Beim Umkrystallisieren setzt man den Lösungen zweckmäßig etwas Alkohol zu.

Hin und wieder treten Asparagin und Glutamin nebeneinander in einer Pflanze auf. Die bei Zerlegung des Mercurinitratniederschlages erhaltene Lösung liefert zuerst Asparaginkrystalle, während das Glutamin in der Regel sich erst später ausscheidet. Aus einem Gemenge von Asparagin- und Glutaminkrystallen kann man die letzteren durch Abschlämmen mit Hilfe der Mutterlauge bis zu einem gewissen Grade von den weit größeren Asparaginkrystallen trennen. Mischkrystalle sind bis jetzt nicht beobachtet worden.

Über die Bestimmungsmethode von Glutamin neben Asparagin (nach A. CH. CHIBNALL und R. G. WESTALL) siehe KEYSSNER und TAUBÖCK: „Stickstoffbilanz", diesen Band S. 1345.

## b) Harnstoff (Carbamid).

$CH_4ON_2$ C: 20,0% H: 6,7% N: 46,6% Mol.-Gew. 60.

$$O:C\begin{matrix}\diagup NH_2\\ \diagdown NH_2\end{matrix}$$

*1. Eigenschaften.* Krystallisiert meist in sehr dünnen, innen oft hohlen Prismen mit sehr stumpfer Pyramide an den Enden, von der gewöhnlich nur eine oder zwei Flächen gut ausgebildet sind. Die Krystalle gehören dem tetragonalen System an. Kein Krystallwasser, nicht hygroskopisch. Leicht löslich schon in kaltem Wasser, in heißem Wasser löslich in jedem Verhältnis. Löslich in Alkohol (1 : 5), Methylalkohol, Amylalkohol, unlöslich in Äther, Essigester und Chloroform. Feuchtem Äther entzieht er das Wasser und zerfließt. Die Lösungswärme ist negativ. Die Lösung reagiert neutral. Geschmack bitter, kühlend. Reine Harnstofflösung leitet den Strom nahezu wie Wasser. Fp. 131 bis 132°. Beim Erhitzen auf 120° tritt keine Zersetzung ein. Sublimiert im Vakuum bei 106°.

Beim Erhitzen über den Schmelzpunkt entsteht Biuret und Ammoniak, sowie Cyanursäure. Feucht erhitzt, schmilzt Harnstoff und zersetzt sich hauptsächlich in Kohlendioxyd und Ammoniak. Wäßrige Lösungen können bei 65—75° ohne merkliche Zersetzung eingedampft werden, beim Kochen geht ein kleiner Teil in cyanursaures Ammoniak und weiter in Ammoncarbonat über. Bei längerem Kochen mit Alkalien wird Harnstoff in Ammoniak und Kohlendioxyd zerlegt. Auch Mineralsäuren wirken spaltend, aber merklich erst bei höheren Konzentrationen und höherer Temperatur sowie längerer Wirkungsdauer. Durch 5 m-Chromsäure wird Harnstoff nicht zersetzt.

Durch salpetrige Säure, Chlorwasser oder Hypobromit wird Harnstoff in Stickstoff, Kohlendioxyd und Wasser zerlegt.

$$CO(NH_2)_2 + N_2O_3 = CO_2 + 2N_2 + 2H_2O$$
$$CO(NH_2)_2 + 3NaOBr = CO_2 + N_2 + 2H_2O + 3\,NaBr.$$

Auf diese Reaktion gründen sich quantitative Bestimmungsmethoden, die sich aber beim Arbeiten mit pflanzlichem Material nicht verwenden lassen.

Durch Einwirkung von Urease findet Hydrolyse unter Bildung von Ammoncarbonat statt:

$$CO(NH_2)_2 + 2H_2O = (NH_4)_2CO_3.$$

Die Frage, ob bei dieser Hydrolyse Cyansäure als Zwischenprodukt oder Nebenprodukt auftritt, ist noch nicht endgültig entschieden, ebensowenig die Frage, ob Urease — unter gewissen Bedingungen invers wirkend — aus Ammoncarbonat Harnstoff zu bilden imstande ist.

*2. Reaktionen.* Durch *Phosphorwolframsäure* wird Harnstoff aus verdünnten Lösungen nicht gefällt (auch Ureide nicht). Man kann daher bei der Darstellung von Harnstoff aus Pflanzen die Extrakte mit Phosphorwolframsäure reinigen. Auch Bleiacetat gibt mit Harnstoff keine Fällung. Mit Mercurisulfat fällt er noch aus 0,25 proz. Lösung, jedoch nicht mehr aus 0,20 proz. Der Harnstoff vereinigt sich mit vielen Säuren, Metalloxyden und Salzen zu meist gut krystallisierenden Verbindungen.

*Salpetersaurer Harnstoff* $CO(NH_2)_2 \cdot HNO_3$. Salpetersaurer Harnstoff entsteht beim Versetzen einer mindestens 10 proz. kalten Harnstofflösung mit überschüssiger Salpetersäure als blättrig krystallinischer Niederschlag. Schwer löslich in kalter Salpetersäure, leichter löslich in kaltem, sehr leicht in heißem Wasser, wenig löslich in Alkohol, unlöslich in Äther, verpufft bei raschem Erhitzen ohne Rückstand.

*Oxalsaurer Harnstoff* $2\,CO(NH_2)_2 \cdot C_2H_2O_4$. Oxalsauren Harnstoff erhält man am besten durch Zufügen ätherischer Oxalsäurelösung zu alkoholischer Harnstofflösung. Krystallisiert in großen, dicken, rhombischen Tafeln. Löslich in 23 Teilen kaltem Wasser und in 62 Teilen 90 proz. Alkohol.

*Mercurinitrat-Harnstoff.* Durch Versetzen einer wäßrigen Harnstofflösung mit Mercurinitrat kann man drei verschiedene Verbindungen erhalten, in denen Harnstoff und Salpetersäure stets zu gleichen Molekülen mit verschiedenen Mengen Mercurioxyd verbunden sind. In Wasser ziemlich schwer löslich. Nach Zersetzen mit Schwefelwasserstoff liefert die filtrierte Lösung beim Einengen salpetersauren Harnstoff.

Die angeführten Salze sind jedoch wegen ihrer verhältnismäßig hohen Löslichkeit für die Bestimmung des Harnstoffs speziell bei der höheren Pflanze nicht geeignet. Sie können aber allenfalls dazu dienen, bei der Darstellung des Harnstoffs aus Pflanzen zu einem reinen, zuckerfreien Produkt zu kommen.

*3. Vorkommen.* Harnstoff ist im Pflanzenreich weit verbreitet. Das erstemal wurde er von BAMBERGER und LANDSIEDL (6) in Lycoperdonarten in Mengen bis zu 3,5 % gefunden. In der Folgezeit kamen verschiedene andere Autoren zu widersprechenden Ergebnissen, bis N. IWANOFF (16—22) mit empfindlicher Methode das Vorkommen und die Anhäufung von Harnstoff bei zahlreichen Pilzen während des Reifeprozesses sichergestellt hat und die bestehenden Widersprüche klären konnte. Es konnten bisweilen Harnstoffmengen von mehr als 10 % des Trockengewichtes festgestellt werden.

Nicht veröffentlichte Ergebnisse des einen von uns, die mit Hilfe der später zu besprechenden Mikromethode (69) bei zahlreichen *Pilzen* verschiedenen Alters und verschiedenen Standorts im Laufe mehrerer Jahre gewonnen wurden, bestätigten die Angaben, daß Harnstoff bei Pilzen vorkommt und zu bestimmten Zeiten in hoher Konzentration gefunden werden kann. Während er aus methodischen Gründen (Fällung mit Salpetersäure resp. Oxalsäure) früher nur zu Zeiten seiner Anhäufung nachgewiesen werden konnte, ist er mit empfindlicheren Methoden (Xanthydrolreaktion) jederzeit faßbar.

Die ersten Angaben über das Vorkommen von Harnstoff auch bei *höheren Pflanzen* stammen von WEYLAND (77), der das Carbamid als Stoffwechselprodukt der Wurzelpilze — bei einer Reihe von mykotrophen Pflanzen nachgewiesen haben will. Die WEYLANDschen Ergebnisse sind heute durch die Arbeiten von WEISSFLOG (73) sowie von KLEIN und TAUBÖCK (34, 36) widerlegt.

Einwandfrei wurde das erstemal Harnstoff bei höheren Pflanzen von FOSSE (12) mit seiner sehr bewährten Methode der Xanthydrolfällung nachgewiesen.

KLEIN und TAUBÖCK (34, 36) konnten dann mit der histochemischen Xanthydrol-Methode die weite Verbreitung des Carbamids bei den höheren Pflanzen zeigen.

Neben den *positiven* Befunden liegen von KLEIN und TAUBÖCK auch zahlreiche *negative* Resultate vor.

Besonders häufig und in großen Mengen (bis 0,7 % der Trockensubstanz bei Canavalia) kommt Harnstoff in den Reihen der Rosales und Therebinthales vor.

Bei den Monokotylen ist er ausschließlich in der Wurzel zu finden. Bei den Dikotylen kann man ihn in allen lebenden Geweben finden, doch meist nicht in allen zu gleicher Zeit. Bei vielen Pflanzen tritt er nur im Keimlingsstadium auf, bei einer Reihe anderer (Acer, Aesculus, Koelreuteria, Robinia) ist er jederzeit feststellbar. Untersuchungen, die durch mehrere Vegetationsperioden liefen, haben gezeigt, daß Harnstoff nur in den Organen und zu den Zeiten vorhanden ist, wo starker Stoffumsatz herrscht. In Samen sind nur ganz geringe Mengen nachweisbar (FOSSE). Bei der Untersuchung einzelner Individuen und Organe zur selben Zeit kann man zu widersprechenden Ergebnissen kommen, weil, wie umfangreiche Untersuchungen von KLEIN und TAUBÖCK (35) zeigten, der Harnstoff-stoffwechsel bei verschiedenen Individuen nicht zur selben Zeit beginnt und aufhört; ebensowenig ist dies bei den gleichwertigen Organen *eines* Individuums der Fall. So liegen z. B. für Pisumkeimlinge die Verhältnisse so, daß bei Untersuchung einer größeren Anzahl von Individuen in den ersten Keimungstagen bei *keinem* Individuum Harnstoff gefunden wird. Nach Ablauf der ersten Woche ist mit fortschreitender Zeit ein immer höherer Prozentsatz harnstofführender Individuen feststellbar, bis nach durchschnittlich 3 Wochen in *jedem* Keimling der Anzucht Harnstoff nachweisbar ist. Ähnliche Verhältnisse sind auch für das *Verschwinden* des Harnstoffs festgestellt. Bei Keimlingen von *Phaseolus* und *Canavalia* tritt der Harnstoff hingegen *innerhalb ganz kurzer Zeit* bei *allen Individuen* einer Anzucht auf. Die Berücksichtigung dieser Verhältnisse, die übrigens auch für Pyrogallol bei Aesculus ähnlich liegen und sicher von allgemeinerer Bedeutung sind, erscheint wichtig bei Auswahl von Material und Untersuchungstermin für den Nachweis und besonders die Darstellung eines Körpers aus einer Pflanze.

*4. Natürliche Verbindungen des Harnstoffs.* Der Harnstoff kommt bei der höheren Pflanze nicht nur als freies Carbamid vor, sondern in erster Linie in *gebundener* Form. Über die Ureide der Pflanze ist heute bereits soviel bekannt, daß sie Kondensationsprodukte mit *Aldehyden* sind. Aus solchen Ureiden wurden bisher nachgewiesen: in zahlreichen Fällen *Formaldehyd* und *Acetaldehyd* (Klein, Klein und Tauböck [29, 32]), in einzelnen Fällen angeblich Glyoxylsäure (Fosse [12]). Das Formaldehyd-Kondensationsprodukt könnte die Formel des *Methylenharnstoffs* (s. S. 206), das *Acetaldehydprodukt* die Formel des Äthylenharnstoffs haben (s. S. 206), das Glyoxylsäure-Kondensationsprodukt ist nach Fosse *Allantoinsäure* (Glyoxylsäurediureid)

```
        COOH
         |
   HN—CH—NH
   /       \
 OC         CO
   \       /
   NH2   NH2
```

Das *Allantoin*, das Anhydrid der Allantoinsäure,

```
 HN—CH—NH
 /   |    \
OC   |     CO
 \   |    /
 HN—CO   NH2
```

kommt ebenfalls in Pflanzen vor und muß in diesem Zusammenhang genannt werden, wiewohl es biochemisch sicher anderen Ursprungs ist (Purinkörper). (Im übrigen s. Beitrag Winterstein, S. 362.)

Formaldehyd-Ureid ist festgestellt worden bei grünen, assimilierenden Pflanzen (Bohnen, Erbsen, Wicken, Robinia), Acetureid bei einer Anzahl etiolierter Pflanzen. Es scheint also, daß sich der Harnstoff mit den aus Assimilation und Atmung bekannten Aldehyden zu Ureiden kondensiert und auf diese Weise dem Angriff der bei den Pflanzen weit verbreiteten Urease entzogen ist.

Freier Harnstoff kommt neben Ureiden, wenn überhaupt, so nur in geringer Menge vor (34).

Allantoinsäure ist von Fosse angegeben für grüne Hülsen von *Phaseolus* und jungen Blättern von *Acer pseudoplatanus, Lathyrus latifolius, Urtica dioica* u. a.

Auch der Harnstoff der Pilze liegt, wenigstens zum Teil, in gebundener Form vor. Schon N. N. Iwanoff hat die Vermutung ausgesprochen, daß der Harnstoff, der aus den Pilzen auffällig schwierig zu extrahieren sei, möglicherweise in einer Komplexverbindung vorliege. Diese Komplexverbindung müßte aber anderer Art sein als bei höheren Pflanzen, deren Ureide leicht alkohollöslich sind. Klein und Tauböck haben dann in Versuchen mit Champignons festgestellt, daß auch bei Pilzen ein Teil des Gesamtharnstoffs nicht greifbar ist. Jedoch macht der gebundene Harnstoff bei den Pilzen in den bisher untersuchten Fällen im Gegensatz zu den höheren Harnstoffpflanzen nur einen verhältnismäßig geringen Anteil des Gesamtharnstoffs aus (etwa 30%). Die Ureide der Pilze lassen sich, ebenso wie die Ureide der höheren Pflanzen, durch Kochen mit verdünnter Essigsäure spalten. Durch Kochen mit verdünnten Alkalien werden sie nicht zersetzt. Über die *Art* der Pilzureide können noch keine näheren Angaben gemacht werden.

Die Entstehung des Harnstoffs, und vor allem seine physiologische Bedeutung, muß für die *Pilze* und für die *höheren Pflanzen* gesondert betrachtet werden.

*5. Physiologisches. Bildung des Harnstoffs.* Bei den *Pilzen* wird der Harnstoff direkt aus Ammoniak gebildet. Fruchtkörper verschiedener Lycoperdonaceen bilden, wenn man ihnen Ammoniak als Gas oder in Salzform bietet, Harnstoff. Man kann die Harnstoffbildung bei den Pilzen, ebenso wie die Asparagin- und Glutamin-Bildung, als Entgiftungsprozeß von „eigenem" oder zugeführtem $NH_3$ deuten (18). Da sich der Harnstoff zur Zeit der Sporenreife anhäuft und beim Reifeabschluß rasch verschwindet und da er sich bei Stickstoffüberschuß und Kohlehydratmangel anhäuft und bei Gegenwart von Kohlehydraten rasch verbraucht wird, ist man berechtigt, *den Harnstoff in Parallele zu den beiden anderen*

*Amiden als intermediär gebildetes Reserveprodukt anzusprechen, dessen Stickstoff bei Gegenwart von Kohlehydraten in Form von* $NH_3$ *abgespalten und zur Bildung von Eiweiß verwendet wird.*

Nach den Untersuchungen von IWANOFF (18) häuft sich der Harnstoff sowohl in den Basidiomyceten als auch in Schimmelpilzen bei Stickstoffüberschuß und Zuckermangel an. Bei Zuckerzufuhr wird er zur Eiweißsynthese verwendet. Taucht man Fruchtkörper von Bovisten (Lycoperdon), Champignons (Psalliota) und Tricholoma mit den Stielen in eine Glucoselösung, so dringt diese in den Pilzhut ein. Hier hemmt sie in einem Falle die in den Geweben stattfindenden autolytischen Prozesse, die zur Bildung von Harnstoff führen, im anderen Falle ruft sie Abnahme und sogar völliges Verschwinden des vorher vorhandenen Harnstoffs hervor. Mit dem Verbrauch von Harnstoff in Gegenwart von Glucose geht stets eine Zunahme der durch Bleiessig fällbaren Stickstoffverbindungen und überhaupt von komplizierteren, in Wasser unlöslichen Stickstoffverbindungen einher.

Die Bildung und Anhäufung von Harnstoff in Pilzen hängt aber nicht allein vom Mangel an Kohlehydraten, sondern auch von einem Überschuß der Stickstoffnahrung ab. Bei ein und derselben Pilzart (Lycoperdon piriforme) kann Harnstoff bis zu 4,3 % angehäuft werden, wenn hoher Gesamtstickstoffgehalt vorliegt (7,9 %), und ist gar nicht vorhanden bei niedrigem Gesamtstickstoffgehalt (4,2 %). Die Bildung und Anhäufung des Harnstoffs in Champignons läßt sich in Kultur auf stickstoffreichem Nährboden steigern und kann dann bis zu 14 % des Trockengewichts erreichen (17).

Wir erkennen, daß der Harnstoff in den Pilzen in denjenigen Fällen angehäuft wird, in denen sich in den grünen Pflanzen Asparagin und Glutamin bilden. Der Überschuß von stickstoffhaltiger und der Mangel an kohlenstoffhaltiger Nahrung führt eine bedeutende Bildung von Harnstoff in den Pilzen mit sich. Asparagin wird ebenso in Gegenwart von überschüssigem Stickstoff angehäuft; die Leguminosen, welche viel Eiweiß enthalten, liefern am meisten Asparagin. Aus den Versuchen von IWANOFF (21) folgt, daß Harnstoff in Abwesenheit von Kohlehydraten gebildet wird und verschwindet, wenn solche den Pilzen zugeführt werden. Von den etiolierten, Asparagin enthaltenden Pflanzen ist bekannt, daß „Belichtung" und die dadurch bewirkte Bildung von Kohlehydraten ebenfalls von einem Verschwinden der vorher angehäuften Amide begleitet wird. Außer diesen Merkmalen zeigt sich noch die Ähnlichkeit des Pilzharnstoffs mit den Amiden der höheren Pflanze darin, daß Harnstoff, Asparagin und Glutamin nur bei *Anwesenheit von Sauerstoff* gebildet werden (nach Eintragen der Pilze in eine Wasserstoffatmosphäre hört die Harnstoffbildung auf) (24).

Schimmelpilze und Bakterien sind imstande, aus dem Eiweiß ihres Substrates Harnstoff zu bilden und unter gewissen Bedingungen anzuhäufen (22, 19). Die harnstoffbildende Eiweißkomponente ist das *Arginin.* Bei dieser Spaltung tritt *kein Ornithin* auf, sondern der restliche Stickstoff des Arginins wird als Ammoniak frei. Das Ornithin wird offenbar weiter verarbeitet. Auch bei höheren Pflanzen ist Ornithin noch nicht festgestellt worden, trotzdem der Harnstoff der höheren Pflanze ganz, bzw. zum Teil, aus dem Arginin stammt.

*Nach allem scheint der Harnstoff in den Pilzen die gleiche Rolle zu spielen, wie Asparagin und Glutamin in den Samenpflanzen.*

Über die Harnstoffgenese bei den *höheren Pflanzen* wurden von KLEIN und TAUBÖCK (33) in den letzten Jahren umfangreiche Untersuchungen vorgenommen. Die Verfasser hatten schon 1927 bei der Fütterung harnstoff-freier Keimlinge mit Arginin Ergebnisse erhalten, die für die geradezu notwendige Annahme, daß der Harnstoff der höheren Pflanzen aus Arginin entstehe, eine experimentelle Stütze bildeten. In Wasserkulturen wurde aus Arginin sowohl im Medium durch die Wurzel, als auch in der Zelle Harnstoff abgespalten.

Der Argininzerfall, katalysiert vom Ferment Arginase, verläuft nach folgendem Schema:

$$\begin{matrix} H_2N \\ HN \end{matrix}\!\!\!\!>\!C{-}NH\cdot(CH_2)_3CH(NH_2)COOH + H_2O = \begin{matrix} H_2N \\ H_2N \end{matrix}\!\!\!\!>\!CO + NH_2(CH_2)_3CH(NH_2)COOH\,.$$

In jedem Pflanzeneiweiß ist Arginin vorhanden. KLEIN und TAUBÖCK untersuchten nun mit sehr empfindlichen Methoden in Bilanzversuchen bei einer Anzahl von Harnstoffpflanzen unter verschiedenen physiologischen Bedingungen die Verschiebungen der Fraktionen: Eiweißarginin, freies Arginin und Gesamtharnstoff unter Mitbestimmung der wichtigsten Stickstoff-Fraktionen (Eiweiß-N, Amino- und Amido-N, löslicher N nach KJELDAHL). Die Versuche zeigten, daß dort, wo Harnstoff auftritt, Arginin verschwindet, das vorher allenfalls zuerst aus der Eiweißbindung freigemacht wird. Die verschwundenen Argininmengen reichen in fast allen Fällen aus, die entstandenen Harnstoffmengen zu erklären, in einzelnen Fällen (Phaseolus, Cucumis) entsteht mehr Harnstoff als dem verschwundenen Arginin entspricht. Man wird in diesen Fällen neben der Entstehung aus Arginin keine grundsätzlich andere Harnstoffbildung annehmen müssen, zumal in den Pflanzen, und zwar gerade in den Familien der in Betracht kommenden, argininähnliche Körper vorkommen, z. B. in *Canavalia* eine von KITAGAWA und TOMITA entdeckte argininähnliche Base, die unter dem Einfluß von Schweineleberextrakt (Arginase) neben einem unbekannten Paarling Harnstoff abspaltet. Dieser Körper findet sich sicher nicht nur in Canavalia. Möglicherweise ist er auch bei Phaseolus eine Harnstoffquelle, ein Substrat für arginatischen Abbau. Bezüglich Cucumis sei auf das Carbaminyl-Ornithin (Citrullin) hingewiesen, das in Citrullus vulgaris, aber nach neuesten Ergebnissen auch sonst bei Cucurbitaceen und in anderen Familien vorkommt. Citrullin enthält ein vorgebildetes Harnstoffmolekül.

Neuerdings haben KLEIN und TAUBÖCK in größerem Maßstab Phaseolus und Zea in sterilen Wasserkulturen mit Argininsalzen gefüttert und mit den neuen quantitativen Methoden untersucht. Es ergab sich, daß die Pflanzen aus den sterilen Lösungen ungespaltenes Arginin aufnehmen und in der Zelle abbauen, wobei Harnstoff entsteht. Die Harnstoffpflanze (Phaseolus) hat dabei in höherem Maße als Zea die Fähigkeit, den gebildeten Harnstoff in Ureidform festzulegen. Auf Grund aller bisherigen Versuche nehmen die Verfasser an, *daß die Hauptmenge des Harnstoffs der höheren Pflanze durch fermentativen Abbau von Arginin und argininähnlichen Körpern entsteht.*

Daneben könnte in manchen Fällen ein Teil des Harnstoffes auch aus dem Purinkörperstoffwechsel stammen. Ausgangs- und Zwischenprodukte (Harnsäure, Allantoin, Allantoinsäure), sowie die Fermente, die diese Körper umsetzen, hat R. FOSSE in Pflanzen nachweisen können. Näheres darüber ist zu finden bei A. WINTERSTEIN, dieser Band, S. 362.

Durch die hier kurz besprochenen Versuche, erscheinen andere Wege der Harnstoffentstehung weitgehend ausgeschlossen, z. B. die Bildung aus Ammoniumcarbonat durch Wasserabspaltung (über Carbamat als Zwischenprodukt) oder eine oxydative Bildung. Rein chemisch kann aus Zuckern, Glycerin, Formaldehyd und anderen Körpern durch geeignete Oxydation in Gegenwart kleiner Mengen von Ammoniak Harnstoff gebildet werden, ebenso bei der Oxydation von Aminosäuren aus Eiweiß (Zwischenprodukte sind Blausäure und Cyansäure) und einer Reihe anderer Körper.

$$CH_2O \xrightarrow[-2\,H_2O]{+NH_3+O} HCN \dashrightarrow{+O} CONH \xrightarrow{+NH_3} OC\begin{matrix} NH_2 \\ NH_2 \end{matrix}$$

Eine Zusammenstellung ist zu finden bei R. FOSSE, a. a. O. (S. 85 ff.).

Die Möglichkeiten der Harnstoffentstehung sind auch ausführlich von KIESEL (27) besprochen.

Es sei noch erwähnt, daß die beiden mit dem Harnstoffstoffwechsel verknüpften Fermente *Urease* und *Arginase* sehr weit verbreitet in der Pflanze vorkommen.

**5. Bestimmung des freien Harnstoffs in der Pflanze.** Wie KLEIN und TAUBÖCK (36) zeigen konnten, macht freies Carbamid in der Pflanze nur einen Bruchteil des Gesamtharnstoffes aus. Wenn überhaupt freier Harnstoff zu finden ist, lassen sich Mengen bis zu etwa 30 mg pro 100 g Frischgewicht feststellen. Häufig ist neben Ureidharnstoff überhaupt kein freies Carbamid nachzuweisen.

Für den Nachweis des freien Harnstoffs in der Pflanze kommt *nur die Ureasemethode* in Betracht. Mit der Xanthydrolmethode wird auch gebundener Harnstoff erfaßt. Auch andere Methoden des Nachweises (Farbreaktionen, Bromlaugeverfahren) sind nicht spezifisch für freies Carbamid und kommen außerdem für den Pflanzenorganismus wegen zu vieler Fehlerquellen nicht in Betracht.

Die Urease greift ganz spezifisch nur freien Harnstoff an. Es ist kein Harnstoffderivat und kein Ureid bekannt, das durch Urease gespalten würde.

Die Spaltung durch Urease ist fast monomolekular und verläuft — allerdings nur bei genauer Einhaltung der optimalen Bedingungen — *praktisch* bis zu 100 %. (Angaben über Ureasewirksamkeit siehe bei Lövgren (43), ferner Rona (56). Das optimale $p_H$ der Ureasereaktion liegt zwischen $p_H$ 7,2 und 7,4; bei höherem $p_H$ tritt sehr rasch Hemmung ein, langsamer bei niederem $p_H$. Bei einem $p_H$ von weniger als 2 wird das Ferment zerstört. Optimale Temperatur: 45°.

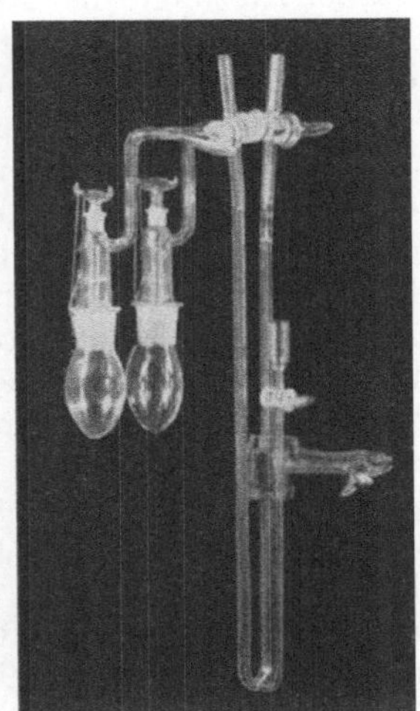

Abb. 22.

Nicht alle Ureasepräparate sind gleichwertig. Wir ziehen Ureasepräparate aus Jackbohnen (*Canavalia ensiformis*) den Präparaten aus Sojabohnen oder der Bakterienurease vor. Am bewährtesten sind die Ureasetabletten „Squibb" (Squibb and Sons, New York) und die Arlington-Urease (Jack-Bean Meal der Firma Arlington, New York).

Nach beendeter Reaktion kann der Harnstoff vermittels des gebildeten *Ammoniak* oder an der *Kohlensäure* bestimmt werden. In Pflanzenextrakten lassen sich beide Arten der Bestimmung verwenden (Klein und Tauböck [32], s. auch Weissflog [73]); vorzuziehen ist (Klein und Tauböck) die Bestimmung der gebildeten *Kohlensäure*.

a) Die manometrische Bestimmung von *Kohlensäure* auch nach Ureasespaltung des Harnstoffs, ist von klinischer und tierphysiologischer Seite in zahlreichen, besonders auch apparativen Modifikationen für biologische Flüssigkeiten angewendet worden. Das Barcroftsche Differentialmanometer (Abb. 22) erwies sich am geeignetsten. Die Ausmaße der Apparate sind folgende:

| | |
|---|---|
| Volumen der Manometergefäße | 15 cm³ |
| Länge der Manometerschenkel | 250 mm |
| Kaliber des Manometerrohres | 1 mm |

Abb. 23.

Als Sperrflüssigkeit wird Nelkenöl oder Brodiesche Flüssigkeit verwendet. Die Manometergefäße (einschließlich Gasraum über der Flüssigkeit) müssen auf 0,1 cm³ gleich groß sein. Eine geeignete Einrichtung (Abb. 23) ge-

[1] Für den Nachweis und die Bestimmung von Harnstoff in reiner Lösung sei auf W. Rosenthaler, „Nachweis der organischen Verbindungen", S. 502, verwiesen. Es eignet sich jede der dort dargestellten Methoden.

Die Biochemie und die Bestimmung des Harnstoffs im *tierischen Organismus* bringt ausführlich mit Berücksichtigung der gesamten chemischen und physiologischen Literatur H. Sickel in Abderhaldens Biochemischem Handlexikon (65).

stattet, nach Beendigung der Reaktion Mengen bis 1 cm³ verdünnter Schwefelsäure zum Austreiben der Kohlensäure im geschlossenen System zuzusetzen. Zwei Dreiweghähne ermöglichen, die Manometercapillare mit der Außenluft oder mit den Manometergefäßen in Verbindung zu setzen. Die Verwendung des Differentialmanometers macht die Methode von der Außentemperatur unabhängig und gestattet, Versuch und Kontrolle in einer Bestimmung vorzunehmen; alle Einzelheiten über die „Verwendung des Differentialapparates von BARCROFT", Eichung (nach der modifizierten HOFMANNschen Methode), Einfluß von Temperatur und Druck sind zu finden bei E. MÜNZER und W. NEUMANN (49). Es genügt auch, die Manometer mit eingestellter Natriumcarbonatlösung *empirisch* zu eichen. Bei der Eichung kommt in das Versuchsgefäß die Carbonatlösung, ins Kontrollgefäß kohlensäurefreies Wasser. Die einzelnen Manometer zeigen kleine Abweichungen voneinander. Bei unserem Manometer *E* entsprechen 0,7329 mg $CO_2$ (= 1 mg Harnstoff) bei normalem Druck 155 mm Differenz. Kleinere oder größere Mengen geben proportionale Werte. Da sich 1 mm Differenz mit Genauigkeit ablesen läßt, kann man Harnstoffmengen bis etwa 10 $\gamma$ bestimmen und quantitative Unterschiede von weniger als 10 $\gamma$ angeben. (Durch Verwendung feinerer Capillaren konnten wir die Empfindlichkeit der Manometer für manche Bestimmungen um etwa 30% steigern. Die Änderung der Manometerkonstante mit dem Barometerdruck kann für praktische Zwecke vernachlässigt werden.)

Die Bestimmung von Harnstoff in *reiner Lösung* geht folgendermaßen vor sich: Ins Versuchsgefäß kommt die Harnstofflösung (5 cm³), mit einem Gesamtgehalt von etwa 0,01—1,5 mg Harnstoff, dazu 1 cm³ m/15 Phosphatpuffer nach SÖRENSEN vom $p_H$ 7,2 und 1 cm³ Ureaselösung (Urease SQUIBB 1 : 100). Das Kontrollgefäß wird mit 6 cm³ destilliertem Wasser und 1 cm³ Pufferlösung beschickt. Wasser, Puffer- und Ureaselösung müssen $CO_2$-frei sein. Die Manometer werden mit 0,5 cm³ $H_2SO_4$ (30 proz.) beschickt, verschlossen und $^1/_2$ Stunde in den Thermostaten bei 37° eingehängt. (Man hat bei der von uns angewandten Ureasemenge bezüglich Zeit und Temperatur einen großen Spielraum.)

Nach Beendigung der Ureasereaktion läßt man durch eine Drehung der Manometergefäße im Schliff die Schwefelsäure zur Austreibung der Kohlensäure zufließen, hängt das Manometer mit den Gefäßen in ein Wasserbad von Raumtemperatur (bei Verwendung von Differentialmanometern ist man bei den Versuchen von der absoluten Temperatur unabhängig) und liest nach etwa 10 Minuten, während derer man das Manometer mit der Hand ständig leicht schüttelt, ab. Zur Berechnung wird die abgelesene Niveaudifferenz in den beiden Manometerschenkeln multipliziert mit dem bei der Eichung gefundenen Kohlensäure- bzw. Harnstoffwert pro 1 mm. Bei genauer Eichung der Manometer mit Carbonatlösungen entsprechen die mit eingestellten Harnstofflösungen erhaltenen Werte den theoretischen, da die Urease unter den gewählten Bedingungen den Harnstoff praktisch zu 100% zersetzt.

Die Bestimmung von freiem Harnstoff *in Pflanzen* geht folgendermaßen vor sich: Das frische Material wird mit destilliertem Wasser bei Zimmertemperatur unter Zusatz von Quarzsand gründlich verrieben und durch ein Hartfilter, allenfalls nur über Watte, filtriert. Für eine Bestimmung, einschließlich Kontrolle, werden etwa 10 cm³ Extrakt, entsprechend etwa 3 g Frischgewicht, benötigt. Der frische Extrakt hat normalerweise ein $p_H$ von weniger als 6. Die eigene Urease der Pflanzen ist bei diesem $p_H$ nicht imstande, Harnstoff in kurzer Zeit meßbar zu zersetzen. Der Extrakt wird in zwei Teile geteilt und mit einigen Tropfen einer Phenolphthaleinlösung versetzt. Nun wird mit kohlensäurefreier KOH so weit neutralisiert, bis der Extrakt Lackmuspapier blau färbt, dagegen selbst noch nicht gefärbt ist. Je 5 cm³ des Extraktes werden für den Versuch bzw. für die Kontrolle verwendet. Ins Versuchsgefäß kommen zu den 5 cm³ Extrakt noch 2 cm³ destilliertes Wasser und 1 cm³ der beschriebenen kohlensäurefreien Ureaselösung, ferner 1 cm³ m/15 Phosphatpuffer $p_H$ 7,2. Das Kontrollgefäß wird außer mit 5 cm³ Extrakt mit 1 cm³ Pufferlösung und mit 3 cm³ einer schwachen, kohlensäurefreien Mercuricyanidlösung beschickt. Das Mercuricyanid verhindert die Tätigkeit der eigenen Urease der Extrakte, die sich bei manchen ureasereichen Pflanzen besonders störend bemerkbar macht (Soja, Canavalia u. a. m.).

Mercuricyanid hat sich nach vielen Versuchen für die Ureasehemmung am besten bewährt. Andere Quecksilber- und Schwermetallsalze waren weit weniger wirksam (z. B. Quecksilberchlorid). Es ist nur zu beachten, daß das Versuchsgefäß nicht mit Mercuricyanid in Berührung kommt, weil schon die geringsten Spuren stören würden.

Die Proben werden dann so, wie bereits beschrieben, weiterbehandelt. Zu Pflanzenextrakten zugesetzter Harnstoff wird mit dieser Methode praktisch quantitativ wiedergefunden.

*Berechnung*:

Harnstoffmenge $= a \cdot f$

$a$ = Ablesung in Millimeter
$f$ = durch empirische Eichung des Manometers gefundener Harnstoffwert für 1 mm

b) Man kann auch das durch die Ureasereaktion frei werdende *Ammoniak* messen. Am besten ist es, den Pflanzenextrakt durch Schütteln mit Permutit (Natriumpermutit nach Folin, zu beziehen durch die Permutitgesellschaft, Berlin) ammoniakfrei zu machen, dann zu puffern, mit Urease zu versetzen und nach Beendigung der Reaktion (1/2 Stunde bei ca. 37°) das gebildete Ammoniak zu bestimmen. Der Extrakt wird zu diesem Zwecke mit 5 g Permutit 1/4 Stunde gleichmäßig in einem Kjeldahlkolben geschüttelt; dann wird der Extrakt abgegossen, der Permutit gewaschen, mit 50 cm³ destilliertem Wasser versetzt und der Kolben an eine Wasserdampfdestillationsapparatur (s. Bd. II, S. 95, Abb. 33) angeschlossen. Das Ammoniak wird durch Zufügen von 5 cm³ konzentrierter KOH durch den Tropftrichter im Kjedahlkolben frei gemacht, in eine mit Säure beschickte Vorlage übergetrieben und schließlich am besten colorimetrisch mit Nesslers Reagens bestimmt. Das Destillat wird dazu zweckmäßig auf 50 cm³ verdünnt. Die in Betracht kommenden Mengen geben bei dieser Verdünnung gut colorimetrierbare Farben. Eine *direkte* Neßlerisation des Permutits ohne Destillation ist bei Pflanzenmaterial wegen störender *Chromogene*, die vom Permutit ebenfalls absorbiert und durch Lauge unter Rotbraunfärbung frei gemacht werden, nicht möglich. An Stelle von Permutit kann auch ein anderer künstlicher Zeolith, „Doucil", verwendet werden (s. S. 215).

Man kann auch in Trockenmaterial freien Harnstoff bestimmen. Man muß in diesem Falle ein besonderes Trocknungsverfahren anwenden, das sich überhaupt für allgemeine Verwendung empfiehlt.

Die Pflanzenteile, Keimlinge usw., werden in flüssigem Stickstoff, in flüssiger Luft oder durch Einhängen in einen Kühlraum von —20° (24 Stunden lang) durchfroren und darauf unter eine Vakuumglocke, die mit Schwefelsäure und Phosphorpentoxyd beschickt ist, gebracht. Hierauf wird gut evakuiert. In dem Maße, als die Pflanzen auftauen — was wegen des isolierenden, luftverdünnten Raumes in der Verdunstungskälte sehr langsam vonstatten geht — werden sie ausgetrocknet; nach 24 Stunden ist das Material trocken und kann pulverisiert werden. Vom Trockenmaterial verwendet man 3 g auf 100 cm³ Wasser; für die manometrische Bestimmung werden davon 5 cm³ verwendet.

Die manometrische Harnstoffbestimmung läßt sich auch für Harnstoffbestimmungen in Nährlösungen usw. mit Erfolg verwenden. Serienbestimmungen lassen sich leicht durchführen.

Die manometrische Methode kann auch sehr zweckmäßig zur *Ureasebestimmung* herangezogen werden. Man verfährt folgendermaßen: Der auf Urease zu prüfende Pflanzenextrakt wird neutralisiert und auf ein $p_H$ von 7,2 gepuffert. In das Versuchsgefäß kommen 6 $cm^3$ des gepufferten Extraktes, dazu 1 $cm^3$ einer Harnstofflösung 1 : 1000 (= 1 mg Harnstoff). In das Kontrollgefäß bringt man ebenfalls 6 $cm^3$ Extrakt und setzt 1 $cm^3$ $CO_2$-freies Wasser zu. Nach Einbringen in den Thermostaten bei 37° auf die Dauer einer halben Stunde wird die Schwefelsäure zugesetzt und die auftretende Kohlensäure gemessen, die ein Maß der Ureasewirksamkeit darstellt.

**6. Formen und Bestimmung von gebundenem Harnstoff.** Wie die Untersuchungen mit der Ureasemethode gezeigt haben, liegt der Harnstoff der Pflanzen zu einem großen Teil nicht frei, sondern gebunden vor.

Für Pilze liegen über die Art der sicher vorhandenen Ureide noch keine Untersuchungen vor.

Für die höheren Pflanzen gibt FOSSE das Vorkommen eines Kondensationsproduktes von Harnstoff mit Glyoxylsäure (Glyoxylsäurediureid = Allantoinsäure) an. Allantoinsäure zerfällt beim Kochen in Harnstoff und Glyoxylsäure. Sie wurde angegeben in jungen Blättern von *Acer platanoides* und in den grünen Hülsen der Bohnen. Das Anhydrid dieses Ureides ist das Allantoin, das ebenfalls in der Pflanze vorkommt (s. Beitrag WINTERSTEIN).

```
  HN—CH—NH                HN—CH—NH
OC<  COOH  >CO          OC<   |    >CO
  H2N      NH2            HN—CO    NH2
  Allantoinsäure            Allantoin
```

KLEIN und TAUBÖCK zeigen, daß bei höheren Pflanzen Ureide von *Formaldehyd* und *Acetaldehyd* vorkommen. Die Formaldehydverbindung wird nur in assimilierenden grünen Pflanzen gebildet, die Acetaldehydverbindung vor allem in atmenden, etiolierten. Diese Ureide sind noch nicht rein dargestellt.

Dagegen kennt man rein chemisch eine Reihe von Aldehyd-Ureiden. Unter verschiedenen Bedingungen können Harnstoff und Aldehyde, vor allem Formaldehyd und Acetaldehyd, in verschiedenen Mengenverhältnissen zu Verbindungen zusammentreten.

Im folgenden ist eine Reihe solcher Ureide angeführt.

Formaldehyd-Diureid (Methylendiureid):

```
  HN—CH2—NH
OC<        >CO              Fp. 230°.
  H2N      NH2
```

Acetaldehyd-Diureid (Äthylidendiureid):

```
     CH3
      |
  HN—CH—NH
OC<        >CO              Fp. 181°.
  H2N      NH2
```

Monomethylolharnstoff:

```
  NH2
OC<                         Fp. 111°.
  HN—CH2OH
```

Dimethylolharnstoff:

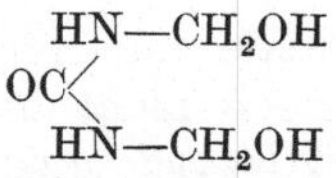

$$OC\begin{matrix} \diagup HN-CH_2OH \\ \diagdown HN-CH_2OH \end{matrix} \qquad \text{Fp. } 126^0 \text{ (Zsp. } 260^0).$$

Methylenharnstoff $(C_2H_4ON_2)_2$:
wahrscheinlich

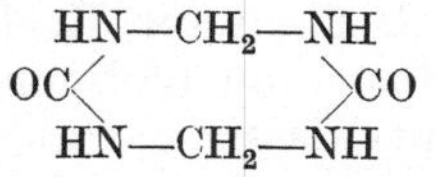

$$OC\begin{matrix} \diagup HN-CH_2-NH \diagdown \\ \diagdown HN-CH_2-NH \diagup \end{matrix}CO \qquad \text{Fp. } 250^0 \text{ (Zersetzung).}$$

Äthylidenharnstoff (analog wie Methylenharnstoff), Fp. 255—256°.
Crotonylidenharnstoff (analog wie Methylenharnstoff), Fp. 243°.
Glyoxylsäure-Diureid (Allantoinsäure):

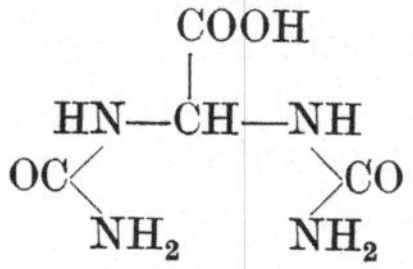

$$\begin{matrix} & COOH & \\ & | & \\ HN- & CH & -NH \end{matrix}$$
$$OC\begin{matrix} \diagup HN \quad\quad NH \diagdown \\ \diagdown NH_2 \quad\quad NH_2 \diagup \end{matrix}CO \qquad \text{Fp. } 193^0.$$

Glyoxylsäure-Diureid-Anhydrid (Allantoin):

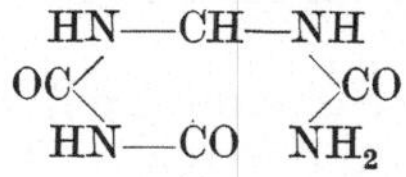

$$OC\begin{matrix} \diagup HN-CH-NH \diagdown \\ \diagdown HN-CO \quad NH_2 \diagup \end{matrix}CO \qquad \text{Fp. } 231^0 \text{ (Zersetzung).}$$

Glyoxyl-Diureid:

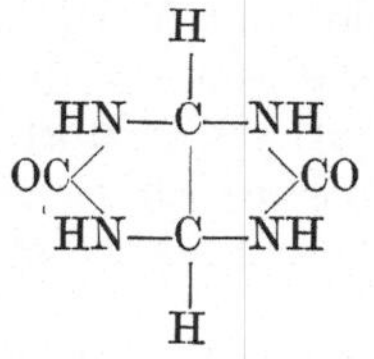

$$\begin{matrix} & H & \\ & | & \\ HN- & C & -NH \\ & | & \\ HN- & C & -NH \\ & | & \\ & H & \end{matrix} \quad OC\langle \;\; \rangle CO \qquad \text{Fp. } 290\text{—}295^0 \text{ (Zersetzung).}$$

Ebenso wie Harnstoff läßt sich auch Thioharnstoff mit Aldehyden kondensieren. Die Kondensation von Harnstoff mit höheren Aldehyden ist noch nicht gelungen.

Außer den Kondensationsprodukten von Harnstoff mit Aldehyden sind zunächst rein chemisch auch Kondensationsprodukte mit *Aldosen* bekannt. Das erstemal von SCHOORL dargestellt, lassen sie sich jetzt nach der Methode von HYND (15) einfach und mit sehr guter Ausbeute gewinnen.

$$\begin{matrix} CH=N\cdot CO\cdot NH_2 \\ | \\ (CHOH)_4 \\ | \\ CH_2OH \end{matrix} \qquad \begin{matrix} \text{Glucoseureid} \quad C_7H_{14}O_6N_2 \\ \text{Fp. } 207\text{—}208^0 \\ [\alpha]_D^{20} = -23{,}3^0 \end{matrix}$$

Das Glucoseureid kann sich mit einem weiteren Molekül Harnstoff zum *Glucoseureidharnstoff* addieren

$$(C_7H_{14}O_6N_2)\cdot(CH_4ON_2) \qquad \text{Fp. } 170\text{—}172^0$$
$$[\alpha]_D^{20} = (-17{,}60^0) - (-18{,}18^0).$$

Aus dem Organismus sind solche Ureide noch nicht isoliert worden.
Ob vielleicht Ureide nach der Art des *Maretin*

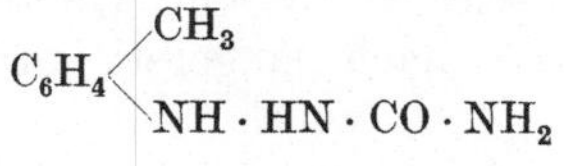

$$C_6H_4\begin{matrix} \diagup CH_3 \\ \diagdown NH\cdot HN\cdot CO\cdot NH_2 \end{matrix}$$

oder *Kryogenin*

$$C_6H_4\langle{}^{CONH_2}_{HN-HN-CO-NH_2}$$

als pflanzliche Ureide im Harnstoff-stoffwechsel eine Rolle spielen, ist noch nicht untersucht.

*Nachweis der Aldehyde aus Ureiden.* Wenn es sich darum handelt, die Art der vorliegenden Ureide zu erkennen, stehen zwei Wege zur Verfügung.

1. Man kann nach Spaltung der Ureide durch Kochen am Rückflußkühler unter Methonzusatz das gebildete Aldomethon bestimmen.

*Frisches* Pflanzenmaterial wird mit Wasser extrahiert, mit 1 proz. $Na_2CO_3$ und 1 proz. Methon versetzt und $^1/_2$ Stunde am Rückflußkühler gekocht. Der abgekühlte Extrakt wird mit Salzsäure schwach angesäuert und mit der doppelten Menge niedrigsiedendem reinstem Petroläther zweimal ausgeschüttelt, wobei allenfalls gebildetes Aldomethon in den Petroläther übergeht. Der Petroläther wird im Vakuum abgedampft, der Rückstand in wenigen Kubikzentimetern einer 5 proz. Sodalösung aufgenommen und mit Salzsäure schwach angesäuert. (Klein und Werner [37]). Die nun ausfallenden Aldomethone bzw. deren Anhydride können nach den Mikromethoden von Klein und Linser (31) leicht identifiziert werden.

Es wurde bisher auf diese Weise in harnstofführenden Pflanzen *Formaldehyd* und *Acetaldehyd* festgestellt.

2. Man kann die Ureide (wenigstens zum Teil) intakt mit Xanthydrol fällen. Aldehyd-Ureide geben Xanthydrolprodukte. Die Xanthydrolprodukte der Allantoinsäure, des Glyoxylsäurediureids beschreibt Fosse. Er hat es auch aus Pflanzen dargestellt. Methylendiureid und Methylidendiureid geben zwar keine reinen Xanthydrolprodukte, da im essigsauren Milieu sehr rasch Spaltung der Ureide einsetzt, so daß immer Dixanthylharnstoff mitfällt. Glykoseureid reagiert mit Xanthydrol nicht, von Glykoseureidharnstoff fällt nur das zweite locker gebundene Harnstoffmolekül. Glykoseureid selbst gibt kein Xanthydrolprodukt.

Am besten ist es in Alkohol-Eisessig 1 : 1 zu fällen. Doch ist die Verunreinigung durch Dixanthylharnstoff für die Bestimmung der Aldehyde in den Ureidxanthydrolprodukten nicht störend.

Die Ureidxanthydrolprodukte spalten bei Behandlung mit Phosphorsäure im Mikrodestillationsapparat von Klein (37) Aldehyde ab. Es bilden sich in der vorgelegten Dimedonlösung Krystalle der entsprechenden Aldehydverbindungen, die, wie eben beschrieben, identifiziert werden können. Dixanthylharnstoff spaltet keinen Aldehyd ab.

Der Aufarbeitungsgang ist folgendermaßen:

Das frische Pflanzenmaterial wird mit Alkohol-Eisessig (1 : 1) unter Zerreiben extrahiert und der Extrakt durch ein Tuch gegossen. Das Xanthydrol wird in 10 proz. methylalkoholischer Lösung hinzugefügt. Es ist dabei häufig notwendig, etwas Essigsäure zuzusetzen, um das Xanthydrol in Lösung zu halten. Nach 2 Stunden wird filtriert und der Niederschlag aus Alkohol umkrystallisiert. Der kurz getrocknete Niederschlag kommt in ein Kölbchen, das man aus einem Glasrohr bläst, dazu 4 cm³ konzentrierte Phosphorsäure. Beim Zufügen der Phosphorsäure dürfen die Wände des Kolbenhalses nicht benetzt werden. Dann wird der Kolbenhals zu einer Capillare ausgezogen und dabei abgebogen. In der Vorlage, die durch einen Wasserstrahl gekühlt wird, befindet sich eine kaltgesättigte Methonlösung. Das Kölbchen wird am Sandbad 10 Minuten lang erhitzt. Wenn Ureidprodukte vorlagen, bildet sich in der Vorlage allenfalls nach längerem Stehen ein Niederschlag von Aldomethon.

## Quantitative Bestimmung.

*a) Manometrisch.* Der Gesamtharnstoff der Pflanze wird nach Aufspaltung der Ureide am besten ebenfalls *manometrisch* bestimmt. Den Wert für den Ureid-Harnstoff erhält man dann aus der Differenz von Gesamtharnstoff und freiem Harnstoff. Zur Bestimmung des Gesamtharnstoffes geht man am besten von Trockenmaterial aus. Die Pflanzenorgane werden bei 80° zur Gewichtskonstanz getrocknet und dann unter sorgfältiger Vermeidung von Verlusten möglichst fein gepulvert. 3 g Pulver, das sich bei Zusatz von etwas Thymol monatelang unverändert aufbewahren läßt, werden mit 50 cm³ 2 proz. Essigsäure 30 Minuten am Rückflußkühler gekocht. Man kann auch schon mit 0,5—0,6 g Trockenmaterial das Auslangen finden, da zu einer Bestimmung nur 10 cm³ Extrakt gebraucht werden. Man wird jedoch überall, wo es die Menge des Materials zuläßt, eine Anzahl Parallelbestimmungen machen. Der gekochte Extrakt läßt sich leicht durch ein Hartfilter filtrieren. Die Weiterverarbeitung ist dieselbe wie bei der Bestimmung des freien Harnstoffs. Es ist in diesem Fall jedoch nicht notwendig, den Kontrollversuch mit Mercuricyanid zu versetzen, da die eigene Urease der Pflanzen beim Trocknen zerstört wird. Anstatt der $Hg(CN)_2$-Lösung werden 3 cm³ destilliertes Wasser zugesetzt.

*b) Mit Xanthydrol.* Zur Bestimmung des Gesamtharnstoffes kann man sich auch der Methode der Xanthydrolfällung (FOSSE) bedienen. Sie beruht auf der Fällung des Harnstoffes mit Xanthydrol als Dixanthylharnstoff in essigsaurer Lösung nach folgendem Schema:

$$O{=}C\begin{cases} NH_2 + HO{-}HC\genfrac{}{}{0pt}{}{C_6H_4}{C_6H_4}O \\ NH_2 + HO{-}HC\genfrac{}{}{0pt}{}{C_6H_4}{C_6H_4}O \end{cases} = O{=}C\begin{cases} HN{-}HC\genfrac{}{}{0pt}{}{C_6H_4}{C_6H_4}O \\ HN{-}HC\genfrac{}{}{0pt}{}{C_6H_4}{C_6H_4}O \end{cases} + 2\,H_2O$$

Das Reagens Xanthydrol wird, da es zersetzlich ist, in kleinen Mengen frisch bereitet; käufliches Xanthydrol erweist sich sehr oft als verdorben. Die Herstellung erfolgt durch Reduktion von Xanthon. Als bestes Verfahren hat sich das von WERNER (74) in folgender Form bewährt:

25 g Xanthon werden in einer Lösung von 100 g NaOH in 1000 cm³ Alkohol gelöst und mit 100 g Zinkstaub 4 Stunden lang am Rückflußkühler gekocht.

Nach Beendigung der Reaktion wird das $Zn(OH)_2$ abfiltriert, nötigenfalls zweimal, und das zweite Filtrat in 5 l Wasser filtriert. Hierbei fällt das Xanthydrol als weißer Niederschlag aus, der nach kurzem Stehen abfiltriert, mit Wasser gewaschen und im Vakuumexsiccator getrocknet wird; Ausbeute: 22 g Xanthydrol.

Xanthon kann aus Salol leicht und billig hergestellt werden (63).

200 g Salol werden in einem Destillierkolben von ca. 1 l Inhalt auf dem Drahtnetz etwa 6 Stunden lang mit Wasser gekocht, wobei infolge einer sekundären Reaktion eine größere Menge Phenol — fast 1 Mol auf 1 Mol Salol — abdestilliert. Der nun dunkelbraune Inhalt des Destillierkolbens wird im Vakuum einer Wasserstrahlpumpe destilliert und gibt rund 70 g Roh-Xanthon, das aus 750 cm³ Weingeist umkrystallisiert wird und etwa 60 g rein weißes, in Nadeln krystallisierendes Produkt ergibt. Fp. 173.

Xanthydrol ist leicht löslich in Eisessig und Essigsäure (von mindestens 50%), ferner leicht löslich in Methyl- und Äthylalkohol, unlöslich in Wasser; der Schmelzpunkt (mikro) liegt bei 105°, vorher Sublimation bei ca. 100° (Xanthon schmilzt bei 170°, sublimiert bei etwa 120°).

Dixanthylharnstoff ist in Eisessig, kaltem Äthyl- und Methylalkohol sowie in Wasser praktisch unlöslich, löslich in heißem Äthyl- und Methylalkohol, in kochendem Pyridin und Dioxan, kann also aus diesen Solventien umkrystallisiert werden.

Zersetzungspunkt (mikro) . . . . . . . . . . . . . ca. 260°
vorher Sublimation zwischen . . . . . . . . . . . 190—240°

Das Sublimat ist unzersetzter Dixanthylharnstoff. Die Sublimation verläuft auch bei langer Dauer und auch im Vakuum nicht quantitativ.

Mineralsäuren, Schwermetallhalogenide, Halogene, Peroxyde, Schwefelwasserstoff, Pyrrol, Skatol, Indol reagieren ebenfalls mit Xanthydrol und können die Bestimmung stören. Auch Allantoin gibt mit Xanthydrol eine Fällung. Das Reaktionsprodukt ist Monoxanthyl-allantoin. Dieses schmilzt bei 214° und löst sich im Gegensatz zu Dixanthylharnstoff in stark verdünnter Kalilauge.

*Bestimmung:* Das (bei 80°) getrocknete, pulverisierte Material wird mit 10proz. Essigsäure extrahiert und 20 Minuten am Rückflußkühler gekocht. Dadurch erreicht man Spaltung der Ureide und Reinigung des Extraktes. Der Extrakt wird nun filtriert und mit Eisessig versetzt, so daß eine Essigsäurekonzentration von ca. 60% erreicht wird. Dann wird das Reagens in 10proz. methylalkoholischer Lösung in mehreren Portionen zugefügt. Um genaue Werte zu erreichen, muß man auch bei Pflanzenextrakten die Konzentration der Essigsäure und die Menge des Reagens nach den FOSSEschen Vorschriften entsprechend den zu erwartenden Harnstoffmengen abstimmen.

Bei mehr als 1000 mg Harnstoff im Liter sollen verwendet werden: 20% Wasser, 70% Eisessig, 10% Xanthydrol; bei Harnstoffmengen zwischen 50 bis 1000 mg je Liter ist das beste Milieu zur Fällung: $^1/_3$ Wasser, $^2/_3$ Essigsäure. Für je 100 cm³ werden 5 cm³ der Xanthydrollösung in 6 Portionen hinzugefügt.

Für Mengen von weniger als 50 mg im Liter werden 50% Wasser und 50% Eisessig verwendet, dazu für 100 cm³ 9 cm³ Xanthydrollösung.

Für die Harnstoffbestimmung in Pflanzen empfiehlt es sich, eine möglichst niedrige Essigsäurekonzentration zu wählen.

Die Bestimmung des abfiltrierten und umkrystallisierten (Alkohol, Pyridin) Niederschlages erfolgt *gravimetrisch.* Die Filtration geschieht am besten in SCHOTTschen Glasfiltertiegeln, getrocknet wird bei 105°. Das Reaktionsprodukt wird zur Identifizierung analysiert.

So sehr die Methode der Xanthydrolfällung mit nachfolgender gravimetrischer Bestimmung für pflanzenchemische Zwecke geeignet ist, ist sie doch für physiologische Experimente zu schwerfällig.

Eine Vereinfachung bedeutet die von ALLEN und LUCK (3) vorgeschlagene *Oxydation des ausgefällten Dixanthylharnstoffs* mit Bichromat, die sich beim Harnstoffnachweis im *Harn, Blut* und *tierischen Geweben* bewährte, und bei Pflanzen besonders in den Fällen angewendet werden kann, wo *größere Harnstoffmengen* vorliegen (Pilze). Das Prinzip der Mikromethode beruht auf der titrimetrischen Bestimmung des zur Oxydation des Dixanthylharnstoffes verbrauchten Kaliumbichromats.

An Reagenzien sind notwendig:

Natriumwolframat, 10proz. Lösung.
Schwefelsäure 0,66 n.
Bariumhydroxydlösung, gesättigt.
Kupfersulfatlösung, 20proz.

Xanthydrollösung. 10 g Xanthydrol in 90 g (113 cm³) absolutem Methylalkohol suspendieren, gut durchschütteln. Nach 2 Tagen in eine dunkle, gut verschließbare Flasche filtrieren.

Gesättigte Lösung von Dixanthylharnstoff in Methylalkohol. 10—50 mg Dixanthylharnstoff in 1 l absolutem Methylalkohol suspendieren; mehrere Tage unter gelegentlichem Umschütteln stehen lassen und danach die jeweils erforderlichen Mengen abfiltrieren.

Kaliumbichromatlösung 1 n.
Konzentrierte Schwefelsäure.
Thiosulfatlösung 0,1 n.
Kaliumjodid 10proz.
Stärkelösung.

5 g frisches Material auf geeignete Weise zum Gefrieren bringen, z. B. durch Vermischen mit Kohlensäureschnee oder Einbringen in flüssige Luft (s. S. 205). Das harte Material pulverisieren und in einen 100-cm³-Erlenmeyer überführen. 35 cm³ Eiswasser, 5 cm³ eiskalte 10proz. Natriumwolframatlösung und 5 cm³ 0,66 n Schwefelsäure zufügen. Während des Zusatzes der einzelnen Lösungen das Gemisch energisch durchschütteln. 5 Minuten unter gelegentlichem Umschütteln stehen lassen. Filtrieren, 15 cm³ des Filtrates in einen 25-cm³-Maßkolben überführen. 1 cm³ 20proz. Kupfersulfatlösung, 1 Tropfen 1proz. Phenolphthaleinlösung und hierauf gesättigte Bariumhydroxydlösung zugeben, bis die Mischung eben alkalisch reagiert. Auf 25 cm³ auffüllen, gut durchschütteln und filtrieren. 5 cm³ des Filtrates in ein Zentrifugengläschen von 15 cm³ Inhalt bringen, 5 cm³ Eisessig und 0,5 cm³ 10proz. methylalkoholische Xanthydrollösung zugeben. Zentrifugenröhrchen mit gut sitzenden Stopfen verschließen und stark durchschütteln. 1 Stunde stehen lassen, wobei der Dixanthylharnstoff ausfällt. 10 Minuten bei 2500 Touren zentrifugieren. Überstehende Flüssigkeit dekantieren und Rückstand mit 10 cm³ der gesättigten methylalkoholischen Lösung von Dixanthylharnstoff anrühren. 5 Minuten zentrifugieren, überstehende Flüssigkeit abgießen und Röhrchen kurze Zeit bei 80—90° oder über Nacht bei Zimmertemperatur trocknen.

In das trockene Zentrifugenröhrchen 3 cm³ 1 n Kaliumbichromatlösung und 5 cm³ konzentrierte Schwefelsäure zugeben. Mit dünnem Glasstab umrühren. Die Lösungswärme erhöht die Temperatur genügend, um den Dixanthylharnstoff vollständig zu oxydieren. Die Oxydation verläuft nach folgendem Schema:

$$3CO[NH—CH(C_6H_4)_2O]_2 + 58K_2Cr_2O_7 + 235H_2SO_4 =$$
$$58K_2SO_4 + 58Cr_2(SO_4)_3 + 3(NH_4)_2SO_4 + 253H_2O + 81CO_2.$$

Nach 3 Minuten das Oxydationsgemisch quantitativ mit 60—75 cm³ destilliertem Wasser in einen 250-cm³-Erlenmeyer überführen. 10 cm³ 10proz. Jodkaliumlösung zugeben und in bekannter Weise mit 0,1 n Thiosulfatlösung und Stärkelösung als Indicator das überschüssige Bichromat zurücktitrieren.

1 g Dixanthylharnstoff benötigt 13,54 g Kaliumbichromat zur vollständigen Oxydation oder 1 mg benötigt 2,76 cm³ 0,1 n Bichromatlösung. Da 0,1 mg Harnstoff 0,7 mg Dixanthylharnstoff entsprechen, entspricht 1 cm³ 0,1 n *Kaliumbichromatlösung* = 0,0518 mg *Harnstoff.*

*Diskussion der Methoden.* Zusammenfassend läßt sich über die Methoden der Harnstoffbestimmung in Pflanzen sagen:

Für Serienuntersuchungen, physiologisch-chemische Experimente mit bekannten Harnstoffpflanzen ist die Ureasemethode mit Anwendung des Differentialmanometers in der beschriebenen Form die beste.

Für pflanzenanalytische Untersuchungen ist die FOSSEsche Xanthydrolmethode am besten, da man von größeren Ausgangsmaterialien hinreichende Mengen des Reaktionsproduktes zur genauen Identifizierung erhalten kann.

*Mikrochemischer Nachweis von (Gesamt-)Harnstoff in der Pflanze.* Der mikrochemische Nachweis erfolgt nach der FOSSEschen Reaktion in folgender Weise (TAUBÖCK [69]):

0,6 g *frisches* fein zerkleinertes Material werden mit 3—4 cm³ Eisessig extrahiert. Es können auch entsprechende kleinere Mengen verwendet werden. Die Extraktion erfolgt entweder im Mikroextraktionsapparat (10 Minuten) oder in

Glasröhrchen bei Zimmertemperatur (24 Stunden). Der Extrakt kommt auf einen hohlgeschliffenen Objektträger, dazu mit der Nadelspitze etwas *festes* Xanthydrol, worauf mit einem Deckglas bedeckt wird. Die Präparate werden nach frühestens 4 Stunden unter dem Mikroskop beurteilt. Allenfalls ausfallendes Xanthydrol kann nicht stören. Die Identifikation des Reaktionsproduktes erfolgt am Mikroschmelzpunktsapparat von KLEIN (28).

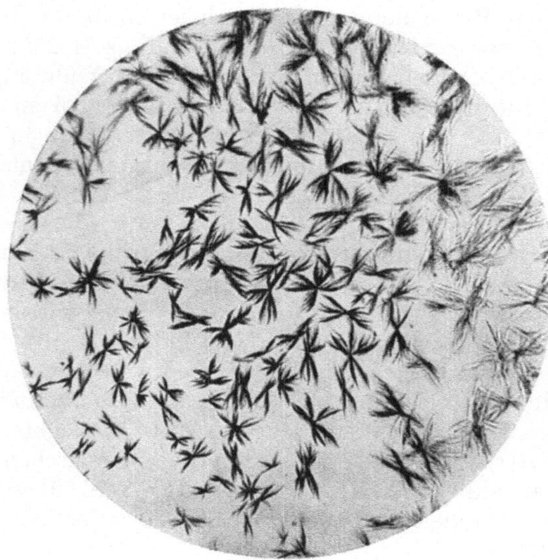

Abb. 24.

Beim Vergleich mit Präparaten aus reinen Harnstofflösungen kann man die ungefähre Konzentration des Harnstoffs im Extrakt schätzen. Abb. 24 zeigt das mikroskopische Bild des Reaktionsproduktes. Falls der Extrakt zu wasserhaltig ist, fallen Xanthydrolkrystalle (Abb. 25) aus. Diese Krystalle müssen durch Zusatz von etwas Eisessig gelöst werden.

**Thioharnstoff,** $SC\langle^{NH_2}_{NH_2}$.

$CH_4N_2S$: C 16,41 %; H 1,41 %; N 38,32 %; S 43,86 %; Mol.-Gew. 73,12.

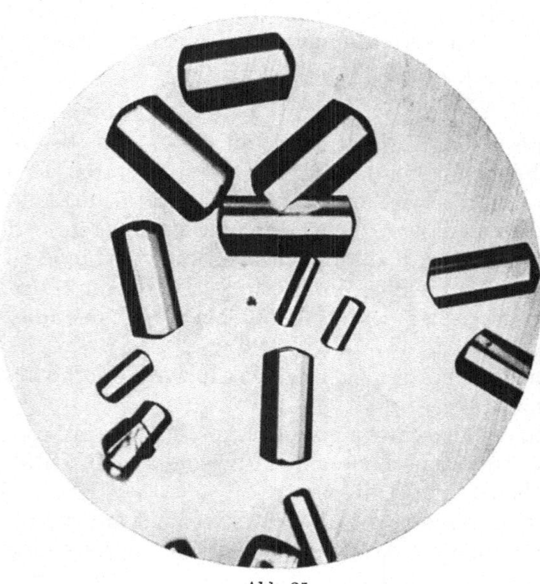

Abb. 25.

KLEIN und FARKASS (30) konnten zunächst mikrochemisch in der Pflanze auch *Thioharnstoff* nachweisen.

Der Nachweis gelang bei Cytisus-Arten mit Palladiumchlorid, das mit Thioharnstoff charakteristische, schwarze Krystalle gibt, sowie mit Xanthydrol. Das Reaktionsprodukt, Dixanthylthioharnstoff, schmilzt ohne vorherige Sublimation schon bei 180° unter Gelbfärbung und Zersetzung, wobei Geruch nach Schwefeldioxyd auftritt. Es ist wahrscheinlich, daß auch der Thioharnstoff in Ureidform gebunden ist. Thioureide nach Art der beschriebenen Harnstoff-Aldehyd-Kondensationsprodukte sind chemisch bekannt. Sie geben Xanthydrolverbindungen, deren Schmelzpunkt niedriger liegt als der von Dixanthylthioharnstoff.

Die quantitative Bestimmung von Thioharnstoff in der Pflanze ist noch nicht durchgeführt. Hingegen gelingt der quantitative Nachweis in Lösungen,

z. B. Nährlösungen für physiologische Versuche durch Fällung als Dixanthylthioharnstoff unter den für Harnstoff beschriebenen Bedingungen. Auch die Titration mit Kaliumbichromat ist möglich (s. S. 210). Dixanthylthioharnstoff verbraucht ebensoviel Kaliumbichromat wie Dixanthylharnstoff (1 g verbraucht 13,5 g Kaliumbichromat).

Thioharnstoff läßt sich auch (am besten in der Größenordnung um 0,01 %) *colorimetrisch* bestimmen. Thioharnstoff gibt mit Essigsäure und Ferrocyankalium eine blaue Färbung, die 12 Stunden stabil ist und gegen einen in der Konzentration möglichst angepaßten Standard colorimetrisch verglichen werden kann. Inwieweit Begleitsubstanzen stören, muß jeweils ermittelt werden.

Für pflanzenanalytische Zwecke kommt allein die Fällung mit Xanthydrol im gereinigten Extrakt in Betracht.

c) **Guanidin,** Carbamidin, Imidoharnstoff.

$$C(=NH)(NH_2)_2 \qquad CH_5N_3\text{: C 20,3\%; H 8,5\%; N 71,2\%. Mol.-Gew. 59.}$$

*Vorkommen.* Bis jetzt nur in wenigen Pflanzen in freiem Zustand nachgewiesen (s. *Arginin*, Abschnitt Aminosäuren). In Wickenkeimlingen, im Zuckerrübensaft, in *Boletus edulis, B. gigas*, wahrscheinlich in Reisschalen, in reifenden Roggenähren.

*Eigenschaften.* Es bildet in Wasser und Alkohol leichtlösliche Krystalle, zerfließlich an der Luft, absorbiert Kohlensäure unter Bildung eines schön krystallisierenden Carbonates (tetragonales System). Die wäßrige Lösung reagiert stark alkalisch.

Beim Kochen mit Barytwasser zerfällt es in Ammoniak und Harnstoff. Es reagiert nicht nach VAN SLYKE mit salpetriger Säure. Bei der Fäulnis entsteht Harnstoff. Wird durch ein Ferment — Guanidinase — das im Mycel von Aspergillus niger vorkommt, bei Gegenwart von Kohlehydraten zu Harnstoff und $NH_3$ abgebaut. Beim Kochen wird es zu Cyanat, Carbonat, Ammoniak und Harnstoff gespalten. Guanidin setzt sich mit Glucose bei Zimmertemperatur oder im Thermostaten derart um, daß das Reaktionsgemisch das Drehungsvermögen weitgehend verliert. Es bilden sich wahrscheinlich ähnliche Verbindungen wie bei der Einwirkung von Harnstoff auf Aldosen.

Durch Phosphorwolframsäure wird Guanidin gefällt, manchmal jedoch nur unvollständig. Nicht fällbar ist es durch neutrales und basisches Bleiacetat.

*Darstellung aus der Pflanze.* Die Isolierung des Guanidins gelang SCHULZE sowohl aus getrockneten als auch aus frischen Keimlingen von Vicia sativa, während er aus ungekeimten Samen kein Guanidin erhalten konnte. Freies Arginin konnte ebenfalls nicht nachgewiesen werden, eine sekundäre Bildung von Guanidin erscheint demnach als unwahrscheinlich.

Die getrockneten, fein zerriebenen, 3 Wochen alten Wickenkeimlinge wurden in der Wärme mit 92proz. Alkohol extrahiert. Nach dem Abdestillieren des Alkohols wurde der Rückstand mit Wasser behandelt und die so erhaltene trübe Flüssigkeit mit Gerbsäure und hierauf mit Bleiessig versetzt. Aus dem Filtrat der Bleifällung wurde das überschüssige Blei mit Schwefelsäure entfernt und dann mit Phosphorwolframsäure versetzt. Der Niederschlag wurde mit verdünnter Schwefelsäure gewaschen und durch Behandlung mit kalter Kalkmilch und etwas Bariumhydroxyd zerlegt. Die von den unlöslichen Calciumverbindungen abfiltrierte, alkalische Lösung wurde, nachdem Kohlendioxyd eingeleitet und der durch letzteres hervorgerufene Niederschlag durch Filtration beseitigt worden war, mit Salpetersäure möglichst genau neutralisiert und sodann im Wasserbad bei gelinder Wärme zum dünnen Sirup eingedunstet. Während des Eindunstens wurde die Flüssigkeit neutral gehalten. Nach einiger Zeit schieden sich blättrige Krystalle aus, welche von der Mutterlauge abgetrennt wurden und zur Reinigung zunächst in 95proz. Alkohol gelöst wurden. Die filtrierte Lösung wurde eingedunstet und der Rückstand aus heißem Wasser umkrystallisiert, wobei salpetersaures Guanidin erhalten wurde.

Aus 1 kg lufttrockener Keimlinge erhält man ca. 0,3 g reines salpetersaures Guanidin, aus den Mutterlaugen läßt sich durch Zusatz von Oxalsäure noch etwas Guanidinoxalat gewinnen.

*Nachweis und Bestimmung.* Die bisher vorliegenden Methoden eignen sich nur zur Identifikation und zur Bestimmung von isoliertem, möglichst rein vorliegendem Guanidin.

Zur Identifizierung eignen sich folgende Verbindungen:

*Silberguanidin* $CH_5N_3Ag_2 + H_2O$. Sehr schwer wasserlöslich. Die Reaktion ist auch mikrochemisch verwendbar. Versetzt man auf dem Objektträger einen Tropfen einer verdünnten Guanidinnitratlösung mit etwas Silbernitrat, bildet sich ein *Doppelsalz,* das in langen, spießförmigen Krystallen ausfällt.

*Guanidinpikrat.* $CH_5N_3 \cdot C_6H_3O_7N_3$ besitzt eine charakteristische Krystallform: hakenförmige oder gezähnte, durch fortgesetzte Zwillingsbildung zustandekommende Platten. Zersetzt sich unter Aufschäumen beim langsamen Erhitzen bei 311—315°. In kaltem Wasser (1 : 2630), Alkohol und Äther schwer löslich. Die Bildung des Pikrates wird durch verschiedene Beimengungen, wie beispielsweise Arginin, verhindert.

*Guanidinpikrolonat.* $CH_5N_3 \cdot C_{10}H_8O_5N_4$ krystallisiert aus heißem Wasser in feinen zu Drusen vereinigten Nadeln. Zersetzungspunkt unter Aufschäumen 272—274°. Das Pikrolonat scheidet sich aus konzentrierter (!) wäßriger Lösung von Guanidincarbonat auf Zusatz von alkoholischer Pikrolonsäure ab, löst sich jedoch im Gegensatz zu Arginin- und Histidinpikrolonat in überschüssigem Alkohol. Wäßrige Lösung von Pikrolonsäure ruft noch in sehr verdünnten Lösungen von Guanidincarbonat Fällung hervor.

*Brompikrolonat.* $CH_5N_3 \cdot C_{10}H_7O_5N_4Br$.

0,5 g Guanidinchlorhydrat, in 0,5 cm³ Wasser gelöst, geben mit einer gesättigten, alkoholischen Lösung von Brompikrolonsäure gefällt, lange Nadeln von Guanidinbrompikrolonat (1,7 g). Löslichkeit in 1 Liter Wasser: 0,17—0,18 g (Raumtemperatur).

*Benzolsulfoguanidin.* $CH_5N_3 \cdot SO_2C_6H_5$. Durch Erwärmen einer Lösung von 3 g Guanidincarbonat in 30 cm³ Wasser unter Zusatz von 6 cm³ 33proz. Natronlauge und 4 g Benzolsulfochlorid, scheidet sich beim Erkalten aus. Aus kochendem Alkohol oder Wasser in weißen Nadeln vom Fp. 212°. Arginin gibt bei gleicher Behandlung keine schwerlösliche Verbindung.

*Guanidinimidazoldicarbonat.* Das Salz der Imidazoldicarbonsäure löst sich bei 20° zu ca. 0,5%. Im Alkohol praktisch unlöslich. Fp. 241—242°. Das Salz gestattet, Guanidin aus Gemischen abzutrennen, wenn hinreichende Mengen vorliegen. Histidin gibt mit Imidazoldicarbonsäure ebenfalls ein Reaktionsprodukt.

*Guanidinflavianat* (40 und 30). Das Salz der 1-Naphthol-2,4-dinitro-7-sulfosäure (Säure des Naphtholgelb S; „Flaviansäure“); Zersetzungspunkt bei 274°; in Wasser zu 0,25%, in n/50 Flaviansäure zu 0,082% löslich.

*Guanidinrufianat* (80). Das Salz der 1,4-Dioxy-anthrachinon-2-sulfosäure (Chinizarinsulfosäure; „Rufiansäure“) schwerlösliche rotbraune Nadeln. Fp. über 350°. In Wasser zu 0,06% löslich.

Guanidin gibt ferner mit an der Luft braun gewordener Nitroprussidnatriumlösung eine rote Farbe, die sich bis zu Verdünnungen von 1 : 10000 colorimetrisch bestimmen läßt, und mit NESSLERS Reagens eine Fällung, die die nephelometrische Bestimmung bis zu 5 $\gamma$ Guanidin in 10 $cm^3$ Lösung gestattet.

*Adsorptionsmethode.* Neuerdings hat J. A. SAUNDERS eine Methode ausgearbeitet, die die Bestimmung kleiner Guanidinmengen in Blut gestattet und die auch für den Pflanzenorganismus angewendet werden könnte.

Die Methode beruht darauf, daß das Guanidin zunächst an Tierkohle angereichert wird. Auf ca. 20 mg Guanidin in 250 $cm^3$ neutralisierter Lösung werden 4 g Tierkohle und 2 $cm^3$ n/1 NaOH angewendet. Es wird geschüttelt und nach zweistündigem Stehen filtriert. Dann wird die Tierkohle mit 100 $cm^3$ angesäuertem Alkohol (n/10 $H_2SO_4$ in 96proz. Alkohol) geschüttelt und über Nacht stehen gelassen. Der Alkohol wird abgedampft, die Schwefelsäure mit $Ba(OH)_2$ (etwas weniger als berechnet) ausgefällt und das Bariumsulfat abzentrifugiert. Dann wird gegen Phenolrot neutralisiert und durch 25 $cm^3$ Doucil filtriert. Doucil ist ein Basenaustauschmaterial ähnlich wie Permutit. Das Doucil wird in eine Bürette gefüllt, durch die die Guanidinlösung ganz langsam durchläuft. Es wird mit 200 $cm^3$ Wasser nachgewaschen. Dann wird das Guanidin vom Doucil freigemacht und zwar mit konzentrierter NaCl-Lösung (50 $cm^3$ pro 20 mg Guanidin, ebensoviel Waschwasser). Auch die Kochsalzlösung muß ganz langsam durch die Bürette laufen. Kochsalzlösung und Waschwasser werden auf dem Wasserbad zur Trockne eingedampft und dann dreimal mit je 10—15 $cm^3$ heißem Methylalkohol extrahiert. Der Methylalkohol wird abgedampft, der Rückstand mit Wasser aufgenommen; das Guanidin kann als Pikrat gefällt werden.

*Doucil*, ein synthetischer Zeolith (13,2 % $Na_2O$, 21,8 % $Al_2O_3$, 65 % $SiO_2$) kann bezogen werden von *Joseph Crosfield & Sons*, Ltd., *Warrington*, England. Vor Gebrauch muß er mit 2proz. Essigsäure und danach mit stark verdünnter NaOH und sehr viel Wasser gewaschen werden.

*Methylguanidin* (65) gibt (ebenso wie *Arginin* und Galegin) SAKAGUCHIS Reaktion. Für diese Reaktion ist der Guanidinrest verantwortlich, falls in einer oder in beiden Aminogruppen *ein* Wasserstoffatom ersetzt ist. Diese Reaktion (mit $\alpha$-Naphthol und Bromlauge) ist sehr empfindlich. Die rote Farbe kann durch Harnstoffzusatz stabilisiert und gut colorimetriert werden. Man kann Guanidin auf diese Weise nach Methylierung bestimmen (Methylierung am besten mit Diazomethan in methylalkoholischer Lösung); Näheres s. bei Arginin.

Man kann auch die Reaktionsfähigkeit des Glykocyamins mit $\alpha$-Naphthol-Bromlauge zum Nachweis des Guanidins verwenden (SAKAGUCHI). Wenn man eine Mischung von Guanidincarbonat und Glykokoll (1 : 2) in einen kleinen Porzellantiegel bringt und einige Stunden mit etwas Wasser auf dem Dampfbad erhitzt, wobei man immer das abgedampfte Wasser ersetzen muß, so bildet sich Glykocyamin, welches noch in großen Verdünnungen die SAKAGUCHI-Reaktion gibt.

*Methylguanidin* selbst (Mono- und Dimethylguanidin) ist bisher im Pflanzenorganismus noch nicht gefunden worden; dagegen findet es sich im tierischen Organismus.

Ein anderes Guanidinderivat, das *Guanidino-i-amylen* (*Galegin*) (s. Beitrag SEKA, Alkaloide, S. 476 ff.), kommt in den Samen, aber auch in anderen Organen von *Galega officinalis* vor und läßt sich in mit Bleiacetat gereinigten Extrakten mittels der modifizierten SAKAGUCHI-Reaktion quantitativ bestimmen. Die Differenzierung gegen das Arginin gelingt durch Kochen mit Schwefelsäure. Näheres s. Beitrag WINTERSTEIN, Aminosäuren, S. 55 dieses Bandes.

### d) **Kreatinin** (Methylglykocyamidin).

```
   ,NH—C=O
  /      |
C=NH     |
  \      |
   N————CH2
   |
   CH3
```

$C_4H_7ON_3$; C 42,5 %; H 6,2 %; N 37,2 %. Mol.-Gew. 113.

*Vorkommen.* Nach den Angaben von M. X. SULLIVAN (68) sowie E. C. SHOREY (64) findet sich Kreatinin in Weizenkeimlingen, Weizenpflanzen, Roggen, Klee, Luzerne, Erbsen und Kartoffeln, ferner auch in Wasser, in welchem Keimpflanzen gezogen wurden, sowie im Erdboden. Neuerdings stellte A. TOKAREWA (71) auch die Anwesenheit von Kreatinin in Keimlingen von Lupinus luteus fest.

Durch eine Untersuchung von W. LINNEWEH (42) wird das Vorkommen von Kreatinin in Pflanzen in Frage gestellt. Der Autor stellte fest, daß der positive Ausfall der unten näher beschriebenen Farbreaktionen nicht beweisend für die Anwesenheit von Kreatinin ist, da eine ganze Anzahl anderer Substanzen (s. u.) ebenfalls eine positive JAFFÉsche Reaktion (26) sowie WEYLsche (76) und SALKOWSKIsche Probe geben. Auch die Darstellung eines krystallisierten Zinkchloriddoppelsalzes darf allein nicht als Nachweis für Kreatinin gelten, da Betain ein ähnliches Zinkdoppelsalz bildet. Ferner ist die von A. TOKAREWA durchgeführte Identifizierung des Kreatinins als Pikrat nicht ohne weiteres gültig, da die Stickstoffwerte des Argininmonopikrates und des Kreatininpikrates innerhalb der Fehlergrenzen miteinander übereinstimmen.

Für die *Bildungsweise des Kreatinins im tierischen Organismus* sind folgende Reaktionsmechanismen angegeben worden. Nach KNOOP (38) und JAFFÉ (26) kann man eine Bildung des Kreatinins bzw. Kreatins durch Abbau von Arginin annehmen:

```
   ,NH2            ,NH2             ,NH2            ,NH2
  /               /                /               /
C=NH            C=NH             C=NH            C=NH
  \               \                \               \
   NH              NH               NH              N—CH3
   |               |                |               |
   CH2             CH2              CH2             CH2
   |               |                |               |
   CH2    ——>      CH2     ——>      COOH    ——>     COOH
   |               |
   CH2             CH2
   |               |
   CHNH2           COOH
   |
   COOH
 Arginin       γ-Guanidino-      Guanidino-       Kreatin
               buttersäure       essigsäure
```

E. ABDERHALDEN und S. BUADZE (1) beobachteten an überlebenden Organen, daß bei Anwesenheit von Arginin, Cholin und Arginase eine Kreatin- bzw. Kreatininbildung erfolgt. E. ABDERHALDEN und P. MÖLLER (2) stellten dann fest, daß das Arginin auch durch Harnstoff ersetzt werden kann.

```
   ,NH2                                           ,NH2
  /                                              /
C=NH                                   ——>     C=NH  + H2N—CH2—CH2—CH2—CH—COOH
  \                                              \                      |
   NH—CH2—CH2—CH2—CH—COOH                         OH                    NH2
                  |
                  NH2
        Arginin                              Isoharnstoff              Ornithin
```

$$CH_2{-}OH \;|\; CH_2{-}N{\langle}^{OH}_{(CH_3)_3} + C{=}NH{\langle}^{NH_2}_{OH} \longrightarrow C{=}NH{\langle}^{NH_2}_{N(CH_3){-}CH_2{-}CH_2{-}OH} \longrightarrow C{=}NH{\langle}^{NH_2}_{N(CH_3){-}CH_2{-}COOH}$$

Da nach den neuesten Untersuchungen von G. KLEIN und H. LINSER (s. Kapitel Betaine) das Vorhandensein größerer Mengen freien Cholins in Pflanzen sichergestellt worden ist und auch Arginase weit verbreitet ist, ist die Möglichkeit, daß sich Kreatinin in der Pflanze nach obigem Reaktionsschema bilden könnte, nicht ganz von der Hand zu weisen. Mit Rücksicht auf die Angaben von W. LINNEWEH ist jedoch vor allem der exakte Nachweis über das Vorkommen des Kreatinins im Pflanzenreich zu erbringen.

*Eigenschaften.* Kreatinin krystallisiert in wasserfreien, monoklinen, wetzsteinförmigen Prismen, aus heißgesättigten Lösungen in Blättchen, beim langsamen Verdunsten kaltgesättigter wäßriger Lösung in Prismen oder Tafeln mit 2 Molen Krystallwasser. Bei 16° in 10—11 Teilen Wasser löslich, leicht löslich in heißem Wasser, wenig löslich in Alkohol (1:625), sehr schwer löslich in Äther. Schmp. 235°. Die Lösungen reagieren alkalisch, und zwar 38 mal stärker als Kreatinlösungen. Die mineralsauren Salze reagieren gegen Lackmus sauer. In wäßriger Lösung, besonders bei Gegenwart von Alkali, erfolgt partielle Umwandlung in Kreatin. Beim Kochen mit Bariumhydroxyd- oder verdünnter Sodalösung erfolgt Zerlegung in Methylhydantoin und Ammoniak. Bei der trockenen Destillation entsteht Dimethylamin.

Mit Sublimat, Chlorzink, Silbernitrat, Mercurinitrat entstehen wenig lösliche Fällungen. Fällbar aus verdünnten Lösungen mit Phosphorwolframsäure und Phosphormolybdänsäure (1:10000). Mit Jod-Jodkalium entsteht keine Fällung.

*Nachweis und Bestimmung.* Zum Nachweis eignen sich Pikrat und Chlorzinkdoppelsalz (siehe hierzu die Bemerkungen unter Vorkommen).

*Chlorhydrat* $C_4H_7ON_3 \cdot HCl$. Prismen und Platten, aus konzentrierter Salzsäure wasserfrei, aus wäßriger Lösung mit Krystallwasser.

*Pikrat* $C_4H_7ON_3 \cdot C_6H_3O_7N_3$. Krystallisiert aus Wasser in langen seidenglänzenden Nadeln vom Schmp. 212—213° in kaltem Wasser schwer löslich. Auch ein leichter lösliches, Dipikrat vom Schmp. 161—166° ist beschrieben.

*Chloroplatinat* $(C_4H_7ON_3)_2 \cdot H_2PtCl_6$. Gelbrote Säulen, leicht löslich in Wasser, wenig löslich in Alkohol. Krystallisiert aus Wasser mit 2 Molen Krystallwasser. Schmp. 220—225° (auch andere Angaben).

*Chloraurat.* $C_4H_7ON_3 \cdot HAuCl_4$ beim Versetzen einer konzentrierten wäßrigen Lösung von Kreatininchlorhydrat mit etwas mehr als der berechneten Menge Goldchlorid. Krystallisiert in gelben Blättchen vom Schmp. 170—174°. Leicht löslich in Wasser und Alkohol.

*Chlorzinkdoppelsalz* $(C_4H_7ON_3)_2ZnCl_2$. Aus Kreatininlösungen mit konzentrierter *neutraler* Chlorzinklösung. Prismen oder feine Nadeln, oft zu gekreuzten Büscheln vereinigt. In kaltem Wasser schwer, in heißem Wasser leichter löslich (1:53,8 bei 15°, 1:27,7 bei 100°), fast unlöslich in Alkohol. In Mineralsäuren und Alkalien leicht löslich.

*Silbernitratdoppelsalz* $C_4H_7ON_3 \cdot AgNO_3$. Nadeln aus Wasser, leicht löslich in heißem Wasser, Zersetzungspunkt 188—190°.

Zum *Nachweis* können folgende Reaktionen herangezogen werden:

1. WEYL*sche Reaktion* (76). Man gibt zu der zu untersuchenden Flüssigkeit eine frisch bereitete, sehr verdünnte Nitroprussidnatriumlösung bis zur deutlichen Gelbfärbung, auf Zusatz von einigen Tropfen verdünnter Natronlauge wird die Lösung tiefrot bis rubinrot, dann verblaßt sie und geht in strohgelb über. Wird diese gelbe Lösung mit Eisessig übersättigt und zum Sieden erhitzt, so färbt sie sich grün, nach längerem Stehen scheidet sich Berlinerblau ab. Diese Reaktion fällt auch positiv aus mit Hydantoin, Acetaldehyd, Dioxyphenylalanin, Furfurol, Lävulinsäure usw.

2. JAFFÉ*sche Reaktion.* Die Reaktion beruht auf der Reduktion von Pikrinsäure in alkalischer Lösung zu Pikraminsäure usw. Auf Zusatz von wäßriger Pikrinsäurelösung und einigen Tropfen Natronlauge zu einer Kreatininlösung (Verdünnung bis 1 : 5000) entsteht eine intensive Rotfärbung. Diese Reaktion

ist zur colorimetrischen Bestimmung von Kreatinin ausgearbeitet worden. Die JAFFÉsche Probe fällt nach W. LINNEWEH (42) besonders beim Anwärmen auch mit einer Anzahl anderer Verbindungen positiv aus, nämlich mit Glucose, Fructose, Lactose, Galactose, Arabinose, Glucosamin, Furfurol, Aceton, Harnsäure usw.

3. *Reaktionen nach* SÁNCHEZ (59). a) Farbreaktion. 0,02—0,03 g Kreatinin werden in 2 cm³ Wasser mit 0,05 g HgO gekocht. Nach dem Dekantieren werden zur Lösung ca. 5 mg Resorcin zugefügt, dann wird mit 2 cm³ konzentrierter Schwefelsäure unterschichtet. Es bildet sich ein blauer Ring. Die Reaktion beruht wahrscheinlich auf der Oxydation des Kreatinins zu Oxalsäure.

b) Reaktion mit Ba-Hypobromit. Beim Kochen von Kreatinin mit Ba-Hypobromit bildet sich ein Niederschlag von $BaCO_3$, da dabei das Kreatinin über Kreatin in Sarkosin und Harnstoff zerfällt, welcher zu $CO_2$ oxydiert wird.

Kreatinin gibt im Gegensatz zu Kreatin keine Diacetylreaktion.

*Quantitative Bestimmung.* Es sind verschiedene Methoden zur quantitativen Bestimmung des Kreatinins im Harn angegeben worden, die sich im Prinzip wohl auch auf Pflanzenmaterial übertragen lassen, wobei jedoch vor allem auf die Anwesenheit störender Begleitsubstanzen Rücksicht zu nehmen ist.

Die colorimetrische Bestimmung des Kreatinins nach FOLIN (11) (Pikrinsäure in alkalischer Lösung) ist von F. S. HAMMET verbessert worden. Eine colorimetrische Bestimmungsmethode geben auch W. AUTENRIETH und G. MÜLLER (5) an. Neuerdings hat E. KOPLOWITZ (39) eine Methode zur quantitativen Bestimmung von Kreatinin (und Kreatin) in kleinen Blutmengen angegeben, die ebenfalls auf der Reaktion mit Pikrinsäure in alkoholischer Lösung beruht. Im Blutplasma wird die Bestimmung folgendermaßen ausgeführt:

3 cm³ Plasma werden in einem Zentrifugenglas mit 4 cm³ destilliertem Wasser gemischt. Dazu kommen tropfenweise unter Umrühren 3 cm³ einer stets frisch bereiteten 10 proz. Trichloressigsäurelösung. Es wird zentrifugiert, die erhaltene klare, eiweißfreie Lösung abgegossen und 1 Tropfen einer 1 proz. Lösung von *p*-Nitrophenol in 96 proz. Alkohol zugesetzt.

Zu 5 cm³ der so erhaltenen Lösung wird zur Neutralisation der überschüssigen Trichloressigsäure so lange 33 proz. Natronlauge zupipettiert, bis die Lösung in Gelb umschlägt (3—4 Tropfen NaOH). Hierzu kommen 5 cm³ eines stets frisch angesetzten Gemisches von 25 cm³ bei Zimmertemperatur gesättigter Pikrinsäurelösung und 10 cm³ einer 3 proz. Natronlauge. Man schüttelt gut durch und läßt 30 Minuten stehen. Dann wird colorimetriert.

Glucose (einem Blutzuckergehalt von 300—400 mg% entsprechend) hat keinen Einfluß auf die Bestimmung.

Von Permutit und Doucil wird Kreatinin nicht adsorbiert.

*Isolierung.* Der exakte Nachweis über das Vorkommen von Kreatinin im Pflanzenreich ist, wie eingangs erwähnt, noch nicht erbracht. A. TOKAREWA (71) beschreibt ein Darstellungsverfahren, nach welchem er ein Pikrat aus Lupinenkeimlingen erhalten hat, welches mit dem Kreatininpikrat identisch sein könnte. Über Darstellung aus anderem Pflanzenmaterial siehe auch M. X. SULLIVAN (68).

*Kreatin*, α-Methylguanidinessigsäure, wurde bisher in Pflanzen nicht nachgewiesen. Durch mehrstündiges Erhitzen mit verdünnter Salzsäure wird es in Kreatinin übergeführt. Darauf beruhen die meisten Methoden zur Kreatinbestimmung. Eine Methode, unverändertes Kreatin neben Kreatinin zu bestimmen, gibt KONRAD LANG (41) an. Diese Methode beruht auf der Diacetylreaktion der Guanidine (Violettfärbung). Siehe auch Beitrag WINTERSTEIN, Aminosäuren, dieser Band, S. 164.

### e) Spilanthol.

$C_{14}H_{25}ON$: C 75,33%; H 11,21%; N 6,27%. Mol.-Gew. 223.

*Konstitution.* Das Spilanthol ist das Isobutylamid der Deca-dien-4,6-säure-1.

$$\begin{matrix} H_3C \\ H_3C \end{matrix} \!\!>\! CH{-}CH_2{-}NH{-}CO{-}CH_2{-}CH_2{-}CH{=}CH{-}CH{=}CH{-}CH_2{-}CH_2{-}CH_3 \,.$$

Die Konstitution ist erst in neuester Zeit durch M. Asano und T. Kamatsu (4) sichergestellt worden. Beim Ozonabbau erhält man Bernsteinsäure und Buttersäure, bei der Spaltung mit Bromwasserstoff Isobutylamin. Mit dem Spilanthol sehr nahe verwandt ist das unten beschriebene Pellitorin, möglicherweise sind diese beiden Amide miteinander identisch. Es ist bemerkenswert, daß die saure Komponente des Spilanthols derjenigen des Capsaicins sehr ähnlich ist, während die basische Komponente, das Isobutylamin auch ein Bestandteil des Fagaramids ist.

*Vorkommen.* In *Spilanthes oleracea* Jaquin.

*Eigenschaften.* Riecht heuartig, auf der Zunge wirkt es anästhesierend, besitzt einen charakteristischen scharfen Geschmack. Sdp. 165° (1 mm).

### f) Pellitorin.

$C_{14}H_{25}ON$: C 75,33 %; H 11,21 %; N 6,27 %. Mol.-Gew. 223.

*Konstitution.* Pellitorin (früher als Pyrethrin bezeichnet) ist ebenso wie Spilanthol das Isobutylamid einer Deca-diensäure. Im Gegensatz zu Spilanthol wurde es in krystallisiertem Zustand erhalten. Möglicherweise ist es identisch mit Spilanthol, es wäre denkbar, daß letzteres noch nicht in ganz reinem Zustand vorliegt. Vielleicht handelt es sich auch um cis-trans-Isomere, wie sie auch bei den Geschmackstoffen des Pfeffers (Piperinsäure und Chavicinsäure) bekannt sind. Dem höherschmelzenden Pellitorin dürfte in diesem Fall die trans-Form zuzuschreiben sein.

*Vorkommen.* Von W. R. Dunstan und H. Garnett (10) aus *Anacyclus pyrethrum* (Pyrethri radix) erhalten worden.

*Eigenschaften.* Sehr leicht löslich in organischen Lösungsmitteln, wenig löslich in Wasser, verdünnten Säuren und Alkalien. Krystallisiert aus Petroläther in Nadeln vom Schmp. 72°. Siedet ähnlich wie Spilanthol im Vakuum (0,3 mm) bei 162—165°. Zersetzt sich an der Luft nach einiger Zeit. Bewirkt starken Speichelfluß. Der Geschmack ist etwa fünfmal weniger stark als derjenige des Piperins.

*Darstellung nach* J. M. Gulland *und* G. U. Hopton (13). 13 kg pulverisierte Wurzeln wurden in Chargen von je 1,5 kg dreimal mit siedendem 95proz. Alkohol ausgekocht; die vereinigten Extrakte im Vakuum eingedampft, mit Sand zerrieben und mit Äther extrahiert. Die ätherische Lösung wurde mit verdünnter Sodalösung ausgeschüttelt, mit Wasser gewaschen und über Natriumsulfat getrocknet. Der Rückstand der Ätherlösung wurde im Hochvakuum fraktioniert, indem zunächst bei 0,3 mm die zwischen 150—275° übergehenden Anteile aufgefangen wurden. Durch wiederholte Fraktionierung wurden schließlich um 165° siedende Anteile gewonnen, die zum Teil krystallisierten. Nach Umkrystallisieren aus Petroläther wurden 5 g = 0,04 % reines Pellitorin erhalten.

### g) Capsaicin.

$C_{18}H_{27}O_3N$: C 70,82 %; H 8,85 %; N 4,59 %. Mol.-Gew. 305.

*Konstitution.* Das Capsaicin ist das Vanillylamid der 8-Methyl-nonen-6-säure-1.

```
                                                                      CH3
                                                                     /
CH3O/\CH2—NH—CO—CH2—CH2—CH2—CH2—CH=CH—CH
HO \/                                                                \
                                                                      CH3
```

Die Konstitutionsermittlung gelang E. K. Nelson (50) und gleichzeitig E. Späth und Mitarbeiter (66), die auch die Synthese des Capsaicins durchführten.

*Vorkommen.* Das Capsaicin ist der besonders die Schleimhäute stark reizende Bestandteil verschiedener Capsicumarten. Die Früchte von *Capsicum annuum* enthalten etwa 0,2 % Capsaicin, diejenigen von *Capsicum fastigiatum* 0,15—0,5 %.

*Eigenschaften.* Capsaicin ist fast unlöslich in kaltem Wasser, nur wenig löslich in heißem, leicht löslich in Alkohol, Äther, Chloroform und Benzol. Infolge seiner phenolischen Eigenschaften löst es sich leicht in Natronlauge. Siedet bei 0,01 mm und 210—220° (Luftbad) unzersetzt, beim Anreiben mit Petroläther krystallisiert es und läßt sich aus niedrig siedendem Petroläther umkrystallisieren. Schmp. 65°. Das Capsaicin schmeckt ungemein scharf. Es lassen sich noch $^1/_{800}$ mg durch den Geschmack nachweisen. Noch in Verdünnungen von 1:2 Millionen ist es am Geschmack zu erkennen (E. H. Wirth und E. N. Gathercoal [78]).

Beim Versetzen einer alkoholischen Lösung von Capsaicin mit überschüssigem Platinchlorid und langsamen Verdunsten tritt Vanillingeruch auf.

*Darstellung nach* K. Micko (44). Die pulverisierten Früchte werden mit Äther extrahiert, der ätherische Extrakt mit alkoholischer Kalilauge schwach alkalisch gemacht und wiederholt mit 90% Alkohol ausgeschüttelt. Das Capsaicin geht vollständig in die untere Schicht. Nach dem Abdestillieren des Alkohols wird mit wenig Wasser aufgenommen. Dieses löst auch einen Teil des rohen Capsaicins. Dem wäßrigen Anteil kann es durch Ansäuern und Extraktion mit Äther entzogen werden. Der ungelöste ölige Teil wird in Alkohol gelöst, mit alkoholischer Silbernitratlösung gereinigt, das Filtrat vom Silberniederschlag mit Kochsalz von Silber befreit, das Filtrat verdampft und der Rückstand mit Wasser behandelt. Das ölige Capsaicin wird mit Äther aufgenommen. Zur weiteren Reinigung wird der Rückstand aus den ätherischen Auszügen mit verdünnter Lauge behandelt, wobei unlösliche Schmieren zurückbleiben. Schließlich krystallisiert man das Capsaicin aus Petroläther-Äthergemisch 9 : 1 um. Zweckmäßig schaltet man in einem früheren Reinigungsstadium eine Hochvakuumdestillation ein.

**h) Fagaramid.** Piperonyl-acrylsäure-isobutylamid.

[Strukturformel: $(CH_2O_2)C_6H_3$—CH = CH—C(=O)—N(H)—$CH_2$—CH($CH_3$)$_2$]

$C_{14}H_{17}O_3N$: C 67,98%, H 6,93%, N 5,67%. Mol.-Gew. 247,15.

Das Fagaramid wurde von Thoms und Thümen (70) aus der Wurzelrinde von *Fagara xanthoxyloides* Lam. isoliert. Krystallisiert aus Alkohol und schmilzt bei 119—120°. Bei längerem Kochen mit 50proz. Kalilauge wird es in Isobutylamin und Piperonyl-acrylsäure gespalten.

Zur Darstellung wird die Droge mit Benzol extrahiert, das Benzol weitgehend abgedampft und das Konzentrat mit Petroläther versetzt, wobei sich das Fagaramid nach einiger Zeit abscheidet. Zur Reinigung wird es mehrmals aus Alkohol umkrystallisiert. Aus 40 kg Droge ließen sich 30 g reines Fagaramid isolieren.

**i) Andere Amide.**

Neben den hier beschriebenen scharf schmeckenden Amiden sind noch besonders hervorzuheben *Piperin* und *Chavicin*, die im Kapitel Alkaloide beschrieben sind. Weitere im Pflanzenreich vorkommende Amide sind: *Lycaconitin*, ein Succinyl-Anthranilsäurederivat (Kapitel Alkaloide); *Colchicin*, ein kompliziertes Amid der Essigsäure (Alkaloide), sowie *Galloyl-leucin* (Aminosäuren).

## Literatur.

(*1*) Abderhalden, E. u. S. Buadze: Ztschr. f. physiol. Ch. **164**, 280 (1927). — (*2*) Abderhalden, E., u. P. Möller: Ebenda **170**, 212 (1927). — (*3*) Allen u. Luck: Journ. Biol. Chem. **82**, 693 (1929). — (*4*) Asano, M., u. T. Kamatsu: Ber. Dtsch. Chem. Ges. **65**, 1602 (1932). — (*5*) Autenrieth, W., u. G. Müller: Münch. med. Wchschr. **58**, 17 (1911).

(6) Bamberger u. Landsiedl: Monatshefte f. Chemie **42**, 183 (1902). — (7) Behrens u. Kley: Organische mikrochemische Analyse. Leipzig: L. Voß 1922.

(8) Cherbuliez, E., u. Chambers: C. r. scéanc. soc. phys. et d'histoire natur. **41**, 139 (1929). — (9) Chibnall: Biochem. Journ. **18**, 395 (1924).

(10) Dunstan, W. R., u. H. Garnett: Journ. Chem. Soc **67**, 100 (1895).

(11) Folin, O.: Ztschr. f. physiol. Ch. **41**, 223 (1904); Journ. Biol. Chem. **17**, 475 (1914). — (12) Fosse, R.: L'Urée. Paris: Les Presses Univ. de France 1928.

(13) Gulland, J. M., u. G. U. Hopton: Journ. Chem. Soc. **137**, 6 (1930).

(14) Hammet, F. S.: Journ. Biol. Chem. **48**, 127 (1921). — (15) Hynd: Biochem. Journ. **20**, 195 (1926).

(16) Iwanoff, N. N.: Biochem. Ztschr. **135**, 327 (1923). — (17) Ebenda **143**, 62 (1923). — (18) Ebenda **154**, 376 (1927). — (19) Ebenda **157**, 229 (1925). — (20) Ebenda **175**, 181 (1926). — (21) Ztschr. f. physiol. Ch. **170**, 274 (1927). — (22) Ebenda **183**, 241 (1930). — (23) Iwanoff, N. N., u. M. I. Smirnova: Biochem. Ztschr. **181**, 8 (1927). — (24) Ebenda **201**, 1 (1928). — (25) Iwanoff, N. N., u. A. N. Awetissowa: Ebenda **231**, 67 (1931).

(26) Jaffé: Ztschr. f. physiol. Chem. **10**, 399 (1886); **48**, 430 (1906).

(27) Kiesel, A.: Ergebn. d. Biol. **2**, 257 (1927). — (28) Klein, G.: Mikrochemie **7**, 192 (1930). — (29)· Ergebn. d. Agrikulturchemie, **2** 143 (1931). — (30) Klein u. Farkass: Österr. bot. Ztschr. **79**, 107 (1930). — (31) Klein, G., u. H. Linser: Mikrochemie **7**, 204 (1930). — (32) Klein, G., u. K. Tauböck: Biochem. Ztschr. **241**, 413 (1931). — (33) Ebenda **251**, 10 (1932); **255**, 278 (1932). — (34) Jahrb. f. wiss. Bot. **73**, 193 (1930). — (35) Ebenda **74**, 429 (1931). — (36) Österr. bot. Ztschr. **76**, 195 (1927). — (37) Klein, G., u. O. Werner: Biochem. Ztschr. **168**, 361 (1926). — (38) Knoop: Ztschr. f. physiol. Ch. **67**, 495 (1910). — (39) Koplowitz, E.: Biochem. Ztschr. **211**, 475 (1929); **221**, 264 (1930). — (40) Kossel u. Gross: Ztschr. f. physiol. Ch. **135**, 167 (1925).

(41) Lang, K.: Ztschr. f. physiol. Ch. **208**, 273 (1932). — (42) Linneweh, W.: Ztschr. f. Biologie **86**, 345 (1927). — (43) Lövgren, St.: Ztschr. f. physiol. Ch. **119**, 245 (1921).

(44) Micko, K.: Ztschr. f. Unters. Nahrgs.- u. Genußmittel **1**, 818 (1899); **2**, 411 (1899). — (45) Molisch, H.: Mikrochemie der Pflanze, S. 113. Jena: Fischer 1923. — (46) Mothes, K.: Planta **1**, 4 (1926). — (47) Ebenda **7**, 585 (1929). — (48) Müller, Ernst: Ztschr. f. Biologie **92**, 513 (1932). — (49) Münzer, E., u. W. Neumann: Biochem. Ztschr. **81**, 319 (1917).

(50) Nelson, E. K.: Journ. Amer. Chem. Soc. **41**, 1115, 1472, 2141 (1919); **42**, 597 (1920); **45**, 2179 (1923).

(51) Padro, M., u. A. Spada: Giorn. Biol. appl. Ind. chim. **1**, 81 (1931). — (52) Pfeffer: Jahrb. f. wiss. Bot. **8**, 530 (1872). — (53) Piutti: Chem. Zentralblatt **1926 II**, 596. — (54) Prjanischnikow, D.: Ber. Dtsch. Botan. Ges. **17**, 151 (1899); Landw. Vers.-Stat. **45**, 265 (1894); Biochem. Ztschr. **150**, 407 (1924).

(55) Ravenna u. Bosinelli: Atti R. Acad. dei Lincei, Roma **29**, 55, 278 (1920). — (56) Rona, P.: Praktikum der physiologischen Chemie, S. 286. Berlin: Julius Springer 1926. — (57) Rosenthaler, W.: Der Nachweis organischer Verbindungen. Stuttgart: Enke 1923.

(58) Sakaguchi, S.: Journ. Biochem. Japan **5**, 25 (1925). — (59) Sánchez, A. J.: Semana médica **37**, 616 (1930). — (60) Saunders, I. A.: Biochem. Journ. **26**, 801 (1932). — (61) Schulze, E.: Ztschr. f. physiol. Ch. **22**, 404 (1896); **24**, 18 (1898). — (62) Schulze, E., u. W. Umlauft: Landw. Vers.-Stat. **181**, 1 (1875). — (63) Seifert: Journ. f. prakt. Ch. **31**, 478 (1885). — (64) Shorey, E. C.: Journ. Amer. Chem. Soc. **34**, 921 (1912). — (65) Sickel, H.: Abderhaldens Biochemisches Handlexikon **12**, 1. Berlin: Julius Springer 1930. — (66) Späth, E.: Ber. Dtsch. Chem. Ges. **63**, 737 (1930). — (67) Straub, H., in E. Abderhalden: Handbuch der biologischen Arbeitsmethoden, Lief. 10, S. 213. — (68) Sullivan, M. X.: Journ. Amer. Chem. Soc. **33**, 2035 (1911).

(69) Tauböck, K.: Österr. bot. Ztschr. **76**, 43 (1927). — (70) Thoms u. Thümen: Ber. Chem. Ges. **44**, 3717 (1911). — (71) Tokarewa, A.: Ztschr. f. physiol. Ch. **158**, 28 (1926).

(72) Virtanen, A. J., u. J. Tarnanen: Biochem. Ztschr. **250**, 193 (1932).

(73) Weissflog, J.: Planta **4**, 358 (1927). — (74) Werner, E. A.: The Chemistry of Urea. New York: Longmans, Green & Co. 1923. — (75) Werner, O.: Mikrochemie **2**, 57 (1925). — (76) Weyl: Ber. Chem. Ges. **11**, 2175 (1878). — (77) Weyland, A.: Jahrb. f. wiss. Bot. **51**, 1 (1912). — (78) Wirth, E. H., u. E. N. Gathercoal: Journ. Amer. Pharm. Assoc. **13**, 217 (1924). — (79) Whitehorn, J. C.: Journ. Biol. Chem. **56**, 751 (1923).

(80) Zimmermann, W.: Ztschr. f. physiol. Ch. **188**, 180 (1930); **189**, 155 (1930). — (81) Zimmermann, W., u. D. Cuthbertson: Ebenda **205**, 38 (1932).

# Systematische Verbreitung und Vorkommen der Amide[1].

Von C. WEHMER und M. HADDERS, Hannover.

## Übersicht.

1. Asparagin,
2. Glutamin,
3. Harnstoff,
4. Thioharnstoff,
5. Guanidin,
6. Fagaramid u. a.

### 1. Asparagin, $C_4H_8O_3N_2$
(*Amino-succinamidsäure*).

Vorkommen: In zahlreichen Familien des ganzen Systems nachgewiesen, besonders bei *Leguminosen, Compositen, Gräsern* und *Liliaceen*; in fast allen Organen vorkommend, vielfach in Keimpflanzen, besonders nach Verdunkelung.

Fam. **Ginkgoaceae:** *Ginkgo biloba* L. (*Salisburia adiantifolia* SM.), Ginkgo; im Samen = *Ginkgonüsse.*

Fam. **Pinaceae** (*Abietineae*): *Pinus silvestris* L., Gemeine Kiefer; in etiol. Keimpflanzen (neben *Glutamin*). — *Picea excelsa* LK., Fichte; wie vorige. — *Abies pectinata* DC. (*A. excelsa* LK.), Edeltanne, Weißtanne; ebenso.

Fam. **Gramineae:** *Zea Mays* L., Mais; in Keimpflanzen, besonders bei Verdunkelung. — *Saccharum officinarum* L., Zuckerrohr; im Rohr; nach anderen fraglich! — *Sorghum saccharatum* PERS. (*Andropogon s.* ROXB.), Zuckerhirse; im Saft des Stengels als *d + l-Asparagin* (neben *Glutamin*). — *Phragmites communis* TRIN. (*Arundo Phragmites* L.), Schilfrohr; im Wurzelstock. — *Hordeum sativum* JESS. (*H. vulgare* L.), Gerste; in jungen Keimpflanzen. — *Triticum sativum* LMK., Weizen; in der Frucht = *Weizen* (Embryo). — *Sasa paniculata* SHIB. et MAK.; in Schößlingen.

Fam. **Cyperaceae:** *Carex arenaria* L., Segge, Riedgras; im Kraut.

Fam. **Liliaceae:** *Colchicum autumnale* L., Herbstzeitlose; in Knolle. — *Hemerocallis fulva* L., Taglilie; im Rhizom. — *Ornithogalum caudatum* AIT.; (alte Untersuchung!). — *Asparagus officinalis* L., Spargel; in der Wurzel. — *A. acutifolius* L.; in jungen Sprossen. — *Convallaria majalis* L., Maiblume; in Kraut u. Wurzelstock. — *C. multiflora* L.; wie vorige. — *Paris quadrifolia* L., Vierblättrige Einbeere; im Wurzelstock, Samenkapseln, jungen Schößlingen.

Fam. **Iridaceae:** *Iris Pseudacorus* L. (*I. lutea* LAM.), Gelbe Schwertlilie; in jungen Trieben.

Fam. **Salicaceae:** *Salix triandra* L. (*S. amygdalina β-triandra* L.); in Blättern u. Rinde als *l-Asparagin.*

Fam. **Moraceae** (*Cannabinoideae*): *Cannabis sativa* L., Hanf; in etiol. Keimpflanzen. — *Humulus Lupulus* L., Hopfen; in Fruchtständen = *Hopfen*, als *l-Asparagin* u. in Hopfenkeimen.

Fam. **Chenopodiaceae:** *Beta vulgaris* L. var. *Rapa*, Zuckerrübe; im Saft unreifer sowie ausgewachsener Rüben als *l-Asparagin* u. in entzuckerten Laugen. — *B. vulgaris* L. var. *crassa*, Futterrübe; im Saft der Wurzel.

Fam. **Nymphaeaceae:** *Nelumbium speciosum* WILLD. (*Nelumbo nucifera* GAERTN.), Lotos; im Rhizom.

Fam. **Ranunculaceae:** *Paeonia albiflora* PALL.; in Blättern. — *Ranunculus acer* L., Scharfer Hahnenfuß; im Kraut.

Fam. **Papaveraceae:** *Papaver*-Species ungenannt.

Fam. **Cruciferae:** *Cochlearia Armoracia* L. (*Armoracia rusticana* LAM.), Meerrettich; in Wurzel = *Meerrettich* (neben *Glutamin*).

Fam. **Platanaceae:** *Platanus orientalis* L., Morgenländische Platane; in Knospen, Trieben u. Blättern.

Fam. **Rosaceae** (*Rosoideae*): *Alchemilla vulgaris* L., Frauenmantel; im Wurzelstock. — (*Pomoideae*): *Pirus communis* L., Birnbaum; in der Frucht = *Birnen.* — (*Prunoideae*): *Prunus Amygdalus* STOK. var. *dulcis* (*Amygdalus communis* L.), Mandelbaum; in der Frucht = *Süße Mandeln.*

Fam. **Leguminosae:** *Pueraria hirsuta* MATS.; in Blättern. — (*Papilionatae*): *Lupinus luteus* L., Gelbe Lupine; in keimenden Samen, grünen u. etiol. Keimpflanzen. — *L. albus* L., Weiße Lupine; in Keimpflanzen als *d-* u. *l-Asparagin.* — *L. angustifolius* L., Schmalblättrige Lupine; in etiol. Keimpflanzen. — *Ulex europaeus* L., Stechginster; in Blüten, als *l-Asparagin.* — *Trifolium pratense* L., Wiesenklee; in Blättern u. Keimlingen. — *Medicago sativa* L., Luzerne, „Alfalfa"; im Saft

[1] *Literaturnachweise*: RONA, ZEMPLÉN u. SICKEL in ABDERHALDEN (s. S. 224, Note 1). — IWANOFF (ebenda). — G. KLEIN u. K. TAUBÖCK (ebenda). — Auch C. WEHMER: Pflanzenstoffe, 2. Aufl. **1** u. **2.** 1929/31.

des Krautes. — *Glycyrrhiza glabra* L. (*Liquiritia officinalis* PERS.), Süßholz; in Wurzel = *Süßholzwurzel*. — *Onobrychis sativa* LAM. (*O. viciaefolia* SCOP.), Esparsette; in Keimpflanzen. — *Robinia Pseudacacia* L., Falsche Akazie, Robinie; in Blüten (als *l-Asparagin*) u. in Wurzel. — *Ervum Lens* L. (*Lathyrus L.* KOCH, *Lens esculenta* MOENCH.), Linse; in Keimpflanzen u. Wurzeln mit Knöllchen. — *Vicia sativa* L., Futterwicke; in jungen Pflanzen, in Samen *asparagin*ähnliche Substanz, in unreifen Samen u. Hülsen, in jungen Keimpflanzen als *l-* u. *d-Asparagin*. — *V. Faba* L., Pferdebohne; in Hülsen, ganzer Pflanze u. Keimpflanzen. — *Pisum sativum* L., Gartenerbse; in jungen Trieben, Fruchtschale, Samen, in belichteten wie etiolierten Keimpflanzen. — *Glycine Soja* SIEB. (*Soja hispida* MNCH.), Sojabohne; in Keimpflanzen. — *Lathyrus tuberosus* L.; in jungen Trieben. — *Phaseolus vulgaris* L., Gartenbohne; in Fruchtschale u. etiolierten Keimpflanzen. — *P. multiflorus* WILLD. (*P. coccineus* LAM.), Feuerbohne, Türkische Bohne; in belichteten sowie verdunkelten Keimpflanzen.

Fam. **Geraniaceae:** *Geranium*-Species ungenannt; im Wurzelstock.

Fam. **Rutaceae** (*Aurantioideae*): *Citrus Aurantium* RISSO, Apfelsinenbaum; im Fruchtfleisch (neben *Glutamin*).

Fam. **Euphorbiaceae:** *Ricinus communis* L., Ricinus, Christuspalme; in Keimpflanzen.

Fam. **Celastraceae:** *Evonymus atropurpurea* JACQ.; in Zweigrinde.

Fam. **Aceraceae:** *Acer Pseudo-Platanus* L., Bergahorn; in jungen Trieben. — *A. campestre* L., Feldahorn; wie vorige.

Fam. **Hippocastanaceae:** *Aesculus Hippocastanum* L., Roßkastanie; in den Knospen.

Fam. **Malvaceae:** *Althaea officinalis* J., Gemeiner Eibisch; in der Wurzel als *l-Asparagin* (= „*Althéine*“). — *A. narbonensis* POUR.; wie vorige.

Fam. **Sterculiaceae:** *Theobroma Cacao* L., Kakaobaum; im Samen = *Kakaobohnen*.

Fam. **Umbelliferae:** *Apium graveolens* L., Gemeine Sellerie; in der Knolle (neben *Glutamin*). — *Daucus Carota* L., Mohrrübe, Möhre; in der Wurzel (= *Mohrrübe*) u. Keimlingen (neben *Glutamin*).

Fam. **Borraginaceae:** *Symphitum officinale* L., Schwarzwurz; im Wurzelstock (= *Beinwellwurzel*).

Fam. **Labiatae:** *Salvia officinalis* L., Gemeine Salbei; in Kraut u. Wurzelstock (neben *Glutamin*). — *Mentha*-Species, Minze; in der Wurzel.

Fam. **Solanaceae:** *Atropa Belladonna* L., Tollkirsche; in Blättern. — *Solanum angustifolium* R. et PAV. (*S. pulverulentum* PERS.); in Blättern, Zweigen u. Blüten als *l-Asparagin*. — *S. tuberosum* L., Kartoffel; im Kraut, in der Knolle (= *Kartoffel*) u. etiol. Trieben („*Keime*“). — *S. tuberosum Cetewayo* (?), Cetewayokartoffel; in Knollen. — *Nicotiana Tabacum* L., Virginischer Tabak; in Blättern, in Keimpflanzen (nur bei Kultur in $CO_2$-freiem Raum).

Fam. **Cucurbitaceae:** *Cucurbita Pepo* L., Kürbis; in Keimpflanzen (neben *Glutamin*).

Fam. **Compositae:** *Helianthus annuus* L., Sonnenblume; in etiolierten Keimpflanzen (neben *Glutamin*). — *Dahlia variabilis* DESF., Georgine, Dahlie; in Knollen (= *Dahlienknollen*) u. etiolierten Trieben. — *Achillea Millefolium* L., Schafgarbe; im Kraut. — *Atractylis gummifera* L. (*Carthamus g.* LAM.), Mastixdistel; in Rinde u. Holz der Wurzel (im Mai). — *Lactuca virosa* L., Giftlattich; im *Lactucarium* (eingetrockneter Milchsaft). — *L. altissima* BIEBST. (*L. sagittata* WILDST. et KITT.); im *französischen Lactucarium*. — *L. sativa* L., Garten-Lattich, Salat; im *Lactucarium*. — *Taraxacum officinale* WIGG. (*Leontodon Taraxacum* L.), Löwenzahn; in Kraut u. Wurzel. — *Scorzonera hispanica* L., Schwarzwurzel; in der Wurzel.

Pilze (*Myxomycetes*):

Fam. **Physaraceae:** *Fuligo varians* SOMMF. (*Aethalium septicum* FR.), Lohblüte; in Sporen u. Plasmodium (neben *Glutamin*).

## 2. Glutamin, $C_5H_{10}O_3N_2$
(*Glutaminsäure-monoamid*).

Vorkommen: In vielen Familien des ganzen Systems, oft neben *Asparagin*, besonders in Keimpflanzen, auch in Samen, Wurzeln, Blättern, Stengeln.

Fam. **Pinaceae** (*Abietineae*): *Pinus silvestris* L., Gemeine Kiefer; in etiol. Keimpflanzen. — *Picea excelsa* LK., Fichte; in Keimpflanzen (neben *Asparagin*). — *P. amabilis* LOUD. — *Abies pectinata* DC. (*A. alba* MILL.); Edeltanne, Weißtanne; in etiol. Keimpflanzen (neben *Asparagin*).

Fam. **Gramineae:** *Zea Mays* L., Mais; in Keimen (Embryo). — *Saccharum officinarum* L., Zuckerrohr; im Rohr (neben *Asparagin*). — *Sorghum saccharatum* PERS. (*Andropogon s.* ROXB.), Zuckerhirse; im Saft des Stengels (neben *d-* u. *l-Asparagin*).

Fam. **Iridaceae:** *Iris Pseudacorus* L. (*I. lutea* LAM.), Gelbe Schwertlilie; in jungen Trieben (neben *Asparagin*).
Fam. **Moraceae** (*Moroideae*): *Ficus Carica* L., Feigenbaum; in Blättern, anscheinend! — (*Cannabinoideae*): *Cannabis sativa* L., Hanf; in etiolierten Keimpflanzen (neben *Asparagin*), unsicher!
Fam. **Polygonaceae:** *Rheum palmatum* L. u. *Rh. officinale* BAILL.; im Wurzelstock (= *Chinesischer Rhabarber*) u. Kraut. — *Rumex*-Species, Ampfer; in Kraut u. jungen Trieben.
Fam. **Chenopodiaceae:** *Spinacia glabra* MILL.; in etiolierten Keimpflanzen. — *Beta vulgaris* L. var. *Rapa*, Zuckerrübe; in Blättern u. Wurzel (= *Zuckerrübe*), in den entzuckerten Laugen. — *B. vulgaris* L. var. *crassa*, Futterwicke; im Saft der Wurzel (neben *Asparagin*).
Fam. **Caryophyllaceae:** *Saponaria officinalis* L., Seifenkraut; in Blättern. — *Spergula arvensis* L., Ackerspörgel; in etiolierten Keimpflanzen.
Fam. **Ranunculaceae:** *Paeonia arborea* DON. (*P. officinalis* THBG.), Pfingstrose, Paeonie; in Blättern u. Rinde des Wurzelstocks.
Fam. **Cruciferae:** *Lepidium sativum* L., Gartenkresse; in Keimpflanzen. — *Cochlearia Armoracia* L. (*Armoracia rusticana* LAM.); im Wurzelstock = *Meerrettich* (neben *Asparagin*). — *Brassica Rapa* L. var. *communis* METZG. (*B. R.* var. *esculenta* KOCH), Weiße Rübe; in Wurzel. — *B. Napus* L., Raps; in etiolierten Keimpflanzen. — *B. Napus* L. var. *oleifera* (*annua*) METZG., Sommerraps; in Keimpflanzen. — *B. Napus* L. var. *napobrassica* (*B. napobrassica* MILL.), Erdkohlrabi; in der Knolle. — *B. oleracea* L. var. *gongylodes* L., Kohlrabi; in Knolle u. Blättern. — *Sinapis alba* L. (*Brassica a.* BOISS.), Weißer Senf; in etiolierten Keimpflanzen. — *Raphanus sativus* L. var. *α radicula* PERS., Radies; in Keimpflanzen u. Wurzel. — *Camelina sativa* CRZ., Leindotter; in Keimpflanzen.
Fam. **Leguminosae** (*Papilionatae*): *Vicia sativa* L., Futterwicke; in Keimpflanzen (neben *d-Asparagin*). — *Pisum sativum* L., Gartenerbse; im Samen = *Erbsen* (neben *Asparagin*).
Fam. **Rutaceae** (*Aurantioideae*): *Citrus Aurantium* RISSO, Apfelsinenbaum; im Fruchtfleisch (neben *Asparagin*).
Fam. **Euphorbiaceae:** *Ricinus communis* L., Ricinus, Christuspalme; in etiolierten Keimpflanzen.
Fam. **Vitaceae:** *Vitis vinifera* L., Weinstock; in Blättern.
Fam. **Umbelliferae:** *Apium graveolens* L., Gemeine Sellerie; in der Knolle (neben *Asparagin*). — *Daucus Carota* L., Mohrrübe, Möhre; in der Wurzel (= *Mohrrübe*) u. Keimlingen (neben *Asparagin*). — *Heracleum Spondylium* L., Gemeine Bärenklau; im Wurzelstock.
Fam. **Labiatae:** *Stachys Sieboldii* MIQ. (*St. tuberifera* ND.); in Knollen = *Japanknollen*. — *St. silvatica* L., Wald-Ziest; im Kraut, anscheinend! — *Salvia officinalis* L., Gemeine Salbei; im Wurzelstock (neben *Asparagin*).
Fam. **Solanaceae:** *Solanum tuberosum* L., Kartoffel; in der Knolle = *Kartoffel* (neben *Asparagin*). — *S. Lycopersicum* L. (*Lycopersicum esculentum* MILL.), Tomate; in der unreifen Frucht (*Tomate*).
Fam. **Cucurbitaceae:** *Cucurbita Pepo* L., Kürbis; in Keimpflanzen (neben *Asparagin*).
Fam. **Compositae:** *Helianthus annuus* L., Sonnenblume; in etiolierten Keimpflanzen (neben *Asparagin*).

Pilze (*Myxomycetes*):
Fam. **Physaraceae:** *Fuligo varians* SOMMF. (*Aethalium septicum* FR.), Lonblüte; in Sporen u. Plasmodium (neben *Asparagin*).

### 3. Harnstoff[1], $CH_4N_2O$ (*Carbamid*).

Vorkommen: Nachgewiesen in zahlreichen Familien des ganzen Systems bei grünen wie chlorophyllfreien Pflanzen, häufig besonders bei *Leguminosen*, *Pilzen*, auch *Orchideen*

[1] *Literatur*: G. KLEIN u. TAUBÖCK: Österr. bot. Ztschr. **76**, 195 (1927); Jahrb. wiss. Bot. **73**, 194 (1930). — RONA, in ABDERHALDEN: Biochemisches Handlexikon 4, 765. 1910/11. — ZEMPLÉN: Ebenda **9**, 167. 1915; **11**, 202. 1924. — SICKEL: Ebenda **12**, 1. 1930. — IWANOFF, Biochem. Ztschr. **135**, 1; **143**, 62 (1923); **154**, 376 (1924); **157**, 229; **162**, 425 (1925). — GORIS et MASCRÉ, BAMBERGER u. LANDSIEDL, zit. bei IWANOFF. — WEYLAND: Jahrb. wiss. Bot. **51**, 1 (1912). — FOSSE, R.: L'Urée, S. 53—58, Paris (Les Presses Universitaires de France) 1928; hier auch Aufzählung der Vorkommen von *Urease* in Pflanzen (insbesondere Samen), S. 59.

und *Araceen*, sowohl in Wurzeln wie oberirdischen Organen (Blättern, Stengel, Rinde, Holz, auch in Blüten, Früchten und besonders häufig in Keimpflanzen). Bei *Pilzen* vorzugsweise in Fruchtkörpern der *Basidiomyceten*. Das Vorkommen ist bisweilen unregelmäßig, nicht konstant, abhängig von den Verhältnissen.

Fam. **Pinaceae** (*Abietineae*): In Keimpflanzen folgender: *Picea excelsa* LK., Fichte, Rottanne (vorübergehend). — *Abies pectinata* DC. (*A. alla* MILL.), Edeltanne, Weißtanne (vorübergehend).

Fam. **Gramineae:** In Keimlingen (nur in Wurzel) folgender: *Triticum sativum* LMK., Weizen; hier auch im ruhenden Korn. — *Secale cereale* L., Roggen. — *Hordeum sativum* JESS. (*H. vulgare* L.), Gerste (u. Gerstenmalz). — *Avena sativa* L., Hafer. — *Zea Mays* L., Mais; hier auch in Frucht (von anderen nicht gefunden) u. ruhendem Korn.

Fam. **Araceae:** In Wurzeln folgender: *Anthurium Scherzianum* SCHOTT. — *A. ferruginense* (?). — *Caladium Humboldtii* SCHOTT.

Fam. **Amaryllidaceae:** *Clivia nobilis* LINDL., nur in Wurzeln.

Fam. **Orchidaceae:** In Blättern, Stengel, Wurzeln u. Knollen folgender (nicht regelmäßig): *Orchis maculata* L., Geflecktes Knabenkraut (auch fehlend!). — *O. latifolia* L., Breitblättriges Knabenkraut (ebenso). — *Ophris muscifera* HUDS. — *Gymnadenia conopea* R. BR., Große Händelwurz. — *Cypripedium*-Species. — *Cattleya Trianaei* LIND. et REICHB. — *Phajus grandifolius* LINDL. (*P. grandiflorus* RCHB.). — *Listera ovata* R. BR. (hier von anderen nicht gefunden). — *Neottia Nidus avis* RICH., Vogelnest (von anderen bestritten). — *Epipactis latifolia* ALL. — *Coralliorrhiza innata* R. BR., Korallenwurz.

Fam. **Fagaceae:** *Castanea vesca* GÄRTN. (*C. vulgaris* LAM.), Marone, Edelkastanie; in Blättern u. Rinde.

Fam. **Moraceae** (*Moroideae*): *Ficus Carica* L., Feigenbaum; in Stamm u. Blattstielen. — *F. benghalensis* L.; wie vorige. — (*Cannabinoideae*): *Cannabis sativa* L., Hanf; in Keimpflanzen (vorübergehend).

Fam. **Urticaceae:** *Urtica dioica* L., Große Brennessel; in Keimpflanzen, Blatt, Stengel u. Wurzelstock (unregelmäßig!).

Fam. **Aristolochiaceae:** *Asarum europaeum* L., Haselwurz (in Wurzel?).

Fam. **Chenopodiaceae:** In Keimpflanzen folgender: *Chenopodium Vulvaria* L., Stinkender Gänsefuß (nur vorübergehend). — *Spinacia oleracea* L., Spinat; auch im Saft der Blätter (vorübergehend). — *Sp. juliana* (?). — *Beta vulgaris* L. var. *Rapa*, Zuckerrübe (Organ?).

Fam. **Portulaccaceae:** *Portulacca oleracea* L., Portulak; im Blatt.

Fam. **Ranunculaceae:** *Anemone silvestris* L., Wald-Windröschen; von anderen nicht gefunden. — *Pulsatilla pratensis* MILL. (*Anemone P.* L.), Küchenschelle; ebenso!

Fam. **Cruciferae:** *Isatis tinctoria* L., Waid, Färberwaid; in Stecklingen; hier von anderen nicht gefunden. — *Brassica Napus* L., Raps; Wurzel, Blätter, hier von anderen nicht gefunden. — *B. oleracea* L., Kohl; wie vorige.

Fam. **Rosaceae** (*Pomoideae*): *Pirus communis* L., Birnbaum; in jungen Trieben u. Rinde. — *P. Aria* EHRH. (*Sorbus A.* CRTZ.), Mehlbeere; in Blättern (vereinzelt). — (*Rosoideae*): *Fragaria vesca* L., Erdbeere; in den Blattstielen. — *Rosa canina* L., Hundsrose; in jungen Trieben (nicht regelmäßig) u. Rinde (Herbst u. Winter). — (*Prunoideae*): *Prunus avium* L., Süßkirsche; unregelmäßig!

Fam. **Leguminosae** (*Mimosoideae*): *Mimosa pudica* L.; in Keimpflanzen (vorübergehend). — *Acacia*-Species. — (*Papilionatae*): *Colutea arborescens* L. (*Caragana a.* LAM.), Blasenstrauch; in jungen Blättern, Blattstielen u. Rinde, nicht im Holz. — *Robinia Pseudacacia* L., Robinie, „Falsche Akazie"; in Keimpflanzen, Blüten, Blättern, Blattstiel, grünen Hülsen, Rinde (nicht im Winter!), Holz (nur im Oktober), nicht gleichmäßig! — *Wistaria sinensis* DC., Glycine; in Holz u. Rinde. — *Pisum sativum* L., Gartenerbse; in Keimpflanzen, frischen Samen u. grünen Hülsen; nach anderen im Samen fehlend. — *Vicia Faba* L., Pferdebohne; in Cotyledonen, Blatt u. Blattstielen (vorübergehend!), nach anderen nicht in Cotyledonen. — *V. Faba* L. var. *minor*, „Kleine Pferdebohne", Féverolle, auch Fève naine?; in Keimpflanzen. — *V. sativa* L., Futterwicke. — *Lathyrus odoratus* L., Wohlriechende Wicke; in Keimpflanzen. — *Phaseolus vulgaris* L., Gartenbohne, Schminkbohne; in Keimpflanzen, grünen Hülsen (*Haricots verts*) u. Kraut, aber nicht in Cotyledonen. — *P. multiflorus* WILLD. (*P. coccineus* LAM.), Feuerbohne; im Blütenboden, Kelch, Blütenstielen u. grünen Hülsen.

*Physostigma venenosum* BALF., Calabarbohnenbaum; in Blatt u. Blattstiel. — *Glycine Soja* SIEB. (*Soja hispida* MNCH.), Sojabohne; in Keimpflanzen. — In allen Organen auch folgender *Lupinus*-Arten: *Lupinus luteus* L., Gelbe Lupine. —

*L. albus* L., Weiße Lupine. — *L. angustifolius* L., Blaue Lupine, Schmalblättrige Lupine. — *L. polyphyllus* LINDL., Vielblättrige Lupine. — *Cytisus Laburnum* L. (*Laburnum vulgare* GRISB.), Goldregen. — *Laburnum anagyroides* MEDIC.; in Keimpflanzen (vorübergehend), besonders in Rinde u. Blättern, Blattknospen, doch ungleichmäßig. — *Petteria ramentacea* PRESL.; in Blüten u. Blütenstielen. — *Canavalia ensiformis* DC., Schwertbohne; in Keimpflanzen. — *Arachis hypogaea* L., Erdnuß (Organ?).

In Keimpflanzen folgender: *Trifolium*-Species (vorübergehend): *T. incarnatum* L., Incarnatklee (*Trèfle*) und anderen. — *Medicago sativa* L., Luzerne, Alfalfa. — *M. lupulina* L., Hopfenklee. — *Lotus villosus* BURM. (vorübergehend). — *L. uliginosus* SCHKR., Sumpf-Hornklee. — *Galega officinalis* L., Geisklee; hier auch in Blättern, Stengel u. Wurzel. — *Onobrychis sativa* LAM. (*O. viciaefolia* SCOP.), Esparsette. — *Ornithopus sativus* BROT. (*O. roseus* DUF.), Serradella (vorübergehend). — *Lens culinaris* MEDIC. (= *L. esculenta* MOENCH., *Ervum Lens* L.), Linse; hier auch in Samen u. grünen Hülsen. — *Sophora japonica* L. (vorübergehend).

Fam. **Tropaeolaceae:** *Tropaeolum majus* L., Kapuzinerkresse, „Unechte Kapper"; in Keimpflanzen (vorübergehend).

Fam. **Linaceae:** *Linum usitatissimum* L., Lein, Flachs; in Keimpflanzen.

Fam. **Rutaceae** (*Aurantioideae*): *Aegle sepiaria* DC. (*Citrus trifoliata* L.); in Blattstiel, Sproß, unreifer Frucht u. Fruchtstiel.

Fam. **Polygalaceae:** *Polygala amara* L., Bittere Kreuzblume (Organ?)[1].

Fam. **Euphorbiaceae:** *Hevea brasiliensis* MÜLL.; bisweilen in Blättern (meist fehlend). — *Euphorbia Cyparissias* L., Zypressenwolfsmilch; in Keimpflanzen (vorübergehend). — *Ricinus communis* L., Ricinus; in Keimpflanzen (vorübergehend), Blatt, Stengel u. Wurzel. — *R. zanzibarensis* hort.; ebenso. — *R. niger* (Organ?).

Fam. **Aceraceae:** *Acer Pseudo-Platanus* L., Bergahorn; in Holz, Rinde, Knospen, jüngsten Blättern (vorübergehend), Blattstielen, Blüten, Blütenstielen, unreifen Früchten (doch ungleichmäßig!) u. Keimpflanzen. — *A. platanoides* L., Spitzahorn; wie vorige. — *A. campestre* L., Feldahorn; in Keimpflanzen, Blattstiel, besonders in Holz, Rinde u. Frucht[2]. — *A. dasycarpum* EHRH., Silberahorn; in Keimpflanzen. — *A. saccharinum* WANGH. (*A. saccharum* MARSH.), Zuckerahorn; in jungen Blättern, Blattstielen, Holz, Rinde u. Keimpflanzen. — *A. tataricum* L.; in jungen Trieben, Knospen, Rinde, Holz, unreifen Früchtchen, auch in Keimpflanzen. — *A. pennsylvanicum* L.; in Keimpflanzen, Rinde und jungen Blättern[3]. — *A. Negundo* L. (*Negundo aceroides* MNCH.), Eschenblättriger Ahorn; in Keimpflanzen. — [*A. monspessulanum* L. enthält dagegen *keinen* Harnstoff!]

Fam. **Hippocastanaceae:** *Aesculus Hippocastanum* L., Roßkastanie; in Blüten, Bl.-Stielen, jungen Fruchtstielen, jungen Blättern (vorübergehend), Holz, Rinde, Knospenschuppen u. Keimpflanzen. — *Ae. Pavia* L. (*Pavia rubra* LAM.), Rote Kastanie (Organ?).

Fam. **Sapindaceae:** *Koelreuteria paniculata* LAXM.; ungleichmäßig, doch in Rinde u. Holz, auch im Dezember; in Keimpflanzen, Holz, Rinde, austreibenden Knospen, Blättern u. Blüten, doch nicht gleichmäßig[3].

Fam. **Caricaceae:** *Carica Papaya* L. (*Papaya vulgaris* DC.), Melonenbaum; in Blättern, Blattstielen, Blütenblättern, -stielen und Schalen unreifer Früchte.

Fam. **Umbelliferae:** *Daucus Carota* L., Möhre, Karotte, „Wurzel"; in Blättern, von anderen nicht gefunden, Wurzel. — *Heracleum Spondylium* L., Gemeine Bärenklau; in Blüten u. unreifen Früchten (nicht regelmäßig!); fehlte aber in anderen *Umbelliferen*-Früchten!

Fam. **Oleaceae:** *Syringa vulgaris* L., Gemeine Syringe, Flieder; im Keimling, bisweilen in Holz u. jungen Trieben.

Fam. **Borraginaceae:** *Symphitum officinale* L., Beinwell, Schwarzwurz; im Wurzelstock. — *Pulmonaria officinalis* L., Lungenkraut (Organ?).

Fam. **Solanaceae:** *Solanum tuberosum* L., Kartoffel; in etiolierten Trieben (später nicht wieder gefunden) u. Knolle.

Fam. **Scrophulariaceae:** *Rhinanthus angustifolius* GM.; in Wurzel?

Fam. **Cucurbitaceae:** *Cucumis sativus* L., Gurke; in Keimpflanzen u. unreifen Früchten. — *C. Melo* L. (*Melo sativus* SAG.), Echte Melone; wie vorige. — *Luffa cylindrica* RÖM. (*Luffa aegyptiaca* MILL.). — *Lagenaria vulgaris* SER. (*Cucumis Lagenaria* L., *Cucurbita L.* L.), Flaschenkürbis. — *Bryonia alba* L., Schwarz-

---

[1] In Literatur ist hier und in einigen anderen Fällen das Organ nicht angegeben!

[2] Über die *Schwankungen* bei den *Acer*-Arten, auch im Verlauf des Jahres, s. G. KLEIN u. TAUBÖCK: a. a. O. S. 213 (auf S. 224, Note 1).

[3] Genaueres s. bei G. KLEIN u. TAUBÖCK: S. 224, Note 1.

beerige Weiße Zaunrübe. — *Cucurbita Pepo* L., Kürbis; in Keimpflanzen. — *C. maxima* Duch., Riesenkürbis („Potiron"); in Saft der Blätter, Frucht u. Keimpflanzen.

Fam. **Compositae:** *Helianthus annuus* L., Sonnenblume; in Keimpflanzen (vorübergehend). — *Lactuca virosa* L., Giftlattich; in Blatt u. Zweigen. — *Cichorium Endivia* L., Endivie; im Saft der Blätter. — *Chrysanthemum indicum* L., Winter-Aster; in Stecklingen.

Farne:

Fam. **Polypodiaceae:** *Aspidium Filix mas* Sw., Wurmfarn (Organ ?).

Schachtelhalme:

Fam. **Equisetaceae:** *Equisetum silvaticum* L., Wald-Schachtelhalm. — *E. limosum* L., Schlamm-Schachtelhalm. — *E. maximum* Lmk. (*E. Telmateja* Ehrh.), Großscheidiger Sch. (Organ ?).

Pilze

(*Zygomycetes*):

Fam. **Mucoraceae:** *Phycomyces nitens* Knze. — *Rhizopus nigricans* Ehrbg. (*Mucor stolonifer* Ehrbg.); in der Kulturflüssigkeit. — *Tieghemella orchidis*; wie vorige.

(*Ascomycetes*):

Fam. **Aspergillaceae:** *Aspergillus niger* van Tiegh. (*Sterigmatocystis n.* Cram.); bei Kultur auf Eiweißlösungen (*Arginin, Edestin* u. a.). — *Penicillium multiflorum* ( ?). — „*P. glaucum*" Lnk., Grüner Pinselschimmel; in der Kulturflüssigkeit.

Fam. **Helotiaceae:** *Sclerotinia Fuckeliana* Fuck. (*Peziza F.*, *Botrytis cinerea* Pers.).

(*Basidiomycetes*):

Fam. **Agaricaceae:** In den Fruchtkörpern von allen folgenden: *Coprinus comatus* Fl. Dan., Walzlicher Tintenschwamm. — *C. stellaris* L. u. *C. diaphanus* Ql. — *Psalliota campestris* L., Feld-Champignon (in der wildwachsenden Form). — *P. pratensis* Schaeff., Wiesen-Champignon. — *Clitopilus Orcella* Bull. — *Pluteus cervinus* Schaeff. — *Marasmius oreades* Bolt. — *Pholiota spectabilis* Fr., Schüppling. — *Cortinarius violaceus* (?). — *Paxillus involutus* Batsch., Kahler Krämpling. — *Tricholoma Georgii* Clus., Georgs-Ritterling. — *T. nudum* Bull., Kahler Ritterling. — *T. sordidum* Fr., Schmutziger Ritterling (junge Fruchtkörper). — *Amanita*-Species ungenannt. — *Lepiota*-Species desgl. — *Clitocybe nebularis* Batsch.

Fam. **Lycoperdaceae:** In den Fruchtkörpern von allen folgenden: *Lycoperdon Bovista* L., Riesen-Bovist. — *L. gemmatum* Batsch., Flaschen-B. — *L. pyriforme* Schaeff., Birnen-B. — *L. saccatum* Fl. Dan., Beutel-B. — *L. echinatum* Pers., Stachliger B. — *L. molle*. — *L. marginatum* Vitt. — *Bovista nigrescens* Pers., Schwärzlicher Bovist.

„*Hyphomycetes*" [*Fungi imperfecti*]:

Bei einigen Arten der Gattung *Acremonium*, Gipfelschimmel, *Diplocladium*, *Amblyosporium* u. *Trichothecium* (*Cephalothecium*) bei Kultur auf Gelatine im Substrat gebildet.

Bakterien:

Fam. **Bacteriaceae:** *Bacillus megatherium* de By. u. *B. tumescens* Zopf; auf Peptongelatine wachsend, aus Aminosäuren (*Alanin, Asparagin, Leucin, Tyrosin*). — *B. mesentericus* Lehm. et Neum., *B. subtilis* F. Cohn., Heubacillus, *B. mycoides* Flügge, Wurzelbacillus u. *Proteus sophii* (*Bacterium s.*); auf Peptongelatine im Nährboden. — *Bacterium fluorescens* Lehm. et Neum. u. *B. coli* L. et N., Colibacillus; nur auf argininhaltigem Hydrolysat von *Edestin*.

### 4. Thioharnstoff (*Thiocarbamid*) $CH_4N_2S$

Vorkommen: Nur für eine Pflanze angegeben (mikrochemisch nachgewiesen).

Fam. **Leguminosae** (*Papilionatae*): *Laburnum anagyroides* Med., in verschiedenen Organen, (nicht bei anderen *Laburnum*-Species!).

### 5. Guanidin, $CH_5N_3$

(*Carbamidin, Imidoharnstoff*).

Vorkommen: Bislang nur in wenigen Familien nachgewiesen.

Fam. **Gramineae:** *Zea Mays* L., Mais; in Keimpflanzen, Embryo (neben *Glutamin*). — *Oryza sativa* L., Reis; in Reisschalen (unsicher!). — *Secale cereale* L., Roggen; im reifenden Korn.

Fam. **Aristolochiaceae:** *Aristolochia gigas* Lindl. (= *A. grandiflora* Arr.) (Organ ?).

Fam. **Chenopodiaceae:** *Beta vulgaris* L. var. *Rapa*, Zuckerrübe; im Zuckerrübensaft.

Fam. **Leguminosae** (*Papilionatae*): *Vicia sativa* L., Futterwicke; in Keimpflanzen.
Fam. **Cucurbitaceae:** *Sicyos edule* JACQ. (*Sechium e.* Sw.); im Saft der Frucht.
Pilze (*Basidiomycetes*):
Fam. **Polyporaceae:** *Boletus edulis* BULL., Steinpilz.

**6. Fagaramid,** $C_{14}H_{17}O_3N$

Vorkommen: Nur in einer Familie nachgewiesen.

Fam. **Rutaceae** (*Rutoideae*): *Xanthoxylum macrophyllum* OLIV.; in Rinde. — *X. senegalense* DC. (*Fagara xanthoxyloides* LAM.); in Wurzelrinde = *Fagararinde* u. im äther. Öl.

7. **Pellitorin, Capsaicin, Piperin, Chavicin, Lycaconitin** und **Colchicin:** s. im Kapitel *Alkaloide* unten. — **Galloyl-leucin** s. *Aminosäuren* S. 181 bei *Leucin (Quercus Aegilops)*. — Über **Kreatinin** s. S. 216, desgl. **Spilanthol** S. 218.

# 37. Amine[1].

Von **ALFRED WINTERSTEIN**, Heidelberg.

## Zusammenfassende Darstellungen.

BARGER, G.: The simpler natural Bases. London: Longman & Green 1914.
GUGGENHEIM, M.: Die biogenen Amine. Berlin: Julius Springer 1924.

**Einleitung.** Unsere Kenntnisse über das Vorkommen der Amine im Pflanzenreich gründeten sich bis vor wenigen Jahren nur auf vereinzelte Angaben. Über die pflanzenphysiologische Bedeutung der Amine war bis in die neueste Zeit nichts bekannt.

Nachdem vor allem durch die Untersuchungen von A. C. CHIBNALL (4), G. KLEIN (12) und K. MOTHES (17) die Frage nach der Art des Eiweißumbaues und Stickstoffumsatzes in Stengeln und Blättern weitgehend gedeutet und wichtige Erkenntnisse über den oxydativen Eiweißabbau im erwachsenen, höheren Pflanzenorganismus gewonnen werden konnten, kam der Forschung nach Proteinabbauprodukten ein erneutes hohes Interesse zu.

Durch die Arbeiten von G. KLEIN und Mitarbeitern (14) und M. STEINER (21) wurde dargetan, daß unter solchen Abbauprodukten, bzw. Produkten des Stickstoffumsatzes die Amine eine weit größere Rolle spielen, als bislang angenommen worden war.

KLEIN fand in einer großen Anzahl von Blüten und in manchen Blättern neben Ammoniak auch verschiedene aliphatische Amine, über welche bisher nur vereinzelte und sehr unsichere Angaben vorlagen.

Bei den verschiedenen Blüten treten Amine nicht für bestimmte Familien und Gattungen charakteristisch auf, sondern ähnlich wie viele andere Stoffe im Pflanzenreich zerstreut, allerdings in gewissen Familien gehäuft. Maßgebend für das Auftreten von Aminen sind nur spezifisch physiologische Ausrüstungen, wie starke Eiweißatmung, mit der häufig eine klare ökologische Einstellung (Insektenanpassung) primär oder sekundär gekoppelt erscheint. Für manche Pflanzen stellen die Amine spezifische Anlockungsstoffe für die Blütenbesucher dar.

**Vorkommen.** Bezüglich des *Vorkommens* der Amine entnehmen wir der Arbeit von G. KLEIN und M. STEINER (15) folgendes:

1. *Ammoniak.* Zur Untersuchung gelangten 99 Arten von Blütenpflanzen aus den verschiedensten Stellen des Systems — und zwar 78 Dikotyle und 21 Monokotyle, dazu 4 Pilze. Bei den höheren Pflanzen wurden von 70 Arten die Blüten, von 14 die Blätter untersucht. *Ammoniak ist nach den Befunden überall und in relativ beträchtlichen Mengen* im Pflanzenkörper vorhanden (100—200 $\gamma$ je 100 g Frischgewicht). Fast alle Pflanzen gaben

[1] Cholin ist im Kapitel Betaine beschrieben.

auch im Exhalat, also gasförmig, Ammoniak. Hierbei wechseln die Mengen ziemlich stark und hängen einerseits von für die Art spezifischen, anderseits von äußerlich bedingten physiologischen und ökologischen Momenten ab.

Das Vorkommen von beträchtlichen Mengen Ammoniak in allen untersuchten vegetativen und generativen Organen beweist, daß *überall und ununterbrochen* in lebenstätigen Organen Ammoniak gebildet wird, das zum größten Teil aus der Desamidierung von Aminosäuren, also dem Eiweißabbau, bzw. Eiweißumbau entstammen muß.

Trotz der Tatsache, daß die Pflanze imstande ist, Ammoniak abzubinden, zu entgiften, festzuhalten und zur Resynthese von Stickstoffverbindungen zu verwerten, geht doch ein Teil vor der Abbindung durch Diffusion verloren.

*Dieser Befund ist neuartig und widerspricht der allgemein angenommenen Auffassung von der strengsten Stickstoffökonomie* und *darf in Zukunft bei der Betrachtung des Stickstoffhaushaltes im Organismus nicht mehr ganz außer acht gelassen werden.*

Wenn auch die Mengen exhalierten Ammoniaks, absolut genommen, gering sind (im Durchschnitt etwa 3 $\gamma$ pro 100 g Frischgewicht in 24 Stunden), so ergibt eine Umrechnung auf 1000 kg Pflanzenmaterial in einer Vegetationsperiode doch 6 g verlorenes Ammoniak, wobei noch zu berücksichtigen ist, daß diese Mengen in den heißen Sommermonaten sicherlich größer sind.

Die Ammoniakproduktion ist abhängig von der spezifischen Größe der Eiweißveratmung der einzelnen Spezies und Organe im normalen Zustand. Die *Blüten* zeigen im allgemeinen als kurzlebige, sich schnell verbrauchende Organe starke Atmung. Besondere Blütentypen (Phallus, Aristolochia gigas, Pirus, Aroideen) haben eine besonders starke Gesamt- und damit auch Eiweißumsetzung. Hierbei lassen sich drei Stadien erkennen: 1. Ansteigen der Eiweißatmung bis zum Höhepunkt der Blütenfunktion (Anthese). 2. Ein vom ersten nicht immer klar zu unterscheidendes Maximum der auf die Anthese folgende Eiweißzersetzung (Proteolyse) im Schauapparat, wo genügend Eiweißreserven vorhanden. 3. Stadium der fermentativen Eiweißspaltung durch Bakterien und Pilze in der beginnenden Fäulnis.

Bei den Blättern ist für die Ammoniakbildung vor allem das Alter maßgebend. Am meisten Ammoniak produzieren junge, wachsende Blätter, aber auch erwachsene Blätter mit ihrem regen Gesamtstoffwechsel bilden Ammoniak (selbst die mehrjährigen Blätter von Buxus).

In der Abhandlung von G. Klein und M. Steiner sind ferner einige Anhaltspunkte gegeben, aus denen der Einfluß von mehr sekundär wirkenden, inneren und äußeren Faktoren ersichtlich oder wahrscheinlich gemacht wird. Die bis jetzt gewonnenen Resultate bedürfen einer Durcharbeitung auf breiter Basis.

2. *Amine.* Von 103 untersuchten Arten enthielten 42 Amine, davon entfallen 35 Vorkommen auf Blüten und 5 auf Blätter.

Nach eigenen Beobachtungen besitzen Früchte der Zaunrübe (Bryonia dioica) einen intensiven Geruch von Trimethylamin.

Manche Pflanzen produzieren nur ein Amin. Methylamin in Mercurialisarten, Trimethylamin in Chenopodium vulvaria, Aristolochia gigas, Chaerophyllum, Hyacinthus usw. Isobutylamin in Berberis, Arum-arten, Isoamylamin in Phallus, Filipendula usw.

Häufig treten zwei Amine bei ein und derselben Pflanze auf: Isobutylamin und Isoamylamin bei Mahonia, Trimethylamin und Isobutylamin bei Viburnum lantana, Amorphophallus, Trimethylamin und Isoamylamin bei Pirus, Sorbus latifolia, Prunus padus, Cornus usw.

Außer Methyl-, Dimethyl-, Trimethyl-, Isobutyl- und Isoamyl-amin konnten keine anderen aliphatischen Monoamine in Pflanzen gefunden werden.

Auffällig ist das Fehlen von Äthylamin, das, ebenso wie es für die Bildung von Isobutyl- und Isoamylamin anzunehmen ist, durch Decarboxylierung aus der entsprechenden Aminosäure entstehen könnte. In diesem Zusammenhang erscheint eine Diskussion über die Frage der *Herkunft der Amine* am Platz.

Monomethylamin wurde bis jetzt in Mercurialisarten und der Wurzel von Acorus calamus nachgewiesen. Würde das Methylamin aus Glykokoll entstehen, so müßte sich dieses in größeren Mengen in diesen Pflanzen nachweisen lassen. Im allgemeinen steht jedoch das in Pflanzen vorhandene Glykokoll mengenmäßig weit hinter dem Alanin zurück, so daß nicht ohne weiteres einzusehen ist, daß nie Äthylamin, wohl aber Methylamin in Pflanzen gefunden wird. Während Valin und Leucin durch Fäulnisbakterien leicht in die entsprechenden Amine übergehen, gelang die Überführung von Glykokoll in Methylamin unter der Einwirkung von Fäulnisbakterien nicht.

Wir neigen zur Ansicht, daß das Methylamin nicht nach folgender Gleichung:

$$H_2N—CH_2—COOH = H_3C—NH_2 + CO_2,$$

sondern auf anderem Wege in der Pflanze gebildet wird.

Es kämen hierbei folgende Bildungsmöglichkeiten in Betracht:

1. Methylierung von Ammoniak durch Formaldehyd.

$$HC\begin{matrix}\nearrow O\\ \searrow H\end{matrix} + NH_3 = HCH\begin{matrix}\nearrow NH_2\\ \searrow OH\end{matrix} + H_2 \rightarrow CH_3NH_2 + H_2O.$$

Die Reduktion des intermediär gebildeten Aldehydammoniaks könnte beispielsweise durch ein zweites Molekül Formaldehyd erfolgen, welches dabei zu Ameisensäure oxydiert würde.

Nach der Auffassung von Barger (2) stammt das Methylamin wahrscheinlicher aus dem Cholin.

2. Spaltung von Cholin.

$$\begin{matrix}CH_2-OH\\ |\\ CH_2-N(CH_3)_3\\ \quad |\\ \quad OH\end{matrix} = \begin{matrix}CH_2-OH\\ |\\ CH_2-OH\end{matrix} + (CH_3)_3N$$

$$(CH_3)_3N + O \rightarrow (CH_3)_2N-CH_2OH \rightarrow \underset{\text{Dimethylamin}}{(CH_3)_2NH} + HCOH$$

$$(CH_3)_2N + O \rightarrow CH_3NH-CH_2OH \rightarrow \underset{\text{Methylamin}}{CH_3NH_2} + HCOH$$

Nach dieser Gleichung wäre auch das Auftreten von Dimethylamin leicht verständlich. Dimethylamin bildet sich aus Hordenin unter der Einwirkung von Kahmhefe oder Oidium lactis.

Als Muttersubstanz des Trimethylamins sind Betain und Cholin (S. 275) anzunehmen. Beide spalten unter der Einwirkung hydrolytisch- und oxydativwirkender Agenzien leicht Trimethylamin ab.

Die Bildung von Iso-butylamin und Iso-amylamin ist mit großer Sicherheit auf die Decarboxylierung von Valin und Leucin zurückzuführen.

**Qualitativer Nachweis der Amine.** Die aliphatischen Amine lassen sich zum Teil, wie z. B. Trimethylamin (S. 238), schon am Geruch erkennen.

Ferner lassen sich mit folgenden Reaktionen, die allerdings oft größere Mengen Substanz benötigen, wertvolle Anhaltspunkte über die Art des vorliegenden Amins gewinnen:

*Reaktion mit* Nesslers *Reagens.* Wäßrige Lösungen der Amine geben mit Nesslerschem Reagens charakteristische Niederschläge, die zur Identifizierung der einzelnen Amine dienen können.

Ammoniak bei größeren Mengen: braune Fällung.

Ammoniak bei geringen Mengen: gelbe Färbung.

Methylamin: gelbe oder orangefarbene, in Wasser schwer lösliche Fällung.

Dimethylamin: rotbrauner Niederschlag.

Trimethylamin: weißer, in Wasser ziemlich löslicher Niederschlag.

*Reaktion nach* Tsalapanti. Neutralisiert man eine Lösung der Methylamine mit Salzsäure, dampft zur Trockne ein, löst in 95proz. Alkohol und erwärmt die alkoholische Lösung mit einer Spur Chloranil (Tetrachlorchinon) auf $70^0$, so tritt Violettfärbung ein. Ammoniak gibt die Reaktion nicht.

*Nitritreaktion.* Primäre Amine lassen sich nach VAN SLYKE (s. S. 104) quantitativ bestimmen.

Sekundäre Amine bilden mit salpetriger Säure Nitrosamine, z. B.:

$$\begin{matrix} H_3C \\ H_3C \end{matrix}\!\!>\!NH + HONO = \begin{matrix} H_3C \\ H_3C \end{matrix}\!\!>\!N{-}NO + H_2O.$$

Nitrosodimethylamin

Die Nitrosamine sind ziemlich beständig, die niederen Glieder lassen sich mit Wasserdampf destillieren. Erwärmt man die Nitrosamine mit Phenol und konzentrierter Schwefelsäure und übersättigt die mit Wasser verdünnte Probe mit Natronlauge, so tritt intensive blaue bis blauviolette Färbung auf (LIEBERMANNsche Reaktion).

Tertiäre Amine reagieren nicht mit salpetriger Säure.

Zum Nachweis tertiärer Amine neben anderen verwendet man zweckmäßig das MAYERsche Reagens (45 g $HgJ_2$ + 35 g KJ auf 100 $cm^3$ Wasser). Diese Lösung gibt mit Ammoniak keinen Niederschlag, sekundäre Amine werden erst aus 0,4proz. Lösungen gefällt, während Trimethylamin schon in 0,01 n Lösungen als gelbe Nadeln der Zusammensetzung $(CH_3)_3N \cdot HJ \cdot HgJ_2$ vom Schmp. $136^0$ ausgefällt wird. Zur Fällung von 60 mg Trimethylamin ist 1 $cm^3$ Reagens erforderlich.

*Isonitrilreaktion.* Primäre Amine geben beim Erwärmen einer alkoholischen Lösung nach Zusatz von Chloroform und Kalilauge (oder in konzentrierter wäßriger Lösung mit Chloroform und Pottasche) Isonitril, das sich durch seinen intensiven, charakteristischen Geruch auszeichnet:

$$CH_3NH_2 + CHCl_3 + 3\,KOH = CH_3{-}N{=}C{=} + 3\,KCl + 3\,H_2O.$$

*Senfölreaktion.* Mit Schwefelkohlenstoff verbinden sich die primären Amine zu alkyldithiocarbaminsauren Salzen. Versetzt man deren Lösung mit einem Schwermetallsalz ($HgCl_2$, $AgNO_3$ usw.) und erwärmt, so erhält man Senföl (Isorhodanwasserstoffsäureester): z. B.

$$C_2H_5{-}N{=}C{=}S \quad \text{Äthylsenföl.}$$

Die Senföle besitzen einen scharfen, an Senf erinnernden Geruch und sind leicht daran zu erkennen.

Senföle kommen in der Natur, z. B. in Cruciferen usw. ziemlich häufig vor, möglicherweise entstehen sie aus Eiweiß unter intermediärer Bildung von Aminen, anderseits können sie auch als Muttersubstanz von Aminen angesehen werden, da sie durch Hydrolyse leicht in diese übergehen.

*Reaktion mit Nitroprussidnatrium.* Die aliphatischen Amine geben mit einer Lösung von Nitroprussidnatrium, die mit etwas Brenztraubensäure versetzt ist, eine violette, auf Zusatz von Essigsäure nach blau umschlagende und dann rasch verschwindende Färbung.

Primäre Amine geben mit Nitroprussidnatrium und Aceton eine orangerote Färbung.

Sekundäre Amine geben mit Nitroprussidnatrium und Acetaldehyd eine Blaufärbung, während tertiäre Amine keine Färbung hervorrufen.

**Flavianate der Amine.** H. SIEVERS und E. MÜLLER (20a) empfehlen Flaviansäure speziell bei der Untersuchung von Bakterienkulturflüssigkeiten als Fällungsmittel für Amine. Über die Regenerierung der Amine aus den Flavianaten s. S. 233.

Flavianat des Methylamins, $C_{11}H_{11}O_8N_3S$. Methylaminchlorhydrat in 96proz. Alkohol lösen und mit einer konzentrierten alkoholischen Lösung von Flaviansäure versetzen, wobei sofort ein reichlicher krystalliner Niederschlag auftritt, der abgenutscht und mit Alkohol gewaschen wird. Schmp. 265—$268^0$ unter Zersetzung. Krystallisiert aus Wasser in mikroskopisch kleinen, länglichen Plättchen. Aus Alkohol kleine Säulen.

Flavianat des Dimethylamins, $C_{12}H_{13}O_8N_3S$. In gleicher Weise dargestellt wie Methylamin-flavianat. Schmp. unter Zersetzung 230—235°. Krystallisiert aus Wasser in mikroskopisch kleinen, doppelseitigen Pyramiden mit quadratischer Grundfläche und abgestumpften Spitzen. Aus Alkohol in hellgelben Plättchen mit quadratischer Grundfläche.

Flavianat des Trimethylamins, $C_{13}H_{15}O_8N_3S$. Wie oben beschrieben dargestellt. Schmp. 217—223° unter Zersetzung. Krystallisiert aus Wasser in mikroskopisch kleinen, hellgelben, kurzen Säulen mit quadratischer Grundfläche. Aus Alkohol krystallisiert diese Substanz ähnlich wie die entsprechende Dimethylaminverbindung.

Flavianat des Cholins, $C_{15}H_{19}O_9N_3S$. Wie oben beschrieben dargestellt. Schmelzpunkt oder Zersetzungspunkt läßt sich nicht feststellen, die Substanz bräunt sich erst und zersetzt sich bei hoher Temperatur. Krystallisiert aus Wasser in großen makroskopischen, durchsichtigen, orangefarbenen rhombischen Platten. Aus Alkohol krystallisiert sie in mikroskopischen Krystallen in Form von Platten und Säulen mit sechsseitiger Grundfläche.

Aus nachfolgender Tabelle ist ersichtlich, daß die Löslichkeit sowohl in Wasser wie auch in Alkohol mit steigender Zahl der Methylgruppen zunimmt, während der Zersetzungspunkt fällt.

| Flavianat von | Verhältnis Base : Säure | N-Gehalt in % | Löslichkeit bei 18° in 100 g Alkohol | Löslichkeit bei 18° in 100 g Wasser | Zsp. |
|---|---|---|---|---|---|
| Methylamin | 1 : 1 | 12,17 | 0,28 g | 3,42 g | 265—268° |
| Dimethylamin | 1 : 1 | 11,70 | 0,51 g | 7,54 g | 230—235° |
| Trimethylamin | 1 : 1 | 11,26 | 0,85 g | 12,14 g | 217—223° |
| Cholin | 1 : 1 | 10,07 | 0,50 g | 30,36 g | — |

**Fällung von Aminen mit Chinizarinsulfosäure (Rufiansäure).** Chinizarinsulfosäure (Rufiansäure) gibt in alkoholischer Lösung mit einer Anzahl von Aminen Niederschläge, die sich in einigen Fällen unzersetzt aus Wasser umkrystallisieren lassen. Man verwendet am besten eine 4proz. Lösung der auf dem Wasserbade getrockneten Rufiansäure in absolutem Äthylalkohol.

**Zerlegung von Rufianaten, Flavianaten, Pikraten und Pikrolonaten mittels Wolle nach H. MÜLLER** (17a). *Vorbemerkungen.* Die Methode beruht darauf, daß sich die Säure aus den genannten Verbindungen in wäßriger Lösung oder Suspension durch Adsorption an Wolle entfernen läßt, und die basische Komponente unter sehr milden Bedingungen sogar in neutraler Lösung gewonnen werden kann. Der Vorgang verläuft nach folgendem Schema:

$$\underset{\text{Ungelöst}}{BR} \rightleftharpoons \underset{\text{Gelöst}}{BR} \longrightarrow (R + \text{Wolle}) + B$$

Die Methode eignet sich besonders zum Aufarbeiten sehr kleiner Mengen (weniger als 10 mg). Für größere Mengen Niederschlag ist verhältnismäßig viel Wolle erforderlich, so daß es hier vorteilhafter ist, die Salze mit Baryt oder basischem Kupfercarbonat zu zerlegen, falls nicht eine schonende Aufarbeitung Bedingung ist. Verwendet wird Lammwolle, die durch mehrfaches Auskochen mit Wasser von löslichen Verunreinigungen befreit ist.

Adsorption der verschiedenen Säuren an Wolle: 1 g Wolle in überschüssiger wäßriger Lösung des Basenfällungsmittels 48 Stunden bei 37° stehenlassen.

Aufgenommen:
0,196 g Rufiansäure (1,4-Dioxyanthrachinon-2-sulfo-säure),
0,190 g Flaviansäure (2,4-Dinitro-1-naphthol-7-sulfo-säure),
0,140 g Pikrinsäure,
0,180 g Pikrolonsäure.

Beispiele:

1. Zerlegung von Rufianat: 0,238 g Betainrufianat in 6,5 cm³ n/10 Salzsäure lösen (erwärmen), 1 g Wolle in die Lösung geben und über Nacht stehenlassen. Die fast farblose Lösung mit 0,2 g Wolle völlig entfärben, Wolle gut auswaschen und Filtrat zur Trockene verdampfen. Ausbeute: 94% d. Th.

2. Zerlegung von Flavianat: 1,5 g Histidinflavianat unter Erwärmen in Wasser lösen und mit Bariumcarbonat die Hauptmenge der Flaviansäure entfernen. Wenn das Flavianat rein ist, geht kein Bariumcarbonat in Lösung. Rest der Säure kann mit Wolle leicht entfernt werden. Ausbeute: 80% d. Th.

Zerlegung von Pikrat: 0,438 g Glykokollpikrat in 25 cm³ Wasser lösen und mit 0,5 g Wolle zerlegen. Ausbeute: 97% d. Th.

Zerlegung von Pikrolonat: 1,5 g Trimethylaminpikrolonat in Wasser lösen, die Hauptmenge der Pikrolonsäure mit überschüssiger Salzsäure ausfällen und dann die Pikrolonsäure mit 3 g Wolle quantitativ entfernen. Ausbeute: 97% d. Th. an Trimethylaminchlorhydrat.

**Quantitative mikrochemische Bestimmung der Amine nach Klein und Steiner** (14, 15).

1. Trennung der Alkylamine von Ammoniak. Ammoniak verbindet sich mit gelbem Quecksilberoxyd zu Ammonium-mercuri-oxyd, reagiert dagegen nicht mit den Alkylaminen.

Die im Prinzip von M. François (6) angegebene Trennungsmethode wurde von G. Klein und M. Steiner (14) für kleinste Substanzmengen modifiziert und liefert bei genauer Einhaltung folgender Vorschriften sehr gute Resultate.

Zum Gelingen einer quantitativen Bestimmung ist es wesentlich, daß alle Operationen sehr rasch und in ammoniakfreier Atmosphäre durchgeführt werden. Die Reagenzien sind stets auf Ammoniak zu prüfen.

*Ausführung*: In ein dickwandiges Reagensglas von ungefähr 10 cm³ Inhalt kommt eine Löffelspitze (0,2—0,4 g) gelbes Quecksilberoxyd (pro Analysi, Merck), dazu 0,8 cm³ einer Lösung, bestehend aus 7 Teilen 30proz. Natronlauge und 10 Teilen 20proz. Natriumcarbonatlösung. Man füllt mit destilliertem Wasser soweit auf, daß die Analysenlösung (1 cm³) noch bequem zugefügt werden kann und verschließt mit einem gut sitzenden Gummistopfen. Nach zweistündigem Schütteln auf der Schüttelmaschine wird zentrifugiert, die klare Lösung mit einer Pipette abgehoben und in Salzsäure eingegossen. Der Quecksilberniederschlag wird mit einer Waschflüssigkeit, welche in 1 l 20 cm³ 30proz. Natronlauge und 40 cm³ 20proz. Natriumcarbonat enthält, versetzt, mehrmals kurz geschüttelt, zentrifugiert, abgehoben und die Waschflüssigkeit mit der ersten Fraktion vereinigt, wobei zu beachten ist, daß die Reaktion sauer bleibt.

Die weitere Verarbeitung der *Ammoniakfraktion* erfolgt nach Franzen und Schneider (7) durch Zersetzen der Quecksilberammoniak-verbindung mit Ameisensäure. Diese wird dabei unter gleichzeitiger Oxydation der Ameisensäure zu metallischem Quecksilber reduziert. Es genügt hierbei, die Quecksilberverbindung mit einem Überschuß von Ameisensäure auf dem Drahtnetz kurz aufzukochen und langsam erkalten zu lassen. Franzen und Schneider spalten durch 20 Minuten langes Erhitzen auf dem Wasserbad.

Das als Formiat vorliegende Ammoniak kann nun über Alkali in n/10 Schwefelsäure destilliert und durch Rücktitrieren mit Natronlauge quantitativ bestimmt werden, wenn man es nicht vorzieht, nach Destillation in verdünnte Salzsäure einzuengen und die unten beschriebene Methode zu verwenden, die zwar nur schätzungsweise quantitative Resultate liefert, aber die Vorzüge viel größerer Raschheit und Bequemlichkeit der Ausführung in sich vereinigt.

2. Bestimmung der Alkylamine und des Ammoniaks mit Dinitro-$\alpha$-naphthol. Die von Klein und Steiner ausgearbeitete Mikromethode liefert in jeder Beziehung befriedigende Resultate.

*Prinzip.* Ein Tropfen der zu untersuchenden Flüssigkeit wird zu einem Tropfen Natronlauge, der sich in einer kleinen Kammer befindet, gegeben und die Kammer mit einem Deckglas versehen, welches auf der Unterseite einen Tropfen einer wäßrigen Suspension von Dinitro-$\alpha$-naphthol trägt. Das aus der alkalischen Lösung entweichende Amin reagiert mit dem Dinitronaphthol unter Bildung von Krystallen, die für jedes einzelne Amin charakteristisch sind.

*Allgemeine Bemerkungen.* Die von den Autoren gewonnenen Resultate stellen *quantitative Vergleichswerte* dar, die in der Größenordnung durchaus verläßlich sind. Wesentlich für das Gelingen der Bestimmungen ist das ständige Heranziehen von *Parallelproben*, die mit genau bekannten Mengen anzustellen sind. Auf Grund der scharf umschriebenen, wohl definierten Eigenschaften der Dinitronaphthol-verbindungen lassen sich die Amine einzeln oder in Mischungen sicher identifizieren. Die Reaktionsprodukte heben sich sowohl untereinander als auch gegen überschüssiges Reagens ausgezeichnet ab, wodurch die Abschätzung der Aminmengen ermöglicht wird. Die Mengen werden nach dem unten wiedergegebenen Schema durch Zeichen angegeben.

*Ausführung.* Zur Gewinnung von Vergleichswerten für die Abschätzung der bei den Pflanzenuntersuchungen gefundenen Werte sind mit den reinen Aminen Verdünnungsreihen herzustellen, und die Reaktion mit je einem Tropfen der Lösung wie folgt durchzuführen:

Ein oben und unten abgeschliffener Glasring, wie er für die Mikrosublimation verwendet wird (1 cm innerer Durchmesser, 6 mm Höhe), wird mit venezianischem Terpentin auf einen Objektträger aufgekittet. Auf den Boden dieser Kammer bringt man 1—2 Tropfen 30proz. Natronlauge, hierzu fügt man einen Tropfen $= 0{,}04\,cm^3$ (Capillarpipette!) der auf Amine zu prüfenden, neutralen oder schwach sauren Flüssigkeit. Man bedeckt sofort mit einem Deckgläschen, welches auf der Unterseite einen Tropfen destilliertes Wasser trägt, in welchem mit einer Nadel einige Kryställchen von Dinitronaphthol aufgeschwemmt wurden. Es ist darauf zu achten, daß die Natronlauge nicht mit dem Reagens in Berührung kommt, der Reagenstropfen darf vor allem den oberen Rand des Glasringes nirgends berühren.

Bei Anwesenheit von Ammoniak oder Aminen setzen sich die schwerlöslichen Dinitronaphtholverbindungen der Amine an den Krystallen des Reagens fest; bei Anwesenheit genügender Basenmengen wird das ganze feste Reagens allmählich in die Aminverbindung verwandelt.

Zur weiteren Untersuchung wird das Deckglas abgehoben, mit der Krystallseite nach unten auf einen Objektträger gebracht und mit ganz wenig Vaseline an einer Ecke festgeklebt. Sind größere Basenmengen vorhanden, so muß das Deckgläschen mit dem Reagens öfter erneuert werden. In manchen Fällen gelingt dabei gleichzeitig eine Fraktionierung, da sich die Amine infolge ihrer verschiedenen Flüchtigkeit verschieden rasch anreichern. Finden sich beispielsweise in Pflanzendestillaten Trimethylamin und Iso-amylamin nebeneinander, so findet man regelmäßig auf den zuerst aufgelegten Deckgläschen das Trimethylamin stark angereichert, während in späteren Fraktionen Isoamylamin vorherrscht.

Die Verbindungen der Amine und des Ammoniaks mit Dinitro-$\alpha$-naphthol sind durch scharf umschriebene, wohl definierte Eigenschaften ausgezeichnet und heben sich sowohl untereinander als auch gegen überschüssiges Reagens sehr gut ab. Dadurch wird die Abschätzung vorhandener Mengen ermöglicht, sie ist nur mit einem kleinen Fehler behaftet.

Um einerseits die Erfassungsgrenze feststellen zu können, anderseits Vergleichswerte für die Abschätzung der bei den Pflanzenuntersuchungen gefundenen Werte zu besitzen, sind mit bekannten, reinen Aminlösungen Verdünnungsreihen herzustellen und es ist mit je einem Tropfen die oben beschriebene Reaktion durchzuführen. Es empfiehlt sich in jedem Falle das Untersuchungsobjekt mit Präparaten aus reiner Substanz zu vergleichen, *unter dieser Voraussetzung läßt sich die Identifizierung von Aminen äußerst rasch, bequem und sicher durchführen* (G. KLEIN).

Wir geben nachstehend die Resultate eines solchen Vergleichsversuches mit Trimethylaminchlorhydratlösung. Die Größe der zu untersuchenden Tropfen ist in allen Fällen gleichzuhalten: 0,04 $cm^3$, Capillarpipette!

Es ergaben:

| | | | | | Trimethylamin | |
|---|---|---|---|---|---|---|
| 1 Tropfen | einer | 0,3 proz. | Lösung | (0,12 mg) . . . . . | ++++ | = > 100 γ |
| 1 | „ | „ 0,09 proz. | „ | (0,03 mg = 30 γ) . . | +++—++++ | = ca. 50 γ |
| 1 | „ | „ 0,027 proz. | „ | (10,8 γ) . . . . . . | +++ | = „ 10 γ |
| 1 | „ | „ 0,0081 proz. | „ | (3,2 γ) . . . . . . | ++ | = „ 3 γ |
| 1 | „ | „ 0,002 proz. | „ | (1,0 γ) . . . . . . | + | = „ 1 γ |
| 1 | „ | „ 0,0007 proz. | „ | (0,3 γ) . . . . . . | 0—+ | = „ 0,5 γ |
| 1 | „ | „ 0,0002 proz. | „ | (0,1 γ) . . . . . . | Spur | = < 0,5 γ |

Wesentlich sind Form und Farbe der Krystalle und einige optische Konstanten bei der Untersuchung im Polarisationsmikroskop sowohl für das ursprüngliche Präparat, als auch für die durch Erwärmen „umgelagerten" Krystalle. Wichtig sind ferner die Temperaturen der Umlagerung und die Schmelzpunkte. (Mikroapparatur nach G. KLEIN [11].) Zur Identifizierung von Ammoniak und einigen aliphatischen Aminen wird auf Grund der Eigenschaften ihrer Dinitro-α-naphtholverbindungen folgender *Bestimmungsschlüssel* verwendet:

| | |
|---|---|
| Gekrümmte, peitschenartige Krystallnadeln ± wohlausgebildete Krystalle . . . . . . | *Methylamin* |
| | 1 |
| 1. Krystalle ± hellcitronengelb . . . . . . | 2 |
| „ dunkelgelb bis braun . . . . . . | 11 |
| 2. Auslöschung, gerade . . . . . . | 3 |
| „ schief . . . . . . | 8 |
| 3. Schmelzpunkt unter 100° . . . . . . | 4 |
| „ über 100° . . . . . . | 5 |
| 4. Lange Nadeln . . . . . . | *Triäthylamin* |
| kurze ± isodiametrische Krystalle . . . . . . | *Tripropylamin* |
| 5. Krystalle eng, untereinander zu Bündeln, diese zu sternartigen Büscheln vereinigt. Umlagerung in hellgelbe, rechtwinklige Tafeln . | *Allylamin* |
| Krystalle einzeln oder einzeln zu Büscheln vereinigt . . . . . . | 6 |
| 6. Krystalle, spitz . . . . . . | 7 |
| „ stumpf oder giebelartig endigend . . . . . . | *Trimethylamin* |
| 7. Spieße, Umlagerung zu ± isodiametrischen Platten . . . . . . | *Propylamin* |
| Prismen mit spitzem Ende, Umlagerung zu langgestreckten Platten | *i-Propylamin* |
| 8. Umlagerung zu ebenen Platten, Rand glatt . . . . . . | 9 |
| „ zu Platten mit aufgesetzten flachen Pyramidenflächen, Rand unregelmäßig . . . . . . | *n-Butylamin* |
| 9. Umlagerungsprodukt ± isodiametrische, hellgelbe Platten, Endigung nie treppenartig[1] . . . . . . | *i-Amylamin* |
| Umlagerungsprodukt ± langgestreckte, hellgelbe Platten, nach dem Erkalten durch Querrisse septiert, Endigung oft treppenartig . . . | *n-Heptylamin* |
| 10. Krystalle, hellbraun . . . . . . | 11 |
| „ orangegelb . . . . . . | 15 |
| 11. Krystalle, spitze Nadeln . . . . . . | *Ammoniak* |
| „ von anderem Habitus . . . . . . | 12 |
| 12. Auslöschung, gerade . . . . . . | *Diäthylamin* |
| „ schief . . . . . . | 13 |
| 13. Schmelzpunkt ohne oder fast ohne vorherige Umlagerung . . . . . | *Dipropylamin* |
| „ nach vorheriger Umlagerung . . . . . . | 15 |
| 14. Umlagerung in ± isodiametrische, braune Platten . . . . . . | *Dimethylamin* |
| Umlagerung in langgestreckte, dunkelgelbe Platten und Balken . . | *Di-i-Butylamin* |
| 15. Krystalle, nadelförmig, Endwinkel stumpf . . . . . . | *Äthylamin* |
| „ entweder Platten, Prismen oder Klumpen mit spitzen Endwinkeln oder ± isodiametrischen Platten . . . . . . | *i-Butylamin* |

[1] Falls keiner der beiden angegebenen Gegensätze zutrifft, vgl. auch i-Butylamin, 15.

Die Umrechnung der Untersuchungsresultate auf direkt vergleichbare Werte ist nach G. KLEIN (13) durch eine einfache Formel möglich. Die Angaben beziehen sich auf 100 g frisches Pflanzenmaterial, dessen Exhalat resp. Destillat auf 2 cm³ eingeengt wurde, von denen wieder 1 Tropfen zur Mikroreaktion verwendet wird. Als Zeiteinheit (bei Exhalaten) wurden 24 Stunden gewählt. Für die Berechnung ergeben sich als bekannte Größen:

$p$ = Frischgewicht in Gramm des verarbeiteten Pflanzenmaterials.
$v$ = Volumen in Kubikzentimeter, zu welchem das Exhalat oder Destillat eingeengt wurde.
$w$ = Volumen, welches davon zur weiteren Verarbeitung (Trennung) entnommen wurde (cm³).
$f$ = Volumen der nach der Trennung erhaltenen $NH_3$- bzw. Aminfraktion in Kubikzentimeter.
$n$ = Anzahl der Tropfen Probelösung, die für die Mikroreaktion verwendet wurden (1 Tropfen = 0,04 cm³).
$l$ = die der erhaltenen abgeschätzten Menge des Reaktionsproduktes ungefähr entsprechende Basenmenge.
$t$ = Dauer in Stunden bei Durchlüftungsversuchen.

Durch einfache Proportionen ergibt sich dann für $X = \frac{50 \cdot v \cdot l \cdot w}{n \cdot p \cdot f}$ resp. bei Exhalaten (wenn $t \gtreqless 24$) $= \frac{50 \cdot v \cdot l \cdot w \cdot 24}{n \cdot p \cdot f \cdot t}$.

Um eine möglichst einfache Rechnung zu erzielen, engt KLEIN die Destillate und Exhalate fast ausnahmslos auf 2 cm³ ein. 1 cm³ wird nach FRANÇOIS getrennt und jede der dabei erhaltenen Teilfraktionen ebenfalls auf 1 Vol. von 1 cm³ gebracht. Für die Reaktion wurden im allgemeinen 1—3 Tropfen, seltener mehr, je nach dem Gehalt an Basen verwendet.

Die abgeschätzten Basenmengen werden durch folgende Zeichen angegeben:

| | | | |
|---|---|---|---|
| ++++ | = > 100 γ | +—++ | = ca. 2 γ |
| +++—++++ | = ca. 50 γ | + | = „ 1 γ |
| +++ | = „ 10 γ | 0—+ | = „ 0,5 γ |
| ++—+++ | = „ 6 γ | Spur | = < 0,5 γ (nahe der Fehlergrenze). |
| ++ | = „ 3 γ | | |

Aus der obigen Erklärung folgt, daß die dem angegebenen Symbol entsprechende Ausbeute nur mit 50 multipliziert werden muß, um die in 100 g Pflanzenmaterial ungefähr enthaltene absolute Aminmenge zu ermitteln.

*Beispiel.* 60 g Sproßteile ($p = 60$) von Chenopodium vulvaria wurden 48 Stunden ($t = 48$) durchlüftet, das Exhalat auf 3 cm³ ($v = 3$) eingeengt, davon 1 cm³ ($w = 1$) dem Trennungsgang nach FRANÇOIS unterworfen. Die erhaltene Aminfraktion hatte ein Volumen von 0,9 cm³ ($f = 0,9$). 3 Tropfen davon ($n = 3$) ergaben das Resultat:

Trimethylamin +—++.

Daher ist $x = \frac{50 \cdot 3 \cdot 2 \cdot 24}{3 \cdot 60 \cdot 0,9 \cdot 48} = 9,4$, als umgerechnetes Resultat erscheint Trimethylamin +++ = ca. 10 γ.

3. Mikrochemischer Nachweis von Putrescin, Cadaverin, Phenyläthylamin, Tyramin und Histamin. G. KLEIN und DOMINICA BOSER (3) beschreiben mikrochemische Reaktionen, nach denen die Erkennung von Putrescin, Cadaverin, Histamin, Tyramin und Phenyläthylamin nebeneinander möglich ist. Von den untersuchten Fällungsreagenzien gaben die meisten jodhaltigen Verbindungen mit diesen Aminen keine Fällungen. Fast alle andern Fällungsmittel bildeten mit den Aminen zwar Reaktionsprodukte, die aber wenig charakteristisch waren. Phosphorwolframsäure eignet sich nur zum Nachweis von Tyramin in ziemlich konzentrierter Lösung.

| Reagens | Erfassungsgrenze | | | | |
|---|---|---|---|---|---|
| | Putrescin | Cadaverin | Histamin | Phenyläthylamin | Tyramin |
| Goldbromid | | | 1 γ | | 4 γ |
| Goldjodid | | 4 γ | | | |
| Platinjodid | | | 2 γ | 4 γ | |
| Pikrinsäure | | | 2 γ | 40 γ | 40 γ |
| Pikrolonsäure | 4/5 γ | 4/3 γ | | | 40 γ |
| Trinitroresorcin | 4/5 γ | 4/5 γ | 2 γ | | |
| Trinitrobenzoesäure | | 4 γ | | | |
| Phosphorwolframsäure | | | | | 40 γ |

Zu den Reagenzien ist allgemein noch folgendes zu bemerken: die Edelmetallsalze, insbesondere Platin- und Goldjodid, und ihre Reaktionsprodukte mit Aminen sind sehr polymorph. Geringe Schwankungen der äußeren Krystallisationsbedingungen reichen hin, sowohl die Krystallform des Reagens als auch die des Reaktionsproduktes zu verändern. Im folgenden sind nur Reaktionen beschrieben, die sich entweder konstant auf eine Form einstellen (Goldbromid mit Tyramin) oder bei denen neben Variationen der Formen doch eine typische Form immer wieder durchschlägt (z. B. Goldjodid mit Cadaverin immer wieder die Tendenz zur Bildung des Sechsersterns, auch Platinjodid mit Histamin stets geweihartige Formen). Ungünstig ist, daß die Reaktionsprodukte ziemlich labil sind und zur Bildung von Mischkrystallen neigen. Auch bleiben in Substanzgemischen einzelne Reaktionen sehr leicht aus. Besser eignen sich die Nitrokörper (s. oben). Ihre Reaktionsprodukte sind fast immer formtypisch und formkonstant. Tendenz zur Bildung von Mischkrystallen konnten KLEIN und BOSER nur bei der Reaktion von Trinitroresorcin mit Cadaverin und Putrescin beobachten.

| Reagens | Lösung der reinen Substanz | | | | | Gemische | | | | | | | | | |
|---|---|---|---|---|---|---|---|---|---|---|---|---|---|---|---|
| | | | | | | aliph. | | cycl. | | | aliph. u. cycl. | | | | |
| | Pu | Ca | Hi | Phe | Ty | Pu | Ca | Hi | Phe | Ty | Pu | Ca | Hi | Phe | Ty |
| Goldbromid . . . . . . | — | — | + | — | + | — | — | — | — | — | — | — | — | — | + |
| Goldjodid . . . . . . | — | + | — | — | — | — | + | — | — | — | — | — | — | — | — |
| Platinjodid . . . . . . | — | — | + | + | — | — | — | + | — | — | — | — | + | — | — |
| Pikrinsäure . . . . . . | — | — | + | + | + | — | — | + | + | + | — | — | + | + | + |
| Pikrolonsäure . . . . . | + | + | — | — | + | + | + | — | — | + | + | + | — | — | — |
| Trinitroresorcin . . . . | + | + | + | — | — | M | M | + | — | — | — | + | + | — | — |
| Trinitrobenzoesäure . . | — | + | — | — | — | — | + | — | — | — | — | + | — | — | — |
| Phosphorwolframsäure . | — | — | — | — | + | — | — | — | — | + | — | — | — | — | + |

Die Reaktionsprodukte der einzelnen Amine mit den oben angeführten Reagenzien sind also typisch, auch im Gemisch mit anderen Aminen. Eine Trennung der Amine vor ihrer Bestimmung ist demnach nicht nötig.

Der *mikrochemische Nachweis der im Mutterkorn enthaltenen Basen gelang* G. KLEIN und D. BOSER (3) auf folgende Weise:

50 g Mutterkorn werden 3 Tage in 1 l Chloroform stehen gelassen. Dem an der Luft getrocknetem Rückstand werden die Amine durch Extraktion mit 1 l 80proz. Alkohol entzogen, der Extrakt schwach schwefelsauer gemacht, abgedampft, der Rückstand in Wasser aufgenommen und filtriert. Nötigenfalls wird mit Carboraffin entfärbt. Die Vorbehandlung mit Chloroform erfolgt zur Entfernung von Begleitstoffen, welche die Fällung der Amine durch verschiedene Reagenzien verhindern.

Nachweis von:

Putrescin mit Pikrolonsäure und Trinitroresorcin,
Cadaverin mit Pikrolonsäure und Trinitroresorcin,
Histamin mit Pikrinsäure und Trinitroresorcin,
Tyramin mit Pikrinsäure und Goldbromid,
Phenyläthylamin konnte nicht nachgewiesen werden.

**Methylamin.**

$H_3C—NH_2$.

$CH_5N$: C 38,7%, H 16,1%, N 45,2%. Mol.-Gew. 31.

*Eigenschaften.* Farbloses, ammoniakähnlich riechendes Gas, das sich bei —6,7° verflüssigt. 1 Vol. Wasser löst bei 12,5° 1150 Vol., bei 25° 959 Vol. Methylamin. In Alkohol leicht löslich.

*Derivate.*

*Chlorhydrat.* $CH_3NH_2 \cdot HCl$. Zerfließliche Blätter, Fp. 226—227°. In siedendem Chloroform unlöslich!

*Platinsalz.* $(CH_3NH_2 \cdot HCl)_2 \cdot PtCl_4$. Goldgelbe, hexagonale Tafeln, unlöslich in absolutem Alkohol, löslich in 50 Teilen kaltem Wasser.

*Pikrat.* $CH_3NH_2 \cdot C_6H_2(NO_2)_3OH$. Prismen oder Tafeln vom Fp. 207°. Löslich in Wasser 1,3 : 100.

*Pikrolonat.* $CH_3NH_2 \cdot 2\,C_{10}H_8O_5N_4$. Blaßgelbe Nadeln vom Zersp. 244°. Schwer löslich: in 1073 Teilen kaltem, in 369 Teilen siedendem Wasser, in 4717 Teilen kaltem, in 135 Teilen siedendem Alkohol.

*α-Naphthylisocyanatverbindung.* (Siehe Aminosäuren S. 32.) Fp. 196—197°.

**Dimethylamin.**

$(H_3C)_2NH$

$C_2H_7N$: C 53,3%, H 15,6%, N 31,1%. Mol.-Gew. 45.

*Eigenschaften.* Farbloses Gas, das sich bei +7,2° verflüssigt. Von ammoniakähnlichem und an Trimethylamin erinnernden Geruch. In Wasser und Alkohol leicht löslich.

*Derivate.*

*Chlorhydrat.* $(CH_3)_2NH \cdot HCl$. Nadeln vom Fp. 171°. Löst sich im Gegensatz zum Monomethylaminchlorhydrat in Chloroform! Unlöslich in Alkohol.

*Perjodid.* $(CH_3)_2NH \cdot HJ \cdot J_3$. Hexagonale, an trockener Luft beständige Tafeln vom Fp. 83—85°.

*Platinsalz.* $[(CH_3)_2NH \cdot HCl]_2 \cdot PtCl_4$. Orangegelbe Blättchen, dimorph rhombisch. Fp. 206°. Leicht löslich in heißem, weniger in kaltem Wasser. In Alkohol ist es löslicher als das Salz des Methylamins.

*Pikrat.* $(CH_3)_2NH \cdot C_6H_2(NO_2)_3OH$. Glänzende Tafeln vom Fp. 155—156°. Löslich in 56 Teilen Wasser.

*Pikrolonat.* $(CH_3)_2NH \cdot C_{10}H_8O_5N_4$. Hellgelbe, feine Nadeln vom Zersp. 222°. Löslich in 764 Teilen kaltem, 33 Teilen siedendem Wasser; in 853 Teilen kaltem, 38 Teilen heißem Alkohol.

*Rufianat.* 0,3 g Dimethylaminchlorhydrat in 5 cm³ Äthylalkohol lösen und mit 4proz. alkoholischer Rufiansäurelösung versetzen. Roten krystallinen Niederschlag abfiltrieren und mit absolutem Alkohol waschen. Ausbeute 0,6 g. Das Dimethylaminmonorufianat schmilzt bei 255—256°.

*α-Napthylisocyanatverbindung* (s. Aminosäuren S. 32). Schmp. 158—159°.

**Trimethylamin.**

$(H_3C)_3N$

$C_3H_9N$: C 61,0%, H 15,2%, N 23,7%. Mol.-Gew. 59.

*Eigenschaften.* Farbloses Gas, das sich bei +3° verflüssigt. Riecht fischartig, nach Heringslake. Mit dem Geruchssinne lassen sich noch $^1/_{500}$ mg Trimethylamin nachweisen. Es übt auf die Geruchsnerven eine eigentümliche Wirkung aus, welche von KAUFFMANN und VORLÄNDER (10) als Geruchsumschlag bezeichnet wird. Eine Lösung der Base zeigt bei den ersten Riechproben den charakteristischen Fischgeruch, dann erhält man den Eindruck von Monoalkylaminen und schließlich von Ammoniak.

In Wasser sehr leicht löslich. AgCl ist in Trimethylamin zum Unterschied von Mono- und Dimethylamin völlig unlöslich.

*Derivate.*

*Chlorhydrat.* $(CH_3)_3N \cdot HCl$. Schmilzt bei 271—275° unter Zersetzung. In siedendem Chloroform löslich (s. Mono- und Dimethylamin).

*Perjodid.* $(CH_3)_3N \cdot HJ \cdot J_4$. Hexagonale Tafeln vom Fp. 65°. Eine Trimethylaminchlorhydratlösung scheidet noch bei einer Verdünnung von 1 : 50000 auf Zusatz von Jodjodkali die Perjodidverbindung ab. Durch Sättigung der Lösung mit Ammonchlorid wird die Fällbarkeitsgrenze bis auf 1 : 100000 erhöht.

*Platinsalz.* $[(CH_3)_3N \cdot HCl]_2 \cdot PtCl_4$. Reguläre, orangefarbene Krystalle. Schmilzt bei 190° und zersetzt sich bei 245° (?). In Alkohol löslicher als das Platinsalz des Dimethylamins. 0,017 g in 100 cm³ siedendem absolutem Alkohol.

*Pikrat.* $(CH_3)_3N \cdot C_6H_2(NO_2)_3OH$. Hellgelbe Prismen vom Fp. 216°. Löslich in 77 Teilen Wasser.

*Pikrolonat.* $(CH_3)_3N \cdot C_{10}H_8O_5N_4$. Hellgelbe, rhombische Täfelchen vom Zersp. 252°. Löslich in 1121 Teilen kaltem, 166 Teilen siedendem Wasser; 794 Teilen kaltem, 233 Teilen siedendem Alkohol.

**Isobutylamin.**

$H_3C \backslash$
$\quad \rangle CH{-}CH_2{-}NH_2$
$H_3C /$

$C_4H_{11}N$: C 65,7%, H 15,15%, N 19,15%. Mol.-Gew- 73,1.

*Vorkommen.* Bildet sich bei der Fäulnis von α-Aminoisovaleriansäure. Von KLEIN (S. 229) in verschiedenen Pflanzenexhalaten nachgewiesen. Auf eine intermediäre Bildung von Isobutylamin in der Pflanze weisen folgende Derivate hin: Fagaramid, das Isobutylamid der Piperonylacrylsäure (S. 220), Pellitorin (S. 219) und Spilanthol, das Isobutylamid einer Decylensäure (S. 218).

*Eigenschaften.* Flüssig, erstarrt noch nicht bei —77°. Sdp. 68—69°. Mit Wasser unter Erwärmung in allen Verhältnissen mischbar.

*Derivate.*

*Chlorhydrat.* $C_4H_{11}N \cdot HCl$. Sehr hygroskopische Schüppchen vom Fp. 177 bis 178°. 11,6 g lösen sich in 100 cm³ Chloroform.

*Bromhydrat.* $C_4H_{11}N \cdot HBr$. Blättchen vom Fp. 138°.

*Chloroplatinat.* $C_4H_{11}N \cdot H_2PtCl_6$. Orangefarbene Krystalle vom Zersp. 225—230°.

*Bromoplatinat.* $(C_4H_{11}N \cdot HBr)_2 \cdot PtBr_4$. Rubinrote, monokline Prismen.

Mit MAYERS Reagens (Kaliumquecksilberjodid) entsteht noch in starker Verdünnung eine Abscheidung von der Zusammensetzung $(CH_3)_3N \cdot HJ \cdot HgJ_2$. Löslich in einer Mischung von gleichen Teilen Essigester-Chloroform, wodurch eine Abtrennung z. B. von Dimethylamin möglich ist. Aus Alkohol lange gelbe Nadeln vom Schmp. 136°.

$H_3C \backslash$
$\quad \rangle CH{-}NH_2$
$H_5C_2 /$

**Sekundäres Butylamin.** Ein Derivat kommt in Cochlearia officinalis als Butyl-senföl vor (GADAMER [8]). Spaltet sich beim Erhitzen mit verdünnter Schwefelsäure in aktives Butylamin.

**Isoamylamin.**

$H_3C \backslash$
$\quad \rangle CH{-}CH_2{-}CH_2{-}NH_2$
$H_3C /$

$C_5H_{13}N$: C 68,87%, H 15,04%, N 16,09%. Mol.-Gew. 87,1.

*Vorkommen.* Bildet sich aus Leucin durch Einwirkung verschiedener Mikroorganismen. Umwandlung findet namentlich bei saurer Reaktion statt, welche durch Zusatz von Lactose erzielt wird (ARAI [1]). Die Decarboxylierung wird auch durch ubiquitäre Gärungserreger wie Bacillus casei bewirkt (Vorkommen in Roquefortkäse). Daß auch Pilze Leucin in Isoamylamin verwandeln können, beweist das Vorkommen in Mutterkorn und Boletus edulis (REUTER [19]). Findet sich neben Pyrrolidinbasen in grünen Tabakblättern. Von KLEIN in vielen Pflanzenexhalaten nachgewiesen (S. 229).

*Eigenschaften.* Flüssig, Sdp. 95—96°. Spez. Gew. 0,750 bei 18°, in Wasser in jedem Verhältnis löslich. Besitzt sympathicomimetische Eigenschaften.

*Derivate.*

*Chlorhydrat.* $C_5H_{13}N \cdot HCl$. Bitter schmeckende, zerfließliche Schuppen. 5,1 g lösen sich in 100 cm³ Chloroform.

*Bromhydrat.* $C_5H_{13}N \cdot HBr$. Schuppen Fp. 243°.

*Chloraurat.* $C_5H_{13}N \cdot HAuCl_4$. Breite, dünne Blättchen aus Wasser. Fp. 151°.

*Chloroplatinat.* $(C_5H_{13}N \cdot HCl)_2PtCl_4$. Goldgelbe Blättchen, in heißem Wasser leicht löslich.

*Saures Oxalat.* Aus Alkohol und Aceton. Fp. 169°.

*Neutrales Oxalat.* Fp. 200—207°.

**Colamin.** Aminoäthylalkohol.

$CH_2OH$
|
$CH_2NH_2$

$C_2H_7ON$: C 39,20 %, H 12,68 %, N 22,97 %. Mol.-Gew. 61.

*Vorkommen.* Eine in Angriff genommene Untersuchung von G. KLEIN und Mitarbeitern wird über die Verbreitung und das Vorkommen des Colamins Aufschluß geben. Bestandteil des Kephalins. In den Phosphatiden der Bohnen wurde der Colamingehalt von G. TRIER (21a) zu 14—15 % gefunden.

*Eigenschaften.* Farbloses dickflüssiges Öl von schwachem Amingeruch, das aus der Luft $CO_2$ und Wasser anzieht. Mit Wasser und Alkohol mischbar. In Äther schwer löslich. Die wäßrige Lösung reagiert stark alkalisch. Siedet ohne Zersetzung bei 171°.

Zur *Identifizierung* eignen sich folgende Derivate:

*Pikrolonat.* $C_2H_7ON \cdot C_{10}H_8O_5N_4$. Büschelförmig verwachsene gelbe Nadeln. Zersetzungspunkt 225°. Schwerlöslich in Wasser. Löslich in 100 Teilen heißem, 400—500 Teilen kaltem Alkohol.

*Chloroaurat.* $C_2H_7O \cdot HAuCl_4$, aus konzentrierter Lösung mit sehr konzentrierter Goldchloridlösung (s. Bd. II, S. 704). Schmp. 189—191° unter vorangehendem Sintern bei 187°.

*Darstellung* von Colamin nach TRIER s. unter „Phosphatiden" Bd. II, S. 704. Ebenda auch die Trennung von Cholin.

*Darstellung von Colamin aus dem Phosphatid von Lolium perenne nach* SMITH *und* CHIBNALL (20b). 2,3 g der Phosphatidfraktion wurden durch achtstündiges Kochen mit 5proz. Schwefelsäure hydrolysiert. Die Fettsäuren wurden durch Ausschütteln mit Äther entfernt. Die wäßrige Lösung wurde auf 100 cm³ eingeengt, und eine Stickstoffbestimmung ausgeführt. Die Schwefelsäure wurde mit Baryt entfernt, das Bariumsulfat abzentrifugiert und gut mit heißem Wasser ausgewaschen. Dann wurde Bleiacetat zugegeben, der geringfügige Niederschlag abzentrifugiert und aus der klaren Flüssigkeit das Blei mit Schwefelwasserstoff entfernt. Die so erhaltene klare Lösung wurde auf 100 cm³ eingeengt und abwechselnd mit kleinen Mengen 20proz. Sodalösung und 20proz. Mercuriacetatlösung versetzt. Die Lösung wurde immer schwach lackmusalkalisch gehalten und so lange Reagens zugefügt, bis eben ein bleibender orangegelber Niederschlag auftrat. Dann wurde das gleiche Volumen Alkohol zugegeben und über Nacht stehen gelassen. Der Niederschlag wurde abzentrifugiert, mit wenig 50proz. Alkohol gewaschen, in Wasser suspendiert, und das Quecksilber mit Schwefelwasserstoff entfernt. Das Quecksilbersulfid wurde gut mit heißem Wasser ausgewaschen, die klare Flüssigkeit und die Waschwasser mit etwas Salzsäure angesäuert und im Vakuum zur Trockne gebracht. Das Chlorhydrat des Colamins wurde aus dem Rückstand mit Alkohol extrahiert. Nach dem Verdampfen des Alkohols wurde der Rückstand in möglichst wenig Salzsäure gelöst und mit einer konzentrierten Goldchloridlösung versetzt. Nach mehrtägigem Stehen im Exsiccator krystallisierte das Goldsalz in braunen kubischen Krystallen aus. Beim Umkrystallisieren aus Wasser wurden lange, orangefarbene Nadeln erhalten, die bei 189—191° schmolzen unter vorangehendem Sintern bei 187°.

**β-Phenyläthylamin.**

$C_6H_5$—$CH_2$—$CH_2$—$NH_2$

$C_8H_{11}N$: C 79,26 %, H 9,15 %, N 11,59 %. Mol.-Gew. 121,12.

*Vorkommen.* Von C. REUTER (19) im Autolysat von Boletus edulis aufgefunden worden. Möglicherweise ist die von M. LEPRINCE (15a) beschriebene Base aus Viscum album identisch mit Phenyläthylamin (M. GUGGENHEIM S. 274). Auf die intermediäre Bildung von Phenyläthylamin in höheren Pflanzen, in welchen es mit Sicherheit noch nicht nachgewiesen werden konnte, deutet das Auftreten des Phenyläthylalkohols, der den Hauptbestandteil des Riechstoffs der Rosen bildet, ferner jenes des Phenyläthylsenföls (s. Bd. 3, S. 1062) der Brunnenkresse, der Winterkresse und des ätherischen Öls von Reseda odorata. Über die Bedingungen der Bildung aus Phenylalanin s. AMATSU und TSUDJI (1a).

*Eigenschaften.* Farblose, bei 197—198° siedende, eigentümlich riechende Flüssigkeit. 1 Teil löst sich in 24 Teilen Wasser bei 20°. Leicht löslich in Alkohol und Äther. Starke einsäurige Base, die an der Luft Kohlensäure anzieht. Mit Phosphorwolframsäure fällt aus wäßrigen Lösungen erst bei längerem Stehen das Phosphorwolframat $(C_8H_{11}N)_3 \cdot H_3PO_4 \cdot 12WO_3$ als ein gelbliches Öl, das allmählich zu Prismen oder Nadeln erstarrt.

Zur *Identifizierung* eignen sich folgende Derivate:

*Chlorhydrat.* $C_8H_{11}N \cdot HCl$. Glänzende Blättchen aus Alkohol + Äther. Schmelzpunkt 217°.

*Pikrat.* $C_8H_{11}N \cdot C_6H_3O_7N_3$. Tetragonale Prismen vom Schmelzpunkt 171 bis 174°. Ziemlich löslich in warmem Wasser.

*Chloroplatinat.* $(C_8H_{10}N \cdot HCl)_2PtCl_4$. Krystallisiert aus säurehaltigem Alkohol in hellgelben Blättchen oder orangefarbenen Schuppen, sie sich bei 225° schwärzen und bei 246—248° unter Zersetzung schmelzen. Sehr wenig löslich in Wasser.

*Chloroaurat.* $C_8H_{11}N \cdot HAuCl_4$. Hellgelbe breite Nadeln vom Schmelzpunkt 98—100°. Leicht löslich in Wasser und Alkohol.

*Benzoylverbindung.* $C_8H_{10}N \cdot COC_6H_5$. Schmp. 114°.

*Isolierung* aus Autolysat von Boletus edulis s. C. REUTER (19).

**Tyramin.** p-Oxy-phenyl-äthylamin.

$C_8H_{11}ON$: C 70,07%, H 8,03%, N 10,22%. Mol.-Gew. 137,1.

$CH_2—CH_2—NH_2$

OH

*Vorkommen.* Im Mutterkorn bis zu 0,1 %. In Hirtentäschelkraut, Stechdistelkörnern und verschiedenen Mistelarten. Entsteht bei der Autolyse von Boletus edulis.

*Eigenschaften.* Hexagonale Blättchen oder Nädelchen. Löslich in 95 Teilen Wasser bei 15° und in 10 Teilen kaltem Alkohol. Wenig löslich in Äther und Chloroform. Ziemlich löslich in Amylalkohol. Wird am besten aus Xylol umkrystallisiert. Schmp. 161°. Sdp. 161—163° (2 mm). Besitzt blutdrucksteigernde Wirkung.

*Derivate.*

*Chlorhydrat.* $C_8H_{11}ON \cdot HCl$. Krystallisiert aus konzentrierter Salzsäure, leicht löslich in Wasser, unlöslich in abs. Alkohol. Fp. 268°.

*Pikrat.* $C_8H_{11}ON \cdot C_6H_3O_7N_3$. Gelbe, lange schmale, am Ende schief abgeschnittene Prismen, auch rhombische Tafeln. Empfindlichkeit 1 : 1000. Fp. 200°.

*Tyramin-monorufianat.* 0,3 g Tyraminchlorhydrat in 1 cm³ Wasser lösen, 3 cm³ absol. Äthylalkohol dazu geben und mit 4proz. alkoholischer Rufiansäurelösung fällen. Roten Niederschlag abfiltrieren und mit absol. Äthylalkohol waschen. Ausbeute 0,8 g. Nach dem Umkrystallisieren aus wenig Wasser werden dunkelrote Kryställchen vom Fp. 287—288° erhalten.

Tyramin gibt manche Reaktionen des Tyrosins (S. 49).

*Darstellung von Tyramin aus Semina cardui Mariae* (Stechdistelkörner) (A. ULLMANN [23]). 1 kg der gemahlenen und gepulverten Droge wurde 4 Tage mit 2 l Wasser bei Zimmertemperatur stehen gelassen. Die breiartige Masse wurde durch Koliertücher gegossen, der Rückstand scharf abgepreßt, und die Flüssigkeit filtriert. Der Extrakt wurde mit Bleiacetat in geringem Überschuß versetzt, filtriert, und das Filtrat bei schwach saurer Reaktion im Vakuum auf 250 $cm^3$ eingeengt. Dann wurde soviel Schwefelsäure zugefügt, daß die Lösung 5% davon enthielt, und das Bleisulfat abfiltriert. Das Filtrat wurde mit Phosphorwolframsäure versetzt, bis keine Fällung mehr entstand. Nach 2 Stunden wurde abgenutscht, und der Niederschlag mit 5proz. Schwefelsäure ausgewaschen. Der Niederschlag wurde in bekannter Weise (s. Aminosäuren S. 133, 173) zersetzt und das Ammoniak durch Turbinieren der barytalkalischen Lösung vollständig entfernt. Nach dem Entfernen des überschüssigen Bariumhydroxyds wurde die Flüssigkeit mit Salzsäure neutralisiert und im Vakuum stark konzentriert, wobei durch zeitweisen Zusatz von Salzsäure die neutrale bzw. schwach saure Reaktion aufrecht erhalten wurde. Die schwach saure Lösung wurde sodaalkalisch gemacht und die alkalische Lösung 10mal mit je 50 $cm^3$ Amylalkohol ausgeschüttelt. Jeder Auszug wurde für sich mit 30 $cm^3$ 1proz. Natronlauge kräftig und so oft geschüttelt, bis der Amylalkohol vollständig farblos blieb. Zum Schluß wurden die gesammelten Amylalkoholportionen nochmals gründlich mit 1proz. Natronlauge ausgeschüttelt. Die vereinigten, filtrierten NaOH-Auszüge wurden mit Salzsäure schwach angesäuert, die Flüssigkeit im Vakuum bis zum Sirup eingeengt, und dieser mit Alkohol unter feinem Zerreiben des Salzes erschöpft, zum Schluß wurde die Extraktion mit heißem Alkohol vorgenommen. Der Alkohol wurde im Vakuum vollständig entfernt und die rohe Tyraminlösung auf 1 $cm^3$ pro 100 g Körner eingeengt. Die Lösung gab die für Tyramin charakteristischen Reaktionen: Rotfärbung mit MILLONS Reagens, Grünfärbung mit formaldehydhaltiger Schwefelsäure (MÖRNER), Blaufärbung mit salzsaurer Phosphorwolframsäurelösung (FOLIN). Zur weiteren Reinigung wurde die Tyraminlösung mit Natronlauge $^1/_2$ n alkalisch gemacht und 10mal mit je 30 $cm^3$ Äther ausgeschüttelt. Die alkalische Tyraminlösung wurde mit Salzsäure genau neutralisiert, mit Soda schwach alkalisch gemacht und 20mal mit dem halben Volumen Äther ausgeschüttelt. Der Äther wurde im Vakuum verdampft, und das hinterbleibende Tyramin nach SCHOTTEN-BAUMANN benzoyliert. Das aus Alkohol umkrystallisierte Dibenzoyl-p-oxyphenyl-äthylamin schmolz bei 169°.

**Histamin.** Imidazolyl-äthylamin.

```
   NH——CH
HC<     ||
   N————C
        |
       CH2
        |
       CH2
        |
       NH2
```

$C_5H_9N_3$: C 54,05%, H 8,15%, N 37,8%. Mol.-Gew. 111,1.

*Vorkommen.* Als Abbauprodukt von Histidin wurde es bei verschiedenen Fäulnisprozessen beobachtet, z. B. in gefaulten Sojabohnen, ferner in Mutterkorn (in 100 g 1—2,5 mg).

Die näheren Umstände, unter welchen verschiedene Bakterienarten Histamin aus Histidin bilden, sind von M. TH. HANKE und K. K. KOESSLER (8a) studiert worden.

*Eigenschaften.* Krystallisiert in farblosen, zerfließlichen Platten, sehr leicht löslich in Wasser und Alkohol, leicht in heißem Chloroform, unlöslich in Äther. Fp. 83—84°, siedet bei 18 mm bei 210° ohne wesentliche Zersetzung. Wäßrige Lösungen reagieren alkalisch. Unsterile Lösungen sind nur kurze Zeit haltbar.

*Derivate.*

*Dichlorhydrat.* $C_5H_9N_3 \cdot 2HCl$. In Wasser und Alkohol leicht löslich. Fp. 240°.

*Monopikrat.* $C_5H_9N_3 \cdot C_6H_3O_7N_3$. Nadeln vom Fp. 233—234°.

*Dipikrolonat.* $C_5H_9N_3 \cdot 2\,C_{10}H_8O_5N_4$. Fp. 262—264°.

Zum mikrochemischen Nachweis eignen sich nach BOSER (3):

*Dipikrat.* Tiefgelbe rhombische Prismen oder Blättchen.

*Styphnat.* Sechsseitige Säulen, Empfindlichkeit 1 : 20000.

*Platinjodidverbindung.* Mit großer Konstanz treten innerhalb der Konzentrationen 1 : 10000 und 1 : 20000 schwarze, geweihartige Bildungen auf, die eine eindeutige Diagnose des Histamins erlauben.

*Nachweis und Isolierung.* Da die Isolierung und der sichere Nachweis des Histamins außerordentlich schwierig ist, verweisen wir auf das Werk von W. FELDBERG und E. SCHILF (5).

*Spezifische Farbreaktion für Histamin* (25): Sie beruht darauf, daß Histaminsalze mit kleinen Mengen Kobaltnitrat bei Zusatz von Alkali einen violetten Niederschlag, bei größerer Verdünnung eine Violettfärbung geben. Die entstehende, intensiv gefärbte Komplexverbindung wird durch Oxydationsmittel (Pikrinsäure, Wasserstoffsuperoxyd, auch durch Luftsauerstoff) ebenso aber auch durch Reduktionsmittel (Natriumhydrosulfit, Pyrogallol) entfärbt. Zweckmäßig führt man die Reaktion im Vakuum aus und entfernt zuvor durch kurzes Aufkochen im Vakuum den Sauerstoff, der in den Reagenzien gelöst ist. Unter den gleichen Versuchsbedingungen geben die Imidazolderivate Pilocarpin und Anserin keine Farbreaktion, Carnosin und Histidin in Gegenwart von Luft eine gelbe Färbung, im Vakuum keine Reaktion.

*Ausführung.* A. Ohne Luftabschluß. 10 mg Histaminchlorhydrat in 1 $cm^3$ Wasser lösen, mit 3 Tropfen 1 proz. Kobaltnitratlösung (1 g Kobaltnitrat puriss. crist. Merck in 100 $cm^3$ Wasser) versetzen und 10 Tropfen 2n-NaOH zugeben. Es entsteht ein violetter Niederschlag, der nach kurzer Zeit, besonders beim Schütteln durch die oxydierende Wirkung des Luftsauerstoffes, verschwindet. Bei Abwesenheit von Histamin kann durch ausfallende basische Kobaltsalze vorübergehend eine leichte Hellblaufärbung auftreten, die mit der starken Violettfärbung der Histaminreaktion nicht verwechselt werden kann.

B. Unter Luftabschluß: 2 mg Histaminchlorhydrat in 1 $cm^3$ Wasser lösen und mit 3 Tropfen 1 proz. Kobaltnitratlösung versetzen. Die Herstellung dieses Gemisches erfolgt in einem dickwandigen Reagensglas, das mit einem Gummistopfen, durch den ein Glasrohr mit Hahn geführt wird, verschlossen ist. In dieses Reagensglas gibt man vorsichtig ein kleines Präparatenglas, das 10 Tropfen 2n-NaOH enthält, evakuiert und schließt den Hahn. Beim Vermischen der beiden Lösungen entsteht eine Violettfärbung, die bei Luftzutritt schnell verschwindet.

*Modifikation der* PAULYschen *Diazoreaktion nach* GEBAUER-FÜLNEGG *siehe Aminosäuren S. 69.*

**Agmatin.** Aminobutylen-guanidin.

$$C\begin{cases}NH_2\\=NH\\NH-CH_2-CH_2-CH_2-CH_2-NH_2\end{cases}$$

$C_5H_{14}N_4$: C 46,06 %, H 10,83 %, N 43,11 %.
Mol.-Gew. 130,27.

*Vorkommen.* Im Mutterkorn, im Riesenkieselschwamm (aus der Argininfraktion), in Pollen von Ambrosia artemisifolia (HEYL [9]). Kann durch $CO_2$-abspaltung aus Arginin entstehen.

*Derivate.*

*Carbonat* scheidet sich aus konzentrierten Lösungen als kreidige Masse aus, die nach dem Umkrystallisieren feine, rosettenförmig angeordnete Blättchen bildet.

*Sulfat.* $C_5H_{14}N_4 \cdot H_2SO_4$. In Wasser leicht, Alkohol wenig löslich, stark doppelbrechende Nadeln vom Fp. 224—225°.

*Chloraurat.* $C_5H_{14}N_4 \cdot 2\,HAuCl_4$. Gelbe Nadeln aus Wasser. Zersp. 220—223°.

*Pikrat.* Fp. 235—236°.

Eine Reihe von Pflanzenpräparaten, in welchen die Anwesenheit von Arginase festgestellt worden war, vermochte aus Agmatin keinen Harnstoff abzuspalten.

**Putrescin.** Tetramethylendiamin. 1,4-Diaminobutan.

$H_2C-CH_2-NH_2$
$|$
$H_2C-CH_2-NH_2$

$C_4H_{12}N_2$: C 54,6%, H 23,6%, N 31,8%. Mol.-Gew. 88,1.

*Vorkommen.* Putrescin ist bei Fäulnisprozessen zu erwarten, es kann aus Ornithin durch Decarboxylierung entstehen. Findet sich in frischer Hefe, Mutterkorn, Boletus edulis, in Früchten von Citrus grandis Osbeck, in gefaulten Sojabohnen, vielleicht in Datura.

*Eigenschaften.* Stellt in der Regel eine farblose Flüssigkeit von sperma-ähnlichem Geruch dar. Fp. 27°. Sdp. 158—160°. Zieht aus der Luft Kohlendioxyd an. Leicht löslich in Wasser, wenig in Äther, mit Wasserdämpfen schwer flüchtig. Beim Destillieren mit Kalilauge wird es nicht zerstört. Gibt mit Alkaloidreagenzien Niederschläge.

*Derivate.*

*Chlorhydrat.* $C_4H_{12}N_2 \cdot 2HCl$. Bildet lange, farblose Nadeln oder Tafeln vom Zersetzungspunkt 315°. (Mikroschmelzpunktsapparat KLEIN.) Nicht hygroskopisch. Sehr leicht löslich in Wasser, wenig in verdünntem Alkohol, unlöslich in absolutem Alkohol und Äther. Durch seine Schwerlöslichkeit in abs. Alkohol und Äther unterscheidet es sich vom Cadaverinchlorhydrat. Nach D. BOSER und G. KLEIN (3) wird die Trennung von Cadaverin und Putrescin besser durch Behandeln der Chlorhydrate mit Äther an Stelle des früher empfohlenen 96proz. Alkohols durchgeführt, da dieser etwas Putrescinchlorhydrat löst. Bei der trockenen Destillation liefert Putrescinchlorhydrat Pyrrolidin, welches einen mit Salzsäure befeuchteten Fichtenspan rot färbt.

*Dipikrat.* $C_4H_{12}N_2 \cdot 2C_6H_3O_7N_3$. Bildet seidenglänzende, verfilzte Nadeln, in Wasser schwer löslich. Bräunt sich bei 230° und zersetzt sich bei 250°.

*Dipikrolonat.* $C_4H_{12}N_2 \cdot 2C_{10}H_8O_5N_4$. Hellgelbe, lange schmale Prismen mit schiefer Endigung. Zersp. 263°. Sehr schwer löslich in Wasser und Alkohol. Putrescinchlorhydrat gibt noch in einer Verdünnung von 1 : 50000 eine Fällung mit Pikrolonsäure. Eignet sich zum mikrochemischen Nachweis von Putrescin.

*Styphnat.* In der Regel hellgelbe, kurze Prismen mit gerader Endigung, aus stärkerer Verdünnung Spieße oder Nadeln. Eignet sich zum mikrochemischen Nachweis von Putrescin (BOSER).

*Chloroplatinat.* $C_4H_{12}N_2 \cdot H_2PtCl_6$. Bildet in der Regel drusig verwachsene Nadeln oder Prismen, in Wasser schwer löslich.

*Chloraurat.* $C_4H_{12}N_2 \cdot 2HAuCl_4 \cdot 2H_2O$. Plättchen in Wasser wenig löslich. (Unterschied von Cadaverinchloraurat.)

*Quecksilberchloriddoppelsalz.* In Alkohol unlöslich, in Wasser ziemlich löslich, im Gegensatz zur entsprechenden Cadaverinverbindung.

*Dibenzoylputrescin.* $C_4H_{10}N_2 \cdot 2COC_6H_5$. Seidenglänzende Plättchen oder Nadeln vom Fp. 175—176°, unlöslich in Wasser, fast unlöslich in Äther. Wird aus alkoholischer Lösung durch Äther ausgeschieden. (Unterschied von Dibenzoylcadaverin.) Schwer löslich in kaltem, leicht in heißem Alkohol. Sublimiert unzersetzt.

*Phenylisocyanatverbindung.* $C_6H_5NHCONH(CH_2)_4NHCONHC_6H_5$. In den meisten Lösungsmitteln praktisch unlöslich. Krystallisiert aus Pyridin-Aceton in zu Büscheln vereinigten Nadeln vom Fp. 240° (s. Aminosäuren S. 30).

*Darstellung von Putrescin aus frischen Steinpilzen* (C. REUTER [20]). 5 kg Steinpilze wurden von den Hyphen abgetrennt, in einer Fleischmühle zerkleinert und sofort mit 10 l 95proz. Alkohol übergossen. Das Material ließ sich auf diese Weise gut konservieren und behielt ein frisches Aussehen. Nach 15 Monaten wurde die Flüssigkeit vom Rückstand getrennt und letzterer mit 85proz. Alkohol ausgekocht. Nach Abdestillieren des Alkohols wurde die Flüssigkeit in bekannter Weise (s. S. 169) mit Bleiessig gereinigt und die Basen mit Phosphorwolframsäure gefällt. Der Phosphorwolframsäureniederschlag wurde in üblicher Weise verarbeitet (s. Aminosäuren, S. 133, 173). In der Argininfraktion fand sich Trimethylhistidin.

Die Lysinfraktion wurde mit Pikrinsäure neutralisiert, wobei eine Fällung entstand, welche nach einmaligem Umkrystallisieren aus Wasser 0,85 g eines gelben Pulvers lieferte, welches sich bei 245° zersetzte. Das Pikrat wurde in das Chlorid übergeführt und dieses in seinen Eigenschaften und nach Überführung in Gold- und Platinsalz als Putrescindichlorhydrat erkannt.

**Cadaverin.** Pentamethylendiamin. 1,5-Diaminopentan.

$$H_2C\begin{cases} CH_2-CH_2-NH_2 \\ CH_2-CH_2-NH_2 \end{cases}$$

$C_5H_{14}N_2$: C 58,8%, H 13,7%, N 27,5%. Mol.-Gew. 102.

*Vorkommen.* Findet sich in Mutterkorn, tritt bei der Fäulnis von Lysin auf.

*Eigenschaften.* Bei gewöhnlicher Temperatur farblose, nach Piperidin riechende Flüssigkeit, erstarrt im Kältegemisch krystallinisch. Sdp. 178—179°. Bildet mit 2 Mol Wasser ein öliges Hydrat. Leicht löslich in Wasser, löslich in Alkohol, schwer löslich in Äther. Mit Wasserdämpfen flüchtig. Zieht aus der Luft Kohlendioxyd an. Wird beim Kochen mit Laugen nicht zersetzt. Gibt mit Alkaloidreagenzien Niederschläge.

*Derivate.*

*Chlorhydrat.* $C_5H_{14}N_2 \cdot 2HCl$. Zerfließliche Nadeln vom Fp. 256°. In 96proz. Alkohol löslich, in abs. Alkohol und Äther etwas löslich (Unterschied von Putrescinchlorhydrat). Bei der trockenen Destillation entsteht Piperidin.

*Diprikat.* $C_5H_{14}N_2 \cdot 2C_6H_3N_3O_7$. Bildet dünne gelbe Nadeln oder langgestreckte Tafeln. Fp. 221° unter Zers. In Wasser schwer löslich.

*Dipikrolonat.* $C_5H_{14}N_2 \cdot 2C_{10}H_8N_4O_5$. Kurze, schmale Prismen. Zersp. 250°. Empfindlichkeit 1 : 30000. Wenig löslich in Wasser und Alkohol. Eignet sich zum mikrochemischen Nachweis von Cadaverin.

*Styphnat.* Grüngelbe, lange schmale Krystallbündel, in großen Verdünnungen bilden sich schief abgeschnittene Prismen. Empfindlichkeit 1 : 50000. Eignet sich zum mikrochemischen Nachweis von Cadaverin.

*Chloroplatinat.* $C_5H_{14}N_2 \cdot H_2PtCl_6$. Aus salzsaurer Lösung mit alkoholischer Platinchloridlösung. Rotgelbe Prismen, Nadelbüschel oder Oktaeder. Löslich in 113 Teilen Wasser von 12°. Fp. 186—188° (auch 215° angegeben).

*Chloraurat.* $C_5H_{14}N_2 \cdot 2HAuCl_4$. Lange glänzende Nadeln oder Würfel. Fp. 186—188°. Leicht löslich in Wasser.

*Quecksilberverbindungen* bilden sich verschiedene, je nach den Bedingungen. $C_5H_{14}N_2 \cdot 2HCl \cdot 4HgCl_2$. Bildet bei Verwendung von überschüssigem Sublimat in salzsaurer Lösung lange farblose Nadeln vom Fp. 214—216°. In kaltem Wasser wenig löslich (in 32 Teilen bei 16°), leicht löslich in heißem Wasser. Verliert schon bei 95° $HgCl_2$. Durch die Schwerlöslichkeit in kaltem Wasser unterscheiden sich die Sublimat-verbindungen des Cadaverins von denen des Putrescins.

*Dibenzoylcadaverin.* $C_5H_{12}N_2 \cdot 2COC_6H_5$. Fp. 135°, fast unlöslich in Wasser, löslich in Alkohol, schwer löslich in Äther.

Zur Identifizierung des Cadaverins eignet sich unter Umständen die *trockene Destillation* des Chlorhydrates, wobei unter Abspaltung von Ammonchlorid Piperidin entsteht.

**Trennung von Histamin, Putrescin, Cadaverin und Trimethylamin** (24). Verf. beschreibt die Isolierung verschiedener Basen aus Tamari-Schoyu-Sauce, welche durch Stehenlassen von zerkleinerten und gekochten Sojabohnen gewonnen wird. Die Gewinnung der obengenannten Basen geschieht auf folgende Weise:

1 kg Sojabohnen 24 Stunden in Wasser stehen lassen, kochen, im Mörser stark zerkleinern und mit 4 l Wasser bis zum milchigen Brei anrühren. In einer Flasche 4 Monate unter gelegentlichem Umschütteln bei Zimmertemperatur stehen lassen. Mit etwas Wasser verdünnen, durch ein Tuch kolieren, Filtrat mit Bleiessig versetzen (s. Aminosäuren, S. 69). Filtrat vom gut gewaschenen Bleiniederschlag mit Schwefelwasserstoff entbleien und auf dem Wasserbad einengen. Mit Schwefelsäure ansäuern und mit Phosphorwolframsäure versetzen.

Phosphorwolframsäureniederschlag in bekannter Weise zerlegen (s. Aminosäuren, S. 133, 177), die so gewonnene, stark alkalische Basenlösung mit Salpetersäure neutralisieren und mit einer Silbernitratlösung versetzen, wobei ein geringer, braungefärbter Niederschlag entsteht, der wohl etwas Purinbasen enthält.

Filtrat vom Silberniederschlag mit Silbernitrat und Bariumhydroxyd in geringem Überschuß versetzen. Den dabei entstehenden braunen Niederschlag mit Bariumhydroxydlösung waschen und unter Zusatz von etwas Schwefelsäure mit Schwefelwasserstoff zersetzen. Filtrat vom Silbersulfid auf dem Wasserbad etwas einengen, überschüssige Schwefelsäure mit Bariumhydroxyd entfernen, überschüssiges Bariumhydroxyd durch Einleiten von Kohlendioxyd ausfällen und im Vakuum auf ein kleines Volumen einengen. Im Vakuumexsiccator stehen lassen, bis ein dünnflüssiger Sirup entstanden ist. Mit absolutem Alkohol versetzen und wieder im Exsiccator stehen lassen. Verf. erhielt auf diese Weise farblose dünne Prismen (0,3 g), die als Histamin identifiziert werden konnten.

Zur Gewinnung der anderen Basen wird die Mutterlauge vom Silbernitrat- und Bariumhydroxyd-Niederschlag nach Entfernen des Silbers durch Salzsäure und des Bariums durch Schwefelsäure, mit Schwefelsäure stark angesäuert und mit Phosphorwolframsäure versetzt. Aus dem Phosphorwolframsäureniederschlag erhält man in bekannter Weise eine stark alkalisch reagierende Basenlösung.

Flüssigkeit mit Salzsäure neutralisieren, im Vakuum einengen und im Exsiccator stehen lassen. Den dabei entstehenden, von Krystallen durchsetzten Sirup mit absolutem Alkohol behandeln.

A. Alkoholunlösliche Fraktion (ca. 1,5 g), mit absolutem Methylalkohol behandeln, wobei ein Teil (0,45 g) ungelöst bleibt. Diese Fraktion ließ sich als *Putrescin* identifizieren.

Der in Methylalkohol lösliche Anteil bestand im wesentlichen aus *Cadaverin.*

B. Alkohollösliche Fraktion. Im Vakuum einengen, mit alkoholischer Pikrinsäurelösung versetzen, wobei das Pikrat des *Trimethylamins* (1,2 g) ausfällt. Identifizierung durch Überführen in das Platinsalz: Pikrat in wenig Wasser lösen, mit Salzsäure versetzen, Pikrinsäure mit Äther ausschütteln, wäßrige Lösung auf dem Wasserbad einengen, mit Platinchlorid versetzen und zur Krystallisation stehen lassen.

Aus 1 kg Sojabohnen konnten auf diese Weise 0,18 g Histamin, 0,25 g Putrescin, 0,53 g Cadaverin und 0,23 g Trimethylamin gewonnen werden.

**Trennung der Diamine von den Diaminocarbonsäuren.** Nach UDRANSKY und BAUMANN (22) wird das Gemisch benzoyliert und mit verdünntem Alkali behandelt, wobei die Benzoylverbindungen von Ornithin und Lysin in Lösung gehen, diejenigen von Putrescin und Cadaverin ungelöst bleiben. Die Dibenzoylverbindungen von Cadaverin und Putrescin können auf Grund ihrer verschiedenen Löslichkeit in Alkohol und Äther getrennt werden, Dibenzoylputrescin ist schwerer löslich. LÖWY und NEUBERG (16) verwenden die Phenylisocyanate zur Trennung der beiden Diamine.

Eine weitere Trennungsmöglichkeit beruht auf der verschiedenen Löslichkeit der Quecksilberchloridverbindungen, bzw. Chlorhydrate von Putrescin und Cadaverin. Bei der Krystallisation der Sublimatverbindungen aus Wasser krystallisiert diejenige des Cadaverins zuerst aus. Zur vollständigen Trennung werden die Quecksilberverbindungen in die Chlorhydrate verwandelt und diese mit Alkohol oder Äther behandelt, wobei Cadaverinchlorhydrat in Lösung geht, Putrescinchlorhydrat zurückbleibt.

## Literatur.


(*1a*) Amatsu, H., u. M. Tsudji: Acta schol. med. Univ. Kioto II, 447 (1918). — (*1*) Arai: Biochem. Ztschr. **122**, 251 (1921).

(*2*) Barger: The simpler natural Bases. a. a. O. — (*3*) Boser, D., u. G. Klein: Der mikrochemische Nachweis der pflanzlichen Stickstoffbasen Putrescin, Cadaverin, Phenyläthylamin, Tyramin und Histamin. Arch. der Pharm. **270**, 374 (1932).

(*4*) Chibnall, A. C.: Biochem. Journ. **18**, 405 (1924).

(*5*) Feldberg, W., u. E. Schilf: Histamin, Monographien aus dem Gesamtgebiet der Physiologie der Pflanzen und der Tiere **20**. Berlin: Julius Springer 1930. — (*6*) François, M.: Compt. rend. **144**, 567 (1907). — (*7*) Franzen u. Schneider: Biochem. Ztschr. **116**, 195 (1921).

(*8*) Gadamer: Arch. der Pharm. **242**, 48 (1904).

(*8a*) Hanke u. Koessler: Journ. Biol. Chem. **50**, 131 (1921). — (*9*) Heyl: Journ. Amer. Chem. Soc. **41**, 670 (1919).

(*10*) Kauffmann u. Vorländer: Ber. Dtsch. Chem. Ges. **43**, 2755 (1910). — (*11*) Klein, G.: Allgemeine und spezielle Methodik der Histochemie. Aus „Methodik der Biologie", S. 1048. Berlin: Julius Springer 1928. — (*12*) Jahrb. f. wiss. Bot. **68**, 602 (1928). — (*13*) Ebenda **68**, 646 (1928). — (*14*) Klein, G., u. M. Steiner: Ebenda **68**, 602 (1928) (Geschichtliches; umfassende Literaturzusammenstellung!). — (*15*) Ebenda **68**, 688—695 (1928).

(*15a*) Leprince, M.: Comptes rendus de la Soc. de biol. **145**, 940 (1907). — (*16*) Löwy u. Neuberg: Ztschr. f. physiol. Ch. **43**, 355 (1904).

(*17*) Mothes, K.: Planta **1**, 472 (1926). — (*17a*) Müller, H.: Ztschr. f. physiol. Ch. **209**, 207 (1932). — (*18*) Planta **7**, 585—649 (1929).

(*19*) Reuter: Ztschr. f. physiol. Ch. **78**, 167 (1912). — (*20*) Reuter, C.: Ebenda **78**, 222 (1912).

(*20a*) Sievers, H., u. E. Müller: Ztschr. f. Biologie **89**, 37 (1929). — (*20b*) Smith, I., u. A. C. Chibnall: Biochem. Journ. **26**, 1345 (1932). — (*21*) Steiner, M.: Beitr. z. Biol. d. Pflanze **17**, 247 (1929).

(*21a*) Trier, G.: Ztschr. f. physiol. Ch. **73**, 383 (1911).

(*22*) Udransky u. Baumann: Ztschr. f. physiol. Ch. **13**, 562 (1889). — (*23*) Ullmann, A.: Biochem. Ztschr. **128**, 402 (1922).

(*24*) Yoshimura, K.: Biochem. Ztschr. **28**, 16 (1910).

(*25*) Zimmermann, W.: Ztschr. f. physiol. Ch. **186**, 260 (1930).


# Systematische Verbreitung und Vorkommen der Amine[1].

Von **C. Wehmer** und **M. Hadders**, Hannover.

## Übersicht.

1. Methylamin,
2. Dimethylamin,
3. Trimethylamin,
4. Sec. Butylamin,
5. Isobutylamin,
6. Isoamylamin,
7. Phenyläthylamin,
8. Tyramin,
9. Histamin,
10. Agmatin,
11. Äthylendiamin,
12. Methylguanidin,
13. Putrescin,
14. Cadaverin.
15. „Sepsin".

---

[1] *Literatur*: G. Klein u. Steiner: Jahrb. wiss. Bot. **68**, 602 (1928); hier auch Nachweise früherer Arbeiten; von den beiden Autoren wurden 99 Phanerogamen und 4 Pilze mikrochemisch untersucht. — Steiner: Cohns Beiträge zur Biologie der Pflanzen **17**, 247. 1929. — Steiner u. Löffler: Jahrb. wiss. Bot. **71**, 463 (1929). — G. Klein u. Boser: Arch. Pharm. **270**, 374 (1932). — Rona in Abderhalden: Biochemisches Handlexikon **4**, 801. (1910/11). — Winterstein u. Trier: Ebenda **4**, 812 (1910/11). — Zemplén: Ebenda **9**, 201. (1915); **11**, 271. (1924). — Sickel: Ebenda **12**, 174 (1930). — Zellner: Chemie der höheren Pilze. 1907. — Roscoe-Schorlemmer: Organische Chemie **9**, 466. 1901. — L. Brieger: Über Ptomaine. 3 Hefte. Berlin 1885/86. — C. Wehmer: Pflanzenstoffe, 2. Aufl., **1** u. **2**. 1929/31.

### 1. Methylamin[1], $CH_5N$

(*Aminomethan*).

Vorkommen: In Pflanzen vereinzelt, nicht immer sicher und primär, oft Spaltprodukt; auch bei *Pilzen* und *Bakterien* beobachtet.

Fam. **Araceae:** *Acorus Calamus* L. (*A. aromaticus* Gilb.), Kalmus; im Wurzelstock (*Kalmuswurzel*), früheres Alkaloid „*Calamin*" ist wohl *Methylamin* (neben *Trimethylamin*).

Fam. **Chenopodiaceae:** *Beta vulgaris* L. var. *Rapa*, Zuckerrübe; Wurzel = *Zuckerrübe*, in der Melasse (neben *Trimethylamin*).

Fam. **Euphorbiaceae:** *Mercurialis annua* L., Jähriges Bingelkraut; in Kraut u. Samen, *Methylamin* (früher als „*Mercurialin*" angegeben), neben *Trimethylamin* u. *Ammoniak*. — *M. perennis* L., Ausdauerndes Bingelkraut; im Kraut, wie vorige.

Fam. **Umbelliferae:** *Ferula dissoluta* Wats. (*Leptotaenia dissecta* Nutt.) oder *Peucedanum nudicaule* Nutt. (*Leptotaenia dissecta* Gray) ?; in Wurzel.

Fam. **Asclepiadaceae:** *Stapelia sororia* Mass.; in Blüten, unsicher! (neben Ammoniak). — *St. ingens* (?), wie vorige.

Fam. **Labiatae:** *Mentha aquatica* L., Wasserminze; im Destillationswasser der Blätter, wohl sekundär!

Fam. **Rubiaceae** (*Coffeoideae*): *Coffea arabica* L., Kaffeestrauch; nicht in frischen, doch in gerösteten Bohnen (sekundär).

Algen (*Cyanophyceae*):

Fam. **Chroococcaceae:** *Gloiotrichum-Species* ungenannt.

Pilze

(*Basidiomycetes*):

Fam. **Polyporaceae:** *Polyporus officinalis* Fr., Lärchenschwamm (*Fungus Laricis*); im Fruchtkörper (beim Destillieren mit Kalkmilch erhalten!).

(*Ascomycetes*):

Fam. **Hypocreaceae:** *Claviceps purpurea* Kühn; im Sclerotium = *Mutterkorn* (nach längerem Lagern; bei Destillation mit Kalilauge gewonnen).

Bakterien: Bei Fäulnisvorgängen (in verdorbenem Fischfleisch u. a.) beobachtet, vielleicht durch *Bacterium vulgare?* (neben *Di-* u. *Trimethylamin*).

### 2. Dimethylamin, $C_2H_7N$

(*Methylamidoäthan*).

Vorkommen: Nur in einem Falle bei *Pilzen* nachgewiesen (mikrochemisch), sonst als Zersetzungsprodukt von Fäulnisbakterien.

Pilze (*Basidiomycetes*):

Fam. **Phallaceae:** *Phallus impudicus* L., Stink-Morchel; im Fruchtkörper (neben *Ammoniak*, *Trimethylamin* u. *Isoamylamin*).

Bakterien: Als Fäulnisprodukt aus Eiweiß (in verdorbenen Fischen, faulendem Leim, Hefe u. Würsten).

### 3. Trimethylamin, $C_3H_9N$

(*Dimethyl-aminomethan*).

Vorkommen: Vielfach, besonders mikrochemisch, in grünen Pflanzen nachgewiesen; auch bei Kryptogamen, insbesondere *Pilzen* und *Bakterien* (Zersetzungsprodukt bei Fäulnis von Fleisch, Käse, in Heringslake u. a. neben *Methyl-* und *Dimethylamin*) vorkommend, bislang nicht bei *Gymnospermen* gefunden.

Fam. **Araceae:** *Spathiphyllum heliconiaefolium* Schott. (= *Sp. cochlearispathum* Engl.); in Inflorescenz (neben *Ammoniak*). — *Acorus Calamus* L. (*A. aromaticus* Gilb.), Kalmus; im Wurzelstock = *Kalmuswurzel* (neben *Monomethylamin*). — *Arum conophalloides* Kotschy (= *A. orientale* Vis.); in Inflorescenz (neben *Ammoniak*). — *Amorphophallus Rievieri* Dur. (*A. Konjak* C. Koch); in Appendix (neben *Ammoniak* u. *Isobutylamin*). — *Sauromatum guttatum* Schott. (neben *Ammoniak*), nach anderen fehlend.

Fam. **Liliaceae:** *Hyacinthus orientalis* L., Hyacinthe; in Blüten neben *Ammoniak* (später *kein* Amin gefunden).

Fam. **Fagaceae:** *Fagus silvatica* L., Buche; in Früchten = *Bucheckern* (?).

Fam. **Moraceae** (*Cannabinoideae*): *Humulus Lupulus* L., Hopfen; in Fruchtständen („*Hopfen*").

---

[1] *Ammoniak* ist bislang bei fast allen untersuchten Pflanzen, auch wo Amine fehlen, gefunden (als Exhalat und Destillationsprodukt mikrochemisch nachgewiesen, G. Klein).

Fam. **Aristolochiaceae:** *Aristolochia gigas* LINDL. (= *A. grandiflora* ARR.); in Blüten (neben *Ammoniak*).

Fam. **Chenopodiaceae:** *Chenopodium Vulvaria* L. (*Ch. foetidum* LAM.), Stinkender Gänsefuß; in Blättern (das früher angegebene *Propylamin* ist *Trimethylamin*), in Knospen u. Stamm (neben *Ammoniak*). — *Ch. olidum* WATS.; im Kraut. — *Ch. ambrosioides* L., Wohlriechender Gänsefuß; ebenso (neben *Ammoniak*). — *Beta vulgaris* L. var. *Rapa*, Zuckerrübe; im Blütenpollen u. in Rohlaugen der Zuckerfabriken (neben *Methylamin* in der Melasse).

Fam. **Ranunculaceae:** *Clematis Vitalba* L., Waldrebe; in Blüten (neben *Ammoniak*), später *kein* Amin gefunden.

Fam. **Calycanthaceae:** *Calycanthus occidentalis* HOOK. et ARN., „Spice-Bush"; im Rückstand der Blätter bei der Destillation.

Fam. **Cruciferae:** *Erysimum crepidifolium* REICHB.; in der ganzen Pflanze.

Fam. **Saxifragaceae:** *Chrysosplenium alternifolium* B., Milzkraut; in Blüten (neben *Ammoniak* u. *Isoamylamin*).

Fam. **Rosaceae:** (*Pomoideae*): In Blüten aller folgenden Arten (neben *Ammoniak* u. *Isoamylamin*): *Crataegus Oxyacantha* L., Weißdorn, Rotdorn (früheres *Propylamin*). — *C. monogyna* JACQ., Eingriffliger Weißdorn. — *C. monogyna* JACQ. var. *Jacquini*. — *C. pentagyna* W. et K. — *C. ambigua* C. A. MEY. — *C. coccinea* L. var. *populifolia* WALT. — *C. rotundifolia* LAM. — *C. phoenicea* (?). — *Pirus communis* L., Birnbaum (früher als *Propylamin*). — *P. Piraster* WALLR. — *P. latifolia* LINDL. (*Sorbus l.* PERS.). — In Blüten aller folgenden Arten (neben *Ammoniak*): *Crataegus Oxyacantha* L. var. *caucasica*. — *C. punctata* JACQ. — *C. Holnesiana* ASHE. — *C. Cotoneaster* BORCK. (= *Cotoneaster integerrima* MEDIC.). — *Pirus Aucuparia* GÄRTN. (*Sorbus A.* L.), Vogelbeere, zweifelhaft! — *P. torminalis* EHRH. (*Sorbus t.* L.), Elsbeere. — *Sorbus reflectipetala* KOCH. — (*Prunoideae*): *Prunus Padus* L., Traubenkirsche; in Blüten (neben *Ammoniak* u. *Isoamylamin*), später *kein* Amin gefunden.

Fam. **Leguminosae** (*Papilionatae*): *Medicago sativa* L., Luzerne, „Alfalfa"; im Saft des Krautes.

Fam. **Euphorbiaceae:** *Mercurialis annua* L., Jähriges Bingelkraut; in Kraut u. Samen (neben *Ammoniak* u. *Methylamin*). — *Hippomane Mancinella* L.; in Ausdünstung des Baumes (hier ein *trimethylamin*ähnlicher Stoff).

Fam. **Malvaceae:** Gattung *Gossypium*, Baumwollstrauch; in Zweigen, Blättern u. Blüten, auch im Tau der Blätter als Ausscheidung (neben *Ammoniak*).

Fam. **Umbelliferae:** *Chaerophyllum Cicutaria* VILL. (= *C. hirsutum* L.); in Blüten (neben *Ammoniak* u. *Isoamylamin*).

Fam. **Cornaceae:** *Cornus sanguinea* L., Blutroter Hartriegel; in Blüten (neben *Ammoniak* u. *Isoamylamin*).

Fam. **Oleaceae:** *Fraxinus Ornus* SIBT. (*Ornus europaea* PERS.), Mannaesche; in Blüten (neben *Ammoniak*).

Fam. **Salvadoraceae:** *Salvadora oleoides* DECNE (*S. persica* L.); in Blättern und Rinde.

Fam. **Gentianaceae:** *Menyanthes trifoliata* L., Fieberklee, Bitterklee; in Blüten (fraglich!) neben *Ammoniak*.

Fam. **Labiatae:** *Mentha aquatica* L., Wasserminze; im Destillationswasser der Blätter.

Fam. **Caprifoliaceae:** In Blüten folgender: *Viburnum Lantana* L., Wolliger Schneeball (neben *Ammoniak* u. *Isobutylamin*). — *V. venenosum* BRITT. (neben *Ammoniak*). — *V. maculatum* PANT. = *V. Lantana* L. (wie vorige). — *V. Opulus L.*, Gemeiner Schneeball (neben *Ammoniak*, *Isoamyl-* u. *Isobutylamin*). — *V. burejaeticum* REGL. et HERD. (neben *Ammoniak* u. *Isoamylamin*).

Fam. **Cucurbitaceae:** *Bryonia dioica* JACQ., Rotbeerige Zaunrübe (Organ?); Geruch nach *Trimethylamin!*

Fam. **Compositae:** *Arnica montana* L., Arnica, Bergwohlverleih; in Kraut u. Blüten. — *Taraxacum officinale* WIGG. (*Leontodon Taraxacum* L.), Löwenzahn, Kuhblume; in Blüten (neben *Ammoniak*), später von demselben Untersucher *kein* Amin gefunden.

Moose:

Fam. **Splachnaceae:** *Splachnum ampullaceum*; in Sporogonen (neben *Ammoniak*).

Pilze (*Basidiomycetes*):

Fam. **Ustilaginaceae:** *Tilletia laevis* KUEHN, Weizenbrand; in Sporen (1932). — *T. Tritici*, enthält *kein* Trimethylamin (1932), war früher angegeben. — *Ustilago Maidis* TUB., Maisbrand; in den Sporen.

Fam. **Polyporaceae:** *Boletus edulis* BULL., Herrenpilz, Steinpilz; im Hut (neben *Isoamylamin*, *Tyramin* u. *Putrescin*). — *Polyporus officinalis* FR., Lärchenschwamm („*Fungus Laricis*"); im Fruchtkörper früher angegeben.

Fam. **Pucciniaceae:** *Puccinia graminis* PERS., in Aecidien auf *Berberis vulgaris* (neben *Ammoniak*).

Fam. **Agaricaceae:** *Amanita muscaria* L., Fliegenpilz; im Fruchtkörper (im Destillat mit Kalilauge), ist nicht *Propylamin!* — *Cortinellus shiitake*; im Fruchtkörper.

Fam. **Phallaceae:** *Phallus impudicus* L., Stink-Morchel; im Fruchtkörper (neben *Dimethylamin, Isoamylamin* u. *Ammoniak*).

(*Ascomycetes*):

Fam. **Hypocreaceae:** *Claviceps purpurea* KÜHN; im Sclerotium = *Mutterkorn* (neben *Isoamylamin, Tyramin, Histamin, Agmatin, Putrescin, Phenyläthylamin* u. *Cadaverin*), doch frisch zweifelhaft, nach längerem Liegen anscheinend sekundär entstehend (gewonnen durch Destillation mit Kalilauge), früher für *Propylamin* gehalten.

Flechten (*Gymnocarpeae*):

Fam. **Stictaceae:** *Sticta fuliginosa* DICKSON; in den Hyphen, besonders der Rinde.

Bakterien:

Fam. **Bacteriaceae:** *Bacterium vulgare* LEHM. et NEUM. (*Proteus v.* HAUSER); in Reinkultur (Kulturflüssigkeit).

Fam. **Coccaceae:** *Streptococcus aureus* (= *St. pyogenes* ROSB. ?), ebenso.

### 4. Sek. Butylamin, $C_4H_9N$.

Vorkommen: Als Spaltprodukt von *sek. Butylsenföl* bei mehreren *Cruciferen* (s. Bd. 3, S. 1094); nicht frei vorkommend.

### 5. Isobutylamin, $C_4H_{11}N$.

Vorkommen: Neuerdings mehrfach mikrochemisch in Blüten nachgewiesen; gebunden außerdem im *Fagaramid* (S. 228) und im *Spilanthol* (S. 218) vorkommend; durch *Bakterien* aus Amino-isovaleriansäure gebildet.

Fam. **Araceae:** *Arum maculatum* L., Gefleckter Aron; in Appendix, Inflorescenz mit Spatha (neben *Ammoniak*). — In Inflorescenz folgender (neben *Ammoniak*): *A. nigrum* SCHOTT. — *A. italicum* MILL. (= *A. Nickellii* SCHOTT.). — *Amorphophallus Rievieri* DUR. (*A. Konjak* C. KOCH); in Inflorescenz (neben *Ammoniak* u. *Trimethylamin*).

Fam. **Berberidaceae:** *Berberis vulgaris* L., Berberitze; nach früherer Angabe (1928); in Blüten neben *Ammoniak* (späterhin ist aber *kein* Amin gefunden, 1929!). — *Mahonia Aquifolium* NUTT.; ebenso (neben *Ammoniak* u. *Isoamylamin*, doch später *kein* Amin gefunden, 1929!).

Fam. **Rosaceae** (*Rosoideae*): *Rosa canina* L., Hundsrose (gelbe Gartenvarietät); in Blüten, unsicher! (neben *Ammoniak*).

Fam. **Caprifoliaceae:** *Viburnum Lantana* L., Wolliger Schneeball; in Blüten u. Keimpflanzen, unsicher! (neben *Ammoniak* u. *Trimethylamin*). — *V. Lentago* L.; in Blüten. — *V. prunifolium* L.; wie vorige (neben *Ammoniak* u. *Isoamylamin*). — *V. Opulus* L., Gemeiner Schneeball; ebenso (unsicher!, neben *Ammoniak, Isoamylamin* u. *Trimethylamin*).

### 6. Isoamylamin, $C_5H_{13}N$.

Vorkommen: In mehreren Familien, auch *Pilzen*, nachgewiesen, neuerdings besonders mikrochemisch in Blüten, zumal der *Rosaceen*. Auch Bakterienprodukt.

Fam. **Berberidaceae:** *Mahonia Aquifolium* NUTT.; in Blüten (neben *Ammoniak* u. *Isobutylamin*), später *kein* Amin gefunden.

Fam. **Saxifragaceae:** *Ribes Grossularia* L., Stachelbeere; in Blüten (neben *Ammoniak*). — *Chrysosplenium alternifolium* L., Milzkraut; wie vorige (neben *Ammoniak* u. *Trimethylamin*).

Fam. **Rosaceae** (*Spiraeoideae*): In Blüten folgender (neben *Ammoniak*): *Spiraea ulmifolia* SCOP. — *Sp. media* SCHMIDT. — *Sp. alba* DUR. — *Filipendula Ulmaria* MAX. — *F. hexapetala* GIL. — (*Pomoideae*): In Blüten aller folgenden (neben *Ammoniak* u. *Trimethylamin*): *Pirus Piraster* WALLR. (in Blütenboden u. in sich eben entfaltender Knospen). — *P. communis* L., Birnbaum (wie vorige). — *P. latifolia* LINDL. (*Sorbus l.* PERS.). — *Sorbus reflectipetala* KOCH. — *Crataegus ambigua* C. A. MEY. — *C. coccinea* L. var. *populifolia* WALT. — *C. rotundifolia* LAM., zweifelhaft! — *C. phoenicea* (?). — *C. Oxyacantha* L., Weißdorn, Rotdorn. — *C. Oxyacantha* L. var. *caucasica*. — *C. monogyna* JACQ. var. *Jacquini*. — *C. monogyna* JACQ., Eingriffliger Weißdorn. — *C. pentagyna* W. K. — In Blüten aller folgenden (neben *Ammoniak*): *Pirus Malus* L. (*Malus domestica* BAUMG.), Apfelbaum. — *P. Hostii* hort. (*Sorbus H.* HEYNH.) ist *P. Aria* EHRH. (*Sorbus A.* CRTZ.), Mehlbeere. — *Crataegomespilus grandiflorus* (?) (im Blütenboden). — *Pyracantha coccinea* ROEM. (später *kein* Amin gefunden). — *Cydonia japonica* PERS., Japanische Quitte. —

*Mespilus germanica* L., Mispel. — (*Rosoideae*): *Sanguisorba officinalis* L.; in Blüten (neben *Ammoniak*). — *Rosa-Species*; wie vorige. angeblich. — (*Prunoideae*): *Prunus Laurocerasus* L. var. *Schipkaensis*, Kirschlorbeer; in Blüten (neben *Ammoniak*). — *P. Padus* L., Traubenkirsche; wie vorige (neben *Ammoniak* u. *Trimethylamin*), später *kein* Amin gefunden. — *P. domestica* L., Zwetsche; ebenso (neben *Ammoniak*).

Fam. **Aceraceae:** *Acer Pseudo-Platanus* L., Bergahorn; in Blättern, neben *Ammoniak* (später *kein* Amin gefunden).

Fam. **Umbelliferae:** *Chaerophyllum Cicutaria* VILL. (= *C. hirsutum* L.); in Blüten (neben *Ammoniak* u. *Trimethylamin*). — *Pimpinella major* HUDS.; wie vorige (neben *Ammoniak*). — *Heracleum Sphondylium* L., Gemeine Bärenklau; in Blüten u. Früchten (neben *Ammoniak*). — *Peucedanum Oreoselinum* MOENCH., Bergpetersilie; in Blüten u. Früchten, unsicher! (neben *Ammoniak*).

Fam. **Cornaceae:** *Cornus sanguinea* L., Blutroter Hartriegel; in Blüten (neben *Ammoniak* u. *Trimethylamin*).

Fam. **Asclepiadaceae:** *Vincetoxicum officinale* MOENCH. (*Cynanchum Vincetoxicum* PERS., *C. laxum* BARTL.), Geimeine Schwalbenwurz; in Blüten (neben *Ammoniak*).

Fam. **Solanaceae:** *Nicotiana Tabacum* L., Virginischer Tabak; in grünen Blättern.

Fam. **Caprifoliaceae:** *Sambucus nigra* L., Schwarzer Holunder; in Blüten u. Blättern (neben *Ammoniak*). — In Blüten folgender: *Viburnum prunifolium* L. (neben *Ammoniak* u. *Isobutylamin*). — *V. burejaeticum* REGL. et HERD. (neben *Ammoniak* u. *Trimethylamin*). — *V. latifolium* hort. (= *V. rigidum* VENT.). — *V. Opulus* L., Gemeiner Schneeball (neben *Ammoniak, Trimethylamin* u. *Isobutylamin*).

Pilze

(*Basidiomycetes*):

Fam. **Polyporaceae:** *Boletus edulis* BULL., Steinpilz; im Fruchtkörper (neben *Trimethylamin, Tyramin* u. *Putrescin*).

Fam. **Phallaceae:** *Phallus impudicus* L., Stink-Morchel; im Fruchtkörper (neben *Ammoniak, Trimethylamin* u. *Dimethylamin*).

(*Ascomycetes*):

Fam. **Hypocreaceae:** *Claviceps purpurea* KÜHN; im Sclerotium = *Mutterkorn* (neben *Trimethylamin, Tyramin, Phenyläthylamin, Histamin, Agmatin, Putrescin* u. *Cadaverin*).

Bakterien:

Fam. **Bacteriaceae:** *Bacterium vulgare* LEHM. et NEUM. (*Bacillus v.* MIG., *Proteus v.* KRUSE); aus *l-Leucin* (nur bei Anwesenheit von Milchzucker).

### 7. β-Phenyl-äthylamin, $C_8H_{11}N$[1].

Vorkommen: Im *Mutterkorn*, wie vorher, auch bei Fäulnis von Leim, Bierhefe u. a. (Bakterienprodukt). Bei Autolyse in *Boletus edulis* (s. folgendes).

### 8. Tyramin, $C_8H_{11}NO$

(*p-Oxy-phenyl-äthylamin*).

Vorkommen: Vereinzelt in wenigen Familien, auch bei *Pilzen* (neben anderen Aminen) u. *Bakterien* (bei Caseinzersetzung in reifendem Käse u. in faulender Bierhefe).

Fam. **Loranthaceae:** *Phoradendron flavescens* NUTT. (*Ph. villosum* NUTT.), Amerikanische Mistel, unsicher! — *Ph. californicum* NUTT.

Fam. **Cruciferae:** *Capsella bursa pastoris* MNCH., Hirtentäschelkraut; im Kraut.

Fam. **Compositae:** *Silybum Marianum* GÄRTN. (*Carduus M.* L.), Mariendistel, Stechdistel; im Samen („*Semina Cardui Mariae*“).

Pilze

(*Basidiomycetes*):

Fam. **Polyporaceae:** *Boletus edulis* BULL., Steinpilz; bei Autolyse! (neben *Trimethylamin, Phenyl-äthylamin, Isoamylamin* u. *Putrescin*).

(*Ascomycetes*):

Fam. **Hypocreaceae:** *Claviceps purpurea* KÜHN; im Sclerotium = *Mutterkorn* (neben *Trimethylamin, Isoamylamin, Phenyläthylamin, Histamin, Agmatin, Putrescin* u. *Cadaverin*).

### 9. Histamin, $C_5H_9N_3$

(*Imidazolyl-äthylamin*).

Vorkommen: Nur im Mutterkorn, neben anderen Aminen, nachgewiesen. Durch *Bakterien* bei Fäulnis von Sojabohnen u. a. (aus *Histidin*) gebildet, auch bei Hefefäulnis.

Pilze (*Ascomycetes*):

[1] Angegeben ist früher auch *Iso-phenyl-äthylamin* (aus Leim), doch unsicher.

Fam. **Hypocreaceae:** *Claviceps purpurea* KÜHN; im Sclerotium = *Mutterkorn* (neben *Trimethylamin, Isoamylamin, Phenyläthylamin, Tyramin, Agmatin, Putrescin* u. *Cadaverin*).

## 10. Agmatin, $C_5H_{14}N_4$

(*Aminobutylen-guanidin*).

Vorkommen: Vereinzelt aufgefunden, sicher nur in Blütenpollen und im Mutterkorn.

Fam. **Gramineae:** *Secale cereale* L., Roggen; im reifenden Korn (nach anderen aber fehlend!).

Fam. **Compositae:** *Ambrosia artemisifolia* L., „Ragweed"; im Pollen.

Pilze (*Ascomycetes*):

Fam. **Hypocreaceae:** *Claviceps purpurea* KÜHN; im Sclerotium = *Mutterkorn* (neben *Trimethylamin, Isoamylamin, Phenyläthylamin, Tyramin, Histamin, Putrescin* u. *Cadaverin*).

## 11. Äthylendiamin, $C_2H_8N_2$.

Vorkommen: Als Zersetzungsprodukt von Eiweißstoffen (in faulen Fischen) gefunden; auch in Reinkulturen von *Bacterium vulgare* LEHM. et NEUM. (*Proteus v.* HAUSER, *Bacillus v.* MAC.) nachgewiesen.

## 12. Methylguanidin, $C_2H_7N_3$.

Vorkommen: Als Bakterienprodukt bei Fleischfäulnis, auch in Reinkulturen des Cholerabacillus (*Vibrio cholerae* BUCHN.) angegeben.

## 13. Putrescin, $C_4H_{12}N_2$

(*Tetramethylen-diamin, 1,4-Diaminobutan*).

Vorkommen: Nur in einzelnen Fällen, besonders bei *Pilzen*, gefunden; entsteht bei bakterieller Fäulnis von Eiweiß (faule Hefe, Fleisch, Leim, Sojabohnen).

Fam. **Rutaceae** (*Aurantioideae*): *Citrus grandis* OSB.; in Früchten.

Fam. **Solanaceae:** *Datura* (? vielleicht *D. Stramonium* L., Stechapfel); ob im Samen?, unsicher!

Pilze

(*Basidiomycetes*):

Fam. **Polyporaceae:** *Boletus edulis* BULL., Steinpilz; im Fruchtkörper (neben *Trimethylamin, Isoamylamin* u. *Tyramin*).

(*Ascomycetes*):

Fam. **Aspergillaceae:** *Aspergillus Oryzae* COHN, Reisschimmel; bei Kultur auf *Sojabohnen.*

Fam. **Saccharomycetaceae:** *Saccharomyces*-Species; in *Hefe* (frisch).

Fam. **Hypocreaceae:** *Claviceps purpurea* KÜHN; im Sclerotium = *Mutterkorn* (neben *Trimethylamin, Isoamylamin, Phenyläthylamin, Tyramin, Histamin, Agmatin* u. *Cadaverin*).

Bakterien:

Fam. **Bacteriaceae:** Zersetzungsprodukt durch Fäulnisbakterien (wohl *Bacterium vulgare* LEHM. et NEUM. u. a.), beim Faulen von Hefe u. a.

Fam. **Spirillaceae:** *Vibrio cholerae* BUCHN., in älteren Reinkulturen als Zersetzungsprodukt.

## 14. Cadaverin, $C_5H_{14}N_2$

(*Pentamethylen-diamin*).

Vorkommen: Außer im Mutterkorn nur bei bakterieller Fäulnis von Eiweiß (aus *Lysin*) entstehend (Fleisch, Fische, Miesmuscheln, Hefe).

Pilze (*Ascomycetes*):

Fam. **Aspergillaceae:** *Aspergillus Oryzae* COHN, Reisschimmel; aus *Sojabohnen.*

Fam. **Hypocreaceae:** *Claviceps purpurea* KÜHN; im Sclerotium = *Mutterkorn* (neben *Trimethylamin, Isoamylamin, Phenyläthylamin, Tyramin, Histamin, Agmatin* u. *Putrescin*).

Bakterien:

Fam. **Bacteriaceae:** *Bacterium vulgare* LEHM. et NEUM. (*Proteus v.* HAUSER, *Vibrio Proteus*); in Reinkulturen. — *B. suisepticus*, Amerikanischer Schweineseuchebacillus; in Peptonbouillon der Reinkultur.

Fam. **Spirillaceae:** *Vibrio Cholerae* BUCHN., Cholerabacillus; in Kulturflüssigkeit bei Reinkultur.

Isomere des Pentamethylen-diamins: **Neuridin** und **Saprin,** $C_5H_{14}N_2$, gleichfalls als Fäulnisbasen bei bakteriellem Eiweißumsatz entstehend (Fleisch, Käse, Fisch, Leim), neben *Cadaverin* und *Putrescin.* Angegeben war früher auch:

**15. „Sepsin“,** $C_5H_{14}O_2N$ (?)
(*Dioxycadaverin* ?).

Vorkommen: Bei Eiweißfäulnis (faulende Hefe) durch *Bakterien* gebildet (gleich vorigen zu den als „Fäulnisalkaloide“, Fäulnisbasen [Ptomaine], bezeichneten Basen gerechnet), doch wohl zweifelhaft.

Sonstige früher beschriebene, zum Teil unbenannte, bei bakterieller Eiweißfäulnis gebildete Amine (aus Fleisch, Fibrin, Leim, Fischen) findet man bei ROSCOE-SCHORLEMMER: Organische Chemie 9, 482f. 1901.

# 38. Betaine, Cholin, Muscarin.

Von ALFRED WINTERSTEIN, Heidelberg.

Mit 14 Abbildungen.

## A. Betaine.

### a) Allgemeine Bemerkungen.

**1. Formulierung.** Die Betaine sind früher ringförmig, als innere Anhydride formuliert worden, die durch Wasserabspaltung zwischen einer Carboxylgruppe und der Hydroxylgruppe einer quaternären Ammoniumbase entstanden zu denken sind:

$$\text{(I)}\quad \begin{array}{ccc}(H_3C)_3N & \text{———} & CH_2 \\ | & & | \\ O & \text{———} & C{=}O\end{array}$$

Diese Formulierung, die auch noch in der neuesten Literatur anzutreffen ist, ist aus verschiedenen Gründen zu verwerfen. *Die Betaine sind nach* G. BREDIG (7, 8) *als Zwitterionen aufzufassen und richtiger folgendermaßen zu formulieren:*

$$\text{(II)}\quad (H_3C)_3\overset{+}{N}\text{—}CH_2\text{—}CO\overset{-}{O}$$

P. PFEIFFER (43, 44, 45) zeigte vor etwa 10 Jahren, daß die Bildung der Betaine im Prinzip mit einem Ringschluß gar nichts zu tun hat. Nach unserer heutigen Auffassung von der Elektronennatur der Valenz ergibt sich ohne weiteres die Unrichtigkeit der Ringformel, da der Stickstoff nach Formel (I) 10 Elektronen besitzen müßte:

$$\begin{array}{c} H_3C \searrow \quad H\cdot\cdot C \cdot\cdot H \\ H_3C \text{—:—} N \diamond C : \ddot{O}: \\ H_3C \nearrow \quad \ddot{O} \end{array}$$

Die Octetregel wäre danach nicht erfüllt. Nach der Zwitterionenformulierung (II) wird dieser Regel Rechnung getragen:

$$\begin{array}{c} H_3C \searrow \\ H_3C \text{—:—} \overset{+}{N} \text{—:—} \underset{\ddot{H}}{\overset{H}{\ddot{C}}} \text{—:—} C \begin{array}{c}:\ddot{O}: \\ \cdot\cdot \\ :\ddot{O}:\end{array} - \\ H_3C \nearrow \end{array}$$

Diese Formulierung steht auch mit verschiedenen physikalischen Eigenschaften der Betaine in guter Übereinstimmung, sie erklärt deren große Löslichkeit in Wasser, die Unlöslichkeit in organischen Lösungsmitteln, die Tatsache, daß die Dielektrizitätskonstante des Wassers durch Zugabe von Betain erhöht wird, ferner wohl auch die physiologische Sonderstellung der Betaine.

Für die Formulierung der Salze der Betaine ergibt sich unter Zugrundelegung der Zwitterionenformel ebenfalls eine befriedigendere Lösung als nach der alten Schreibweise, nämlich die folgende:

$$H_3C-\overset{\overset{CH_3}{|}}{\underset{\underset{CH_3}{|}}{\overset{+}{N}}}-CH_2-CO\overline{O} + HCl = H_3C-\overset{\overset{CH_3}{|}}{\underset{\underset{CH_3}{|}}{\overset{+}{N}}}-CH_2-COOH \quad \overline{Cl}$$

**2. Beziehungen der Betaine zu Cholin und Muscarin.** Die Betrachtung von Cholin und Muscarin im Kapitel Betaine läßt sich dadurch rechtfertigen, daß diese zwei Trimethylammoniumverbindungen rein chemisch als Vorstufen der Betaine angesprochen werden können; zudem findet sich das Cholin in der „Betainfraktion". Sehr wahrscheinlich bestehen engere biologische Zusammenhänge zwischen Cholin und Betain.

Zu dieser Frage äußert sich M. GUGGENHEIM (14) folgendermaßen: „Ein fast regelmäßiger Begleiter des Betains ist das Cholin, so daß der Gedanke an genetische Beziehungen zwischen diesen beiden auch chemisch sehr nahe verwandten Substanzen gerechtfertigt erscheint."

G. TRIER (61) hat folgende Auffassung: „Die Bildung von Cholin und Betain erfolgt ja sicher unabhängig voneinander, wie schon die ganz verschiedene Verteilung dieser Basen in der Natur zeigt. Sie haben aber insofern einen analogen Ursprung, als die nicht methylierten Verbindungen, also Colamin und Glykokoll, die allgemein verbreitete Zellbausteine darstellen, durch einen gemeinsamen Prozeß entstehen dürften, nämlich durch die aldehydmutatische Umwandlung des Glykolaldehyds, der ja als das erste Umwandlungsprodukt des in der Assimilation gebildeten Formaldehyds zu mehrwertigen Kohlehydraten entstehen muß."

Quantitative Untersuchungen über den Zusammenhang zwischen Betain und Cholin haben keine sicheren Grundlagen für das Bestehen engerer Beziehungen ergeben. Das ganze Problem dürfte sich erst unter Zugrundelegung der moderneren Forschungsmethodik, wie sie von G. KLEIN und Mitarbeitern geschaffen worden ist (s. S. 280), mit Sicherheit lösen lassen. Da Glykokoll im Pflanzenreich verhältnismäßig, bzw. und nur in kleinen Mengen gefunden wird, Cholin, Colamin und Betain weit verbreitet sind, wäre es doch denkbar, daß das Glykokollbetain aus Colamin durch Methylierung und nachfolgende Oxydation entstehen könnte. In vitro verläuft die Oxydation des Cholins zum Betain quantitativ.

*Muscarin* liegt als Aldehyd seiner Oxydationsstufe nach zwischen Cholin und Betain. Möglicherweise kommt im Fliegenpilz das dem Muscarin zugehörige Betain vor. A. KÜNG (32) hat aus Fliegenpilz das Goldsalz eines Betains isoliert, welches bei 118—120° schmilzt. Da das Pikrat denselben Schmelzpunkt besaß wie Hercyninpikrat, wurde das Vorliegen von Hercynin als wahrscheinlich angenommen. Das Goldsalz des Hercynins schmilzt aber 65° höher als A. KÜNG für sein Goldsalz gefunden hat. Es erscheint nicht ausgeschlossen, daß A. KÜNG schon das „Muscarinbetain" in Händen gehabt hat (s. unter Hercynin S. 261).

**3. Pflanzenphysiologisches.** Wir verdanken den Untersuchungen von G. KLEIN und Mitarbeitern (24, 25, 26, 27, 28, 29), die sich auf besondere Mikromethoden stützen (s. S. 270), eingehende Kenntnisse über die Bildung und Verbreitung der Betaine im Pflanzenreich. Die Forscher fanden, daß die Fähigkeit zur Betainbildung wohl im ganzen System der Blütenpflanzen sehr weit, wenn nicht allgemein verbreitet ist. Einen Parallelismus zwischen systematischer und chemischer Verwandtschaft konnte G. KLEIN mit Ausnahme von manchen Fällen nächster Verwandtschaft (Stachysarten-Stachydrin, Trigonellaarten-Trigonellin, Solanumarten-Trigonellin) nicht beobachten. Es fanden sich vielmehr gegenteilige Ergebnisse. Trigonellin wurde auffallend häufig gefunden. In einigen

Fällen wurde entgegen den bisherigen Angaben neben Trigonellin auch Betain gefunden. In Oryza konnte neben Trigonellin auch die Vorstufe, Nicotinsäure, gefunden werden. Betaine finden sich zumeist in allen Organen der Pflanzen. Die Wurzel verhält sich bezüglich der Quantität des betreffenden Betains häufig anders als die oberirdischen Organe. Bei den untersuchten Pflanzen wurden in den Blüten die relativ größten Mengen an Stachydrin bzw. Trigonellin gefunden. Etiolierte Keimlinge von Trigonella foenum graecum enthielten vom 6. bis zum 15. Tage bedeutend mehr Trigonellin als grüne Keimlinge, später weniger. Der Trigonellingehalt steigt im allgemeinen immer mehr an, doch finden sich gelegentlich Perioden stärkeren Abfalls der Betainmenge. Das Betain wird während der Vegetationsperiode nicht nur neu aufgebaut, sondern je nach dem Stadium mehr oder weniger wieder verbraucht.

Besonders wertvolle Untersuchungen über die *Genese der Betaine* liegen von G. KLEIN und H. LINSER (26) vor, über die in anderem Zusammenhang ausführlich berichtet wird.

### b) Formeln der verschiedenen Betaine.

Im folgenden geben wir eine *Übersicht über die bis jetzt im Pflanzenreich aufgefundenen Betaine* nebst den zugehörigen Aminosäuren:

$$H_2N{-}CH_2{-}COOH \longrightarrow (CH_3)_3\overset{+}{N}{-}CH_2CO\overset{-}{O}$$

Glykokoll → Glykokollbetain (S. 259)

$$HC\langle{}^{NH-CH}_{N-C}\rangle{-}CH_2{-}CH(NH_2){-}COOH$$

Histidin

→ $$HC\langle{}^{NH-CH}_{N-C}\rangle{-}CH_2{-}CH(\overset{+}{N}(CH_3)_3){-}CO\overset{-}{O}$$

Hercynin (S. 261)

→ $$HSC\langle{}^{NH-CH}_{N-C}\rangle{-}CH_2{-}CH(\overset{+}{N}(CH_3)_3){-}CO\overset{-}{O}$$

Ergothionin (S. 262)

$$C_8H_5NH{-}CH_2{-}CH(NH_2){-}COOH \longrightarrow C_8H_5NH{-}CH_2{-}CH(\overset{+}{N}(CH_3)_3){-}CO\overset{-}{O}$$

Tryptophan → Hypaphorin (S. 263)

$$H_2C{-}CH_2{-}CH(COOH){-}NH{-}CH_2 \text{ (Ring)} \longrightarrow H_2C{-}CH_2{-}CH(CO\overset{-}{O}){-}\overset{+}{N}(CH_3)_2{-}CH_2 \text{ (Ring)}$$

Prolin → Stachydrin (S. 264)

$$HO{-}HC{-}CH_2{-}CH(COOH){-}NH{-}CH_2 \text{ (Ring)} \longrightarrow HO{-}HC{-}CH_2{-}CH(CO\overset{-}{O}){-}\overset{+}{N}(CH_3)_2{-}CH_2 \text{ (Ring)}$$

Oxyprolin → Betonicin, Turicin (S. 266)

$$\text{Nicotinsäure (Pyridin-3-carbonsäure, C—COOH)} \longrightarrow \text{Trigonellin (N}^{+}\text{—CH}_3\text{, C—CO}\bar{\text{O}}\text{)}$$

Nicotinsäure

Trigonellin (S. 267)

Ferner werden in diesem Kapitel besprochen:

$$CH_2—OH$$
$$|$$
$$CH_2—N(CH_3)_3$$
$$|$$
$$OH$$

Cholin (S. 275)

$$CH_3—CH_2—CH(OH)—CH(N(CH_3)_3OH)—C\begin{smallmatrix}H\\ \backslash\backslash O\end{smallmatrix}$$

Muscarin (S. 289)

## c) Genese der Betaine.

In einer vor kurzem begonnenen Untersuchungsreihe „Zur Bildung der Betaine und der Alkaloide in der Pflanze" haben sich G. KLEIN und H. LINSER (26, 27) mit der Frage nach der Genese von Stachydrin und Trigonellin befaßt. Während wir bis zu diesen Untersuchungen nur auf Theorien über den Bildungsmechanismus von Alkaloiden und Betainen angewiesen waren, ist es G. KLEIN und H. LINSER gelungen, zu zeigen, auf welchem Wege sich Stachydrin und Trigonellin in der Pflanze bilden. Die von C. SCHÖPF durchgeführten Modellversuche über die Synthese N-haltiger Verbindungen sind biologischen Verhältnissen schon weitgehend angeglichen, experimentelle Untersuchungen an der Pflanze selbst sind mit Erfolg jedoch erst durch die genannten Autoren durchgeführt worden. Voraussetzung für diese Versuche war die Ausarbeitung von Mikromethoden, die auf S. 268 beschrieben werden. Die Annahme, daß sich Stachydrin durch Methylierung von Prolin bildet, ist sehr naheliegend und wohl auch richtig. Es erhebt sich daher vor allem die schon von G. TRIER erörterte Frage, ob andere Aminosäuren, wie Glutaminsäure und Ornithin von der Pflanze auf dem Umweg über die Pyrrolidin-carbonsäure zum Stachydrinaufbau verwendet werden können. Der Übergang von Glutaminsäure sowie Ornithin in Stachydrin ist von KLEIN und LINSER an der Pflanze erwiesen worden. Für den Reaktionsmechanismus kann folgendes Schema angenommen werden:

$$\text{Glutaminsäure} \xrightarrow{(-H_2O)} \text{Pyrrolidoncarbonsäure} \xrightarrow{(+4H)} \text{Pyrrolidincarbonsäure (Prolin)} \xrightarrow{(-H_2O} \text{Stachydrin}$$

Glutaminsäure: $H_2C—CH_2$, $HOOC$, $CH—COOH$, $NH_2$ (— $H_2O$)

Pyrrolidoncarbonsäure: $H_2C—CH_2$, $OC$, $CH—COOH$, $NH$ (+ 4H)

Pyrrolidincarbonsäure (Prolin): $H_2C—CH_2$, $H_2C$, $CH—COOH$, $NH$ (— $H_2O$

Stachydrin: $H_2C—CH_2$, $H_2C$, $CH\cdot CO\bar{O}$, $N^{+}$, $H_3C$ $CH_3$

(im chemischen Modellversuch realisiert)

$$\text{Arginin} \longrightarrow \text{Ornithin} \xrightarrow{(+H_2O)} \alpha\text{-Oxy-}\delta\text{-aminovaleriansäure} \xrightarrow{(-NH_3)\ (+H_2)} \delta\text{-Aminovaleriansäure} \xrightarrow{(-H_2O)} \text{Stachydrin}$$

Ornithin: $CH_2$, $H_2C$, $CH\cdot NH_2$, $H_2C$, $COOH$, $NH_2$ (+ $H_2O$)

α-Oxy-δ-aminovaleriansäure: $CH_2$, $H_2C$, $CHOH$, $H_2C$, $COOH$, $NH_2$ (— $NH_3$) (+ $H_2$)

δ-Aminovaleriansäure: $CH_2$, $H_2C$, $CH_2$, $H_2C$, $COOH$, $NH_2$ (— $H_2O$)

Für das Trigonellin ist die Annahme einer Entstehung aus Nicotinsäure durch Methylierung die naheliegendste. Für diese Genese spricht die Tatsache, daß die beiden Stoffe die einzigen einfachen Pyridinkörper in der Pflanze sind. Der tierische Organismus ist zu dieser Methylierung befähigt, da Hunde nach Fütterung mit Nicotinsäure diese zum Teil als Trigonellin ausscheiden. Ferner ist es G. KLEIN und Mitarbeitern gelungen, zu zeigen, daß im Reis neben Trigonellin freie Nicotinsäure vorkommt. Bei Fütterung von Pflanzen mit $\delta$-Aminovaleriansäure, $\alpha$-Oxy-$\delta$-aminovaleriansäure, Pyrrolidincarbonsäure und auch bei Fütterung von $\delta$-Oxy-$\alpha$-aminovaleriansäure konnte eine Steigerung des Betaingehaltes beobachtet werden, so daß angenommen werden darf, daß der im folgenden formulierte Weg der Betainbildung tatsächlich, wenigstens prinzipiell, von der Pflanze beschritten wird.

$H_2C$—$CH_2$, $H_2C$ $CH \cdot COOH$, NH — Prolin → $CH_2$, $H_2C$ $CH_2$, $H_2C$ $COOH$, $NH_2$ — $\delta$-Amino-valeriansäure → $+ HC\langle^{OH}_{O}$ — $CH_2$, $H_2C$ $CH_2 \cdot COOH$, $H_2C$ $CH{=}O$, NH — Kondensation mit Ameisensäure

(—$H_2O$) → $CH_2$, $H_2C$ $C \cdot COOH$, $H_2C$ $CH$, NH

(—4 H) → CH, HC $C \cdot COOH$, HC CH, N — Nicotinsäure → CH, HC $C \cdot C—O\bar{O}$, HC CH, $N^+$, $CH_3$ — Trigonellin

Auch durch Verfütterung von Ornithin konnte die Trigonellinbildung in der Pflanze gesteigert werden, was in Übereinstimmung steht mit den bei Stachydrin gemachten Ausführungen.

Nach ähnlichen Gedankengängen ist mit G. TRIER die Entstehung von Nicotin aus nur einer Aminosäure, dem Prolin, vorstellbar, wobei Prolin und die daraus entstandene Nicotinsäure unter Decarboxylierung zusammentreten und im Gegensatz zu den Trimethylammoniumbasen, den Betainen, die für die Alkaloide normale Monomethylierung des Stickstoffs erfolgt. Diese Hypothese für die Nicotinbildung ist von KLEIN und LINSER (unveröffentlicht) neuerdings experimentell gestützt worden.

Zur Durchführung der Versuche bediente sich G. KLEIN folgender

**Methodik.** Die Pflanze wurde durch Injektion der entsprechenden Aminosäure in hohle Stengel direkt gefüttert. Die Lösung wird von den an den Hohlraum grenzenden lebenden Markzellen relativ schnell, in einigen Tagen, aufgesaugt und kann beliebig oft nachgefüllt werden. Diese Methode gestattet mit völlig intakten, in Erde wurzelnden Stämmen zu arbeiten. Die Injektion wird so durchgeführt, daß in den Stengel oberhalb eines Blattknotens und unterhalb des nächst höheren eingestochen, die Flüssigkeit durch die untere Einstichstelle eingespritzt wird, bis sie durch die obere Öffnung herausdringt und dann beide Stichstellen mit Baumwachs verklebt werden. Es läßt sich damit genau feststellen, wieviel des betreffenden Stoffes der Pflanze im ganzen einverleibt wurde. Im allgemeinen wurden 0,1—2proz. Lösungen von Natriumsalzen bzw. Chlorhydraten injiziert. Es wurden z. B. Prolin, Ornithindichlorhydrat, glutaminsaures Natrium und nicotinsaures Natrium gespritzt. Als spezifisches Agens zur Methylierung und Ringerweiterung wurde zum ersten Male Formaldehyd nicht als solcher, sondern als Hexamethylentetramin geboten. Hexamethylentetramin soll bei schwach saurer Reaktion, wie sie für den Zellsaft oft charakteristisch ist, Formaldehyd abspalten.

Um zu beweisen, daß nicht etwa die Zufuhr von stickstoffhaltigen Verbindungen ganz allgemein die Betainbildung fördern kann, haben die Autoren Kontrollversuche mit Ammonnitrat, Glykokoll, Alanin, Asparaginsäure, Asparagin und Tyrosin durchgeführt. Es zeigte sich dabei, daß die Zufuhr solcher Substanzen keinen Einfluß auf die Betainbildung ausübt.

Als Bezugsgröße für den Vergleich gefütterter und ungefütterter Pflanzen kommt nur das Trockengewicht in Frage, da durch die Fütterung Schwankungen im Wassergehalt auftreten. Als Versuchspflanzen für die Stachydrinsynthese wurden die typischen Stachydrinpflanzen herangezogen, die mit ihren hohlen Stengeln sehr gut zu Injektionsversuchen geeignet sind. Es wurden Stachysarten und Galeopsis ochroleuca verwendet. Zu den Trigonellinversuchen wurden neben Trigonella foenum graecum und Trigonella coerulea verschiedene Dahlien benutzt, die infolge ihrer großen Hohlräume in den Stengeln für Injektion von Flüssigkeiten besonders geeignet sind und für die ebenfalls schon seit langem das Trigonellin als Bestandteil bekannt ist.

In folgendem ist ein Fütterungsversuch an einer Trigonellinpflanze durch Injektion wiedergegeben:

*Dahlia variabilis, Fütterung mit Prolin.* Einer blühenden Staude wurde am 29. Juli 1proz. wäßrige Prolinlösung in die Internodien injiziert. Die Staude vertrug diese Behandlung gut, so daß die Fütterung in gleicher Weise nach etwa 14 Tagen wiederholt werden konnte. Nach weiteren 14 Tagen wurde die immer noch frische Staude ausgegraben und aufgearbeitet. Gleichzeitig wurde zur Kontrolle eine ähnliche Staude vom gleichen Standort aufgearbeitet, die nicht mit Prolin gefüttert worden war. Die Pflanzen wurden bei 60° im Wärmeschrank gleichzeitig und gleich lang getrocknet. Zur Analyse wurden beide gleichzeitig aufgearbeitet.

| Organ | Versuchsanordnung | Trigonellin in mg-% | Steigerung auf das |
|---|---|---|---|
| Blüten | Kontrolle | 88,0 | |
| Blüten | gefüttert | 250,0 | 2,84 fache |
| Blätter | Kontrolle | 30,5 | |
| Blätter | gefüttert | 72,0 | 2,36 fache |
| Stengel | Kontrolle | 4,7 | |
| Stengel | gefüttert | 21,5 | 4,58 fache |
| Knollen | Kontrolle | 20,0 | |
| Knollen | gefüttert | 38,5 | 1,90 fache |

Somit weist der Stengel die stärkste Steigerung des Trigonellingehaltes auf, was verständlich ist, da die Lösung im Stengel untergebracht war. Eine nur etwa halb so große, aber untereinander gleiche Steigerung weisen die Blätter, Blüten und Knollen auf. Die Bilanzberechnung des Versuches ergibt folgendes:

| Organ | Gewicht in g | Gesamtgehalt an Trigonellin in mg | | Zunahme in mg |
|---|---|---|---|---|
| | | Versuch | Kontrolle | |
| Blüten | 6,4 | 16,00 | 5,63 | 10,37 |
| Blätter | 10,6 | 7,63 | 3,23 | 4,40 |
| Stengel | 7,0 | 1,51 | 0,33 | 1,18 |
| Knollen | 7,4 | 2,85 | 1,48 | 1,37 |

Die gesamte Zunahme beträgt somit 17,32 mg. Zur Bildung dieser Menge Trigonellin wurden also 14,55 mg Prolin verbraucht, mithin also, da etwa 300 mg gefüttert wurden, etwa 4,9 %. Es ergab sich annähernd dieselbe Größenordnung der Ausbeute wie bei Fütterung von Stachys palustris zur Stachydrinbildung.

In einer Reihe von Injektionsversuchen an Trigonellinpflanzen ergab sich die stärkste Steigerung des Betaingehaltes nach Fütterung von Prolin (60%), eine fast ebenso starke nach Fütterung von Glutaminsäure (50%) und eine schwache nach Fütterung von Ornithin (12%). Die jungen, austreibenden Pflanzen geben in bezug auf die Reihenfolge der Wirksamkeit der verschiedenen gefütterten Substanzen das umgekehrte Bild wie die herbstlichen Pflanzen:

Frühjahr: Prolin < Ornithin < Glutaminsäure.
Herbst: Prolin > Glutaminsäure > Ornithin.

In beiden Fällen wurde aber Ornithin schlechter verwertet als die Glutaminsäure.

### d) Besprechung der einzelnen Betaine.

**Betain** (Glykokollbetain).

$C_5H_{11}O_2N$: C 51,3%, H 9,4%, N 12,0%. Mol.-Gew. 117,1.

*Vorkommen.* Von A. HUSEMANN und W. MARMÉ (20) in Lycium barbarum entdeckt und als Lycin bezeichnet, gleichzeitig von C. SCHEIBLER in Beta vulgaris aufgefunden. Im Pflanzenreich sehr verbreitet, im Tierreich häufig gefunden. Verteilung in der Pflanze sehr unregelmäßig, größter Gehalt in den Blättern, vorwiegend bei jungen Pflanzen.

*Eigenschaften.* Krystallisiert mit 1 Mol Wasser in zerfließlichen Krystallen, bei 100° wird das Krystallwasser abgegeben. Löslich in Wasser und Alkohol, aus letzterem in großen, an der Luft leicht zerfließlichen Krystallen erhältlich. Aus der alkoholischen Lösung kann es mit Äther in Blättchen gefällt werden. Bei 14,3° lösen sich in 100 g Wasser 157,1 g wasserfreies Betain, bei 18,3° lösen 100 g Äthylalkohol 8,6 g, 100 g Methylalkohol bei 21,1° 54,36 g.

Betain schmilzt wasserfrei bei 293° unter Umwandlung in den isomeren Dimethylaminoessigsäure-methylester.

$$(CH_3)_3\overset{+}{N}CH_2CO\overset{-}{O} \longrightarrow (CH_3)_2NCH_2COOCH_3.$$

Unter 135° sind beide Isomere beständig, zwischen 135° und 293° ist das Betain die beständigere Form, über 293° ist Betain nicht existenzfähig. Über 290° erhitzt, zersetzt es sich teilweise in $CO_2$ und Trimethylamin.

Betainhydrochlorid wird durch Jodjodkalium in saurer Lösung fast quantitativ gefällt. Sättigung mit Kochsalz begünstigt den Vorgang. Außerdem fällbar mit Phosphormolybdänsäure und Phosphorwolframsäure (bei Gegenwart von Schwefelsäure fast quantitativ). Aus alkoholischer Lösung fällt gesättigte alkoholische Sublimatlösung. Durch Kaliumwismutjodid wird es aus saurer Lösung gefällt.

Beim längeren Erhitzen mit Natronlauge liefert Betain Glykolsäure und Trimethylamin. Beim Erhitzen im Rohr auf 270—280° entstehen $CO_2$, Glykolsäure, Trimethylamin, Tetramethylammoniumhydroxyd. Bei der Gärung bilden sich Trimethylamin, Essigsäure, Propionsäure und Buttersäure.

*Nachweis und Bestimmung.* Dem Nachweis hat die Isolierung vorauszugehen. Zur Identifizierung ist das Chloroaurat am geeignetsten.

Zur Bestimmung kann man nach V. STANĚK (56) folgendermaßen verfahren: Getrocknete und gepulverte Substanz (5—50 g) mit der 10—20fachen Menge absoluten Alkohols wiederholt auskochen, den Extrakt mit ca. 5% Natriumhydroxyd alkalisch machen und den Alkohol abdestillieren. Rückstand in etwa 100 cm³ Wasser auflösen und bei Siedehitze eine Kupferchloridlösung bis zum Verschwinden der alkalischen Reaktion (Phenolphthalein) zutropfen lassen. Den Niederschlag, welcher nebst den Proteinen eine Reihe von anderen Verbindungen enthält, absaugen, mit Wasser waschen, das Filtrat mit Sodalösung schwach alkalisch machen und auf dem Wasserbad zur Trockne verdampfen. Während des Abdampfens scheidet sich fast alles vorhandene Kupfer als Kupferoxydul ab. Den Rückstand in 50 cm³ einer kaltgesättigten Kochsalzlösung auflösen und das Filtrat, nach dem Ansäuern mit etwa 5% Salzsäure, mit überschüssigem Kaliumtrijodid versetzen. In den meisten Fällen entsteht ein krystallinischer Niederschlag oder ein Öl, welches bald krystallinisch erstarrt. Manchmal scheidet sich der Niederschlag schmierig ab und läßt sich nicht gut filtrieren. In diesem Falle wird mit Kältemischung gekühlt, worauf sich die gebildeten Krystalle leicht abfiltrieren und auswaschen lassen. Den Niederschlag der Perjodide dreimal mit je 5 cm³ einer gesättigten Kochsalzlösung waschen, dann mit nasser Kupferbronze verreiben, auf dem Wasserbade unter zeitweiligem Verreiben $^1/_2$ Stunde lang erwärmen, mit Wasser verdünnen und filtrieren. Den Rückstand zehnmal mit je 5 cm³ Wasser auswaschen, das Filtrat auf dem Wasserbade zur Trockne verdampfen und den Rückstand nochmals nach Zusatz von 10 cm konzentrierter Salzsäure verdampfen. Rückstand in 25 cm³ Wasser lösen, das Filtrat mit Soda neutralisieren, 1 g Natriumbicarbonat hinzusetzen und das Cholin mit einer gesättigten Lösung von Jod in 10proz. Jodkali abscheiden. Nach 6 Stunden absaugen, das Filtrat auf 50 cm³ einengen, mit Salzsäure ansäuern, mit Kochsalz sättigen und mit Kaliumtrijodid fällen. Nach 1 Stunde das Perjodid abfiltrieren, fünfmal mit je 5 cm³ einer gesättigten Kochsalzlösung und zweimal mit 2,5 cm³ kaltem Wasser auswaschen und wiederum mit molekularem Kupfer zersetzen. Etwas Kupfercarbonat hinzusetzen, welches das Betainjodhydrat zersetzt und die freie Base abscheidet. Das Filtrat vom Kupferjodür mit Salzsäure ansäuern und zur Trockne verdampfen. Das erhaltene reine Betainchlorhydrat wird durch Bestimmung der Acidität und des Stickstoffgehaltes, eventuell als Chloraurat identifiziert.

*Derivate. Betainhydrochlorid* (Acidol), $C_5H_{11}O_2N \cdot HCl$. Monokline Tafeln. Schmp. 248° unter Zersetzung. Leicht löslich in Wasser. In der Kälte in absolutem Alkohol unlöslich (!).

*Chloraurat,* $C_5H_{11}O_2N \cdot HAuCl_4$. Aus warmer, 1proz. Salzsäure in rhombischen Blättchen Prismen und Platten. Rasch erhitzt, zersetzt es sich um 245°. Man erhält dieses Goldsalz am besten, wenn man die Lösung des salzsauren Salzes bei Gegenwart von etwas Salzsäure mit starker Goldchloridlösung versetzt. Der amorphe Niederschlag verwandelt sich schnell in stark glänzende, quadratisch begrenzte Blättchen, die abgesaugt, mit verdünnter Salzsäure ausgewaschen und 1 Tag über Schwefelsäure getrocknet werden. Ein anderes Goldsalz, $C_5H_{12}O_2N \cdot AuCl_4 + 1^1/_2H_2O$, erhält man aus warmer, 5proz. wäßriger Lösung durch Zusatz eines geringen Überschusses von Goldchlorid in sternförmigen Aggregaten. Schmp. 200—209° je nach der Art des Erhitzens.

*Chloroplatinat.* Das Chloroplatinat ist in verschiedenen Formen beschrieben worden. Eine von G. TRIER mehrfach beobachtete Umwandlung der wasserfreien in die krystallwasserreichste Form scheint für das Betain charakteristisch zu sein. Man fällt das in warmem 95proz. Alkohol gelöste salzsaure Betain mit alkoholischer Platinchloridlösung. Der Niederschlag wird aus Wasser umkrystallisiert. G. TRIER erhielt in mehreren Fällen erst rote wasserfreie Nadeln, die nach kurzer oder längerer Zeit sich in die von R. WILLSTÄTTER beschriebenen, rhombenförmigen Täfelchen umwandelten. Die letzteren enthalten 4 Mole Krystallwasser, die schon an der Luft nach und nach abgegeben werden, die Krystalle verwittern. Für 4 Mole Wasser berechnet sich 10,07% Gewichtsverlust. Diese Umwandlung allein ist charakteristisch, denn Platinsalze mit 4 Molen Krystallwasser sind nicht selten (Stachydrin, Trigonellin usw.) (TRIER).

$2C_5H_{11}O_2N \cdot H_2PtCl_6 + 4H_2O$, regulär, Schmp. 254,5°.
$2C_5H_{11}O_2N \cdot H_2PtCl_6 + 3H_2O$, monoklin, Schmp. 255—260°.
$5C_5H_{11}O_2N \cdot 4H_2PtCl_6$, Schmp. 246° unter Zersetzung.
$C_5H_{11}O_2N \cdot PtCl_4 + 3H_2O$, regulär, Schmp. 209° unter Zersetzung, sehr leicht löslich in Wasser, unlöslich in Alkohol.

*Pikrat,* $C_{11}H_{14}O_9N_4 = C_5H_{11}O_2N \cdot C_6H_3O_7N_3$. Gelbe Nadeln, kaum löslich in Alkohol, leicht in Wasser. Schmp. 180—181°. Aus den alkoholischen Lösungen der beiden Komponenten

*Pikrolonat,* $C_{15}H_{19}O_7N_5 = C_5H_{11}O_2N \cdot C_{10}H_8O_5N_4$. Feine blaßgelbe Nadeln, leicht löslich in Wasser und Alkohol. Schmp. ca. 200° unter Zersetzung.

*Isolierung aus der Pflanze.* Aus Pflanzenextrakten mittels Phosphorwolframsäure und Mercurichlorid nach E. SCHULZE, aus Melasse nach STANĚK (58), aus Pflanzensäften nach SCHULZE, STANĚK, ANDRLIK, VELICH (57). Nach E. SCHULZE (55) verfährt man folgendermaßen:

Die alkoholischen oder noch besser die wäßrigen Extrakte aus dem Pflanzenmaterial werden zuerst von den durch Bleiessig fällbaren Bestandteilen befreit und dann entweder die zuvor mit Schwefelwasserstoff vom Blei befreite Flüssigkeit eingedunstet, der Verdampfungsrückstand mit kochendem Alkohol behandelt, die vom Rückstand getrennte, alkoholische Lösung mit einer alkoholischen Mercurichloridlösung versetzt — oder die Basen aus dem Extrakt mittels Phosphorwolframsäure gefällt, der Niederschlag mit Baryt zerlegt, die dabei erhaltene Basenlösung unter Zusatz von Salzsäure eingedunstet, der Verdampfungsrückstand mit heißem Alkohol behandelt, und die Lösung mit Mercurichlorid versetzt.

Betain, Cholin und Trigonellin werden hierbei in Quecksilberdoppelsalze übergeführt. Diese werden durch Umkrystallisieren aus heißem Wasser unter Zusatz von etwas Mercurichlorid gereinigt, dann mit Schwefelwasserstoff zerlegt. Die vom Quecksilbersulfid durch Filtration getrennte Lösung wird eingedunstet, der Verdampfungsrückstand im Vakuumexsiccator vollständig getrocknet, dann zur Extraktion des salzsauren Cholins mit kaltem, absolutem Alkohol behandelt.

Der verbleibende Rückstand besteht entweder aus dem Chlorid des Betains oder demjenigen des Trigonellins.

**Hercynin** (Histidinbetain).

$C_9H_{15}O_2N_3$: C 54,78 %. H 7,67 %. N 21,31 %. Mol. Gew. 197,12.

*Vorkommen.* Bisher nur in Pilzen gefunden, im Handelspräparat der wasserlöslichen Extraktstoffe von Champignons (FR. KUTSCHER [34]), im alkoholischen Extrakt von Boletus edulis (C. REUTER [49]), vielleicht auch im Fliegenpilz (A. KÜNG [32]). Kann sich durch Entschwefeln von Ergothionin bilden.

*Eigenschaften.* Das freie Betain ist noch nicht beschrieben worden. $[\alpha]_D = +41,1^0$ (in Gegenwart von 8 Mol. HCl), Chlorid löslich in Wasser und Alkohol. Nitrat bildet große durchsichtige Platten und Oktaeder.

*Derivate. Chloraurat,* $C_9H_{15}O_2N_3 \cdot 2HAuCl_4$. In Wasser sehr schwer löslich, aus heißer verdünnter Salzsäure in langen orangegelben Spießen. Schmp. 184°. In Gegenwart von verdünnter Salzsäure und überschüssigem Goldchlorid bilden sich Salze von anderer Zusammensetzung.

*Monopikrat,* $C_9H_{15}O_2N_3 \cdot C_6H_3O_7N_3 + H_2O$, wird in feinen weichen Nädelchen erhalten, wenn eine Lösung der Base mit Pikrinsäure neutralisiert wird, oder wenn man eine neutrale Lösung mit Natriumpikrat umsetzt. Das Krystallwasser wird bei 105° abgegeben. Schmp. 201°.

*Dipikrat,* $C_9H_{15}O_2N_3 \cdot 2C_6H_3O_7N_3 + 2H_2O$, aus dem Monopikrat durch Zusatz einer gesättigten Pikrinsäurelösung, aus dem salzsauren Salz durch Eindampfen mit Salzsäure und Zufügen von Natriumpikratlösung zu dem mit Wasser aufgenommenen, von überschüssiger Salzsäure befreiten Salz. Löslich in 25 Teilen Wasser. Krystallisiert in rechtwinkligen, langgestreckten Nadeln mit 2 Mol. Wasser, welche lufttrocken bei 123—124° schmelzen. Das wasserfreie Dipikrat (Krystallwasser wird bei 105° abgegeben) schmilzt aus Alkohol umkrystallisiert bei 213—214°.

*Pikrolonat* bildet lange, dünne, orangegelbe Nadeln. Schmp. 229—230°.

*Isolierung aus der Pflanze.* Im Gegensatz zu anderen Imidazolderivaten gelangt das Hercynin bei der Aufteilung des Phosphorwolframsäureniederschlages nicht in die Histidinfraktion. F. KUTSCHER fand es ausschließlich unter den mit Silbernitrat und Baryt nicht fällbaren Basen (Lysinfraktion), während es C. REUTER in der Argininfraktion nachwies.

Bei der Isolierung aus Fliegenpilzen verfuhr A. KÜNG folgendermaßen (32): Zerkleinertes Material wurde dreimal in der Kälte mit 70—80proz. Alkohol ausgezogen, und der Rückstand jedesmal scharf abgepreßt. Die dunkelbraun gefärbten Extrakte wurden vereinigt, in Wasser aufgenommen, im Scheidetrichter von dem an der Oberfläche schwimmenden Fett, Lecithin und Cholesterin getrennt und die wäßrige Lösung mit Äther geschüttelt, um diese Stoffe nach Möglichkeit zu entfernen.

Aus der Argininfraktion konnte nach Entfernung des Silbers und des beigemischten Baryts und nachfolgender Abscheidung mit Phosphorwolframsäure aus dem Niederschlag ein nur schwach alkalisch reagierender Syrup erhalten werden, der auf Zusatz von alkoholischer Pikrinsäurelösung eine gelbbraun gefärbte Fällung lieferte, die in heißem Wasser gelöst wurde und beim Erkalten zuerst ein flockiges Pikrat abschied, das nach längerem Stehen in schöne Drusen vereinigte glänzende Blättchen bildete, die nach Umkrystallisieren aus Wasser bei 201—202$^0$ schmolzen. Das Präparat stimmte sowohl im Aussehen als auch im Zersetzungspunkt mit dem von C. REUTER beschriebenen Hercyninmonopikrat überein. Das Pikrat wurde durch Zusatz von Salzsäure in das Chlorid übergeführt, und die Pikrinsäure mit Äther entfernt. Goldchlorid erzeugte eine Fällung, welche bei 118—120$^0$ unzersetzt schmolz, während REUTER für das entsprechende Hercyninsalz 184, KUTSCHER 180—182$^0$ angeben. Es ist danach nicht erwiesen, ob tatsächlich Hercynin vorlag, es wäre denkbar, daß das aus Muscarin (s. S. 289) zu erwartende Betain vorgelegen hat.

**Ergothionin** (Thionin, Thiasin, Sympectothion).

$C_9H_{15}O_2N_3S$: C 54,78 %, H 7,67 %, N 21,32 %. Mol.-Gew. 229,1.

*Vorkommen.* Von CH. TANRET (60) im Mutterkorn entdeckt worden. Neuerdings auch als Bestandteil des Blutes nachgewiesen worden (S. R. BENEDICT und Mitarbeiter [3]).

*Eigenschaften.* Krystallisiert aus Wasser in farblosen monoklinen Nadeln mit 2 Molen Krystallwasser. Dieses wird über Schwefelsäure abgegeben und beim Stehen an der Luft wieder aufgenommen. Sehr leicht löslich in heißem Wasser, löslich in 8,6 Teilen Wasser von 20$^0$. Ziemlich leicht löslich in verdünntem Alkohol, löslich in 30 Teilen Alkohol von 60 %, kaum löslich in heißem Methanol und Aceton. Unlöslich in Äther und Chloroform. Schmp. 290$^0$ unter Zersetzung (Block Maquenne). $[\alpha]_D = +110^0$. In frischem Zustand geruchlos, nach längerem Aufbewahren riecht es unangenehm. Nach dem Schmelzen mit Alkali und Ansäuern tritt Schwefelwasserstoff auf. Der Schwefel wird aber beim Kochen mit Kalilauge nicht abgespalten. Beim Erwärmen mit Chloroform und Kalilauge Grünfärbung, die auf Zusatz von Säure nach blau umschlägt. Goldchlorid färbt Ergothioninlösungen blutrot. Mit 9 Molen Eisenchlorid erhält man in guter Ausbeute das Histidinbetain.

*Nachweis und Bestimmung.* Nach G. HUNTER (19) läßt sich Ergothionin mit diazotierter Sulfanilsäure noch in Verdünnungen von 1:5 Millionen nachweisen. Danach würden 100 cm$^3$ Menschenblut 2,5—8 mg Ergothionin enthalten, während S. R. BENEDICT (3) 25—30 mg angibt.

Zur Identifizierung sind folgende *Derivate* geeignet: *Chlorhydrat*, $C_9H_{15}O_2N_3S \cdot HCl \cdot 2H_2O$. Rhombische Krystalle, die bei 105$^0$ das Krystallwasser abgeben. Schmp. 250$^0$. Sehr leicht löslich in Wasser und Methanol, leicht löslich in verdünntem Alkohol. $[\alpha]_D = +88,5^0$. Gibt mit wenig Silbernitrat einen käsigen, kompliziert zusammengesetzten Niederschlag.

*Sulfat*, $(C_9H_{15}O_2N_3S)_2 \cdot H_2SO_4 \cdot 2H_2O$, löslich in 7 Teilen Wasser von 10$^0$. $[\alpha]_D = +87,4^0$. Schmp. 265$^0$ unter Zersetzung.

*Phosphat*, $C_9H_{15}O_2N_3S \cdot H_3PO_4$. Löslich in 20 Teilen Wasser von 19$^0$. $[\alpha]_D = +83,8^0$.

*Quecksilberdoppelsalz*, $C_9H_{15}O_2N_3S \cdot HCl \cdot HgCl_2$. Löslich in 180 Teilen kaltem Wasser, bei Gegenwart von Sublimat fast unlöslich.

*Chloroplatinat*, orangerot, ziemlich löslich in Wasser.

*Jodide.* Bei allmählichem Zusatz von Jodjodkali zu einer 10proz. Ergothioninchlorhydratlösung bildet sich zuerst ein schwarzer Niederschlag, der sich wieder auflöst, dann gelbe Nadeln, welche nach dem Filtrieren mit mehr Jod versetzt einen orangegelben Niederschlag geben. Die vereinigten Niederschläge geben aus 60proz. Alkohol umkrystallisiert orangegelbe Nadeln, die leicht durch Wasser zersetzt werden und anscheinend ein Gemisch verschiedener Verbindungen darstellen.

*Trijodid*, $C_9H_{15}O_2N_3SJ_3 \cdot 2H_2O$, entsteht aus der Lösung eines Salzes mit einem geringen Überschuß von Jodjodkali. Schwarzbrauner schwerlöslicher Niederschlag.

*Darstellung nach* B. A. EAGLES (9). 1 kg fein gemahlenes Mutterkorn wird in einem Extraktionsapparat 4 Stunden mit 90% Alkohol extrahiert. Auf 300 cm$^3$ Alkohol kommen 100 g Droge. Der Rückstand wird zweimal mit Alkohol ausgekocht, durch Leinwand filtriert, und das Filtrat mit dem Hauptextrakt vereinigt. Der Alkohol wird abdestilliert, Wasser zugesetzt, Fette und Harze werden abfiltriert. Das Volumen der Lösung beträgt nunmehr etwa 2 l. Durch vorsichtigen Zusatz von Bariumhydroxyd können beträchtliche Mengen färbender Bestandteile entfernt werden. Nun fügt man basisches Bleiacetat hinzu, bis kein Niederschlag mehr entsteht, zentrifugiert und entfernt das überschüssige Blei mit Schwefelsäure. Man stellt mit 2,5 n Natronlauge alkalisch und schüttelt die Alkaloide mit Chloroform aus. Die Lösung wird mit Essigsäure angesäuert und mit einer warmen 8proz. Sublimatlösung versetzt, bis kein Niederschlag mehr entsteht. Der Sublimatniederschlag wird gut mit einer 0,25proz. Sublimatlösung gewaschen, in 100 cm³ Wasser suspendiert und mit Schwefelwasserstoff zersetzt. Das Filtrat wird durch Durchleiten von Luft von Schwefelwasserstoff befreit, und das Ergothionin mit Bleiacetat-NaOH gefällt.

Der Autor benötigte für seine Lösung von 146 cm³ zur vollständigen Ausfällung des Ergothionins 61 cm³ 20proz. Bleizuckerlösung, 27,5 cm³ 2,5 n NaOH und 8 cm³ 10proz. Kochsalzlösung. Nach der Zersetzung des Bleisalzes mit Schwefelsäure wird mit Phosphorwolframsäure gefällt, und das freie Ergothionin in bekannter Weise isoliert. Ausbeute 0,65 g Ergothionin aus 1 kg Mutterkorn.

**Hypaphorin** (Tryptophanbetain).

$C_{14}H_{18}O_2N_2$: C 68,62 %, H 7,37 %, N 11,39 %. Mol.-Gew. 246,1.

*Vorkommen.* Von M. Greshoff (13) in Erythrina Hypaphorus Boerl entdeckt, neuerdings von J. Marañon und J. K. Santos (38) in Erythrina variegata var. orientalis nachgewiesen worden. Möglicherweise findet es sich auch in Rüben, es könnte die Muttersubstanz des Indols sein, das sich aus der Melasse beim Kochen mit Erdalkalien bildet (v. Lippmann [37]).

*Eigenschaften.* Sehr leicht in Wasser löslich, leicht löslich in Alkohol, unlöslich in anderen organischen Lösungsmitteln, wie Äther usw. Krystallisiert aus Wasser in großen Krystallen mit 2 Molen Krystallwasser. Das Krystallwasser wird im Exsiccator abgegeben. Schmp. 255° unter Zersetzung. $[\alpha]_D = +93°$ (3proz. Lösung). Mit wäßriger Kalilauge wird es zersetzt unter Bildung von Trimethylamin und Indol. Reduziert Goldchlorid, Kaliumpermanganat und Eisensalze. In konzentrierter Schwefelsäure mit Kaliumbichromat intensive Violettfärbung. Mit Glyoxylsäure und Schwefelsäure gibt es die Adamkiewiczsche Reaktion, unterscheidet sich von Tryptophan aber dadurch, daß es die Reaktion mit Ninhydrin nicht gibt und durch Ferrichlorid nur sehr schlecht zu $\beta$-Indolaldehyd oxydiert wird. Durch Alkalien erleidet es ferner leichter Spaltung als Tryptophan. Physiologisch unwirksam.

*Derivate. Nitrat,* $C_{14}H_{18}O_2N_2 \cdot HNO_3$. Schwer löslich in Wasser (1:170 bei Zimmertemperatur). Schmp. 215—220°. $[\alpha]_D = +94{,}7$ (0,299 g Nitrat in 18 cm³ wäßrigem Ammoniak).

*Hydrochlorid* Schmp. 227°. Hydrobromid Schmp. 225° (Marañon und Santos [38]).

*Isolierung.* Kann aus den Samen von Erythrina Hypaphorus in Form des Nitrates gewonnen werden (ca. 3% Ausbeute). Marañon und Santos (38) gewinnen das Hypaphorin aus Erythrina variegata var. orientalis (Linn.) in folgender Weise: 1 kg Samen wird fein pulverisiert und durch Extraktion mit Äther entfettet. Das von Äther befreite Samenpulver wird mit Alkohol perkoliert, der Alkohol im Vakuum vollständig verjagt und der syrupöse Rückstand in Wasser gelöst. Die filtrierte wäßrige Lösung wird mit Phosphormolybdänsäure versetzt, bis keine Fällung mehr entsteht. Der mit phosphormolybdänsäurehaltigem Wasser gewaschene Niederschlag wird in feuchtem Zustand mit Soda vermischt und auf dem Wasserbad getrocknet. Die Masse wird mehrmals mit absolutem Alkohol ausgekocht, die alkoholischen Lösungen vereinigt und konzentriert. Beim Erkalten krystallisiert das rohe Hypaphorin aus, das aus Alkohol unter Zusatz von Tierkohle in farblosen, zu Büscheln vereinigten langen Prismen erhalten wird. Schmp. von 238° an unter starker Braunfärbung. Ausbeute 2,5%.

**Stachydrin** (Prolinbetain, Methylbetain der Hygrinsäure).

$C_7H_{13}C_2N$: C 52,07 %, H 9,37 %, N 8,67 %. Mol.-Gew. 143,1.

*Vorkommen.* Entdeckt in den Knollen von Stachys tuberifera (A. v. PLANTA [47]). Y. HIWATARI (18) erhielt aus 27 kg Citrus grandis OSBECK 8,5 g Stachydrinchlorhydrat; H. B. VICKERY aus 350 g Alfalfaheu 0,9 g Chlorhydrat (62). Ferner in Chrysanthemumarten, in Galeopsis grandiflora, in Betonica officinalis usw. gefunden.

*Eigenschaften.* Stachydrin bildet farblose, durchsichtige, zerfließliche Krystalle, leicht löslich in Wasser und Alkohol, schwer löslich in siedendem, unlöslich in kaltem Chloroform und Äther. Das Krystallwasser wird zum Teil schon über Schwefelsäure abgegeben. Schmp. 235°.

Aus Stachysknollen isoliertes Stachydrin ist optisch inaktiv. Aus Galeopsis grandiflora und Citrus aurantium stammende Präparate sowie aus l-Prolin hergestelltes Stachydrin ist optisch aktiv: $[\alpha]_D = -26{,}5^0$ (salzsaures Salz in 5proz. wäßriger Lösung). Bleibt es längere Zeit mit Basen oder Säuren in Berührung, so sinkt die spezifische Drehung ab bis z. B. auf $-9^0$; beim Kochen mit Baryt wird das Stachydrin racemisiert. Die Lösungen reagieren neutral, Geschmack unangenehm süßlich. Das salzsaure Salz krystallisiert in großen wasserfreien Prismen, leicht löslich in Wasser und auch in kaltem Alkohol. Schmp. 235° unter Zersetzung.

Mercurichlorid erzeugt in wäßriger Lösung von Stachydrin erst auf Zusatz von Salzsäure eine Fällung. Das Chlorid gibt mit Gerbsäure keine Fällung, mit Pikrinsäure nur bei sehr hoher Konzentration. Phosphorwolframsäure fällt aus 5proz. schwefelsaurer Lösung fast quantitativ aus, mit Phosphormolybdänsäure gelblicher Niederschlag. Das STANĚKsche Perjodidreagens fällt bei alkalischer Reaktion beträchtliche Mengen Stachydrin mit dem Cholin aus (VICKERY [62]).

Beim Erhitzen mit konzentriertem Alkali entweicht Dimethyl-amin. Durch Permanganat tritt in der Kälte keine Oxydation ein. Bei der Destillation unter stark vermindertem Druck geht das Stachydrin in den isomeren Hygrinsäuremethylester über, und zwar zu etwa $^1/_3$ der angewandten Menge. Daneben entsteht Trimethylamin.

```
H2C---CH2                      H2C---CH2
 |     |     _                  |     |
H2C   CH---COO        --->     H2C   CH---COOCH3
   \  /+                          \  /
    N                              N
   / \                             |
H3C   CH3                         CH3
```

*Nachweis und Bestimmung.* Salzsaures Stachydrin gibt beim Erhitzen Dämpfe, die einen mit HCl befeuchteten Fichtenspan rot färben. Ferner zeigt das Chloraurat unter dem Mikroskop eine charakteristische Form, vierseitige Blättchen von rhombischem Habitus. Eine ähnliche Form zeigt auch das normale Trigonellinaurat, doch lassen sich die beiden Verbindungen leicht durch den Schmelzpunkt unterscheiden.

Zur quantitativen Bestimmung eignet sich die Fällung mit Phosphorwolframsäure, wobei sich etwa 4,7 % der Bestimmung entziehen, und der Niederschlag mit Mercurichlorid, wobei 2,74 % der Fällung entgehen.

Zur Identifizierung eignen sich folgende Derivate: *Chloraurat* (!), $C_7H_{13}O_2N \cdot HAuCl_4$. Entsteht beim Zusatz von Goldchlorid zur Lösung des salzsauren Stachydrins als gelber Niederschlag, der nach einiger Zeit krystallinisch wird: vierseitige Blättchen von rhombischem Habitus. In kaltem Wasser sehr schwer, auch in heißem Wasser nicht leicht löslich. Schmp. 225° unter Zersetzung beim raschen Erhitzen.

*Stachydrinpikrat*, $C_{13}H_{16}N_4O_9$, Nadeln, in Wasser ziemlich löslich. Schmp. 195—196°.

*Stachydrinplatinchlorid*, $(C_7H_{13}NO_2 \cdot HCl)_2PtCl_4$. Sehr leicht löslich in Wasser und verdünntem Alkohol, schwer löslich in 80proz. Alkohol, unlöslich in absolutem Alkohol. Krystallisiert aus Alkohol in Nadeln, aus Wasser in großen orangeroten rhombischen Krystallen mit 2 Mol. Wasser oder in unscheinbaren Formen mit 4 Mol. Wasser.

*Saures Oxalat*, $(C_7H_{13}NO_2 \cdot C_2H_2O_4)$, Nadeln, unlöslich in kaltem absolutem Alkohol, Chloroform und Äther. Sehr schwer löslich in warmem 95proz. Alkohol. Schmp. 105—107°.

*Chloraurat des Methylesters*, $C_6H_{12}N \cdot COOCH_3 \cdot HAuCl_4$. Schwer löslich in Wasser. Schmp. 85°.

*Chloraurat des Äthylesters*, $C_6H_{12}N \cdot COOC_2H_5 \cdot HAuCl_4$. Schwer löslich in Wasser Schmp. 59—60°, zersetzt sich bei 241—244°.

*Pikrat des Äthylesters*, Nadeln. Schmp. 94—96°.

*Jodwasserstoffsaures Salz des Äthylesters*. Schmp. 88—89°.

*Isolierung aus der Pflanze* nach E. SCHULZE und G. TRIER (54). Pflanzenmaterial gut zerkleinern, hierauf mit heißem Wasser übergießen, den Extrakt teils durch Abfiltrieren, teils durch Abpressen vom Rückstande trennen und mit Bleiessig versetzen, wobei ein sehr starker Niederschlag entsteht. Das Filtrat vom Bleiniederschlage nach Zusatz von etwas Essigsäure stark einengen, mit Schwefelsäure stark ansäuern, hierauf nochmals filtrieren und mit Phosphorwolframsäure fällen. Den entstandenen Niederschlag abfiltrieren, mit 5proz. Schwefelsäure gut auswaschen und durch Verreiben mit Bariumhydroxyd und Wasser zersetzen. Nach dem Austreiben des Ammoniaks wird die durch Filtration von den unlöslichen Bariumverbindungen getrennte Basenlösung mit Salpetersäure neutralisiert und auf dem Wasserbade stark eingeengt. Alloxurbasen mit Silbernitrat fällen, etwa vorhandenes Histidin und Arginin durch Silbernitrat und Barytwasser. Das Filtrat von diesen Niederschlägen durch Salzsäure vom gelösten Silber befreien, mit Schwefelsäure neutralisieren und stark einengen. Hierauf mit Schwefelsäure stark ansäuern, nochmals filtrieren und mit Phosphorwolframsäure versetzen. Den mit 5proz. Schwefelsäure gewaschenen Niederschlag durch Baryt zersetzen. Die dabei erhaltene, durch Einleiten von Kohlendioxyd vom überschüssigen Baryt befreite Basenlösung unter Zusatz von Salzsäure zur Syrupkonsistenz eindunsten. Der Syrup verwandelt sich im Exsiccator nach und nach in eine nur noch wenig Mutterlauge einschließende Krystallmasse. Diese zuerst in der Kälte, dann unter Erwärmen mit absolutem Alkohol behandeln, wobei sie größtenteils in Lösung geht. Aus dieser Lösung das Stachydrin als Quecksilberdoppelsalz mit alkoholischer Mercurichloridlösung fällen. Die Fällung in heißem Wasser lösen und mit Schwefelwasserstoff zersetzen. Die aus der abfiltrierten Lösung beim Verdunsten erhaltene Krystallmasse mit absolutem Alkohol zu einem Brei verreiben und abnutschen. Das salzsaure Stachydrin bleibt als nahezu farblose Krystallmasse zurück.

Aus 95 kg frischen Stachysknollen erhielten E. SCHULZE und G. TRIER auf diese Weise 42—43 g Stachydrinchlorid. Zur Isolierung aus Orangenblättern werden die zerkleinerten Blätter mit Wasser von 50—55° extrahiert, der Extrakt von den durch Bleiessig fällbaren Substanzen befreit, mit Schwefelsäure stark angesäuert und mit Phosphorwolframsäure versetzt. Niederschlag genau wie oben weiter verarbeiten. 9 kg lufttrockne Blätter lieferten 21 g Stachydrinchlorid.

*Trennung von Cholin*. Zur Trennung des Stachydrins vom Cholin benutzt man, falls nicht schon durch Umkrystallisieren aus Wasser oder Alkohol das Ziel erreicht wird, die Fällbarkeit des Cholins durch Kaliumtrijodid in alkalischer Lösung; dabei kann jedoch, wie oben angegeben, eine beträchtliche Menge Stachydrin mit ausgefällt werden. Man kann die Trennung auch auf den Umstand gründen, daß eine wäßrige Lösung von freiem Stachydrin auf Zusatz von Mercurichlorid keine Fällung gibt; erst nach Zusatz von Salzsäure scheidet sich ein Niederschlag aus. Enthält die in oben beschriebener Weise erhaltene Mutterlauge neben Stachydrin Cholin, so wird unter schwachem Erwärmen so viel Silberoxyd zugesetzt, bis die Flüssigkeit neutrale Reaktion annimmt. Vom Chlorsilber abfiltrieren, eine geringe Menge gelösten Silbers mit Hilfe von Schwefelwasserstoff entfernen, die Lösung, in welcher neben freiem Stachydrin sich Cholinchlorid vorfindet, auf ein geringes Volumen eindunsten und sodann wäßrige Mercurichloridlösung hinzufügen. Den entstehenden Niederschlag nach dem Abfiltrieren und Auswaschen durch Schwefelwasserstoff zersetzen; das im Filtrat vom Quecksilbersulfid sich vorfindende Chlorid ist Cholinchlorid. Die Methode liefert keine ganz sicheren Resultate, die Trennung ist nicht quantitativ.

Der Phosphorwolframsäureniederschlag enthält Cholin nur in kleiner Menge. Beim Auskrystallisieren des salzsauren Stachydrins bleibt das Cholinchlorid wegen seiner Leichtlöslichkeit in der Mutterlauge.

**Betonicin und Turicin** ($\gamma$-Oxy-prolin-betain).

$C_7H_{13}O_3N$: C 52,79 %, H 8,23 %, N 8,81 %; Mol.-Gew. 159.

Betonicin und Turicin sind die beiden optischen Antipoden des $\gamma$-Oxy-prolin-betains. Betonicin dreht die Ebene des polarisierten Lichtes nach links, Turicin nach rechts. Sie entstehen bei Methylierung der $\gamma$-Oxy-hygrinsäure (12) und Oxy-prolin (31) nebeneinander. E. SCHULZE und G. TRIER (53) fanden das Betonicin in Betonica officinalis und Stachys silvatica. In der Betainfraktion aus Betonica wiesen A. KÜNG und G. TRIER (33) neben dem Betonicin das stereo-isomere Turicin nach, das das Betonicin auch in Stachys silvatica begleitet.

**a) Betonicin.** *Vorkommen.* In Betonica officinalis (0,75 % der Trockensubstanz) und in Stachys silvatica.

*Eigenschaften.* Vierseitige kurze Prismen aus Alkohol, wenig hygroskopisch, in Wasser leichter löslich als das Turicin. Schwer löslich in kaltem Alkohol. Schmp. 252° unter Zersetzung, $[\alpha]_D^{15} = -36{,}60°$ (in 4,8% wäßriger Lösung). Geschmack süß, gibt starke Pyrrolreaktion.

*Derivate: Hydrochlorid,* $C_7H_{13}O_3N \cdot HCl$, feine Nadeln oder Prismen aus absolutem Alkohol. Sehr leicht löslich in Wasser, löslich in heißem, wenig in kaltem absolutem Alkohol. Reagiert sauer und ist nicht hygroskopisch. Schmp. 232° unter Zersetzung. $[\alpha]_D = -24{,}8°$ (c = 3,5900 in Wasser).

*Chloroaurat,* $C_7H_{13}O_3N \cdot HAuCl_4$, gelbe, zu fächerartigen Drusen vereinigte Krystallblättchen. In kaltem Wasser schwer löslich. Aus verdünnten Lösungen aber nicht fällbar. Zersetzungspunkt 230—232° (auch 242° angegeben).

*Chloroplatinat,* $(C_7H_{13}NO_3)_2H_2PtCl_6 + 2H_2O$. Prismen aus Wasser. Schmp. 225 bis 226° unter Zersetzung.

*Isolierung aus der Pflanze.* Am besten aus älteren Pflanzen von Stachys silvatica. Extrahieren mit verdünntem Alkohol und Extrakt verarbeiten wie bei der Darstellung von Betain nach E. SCHULZE angegeben (vgl. S. 261). Aus der bei der Zerlegung des Phosphorwolframsäureniederschlages erhaltenen Lösung die durch Silbernitrat und Baryt fällbaren Basen entfernen, die übrigen wieder durch Phosphorwolframsäure fällen und in salzsaure Salze überführen. Flüssigkeit zu einem dicken Syrup einengen und mit kaltem, absolutem Alkohol behandeln. Verbleibender Rückstand enthält das Betonicin neben einer geringen Menge anorganischer Substanz. Reinigen durch Umkrystallisieren aus Alkohol.

**b) Turicin.** *Eigenschaften.* Krystallisiert aus siedendem Alkohol in seidenglänzenden flachen Prismen, bei rascher Abkühlung in feinen glänzenden Nadeln. Nicht hygroskopisch, verwittert sehr rasch im Exsiccator, wird weiß und undurchsichtig. Sehr leicht löslich in Wasser, schmeckt süß. Schmilzt wasserfrei unter Zersetzung bei 260°, wasserhaltig bei etwa 249° und zersetzt sich dann bei 256°. $[\alpha]_D = +36{,}26°$.

Gibt in Dampfform starke Fichtenspanreaktion. Fällt aus der wäßrigen Lösung mit Phosphorwolframsäure.

Derivate: *Turicinchlorhydrat.* Feine, glänzende Nadeln oder sechsseitige Tafeln aus absolutem Alkohol, zersetzt sich bei 224°, reagiert sauer. $[\alpha]_D = +24{,}65°$.

*Goldsalz,* $C_7H_{13}O_3N \cdot HAuCl_4$, gelbe Prismen, oft zu glänzenden Drusen vereinigt. Schmp. 230—232° unter Zersetzung. Fällt nur aus sehr konzentrierter Lösung.

*Platinsalz,* $(C_7H_{13}NO_3)_2H_2PtCl_6 + H_2O$. Schmp. 223° unter Zersetzung.

*Isolierung aus der Pflanze.* Wie unter Betonicin beschrieben. Die beiden Betaine lassen sich trennen, indem man sie erst frei, dann die in salzsaure Salze verwandelten Fraktionen mit Alkohol behandelt. Beim Digerieren der freien Betaine mit Alkohol wird hauptsächlich Betonicin gelöst, während Turicin zurückbleibt. Die salzsauren Salze verhalten sich umgekehrt, man erhält somit reines salzsaures Turicin, indem man den ungelösten Teil der freien Basen mit überschüssiger Salzsäure zur Trockene eindunstet und mit wenig absolutem Alkohol auszieht.

**Trigonellin** (Methylbetain der Nicotinsäure, Coffearin).

$C_7H_7O_2N$: C 62,02 %, H 5,15 %, N 10,22 %. Mol.-Gew. 137.

*Vorkommen.* Von E. JAHNS (21) in den Samen von Trigonellum foenum graecum zuerst aufgefunden worden. Es ist das in der Natur verbreitetste Pyridinderivat. Kommt in den verschiedensten Pflanzenfamilien vor. Über Bildung, Verbreitung usw. siehe die Untersuchungen von G. KLEIN, S. 258. Findet sich in ziemlich großen Mengen im Kaffee. Aus 4,5 kg arabischem Kaffee sind 10,5 g Trigonellin erhältlich. Nach F. E. NOTTBOHM und F. MAYER (41) enthält Kaffee 0,228—0,245% Trigonellin. Erhöhter Coffeingehalt ist von einer Abnahme des Trigonellingehaltes begleitet. Die Alkaloidzahl: Coffein/Trigonellin liegt bei normalen Handelssorten zwischen 4,3—5,5. Bei wildem Kaffee und Liberiakaffee ist der Quotient doppelt so groß.

*Eigenschaften.* Krystallisiert in farblosen Prismen mit 1 Mol Krystallwasser. In Wasser und Alkohol sehr leicht löslich. In Äther unlöslich, schwer löslich in warmem Chloroform. Geschmack unangenehm süßlich. Schmilzt bei 130° im Krystallwasser. Wasserfrei schmilzt es gegen 220° unter vorangehender Braunfärbung und Zersetzung. Fällbar durch die meisten Alkaloidfällungsmittel. Zum Teil auch durch Gerbsäure fällbar, leicht löslich im Überschuß des Fällungsmittels. Im normalen Analysengang findet es sich in der Lysinfraktion.

*Nachweis.* Mikrochemischer Nachweis s. S. 270. Zum Nachweis eignet sich das charakteristische Aussehen des Chlorhydrats und vor allem die Chloraurate. Beim Erhitzen tritt der typische Geruch des Pyridins auf.

*Chlorhydrat,* $C_7N_7O_2N \cdot HCl$. Krystallisiert in flachen, stark glänzenden, rechtwinklig begrenzten Tafeln, die in Wasser sehr leicht, in kaltem absolutem Alkohol sehr schwer löslich sind (!). Löslichkeit in absolutem Alkohol 1:344. Schmilzt unter Zersetzung bei 260°.

*Chloraurate.* Bei der Fällung des salzsauren Salzes mit Goldchloridlösung scheint zunächst ein wasserhaltiges Goldsalz zu entstehen, das keinen scharfen Schmelzpunkt und keine konstante Zusammensetzung besitzt. Aus verdünnter Salzsäure mit überschüssigem Goldchlorid umkrystallisiert erhält man das *normale Chloraurat,* $C_7H_7NO_2 \cdot HCl \cdot AuCl_3$. In kaltem Wasser schwerlösliche Blättchen oder flache Prismen, die bei 197—198° ohne Zersetzung schmelzen. Krystallisiert man die Fällung nur aus Wasser um, so erhält man ein *basisches Chloraurat,* der Zusammensetzung $(C_7H_7NO_2)_4 \cdot 3HCl \cdot 3AuCl_3$. Dieses Salz enthält 37,7proz. Au, manchmal wurde auch ein höherer Au-Gehalt gefunden. Krystallisiert in feinen Nadeln, die sich in kaltem Wasser schwer lösen und bei 185—186° ohne Zersetzung schmelzen. Eignet sich zur Bestimmung.

*Chloroplatinate,* $(C_7H_7NO_2 \cdot HCl)_2 \cdot PtCl_4$. Es sind Platinsalze mit 4 Molen, mit 1 Mol und ohne Krystallwasser beschrieben worden. F. E. NOTTBOHM und F. MAYER (41) hatten z. B. das wasserfreie Salz in Händen. Die Chloroplatinate lösen sich leicht in Wasser, sind aber in Alkohol schwer löslich. Am häufigsten scheint die Verbindung mit 1 Mol Wasser aufzutreten. Wasserfrei bildet die Verbindung derbe Prismen.

*Pikrat,* $C_7H_7NO_2 \cdot C_6H_3N_3O_7$. Glänzende Prismen, in Wasser und Methanol leicht, in absolutem Äthylalkohol schwerer löslich. Fast unlöslich in Äther. Schmp. 198—200°.

*Bestimmung des Trigonellins im Kaffee* (41). 20 g feinpulverisierte Substanz werden 3 Stunden lang mit Chloroform im Soxhlet extrahiert. Das der Substanz anhaftende Chloroform wird im Vakuum abgesaugt und nun insgesamt 3 Stunden mit 96proz. Alkohol extrahiert (Wechseln des Alkohols nach 1 Stunde). Die vereinigten alkoholischen Extrakte werden mit 8 $cm^3$ Bleiessig versetzt, der Niederschlag abzentrifugiert und mit Alkohol ausgewaschen. Man entfernt das Blei durch Einleiten von Schwefelwasserstoff, fügt zum Filtrat 5 $cm^3$ 25proz. Salzsäure und dampft auf etwa 50 $cm^3$ ein. Von der dabei auftretenden öligen Ausscheidung wird abgetrennt, und das Filtrat nach Behandeln mit etwas Tierkohle zur Trockne verdampft. Das Abdampfen wird mit der gleichen Menge Salzsäure noch 2—3mal wiederholt, bis der gesamte Zucker zerstört ist. Der Rückstand darf nicht klebrig sein. Er wird in heißem Wasser aufgeschwemmt, nach Zusatz von etwas Tierkohle aufgekocht, filtriert und auf 5 $cm^3$ (oder weniger) eingeengt. Aus der klaren Lösung wird das Trigonellin als Jodverbindung ausgefällt, indem man 2—3 Tropfen Salzsäure und 11 $cm^3$ 0,1n-Jodlösung zusetzt. Der sofort auftretende braune flockige Niederschlag krystallisiert in der Regel nach etwa 10 Minuten. Man nutscht auf einem Zuckerbestimmungsröhrchen nach *Allihn* ab, wäscht mit wenigen Kubikzentimetern eiskaltem Wasser aus, löst den Rückstand in warmem Alkohol, verdünnt stark mit Wasser und titriert mit 0,1n-Thiosulfatlösung. Die Trigonellinjodverbindung enthält auf 1 Mol Trigonellin etwa 3 Atome Jod. Zur Berechnung muß man sich mit einem Titer begnügen, der durch Verwendung von reinem Trigonellin unter den gleichen Bedingungen zu ermitteln ist.

*Isolierung aus Kaffee.* Den rohen gemahlenen Kaffee durch Behandeln mit Äther entfetten. Coffein durch Extraktion mit Chloroform entfernen. Mit Wasser kochen, mit Baryt bis zur schwach alkalischen Reaktion versetzen und einige Stunden unter häufigem Umrühren stehenlassen. Durch Leinwand filtrieren, Filtrat mit Bleiacetat versetzen, abermals filtrieren und überschüssiges Barium und Blei mit Schwefelsäure entfernen. Filtrat dieser Fällung nötigenfalls zur Entfernung von Coffein mit Chloroform behandeln und Lösung weiter eindampfen. Den syrupösen Rückstand in verdünnter Schwefelsäure lösen und mit Phosphorwolframsäure versetzen. Niederschlag mit 5% Schwefelsäure waschen und in bekannter Weise mit Baryt zersetzen. Lösung vorsichtig eindampfen und Rückstand mit Alkohol behandeln. Den so erhaltenen krystallinischen Körper in Salzsäure lösen und eindunsten lassen. Man erhält das Chlorhydrat des Trigonellins in charakteristischen, stark glänzenden Platten, die in Alkohol schwer löslich sind.

*Darstellung aus Samen und Keimpflanzen nach* E. SCHULZE (55). Nach Entfernung der Alloxurbasen, des Histidins und Arginins aus der bei der Zerlegung des Phosphorwolframsäureniederschlages erhaltenen Lösung die im Filtrat vom Argininsilberniederschlag noch enthaltenen Basen in die salzsauren Salze überführen, in Alkohol lösen und die Lösung mit einer alkoholischen Quecksilberchloridlösung versetzen. Dadurch werden außer Cholin auch die Betaine ausgefällt. Die aus Wasser unter Zusatz von etwas Mercurichlorid umkrystallisierten Salze mit Schwefelwasserstoff zerlegen. Trigonellinchlorid ist im Gegensatz zum Cholinchlorid in kaltem wasserfreiem Alkohol fast unlöslich.

Quantitative Bestimmung von Stachydrin und Trigonellin nach G. KLEIN und H. LINSER (27). *Prinzip.* Die Betaine werden mit verdünnter Salzsäure aus dem Pflanzenmaterial extrahiert, und die gereinigten konzentrierten Extrakte mit Kaliumwismutjodid versetzt. Die dabei entstehende Fällung wird isoliert, und der Wismutgehalt des Reaktionsproduktes colorimetrisch bestimmt.

Zur Orientierung wurden die Betaine nach der auf S. 270 angegebenen mikrochemischen Methode untersucht, indem etwa 0,05 $cm^3$ Extrakt mit Kaliumwismutjodidlösung versetzt wurden, die entstehenden Reaktionsprodukte wurden mikroskopisch identifiziert und durch Heranziehen von Vergleichspräparaten die Mengen an Reaktionsprodukt abgeschätzt.

*Allgemeine Bemerkungen.* Mit der hier beschriebenen Methodik haben G. KLEIN und H. LINSER die Zunahme von Stachydrin und Trigonellin bei

Zufuhr der entsprechenden Vorstufen in die Pflanze untersucht (s. S. 257). Es wurden jeweils zwei Parallelbestimmungen durchgeführt, und die Mittelwerte zur Beurteilung der Ergebnisse herangezogen. Es ergab sich eine mittlere Abweichung von ± 4 %. Mit diesem Fehler ist also bei Bestimmungen der Betaine im Pflanzenmaterial zu rechnen, weshalb Abweichungen von 4 % vom Mittelwert nicht in das Versuchsergebnis einbezogen werden dürfen. Um völlig sicher zu gehen, haben die Autoren bei der Auswertung der Fütterungsversuche Abweichungen nicht berücksichtigt, die innerhalb eines Intervalles von 20 % um den Mittelwert liegen. Steigerungen oder Senkungen des Betaingehaltes zwischen 0,9fach und 1,1fach wurde also keine Bedeutung beigemessen.

Die Fällungen von Stachydrin und Trigonellin mit Kaliumwismutjodid unterscheiden sich nicht nur im mikroskopischen Bild, sondern sind auch makroskopisch unterscheidbar. Die Fällung des Stachydrins ist völlig schwarz, flockig, manchmal sogar etwas ölig und haftet am Porzellan fest. Es ist also schon bei Betrachtung der Fällung auf dem Filter ein Urteil darüber möglich, ob Stachydrin oder Trigonellin vorliegt.

*Methodik. a) Extraktion der Betaine.* 1—10 g des bei 60° getrockneten und gut pulverisierten Pflanzenmaterials wurden mit der 20fachen Gewichtsmenge 1proz. Salzsäure 4—6 Stunden auf der Schüttelmaschine geschüttelt, der Extrakt abfiltriert und nochmals in gleicher Weise mit 1proz. Salzsäure behandelt, die vereinigten Extrakte wurden auf dem Wasserbad bis auf ein Volumen von einigen Kubikzentimetern eingedampft. Es wurde von einem dunklen, flockigen Niederschlag abfiltriert, die Lösung mit 1 g reinster Tierkohle aufgekocht und sofort abgesaugt. Der völlig klare Extrakt, der durch mehrfaches Nachwaschen wieder auf ein größeres Volumen angewachsen war, wurde auf 5 cm³ konzentriert. Es wurde nochmals filtriert und auf 10 cm³ verdünnt. 0,05 cm³ dieser Lösung wurden zu orientierenden mikrochemischen Prüfungen verwendet, weitere 2 cm³ für eine Doppelbestimmung an je 1 cm³.

*b) Bestimmung des Wismutgehaltes.* Reagens: 18 cm³ Wasser, 3 cm³ 30proz. HCl, 7 g KJ und 1,5 g Wismutsubnitrat werden bis zur Lösung aufgekocht, 1,5 g Jod zugefügt und mit Wasser auf das doppelte Volumen verdünnt.

Zur Fällung wurde 1 cm³ der zu untersuchenden Lösung in ein Reagensglas gebracht und mit 1 cm³ des oben angegebenen Reagens versetzt. Nach ½stündigem Stehenlassen bei Zimmertemperatur wurde der Niederschlag auf das Filter (*2*) eines Filtrierapparates gebracht, wie ihn Abb. 26 darstellt, die Lösung durch Absaugen bei (*4*) (Stellung des Hahnes [*3*] auf *A-C*) in den Rezipienten (*6*) übergeführt und dann bei (7) (und Stellung des Hahnes [3] auf *A-B*) in das zur Fällung benutzte Reagensglas abgelassen und abermals durch die Nutsche (1) und das Filter (2) abgesaugt. Dann wurde schnell mit gekühltem Wasser nachgewaschen und der Filtrierapparat gereinigt, indem von (7) nach (4) destilliertes Wasser durchgesaugt wurde. Dann wurde das Filter samt Niederschlag mit einer Pinzette vorsichtig in das ebenfalls ausgespülte Reagensglas gebracht und mit verdünnter Natronlauge erhitzt, bis keine Braunfärbung mehr zu beobachten war. Die Lösung wurde nun durch ein neues Filter abermals in den Rezipienten (6) abgesaugt und das Filter mit destilliertem Wasser nachgewaschen. Nun wurde eine geringe Menge 10proz. Schwefelsäure auf das Filter gebracht. Trat dabei eine rotbraune Färbung am Filter auf,

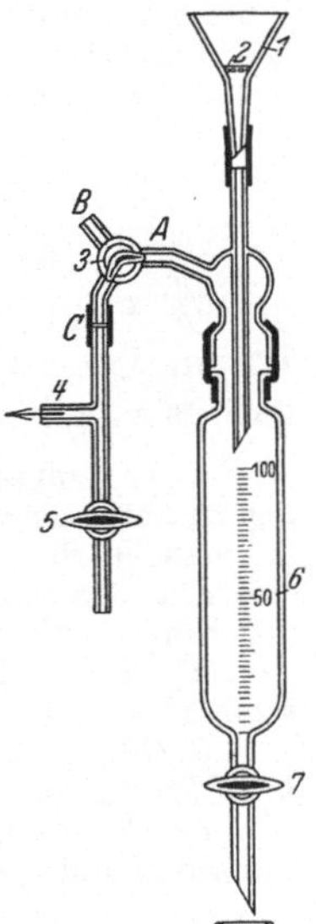

Abb. 26.

so wurde es abermals mit Natronlauge ausgekocht. Schließlich wurde der Lösung 10proz. Schwefelsäure bis zur sauren Reaktion zugegeben, eine geringe Menge Natriumsulfit zugefügt und mit 5 $cm^3$ 20proz. Kaliumjodidlösung versetzt. Dabei trat, wenn die Lösung genügend angesäuert war, die charakteristische gelbe Färbung des Kaliumwismutjodids auf.

Die gelbe Lösung wurde nun noch im Rezipienten auf 100 $cm^3$ aufgefüllt, in einen ERLENMEYER-Kolben (8) abgelassen und colorimetriert.

Durch die Zugabe von Natriumsulfit vermeidet man, daß sich bei längerem Stehen der Lösung Jod abscheidet. Es ist jedoch darauf zu achten, daß nicht zuviel Sulfit zugegeben wird, da dieses mit Kaliumjodid eine geringe Gelbfärbung verursachen kann. Es soll nicht mehr als 1 $cm^3$ einer 1proz. Lösung von Natriumsulfit ($Na_2SO_3$) zugegeben werden. Trotz der Zugabe von Natriumsulfit kann bei längerem Stehen der Proben vor dem Colorimetrieren eine Ausscheidung von Jod auftreten. In diesem Fall muß es durch Ausschütteln mit Chloroform entfernt werden.

Die colorimetrische Bestimmung wurde im PULFRICHschen Stufenphotometer unter Verwendung des Filters S 47 durchgeführt.

Standardlösung. Wismutnitrat wurde im Porzellantiegel bis zur Gewichtskonstanz geglüht. 0,112 g des gelben Pulvers wurden in 20 $cm^3$ verdünnter Salpetersäure gelöst und die Lösung auf 100 $cm^3$ mit Wasser aufgefüllt. 1 $cm^3$ dieser Lösung entspricht 1 mg Bi.

c) *Berechnung*. Für das Trigonellinprodukt ist das Verhältnis Bi:N = 1:2,5, für das Stachydrinprodukt Bi:N = 1:2,15. 2 Mole Trigonellin oder Stachydrin entsprechen je 1 Atom Wismut. 1 mg Bi = 1,32 mg Trigonellin oder 1,42 mg Stachydrin. Zur Berechnung des Trigonellingehaltes und des Stachydringehaltes sind die für Wismut gefundenen Werte mit den Faktoren 1,32 (für Trigonellin) und 1,42 (für Stachydrin) zu multiplizieren.

## e) Mikrochemischer Nachweis der Betaine.

### α) Beschreibung der einzelnen Reaktionen.

G. KLEIN und Mitarbeiter (25) haben den mikrochemischen Nachweis von Betain, Stachydrin und Trigonellin, Cholin und Nicotinsäure so weit ausgearbeitet, daß es möglich ist, die verschiedenen Substanzen nebeneinander zu erkennen.

**1. Jodjodkalium** (nach STANĚK 200 $cm^3$ Wasser, 100 g Kaliumjodid, 153 g Jod). Zu der zu untersuchenden Lösung einen Tropfen des Reagens zufügen und sofort beobachten, da manche Produkte sich rasch zersetzen.

Die Reaktion läßt Cholin und Stachydrin erkennen, ist aber infolge der Vielfältigkeit der Körper, die diese Reaktion geben, nicht besonders charakteristisch.

a) *Cholin*. In der Berührungszone von Reagens und Probetropfen bilden sich sofort schöne rechteckige Prismen von dunkelbrauner Farbe (Abb. 27). Empfindlichkeit 1:10000000.

b) *Glykokollbetain*, c) *Nicotinsäure*, d) *Trigonellin:* keine vom freien Jod unterscheidbare Produkte.

e) *Stachydrin*. Carbonat: aneinandergelagerte, unregelmäßige Nadeln und Spindeln. Chlorid: kurze, rechtwinklige, rotbraune Platten. Wenig empfindlich.

**2. Mercurichlorid.** Der zu untersuchenden Lösung wird ein Tropfen einer gesättigten Lösung von Mercurichlorid in 50proz. Alkohol zugefügt.

Charakteristische Produkte geben Cholin, Trigonellin und Nicotinsäure. Die beiden letzteren unterscheiden sich sehr deutlich vom Cholin, weniger deutlich aber voneinander.

a) *Cholin*. Sehr viele kleine, aus je vier kurzen Prismen zusammengesetzte Aggregate. Empfindlichkeit 1:20000.

b) *Glykokollbetain*. Kein charakteristisches Produkt. Manchmal einige quadratische Platten.

c) *Nicotinsäure*. Büschel- und besenartige Aggregate aus farblosen Nadeln (Abb. 28). Empfindlichkeit 1:2000.

d) *Trigonellin*. Schöne, farblose Nadeln von vierkantiger Form mit schief abgeschnittenen Enden, zu dendritischen Aggregaten vereinigt (Abb. 29). Empfindlichkeit 1:2000.

*e) Stachydrin.* Kein charakteristisches Produkt, amorpher Niederschlag, manchmal quadratische Platten und Würfel. Empfindlichkeit 1:2000.

**3. Platinchlorid.** Der zu untersuchenden Lösung wird ein Tropfen einer 5proz. wäßrigen Lösung von Platinchlorid zugefügt.

Die Reaktion mit Platinchlorid ist charakteristisch für Nicotinsäure, die sich auf Grund der Krystallform und der Empfindlichkeit gut neben den anderen Körpern erkennen läßt.

*a) Cholin.* Am Rand wenige gelbe, vierseitige Platten. Empfindlichkeit 1:200, beim Eintrocknen noch bei geringeren Konzentrationen positiv.

*b) Glykokollbetain* verhält sich wie Cholin.

*c) Nicotinsäure.* Viele kleine gelbe Würfel. Empfindlichkeit 1:2000.

*d) Trigonellin.* Große, gelbe, vierseitige Platten am Rand. Empfindlichkeit 1:2000, beim Eintrocknen bis 1:5000.

*e) Stachydrin.* In wäßriger Lösung keine Fällung. Führt man die Reaktion in alkoholischer Lösung aus, so erhält man gelbe Nadeln, die beim Abdunsten des Alkohols Wasser anziehen und zerfließen.

**4. Platinjodid.** Reagens: 5proz. wäßriges Platinchlorid mit 5proz. wäßrigem Kaliumjodid im Verhältnis 1 : 2 bzw. 1 : 3 mischen und 1 Tropfen dieser Lösung der zu untersuchenden Lösung zufügen.

Charakteristische Produkte geben das Trigonellin und das Stachydrin, die auf Grund der Krystall- und Aggregatformen leicht von anderen Körpern zu unterscheiden sind. Sie lassen sich auch voneinander unterscheiden, wenn sie nicht in allzu geringer Menge vorhanden sind.

*a) Cholin.* Amorphe, schwarze Fällung. Am Rande wenige, sehr kleine, schwarze, vierseitige Platten, nicht charakteristisch.

*b) Glykokollbetain.* Kleine schwarze, rechteckige Platten. Empfindlichkeit 1:2000.

*c) Nicotinsäure.* Fällung von kleinen, schwarzen Drusen. Am Rande dunkelbraune, vier- oder sechsseitige Platten. Empfindlichkeit 1:20000.

*d) Trigonellin.* Am Rand des Präparates kleine schwarze, vier- und sechsseitige Platten; Büschel aus unregelmäßigen Krystallen. Empfindlichkeit 1:20000.

*e) Stachydrin.* Rotbraune und dunkelbraune, quadratische, rechteckige und sechsseitige Platten. Rosetten aus kleinen Prismen. Empfindlichkeit 1:20000.

**5. Goldchlorid.** Dem Probetropfen wird 1 Tropfen einer 5proz. wäßrigen Lösung von Goldchlorid zugesetzt.

Goldchlorid gibt mit Nicotinsäure, Trigonellin, Betain und Cholin charakteristische Produkte. Nicotinsäure läßt sich ebenso wie das Trigonellin von allen anderen leicht unterscheiden, während Cholin, Betain und Stachydrin voneinander nicht zu unterscheiden sind.

**6. Goldjodid.** Reagens: 5proz. wäßrige Lösung von Goldchlorid mit 5proz. wäßriger Lösung von Kaliumjodid im Verhältnis 1 : 2 bzw. 1 : 3 mischen.

Goldjodid gibt mit Trigonellin ein sehr charakteristisches Produkt, durch das sich das Trigonellin von allen anderen leicht unterscheiden läßt.

*a) Cholin.* Kleine, schwarze, rechteckige Platten, wenig Nadelkreuze. Empfindlichkeit 1:2000.

*b) Glykokollbetain.* Sehr kleine, schwarze, rechteckige Platten. Empfindlichkeit 1:2000.

*c) Nicotinsäure.* Kein charakteristisches Produkt.

*d) Trigonellin.* Büschel aus langen, rotbraunen Krystallfäden, daneben einige Rosetten aus rotbraunen, rhombischen Platten. Empfindlichkeit 1:20000.

*e) Stachydrin.* Sehr kleine, rotbraune, rechteckige und sechseckige Platten, zum Teil zu Rosetten vereinigt. Empfindlichkeit 1:2000.

**7. Goldbromid.** Reagens: 5proz. wäßrige Goldchloridlösung und 5proz. wäßrige Natriumbromidlösung im Verhältnis 1 : 1, 1 : 2 bzw. 1 : 3 mischen. Die Reaktion gestattet den sicheren Nachweis von Trigonellin und gibt Anhaltspunkte für das Vorhandensein von Betain und besonders von Stachydrin.

*a) Cholin.* Sehr kleine, rotbraune Prismen mit vier- oder sechsseitigem Umriß, daneben kleine, rotbraune, dreieckige Platten. Empfindlichkeit 1:1000.

*b) Glykokollbetain.* Rosetten aus je vier oder sechs rotbraunen Platten oder Würfeln, daneben, besonders am Rande des Präparats, kleine rotbraune, quadratische Platten. Empfindlichkeit 1:20000.

*c) Nicotinsäure.* Am Rande des Präparats rotbraune Prismen mit schiefer Endfläche. Empfindlichkeit 1:20000.

*d) Trigonellin.* Wirre Büschel aus goldbraunen Fäden. Empfindlichkeit 1:20000.

*e) Stachydrin.* Sehr kleine, quadratische und regelmäßige, sechseckige, rotbraune Platten, daneben aus drei oder vier Platten zusammengesetzte Rosetten. Empfindlichkeit 1:20000.

8. **Kaliumwismutjodid.** Reagens: 18 cm³ Wasser, 3 cm³ wäßrige Salzsäure, 7 g Kaliumjodid und 1,5 g basisches Wismutnitrat bis zur Lösung aufkochen. 1,5 g Jod zufügen und mit Wasser auf das doppelte Volumen verdünnen.

Sehr charakteristische Fällungen mit Trigonellin, Stachydrin und Nicotinsäure. Stachydrin läßt sich gut neben Trigonellin erkennen.

*a) Cholin.* Kleine schwarze Nadeln und dunkelbraune rechteckige Platten. Empfindlichkeit 1:20000.

*b) Glykokollbetain.* Rotbraune vierseitige, schiefwinklige Platten und Büschel aus braunen Fäden. Empfindlichkeit 1:2000.

*c) Nicotinsäure.* Schwarze und dunkelbraune Doppelbüschel und Drusen aus Nadeln, Krystallfäden und Rosetten aus vierseitigen, schiefwinkligen Platten (Abb. 30). Empfindlichkeit 1:20000.

*d) Trigonellin.* Drusen und Rosetten aus rotbraunen und leuchtend roten Prismen mit schiefer Endfläche, darunter breitere, gelbbraune, sechsseitige, lange, schmale Platten (Abb. 31). Empfindlichkeit 1:20000.

Rei Reaktionen mit pflanzlichen Extrakten treten hauptsächlich letztere Formen auf, die auch oft sehr klein und nadelförmig sein können.

*e) Stachydrin.* Vierteilige und sechsteilige Rosetten aus schwarzen, vierkantigen, schiefwinkligen Prismen, daneben charakteristische T- und F-förmige Aggregate aus solchen Krystallen. Die Reaktion ist für Stachydrin sehr charakteristisch. Daneben sechsstrahlige, schwarze und rotbraune Sternaggregate (Abb. 32). Empfindlichkeit 1 : 20000.

**Zusammenfassung.** In der folgenden Tabelle sind die Ergebnisse der Untersuchungen von G. Klein zusammengestellt. Ein +-Zeichen bedeutet das Vorhandensein eines Produktes, während die beigesetzten Zeichen *, § und ⊕ usw., je nachdem, ob es dasselbe ist oder ein anderes wie bei einem anderen Körper derselben senkrechten Kolonne, angibt, ob das Produkt äußerlich dasselbe ist oder ein anderes. Steht also in einer senkrechten Kolonne mehrere Male + und ⊕, so bedeutet das, daß die so bezeichneten Produkte einander so ähnlich sind, daß sie nicht zu unterscheiden sind, wenn sie nebeneinander vorkommen. Ist aber eine Unterscheidung möglich, so ist das Produkt in der Tabelle nicht mit +, sondern mit ch (charakteristisch) bezeichnet. Produkte gleichen Zeichens sind nicht unterscheidbar. Durch eine Klammer verbundene ch-Bezeichnungen bedeuten, daß die Produkte voneinander nur schwer zu unterscheiden sind, daß sie aber leicht neben allen anderen erkannt werden können. Zwei Zeichen (z. B. ⊕/#) besagen, daß bei einer Reaktion zwei verschiedene Krystallformen nebeneinander auftreten können.

Durch die Reaktionen mit Quecksilberchlorid, Goldchlorid und Kaliumwismutjodid sind also Trigonellin und Nicotinsäure sehr leicht neben Cholin, Stachydrin und Glykokollbetain zu erkennen. Man kann sie aber auch nebeneinander mit Sicherheit erkennen, und zwar mit Goldjodid und Goldbromid das Trigonellin und mit Platinchlorid die Nicotinsäure.

Stachydrin gibt charakteristische Reaktionen mit Platinjodid und Kaliumwismutjodid; Goldjodid und Goldbromid können charakteristische Hinweise geben.

Das Cholin ist mit Jodjodkalium und mit Quecksilberchlorid gut nachweisbar. Glykokollbetain und Stachydrin geben nur in großen Konzentrationen mit Quecksilberchlorid dem Cholin ähnliche Produkte. Das Glykokollbetain ist durch keine Reaktion charakteristisch gekennzeichnet. Sein Nachweis wird am

Abb. 27. Reaktion von 1 proz. Cholinchlorid mit STANĚKschem Jodjodkalium. Vergr. 165 fach.

Abb. 28. Reaktion von 1 proz. Nicotinsäure mit einer gesättigten Lösung von $HgCl_2$ in 50% Alkohol. Vergr. 135 fach.

Abb. 29. Reaktion von 1 proz. Trigonellinchlorhydrat mit einer gesättigten Lösung von $HgCl_2$ in 50% Alkohol. Vergr. 135 fach.

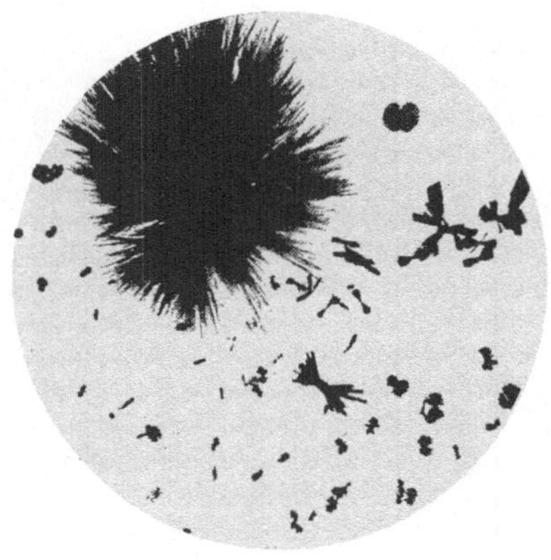

Abb. 30. Reaktion von 1 proz. Nicotinsäure mit Kaliumwismutjodid. Vergr. 30 fach.

Abb. 31. Reaktion von 1 proz. Trigonellinchlorhydrat mit Kaliumwismutjodid. Vergr. 52 fach.

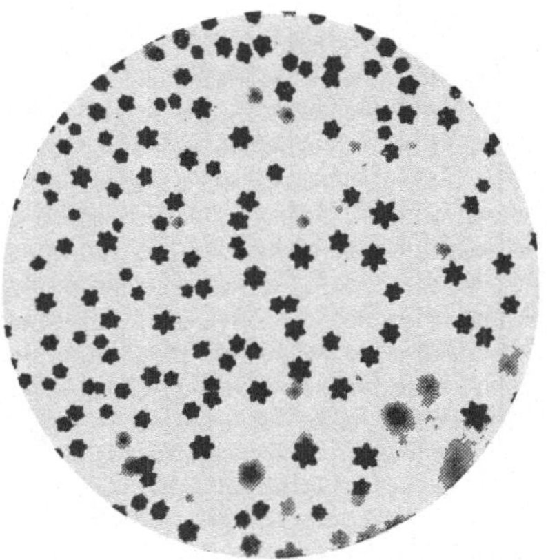

Abb. 32. Reaktion von 1 proz. Stachydrinchlorhydrat mit Kaliumwismutjodid. Vergr. 104 fach.

meisten durch das Cholin unsicher gemacht, es ist kaum möglich, auf Grund der hier angegebenen Reaktionen Cholin und Glykokollbetain nebeneinander zu erkennen.

| Substanz: / Reagens: | Jod-jodkalium STANĚK | Alkohol. Quecksilberchlorid | Platinchlorid | Platinjodid | Goldchlorid | Goldjodid | Goldbromid | Kaliumwismutjodid |
|---|---|---|---|---|---|---|---|---|
| Cholin . . . . . | ch⊕ | ch⊕ ‖ | +⊕ | +⊕ | +⊕ | +⊕ | +⊕ | +⊕ |
| Glykokollbetain . | + | +⊕ | +⊕ | +⊕ ǂ | +⊕ | +⊕ | +⊕/ǂ — | +ǂ — |
| Nicotinsäure . . | + | ch ǂ ‖ | ch ǂ ‖ | +§/⊕ | ch ǂ ‖ | Φ | +§ | ch§ — |
| Trigonellin . . . | + | ch ǂ/§ ‖ | +⊕ | ch&/⊕ ‖ | ch§ ‖ | ch ǂ ‖ | ch& ‖ | ch§/& — |
| Stachydrin . . . | +ǂ/⊕ | +⊕ | Φ | ch* ‖ | +⊕ | ch§ — | ch⊕/* — | ch* ‖ |
| Charakteristische Reagenzien für | | Cholin, Trigonellin, Nicotinsäure | Nicotinsäure | Trigonellin, Stachydrin | Nicotinsäure, Trigonellin | Trigonellin | Trigonellin | Nicotinsäure, Trigonellin, Stachydrin |

‖ Unverkennbar charakteristisch.
— Reaktion kann sowohl charakteristisch ausfallen als auch nicht.

### β) Nachweis in der Pflanze.

Zum Nachweis der Betaine in der Pflanze sind Extrakte herzustellen, da die oben angegebenen Reaktionen im Gewebe selbst versagen. Bei alkaloidführenden Pflanzen ist es in der Regel notwendig, die Alkaloide durch Vorextraktion zu entfernen. Eine 48stündige kalte Vorextraktion mit Chloroform von Coffea arabica, wobei das Coffein entfernt wird, hat sich beim Nachweis des Trigonellins gut bewährt.

Zur Herstellung der Extrakte verfuhr G. KLEIN folgendermaßen:

Etwa 2 g des lufttrockenen Pflanzenmaterials wurden gut pulverisiert und mit etwa 20 $cm^3$ 1proz. Salzsäure 24 Stunden stehen gelassen. Die Lösung wurde abgesaugt und auf dem Wasserbad auf 5 $cm^3$ eingedampft. Der dabei ausfallende dunkle Niederschlag wurde abfiltriert, dem Filtrat etwas Tierkohle zugesetzt, kurz aufgekocht und dann erkalten gelassen. Nach abermaligem Filtrieren wurde ein Tropfen des Extraktes für die Mikroreaktion verwendet.

In manchen Fällen, z. B. bei den Samen von Trigonella foenum graecum, ist eine Extraktion mit 1proz. Salzsäure nicht durchführbar, da die Samen stark quellen und nicht gut filtriert werden kann. In solchen Fällen wird zweckmäßig Alkohol verwendet. Bei fettreichem Material leistet eine Vorextraktion mit Chloroform gute Dienste.

Bei Anwesenheit von Begleitsubstanzen können die Mikroreaktionen etwas anders ausfallen als mit den reinen Vergleichssubstanzen. Kaliumwismutjodid z. B. gibt häufig, besonders anfänglich, nur amorphe Fällungen. Es ist vorteilhaft, wenn man die Präparate längere Zeit stehen läßt und sie ab und zu beobachtet, da vielfach Umlagerungen eintreten. Durch Erhitzen der Präparate kann der Niederschlag umkrystallisiert werden, und man erhält beim Erkalten in der Regel viel schönere Krystalle als nach etwa vierstündigem Stehen der Präparate. Beim Auswerten solcher Beobachtungen muß man sehr vorsichtig sein. Glykokollbetain gibt beim Erhitzen mit Kaliumwismutjodid ähnliche sechsstrahlige Sterne, wie sie als charakteristisch für das Stachydrin beschrieben worden sind. Beim Stehenlassen des Präparates ohne Erwärmen wurden beim Glykokollbetain derartige Krystalle nie beobachtet.

Zur Unterscheidung von Glykokollbetain und Stachydrin kann die verschiedene Löslichkeit der Kaliumwismutjodidverbindungen in Salzsäure herangezogen werden. Die Stachydrin-Kaliumwismutjodid-Verbindung ist in Salzsäure unlöslich, während die entsprechende Betainverbindung darin löslich ist. Die Produkte des Cholins und des Trigonellins sind ebenfalls unlöslich. Wird die Reaktion bei gleichzeitigem Zusatz von etwas Salzsäure ausgeführt, so fallen nur die Produkte des Cholins, Trigonellins und des Stachydrins aus, während Betain keine Fällung gibt.

Als die charakteristischsten und brauchbarsten Reaktionen erwiesen sich bei der Untersuchung pflanzlicher Extrakte jene mit Goldbromid und Kaliumwismutjodid.

## B. Cholin

(Trimethyl-$\beta$-oxy-äthylammoniumhydroxyd).

$C_5H_{15}O_2N$: C 49,6 %, H 12,4 %, N 11,6 %. Mol.-Gew. 121,13.

**Vorkommen.** Cholin ist von allen Basen im Pflanzenreich die weitest verbreitete. G. KLEIN und A. ZELLER (24) haben mit Hilfe einer von ihnen ausgearbeiteten mikrochemischen Reaktion das Vorkommen von Cholin in über 100 verschiedenen Pflanzenspezies aus den verschiedensten Familien sicherstellen können. Nur in den drei untersuchten Flechtenspezies Evernia prunastri, Parmelia sulcata und Parmelia perforata fand sich kein freies Cholin. Als charakteristischer Baustein der Lecithine findet sich gebundenes Cholin in jeder Zelle. Es ist aus sehr vielen Pflanzen als Platin- oder Goldsalz isoliert worden. Spaltungsprodukt des Sinalbins (Sinapins) der Senfsamen. In der älteren Literatur wird es unter folgenden Synonyma beschrieben: Amanitin, Bilineurin, Bursin,

Fagin, Gossypin, Luridin, Sinkalin, Vesalthamin und Vidin. Von Strecker (59) 1862 als Cholin bezeichnet nach dem Vorkommen in Ochsengalle.

*Eigenschaften.* Die freie Base stellt im reinen Zustand eine syrupöse, hygroskopische Masse dar, sie reagiert stark alkalisch und zieht die Kohlensäure der Luft an. Möglicherweise sind alle Angaben über ein Krystallisieren der freien Base auf einen Carbonatgehalt zurückzuführen. In Wasser und Alkohol ist das Cholin in jedem Verhältnis löslich, unlöslich ist es in Äther, Schwefelkohlenstoff, Petroläther, Benzol. Etwas größer ist die Löslichkeit in Chloroform. 100 $cm^3$ wasserfreies Chloroform lösen nach einstündigem Stehen 17 mg, nach 24stündigem Stehen 20 mg. 100 $cm^3$ wasserfreies Aceton lösen nach einstündigem Stehen 11 mg Cholin, nach 24stündigem Stehen 18 mg. Das salzsaure Salz löst sich sehr leicht in Wasser und Alkohol, etwas weniger leicht, aber doch erheblich leichter als freies Cholin, löst es sich in Aceton (W. Roman [50]).

Verdünnte wäßrige Lösungen sind ziemlich hitzebeständig, konzentrierte wäßrige Lösungen zerfallen beim Kochen in Trimethylamin und Äthylenglykol (G. Klein und H. Linser). Nach W. Roman verliert man beim Eindampfen einer Cholinlösung, die etwa 350 $\gamma$ Cholin im Kubikzentimeter enthält, ungefähr 10 %. Dampft man eine Cholinlösung, die pro Kubikzentimeter nur 7 $\gamma$ enthält, zur Trockne, so findet man nachher kein Cholin wieder. Bei der Trockendestillation zerfällt die Base in Trimethylamin und Glykol, zum kleineren Teil auch unter Bildung von Dimethyl-amino-äthanol und Dimethyl-vinyl-amin. Cholinchlorid geht bei der Destillation fast quantitativ in Dimethyl-amino-äthanol und Methylchlorid über. Durch heiße Natronlauge wird Cholin unter Abspaltung von Trimethylamin zersetzt. Dieselbe Spaltung erfolgt auch bei der Destillation mit konzentrierter Bariumhydroxyd-lösung.

Die meisten Alkaloidfällungsmittel geben schwerlösliche Niederschläge. Durch Gerbsäure, Pikrinsäure und Pikrolonsäure wird Cholin nicht oder nur aus sehr konzentrierten Lösungen gefällt. Durch Wasserabspaltung und bei Fäulnis kann das giftige Neurin entstehen.

Beim Behandeln mit Salpetersäure entsteht das sog. Cholin-Muscarin (Pseudo-Muscarin), das sich durch ähnliche Wirkungen wie Fliegenpilz-Muscarin auszeichnet.

Oidium lactis und Vibrio cholerae zerlegen das Cholin in Kohlensäure, Ammoniak und Wasser.

**Physiologisches.** Cholin ist in kleinen Dosen ungiftig, bei der Katze beginnt die toxische Wirkung bei Verabreichung von 0,3 g. Die Wirkung ist curareartig, die motorischen Nerven werden gelähmt. Der Tod tritt durch Respirationslähmung ein. Charakteristisch für die Cholinvergiftung ist die Tatsache, daß sie in auffallend kurzer Zeit entweder zum Tode oder zur völligen Erholung der Tiere führt, was darauf hindeutet, daß das Gift entweder sehr rasch ausgeschieden oder aber innerhalb des Organismus rasch verändert wird. Erst in den letzten Jahren ist die große Bedeutung des Cholins bzw. seines Essigsäureesters für den tierischen Organismus erkannt worden. Das Acetylcholin besitzt ausgesprochen hormonale Wirksamkeit. Als vagomimetische Substanz bewirkt Acetylcholin schon in außerordentlich kleinen Konzentrationen eine Kontraktion des Darmes. Auf diese Fähigkeit gründet sich die von M. Guggenheim und Löffler (16) beschriebene quantitative Bestimmungsmethode, nach welcher minimale Mengen erfaßt werden. Acetylcholin wirkt in Mengen von 0,01 $\gamma$ pro Kilogramm Tier noch deutlich blutdrucksenkend.

Während sich in den letzten Jahren unsere Kenntnisse über die Bedeutung des Cholins für den tierischen Organismus sehr erweitert haben, liegen Untersuchungen über die Bedeutung bzw. das Schicksal des Cholins im pflanzlichen Organismus erst seit kurzem vor. G. Klein und H. Linser (29) haben durch Ausarbeiten einer quantitativen Mikromethode, die ein Arbeiten im Serienversuch gestattet, den Weg für weitere Forschungen auf diesem Gebiet geebnet. „Die nahen Beziehungen des Cholins zum Colamin, aus dem es durch Methylierung entstehen kann, zum Glykokollbetain, in das es in vitro durch gelinde Oxydation übergeht, zum physiologisch hoch aktiven Acetylcholin und schließlich zum Trimethylamin, das im Pflanzenreich vielfach aufgefunden wurde und wohl als Spaltprodukt des Cholins aufzufassen ist, zeigen seine vielfältige biochemische Bedeutung“ (G. Klein und H. Linser).

G. Klein und H. Linser (29) haben das freie Cholin und das Lecithincholin während der Keimung verschiedener Samen quantitativ verfolgt. Es wurden jeweils 30—100 im gleichen Entwicklungsstadium stehende Pflänzchen, und zwar voll ernährte Keimlinge sowie im Dunklen auf reinem Filtrierpapier gezogene, also Hungerpflanzen, untersucht. Die Resultate der Bestimmungen ergeben sich aus den folgenden graphischen Darstellungen. Auf der Abszisse ist das Alter der Keimlinge, auf der Ordinate die Anzahl der Milligramme an wasserlöslichem und an ätherlöslichem Cholin aufgetragen, und zwar so, daß die Kurve für das Cholin gleichzeitig als Basis für die Kurve des Lecithincholins dient, daß sich also in der obersten Kurve die Summe aller anderen Kurven ausdrückt, während die Differenzen der einzelnen Kurven untereinander die Größen der einzelnen Cholinfraktionen wiedergeben.

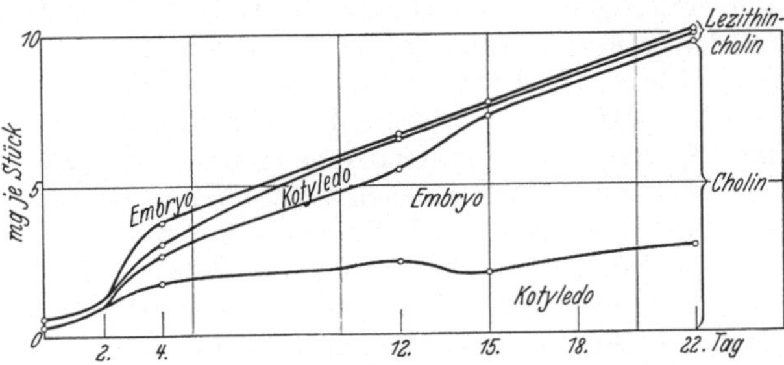


Abb. 33. Pisum sativum, etioliert. Die durch die oberste Kurve und die Abszisse eingeschlossene Fläche stellt den Cholin- und Lecithincholingehalt des Keimlings insgesamt dar.

Abb. 34 zeigt die Kurven für Pisum sativum im grünen, Abb. 33 im etiolierten Zustand.

Vom Beginn der Keimung an nimmt das Gesamtcholin zu. Es zeigt sich eine anfänglich starke, später wieder schwächer werdende Zunahme des wasserlöslichen Cholins im Keimling sowie eine Zunahme an Lecithincholin, der im etiolierten Keimling bald eine Abnahme bis zu einem Minimum folgt, im Gegensatz zum grünen Keimling. Es zeichnen sich die sonst dauernd Nährstoffe abgebenden Kotyledonen durch starke Zunahme sowohl des freien wie auch des lecithingebundenen Cholins aus. Im etiolierten Keimling, der insgesamt etwas mehr Cholin enthält als der grüne, bleibt die Menge an wasserlöslichem Cholin in den Kotyledonen annähernd gleich, während die Menge an Lecithincholin wie im etiolierten Keimling selbst später wieder abnimmt.

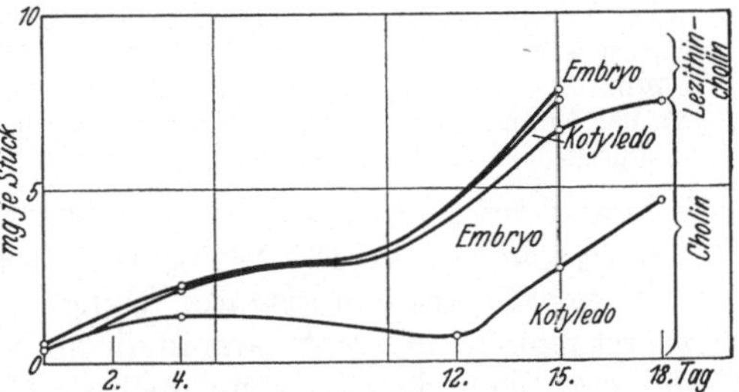


Abb. 34. Pisum sativum, grün. Die durch die oberste Kurve und die Abszisse eingeschlossene Fläche stellt den Cholin- und Lecithincholingehalt des Keimlings insgesamt dar.

Es ergibt sich somit zusammenfassend, daß im Verlauf der Keimung bei grünen Keimlingen sowohl das wasserlösliche Cholin wie auch das Lecithincholin zunimmt, und zwar sowohl im Keimling selbst wie auch in den Kotyledonen bzw. den sonstigen Reservestoffdepots der Samen. Etiolierte Keimlinge führen mehr wasserlösliches Cholin als grüne und verlieren in vorgeschrittenen Stadien fast das ganze Lecithin. Ihr Gesamtcholingehalt ist größer als der grüner Pflanzen. Bei Zea mays wird der Kotyledo zugunsten des Keimlings an Lecithincholin ausgesaugt.

Es findet sich immer um ein Vielfaches mehr freies Cholin, als im Lecithin gebunden vorliegt. Es ist anzunehmen, daß die relativ großen Mengen Cholin, vom fortlaufenden Lecithinzerfall frei werdend, übrigbleiben. Bei den fetthaltigen Samen, wie Ricinus, Cucumis und Pinus, wird man mit der Annahme nicht fehlgehen, daß das neugebildete Lecithin (besonders in den Kotyledonen und Endospermen) sein Fettsäure-Glyceringerüst direkt aus dem Reservefett übernimmt. Dafür spricht auch das gegenläufige Verhalten in den fettarmen Maiskeimlingen. Über die Zusammenhänge von freiem und gebundenem Cholin untereinander sagen die Versuche bilanzmäßig noch nichts aus.

In neuester Zeit ist der Cholinstoffwechsel in der Pflanze von G. KLEIN und H. LINSER (28) weiterverfolgt worden. Es zeigte sich dabei wieder, daß eine quantitative Überlegenheit des freien Cholins über das Lecithincholin nicht nur bei Samen und Keimlingen, sondern auch bei älteren Pflanzen sowie bei Früchten und Blüten besteht. Der Gehalt an freiem Cholin ist ganz allgemein viel größeren Schwankungen unterworfen als der Gehalt an Lecithincholin, was darauf hinweist, daß letzteres das stabilere „Endprodukt“ des Aufbaus, das freie Cholin hingegen das labilere, leichter zu bildende und abzubauende „Zwischenprodukt“ des Lecithinstoffwechsels darstellt. Der ziemlich konstante Lecithincholinspiegel der Pflanzen läßt demnach eine Bildung des freien Cholins aus dem Lecithin als unwahrscheinlich erscheinen, vielmehr wird zur Bildung des Lecithins aus dem Vorrat an freiem Cholin entnommen.

Die Versuche an Früchten und Blüten zeigten, daß im Laufe der Fruchtbildung mehr Cholin bzw. mehr Lecithincholin gebildet oder zugeführt wird als in den Blüten vorhanden war, daß der Gehalt an Lecithincholin ein Maximum erreicht und bei der Fruchtreife wieder absinkt. An freiem Cholin ist in allen Stadien ein Vielfaches des gebundenen Cholins vorhanden, von dem periodische, je nach Organ und Stadium, endgültig größere Mengen weiterverarbeitet werden (G. KLEIN und H. LINSER).

**Nachweis und Bestimmung.** Mit konzentrierter Kalilauge tritt der charakteristische Geruch des Trimethylamins auf (Heringslake), das den Nachweis von Cholin noch in einer Verdünnung von 1:2000000 erlaubt.

*Alloxanprobe.* Dampft man Cholin mit einer gesättigten Lösung von Alloxan auf dem Wasserbade ein, so tritt eine schöne rotviolette, auf Zusatz von Alkalien tiefblau werdende Färbung auf. Eiweißkörper und Ammonsalze sind vorher zu entfernen.

Dampft man eine verdünnte Cholin-perchlorat-Lösung (ca. 0,1 g in 50 $cm^3$ Wasser) unter Zusatz von 2 $cm^3$ reiner 65proz. Salpetersäure auf dem Wasserbade ein und löst den Rückstand in wenig heißem Wasser, so krystallisiert nach Zugabe von einigen Tropfen verdünnter Perchlorsäure das Perchlorat des Cholin-salpetersäureesters in altlasglänzenden, fast rechtwinkligen Platten $[(CH_3)_3N(ClO_4) \cdot CH_2 \cdot CH_2 \cdot O \cdot NO_3]$ von sehr hoher Doppelbrechung und äußerst lebhaften Polarisationsfarben. Schmp. 185—186°. 100 Teile Wasser lösen bei 15° nur 0,62 Teile, durch einen mäßigen Überschuß von Überchlorsäure fällt die Löslichkeit noch bedeutend.

Zur *Identifizierung* eignen sich folgende Derivate:

*Chloroplatinat*, $(C_5H_{14}ONCl)_2PtCl_4$, aus wäßriger Lösung des Cholinchlorids mit Platinchlorwasserstoffsäure. Dimorph. Aus heißen Lösungen krystallisiert es zuerst regulär und geht dann in die stabile monokline Form über. In der Regel erhält man beim Erkalten von heiß gesättigten alkoholisch-wäßrigen Lösungen schmale Prismen, bei langsamem Verdunsten sechseckige Tafeln und dicke Prismen mit aufgesetzten Pyramiden. Als besonders charakteristische Form werden sechsseitige, dachziegelartig übereinandergeschobene kleine Plättchen oder Täfelchen gehalten. Zersetzungpunkt 234—235°. Der Dimorphismus des Cholinplatinats dient zum Nachweis des Cholins, indem die beiden Modifikationen wechselseitig ineinander übergeführt werden. Es wird auch ein Schmelzpunkt von 226° angegeben (A. GRÜN und R. LIMPÄCHER [13a]). Löslich in 5,8 Teilen Wasser, unlöslich in Alkohol.

*Chloroaurat*, $C_5H_{13}ON \cdot HAuCl_4$. Gelbe Nadeln aus heißem Alkohol, als Rohprodukt bisweilen in Würfeln. Schmp. 250—255° bei raschem Erhitzen. Es sind auch höhere Schmelzpunkte angegeben. Löslich in 80 Teilen Wasser von 17,5°, leichter in heißem Wasser; auch in heißem Alkohol gut löslich.

*Cholinchlorid-Zinkchlorid*, $(C_5H_{14}ONCl)_2 \cdot ZnCl_2$. Beim Zusammenbringen der alkoholischen Lösungen beider Chloride. Kleine farblose Nadeln, schwer löslich in kaltem Alkohol.

*Cholinchlorid-Cadmiumchlorid*, $C_5H_{14}ONCl \cdot CdCl_2$. Analog erhalten wie Zinkdoppelsalz.

*Cholinchlorid-Quecksilberchlorid*, $C_5H_{14}ONCl \cdot 6\,HgCl_2$. Säulenförmige Krystalle mit schiefer Auslöschung, oft in kreuz- oder sternförmigen Gruppierungen. Schmp. 244° (auch 250° angegeben). Löslich in 66 Teilen Wasser von 19,5°, sehr schwer in Alkohol. Bei 100° verliert die Verbindung an Gewicht infolge Flüchtigkeit des Sublimates.

*Chloroplatinat des Benzoylcholins.* Wird Cholinchlorid mit überschüssigem Benzoylchlorid 2—3 Stunden im Wasserbad erwärmt, so fällt Platinchlorid aus der wäßrigen Lösung des Reaktionsproduktes das schwerlösliche Chloroplatinat des Benzoylcholins, Schmp. 206°.

*Phosphorwolframat.* In Wasser nur wenig löslich. Fällt aus Wasser amorph, aus verdünntem Alkohol mikrokrystallinisch.

*Cholinperjodide*, $C_5H_{14}ONJ \cdot J_5$; $C_5H_{14}ONJ \cdot J_8$. Nach STANĚK (56a) fügt man zu der auf Cholin zu prüfenden Flüssigkeit eine Lösung von Jodjodkali (bereitet durch Auflösen von 153 g Jod und 100 g Jodkali in 200 cm³ Wasser). Das niedere Perjodid ist ein schwarzes, grünlich schimmerndes Öl, stark metallisch glänzend, in Wasser unlöslich, in Alkohol und in Kaliumjodidlösung löslich. Beim Zusammenbringen mit fein pulverisiertem Jod oder mit Kaliumtrijodidlösung geht es in das grüne krystallinische Ennea-jodid über. Die Verbindung eignet sich zur quantitativen Bestimmung (s. weiter unten). Ist neben Cholin auch Betain anwesend, so führt man die ausgefällten Perjodide durch Kochen mit Kupfer und Kupferchlorid in die Chloride über und trennt sie durch Fraktionieren mit Alkohol.

*Mikrochemischer Nachweis* (nach G. KLEIN und A. ZELLER [24]).

*Goldchlorid.* Bei 1:100 und 1:1000 hellgelbe Prismen, oft auch fiedrige Platten. Die Krystalle zersetzen sich nach einiger Zeit. Erfassungsgrenze 7 $\gamma$.

*Goldjodid.* Zusammensetzung des Reagens wesentlich: neutrale wäßrige Goldchloridlösung wird allmählich zu einer wäßrigen Natriumjodidlösung gegeben, und zwar so lange, wie sich der entstehende Niederschlag auflöst (4 Mole NaJ, 1 Mol $AuCl_3$); aus neutraler Lösung bis 1:5000 beim Eintrocknen schwarze Prismen und Stäbchen. Erfassungsgrenze 8 $\gamma$.

*Kalium-quecksilber-chlorid.* Wird eine Cholinchloridlösung mit wenig Kalium-quecksilber-chlorid versetzt, der Niederschlag in Alkohol aufgelöst und langsam verdunsten gelassen, so entsteht Cholin-quecksilber-jodid in Form kleiner, schwach doppelbrechender Nadeln (N. SCHOORL [52a).

*Phosphorwolframsäure.* Bis 1:10000 sofort, bei 1:50000 nach einiger Zeit amorphe Fällung, mitunter sehr kleine, längliche Sechsecke enthaltend. Erfassungsgrenze 0,8 $\gamma$.

*Quecksilberchlorid.* Die Quecksilberchloridreaktion hat sich bei der Untersuchung von über 100 Pflanzenspezies auf Cholin neben der nachfolgend besprochenen Jodjodkalireaktion sehr gut bewährt. Zur Ausführung der Reaktion bringe man auf den Objektträger zuerst den zu prüfenden Tropfen und füge dann mit einer Pipette 2—3 Tropfen des Reagens zu (konzentrierte alkoholische oder 50proz. alkoholische, schwach salzsaure Lösung des Salzes). Der Tropfen wird sofort mit einem Deckglas bedeckt und nach 2—3 Minuten untersucht. Die auftretenden Krystalle können von verschiedener Größe sein, charakteristisch sind quadratische Formen sowie Skeletformen, die oft gefiedert sind. Bei stärkeren Cholinkonzentrationen (bis 1:10000) kommt es vor, daß das Reaktionsprodukt amorph ausfällt. Wiederholung der Probe mit etwas verdünnterem Material liefert immer die charakteristischen Krystallformen. Sollten in einer stark verunreinigten Probe Krystallformen auftreten, deren Zugehörigkeit zum Cholinquecksilberchloridsalz nicht ohne weiteres sicher steht, so kann man durch Zufügen eines kleinen Tröpfchens Cholinchlorid (1:20000) zu einem neuen Probetropfen leicht feststellen, ob eine Vermehrung der fraglichen Krystalle erfolgte, oder ob neben ihnen die für das Cholinquecksilber charakteristischen Formen auftreten. Erfassungsgrenze 0,4—0,8 $\gamma$.

*Jodjodkali.* Reagens nach STANĚK (s. weiter oben). Es ist das empfindlichste und beste Reagens auf Cholin. In Verdünnung von 1:1000000 noch sicher nachzuweisen. Die Reaktion wird folgendermaßen ausgeführt: Auf den Objektträger kommt ein nicht zu großer Tropfen der zu untersuchenden Flüssigkeit, daneben 1 Tropfen des tiefdunkelrotbraunen Reagens. Durch das Auflegen des Deckglases verbinde man die Tropfen so miteinander, daß sie sich nicht mischen können, sondern daß unter dem Deckglas eine Diffusionszone entsteht. In dieser Zone treten dann (meist in der stärker J-haltigen Hälfte) die charakteristischen Krystalle des Cholinjodproduktes, das vielleicht mit dem von STANĚK beschriebenen Enneajodid identisch ist, auf.

Die Krystalle sind, je nach der Menge des vorhandenen Cholins, verschieden groß, schiefe Prismen, häufig finden sich Zwillingsbildungen, oft tafelförmig ausgebildet, immer schwach durchscheinend (im Gegensatz zu den meist auch ausfallenden Jodkrystallen, die tiefschwarz und nicht durchscheinend sind). Die Krystalle sind hellgelbbraun. Diese Reaktion ist die empfindlichste auf Cholin, sie läßt sich in der angegebenen Weise ohne weiteres auch für stark verunreinigte Proben, Pflanzenextrakte u. dgl. anwenden.

Die auftretenden Krystalle des Cholinjodproduktes sind nicht beständig und verwandeln sich nach kurzer Zeit in ölige Tropfen, die nach einiger Zeit verschwinden. Es ist notwendig, daß man jedes Präparat unter dem Mikroskop mindestens 5 Minuten im Auge behält, um nach den Krystallen zu suchen, da sie sonst, zumal wenn sich die beiden Tropfen unter dem Deckglas etwas rascher mischen, leicht der Aufmerksamkeit entgehen können. Erfassungsgrenze 0,04 $\gamma$.

*Kalium-Wismut-Jodid*, in salzsaurer Lösung. Bei 1:5000 feine Nädelchen und kleine Prismen. Erfassungsgrenze 4 $\gamma$.

REINECKE-*Salz* (64). Konzentrierte wäßrige Lösung. Bis 1:20000 sechsstrahlige, gefiederte Sternchen, deren Lichtbrechung nur wenig von der des Wassers abweicht, und die daher erst im Polarisationsmikroskop deutlich sichtbar sind. Erfassungsgrenze 2 $\gamma$.

**Nachweis des Cholins in der Pflanze** (G. KLEIN und A. ZELLER).

*a) Nachweis im Schnitt.* Sind in einem Pflanzenteil größere Cholinmengen vorhanden, so gelingt es leicht, in einem Schnitt, den man in das Sublimatreagens legt, das Cholin durch die charakteristischen Krystalle des Cholinquecksilberchlorids nachzuweisen.

*b) Durch Extraktion.* 0,5—1,0 g des frischen Pflanzenmaterials wurden in kleinen Glastuben mit etwa 5 cm³ 96proz. Alkohol übergossen. Der Alkohol enthielt auf je 100 cm³ 1—2 cm³ 2 n HCl. Die Proben wurden in der Kälte mindestens 24 Stunden stehen gelassen. Dann wurde der Alkohol abgegossen und unter gelindem Erwärmen abgedunstet. Nun wurde durch kurzes Umschwenken mit 1 cm³ Wasser aufgenommen und sofort mit 1 Tropfen dieser Flüssigkeit die Reaktion angestellt. Um einigermaßen vergleichbare Resultate zu erhalten, nimmt man in Serienversuchen den Abdunstungsrückstand immer mit der gleichen Menge Wasser auf. Von der mit 1 cm³ Wasser aufgenommenen Probe wird 1 Tropfen zur Reaktion verwendet. Es lassen sich aus einem Ansatz bequem 10—20 Parallelproben ausführen. (Die Methode ist wohl nicht einwandfrei, da Cholin durch die Säure aus Lecithin abgespalten werden kann.)

**Quantitative Bestimmung des Cholins.**

A. Bestimmung von freiem und gebundenem Cholin nach G. KLEIN und H. LINSER (29).

*Prinzip.* Aus dem Cholin wird durch Kochen mit konzentrierter Lauge Trimethylamin abgespalten und letzteres in einer Vorlage aufgefangen. Vorhandenes Ammoniak wird colorimetrisch bestimmt, welches, vom Gesamtsäureverbrauch abgezogen, den Wert für das Cholin liefert. Das Lecithin wird durch Überführen in Äther vom Cholin getrennt und in analoger Weise bestimmt wie das Cholin.

*Allgemeine Bemerkungen.* Der relative Fehler der Methode hängt stark von der Menge des vorhandenen Cholins ab, so daß der prozentuale Fehler mit sinkender Cholinmenge stark ansteigt. Während bei Mengen von über 50 mg Cholin der Fehler 2% beträgt, steigt er bei 30 schon auf etwa 5%, bei 15 auf 10% und bei 1 mg bis auf 30% plus oder minus. Besonders störend machen sich Fehler in der Ammoniakbestimmung bemerkbar, die mit besonderer Sorgfalt durchzuführen ist. Da sich die Molekulargewichte von Cholin und Ammoniak wie 121:17 verhalten, bedingt ein bei der Bestimmung des Ammoniaks gemachter Fehler einen 7mal größeren Fehler im Cholinwert. Die Cholinbestimmung bleibt durch Colamin völlig unbeeinflußt, so daß eine Bestimmung des Lecithins unter Ausschluß der Kephaline möglich ist. Die Methode gestattet, an relativ geringen Mengen pflanzlichen oder tierischen Materials ohne umständ-

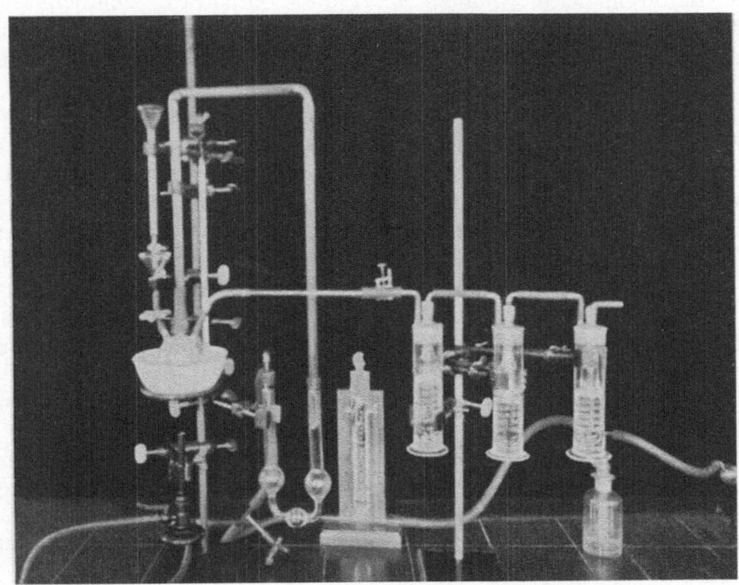

Abb. 35. Aufspaltungsapparatur.

liche Isolierungsprozesse freies und an Lecithin gebundenes Cholin nebeneinander quantitativ zu erfassen. Bei Mengen von mehr als 20 mg Cholin ist die Methode sehr zuverlässig.

Komplikationen können dann auftreten, wenn die Pflanze außer Cholin noch andere Basen (Alkaloide, Betain) enthält, aus welchen Amine abgespalten werden können. Zur Lösung gewisser Probleme wählt man entsprechendes Pflanzenmaterial. In der in nachfolgendem angegebenen Methode wird außerdem das vorhandene Betain zum großen Teil ausgeschaltet.

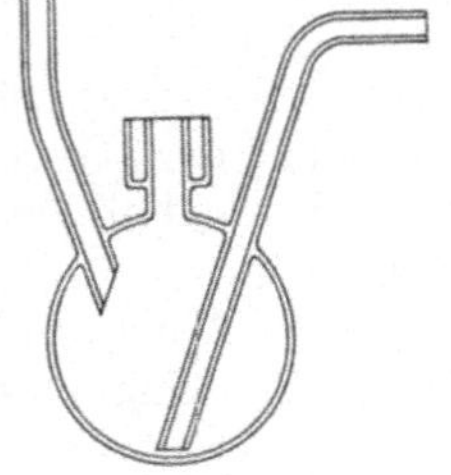

Abb. 36.

*a) Apparatur zur Aufspaltung des Cholins.* Die zur Aufspaltung verwendete Apparatur ist in Abb. 35 dargestellt. In einem Jenaer Kolben mit drei Ansätzen (Abb. 36), der in ein Ölbad eingehängt wird, erhitzt man etwa 10 cm³ der Versuchslösung mit 10 cm³ 33proz. Natronlauge bis auf etwa 180°. Durch den mittleren Ansatz wird das gebildete Trimethylamin in eine mit 10 cm³ n/10 Schwefelsäure gefüllte PELIGOT-Röhre überdestilliert. Um das Eindampfen der Lösung im Kolben zu verlangsamen, wird ein ziemlich langes Steigrohr aufgesetzt, das den Wasserdampf zum Teil wieder kondensiert. Das Steigrohr wird dem Kolben so aufgesetzt, daß keine direkte Schlauchverbindung zwischen Kolben und Glasrohr besteht. Durch ein bis an den Boden des Kolbens reichendes Rohr wird während der Dauer der Destillation ein schwacher Luftstrom durch die Lösung geleitet. Zur Entfernung von Kohlensäure und

Ammoniak wird dieser durch 3 Waschflaschen, von denen zwei verdünnte Kalilauge und die dritte verdünnte Schwefelsäure enthält, geschickt.

Zur Durchführung des Versuchs wird die zu untersuchende Lösung durch das dritte Ansatzrohr in den Kolben gebracht, mit sehr wenig Wasser nachgespült und dann sofort die Lauge nachfließen gelassen. Sofort nach dem Einfließen der Lauge wird der Rohrstutzen luftdicht abgeschlossen, das Ölbad angeheizt und Luft hindurchgeleitet. Man steigert die Temperatur ziemlich schnell auf 110—120°, beläßt auf dieser Temperatur etwa $^1/_4$ Stunde und erhitzt weitere 2 Stunden auf 140—150°. Nach Ablauf dieser Zeit wird noch $^1/_2$ Stunde lang bei 170—180° destilliert und dann der Versuch abgebrochen.

Der Inhalt der PELIGOT-Röhre wird mit 3 Tropfen 33proz. Wasserstoffsuperoxyd versetzt und einige Zeit stehen gelassen. Bei der Aufarbeitung größerer Mengen von grünen heranwachsenden Pflanzen sowie Früchten wurden ohne Zusatz von Superoxyd Ammoniakwerte erhalten, die größer waren als der Gesamtsäureverbrauch, so daß negative Werte resultierten. Dies rührt daher, daß flüchtige Aldehyde in das Destillat übergehen können, die mit NESSLERS Reagens in geeigneter Verdünnung Braunfärbung zeigen. Die Lösung wird nun in den Destillationsapparat nach PARNAS-WAGNER gebracht, mit 10 cm³ 33proz. Natronlauge versetzt, je nach der zu erwartenden Menge Cholins 5 oder 10 cm³ n/10 oder n/100 Schwefelsäure vorgelegt und bis zu einem Volumen von 100 cm³ abdestilliert. Die eine Hälfte der so erhaltenen Lösung wird mit 5 cm³ NESSLERS Reagens versetzt und der Ammoniakgehalt mit dem Stufenphotometer (C. ZEISS) colorimetrisch bestimmt. Die Ammoniakbestimmung ist mit großer Genauigkeit durchzuführen, da ein Fehler von 0,1 mg Ammoniak einen solchen von 0,7 mg Cholin verursacht.

Die andere Hälfte des Destillats wird unter Verwendung von Methylrot als Indicator mit n/10, n/50 oder n/100 Natronlauge titriert und so der Gesamtsäureverbrauch festgestellt. Die Berechnung des Cholingehaltes geschieht nach folgender Formel:

$$[2(V/2 - y) - 1{,}176 \cdot a] \cdot 12{,}11 = \text{mg Cholin.}$$

Dabei ist $V$ die Menge der bei der Destillation vorgelegten Säure in Kubikzentimetern, $y$ der gefundene Verbrauch an Lauge und $a$ der noch nicht mit 2 multiplizierte, im Stufenphotometer ermittelte Gehalt an Ammoniak in Milligrammen.

Bei der Bestimmung des Cholins in Lecithinlösungen kann starkes Schäumen auftreten, wobei ein Teil des Lecithins aus dem eigentlichen Reaktionsraum ganz oder doch für längere Zeit entfernt werden kann, indem es in kälteren Partien des Gefäßes haften bleibt. Man erhält dadurch zu tiefe Werte für das gebundene Cholin. Das Schäumen kann folgendermaßen verhindert werden:

Die Apparatur zur Cholinbestimmung wird mit 50proz. Kalilauge beschickt und ohne Zugabe der Probe in Betrieb genommen. Erst wenn die Temperatur 100° erreicht hat, wird durch das offene Trichterrohr langsam und in kleinen Portionen die zu bestimmende Lösung zugegeben. Man wäscht mit wenig Wasser nach und führt die Bestimmung in gleicher Weise durch wie oben angegeben. Auf diese Weise dampft das Lösungsmittel ab, ohne zu schäumen, und die Aufspaltung verläuft ohne Störung. G. KLEIN und H. LINSER fanden bei verschiedenen Parallelversuchen, in welchen je 10 cm³ Lecithinlösung, entsprechend 39 mg Cholinchlorhydrat, verwandt worden waren, im Mittel 38 mg Cholinchlorhydrat wieder bei einer maximalen Fehlerbreite von 5%.

*b) Darstellung der Versuchslösung.* Das frische Pflanzenmaterial wird zerrieben und in einem aliquoten Teil das Trockengewicht bestimmt. Man schüttelt etwa 15 Stunden mit der zehnfachen Gewichtsmenge 96proz. Alkohol. Der Alkohol wird erneuert, nochmals geschüttelt und die alkoholischen Lösungen im Vakuum bei Temperaturen unter 35° zur Trockne gebracht. Nach Untersuchungen von I. H. PAGE und E. SCHMIDT (42) wird bei dieser schonenden Behandlung des Extraktes aus dem Lecithin kein Cholin abgespalten. Der Rückstand wird nun mit 20 cm³ destilliertem Wasser und 100 cm³ Äther 1—2 Stunden lang geschüttelt, in der Regel geht alles in Lösung. Nun läßt man stehen, bis sich die wäßrige Schicht gut abgesetzt hat, dekantiert die überstehende ätherische Lösung so weit als möglich, der Rest, der aus einem Gemisch von Wasser, Äther und einer Zwischenschicht besteht, wird mit wenig Kochsalz versetzt, geschüttelt und zentrifugiert, wodurch eine gute Trennung von Wasser und Äther erzielt wird. Nun wird die ätherische Schicht bei gleichzeitigem schwachen Durchblasen mit einer Pipette durchstochen und ein Teil des Wassers, in der Regel 15 cm³, abpipettiert. Diese völlig wasserklaren 15 cm³ werden in der oben angegebenen Weise der Cholinbestimmung unterzogen, ebenso der Rest zusammen mit der ätherischen Lösung. Es werden also zwei Fraktionen bestimmt:

1. die Ätherlösung zusammen mit 2 cm³ Wasser,
2. 15 cm³ Wasser, also $^3/_4$ der wäßrigen Fraktion.

Bei der Berechnung ist demgemäß $^1/_3$ des in den 15 cm³ wäßriger Fraktion gefundenen Cholins von dem in der ätherischen Lösung gefundenen zu subtrahieren und andererseits zur wäßrigen Fraktion zuzuzählen, um die wirklichen Cholinzahlen für die ätherische und die wäßrige Fraktion zu erhalten. Eine vollständige Trennung der wäßrigen Fraktion von der ätherischen ist nicht anzustreben, weil der Äther immer noch etwas aufnimmt und eine halbwegs quantitative Trennung erst nach langem Stehen erreicht werden kann. Außerdem bleibt auch bei der Behandlung mit Kochsalz immer eine die Abscheidung störende Zwischenschicht zurück.

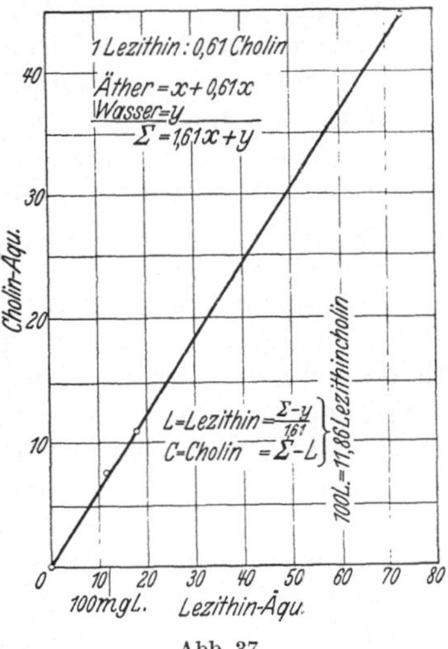

Abb. 37.

Die Bestimmung des Cholins in der ätherischen Fraktion geschieht in der Weise, daß die ätherische Lösung in der zur Cholinbestimmung verwendeten Apparatur bei Zimmertemperatur im Vakuum abgedampft wird. Der Kolben wird sorgfältig getrocknet und in das Ölbad eingehängt. Dann fügt man Lauge zu und führt die Cholinbestimmung in üblicher Weise durch.

Bei der Berechnung ist zu berücksichtigen, daß ein Teil des freien Cholins in die wasserhaltige ätherische Lecithinlösung übergeführt wird. G. KLEIN und H. LINSER geben durch nachfolgende Bestimmungen die Anleitung zur Korrektur (Abb. 37).

100 mg Lecithin MERCK hielten 7,5 mg des gesamten, frei vorhandenen Cholins fest, 150 mg brachten 10,9 mg in den Äther und 700 mg 44,7 mg (gerechnet als Chlorid). Im Durchschnitt wurden also von je 1 mg Lecithin 0,0665 mg Cholin in den Äther überführt. Die Bestimmung des Lecithins ergab zum selben Zeitpunkt einen Gesamtcholingehalt von 36,1 mg in 250 mg. Berechnet man 24 % davon für freies Cholin, so entsprechen 1 mg Lecithineinwaage 0,109 mg Cholin. Mithin nehmen 1090 mg Lecithincholin 66,5 mg freies Cholin in den Äther oder, mit anderen Worten, durch je ein Äquivalent Lecithin werden je 0,61 Äquivalente Cholin in den Äther überführt. Mithin sind im Äther $x$ plus 0,61 $x$ mg Cholin, also 1,61 $x$ mg Cholin vorhanden. Finden sich im Wasser hingegen $y$ mg, so berechnet

sich daraus das als Lecithin vorhandene Cholin nach Formel (1), das frei vorhandene Cholin nach Formel (2):

$$L = \frac{\Sigma - y}{1,61} = 0,62\,(\Sigma - y), \tag{1}$$

$$C = \Sigma - L. \tag{2}$$

($\Sigma$ = dabei die Summe, also das Gesamtcholin.)

Mit der angegebenen Methode haben die Autoren in Pflanzen einen durchschnittlichen Gehalt an Gesamtcholin von 0,01—0,1 % des Frischgewichtes feststellen können. Die Samen der Leguminosen enthalten etwa doppelt so viel Cholin wie die Samen anderer Pflanzen (Cucurbita usw.). Etiolierte Keimlinge in vorgeschrittenem Stadium des Etiolements enthalten mehr freies Cholin und weniger Lecithin-Cholin als grüne Keimlinge. Der Gehalt der Keimlinge und der Kotyledonen an Gesamtcholin, Lecithincholin und besonders an freiem Cholin steigt während der Keimung an. Bei Zea mays werden die Kotyledonen zugunsten der Keimlinge ihres Lecithincholins beraubt.

B. Quantitative Bestimmung von Cholin nach W. LINTZEL u. S. FOMIN (35, 36). *Prinzip.* W. LINTZEL und S. FOMIN haben auf Grund der Tatsache, daß sich Cholin in alkoholischer Lösung zu Trimethylamin aufspalten läßt, eine Methode zur quantitativen Bestimmung von Lecithin ausgearbeitet. Das Lecithin wird mit alkoholischer Kalilauge verseift, angesäuert, die Fettsäure mit Petroläther ausgeschüttelt, und die alkalische wäßrige Lösung in der Hitze mit Permanganat versetzt, wobei aus dem anwesenden Cholin quantitativ Trimethylamin, aus anderen stickstoffhaltigen Verbindungen Ammoniak abgespalten wird. Das Ammoniak wird an Formaldehyd gebunden, das Trimethylamin abdestilliert, in n/50 Schwefelsäure aufgefangen und mit n/50 Trimethylamin und Phenolphthalein als Indicator titriert.

*Allgemeine Bemerkungen.* Während Cholin in saurer Lösung durch Permanganat quantitativ zu Betain oxydiert wird, erfolgt in alkalischer Lösung nahezu quantitative Abspaltung von Trimethylamin. Die Methode gibt zuverlässige Resultate, auch wenn das gesuchte Trimethylamin mit der 200fachen Menge Ammoniak und Aminen vermischt ist. Der nach der Methode von KLEIN und LINSER mögliche Fehler in der Ammoniakbestimmung kann sich in dieser Methode nicht auswirken. Auch die Anwesenheit stickstoffreier Stoffe stört nicht. Gegenüber der KLEINschen hat diese Methode den Nachteil einer längeren Dauer des Verfahrens für die Bestimmung des gebundenen Cholins. Für vier Doppelbestimmungen werden etwa 2 Tage benötigt. Wenn es sich nur darum handelt, die Menge gebundenen Cholins zu bestimmen, dürfte die Methode gute Dienste leisten, für die Analyse sind etwa 50 mg Lecithin bzw. 1 mg Lecithinstickstoff erforderlich.

*Methodik.* Es werden z. B. 10 $cm^3$ der zu untersuchenden Lecithinlösung (Beispiel für die Überführung von Lecithin in Petroläther s. W. LINTZEL und S. FOMIN) in einen graduierten Zylinder von 100 $cm^3$ Inhalt gebracht und auf dem Wasserbad eingedampft. Man versetzt mit 15 $cm^3$ 10proz. alkoholischer Kalilauge, verschließt den Zylinder und verseift durch einstündiges Erhitzen auf 70°. Cholin wird dabei praktisch nicht angegriffen. Nach Zusatz von 10 $cm^3$ Wasser muß eine klare Lösung entstehen, die mit 15 $cm^3$ 18proz. Salzsäure angesäuert und mit 20 $cm^3$ Petroläther ausgeschüttelt wird. Die wäßrig-alkoholische Lösung wird durch Zusatz von Wasser auf ein bestimmtes Volumen, z. B. 60 $cm^3$, gebracht. Mit einer 50-$cm^3$-Pipette wird die ätherische Schicht durchstoßen, der Hauptteil der wäßrigen Lösung aufgenommen und in einen 750 $cm^3$ fassenden Kjeldahlkolben gebracht.

Die Bestimmungsapparatur besteht aus einem Rundkoblen, in dem Wasserdampf entwickelt wird. Der Dampf wird in den Kjeldahlkolben geleitet, der die zu untersuchende Cholinlösung und 25 cm³ Kjeldahllauge enthält. Die Dämpfe treten durch einen Tropfenfänger in einen absteigenden Kühler und gelangen in eine 200 cm³ fassende tiefe Porzellanschale, die mit 5 cm³ 1 proz. Salzsäure beschickt ist. Während des Einleitens von Dampf wird der Kolben direkt erhitzt, so daß das Flüssigkeitsvolumen konstant bleibt oder etwas abnimmt. Man destilliert den Alkohol soweit als möglich ab, was durch 5—10 Minuten langes Sieden, wobei etwa 25 cm³ Destillat übergehen sollen, der Fall ist. Nun wird mit dem Zusatz von Permanganat begonnen. Hierzu dient eine am Dampfeinleitungsrohr angeschmolzene Alonge, die einen Gummistopfen mit einem graduierten Hahntrichter trägt. Die ersten Tropfen Permanganat werden sehr langsam zugegeben, das Zutropfen wird allmählich so beschleunigt, daß pro Sekunde 1 Tropfen fällt. Die Oxydation ist beendigt, wenn die Lösung eine schmutziggrünliche, einige Minuten beständige Farbe annimmt. Der Permanganatverbrauch ist stark abhängig von der Menge der oxydierbaren Substanzen, wie z. B. Glycerin usw. Man wählt die Konzentration der Permanganatlösung so, daß der Verbrauch in der Größenordnung von 20—25 cm³ liegt.

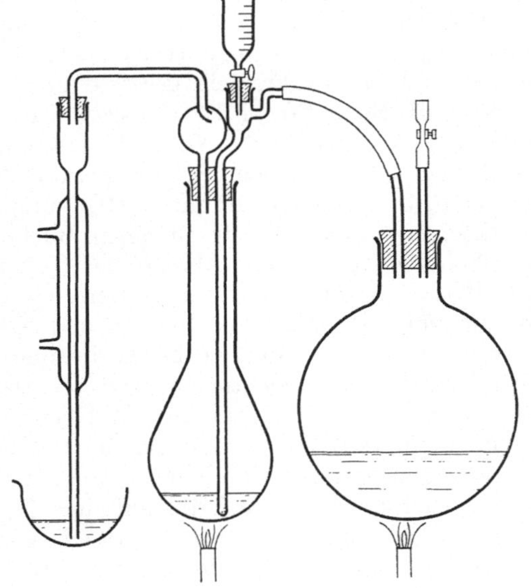

Abb. 38.

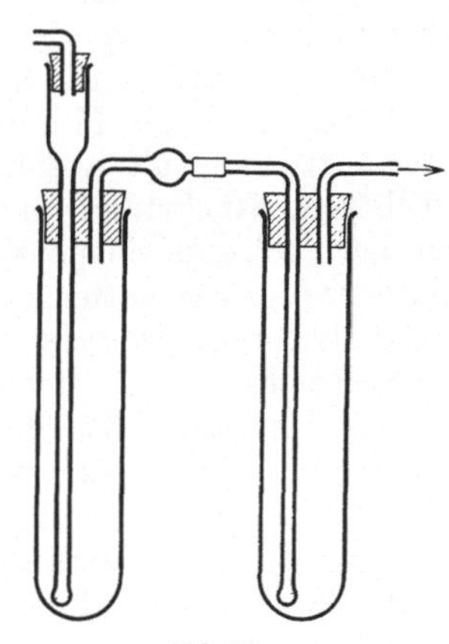

Abb. 39.

Das saure Destillat (Prüfung mit eingelegtem Lackmuspapier) wird auf dem Wasserbad auf ein kleines Volumen oder besser zur Trockne eingedampft.

Die Bestimmung des Trimethylamins erfolgt in dem in Abb. 38 u. 39 wiedergegebenen Apparat.

Durch das Trichterrohr wird der erste Zylinder mit 5 cm³ Kjeldahllauge, einigen Tropfen Phenolphthalein und etwas Isoamyl- oder Octyl-Alkohol zur Verhinderung des Schäumens eingefüllt. Der das Trimethylaminchlorhydrat enthaltende Rückstand wird mit möglichst frischer Formaldehydlösung (35 %, D. A. B. 6) aufgenommen und gleichfalls eingefüllt. Die Porzellanschale wird noch zweimal mit Formaldehydlösung nachgespült, so daß im ganzen 20 cm³ Formaldehydlösung verwendet werden. Es ist zu vermeiden, die saure Formaldehydlösung direkt in den Zylinder zu geben, da die an der Wandung haftenden Tröpfchen Ameisensäure abdestillieren würden. Der zweite Zylinder wird mit 20 cm³ n/50 Schwefelsäure und einigen Tropfen Phenolphthaleinlösung beschickt. Um Übergehen von Flüssigkeitsteilchen zu verhindern, wird die Glaskugel des Verbindungsrohrs lose mit Watte ausgestopft. Mittels einer Wasserstrahlpumpe wird zuerst ein schwacher, dann ein sehr kräftiger Luftstrom durch das System gesaugt. Man betreibt zweckmäßig mehrere solcher Apparate mit einer Pumpe.

Nach einer Stunde ist das Trimethylamin quantitativ in die Vorlage übergetrieben, die sofort mit n/50 Trimethylaminlösung titriert wird. Längeres Stehenlassen ist unzulässig, da übergegangener Formaldehyd in Ameisensäure übergehen kann. Man titriert mit Trimethylamin und Phenolphthalein, weil hierbei der Umschlag bei einer Reaktion erfolgt, bei der Ammoniak in Gegenwart des übergegangenen Formaldehyds nicht mittitriert wird. Diese Titration gibt eine weitere Sicherheit dafür, daß nur Trimethylamin bzw. Lecithinstickstoff zur Titration gelangt.

C. Quantitative Bestimmung des Cholins über das Perjodid. Es sind verschiedene Methoden angegeben worden zur Bestimmung des Cholins im Blut. Die von ROMAN angegebene Methode eignet sich nur für reine Cholinlösungen, nicht für Blut. Die in folgendem beschriebenen Methoden können unter Umständen in der Pflanzenanalyse von Bedeutung sein, praktische Erfahrungen hierüber liegen nicht vor. Das Cholin wird in sein Perjodid verwandelt, dieses mit verdünnter Salpetersäure zersetzt und das in Freiheit gesetzte Jod mit Thiosulfatlösung titriert (MAXIM). Nach H. BOHN (5) wird im ausgeschiedenen Cholinperjodid eine Stickstoffbestimmung durchgeführt. Nach M. MAXIM (39) verfährt man folgendermaßen: 10—20 cm³ Blut in einem Erlenmeyerkölbchen mit 40 cm³ absolutem Alkohol versetzen, 3 Tropfen verdünnte HCl zufügen, durchschütteln, einige Minuten aufkochen. Mischung durch einen Büchner-Trichter filtrieren, mit absolutem Alkohol nachwaschen, Alkohol im Vakuum abdestillieren, Rückstand in wenig Wasser aufnehmen. Zur Entfernung von Fetten usw. wäßrige Suspensionen zweimal mit Äther ausschütteln und Äther durch Zentrifugieren entfernen. Wäßrige Schicht 24 Stunden gegen destilliertes Wasser dialysieren. Dialysat auf dem Wasserbade vorsichtig einengen, mit Sodalösung neutralisieren, in Becherglas überspülen, mit einem kleinen Überschuß einer konzentrierten Lösung von Jod in Jodkali versetzen und über Nacht stehen lassen. Das auskrystallisierte Cholin-perjodid durch einen Goochtiegel filtrieren und mehrmals mit Eiswasser nachwaschen. Perjodid auf dem Filter mit Salpetersäure 1:1 zersetzen, Jod in Chloroform aufnehmen, waschen und mit n/10 Natriumthiosulfatlösung titrieren. 1 cm³ n/10 Thiosulfat = 0,0014 g Cholinchlorhydrat.

In ähnlicher Weise verfährt H. BOHN. Die ROMANsche Methode wurde von L. PINCUSSEN (46) weiter ausgearbeitet.

D. Quantitative Bestimmung von freiem und gebundenem Cholin nach E. ABDERHALDEN und H. PAFFRATH (1). Das gebundene Cholin, das als Lecithin nicht in Wasser löslich ist, sondern nur in feiner Verteilung emulgiert ist, wird mit kolloidalem Eisenhydroxyd quantitativ ausgefällt, während das Filtrat das freie Cholin enthält. Man fügt zur schwach alkalischen Lecithinemulsion 20 cm³ Eisenhydroxyd (Liquor ferri oxydati dialysati) zu, schüttelt durch und filtriert. Der Rückstand wird gut mit Wasser ausgewaschen. Dann untersucht man das Filtrat im Tyndallkegel, ob es vollkommen frei von Lecithin ist. Zur Bestimmung des freien Cholins wird das Filtrat mit Salzsäure angesäuert; zur Trockne gebracht, mit Alkohol extrahiert, der alkoholische Rückstand acetyliert und das Acetylcholin biologisch nach M. GUGGENHEIM und LÖFFLER (16) bzw. nach E. ABDERHALDEN und H. PAFFRATH (2) bestimmt. Zur Bestimmung des Lecithincholins kocht man den ganzen Rückstand samt Filter 4 Stunden mit

5proz. Schwefelsäure. Die Schwefelsäure wird mit Bariumhydroxyd entfernt, das Cholin in bekannter Weise isoliert und ebenfalls biologisch bestimmt.

**Isolierung des Cholins.** Zur *Isolierung des Cholins* verfährt man nach A. Kiesel (22) folgendermaßen. Den aus dem Untersuchungsmaterial mit Wasser gemachten Auszug von Eiweiß usw. durch Bleiessig befreien, das Blei nach Einengen im Filtrat durch Schwefelsäure entfernen, die Konzentration der Schwefelsäure in der eingeengten Lösung bis auf 2—3 % bringen. Dann die Basen durch Phosphorwolframsäure fällen, das Filtrat vom Niederschlag eindampfen und nochmal Phosphorwolframsäure zusetzen. Die vereinigten Fällungen nach Auswaschen mit 5proz. Schwefelsäure mit Bariumhydroxyd zerlegen, das Barium durch Kohlensäure entfernen und nach Neutralisation mit Salpetersäure bis auf ein geringes (100—200 $cm^3$) Volumen eindampfen. Aus der Flüssigkeit die Nucleinbasen durch Silbernitrat und Bariumhydroxyd ausfällen. Aus dem Filtrat Silber durch Salzsäure entfernen und die Flüssigkeit mit Schwefelsäure neutralisieren. Diese Flüssigkeit sodann auf ein kleines Volumen (ca. 100 $cm^3$) eindampfen und nach starkem Ansäuern mit Schwefelsäure durch Phosphorwolframsäure fällen. Den Niederschlag wieder in der angegebenen Weise behandeln und die erhaltene Flüssigkeit mit Salzsäure ansäuern. Dann zur Trockne eindampfen. Aus den im Vakuumexsiccator vollständig getrockneten salzsauren Verbindungen, die neben organischen Chloriden auch anorganische enthalten können, das Cholinchlorid durch kalten absoluten Alkohol ausziehen, den Alkohol verdampfen und das Cholin aus wäßriger Lösung durch Fällen mit Quecksilberchlorid als Quecksilberchloriddoppelverbindung isolieren und durch Zerlegen mit Schwefelwasserstoff das Cholinchlorid wieder frei machen. Die Mutterlauge nochmal eindampfen und die krystallinischen Ausscheidungen zu den früher erhaltenen nehmen, um das Cholin bis auf einen nicht mehr in Betracht kommenden Rest zu gewinnen. Schließlich als salzsaures Salz wägen oder den Stickstoff nach Kjeldahl bestimmen.

Neben der oben für die quantitative Bestimmung angegebenen Methode kann man nach Ewins (10) *Cholin neben Acetylcholin* wie folgt isolieren:

1500 g alkoholischer Extrakt im Vakuum auf 400 $cm^3$ eindampfen und mit wäßriger Quecksilberchloridlösung (1:16) versetzen, bis kein Niederschlag mehr entsteht. Filtrat von überschüssigem Quecksilber mit Schwefelwasserstoff befreien, das Filtrat vom Quecksilbersulfid mit so viel Sodalösung versetzen, daß es schwach sauer bleibt und im Vakuum zu einem dünnen Syrup einengen. Diesen in 94proz. Alkohol eingießen und den Niederschlag nach zwölfstündigem Stehen abnutschen. Das alkoholische Filtrat nebst Waschalkohol abdestillieren, den Rückstand im Vakuum trocknen und in 50 $cm^3$ Methylalkohol lösen (ein hierbei verbleibender Rückstand wird nach Auswaschen mit Methylalkohol durch Abfiltrieren entfernt). Die methylalkoholische Lösung mit 300 $cm^3$ absolutem Alkohol fällen. Zum Filtrat von diesem Niederschlag die zur Fällung erforderliche Menge alkoholischer Quecksilberchloridlösung geben. Nach mehrtägigem Stehen vom Quecksilberniederschlag abfiltrieren, trocknen, fein zerreiben und mit je 150 $cm^3$ heißem Wasser viermal auslaugen, Rückstand durch Filtration entfernen. Das nach dem Erkalten nochmals filtrierte Filtrat im Wasserbad auf 40 $cm^3$ einengen. Die dabei entstandene krystallinische Fällung nach dem Abkühlen abfiltrieren, trocknen, mit Wasser nach feinem Zerreiben gut aufschlämmen und mit Schwefelwasserstoff zersetzen (mehrmals wiederholen). Filtrate und Waschwasser durch Einleiten von Luft vom Schwefelwasserstoff befreien und die stark saure Lösung mit frisch gefälltem Silbercarbonat bis zur Chlorfreiheit des Filtrates behandeln. Den Silberüberschuß aus dem Filtrat durch Schwefelwasserstoff entfernen, letzteren mit Luft verjagen, die schwach alkalische Lösung mit Weinsäurelösung schwach ansäuern.

Die so erhaltene schwach saure Lösung im Vakuum bei 60—70° zur Trockne bringen und den Rückstand mit absolutem Alkohol erschöpfen. Das alkoholische Filtrat auf 15 cm³ einengen und 2 Tage stehen lassen; das sich ausscheidende saure weinsaure Cholin abfiltrieren. Das alkoholische Filtrat vom weinsauren Cholin nach Konzentrieren bei 40—50° mit alkoholischer Platinchloridlösung versetzen. Fällung bei 30—40° mit 70proz. Alkohol ausziehen, worin die Acetylcholinverbindung im Gegensatz zu der des Cholins gut löslich ist. Durch Abdunsten bei 30—40° das Acetylcholinchloroplatinat gewinnen. Den Rückstand vom Alkoholauszug, der noch bedeutende Mengen Cholinchloroplatinat enthält, zur Gewinnung des letzteren aus wenig Wasser unter Zusatz von Alkohol umkrystallisieren.

*Trennungen.* In Frage kommt vor allem die Trennung vom Betain. Hierzu dient in erster Linie die verschiedene Löslichkeit der Chlorhydrate in kaltem absolutem Alkohol, worin Cholinchlorid sehr leicht, Betainchlorhydrat schwer löslich ist. Auch durch Umkrystallisieren der Quecksilberverbindungen läßt sich eine Reinigung erzielen, Cholinquecksilberchlorid ist in Wasser bedeutend weniger löslich als Betainquecksilberchlorid.

Ist wenig Betain neben viel Cholin vorhanden, so kann die Reinigung über die Perjodide erfolgen. Betain wird durch Kaliumtrijodid nur in saurer Lösung gefällt, Cholin auch in alkalischer. Man löst die Chlorhydrate in der 30—40fachen Menge Wasser, neutralisiert mit Soda, setzt etwa 2proz. Natriumbicarbonatlösung hinzu und fällt das Cholin mit Kaliumtrijodid.

Die verschiedene Löslichkeit der Quecksilberjodiddoppelsalze eignet sich zur Trennung des Cholins von Trigonellin. In neutraler, mäßig verdünnter Lösung fällt Cholinquecksilberjodid aus, während das Trigonellinquecksilberjodid sich erst in stark schwefelsaurer Lösung abscheidet.

## Cholinester.

**1. Acetylcholin** findet sich in kleinen Mengen im Mutterkorn (A. J. EWINS [10]). Nach H. BORUTTAU und H. CAPPENBERG (6) zu 4,2 $^0/_{00}$ in Capsella bursa pastoris enthalten. Nach HEFFTER kommt es nur in Hirtentäschelkraut vor, auf welchem der Pilz (Cystopus candidus) vegetiert. Neuerdings als Bestandteil von Viscum album wahrscheinlich gemacht worden (J. A. MÜLLER [40]).

Acetylcholin zersetzt sich in wäßriger Lösung, besonders rasch bei Anwesenheit von Alkali. Die Isolierung aus Pflanzenmaterial dürfte nicht ganz einfach sein, die diesbezüglichen Angaben sind zum mindesten unsicher. Darstellung aus Mutterkorn s. A. J. EWINS (10). Zur Bestimmung in Pflanzenmaterial wird man vor allem die biologischen Methoden (M. GUGGENHEIM und LÖFFLER [2, 15, 16]) heranziehen. Mit Rücksicht auf die neuerdings erkannte große physiologische Bedeutung des Acetylcholins für den tierischen Organismus wären exakte Untersuchungen über das Vorkommen im Pflanzenreich wünschenswert.

**2. Propionylcholin.** Als Bestandteil von Viscum album wahrscheinlich gemacht worden (J. A. MÜLLER [40]).

**3. Sinapinsäureester des Cholins.** Bestandteil des Sinapins im schwarzen Senf, kommt nach POWER und SALWAY auch in Weizenkeimlingen vor (Näheres s. Band III. 1091).

4. Über eine wasserunlösliche, zusammengesetzte cholinhaltige Verbindung der Blätter von Anthemis nobilis machten F. B. POWER und H. BROWNING eine kurze Angabe (48).

## C. Muscarin.

$C_8H_{19}O_3N$: C 54,2%, H 10,78%, N 7,9%. Mol.-Gew. 177.

*Allgemeine Bemerkungen.* Das „Muscarinrätsel“ fand, nachdem sich viele Forscher seit über 60 Jahren damit befaßt hatten, durch eine ausgezeichnete Untersuchung von F. KÖGL, H. DUISBERG und HANNI ERXLEBEN (30) im Jahre 1931 seine Lösung. Über die geschichtliche Entwicklung der Forschung siehe die Ausführungen von F. KÖGL und Mitarbeitern. Wesentlich ist die Feststellung, daß man das Muscarin schon frühzeitig als Aldehyd einer Trimethylammoniumbase angesprochen hatte und auch Synthesen in dieser Richtung durchgeführt worden sind. Die Untersuchungen von F. KÖGL und Mitarbeitern, welche die älteren Angaben bestätigten, sind um so höher zu bewerten, als in neuerer Zeit S. SCELBA (51) sowie B. GUTH (17) sowohl die Aldehyd- als auch die Basennatur des Muscarins verneinten und das Muscarin zu den Toxinen gezählt wurde.

Für die Konstitution des Muscarins stehen zwei Formeln zur Diskussion, von denen I mit der OH-Gruppe in „Serinstellung“ die wahrscheinlichere ist.

```
I                           H        II                                   H
  CH3—CH2—CH—CH—C<                     CH3—CH2—CH———CH—C<
          |   |     O                          |       |     O
          OH  N—OH                             N—OH    OH
               \\                               \\
                (CH3)3                           (CH3)3
```

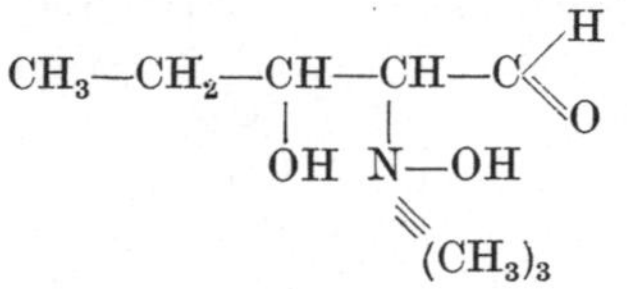

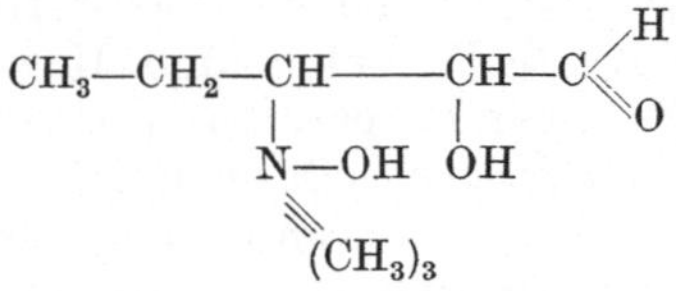

Über die Beziehungen des Muscarins zu den Betainen siehe die Ausführungen S. 254. Im Gegensatz zu den Betainen erweist sich das Muscarin als physiologisch sehr wirksame Substanz. Muscarin ist ein typisches parasympathisches Nervengift. Zur quantitativen Bestimmung werden verschiedene biologische Methoden (Herzstillstand, Darmkontraktion) herangezogen.

*Vorkommen.* O. SCHMIEDEBERG und R. KOPPE (52) haben zuerst weitgehend reine Muscarinpräparate aus Fliegenpilzen in Händen gehabt und deren physiologische Wirksamkeit an Frosch und Katze geprüft. Boletus luridus soll nach dem Jahrgang wechselnde, nur sehr kleine Mengen, Amanita pantherina erheblichere Mengen einer Base enthalten, welche mit Muscarin identisch sein soll (BOEHM [4]). Auch Amanita phalloides und gewisse Russulaarten scheinen Muscarin zu enthalten. Ganz erheblich ist nach C. FAHRIG (11) der Gehalt an Muscarin von Pilzen aus der Gattung Inocybe (Rißpilze, Faserköpfe). Aus 25 kg Fliegenpilzen erhielt H. KING (23) 90 mg Muscarin-Goldsalz; F. KÖGL und Mitarbeiter aus 1250 kg Fliegenpilzen 3,5 g Muscarinbase.

*Eigenschaften.* Es sind bis jetzt nur Salze des Muscarins beschrieben worden. Muscarinchloridlösungen sind schwach rechtsdrehend: $[\alpha]_D = +1{,}57^0$. Muscarin wird aus wäßrigen Lösungen durch die meisten Alkaloidfällungsmittel ausgefällt. Rohe Muscarinlösungen sind sauerstoffempfindlich. Die Geschwindigkeit der Autoxydation ist vom $p_H$ der Lösungen abhängig, daneben spielen bei den mittleren Reinheitsgraden noch unbekannte Faktoren eine Rolle, wahrscheinlich handelt es sich um katalytische oder antioxygene Wirkung von Begleitstoffen. Bei 6 Stunden langem Durchleiten von Luft durch eine Muscarinlösung vom $p_H = 4$ sinkt die physiologische Aktivität auf die Hälfte. Durch einstündiges Kochen mit n/10 NaOH unter Luftabschluß wird die Wirksamkeit nicht verändert.

*Nachweis und Bestimmung.* Aldehydreaktionen: Eine wäßrige Lösung von Muscarinchlorid färbt fuchsinschweflige Säure rasch intensiv blaustichigrot. Eine wäßrige Muscarinlösung wird in bekannter Weise mit Benzsulfhydroxamsäure umgesetzt. Die Rotfärbung mit Eisenchlorid ist wenig schwächer als bei einer entsprechenden Probe mit Formaldehyd. Beim Schütteln mit Silberoxyd tritt Trimethylamin auf (!).

Zur quantitativen Bestimmung kommen nur physiologische Methoden in Betracht. Siehe die Ausführungen von F. KÖGL (30).

Derivate: *Muscarinchloraurat*, $C_8H_{18}O_2NAuCl_4$ (44,49% Au). Aus wäßriger Lösung durch Zusatz von 30% alkoholischer $HAuCl_4$-Lösung. Krystallisiert nach einigen Stunden in hellgelben Blättchen. Zur Bestimmung des Au-Gehaltes wird das Au in Natriumcarbonatlösung mit Hydroxylamin ausgefällt und bei 120° getrocknet.

*Reineckat*, $C_{12}H_{24}O_2N_7S_4Cr$. Krystallisiert aus 70proz. Aceton in kurzen Prismen.

*Benzoyl-muscarin-chloroplatinat*, $C_{30}H_{44}O_6N_2PtCl_6$. 10 mg Muscarin in 1 cm³ Wasser lösen und mit 25 mg Bicarbonat und 0,04 cm³ Benzoylchlorid unter Stickstoff 1 Stunde bei Zimmertemperatur schütteln. Nach Zusatz eines Tropfens Benzoylchlorid nochmals 1 Stunde schütteln. Mit Salzsäure schwach ansäuern, von der Benzoesäure abfiltrieren und Filtrat im Vakuum zur Trockne bringen. Rückstand in 0,5 cm³ Alkohol lösen und mit 0,12 cm³ 10proz. Platinchloridlösung versetzen. Die krystalline Fällung wird aus Salzsäure umkrystallisiert und schmilzt bei 256—257° (unkorr.) unter Zersetzung.

*Darstellung.* Wesentlich bei der Darstellung ist die rasche Durchführung der Operationen bis zu einer beständigen Muscarinstufe. Die Darstellung nach F. KÖGL, H. DUISBERG und HANNI ERXLEBEN (30) ist recht langwierig, führt aber zu reinen Präparaten. Die Isolierung läßt sich ohne Zuhilfenahme der physiologischen Testmethode nicht mit Sicherheit durchführen. F. KÖGL und Mitarbeiter haben bei der Durchführung ihrer Untersuchung 1500 Muscarinlösungen an 1200 Froschherzen quantitativ ausgewertet.

H. KING (23) verfuhr folgendermaßen: Die frisch gepflückten Amanita muscaria mit 90proz. Alkohol extrahieren, den alkoholischen Pilzextrakt mit Aceton behandeln, wodurch ein großer Teil der Proteine, Kohlehydrate usw. entfernt wird. Extraktionsrückstand liefert nach mehrfachem Reinigen durch Neuextraktion mit absolutem Alkohol eine klare, gelbe, fluorescierende Lösung in Wasser. Diese mit kolloidalem Eisenhydroxyd, dann mit Bleiacetat reinigen. Die so behandelte Lösung enthält noch den größten Teil des Muscarins. Durch eine Reihe von Fällungen wird das Muscarin abgetrennt, und zwar durch wäßrige Sublimatlösung 14%, erste alkoholische Sublimatlösung 34%, zweite alkoholische Sublimatlösung 15%, Phosphorwolframsäure 17%, insgesamt 80% des ursprünglich vorhandenen Muscarins. Cholin und Muscarin aus den ersten beiden Sublimatlösungen werden als weinsaure Salze durch fraktionierte Krystallisation getrennt. Muscarin bleibt in der Mutterlauge und wird daraus in Form seines Goldsalzes gewonnen.

## Literatur.

(*1*) ABDERHALDEN, E., u. H. PAFFRATH: Fermentforschung 8, 288 (1926). — (*2*) Pflügers Arch. d. Physiol. **207**, 228 (1925).

(*3*) BENEDICT, S. R., E. B. NEWTON u. A. J. BEHRE: Journ. Biol. Chem. **67**, 267 (1926); **82**, 11 (1929). — (*4*) BÖHM, R.: Arch. f. exp. Pathol. u. Pharmak. **19**, 60 (1885). — (*5*) BOHN, H.: Ztschr. f. klin. Med. **119**, 140 (1931). — (*6*) BORUTTAU u. H. CAPPENBERG: Arch. der Pharm. **259**, 33 (1921). — (*7*) BREDIG, G.: Ztschr. f. Physik u. Chemie **13**, 323 (1898). — (*8*) BREDIG, G., u. K. WINKELBLECH: Ztschr. Elektrochem. **6**, 33 (1900).

(*9*) EAGLES, B. A.: Journ. Amer. Chem. Soc. **50**, 1386 (1928). — (*10*) EWINS, A. J.: Biochem. Journ. **8**, 44 (1914).

(*11*) FAHRIG, C.: Arch. f. exp. Pathol. u. Pharmak. **88**, 227 (1920).

(*12*) GOODSON, I. A., u. H. W. B. CLEVER: Journ. Chem. Soc. London **115**, 923 (1911). — (*13*) GRESHOFF, M.: Meded. uits Lands Plantentuin Batavia-den Haag **25**, 54 (1898). — (*13a*) GRÜN, A., u. R. LIMPÄCHER: Ber. Dtsch. Chem. Ges. **59**, 1345 (1926). — (*14*) GUGGENHEIM, M.: Die biogenen Amine. Berlin: Julius Springer 1924. — (*15*) Biochem. Ztschr. **74**, 209 (1916). — (*16*) GUGGENHEIM, M., u. W. LÖFFLER: Ebenda **72**, 303 (1915). — (*17*) GUTH, B.: Monatshefte f. Chemie **45**, 631 (1924).

(18) HIWATARI, Y.: Journ. of Biochem. **7.** 169 (1927). — (19) HUNTER, G.: Biochem. Journ. **22**, 4 (1928); Journ. Biol. Chem. **72**, 367 (1927). — (20) HUSEMANN, A., u. W. MARMÉ: Liebigs Ann. **240**, 239 (1864).

(21) JAHNS, E.: Ber. Dtsch. Chem. Ges. **18**, 2518 (1885).

(22) KIESEL, A.: Ztschr. f. physiol. Ch. **53**, 215 (1907). — (23) KING, H.: Trans. Chem. Soc. **121**, 1743 (1922). — (24) KLEIN, G., u. A. ZELLER: Österr. Bot. Ztschr. **79**, 40 (1930). — (25) KLEIN, G., MARIA KRISCH, GERTRUD POLLAUF u. GERTRUD SOOS: Ebenda **80**, 273 (1931). — (26) KLEIN, G., u. H. LINSER: Ztschr. f. physiol. Ch. **209**, 75 (1932). — (27) Im Druck Planta **1933.** — (28) Im Druck Planta **1933.** — (29) Biochem. Ztschr. **250**, 220 (1932). — (30) KÖGL, F., H. DUISBERG u. HANNI ERXLEBEN: Liebigs Ann. **489**, 156 (1931). — (31) KÜNG, A.: Ztschr. f. physiol. Ch. **85**, 217 (1913). — (32) Ebenda **91**, 241 (1914). — (33) KÜNG, A., u. G. TRIER: Ebenda **85**, 209 (1913). — (34) KUTSCHER, FR.: Zentralblatt f. Physiol. **24**, 775 (1910); **26**, 569 (1912).

(35) LINTZEL, W., u. S. FOMIN: Biochem. Ztschr. **238**, 438 (1931). — (36) Ebenda **238**, 425 (1931). — (37) LIPPMANN, E. O. v.: Ver. Chem. Ges. **49**, 106 (1916).

(38) MARAÑON, J., u. J. K. SANTOS: The Philippine Journ. of Science **48**, 564 (1932). — (39) MAXIM, M.: Biochem. Ztschr. **239**, 138 (1931). — (40) MÜLLER, J. A.: Arch. der Pharm. **270**, 449 (1932).

(41) NOTTBOHM, F. E., u. F. MAYER: Ztschr. f. Unters. Lebensmittel **61**, 202—210, 429 (1931).

(42) PAGE, I. H., u. E. SCHMIDT: Ztschr. f. physiol. Ch. **199**, 1 (1931). — (43) PFEIFFER, P.: Ber. Dtsch. Chem. Ges. **55**, 1762 (1922). — (44) PFEIFFER, P., u. G. HÄFERLIN: Ebenda **55**, 1769 (1922). — (45) PFEIFFER, P., u. Mitarbeiter: Liebigs Ann. **465**, 20 (1928). — (46) PINCUSSEN, L.: Biochem. Ztschr. **234**, 484 (1930). — (47) PLANTA, A. v., u. E. SCHULZE: Ber. Dtsch. Chem. Ges. **26**, 939 (1893). — (48) POWER, F. B., u. H. BROWNING: Journ. Chem. Soc. London **105**, 1829 (1914).

(49) REUTER, C.: Ztschr. f. physiol. Ch. **78**, 167 (1912); **86**, 234 (1913). — (50) ROMAN, W.: Biochem. Ztschr. **219**, 224 (1930).

(51) SCELBA, S.: Atti R. Accad. Naz. dei Lincei, Roma **31**, 518 (1922). — (52) SCHMIEDEBERG, O., u. R. KOPPE: Ber. Dtsch. Chem. Ges. **3**, 281 (1870). — (52a) SCHOORL, N.: Pharm. Weekblad **1918**, 364. — (53) SCHULZE, E., u. G. TRIER: Ztschr. f. physiol. Ch. **79**, 236 (1912). — (54) Ebenda **59**, 233 (1909); **67**, 81 (1910); **79**, 235 (1912). — (55) SCHULZE, E.: Ebenda **60**, 155 (1909). — (56) STANĚK, V.: Ebenda **46**, 280 (1905); **47**, 83 (1906); **48**, 334 (1906); **54**, 354 (1908); **72**, 402 (1911). — (56a) Ebenda **46**, 290 (1905). (57) STANĚK, ANDRLIK u. VELICH: Zentralblatt f. Physiol. **16**, 452 (1903). — (58) STANĚK, V.: Ztschr. f. Zuckerind. Böhmen **26**, 287 (1902); **29**, 410 (1905); ANDRLIK: Ebenda **28**, 404 (1904). — (59) STRECKER: Liebigs Ann. **123**, 353 (1862).

(60) TANRET, CH.: Journ. Pharm. et Chim. (6) **30**, 145 (1909). — (61) TRIER, G., in WINTERSTEIN u. TRIER: Die Alkaloide, 2. neu bearb. Aufl. Berlin: Bornträger 1931.

(62) VICKERY, H. B.: Journ. Biol. Chem. **65**, 81, 91 (1925).

(63) WINTERSTEIN u. TRIER: Die Alkaloide. Berlin: Bornträger 1931.

(64) Ztschr. f. physiol. Ch. **171**, 310f. (1927).

# Systematische Verbreitung und Vorkommen von Betainen, Cholin und Muscarin[1].

Von **C. WEHMER** und **M. HADDERS**, Hannover.

## Übersicht.



[1] *Literaturnachweise*: RONA in ABDERHALDEN: Biochemisches Handlexikon **4**, 829. 1911. — ZEMPLÉN u. FUCHS: Ebenda **9**, 211. 1915. — ZEMPLÉN: Ebenda **11**, 295. 1924. — SICKEL: Ebenda **12**, 214. 1930. — J. ZELLNER: Chemie der höheren Pilze, 1907. — C. WEHMER: Pflanzenstoffe 2. Aufl. **1**, **2**. 1929/31. — G. KLEIN u. Mitarbeiter: s. S. 294.

## A. Betaine.

### 1. Betain, $C_5H_{11}NO_2 + H_2O$

(*Lycin, Glykokoll-betain*).

Vorkommen: In vielen mono- und dicotylen Familien nachgewiesen, vereinzelt bei *Pilzen*. In allen Organen (Blättern, Blüten, Pollen, Früchten, Samen, Wurzeln, Knollen) gefunden; oft neben *Cholin*.

Fam. **Gramineae:** *Oryza sativa* L., Reis; in Keimen u. Reisschalen (neben *Cholin*). — *Hordeum sativum* JESS. (*H. vulgare* L.), Gerste; in Blättern u. in Malzkeimen (neben *Cholin*). — *Secale cereale* L., Roggen; im reifenden Korn (neben *Cholin*). — *Triticum sativum* LMK., Weizen; Korn, im Embryo (wie vorige). — *Bambusa arundinacea* WILLD., Bambus; im Rohr (neben *Cholin*). — *Avena sativa* L., Hafer; im Samen, frei!

Fam. **Moraceae** (*Cannabinoideae*): *Humulus Lupulus* L., Hopfen; in Fruchtständen = *Hopfen*, unsicher (neben *Cholin*).

Fam. **Chenopodiaceae:** *Chenopodium album* L., Weißer Gänsefuß; im Kraut. — *Ch. foetidum* SCHRAD.; Samen u. ganze Pflanze. — *Atriplex canescens* JAM.; in Bltrn., Trieben u. Rinde. — *A. patulum* L.; wie vorige. — *Beta vulgaris* L. var. *Rapa*, Zuckerrübe; in Blättern, in Wurzel = *Zuckerrübe*, im Saft unreifer sowie ausgewachsener Rüben u. in der Melasse (bis 3% angesammelt), in Pollen. — *B. trigyna* WALDST. et KIT.; Bltr. u. Wurzel. — *B. vulgaris* L. var. *crassa*, Futterrübe; im Saft der Rübe. — *B. maritima* L., Wilde Rübe; in Blättern. — *Spinacia oleracea* L., Spinat; in Blättern u. Samen. — *Suaeda salsa* PALL.; im „wässer. Auszug" (?).

Fam. **Amarantaceae:** *Amarantus caudatus* L.; in Blättern. — *A. retroflexus* L., Bogiger Fuchsschwanz; ebenso.

Fam. **Cruciferae:** *Brassica oleracea* var. *capitata alba* L., Weißkohl; im Saft der Blätter, unsicher! (neben *Cholin*).

Fam. **Leguminosae** (*Papilionatae*): *Lupinus luteus* L., Gelbe Lupine; in etiol. Keimpflanzen. — *Medicago sativa* L., Luzerne, „Alfalfa"; im Kraut (neben *Cholin* und *Stachydrin*). — *Vicia sativa* L., Futterwicke; in Blättern u. Stengeln (neben *Betonicin*), in Samen, unreifen Hülsen u. Keimpflanzen. — *Pisum sativum* L., Gartenerbse; im Samen *betainähnliche* Substanz. — *Cicer arietinum* L., Kichererbse; im Samen (*Kichererbse*), neben *Cholin*.

Fam. **Rutaceae** (*Aurantioideae*): *Citrus grandis* OSB. forma *Buntan* HAY., „Buntan"; in der Frucht (neben *Stachydrin*).

Fam. **Euphorbiaceae:** *Croton Eluteria* BENN. (*Cascarilla Clutia* WOODW.); in Rinde (*Cascarillrinde*).

Fam. **Malvaceae:** *Althaea officinalis* J., Gemeiner Eibisch; in Wurzel. — *Gossypium*-Species divers., Baumwollstrauch; in Zweigen, Blättern, Blüten u. Samen (neben *Cholin*).

Fam. **Sterculiaceae:** *Cola acuminata* SCH. et END. (*Sterculia a.* BEAUV.), Colabaum; im Samen (*Colanuß*).

Fam. **Umbelliferae:** *Ferula Sumbul* HOOK. (*Euriangium S.* KAUFM.); in der *Sumbulwurzel*.

Fam. **Labiatae:** *Stachys silvatica* L., Wald-Ziest; im Kraut, „*Betain*" war Gemisch von *Betonicin* u. *Turicin*, s. S. 293. — *Betonica officinalis* L., Betonie; wie vorige. — *Mentha aquatica* L., Wasserminze; in Blättern (Rückstand der Destillation).

Fam. **Solanaceae:** *Lycium barbarum* L., Bocksdorn, in Blättern u. Früchten (früheres „*Lycin*"). — *L. chinense* MILL.; in Beeren. — *Scopolia carniolica* JACQ. (*S. atropoides* BERCHT. et PRESL.); im Wurzelstock, hier vielleicht sekundär aus *Lecithin* (neben *Cholin*). — *Solanum nigrum* L., Schwarzer Nachtschatten; in den Beeren. — *S. tuberosum* L., Kartoffel; im Kraut. — *Nicotiana Tabacum* L., Virginischer Tabak; in grünen u. getrockneten Blättern (*Tabak*).

Fam. **Compositae:** *Ambrosia artemisifolia* L., Ragweed; im Pollen (Ätherauszug). — *Helianthus tuberosus* L., Topinambur; in Kraut u. Knolle (neben *Cholin*). — *H. annuus* L., Sonnenblume; in Blüten (neben *Cholin*) u. Samen. — *Artemisia Cina* BG.; in den Blütenköpfchen („*Wurmsamen*"). — *Echinacea angustifolia* DC.; in der Wurzel.

Pilze:

Fam. **Hypocreaceae:** *Claviceps purpurea* KÜHN; in Sklerotien = *Mutterkorn*.

Fam. **Agaricaceae:** *Amanita muscaria* L., Fliegenpilz. — *Psalliota campestris* L., Champignon. Bei beiden im Fruchtkörper.

### 2. Hercynin, $C_9H_{15}N_3O_2$ (*Histidin-betain*).

Vorkommen: Bislang nur in einigen *Pilzen* gefunden.

Pilze (*Basidiomycetes*):

Fam. **Polyporaceae:** *Boletus edulis* BULL., Steinpilz; im Fruchtkörper.

Fam. **Agaricaceae:** *Psalliota campestris* L., Feld-Champignon. — *Amanita muscaria* L., Fliegenpilz; in den Fruchtkörpern (?).

### 3. Ergothionin, $C_9H_{15}O_2N_3S$

(*Thionin, Thiasin*).

Vorkommen: Bislang nur in einigen *Pilzen* nachgewiesen.

Pilze

(*Ascomycetes*):

Fam. **Hypocreaceae:** *Claviceps purpurea* KÜHN; in Sklerotien = *Mutterkorn.*

(*Basidiomycetes*):

Fam. **Polyporaceae:** *Boletus*-Species (nicht genannt), zweifelhaft.

### 4. Hypaphorin, $C_{14}H_{18}N_2O_2$

(*Tryptophan-betain*).

Vorkommen: Als sicher nur in einer Familie.

Fam. **Chenopodiaceae:** *Beta vulgaris* L. var. *Rapa*, Zuckerrübe; in der Melasse (unsicher!).

Fam. **Leguminosae** (*Papilionatae*): *Erythrina Hypaphorus* BOERL.; im Samen. — *E. variegata* L. var. *orientalis* (Organ?).

### 5. Stachydrin, $C_7H_{13}NO_2$

(*Prolin-betain*).

Vorkommen: In vier dicotylen Familien aufgefunden.

Fam. **Leguminosae** (*Papilionatae*): *Medicago sativa* L., Luzerne, „Alfalfa"; im Kraut (frisch u. trocken = „Heu"), frei und als Salz.

Fam. **Rutaceae** (*Aurantioideae*): *Citrus Aurantium* RISSO, Apfelsinenbaum; in Blättern. — *C. Bigaradia* RISSO, Bitterer Orangenbaum; in Blättern u. Zweigen, als *l-Stachydrin.* — *C. grandis* OSB. forma *Buntan* HAY., „Buntan"; in der Frucht (neben *Betain*). — *C. Limonum* RISSO (*C. medica* L. subsp. *Limonum* HOOK.), Citronenbaum; Frucht, in Schale (*Cortex Citri fructus*).

Fam. **Labiatae:** *Galeopsis grandiflora* RTH. (*G. ochroleuca* LAM.); im Kraut, als *l-Stachydrin* (neben *Cholin*). — *Stachys Sieboldii* MIQ. (*St. tuberifera* ND.); in Knollen, Blättern u. Stengel. — *Betonica officinalis* L. (*Stachys Betonica* BNTH.), Betonie; im Kraut (neben *Cholin, Betonicin* u. *Turicin*).

Fam. **Compositae:** *Chrysanthemum sinense* SABIN.; in Blüten u. Blättern (neben *Cholin*). — *Ch. cinerariaefolium* BOCC.; in Blütenköpfen (als „*Dalmatinisches Insektenpulver*"), früheres „*Chrysanthemin*" war Gemisch von *Cholin* u. *Stachydrin.*

### 6. Betonicin und Turicin, $C_7H_{13}NO_3$

($\gamma$-*Oxy-prolin-betain*).

Vorkommen: Im Kraut bei zwei dicotylen Familien.

Fam. **Leguminosae** (*Papilionatae*): *Vicia sativa* L., Futterwicke; in jungen Pflanzen, *betonicin*artige Verbindung (neben *Betain*).

Fam. **Labiatae:** *Stachys silvatica* L., Wald-Ziest; im Kraut, das früher angegebene „*Betain*" ist Gemisch von *Betonicin* u. *Turicin* (neben *Cholin* u. *Trigonellin*). — *Betonica officinalis* L. (*Stachys Betonica* BNTH.), Betonie; *Betonicin* u. *Turicin* (neben *Stachydrin* u. *Cholin*).

### 7. Trigonellin, $C_7H_7NO_2$

(*Methylbetain* der *Nicotinsäure, Coffearin*).

Vorkommen: Vorwiegend bei *Dicotylen*, hier in einer Mehrzahl von Familien; meist im Samen, doch auch in Frucht, Keimpflanzen, Blättern, Wurzel und Knollen gefunden, oft neben *Cholin.*

Fam. **Gramineae:** *Avena sativa* L., Hafer; in der Frucht (*Hafer*).

Fam. **Moraceae** (*Moroideae*): *Morus alba* L. var. *latifolia* BUR.; in jungen Blättern (neben *Cholin*). — (*Cannabinoideae*): *Cannabis sativa* L., Hanf; im Samen (neben *Cholin*). — *C. sativa* var. *indica* (*C. indica* LAM.), Indischer Hanf; im Samen (neben *Cholin* u. *Muscarin?*).

Fam. **Nyctaginaceae:** *Mirabilis Jalapa* L., Wunderblume; in Wurzel.

Fam. **Leguminosae** (*Papilionatae*): *Lupinus albus* L., Weiße Lupine; in Keimpflanzen. — *Soja hispida* MNCH. (*Glycine Soja* L.), Sojabohne; wie vorige. — *Trigonella Foenum-graecum* L., Bockshornklee, „Griechisch Heu"; im Samen (neben *Cholin*). — *Pisum sativum* L., Gartenerbse; in Kraut, Frucht, Samen u. Keimpflanzen. — *Phaseolus vulgaris* L., Schminkbohne, Gartenbohne; in Fruchtschale.

Fam. **Rutaceae** (*Rutoideae*): *Dictamnus albus* L., Weißer Diptam; im Wurzelöl (neben *Cholin*).

Fam. **Apocynaceae:** *Strophanthus hispidus* DC.; in Samen und Wurzelrinde (neben *Cholin*). — *St. Kombe* OLIV.; im Samen (neben *Cholin*). — *St. gratus* FRANCH. (*St. glaber* CORN.); wie vorige.

Fam. **Labiatae:** *Stachys Sieboldii* MIQ. (*St. tuberifera* ND.); in Knollen (*Japanknollen*), neben *Stachydrin* u. *Cholin*. — *St. silvatica* L., Wald-Ziest; im Kraut (neben *Cholin, Turicin* u. *Betonicin*).

Fam. **Solanaceae:** *Solanum tuberosum* L., Kartoffel; in Knollen („*Kartoffel*"), neben *Cholin*.

Fam. **Rubiaceae** (*Coffeoideae*): *Coffea arabica* L., Kaffeestrauch; im Samen (*Kaffeebohnen*), *Trigonellin*, identisch mit früher angegebenem Alkaloid *Coffearin*, das von anderen nicht gefunden ist. — *C. liberica* BULL.; wie vorige.

Fam. **Cucurbitaceae:** *Cucurbita Pepo* L., Kürbis; in Keimpflanzen.

Fam. **Compositae:** *Dahlia variabilis* DESF., Georgine, Dahlie; in Knollen (*Dahlienknollen*), neben *Cholin*. — *Scorzonera hispanica* L., Schwarzwurzel; in Wurzel (neben *Cholin*).

## B. Cholin und Cholinester.

### 1. Cholin, $C_5H_{15}NO_2$[1]

(*Trimethyl-β-oxy-äthylammoniumhydroxyd*).

Vorkommen: Verbreitet im ganzen System, bei Phanerogamen und Kryptogamen (*Algen, Moose, Pilze*). Bei Blütenpflanzen in allen Organen vorkommend (Blätter, Stengel, Blüten, Samen, Frucht, Keimpflanzen, Wurzel, Zwiebeln, Knollen, Rinde, Holz), oft neben den verwandten Basen. Bislang nachgewiesen bei folgenden[2]:

Fam. **Pinaceae** (*Abietineae*): *Pinus silvestris* L., Gemeine Kiefer; in Pollen u. Nadeln. — *P. Cembra* L., Zirbelkiefer, Arve; im Samen. — *P. montana* MILL., Bergkiefer; in Nadeln u. Zapfen. — *Abies pectinata* DC. (*A. alba* MILL.), Edeltanne, Weißtanne; in alten u. jungen Nadeln. — *Larix europaea* DC. (*L. decidua* MILL.), Lärche; wie vorige.

Fam. **Potamogetaceae:** *Potamogeton pectinatus* L. u. *P. praelongus* WULF., Laichkraut.

Fam. **Hydrocharitaceae:** *Elodea canadensis* RICH., Wasserpest.

Fam. **Gramineae:** *Zea Mays* L., Mais; im Blütenpollen. — *Oryza sativa* L., Reis; in Reisschalen (neben *Betain*) u. Reiskleie. — *Hordeum sativum* JESS. (*H. vulgare* L.), Gerste; in Malzkeimen (neben *Betain*), Blättern, Stengel u. Samen. — *Secale cereale* L., Roggen; im reifenden Korn (neben *Betain*). — *Triticum sativum* LMK., Weizen; Frucht (*Weizen*), im Embryo (neben *Betain*). — *Bambusa arundinacea* WILLD., Bambus; im Rohr (neben *Betain*). — *Avena sativa* L., Hafer; in Blättern, Stengeln u. Samen. — *Molinia coerulea* MICH., Pfeifengras; in Blatt, Stengel u. Blüte. — *Panicum miliaceum* L., Gemeine Hirse.

Fam. **Palmae:** *Areca Catechu* L., Betelpalme; im Samen (*Arekanuß*). — *Cocos nucifera* L., Cocospalme; Frucht (*Cocosnuß*), im Endosperm. — *Elaeis guineensis* JACQ., Afrikanische Ölpalme; im Samen.

Fam. **Araceae:** *Acorus Calamus* L., Kalmus; im Wurzelstock (*Kalmuswurzel*).

Fam. **Liliaceae:** *Gloriosa superba* L., Prachtlilie; im Wurzelstock. — *Scilla maritima* L. (*Urginea m.* BAK.), Meerzwiebel; in Zwiebel. — *Asparagus officinalis* L., Spargel; in Wurzel, unsicher! — *Allium sativum* L., Knoblauch. — *Lilium Martagon* L., Türkenbundlilie; in Blatt u. Stengel. — *Veratrum album* L., Weiße Nieswurz; in Blatt, Stengel u. Blüten.

Fam. **Amaryllidaceae:** *Agave americana* L., Agave (Organ?).

Fam. **Iridaceae:** *Iris Pseudacorus* L. (*I. lutea* LAM.), Gelbe Schwertlilie; im Samen.

Fam. **Orchidaceae:** *Epipactis latifolia* ALL.; in Blatt u. Blüte.

Fam. **Salicaceae:** *Salix*-Species, Weide; in Rinde, Holz u. Blatt.

Fam. **Fagaceae:** *Fagus silvatica* L., Rotbuche; in Frucht (*Bucheckern*), früher als „*Fagin*".

---

[1] KLEIN, G., u. ZELLER: Österr. Bot. Ztschr. **79**, 40 (1929), mikrochemischer Nachweis. — KLEIN, G., u. LINSER: Biochem. Ztschr. **250**, 220 (1932) (hier auch eine Aufzählung der *Cholin*-Vorkommen). — Sonstige Literaturnachweise S. 291, Note 1, auch bei KLEIN l. c.

[2] Die Angaben gelten, wo nicht anders bemerkt, nur für *freies* Cholin.

Fam. **Moraceae** (*Moroideae*): *Morus alba* L., Weißer Maulbeerbaum; in Blättern. — *M. alba* L. var. *latifolia* BUR.; in jungen Blättern (neben *Trigonellin*). — (*Cannabinoideae*): *Cannabis sativa* L., Hanf; im Samen (neben *Trigonellin*). — *C. sativa* var. *indica* (*C. indica* LAM.), Indischer Hanf; im Samen (neben *Trigonellin* u. *Muscarin?*). — *Humulus Lupulus* L., Hopfen; in Fruchtständen = *Hopfen* (neben *Betain*).

Fam. **Loranthaceae:** *Viscum album* L., Mistel; in Beeren u. Zweigen. — *Loranthus europaeus* JACQ., Eichenmistel; in Blättern. — *Phloradendron flavescens*, Amerikanische Mistel; unsicher!

Fam. **Polygonaceae:** *Fagopyrum*-Species (wohl Buchweizen?); in 14tägigen Keimpflanzen, etiol. K., Stengel, Blättern u. Samen.

Fam. **Chenopodiaceae:** *Beta vulgaris* L. var. *Rapa*, Zuckerrübe; im Pollen (neben *Betain*). — *B. vulgaris* var. *Rapa* f. *rubra*; in Blättern u. Wurzel.

Fam. **Caryophyllaceae:** *Lychnis Githago* SCOP. (*Agrostemma G.* L.), Kornrade; im Samen.

Fam. **Ranunculaceae:** *Caltha palustris* L., Sumpfdotterblume; im Kraut. — *Adonis vernalis* L., Adonisröschen; in Blättern. — *Aconitum vulparia* REICHB. — *Ranunculus platanifolius* L.; in Blatt u. Stengel. — *R. trichophyllus* CHAIX. — *Thalictrum*-Species, nicht genannt.

Fam. **Berberidaceae:** *Berberis vulgaris* L., Berberitze; in Blättern.

Fam. **Cruciferae:** *Brassica Napus* L. var. *esculenta* DC., Steckrübe; in der Rübe. — *B. nigra* KOCH, Schwarzer Senf; im Samen (sec.). — *B. oleracea* L. var. *capitata alba* L., Weißkohl; in Blättern (neben *Betain*). — *B. oleracea* L. var. *sabauda* L., Wirsingkohl; wie vorige. — *B. oleracea* L. var. *gongylodes* L., Kohlrabi; ebenso. — *Lunaria rediviva* L.; in Blatt u. Stengel. — *Cochlearia officinalis* L., Löffelkraut; im Kraut. — *Capsella bursa pastoris* MNCH., Hirtentäschelkraut; im Kraut. — *Cheiranthus Cheiri* L., Goldlack; im Samen.

Fam. **Droseraceae:** *Drosera rotundifolia* L., Sonnentau; Blätter (?).

Fam. **Crassulaceae:** *Sedum altissimum* POIR. — *Cotyledon secunda* BAK. — *C. glauca* BAK.[1] — *C. elegans* (?). — *Echeveria*-Species, nicht genannt. Wohl überall in den Bltrn.?

Fam. **Saxifragaceae:** *Philadelphus Coronarius* L., Unechter Jasmin; in Blättern. — *Saxifraga rotundifolia* L.; in Blättern u. Stengel.

Fam. **Rosaceae** (*Rosoideae*): *Geum rivale* L.; in Blatt u. Stengel. — (*Spiraeoideae*): *Aruncus silvester* KOSTEL; in Blatt, Stengel u. Blüte. — (*Prunoideae*): *Prunus Amygdalus* STOK. (*Amygdalus communis* L.), Mandelbaum; in bitteren Mandeln.

Fam. **Leguminosae** (*Papilionatae*): Im Samen aller folgenden: *Lupinus luteus* L., Gelbe Lupine (hier auch in etiol. Keimpflanzen). — *L. albus* L., Weiße Lupine; (hier in Keimpflanzen). — *Cytisus Laburnum* L. (*Laburnum vulgare* GRISB.), Goldregen. — *Medicago sativa* L., Luzerne, „Alfalfa"; hier im Kraut (neben *Betain* u. *Stachydrin*). — *Trigonella Foenum-graecum* L., Bockshornklee, „Griechisch Heu" (neben *Trigonellin*). — *Melilotus albus* DESR.; (hier im Kraut), altes „*Chenopodin*" ist wohl *Leucin* oder *Cholin*. — *Arachis hypogaea* L., Erdnuß. — *Ervum Lens* L. (*Lens esculentum* L.), Linse. — *Vicia sativa* L., Futterwicke; neben *Betain* (auch in Keimpflanzen). — *Pisum sativum* L., Gartenerbse; (auch in vierwöchigen etiol. Keimpflanzen u. Stengel, neben *Trigonellin*). — *P. arvense* L., Sanderbse, Ackererbse. — *Glycine Soja* SIEB. (*Soja hispida* MNCH.), Sojabohne; (hier auch in Keimpflanzen). — *Soja hispida* var. *nigra*; in 14tägigen Keimpflanzen (Hypocotyl, Cotyledonen), Wurzel u. Blättern. — *Canavalia ensiformis* DC., Schwertbohne (sec.). — *Melilotus officinalis* DESR., Honigklee, Steinklee. — *Lathyrus sativus* L., Platterbse (neben *Betain*). — *L. Cicera* L. — *Cicer arietinum* L., Kichererbse (neben *Betain*). — *Phaseolus vulgaris* L., Schminkbohne, Gartenbohne (auch in Fruchtschale vor Reife der Samen). — *Ph. multiflorus* WILLD., Feuerbohne (sec.).

*Coronilla*-Species; in 14tägigen etiol. Keimpflanzen, Wurzel u. Stengel. — *Onobrychis sativa* LAM. (*O. viciaefolia* SCOP.), Esparsette; in 14tägigen Keimpflanzen (Hypocotyl u. Cotyledonen) und Wurzel. — *Robinia Pseudacacia* L., „Falsche Akazie", Robinie; in Rinde (unsicher!).

Fam. **Rutaceae** (*Rutoideae*): *Dictamnus albus* L., Weißer Diptam; im Wurzelöl (neben *Trigonellin*). — (*Aurantioideae*): *Citrus Aurantium* RISSO, Apfelsinenbaum; in Blättern.

Fam. **Euphorbiaceae:** *Croton Eluteria* BENN. (*Cascarilla Clutia* WOODW.); in Rinde (*Cascarillrinde*), *cholin*artiger Körper, ist aber *Betain!* — *Euphorbia Cyparissias* L., Zypressenwolfsmilch; im Kraut. — *E. austriaca* KERN.; in Blatt u. Stengel. —

[1] Der Index Kewensis trennt *C. secunda* BAK. und *C. glauca* BAK.

*Ricinus communis* L., Ricinus, Christuspalme; in Wurzel von 14tägigen Keimpflanzen, Wurzel u. Stengel von vierwöchigen Keimpflanzen.

Fam. **Aquifoliaceae:** *Ilex paraguariensis* ST. HIL., Mate-Pflanze; in getrockneten Blättern („*Mate*").

Fam. **Aceraceae:** *Acer campestris* L., Feldahorn; in Rinde.

Fam. **Sapindaceae:** *Paullinia Cupana* H. B. et K. (*P. sorbilis* MART.); Samen, in der „*Pasta guarana*".

Fam. **Balsaminaceae:** *Impatiens Noli-tangere* L.; in Blättern u. Stengel.

Fam. **Vitaceae:** *Vitis vinifera* L., Weinstock; in Blattstielausschwitzungen. — *Parthenocissus quinquefolia* GRAEB. (*Ampelopsis q.* MICHX.), Wilder Wein; in junger Frucht u. im Sproß.

Fam. **Malvaceae:** *Gossypium*-Species divers., Baumwollpflanze; in Zweigen, Blättern, Blüten u. Samen. — *Malva silvestris* L., Wilde Malve, „Käsepappel"; in Blüten. — *Althaea*-Species, Eibisch; in Wurzel.

Fam. **Sterculiaceae:** *Theobroma Cacao* L., Kakaobaum; im Samen (*Kakaobohnen*).

Fam. **Theaceae:** *Camellia theifera* GRIFF. (*Thea sinensis* L.), Chinesischer Teestrauch; in Blättern (*Tee*) u. Samen.

Fam. **Guttiferae:** *Hypericum perforatum* L., Johanniskraut; im Kraut.

Fam. **Cactaceae:** *Cereus silvestris* (?). — *Opuntia Bergeriana* (?). — *Phyllocactus Cerei* (?); im Sproß. — *Ripsalis*-Species, ungenannt.

Fam. **Lythraceae:** *Lythrum Salicaria* L., Weiderich; im Kraut.

Fam. **Myrtaceae:** *Eugenia Chequen* MOLIN.; in Blättern.

Fam. **Oenotheraceae:** *Chamaenerium angustifolium* SCOP. (*Epilobium Dodonaei* VILL.); in Blättern. — *Epilobium montanum* L., ebenso.

Fam. **Hippuridaceae:** *Hippuris vulgaris* L., Tannenwedel; im Kraut.

Fam. **Araliaceae:** *Aralia cordata* THBG.; in Früchten u. Keimling. — *A. chinensis* L., „Kuwata"; in der Droge. — *A. chinensis* L. var. *glabrescens* (*A. spinosa* L. var. *gl.*); in Rinde. — *Hedera Helix* L., Efeu; im Blatt.

Fam. **Umbelliferae:** *Apium graveolens* L., Gemeine Sellerie; in Knolle u. Blatt. — *Pimpinella Anisum* L. (*Anisum vulgare* GÄRTN.), Anis; in der Frucht. — *Daucus Carota* L., Mohrrübe, Möhre; in der Wurzel (*Mohrrübe*). — *Heracleum Spondylium* L., Gemeine Bärenklau; in Blatt, Stengel u. Blüten. — *Astrantia major* L.; wie vorige.

Fam. **Ericaceae:** *Rhododendron hirsutum* L., Rauhblättrige Alpenrose; in frischen Blättern u. grünen Trieben. — *Calluna vulgaris* SALISB., Heide. — *Vaccinium Myrtillus* L., Heidelbeere. — *V. Oxycoccos* L., Moosbeere (Organ-Angabe fehlt bei diesen Arten in Liter.).

Fam. **Primulaceae:** *Lysimachia nemorum* L.; in Blatt u. Stengel.

Fam. **Gentianaceae:** *Menyanthes trifoliata* L., Fieberklee, Bitterklee; im Kraut.

Fam. **Apocynaceae:** *Strophanthus hispidus* DC.; in Samen u. Wurzelrinde (neben *Trigonellin*). — *St. Kombe* OLIV.; im Samen (neben *Trigonellin*). — *St. gratus* FRANCH. (*St. glaber* CORN.); wie vorige.

Fam. **Asclepiadaceae:** *Asclepiadaceen*-Species unbenannt; in der Wurzel („*Kawarwurzel*").

Fam. **Borraginaceae:** *Cynoglossum officinale* L., Hundszunge; in der Wurzel. — *Anchusa officinalis* L., Ochsenzunge; in Blättern. — *Echium vulgare* L., Gemeiner Natternkopf; im Kraut. — *Lithospermum officinale* L., Steinsame. — *Symphitum officinale* L., Beinwell; in Blatt u. Stengel. — *Myosotis*-Species, Vergißmeinnicht.

Fam. **Labiatae:** *Rosmarinus officinalis* L., Rosmarin; im Kraut. — *Galeopsis grandiflora* RTH. (*G. ochroleuca* LAM.); wie vorige (neben *l-Stachydrin*). — *G. speciosa* MILL.; in Blatt u. Stengel. — *Stachys Sieboldii* MIQ. (*St. tuberifera* ND.); in Knollen (*Japanknollen*), neben *Stachydrin* u. *Trigonellin*. — *St. affinis* BGE.; im Kraut. — *St. silvatica* L., Wald-Ziest; im Kraut (neben *Betonicin, Turicin* u. *Trigonellin*). — *St. officinalis* TREV.; in Blatt u. Stengel. — *Glechoma hederacea* L., Gundelrebe, Gundermann; im Kraut. — *Salvia pratensis* L., Salbei; wie vorige. — *S. verticillata* L.; ebenso. — *Betonica officinalis* L., Betonie; ebenso (neben *Stachydrin, Betonicin* u. *Turicin*). — *Mentha aquatica* L., Wasserminze; Blätter, im Rückstand der Destillation (neben *Betain*). — *Ajuga reptans* L., Kriechender Günsel; in Blatt u. Stengel. — *Brunella officinalis* (?) (vielleicht *B. vulgaris* L.), Brunelle. — *Lamium luteum* (?) (ist vielleicht *Galeopdolon luteum* HUDS.); in Blatt u. Stengel. — *L. maculatum* L.; wie vorige. — *Origanum vulgare* L., Dosten; in Blatt u. Blüte. — *Satureja alpina* BRIQ., Alpen-Bohnenkraut.

Fam. **Solanaceae:** *Lycium barbarum* L., Bocksdorn, Teufelszwirn; in Stengeln mit Blättern, unsicher (neben *Betain*). — *Atropa Belladonna* L., Tollkirsche; in Blättern. — *Scopolia japonica* MAX., „Japanische Belladonna"; im Wurzelstock. — *S. carniolica* JACQ. (*S. atropoides* BERCHT. et PRESL.); wie vorige (neben *Betain*). — *Hyoscyamus niger* L., Schwarzes Bilsenkraut; in Blättern. — *Solanum tuberosum* L., Kartoffel; in Knolle (*Kartoffel*), neben *Trigonellin*, auch in Blatt u. Blüten. — *S. Lycopersicum* L., Tomate; in 14tägigen Keimpflanzen. — *S. Dulcamara* L., Bittersüß; in Blatt, Stengel, roten u. grünen Beeren. — *Fabiana imbricata* R. et PAV.; im Holz (Droge *Lignum Pichi-Pichi*).

Fam. **Scrophulariaceae:** *Scrophularia nodosa* L., Knotige Braunwurz. — *Euphrasia Rostkoviana* HAYN. (= *E. officinalis* L.). — *Melampyrum silvaticum* L., Wald-Wachtelweizen; in Blatt u. Stengel. — *Digitalis ambigua* MURR., Großblütiger Fingerhut; wie vorige. — *Alectorolophus montanus* (?). — *A. hirsutus* ALL. (= *Rhinanthus Crista-galli* L.).

Fam. **Pedaliaceae:** *Sesamum indicum* L., Sesam; Samen, im Preßkuchen.

Fam. **Orobanchaceae:** *Orobanche caryophyllacea* SM.; in Stengel u. Blüte.

Fam. **Globulariaceae:** *Globularia Alypum* L. u. *G. vulgaris* L., Kugelblume; in Blättern. — *G. nudicaulis* L.; unsicher!

Fam. **Plantaginaceae:** *Plantago major* L. var. *asiatica* DECN.; in Blättern.

Fam. **Rubiaceae** (*Coffeoideae*): *Galium Mollugo* L., Gemeines Labkraut. — *Psychotria Ipecacuanha* MÜLL.-ARG. (*Cephaelis I.* WILLD.), Brechwurzel; im Wurzelstock.

Fam. **Caprifoliaceae:** *Sambucus nigra* L., Schwarzer Holunder, Flieder; in Blüten u. Zweigen.

Fam. **Valerianaceae:** *Valeriana officinalis* L., Arzneilicher Baldrian; in Blatt u. Stengel.

Fam. **Dipsacaceae:** *Knautia silvatica* DUB. (*K. dipsacifolia* HEUFF., *Scabiosa s.* L.), Wald-Skabiose; in Blatt u. Stengel.

Fam. **Cucurbitaceae:** *Cucurbita Pepo* L., Kürbis; in etiol. Keimpflanzen u. Samen. — *Sicyos edule* JACQ. (*Sechium edule* SW.); im Fruchtsaft (*Chayote, Chouchou*[1]). — *Cucumis sativus* L., Gurke; in Blatt, junger Frucht u. männlicher Blüte.

Fam. **Campanulaceae:** *Campanula Trachelium* L.; in Blatt u. Stengel. — *C. patula* L. — *Phyteuma orbiculare* L.; in Blatt u. Stengel. — *Ph. spicatum* L.; ebenso.

Fam. **Compositae:** *Helianthus tuberosus* L., Topinambur; in Knollen (*Topinambur*), neben *Betain*. — *H. annuus* L., Sonnenblume; in Blüten (*Flores Helianthi*), neben *Betain*. — *Spilanthes oleracea* JACQ., Parakresse; im Kraut. — *Dahlia variabilis* DESF., Georgine, Dahlie; in Knollen (*Dahlienknollen*), neben *Trigonellin*. — *Anthemis nobilis* L., Römische Kamille; in Blüten. — *Chrysanthemum sinense* SABIN.; in Blüten u. Blättern (neben *Stachydrin*). — *Ch. coronarium* L.; im Kraut. — *Ch. cinerariaefolium* BOCC.; in Blütenköpfen (*Dalmatinisches Insektenpulver*), „*Chrysanthemin*" ist Gemisch von *Stachydrin* u. *Cholin*. — *Artemisia vulgaris* L. var. *indica* MAXIM., Indischer Beifuß; im Kraut. — *A. Cina* BG.; in Blütenköpfen = *Wurmsamen* (neben *Betain*).

*Tussilago Farfara* L., Huflattich; in Blättern. — *Sonchus arvensis* L., Feld-Gänsedistel; im Kraut. — *Taraxacum officinale* WIGG., Löwenzahn; in der ganzen Pflanze. — *Scorzonera hispanica* L., Schwarzwurzel; in der Wurzel. — *Cichorium Intybus* L., Zichorie; in Blättern u. Wurzel. — *Adenostyles alpina* BL. et FING.; in Blatt u. Stengel. — *Aster Bellidiastrum* SCOP. — *Buphthalmum salicifolium* L.; in Blatt u. Stengel. — *Cirsium Erisithales* SCOP.; wie vorige. — *C. oleraceum* SCOP. — *Kleinia*-Species. — *Lactuca sativa* L., Garten-Lattich, Salat; in roten u. grünen Blättern. — *Matricaria Chamomilla* L., Echte Kamille; in Blütenköpfen („*Kamillen*", *Flores Chamomillae*). — *Achillea Millefolium* L., Schafgarbe.

Algen

(*Schizophyceae* [Spaltalgen]):

Fam. **Scytonemataceae:** *Tolypothrix bistorta* KÜTZ. (*T. penicillata* THUR.).

Fam. **Rivulariaceae:** *Rivularia Biasolettiana* MENEGH. — *Schizothrix*-Species.

(*Chlorophyceae* [Grünalgen]):

Fam. **Characeae:** *Chara contraria* A. BR. — *Ch. rudis* A. BR.

Moose (*Musci*):

Fam. **Hypnaceae:** *Cratoneuron filicinum* ROTH.

Fam. **Dicranaceae:** *Dicranum Sauteri* SCHIMP.

Fam. **Fontinalaceae:** *Fontinalis antipyretica* L.

Fam. **Polytrichaceae:** *Polytrichum strictum* BANKS.

Fam. **Sphagnaceae:** *Sphagnum medium* LIMPR., Torfmoos.

Pteridophyten:

Fam. **Equisetaceae:** *Equisetum limosum* L., Schlamm-Schachtelhalm.

Fam. **Polypodiaceae:** *Scolopendrium vulgare* SM., Hirschzunge.

---

[1] Siehe S. 187, Note 1.

Pilze
(*Ascomycetes*):
Fam. **Hypocreaceae:** *Claviceps purpurea* KÜHN; in Sklerotien = *Mutterkorn* (neben *Betain*).
Fam. **Saccharomycetaceae:** *Saccharomyces*-Species, Bierhefe.
Fam. **Helvellaceae:** *Helvella esculenta* PERS., Speise-Lorchel.
Fam. **Aspergillaceae:** *Aspergillus niger* VAN TIEGH. (*Sterigmatocystis antacustica* CRAM.); im Mycel.
(*Basidiomycetes*). In den Fruchtkörpern folgender Familien:
Fam. **Polyporaceae:** *Boletus luridus* SCHAEFF., Hexenpilz (neben *Muscarin*?). — *B. edulis* BULL., Steinpilz. — *Polyporus hispidus* BULL.
Fam. **Agaricaceae:** *Russula emetica* W., Spei-Täubling (neben *Muscarin*?). — *Psalliota campestris* L., Feld-Champignon. — *Amanita pantherina* DC., Pantherschwamm (neben *Muscarin*?). — *A. muscaria* L., Fliegenpilz, früheres „*Amanitin*" (neben *Muscarin*). — *Collybia*-Species. — *Cortinellus shiitake* HENNGS. — *Cantharellus cibarius* FR., Echter Pfifferling. — *Lenzites sepiaria* FR. — *Panus stipticus* FR. — *Lactarius pallidus* PERS. — *L. rufus* SCOP. — *L. scrobiculatus* SCOP.
Fam. **Tremellaceae:** *Auricularia sambucina* MART. (*Exidia Auricula-Judae* FR.), Judasohr.
Fam. **Lycoperdaceae:** *Scleroderma vulgare* FR., Kartoffelbovist.
Fam. **Nidulariaceae:** *Polysaccum crassipes* DC.

### 2. Acetylcholin, $C_7H_{17}O_3N$.

Vorkommen: Nur vereinzelt nachgewiesen.
Fam. **Loranthaceae:** *Viscum album* L., Mistel; im Preßsaft (aus Beeren?[1]), unsicher!
Fam. **Cruciferae:** *Capsella bursa pastoris* MNCH., Hirtentäschelkraut; im Kraut (neben *Cholin*), besonders beim Befall durch den Weißen Blasenrost (*Cystopus candidus*).
Pilze (*Ascomycetes*):
Fam. **Hypocreaceae:** *Claviceps purpurea* KÜHN; in Sklerotien = *Mutterkorn*.

### 3. Propionylcholin.

Vorkommen:
Fam. **Loranthaceae:** *Viscum album* L., Mistel; im Preßsaft[1], wahrscheinlich!

### 4. Cholin-Sinapinsäureester, $C_{16}H_{25}O_6N$
(*Sinapin*).

Vorkommen: Für drei Familien angegeben.
Fam. **Gramineae:** *Triticum sativum* LMK., Weizen; Frucht (*Weizen*), im Embryo, *Sinapinsäure* vielleicht als *Cholinester* (neben *Betain*).
Fam. **Cruciferae:** *Brassica nigra* KOCH (*Sinapis n.* L.), Schwarzer Senf; im Samen. — *B. iberifolia* HRZ.; im Samen (vielleicht auch in anderen B.-Arten?). — *Raphanus sativus* L. var. *alba*, Garten-Rettich; in Wurzel, zweifelhaft! (alte Angabe).
Fam. **Labiatae:** *Turritis glabra* L. (Organ?).

## C. Muscarin $C_8H_{19}NO_3$ (früher $C_5H_{15}NO_3$).

Vorkommen: Sicher nur beim *Fliegenpilz* nachgewiesen, die sonstigen Angaben bedürfen der Nachprüfung. Im Fruchtkörper der Pilze.
Fam. **Moraceae** (*Cannabinoideae*): *Cannabis sativa* var. *indica* (*C. indica* LAM.), Indischer Hanf; in Blüten u. Samen (neben *Trigonellin* u. *Cholin*), wird bezweifelt!
Pilze (*Basidiomycetes*):
Fam. **Polyporaceae:** *Boletus luridus* SCHAEFF., Hexenpilz (neben *Cholin*).
Fam. **Agaricaceae:** *Russula emetica* FR., Spei-Täubling (neben *Cholin*). — *Hebeloma rimosum* BULL. — *H. fastibile* PERS. — *Amanita phalloides* FR., Knollenblätterschwamm. — *A. pantherina* DC., Pantherschwamm (neben *Cholin*). — *A. muscaria* L., Fliegenpilz (neben *Cholin*). — *Inocybe*-Species[2].

---

[1] Ob der untersuchte Preßsaft aus *Beeren*, anderen Teilen oder ganzen Pflanzen gewonnen wurde, ist nicht angegeben; vielleicht sind *Beeren* gemeint, Verf. spricht nur von „Mistel" und „Mistelsaft". MÜLLER, J. A.: Arch. der Pharm. **270**, 449 (1932).

[2] Vielleicht auch *Clitocybe dealbata* u. a., man vgl. die Angaben über *Muscarin*-Vorkommen bei E. WINTERSTEIN-TRIER: Alkaloide, 2. Aufl., S. 71. 1931. — Von allen obengenannten Pflanzen scheint nur der Fliegenpilz sicher *muscarin*haltig, zumal die älteren Angaben für Pantherschwamm und Hexenpilz (1885) sind zweifelhaft.

# 39. Eiweißstoffe.

Von M. Bergmann und L. Zervas, Dresden.

## Allgemeiner Teil.

### A. Einleitung.

*Eiweißstoffe oder Proteine* sind eine Gruppe von organischen, stickstoffhaltigen Verbindungen, die mit den Kohlehydraten und den Fetten die Hauptbestandteile der belebten Natur bilden. Als feste Ablagerung in den Pflanzen, oder in gelöster Form in den Flüssigkeiten der Tiere und Pflanzen, oder als halb fester, halb flüssiger Bestandteil des Protoplasmas, nehmen die Proteine an dem biologischen Geschehen in so großem Maße teil, daß man sich sehr früh mit dem chemischen Studium dieser Stoffklasse beschäftigt hat. Trotzdem erlauben die bisherigen Resultate der Forschung nicht, eine einwandfreie, auf chemischer Grundlage ruhende Definition der Eiweißkörper zu geben; die Aufzählung vieler ihrer Eigenschaften muß eine Definition ersetzen.

Die Proteine sind *hochmolekulare* Verbindungen, deren Lösungen kolloiden Charakter haben. Sie enthalten alle Kohlenstoff, Wasserstoff, Stickstoff, meistens auch Schwefel, und zwar (abgesehen von den Protaminen und Histonen) in einem ziemlich konstanten Verhältnis. In vielen findet sich auch Phosphor, Eisen, seltener Jod, Brom, Chlor. Die große Mehrzahl der Proteine ist bis jetzt nur in amorphem Zustand bekannt, daher stößt ihre Reindarstellung auf große Schwierigkeiten. Es gibt aber viele Eiweißstoffe, wie das Oxyhämoglobin, das Hühnereiweiß oder manche Proteine der Pflanzenwelt, die in krystallisierter Form gewonnen werden konnten. Dadurch ist aber die Frage nicht entschieden, ob auch diese krystallisierten Stoffe chemische, einheitliche Individuen darstellen, denn je komplizierter die Moleküle werden, um so mehr steigt ihre Neigung, Mischkrystalle zu bilden.

Charakteristisch für alle Eiweißstoffe ist ihr Verhalten gegenüber hydrolytischen Agenzien. Durch tiefgreifende Einwirkung von Säuren, Alkalien oder proteolytischen Fermenten werden sämtliche Eiweißstoffe unter Wasseraufnahme hauptsächlich in *α-Aminosäuren gespalten.* Man nimmt an, daß die α-Aminosäuren im Eiweißmolekül in soweit präformiert sind, daß sie durch Wasserabspaltung aneinander gereiht sind, und zwar soll das Eiweißmolekül eine Kette von Aminosäuren sein, derart, daß zu der 1- und 2-, der 2- und 3-Aminosäure usw. je ein Molekül Wasser abgespalten ist. Nach unseren heutigenKenntnissen kommen in Proteinen sicher folgende α-Aminosäuren vor:

| | | |
|---|---|---|
| Glykokoll | Cystin | Oxyglutaminsäure |
| Alanin | Phenylalanin | Arginin |
| Valin | Tyrosin | Lysin |
| Leucin | Tryptophan | Histidin |
| Isoleucin | Asparaginsäure | Prolin |
| Norleucin | Glutaminsäure | Oxyprolin |
| Serin | Methionin | |

Bei der Hydrolyse von Proteinen erhält man Gemische mancher der eben angeführten Aminosäuren, und zwar alle, mit Ausnahme des Glykokolls, in optisch aktiver Form, falls nicht durch starkes oder langes Erhitzen Racemisierung erfolgt ist. Die Gesamtausbeute an Aminosäuren entspricht dem größten Teil des gespaltenen Proteins. Viele Eiweißstoffe enthalten wenige Aminosäuren, auch schwankt ihre verhältnismäßige Beteiligung an dem Aufbau der Proteine in weiten Grenzen.

Das chemische und biologische Verhalten der Proteine hängt unter anderem zusammen mit der Anhäufung, wahrscheinlich auch mit der Stellung dieser wesensähnlichen, aber nicht wesensgleichen Strukturelemente — der Aminosäuren — im Molekül. Die Eigenschaften einzelner Proteine werden durch die Natur ihrer jeweiligen Aminosäurebausteine in erheblichem Maße beeinflußt, auch bildet das Vorwiegen oder Fehlen einzelner Aminosäuren ein charakteristisches Kennzeichen für manche Gruppe von Proteinen.

Neben solchen Eiweißstoffen, die immer oder hauptsächlich aus Aminosäuren aufgebaut sind, finden sich in der Natur eine Reihe von Proteinen (Glykoproteine, Chromoproteine usw.) mit einer sog. „prosthetischen" Gruppe, d. h. einer Gruppe von nicht eiweißartiger Beschaffenheit. Manche von diesen Eiweißstoffen enthalten die prosthetische Gruppe in chemisch gebundener Form, andere dagegen sind als salzartige Verbindungen basischer Proteine mit besonderen organischen Säuren aufzufassen.

## B. Eigenschaften der Proteine.

### 1. Eiweißstoffe als Kolloide.

In gelöstem Zustand diffundieren die Eiweißstoffe nicht durch tierische Membrane, gehören also nach der ursprünglichen Definition von GRAHAM zu den Kolloiden. Auch nach der neuen Bezeichnung der Kolloide als Stoffe, deren Teilchengröße in wäßriger Lösung größer ist als 1 $\mu\mu$, sind die Proteine zu den Kolloiden zu rechnen.

Auf Grund ihres Verhaltens gegenüber dem Dispersionsmittel sind die Proteine im allgemeinen Vertreter der sog. *lyophilen* Kolloide; sie treten nämlich mit dem jeweiligen Lösungsmittel unter Solvatbildung in eine innige Beziehung. Die z. B. im Wasser gelösten Albuminteilchen sind von einer Schicht von Wassermolekülen umhüllt, sie werden *hydratisiert.* Durch ihr elektrokinetisches Potential sowie durch ihre Hydratation werden die Kolloidteilchen in Lösung gehalten und bedürfen zu ihrer Wasserlöslichkeit keiner Fremdstoffe. Eine andere Gruppe von Eiweißstoffen, nämlich die Globuline, sind dagegen im Wasser im isoelektrischen Punkt nicht löslich, dagegen als Salze oder im isoelektrischen Punkt in Gegenwart von neutralen Salzen löslich. Dieses eigentümliche Verhalten der Globuline wird am besten, nach der Kenntnis der PFEIFFERschen Versuche (vgl. S. 303) auf die Bildung von Molekülverbindungen zwischen Neutralsalzen und Globulinen zurückgeführt, die löslicher sind als die Globuline selbst.

Eine andere Kategorie von Eiweißstoffen, nämlich die Skleroproteine, sind nur in festem Zustand bekannt.

### 2. Krystallisation.

Eine große Anzahl von Eiweißstoffen ist in krystallinischer Form bekannt, sei es, daß sie in diesem Zustand in der Natur vorkommen (Pflanzenglobuline), sei es, daß sie sich aus ihren gesättigten Lösungen krystallinisch abscheiden lassen (Eieralbumin, Hämoglobin). Die Proteine sind meist nur in Form von Salzen, z. B. als Sulfate oder als Hydrochloride, krystallisiert erhalten. Mit dem Übergang in den krystallisierten Zustand verlieren die Eiweißstoffe nicht ihre Fähigkeit zu quellen.

Die Krystallisation des Hämoglobins und vieler Pflanzenproteine geschieht im Prinzip ähnlich wie bei jeglicher anderen Krystallisation, während viele Albumine gewöhnlich durch Zusatz von Ammonsulfat zur Krystallisation gebracht werden (F. HOFMEISTER [54], F. G. HOPKINS [56]).

Wenn auch die Krystallisation mancher Proteine sowohl aus praktischen wie theoretischen Gründen wichtig ist, so darf man sie andererseits nicht als ein sicheres Zeichen für chemische Einheitlichkeit werten. Es ist durchaus wahrscheinlich, daß hochmolekulare Stoffe wie die Proteine, starke Tendenz haben, Mischkrystalle zu bilden. Ferner muß man zwischen dem äußerlichen Verhalten der Eiweißkrystalle und demjenigen bei der Röntgenanalyse unterscheiden. Nach R. O. HERZOG und W. JANKE (52) hat das ausgeprägt krystallin aussehende Globulin aus Pferdeserum kein Linienröntgenogramm, so daß seine Struktur eigentlich als amorph angesprochen werden muß.

### 3. Eiweißstoffe als amphotere Elektrolyte.

In elektrochemischer Beziehung verhalten sich die Proteine genau wie ihre Bausteine, die Aminosäuren, als amphotere Elektrolyte. Der amphotere Charakter der Proteine wird durch die Anwesenheit von $NH_2$- und COOH-Gruppen im Molekül bedingt; dadurch sind sie befähigt, $H^+$-Ionen und $OH^-$-Ionen abzuspalten und bilden entsprechend ihrer Dipolnatur Salze sowohl mit Säuren wie mit Basen. In einer möglichst elektrolytfreien Eiweißlösung sind von vornherein Ionen nicht in großer Menge vorhanden; sie bilden sich, wenn man Basen oder Säuren zusetzt, wobei das Eiweiß je nachdem zu Anion oder zu Kation wird. Es besteht aber eine mittlere $H^+$- bzw. $OH^-$-Ionenkonzentration, in der Eiweißanionen und -kationen in gleicher Zahl auftreten. Diese Reaktion, bei welcher eine Minimumkonzentration an Eiweißionen überhaupt vorhanden ist, nennt *man den isoelektrischen Punkt des betreffenden Proteins*; hier verhalten sich die Proteine wie elektrisch neutrale Gebilde.

Der isoelektrische Punkt für die einzelnen Proteine ist verschieden, er hängt von der Anzahl und der Natur ihrer freien basischen und sauren Gruppen ab. Zur Bestimmung des isoelektrischen Punktes ermittelt man diejenige $H^+$-Ionenkonzentration, bei welcher keine oder eine minimale Wanderung des betreffenden Eiweißes nach den Elektroden stattfindet (L. MICHAELIS [79, 80]). Andere Methoden beruhen auf der Tatsache, daß im isoelektrischen Punkt osmotischer Druck, Löslichkeit, die innere Reibung (Viscosität), Quellung, minimale Werte aufweisen (WO. PAULI [91], J. LOEB [73]). Ein anderes, sehr exaktes Verfahren zur Ermittelung des isoelektrischen Punktes gründet sich auf eine von L. MICHAELIS (81) aufgestellte Regel: Wird die Wasserstoffionenkonzentration einer Lösung durch Zugabe eines Ampholyten nicht geändert, dann muß diese Wasserstoffionenkonzentration der dem isoelektrischen Punkt des Ampholyten entsprechenden gleich sein. S. P. L. SÖRENSEN (110) hat auf diese Weise den isoelektrischen Punkt von Eieralbumin ermittelt; er entsprach derjenigen Wasserstoffionenkonzentration einer Pufferlösung, welche durch Zusatz beliebiger Menge von elektrolytfreiem Eieralbumin keine Veränderung mehr erlitt.

Tabelle 1 gibt eine Zusammenstellung für den isoelektrischen Punkt einiger wichtiger Eiweißstoffe.

Tabelle 1.

| Protein | $p_H$ = neg. log der $H^+$-Ionenkonzentration | Protein | $p_H$ = neg. log der $H^+$-Ionenkonzentration |
|---|---|---|---|
| Gelatine | 4,7 | Edestin | 5,5—6,0 |
| Casein | 4,8 | Hämoglobin | 6,8 |
| Serumalbumin | 4,8 | Thymushiston | 8,5 |
| Eieralbumin | 4,8 | Gliadin | 9,2 |
| Serumglobulin | 5,1 | Clupein | 12,1 |

Der amphotere Charakter der Eiweißstoffe erklärt ihre Fähigkeit, mit Säuren und Basen Salze zu bilden. Es wird heute nicht angezweifelt, daß die Salzbildung der Proteine auf stöchiometrischer Grundlage beruhe, ähnlich wie bei den krystallinischen Substanzen, und keine Adsorptionserscheinung sei. Auch der Färbeprozeß bei Wolle, Seide usw. wird besonders in der letzten Zeit auf eine Salzbildung zwischen den saueren Gruppen der Farbstoffe und den basischen Gruppen des Proteins zurückgeführt (K. H. Meyer [76]).

Da die Eiweißstoffe sehr schwache Säuren und Basen sind, werden ihre Salze in wäßriger Lösung hydrolytisch stark gespalten. Das Säuren- und Basenbindungsvermögen der Proteine ist von der Menge und der Konzentration der Säure oder Base, auch von der Temperatur, abhängig und kann nur bei starkem Überschuß der Säure und Base konstant sein. Das Basen- und Säurebindungsvermögen der Proteine ist häufig bestimmt worden. Aus den erhaltenen Werten, dem Äquivalentgewicht, in Kombination mit dem Gehalt eines Proteins an bestimmten Aminosäuren (z. B. Lysin) oder an bestimmten Elementen, wie Stickstoff, Phosphor, wurde auf die Anzahl der freien sauren oder barischen Gruppen geschlossen. So enthält das Eieralbumin nach S. P. L. Sörensen (113) bei einem Äquivalentgewicht von 11000 30 säure- und ebensoviele basenbindende Gruppen. Die Angaben über das Äquivalentgewicht anderer Proteine schwanken in weiten Grenzen, so ergeben sich z. B. für andere pflanzliche Globuline nach dem Verfahren von R. Willstätter und E. Waldschmitz-Leitz (134) (Titration in Gegenwart von Alkohol) Werte von 8600 bzw. 3600.

Der amphotere Charakter der Eiweißstoffe steht ferner nach K. H. Meyer (77) in Beziehung zu ihren makroskopischen Formänderungen. Im isoelektrischen Punkt stellt das Protein ein polyvalentes Zwitterion dar, und man kann wohl annehmen, daß die entgegengesetzt geladenen Ionen sich nähern. Die freie Drehbarkeit der einfachen Kohlenstoff-Kohlenstoff und Kohlenstoff-Stickstoff-Bindungen und der beträchtliche Abstand der Ladungen innerhalb der Eiweißkette dürfte die wechselseitige Absättigung der Ladungen durch das Einrollen oder Krümmen der Kette ermöglichen. Es ist sogar zu vermuten, daß die meisten Eiweißkörper bei isoelektrischer Reaktion zu einem komplizierten Knäuel zusammengerollt sind.

Bei Abweichung vom isoelektrischen Punkt muß das Bild sich ändern: z. B. werden bei alkalischer Reaktion die Aminogruppen in ihrer Dissoziation zurückgedrängt, während die Carboxylgruppen aufgeladen werden und sich abstoßen. Man hat anzunehmen, daß bei fortschreitender Aufladung eine zunehmende Streckung der Ketten stattfindet.

### 4. Denaturierung.

Eine charakteristische Eigenschaft der meisten nativen Proteine ist ihre Fähigkeit zur Denaturierung; beim Aufbewahren in trockener Form oder in Lösung, oder bei der Einwirkung von Fällungsmitteln, verlieren die Eiweißstoffe für immer ihre anfängliche Löslichkeit. Die bekannteste Erscheinungsform der Denaturierung ist die Koagulation. Sie tritt beim Erwärmen von Eiweißlösungen auf eine für jedes Protein charakteristische Temperatur ein und ist von der Wasserstoffionenkonzentration und dem Gehalt der Lösung an Salzen abhängig. Zwar tritt nach H. Chik und C. J. Martin (19) die Denaturierung durch Erhitzen bei jeder Reaktion ein, aber nur im isoelektrischen Punkt kommt das Eiweiß zur Ausflockung, nicht aber in Gegenwart von Säuren und Basen, mit denen das denaturierte Eiweiß leichtlösliche Salze bildet; erst durch Zugabe von Salzen wird es auch in diesem Fall gefällt. Bei der praktischen Ausführung der Koagulation für analytische Zwecke muß man also das durch gründliche

Dialyse gereinigte Eiweiß ohne jeden Zusatz erhitzen. Die in den natürlichen salzhaltigen Flüssigkeiten, z. B. in Gewebsextrakten, im Harn usw. vorhandenen Eiweißstoffe koaguliert man unter Zusatz einer kleinen Menge Essigsäure. Ob die fällende Wirkung der Salze, die mit der Wertigkeit der beteiligten Ionen zunimmt, auf einer Art Pufferwirkung beruht, oder ob sie auf eine Veränderung der Löslichkeit zurückzuführen ist, wurde bis jetzt nicht entschieden.

Worin der Vorgang der Denaturierung besteht, ist mit Sicherheit nicht bekannt. Die kolloidchemische Forschungsrichtung stellt die Denaturierung der Eiweißstoffe mit der ebenfalls irreversiblen Ausflockung anderer Kolloide auf eine Stufe und erblickt in dem Vorgange der Koagulation einen weiteren Beweis für die Kolloidnatur der Proteine. Ob überhaupt und in welcher Weise der Verlust der Kolloideigenschaften der Proteine mit strukturchemischen Veränderungen im Molekül verbunden ist, kann bei dem heutigen Stand der Eiweißforschung noch nicht beantwortet werden.

## 5. Eiweißstoffe und Neutralsalze.

Das physikalisch-chemische Verhalten der Proteine, ihr Säure- und Basenbindungsvermögen wird durch die Gegenwart von Neutralsalzen stark verändert. Am augenscheinlichsten ist der Einfluß der Neutralsalze auf die *Löslichkeit* der Proteine. So werden einerseits viele, sonst wasserunlösliche Eiweißstoffe auf Zusatz gewisser Mengen von Neutralsalzen wasserlöslich gemacht, andererseits lassen sich ganz allgemein die Proteine durch konzentrierte Lösungen von Neutralsalzen aus ihren Lösungen aussalzen.

Gegenwärtig neigt man dazu, die erste dieser Erscheinungen nach rein chemischen Gesichtspunkten zu erklären, nachdem P. Pfeiffer (92, 94—96) gezeigt hat, daß Aminosäuren und Peptide mit verschiedenen Neutralsalzen gut krystallisierte Molekülverbindungen in ganzzahligem, aber wechselndem Verhältnis der Komponenten bilden können, wobei ihre Löslichkeit gesteigert wird. In diesem Sinne der Bildung von Molekülverbindungen hat Pfeiffer die größere Löslichkeit vieler Proteine in verdünnten Salzlösungen gewertet. Allerdings sind Verbindungen der Eiweißstoffe mit Neutralsalzen noch nicht rein dargestellt, doch deutet der bei allen natürlichen Proteinen auftretende Aschengehalt auf die Möglichkeit solcher Verbindungen hin. Fällt man ferner Eiweißstoffe aus wäßriger Lösung mit Alkohol in Gegenwart alkohollöslicher Salze, wie $CaCl_2$, oder $SiCl_2$, so werden die Salze mitgefällt und lassen sich durch wiederholtes Lösen und Fällen nur zum Teil entfernen.

Die Struktur der Verbindungen der Neutralsalze mit den Proteinen bzw. Aminosäuren steht nicht fest. Pfeiffer nimmt bei den Aminosäuren und Peptiden eine gleichzeitige Salzbildung der basischen und sauren Gruppen an; die Aminosäuren mit ihrer Dipolnatur und die Ionen der Salze ziehen sich elektrostatisch an und bilden ein sog. Amphisalz. Die Verbindung $2NH_2 \cdot CH_2 \cdot COOH$, LiCl wäre dann folgendermaßen zu schreiben:

$$Cl^- \cdot \left\{ \begin{matrix} {}^+H_3N \cdot CH_2 \cdot COO^- \\ {}^+H_3N \cdot CH_2 \cdot COO^- \end{matrix} \right\} Li^+$$

Durch konzentrierte Salzlösungen werden die Proteine, auch einige Aminosäuren, wie Leucin und Phenylalanin, aus ihren Lösungen ausgesalzen. Diese Erscheinung hat man nicht etwa als Fällung, als eine chemische Reaktion mit den Ionen des Salzes gedeutet, sondern als Verteilungsvorgang, bei dem sich die Proteine als feste Phase von der Salzlösung als flüssige Phase absondern (K. Spiro [115], G. Galeotti [33], S. P. L. Sörensen [111]). Die Proteine scheiden sich mit einer gewissen, für bestimmte Eiweißstoffe und Salze konstanten Menge von Wasser und Salz zusammen aus. Von den Neutralsalzen sind Ammoniumsulfat und Zinksulfat am wirksamsten, sie fällen auch hydrolytische Abbauprodukte der Eiweißstoffe. — Die Konzentrationsgrenzen der Aussalzbarkeit, z. B. durch das viel angewandte Ammoniumsulfat, sind ebenso charakteristisch für das Protein wie etwa der Löslichkeitsgrad für einen krystallisierten Stoff (F. Hofmeister [55]).

Um die Erzeugung einer Lösung von gegebener Ammonsulfatkonzentration aus einem gegebenen Volumen von bekannter niedriger Konzentration zu erleichtern, sei folgende von T. B. OSBORNE (89) angegebene Tabelle angeführt; sie gibt die Menge Ammonsulfat in Gramm an, die zu jedem Liter einer Lösung von der angegebenen Konzentration zugefügt werden muß, um eine Lösung von bestimmter, höherer Konzentration zu erzielen:

| Ursprüngliche Sättigung | $^{1}/_{10}$ | $^{2}/_{10}$ | $^{3}/_{10}$ | $^{4}/_{10}$ | $^{5}/_{10}$ | $^{6}/_{10}$ | $^{7}/_{10}$ | $^{8}/_{10}$ | $^{9}/_{10}$ | $^{10}/_{10}$ |
|---|---|---|---|---|---|---|---|---|---|---|
| 0,0 | 76,0 | 152,0 | 228,0 | 304,0 | 380,0 | 456,0 | 532,0 | 608,0 | 684,0 | 760,0 |
| 0,1 | — | 73,5 | 146,9 | 220,4 | 293,8 | 367,3 | 440,8 | 514,2 | 587,7 | 661,1 |
| 0,2 | — | — | 70,4 | 140,7 | 211,1 | 281,5 | 351,9 | 422,2 | 492,6 | 563,0 |
| 0,3 | — | — | — | 67,9 | 135,7 | 203,6 | 271,4 | 339,3 | 407,1 | 475,0 |
| 0,4 | — | — | — | — | 65,5 | 131,0 | 196,5 | 262,0 | 327,5 | 393,0 |
| 0,5 | — | — | — | — | — | 63,3 | 126,7 | 189,0 | 253,3 | 316,7 |
| 0,6 | — | — | — | — | — | — | 61,3 | 122,6 | 183,9 | 245,2 |
| 0,7 | — | — | — | — | — | — | — | 59,4 | 118, | 178,1 |
| 0,8 | — | — | — | — | — | — | — | — | 57,6 | 115,2 |
| 0,9 | — | — | — | — | — | — | — | — | — | 55,9 |

Beim Gebrauch dieser Tabelle ist es notwendig, den durch das gelöste Protein ausgeübten Einfluß auf das Volumen der Lösung zu vernachlässigen. Er kommt nur für konzentrierte Lösungen in Betracht. Die Anwendung dieser Tabelle sei an folgendem Beispiel erklärt:

Ein Extrakt wird dargestellt, indem man 1 kg Samenmehl mit 3 l einer Lösung behandelt, die $^{2}/_{10}$ der zur völligen Sättigung nötigen Ammonsulfatmenge, d. h. 152 g des Salzes in 1 l Wasser, enthält. Von diesem Extrakt werden nach der Filtration 2 l erhalten, die auf $^{4}/_{10}$ Sättigung gebracht werden müssen. 1 l der $^{2}/_{10}$ gesättigten Lösung braucht nach der Tabelle 140,7 g Sulfat, um sie $^{4}/_{10}$ gesättigt zu machen, daher brauchen die beiden Liter des Extraktes 281,4 g. Diese Methode, die Sulfatkonzentrationen herzustellen, ist verschieden von HOFMEISTERS Methode, bei der die Konzentrationen durch die Anzahl Kubikzentimeter gesättigter Lösung in einem Volumen von 10 cm³ angegeben wird.

Die im speziellen Teil dieses Kapitels angeführten Salzkonzentrationen für die Grenzen der Aussalzbarkeit sind nach dieser Tabelle hergestellt worden; in diesen Lösungen ist der Grad der Sättigung auf wirkliche Sättigung bezogen.

Infolge der großen Unterschiede in der Aussalzbarkeit hat das Verfahren des fraktionierten Aussalzens in der Eiweißchemie zu der Kennzeichnung und Isolierung vieler Proteine wertvolle Dienste geleistet, zumal hierbei die sonst so häufige Erscheinung der Denaturierung entweder ganz ausbleibt oder in kleinem Maße eintritt.

Gewöhnlich beziehen sich die Angaben über die Aussalzbarkeit für nicht ionisiertes Protein. Die Salze der Proteine mit Säuren sind leichter aussalzbar als die freien Proteine, dagegen werden die Salze mit Basen schwerer ausgesalzen.

## 6. Viscosität, Quellung.

Eiweißlösungen haben einen hohen Grad von *Viscosität*, der sich mit Hilfe des OSTWALDschen Viscosimeters bequem messen läßt. Die Viscosität von Eiweißlösungen ist stark vom $p_H$ abhängig; im isoelektrischen Punkt weist sie einen maximalen Wert auf, während Zusätze von kleinen Säure- oder Alkalimengen, auch Neutralsalzen, im allgemeinen die Viscosität herabsetzen. Diese Erscheinung wird von J. LOEB (73) auf entsprechende Veränderungen der Löslichkeit zurückgeführt; durch alles, was die Löslichkeit der Proteine vermehrt, wird die Viscosität vermindert (vgl. hierzu auch WO. PAULI [91]).

Das Gegenstück zur Viscosität ist die Quellung fester Proteine im Wasser, deren Ausmaß ebenfalls der jeweiligen Löslichkeit des Proteins entspricht. Demgemäß ist die Quellung im isoelektrischen Punkt am geringsten und wird durch Säuren oder Basen stark vermehrt, während Neutralsalze entquellend wirken. F. Hofmeister hat für die Wirkung der Salze die sog. lyotrope Reihe aufgestellt:

$$SO_4 > \text{Tartrat} > \text{Citrat} > \text{Acetat} > Cl > Br > NO_3 > J > SCN$$
$$Ci > Na > K > NH_4 .$$

Danach hängt die Quellung hauptsächlich von der Hydratation der einzelnen Salze ab. J. Loeb vertritt die Ansicht, daß diese Reihen für die Erscheinungen der Quellung bedeutungslos seien und ihre Aufstellung lediglich einem methodischen Fehler, nämlich der Unterlassung der $p_H$-Messung, verdanken. Nach Loeb (73) hängt die vermindernde Wirkung der Neutralsalze auf die Quellung (auch auf die Viscosität und auf den osmotischen Druck) nicht von der chemischen Natur, sondern von der Wertigkeit des Ions ab, und zwar desjenigen Ions, welches die entgegengesetzte Ladung trägt, wie das Proteinion. Neutralsalze mit dreiwertigem Ion wirken stärker als solche mit einwertigem. Auf der alkalischen Seite des isoelektrischen Punktes, wo die meisten Eiweißstoffe Anionien sind, kommt es bei den Neutralsalzen auf das Kation an, auf der saueren Seite dagegen auf das Anion.

Die Erscheinungen der Quellung und der Viscosität bei den Proteinen sind für die lebenden Strukturen von großer Wichtigkeit; auch sind es gerade diese beiden Eigenschaften, welche den Eiweißstoffen wie keinen anderen Stoffen die Fähigkeit verleihen, Gewebe zu bilden und an dem Aufbau des Protoplasmas mit seiner eigentümlichen halbflüssigen Struktur den wesentlichen Anteil zu nehmen (F. Hofmeister).

## 7. Proteine als Schutzkolloide.

Die Proteine sind in hohem Maße befähigt, Suspensionen von lyophoben Kolloiden gegen die fällende Wirkung von Elektrolyten zu schützen. Zur Erlangung quantitativer Verhältnisse hat R. Zsigmondy (137) die sog. „Goldzahl" eingeführt, die angibt, wieviel Milligramm schützendes Kolloid eben genügt, um zu verhindern, daß bei Zusatz von 1 $cm^3$ einer 10 proz. Kochsalzlösung zu 10 $cm^3$ eines bestimmten roten Goldsols die Farbe in Blau umschlägt. Von den Proteinen ist die Gelatine am wirksamsten. Durch Denaturierung wird die Schutzwirkung des Eiweißes erhöht. So werden in der Technik und im Laboratorium (C. Paal [90]) denaturierte Eiweißstoffe als Schutzkolloide vielfach verwendet, um kolloidale Metalle oder Metalloxydsole in Lösung zu halten.

Die schützende Wirkung der gelösten Proteine beruht nach J. Loeb (73) auf der Bildung fester Häutchen an der Oberfläche der zu schützenden Kolloidteilchen; es müssen aber zwischen den das Häutchen bildenden Molekülen und den Molekülen des Lösungsmittels (z. B. Wasser) stärkere Attraktionskräfte wirken als zwischen den Molekülen des Kolloids, d. h. die als Schutzkolloide verwendeten Proteine müssen echte krystalloide Löslichkeit besitzen.

## 8. Optisches Verhalten.

Sämtliche natürliche Eiweißstoffe drehen in wäßriger Lösung die Ebene des polarisierten Lichts nach links. Bei der Einwirkung von Alkalien (A. Kossel und F. Weiss [66]) nimmt die Drehung der Eiweißstoffe allmählich stark ab, sie werden mehr oder weniger racemisiert, eine Erscheinung, die nach H. D. Dakin (22) durch vorhergehende Enolisierung der Peptidbindungen erklärt wird.

Die Proteine besitzen einen hohen Brechungskoeffizienten, der mit Refraktometer oder Interferometer gemessen u. a. auch für quantitative Bestimmungen mancher Proteine Verwendung findet (M. Spiegel-Adolf [114]). Die meisten Eiweißlösungen lassen alle sichtbaren Strahlen des Spektrums durch und zeigen erst im Bereiche des Ultravioletts charakteristische Absorbtionsbanden. In diesem Zusammenhange sei erwähnt, daß viele Proteine und ihre Derivate eine starke Eigenfluorescenz zeigen, besonders wenn man sie mit filtriertem, der sichtbaren Strahlen beraubtem, ultraviolettem Licht beleuchtet (H. Pringsheim, O. Gerngross).

## C. Reaktionen der Eiweißstoffe.

Die Eiweißstoffe haben eine Reihe Reaktionen gemeinsam, die jede für sich zwar nicht für Eiweiß streng spezifisch sind, deren gemeinsamer positiver Ausfall aber doch für das Vorliegen eines Proteins spricht. Man unterscheidet Fällungs- und Farbreaktionen.

### 1. Fällungsreaktionen.

Im allgemeinen sind die Eiweißstoffe nur in Wasser löslich. Durch Alkohol und andere mit Wasser mischbare organische Solvenzien werden sie aus ihren Lösungen gefällt. Ferner bewirken die Salze fast aller Schwermetalle in Proteinlösungen starke Fällungen, die meist im Überschuß sowohl des Metallsalzes wie des Proteins löslich sind. Häufigere Anwendung finden Eisen-, Kupfer-, Quecksilber-, Zink-, Uran- und Bleisalze, meist in Form von Acetaten, von denen das Bleiacetat (basische und neutrale) von F. Hofmeister als sehr vollständig wirkendes Fällungsmittel empfohlen wurde.

Eine viel angewandte Fällungsreaktion auf Eiweißstoffe ist die Reaktion mit den sog. „Alkaloidreagenzien". Dies sind gewisse organische und komplexe anorganische Säuren, welche mit den Eiweißstoffen als Basen schwerlösliche Salze bilden. Da aber die meisten Eiweißkörper schwache Basen sind, so bilden sich die Niederschläge mit den Alkaloidreagenzien nur bei einem Überschuß von Säure. Bei alkalischer Reaktion lösen sie sich wieder auf. Nur bei den stark basischen Protaminen und Histonen tritt die Fällung auch bei neutraler, ja sogar bei schwach alkalischer Reaktion ein.

Die wichtigsten Alkaloidreagenzien sind Phosphorwolframsäure, Phosphormolybdänsäure, Ferrocyanwasserstoffsäure, Quecksilberjodid-Jodwasserstoffsäure, Wismutjodid-Jodwasserstoffsäure, Platinchlorid-Chlorwasserstoffsäure, ferner Trichloressigsäure, Pikrinsäure sowie Tannin (Gerbsäure). Von den angeführten Säuren werden für den qualitativen Nachweis am meisten die Ferrocyanwasserstoffsäure und das Tannin angewandt. Die mit Essigsäure oder Salzsäure stark angesäuerte Eiweißlösung wird mit einigen Tropfen einer 15proz. Ferrocyankaliumlösung versetzt; es entsteht eine Trübung, die bei manchen Proteinen im Überschuß des Fällungsmittels wieder verschwindet.

Die Tanninlösung wird entweder in der von Hedin empfohlenen Form (70 g Tannin, 100 g Kochsalz, 50 $cm^3$ Eisessig in Wasser gelöst, mit Wasser bis zum Liter aufgefüllt) oder als Almensche Lösung (4 g Tannin in 8 $cm^3$ 25proz. Essigsäure + 190 $cm^3$ 40—50proz. Alkohol) angewendet.

Durch starke Mineralsäure, wie Salzsäure, Salpetersäure, Schwefelsäure, auch Phosphorsäure, werden viele Eiweißstoffe gefällt. Nur die Fällung mit Salpetersäure ist wichtig; sie wird als klinische Eiweißprobe oft angewandt.

## 2. Farbreaktionen.

Die Eiweißstoffe geben eine Reihe von Farbreaktionen, die für ihren qualitativen Nachweis wichtiger sind als die Fällungsreaktionen. Von den Farbreaktionen ist nur die Biuretreaktion dem Eiweiß als solchem eigentümlich, sie wird durch die in allen Proteinen enthaltenen Strukturelemente bedingt. Die übrigen Farbreaktionen beziehen sich auf gewisse Aminosäuren, die im Proteinmolekül enthalten sind.

*Biuretreaktion.* Versetzt man eine stark alkalische Eiweißlösung in der Kälte mit einigen Tropfen einer stark verdünnten Kupfersulfatlösung, so entsteht eine blau- bis rotviolette Färbung. Ein Überschuß an Kupfersulfat ist zu vermeiden, da sonst infolge der entstehenden Blaufärbung die eigentliche Farbreaktion verdeckt wird. Die Biuretreaktion beruht nach SCHIFF auf der Bildung von Biuret-kupferoxydul-alkali; sie wird von allen Verbindungen gegeben, welche zwei $—CO \cdot NH_2$- bzw. eine $—CO \cdot NH_2$-Gruppe an eine $—CH_2 \cdot NH_2$- bzw. $—CS \cdot NH_2$-Gruppe oder direkt miteinander vereinigt enthalten. Als Träger der Biuretreaktion bei den Eiweißstoffen ist also nach SCHIFF die Peptidbindung

$$\begin{array}{l} —CH—NH_2 \\ \;\;| \\ \;\;CO—NH— \end{array}$$

anzusehen. Demnach müßten auch Peptide und Peptone die Biuretreaktion geben, was nicht immer der Fall ist (vgl. auch M. TOMITA).

*Ninhydrinreaktion.* Ein weiterer Nachweis für Proteine oder ihre Abbauprodukte, die Aminosäuren, beruht auf der blauen Farbreaktion mit dem sog. Ninhydrin, dem Diketo-hydrinden-hydrat. Die zu prüfende Lösung wird mit 1—2 Tropfen einer verdünnten Triketohydrinden-hydrat-lösung (0,1 g in 40 $cm^3$ Wasser) versetzt und kurz zum Sieden erhitzt. Beim Abkühlen zeigt sich dann bei positivem Ausfall eine mehr oder weniger intensive Blaufärbung. Von großer Bedeutung für das Gelingen dieser Farbreaktion ist die Reaktion der zu prüfenden Lösung. Sie muß neutral sein.

Alle Eiweißkörper, Peptide und Aminosäuren, mit Ausnahme von Prolin und Oxyprolin, wie andere Körper mit freien Aminogruppen, wie Ammoniaksalze oder Harnstoff, geben die Ninhydrinreaktion. Wenn sie auch nicht spezifisch ist, wird sie doch wegen ihrer großen Empfindlichkeit häufig benutzt.

*Xanthoproteinreaktion.* Bei der Einwirkung von starker Salpetersäure auf Proteine entsteht, oft schon in der Kälte, eine dunkle Gelbfärbung. Die Reaktion wird auf die Bildung gefärbter Nitroderivate des Tyrosins und des Tryptophans zurückgeführt.

MILLON*sche Reaktion.* Beim Kochen eiweißhaltiger Lösungen mit dem sog. MILLONschen Reagens — einer angesäuerten nitrithaltigen Lösung von Quecksilbernitrat in Wasser — färbt sich sowohl die Flüssigkeit wie der entstandene Niederschlag rosa bis dunkelrot. Diese Farbreaktion beruht auf der Oxydation des Tyrosins; sie tritt nur bei tyrosinhaltigen Proteinen ein. Bei tyrosinfreien Eiweißstoffen, die Tryptophan enthalten, entsteht eine dunkelbraune Farbe.

*Diazoreaktion von* PAULY. Gibt man zu einer soda-alkalischen Proteinlösung diazotierte Sulfanilsäure, so tritt eine kirschrote Färbung ein. Die Reaktion wird von den Eiweißbausteinen Tyrosin und Histidin gegeben und kommt, da beide sehr verbreitet sind, den meisten Eiweißstoffen zu.

*Tryptophanreaktionen.* Unter gewissen Bedingungen geben viele Aldehyde mit den Proteinen eine Reihe weiterer Farbreaktionen, die alle auf das Vorhandensein von Tryptophan im Eiweißmolekül zurückzuführen sind. Löst man z. B. trockenes, möglichst entfettetes Eiweiß in käuflichem, in der Regel glyoxylsäurehaltigem Eisessig und unterschichtet man die Lösung mit konzentrierter Schwefelsäure, so bilden sich an der Berührungsstelle intensiv dunkel gefärbte Ringe (Reaktion von ADAMKIEWICZ-HOPKINS). Auch mit anderen Aldehyden, wie p-Dimethyl-amino-benzaldehyd, entstehen charakteristische Färbungen. Unter diesen besonders wichtig ist die Reaktion von E. VOISINET (125), die auch zu einer quantitativen Bestimmung des Tryptophangehalts eines Proteins benutzt werden kann. Zu ihrer Ausführung werden 2 $cm^3$ Eiweißlösungen mit 1 Tropfen Formaldehyd von 25proz. und 15 $cm^3$ starker Salzsäure vermischt. Nach 10 Minuten gibt man 10 Tropfen einer 0,05proz. Natriumnitritlösung, wobei eine eintretende blauviolette Färbung die Anwesenheit des Tryptophans verrät.

*Schwefelbleireaktion.* Beim Kochen vieler Proteine mit Alkalilauge und einem Bleisalz entsteht eine Braun- bis Schwarzfärbung bzw. ein Niederschlag derselben Farbe. Die Reaktion beruht auf der Abspaltung von Schwefelwasserstoff aus dem Cystin bzw. Cystein und der Bildung von Bleisulfid.

*Reaktion von* MOLISCH. Gibt man zu einer Eiweißlösung einige Tropfen einer alkoholischen Lösung von $\alpha$-Naphthol und versetzt das Gemisch mit konzentrierter Schwefelsäure, so erhält man eine violette Färbung. Der positive Ausfall dieser Reaktion, die auf der Bildung von Furfurol aus Kohlehydraten beruht, deutet auf die Anwesenheit einer Kohlehydratgruppe im Eiweißmolekül hin. Indessen ist zu bemerken, daß diese Reaktion so empfindlich ist, daß sie auch von Spuren von Kohlehydraten gegeben wird, welche in den Proteinen als Beimengungen enthalten sein können.

## D. Hydrolyse.

Von allen Versuchen zum Abbau der Eiweißstoffe hat bis jetzt nur die Hydrolyse sichere und wichtige Resultate ergeben. Sie wird durch Säuren, Alkalien und Fermente bewirkt und führt über eine Reihe von Zwischengliedern zu a-Aminosäuren, von denen bis jetzt unter den Spaltprodukten von Proteinen 20 in reiner Form isoliert und in ihrer Struktur aufgeklärt worden sind (vgl. S. 299). Es unterliegt aber keinem Zweifel, daß außer den genannten auch andere, bis jetzt mit Sicherheit noch nicht nachgewiesene Aminosäuren an dem Aufbau der Proteine beteiligt sind.

Ob die Hydrolyse durch Säuren, Alkalien oder Fermente ausgeführt wird, ist auf das Endresultat von keinem großen Einfluß. Die letzten Spaltprodukte sind die Aminosäuren, deren überwiegende Zahl in allen drei Fällen entsteht und die fast allgemein als die wahren Bausteine der Proteine betrachtet werden. Ganz vereinzelt sind Bedenken gegen diese Auffassung aufgetaucht und wurzeln in der nicht bewiesenen Annahme, daß bei der Hydrolyse komplizierte Atomverschiebungen stattfinden können. Allerdings können manche Aminosäuren selbst, so wie sie bei den meist angewandten hydrolytischen Verfahren des Abbaus mit siedenden Säuren oder Alkalien freigelegt werden, Veränderungen erleiden. Es ist bekannt, daß bei der Säure-Hydrolyse wechselnde Mengen dunkel gefärbter Produkte, die sog. „Huminsubstanzen“ oder Melanoidine entstehen, deren Bildung auf einer sekundären oxydativen Umwandlung einzelner Aminosäuren (Tryptophan, Tyrosin, Cystin und Lysin) oder des Kohlehydrates, eines häufigen Bestandteils von Eiweißstoffen, zurückgeführt wird.

Am eingreifendsten ist die Behandlung der Proteine mit Alkalien; sie bewirkt leicht eine Racemisierung der optisch aktiven Aminosäuren und führt vor allem bei höherer Temperatur zur Abspaltung beträchtlicher Mengen von Ammoniak aus den Aminosäuren selbst und zerlegt speziell das Arginin in Harnstoff und Ornitin.

Infolge der sekundären Wirkungen der hydrolytischen Agenzien ist die Bestimmung der obengenannten Aminosäuren keine zuverlässige. Es ist sogar wohl möglich, daß in den Proteinen auch andere empfindliche Aminosäuren vorkommen, die aber durch die starken Säuren und Alkalien ganz zersetzt werden. Hier wird die Anwendung der weit schonender wirkenden proteolytischen Fermente gute Dienste leisten können; so ist die Auffindung und Isolierung des Tryptophans nur nach der Anwendung der enzymatischen Hydrolyse möglich geworden.

Wie oben erwähnt, erfolgt der Übergang der Proteine zu den Aminosäuren unter der Wirkung von Säuren, Alkalien und Fermenten allmählich, und er geht über eine Reihe von Zwischenstufen. Die Einteilung der sich dabei bildenden Zwischenprodukte ist sehr schwierig, wenn nicht unmöglich. Es wird angenommen, daß der erste Angriff der hydrolytischen Agenzien auf die Eiweißstoffe zur Bildung der sog. Albumosen und Peptonen führt. Diese geben viele Reaktionen der Eiweißkörper, unterscheiden sich aber von den Eiweißstoffen durch ihre physikalischen Eigenschaften (Kolloidnatur usw.). Eine bis heute noch geltende Einteilung der Zwischenprodukte der Hydrolyse auf Grund ihrer Aussalzbarkeit stammt von W. KÜHNE; er nennt *Albumosen* diejenigen Spaltprodukte, die durch irgendwelche Salze (am wirksamsten sind Ammonsulfat und Zinksulfat) ausgesalzen werden können, Peptone dagegen, die überhaupt nicht aussalzbar sind; beide Stoffklassen sind nicht koagulierbar. Die Albumosen selbst werden in *primäre*, die dem Eiweiß zum Teil noch nahe stehen, und in *Deuteroalbumosen* eingeteilt, deren Angrenzung gegen die Peptone willkürlich ist.

Die Trennung der Albumosen von den Peptonen auf Grund ihrer Aussalzbarkeit ist bedenklich. Wie E. FISCHER (25, 28, 31) gezeigt hat, kann die Aussalzbarkeit nicht als Kennzeichen einer bestimmten Molekulargröße dienen, denn es können wahllos z. B. Peptide aus 18 Aminosäuren, oft aber auch Tripeptide, ja sogar einfache Aminosäuren, wie Leucin (P. PFEIFFER [93]) ausgesalzen werden. Es steht so viel fest, daß bei der Hydrolyse anfänglich aussalzbare Körper entstehen; bei fortschreitendem Abbau findet ein steter Übergang in weniger aussalzbare, aber mehr dialysierbare und leichterlösliche Produkte statt. Wegen der wenig ausgeprägten Spezifität der $H^+$- und $OH^-$-Ionen-Wirkung auf die Eiweißbindungen ist in den meisten Fällen schwer die Proteolyse in definierte Zwischenstufen zu zerlegen. Dies wird vielleicht eher möglich durch Anwendung gereinigter Enzymmaterialien mit streng spezifischen Wirkungen. Versuche in dieser Richtung sind in der letzten Zeit mehrmals unternommen worden.

Indessen kann in manchen Fällen die Hydrolyse mit Säuren und Alkalien eine gewisse Auslese bewirken, die auf der verhältnismäßig schweren Spaltbarkeit gewisser Peptidkomplexe beruht. So erhielt M. SIEGFRIED (105) durch gemäßigte Säurespaltung vieler Proteine Fraktionen, die sog. *Kyrine*, die sich durch ihren Gehalt an den Diaminosäuren Arginin, Lysin, Histidin auszeichnen. Die Resistenz der Peptidbindungen, an denen Diaminosäuren beteiligt sind, wurde ferner von A. KOSSEL (64) und seinen Schülern bei dem partiellen Abbau von den argininreichen Protaminen mittels Säuren beobachtet, wobei die sog. *Protonen* entstehen, d. h. Gemische von Peptiden, bei denen das Verhältnis der Diaminosäuren zu den Monoaminosäuren 2:1 steht. Auch in dem histidinreichen Globin sind nach F. HAUROWITZ (49) die Peptidbindungen, an welchen Histidin beteiligt ist, gegenüber der Säurewirkung ziemlich resistenz.

Waren die bis jetzt ausgeführten, durch partiellen Abbau der Proteine erhaltenen Produkte mehr oder weniger Gemische von verhältnismäßig niedermolekularen Komplexen, so ist zum erstenmal der Meisterschaft E. FISCHERS (28), später auch anderen Forschern gelungen, einzelne Peptide aus Proteinhydrolysaten in einheitlichen krystallisierten Zustand zu isolieren. Von E. ABDERHALDEN und Mitarbeitern (6) wie von W. S. SZADIKOW und N. B. ZELINSKY (117) sind ferner bei schonendem Abbau von Proteinen viele Peptidanhydride, die sog. Dioxopiperazine, erhalten worden; es ist nicht ausgeschlossen, daß die Bildung dieser Produkte sekundär aus den Peptiden erfolgt ist.

*Methoden zur Verfolgung der Hydrolyse.* Nach dem heutigen Stand der Eiweißchemie hat der gesamte Prozeß der hydrolytischen Aufspaltung der Proteine, sei es auf enzymatischem, sei es auf nichtenzymatischem Weg, die Lösung von Peptidbindungen zur Folge, wobei Amino- bzw. Carboxylgruppen freigelegt werden. Die Bestimmung des Carboxylzuwachses bzw. des Zuwachses an Aminogruppen gibt ein richtiges Maß für den Grad der Spaltung und erlaubt uns infolgedessen dieselbe messend zu verfolgen. Das ist wichtig, besonders bei der Verfolgung des enzymatischen Abbaues von Eiweißstoffen, wobei erst durch die Anwendung verschiedener Meßverfahren ein klares Bild von der chemischen Leistung der einzelnen am Eiweißabbau beteiligten Enzyme vermittelt wurde.

Zur Bestimmung der bei der Proteolyse in Freiheit gesetzten Amino- bzw. Carboxylgruppen hat man früher die sog. *Formoltitration* von S. P. L. SÖRENSEN (107) vielfach angewandt.

Eine weitere Methode zur Bestimmung der bei der Proteolyse in Freiheit gesetzten Gruppen ist die gasometrische Bestimmung des Aminostickstoffs nach VAN SLYKE (106a).

Sowohl das Verfahren von SÖRENSEN wie das von VAN SLYKE sind in ihrer Durchführung etwas umständlich, besonders das Verfahren von SÖRENSEN ist nicht sehr genau und nicht frei von einigen systematischen Fehlern. R. WILLSTÄTTER und E. WALDSCHMITZ-LEITZ (134) haben daher eine neue Methode zur Bestimmung der Carboxyle in Peptiden und Aminosäuren ausgearbeitet, die wegen ihrer leichten Ausführbarkeit und ihrer Genauigkeit fast allgemein angewandt wird.

Die alkalimetrische Methode von WILLSTÄTTER und WALDSCHMITZ-LEITZ, wie sie noch dazu von GRASSMANN weiter verfeinert ist, dürfte, wenigstens bei ungefärbten Lösungen und bei Abwesenheit von störenden Salzen (Phosphatpuffer in hoher Konzentration), der Mikromethode von VAN SLYKE erheblich überlegen sein. Liegen gefärbte Lösungen vor oder will man bei der Proteolyse, besonders der enzymatischen, den Fortschritt der Reaktion auch durch ein zweites Maß, nämlich aus dem Zuwachs an Aminogruppen, bestimmen, so leistet das Verfahren von VAN SLYKE sehr gute Dienste. Das Verfahren von SÖRENSEN ist dagegen in den letzten Jahren in den Hintergrund getreten. Außer den bis jetzt besprochenen rein chemischen Methoden zur Verfolgung der Proteolyse sind auch physikalische Methoden bekannt und angewandt worden (z. B. viscosimetrische und andere Methoden). Es sei ferner auf eine nephelometrische Methode (P. RONA, H. KLEINMANN [103]) hingewiesen. Die physikalischen Methoden stehen aber in diesem Fall an Bedeutung hinter den chemischen zurück, weswegen wir auf ihre Beschreibung verzichten.

### 1. Nichtenzymatische Hydrolyse.

Die Hydrolyse kann bekanntlich durch Säuren, Alkalien und Fermente bewirkt werden. Die erste Methode — saure Hydrolyse — führt am raschesten zum Ziel. Alkalien wirken langsamer, und ihre Anwendung hat vor der sauren Hydrolyse keinen Vorteil; bei den Fermenten bleibt die Hydrolyse stets unvollkommen. Das Ergebnis der totalen Hydrolysen ist ein Gemisch vieler Aminosäuren neben Ammoniak. Das letztere stammt aus den Amiden der Asparaginsäure und Glutaminsäure, die wahrscheinlich vielfach in Form von Asparagin bzw. Glutamin in den Proteinen vorkommen, und kann nach Zusatz von Bariumcarbonat oder Magnesia leicht bestimmt werden. Die Bestimmung der einzelnen Aminosäuren in den Proteinhydrolysaten ist dagegen schwierig und verlangt gewöhnlich die Anwendung großer Substanzmengen.

Für die praktische Ausführung der Hydrolyse kommen nur Salzsäure und Schwefelsäure in Betracht. Letztere hat den Vorzug, daß sie nach beendigter Hydrolyse durch Bariumhydroxyd vollständig entfernt werden kann. Da aber diese Operation ziemlich unbequem ist, so wird man Schwefelsäure da anwenden, wo einzelne Aminosäuren, wie das Tyrosin, durch direkte Krystallisation aus wäßriger Lösung isoliert werden können. In diesen Fällen hydrolysiert man das Protein durch 12—15stündiges Kochen am Rückflußkühler mit der 5—6fachen Menge 25proz. Schwefelsäure. Die, wenn nötig, filtrierte Flüssigkeit verdünnt man noch mit dem doppelten Volumen Wasser und fällt die Schwefelsäure quantitativ durch Zusatz von Bariumcarbonat oder durch eine konzentrierte Lösung von Bariumhydroxyd. Damit Verluste an Aminosäuren möglichst ausgeschaltet werden, ist nötig, den massenhaften Niederschlag von Bariumsulfat mehrmals mit Wasser auszukochen.

Viel bequemer ist die Anwendung von Salzsäure. Für die Ausführung der Hydrolyse wird der Proteinstoff mit der dreifachen Menge rauchender Salzsäure (spez. Gew. 1,19) in einem Kolben übergossen, dann einige Zeit unter häufigem Umschwenken stehen gelassen, wobei die meisten Proteine, u. a. auch die widerstandsfähigen Gerüstsubstanzen, wie Horn, Fibroin, zum großen Teil in Lösung gehen. Dann erwärmt man 5—6 Stunden am Rückflußkühler zum Kochen, wobei natürlich ein Teil der Salzsäure gasförmig entweicht. Die meist dunkelbraune Lösung wird mit Tierkohle aufgekocht, nach dem Erkalten filtriert und mit wenig Wasser nachgewaschen. Die Trennung der bei der Hydrolyse gebildeten Aminosäuren ist eine recht schwierige Aufgabe. Für einzelne Aminosäuren, wie Tyrosin, Tryptophan, kennt man leicht ausführbare Einzelbestimmungsmethoden, während die übrigen Aminosäuren nach den beiden großen Gruppen der Monoaminosäuren und der Diaminosäuren getrennt analysiert werden.

*Bestimmung der Stickstoffverteilung nach Gruppen.* Wenn Mengen von Proteinen zur Verfügung stehen, die gering sind, um eine Isolierung und Bestimmung der einzelnen Aminosäuren zuzulassen, so begnügt man sich gewöhnlich mit einer Bestimmung der Stickstoffverteilung auf die verschiedenen Gruppen der in den Proteinen enthaltenen Aminosäuren. Nach dem Vorschlag von W. Hausmann (50) bestimmt man den Stickstoffgehalt der Proteine nach drei Gruppen, nämlich nach dem *Amid-*, *Monoaminosäuren- und Diaminosäuren-Stickstoff*: in den Eiweißhydrolysaten wird das vorhandene Ammoniak nach dem Übersättigen der Lösung mit Magnesia überdestilliert und titrimetrisch bestimmt (Amidstickstoff), im Destillationsrückstand wird danach nach dem Verfahren von Kjeldahl der Stickstoffanteil der mit Phosphorwolframsäure fällbaren Aminosäuren, Arginin, Histidin, Lysin, auch ein Teil Cystin (Diaminosäure-Stickstoff) und der nicht fällbaren Aminosäuren (Monnominosäuren-Stickstoff) ermittelt.

Zur Ausführung der Bestimmung verfährt man am besten nach folgendem von T. B. Osborn und J. F. Harris (88) modifizierten Verfahren. Ungefähr 1 g Eiweiß vom bekannten Stickstoffgehalt wird mit ca. 100 cm³ 20proz. Salzsäure 7—10 Stunden rückfließend gekocht. Die Lösung wird unter vermindertem Druck bei einer Badtemperatur von 40⁰ auf ein Volumen von 2—3 cm³ eingedampft, auf ca. 300 cm³ mit Wasser verdünnt, mit einem geringen, aber deutlichen Überschuß von reiner Magnesia versetzt und das Ganze unter vermindertem Druck bei 40° auf die Hälfte eingedampft. Das mit dem Destillat übergehende Ammoniak wird von eingestellter Säure aufgefangen und titrimetrisch bestimmt (Amidstickstoff). Der übrige Teil der Lösung wird filtriert und der Rückstand gründlich mit Wasser nachgewaschen. Der nach Kjeldahl im Niederschlag zu bestimmende Stickstoff ergibt den „*Huminstickstoff*".

Dies Filtrat wird auf 100 cm³ eingeengt und bei 20° mit 5 g Schwefelsäure und 30 cm³ einer Lösung zugesetzt, welche in 100 cm³ 20 g Phosphorwolframsäure und 5 g Schwefelsäure enthält. Nach 24 Stunden wird der Niederschlag abfiltriert, mit einer Lösung gewaschen, die je 100 cm³ 2,5 g Phosphorwolframsäure und 5 g Schwefelsäure enthält. Das Auswaschen erfolgt in der Weise, daß man den Niederschlag vom Filterpapier in ein Becherglas spült und hierauf wieder auf das Filter zurückbringt; man wiederholt dies dreimal und läßt jeden Anteil der Waschflüssigkeit vollständig abrinnen, ehe ein neuer verwendet wird. Man erhält auf diese Weise ungefähr 200 cm³ Waschflüssigkeit. Der Niederschlag wird nun in einen 600 cm³ fassenden Jenenser Glaskolben gebracht und der Stickstoff nach Kjeldahl bestimmt, wobei man mit 35 cm³ konzentrierter Schwefelsäure 7 oder 8 Stunden digeriert. Dabei setzt man drei- oder viermal kleine Mengen von Kaliumpermanganatkrystallen zu, um den Aufschluß zu beschleunigen. Ist der Phosphorwolframsäure-Niederschlag gering, so muß weniger Schwefelsäure verwendet werden, aber es muß immer genügend vorhanden sein, um das Stoßen zu verhindern (Diaminosäuren-Stickstoff).

Durch Substraktion der aus den vorhergegangenen Analysen sich ergebenden Stickstoffwerte vom Gesamtstickstoff ergibt sich der *Monoaminosäure*-Stickstoff.

Die nach der Methode von Hausmann ermittelte Stickstoffverteilung nach den eben erwähnten drei Hauptgruppen läßt sich mit der Hilfe der gasometrischen Bestimmung des freien Aminostickstoffs nach van Slyke (106a) in weitere Untergruppen auflösen. *Die Aufteilung der Phosphorwolframsäure-Fällung* geschieht auf folgende Weise: Das Filtrat des Humins wird mit Salzsäure neutralisiert, unter vermindertem Druck auf ca. 100 cm³ eingeengt und mit 18 cm³ konzentrierter Salzsäure und mit einer Lösung von 15 g Phosphorwolframsäure versetzt. Das Ganze wird auf ca. 200 cm³ mit Wasser verdünnt und in einem Wasserbad erhitzt, bis die Fällung nahezu oder vollständig wieder aufgelöst wird. Beim Abkühlen scheiden sich die Phosphorwolframate krystallinisch oder körnig aus und lassen sich deshalb besser filtrieren. Nach 48 Stunden wird abgesaugt und mit in ganzem 100—200 cm³ einer Lösung, die 2,5proz. Phosphorwolframsäure und 3,5proz. Salzsäure enthält, gut gewaschen. Der Niederschlag wird mit 200—300 cm³ Wasser in einem Scheidetrichter überspült. Es werden 5—10 cm³ konzentrierte Salzsäure hinzugefügt und mit so viel Amylalkohol-Äther (1:1) geschüttelt, daß nach dem Auflösen des Niederschlages eine zusammenhängende Schicht auf dem Wasser schwimmt. Gewöhnlich genügen 1—2 Minuten langes Schütteln und 100 cm³ des Ätheramylalkohols, um den Niederschlag zu lösen. Die wäßrige Schicht wird dreimal mit je einem Viertel ihres Volumens Äther-Amylalkohol extrahiert. Zum Schluß werden die vereinigten Ätheramylalkohol-Auszüge noch einmal mit Wasser ausgeschüttelt; dieses Wasser wird dann noch ein- oder zweimal mit frischem Amylalkoholäther ausgeschüttelt, mit dem Hauptteil der ursprünglichen wäßrigen Lösung vereinigt, das Ganze im Vakuum verdampft, um die freie Salzsäure zu entfernen, und der Rückstand in einer bestimmten Menge Wasser (50 cm³) gelöst.

Ein Teil dieser Lösung, z. B. 25 cm³, dient zur Bestimmung des Arginingehaltes, indem man die Lösung mit 12,5 g festem Kaliumhydroxyd versetzt und 5—6 Stunden rückfließend kocht. Dabei zerfällt das Arginin zunächst in Ornithin und Harnstoff, und dieser weiterhin in Kohlensäure und Ammoniak, welches in Säure aufgefangen und titriert wird. Jedes Argininmolekül gibt beim Kochen die Hälfte seines Stickstoffs in Form von Ammoniak ab, d. h. jeder durch Ammoniak neutralisierte Kubikzentimeter entspricht 0,0028 g Argininstickstoff der zersetzten Lösung. Falls auch Cystin vorhanden ist, werden 17 % seines Stickstoffs als Ammoniak während der Argininbestimmung entwickelt; es muß also dann eine entsprechende Korrektur in bezug auf die Argininwerte angebracht werden. Die Korrektur ist jedoch bei den meisten gewöhnlichen Proteinen, mit Ausnahme der Keratine, zu vernachlässigen.

Weiter wird der Stickstoffgehalt der für die Argininbestimmung gebrauchten Lösung nach KJELDAHL ermittelt. Die hierbei durch n/10-Säure neutralisierten Kubikzentimeter werden zu den bei der Argininbestimmung verbrauchten addiert, und auf diese Weise erhält man den *Gesamtstickstoff* der mit Phosphorwolframsäure gefällten Basen. Die Menge des in dem Basengemisch vorhandenen *Cystins* wird am bequemsten nach dem Verfahren von BENEDICT ermittelt. 10 cm³ Lösung werden mit 5 cm³ DENISscher Flüssigkeit (25 g krystallisiertes Kupfernitrat, 10 g Ammoniumnitrat und 20 g Natriumchlorid) auf 100 cm³ in einer Porzellanschale auf dem Wasserbade zur Trockne verdampft und die Mischung nach und nach bis zur Rotglut erhitzt und noch 10 Minuten lang bei dieser Temperatur gehalten. Der Rückstand wird dann in wenig Kubikzentimetern 10proz. Salzsäure gelöst und die gebildete Schwefelsäure wie üblich als Bariumsulfat bestimmt. Jedes Milligramm Bariumsulfat entspricht 0,06 mg Cystin-Stickstoff in der untersuchten Lösung. Für das Gewicht des erhaltenen Bariumsulfates muß noch eine Korrektur angebracht werden, welche die Menge Schwefel, die bei einer entsprechenden blinden Analyse gefunden wird, berücksichtigt.

*Die Bestimmung des Aminostickstoffs* der Basen kann nun mit dem Mikroapparat von VAN SLYKE mit nur 1—2 cm³ der ursprünglichen 50 cm³ ausgeführt werden. Der *Arginin*- und *Cystin*stickstoff kann, wie oben ausgeführt, unmittelbar aus den Bestimmungen berechnet werden. Für die noch übrigbleibenden Basen *Histidin* und *Lysin* hat man nun folgende Berechnung aufzustellen:

$$\begin{cases} \textit{Histidin} = \mathrm{N}\ \tfrac{3}{2}\,(\mathrm{D}\ \tfrac{3}{4}\ \mathrm{Arg}) = 1{,}5\ \mathrm{D} - 1{,}125\ \mathrm{Arg} \\ \textit{Lysin}\text{-N} = \text{Total N} - (\text{Arginin N} + \text{Cystin N} + \text{Histidin N}) \end{cases}$$

wobei mit D der gesamte Nichtaminostickstoff der Basen (Unterschied zwischen Totalstickstoff und Aminostickstoff) und mit Arg der Argininstickstoff bezeichnet wird.

Das Filtrat der Phosphorwolframsäurefällung enthält die Monoaminosäuren. Sie werden in zwei Untergruppen geteilt: erstens in die Säuren, welche nur primären, mit der Methode von VAN SLYKE nachweisbaren Aminostickstoff enthalten, und zweitens in diejenigen Säuren, die sekundären, nach VAN SLYKE nicht bestimmbaren Stickstoff besitzen, wie er im Pyrrolidinring (Prolin, Oxyprolin) oder im Indolkern (Tryptophan) vorkommt. Zur Bestimmung der ersteren wird der Aminostickstoff im Filtrate der Phosphorwolframsäurefällung nach der Methode von VAN SLYKE ermittelt. Der Gehalt an *Monoaminosäuren*, welche keine *primäre Aminogruppe* besitzen (Prolin, Oxyprolin, 0,5 Tryptophan), ergibt sich durch Subtrahieren des Monoaminostickstoffs des Filtrates von dem mittels einer Kjeldahlbestimmung zu ermittelnden Gesamtstickstoff im Filtrate der Phosphorwolframsäurefällung.

Es gelingt also nach VAN SLYKE unter Anwendung verhältnismäßig geringer Substanzmengen (1—6 g) den Stickstoffgehalt eines Proteinhydrolysates auf folgende Gruppen zu verteilen:

1. Ammoniak
2. Arginin
3. Cystin
4. Lysin
5. Histidin
6. heterocyclische Aminosäuren und
7. nicht heterocyclische Aminosäuren

Als Beispiel seien in der Tabelle 2 die Resultate zweier von VAN SLYKE selbst nach seiner Methode ausgeführten Analysen angegeben; die Zahlen bedeuten Prozente des Gesamtstickstoffs.

Tabelle 2

| | Gliadin (Weizen) | Edestin (Hanf) |
|---|---|---|
| Ammoniak-N . . . . . . . . | 25,5 | 10,0 |
| Melanin-N . . . . . . . . . . | 0,86 | 2,0 |
| Cystin-N . . . . . . . . . . | 1,25 | 1,50 |
| Arginin-N . . . . . . . . . . | 5,7 | 27,0 |
| Histidin-N . . . . . . . . . | 5,20 | 5,75 |
| Lysin-N . . . . . . . . . . . | 0,75 | 3,8 |
| Amino-N der Monoaminosäuren | 31,6 | 47,5 |
| Nichtamino-N der Monoaminosäuren (Prolin usw.) . . . . | 8,50 | 1,7 |

Nach dem oben geschilderten Verfahren haben R. H. A. PLIMMER (97) und Mitarbeiter die Stickstoffverteilung vieler Proteine ermittelt. Dabei fanden sie, daß sehr oft nur schwer eine Reihe gut übereinstimmender Ergebnisse zu erzielen seien; manche Abweichungen hängen mit einer unvollständigen Fällung der Hexonbasen mit Phosphorwolframsäure zusammen, manche Differenzen finden sich ferner bei den Bestimmungen der Amino-N, wobei oft etwas zu hohe Werte beobachtet wurden. Trotz dieser Fehler ist die Methode ausreichend zur vorläufigen Ermittlung der Zusammensetzung eines Eiweißstoffes.

## 2. Enzymatische Hydrolyse.

Zu grundsätzlich ähnlichen Ergebnissen wie die Säure- und Alkalihydrolyse führt die enzymatische Hydrolyse von Proteinen bei Anwendung einer im Pflanzen- und Tierreich reich verbreiteten Gruppe von Fermenten — *den Proteasen.* — Bei ihrem natürlichen Vorkommen liegen die proteolytischen Fermente meist als Gemische verschiedener Enzyme vor, durch deren Zusammenwirken das Protein völlig oder wenigstens zum größten Teil in seine letzten Bausteine, die Aminosäuren, zerlegt wird.

Durch umfangreiche Arbeiten, welche ihren Ausgangspunkt in den von R. WILLSTÄTTER (135) ausgebauten enzymchemischen Methoden nahmen, ist in den letzten Jahren mehreren Forschern (E. WALDSCHMITZ-LEITZ, W. GRASSMANN, E. ABDERHALDEN) gelungen, in vielen Fällen eine Auflösung solcher natürlich vorkommender Proteasengemische in Einzelfermente durchzuführen, deren weiterhin unterschiedliche chemische Leistungen gegenüber verschiedenen Substraten untersucht und annähernd festgestellt werden konnten.

Als das wichtigste Ergebnis der bisherigen Untersuchungen ist die Tatsache zu bezeichnen, daß alle proteolytischen Fermente die Hydrolyse von Peptidbindungen bewirken. Es werden nicht nur die gewöhnlichen Peptidbindungen —CO · NH— gespalten, sondern auch solche mit tertiärem Peptidstickstoff —CO · N<, z. B. in Fällen, bei denen das Prolin mit seiner Iminogruppe am Aufbau der Peptidkette beteiligt ist (M. BERGMANN und Mitarbeiter [8a]). Die wiederholt geforderte Äquivalenz von Carboxyl- und Aminogruppen bei der fermentativen Hydrolyse von Eiweißstoffen findet dementsprechend ihre Grenze bei denjenigen Proteinen, die erhebliche Mengen von

Prolin (und Oxyprolin) enthalten (8a). Man kennt bis jetzt kein proteolytisches Ferment, welches andere als kettenartig hintereinander gereihte Säureamid-Bindungen spaltet (z. B. Dioxopiperazine) und ebensowenig kennt man ein Ferment von rein desaggregierender Wirkung. Untereinander zeigen die verschiedenen am Eiweißabbau beteiligten Enzyme charakteristische Unterschiede mit ihrer Einstellung auf bestimmte Atomgruppierung innerhalb der *peptidartig* aufgebauten Substrate. Das im folgenden gegebene System der proteolytischen Fermente gründet sich auf ihre verschiedenen spezifischen Wirkungen.

*Systematik und Spezifität der Proteasen.* Unter den proteolytischen Fermenten gibt es eine Gruppe von Fermenten, welche intakte, genuine *Eiweißstoffe* anzugreifen vermag, während die Wirkung der anderen auf die Hydrolyse mehr oder weniger hoher *Eiweißabbauprodukte* beschränkt ist. Nach einem Vorschlag von W. GRASSMANN (39, 40) bezeichnet man die Fermente der ersten Gruppe als „*Proteinasen*", während für die Enzyme der zweiten Gruppe von demselben Forscher die Benennung „*Ereptasen*" (Peptidasen im engeren Sinne) empfohlen wird. Ein synthetisches oder strukturchemisches genau definiertes Substrat einer Proteinase ist gegenwärtig nicht bekannt; dagegen besitzen wir für die Gruppe der Ereptasen eine große Anzahl wohl definierter Substrate.

*Proteinasen.* Zu dieser Gruppe gehören drei Arten von Fermenten, welche sich durch ihr Wirkungsoptimum voneinander unterscheiden.

*a) Pepsin.* Dieses Enzym findet sich in der Magenschleimhaut und wird mit dem Magensafte sezerniert. Sein Wirkungsoptimum liegt in stark saurem Gebiet ($p_H = 1{,}4$—$2{,}5$) und ist nach J. H. NORTHROP von dem elektrochemischen Zustand des Proteins abhängig. Das Pepsin soll nach J. H. NORTHROP (84) nur mit Eiweißkationen reagieren.

*b) Tryptasen.* Der wichtigste Vertreter dieser Gruppe ist die Proteinase der Pankreasdrüse und des Darmes (eigentliches Trypsin). Das Wirkungsoptimum der Tryptasen liegt im alkalischen Bereich, ist aber noch nicht genau bestimmt. Nach den Auffassungen von J. H. NORTHROP (84) reagiert das Pankreastrypsin nur mit Eiweißanionen. Das Trypsin findet sich ferner in dem gesamten Organismus der höheren Tiere. In den Pflanzen ist es bis jetzt noch nicht beobachtet worden.

Die Pankreasproteinase ist nach Untersuchungen von E. WALDSCHMIDT-LEITZ und A. PURR (132) an sich wirkungslos; zur Auslösung ihrer Wirkung auf höhere Proteine bedarf es einer Aktivierung, welche durch einen in der Darmschleimhaut sezernierten Aktivator — die *Enterokinase* — bewirkt wird.

*c) Die dritte Gruppe* umfaßt das pflanzliche *Papain* oder *Papayotin* und das in den tierischen Organen und Geweben vorkommende *Kathepsin.* Das Papain kommt im Milchsafte und in den Früchten des Melonenbaumes vor und stellt wahrscheinlich die einzige Proteinase der niederen und höheren Pflanzen dar. Nach R. WILLSTÄTTER und Mitarbeitern (136) liegt das $p_H$-Optimum des Papains beim isoelektrischen Punkt des abzubauenden Proteins, d. h. das Ferment ist auf die Spaltung von isoelektrischen Proteinen eingestellt, beispielsweise wird Gelatine bei etwa $p_H = 5{,}0$ angegriffen. Das Wirkungsoptimum des Kathepsins ist noch nicht sicher bestimmt, scheint aber weiter im saueren Gebiet zu liegen. Papain und Kathepsin werden durch Blausäure und Schwefelwasserstoff, ferner durch Sulfhydrylverbindungen, wie z. B. durch Cystein und reduziertes Glutathion aktiviert. In aktivierter Form kommt das Ferment auch in der Natur vor, wobei die Aktivierung gewisse im Pflanzen- und Tierreich vorkommende Sulfhydrylverbindungen besorgen. Die aktivierende Wirkung von Blausäure und Sulfhydrylverbindungen soll nach einer, besonders von

H. A. Krebs vertretenen Meinung auf die Ausschaltung von Metallgiften zurückgeführt werden, da die oben angeführten Aktivatoren mit Schwermetallen zu reagieren vermögen. Gegen diese Auffassung von Krebs sind in der neuesten Zeit, besonders von W. Grassmann, starke Einwände erhoben worden: Der Mechanismus der Aktivierung ist so zu verstehen, daß die Blausäure, die in rohem Papain vorhandenen Disulfidgruppen in Sulfhydrylgruppen verwandeln. Die HCN-Aktivierung ist nach Grassmann (38) und Waldschmidt-Leitz (128, 131) eine Reaktion mit dem Enzymmaterial, nicht mit dem Substrat.

*Ereptasen.* Sie greifen keine Eiweißstoffe an; ihre Wirkung beschränkt sich auf die Spaltung von synthetischen Polypeptiden oder von polypeptidartigen Stoffen, welche durch Abbau von Eiweißstoffen erhalten sind. Man kennt bis jetzt folgende Untergruppen:

*a) Dipeptidase.* Sie spaltet nur aus natürlichen $\alpha$-Aminosäuren aufgebaute Dipeptide, die eine freie $\alpha$-Amino- und Carboxylgruppe besitzen. Gegenüber von Dipeptiden, welche in der Carboxylgruppe, in der Iminogruppe der Peptidbindung (M. Bergmann und Mitarbeiter [8a]) oder in der Aminogruppe substituiert sind, bleibt das Ferment wirkungslos. Das Wirkungsoptimum liegt in der Nähe von $p_H = 7{,}8$ und wechselt etwas mit der Art des Substrates. Das Vorkommen der Dipeptidase soll bei der zweiten Gruppe von Ereptasen, mit der sie vergesellschaftet vorkommt, besprochen werden.

*b) Amino-Polypeptidase.* Sie spaltet nur aus natürlich vorkommenden Aminosäuren aufgebaute Polypeptide von Tripeptid an einschließlich, ebenso Peptone (aber nicht Protamine). Die Spaltung erfolgt immer unter Ablösung der Aminoende des Peptides stehenden Aminosäure (W. Grassmann und Mitarbeiter [43, 45]); sie bleibt aus, wenn die Aminogruppe des Substrates substituiert ist. Veränderungen in der Carboxylgruppe sind für die Wirkung des Aminopolypeptidase ohne Einfluß. Das $p_H$-Optimum liegt für die Aminopolypeptidase der Hefe bei etwa 7, bei der tierischen schwanken die Angaben zwischen $p_H = 7$ und $p_H = 8$. Die Aminopolypeptidase kommt zusammen mit der Dipeptidase in dem Fermentgemisch der Pankreasdrüse, der Darmschleimhaut, wie in Hefe vor. Die Trennung dieser beiden Enzyme voneinander geschah durch auswählende Absorption der vorgereinigten Lösungen mittels $Fe(OH)_3$ bei einem bestimmten $p_H$.

*c) (Tryptische) Carboxy-Polypeptidase.* Sie spaltet Polypeptide unter Ablösung der jeweils am Carboxylende stehenden Aminosäuren, die Spaltung bleibt aus, wenn das Carboxyl substituiert oder entfernt wird. Veränderungen an der Aminogruppe sind für das Eintreten der Enzymwirkung belanglos. Das Wirkungsoptimum liegt bei $p_H = 7{,}4$.

Dieses Ferment wurde in der neuesten Zeit von E. Abderhalden (5), E. Waldschmidt-Leitz (132) und ihren Mitarbeitern als Bestandteil des Gemisches der Pankreasfermente erkannt. Die Wirkung dieses Fermentes kann durch Zusatz von Enterokinase gesteigert werden, wird dagegen durch Sulfhydrylverbindungen auch durch Blausäure gehemmt.

*d) Katheptische Carboxy-Polypeptidase.* Sie zeigt dieselben Spezifitätserscheinungen wie die Carboxy-Polypeptidase, unterscheidet sich aber von dieser durch ihr Wirkungsoptimum. Dies liegt im saueren Gebiet bei $p_H = 4{,}2$.

Zu ihrer Wirkung bedarf es der Aktivierung durch HCN, $H_2S$ oder natürliche Aktivatoren (z. B. Glutathion). Dieses Ferment wurde vor kurzem von E. Waldschmidt-Leitz (129) in tierischen Organen, z. B. in Milz und Leber, aufgefunden.

In der folgenden, von W. Grassmann (39, 40) aus seinen Arbeiten, wie aus den Arbeiten von R. Willstätter, E. Waldschmidt-Leitz und E. Abder-

HALDEN und ihren Mitarbeitern zusammengestellten Übersicht findet man das bis jetzt Erreichte in tabellarischer Form:

Tabelle 3.

| Enzym | Genuine Proteine | Protamine | Peptone | Polypeptide | Dipeptide | Acylierte Peptide | Peptidesteramide usw. |
|---|---|---|---|---|---|---|---|
| Pepsin | + | — | — | — | — | — | — |
| Pankreas-Proteinase (Trypsin), inaktiv | — | — | — | — | — | — | — |
| Pankreas-Proteinase + Enterokinase | + | + | + | — | — | — | — |
| Papain, inaktiv | + | — | — | — | — | — | — |
| Papain, aktiviert | ++ | + | + | — | — | — | — |
| Hefe-Proteinase und Kathepsin, inaktiv | — | — | — | — | — | — | — |
| Hefe-Proteinase und Kathepsin, aktiviert | + | + | ++ | — | — | — | — |
| Tryptische Carboxy-Polypeptidase, inaktiv | — | + | + | zumeist spaltbar | zumeist spaltbar | zumeist spaltbar | — |
| Tryptische Carboxy-Polypeptidase + Enterokinase | — | ++ | ++ | ++ | — | ++ | — |
| Katheptische Carboxy-Polypeptidase, inaktiv | — | — | + | z. T. spaltbar | — | — | — |
| Katheptische Carboxy-Polypeptidase, aktiviert | 0 | 0 | + (?) | z. T. spaltbar | — | + | — |
| Amino-Polypeptidase | — | — | + | + | — | — | + |
| Dipeptidase | — | — | 0 | — | + | — | — |

(+ bedeutet: spaltbar; ++ bedeutet: Spaltung verstärkt; — bedeutet: unspaltbar; 0 bedeutet: nicht untersucht.)

Die pflanzlichen Proteasen, welche in den keimenden Samen die Mobilisierung der Reserveproteine bewirken, sind bezüglich ihrer spezifischen Funktionen beim Eiweißabbau noch nicht in die obige Einteilung eingegliedert.

Außer den bis jetzt untersuchten Ereptasen existieren, wie es scheint, noch weitere peptidspaltende Fermente, welche Peptide, an deren Aufbau bestimmte Aminosäuren beteiligt sind, angreifen. So hat man, nach neueren Untersuchungen von W. GRASSMANN und Mitarbeitern (41), für die Hydrolyse von Prolinpeptide mit endständigem Prolinstickstoff, ein besonderes Enzym, Prolinase, anzunehmen. Es ist ferner nicht ausgeschlossen, daß die kürzlich von M. BERGMANN, L. ZERVAS und Mitarbeitern (8a) beobachtete „ereptische" Spaltung von Peptiden der Art des Glycyl-prolins durch ein bis jetzt nicht bekanntes Enzym besorgt wird.

Ferner bedürfen nach Versuchen von M. BERGMANN und H. SCHLEICH (12) gewisse Peptide, an deren Aufbau ungesättigte Aminosäuren teilnehmen, z. B. Peptide von Typus

$$NH_2 \cdot CH(R)\text{—}CO\text{—}NH \cdot \underset{\displaystyle COOH,}{\underset{|}{C}} = CH \cdot R$$

zu ihrer Hydrolyse eines neuen, hauptsächlich in der Niere vorkommenden Fermentes.

Die oben geschilderte Einteilung der Proteasen dürfte insofern eine vorläufige sein, als die Spezifität der Proteasen bis jetzt hauptsächlich an den nach den FISCHERschen Methoden erhältlichen, aus einfachen Monoaminosäuren bestehenden Peptiden geprüft worden ist. Das vor kurzem bekannt gewordene, sog. „Carbobenzoxy-Verfahren" (M. BERGMANN und L. ZERVAS [8b]) gestattet komplizierte Aminosäuren, die bekanntlich den überwiegenden Teil der Eiweißbausteine bilden, in Peptidbildung überzuführen, wodurch nun das Spezifitätsproblem der Proteasen auf breiterer Basis untersucht werden kann. Eine Anzahl von Dipeptiden, die mit Hilfe des Carbobenzoxyverfahrens synthetisiert wurden, beweisen mit ihrem fermentchemischen Verhalten, daß die oben geschilderte Einteilung der Proteasen änderungs- oder erweiterungsbedürftig ist.

### 3. Produkte der partiellen Hydrolyse.

Wie weiter oben angeführt ist, verläuft die Hydrolyse von Eiweißstoffen über eine Reihe von Zwischenprodukten, deren nähere Charakterisierung, soweit sie bis jetzt isoliert wurden, zum Teil noch auf unsicherer Grundlage erfolgt ist (vgl. S. 309). Manche von ihnen kommen auch in der Natur vor, z. B. die Albumosen und die Peptone, als Produkte des Stoffwechsels.

*Partielle, nichtenzymatische Hydrolyse.* Werden Proteine mit sehr verdünnten Säuren, z. B. 0,1-n, oder mit verdünnten Laugen mehr oder weniger lange Zeit bei Zimmer- oder Bruttemperatur behandelt, so entstehen die sog. Albumosen und Peptonen, die chemisch noch Eiweißstoffe sind, sich von den ursprünglichen Proteinen aber durch den Mangel an kolloidalen Eigenschaften unterscheiden.

Durch Einwirkung von 12—20proz. Salzsäure auf Proteine während einigen Wochen bei Brutschranktemperatur, erhielt M. SIEGFRIED (105) die sog. „Kyrine" (vgl. S. 309). Sie wurden durch Fällen des Hydrolysats mit Phosphorwolframsäure, Zerlegen des Niederschlags mit Baryt und Überführung in ihre schwefelsauren Salze, zunächst in Form von Öl, erhalten, welches beim Verreiben mit viel Alkohol feinkörnig wurde. Bei der totalen Hydrolyse entstehen meist Arginin und Lysin, ferner Glutaminsäure u. a.

Durch Einwirkung von 10proz. Schwefelsäure während einer halben Stunde bei 100° auf Protamine erhielten A. KOSSEL (64) und Mitarbeiter die sog. *Protone*, welche meist auf 2 Moleküle Arginin 1 Molekül einer Monoaminosäure enthalten sollen (vgl. S. 309).

Die Einheitlichkeit der „Kyrine" ist schon von ihrem Entdecker in Zweifel gestellt. Dasselbe gilt für die Protone, wie Frau M. NELSON-GERHARDT (59) und R. E. GROSS (46) gezeigt haben; es liegen oft Gemische von Peptiden aus Monoaminosäuren, ferner anhydridartige Argininkomplexe vor.

Die einzigen, bis jetzt genau chemisch definierten Zwischenprodukte der partiellen Hydrolyse von Eiweißstoffen sind die zuerst von E. FISCHER und E. ABDERHALDEN (27, 28) isolierten Peptide. Durch Einwirkung von 70proz. Schwefelsäure bei Zimmertemperatur auf Seidenfibroin erhielten die zuletzt genannten Autoren Glycyl-d-alanin, aus Fibroin erhielten sie Glycyl-l-tyrosin, aus Elastin Alanyl-leucin, aus Gliadin unter anderen ein krystallisiertes Tetrapeptid, das aus Glykokoll, Alanin und Tyrosin bestand und aussalzbar war. Die Zahl der aus den Proteinen durch partiellen Abbau isolierten Peptiden ist später, besonders durch Untersuchungen von E. ABDERHALDEN (1), auch von T. B. OSBORNE (87) stark erhöht worden. Während man an die Präexistenz, den heutigen Auffassungen über die Struktur der Proteine entsprechend, der auf diese Weise erhaltenen Peptide innerhalb des großen Proteinsmoleküls glaubt, führt man die Bildung der in der letzten Zeit von W. S. SADIKOW und N. D.

ZELINSKY (117) aus Eiweißstoffen durch Autoklavenhydrolyse mittels verdünnter Salzsäure erhaltener Peptidanhydride auf sekundäre Veränderungen während des Abbaus.

*Partielle enzymatische Hydrolyse.* Schon seit langer Zeit wurde die Beobachtung gemacht, daß die Spaltung von Eiweißstoffen mittels Fermenten oft eine unvollständige ist. Bei der Einwirkung von Pepsin auf genuine Eiweißstoffe wurden eine Anzahl von den sog. „Peptonen" erhalten, welche noch proteinähnlichen Charakter aufweisen, so z. B. aus den Histonen das Histopepton usw. Im Lichte der modernen Enzymchemie betrachtet, verdanken die Peptone ihre Entstehung der spezifischen Wirkung des Pepsins auf genuine Eiweißstoffe, ferner der Tatsache, daß die Wirkung des Pepsins nach einer bestimmten vollbrachten Leistung bald zum Stillstand kommt. Da das Pepsin fast das einzige proteolytische Enzym ist, welches frei von anderen Fermenten in der Natur vorkommt, dürften die auf diese Weise erhaltenen Peptone die bestcharakterisierten Produkte ihrer Klasse sein.

Nachdem die Auflösung von natürlichen Enzymgemischen in Einzelfermente von mehr oder weniger bestimmter Spezifität gelungen war, hat man versucht, dieselben zur Zerlegung der Proteolyse in definierte Einzelstufen zu verwenden. So hat E. WALDSCHMIDT-LEITZ (127) mit verschiedenen Mitarbeitern durch fraktionierte Einwirkung von gereinigten Proteasen-*Kombinationen* in wechselnder Reihenfolge, auf Clupein und Casein, auch auf Thymushyston einen stufenweisen Abbau dieser Eiweißstoffe durchgeführt. Es hat sich dabei gezeigt, daß die Wirkung der einzelnen Enzyme nach einer jeweils bestimmten Leistung zum Stillstande kommt und daß die einzelnen enzymatischen Leistungen, gemessen durch die analytisch meßbare Auflösung von Säureamid-Bindungen, in einfachen, ganzzahligen Verhältnissen zueinander stehen. Die Isolierung und Charakterisierung allerdings der dabei entstehenden Einzelstufen ist bis jetzt nicht einwandfrei gelungen.

Ähnlich liegen die Verhältnisse beim stufenweisen Abbau von höheren Polypeptiden mittels einheitlichen Enzymen. So stehen die Leistungen der einzelnen Fermente nach den Untersuchungen von W. GRASSMANN (43, 44) bei der Hydrolyse eines Tetrapeptids und anschließend durch Peptidase in einem Leistungsverhältnis wie 2 : 1. Die Hydrolyse eines Tripeptides wird durch das Leistungsverhältnis 1 : 1 gekennzeichnet.

## E. Oxydation, Reduktion, Substitution.

### 1. Oxydation.

Bei Oxydation des Eiweißes, z. B. des Hühnereiweißes mit Permanganat in alkalischer Lösung, findet eine energische Reaktion statt, wobei neben Ammoniak und anderen Basen, auch Essigsäure und ihre Homologen, sowie viel Oxalsäure entsteht; die Beobachtung eines Zwischenproduktes bei der Oxydation, der sog. „Oxyprotsäure", dürfte wohl auf die schwere Angreifbarkeit eines Teiles der Proteine zurückzuführen sein.

Bei der Oxydation der Proteine *mittels Wasserstoffsuperoxyd* entstehen durch Veränderungen der Bausteine Aldehyde, Ketone, wie Säuren. Durch vorsichtige Einwirkung von Wasserstoffsuperoxyd wie durch Brom (in Eisessig) auf Keratine ist es vor kurzem Z. STARY (118) gelungen, eine Aufspaltung in kleineren Bruchstücken durchzuführen, welche sich im Gegensatz zu dem Ausgangsmaterial als enzymatisch spaltbar erwiesen. Die Einwirkung von Brom in alkalischer Lösung auf Proteine (ST. GOLDSCHMIDT und Mitarbeiter [34, 35, 37]) bewirkt eine tiefgehende Spaltung. Das Auftreten bestimmter Oxydationsprodukte bei dieser Operation, wie Nitrile, Fettsäuren u. a., läßt nach der Meinung dieser Forscher einen Einblick in die Konstitution des oxydierten Proteins gewinnen. Es hat sich nämlich gezeigt, daß Dioxopiperazine und Dipeptide mit Hypobromit verschiedene Reaktionsprodukte liefern; neben Aminosäuren entstehen weiter aus den ersteren Fettsäuren, während aus den Dipeptiden Nitrile entstehen.

### 2. Reduktion.

Durch Einwirkung von Natrium in Amylalkohol auf acetylierte Proteine hat N. Troensegaard eine Reihe von Produkten, vorwiegend basischen Charakters, erhalten. Unter ihnen sollen sich hydrierte Pyrrolderivate vorfinden. Die Bildung solcher heterocyclischer Produkte ist wahrscheinlich während der Acetylierung der Proteine nach dem von N. Troensegaard (124) angewandten Methode (langes Erhitzen der Proteine mit Acetylchlorid und Essigsäureanhydrid) erfolgt.

Die Anwendung katalytischer Reduktionsmethoden auf Proteine ist bis jetzt nicht ausgeführt, wohl infolge der zu befürchtenden vergiftenden Wirkung des Sulfid-Schwefels. Die Tatsache, daß Cystin sich katalytisch besonders leicht zu Cystein reduzieren läßt (M. Bergmann und G. Michalis [8]) dürfte wohl als Anregung dienen, das Verhalten der Proteine gegenüber katalytisch erregtem Wasserstoff zu prüfen.

### 3. Substitution.

*a) Acylierung.* Bei Benzoylierung von Proteinen (St. Goldschmidt und W. Schoen [36], E. Abderhalden [2]) entstehen sowohl O-Benzoyl wie n-Benzoylderivate, von denen die O-Derivate naturgemäß leicht zu verseifen sind. Bei benzoylierter Wolle geht die Fähigkeit zur Aufnahme sauerer oder basischer Farbstoffe verloren. Die Aufspaltung von Eiweißstoffen mittels geschmolzenem *Phthalsäureanhydrid* (P. Brigl und E. Klenk [17]) führt zur Bildung von höheren Phthalylpeptiden.

*b) Alkylierung.* E. Edlbacher (23) hat viele Proteine mit Dimethylsulfat in alkalischer Lösung methyliert. Er nimmt an, daß nur endständige Aminogruppen methyliert, und zwar trimethyliert werden. — Die Zahl der aufgenommenen Methylgruppen auf je 100 Atome Stickstoff nennt er die N-Methylzahl. Sie soll dem Lysingehalt eines Proteins proportional sein. J. Herzig (51) hat Eiweißstoffe mit Diazomethan bei schwach alkalischer Lösung methyliert und ist dabei zu anderen Ergebnissen gekommen. Die Ergebnisse der Alkylierung, insbesondere nach dem Verfahren von Edlbacher, sind nicht eindeutig genug, um dieselben auch nur zur Abschätzung der Menge der im Eiweiß vorhandenen freien Aminogruppen heranzuziehen.

*c) Nitrierung.* Durch starke Salpetersäure in Gegenwart von Harnstoff (zur Ausschaltung der salpetrigen Säure) werden die Proteine nitriert. Der Eintritt der Nitrogruppe erfolgt vor allem in den Kern von Tyrosin und Tryptophan (v. Fürth). Die Nitroderivate haben sauren Charakter und zeichnen sich durch ihre gelbe bis rotbraune Farbe aus (Xanthoproteinreaktion). Durch Einwirkung von rauchender Salpeter-Schwefelsäure auf argininreiche Proteine haben A. Kossel und E. L. Kennaway (63) auch die Nitrierung der Guanidogruppen des Arginins erreicht, welches nach erfolgter Hydrolyse als Mononitroarginin auftritt. Mit Hilfe dieses Verfahrens hat A. Kossel den Beweis erbracht, daß in den argininreichen Protaminen die Guanidogruppe des Arginins an Peptidbindungen nicht beteiligt ist.

*d) Halogenderivate.* Halogenhaltige Proteine finden sich in der Natur vor, z. B. die jodhaltigen Proteine *Spongin* (in der Gerüstsubstanz von Schwämmen) und *Thyreoglobulin* (in der Schilddrüse der Wirbeltiere). Das Thyreoglobulin hat eine große physiologische Bedeutung, da es das Hormon der Schilddrüse, das *Thyroxin*, in chemischer Bindung enthält.

Halogenproteine können ferner künstlich durch Einführung von Halogenen unter schonenden Bedingungen dargestellt werden. Dabei tritt im wesentlichen Substitution der aromatischen Kerne der Proteine ein. Die Jodierung z. B. erfolgt am besten unter Kühlung und unter Anwendung von Jodjodkali in Gegenwart von schwachen Basen, um die gebildete Jodwasserstoffsäure zu binden.

*e) Desaminierung.* Durch Behandeln mancher Proteine mit salpetriger Säure entstehen die sog. „Desamidoproteine". Die Menge des abgespaltenen, mit dem Apparat von VAN SLYKE gemessenen Stickstoffs gibt ein genaues Maß für die in den Proteinen vorhandenen freien Aminogruppen; diese gehören wahrscheinlich dem Lysin an, dessen $\varepsilon$-Aminogruppe in den Proteinen frei zu liegen scheint.

*f) Aldehydverbindungen.* Sie entstehen bei der Einwirkung von verschiedenen Aldehyden auf Proteine. Wahrscheinlich handelt es sich hierbei um ähnliche Vorgänge, wie sie sich bei der Formoltitration von Aminosäuren und Peptiden abspielen. Formaldehydverbindungen der Proteine, insbesondere des Caseins, finden in der Technik als Kunstmassen vielfache Verwendung.

## F. Konstitution der Eiweißstoffe.

Das allgemeine Strukturproblem der Proteine ist die Frage nach ihrer Molekulargröße. Es waren zuerst rein physikalische Gründe, welche auf ein hohes Molekulargewicht schließen ließen. Durch Vergleich mit den Beobachtungen, welche man beim Studium von homologen Reihen in der organischen Chemie, z. B. der Paraffinreihe, oder bei der Synthese von hochmolekularen Stoffen gemacht hat, hat man die Schwerlöslichkeit der Proteine, ihre Nichtflüchtigkeit sowie ihre Unfähigkeit, hochdisperse Lösungen zu geben, mit dem Vorhandensein eines ziemlich hohen Molekulargewichtes in Zusammenhang gebracht. Versucht man aber dasselbe genau zu bestimmen, so stößt man auf Schwierigkeiten prinzipieller Art.

Die für die Ermittelung des Molekulargewichtes zur Verfügung stehenden Methoden (Messung des osmotischen Druckes, Dampfdichtebestimmung, kryoskopische Methode) sind in diesem Fall wegen der unangenehmen physikalischen Eigenschaften der Eiweißstoffe teils unausführbar, teils vermögen sie ohne weiteres keine eindeutige Auskunft zu geben. Es ist bekannt, daß die Proteine die Tendenz haben, zu dem Lösungsmittel Wasser in innige Beziehung zu treten (Solvatisierungsvorgang); es ist ferner bekannt, daß die Proteine infolge ihrer großen Neigung, Verbindungen mit Neutralsalzen zu bilden, sehr schwer oder überhaupt nicht in reinem Zustand zu erhalten sind; diese beiden Eigenschaften der Proteine allein genügen, um das Resultat osmotischer bzw. kryoskopischer Messungen stark zu entstellen. Man hat daher bei der Verwendung nicht ganz reiner Substanzen, ferner ohne Berücksichtigung von notwendigen Korrekturen, Werte gefunden, welche niedrige Molekulargewichte vortäuschten und so eine Zeitlang manchen Forschern Veranlassung gegeben haben, die Eiweißstoffe als Aggregate eigentlich kleiner Elementarkörper aufzufassen. Anderseits waren in manchen Fällen bei weitestgehend gereinigten Proteinen die gemessenen Ausschläge zu gering, die daraus berechneten Molekulargewichte unwahrscheinlich hoch.

Unter Ausschluß aller denkbaren Fehlerquellen haben E. J. COHN und J. B. CONANT (20) vor kurzem die Molekulargewichte vieler Proteine in Phenol nach der kryoskopischen Methode bestimmt und dabei Werte von 30000 bis 200000 gefunden, z. B. für das Eieralbumin ein Molekulargewicht von etwa 34000. Th. Svedberg (120) hat die Zentrifugalmethode zur Ermittelung des Molekulargewichtes herangezogen; durch Messung des Sedimentationsgleichgewichtes und der Sedimentationsgeschwindigkeit ist er am Beispiel des Eieralbumins zu ähnlichen Ergebnissen gekommen wie E. J. Cohn und J. B. Conant. Auch die Messung des osmotischen Druckes von Eieralbumin führte nach den neuesten Untersuchungen von S. P. L. Sörensen (108) zu einem Molekulargewicht von 34000.

Auch auf einem anderen Wege wurde versucht, das Molekulargewicht mancher Proteine abzuschätzen, nämlich durch stöchiometrische Auswertung ihrer Spaltstücke. So errechnet sich für das Eieralbumin auf Grund seines Gehaltes an Cystin und Tryptophan ebenfalls ein Mindestmolekulargewicht von 35000. Dieser Wert stimmt mit dem auf anderen Wegen (s. oben) ermittelten überein. Für das Hämoglobin aus Rinderblut läßt sich auf Grund seines Gehaltes an Schwefel und Eisen, ferner auf Grund seines Bindungsvermögens für Sauerstoff und Kohlenoxyd ein Mindestmolekulargewicht von 16700 berechnen.

Die oben angeführten Zahlen dürften nur so viel beweisen, daß die Proteine wirklich hochmolekulare Stoffe sind. Ob die gefundenen oder noch zu findenden Werte wirkliche Molekulargewichte der Proteine zahlenmäßig zum Ausdruck bringen, wird vorerst fraglich bleiben; wir wissen ja nicht, ob wir überhaupt berechtigt sind, den Ausdruck Molekül, der für unter sich streng identische Teilchen geprägt worden ist, auch auf dem Gebiet der genuinen Proteine zu übertragen; es ist nicht sicher, daß das Teilchen, welches sich z. B. durch die Osmose bemerkbar macht, auch einem chemischen Molekül entspricht, es ist fraglich, ob der für die Errechnung des „Molekulargewichtes" auswertbare Anteil eines Proteins in jeder einzelnen Eiweißkette vorliegt (K. H. Meyer, H. Mark [78]). Die weitere Entwicklung der Kolloidchemie wie die Verfeinerung der organisch-chemischen Methoden werden dazu beitragen, unser Bild von der allgemeinen Struktur der Proteine zu vervollständigen.

Die ersten systematischen Versuche zur Aufklärung des *inneren Aufbauprinzips* der Eiweißstoffe verdanken wir E. Fischer. Aus seinen grundlegenden Untersuchungen wurde die Anschauung gewonnen, daß die Proteine im wesentlichen aus langen Ketten von miteinander säureamid-artig (peptid-artig) verknüpften Aminosäuren aufgebaut sind. Die Aminosäureverkettung vollzieht sich auf die Weise, daß die eine Aminosäure mit ihrem Carboxyl in die Aminogruppe einer zweiten Aminosäure eingreift:

—NH · CHR · CO—NH · CHR · CO—.

Der Nachweis, daß die Peptidverbindung das wesentliche Prinzip des Aufbaues der Eiweißstoffe repräsentiert, ist von E. Fischer auf verschiedene Weise geführt worden. Einen Anschluß an die natürlichen Proteine suchend, hat E. Fischer durch Anwendung der von ihm aufgefundenen zweckdienlichen Methoden auf synthetischem Wege eine große Anzahl von Peptiden bereitet vom Typus

—NH · CHR · CO—NH · CHR · CO—,

bei deren Aufbau verschiedene Aminosäuren verwendet wurden. Unter der Einwirkung von hydrolytischen Agenzien zerfallen diese Peptide wieder in ihre Bausteine — die Aminosäuren. Es würde den Rahmen dieser Abhandlung stark überschreiten, wollte man hier die zahlreichen von E. Fischer (26) und seinen Mitarbeitern, in der Folgezeit ferner von E. Abderhalden hauptsächlich nach den FISCHERschen Methoden synthetisierten Polypeptide aufzählen. Es sei nur erwähnt, daß die Synthese solcher Polypeptide bis zu einer 18- bis 19gliedrigen Kette, einem Oktadeka- bzw. Enneadeka-peptid, bestehend aus Glycin- und Leucinresten, fortgeschritten ist. Diese hochgliedrigen Polypeptide zeigten in bezug auf Löslichkeit, Aussalzbarkeit eine Ähnlichkeit zu einigen, noch hochmolekularen Abbauprodukten der Eiweißstoffe, nämlich zu den Peptonen.

Wichtig ist die zuerst von E. FISCHER (29, 30) und seinen Mitarbeitern gemachte Feststellung, daß viele synthetisch bereitete Peptide sich durch proteolytische Fermente spalten lassen.

Durch die Verfeinerung der Enzymtechnik und durch die Abgrenzung der Spezifität der verschiedenen proteolytischen Enzyme, wie sie im vorigen Kapitel geschildert wurden, hat man sich in der Folgezeit durch Arbeiten von R. WILLSTÄTTER, E. WALDSCHMIDT-LEITZ, E. ABDERHALDEN, W. GRASSMANN (vgl. die Ausführungen über enzymatische Hydrolyse auf S. 314) überzeugt, daß nicht nur einzelne, wie man früher annahm, sondern eine große Anzahl von verschiedenen proteolytischen Fermenten zur Hydrolyse von Peptiden befähigt sind. Die Zahl der enzymatisch geprüften Peptide wuchs in die Hunderte; sie wurden zum größten Teil nach den FISCHERschen Methoden dargestellt, zu einem Teil, besonders in Fällen, bei denen die FISCHERschen Methoden versagten, nach dem Azlactonverfahren von M. BERGMANN (11) wie nach dem Carbobenzoxyverfahren von M. BERGMANN und L. ZERVAS (8b) bereitet.

Das prinzipiell gleiche Verhalten der Proteine sowie deren Abbauprodukte und der synthetischen Polypeptide gegenüber proteolytischen Fermenten wurde auf das Vorhandensein des gleichen Strukturelementes, der Säureamidbindung, bei den beiden Stoffarten zurückgeführt. Die grundlegende Feststellung während der letzten Jahre (E. WALDSCHMIDT-LEITZ [127]), daß die Wirkung aller bekannten, am Eiweißabbau beteiligten, proteolytischen Enzyme in der Auflösung von Säureamidbindungen besteht, ferner der Befund, daß viele natürliche Eiweißstoffe durch kombinierte Einwirkung von, wie man heute sagen würde, proteïnatischen und ereptischen Enzymen einer vollständigen Hydrolyse zugänglich sind, könnte die Vorstellung rechtfertigen, daß solche Proteine lediglich aus Peptidketten aufgebaut seien; an ihrer überwiegenden Bedeutung wird man in keinem dieser Fälle mehr zu zweifeln haben (E. WALDSCHMIDT-LEITZ [127]). Die FISCHERsche Auffassung über die Struktur der Proteine wurde also durch die Ergebnisse der modernen Enzymchemie voll bestätigt.

Eine weitere Stütze für eine wesentlich peptidartige Anordnung der Aminosäuren in den Eiweißstoffen ergab sich aus der Tatsache, daß es gelungen ist, Peptide unter den Produkten der unvollständigen Hydrolyse von Proteinen aufzufinden und in reiner Form zu isolieren. Dem ersten, von E. FISCHER und E. ABDERHALDEN (27, 28) bei der partiellen Säurehydrolyse von Seidenfibroin abgefangenen Dipeptid, dem Glycyl-d-alanin, folgten andere, wie auch Tri- und Tetrapeptide. Auch unter den Spaltprodukten des enzymatischen Eiweißabbaues, also unter Bedingungen, unter welchen Umlagerungen so gut wie ausgeschlossen sind, hat man eine Anzahl von peptidartigen Stoffen aufgefunden.

Außer der peptidartigen Anordnung der verschiedenen Aminosäuren im großen Eiweißmolekül können, wie schon E. FISCHER hervorgehoben hat, auch andere Verknüpfungsmöglichkeiten in Frage kommen. Schon früh hat man unter den Hydrolysenprodukten mancher Proteine das Leucinanhydrid (Leucinimid)

$$\begin{array}{l} (CH_3)_2 \cdot CH \cdot CH\text{—}CO\text{—}NH \\ \qquad\qquad\quad | \qquad\qquad\quad | \\ \qquad\qquad\quad NH\text{—}CO\text{—}CH \cdot CH \cdot (CH_3)_2 \end{array}$$

aufgefunden. Ähnliche Anhydride von vielen Dipeptiden, sog. *Dioxopiperazine*, sind von E. Fischer (26) in großer Anzahl synthetisch dargestellt und später von E. Abderhalden und seinen Mitarbeitern (6) einerseits, von W. S. Ssadikow und N. D. Zelinsky (117) anderseits unter den Produkten der partiellen Hydrolyse von vielen Eiweißstoffen aufgefunden worden. Diese Befunde sowie die Isolierung von Piperazinen bei der Reduktion von Proteinen (E. Abderhalden [7]), ferner die Ergebnisse der Oxydation von Eiweißstoffen mit Hypobromit (St. Goldschmidt [34, 35, 37]) sind oft als Beweis für die Dioxopiperazinstruktur mancher Proteine gedeutet worden. Allein die überaus leichte sekundäre Bildung von Dioxopiperazinen aus Dipeptiden, auf die schon P. Brigl (16) sowie E. Abderhalden und E. Komm (4) hingewiesen haben, läßt es fraglich erscheinen, ob solche Dioxopiperazine in den Proteinen präformiert sind. Die am meisten untersuchten Proteine, nämlich die Protamine, enthalten sicher keine Dioxopiperazine, wie besonders am Beispiel des Clupeins von M. Bergmann, L. Zervas und H. Köster (13) gezeigt worden ist (vgl. S. 329). Auch die Ergebnisse der enzymatischen Hydrolyse sprechen gegen die, wenigstens wesentliche, Beteiligung von Dioxopiperazinen am Aufbau der Proteine. Eine Aufspaltung von Dioxopiperazinen unter physiologischen Bedingungen durch die wichtigsten Typen der proteolytischen Fermente ist bis jetzt nicht beobachtet (E. Waldschmidt-Leitz [126]). Ist damit das Vorkommen von Dioxopiperazinen in den enzymatisch zerlegbaren Proteinen als ausgeschlossen zu betrachten, so darf immerhin die Möglichkeit des Vorkommens von Dioxopiperazinen in vielen enzymatisch unspaltbaren tierischen Skeletsubstanzen, darunter der Seidenfaser, nicht außer acht gelassen werden.

Die Mannigfaltigkeit der am Aufbau der Proteine beteiligten Aminosäuren macht die Frage verständlich, ob sich neben der Säureamidbindung noch andere Verknüpfungsarten von Aminosäuren in den Eiweißstoffen vorfinden. Eine andere Möglichkeit wäre z. B. durch eine *ester*artige Verknüpfung der OH-Gruppen von Oxyaminosäuren mit den Carboxylen anderer Aminosäuren gegeben. Über das Vorkommen solcher esterartigen Bindungen in den Proteinen ist bis jetzt mit Sicherheit nichts bekannt. Es liegen schließlich nur Modellversuche von M. Bergmann, weiterhin auch von P. Karrer und seinen Mitarbeitern vor, die eine solche Möglichkeit diskutiert haben. So haben M. Bergmann und A. Miekeley (9) gefunden, daß N-acylierte Aminosäureester unter der Einwirkung wasserspaltender Mittel, wie Thionylchlorid, in Oxazolinderivate übergehen; z. B. N-Benzoyl-serinmethylester in den Oxazolincarbonsäureester.

```
CH2 · CH · COOCH3                    CH2—CH—COOCH3
|     |                              |    |
OH    NH · CO · C6H5    ——→          O    N
                                      \  //
                                     C(C6H5)
```

Die freie Oxazolinsäure nimmt nun in saurer Lösung wieder Wasser auf und liefert dabei unter Wanderung des Acyls von Stickstoff zum Sauerstoff O-Benzoylserin, während sie im alkalischen Medium das ursprüngliche N-Benzoylserin zurückgibt.

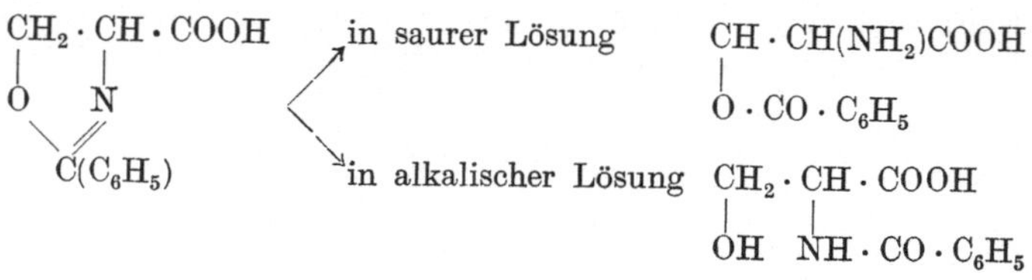

```
CH2 · CH · COOH      ↗ in saurer Lösung        CH · CH(NH2)COOH
|     |                                        |
O     N                                        O · CO · C6H5
 \   //
C(C6H5)              ↘ in alkalischer Lösung   CH2 · CH · COOH
                                               |     |
                                               OH    NH · CO · C6H5
```

Will man die Benzoylserine als einfache Modelle von Peptiden betrachten, an deren Aufbau Oxyaminosäuren beteiligt sind, so wäre der hier verwirklichte Umlagerungscyclus N-Peptid ⟶ Oxazolin ⟶ O-Peptid ⟶ N-Peptid für die Proteinchemie im Hinblick auf die Veränderungen, die die Proteine mit verdünnten Alkalien oder Säuren erleiden, von größtem Interesse. Aus diesen Versuchen geht ferner hervor, daß der Nachweis und die Isolierung eventuell in den Proteinen vorkommender Ester-peptide mit großen Schwierigkeiten verbunden sein wird.

Bei Übertragung dieser Versuche auf ein echtes Peptid des Serins, das N-Glycyl-serin, haben M. BERGMANN und A. MIEKELEY über eine Reihe von Zwischenstufen aus dem Dipeptid Glycylserin ein neuartiges Dioxopiperazin, das Methylendioxopiperazin, erhalten:

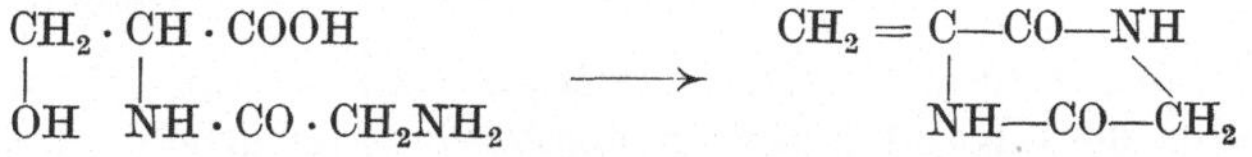

$$\begin{array}{ll} CH_2 \cdot CH \cdot COOH & \\ | \qquad | & \\ OH \quad NH \cdot CO \cdot CH_2NH_2 & \end{array} \longrightarrow \begin{array}{l} CH_2 = C\text{—}CO\text{—}NH \\ \qquad\;\; | \qquad\qquad \diagdown \\ \qquad NH\text{—}CO\text{—}CH_2 \end{array}$$

das eine starke Tendenz hat, in Stoffe mit anscheinend hohem Molekulargewicht und eiweißähnlichen Eigenschaften überzugehen. Die noch ausstehende Synthese eines echten Esterpeptides und das Studium seines Verhaltens gegenüber proteolytischen Fermenten wird erst ermöglichen, zu der Frage des Vorkommens solcher Bindungsarten in den Proteinen endgültig Stellung zu nehmen.

Im Gegensatz zu allen bisherigen Anschauungen über die Konstitution der Eiweißstoffe steht eine originelle Theorie, die N. TROENSEGAARD (124) aufgestellt hat. Nach TROENSEGAARD bestehen die Proteine aus labilen, heterocyclischen Systemen, insbesondere aus Oxypyrrolringen. Die Entstehung von α-Aminosäuren bei der Hydrolyse von Proteinen wäre demnach einer sekundären Umlagerung der anfänglichen Spaltstücke zu verdanken. N. TROENSEGAARD gibt eine derartige Proteinstruktur folgendermaßen wieder:

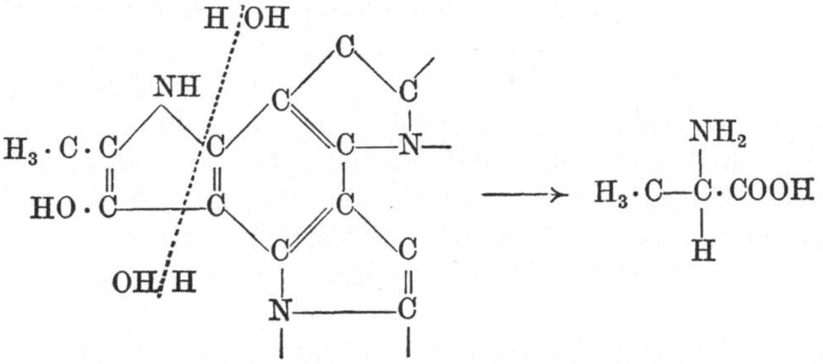

```
                    H :OH
                      :        C
                      :      /   \
             NH       :    C       C/
           /    \    :   //        |
H3·C·C/          \C/     \\C——N—                 NH2
      ||          :||         |                   |
HO·C———————:—C           C        ——>  H3·C—C·COOH
                 :   \      //  \                   |
                :     C/        C                  H
          OH/H        |         ||
                      N—————C
                      |         |
```

Die punktierte Linie veranschaulicht, wie durch den Eintritt zwei Wassermoleküle und durch Umlagerung eine Aminosäure, in diesem Falle Alanin, abgespalten wird.

Zu dieser Auffassung gelangte N. TROENSEGAARD beim Studium des anhydrolytischen Abbaues mancher Proteine. Sein Verfahren besteht in der Acetylierung der Proteine mittels Acetylchlorid und Essigsäureanhydrid bei ziemlich hohen Temperaturen und in der Hydrierung der erhaltenen Acetylproteine mit Natrium und Alkoholen, wobei nach seiner Meinung eine Stabilisierung der in den Proteinen primär vorhandenen sauerstoffhaltigen ringartigen Komplexen bewirkt wird. Dabei entstehen Gemische von basischen heterocyclischen Spaltprodukten, insbesondere Pyrrolderivate, aber keine aliphatische Amine oder Aminoalkohole, die auftreten müßten, wenn die Proteine peptidartig aufgebaut wären.

TROENSEGAARDS Theorie ist schwer zu vereinen mit den gesicherten Befunden E. FISCHERS über die intermediäre Bildung von Peptiden bei der Proteolyse und vermag die spezifische Einstellung der proteolytischen Enzyme auf die Hydrolyse von Peptiden nicht zu erklären. Die nach seiner Methode aus den Proteinen erhaltenen heterocyclischen Produkte, deren Menge oft sehr gering und deren eindeutige Charakterisierung oft unsicher ist, dürften ihre Entstehung der angewandten Acetylierungsverfahren und den hohen Temperaturen verdanken.

Überblickt man die Ergebnisse der bisherigen Forschung über die Konstitution der Proteine, so muß man feststellen, daß nur für das Vorliegen von Peptidbindungen gesicherte experimentelle Unterlagen existieren. An der überwiegenden Bedeutung der Peptidtheorie, wenigstens für die enzymatisch spaltbaren Proteine, ist nicht zu zweifeln.

## Spezieller Teil.

Eine rationelle Einteilung der Eiweißstoffe auf strukturchemischer Grundlage ist, wie aus dem Kapitel über Konstitution ersichtlich ist, zur Zeit nicht möglich. Vorkommen, Zusammensetzung, Löslichkeitsverhältnisse bilden noch die einzigen Unterscheidungsmerkmale, auf Grund deren man die Proteine von altersher in verschiedene Gruppen eingeteilt hat.

Ganz allgemein unterscheidet man *einfache* und *zusammengesetzte* Proteine. Während die ersteren mehr oder weniger allein aus Aminosäuren aufgebaut sind, enthalten die zusammengesetzten Eiweißstoffe außer einem Eiweißkern auch andere Stoffe, als *prosthetische Gruppe*, in chemischer Form gebunden. Die einfachen Eiweißstoffe zerfallen weiter in eine Reihe von Untergruppen, welche durch den Gehalt an bestimmten Aminosäuren oder durch die Löslichkeit der ihnen zugeteilten Proteine voneinander unterschieden werden. So grenzt man z. B. zwei Untergruppen von Proteinen ab: die sog. *Protamine* und *Histone*, bei deren Aufbau vorwiegend die stark basischen Diaminosäuren Arginin, Histidin und Lysin beteiligt sind. Die *Albumine*, eine andere Gruppe von einfachen Eiweißstoffen, sind durch ihre Löslichkeit in salzfreiem Wasser ausgezeichnet, während die sog. *Globuline* nur in Neutralsalzlösungen löslich sind. Verschieden von diesen sind die sog. *Prolamine*, deren hervorstechendste Eigenschaft ihre Löslichkeit in verdünntem Alkohol ist. Eine letzte Gruppe von einfachen Proteinen (*Skleroproteine*) umfaßt die nahezu unlöslichen Eiweißstoffe. Bei den zusammengesetzten Proteinen unterscheidet man je nach dem Wesen der prosthetischen Gruppe *Phosphorproteine*, *Chromoproteine*, *Lipoproteine*, *Glykoproteine*.

Dem Zweck des vorliegenden Buches entsprechend sind die Proteingruppen, zu denen auch pflanzliche Eiweißstoffe gehören, etwas ausführlich besprochen, während die Gruppen, die nur tierische Eiweißstoffe enthalten, in der Regel kurz behandelt werden. Eine Ausnahme ist nur bei den Protaminen und Histonen gemacht. Obwohl sie durchweg tierischen Ursprungs sind, werden sie als die bestbekannten Eiweißstoffe eingehend behandelt, denn die genaue Kenntnis dieser Proteine dürfte wesentlich zum Verständnis der übrigen Eiweißgruppen beitragen.

## G. Protamine.

Die Protamine sind Eiweißstoffe von stark basischem Charakter, der durch einen überwiegenden Gehalt an Diaminosäuren bedingt wird. Neben den Diaminosäuren, insbesondere dem Arginin, welches bei manchen Protaminen bis zu 85—90 % der Spaltprodukte ausmacht, treten die Monoaminosäuren der Menge nach stark zurück, während Aminodicarbonsäuren und Cystin ganz fehlen. Die Protamine besitzen, wie es scheint, im Vergleich zu anderen Proteinen kein sehr hohes Molekulargewicht.

Die Entdeckung der Protamine, deren Erforschung man hauptsächlich A. KOSSEL (62) und seiner Schule verdankt, ging von F. MISCHERS Untersuchungen über die chemische Natur des Zellkerns aus. Die Protamine kommen in den reifen Spermien vieler Fische vor, wobei sie in salzartiger Verbindung mit Nucleinsäuren den Hauptbestandteil der Spermatozoenköpfe bilden; ihr Vorkommen in den Fischspermien ist die Folge einer entwicklungsgeschichtlichen Umformung ursprünglicher typischer Proteine, die die Ausprägung eines basischen Charakters bewirkt. Die Protamine stellen das Endglied dieser Entwicklungsreihe dar. In der Pflanzenwelt sind bis jetzt keine Protamine aufgefunden worden.

Die Darstellung der Protamine beginnt mit der Isolierung der Spermatozoen aus den laichreifen Testikeln. Die Testikel der Fische werden fein zerhackt und die breiige Masse in dem 4—5fachen Volumen Wasser verteilt. Nachdem die Aufschwemmung der Testikelmasse durch weitmaschiges Gewebe (Mull) oder Drahtsieb getrieben wird, versetzt man die kolierte, milchige Flüssigkeit mit verdünnter Essigsäure bis zum Eintritt einer kräftigen Kongobläuung, wobei sich die Spermatozoen als gut filtrierbare Masse abscheiden. Sie werden mit essigsäurehaltigem Wasser ausgewaschen, mit mehreren Portionen Alkohol zunächst bei Zimmertemperatur, dann in der Siedehitze extrahiert und zum Schluß durch Extraktion mittels Äthers von Fettsubstanzen befreit. Die Spermamasse besteht nun aus nucleinsaurem Protamin und kann in diesem Zustand lange aufbewahrt werden.

Für die Isolierung der Protamine werden die vorliegenden nucleinsauren Protamine zwecks Entfernung der Nucleinsäuren entweder mit verdünnter Schwefelsäure zerlegt oder mit Kupferchlorid umgesetzt.

Nach dem ersten, von A. KOSSEL (62) ausgearbeiteten Verfahren werden die nucleinsauren Protamine mit der fünffachen Menge 1proz. Schwefelsäure $^1/_2$ Stunde geschüttelt, filtriert und die Extraktion des Filterrückstandes so lange wiederholt, bis die schwefelsauren Extrakte keinen deutlichen Niederschlag mehr mit Alkohol geben. Die schwefelsauren Extrakte werden mit der dreifachen Menge Alkohol gefällt, der aus Protaminsulfat bestehende Niederschlag durch Dekantieren und Abnutschen gewonnen, in wenig heißem Wasser gelöst und die Alkoholfällung wiederholt. Löst man nun den aus 100 g der lufttrockenen Spermamasse erhaltenen Niederschlag in etwa $1^1/_2$ l heißem Wasser und läßt die Lösung erkalten, so scheidet sich ein kleiner Teil des Protaminsulfates als Öl ab, der entfernt wird. Beim Einengen der überstehenden Flüssigkeit bei niederer Temperatur unter vermindertem Druck auf ein kleines Volumen scheidet sich die Hauptmenge des Protaminsulfats als Öl ab. Diese mittlere Fraktion des Öls ist als die reinste anzusehen. Zur weiteren Reinigung wird das in warmem Wasser gelöste Protaminsulfat mit Natriumpikrat umgesetzt, das erhaltene Protaminpikrat in Gegenwart eines Überschusses von Schwefelsäure durch Ausschütteln mit Toluol von der Pikrinsäure befreit und das Protaminsulfat aus der schwefelsauren Lösung mit Alkohol ausgefällt.

Die Ausbeute beträgt bei der Verarbeitung reifer Testikel gewöhnlich 15—20% der lufttrockenen Spermamasse.

Eine andere Methode zur Isolierung der Protamine aus ihren nucleinsauren Salzen ist von M. NELSON-GERHARDT (83) ausgearbeitet. Sie beruht darauf, daß die Nucleinsäuren durch Digestion mit Kupferchlorid in die unlöslichen Kupfersalze übergeführt werden, während die Protamine als Hydrochloride in Lösung gehen. Die letzteren werden als Pikrate ausgefällt und die Pikrate durch Auflösen in Acetonwasser und Zusatz von Schwefelsäure in die durch Alkohol fällbaren Sulfate zurückverwandelt.

Es hat sich gezeigt, daß die nach diesen Verfahren erhaltenen Protaminsulfate nicht als durchaus einheitlich zu gelten haben. Sie bestehen vielmehr aus Komponenten von sehr ähnlicher Zusammensetzung, von ähnlicher enzymatischer Spaltbarkeit und von ähnlicher Molekülgröße.

Für die weitere Reinigung der Protamine empfiehlt sich, die Protaminsulfate aus konzentrierter wäßriger Lösung als Öle abzuscheiden und diese Operation bis zur Konstanz des Quotienten Gesamtstickstoff/Aminostickstoff fortzusetzen (E. WALDSCHMIDT-LEITZ und Mitarbeiter [130]).

*Zusammensetzung und Eigenschaften der Protamine.* Die charakteristischen Eigenschaften der Protamine entspringen ihrer überwiegend basischen Natur. So liegt z. B. der isoelektrische Punkt der Protamine bei so hoher Alkalität, daß sie in freiem Zustande unbeständig sind und der Selbsthydrolyse unterliegen; die mineralsauren Salze der Proteine reagieren daher neutral. Die Sulfate scheiden sich beim Erkalten ihrer heißen wäßrigen Lösungen als farblose Öle ab (s. oben). Kennzeichnend ist das Verhalten der Protamine gegenüber der sog. Alkaloidreagenzien, z. B. Pikrinsäure, Phosphorwolframsäure oder Ferrocyanwasserstoffsäure. Während die meisten Proteine durch die genannten Reagenzien nur bei saurer Reaktion gefällt werden, tritt bei den Protaminen infolge ihrer starken Basizität sowohl bei saurer wie auch bei neutraler, ferner sogar bei alkalischer Reaktion eine Fällung ein. Niederschläge entstehen ferner, wenn man ammoniakalische Lösungen von Protaminen zu einer Eiweißlösung hinzufügt. Als Stoffe von, wie es scheint, verhältnismäßig niederem Molekulargewicht zeigen sie keine Koagulation, ferner keine Denaturierungserscheinungen. Wie H. T. THOMPSON (123) gefunden hat, rufen die Protamine bei intravenöser Injektion stark toxische Wirkungen hervor; von Salmin, Scombrin und Clupein genügen 15—18 mg je Kilogramm Hund, um den Tod herbeizuführen.

Je nach der Anzahl an ihrem Aufbau beteiligten Diaminosäuren werden die Protamine von A. KOSSEL als *Monoprotamine* (nur Arginin enthaltend), Diprotamine (Lysin oder Histidin neben Arginin enthaltend) und *Triprotamine* (die außer Arginin noch Lysin und Histidin enthalten) unterschieden. Die Anzahl und die Menge der übrigen Bausteine der Protamine, der Monoaminosäuren, ist eine geringe, und zwar ist das Verhältnis der Diaminosäuren zu den Monoaminosäuren stets 2:1 gefunden, eine Tatsache, die für die Protamine charakteristisch ist.

Tabelle 4 gibt die elementare Zusammensetzung der Sulfate der wichtigsten Protamine, ihre spezifische Drehung. Der Stickstoffanteil der Diaminosäuren an dem Gesamtstickstoff der Protamine, der allein exakt zu ermitteln ist, wurde in einer besonderen Spalte aufgezeichnet, während über die Monoaminosäuren nur qualitative Angaben zu finden sind.

Tabelle 4.

| Protamin | Herkunft | Gehalt in % an | | | $[\alpha]_D$ | Bausteine | | | |
|---|---|---|---|---|---|---|---|---|---|
| | | | | | | N-Gehalt in % des Totalstickstoffs | | | Noch nachgewiesene Aminosäuren |
| | | C | H | N | | Arginin | Histidin | Lysin | |
| Salmin . . . | Rheinlachs | 38,3 | 6,5 | 24,1 | — 81 | 89 | — | — | Prolin, Valin, Serin |
| Clupein . . | Hering | 37,7 | 6,8 | 24,9 | — 81 | 89 | — | — | Alanin, Valin Serin, Prolin |
| Scombrin . | Makrele | 38,7 | 7,0 | 24,2 | — 72 | 89 | — | — | Alanin, Prolin |
| Sturin . . . | Stör | 37,4 | 6,5 | 22,6 | — 60 | 67 | 10 | 7,5 | Alanin, Leucin |

*Hydrolyse der Protamine. Konstitution.* Bei der intensiven Wirkung von Mineralsäuren auf Protamine werden als Endprodukte der Hydrolyse die Bausteine der Protamine, die Aminosäuren, erhalten, wie sie in der vorstehenden Tabelle für die wichtigsten Protamine aufgeführt wurden.

Unterwirft man die Protamine der partiellen Säurehydrolyse, z. B. durch halbstündiges Kochen mit 10proz. Schwefelsäure auf dem Wasserbade, so entstehen die sog. *Protone* (A. KOSSEL [64]), von denen einige isoliert, aber nicht als einheitliche Körper identifiziert wurden. Die Protone weisen noch das für die Protamine charakteristische Verhältnis der Diaminosäuren zu den Monoaminosäuren (2:1) auf und scheinen deshalb Tripeptide aus 2 Molekülen Arginin und 1 Molekül Monoaminosäure darzustellen. Anderseits ist von R. E. GROSS (46) darauf hingewiesen, daß in solchen Abbaugemischen sowohl Argininpeptide wie auch Monoaminosäuren-peptide aufzutreten scheinen.

Über die enzymatische Hydrolyse von Protaminen liegen vor allem aus neuerer Zeit ausgedehnte Untersuchungen vor, die man hauptsächlich E. WALDSCHMIDT-LEITZ (127) und seinen Mitarbeitern verdankt. Pepsin, inaktiviertes Papain sowie das ereptische Enzymgemisch greifen Protamine nicht an, wohl aber aktiviertes Papain und aktiviertes tryptisches Enzymgemisch. Derselbe Forscher hat auch die fraktionierte Hydrolyse der Protamine mit verschiedenen, seinerzeit allerdings in ihrer Spezifität noch nicht ganz abgegrenzten, proteolytischen Enzymen studiert, um Einblick in die Anordnung ihrer Bausteine zu gewinnen. Es ergab sich dabei die Feststellung einer ausschließlich peptidartigen Verknüpfung der Aminosäuren im Molekül und die Unterscheidung gewisser Gruppen unter den Peptidbindungen der angewandten Protamine auf Grund der enzymatischen Spaltbarkeit. Ferner geht aus seinen Untersuchungen hervor, daß die Guanidogruppe des Arginins an den Peptidbindungen der Protamine nicht beteiligt ist, eine Feststellung, die schon A. KOSSEL (63) aus der Nitrierbarkeit der Protamine und aus der Isolierung von Nitroarginin unter den Spaltprodukten der nitrierten Protamine abgeleitet hat. In diesem Zusammenhang ist zu erwähnen, daß E. WALDSCHMIDT-LEITZ und Mitarbeiter (130) vor kurzem über die Isolierung eines besonderen, Protamine spaltenden Enzyms, *der Protaminase*, aus den Auszügen aus Pankreas, berichtet haben, deren Wirkungen bisher nur in ihrem Gemische mit anderen Proteasen beobachtet waren. Ihre Wirkung besteht in der Abspaltung basischer Aminosäuren, so von Arginin, am Carboxylende der Substrate. Die Einwirkung der Protaminase auf gereinigtes Clupein und Salmin führt in beiden Fällen ausschließlich zur Abspaltung von freiem Arginin. Die Menge des abgespaltenen Arginins beträgt $^1/_5$ vom Gesamtarginingehalte des Clupeins und $^1/_7$ von dem des Salmins. Trotz der aus den abgespaltenen Argininanteilen sich errechnenden erheblichen Verkleinerung des Moleküls, weisen die übriggebliebenen Anteile der Protamine denselben hohen $N:NH_2$-Quotienten auf wie die unveränderten Protamine. Die Verfasser schließen daraus, daß die Aminosäurekette des Clupeins und des Salmins mit einem Prolinrest mit freier Iminogruppe beginnt, während ihr Carboxylende Argininresten angehört.

Ein rein chemischer Beweis für den peptidartigen Aufbau des Clupeins wurde von M. BERGMANN, L. ZERVAS und H. KÖSTER (13) geliefert. Diese Autoren fanden, daß argininhaltige, optisch aktive Dioxopiperazine vom Typus

```
CH2 · CH2 · CH2 · CH—CO
|                 |   |
NH                NH  NH
|                 |   |
C=NH              CO—CH · R
|
NH2
```

sobald sie aus ihren mineralsauren Salzen mit Laugen in Freiheit gesetzt werden, innerhalb kurzer Zeit (45—60 Minuten) eine vollständige Racemisierung erleiden, deren Ablauf dem Gesetze für eine monomolekulare Reaktion gehorcht. Das entsprechende Dipeptid

```
CH2 · CH2 · CH2 · CH · COOH
|                 |
NH                NH  NH2
|                 |   |
C=NH              CO—CHR
|
NH2
```

zeigt dagegen keine Neigung zur Selbstinaktivierung. Ein entsprechender Versuch mit freiem Clupein ergab, daß dieses innerhalb einigen Stunden keine merkliche Autoracemisierung erleidet. Erst nach längerer Zeit setzt eine geringe, langsam verlaufende Abnahme des Drehungsvermögens ein. Diese langsame Autoracemisierung des freien Clupeins hängt mit der Beobachtung von A. KOSSEL (66) zusammen, daß Eiweißstoffe in alkalischem Medium langsam racemisiert werden, sie kann aber mit der schnell verlaufenden Autoracemisierung von argininhaltigen Dioxopiperazinen nicht verglichen werden. Demzufolge ist das Arginin in Clupein nur in Form von peptidartigen Bindungen enthalten.

## H. Histone.

Die Histone, die zuerst von A. KOSSEL (67) aufgefunden und eingehend untersucht wurden, sind ähnlich den Protaminen Eiweißstoffe von überwiegend basischem Charakter, der durch einen verhältnismäßig hohen Gehalt an Diaminosäuren, insbesondere Arginin, bedingt wird. Von den Protaminen unterscheiden sie sich durch die größere Mannigfaltigkeit ihrer Bausteine, sie sind in dieser Hinsicht von den typischen Eiweißstoffen nicht verschieden.

In salzartiger Verbindung mit Nucleinsäuren bilden die Histone den Hauptbestandteil der Zellkerne der weißen und roten Blutkörperchen. Die Testikeln mancher Fischarten, beispielsweise der Makrele oder des Herings, enthalten nur in unreifem Zustand Histone, die sich bei fortschreitender Reife zunehmend in Protamine verwandeln. Der Entwicklungsvorgang, der in den Kernen einzelner Familien und Genera von Fischen zu den Protaminen führt, bleibt bei den meisten Tieren auf einer Zwischenstufe, der Bildung von Histonen, stehen (A. KOSSEL [62]). Der Gruppe der Histone ist schließlich auch die Eiweißkomponente des Blutfarbstoffes, das Globin, im Hinblick auf seine basischen Eigenschaften zuzurechnen. In den Pflanzen sind bis jetzt keine Histone vorgefunden worden.

Die Darstellung der Histone geschieht im allgemeinen in der Weise, daß die nucleinsauren Histone, ähnlich den nucleinsauren Protaminen, mit verdünnten Mineralsäuren zerlegt werden, die abgeschiedenen Nucleinsäuren durch Filtration entfernt und im Filtrat das mineralsaure Histon mit Alkohol ausfällt.

*Eigenschaften der Histone.* Die typischen Eigenschaften der Histone hängen mit ihrer stark basischen Natur zusammen. So lassen sie sich aus ihrer wäßrigen Lösung, entsprechend der Lage ihres isoelektrischen Punktes in alkalischem Bereich, mit Ammoniak ausfällen, eine Reaktion, die zu der Entdeckung der Histone geführt hat; in einem Überschuß von Ammoniak, besonders in freien Alkalien oder Mineralsäuren, sind die Histone dagegen leicht löslich.

Charakteristisch ist ferner das Verhalten der Histone gegenüber den Alkaloidreagenzien, beispielsweise Pikrinsäure, Phosphorwolframsäure oder Ferrocyanwasserstoffsäure. Entsprechend der geringen hydrolytischen Spaltung ihrer Salze werden die Histone durch die genannten Reagenzien nicht nur bei saurer, sondern auch bei neutraler Reaktion gefällt. Neutrale Lösungen von Histonen geben ferner mit salzarmen Lösungen anderer Eiweißstoffe, z. B. mit Lösungen von Casein oder Serumglobin, unlösliche Niederschläge, deren Zusammensetzung bestimmten stöchiometrischen Verhältnissen der reagierenden Proteine entspricht. Die Koagulierbarkeit der Histone ist beschränkt, ebenfalls ihre Tendenz zur Denaturierung.

Am Aufbau der Histone sind außer Diaminosäuren auch eine erhebliche Anzahl Monoaminosäuren, ferner Aminodicarbonsäuren beteiligt. Durch diese komplizierte Zusammensetzung wie durch ihren Gehalt an Schwefel unterscheiden sich die Histone von den Protaminen, mit denen sie sonst alle ihre oben erwähnten Eigenschaften teilen.

*Thymushiston.* Das bestbekannte und am häufigsten untersuchte Histon ist das Thymushiston, welches zuerst L. LILIENFELD (70) aus den Leukocyten der Thymusdrüse isoliert hat. Von den Vorschriften für die Darstellung dieses Histons aus Thymusgewebe sei die vor kurzem von K. FELIX und A. HARTNECK (27) empfohlene wiedergegeben. Aus den dünnflüssigen kolierten wäßrigen Extrakten des Drüsenbreies wird durch Zusatz von einigen Kubikzentimetern verdünnter Essigsäure das nucleinsaure Histon ausgefällt; dieses wird weiterhin in Wasser aufgenommen, mit verdünnter Natronlauge bis zur neutralen bzw. schwach sauren Reaktion, und dann mit Schwefelsäure versetzt. Nach dem Abfiltrieren von den ausfallenden Nucleinsäuren wird aus dem leicht opalisierenden Filtrate (ist das Filtrat klar, so enthält es kaum Histon; es ist in diesem Fall zu wenig Schwefelsäure zugesetzt worden), mit Alkohol das Histon als Sulfat ausgefällt. Durch wiederholtes Lösen in Wasser und Wiederausfällen mit Alkohol erhält man ein ganz weißes staubendes Pulver. Die Ausbeute beträgt aus 1 kg Drüsensubstanz 25—30 g Histonsulfat. Zur Gewinnung eines löslichen Präparates der freien Base löst man das Histonsulfat in Wasser, bringt die Lösung durch Zusatz von n/10 Natronlauge auf den $p_H$ des isoelektrischen Punktes ($p_H = 8{,}5$) und fällt die freie Base mit der gleichen Menge Alkohol aus. Bei 2—3maliger Wiederholung der Lösung und Alkoholfällung erhält man das freie Histon als rein weißes Pulver, das nur Spuren von Schwefelsäure, wahrscheinlich als Natriumsulfat, enthält.

Die elementare Zusammensetzung des Thymushistons entspricht einem Gehalte von 52,4 % Kohlenstoff, 7,3 % Wasserstoff, 17,5—18,4 % Stickstoff und 0,6 % Schwefel. Die Bausteinanalyse des Histons ist bis jetzt nur unvollständig geblieben. In der Tabelle 5 findet sich die Anzahl und die Menge der bis jetzt bei der Hydrolyse des Histons isolierten Aminosäuren.

Tabelle 5. (Angaben bedeuten g Aminosäure in 100 g Protein.)

| Aminosäure | Thymushiston | Globin |
|---|---|---|
| Glykokoll | 0,5 | — |
| Alanin | 3,5 | 4,2 |
| Leucin | 11,8 | — |
| Valin + Isoleucin | — | 29,0 |
| Asparaginsäure | — | 4,4 |
| Glutaminsäure | 3,7 | 1,7 |
| Serin | — | 0,6 |
| Cystin | — | 0,3 |
| Tyrosin | 6,3 | 4,0 |
| Tryptophan | 1,1 | 3,6 |
| Prolin | 1,5 | 4,5 |
| Oxyprolin | — | 1,0 |
| Arginin | 14,4 | 5,4 |
| Histidin | 2,2 | 11,0 |
| Lysin | 7,7 | 10,5 |
| Ammoniak | — | 0,9 |
| Summe: | 52,7 | 81,1 |

Isoelektrisches, salzfreies Thymushiston ist in Wasser sehr wenig löslich; als mineralsaures Salz, beispielsweise Sulfat, ist es dagegen in Wasser ziemlich löslich, die Lösung ist aber stark getrübt und zeigt hohe Viscosität. Nach neueren Messungen von K. FELIX und A. HARTENECK (24) enthält das Thymushiston auf 100 Stickstoffatome 11,5 freie saure und 8,3 freie basische Gruppen. Aus den allerdings nicht ganz sicheren Schätzungen von BETHAF UGGLAS (14) ergibt sich für das Histon ein Molekulargewicht von über 6000.

Thymushiston verhält sich gegenüber proteolytischen Fermenten als typisches, hochmolekulares Protein. So wird es, im Gegensatz zu den Protaminen, durch Pepsin angegriffen unter Bildung von peptonartigen Produkten (A. KOSSEL [65]). Die Pepsineinwirkung erhöht nach K. FELIX und A. HARTENECK (24) das Bindungsvermögen des Histons für Säuren und Basen, und zwar beide um den gleichen Betrag. Die dabei entstehenden, teils niedermolekularen, teils hochmolekularen Spaltprodukte, darunter das basische argininreiche Histopepton, sind nach der Meinung der zuletzt genannten Autoren in dem ursprünglichen Histon durch Lysin miteinander verknüpft; dies schließen sie aus ihrem Befund, daß bei der peptischen Hydrolyse Lysin in Freiheit gesetzt wird.

Sowohl aus den Ergebnissen der soeben besprochenen peptischen Hydrolyse, wie aus der mit Pepsin, Trypsingemisch, Ereptasen oder Papain-Blausäure von E. WALDSCHMIDT-LEITZ (127) durchgeführten fraktionierten Hydrolyse des Thymushistons ergibt sich, daß der gesamte Prozeß der hydrolytischen Aufspaltung in der Lösung von gewöhnlchen Peptidbindungen besteht, wobei äquivalente Mengen von Carboxyl- und Aminogruppen in Freiheit gesetzt werden. Damit ist auch erwiesen, daß die Guanidogruppe des Arginins, auch die $\varepsilon$-Aminogruppe des Lysins, an der säureamidartigen Verkettung des Moleküls nicht beteiligt sind.

Ähnliche Eigenschaften wie das Thymushiston, besitzt eine Reihe von anderen Histonen, z. B. das als erstes Histon von A. KOSSEL aus den Leukocyten des Gänseblutes isoliertes, ferner die verschiedenen aus den Spermatozoen der Fische gewonnenen. Nimmt man als Kriterium für die Zugehörigkeit eines Proteins zu der Klasse der Histone ihre basischen Eigenschaften, so ist das sog. *Globin*, die Eiweißkomponente des Blutfarbstoffes, den Histonen zuzuteilen. Das Globin zeichnet sich durch seinen hohen Gehalt an Histidin und Lysin aus, während die Menge des Arginins stark zurücktritt. Die Zusammensetzung des hydrolysierten Globins ergibt sich aus der Tabelle 5.

# J. Albumine.

Die Albumine sind koagulierbare Eiweißstoffe, deren charakteristische Eigenschaft ihre Löslichkeit in salzfreiem Wasser ist. Auch von verdünnten Salzlösungen, Säuren und Alkalien werden sie leicht gelöst. Die Lösungen der Albumine gehen durch dünne Ultrafilter hindurch, eine Eigenschaft, die andere koagulierbare Proteine nicht aufweisen; daraus scheint es hervorzugehen, daß unter den typischen nativen Eiweißstoffen die Albumine das geringste Molekulargewicht besitzen. Die leichte Löslichkeit der Albumine äußert sich ferner in ihrem Verhalten beim Aussalzen; sie beanspruchen für ihre Aussalzbarkeit sehr hohe Salzkonzentrationen, eine Tatsache, die für ihre Trennung von anderen Eiweißstoffen von besonderer Wichtigkeit ist. Bei den Albuminen überwiegen die sauren Eigenschaften, ihr isoelektrischer Punkt liegt in schwach saurem Gebiet. Charakteristisch ist schließlich für die Albumine das Fehlen von Glykokoll unter ihren Spaltprodukten.

Die Albumine kommen in der Natur meist vergesellschaftet mit den sog. Globulinen vor, die ganz andere Löslichkeitseigenschaften als die Albumine besitzen, weshalb sie sich aus den natürlichen Proteingemischen leicht entfernen lassen. Die bestuntersuchten, auch in krystallisierter Form erhaltenen Albumine der Tierwelt, sind das Albumin aus Ei, das Serumalbumin und das Milchalbumin. Auch in der Pflanzenwelt kommen Albumine vor. Fast alle Pflanzensamen enthalten 0,1—0,5% wasserlösliche, koagulierbare Proteine, die die wesentlichen Eigenschaften der animalischen Albumine besitzen. Unter den letzteren sind besonders das Leukosin des Weizens, das Ricin aus der Ricinusbohne und das Legumelin aus Erbse und dgl. zu erwähnen.

## a) Albumine der Tierwelt.

*a) Eieralbumin.* Das Eieralbumin bildet den Hauptbestandteil des weißen Teils des Hühnereies (Eierklar). Wegen seiner leichten Zugänglichkeit ist das Eieralbumin der häufigst untersuchte Eiweißstoff, gab er doch der ganzen Klasse der Proteine den Namen.

Zur Gewinnung von reinem, krystallisierten Eieralbumin verfährt man nach dem folgenden von S. P. L. Soerensen und M. Hoegrup (112) ausgearbeiteten Verfahren. Das Eierklar von frisch gelegten Eiern wird mit dem gleichen Volumen gesättigter Ammonsulfatlösung versetzt, wobei die eiweißartigen Begleitstoffe, insbesondere Globulin, niedergeschlagen werden; zu dem klaren Filtrate gibt man weiter gesättigte Ammonsulfatlösung bis zur bleibenden Trübung, ferner unter Umrühren so lange 0,2 n Schwefelsäure, bis in der Lösung eine Wasserstoffionenkonzentration von $p_H = 4{,}6—4{,}7$ erreicht wird. Nach einiger Zeit, besonders rasch nach Animpfen, beginnt die Krystallisation des Eieralbuminsulfates, die erst nach mehrtägigem Stehen bei Zimmertemperatur beendet ist. Die Krystalle werden zwecks Reinigung wiederholt in Wasser gelöst und durch Zusatz von Ammonsulfat wieder abgeschieden. Die Grenze der Fällbarkeit des Eieralbumins durch Ammonsulfat liegt bei 62—68% der Sättigung. Anhaftende Mengen von Ammonsulfat werden durch langdauernde Dialyse gegen destilliertes Wasser vollständig entfernt.

Aus den Untersuchungen von S. P. L. Soerensen und M. Hoegrup (112) geht hervor, daß für die Gewinnung von krystallisierten Eieralbuminkrystallen die Gegenwart von mehrwertigen Ionen erforderlich ist und daß das Optimum der Krystallisation bei dem isoelektrischen Punkt des Proteins liegt. Die auf diese Weise erhaltenen Krystalle stellen nach Soerensen eine Verbindung von 2 Mol Eieralbumin und 3 Mol Schwefelsäure dar.

Tabelle 6. Elementare Zusammensetzung und physikalische Konstanten der tierischen Albumine.

| Protein | Gehalt in % an | | | | $[\alpha]_D$ | Isoelektrischer Punkt | Koagulationstemperatur |
|---|---|---|---|---|---|---|---|
| | C | H | N | S | | | |
| Eieralbumin | 52,75 | 7,10 | 15,65 | 1,6 | —30,7 | 4,8 | 56° |
| Serumalbumin | 52,95<br>53,05 | 6,95<br>7,05 | 15,10 | 1,8<br>1,9 | —57<br>—64 | 4,8 | 67° |
| Milchalbumin | 52,20 | 7,20 | 15,80 | 1,7 | —37 | 4,55 | 72° |

Tabelle 7. Bausteinanalysen der tierischen Albumine.
(Angaben bedeuten g Aminosäure in 100 g Protein.)

| Aminosäure | Eier-albumin | Serum-albumin | Milch-albumin | Aminosäure | Eier-albumin | Serum-albumin | Milch-albumin |
|---|---|---|---|---|---|---|---|
| Glykokoll | 0 | 0 | 0 | Phenylalanin | 4,4 | 4,2 | 2,4 |
| Alanin | 2,1 | 4,2 | 2,5 | Tyrosin | 1,1 | 5,8 | 3,7 |
| Valin | 2,5 | — | 0,9 | Prolin | 2,3 | 2,3 | 4,0 |
| Leucin + Isoleucin | 6,1 | 30,0 | 19,4 | Oxyprolin | — | 1,0 | — |
| Serin | — | 0,6 | 1,8 | Tryptophan | 2,6 | 1,4 | 7,0 |
| Cystin | 0,3 | 7,1 | — | Arginin | 2,4 | 4,8 | 1,6 |
| Asparaginsäure | 1,5 | 4,4 | 9,3 | Histidin | 0,7 | 3,7 | 1,6 |
| Glutaminsäure | 9,1 | 7,7 | 10,1 | Lysin | 3,2 | 11,3 | 7,6 |
| Oxyglutaminsäure | — | — | 10,0 | | | | |

Den in der Tabelle 6 angeführten Angaben über die elementare Zusammensetzung des freien Eieralbumins ist hinzuzufügen, daß das Protein einen Phosphorgehalt von 0,1 bis 0,12 % aufweist. Nach S. P. L. SOERENSEN (109) stammt der Phosphorgehalt nicht von einer Verunreinigung, sondern bildet einen integrierenden Bestandteil des Albuminmoleküls. Nach den Messungen desselben Forschers enthält das Eieralbumin 30 saure und ebenso viele basische Gruppen. Das Molekulargewicht des Proteins ist sowohl auf Grund der Messung seines osmotischen Druckes sowie auf Grund seiner Sedimentationsgeschwindigkeit übereinstimmend zu 34000 gefunden worden.

Die mengenmäßige Erfassung der bei der Hydrolyse des Eieralbumins sich bildenden Aminosäuren ist, wie es aus der Tabelle 7 ersichtlich ist, eine unvollständige geblieben. Die Frage, ob dieses Resultat der Analyse auf die Schwierigkeit der quantitativen Erfassung von Monoamino-monocarbonsäuren zurückzuführen ist oder ob noch andere, bis jetzt nicht bekannte Bausteine an dem Aufbau dieses Proteins beteiligt seien, kann vorerst nicht mit Sicherheit beantwortet werden. Ältere Angaben der Literatur über einen erheblichen Gehalt des Eieralbumins an Glucosamin sind an reinen Präparaten aus neuerer Zeit nicht nachgeprüft worden.

Hinsichtlich der enzymatischen Spaltbarkeit wird Eieralbumin, wie die anderen Albumine, von Pepsin leicht, von Pankreastrypsin sehr langsam und nur nach Aktivierung mit Enterokinase angegriffen. Papain wirkt erst nach seiner Aktivierung mit Blausäure. Die übrigen proleolytischen Enzyme sind gegen Albumine unwirksam.

*b) Serumalbumin.* Es kommt in wechselnden Mengen neben Globulin im Blutserum und in der Lymphe der Wirbeltiere vor. Für seine Darstellung in krystallisierter Form (als Sulfat), z. B. aus dem frischen Serum von Pferden oder Rindern, verfährt man ähnlich wie beim Eieralbumin.

Die elementare Zusammensetzung, die physikalischen Konstanten sowie die Bausteinanalyse dieses Proteins sind in den Tabellen 6 und 7 angegeben. Der Schwefelgehalt schwankt nach Herkunft des Albumins zwischen 1,7 und 2,3. Bemerkenswert ist sein verhältnismäßig hoher Gehalt an Cystin wie an Arginin und Lysin.

*c) Milchalbumin.* Dieses Albumin findet sich in kleinen Mengen als konstanter Bestandteil in allen Milcharten. Es ist auch in krystallisiertem Zustand erhalten worden. Elementare Zusammensetzung, physikalische Konstanten sowie die Anzahl und Menge der bei Hydrolyse des Milchalbumins sich bildenden Aminosäuren finden sich in den Tabellen 6 und 7. Bemerkenswert ist der hohe, von keinem anderen Protein übertroffene Gehalt des Milchalbumins an Tryptophan (etwa 7 %), der dieses Protein, der physiologischen Aufgabe der Milch entsprechend, zu den biologisch höchstwertigen Eiweißstoff macht. Auch die Mengen der Aminodicarbonsäuren, insbesondere der Gehalt an Oxyglutaminsäure, ist beträchtlich.

## b) Albumine der Pflanzenwelt.

Hierzu gehört eine Reihe von Eiweißstoffen, die von T. B. OSBORNE (86, 89) in den Samen vieler Pflanzen aufgefunden bzw. näher untersucht worden sind. Die Zugehörigkeit dieser Proteine zu der Gruppe der Albumine ergibt sich aus ihren Eigenschaften, hauptsächlich aus ihrer Löslichkeit in neutralem, salzfreiem Wasser. Manche pflanzlichen Albumine unterscheiden sich von den animalischen Albuminen durch ihren, wenn auch sehr geringen, Gehalt an Glykokoll.

*a) Leucosin.* Dieses Albumin ist in dem Gersten-, Roggen- und Weizensamen in einer Menge von 0,4 % enthalten. Da das Leucosin einen so geringen

Teil der Samenkörner ausmacht, ist es empfehlenswert, zu seiner Darstellung von dem Embryo des Weizens auszugehen, der in ölfreiem Zustand ungefähr 10 % Leucosin enthält. So lassen sich aus den käuflichen „Weizenkeimen“, die bei der Herstellung des Weizenmehles gewonnen werden, verhältnismäßig große Mengen dieses Eiweißstoffes isolieren.

Zur Darstellung des Leucosins wird das Embryomehl mit der 4fachen Menge Wasser verrieben und dann das Ganze ungefähr 1 Stunde stehen gelassen, so daß sich das unlösliche Material absetzen und zusammenballen kann. Der wäßrige Extrakt wird durch ein feinmaschiges Tuch filtriert und dem noch stark getrübten Auszug soviel festes Ammoniumsulfat zugesetzt, bis die Lösung halbgesättigt und das gelöste Leucosin zusammen mit den im Extrakt suspendierten unlöslichen Stoffen (darunter auch Nucleinsäuren) ausgefällt wird. Der Niederschlag wird filtriert und mit einer reichlichen Menge Wasser behandelt, wobei das Leucosin größtenteils in Lösung geht. Die völlig klar filtrierte Lösung wird dann in einem Wasserbad auf 65° erhitzt, bis sich das koagulierte Leucosin in großen Flocken aus der klar zurückbleibenden Lösung abscheidet. Das erst mit heißem Wasser, dann mit Alkohol-Äther gewaschene Leucosin stellt ein farbloses Pulver dar, dessen elementare Zusammensetzung einem Gehalte von 53 % Kohlenstoff, 6,8 % Wasserstoff, 16,8 % Stickstoff und 1,3 % Schwefel entspricht.

Nichtkoaguliertes Leucosin ist im Gegensatz zu dem koagulierten Protein in Wasser, auch in verdünnten Säuren und Alkalien löslich. Nichtkoaguliertes Leucosin läßt sich aus wäßriger Lösung bei halber Sättigung mit Ammoniumsulfat, d. h. beim Zugeben von 38 g Salz zu 100 $cm^3$ Eiweißlösung, fast vollständig aussalzen. Die Koagulationstemperatur ist bei langsamem Erhitzen 52°, bei rascherem Erhitzen erfolgt die Koagulation erst bei höherer Temperatur. Um eine praktisch vollständige Koagulation zu bewirken, ist längeres Erhitzen auf 65° notwendig. Zusatz von Kochsalz fördert die Koagulation.

Die Stickstoffverteilung im Leucosin ist, wie folgt, gefunden worden: 1,16 % ist als Amidstickstoff, 3,5 % als basischer Diaminosäuren-Stickstoff und 11,83 % als Monoaminosäuren-Stickstoff enthalten. Die Ergebnisse der Bausteinanalyse des Leucosins, sowie der noch zu besprechenden pflanzlichen Albumine, des Ricins und des Legumelins sind in der Tabelle 8 wiedergegeben.

Tabelle 8. Bausteinanalyse der pflanzlichen Albumine.
(Angaben bedeuten g Aminosäuren in 100 g Protein.)

| Aminosäure | Leucosin | Ricin | Legumelin | Aminosäure | Leucosin | Ricin | Legumelin |
|---|---|---|---|---|---|---|---|
| Glykokoll . . . . | 0,9 | 0,0 | 0,5 | Asparaginsäure . | 3,4 | 2,0 | 4,1 |
| Alanin . . . . . | 4,5 | 1,0 | 0,9 | Glutaminsäure . . | 6,7 | 20,0 | 12,9 |
| Valin . . . . . . | 0,2 | 2,0 | 0,7 | Oxyglutaminsäure | — | 0,0 | — |
| Leucin (eventuell mit Isoleucin) . | 11,3 | 16,0 | 9,6 | Tryptophan . . . | vorhanden | 0,4 | vorhanden |
| Phenylalanin . . | 3,8 | 0,4 | 4,8 | Arginin . . . . . | 5,9 | 11,7 | 5,4 |
| Tyrosin . . . . . | 3,3 | 2,7 | 1,5 | Histidin . . . . | 2,8 | 0,0 | 2,3 |
| Cystin . . . . . | — | 1,0 | — | Lysin . . . . . . | 2,7 | 6,3 | 3,0 |
| Prolin . . . . . | 3,2 | 4,6 | 3,9 | Ammoniak . . . | 1,4 | 2,8 | 1,3 |
| Oxyprolin . . . | — | 0,0 | — | | | | |

*b) Ricin.* Es war schon lange bekannt, daß die Samen der Ricinusölpflanze (Ricinus communis) eine sehr giftige Substanz enthalten. Die toxischen Eigenschaften finden sich, wie T. B. Osborne (86, 89) festgestellt hat, nur in den Proteinpräparaten der Ricinusbohne, die das Albumin Ricin enthalten.

Zur Darstellung des Ricins wird 1 kg von fein zermahltem, ölfreiem Samenmaterial mit 4,6 l einer 10proz. Kochsalzlösung extrahiert und das filtrierte

Extrakt mehrere Tage lang in fließendem Wasser dialysiert, wobei der Hauptbegleiter des Albumins, das Globulin, abgeschieden wird. Aus dem Filtrat wird das Ricin durch Halbsättigung mit Ammoniumsulfat ausgesalzen, der Niederschlag nochmals in Wasser gelöst, die Lösung dialysiert und aus der durch Filtration von erneut abgeschiedenem Globulin erhaltenen klaren Lösung das Ricin durch Aussalzen mit Ammoniumsulfat bzw. durch Verdampfen in flachen Schalen bei 50° in einer Menge von ungefähr 30 g gewonnen.

Das giftigste, von OSBORNE und Mitarbeitern erhaltene Ricin-Präparat hatte die Zusammensetzung C 52,0 %, H 7,0 %, N 16,5 %, S 1,3 %. Bei der Ermittelung der Stickstoffverteilung wurden 1,7 % als Amidstickstoff, 10,4 % als Monoaminosäuren-Stickstoff und 4,3 % als basischer Diaminosäure-Stickstoff gefunden. Die Toxicitätsgrenze für das reinste Präparat liegt nach Angaben von P. KARRER (59) und Mitarbeitern bei 0,005—0,003 mg je Kilogramm Kaninchen. Es ist daher beim Arbeiten mit Ricin größte Vorsicht geboten.

Versuche des zuletzt genannten Forschers haben gezeigt, daß weder durch Absorption noch durch Fermentwirkung das toxische Prinzip des Ricins vom Eiweiß getrennt werden kann. Es wurde im Gegenteil nachgewiesen, daß durch alle Absorptionen und Umfällungen hindurch die Giftigkeit der besten Ricinpräparate konstant bleibt, und daß bei Verdauung des Ricineiweißes die Toxicität in streng paralleler Proportionalität zu der Verdauung abnimmt; ist die Verdauung keine vollständige, so weisen die nicht tief, d. h. nicht bis zum dialysierbaren Zustand abgebauten Anteile trotz ihrer Verschiedenheit von dem Ausgangsmaterial dieselbe Toxicität wie das ursprüngliche Ricin auf. Dies führte P. KARRER zu dem Schluß, daß das toxische Prinzip des Ricins an die Existenz des Ricineiweißes geknüpft und für die toxischen Eigenschaften einer bestimmten Atomgruppierung innerhalb des Proteins verantwortlich zu machen sei. Ob diese Atomgruppierung Eiweißnatur hat oder nicht, ist nicht entschieden.

Als Albumin ist das Ricin in Wasser löslich. Die spezifische Drehung in Wasser beträgt nach OSBORNE (86, 88) $[\alpha]_D^{20^0} = -28,8^0$. KARRER (59) gibt für verschiedene Ricinpräparate andere Werte an, wie $[\alpha]_D = -40^0$ bzw. $-42^0$ (in Wasser). Die Koagulationstemperatur des Ricins hängt zum großen Teil von der Konzentration der Lösung und der Gegenwart von Salzen ab. Wäßrige Lösungen geben bei langsamem Erhitzen bei 60—70° ein flockiges Koagulum.

Die Ergebnisse der von P. KARRER (59) und Mitarbeitern durchgeführten Bausteinanalyse des Ricins finden sich in der Tabelle 8. Bemerkenswert ist die Anwesenheit von ziemlich großen Mengen Glutaminsäure und das vollständige Fehlen von Histidin unter den Spaltprodukten des Ricins.

c) *Legumelin.* Die Samen vieler Leguminosen, beispielsweise der Erbse, Linse, Saubohne, Sojabohne und dgl. enthalten eine beträchtliche Menge Albumin, das sog. Legumelin. Über die Identität der Albuminpräparate aus den verschiedenen Leguminosen ist man noch im unklaren. Bei Phaseolus und bei Lupinus sind keine Albumine gefunden worden.

Zur Darstellung von Legumelin wird das Mehl aus Leguminosen, beispielsweise aus Erbsen, mit Kochsalzlösung extrahiert, im Extrakt durch Dialyse das Globulin zur Abscheidung gebracht und dann aus dem klaren Filtrat durch Erhitzen bei 80° das Legumelin koaguliert. Das erst mit Alkohol entwässerte, weiterhin durch Stehenlassen über Schwefelsäure getrocknete Präparat bildet ein weißes Pulver von der elementaren Zusammensetzung Kohlenstoff 53,3 %, Wasserstoff 6,9 %, Stickstoff 16,2 %, Schwefel 1,1 %.

Das nichtkoagulierte Legumelin ist in Wasser löslich, wird aber aus wäßriger Lösung durch Zusatz von Essigsäure oder Salzsäure mit viel Kochsalz gefällt. Koagulation tritt gewöhnlich bei langsamem Erhitzen auf 55 und 60° ein, sie hängt sehr von der Konzentration der Lösung und von der Menge des zugesetzten Salzes ab.

Die Stickstoffverteilung in dem Legumelin aus Erbsen wurde, wie folgt, gefunden: Stickstoff als Amidstickstoff 1,04 %, Diaminosäuren-Stickstoff 3,45 %, Monoaminosäuren-Stickstoff 11,3 %, Huminstickstoff 0,4 %. Die Anzahl und die Menge der bis jetzt in dem Hydrolysat von Legumelin (aus Erbsen) aufgefundenen Aminosäuren ist in der Tabelle 8 aufgeführt.

## K. Globuline.

Die Globuline sind koagulierbare Eiweißstoffe, die im Gegensatz zu den Albuminen in reinem Wasser unlöslich, in Neutralsalzlösungen von bestimmter Konzentration dagegen leicht löslich sind. Die Löslichkeit der Globuline in Neutralsalzlösungen, beispielsweise in der meist verwendeten 10proz. Kochsalzlösung, wird im Sinne der Anschauungen P. PFEIFFERS (vgl. S. 303) auf die Bildung leichtlöslicher Molekülverbindungen zwischen dem Globulin und dem Neutralsalz zurückgeführt. Diese Verbindungen sind hydrolysierbar, daher werden die Globuline aus salzhaltiger Lösung durch Verdünnen mit Wasser oder durch Dialysieren wieder ausgefällt. Als amphotere Elektrolyte sind die Globuline ferner in Säuren und Alkalien löslich. Ihr isoelektrischer Punkt liegt meist in schwach saurem Gebiet, daher wird die Fällung der Globuline durch Zusatz von Essigsäure oder Kohlensäure stark begünstigt.

Durch Neutralsalzlösungen genügend hoher Konzentration werden die Globuline aus ihren Lösungen ausgesalzen. Im allgemeinen sind die Globuline viel leichter aussalzbar als die Albumine, mit denen sie vielfach vergesellschaftet vorkommen. Es genügt z. B. eine Halbsättigung mit Ammoniumsulfat, um eine ziemlich vollständige Aussalzung des Globulins zu bewirken; durch minder wirksame Salze wie Magnesiumsulfat oder Natriumchlorid lassen sie sich dagegen erst bei vollständiger Sättigung aussalzen.

Die Globuline sind in viel höherem Maße Kolloide als die Albumine, wie aus dem unmeßbar geringen osmotischen Druck ihrer Lösungen, wie aus ihrer großen Tendenz zur Denaturierung hervorgeht. So verlieren die Globuline bei ihrer Ausfällung, sogar schon bei ihrer Aufbewahrung in trockenem Zustand, ihre anfängliche Löslichkeit, eine Eigenschaft, die oft ihre sichere Charakterisierung erschwert. Allen diesen Eigenschaften der Globuline, sowie ihrer leichten Aussalzbarkeit entspricht, wie es scheint, ein sehr hohes Molekulargewicht. THE SVEDBERG und B. SJÖGREN (121) schätzen z. B. das Molekulargewicht des Serumglobulins auf Grund ihrer Messung der Sendimentationsgeschwindigkeit auf etwa 104000.

Die Globuline sind die verbreiteste Gruppe unter den nativen Eiweißstoffen. Am längsten bekannt sind die tierischen Globuline (Serumglobulin, Fibrinogen, Myosin u. a.), die vielfach Bestandteile von Körperflüssigkeiten und Sekreten, sowie des Zellplasmas bilden. In der Pflanzenwelt kommen die Globuline vorwiegend in den Pflanzensamen vor, wo sie sich oft in krystallisierter Form abgelagert finden.

Die Bausteinanalyse der Globuline hat ergeben, daß ihre Zusammensetzung in weiten Grenzen schwankt; gemeinsam ist fast allen ein Gehalt an Glykokoll, der den Albuminen in der Regel fehlt.

### a) Tierische Globuline.

*α) Serumglobulin.* Eines der wichtigen und sehr eingehend untersuchten tierischen Globuline ist das im Blutserum in gelöstem Zustand vorkommende Serumglobulin. Es läßt sich daraus durch Verdünnen oder Ansäuern ausfällen. Sein Anteil am Blutserum ist bei verschiedenen Tierarten und bei einzelnen Tieren der gleichen Art ein verschiedener und hängt ferner von dem Zustand des Tieres ab. Bei Nierenerkrankungen findet sich Serumglobulin in den verschiedenen Körperflüssigkeiten, so im Harn, in der Lymphe, in der Milch.

Die Darstellung des Serumglobulins aus dem Serum geschieht in der Weise, daß man zunächst durch geringe Ammoniumsulfatkonzentration, etwa 30 % der Sättigungskonzentration, das sog. Fibrinogen, ein anderes im Blutserum vorkommendes Globulin, ausfällt. Durch weitere Zugabe von Ammoniumsulfat bis zur Halbsättigung wird das Serumglobulin ausgesalzen, während sein Begleiter, das Serumalbumin, in Lösung bleibt. Das mit Ammoniumsulfat oft umgefällte, durch Dialyse gereinigte und mit Alkohol und Äther entwässerte Globulin bildet ein amorphes Pulver, dessen elementare Zusammensetzung einem Gehalte von 52,7 % Kohlenstoff, 7 % Wasserstoff, 15,8 % Stickstoff und etwa 1,1 % Schwefel entspricht. Auf die viel erörterte Frage nach der Einheitlichkeit des Serumglobulins, die für die Erklärung serologischer Beobachtungen von Bedeutung ist, kann hier nicht näher eingegangen werden.

Die Erfassung der bei der Hydrolyse des Serumglobulins entstehenden Aminosäuren ist, wie aus der Tabelle 9 hervorgeht, eine unvollständige geblieben. Charakteristisch ist der verhältnismäßig hohe Gehalt an Glykokoll, der oft für die schwere Spaltbarkeit dieses Globulins durch proteolytische Enzyme verantwortlich gemacht worden ist.

Tabelle 9. Bausteinanalyse von Serumglobulin und Fibrin. (Angaben bedeuten g Aminosäure in 100 g Protein.)

| Aminosäure | Serumglobulin | Fibrin |
|---|---|---|
| Glykokoll | 3,5 | 3,0 |
| Alanin | 2,2 | 3,6 |
| Valin | • | 1,0 |
| Leucin | 18,7 | 15,0 |
| Serin | | 0,8 |
| Cystin | 4,1 | 1,2 |
| Phenylalanin | 2,7 | 2,5 |
| Tyrosin | 6,6 | 7,0 |
| Tryptophan | 4,0 | 5,3 |
| Asparaginsäure | 2,5 | 2,0 |
| Glutaminsäure | 8,5 | 10,4 |
| Arginin | 4,5 | 7,0 |
| Histidin | 1,7 | 3,2 |
| Lysin | 6,8 | 10,5 |
| Prolin | 2,5 | 3,6 |
| Ammoniak | 1,8 | |
| Summe: | 70,1 | 76,1 |

*b) Fibronogen, Fibrin.* Ein weiteres tierisches Globulin ist das im Blutplasma aller Wirbeltiere erhaltene Fibrinogen; dieses Protein bedingt die Gerinnung des Blutes, indem es sich in das sog. Fibrin verwandelt. Der Gerinnungsprozeß wird, wie man annimmt, durch das Ferment Thrombin hervorgerufen, welches aus den zerfallenden Blutplättchen des Blutes entsteht. Für die Freilegung des Thrombins ist nach O. HAMMARSTEN (47) die Anwesenheit von löslichen Kalksalzen erforderlich. Will man deshalb Fibrinogen darstellen, so muß man die löslichen Kalksalze zur Unterbindung des Gerinnungsprozesses vorher entfernen.

Nach neueren Untersuchungen von E. WALDSCHMIDT-LEITZ, P. STADLER und F. STEIGERWALDT (133) scheint das Thrombin ein proteolytisches Ferment von ähnlicher Spezifität wie Pankreastrypsin zu sein, daher wird von diesen Autoren der Vorgang der Blutgerinnung als ein proteolytischer Prozeß erklärt.

Zur Darstellung des Fibrinogens wird frisches, mit Kaliumoxalatlösung vermischtes Blut durch Zentrifugieren von Formelementen und festen Partikeln befreit. Aus diesem sog. „Oxalatplasma" wird das Fibrinogen zusammen mit dem Serumglobulin durch Sättigung mit Kochsalz abgeschieden. Die Trennung der beiden Globuline voneinander erfolgt durch die leichtere Aussalzbarkeit des Fibrinogens, die schon bei Halbsättigung mit Kochsalz stattfindet. Die Darstellung des Fibrins geschieht einfacherweise, indem man das Fibringerinnsel durch Waschen mit Wasser und Kochsalzlösung von den Verunreinigungen reinigt und das erhaltene Protein dann mit Aceton und Äther entwässert.

Die Koagulationstemperatur des Fibrinogens liegt bei 56°. Es ist, wie alle Globuline, unlöslich in Wasser, löslich in Salzlösungen. Sein Umwandlungsprodukt, das Fibrin, ist dagegen in Salzlösungen unlöslich. Im Gegensatz zu Fibrinogen und Serumglobulin, die schwerer spaltbar sind, wird das Fibrin von proteolytischen Enzymen leicht angegriffen.

Die Ergebnisse der Bausteinanalyse des Fibrins sind in der Tabelle 9 wiedergegeben. Für das Fibrinogen liegen keine Angaben vor.

*c) Myosinogen, Myosin.* Das Myosinogen bildet den hauptsächlichen eiweißartigen Bestandteil der quergestreiften Muskulatur; es hat die Eigenschaft, spontan zu gerinnen und in eine fibrinähnliche Modifikation, das Myosin, überzugehen. Dieser Vorgang, der vor allem nach dem Tode des Organismus in der Muskulatur einsetzt, wird ähnlich wie die Blutgerinnung auf die Wirkung eines Fermentes, des Myosinfermentes, zurückgeführt. Myosinähnliche Proteine sind ferner in anderen Organen aufgefunden, so in der Leber, in der Schilddrüse, Milz u. a.

Aus den Säugetiermuskeln läßt sich das Myosin am besten mit einer 10proz. Ammoniumchloridlösung extrahieren. Die Ausfällung des Proteins erfolgt durch Verdünnen mit Wasser oder durch Dialyse unter Einleiten von Kohlensäure. Die Koagulationstemperatur für das native Myosinogen liegt bei 47°, für das Myosin bei 56°.

Charakteristisch für das Myosin ist sein Verhalten gegenüber Säuren. Bei einer verhältnismäßig geringen Säurekonzentration wird Myosin ausgefällt, bei etwas stärkerer Säurekonzentration löst es sich wieder auf. Dieses Verhalten des Myosins entspricht offenbar seiner besonderen physiologischen Aufgabe im Muskel, nämlich der Herbeiführung der Muskelkontraktion. So ist die Fällung des Myosins bei einer Essigsäurekonzentration von 0,6 % vollendet. Stärkere Säuren sind in noch geringerer Konzentration wirksam. Durch sehr verdünnte Säuren wird das Myosin ferner leicht denaturiert. Das sog. Syntonin, ein aus totenstarren Muskeln mit Säuren extrahiertes Protein, ist denaturiertes Myosin.

Myosin läßt sich ähnlich dem Fibroin leicht proteolytisch spalten. Die Ermittelung der bei der Hydrolyse des Myosins bzw. der getrockneten Muskulatur entstehenden Aminosäuren (Tabelle 10) hat einen verhältnismäßig hohen Gehalt an Aminodicarbonsäuren neben einem geringeren Gehalt an Glykokoll ergeben. Hinsichtlich seiner Zusammensetzung steht das Muskeleiweiß den Albuminen näher als den Globulinen.

Tabelle 10. Bausteinanalyse von Muskeleiweiß. (Angaben bedeuten g Aminosäuren in 100 g Substanz.)

| Aminosäure | Syntonin aus Rindfleisch | Muskelfleisch | Fischfleisch |
|---|---|---|---|
| Glykokoll | 0,5 | 0 | 0 |
| Alanin | 4,0 | | |
| Valin | 0,9 | | 0,8 |
| Leucin | 7,8 | 8,8 | 10,3 |
| Asparaginsäure | 0,5 | 3,5 | 2,7 |
| Glutaminsäure | 13,6 | 14,9 | 10,1 |
| Phenylalanin | 2,5 | 4,9 | 3,0 |
| Tyrosin | 2,2 | 0 | 2,4 |
| Arginin | 5,1 | 7,4 | 6,3 |
| Histidin | 2,7 | 2,0 | 2,6 |
| Lysin | 3,3 | 5,8 | 7,5 |
| Prolin | 3,3 | 2,3 | 3,2 |
| Ammoniak | 1,5 | 1,1 | 1,3 |

Zu den tierischen Globulinen gehören schließlich der sog. BENCE-JONESsche Eiweißkörper, der sich bei einer bestimmten Erkrankung des Knochenmarkes in reichlichen Mengen im Harn abscheidet, ferner verschiedene Organglobuline. Unter den letzteren ist besonders das jodhaltige Globulin der Schilddrüse, das Thyreoglobulin, zu erwähnen, welches das Hormon *Thyroxin* wahrscheinlich in chemisch gebundener Form enthält.

## b) Pflanzenglobuline.

Die Pflanzenglobuline, eine weit verbreitete Gruppe von Proteinen, sind in den Samen der Pflanzen als Reservestoffe für den wachsenden Embryo enthalten. Von allen Pflanzenproteinen waren es die Samenproteine, welchen sich schon früh das Interesse der Chemiker zuwendete. Schon LIEBIG, später H. RITTHAUSEN, insbesondere der letztere, haben sich mit der Isolierung dieser leicht zugänglichen Eiweißstoffe beschäftigt. Die entscheidenden Aufklärungen über die Pflanzenglobuline verdanken wir T. B. OSBORNE (86, 89), der überhaupt die Pflanzenproteine zu den bestbekannten Eiweißstoffen neben den Protaminen gemacht hat. Die Ergebnisse der Untersuchungen OSBORNES bilden die Grundlage der folgenden Ausführungen.

Bei den systematischen Arbeiten OSBORNES hat sich ergeben, daß die morphologischen Beziehungen der Pflanzen, auf denen ihre Systematik beruht, in der Zusammensetzung und in den Eigenschaften ihrer Reserveproteine einen chemischen Ausdruck finden: im System nahestehende Pflanzen zeigen keine oder nur geringfügige Unterschiede in der Natur ihrer Samenproteine, dagegen enthalten im System fernstehende Pflanzen immer verschiedene Eiweißstoffe. OSBORNE hat dieses Ergebnis dann auch mittels der Anaphylaxiereaktion erhärtet.

Die Pflanzenglobuline sind einfache Eiweißstoffe, insbesondere enthalten sie, wie OSBORNE (86, 89) gezeigt hat, in reinem Zustand keinen Phosphor. In den Samen selbst sind bedeutende Mengen von anorganischen Phosphaten, ferner Nucleinsäuren enthalten; ältere Angaben der Literatur über einen Phosphorgehalt der Pflanzenglobuline sind auf die seinerzeit mangelhaft durchgeführte Reinigung solcher Proteinpräparate zurückzuführen.

Die Pflanzenglobuline zeigen die für die ganze Gruppe der Globuline charakteristischen Löslichkeitseigenschaften, d. h. sie sind unlöslich in Wasser, dagegen löslich in Salzlösungen. Während aber alle tierischen Globuline in noch recht verdünnten Salzlösungen gut löslich sind, fallen manche Pflanzenglobuline schon aus, wenn die Salzkonzentration auf 2—3 % zurückgeht. Auch sind manche Pflanzenglobuline in warmen Kochsalzlösungen (50—60°) löslich, fallen aber beim Erkalten wieder aus. Dieses unterschiedliche Löslichkeitsverhalten ist von Osborne oft zur Trennung und Reindarstellung vieler Pflanzenglobuline benutzt worden.

Auch durch ihr Verhalten beim Aussalzen unterscheiden sich die pflanzlichen Globuline von den tierischen. Während einige schon bei halber oder noch geringerer Sättigung mit Ammonsulfat ausgesalzen werden, fallen andere erst bei fast vollständiger Sättigung mit diesem Salz aus.

Die pflanzlichen Globuline lassen sich im allgemeinen schwer koagulieren. Beim Kochen ihrer neutralen Lösungen wird auch in Gegenwart von großen Salzmengen oft nur ein geringer Teil koaguliert. Anwesenheit von beträchtlichen Säuremengen begünstigt die Koagulation. Da aber solche Säuremengen schon für sich bei niederer Temperatur die Pflanzenglobuline zur Abscheidung bringen, ist die Ermittlung der Koagulationstemperatur oft unmöglich. Wie die tierischen Globuline werden auch die pflanzlichen sehr leicht denaturiert.

Bemerkenswert ist für viele Pflanzenglobuline ihre Tendenz zur Krystallisation, nicht nur in Form von Salzen, sondern, wie es scheint, auch im freien Zustand; sie können oft, wie jede niedermolekulare krystallisierte Substanz, aus ihrer warmen Salzlösung richtig umkrystallisiert werden.

Die Gewinnung der Pflanzenglobuline aus den gemahlenen und entfetteten Samen geschieht im allgemeinen durch Extraktion mittels Neutralsalzlösungen, z. B. mit einer Kochsalzlösung genügender Konzentration. Während der Darstellung können die Pflanzenglobuline Veränderungen erleiden, die ihre ursprünglichen Eigenschaften, z. B. ihre Löslichkeit, beeinflussen. Eine solche Umwandlung kann beispielsweise durch die Wirkung der in den Samen vorhandenen Säuren verursacht werden; sie kann zum großen Teil vermieden werden, wenn man die Menge freier Säure im Extrakt vermindert. Auch die Möglichkeit von Umwandlungen, die die Proteine durch die Samenfermente erleiden können, darf nicht außer acht gelassen werden. Als amphotere Substanzen sind die Pflanzenglobuline, wenn sie nicht aus chemisch neutralen Lösungen isoliert werden, je nach den Fällungsverhältnissen mit geringen Quantitäten von Basen oder Säuren verbunden.

### 1. Globuline der Ölsamen.

Die Reservestoffe dieser Samen bestehen hauptsächlich aus Globulinen und Fetten, neben kleinen Mengen von Kohlehydraten. Die Samen enthalten vorwiegend ein einziges Globulin, selten auch kleine Mengen anderer Globuline; in den Ricinussamen findet sich ferner auch ein Albumin, das im vorigen Kapitel besprochene Ricin.

Ein großer Teil der Globuline aus Ölsamen ist auch in krystallisierter Form erhalten worden. In der Paranuß (Bertholletia excelsa) ist das Globulin Excelsin schon in krystallisiertem Zustand abgelagert.

Die Angaben über die elementare Zusammensetzung und der Stickstoffverteilung, sowie über die spezifische Drehung und Verbrennungswärme der wichtigsten Ölsamen-Globuline, die gewöhnlich nach ihrer Herkunft benannt werden, sind (meist nach den Angaben OSBORNEs [86, 89]) in der Tabelle 11 wiedergegeben. Bemerkenswert ist der verhältnismäßig hohe Stickstoffgehalt dieser Globuline, der, wie Tabelle 12 zeigt, durch einen bedeutenden Gehalt an Diaminosäuren, insbesondere an Arginin, bedingt wird. Daß sie trotzdem keine ausgesprochenen basischen Eigenschaften aufweisen, dürfte auf den ebenfalls hohen Gehalt an Glutaminsäure zurückzuführen sein; das zweite Carboxyl der Glutaminsäure scheint, wie aus dem geringen Ammoniakgehalt der Hydrolysate hervorgeht, nicht amidiert zu sein (Glutamin), sondern in freiem Zustand vorzuliegen. Alle Ölsamen enthalten *Tryptophan*, und zwar mit Ausnahme des Amadins in beträchtlicher Menge.

Soweit untersucht, werden die Globuline aus Ölsamen durch Papain, Pepsin und Trypsinkinase hydrolytisch gespalten.

**a) Edestin.** Der Name Edestin wurde früher für anscheinend ähnliche Proteine verschiedener Pflanzensamen angewandt. OSBORNE (86, 89), dem wir im weiteren folgen, gebraucht diesen Namen nur für das Globulin aus den Hanfsamen (Cannabis sativa). Es ist das bestuntersuchte Ölsamenglobulin. Das Verfahren seiner Gewinnung aus Hanfsamen kann in großen Zügen auch für die Darstellung der einzelnen Globuline aus verschiedenen Ölsamen angewandt werden, daher sei es an dieser Stelle etwas ausführlich beschrieben:

Das Mahlen der ölreichen Hanfsamen geschieht am besten unter Beifügung von Kerosin (etwa $^1/_3$ des Volumens der Samen); dadurch wird das Verstopfen der Mühle verhindert. Die gemahlene Masse wird dann mit Petroläther (eventuell nach vorheriger Entfernung des größten Teiles des Öles und Kerosins mittels einer Presse) extrahiert. 100 g des durch Sieben von den Hüllen befreiten Samenmehls werden in einem Vorversuch mit etwa 300 cm³ einer 10proz., mit Phenolphthalein versetzten Kochsalzlösung behandelt, und kaltgesättigte Barytlösung bis zum Eintritt einer blaßrosa Färbung zugegeben. Die hierfür erforderliche Menge Barytlösung wird notiert.

1 kg desselben Hanfsamenmehls wird dann mit im ganzen der dreifachen Menge 10proz. Kochsalzlösung extrahiert unter Zusatz von 50 % der zur Neutralisation erforderlichen, in dem Vorversuch ermittelten Barytmenge. Da die Samenextrakte beim Stehen gewöhnlich sauer werden, und da die Samenfermente Umwandlungen hervorrufen können, ist es wichtig, die Extraktion so schnell wie möglich durchzuführen und lieber auf die Vollständigkeit der Extraktion zu verzichten, als Veränderungen oder Verluste des Proteins eintreten zu lassen. Die Extrakte werden durch große, mit 10proz. Kochsalzlösung befeuchtete Falterfilter filtriert. Der Rückstand wird zusammen mit dem Filterpapier und unter Hinzufügen von weiterem, zerrissenem Filtrierpapier einem hohen Druck — am besten in einer hydraulischen Presse — ausgesetzt. Die vereinigten Extrakte werden wiederholt durch eine Schicht von Papierbrei abgesaugt, wobei schließlich eine etwas opaleszierende, im durchfallenden Licht aber klare Lösung entsteht. Bei allen diesen, wie bei den folgenden Operationen ist es absolut nötig, die Lösungen durch eine reichliche Anwesenheit von Toluol vor Mikroorganismen zu schützen. Die so erhaltene Lösung wird dann 4 Tage lang gegen fließendes Wasser dialysiert, wobei sich das Edestin krystallinisch abscheidet. Der Inhalt des Dialysators wird absitzen gelassen, die überstehende Flüssigkeit durch Dekantieren entfernt und schließlich abgesaugt und mit Wasser gewaschen. Die Ausbeute an Edestin ist dann etwa 125 g.

Statt durch Dialyse kann das Edestin aus den Extrakten auch folgenderweise gewonnen werden: der klar filtrierte Auszug wird mit so viel destilliertem, auf 70° erwärmtem Wasser verdünnt, bis die Kochsalzkonzentration 3 % beträgt. Beim Abkühlen auf etwa 5° fällt das Edestin während 12—20 Stunden krystal-

Tabelle 11. Elementare Zusammensetzung, Stickstoffverteilung, physikalische Eigenschaften der Ölsamen-Globuline.

| Protein | Zusammensetzung | | | | Stickstoffverteilung | | | | $[\alpha]_D$ in 10proz. Kochsalzlösung | Verbrennungswärme in cal. |
|---|---|---|---|---|---|---|---|---|---|---|
| | % C | % H | % N | % S | % Amid-N | % Basischer-N | % Nichtbasischer-N | Humin-N | | |
| Edestin (Hanf, Cannabis sativa) . . . . . . . . | 51,3 | 6,9 | 18,7 | 0,9 | 1,9 | 5,9 | 10,8 | 0,1 | —41,3 | 5635 |
| Excelsin (Paranuß, Bertholletia excelsa) . . . . . . | 52,2 | 6,9 | 18,2 | 1,1 | 1,5 | 5,7 | 11,0 | 0,2 | —42,9 | 5737 |
| Kürbissamenglobulin (Cucurbita maxima) . . . . | 51,6 | 7,0 | 18,3 | 0,8 | 1,3 | 6,0 | 11,0 | 0,2 | —38,7 | — |
| Baumwollsamenglobulin (Gossypium herbaceum) . | 52,1 | 6,7 | 18,5 | 0,6 | 1,9 | 5,7 | 11,0 | — | — | 5596 |
| Amandin (Mandel, Prunus amygdalus) . . . . . . | 51,4 | 6,9 | 19,0 | 0,4 | 3,05 | 4,15 | 11,55 | 0,2 | —56,4 | 5543 |
| Juglansin (Walnuß, Juglans) | 50,8 | 6,8 | 19,0 | 0,8 | 1,8 | 5,6 | 11,3 | 0,2 | —45,2 | — |
| Coryllin (Haselnuß, Coryllus avellana) . . . . . . | 51,4 | 6,7 | 19,0 | 0,55 | — | — | — | — | —43,1 | 5590 |
| Globulin aus Cocosnuß (Cocos uncifera) . . . . | 51,2 | 6,9 | 18,4 | 1,06 | 1,36 | 6,06 | 10,9 | 0,15 | — | — |
| Globulin aus Ricinussamen (Ricinus communis) . . . | 51,3 | 7,0 | 18,75 | 0,76 | — | — | — | — | —43,5 | — |
| Globulin aus Leinsamen (Linum usitatissimum) . | 51,5 | 6,9 | 18,9 | 0,8 | — | — | — | — | —43,5 | — |
| Globulin aus Erdnuß (brachis hypogaca) . . . . . | — | — | 15,7 | 0,8 | — | — | — | — | — | — |

Tabelle 12. Bausteinanalyse der Ölsamen-Globuline. (Angaben bedeuten g Aminosäure in 100 g Protein.)

| Aminosäure | Edestin (Hanf) | Excelsin (Paranuß) | Globulin aus Kürbissamen | Globulin aus Baumwollsamen | Amandin (Mandeln) | Globulin aus Sonnenblume | Coryllin (Haselnuß) | Globulin aus Kokosnuß | Globulin aus Ricinussamen | Globulin aus Leinsamen | Globulin aus Erdnuß |
|---|---|---|---|---|---|---|---|---|---|---|---|
| Glykokoll . . . . | 3,8 | 0,6 | 0,6 | 1,2 | 0,5 | 2,5 | — | — | — | — | — |
| Alanin . . . . . . | 3,6 | 2,3 | 1,9 | 4,5 | 1,4 | 4,5 | — | — | — | — | — |
| Valin . . . . . . | 6,2 | 1,5 | 0,7 | vorhanden | 0,2 | 0,6 | — | — | — | — | — |
| Leucin . . . . . . | 14,2 | 8,7 | 7,3 | 15,5 | 4,5 | 12,9 | — | — | — | — | — |
| Phenylalanin . . . | 2,4 | 3,5 | 3,3 | 3,9 | 2,5 | 4,0 | — | — | — | — | — |
| Tyrosin . . . . . | 2,1 | 3,0 | 3,1 | 2,3 | 1,1 | 2,0 | — | — | — | — | — |
| Asparaginsäure . . | 4,5 | 3,8 | 4,5 | 2,9 | 5,5 | 3,2 | — | — | — | — | — |
| Glutaminsäure . . | 14,5 | 12,9 | 13,4 | 17,6 | 23,1 | 21,8 | 17,9 | — | 14,5 | — | — |
| Serin . . . . . . | — | — | — | — | — | — | — | — | — | — | — |
| Arginin . . . . . | 15,8 | 14,3 | 14,4 | 13,5 | 12,2 | — | — | — | 13,2 | — | 11,2 |
| Histidin . . . . . | 4,0 | 1,5 | 2,6 | 3,4 | 1,9 | — | — | — | 2,7 | — | 2,1 |
| Lysin . . . . . . | 3,9 | 1,6 | 2,0 | 2,0 | 0,7 | — | — | — | 1,5 | — | 5,1 |
| Prolin . . . . . . | 1,7 | 3,6 | 2,8 | 2,3 | 2,4 | 2,8 | — | — | — | — | 1,9 |
| Ammoniak . . . . | 2,3 | 1,8 | 1,6 | 2,3 | 3,7 | 3,1 | 2,6 | 1,7 | 2,4 | 2,4 | — |

linisch aus. Nach dieser Fällungsmethode lassen sich ungefähr 100 g rohes Edestin aus 1 kg ölfreiem Samenmehl gewinnen.

Zur Reinigung wird das rohe Edestin in 10proz. Kochsalzlösung gelöst (125 g Edestin in mindestens 1500 cm³ dieser Lösung) und durch Dialyse wieder abgeschieden. Schneller wird das Edestin auf folgende Weise gereinigt. Es wird in so viel Kochsalzlösung gelöst, bis eine etwa 8proz. Edestinlösung entsteht. Stärker konzentrierte Lösungen geben in der Regel bei der nachfolgenden Behandlung keine wohlausgebildeten Krystalle. Die Lösung wird filtriert, auf 50° erwärmt, und dann allmählich mit dem doppelten Volumen Wasser von derselben Temperatur verdünnt. Bei Abkühlen auf ungefähr 5° scheidet sich das Edestin in schön krystallisiertem Zustand aus. Es wird abgesaugt, erst mit 0,5proz. Kochsalzlösung, sodann mit 50proz. Alkohol bis zum Verschwinden der Chlorreaktion und schließlich mit stärkerem Alkohol und Äther gewaschen und in Exsiccator getrocknet.

Das auf diese Methoden dargestellte Produkt stellt das Hydrolchlorid des Edestins dar. Will man ein von gebundener Säure freies Edestin darstellen, so muß man die letzte Krystallisation aus einer Kochsalzlösung machen, die vorher mit so viel Kalium- oder Natriumhydroxyd versetzt war, daß die Edestinlösung gegen Phenolphthalein neutral reagiert. Dies wird am besten erzielt, wenn man durch Titration mit 0,1 n-Alkali die erforderliche Alkalimenge für einen aliquoten Teil des Edestins bestimmt und dann die entsprechende Menge 0,1 n-Lauge zu dem zur Verdünnung der Edestinlösung nötigen Wasser fügt. Sowohl die zur Lösung des Edestins nötige Salzlösung, als auch das zur Verdünnung erforderliche Wasser müssen durch Kochen von Kohlensäure befreit werden. Das freie Edestin muß möglichst wenig der Luft ausgesetzt werden.

Das von Säuren oder Basen völlig befreite Edestin ist ganz unlöslich in Wasser, aber löslich in neutralen Salzlösungen. Wenn es mit einer Menge Salzsäure verbunden ist, die nicht größer ist als 0,7 $cm^3$ 0,1 n-Salzsäure je Gramm, ist es ebenfalls unlöslich in Wasser; mit mehr Säure verbunden, wird es proportional dem vorhandenen Säuregehalt löslich. Die Salze des Edestins mit Säuren sind unlöslich in sehr verdünnten Salzlösungen, hingegen leicht löslich in stärkeren Salzlösungen. In Gegenwart von kleinen Mengen von Säuren wird Edestin teilweise in das in Salzlösungen unlösliche Edestan verwandelt.

Der isoelektrische Punkt des Edestins liegt in schwach saurem Gebiet, etwa bei $p_H$ 5,6. Die Fällung des Edestins mit Ammoniumsulfat beginnt bei 23% der Sättigung der Lösung mit diesem Salz; bei 35% ist sie beendet. Die Zusammensetzung des Edestins, seine physikalischen Konstanten sowie die bei seiner Hydrolyse aufgefundenen Aminosäuren finden sich in den Tabellen 11 und 12. O. Folin und A. D. Marenzi (32) geben neuerdings seinen Tyrosingehalt zu 4,3% und den Tryptophangehalt zu 1,5% an.

**b) Excelsin.** Es bildet den hauptsächlichen eiweißartigen Bestandteil der Paranuß (Bertholletia excelsa). Seine krystallinische Beschaffenheit schon in seinem natürlichen Vorkommen ist weiter oben erwähnt worden. Durch Extraktion des ölfreien Samenmehls mit der achtfachen Menge einer warmen (45—50°) 3proz. Ammonsulfatlösung und anschließendes Dialysieren der klar filtrierten Extrakte lassen sich aus 1 kg Mehl ungefähr 200 g Excelsin gewinnen.

Die Salze des Excelsins mit Säuren sind in Wasser unlöslich, in Salzlösungen löslich. Mit Laugen gegen Phenolphthalein neutralisiertes Excelsin ist in Wasser völlig löslich.

Die Grenzen seiner Aussalzbarkeit mit Ammoniumsulfat liegen bei 32—46 % der Sättigung mit diesem Salz. Beim Erwärmen einer Lösung von Excelsin in 10proz. Kochsalzlösung auf 70° entsteht eine Trübung; gegen 86° scheiden sich Flocken aus, deren Menge bei Steigen der Temperatur auf 100° stark zunimmt.

**c) Globulin aus Kürbissamen** (Cucurbita maxima). Die Samen des Kürbis enthalten eine verhältnismäßig große Menge Protein. Die Gewinnung des Globulins geschieht auf die Weise, daß man 1 kg ölfreies Samenmehl mit 4 l einer 10proz. Kochsalzlösung extrahiert und die filtrierten Extrakte mit dem vierfachen Volumen destilliertem Wasser, das vorher auf 65° erwärmt war, verdünnt. Bei langsamem Abkühlen auf ungefähr 5° scheidet sich das Globulin in oktaedrischen Krystallen ab. Die Ausbeute beträgt ungefähr 10 % des Mehles, und das Produkt ist rein.

Die Löslichkeitseigenschaften dieses Globulins sind den anderen Pflanzenglobulinen ähnlich. Seine Fällung mit Ammoniumsulfat beginnt bei 26 % und sie ist vollständig bei 36 % der Sättigung der Lösung mit diesem Salz. Die Lösung dieses Globulins in 10proz. Kochsalzlösung wird beim Erwärmen auf 87° trübe; bei 95° scheidet sich ein flockiger Niederschlag ab.

**d) Globulin aus Baumwollsamen** (Gossypium herbaceum). Diese Samen enthalten eine große Menge von Farbstoffen, daher ist das daraus isolierte Globulin leicht gelb gefärbt. Die Darstellung des Globulins erfolgt durch Extraktion des Samenmehles mit der dreifachen Menge einer 10proz. Kochsalzlösung und darauffolgendem Dialysieren. Durch Behandeln des Rohproduktes mit einer Ammoniumsulfatlösung, die in 500 cm³ Wasser 76 g Salz entsprechend $^2/_{10}$ der Sättigung (vgl. S. 304) enthält, werden die Begleitstoffe ausgesalzen; dem klaren Filtrat werden dann für je 100 cm³ 28,1 g Ammoniumsulfat entsprechend $^6/_{10}$ der Sättigung zugesetzt, wobei das Globulin ausfällt. Durch erneutes Lösen in 10proz. Kochsalzlösung und durch anschließende Dialyse wird das Globulin in reinem Zustand erhalten.

Das Globulin ist unlöslich in reinem Wasser, dagegen löslich in mäßig verdünnten und gesättigten Lösungen von Natriumchlorid. Seine Fällung mit Ammoniumsulfat beginnt bei 38 % und ist vollendet bei 56 % der Sättigung der Lösung mit diesem Salz.

**e) Amandin** aus Mandeln (Prunus amygdalus). Zur Gewinnung des Amandins werden Mandeln zunächst von den Schalen befreit, durch eine Fruchtpresse gepreßt, um die Hauptmenge des Öles zu entfernen, und dann zu einem feinen Pulver gemahlen. 1 kg des Mehles wird dann mit 5 l 10proz. Kochsalzlösung extrahiert; aus den Extrakten wird das Amandin durch Sättigung der Lösung mit Ammoniumsulfat ausgesalzen, der Niederschlag wieder in Kochsalzlösung gelöst und daraus durch Dialyse das Amandin wieder abgeschieden. Nach wiederholter Reinigung des Präparates auf diese Weise erhält man schließlich das Amandin als schneeweißes Pulver, dessen Menge gewöhnlich 25 % des ölfreien Mehles oder 12 % der Mandeln in ihrem natürlichen Zustand beträgt.

Amandin ist in Wasser löslich, wenn es durch Neutralisation mit Alkali von gebundener Säure befreit wird. Als Salz mit einer Säure besitzt es die Löslichkeitseigenschaften der Globuline, d. h. es ist in Wasser unlöslich, dagegen in Neutralsalzlösungen löslich. Die Grenzen seiner Fällbarkeit mit Ammoniumsulfat liegen zwischen 28 % und 44 % der Sättigung der Lösung mit diesem Salz.

**f) Juglansin** aus Walnuß (Juglans regia) und *Corylin* aus Haselnuß (Corylus avellana). Das Juglansin wird aus der Walnuß, die große Mengen dieses Globulins enthält, in ähnlicher Weise wie das Amandin aus den Mandeln gewonnen. Es ist notwendig, vor der Extraktion die äußeren Samenhäute zu entfernen, da diese so viel Tannin enthalten, daß dadurch fast sämtliches Protein unlöslich wird. Die Ausbeute beträgt 20 % des ölfreien Mehles. Juglansin zeigt die typischen Löslichkeitseigenschaften der Globuline. Seine Fällung mit Ammoniumsulfat erfolgt zwischen 21,7 % und 36,4 % der Sättigung der Lösung mit diesem Salz.

Die Haselnüsse (Corylus avellana) enthalten etwa 30proz. Globulin, das sog. *Corylin*. Von Juglansin unterscheidet sich das Corylin vor allem durch seinen niedrigeren Schwefelgehalt.

Andere bekannte, auch in krystallisiertem Zustand erhältliche, Ölsamenglobuline sind *das Globulin der Ricinussamen* (Ricinus communis), das *Globulin aus Leinsamen* ((Linum usitatissimum), das *Globulin aus Cocosnuß* (Cocos ucifera), ferner die Globuline aus *Sonnenblumensamen* (Helianthus annuus), *Kiefer* (Picea excelsa) sowie aus *Erdnuß* (Arachis hypogaca). Die Angaben über ihre Zusammensetzung, ihre Bausteinanalyse usw. sind, soweit untersucht, in den Tabellen 11 und 12 wiedergegeben.

## 2. Die Globuline der Leguminosensamen.

Der Eiweißgehalt der Leguminosensamen ist im allgemeinen geringer als der der Ölsamen. In der Regel enthalten diese Samen zwei Globuline; das eine in überwiegender Menge vorkommende (Legumin, Phaseolin) entspricht im Löslichkeitsverhalten den Globulinen aus Ölsamen, es ist nur in konzentrierteren Kochsalzlösungen löslich und kann durch Dialysieren der Salzlösung ausgefällt werden. Die Koagulation dieser Globuline ist ähnlich wie bei den Ölsamen-Globulinen nur in Anwesenheit von Säuren vollständig. Die daneben in den Leguminosensamen in geringerer Menge vorkommenden anderen Globuline (z. B. Vicilin), gleichen insofern den tierischen Globulinen, als sie auch in verdünnter Kochsalzlösung (z. B. solcher unter 2%) gut löslich sind und durch Kochen in neutraler Lösung koagulierbar sind. Manche der Samen enthalten außerdem noch ein Protein, welches auf Grund seiner Eigenschaften zu der Gruppe der Albumine gehört (vgl. S. 332).

Tabelle 13 gibt eine Übersicht über die elementare Zusammensetzung, Stickstoffverteilung und spezifische Drehung der wichtigsten Globuline der Leguminosensamen. Ihr Stickstoffgehalt ist geringer als bei den Ölsamen-Globulinen; dem entspricht, wie aus der Tabelle 14 ersichtlich ist, auch ein geringer Gehalt von Diaminosäuren, insbesondere von Arginin. Dagegen ist die Beteiligung von Dicarbonsäuren, insbesondere von Glutaminsäure, am Aufbau dieser Globuline eine sehr erhebliche. Tryptophan ist vorhanden.

Tabelle 13. Elementare Zusammensetzung, Stickstoffverteilung und spezifische Drehung der Globuline aus Leguminosensamen.

| Protein | Zusammensetzung | | | | Stickstoffverteilung | | | | $[\alpha]_D$ in 10% Kochsalzlösung | Verbrennungswärme in cal. |
|---|---|---|---|---|---|---|---|---|---|---|
| | % C | % H | % N | % S | % Amid-N | % Basischer-N | % Nicht-basischer-N | Humin-N | | |
| Phaseolin (weiße Bohne, Phaseolus vulgaris) . . . | 52,6 | 6,9 | 15,8 | 0,3 | 1,7 | 3,6 | 10,2 | 0,3 | — 41,4° | 5726 |
| Legumin (Wicke, ervum lens) | 51,7 | 7,0 | 18,0 | 0,4 | 1,7 | 5,2 | 10,9 | 0,2 | — | — |
| Legumin (Saubohne, Vicia faba) . . . . . . . . . | 51,7 | 7,0 | 18,0 | 0,4 | 1,6 | 4,9 | 11,3 | 0,1 | — 43,6° | — |
| Legumin (Linse, Vicia sativa) . . . . . . . . . | 51,7 | 6,9 | 18,0 | 0,4 | 1,7 | 5,1 | 11,0 | 0,1 | — | — |
| Legumin (Erbse, pisum sativum) . . . . . . . . . | 51,7 | 6,9 | 18,0 | 0,4 | 1,7 | 5,1 | 11,0 | 0,3 | — | 5619 |
| Vicilin (Erbse, pisum sativum) . . . . . . . . . | 52,3 | 7,0 | 17,0 | 0,2 | 1,7 | 4,9 | 10,6 | 0,2 | — | 5683 |
| Vicilin (Linse, Ervum lens) | 52,1 | 7,0 | 17,2 | 0,2 | 1,7 | 4,6 | 10,7 | 0,1 | — | — |
| Vicilin (Saubohne, Vicia faba) . . . . . . . . . | 52,4 | 7,0 | 17,5 | 0,15 | 1,9 | 4,5 | 10,3 | 0,2 | — | — |
| Glycinin (Sojabohne, Glycine hispida) . . . . . . | 52,1 | 6,9 | 17,5 | 0,8 | 2,1 | 3,9 | 11,3 | 0,1 | — | 5668 |
| Vignin (Kuherbse, Vigna sinensis) . . . . . . . . | 52,6 | 6,9 | 17,2 | 0,5 | 1,9 | 4,3 | 10,8 | 0,25 | — | 5718 |
| Conglutin (blaue Lupine) . | 50,8 | 6,8 | 17,7 | 0,3 | — | — | — | — | — | 5475 |
| Conglutin α (gelbe Lupine) | 51,7 | 7,0 | 17,6 | 0,6 | 2,1 | 5,20 | 10,4 | 0,2 | — | 5542 |
| Conglutin β (gelbe Lupine) | 49,9 | 6,8 | 18,4 | 1,7 | 2,65 | 5,1 | 10,3 | 0,15 | — | 5359 |

Tabelle 14. Bausteinanalyse der Globuline aus Leguminosensamen.

| Aminosäuren | Phaseolin (weiße Bohne) | Legumin (Erbse) | Vicilin (Erbse) | Legumin (Wicke) | Glycinin (Sojabohne) | Legumin (Sojabohne) | Conglutin (blaue Lupine) | Vignin aus Vignia sinensis | Conglutin-α (gelbe Lupine) | Conglutin-β (gelbe Lupine) |
|---|---|---|---|---|---|---|---|---|---|---|
| Glykokoll . . . | 0,6 | 0,4 | 0 | 0,4 | 1,0 | — | — | 0 | — | — |
| Alanin . . . . | 1,8 | 2,1 | 0,5 | 1,2 | — | — | — | 1,0 | — | — |
| Valin . . . . . | 1,0 | — | 0,2 | 1,4 | 0,7 | — | — | 0,3 | — | — |
| Leucin . . . . | 9,7 | 8,0 | 9,4 | 8,8 | 8,5 | — | — | 7,8 | — | — |
| Phenylalanin . | 3,3 | 3,8 | 3,8 | 2,9 | 3,9 | — | — | 5,3 | — | — |
| Tyrosin . . . . | 2,8 | 3,8 | 2,4 | 2,4 | 1,9 | — | 3,7 | 2,3 | — | — |
| Asparaginsäure. | 5,2 | 5,3 | 5,3 | 3,2 | 3,9 | — | — | 4,0 | — | — |
| Glutaminsäure . | 14,5 | 17,0 | 21,3 | 18,3 | 19,5 | — | 23,0 | 16,9 | 21,0 | 30,0 |
| Arginin . . . . | 4,9 | 11,7 | 8,9 | 11,1 | 7,7 | 5,3 | — | 7,2 | 10,9 | — |
| Histidin . . . . | 2,6 | 1,7 | 2,2 | 2,9 | 2,1 | 2,0 | — | 3,1 | 2,5 | — |
| Lysin . . . . . | 4,6 | 5,0 | 5,4 | 3,7 | 3,4 | 4,9 | — | 4,3 | 2,7 | — |
| Prolin . . . . | 2,8 | 3,2 | 4,1 | 4,0 | 3,8 | — | — | 5,2 | — | — |
| Ammoniak . . | 2,1 | 2,1 | 2,0 | 2,2 | 2,6 | 1,4 | 2,6 | 2,3 | 2,5 | — |

**a) Phaseolin aus Bohnen** (Phaseolus vulgaris). In dieser Bohne sind zwei Globuline enthalten, von denen das eine, das *Phaseolin*, in weitaus überwiegender Menge vorkommt und in seinen Eigenschaften den Ölsamen-Globulinen entspricht. Daneben findet sich in kleinen Mengen ein leichter löslicher Globulin, das sog. Phaselin.

Zur Darstellung des Phaseolins werden nach Osborne (86, 89), dem wir auch für die Darstellung der anderen Globuline aus Leguminosensamen folgen, grobgemahlene Bohnen durch Sieben vom größeren Teil ihrer äußeren Samenhäute befreit, durch Extraktion mit Petroläther entfettet und dann fein gemahlen. 1 kg dieses Mehles wird mit 4 l einer 2proz., auf 80° erwärmten Kochsalzlösung behandelt. Nach dreistündigem Stehen bei öfterem Umrühren wird die Mischung auf Faltenfilter gebracht. Wenn ein beträchtlicher Teil der Lösung abfiltriert ist, wird der Rückstand ausgepreßt und der Auszug klar filtriert. Zur Abscheidung des Phaseolins wird die etwa opalescierende Lösung 4 Tage lang in fließendem Wasser dialysiert. Zwecks Reinigung wird das Präparat wiederholt in 5proz. Kochsalzlösung gelöst, von ungelösten Teilen filtriert und aus der klaren Lösung durch Dialyse wieder ausgefällt. Das erst mit Wasser, dann sukzessiv mit 50-, 75proz. und zum Schluß absolutem Alkohol und Äther ausgewaschene Phaseolin stellt ein dichtes, schneeweißes Pulver dar. Es sind einige Male Phaseolinpräparate gewonnen, die hauptsächlich aus oktaedrischen Krystallen bestanden, es konnte aber kein Präparat gewonnen werden, das nur Krystalle aufwies. Nach der vorhergehenden Darstellung wird das leichter lösliche Phaselin entfernt.

Phaseolin ist in Wasser unlöslich, dagegen löslich in verdünnten Salzlösungen, ferner in verdünnten Säuren und Alkalien. In 10proz. Natriumchloridlösung erfolgt bei 95° eine Trübung, die bei steigender Temperatur langsam zunimmt. Die Grenzen der Fällbarkeit des Phaseolins mit Ammoniumsulfat liegen bei 57,3—77,3% der Sättigung der Lösung mit diesem Salz.

**b) Legumin** (aus *Erbse* [Pisum sativum], *Linse* [Ervum lens], *Saubohne* [Vicia faba], *Wicke* [Vicia sativa]). Die Samen dieser Leguminosen enthalten ein den Ölsamen-Globulinen ähnliches Protein, das Legumin; daneben mit Ausnahme der Wicke ein zweites, in sehr verdünnten Salzlösungen und in hochkonzentrierter Ammoniumsulfatlösung löslicheres Globulin, das Vicilin. Alle vier Samensorten enthalten ferner in geringer Menge einen albuminähnlichen

Eiweißstoff, das Legumelin, welches im vorigen Kapitel besprochen wurde. Die Leguminpräparate aus diesen Samen sind in ihrer Zusammensetzung und sonstigen Eigenschaften untereinander sehr ähnlich. Frühere Behauptungen, daß das Legumin phosphorhaltig sei, haben sich als irrtümlich erwiesen. Reines Legumin ist phosphorfrei.

Zur Gewinnung von Legumin geht man am besten von den Samen der Wicke aus, die kein Vicilin enthalten. Die gemahlenen und entfetteten Samen der Wicke werden mit der vierfachen Menge 10proz. Kochsalzlösung behandelt, die genügend Baryt enthält, um das Extrakt gegen Lackmus neutral zu machen. Die hierzu notwendige Menge Baryt wird durch einen Vorversuch ermittelt. Da die Filtration der Extrakte gewöhnlich schwer durchzuführen ist, werden dieselben mit Papierbrei vermischt, ausgepreßt und die vereinigten Filtrate durch eine Schicht von Papierbrei gesaugt. Bei Sättigung der so erhaltenen Lösung mit Ammoniumsulfat wird das Legumin ausgesalzen. Zur Lösung des Niederschlages, der sonst wegen der großen anhaftenden Menge von Ammoniumsulfat nur sehr schwer in Lösung gebracht werden kann, wird derselbe mit so viel Wasser versetzt, bis eine dünne Paste entsteht und dann die Masse 24 Stunden dialysiert. Dadurch wird genug Ammoniumsulfat entfernt, um die zur Lösung des Niederschlages notwendige geringe Salzkonzentration in einem kleinen Volumen zu erreichen. Die auf diese Weise erhaltene Lösung wird von kleinen Mengen unlöslicher Stoffe filtriert und nun 3 Tage lang in laufendem Wasser dialysiert. Das ausgefallene Legumin wird zur Reinigung in 10proz. Kochsalzlösung gelöst und durch Dialyse nun in ziemlich reinem Zustand wieder abgeschieden.

Aus Erbse, Saubohne und Linse wird nach der eben beschriebenen Methode ein Gemisch der in ihren Samen vorkommenden Globulinen erhalten, welches aus Legumin und Vicilin besteht. Ihre Trennung erfolgt durch fraktioniertes Aussalzen mit Ammoniumsulfat. Die aus 1 kg Mehl erhaltene Mischung von Legumin und Vicilin wird in 1 l Wasser suspendiert und durch Zusatz von 76 g Ammoniumsulfat gelöst. Durch weiteres Zugeben von 380 g Ammoniumsulfat wird die Lösung auf $^{6}/_{10}$-Sättigung gebracht, wobei das Legumin ausfällt. Das Filtrat enthält fast das gesamte Vicilin. Durch erneute Ausfällung aus einer $^{6}/_{10}$-gesättigten Ammoniumsulfatlösung, Lösen des Niederschlages in 10proz. Kochsalzlösung und anschließendes Dialysieren wird das Legumin frei von Begleitstoffen erhalten.

Die nach diesen Methoden gewonnenen Leguminpräparate sind Proteinsalze, die die Eigenschaften der Globuline besitzen; sie sind in Wasser unlöslich, in Kochsalzlösungen von 2 und mehr Prozent löslich. Wird die gebundene Menge Säure durch Neutralisation gegen Phenolphthalein entfernt, so ist das Legumin in Wasser löslich. Bei vollständiger Abwesenheit von Vicilin und Legumelin läßt sich Legumin durch kurzes Kochen seiner Natriumchloridlösung nicht koagulieren; wird vorher wenig Essigsäure zugegeben, so erfolgt beim Sieden eine starke Koagulation. Die Grenzen der Fällbarkeit des Legumins mit Ammoniumsulfat liegen zwischen 46 und 67 % wirklicher Sättigung der Lösung mit diesem Salz.

c) **Vicilin** aus Erbse (Pisum sativum), Linse (Ervum lens), Saubohne (Vicia faba). Zur Gewinnung dieses neben Legumin in den Samen der Erbse, Linse und Saubohne vorkommenden Globulins dient das Filtrat der in $^{6}/_{10}$-gesättigten Ammoniumsulfatlösung erfolgten ersten Leguminfällung (s. oben). Das Filtrat wird mit Ammoniumsulfat gesättigt, der Niederschlag in 1 l Wasser gelöst und mit 400 g Ammoniumsulfat versetzt. Die von eventuell kleinen Mengen abgeschiedenen Legumins abfiltrierte Lösung wird wieder mit Ammoniumsulfat gesättigt, der Niederschlag in Wasser gelöst und daraus durch Dialyse das Vicilin in reinem Zustand gewonnen.

Die aus diesen drei Samen erhaltenen Vicilinpräparate zeigen untereinander in ihren Eigenschaften und in ihrer Zusammensetzung keine Unterschiede. Von Legumin unterscheidet sich das Vicilin durch seinen etwas geringeren Kohlenstoff- und Stickstoffgehalt, vor allem aber durch seinen halb so großen Schwefelgehalt. Vicilin ist in 1—2proz. Kochsalzlösung reichlich löslich. Nach Behandeln des Vicilins mit Alkohol und Trocknen über Schwefelsäure geht seine Fähigkeit, in Salzlösungen löslich zu sein, größtenteils verloren. Lösungen von Vicilin in 10proz. Kochsalzlösung werden bei 90° trübe, bei 95° scheiden sich Flocken ab. Bei andauerndem Erhitzen auf 100° wird Vicilin fast völlig koaguliert.

**d) Glycinin** aus Sojabohne (Glycine hispida). Diese Samen enthalten in überwiegender Menge ein dem Legumin ähnliches Globulin, das sog. Glycinin, außerdem in geringer Menge ein zweites Globulin und ein Albumin. Zur Gewinnung des Glycinins werden die von den äußeren Samenhäuten befreiten, dann entfetteten und gemahlenen Samen mit der fünffachen Menge 10proz. Kochsalzlösung extrahiert und aus den klar filtrierten Extrakten das Globulin durch Dialyse abgeschieden. Nach wiederholtem Lösen in 10proz. Kochsalzlösung und anschließendem Dialysieren erhält man ein ziemlich reines Präparat, welches in seinen Eigenschaften mit dem Legumin übereinstimmt.

**e) Vignin** aus Kuherbse (Vigna sinensis). Die Hauptmasse der eiweißartigen Bestandteile dieser Samen besteht aus einem dem Legumin ähnlichen, aber mit diesem nicht identischen Globulin, dem sog. Vignin. Daneben kommt ein zweites Globulin vor und ein leguminähnliches Albumin. Zur Gewinnung des Vignins werden die Sojabohnen von den äußeren Samenhäuten befreit, entfettet, fein gemahlen und dann mit der vierfachen Menge 5proz. Kochsalzlösung behandelt. Die klar filtrierten Extrakte (s. S. 345) werden 3 Tage lang dialysiert, der Niederschlag in 5proz. Kochsalzlösung gelöst und dann so viel Wasser zugegeben, bis die Salzkonzentration 1 % beträgt. Wegen seiner Schwerlöslichkeit in 1proz. Kochsalzlösung scheidet sich hierbei das Vignin frei von den anderen Proteinen der Kuherbse, die in dieser Salzkonzentration leicht löslich sind. Das eventuell nochmals auf diese Weise gereinigte Vignin stellt ein dichtes farbloses Pulver dar, dessen Menge 45—50 g aus 1 kg Mehl beträgt.

Vignin löst sich in salzfreiem Wasser in bedeutendem Maße. Bei Erhitzen einer Vigninlösung in 10proz. Kochsalzlösung auf 98° entsteht eine Trübung. Nach fortgesetztem Erhitzen auf dem Wasserbad wird die Lösung zu einer Gallerte. Seine Fällungsgrenzen mit Ammoniumsulfat sind nicht genau bestimmt worden; es fällt erst, wenn die Lösung ungefähr zu 80 % mit Ammoniumsulfat gesättigt ist.

**f) Globuline der Lupinensamen.** Der hauptsächlichste eiweißartige Bestandteil der Lupinensamen ist ein Globulin, das sog. Conglutin. Das Conglutin der blauen Lupine ist einheitlich, während das der gelben Lupine in zwei Fraktionen Conglutin-$\alpha$ und Conglutin-$\beta$ zerlegt werden kann. Das Conglutin der blauen Lupine gleicht in bezug auf Zusammensetzung und Eigenschaften dem Conglutin-$\alpha$ aus der gelben Lupine; ob es mit dem Conglutin-$\alpha$ identisch ist, ist bis jetzt mit Sicherheit noch nicht entschieden.

Die von äußeren Samenhüllen befreiten und dann fein gemahlenen Lupinensamen werden mit 92—94proz. Alkohol koliert, bis alles darin Lösliche entfernt ist. 1 kg des so vorbehandelten, trockenen Mehles wird mit 5 l 10proz. Kochsalzlösung extrahiert unter Zusatz von so viel gesättigter Barytlösung, bis der

Extrakt gegenüber Lackmus neutral reagiert. Der klar filtrierte Extrakt wird 4 Tage lang dialysiert, wobei das Globulin ausgefällt wird. Die Fällung wird durch Zusatz von wenig 2proz. Salzsäure vervollständigt. Die überstehende Flüssigkeit wird dekantiert, der Niederschlag in Wasser suspendiert und mit wenig 2proz. Salzsäure versetzt, wobei sich das Globulin als flockiger Niederschlag absetzt. Die Lösung wird dekantiert, der Niederschlag nochmals mit Wasser umgerührt und nach dem Absetzen und Dekantieren mit ungefähr 1 l Alkohol umgerührt und aufs Filter gebracht. Das so gewonnene Präparat wiegt ungefähr 200 g und bildet ein blaßgelbes, dichtes Pulver.

Auf diese Weise gewinnt man aus der blauen Lupine Conglutin, während man aus der gelben Lupine nach diesem Verfahren ein Gemisch von Conglutin-$\alpha$ und Conglutin-$\beta$ erhält. Um die zwei letzteren voneinander zu trennen, wird das rohe Conglutin in 2 l $^{1}/_{10}$-gesättigter Ammonsulfatlösung gelöst und weiterhin so viel Ammonsulfat zugesetzt, bis die Lösung $^{55}/_{100}$ völliger Sättigung erreicht, wobei das Conglutin-$\alpha$ in fast reinem Zustand ausfällt. Das Filtrat wird auf $^{65}/_{100}$ gesättigt, von erneut abgeschiedenem Conglutin-$\alpha$ filtriert und nun mit Ammoniumsulfat völlig gesättigt, wobei sich Conglutin-$\beta$ abscheidet. Nach Wiederholung des Prozesses ist die Trennung praktisch vollständig. Jedes Produkt wird dann für sich in Kochsalzlösung gelöst, wenn nötig, filtriert und dialysiert, bis alles Conglutin gefällt ist.

Das Conglutin-$\alpha$ ist unlöslich in Wasser, dagegen leicht löslich in 5—10proz. Kochsalzlösung, auch nach Behandeln mit Alkohol bzw. nach dem Trocknen. Beim Erhitzen einer 5proz. Lösung von Conglutin-$\alpha$ in 10proz. Kochsalzlösung auf 100° bildet sich nach einiger Zeit an der Oberfläche eine durchscheinende Haut. Beim Kühlen wird die Lösung zu einer Gallerte. Die Fällung des Conglutins-$\alpha$ liegt zwischen 34 und 63 % wirklicher Sättigung der Lösung mit Ammoniumsulfat.

Conglutin-$\beta$ ist in Salzlösung leichter löslich als Conglutin-$\alpha$. Zur Fällung des Conglutin-$\beta$ mit Salzsäure oder Essigsäure werden größere Mengen von diesen Säuren benötigt, als es bei dem Conglutin-$\alpha$ der Fall ist. Conglutin-$\beta$ wird bei mehr als 64 % Sättigung mit Ammoniumsulfat ausgesalzen.

## 3. Andere Pflanzenglobuline.

Globulinähnliche Proteine finden sich nach den Untersuchungen von T. B. Osborne (86, 89) in vielen anderen Pflanzen, meist aber in sehr geringer Menge. So enthalten die Samenkeime der Getreidearten neben einem albuminähnlichen Protein, dem im vorigen Kapitel besprochenen Leucosin, auch ein Globulin, während das Endosperm der Getreidesamen vorwiegend alkohollösliche Eiweißstoffe, Prolamine, ferner Glutenine, enthält. So kommen im Weizenkorn, Roggenmehl, Gerste 0,4—1,7 %, im Hafer sogar größere Mengen eines Globulins vor. Das Globulin aus Hafer fällt aus warmer 10proz. Kochsalzlösung beim Abkühlen in krystallisierter Form aus.

Osborne (86, 89) gibt folgende Tabelle für die elementare Zusammensetzung der aus Getreidearten gewonnenen Globuline:

Tabelle 15.

| | % C | % H | % N | % S |
|---|---|---|---|---|
| Globulin aus Weizen und Roggen | 51,0 | 6,85 | 18,4 | 0,7 |
| Globulin aus Gerste | 50,9 | 6,65 | 18,1 | — |
| Globulin aus Mais | 52,0 | 6,8 | 18,0 | 0,66 |
| Globulin aus Hafer | 52,2 | 7,0 | 17,8 | 0,77 |

Nach neueren Untersuchungen von H. LÜERS und M. SIEGERT (75) sind im Hafer zwei voneinander verschiedene Globuline enthalten. Das eine läßt sich aus dem Hafermehl bei gewöhnlicher Temperatur (Präparat A von 13,4 % Stickstoffgehalt), das andere erst bei 63—65° (Präparat B von 16,8 % Stickstoffgehalt) mit 10proz. Kochsalzlösung extrahieren. Die nach VAN SLYKE ermittelte Stickstoffverteilung auf die verschiedenen Aminosäuregruppen dieser beiden Globuline ergibt sich aus der Tabelle 16, in welcher der Total-N gleich 100proz. gesetzt ist.

Tabelle 16.

| | Präparat A | Präparat B | | Präparat A | Präparat B |
|---|---|---|---|---|---|
| Ammoniak-N . . . . | 9,67 | 14,08 | Lysin-N . . . . . . | 4,73 | 3,54 |
| Melanin-N . . . . . | 2,65 | 0,95 | Amino-N im Basenfiltrat . . . . . | 54,35 | 52,16 |
| Cystin-N . . . . . | 1,40 | 1,00 | Nicht-Amino-N im Basenfiltrat . . . . | 12,00 | 3,87 |
| Arginin-N . . . . . | 10,85 | 15,04 | | | |
| Histidin-N . . . . . | 3,30 | 8,35 | | | |

*Globulin aus Kartoffel.* In der Kartoffel, und zwar hauptsächlich im Saft ist das sog. *Tuberin*, ein Globulin von hohem biologischem Wert, enthalten (T. B. OSBORNE [86, 89], B. SJÖLLEMA [106]). Zu seiner Gewinnung extrahiert man gewaschenes Kartoffelgewebe mit 10proz. Kochsalzlösung und fällt aus dem Extrakt das Globulin durch Dialyse. Man kann das Tuberin auch aus dem filtrierten Preßsaft der Kartoffel durch Sättigen mit Ammonsulfat aussalzen.

Die elementare Zusammensetzung sowie die Ergebnisse der Bausteinanalyse des Tuberins finden sich in der Tabelle 17. Tuberin löst sich in sehr verdünnten Salzlösungen, daher wird es bei der Dialyse nur langsam und unvollkommen ausgefällt. Mit Kochsalz, Natriumsulfat oder Magnesiumsulfat wird es erst bei vollständiger Sättigung ausgesalzen. Eine Lösung von Tuberin in 10proz. Kochsalzlösung scheidet bei Erhitzen auf 60—65° einen flockigen Niederschlag aus; die Koagulation ist durch längeres Erhitzen auf 80° vollständig.

Tabelle 17. Elementare Zusammensetzung und Bausteinanalyse der Globuline aus Kartoffeln, Antiaris toxicaria und Ipomoea batatas.
(Die Angaben über Aminosäuren bedeuten g Aminosäure in 100 g Protein.)

| | Tubarin | Protein aus Antiaris toxicaria | Ipomoein aus Ipomoea batatas | | Tubarin | Protein aus Antiaris toxicaria | Ipomoein aus Ipomoea batatas |
|---|---|---|---|---|---|---|---|
| Zusammensetzung % C | 53,6 | 48.0 | 51,8 | Tyrosin . . . | 4,3 | 2,7 | 7,0 |
| Zusammensetzung % H | 6,85 | 5,7 | 7,2 | Cystin . . . . | 4,4 | 10,6 | 1,4—2,6 |
| Zusammensetzung % N | 15,9—16,2 | 15,4—15,7 | 16,1 | Glutaminsäure | 4,6 | — | — |
| Zusammensetzung % S | 1,25 | 7,2 | 2.25 | Arginin . . . | 4,2 | — | 6,1 |
| Glykokoll . . | — | 0,3 | — | Histidin . . . | 2,3 | — | 3,2 |
| Alanin . . . | 4,9 | 9,0 | — | Lysin . . . . | 3,3 | 1,4 | 4,9 |
| Valin . . . . | 1,1 | 2,4 | — | Prolin . . . . | 3,0 | 4,5 | — |
| Leucin . . . | 12,2 | — | — | Tryptophan . | 3,3 | — | 2,7 |
| Phenylalanin . | 3,9 | — | — | Ammoniak . . | 1,8 | — | — |

*Protein aus Antiaris toxicaria.* Zu den pflanzlichen Globulinen könnte ferner ein in dem Milchsaft der Antiaris toxicaria vorkommendes Protein gehören (Y. KOTAKE und F. KNOOP [67]). Bemerkenswert an diesem Eiweißstoff, der auch ein großes Krystallisationsvermögen besitzt, ist sein hoher Schwefelgehalt, dem, wie die vorstehende Tabelle zeigt, ein hoher Gehalt an Cystin entspricht. Zur Gewinnung dieses Proteins werden die Rückstände des mit Alkohol extrahierten Milchsaftes mit etwa der fünffachen Menge 0,8proz. Essigsäure mehrere Stunden im Wasserbade behandelt. Beim Einengen des Filtrates scheidet sich erst eine geringe Menge eines amorphen Niederschlages ab, die entfernt wird. Beim weiteren Einengen fällt das Protein krystallinisch aus. Es läßt sich aus heißem essigsäurehaltigem Wasser gut umkrystallisieren. Seine Fällungsgrenze mit Ammonsulfat liegt bei 50—60proz. Sättigung, wobei aber das Protein in amorphem Zustand ausfällt.

Die Art seiner Darstellung läßt als möglich erscheinen, daß dieses Protein keinen nativen, sondern einen bereits partiell abgebauten Eiweißstoff darstellt.

*Ipomoein* aus sog. „Süßen Kartoffeln" oder Bataten (Ipomoea batatas). Zur Gewinnung dieses Globulins werden frisch geerntete geriebene „Süße Kartoffeln" (5 kg) mit 5proz. Kochsalzlösung extrahiert und die filtrierten Extrakte mit Essigsäure auf $p_H = 4$ gebracht, wobei das Ipomoein ausfällt. Der Niederschlag wird mit 5proz. Kochsalzlösung behandelt, mit 0,1 n-Natronlauge gegen Lackmus neutralisiert und die filtrierte Lösung mit festem Ammoniumsulfat versetzt. Die Fällung läßt sich infolge des Vorhandenseins anhaftenden Ammoniumsulfates in Wasser lösen. Das bei der Dialyse (7 Tage) gegen destilliertes Wasser ausfallende Globulin wird in 5proz. Kochsalzlösung gelöst, die Lösung mit verdünnter Natronlauge gegen Lackmus neutralisiert und nach der Filtration auf 82° erhitzt. Das Koagulum liefert nach Waschen mit Wasser und Trocknen mit Alkohol-Äther 5 g grauweißes Pulver. Verwendet man statt der frisch geernteten süßen Kartoffen solche, die mehrere Wochen bei Zimmertemperatur aufbewahrt waren, so findet sich dabei ein sekundäres Protein, deren Bildung wahrscheinlich einem enzymatischen Abbau des primären Proteins zu verdanken ist (O. BREESE-JONES und CH. E. F. GERBSDORF [58]). Ipomonein wird aus der Lösung in 5proz. Kochsalzlösung durch 65proz. Sättigung mit Ammonsulfat gefällt und ist in Kochsalzlösung wieder leicht löslich; wird es durch Ansäuern ausgefällt, so ist es erst nach Neutralisation seiner Suspension gegen Lackmus in dieser Salzlösung löslich.

Die elementare Zusammensetzung und die Ergebnisse der Bausteinanalyse des Isopoeins sind in der Tabelle 17 angeführt; die letztere ist ähnlich wie bei dem Protein aus Antiaris toxicaria, wohl infolge der geringen zur Verfügung stehenden Substanzmengen, unvollständig geblieben.

Globulinähnliche Proteine sind schließlich in den verschiedensten Gemüsearten, beispielsweise in den Tomaten, Spinat, ferner in höheren und niederen Pilzen (Steinpilz, Hefe) enthalten, ihre nähere Untersuchung ist aber nur mangelhaft durchgeführt worden.

## L. Prolamine, Glutenine.

Die Prolamine und die Glutenine, die zusammen den Hauptbestandteil der Eiweißstoffe des Getreidemehls bilden, kommen in dem Endosperm der Cerealiensamen neben viel Kohlehydraten vor, während der Samenkeim, wie weiter oben ausgeführt, außer Nucleinsäure und anderen Stoffen ein Albumin (Leucosin) und ein Globulin enthält. Charakteristisch für die Prolamine ist ihre Löslichkeit in verdünntem, z. B. 50—90proz., Alkohol, die sich von allen anderen Proteinen unterscheidet; auch in anderen Alkoholen, wie Methyl-, Propyl-, Benzylalkohol, ferner Glycerin und in Phenolen sind sie löslich, dagegen nicht in absolutem Alkohol. In reinem Wasser sind die Prolamine unlöslich, dagegen werden ihre Salze mit Säuren oder Alkalien von Wasser leicht gelöst. Die andere Gruppe von Eiweißstoffen, die Glutenine, die in vielen Getreidemehlen neben Prolaminen enthalten sind, werden von Alkoholen sowie von reinem Wasser nicht gelöst; als Salze, vor allem als Alkalisalze, sind sie dagegen in Wasser leicht löslich. Die entscheidenden Aufklärungen über die Prolamine und Glutenine verdankt man hauptsächlich T. B. OSBORNE (86, 89); die Ergebnisse seiner Untersuchungen bilden die Grundlage folgender Ausführungen:

Der Gehalt der verschiedenen Getreidemehle an Prolaminen und Gluteninen ist ein verschiedener. Das Eiweiß des Weizenmehles besteht zu ähnlichen Teilen aus einem alkohollöslichen Protein, dem *Gliadin*, und einem Glutenin. Beide Eiweißstoffe bilden zusammen das sog. Klebereiweiß oder *Gluten*, das beim Behandeln mit Wasser eine teigige Masse von eigenartiger Konsistenz bildet. Auf den physikalischen Eigenschaften dieses Gemisches beruht die Möglichkeit, Mehl zu Brot zu backen. Roggen- und Gerstenmehl enthalten, ähnlich dem Weizenmehl, neben alkohollöslichen Proteinen (von denen das des Roggens mit dem Gliadin identisch sein dürfte, das der Gerste (Hordein) aber von ihm verschieden ist) auch Glutenine, die allerdings noch nicht in reinem Zustand isoliert werden konnten. Mais und Hafer enthalten dagegen überwiegend alkohollösliche Proteine und wenig oder gar kein Glutenin, während Reismehl nur ein Glutenin enthält; daher sind diese Mehle zum Backen von Brot unverwendbar.

In der Tabelle 18 sind die Angaben der Literatur über die elementare Zusammensetzung, über die Stickstoffverteilung sowie die Verbrennungswärme der am besten untersuchten Prolamine wie des Glutenins aus Weizen angeführt. Die Erfassung ihrer hydrolytischen Spaltprodukte ist (wohl infolge der überwiegenden Beteiligung einzelner leicht bestimmbarer Aminosäuren) weitgehend, für das *Zein* (Mais) sogar quantitativ gelungen (Tabelle 19).

Bemerkenswert für die Prolamine ist ihr hoher Gehalt an Aminodicarbonsäuren, insbesondere an Glutaminsäure, während Diaminosäuren nur in sehr geringer Menge vorhanden sind. Die Tatsache, daß bei der Hydrolyse der Prolamine verhältnismäßig große Mengen von Ammoniak gebildet werden, läßt es als wahrscheinlich erscheinen, daß die Glutaminsäure in diesen Proteinen in Form ihres Halbamids (Glutamin) peptidartig gebunden ist; für diese Annahme spricht ferner die Isolierung eines Tetrapeptides (bestehend aus 2 Mol Glutamin, 1 Mol Glutaminsäure und 1 Mol Tyrosin) aus den peptischen Hydrolysenprodukten des Gliadins (R. NAKASHIMA [82]). Bemerkenswert ist ferner für die Prolamine ihr verhältnismäßig hoher Gehalt an Prolin (bis 13,7%), der wohl ihre Löslichkeit in verdünntem Alkohol bedingen dürfte. Mittels der neuen, von J. KAPFHAMMER (60) eingeführten Methode zur Isolierung des Prolins ließen sich über das REINECKEsche Salz aus Gliadin 9,8%, aus Glutenin 6% ganz reines Prolin gewinnen. Oxyprolin fehlt vollständig in diesen Proteinen (H. SPÖRER und J. KAPFHAMMER [116]). Die Prolamine enthalten zum Unterschied von den Gluteninen kein Glykokoll. Die Prolamine weisen in bezug auf ihren Gehalt an Lysin und Tryptophan untereinander einige Unterschiede auf. Während Gliadin und Hordein beträchtliche Mengen Tryptophan oder Lysin enthalten, fehlen beim Zein nach den Angaben der älteren Literatur diese beiden Aminosäuren vollständig; die biologische Minderwertigkeit des Zeins dürfte durch die Abwesenheit von Lysin und Tryptophan, deren Gegenwart für das Wachstum junger Organismen unentbehrlich zu sein scheint, bedingt sein.

Alle bis jetzt untersuchten Prolamine lassen sich durch Pepsin, Trypsinkinase sowie durch die tryptischen Pflanzenenzyme, nicht aber durch enterokinasefreies Trypsin, hydrolytisch spalten.

Tabelle 18. Elementare Zusammensetzung, Stickstoffverteilung und Verbrennungswärme der Prolamine und des Weizen-Glutenins.

| Protein | Zusammensetzung | | | | Stickstoffverteilung | | | | Verbrennungswärme in cal. |
|---|---|---|---|---|---|---|---|---|---|
| | % C | % H | % N | % S | % Amid-N | % Basischer-N | % Nichtbasischer-N | % Humin-N | |
| Gliadin (Weizen, Triticum vulgare) | 52,7 | 6,8 | 17,6 | 1,0 | 4,3 | 1,0 | 12,2 | 0,15 | 5738 cal |
| Hordein (Gerste, Hordeum vulgare) | 54 3 | 6,8 | 17,2 | 0,8 | 4,0 | 0,8 | 12,0 | 0,2 | 5916 cal |
| Zein (Mais, Zea Mays) | 53,2 | 7,2 | 16,1 | 0,6 | 3,0 | 0,5 | 12,5 | 0,15 | — |
| Glutenin (Weizen, Triticum vulgare) | 52,3 | 6.8 | 17,5 | 1.1 | 3,3 | 2,0 | 12,0 | 0,2 | 5704 cal |
| Glutenin (Mais, Zea Mays) | 51,2 | 6,7 | 15,8 | 0,9 | — | — | — | — | — |

Tabelle 19. Bausteinanalyse der Prolamine und Glutenine.

| Aminosäure | Gliadin (Weizen) | Hordein (Gerste) | Zein (Mais) | Glutenin (Weizen) | Glutenin (Mais) | Avenin (Hafer) | Gluten (Weizen) |
|---|---|---|---|---|---|---|---|
| Glykokoll | 0 | 0 | 0 | 0,9 | 0,2 | 1,0 | 0,4 |
| Alanin | 2,0 | 1,8 | 9,8 | 4,6 | — | 2,0 | 3,3 |
| Valin | 3,3 | 1,4 | 1,9 | 0,2 | — | 1,8 | 0,2 |
| Leucine | 6,6 | 7,0 | 25,0 | 5,9 | 6,2 | 15,0 | 5,8 |
| Serin | — | — | 1,0 | — | — | — | — |
| Cystin | 1,8 | 2,5 | 0 | — | — | — | — |
| Phenylalanin | 2,4 | 5,0 | 7,6 | 2,0 | 1,7 | 3,2 | 2,1 |
| Tyrosin | 1,2—3,3 | 1,7 | 5,2—5,9 | 4,2 | 3,8 | 1,5 | 2,7 |
| Asparaginsäure | 0,6 | 1,3 | 1,8 | 0,9 | 0,6 | 4,0 | 0,8 |
| Glutaminsäure | 43,7 | 43,2 | 31,3 | 23,4 | 12,7 | 18,4 | 30,4 |
| Oxyglutaminsäure | — | — | 2,5 | — | — | — | — |
| Arginin | 3,2 | 0,9 | 1,8 | 4,7 | 7,0 | — | 4,0 |
| Histidin | 0,6 | 0,7 | 0,8 | 1,7 | 3,0 | — | 1,2 |
| Lysin | 0,9 | 0 | 0 | 1,9 | 2,9 | — | 0,9 |
| Prolin | 13,2 | 13,7 | 9,0 | 4,2 | 5,0 | 5,4 | 5,6 |
| Oxyprolin | — | — | 0 | 0 | — | — | — |
| Tryptophan | 0,8—1,1 | 1,6 | 0 | 2,7 | — | — | — |
| Ammoniak | 5,2 | 4,9 | 3,6 | 4,0 | 2,1 | — | 4,5 |

a) **Gliadin** aus Weizen (Triticum vulgare) und Roggen (Secale cereale). Gliadin bildet ungefähr die Hälfte der Eiweißsubstanz des Weizensamens, mit einer ungefähr gleichen Menge Glutenin bildet es ferner den größeren Teil des Glutens (Kleber), das durch Waschen mit Wasser aus Weizenmehl zu erhalten ist.

Zur Darstellung des Gliadins werden nach T. B. Osborne (86, 89) mehrere gleiche Portionen Weizenmehl mit 70proz. Alkohol extrahiert, indem man den Auszug der ersten Portion zum Mehl der zweiten fügt und den Prozeß fortführt, bis das Extraktionsmittel in Berührung mit mindestens vier Portionen frischen Mehles gewesen ist. Die Rückstände werden wieder auf ähnliche Weise mit 70proz. Alkohol behandelt. Die für jede Portion nötige Menge Alkohol beträgt ungefähr das fünffache Gewicht des Mehles. Die über eine Schicht von Papierbrei klar filtrierten Auszüge werden unter vermindertem Druck bis zu einem dicken Sirup eingedampft. Es muß während des Eindampfens Sorge getragen werden, daß das Gliadin in Lösung bleibt; wenn die Gliadinlösung beginnt trübe zu werden und zu schäumen, müssen neue Portionen von Extrakten oder von starkem Alkohol zugefügt werden, um das Gliadin wieder in Lösung zu bringen. Die Temperatur des Bades darf nicht über 70° steigen; bei zu hohem oder zu langem Erhitzen mit verdünntem Alkohol koaguliert das Gliadin. Der beim Verdampfen hinterbleibende Sirup wird dann unter Umrühren in feinem Strom in das 6—8fache Volumen eiskalten destillierten Wassers, dem man zur völligen Abscheidung des Gliadins einige Gramm Kochsalz zufügt, eingetragen. Die überstehende Lösung wird dekantiert, der Niederschlag in wäßrigem Alkohol gelöst und die Lösung unter den oben erwähnten Vorsichtsmaßnahmen ein gedampft. Das durch Eingießen des resultierenden Sirups in Wasser wieder ausgefällte Gliadin ist nun weitgehend frei von Kohlehydraten, Salzen oder anderen wasserlöslichen Proteinen. Um es in leicht pulverisierbaren, an der Luft nicht zerfließenden Zustand überzuführen, wird das Gliadin wieder in wäßrigem Alkohol gelöst, die Lösung wie oben eingedampft und der hinterbleibende Sirup in das 8—10fache Volumen starken Alkohol gegossen. Das so gefällte Gliadin wird unter absolutem Alkohol in kleine Stücke zerteilt, mit absolutem Alkohol digeriert, unter Vermeidung von Luftfeuchtigkeit filtriert, mit trockenem Äther gut gewaschen und im Exsiccator getrocknet.

Das Gliadin läßt sich auch aus Weizenkleber (Gluten) gewinnen. Das mit Wasser zu einem Teig vermischte Mehl wird in einem langsamen Strom von Wasser so lange gewaschen, bis die Stärke fast völlig entfernt ist. Das zurückbleibende Gluten wird wie üblich mit 70proz. Alkohol extrahiert. Da die wasserlöslichen Bestandteile des Mehles durch das Auswaschen des Glutens beinahe vollständig entfernt sind, genügt in diesem Fall eine einmalige Fällung des Gliadins, um es in reinem Zustand zu erhalten.

Das Prolamin des Roggens ist dem des Weizens so ähnlich, daß bis jetzt keine genügenden Unterschiede entdeckt werden konnten, die eine Unterscheidung der beiden Proteine rechtfertigen würden. Da das Roggenmehl kein zusammenhaftendes Gluten bildet, ist es in diesem Fall notwendig, zur Darstellung des Gliadins direkt vom Roggenmehl auszugehen.

Gliadin ist nur in geringem Maße wasserlöslich; in salzhaltigem Wasser ist es noch weniger löslich. In Mischungen von Alkohol und Wasser ist es löslich, und zwar liegen seine Löslichkeitsgrenzen zwischen 30- und 80proz. wäßrigen Alkohol. Ferner ist das Gliadin löslich in verdünnten Säuren und Alkalien; es läßt sich aus seiner alkalischen Lösung mit Kohlensäure oder Natriumbicarbonat wieder ausfällen. Gliadin wird auch durch langes Erhitzen seiner Lösung in 70proz. Alkohol nicht verändert. In Wasser oder in sehr verdünntem Alkohol wird es bei Siedetemperatur koaguliert. Die spezifische Drehung des Gliadins ist $[\alpha]_D = -92{,}3^0$ (in 80proz. Alkohol) bzw. $-89{,}8^0$ (in 70proz. Alkohol) gefunden worden. Sein isoelektrischer Punkt ist neuerdings zu $p_H = 6{,}5$ bestimmt worden (E. L. TAGUE [122]).

Zur Bestimmung des Gliadingehaltes werden nach R. HOAGLAND (53) 2 g der zu untersuchenden Mehlprobe 1—$1^1/_2$ Stunde mit 100 $cm^3$ 50proz. Alkohol geschüttelt, die Mischung zentrifugiert und in einem aliquoten Teil der filtrierten Lösung der Stickstoffgehalt nach KJELDAHL ermittelt.

**b) Hordein** aus Gerste (Hordeum vulgare). Der Samen der Gerste enthält neben kleinen Mengen von Albumin und Globulin ein Prolamin, das sog. *Hordein*, dessen Menge etwa 3—4% des Mehles ausmacht. Die Gerste enthält weiterhin ein Glutenin, das allerdings bis jetzt noch nicht in reinem Zustand isoliert werden konnte. Im Gerstenmalz findet sich ferner nach T. B. OSBORNE (86, 89) ein zweites Prolamin, das *Bynin*, dessen elementare Zusammensetzung ein wenig verschieden von Hordein ist; nach neuen Untersuchungen von H. LÜERS (74) läßt sich zwischen Hordein und Bynin in bezug auf ihre Spaltprodukte und die Stickstoffverteilung keinerlei Unterschied erkennen. LÜERS neigt zu der Ansicht, daß das Bynin einen Rest von bei der Keimung unabgebautem Hordein darstellt.

Die Gewinnung des Hordeins erfolgt in genau derselben Weise wie die Darstellung des Gliadins aus Weizenmehl; es zeigt im allgemeinen dieselben Löslichkeitseigenschaften, ferner dasselbe Verhalten bei der Koagulationsprobe wie das Gliadin. Seine Zusammensetzung wie seine Bausteinanalyse, die gegenüber den Prolaminen aus Weizen und Mais einige Unterschiede aufweisen, sind in den Tabellen 18 und 19 aufgeführt.

**c) Zein** aus Mais (Zea Mays). Zein ist das hauptsächliche Protein der Maissamen, von denen es ungefähr 5% ausmacht. Bemerkenswert für dieses Prolamin ist seine Löslichkeit in sehr starkem Alkohol, z. B. solchem von 96%.

Zein wird am besten aus dem fein gemahlenen weißen Mais dargestellt; es kann ferner aus dem stickstoffhaltigen Nebenprodukt der Maisstärkefabrikation, dem *Gluten*, erhalten werden. Die beste Ausbeute wird aus dem Gluten erhalten, wenn es noch feucht ist oder bei niedriger Temperatur getrocknet ist. Die fein gemahlenen Samen oder das Gluten werden mit 80—90proz. Alkohol in der beim Gliadin beschriebenen Weise extrahiert und die vereinigten Extrakte, wie dort, eingedampft. Durch Eingießen der konzentrierten Lösung in das 8—10fache Volumen Wasser, das etwas Kochsalz enthält, fällt man das Zein aus. Nach dem Dekantieren wird das rohe Zein in 90—95proz. Alkohol gelöst und die Lösung zur Entfernung von Fettsubstanzen gründlich mit Petroläther ausgeschüttelt. Beim Eingießen der wäßrig-alkoholischen Lösung in ein Alkohol-Äther-Gemisch (2:1) wird das Zein gewöhnlich wieder ausgefällt; falls die Abscheidung ausbleibt, fügt man eine ganz geringe Menge in Alkohol gelöstes Ammonacetat zu. Zur weiteren Reinigung wird das Zein mehrmals aus seiner alkoholischen Lösung mit Äther ausgefällt.

Zein ist in Wasser und in absolutem Alkohol unlöslich. In gewöhnlichem Alkohol von 90—95% ist es leicht löslich. Alkohol von weniger als 50% löst nur wenig Zein. In alkoholischer Lösung erleidet das Zein eine langsame Umwandlung, indem es eine durchsichtige, in Alkohol nicht lösliche Gallerte bildet; es ist daher wichtig, alkoholische Lösungen von Zein nicht mehrere Tage stehen zu lassen. Durch fortgesetztes Verkochen mit Wasser oder sehr verdünntem Alkohol wird Zein allmählich koaguliert. In 90proz. Alkohol beträgt $[\alpha]_D = -28^0$.

Wie aus der Tabelle 19 ersichtlich, ist das Zein der am vollständigsten in seine Bausteine aufgelöste Eiweißstoff. Nach O. Folin und A. D. Marenzi (32) soll Zein 0,2% Tryptophan enthalten.

**d) Glutenin** aus Weizen (Triticum vulgare). Glutenin wird am besten aus Gluten dargestellt. Nach der Extraktion des Glutens mit Alkohol bis zur völligen Entfernung des Gliadins wird der ungelöste Rückstand bei Zimmertemperatur getrocknet und möglichst fein gemahlen. Das resultierende Pulver wird mit Alkohol und Äther so lange extrahiert, als etwas gelöst wird, und dann mit so viel 0,2proz. Kalilauge behandelt, als zur Lösung nötig ist. Die über Papierbrei klar filtrierte Lösung wird mit verdünnter Salzsäure neutralisiert, wobei das Glutenin ausfällt. Es wird zwecks Reinigung mit 70proz. Alkohol extrahiert, dann in 0,2proz. Kalilauge gelöst und mit Salzsäure wieder abgeschieden. Das so erhaltene Glutenin bildet ein weißes, voluminöses Pulver, welches in kaltem Wasser oder in kaltem verdünnten Alkohol unlöslich ist. Glutenin hat dieselbe elementare Zusammensetzung wie das Gliadin, unterscheidet sich aber von Gliadin durch seine Unlöslichkeit in Alkohol; die Verschiedenheit der beiden Präparate wird durch das Ergebnis der Bausteinanalyse bestätigt.

Die während der Isolierung des Glutenins vorgenommene Behandlung mit Alkali bewirkt nach neueren Untersuchungen von M. J. Blish und R. M. Sand-

STEDT (15) eine Veränderung des nativen Proteins; zur Darstellung des Glutenins behandeln diese Autoren deshalb das mit Wasser angeriebene Mehl mit sehr verdünnter Essigsäure und gießen die erzielte kolloidale Lösung zur Abtrennung von Begleitstoffen im Methylalkohol, bis eine Alkoholkonzentration von 65—70% erreicht ist. Beim Neutralisieren fällt das Glutenin bei $p_H = 7$ als schwerer gelatinöser Niederschlag aus, während Gliadin in Lösung bleibt. Das erhaltene Gliadin wird noch 2—3mal auf diese Weise umgefällt. Das mit Alkohol und Äther entwässerte Produkt enthält 17,4% Stickstoff, von dem wieder 22% als Amid-Stickstoff und 9% als Arginin-Stickstoff vorliegen. Durch Behandeln des Präparates mit verdünnten Alkalien und Ausfällung mittels Kohlensäure erhält man Präparate, die wesentlich weniger Amid-Stickstoff enthalten. Die Abnahme ist um so größer, je stärkeres Alkali angewendet wird. Bei Behandeln z. B. des Präparates mit 0,2 n-Alkali beträgt der Amid-Stickstoff nur 10,3% des Gesamtstickstoffes.

Die Gewinnung von Glutenin aus Roggen ist wegen der Beimengung eines gummiartigen Kohlehydrates stark erschwert. Im Mais ist nur wenig Glutenin enthalten; die Ergebnisse der Bausteinanalyse eines nicht ganz reinen Gluteninpräparates aus Mais finden sich in der Tabelle 19. Im Reismehl dagegen scheint nur Glutenin anwesend zu sein, wie unten ausgeführt wird.

**e) Hafereiweiß.** Die Proteine des Hafers bestehen zum Teil aus Globulinen (s. dort), zum Teil aus einem alkohollöslichen Eiweißstoff, der anscheinend viel Schwefel enthält (T. B. OSBORNE [85]). Ein Albumin scheint zu fehlen, ebenfalls ein Glutenin, deshalb fehlt auch die Möglichkeit, aus Hafer Brot zu backen. E. ABDERHALDEN und Y. HÄMÄLÄINEN (3) haben aus Hafermehl durch Extraktion mit verdünnter Kalilauge und Fällen mit Essigsäure ein Proteingemisch, das sog. *Avenin*, erhalten, welches bei der Hydrolyse die in der Tabelle 19 angeführten Monoaminosäuren geliefert hat.

**f) Reiseiweiß.** Im Reis kommt, wie es scheint, kein alkohollösliches Protein vor; die Hauptmasse des Reiseiweißes besteht aus einem nur in Alkali löslichen Eiweißstoff (*Oryzenin*), der als Glutenin anzusprechen ist. Daneben sind kleine Mengen von Albumin und Globulin vorhanden (O. ROSENHEIM und S. KAJIURA [104]). Infolge des Fehlens eines Prolamins kann man aus Reis kein Brot backen. Das Oryzenin enthält wenig Glutaminsäure, ferner alle drei Diaminosäuren (vom Totalstickstoff sind 17,7% als Arginin-N, 5,4% als Histidin-N, 4,9% als Lysin-N und 0,9% als Cystin-N vorhanden). Der Tryptophangehalt beträgt 2,8% (im Reismehl 0,25%); das Reismehl hat wegen seines Gehalts an diesen Aminosäuren einen hohen biologischen Wert.

## M. Phosphorproteine.

Als Phosphorproteine bezeichnet man eine Gruppe von phosphorhaltigen Eiweißstoffen, die sauren Charakter besitzen. Ihre wichtigsten Vertreter sind das Casein der Milch und die phosphorhaltigen Proteine des tierischen Eidotters. Im Pflanzenreiche ist bis jetzt kein Eiweißstoff bekannt geworden, der in diese Gruppe gerechnet werden konnte.

Der Phosphor läßt sich aus den Proteinen dieser Gruppe besonders leicht, z. B. durch Behandeln mit 1proz. Natronlauge, in Form von freier Phosphorsäure abspalten, daher werden die Phosphorproteine von vielen Forschern der Gruppe der zusammengesetzten Proteine zugeteilt. Nach neuen Untersuchungen von CL. RIMINGTON (101, 102) ist die Phosphorsäure in diesen Proteinen, beispielsweise im Casein, esterartig gebunden, und zwar scheint sie an der Oxygruppe der Oxyaminosäuren, insbesondere des Serins, verankert zu sein (S. POSTERNAK [98]). So läßt sich aus Casein durch esterspaltende Enzyme freie Phosphorsäure abspalten, während sie bei der peptischen Hydrolyse in gewissen sauren Spaltprodukten, den sog. *Paranucleinen* oder *Pseudonucleinen*, chemisch gebunden verbleibt; bei der tryptischen Verdauung von Casein entsteht unter anderem ein phosphorsäure- und serinreiches Peptid (S. POSTERNAK [98]).

Die Phosphorproteine sind ausgesprochene Säuren; sie lösen sich leicht in Alkalien, und sie werden aus diesen Lösungen durch Säuren wieder ausgefällt. Als amphotere Stoffe sind sie, wenn auch viel schwerer, in stärkerer Säure löslich, während sie in reinem Wasser unlöslich sind. Die Lösungen ihrer Salze sind nicht koagulierbar. Die Neigung der Phosphorproteine zur Denaturierung ist gering. Nach diesen physikalischen Eigenschaften scheinen sie kein sehr hohes Molekulargewicht zu besitzen. So haben N. F. BURK und D. M. GREENBERG (18) für das Casein aus Messungen seines osmotischen Druckes ein Molekulargewicht von etwa 12300 errechnet; E. J. COHN und J. L. HENDRY (21) finden sogar auf Grund der Bestimmung seines Äquivalentgewichts noch viel geringere Werte.

*Casein.* Das Casein ist der hauptsächliche Eiweißstoff der Milch, in welcher er als Kalksalz, vielleicht auch als Doppelsalz von Casein-Calcium und Casein-Phosphat vorkommt. Die Caseine der verschiedenen Tiere sind nach Löslichkeit, Gerinnbarkeit, Racemisierbarkeit ihrer Bausteine bei der Hydrolyse verschieden, während sie in ihrer Zusammensetzung und in ihrem biologischen Verhalten keine deutlichen Unterschiede aufweisen. Das am meisten untersuchte und als einheitlich gehaltene Casein aus Kuhmilch scheint auf Grund neuerer Untersuchungen (K. LINDERSTROEM-LANG [71]) in Fraktionen von verschiedenem Phosphorgehalt und Löslichkeitsverhalten zerlegbar zu sein, eine Feststellung, die mit den Befunden von T. SVEDBERG (119) und Mitarbeitern übereinstimmt, die für das Casein verschiedene, und zwar im Gegensatz zu anderen Autoren sehr hohe Molekulargewichte fanden.

Die Darstellung des Caseins, beispielsweise aus Kuhmilch, geschieht auf die Weise, daß man das Protein mittels verdünnter Säure in der Nähe seines isoelektrischen Punktes, etwa bei $p_H = 4{,}7$, ausfällt. (O. HAMMARSTEN.) Zur Reinigung wird es wiederholt in Alkalien unter Vermeidung alkalischer Reaktion gelöst, durch Säurezusatz wieder abgeschieden und zur Trocknung und Entfernung des Fettes mit Alkohol-Äther behandelt. Die elementare Zusammensetzung des Casein entspricht nach O. HAMMARSTEN einem Gehalte von 53,0% Kohlenstoff, 7,0% Wasserstoff, 15,7% Stickstoff, 0,76% Schwefel und 0,84% Phosphor. Die Grenzen der Aussalzbarkeit des Caseins durch Ammoniumsulfat liegen zwischen 22 und 26% der Sättigungs-Konzentration. Seine spezifische Drehung wird zu $-76^0$ in alkalischer, zu $-80^0$ in neutraler und zu $-91^0$ in saurer Lösung, die Verbrennungswärme zu 5867 cal. angegeben. Das Ergebnis seiner Bausteinanalyse ist in der Tabelle 20 wiedergegeben. Bezüglich seiner enzymatischen Spaltbarkeit ist hervorzuheben, daß das Casein unter den bekannteren Eiweißstoffen verhältnismäßig am leichtesten und ziemlich weitgehend durch Pepsin wie durch aktiviertes Pankreastrypsin hydrolysiert wird. (E. WALDSCHMIDT-LEITZ [127].)

In der älteren Literatur finden sich Angaben über die sog. Pflanzencaseine aus verschiedenen Samen. Es handelt sich aber in diesen Fällen nicht um Phosphorproteine, sondern um Eiweißstoffe, die durch anorganische Phosphate oder Nucleinsäuren verunreinigt waren.

Tabelle 20.
(Angaben bedeuten g Aminosäuren in 100 g Protein.)

| Aminosäure | Casein | Vitellin | Aminosäure | Casein | Vitellin |
|---|---|---|---|---|---|
| Glykokoll . . . . . . | 0 | 0 | Tyrosin . . . . . . . | 4,5—6,5 | 3,4 |
| Alanin . . . . . . . | 1,5 | 0,8 | Arginin . . . . . . . | 3,8 | 7,5 |
| Valin . . . . . . . . | 7,2 | 1,9 | Histidin . . . . . . | 3,8 | 1,9 |
| Leucin . . . . . . . | 9,4 | 9,9 | Lysin . . . . . . . | 8,4 | 4,8 |
| Serin . . . . . . . . | 0,5 | — | Prolin . . . . . . . | 6,7 | 4,2 |
| Cystin . . . . . . . | wenig | — | Oxyprolin . . . . . | 0,2 | — |
| Asparaginsäure . . . | 1,4 | 2,1 | Tryptophan . . . . . | 1,4—2,0 | wenig |
| Glutaminsäure . . . . | 15,6 | 13,0 | Ammoniak . . . . . | 1,6 | 1,3 |
| Phenylalanin . . . . | 3,2 | 2,5 | | | |

Die seit Jahrtausenden bekannte Erscheinung der Gerinnung der Milch unter der Einwirkung des Extraktes aus tierischer Magenschleimhaut (*Labung*) ist auf die enzymatische Umwandlung des Caseins in das sog. *Paracasein*, das in Form seines unlöslichen Kalksalzes ausfällt, zurückzuführen; die Labgerinnung ist deshalb nur in Gegenwart von löslichen Kalksalzen zu beobachten.

Die Umwandlung des Caseins in Paracasein wird außer von Magenenzym auch durch Pankreastrypsin, ferner durch Papain katalysiert, man hat also die Labgerinnung als die erste Phase des proteolytischen Abbaues von Casein zu betrachten. Die Frage nach der Unterscheidung von Pepsin und Labferment, die oft Gegenstand eingehender Untersuchungen war, wird neuerdings von O. Hammarsten (48) dahin beantwortet, daß nur in der Magenschleimhaut junger Tiere, beispielsweise der Kälber, ein Enzym mit ausgesprochener labender Wirkung enthalten zu sein scheint, während das Enzym der Magenschleimhaut älterer Tiere überwiegend peptische Eigenschaften besitze.

*Vitellin.* Das Vitellin stellt ein phosphorhaltiges Reserveprotein im Dotter des Hühnereies dar, woraus es durch Extraktion mittels Kochsalzlösung und Ausfällen mit Wasser isoliert werden kann. Sein Phosphorgehalt wird zwischen 1,3 und 0,9% angegeben und kann durch beigemengtes Lecithin leicht entstellt sein. Von den Globulinen, mit denen es die Löslichkeit in Salzlösungen teilt, unterscheidet es sich durch das Fehlen von Glykokoll unter den Produkten seiner Hydrolyse (vgl. Tabelle 20). In dieser Tabelle ist nachzutragen, daß S. Posternak (99) aus den Hydrolysenprodukten des Vitellins noch Serin und Brenztraubensäure isoliert hat; die letztere wird wohl aus dem Serin durch Desaminierung entstanden sein. Seine Koagulationstemperatur wird zwischen 70—75° angegeben.

## N. Skleroproteine.

Unter dem Namen der Skleroproteine oder Gerüsteiweißstoffe faßt man eine Anzahl von Proteinen, die die Gerüstsubstanzen der Tiere bilden, zusammen. Skleroproteine sind in der Pflanzenwelt nicht aufgefunden worden.

Die charakteristische Eigenschaft der Skleroproteine, die auch ihrer besonderen physiologischen Aufgabe entspricht, ist ihre Unlöslichkeit, so im Wasser oder Salzlösungen, meist auch in verdünnten Säuren und Alkalien. Bemerkenswert ist ferner für die genuinen Skleroproteine ihre Resistenz gegenüber proteolytischen Fermenten; diese Tatsache im Verein mit den Ergebnissen der röntgenographischen Analyse mancher Skleroproteine wurde oft auf eine wesentliche Beteiligung von ringförmigen Komplexen, so Dioxopiperazinen, am Aufbau dieser Eiweißstoffe zurückgeführt. Damit würde den Skleroproteinen gegenüber den anderen Eiweißstoffen eine chemische Besonderheit zukommen; ob dies auch wirklich der Fall ist, kann vorerst mit Sicherheit nicht beantwortet werden.

Bei der Totalhydrolyse mittels Säuren liefern die Skleroproteine in überwiegendem Maße Monoaminosäuren, während die Menge der sich bildenden Diaminosäuren verhältnismäßig eine geringe ist. Wie aus der Tabelle 21 ersichtlich, weisen die verschiedenen Skleroproteine untereinander in bezug auf die mengenmäßige Beteiligung einzelner Monoaminosäuren an ihrem Aufbau große Unterschiede auf.

**a) Kollagen; Leim.** Das Kollagen bildet die Hauptsubstanz des gewöhnlichen Bindegewebes von Haut und Sehnen, ferner die Grundsubstanz der Knochen und Knorpel. Das anfänglich in Wasser oder wäßrigen Agenzien unlösliche Kollagen erleidet beim Erwärmen mit Wasser auf höhere Temperatur, so zwischen 56—100°, eine irreversible Veränderung, indem es in Lösung geht und sich in das lösliche Glutin (Leim, Gelatine) verwandelt. Infolge seiner Unlöslichkeit sind die Eigenschaften des Kollagens wenig bekannt. Desto mehr ist sein Umwandlungsprodukt, der Leim, untersucht worden.

Die Überführung des Kollagens in den Leim wird in der Technik gewöhnlich in Gegenwart von Alkalien bewerkstelligt, um die Fette der Hautsubstanz und andere Verunreinigungen zu entfernen. Zur Reinigung wird die fein gepulverte Handelsgelatine mehrmals mit verdünnter Essigsäure und dann mit Wasser gewaschen. Die spezifische Drehung ($\alpha_D$) der Gelatine ist bei $p_H = 4{,}7$, ihrem isoelektrischen Punkt, zu —104° gefunden; ihr Quellungsvermögen, die Viscosität ihrer Lösungen und die Abhängigkeit dieser Erscheinungen von Wasserstoffionenkonzentration und den verschiedenen Salzzusätzen sind am eingehendsten von J. LOEB (73) studiert worden. Eine charakteristische Eigenschaft der Gelatine ist ihre Fähigkeit, aus ihren heißen Lösungen beim Abkühlen, etwa zwischen 18 und 25°, zu einer gallertartigen Masse zu erstarren; die Erstarrungstemperatur ist wiederum stark von dem $p_H$ der Lösung abhängig (D. J. LLOYD [72], J. KNAGGS und Mitarbeiter [61]).

Worin der Vorgang der Umwandlung des Kollagens in Leim besteht, ist genau nicht bekannt, doch dürfte er höchstwahrscheinlich mit strukturellen Veränderungen des ursprünglichen Kollagens verbunden sein. Die Gelatine wird durch proteolytische Fermente im Gegensatz zu Kollagen leicht angegriffen. Angaben der Literatur über eine, wenn auch nicht sehr erhebliche fermentative Spaltbarkeit des Kollagens, bedürfen der Nachprüfung mit exakten enzymatischen Methoden.

Die Zusammensetzung der hydrolytischen Spaltprodukte aus Gelatine, die mit der des Kollagens übereinstimmt, ist in der Tabelle 21 angeführt. Bemerkenswert ist der hohe Gehalt an Glykokoll, sowie an *Prolin* und *Oxyprolin*. Nach neuen Untersuchungen von M. BERGMANN, L. ZERVAS und H. SCHLEICH (8a) ist Prolin (wohl auch Oxyprolin) in der Gelatine auch mit ihren Iminogruppen an dem Aufbau der Peptidketten beteiligt.

**b) Elastin.** Das Elastin bildet den Hauptbestandteil des elastischen Gewebes, wie es in den Sehnen und Adern und gewöhnlichem Bindegewebe sich findet. Zu seiner Gewinnung dient gewöhnlich Ligamentum nuchae (Nackenband). Seine Resistenz gegenüber verdünnten Säuren und Alkalien wie auch gegenüber Fermenten ist größer als die des Kollagens. Von diesem unterscheidet es sich ferner durch die Anwesenheit großer Mengen Leucin unter seinen hydrolytischen Spaltprodukten.

**c) Keratine.** Als Keratine bezeichnet man die Hornsubstanzen des tierischen Körpers, also die verhornten oberen Schichten der Epidermis, die Haare, Federn, Nägel, Hufe, Hörner usw. Auch die Scheidesubstanz in den markhaltigen Nervenzellen der Wirbeltiere, das sog. Neurokeratin, gehört hierher. Die Keratine sind von allen Eiweißstoffen die schwerlöslichsten; sie sind in Wasser, verdünnten

Tabelle 21. Bausteinanalyse verschiedener Skleroproteine.
(Angaben bedeuten g Aminosäure in 100 g Protein.)

| Aminosäure | Gelatine | Elastin | Haar (Pferde) | Fibroin aus Canton-Seide | Sericin aus Canton-Seide |
|---|---|---|---|---|---|
| Glykokoll . . . . | 25,5 | 25,8 | 4,7 | 37,5 | 1,2 |
| Alanin . . . . . . | 8,7 | 6,6 | 1,5 | 23,5 | 9,2 |
| Valin . . . . . . | 0 | 1,0 | 0,9 | — | — |
| Leucin . . . . . . | 7,1 | 21,4 | 7,1 | 1,5 | 5,0 |
| Serin . . . . . . | 0,4 | — | 0,6 | 1,5 | 5,8 |
| Cystin . . . . . . | — | — | 8,0 | — | — |
| Asparaginsäure . . | 3,4 | — | 8,3 | 0,8 | 2,5 |
| Glutaminsäure . . | 5,8 | 0,8 | 3,7 | 0 | 2,0 |
| Phenylalanin . . . | 1,4 | 3,9 | 0 | 1,6 | 0,6 |
| Tyrosin . . . . . | 0 | 0,3 | 3,2 | 9,8 | 2,3 |
| Arginin . . . . . | 8,2 | 1,9 | 4,5 | — | — |
| Histidin . . . . . | 0,9 | 0,5 | 0,6 | — | — |
| Lysin . . . . . . | 5,9 | 2,5 | 1,1 | — | — |
| Prolin . . . . . . | 9,5 | 1,7 | 3,4 | 1,0 | 2,5 |
| Oxyprolin . . . . | 14,1 | — | — | — | — |
| Tryptophan . . . | 0 | — | — | — | — |
| Ammoniak . . . . | 0,4 | 0,1 | — | — | — |

Säuren und Alkalien ganz unlöslich, und sie werden durch Fermente nicht angegriffen.

Kennzeichnend für die Keratine ist ihr hoher Gehalt an Schwefel (2—5,7 %), dem ein hoher Gehalt an Cystin entspricht. In ihren Hydrolysaten sind vorwiegend Monoaminosäuren aufgefunden; die mengenmäßige Beteiligung der einzelnen Monoaminosäuren schwankt bei den einzelnen Keratinen in ziemlich weiten Grenzen.

**d) Seidefibroin und Seideleim.** Die von der Seidenraupe gesponnenen Fäden bestehen aus *Fibroin*, das von einer leimartigen Substanz, dem Seideleim oder Sericin, umhüllt ist. Während das Seidefibroin in Wasser oder verdünnten Säuren und Alkalien unlöslich ist, läßt sich das Sericin mit heißem Wasser in Lösung bringen, es verhält sich also wie Gelatine. Auch in der Zusammensetzung ihrer hydrolytischen Spaltprodukte unterscheiden sich die beiden Proteine untereinander erheblich, wie Tabelle 21 zeigt. Bemerkenswert für das Seidefibroin ist die starke Beteiligung der drei Monoaminosäuren Glykokoll, Alanin und Tyrosin an seinem Aufbau, die alle zusammen fast drei Viertel seiner hydrolytischen Spaltprodukte ausmachen. Sericin enthält zum Unterschiede von allen anderen Eiweißstoffen verhältnismäßig große Mengen von Serin.

Die Auffassung, daß die Proteine aus Dioxopiperazinen aufgebaut seien, wurde oft besonders am Beispiel des Seidenfibroins entwickelt, dem auf Grund der Isolierung von Methylpiperazin unter seinen Reduktionsprodukten (E. ABDERHALDEN und E. SCHWAB [7]) sowie auf Grund der röntgenographischen Analyse eine anhydridartige, keine kettenförmige Struktur zugeschrieben wurde. Die leichte sekundäre Bildung von Dioxopiperazinen aus Peptiden ist schon im Kapitel über Konstitution erwähnt worden; die Ergebnisse der röntgenographischen Analyse ließen sich später auch mit einer peptidartigen Anordnung der Aminosäuren im Seidefibroin in Einklang bringen (K. H. MAYER, H. MARK [78]). Damit erscheint es nicht ausgeschlossen, daß die Peptidtheorie auch im vorliegenden Fall ihre Gültigkeit behält.

Den Skleroproteinen sind schließlich die Skeletsubstanzen der Wirbellosen, z. B. die jodhaltige Skeletsubstanz der Badeschwämme und der Korallenarten (*Spongin*, Gorgonin), ferner die sog. Melanine zuzurechnen.

## O. Zusammengesetzte Eiweißstoffe.

Unter zusammengesetzten Eiweißstoffen versteht man eine Reihe von tierischen Proteinen, die eine nicht eiweißartige Komponente, die sog. prosthetische Gruppe, in chemisch gebundener Form enthalten. Zu den zusammengesetzten Proteinen, auch Proteiden genannt, hatte man früher die sog. *Nucleoproteine*, d. h. die phosphorhaltigen Eiweißstoffe der Zellkerne, gerechnet, doch wurden sie später als einfache salzartige Verbindungen zwischen Nucleinsäuren und basischen Proteinen (Protaminen, Histonen) erkannt. Dagegen können die weiter oben behandelten Phosphorproteine als zusammengesetzte Eiweißstoffe aufgefaßt werden, da die Phosphorsäure in diesen nicht salzartig, sondern, wie es scheint, esterartig gebunden ist. Als echte zusammengesetzte Eiweißstoffe haben ferner die sog. *Chromoproteine* zu gelten, deren wichtigste Vertreter das *Hämoglobin* ist. Auf welche Weise die prosthetische Gruppe dieses Proteins, das *Hämin*, mit dem eigentlichen Eiweißkern, dem *Globin*, verbunden ist, weiß man nicht genau, jedenfalls scheint hierbei keine einfache salzartige Verbindung vorzuliegen. Die Zusammensetzung und sonstigen Eigenschaften des *Globins* wurden schon im Kapitel über Histone beschrieben.

Eine andere Klasse von zusammengesetzten Eiweißstoffen bilden die sog. *Lipoproteine*, die Verbindungen von Proteinen mit Phosphatiden darstellen, wie sie schon von F. Hoppe-Seyler (57) als Lecithalbumine im Eidotter beschrieben worden sind. Durch Behandeln mit organischen Lösungsmitteln, z. B. mit Äther, werden diese in Wasser ziemlich löslichen Stoffe in ihre Komponenten gespalten. Dieser Vorgang ist irreversibel, d. h. es läßt sich das einmal herausgelöste Phosphatid auch in Gegenwart des Proteins mit Wasser nicht mehr in Lösung bringen; daraus hat man geschlossen, daß die prosthetische Gruppe in den Lipoproteinen nicht salzartig, sondern chemisch gebunden ist. Die physiologische Bedeutung der Lipoproteine scheint in der Überführung des wasserunlöslichen Phosphatids in eine wasserlöslichere Form zu liegen.

Zu der Gruppe der zusammengesetzten Eiweißstoffe gehören schließlich die *Mucoproteine* (*Glucoproteine*), die aus dem Knorpelgewebe und den schleimigen tierischen Sekreten gewonnen werden. Die prosthetische Gruppe dieser Proteine besteht gewöhnlich aus der sog. *Chondroitinschwefelsäure* und der *Mucoitinschwefelsäure*. Über die Natur und die Eigenschaften der eiweißartigen Komponente ist sehr wenig bekannt, dagegen ist die Struktur der prosthetischen Gruppe weitgehend aufgeklärt. Nach P. A. Levene (69) besitzt die Chondroitinschwefelsäure die elementare Zusammensetzung $C_{28}H_{44}O_{29}N_2S_2$ und enthält 2 Mol Glucuronsäure, die glucosidisch mit je einem Molekül, am Stickstoff acetyliertem, Galactosamin verbunden sind; die Schwefelsäure soll ferner mit dem sechsstelligen Hydroxyl des Aminozuckers verestert sein. Schreibt man den gewöhnlichen Zuckern, wie es heute geschieht, eine pyranoide Struktur zu, so wäre die Konstitution der Chondroitinschwefelsäure am besten durch das folgende (die Konfiguration der Zucker nicht berücksichtigende) Formelbild wiedergegeben:

```
              CH——————               CH————————O————————CH          CH——————————————
              |   \     \            | \               /  |        /   |              |
CH₃CO·NH·CH   \      \          CHOH \             /  CHOH    |   CH·NH·COCH₃    |
              |      \       \        |      \          /   |        O   |              |
             CHOH     \        O     CHOH     \       /    CHOH     |   CHOH           O
              |        O              |        O   O        |        |   |              |
             CHOH     /              CH       /     \       CH ——————   CHOH           |
              |      /                |      /       \      |            |              |
             CH ——                   CH————           ——————CH           CH——————————————
              |                       |                     |            |
             CH₂OSO₃H                COOH                  COOH         CH₂OSO₃H
```

Die Struktur der Mucoitinschwefelsäure ist insofern davon verschieden, als sie statt Galactosamin eine andere Aminohexose, Glucosamin, enthält. Durch gemäßigte Hydrolyse mit verdünnten Säuren läßt sich die Schwefelsäure leicht abspalten und es entsteht z. B. aus der Chondroitinschwefelsäure das ebenfalls nicht reduzierende Saccharid Chondrosin. Bei fortgesetzter Hydrolyse entstehen die freien reduzierenden Zucker.

Die Chondroitinschwefelsäure bildet die prosthetische Gruppe der sog. *Chondromucoiden* aus dem Knorpelgewebe, während die Mucoitinschwefelsäure in den *Mucinen*, den Proteinen der schleimigen tierischen Sekrete enthalten ist; beide sind nach LEVENE mit der Eiweißkomponente nicht salzartig, sondern esterartig verbunden.

Als ein Glucoprotein ist schließlich das sog. *Ovomucoid*, ein Begleiter des Albumins im Eiereiweiß anzusprechen. Bei seiner Hydrolyse entsteht unter anderem auch Glucosamin, aber keine Schwefelsäure; es scheint einen anderen Typus von Glucoproteinen darzustellen.

## Literatur.

(*1*) ABDERHALDEN, E.: Ztschr. f. physiol. Ch. **58**, 373 (1908); **62**, 315; **63**, 401; **64**, 436 (1909); **65**, 417; **66**, 13 (1910); **129**, 106 (1923). — (*2*) ABDERHALDEN, E., u. H. BROCKMANN: Biochem. Ztschr. **211**, 395 (1929); **226**, 209 (1930). — (*3*) ABDERHALDEN, E., u. Y. HÄMÄLÄINEN: Ztschr. f. physiol. Ch. **52**, 515 (1907). — (*4*) ABDERHALDEN, E., u. E. KOMM: Ebenda **134**, 121 (1924); **139**, 147 (1924). — (*5*) ABDERHALDEN, E., u. Mitarbeiter: Fermentforschung **10**, 474, 478, 481 (1929). — (*6*) Ztschr. f. physiol. Ch. **127**, 281 (1923); **128**, 119 (1923); **129**, 143, 320 (1923); **132**, 238 (1924) usw. — (*7*) ABDERHALDEN, E., u. E. SCHWAB: Ebenda **139**, 169 (1924).

(*8*) BERGMANN, M., u. G. MICHALIS: Ber. Dtsch. Chem. Ges. **63**, 987 (1930). — (*8a*) BERGMANN, M., L. ZERVAS, H. SCHLEICH u. F. LEINERT: Ztschr. f. physiol. Ch. **212**, 72 (1932). — (*8b*) BERGMANN, M., u. L. ZERVAS: Ber. Dtsch. Chem. Ges. **65**, 1192 (1932); BERGMANN, M., L. ZERVAS u. J. P. GREENSTEIN: Ebenda **65**, 1692 (1932); BERGMANN, M., L. ZERVAS u. H. SCHLEICH: Ebenda **65**, 1747 (1932). — (*9*) BERGMANN, M., u. A. MIEKELEY: Ztschr. f. physiol. Ch. **140**, 128 (1924). — (*10*) BERGMANN, M., A. MIEKELEY u. E. KANN: A. **445**, 17 (1925). — (*11*) BERGMANN, M., u. Mitarbeiter: A. **449**, 227 (1926); Ztschr. f. physiol. Ch. **167**, 91 (1927); **175**, 154 (1928); **187**, 136 (1930); Ber. Dtsch. Chem. Ges. **62**, 1905 (1929). — (*12*) BERGMANN, M., u. H. SCHLEICH: Naturwissenschaften **18**, 832 (1930). Ztschr. f. physiol. Chem. **205**, 65 (1932). — (*13*) BERGMANN, M., L. ZERVAS u. H. KÖSTER: Ber. Dtsch. Chem. Ges. **62**, 1901 (1929). — (*14*) BETH AF UGGLAS: Biochem. Ztschr. **61**, 469 (1914). — (*15*) BLISH, M. J., u. R. M. SANDSTEDT: Journ. Biol. Chem. **85**, 195 (1929). — (*16*) BRIGL, P.: Ber. Dtsch. Chem. Ges. **56**, 1887 (1923). — (*17*) BRIGL, P., u. E. KLENK: Ztschr. f. physiol. Ch. **131**, 66 (1923). — (*18*) BURK, N. F., u. D. M. GREENBERG: Proc. Soc. exper. Biol. a. Med. **25**, 271 (1928).

(*29*) CHIK, H., u. C. J. MARTIN: Journ. of Physiol. **40**, 404 (1910); **43**, 1 (1911); **45**, 61, 261 (1912). — (*20*) COHN, E. J., u. J. B. CONANT: Ztschr. f. physiol. Ch. **159**, 93 (1926). — (*21*) COHN, E. J., u. J. L. HENDRY: Journ. gen. Physiol. **5**, 548 (1923).

(*22*) DAKIN, H. D.: Amer. Chem. Journ. **44**, 48 (1910).

(*23*) EDLBACHER, E.: Ztschr. f. physiol. Ch. **107**, 52 (1919); **108**, 287 (1929); **110**, 153 (1920); **112**, 80 (1921).

(*24*) FELIX, K., u. A. HARTENECK: Ztschr. f. physiol. Ch. **157**, 76 (1926); **165**, 103 (1927). — (*25*) FISCHER, E.: Ber. Dtsch. Chem. Ges. **40**, 1754 (1904). — (*26*) Untersuchungen über Aminosäuren, Polypeptide und Proteine. 2 Bde. Berlin 1906 und 1923. — (*27*) FISCHER, E., u. E. ABDERHALDEN: Ber. Dtsch. Chem. Ges. **39**, 752, 2315 (1906). — (*28*) Ebenda **40**, 3544 (1907). — (*29*) Ztschr. f. physiol. Ch. **46**, 52 (1905). — (*30*) FISCHER, E., u. P. BERGELL: Ber. Dtsch. Chem. Ges. **37**, 3103 (1904). — (*31*) FISCHER, E., u. O. GERNGROSS: Ebenda **42**, 1485 (1909). — (*32*) FOLIN, O., u. A. D. MARENGI: Journ. Biol. Chem. **83**, 89 (1929).

(*33*) GALEOTTI, G.: Ztschr. f. physiol. Ch. **44**, 461 (1905); **48**, 473 (1906). — (*34*) GOLDSCHMIDT, ST.: Ebenda **165**, 149 (1927). — (*35*) GOLDSCHMIDT, ST., u. Mitarbeiter: A. **456**, 1 (1927). — (*36*) GOLDSCHMIDT, ST., u. W. SCHOEN: Ztschr. f. physiol. Ch. **165**, 279 (1927). — (*37*) GOLDSCHMIDT, ST., u. CH. STEIGERWALDT: Ber. Dtsch. Chem. Ges. **58**, 1346 (1925). — (*38*) GRASSMANN, W.: Ztschr. f. angew. Ch. **44**, 105 (1931). — (*39*) In C. OPPENHEIMERS

Handbuch der Biochemie des Menschen und der Tiere, 2. Aufl., Erg.-Bd. Jena 1930. — (*40*) Grassmann, W., u. H. Dyckerhoff: Ztschr. f. physiol. Ch. **179**, 41 (1928). — (*41*) Grassmann, W., H. Dyckerhoff u. O. v. Schoenebeck: Ber. Dtsch. Chem. Ges. **62**, 1307 (1929). — (*42*) Grassmann, W., u. W. Heyde: Ztschr. f. physiol. Ch. **183**, 32 (1929). — (*43*) Grassmann, W., u. Mitarbeiter: Ebenda **167**, 202 (1927); **175**, 18 (1928). — (*44*) Ebenda **189**, 112 (1930). — (*45*) Ber. Dtsch. Chem. Ges. **61**, 656 (2928). — (*46*) Gross, R. E.: Ztschr. f. physiol. Ch. **120**, 167 (1922).

(*47*) Hammarsten, O.: Ztschr. f. physiol. Ch. **22**, 333 (1896); **28**, 98 (1899). — (*48*) Ebenda **121**, 261 (1922); **130**, 55 (1923). — (*49*) Haurowitz, F.: Ebenda **162**, 41 (1926). — (*50*) Hausmann, W.: Ebenda **27**, 95 (1899); **29**, 136 (1900). — (*51*) Herzig, J., u. Mitarbeiter: Ebenda **110**, 156 (1920); **111**, 223 (1920); **117**, 1 (1921); Biochem. Ztschr. **61**, 458 (1914). — (*52*) Herzog, R. O., u. W. Jancke: Naturwissenschaften **9**, 320 (1921). — (*53*) Hoagland, R.: Journ. Ind. and Engin. Chem. **3**, 838 (1911). — (*54*) Hofmeister, F.: Ztschr. f. physiol. Ch. **14**, 163 (1889); **16**, 187 (1891). — (*55*) Ebenda **14**, 165 (1889). — (*56*) Hopkins, F. G., u. S. W. Pinkus: Journ. of Physiol. **23**, 130 (1898). — (*57*) Hoppe-Seyler, F.: Medizinisch-chemische Untersuchungen, S. 215. 1868.

(*58*) Jones, O. Breese u. E. F. Gerbsdorf: Journ. Biol. Chem. **93**, 119 (1931).

(*59*) Karrer, P., u. Mitarbeiter: Ztschr. f. physiol. Chem. **135**, 129 (1923). — (*60*) Kapfhammer, J., u. R. Eck: Ebenda **173**, 245 (1928). — (*61*) Knaggs, J., A. B. Manning u. S. B. Schryver: Biochem. Journ. **17**, 473 (1923). — (*62*) Kossel, A.: Protamine und Histone. Leipzig und Wien 1929. — (*63*) Kossel, A., u. E. L. Kennway: Ztschr. f. physiol. Ch. **72**, 486 (1921). — (*64*) Kossel, A., u. Mitarbeiter: Ebenda **22**, 176 (1896/97); **25**, 165, 190 (1898); **37**, 106 (1902); **49**, 301 (1906). — (*65*) Kossel, A., u. H. Pringle: Ebenda **49**, 301 (1906). — (*66*) Kossel, A., u. F. Weiss: Ebenda **59**, 492 (1909); **60**, 311 (1909); **68**, 165 (1910); **78**, 402 (1912). — (*67*) Kotake, Y., u. F. Knoop: Ebenda **75**, 488 (1911). — (*68*) Krebs, H. A.: Biochem. Ztschr. **220**, 289 (1930).

(*69*) Levene, P. A.: Hexoamines and Mucoproteins. London 1925. Vgl. hierzu auch O. Schmiedeberg: Arch. f. exp. Pathol. u. Pharmak. **87**, 1 (1920). — (*70*) Lilienfeld, L.: Ztschr. f. physiol. Ch. **18**, 473 (1893/94). — (*71*) Linderstroem-Lang, K.: C. r. du Lab. Carlsberg **16**, 48 (1925). — (*72*) Lloyd, D. J.: Biochem. Journ. **16**, 531 (1922). — (*73*) Loeb, J.: Die Eiweißkörper und die Theorie der kolloidalen Erscheinungen. Berlin 1924. — (*74*) Lüers, H.: Biochem. Ztschr. **96**, 117 (1919). — (*75*) Lüers, H., u. M. Siegert: Ebenda **144**, 467 (1924).

(*76*) Meyer, K. H.: Naturwissenschaften **15**, 129 (1927). — (*77*) Biochem. Ztschr. **214**, 253 (1930). — (*78*) Meyer, K. H., u. H. Mark: Der Aufbau der hochpolymeren organischen Naturstoffe. Leipzig 1930. — (*79*) Michaelis, L., u. H. Davidsohn: Biochem. Ztschr. **33**, 182 (1911). — (*80*) Michaelis, L., u. H. Pechstein: Ebenda **47**, 250 (1912). — (*81*) Michaelis, L.: Ebenda **47**, 251 (1912). Vgl. hierzu auch K. A. Hasselbalch: Ebenda **78**, 129 (1916).

(*82*) Nakashima, R. N.: Journ. of Biochem. **6**, 55 (1926). — (*83*) Nelson-Gerhardt, M.: Ztschr. f. physiol. Ch. **105**, 265 (1919). — (*84*) Northrop, J. H.: Journ. gen. Physiol. **1**, 607 (1919); **3**, 211 (1920); **5**, 263 (1922/23).

(*85*) Osborne, T. B.: Ergebn. d. Physiol. **35**, 477 (1908). — (*86*) The vegetable Proteins. London 1924. — (*87*) Osborne, T. B., u. S. H. Clapp: Amer. Journ. Physiol. **18**, 123 (1907). — (*88*) Osborne, T. B., u. J. F. Harris: Journ. Amer. Chem. Soc. **25**, 223 (1903). Vgl. hierzu P. H. A. Plimmer u. J. Matula: Die chemische Konstitution der Eiweißkörper. Dresden und Leipzig 1914. — (*89*) Osborne, T. B., u. E. Strauss: Abderhaldens Handbuch der biologischen Arbeitsmethoden, Abt. I, Teil 8. Berlin und Wien 1922.

(*90*) Paal, C.: Ber. Dtsch. Chem. Ges. **39**, 1545, 1550 (1906) u. andere. — (*91*) Pauli, Wo.: Kolloidchemie der Eiweißkörper. Dresden und Leipzig 1920. — (*92*) Pfeiffer, P.: Ztschr. f. physiol. Ch. **133**, 22 (1924). — (*93*) Pfeiffer, P., u. O. Angern: Ebenda **133**, 180 (1924). — (*94*) Pfeiffer, P., u. J. v. Modelski: Ebenda **81**, 329 (1912); **85**, 1 (1913). — (*95*) Pfeiffer, P., u. F. Wittka: Ber. Dtsch. Chem. Ges. **48**, 1041, 1289, 1938 (1915). — (*96*) Pfeiffer, P., u. J. Würgler: Ztschr. f. physiol. Ch. **97**, 128 (1916). — (*97*) Plimmer, R. H. A.: Biochem. Journ. **10**, 115 (1926); **19**, 1004, 1016, 1020 (1925). — (*98*) Posternak, S.: C. r. d. l'Acad. des sciences **184**, 306 (1927). — (*99*) Posternak, S., u. Th. Posternak: Ebenda **185**, 615 (1927). — (*100*) Pringsheim, H., u. O. Gerngross: Ber. Dtsch. Chem. Ges. **61**, 2009 (1928).

(*101*) Rimington, Cl.: Biochem. Journ. **21**, 272, 1087 (1927). — (*102*) Rimington, Cl., u. H. D. Kay: Ebenda **20**, 777 (1926). — (*103*) Rona, P., u. H. Kleinmann: Ronas Praktikum der physiologischen Chemie. Berlin 1926. — (*104*) Rosenheim, O., u. S. Kajiura: Journ. of Physiol. **36**, 54 (1908).

(*105*) Siegfried, M.: Ztschr. f. physiol. Ch. **43**, 44 (1904); **48**, 54; **50**, 163; **58**, 215 (1908). — (*106*) Sjollema, B., u. J. Rinkes: Ebenda **76**, 369 (1912). — (*106a*) Slyke, D. D. van: E. Abderhaldens Handbuch der biologischen Arbeitsmethoden, Abt. I, Teil 7. Berlin und Wien 1923. — (*107*) Soerensen, S. P. L.: Biochem. Ztschr. **7**, 45, 407 (1907.

Vgl. hierzu H. JESSEN-HAUSEN: E. ABDERHALDENS Handbuch der biologischen Arbeitsmethoden, Abt. I, Teil 7. Berlin und Wien 1923. Ferner P. RONA: Praktikum der physiologischen Chemie. Berlin 1926. — (*108*) C. r. du Lab. Carlsberg **12**, 262 (1917). — (*109*) Ebenda **16**, Nr 12, 1 (1927). — (*110*) Ztschr. f. physiol. Ch. **103**, 104 (1918). — (*111*) Ebenda **106**, 1 (1919). — (*112*) SOERENSEN, S. P. L., u. M. HOEGRUP: Ebenda **103**, 15 (1918). — (*113*) SOERENSEN, S. P. L., K. LINDERSTROEM-LANG u. E. LUND: Journ. gen. Physiol. **8**, 543 (1927). — (*114*) SPIEGEL-ADOLF, M.: Die Globuline. Dresden und Leipzig 1930. — (*115*) SPIRO, K.: Beitr. z. chem. Physiol. u. Pathol. **4**, 300 (1903). — (*116*) SPÖRER, H., u. J. KAPFHAMMER: Ztschr. f. physiol. Ch. **187**, 86 (1930). — (*117*) SSADIKOW, W. S., u. N. B. ZELINSKY: Biochem. Ztschr. **136**, 241 (1922/23); **179**, 326 (1926). — (*118*) STARY, Z.: Ztschr. f. physiol. Ch. **136**, 160 (1924); **144**, 157 (1925). — (*119*) SVEDBERG THE, L. M. CARPENTER u. O. L. CARPENTER: Journ. Amer. Chem. Soc. **52**, 241, 701 (1930). — (*120*) SVEDBERG THE, u. J. B. NICHOLS: Ztschr. f. physik. Ch. **221**, 65 (1926); Journ. Amer. Chem. Soc. **48**, 3081 (1926). — (*121*) SVEDBERG THE, u. B. SJÖGREN: Journ. Amer. Chem. Soc. **50**, 3318 (1928).

(*122*) TAGUE, E. L.: Journ. Amer. Chem. Soc. **47**, 418 (1924/25). — (*123*) THOMPSON, W. H.: Ztschr. f. physiol. Ch. **29**, 1 (1900). — (*124*) TROENSEGAARD, N., u. Mitarbeiter: Ebenda **112**, 87 (1920/21); **192**, 7, 137 (1922/23); **134**, 100 (1923/24); **133**, 116 (1923/24); **142**, 35 (1924/25); **153**, 93 (1925/26); Ztschr. f. angew. Ch. **38**, 623 (1925).

(*125*) VOISINET, E.: Bull. Soc. Chim. France (3) **33**, 1198 (1905).

(*126*) WALDSCHMIDT-LEITZ, E.: Ber. Dtsch. Chem. Ges. **58**, 1356 (1926); **61**, 299 (1928). — (*127*) Proteine. MEYER-JACOBSONS Lehrbuch der organischen Chemie **2**, 5. Berlin 1928. — (*128*) WALDSCHMIDT-LEITZ, E., u. Mitarbeiter: Naturwissenschaften **18**, 644 (1930). — (*129*) Ztschr. f. physiol. Ch. **188**, 17 (1930). — (*130*) Ebenda **197**, 219 (1931). — (*131*) Ebenda **198**, 260 (1931). — (*132*) WALDSCHMIDT-LEITZ, E., u. A. PURR: Ber. Dtsch. Chem. Ges. **62**, 2217 (1929). — (*133*) WALDSCHMIDT-LEITZ, E., P. STADLER u. F. STEIGERWALDT: Ztschr. f. physiol. Ch. **183**, 39 (1929). — (*134*) WILLSTÄTTER, R.: ABDERHALDENS Handbuch der biologischen Arbeitsmethoden, Abt. I, Teil 7. Berlin und Wien 1923. — (*135*) Untersuchungen über Enzyme. Berlin 1928. — (*136*) WILLSTÄTTER, R., W. GRASSMANN u. O. AMBROS: Ztschr. f. physiol. Ch. **151**, 307 (1925/26).

(*137*) ZSIGMONDY: Kolloidchemie. Leipzig 1925.

# 40. Purine, Pyrimidine und verwandte Verbindungen[1].

Von **A. WINTERSTEIN**, Heidelberg, und **F. SOMLÓ**, Rom[2].

## A. Einleitung.

Die Stammsubstanz der Purinkörper ist das Purin:

```
N==CH
|1   |6
HC   C—NH
||2  ||5  7\
||   ||     >CH
N——C——N/  8
3   4   9
```

Purin

welches man auffassen kann als eine Verknüpfung eines Pyrimidin- und eines Imidazolringes, denen zwei Kohlenstoffatome gemeinsam angehören.

```
N=CH
|   |
HC  CH        HC—NH
||  ||        ||    \
||  ||        ||     >CH
N—CH          HC—N//
```

Pyrimidin    Imidazol

Der Name Purin stammt von E. FISCHER (25) und leitet sich von Purum uricum ab, mit Rücksicht auf das Vorkommen der Harnsäure im Urin.

Neuerdings finden die Purine und Pyrimidine erhöhtes Interesse; verschiedene Anhaltspunkte weisen auf einen Zusammenhang zwischen diesen Substanzen und den Vitaminen der B-Reihe hin. C. FUNK (38, 39) sprach das von ihm im Jahre 1912 aus Hefe und Reisschalen isolierte Vitamin als

[1] Die in genetischem Zusammenhang mit den Purinen stehenden Verbindungen: Allantoin, Allantoinsäure und Hydantoin besprechen wir im Anschluß an die Purine.

[2] Das Kapitel Pyrimidine ist von K. SCHÖN, Heidelberg, bearbeitet worden.

Pyrimidin-abkömmling an. Im Jahre 1929 äußern sich T. B. JOHNSON und CALDWELL (49) wie folgt: „Various chemical aspects of the vitamin-problem have stimulated an interest in the study of the chemistry of isouracil and its derivates. Our interest in this type of pyrimidin component as possible vitamin constructions has been stimulated as a result of the continuation of some pyrimidine research, which was inaugurated as early as 1907."

Aus Hefe dargestelltes Adenin besitzt Vitamin $B_4$-Wirkung (TSCHESCHE [92]), siehe hierzu Seite 394.

Für Spezialstudien auf diesem Gebiete möchten wir das Werk von R. FEULGEN (23) empfehlen.

In ähnlicher Weise, wie Purine im Tierreich als wichtige Aufbau- und Spaltungsprodukte der Nucleinsäuren sowie als Endprodukte des Stoffwechsels auftreten (Harnsäure!), finden sich im Pflanzenreich Purinbasen nicht nur als Bestandteile der Zellkerne, sondern auch in freiem Zustand als Produkte des Stickstoffkreislaufes.

In einer Untersuchung über die Veränderung und die Bedeutung der Purine in den Pflanzen stellt S. TONZIG (90) fest, daß die *Purinbildung eine bei den Pflanzen in großem Umfange sich zeigende Erscheinung ist, und daß der Purinstickstoff einen nicht geringen Teil des Stickstoffs darstellt, der in den Organen verbleibt, wenn diese ihre Funktion erfüllt haben,* und die Zelle augenscheinlich nur noch aus der Membran besteht.

S. TONZIG konnte ferner zeigen, daß man ähnlich wie für das Tierreich auch für das Pflanzenreich zwei Gruppen von Purinen annehmen kann, denen eine verschiedene physiologische Bedeutung zukommt. Die Aminopurine spielen eine große Rolle als Bausteine der Nucleoproteide, während die Oxypurine als Zersetzungsprodukte anzusehen sind. Dementsprechend nimmt der Gehalt der Pflanzen an Aminopurinen während des Alterns ab, während gleichzeitig eine beträchtliche Steigerung des Oxypuringehaltes auftritt. Es ergaben sich weiterhin interessante Beziehungen zwischen dem Purinstoffwechsel der tierischen und der pflanzlichen Zelle. Weitere Einzelheiten sind im Original einzusehen.

SCHREINER, REED und SKINNER (79a) haben im Jahre 1907 gefunden, daß Xanthin und Guanin in Konzentrationen von 40 : 1000000 oder weniger das Wachstum von Weizenkeimlingen in Wasserkulturen fördern. Die Autoren zeigten später, daß Nucleinsäuren, Hypoxanthin, Xanthin und Guanin das Pflanzenwachstum zu fördern imstande sind, und daß Guanin insbesondere auf die Wurzelentwicklung günstig einwirkt. Über ähnliche Versuche berichtet W. B. BOTTOMLEY (8), der die Wirkung von aus Torf isolierten Pyrimidinderivaten auf das Pflanzenwachstum untersuchte (Auximone). Siehe in diesem Zusammenhang auch die Arbeiten von F. A. MOCKERIDGE (63).

In größeren Mengen kommen nur Coffein und Theobromin in freiem Zustand vor (bis 2 %), während Xanthin, Hypoxanthin, Adenin und Guanin als direkte Spaltstücke von Nucleinsäure in wesentlich geringeren Mengen nachgewiesen werden konnten. Sie finden sich vorwiegend in Pflanzenorganen, welche reichlich Eiweiß verbrauchen und bilden: im Samennährgewebe, in jungen Blättern und in Sproßspitzen. Durch diese Lokalisation werden Beziehungen zum Eiweißstoffwechsel sowie zum Nucleinstoffwechsel nahegelegt.

In glucosidischer Bindung wurden Purin- bzw. Pyrimidinabkömmlinge oder dem Purin nahestehende Verbindungen ebenfalls aufgefunden, und zwar Vernin, Vicin und Convicin. Über synthetische Puringlykoside s. die Arbeiten von E. FISCHER und HELFERICH (27).

Als wichtige Verbindung erwähnen wir in diesem Zusammenhang noch Allantoin und Allantoinsäure.

Im nachfolgenden sowie auf S. 394 geben wir eine Übersicht über die im Pflanzenreich aufgefundenen Purine und verwandter Verbindungen:

## B. Purine.

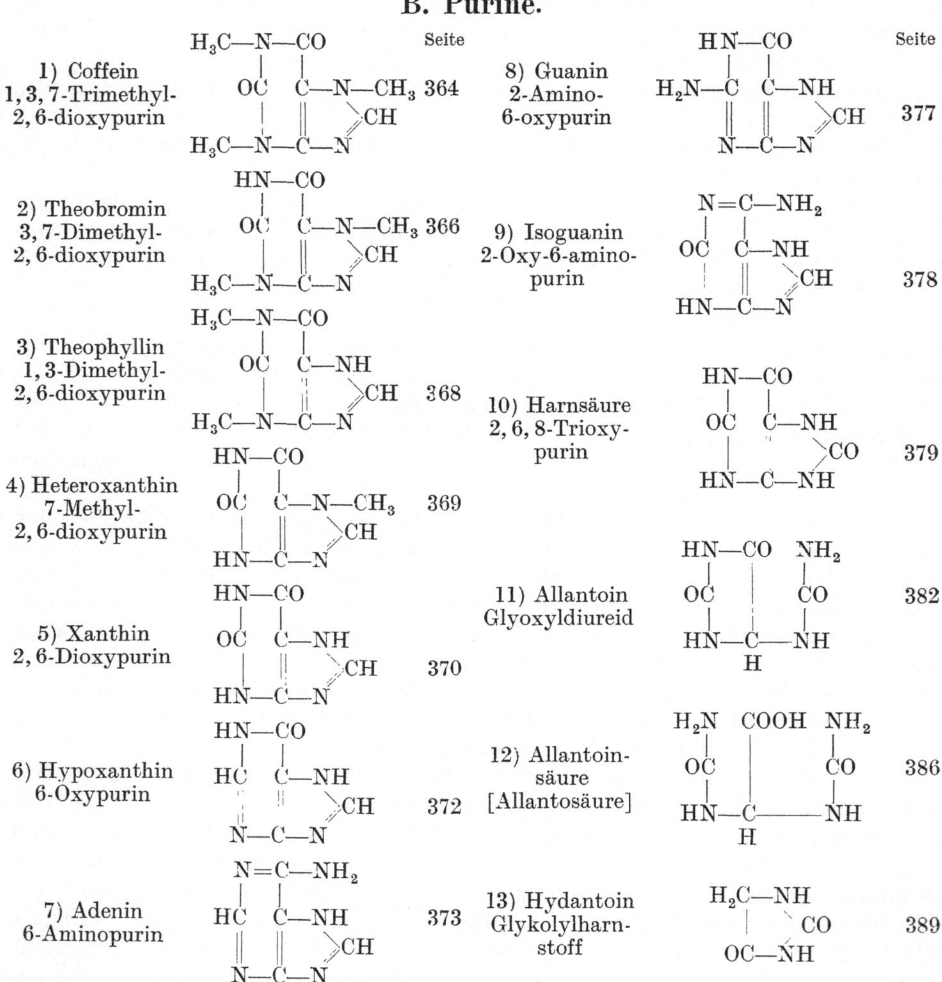


**1. Coffein.** Thein, 1,3,7-Trimethyl-2,6-dioxypurin.

$C_8H_{10}O_2N_4$: C 49,48 %, H 5,15 %, N 28,86 %. Mol.-Gew. 194,11.

*Vorkommen.* Außer in den verschiedenen Coffeaarten, in denen es zu ca. 1—2 % enthalten ist, findet es sich auch in anderen Pflanzengattungen. In den Samennährgeweben von Cola und Theobroma scheint das Coffein in Form eines leicht spaltbaren Glucosides vorzuliegen, welches in Coffein, Glucose und eine gerbstoffartige Substanz (Colarot, Kakaorot) zerfällt (? d. Verf.).

*Eigenschaften.* 2,14 Teile Coffein lösen sich in 100 Teilen Wasser von 25°. Leicht löslich in siedendem Wasser, und zwar in 2 Teilen. Ferner löst es sich leicht in siedendem Chloroform (!), schwer in kaltem, d. h. in 815 Teilen. Sehr schwer löslich in Tetrachlorkohlenstoff, Schwefelkohlenstoff, absolutem Alkohol, Benzol und Petroläther. Im Gegensatz zu Theobromin ist Coffein in 10proz. Weinsäure löslich. Aus Wasser krystallisiert es in weißen, langen, biegsamen, seidenglänzenden Nadeln mit 1 Mol Krystallwasser. Dieses wird beim Stehen an der Luft teilweise, beim Erhitzen auf etwa 180° vollständig abgegeben.

Coffein sublimiert bei 180° ohne Zersetzung und schmilzt im geschlossenen Röhrchen bei 234—235°. Es besitzt einen stark bitteren Geschmack, ist optisch inaktiv und reagiert neutral. Durch folgende Reagenzien wird es aus wäßriger Lösung gefällt: Phosphorwolframsäure, Kieselwolframsäure, Kaliumwismutjodid, Sublimat, Jod-Jodkalium, mit Mercuronitrat aus salpetersaurer, mit Platinchlorwasserstoffsäure aus salzsaurer Lösung. Im Gegensatz zu Adenin und anderen Purinbasen wird es durch ammoniakalische Silberlösung und Kupfersulfat + Natriumbisulfit nicht gefällt. Mit Gerbsäure entsteht eine Fällung, die sich im Überschuß des Fällungsmittels löst.

*Pflanzenphysiologisches.* Die Coffeinbildung in der Teepflanze ist im Dunkeln weit intensiver als beim Wachstum am Sonnenlicht. Gleichzeitige Untersuchung des Eiweißstickstoffgehaltes ergaben, daß der Coffeinabnahme eine Anreicherung von Eiweißstickstoff entspricht (89). In neuester Zeit wurden exakte Untersuchungen an Ilex paraguariensis St. Hil ausgeführt und gezeigt, daß der Coffeingehalt mit der Zeit abnimmt infolge Rücklauf dieses Purins in den Eiweißstoffwechsel. Verdunkelung hemmt den Stoffwechsel, es wird dabei Coffein angereichert, Belichtung vermindert den Coffeingehalt (95).

*Nachweis und Bestimmung:* G. BERTRAND (5a) berichtet in neuester Zeit über die Verteilung von Coffein und Theobromin in den verschiedenen Organen von Paullinia cupana. In Blättern findet sich viel Theobromin sowie Coffein, in Blüten nur Theobromin, in Samen und Wurzeln nur Coffein.

1. Verdampft man eine Lösung von Coffein mit Chlorwasser (auch Bromwasser, Wasserstoffsuperoxyd + Salzsäure oder Kaliumchlorat + Salzsäure) auf dem Wasserbad zur Trockne, so hinterbleibt ein rötlicher Rückstand, der mit wenig Ammoniak eine purpurrote Färbung gibt.

2. FRANÇOISsche *Reaktion.* Kocht man eine Lösung von 0,1 g Coffein in 2 $cm^3$ Wasser + 1 $cm^3$ Salzsäure mit 10 $cm^3$ einer gesättigten Bromlösung, bis das Brom entfernt ist, verdünnt mit Wasser auf das ursprüngliche Volumen, so erhält man nach Zusatz von einem Tropfen 5proz. Ferrosulfatlösung + 2 bis 3 Tropfen Ammoniak zu 2 $cm^3$ der Lösung eine indigoblaue Färbung.

Der Rückstand einer nach Zusatz von Salzsäure und Chlorsäure eingedampften Coffeinlösung gibt auf Zusatz von wenig 5proz. Ferrosulfatlösung und Ammoniak eine tiefblaue Färbung.

Zur Identifizierung eignen sich folgende Derivate:

*Coffeinquecksilberchlorid.* $C_8H_{10}O_2N_4 \cdot HgCl_2$. Durch Zusatz von Sublimatlösung zu einer wäßrigen Coffeinlösung in büschelförmig gruppierten, farblosen Stäbchen vom Fp. 246°.

*Coffeingoldchlorid.* $C_8H_{10}O_2N_4 \cdot HAuCl_4$. Durch Zusatz von 1 Tropfen konzentrierter Salzsäure zu einer Lösung von Coffein in Goldchlorid (1:30) in Form büschelförmig angeordneter Nädelchen. Beim Waschen mit Wasser oder Alkohol wird die Verbindung zersetzt.

*Coffeinmercuronitrat.* $C_8H_{10}O_2N_4 \cdot HgNO_3$. Aus einer salpetersauren Coffeinlösung durch Fällen mit Quecksilbernitrat; mehrfach aus Wasser umkrystallisiert erscheint es in stabförmigen Krystallen, die sich bei 245—250°, ohne zu schmelzen, zersetzen. Unlöslich in Aceton und Alkohol. Die schwächsten Basen (Anilin usw.) fällen aus seiner Lösung $Hg_2O$.

*Coffeinpikrat.* $C_8H_{10}O_2N_4 \cdot C_6H_3O_7N_3$. Schwer löslich in heißem Wasser. Fp. 194—195°. Eignet sich zum mikroskopischen Nachweis des Coffeins (s. unter Theobromin).

*Mikrochemischer Nachweis.* Kaffeebohnenschnitte auf dem Objektträger in 1 Tröpfchen konzentrierte Salzsäure legen, nach etwa 1 Minute 1 Tröpfchen 3proz. Goldchloridlösung hinzufügen und unter dem Mikroskop bei schwacher Vergrößerung beobachten. Sobald ein Teil der Flüssigkeit verdampft ist, schießen am Rande des Tropfens lange gelbliche, zumeist büschelförmig ausstrahlende

Nadeln an. Diese Krystalle dürfen nicht mit denen verwechselt werden, die aus Goldchlorid und Salzsäure allein entstehen. Das salzsaure Coffeingoldchlorid krystallisiert in sehr feinspitzigen Nadeln, die büschelig ausstrahlen, während erstere nie spitze Enden haben und nicht büschelig ausstrahlen.

Auch die Mikrosublimation ist zum Nachweis geeignet (64).

*Quantitative Bestimmung.* Zur quantitativen Bestimmung des Coffeins in Kaffeebohnen usw. sind eine große Anzahl von Verfahren beschrieben worden; wir verweisen auf die einschlägige Literatur über Untersuchung von Nahrungsmitteln.

Nach dem Verfahren von Lendrich und Nottbohm (60) wurden von uns gute Erfolge erzielt:

20 g des auf 1 mm Korngröße vermahlenen und gesiebten rohen oder gerösteten Kaffees in einem kleinen Becherglas mit 10 $cm^3$ Wasser anrühren und 2 Stunden stehen lassen. Mit 10 g grobkörnigem Quarzsand vermischen, in eine Extraktionshülse überführen und die Reste mit Hilfe von weiteren 20 g Quarzsand ebenfalls in die Extraktionshülse bringen. Bei direkter Feuerung 4 Stunden mit Tetrachlorkohlenstoff extrahieren. Zur Tetrachlorkohlenstofflösung etwas festes Paraffin zufügen, abdestillieren und Rückstand zuerst mit 30 $cm^3$ Wasser, dann dreimal mit je 25 $cm^3$ Wasser auskochen. Die abgekühlten, wäßrigen Auszüge durch ein angefeuchtetes Filter gießen, mit heißem Wasser nachwaschen und das auf Zimmertemperatur abgekühlte Filtrat mit 10 $cm^3$ (bei geröstetem Kaffee 30 $cm^3$) 1 proz. Permanganatlösung versetzen. Nach 15 Minuten wird das Mangan durch tropfenweisen Zusatz einer 3 proz. Wasserstoffsuperoxydlösung, die in 100 $cm^3$ 1 $cm^3$ Eisessig enthält, abgeschieden. Flüssigkeit 15 Minuten auf dem siedenden Wasserbad erhitzen, heiß filtrieren und Filterrückstand mit heißem Wasser auswaschen. Filtrat in einer Glasschale eindampfen, Rückstand 15 Minuten bei 100° trocknen und dann sofort mit heißem Chloroform erschöpfend extrahieren. Filtrieren, Chloroform abdestillieren und das hinterbleibende Coffein nach halbstündigem Trocknen bei 100° wägen.

Nach E. Philippe (73) kann Coffein quantitativ und sicher nach einem Sublimationsverfahren bestimmt werden (101).

*Darstellung.* Die gerösteten und gemahlenen Kaffeebohnen werden dreimal mit Wasser extrahiert, die Extrakte mit Bleiessig behandelt (Überschuß vermeiden!). Das Filtrat vom Bleiniederschlag wird durch Schwefelwasserstoff entbleit und vom Bleisulfid abfiltriert. Das Filtrat wird nach Zusatz von etwas Magnesiumoxyd und Quarzsand zur Trockne gebracht, der Rückstand mit Chloroform im Soxhlet extrahiert. Das Coffein bleibt nach Verdampfen des Chloroforms in fast reinem Zustand zurück und kann durch Umkrystallisieren aus Wasser oder Chloroform leicht in völlig reinem Zustand gewonnen werden.

**2. Theobromin.** 3,7-Dimethyl-2,6-dioxypurin.

$C_7H_8O_2N_4$: C 46,65%, H 4,44%, N 31,11%. Mol.-Gew. 180,1.

*Vorkommen.* Findet sich in den meisten Arten der Gattung Theobroma in ihren verschiedenen Organen. Die käuflichen Kakaobohnen enthalten 1—2% Theobromin, die Schalen etwa 0,6%. Die jungen Blätter von Theobroma Cacao enthalten 0,5%, diejenigen von Cola acuminata 0,1%. Alte Blätter enthalten nur Spuren oder gar kein Theobromin. Es scheint in den Kakaobohnen, wenigstens zum Teil, in glucosidischer Form enthalten zu sein. Das Glucosid soll schon beim Kochen mit Wasser gespalten werden.

*Eigenschaften.* Löslich in etwa 1700 Teilen Wasser von 17° und in 148,5 Teilen von 100° (auch andere Angaben). In absolutem Alkohol und Benzol ist es sehr schwer löslich, im Gegensatz zu Coffein ist es in siedendem Chloroform schwer löslich, nämlich nur in 4700 Teilen. Leicht löslich in verdünnten Säuren und Alkalien, ferner in tertiären Alkaliphosphaten, wenig löslich in Soda und sekundären Alkaliphosphaten. Krystallisiert in kleinen, rhombischen Nädelchen ohne Krystallwasser. Sublimiert bei 290 bis 295°, ohne vorher zu schmelzen. Besitzt einen bitteren, langsam hervortretenden Geschmack.

Theobromin ist fällbar durch Phosphorwolframsäure, ammoniakalisches Silbernitrat, aus sauren Lösungen durch Jod-Jodkalium, Pikrinsäure, Gerbsäure und Mercuronitrat. Nicht fällbar durch Kupfersulfat und Natriumbisulfit.

*Nachweis und Bestimmung.* Zum Nachweis eignen sich folgende Reaktionen:

1. Mit Chlor- oder Bromwasser eingedampft, gibt der rötliche Rückstand mit Ammoniakdämpfen eine purpurrote Färbung.

2. Mit Salzsäure und Kaliumchlorat eingedampft, wird der Rückstand durch Zusatz von etwas Ferrosulfat und Ammoniak tiefblau gefärbt.

3. Die FRANÇOISsche Probe ist ebenso wie beim Coffein (S. 365) positiv.

4. Wird Theobromin in 18proz. Salzsäure gelöst und 1 Minute erhitzt, so gibt Bromwasser nach dem Erkalten einen Niederschlag von gelben, unregelmäßig gruppierten Nadeln.

*Mikrochemischer Nachweis.* Zu einem Theobrominkryställchen 1 Tropfen konzentrierte Salzsäure und nach einiger Zeit ebensoviel 3proz. Goldchloridlösung zufügen. Sobald ein Teil der Flüssigkeit verdampft ist, treten am Rande des Tropfens lange gelbe Nadeln auf, zuerst einzeln, dann in divergierenden Büscheln, schließlich in strauch- oder fadenartigen Aggregaten, ähnlich wie bei Coffein. Der Nachweis läßt sich auch an Kakaobohnenschnitten durchführen. Coffein und Theobromin können auf diese Weise nicht unterschieden werden (s. unter Coffein).

Aus verdünnten Theobrominnitratlösungen scheidet Silbernitrat rechtwinklige farblose Stäbchen und Täfelchen, aus konzentrierten Lösungen Stäbchen und Nadeln aus.

Als Pikrat (68): die mit Salzsäure schwach angesäuerte Lösung mit einem kleinen Überschuß von gesättigter, wäßriger Pikrinsäurelösung versetzen und das Pikrat abzentrifugieren. Zentrifugat in einer minimalen Menge 95proz. warmem Alkohol lösen, im verkorkten Reagensglas in ein heißes Wasserbad bringen und im Wasserbad langsam erkalten lassen. Alkohol in ein zweites Reagensglas abgießen, die zurückbleibenden Krystalle mit einem gebogenen Glasstab auf einen mit einem Paraffinring versehenen Objektträger bringen und Krystalle mit einem Kontrollpräparat vergleichen. Aus dem mit Wasser verdünnten Dekantat ist eine zweite Portion erhältlich.

*Unterscheidung von Theobromin und Coffein.* Man verreibt eine kleine Probe der Substanz in einer Porzellanschale und gibt 2 Tropfen einer 5proz. Lösung von Kaliumbichromat in Schwefelsäure in die Mitte der Masse. Bei Gegenwart von Coffein geht die gelbe Farbe des Reagenses rasch in hellblaugrün über, bei Anwesenheit von Theobromin tritt zuerst eine Purpurfärbung ein (?), die langsam über olivgrün in das gleiche hellblaugrün wie oben beschrieben übergeht (84).

*Quantitative Bestimmung* (79). 5 g Kakaopulver mit 25—30% gelöschtem Kalk und der zur Erhaltung eines Breies erforderlichen Menge Wasser versetzen. Nach 18 Stunden mit 250 cm³ Wasser in einen Kolben überspülen und unter dauerndem Schütteln $^1/_2$ Stunde auf einem siedenden Wasserbad erhitzen. Die heiße Flüssigkeit rasch abnutschen, mit 100 cm³ heißem Wasser nachwaschen und die klare, braunrote Lösung mit n/5 Schwefelsäure eben ansäuern. Den geringen Säureüberschuß mit 1proz. Sodalösung neutralisieren und auf dem Wasserbad zur Trockne eindampfen. Rückstand mit feinem Sand zerreiben und mit 100 cm³ siedendem, wasserfreiem Chloroform extrahieren. Nach dem Abdunsten des Chloroforms den Rückstand bei 100° 1/2 Stunde lang trocknen und wägen (besteht aus Coffein + Theobromin). Zur Trennung 24 Stunden unter wiederholtem Schütteln mit Benzol stehen lassen, wobei Coffein in Lösung geht.

Zur Identifizierung eignen sich folgende Derivate:

*Theobromin-Mercuronitrat.* $C_7H_8O_2N_4 \cdot HgNO_3$. Darstellung wie bei Coffein beschrieben. Mit verdünnter Salpetersäure, dann mit Aceton waschen. Prismen, die bei 300° noch nicht schmelzen. In kaltem Wasser schwer löslich und zersetzlich (nicht aus Wasser umkrystallisieren!).

*Theobrominsilber.* $C_7H_7O_2N_4Ag + 1^1/_2 H_2O$. Fällt aus siedender ammoniakalischer Theobrominlösung auf Zusatz von Silbernitrat aus. Körniges, krystallinisches, wasserunlösliches Salz, welches bei 120—130° das Krystallwasser verliert.

*Mercuritheobromin.* $(C_7H_7O_2N_4)_2Hg$. Theobromin in wäßriger Suspension mit frisch gefälltem Quecksilberoxyd unter Lichtabschluß erwärmen, filtrieren, nach dem Abkühlen Kohlendioxyd einleiten und den abgeschiedenen Körper in Chloroform aufnehmen. Das Mercuritheobromin färbt sich bei 295—305° braun und schmilzt bei 310°. Wenig löslich in kaltem Wasser, leichter in heißem, wenig in Alkohol, Benzol, Chloroform. Löslich in verdünnter Salzsäure und Essigsäure.

*Darstellung.* Nach DECKER (20) werden die pulverisierten, entfetteten Kakaobohnen mit der halben Menge Magnesiumoxyd und der 30fachen Menge Wasser 1 Stunde lang unter Rückfluß gekocht, filtriert, eingedunstet und der Rückstand mit Chloroform erschöpfend ausgekocht. Von Coffein kann das Theobromin durch Behandeln mit Benzol befreit werden, da ersteres darin leicht löslich, letzteres nahezu unlöslich ist.

**3. Theophyllin.** 1,3-Dimethyl-2,6-dioxypurin.

$C_7H_8O_2N_4$: C 46,65%, H 4,44%, N 31,11%. Mol.-Gew. 180,1.

*Vorkommen.* Im Tee.

*Eigenschaften.* Löslich in 226 Teilen Wasser von 15°, in 75 Teilen von 37°, leicht in heißem Wasser, in verdünntem Ammoniak. Schwer löslich in kaltem, leicht in heißem Alkohol, schwer in Äther. Krystallisiert in dünnen, monoklinen Tafeln oder Nadeln vom Fp. 264°.

Fällbar mit Gerbsäure (im Überschuß löslich), mit Quecksilberchlorid und Quecksilberacetat aus essigsauren, mit Mercurinitrat aus salpetersauren und mit Silbernitrat aus ammoniakalischen Lösungen. Ferner erhält man Fällungen mit Pikrinsäure, Phosphorwolframsäure, Jod-Jodkalium usw.

*Nachweis und Bestimmung.* Dampft man Theophyllin mit Salpetersäure ein, so hinterbleibt ein gelber Rückstand, der sich auf Zusatz von Natronlauge stärker gelb färbt, aber nicht rot wird wie bei Xanthin.

Der mit Chlorwasser eingedampfte Rückstand ist scharlachrot und wird durch Ammoniak violett gefärbt.

Mit Diazobenzolsulfosäure in alkalischer Lösung Rotfärbung.

Die FRANÇOISsche Reaktion ist positiv (s. Coffein).

Zur Identifizierung eignen sich folgende Derivate:

*Theophyllinchloroplatinat.* $(C_7H_8O_2N_4 \cdot HCl)_2 \cdot PtCl_4$. Aus konzentrierten salzsauren Lösungen mit Platinchlorid. Vierseitige Tafeln.

*Theophyllinchloraurat.* $C_7H_8O_2N_4 \cdot HAuCl_4 + H_2O$. Schwer lösliche, büschelförmig gruppierte Nadeln.

*Theophyllinquecksilber.* $(C_7H_7O_2N_4)_2Hg$. Aus essigsauren Theophyllinlösungen mit kaltgesättigter, wäßriger Mercuriacetatlösung. Weiße, bei 300° noch nicht schmelzende Nädelchen, schwer löslich in Wasser und Alkohol, gut in Essigsäure, Natronlauge, heißer Kochsalzlösung, Jod-Jodkaliumlösung. Mit Jodmethyl bildet sich Coffein.

*Darstellung.* Tee-Extrakt (gewonnen durch Extraktion von Teeblättern mit Alkohol, Coffein zum größten Teil entfernt) wird mit verdünnter Schwefelsäure versetzt, tüchtig durchgerührt, wobei sich die harzartige Fällung zusammenballt. Nach einiger Zeit wird abfiltriert, das Filtrat mit Ammoniak alkalisch gemacht und mit ammoniakalischem Silbernitrat versetzt, bis keine Fällung mehr entsteht. Nach 24 Stunden filtriert man, wäscht den Niederschlag aus und digeriert mit warmer, verdünnter Salpetersäure. Beim Erkalten scheiden sich die Silberverbindungen des *Adenins* und *Hypoxanthins* aus. Man filtriert und fügt Ammoniak hinzu, wodurch Xanthin und Theophyllin als Silberverbindungen gefällt werden. Der ausgewaschene Niederschlag wird in sehr verdünnter Salpetersäure suspendiert und mit Schwefelwasserstoff entsilbert, das Filtrat vom Silbersulfid eingeengt. Es scheidet sich zunächst das *Xanthin* ab, wovon abfiltriert wird, nach dem weiteren Konzentrieren scheidet sich ein Teil des Theophyllins aus. Aus der Mutterlauge wird der Rest in folgender Weise gewonnen: Die saure Lösung wird mit Mercurinitrat versetzt, der dunkle Niederschlag verworfen und das Filtrat davon mit Soda versetzt, bis die Lösung nur noch ganz schwach sauer reagiert. Nun fügt man abwechslungsweise Soda und Mercurinitrat hinzu, solange — immer bei schwach saurer Reaktion — ein *weißer* Niederschlag entsteht. Die Fällung wird ausgewaschen, mit Schwefelwasserstoff zerlegt, und die vom Quecksilbersulfid abgetrennte Lösung eingedunstet, dabei scheidet sich das Theophyllin in nahezu farblosen Krystallen aus. Das Filtrat vom Quecksilberniederschlag enthält noch kleine Mengen von Theophyllin, welche durch Ausfällen mit ammoniakalischem Silbernitrat gewonnen werden können (57a).

**4. Heteroxanthin.** 7-Methyl-2,6-dioxypurin. 7-Methylxanthin.

$C_6H_6O_2N_4$: C 43,37%, H 3,61%, N 33,73%. Mol.-Gew. 166,04.

*Vorkommen.* Im Saft der Zuckerrübe. Heteroxanthin, Paraxanthin sowie andere methylierte Xanthine finden sich in mehr oder minder großen Mengen im Harn. Es erscheint nicht ausgeschlossen, daß dieselben auch im Pflanzenreich weiter verbreitet sind, da methylierte Xanthine z. B. als Zwischenprodukte bei der Coffeinsynthese in der Pflanze auftreten könnten.

*Eigenschaften.* Schwer löslich in kaltem, löslich in 142 Teilen siedendem Wasser. Unlöslich in Alkohol und Äther. Leicht löslich in Ammoniak und heißer, überschüssiger Salzsäure. Krystallisiert in zu Rosetten vereinigten Nadeln. Beim raschen Erhitzen beginnt es über 360° zu sintern und schmilzt nach vorangehender Dunkelfärbung gegen 380° unter Gasentwicklung.

Fällbar durch Kupfersulfat und Natriumbisulfit (!), Phosphorwolframsäure, Quecksilberchlorid, durch Bleiessig in Gegenwart von Ammoniak, sowie durch Silbernitrat aus saurer oder ammoniakalischer Lösung. Die Silberniederschläge lösen sich beim Erwärmen in verdünnter Salpetersäure. Durch Pikrinsäure wird Heteroxanthin nicht gefällt.

Zur Identifizierung eignen sich neben den Xanthinreaktionen folgende Derivate:

*Heteroxanthinnitrat.* $C_6H_6O_2N_4 \cdot HNO_3$. Durch Auflösen in 10proz. Salpetersäure. Schwer lösliche Krystalle.

*Heteroxanthinnatrium.* $C_6H_5O_2N_4Na + 5H_2O$. Durch Auflösen von Heteroxanthinchlorhydrat in verdünnter, warmer Natronlauge. Schiefwinklige Tafeln, häufig Zwillingskrystalle, die lufttrocken 5 Mole Wasser enthalten. Leicht löslich in Wasser, schwer in Natronlauge. Durch Einleiten von Kohlendioxyd in die wäßrige Lösung des Natriumsalzes wird das Heteroxanthin krystallinisch ausgefällt.

*Heteroxanthinsilbernitrat.* $C_6H_6O_2N_4 \cdot AgNO_3$. Durch Auflösen von Heteroxanthinsilberoxydul in Salpetersäure. Tafelförmige oder prismatische Blättchen. In Salpetersäure schwerer löslich als die entsprechende Xanthinverbindung.

### 5. **Xanthin.** 2,6-Dioxypurin.

$C_5H_4O_2N_4$: C 39,46%, H 2,65%, N 36,85%. Mol.-Gew. 152,04.

*Vorkommen.* In allen untersuchten Nucleoproteiden, in freiem Zustand in verschiedenen Pflanzen.

*Eigenschaften.* Xanthin ist in Wasser sehr schwer löslich: in 14000 Teilen $H_2O$ von 16° und in 1300—1500 Teilen von 100°. Unlöslich in Alkohol und Äther, leicht löslich in Alkali und Ammoniak, in Barytwasser nicht löslich. In kalter verdünnter Salpetersäure und Salzsäure ist es schwer löslich (1:1450), letztere löst in der Wärme etwas besser. In reinem Zustand bildet es ein farbloses Krystallpulver mit 1 Mol Krystallwasser. Beim Reiben nimmt es Wachsglanz an. Aus einer schwach alkalischen, sehr verdünnten heißen Lösung scheidet es sich auf Zusatz von Essigsäure langsam in schönen, farblosen, makroskopischen Drusen ab, die aus glänzenden, rhombischen Blättchen zusammengesetzt sind. Beim Verdunsten einer ammoniakalischen Lösung erhält man das Xanthin ebenfalls in Krystallblättchen. Aus alkalischen Lösungen wird Xanthin durch alle Säuren inklusive Kohlensäure ausgefällt. Bei 125—130° wird das Krystallwasser abgegeben, nicht aber beim Trocknen über konzentrierter Schwefelsäure. Bei 220° zersetzt es sich, ohne zu schmelzen, in Kohlendioxyd, Ammoniak, Glykokoll, Ameisensäure usw.

Aus ammoniakalischer Lösung wird es durch Silbernitrat, Chlorcalcium und Chlorzink ausgefällt. Aus siedend heißer Lösung wird es durch Cupriacetat gefällt, durch Sublimat schon bei gewöhnlicher Temperatur, noch bei einer Verdünnung von 1:30000 entsteht eine Trübung. Ferner ist Xanthin durch Phosphorwolframsäure fällbar. Durch Behandeln von Xanthinblei mit Jodmethyl erhält man Theobromin:

```
HN—C=O                    HN—C=O
 |  |                      |  |
O=C C—NH      ——→        O=C C—N—CH3
 |  ||  >CH                |  ||  >CH
HN—C—N                 H3C—N—C—N
Xanthin                   Theobromin
```

Ein in verschiedenen Organen vorhandenes Ferment vermag bei Gegenwart von Sauerstoff das Xanthin zu Harnsäure zu oxydieren:

```
HN—C=O                HN—C=O
 |  |                  |  |
O=C C—NH     ——→     O=C C—NH
 |  ||  >CH            |  ||  >C=O
HN—C—N                HN—C—NH
Xanthin               Harnsäure
```

*Pflanzenphysiologisches.* Was die Rolle des Xanthins im pflanzlichen Stoffwechsel anlangt, wird von CAMARGO (13) vermutet, daß es enzymatisch in Coffein übergeführt wird und damit bei der Stickstoffanreicherung und im Stickstoffkreislauf der Pflanze eine Bedeutung hat.

Während im Laboratorium die Überführung des Guanins in Xanthin durch Einwirkung von salpetriger Säure zu erreichen ist, müssen im Pflanzenreich diese Umwandlungen sowie die oxydative Überführung von Xanthin in Harnsäure und der Abbau zu Harnstoff durch Oxydasen vollzogen werden. G. SCHWEIZER (82) versuchte das vermutete Enzym durch Adsorption an phosphorsaures Calcium aus dem Kartoffelpreßsaft zu gewinnen, er konnte nur diastasehaltige Produkte, das entsprechende Enzym jedoch nicht isolieren. Daß ein enzymatischer Abbau in der Pflanze stattfinden kann, konnte auf folgende Weise gezeigt werden: wurde der rötlich gefärbte, frisch dargestellte Preßsaft von Kartoffeln mit einer Aufschwemmung von Xanthinbasen versetzt, so verschwand der aus Purinkörpern bestehende Bodensatz nach einigen Tagen, und in der trüben, citronengelben Flüssigkeit ließen sich keine Purine, wohl aber Harnstoff (Biuretreaktion) nachweisen. Die Vermutung, daß die Xanthinbasen in Harnstoff und Alloxan abgebaut werden, ist sehr naheliegend.

*Nachweis und Bestimmung.* Zum Nachweis dienen folgende Reaktionen:

1. *Murexidprobe.* Mit Salpetersäure abgedampft (s. S. 377) hinterläßt Xanthin einen gelben Rückstand, der durch Natronlauge rot und dann beim Erhitzen purpurrot gefärbt wird.

2. Die folgende Reaktion, die bei Coffein, Theobromin, Xanthin und Harnsäure positiv ausfällt, wird in der Literatur vielfach als WEIDEL*sche Reaktion* für Xanthin angesprochen, obschon sie der Forscher für den Nachweis von Hypoxanthin beschrieben hat. Wie KOSSEL (57) nachgewiesen hat, gibt *reines* Hypoxanthin diese Reaktion nicht (s. auch FISCHER [24]).

Xanthin wird mit Chlorwasser oder Salzsäure und Kaliumchlorat gekocht, und von dieser Lösung einige Tropfen vorsichtig auf einem Platinblech eingedampft. Der schwach gelblich gefärbte Rückstand wird bei etwas erhöhter Temperatur rot und färbt sich — unter einer Glasglocke in eine Ammoniakatmosphäre gebracht — dunkelrosarot.

3. HOPPE-SEYLER*sche Reaktion.* Bringt man auf ein Uhrglas etwas Chlorkalk und Natronlauge, rührt um und trägt etwas Xanthin ein, so bildet sich um die Körnchen desselben zunächst ein dunkelgrüner Ring, der sich bald braun färbt, um schließlich zu verschwinden.

4. G. SCHWEIZER*sche Reaktion.* Xanthin gibt bei der Oxydation mit Chlorwasser Harnstoff und Alloxan:

```
 HN—C=O                 HN—C=O      NH2
 |   |                  |   |       |
O=C  C—NH     ——>     O=C   C=O  +  C=O
 |   ||  >CH            |   |       |
 HN—C—N                 HN—C=O      NH2
 Xanthin                Alloxan
```

Beim Erwärmen verwandelt sich Alloxan in ein rotes Pulver, das sich in Wasser mit intensiv roter Farbe löst.

5. Eine Lösung von Xanthin in verdünnter Natronlauge färbt sich auf Zusatz von Diazobenzolsulfosäure rot (1).

In zweifelhaften Fällen empfiehlt sich die Umwandlung des Xanthins in Bromxanthin und Bromcoffein nach E. FISCHER (26).

Zur Identifizierung des Xanthins eignen sich folgende Derivate:

*Xanthinsilbernitrat.* $C_5H_4O_2N_4 \cdot AgNO_3$. Wird eine ammoniakalische Xanthinlösung mit ammoniakalischem Silbernitrat gefällt, so entsteht ein gallertiger Niederschlag der Zusammensetzung $C_5H_2O_2N_4Ag_2 + H_2O$. In heißer Salpetersäure löst sich der Niederschlag auf, und aus nicht zu verdünnten Lösungen scheidet sich beim Erkalten das Xanthinsilbernitrat in stark lichtbrechenden, kugeligen Aggregaten kleiner Nadeln aus. In Salpetersäure ist die Verbindung ziemlich schwer löslich.

*Xanthinnitrat.* $C_5H_4O_2N_4 \cdot HNO_3$. Eine auf 60° erwärmte Lösung von Xanthin in verdünnter Natronlauge zu einem kalten Gemisch von konzentrierter Salpetersäure und Wasser (2:3) unter ständigem Rühren zutropfen lassen. Das Xanthinnitrat scheidet sich als schweres Krystallpulver ab, welches eine charakteristische Form von zu Drusen vereinigten Blättchen oder zu Kugeln vereinigten feinen Krystallen aufweist.

*Xanthinsulfat.* $C_5H_4O_2N_4 \cdot H_2SO_4 + H_2O$. Perlmutterglänzende, rhombische Tafeln aus konzentrierter Schwefelsäure. Krystallisiert aus verdünnter Schwefelsäure in mikroskopisch kleinen Nadelbüscheln. Beim Behandeln mit Wasser wird die Schwefelsäure quantitativ abgespalten.

*Xanthinbarium.* $C_5H_4O_2N_4 \cdot Ba(OH)_2$. Durch Kochen von Xanthin mit Barytwasser. Schwer löslich.

*Verbindung mit Diazobenzolsulfosäure* (s. oben). Löslich in kaltem, leicht löslich in heißem Wasser, wenig löslich in Äther, leicht löslich in Alkalien. Beim Erhitzen auf 265° bleibt die Verbindung unverändert. Krystallisiert in rosettenförmig angeordneten oder gekreuzten dunkelgelben Nädelchen.

*Darstellung.* Hat man die Purine mit Kupfersulfat und Natriumbisulfit gefällt (s. Adenin), so wird der mit heißem Wasser gewaschene Niederschlag mit Wasser auf dem Wasserbad erwärmt, mit Ammoniak schwach alkalisch gemacht, dann mit Salzsäure schwach angesäuert, Schwefelwasserstoff eingeleitet, und die Lösung heiß filtriert. Das salzsaure Filtrat mit etwas aktiver Kohle entfärben, Lösung auf dem Wasserbad bei gelinder Temperatur eindunsten und durch wiederholtes Eindunsten mit Wasser und zum Schluß mit Alkohol möglichst weitgehend von der Salzsäure befreien. Rückstand bei 40° mit Wasser digerieren, mehrere Stunden stehen lassen, abfiltrieren, zuerst mit Wasser, dann mit Alkohol und Äther nachwaschen. Der ungelöste Teil enthält Xanthin und Heteroxanthin.

Gemisch der beiden Basen in der 15fachen Menge 33proz. halogenfreier Natronlauge in der Hitze lösen. Innerhalb 24 Stunden scheidet sich das Natriumsalz des Heteroxanthins fast vollständig ab. Nun je 60 $cm^3$ des auf 60° erwärmten Filtrates in ein kaltes Gemisch von 20 $cm^3$ konzentrierter Salpetersäure und 20 $cm^3$ Wasser unter Umrühren eintragen. Innerhalb einiger Stunden scheidet sich das Xanthinnitrat in der Kälte aus. Zur Reinigung wird das Nitrat in wenig verdünnter Natronlauge gelöst und, wie oben angegeben, mit Salpetersäure gefällt. Zur Darstellung der freien Base wird die ammoniakalische Lösung des Nitrates eingedampft, wobei sich die Base in amorphen Krusten abscheidet.

**6. Hypoxanthin.** 6-Oxypurin. Sarcin.

$C_5H_4ON_4$: C 44,11%, H 2,94%, N 41,17%. Mol.-Gew. 136.

*Vorkommen.* In kernhaltigen Organen, im Runkelrübensaft, in Malzkeimlingen, in den grünen Blättern und Beeren des Kaffeebaumes, in Kartoffelknollen usw.

*Eigenschaften.* Löslich in 70 Teilen siedendem und in 1400 Teilen 20° warmem Wasser. Die Angaben über die Löslichkeit schwanken sehr stark, möglicherweise hatten verschiedene Forscher die Doppelverbindung Adenin-Hypoxanthin in Händen. In Alkohol fast unlöslich. In Alkalilaugen, Barytwasser, Ammoniak sowie verdünnten Mineralsäuren ist es leicht löslich. Aus der Lösung in Alkalien wird das Hypoxanthin durch Essigsäure und Kohlendioxyd gefällt. Es bildet farblose, mikroskopisch kleine Nadeln, häufig erhält man es zum größten Teil amorph. Beim Erhitzen zersetzt es sich, ohne zu schmelzen, unter Blausäureentwicklung und Bildung eines schwer flüchtigen Sublimates.

Es verbindet sich mit Basen, Säuren oder Salzen zu teilweise gut krystallisierenden Substanzen. In verdünntem Barytwasser gelöst, gibt es auf Zusatz von gesättigter Bariumhydroxydlösung einen krystallinischen Niederschlag von $C_5H_4ON_4 \cdot Ba(OH)_2$. Durch Bleiessig und Ammoniak wird es gefällt, nicht aber durch Bleiessig allein. Ferner ist es fällbar durch Sublimat, ammoniakalische Silberlösung, Phosphorwolframsäure, nicht aber durch Metaphosphorsäure *(Unterschied von Guanin)*.

Beim Zusammenbringen gleicher Teile von *Adenin* und *Hypoxanthin* in heißer wäßriger Lösung scheidet sich eine *Doppelverbindung* als schleimige, nach einiger Zeit kreideartig werdende Masse aus. Auf die Möglichkeit des Eintretens dieser Reaktion ist bei gleichzeitiger Anwesenheit der beiden Substanzen Rücksicht zu nehmen.

Ein in verschiedenen Organen vorhandenes Ferment vermag bei Gegenwart von Sauerstoff Hypoxanthin zu Xanthin und Harnsäure zu oxydieren.

*Nachweis und Bestimmung.* Hypoxanthin gibt weder die Murexid- noch die WEIDELsche Reaktion (s. S. 371), dagegen gibt es ebenso wie Adenin die KOSSELsche Adeninreaktion (s. S. 374). Die Reaktion mit Diazobenzolsulfosäure (s. S. 371) fällt bei Vermeidung eines Alkaliüberschusses positiv aus.

Zur Identifizierung und quantitativen Bestimmung eignen sich besonders das Nitrat sowie die Silbernitratverbindung.

*Hypoxanthinnitrat.* $C_5H_4ON_4 \cdot HNO_3 + H_2O$. Aus heißer verdünnter Salpetersäure in großen, wetzsteinförmigen, wasserklaren Krystallen oder vierseitigen Prismen von tonnenförmiger Gestalt (charakteristisch!). In Wasser leicht, in Salpetersäure schwer löslich (in 10proz. 1:1000).

*Silbernitratverbindung.* $C_5H_4ON_4 \cdot AgNO_3 + C_5H_4ON_4 \cdot 2AgNO_3$. Aus wäßriger Hypoxanthinlösung mit Silbernitrat. Silbergehalt nicht konstant. Sehr schwer löslich in Wasser, löslich in 5000 Teilen kalter Salpetersäure vom spez. Gew. 1,1, bei Gegenwart von Silbernitrat ist die Löslichkeit noch geringer. Fällt als flockiger Niederschlag oder in zu Drusen vereinigten, mikroskopisch kleinen Prismen aus. Aus kochender Salpetersäure erscheint die Verbindung in kleinen Schuppen. Behandelt man die Silbernitratverbindung in der Kälte mit Ammoniak, so entsteht die Verbindung $C_5H_2ON_4Ag_2 + 3\,H_2O$. Fügt man außerdem noch überschüssiges Silbernitrat hinzu und trocknet bei 120°, so bildet sich quantitativ und in konstanter Zusammensetzung die Verbindung $C_5H_2ON_4Ag_2 + {}^1/_2H_2O$. Letztere Verbindung kann man auch direkt erhalten, wenn man eine Hypoxanthinlösung in der Siedehitze mit ammoniakalischem Silbernitrat versetzt und den Niederschlag bei 120° trocknet.

*Hypoxanthinpikrat.* $C_5H_4ON_4 \cdot C_6H_3O_7N_3 + H_2O$. Löslich in 400—500 Teilen Wasser, leicht löslich in Ammoniak, ebenso wie Adeninpikrat (*Unterschied von Guanin*). Hypoxanthinpikrat ist wesentlich leichter löslich in Wasser als Guaninpikrat. Das Pikrat, welches man durch Zusammenbringen wäßriger Pikrinsäure und Hypoxanthinlösungen oder aus sauren Lösungen durch Fällen mit Natriumpikratlösung erhält, zeigt charakteristische Krystallformen: gelbe, glänzende, dicke, rhombische Tafeln, bei größeren Krystallen sind die zwei gegenüberliegenden längeren Seiten nach außen gewölbt, so daß wetzsteinartige Gebilde entstehen, die eine schief abgebrochene Spitze besitzen. Das Pikrat färbt sich beim Erhitzen auf 200° dunkel, besitzt aber keinen Schmelzpunkt.

*Darstellung.* Der Niederschlag der Alloxurkörper, wie man ihn beim Behandeln von Pflanzenextrakten mit Kupfersulfat und Bisulfit erhält (s. bei Adenin S. 375), wird folgendermaßen verarbeitet:

Niederschlag auf dem Wasserbad mit heißem Wasser digerieren, mit Ammoniak schwach alkalisch machen, dann mit Salzsäure schwach ansäuern, Schwefelwasserstoff einleiten und vom Kupfersulfid heiß abfiltrieren. Das salzsaure Filtrat mit wenig aktiver Kohle entfärben, heiß filtrieren und das Filtrat im Vakuum einengen. Um die Salzsäure möglichst quantitativ zu entfernen, wird das Eindunsten mit Wasser mehrmals wiederholt, zum Schluß unter Zusatz von etwas Alkohol. Rückstand bei 40° mit Wasser digerieren, einige Stunden stehen lassen und filtrieren. Das Filtrat enthält Adenin und Hypoxanthin. Die nicht zu konzentrierte, kalte Lösung mit 1,5proz. Pikrinsäure in geringem Überschuß versetzen. Vom ausgeschiedenen Adeninpikrat *sofort* abfiltrieren. Filtrat mit Schwefelsäure versetzen und Pikrinsäure mit Benzol ausschütteln.

Die von der Pikrinsäure vollständig befreite Lösung enthält das Hypoxanthin. Dieses wird entweder durch ammoniakalisches Silbernitrat oder durch Kupfersulfat und Bisulfit gefällt. Niederschlag mit Schwefelwasserstoff zerlegen, vom Metallsulfid abtrennen und Filtrat eindampfen. Den trockenen Rückstand in der 33fachen Menge Salpetersäure (9 Teile Wasser, 1 Teil konzentrierte Salpetersäure) in der Hitze lösen. Beim Erkalten scheidet sich das Hypoxanthinnitrat in reinem Zustande aus.

Das Filtrat enthält noch etwa Hypoxanthin, welches durch Wiederholen der Fällung mit Kupfersulfat usw. in der oben angegebenen Weise gewonnen werden kann.

**7. Adenin.** 6-Aminopurin.

$C_5H_5N_5$: C 44,44%, H 3,71%, N 51,85%. Mol.-Gew. 135.

*Vorkommen.* In Nucleoproteiden, Teeblättern, in den grünen Blättern und Beeren des Kaffeebaumes, im Runkelrübensaft, in Kartoffeln, Bambusschößlingen, in der Luzerne (0,012%). Im Mycel von Aspergillus niger usw.

*Physiologisches.* Hefeadenin enthält nach den neuesten Forschungen Vitamin $B_4$ (TSCHESCHE [92]).

*Eigenschaften.* Adenin löst sich in etwa 1100 Teilen kalten Wassers, leicht in heißem, ferner in Eisessig, sehr schwer löslich in heißem Alkohol, unlöslich in Äther und Chloroform. In unreinem Zustand löst es sich auch in kaltem Alkohol. In starken Alkalien und Mineralsäuren ist es löslich, beim Neutralisieren fällt es aus. Durch Digerieren mit verdünntem Ammoniak auf dem Wasserbad kann es in Lösung gebracht werden. In verdünnter Sodalösung wenig löslich, fast unlöslich in konzentrierter. Krystallisiert je nach dem Lösungsmittel und dem Reinheitsgrad sehr verschieden. Aus kalten verdünnten Lösungen erscheint es in langen Nadeln, aus warmen oder unreinen Lösungen manchmal amorph oder in mikroskopisch kleinen, zu Büscheln vereinigten Krystallen. Aus heißem Wasser krystallisiert Adenin in gut ausgebildeten, vierseitigen Prismen. Aus konzentrierten wäßrigen Lösungen in wetzstein- oder pyramidenförmigen Krystallen ohne Krystallwasser. Charakteristisch ist das Verhalten der Krystalle beim Erwärmen in Wasser: bei 53° trüben sie sich plötzlich. Beim Erhitzen auf 110° wird das Krystallwasser (3 Mole) abgegeben, bei 220° sublimiert das Adenin unzersetzt in federförmigen Aggregaten. Im geschlossenen Röhrchen schmilzt es bei raschem Erhitzen bei 360—365° unter Zersetzung.

Aus essigsauren Lösungen wird Adenin durch Ferro- und Ferricyankalium gefällt, aus neutraler Lösung durch Phosphorwolframsäure, Platinchlorid, Sublimat, Quecksilbernitrat, Kaliumwismutjodid, Cadmiumchlorid und Barytwasser, aus alkalischen Lösungen durch Bleiacetat. Wichtige Fällungsmittel sind ammoniakalisches Silbernitrat und Kupfersulfat + Natriumbisulfit (s. unten).

Mit Theobromin bildet Adenin eine Doppelverbindung, welche ebenso wie Theobromin durch $CuSO_4 + NaHSO_3$ nicht gefällt wird, wohl aber durch ammoniakalisches Silbernitrat (Überschuß von Ammoniak vermeiden). Siehe auch Hypoxanthin.

Durch salpetrige Säure oder Fäulnisbakterien wird Adenin in Hypoxanthin übergeführt:

```
N=C·NH2                  HN—C=O
|  |                      |  |
HC C—NH      ——→         HC C—NH
‖  ‖  >CH                 ‖  ‖  >CH
N—C—N                    N—C—N
 Adenin                  Hypoxanthin.
```

Experimentelle Anhaltspunkte über die Bedeutung des Adenins im pflanzlichen Stoffwechsel liegen nicht vor, möglicherweise spielt es eine ähnliche Rolle wie Vernin.

*Nachweis und Bestimmung.* KOSSEL*sche Probe.* Beim Erwärmen mit Zink und Salzsäure auf dem Wasserbad tritt nach etwa 30 Minuten eine *vorübergehende* purpurrote Färbung auf. Nach dem Verdünnen mit Wasser und Versetzen mit überschüssiger Kalilauge tritt wiederum eine charakteristische Rotfärbung auf, die nach einiger Zeit nach braunrot umschlägt (*Unterschied von Guanin und Coffein*). Hypoxanthin gibt dieselbe Farbreaktion, jedoch mit schwächerem Farbeffekt (Parallelversuch mit Hypoxanthin!).

Eine wäßrige Adeninlösung gibt auf Zusatz von Ferrichlorid eine intensiv rote Färbung.

Zur Identifizierung des Adenins eignen sich folgende Derivate (Pikrat und Chloraurat am besten!).

*Adeninchloroplatinat.* $(C_5H_5N_5 \cdot HCl)_2PtCl_4$. Aus verdünnter Adeninlösung mit Platinchlorwasserstoffsäure in kleinen gelben Nadeln.

*Adeninchloraurat.* $C_5H_5N_5 \cdot 2HCl \cdot AuCl_3 + H_2O$. Aus salzsaurer Lösung mit Goldchlorid. Krystallisiert in Würfeln oder Prismen. Fp. 215—216° unter Zersetzung. Im Gegensatz zu den Chlorauraten der anderen Purine ist es gegen Wasser beständig!

*Adeninpikrolonat.* $C_5H_5N_5 \cdot C_{10}H_8O_5N_4$. Aus Adeninsulfatlösung mit konzentrierter alkoholischer Pikrolonsäurelösung. Fp. 265°.

*Adeninpikrat.* $C_5H_5N_5 \cdot C_6H_3O_7N_3 + H_2O$. Aus salzsaurer (nicht neutraler!) Lösung mit wäßriger Pikrinsäure in hellgelben, seidenglänzenden, zu Büscheln vereinigten Nädelchen. Sehr schwer löslich in kaltem Wasser (1 : 8000) und kaltem absolutem Alkohol (1 : 5000). Leicht löslich in Natriumphosphatlösung.

Zersetzt sich unter Gasentwicklung bei 279° und schmilzt alsdann beim raschen Erhitzen bei 298°. Beim Umkrystallisieren aus heißem Wasser oder Trocknen über konzentrierter Schwefelsäure wird das Krystallwasser abgegeben (47a).

*Adeninsulfat.* $(C_5H_5N_5)_2 \cdot H_2SO_4 + 2\,H_2O$. Durch Versetzen einer konzentrierten schwefelsauren Adeninlösung mit Ammonsulfat nach längerem Stehen in tafelförmigen Krystallen. Löslich in 156 Teilen kaltem, leicht in heißem Wasser.

*Adeninmetaphosphat.* $C_5H_5N_5 \cdot HPO_3$. Bei vorsichtigem Zusatz von Metaphosphorsäure zu einer wäßrigen Adeninlösung. Sehr schwer löslich in Wasser, leicht in Alkalien und überschüssiger Metaphosphorsäure!

*Darstellung.* a) Mit ammoniakalischem Silbernitrat.

1 l Tee-Extrakt mit 4 l Wasser verdünnen, zur Entfernung harziger Begleitstoffe mit 500 cm³ Schwefelsäure (1 Teil konzentrierte $H_2SO_4$ + 5 Teile $H_2O$) versetzen, nach einigem Stehen abfiltrieren. Filtrat mit konzentriertem Ammoniak stark alkalisch machen und mit ammoniakalischem Silbernitrat versetzen. Die außerordentlich voluminöse Fällung durch ein Faltenfilter filtrieren, mit heißem Wasser auswaschen, bis die Flüssigkeit nur noch schwach gelb gefärbt abläuft. Den noch feuchten Niederschlag in einem Becherglas auf dem Wasserbad mit verdünnter Salzsäure digerieren, bis das Silber quantitativ ausgefällt ist. Das salzsaure Filtrat mit Natronlauge neutralisieren und zur Entfärbung mit aktiver Kohle kochen. Zur Trockne verdampfen, Rückstand in wenig verdünnter Salzsäure lösen und mit Ammoniak schwach alkalisch machen. Nach einigem Stehen scheidet sich das Adenin aus, welches auf dem Filter mit Wasser, Alkohol und Äther ausgewaschen wird. Die Reinigung erfolgt am besten über das Pikrat oder Sulfat. Wiedergewinnung des Adenins aus dem Pikrat: in 20proz. Salzsäure lösen, Pikrinsäure durch Ausschütteln mit Äther quantitativ entfernen, salzsaure Lösung mit Ammoniak schwach alkalisch machen.

b) Mit Kupfersulfat + Natriumbisulfit. Den, wie oben angegeben, durch Behandeln mit Schwefelsäure vorgereinigten Extrakt mit Natronlauge neutralisieren. Zum Sieden erhitzen. Kupfersulfat- und Natriumbisulfitlösung im Überschuß zugeben. Den gut gewaschenen Kupferoxydulniederschlag in heißem Wasser aufschwemmen, mit farblosem Ammonsulfid entkupfern. Behufs weiterer Reinigung ist es oft angezeigt, die Base nochmals mit Kupfersulfat und Bisulfit auszufällen. Filtrat zur Trockne eindampfen. Rückstand mit ammoncarbonathaltigem Wasser aufkochen, nötigenfalls filtrieren. Nach Versetzen mit Pikrinsäure und 24stündigem Stehen scheidet sich Adeninpikrat aus.

Methode b) ist billiger als a), auch etwas bequemer, da die Kupferoxydulfällungen in der Wärme flockig werden und sich leicht filtrieren lassen.

*Darstellung von Vitamin $B_4$-haltigem Adenin aus Hefe* (3) (siehe auch die Darstellung aus Reiskeimlingen S. 392). Nach PETERS (72) gewonnene Kohleadsorbate aus 50 kg Hefe werden wie folgt auf Adenin verarbeitet:

*a) Extraktion.* Unmittelbar nach der Adsorption wird die Kohle auf BÜCHNER-Filtern filtriert, mit verdünnter Schwefelsäure ($p_H = 1$) gewaschen und mit 50% Alkohol übergossen, welchem so viel konzentrierte Salzsäure zugesetzt wird, daß ein $p_H = 1$ erreicht wird. Es werden vier weitere Extraktionen mit diesem Lösungsmittel angeschlossen, indem man auf 70° erwärmt und heiß abnutscht. Die vereinigten Extrakte werden durch Zusatz von Natronlauge auf $p_H = 3$ gebracht und der Alkohol im Vakuum abdestilliert. Der Rückstand beträgt bei Anwendung von 50 kg Hefe etwa 1500 cm³. Man läßt über Nacht in der Kälte stehen.

*b) Behandlung mit Mercurisulfat.* Der Extrakt wird wieder auf $p_H = 3$ eingestellt und 350 cm³ DENIGÈS Mercurisulfatreagens zugesetzt. Nach einstündigem Stehen wird filtriert, der Niederschlag verworfen. Überschüssiges Sulfat wird durch Baryt aus dem Filtrat entfernt bis ein $p_H = 2$ erreicht wird. Nach zweistündigem Stehen wird filtriert, mit NaOH auf $p_H = 4{,}0$ gebracht und das Quecksilber mit Schwefelwasserstoff ausgefällt. Der Schwefelwasserstoff wird im Vakuum (nicht über 30°) verjagt und die Flüssigkeit (2 l) über Nacht in der Kälte stehen gelassen.

Durch diese Behandlung werden verschiedene Begleitstoffe entfernt, die Vitamin $B_4$-Wirkung bleibt erhalten. Dieses Resultat steht in Widerspruch mit früheren Angaben (READER [76]), in welchen die aktive Substanz durch Mercurisulfat gefällt wird. Jedenfalls ist diese Differenz auf die Einschaltung der Adsorption an Kohle zurückzuführen.

c) *Fraktionierte Fällung mit Phosphorwolframsäure.* In folgender Tabelle ist die Fällbarkeit der aktiven Substanz durch Phosphorwolframsäure verschiedener Konzentration bei verschiedenem $p_H$ wiedergegeben. Solche Variationen in den Versuchsbedingungen werden sicherlich auch in anderen Fällen von Bedeutung sein.

| | $p_H$ beim Fällen | Einheiten wiedergefundenen Vitamins |
|---|---|---|
| Natriumphosphorwolframat 1 : 18 | 4,0 | 5 |
| „ 1 : 18 | 2,5 | 10 |
| „ 1 : 18 | 1,0 | 10 |
| „ 1 : 24 | 4,0 | 0 |
| „ 1 : 24 | 2,5 | 10 |
| „ 1 : 24 | 1,0 | 40 |

Aus der Tabelle geht hervor, daß das Phosphorwolframat 1 : 24 bei einem $p_H$ zwischen 1,0—2,5 am günstigsten ist. Kurz vor dem Gebrauch werden 10 g Phosphorwolframsäure in 50 cm³ Wasser gelöst, 20proz. Natronlauge bis zu $p_H = 6$ zugesetzt und auf 100 cm³ aufgefüllt.

Das Filtrat des Quecksilbersulfids (b) wird auf $p_H = 6$ gebracht und ein Überschuß der 10proz. Phosphorwolframatlösung (etwas 50 cm³) zugesetzt. Durch Zusatz von 5proz. Schwefelsäure wird auf $p_H = 3$ eingestellt. Man läßt über Nacht in der Kälte stehen, filtriert und verwirft den Niederschlag. Nun wird wieder 5proz. Schwefelsäure zugesetzt, bis ein $p_H = 1$ erreicht ist. Nach 12stündigem Stehen in der Kälte wird abgenutscht, die wirksame Substanz ist in dem strohgelb gefärbten Niederschlag enthalten.

d) *Behandlung des Phosphorwolframsäureniederschlages mit Alkohol.* Der Niederschlag wird mit einer möglichst kleinen Menge siedenden 50proz. Alkohols (etwa 100 cm³) behandelt und das Filtrat 24 Stunden in der Kälte stehen gelassen. Der in Alkohol unlösliche Anteil wird verworfen.

e) *Entfernung der Phosphorwolframsäure.* Am nächsten Tag wird der in der Regel krystallisierte Bodenkörper von der überstehenden Flüssigkeit abgetrennt, in 50% Aceton gelöst und mit Bariumhydroxydlösung bis zur alkalischen Reaktion (Phenolphthalein) versetzt. Mit einigen Tropfen Schwefelsäure wird auf $p_H = 3$ eingestellt.

f) *Hydrolyse.* Das Aceton wird im Vakuum entfernt und auf 50 cm³ eingeengt. Nach Zusatz von 5 cm³ konzentrierter Salzsäure wird 2 Stunden auf dem Wasserbad erhitzt bzw. so lange, bis eine positive Orcinreaktion (Pentosen) auftritt.

g) *Krystallisation.* Die salzsaure Lösung wird auf 10 cm³ eingeengt und mit 20 cm³ Aceton versetzt. Von dem dabei entstehenden Niederschlag wird abfiltriert. Nun fügt man vorsichtig 70 cm³ Äther zu, schüttelt kräftig durch und läßt 12 Stunden auf Eis stehen. Die dabei ausfallenden Krystalle werden aus einem Gemisch von 1 Teil Wasser, 5 Teilen Aceton und 50 Teilen Äther umkrystallisiert. Sie erwiesen sich nach den Untersuchungen von TSCHESCHE (92) als identisch mit Adenin. Wirksamkeit an der Ratte 10 $\gamma$.

**8. Guanin.** 2-Amino-6-oxypurin.

$C_5H_5ON_5$: C 39,73%, H 3,31%, N 46,35%. Mol.-Gew. 151,08.

*Vorkommen.* Guanin findet sich in weiter Verbreitung in den Geweben. Es ist der hauptsächlichste Bestandteil der Exkremente von Spinnen und findet sich auch in wechselnden Mengen im Guano. Neuerdings ist es in den Kartoffelknollen nachgewiesen worden, sowie im Safte des reifen Zuckerrohrs, in den Teeblättern, im Mycel von Aspergillus niger usw.

*Eigenschaften.* Unlöslich in Wasser, Alkohol und Äther, löslich in verdünnten Mineralsäuren und Alkalien, jedoch schwer in überschüssigem konzentriertem Ammoniak (*Unterschied von Xanthin und Hypoxanthin*). In Ameisen-, Essig-, Milch- und Citronensäure ist Guanin vollkommen unlöslich. In der Regel erhält man es als farbloses amorphes Pulver, es läßt sich krystallin erhalten, wenn man eine warme Lösung (1 g in 2 l stark verdünnter Natronlauge) mit ca. $^1/_3$ des Volumens an Alkohol versetzt und mit Essigsäure ansäuert. Es fällt dabei in drusenförmigen Aggregaten aus. Aus der ammoniakalischen Lösung krystallisiert es beim freiwilligen Verdunsten des Lösungsmittels in Nadeln und Tafeln. Beim Erhitzen — auch beim Erhitzen mit Wasser auf 250° — bleibt Guanin unverändert.

Guanin wird durch folgende Reagenzien gefällt: aus salzsaurer Lösung durch Ferricyankalium, durch Phosphorwolframsäure, durch Mercuronitrat aus salpetersaurer Lösung, durch Silbernitrat, durch Kupfersulfat + Natriumbisulfit, sowie durch Pikrinsäure usw. (s. unten).

*Umwandlungen.* Durch salpetrige Säure, sowie durch Fäulnisbakterien wird Guanin in Xanthin übergeführt. (Über die pflanzenphysiologische Bedeutung des letzteren s. S. 370.)

```
    HN—C=O                      HN—C=O
     |  |                        |  |
H2N—C  C—NH      ——>         O=C  C—NH
    ||  ||  >CH                  |  ||  >CH
    N—C—N                      HN—C—N
     Guanin                      Xanthin
```

Ein in verschiedenen Organen vorhandenes Ferment bewirkt die gleiche Umwandlung.

Durch ein aus Taubenmist isoliertes Bacterium wird Guanin zu Kohlendioxyd, Harnstoff und Guanidin abgebaut:

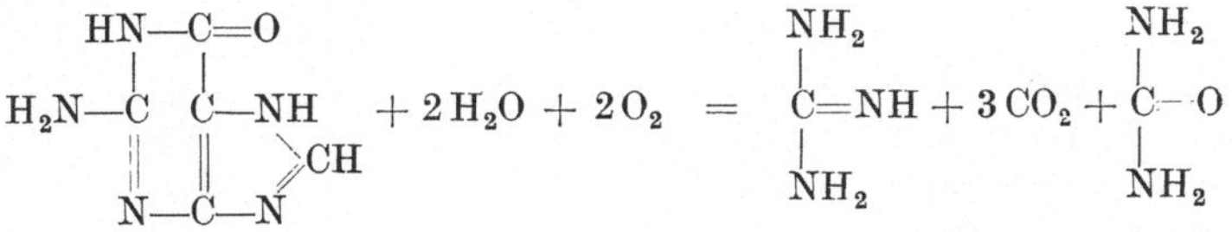

```
    HN—C=O                           NH2              NH2
     |  |                             |                |
H2N—C  C—NH  + 2 H2O + 2 O2  =      C=NH + 3 CO2 +   C=O
    ||  ||  >CH                       |                |
    N—C—N                            NH2              NH2
```

*Nachweis und Bestimmung. Murexidprobe.* Ein wenig der Substanz in eine kleine flache Porzellanschale bringen, einige Tropfen Salpetersäure zufügen, bei mäßiger Wärme unter Blasen zur Trockne verdampfen (Schale in der Hand halten). Es hinterbleibt ein gelber Rückstand, welcher sich mit Orangefarbe in Kalilauge löst und beim Konzentrieren in violett übergeht. Durch Ammoniak wird diese Reaktion nicht hervorgerufen! Das auf gleiche Weise behandelte Xanthin löst sich mit roter Farbe in Natronlauge, beim Erhitzen wird die Lösung purpurrot.

Mit Diazobenzolsulfosäure und Alkali tritt Rotfärbung auf.

Zur Identifizierung des Guanins sind folgende Derivate geeignet:

*Guaninpikrat.* $C_5H_5ON_5 \cdot C_6H_3O_7N_3 + H_2O$. Aus salzsaurer Lösung mit kaltgesättigter wäßriger Pikrinsäurelösung in Form eines goldgelben, krystallinischen Niederschlages. Pinselförmige Bündel sehr feiner Nadeln oder sparrige Drusen großer Nadeln. Das Pikrat ist fast unlöslich in Wasser. 3 mg Guanin in 100 cm³ Wasser lassen sich noch durch Pikrinsäure ausfällen. (Überschuß vermeiden!) Bei 110° wird das Krystallwasser abgegeben, bei 200° tritt Bräunung ein, bei 258—260° wird es schwarz und schmilzt. *Guaninpikrat löst sich nicht in verdünntem Ammoniak, während Adenin- und Hypoxanthinpikrat sich leicht lösen* (62).

*Guaninsulfat.* $(C_5H_5ON_5)_2 \cdot H_2SO_4 + 2H_2O$. Sehr charakteristisch! Krystallisiert aus verdünnter Schwefelsäure beim Erkalten aus konzentrierter Lösung in zentimeterlangen Nadeln. Das Krystallwasser wird bei 120° abgegeben. Beim Vermischen mit Wasser wird das Salz zersetzt, wobei Guanin abgeschieden wird.

*Metaphosphorsaures Guanin.* $C_5H_5ON_5 \cdot HPO_3 + H_2O$. Aus saurer Guaninlösung mit Metaphosphorsäure. Weißes amorphes Pulver. Die Verbindung ist im Gegensatz zu den meisten anderen des Guanins, die leicht dissoziieren, sehr beständig und in Wasser und Säuren äußerst wenig löslich (103). Das Metaphosphat *eignet sich zum Nachweis des Guanins und zur Trennung von Xanthin, Hypoxanthin und Adenin.* Die zwei ersteren werden durch Metaphosphorsäure nicht gefällt, Adeninmetaphosphat löst sich im Überschuß des Fällungsmittels wieder auf.

*Silbernitratverbindung.* $C_5H_5ON_5 \cdot AgNO_3$. Aus salpetersauren Guaninlösungen mit Silbernitrat fällbar. In kalter, verdünnter Salpetersäure fast unlöslich, etwas löslich in heißer, krystallisiert daraus in Nadeln.

*Guaninferricyanid.* $(C_5H_5ON_5)_4 \cdot H_3Fe(CN)_6 + 8H_2O$. Aus salzsauren Lösungen mit Ferricyankalium. Gelbbraune Prismen, die bei 120° dunkelgrün werden. Sehr schwer löslich in Wasser. Xanthin und Hypoxanthin geben keine Fällung!

Zum mikrochemischen Nachweis ist das salzsaure Guanin geeignet, welches in langen, büschelförmig angeordneten Krystallen anschießt.

**9. Isoguanin.** 2-Oxy-6-amino-purin.

$C_5H_5ON_5$: C 39,73 %, H 3,31 %, N 46,35 % Mol.-Gew. 151,08.

Das 2-Oxy-6-amino-purin ist dem isomeren Guanin außerordentlich ähnlich, so daß es mit diesem leicht verwechselt werden kann.

*Vorkommen.* Entdeckt von M. V. BUELL und M. E. PERKINS (11) in den Nucleinsäuren von Schweineblut. Als Oxyadenin bezeichnet. Aus 10 l Blut wurden ca. 50 mg isoliert. Als Nucleosid von E. CHERBULIEZ und K. BERNHARD (17) im Samen von Croton Tiglium in Mengen von ungefähr 0,7—2,65‰ aufgefunden. Von CHERBULIEZ als Isoguanin bezeichnet. Die Identität von Oxyadenin mit Isoguanin wird von CHERBULIEZ (18) bestritten.

*Darstellung nach* CHERBULIEZ. Man hydrolysiert das Crotonosid durch vierstündiges Erwärmen mit 5% Schwefelsäure auf dem Wasserbad. Es scheidet sich das schwerlösliche Sulfat aus. Umkrystallisieren aus 5proz. Schwefelsäure. Aus dem Sulfat erhält man die freie Base durch Lösen in Natronlauge und Ausfällen mit Essigsäure.

*Eigenschaften.* Weißer amorpher Niederschlag, sehr schwer löslich in Wasser auch in der Siedehitze. Fast unlöslich in Alkohol. Löslich in starken Mineralsäuren, besonders in der Wärme. Löslich in verdünnten Alkalien, weniger in heißem verdünntem Ammoniak. Aus den heißen Mineralsäure-Lösungen erhält man beim Abkühlen die entsprechenden Salze. Beim Erhitzen über 250° verkohlt die Substanz, ohne zu schmelzen.

Silbernitrat fällt aus ammoniakalischer Lösung einen farblosen, flockigen Niederschlag, der sich beim Kochen nicht verändert, sofern kein Überschuß an Silbernitrat angewandt wurde, anderenfalls wird der Niederschlag beim Kochen langsam gelb und dann allmählich dunkel.

*Zur Identifizierung des Isoguanins sind folgende Derivate geeignet.*

*2-Oxy-6-amino-purin-sulfat.* $C_5H_5ON_5 \cdot H_2SO_4 \cdot H_2O$. Durch Lösen der Base in ungefähr 70 Teilen 10proz. Schwefelsäure in der Wärme. Prismen oder Tafeln, sehr wenig löslich in kaltem Wasser, durch welches es langsam hydrolysiert wird. Heißes Wasser zerlegt es größtenteils unter Abscheidung der Base. Das Krystallwasser entweicht noch nicht bei 130° im Vakuum. Zersetzt sich bei 230—250° ohne zu schmelzen.

*2-Oxy-6-amino-purin-chlorhydrat.* $C_5H_5ON_5 \cdot HCl$. Nach BUELL und PERKINS enthält dieses Salz 2 Mol Wasser, das beim Erhitzen auf 110° noch nicht, dagegen quantitativ bei 120° entweicht. Kleine Nadeln oder Prismen, häufig sternförmig angeordnet. Schwer löslich in Wasser und kalter verdünnter Salzsäure. Durch heißes Wasser wird es hydrolysiert. Zersetzt sich ohne zu schmelzen oberhalb 250°.

*2-Oxy-6-amino-purin-nitrat.* $C_5H_5ON_5 \cdot HNO_3$. Die Base löst sich nur schwer in kochender 25proz. Salpetersäure. Beim Erkalten scheiden sich kleine Krystalle ab, die sich oberhalb 250° zersetzen.

*2-Oxy-6-amino-purin-metaphosphat.* $C_5H_5ON_5 \cdot HPO_3$. Durch Metaphosphorsäure wird die Base auch in Gegenwart von überschüssiger verdünnter Salzsäure gefällt.

*2-Oxy-6-amino-purin-pikrat.* $C_5H_5ON_5 \cdot C_6H_3O_7N_3$. Durch Fällen einer Lösung der Base in verdünnter Salzsäure mit gesättigter Pikrinsäurelösung. Gelbe, mikrokrystalline Flocken, zersetzen sich bei sehr hoher Temperatur. Nach BUELL und PERKINS wird das Pikrat durch heißes Wasser zersetzt, nach CHERBULIEZ nicht.

*Unterschied von Guanin.*

1. Sulfat. Guaninsulfat krystallisiert mit 2 Mol Wasser, das beim Erhitzen auf 120° entweicht. Das Sulfat des 2-Oxy-6-amino-purins krystallisiert nur mit 1 Mol Wasser, das bei 130° im Vakuum noch nicht entweicht.

2. Bei der Oxydation von Guanin mit Kaliumchlorat entsteht Guanidin, aus 2-Oxy-6-amino-purin dagegen nicht.

3. Durch salpetrige Säure wird Guanin leicht in Xanthin übergeführt. 2-Oxy-6-amino-purin bleibt, infolge seiner Unlöslichkeit, unverändert (E. FISCHER [28]).

4. Pikrat. Das Pikrat des Guanins zersetzt sich oberhalb 190°, das des 2-Oxy-6-amino-purins oberhalb 260°.

### 10. Harnsäure. 2, 6, 8-Trioxypurin.

$C_5H_4O_3N_4$: C 35,71 %, H 2,38 %, N 33,33 %. Mol.-Gew. 169,08.

*Vorkommen.* Im Tierreich sehr weit verbreitet. Von SCHEELE 1776 im Harn entdeckt. Die Exkremente von manchen Vögeln und Schlangen bestehen zum größten Teil aus Harnsäure. Als Nucleosid im Rinderblut und menschlichen Blut. Im Pflanzenreich erst in neuester Zeit nachgewiesen worden. In den Sporen von Aspergillus oryzae (87). R. FOSSE (36) hat den Harnsäuregehalt folgender Pflanzen bestimmt.

| | Harnsäure pro kg Pflanze | | Harnsäure pro kg Pflanze |
|---|---|---|---|
| Vicia Faba | 0,230 g | Lepidium sativum | 0,108 g |
| Melilotus officinalis | 0,250 g | Acer campestris | 0,054 g |
| Trifolium sativum | 0,240 g | Ricinus major (communis) | 0,061 g |
| Sorghum halepense | 0,176 g | Lupinus albus | 0,048 g |
| Coronilla varia | 0,130 g | Soja hispida | 0,030 g |

*Eigenschaften.* In vollkommen reinem Zustande krystallisiert Harnsäure in rechteckigen Blättchen, in der Regel — in nicht ganz reiner Form — in rhombischen Säulen, die oft Zwillingsbildung aufweisen. Aus gefärbten Lösungen reißt Harnsäure beim Fällen gerne den Farbstoff mit nieder. Derartig gefärbte Präparate sind auch durch Tierkohle nur schwer zu entfärben.

Harnsäure ist geruch- und geschmacklos. Beim Erhitzen nicht flüchtig. Zersetzt sich bei starkem Erhitzen in Ammoniak, Blausäure, Harnstoff und Cyanursäure. Sehr schwer löslich in kaltem, leichter in heißem Wasser. Bei 18° 1 : 39000, bei 40° 1 : 2400, bei 100° 1 : 1600. Die wäßrige Lösung reagiert neutral. Die Löslichkeitsangaben weichen stark voneinander ab. Dies ist wohl darauf zurückzuführen, daß Harnsäure bei längerem Erwärmen in Wasser sich teilweise zersetzt, und daß sie leicht übersättigte Lösungen bildet. In verdünnten Säuren schwerer löslich als in Wasser. In Milchsäure, Essigsäure, wäßriger Piperazinlösung sowie in warmer konzentrierter Schwefelsäure ist Harnsäure ziemlich leicht löslich. Ziemlich löslich in Lithiumcarbonat. Unlöslich in Alkohol und Äther. Sehr wenig löslich in Ammoniak, leichter in Alkalien. Harnsäure ist eine stärkere Säure als Kohlensäure und vertreibt letztere aus ihren Salzen.

In Gegenwart von Salzsäure wird Harnsäure durch Phosphorwolframsäure in braunen würfelförmigen Krystallen gefällt, ferner fällbar durch Pikrinsäure und Ammonsalze.

Bei Oxydation von Harnsäure in saurer Lösung bildet sich unter Aufspaltung des Imidazolringes Alloxan. Bei Oxydation in neutraler oder alkalischer Lösung entsteht Allantoin.

```
HN—CO                           HN—CO      NH2
|   |                           |   |      |
OC  C—NH\                       OC  CO  +  CO
|   ||    >CO          =        |   |      |
HN—C—NH/                        HN—CO      NH2
  Harnsäure                      Alloxan
```

*Salze.* Harnsäure bildet zwei Reihen von Salzen. Die primären Urate existieren in zwei Formen, die sich durch ihre Löslichkeit in Wasser unterscheiden. Die leichtlösliche Form ist unstabil und lagert sich in Lösung nach kurzer Zeit in die schwerlösliche um. Die sekundären Salze sind in wäßriger Lösung unbeständig, sie zerfallen in primäres Salz und Natronlauge.

*Mononatriumurat.* $C_5H_3O_3N_4Na \cdot 1^1/_2\, H_2O$. Stark lichtbrechende, farblose, feine Nadeln, häufig zu kugeligen Aggregaten vereinigt.

*Dinatriumurat.* $C_5H_2O_3N_4Na_2H_2O$. Warzen. Beim Auflösen von Harnsäure in überschüssiger Natronlauge. Wäßrige Lösung reagiert stark alkalisch.

*Pflanzenphysiologisches.* M. MOLLIARD (65) zeigte, daß Natriumurat die Entwicklung aseptisch kultivierter Radieschen beschleunigt. Beim Vergleich von drei Kulturen, die Stickstoff in Form von Natriumnitrat, Harnstoff und Natriumurat erhalten hatten, ergab die letztere die maximale Ernte. Nach A. NĚMEC (69) zerstört das Sojakorn die Harnsäure unter Bildung von Ammoniak unter der Wirkung mehrerer Fermente. Nach FOSSE (36, 37) vermögen die Samen von Soja hispida und anderer Leguminosen Harnsäure in Allantoinsäure umzuwandeln. Diese bleibt bei den Versuchsbedingungen unverändert, während sie in saurem Medium in Harnstoff und Glyoxalsäure zerfällt. Die Umwandlung der Harnsäure in Allantoinsäure erfolgt nach FOSSE durch zwei verschiedene Fermente. Zuerst oxydiert und hydratisiert die pflanzliche Uricase die Harnsäure zu Allantoin, ebenso wie die tierische Uricase nach WIECHOWSKI (99):

```
HN—CO
|   |              O + H2O                  OC——NH
OC  C—NH\          ———————>                 |     >CO + CO2
|   ||    >CO      Uricase   H2N—CO—NH—CH—NH
HN—C—NH/
```

Bei der zweiten Fermentation erzeugt die Allantoinase durch Anlagerung eines Wassermoleküls Allantoinsäure:

```
             OC——NH            H2O                     COOH
             |     >CO      ——————>                    |
H2N—CO—NH—CH—NH            Allantoinase  H2N—CO—NH—CH—NH—CO—NH2
```

*Nachweis und Bestimmung.*

*Murexidreaktion* s. S. 377.

*Reaktion nach* DENIGÈS. Man erhitzt Harnsäure mit wenig verdünnter Salpetersäure bis zum Aufbrausen (Alloxanbildung). Überschüssige Säure verjagen, ohne bis zum Auftreten einer Färbung zu trocknen. 2—3 Tropfen konzentrierter Schwefelsäure und ebensoviel thiophenhaltiges Benzol zusetzen. Es tritt Blaufärbung auf, die nach Verdunsten des Benzols in Braun übergeht und auf erneuten Zusatz von Benzol wieder auftritt.

*Reaktion nach* GANASSINI (sehr empfindlich). Man fällt Harnsäure mit Zinksulfat als basisches Zinkurat und oxydiert in Gegenwart von überschüssigem Alkali mit Halogen, Kaliumpersulfat oder Ferricyankalium. Es tritt eine blaugrüne Färbung auf, die beim Ansäuern, beim Erwärmen mit Wasser oder bei großem Alkaliüberschuß verschwindet. Xanthinbasen geben die Reaktion nicht. Ebenso wird dieselbe durch Eiweißsubstanzen nicht gestört. $0{,}1\,^0/_{00}$ Harnsäurelösung gibt noch deutliche Färbung.

*Reaktion nach* AGULHON und THOMAS. Man gibt ein Gemisch von 3 $cm^3$ konzentrierter Schwefelsäure + 5 Tropfen 2proz. Bichromatlösung zu einer kleinen Menge Harnsäure. Es tritt eine hellgrüne Färbung auf. Guanin, Xanthin, Theobromin, Coffein reagieren nicht, dagegen Adenin und Hypoxanthin.

*Quantitative Bestimmung.*

1. Nach SALKOWSKI-LUDWIG (70). Mit Silbernitrat, s. bei Adenin S. 375. Die Silbernitratfällung wird mit Schwefelwasserstoff zerlegt und das Filtrat mit Salzsäure angesäuert, wobei Harnsäure ausfällt.

2. Nach KRÜGER und SCHMIDT mit Kupfersulfat und Natriumbisulfit. Siehe bei Adenin S. 375. Der Kupferniederschlag wird mit Schwefelwasserstoff zerlegt und nach starkem Einengen im Vakuum die Harnsäure mit Salzsäure abgeschieden.

3. Colorimetrische Bestimmung nach E. RIEGLER (78). Beruht auf der Blaufärbung, die Harnsäure mit Phosphormolybdänsäure in Gegenwart von Dinatriumphosphat gibt.

4. Colorimetrische Bestimmung nach O. FOLIN und A. MACALLUM (31). Beruht auf der Blaufärbung mit Phosphorwolframsäure in Gegenwart von Natriumbicarbonat. Verbessert von S. R. BENEDICT und E. H. HITCHCOCK (5).

*Isolierung der Harnsäure aus Pflanzenmaterial nach* FOSSE (36). *Extraktion von Melilotus officinalis.* In 3 Flaschen von 2 l Inhalt mit Glasstopfen gibt man je 1500 $cm^3$ n/100 Salzsäure, 1,5 $cm^3$ Chloroform und 50 g Melilotus, feinst in der Mühle zerrieben und bei 40° durch ein Seidensieb getrieben. Zustopfen, umschütteln und 48 Stunden bei gewöhnlicher Temperatur stehen lassen. Vorsichtig dekantieren. Zur zentrifugierten, dickflüssigen, schwachgelben Flüssigkeit gibt man zunächst $^1/_{20}$ ihres Volumens Natriumwolframat (1 : 10) und dann nach dem Mischen $^2/_3$ n-Schwefelsäure.

*Silber-Magnesiumfällung.* Zu der zentrifugierten, klaren Flüssigkeit gibt man $^1/_{20}$ ihres Volumens Magnesiamischung (Flüssigkeit B des Verfahrens von SALKOWSKI-LUDWIG). Man läßt 2 Stunden bei gewöhnlicher Temperatur stehen und zentrifugiert. Dann setzt man Silbermischung im gleichen Verhältnis (Flüssigkeit A) zu. Man läßt mindestens 15 Stunden im Eisschrank stehen und zentrifugiert. Der Rückstand wird in 25 $cm^3$ Silbermagnesiamischung (A + B), die im Verhältnis 1 : 5 verdünnt wird, aufgeschlämmt, nach dem Zentrifugieren dasselbe nochmals wiederholt und dann nochmals mit Wasser gewaschen.

*Erste Quecksilberfällung.* Man verreibt den Niederschlag mit 10 $cm^3$ 10proz. Schwefelsäure, erhitzt 5 Minuten lang auf dem siedenden Wasserbad, zentrifugiert und behandelt den ungelösten Rückstand noch zweimal genau so mit 10 und 5 $cm^3$ Schwefelsäure. Zu den vereinigten Flüssigkeiten gibt man ohne abzukühlen 15 $cm^3$ Quecksilbersulfat nach DENIGÈS (21), kühlt ab und stellt 2 Stunden in den Eisschrank.

*Zweite Quecksilberfällung.* Man zentrifugiert, wäscht den Niederschlag zweimal mit Alkohol, zentrifugiert und erhitzt mit 2 $cm^3$ konzentrierter Salzsäure auf dem Wasserbad, wobei der Niederschlag in Harnsäure und leicht lösliches Sublimat gespalten wird. Man hält 1 Stunde im Eisschrank, zentrifugiert und wäscht zweimal mit Alkohol. Man löst in möglichst wenig kochendem Wasser, filtriert und fällt in der Hitze mit Quecksilbersulfat nach DENIGÈS vollständig aus. Nach zweistündigem Stehen im Eisschrank wird zentrifugiert und zweimal mit Alkohol gewaschen.

*Isolierung der Harnsäure.* Man erhitzt den Niederschlag mit 1 $cm^3$ konzentrierter Salzsäure in einem Pyrex-Zentrifugierglas auf dem Wasserbad, kühlt ab und stellt 1 Stunde in Eis. Zentrifugieren und zweimal mit Alkohol waschen, den Niederschlag in möglichst wenig (40 $cm^3$) Wasser in der Siedehitze lösen und in ein Zentrifugierglas filtrieren. Nach der Krystallisation der Harnsäure wird zentrifugiert, mit Alkohol, einmal mit Äther gewaschen und bei 100° getrocknet.

### 11. Allantoin. Glyoxyldiureid.

$C_4H_6O_3N_4$: C 30,33%, H 3,83%, N 35,49%. Mol.-Gew. 158.

*Vorkommen.* Allantoin ist in vielen Pflanzen nachgewiesen worden, so z. B. in den jungen Trieben von Acer pseudoplatanus, in der Rinde von Aesculus hippocastanum, Acer campestre, in Weizenkeimlingen, im Rhizom von Symphitum officinale (0,8% des Trockengewichtes), in den oberirdischen Teilen von Anabasis aretioides usw. Allantoin ist das Hauptprodukt des Purinstoffwechsels der Säugetiere mit Ausnahme des Menschen und des anthropoiden Affen.

*Eigenschaften.* Die Löslichkeitsangaben schwanken etwas: löslich in 130—190 Teilen Wasser von 20—25°, leicht löslich in heißem Wasser. In heißem Alkohol ist es etwas löslich, unlöslich in Äther. Leicht löslich in Natronlauge und Alkalicarbonaten. In Wasserstoffsuperoxyd löst es sich ohne Veränderung auf! Diese Eigenschaft kann zur Reinigung des Allantoins benutzt werden. Krystallisiert in glänzenden, durchsichtigen, schief abgeschnittenen, hexagonalen, kleinen Prismen, die sich oft zu Drusen vereinigen. In unreinem Zustand erscheint es oft in Warzen und Körnern. Beim Erhitzen bräunt es sich bei etwa 220°, um bei 238—240° (korr.) unter Zersetzung und Gasentwicklung zu schmelzen. Allantoin ist geruchlos und geschmacklos und reagiert gegen Lackmus neutral. Optisch inaktiv. Durch aktive Kohle wird es in wäßriger Lösung in beträchtlichen Mengen adsorbiert.

Es verbindet sich mit Metallen. Aus konzentrierten Lösungen wird es gefällt durch: Quecksilbernitrat, Quecksilberacetat, welches mit Natriumacetat neutralisiert oder schwach alkalisch gemacht worden ist, ferner durch ammoniakalische Silbernitratlösung; das in weißen Flocken ausfallende Allantoinsilber $C_4H_5O_3N_4Ag$ löst sich in überschüssigem Ammoniak wieder auf. Beim Stehen wandeln sich die Flocken in Körner um, trocknet man bei 100°, so wird Silber frei. Auch Blei- und Kupferverbindungen des Allantoins sind in ammoniakalischer Lösung leicht zu erhalten. Durch Xanthydrol wird Allantoin aus essigsaurer Lösung gefällt!

Zum Unterschied von den eigentlichen Purinen wird es durch Phosphorwolframsäure nicht gefällt, ebenfalls nicht durch Bleiacetat und durch Kupfersulfat + Natriumbisulfit.

FEHLINGsche Lösung wird bei längerem Kochen mit Allantoin reduziert. In wäßriger Lösung zersetzt sich Allantoin allmählich, rascher beim Erhitzen. Beim Erhitzen mit konzentrierter Schwefelsäure zersetzt es sich vollständig unter Bildung von Ammoniak, Kohlendioxyd und Koblenmonoxyd, beim Kochen mit Barytwasser zersetzt es sich unter Bildung von Ammoniak, Kohlendioxyd, Oxalsäure und Hydantoin, beim Kochen mit konzentrierten Alkalien zerfällt es in Ammoniak, Kohlendioxyd, Essigsäure und Oxalsäure (s. unten).

*Pflanzenphysiologisches.* Nach neueren Untersuchungen findet sich neben Allantoin auch Allantoinsäure in den Pflanzen (32). Allantoinsäure unterscheidet sich vom Allantoin durch den Mehrgehalt eines Moleküls Wasser. Beide Verbindungen leiten sich von der Uroxansäure ab.

```
            COOH
             |                                  H                                   H
HN———————C———————NH            HN———————C———————NH            HN———————C———————NH
 |         |         |    — CO2     |         |         |    — H2O     |         |         |
O=C        |        C=O ———————> O=C        |        C=O ———————> O=C        |        C=O
 |         |         |              |         |         |              |         |         |
H2N      COOH     NH2            H2N      COOH     NH2            H2N   O=C———————NH
    Uroxansäure                      Allantoinsäure                       Allantoin
```

*Die Allantoinsäure bildet sich aus der Uroxansäure, also durch Kohlendioxydabspaltung, das Allantoin aus der Allantoinsäure durch Wasserabspaltung.*

Allantoin wird in Gegenwart fein zerriebener Sojasamen und solcher verschiedener Phaseolusarten bei Anwesenheit von Ammoncarbonat fast quantitativ, ohne Salzzusatz erheblich weniger in Allantoinsäure übergeführt (35). Siehe auch die Ausführungen unter Harnsäure sowie S. 387.

*Nachweis und Bestimmung.* Dem Nachweis hat die Isolierung voranzugehen. Farbreaktionen:

*SCHIFFsche Reaktion.* Fügt man zu einem Allantoinkrystall einen Tropfen fast gesättigter wäßriger Lösung von Furfurol und hierauf sogleich einen Tropfen Salzsäure (spez. Gew. 1,1), so färbt sich die Flüssigkeit zuerst gelb, dann grün und geht über blau und violett in ein prachtvolles Purpurrot über, das nach einiger Zeit einem schwarzen Niederschlage Platz macht. Harnstoff gibt dieselbe Reaktion, jedoch rascher und intensiver. Man verwechsle diese für Harnstoff und Allantoin charakteristische Reaktion nicht mit der gelegentlich mit Furfurol und Salzsäure allein auftretenden Färbung.

ADAMKIEWICZ*sche Reaktion.* Bei Zusatz von konzentrierter Schwefelsäure zu einer mit wenig Pepton versetzten Allantoinlösung tritt Violettfärbung auf. Das Allantoin wirkt hier wie Glyoxylsäure (Tryptophanreaktion).

BARRENSCHEEN-WELTMANN*sche Reaktion.* Eine wäßrige Allantoinlösung gibt mit einigen Tropfen einer salzsauren Lösung von p-Dimethylamidobenzaldehyd eine zeisiggrüne Färbung. Harnstoff gibt dieselbe Reaktion.

Beim Erhitzen mit 12proz. Kalilauge liefert Allantoin Ammoniak, welches als solches nachgewiesen wird; aus der mit Essigsäure übersättigten Lösung ist mit Calciumchlorid Calciumoxalat fällbar.

Zur Identifizierung eignen sich neben den oben angegebenen Reaktionen noch der Schmelzpunkt, sowie das Verhalten gegen ammoniakalische Silberlösung, Analyse des Silbersalzes und Xanthylallantoin.

*Allantoinsilber.* $C_4H_5O_3N_4Ag$. Zu einer wäßrigen, nicht zu verdünnten Allantoinlösung Silbernitrat und hierauf vorsichtig Ammoniak zugeben, worauf ein weißer, flockiger Niederschlag entsteht, der nach einiger Zeit körnig wird. Löslich im Überschuß von Ammoniak. Das gut ausgewaschene und im Vakuum über Schwefelsäure zur Gewichtskonstanz getrocknete Allantoinsilber gibt beim Glühen 40,73 % Ag.

*Xanthylallantoin.* $C_4H_5O_3N_4 \cdot C_{13}H_9O$. Allantoin wird auch aus sehr verdünnter essigsaurer Lösung durch Xanthydrol gefällt. Feine, farblose, mikroskopisch kleine Nadeln vom Fp. 214—215°. Wenig löslich in Methylalkohol. Färbt sich beim Erwärmen mit rauchender Salzsäure. Mit verdünnten Alkalien bildet sich bei gelindem Erwärmen sehr schwer lösliches Alkalixanthylallantoat.

*Quantitative Bestimmung des Allantoins nach* J. MORE (66). 0,1 g Allantoin in 20 cm³ Wasser und 3 Tropfen Natronlauge lösen und 30 cm³ NESSLERsches Reagens zufügen. In der alkalischen Lösung zersetzt sich das Allantoin und die dabei auftretende Glyoxylsäure reduziert die Quecksilberverbindung. Zuerst tritt Gelbfärbung auf, dann ein schwarzer Niederschlag von metallischem Quecksilber. Nach 12 Stunden ist die Reaktion beendet. Mit 10proz. Salzsäure ansäuern, 10 cm³ n/10 Jodlösung zufügen und mit etwa 1proz. Natriumthiosulfatlösung zurücktitrieren. 2 Atome Jod entsprechen 1 Molekül Allantoin. Da nach dieser Methode nur 92 % des angewandten Allantoins erfaßt werden, ist das Resultat mit dem Faktor 1,08 zu multiplizieren.

Bei Anwesenheit von Kohlehydraten und Kreatinin ist die Methode nicht anwendbar, Ureide stören nicht, da die von ihnen hervorgerufenen Niederschläge auf Zusatz von Kaliumcyanid in Lösung gehen.

Die Reaktion eignet sich auch zum Nachweis von Allantoin und ist noch positiv bei einer Allantoinkonzentration von 0,001 %.

*Mikrochemischer Nachweis* (nach VOGEL). 1—2 mm dicke Schnitte des zu untersuchenden Objektes werden unter einem Deckglas mit Alkohol versetzt und mit Paraffin umschlossen. Nach etwa 2 Tagen finden sich am Rande der Schnitte die typischen Kryställchen und Drusen von Allantoin. Diese erscheinen rascher und besser lokalisiert, wenn man dem Alkohol 20 % Eisessig zusetzt. Zur Identifizierung der Krystalle kann man eine Farbreaktion vornehmen. Die Reaktion ist nicht sehr empfindlich.

*Nachweis mit Xanthydrol.* Die Schnitte werden mit heißem Eisessig oder Alkohol-Eisessig (4 : 6) extrahiert. Das Allantoin wird durch Zusatz von festem

Xanthydrol im Hohlschliff eines Objektträgers als *Monoxanthylallantoin* gefällt. Die Identifizierung des Reaktionsproduktes geschieht am Mikroschmelzpunktapparat. Monoxanthylallantoin schmilzt, ohne vorher zu sublimieren, bei 214° und unterscheidet sich dadurch von den Xanthydrolprodukten anderer in der Pflanze vorkommender Körper.

*Darstellung.* Die Pflanzen werden in frischem Zustand zerkleinert und dann mit heißem Wasser übergossen. Nach dem Abpressen wird der Rückstand nochmals mit heißem Wasser angerührt. Die vereinigten Extrakte werden mit Bleiessig versetzt, der Bleiniederschlag abfiltriert, und das Filtrat mit Mercurinitratlösung oder Mercuriacetat in Gegenwart von viel Natriumacetat versetzt. (Die Mercurinitratlösung stellt man her, indem man festes Mercurinitrat mit der zehnfachen Menge Wasser übergießt und bis zur völligen Lösung konzentrierte Salpetersäure zufügt.) Hierauf gibt man konzentrierte Natronlauge hinzu, bis sich der entstehende Niederschlag eben nicht mehr löst. Der Quecksilberniederschlag wird abfiltriert, ausgewaschen, zwischen Filtrierpapier abgepreßt, in Wasser aufgeschwemmt und mit Schwefelwasserstoff zersetzt. Die vom Quecksilbersulfid abgetrennte Lösung wird im Vakuum bis zum dünnen Syrup eingeengt. Aus diesem Syrup krystallisiert das Allantoin aus. Um die Krystalle vom Syrup zu trennen, löst man im zweifachen Volumen heißen Wassers auf, das Allantoin krystallisiert nach einiger Zeit aus. Reinigung durch Umkrystallisieren aus Wasser oder Lösen in Wasserstoffsuperoxyd.

Enthält die vom Quecksilbersulfid abgetrennte Lösung auch Asparagin, so neutralisiert man mit Ammoniak und sättigt in der Hitze mit Kupferhydroxyd. Beim Erkalten krystallisiert das Asparaginkupfer aus, sein Filtrat wird mit Schwefelwasserstoff entkupfert und das Allantoin, wie oben angegeben, isoliert.

Da Allantoin durch Phosphorwolframsäure nicht gefällt wird, ist unter Umständen eine Behandlung der mit Bleiessig vorgereinigten Extrakte mit Phosphorwolframsäure am Platz (99).

*Entstehung des Allantoins in der Pflanze* (H. PURUCKER [75]). In einer Untersuchung über die Entstehung des Allantoins in der Pflanze gibt H. PURUCKER eine kritische Übersicht über die Bestimmungsmethoden von Allantoin. Der Autor beschreibt eine neue Methode zur quantitativen Bestimmung des Allantoins neben Amiden:

*1. Extraktion des Allantoins.* Zur Extraktion des Allantoins aus stark schleimhaltigen Objekten ist 50% Alkohol anzuwenden, da mit Wasser nur etwa $^3/_4$ des gesamten Allantoins in Lösung gebracht werden können. Aus schleimarmem Pflanzenmaterial läßt sich das Allantoin jedoch durch 4% wäßrige Tanninlösung ebenso gut ausziehen wie durch 50% Alkohol.

Das im Mörser mit reinem Quarzsand und etwas Toluol zerriebene Material (bzw. Trockenpulver) wird mit 4proz. heißer Tanninlösung übergossen und über Nacht im Eisschrank stehen gelassen. Am nächsten Tag wird auf dem Wasserbad erhitzt, durch einen BÜCHNER-Trichter abfiltriert und mit heißer Tanninlösung mehrmals nachgewaschen.

*2. Allantoinbestimmung im Filtrat.* H. PURUCKER arbeitete eine indirekte Methode der differenzierenden Verseifung aus. Diese Methode gründet sich darauf, daß das Allantoin als Diureid der Glyoxylsäure beim Erhitzen mit verdünnten Säuren in Glyoxalharnstoff und Harnstoff gespalten wird (C. BRAHM [10]). Der Harnstoff wird dabei zu $NH_3$ und $CO_2$ hydrolysiert. Glyoxalharnstoff wird durch Kochen mit Säuren nicht verändert (BILTZ und KOBEL [6]). In zahlreichen Versuchen fand H. PURUCKER, daß nach 10stündiger Verseifung mit

5proz. Schwefelsäure genau 50% des Allantoinstickstoffs in Form von Ammoniak abgespalten wird entsprechend der Gleichung:

$$C_4H_6O_3N_4 + 2H_2O = C_3H_4O_3N_2 + 2NH_3 + CO_2.$$

Die Verseifung wurde im Jenenserglas unter Rückfluß mittels einer besonders konstruierten Apparatur mit selbsttätiger Ausschaltung der Heizung durchgeführt. Als Badflüssigkeit diente gesättigte Kochsalzlösung mit dem konstanten Siedepunkt von 108°.

Es wurde mittels Vakuumdestillation und anschließender acidimetrischer Titration der N-Wert des jeweils vorhandenen $NH_3$ bestimmt:

1. Im unbehandelten Filtrat: *a*-Wert (= N des präformierten $NH_3$).

2. Nach zweistündiger Verseifung in der mit 5% Schwefelsäure versetzten 4proz. Tanninlösung: *b*-Wert (= N des präformierten $NH_3$ + 50% des Gesamt-N der Amide + 7% des Allantoin-N).

3. Nach zehnstündiger Verseifung unter sonst gleichen Bedingungen und anschließendem vierstündigem Stehenlassen in der sich abkühlenden Badflüssigkeit: *c*-Wert (= N des präformierten $NH_3$ + 50% des Gesamt-N der Amide + 50% des Allantoin-N).

Die Lösungen zu 2 und 3 wurden nach den angegebenen Zeiten (2 bzw. 14 Stunden nach Beginn der Verseifung) aus dem Bad genommen, sofort mit Eiswasser gekühlt und mit verdünnter Kalilauge genau neutralisiert. Aus den nebenstehenden Gleichungen mit zwei Unbekannten (2-Amid-N und Allantoin-N):

$$b = a + \frac{50}{100} \cdot \text{2-Amid-N} + \frac{7}{100}\,\text{Allantoin-N}$$

$$c = a + \frac{50}{100} \cdot \text{2-Amid-N} + \frac{50}{100}\,\text{Allantoin-N}$$

berechnet sich:

$$\textit{2-Amid-N} = \frac{100}{43}\,b - \frac{14}{43}\,c - 2a$$

$$\textit{Allantoin-N} = \frac{100}{43}\,c - \frac{100}{43}\,b$$

Aus diesen Gleichungen ergibt sich, daß die Ermittlung des präformierten $NH_3$ nur für die Berechnung des 2-Amid-N nötig ist. Zur Bestimmung des Allantoin-N genügt die Kenntnis des *b*- und *c*-Wertes.

Die Anwendung der Methode geschieht unter der Voraussetzung, daß sich in der Lösung nicht noch andere Stoffe vorfinden, die unter den gegebenen Umständen ebenfalls $NH_3$ abspalten. Die von PURUCKER vorgenommene Prüfung der bis jetzt in Pflanzen aufgefundenen, darauf verdächtigen N-haltigen Substanzen ergab, daß nur Harnstoff und Ureidosäuren vom Typus der Allantoinsäure als Ammoniakabspalter in Frage kommen. Es ist stets auf Abwesenheit von Harnstoff zu prüfen, und zwar mittels einer Ureasemethode (z. B. WEISSFLOG [94]), s. unter Harnstoff, S. 203.

Bei genauer Einhaltung der Versuchsvorschrift, insbesondere derjenigen der Vakuumdestillation wird eine mittlere Fehlergrenze von ± 2% nicht überschritten.

*3. Purinbestimmung.* Die von H. PURUCKER angegebenen Zahlen für Gesamtpurin-N wurden erhalten durch Addition der N-Werte für die freien und die im Nucleinsäurekomplex gebundenen Purine. Bei der Bestimmung der gebundenen Purine folgte der Autor der Vorschrift von ZALESKY (104). Der eigentlichen Analyse ging die Isolierung der Nucleinsäuren nach PLIMMER (74) voraus (ZALESKY [104]). Die Extraktion der Nucleoproteide wurde durch 24stündige Mazeration des Pflanzenpulvers mit 1% Natronlauge bei 35° vorgenommen. Nach Neutralisation des Filtrats mit Salzsäure erfolgte die Ausfällung durch Zugabe des gleichen Volumens 1proz. Salzsäure-Alkohol. Der die Nucleinsäuren enthaltende Niederschlag wurde aufs Filter gebracht, mit 0,5proz. Salzsäure, dann mit Alkohol und Äther gewaschen und getrocknet. Die so gewonnene Substanz wurde 6 Stunden lang unter Rückfluß mit 4proz. Salzsäure gekocht, die Lösung der abgespaltenen Purinkörper filtriert, nach gutem Auswaschen mit Natronlauge neutralisiert, mit Essigsäure angesäuert und auf dem Wasserbad eingeengt. Nach Zugabe von Ammoniak erfolgte die Fällung der Purine mit ammoniakalischer Silbernitratlösung. Der abfiltrierte Niederschlag wurde mit $NH_3$-haltigem Wasser bis zum Verschwinden der $NO_3$-Reaktion sorgfältig ausgewaschen, anschließend mit dem Filter in einem Becherglas zur Entfernung des $NH_3$ mit Magnesiumhydroxyd $^1/_2$ Stunde lang gekocht, dann nach KJELDAHL verbrannt.

Die Bestimmung der freien Purine geschah nach der von SCHWEIZER (82) ausgearbeiteten Methode mit der Abänderung, daß vor der endgültigen Fällung mit ammoniakalischer Silbernitratlösung eine Ausfällung der Purine durch Phosphorwolframsäure eingeschaltet wurde. Der mit Phosphorwolframsäure erhaltene Niederschlag wurde nach 24stündigem Stehen auf die Nutsche gebracht, mit 5proz. Schwefelsäure ausgewaschen, mit Baryt zersetzt, die abgesaugte Lösung durch $CO_2$ vom überschüssigen Baryt befreit, mit Salpetersäure nahezu neutralisiert, abgedampft und mit ammoniakalischer Silbernitratlösung versetzt. Weiterbehandlung des Niederschlages erfolgte nach ZALESKY.

Für die Untersuchung sind jeweils mindestens 100 g Trockenpulver zu verwenden.

*4. Ergebnisse.* Mittels dieser Methode wurden die Bedingungen der Allantoinbildung an Keimlingen von Borrago officinalis und austreibenden Zweigen von Platanus orientalis studiert. Verdunkelung förderte, Belichtung und Glucosezufuhr hemmten die Allantoinbildung in den genannten Objekten. Durch Chloroformnarkose wurde die Allantoinvermehrung nicht sistiert: das Allantoin entsteht demnach in einem abbauenden Vorgang (siehe hierzu die Ausführungen unter Harnsäure). Auf Grund der Bilanz- und Ernährungsversuche sind die Purine, insbesondere die Harnsäure, als Muttersubstanzen des Allantoins anzusehen. Diese Befunde stimmen mit den neuerdings von R. FOSSE (siehe unter Harnsäure) gemachten Beobachtungen überein. Die Purine gehen durch Dehydrierung in das Allantoin über: der allantoinbildende Vorgang ist oxydoreduktiver Natur. Allantoinführende Pflanzen sind durch hohe $p_H$-Werte ihres Zellsaftes charakterisiert. In stark sauren Pflanzen verläuft der Purinabbau offensichtlich nicht über das Allantoin. Die Allantoinbildung steht nicht im Dienste der $NH_3$-Entgiftung. Auch in allantoinführenden Pflanzen kommt diese Funktion den Amiden zu.

## 12. Allantoinsäure. (Allantosäure.)

$C_4H_8O_4N_4$: C 27,26%, H 4,58%, N 31,81%. Mol.-Gew. 176,08.

*Vorkommen.* Im Preßsaft der Blätter von Acer pseudoplatanus, in Phaseolus vulgaris in neuerer Zeit aufgefunden worden. Es ist anzunehmen, daß die Allantoinsäure im Pflanzenreich weiter verbreitet ist (34).

*Allgemeine Bemerkungen.* Auf synthetischem Wege ist die Allantoinsäure schon viel früher gewonnen und unter dem Namen Allantosäure beschrieben worden (83).

Eingehendere Untersuchungen über diese Säure sind in neuerer Zeit von R. FOSSE und Mitarbeitern durchgeführt worden (34a, 35a). Siehe weiter unten.

*Eigenschaften.* In Wasser, verdünnten Säuren und organischen Lösungsmitteln wenig löslich. Weißes, mikrokrystallines Pulver. Zersetzungspunkt gegen 165°. Läßt sich mit Phenolphthalein als Indicator titrieren. Löslich in Alkalien, ferner in Kaliumoxalat, Kaliumtartrat und Kaliumacetat unter Bildung von allantoinsaurem Kalium. Das Kaliumsalz krystallisiert gut und ist in kaltem Wasser löslich. Verdünnte Mineralsäuren fällen die Säure aus dem Kaliumsalz nur dann wieder vollständig aus, wenn man in der Kälte gearbeitet hat und gut gerührt wird. Durch Essigsäure wird nur ein Teil ausgefällt und auch nur dann, wenn man gut rührt und mit dem Glasstab kratzt.

Silbernitrat erzeugt in der Lösung des Kaliumsalzes einen charakteristischen Niederschlag von allantoinsaurem Silber.

*Durch siedendes Wasser wird die Allantoinsäure unter Bildung von Glyoxylsäure und Harnstoff zersetzt* (s. unten). Die gleiche Zersetzung vollzieht sich auch in der Kälte, vor allem in Lösungen der Säure in Kaliumacetat und in übersättigten Lösungen. Hierauf ist auch die unvollständige Fällung der Lösungen des Kaliumsalzes durch Säuren zurückzuführen.

$$\underset{\text{Allantoinsäure}}{\begin{matrix} H_2N{-}CO{-}NH \\ H_2N{-}CO{-}NH \end{matrix}\!\!>\!CH{-}COOH} + H_2O = \underset{\text{Harnstoff}}{2\,NH_2CONH_2} + \underset{\text{Glyoxylsäure}}{\begin{matrix} C\!\!\begin{matrix}{\diagup\!\!\!\!=}O \\ \diagdown H\end{matrix} \\ | \\ COOH \end{matrix}}$$

Bei längerem fortgesetztem Kochen treten Reaktionen auf, die zum Teil zur Bildung einer Allantursäure führen, zum Teil wird dabei auch Allantoin gebildet.

$$\underset{\text{Allantoinsäure}}{\begin{matrix} H_2N{-}CO{-}NH\diagdown & \\ & CH{-}COOH \\ & | \\ & HN{-}CO{-}NH_2 \end{matrix}} \; -H_2O = \underset{\text{Allantoin}}{\begin{matrix} H_2N{-}CO{-}NH\diagdown & \\ & CH\text{———}CO \\ & |\qquad\quad | \\ & HN{-}CO{-}NH \end{matrix}}$$

*Auf die Möglichkeit des Eintretens dieser Reaktionen ist bei den Untersuchungen von Pflanzenmaterial auf Allantoinsäure, wie auch auf Allantoin selbst, Rücksicht zu nehmen.*

Der Allantoinsäureäthylester geht unter der Einwirkung von Alkalien in Allantoin über.

*Nachweis und Bestimmung.* Allantoinsäure gibt mit Xanthydrol Dixanthylallantoinsäure:

$$\begin{matrix} O\!<\!\begin{matrix}C_6H_4\\C_6H_4\end{matrix}\!>\!CH{-}NH{-}CO{-}NH\diagdown & \\ & CH{-}COOH. \\ O\!<\!\begin{matrix}C_6H_4\\C_6H_4\end{matrix}\!>\!CH{-}NH{-}CO{-}NH\diagup & \end{matrix}$$

Dieselbe Verbindung entsteht beim Umkrystallisieren von Xanthyluroxansäure aus Pyridin ($CO_2$-Abspaltung). In Gegenwart von Mineralsäuren (in der Kälte) zersetzen sich die Xanthylderivate unter Bildung von Ureiden. Uroxansäure gibt mit Bleiacetat ein schwer lösliches, krystallisierendes Bleisalz, Allantoinsäure nicht. Möglicherweise entsteht die Allantoinsäure in den Pflanzen aus Uroxansäure.

Zum Nachweis der Allantoinsäure eignet sich auch deren Überführung in das Quecksilbersalz.

*Quecksilbersalz der Allantoinsäure.* $(C_4H_7O_4N_4)_2Hg + H_2O$. (35,21 % Hg.) 0,1 g allantoinsaures Kalium in 20 cm³ kalter n/10 Salpetersäure lösen, in Eis kühlen und tropfenweise (etwa 15 Tropfen) eine salpetersaure Lösung von Mercurinitrat (20 g Mercurinitrat in 90 cm³ Wasser + 10 cm³ Salpetersäure) zufügen. Nach $^1/_2$ Stunde absaugen, Niederschlag mit eiskalter n/10 Salpetersäure, hierauf mit Alkohol und Äther waschen und bei 50° trocknen.

Über die Darstellung aus dem Xanthylderivat siehe Original.

Zum Nachweis und zur quantitativen Bestimmung von Allantoinsäure eignet sich auch der Umstand, daß sie beim Kochen in wäßriger Lösung in Harnstoff und Glyoxylsäure zerfällt.

Der Harnstoff wird als Dixanthylverbindung bestimmt. Das Verfahren wurde an reinem Kaliumallantoat erprobt. Letzteres mit so viel verdünnter Salzsäure oder Schwefelsäure versetzt, daß der Titer zwischen $^1/_{50}$ und $^1/_{10}$ n liegt, 30 Minuten auf 60° erwärmt, mit Kalilauge schwach alkalisch gemacht, das doppelte Volumen Essigsäure und $^1/_{20}$ vom Gesamtvolumen einer methylalkoholischen Xanthydrollösung (1 : 10) zugesetzt. Niederschlag nach 2 Stunden gesammelt und gewogen.

Aus dem Preßsaft von 1 kg frischen jungen Blättern von Acer pseudoplatanus wurde nach der Vorreinigung mit Bleiessig und der Hydrolyse 0,68 g

Allantoinsäure nachgewiesen. Allantoin wird unter gleichen Bedingungen nicht hydrolysiert.

In neuester Zeit berichten R. FOSSE, P. DE GRAEVE und P. E. THOMAS (35a) über die Bedeutung der Allantoinsäure im Stoffwechsel höherer Pflanzen.

Während der Keimung von Melilotus officinalis und Trifolium sativum nimmt der Allantoinsäuregehalt im Verlauf von 35 bzw. 20 Tagen um das 70fache bzw. 129fache zu.

| Dauer der Keimung in Tagen | Allantoinsäure in g pro kg Trockenmaterial | Zunahme |
|---|---|---|
| | Melilotus officinalis | |
| 0 | 0,097 | 1 |
| 8 | 1,68 | 17,3 |
| 10 | 2,14 | 22 |
| 15 | 2,69 | 27,7 |
| 23 | 4,10 | 42,2 |
| 35 | 6,85 | 70 |
| | Trifolium sativum | |
| 0 | 0,100 | 1 |
| 3 | 1,225 | 12,2 |
| 5 | 4,46 | 44,6 |
| 7 | 6,6 | 66 |
| 10 | 8,03 | 80,3 |
| 20 | 12,9 | 129 |

*Darstellung der Allantoinsäure aus Trifolium sativum* (6 Tage bei 31° im Dunkeln aseptisch gekeimt).

Pflanzenmaterial mit Sand zerreiben, in der hydraulischen Presse auspressen, Preßrückstand mit Wasser anrühren, abpressen, trübe Flüssigkeit abkühlen, mit n/40 Silbernitratlösung versetzen, zentrifugieren.

Filtrat mit konzentrierter Quecksilberacetatlösung versetzen, bis kein Niederschlag mehr entsteht, zentrifugieren, Zentrifugat zweimal mit Wasser waschen. Das Zentrifugat enthält das schwer lösliche Quecksilbersalz der Allantoinsäure (FOSSE und HIEULE [33]). Zentrifugat in wenig eiskaltem Wasser suspendieren, zur Zersetzung des Quecksilbersalzes unter Kühlung Schwefelwasserstoff einleiten, Quecksilbersulfid durch Zentrifugieren entfernen, überschüssigen Schwefelwasserstoff durch einen Luftstrom verjagen. Schwach alkalisch stellen.

Die auf diese Weise gewonnene Lösung enthält 1,1 g Allantoinsäure je Liter. Abkühlen, mit dem gleichen Volumen Eisessig und $^1/_{40}$ des Volumens 10proz. methylalkoholischer Xanthydrollösung versetzen. 3 Stunden im Eisschrank stehen lassen, den voluminösen Niederschlag zentrifugieren, Zentrifugat zweimal mit 50% Essigsäure und zur Entfernung der Säure mit Wasser waschen.

Zur *Reinigung der rohen Dixanthylallantoinsäure* krystallisierte R. FOSSE früher aus Pyridin um, dabei zersetzte sich jeweils ein Teil, zudem war die Krystallisation infolge der Schwerlöslichkeit umständlich. Besser verfährt man folgendermaßen: den noch *feuchten* (!) Xanthydrolniederschlag in eiskaltem Pyridin lösen, *rasch* filtrieren, beim Stehen krystallisiert die Verbindung in mikroskopisch kleinen Nädelchen aus. Den voluminösen Niederschlag zentrifugieren, mit Methanol und Äther waschen und längere Zeit bei 100° trocknen.

Bestimmung der Allantoinsäure in Keimlingen. *Prinzip.* Die Allantoinsäure wird mit verdünnter Salzsäure in Harnstoff und Glyoxylsäure gespalten (s. oben).

Mit Phenylhydrazin bildet Glyoxylsäure einen roten Farbstoff, der noch in einer Verdünnung von 1 : 2 Millionen spektrographisch erfaßt werden kann. Aus der Bestimmung des Absorptionskoeffizienten ergibt sich die Menge Glyoxylsäure.

*Allgemeine Bemerkungen.* Die spektrophotometrischen Bestimmungsmethoden sind in neuerer Zeit mit großem Erfolg zur quantitativen Bestimmung der Vitamine, speziell des Vitamin A angewandt worden. Wir bedienen uns auch auf dem Chlorophyllgebiet dieser Bestimmungsmethodik, zweifellos wird diese Methode auch auf anderen Gebieten der Pflanzenanalyse von großem Wert sein.

*Ausführung.* Pflanzenmaterial im Vakuum über Chlorcalcium trocknen. Wassergehalt durch Trocknen bei 110° bestimmen, fein pulverisieren. Für die

Analyse werden 50—200 mg Trockensubstanz verwendet, je nach Gehalt an Allantoinsäure. In einem Zentrifugiergläschen mit etwa 5 $cm^3$ n/100 Salzsäure einige Minuten stehen lassen, mit der erforderlichen Menge Natriumwolframat (1 : 10) und $^2/_3$ n-Schwefelsäure versetzen, zentrifugieren und in einen Maßkolben (20—50 $cm^3$ je nach der Menge Allantoinsäure) filtrieren. Zentrifugat dreimal mit n/100 Salzsäure, der jedesmal ein Tropfen Wolframat und Schwefelsäure zugesetzt wird, waschen, zur Hauptmenge geben und mit n/100 Salzsäure zur Marke auffüllen. Die Lösung muß auch nach längerem Stehen vollständig klar bleiben, sie darf nicht mehr als 15 mg Allantoinsäure je Liter enthalten.

Zur *spektrophotometrischen Bestimmung* (R. FOSSE, A. BRUNEL und P. E. THOMAS [34a]) erhitzt man 2 Minuten im Wasserbad:

2 $cm^3$ der zu untersuchenden Allantoinsäurelösung,
0,1 $cm^3$ 1 proz. Phenylhydrazinchlorhydratlösung, kühlt rasch ab und setzt zu:
1 $cm^3$ konzentrierte Salzsäure,
0,1 $cm^3$ 5 proz. Kaliumferricyanidlösung.

Man bestimmt im Spektrophotometer (JOBIN und YVON) den Absorptionskoeffizienten bei 520 m$\mu$. Die gleiche Bestimmung wird mit einer gleich angesetzten, nicht erhitzten Lösung vorgenommen. Aus der Differenz ergibt sich der Absorptionskoeffizient des aus Glyoxylsäure gebildeten Farbstoffs. Durch Vergleich des Absorptionskoeffizienten einer Glyoxylsäurelösung bekannten Gehaltes mit dem gefundenen Wert läßt sich die Glyoxylsäure leicht errechnen. Der Absorptionskoeffizient ist direkt proportional der Glyoxylsäurekonzentration. Weitere Details s. R. FOSSE und Mitarbeiter (34a).

*Darstellung.* Preßsaft von Phaseolus vulgaris mit Bleiessig behandeln, Xanthydrol zufügen (s. unten), über Nacht im Eisschrank stehen lassen. Niederschlag mit Alkohol, hierauf mit Pyridin extrahieren. Aus dem Pyridin krystallisiert das Dixanthylderivat der Allantoinsäure. (Kein Fp. angegeben.) Elementaranalyse!

Fein zerriebene Blätter von Acer pseudoplatanus (Ernte 25. Mai) so oft mit kleinen Anteilen Wasser auspressen, bis auf 1 kg Blätter 1 l Saft resultiert. Nach Klärung mit Uranylacetat mit $^1/_5$ des Volumens verdünnter Essigsäure, die 0,5 % Xanthydrol enthält, versetzen und über Nacht im Eisschrank stehen lassen. Niederschlag abnutschen (1,2 g aus 900 $cm^3$ gereinigtem Preßsaft), waschen, bei 50° trocknen und fein pulverisieren.

Der Niederschlag enthält in der Regel etwa 1—2 % weniger Stickstoff, als sich für das Dixanthylderivat der Allantoinsäure berechnet. Nach dem Waschen des Niederschlages mit kaltem Pyridin wird er in heißem Pyridin gelöst. Beim Erkalten scheidet sich die Dixanthylverbindung in reinem Zustand ab.

**13. Hydantoin,** Glykolylharnstoff.

$C_3H_4O_2N_2$. C 36,0, H 4,0, N 28,0%. Mol.-Gew. 100.

Von A. VON BAEYER zuerst aus Allantoin durch Erwärmen mit HJ gewonnen, daher der Name (*Hyd*riertes All*antoin*).

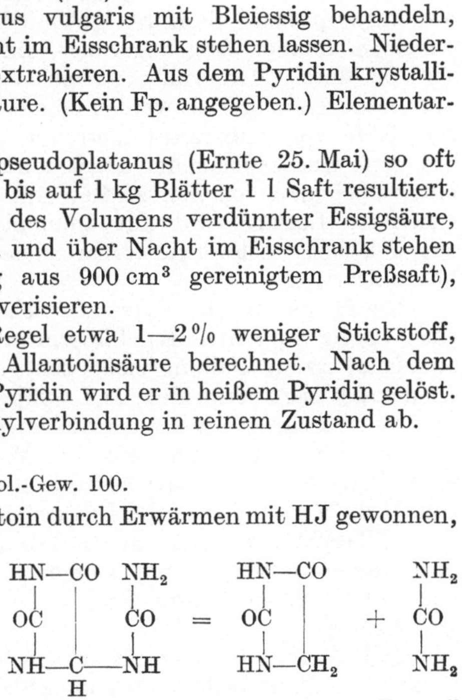

```
HN—CO  NH₂         HN—CO         NH₂
 |   |  |           |   |         |
OC   |  CO    =    OC   |    +    CO
 |   |  |           |   |         |
NH—C———NH          HN—CH₂        NH₂
   H
 Allantoin         Hydantoin    Harnstoff
```

*Vorkommen.* Hydantoin ist bis jetzt anscheinend nur einmal von O. LIPPMANN (61a) aus dem Saft von bleichen Rübenschößlingen erhalten worden. Die nahen, in nebenstehendem Formelbild wiedergegebenen Beziehungen zum Allantoin lassen es als wahrscheinlich erscheinen, daß das Hydantoin in der Natur weiter verbreitet ist. Möglicherweise steht es in engem Zusammenhang mit dem Abbau der Harnsäure bzw. des Allantoins.

*Eigenschaften.* Ziemlich löslich in kaltem Wasser, löslich in 2—3 Teilen siedendem Wasser, in 60 Teilen siedendem Alkohol, sehr schwer löslich in Äther. Farblose Krystalle, die bei raschem Erhitzen bei 220° schmelzen. Schmeckt schwach süß. Bildet Alkalisalze, doch ist die Acidität gering. Mit Bleiessig nicht fällbar, wohl aber mit ammoniakalischem Silbernitrat. Beim Kochen mit Bariumhydroxyd wird Hydantoin zu Hydantoinsäure aufgespalten:

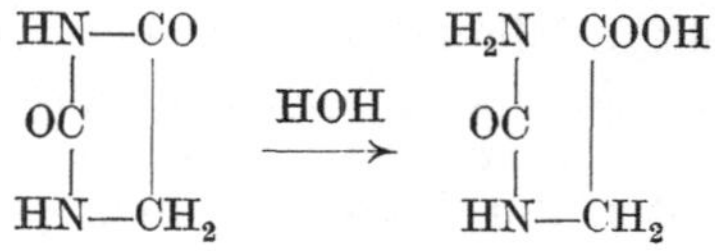

```
HN—CO               H2N  COOH
|   |                |   |
OC  |     HOH       OC   |
|   |    ——→         |   |
HN—CH2              HN—CH2
```

*Nachweis.* Zum Nachweis eignen sich folgende Derivate:

*Silbersalz*, $C_3H_3N_2O_2Ag + H_2O$ (48 % Ag) aus Hydantoin + $AgNO_3$ + $NH_4OH$, löslich in $NH_4OH$.

*Benzalhydantoin.*

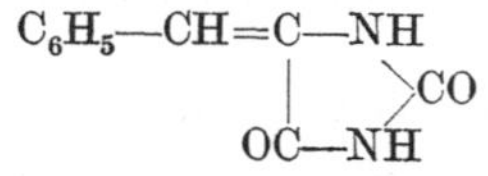

```
C6H5—CH=C—NH
        |   >CO
       OC—NH
```

Aus Hydantoin + Benzaldehyd in Eisessig unter Zusatz von Natriumacetat und Essigsäureanhydrid. Aus Alkohol strohgelbe Nadeln vom Schmp. 220° (isomeres Produkt Schmp. 246°), löslich in Kalilauge, durch Salzsäure wieder fällbar.

*N-Nitro-hydantoin*, $C_3H_3O_4N_3$, entsteht beim Verdunsten einer Lösung von 1 Teil Hydantoin in 5 Teilen konzentrierter Salpetersäure. Glänzende Nädelchen aus Wasser. Schmp. 170°.

**Darstellung der Purinbasen aus Pflanzen** (80). Das Pflanzenmaterial wird mit heißem Wasser oder sehr verdünntem Alkohol extrahiert, zur Erleichterung der Extraktion setzt man mit Vorteil etwas verdünnte Mineralsäure zu. Die Extrakte werden in üblicher Weise (s. S. 169) mit Bleiessig behandelt, ein Überschuß ist tunlichst zu vermeiden. Die von der Bleifällung abgetrennte Flüssigkeit wird mit Mercurinitrat versetzt, so lange, wie noch ein Niederschlag entsteht. Die durch dieses Reagens hervorgebrachten weißen Niederschläge werden auf einem großen Faltenfilter gut mit Wasser ausgewaschen, sodann mit Wasser zu einem dünnen Brei angerührt und mit Schwefelwasserstoff behandelt.

Da durch Mercurinitrat auch Arginin, Glutamin und andere Stickstoffverbindungen ausgefällt werden können, müssen die Purinbasen von den ersteren mit Hilfe von Silbernitrat getrennt werden. Zu diesem Zweck dunstet man die vom Quecksilbersulfid abgetrennte Lösung vorsichtig auf dem Wasserbad ein, wobei man von Zeit zu Zeit mit Ammoncarbonat neutralisiert. Die konzentrierte Lösung wird mit ammoniakalischem Silbernitrat versetzt, wobei eine gelatinöse, schwer filtrierbare Masse entsteht, die durch gelindes Erwärmen koagulierbar ist.

Die für die Ausfällung erforderliche Silberlösung stellt man durch Versetzen einer mäßig konzentrierten Silbernitratlösung mit Ammoniak her, bis die entstandene braune Fällung sich eben gelöst hat. Ein größerer Überschuß von Ammoniak ist zu vermeiden, da die Silberverbindungen einiger Purinabkömmlinge in überschüssigem Ammoniak löslich sind.

Die Silberverbindung wird mit Wasser sorgfältig ausgewaschen, in Wasser suspendiert und mit Schwefelwasserstoff oder Natriumsulfid zersetzt. Rascher gelingt die Zersetzung durch Erwärmen mit verdünnter Salzsäure. Man filtriert vom Silberchlorid ab, macht die Lösung, welche keinen großen Überschuß an Salzsäure enthalten soll, mit Ammoncarbonat schwach alkalisch und läßt längere Zeit stehen, wobei sich die Purinbasen oft als sandige feinkrystallinische Pulver ausscheiden.

Fällt man mit Silbernitrat aus schwach saurer oder neutraler Lösung, so ist die Fällung nicht immer quantitativ (s. unten). Wurde mit ammoniakalischem Silbernitrat gefällt, so kann die Fällung eventuell Arginin und Histidin enthalten.

Zur Abscheidung der Purinbasen kann man auch deren Fällbarkeit durch Phosphorwolframsäure benutzen. Zu diesem Zwecke reinigt man die Extrakte mit Bleiessig, entfernt das im Filtrat des Bleiniederschlages enthaltene Blei vollständig durch Einleiten von Schwefelwasserstoff oder als Sulfat und fügt so viel Schwefelsäure hinzu, daß die Lösung 5% davon enthält. Nun fällt man mit konzentrierter Phosphorwolframsäurelösung, nutscht nach 24 Stunden ab und wäscht mit 5proz. Schwefelsäure nach. Der Phosphorwolframsäureniederschlag wird nach den im Kapitel Aminosäuren, S. 133, 173 angegebenen Methoden zersetzt. Die von Bariumhydroxyd durch Einleiten von Kohlendioxyd befreite Lösung wird mit Salpetersäure möglichst genau neutralisiert und nur mit Silbernitrat gefällt, wobei die Hexonbasen nicht ausgefällt werden. In diesem Falle ist aber die Ausfällung der Purinbasen nur unvollständig (s. in diesem Zusammenhang die Arbeit von KIESEL (54). Im Laboratorium von E. WINTERSTEIN wurde z. B. bei der Untersuchung der Extrakte von Steinpilzen gefunden, daß das Adenin in die Histidinfraktion übergegangen war, also erst durch Silbernitrat in Gegenwart von Alkali ausgefällt wurde (77).

Nach M. KRÜGER (58a) können die Purinbasen auf einfachere Art und Weise mit Kupfersulfat und Natriumbisulfit (Kupferoxydul) ausgefällt werden (s. hierzu S. 375). Coffein und Theobromin werden dabei nicht gefällt.

Nach unseren Erfahrungen führt weder die Fällung der Purinbasen mit ammoniakalischem Silbernitrat, noch diejenige mit Kupfersulfat und Natriumbisulfit in allen Fällen zum Ziel, besonders dann nicht, wenn viel Kohlehydrate und organische Säuren zugegen sind. In vielen Fällen ist es angezeigt, zwei der oben angegebenen Methoden zu kombinieren, d. h. beispielsweise zuerst mit Kupferoxydul zu fällen, den Kupferniederschlag zu zersetzen und nun mit Phosphorwolframsäure erneut zu fällen.

**Trennuug der Purinbasen.** *Isolierung von Purinbasen aus reifenden Roggenähren* (54). Zur Untersuchung gelangten je 6 kg frische Ähren, die in drei verschiedenen Reifungsstadien nach Intervallen von je 12 Tagen geschnitten wurden.

6 kg frisch geerntete Ähren besaßen ein Trockengewicht von:

1929 g (Stadium I),
2404 g (Stadium II),
3430 g (Stadium III).

Die Ähren wurden grob gemahlen (im Stadium III zuerst getrocknet) und zweimal mit heißem Wasser extrahiert. Nach dem Abpressen wurden die vereinigten Extrakte jeder Portion mit Bleiessig versetzt, vom gebildeten Niederschlag abfiltriert, auf dem Wasserbad bei neutraler Reaktion auf etwa die Hälfte eingedampft, und die Ausfällung mit Bleiessig zu Ende geführt. Aus dem Filtrat wurde das überschüssige Blei durch Schwefelsäure entfernt und weiter Schwefelsäure bis zum Gehalt von 4% zugesetzt. Nun wurde mit konzentrierter Phosphorwolframsäure versetzt, bis kein Niederschlag mehr entstand und der Niederschlag mit 4proz. Schwefelsäure ausgewaschen.

Der Phosphorwolframsäureniederschlag wurde in üblicher Weise mit Bariumhydroxyd zerlegt (s. Aminosäuren, S. 133, 173) und aus dem Filtrat des Bariumphosphorwolframates das Ammoniak durch Rühren, das überschüssige Bariumhydroxyd durch Einleiten von Kohlensäure entfernt, und die Lösung im Vakuum eingeengt.

Nach Neutralisation mit verdünnter Salpetersäure wurden die Purinbasen mit Silbernitrat gefällt und aus dem Filtrat die Hexonbasen in üblicher Weise abgeschieden (s. Aminosäuren).

*Purinbasenfraktion.* Die Silberverbindungen wurden mit Salpetersäure vom spez. Gew. 1,1 erwärmt, heiß filtriert und erkalten gelassen, von den dabei ausgefallenen Silberverbindungen wurde abfiltriert.

Die in Lösung gebliebene Silberverbindung des *Xanthins* wurde durch Ammoniak ausgefällt, und der Niederschlag mit Schwefelwasserstoff zerlegt. Aus den auf ein kleines Volumen gebrachten Lösungen schied sich das Rohxanthin in folgenden Mengen ab:

Stadium I 0,03 g; II 0,09 g; III 0,04 g.

Das Xanthin wurde nach der Xanthinprobe, der WEIDELschen Reaktion und dem mikroskopischen Bild der Silbernitratverbindung (Sphärite dünner, gebogener Nadeln) identifiziert.

Die beim Erkalten der salpetersauren Lösung ausgefallenen Silberverbindungen der anderen Purinbasen besaßen folgendes Gewicht:

Stadium I 2,34 g,
Stadium II 0,725 g,
Stadium III 0,155 g.

*Es ist also eine deutliche Abnahme des Purinbasengehaltes während des Reifungsprozesses erkennbar.*

Nach Entfernen des Silbers wurde das Filtrat zur Trockene gebracht, und der Rückstand mit verdünntem Ammoniak unter Erwärmen mehrmals extrahiert. Dabei verblieb nur aus der Portion von Stadium I eine wesentliche Menge *Guanin*, nämlich 0,2 g, während bei Stadium II nur Spuren und bei Stadium III überhaupt kein Guanin mehr nachgewiesen werden konnte.

Das Guanin wurde auf Grund folgender Reaktionen identifiziert: Probe mit Metaphosphorsäure, mit Pikrinsäure, mit Diazobenzolsulfosäure, sowie auf Grund der charakteristischen Form des Chlorhydrates.

Die vom Guanin abgetrennte ammoniakalische Lösung gab beim Stehenlassen einen weißen, amorphen Niederschlag, der sich bei II leicht, bei I und III erst bei gelindem Erwärmen vollständig auflöste. Die beabsichtigte *Trennung des Adenins vom Hypoxanthin* mit verdünntem Ammoniak erwies sich als unbrauchbar. Die Trennung gelang danach nur zum Teil. Der Rest des Adenins konnte durch Fällung mit 1,1 proz. Pikrinsäurelösung abgetrennt werden. Im II. Reifungsstadium konnte kein Adenin nachgewiesen werden. Ausbeute an Adenin: I. Stadium 0,385 g; III. Stadium 0,053 g. Identifizierung: Negative Murexidprobe. Positive Reaktion nach KOSSEL. Fp. des Pikrates 280° unter Zersetzung. Wetzsteinförmige Krystalle der freien Base. Typische Krystallform des Chloraurates vom Fp. 215° unter Zersetzung. Goldgehalt des Chloraurates.

Nach Abtrennung des Adenins mit Pikrinsäure und Entfernung der Pikrinsäure aus der angesäuerten Lösung durch Ausschütteln mit Äther, wurde mit ammoniakalischem Silbernitrat versetzt, die Silberverbindung durch Schwefelwasserstoff zerlegt, das Filtrat zur Trockne gebracht, und das *Hypoxanthin* als Nitrat in typischen, wetzsteinförmigen Krystallen isoliert. Ausbeute an Hypoxanthin: I. Stadium 0,19 g; II. Stadium 0,11 g; III. Stadium Spuren. Identifizierung: Xanthinprobe negativ. Mit Goldchlorid keine typischen Krystalle, mit Pikrinsäure keine Fällung. Reaktion nach KOSSEL positiv. Typische Eigenschaften des Nitrates.

Die Ausscheidung der Purinbasen kann wohl nicht als ganz quantitativ angesehen werden. Jedoch mangelt es an Methoden, die eine größere Genauigkeit erlauben, als dies bei möglichster Sorgfalt durch die beschriebene Arbeitsweise erreicht wird.

*Isolierung von Purinbasen aus Reiskeimlingen* (88). 2 kg Reiskeimlinge wurden nach dem Behandeln mit Äther und Alkohol mit der fünffachen Gewichtsmenge 25 proz. Schwefelsäure während 16 Stunden gekocht. Nach dem Abkühlen wurde von Huminsubstanzen abfiltriert und mit Wasser gut ausgewaschen. Aus dem Filtrat wurde die Schwefelsäure mit Bariumhydroxyd quantitativ entfernt, und das Bariumsulfat gründlich ausgewaschen.

Filtrat und Waschwasser wurden im Vakuum auf ein kleines Volumen eingeengt, dann so viel Schwefelsäure zugefügt, daß die Lösung 5% davon enthielt, mit der erforderlichen Menge Phosphorwolframsäure (20%) versetzt und 24 Stunden stehen gelassen. Der Niederschlag wurde mit 5proz. Schwefelsäure gewaschen und die Phosphorwolframsäure in üblicher Weise mit Bariumhydroxyd entfernt (s. Aminosäuren, S. 133, 173). Die von Phosphorwolframsäure und Barium vollständig befreite Lösung wurde im Vakuum auf ein kleines Volumen eingeengt, mit verdünnter Salpetersäure schwach angesäuert und mit 20proz. Silbernitratlösung versetzt, bis kein Niederschlag mehr auftrat.

*Guanin.* Der Niederschlag der Silbersalze wurde auf dem Wasserbad mit verdünntem Ammoniak behandelt, filtriert, und der Rückstand mit verdünntem Ammoniak gewaschen, bis die Waschflüssigkeit keine Salpetersäurereaktion mehr gab. Die unlöslichen Silbersalze wurden in der Hitze mit verdünnter Salzsäure zersetzt, die vom Silberchlorid abgetrennte Lösung im Vakuum eingedampft und der Rückstand in heißem Wasser gelöst. Auf Zusatz von überschüssigem, konzentriertem Ammoniak zu dieser Lösung bildete sich ein Niederschlag, welcher zum größten Teil aus Guanin bestand. Das Rohguanin wurde abgetrennt, 24 Stunden bei Zimmertemperatur mit verdünntem Ammoniak stehen gelassen und dann filtriert. Zur weiteren Reinigung wurde es in verdünnter Sodalösung aufgenommen und mit Essigsäure gefällt. Ausbeute an reinem Guanin 0,43 g. Zur Identifizierung wurde ein Teil der Substanz in verdünnter Schwefelsäure gelöst und eingedunstet. Es bildeten sich die charakteristischen Krystalle des Guaninsulfates.

*Adenin.* Das vom Guanin abgetrennte Filtrat wurde zwecks Vertreibung des Ammoniaks auf dem Wasserbad zur Trockne eingedampft, der Rückstand in heißem Wasser gelöst und die mit verdünnter Salzsäure ganz schwach angesäuerte Lösung mit einer Lösung von Natriumpikrat versetzt. Das ausgefallene Adeninpikrat wurde aus Wasser unter Zusatz von etwas aktiver Kohle umkrystallisiert. Ausbeute 0,82 g. Fp. 182°.

*Xanthin.* Das vom Adeninpikrat abgetrennte Filtrat wurde in einem Flüssigkeitsextraktionsapparat zur Entfernung der Pikrinsäure mit Äther extrahiert. Die von der Pikrinsäure befreite Lösung wurde konzentriert und bei schwach ammoniakalischer Reaktion mit 20proz. Silbernitratlösung versetzt, wobei die Silberverbindungen des Xanthins und Hypoxanthins ausfielen. Die Silberverbindungen wurden mit Salzsäure zerlegt und das Filtrat vom Silberchlorid mehrmals mit Wasser und schließlich mit Alkohol eingedunstet, um die Salzsäure möglichst weitgehend zu entfernen. Der Rückstand wurde mit Wasser bei 40° digeriert, wobei eine kleine Menge Xanthin ungelöst zurückblieb und auf Grund der Murexidreaktion identifiziert werden konnte.

*Hypoxanthin.* Das Filtrat des Xanthins wurde eingeengt und mit Pikrinsäurelösung versetzt, wobei 0,15 g Hypoxanthinpikrat vom Fp. 189° erhalten wurden.

## C. Pyrimidine.

Pyrimidine sind in *freiem Zustand* in der Pflanze bis jetzt nur selten nachgewiesen worden. Sehr wahrscheinlich ist ihr Vorkommen im Pflanzenreich jedoch ein recht mannigfaltiges. Mangelndes Interesse sowie mangelnde Untersuchungsmethodik für die in Frage kommenden kleinen Mengen mögen die Ursache für unsere Unkenntnis auf diesem Gebiete sein. H. B. VICKERY (93) konnte in einer Purinfraktion aus Tabaksamen, die einen Gesamtstickstoffgehalt von 2,08 g N besaß, nur 0,254 g N in Form von Adenin und 0,024 g N in Form von Guanin erfassen, während nahezu 75 % des Gesamtstickstoffs in seiner Funktion nicht erkannt werden konnte. Nach VICKERY handelt es sich dabei um heterocyclisch gebundenen Stickstoff, wahrscheinlich um Pyrimidin- oder Imidazolstickstoff.

Als Bestandteile der Nucleinsäuren sind die Pyrimidine weit verbreitet, besonders in kernreichen tierischen Organen, wie Pankreas, Milz, Leber, Gehirn, Rinderhoden, Eiern und Spermatozoen von Fischen usw. Sie sind ferner in den Nucleinsäuren des Weizenembryos, der Hefe, der Tuberkelbacillen usw. nachgewiesen worden.

Alle untersuchten Pyrimidine besitzen eine Absorptionsbande bei 260 m$\mu$. Nach den Beobachtungen, die F. HEYROTH und I. R. LOOFBOUROW (42) an Uracil, Dichlormethyl-pyrimidin, Adenin und Thymusnucleinsäure gemacht haben, wird dieses Maximum bei Bestrahlung mit ultraviolettem Licht zerstört bzw. verlagert. Die Verfasser erklären diese Tatsache mit einer Umlagerung des Uracils von der Lactamform in die Lactimform:

```
HN—CO                 N═C—OH
 |  |                 |  |
OC  CH   ——>   HO—C   CH
 |  ‖                 ‖  ‖
HN—CH                 N—CH
```

Nach Auffassung dieser Autoren beruht auf dieser Umlagerung zum Teil die biologische Wirkung der ultravioletten Strahlen.

Auch bei den Vitamin B-Präparaten hat man ein Absorptionsmaximum von 260 m$\mu$ festgestellt. Dieses wird nach F. P. BOWDEN und C. P. SNOW (9) durch Bestrahlung mit monochromatischem Licht der Quecksilberlinie von 265 m$\mu$ zerstört und parallel damit auch die Wirksamkeit des Vitamins. Die hieraus gezogenen Schlüsse, daß die Wirksamkeit des Vitamins B in direktem Zusammenhang und abhängig von der Stärke der Absorption sei, wird von J. M. HEILBRON und R. A. MORTON (41) bestritten.

Nach HEYROTH und LOOFBOUROW (42, 43) besitzt das schwefelhaltige Vitamin $B_1$-Präparat von WINDAUS eine Absorptionskurve, die der des Uracils sehr ähnlich ist.

*Physiologisches.*

Nach STEUDEL (85, 86) sind die Pyrimidine im Nucleinsäuremolekül von vornherein als Bausteine vorhanden und entstehen nicht erst sekundär durch Abbau. T. B. JOHNSON (47, 47a) hält es für wahrscheinlich, daß die Pyrimidine in der Pflanze zum Aufbau der Purine dienen.

C. FUNK (38, 39) hat die Heilwirkungen verschiedener Purin- und Pyrimidinderivate an polyneuritischen Tauben studiert und gefunden, daß Thymin, Harnsäure und Guanin ohne Wirkung, dagegen Uracil, Xanthin, Hypoxanthin, Adenin, Allantoin u. a. von zum Teil ausgeprägter Heilwirkung sind.

Nachstehend werden folgende Pyrimidin-derivate besprochen:

| | | Seite | Trennungen |
|---|---|---|---|
| 1) Uracil<br>2,6-Dioxy-pyrimidin | HN—CO<br>OC CH<br>HN—CH | 395 | 396, 400 |
| 2) Cytosin<br>2-Oxy-6-amino-<br>pyrimidin | N═C—$NH_2$<br>OC CH<br>HN—CH | 396 | 397 |

| | | Seite | Trennungen |
|---|---|---|---|
| 3) 5-Methyl-cytosin<br>2-Oxy-5-methyl-<br>6-amino-pyrimidin | N═C—$NH_2$<br>OC C—$CH_3$<br>HN—CH | 397 | |
| 4) ? ?-Diamino<br>?-oxy-pyrimidin | HN—CO<br>$H_2N$—C C—$NH_2$ (?)<br>N—CH | 398 | |
| 5) Thymin<br>5-Methyl-2,6-dioxy-<br>pyrimidin | HN—CO<br>OC C—$CH_3$<br>HN—CH | 398 | 399<br>400 |
| 6) Orotsäure<br>2,6-Dioxy-pyrimidin-<br>4-carbonsäure | HN—CO<br>OC CH<br>HN—C—COOH | 400 | |
| 7a) Divicin<br>4,6-Dioxy-2,5-<br>diaminopyrimidin | HN——C=O<br>$H_2N$—C H—C—$NH_2$<br>N——C=O | 403 | |
| 8) Convicin | | 403 | |

**1. Uracil.** 2,6-Dioxy-pyrimidin.

$C_4H_4O_2N_2$: C 42,82%, H 3,59%, N 25,05%. Mol.-Gew. 112,05.

Vorkommen. In freiem Zustande ist Uracil bisher nur von ENGELANDT und KUTSCHER (22) im Secale-Extrakt aufgefunden worden. Als Bestandteil von Nucleinsäuren wurde es zuerst von ASCOLI (1) im Jahre 1900 entdeckt, später ist es noch häufig in kernreichen tierischen Organen, z. B. Pankreas, Gehirn, Milz, Heringsspermatozoen u. a. nachgewiesen worden. Es findet sich ferner in den Nucleinsäuren des Weizenembryos (12), des Torfes (8) und neben Cytosin in Timotheegrasbakterien (19).

Eigenschaften. Uracil ist in kaltem Wasser schwer, in heißem leicht löslich. In Alkohol und Äther ist es fast unlöslich. Leicht löslich in Alkalien und Ammoniak.

Es bildet weiße Krystalle vom Schmp. 338°. Silbernitrat fällt es aus ammoniakalischer Lösung aus. Ebenso wird es durch Mercurinitrat gefällt, dagegen nicht durch Pikrinsäure und Phosphorwolframsäure. Im Organismus zeigt Uracil keinerlei toxische Wirkung und wird zum großen Teil unverändert wieder ausgeschieden. Bei Fütterungsversuchen an Hunden hat CERECEDO (16) teilweisen Abbau zu Isodialursäure und weiter zu Harnstoff beobachtet. Er stellt folgendes Abbauschema auf:

Uracil → Isobarbitursäure → Isodialursäure → Oxalursäure → Harnstoff
+ Oxalsäure.

Es wäre auch in Pflanzen nach solchen Abbauprodukten zu fahnden.

Salze.

*Uracil-Kalium.* $C_4H_3O_2N_2K \cdot H_2O$. Entsteht durch achtstündiges Digerieren von Uracil mit molekularen Mengen Kaliumhydroxyd in absolutem Alkohol. Lange Nadeln, schwer löslich in Alkohol, leicht löslich in Wasser.

*Uracil-Natrium.* $C_4H_3O_2N_2Na \cdot {}^1/_2H_2O$. Durch mehrstündiges Erwärmen von Uracil mit molekularen Mengen Natriumhydroxyd in absolutem Alkohol. Krystallisiert aus wäßrigem Alkohol in Nadeln.

*Uracil-Quecksilber.* $C_4H_2O_2N_2Hg$. Entsteht beim Umsetzen der alkoholischen Lösung von Uracil mit Mercurichlorid. Flockiger, in Wasser nicht ganz unlöslicher Niederschlag.

*Uracil-Blei.* $C_4H_2O_2N_2Pb$. Aus der alkalischen Lösung durch Umsetzen mit Bleiacetat. Schneeweißer, in Wasser wenig löslicher Niederschlag.

Nachweis.

1. 5-Nitro-uracil (charakteristisch). Man löst Uracil bei 20° in rauchender Salpetersäure ($d = 1{,}5$), wozu man für 1 g ungefähr 10 cm³ braucht. Dann dampft man bei 50—60° zur Trockne und krystallisiert aus Wasser oder Alkohol. 5-Nitro-uracil bildet goldgelbe Nadeln, die bei höherer Temperatur ohne zu schmelzen verpuffen. Schwer löslich in Wasser und kaltem Alkohol. Es ist eine einbasische Säure. Das Kaliumsalz $C_4H_2O_4N_3K \cdot H_2O$ bildet in Wasser schwerlösliche, schwach gelbgefärbte Krystalle und reagiert neutral. 5-Nitro-uracil läßt sich mit Zinn und Salzsäure zu 5-Amino-uracil reduzieren. Dieses gibt ein charakteristisches Pikrat vom Schmp. 247°.

2. Mit Diazo-benzol-sulfosäure gibt Uracil nur eine schwache Rotfärbung.

3. WHEELER und JOHNSON (96, 97) haben eine empfindliche Reaktion angegeben, die es gestattet, noch 1 mg Uracil nachzuweisen: Man versetzt die wäßrige Lösung von Uracil mit Bromwasser, bis die Braunfärbung eben bestehen bleibt, wobei man aber einen größeren Überschuß vermeidet, erwärmt, läßt dann wieder erkalten und fügt noch etwas Bromwasser hinzu. Dann versetzt man mit einem Überschuß von Barytwasser. Es tritt augenblicklich ein purpurfarbener Niederschlag auf, bei geringen Mengen Purpurfärbung. Es bildet sich zunächst Dibromoxyhydro-uracil, das gegen Alkalien sehr empfindlich ist und durch diese in Isodialursäure übergeführt wird, die sich in Dialursäure umlagert. Diese gibt dann das gefärbte Bariumsalz. Cytosin gibt dieselbe Reaktion, Thymin dagegen nicht (s. dort).

4. Über eine Methode zur quantitativen Trennung von Uracil und Thymin s. bei Thymin.

Darstellung. Uracil wurde zuerst von E. FISCHER und ROEDER (29) aus Acrylsäure und Harnstoff synthetisch dargestellt.

**2. Cytosin.** 2-Oxy-6-amino-pyrimidin.

$C_4H_5ON_3$ : C 43,25%, H 4,55%, N 37,83%. Mol.-Gew. 111,06.

Vorkommen. Cytosin ist bisher nicht in freiem Zustand aufgefunden, worden, sondern nur als Bestandteil von Nucleinsäuren. Es wurde von KOSSEL und NEUMANN (55, 56) im Jahre 1894 als Spaltprodukt von Thymusnucleinsäuren entdeckt. Es findet sich ebenso wie Uracil in Stör- und Heringsspermatozoen, Milz, Pankreas usw. Ferner in den Nucleinsäuren der Hefe, des Weizenembryos, der Timotheegrasbakterien und im wäßrigen Extrakt des Mycels von Aspergillus niger. CALVERY (14) hat es aus Nucleinsäuren getrockneter Teeblätter isoliert.

Eigenschaften. Cytosin ist in Wasser schwer löslich. Ein Teil löst sich in 129 Teilen Wasser von 25°. Es ist sehr schwer löslich in Alkohol, unlöslich in Äther. Es bildet perlmutterglänzende Blättchen mit 1 Mol. Krystallwasser, das beim Erhitzen auf 100° entweicht. Unterhalb 300° beginnt Dunkelfärbung, bei 320—325° tritt Zersetzung ein.

Durch salpetrige Säure wird Cytosin in Uracil übergeführt, ebenso durch Fäulnisbakterien (53) und durch lebende Bierhefe und deren Extrakte (40).

Cytosin gibt die Murexidreaktion und wird durch Phosphorwolframsäure gefällt! (*Unterschied von Uracil*).

Derivate. Zum Nachweis eignen sich die folgenden Derivate:

*Cytosin-chlorhydrat.* $C_4H_5ON_3 \cdot HCl \cdot H_2O$. Bildet große Platten, die an der Luft verwittern und bei 50° ihr Krystallwasser verlieren. Man löst Cytosin in konzentrierter Salzsäure, verdampft zur Trockne, löst den Rückstand in wenig Wasser und läßt die Lösung spontan verdunsten. Leicht löslich. Schmp. 275—279°.

*Cytosin-dihydrochlorid.* $C_4H_5ON_3 \cdot 2HCl$. Entsteht beim Stehenlassen einer Lösung von Cytosin in konzentrierter Salzsäure im Exsiccator.

*Cytosin-hydrobromid.* $C_4H_5ON_3 \cdot HBr$. Glänzende Prismen.

*Cytosin-chloroplatinat.* $(C_4H_5ON_3)_2 \cdot H_2PtCl_6$. Gelbe Schuppen, sehr schwer löslich in Wasser.

*Cytosin-pikrat.* $C_4H_5ON_3 \cdot C_6H_3O_7N_3$. Bildet hellgelbe, glänzende Nadeln, die sehr schwer in Wasser löslich sind. 100 Teile Wasser von 25° lösen 0,076 Teile. Der Schmelzpunkt ist von der Art des Erhitzens abhängig. Nach KOSSEL und STEUDEL liegt der Schmelzpunkt bei 270° (Braunfärbung bei 255°), während WHEELER und JOHNSON 300—305° angeben.

*Cytosin-pikrolonat.* $C_4H_5ON_3 \cdot C_{10}H_8O_5N_4$. Feine Nadeln, sehr schwer löslich in Alkohol. Schmp. 270—273°.

Mit Brom und Alkali gibt Cytosin dieselbe Reaktion wie Uracil (s. dort).

Darstellung. Cytosin ist zuerst von WHEELER und JOHNSON (97) synthetisch dargestellt worden. Die Darstellung aus Nucleinsäuren ist auf S. 412 beschrieben.

**3. 5-Methyl-Cytosin.** 2-Oxy-5-methyl-6-amino-pyrimidin.

$C_5H_7ON_3$. C 47,97, H 5,64, N 33,60%. Mol.-Gew. 125,08.

Vorkommen. Von T. B. JOHNSON (50) 1925 als Bestandteil der Nucleinsäuren von Tuberkelbacillen nachgewiesen worden. In Hefenucleinsäuren nicht enthalten (44).

Physiologisches. Nach Versuchen, die CERECEDO (16) an Hunden durchgeführt hat, wird Methyl-cytosin, ebenso wie Cytosin, zum Teil unverändert ausgeschieden, zum Teil zu Thymin desaminiert.

Eigenschaften. 5-Methyl-cytosin scheidet sich beim Einengen der wäßrigen Lösung in Form kleiner, farbloser, prismatischer Krystalle aus. Gibt beim Erhitzen auf 100° Krystallwasser ab und schmilzt bei 270° unter Aufschäumen (50° niedriger als Cytosin). 100 Teile Wasser von 25° lösen 4,5 Teile.

Silbernitrat fällt aus wäßriger Lösung einen weißen, gelatinösen Niederschlag, löslich in überschüssigem Ammoniak und Salpetersäure. Die ammoniakalische Lösung des Silbersalzes wird beim Kochen nicht reduziert. Sublimat gibt in wäßriger Lösung einen weißen Niederschlag, der sich beim Erwärmen löst. Phosphorwolframsäure erzeugt einen weißen, in verdünnten Säuren unlöslichen Niederschlag.

Unterscheidung von Cytosin und 5-Methyl-cytosin. 5-Methylcytosin krystallisiert aus Wasser mit $^1/_2$ Mol Krystallwasser, während Cytosin 1 Mol enthält. Die Löslichkeit in Wasser ist ungefähr fünfmal größer als diejenige des Cytosins, 10—12mal größer als diejenige von Thymin und Uracil. Durch 20proz. Schwefelsäure wird es bei 150° in Thymin umgewandelt; es ist *daher möglich, daß bei der Spaltung der Nucleinsäuren mit Mineralsäuren nur Thymin gefunden wird, während ursprünglich Methyl-cytosin vorhanden sein konnte.*

5-Methyl-cytosin besitzt die charakteristische Eigenschaft, daß es basische Salze bildet (2:1). Diese entstehen, wenn eine Lösung der Base in Salzsäure oder Bromwasserstoffsäure mit überschüssigem Ammoniak versetzt wird. Cytosin scheidet sich in diesem Fall als freie Base aus. Mit konzentrierter Salzsäure gibt es ein Dihydrochlorid, Cytosin unter gleichen Bedingungen ein Monochlorhydrat.

Zur Unterscheidung von Cytosin und Methyl-cytosin sind auch die Pikrate geeignet, das Pikrat des ersteren löscht unter einem Winkel von 45°, das des letzteren parallel aus. Weitere krystallographische Unterschiede s. T. B. JOHNSON (44).

Derivate.

*5-Methyl-cytosin-hydrochlorid.* $C_5H_7ON_3 \cdot HCl$. Flache Prismen, beginnt bei ca. 270° zu sintern und schmilzt bei 288° unter Aufschäumen. Leicht löslich in Wasser. Wird die wäßrige Lösung in der Wärme mit überschüssigem Ammoniak versetzt, so fällt ein basisches Salz in Form farbloser, mikrokrystalliner Nadeln der Zusammensetzung $(C_5H_7ON_3)_5 \cdot 2HCl \cdot 3H_2O$.

*Wasserhaltiges Monohydrochlorid.* $C_5H_7ON_3 \cdot HCl \cdot 2H_2O$. Kleine durchscheinende Prismen oder Rhomboeder. Werden konzentrierte Lösungen dieses Hydrochlorids und der freien Base im Verhältnis 2:1 oder 3:1 gemischt, so entsteht in beiden Fällen das

*basische Hydrochlorid* $(C_5H_7ON_3)_2 \cdot HCl \cdot H_2O$ als feines Krystallpulver, welches bei 295° sintert und unter Aufschäumen bei 319—320° schmilzt.

*Pikrat.* Hellgelbe, nadelförmige Prismen, beginnt sich bei 250° zu zersetzen, schmilzt unter starker Zersetzung bei etwa 286°. 100 Teile Wasser lösen 0,07 Teile Pikrat.

*Chloroplatinat.* Kleine orangerote Rosetten, leicht löslich in Wasser.

Nachweis. 5-Methyl-cytosin gibt bei Behandlung mit Bromwasser und Alkali dasselbe Endprodukt wie Thymin (s. dort und auch bei Uracil).

Darstellung aus Tuberkelbacillen (48). Die über Schwefelsäure im Vakuum getrockneten Bacillen werden durch Extraktion mit Toluol von Lipoiden befreit. Dann wird mit Wasser und hierauf mit 5% Natronlauge das Nucleoproteid zerlegt, die Nucleinsäure mit Salzsäure und Alkohol als amorpher Niederschlag ausgefällt und mehrmals mit Alkohol steigender Konzentration gewaschen. Weitere Aufarbeitung nach STEUDEL, S. 411.

**4. Diamino-oxy-pyrimidin unbekannter Konstitution.** Von KUTSCHER (59) aus Rückständen der Hydrolyse von Hefenucleinsäure isoliert worden. Seine Eigenschaften sind ähnlich denen des Cytosins, von dem es sich durch den Mehrgehalt einer Aminogruppe unterscheidet. Das Pikrat bildet kurze plumpe Nadeln.

Auf Grund der Beständigkeit gegen heiße verdünnte Schwefelsäure vermuten T. B. JOHNSON und C. O. JOHNS (52), daß es sich um das 2,5-Diamino-6-oxy-pyrimidin handelt. Sie haben dasselbe synthetisch dargestellt und beschreiben verschiedene Derivate.

```
   HN—C=O
   |   |
H2N·C  C·NH2
   ||  ||
   N—CH
```

$C_4H_6ON_4 \cdot H_2O$. Große Prismen. Die wasserfreie Base zersetzt sich bei 245° unter geringem Aufbrausen. Sehr leicht löslich in Wasser, starke zweisäurige Base. Wird durch Phosphorwolframsäure und durch Sublimat aus wäßriger Lösung gefällt.

*Pikrat.* $C_4H_6ON_4 \cdot C_6H_3O_7N_3$. Gedrungene Nadeln, zersetzen sich je nach Art des Erhitzens bei 250—300°. Sehr wenig löslich in Wasser.

*Dihydrochlorid.* $C_4H_6ON_4 \cdot 2HCl \cdot H_2O$. Große Prismen aus konzentrierter Salzsäure, oft Zwillingsbildung.

Beim Erhitzen mit 20proz. Schwefelsäure auf 130—140° bleiben 50% der Base unverändert. Ein Teil wird in 2-Amino-5,6-dioxypyrimidin umgewandelt, während Bildung von Aminouracil nicht beobachtet wurde.

**5. Thymin.** 5-Methyl-uracil, 5-Methyl-2,6-dioxy-pyrimidin.

$C_5H_6O_2N_2$ : C 47,62%, H 4,76%, N 22,22%. Mol.-Gew. 126,06.

Vorkommen. Thymin ist ebenso wie Cytosin in freiem Zustande noch nicht aufgefunden worden, sondern nur als Bestandteil von Nucleinsäuren.

Es wurde von KOSSEL und NEUMANN (56) bei der Hydrolyse von Thymusnucleinsäuren entdeckt. Es findet sich ebenso wie Uracil und Cytosin in den Nucleinsäuren einer Reihe von tierischen Organen, ferner in der Hefe und im Weizenembryo. WILLHEIM (100) hat Thymin neben Guanin aus Nucleinsäuren von Krebsgewebe isoliert. Diese zeigen gegenüber den analogen Säuren normaler Organe starke Verschiedenheiten.

Eigenschaften. Thymin ist in kaltem Wasser schwer, in heißem leicht löslich. 100 Teile Wasser von 25° lösen 0,404 Teile Thymin. In Alkohol ist es schwer, in Äther sehr schwer löslich. Es bildet kleine, verfilzte, glänzende Blättchen, seltener kurze Nadeln. Bei vorsichtigem Erhitzen sublimiert es! Rasch erhitzt sintert es bei 318° und schmilzt bei 321° unter Zersetzung.

Thymin besitzt bitteren Geschmack. Die wäßrige Lösung reagiert neutral. In Alkalien ist es löslich. Quecksilbernitrat fällt aus wäßriger Lösung einen voluminösen Niederschlag. Silbernitrat erzeugt nach Zusatz von Ammoniak oder Barytwasser eine Fällung. Diese ist im Überschuß von Ammoniak löslich, von Barytwasser unlöslich. Durch Phosphorwolframsäure wird Thymin nicht gefällt, es geht jedoch manchmal mit in den Niederschlag. Mit Salzsäure und Salpetersäure bildet Thymin keine Salze.

Derivate.

*Thyminkalium.* $C_5H_5O_2N_2K \cdot {}^1/_2H_2O$. Entsteht durch vierstündiges Kochen von Thymin mit molekularen Mengen Kaliumhydroxyd in absolutem Alkohol. Aus 50proz. Alkohol umkrystallisiert bildet es Nadeln.

*Thyminnatrium.* $C_5H_5O_2N_2Na$. Analog dem Kaliumsalz dargestellt. Nadeln aus verdünntem Alkohol.

*Thymin-Quecksilber.* $C_5H_4O_2N_2Hg$. Weißer Niederschlag.

*Oxynitrohydrothymin* (charakteristisch!)

```
HN——CO
 |    |
OC   C<CH3
 |    | \NO2
HN——CHOH
```

entsteht aus Thymin und Salpetersäure (Dichte 1,5) bei 20°. Man löst 1 g Thymin in ungefähr 10 cm³ Säure und verdampft bei 50—60° zur Trockne. Der Rückstand wird aus Wasser umkrystallisiert. Es existiert in zwei Modifikationen, α- und β-Form, die sich praktisch unter denselben Bedingungen bilden. Das α-Derivat ist die stabile Modifikation. Es bildet trikline Prismen vom Schmp. 183—185°. Das β-Derivat bildet große, durchscheinende Krystalle vom Schmp. 230—235° und verwandelt sich bei gewöhnlicher Temperatur in die α-Form. Beide liefern bei Reduktion mit Zinn und Salzsäure oder Aluminiumamalgam Thymin zurück.

Nachweis.

1. Zum Nachweis von Thymin benutzt man das charakteristische Verhalten gegen Silbernitrat und Ammoniak (s. oben) sowie die Sublimierbarkeit.

2. Mit Diazobenzolsulfosäure gibt Thymin eine intensive Rotfärbung.

3. Ein Verfahren, nach dem man noch 1 mg Thymin neben Uracil und Cytosin nachweisen kann, ist von WHEELER und JOHNSON angegeben worden:

Beim Behandeln von Thymin mit Brom und dann mit Alkali (s. bei Uracil) entsteht aus Thymin Acetol $CH_3 \cdot CO \cdot CH_2OH$. Dieses wird nach der Methode von BAUDISCH (4) auf folgende Weise nachgewiesen:

Man kocht die sehr verdünnte, wäßrige, natronalkalische Lösung des Acetols wenige Minuten lang mit o-Aminobenzaldehyd. Nach dem Erkalten säuert man an, filtriert und macht das Filtrat mit Natriumbicarbonat alkalisch. Man erhält eine blau fluorescierende Lösung, die man mit Äther ausschüttelt (es ist wichtig, daß die Lösung mit Natriumbicarbonat alkalisch gemacht wird, da eine natronalkalische Lösung sich nicht mit Äther ausschütteln läßt). Nach dem Verdampfen des Äthers bleibt ein weißer Rückstand von 3-Oxychinaldin. Dieses gibt mit

Ferrichlorid in alkoholischer Lösung eine tiefrote Färbung. In alkalischer Lösung zeigt 3-Oxychinaldin prachtvolle, blaue Fluorescenz.

4. Zur quantitativen Trennung von Thymin und Uracil ist eine Methode von T. B. JOHNSON (46) angegeben worden.

Man pulverisiert das bei 100° getrocknete Gemisch von Thymin und Uracil und trägt es bei 20° in rauchende Salpetersäure von der Dichte 1,5 ein. Es ist dabei zu beachten, daß genügend Salpetersäure angewandt wird, um die Substanz vollständig zu lösen. Zweckmäßig verwendet man 10 cm³ Salpetersäure für 1 g Gemisch. Dann verdampft man bei 50—60° zur Trockne, pulverisiert das Gemisch von Nitro-uracil und Oxynitro-hydrothymin und verreibt es mit kaltem absolutem Alkohol. Man wendet dabei 15 cm³ Alkohol auf 1 g des ursprünglichen Gemisches an. Vom unlöslichen Nitrouracil wird abgesaugt, mit 5 cm³ kaltem absolutem Alkohol gewaschen, aus heißem Alkohol oder Wasser umkrystallisiert und dann mit Aluminiumamalgam zu 5-Amino-uracil reduziert. Dieses gibt ein charakteristisches Pikrat vom Schmp. 247° (s. auch bei Uracil).

Die alkoholische Lösung des Oxynitro-hydrothymins läßt man verdunsten, krystallisiert den Rückstand aus möglichst wenig heißem Wasser um und identifiziert durch den Schmelzpunkt und Krystallhabitus (s. oben).

Darstellung. Thymin ist zuerst von FISCHER und ROEDER (29) analog der Darstellung von Uracil aus Methacrylsäure und Harnstoff synthetisch dargestellt worden.

**6. Orotsäure.** Uracil-4-carbonsäure, 2,6-Dioxy-pyrimidin-4-carbonsäure.

$C_5H_4O_4N_2 \cdot H_2O$ : C 38,46%, H 2,59%, N 17,95%. Mol.-Gew. 156,05.

Die Orotsäure ist zwar bisher noch nicht in Pflanzen aufgefunden worden, ihre physiologische Bedeutung und das Interesse, das ihr in letzter Zeit entgegengebracht wird, rechtfertigen aber ihre Besprechung an dieser Stelle. So schreibt T. B. JOHNSON (45): „Die Orotsäure ist augenscheinlich ein Endoxydationsprodukt eines unbekannten Uracil-derivates, möglicherweise eines Glucosides, das durch enzymatische Spaltung eines Nucleinsäuremoleküls entstanden ist. *Sie ist eine Schlüsselsubstanz, die verspricht, Interesse zu erregen auf einem Gebiet der Pyrimidinchemie, das bisher sehr wenig Beachtung fand.*“

Vorkommen. Die Orotsäure ist im Jahre 1905 von BISCARO und BELLONI (7) aus den Mutterlaugen der Milchzuckerfabrikation gewonnen worden. JOHNSON und WHEELER sprachen zuerst die Vermutung aus, daß sie ein Pyrimidinderivat sei, ihre Konstitution ist aber erst in neuester Zeit von BACHSTEZ (2) aufgeklärt worden.

Eigenschaften. Orotsäure ist in kaltem Wasser schwer, in heißem leichter löslich. Ein Teil löst sich in 550 Teilen von 18° und in 70 Teilen siedendem Wasser. In Alkohol und Äther sowie den meisten organischen Lösungsmitteln ist sie sehr schwer löslich. Der Schmelzpunkt liegt nach BACHSTEZ bei 345—346°, nach WHEELER (98) bei 347°.

Aus ihrer wäßrigen Lösung krystallisiert die Orotsäure in rhombischen Prismen, die oft Zwillingsformen aufweisen. Sie enthält 1 Mol. Krystallwasser, das sie beim Erhitzen auf 130° verliert. Aus einer heißen, konzentrierten Lösung des Kaliumsalzes fällt sie beim Ansäuern mit starker Salzsäure wasserfrei in farblosen Nadeln aus.

Die wäßrige Lösung reagiert sowohl in der Kälte als auch in der Hitze sauer gegen Kongo. Sie ist fast geschmacklos mit etwas süßlichem Nachgeschmack. Orotsäure löst sich in konzentrierter Schwefelsäure und fällt beim Verdünnen unverändert wieder aus, erscheint jedoch jetzt in mikrokrystallinen Scheibchen. Sie ist sehr leicht löslich in Kalilauge und Ammoniak.

Beim Ansäuern mit Essigsäure fällt aus diesen Lösungen das Kalium- bzw. Ammoniumsalz.

Orotsäure ist eine sehr beständige Substanz. Sie wird beim Erhitzen mit 20 proz. Schwefelsäure auf 160—170° nicht verändert, ebensowenig beim Kochen mit rauchender Salpetersäure. Sie ist gegen Milchsäurefermente beständig und bleibt bei der Milchsäuregärung unverändert. Sie gibt keine Murexidreaktion und reagiert weder mit FEHLINGscher Lösung noch mit ammoniakalischer Silbernitratlösung.

Physiologisches. Wichtig und bemerkenswert ist die *große Affinität der Orotsäure zu Kalium.* Dadurch erklärt sich nach BISCARO und BELLONI der auffallende Reichtum der Milch an Kalium gegenüber dem Blut und anderen tierischen Flüssigkeiten. Sie sind der Ansicht, daß die Orotsäure den Kaliumhaushalt der Tiere regelt.

Nach BACHSTEZ ist die Bedeutung der Orotsäure in der Milch darin zu sehen daß sie dem heranwachsenden Organismus ein für den Aufbau von Nucleinsäuren wichtiges Zwischenprodukt liefert und die biochemische Synthese von Purinen erleichtert.

Salze.

*Kaliumsalz.* $C_5H_3O_4N_2K$. Krystalle, wenig löslich in kaltem Wasser. Unlöslich in Alkohol, Äther, Chloroform. Ist bei 335° noch nicht geschmolzen. Charakteristisches Salz!

*Natriumsalz.* $C_5H_3O_4N_2Na$. Aus der wäßrigen Lösung der Säure durch Natronlauge. Farblose, lange Nadeln, löslich in Wasser. Beim Zusatz von Kaliumsalzen bildet sich orotsaures Kalium.

*Silbersalz.* $C_5H_3O_4N_2Ag \cdot H_2O$. Aus der Lösung des Kaliumsalzes mit Silbernitrat. Weißes, amorphes Pulver, fast unlöslich in Wasser.

*Bariumsalz* $(C_5H_3O_4N_2)_2Ba$. Aus der Lösung der Säure in siedendem Wasser durch Bariumchlorid. Lange Nadeln, wenig löslich in Wasser, Salzsäure und Salpetersäure. Wird durch Schwefelsäure zerlegt.

Darstellung. Nach BISCARO und BELLONI: Je 1 l Milch wird bei 35° mit 3—4 Tropfen Lab versetzt, die gebildete Molke durch Leinwand filtriert und nach Zusatz einiger Tropfen Essigsäure zum Kochen erhitzt. Dann wird filtriert, mit Sodalösung bis zur schwach sauren Reaktion abgestumpft und nach Zusatz von pulverisiertem Calciumcarbonat nochmals filtriert. Das Filtrat wird mit basischem Bleiacetat versetzt, der Niederschlag gewaschen, in Wasser suspendiert und mit Schwefelwasserstoff zerlegt. Das Filtrat wird zur Trockne eingedampft, mit Wasser aufgenommen, über Tierkohle filtriert und mit Kalilauge bis zur schwach sauren Reaktion abgestumpft. Der krystallisierte Niederschlag des Kaliumsalzes wird abfiltriert und zur Entfernung von Chloriden 48 Stunden lang mit 55 proz. Alkohol, darauf nochmals mit wenig Alkohol digeriert, der Alkohol abdekantiert und aus Wasser umkrystallisiert.

Synthese. Uracil-4-carbonsäureester ist von MÜLLER (67) durch Kondensation von Oxalessigester mit Harnstoff erhalten worden. Bei Verseifung mit Kalilauge entsteht Uracil-4-carbonsäure. Neuerdings hat JOHNSON (52) ein anderes Verfahren zur Synthese angegeben.

## 7. Vicin.

$C_{10}H_{16}O_7N_4$: C 39,4, H 5,29, N 18,4%. Mol.-Gew. 304,1.

*Konstitution.* Nach E. WINTERSTEIN (102) kommt dem Vicin die Formel $C_{10}H_{16}O_7N_4$ zu, die nach P. A. LEVENE (61) folgendermaßen aufzulösen ist:

```
      H   H   H    OH  H   H
      |   |   |    |   |   |
  HO—C——C——C———C———C——C————————N————C=O
      |       |    |   |           |     |
      H       OH   H   OH  |     H2NC   HCNH2
          |———————O————————|        ||     |
                     Vicin          N————C=O
          \_________________________/
   Glucose                          Divicin
```

Danach wäre das Vicin als Glucosid des 4,6-Dioxy-2,5-diaminopyrimidins (Divicin) aufzufassen.

*Vorkommen.* In den Wickensamen zu mindestens 0,23 % enthalten.

*Eigenschaften.* Löslich in 10 Teilen Wasser von 22°. In kaltem abs. Alkohol ist es nahezu unlöslich. In Natronlauge leicht und ohne Zersetzung löslich, weniger leicht in Ammoniak. Beim Neutralisieren scheidet es sich aus diesen Lösungen wieder aus. Krystallisiert in voluminösen, fächerartigen Bündeln weißer, feiner Nadeln. Zersetzungspunkt bei raschem Erhitzen bei 239—242°.

$[\alpha]_D = -8,77°$ in 10proz. Schwefelsäure.

$[\alpha]_D = -12,1°$ in n/5 Natronlauge.

Das Vicin bildet mit Schwefelsäure und Salzsäure gut definierte, in Alkohol schwer lösliche Salze. Aus wäßrigen Lösungen kann es mit Sublimat und Quecksilberchlorid + Alkali gefällt werden.

*Spaltung.* Durch vierstündiges Kochen mit kalt gesättigter Bariumhydroxydlösung wird Vicin nicht verändert. Beim Kochen mit starker Kalilauge wird Ammoniak abgespalten.

Beim Kochen mit n-Schwefelsäure liefert das Vicin 1 *Mol Glucose* (nach SCHULZE und TRIER 2 Mole).

Kocht man Vicin etwa 30 Minuten mit 6—10proz. Schwefelsäure, so entstehen 6,1 % Zucker, berechnet als Glucose. Befreit man das Hydrolysat mit Bariumhydroxyd von der Schwefelsäure und dunstet ganz vorsichtig ein, so treten die für Vicin charakteristischen Farbreaktionen (s. unten) nicht mehr auf. Die Lösung enthält das Sulfat einer Base, die durch die bekannten Alkaloidfällungsmittel niedergeschlagen wird; sie enthält daneben noch etwas Ammoniak, aber wenig oder kein Divicin (102).

Wird Vicin mit einem Gemisch von 17 Teilen konzentrierter Schwefelsäure und 5 Teilen Wasser einige Zeit im Wasserbad erhitzt, so erfolgt eine Ausscheidung von Krystallen in einer Menge von etwa 30 %. Beim Erhitzen mit 10proz. Säure ist die Ausbeute geringer. Diese Krystalle sind das Sulfat einer von RITTHAUSEN als Divicin bezeichneten Base.

*Nachweis und Bestimmung von Vicin.* Zur Identifizierung des Vicins eignen sich neben der Bestimmung der optischen Aktivität und der Überführung in Divicin folgende Reaktionen bzw. Derivate:

Wird Vicin kurze Zeit mit verdünnter Schwefelsäure oder Salzsäure erwärmt und darauf einige Tropfen Ferrichlorid und Ammoniak zugefügt, so tritt eine tiefblaue Farbe auf, die allmählich einen grauen Ton annimmt. Fügt man zu obiger Lösung Baryt in kleinem Überschuß, so tritt eine rosarote Färbung auf, die beim Kochen verschwindet.

*Vicinsulfat.* 2,12 g Vicin in 8 cm³ 10proz. Schwefelsäure gelöst und mit viel 85proz. Alkohol versetzt. Feinstrahlige, krystalline Fällung, sehr voluminös. ($SO_3$-gehalt 10,6—11 %.)

*Vicinchlorhydrat.* Vicin in überschüssiger Salzsäure gelöst und durch Alkoholzusatz gefällt. Feine Nadeln. (Cl-gehalt 10,07—10,08 %.)

*Darstellung.* 1 kg Wickenpulver mit ganz verdünnter Schwefelsäure (20 g $H_2SO_4$ auf 1 l Wasser) zu einem dünnen Brei anrühren, 12 Stunden unter mehrfachem Rühren stehen lassen. Die darüberstehende klare Flüssigkeit abheben, Rückstand abpressen und die vereinigten Lösungen mit Kalkmilch bis zur alkalischen Reaktion versetzen. Vom Calciumsulfat abfiltrieren und das Filtrat auf ein kleines Volumen einengen. Rückstand mit 85proz. Alkohol auskochen. Aus der alkoholischen Lösung scheiden sich etwa 2,4 g fast reines Vicin aus.

Zur Darstellung größerer Mengen Samenpulver mit verdünnter Salzsäure digerieren, die abgepreßte Lösung mit Kalkmilch schwach alkalisch machen und die filtrierte Lösung abwechslungsweise mit Kalkmilch und Quecksilberchlorid versetzen, so lange wie noch ein weißer, flockiger Niederschlag entsteht. Die entstandene Fällung auf einem großen Faltenfilter mit Wasser gut auswaschen, in einer Porzellanschale unter Zusatz von Bariumhydroxyd bis zum Sieden erhitzen, mit Schwefelwasserstoff zersetzen, die heiße Lösung abfiltrieren und das Barium durch Einleiten von Kohlendioxyd entfernen. Beim Eindunsten erfolgt zuerst eine flockige Ausscheidung von Proteinsubstanzen, welche entfernt wird. Auf ein kleines Volumen einengen, worauf nach kurzer Zeit das Vicin nahezu vollständig auskrystallisiert, die Mutterlauge gibt bei weiterem Konzentrieren und Stehenlassen glänzende Blättchen von Convicin.

Zur Reinigung wird das Vicin aus 80proz. Alkohol oder aus kochendem Wasser unter Zusatz von aktiver Kohle umkrystallisiert.

### 7a. Divicin, 4,6-Dioxy-2,5-diamino-pyrimidin.

$C_4H_6O_2N_4$ : C 33,78%, H 4,26%, N 39,44%. Mol.-Gew. 142,08.

Divicin ist das Aglucon des Vicins und wird aus diesem bei der Hydrolyse erhalten.

Eigenschaften. Flache Prismen nur selten ganz farblos, zersetzt sich beim Stehen unter Braunfärbung. In feuchtem Zustande färbt es sich an der Luft bald dunkelrot, auch in wäßriger Lösung tritt Rotfärbung ein. Schwer löslich in kaltem Wasser (1 : 300 bei 35°), leichter in siedendem Wasser (1 : 100). Beim Kochen mit Wasser wird es zum Teil zersetzt. Es krystallisieren nur etwa $^3/_4$ der angewandten Menge wieder aus. Aus Lösungen seiner Salze wird es durch Alkalien abgeschieden, löst sich jedoch im Überschuß von Alkali wieder auf.

Divicin reduziert salpetersaure und ammoniakalische Silbernitratlösung, erstere in der Kälte, letztere bei gelindem Erwärmen. Sublimat wird zu Kalomel reduziert. Mit Phosphormolybdänsäure tiefblaue Färbung. Phosphorwolframsäure gibt nach Zusatz von verdünnter Schwefelsäure einen schmutzig graublauen Niederschlag. Mit sehr geringen Mengen Eisenchlorid und Ammoniak entsteht eine tiefblaue Färbung, die an der Luft allmählich gelb wird (sehr empfindlich). Bei der Oxydation mit Kaliumchlorat entsteht Guanidin.

Mit Pikrinsäure entsteht ein gelblicher, flockiger Niederschlag; Kaliumwismutjodid gibt in der Wärme sofort rotbraune Fällung, Kaliumquecksilberjodid nach längerer Zeit schmutziggrauen Niederschlag. Platinchlorid wird ohne einen Niederschlag zu geben entfärbt.

Salze.

*Divicinsulfat.* $(C_4H_6O_2N_4)_2 \cdot H_2SO_4$. Sehr schwer löslich in kaltem, etwas leichter in heißem Wasser.

*Divicinchlorhydrat.* $C_4H_6O_2N_4 \cdot HCl \cdot H_2O$. Lange, seidenglänzende, farblose Nadeln. Das Krystallwasser kann ohne Zersetzung nicht ausgetrieben werden. Leicht löslich in Wasser, unlöslich in Alkohol.

### 8. Convicin, 4-Imino-dialursäureglucosid.

$C_{10}H_{15}O_8N_3 \cdot H_2O$.

Die *Konstitution* ist neuerdings von H. J. FISHER und T. B. JOHNSON (30) aufgeklärt worden. Der Pyrimidinbestandteil ist 4-Imino-dialursäure. Convicin besitzt wahrscheinlich folgende Struktur:

```
                                              HN——CO
         O ·························           |    |
                 OH  H   OH     ·        OC   CHOH
                  |   |   |     ·         |    |
HOH2C——C——C——C——C——C——N——C = NH
         |    |    |    |    |
         H    H   OH    H    H
```

*Vorkommen.* In Wickensamen und Saubohnen (Vicia faba minor).

*Eigenschaften.* In kaltem Wasser wenig, in kochendem besser löslich. Die wäßrige Lösung reagiert sauer. Löslich in verdünnter Kalilauge, wenig in heißem Alkohol. Verdünnte Schwefelsäure und Salzsäure lösen Convicin in der Kälte nicht oder wenig (*Unterschied von Vicin!*). Krystallisiert in dünnen, rhombischen, glänzenden Blättchen, die an Leucin erinnern. Zersetzt sich ohne zu schmelzen bei 278°.

Fällbar aus wäßrigen Lösungen mit Mercurinitrat als flockiger, weißer Niederschlag. Andere Metallsalze geben nur dann Fällungen, wenn gleichzeitig Ammoniak oder Kalilauge usw. bis zur Neutralisation zugefügt wird.

Mit Diazobenzolsulfosäure entsteht tiefe Rotfärbung. Die Murexidreaktion ist positiv. Bei der Hydrolyse mit verdünnter Schwefelsäure scheiden sich allmählich Krystalle von Alloxanthin ab. Diese geben mit Barytwasser einen veilchenblauen Niederschlag, mit Eisenchlorid und Ammoniak eine tiefblaue Lösung, reduzieren Silbernitrat. Bei der Oxydation mit Kaliumchlorat entsteht Harnstoff, aber kein Guanidin.

*Darstellung.* Aus den syrupösen Mutterlaugen des ausgeschiedenen Vicins krystallisiert das Convicin beim Stehen allmählich aus und wird von den letzten Spuren anhaftenden Vicins mit verdünnter Schwefelsäure in der Kälte getrennt.

Aus Saubohnen: Gepulverte Saubohnen werden mit 80proz. Alkohol ausgekocht, der Rückstand des alkoholischen Extraktes zur Entfernung der Fette wiederholt mit Äther behandelt, und der entfettete Rückstand wieder in 80proz. Alkohol aufgenommen. Nach längerem Stehen scheidet sich das Convicin in glänzenden Blättchen aus, die sich beim Verdünnen des Alkohols mit Wasser nicht lösen. Ausbeute aus 150 kg Samen: 60 g Convicin.

## Literatur.

(*1*) ASCOLI: Ztschr. f. physiol. Ch. **31**, 161 (1900).

(*2*) BACHSTEZ: Ber. Dtsch. Chem. Ges. **63**, 1000 (1930). — (*3*) BARNES, H. J., R. P. O'BRIEN u. V. READER: Biochem. Journ. **26**, 2040 (1932). — (*4*) BAUDISCH, O.: Biochem. Ztschr. **89**, 279 (1918). — (*5*) BENEDICT, S. R., u. E. H. HITCHCOCK: Journ. Biol. Chem. **20**, 619 (1915). — (*5a*) BERTRAND, G. u. P. DE BERREDO CARNEIRO. Annales de l'Institut Pasteur **49**, 381 (1932). — (*6*) BILTZ, H., u. M. KOBEL: Ber. Dtsch. Chem. Ges. **54**, 1802 (1921). — (*7*) BISCARO u. BELLONI: Annuario Soc. chim. Milano **11** (1905); Chem. Zentralblatt **1905 II**, 63. — (*8*) BOTTOMLEY, W. B.: Proc. Royal Soc. **88**, 237 (1915); **89**, 102 (1917); **89**, 481 (1917); **90**, 39 (1917); **91**, 83 (1920). — (*9*) BOWDEN, F. P., u. C. P. SNOW: Nature **129**, 720 (1932). — (*10*) BRAHM, C.: Biochem. Handlexikon **4**, 1151 (1911). — (*11*) BUELL, M. V. u. M. R. PERKIN: Journ. Biol. Chem. **72**, 745 (1927). — (*12*) BURIAN: Ber. **37**, 696 (1904).

(*13*) CAMARGO: Journ. Biol. Chem. **58**, 831 (1924). — (*14*) CALVERY: Ebenda **72**, 549 (1927). — (*15*) CERECEDO: Ebenda **75**, 661 (1927). — (*16*) Ebenda **93**, 269 (1931). — (*17*) CHERBULIEZ, E., u. K. BERNHARD: Helv. chim. Acta **15**, 464 (1932). — (*18*) Ebenda **15**, 928 (1932). — (*19*) COGHILL: Journ. Biol. Chem. **90**, 57 (1931).

(*20*) DECKER: Rec. trav. chim. Pays-Bas **22**, 142 (1903). — (*21*) DENIGÈS, CHELLE u. LABAT: Précis de chimie analytique Paris 1931, S. 65, 253.

(*22*) ENGELANDT u. KUTSCHER: Zentralblatt f. Physiol. **24**, 589 (1910).

(*23*) FEULGEN, R.: Chemie und Physiologie der Nucleinstoffe nebst Einführung in die Chemie der Purinkörper. Berlin 1923. — (*24*) FISCHER, E.: B. **30**, 2236 (1897). — (*25*) Ebenda **31**, 2550 (1898). — (*26*) Ebenda **31**, 2563 (1898). — (*27*) FISCHER, E., u. HELFERICH: B. **47**, 210 (1914); **53**, 17 (1920) usw. — (*28*) FISCHER, E.: Ber. Dtsch. Chem. Ges. **30**, 2226 (1897). — (*29*) FISCHER, E., u. ROEDER: Ebenda **34**, 3751 (1901). — (*30*) FISHER: Journ. Amer. Chem. Soc. **54**, 2038 (1932). — (*31*) FOLIN, O., u. A. MACALLUM: Ebenda **13**, 363 (1912); **13**, 469 (1913). — (*32*) FOSSE, R., u. A. HIEULLE: Ebenda **184**, 1596 (1927). — (*33*) Ebenda **184**, 1598 (1926); **185**, 800 (1927). — (*34*) FOSSE, R.: Compt. rend. **182**, 869 (1926). — (*34a*) FOSSE, R., A. BRUND u. P. E. THOMAS: Ebenda **192**, 1615 (1931). — (*35*) FOSSE, R., u. E. BRUND: Ebenda. **188**, 1067 (1929). — (*35a*) FOSSE, R., P. DE GRAEVE u. P. E. THOMAS: Ebenda **196**, 883 (1933). — (*36*) FOSSE, R.: Ebenda **194**, 1408 (1932). — (*37*) Ebenda **195**, 1198 (1932). — (*38*) FUNK, C.: Journ. of Physiol. **45**, 75 (1912). — (*39*) Ebenda **45**, 489 (1913).

(*40*) HAHN u. LINTZEL: Ztschr. f. Biologie **79**, 179 (1923). — (*41*) HEILBRON, J. M., u. R. A. MORTON: Nature **129**, 866 (1932). — (*42*) HEYROTH, F., u. J. R. LOOFBOUROW: Ebenda **130**, 773 (1932). — (*43*) Journ. Amer. Chem. Soc. **53**, 3441 (1931).

(*44*) JOHNSON, T. B.: Journ. Amer. Chem. Soc. **51**, 1779 (1929). — (*45*) Ber. Dtsch. Chem. Ges. **63**, 1974 (1930). — (*46*) Journ. Biol. Chem. **4**, 407 (1908). — (*47*) Journ. Chem. Soc. London **36**, 137 (1914). — (*47a*) Journ. Biol. Chem. **63**, 579 (1925). — (*48*) JOHNSON, T. B., u. BROWN: Ebenda **54**, 721 (1922). — (*49*) JOHNSON, T. B., u. CALDWELL: Journ, Amer. Chem. Soc. **51**, 873 (1929). — (*50*) JOHNSON, T. B., u. R. D. COGHILL: Ebenda **47**, 2838 (1925). — (*51*) JOHNSON, T. B.: Ebenda **53**, 1989 (1931). — (*52*) JOHNSON, T. B., u. C. O. JOHNS: Amer. Chem. Journ. **34**, 554 (1905). — (*53*) JWATSURU u. MASAJI: Journ. Biochem. **2**, 279 (1923).

(*54*) KIESEL, A.: Ztschr. f. physiol. Ch. **135**, 61 (1929). — (*55*) KOSSEL u. NEUMANN: Ber. Dtsch. Chem. Ges. **27**, 2215 (1894). — (*56*) Ebenda **26**, 2753 (1893). — (*57*) KOSSEL, A.: Ztschr. physiol. Chem. **6**, 422 (1882). — (*57a*) Ebenda **15**, 298 (1888). — (*58*) KRÜGER, M.: Ebenda **21**, 278 (1896). — (*58a*) Ebenda **26**, 131 (1899). — (*59*) KUTSCHER: Ebenda **38**, 176 (1903).

(*60*) LENDRICH u. NOTTBOHM: Handbuch der Nahrungsmitteluntersuchung **1**, 825 (1914). — (*61*) LEVENE, P. A.: Journ. Biol. Chem. **18**, 308 (1914); **25**, 607 (1916). — (*61a*) LIPPMANN, O.: Ztschr. f. Zuckerind. **35**, 159; Ber. Dtsch. Chem. Ges. **24**, 3299 (1891).

(62) MEISENHEIMER: Ztschr. f. physiol. Ch. **114**, 213 (1921). — (63) MOCKERIDGE, F. A.: Biochem. Journ. **14**, 432 (1920). — (64) MOLISCH: Mikrochemie der Pflanzen. — (65) MOLLIARD, M.: Comp. rend. **153**, 958 (1911). — (66) MORE, J.: Journ. Pharm. et Chim. **27**, 209 (1923). — (67) MÜLLER: Journ. prakt. Chem. **55**, 507 (1897); **56**, 488 (1897).

(68) NELSON u. LEONARD: Journ. Amer. Chem. Soc. **44**, 369 (1922). — (69) NEMEC, A.: Biochem. Ztschr. **112**, 286 (1921). — (70) NEUBERG, C.: Der Harn **1**, 689 (1911).

(71) OSBORNE u. HARRIS: Ztschr. physik. Chem. **36**, 85 (1902); OSBORNE: Amer. Journ. Pharm. **9**, 69 (1903).

(72) PETERS: Report. Chem. Sec. Brit. Assoc. Meeting **1931**, 131. — (73) PHILIPPE, E.: Mitt. Lebensmittelunters., Veröffentl. Schweiz. Gesundheitsamt **6**, 177 (1915); **7**, 37 (1916).— (74) PLIMMER, R. H. A.: Biochem. Journ. **8**, 70 (1914). — (75) PURUCKER, H.: Planta **16**, 277 (1932).

(76) READER: Biochem. Journ. **24**, 1827 (1930). — (77) REUTER, C.: Ztschr. f. physiol. Ch. **78**, 195 (1912). — (78) RIEGLER, E.: Ztschr. f. analyt. Chem. **51**, 466 (1912).

(79) SCHAAP: Dissert., Amsterdam 1923. — (79a) SCHREINER u. Mitarbeiter: Journ. Biol. Chem. **8**, 385 (1910) usw. — (80) SCHULZE, E., u. E. BOSSHARD: Ztschr. f. physiol. Ch. **9**, 420 (1885). — (80a) SCHULZE u. TRIER: Ebenda **70**, 143 (1910). — (81) SCHULZE u. WINTERSTEIN: Ebenda **65**, 431 (1910). — (82) SCHWEIZER, G.: Arb. biol. Reichsanst. f. Land- u. Forstw. **15**, 1 (1926). — (83) SIMON, L. J.: Compt. rend. **138**, 425 (1904); **143**, 51 (1906). — (84) SKRAUP, F. D.: Amer. Journ. Pharm. **91**, 598 (1920). — (85) STEUDEL: Ztschr. physiol. Chem. **53**, 508 (1907). — (86) STEUDEL, H., u. R. FREISE: Ztschr. physiol. Ch. **120**, 126 (1922). — (87) SUMI, M.: Biochem. Ztschr. **195**, 161 (1928). — (88) SUSUMU HIRAI: Acta Scholae med. Kioto **7**, 459 (1925).

(89) TASSILY: Bull. Soc. Chim. (3) **17**, 596 (1897). — (90) TONZIG, S.: Nuovo Giornale Botanico Italiano **37**, 649 (1930); Annali de Botanica **20**, 83 (1933). — (91) TREBOUX: Stärkebildung aus Adonit im Blatte von Adonis vernalis. Ber. Dtsch. Botan. Ges. **27**, 428 (1909). — (92) TSCHESCHE: Ber. Dtsch. Chem. Ges. **66**, 581 (1933).

(93) VICKERY, H. B.: Agric. Experiment. Station New Haven Bulletin **339**, 640 (1932).

(94) WEISSFLOG, J.: Planta **4**, 358 (1927). — (95) WESVERS: Pharm. Weekblad **64**, 939 (1927); Proceedings Chem. Soc. London **32**, 281 (1929). — (96) WHEELER u. T. B. JOHNSON: Journ. Biol. Chem. **3**, 183 (1907). — (97) WHEELER u. JOHNSON: Amer. Chem. Journ. **29**, 492 (1903). — (98) WHEELER: Journ. Amer. Chem. Soc. **38**, 358 (1907). — (99) WIECHOWSKI: Biochem. Ztschr. **19**, 372 (1909); **25**, 446 (1910). — (100) WILLHEIM: Ebenda **163**, 488 (1925). — (101) WINTERSTEIN, E.: Handbuch der biochemischen Arbeitsmethoden **1**, 7, 106. 1922. — (102) WINTERSTEIN: Ztschr. f. physiol. Ch. **105**, 258 (1919). — (103) WULFF: Ebenda **73**, 138 (1911).

(104) ZALESKY, W.: Ber. Dtsch. Botan. Ges. **25**, 349 (1907); **27**, 202 (1909); **29**, 152 (1911).

# Systematische Verbreitung und Vorkommen der Purine, Pyrimidine und verwandter Verbindungen[1].

Von **C. WEHMER** und **M. HADDERS**, Hannover.

## Übersicht.

1. Coffein,
2. Theobromin,
3. Theophyllin,
4. Heteroxanthin,
5. Xanthin,
6. Hypoxanthin,
7. Adenin,
8. Guanin,
9. Allantoin,
10. Allantoinsäure,
11. Vernin,
12. Vicin,
13. Convicin,
14. Uracil,
15. Cytosin,
16. 5-Methyl-Cytosin,
17. Thymin,
18. Orotsäure.

### 1. Coffein (*Thein, Guaranin*), $C_8H_{10}O_2N_4$ (*1, 3, 7-Trimethyl-2, 6-dioxypurin*).

Vorkommen: Verbreitet in einigen Familien der Dicotylen, insbesondere *Rubiaceen, Theaceen, Sterculiaceen, Aquifoliaceen*, außer in Blättern auch in Knospen, Zweigen, Rinde, Holz, Blüten, Frucht, Samen und Keimpflanzen.

Fam. **Nyctaginaceae:** *Neea theifera* OBERST.; in Blättern.

[1] *Literaturnachweise*: C. WEHMER: Pflanzenstoffe, 2. Aufl. **1** u. **2**. 1929/31. — BRAHM u. J. SCHMID in ABDERHALDEN: Biochemisches Handlexikon **4**, 1014. 1911. — FODOR: Ebenda **9**, 262. 1915. — THANNHAUSER: Ebenda **10**, 113. 1923. — ZELLNER: Chemie der höheren Pilze. 1907. — Die spätere Literatur ist bis 1932 (einschließlich) berücksichtigt.

Fam. **Aquifoliaceae:** *Ilex cuiabensis* REISS.; in Blättern. — *I. paraguariensis* ST. HIL., Mate-Pflanze[1]; in jüngeren Blättern (nicht in zweijährigen) und jüngerer Rinde, Stengel u. Samen. — *I. Cassine* WALT., Brechhülse; in Blättern (als *Apalachentee*). — In anderen Arten (*I. Aquifolium* L., Stechpalme, *I. Dahoon* WALT. u. *I. quercifolia* MEERB.) *kein* Coffein!

Fam. **Sapindaceae:** *Paullinia Cupana* H. B. et K. (*P. sorbilis* MART.), „Guarana"; in Samen u. daraus hergestellten Präparaten (*Pasta Guarana* u. a.), früher als *Guaranin*, im Holz von Stamm u. Wurzel nur *Coffein*, in Blättern, Rinde des Stammes u. Blüten *Coffein* neben *Theobromin* (1932). — *P. scarlatina* RADLK.; in Rinde („*Yocco*"), Holz u. Blättern, von anderen aber in Blättern *kein* Coffein gefunden.

Fam. **Sterculiaceae:** *Sterculia platanifolia* L. fil.; im Samen. — *Cola acuminata* SCH. et END. (*Sterculia a.* BEAUV.), Colabaum; in Samen (*Colanuß*), Blättern, Blüten, Früchten, Fruchtwand u. Keimpflanzen. — Im Samen folgender: *C. Psallayi* CORN. — *C. nitida* CHEV. — *C. Johnsoni* (*C. verticillata* STPF.). — *Theobroma Cacao* L., Kakaobaum; in jungen Blättern, Mesocarp der Früchte, Samen (*Kakaobohnen*), in Samenschale u. Embryo mit Würzelchen.

Fam. **Theaceae:** *Camellia theifera* GRIFF. (*Thea sinensis* L.), Chinesischer Teestrauch; in Blättern („*Tee*"), Blüten, Samen, Frucht, Keimpflanzen, Zweigen, Rinde u. ruhenden Knospen. — *C. assamica* L. (*Thea a.* MART.), Assamtee; in allen Teilen mit Ausnahme der Wurzeln.

Fam. **Rubiaceae** (*Coffeoideae*): *Coffea arabica* L., Kaffeestrauch; in Blättern, Blüten, Frucht (*Kaffeekirschen*), Samen (*Kaffeebohnen*), Samenschale u. „Hülsen" (ob Endocarp?). — *C. liberica* BULL.; in Blättern, Samen, Blütenblättern u. Rinde. — Im Samen folgender: *C. excelsa* CHEV. — *C. robusta* LIND. — *C. stenophylla* G. DON. — *C. camphora* (?). — *C. abeocuta* CRAM. — *C. Ugandae* (?). — *C. quillon* WEST.

### 2. Theobromin, $C_7H_8O_2N_4$
(*3, 7-Dimethyl-2, 6-dioxypurin*).

Vorkommen: Bei drei dicotylen Familien, meist in allen Organen, gefunden.

Fam. **Sapindaceae:** *Paullinia Cupana* H. B. et K. (*P. sorbilis* MART.), „Guarana"; in Blättern, Rinde des Stammes u. Blüten (neben *Coffein*), 1932.

Fam. **Sterculiaceae:** *Cola acuminata* SCH. et END. (*Sterculia a.* BEAUV.), Kolabaum; in Samen (*Kolanuß*), Blättern, Blüten, Früchten u. Keimpflanzen. — *Theobroma Cacao* L., Kakaobaum; in Blättern, Frucht, Samen (*Kakaobohnen*), in Samenschale u. Embryo mit Würzelchen. — *Th. grandiflorum* SCHUM.; in Samen (als „*Cupu-Samen*"), unsicher!

Fam. **Theaceae:** *Camellia theifera* GRIFF. (*Thea sinensis* L.), Chinesischer Teestrauch; in Blättern (*Tee*).

### 3. Theophyllin, $C_7H_8O_2N_4$
(*1, 3-Dimethyl-2, 6-dioxypurin*).

Vorkommen: Bislang nur in einer Familie gefunden.

Fam. **Theaceae:** *Camellia theifera* GRIFF. (*Thea sinensis* L.), Chinesischer Teestrauch; in Blättern (als „*Tee*").

### 4. Heteroxanthin, $C_6H_5O_2N_4$
(*7-Methyl-2, 6-dioxypurin, 7-Methylxanthin*).

Vorkommen: Nur für eine Familie angegeben.

Fam. **Chenopodiaceae:** *Beta vulgaris* L. var. *Rapa*, Zuckerrübe; im Saft unreifer sowie ausgewachsener Rüben. — *B. vulgaris* L. var. *crassa*, Runkelrübe; im Saft der Wurzel.

### 5. Xanthin, $C_5H_4O_2N_4$
(*2, 6-Dioxypurin*).

Vorkommen: In zahlreichen Familien, besonders *Leguminosen* und *Gramineen*; in Früchten, Samen, Keimpflanzen, jungen Blättern, Rinde, Wurzeln, Knolle nachgewiesen, auch bei mehreren *Pilzen*. Meist neben verwandten Basen.

Fam. **Pinaceae** (*Abietineae*): *Pinus silvestris* L., Gemeine Kiefer; im Pollen (neben *Guanin, Vernin* u. *Adenin*).

Fam. **Gramineae:** *Oryza sativa* L., Reis; im Korn (Embryo) neben *Guanin, Adenin, Hypoxanthin.* — *Hordeum sativum* JESS. (*H. vulgare* L.), Gerste; in jungen Keimpflanzen

[1] Zahlreiche andere *Ilex*-Arten sollen gleichfalls *Mate* liefern (Pflanzenstoffe, 2. Aufl., S. 720), enthalten also vermutlich auch *Coffein.*

(neben *Guanin*). — *Secale cereale* L., Roggen; in reifendem Korn (neben *Guanin, Hypoxanthin* u. *Adenin*). — *Sasa paniculata* SHIB. et MAK.; in Schößlingen (neben *Guanin, Adenin* u. *Hypoxanthin*).

Fam. **Betulaceae:** *Corylus avellana* L., Haselstrauch; im Pollen (neben *Vernin, Guanin, Hypoxanthin* u. *Adenin*).

Fam. **Chenopodiaceae:** *Beta vulgaris* L. var. *Rapa*, Zuckerrübe; im Saft unreifer und ausgewachsener Rüben (neben *Heteroxanthin, Guanin, Hypoxanthin* u. *Adenin*) u. in den entzuckerten Laugen (neben *Hypoxanthin* u. *Guanin*). — *B. vulgaris* L. var. *crassa*, Futterrübe; im Saft der Wurzel (neben *Hypoxanthin, Heteroxanthin, Adenin* u. *Guanin*).

Fam. **Platanaceae:** *Platanus orientalis* L., Morgenländische Platane; in Rinde u. jungen Trieben (neben *Hypoxanthin* u. *Guanin*).

Fam. **Leguminosae** (*Papilionatae*): *Lupinus luteus* L., Gelbe Lupine; im Samen (neben *Hypoxanthin*), aber nur Spuren, u. Keimpflanzen (neben *Guanin* u. *Hypoxanthin*). — *Trifolium repens* L., Weißer Klee, Kriechender Klee; im Kraut (neben *Guanin, Adenin* u. *Hypoxanthin*). — *T. pratense* L., Wiesenklee, Rotklee; in jungen Blättern (neben *Guanin* u. *Hypoxanthin*). — *Vicia sativa* L., Futterwicke; in jungen Pflanzen u. Keimpflanzen (neben *Hypoxanthin* u. *Guanin*). — *Glycine Soja* SIEB. (*Soja hispida* MNCH.), Sojabohne; in Keimpflanzen (*xanthin-* u. *hypoxanthin*ähnliche Basen). — *Phaseolus vulgaris* L., Gartenbohne; in etiolierten Keimpflanzen (neben *Hypoxanthin*).

Fam. **Aceraceae:** *Acer Pseudo-Platanus* L., Bergahorn; in jungen Trieben, ob primär vorhanden? (neben *Hypoxanthin* u. *Guanin*).

Fam. **Theaceae:** *Camellia theifera* GRIFF. (*Thea sinensis* L.), Chinesischer Teestrauch; in Blättern (*Tee*), neben *Theophyllin, Hypoxanthin* u. *Adenin*.

Fam. **Araliaceae:** *Aralia cordata* THBG.; in Früchten (neben *Guanin*).

Fam. **Solanaceae:** *Solanum tuberosum* L., Kartoffel; in Kraut und Knolle = *Kartoffel* (neben *Guanin* u. *Hypoxanthin*) u. Keimpflanzen.

Fam. **Rubiaceae** (*Coffeoideae*): *Coffea arabica* L., Kaffestrauch; in Blättern u. unreifer grüner Frucht = *Kaffeekirschen* (neben *Coffein, Adenin, Hypoxanthin* u. *Vernin*).

Fam. **Cucurbitaceae:** *Cucurbita Pepo* L., Kürbis; in Keimpflanzen (neben *Hypoxanthin* u. *Guanin*).

Fam. **Compositae:** *Helianthus annuus* L., Sonnenblume; im Samen, bei Keimung im Dunkeln (neben *Hypoxanthin*).

Pilze

(*Basidiomycetes*):

Fam. **Agaricaceae:** *Amanita muscaria* L., Fliegenpilz; im Fruchtkörper.

(*Ascomycetes*):

Fam. **Aspergillaceae:** *Aspergillus niger* VAN TIEGH. (*Sterigmatocystis n.* CRAM.); im Mycel.

Fam. **Saccharomycetaceae:** *Saccharomyces*-Species; in „Hefe“.

(*Myxomycetes*):

Fam. **Physaraceae:** *Fuligo varians* SOMMF. (*Aethalium septicum* L.), Lohblüte; im Plasmodium.

## 6. Hypoxanthin, $C_5H_4ON_4$

(*6-Oxypurin, Sarcin*).

Vorkommen: Vielfach in einer Mehrzahl von Familien nachgewiesen, besonders bei *Leguminosen* und *Gräsern*, in Samen und Keimpflanzen, Pollen, jungen Blättern, Knollen und Wurzeln; auch in *Pilzen* und bei Fäulnis von Bierhefe (neben *Adenin* u. a.) 1933.

Fam. **Pinaceae** (*Abietineae*): *Pinus silvestris* L., Gemeine Kiefer; im Pollen (neben *Vernin, Guanin* u. *Xanthin*).

Fam. **Gramineae:** *Oryza sativa* L., Reis; im Embryo (neben *Guanin, Adenin* u. *Xanthin*) u. Reiskleie. — *Hordeum sativum* JESS. (*H. vulgare* L.), Gerste; in der Frucht = *Gerste* (alte „*Hordeinsäure*“). — *Secale cereale* L., Roggen; in reifendem Korn (neben *Xanthin, Guanin* u. *Adenin*). — *Sasa paniculata* SHIB. et MAK.; in Schößlingen (neben *Xanthin, Guanin* u. *Adenin*).

Fam. **Betulaceae:** *Corylus avellana* L., Haselstrauch; im Pollen (neben *Xanthin, Guanin* u. *Adenin*).

Fam. **Moraceae** (*Cannabinoideae*): *Humulus Lupulus* L., Hopfen; in Fruchtständen = *Hopfen*.

Fam. **Chenopodiaceae:** *Beta vulgaris* L. var. *Rapa*, Zuckerrübe; im Saft unreifer u. ausgewachsener Rüben (neben *Heteroxanthin, Guanin* u. *Adenin*). — *B. vulgaris* L. var. *crassa*, Futterrübe; im Saft der Wurzel (wie vorige).

Fam. **Platanaceae:** *Platanus orientalis* L., Morgenländische Platane; in Rinde u. jungen Trieben (neben *Xanthin* u. *Guanin*).

Fam. **Leguminosae** (*Papilionatae*): *Lupinus luteus* L., Gelbe Lupine; im Samen (nur Spuren oder *kein Xanthin* u. *Hypoxanthin*) u. Keimpflanzen (neben *Guanin* u. *Xanthin*). — *Trifolium repens* L., Weißer Klee, Kriechender Klee; im Kraut (neben *Xanthin, Guanin* u. *Adenin*). — *T. pratense* L., Wiesenklee, Rotklee; in jungen Blättern (neben *Xanthin* u. *Guanin*). — *Vicia sativa* L., Futterwicke; in jungen Pflanzen u. Keimpflanzen (neben *Xanthin* u. *Guanin*). — *Glycine Soja* Sieb. (*Soja hispida* Mnch.), Sojabohne; in Keimpflanzen (*Xanthin-* u. *Hypoxanthin*-ähnliche Basen). — *Phaseolus vulgaris* L., Gartenbohne; in Keimpflanzen (neben *Xanthin*).

Fam. **Aceraceae:** *Acer Pseudo-Platanus* L., Bergahorn; in jungen Trieben (neben *Allantoin, Xanthin* u. *Guanin*), ob primär vorhanden?

Fam. **Theaceae:** *Camellia theifera* Griff. (*Thea sinensis* L.), Chinesischer Teestrauch; in Blättern = *Tee* (neben *Coffein, Theobromin, Theophyllin, Xanthin* u. *Adenin*).

Fam. **Solanaceae:** *Solanum tuberosum* L., Kartoffel; in Kraut u. Knollen = *Kartoffel* (neben *Guanin* u. *Xanthin*).

Fam. **Rubiaceae** (*Cinchonoideae*): *Randia dumetorum* Lam. (*Gardenia spinosa* L.); im Samen (neben *Guanin*). — (*Coffeoideae*): *Coffea arabica* L., Kaffeestrauch; in Blättern u. unreifen grünen Früchten (neben *Coffein, Vernin, Xanthin* u. *Adenin*).

Fam. **Cucurbitaceae:** *Cucurbita Pepo* L., Kürbis; in Keimpflanzen (neben *Vernin, Xanthin* u. *Guanin*).

Fam. **Compositae:** *Helianthus annuus* L., Sonnenblume; im Samen bei Keimung im Dunkeln (neben *Xanthin*).

Pilze

(*Basidiomycetes*):

Fam. **Polyporaceae:** *Boletus edulis* Bull., Steinpilz; im Fruchtkörper.

Fam. **Agaricaceae:** *Amanita muscaria* L., Fliegenpilz; im Fruchtkörper.

(*Myxomycetes*):

Fam. **Physaraceae:** *Fuligo varians* Sommf. (*Aethalium septicum* L.), Lohblüte; im Plasmodium, als *Sarcin*.

### 7. Adenin, $C_5H_5N_5$
(*6-Aminopurin*).

Vorkommen: In zahlreichen Familien aufgefunden, in Pollen, Samen, Frucht, jungen Blättern, auch in Wurzel und Blüten; vereinzelt bei *Pilzen*. Meist neben den verwandten Basen. Auch in faulender Hefe (neben Hypoxanthin u. a.) 1933.

Fam. **Pinaceae** (*Abietineae*): *Pinus silvestris* L., Gemeine Kiefer; im Pollen (neben *Xanthin, Guanin, Hypoxanthin* u. *Vernin*).

Fam. **Gramineae:** *Zea Mays* L., Mais; in Pollen. — *Oryza sativa* L., Reis; in Embryo, Reisschalen u. Reiskleie (neben *Guanin, Xanthin* u. *Hypoxanthin*). — *Secale cereale* L., Roggen; in reifendem Korn (neben *Hypoxanthin, Xanthin* u. *Guanin*). — *Triticum sativum* Lmk., Weizen; im Embryo (neben *Guanin*, sekundär aus *Triticonucleinsäure*). — *Sasa panicula* Shib. et Mak.; in Schößlingen (neben *Xanthin, Hypoxanthin* u. *Guanin*). — *Bambusa*-Species, Bambus, wie vorige.

Fam. **Betulaceae:** *Corylus avellana* L., Haselstrauch; im Pollen (neben *Xanthin, Hypoxanthin* u. *Guanin*), unsicher!

Fam. **Moraceae** (*Moroideae*): *Morus nigra* L., Schwarzer Maulbeerbaum; in Blättern. — *M. alba* var. *latifolia* Bur.; in jungen Blättern. — (*Cannabinoideae*): *Humulus Lupulus* L., Hopfen; in Fruchtständen = *Hopfen* (neben *Hypoxanthin*).

Fam. **Chenopodiaceae:** *Beta vulgaris* L. var. *Rapa*, Zuckerrübe; im Saft unreifer u. ausgewachsener Rüben (neben *Hypoxanthin, Guanin, Heteroxanthin* u. *Xanthin*). — *B. vulgaris* L. var. *crassa*, Futterrübe; im Saft der Wurzel (wie vorige).

Fam. **Leguminosae:** *Pueraria hirsuta* Mats.; in Blättern. — (*Papilionatae*): *Trifolium repens* L., Weißer Klee, Kriechender Klee; im Kraut (neben *Xanthin, Hypoxanthin* u. *Guanin*). — *Medicago sativa* L., Luzerne, „Alfalfa"; im Saft des Krautes. — *Cicer arietinum* L., Kichererbse; im Samen.

Fam. **Theaceae:** *Camellia theifera* Griff. (*Thea sinensis* L.), Chinesischer Teestrauch; in Blättern = *Tee* (neben *Coffein, Xanthin, Hypoxanthin* u. *Theophyllin*).

Fam. **Solanaceae:** *Solanum tuberosum* L., Kartoffel; in etiolierten Trieben („Keimen").

Fam. **Plantaginaceae:** *Plantago major* L. var. *asiatica* Decn.; in Blättern.

Fam. **Rubiaceae** (*Coffeoideae*): *Coffea arabica* L., Kaffeestrauch; in Blättern u. unreifen grünen Früchten = *Kaffeekirschen* (neben *Coffein, Xanthin, Hypoxanthin* u. *Vernin*).

Fam. **Cucurbitaceae:** *Sicyos edule* JACQ. (*Sechium e.* SW.); im Saft der Frucht (als *Chayote, Chouchou* u. a.)[1].

Fam. **Compositae:** *Ambrosia artemisifolia* L., Ragweed; in Pollen (Alkoholauszug). — *Chrysanthemum sinense* SABIN.; in Blüten u. Blättern. — *Ch. coronarium* L.; im jungen Kraut. — *Artemisia vulgaris* L. var. *indica* MAXIM., Indischer Beifuß; im jungen Kraut.

Pilze

(*Basidiomycetes*):

Fam. **Polyporaceae:** *Boletus edulis* BULL., Steinpilz; im Fruchtkörper.

(*Ascomycetes*):

Fam. **Aspergillaceae:** *Aspergillus niger* VAN TIEGH. (*Sterigmatocystis antacustica* CRAM.); im Mycel.

## 8. Guanin, $C_5H_5ON_5$

(*2-Amino-6-oxypurin*).

Vorkommen: Vielfach besonders bei *Gräsern* und *Papilionaceen*, in Samen und Keimpflanzen, jungen Blättern, Pollen, Wurzeln, Knollen; mehrfach auch bei *Pilzen* nachgewiesen. Meist neben den verwandten Basen.

Fam. **Pinaceae** (*Abietineae*): *Pinus silvestris* L., Gemeine Kiefer; im Pollen (neben *Xanthin, Hypoxanthin, Vernin* u. *Adenin*).

Fam. **Gramineae:** *Saccharum officinarum* L., Zuckerrohr; im Rohr. — *Oryza sativa* L., Reis; im Korn (Embryo) neben *Adenin, Hypoxanthin, Xanthin*; in Reisschalen (neben *Adenin*). — *Hordeum sativum* JESS. (*H. vulgare* L.), Gerste; in jungen Keimpflanzen (neben *Xanthin*). — *Secale cereale* L., Roggen; in reifendem Korn (neben *Xanthin, Hypoxanthin* u. *Adenin*). — *Triticum sativum* LMK., Weizen; im Embryo (neben *Adenin*, sekundär aus *Titriconucleinsäure*). — *Sasa paniculata* SHIB. et MAK.; in Schößlingen (neben *Xanthin, Hypoxanthin* u. *Adenin*).

Fam. **Betulaceae:** *Corylus avellana* L., Haselstrauch; im Pollen (neben *Xanthin, Hypoxanthin* u. *Adenin*).

Fam. **Chenopodiaceae:** *Beta vulgaris* L. var. *Rapa*, Zuckerrübe; im Saft ausgewachsener u. unreifer Rüben (neben *Xanthin, Hypoxanthin, Heteroxanthin* u. *Adenin*) u. in den entzuckerten Laugen (neben *Xanthin* u. *Hypoxanthin*). — *B. vulgaris* L. var. *crassa*, Futterrübe; im Saft der Wurzel (wie vorige).

Fam. **Platanaceae:** *Platanus orientalis* L., Morgenländische Platane; in Rinde u. jungen Trieben (neben *Hypoxanthin* u. *Xanthin*).

Fam. **Leguminosae** (*Papilionatae*): *Lupinus luteus* L., Gelbe Lupine; in Keimpflanzen (neben *Xanthin* u. *Hypoxanthin*). — *Trifolium repens* L., Weißer Klee, Kriechender Klee; im Kraut (neben *Xanthin, Adenin* u. *Hypoxanthin*). — *T. pratense* L., Wiesenklee, Rotklee; in jungen Blättern (neben *Xanthin* u. *Hypoxanthin*). — *Vicia sativa* L., Futterwicke; in jungen Pflanzen (neben *Xanthin* u. *Hypoxanthin*) u. in Samen.

Fam. **Aceraceae:** *Acer Pseudo-Platanus* L., Bergahorn; in jungen Trieben (neben *Allantoin, Hypoxanthin* u. *Xanthin*), ob primär vorhanden?

Fam. **Araliaceae:** *Aralia cordata* THBG.; in Früchten (neben *Xanthin*).

Fam. **Theaceae:** *Camellia theifera* GRIFF. (*Thea sinensis* L.), Chinesischer Teestrauch; in Blättern = *Tee* (als *Guaninnucleotid*).

Fam. **Solanaceae:** *Solanum tuberosum* L., Kartoffel; im Kraut u. in der Knolle = *Kartoffel* (neben *Xanthin* u. *Hypoxanthin*).

Fam. **Rubiaceae** (*Cinchonoideae*): *Randia dumetorum* LAM. (*Gardenia spinosa* L.); im Samen (neben *Hypoxanthin*). — (*Coffeoideae*): *Coffea arabica* L., Kaffeestrauch; in toten erfrorenen Blättern gefunden (neben *Coffein*).

Fam. **Cucurbitaceae:** *Cucurbita Pepo* L., Kürbis; in Keimpflanzen (neben *Vernin, Hypoxanthin* u. *Xanthin*).

Pilze

(*Basidiomycetes*):

Fam. **Polyporaceae:** *Boletus edulis* BULL., Steinpilz; im Fruchtkörper.

(*Ascomycetes*):

Fam. **Aspergillaceae:** *Aspergillus niger* VAN TIEGH. (*Sterigmatocytis antacustica* CRAM.); im Mycel.

Fam. **Saccharomycetaceae:** *Saccharomyces*-Species; in „Hefe" angegeben.

(*Myxomycetes*):

Fam. **Physaraceae:** *Fuligo varians* SOMMF. (*Aethalium septicum* L.), Lohblüte; im Plasmodium.

[1] Siehe Note auf S. 187.

### 9. Allantoin, $C_4H_6O_3N_4$
(*Glyoxyl-diureid*).

Vorkommen: Nachgewiesen bei mehreren mono- und dicotylen Familien, in Samen, Keimpflanzen, Knospen, Trieben, Rinde, Wurzel.

Fam. **Gramineae:** *Oryza sativa* L., Reis; in der Reiskleie (neben *Adenin* u. *Hypoxanthin*). — *Triticum sativum* LMK., Weizen; in Frucht (*Weizen*) u. im Embryo.

Fam. **Chenopodiaceae:** *Beta vulgaris* L. var. *Rapa*, Zuckerrübe; im Saft unreifer u. ausgewachsener Rüben (neben *Heteroxanthin, Guanin, Xanthin, Hypoxanthin* u. *Adenin*) u. in der Melasse. — *Anabasis aretioides* MOQ. et COSS.; in den oberirdischen Teilen.

Fam. **Nyctaginaceae:** *Mirabilis Jalapa* L., Wunderblume; in Wurzel (neben *Trigonellin*).

Fam. **Platanaceae:** *Platanus orientalis* L., Morgenländische Platane; in Trieben u. Knospen.

Fam. **Leguminosae** (*Papilionatae*): *Glycine Soja* SIEB. (*Soja hispida* MNCH.), Sojabohne; im Samen (*Sojabohne*), zweifelhaft! — *Phaseolus vulgaris* L., Gartenbohne; in der Fruchtschale. — *P. multiflorus* LAM. var. *β-coccineus*; in Wurzel.

Fam. **Aceraceae:** *Acer Pseudo-Platanus* L., Bergahorn; in jungen Trieben (neben *Hypoxanthin, Xanthin* u. *Guanin*) u. Rinde. — *Acer campestre* L., Feldahorn; in jungen Trieben u. Rinde.

Fam. **Hippocastanaceae:** *Aesculus Hippocastanum* L., Roßkastanie; in der Rinde des Baumes.

Fam. **Borraginaceae:** *Cordia excelsa* DC. u. *C. atrofusca* TB.; in Blättern u. Rinde (früheres „*Cordianin*"). — *Anchusa officinalis* L., Ochsenzunge; in Blättern u. Rhizom. — *Symphitum officinale* L., Beinwell, Schwarzwurz; im Rhizom, hauptsächlich während der Winterruhe. — *Borrago officinalis* L., Boretsch, „Gurkenkraut"; in Keimlingen.

Fam. **Labiatae:** *Stachys silvatica* L., Wald-Ziest; im Kraut.

Fam. **Solanaceae:** *Datura Metel* L.; im Samen, unsicher! — *Nicotiana Tabacum* L., Virginischer Tabak; im Samen.

### 10. Allantoinsäure, $C_4H_8O_4N_4$
(*Allantosäure*).

Vorkommen: Vereinzelt in zwei Familien gefunden; in Blättern[1].

Fam. **Leguminosae** (*Papilionatae*): *Phaseolus vulgaris* L., Gartenbohne, Schminkbohne; im Saft der Blätter.

Fam. **Aceraceae:** *Acer Pseudo-Platanus* L., Bergahorn; im Saft der Blätter.

### 11. Vernin, $C_{10}H_{13}O_5N_5$
(*Guanosin, Guanin-d-ribosid*).

Vorkommen: Bei mehreren Familien gefunden; in Pollen, Samen, Keimpflanzen, unreifen Früchten, vereinzelt bei *Pilzen*.

Fam. **Pinaceae** (*Abietineae*): *Pinus silvestris* L., Gemeine Kiefer; im Pollen (neben *Xanthin, Guanin, Hypoxanthin* u. *Adenin*). — *Picea excelsa* LK., Fichte, Rottanne; im Pollen.

Fam. **Gramineae:** *Hordeum sativum* JESS. (*H. vulgare* L.), Gerste; im keimenden Korn (Malz).

Fam. **Betulaceae:** *Corylus avellana* L., Haselstrauch; im Pollen (neben *Xanthin, Hypoxanthin, Guanin* u. *Adenin*).

Fam. **Chenopodiaceae:** *Beta vulgaris* L. var. *Rapa*, Zuckerrübe; in den entzuckerten Laugen (neben *Xanthin, Hypoxanthin, Guanin, Adenin* u. *Allantoin*).

Fam. **Leguminosae** (*Papilionatae*): *Lupinus luteus* L., Gelbe Lupine; im Samen. — *Trifolium pratense* L., Wiesenklee, Rotklee; in Keimpflanzen. — *Medicago sativa* L., Luzerne, „Alfalfa"; wie vorige. — *Arachis hypogaea* L., Erdnuß; im Embryo. — *Vicia sativa* L., Futterwicke; in Keimpflanzen. — *Pisum sativum* L., Gartenerbse; wie vorige, unsicher!

Fam. **Rubiaceae** (*Coffeoideae*): *Coffea arabica* L., Kaffeestrauch; in Blättern u. grünen, unreifen Früchten = *Kaffeekirschen* (neben *Xanthin, Adenin, Hypoxanthin* u. *Coffein*).

---

[1] Nach einer neueren Angabe (1932) bildet „*Soja*" *Allantoinsäure* aus *Harnsäure*; vielleicht ist *Aspergillus Oryzae* gemeint? Vgl. Nr. 2, S. 181.

Fam. **Cucurbitaceae:** *Cucurbita Pepo* L., Kürbis; in etiolierten Keimpflanzen.

Pilze (*Ascomycetes*):

Fam. **Hypocreaceae:** *Claviceps purpurea* KÜHN; in Sclerotien = *Mutterkorn*.

**12. Vicin**[1], $C_{10}H_{16}O_7N_4$ (auch $C_{20}H_{36}O_{15}N_8$)
(*Dioxy-diamino-pyrimidin-glucosid*).

Vorkommen: Bislang sicher nur in einer Familie nachgewiesen (Samen).

Fam. **Chenopodiaceae:** *Beta vulgaris* L. var. *Rapa*, Zuckerrübe; in den entzuckerten Laugen, zweifelhaft (neben *Guanin, Adenin, Allantoin* u. *Vernin*).

Fam. **Leguminosae** (*Papilionatae*): *Vicia sativa* L., Futterwicke; im Samen = *Wicken* (neben *Convicin*), auch in unreifen. — *V. Faba* L., Pferdebohne, Saubohne; in Samen (neben *Convicin*).

**13. Convicin,** $C_{20}H_{28}O_{10}N_6$
(*Dialursäure-Glucosid* ?).

Vorkommen: Nur aus einer Familie bekannt; im Samen.

Fam. **Leguminosae** (*Papilionatae*): *Vicia sativa* L., Futterwicke; in Samen = *Wicken* (neben *Vicin*). — *V. Faba* L., Pferdebohne, Saubohne; in Samen (neben *Vicin*).

**14. Uracil,** $C_4H_4O_2N_2$
(*2,6-Dioxy-pyrimidin*).

Vorkommen: Primär nur im Mutterkorn.

Fam. **Gramineae:** *Triticum sativum* LMK., Weizen; im Embryo des Kornes (sekundär aus *Triticonucleinsäure*!).

Pilze (*Ascomycetes*):

Fam. **Hypocreaceae:** *Claviceps purpurea* KÜHN; im Sklerotium = *Mutterkorn*; frei!

**15. Cytosin,** $C_4H_5ON_3$
(*2-Oxy-6-amino-pyrimidin*).

Vorkommen: Bisher nicht im freien Zustand aufgefunden (nur als Bestandteil von *Nucleinsäuren*).

**16. 5-Methyl-Cytosin,** $C_5H_7ON_3$.

Vorkommen: Wie Cytosin.

**17. Thymin,** $C_5H_6O_2N_2$
(*5-Methyl-uracil, 5-Methyl-2,6-dioxy-pyrimidin*).

Vorkommen: Wie vorige, nicht frei vorkommend.

**18. Orotsäure,** $C_5H_4O_4N_2$
(*Uracil-4-carbonsäure, 2,6-Dioxy-pyrimidin-4-carbonsäure*).

Vorkommen: Bislang nicht in Pflanzen gefunden.

# 41. Die Nucleinkörper.

Von **H. STEUDEL** und **E. PEISER**, Berlin.

## A. Nucleoproteide.

Die Nucleoproteide sind Salze von Eiweißkörpern mit Nucleinsäuren. Da die Nucleinsäuren außer den Elementen C, H, N und O Phosphor enthalten, so gehören die Nucleoproteide zu den phosphorhaltigen Eiweißkörpern. Sie unterscheiden sich aber von den letzteren, den *Nucleoalbuminen*, dem Casein und den Vitellinen durch einen sehr beträchtlichen Gehalt an Purin- und Pyrimidinkörpern und an Kohlenhydrat.

*Vorkommen.* Die Nucleoproteide finden sich im Pflanzen- und Tierreiche in weiter Verbreitung. Sie sind zuerst in den Zellkernen gefunden und nach

[1] „*Vicin*" ist auch der Blütenfarbstoff von *Wicken* benannt (s. Bd. 3, S. 987).

diesen benannt worden; die Zellkerne sind auch heute noch das wichtigste Ausgangsmaterial zu ihrer Darstellung. Hauptsächlich die kernreichen embryonalen und drüsigen Zellen sind die Hauptfundstätten der Nucleoproteide. Bei den Tieren sind es die Spermatozoen, die Thymusdrüse, die Pankreasdrüse, Gehirn, Nebenniere, Schilddrüse, Lymphdrüse, Knochenmark, weiße Blutkörperchen, Placenta, Leber, Milchdrüse, die kernhaltigen Erythrocyten der Vögel, aber auch in den Muskeln und im Blut kommen sie vor. Nicht gefunden werden sie in den unbefruchteten Eiern der Tiere, doch hat sie Kossel im bebrüteten Hühnerei gefunden. Im Pflanzenreiche sind es die Embryonen von Weizen und Gerste, sowie die Stengelspitzen von Vicia Faba und Spargeln, Teeblätter, hauptsächlich aber die Asomatophyten, die embryonalen Zustand bewahren, wie z. B. Hefe, Bakterien und die Schimmelpilze. Denn in ihnen nehmen die Zellkerne einen großen Raum ein, während diese in den ausgewachsenen Zellen eine nur untergeordnete Rolle spielen. Bei einem Baume mit 100000 Vegetationspunkten von Wurzeln und Sprossen wiegt die Masse des embryonalen Gewebes nach Sachs nur 1 g, während die übrige Substanz Hunderte von Kilogrammen beträgt. Zaleski hat daher bei der Neubildung der Vegetationspunkte eine Vermehrung der Nucleoproteide festgestellt. Diese muß aber schon beim Wachstum des embryonalen Gewebes eintreten, da der Teilung des Zellkernes ein Anwachsen der Kernsubstanz vorhergehen muß. Zaleski vermutet, daß die Phosphatide des Protoplasmas das Material zur Bildung der Nucleoproteide liefern. Er behauptet, daß der Aufbau der Nucleoproteide während des Wachstums der somatischen Zellen stattfindet. Bei den Blättern von Tilia, deren Gewicht vom 1. bis 14. April von 3,5 auf 93,1 g zugenommen hatte, beobachtete er eine Zunahme an Nucleoproteid-Phosphor von 0,0069 g auf 0,0532 g. Auch bei den Blättern der entfalteten Knospen, die ihr embryonales Wachstum schon beendet haben und sich hauptsächlich durch die Streckung der Zellen vergrößern, wird eine beträchtliche Bildung von Nucleoproteiden festgestellt; weiter findet man eine ansehnliche Zunahme der Nucleoproteide in den wachsenden Teilen der Keimpflanzen von Zea Mays und besonders in den Achsenorganen von Vicia Faba. Auch während der Keimung von Triticum findet eine Vermehrung der Nucleoproteide statt, dieser Aufbau ist aber nur sehr gering, da die Keimung der Weizensamen im Dunkeln vor sich geht.

*Allgemeine Bemerkungen zur Darstellung.* Die Nucleoproteide lassen sich meist mit indifferenten Lösungsmitteln extrahieren und aus dem Extrakt mit schwachen Säuren niederschlagen. Da die wäßrigen Extrakte der Organe aber meist sehr trübe, opalisierende Flüssigkeiten sind und noch eine Summe von Fermenten enthalten, die natürlich auf die gelösten Substanzen während der Verarbeitung einwirken, so läßt sich über die chemische Reinheit oder über das Vorhandensein der als Nucleoproteide bezeichneten Fällungen in der Zelle schwer etwas aussagen. Ferner wird behauptet, daß die Nucleoproteide als solche gar nicht existieren, daß sie vielmehr Kunstprodukte der Darstellungsmethoden seien, künstliche Salze, deren Zusammensetzung von vielen äußeren Faktoren, besonders von der Wasserstoffionenkonzentration des Mediums abhängt. Man müßte eigentlich die ganze Gruppe der Nucleoproteide fallen lassen, denn die Nucleinsäuren bilden eine Gruppe für sich und den basischen Paarling hätte man in die Klasse der Proteine zu verweisen. Da aber die Nucleoproteide so viele gemeinsame und charakteristische Eigenschaften haben, halten wir es für gerechtfertigt, den historischen Namen beizubehalten. Man muß sich nur nicht vorstellen, daß in den Zellkernen unter allen Umständen eine salzartige Bindung von Nucleinsäure an Eiweiß vorkommt. Denn die Befunde, bei denen wohl Nucleinsäuren, aber keine basischen Eiweißkörper aus Organen oder Zellkernen sich haben extrahieren lassen, scheinen darauf hinzudeuten, daß Nucleinsäuren auch in anderer Bindung, etwa an anorganische Basen, in der Zelle vorkommen können. Dies gilt im besonderen für die pflanzlichen Zellkerne, unter anderen auch für diejenigen der Hefe, bei denen es bis jetzt nicht gelungen ist, einen Eiweißkörper zu isolieren (48, 109).

*Darstellungsmethoden 1. aus Sperma.* Das reinste Nucleoproteid wird aus den Spermatozoen der Fische dargestellt, wie es MIESCHER (82) für den Lachs angegeben und STEUDEL (92) auf den Hering übertragen hat. Wird frisches Sperma mit destilliertem Wasser zentrifugiert und diese Behandlung so oft wiederholt, bis die abzentrifugierte Flüssigkeit vollkommen klar und farblos bleibt und nichts mehr aufnimmt, so gehen die Bestandteile des Schwanzes und des Mittelstückes der Spermien in Lösung, zurückbleiben als schneeweißes Pulver die wohlerhaltenen reinen Köpfe. Diese bestehen nach STEUDEL aus neutralem nucleinsaurem Protamin, wenn sie mit Alkohol und Äther bis zur vollständigen Erschöpfung extrahiert worden sind. Aber diese Darstellungsmethode ist mit großen Verlusten verbunden, in die abzentrifugierten Flüssigkeiten gehen große Mengen von Spermien und die endlichen Ausbeuten von reinen Köpfen sind verhältnismäßig sehr klein. Zur rascheren und bequemeren Verarbeitung hat deshalb MIESCHER vorgeschlagen, die mit Wasser verdünnten und durch ein Tuch geseihten Spermien mit einer geringen Menge Essigsäure bis zur schwach sauren Reaktion zu versetzen. Dann ballen sich die morphotischen Elemente zusammen und lassen sich leicht über Papier filtrieren. Mit Alkohol und Äther extrahiert man ein Produkt, das sowohl zur Darstellung von Protamin als auch von Nucleinsäure durchaus geeignet ist. Aber wie die näheren Analysen zeigen, haftet diesem mit Essigsäure gefällten Produkte noch ein anderer Eiweißkörper an. Während die mit destilliertem Wasser behandelten Köpfe ein Präparat lieferten, das im Durchschnitt 6,22% Phosphor und 20,78% N enthielt, wurde in dem mit Essigsäure gefällten Präparate im Durchschnitt 3,46% P und 17,73% N gefunden, der zweite Eiweißkörper muß also stickstoffärmer, d. h. saurer sein als das Protamin (NAKAGAWA [84]).

2. *Aus Hühnerblut.* Verhältnismäßig einfach läßt sich nach ACKERMANN (1) aus Hühnerblut ein Nucleoproteid nach der Methode von PLENGE isolieren. Das unter Umrühren fibrinfrei gewonnene Blut wird möglichst frisch mit 0,9proz. Kochsalzlösung verdünnt und zentrifugiert. Die Blutkörperchen werden noch einmal mit 0,9proz. Kochsalzlösung aufgeschwemmt und wieder zentrifugiert. Die so gewaschenen Blutkörperchen werden je nach der Menge in einen oder mehrere Scheidetrichter von je 2 l Inhalt gebracht und in jedem mit 1500 $cm^3$ Wasser von $40^0$ unter Umschütteln gelöst. Nach einiger Zeit wird zu je 1500 $cm^3$ Wasser 500 $cm^3$ 3,6proz. Kochsalzlösung hinzugesetzt und dann zentrifugiert. Die abgesetzte Kernmasse wird von neuem in einem Scheidetrichter mit 1500 $cm^3$ Wasser von $40^0$ unter Umschütteln suspendiert und nach Hinzufügen von 500 $cm^3$ 3,6proz. NaCl-Lösung zentrifugiert. Diese Operation wird so oft wiederholt, bis die Masse ein farbloses glasiges Aussehen ohne rote Streifen hat und an die Kochsalzlösung keinen Blutfarbstoff mehr abgibt. Dann werden die Kerne mit dem doppelten Volumen Alkohol zum Schrumpfen gebracht, mit 96proz. Alkohol entwässert, getrocknet und mit Äther extrahiert. Die Manipulationen dürfen bis zum Eintragen in Alkohol nicht länger als 3 Tage in Anspruch nehmen. Die auf diese Weise dargestellten Kerne hatten 3,93 % P und 17,2 % N, daraus berechnet sich für das Verhältnis:

$$P/N = 1:4{,}40\,.$$

3. *Aus Kalbsleber.* Ein ähnliches Nucleoproteid hat ISHIYAMA (49) auf eine ganz andere Weise aus Kalbsleber dargestellt. 500 g möglichst frische Kalbsleber werden in einer Reibschale fein zerrieben, durch ein feines Sieb geseiht und mit 6 l Pepsinsalzsäure (8 $cm^3$ konzentrierte Salzsäure und 0,4 g käufliches Pepsin sind im Meßkolben mit Wasser zu 1 l aufgefüllt worden) versetzt. Die Mischung wird unter öfterem Umschütteln im Brutofen bei $37^0$ gehalten; nach 24 Stunden wird die trübe Lösung durch ein Tuch geseiht und das Filtrat in einer Zentrifuge ausgeschleudert. Die sich dabei absetzende Substanz wird mikroskopisch untersucht (Färbung mit Methylenblau); da kein Leberprotoplasma mehr nachzuweisen

ist und nur noch nackte Zellkerne zu sehen sind, so wird der Niederschlag kurz mit Wasser, dann mit Alkohol und Äther ausgewaschen und zentrifugiert, so lange bis die Waschflüssigkeit vollkommen klar und farblos geworden ist. Dann wird im Vakuum bei $120^0$ bis zur Gewichtskonstanz getrocknet. Der beim Durchgießen durch das feine Tuch zurückgebliebene Teil wird noch einmal mit Pepsinsalzsäure angesetzt und das ganze Verfahren wiederholt. Aus 1000 g Kalbsleber erhält man auf diese Weise etwa 3,5 g trockene Kerne. Das Präparat enthält 13,08 % N und 2,72 % P. Berechnet man sich nach diesen Zahlen das Verhältnis P : N, so erhält man den Wert:

$$P/N = 1 : 4{,}81\,.$$

Der Schluß liegt nunmehr nahe, anzunehmen, daß die Zusammensetzung der Leberzellen beim Kalbe ungefähr derjenigen der Kerne der Vogelblutkörperchen entspricht.

Diese drei Verfahren sind die gebräuchlichsten, um aus tierischen Organen die Nucleoproteide darzustellen, die Nucleoproteide der Pankreasdrüse, der Milz und vor allen Dingen der Thymusdrüse des Kalbes usw. Selbstverständlich sind nicht alle Methoden gleichwertig. Daher erklären sich auch die Unterschiede in der Zusammensetzung der einzelnen Nucleoproteide. Die unzuverlässigste Methode ist die letzte, bei der ein Teil des Eiweißes durch Pepsinsalzsäure abgebaut wird. Denn durch die Einwirkung der Säure wird auch aus der Nucleinsäure ein Teil der Purinbasen abgespalten. Dadurch werden die Produkte phosphorreicher, auch ohne eine beträchtliche Abspaltung locker gebundener Eiweißkörper, wie die älteren Forscher annehmen.

*Aus Pflanzenkernen oder aus Hefe ein Nucleoproteid darzustellen, das denjenigen aus tierischen Organen entspricht, ist bis jetzt nicht gelungen.* Nach den Untersuchungen von STEUDEL und TAKAHATA (109) und von ISHIYAMA (48) scheint es zweifelhaft zu sein, ob in der Hefe überhaupt eine Verbindung der Hefenucleinsäure mit Eiweiß vorkommt. Es besteht die Möglichkeit, daß das Eiweiß, das man als Begleiter der Hefenucleinsäure gefunden hat, gar nicht als solches zur Nucleinsäure in Beziehung steht, sondern nur mechanisch bei ihrer Ausfällung mitgerissen wird. Es scheint sogar sehr wahrscheinlich zu sein, daß die Nucleinsäure in der Hefe in freiem Zustande vorkommt, denn die Hefezelle muß während der Gärung über eine gewisse saure Reaktion verfügen, damit die sich entwickelnde Kohlensäure frei werden und nicht von etwaigen alkalisch reagierenden Zellsubstanzen gebunden werden kann. Da die Hefenucleinsäure im Gegensatz zu der Thymonucleinsäure gegen Säuren relativ beständig ist, so kann sie ganz gut eine solche Rolle übernehmen.

*Eigenschaften.* Die Nucleoproteide sind weiße amorphe Stoffe, die sauer reagieren, in organischen Lösungsmitteln ganz unlöslich sind, sich aber häufig in Wasser, leichter in Kochsalzlösung, noch leichter in Lösungen von Natriumacetat und am leichtesten in verdünnten Laugen lösen. Aus diesen Lösungen werden sie durch Essigsäure wieder gefällt. Durch Hitze werden sie meist koaguliert und denaturiert. $CaCl_2$ fällt in bestimmter Konzentration, im Überschuß sind die Niederschläge häufig wieder löslich. Die meisten Nucleoproteide drehen die Ebene des polarisierten Lichtes nach rechts. Wie schon erwähnt, sind die meisten Nucleoproteide Salze der Nucleinsäure mit einem Eiweißkörper. Für die Nucleoprotamine der Fischspermatozoen und die Nucleohistone der Thymusdrüse sind die Beweise dafür von STEUDEL und PEISER (93, 105) erbracht worden. Bei den nicht basischen Eiweißkörpern liegen die Verhältnisse schwieriger. Nach E. HAMMARSTEN (41) können die Nucleinsäuren in den Zellen als Salze mit Ampholyten vorkommen, wenn die Wasserstoffionenkonzentration eine geeignete ist, also bei einer höheren $C_H$ als der isoelektrischen Reaktion des betreffenden Ampholyts entspricht. Da die meisten

Eiweißstoffe, die aus dem Tierkörper isoliert worden sind, eine isoelektrische Reaktion von $p_H$ 4,5—5 haben, so müßte demnach die $C_H$ in den Zellkernen höher als $10^{-5}$ n liegen können, wenn Salze zwischen diesen Eiweißstoffen und Nucleinsäuren vorkommen würden. Salzbildung bei Ampholyten mit einer isoelektrischen Reaktion bei $p_H = 4$—5 erfordert also eine saurere Reaktion, als in den Zellsäften bis jetzt gefunden worden ist. Je mehr sich aber die isoelektrische Reaktion der Zelle dem Neutralpunkt nähert, um so wahrscheinlicher wird das Vorkommen von Ampholytsalzen der Nucleinsäuren. Nach St. i. von Przylecki und M. Z. Grynberg sind Eiweiß und Nucleinsäure zwischen $p_H$ 3—5 stark gebunden. Die Bindung bei einem $p_H$, das unter dem isoelektrischen Punkt des Ovalbumins liegt, wird als heteropolare, salzartige Bindung (zwischen $NH_3$ und $PO_2$) aufgefaßt, während beim isoelektrischen Punkt eine Doppelsalzbindung vorliegen soll. Die basischen Eiweißstoffe können selbstverständlich in dem Gebiete, wo sie noch nicht als Ampholyte reagieren, neutrale Salze mit den Nucleinsäuren bilden. Kossel (58) hat angenommen, daß in den Zellen, aus denen bis jetzt kein Nucleoproteid isoliert worden ist, wie im Pflanzenreich und den Spermatozoen der Säugetiere, keine salzartige Verbindung von Eiweiß und Nucleinsäure vorliegt, sondern eine bisher wenig untersuchte Verbindung von Eiweißsubstanzen mit einer organischen Gruppe, welche Purinderivate und Phosphorsäure enthält. Die Struktur soll eine derartige sein, daß es bisher noch nicht gelungen ist, einzelne Teile des komplizierten Aufbaues ohne tiefgreifende Zersetzung voneinander zu lösen. Er glaubt, daß im Laufe der Entwicklung tierischer Zellen eine Umbildung dieses Systems eintritt, welche dazu führt, daß gewissermaßen zwei Pole entstehen, und daß das Ganze den Charakter eines Salzes erhält (Dissoziation des „Zellkernes“). Durch diese Umbildung ist die Kernsubstanz der chemischen Untersuchung zugänglicher geworden. Wir können nunmehr ohne Zerstörung der Struktur eine Säure und eine Base herauslösen. Die Säure ist eine Nucleinsäure, der andere Bestandteil ist das zu einer Base umgeformte Eiweiß. In den meisten Fällen behält das basische Eiweiß seine ganz komplizierte Struktur, seine Zusammensetzung aus 18—20 Bausteinen, d. h. es ist zu einem Histon umgeformt worden. Dieser Fall ist in vielen Geweben von Wirbeltieren und Wirbellosen leicht zu beobachten, z. B. in den Kernen mancher drüsiger Organe, in den roten Blutkörperchen des Vogelblutes oder in den Spermatozoen mancher Fische (Gadiden) oder der Echinodermen. In den männlichen Geschlechtszellen der meisten Fische geht die Umbildung noch weiter, hier wird im Laufe der Spermatogenese ein großer Teil der Monoaminosäuren und in gewissen Fällen auch ein Teil der Basen aus dem Eiweißmolekül herausgelöst, und es bleibt ein Rückstand, in welchem quantitativ der Monoaminosäureanteil des Eiweißmoleküls auf einen kleinen Rest zurückgedrängt ist, während der Basenanteil überwiegt. Die so entstandenen Substanzen sind die Protamine. Die ausgestoßenen Aminosäuren haben Steudel und Suzuki (108) im Plasma der Heringstestikel nach Abtrennung der Spermien gefunden, und zwar: Leucin, Tyrosin, Cystin, Tryptophan, Lysin und Histidin. Die morphologische Betrachtung bietet einige Anhaltspunkte für diese Auffassung. Sie zeigt, daß sich die Spermatozoen der Fische aus bestimmten Hodenzellen entwickeln und daß dabei verschiedene Zwischenstadien festzustellen sind.

## B. Nucleinsäuren.

Charakteristisch für Nucleinsäuren sind 1. ihr Gehalt an organisch gebundener Phosphorsäure, 2. gewisse Kohlenhydratreaktionen und 3. ihr Gehalt an Purin- bzw. Pyrimidinkörpern.

Man unterscheidet *einfache* und *zusammengesetzte* Nucleinsäuren. In den einfachen Nucleinsäuren ist nur 1 Mol. eines Purin- bzw. Pyrimidinkörpers, 1 Mol. eines Kohlenhydrates und 1 Mol. Phosphorsäure enthalten. Bisher hat man nur einfache Nucleinsäuren kennen gelernt, die als Kohlenhydratkomponente eine Pentose (d-Ribose) in ihrem Molekül enthalten. Die einfachen Nucleinsäuren werden auch als *Nucleotide* bezeichnet, die in ihnen enthaltenen Basen-Pentosenkomplexe als *Nucleoside*.

Bis jetzt sind folgende einfache Nucleinsäuren, *Nucleotide*, bekannt, von denen aber nur die drei ersten direkt aus Organen, die anderen nur als Spaltungsprodukte zusammengesetzter Nucleinsäuren erhalten worden sind.

h- und t-Inosinsäure = Hypoxanthin-d-Ribose-$H_3PO_4$[1]
Guanylsäure = Guanin-d-Ribose-$H_3PO_4$
h- und t-Adenylsäure = Adenin-d-Ribose-$H_3PO_4$
Xanthylsäure = Xanthin-d-Ribose-$H_3PO_4$
Cytosylsäure = Cytosin-d-Ribose-$H_3PO_4$
Uracylsäure = Uracil-d-Ribose-$H_3PO_4$.

Die *zusammengesetzten* Nucleinsäuren bestehen aus mehreren einfachen Nucleinsäuren. Das Kohlenhydrat der zusammengesetzten Nucleinsäuren ist aber nicht immer d-Ribose, wie in der Hefenucleinsäure und der mit ihr identischen Triticonucleinsäure, sondern kann auch eine Desoxy-d-Ribose sein, z. B. in der Thymonucleinsäure.

## a) Einfache Nucleinsäuren.

### 1. t-Inosinsäure. $C_{10}H_{13}N_4O_8P$.

*Vorkommen.* Die Inosinsäure ist das zuerst aufgefundene Mononucleotid. Sie ist von Liebig aus Fleischextrakt isoliert worden. Steudel (96) hat sie im Muskelextrakt des Kabliaus gefunden. Sie ist kein primäres Produkt wie die Guanylsäure und die Adenylsäure, sondern geht aus der letzteren durch Desaminierung hervor.

*Darstellung.* 1. Zur Darstellung eignet sich am besten frisches Fleischextrakt. Dieses wird nach der Angabe von Haiser (40) in ca. 5 Teilen Wasser von 40° gelöst und mit Baryt bis zur vollständigen Entfernung der Phosphate versetzt. Aus so verdünnter Lösung wird weder Inosinsäure noch Carnin gefällt. Nach dem Absaugen des Barytniederschlages wird die stark alkalische Flüssigkeit mit Essigsäure neutralisiert und mit Bleiessig ausgefällt. Ein Überschuß ist zu vermeiden, da dieser lösend auf den Niederschlag wirkt. Aus dem mit kaltem Wasser gut ausgewaschenen Niederschlage gewinnt man nach Zerlegung desselben mit Schwefelwasserstoff in der Kälte, Aufkochen mit Bariumcarbonat und Einengen des Filtrats im Vakuum den inosinsauren Baryt, und zwar 5—6 g aus 500 g Fleischextrakt. Die Ausbeute hängt ganz von der Frische desselben ab; aus alten braunen Sorten wurde oft keine Spur gewonnen, aus ganz frischen hellgelben Sorten oft 7 g.

2. 0,5 g im Vakuum über Schwefelsäure getrocknete *t-Adenylsäure* wird in eine Lösung von 1,4 g Natriumnitrit in 5 $cm^3$ Wasser eingetragen, wobei sie rasch vollständig gelöst wird. Nach Hinzufügen von 1,5 $cm^3$ Eisessig tritt lebhafte Gasentwicklung ein, die nach 14 Minuten noch nicht völlig beendet ist. Nunmehr werden nach Verdünnung mit 6 $cm^3$ Wasser zur Beseitigung der salpetrigen Säure 0,4 g Harnstoff in Substanz langsam zugesetzt. Etwas später wird eine weitere Verdünnung auf 300 $cm^3$ mit Wasser vorgenommen. In der so erhaltenen Lösung ist anorganische Phosphorsäure mit der Molybdänsäure-Strychninreaktion nicht nachweisbar. Die Flüssigkeit wird mit Baryt neutralisiert, wobei keine Trübung auftritt, und mit annähernd 10 $cm^3$ Bleiessig sofort

[1] Als h-Säuren werden alle die Säuren bezeichnet, die gleich gebaut sind der Adenylsäure, die zuerst in der Hefe aufgefunden ist — als t-Säuren diejenigen, die wie die Inosinsäure aus Fleischextrakt gebaut sind.

ausgefällt. Der Niederschlag wird nach gründlichem Waschen mit kaltem Wasser in etwa 200 cm³ Wasser suspendiert und im geschlossenen Gefäß mit Schwefelwasserstoff zersetzt. Das Filtrat vom Bleisulfid samt dem Waschwasser wird durch einen Luftstrom vom Schwefelwasserstoff befreit, mit feuchtem Bariumcarbonat auf dem Wasserbade bis zur annähernd neutralen Reaktion digeriert und nach kurzem Aufkochen filtriert. Das so gewonnene Filtrat wird im Vakuum bei einer 40° nicht übersteigenden Temperatur des Heizwassers eingeengt, bis das Bariumsalz reichlich zu krystallisieren beginnt. Die Flüssigkeit bleibt über Nacht im Eisschrank stehen; das Barytsalz wird durch Filtration abgetrennt und einmal aus heißem Wasser, in dem es leicht löslich ist, umkrystallisiert. Ausbeute an exsiccatortrockener Substanz = 0,272 g. Die einmal aus heißem Wasser umkrystallisierte Substanz zeigt makroskopisch das charakteristische Glitzern des t-inosinsauren Bariums und mikroskopisch die für dieses Salz bekannten beiderseits zugespitzten Blättchen.

3. 0,5 g *h-Adenylsäure* werden in einer Lösung von 1,4 g Natriumnitrit in 5 cm³ Wasser suspendiert. Die Substanz löst sich erst nach tropfenweisem Zusatz von 33proz. Natronlauge. Nach erfolgter Lösung reagiert die Flüssigkeit noch stark sauer gegen Lackmus. Nach Zusatz von weiteren 1,4 g Natriumnitrit und 3 cm³ Eisessig tritt langsame Gasentwicklung ein, die sich auf Zugabe von nochmals 1,5 cm³ Eisessig verstärkt und nach etwa 30 Minuten beendet ist. Die weitere Verarbeitung geschieht ganz nach der für t-Adenylsäure vorgeschriebenen Weise. Anorganische Phosphorsäure wird bei der Desaminierung nur in geringen Spuren frei. Die schließlich gewonnene Barytsalzlösung zeigt auch nach starker Einengung keine Neigung zur Krystallisation, und das mit Methylalkohol aus der konzentrierten Lösung gefällte Bariumsalz geht leicht wieder in wäßrige Lösung.

4. Die Darstellung von t-Inosinsäure durch Einwirkung der *Adenylsäuredesaminase* auf t-Adenylsäure beweist endgültig, daß man in dieser Substanz die biologische Quelle der von I. LIEBIG im Fleischextrakt aufgefundenen Inosinsäure zu erblicken hat (G. SCHMIDT [111]).

Am bequemsten nimmt man als Fermentpräparat ein Adsorbat, in dem die Wirksamkeit des Enzyms, wenn auch nur teilweise, erhalten bleibt. Da Aluminiumhydroxyd neben dem Ferment auch Adenylsäure stark adsorbiert, wird trotz der geringeren Wirksamkeit ein Kaolinadsorbat angewandt. Man hat dann nur nötig, das mit Wasser gewaschene fermentbeladene Kaolin mit einer Adenylsäurelösung bei 38° zu digerieren, den Fortgang der Desaminierung durch Ammoniakbestimmungen zu kontrollieren und nach beendeter Reaktion die vom Adsorbat abzentrifugierte klare Flüssigkeit mit frisch gefälltem Bariumcarbonat in der Siedehitze zu behandeln. Nach dem Abfiltrieren des überschüssigen Bariumcarbonats und Einengen im Vakuum scheidet sich inosinsaures Barium in den charakteristischen Tafeln aus, welche nach einmaligem Umkrystallisieren aus $H_2O$ analysenrein sind. Die Ausbeute an Inosinsäure beträgt 48% der aus der Ammoniakbildung berechneten Menge.

*Eigenschaften.* Die freie t-Säure ist in Wasser leicht, in organischen Lösungsmitteln nicht löslich und wird aus einer konzentrierten wäßrigen Lösung durch Alkohol gefällt. Sie ist noch nicht krystallisiert erhalten worden, bildet vielmehr einen farblosen Sirup, der glasig eintrocknet. Die wäßrige Lösung der freien Säure zersetzt sich, besonders beim Erhitzen. Sie ist eine ziemlich starke Säure, ihre Dissoziationskonstanten sind nach WASSERMEYER (124):

$$p_{k_1} = 2{,}4; \qquad p_{k_2} = (6{,}3\text{—}6{,}5).$$

Die wäßrige Lösung der Säure dreht die Ebene des polarisierten Lichtes nach links: $[\alpha]_D = -18{,}5^0$.

*Salze mit anorganischen Basen.* Die Alkalisalze der Inosinsäure krystallisieren in Prismen, sind aber sehr hygroskopisch und daher zur Identifizierung nicht geeignet. Am besten krystallisiert das neutrale Bariumsalz.

$(C_{10}H_{11}O_8N_4P)Ba$ krystallisiert in perlmutterglänzenden Prismen. Das lufttrockene Salz enthält $7^1/_2$ Moleküle Krystallwasser, von denen $6^1/_2$ Moleküle bei 100 bis 105° entweichen; das letzte Mol. entweicht erst bei 100° im Vakuum. 1000 Teile Wasser von 16° lösen 2,5 Teile Bariumsalz; in heißem Wasser ist es leicht löslich, unlöslich in Alkohol und anderen organischen Lösungsmitteln. Löst man das inosinsaure Barium zu 3% in 2,5proz. Salzsäure, so ist die spezifische Drehung gleich derjenigen der freien Säure: $[\alpha]_D = -18{,}5^0$.

$(C_{10}H_{10}O_8N_4P)Ba_3 + 2H_2O$, das basische inosinsaure Barium, entsteht beim Versetzen des neutralen Bariumsalzes oder der freien Inosinsäure mit überschüssigem Barytwasser. Es ist in Wasser sehr schwer löslich, aber löslich in Essigsäure als neutrales oder saures Salz. Mikrokrystallinische Masse von weißem, kreidigem Aussehen.

$(C_{10}H_{11}O_8N_4P)Ca + 7^1/_2H_2O$ bildet farblose monokline Prismen, die sich in kaltem Wasser schwer, in heißem Wasser leicht lösen, in Alkohol und anderen organischen Lösungsmitteln aber unlöslich sind.

Die Blei-, Kupfer- und Silbersalze sind amorph und in Wasser schwer löslich, die Kupfer- und Silbersalze lösen sich jedoch in Ammoniak unter Bildung komplexer Verbindungen.

*Bestimmung.* Die Inosinsäure reduziert nicht FEHLINGsche Lösung, wohl aber nach dem Sieden mit Mineralsäuren; sie gibt intensive Pentosenreaktion mit Orcin und Phloroglucin.

Die Inosinsäure besteht nach den Ergebnissen der hydrolytischen Aufspaltung aus je einem Molekül Hypoxanthin, d-Ribose und Phosphorsäure:

$$C_{10}H_{13}O_8N_4P + 2H_2O = C_5H_4ON_4 + C_5H_{10}O_5 + H_3PO_4.$$

Aus den Untersuchungen von LEVENE und JACOBS (68) geht hervor, daß die Pentose mit der Phosphorsäure eine Pentosephosphorsäure bildet, d. h. daß die primäre Alkoholgruppe der Ribose mit der Phosphorsäure verestert ist und daß die Base an die Aldehydgruppe des Zuckers gebunden ist. Die Inosinsäure ist demnach eine Hypoxanthin-d-ribosid-phosphorsäure. Denn beim kurzen Erhitzen der Inosinsäure in saurer Lösung wird das Hypoxanthin abgespalten, nicht aber wird die Bindung zwischen Kohlenhydrat und Phosphorsäure gelöst, die in saurer Lösung verhältnismäßig resistent ist. Daß die Glucosidbindung gelöst ist, erkennt man 1. an der Umkehrung der optischen Drehung — die ursprüngliche Linksdrehung geht in eine Rechtsdrehung über — und 2. an dem Auftreten der Aldehydgruppe, die sich durch die starke Reduktion zu erkennen gibt. Bei der Oxydation der Ribosephosphorsäure durch Brom erhielten LEVENE und JACOBS die d-Ribonphosphorsäure, und nicht die Trioxyglutarsäure, die sich unter denselben Oxydationsbedingungen stets aus Pentosen bildet und auch hier auftreten müßte, wenn sich die $\delta$-Hydroxylgruppe in freiem Zustand befinden würde. Ermöglicht wurden diese Untersuchungen durch die merkwürdige Beständigkeit der Esterbindung der Phosphorsäure in dem Inosinsäuremolekül. Allerdings besitzt scheinbar die Phosphorsäurebindung nicht in allen Nucleotiden denselben Grad von Resistenz. YAMAGAWA (128) bestimmte die Konstante der Hydrolysegeschwindigkeit einzelner Nucleotide durch 0,1 n-Schwefelsäure in zugeschmolzenen Röhrchen bei 100° C nach folgender Formel:

$$K = 1/t \cdot \log \frac{a}{a - x} \text{ (} t \text{ in Minuten).}$$

Für Guanylsäure . . . . . . . . $K = 177(10^{-2})$
„ Hefeadenylsäure . . . . . . $K = 166(10^{-2})$; nach EMBDEN und SCHMIDT $2{,}27 \cdot 10^{-3}$.
„ Inosinsäure . . . . . . . . $K = 470(10^{-3})$; nach EMBDEN und SCHMIDT $2{,}90 \cdot 10^{-4}$.
„ Uracylsäure . . . . . . . . $K = 480(10^{-3})$

Für Muskeladenylsäure haben EMBDEN und SCHMIDT (19, 20) einen ähnlichen Wert wie für die Inosinsäure erhalten, $4{,}22 \cdot 10^{-4}$. Man sieht ohne weiteres, daß die Phosphorsäure aus der Hefeadenylsäure außerordentlich viel rascher abgespalten wird als aus der Muskeladenylsäure und der Inosinsäure. Während z. B. die Hefeadenylsäure bereits nach 2 Stunden zur Hälfte hydrolysiert ist, wird bei der Muskeladenylsäure ein entsprechender Aufspaltungsgrad erst nach etwa 10 Stunden erreicht; die Inosinsäure ist nach 10 Stunden sogar nur zu etwa 25% hydrolysiert.

$$K\,(\text{inos}) : K\,(\text{aden}) = 1 : 3{,}5\,.$$

## 2. Guanylsäure. $C_{10}H_{14}O_8N_5P$.

*Vorkommen.* Die Guanylsäure ist ein Bestandteil der Hefenucleinsäure; sie ist von BANG auch in dem Nucleoproteid der Pankreasdrüse nach HAMMARSTEN gefunden worden, kommt aber auch in anderen Organen vor; in den Teeblättern ist sie von CALVERY (9) entdeckt worden.

*Darstellung.* 1. (104) 500 g hefenucleinsaures Natrium von Boehringer & Söhne, Mannheim, werden in 2 Liter Wasser gelöst, auf 0° abgekühlt und bei dieser Temperatur mit 200 cm³ 33proz. Natronlauge von 0° versetzt. Nach etwa 10 Minuten langem Stehen in der Kälte wird vom abgeschiedenen Calciumphosphat abfiltriert. Dann wird die Lösung mit 200 g Natriumacetat versetzt und der darin gelöste Körper mit 6 l Alkohol wieder ausgefällt. Diese Operation dient zur Reinigung des Rohproduktes und wird zweckmäßigerweise noch ein zweites Mal wiederholt. Die Alkoholfällung wird in 50 cm³ eiskaltem Wasser gelöst, die Lösung mit Eisessig neutralisiert und 100 g Natriumacetat hinzugefügt. Dabei wird keine Spur von guanylsaurem Natrium niedergeschlagen. Wird die Lösung aber wieder schwach alkalisch gemacht und 24 Stunden bei Zimmertemperatur stehen gelassen (etwa 15—17°), so wird die gesamte darin enthaltene Guanylsäure als sekundäres Natriumsalz abgeschieden. Der Niederschlag des sekundären guanylsauren Natriums wird zweimal aus je 1 l heißer 20proz. Natriumacetatlösung umgefällt, der Niederschlag nunmehr in 500 cm³ doppeltnormaler Natronlauge gelöst und zur Lösung Alkohol hinzugefügt. Beim Reiben mit einem Glasstab an der Gefäßwand fällt das tertiäre guanylsaure Natrium krystallinisch aus. Die Ausbeute beträgt 87 g. Dasselbe Präparat von hefenucleinsaurem Natrium ergab nach 10 Jahren — auf dieselbe Art behandelt — keine Spur von guanylsaurem Na, sogar nicht, wenn es mit der Natronlauge 24 Stunden im Brutschrank bei 37° stehen blieb. Wurde die Lösung aber 1 Stunde lang im siedenden Wasserbade erwärmt, so wurden aus 50 g Substanz 10,25 g guanylsaures Na erhalten, also dieselbe Menge wie aus einem frischen Präparat bei Zimmertemperatur (STEUDEL [95]). Die frisch hergestellten Präparate von Hefenucleinsäure sind sehr viel leichter in alkalischer Lösung spaltbar als die älteren.

2. Zur Darstellung der Guanylsäure aus der Pankreasdrüse muß zuerst das Nucleoproteid nach HAMMARSTEN dargestellt werden. Daran schließt sich die Spaltung desselben in nucleinsaures Kalium und guanylsaures Kalium nach BANG oder nach LEVENE und JACOBS, aus dem über das Bleisalz die freie Säure dargestellt werden kann. Diese älteren Methoden sind sehr umständlich. Etwas einfacher gestaltet sich das Verfahren nach FEULGEN (31), allerdings muß auch diesem die Darstellung des Nucleoproteides vorangehen.

100 g Proteid werden in 2 l Wasser heiß gelöst, und nach Zusatz von 100 cm³ 33proz. Natronlauge wird der Kolben ins siedende Wasserbad versenkt. Nach 30 Minuten kühlt

man ab, neutralisiert das Filtrat mit Eisessig und engt auf ca. 200—300 $cm^3$ ein. Die Masse versetzt man mit 30 $cm^3$ konzentriertem Ammoniak, verdünnt mit Wasser auf 400 $cm^3$, erwärmt sie bis zur Lösung des sich abscheidenden guanylsauren Natriums und fällt sie mit 2 Volumen 96proz. Alkohols. Die sich flockig abscheidenden Natriumsalze der beiden Nucleinsäuren läßt man absitzen, entwässert sie durch öfteres Dekantieren mit Alkohol, saugt sie ab und trocknet sie. Ausbeute an gemischten Nucleinsäuren 43 g = 43 % des Proteides. Das Rohprodukt wird in der vierfachen Menge (160 $cm^3$) Wasser heiß gelöst, mit 33proz. Natronlauge (auf 100 $cm^3$ zur Lösung benutzten Wassers 10 $cm^3$ NaOH) stark alkalisch gemacht und filtriert. Im Filtrate löst man 16 g krystallisiertes essigsaures Natrium auf und fällt mit Alkohol. Die Fällung nimmt man in einem Kolben vor, den man über Nacht in einem Strohkranz schräg hinstellt. Man gießt dann die Mutterlauge ab, löst den weichen Rückstand in 100 $cm^3$ Wasser, fügt 10 $cm^3$ 33proz. NaOH hinzu, löst in der Flüssigkeit 10 g Natriumacetat und fällt abermals mit Alkohol. Nach dem Absitzen und Dekantieren löst man den Rückstand in 100 $cm^3$ Wasser und neutralisiert mit Eisessig, worauf infolge gebildeten Natriumacetates das sekundäre guanylsaure Natrium bereits ausfällt. Zur völligen Abscheidung des letzteren löst man in der Flüssigkeit noch 10 g Natriumacetat auf, läßt mehrere Stunden möglichst kalt stehen und saugt das guanylsaure Natrium ab, das aus wenig 20proz. Natriumacetatlösung mehrmals umgefällt und dann mit Alkohol entwässert und getrocknet wird. Die abfiltrierten Mutterlaugen enthalten das Natriumsalz der begleitenden Nucleinsäure, das durch Fällung mit dem dreifachen Volumen Alkohol als Rohprodukt gewonnen werden kann. Ausbeute an reinem, noch etwas Natriumacetat enthaltendem, sekundärem guanylsaurem Natrium 10 g = 10 % des Proteids. Daraus können nach dem unter 1 angegebenen Verfahren ca. 10 g krystallisiertes tertiäres guanylsaures Natrium gewonnen werden.

Will man aus dem tertiären guanylsauren Natrium die freie Säure darstellen, so muß die wäßrige Lösung desselben mit Essigsäure neutralisiert und mit neutralem Bleiacetat ausgefällt werden. Aus dem Bleisalz wird die Guanylsäure durch Schwefelwasserstoff isoliert.

*Eigenschaften.* Die freie Guanylsäure ist von P. A. LEVENE (60) krystallisiert erhalten worden, ebenfalls von M. V. BUELL und M. E. PERKINS (5). Sie krystallisiert in langen prismatischen Nadeln, die lufttrocken die Formel $C_{10}H_{14}O_8N_5P + 2H_2O$ haben. Die im Vakuum bei der Temperatur des Xyloldampfes getrocknete Substanz enthält noch $^1/_2$ Mol Wasser. Die lufttrockene Substanz erweicht im zugeschmolzenen Rohre bei 175°, schmilzt bei 180° und zersetzt sich bei 208°. Sie ist in warmem Wasser leichter löslich als in kaltem, fällt daher beim Abkühlen der warmen Lösung teilweise wieder aus; Löslichkeit in kaltem Wasser 0,3 %. Trotz des hohen Molekulargewichtes ist die Guanylsäure eine mittelstarke Säure, eine der stärksten organischen Säuren, die in der ersten Stufe etwa 250mal stärker als die Essigsäure und dreimal stärker als Malonsäure dissoziiert ist. Das zweite H-Atom wird etwa neunmal stärker als das entsprechende der Phosphorsäure abgestoßen; die dritte Dissoziationsstufe rührt nicht von der Phosphorsäure her, entspricht nur einer sehr schwachen Säure. Nach H. HAMMARSTEN (45) ist:

$$k_1 = 4{,}45 \cdot 10^{-3}, \qquad k_2 = 8{,}2 \cdot 10^{-7}, \qquad k_3 = 2{,}0 \cdot 10^{-10}.$$

Die Guanylsäure ist im Gegensatz zu den zusammengesetzten Nucleinsäuren in Essigsäure unlöslich, in Salzsäure leicht löslich. Beim längeren Stehen in salzsaurer Lösung wird sie zersetzt. Sie reduziert FEHLINGsche Lösung nicht, wohl aber nach vorherigem Kochen und Entfernung des Guanins. In wäßriger Lösung dreht die Guanylsäure die Ebene des polarisierten Lichtes nach links, ebenfalls in alkalischer Lösung, in saurer Lösung dagegen nach rechts.

$[\alpha]_D$ in Wasser = —7,5 bis 8°, in 10proz. Salzsäure = +15°, in 5proz. Ammoniak = —44°, in 2proz. NaOH = —57° und in 5proz. NaOH = —65°. $[\alpha]_D^{22}$ in auf Phenolphthalein neutraler Lösung = —2,32° bei tierischer und —2,42° bei Guanylsäure aus Hefe (E. ANNAU [2]).

*Salze.* Die Guanylsäure bildet mit zwei Äquivalenten einer Base neutrale Salze, was der Dissociation der zwei Wasserstoffatome aus dem Phosphorsäurerest entspricht. Die Säure bildet aber, wie FEULGEN (31) gezeigt hat, Salze auch mit einem dritten Äquivalent einer Base. Da diese stark alkalisch reagieren, müssen diese Valenzen von einem schwachen Wasserstoffatom, vielleicht aus dem Guaninrest, stammen. Die Salze der Guanylsäure mit Alkalien sind sehr leicht löslich in Wasser; sie gelatinieren.

*Das saure guanylsaure Kali* $C_{10}H_{13}O_8N_3PK$ wurde zuerst von STEUDEL und BRIGL (97) beobachtet. Es fällt aus, wenn man eine Lösung von neutralem guanylsaurem Kali mit Essigsäure ansäuert. Beim öfteren Lösen des Salzes in Wasser und Fällen mit Alkohol wird es immer löslicher, so daß zum Schluß mit Alkohol nichts mehr ausfällt. Zusatz von essigsaurem Natrium bewirkt aber wieder die völlige Ausfällung der Substanz. Eine 4proz. wäßrige Lösung des Salzes dreht bei $80^0$ $3,1^0$ nach links; in verdünnten Mineralsäuren dreht das Salz schwach nach rechts.

Das *saure Natriumsalz* ist von FEULGEN beschrieben worden; es verhält sich sehr ähnlich wie das Kaliumsalz.

*Neutrales (sekundäres) guanylsaures Natrium* $C_{10}H_{12}N_5O_8PNa_2$ ist nach FEULGEN und ROSSENBECK (33) in Wasser bei $20^0$ zu 2,9%, in 4molarer Natriumacetatlösung zu 0,11%, in 2molarer Natriumacetatlösung zu 0,2% löslich; in der Wärme ist es aber sehr leicht löslich.

Das *tertiäre guanylsäure Natrium* entsteht nach FEULGEN (31) beim Lösen von primärem oder sekundärem Natriumguanylat in überschüssiger Natronlauge. Alkohol ruft anfänglich sirupöse Fällung hervor, die aber bald krystallinisch erstarrt: flache Prismen oder auch Tafeln. FEULGEN hat diesem Salz folgende Formulierung gegeben:

```
Na · N—C=O
     |   |            ONa
H2N·C   C—N—Ribose—P=O
     ||  ||    \        ONa .
     ||  ||     CH
     ||  ||    //
     N—C—N
```

Weil das dritte Na-Atom nicht an der Phosphorsäure, sondern an dem sehr viel schwächer sauer wirkenden Guanin sitzt, ist es leicht, und zwar schon durch schwache Säuren, wie $CO_2$ oder Phenol, abzuspalten. Wegen hydrolytischer Dissoziation reagiert das tertiäre Na-Salz stark alkalisch. In Wasser ist es äußerst leicht löslich, unlöslich in organischen Lösungsmitteln. Beim Erhitzen über $100^0$ hinaus verkohlt die Substanz, verbrennt schließlich ohne zu erweichen und hinterläßt eine alkalisch reagierende Asche die aus Natriumpyrophosphat und Natriumcarbonat besteht.

$$[\alpha]_D^{22} \text{ in Wasser} = -38{,}3^0.$$

Ferner sind folgende Salze von IZUMI (50) beschrieben worden:

$(C_{10}H_{12}O_8N_5P)Ba$ ist in Wasser zu 0,08363 % löslich. Es ist ein weißes amorphes Pulver, das an der Luft Kohlensäure anzieht. Eine Lösung in n Salzsäure (0,3075 g in 4 $cm^3$) zeigt im 20-mm-Rohr $[\alpha]_D = -0{,}13^0$.

$(C_{10}H_{11}O_8N_5P)_2Ba_3$ (Löslichkeit in Wasser 0,08759 %).

$(C_{10}H_{12}O_8N_5P)Ca$ (Löslichkeit in $H_2O$ 0,0613 %).

$(C_{10}H_{11}O_8N_5P)_2Ca_3$ (Löslichkeit in Wasser 0,011358 %).

$(C_{10}H_{12}O_8N_5P)Cu$ wurde erhalten durch Fällung von saurem guanylsaurem Na durch $CuSO_4$. Löslichkeit in Wasser 0,042 %.

$(C_{10}H_{11}O_8N_5P)_2Cu_3$ ist ein bläulich grünes amorphes Pulver. Es wird dargestellt durch Zusatz von 10proz. Kupfersulfatlösung zu neutralem guanylsaurem Natrium, solange noch ein Niederschlag entsteht. Löslichkeit in Wasser 0,0162 %.

$(C_{10}H_{11}O_8N_5P)_2Pb_3$ und zwei *Eisensalze.*

Bei der Guanylsäure sind durchweg zwei Reihen von Salzen gefunden worden; fällt man aus saurer Lösung, so erhält man die zweifach substituierten, während aus neutraler Lösung die dreifach substituierten Salze ausfallen. Die beiden Eisensalze scheinen unregelmäßig zusammengesetzt zu sein.

*Bestimmung.* Die Zusammensetzung der Guanylsäure (LEVENE und JACOBS [68]) ist ähnlich derjenigen der Inosinsäure. Nach totaler Aufspaltung der Guanylsäure mit Mineralsäuren läßt sich aus der Hydrolysenflüssigkeit an N-haltigen Bausteinen nur Guanin gewinnen. Ferner reduziert die Guanylsäure nach der Hydrolyse FEHLINGsche Lösung, gärt aber nicht, sondern gibt eine positive Reaktion mit Phloroglucin und Salzsäure. Die Guanylsäure muß also auch ein Pentosenucleotid sein. Bei der Hydrolyse in neutraler Lösung erhält man das Guanosin, ein aus Ribose und Guanin bestehendes Nucleosid. Man könnte also der Guanylsäure in Analogie zur Inosinsäure folgende Struktur zuschreiben:

```
       HN—C=O          ┌———O———┐         ╱OH
        |   |          | OH OH |   O—P═O
 H2N · C   C—N————C—C—C—C—C          ╲OH.
        ‖   ‖  ╲CH     H  H  H  H  H2
        N   C—N╱
```

Die Guanylsäure aus Hefe und die tierische Guanylsäure sind nach E. ANNAU (2) identisch. Denn die spezifische Drehung beider Verbindungen in auf Phenolphthalein neutraler Lösung ist die gleiche, ebenso die Hydrolysengeschwindigkeit, gemessen an der optischen Aktivität, und die Krystallform der tertiären Natriumsalze. Es ist LEVENE und HARRIS (67) neuerdings gelungen, aus der Guanylsäure die 3-Ribosephosphorsäure darzustellen, s. S. 467. Die Geschwindigkeit, mit der diese durch Säurehydrolyse dephosphoryliert wird, ist in der Größenordnung der Hydrolysengeschwindigkeit der aus Inosinsäure dargestellten Ribosephosphorsäure sehr ähnlich und um ein Vielfaches geringer als bei der Guanylsäure.

### 3. Adenylsäure. $C_{10}H_{14}O_4N_4P$.

*Vorkommen.* Die Adenylsäure ist ebenso wie die Guanylsäure in der Hefe, den Teeblättern (10), den Weizenembryonen gefunden worden, ferner in dem Nucleoproteid der Pankreasdrüse von E. HAMMARSTEN und E. JORPES (44) und von W. JONES und E. PERKINS (53), von EMBDEN und M. ZIMMERMANN (22) im frischen Muskel, von JACKSON (51) im Menschen- und von W. S. HOFFMAN (46) im Schweineblut. Gewöhnlich kommt sie nicht in freiem Zustande vor. In der Hefe ist sie in Verbindung mit den anderen einfachen Nucleinsäuren als Hefenucleinsäure vorhanden, im Muskel als Adenylpyrophosphorsäure, s. S. 425.

*Darstellung.* 1. Aus der *Hefenucleinsäure* (105) wird die Adenylsäure durch Spaltung der ersteren mit 3,3 proz. Natronlauge bei Zimmertemperatur dargestellt, wie bei der Darstellung der Guanylsäure eingehend geschildert worden ist (s. S. 419). Die nach Abscheidung der Guanylsäure erhaltenen Filtrate und Waschwässer werden mit neutralem Bleiacetat versetzt, solange noch ein Niederschlag entsteht. Das Blei wird aus dem mit Wasser gut ausgewaschenen Bleiniederschlage mit Schwefelwasserstoff entfernt, die Lösung mit Ammoniak neutralisiert, im Vakuum konzentriert und der Rückstand mit dem gleichen Volumen Alkohol versetzt. Dabei fällt ein Öl aus, das zweimal umgefällt wird. Der größte Teil des Öles geht wieder in Lösung; es bleibt nur ein geringer flockiger Niederschlag von guanylsaurem Ammonium. Aus den nunmehrigen Filtraten werden wieder die Bleisalze hergestellt, diese durch Schwefelwasserstoff zersetzt und die Lösung der freien Säuren im Vakuum bei ca. 40° eingedampft. Es beginnt eine reichliche Krystallisation von Nadeln, die nach dem Trocknen 57,5 g wiegen. Die Substanz enthält 1 Mol. Krystallwasser.

2. G. EMBDEN und M. ZIMMERMANN (22) haben die Adenylsäure bei der Darstellung des Lactacidogens aus frischer Kaninchen*muskulatur* entdeckt und sie daher aus der Lactacidogenfraktion durch Acetonfällung in krystallinischem Zustande abgetrennt. Es werden ausschließlich Kaninchen benutzt, weil der Lactacidogengehalt der bei dieser Tierart überwiegend vorhandenen hellen Muskulatur nach früheren Feststellungen von EMBDEN und ADLER ein besonders hoher ist, vor allem aber, weil sich die Hauptmenge der Skelettmuskulatur beim kleineren Kaninchen sehr viel rascher als bei größeren Versuchstieren gewinnen läßt und daher unvermeidliche Verluste durch fermentative Spaltung auf ein möglichst geringes Maß beschränkt werden.

Unmittelbar nach dem Erlöschen des Cornealreflexes wird die Haut abgezogen und zunächst die Muskulatur der Hinterschenkel, dann die des Rückens, der vorderen Extremitäten und des Bauches abgezogen, mit größter Beschleunigung durch eine Fleischhackmaschine getrieben, die unter Anbringung eines äußeren Mantels durch Kältemischung gekühlt ist. Der aus der Fleischhackmaschine austretende Muskelbrei, der auf etwa 20° abgekühlt ist, fällt unmittelbar in eisgekühlte Salzsäure von 4 %, die stark gerührt wird. Bei genügender Übung ist bereits 5 Minuten nach dem Tode des Tieres weitaus die Hauptmenge der Muskulatur (Hinterschenkel und Rückenmuskeln) in der Salzsäure, wenige Minuten später auch die relativ geringe Menge der übrigen Muskulatur. Für jeden Versuch gelangen 5—6 möglichst große Kaninchen zur Verwendung, die zusammen etwa 3 kg Muskeln liefern.

Nach Feststellung des Muskelgewichts wird ein diesem entsprechendes Volumen 5proz. Quecksilberchloridlösung zur Eiweißfällung nach Schenck hinzugefügt und die gründlich mechanisch durchgerührte Flüssigkeit einige Stunden im Eisschrank aufbewahrt. Das durch möglichst scharfes Absaugen auf großer Nutsche ohne Nachwaschen gewonnene Filtrat wird in geschlossenem Gefäß mit Schwefelwasserstoff unter häufigem Umschütteln entquecksilbert; nach dem Filtrieren durch große Faltenfilter und Beseitigung des Schwefelwasserstoffes durch einen Luftstrom werden auf jedes Liter Filtrat 100 $cm^3$ 10proz. Kupfersulfatlösung hinzugefügt, alsdann wird mit 33proz. Natronlauge bis zu schwach saurer Reaktion abgestumpft und schließlich mit Kalkmilch bis zu stark alkalischer Reaktion versetzt. Die Vollständigkeit der Kupferkalkfällung wird durch Hinzufügen von etwas Kalkmilch zu einer Filtratprobe kontrolliert. So rasch wie möglich wird die kühle Flüssigkeit unter Verwendung großer Nutschen filtriert und der Niederschlag mehrmals mit einer geringen Menge Kalkwasser gewaschen. Unmittelbar danach wird er in einer eisgekühlten Reibschale mit 25proz. eisgekühlter Schwefelsäure vollständig zersetzt und wiederum durch Abnutschen vom ausgeschiedenen Calciumsulfat getrennt. Das Calciumsulfat wird mehrmals mit kaltem Wasser gewaschen. Filtrat und Waschwasser werden zusammen mit so viel Natronlauge versetzt, daß die Flüssigkeit noch eben klar bleibt und nunmehr mit Kalkmilch erneut gefällt. Die zweite Kupferkalkfällung wird in der gleichen Weise wie die erste gewaschen und mit Schwefelsäure unter Vermeidung eines unnötigen Überschusses zersetzt. Nach der erneuten Abtrennung vom Calciumsulfat, wobei wiederum das nach mehrfacher Waschung erhaltene Waschwasser mit dem Filtrat vereinigt wird, entfernt man das Kupfer durch Einleiten von Schwefelwasserstoff. Das nach Beseitigung des Kupfersulfids unter mehrmaligem Auswaschen erhaltene Filtrat, das nur Spuren von Chlorionen enthält, wird mit heißgesättigter Barytlösung unter lebhaftem Umrühren und Vermeidung jeder stärkeren Erwärmung versetzt, bis Kongopapier nicht mehr gebläut wird, die Flüssigkeit aber gegen Lackmuspapier noch stark saure Reaktion aufweist. Die durch Abtrennung vom Bariumsulfat gewonnene, Fehlingsche Lösung stark reduzierende, Flüssigkeit wird mit einer kaltgesättigten Bleizuckerlösung versetzt unter kräftigem Umrühren. Der Bleizuckerniederschlag wird abgesaugt und mit kaltem Wasser auf der Nutsche sehr gründlich gewaschen und mit Schwefelwasserstoff im geschlossenen Gefäß unter dauerndem Umschütteln zersetzt.

Aus der nach der Durchlüftung erhaltenen schwefelwasserstofffreien, mindestens 1 l betragenden, stark sauren Flüssigkeit wird nunmehr die Phosphorsäure durch die gerade notwendige Menge Barytwasser vollkommen ausgefällt. Zunächst wird so viel Baryt zugesetzt, daß Kongopapier zwar nicht mehr gebläut, blaues Lackmuspapier aber noch stark gerötet wird. Der dabei gebildete, wesentlich aus Bariumsulfat bestehende, Niederschlag wird nunmehr zunächst abgetrennt.

Das keine Schwefelsäure mehr enthaltende Filtrat wird vorsichtig unter Kühlung mit Leitungswasser oder Eis mit gerade so viel kaltem Barytwasser alkalisiert, daß eine Probe der vom entstehenden Niederschlage durch Zentrifugieren abgetrennten Flüssigkeit mit dem Molybdänsäurestrychninreagens keine Trübung mehr gibt. Sofort wird von dem Bariumphosphatniederschlag durch Absaugen auf großer Nutsche abfiltriert und das erhaltene klare, leicht gelblich gefärbte Filtrat mit so viel n/1-Schwefelsäure versetzt, daß weder Barium noch Schwefelsäure in Lösung bleiben.

Das nach Abtrennen vom Bariumsulfat gewonnene, blaues Lackmuspapier stark rötende, Kongopapier nur schwach bläuende Filtrat — meist etwa 3 l — enthält noch ganz geringe Mengen von Salzsäure, besonders dann, wenn für die Herstellung des Barytwassers nicht genügend häufig umkrystallisiertes Bariumhydroxyd verwendet wurde. Die Flüssigkeit wird in mehreren großen Vakuumkolben bei einer 38—40° nicht übersteigenden Temperatur des Heizwassers so rasch wie möglich bis auf ein Gesamtvolumen von etwa 50 bis 75 $cm^3$ eingeengt.

Nunmehr wird die, wenn nötig, filtrierte Flüssigkeit mit so viel Aceton versetzt, daß nach dem Umschwenken eine deutliche Trübung bestehen bleibt, wozu ein mehrfaches Volumen von Aceton notwendig ist. Beim Stehen im Eisschrank scheidet sich eine schön krystallisierende Substanz aus, die Adenylsäure. Die weitere Krystallisation wird durch vorsichtigen weiteren Zusatz von Aceton begünstigt. Nach etwa zwölfstündigem Stehen werden die Krystalle auf der Nutsche abgetrennt und Filtrat und Waschaceton vereinigt.

Ganz vollständig gelingt die Ausfällung des Mononucleotids durch Aceton nicht, was sich durch den positiven Ausfall der Orcinreaktion auf Pentose zeigen läßt. Zur vollständigen Abtrennung des Mononucleotids wird zunächst im Vakuumkolben bei einer 35° nicht übersteigenden Temperatur des Heizwassers das Aceton entfernt, die verbleibende wäßrige Lösung (etwa 30—50 $cm^3$) durch Filtration geklärt und mit der gerade notwendigen Menge einer Phosphorwolframsäurelösung, welche in 100 $cm^3$ $12^1/_2$proz. Schwefelsäure 20 g Phosphorwolframsäure enthält, genau ausgefällt. Bleibt diese Fällung über Nacht im Eisschrank, so befindet sich die Nucleinsäure so gut wie quantitativ im Niederschlage, während das Lactacidogen nicht mitgefällt wird. Auch aus der Phosphorwolframsäurefällung läßt sich durch Behandlung derselben mit Barytwasser und nach Entfernung des überschüssigen Baryts unschwer reine Adenylsäure gewinnen.

Die durch Acetonfällung aus mehreren Darstellungen gewonnenen Präparate werden durch zweimaliges Umkrystallisieren aus heißem Wasser gereinigt. Schmelzpunkt bei raschem Erhitzen 194°.

*Eigenschaften.* Die Adenylsäure krystallisiert in rosettenförmig angeordneten Krystallnadeln, die das Krystallwasser bei der Temperatur des Xyloldampfes im Vakuum in 24 Stunden verlieren. Die Löslichkeit in Wasser ist gering, sie entspricht 5 auf 1000 Wasser bei 15°. Die Muskeladenylsäure ist leichter löslich. Die h-Adenylsäure schmilzt bei 195°, die t-Adenylsäure zwischen 196 und 200°. Auch das optische Verhalten beider Substanzen ist verschieden (Embden und Schmidt [19, 20]):

In 2proz. NaOH $[\alpha]_D = -56{,}0^0$ bei h-Adenylsäure
$= -47{,}5^0$ „ t-Adenylsäure,
10proz. HCl $[\alpha]_D = -36{,}5^0$ „ h-Adenylsäure
$= -26{,}0^0$ „ t-Adenylsäure.

Nach Levene ist für h-Adenylsäure in Wasser $[\alpha]_D = -40{,}5^0$, in 5proz. $NH_4OH$ $-40{,}5^0$ bis $44{,}5^0$, in 10proz. HCl $-38{,}0^0$, in 2proz. NaOH $= -59{,}5^0$, in 5proz. NaOH $= -66^0$.

Die Dissoziationskonstanten der t-Adenylsäure sind nach Wassermeyer (124):

$$p_{K_1} = 3{,}8; \quad p_{K_2} = 6{,}2$$

Entsprechend der schwereren Hydrolysierbarkeit der t-Adenylsäure wird bei der Wasserdampfdestillation mit 20proz. Salzsäure nur so wenig Furfurol erhalten, daß das Destillat mit Anilin und Eisessig versetzt, nur eine eben erkennbare Rotfärbung gibt, während das Destillat aus h-Adenylsäure eine starke Rotfärbung zeigt. Steudel und Wohinz haben bei der Furfurolbestimmung nach Hoffman aus h-Adenylsäure zwischen 50 und 65 % der theoretischen Menge gefunden, aus h-inosinsaurem Ba zwischen 66 und 69 %, dagegen aus t-inosinsaurem Ba nur 8,50—11,02 %. Wird aus der t-Inosinsäure die Phosphorsäure abgespalten, so wird aus dem entstandenen Inosin wieder 62,6—69,6 % der theoretischen Menge Furfurol gefunden (110). Außerdem wird die Hefeadenylsäure nicht von dem h-Adenylsäure desaminierenden Ferment angegriffen, während die t-Adenylsäure in Inosinsäure übergeführt wird (19). Dagegen ist das von P. A. Levene und seinen Mitarbeitern durch chemische Aufspaltung der Hefenucleinsäure und darauffolgende Desaminierung erhaltene Hypoxanthosin mit dem Inosin des Muskels identisch. Es bleibt also keine andere Möglichkeit, die chemischen und physikalischen Unterschiede zwischen den beiden aus pflanzlichen und tierischen Zellen gewonnenen Adenylsäuren zu erklären, als die Annahme, daß die Stelle der Phosphorsäurebindung bei beiden Substanzen eine verschiedene ist.

Der Brennwert der Adenylsäure beträgt nach Ellinghaus (16) 1220 Cal. Aus der Summe der Brennwerte für Adenin, Ribose und Phosphorsäure werden 1226 Cal errechnet.

*Bestimmung.* Bei der Hydrolyse der Adenylsäure mit 5proz. Schwefelsäure werden nur Adenin, d-Ribose und Phosphorsäure erhalten.

$$C_{10}H_{14}O_7N_5P + 2H_2O = C_5H_5N_5 + C_5H_{10}O_5 + H_3PO_4.$$

*Salze mit anorganischen Basen.* Das saure adenylsaure Natrium ist in Wasser leicht löslich, im Gegensatz zum sauren, guanylsauren Natrium; das basische adenylsaure Natrium fällt mit Alkohol als Öl aus, das durch Reiben mit einem Glasstab bis jetzt noch nicht zur Krystallisation gebracht worden ist. Bei der Adenylsäure ist aus schwach saurer wie aus neutraler Lösung das gleiche Kupfersalz erhalten worden (50):

$(C_{10}H_{12}O_7N_5P)_2Cu_3$. Die mit Essigsäure angesäuerte Lösung des adenylsauren Na gibt mit $CaCl_2$-, $MgSO_4$- und $BaCl_2$-Lösung keinen Niederschlag. Versetzt man sie mit Eisenchloridlösung, so geben nur die ersten Tropfen eine geringe

Fällung, die aber auf weiteren Zusatz des Reagens wieder verschwindet. Die Salze der Adenylsäure spielen nicht dieselbe Rolle wie diejenigen der Guanylsäure, da die Adenylsäure schwerer löslich ist in Wasser als die Guanylsäure und auch besser krystallisiert. Sie sind daher weder zur Isolierung noch zur Identifizierung der Adenylsäure nötig.

c) *Co-Zymase.* An die genannten Adenylsäuren aus Hefe und Muskel schließt sich als dritte — mit obigen sicher nicht identische Substanz — nach EULER (24) noch die *Co-Zymase* aus Hefe an, welcher nach den Analysen von MYRBÄCK an Präparaten von ACo $>$ 100000 die Zusammensetzung einer Adenylsäure zuzukommen scheint. Der Stickstoff- und Phosphorgehalt der beiden Substanzen ist zwar im allgemeinen etwas niedriger und der C- und H-Gehalt etwas höher als der der bekannten Adenylsäuren, daher ist es noch nicht erwiesen, ob die Co-Zymase noch nicht rein ist oder ob die Adenylsäure in der Co-Zymase mit einer Substanz verbunden ist, die viel C und kein N enthält. Alle bisher gewonnenen Präparate zeigen nahezu dieselbe Zusammensetzung und Eingriffe, die zur Zerstörung des Nucleotides wie zur Abspaltung von $H_3PO_4$ führen, sind von einer parallelen Abnahme der Aktivität begleitet. Keine der bekannten Adenylsäuren zeigt die Co-Zymase-Wirkung. Co-Zymase läßt sich mit Nitrit desaminieren, und zwar mit derselben Geschwindigkeit wie die anderen Adenylsäuren. Dabei wird Inosinsäure als Ba-Salz isoliert. Hier wird unter Co-Zymase der für die alkoholische Gärung notwendige Stoff verstanden, der mit der an sich inaktiven Mischung von Zucker, Phosphat, Zymophosphat, Apozymase und eventuell Mg-Salz die typische Kohlenhydratspaltung gibt. Die Co-Zymase, d. h. die von EULER und MYRBÄCK aus Hefe isolierte nucleotidähnliche Substanz, gehört zu derselben Gruppe wie die Inosinsäure und die Muskeladenylsäure und unterscheidet sich deutlich von der aus Hefenucleinsäure gewonnenen Adenylsäure. Die Konstante der Phosphorsäureabspaltung wurde zu $2{,}2 \cdot 10^{-3}$ gefunden, diejenige der Adeninspaltung zu $49 \cdot 10^{-3}$. Der Quotient beträgt ca. 25. Das Nucleotid wird also bei der sauren Hydrolyse anfangs in Base und Kohlenhydratphosphorsäure gespalten. Adenylsäure wirkt ferner neben anorganischem Phosphat und Magnesiumsalz nach MEYERHOF und LOHMANN (79, 81) als Komplement der Milchsäurebildung im Muskel, und zwar in dem Maße, als sie in Adenylpyrophosphorsäure umgewandelt wird, s. S. 427.

Adenylsäure ruft bei Kaninchen nach DRURY und ST. GYÖRGYI (15) Blutdrucksenkung in der Aorta hervor. Diese hängt nicht mit einer allgemeinen Arterienerweiterung zusammen, sondern bezieht sich auf eine Erweiterung der Coronargefäße. Der Herzrhythmus wird nicht geändert. Hefeadenylsäure wirkt sehr viel schwächer als Muskeladenylsäure und Adenosin. Große Dosen von Adenylsäure führen eine deutliche Verlangsamung der Herzaktion herbei. Auf die Wirkung der Adenylsäure ist nach S. GARD (39) auch die Blutdruckerniedrigung zurückzuführen, die Co-Zymase bei Kaninchen hervorruft. Diese hat mit der spezifischen Co-Zymasewirkung nichts zu tun, da inaktive Co-Zymase nicht weniger wirkt als aktive. Adenylthiopentose hat etwa die äquivalente Wirkung, Adenin ist unwirksam. Die Beeinflussung der Coronardurchblutung gelingt auch am Menschen und führte zur therapeutischen Anwendung dieser Verbindung bei der Angina pectoris (S. GARD).

### 4. Adenylpyrophosphorsäure.

*Vorkommen.* Die Adenylpyrophosphorsäure (79) ist in allen Zellen gefunden worden, nachdem sie von MEYERHOF und LOHMANN im Muskel entdeckt worden ist. In höchster Konzentration kommt sie im quergestreiften Muskel vor, in Prozenten des säurelöslichen Gesamtphosphors beträgt sie 20—25%. Ähnlich groß ist der prozentische Anteil in einzelnen anderen Geweben, so in Hoden und Milz des Frosches, ferner auch im Rattensarkom und Rattenfetus. In anderen Organen ist die Adenylpyrophosphorsäure in prozentisch geringerer Menge vorhanden, im Herzmuskel des Kaninchens zu 8%, des Frosches zu 12%, im Kaninchenuterus ebenfalls zu 12%. Auch in der Hefe kommt sie vor.

*Darstellung* nach K. Lohmann. Zur Darstellung der Adenylpyrophosphorsäure eignet sich Froschmuskulatur, wenn man geringe Mengen, etwa 100—200 g, verarbeiten will. Will man größere Muskelmengen verarbeiten, geht man am besten von Kaninchen aus. Die Muskulatur von frisch getöteten und gekühlten Tieren wird möglichst schnell abpräpariert, durch eine Fleischhackmaschine gegeben und in gekühlter 10proz. Trichloressigsäure gut zerdrückt, deren Volumen etwa dem Gesamtgewicht an Muskulatur entsprechen mag. Der Muskelbrei wird durch Gaze abgepreßt und der Muskelrückstand nochmals mit demselben Volumen 4proz. Trichloressigsäure extrahiert und ebenfalls abgepreßt. Das trübe Muskelextrakt, von dem die gröberen Eiweißartikel abzentrifugiert werden, wird mit so viel Natronlauge versetzt, daß die Reaktion noch deutlich kongosauer ist. Die weitere Verarbeitung des Extraktes aus Froschmuskulatur ist sehr einfach. Da das Bariumsalz der Adenylpyrophosphorsäure bei kongoneutraler Reaktion in 50proz. Alkohol schwer löslich ist, wird das Extrakt mit demselben Volumen Alkohol versetzt. Nach kurzem Stehen scheidet sich ein flockiger Niederschlag ab, der auf der Zentrifuge oder auf der Nutsche entfernt wird, wobei man zur besseren Filtration etwas Kieselgur zugibt. Die klare alkoholische Lösung, die Kongopapier noch bläuen soll, wird nun mit einer 25proz. Ba-Acetatlösung versetzt, bis die Reaktion der Lösung nicht mehr kongosauer ist. Durch Bestimmung des direkt bestimmbaren Phosphats, — nach 7-Minuten-Hydrolyse — in dem mit Ba-Acetat entstehenden Niederschlag und in dem Filtrat (die 7-Minuten-Hydrolyse der alkoholischen Lösung in n HCl muß im zugeschmolzenen Röhrchen erfolgen) ermittelt man den Grad der Abtrennung der Adenylpyrophosphorsäure von dem freien anorganischen Phosphat. Die Lösung ist eventuell mit weiteren Mengen Ba-Acetat zu fällen. Der Niederschlag, in dem das obige Verhältnis 0,2—0,5 beträgt — in der alkoholischen Lösung betrug es 1—3 —, wird mit Wasser (etwa ein Sechstel des ursprünglichen Volumens der alkoholischen Lösung) aufgenommen, mit wenig verdünnter Salzsäure vollständig in Lösung gebracht, eine geringe Menge unlöslicher Substanz auf der Zentrifuge entfernt, die Lösung mit demselben Volumen Alkohol versetzt und die Substanz wieder durch Zusatz von Ba-Acetat gefällt. Jetzt beträgt die Menge des anorganischen Phosphats nur noch etwa 5% und weniger des Pyrophosphats, das durch eine dritte bzw. vierte Umfällung bis auf Spuren entfernt werden kann. Diese Trennung ist besonders leicht an Froschmuskulatur durchzuführen, da das Verhältnis des nach 7-Minuten-Hydrolyse abspaltbaren Phosphats zum schwer abspaltbaren in einem mit Baryt neutralisierten trichloressigsauren Muskelextrakt fast genau 2 : 1 ist.

Bei der Aufarbeitung von Kaninchenmuskulatur ist es zweckmäßiger, die Abtrennung des anorganischen Phosphats mit Quecksilbernitrat durchzuführen.

*Eigenschaften.* Die Adenylpyrophosphorsäure enthält zwei Gruppen, die gegenüber chemischen und enzymatischen Eingriffen sehr reaktionsfähig sind, und zwar die Aminogruppe im Adeninrest und zwei Phosphorsäuremoleküle, die sehr leicht abgespalten werden, da ihre Bindung an den Adenylsäurerest eine sehr lockere ist. So zerfällt das Bariumsalz der Adenylpyrophosphorsäure in wäßriger Lösung in der Kälte langsam in seine Komponenten Adenylsäure und Bariumphosphat. Der Zerfall wird in der Wärme und besonders in schwach alkalischer (ammoniakalischer) Suspension beschleunigt, auch in schwach saurer

Lösung wird sie schnell zerstört. Hierbei wird mit nur wenig geringerer Geschwindigkeit auch die Bindung zwischen dem Adenin und der Pentose gelöst. Im Gewebsbrei und im Muskelextrakt erfolgt die Spaltung ebenfalls rasch. Dagegen ist der Gehalt des Muskels an Adenylpyrophosphat ziemlich konstant und erfährt bei reversibler Tätigkeit des Muskels keine deutliche Abnahme. Erst bei weitgehender anaerober Ermüdung zerfällt ein Teil derselben, auch bei Muskelschädigungen, z. B. bei der Muskelstarre, wird ein Zerfall beobachtet. Im Muskelextrakt findet neben der Abspaltung der Phosphorsäure noch eine Desaminierung statt, das Endprodukt ist die Inosinsäure. Durch vorsichtige Desaminierung der Adenylpyrophosphorsäure in essigsaurer Lösung gelingt die Darstellung der Inosinpyrophosphorsäure, ohne daß die Phosphorsäure abgespalten wird.

Die Adenylpyrophosphorsäure wird hier ausführlich besprochen, weil sie in Verbindung mit anorganischem Phosphat und Magnesium nach MEYERHOF und LOHMANN das Co-Fermentsystem der Milchsäurebildung darstellen soll. Denn dialysierter Muskelextrakt wird durch das bezeichnete System reaktiviert, d. h. zur Milchsäurebildung befähigt. Auch in dialysiertem Hefemacerationssaft und mit ausgewaschener Trockenhefe findet nach K. LOHMANN eine Gärung nach Zusatz von Adenylpyrophosphorsäure und von Mg statt. Als organische Co-Fermentkomponente vermag auch bei der Hefegärung Muskeladenylpyrophosphat zu wirken. Es ist bemerkenswert, daß die analoge aus Hefe isolierte Verbindung, die wahrscheinlich mit der Adenylpyrophosphorsäure aus Frosch- und Kaninchenmuskulatur identisch ist, die Milchsäurebildung in gereinigter, komplementfreier Muskelfermentlösung ebenfalls auszulösen vermag. Trotzdem ist das Co-Ferment der Milchsäurebildung nicht mit demjenigen der alkoholischen Gärung identisch, die EULERsche Co-Zymase ist als Co-Ferment der alkoholischen Gärung viel wirksamer als Adenylpyrophosphat. Jedoch reaktiviert die Co-Zymase die alkoholische Gärung nur in Gegenwart von Hexosediphosphat, während die Reaktivierung durch Adenylpyrophosphat nicht in diesem Maße an die Aufhebung der Induktion durch Hexosediphosphat gebunden ist. Die in Muskulatur und Hefe vorkommenden Substanzen können sich zwar gegenseitig ersetzen, hier liegt aber eine Spezialisierung vor, die in spezifischer Weise auf das zugehörige Ferment eingestellt ist. Daß die Adenylpyrophosphorsäure und die EULERsche Co-Zymase nicht sehr verschiedene Substanzen sind, geht aus den Arbeiten der EULERschen Schule hervor: Die höchst gereinigten Co-Zymasepräparate zeigen die Zusammensetzung einer Adenylsäure, s. S. 425. Nach Ansicht von MEYERHOF (81) besteht die Rolle des Co-Ferments darin, die Phosphorsäure auf die Hexose zu übertragen. Die Phosphorsäureester sind dann gärfähig respektive können zu Milchsäure zerfallen. Hierbei wird die Adenylpyrophosphorsäure abwechselnd hydrolysiert und resynthetisiert, und zwar synthetisiert aus Adenylsäure und Orthophosphat. Die enzymatische Spaltung der Adenylpyrophosphorsäure in Orthophosphorsäure und Adenylsäure, wobei aus letzterer noch Ammoniak abgespalten werden kann, ist mit einer erheblichen Wärmetönung verbunden, etwa 17000 cal. je Mol abgespaltene Phosphorsäure. Die Synthese wird durch gleichzeitige Milchsäurebildung ermöglicht; umgekehrt aber kann die bei der Spaltung frei werdende Energie dazu dienen, im Muskel Kreatinphosphorsäure aus den Spaltprodukten Kreatin und Phosphorsäure zu synthetisieren. Der Kreislauf des Adenylpyrophosphats erhält auf diese Weise die Milchsäurebildung. Auch die freie Muskeladenylsäure, nicht aber die aus Hefenucleinsäure gewonnene Adenylsäure, übt, wenn auch in geringerem Grade, diesen Effekt aus. Die Präparate aus Hefe veranlassen aber nur eine geringe Ammoniakabspaltung, und infolgedessen ist das Zymasesystem der Hefe erheblich stabiler als dasjenige des Muskels.

*Bestimmung.* Die Konstitution der Adenylpyrophosphorsäure ist noch nicht völlig bestimmt. Die Stellung der Pyrophosphorsäure ergibt sich mit Wahrscheinlichkeit daraus, daß 1. die Aminogruppe des Adenins in der Pyrophosphatbindung nach VAN SLYKE bestimmbar bleibt, 2. daß bei der Abspaltung des Pyrophosphats in Gestalt von zwei Molekülen Orthophosphat *zwei* Säurevalenzen von $p_H$ etwa 6,8 frei werden. Da die Hydrolyse des anorganischen Pyrophosphats nur das Auftreten der dritten Dissoziation der Phosphorsäure bewirkt ($K = 2 \cdot 10^{-12}$) und in der Gegend des Neutralpunktes keine wesentliche Veränderung des $p_H$ hervorruft, so kann nur die Abspaltung der Pyrophosphatgruppe von dem organischen Rest für das Auftreten der beiden Säurevalenzen verantwortlich sein. Dabei wird wohl in der Pyrophosphatgruppe selbst nur eine sekundäre Dissoziationskonstante der Phosphorsäure frei, die andere muß dann der Adenylsäure angehören. Da weitere Säuregruppen aber in ihr nicht vorkommen, so dürfte ihre Phosphorsäuregruppe mit einer sekundären Valenz an das Pyrophosphat gebunden sein. Durch halbstündige Einwirkung von heißer n HCl wird die Adenylpyrophosphorsäure in 2 Moleküle o-Phosphorsäure und je 1 Molekül Adenin und Ribosephosphorsäure gespalten.

*Salze mit anorganischen Basen.* Das Bariumsalz hat folgende Zusammensetzung: $C_{10}H_{12}O_{13}N_5P_3Ba_2 \cdot 6\,H_2O$.

## 5. Xanthylsäure. $C_{10}H_{14}N_5O_8P$.

*Vorkommen.* Die Xanthylsäure ist in der Natur noch nicht gefunden worden.

*Darstellung.* Sie entsteht durch Desaminierung der Guanylsäure durch salpetrige Säure (KNOPF [57]).

$$H_2N \cdot C_{10}H_{12}N_4O_8P + HNO_2 = HO \cdot C_{10}H_{12}N_4O_8P + H_2O + N_2.$$

20 g guanylsaures Natrium werden in einem Filterstutzen von 750 cm³ Inhalt in 400 cm³ Wasser verteilt; unter Turbinieren gibt man allmählich je 100 g Natriumnitrit und 100 cm³ Eisessig hinzu; nach ungefähr 5 Stunden ist eine klare, gelbe Lösung entstanden. Um starkes Schäumen zu verhindern, ist der Zusatz einer geringen Menge Äther oder Amylalkohol von Vorteil. Aus der Lösung kann man mit der 5fachen Menge Alkohol die Xanthylsäure als teigige Masse fällen, die nach dem Abgießen der Mutterlauge durch Zusatz von Alkohol und Verreiben gehärtet wird. Das rohe Produkt ist ein gelbes, hygroskopisches Pulver. Zu einem reinen Körper kommt man, wenn man die Säure aus der Reaktionsflüssigkeit mit schwefelsaurer Quecksilbersulfatlösung (HOPKINSsche Lösung) fällt, wie es LEVENE für die Reindarstellung der Guanylsäure getan hat. Dann entsteht ein weißer voluminöser Niederschlag, der mit kaltem Wasser mehrmals digeriert und dekantiert und zum Schluß auf der Nutsche abgesaugt und mit heißem Wasser gewaschen wird. In Wasser suspendiert, wird er sodann mit Schwefelwasserstoff zersetzt, die Lösung zur Ausflockung des kolloidal gelösten Quecksilbersulfides mit Bariumcarbonat geschüttelt und filtiert. Zu dem baryt- und schwefelsäurefreien Filtrat gibt man die berechnete Menge Brucin, in Alkohol gelöst, nachdem man durch Titration die Acidität festgestellt hat. Wenn das Brucinsalz nicht auskrystallisiert, konzentriert man die Lösung unter vermindertem Druck, bis die Ausscheidung beginnt. Etwa überschüssig zugesetztes Brucin wird mit Chloroform extrahiert. Aus 30 proz. Alkohol krystallisiert das Salz in schönen langen, farblosen Nadeln, die gegen 200° zu schmelzen beginnen. LEVENE und DMOCHOWSKI (64) haben die freie Xanthylsäure dargestellt, in dem sie statt des Quecksilbersalzes das Bleisalz darstellten und dieses durch Schwefelwasserstoff zersetzten. Die Bleifällung und Zersetzung des Niederschlages haben sie mehrmals wiederholt. Beim Eindampfen im Vakuum bei

$35^0$ auf ein kleines Volumen fällt ein weißes Pulver aus, das bis jetzt noch nicht krystallinisch erhalten worden ist.

*Eigenschaften.* Die Xanthylsäure ist in Wasser leicht löslich und wird von Säuren nicht gefällt. Aus konzentrierten Lösungen fällen allmählich Pikrinsäure und Phosphorwolframsäure die Nucleinsäure aus. $[\alpha]_D^{22} = -41,66^0$ in 5 proz. NaOH.

*Salze mit anorganischen Basen.* Die Xanthylsäure fällt mit Quecksilbersalzen, Kupfer- und Silbersalzen; das erstere Salz ist löslich in Alkalien, die beiden letzteren in Ammoniak.

*Bestimmung.* Bei der Hydrolyse mit Mineralsäuren liefert sie als einzigen N-haltigen Baustein Xanthin, ferner Ribose und Phosphorsäure. Wenn eine wäßrige Lösung der Xanthylsäure 48 Stunden lang bei $50^0$ hydrolysiert wird, so verliert sie nach LEVENE und DMOCHOWSKI 47,4 % der Base, ohne daß eine merkbare Menge Phosphorsäure in Freiheit gesetzt wird, es entsteht dabei 3-Ribosephosphorsäure, s. S. 467.

### 6. Cytosylsäure, $C_9H_{14}O_8N_3$.

*Vorkommen.* Die Cytosylsäure und die Uracylsäure sind ebenfalls Bestandteile der Hefe- und Triticonucleinsäure, der Pankreasnucleinsäure nach HAMMARSTEN und JORPES (43) und JONES und PERKINS (53) und der Teeblätter nach CALVERY (10).

*Darstellung* (43, 60). 1. Sie beruht auf der größeren Resistenz der Pyrimidinnucleotide gegen Mineralsäuren gegenüber den Purinnucleotiden. Während diese durch zweistündiges Erhitzen mittels 2 proz. Schwefelsäure vollkommen in Phosphorsäure, Ribose und Purinbase gespalten werden, bleiben die Pyrimidinkomplexe bei dieser Behandlung zum größten Teile intakt (s. S. 420). Ihre Gewinnung geschieht nach LEVENE und JACOBS (68) auf folgende Weise: Je 100 g Hefenucleinsäure werden in einem Liter 2 proz. Schwefelsäure am Rückflußkühler 2 Stunden im Ölbade bei $125^0$ gekocht und die etwas abgekühlte Flüssigkeit mit reinem $Ag_2O$ im Überschuß versetzt. Dabei scheiden sich die Silbersalze der Purinbasen aus. Zur Vervollständigung der Fällung läßt man das Gemisch über Nacht stehen und entfernt die Purinsilbersalze durch Filtration. Das Filtrat neutralisiert man mit chemisch reiner Barytlösung, wodurch sich die Silbersalze der Nucleotide und Silberphosphat ausscheiden. Der Niederschlag wird in $H_2SO_4$ gelöst, mit $H_2S$ von Ag befreit; das Filtrat vom Silbersulfid wird dann mit Baryt genau auf Phenolphthalein neutralisiert, vom Bariumphosphat getrennt und bei vermindertem Druck fast bis zur Trockene eingedampft. Ein Teil der Salze geht dabei in eine in Wasser unlösliche Form über. Das Gemisch wird durch Essigsäure in Lösung gebracht und die Lösung in absoluten Alkohol eingetragen, wobei sich die Bariumsalze der Nucleotide ausscheiden. Dieses Rohprodukt ist schon vollständig frei von Nucleinsäure oder von Purin enthaltenden Komplexen. Aus der konzentrierten Lösung der Bariumsalze wird das Barium quantitativ entfernt und zum Filtrat Brucin in methylalkoholischer Lösung hinzugegeben, bis die Lösung leicht alkalisch gegen Lackmus reagiert. Beim Stehen scheiden sich die Brucinsalze krystallinisch ab. Die Trennung der Brucinsalze der beiden Nucleotide erfolgt durch fraktionierte Krystallisation aus 35 proz. Äthylalkohol. Dabei geht das Brucinsalz der Cytosylsäure in Lösung und wird beim Abkühlen krystallinisch abgeschieden, während das Brucinsalz der Uracylsäure in 35 proz. Alkohol unlöslich ist. Aus dem Brucinsalz der Cytosylsäure wird das Brucin durch Ammoniak abgeschieden. Zur Darstellung der freien Säure wird das Ammoniumsalz in das Bleisalz übergeführt und dieses durch Schwefelwasserstoff zersetzt (60). Das Filtrat vom Schwefelbleiniederschlag wird bis zur Sirupdicke konzentriert. Es entsteht ein krystallinischer Niederschlag, der aus kleinen

Nadeln besteht. Die Mutterlauge ist sehr zäh, die Krystalle werden durch öfteres Waschen mit heißem Methylalkohol von ihr befreit.

2. THANNHAUSER und DORFMÜLLER (122) führen die Hydrolyse der Hefenucleinsäure an Stelle durch verdünnte Schwefelsäure durch Pikrinsäure aus, um mildere Bedingungen zu schaffen:

Zu 100 g Hefenucleinsäure in 500 cm³ Wasser werden 60 g Pikrinsäure hinzugegeben und 2 Stunden am Rückflußkühler gekocht. Zuerst löst sich alle Pikrinsäure in der Siedehitze, dann fällt allmählich unter Stoßen ein Pikrat aus. Man kocht vorsichtig trotz des Stoßens die vorgeschriebene Zeit weiter. Nach 2 Stunden läßt man abkühlen und stellt die Hydrolysenflüssigkeit zur vollständigen Ausfällung der Purinpikrate, des Ammoniumpikrates und unveränderter Pikrinsäure über Nacht in den Eisschrank. Die ausgefallenen Pikrate und die Pikrinsäure werden abgenutscht, das Filtrat im Vakuum bei 40—50° stark konzentriert und nochmals in den Eisschrank gestellt. Es scheidet sich neben Pikrat noch eine gallertartige Substanz ab. Man saugt abermals ab, wäscht mit wenig Wasser nach und äthert das mit etwas Wasser noch weiter verdünnte Filtrat aus, bis alle Pikrinsäure entfernt ist. Die ausgeätherte Lösung wird im Vakuum bei 30—40° stark eingeengt und dann im Vakuumexsiccator über Schwefelsäure vollständig konzentriert. Der Sirup wird in 500 cm³ Wasser siedend heiß gelöst und in eine heiße alkoholische Brucinlösung gegossen, die ca. 60—70 g Brucin gelöst enthält. Die kochende Lösung läßt man bis 60° C abkühlen, saugt rasch vom ausfallenden Brucinsalz ab und läßt dann weiter bei Zimmertemperatur stehen. Krystallisat I (100—60°) enthält zum größten Teil das Brucinsalz der Uridinphosphorsäure; Krystallisat II (60° bis Zimmertemperatur) ist noch ein Gemisch der Brucinsalze der Uracyl- und Cytosylsäure.

Die Trennung der Brucinsalze der Krystallisation II und die weitere Verarbeitung erfolgt wie oben beschrieben.

LEVENE und JACOBS (70) führen die Hydrolyse der Hefenucleinsäure auch in ammoniakalischer Lösung durch:

3. 100 g hefenucleinsaures Natrium werden in 500 cm³ 25proz. Ammoniak gelöst und 1 Stunde bei 100° im Autoklaven erhitzt. Aus dem Filtrat wird mit 98proz. Alkohol die Guanylsäure gefällt. Das Filtrat wird bei 40° und einem Druck von 12—15 mm auf $^1/_3$ des ursprünglichen Volumens eingeengt und wieder mit 98proz. Alkohol gefällt. Zu der Mutterlauge wird eine 25proz. Bleiessiglösung hinzugegeben, solange noch ein Niederschlag entsteht und der Bleiniederschlag nach gründlichem Auswaschen in barythaltigem Wasser suspendiert und mit Schwefelwasserstoff zersetzt. Nach dem Entfernen des überschüssigen Schwefelwasserstoffs durch einen Luftstrom wird die Suspension deutlich alkalisch gemacht, filtriert und nach dem Neutralisieren auf 150 cm³ eingeengt. Das Barium wird durch Schwefelsäure entfernt und auf die oben beschriebene Weise die Brucinsalze dargestellt, die durch neunmalige fraktionierte Krystallisation getrennt werden. Das schwerlöslichste ist das Brucinsalz der Uracylsäure, in den ersten drei Mutterlaugen ist die Adenylsäure enthalten und in den sechs anderen Mutterlaugen die Cytosylsäure. Aus den Brucinsalzen werden, wie oben beschrieben, die freien Säuren dargestellt.

Diese Methode eignet sich nicht so gut zur Aufspaltung der Hefenucleinsäure wie die Originalmethode von H. STEUDEL und E. PEISER.

*Eigenschaften.* Die Cytosylsäure krystallisiert in Nadeln, die bei 225° (korr.) unter Zersetzung schmelzen, im geschlossenen Rohr bei 230—233° (LEVENE). Sie verliert beim Trocknen unter vermindertem Druck nur 0,8% an Gewicht. In wäßriger Lösung ist: $[\alpha]_D^{50} = +48{,}0^0$, in 10proz. Salzsäure $[\alpha]_D = +26^0$, in

5proz. Ammoniak $[\alpha]_D = + 44{,}5$, in 2proz. NaOH $[\alpha]_D = + 25{,}5^0$, in 5proz. NaOH $[\alpha]_D = + 1{,}0^0$, in 10proz. NaOH $[\alpha]_D = - 21{,}0^0$.

*Salze mit anorganischen Basen.* Von der Cytosylsäure ist nur ein krystallinisches Salz dargestellt worden.

Das *neutrale Bariumsalz* $C_9H_{12}O_8N_3PBa$ (60) ist leichter löslich in Wasser als das entsprechende Salz der Uracylsäure und hat die Neigung, aus sehr konzentrierter Lösung in Form von mikroskopischen Granülen auszufallen; beim Umkrystallisieren fällt es in regulären Platten aus. Die optische Drehung der lufttrockenen Substanz beträgt in Wasser $[\alpha]_D^{20} = + 14{,}0^0$.

*Bestimmung.* In den Pyrimidinnucleotiden ist ebenso wie in den Purinnucleotiden die Phosphorsäure an ein sekundäres Kohlenstoffatom gebunden, obwohl sowohl die Phosphorsäure als auch die Base nur schwer abspaltbar sind. Werden sie nämlich hydriert, so verhalten sich die Hydrierungsprodukte wie die Purinnucleotide, und zwar nicht nur hinsichtlich der Abspaltbarkeit der Phosphorsäure (LEVENE und JORPES [71]).

### 7. Uracylsäure.

*Vorkommen* s. S. 429.

*Darstellung* s. Cytosylsäure. Aus dem Brucinsalz der Uracylsäure wird das Brucin durch Ammoniak abgeschieden. Zur Darstellung der freien Säure wird das Ammoniumsalz in das Bleisalz übergeführt und dieses durch Schwefelwasserstoff zersetzt. Das Filtrat vom Schwefelbleiniederschlag wird unter vermindertem Druck auf ein kleines Volumen eingeengt, zuletzt im Vakuumexsiccator bis zum Sirup konzentriert. Dieser wird in heißem absoluten Alkohol aufgelöst und wieder im Exsiccator konzentriert. Diese Operation wird öfter wiederholt, und endlich krystallisiert der Sirup zu einer fast festen Masse. Um die Krystalle von der viskösen Mutterlauge zu trennen, werden sie mit einer sehr kleinen Menge von wasserfreiem Methylalkohol in der Wärme versetzt, dann mit kaltem Methylalkohol gewaschen und zum Schluß in trockenem Methylalkohol suspendiert. Die Mischung wird zum Sieden erhitzt und die Krystalle abfiltriert. Die Mutterlaugen und Waschalkohole geben beim Stehen unter vermindertem Druck eine zweite Krystallisation. Der Schmelzpunkt liegt bei 202° (korrigiert).

*Eigenschaften.* Die Uracylsäure $C_9H_{13}O_9N_2P$ schmilzt in einem geschlossenen Gefäß unter Zersetzung bei 198,5° C (korrigiert). Die spezifische optische Drehung beträgt: in Wasser $[\alpha]_D^{20} = + 9{,}5^0$, in 2proz. NaOH $+ 6{,}5^0$, in 5proz. NaOH $= - 15^0$.

*Salze mit anorganischen Basen.* Von der Uracylsäure existieren krystallinische Barium- und Ammoniumsalze, ferner ein neutrales Bleisalz.

Das *Bariumsalz* $C_9H_{11}O_9N_2PBa$ krystallisiert nach LEVENE in Form von langen prismatischen Nadeln. Die spezifische Drehung des Salzes in 2,5proz. Lösung von HCl beträgt $+ 3{,}5^0$.

Das *einbasische Ammoniumsalz* $C_9H_{16}O_9N_3P$ krystallisiert in Ballen von langen Nadeln. Es wird dargestellt durch Lösen von 2,0 g neutralem Ammoniumsalz in 15,0 cm³ Eisessig. Zu der heißen Lösung wird tropfenweise Alkohol bis zur leichten Opalescenz hinzugesetzt. Die lufttrockene Substanz sintert bei 210° (korrigiert) und zersetzt sich bei 242°. In wäßriger Lösung beträgt die spezifische Drehung $[\alpha]_D^{20} = + 13{,}0^0$.

Das *dibasische* (*neutrale*) *Ammoniumsalz* krystallisiert in schweren, länglichen Prismen: $C_9H_{19}O_9N_4P + {}^1/_2 H_2O$. Es wird dargestellt durch Behandlung des Brucinsalzes mit $NH_4OH$. Zur Reinigung wird das Salz in wenig heißem Wasser gelöst und zu der Lösung heißer Methylalkohol bis zur leichten Opalescenz hinzugefügt.

Zersetzungspunkt 185° (unkorrigiert). In wäßriger Lösung beträgt die Drehung $[\alpha]_D^{20} = +21{,}0°$.

Das *neutrale Bleisalz* $C_9H_{11}O_9N_2PPb$ krystallisiert in langen Nadeln. Es wird aus dem neutralen Ammoniumsalz dargestellt. 2,0 g des neutralen Ammoniumsalzes in 50 cm³ Wasser gelöst, werden mit 10 cm³ Eisessig versetzt und mit einer heißen Lösung von neutralem Bleiacetat gefällt. Es entsteht sofort eine gelatinöse Fällung, die beim Kochen fast vollständig verschwindet. Nach der Filtration setzt die Krystallisation ein, die Krystalle sind wenig löslich in heißem Wasser.

### b) Zusammengesetzte Nucleinsäuren.

Die zusammengesetzten Nucleinsäuren werden je nach der Anzahl der in ihnen enthaltenen Mononucleotide, Tri-, Tetra-, Penta- usw. -nucleotide genannt. Die einfachste Nucleinsäure ist die Hefenucleinsäure, die einzige zusammengesetzte Nucleinsäure, die in den höheren und niederen Pflanzen gefunden worden ist.

#### 1. Hefenucleinsäure (Triticonucleinsäure).

*Vorkommen.* Die Hefenucleinsäure ist außer in der Hefe in den Embryonen von Weizen (10a, 66, 85, 86, 87) und Gerste gefunden worden.

*Darstellung.* Am besten stellt man die Hefenucleinsäure nach R. ALTMANN dar:

1. 2 l frischer Brauereihefe werden abzentrifugiert, der Rückstand mit 6 l Wasser versetzt, auf 0° abgekühlt. Dann werden 200 g Natronlauge in 500 cm³ Wasser hinzugefügt, nach 15 Minuten 200 cm³ HCl (spez. Gew. 1,19) und mit Essigsäure angesäuert. Nach 24 Stunden wird die filtrierte Lösung mit Salzsäure bis zur beginnenden Niederschlagsbildung versetzt, hierauf noch 2,5‰ Salzsäure zugefügt und mit dem gleichen Volumen 2,5‰ alkoholischer Salzsäure ausgefällt. Zur Reinigung wird das Präparat in Wasser unter Zusatz von Natronlauge bei 0° gelöst, vom Ungelösten (Calciumphosphat und Eisenphosphat) abzentrifugiert, mit Essigsäure angesäuert, wieder zentrifugiert und das Filtrat mit dem gleichen Volumen 3‰ alkoholischer Salzsäure gefällt.

2. Ein Verfahren, das die Extraktion mit Natronlauge vermeidet, ist von CLARKE und SCHRYVER (13) angegeben worden:

1000 g Preßhefe, die zuerst in der Kälte, dann in der Siedehitze mit Alkohol ausgezogen worden sind, werden 4—5 Tage lang mit 10 l 10proz. Kochsalzlösung bei 60—80° unter häufigem Umrühren extrahiert. Dann werden zu dem Filtrate 90 cm³ HCl (1 konzentrierte HCl vom spez. Gew. 1,19 : 1 Wasser) zugesetzt. Der von der Flüssigkeit getrennte Niederschlag kann durch Auflösen in warmer 10proz. Natriumacetatlösung und Wiederausfällen mit Salzsäure gereinigt werden.

3. Aus Weizenkeimlingen kann man dieselbe Substanz gewinnen, denn der Embryo des Weizens und zweifellos auch derjenige anderer Samen ist äußerst reich an Nucleinsäure. Aus frischem Mehl lassen sich nach OSBORNE und HARRIS 3,5% Triticonucleinsäure gewinnen, doch erweist es sich als notwendig, sehr frisches Mehl in Arbeit zu nehmen, da dasselbe Mehl nach einigen Wochen nur noch ganz geringe Mengen Nucleinsäure liefert.

9 kg fein gemahlenes, ölfreies Mehl von Weizenembryonen (10a, 66, 85, 86, 87) werden mit ungefähr 60 l Wasser geschüttelt, das Extrakt durch ein Tuch geseiht und 24 Stunden an einem kühlen Orte unter Phenolzugabe absitzen gelassen. Dann wird das etwas trübe Extrakt vom Niederschlage abgehebert, mit Kochsalz gesättigt und stark mit Essigsäure angesäuert. Der so erzeugte bedeutende Niederschlag wird abfiltriert und mit Wasser gewaschen, bis die Hauptmenge des Salzes und der Säure entfernt ist. Er

wird nun in Wasser suspendiert und ein gleiches Volumen 0,4 proz. Salzsäure, die 3 g kräftig wirksames Pepsin enthält, zugefügt und 24 Stunden bei 40° der Verdauung unterworfen. Das Ungelöste wird jetzt abfiltriert, wieder in 6 l 0,2 proz. HCl, die 1,5 g Pespin enthält, aufgeschwemmt und noch einmal 24 Stunden bei 40° verdaut. Dann wird die Operation noch einmal wiederholt. Da das Filtrat vom ungelösten Nuclein jetzt nur noch wenig Proteosen enthält, wird das Nuclein ausgewaschen, in 3 l Wasser aufgeschwemmt, durch ein feines Tuch geseiht, um vollständige Verteilung zu erzielen und ein abgemessener Teil davon gegen Phenolphthalein mit einer gemessenen Menge KOH neutralisiert. Dann wird die ganze Lösung mit der berechneten Menge Alkali neutral gemacht, klar filtriert und nach LEVENES Methode zur Enteiweißung mit einer starken Pikrinsäurelösung behandelt. Die eiweißfreie, filtrierte Lösung wird mit einem Überschuß von HCl versetzt und liefert einen flockigen Niederschlag, der sich bald zu einer zusammenhängenden Schicht absetzt. Nach gründlichem Waschen mit Wasser wird der Niederschlag in Kalilauge gelöst und durch Alkohol gefällt. Das Lösen des Niederschlages in Wasser und Wiederausfällen mit Alkohol wird noch einmal wiederholt. Es entsteht ein sehr voluminöser weißer Niederschlag, der mit Alkohol gewaschen, dann mit absolutem Alkohol entwässert und an der Luft getrocknet wird.

Die Hefenucleinsäure unterscheidet sich beträchtlich von der Thymonucleinsäure und der Pankreasnucleinsäure. Es sind von KOWALEWSKY, LEVENE und THANNHAUSER verschiedene Formeln aufgestellt worden; ob eine von diesen und welche von ihnen der Hefenucleinsäure zukommt, ist nicht sicher erwiesen. Denn die Hefenucleinsäure in reinem Zustande herzustellen, ist sehr schwierig, besonders im Laboratorium; aber auch die Fabrikprodukte sind nicht immer einheitlich. Ein verhältnismäßig gutes Präparat liefert die chemische Fabrik C. F. Boehringer & Söhne in Mannheim. „Die Hefe ist ein in lebhaftem Stoffwechsel befindliches Medium, sie enthält viele Fermente, unter anderem auch desaminierende, und es ist sehr leicht möglich, daß die Uracylsäure, die von vielen Forschern bei der Spaltung der Hefenucleinsäure gefunden worden ist, durch fermentative Desaminierung aus der Cytosylsäure hervorgegangen ist (101)." Der Gedanke liegt sehr nahe, da die Inosinsäure des Muskels nach EMBDEN auch nicht primäres Produkt ist, sondern beim Absterben des Muskels und auch bei der Muskelarbeit aus der Adenylsäure durch fermentative Ammoniakabspaltung hervorgeht. So unterscheiden sich die beiden Formeln von KOWALEWSKY und LEVENE nur durch die Anwesenheit der Uracylsäure, und es ist sehr leicht möglich, daß die Formel von KOWALEWSKY einer idealen Nucleinsäure entspricht, der die experimentell dargestellte mehr oder weniger nahe kommt. So spricht die von ELLINGHAUS (16) gefundene Verbrennungswärme der Hefenucleinsäure: 4470 mehr für die LEVENEsche Formel. Für diese sind 4370 Cal berechnet und für die KOWALEWSKYsche 3401 Cal. Nach KOWALEWSKY (59) ist die Hefenucleinsäure ein Trinucleotid, nach LEVENE ein Tetranucleotid.

*Eigenschaften.* Mit Alkohol und Äther getrocknet, stellt die Substanz ein schneeweißes Pulver dar. Sie ist in Wasser sehr schwer löslich, in warmem Wasser etwas leichter. In Mineralsäuren ist sie unlöslich, sie wird daher aus der wäßrigen Lösung ihrer Alkalisalze durch Mineralsäuren gefällt. Auch ein großer Überschuß von Eisessig schlägt die Hefenucleinsäure nieder, nicht dagegen verdünnte Essigsäure. Bei etwa 24 stündigem Stehen mit 2 proz. Schwefelsäure geht sie in Lösung, scheinbar ohne Zersetzung. Beim längeren Kochen der freien Säure mit Wasser oder besonders mit verdünnten Säuren zerfällt sie zuerst in die Nucleotide, und diese werden dann weiter verändert durch Abspaltung der Purine aus den Purinnucleotiden. Die Abspaltung der Purine aus der Hefenucleinsäure bzw. aus den Purinnucleotiden erfolgt jedoch sehr viel schwieriger als der analoge Vorgang bei der Thymonucleinsäure. Dagegen ist die Hefenucleinsäure gegen Alkalien sehr viel empfindlicher als die Thymonucleinsäure (99, 103). Schon beim Stehen mit sehr verdünnter Natronlauge bei Zimmertemperatur zersetzt sie sich in die einzelnen Mononucleotide, wie bei der Darstellung der letzteren ausführlich geschildert worden ist. Allerdings sind frisch hergestellte Präparate nach STEUDEL (95) sehr viel leichter spaltbar als ältere (s. S. 419). Welche Ursachen die Zunahme der Bindung bewirken, kann man nicht sagen, weil man über die Art der Bindungen der einfachen Nucleinsäuren untereinander noch im Dunklen tappt. Da ferner mit der Einwirkung der Natronlauge auf Hefenucleinsäure eine Änderung des Drehungsvermögens verbunden ist, so muß man wohl schließen, daß die einfachen Nucleinsäuren im Molekül der Hefenucleinsäure an den Zuckerkomponenten miteinander verbunden sind, und daß in den frischen Präparaten eine lockere Bindung existiert, die sich mit der Zeit verfestigt. Die Hefenucleinsäure ist optisch aktiv. Nach LEVENE ist in einer Lösung von 1 g Hefenucleinsäure in 25 cm³ 10proz. Ammoniak $[\alpha]_D = +35{,}9^0$, in einer Lösung von 0,5 g Hefenucleinsäure in 10 cm³ 12,5proz. Ammoniak $[\alpha]_D = +38{,}84^0$ und beim Auflösen in 20 cm³ n/1-Natronlauge $[\alpha]_D = +7{,}8^0$.

*Salze mit anorganischen Basen.* Sie sind bis jetzt nicht krystallisiert erhalten worden. Die Alkalisalze und das Ammoniumsalz der Hefenucleinsäure sind in Wasser leicht löslich und werden durch Alkohol gefällt. Die anderen Metallsalze, z. B. das Kupfer- und das Bleisalz, sind in Wasser unlöslich.

*Bestimmung.* Die Hefenucleinsäure reduziert FEHLINGsche Lösung nicht, wohl aber nach vorherigem Erwärmen mit 5proz. Schwefelsäure. Nach der Spaltung gibt sie eine positive Pentosenreaktion, sowohl mit Orcin als auch mit Phloroglucin, aber keine Reaktion mit fuchsinschwefliger Säure und keine grüne Fichtenspanreaktion. Das Kohlenhydrat ist also auch eine Pentose ebenso wie bei den Mononucleotiden. Das ist auch nicht weiter verwunderlich, weil die Hefenucleinsäure bei der alkalischen Spaltung in diese zerfällt. Bei der Spaltung in neutraler Lösung werden ähnlich wie bei den Mononucleotiden die Nucleoside unter Abspaltung der Phosphorsäure gebildet, und zwar Guanosin, Adenosin, Cytidin und Uridin (3). Bei der vollständigen Spaltung mittels Mineralsäuren werden die folgenden Bestandteile erhalten (59): Adenin, Guanin, Cytosin, Uracyl und auch etwas Xanthin und Hypoxanthin, die aus dem Guanin und Adenin hervorgegangen sind, ferner d-Ribose und Phosphorsäure. Ob die reine Hefenucleinsäure ein Tri- oder Tetranucleotid ist, läßt sich noch nicht entscheiden. Für ein Trinucleotid berechnet sich das Verhältnis P/N = 1/1,96, für ein Tetranucleotid 1/1,69. STEUDEL und IZUMI (98) haben für die Hefenucleinsäure — nach ALTMANN und nach CLARKE und SCHRYVER dargestellt — einen Quotienten erhalten, der beiden entspricht; diese Analysen können allein nicht entscheiden, nicht einmal die C- und H-Werte, da diese Werte für beide Formeln sehr nahe beieinander liegen, ebenso die Phosphorwerte; nur die Stickstoffwerte haben einen etwas größeren Spielraum. Als einziger Beweis bleibt die quantitative Bestimmung der einzelnen Spaltstücke. Die bis jetzt ausgeführten Bestimmungen, auch die von KOWALEWSKY ausgeführten, sind noch nicht einwandfrei; die Bestimmung der Purin- und der Pyrimidinbasen ist mit großen Substanzverlusten verbunden, und auch die Pentosenbestimmungen sind sehr ungenau, da das Kohlenhydrat aus den Pyrimidinnucleosiden bedeutend schwieriger abgespalten wird als aus den Purinnucleosiden. Es werden im Höchstfall 25% Pentose gefunden, während für ein Trinucleotid 43% und für ein Tetranucleotid 46% Pentose berechnet werden. WILLIAM S. HOFFMAN hat in neuester Zeit eine colorimetrische Mikromethode mit Anilinacetat zur Pentosenbestimmung ausgearbeitet, die ein Verhältnis $\frac{\text{Moleküle Furfurol}}{\text{Moleküle Gesamtphosphor}} = 0{,}513$ ergab; berechnet sind für zwei Moleküle Purin- und zwei Moleküle Pyrimidinpentose 0,536 (47) s. S. 471. Nach THANNHAUSER und DORFMÜLLER besteht die Hefenucleinsäure aus zwei Molekülen Triphosphonucleinsäure (Trinucleotid) und Uracylsäure; durch milde ammoniakalische Hydrolyse spalteten sie die Hefenucleinsäure in diese beiden Bestandteile (121). — Bei der Spaltung der Hefenucleinsäure mit

Lebernucleotidase, s. S. 450, werden nach F. Bielschowsky (6) keine nennenswerten Mengen freier Purine abgespalten, wie das bei der Thymonucleinsäure der Fall ist. Aus dem Spaltungsgemisch können die drei Nucleoside Guanosin, Inosin und Uridin in relativ guter Ausbeute isoliert werden. Inosin und Uridin sind als Desaminierungsprodukte des Adenosins und Cytidins anzusehen. Die Desaminierung findet bei intakter Basen-Kohlenhydratbindung statt. Dabei fällt auf, daß die 6-Aminogruppe der Desaminierung leichter zugänglich ist, wie die Isolierung von Inosin und Uridin beweist. Dagegen scheint die 2-Aminogruppe für das angewandte Ferment schwer angreifbar zu sein, da kein Xanthosin, wohl aber Guanosin in guter Ausbeute gewonnen wird. Die Abspaltung der Phosphorsäure verläuft langsamer als bei der Thymonucleinsäure. Auch von dem Ferment aus der Dünndarmschleimhaut des Kalbes wird sie viel schwerer angegriffen als die letztere (6).

## 2. Thymonucleinsäure.

*Vorkommen.* Die Thymonucleinsäure kommt in den Spermatozoen der Fische vor, in den Lymphocyten der Thymusdrüse, ferner in den Zellkernen vieler Organe. Zur Darstellung kommen aber nur die beiden ersten Ausgangsmaterialien in Frage, da nur sehr kernreiche Organe zu verarbeiten lohnend ist.

Fast alle Methoden, die für die Darstellung der Thymonucleinsäure empfohlen werden, beruhen auf der zuerst von Kossel gemachten Beobachtung, daß die Säure gegen Alkalien in der Siedehitze sehr beständig ist. Am einfachsten gestaltet sich die Gewinnung der Nucleinsäure nach dem Verfahren von A. Neumann, dem die späteren Methoden sämtlich nachgebildet sind.

1 kg frische, rein präparierte Thymus oder anderes Gewebe wird in schwach essigsaurem Wasser gekocht, bis die Drüsen vollkommen hart geworden sind, fein zerhackt und in 2 l siedendes Wasser, dem vorher 200 g Natriumacetat zugefügt worden sind, gebracht und bis zur feinen Verteilung durchgerührt. Dann werden 100 cm³ 33proz. Natronlauge zugesetzt und auf dem Wasserbade am Rückflußkühler $^1/_2$—2 Stunden gekocht, je nachdem man die Säure a oder b erhalten will. Nach der Neutralisation mit etwa 150 cm³ 50proz. Essigsäure wird filtriert, das Filtrat auf etwa $^1/_2$—1 l eingedampft und nach dem Abkühlen auf 40° durch das gleiche Volumen Alkohol gefällt. Das abgeschiedene Natriumsalz löst man in 500 cm³ Wasser, erhitzt auf dem Wasserbade, bis die trübe Flüssigkeit einen Niederschlag abgeschieden hat und wieder klar geworden ist, filtriert und fällt mit Alkohol. Lösung und Fällung werden so lange wiederholt, bis Alkohol erst auf Zusatz von wenig Natriumacetat eine Fällung erzeugt. Wird das Natriumsalz der Thymonucleinsäure mit absolutem Alkohol behandelt und im Exsiccator getrocknet, so erhält man ein weißes, feines, stäubendes Pulver.

Will man die freie Säure darstellen, die aber sehr zersetzlich ist, so gießt man die Lösung des nucleinsauren Natriums in die dreifache Menge salzsäurehaltigen Alkohols (2 cm³ konzentrierte Salzsäure auf 100 cm³ Alkohol). Der Niederschlag wird abfiltriert und bis zum Verschwinden der Chlorreaktion mit Alkohol und zuletzt mit Äther gewaschen. Ausbeute 30—35 g Nucleinsäure aus 1 kg Reinthymus.

Die nach genauer Einhaltung dieser Vorschrift erhaltenen Präparate sind nicht immer biuretfrei. Feulgen (28) hat daher die ursprüngliche Methode von Neumann etwas abgeändert.

1 kg rein präparierte Thymusdrüsen wird in 1prom. essigsäurehaltigem Wasser 10 Minuten zwecks Härtung gekocht. Die Drüsen werden dann in der Fleischhackmaschine zerkleinert, das Gewicht des Organbreies mit Wasser wieder auf 1 kg gebracht, im Wasser-

bade auf 60° erwärmt und 100 cm³ 33proz. Natronlauge unter Umrühren hinzugesetzt. Nach 15 Minuten versetzt man mit einer Lösung von 100 g Ammoniumchlorid in 200 cm³ kochendem Wasser, worauf die Masse gallertartig erstarrt, und fällt unter Umrühren mit so viel Alkohol, als zur vollständigen Ausfällung eben erforderlich ist. Nach dem Absitzen wird die Flüssigkeit abgegossen, der Niederschlag abgesaugt und getrocknet. Ausbeute ca. 85—90 g. Zur Verflüssigung werden 100 g des Rohproduktes mit 500 cm³ 0,5proz. Pankreatinlösung (Pankreatin, absolut. Merck.), in der etwas Toluol suspendiert wird, unter heftigem Umschütteln übergossen und 2 Tage bei 40° im Brutschrank stehen gelassen. Die anfänglich zu einer steifen bröckligen Gallerte aufgequollene Masse verflüssigt sich im Laufe einiger Stunden. Nach 2 Tagen filtriert man durch ein Faltenfilter, laugt den Rückstand mehrfach gut mit Wasser aus, engt die Filtrate auf ca. 200 cm³ ein und fällt nach Zusatz von 5 g Natriumacetat mit der dreifachen Menge Alkohol. Nach dem Absitzen wird die weiche teigige Masse durch Verkneten und Verreiben mit Alkohol entwässert und getrocknet. Die Reinigung des Rohproduktes erfolgt durch Fällung mit Alkohol bei alkalischer Reaktion. Etwa 30 g Rohprodukt werden in 100 cm³ Wasser gelöst, und nach Zusatz von 5 cm³ konzentrierter Natronlauge wird das Filtrat mit dem mehrfachen Volumen Alkohol gefällt. Zusatz von konzentrierter Natriumacetatlösung begünstigt die Fällung. Nach dem Absitzen wird die Mutterlauge abgegossen, der Rückstand in möglichst wenig warmem Wasser gelöst und die Fällung bei alkalischer Reaktion wiederholt. Zur Überführung des inaktiven in das aktive Salz löst man die weiche Fällung in wenig Wasser, neutralisiert mit 50proz. Essigsäure und fällt mit Alkohol. Ausbeute an b-nucleinsaurem Natrium aus 1 kg Drüsensubstanz ca. 30 g. Diese umständliche Methode bietet gegenüber der Neumannschen Methode keine Vorteile.

*Eigenschaften.* Die Thymonucleinsäure ist ein weißes amorphes Pulver, das in Alkohol und Äther unlöslich ist. In kaltem Wasser ist es schwer löslich und verwandelt sich zunächst in eine schleimige Masse. In Alkalien, Ammoniak, Alkalicarbonat und -acetat ist es leicht löslich, und zwar verhält sich die Säure wie eine vierbasische Säure. Aus der Lösung in Alkalien kann die Thymonucleinsäure durch Mineralsäuren, nicht durch Essigsäure, gefällt werden. Die Dissoziationskonstanten sind nach E. Hammarsten (41):

$$k_1 = 4{,}3 \cdot 10^{-3}, \qquad k_3 = (5 \cdot 10^{-5})$$
$$k_2 = 2{,}2 \cdot 10^{-4}, \qquad k_4 = (7 \cdot 10^{-6}).$$

Die erste Dissoziationskonstante ist 200mal größer, die vierte etwa halb so groß wie diejenige der Essigsäure.

Frisch dargestellt löst sich die freie Säure zu einer milchigen, sauren Flüssigkeit von etwa $3 \cdot 10^{-3}$ Molarität. Ein Teil der Säure befindet sich in dieser Lösung als suspendierte Partikeln, die wahrscheinlich aus undissoziierten Molekülen bestehen, da ihre Menge durch HCl vermehrt wird; die Dissoziationskonstanten sind daher nur scheinbare. Sie unterscheiden sich voneinander nur durch eine Zehntelpotenz und zeigen, daß die Thymonucleinsäure eine unerwartet starke Polyphosphorsäure ist, in welcher jedes Phosphoratom nur ein dissoziierbares H-Atom bindet. Die Berechnung der Dissoziation aus der potentiometrisch gemessenen Wasserstoffionenkonzentration und aus dem Leitvermögen gibt gute Übereinstimmung, wenn die Wanderungsgeschwindigkeit des einwertigen Anions gleich 25 gesetzt wird, eine ungefähre Zahl, die aus W. Ostwalds Bestimmungen über den Zusammenhang zwischen Wanderungsgeschwindigkeit und Atomzahl bei organischen Säuren hervorgeht. Obwohl die Thymonucleinsäure und ihr Natriumsalz Elektrolyte sind und daher je nach dem Dissoziationsgrade größere osmotische Drucke zeigen sollten als die für die molare Konzentration berechneten, ist der osmotische Druck sogar etwas kleiner als der für den undissoziierten Zustand berechnete. Der osmotische Druck der freien Säure ist sogar etwas kleiner als der für die gemessenen H-Ionen berechnete.

Die Thymonucleinsäure kommt in zwei Modifikationen vor, a- und b-Säure, von denen die a-Form schwerer in Wasser löslich ist als die b-Form. In heißem Wasser lösen sie sich beide unter Zersetzung auf. Die beiden Säuren unterscheiden sich dadurch, daß die a-Säure optisch aktiv ist und ihr Natriumsalz in mindestens 5proz. Lösung in der Kälte zu einer Gallerte versteift, während das Na-Salz der inaktiven b-Säure nicht gelatiniert. Die a-Form kann durch trockenes Erhitzen oder durch Erhitzen in Natronlauge in die b-Form übergeführt werden. Diese Umwandlung ist nach Feulgen (29) eine Salzbildung und reversibel, d. h. sie kann wieder rückgängig gemacht werden, z. B. durch längeres Stehen an der Luft, wobei eine Neutralisierung durch die Kohlensäure der Luft eintreten soll. Nach E. Hammarsten (41) ist aber diese Umwandlung durch die Neutralisierung nicht quantitativ reversibel. Die sehr schwach sauren Affinitäten, die bei der Umlagerung auftreten, sollen nach E. Hammarsten der Ausdruck einer Denaturierung sein, einer Lösung von Esterbindungen. Allerdings müssen die hierbei frei gemachten sauren Gruppen äußerst schwach sein, wie Feulgen schon gezeigt hat, denn durch Zurücktitrieren mit HCl können sie nicht nachgewiesen werden. Diese Denaturierung ist aber erst beim Erwärmen vollständig. Nach

FEULGEN sind aber auch bei Zimmertemperatur aktive Moleküle vorhanden; mit anderen Worten, es besteht ein Gleichgewichtszustand zwischen den aktiven und inaktiven Molekülen, der abhängig ist von der Temperatur. Verschieben läßt sich nach FEULGEN das Gleichgewicht zugunsten der aktiven Moleküle durch Abkühlung, durch Zusatz von Salzen oder durch Konzentrationserhöhung, durch welche Maßnahmen infolgedessen auch die Gelatinierfähigkeit erhöht wird.

Die Thymonucleinsäure zeigt Rechtsdrehung, und zwar beträgt in neutraler Lösung $[\alpha]_D = +154{,}2$—$156{,}9^0$ (unabhängig von der Konzentration). Bei Zusatz von Säure nimmt die Drehung zu, bei weiterem Zusatz wieder ab. Steigender Zusatz von Ammoniak läßt die Drehung auf $0^0$ sinken. Die neutralisierte Lösung zeigt wieder die ursprüngliche Drehung (GAMGEE und JONES). Das gleiche ist der Fall, wenn man statt Ammoniak Natronlauge nimmt. Gelatinierbarkeit und Drehungsvermögen scheinen in gewissem Zusammenhang zu stehen.

Während die Thymonucleinsäure im Gegensatz zur Hefenucleinsäure gegen Alkalien ziemlich beständig ist, ist sie sehr empfindlich gegen Mineralsäuren. Schon verdünnte Salz- oder Schwefelsäure spalten die Purinbasen, deren Bindung an den Zucker nur eine sehr lockere zu sein scheint, ab, die Pyrimidinbasen dagegen nicht. Dabei entsteht die stark reduzierende Thymosinsäure (s. S. 446). Essigsäure greift die Thymonucleinsäure nicht an, wohl aber konzentrierte Pikrinsäurelösung in der Wärme. Nach THANNHAUSER und B. OTTENSTEIN (123) werden dabei neben Thymin- und Cytosinhexosediphosphorsäure auch die entsprechenden Monophosphorsäuren gebildet, eine Behauptung, die H. STEUDEL (94) nicht bestätigen konnte. Er fand, daß unter den von den beiden Autoren angegebenen Bedingungen ein Teil der Nucleinsäure nicht aufgespalten wird, während in einem anderen Teile auch schon eine gewisse Menge der Pyrimidinbasen, z. B. Thymin, abgespalten worden ist.

Die Thymonucleinsäure gibt keine Biuretreaktion; Phloroglucin und Salzsäure liefert eine Reaktion, die der Reaktion auf Pentose ähnlich ist, doch läßt sich der Farbstoff nicht mit Amylalkohol ausschütteln. Orcinsalzsäurereaktion ist negativ.

*Salze mit anorganischen Basen.* Die Alkalisalze der Thymonucleinsäure sind in Wasser leicht löslich, krystallisieren nicht. Eine mindestens 5proz. wäßrige Lösung des a-nucleinsauren Natrons erstarrt in der Kälte zu einer klaren, festen, durchsichtigen Gallerte. Es ist ein energisches Schutzkolloid. Die Alkalisalze geben mit Alkohol allein keinen Niederschlag, sondern erst auf Zusatz einiger Tropfen konzentrierter Natriumacetatlösung. Die Erdalkalisalze der a-Säure erstarren ebenfalls bei genügender Konzentration, verdünntere Lösungen erst nach Zusatz gewisser Salze. Mit Schwermetallen gibt die Thymonucleinsäure in Wasser unlösliche Salze.

*Bestimmung.* Die Thymonucleinsäure ist nach STEUDEL (91) eine 4fache Phosphorsäure, die vier Kohlenhydratgruppen enthält, an die je ein Molekül Guanin, ein Molekül Adenin, Thymin und Cytosin gebunden sind. Ihr Name rührt von der Anwesenheit von Thymin her. STEUDEL behauptet, daß die bei der quantitativen Spaltung der Thymonucleinsäure stets gefundenen Oxypurine, Xanthin und Hypoxanthin, durch Ammoniakabspaltung hervorgehen:

= Phosphorsäure-Kohlenhydrat-Guanin,
= Phosphorsäure-Kohlenhydrat-Adenin,
= Phosphorsäure-Kohlenhydrat-Cytosin,
= Phosphorsäure-Kohlenhydrat-Thymin.

Die empirische Formel ist nach STEUDEL:

$$C_{43}H_{57}N_{15}P_4O_{30}.$$

Daraus ergibt sich für das Verhältnis von Stickstoff zu Phosphor:

$$15\,N/4\,P = 1{,}69; \text{ gefunden } 1{,}68.$$

Das Kohlenhydrat ist nach LEVENE und LONDON (72) eine Desoxypentose, Desoxy-d-ribose; es wird von ihnen Thyminose genannt. Es bildet kein Osazon, aber ein Benzylphenylhydrazon und gibt Farbenreaktionen mit KILIANIS und SCHIFFS Reagens. Bei der Hydrolyse mit siedender Salzsäure entsteht kein Furfurol, sondern Ameisensäure und Lävulinsäure. STEUDEL und PEISER (106) haben bei vorsichtiger Hydrolyse Oxymethylfurfurol erhalten, das die typische grüne Fichtenspanreaktion gibt. Diese Beobachtungen decken sich mit der Beobachtung von VAN EKENSTEIN und BLANKSMA, die durch Spaltung von $\omega$-Oxymethylfurfurol Ameisensäure und Lävulinsäure erhielten:

$$\underset{\omega\text{-Oxymethylfurfurol}}{\begin{array}{l} HC{=}C\cdot COH \\ \quad\;\; O \\ HC{=}C\cdot CH_2OH \end{array}} + 2\,H_2O = HCOOH + \underset{\text{Lävulinsäure}}{C_5H_8O_3}.$$

Bei der Einwirkung von starker Salpetersäure auf Thymonucleinsäure (91) entsteht unter Abspaltung der Nucleinbasen ein Körper, der FEHLINGsche Lösung reduziert; aber die weitere Verfolgung dieser Reaktion, besonders das Suchen nach einer etwaigen Zuckersäure, ist bisher nicht von Erfolg gekrönt worden. Zweifellos ist also auch in der Thymonucleinsäure das Kohlenhydrat mit den Alloxurbasen unter Besetzung der reduzierenden Gruppe des ersteren verknüpft, Glucosidbindung.

LEVENE und JACOBS behaupten, durch fermentative Spaltung der Thymonucleinsäure Guanosinhexosid erhalten zu haben, $C_{11}H_{15}N_5O_6$, das FEHLINGsche Lösung nicht reduzierte, keine Orcinreaktion gab beim Kochen mit Salzsäure, sondern nur bei Gegenwart von Kupfer. Bei der Hydrolyse dieses Körpers wurde ein Osazon erhalten, das bei 198° C schmolz, und Guaninsulfat. LEVENE hat schon angegeben, daß die Glucosidbindung in der Thymonucleinsäure schwächer ist als in der Hefenucleinsäure. Auch STEUDEL schließt aus seinen Versuchen, daß in der Thymonucleinsäure das Kohlenhydrat mit den Purinbasen viel lockerer verbunden ist als in der Hefenucleinsäure die Pentose. Denn durch Behandlung der Thymonucleinsäure mit konzentrierter Salpetersäure in der Kälte werden die Purinbasen leicht abgespalten, während nach KOWALEWSKY sich die Alloxurbasen aus der Hefenucleinsäure sehr viel schwerer extrahieren lassen. Daher ist es bis jetzt auch nicht gelungen, die entsprechenden Nucleoside auf chemischem Wege darzustellen. Durch Behandlung mit Hundedarmsaft haben LEVENE und LONDON im Jahre 1929 das Guanindesoxyribosid, das Hypoxanthindesoxyribosid, das Thymindesoxyribosid und das Cytosindesoxyribosid dargestellt. THANNHAUSER und ANGERMANN (119) haben durch Spaltung der Thymonucleinsäure mit Lebernucleotidase ein Adenin- und ein Thyminnucleosid krystallinisch erhalten. Die letztere Spaltung der Thymonucleinsäure macht aber nicht am Purinnucleosid halt, sondern sprengt die Purinkohlenhydratbindung, so daß die Ausbeute an Puringlucosiden relativ gering bleibt. Bei der Spaltung mit Hundedarmsaft wird kein Adenindesoxyribosid erhalten, sondern an dessen Stelle Hypoxanthindesoxyribosid, bei der Spaltung mit Lebernucleotidase werden große Mengen Guanin, Xanthin und Hypoxanthin isoliert, s. S. 463. Mit Hilfe eines Fermentpräparates aus der Dünndarmschleimhaut des Kalbes ist es F. BIELSCHOWSKY und W. KLEIN (7) gelungen, die Thymonucleinsäure in Guanindesoxyribosid, Hypoxanthindesoxyribosid, Thymindesoxyribosid und Cytosindesoxyribosid zu spalten. Es wird also in den oberen Dünndarmabschnitten die Phosphorsäure quantitativ aus dem Nucleinsäuremolekül abgespalten. Die Verbrennungswärme berechnet sich für vier Moleküle Glucose, vier Moleküle Phosphorsäure, ein Molekül Guanin, ein Molekül Adenin, ein Molekül Cytosin und ein Molekül Thymin zu 4983,8 Cal, gefunden sind von ELLINGHAUS 4970 und von KÜLZ 4980 Cal. Nach G. WIDSTRÖM (126) gelingt es, mit Hilfe einer Lösung von fuchsinschwefliger Säure in eiweißfreien oder schwach eiweißhaltigen Nucleinsäurepräparaten den Gehalt an Thymonucleinsäure mit etwa 2% Genauigkeit zu bestimmen. Die Bedingung hierfür ist, daß die Hydrolyse des zu untersuchenden Präparates und der zum Vergleich verwendeten Thymonucleinsäurelösung gleichzeitig unter genauer Beachtung der Hydrolysezeit und des Säuregrades im Hydrolysat (Puffer mit $p_H$ 2) erfolgt. Zwecks Entwicklung der Farbe wird eine genau abgemessene Quantität entfärbter Fuchsinlösung zugesetzt. Die für die quantitative Analyse geeignetsten Thymonucleinsäuremengen sind 0,5—2 mg. Die fuchsinschweflige Säure besteht aus einer 0,35 proz. wäßrigen Lösung von Fuchsin, durch die $SO_2$ durchgeleitet wird, bis die Farbe strohgelb ist und nicht weiter gebleicht wird. Der Überschuß von $SO_2$ wird im Vakuum fortdestilliert. Die Pufferlösung ist ein Citratpuffer nach MICHAELIS: 30,5 cm³ Citratlösung + 69,5 cm³ n/10 HCl ($p_H = 2$). Die Thymonucleinsäure hat nach S. A. LEVENE und E. S. LONDON folgende Konstitution (72):

```
HO\
O=P—O—C5H7O · C5H4N5
HO/         |
            O
            |
       O=P—O—C5H7OC5 · H5N2O2
       HO/      |
                O
                |
           O=P—O—C5H7O · C4H4N3O
           HO/      |
                    O
                    |
               O=P—O—C5H8O2 · C5H4N5O
               HO/
```

## 3. Pankreasnucleinsäure.

*Vorkommen.* Die Pankreasnucleinsäure wird aus dem HAMMARSTENschen Proteid der Pankreasdrüse isoliert. Dieses wird auf folgende Weise bereitet: Frische Drüsen, direkt aus dem Schlachthaus bezogen, werden zerkleinert und mit Wasser rasch zum Sieden erhitzt; nach dem Erkalten wird filtriert und aus dem hellbernsteingelben Filtrat das Nucleoproteid durch Zusatz von 5—10‰ Essigsäure ausgefällt. Die Fällung wird zur Reinigung in destilliertem Wasser gelöst und noch einmal mit Säure wieder ausgefällt. Der Niederschlag wird abfiltriert und mit Alkohol und Äther getrocknet. Es resultiert ein feines, staubendes, weißes Pulver.

*Darstellung.* Nach FEULGEN (30). 100 g Nucleoproteid werden in 500 cm³ Wasser in der Wärme gelöst, die Lösung mit verdünnter Natronlauge eben alkalisch gemacht, 5 g Pankreatin. absolut. (Merck) und Toluol zugesetzt und 3 Tage bei 40° gehalten. Nach Zusatz von 10 g Natriumacetat fällt Alkohol das Rohprodukt aus, das in der auf S. 436 beschriebenen Weise durch Alkoholfällung bei alkalischer Reaktion gereinigt wird; nur ist es notwendig, wegen der leichten Zersetzlichkeit der Pankreasnucleinsäure bei 0° zu arbeiten unter Anwendung eines möglichst geringen Überschusses von Natronlauge. Nach dieser Reinigung wird das alkalisch reagierende Salz durch Neutralisation in wäßriger Lösung mit Essigsäure und Alkoholfällung in das neutrale Salz verwandelt. Ausbeute ca. 50 g. Die weitere Reinigung geschieht am besten durch Überführung in das Salz des Krystallvioletts durch doppelte Umsetzung, wodurch die Entfernung zahlreicher Verunreinigungen ermöglicht wird. Aus der alkoholischen Lösung des Krystallviolettsalzes kann man durch Zusatz von Natriumacetatlösung wieder das Natriumsalz darstellen, das durch Umfällung mit Alkohol aus wäßriger Lösung in Gegenwart von Natriumacetat ganz vom Farbstoff befreit werden kann. Bei der Fällung von Alkalisalzen der Nucleinsäuren mit Krystallviolett ist zu beachten, daß die Lösung des nucleinsauren Salzes stets in die Farbstofflösung hineingegossen wird, weil andernfalls das schwerlösliche Farbsalz in kolloidaler Lösung gehalten wird. Man wendet auf 1 Teil nucleinsaures Natrium etwa 2 Teile reines Krystallviolett an, das man in heißem Wasser zu 4% löst. Den entstehenden weichen Niederschlag läßt man in einem Kolben absitzen, gießt die Mutterlauge ab und löst das noch feuchte Krystallviolettsalz in Alkohol.

Nach E. HAMMARSTEN (42). Pankreasdrüsen vom Rind werden in situ unmittelbar nach dem Schlachten via Art. pancreatica mit physiologischer Kochsalzlösung durchspült, um den größten Teil des Blutes zu entfernen. Die Drüsen werden dann in einen Topf, der in einem Eimer mit Kältemischung steht, gelegt. Nach der Heimkehr werden die Drüsen von Fett und Lymphgewebe präpariert, zu einem Brei gemahlen und in 96 proz. Alkohol eingelegt. Der Alkohol wird nach 1 Stunde abgepreßt und die Masse aufs neue mit 96 proz. Alkohol versetzt. In dieser Weise wird die Drüsenmasse noch dreimal (nach 3, 12 und 24 Stunden) mit Alkohol extrahiert. Dann wird zweimal mit Äther behandelt, die Masse an der Luft getrocknet und durch eine Schleudermühle getrieben. Die Alkohol-Äther-Behandlung ist notwendig, um später filtrierbare Extrakte mit Natronlauge zu bekommen.

600 g von dem staubenden grauweißen Pulver werden unter Umrühren mit 4 l 0,06 n Salzsäure 24 Stunden bei +6° extrahiert, das Ungelöste zu einem festen Kuchen gepreßt,

mit 1 l Wasser angerührt und aufs neue von Flüssigkeit scharf abgepreßt. Die feste Masse wird mit 2 l Wasser von $0^0$ angerieben und dann unter Kühlung des Extraktionsgefäßes und Umrühren nullgradige 0,06 n Natronlauge in kleinen Portionen zugesetzt. Hierbei wird genau eingehalten, daß die Temperatur niemals über $+0,5^0$ steigt und daß die Mischung im Extraktionsgefäß unmittelbar nach jedem Alkalizusatz nicht mehr als schwach blauviolette Farbenreaktion mit neutralem Azolithminpapier gab (dieselbe Farbenreaktion wird von einem Gemenge aus 3 Teilen 0,1 n primärem und 7 Teilen 0,1 n sekundärem Phosphat gegeben). Während 4 Stunden werden im ganzen 4400 $cm^3$ 0,06 n Natronlauge zugesetzt. Die Flüssigkeit, die dann neutrale Reaktion zeigt, wird durch dichte Leinwand abgeseiht. Das Filtrat ist von braungelber Farbe und stark getrübt. Es wird sofort auf doppelt gefaltete Filter gegossen. Die Filtration wird im Kälteraum bei $0^0$ vorgenommen. Die Filter werden jeden Tag mit neuen vertauscht; auf diese Weise kann das ganze Extrakt in 72 Stunden filtriert werden. Das Filtrat ist strohgelb und fast ganz klar, setzt aber eine geringe nebelige Fällung ab. Diese wird durch nochmalige Filtration in wenigen Minuten entfernt. Das völlig klare Filtrat, das keinen faulen oder dumpfen Geruch hat, wird mit 20 g 10proz. Salzsäure je Liter versetzt. Hierbei entsteht eine reichliche grobflockige weiße Fällung, die abzentrifugiert und in der Zentrifuge mehrmals mit 1proz. Essigsäure gewaschen wird. Der Bodensatz wird dann mit 1 l nullgradigem Wasser angerührt und mit schwacher Natronlauge bis zur neutralen Reaktion versetzt. Die etwas trübe Flüssigkeit wird nochmals bei $0^0$ filtriert, das ganz klare Filtrat mit 20 g 10proz. Salzsäure gefällt, der Bodensatz mehrmals mit 1proz. Essigsäure und dann sechsmal mit 96proz. Alkohol in der Zentrifuge gewaschen. Zuletzt wird zweimal mit absolutem Alkohol und dann mehrmals mit Äther angerieben und jedesmal scharf abgenutscht. An der Luft getrocknet hat das Präparat eine fast rein weiße Farbe. Es ist scheinbar nicht hygroskopisch.

*Eigenschaften.* Die freie Pankreasnucleinsäure ist in Wasser schwer löslich und wird daher aus den wäßrigen Lösungen ihrer Alkalisalze durch Mineralsäuren gefällt.

*Salze mit anorganischen Basen.* Das neutrale Natriumsalz der Pankreasnucleinsäure ist im Gegensatz zur Guanylsäure in Wasser und auch in Natriumacetatlösung leicht löslich. Es dreht stark nach rechts, $[\alpha]_D =$ etwa $+50^0$. Zusatz von Natronlauge bewirkt Linksdrehung, die nach Neutralisation wieder in Rechtsdrehung übergeht. Aus der wäßrigen Lösung des Natriumsalzes wird nach Feulgen durch Barytwasser die Pankreasnucleinsäure quantitativ als Bariumsalz gefällt im Gegensatz zur Thymonucleinsäure. E. Hammarsten hat aus dem neutralen Natriumsalz durch Fällung mit $CaCl_2$ ein schwerlösliches Calciumsalz isoliert, ferner ein Ca-Na-Salz. Schwermetalle liefern in Wasser unlösliche Salze.

*Bestimmung.* Die Pankreasnucleinsäure ist noch komplizierter zusammengesetzt als die Thymonucleinsäure. Nach Feulgen und E. Hammarsten ist sie eine „zusammengesetzte" oder eine „gekoppelte" Nucleinsäure, d. h. eine Verbindung von Guanylsäure mit einem Polynucleotid, während Bang an ein Nebeneinanderbestehen beider glaubte. Feulgen (32) hält die Pankreasnucleinsäure für eine äquimolekulare Verbindung von Guanylsäure und Thymonucleinsäure, denn bei der Spaltung mit Alkali konnte er 24% Guanylsäure isolieren — berechnet sind 23,2% — und unter den Hydrolyseprodukten fand er sowohl Lävulinsäure als auch Thymin. Nach E. Hammarsten (42) kommen aber auf 1 Molekül Adenin 3 Moleküle Guanin; ferner fand er für das Verhältnis von Stickstoff zu Phosphor 1,88, was für die Annahme spricht, daß zwei Moleküle Guanylsäure mit einem Polynucleotid verknüpft sind. Dieses Polnucleotid ist aber nach den Untersuchungen von E. Hammarsten und E. Jorpes (43) und W. Jones und E. Perkins (53) keine Thymonucleinsäure, sondern ein *Pentosepolynucleotid*, nach E. Jorpes (55) ein Pentosenucleotid des Ribosenucleotidtyps. Bei der Hydrolyse mit Salzsäure wird Pentose/Stickstoff = 1,74 gefunden; wenn nur die Guanylsäure Pentose enthielte, müßte der Quotient 0,86 sein. Nimmt man dagegen an, daß alle Purinnucleotide Pentose enthalten, so stimmt der gefundene Wert mit dem berechneten vollkommen überein. Bei alkalischer Hydrolyse der Pankreasnucleinsäure sind aber von den genannten Forschern neben den Purinnucleotiden — Guanylsäure und Adenylsäure — noch Cytosylsäure und Uracylsäure gefunden worden, also im ganzen sämtliche Bestandteile der Hefenucleinsäure. Das Vorkommen einer geringen Menge von Hexose läßt auch auf das Vorhandensein von Thymonucleinsäure schließen. Diese kann aus dem alkalischen Drüsenextrakt — nach Entfernung des Eiweißes durch Pikrinsäure — durch Alkoholfällung entfernt werden. Für das Vorliegen eines Pentosenucleotids spricht auch seine große Alkaliempfindlichkeit, die die Hefenucleinsäure unter anderem von der Thymonucleinsäure unterscheidet. Durch G. Grunds Untersuchung über den Pentosegehalt verschiedener Organe ist erwiesen, daß das Pankreas einen drei- bis viermal größeren relativen Pentosegehalt hat als die anderen inneren Organe, ungefähr 85% sind Pentosenucleinsäuren. Zwischen den Pankreasdrüsen von Fleisch- und Pflanzenfressern besteht in dieser Beziehung kein Unterschied. Nach den neuesten Untersuchungen von Levene und Jorpes (71) ist das Bariumsalz der Pankreasnucleinsäure eine Mischung von Thymonucleinsäure und Ribopolynucleotiden, die durch Eisessig getrennt werden kann. 10 g Bariumsalz werden in 100 $cm^3$ Eiswasser suspendiert und in einer Reibschale unter Rühren Salzsäure hinzugefügt bis die Nucleinsäure einen Kuchen bildet. Der Kuchen wird wiederholt mit gekühltem Wasser gewaschen und dann in ungefähr 50 $cm^3$ Wasser suspendiert. Eine konzentrierte Lösung von Natronlauge wird in kleinen Portionen unter Rühren und Eiskühlung hinzugefügt. Sofort nach der Auflösung wird 1 l Eisessig zugegeben und der Niederschlag abgesaugt und getrocknet. Die lufttrockene Substanz wiegt 7,5 g, sie enthält weniger als 1% Thymonucleinsäure. Das ursprüngliche Material enthält 3,3% Thymonucleinsäure. Zu der Mutterlauge wird $1^1/_2$ l Alkohol hinzugefügt, es entsteht ein Niederschlag, der ebenfalls getrocknet wird. Er enthält ungefähr 10% Thymonucleinsäure.

Wie die einzelnen Mononucleotide im Gesamtmolekül verknüpft sind, ist auch bei der Pankreasnucleinsäure noch unbekannt; soviel steht aber jetzt schon fest, daß die Bindung, ebenso wie bei der Hefenucleinsäure, durch Natronlauge gelöst wird; wahrscheinlich handelt es sich um Esterbindungen. Denn auf Zusatz von Natronlauge verschwindet die Rechtsdrehung der Pankreasnucleinsäure, während die Linksdrehung der Guanylsäure auftritt. Ferner steigen die H-Ionen-Konzentration und der elektrische Widerstand der Lösung, während der Gefrierpunkt unverändert bleibt.

### c) Salze der Nucleinsäuren mit organischen Basen.

Infolge der starken Dissoziation haben die Nucleinsäuren die Fähigkeit, auch mit ziemlich schwachen Basen Salze zu bilden. Diese Salze sind aber meist nur existenzfähig bei einem großen Überschuß der Base.

Besonders wichtig sind die *Brucinsalze* der Mononucleotide, da sie von vielen Forschern zur Aufteilung der Spaltstücke der Hefenucleinsäure verwendet worden sind.

*Das guanylsaure Brucin* $(C_{23}H_{26}N_2O_4)_2 \cdot C_{10}H_{14}O_8N_5P$ krystallisiert aus 30proz. Alkohol in Platten und ist schwer löslich in kaltem Wasser und Alkohol, leichter in heißem Wasser und wasserhaltigem Alkohol. Das Salz schmilzt bei 233° und zersetzt sich bei 240°. In 35proz. Alkohol beträgt die Drehung $[\alpha]_D = -26°$.

*Das adenylsaure Brucin* $(C_{23}H_{26}O_4N_2)_2 \cdot C_{10}H_{14}O_7N_5P + 7\,H_2O$ krystallisiert nach Jones und Kennedy und Levene in Nadeln, die bei 173—174° schmelzen. Es entsteht durch Neutralisation einer wäßrigen Lösung von Adenylsäure mit Brucin in 35proz Alkohol.

*Das Brucinsalz der Inosinsäure* $(C_{23}H_{26}O_4N_2)_2 \cdot C_{10}H_{13}O_8N_4P$.

*Das Brucinsalz der Xanthylsäure* $C_{10}H_{13}N_4O_9P \cdot 2\,C_{23}H_{26}N_2O_4$ krystallisiert in schönen langen, farblosen Nadeln, die gegen 200° zu schmelzen beginnen.

*Das Brucinsalz der Uracylsäure* $(C_{23}H_{26}O_4N_2)_2 \cdot C_9H_{13}O_9N_2P + 7\,H_2O$ und *das Brucinsalz der Cytosylsäure* $(C_{23}H_{26}O_4N_2)_2 \cdot C_9H_{14}O_8N_3P + 7\,H_2O$. Das erstere Salz ist in 35proz. Alkohol schwerer löslich als das letztere. Es schmilzt bei 195° (korrigiert). Es dreht nach links, und zwar ist $[\alpha]_D = -20^0$ bei großer Verdünnung.

Nach E. PEISER (89) sind aber nur die beiden letzten Salze gegen Extraktion mit Chloroform beständig, während das guanylsaure Brucin schon bei gewöhnlicher Temperatur die Hälfte, die Brucinsalze der Adenyl- und Inosinsäure die ganze Base an das Chloroform abgeben. Das Strychninsalz der Guanylsäure ist gegen Chloroform allerdings beständig.

Ähnliche Beobachtungen hat FEULGEN an Farbsalzen der Thymonucleinsäure gemacht (27).

*Nucleinsaures Malachitgrün.* Salzsaures *Malachitgrün* + nucleinsaures Na = nucleinsaures *Malchitgrün* + Chlornatrium.

N/P = 2,50, berechnet für $C_{135}H_{157}N_{23}P_4O_{34} + 9\,H_2O$: 2,60.

*Nucleinsaures Krystallviolett* $C_{43}H_{57}N_{15}P_4O_{34} \cdot 4\,(C_{25}H_{30}N_3) + 9\,H_2O$.

N/P = 2,93; berechnet: 3,05.

Diese Salze lassen sich aber aus methylalkoholischer Lösung durch Amylalkohol nicht unverändert umfällen, die Hälfte des Farbstoffes bleibt in dem Lösungsmittel gelöst; Methylenblau wird von der Nucleinsäure allerdings fester gebunden; dieses Salz erweist sich als völlig indifferent gegen alle möglichen Solvenzien; bei keinem Lösungsmittel konnte eine Abspaltung der Base beobachtet werden. STEUDEL und OSATO (100) haben festgestellt, daß in nucleinsaurem Methylenblau 60,96 % Nucleinsäure und 39,04 % Farbstoff enthalten sein müssen, und zwar auf Grund von Elementaranalysen. Es könnten drei Moleküle Methylenblau in die Verbindung eingegangen sein, und es würde dann auf je drei Moleküle Methylenblau ein Molekül einer anorganischen einwertigen Base kommen. Diese Tatsache steht im Einklang mit der Erfahrung, daß gerade das Methylenblau vorzugsweise die Chromatinsubstanzen des Zellkernes anfärbt; dagegen besitzt das Krystallviolett diese Eigenschaft nicht, es färbt vielmehr in einem mit Alkohol und Äther fixierten Blutpräparate die roten Blutkörperchen stärker an als die weißen und in diesen den Kern und das Protoplasma gleich intensiv, das Protoplasma häufig sogar noch intensiver. Auch das Malachitgrün ist keine Kernfarbe par excellence.

Ähnlich liegen die Verhältnisse bei Verbindungen von Nucleinsäuren mit anderen organischen Basen, und zwar ist die Bindung um so schwächer, je schwächer die Base (41, 45) ist.

Die ausgeprägt basische Aminosäure *Lysin* bildet zwei Salze mit Guanylsäure, und zwar ein saures Salz, das aus 1 Mol. Guanylsäure und 1 Mol. Lysin besteht $[H^{\cdot}] = 10^{-4,4}$ und ein neutrales Salz — 2 Mol. Lysin + 1 Mol. Guanylsäure —: $[H^{\cdot}] = 10^{-7,6}$.

Beim *Glykokoll* ist die prozentische Salzbildung, d. h. das Verhältnis zwischen der wirklichen Salzbildung und der Salzmenge, die entstehen sollte, wenn es sich um eine starke Säure und Base handelt, etwa 40 und wächst dann bei Überschuß der einen oder der anderen Komponente asymptotisch zu 100 %. Die Verbindung der beiden Stoffe kann aber nicht in größeren Konzentrationen vorkommen, wenn nicht etwa die Reaktion stark sauer ist oder das Ampholyt in einem größeren Überschuß vorkommt.

Besonders wichtig für die Nucleinsäuren sind aber ihre Verbindungen mit Eiweißkörpern, die *künstlichen Nucleoproteide*, die in ihren wesentlichen Eigenschaften den natürlichen Nucleoproteiden gleichen. Für sie gelten dieselben Regeln, die schon bei den anderen Salzen der Nucleinsäuren beobachtet worden sind. Mit amphoteren Eiweißkörpern können sich die Nucleinsäuren nicht vollständig zu Salzen verbinden (41), vorausgesetzt, daß die Wasserstoffionenkonzentration der Lösung nicht höher ist als der isoelektrische Punkt des Ampholytes, und zwar gibt es hier Nucleoproteide, die eine sehr wechselnde Zusammensetzung zeigen können.

Die *Histonsalze* der Nucleinsäuren sind schon wesentlich beständiger. Histonchlorid und Natriumguanylat reagieren unter Bildung von NaCl zu einer sauer reagierenden salzartigen Verbindung von Histonguanylat. Das Kochsalz kann durch Dialyse entfernt werden, wobei ein Guanylatüberschuß der Zersetzung der Verbindung durch Membranhydrolyse entgegenwirkt. Durch nochmaligen Zusatz von Natriumguanylat wird kaum mehr Guanylsäure an Histon gebunden. Histonstickstoff : Guanylsäurestickstoff = 3,2 : 1, während 1 Äquivalent Histon auf 1 Molekül Guanylsäure = 2,6 entspricht. Diese Fällung der Nucleinsäuren mit Histon ist reversibel, denn sie wird durch Kochsalz gelöst; darauf beruht die Extraktion der Nucleinsäuren aus den Organen, die Methode von CLARKE und SHRYVER (13) s. S. 430. STEUDEL (93) hat für das thymonucleinsaure Histon N/P = 3,21 gefunden, genau denselben Wert erhält man für das Nucleohiston aus der Thymusdrüse nach der Methode von BANG.

Am klarsten liegen die Verhältnisse bei den Salzen der Nucleinsäuren mit den stark basischen *Protaminen* (105). Der salzartige Charakter der Verbindung tritt hier besonders deutlich hervor, da sich die Base durch eine stärkere Säure aus der Verbindung mit der Nucleinsäure verdrängen läßt.

Guanylsaures *Clupein* ist von STEUDEL und PEISER aus äquivalenten Mengen von Clupeinsulfat (5,3 g) und sekundärem guanylsaurem Natrium (4,19 g) gewonnen worden. Das bei 80° im Vakuum getrocknete Salz enthält 4,56 % P und 23,74 % N. P/N = 1/5,21, es enthält 53,33 % Guanylsäure und 46,67 % Clupein.

*Hefenucleinsaures Clupein* aus 1,8 g Clupeinsulfat + 3 g hefenucleinsaures Na, zunächst ölige Flüssigkeit, die durch Dekantieren mit Wasser gewaschen und mit absolutem Alkohol getrocknet wird. Auf diese Weise erhält man einen leicht zu zerreibenden weißen Körper, der in Form eines feinen Pulvers analysiert wird. Es enthält 20,86 % N und 5,71 % P; P/N = 1/3,65. Legt man bei der Hefenucleinsäure das experimentell gefundene Verhältnis P/N = 1 : 1,75 der Berechnung zugrunde, so erhält man eine Zusammensetzung von 62,58 % Hefenucleinsäure und 37,42 % Clupein.

*Thymonucleinsaures Clupein* (92) wurde von STEUDEL dargestellt. 16,2 g Thymonucleinsäure werden in ca. 50 cm³ kaltem Wasser aufgeschwemmt, mit 42,6 cm³ Natronlauge neutralisiert und mit 10 g Clupeinsulfat in ca. 50 cm³ Wasser versetzt, schwerer weißer Niederschlag. Die Substanz enthält lufttrocken 18,4 % N und 5,63 % P. P/N = 1/3,211. In den mit Alkohol und Äther extrahierten Spermatozoenköpfen des Herings ist: P/N = 1 : 3,237. ELLINGHAUS hat die Verbrennungswärme für die extrahierten Spermatozoen und für das nucleinsaure Protamin bestimmt. Im ersten Falle fand er 4425 Cal. pro 1 g Substanz, im letzteren 4400 Cal., berechnet sind für die Summe der Bestandteile 4129 Cal. Für die Formel $C_{43}H_{57}N_{15}O_{34}P_4$ der Thymonucleinsäure berechnet sich ein Gehalt von 26,54 % Protamin und 73,46 % Nucleinsäure; wird diese Substanz nach STEUDEL dreimal mit 100 cm³ 1proz. Schwefelsäure extrahiert, so werden 21,9 % Protamin wiedergefunden statt 26,5 %, bei dem natürlichen Produkt werden 23,34 % Protamin gefunden statt der berechneten 28,2 %. Hier kann man also durch Extraktion mit verdünnter Säure fast alles Protamin wiederbekommen, beim nucleinsauren Histon wird dagegen nur ein kleiner Teil, höchstens die Hälfte der Base, wiedergefunden.

### d) Abbauprodukte der Nucleinsäuren.

Um einen Einblick in die Zusammensetzung der Nucleinsäuren zu gewinnen, werden sie aufgespalten, d. h. in ihre Bestandteile zerlegt. Diese Aufspaltung erfolgt in verschiedenen Phasen, also stufenweise. Die Endprodukte der Spaltung lassen sich zweckmäßig in drei Gruppen anordnen:

1. Gruppe: $\underbrace{\text{Guanin, Adenin, Xanthin, Hypoxanthin.}}_{\text{Alloxurbasen}}$

2. Gruppe: $\underbrace{\text{Cytosin, Uracil, Thymin (nicht bei der Hefenucleinsäure).}}_{\text{Pyrimidinkörper}}$

3. Gruppe: Kohlenhydratderivate: Ameisensäure und Lävulinsäure bei der Thymonucleinsäure, Furfurol bei der Hefenucleinsäure und Phosphorsäure und Ammoniak.

Dazwischen liegen eine Reihe von Spaltprodukten, die sich bei der Hefenucleinsäure leicht erfassen lassen, weswegen auch die Konstitution der letzteren schon lange bekannt ist. Von der Thymonucleinsäure sind aber erst in der letzten Zeit die wichtigsten Zwischenprodukte durch die Arbeiten der LEVENEschen und der THANNHAUSERschen Schule bekannt geworden, weil sie infolge der leichten Veränderlichkeit des Kohlenhydrats instabil sind und daher leicht der Beobachtung entgehen. Die wichtigsten Zwischenprodukte, die Riboside der Hefenucleinsäure, Guanylsäure, Adenylsäure usw. und die Desoxyriboside der Thymonucleinsäure (Thyminoside), werden gemeinsam im nächsten Abschnitt behandelt.

Das erste Spaltprodukt der Hefenucleinsäure ist nach THANNHAUSER und DORFMÜLLER die Triphosphornucleinsäure, ein Trinucleotid von der Formel: $C_{26}H_{42}O_{23}N_{13}P_3$. Sie ist sowohl auf fermentativem Wege — durch Einwirkung von menschlichem Duodenalsaft auf Hefenucleinsäure — als auch auf chemischem Wege — durch Spaltung der letzteren mit Ammoniaklösung — erhalten worden.

**1. Triphosphonucleinsäure.** *Darstellung. a) auf enzymatischem Wege.* Der Duodenalsaft wird mittels der EICHHORNschen Duodenalsonde unter Kontrolle des Röntgenschirmes gewonnen.

40 g Hefenucleinsäure werden mit 80—90 cm³ schwach alkalischem Duodenalsaft übergossen und mit ca. 200 cm³ destilliertem Wasser versetzt. Das Gemisch wird heftig durchgeschüttelt und unter einer dicken Toluolschicht dreimal 24 Stunden bei 37° im Brutschrank unter wiederholtem Umschütteln stehen gelassen. Die Flüssigkeit färbt sich bald grün, die Nucleinsäure geht bis auf einen geringen Bodensatz in Lösung. Vom Rückstand wird abgegossen und durch ein Faltenfilter filtriert. Die Flüssigkeit wird im Vakuum auf die Hälfte eingeengt, abermals filtriert und dann mit so viel 96 proz. Alkohol versetzt, bis kein Niederschlag mehr entsteht. Der sehr voluminöse Niederschlag wird abgesaugt und mit Alkohol und Äther nachgewaschen. Hierauf bringt man den Niederschlag wieder durch nicht zuviel Wasser in Lösung, filtriert eventuell vom Ungelösten ab und engt im Vakuum die wäßrige Lösung bis zur vollständigen Trockenheit ein. 20 g des hinterbleibenden Pulvers werden in der elffachen Menge heißen Wassers gelöst und die heiße Flüssigkeit in eine Lösung von 40 g wasserfreien Brucins in 80 cm³ 96 proz. Alkohol eingegossen. Diese Lösung verteilt man auf drei bis vier große, flache Glasschalen und läßt einige Tage bei Zimmertemperatur abdunsten. Die Flüssigkeit erstarrt zu einer drusenförmigen Krystallmasse. Die Krystallmasse wird mit wenig kaltem Wasser angerührt, abgenutscht und wiederholt mit Chloroform dekantiert. Die hinterbleibende Substanz stellt ein Gemisch der Brucinsalze der durch die Verdauung entstehenden Nucleotide dar. Ein direktes fraktioniertes Krystallisieren dieses Gemisches hat sich als unzweckmäßig erwiesen. Man suspendiert deshalb das Brucinsalzgemisch in Wasser, zersetzt mit 25 proz. Ammoniak, läßt einige Zeit

in Eis stehen und filtriert vom abgeschiedenen Brucin ab. Das Filtrat wird mit basischem essigsaurem Blei so lange versetzt, als ein Niederschlag entsteht. Das entstandene Bleisalz wird mit Schwefelwasserstoff zerlegt, vom Bleisulfid abfiltriert und die Flüssigkeit im Vakuum bis zur Sirupkonsistenz eingeengt. Hierauf wird der Sirup mit Alkohol durchgeknetet bis er körnig wird. Die Verarbeitung dieser Rohsäure auf die Brucinsalze der Triphosphonucleinsäure und der Uridinphosphorsäure geschieht in der gleichen Weise, wie dies bei der ammoniakalischen Hydrolyse der Hefenucleinsäure beschrieben wird.

*b) auf chemischem Wege.* 50 g Hefenucleinsäure werden mit 140 cm³ 25proz. Ammoniaklösung am Rückflußkühler 2 Stunden gekocht. Schon nach gelindem Erwärmen beginnt die Hydrolyse unter starkem Schäumen. Man steigert die Temperatur sobald das Schäumen nachläßt und erhitzt schließlich bis zum Kochen der klaren Flüssigkeit. Nach zweistündigem Kochen gießt man die erkaltete Lösung in die dreifache bis vierfache Menge 96proz. Alkohols ein. Das sofort ausfallende Ammonsalz wird bei intensivem Durchrühren und Kneten mit Alkohol bald körnig und fest. Es wird abgesaugt und abermals mit Wasser gelöst. Die wäßrige Lösung wird in der Siedehitze mit einer kochenden Lösung von basisch essigsaurem Blei gefällt. Das ausfallende Bleisalz wird sofort abfiltriert, in kaltem Wasser aufgeschlämmt und mehrere Male mit Wasser dekantiert. Nach dreimaligem Dekantieren wird die Aufschlämmung in der Kälte mit Schwefelwasserstoff zersetzt. Vom Bleisulfid wird abfiltriert und das gelb gefärbte Filtrat im Vakuum zu einem goldgelben, zähflüssigen Sirup eingedampft. Der Sirup wird mit absolutem Alkohol so lange durchgeknetet, bis er eine weiße, trockene, körnige Masse bildet. Ausbeute an Rohsäure 20—22 g. 20 g der Rohsäure werden in der elffachen Menge Wassers gelöst, die Lösung bis zur Siedehitze erwärmt und in eine heiße Lösung von 40 g wasserfreiem Brucin in 80 cm³ 96proz. Alkohols eingegossen. Es beginnt rasch die Krystallisation von Brucinsalz. Man läßt bis 45° abkühlen, saugt rasch von dem abgeschiedenen Brucinsalz scharf ab und läßt bei Zimmertemperatur mehrere Tage stehen. Das von 45° bis Zimmertemperatur ausfallende Brucinsalz wird zweimal aus Wasser umkrystallisiert. Schmelzpunkt 200—205°. Dies ist das Brucinsalz der Triphosphonucleinsäure $C_{29}H_{42}O_{23}N_{13}P_3 \cdot (C_{23}H_{26}N_2O_4)_6$. Das von 100—45° ausfallende Krystallisat wird mit 900—1000 cm³ siedenden Wassers ausgezogen. Aus dieser wäßrigen Lösung krystallisiert beim Abkühlen bis zu 45° ein Brucinsalz, das bei 185—187° schmilzt und das trotz mehrmaligen Umkrystallisierens diesen Schmelzpunkt nicht ändert. Es gibt die gleichen Analysenzahlen wie das Brucinsalz der Triphosphonucleinsäure; es ist das Brucinsalz der linksdrehenden Triphosphonucleinsäure, das mit etwas Brucinsalz der Uracylsäure verunreinigt ist. Die Hauptmenge des letzteren Salzes ist der Rückstand, der beim Ausziehen des Krystallisates von 100—45° mit 1000 cm³ siedenden Wassers nicht in Lösung ging. Die Darstellung der freien Triphosphonucleinsäure aus dem Brucinsalz 200—205° geschieht über das Silbersalz. Eine bestimmte Menge Brucinsalz wird in heißem Wasser suspendiert, mit 95proz. Ammoniaklösung versetzt und die Lösung in Eis gestellt. Nach einstündigem Stehen wird vom ausgeschiedenen Brucin abgesaugt und das Filtrat mit Silbernitratlösung versetzt. Der ausgeschiedene Silberniederschlag wird mit Schwefelwasserstoff in der Kälte zersetzt, vom Schwefelsilber abfiltriert und das Filtrat im Vakuum auf ein möglichst kleines Volumen eingeengt. Aus der sehr konzentrierten Lösung fällt auf Zusatz der fünf- bis sechsfachen Menge absoluten Alkohols die freie Säure in schneeweißen amorphen Flocken aus.

Mit Alkohol und Äther getrocknet, ist die Säure einigermaßen luftbeständig. In Wasser ist sie spielend löslich, in allen anderen Lösungsmitteln ist sie unlöslich. Die optische Aktivität der Triphosphonucleinsäure in Wasser ist: $\alpha_D = -19{,}3^0$.

**2. Thymosinsäure.** Trennt man durch milde Spaltung die Purinbasen aus der Thymonucleinsäure ab, so entsteht eine Säure, die noch sämtlichen Phosphor in organischer Bindung enthält:

$$\underset{\text{Thymonucleinsäure}}{C_{43}H_{57}O_{30}N_{15}P_4} + 2\,H_2O = \underset{\text{Guanin}}{C_5H_5ON_5} + \underset{\text{Adenin}}{C_5H_5N_5} + \underset{\text{Thymosinsäure.}}{C_{33}H_{51}O_{31}N_5P_4}$$

Nach KOSSEL und NEUMANN werden die Purinbasen durch Erwärmen der wäßrigen Lösung der Thymonucleinsäure auf dem Wasserbade abgespalten, nach STEUDEL und BRIGL durch Salpetersäure vom spez. Gewicht 1,2 (97) Der Versuch muß jedoch nach 2 Tagen unterbrochen werden, sonst geht die Hydrolyse zu weit. Dasselbe ist der Fall, wenn man die Temperatur während des Versuches zu hoch steigen läßt. Nach FEULGEN wird die Hydrolyse in schwach schwefelsaurer Lösung bei 80° in 40 Minuten zu Ende geführt. Die Purinbasen werden gegen Schluß durch Hinzufügen von festem Silbersulfat beseitigt.

Die mildeste Methode ist die Spaltung der Thymonucleinsäure mit Calciumbisulfitlösung nach STEUDEL und PEISER (102). Während man bei den beschriebenen Verfahren eine dunkelbraunschwarze Reduktionsflüssigkeit erhält, so bleiben bei der Spaltung mit Sulfitflüssigkeit die Lösungen vollkommen wasserklar, höchstens tritt eine leichte hellbernsteingelbe Färbung auf.

Je 50 g nucleinsaures Natrium aus Heringssperma werden mit 500 $cm^3$ Sulfitlösung 2 Stunden im Drucktopf auf 120—130° erhitzt. Die Sulfitlösung wird hergestellt durch Einleiten von $SO_2$ in eine Aufschwemmung von 30 g Calciumcarbonat in 1 l Wasser bis zur Lösung und vollkommenen Sättigung. Nach dem Erkalten wird vom Bodensatz filtriert und die klare, hellgelbe Lösung mit Alkohol versetzt; dabei entsteht nur ein spärlicher Niederschlag, der durch Filtration entfernt wird. Nunmehr wird tropfenweise konzentrierte Calciumacetatlösung hinzugesetzt und der voluminöse Niederschlag nach einigem Stehen von der Mutterlauge getrennt und mit wäßrigem Alkohol ausgewaschen. Dann wird wieder in Wasser gelöst, schwach mit Essigsäure angesäuert und mit Bleiacetat versetzt. Da hierbei kein nennenswerter Niederschlag entsteht, kann in der Lösung keine unzersetzte Nucleinsäure mehr vorhanden sein. Beim darauffolgenden Zusatz von basischem Bleiacetat entsteht nun ein dicker weißer Niederschlag, der nach völligem Absitzen von der Mutterlauge getrennt, sorgfältig mit Wasser wiederholt verrieben und ausgewaschen wird. Er wird dann in Wasser aufgeschwemmt, mit Schwefelwasserstoff zersetzt, die Lösung mit reinem Bariumcarbonat in geringem Überschuß versetzt, aufgekocht und vom Bleisulfid und überschüssigen Bariumcarbonat getrennt. Dann wird das Filtrat bei niederer Temperatur im Vakuum auf ein kleines Volumen eingeengt und mit Alkohol gefällt. Das ausgefallene Bariumsalz wird noch einmal in Wasser gelöst und wieder mit dem gleichen Volumen Alkohol unter Zusatz eines Tropfens gesättigter Bariumacetatlösung ausgefällt, mit Alkohol gewaschen und im Vakuum getrocknet. Es resultiert ein feines, weißes, staubendes Pulver, P:N = 1:0,596 in einem anderen Präparat 1:0,542, berechnet sind für Thymosinsäure P:N = 1:0,566.

*Eigenschaften.* Die freie Thymosinsäure ist in trockenem Zustande überhaupt nicht unzersetzt darstellbar, da sie gegen Säuren, ja schon gegen sich selbst, so empfindlich ist, daß wäßrige Lösungen von thymosinsaurem Barium sofort rot werden, wenn man nur so viel Salzsäure zusetzt, daß die Thymosinsäure frei wird, aber noch keine überschüssige Salzsäure vorhanden ist. Diese Verharzung durch die eigene Azidität tritt selbst in sehr verdünnten Lösungen ein. Eigentümlich ist es, daß die nach der Methode von STEUDEL und PEISER dargestellte Thymosinsäure ein recht beständiger Körper ist, verträgt sie doch ein mehrstündiges Erhitzen mit der Sulfitlösung auf 120—130° sehr gut, während von den bisherigen Untersuchern die angegebenen Versuchsbedingungen sehr genau eingehalten werden müssen, um einen höchst labilen Körper zu erhalten. Den Grund für die Beständigkeit der Thymosinsäure, nach dem Sulfitverfahren dargestellt, sehen die Verfasser in der schützenden Wirkung, die die Sulfitlösung auf die reduzierende Gruppe des Kohlenhydrates ausübt. Dieser Schutz scheint so weit zu gehen, daß diese Präparate nach länger als einjährigem Liegen weder ihre weiße Farbe noch ihre Leichtlöslichkeit in Wasser verlieren, ebensowenig ihre Reduktionskraft gegen FEHLINGsche Lösung. Irgendein Gehalt der Präparate an freier oder gebundener schwefliger Säure ist allerdings auf keine Weise nachzuweisen. Thymosinsäure wirkt stark reduzierend, thymosinsaures Natrium gibt daher mit ammoniakalischer Silberlösung metallisches Silber, das als Sol in Lösung bleibt, gibt außerordentlich kräftig die Reaktion mit fuchsinschwefliger Säure und verbindet sich leicht mit zwei Molekülen Phenylhydrazin, ferner mit Hydroxamsäure (Pilotys Säure), Dimethylcyclohexandion und anderen Aldehydreagenzien.

*Salze.* Das Bariumsalz ist ein weißes, amorphes Pulver, in Wasser sehr leicht löslich, unlöslich in organischen Lösungsmitteln. Es wirkt als sehr energisches Schutzkolloid. Das Natriumsalz ist in Alkohol zwar unlöslich, aber in verdünnterer Lösung nicht ausfällbar. Bleisalze entstehen sowohl in neutraler als auch in schwach alkalischer Lösung. In verdünnter Essigsäure sind sie leicht löslich, lassen sich aber durch Alkohol wieder ausfällen. Das Calciumsalz verhält sich ähnlich wie das Bariumsalz.

**3. Thymin- und Cytosinhexosediphosphorsäure.** (50).

Diese Körper wurden von Levene und Jacobs bei der Hydrolyse der Thymonucleinsäure als krystallisierende *Brucinsalze* erhalten.

```
₂HC—Thymin                  ₂HC—Cytosin
   |                            |
HOCH                         HOCH
   |                            |
HOCH                         HOCH
   |                            |
  HC                           HC
   |        O                   |        O
  HC—O—P⟨  OH                  HC—O—P⟨  OH
   |        OH                  |        OH
   |        O                   |        O
  HC—O—P⟨  OH                  HC—O—P⟨  OH
            OH                           OH
```

*Darstellung.* 200 g Spermanucleinsäure werden mit 3 l 2proz. Schwefelsäure auf dem Wasserbade gelöst und dann 2 Stunden unter Rückfluß gekocht. Nach dem Abkühlen wird so lange Silberoxyd zugegeben, als noch ein Niederschlag entsteht. Am anderen Tage wird das Filtrat von den Purinfällungen weiter mit Silberoxyd behandelt, bis 1 Tropfen der Lösung in verdünnter Natronlauge einen Niederschlag von Silberoxyd zeigt. Dann versetzt man mit einer warmen, gesättigten Bariumhydroxydlösung, bis die Flüssigkeit eben gegen Lackmus alkalisch reagiert. Der abgesaugte Niederschlag wird in wenig verdünnter Schwefelsäure suspendiert und mit $H_2S$ zersetzt. Das Filtrat wird von $H_2S$ befreit und mit Mercurisulfatlösung gefällt. Auch dieser Niederschlag wird durch $H_2S$ zersetzt, das Filtrat mit Bariumcarbonat neutralisiert und mit Essigsäure angesäuert. Aus dem unter vermindertem Druck eingeengten Filtrat fällt Alkohol ein Bariumsalz, aus dessen Lösung das Barium durch Schwefelsäure entfernt wird. Dem Filtrat wird so viel 50proz. Schwefelsäure zugesetzt, bis die Lösung 10 % davon enthält und dann mit Phosphorwolframsäure gefällt. Der Niederschlag wird im mehrfachen Volumen heißen Wassers gelöst und durch Zusatz von $H_2SO_4$ bis zu einem Gehalt von 10 % wieder ausgefällt. Die beiden Filtrate werden mit Amylalkohol ausgeschüttelt zur Entfernung der Phosphorwolframsäure. Die Lösung wird dann mit Bariumhydroxyd bis zur alkalischen Reaktion gegen Phenolphthalein versetzt, mit Essigsäure angesäuert und das Filtrat mit Alkohol gefällt. Die im Niederschlage enthaltenen Nucleotide werden nochmals über die Quecksilbersalze gereinigt und in die Brucinsalze übergeführt. Hierbei krystallisiert zuerst die Thyminverbindung aus, während die Cytosinverbindung aus der Mutterlauge gewonnen werden kann. Das neutrale Brucinsalz der Thyminverbindung bildet makroskopische Blättchen, die bei 172° schmelzen; das entsprechende Salz der Cytosinverbindung krystallisiert in großen Prismen, die in warmem Alkohol und heißem absolutem Alkohol löslicher sind als das entsprechende Salz der Thyminhexosediphosphorsäure.

Thyminhexosediphosphorsäure: $[\alpha]_D = +10{,}86^0$ (Ba-Salz in n/5 HCl).
Cytosinhexosediphosphorsäure: $[\alpha]_D = +31{,}45^0$ (Ba-Salz in n HCl).

## C. Nucleoside.

Die Nucleoside sind Ester der Ribose und der Desoxy-d-Ribose (Thyminose) mit den Purinbasen Guanin, Adenin, Hypoxanthin, Xanthin und den Pyrimidinbasen Cytosin, Uracil und Thymin. Ester der Purin- oder Pyrimidinkörper mit einer Hexose sind bis jetzt nicht bekannt bis auf das von Levene und Jacobs (69) durch fermentative Hydrolyse der Thymonucleinsäure in ammoniakalischer Lösung erhaltene Guaninhexosid $C_{11}H_{15}N_5O_6$. Da die Forscher aber nicht angeben, welches Ferment sie angewandt haben, so konnten die Angaben von anderen Autoren nicht bestätigt werden.

## a) Riboside.

### 1. Von Purinen.

Die wichtigsten Riboside sind das im Pflanzenreiche weit verbreitete Guanosin oder Vernin, das Adenosin und das Inosin, das in Verbindung mit Hypoxanthin von Weidel (125) im Fleischextrakt aufgefunden und von ihm Carnin genannt worden ist. Die Nucleoside werden, soweit sie nicht aus pflanzlichen oder tierischen Organen isoliert werden können, durch Spaltung der Hefenucleinsäure oder der Mononucleotide dargestellt.

**1. Guanosin, Vernin.** *Vorkommen* (114). Das Vernin ist von E. Schulze in Wicken und Kleepflanzen, in dem Cotyledonen der Kürbiskeimlinge, ferner im Mutterkorn (secale cornutum), in jungen Luzernen (Medicago sativa), im Blütenstaub der gemeinen Kiefer (Pinus sylvestris) und der Haselstaude gefunden worden. Aber der Verningehalt dieser Materialien ist äußerst gering. Aus Pflanzen der gleichen Art, die in verschiedenen Vegetationsstadien untersucht wurden, erhielt E. Schulze ganz verschiedene Mengen von Vernin, z. B. bei den Samen von Lupinus luteus und beim Mutterkorn. In manchen Perioden wurde überhaupt kein Vernin gefunden. Es scheint also, als ob diese Stickstoffverbindung sich in den Pflanzen zwar häufig bildet, später aber wieder verbraucht wird und sich daher nicht anhäuft. Auch in tierischen Organen ist das Guanosin oder Vernin gefunden worden, und zwar im Pankreas von Levene. Auch im Blut kommt sowohl das Guanosin als auch das Adenosin frei vor. Es sind also Substanzen, die sowohl bei der künstlichen Spaltung als auch im natürlichen Stoffwechsel aus dem Molekül der Nucleinsäure frei werden. Am gleichmäßigsten ist der Verningehalt bei $2^1/_2$—3 wöchentlichen Keimpflanzen von Cucurbita Pepo. Es mußte aber eine sehr große Anzahl dieser Keimpflanzen verarbeitet werden zur Gewinnung von 1,8 g Vernin.

*Darstellung.* 1. Wäßrige Extrakte aus den auf Vernin zu untersuchenden Objekten werden, nachdem sie vorher von den durch Bleiessig fällbaren Substanzen befreit worden sind, mit einer Mercurinitratlösung versetzt. Der Niederschlag wird abfiltriert, mit Wasser gewaschen und mittels Schwefelwasserstoff zersetzt. Das Filtrat wird neutralisiert und eingeengt. Nach dem Erkalten scheidet sich das Vernin aus, und zwar anfangs als Gallerte; letztere krystallisiert nach dem Wiederauflösen in Wasser. Wegen seiner Schwerlöslichkeit in Wasser läßt sich das Vernin leicht von Asparagin, Glutamin, Arginin und Tyrosin trennen.

Aus Melasse und Melasseabfällen hat K. Andrlik ein Guaninpentosid isoliert, das mit Vernin nicht identisch ist. Das von O. E. Lippmann aus Melasse isolierte Guaninpentosid soll identisch mit Vernin sein (78).

2. 100 g Hefenucleinsäure (Böhringer) werden in 80 cm³ Ammoniak (spez. Gewicht 0,90), welches mit 420 cm³ Wasser verdünnt wurde, aufgelöst und $3^1/_2$ Stunden im Autoklaven erhitzt. Die Temperatur des Ölbades des Autoklaven muß auf 170—175° C gehalten werden. Die Innentemperatur des Autoklaven soll 150° nicht übersteigen und wird am besten zwischen 135—140° gehalten. Hydrolysiert man kleinere Mengen im Einschmelzrohr, so ist nur eine Temperatur von 135° im Bombenofen nötig. Der Druck, welcher bei der Hydrolyse im Autoklaven entsteht, schwankt zwischen 5 und 7 Atmosphären. Die Lösung, welche in einer Porzellanschale oder in einem versilberten Becher im Autoklaven hydrolysiert wird, nimmt man nach der oben angegebenen Zeit, nachdem der Druck im Autoklaven gesunken ist, heraus, gießt sie in ein Becherglas und läßt sie über Nacht im Eisschrank stehen. Die Lösung erstarrt nahezu zu einer gelatinösen Masse, die sich schwer absaugen läßt.

Das Hydrolysengemisch läßt sich in 3 Fraktionen teilen: Die erste Fraktion enthält das Guanosin, die zweite das Adenosin und die dritte das Cytidin und Uridin.

*Guanosinfraktion.* Das Rohprodukt scheidet sich bereits beim Erkalten des Hydrolysegemisches als gelatinöse Masse aus. Es wird abgesaugt und ganz kurz mit möglichst wenig kaltem Wasser nachgewaschen. Man löst nun das abgesaugte Rohguanosin in wenig heißem Wasser und fällt heiß mit Bleiessig, solange ein Niederschlag entsteht. Es wird noch heiß von dem ausfallenden Niederschlage abfiltriert und das Filtrat abwechselnd mit Ammoniak und Bleiessig versetzt. Der nun ausfallende Niederschlag enthält das Guanosin. Diese Fällung wird abfiltriert, in heißem Wasser suspendiert, mit Hilfe von wenig Essigsäure in Lösung gebracht und mit Schwefelwasserstoff zersetzt. Das Gemisch wird aufgekocht und das heiße Filtrat vom Bleisulfid stehengelassen, eventuell mäßig auf dem Wasserbade eingedampft. Das Guanosin scheidet sich in langen, seideglänzenden Nädelchen ab. Krystallisiert das Guanosin nicht auf Anhieb, sondern fällt abermals als gallertige Masse aus, so wiederholt man mit der Gallerte die Fällung mit heißem Bleiessig und im Filtrat mit Bleiessigammoniak.

3. Das Guanosin kann auch durch neutrale Hydrolyse der Hefenucleinsäure dargestellt werden. 20 g der reinen Säure werden in 80 cm³ 10proz. NaOH unter Erwärmen gelöst. Die schwach gelb gefärbte Lösung wird dann mit Essigsäure versetzt, bis sie auf Lackmuspapier amphotere Reaktion zeigt. Die neutrale Lösung wird dann auf 500 cm³ verdünnt und im Einschließrohr 6 Stunden auf 130—140° erhitzt. Nach dem Erkalten wird die klare Lösung mit der dreifachen Menge $H_2O$ verdünnt und im Wasserbade erhitzt. Die Lösung wird dann mit Bleiessig versetzt, bis die Fällung gerade beendet ist, der Niederschlag abgesaugt und mit Wasser nachgewaschen. Das Filtrat wird mit Bleiessig und Ammoniak vollständig gefällt. Der Niederschlag wird nach dem Abfiltrieren und sorgfältigem Auswaschen in 200 cm³ Wasser aufgeschwämmt und mittels Schwefelwasserstoff vollständig zersetzt. Die Mischung wird nach Zusatz von etwas Tierkohle zum Sieden erhitzt und rasch filtriert. Das Filtrat wird unter vermindertem Druck auf 50 cm³ eingeengt, wobei es rasch zu einer gelatinösen Masse erstarrt, die im Eisschrank bald krystallisiert. Die Krystalle, die genau das Aussehen des Guanosins besitzen, werden abfiltriert, sorgfältig gewaschen und aus möglichst wenig heißem Wasser umkrystallisiert.

4. Das *Guanosin* und das *Adenosin* werden nicht nur durch partielle Hydrolyse der Hefenucleinsäure, sondern auch durch partielle Hydrolyse der aus Pankreas gewonnenen Guanylsäure und der Adenylsäure erhalten. Die partielle Hydrolyse der Guanylsäure zur Darstellung des Guanosins geschieht entweder auf die für die Herstellung aus Hefenucleinsäure angegebenen Weise mit verdünntem Ammoniak unter Druck oder durch neutrale Hydrolyse. Letzteres Verfahren vollzieht sich unter folgenden Bedingungen: 3 g Guanylsäure werden in einem geringen Überschuß von Kalilauge gelöst und mit Essigsäure genau neutralisiert. Die Lösung wird im Bombenrohr 4 Stunden auf 135° erhitzt. Ist die angewandte Guanylsäure rein gewesen, so scheidet sich beim Abkühlen der Lösung das Guanosin in Form einer Gallerte aus, welche mikroskopisch ein filzförmiges Aussehen besitzt. Beim Umkrystallisieren dieser Substanz erhält man das reine Guanosin. Wird die Hydrolyse mit Rohsäure ausgeführt, so bleibt die Substanz auch beim Umkrystallisieren gallertartig. In diesem Falle löst man die Gallerte, wie dies bei der Darstellung des Guanosins aus Hefenucleinsäure beschrieben worden ist, in heißem Wasser, fällt mit Bleiessig und dann mit Bleiessigammoniak. Die letzte Fällung wird mit Schwefelwasserstoff zersetzt und das Filtrat vom Bleisulfid eingeengt, bis das Guanosin zu krystallisieren anfängt.

5. Guanosin, Inosin und Uridin werden nach F. BIELSCHOWSKY durch Spaltung der Hefenucleinsäure durch Lebernucleotidase dargestellt (6).

Die enteiweißten Ansätze aus 100 g Hefenucleinsäure werden mit den Waschwässern vereinigt und im Vakuum bei 40° Badtemperatur auf ungefähr 1000 cm³ eingedampft. Dann wird mit 25proz. Ammoniak schwach ammoniakalisch gemacht und die abgespaltene Phosphorsäure mit Magnesiumacetat ausgefällt. Der Niederschlag wird nach 12stündigem Stehen abgesaugt, das Filtrat im Vakuum bei Zimmertemperatur vom Ammoniak befreit und auf etwa 800 cm³ eingeengt. Es wird bei schwach essigsaurer Reaktion mit Quecksilberacetatlösung gefällt, der entstehende Niederschlag nach einigen Stunden abgesaugt und mehrfach mit kaltem Wasser ausgewaschen.

Der Niederschlag wird mit Schwefelwasserstoff entquecksilbert und das Quecksilbersulfid nach einmaligem Kochen abfiltriert. Das Filtrat wird bei 40° auf etwa 200 cm³ eingeengt. Es empfiehlt sich, mit Silbercarbonat zu fällen, um bei der weiteren Aufarbeitung störende Substanzen zu entfernen. Das Filtrat von der Silbercarbonatfällung wird durch Schwefelwasserstoff entsilbert und vom abgeschiedenen Silbersulfid in der Hitze abfiltriert. Dieses Filtrat wird mit basischer Bleiacetatlösung (D.A.B.VI) gefällt und der entstehende Niederschlag abgesaugt. Das Filtrat dieses Bleiniederschlages wird mit Ammoniak und basischem Bleiacetat so lange behandelt, bis kein weiterer Niederschlag mehr auftritt.

Der Bleiniederschlag enthält Substanzen mit hohem Phosphorgehalt und wird nicht weiter aufgearbeitet.

Die Bleiammoniakfällung wird gut ausgewaschen, in der üblichen Weise zersetzt und das Filtrat vom Bleisulfid bei 40° im Vakuum eingeengt. Dabei fällt eine in feinen Nadeln krystallisierende Substanz aus, die phosphor- und aschefrei ist und eine starke Orcinreaktion gibt. Die Reinigung der Substanz über eine zweite Blei-Ammoniakfällung liefert ein einwandfreies Präparat, das bei 238° schmilzt und dessen Analysenwerte zeigen, daß der Körper Guanosin ist.

*Eigenschaften.* Das Vernin ist hygroskopisch. Die lufttrockene Substanz verliert beim Trocknen 10,80 % an Gewicht. Diese Gewichtsabnahme entspricht der Annahme, daß im lufttrockenen Vernin 3 Moleküle Krystallwasser enthalten sind. Es ist schwer löslich in kaltem Wasser, leicht löslich in kochendem Wasser, nicht löslich in Alkohol. Aus der wäßrigen Lösung scheidet es sich in glänzenden Krystallen ab, welche unter dem Mikroskop als lange schmale, äußerst dünne Prismen erscheinen; in der Flüssigkeit umherschwimmend zeigen sie lebhaften Seidenglanz. Die Abscheidung dieser Krystalle erfolgt so schnell, daß eine heiß gesättigte Lösung beim Erkalten binnen wenigen Minuten zu einem Krystallbrei wird. In der wäßrigen Lösung des Vernins erzeugt Silbernitrat eine gallertartige durchsichtige Fällung, die in Ammoniak löslich ist. Mit salpetersaurem Quecksilberoxyd gibt die wäßrige Lösung des Vernins einen weißen flockigen Niederschlag, durch Bleiessig wird sie nicht gefällt, ebensowenig durch Kupferacetat. Trägt man in die heiße wäßrige Lösung Kupferoxydhydrat ein, so geht kein Kupfer in Lösung; in geringer Menge scheint sich eine unlösliche Kupferverbindung zu bilden. Mit Phosphorwolframsäure unter Salzsäurezusatz gibt die wäßrige Lösung des Vernins einen gelblichen Niederschlag. Aus der mit Pikrinsäure versetzten Lösung scheiden sich nach mehrstündigem Stehen feine gelbe Krystalle aus, welche unter dem Mikroskop ein moosgelbes Aussehen zeigen, sie schmelzen bei ca. 190°. Das Vernin löst sich sowohl in Alkalien als auch in verdünnten Mineralsäuren, doch bedarf es zur Lösung einer ziemlich großen Quantität stark verdünnter Schwefelsäure. In verdünntem Ammoniak sowie in verdünnter Salz- und Salpetersäure ist das Vernin leicht löslich. Löst man eine geringe Menge Vernin in verdünnter $HNO_3$ und verdunstet die Lösung im Wasserbade zur Trockne, so bleibt ein hellgelber Fleck, welcher beim Befeuchten mit Ammoniak intensiv rotgelb wird. Die Untersuchung einer 5proz. Lösung des Vernins in verdünnter Schwefelsäure ergab keine optische Aktivität. Dagegen erwies sich eine Lösung des Vernins in n/10 Natronlauge als stark linksdrehend. Für eine ca. 2proz. Lösung ist $[\alpha]_D = -60^0$.

*Bestimmung.* Beim Erhitzen des Vernins mit verdünnter Salzsäure entsteht Furfurol. Das Filtrat rötet ein mit Anilinacetat befeuchtetes Papier und gibt mit Phloroglucin eine starke Fällung. Bei der Hydrolyse mit 1proz. Schwefelsäure scheidet sich Guanylsulfat in dünnen, zu Gruppen vereinigten Prismen ab. Das Filtrat enthält den Zucker, der bei 18—19° ein Drehungsvermögen $[\alpha]_D = -19{,}44^0$ zeigt.

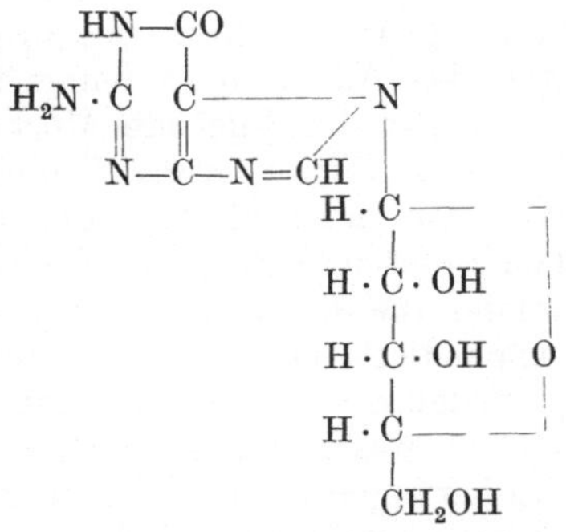

Guanosin ist nach P. A. LEVENE und R. S. TIPSON (76) ein Ribofuranosid nebenstehender Struktur:

```
 HN—CO
  |   |
H2N·C  C————N
  ||  ||   /  |
  N—C—N=CH   |
          H·C——
           |
          H·C·OH
           |
          H·C·OH  O
           |
          H·C——
           |
          CH2OH
```

Denn die durch Methylierung mit Dimethylsulfat in alkalischer Lösung erhaltenen methylierten Nucleoside geben bei der Hydrolyse 2,3,5-Trimethylribose, aus der durch Oxydation mit salpetriger Säure i-Dimethoxybernsteinsäure entsteht.

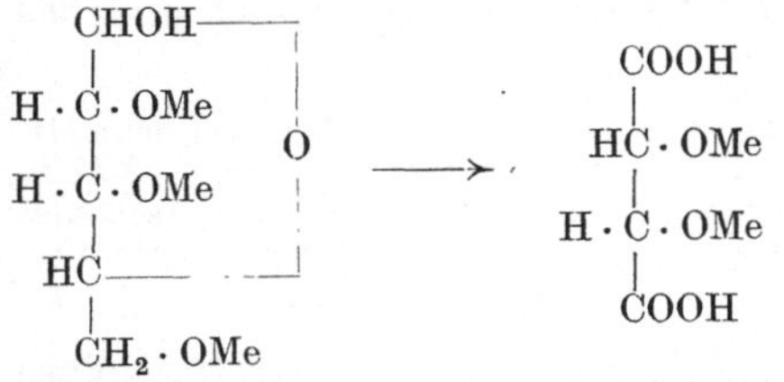

```
  CHOH——
   |     |
H·C·OMe  |                 COOH
   |     O                  |
H·C·OMe  |    ——→        HC·OMe
   |     |                  |
  HC——————               H·C·OMe
   |                        |
  CH2·OMe                  COOH
```

2, 3, 5-Trimethylribose — i-Dimethyloxybernsteinsäure

Trimethylpyranose gibt unter denselben Bedingungen Trimethyloxyglutarsäure.

**2. Adenosin.** *Vorkommen.* Das Adenosin ist von SZENT-GYÖRGYI und DRURY (15) aus dem Herzmuskel isoliert worden, von G. EMBDEN und M. ZIMMERMANN aus dem Skeletmuskel (22), von H. D. KAY und P. G. MARSHALL (56) aus der Milch, aus dem Blut von W. S. HOFFMAN (46), aus dem Pankreas von W. JONES und M. E. PERKINS (53), aus embryonalem Gewebe und Harn von H. O. CALVERY (11). Auch aus pflanzlichem Material ist es dargestellt worden.

*Darstellung.* 1. Aus der Hefenucleinsäure, s. Darstellung des Guanosins S. 448. Das Filtrat von der ursprünglichen Guanosingallerte enthält das Adenosin, Cytidin und Uridin sowie Phosphorsäure und auch größere phosphorsäurehaltige Bruchstücke des Nucleinsäuremoleküls. Um die freie und gebundene Phosphorsäure zu entfernen, wird das Filtrat unter vermindertem Druck zu einer zähflüssigen Masse eingedampft, mit Ammoniakwasser deutlich alkalisch gemacht und mit 95proz. Alkohol so lange versetzt, als sich ein deutlicher Niederschlag bildet. Hierzu ist ca. 1,5 l Alkohol nötig. Der Niederschlag, welcher aus phosphorsäurehaltigen Bruchstücken des Moleküls besteht, wird abfiltriert und das alkoholische Filtrat auf Adenosin und die Pyrimidinnucleoside weiter verarbeitet. Die Isolierung des Adenosins geschieht mit Hilfe seines Pikrates. Die alkoholische Lösung wird bis zur Sirupkonsistenz eingedampft, am besten wiederum bei vermindertem Druck, hierauf mit Schwefelsäure bis zur sauren Reaktion auf Lackmus versetzt und dann so lange mit gesättigter Pikrinsäurelösung behandelt, als sich Adenosinpikrat ausscheidet. Das ausfallende Pikrat ist meist noch dunkel gefärbt und nur teilweise durchkrystallisiert. Bevor man das freie Adenosin aus diesem Pikrat herstellt, krystallisiert man das Pikrat so lange aus heißem Wasser oder 70proz. Alkohol um, unter Zugabe von Tierkohle, bis es unter dem Mikroskop einheitlich krystallisiert ist. Erst wenn dies der Fall ist, zersetzt man das Adenosinpikrat zur Darstellung des freien Adenosins. Das Pikrat wird in viel heißem Wasser gelöst und die Lösung sofort nach dem Abkühlen mit Schwefelsäure bis zur sauren Reaktion auf Kongo angesäuert und die Pikrinsäure mit Äther ausgeschüttelt. Die von Pikrinsäure befreite, immer noch gelbliche Lösung wird durch Zusatz von frischem Bariumcarbonat von Schwefelsäure befreit. Nach einigem Stehen setzt sich der Bariumniederschlag ab und läßt sich durch ein gehärtetes Filter abfiltrieren. Das Filtrat wird unter vermindertem Druck bis auf 10 cm³ eingedampft und die Flüssigkeit dann im Vakuumexsiccator über Schwefelsäure stehengelassen. Nach 24stündigem Stehen, eventuell nach Animpfen scheidet sich das Adenosin in feinen seidenglänzenden Nädelchen aus.

2. Aus der Hefe- oder Muskeladenylsäure, s. Darstellung des Guanosins, S. 449. Das Filtrat vom Guanosin nach der Spaltung in neutraler Lösung wird mit einer 25proz. Lösung von Bleizucker bis zur vollständigen Fällung behandelt und aus dem Filtrat von dieser Fällung werden mittels Ammoniakwasser die Bleiverbindungen der Nucleoside gefällt. Diese werden in Wasser suspendiert, mit $H_2S$ von Blei befreit und die Lösung zu einem dicken Sirup eingedampft. Letzteren trägt man wieder in eine Kältemischung ein, um Spuren von Guanosin auszuscheiden. Bei genauer Beobachtung der oben angegebenen Bedingungen ist alles Guanosin schon durch die erste Fällung entfernt und der Sirup setzt keinen Niederschlag ab, auch nicht nach längerem Erkalten. Dem Sirup wird eine heiße gesättigte Lösung von Pikrinsäure hinzugefügt und das Pikrat wie oben weiterbehandelt.

*Eigenschaften.* Nach dem Umkrystallisieren aus wenig heißem Wasser liegt der Schmelzpunkt bei 229° (korr.). Es krystallisiert mit $1^1/_2$ Mol Krystallwasser. $[\alpha]_D = -63{,}3^0$ in wäßriger Lösung, $-67{,}3^0$ in n/10 NaOH. Durch ihre Löslichkeit in Wasser unterscheidet sich die Substanz vom Guanosin wesentlich, und auf dieser Eigenschaft beruht das Verfahren zur Trennung der beiden Substanzen.

*Bestimmung.* Das freie Adenosin oder das Pikrat geben bei der Hydrolyse mit n/10 $H_2SO_4$ am Rückflußkühler Adenin bzw. Adeninpikrat. Das freie Adenin wird in das Pikrat übergeführt. Dieses fängt gegen 200° an zu sintern und zersetzt sich bei 296° (korr.) unter Gasentwicklung. Aus den Mutterlaugen wird der Zucker unter Benutzung der üblichen Methoden als Sirup erhalten. Da der Zucker aus dem Pikrat keine Neigung zum Krystallisieren zeigt, wird zweckmäßig das p-Bromphenylhydrazon dargestellt. Dieses sintert rasch erhitzt bei 166° und schmilzt bei 170° (korr.). In absolutem Alkohol beträgt $[\alpha]_D = +5{,}28^0$ ($+5{,}69^0$ zeigt das entsprechende Derivat der Ribose). Der Zuckersirup aus dem freien Adenosin krystallisiert nach dem Impfen leicht. In $H_2O$ $[\alpha]_D = -19{,}25^0$.

Nach Levene und R. S. Tipson (76) ist das Adenosin ebenfalls ein Ribofuranosid folgender Struktur:

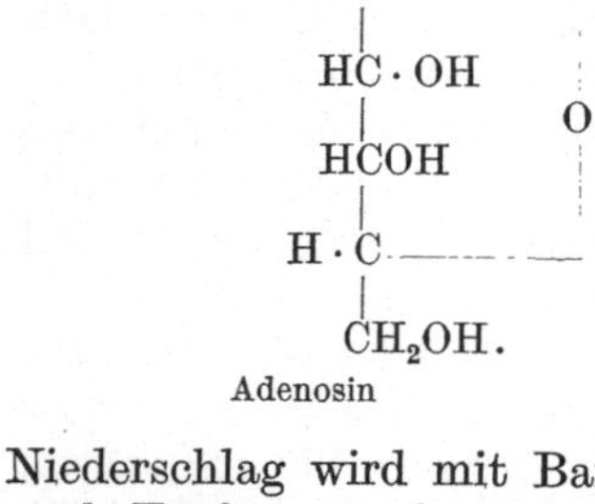

```
N=C—NH2
|  |
HC C———————N
||  ||     / |
N—C—N=CH  |
     H·C———————
       |      |
     HC·OH    |
       |      O
     HCOH     |
       |      |
     H·C———————
       |
     CH2OH.
```

Adenosin

Ferner gibt nach H. Bredereck das Adenosin auch eine Tritylverbindung. Da dieses durch alkoholisches Kali nicht gespalten wird, sitzt der Tritylrest nicht am N, sondern am $C_5$ des Riboserestes. Die Ribose besitzt also Furanosestruktur.

3. Ein **schwefelhaltiges Adenosin** wurde von Mandel und Dunham aus der Hefe isoliert (80).

*Darstellung* nach Suzuki, Odake und Mori (117). Das alkoholische Extrakt der Hefe wird im Vakuum eingedampft; der zurückgebliebene Sirup wird in wenig Wasser gelöst und mit einer konzentrierten Tanninlösung gefällt. Der Niederschlag wird mit Barytwasser verrieben und abgesaugt. Das Filtrat wird nach Entfernung des Baryts im Vakuum eingedampft und mit 50proz. Aceton verrieben. Die von dem unlöslichen Anteil abfiltrierte Flüssigkeit gibt nach dem Eindampfen einen dunkelbraunen Sirup, welcher starke antineuritische Wirkung hat. Aus diesem Sirup scheiden sich nach mehrere Wochen langem Stehen farblose Krystalle aus, welche abgesaugt, mit wenig Wasser gewaschen und aus heißem Wasser umkrystallisiert werden. Sie bestehen aus langen, farblosen Prismen. Im Capillarrohr erhitzt, schmelzen sie bei 208° (unkorrigiert) unter Zersetzung. Da von der Firma Sankyo & Co. das Rohorcyanin in oben beschriebener Weise in großen Mengen dargestellt wird, so kann man die Base als Nebenprodukt des Rohorcyanins nach und nach sammeln. Aus 1 kg unreiner Base, die aus mehreren tausend Kilogrammen Hefe dargestellt worden ist, werden 400 g reines Präparat dargestellt.

*Eigenschaften.* 1. Die freie Base besteht aus farblosen Prismen, die einen schwachen Perlmutterglanz zeigen. Sie ist in kaltem Wasser schwer, in warmem Wasser sowie in Säuren und Alkalien sehr leicht löslich. In Alkohol und Äther löst sie sich nicht. 2. Die wäßrige Lösung reagiert fast neutral und bildet kein Kupfersalz. Phosphorwolframsäure gibt in saurer Lösung einen weißen, flockigen Niederschlag, welcher allmählich zusammenschrumpft und sich zu Boden setzt. Durch eine wäßrige Lösung von Platinchlorid entsteht sofort eine Fällung, welche in Alkohol und Wasser fast unlöslich ist. Phosphormolybdänsäure gibt einen weißlich grünen Niederschlag, der sich in Ammoniak klar löst, ohne Blaufärbung anzunehmen. 3. Die FOLINsche Probe sowie die Diazoreaktion ist negativ. 4. Die Substanz gibt deutliche Pentosenreaktion mit BIALschem Reagens (BIALsches Reagens wird bereitet, indem man 2 g Orcin in 100 cm³ 20proz. HCl löst und dazu 10—20 Tropfen 10proz. Eisenchloridlösung zugibt). Erhitzt man die freie Base einige Minuten mit einigen Kubikzentimetern BIALschem Reagens, so entsteht eine blaugrüne Färbung. Schüttelt man das Reaktionsprodukt mit Amylalkohol aus, so geht die Farbe in letzteren über. 5. Mit alkoholischem Phloroglucin und starker HCl vorsichtig erwärmt, gibt diese Base eine schöne rotviolette Färbung. 6. Alle Schwefelreaktionen fallen positiv aus.

*Bestimmung.* Nach SUZUKI, ODAKE und MORI ist der Zucker eine Methylpentose (117). Die freie Base gibt nämlich eine schöne Pentosenreaktion mit Orcinsalzsäure, sie liefert auch deutlich Furfurol beim Kochen mit Salz- oder Schwefelsäure. Beim vorsichtigen Abdampfen mit $HNO_3$ scheidet sich das salpetersaure Salz des Hypoxanthins aus, welches durch Oxydation des Adenins entstanden ist. Schüttelt man die Mutterlauge des Hypoxanthinnitrats mit Äther aus und dampft die ätherische Lösung ein, so scheidet sich Oxalsäure krystallinisch aus. Die von der Ätherschicht abgetrennte wäßrige Lösung gibt bei Zusatz von $BaCl_2$ eine Fällung von $BaSO_4$. Das beweist, daß die Schwefelsäure durch Oxydation von Schwefel entstanden ist. Denn, wenn die Base mit verdünnter Salzsäure gekocht und mit $BaCl_2$-Lösung versetzt wird, so entsteht keine Fällung. Die Base zeigt ferner in schwach alkalischer Lösung keine Nitroprussidreaktion, sondern erst nach dem Kochen mit konzentriertem Alkali gibt sie eine tief rotviolette Färbung. Kocht man die Base mit verdünnter Salzsäure unter Zusatz eines Stückchens Zink, so entwickelt sich ein starker und übler Geruch, welcher höchstwahrscheinlich auf Mercaptan oder Dimethylsulfid zu beziehen ist. SUZUKI und seine Mitarbeiter schließen aus ihren Beobachtungen, daß die Base eine Verbindung des Adenins mit einer Thiomethylpentose ist und haben ihr folgende Formel erteilt:

$$\begin{array}{l} CH:N_2HC_6H_5 \\ | \\ C:N_2HC_6H_5 \\ | \\ CHOH \\ | \\ CHOH \\ | \\ CH_2-S-CH_3. \end{array}$$

**4. Inosin.** $C_{10}H_{12}N_4O_5$. *Vorkommen.* Das Inosin kommt in Verbindung mit Hypoxanthin als Carnin im Fleischextrakt vor. Dort ist es von WEIDEL (125) aufgefunden worden, ferner in der Hefe von SCHÜTZENBERGER und von POUCHET im Harn. SALOMON (116) hat Carnin im leukämischen Harn gefunden, ebenfalls TEITGE (118) im Harn einer Patientin, die an einer myeloischen Leukämie litt. KRUKENBERG und WAGNER haben es aus Froschfleisch und aus dem Fleisch von Süßwasserfischen isoliert. O. E. VON LIPPMANN ist es gelungen, dasselbe unter den stickstoffhaltigen Bestandteilen der Zuckerrübe aufzufinden.

*Darstellung.* 1. P. A. LEVENE und W. A. JACOBS stellen das Inosin aus dem Adenosin durch Desaminierung dar (3). 5 g Adenosinpikrat werden in einer Lösung von 10 g $NaNO_2$ in 30 cm³ $H_2O$ heiß gelöst. Beim Abkühlen scheidet sich pikrinsaures Natrium aus. Ohne zu filtrieren, wird die Lösung mit 10 cm³ Eisessig versetzt und umgerührt. Es tritt sofort eine lebhafte Stickstoffentwicklung ein, die in etwa 5 Minuten beendet ist. Nach einigen Stunden wird die Mischung in Eis gestellt und mit verdünnter $H_2SO_4$ so lange versetzt, bis sie auf Kongopapier schwach sauer reagiert. Die Lösung wird dann mit mehreren Volumen absoluten Alkohols versetzt und nach einigem Stehen in einer Gefriermischung abgesaugt. Das Filtrat wird mit einigen Tropfen Ammoniak neutralisiert und zum Sirup eingedampft. Dieser wird dann mit Essigsäureanhydrid übergossen und einige Minuten gekocht. Der Überschuß von Anhydrid wird abdestilliert und der Rückstand mit Chloroform ausgekocht. Nach 24stündigem Stehen im Eisschrank wird von anorganischen Salzen abfiltriert und das Chloroform abgedunstet. Auf diese Weise wird das entstandene Inosin in das Acetylderivat übergeführt. Ohne dieses zu isolieren, kocht man den Rückstand mit einem Überschuß einer verdünnten Barytlösung eine halbe Stunde. Das Barium wird mit einem kleinen Überschuß von $H_2SO_4$ gefällt. Das Filtrat wird — nach Behandung mit Bleiessig — mit Bleiessig und Ammoniak gefällt. Auf diese Weise wird das Inosin von allen Verunreinigungen befreit. Der Niederschlag wird mit $H_2S$ zerlegt und das wasserklare Filtrat eingeengt. Das Inosin bleibt als krystallinische Masse zurück, die aus 80 proz. Alkohol umkrystallisiert wird.

2. Das Fleischextrakt (83) wird behandelt wie bei der Inosinsäure angegeben worden ist (s. S. 416). Das Filtrat von der Bleiessigfällung wird mit Ammoniak versetzt, wobei abermals ein Bleiniederschlag entsteht; dieser enthält das Carnin. Der Niederschlag wird abfiltriert, mit kaltem Wasser gewaschen und mit Schwefelwasserstoff zersetzt. Noch vor dem Abfiltrieren des Bleisulfids werden die Säuren mit $BaCO_3$ neutralisiert, hierauf wird filtriert und zum Sirup eingedampft. Nach dem Impfen mit Carninkrystallen oder nach 24stündigem Stehen kommt die ganze Masse zur Krystallisation. Die Krystalle werden abgesaugt, kalt gewaschen und 3—4mal aus Wasser unter Zusatz von Tierkohle umkrystallisiert. Die Ausbeute beträgt 5—6 g je 500 g frischen Fleischextraktes. Es ist ein Krystallschlamm, der nach dem Trocknen kreidig und glanzlos erscheint und sich entsprechend den Angaben von Krukenberg und Wagner bei 230° braun färbt, um bei höherer Temperatur zu verkohlen. Es ist in kaltem Wasser sehr schwer löslich, in heißem Wasser leichter, in Alkohol und Äther ist es nahezu unlöslich.

Aus dem Carnin kann das Inosin leicht erhalten werden, da dieses gegen Salzsäure sehr empfindlich ist. Löst man die Base daher in sehr verdünnter heißer Salzsäure und setzt sie durch Ammoniak wieder in Freiheit, so wird das Hypoxanthin ausgeschieden, während das Inosin in Lösung bleibt.

3. P. A. Levene und W. A. Jacobs (3) stellten das Inosin aus Inosinsäure dar. 5,0 g inosinsaures Barium werden mit 200 cm³ $H_2O$ im Einschließrohr aufgelöst. Das Rohr wird vor dem Erkalten in ein Ölbad von 100° eingesetzt, um eine Ausscheidung des Salzes zu vermeiden. Das Bad wird dann 6 Stunden auf 125—130° gehalten. Nach dem Erkalten wird von dem Niederschlage abfiltriert, welcher aus Bariumphosphat, inosinsaurem Barium und basisch inosinsaurem Barium besteht. Die Lösung, welche schwach saure Reaktion zeigt, wird dann auf 50 cm³ eingedampft und im Eisschrank der Krystallisation überlassen. Nach 24 Stunden wird von dem ausgeschiedenen inosinsaurem Barium abfiltriert. Das Filtrat zeigt keine reduzierenden Eigenschaften, auch enthält es kein freies Purin. Es wird mit Ammoniak neutralisiert und mit Bleiacetat gefällt. Der Niederschlag wird durch Filtration entfernt und das Filtrat abwechselnd mit Bleiessig und Ammoniak behandelt. Dieser Bleiniederschlag wird durch $H_2S$ zersetzt, das bleifreie Filtrat enthält das Inosin.

4. *Darstellung* durch Spaltung der Hefenucleinsäure mit Lebernucleotidase nach F. Bielschowsky, s. S. 450. Das Filtrat vom Guanosin wird im Vakuum zur Trockne gebracht und mit wenig Alkohol in der Hitze extrahiert und vom Ungelösten abfiltriert. Beim Erkalten scheidet sich eine in Nadeln krystalli-

sierende Substanz aus, die nach dem Umkrystallisieren aus 80proz. Alkohol bei 218° schmilzt und deren Analysenwerte mit den für Inosin berechneten übereinstimmt.

*Eigenschaften.* Das reine Inosin bildet feine seidenglänzende Nadeln (aus 80proz. Alkohol) und ist krystallwasserfrei; es schmilzt rasch erhitzt bei 218°. Die krystallwasserhaltigen Krystalle, lange rechtwinklige Tafeln, (2 Mol $H_2O$) fangen schon bei 85° an zu sintern und schmelzen gegen 89—90° zu einer blasenhaltigen Flüssigkeit. Beim Trocknen im Vakuum über konzentrierter Schwefelsäure bei 18° verliert die Substanz ihr Krystallwasser. Die optische Drehung ist in alkalischer und in saurer Lösung untersucht worden. In alkalischer Lösung $[\alpha]_D = -72{,}45°$ (aus Inosinsäure) bzw. $-72{,}92°$ (aus Carnin), in 9proz. wäßriger Lösung $= -49{,}2°$.

*Salze.* Inosin bildet ein ziemlich schwerlösliches Natriumsalz, das sich nach einigem Stehen in schön ausgebildeten, öfter zentimeterlangen Prismen ausscheidet. Diese Verbindung gehört zu den schönsten Verbindungen der Nucleoside und kann, da bei den anderen auf dieselbe Weise kein Auskrystallisieren beobachtet wurde, wohl zur Charakterisierung des Inosins dienen.

Man muß annehmen, daß, weil bei der Desaminierung nur die Aminogruppe in Reaktion tritt, die Bindungsstelle der Ribose im Adenosin die gleiche ist wie beim Inosin. Das Silbersalz bildet eine durchsichtige Gallerte, die sich in Ammoniak löst. Zur Charakterisierung dient ferner die von HAISER und WENZEL dargestellte Acetylverbindung: $C_{10}H_9N_4O_5(COCH_3)_3$, die aus Alkohol in seidenglänzenden Nadeln ausfällt. Sie ist löslich in 50 Teilen heißem absolutem Akohol, fast unlöslich in kaltem Alkohol, leicht löslich in Choroform. Sie schmilzt bei 236°.

*Bestimmung.* Das Inosin zeigt alle Reaktionen der Nucleoside. Mit Orcin und HCl gibt es sehr stark die Pentosenreaktion. Von Mineralsäuren wird es sehr leicht hydrolysiert und reduziert dann FEHLINGsche Lösung. Nach der Hydrolyse wird Hypoxanthin erhalten. Die Ribose hat auch hier Furanosestruktur.

**5. Xanthosin.** $C_{10}H_{12}O_6N_4$. *Darstellung.* 10 g Guanosin werden mit einer Lösung von 25 g $NaNO_2$ in 75 cm³ $H_2O$ aufgekocht. Es werden nun 25 cm³ Eisessig zugegeben und das Reaktionsprodukt tüchtig durchgeschüttelt, bis alles Guanosin in Lösung gegangen ist und die heftige Stickstoffentwicklung aufhört, was nach etwa 5 Minuten der Fall ist. Die Lösung wird nun mit dem gleichen Volumen Wasser versetzt und abgekühlt. Beim Reiben fängt alsbald die Krystallisation des Xanthosins an, das sich als gelbes krystallinisches Produkt rasch am Boden des Gefäßes absetzt. Nach 24 Stunden wird es abfiltriert, die Ausbeute beträgt 6 g. Durch Umkrystallisieren unter Anwendung von Tierkohle kann die Substanz nicht von den gelben Beimengungen befreit werden. Zur Reinigung wird es in heißem Wasser gelöst, noch heiß mit einigen Tropfen Bleizucker behandelt und mit $H_2S$ zersetzt. Nach dem Aufkochen wird das Schwefelblei abfiltriert, beim Erkalten scheidet sich das Xanthosin in farblosen, glänzenden, öfter zentimeterlangen Prismen ab.

*Eigenschaften.* Im Capillarrohr rasch erhitzt, verkohlt es bei hoher Temperatur, ohne zu schmelzen. In kaltem Wasser ist es nur wenig löslich, leicht aber in heißem Wasser. In heißem, verdünntem Alkohol ist es auch löslich und krystallisiert beim Abkühlen nach einiger Zeit in harten Warzen ohne Krystallwasser. In alkalischer Lösung $[\alpha]_D^{30} = -51{,}21°$.

Das Xanthosin zeigt alle Reaktionen der Nucleoside, s. beim Inosin. Nach der Hydrolyse wird Xanthin erhalten.

**6. Crotonosid.** *Vorkommen.* Das Crotonosid kommt nach EMILE CHERBULIEZ und KARL BERNHARD in den Körnern von Croton Tiglium L. vor (12).

*Darstellung.* 1 kg gemahlene Körner werden mit 1,5 l Methylalkohol 3 Stunden im Soxleth extrahiert. Das Extrakt besteht aus einer dunklen Flüssigkeit, die sich in zwei Schichten trennt, und einem flockigen Niederschlage. Der letztere wird abfiltriert, mit Alkohol ausgewaschen und mit Äther wiederholt digeriert, bis sich dieser nicht mehr färbt. Nach dem Abdunsten des Äthers bleibt eine braune Masse zurück, und zwar aus 1 kg 20—30 g. Diese ist unlöslich in kaltem Wasser und organischen Lösungsmitteln, aber löslich in warmem Wasser. Die wäßrige Lösung gelatiniert beim Abkühlen, wenn sie nicht verdünnt ist. Um die Nebenprodukte zu entfernen, wird die heiße wäßrige Lösung mit überschüssigem Kupferacetat oder Bleiacetat gefällt. Man filtriert in der Wärme, fällt das in Lösung gebliebene Schwermetall mit Schwefelwasserstoff und konzentriert die wenig gefärbte Lösung im Vakuum. Das Glucosid scheidet sich in Form eines körnigen Niederschlages ab, der unter dem Mikroskop krystallinische Struktur zeigt. Er wird aus ungefähr 35 Teilen warmen Wassers in Gegenwart einer Spur Tierkohle umkrystallisiert. Anstatt das Produkt umzukrystallisieren, kann man auch die wäßrige Lösung des Rohproduktes in Kollodiumhülsen auf dem Wasserbade dialysieren und das Destillat einengen. Aus 1 kg ungeschälter Körner werden 0,7—2,65$^0/_{00}$ Crotonosid erhalten.

*Eigenschaften.* Das Crotonosid krystallisiert in farblosen seideglänzenden Nadeln, die unter Zersetzung bei 237°—241° schmelzen. Sehr schnell erhitzt zersetzen sie sich erst bei 244° (248° korr.). Die Substanz enthält 2 Mol. Krystallwasser, die sie erst bei 100° verliert. Sie ist wenig löslich in kaltem Wasser, löslich in warmem Wasser, ferner in Phenol, Resorcin, Acetamid. Ferner löst sie sich in Basen und verdünnten Mineralsäuren; beim Erhitzen in saurer Lösung gibt sie die Pentosenreaktion:

$$[\alpha]_D^{25} = -60{,}38^0 \text{ in } 0{,}1\,\text{n NaOH}.$$

*Salze.* Das Pikrat entsteht durch Versetzen einer warmen wäßrigen Lösung des Crotonosids mit einer wäßrigen Pikrinsäurelösung. Es krystallisiert beim Abkühlen in kleinen gelben Nadeln, die, ohne zu schmelzen, von 210° an sich langsam zersetzen.

*Bestimmung.* Wird das Crotonosid mit 100 Teilen 0,1 n Schwefelsäure 4 Stunden im Wasserbade erhitzt, so krystallisiert das Sulfat des Isoguanins fast quantitativ in schönen Prismen aus. Der in Lösung verbliebene Rest kann aus dem Filtrat durch Silbersulfat gefällt werden. Die Zuckerlösung wird nach Entfernung des überschüssigen Silbers durch Schwefelwasserstoff und der Schwefelsäure durch Bariumcarbonat im Vakuum konzentriert und polarisiert. 1,520 g wasserfreies Crotonosid zeigen nach der Hydrolyse auf 10 cm³ eingeengt bei 20° im 1-dm-Rohr $[\alpha]_D^{20} = -1^0{,}39'$, der trockene Rückstand wog 0,6552 g. Der Schmelzpunkt des Phenylosazons beträgt 159—160°, des Bromphenylosazons 164°, stimmt also mit denjenigen der entsprechenden Ribosederivate überein. Das Sulfat des Isoguanins zersetzt sich nach dem Umkrystallisieren, ohne zu schmelzen, bei 230—250°. Es ist schwer löslich in kaltem Wasser, entspricht der Formel: $(C_5H_5ON_5)_2SO_4 \cdot H_2O$ und verliert das Krystallwasser noch nicht bei 130° im Vakuum.

**7. Harnsäureribosid.** *Vorkommen.* Das Ribosid der Harnsäure ist zuerst im Rinderblut von A. R. Davis, E. B. Newton und St. R. Benedict (130) entdeckt worden, und zwar in den roten Blutkörperchen. Auch im Blut anderer Tiere ist es von denselben Autoren gefunden worden, allerdings im Blut von Pferden, Schafen, Schweinen, Hunden und Hühnern nur in Spuren. Dem Rinderblut am nächsten steht in dieser Beziehung das Menschenblut.

*Darstellung.* Frisches, defibriniertes Rinderblut wird langsam in 5 Raumteile kochende 0,01 n Essigsäure gegossen und die Mischung nach 1 Minute dauerndem Kochen filtriert. Das strohgelbe Filtrat wird bis zu dem ursprünglichen Volumen eingekocht, abgekühlt und mit $^1/_{10}$ Volumen kolloidaler Eisenlösung versetzt (Mercks 5proz. Lösung von dialysiertem Eisen), um die letzten Spuren von Eiweiß zu entfernen. Der Niederschlag wird abfiltriert und das klare Filtrat mit einem gleichen Volumen von 0,5proz. Quecksilberacetatlösung behandelt. Die Mischung bleibt 12—24 Stunden bei Zimmertemperatur stehen. Der leicht gelbe, flockige Niederschlag, der sich allmählich bildet, enthält die im ursprünglichen Blut vorhandene freie Harnsäure. Das Filtrat wird mit dem gleichen Volumen 20proz. Natriumacetatlösung versetzt. Nach 48stündigem Stehen wird die über dem Niederschlage stehende Flüssigkeit abgegossen, der Rückstand zentrifugiert und mit destilliertem Wasser gewaschen. Der Niederschlag, welcher das Quecksilbersalz des Harnsäureribosids enthält, wird in heißem Wasser suspendiert und mit Schwefelwasserstoff zersetzt. Das Filtrat wird im Vakuum bei 40—45° eingedampft, bis die Lösung anfängt zu krystallisieren, und über Nacht stehen gelassen. Die Krystalle werden abfiltriert, mit Alkohol und Äther gewaschen und getrocknet. Aus 15 l Blut werden ungefähr 0,6 g reine Krystalle erhalten. Das Produkt kann aus einer geringen Menge heißen Wassers umkrystallisiert werden.

*Eigenschaften.* Die Substanz krystallisiert in farblosen quadratischen Platten. Wenn die heiße Lösung schnell abgekühlt wird, scheidet sie sich manchmal in flachen Nadeln ab, die bei längerer Berührung mit der Mutterlauge sich in die typischen quadratischen Platten umwandeln. Sie ist schwer löslich in kaltem Wasser, unlöslich in Alkohol und Äther, löst sich aber in kochendem Wasser. Sie reagiert sauer und löst sich leicht in Alkalien. Sie wird nicht durch Silber-Magnesia-Mixtur gefällt und reduziert Fehlingsche Lösung nicht. $[\alpha]_D^{20} = +20,42^0$. Sie krystallisiert ohne Krystallwasser. Sie hat keinen Schmelzpunkt.

*Bestimmung.* Bei der Destillation mit 12proz. Salzsäure entsteht Furfurol, denn die Probe mit Anilinacetat ist positiv. Nach der Hydrolyse gibt die Substanz eine positive Pentosenreaktion mit Orcin. Sie ist wahrscheinlich eine einbasische Säure. Sie besteht aus Harnsäure und Kohlenhydrat in dem Verhältnis 1 : 1. Der Zucker wird erhalten durch 7stündiges Kochen mit 0,10 n Schwefelsäure am Rückflußkühler. Dabei scheidet sich die Harnsäure aus, die abfiltriert wird. $[\alpha]_D^{20} = -20,6^0$. Die spezifische Drehung der d-Ribose beträgt unter denselben Bedingungen $[\alpha]_D = -19,62^0$. Das Phenylosazon schmilzt ebenso wie d-Ribose und eine Mischung von beiden Substanzen bei 149° (unkorrigiert). Nach der Pikratmethode ergibt sich der Gehalt an Zucker im Harnsäureribosid zu 101% des theoretisch berechneten. Die Harnsäurebestimmung ergibt 51,5% anstatt 52,8%, berechnet auf gleiche Teile Harnsäure und d-Ribose minus 1 Molekül Wasser.

### 2. Riboside von Pyrimidinen.

Die Pyrimidinriboside werden 1. bei der Spaltung der Hefenucleinsäure in neutraler oder ammoniakalischer Lösung aus den Filtraten vom Guanosin und Adenosin gewonnen und 2. infolge ihrer größeren Resistenz gegen Mineralsäuren — im Vergleich zu den Purinkomplexen — durch Erhitzen von Hefenucleinsäure mit 2proz. Schwefelsäure. Das Uridin kann neben Guanosin und Inosin auch durch Spaltung der Hefenucleinsäure mit Lebernucleotidase gewonnen werden. S. 451 u. 452.

**1. Cytidin.** 1. Das Filtrat der Adenosinpikratfällung ist nicht ganz frei von Purinnucleosiden. Um diese zu entfernen, wird die Lösung mit Schwefelsäure bis zu einem Gehalt von 2% versetzt und dann 2 Stunden am Rückflußkühler erhitzt. Die Pikrinsäure wird mittels Äther ausgeschüttelt. Die freien Purine werden dann mit einer Lösung von Mercurisulfat in 5proz. Schwefelsäure ausgefällt. Nach dem Zusatz dieses Reagenses wird die Mischung über Nacht stehen gelassen. Das Filtrat vom Quecksilberniederschlage wird vom Quecksilber und von Schwefelsäure befreit, auf Sirupkonsistenz eingedampft und dann mit einer konzentrierten Lösung von Pikrinsäure (heiß gesättigte

Pikrinsäurelösung) versetzt, bis die Lösung zu opalescieren anfängt. Läßt man über Nacht bei —1° stehen, so fällt meistens Cytidinpikrat aus, eventuell muß man noch im Vakuum konzentrieren. Das Cytidinpikrat fällt in kleinen mikrokrystallinischen Drusen aus. Aus absolutem Alkohol umkrystallisiert: Schmelzpunkt 185—187°. Die Darstellung des freien Cytidins geschieht über das Cytidinsulfat. Das Pikrat wird in heißem Wasser gelöst und die heiße Lösung mit Toluol ausgeschüttelt. Sobald die Lösung sich abzukühlen beginnt, wird sie mit Schwefelsäure bis zur sauren Reaktion auf Kongo versetzt und die Pikrinsäure weiter mit Äther entfernt. Nach dem Entfernen der Schwefelsäure wird die Lösung bei vermindertem Druck auf ein ganz kleines Volumen eingedampft, mit Schwefelsäure angesäuert und mit Alkohol versetzt, bis die Lösung zu opalescieren beginnt. Das Sulfat scheidet sich in kurzer Zeit in langen prismatischen Nadeln aus. Schmelzpunkt 233°. Mehrmals umkrystallisiertes Cytidinsulfat, in wenig Wasser gelöst, wird mit der genau berechneten Menge reinstem Bariumhydroxydes versetzt. Die Lösung wird durch ein gehärtetes Filter filtriert und in einer Glasschale bei gewöhnlicher Temperatur im Vakuum über Calciumchlorid zur Trockne verdunstet. Die farblose, glasige Masse wird dann in heißem absoluten Alkohol gelöst. Aus dieser Lösung krystallisiert dann die freie Base beim Reiben mit dem Glasstab. Die Krystalle werden aus 90proz. Alkohol umgelöst.

2. Je 100 g der Hefenucleinsäure werden in 1 l 2proz. Schwefelsäure am Rückflußkühler 2 Stunden im Ölbade (125°) gekocht und die etwas abgekühlte Lösung mit reinem $Ag_2O$ im Überschuß versetzt. Dabei scheiden sich die Silbersalze der Purinbasen aus. Zur Vervollständigung der Fällung läßt man das Gemisch über Nacht stehen und entfernt die Purin-Silbersalze durch Filtration. Das Filtrat neutralisiert man mit chemisch reiner Barytlösung, um die Silbersalze der Nucleotide und Silberphosphat auszuscheiden. Der Niederschlag wird in $H_2SO_4$ gelöst, mit $H_2S$ von Ag befreit und das Filtrat vom Silbersulfid mit $Ba(OH)_2$ genau auf Phenolphthalein neutralisiert. Dabei scheidet sich Bariumphosphat ab, das durch Filtration entfernt wird; das Filtrat wird bei vermindertem Druck zur Trockene eingedampft. Ein Teil der Salze geht dabei in eine in Wasser unlösliche Form über. Das Gemisch wird mittels Essigsäure in Lösung gebracht und die Lösung in absoluten Alkohol eingetragen, wobei sich die Bariumsalze der Nucleotide ausscheiden. Dieses Rohprodukt ist schon vollständig frei von Nucleinsäure oder von Purin enthaltenden Komplexen. Das wird daran erkannt, daß nach kurzer Hydrolyse mit Mineralsäuren weder eine positive Orcinreaktion auftritt, noch FEHLINGsche Lösung auch nur spurenweise reduziert wird, ferner gibt Silbernitrat keinen Niederschlag von Purinsalzen. Die Möglichkeit der Isolierung der beiden Pyrimidinnucleoside beruht auf der Löslichkeit derselben in Alkohol.

Das Produkt der Hydrolyse wird bei vermindertem Druck bis zur Sirupkonsistenz eingeengt und der Rückstand mit Alkohol extrahiert und eingedampft. Diese Operation kann eventuell noch einmal wiederholt werden. Der Rückstand, welcher beim Eindampfen des alkoholischen Auszuges zurückbleibt, wird mit Pikrinsäure behandelt. Aus der Lösung scheidet sich beim Stehen bei —1° das *Cytidinpikrat* aus. Dieses wird zur Reinigung aus Alkohol umkrystallisiert.

*Eigenschaften.* Das Cytidin krystallisiert in langen Nadeln, die bei 220° sintern und bei 230° sich zersetzen. Die spezifische Drehung beträgt in n/10 Barytlösung $[\alpha]_D^{20} = +19{,}4^0$. Es ist in Wasser spielend löslich. Es gibt kein krystallinisches Tetraacetylderivat; das Benzoylderivat krystallisiert leicht aus Alkohol, es enthält drei Benzoylgruppen, von denen eine in Bindung mit der Aminogruppe des Cytosins steht.

*Salze.* Das Cytidinpikrat $C_9H_{13}O_5N_3 \cdot C_6H_2(NO_2)_3OH$ krystallisiert in langen prismatischen Krystallen, die bei 233° schmelzen.

Das Chlorhydrat $(C_9H_{13}O_5N_3)HCl$ schmilzt bei 218° (unkorr.).

*Bestimmung.* Bei der Behandlung des Cytidins mit salpetriger Säure wird Uridin erhalten. Daraus läßt sich schließen, daß im Molekül des Cytidins nur eine primäre Aminogruppe enthalten ist. Die Hydrolyse des Cytidins mit 10proz. Schwefelsäure muß im Einschlußrohr im Ölbade von 125° vorgenommen werden, und zwar während 4 Stunden, da die Substanz sehr resistent ist. Der ätherische Auszug des Hydrolysates enthält keine Lävulinsäure. Die mit Äther ausgezogene Flüssigkeit wird mit $Ba(OH)_2$ von $H_2SO_4$ quantitativ befreit, bei vermindertem Druck eingedampft und mit Pikrinsäure behandelt. Es bildet sich ein Pikrat vom Aussehen des Cytosinpikrates, $C_4H_5ON_3 \cdot C_6H_2(NO_2)_3OH$, das bei 275° (korr.) schmilzt. Da die Substanz bei einer Destillation mittels HCl vom spez. Gewicht 1,06 nur ganz träge und langsam Furfurol entwickelt — die Operation ist erst nach 36 Stunden beendigt —, so wird die Hydrolyse mittels Bromwasserstoffsäure in Gegenwart von Brom ausgeführt. Dabei wird das Cytosin bromiert und die Zuckerkomponente in die d-Ribonsäure übergeführt, welche in Form ihres Cadmiumsalzes und ihres Lactons identifiziert wird. Auf diese Weise wird bewiesen, daß das Cytidin aus Cytosin und Ribose zusammengesetzt ist. Wenn man Cytidin zur Dihydroverbindung reduziert, so verliert es seine Widerstandsfähigkeit gegen die hydrolysierende Wirkung von verdünnten Mineralsäuren. Diese Substanzen lassen sich leicht in d-Ribose und in die Dihydrobase zerlegen. Die Ribose kann alsdann in das Phenylosazon übergeführt und als solches identifiziert werden. Man kann also mit großer Wahrscheinlichkeit annehmen, daß die glucosidartige Bindung zwischen der Ribose und der Base in Stellung 5 sich befindet, und daß es die Nachbarschaft der Doppelbindung ist, welche der Substanz ihre Widerstandskraft verleiht. Es ist auch erwähnenswert, daß die Dihydroverbindungen ähnlich den Purinnucleosiden linksdrehend sind, während die ursprünglichen Pyrimidinkomplexe nach rechts drehen. BREDERECK hat auch ein Tritylderivat des Cytidins erhalten. Da dieses ebenfalls durch alkoholisches Kali nicht gespalten wird, so sitzt der Tritylrest nicht am N, sondern am $C_5$ des Riboserestes. Dieser besitzt also Furanosestruktur.

**2. Uridin.** $C_9H_{12}N_2O_6$.

*Darstellung.* 1. Die Mutterlauge des Cytidinpikrates (s. S. 458) wird nach dem Ansäuern mit Schwefelsäure zur Entfernung der Pikrinsäure mit Äther ausgeschüttelt. Die Schwefelsäure wird dann quantitativ mit Barytlösung entfernt. Aus dieser Lösung läßt sich das Uridin durch Fällung mit Bleiacetat und Baryt gewinnen. Man fällt die Lösung mit basischem Bleiacetat, filtriert den Niederschlag ab und versetzt das Filtrat mit Barytlösung. Der entstandene Niederschlag wird abfiltriert und zersetzt, indem man das Blei durch Schwefelsäure und diese hinwiederum quantitativ mit Barytlösung entfernt. Die hierbei entstehende klare Lösung wird bei vermindertem Druck eingedampft und der Rückstand mit 95proz. Alkohol aufgenommen. Es ist ratsam, den Rückstand mehrere Male mit Alkohol aufzunehmen und einzudampfen, um ihn möglichst von Wasser zu befreien. Beim Impfen mit Uridin erstarrt der Rückstand zu einer krystallinischen Masse. Nach Umkrystallisieren aus 95proz. Alkohol lange prismatische Nadeln. Schmelzpunkt 165°.

2. Die Hefenucleinsäure wird mit 2proz. $HaSO_4$ 2 Stunden am Rückflußkühler bei 125° im Ölbade gekocht, s. S. 458, Abs. 2. Nachdem die Mutterlauge vom Cytidinpikrat von Pikrinsäure mittels Schwefelsäure und Äther befreit und die Schwefelsäure quantitativ mit Barytlösung entfernt worden

ist, läßt sich das Uridin auf folgende Weise gewinnen. Die Lösung wird mit basischem Bleiacetat gefällt und das Filtrat mit Baryt versetzt. Der Niederschlag enthält das Uridin. Er wird behandelt, wie unter 1 beschrieben worden ist.

3. Spaltung der Hefenucleinsäure mit Lebernucleotidase, s. S. 450 u. 454. Das Filtrat von Inosin wird zur Trockne gebracht und mit absolutem Alkohol extrahiert. Die Hauptmenge der Substanz geht in Lösung. Beim Erkalten scheidet sich ein sehr geringer amorpher Niederschlag aus, von dem abgegossen wird. Die alkoholische Lösung wird mit Äther gefällt. Hierbei fällt eine farblose Substanz aus, die meist amorph und etwas phosphorhaltig, seltener phosphorfrei und krystallinisch ist. Von diesem Niederschlag, aus dem durch Umkrystallisieren mit 80—90proz. Alkohol noch Inosin gewonnen werden kann, wird abgesaugt und das alkoholisch-ätherische Filtrat im Vakuum eingeengt. Hierbei scheidet sich zuweilen eine in groben Nadeln oder Drusen krystallisierende Substanz aus, zuweilen entsteht jedoch ein amorpher schmieriger Rückstand, der mit heißem 90proz. Alkohol aufgenommen wird. Aus dieser Lösung scheiden sich dann die gleichen groben Krystalle aus. Die Substanz schmilzt roh bei 163—164°, nach einmaligem Umkrystallisieren aus 90proz. Alkohol bei 165°. Die Analysenzahlen stimmen dann mit den für Uridin berechneten überein.

*Eigenschaften.* Uridin krystallisiert in langen prismatischen Nadeln, die bei 165° (korr.) schmelzen. Die wäßrige Lösung reagiert neutral, auch nach dem Erhitzen mit verdünnter NaOH. Sie ist optisch aktiv und zeigt merkbare Multirotation. Die spezifische Drehung nimmt mit zunehmender Konzentration der Lösung ab. $[\alpha]_D^{30}$ in $H_2O = +5{,}15°$.

*Bestimmung.* Bei der Hydrolyse von Uridin mittels Bromwasserstoffsäure bei Gegenwart von Brom werden 5-Brom-uridin und d-Ribonsäure erhalten, welche in Form ihres Cadmiumsalzes und ihres Lactons identifiziert werden. Wird das Uridin mit konzentrierter Salpetersäure auf dem Wasserbade zu einem Sirup eingedampft, so erhält man eine Verbindung, die nach ihrer Zusammensetzung eine anhydridartige Verbindung von 2 Mol einer Nitrouridincarbonsäure ist. Durch Hydrolyse der Substanz läßt sich Nitrouracil darstellen, welches identisch ist mit der Substanz, die BEHREND bei der Behandlung von Uracil mit $HNO_3$ erhielt. Auch das erwähnte 5-Brom-uridin ist mit dem von BEHREND aus Uracil erhaltenen identisch. Es gibt mit Phenylhydrazin ein charakteristisches Derivat und reduziert FEHLINGsche Lösung beim Kochen. Durch diese Versuche wird bewiesen, daß die Pyrimidinkomplexe aus Pyrimidin und Ribose zusammengesetzt sind, daß die Bindung eine verhältnismäßig widerstandsfähige ist und daß die Doppelbindung im Uracil intakt ist. Die Bindung kann nur in 3 oder 4 eingetreten sein:

```
            H   H   H
            ·   ·   ·
CH2(OH)·C———C———C———CH———N———CO———NH
         |  ·   ·   |    |         |
         |  OH  OH  |    CH=CBr———CO
         |————O—————|
```

oder

```
            H   H   H          NH———CO———NH
            ·   ·   ·          |          |
CH2(OH)·C———C———C———CH———C=========CBr———CO
         |  ·   ·   |
         |  OH  OH  |
         |————O—————|
```

Das Dihydrouridin ist nicht widerstandsfähig gegen verdünnte Mineralsäuren (66).

Das Uridin ist nach H. BREDERECK (8) ein Uracil-d-ribo-furanosid

```
CO—NH
|    |
CH   CO     OH  OH
||   |      |   |
CH—N—C—C—C—C—CH₂OH,
     |  \|  |/  |
     H   H  H   H
         |—O—|
```

denn wird es bei Wasserbadtemperatur in Pyridinlösung mit Tritylchlorid behandelt, so erhält man einwandfrei Trityl-Uridin:

```
CO—NH
|    |
CH   CO     OH  OH
||   |      |   |
CH—N—C—C—C—C—CH₂ · O · C(C₆H₅)₃
     |  \|  |/  |
     H   H  H   H
         |—O—|
```

Ebenfalls Furanoside sind nach BREDERECK (8) Cytidin und Inosin. Somit besitzen sämtliche Nucleoside der Hefenucleinsäure Furanosestruktur. Da die Tritylderivate durch alkoholische Kalilauge nicht gespalten werden, sitzt der Tritylrest nicht am N, sondern am $C_5$ des Riboserestes.

### b) Desoxyriboside.

Die Nucleoside der Thymusdrüse sind bis jetzt auf chemischem Wege noch nicht isoliert worden. Ihre Darstellung mit Hilfe von Fermenten ist erst im Jahre 1929 LEVENE und LONDON (72), und im Jahre 1932 F. BIELSCHOWSKY und W. KLEIN (8) im THANNHAUSERschen Laboratorium gelungen. Die amerikanischen Forscher spalteten die Thymonucleinsäure mit Magen-Darmsaft, der aus einer Fistel gewonnen worden war, während die deutschen Autoren einen Glycerinauszug aus Darmschleimhaut anwendeten. Im ersten Falle wurden Guanin-, Hypoxanthin-, Thymin- und Cytosin-Desoxyribosid gewonnen. Es geht also mit Sicherheit hervor, daß in den oberen Dünndarmabschnitten die Phosphorsäure aus dem Nucleinsäuremolekül abgespalten wird. Die Isolierung des Hypoxanthin-Desoxyribosides beweist, daß — ähnlich wie in der Leber — auch im Darm eine Desaminase enthalten ist (Adenase). Dagegen ist das — die in 2-Stellung stehende Aminogruppe abspaltende — Enzym (Guanase) nur in geringen Mengen enthalten, da Xanthosin nur einmal in minimaler Ausbeute erhalten wurde. Bisher unveröffentlichte Versuche von BIELSCHOWSKY und KLEMPERER zeigen, daß das gleiche Darmferment das Cytidin der Hefenucleinsäure in großem Umfange desaminiert; diese Tatsache spricht für die von G. SCHMIDT entdeckte Spezifität bei der Desaminierung der Nucleinsäuren und ihrer Spaltprodukte.

**1. Guanindesoxyribosid.** *Darstellung.* 1. Je 50 g Thymonucleinsäure werden täglich mit Portionen von Magen-Darmsaft, der aus einer Fistel gewonnen worden ist, versetzt. Toluol wird hinzugefügt und die Mischung 4—7 Tage in einen Thermostaten gestellt. Nach Ablauf dieser Zeit werden die aus vier Ansätzen erhaltenen Lösungen zusammen verarbeitet. Sie werden in die zweifache Menge 95proz. Alkohols gegossen und das Filtrat auf 400 $cm^3$ eingeengt. Beim Abkühlen gelatiniert die Lösung und kann durch Filtration in zwei Teile geteilt werden. In dem Niederschlage befinden sich die Purin-, im Filtrat die Pyrimidindesoyriboside. Der Niederschlag wird in Wasser gelöst und zur Entfernung der nicht gespaltenen Nucleotide und der abgespaltenen Phosphorsäure mit Bariumhydroxyd versetzt. Das Filtrat der Phosphate wird von den Bariumionen befreit und dann auf ein kleines Volumen eingedampft. Beim Abkühlen scheidet sich ein gelatinöser Niederschlag ab, der das Guanindesoxyribosid enthält, während das Filtrat auf das Hypoxanthindesoxyribosid verarbeitet wird. Der Niederschlag wird in Wasser gelöst und die Lösung mit einem Überschuß von 25proz. Bleiacetatlösung versetzt, zum Kochen erhitzt und abfiltriert. Beim Abkühlen bildet sich ein flockiger Niederschlag, der nach 5stündigem Stehen in der Kälte abfiltriert wird. Der Bleiniederschlag wird in schwach essigsaurem Wasser aufgelöst und mit Schwefelwasserstoff zersetzt. Das Filtrat vom Bleisulfid wird unter vermindertem Druck bei einer Temperatur des Wasserbades eingedampft, die 30° nicht übersteigt. Das Nucleosid krystallisiert dann in langen Nadeln.

2. 100 g thymonucleinsaures Natrium werden in 500 cm³ warmen Wassers gelöst und mit Natronlauge schwach alkalisch gemacht. Dazu kommt eine Lösung von 50 g krystallwasserhaltigem Magnesiumacetat zum Abfangen der bei der Spaltung frei werdenden Phosphorsäure. Zur Aufrechterhaltung des optimalen $p_H$ während der 6—8 Stunden dauernden Hydrolyse werden 1 l 1 n-Ammoniak-Ammonium-acetatpuffer ($p_H$ 8,9) hinzugefügt. Zu diesem Gemisch wird die Enzymlösung, entsprechend 500 cm³ Glycerinextrakt aus Darmschleimhaut, hinzugegeben und die Lösung auf ein Volumen von 5 l gebracht. Die Reaktionsmischung wird dann für die Dauer der Hydrolyse im Thermostaten bei einer Temperatur von 37° gehalten.

Nach Ende der Spaltung wird die Lösung zur Enteiweißung mit Eisessig auf $p_H$ 4,7 gebracht. Nach kurzem Stehen flockt das Eiweiß aus, so daß ein klares Filtrat erhalten wird. Diese Lösung wird mit Ammoniak neutralisiert, um jede Säureeinwirkung zu vermeiden. Hierbei trübt sich die Lösung durch ausfallendes Ammoniummagnesiumphosphat. Das neutrale Hydrolysat wird dann im Vakuum bei einer Badtemperatur von etwa 35° auf ein Volumen von 1000—1200 cm³ gebracht und mit 200 cm³ einer Magnesiumacetatlösung versetzt. Nach mehrstündigem Stehen ist die Fällung vollständig, und es wird vom Ammoniummagnesiumphosphat abgenutscht. Ausbeute etwa 37 g entsprechend einer Spaltung von 97—98%.

Das Filtrat wird auf ein Volumen von etwa 400 cm³ gebracht. Hierbei trübt es sich stark und gelatiniert beim Erkalten. Von dieser Gallerte wird unter Kühlung abzentrifugiert und der Niederschlag erst mit kaltem 50proz. Alkohol und dann mit 96proz. Alkohol gewaschen. Der gewaschene Niederschlag wird in warmem Wasser gelöst und bei neutraler Reaktion mit basischem Bleiacetat versetzt. Es fällt ein geringer Niederschlag aus, der abfiltriert wird. Das Filtrat wird mit konzentriertem Ammoniak stark alkalisch gemacht, die Lösung rasch zum Sieden erhitzt und heiß filtriert. Beim Erkalten trübt sich das zuerst klare Filtrat, und nach mehrstündigem Stehen im Eisschrank wird der entstandene Niederschlag abgesaugt, gut gewaschen und mit Schwefelwasserstoff zersetzt. Nach Entfernung des Bleisulfats wird die Lösung bei 30° im Vakuum eingeengt; es scheidet sich dabei eine in Nadeln oder Platten krystallisierende Substanz ab. Dieselbe ist in kaltem Wasser schwer, in warmem leicht löslich, gibt deutliche Orcinreaktion und reduziert nicht. Nach zweimaligem Umkrystallisieren aus Wasser ist die Substanz aschefrei. Sie sintert scharf bei 200° und zersetzt sich beim weiteren Erhitzen ohne zu schmelzen. Die Analysenwerte stimmen für die Formel: $C_{10}H_{13}N_5O_4$. Die Ausbeute an dieser Substanz beträgt etwa 1 g.

*Eigenschaften.* Die Substanz gibt mit Kilianis Reagens eine grünlichblaue Farbe, die beim Stehen einen violetten Farbenton annimmt. Sie schmilzt in einem geschlossenen Rohr nicht unter 290°, $[\alpha]_D$ in n NaOH = —36,0°.

*Bestimmung.* Die Elementaranalyse ergibt die Formel: $C_{10}H_{13}N_5O_4$, die im Zusammenhang mit der KILIANIschen Reaktion auf ein Guanindesoxypentosid hinweist. Nach LEVENE und LONDON zeigt das Nucleosid folgende Konstitution:

```
                                 ┌──────────O──────────┐
      N══C·OH                    │    H          OH    │
      │  │                       │    │    OH    │     │
H₂N·C   C──N─────────────C───C───C───C───CH₂.
      ‖  ‖   >CH          │   │   │   │
      N──C──N             H   H   H   H
```

Das Nucleosid ist sehr unbeständig: 0,250 g der Substanz werden in 10 cm³ 0,01 n Salzsäure zum Kochen erhitzt und 5 Minuten im Kochen erhalten. Während dieser Zeit wird eine vollständige Hydrolyse erzielt. Es bildet sich ein körniger Niederschlag. Dann wird die Mischung in ein Eis-Alkohol-Bad gestellt, und nach dem Abkühlen wird das Filtrat auf ein Volumen von 25 cm³ gebracht und die optische Drehung in einem 2-dm-Rohr festgestellt: $[\alpha]_D = -0{,}48^0$. Da $[\alpha]_D$ (Gleichgewicht) $= -50^0$ (s. unten), folgt, daß die Lösung 0,125 g Zucker enthält, was mit der Berechnung übereinstimmt.

Zur Identifizierung des Zuckers der Thymonucleinsäure wird das durch fermentative Spaltung aus dieser erhaltene rohe Guaninnucleosid zweimal umkrystallisiert nach LEVENE und MORI (74). 2 g dieser Substanz werden mit 50 cm³ einer 0,01 n wäßrigen Salzsäure behandelt. Die Suspension wird auf freier Flamme zum Kochen gebracht. Diese Operation erfordert gewöhnlich nicht länger als 1 Minute. Es entsteht zuerst eine klare Lösung, aber bald fängt die Krystallisation des Guaninchlorides an. Die Mischung wird am Rückflußkühler 10 Minuten auf dem kochenden Wasserbade erhitzt und wird sofort in eine Kältemischung gegossen. Das Filtrat vom Guaninchlorid wird mit einem Überschuß von Silbersulfat versetzt. Das überschüssige Silber wird durch Schwefelwasserstoff entfernt und die Schwefelsäure quantitativ mit Bariumhydroxyd. Die klare Lösung wird bei Zimmertemperatur im Vakuum eingedampft und die letzten Reste des Wassers durch wiederholte Destillation mit Benzin und darauffolgende mit Alkohol entfernt. Der Rückstand wird in absolutem Alkohol aufgelöst, und zu der Lösung wird so lange Äther hinzugegeben als ein Niederschlag entsteht. Das Filtrat wird im Vakuumexsiccator konzentriert; im Verlauf von 24—48 Stunden krystallisiert der Zucker in reiner Form aus. Er gibt eine positive Reaktion mit SCHIFFS Reagens, ebenso mit KILIANIS Reagens, und gibt eine rote Fichtenspanreaktion, wenn der mit der Lösung imprägnierte Fichtenspan den Dämpfen von Salzsäure ausgesetzt wird. Beim Erhitzen in einem geschlossenen Röhrchen schmilzt der Zucker zu einer opalescenten Masse bei 78⁰, die sich bei 150⁰ vollständig aufklärt. Beim Erhitzen mit $H_2SO_4$ entsteht Lävulinsäure. Die optische Drehung beträgt in Pyridin im Anfang: $[\alpha]_D^{25} = -90{,}6^0$, im Gleichgewicht: $[\alpha]_D^{25} = -40^0$. In Wasser: $[\alpha]_D^{25}$ im Anfang $= -60^0$, im Gleichgewicht $= -50^0$. Die Drehung des Benzylphenylhydracons beträgt: $[\alpha]_D^{25} = -17{,}5^0$. Bei der Titration nach WILLSTÄTTER und SCHUDEL werden von 0,0078 g Zucker 1,3 cm³ 0,1 n-Jodlösung gebraucht, verlangt werden für $C_5H_{10}O_4$ 1,2 cm³ Durch Vergleich mit den bekannten Desoxypentosen wird er als Desoxy-d-ribose erkannt.

Die von LEVENE, MIKESKA und MORI synthetisch dargestellte 1-Ribodesose und ihr Benzylphenylhydrazon zeigen nämlich dieselbe Drehung wie die aus der Thymonucleinsäure dargestellten Substanzen, nur mit umgekehrtem Vorzeichen.

```
     ┌──────────O──────────┐
HO   │  H    OH   OH       │
  \  │  │    │    │        │
   C───C────C────C────CH₂
  /     │    │    │
 H      H    H    H
```

**2. Hypoxanthindesoxyribosid.** *Darstellung.* 1. Die Lösung, s. S. 462, die diese Fraktion enthält, wird ebenfalls in das Bleisalz übergeführt. Nach der Entfernung des Bleis durch Schwefelwasserstoff wird die Lösung im Vakuum konzentriert, bis das Nucleosid auszukrystallisieren beginnt.

2. Stellt man das Nucleosid nach der Methode von BIELSCHOWSKY und KLEIN dar, s. S. 462, so ist es in dem Endfiltrat enthalten, das übrigbleibt, wenn das

Cytosindesoxyribosid durch Fällung mit 96proz. Alkohol entfernt ist, s. S. 465. Es wird zur Trockne verdampft und mit absolutem Alkohol so lange extrahiert, bis die Orcinreaktion nur noch schwach positiv ist. Die alkoholische Lösung wird mit gleichen Teilen Äther versetzt und das Filtrat der Ätherfällung im Vakuum eingeengt. Hierbei scheidet sich eine Substanz ab, die zuerst meist in Drusen krystallisiert. Sie löst sich leicht in Wasser und krystallisiert beim Erkalten in gebogenen Nadeln.

*Eigenschaften.* Die Substanz krystallisiert in langen Nadeln. Lufttrocken sintert sie bei 202° und zersetzt sich bei weiterem Erhitzen. $[\alpha]_D = -21^0$.

*Bestimmung.* 0,500 g Substanz werden in 25 cm³ einer 0,01proz. Salzsäure aufgenommen, zum Kochen erhitzt und 10 Minuten im kochenden Wasserbade belassen. Beim Abkühlen in einer Eis-Wassermischung scheidet sich das Hypoxanthin aus. Zum Filtrat gibt man Silbersulfat im Überschuß, wodurch die noch in Lösung gebliebene Base ausgefällt wird. Das überschüssige Silber wird durch Schwefelwasserstoff entfernt und das Filtrat auf 25 cm³ aufgefüllt. $[\alpha]_D = -0{,}54^0$ im 2-dm-Rohr, entsprechend 0,250 g einer Desoxyribose; die Substanz enthält also die für das Nucleosid erwartete Menge Zucker. Die Base wird zur Identifizierung in einem geringen Überschuß von Salzsäure aufgelöst und mit Ammoniak gefällt. Die Analyse ergibt die Formel: $C_5H_4N_4O$.

Das Nucleosid hat folgende Konstitution:

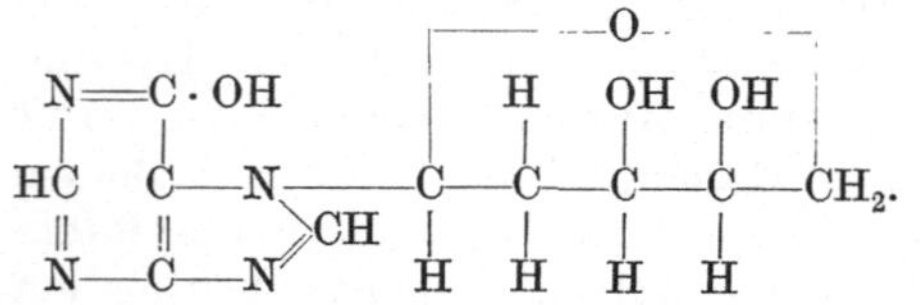

```
                    ┌─────────O─────────┐
N═C·OH              │    H   OH   OH    │
|  |                │    |   |    |     │
HC C──N─────────C───C───C────C───CH2.
‖  ‖    >CH     |   |   |    |
N──C──N         H   H   H    H
```

**3. Thymindesoxyribosid.** *Darstellung.* 1. Die Pyrimidinfraktion — nach dem Verfahren von Levene und London, s. S. 461 — enthält noch Phosphate, Chloride und ungespaltene Nucleotide. Sie wird auf ein kleines Volumen eingeengt und mit 95proz. Alkohol so lange gefällt, als ein Niederschlag entsteht. Das Filtrat wird durch Bariumhydroxyd von der Phosphorsäure befreit und das überschüssige Bariumhydroxyd durch Schwefelsäure. Dann werden die Pyrimidinnucleoside durch Bleiessig gefällt. Das Bleisalz wird durch Schwefelwasserstoff zersetzt, auf 0° abgekühlt und mit kalter, verdünnter Schwefelsäure bis zur schwachsauren Reaktion auf Kongopapier versetzt. Die Lösung wird dann in eine Kältemischung gestellt und mit Silbercarbonat versetzt bis zur vollständigen Entfernung des Chlors. Das Filtrat vom Silberniederschlage wird mit frisch bereitetem Bariumcarbonat neutralisiert und durch die Lösung ein Strom von Schwefelwasserstoff geleitet. Das Filtrat vom Silbersulfid und Bariumsulfat wird von den überschüssigen Bariumionen befreit, auf ein kleines Volumen eingedampft und im Vakuumexsiccator bis zur Krystallisation stehen gelassen.

2. Bei dem Verfahren von Bielschowsky und Klein, s. S. 462, wird das Filtrat der Bleiessigammoniakfällung vom überschüssigen Ammoniak befreit und dann Schwefelwasserstoff eingeleitet. Das Bleisulfid wird entfernt, die Ammonsalze mit Hilfe von Baryt im Vakuum zersetzt und die Lösung mit verdünnter Schwefelsäure angesäuert, bis Kongopapier schwachblau gefärbt wird. Das Bariumsulfat wird abzentrifugiert und die Essigsäure durch Ausäthern entfernt. Dann wird mit Barytwasser wieder neutralisiert und nach Entfernen des Bariumsulfates die Lösung zu einem halbfesten Sirup im Vakuum eingeengt. Dieser wird mit absolutem Alkohol gehärtet, bis ein weißes Pulver entsteht. Der verwandte Alkohol wird mit der doppelten Menge Äther versetzt. Die alkoholisch-ätherische Lösung wird im Vakuum eingeengt; es restiert ein gelbes Öl, aus dem beim Stehen sich 2—2½ g einer in Nadeln krystallisierenden Sub-

stanz abscheiden. Das Rohprodukt wird durch Alkohol vom anhaftenden Öl befreit. Nach dem Umkrystallisieren schmilzt die Substanz scharf bei 185°.

*Eigenschaften.* Das Thyminnucleosid krystallisiert in Plättchen, die bei 185° schmelzen. Es zeigt die Formel: $C_{10}H_{14}N_2O_5$. Die optische Drehung beträgt in 1,0 n-Natriumhydroxydlösung $[\alpha]_D = +32{,}50^0$.

*Bestimmung.* 1,5 g der Substanz werden in 1 cm³ 10proz. Schwefelsäure in einem geschlossenen Rohr 4 Stunden in einem Glycerinbade auf 130° erhitzt. Beim Abkühlen bildet sich ein krystallinischer Niederschlag, der die Eigenschaften des Thymins zeigt. Er wird mit Wasser und dann mit Alkohol gewaschen und hat die Formel: $C_5H_6N_2O_2$. Das Filtrat vom Thymin wird 60 Stunden mit Äther in einem Extraktionsapparat extrahiert. In das Ätherextrakt geht noch Thymin über, das beim Erkalten auskrystallisiert und durch Filtration entfernt werden kann. Der Rückstand wird in 5 cm³ Wasser aufgenommen, mit 0,5 g salzsaurem Semicarbazid und 1 g Natriumacetat — in 5,0 cm³ Wasser gelöst — versetzt und mit einem Glasstabe gerührt; es krystallisiert das Semicarbazon der Lävulinsäure aus. Aus gewöhnlichem Alkohol umkrystallisiert schmilzt die Substanz bei 192° (unkorrigiert).

Dem Thymindesoxyribosid kommt die Strukturformel

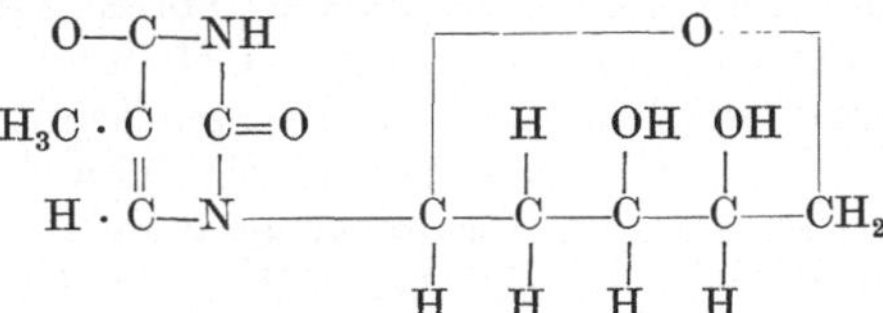


zu.

**4. Cytosindesoxyribosid.** *Darstellung.* 1. Nach LEVENE und LONDON, s. S. 464. Das Filtrat vom Thyminnucleosid wird mit überschüssiger alkoholischer Pikrinsäurelösung behandelt. Beim Stehen fällt ein amorpher Niederschlag aus, in welchen mikroskopische, krystallähnliche Kugeln eingebettet sind. Der Niederschlag wird abfiltriert und mit Äther gewaschen. Die Mutterlauge gibt beim Eindampfen unter vermindertem Druck bei Zimmertemperatur noch einen anderen krystallinischen Niederschlag. Die beiden Niederschläge werden vereinigt, mehrere Male aus Methylalkohol und zuletzt aus Wasser umkrystallisiert: Cytidinpikrat.

2. Nach BIELSCHOWSKY und KLEIN, s. S. 464. Das Filtrat vom Thymosin wird mit alkoholischer Pikrinsäurelösung im Überschuß versetzt. Es krystallisiert ein Pikrat aus, das nach Umkrystallisieren aus Wasser oder 96proz. Alkohol in makroskopischen Nadeln erhalten wird. Die Substanz sintert bei 190°, ohne zu schmelzen. Ausbeute etwa 3 g. Die Krystalle werden in so viel warmem Wasser gelöst, daß beim Erkalten nur eine geringe Trübung entsteht. Die Lösung wird mit 6 cm³ 10proz. Schwefelsäure versetzt und die Pikrinsäure ausgeäthert. Zu der noch schwach gefärbten Lösung werden noch 2 cm³ 10proz. Schwefelsäure hinzugefügt, und diese wird so lange ausgeäthert, bis die wäßrige und die ätherische Schicht farblos erscheinen. Danach wird mit Baryt neutralisiert, das Bariumsulfat entfernt und die wäßrige Lösung eingeengt. Hierbei scheiden sich geringe Mengen von Bariumpikrat ab, von denen abfiltriert wird. Das Filtrat wird im Vakuumexsiccator eingeengt; dabei restiert ein schwach gelb gefärbtes Öl, das mit 96proz. Alkohol verrieben wird. Beim Verdunsten des Alkohols scheidet sich die Substanz in Nadeln aus. Die Krystalle werden durch Verreiben mit absolutem Alkohol von anhaftendem Öl befreit.

*Eigenschaften.* Die Substanz schmilzt bei 193°. Das Pikrat dreht die Ebene des polarisierten Lichtes nach rechts ebenso wie die Pyrimidinderivate der Ribose. $[\alpha]_D^{25} = +40^0$. Das Pikrat sintert bei 190°, ohne zu schmelzen.

*Bestimmung.* Dem Pikrat kommt die Formel: $C_{15}H_{16}N_6O_{11}$ zu.

### c) Ribosephosphorsäuren.

Ein anderes wichtiges Spaltprodukt der Hefenucleinsäure und der einfachen Nucleinsäuren ist die Ribosephosphorsäure, eine Desoxyribosephosphorsäure ist bis jetzt nicht bekannt. Sie soll hier behandelt werden, weil ihr eine wesentliche Bedeutung für das Studium der Nucleinkörper zukommt, läßt sich doch das verschiedene Verhalten der t- und der h-Adenylsäure, wie schon erwähnt, nur durch die Bindung der Phosphorsäure an verschiedene Kohlenstoffatome der Ribose erklären. Das Kohlenstoffatom-4 kommt nicht in Frage, da sämtliche Riboside Furanoside sind. Bis jetzt sind die 5- und die 3-Ribosephosphorsäure bekannt, die erstere ist in der Inosinsäure und damit in der Muskeladenylsäure, die letztere in der Guanylsäure und der Xanthylsäure enthalten. Die Ribosephosphorsäure der h-Adenylsäure und der Pyrimidinnucleotide ist bis jetzt noch nicht dargestellt worden.

**1. 5-Ribosephosphorsäure.** *Darstellung* (68). 20 g krystallisiertes inosinsaures Barium werden mit 500 cm³ 1 proz. Salzsäure gekocht. Nach dem Abkühlen wird Schwefelsäure bis zu einem Gehalt von 2 % hinzugegeben. Hypoxanthin und Salzsäure werden mit Silbersulfat entfernt. Das überschüssige Silber wird mit Schwefelwasserstoff ausgefällt und die Schwefelsäure durch Neutralisierung mit Bariumcarbonat. Das Bariumcarbonat muß frisch aus chemisch reinem Bariumhydroxyd hergestellt werden. Das Filtrat enthält weder Stickstoff noch freie Phosphorsäure; es wird auf ein kleines Volumen eingeengt, wobei ein basisches Bariumsalz der gepaarten Phosphorsäure neben wenig Bariumcarbonat sich abscheidet. Das Ganze wird mittels Essigsäure in Lösung gebracht und filtriert. Aus dieser Lösung wird das Bariumsalz mit absolutem Alkohol als amorpher Niederschlag gefällt. Dieser wird abfiltriert und mit Alkohol und Äther getrocknet, Ausbeute 90 % der Theorie. Um die Ribosephosphorsäure krystallinisch zu erhalten, wird der Niederschlag fein gepulvert und mit 30 cm³ Wasser versetzt. Beim Umrühren geht die klebrig gewordene Masse rasch in Lösung. Aus dieser Lösung erhält man das Bariumsalz krystallisiert, sowohl durch Animpfen wie auch durch häufiges Reiben. Beim Stehen im Eisschrank bildet die Substanz am Boden des Gefäßes eine dicke Krystallschicht, die aus prachtvollen Aggregaten von sechseckigen Platten besteht. Die Mutterlauge enthält noch beträchtliche Mengen des Salzes. Wegen der leichten Bildung von basischem Salz ist es jedoch nicht empfehlenswert, die Mutterlauge zu konzentrieren. Um weitere Mengen krystallisierten Salzes zu erhalten, wiederholt man die Fällung mit Alkohol und verfährt weiter wie bei der ersten Krystallisation.

*Bestimmung.* Die 5-Ribosephosphorsäure hat folgende Zusammensetzung:

$$\begin{matrix} OH \diagdown & & H_2 & H & H & H & & \diagup H \\ O{=}P{-}O & \cdot & C & \cdot\ C\ \cdot & C & \cdot\ C\ \cdot & C & \\ OH \diagup & & & OH & OH & OH & & \diagdown O \end{matrix} \; .$$

Denn durch Oxydation der Ribosephosphorsäure mit Brom oder Salpetersäure entsteht die Phospho-d-ribonsäure:

$$\begin{matrix} OH & & H & H & H & H & \\ \rangle O{=}P{-}O & \cdot & C\ \cdot & C\ \cdot & C\ \cdot & C\ \cdot & COOH \\ OH & & & OH & OH & OH & \end{matrix}$$

und aus dieser durch Erhitzen bei amphoterer Reaktion im Einschlußrohr die d-Ribonsäure. In der Ribosephosphorsäure ist also die Phosphorsäure mit dem $\delta$-Kohlenstoff der d-Ribose verbunden, da unter diesen Oxydationsbedingungen aus freier Pentose die Trioxyglutarsäure sich bildet.

**2. 3-Ribosephosphorsäure.** *Darstellung* (67) nach LEVENE und HARRIS. 1 l einer wäßrigen Lösung, die 10 g Xanthylsäure enthält, wird bei ihrem eigenen $p_H$ von 1,9 bei 50° 3 oder 4 Tage stehengelassen. Nach dem Abkühlen auf 20° unter der Wasserleitung wird die Lösung abfiltriert und mit einem geringen Überschuß von Quecksilbersulfat behandelt. Der Niederschlag wird abgesaugt, die Lösung mit Bariumcarbonat neutralisiert und mit Schwefelwasserstoff gesättigt. Das überschüssige Gas wird durch Luft verdrängt und die Lösung mit Bariumhydroxyd behandelt, bis sie schwach alkalisch gegen Phenolphthalein ist. Nach dem Abfiltrieren wird das Filtrat im Vakuum bei 40° bis auf 20 cm³ eingeengt. Wenn sich dabei Bariumcarbonat abscheidet, wird es durch Filtration entfernt. Dann wird mit absolutem Alkohol das Bariumsalz der Ribosephosphorsäure gefällt. Nach dem Abzentrifugieren wird es zweimal mit absolutem Alkohol und dann mit Äther gewaschen und im Vakuumexsiccator über Phosphorpentoxyd getrocknet. Es werden 6 g, d. h. 60% der theoretischen Ausbeute erhalten.

*Eigenschaften.* $[\alpha]_D^{26} = -33{,}3^0$ in Pyridinwasser 1 : 1. Die Phosphorsäurebindung in der Ribosephosphorsäure ist außerordentlich viel resistenter gegen Säureeinwirkung als diejenige in der Guanylsäure. Die Unterschiede der Haftfestigkeit der Phosphorsäure bei verschiedenen Nucleinsäuren sind von der Natur der basischen Kerne sehr wesentlich mitbedingt, s. S. 431.

*Salze.* Das Brucinsalz entspricht der Formel: $C_{51}H_{63}O_{16}N_4P$.

*Bestimmung.* Die Ribosephosphorsäure aus Guanyl- oder Xanthylsäure weicht von derjenigen aus Inosinsäure ab, die eine 5-Ribosephosphorsäure ist. Sie ist eine 3-Ribosephosphorsäure. Durch Behandlung mit Natriumamalgam wird sie in die optisch inaktive Ribitolphosphorsäure übergeführt.

```
H   OH
 \ /
  C————————————┐          CH₂OH
  |            |            |
 HC·OH         |           HCOH
  |     OH     |            |      OH
 HC—O—P=O      O           HC—O—P=O
  |     OH     |            |      OH
 HCOH          |           HCOH
  |            |            |
 CH₂———————————┘           CH₂OH
Ribosephosphorsäure      Ribitolphosphorsäure
```

Die Phosphorsäureester der *Ribose* sind eng verknüpft mit denjenigen der *Hexose*, da die Adenylsäure und die Adenylpyrophosphorsäure die *Co-Enzyme* der alkoholischen und der Milchsäuregärung sind. Nach MEYERHOF und LOHMANN erhält der Kreislauf des Adenylpyrophosphats die Milchsäurebildung. Denn der Zerfall des Adenylpyrophosphats in Adenylsäure und Orthophosphat ermöglicht die Phosphorylierung des Zuckers, während die darauffolgende Abspaltung der Phosphorsäure aus dem Hexosephosphat und die weitere Umwandlung der Zuckerkomponente bis zur Milchsäure die Energie liefert, die zur Resynthese der Adenylpyrophosphorsäure aus den Spaltprodukten erforderlich ist. Die bei der Spaltung der Adenylpyrophosphorsäure frei gewordene Energie wird zur Resynthese der bei der Muskelarbeit gespaltenen Kreatinphosphorsäure aus Kreatin und Phosphorsäure verwendet, die daher auch mit dem Abbau der Adenylpyrophosphorsäure und der Milchsäurebildung verknüpft ist.

Die geringen Unterschiede zwischen den beiden Co-Enzymen lassen es sehr verständlich erscheinen, daß die bei der alkoholischen und der Milchsäuregärung entstehenden intermediären Stabilisierungsprodukte, der ROBISON- und der EMBDEN-Ester, nicht sehr verschieden sind. Sind doch die beiden Ester Gemische zweier gleicher Komponenten, eines Aldose- und eines Ketoseesters, die sich kaum mehr voneinander unterscheiden als zwei unter verschiedenen Umständen aus Hefe gewonnene.

## D. Bestimmung von Bausteinen und Spaltprodukten.

### 1. Purine.

**a) Bestimmung von freien und gebundenen Purinen nebeneinander** nach THANNHAUSER und CZONICZER (120). Zur Bestimmung der *freien Purine* (auch Harnsäure) werden die Eiweißkörper mit Uranylacetat gefällt, wobei die Nucleotide mitgefällt werden. Für die Enteiweißung wird eine 1,55proz. Uranylacetatlösung benutzt. Das aus der Cubitalvene entnommene Blut (100—150 cm³) wird in einem hohen Zylinder gut verkorkt im Eisschrank mehrere Stunden aufbewahrt, bis sich das Serum gut abgesetzt hat. Sollte sich das Serum nicht rasch und klar absetzen, so ist es abzuzentrifugieren. 40 cm³ Serum werden mit gleichen Mengen destilliertem Wasser und 1,55proz. Uranylacetatlösung verdünnt und vom Niederschlage abfiltriert (Verdünnung 1 : 3). Von dem wasserklaren, biuretfreien Filtrat, das keine Spuren von Eiweiß, jedoch die Purine quantitativ enthält, werden 60 cm³ mit einer Pipette in ein kleines Becherglas von 200 cm³ Inhalt abgemessen und auf ca. 15 cm³ auf dem Wasserbade eingeengt. Die Flüssigkeit bleibt vollständig klar. Hierauf wird eine Messerspitze (ca. 0,5 g) chemisch reines Natriumacetat und 1 cm³ 40proz. (käufliche) Natriumbisulfitlösung zugegeben und aufgekocht. Sobald die Mischung stark kocht (nicht eher, da sonst die Fällung kolloidal bleibt), wird 1 cm³ 10proz. Kupfersulfatlösung zugesetzt und die Mischung 3—4 Minuten in kräftigem Kochen erhalten. Es entsteht eine dunkelbraune Fällung, die deutlich erkennbar aus zwei Komponenten besteht. Der grünlichbraune, feinkörnige Niederschlag ist CuO, der graubraune flockige Niederschlag ist die eigentliche Purinfällung. Nach vollständiger Abkühlung werden Niederschlag und Flüssigkeit in ein ca. 50 cm³ fassendes Zentrifugierglas quantitativ gespült. Der Niederschlag läßt sich vorzüglich zentrifugieren. Die überstehende Flüssigkeit ist wasserklar und läßt sich abgießen, ohne daß meßbare Mengen des Bodensatzes verlorengehen. Der Niederschlag wird während einer Stunde auf der elektrischen Zentrifuge zentrifugiert und 4—5mal mit destilliertem Wasser gewaschen. Der auf diese Weise von den letzten Spuren des Serums befreite Niederschlag wird mittels eines kleinen Trichterchens quantitativ in einen Mikro-KJELDAHL-Kolben gespült, wozu nicht mehr als 50—60 cm³ Wasser benötigt werden sollen. Nach Zusatz von 1 cm³ konzentrierter Schwefelsäure, einigen Kryställchen Kupfersulfat und Kaliumsulfat wird auf einer kleinen Flamme eingedampft. Sobald die Veraschung beginnt, wird die Flamme vergrößert. Nach ca. 2 Stunden ist die ganze Operation beendigt. Bei der nun folgenden Destillation werden 10 cm³ $^1/_{100}$ n-HCl vorgelegt. Von der Zahl der verbrauchten Kubikzentimeter HCl muß die Menge abgezogen werden, welche Leerversuche ergeben. Beim Leerversuch werden 10 cm³ destilliertes Wasser, eine Messerspitze Natriumacetat und 1 cm³ Bisulfitlösung gekocht, und zur kochenden Flüssigkeit wird 1 cm³ Kupfersulfatlösung zugesetzt. Es entsteht ein aus CuO bestehender brauner Niederschlag, der auf die oben beschriebene Weise abzentrifugiert und kjeldahlisiert wird. Bei dem Blindversuch wird meist ein Ausschlag von 0,4 cm³ $^1/_{100}$ n-HCl erhalten, er wechselt jedoch mit der Reinheit der Reagenzien.

Die Ausrechnung der Bestimmung geschieht auf folgende Weise: Angenommen, es werden 60 cm³ des 1 : 3 verdünnten enteiweißten Serums verarbeitet und beim Kjeldahlisieren 3,4 cm³ $^1/_{100}$ HCl verbraucht, so ist diese Zahl nach Abzug des Leerversuchs (0,4 cm³) mit 5 zu multiplizieren, um auf die HCl-Menge zu kommen, die 100 cm³ Serum entspricht ($3 \times 5 = 15$ cm³ HCl). Diese Zahl (15 cm³) ist mit 0,14 zu multiplizieren, um den Purinstickstoffwert in mg-% zu erhalten (= 2,1 mg-% Purin N).

Zum Nachweis der *gebundenen* Purine (Nucleotide) werden 30 cm³ Serum (für 30 cm³ Serum sind ca. 100 cm³ Vollblut nötig) mit einer Pipette genau abgemessen und mit 55 cm³ destilliertem Wasser verdünnt. Die Mischung wird kurz aufgekocht, und in dem Augenblick des Aufkochens werden 5 cm³ 20proz. Sulfosalicylsäurelösung zugegeben. Beim Erhitzen wird auf den Erlenmeyer-Kolben als Kühler ein Trichterchen mit der Spitze nach unten gesetzt, so daß keine merkbare Menge Wasser verdampfen kann (30 cm³ Serum + 55 cm³ Wasser und 5 cm³ Sulfosalicylsäure gibt eine Verdünnung von 1 : 3; 3 cm³ Filtrat = 1 cm³ Serum). Die koagulierte Mischung muß in Eis vollständig abgekühlt werden, da sie sich nur kalt gut filtrieren läßt. Das gewonnene Filtrat ist wasserklar und eiweißfrei. Das Filtrat gibt zwar mit Uranylacetat und Phosphorwolframsäurelösung eine Trübung, die jedoch nicht von Eiweißkörpern herrührt, da diese Reagenzien auch andere Substanzen, z. B. die gesuchten Nucleotide, zu fällen vermögen. — 50 cm³ des Filtrates werden in ein 200 cm³ fassendes Becherglas abpipettiert und auf dem Wasserbade bis ca. 15 cm³ eingeengt. Stärkeres Eindampfen muß vermieden werden, da sonst die Konzentration der Sulfosalicylsäure eine Höhe erreicht, die hemmend auf die Kupferfällung wirken würde. Beim Einengen wird die Flüssigkeit wieder trübe. Die Trübung verschwindet bei dem nun folgenden Aufkochen, so daß die Kupferfällung in einer klaren Lösung erfolgt. Die Kupferfällung wird auf die gleiche Weise ausgeführt, wie dies oben bei der Fällung der freien Purine beschrieben worden ist. Der grobflockige, dunkelbraune Niederschlag setzt sich rasch ab, die überstehende Flüssigkeit ist vollkommen durchsichtig. Sollte dies nicht der Fall sein und ein kolloidaler nicht zentrifugierbarer Niederschlag entstehen, so ist dies ein Zeichen, daß im Verfahren ein Fehler begangen wurde. Entweder wurde das Filtrat zu stark eingeengt oder die Kupfersulfatlösung wurde zugesetzt, bevor die Flüssigkeit in vollem Kochen war. Der Kupferniederschlag wird 1 Stunde lang zentrifugiert, die Waschflüssigkeit viermal abgegossen und wieder aufgefüllt. Der auf diese Weise in der Zentrifuge gewaschene Niederschlag wird, wie oben beschrieben, in ein Mikro-Kjedahl-Kölbchen quantitativ gespült und verascht. Der Nucleotid-Stickstoff ist gleich dem Stickstoff der gesamten Purine — freier Purin-Stickstoff.

G. Schmidt (112) hat die Methode etwas verändert und vereinfacht. Er bestimmt die abgespaltenen Purinmengen aus der Differenz der Reststickstoffwerte in Haupt- und Kontrollansätzen nach Enteiweißung mit Uranylacetat. Die Purinbestimmungen werden noch dadurch kontrolliert, daß außer den Differenzen der Rest N-Werte in den Uranylfiltraten auch die Stickstoffwerte der Kupferbisulfitfällungen festgestellt werden. Die Ergebnisse stimmen mit den aus dem Rest-N berechneten Purinwerten genau überein; die Kupferbisulfitfällungen können daher fortfallen.

**b) Mikrobestimmung von Purinsubstanzen in Geweben** nach G. Schmidt und E. Engel (113). Zur Guanin- wie überhaupt zu jeder fraktionierten Purinbestimmung im Gewebe erscheint die Abtötung des Gewebes mit flüssiger Luft unerläßlich, da nach allen Erfahrungen, vor allem der Embdenschen Schule, die Purinfermente nach Zerkleinerung des Gewebes sofort eine intensive Wirksamkeit entfalten. Nach der Inaktivierung und Einwaage der Gewebe erfolgt die quantitative Abspaltung der Purinbasen aus den Nucleinsäuren durch mehrstündiges Kochen mit verdünnter Schwefelsäure. Zu diesem Zweck wird das in flüssiger Luft zerkleinerte Material (etwa 1 g, bei besonders guaninreichen Organen, wie Thymus, 0,5 g) in vorgewogene, 10 cm³ 2proz. Schwefelsäure enthaltende Erlenmeyer-Kölbchen von 100 cm³ Inhalt gebracht. Nach dem Zurückwägen wird der Inhalt jedes Gefäßes in ein Kjeldahl-Kölbchen von

100 cm³ Inhalt quantitativ mit Hilfe von etwa 20 cm³ 2proz. Schwefelsäure übergespült und der Flüssigkeitsspiegel markiert. Dann wird am Rückflußkühler, der mit dem KJELDAHL-Kolben am besten mit einem Glasschliff verbunden ist, auf einem Asbestdrahtnetz nach Zufügen einer Glasperle und einiger Tropfen Octylalkohol (normaler, sekundärer Octylalkohol von MERCK) 4 Stunden — vom Beginn des Siedens an gerechnet — gekocht. Man achtet darauf, daß das Volumen konstant bleibt. Nach dieser Zeit ist im allgemeinen die Hydrolyse beendet. Es ist erforderlich, bei neuen Untersuchungsobjekten die Hydrolysezeit auszuprobieren, die zur Erzielung des maximalen, konstant bleibenden Guaninwertes hinreicht. In Kontrollversuchen wird festgestellt, daß mindestens bis zu einer Hydrolyse von 6 Stunden keine Guaninverluste durch die Einwirkung der Säure entstehen. Dagegen ist es wegen der Empfindlichkeit des Guanins nicht möglich, die Konzentration der Schwefelsäure wesentlich zu erhöhen.

Nach der Hydrolyse muß das durch die Einwirkung der Säure aus stickstoffhaltigen Substanzen entstandene Ammoniak entfernt werden. Man spült den Inhalt des KJELDAHL-Kölbchens in einen langhalsigen, 500 cm³ fassenden Jenenser Rundkolben, in dem die Suspension nunmehr bis zur Beendigung der Analyse bleibt, quantitativ über und alkalisiert tropfenweise mit 33proz. Natronlauge (es sind etwa 30 Tropfen nötig), bis 1 Tropfen der Lösung beim Tüpfeln gegen eine Alizaringelblösung gerade eine bräunliche Färbung annimmt ($p_H$ etwa $= 10$). Man fügt beim Tüpfeln auf einer weißen Porzellanplatte einen kleinen Tropfen Indicatorlösung zu einem großen Tropfen der Untersuchungsflüssigkeit. Man destilliert nun 20 Minuten im Vakuum bei einer Wasserbadtemperatur von 35°, wobei 5 cm³ n/10-Schwefelsäure als Vorlage dienen.

Nach der Entfernung des während der Hydrolyse gebildeten Ammoniaks ist die Suspension jedoch noch nicht genügend zur Exposition mit dem Ferment vorbereitet, da sich noch eine beträchtliche Menge Ammoniak nachbildet. In diesem Punkte zeigen die Gewebe nach Säurehydrolyse ein ganz anderes Verhalten als solche, die man nicht einer solchen unterworfen hat und die nach Inaktivierung ihrer Fermente für lange Zeit einen ganz konstanten Ammoniakgehalt aufweisen.

Nur unter ganz bestimmten, empirisch gefundenen Versuchsbedingungen gelingt es, diese Ammoniakbildung der hydrolysierten Gewebe soweit zum Stillstand zu bringen, wie es für die Durchführung der fermentativen Guaninbestimmung nötig ist: Durch die vom Ammoniak befreite Destillationsflüssigkeit wird nach Zusatz von etwas Octylalkohol über Nacht unter Vorschaltung einer Waschflasche mit Natronlauge und einer zweiten mit verdünnter Schwefelsäure ein kräftiger Luftstrom getrieben. Am nächsten Tage werden unter Kontrolle der Acidität durch Tüpfeln gegen Alizaringelb (welches gerade eben braun gefärbt werden soll) nochmals die etwa noch vorhandenen Ammoniakspuren in der beschriebenen Weise im Vakuum ausgetrieben, wobei als Vorlage 5 cm³ n/100 Schwefelsäure dienen. Die Ammoniakmenge beträgt im allgemeinen weniger als 0,02 mg. Die Suspension wird dann 3 Stunden lang im Wasserbad von 37° exponiert (Vorperiode), hiernach wiederum wie oben beschrieben, der Vakuumdestillation unterworfen. Wenn nicht mehr als 0,02—0,03 mg Ammoniak übergehen, ist die Lösung nach Abstumpfung auf $p_H = 8{,}8$ (Prüfung durch Tüpfeln gegen Bromthymolblau, welches tiefblau, und Kresolrot, welches eben rötlich gefärbt werden soll) zur Digestion mit dem Ferment (Hauptperiode) bereit. Man setzt 5 cm³ der Fermentlösung zu der Suspension und exponiert im Wasserbad von 40° 3 Stunden lang. Nach dieser Zeit ist die Desaminierung des Guanins vollständig. Man alkalisiert nun, wie oben beschrieben, gegen Alizaringelb und bestimmt durch Vakuumdestillation das unter der Einwirkung des Ferments gebildete Ammoniak. Den geringen Ammoniakgehalt der Fermentlösung stellt man in einem Kontrollansatz fest, indem man 5 cm³ der Enzymlösung mit 2 cm³ einer gesättigten Natriumphosphatlösung und 20 cm³ Wasser 3 Stunden lang im Wasserbad von 40° exponiert und ganz in der beim Hauptansatz beschriebenen Weise der Vakuumdestillation unterwirft.

Die aus Guanin gebildete Ammoniakmenge erhält man, indem von der in der Hauptperiode entstandenen Menge die in der Vorperiode gebildeten sowie in der Fermentlösung enthaltenen Ammoniakmengen abgezogen werden. 1 cm³ n/200 Natronlauge entspricht 0,7554 mg Guanin. Die zur Bestimmung verwendete Organmenge soll so gewählt werden, daß nicht mehr als 3 mg Guanin darin enthalten sind.

### 2. Pentosenbestimmung nach W. S. Hoffman (47).

Der Apparat, der für die Umwandlung der Pentose in Furfurol benutzt wird, ist ein gewöhnlicher Destillierkolben von 500 cm³ Fassungsvermögen. Er ist mit einem kleinen Kolben als Dampfentwickler durch ein Rohr verbunden, das zur Regulierung des Druckes mit Quecksilberverschluß versehen ist. Das Ableitungsrohr des Destillierkolbens muß so lang sein, daß es als Innenrohr des Kühlers dient, über das nur ein Kühlmantel gezogen wird. Der Dampfentwickler enthält destilliertes Wasser, in dem Kaliumpermanganat und Natronlauge gelöst sind. Die Temperatur der Reaktionsmischung darf 103—105° nicht übersteigen. Gute Resultate werden erhalten, wenn das Volumen der Flüssigkeit während der Destillation konstant gehalten wird oder nur wenig abnimmt. In 3 Stunden geht unter diesen Bedingungen die Konzentration der Salzsäure nicht unter 12%. Das Furfurol wird colorimetrisch mit Anilinacetat bestimmt. Das Anilin wird jedesmal frisch unter vermindertem Druck destilliert. Die Stammlösung wird nach den Angaben von G. E. Youngburg und G. W. Pucher (129) so bereitet, daß 1 cm³ 10 mg Furfurol äquivalent ist. Zu diesem Zweck wird 1 g Furfurol auf 100 cm³ mit destilliertem Wasser verdünnt, das mit Toluol gesättigt ist, um bakterielle Zersetzung zu vermeiden. Aus der Stammlösung wird die Vergleichslösung gewöhnlich durch Verdünnung auf $^1/_{200}$ und $^1/_{500}$ hergestellt, d. h. 1 cm³ entspricht 0,05 und 0,02 mg Furfurol. Ein Teil des Destillates, dessen Furfurolgehalt festgestellt werden soll, wird so stark verdünnt, daß 2 cm³ 0,01—0,05 mg Furfurol enthalten. 1—5 cm³ der verdünnten Probe oder der unverdünnten, wenn sie weniger als 0,05 mg Furfurol enthält, wird in ein Rohr pipettiert, das Marken bei 10, 15 und 20 cm³ trägt. Dazu werden 1—2 Tropfen einer 0,5proz. alkoholischen Phenolphthaleinlösung hinzugegeben. In zwei andere Röhrchen pipettiert man je 1 cm³ entweder des 0,02 mg oder des 0,05 mg Standards und ebenfalls 1—2 Tropfen der Phenolphthaleinlösung. Dann werden sowohl zu der unbekannten wie zu den bekannten Lösungen tropfenweise aus einer engen Capillarpipette 50proz. Natronlauge hinzugegeben, bis sie eine Rosafarbe annehmen. Wenn die Lösungen sehr sauer sind, wird, um Überhitzung bei der Neutralisation zu vermeiden, das Gefäß in kaltes Wasser gestellt. Dann werden in jedes Röhrchen 0,5 cm³ Anilin und 4 cm³ Essigsäure hinzugegeben. Der Inhalt jedes Röhrchens wird auf 10 cm³ mit destilliertem Wasser verdünnt, gut gemischt und die ganze Serie in zerstreutem Tageslicht oder in einem dunklen Schrank 15 Minuten stehen gelassen. Sie werden dann colorimetriert.

### 3. Ammoniakbestimmung.

1. Thannhauser und Dorfmüller bestimmen das bei der fermentativen Hydrolyse der Nucleinkörper frei werdende Ammoniak, indem sie den Zersetzungskolben mit der Vorlage verbinden, die mit einer titrierten Menge

n/10 HCl beschickt ist. Die beiden verkuppelten Kolben werden nach beendeter Spaltung aus dem Brutschrank herausgenommen, und mit einer Wasserstrahlpumpe wird 24 Stunden Luft durchgesaugt, so daß ein Teil des entstehenden Ammoniaks durch die vorgelegte Säure gebunden wird. Um das chemisch gebundene Ammoniak, das durch einfaches Luftdurchleiten nicht ausgetrieben wird, mitzubestimmen, wird darauf die ganze Lösung stark alkalisch gemacht und abermals Luft durchgeleitet. Kürzer und einfacher verfährt man, wenn man 20 cm$^3$ der verdauten Lösung nach dem Luftdurchsaugen abpipettiert und in dieser kleinen Menge das Ammoniak durch Alkalischmachen mit fester Krystallsoda und Übertreiben in eine Vorlage in 20 cm$^3$ $^1/_{10}$ n-Säure bestimmt. Das abgespaltene Ammoniak entspricht der Summe der in beiden Etappen verbrauchten Kubikzentimeter Säure nach Umrechnung auf die Gesamtmenge der Mischung.

2. EMBDEN, CARSTENSEN und SCHUMACHER (23) bestimmen Ammoniak in Muskelpulver. Sie verfahren so, daß das unter Kühlung mit flüssiger Luft hergestellte Muskelpulver so vollständig wie möglich in mit 15 cm$^3$ 1 proz. Salzsäure vorgewogene, mit Schliffdeckel verschlossene ERLENMEYER-Kolben versenkt und durch Schwenken sofort mit der Flüssigkeit durchtränkt wird. Sobald das Gefäß sich genügend erwärmt hat, wird die Muskelmenge genau ermittelt. Die Mischung wird mit möglichst wenig Wasser in einen Rundkolben von 500 cm$^3$ übergespült. Zur Alkalisierung der Flüssigkeit wird eine wäßrige Aufschwemmung von Magnesia usta verwendet, 2 g auf 15 cm$^3$ destilliertes Wasser, die zuerst auf Freiheit von Ammoniak geprüft werden muß. Die Destillation der alkalischen Flüssigkeit darf nicht später als 30 Minuten nach dem Einbringen der Muskulatur in Gang gesetzt werden. Die Destillation dauert etwa 35 Minuten, wobei das Ammoniak in 5 cm$^3$ $^1/_{300}$ n-Schwefelsäure übergetrieben wird. Die Titration erfolgt jodometrisch oder mit $^1/_{300}$ n-Kalilauge unter Benutzung eines Indicators, der aus einem Gemisch aus Methylrot und Methylenblau besteht. Beide Lösungen werden im Verhältnis 3 : 1 gemischt. Lösung I ist eine gesättigte Lösung von Methylrot in kaltem 50 proz. Alkohol. Lösung II enthält in 100 cm$^3$ 50 proz. Alkohol 0,025 g Methylenblau (KAHLBAUM). 0,5 cm$^3$ dieses Gemisches wird zu der vorgelegten Schwefelsäure hinzugefügt, die dadurch rotviolett gefärbt wird. (Die notwendige Methylenblaumenge muß für jedes Methylenblaupräparat besonders ausprobiert werden.) Der Umschlagspunkt ist: Übergang von Fahlgrün in leuchtendes Grün. Die Titration ist nur scharf, wenn das verwendete Wasser und die Titrationsflüssigkeiten vollkommen kohlensäurefrei sind.

Es sollen nur Apparate mit Glasschliffen aus Jenenser Glas verwendet werden, die Dichtung der Schliffe erfolgt am besten mit reinster gelber Vaseline. Die Destillation erfolgt unter Anwendung der Wasserstrahlpumpe bei 31$^0$ und einem Druck von 11 cm$^3$ Hg; während des Siedens wird ein langsamer Luftstrom, der mit verdünnter Schwefelsäure gewaschen wird, geleitet. Zwischen die Vorlage und die Wasserstrahlpumpe ist eine Saugflasche von 400—600 cm$^3$ Inhalt dazwischengeschaltet, die gegen die Wasserstrahlpumpe durch einen Glashahn abgesperrt werden kann. Bei der Unterbrechung des Versuchs wird zuerst dieser Hahn geschlossen und dann das System von der Capillare aus mit Luft gefüllt. Zugesetzte Mengen von 20—50 Mikrogramm Ammoniak konnten nach diesem Verfahren mit einem Fehler von $\pm$ 2 bestimmt werden.

Soll das durch Enzymwirkung in Freiheit gesetzte Ammoniak in einem Ansatz bestimmt werden, so werden 20 cm$^3$ desselben mit der Pipette entnommen und in 4 cm$^3$ 4 proz. Salzsäure einpipettiert. In den entnommenen Flüssigkeitsproben wird das Ammoniak auf die beschriebene Weise bestimmt.

Soll eine **Lösung** auf Ammoniakgehalt geprüft werden, so empfiehlt es sich, nach FOLIN und YOUNGBURG durch Schütteln mit Permutit das Ammoniak quantitativ auszuschütteln. In einem Meßkolben von 200 cm³ werden 2—3 g Permutit gegeben, 5 cm³ destilliertes Wasser und 1—2 cm³ der Lösung. Nach 5 Minuten langem Schütteln werden 40 cm³ Wasser hinzugegeben, geschüttelt. Man läßt das Pulver sich zu Boden setzen und gießt das Wasser ab. Das Permutit wird noch einmal mit 50 cm³ Wasser geschüttelt und durch vorsichtiges Abgießen vom Wasser befreit. Dann werden 20 cm³ Wasser, 5 cm³ 10proz. Natronlauge hinzugegeben und der Kolben zu $^3/_4$ seines Volumens mit Wasser gefüllt. Zuletzt wird unter Schütteln und Kühlen unter der Wasserleitung 10 cm³ NESSLERsches Reagens hinzugegeben und bis zur Marke mit Wasser aufgefüllt. Die Lösung wird mit einer Lösung von bekanntem Ammoniakgehalt im Colorimeter nach DUBOSCQ verglichen. Zum Beispiel entsprechen 10 cm³ einer Lösung, die 0,4716 g $(NH_4)_2SO_4$ enthält, 1 mg $NH_3$—N. Wird die Vergleichslösung auf 20 eingestellt, dann ist:

$$\frac{-20}{\text{Ablesung}} \cdot 0{,}5 \text{ bzw.} \cdot 1{,}0 = \text{mg N in der analysierten Menge.}$$

4. Anorganische Phosphorsäure bei Gegenwart von organischen Phosphorsäureverbindungen nach G. EMBDEN, Mikromethode (18).

Die Fällung der Phosphorsäure erfolgt als Strychninphosphomolybdat in der Kälte. Hiermit ist die Gefahr, daß während der Bestimmung anorganische Phosphorsäure aus organischer Phosphorsäure abgespalten wird, auf ein Mindestmaß beschränkt. Da die Zusammensetzung des Niederschlages von dem gegenseitigen Verhältnis der Molybdänsäure und des Strychnins in dem Fällungsreagens abhängig ist, so muß immer das gleiche Reagens angewandt werden, um unter bestimmten, leicht einzuhaltenden Bedingungen einen Niederschlag zu erhalten, der stets dem gleichen Vielfachen der Phosphorsäure entspricht.

Die Herstellung des Fällungsreagens geschieht in folgender Weise: Eine bestimmte Menge Ammoniummolybdat wird unter Erwärmen in Wasser aufgelöst und die Lösung auf genau das Dreifache des dem Molybdatgewicht entsprechenden Volumens (50 g z. B. auf 150 cm³) aufgefüllt; wenn nötig, wird diese Flüssigkeit filtriert.

Man läßt 1 Volumteil der so gewonnenen Molybdatlösung unter Umschütteln aus der Pipette in 3 Volumteile einer Salpetersäure einfließen, die durch Verdünnen von 2 Volumteilen reinster Salpetersäure vom spez. Gewicht 1,40 mit 1 Volumteil Wasser hergestellt wurde.

Die so erhaltene klare und farblose Lösung, die im folgenden als Molybdänsalpetersäure bezeichnet wird, bleibt, solange sie keine Molybdänsäure ausfallen läßt, verwendbar. Das eigentliche Fällungsreagens wird immer erst unmittelbar vor der Ausfällung der Phosphorsäure hergestellt, indem man 1 Volumteil einer Strychninlösung, die im Liter 15 g Strychninnitrat (unter Erwärmen gelöst) enthält, in 3 Volumteile Molybdänsalpetersäure unter Schütteln einfließen läßt.

Die Fällung der stets in 60 cm³ Flüssigkeit (kleine Abweichungen hiervon schaden nichts) gelösten Phosphorsäure geschieht durch rasches Einfließenlassen von 20 cm³ des Fällungsreagens. Die Fällung auch kleiner Phosphorsäuremengen ist stets nach wenigen Minuten praktisch vollendet, es ist aber vorteilhaft, mit dem Abfiltrieren des amorphen Niederschlages stets 30—40 Minuten zu warten und die Flüssigkeit dabei wiederholt zu schütteln. Die Filtration geschieht durch gewogene GOOCH-Tiegel, die bei 105—110° getrocknet sind, unter Anwendung sehr geringen Druckes. Das Überspülen des Niederschlags erfolgt zunächst mit 25 $cm^3$ eisgekühltem, auf das Fünffache seines Volumens mit Wasser verdünntem „Fällungsreagens". Dann wird mit Eiswasser gewaschen, bis das abfließende Waschwasser empfindliches blaues Lackmuspapier nicht mehr rötet. Nunmehr wird der GOOCH-Tiegel bei 105—110° getrocknet (wozu stets 60—90 Minuten ausreichend sind) und gewogen.

Zahlreiche an Phosphatlösungen von bekanntem, zwischen 1,0 und 4,0 mg liegendem, $P_2O_5$-Gehalt haben ergeben, daß unter den geschilderten Versuchsbedingungen das Gewicht des erhaltenen Niederschlags sehr annähernd das 39fache des angewandten $P_2O_5$-Gewichtes, also das 28,24fache des angewandten $H_3PO_4$-Gewichts, beträgt.

Vor der Fällung wird die Lösung mit Salzsäure und Sublimat nach dem Prinzip von SCHENCK enteiweißt. Mit der geschilderten Mikromethode gelingt es, bei Anwesenheit sämtlicher in Frage kommender organischer Phosphorsäureverbindungen die anorganische Phosphorsäure mit der gleichen, sogar anscheinend mit größerer Genauigkeit als mit der Makromethode zu ermitteln.

## Literatur.

(*1*) ACKERMANN: Ztschr. f. physiol. Ch. **43**, 299 (1904). — (*2*) ANNAU: Ebenda **190**, 222 (1930).

(*3*) Ber. Dtsch. Chem. Ges. **42**, 42, 2474, 2703 (1909); **43**, 3150 (1910); **44**, 1027 (1911); **45**, 608 (1912). — (*4*) Biochem. Ztschr. **154**, 278 (1924). — (*5*) BUELL, M. V., u. M. E. PERKINS: Journ. Biol. Chem. **72**, 21 (1927). — (*6*) BIELSCHOWSKY, F.: Ztschr. f. physiol. Ch. **190**, 15 (1930). — (*7*) BIELSCHOWSKI, F., u. W. KLEIN: Ebenda **207**, 202 (1932). — (*8*) BREDERECK: Ber. Dtsch. Chem. Ges. **65**, 1830 (1932); **66**, 198 (1933).

(*9*) CALVERY, H. O.: Journ. Biol. Chem. **68**, 593 (1926). — (*10*) Ebenda **72**, 27, 549 (1927). — (*10a*) CALVERY u. REMSEN: Ebenda **73**, 573 (1927). — (*11*) Ebenda **77**, 489 (1928); **86**, 263 (1930). — (*12*) CHERBULIER u. BERNHARD: Acta Helv. **15**, 464 (1932). — (*13*) CLARKE u. SCHRYVER: Biochem. Journ. **11**, 319 (1918).

(*14*) DEUTSCH, W., u. R. LASER: Ztschr. f. physiol. Ch. **186**, 1 (1930). — (*15*) DRURY u. SZENT-GYÖRGYI: Journ. of Physiol. **68**, 213 (1930).

(*16*) ELLINGHAUS: Ztschr. f. physiol. Ch. **164**, 308 (1927). — (*17*) EDLBACHER u. W. KUTSCHER: Ebenda **199**, 200 (1931); **207**, 1 (1932). — (*18*) EMBDEN, G.: Ebenda **113**, 138 (1921). — (*19*) EMBDEN u. G. SCHMIDT: Ebenda **181**, 130 (1929). — (*20*) Ebenda **197**, 191 (1931). — (*21*) EMBDEN u. WASSERMEYER: Ebenda **179**, 226 (1928). — (*22*) EMBDEN u. M. ZIMMERMANN: Ebenda **167**, 114 (1927). — (*23*) EMBDEN, CARSTENSEN u. SCHUMACHER: Ebenda **179**, 190 (1928). — (*24*) EULER, v., u. K. MYRBÄCK: Ebenda **198**, 219 (1931); **203**, 143 (1932); Ztschr. f. angew. Ch. **44**, 583 (1931). — (*25*) EULER u. NILSSON: Ztschr. f. physiol. Ch. **204**, 204; **208**, 173 (1932). — (*26*) EULER, v., u. BRUNIUS: Ber. Dtsch. Chem. Ges. **60**, 184 (1927).

(*27*) FEULGEN: Ztschr. f. physiol. Ch. **80**, 73 (1912). — (*28*) Ebenda **90**, 261 (1914); **91**, 165 (1914). — (*29*) Ebenda **104**, 189 (1918). — (*30*) Ebenda **108**, 147 (1919). — (*31*) Ebenda **111**, 257 (1920). — (*32*) Ebenda **123**, 145 (1922). — (*33*) FEULGEN u. ROSSENBECK: Ebenda **125**, 284 (1913). — (*34*) FISCHER, EMIL: Ber. Dtsch. Ges. **47**, 2611 (1914). — (*35*) FISKE u. SUBBAROW: Journ. Biol. Chem. **66**, 375 (1926). — (*36*) FOLIN in MANDEL u. STEUDEL: Minimetrische Blutuntersuchungen. — (*37*) FOLIN: Ebenda u. Journ. Biol. Chem. **51**, 377 (1922).

(*39*) GARD, S.: Ztschr. f. physiol. Ch. **196**, 65 (1931).

(*40*) HAISER: Monatshefte f. Chemie **16**, 190 (1895). — (*41*) HAMMARSTEN, E.: Biochem. Ztschr. **144**, 383 (1923). — (*42*) Ztschr. f. physiol. Ch. **109**, 141 (1920). — (*43*) HAMMARSTEN, E., u. E. JORPES: Ebenda **118**, 224 (1921). — (*44*) Biochem. Ztschr. **151**, 227 (1924). — (*45*) HAMMARSTEN, H.: Ebenda **147**, 481 (1924). — (*46*) HOFFMAN, W. S.: Journ. Biol. Chem. **63**, 675 (1925). — (*47*) Ebenda **73**, 15 (1927).

(*48*) ISHIYAMA, N.: Ztschr. f. physiol. Ch. **177**, 295 (1928). — (*49*) Ebenda **178**, 217 (1928). — (*50*) IZUMI: Ebenda **140**, 80 (1924).

(*51*) JACKSON: Journ. Biol. Chem. **57**, 121 (1923). — (*52*) JONES: Ebenda **50**, 323 (1922). — (*53*) JONES u. PERKINS: Ebenda **62**, 291 (1924/25). — (*54*) JONES u. READ: Ebenda **29**, 111, 123 (1917); **31**, 39 (1920). — (*55*) JORPES, E.: Biochem. Ztschr. **151**, 227 (1924).

(*56*) KAY u. MARSHALL: Biochem. Journ. **22**, 416 (1928). — (*57*) KNOPF: Ztschr. f. physiol. Ch. **92**, 159 (1914). — (*58*) KOSSEL: Ebenda **44**, 347 (1905). — (*59*) KOWALEWSKY, K.: Ebenda **69**, 240 (1910).

(*60*) LEVENE, P. A.: Journ. Biol. Chem. **33**, 425 (1919); **39**, 77 (1919); **40**, 171, 395 (1919); **41**, 1, 19, 483 (1920). — (*61*) Ebenda **18**, 305 (1914). — (*62*) Ebenda **59**, 465 (1924). — (*63*) LEVENE u. DILLON: Ebenda **88**, 753 (1930). — (*64*) LEVENE u. DMOCHOWSKY: Ebenda **93**, 563 (1931). — (*65*) LEVENE u. LA FORGE: Ebenda **13**, 507 (1913). — (*66*) Ebenda u. Ber. Dtsch. Chem. Ges. **43**, 3164 (1910); **45**, 608 (1912). — (*67*) LEVENE u. HARRIS: Journ. Biol. Chem. **95**, 755; **98**, 9 (1932). — (*68*) LEVENE u. JACOBS: Ber. Dtsch. Chem. Ges. **41**, 2703 (1908); **42**, 335, 2469, 2474; **42**, 2703 (1909); **43**, 3150 (1910); **44**, 746, 1027 (1911). (*69*) Journ. Biol. Chem. **12**, 377 (1912). — (*70*) Ebenda **12**, 411 (1912). — (*71*) LEVENE u. JORPES: Ebenda **81**, 575 (1929); 389 (1930). — (*72*) LEVENE u. LONDON: Ebenda **81**, 711; **83**, 793 (1929). — (*73*) LEVENE u. MEDIGRECEANU: Ebenda **9**, 65, 389 (1911). — (*74*) LEVENE u. MORI: Ebenda **83**, 803 (1929); **85**, 785 (1930). — (*75*) LEVENE u. SOBOTKA: Journ. Biol. Chem. **65**, 551 (1928). — (*76*) LEVENE u. TIPSON: Ebenda **14**, 809 (1931); **97**, 491 (1932). — (*77*) LEVENE, YAMAGAWA u. WEBER: Ebenda **50**, 693, 707 (1922). — (*78*) LIPPMANN, O. E. v.: Ber. Dtsch. Ges. **29**, 2653. — (*79*) LOHMANN, K.: Naturwissenschaften **16**, 298 (1928); **17**, 624 (1929); **19**, 180 (1931); Biochem. Ztschr. **202**, 466; **203**, 164 (1928); **222**, 324 (1930); **233**, 460; **237**, 445; **241**, 71 (1931). — (*79a*) LOHMANN u. JENDRASSIK: Ebenda **178**, 419 (1926); **194**, 306 (1928).

(*80*) MANDEL u. DUNHAM: Journ. Biol. Chem. **11**, 85 (1912). — (*81*) MEYERHOF: Ztschr. f. physiol. Ch. **101**, 165 (1918); **102**, 1 (1918); Pflügers Arch. d. Physiol. **170**, 367, 428; **175**, 20 (1919); **188**, 114 (1921); Biochem. Ztschr. **183**, 216 (1927); Naturwissenschaften **19**, 575, 923 (1931); Die chemischen Vorgänge im Muskel. Berlin: Julius Springer 1930. — (*81a*) MEYERHOF, LOHMANN u. MEYER: Biochem. Ztschr. **237**, 437; **241**, 50 (1931). — (*81b*) MEYER, K.: Ebenda **183**, 216 (1927); **193**, 139 (1928). — (*82*) MIESCHER: Medizinisch-chemische Untersuchungen, S. 452. — (*83*) Monatshefte f. Chemie **29**, 157 (1908).

(*84*) NAKAGAWA: Ztschr. f. physiol. Ch. **124**, 274 (1923).

(*85*) OSBORNE, TH. B., u. I. F. HARRIS: Jorun. Amer. Chem. Soc. **22**, 379 (1899). — (*86*) Ztschr. f. physiol. Ch. **36**, 85 (1902). — (*87*) OSBORNE u. HEYL: Amer. Journ. Physiol. **21**, 157 (1908).

(*87a*) PARNAS u. MOZOLOWSKY: Biochem. Ztschr. **184**, 399 (1927); **206**, 16 (1928). — (*88*) Klin. Wchschr. **1927**, 698, 1118. — (*89*) PEISER, E.: Ber. Dtsch. Ges. **58**, 2051 (1925).

(*90*) RITTHAUSEN: Ber. Dtsch. Ges. **9**, 301 (1876); Journ. f. prakt. Ch. (2) **24**, 202 (1881); **59**, 480 (1899).

(*91*) STEUDEL, H.: Ztschr. f. physiol. Ch. **42**, 165 (1904); **43**, 402 (1905); **46**, 332 (1905); **48**, 425 (1906); **49**, 406 (1906); **53**, 14 (1907); **56**, 212 (1908). — (*92*) Ebenda **72**, 305; **73**, 471 (1911); **83**, 72 (1913). — (*93*) Ebenda **87**, 207 (1913); **90**, 291 (1914). — (*94*) Ebenda **154**, 116 (1926). — (*95*) Ebenda **188**, 203 (1930). — (*96*) Ebenda **211**, 253 (1932). — (*97*) STEUDEL u. BRIGL: Ebenda **68**, 40 (1910). — (*98*) STEUDEL u. IZUMI: Ebenda **131**, 159 (1923). — (*99*) STEUDEL u. S. NAKAGAWA: Ebenda **128**, 129 (1923). — (*100*) STEUDEL u. OSATA: Ebenda **124**, 227 (1923). — (*101*) STEUDEL u. PEISER: Ebenda **108**, 42 (1919). — (*102*) Ebenda **111**, 297 (1920). — (*103*) Ebenda **114**, 201 (1921). — (*104*) Ebenda **120**, 292 (1922). — (*105*) Ebenda **122**, 298 (1922). — (*106*) Ebenda **127**, 262 (1923). — (*107*) Ebenda **132**, 298 (1923); **139**, 205 (1924). — (*108*) STEUDEL u. SUZUKI: Ebenda **127**, 1 (1923). — (*109*) STEUDEL u. TAKAHATA: Ebenda **133**, 165 (1924). — (*110*) STEUDEL u. WOHINZ: Ebenda **200**, 82 (1931). — (*111*) SCHMIDT, G.: Ebenda **179**, 243 (1928). — (*112*) Ebenda **208**, 185 (1932); Klin. Wchschr. **10**, 164 (1931). — (*113*) Ztschr. f. physiol. Ch. **208**, 225 (1932). — (*114*) SCHULZE, E.: Ebenda **66**, 128 (1910). — (*115*) SCHULZE, E., u. G. TRIER: Ebenda **70**, 143 (1910/11). — (*116*) SALOMON: Ebenda **11**, 410 (1887). — (*117*) SUZUKI, ODAKE u. MORI: Biochem. Ztschr. **154**, 278 (1924).

(*118*) TEITGE, H.: Ztschr. f. physiol. Ch. **186**, 124 (1929). — (*119*) THANNHAUSER u. M. ANGERMANN: Ebenda **186**, 13 (1930); **189**, 174 (1930). — (*120*) THANNHAUSER u. CZONICZER: Ebenda **110**, 307 (1920). — (*121*) THANNHAUSER u. DORFMÜLLER: Ebenda **91**, 329 (1914); **100**, 121 (1917); **95**, 259 (1915). — (*122*) Ebenda **104**, 65 (1918); **107**, 157 (1919); **109**, 177 (1920); **112**, 187 (1921). — (*123*) THANNHAUSER u. OTTENSTEIN, B.: Ebenda **114**, 39 (1921).

(*124*) WASSERMEYER: Ztschr. f. physiol. Ch. **179**, 238 (1928). — (*125*) WEIDEL: Ann. der Chemie **158**, 356 (1871). — (*126*) WIDSTRÖM, G.: Biochem. Ztschr. **199**, 298 (1928). — (*127*) WINTERSTEIN, E.: Ztschr. f. physiol. Ch. **105**, 258 (1919).

(*128*) YAMAGAWA: Journ. Biol. Chem. **43**, 339 (1920). — (*129*) YOUNGBURG u. PUCHER: Ebenda **61**, 741 (1924).

(*130*) DAVIS, NEWTON, BENEDICT: Journ. Biol. Chem. **54**, 595, 601, 603 (1922).

# 42. Alkaloide.

Von REINHARD SEKA, Graz.

## Zusammenfassende Darstellungen.

Für das Kapitel *Alkaloide* wurden neben den Originalarbeiten, auf die noch besonders im Texte hingewiesen wird, noch folgende größere Werke benutzt:

ANSELMINO, O., u. E. GILG: Kommentar zum deutschen Arzneibuch, 6. Ausgabe 1926. Berlin: Julius Springer 1928.

BAUER, K. H.: Analytische Chemie der Alkaloide. Berlin: Gebrüder Bornträger 1921. — BEHRENS u. KLEY: Organisch-mikrochemische Analyse. Leipzig: Leopold Voß 1922.

DAFERT, O.: Quantitative Mikroanalyse. — Die makrochemische Untersuchung von Drogen. Beide Beiträge aus dem Handbuch der biologischen Arbeitsmethoden von E. ABDERHALDEN, Abt. IV: Angewandte chemische und physikalische Methoden, Teil 7/C, 2. Hälfte, S. 1332, 1361.

GRAFE, V.: Nachweis von Alkaloiden. ABDERHALDENS Handbuch der biologischen Arbeitsmethoden, Abt. I, Teil 9, S. 1ff. 1920.

HENRY, TH. A.: The Plant Alkaloids. London: J. & A. Churchill 1924.

KOLTHOFF, I. M.: Die Maßanalyse I u. II. Berlin: Julius Springer 1928.

MAYRHOFER, A.: Mikrochemie der Arzneimittel und Gifte. Berlin und Wien: Urban & Schwarzenberg 1928. — MERCKS Jahresberichte über Neuerungen auf den Gebieten der Pharmakotherapie und Pharmazie.

ROSENTHALER, L.: Grundzüge der chemischen Pflanzenanalyse, 3. Aufl. Berlin: Julius Springer 1928. — Der Nachweis organischer Verbindungen, 2. Aufl. Stuttgart: F. Enke 1923. — ROSENTHALER, L., u. O. THUNMANN: Pflanzenmikrochemie, 2. Aufl. Berlin: Gebr. Bornträger 1931.

SCHMIDT, J.: Pflanzenalkaloide. E. ABDERHALDENS Handbuch der biologischen Arbeitsmethoden; E. ABDERHALDENS Biochemischen Handlexikon. — SCHWYZER, J.: Die Fabrikation der Alkaloide. Berlin: Julius Springer 1927. — SEKA, R.: Pflanzenalkaloide, 1927 u. 1933; E. ABDERHALDENS Handbuch der biologischen Arbeitsmethoden.

WESTER, D. H.: Anleitung zur Darstellung phytochemischer Übungspräparate. Berlin: Julius Springer 1913. — WINTERSTEIN u. TRIER: Die Alkaloide von G. TRIER, 2. Aufl. Berlin: Gebrüder Bornträger 1931. — WOLFFENSTEIN, R.: Pflanzenalkaloide, 3. Aufl. Berlin: Julius Springer 1922.

## Allgemeiner Teil.

**Einleitung.** Die ursprüngliche und allgemeinste Definition des Alkaloidbegriffes, die unter Alkaloid einen Pflanzenstoff verstand, der basischen Charakter und physiologische Wirkung auf das Zentralnervensystem aufwies, hat mit Rücksicht auf die Vertiefung unserer Erkenntnisse über die Alkaloide gewisse Vorbehalte erfahren müssen. Zu einer etwas spezielleren, vom chemischen Standpunkte aus klareren, wenn auch nicht von Vorbehalten freieren Vorstellung über den Begriff *Pflanzenalkaloide* wird man vielleicht dann kommen, wenn man als Pflanzenalkaloide in den Pflanzen vorkommende, stickstoffhaltige Verbindungen bezeichnet, die den Stickstoff vorwiegend in ringförmiger Bindung enthalten und als substituierte Ammoniak- oder Ammoniumverbindungen basisch reagieren, wobei sie den Charakter primärer, sekundärer, tertiärer oder quaternärer Amine aufweisen. In Einzelfällen kann, wenn saure Gruppen (z. B. Carboxyl- oder Phenolgruppen) im Alkaloidmolekül vorhanden sind, der basische Charakter der Alkaloide so beeinflußt werden, daß die nunmehr bestehende amphotere Natur des Alkaloids auch saure Eigenschaften, z. B. Salzbildung mit Alkalien, mitsich bringt. Ihrem chemischen Aufbaue nach sind unter den Pflanzenalkaloiden insbesondere jene in der Pflanze vorkommenden Verbindungen zu verstehen, die sich von der Pyrrol-, Indol-, Pyridin-, Chinolin-, Isochinolin-, Glyoxalin- und Purinreihe, oder von Hydrierungsprodukten dieser Reihen, bzw. von Kondensationsprodukten aus den eben erwähnten Grundstoffen, ableiten. In den meisten Fällen weisen die Alkaloide auch eine ausgesprochene Wirkung auf das Zentralnervensystem auf.

Trotz der weiten Verbreitung der Alkaloide im Pflanzenreich sind die einzelnen Basen auf die verschiedenen Pflanzenklassen und Familien sehr ungleichmäßig verteilt. Während die Monokotyledonen seltener Alkaloide enthalten, gehören die meisten alkaloidführenden Pflanzen den Dikotyledonen an. Besonders sind die Ordnungen der Ranales (Ranunculaceae, Berberidaceae, Menispermaceae), die der Rhoeadales (Papaveraceae, Fumariaceae), aber auch andere Gruppen wie die Loganiaceae, Apocynaceae, Asclepiadaceae, Tubiflorae und Rubiaceae reich an den verschiedenartigsten Basen. Was die Verbreitung der Basen in den einzelnen Pflanzen anlangt, so zeigt es sich oft, daß bei systematisch verwandten Pflanzen chemisch ähnlich aufgebaute und physiologisch ähnlich wirkende Alkaloide auftreten. In ein und derselben Pflanze können aber auch gleichzeitig ganze Gruppen von Alkaloiden auftreten, wofür die Gruppe der Opiumbasen, der Chinabasen oder der Lobeliaalkaloide Beispiele sind. Das in der größten Menge auftretende Alkaloid, wird das *Hauptalkaloid*, die in geringeren Mengen auftretenden Basen werden die *Nebenalkaloide* genannt. Die möglichst lückenlose und vollständige Erforschung der Nebenalkaloide ist für die Pflanzenchemie deshalb von außerordentlicher Bedeutung, weil sich aus der umfassenden Erkenntnis aller in verschiedenen Vegetationsstadien im Pflanzenorganismus auftretenden Basen Anhaltspunkte über die Zwischenprodukte und den Weg der Synthese der Basen in der Pflanze ergeben können.

Zur Frage nach dem Mechanismus der Bildung der Alkaloide in der Pflanze kann hier nur unter besonderem Hinweis auf die zusammenfassende Darstellung dieses Problems im allgemeinen Teil des Werkes „*Die Alkaloide*“ von G. Trier (S. 860ff.) kurz folgendes bemerkt werden:

1. Die Alkaloide sind keine Zwischenprodukte der Eiweißbildung und meist auch keine *primären* Zerfallsprodukte sonstiger komplexer stickstoffhaltiger Gewebe.

2. Die Alkaloide, deren Bildung durch die besonderen *synthetischen Fähigkeiten* des Pflanzenorganismus erfolgt, stehen vielmehr in genetischem Zusammenhange zu den ubiquitären Bausteinen des Plasmas, insbesondere zu den Hydrolysenprodukten des Eiweißes, der Nucleinstoffe und der Lecithinbasen. Vor allem die Aminosäuren, sowie andere durch Abbaureaktionen besonders reaktionsfähig gemachte Zellbausteine, werden oft nur durch ganz einfache Reaktionen in der Pflanze in die Alkaloide verwandelt. Je einfacher diese Umwandlungsreaktionen sind, desto allgemeiner treten die entsprechenden Stoffe im Pflanzenreiche auf.

3. Die chemischen Reaktionen, die die Pflanze zum Aufbaue der Alkaloide benützt, sind verschiedenartige. Eine der grundlegendsten dieser Reaktionen ist die *Methylierung*, wobei nach Pictet Formaldehyd, nach Trier Methylalkohol als Methylierungsmittel in Frage kommen. Da die *Betainbildung* auch auf einen Methylierungsprozeß der einfachsten Aminosäuren zurückgeht, ist sie als die primitivste Form einer Alkaloidbildung im Pflanzenorganismus angesehen worden. Auf diese Auffassung über den Betainbildungsprozeß wird hier vor allem im Hinblick auf die ausführliche Darstellung der Betainbildung in diesem Handbuche durch Alfred Winterstein (s. Bd. IV, S. 253ff.) aufmerksam gemacht. Von einer gründlichen Klärung dieser verhältnismäßig einfachen Methylierungsreaktionen sind grundsätzliche Einblicke in den Gesamtmechanismus der Alkaloidsynthesen in der Pflanze zu erwarten.

Neben der Methylierung sieht man im Pflanzenorganismus z. B. noch folgende dem Chemiker bekannte Reaktionen als möglich an:

die *Decarboxylierung* (z. B. die Verwandlung von Aminosäuren in die entsprechenden Amine);

die *Oxydation* und *Reduktion*, die *Hydrierung* und die *Dehydrierung*; die meist unter Wasserabspaltung aus verschiedenartigsten Komponenten möglichen *Kondensationsreaktionen*, insbesondere die Kondensationen von substituierten Phenyläthylaminen mit Formaldehyd oder Acetaldehyd (z. B. der Isochinolinringschluß nach BISCHLER und NAPIERALSKI);

die *Verätherung*, wobei besonders auch auf die unter Dehydrierungen eintretende Verätherung hingewiesen wird (siehe z. B. die Hypothesen von F. FALTIS über den Aufbau des Oxyakanthins, Berbamins, Tetrandrins, Phäanthins, Dauricins u. a. m.). (Siehe S. 590, 635, 639, 643.)

*Ringerweiterungsreaktionen* im Sinne der Hypothesen von G. TRIER, bei denen z. B. ausgehend vom Prolin über die $\delta$-Amino-valeriansäure Piperidinverbindungen entstehen sollen.

*Diensynthesen* nach DIELS, die zeigen, wie leicht aus ungesättigten Komponenten (und zwar aus einem System mit einer reaktionsfähigen Doppelbindung und einem System mit einer konjugierten Doppelbindung) die Bildung verschiedenartigster Ringsysteme erfolgen kann.

Diese Reaktionen, von denen hier nur einzelne charakteristische Beispiele herausgegriffen werden konnten, verwandeln die Aminosäuren oder sonst durch Abbau besonders reaktionsfähig gemachte stickstoffhaltige Zellbausteine durch *echte Synthesen* oft auch in nicht wieder hydrolysierbare eigenartige Ringkomplexe (heterocyclische Ringsysteme), wobei sich an den Prozeß der Ringbildung noch verschiedene andere Reaktionen anschließen können, die das Zwischenprodukt dann in den Endzustand überführen, in dem es aus der Pflanze als Alkaloid isoliert wird. Als Ausgangsmaterial für die Bildung von Piperidinringsystemen sieht vor allem TRIER das Lysin, das Arginin bzw. das Ornithin an. Bausteine der Pyrrolidinringsysteme sollen hingegen die Glutaminsäure, aber auch das Arginin und Ornithin sein können.

4. Die *chemische Forschung* hat die Frage des möglichen Weges der Alkaloidbildung in der Pflanze in verschiedenen Richtungen aufzuklären versucht:

a) Auf Grund der bekannten chemischen und biochemischen Reaktionen wurden spekulativ Hypothesen aufgestellt, nach denen die Bildung der Alkaloide in der Pflanze vor sich gehen könnte (so z. B. von PICTET, GADAMER, TRIER, ROBINSON, SPÄTH, FALTIS und EMDE).

b) Eine andere Arbeitsrichtung hat versucht, auf Grund dieser Hypothesen die Alkaloide auch im Laboratorium aufzubauen und auf diesem Wege experimentell die Hypothesen auf ihre Richtigkeit zu prüfen (siehe z. B. die Tropinsynthesen von ROBINSON, die Synthesen des Harmins, Korydalins, Tetrahydropapaverins, sowie der Anhaloniumbasen von E. SPÄTH).

c) Eine weitere Arbeitsrichtung strebt auch die Synthese der Alkaloide im Laboratorium unter Reaktionsbedingungen an, die auch in der Pflanze denkbar sind (siehe z. B. die Versuche zur Synthese der einfachsten Angosturaalkaloide von CL. SCHÖPF).

e) Die Wege und Ausgangsmaterialien der Alkaloidbildung wurden auch im physiologischen Experimente in der Pflanze festzustellen versucht. So z. B. hat G. KLEIN durch Fütterung der Pflanzen mit den als Bausteinen in Frage kommenden Aminosäuren die mengenmäßige Beeinflussung der Alkaloidgehalte studiert, um auch auf diesem direkten Wege die Hypothesen über die Alkaloidbildung zu überprüfen. (Näheres s. auch im Artikel über die Genese der Betainbildung von A. WINTERSTEIN, S. 253ff.)

Bevor auf den chemischen Nachweis der Alkaloide eingegangen werden soll, müssen, soweit das überhaupt möglich ist, zuerst die allgemeinen Eigenschaften der Alkaloide zusammengefaßt werden, damit die spätere in den Einzelheiten zu beschreibende Methodik des Alkaloidnachweises dadurch leichter verständlich wird.

*Allgemeine Eigenschaften der Alkaloide.*

Die Alkaloide sind ihrer Zusammensetzung nach organische, Kohlenstoff, Wasserstoff, Stickstoff und in den meisten Fällen auch Sauerstoff enthaltende Verbindungen. Die Alkaloide sind vorwiegend gut krystallisierende, feste Körper, doch gibt es auch eine Reihe flüssiger Alkaloide, z. B. das Nicotin, Coniin, Lupinin, Spartein, Hygrin, Konhydrin usw. Die Eigenschaft des flüssigen Aggregatzustandes ist vor allem jenen Alkaloiden eigen, die bei niedrigem Molekulargewicht, entweder sauerstofffrei sind oder nur einen geringen Sauerstoffgehalt aufweisen. Die diesen Alkaloiden zukommende Eigenschaft der Destillierbarkeit, der Verflüchtigung ohne Zersetzung, kann auch bei vielen festen krystallisierten Alkaloiden unter geeigneten Bedingungen (z. B. im Hochvakuum) realisiert werden; diese Eigenschaft wurde methodisch als Reinigungsverfahren der unreinen Naturstoffe, aber auch als Mikrosublimation der Alkaloide aus dem Pflanzenmaterial für den Nachweis der Alkaloide eine außerordentlich vielseitig verwendet.

Die meisten Alkaloide sind farblose Verbindungen; in Ausnahmefällen sind aber auch die Alkaloide selbst oder die Salze der Alkaloide gefärbt, z. B. das gelbgefärbte Berberin oder die blutrotgefärbten Salze des Sanguinarins. Einzelne Alkaloide bzw. ihre Salze (s. z. B. die Chinabasen) zeigen auch starke Fluorescens, was gelegentlich zu ihrem Nachweis oder zur Identifizierung herangezogen werden kann. Viele Alkaloide sind optisch aktiv und werden als optisch aktive Verbindungen aus dem Pflanzenmaterial gewonnen; zahlreiche Alkaloide wurden auch als inaktive racemische Körper neben den optisch aktiven Formen beschrieben. Die optische Aktivität der Alkaloide kann zur Identifizierung, zur quantitativen Bestimmung, vor allem aber auch zur Bewertung der Reinheit der Basen herangezogen werden. Ganz allgemein zutreffende Tatsachen über die *Löslichkeiten* der Alkaloide zu geben, ist schwierig; immerhin läßt sich hervorheben, daß leichte Wasserlöslichkeit bei den Alkaloiden selten ist (Ausnahmen bilden z. B. das Codein, Colchicin). Hingegen sind die Alkaloide vielfach in verschiedenen organischen Lösungsmitteln löslich, so z. B. in Alkohol, Äther, Chloroform, Tetrachlorkohlenstoff, Amylalkohol, Aceton, Benzol, Petroläther, Essigester, aber auch Gemische dieser Lösungsmittel, z. B. Chloroform-Äther usw. sind gute Lösungsmittel. Das spezielle Verhalten der einzelnen Alkaloide zu den verschiedenen Lösungsmitteln ist natürlich durch ihre Konstitution bedingt und wird im speziellen Teil noch gesondert besprochen werden.

Die Anwesenheit stickstoffhaltiger Ringe oder sonstiger Stickstoffgruppen verleiht den Alkaloiden basische Eigenschaften, die in verschiedenen Abstufungen von starken Basen (z. B. den quaternären Ammoniumbasen) bis zu ganz schwach basischen Verbindungen vorkommen können. Da die genaue Kenntnis der Stärke der basischen Eigenschaften der Alkaloide eine grundsätzliche Voraussetzung für viele Trennungsverfahren und Titrationsverfahren (insbesondere die Indikatorenwahl) darstellt, hat mit der einsetzenden Bearbeitung der Alkaloide von physikalisch-chemischen Gesichtspunkten aus auch in den letzten Jahren neben anderen Autoren, insbesondere I. M. KOLTHOFF (46) eine systematische Bestimmung der Dissoziationskonstanten der Alkaloide durchgeführt, die dann weiter die für die exakte analytische Bearbeitung wertvolle Kenntnis der Löslichkeitsprodukte der Alkaloide vermittelt hat. Eine Zusammenfassung der bis jetzt durchgeführten Bestimmungen der Dissoziationskonstanten ist dem Beitrage beigeschlossen (s. S. 501).

Im Zusammenhange mit der basischen Natur der Alkaloide steht auch ihr *Salzbildungsvermögen*, das der Salzbildung des Ammoniaks vollkommen entspricht, wenn es sich nicht um quaternäre Ammoniumbasen handelt.

$$NH_3 + HCl \text{ —— } (NH_4) \cdot Cl$$

$$\underset{\text{Coniin}}{C_8H_{17}N} + HCl \text{ —— } \underset{\text{Coniinchlorhydrat}}{C_8H_{17}N \cdot HCl} \text{ bzw. } [C_8H_{17}NH]Cl.$$

Die *Salzbildung* der Alkaloide steht in direktem Zusammenhang mit der Stärke der basischen Eigenschaften. Oft sind die basischen Eigenschaften der Alkaloide so schwach, daß in den wäßrigen Lösungen der Salze der Alkaloide starke Hydrolyse eintritt. (Als Folgeerscheinung einer derartigen Hydrolyse kann der Fall eintreten, daß die freien Basen aus den wäßrigen Lösungen der Salze durch organische Lösungsmittel ausgeschüttelt werden können.)

Die *Alkaloidsalze* sind im allgemeinen leicht wasser- oder alkohollöslich, hingegen in Lösungsmitteln, die sich mit Wasser nicht mischen, *schwer löslich*, was zur Isolierung und Reinigung der Alkaloide benützt werden kann. So z. B. können einerseits den Lösungen der Alkaloide in organischen mit Wasser nicht mischbaren Lösungsmitteln die Alkaloide durch Ausschütteln mit verdünnten, wäßrigen Säurelösungen entzogen werden, andererseits können aber auch Lösungen der Salze der Alkaloide durch Ausschütteln mit in Wasser nicht mischbaren Lösungsmitteln von Nichtalkaloiden und Verunreinigungen befreit werden.

Durch Behandlung der Alkaloidsalze mit Alkalien, Erdalkalien, Carbonaten, Bicarbonaten und Ammoniak werden die Alkaloide aus ihren Salzen in Freiheit gesetzt. Aus verdünnten Salzlösungen können mit Hilfe dieser Reagentien die Basen oft auch in derart charakteristischen Krystallen abgeschieden werden, daß sie zur mikrochemischen Identifizierung der einzelnen Basen, durch die mikroskopische Untersuchung ihrer Krystallform oder ihrer optischen Eigenschaften (z. B. des Brechungsexponenten der Krystalle) herangezogen werden können. Die früher erwähnte allgemeine Fällbarkeit der Alkaloide aus ihren Salzen durch Alkalien bedarf nur hinsichtlich der Phenolbasen einer Einschränkung, indem die Phenolbasen nicht durch *freies Alkali*, hingegen aber z. B. durch *Ammoniak* abgeschieden werden können.

**Vorkommen der Alkaloide** Die Verteilung der Alkaloide in den Pflanzen ist, ohne auf die genaue Lokalisierung eingehen zu wollen, die ja Gegenstand eines besonderen Kapitels ist, eine sehr unregelmäßige. Am häufigsten findet man sie in den Früchten, in den Samen, bei Baumpflanzen in den Rinden angehäuft, weshalb auch diese Pflanzenteile die gesuchtesten Ausgangsmaterialien für die präparative Darstellung der Alkaloide sind. Über den chemischen Charakter der in der Pflanze auftretenden Alkaloide wäre zu bemerken, daß die Alkaloide als freie Basen selten auftreten. Man findet die Alkaloide viel häufiger als Salze der im Pflanzenreich oft vorkommenden Säuren, z. B. der Äpfelsäure, Zitronensäure, Oxalsäure, Bernsteinsäure, Gerbsäure, Gerbstoffe (72a), Chinasäure, Aconitsäure (Aconitin), Meconsäure (Opium), Chelidonsäure u. a. m.[1].

---

[1] Über die Lokalisierung der Alkaloide in den Pflanzen orientiert die folgende, dem Werke „Pflanzenmikrochemie" von ROSENTHALER-TUNMANN entnommene Zusammenfassung: „Die Alkaloide bevorzugen parenchymatische Gewebe und die peripheren Stellen des Pflanzenkörpers, kommen ferner in Sklereiden (Jatrorrhiza), im Kork (Strychnos) und, wenn auch selten, in Oxalatzellen (Amaryllidaceen) vor, fehlen oft den Siebröhren (die Sieb-

**Qualitativer Nachweis.** Die analytische Untersuchung des Pflanzenmaterials auf Alkaloide muß mit einer Vorprobe beginnen, ob in diesen Pflanzenteilen überhaupt Basen vorhanden sind? Zu diesem Zwecke werden einige Gramm des Pflanzenmaterials mit Wasser, dem 1% Säure (Salzsäure oder Essigsäure) zugesetzt ist, ausgezogen. Der filtrierte, saure Auszug wird nun auf dem Objektträger oder im Reagensglas mit Jodjodkaliumlösung oder Kaliumquecksilberjodidlösung auf Niederschlagsbildung geprüft. Keine Alkaloide sind in dem Pflanzenmaterial dann vorhanden, wenn die Niederschlagsbildung ausbleibt. Tritt aber mit den Alkaloidreagenzien ein Niederschlag auf, so ist damit allerdings die Gegenwart eines Alkaloide noch nicht exakt bewiesen, da auch viele Nichtalkaloidstoffe mit den Alkaloidfällungsmitteln Niederschläge geben können (s. auch S. 485).

Zum eindeutigen Nachweis der im Pflanzenmaterial vorhandenen Alkaloide ist deshalb ein exakt funktionierender, **qualitativer Analysengang** notwendig. Als solcher wird hier das von ROSENTHALER modifizierte Trennungsverfahren von STAS-OTTO (s. Grundzüge der chemischen Pflanzenuntersuchung von L. ROSENTHALER) beschrieben. Das Verfahren von STAS-OTTO gibt einen einfachen Weg zur Trennung der verschiedenen, im Pflanzenmaterial vorkommenden Stoffgruppen an, und kann deshalb zur Trennung und Isolierung der Alkaloide von den übrigen Pflanzenstoffen Verwendung finden. Hierzu wird das Pflanzenmaterial (ca. 25—100 g) mit der 2—5fachen Menge weinsäurehaltigem Alkohol eine halbe Stunde unter Rückfluß extrahiert und diese Extraktion wiederholt. Die vereinigten Extrakte werden bei möglichst niedriger Temperatur am Wasserbade vom Alkohol befreit, mit Wasser aufgenommen und in der Kälte von Ungelöstem abfiltriert. (Oft erweist es sich als vorteilhaft, die wäßrige Lösung vollständig einzudampfen, den Rückstand mit Alkohol zu extrahieren, und die neuerdings eingedampfte alkoholische Lösung erst mit Wasser aufzunehmen, wobei die Reinigung dadurch angestrebt wird, daß von allen beim Lösen verbleibenden Rückständen abfiltriert und auf die Gewinnung klarer, möglichst wenig gefärbter, wäßriger Lösungen in diesem Zusammenhange besonderer Wert gelegt wird.) Die so erhaltenen wäßrigen Lösungen enthalten die Tartrate der Basen neben anderen unter gleichen Bedingungen löslichen Pflanzenstoffen. Sie werden zunächst durch Extraktion (Ausschüttelung oder Perforation) mit organischen Lösungsmitteln von den in diesen Lösungsmitteln löslichen Nichtalkaloidstoffen befreit. Als Extraktionsmittel kommen Äther und auch Chloroform[2] in Betracht. Als Ausnahme von dem Verhalten der meisten Alkaloidsalze, die bei diesem Ausschütteln in der wäßrigen Lösung zurückbleiben, seien erwähnt das Colchicin und zum Teil auch das Narcotin, Veratrin, Codein und Cytisin, die aus der sauren wäßrigen Lösung durch Chloroform ausgeschüttelt werden können. Diese Alkaloide sind daher schon in dem Chloroformextrakt enthalten, der sonst nur zur Entfernung der Nichtalkaloide zu dienen hat.

röhren einiger Ranunculaceen sollen nach VANDERLINDEN Alkaloide führen), bevorzugen aber die Geleitzellen. Besonders reichlich sind sie in den meristematischen Geweben (in Keimlingen von Strychnos vor dem Oxalat) zugegen, sowie in den Milchsäften. Alle Organe der Pflanze führen Alkaloide, wenigstens in einem bestimmten Entwicklungsstadium. In den Pollenkörnern sind sie bisher nur selten ermittelt (China, [Lotsy], Pilocarpus, [Tunmann]), was wohl mit der Schwierigkeit der Untersuchung zusammenhängt. Es scheint, daß die Alkaloide bei völliger Reife verschwinden."

[2] Auf Störungen, die beim Ausschütteln mit Chloroform auftreten können, wurde von H. R. WATKINS und S. PALKIN (85) aufmerksam gemacht, wobei darauf hingewiesen wurde, daß in einzelnen Fällen beim Behandeln mit Chloroform Zersetzung des Alkaloids oder durch Zersetzung des Chloroforms Neutralisationen der Basen und dadurch natürlich Materialverluste eintreten können, weshalb vielfach das Benzol dem Chloroform als Extraktionsmittel vorgezogen wurde.

In den so durch die Ausschüttelung von Begleitstoffen befreiten wäßrigen Lösungen der Alkaloidsalze, werden nun die Basen in Freiheit gesetzt und durch Lösungsmittel aufgenommen, wobei folgender, die Basengemische teilweise zerlegender Vorgang eingehalten wird:

1. Die wäßrige Lösung wird mit Lauge stark alkalisch gemacht, worauf die dabei auftretende Fällung der Basen sofort in Äther oder Chloroform aufgenommen wird (da das Ausschütteln derartiger Fällungen in alkalischem Medium mit Äther oder Chloroform[1] häufig durch die Bildung lästiger Emulsionen behindert wird, empfiehlt es sich, evtl. das Aufnehmen der Basen durch Perforation in entsprechenden Apparaten vorzunehmen)[2]. Nach Beendigung dieses Aufnehmens der ausgeschiedenen Basen wird geprüft, ob die alkalische Lösung noch weiter Basen enthält. Dies geschieht dadurch, daß eine angesäuerte Probe mit Alkaloidfällungsmitteln (s. S. 485, 487) auf Niederschlagsbildung geprüft wird. Sind noch Basen vorhanden, so wird

2. die alkalische Lösung mit überschüssiger Chlorammonlösung versetzt (bzw. zuerst angesäuert und dann mit überschüssigem Ammoniak alkalisiert). Die bei dieser Operation ausgeschiedenen Basen werden wieder in Äther oder Chloroform aufgenommen. Unter diesen Umständen gehen vor allem Phenolbasen, z. B. Morphin, Apomorphin, Narcein, Pilocarpin, Cephaelin und Psychotrin in die organischen Lösungsmittel. Die verbleibenden wäßrigen Mutterlaugen werden nun wieder auf Alkaloide untersucht (Prüfung einer angesäuerten Probe mit Fällungsmitteln wie oben). Die nach den oben geschilderten Abscheidungsverfahren jetzt noch in der wäßrigen Lösung verbleibenden Stoffe sind meist quaternäre Basen, z. B. das Berberin, Curarin und ähnliche Verbindungen. Ihre Isolierung erfolgt

3. dadurch, daß die noch vorhandenen Basen mit Alkaloidfällungsmitteln quantitativ niedergeschlagen werden. Nach Zerlegung der isolierten Fällungen bereitet die Darstellung der Basen meist keine Schwierigkeiten mehr. Man kann aber auch so vorgehen, daß nach annähernder Neutralisation die Lösungen mit Sand gemischt vollkommen zur Trockene eingedunstet und dem Rückstande die Basen durch Extraktion mit absolutem Alkohol entzogen werden (s. z. B. Solanin S. 684).

Man erhält bei diesen Isolierungsverfahren der Basen eine Reihe von Extrakten, die nach dem Trocknen (über geglühtem Natriumsulfat) eingedampft werden. Die Rückstände dieser Extrakte werden nun auf Alkaloide geprüft:

1. Man löst den Rückstand in verdünnter Salzsäure und prüft wie bei der Vorprüfung am Objektträger oder auf einem Kobaltglas mit den Fällungsmitteln auf Niederschlagsbildung. Im Falle des positiven Ausfalles dieser Reaktionen empfiehlt es sich

2. den Rückstand mit Hilfe der Lassaigneschen Probe auf Stickstoff zu untersuchen (s. Bd. I, S. 147, 575).

3. können die allgemeinen Eigenschaften der dargestellten Basen (ob flüssig oder fest usw.) schon aus dem beim Eindampfen der Extrakte gewonnenen Rückständen festgestellt werden.

Es empfiehlt sich aber, wie J. Gadamer (23) besonders hervorhebt, bei den allgemeinen Fällungsversuchen sich nicht nur mit der Fällung mit einem Fällungsmittel zu begnügen, sondern den Extrakt immer mit mehreren, in ihrer

[1] Siehe Fußnote 2 auf S. 481.

[2] Die Bildung der Emulsionen kann durch Schütteln des Scheidetrichters in $\infty$ förmigen Bewegungen vermieden werden. Gebildete Emulsionen können oft durch Zusatz von wenig Alkohol, durch vorsichtiges Anwärmen oder auch durch Filtrieren durch angefeuchtete Filter behoben werden.

Empfindlichkeit verschiedenen Fällungsmitteln, z. B. mit Gerbsäure, Phosphormolybdänsäure und Wismutjodid-Jodkalium auf Alkaloide zu prüfen.

Durch diese oben geschilderten Verfahren des Freimachens der Basen unter Benutzung verschiedener Alkalien, wird gleichzeitig eine Trennung der Basen in alkaliunlösliche, alkalilösliche und in organischen Lösungsmitteln schwer bis unlösliche Basen erzielt. Der Hauptnachteil der Methode von STAS und OTTO besteht darin, daß viele Alkaloide in den meist angewandten Lösungsmitteln nicht leicht löslich sind, bzw. daß empfindliche Basen schon bei der Behandlung mit Säuren und Laugen Veränderungen erfahren können.

Die Vorprobe und in noch ausgesprochenerem Maße das Trennungsverfahren von STAS-OTTO führen zu einer allgemeinen Orientierung über das bei dem speziellen Pflanzenmaterial zu erwartende Verhalten der Basen, über ihren Aggregatzustand und über die Löslichkeiten. Diese Beobachtungen bilden die Grundlage für die nun folgende präparative Darstellung der Alkaloide, für die Zerlegung der Basengemische und die Reindarstellung, bzw. die Identifizierung der gewonnenen Alkaloide mit schon bekannten Basen.

**Allgemeine präparative Darstellung.** Die allgemeine präparative Darstellung der Alkaloide aus dem Pflanzenmaterial wird hier in Anlehnung an die von L. ROSENTHALER (65) angegebenen Verfahren kurz geschildert.

a) Darstellung flüchtiger Basen. Der einfachste Fall die Darstellung flüchtiger Alkaloide (z. B. Nicotin, Coniin, Spartein) beginnt damit, daß das zerkleinerte Pflanzenmaterial zur Zersetzung der natürlichen Salze der Basen mit einem nichtflüchtigen Alkali (Kalilauge, Natronlauge) versetzt wird; hierauf werden die flüchtigen Basen im Wasserdampfstrom abdestilliert. Das Destillat wird mit Säuren (z. B. Schwefelsäure oder Oxalsäure) neutralisiert, eingedunstet und aus dem Rückstand durch Extraktion mit Alkohol die Salze der Basen gewonnen. Nach der Zerlegung der Salze mit Alkali, dem Aufnehmen der Basen in organischen Lösungsmitteln ist die direkte Gewinnung der Basen durch Destillation im Vakuum oder Wasserstoffstrom möglich.

b) Darstellung nichtflüchtiger Basen. Die zur Darstellung der nichtflüchtigen Alkaloide angewandte Methodik zerfällt in die Extraktion, die Aufarbeitung der Extrakte, die Darstellung der Rohbasen, die Fraktionierung und Trennung der Rohbasen und die Reindarstellung der einzelnen Komponenten der Gemische.

Die Extraktion der Alkaloide kann im einfachsten Falle mit neutralen, chemisch indifferenten Lösungsmitteln (z. B. Äther, Alkohol oder Wasser), die die Basen oder ihre in der Natur vorkommenden Salze zu lösen vermögen, durchgeführt werden. Oft bedient man sich hier jedoch der *Extraktion mit sauren Flüssigkeiten*, z. B. wäßrigen oder alkoholischen 1—2 % Säurelösungen. Wenn auch zur sauren Extraktion, meist Mineralsäuren, vor allem Salzsäure und Schwefelsäure verwendet werden, erscheint die Benutzung organischer Säuren besonders dann empfehlenswert, wenn Zersetzung durch die Mineralsäuren zu befürchten ist. Als organische Säuren können Essigsäure, Oxalsäure, Weinsäure, Zitronensäure, in Spezialfällen, z. B. auch $\beta$-Naphthalinsulfosäure angewendet werden.

Nach beiden Extraktionsverfahren erhält man eine Lösung des Salzes der Base. Im günstigsten Falle kann es schon bei vorsichtigem Eindampfen zur Ausscheidung des krystallisierten Salzes kommen, das durch Umkrystallisieren gereinigt wird, die Zerlegung des Salzes liefert dann die reine Base. Meist aber wird nach Verjagen des Alkohols in der wäßrigen, filtrierten Lösung des Salzes die Base durch Alkalien in Freiheit gesetzt, und dann entweder, wenn sich ein fester Körper ausgeschieden hat, durch Filtration das Alkaloid isoliert oder durch Extraktion in einem geeigneten Lösungsmittel die Base aufgenommen. Als Alkalien, die für das Zerlegen der Salze in Betracht kommen, seien genannt, die Bicarbonate und Carbonate der Alkalien, die Hydroxyde der Alkalien und Erdalkalien und Ammoniak. Durch Anwendung dieser Basen zum Zerlegen der Salze in bestimmter Reihenfolge gelingt es, wie schon beim Verfahren von STAS-OTTO gezeigt werden konnte, eine Trennung der Basen in bestimmte Fraktionen vorzunehmen. Als Lösungsmittel für die Ausschüttelung der Basen kommen Äther, Chloroform, Tetrachlorkohlenstoff, Benzol, Petroläther, Aceton usw., aber auch in Spezialfällen Amylalkahol (z. B. beim Galegin und Solanin) in Frage.

Im Gegensatz zu diesen Extraktionsverfahren, die die Darstellung der Salze der Basen anstreben, stehen die *Verfahren, die die direkte Extraktion derBasen* aus dem Pflanzenmaterial durchführen. Man kann dies entweder durch Extraktion mit neutralen Lösungsmitteln bei alkalisiertem Medium, oder durch Extraktion mit alkalisch reagierenden Lösungsmitteln bei unverändert belassenem Pflanzenmaterial erzielen. Im ersteren Falle wird das zerkleinerte Pflanzenmaterial zur Zersetzung der in der Natur vorkommenden Salze mit Alkali, oft auch mit Baryum- oder Calciumhydroxyd vermischt und dann extrahiert. Man kann aber auch so vorgehen, daß das Pflanzenmaterial zuerst mit Alkalilösung befeuchtet, dann getrocknet und schließlich extrahiert wird. Als Lösungsmittel kommen die Kohlenwasserstoffe der Fettreihe (Petroläther, Benzin, Ligroin und Paraffinöl), die Kohlenwasserstoffe der Benzolreihe (Benzol, Toluol, Xylol usw.), weiter Alkohol, Amylalkohol, Chloroform, Tetrachlorkohlenstoff, Äther, Aceton u. a. m. in Betracht. Schließlich kann man auch das Pflanzenmaterial direkt mit ammoniakalisch gemachtem Alkohol oder Chloroform extrahieren.

Bei den bis jetzt beschriebenen Extraktionsmethoden resultierten Lösungen der Rohbasen in organischen Lösungsmitteln oder wäßrige Lösungen der Salze, die neben einer Gruppe verschiedener nebeneinander im Pflanzenmaterial vorkommender Alkaloide noch eine Reihe nichtalkaloidischer Verunreinigungen enthalten. Für jeden Fall ist es notwendig, die Rohbasengemische von den nichtalkaloidischen Begleitstoffen zu trennen, oder was dasselbe ist, die Rohalkaloide zu reinigen.

Die Reinigung der Rohextrakte nach dem Verfahren nach STAS-OTTO erfolgt dadurch, daß die Salzlösungen der Basen wiederholt mit Wasser bzw. mit Alkohol aufgenommen und nach dem Filtrieren der erkalteten Lösungen wieder eingedampft werden. Man benutzt hierzu die in vielen Fällen zutreffende Tatsache, daß die Alkaloidsalze leichter löslich sind als die sie begleitenden Verunreinigungen, die demnach zurückbleiben und durch Filtrieren entfernt werden können.

Ein anderes Reinigungsverfahren wird so durchgeführt, daß die wäßrige Lösung der Salze der Basen mit organischen Lösungsmitteln, die nicht die Salze, dafür aber die sie verunreinigenden Begleitstoffe aufnehmen, ausgeschüttelt wird. Dann wird durch Alkalisieren die Base in Freiheit gesetzt und durch Ausschütteln mit Lösungsmitteln der wäßrigen Lösung entzogen, wobei in der wäßrigen Lösung die übrigen nicht vom organischen Lösungsmittel aufgenomenen Verunreinigungen verbleiben. Durch Ausschüttelung mit verdünnten Säuren kann dann dem organischen Lösungsmittel die Base wieder in gereinigterer Form entzogen, und dieser Prozeß der Umwandlung des Salzes in die Base und der Rückverwandlung der Base in das Salz so oft wiederholt werden als es für die Reinigung wünschenswert erscheint. Unbedingt notwendig ist es bei diesen Operationen auf möglichst quantitatives Ausschütteln der Basen hinzuarbeiten, um nicht zu große Materialverluste zu haben. (Prüfung der Lösungen nach dem Extrahieren oder Ausschütteln mit Alkaloidfällungsmitteln!)

Ein anderes Verfahren der Reinigung der Rohbasen besteht darin, daß die Alkaloide durch Fällungsmittel ausgefällt, die Fällungen isoliert, und nach dem Zerlegen der Niederschläge die Basen gereinigt wieder zurückgewonnen werden können. In diesem Zusammenhange muß aber darauf aufmerksam gemacht werden, daß, wie L. ROSENTHALER (66) zeigte, unter gewissen Bedingungen auch Kohlehydrate und Glucoside durch Alkaloidfällungsmittel, z. B. Brom-Bromwasserstoff, Tannin, Silicowolframsäure, Phosphorwolframsäure gefällt werden, was insbesondere für die Notwendigkeit einer weiteren eingehenden Untersuchung der entstandenen Fällungen spricht. Als Fällungsmittel können, um einige wichtige Vertreter dieser Reihe herauszugreifen, folgende Stoffe verwendet werden.

*1. Gerbsäure.* Die Niederschlagsbildung der Alkaloide mit Tannin ist relativ am wenigsten empfindlich. Zur Zersetzung werden die Tanninniederschläge mit Alkohol oder Wasser fein angerieben, mit frischgefälltem Bleihydroxyd oder Bleicarbonat bzw. Magnesium- oder Zinkoxyd unter Erwärmen zerlegt, und aus den Lösungen nach der Filtration die Basen durch Extraktion gewonnen.

*2. Kaliumwismutjodidlösung*[1] (DRAGENDORFFS oder KRAUTS Reagens). Die Fällung mit Kaliumwismutjodidlösung erfolgt am besten in verdünnt schwefelsaurer Lösung. Zur Zersetzung des Niederschlages wird er mit Bariumcarbonat gekocht, aus dem Filtrat das Barium als Bariumsulfat, die Jodwasserstoffsäure durch Silbercarbonat und das Silber durch Schwefelwasserstoff ausgefällt.

*3. Jodkaliumquecksilberjodid* (MAYERS Reagens). Auch hier lassen sich die Niederschläge durch die Oxyde bzw. Hydroxyde der Alkalien und Erdalkalien leicht zerlegen.

*4. Phosphormolybdänsäure* (SONNENSCHEINS Reagens), **Phosphorwolframsäure** (SCHEIBLERS Reagens), **Silicowolframsäure.** Die mit diesen Stoffen erhaltenen Alkaloidniederschläge werden mit Alkohol oder Wasser fein angerieben, durch Bleihydroxyd, Bleicarbonat, Zinkoxyd, Magnesiumoxyd oder die Oxyde bzw. Hydroxyde der Erdalkalien, wenn notwendig unter Erwärmen, zersetzt und aus den Filtraten die Basen mit Lösungsmitteln ausgeschüttelt. Überschüssiges Baryumhydroxyd wird vor dem Ausschütteln durch Einleiten von Kohlendioxyd ausgefällt.

*5. Platinchlorwasserstoffsäure und Goldchlorwasserstoffsäure.* Die Chloroplatinate und Chloroaurate der Alkaloide, die sich wegen ihrer Schwerlöslichkeit zur Fällung sehr gut eignen, werden nach Aufschwemmung in Wasser durch Behandlung mit Schwefelwasserstoff leicht zerlegt.

Eine etwas andere Verwertung der Fällbarkeit der Basen liegt der von STOLL für die Darstellung der Mutterkornalkaloide ausgearbeiteten Methodik zugrunde. Hier werden durch Befeuchten mit 5% Aluminiumsulfatlösung die Basen zuerst in den Zellen des Pflanzenmaterials niedergeschlagen, so daß neutrale und schwachsaure Verunreinigungen durch Extraktion mit Äther oder Benzol aus dem Rohmaterial entfernt werden können. Wenn nach dieser Extraktion der Begleitstoffe, durch Alkali die Basen nun im Pflanzenmaterial in Freiheit gesetzt werden, so können durch Extraktionsmittel direkt aus dem Pflanzenmaterial weitgehend gereinigte Rohbasenlösungen gewonnen werden (S. 674, 678).

Auch das Kochen mit Tierkohle oder das Fällen der wäßrigen oder alkoholischen Lösungen der Rohbasen mit Bleiessig kann manchmal zur Reinigung herangezogen werden; es empfiehlt sich aber die Tierkohle, wie auch die Blei-

---

[1] 80 g basisches Wismutnitrat werden in 200 g Salpetersäure (D 1,18) gelöst und die Lösung in eine konzentrierte wäßrige Lösung von 272 g Jodkalium eingegossen und auf 1 l verdünnt.

niederschläge, auf etwa adsorbierte oder mitgerissene Alkaloidmengen zu untersuchen.

**Reindarstellung der Alkaloide.** Die allgemeine Arbeitsrichtung bei der Reinigung der Rohbasen charakterisiert vor allem das Hinarbeiten auf krystallisierte und einheitliche Verbindungen. Sollten die Basen selbst nicht genügende Tendenz zur Krystallisation zeigen, so kann man oft durch die Darstellung von Salzen, Chloroplatinaten, Chloroauraten usw. zu krystallisierten Verbindungen gelangen, die nach mehrfachen Umkrystallisieren den Reinheitgrad erreichen, der auch bei der Zerlegung der Salze und der Gewinnung der freien Basen zu krystallisierten Verbindungen führt. Zur Darstellung der Salze wird eine wäßrige oder alkoholische Lösung der Base durch Säurezusatz neutralisiert und dann so weit eingeengt, bis sich das Salz ausscheidet. Zur Vermeidung des Einengens können oft aus wäßrigen Lösungen durch Zusatz von absolutem Alkohol, aus alkoholischen Lösungen durch Zusatz von Äther die Salze krystallinisch gefällt werden.

Am schwierigsten wird die Reindarstellung der Alkaloide dann, wenn, wie dies in den meisten Pflanzen der Fall ist, Gemische verschiedener Basen bei den Extraktionen erhalten werden, die bei der Analyse in ihre Komponenten zerlegt werden müssen. Über diese für die Reindarstellung der Basen überaus wichtigen Fragen können hier nur einige ganz allgemeine Bemerkungen gemacht werden, da die hierzu verwendbaren Methoden der chemischen Natur der zu trennenden Gemische weitgehend angepaßt sein müssen und im speziellen Teile bei den einzelnen Alkaloidgruppen ausführlich dargestellt werden. Im allgemeinen gelingen derartige Trennungen unter Benutzung der verschiedenen Löslichkeiten der Basen[1], deren Salzen und Derivaten (Löslichkeit in organischen Lösungsmitteln oder Alkalilöslichkeit), weiter unter Heranziehung der verschiedenen Basizität der einzelnen Alkaloide (fraktioniertes Ausschütteln der in organischen Lösungsmitteln gelösten Gemische mit zur vollständigen Neutralisation ungenügenden Säuremengen) und durch fraktionierte Fällung mit verschiedenen auf die einzelnen Basen abgestimmten Fällungsmitteln. Die Trennung derartiger Alkaloidgemische ist besonders dann außerordentlich schwierig, wenn sehr ähnliche Basen getrennt werden sollen. Eine genaue Kenntnis aller Eigenschaften der zu trennenden Verbindungen ist in diesem Falle die Voraussetzung, um Methoden zur exakten Zerlegung der Gemische ausarbeiten zu können. Daß auch geringe Materialmengen ausreichen können, um eine Trennung eines Gemisches sehr ähnlicher Basen durchzuführen, haben die vorbildlich auf Grund der Kenntnisse der Eigenschaften der einzelnen Stoffe von E. SPÄTH und A. POLGAR (75) ausgearbeiteten Verfahren zur Trennung der quaternären Basen von Berberis vulgaris (s. auch S. 586) ergeben.

Die Reinigung der Alkaloide wird bis zur Erzielung sich bei weiteren Reinigungsversuchen nicht mehr ändernden, physikalischen Konstanten durchgeführt, wobei neben der Krystallisation die Hochvakuumdestillation und -sublimation schnell zu außerordentlich reinen Stoffen führt. Es empfiehlt sich, die Charakterisierung der Basen bzw. ihre Identifizierung mit schon bekannten Stoffen, unter Benutzung mehrerer und charakteristischer Konstantenbestimmungen durchzuführen. Von den Methoden, die zur Charakterisierung unbekannter Alkaloide, sowie zur Identifizierung und Bewertung des Reinheitsgrades schon bekannter Stoffe sich als vorzüglich geeignet erwiesen haben, sind vor allem folgende zu erwähnen:

---

[1] Auf die vor allem zuerst anzustrebende Zerlegung des Rohbasengemisches in Nichtphenolbasen und Phenolbasen wird insbesondere im Hinblick auf die Trennung der Angosturaalkaloide (S. 556), der Berberisalkaloide (S. 586) und der Colomboalkaloide (S. 594) verwiesen.

1. Die Bestimmung des Schmelzpunktes bzw. Zersetzungs- oder Kochpunktes (z. B. bei geringen Mengen Mikroschmelzpunkt nach erfolgter Mikrosublimation),

2. die Bestimmung der optischen Aktivität,

3. die Untersuchung der Krystallform und der Refraktion der Krystalle,

4. die Darstellung von Salzen und Derivaten, ihre Charakterisierung durch Bestimmung des Schmelzpunktes, der Krystallform und der optischen Aktivität,

5. die Bildung charakteristischer krystallisierter Fällungen und deren Charakterisierung nach Krystallform, Schmelzpunkt und sonstigen Konstanten,

6. die quantitative Analyse der Basen, sowie der analytische Nachweis charakteristischer Gruppen (C-H-N-Bestimmung, Methoxyl- u. Methylimidbestimmung usw.),

7. der Vergleich mit bekannten reinen Stoffen, hinsichtlich der oben erwähnten Konstanten (Schmelzpunkt, Mischschmelzpunkt, Krystallform usw.), der in schwierigen Fällen, auch bei geringsten Materialmengen, endgültige Anhaltspunkte für die Identität zweier Basen zu bieten vermag.

8. die Untersuchung und Charakterisierung der physiologischen Wirkung der Alkaloide durch die überaus empfindlichen biologischen Methoden, auf die hier kurz hingewiesen wird, deren Beschreibung aber mit Rücksicht auf die besondere Methodik außerhalb des Rahmens dieser Abhandlung liegt.

Als Ergänzung und zur Erleichterung dieser etwas langwierigen, dafür aber meist eindeutigen, chemischen bzw. physikalisch-chemischen Charakterisierungsmethoden müssen noch zwei weitere Arbeitsverfahren, die zum Nachweise der Alkaloide herangezogen werden können, besprochen werden:

1. Die Niederschlag- oder Fällungsreaktionen der Alkaloide mit verschiedenen Reagenzien, auf die schon früher (s. S. 485) hingewiesen wurde,

2. die Farbreaktionen.

**Alkaloidfällungsmittel.** Die unlöslichen Niederschläge, die viele Alkaloide mit den sog. Alkaloidfällungsmitteln bilden, haben für verschiedene, im folgenden kurz angedeutete Arbeitsrichtungen eine außerordentliche Bedeutung erlangt:

1. Die Fällungsmittel können zur *Reinigung* der Alkaloide insofern herangezogen werden, als man mit ihnen die Basen aus Substanzgemischen abscheiden und nach erfolgter Zerlegung der Fällungen, die Basen in größerer Reinheit wieder zurückgewinnen kann (s. Analysengang S. 485).

2. Viele Alkaloidfällungen erfolgen quantitativ und in gleichmäßiger Zusammensetzung; deshalb haben sie die Veranlassung zur Ausarbeitung *quantitativer Bestimmungsmethoden* gegeben.

3. Viele Alkaloidfällungsmittel geben, wenn auch oft nur geringe Alkaloidmengen in großer Verdünnung vorliegen, charakteristische Fällungen. Da diese Fällungen vielfach auch in ihren Eigenschaften und Konstanten außerordentlich eindeutig und charakteristisch sind, hat das Gebiet der Alkaloidfällungsmethoden unter dem Gesichtspunkte des *mikrochemischen Nachweises* der Alkaloide einen besonderen Ausbau erfahren; denn oft gelingt es mit Hilfe der mikrokrystallographischen Methoden (Betrachtung der Krystallform, Bestimmung des Brechungswinkels der Krystalle) schon an wenigen charakteristisch ausgebildeten Krystallen der Alkaloidfällung eine Identifizierung der Base durchzuführen.

Bei der Anwendung von Alkaloidfällungsmitteln soll immer die Absicht verwirklicht werden, in Form der Salze der Alkaloide mit einfachen und komplexen Säuren oder in Form von Doppelsalzen mit verschiedenartigsten Komponenten, möglichst unlösliche, dabei aber auch möglichst charakteristische und eindeutige

Fällungen der Alkaloide zu erzielen. Die im Rahmen derartiger Überlegungen immer am meisten anzustrebende, möglichst spezifische Fällung der Basen, das heißt die Fällung jedes einzelnen Alkaloids entweder aus Substanzgemischen, so wie sie in der Natur vorkommen, oder auch die Fällung der Einzelbase aus Gemischen sehr ähnlicher Basen ist in den letzten Jahren durch die Untersuchungen von G. KLEIN und seinen Mitarbeitern mit Hilfe mikrochemischer Arbeitsmethoden, sowohl für Basengemische als auch für Pflanzenmaterialextrakte sehr erfolgreich ausgebaut worden.

Um nun zu einer Übersicht über die Reagenzien zu kommen, die als Alkaloidfällungsmittel im allgemeinen zur Verfügung stehen, wird im folgenden, die von L. ROSENTHALER vorgenommene Systematik der Fällungsmittel dazu benutzt, um die wichtigsten Reagenzien, insbesondere im Hinblick auf die chemische Charakterisierung der Fällungen zu besprechen.

a) Anorganische Fällungsmittel. *1. Einfache Säuren.* Neben den einfachen anorganischen Säuren, deren Salzbildungsvermögen noch im speziellen Teile eingehend beschrieben werden wird, haben sich als Fällungsmittel vielfach die Perchlorsäure und Jodsäure verwenden lassen.

*Perchlorsäure* (7, 13, 26, 41, 71)[1]. Die Perchlorsäure kann nicht nur zur Abscheidung einzelner Alkaloide als charakteristisch krystallisierende schwerlösliche Perchlorate dienen, sondern in Spezialfällen auch zur Trennung nebeneinander vorkommender Alkaloide, z. B. Strychnin von Brucin oder Berberin von Hydrastin, herangezogen werden.

*Jodsäure.* L. ROSENTHALER hat in analoger Weise auch die Jodate, die Alkaloidsalze der Jodsäure zur Fällung und insbesondere zum mikrochemischen Nachweise einzelner Alkaloide verwenden können.

*2. Komplexe Säuren und Doppelsalze.* Da mit den einfachen anorganischen Säuren nicht in allen Fällen, insbesondere aber nicht bei niedrig-molekularen einsäurigen Basen die Bildung einer schwerlöslichen Fällung gewährleistet ist, haben sich vor allem komplexe Säuren und Doppelsalze, die sich aus verschiedenen Komponenten mit Alkaloidsalzen bilden, für die Fällung und den Nachweis als besonders geeignet erwiesen. Da hinsichtlich der Zusammensetzung der Fällungen der Alkaloide, soviel aus den Angaben der verschiedenen Bearbeiter zu entnehmen ist, nicht immer jene Gleichmäßigkeit der Zusammensetzung aus den Komponenten erzielt werden konnte, wie das bei zahlreichen anorganischen Salzen der komplexen Säuren selbstverständlich ist, kann die exakte Formulierung der Zusammensetzung der Fällungen der Alkaloide mit komplexen Säuren auch nicht ganz so streng, wie dies eigentlich unbedingt anzustreben wäre, im Sinne der Formulierung der Komplexverbindungen nach WERNER-PFEIFFER erfolgen. Man muß hier vielmehr noch vielfach zu allgemeinen Doppelsalzformulierungen greifen, da der Beweis bzw. die endgültige Aufklärung der Konstitution der Fällungen als Komplexverbindungen im Sinne der Koordinationslehre in vielen Fällen bis jetzt noch aussteht.

*Jodjodwasserstoffsäure.* Durch Umsetzung der Alkaloidsalze mit Jodjodkaliumlösung erhält man die Polyjodide der Alkaloide, meist dunkelbraune unlösliche Fällungen, deren Zusammensetzung von der Arbeitsmethodik abhängig ist. Man kennt z. B. Dijodide $B \cdot HJ \cdot J$, Trijodide $B \cdot HJ \cdot J_2$, Tetrajodide $B \cdot HJ \cdot J_3$, Pentajodide $B \cdot HJ \cdot J_4$. Besonders mannigfaltig und charakteristisch sind die Polyjodide der Chinaalkaloide, vor allem der sog. *Herapathit*, das aus Chininsulfat hergestellte Polyjodid der Formel $4C_{20}H_{24}O_2N_2$, $3H_2SO_4$, $2HJ \cdot J_4 + CH_2O$ (s. auch S. 572). Für mikrochemische Reaktionen kann die Darstellung der Polyjodide auch dadurch erfolgen, daß in schwach angesäuertem Medium die Alkaloide mit Kaliumjodid und Wasserstoffsuperoxyd bzw. mit Kaliumjodid und Kaliumnitrit behandelt werden.

---

[1] Nach ROSENTHALER werden die Fällungen für den mikrochemischen Nachweis so durchgeführt, daß zu einer Lösung der Alkaloide in n/10 Salzsäure einige Körnchen Natriumperchlorat hinzugefügt werden.

Analog gebaut und zusammengesetzt sind auch die Polybromide der Alkaloide, die jedoch nicht in den für die Chemie der Polyjodide so charakteristischen besonders halogenreichen Formen auftreten.

*Tetrachlorojodide.* Durch Umsetzung der Alkaloide mit Jodtrichlorid in konzentrierter Salzsäure können nach F. D. CHATTAWAY und G. D. PARKES (6) auch schwerlösliche Tetrachlorojodide der Basen der allgemeinen Zusammensetzung $BH(JCl_4)$ gewonnen werden. So z. B. wurde die Fällung des Nicotins als Tetrachlorojodid beschrieben. Aus dem Tetrachlorojodid kann die Base nach der Zersetzung des Niederschlages mit Natriumsulfit und nachfolgendem Alkalisieren durch Ausschütteln mit Äther ohne weiteres wieder zurückgewonnen werden.

*Komplexe Jodverbindungen.* Quecksilberjodid-jodkalium (MAYERS Reagens), Wismutjodid-jodkalium (DRAGENDORFFS Reagens), Antimontrioxyd-jodkalium. Auf die Bedeutung der beiden ersten Reagenzien als Alkaloidfällungsmittel wurde schon früher (s. S. 485) hingewiesen. Die Jodmercurate der Alkaloide können nach M. FRANÇOIS und L. G. BLANC (20, 21) dann als weißliche krystallinische Niederschläge erhalten werden, wenn zu einer wäßrigen konzentrierten Kaliumjodid-quecksilberjodidlösung die stark salzsaure Alkaloidlösung zugesetzt wird. Die Jodmercurate der Alkaloide haben je nach der Natur der Basen wechselnde Zusammensetzung; neben Verbindungen der Formel $B \cdot HJ \cdot HgJ_2$ sind auch Verbindungen der Zusammensetzung $B \cdot HJ \cdot (HgJ_2)_2$, $(B \cdot HJ)_2(HgJ_2)_3$ und $(B \cdot HJ)_2(HgJ_2)_2$ beschrieben worden.

In analoger Weise hergestellte krystallisierte Jodbismutate der Alkaloide haben auch M. FRANCOIS und L. G. BLANC (22) beschrieben, die als gelbe bis braunrote Fällungen der allgemeinen Zusammensetzung $(B \cdot HJ)_n$, $(BiJ_3)_m$ durch Umsetzung der Alkaloidsalze mit Kaliumjodid-Wismutjodid hergestellt wurden. Über die Verwendung dieser Methode zu quantitativen Bestimmungen s. W. THOMS (79, 80).

Durch Umsetzung der Chlorhydrate der Basen mit einem Reagens, das aus 5 g $Sb_2O_3$, 20 cm³ Salzsäure D 1,123 und 100 cm³ Wasser, die 40 g Jodkalium gelöst enthielten, hergestellt war, haben E. CAILLE und E. VIEL (5) auch Jodstibiate der Alkaloide beschrieben.

*Platinchlorwasserstoffsäure.* Die Chloroplatinate der Basen bilden vielfach charakteristische hellgelbe bis dunkelorangegelbe Fällungen der konstanten Zusammensetzung $B_2$ (einsäurig) $\cdot H_2PtCl_6$. Sie werden entweder durch Umsetzung der Chlorhydrate der Basen mit Platinichlorid oder mit Platinchlorwasserstoffsäure dargestellt. In zahlreichen Fällen, in denen sich Platinchlorwasserstoffsäure oder Platinichlorid wegen zu großer Löslichkeit oder zu geringer Krystallisationsfähigkeit der Fällungen als Fällungsmittel nicht als brauchbar erwiesen haben, empfehlen GUTBIER und A. RAUCH (30) die Anwendung der Platinbromwasserstoffsäure[1].

Vielfach hat es sich aber vor allem für mikrochemische Zwecke auch schon bewährt, entweder wie BEHRENDS und KLEY angibt oder wie G. KLEIN und seine Mitarbeiter bestätigen, die Fällungen der Basen in saurer Lösung mit $PtCl_4$ und Zusatz von überschüssigem Natriumbromid oder Natriumjodid bzw. Kaliumjodid durchzuführen, wobei schwerlösliche und charakteristische Fällungen entstehen. Aber auch durch Zusatz von Platinibromid oder Platinijodid (z. B. beim Echinopsin) zu den salzsauren Lösungen der Basen können oft beträchtlich schwerer lösliche und für den mikrochemischen Nachweis besser verwendbare Kristallfällungen als mit Platinchlorwasserstoffsäure erzielt werden.

*Goldchlorwasserstoffsäure,* $HAuCl_4$. *Goldbromwasserstoffsäure* $HAuBr_4$. In gleicher Weise wie die Chloroplatinate können auch die Chloroaurate der Alkaloide der allgemeinen Zusammensetzung B (einsäurig) $HAuCl_4$ entweder durch Umsetzung der Alkaloidsalze mit Aurichlorwasserstoffsäure oder mit Aurichlorid dargestellt werden. Auch hier kann zur Verbesserung der Eigenschaften der Fällungen an Stelle des Aurichlorids oft auch das Auribromid oder die Auribromidwasserstoffsäure verwendet werden. Manchmal genügt es aber auch hier schon, insbesondere zur Erzeugung charakteristischer zur mikrochemischen Identifizierung der Basen verwendbarer Niederschläge die salzsauren Lösungen der Alkaloide mit Aurichlorid und überschüssigem Natriumbromid zu versetzen und auf diesem Wege eine Verfeinerung des Nachweises durch die Erreichung eines unlöslicheren und besser kristallisierenden Niederschlages zu erzielen.

*Heteropolysäuren. Phosphorwolframsäure, Phosphormolybdänsäure und Silicowolframsäure.* Diese der Reihe der Heteropolysäuren angehörenden Fällungsmittel gehören zu den empfindlichsten Fällungsmitteln überhaupt, weshalb auch die Spezifität dieser Fällungsmittel für Alkaloide vielfach zu wünschen übrigläßt, da auch zahlreiche andere Verbindungen, die nicht in die Reihe der Alkaloide gehören, z. B. einzelne Aminosäuren usw., durch Phosphorwolframsäure und die übrigen Heteropolysäuren gefällt werden können. Bei den Fäl-

[1] Die Platinbromwasserstoffsäure wird nach A. GUTBIER und FR. BAURIEDL (29) dadurch gewonnen, daß Platinichlorid ($H_2O$ und HCl frei) in der 20fachen Menge Bromwasserstoffsäure der Dichte 1,49 aufgelöst und auf die Hälfte des Volumens eingedampft wird.

lungen der Alkaloide mit den Heteropolysäuren ist im allgemeinen besonders der Umstand hervorzuheben, daß in den Reaktionsbedingungen, unter denen die Fällung vorgenommen wird, insbesondere aber auch in der richtigen Zusammensetzung der als Fällungsmittel verwendeten Heteropolysäure selbst nicht zu unterschätzende Einflüsse auf die Zusammensetzung der entstehenden Fällungen verborgen sind. Insbesondere bei der Verwendung der Heteropolysäuren als Alkaloidfällungsmittel für quantitative Bestimmungen muß auf die richtige Zusammensetzung der Heteropolysäure, sowie auf die möglichst gleichmäßige Einhaltung der Bedingungen der Fällung, z. B. Normalitäten der Lösungen, Salzkonzentrationen usw., besonderer Wert gelegt werden.

Die Zusammensetzung der Phosphorwolframate der Alkaloide wurde von J. C. DRUMMOND (16) für das Phenyläthylamin, Oxyphenyläthylamin, Histamin, Indoläthylamin, Xanthin, Hypoxanthin und Guanin als B (einsäurig) $\cdot H_3PO_4 \cdot 12 WO_3 \cdot x H_2O$ (mit überschüssiger Phosphorwolframsäure in 5proz. schwefelsaurer Lösung gefällt) beschrieben. A. HEIDUSCHKA und L. WOLFF (37) beschrieben die mit n/100 Lösungen in Gegenwart von weniger als 1 % Salzsäure erzeugten Phosphorwolframate des Sparteins, Chinins, Cinchonins und Nicotins als Niederschläge der Zusammensetzung 3 B (zweisäurig) $2 [P(W_2O_7)_6]H_7 \cdot x H_2O$. Bei den meisten anderen Alkaloiden hingegen finden sie wechselnde, von der Konzentration der Salzsäure oder dem Überschuß der Phosphorwolframsäure in ihrer Zusammensetzung abhängige Niederschläge.

Seit der durch BERTRAND (3, 28, 45, 77) zuerst erfolgten Darstellung des Silicowolframates des Strychnins $12 WO_3 \cdot SiO_2 2H_2O \cdot 4$ Strychnin $+ 8 H_2O$, das zur quantitativen Bestimmung Verwendung fand, wurde die Zusammensetzung der Silicowolframate der Alkaloide wiederholt untersucht. A. HEIDUSCHKA und L. WOLF (37) haben dabei festgestellt, daß in n/100 Lösungen der Silicowolframsäure bei Gegenwart von 1 % Salzsäure Spartein, Chinin, Cinchonin, Nicotin Fällungen der allgemeinen Zusammensetzung $SiO_2 \cdot 12 WO_3 \cdot 2 H_2O$, 2 Alkaloid $+ x H_2O$ ergaben. Andere Alkaloide gaben unter den oben genannten Bedingungen keine Fällungen mit einfachen Verbindungsverhältnissen, sondern nur Niederschläge, deren Zusammensetzung von den Reaktionsbedingungen abhing. Eine wesentlich größere Zahl von Silicowolframaten der Alkaloide mit einfachen Bindungsverhältnissen wurde von E. O. NORTH und G. O. BEAL (55)[1] beschrieben, die sich für zweisäurige Basen auf die Formel

$$2 H_2O \cdot SiO_2 \cdot 12 WO_3 \cdot 2 B \text{ (zweisäurig)}$$

und für einsäurige Basen auf die Formel $2 \cdot H_2O \cdot SiO_2 \cdot 12 WO_3 \cdot 4 B$ (einsäurig) zurückführen ließen.

*Ferrocyanwasserstoffsäure* $H_4[Fe(CN)_6]$, *Ferricyanwasserstoffsäure* $H_3[Fe(CN)_6]$. Zur Fällung der Alkaloide kann in Einzelfällen auch die Ferro- bzw. Ferricyanwasserstoffsäure herangezogen werden, wobei die verschiedenartigsten Variationen in der Zusammensetzung der Niederschläge erzielt werden können; z. B. beschreiben G. M. CUMMING und D. G. BROWN (8, 9) Ferrocyanide der Zusammensetzung B $\cdot$ (einsäurig) $\cdot H_4[FeCN_6] + x H_2O$ bzw. $x \cdot C_2H_5OH$, 2B (einsäurig) $H_4[FeCN_6] + x H_2O$ bzw. $+ x C_2H_5OH$, B (zweisäurig) $H_4[FeCN_6]$ und 2 B (zweisäurig) $H_4[FeCN_6]$, schließlich auch 4 B (einsäurig) $H_4[FeCN_6] + x H_2O$, weiter Ferricyanide der Zusammensetzung B $\cdot$ (zweisäurig) $H_3[FeCN_6]$ sowie B (einsäurig) $H_3[FeCN_6]$. Die Ferro- bzw. Ferricyanide sind teils krystallinische, teils amorphe Fällungen und werden entweder durch Umsetzung der Salze der Alkaloide mit Ferro- bzw. Ferricyankalium, natürlich aber auch durch direkte Umsetzung der freien Basen mit den entsprechenden komplexen Säuren gewonnen. Auch zum mikrochemischen Nachweise einzelner Alkaloide, wie z. B. Berberin, Cinchonin, Chinidin usw., können die Ferrocyanide herangezogen werden (567, 585).

*Komplexverbindungen.* Auch kompliziertere Komplexe, wie z. B. das Diaminotetranitro-kobalti-kalium $[Co(NO_2)_4(NH_3)_2]K$[2] oder das Hexanitro-kobalti-natrium $[Co(NO_2)_6]Na_3$[2] oder REINECKES Salz (das Ammoniumsalz der Tetra-rhodanato-diamino-chromisäure) $[Cr(CNS)_4(NH_3)_2] NH_4 + H_2O$ haben sich als Fällungsmittel insbesondere für den mikro-

[1] Reindarstellung der Silicowolframsäure s. A. G. SROGGIE (76). NORTH und BEAL haben besonderen Wert auf die Reindarstellung der Silicowolframsäure gelegt und eine Silicowolframsäure der Zusammensetzung $SiO_2 \cdot 4 H_2O \cdot 12 WO_3 \cdot 5 H_2O$ für ihre Fällungen verwendet.

[2] Die Darstellung des Kupferbleinitritreagens erfolgt durch Zusammenmischen von 0,5 g Kupferacetat, Bleiacetat in je 10 g Wasser und Vermischen mit einer Lösung von 2,5 g Natriumnitrit und 10 g Wasser. *Diamino-tetranitro-kobaltikalium.* Eine viel Ammoniumchlorid enthaltende Lösung von Kobaltchlorid wird mit einem Überschuß von Kaliumnitrit versetzt, wobei sich nach gelindem Erwärmen schließlich die braunen, glasglänzenden Prismen des Kaliumsalzes abscheiden. *Hexanitro-kobaltinatrium:* 2 g Kobaltnitrat und 2,5 g Natriumnitrit werden in 6,5 cm³ Wasser unter Zusatz von 1 g Eisessig gelöst. Nach Beendigung der Umsetzung (Gasentwicklung) wird die Lösung, solange noch ein Niederschlag entsteht, mit Alkohol ausgefällt. Die entstandene Fällung wird nach dem Waschen mit Alkohol in 10 cm³ Wasser gelöst.

chemischen Alkaloidnachweis als brauchbar erwiesen. Die Darstellung der Reineckate der Alkaloide erfolgt nach L. ROSENTHALER (17, 64, 69) am besten so, daß etwas festes Reagens oder 1 Tropfen der gesättigten Lösung mit 1 Tropfen, der das Chlorhydrat der Base enthält, zusammengebracht wird, worauf es zur Abscheidung einer entweder amorphen oder krystallinischen Fällung kommt.

*Weitere anorganische Fällungsmittel.*

*Quecksilberchlorid.* In Spezialfällen, z. B. zur Trennung des Sparteins vom Lupinin, kann die Fällbarkeit des Sparteins mit Quecksilberchlorid in salzsaurer Lösung herangezogen werden. Für den mikrochemischen Nachweis der aus den Pflanzen isolierten Alkaloide kann auch das bekannte Chlor-zinkjodreagens nach TUNMANN (81)[1] oder das Kupferbleinitritreagens nach L. ROSENTHALER (70)[2] benutzt werden.

b) Organische Fällungsmittel. 1. *Nitroverbindungen.* Von den aromatischen Nitroverbindungen haben die Pikrinsäure und die Styphninsäure, die Fällungen der Zusammensetzung $B \cdot HOC_6H_2(NO_2)_3$ bzw. $B \cdot HOC_6HOH(NO_2)_3$ lieferten, sowie insbesondere die Pikrolonsäure, das 4 Nitro-1-p-nitrophenyl-3-methyl-pyrazolon als Fällungsmittel Bedeutung erlangt. Die zumeist in alkoholischer Lösung gewonnenen häufig schwerlöslichen und gut krystallisierenden Pikrolonate sind in ähnlicher Weise wie die Pikrate oder Styphnate durch die Bestimmung des Zersetzungspunktes bzw. Schmelzpunktes auch einer Überprüfung ihres Reinheitsgrades bzw. ihrer Identität zugänglich, was ihren Wert für die Analyse natürlich sehr erhöht. Für Spezialfällungen haben L. ROSENTHALER und GÖRNER (72)[3] eine große Zahl verschiedener Nitroverbindungen eingehend auf ihre Empfindlichkeit bzw. Verwertbarkeit geprüft und in zahlreichen Fällen charakteristische, gut krystallisierende Fällungen erhalten, die auch durch die Lage der Zersetzungspunkte manchmal eindeutige Identifizierungen ermöglichten. Untersucht wurden in diesem Zusammenhange, um das Gebiet, das bis jetzt bearbeitet wurde, zu charakterisieren, m-Nitrophenol, p-Nitrophenol, Dinitrophenol, Dinitrokresol, Dinitronaphthol, Dinitronaphtholsulfosäure, Dinitroanthrachryson-disulfosäure, Pikrinsäure, Trinitrokresol, Trinitro-thymol, Trinitroresorcin (Styphninsäure), Trinitro-phloroglucin, Trinitro-naphthol, Tetranitro-phenolphthalein und Hexanitrodiphenylamin (54)[4].

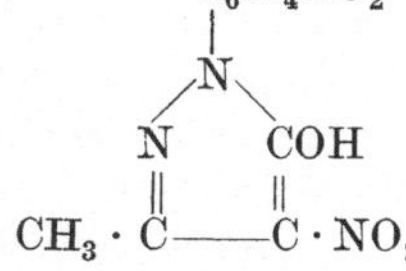

```
        C6H4NO2
          |
         N
       /   \
      N     COH
      ||     ||
CH3 · C ——— C · NO2
```

2. *Organische Säuren.* Zahlreiche organische Säuren sind auch als Fällungsmittel für Alkaloide vorgeschlagen worden, wobei aber allgemein gesagt werden muß, daß bei oft wirklich außerordentlicher Empfindlichkeit der Fällung die Spezifität und die Krystallisationsfähigkeit der Fällungen doch manches zu wünschen übrigläßt. Von den Sulfosäuren, die als Fällungsmittel in Betracht gezogen wurden, sind die $\beta$-Naphthalinsulfosäure (und zwar das Kalziumsalz, das sog. Asaprol [60]), weiter die Flaviansäure (43, 50, 73)[5], die 1-Naphthol-2,4-dinitro-7-sulfosäure, die Rufiansäure (88), die 1,4-Dioxy-anthrachinon-2-sulfosäure, schließlich auch die Alizarinsulfosäure (in Form des alizarinsulfosauren Natriums) hier zu nennen. Einzelne dieser Fällungsmittel können auch für die mikrochemische Identifizierung der Alkaloide herangezogen werden, wenn auch mit Rücksicht auf die Ähnlichkeit der Fällungen die Spezifität der einzelnen Fällungsmittel, wie besonders L. ROSENTHALER (63, 67) hervorhebt, nicht sehr groß ist. Schließlich wurden auch eine größere Zahl verschiedener weiterer organischer Säuren, z. B. die m- bzw. p-Nitrobenzoesäuren, die Trinitrobenzoesäure, die Opiansäure, die $\beta$-Naphthalinsulfosäure, die Mekonsäure, die Dioxybenzoesäure, die Gentisinsäure und die Mellithsäure von A. GRUTTERINCK (27) für den mikrochemischen Nachweis der Alkaloide verwendet.

Auch von komplexen organischen Säuren herrührende unlösliche Alkaloidfällungen wurden z. B. von den Brenzcatechinarsinsäuren von A. ROSENHEIM und W. PLATO (62) bzw. von R. F. WEINLAND und J. HEINZLER (86) beschrieben.

Zur *Durchführung* der Alkaloidfällungsreaktionen arbeitet man dann im Reagensglase, wenn eine Isolierung der Fällung zum Zwecke der Feststellung bzw. Überprüfung der Konstanten beabsichtigt ist. Zur qualitativen Untersuchung kann man hingegen oft so arbeiten, daß je ein Tropfen des Fällungsmittels und der Alkaloidlösung auf einem Objektträger, auf einem Uhrglas, das auf einen schwarzen Untergrund gestellt wird, oder auf einem Kobaltglas ver-

---

[1] z. B. Strychnin, Spartein, Morphin, Papaverin, Kodein, Kryptopin, Atropin, Hyoscyamin. [2] Siehe Anm. 2 auf S. 490.

[3] Auf die Verwendungsmöglichkeit des $\alpha$-Dinitronaphthols zum mikrochemischen Nachweise des Hygrins haben G. KLEIN und SOOS hingewiesen (S. 510).

[4] Auch Dinitroanthrachinon kann zum Nachweise des Strychnins verwendet werden (S. 663).

[5] Siehe auch die Fällung des Galegins mit Faviansäure (G. KLEIN und Mitarbeiter [44]).

einigt werden, um die beim Vermischen der beiden Tropfen entstehenden Fällungen sofort beobachten zu können (Verwendung verschiedener Fällungsmittel s. S. 485, 487).

**Farbreaktionen.** Der Nachweis der Alkaloide durch *Farbreaktionen* hat wegen seiner oft mangelnden Eindeutigkeit nicht den großen Wert und die ausgesprochene Verläßlichkeit, die die oben geschilderten Identifizierungsverfahren der Basen erreichen. Auch wird wegen der leichten Störbarkeit der Farbreaktionen durch Verunreinigungen in den meisten Fällen der oben geschilderte exakte Weg der Herauspräparierung der einzelnen Basen nicht zu vermeiden sein. Andererseits sind die Farbreaktionen empfindliche und leicht durchführbare Ergänzungsreaktionen für die Identifizierung der reinen Basen und haben als solche auch die Grundlage für die Ausarbeitung kolorimetrischer, quantitativer Alkaloidbestimmungen geboten. Nach L. ROSENTHALER geben viele Alkaloide bei der Behandlung mit folgenden Reagenzien Farbreaktionen:

1. Mit wasserentziehenden Mitteln, z. B. konzentrierte Schwefelsäure;
2. mit Oxydationsmitteln, z. B. Salpetersäure, Halogenen (Perhydrolsalzsäure und Überchlorsäure);
3. mit Oxydationsmitteln in Anwesenheit wasserentziehender Mittel, z. B. konzentrierter Schwefelsäure und Salpetersäure (ERDMANNS Reagens), konzentrierter Schwefelsäure und Molybdänsäure (FRÖHDES Reagens), konzentrierter Schwefelsäure und Vanadinsäure (MANDELINS Reagens), konzentrierter Schwefelsäure und Arsensäure (ROSENTHALER-TÜRKsches Reagens), konzentrierter Schwefelsäure und selenige Säure (MECKES Reagens), konzentrierter Schwefelsäure und Perhydrol (SCHÄRSCHES Reagens) und konzentrierter Schwefelsäure und Titansäure;
4. durch Kondensation mit verschiedenen Aldehyden in Gegenwart wasserentziehender Mittel, vor allem konzentrierter Schwefelsäure: z. B. konzentrierte Schwefelsäure und Formaldehyd, Chloral, Furfurol, Benzaldehyd, Dimethylamidobenzaldehyd (84) usw.

Zur Durchführung der Farbreaktionen wird das pulverisierte Alkaloid entweder in das Reagens eingetragen, oder wenn man mit Lösungen arbeitet, das Lösungsmittel zuerst verdunstet und zu dem Rückstand mit Hilfe eines Glasstabes das Reagens hinzugefügt.

Die Farbreaktionen können durch Parallelreaktionen mit den reinen bekannten Basen verläßlicher gestaltet werden. Man kann auch subjektive, individuelle Beobachtungsfehler bei den Farbreaktionen durch die Festlegung der Absorptionspektren der auftretenden Färbungen ausschalten.

**Quantitative Alkaloidbestimmung.** Aus der Verwertung der Erfahrungen bei der Darstellung, der Untersuchung der chemischen Konstanten, der Fällungs- und Farbreaktionen der einzelnen Basen, die vorerst nur den qualitativen Nachweis der Naturstoffe bezwecken, haben sich Verfahren entwickelt, die die quantitative Bestimmung der Alkaloide im Pflanzenmaterial ermöglichen. Die Methoden der quantitativen Alkaloidbestimmung können auch heute noch nicht den Anspruch auf Vollständigkeit in dem Sinne machen, daß sowohl die quantitative Erfassung der Alkaloide aus dem Pflanzenmaterial als auch die Trennung jeder Base von ihren natürlichen Begleitstoffen immer gelingt, da die Entwicklung der analytischen Verfahren, wie auch die Entwicklung der Erkenntnis der Eigenschaften der einzelnen Alkaloide verschieden weit gediehen sind. Die quantitative Alkaloidbestimmung ist vor allem in den Körperklassen weitgehend und exakt ausgearbeitet worden, wo die medizinische Verwendung der Alkaloide den Ansporn für die gründlichste Untersuchung lieferte.

Die quantitativen Alkaloidbestimmungsmethoden werden um eine kurze Übersicht über die am meisten gebrauchten Wege zu geben, wie folgt eingeteilt in:

1. Gewichtsanalytische Methoden;

2. maßanalytische Methoden, a) alkalimetrische Verfahren, b) jodometrische Verfahren, c) fällungsanalytische Verfahren, d) konduktometrische Verfahren;

3. optische Methoden, a) polarimetrische Verfahren, b) refraktometrische Verfahren, c) kolorimetrische Verfahren.

Bei der oft angewandten gewichtsanalytischen Bestimmung der Alkaloide durch direkte Wägung der Basen ist das Wesentlichste die Methode der quantitativen Reindarstellung der Basen aus dem Pflanzenmaterial. Für diese Methoden gibt es außer den oben angeführten Gesichtspunkten der Darstellungsverfahren keine allgemeinen Schemen, da sich die Reindarstellung nach dem chemischen Charakter der Basen richten muß. Im speziellen Teil werden diese Methoden ausführlich dargestellt.

Neben diesen Verfahren, die auf der direkten Wägung der reinen Alkaloide beruhen, können einzelne Basen auch aus Gemischen durch Fällungsmittel quantitativ abgeschieden werden. Aus dem Gewichte der in ihrer Zusammensetzung bekannten Fällungen läßt sich dann leicht der Alkaloidgehalt der Fällungen berechnen.

Als Beispiel für derartige Verfahren wird die Methode der Fällung mit Pikrolonsäure hier angeführt. Die Pikrolonate werden meist durch n/10 alkoholische Pikrolonsäurelösung erzeugt; nach 10—15stündigem Stehen bei 10—15$^0$ wird der Niederschlag filtriert und nach halbstündigem Trocknen bei 110$^0$ gewogen. Eine gleichzeitige Überprüfung der Reinheit und Identität des Pikrolonates kann durch die Bestimmung des Schmelz- bzw. Zersetzungspunktes jederzeit erfolgen (51). Die Methode hat sich bis jetzt vor allem bei der Bestimmung von Codein, Morphin, Coniin, Strychnin, Brucin, Atropin, Nicotin Chinin und Hydrastin bewährt (s. z. B. S. 585).

Ein anderes Fällungsverfahren fällt die Basen quantitativ als schwerlösliche Silicowolframate der Formel

$$12WO_3 \cdot SiO_2 \cdot 2H_2O \cdot n \cdot (\text{Base}) + m\text{-}H_2O$$

und bestimmt entweder das Gesamtgewicht der Fällung oder wägt nach dem Veraschen das Gemisch von $WO_3 + SiO_2$, um daraus den Alkaloidgehalt des Niederschlags zu berechnen. Speziell für die Bestimmung von Aconitin, Coffein, Morphin, Nicotin und Strychnin kann dieses Verfahren verwendet werden (2, 36, 78).

Nach ähnlichen Gedankengängen sind eine Reihe weiterer quantitativer Fällungsverfahren zu Bestimmungsmethoden ausgearbeitet worden, auf die aber hier im Detail nicht eingegangen wird.

Von den *maßanalytischen Verfahren* finden die größte Anwendung die *alkalimetrischen Methoden,* die auch im speziellen Teile ausführlich berücksichtigt werden, wobei auch hier natürlich das Gelingen der Analyse nur dann gesichert erscheint, wenn die Alkaloide in möglichst reiner Form aus den Pflanzen oder Drogen herauspräpariert sind. Die alkalimetrischen Alkaloidbestimmungen sind als einfache und schnell durchführbare Verfahren vor allem natürlich für pharmazeutisch wichtige Basen in zahlreichen Modifikationen ausgearbeitet worden. Sie haben insbesondere dann, wenn noch eine weitere Untersuchung des Materiales angestrebt wird, vor anderen Verfahren den Vorteil, daß nach erfolgter Titration durch bloßes Alkalisieren und darauffolgende Extraktion mit einem entsprechenden Lösungsmittel die Alkaloide wieder unverändert zurückgewonnen werden können.

Neben dem rein maßanalytischen Problem der alkalimetrischen Erfassung der Alkaloide überhaupt, das noch später besprochen wird (s. S. 496), ist vor allem den sowohl dem Charakter des Pflanzenmaterials als auch der chemischen Individualität der Alkaloide angepaßten Methoden der quantitativen oder möglichst quantitativen und gleichmäßigen Extraktion der Alkaloide aus dem Pflanzenmaterial besondere Beachtung zu schenken.

Wenn ein allgemeiner Gang, den von J. GADAMER und N. NEUHOFF (24, 25) näher beschriebenen Verfahren folgend, angedeutet werden soll, so wird im allgemeinen so verfahren, daß das zweckmäßig zerkleinerte Material zuerst mit organischen Lösungsmitteln, z. B. Äther oder Chloroform, vielfach auch mit Gemischen dieser beiden Lösungsmittel behandelt wird, worauf nach erfolgtem Alkalisieren des Materials durch weiteres Schütteln auch die in Freiheit gesetzten Alkaloide vom Lösungsmittel aufgenommen werden. Zum Alkalisieren kann vor allem Ammoniak, daneben aber natürlich auch Kalk, Natronlauge, Magnesiumoxyd, Natriumcarbonat usw. verwendet werden. Die so erhaltenen Lösungen der Alkaloide in den organischen Lösungsmitteln werden nun von dem Pflanzenmaterial bzw. der wäßrigen Phase getrennt. In den seltensten Fällen gelingt es nun direkt klare Alkaloidlösungen zu erzielen, die aber die Voraussetzung für das Weiterarbeiten sind. Die Klärung dieser Lösungen kann verschieden erfolgen, so kann z. B. durch Ausschütteln mit wenig Wasser oft eine Befreiung von Suspensionen erzielt werden. Vielfach aber wird durch den Zusatz von Stoffen, die mit Wasser quellbar sind, z. B. Tragant, die wäßrige Phase in eine Gallerte verwandelt, deren Verklebungsvermögen bei kräftigem Durchschütteln weiter dazu benutzt wird, die Suspensionen aufzuheben bzw. die die Trübung der Lösung verursachenden Stoffe aufzunehmen und dadurch aus der Lösung zu entfernen. Bei der Verarbeitung von Blätterdrogen haben sich aber diese Verfahren als ungenügend erwiesen; hier hat sich das Schütteln der Alkaloidlösung mit Talk, der die störenden Suspensionen oder Emulsionen der Lösung durch Adsorption entzieht, vor allem dann, wenn noch durch darauffolgendes Schütteln mit wenig Wasser der Talk zum Absetzen gebracht wird, als bestes Klärungsverfahren erwiesen. Wenn die soeben geschilderten schnellen Verfahren der Klärung der Lösungen der Alkaloide in organischen Lösungsmitteln nicht befriedigend verlaufen, empfiehlt es sich zur weiteren Reinigung den Alkaloidlösungen die Alkaloide durch Ausschütteln mit verdünnten Säuren, ohne daß es zu störenden Emulsionsbildungen kommt, die die Werte unsicher machen, zu entziehen. In den wäßrigen Lösungen können dann durch Alkalisieren die Alkaloide wieder in Freiheit gesetzt und in reinerer Form in die organischen Lösungsmittel wieder aufgenommen werden; die so erhaltenen Lösungen werden dann geklärt und getrocknet. Bevor nun zur quantitativen Bestimmung der Basen geschritten werden kann, ist es notwendig, die *geklärten* und *getrockneten* Alkaloidlösungen zur *Vertreibung von leicht flüchtigen Basen*, insbesondere zur Vertreibung von Ammoniak, der vielfach zum Alkalisieren der sauren Lösungen verwendet wird, einzudampfen. Eine vollkommene Vertreibung dieser leicht flüchtigen Basen gelingt aber nur dann leicht, wenn die Lösungen *vorher ganz blank* waren, weil schon geringe Trübungen die Amine zurückhalten und im weiteren Verlaufe der Analyse natürlich Fehler verursachen können[1]. Wenn zur Vertreibung dieser flüchtigen Basen die Lösung vollkommen eingedunstet wurde, wird nach neuerlichem Aufnehmen des Rückstandes mit dem entsprechenden Lösungsmittel die weitere alkalimetrische Bestimmung nach den verschiedenen im folgenden ausführlich begründeten Verfahren durch-

[1] Auf die Wichtigkeit der Klärung der Chloroformlösung, insbesondere dann, wenn stark ammonsulfathaltige wäßrige Lösungen extrahiert wurden, hat G. E. EWE (18) erst vor kurzem wieder hingewiesen.

geführt. Vielfach genügt es aber auch, z. B. bei ätherischen Lösungen, die ursprüngliche Lösung auf das halbe Volum einzudampfen, um eine vollständige Entfernung des Ammoniaks und der anderen leicht flüchtigen Amine durchzuführen. Eine Vereinfachung dieses hier kurz angedeuteten Analysenganges ist in verschiedener Richtung angestrebt worden. Hier ist vor allem auf folgende Verfahren hinzuweisen: DIETERLE (14) und andere Autoren (11, 16a, 19, 59, 74,87) haben z. B. gezeigt, daß auch bei Anwendung bedeutend *geringerer Materialmengen* als sonst gewöhnlich für quantitative Alkaloidbestimmungen verwendet werden, es möglich ist, richtige und brauchbare Resultate zu erzielen. Die Verringerung des zur Analyse notwendigen Materials ermöglicht, ohne die Genauigkeit wesentlich zu beeinflussen, eine größere Arbeitsschnelligkeit; da in vielen Fällen schon die Anwendung von 0,2—0,5 g Ausgangsmaterial genügt, um einfache Analysen durchzuführen, ergibt diese Verfeinerung der Methoden auch die Möglichkeit, einzelne Pflanzenteile oder Pflanzenorgane einer einwandfreien, quantitativen, analytischen Untersuchung unterziehen zu können (Beispiele s. S. 564, 580, 645, 659).

Einen weiteren Versuch, die Gewinnung reiner zur quantitativen, alkalimetrischen Alkaloidbestimmung geeigneter Lösungen möglichst zu vereinfachen, stellt das von RAPP (15, 35, 38, 58) angegebene sog. Münchner Extraktionsverfahren dar, das eine Vermeidung der langwierigen Trennungsarbeit im Scheidetrichter anstrebt. Dabei verfährt man, um das Wesentlichste dieser neueren Methodik anzudeuten, wie folgt:

1. Die Alkaloide werden aus dem Pflanzenmaterial durch Extraktion mit verdünntem Alkohol in der Hitze isoliert (bei sehr fettreichen Samen, z. B. Strychninsamen, empfiehlt es sich, das Material vorher durch Extraktion mit Benzin zu entfetten).

2. Die alkoholischen Extrakte werden unter Zusatz von verdünnten Säuren (z. B. Salzsäure oder Schwefelsäure) auf dem Wasserbade vollkommen eingedampft und so vom Alkohol befreit. Der Abdampfrückstand wird in Wasser aufgenommen, eventuell von ausgeschiedenen Chlorophyllschmieren durch Filtrieren über ein Mullbäuschchen gereinigt. Der wäßrige saure Extrakt wird weiterverarbeitet. Auch nach anderen Darstellungsverfahren hergestellte wäßrige saure Alkaloidlösungen können natürlich in derselben Weise, wie folgt, weiterverarbeitet werden.

3. Die Alkaloide werden nun aus der sauren wäßrigen Lösung mit *Alkali* (nicht mit Ammoniak) bei starkem Farbstoffgehalt, eventuell unter Zusatz von etwas Bleiacetat, in Freiheit gesetzt und in Chloroform aufgenommen. Das in der wäßrigen Phase vorhandene Wasser wird durch gleichzeitigen Zusatz von *gutem Alabastergips* zu einem dicken Brei gebunden. Das Chloroform trennt sich dabei schnell von der Breimasse und kann leicht abgegossen werden. Da nach HEIDUSCHKA ein Teil des Chloroforms durch den sich verfestigenden Gipsbrei eingeschlossen werden kann, wodurch zu niedrige Resultate entstehen würden, empfiehlt es sich, das Zusammenbacken durch geeignete Zusätze, z. B. durch den gleichzeitigen Zusatz von Seesand oder Glaspulver zu verhindern.

4. Die so gewonnenen, das Alkaloid enthaltenden Chloroformlösungen, werden am besten mit der entsprechenden Menge n/10 Salzsäure ausgeschüttelt. In einem aliquoten Teile der Ausschüttelung wird hierauf der Säureüberschuß (unter Benutzung von Methylrot als Indicator) titrimetrisch bestimmt. Da beim Arbeiten mit n/100 Salzsäure durch ein einmaliges Ausschütteln die Alkaloide der Chloroformlösung nicht vollständig entzogen werden, empfiehlt es sich, um die Ausschüttelung quantitativ zu gestalten, beim Arbeiten mit n/100 Lösungen noch ein zweites Mal auszuschütteln.

Die alkalimetrische Titration der Alkaloide läßt sich nach den zusammenfassenden Feststellungen I. M. KOLTHOFFS (10, 46, 47) in methodisch verschiedener Weise durchführen (s. auch Bd. I, S. 292 ff.).

Die direkte Titration der Basen unter Zusatz eines entsprechend empfindlichen Indikators ist meist durch die Schwerlöslichkeit der Basen in Wasser sehr erschwert. Diesen Übelstand kann man, wenn man in wäßrigen Lösungen arbeiten will, dadurch beheben, daß die Base in einem bekannten Überschuß Säure gelöst wird und hierauf die überschüssige Säure mit Lauge zurücktitriert wird.

Die Wahl des Indikators hängt von den Eigenschaften des Alkaloids ab. Wenn die Alkaloidsalze in wäßrigen Lösungen nicht dissoziiert wären, so müßten sie neutral reagieren, das heißt einen $p_H$ Wert 7 aufweisen. Da nun die $p_H$-Werte der wäßrigen Alkaloidlösungen von diesem Neutralwerte abweichen, ist es, wenn man die Alkaloide titrieren will, notwendig, die $p_H$-Werte der Alkaloidsalzlösungen zu kennen, um bei der Titration der Base mit Säuren die Titration bis zur Erreichung des $p_H$-Wertes der Alkaloidsalzlösung führen zu können. Diese Wasserstoffexponenten, auf die man beim Zusatz des einer äquivalenten Säuremenge zur Basenlösung bei der Titration zukommen will, sind die sog. Titrierexponenten $p_T$; sie sind dem Werke von I. M. KOLTHOFF, Maßanalyse II, entnommen und in der folgenden Tabelle, für die Titration von n/10 und n/100 Lösungen der Basen mit Salzsäure, zusammengestellt. Neben den Titrierexponenten der normalen Salze sind bei zweisäurigen Basen auch die Titrierexponenten für die einsäurigen Salze der Basen, die bei der Titration dieser Basen sehr bedeutungsvoll sind, angegeben.

Titrierexponent für Alkaloide bei 22° ($p_W$ 14). (Nach I. M. KOLTHOFF [Maßanalyse II]).

| Alkaloid | $p_T$ des normalen Salzes bei der Titration von | | $p_T$ des basischen Salzes. (Titration zweisäuriger Basen als einsäurige Basen). | Alkaloid | $p_T$ des normalen Salzes bei der Titration von | | $p_T$ des basischen Salzes. (Titration zweisäuriger Basen als einsäurige Basen). |
|---|---|---|---|---|---|---|---|
| | 0,1 n Lsg. | 0,01 n Lsg. | | | 0,1 n Lsg. | 0,01 n Lsg. | |
| Aconitin . . . | 4,7 | 5,2 | — | Emetin . . . | 4,35 | 4,85 | 8,0 |
| Arecolin . . . | 4,2 | 4,7 | — | Hydrastin . . | 3,75 | 4,25 | — |
| Atropin . . . | 5,4 | 5,9 | — | Morphin . . | 4,55 | 5,05 | — |
| Berberin . . . | 6,9 | 6,95 | — | Narcotin . . | 3,75 | 4,25 | — |
| Brucin . . . | (1,75) | (2,3) | 5,35 | Narcein . . . | 2,3 | 2,8 | — |
| Cevadin . . . | 5,05 | 5,55 | — | Nicotin . . . | 2,15 | 2,65 | 5,6 |
| Chinidin . . . | 2,65 | 3,15 | 6,5 | Papaverin . . | 3,6 | 4,1 | — |
| Chinin . . . . | 2,8 | 3.3 | 6,3 | Pelletierin . . | 5,25 | 5,75 | — |
| Cinchonidin . | 2,65 | 3,15 | 6,3 | Physostigmin | — | — | 4,8 |
| Cinchonin . . | 2,7 | 3,2 | 6,3 | Pilocarpin . . | (1,35) | (1,85) | 4,35 |
| Cocain . . . | 4,85 | 5,35 | — | Solanin . . . | 4,35 | 4,85 | — |
| Codein . . . | 4,65 | 5,15 | — | Spartein . . | 2,95 | 3,45 | 8,4 |
| Coniin . . . . | starke Base | — | — | Strychnin . . | (1.7) | (2,3) | 5,35 |
| | | | | Thebain . . | 4,6 | 5,1 | — |
| Cytisin . . . | — | — | 4,6 | | | | |

Bei der Titration des Alkaloids nun muß, wenn die der Base entsprechende Äquivalentsäure zugesetzt werden soll, jener $p_H$-Wert erreicht werden, den die Alkaloidsalzlösung in der entsprechenden Verdünnung aufweist. Die Titration muß demnach bis zu dem oben angegebenen Titrierexponenten geführt werden. Da bei der Titration zur Erkennung dieses erreichten $p_H$-Wertes ein Indikator verwendet wird, ist es notwendig, die Wahl des Indicators für die Titration unter dem Gesichtspunkte zu treffen, daß das Umschlagsintervall des Indicators mit dem Titrierexponenten, dem $p_H$-Wert der wäßrigen Alkaloidsalzlösung übereinstimmt.

Die Umschlagsintervalle der für die Alkaloidtitration meist verwendeten Indikatoren liegen wie folgt:

*Dimethylgelb* (Dimethylaminoazobenzol) zeigt ein Umwandlungsintervall von 2,9—4,0 von Rot (sauer) nach Gelb (alkalisch).

*Bromphenolblau* (Tetrabromphenolsulfophthalein). Umschlagsintervall 3,0—4,6 von Gelb (sauer) nach Violettblau (alkalisch).

*Methylorange* (Dimethylaminoazobenzolsulfosaures Natrium). Umschlagsintervall 3,1 bis 4,4 von Rot (sauer) nach Orangegelb (alkalisch).

*Methylrot* (Dimethylamino-azobenzol-o-carbonsäure). Umschlagsintervall 4,4—6,2 von Rot (sauer) nach Gelb (alkalisch).

*Bromkresolpurpur* (Dibrom-o-kresol-sulfo-phthalein). Umschlagsintervall 5,2—6,8 von Gelb (sauer) nach Purpur (alkalisch).

*Phenolphthalein.* Umschlagsintervall 8,2—10,10 vonFarblos (sauer) nach Rot (alkalisch).

Aus dem Vergleich der Titrierexponenten der Alkaloidsalzlösungen und der Umschlagsintervalle der Indikatoren ergibt sich, daß in 0,1 n und 0,01 n Lösungen Aconitin, Atropin, Berberin, Cevadin, Cocain, Codein, Coniin, Morphin, Pelletierin, Piperidin und Thebain genau unter Anwendung von Methylrot als Indikator titriert werden können. Bei der Titration in 0,1 n Lösungen kann auch Dimethylgelb verwendet werden. Bei 0,01 n Arecolin- und Solaninlösungen empfiehlt es sich, bei der Titration Vergleichslösungen zu benutzen. Papaverin, Hydrastin und Narcotin können in 0,01 n Lösungen überhaupt nicht mehr scharf, in 0,1 n Lösungen unter Anwendung einer Vergleichslösung auf Dimethylgelb titriert werden.

Beinahe alle zweisäurigen Alkaloide sind nur als einsäurige Basen zu bestimmen, da die zweite Dissoziationskonstante meist zu klein ist, um auch die zweite basische Gruppe neutralisieren zu können. Das Emetin macht in dieser Hinsicht eine Ausnahme, es kann auf Kresolrot als einsäurige Base, auf Methylrot als zweisäurige Base titriert werden. Auch die China-alkaloide, Brucin, Strychnin und Nicotin werden am besten auf Methylrot, Cytisin, Physostigmin und Pilocarpin auf Dimethylgelb titriert. Spartein ist als genau einsäurige Base gegen Phenolphthalein zu bestimmen.

Da viele Alkaloide wegen ihrer Schwerlöslichkeit in Wasser bei der Titration in wäßriger Lösung Schwierigkeiten bereiten, hat es sich als praktisch erwiesen, die Basen in Alkohol zu lösen und direkt bis zum Endpunkt zu titrieren. Hier ist aber, da in alkoholischer Lösung unter ganz anderen Bedingungen bei der Titration schwacher Basen gearbeitet wird, besonders auf die Benutzung anderer auf den richtigen Umschlagspunkt eingestellter Indikatoren Bedacht zu nehmen. Während die oben genannten Basen in wäßriger Lösung scharf auf Methylrot titriert werden können, stimmen die Titrationen vor allem in 0,01 n 50proz. alkoholischer Lösung nicht mehr genau. Es empfiehlt sich daher, wenn in 50proz. alkoholischer Lösung gearbeitet wird, Aconitin, Apomorphin, Atropin, Cevadin, Cocain, Tropacocain, Codein, Brucin, Strychnin, Emetin und Morphin auf Bromphenolblau zu titrieren. Chinin und die China-alkaloide werden unter gleichen Bedingungen auf Bromkresolpurpur (Umschag von Purpurblau nach -Gelb) titriert.

Ein anderes Titrationsverfahren ist die Titration der Alkaloidsalze, die titrimetrische Bestimmung der an die Basen gebundenen Säuremengen mit Hilfe der sog. Verdrängungsreaktionen. Bei den Verdrängungsreaktionen wird die an eine schwache bzw. schwerlösliche Base gebundene Säuremenge dadurch bestimmt, daß man die schwache Base durch eine stärkere verdrängt. Die Dissoziationskonstante der meisten Alkaloide in Wasser liegt in der Größenordnung von $10^{-6}$. Da sie durch Alkohol noch weiter erheblich vermindert wird, zeigen in 50proz. Alkohol die meisten Alkaloide auf Phenolphthalein keine alkalische Reaktion mehr. In den Alkaloidsalzen kann daher die gebundene Säure direkt auf Phenolphthalein titriert werden, wenn man nur dafür Sorge trägt, daß der Alkoholgehalt beim Endpunkte der Titration nicht 40—60 % unterschreitet. In den Salzen des Cocains, Apomorphins, Chinins und anderer Chinabasen, des Aconitins, Codeins, Narcotins, Papaverins, Pilocarpins und Thebains kann der Säuregehalt auf diesem Wege ermittelt werden. Der Säuregehalt der Salze des Brucins, Morphins und Strychnins kann auch ohne Alkoholzusatz auf Phenolphthalein bestimmt werden. Atropin und Emetin sind hingegen derartig starke Basen, daß sie auch in 50proz. Alkohol bereits merklich alkalisch reagieren. Man fügt bei der Titration dieser Salze zu der wäßrigen Lösung 5—10 $cm^3$ Chloroform hinzu und titriert dann auf Phenolphthalein, bis die Rosafarbe beim Ausschütteln nicht mehr verschwindet. Der Vorteil des Ausschüttelns mit Chloroform besteht darin, daß die alkalisch reagierende Base quantitativ der wäßrigen Lösung entzogen wird und so den Titrationsverlauf nicht mehr stören kann.

Alkaloide und Alkaloidsalze können auch auf konduktometrischem und potentiometrischem Wege bestimmt werden (48, 49), doch werden diese Verfahren, wegen der immerhin nicht ganz einfachen Apparaturen, die zu ihrer Durchführung notwendig sind, nur für ganz spezielle Fälle in Frage kommen.

Die Anwendung der *jodometrischen Methoden* zur quantitativen Alkaloidbestimmung beruht auf der Eigenschaft vieler Basen bei der Behandlung mit Jod-Jodkaliumlösung unlösliche Perjodide zu geben (s. auch S. 488, 581), die durch Filtrieren von der Mutterlauge getrennt werden können. In dem Filtrat wird der Überschuß der angewandten Jod-Jodkaliumlösung bestimmt. Aus dem Jodverbrauch der Basen bei der Bildung der Perjodide läßt sich dann, wenn die Zusammensetzung der Perjodide bekannt ist, die Alkaloidmenge berechnen. Da aber die Zusammensetzung der Perjodide häufig Schwankungen unterworfen ist, hat dieses jodometrische Verfahren geringeren praktischen Wert.

Verschiedene Fällungsmethoden der Alkaloide (s. S. 487) wurden auch als maßanalytische Fällungsverfahren ausgearbeitet. Die Verwendung der Phosphormolybdänsäure, der Kieselwolframsäure, des Ferrocyankaliums und der Pikrinsäure sind von verschiedenen Autoren beschrieben worden. Eine größere Rolle hat früher die maßanalytische Verwertung der Alkaloidfällung mit Kaliumjodidquecksilberjodid (MAYERschen Reagens), gespielt. Das Verfahren wird im folgenden, um die Methode zu charakterisieren, in der Modifikation, die es durch G. HEICKEL (32, 33) erfahren hat, beschrieben, wenn sich auch einzelne Autoren wegen der wechselnden und ungleichmäßigen Zusammensetzung der Fällungen gegen dieses Verfahren aussprechen. Zur Fällung der Alkaloide wird hier meist eine n/20 Lösung angewandt, hergestellt durch Auflösung von 6,775 g $HgCl_2$ und 25 g KJ in 1000 $cm^3$ Wasser. Nach HEICKEL gelangt man dann zu den besten Resultaten, wenn die Basen mit einem gemessenen Überschuß von MAYERschen Reagens ausgefällt werden und das überschüssig angewandte Quecksilber auf folgendem Wege zurücktitriert wird: Durch Zusatz einer bekannten Menge Kaliumcyanidlösung wird zuerst das in Lösung befindliche überschüssige Quecksilber in Quecksilbercyanid übergeführt und hierauf der Überschuß an Cyankalium durch Silbernitratlösung zurücktitriert. Wegen genauer Details dieser Methode (Arbeitsbedingungen und Korrekturen) muß auf die Originalarbeiten verwiesen werden.

Im Zusammenhange mit der Beschreibung der maßanalytischen Verwertung der Alkaloidfällungen mit MAYERschem Reagens wird auch auf eine von A. JONESCU und E. SPIRESCU (42) im Sinne des folgenden Verfahrens entwickelte Variation der Methodik hingewiesen. Dabei werden die Alkaloide zuerst mit MAYERschem Reagens gefällt, der abfiltrierte Niederschlag der Alkaloidfällung mit Salpetersäure und Schwefelsäure unter Zusatz von Kaliumpermanganat oxydiert und dann in den nach der Zerstörung der organischen Substanz erhaltenen Lösungen das Quecksilber nach dem Verfahren von VOTOČEK und

Kašpárek (83) bestimmt. Aus dem so bestimmten Quecksilbergehalt kann, wenn die Zusammensetzung der komplexen Alkaloidfällung bekannt war, der Alkaloidgehalt errechnet werden.

Im Anschlusse an die Besprechung der quantitativen Alkaloidbestimmungsmethoden wird noch kurz auf die Anwendung einiger optischer Verfahren, die für Spezialzwecke Verwendung fanden, verwiesen. Für die Anwendung *polarimetrischer* Methoden zur quantitativen Alkaloidbestimmung müssen als Grundlagen die exakte Erfassung der optischen Aktivität der reinen Basen, die Kenntnis ihrer Veränderung bei verschiedenen Temperaturen und in verschiedenen Lösungsmitteln, sowie auch ihre Beeinflussung durch Begleitstoffe bekannt sein. Wenn diese Vorbedingungen erfüllt sind, gelingt es bei einzelnen Alkaloiden, z. B. dem Cocain, Morphin, Nicotin und vor allem den Chinabasen, die Bestimmung der optischen Aktivität der Lösungen zur quantitativen Alkaloidbestimmung heranzuziehen[1]. Besonderen Wert besitzen die polarimetrischen Methoden zur Reinheitsprüfung der optisch-aktiven Alkaloide.

Die Anwendung der *Refraktometrie* zur Gehaltsbestimmung reiner Alkaloidlösungen kann unter entsprechenden Bedingungen, vor allem bei absoluter Reinheit der Lösungen mit Hilfe des Eintauchrefraktometers bzw. der von B. Wagner ausgearbeiteten Tabellen zum Eintauchrefraktometer erfolgen. Im besonderen wird hier nur auf die refraktometrische Bestimmung des Coffeins im Tee, bzw. des Coffeins allein oder auf die Möglichkeit der refraktometrischen Bestimmung des Morphins, Chinins und Brucins in salzsaurer methylalkoholischer Lösung hingewiesen, die aber nur bei *reinsten Präparaten* und *genauer Einhaltung* der vorgeschriebenen Bedingungen erfolgreich durchgeführt werden kann (31, 53, 82),

Schließlich sind auch die schon früher erörterten Farbreaktionen der reinen Basen die Grundlage für die Ausarbeitung *kolorimetrischer Alkaloidbestimmungsmethoden* geworden, die sich durch große Empfindlichkeit und Schnelligkeit der Durchführung auszeichnen. Auch hier natürlich bildet die Reinheit des Materials die Voraussetzung für die exakte Durchführung der Alkaloidbestimmungen. So z. B. wurden kolorimetrische Morphinbestimmungen zum Nachweise des Morphins in reifen Mohnköpfen von A. Heiduschka und M. Taub (34) beschrieben.

Einen Versuch, sich von den durch die Notwendigkeit exaktester Reinigung der Basen für die kolorimetrischen Bestimmungen ergebenden Schwierigkeiten wenigstens teilweise zu befreien, stellen die unter folgenden neuen Gesichtspunkten ausgearbeiteten kolorimetrischen Methoden zur Alkaloidbestimmung von C. A. Rojahn und R. Seifert (61) dar. In ihnen ist allerdings bis jetzt nur mit reinen Alkaloiden das Prinzip verwirklicht worden, das Alkaloid aus den Lösungen mit Hilfe eines Fällungsmittels auszufällen, den Niederschlag vom Überschuß des Fällungsmittels zu befreien, um dann nach der Zerlegung der Fällung die Menge des gebundenen Fällungsmittels *kolorimetrisch* zu bestimmen. Als Fällungsmittel haben sich in Spezialfällen bis jetzt Pikrinsäure, Kieselwolframsäure und Mayers-Reagens bewährt. Die kolorimetrische Bestimmung der Pikrinsäure erfolgte als Ammoniumpikrat, die der Kieselwolframsäure nach erfolgter Reduktion mit Titantrichlorid mit Hilfe des Wolframblaus, die Bestimmung des Mayerschen Reagens wurde so durchgeführt, daß nach Zusatz einer Gummilösung das in kolloidales Sulfid übergeführte Quecksilber kolorimetriert wurde.

Die Besprechung der Alkaloidreagenzien und Alkaloidreaktionen zwingt auch zu einer Äußerung über die Empfindlichkeit der Nachweisreaktionen. Auch

[1] Chinabasen, z. B. A. Hesse (40); Cocain: O. Antrick (1); Nicotin: M. Popovici (56), von Degrazia (12); Morphin: J. N. Rakshit (57).

hier ist der Begriff der „Empfindlichkeit" der Reaktionen genau so wie in der allgemeinen analytischen Chemie, wenn nicht noch genaue ergänzende Definitionen hinzutreten, ziemlich verschwommen. Zur Charakterisierung der Empfindlichkeit einer Reaktion haben sich in der letzten Zeit die von FEIGL und HAHN besonders scharf herausgearbeiteten Teilbegriffe bewährt, die als *Erfassungsgrenze*, als *Empfindlichkeitsgrenze* bzw. *Grenzkonzentration* und als das sog. *Grenzverhältnis* definiert wurden.

Unter *Erfassungsgrenze* einer Reaktion versteht man den Ausdruck für die Mengenempfindlichkeit einer Reaktion; es ist darunter die kleinste absolute Substanzmenge zu verstehen, die durch irgendeine Reaktion oder Methode noch nachgewiesen werden kann.

Die *Empfindlichkeitsgrenze* oder auch *Grenzkonzentration* vermittelt eine Vorstellung über die Konzentrationsempfindlichkeit der Reaktion. Sie ist der Ausdruck des Verhältnisses der Erfassungsgrenze zum Reaktionsvolum unter Zugrundelegung der Gewichtseinheit als Rechnungsgrundlage.

Unter dem *Grenzverhältnis* versteht man das Grenzverhältnis, in dem ein Stoff neben einem anderen Stoffe oder einer Gruppe von anderen Stoffen noch nachgewiesen werden kann.

Aus dem Gesamtbilde, das sich über eine bestimmte Reaktion in diesen drei Teilbegriffen ergibt, wird es möglich, die „Empfindlichkeit" einer Reaktion abzuschätzen.

Die Anwendung dieser drei Teilbegriffe der Empfindlichkeit auf die Bewertung einer Reaktion für den pflanzenchemischen Nachweis wird hinsichtlich der Definition der Empfindlichkeitsgrenze oder Grenzkonzentration nicht dieselben Vorteile bringen können, wie in anderen Gebieten der analytischen Chemie. Auf diesen Umstand hat insbesondere MAYRHOFER (52) hingewiesen; bei der Übertragung der Reaktionen in das Gebiet der Zellmikrochemie, also beim Arbeiten in heterogenen Systemen, wie es die Pflanzenzellen und Pflanzenschnitte sind, wird die Bewertung der Empfindlichkeitsgrenze nach den obigen Definitionen auf gewichtsmäßiger Grundlage in ihrem Werte deshalb stark beeinträchtigt, da die Erfassung des tatsächlich in Frage kommenden Reaktionsvolumens bei heterogenen Systemen, wie sie im Pflanzenmaterial vorliegen, bis jetzt häufig noch auf beträchtliche Schwierigkeiten stößt (s. dazu G. KLEIN, Bd. 1, S. 303ff. „Histochemische Methoden").

Die Bewertung der Empfindlichkeit der Alkaloidreaktionen, sowie die Durchführung subtiler Alkaloidreaktionen im Pflanzenmaterial ist im Bereiche der Pflanzenanalyse heute kein Problem mehr, das mit den Hilfsmitteln der Makrochemie allein gelöst werden könnte, sondern eine Frage der Mikrochemie auf die im Detail, da sie ja im Rahmen dieses Handbuches eine besondere Bearbeitung erfahren hat, hier nicht weiter eingegangen werden soll. Die Notwendigkeit, diese Fragen im Rahmen der mikrochemischen Probleme der Pflanzenanalyse zu untersuchen, ist auf dieselbe Entwicklung der wissenschaftlichen Untersuchung der Pflanzen zurückzuführen, die beim Studium des Aufbaues der Pflanzen neben der makroskopischen Betrachtung auch mikroskopische Methoden anzuwenden gezwungen ist. Die mikroskopische Untersuchung des Aufbaues der Pflanzen hat aber für die pflanzenanalytische Bewertung der Nachweisreaktionen noch einen weiteren Bewertungsgesichtspunkt notwendig gemacht. Es muß nämlich dabei nicht nur angestrebt werden, den Stoff im allgemeinen nachzuweisen, sondern das Auftreten und die Verteilung der Alkaloide in den mikroskopisch erkennbaren Gewebeelementen möglichst eindeutig und quantitativ zu erfassen, das heißt das Vorkommen und Auftreten der Alkaloide oder alkaloidähnlichen Zwischenprodukte möglichst scharf zu *lokalisieren*. Diesen

Absichten stehen wegen der oft mangelnden Empfindlichkeiten der Reaktionen und der in den Geweben auftretenden Diffusionserscheinungen heute vielfach noch unüberwindliche Schwierigkeiten gegenüber (s. Bd. 1, S. 305ff.).

Immerhin wird es sich aber in Zukunft wohl sicher als notwendig erweisen, soweit das bis jetzt noch nicht geschehen ist, den früher erwähnten Teilbegriffen der Erfassungsgrenze, der Empfindlichkeitsgrenze, eventuell in einer dem Arbeiten im heterogenen Medium angepaßten Form, sowie dem Grenzverhältnis und der Frage der absoluten Lokalisation des Vorkommens der Alkaloide besondere Aufmerksamkeit zuzuwenden, um auf diesem Wege zu endgültigen und abschließenden Vorstellungen über die Empfindlichkeit der Alkaloidreaktionen für die Pflanzenanalyse und zu neuen empfindlicheren und eventuell spezifischeren Reaktionen für die einzelnen Alkaloide bzw. alkaloidähnlichen Stoffwechselprodukte zu gelangen.

Die zum Alkaloidnachweis meist angewandten, präparativen, qualitativen und quantitativen Arbeitsmethoden konnten hier nur im allgemeinen besprochen werden. Die genaue Beschreibung der für die Darstellung und Reinigung der Basen besonders brauchbaren Wege, die sich nach dem chemischen Charakter der Basen richten müssen, weiter die Zusammenstellung der für die Charakterisierung und Identifizierung brauchbaren Konstanten, Derivate, Farb- und Fällungsreaktionen müssen dem folgenden speziellen Teile vorbehalten bleiben. Jede Klasse der Alkaloide wird im folgenden, ausgehend von der chemischen Konstitution, insbesondere in ihren Darstellungsbedingungen und in allen jenen Eigenschaften, die zur Identifizierung oder zur quantitativen Bestimmung im Pflanzenmaterial bedeutungsvoll sind, eingehend beschrieben werden. Als Einteilungsgrund wurde die chemische Konstitution bzw. die chemische Zusammengehörigkeit der einzelnen Alkaloide in den Pflanzen gewählt, wobei aber auf die Zusammenfassung der in *einer* Pflanze auftretenden Alkaloide besonderer Wert gelegt wurde. Auf die Besprechung der physiologischen Wirkung konnte aber nicht näher eingegangen werden.

Dissoziationskonstanten und Löslichkeitsprodukte einzelner Alkaloide.
Nach J. M. Kolthoff: Die Maßanalyse, 2. Aufl. 1930.

$$K_b = \frac{[B^{\cdot}][OH']}{(BOH)} \; 15^0 \; - \log K_b = p_b.$$

| Name | $K_b$ | $p_b = \log K_b$ | $L$ | $p_L$ |
|---|---|---|---|---|
| Aconitin | $1{,}3 \cdot 10^{-6}$ $[3 \cdot 10^{-8}]$ | 5,88 | $5{,}0 \cdot 10^{-10}$ | 9,30 |
| Atropin | $4{,}5 \cdot 10^{-5}$ | | $2{,}5 \cdot 10^{-7}$ | 6,6 |
| Brucin | $9{,}10^{-7}$ $[7{,}2 \cdot 10^{-4}]$ | 6,04 | $1{,}2 \cdot 10^{-9}$ | 8,92 |
| 2. Stufe | $2{,}0 \cdot 10^{-12}$ $[2{,}5 \cdot 10^{-11}]$ | 11,7 | | |
| Cevadin | $7{,}0 \cdot 10^{-6}$ | 5,15 | $6{,}0 \cdot 10^{-8}$ | 7,22 |
| Chinidin | $3{,}5 \cdot 10^{-6}$ $[2{,}4 \cdot 10^{-7}]$ | 5,43 | $2{,}5 \cdot 10^{-9}$ | 8,6 |
| 2. Stufe | $1{,}0 \cdot 10^{-10}$ $[3{,}2 \cdot 10^{-10}]$ | 10,0 | | |
| Chinin | $1{,}0 \cdot 10^{-6}$ $[2{,}2 \cdot 10^{-7}]$ | 6,0 | $4{,}5 \cdot 10^{-9}$ | 8,35 |
| 2. Stufe | $1{,}3 \cdot 10^{-10}$ $[3{,}3 \cdot 10^{-10}]$ | 9,89 | | |
| Cinchonin | $1{,}4 \cdot 10^{-6}$ $[1{,}6 \cdot 10^{-7}]$ | 5,85 | $6{,}0 \cdot 10^{-11}$ | 10,4 |
| 2. Stufe | $1{,}1 \cdot 10^{-10}$ $[3{,}3 \cdot 10^{-10}]$ | 9,92 | | |
| Cinchonidin | $1{,}6 \cdot 10^{-6}$ | 5,8 | $1{,}4 \cdot 10^{-9}$ | 8,85 |
| 2. Stufe | $8{,}4 \cdot 10^{-11}$ | 10,08 | | |
| Cocain | $2{,}6 \cdot 10^{-6}$ $[2{,}5 \cdot 10^{-7}]$ | 5,6 | $1{,}0 \cdot 10^{-8}$ | 8,0 |
| Codein | $9{,}0 \cdot 10^{-7}$ $[1{,}0 \cdot 10^{-7}]$ | 6,05 | | |
| Coniin | $1{,}0 \cdot 10^{-3}$ | 3,0 | | |
| Colchicin | $4{,}5 \cdot 10^{-13}$ $[1 \cdot 10^{-14}]$ | 12,35 | | |
| Emetin | $1{,}7 \cdot 10^{-6}$ $[1{,}98 \cdot 10^{-6}]$ | 5,77 | $3{,}75 \cdot 10^{-9}$ | 8,43 |
| 2. Stufe | $2{,}3 \cdot 10^{-7}$ $[5 \cdot 10^{-7}]$ | 6,64 | | |

Anmerkung: Die eingeklammerten Werte sind die Werte anderer Autoren.

Dissoziationskonstanten und Löslichkeitsprodukte einzelner Alkaloide. (Fortsetzung.)

| Name | $K_b$ | $p_b = \log K_b$ | $L$ | $p_L$ |
|---|---|---|---|---|
| l-Ephedrin . . . . | [2,3 · $10^{-5}$] | | | |
| raz. Ephedrin . . . | [2,3 · $10^{-5}$] | | | |
| l-Pseudoephedrin . . | [4,0 · $10^{-5}$] | | | |
| Hydrastin . . . . . | 1,7 · $10^{-8}$ [1 · $10^{-7}$] | 7,77 | 1,4 · $10^{-11}$ | 10,85 |
| Hydrochinin . . . . | 4,7 · $10^{-6}$ | 5,33 | 5,0 · $10^{-9}$ | 8,30 |
| Morphin . . . . . | 7,4 · $10^{-7}$ | 6,13 | 3,1 · $10^{-10}$ | 9,51 |
| Narcein . . . . . . | 2 · $10^{-11}$ | 10,7 | 2,6 · $10^{-14}$ | 13,49 |
| Narkotin . . . . . | 1,5 · $10^{-8}$] [7,9 · $10^{-8}$] | 7,83 | 6,0 · $10^{-13}$ | 12,22 |
| Nicotin . . . . . . | 7,0 · $10^{-7}$ | 6,16 | | |
| 2. Stufe . . . . . | 1,4 · $10^{-11}$ | 6,86 | | |
| Papaverin . . . . . | 8,0 · $10^{-9}$ [9 · $10^{-8}$] | 8,1 | | |
| Physostigmin . . . | 7,6 · $10^{-7}$ | 6,12 | | |
| 2. Stufe . . . . . | 5,7 · $10^{-13}$ | 12,24 | | |
| Piperidin . . . . . | 1,6 · $10^{-3}$ | 2,80 | | |
| Piperin . . . . . . | 1,0 · $10^{-14}$ [5,7 · $10^{-13}$] | 14,0 | | |
| Pilocarpin . . . . . | 7,0 · $10^{-8}$ [1,0 · $10^{-7}$] | 7,15 | | |
| 2. Stufe . . . . . | 2,$10^{-13}$ [4,2 · $10^{-11}$] | 12,7 | | |
| Solanin . . . . . . | 2,2 · $10^{-7}$ | 6,66 | 6,4 · $10^{-12}$ | 11,20 |
| Spartein . . . . . | 5,7 · $10^{-3}$ | 2,24 | | |
| 2. Stufe . . . . . | 1 · $10^{-6}$ | 6,0 | | |
| Strychnin . . . . . | 1,0 · $10^{-6}$ | 6,0 | 4,0 · $10^{-10}$ | 9,40 |
| 2. Stufe . . . . . | 2,$10^{-12}$ | 11,7 | | |
| Thebain . . . . . | 9 · $10^{-7}$ | 6,05 | 2,0 · $10^{-9}$ | 8,70 |
| Theobromin (40°) . | [4,8 · $10^{-14}$] | | | |
| Theophyllin (25°) . | [1,9 · $10^{-14}$] | | | |

## Literatur.

(*1*) ANTRICK, O.: Ber. **20**, 310 (1889); C. **1887**, 466.

(*2*) BERTRAND: Compt. rend. **128**, 743 (1899). — (*3*) Compt. rend. **128**, 742 (1899). — (*4*) BRIGGS, S. H. CLIFFORD: Journ. Chem. Soc. London **117**, 1026; C. **1921 I**, 75.

(*5*) CAILLE, E., u. E. VIEL: C. R. D. **176**, 1156 (1923); C. **1924 I**, 1422. — (*6*) CHATTAWAY, F. D., u. G. D. PARKES: Journ. Chem. Soc. London **1929**, 1314, 2817; C. **1929 II**, 889; **1930 I**, 915; s. auch Journ. Chem. Soc. London **1923**, 654; **1924**, 183; C. **1923 I**, 1614; **1924 I**, 2711; **1925 I**, 78. — (*7*) CORDIER: Monatshefte f. Chemie **43**, 525 (1922). — (*8*) CUMMING, W. M., u. D. G. BROWN: Journ. Soc. Chem. Ind. **44**, 110; C. **1925 II**, 1603. (*9*) Journ. Soc. Chem. Ind. **47**, 84; C. **1928 I**, 2406.

(*10*) DAFERT, O.: Die makrochemische Untersuchung von Drogen, S. 1446. — (*11*) DAFERT, O., u. VLCEK: Pharm. Monatshefte **7**, 131, 149 (1926). — (*12*) DEGRAZIA: C. **1911 I**, 1085. — (*13*) DENIGES: Ann. Chim. analyt. appl. **22**, 103 (1907). — (*14*) DIETERLE, H.: Arch. der Pharm. **261**, 77 (1923); C. **1923 IV**, 555. — (*15*) DIETRICH, K.: Pharm. Ztg. **63**, 628 (1918); C. **1919 II**, 228. — (*16*) DRUMMOND, J. C.: Biochem. Journ. **12**, 5ff.; C. **1918 II**, 944.

(*16a*) EATON, E. O. u. MURRAY: C. **1926 I**, 187. — (*17*) EPHRAIM, F.: B. **54**, 381 (1921). — (*18*) EWE, G. E.: Journ. Amer. Pharm. Assoc. **19**, 23; C. **1930 II**, 1583.

(*19*) FIGDOR, W.: Amer. Journ. Pharm. **98**, 157; C. **1926 I**, 3420. — (*20*) FRANÇOIS, M., u. L. G. BLANC: Bull. Soc. chim. de France (4) **31**, 1208; C. **1923 III**, 231. — (*21*) C. R. D. **175**, 169 (1922); C. **1922 III**, 1300. — (*22*) C. R. D. **175**, 273 (1927); C. **1922 III**, 1300.

(*23*) GADAMER, J.: Lehrbuch der chemischen Toxikologie und Anleitung zur Ausmittelung der Gifte, 2. Aufl., S. 478. Göttingen 1924. — (*24*) GADAMER, J., u. NEUHOFF: Apoth.-Ztg. **40**, 936 (1925); C. **1926 I**, 189. — (*25*) Arch. der Pharm. **264**, 524 (1926). — (*26*) GOMBERG u. CONE: Liebigs Ann. **376**, 193 (1910). — (*27*) GRUTTERINCK, A., BEHRENDS u. KLEY: Organische mikrochemische Analyse, S. 282. 1922. — (*28*) GUILLAUME, A.: C. **1924 I**, 781. — (*29*) GUTBIER, A., u. FR. BAURIEDL: B. **42**, 4243 (1909); C. **1910**, 90. — (*30*) GUTBIER, A., u. A. RAUCH: Journ. f. prakt. Ch. (2) **88**, 409 (1913); C. **1913 II**, 1954.

(*31*) HANUS, J., u. K. CHONCENSKY: C. **1906 I**, 1463. — (*32*) HEICKEL, G.: Chem.-Ztg. **32**, 1149 (1908). — (*33*) Ztschr. f. anal. Ch. **49**, 322 (1910); C. **1909 I**, 949; **1909 II**, 938. — (*34*) HEIDUSCHKA, A., u. M. TAUB: Arch. der Pharm. **255**, 172; C. **1917 II**, 200. — (*35*) HEIDUSCHKA, A., u. WOLFF: Apoth.-Ztg. **34**, 134; C. **1919 IV**, 37. — (*36*) Schweiz. Apoth.-Ztg. **58**, 213. — (*37*) Ebenda **58**, 213ff., 229f.; C. **1921 II**, 840. — (*38*) Süddtsch. Apoth.-Ztg.

60, 142 (1920); C. **1920 II**, 582. — (*39*) HERZIG, P.: Arch. der Pharm. **259**, 249 (1922); C. **1922 IV**, 866. — (*40*) HESSE, A.: Ann. **182**, 146, 152 (1876); An. **205**, 217 (1880). — (*41*) HOFFMANN, K. A.: B. **43**, 2624 (1910); **44**, 1766 (1911).

(*42*) JONESCU, AL., u. E. SPIRESCU: C. **1924 I**, 1697.

(*43*) KAPFHAMMER, J., u. R. ECK: Ztschr. f. physiol. Ch. **170**, 294 (1927). — (*44*) KLEIN, G., u. Mitarbeiter: s. z. B. S. 509, 512, 513, 517, 534, 539, 546, 554, 567, 575, 582, 585, 663. — (*45*) KLJATSCHKINA, B., u. M. STRUGADSKI: Arch. der Pharm. **267**, 177 (1929). — (*46*) KOLTHOFF, I. M.: Biochem. Ztschr. **162**, 289 (1925). — (*47*) Die Maßanalyse II, S. 66, 128. 1928. — (*48*) Konduktometrische Titrationen. Th. Steinkopff 1923. — (*49*) Ztschr. f. anorg. u. analyt. Ch. **112**, 196ff. — (*50*) KOSSEL, A., u. R. E. GROSS: Ztschr. f. physiol. Ch. **135**, 170 (1924).

(*51*) MATTHES, H., u. O. RAMMSTEDT: Ztschr. f. anal. Ch. **46**, 565 (1907); Arch. der Pharm. **245**, 112 (1907); C. **1907 I**, 1812. — (*52*) MAYERHOFER, A.: Mikrochemie der Arzneimittel und Gifte **2**, 1—7. 1928. — (*53*) MIKO, GY.: C. **1929 II**, 3045.

(*54*) NELSON, B. E., u. H. A. LEONARD: Journ. Amer. Chem. Soc. **44**, 369 (1922); C. **1922 III**, 381. — (*55*) NORTH, E. O., u. G. O. BEAL: Journ. Amer. Pharm. Assoc. **13**, 889, 1008; C. **1925 I**, 353, 872.

(*56*) POPOVICI, M.: Ztschr. f. physiol. Ch. **13**, 445 (1889); C. **1889**, 709.

(*57*) RAKSHIT, J. N.: Analyst **43**, 320 (1919); C. **1919 II**, 876. — (*58*) RAPP: Apoth.-Ztg. **33**, 463 (1918); C. **1919 II**, 210; **34**, 21; C. **1919 II**, 532; **59**, 919; C. **1920 II**, 260. — (*59*) RASMUSSEN, H. BAGGESGAARD, SVEND A. A. SCHOU: C. **1925 I**, 1514, C. **1925 II**, 1076. — (*60*) RIEGLER, E.: Ztschr. f. anal. Ch. **37**, 726 (1898); C. **1897 I**, 264. — (*61*) ROJAHN, C. A., u. R. SEIFERT: Arch. der Pharm. **268**, 499 (1930); C. **1931 I**, 977. — (*62*) ROSENHEIM, A., u. W. PLATO: B. **58**, 2000 (1925). — (*63*) ROSENTHALER, L.: Apoth.-Ztg. **45**, 638 (1930); C. **1930 II**, 1742. — (*64*) Arch. der Pharm. **265**, 319 (1927); C. **1927 II**, 613. — (*65*) Grundzüge der chemischen Pflanzenuntersuchung. — (*66*) Pharm. acta Helv. **3**, 93—95; C. **1928 II**, 373. — (*67*) Pharm. Zentralhalle **71**, 561 (1930); C. **1931 I**, 117. — (*68*) Schweiz. Apoth.-Ztg. **59**, 477; C. **1921 IV**, 1056. — (*69*) Ebenda **61**, 117 (1923); C. **1923 IV**, 483. — (*70*) Ebenda **61**, 117; C. **1923 IV**, 484. — (*71*) Ebenda **61**, 117 (1923); C. **1923 IV**, 483. — (*72*) ROSENTHALER, L., u. GÖRNER: Ztschr. f. anal. Ch. **49**, 347 (1910). — (*72a*) ROSENTHALER, L. u. M. MOSIMANN: Schweiz. Apoth.-Ztg. **1929 LXII**, 13.

(*73*) SMORODIMEW, J. H.: Ztschr. f. physiol. Ch. **189**, 7 (1930). — (*74*) SÖDERBERG, G.: Pharm. Post **51**, 385 (1918); C. **1918 II**, 316. — (*75*) SPÄTH, E., u. A. POLGAR: Monatshefte f. Chemie **52**, 117 (1929); C. **1929 II**, 1682. — (*76*) SROGGIE, A. G.: C. **1929 II**, 978. — (*77*) STUBER, E., u. B. KLJATSCHKINA: Arch. der Pharm. **266**, 33 (1928).

(*78*) TAIGNER, E.: Ztschr. f. anal. Ch. **58**, 346 (1919). — (*79*) THOMS, H.: Pharm. Zentralhalle **47**, 36 (1906). — (*80*) Ztschr. f. anal. Ch. **48**, 390 (1909). — (*81*) TUNMANN, O.: Apoth.-Ztg. **62**, 76 (1917), C. **1917 I**, 701.

(*82*) UTZ, F.: Chem.-Ztg. **33**, 47 (1909), C. **1909 I**, 591.

(*83*) VOTOČEK, E., u. KAŠPÁREK: C. **1923 IV**, 520.

(*84*) WASICKY, R.: Ztschr. f. anal. Ch. **54**, 393 (1915). — (*85*) WATKINS, H. R., u. S. PALKIN: Ind. Engin. Chem. **18**, 867 (1926); C. **1827 I**, 2227. — (*86*) WEINLAND, R. F., u. J. HEINZLER: B. **52**, 1316 (1919); **53**, 1358 (1920).

(*87*) YLLNER, C. A.: C. **1924 II**, 92.

(*88*) ZIMMERMANN, W.: Ztschr. f. physiol. Ch. **188**, 180 (1930); **192**, 124 (1930); C. **1930 I**, 3436.

# Spezieller Teil.

## A. Oxy-phenyl-alkyl-aminbasen, Phenyl-oxy-alkyl-aminbasen, fettaromatische Basen.

### a) Hordenin.

(p-Oxy-phenyl-dimethyl)-äthylamin, Anhalin $C_{10}H_{15}ON$.

$$HO-C_6H_4-CH_2-CH_2\cdot N(CH_3)_2$$

Das Hordenin wurde in Gerstenkeimlingen (0,2 %) nachgewiesen. In den ersten Tagen der Keimung ist das Hordenin bis zu einem Gehalte von 0,45 % in den Würzelchen angereichert (E. LEGER [337], G. O. GAEBEL 152]). Das in Anhalonium fissuratum von HEFFTER (199) als Anhalin bezeichnete Alkaloid hat sich nach den Untersuchungen von E. SPÄTH (512) als Hordenin erwiesen.

Zur Darstellung (GAEBEL [152]) des Hordenins wird lufttrockenes Malz mit 96 % Alkohol extrahiert, der Extrakt nach dem Einengen in Wasser gelöst und nach Zusatz von Kaliumcarbonat mit Äther ausgeschüttelt. Die Ätherlösung hinterläßt nach dem Eindampfen das rohe Hordenin, das durch Umkrystallisieren aus Äther oder Alkohol oder auch durch Sublimation bzw. Hochvakuumsublimation gereinigt werden kann.

Das Hordenin krystallisiert in farblosen und geschmacklosen Prismen vom Fp. 117,8°, $Kp._{11\,mm}$ 173—174°. Bei 140—150° beginnt es zu sublimieren. Es ist wenig löslich in Benzol, leicht löslich in Wasser, Alkohol und Äther, sowie Chloroform. Es reagiert alkalisch und verdrängt Ammoniak aus seinen Salzen. Es ist eine tertiäre Base von ausgesprochenem Phenolcharakter, die mit Säuren krystallisierte Salze liefert: z. B. das Sulfat $B_2 \cdot H_2SO_4 + H_2O$, Fp. 213—214°; Pikrat, Fp. 139—140°; Pikrolonat, Fp. 219—220°; Jodmethylat, Fp. 229—230°.

Das Hordenin zeigt folgende Reaktionen: es reduziert in saurer Lösung Kaliumpermanganatlösung in der Kälte, ammoniakalische Silberlösung in der Hitze, ebenso Jodsäure. Es gibt mit Eisenchlorid in neutraler Lösung Violettfärbung und mit Nitroverbindungen, z. B. Trinitrokresol, Trinitrothymol oder Pikrinsäure, Niederschläge (ROSENTHALER und GÖRNER [455]), die auch zum mikrochemischen Nachweis dienen können.

## b) Ephedra-alkaloide.

*l-Ephedrin und d-Pseudoephedrin.* l-Phenyl-2-N-methyl-amino-propan-l-ol, $C_{10}H_{15}ON$. (Siehe auch Seite 703) (Konstitution u. Synthese. E. SPÄTH u. Mitarbeiter).

$$C_6H_5 \cdot CHOH \cdot CH \cdot (NH \cdot CH_3) \cdot CH_3.$$

Die beiden Basen, l-Ephedrin und d-Pseudo-ephedrin, sind die beiden stereoisomeren l-Phenyl-2-methylamino-propan-l-ole, die durch Behandlung mit 25 % Salzsäure oder Bromwasserstoffsäture leicht ineinander übergeführt werden können.

Die Stammpflanze, das Meerträubchen, Ephedra vulgaris, enthält beide Basen, Ephedrin und Pseudoephedrin (NAGAI [383], E. MERCK [372], A. LADENBURG und C. OELSCHLÄGEL [333]). Auch Ephedra vulgaris var. helvetica enthält beide Basen, in der amerikanischen Ephedra Alata wurde nur Pseudoephedrin nachgewiesen. Die mit Ephedra vulg. verwandte Ephedra monostycha enthält nach E. SPEHR ein Ephedrin, das eine andere Zusammensetzung $C_{13}H_{19}ON$ und andere physiologische Wirkungen aufweist.

Die chinesische Droge Ma-Huang stammt von Ephedra sinica und von Ephedra equisetina luan. Shennunghiana; Ephedra sinica enthält ca. 1,3 % Ephedrin, Ephedra equisetina ca. 2 % Alkaloide.

Genaue Untersuchungen über den Alkaloidgehalt einiger *indischer* Ephedraarten führten zu folgenden Ergebnissen (B. E. READ und C. T. FENG [432 a]): E. intermedia enthielt 1,155 % Gesamtalkaloide (hiervon 30—40 % Ephedrin und 60—70 % Pseudoephedrin), E. Gerardiana 1,65—1,70 % Gesamtalkaloide (hiervon 70—80 % Ephedrin und 20—30 % Pseudoephedrin), E. sinica 1,315 % Gesamtalkaloide (hiervon 80—85 % Ephedrin und 15—20 % Pseudoephedrin), E. equisetina 1,754 % Gesamtalkaloide (hiervon 85—90 % Ephedrin und 10—15 % Pseudoephedrin).

Über die jahreszeitlichen Schwankungen des Alkaloidgehaltes der indischen Ephedraarten haben T. P. GHOSH und S. KRISHNA (165) in einer eingehenden Untersuchung berichtet.

Neben den Hauptalkaloiden l-Ephedrin und d-Pseudoephedrin wurden in den chinesischen und auch schweizerischen Ephedrapflanzen noch verschiedene Begleitbasen nachgewiesen.

Eine zusammenfassende Untersuchung der chinesischen Droge „*Ma-Huang*" von W. NAGAI und S. KANAO (385) (s. auch S. SMITH [499]) hat ergeben, daß die bekannten Basen, das l-Ephedrin und das d-Pseudo-ephedrin hier von l-N-Methyl-ephedrin, d-N-Methyl-pseudo-ephedrin und Nor-d-pseudo-ephedrin als Nebenbasen begleitet werden. Das l-N-Methyl-ephedrin und das Nor-d-pseudo-ephedrin waren schon früher als Nebenbasen von S. SMITH (499) (s. auch S. KANAO [264, 265], W. NAGAI und S. KANAO [386]) nachgewiesen und beschrieben worden.

Auch von O. WOLFES (632) konnten in der in Südeuropa allein heimischen Ephedra helvetica in den Mutterlaugen des l-Ephedrins d-Pseudoephedrin, l-nor-Ephedrin und l-N-Methyl-Ephedrin nachgewiesen werden.

Zur Gewinnung des Ephedrins wird das Kraut der Pflanze mit Alkohol ausgezogen und der nach dem Eindampfen des alkoholischen Extraktes gewinnbare Rückstand mit Chloroform extrahiert. Das Ephedrin wird in das Chlorhydrat verwandelt, durch Umkrystallisieren aus Alkohol gereinigt und ergibt beim Zerlegen des Chlorhydrats die reine Base. Die Mutterlaugen des beim Arbeiten im großen Stile gewonnenen Chlorhydrats wurden zur Gewinnung der Nebenbasen durch Filtration über Tierkohle gereinigt und mittels Kaliumcarbonat und Äther auf freie Alkaloide verarbeitet. Die ätherische Lösung wurde mit verdünnter Schwefelsäure geschüttelt. Beim Einengen der schwefelsauren Lösung schied sich ein Sulfat in glänzenden Platten ab (O. WOLFES [632]), das, in die freie Base umgewandelt, sich als das bei 22 mm bei 167—168° siedende l-nor-Ephedrin erwies. Fp. 51°. Chlorhydrat, Fp. 173°.

Die Mutterlauge des so gewonnenen Sulfats wurde wieder auf freie Basen verarbeitet. Die dabei erhaltene freie Base zeigte den $\text{Kp.}_{14\,\text{mm}}$ 137—139°, Fp. 87,5° (aus Äther + Petroläther) und hat sich als l-N-Methyl-ephedrin erwiesen.

Zur Darstellung des Pseudo-ephedrins wird das Kraut der Pflanze mit Alkohol extrahiert; der beim Verdampfen des Alkohols hinterbleibende Rückstand wird nach dem Versetzen mit Ammoniak mit Chloroform extrahiert, der Rückstand der Chloroformlösung mit Salzsäure in das Chlorhydrat verwandelt und das Chlorhydrat durch wiederholtes Umkrystallisieren aus einem Gemisch von Äther und Alkohol gereinigt. Aus der Lösung des Chlorhydrats wird die Base mit Soda ausgefällt und ausgeäthert. Bei langsamem Verdunsten der ätherischen Lösung kann das Pseudoephedrin direkt krystallisiert erhalten werden.

Eine Trennung von Ephedrin und Pseudoephedrin kann in verschiedener Weise durchgeführt werden. Man kann hierzu die Löslichkeit der Chlorhydrate der Basen in Chloroform verwenden, da die Löslichkeit des Pseudoephedrinchlorhydrats dreiundfünfzigmal so groß ist als die des Ephedrinchlorhydrats (B. E. READ und CH. T. FENG [432], NAGAI [384], E. MERCK [373] und R. MILLER [380]). Die Trennung kann weiter auch durch fraktionierte Krystallisation der Chlorhydrate aus Alkohol erfolgen, bei der als schwerer lösliche Verbindung das Ephedrinchlorhydrat abgeschieden wird. Sie kann aber auch durch fraktionierte Krystallisation der Oxalate der Basen aus Wasser durchgeführt werden, da das Pseudoephedrinoxalat in Wasser sehr leicht, das Ephedrinoxalat hingegen in kaltem Wasser sehr schwer löslich ist (T. Q. CHOU [61]).

Das *l-Ephedrin* bildet farblose Krystalle, die aus Wasser als Hydrat gewonnen den Fp. 40° zeigen. Fp. (wasserfrei) 73—74°, Kp. 225°. Das Ephedrin ist löslich in Wasser, Alkohol, Chloroform und Äther. $[\alpha]_D^{20} = -6{,}3^0$ (in ca. 3,5proz. alkoholischer Lösung). Chlorhydrat, Fp. 217°, $[\alpha]_D^{20} = -34{,}9^0, -35{,}3^0, -36{,}6^0$ (in Wasser). Bromhydrat, Fp. 205°; Chloroplatinat $B_2H_2PtCl_6$, Nadeln, Fp. 186°; Chloroaurat, gelbe Nadeln, Fp. 128—131°. Das Ephedrin bildet mit salpetriger Säure ein in langen Nadeln krystallisierendes Nitrosamin.

Das *d-Pseudo-ephedrin* bildet Krystalle vom Fp. 118,7°, $[\alpha]_D^{20} = +51{,}24^0$ (in ca. 0,6proz. alkoholischer Lösung). Es ist schwer löslich in kaltem Wasser (Trennungsmöglichkeit vom Ephedrin), leicht löslich in Alkohol und Äther. Chlorhydrat. $C_{10}H_{15}ON \cdot HCl$ aus Ätheralkohol in farblosen *feinen* Nadeln. Fp. 181°—182,0°, $[\alpha]_D^{20} = +62{,}05^0$ (Wasser).

*d-Nor-pseudo-ephedrin, Cathin,* $C_6H_5 \cdot CH(OH) \cdot CH(NH_2) \cdot CH_3$. Als eine in naher Beziehung zum Pseudo-ephedrin stehende Base wurde von O. WOLFES (630) das von STOCKMANN aus Catha edulis dargestellte Alkaloid Cathin erkannt. Es hat sich als d-Nor-pseudo-ephedrin der oben angegebenen Formel erwiesen (s. S. 507).

*N-Methyl-ephedrin*, $C_{11}H_{17}ON$, $C_6H_5 \cdot CH(OH) \cdot CH(N[CH_3]_2) \cdot CH_3$ (WOLFES). Aus der chinesischen Droge Ma-Huang konnte von S. SMITH (500) neben den schon bekannten Ephedrabasen ein neues Alkaloid, das sich in seiner Konstitution als l-Methyl-ephedrin erwies, isoliert werden. Die Gewinnung dieser Base erfolgt aus den Mutterlaugen des Ephedrins und Pseudoephedrins (s. S. 505).

Die freie Base krystallisiert aus Methylalkohol in dicken Nadeln vom Fp. 87—88°, $[\alpha]_D = -29{,}2°$ ($CH_3OH$). Chlorhydrat: dicke Tafeln aus Alkohol. Fp. 188—189° (bzw. 192°). Leicht löslich in Wasser, wenig löslich in Aceton. $[\alpha]_D = -29{,}8°$ ($H_2O$). Pikrat: Fp. 144°.

*l-nor-Ephedrin*. Fp. 51° (aus Äther + Petroläther); Kp.$_{22\,mm}$: 167—168° (O. WOLFES [632]). Chlorhydrat, B · HCl, Fp. 173°, $[\alpha]_D^{20} = -33{,}14°$. ($H_2O$).

Zum exakten Nachweis und zur Identifizierung der einzelnen Ephedrabasen dienen vor allem die Schmelzpunkte der Basen und der Derivate, insbesondere der Chlorhydrate, sowie auch die Bestimmung der optischen Aktivität der einzelnen Verbindungen.

An charakteristischen Reaktionen sind weiter zu erwähnen: Das l-Ephedrin kann durch Erhitzen mit 25proz. Salzsäure oder auch Bromwasserstoffsäure teilweise (d. h. bis zu einer Gleichgewichtseinstellung) in d-Pseudoephedrin verwandelt werden. Bei der Behandlung von Ephedrin mit Ferricyankalium und Natronlauge in wäßriger Lösung tritt starker Benzaldehydgeruch auf (E. SCHMIDT [477]). Das Goldsalz des Ephedrins zerfällt beim Kochen in wäßriger Lösung in Benzaldehyd und Methylamin, die am Geruche erkannt werden können.

Ephedrin gibt als sekundäre Base die sog. MELZERsche (365) Coniinreaktion, d. h. beim Versetzen der alkoholischen Lösung mit Kupfersulfat und Schwefelkohlenstoff tritt eine olivbraune Färbung auf. Das Pseudoephedrin zeigt die gleichen Reaktionen.

Die Biuretreaktion der Ephedraalkaloide besteht nach K. K. CHEN (60) (MERCK [371], CH. T. FENG [115]) darin, daß das Ephedrin und sein Isomeres unter geeigneten Bedingungen purpurrote bis tiefblaue Kupferkomplexverbindungen geben können. (Hierzu wird zweckmäßig 1 cm³ einer n/20 Lösung der Basen mit 0,1 cm³ 10proz. Kupfersulfatlösung und 1 cm³ 20proz. Natronlauge versetzt.) Diese Kupferkomplexverbindungen sind beim d- u. l- sowie beim racemischen Ephedrin, weiter beim d- und l-Pseudo-ephedrin ätherlöslich, d. h. mit Äther ausschüttelbar. Beim racemischen Pseudo-ephedrin sind sie ätherunlöslich, daher auch nicht mit Äther ausschüttelbar.

Dieses Verhalten der Ephedrabasen kann unter der Voraussetzung, daß nur in *1proz. Lösungen* gearbeitet wird, zur Charakterisierung der Basen verwendet werden.

Eine Methode zur quantitativen Bestimmung der Basen im Pflanzenmaterial wurde von S. KRISHNA und T. P. GHOSE (331) (s. auch H. O. MORAW [381]) beschrieben.

Die trockenen pulverisierten Pflanzenteile werden mit einem Gemische von 1 Teil Chloroform und 3 Teilen Alkohol bei Gegenwart von Ammoniak extrahiert. Der Rückstand, der nach dem Verjagen des Lösungsmittels verbleibt, wird mit Salzsäure aufgenommen. Die so erhaltene Lösung der Chlorhydrate wird alkalisch gemacht, mit Kochsalz gesättigt und mit Äther extrahiert. Der Verdampfungsrückstand des Ätherextrakts wird in n/10 Salzsäure gelöst und mit n/10 Natronlauge gegen Methylorange titriert. Die so bestimmten Gesamtalkaloide werden als Ephedrin berechnet. Zur quantitativen Bestimmung des Ephedrins wird die titrierte Lösung alkalisch gemacht, die Lösung ausgeäthert und die Basen mit alkoholischer Salzsäure in die Chlorhydrate übergeführt. Die Chlorhydrate werden nach dem Trocknen über KOH und $CaCl_2$ mit Chloroform extrahiert, wobei die Chlorhydrate der Begleitbasen in Lösung gehen, während das Ephedrinchlorhydrat zurückbleibt und gewogen werden kann.

### c) Alkaloide von Catha edulis[1].

Die Alkaloide des Kat-Strauches (Catha edulis, Celastrineae) wurden von O. Wolfes (631) neuerdings dargestellt und eingehend untersucht. Die Darstellung der Basen erfolgte durch Extraktion der alkalisierten Droge bei Zimmertemperatur mit Benzol, das neben den Basen relativ am wenigsten Verunreinigungen aufnahm. Der Benzollösung wurden die Basen mit überschüssiger verdünnter Schwefelsäure entzogen und aus der sauren wäßrigen Lösung das Kathinin mit Kaliumcarbonatlösung gefällt. Das Filtrat des Kathinins wurde mit Chloroform ausgeschüttelt; beim Verdampfen des Chloroformextraktes wurde das Kathin gewonnen, das, aus Benzol umgelöst, den Schmelzpunkt 77° und die Bruttoformel $C_9H_{13}ON$ aufwies. $[\alpha]_D^{20} = +42{,}50°$.

$$C_6H_5 \cdot CH \cdot OH \cdot \underset{\displaystyle NH_2}{\underset{|}{CH}} \cdot CH_3$$

Das Kathin hat sich hinsichtlich seiner Konstitution als d-Nor-pseudoephedrin erwiesen, das auch schon aus der Droge Ma Huang (s. S. 505) isoliert werden konnte.

### d) Alkaloid von Colchicum autumnale.

In den Zwiebelknollen (0,2%) und in den Samen (0,4%) der Herbstzeitlose (Colchicum autumnale, Familie der Liliaceen) kommt das Colchicin $C_{22}H_{25}O_6N$ und das durch Verseifung (verdünnte Salzsäure) unter Abspaltung von Methylalkohol aus ihm leicht entstehende Colchicein, $C_{21}H_{23}O_6N^1/_2H_2O$, eine als schwache Säure reagierende Substanz, vor. Es ist außerdem in einer Reihe von Colchicumarten weiter auch in Gloriosa superba aufgefunden worden (siehe auch S. 754, 755ff.).

Das Colchicin findet sich, wenn auch sehr ungleich verteilt, in freiem Zustande in allen Teilen von Colchicum autumnale. Es ist vor allem in dem Stengel, in den Blättern und in der Frucht in der Oberhaut lokalisiert. Die Zwiebeln sollen 0,2—0,5%, die Samen 0,4% (nach anderen Autoren 0,4—1,34%) enthalten. In dem Samen soll das Colchicin nur in den braunen Samenschalen enthalten sein. Die Blüten sollen nach Bredemann 0,6%, nach anderen Autoren kein Colchicin enthalten.

Das reichliche Vorkommen des Colchicins in der Liliacee Merendera bulbocodium Ram. Med. wurde von P. Fourment und H. Roquers (129) beschrieben.

Die Konstitution der Basen und der Zusammenhang zwischen Colchicin und Colchicein ist von Windaus (623) im Sinne der folgenden Formelbilder aufgefaßt worden.

$CH_2$   $CH_3$<br>
$CH_3O$   C   $NH \cdot CO \cdot CH_3$<br>
$CH_3O$   CH<br>
$CH_3O$<br>
HC   $C{=}CHOCH_3$<br>
C<br>
‖<br>
O

Colchicin

$CH_2$   $CH_3$<br>
$CH_3O$   C   $NH \cdot CO \cdot CH_3$<br>
$CH_3O$   CH<br>
$CH_3O$<br>
HC   $C{=}CHOH$<br>
C<br>
‖<br>
O

Colchicein

Die Darstellung des Colchicins erfolgt nach den Angaben von Zeisel (641) auf folgendem Wege: 100 Teile unzerkleinerte Colchicumsamen werden in 90proz.

[1] Frühere Bearbeiter A. Beitter (28) und R. Stockmann (565).

Alkohol bis zur Erschöpfung extrahiert; der nach dem Abdestillieren des Alkohols erhaltene Rückstand wird in 20 Teilen Wasser gelöst und vom Ungelösten abfiltriert. Die klare dunkelbraune Lösung wird mit salzsäurefreiem Chloroform ausgeschüttelt. Zuerst wird wenig Chloroform zugesetzt und so lange geschüttelt, bis die ausgeschiedene harzige Masse der Chloroformadditionsprodukte sich an der Wand der Flasche abgeschieden hat. Die klare Flüssigkeit wird nun abgegossen und in der gleichen Weise mehrere Male mit einer geringen Chloroformmenge behandelt. Die erhaltenen Ausscheidungen der Colchicinchloroformverbindungen werden jede für sich in Alkohol gelöst, die nicht stark gefärbten Lösungen zusammengegossen und vom Alkohol und Chloroform befreit. Nach dem Aufnehmen in Wasser wird neuerlich durch Ausschütteln mit Chloroform eine hellgelbe Lösung des Colchicins gewonnen, die nach dem Filtrieren auf dem Wasserbade eingeengt und so lange mit trockenem Äther versetzt wird, als sich die bei jedesmaligem Ätherzusatz ausgeschiedenen weißlichen Klumpen wieder lösen. Die beim Stehenlassen auskrystallisierte Base wird aus Chloroform unter geringem Ätherzusatz zweimal umkrystallisiert und erweist sich als Additionsverbindung von 2 Mol Chloroform und 1 Mol Colchicin. Durch Behandlung mit Wasserdampf kann diese Verbindung zerlegt und die freie Base nach dem Abdampfen im Vakuum als amorphe Masse gewonnen werden.

Das Colchicein, dessen natürliches Vorkommen nicht ganz sichergestellt ist, wird am einfachsten durch Erwärmen einer verdünnten Colchicinlösung (1 : 60), welcher 1proz. Salzsäure (D. 1,15) oder 0,2proz. konzentrierte Schwefelsäure zugesetzt ist, dargestellt (ZEISEL [642]).

**Colchicin,** $C_{22}H_{25}O_6N + 1^1/_2H_2O$. Colchicin bildet gewöhnlich eine amorphe hellgelbe, gummiartige Masse, die trocken den Fp. 143—147° zeigt. Es kann aber auch aus Äthylacetat in gelben Nadeln vom Fp. 155—157° erhalten werden. $[\alpha]_D^{16,5} = -120,6^0$ ($CHCl_3$). Es löst sich leicht in Wasser, in 2 Teilen Alkohol und 1 Teil Chloroform; in Äther und Petroläther ist es sehr schwer löslich. Es gibt, wie oben erwähnt, eine krystallinische Verbindung mit 2 Mol Chloroform; auch ein Chloroaurat vom Fp. 290° ist zur Charakterisierung brauchbar. Von Pikrinsäure und Platinchlorwasserstoffsäure wird Colchicin nicht gefällt. Hingegen geben Goldchlorid, Jodjodkalium bei 1 : 3500, Silicowolframsäure bei 1 : 10000, in Gegenwart von 1proz. HCl Phosphorwolframsäure bei 1 : 250000 und Phosphormolybdänsäure, von den Nitroverbindungen m- und p-Nitrophenol, Tetranitrophenolphthalein und Hexanitro-diphenylamin Fällungen.

*Reaktionen.* Colchicin löst sich in konzentrierter Schwefelsäure mit gelber Farbe, die auf Zusatz eines Körnchens Salpeter über Grün und Blau violett und schließlich gelb wird. Nach Verdünnen mit Wasser und Übersättigen mit Natronlauge wird die Lösung ziegelrot. In konzentrierter Salpetersäure löst sich Colchicin zuerst mit violetter, später mit gelber Farbe. Nach halbstündigem Erwärmen einer mit 5 Tropfen verdünnter Salzsäure versetzten Colchicinlösung tritt auf weiteren Zusatz von Eisenchlorid Grünfärbung auf. Schüttelt man die Lösung nach dem Erkalten mit Chloroform, so färbt sich dieses rot bis rotbraun.

**Colchicein,** $C_{21}H_{23}O_6N + {}^1/_2H_2O$. Krystallisiert in farblosen Nadeln. Fp. 172° (trocken). Es ist ein in Wasser schwerer, in Alkohol und Chloroform leicht, in Äther und Benzol kaum löslicher, linksdrehender Stoff von neutraler Reaktion. Er ist in Mineralsäuren und in Alkalien löslich. Seine salzsaure Lösung wird durch Eisenchlorid grün bis schwarzgrün gefärbt.

*Quantitative Bestimmung des Colchicins in Semen Colchici* (D. A.-B. 6). 20 g mittelfein gepulverter Herbstzeitlosensamen wird in einem 300-cm³-Arzneiglas mit 200 cm³ Wasser übergossen und 1 Stunde lang bei 50—60° am Wasserbade erwärmt. Nach dem Erkalten und Absetzen fügt man zu 140 g der in ein Arzneiglas von 300 cm³ gegossenen wäßrigen Flüssigkeit (entsprechend 14 g Samen) 14 cm³ Bleiessig hinzu, schüttelt die Mischung 3 Minuten kräftig durch und filtriert durch ein trockenes Faltenfilter (Durchmesser 12 cm). Zu dem Filtrate gibt man 4 g zerriebenes Natriumphosphat, schüttelt 3 Minuten kräftig durch und filtriert durch ein trockenes Faltenfilter (Durchmesser 12 cm). 110 g des Filtrates (10 g Samen entsprechend) werden in einem Scheidetrichter mit 20 g Natriumchlorid versetzt; nach dessen Lösung werden 50 $cm^3$ Chloroform hinzugefügt und 5 Minuten lang geschüttelt. Nach erfolgter Klärung wird die Chloroformlösung durch ein kleines glattes doppeltes Filter filtriert; 40 g dieser Lösung (8 g Samen entsprechend) werden in einem gewogenen Kölbchen verdunstet und der Rückstand bei 70—80° bis zu konstantem Gewichte getrocknet.

Zum mikrochemischen Nachweise des Colchicins verwenden G. KLEIN und G. POLLAUF (298) die Extraktion des zerkleinerten Pflanzenmaterials mit Chloroform-Ammoniak, da nach Zersetzen der Chloroform-Colchicin-Verbindung mit kochendem Wasser und Vertreiben des Chloroforms eine reine wäßrige Colchicinlösung erhalten wird, die alle Krystallformen rein und unverzerrt zeigt. Die Extraktion erfolgte durch 24stündiges Stehenlassen mit dem Extraktionsmittel bei Zimmertemperatur. Zum Nachweise des Cochicins eignen sich verschiedene Reagenzien, z. B. in salzsaurer Lösung Phosphorwolframsäure (10 %), Silicowolframsäure (10 %), Phosphormolybdänsäure (5 %) usw. Am besten hat sich jedoch die Reaktion mit *Platinrhodanid* (dargestellt aus 5 % Platinchlorid und 5% Kaliumrhodanid mit nachfolgender Filtration) bewährt. Bei Verdünnungen 1 : 1000 bis 1 : 250000 bilden sich zarte gelbe, aus drei sich in einem Punkte kreuzenden Lanzetten gebildete Krystallformen, die sich dann am besten ausbilden, wenn der Tropfen, ganz dünn ausgebreitet, langsam eintrocknet. Während die stäbchenförmigen Krystalle des Reagens entweder gerade oder stark schiefe (ca. 45°) Auslöschung zeigen, ist das Colchicinprodukt durch eine gleichmäßige geringe Auslöschungsschiefe von 6—10° gekennzeichnet. Bei größeren Verdünnungen wird der Nachweis ungenau (Erfassungsgrenze 0,2 $\gamma$).

## B. Alkaloide mit Pyrrol- bzw. Pyrrolidinringsystemen.

### a) Pyrrolidin.

$C_4H_9N$ (I); N-Methyl-pyrrolin, $C_5H_9N$ (II); N-Methyl-pyrrolidin, $C_5H_{11}N$ (III).

```
H2C——CH2          CH══CH            CH2——CH2
 |     |           |    |             |     |
H2C  I CH2        H2C II CH2         H2C III CH2
  \   /             \  /               \   /
   N                 N                  N
   H                 |                  |
                    CH3                CH3
```

Pyrrolidin wurde von A. PICTET und G. COURT (409) im Rohnicotin und in den Mohrrübenblättern, N-Methyl-pyrrolin im Rohnicotin aufgefunden. N-Methyl-pyrrolin und N-Methylpyrrolidin konnten GORIS und LARSONNEAU (174) als Nebenalkaloide der Belladonnablätter feststellen.

Bei der Fraktionierung des Rohnicotins können aus 1230 g über Kali getrocknetem Rohnicotin ca. 4 g einer leicht flüchtigen Fraktion Kp. 80—120° gewonnen werden, die sich bei weiterem Fraktionieren in zwei Teilfraktionen zerlegen läßt, von denen die eine zwischen 80—90° (2 g), die andere von 105—110° (1 g) übergeht. Die erste Fraktion enthält das Pyrrolidin und N-Methylpyrrolin. Zu ihrer Darstellung und Trennung wird das Basengemisch nach dem Lösen in Salzsäure mit überschüssiger Goldchloridlösung versetzt. Der gelbe ausfallende Niederschlag kann durch mehrmaliges Umkrystallisieren aus lauem, mit einigen Tropfen Salzsäure angesäuertem Wasser in zwei Fraktionen zerlegt werden. Das in kaltem Wasser ziemlich leicht lösliche Goldsalz, das beim Konzentrieren der Lösung in hellgelben Blättchen ausfällt, ist das Goldsalz des Pyrrolidins. Fp. 206° u. Z.

Das in Wasser schwerer lösliche Goldsalz ist das des N-Methyl-pyrrolins Fp. 190—192°. Pikrolonat Fp. 222° u. Z.

Die Darstellung des Pyrrolidins aus Mohrrübenblättern erfolgt durch Wasserdampfdestillation der mit Natriumcarbonat behandelten Blätter und Verwandlung der Basen in die Chlorhydrate. Nach dem Zersetzen der Chlorhydrate mit festem Kali wird das Basengemisch in Äther aufgenommen. Beim Abdestillieren des Äthers geht eine leichtflüchtige Base mit, das Pyrrolidin; es wird dem Äther durch Behandeln mit Salzsäure entzogen, wobei aus 43 kg Blättermaterial 2 g Pyrrolidin-chlorhydrat gewonnen werden können. (Identifizierung durch das Aurat Fp. 203° u. Z. und das Chloroplatinat Fp. 193° u. Z.) Neben dem

Pyrrolidin konnte auch noch eine höher siedende Base, das Daucin, $C_{11}H_{18}N_2$, Kp. 240—250⁰, $[\alpha]_D = +7{,}74^0$ (in Äther) aufgefunden werden.

*Pyrrolidin*, $C_4H_9N$. Stark basische Flüssigkeit von unangenehmem ammoniakalischem Geruch. Kp. 86⁰. Aurat Zp. 206⁰. Chloroplatinat Zp. 190—199⁰ u. Z.

*N-Methyl-pyrrolin.* $C_5H_9N$. Stark basische Flüssigkeit von unangenehm ammoniakalischem Geruch. Kp. 79—80⁰. Aurat Fp. 190—192⁰. Pikrolonat Fp. 222⁰ u. Z.

*N-Methyl-pyrrolidin.* $C_5H_{11}N$. Kp. 78,5—79⁰. Chloroplatinat Fp. 233⁰. Chloro-aurat: Fp. 218⁰. Pikrat (aus Alkohol) Fp. 218⁰.

### b) Hygrine. Nebenalkaloide des Cocains.

*Hygrin und Cuskhygrin.* Nach C. LIEBERMANN, G. KÜHLING, O. CYBULSKI und F. GIESEL (343, 344) können aus Coca- (Truxillo-) Blättern zwei Basen, das $\alpha$- und $\beta$-Hygrin (Ausbeute ca. 0,05 %), aus peruanischen Cuscoblättern hingegen Hygrin (Ausbeute 0,2 %) und Cuskhygrin dargestellt werden.

1. Darstellung aus *Truxilloblättern.* Aus dem wäßrigen, mit Soda schwach alkalisch gemachten Extrakte der Cocablätter wird das Cocain durch Extraktion mit Äther entzogen. Wird nun mit Soda stark übersättigt und ausgeäthert, dann hinterbleibt beim Eindunsten das Gemisch der flüssigen Rohbasen. Die Basen werden dem Rohprodukt durch Säuren entzogen, die Salze zerlegt und die so erhaltenen Basen im Vakuum fraktioniert destilliert. Die niedrig siedende Fraktion $Kp._{50}$ 128—131⁰ ist das $\alpha$-Hygrin, die hoch siedende Fraktion $Kp._{50}$ ca. 215⁰ das $\beta$-Hygrin ($C_{14}H_{24}ON_2$), das aber bis jetzt nicht eingehender untersucht wurde.

2. Die aus *peruanischen Cuscoblättern* gewonnenen öligen Rohbasen, die das Hygrin und Cuskhygrin enthalten, werden anders aufgearbeitet. Bei der Behandlung der öligen Rohbasen in ätherischer Lösung mit Salpetersäure (D = 1,4) scheidet sich das krystallisierte Cuskhygrin-nitrat ab, das durch Umkrystallisieren aus Alkohol gereinigt werden kann. Im nichtkrystallisierten Rückstande werden die Basen in Freiheit gesetzt und nach entsprechender Reinigung und Trocknung (C. LIEBERMANN und G. CYBULSKI [343]) im Vakuum das Hygrin herausfraktioniert. $Kp._{20}$ 92—105⁰.

*Hygrin*, 1-Methyl-2-acetonyl-pyrrolidin, $C_8H_{15}ON$.

```
CH2——CH2
|     |
CH2   CH · CH2 · CO · CH3
  \  /
   N
   |
   CH3
```

Hygrin ist eine farblose, an der Luft sich bräunende Flüssigkeit. Sdp. 193—195⁰, $Kp._{20}$ 92—94⁰, $[\alpha]_D^{20} = -1{,}3^0$. Es ist eine starke tertiäre Base, die Kohlendioxyd aus der Luft anzieht und mit Wasserdämpfen flüchtig ist. Zum Nachweis kann entweder die basische Eigenschaft des Hygrins oder, da der Sauerstoff in Form eines Ketosauerstoffes vorliegt, das Verhalten gegen Carbonylreagenzien verwendet werden. Pikrat Fp. 148⁰ (aus Alkohol). Oxim Fp. 116—120⁰ (aus Äther). Pikrat des Oxims Fp. 160⁰. Dinitro-$\alpha$-naphtholat Fp. 137⁰ (G. KLEIN und G. SOOS [305]).

Hygrin gibt mit einer konzentrierten wäßrigen Silbernitratlösung versetzt eine schwarze Ausfällung von $Ag_2O$, beim Erwärmen einen Silberspiegel. Durch Chromsäureoxydation wird es in Hygrinsäure $C_6H_{11}O_2N$ übergeführt.

Zum mikrochemischen Nachweis sind die Fällungen mit Chloranil, Kaliumwismutjodid, Reineckesalz, vor allem mit Dinitro-$\alpha$-naphthol, geeignet (G. KLEIN und G. SOOS [305]); letztere dürfte auch zu makrochemischem Nachweise brauchbar sein.

Der mikrochemische Nachweis des Hygrins kann nach G. KLEIN und G. SOOS in verschiedener Weise, als Nachweis durch direkte Reaktion im Gewebe, als Nachweis im Destillat und als Nachweis im Extrakt durchgeführt werden. Die beste und sicherste Methode des mikrochemischen Nachweises des Hygrins im Pflanzenmaterial ist der Nachweis des Hygrins im Destillat. Hierzu werden gut zerkleinerte (zerriebene) Pflanzenteile mit wenig Wasser und einigen Tropfen einer konzentrierten Lösung von Kaliumhydroxyd im Mikrodestillationsapparat im Ölbade destilliert. In einem Tropfen des Destillats ließ sich dann das Hygrin eindeutig mit *Dinitro-α-naphthol* nachweisen. Beim Hinzufügen eines Tropfens wäßriger

Hygrinlösung auf festes Dinitro-α-naphthol entstehen sofort im feuchten Raum wie im Trockenen Einzelkrystalle, und zwar Prismen (sechseckig, rechteckig oder rhombisch) meist mit einspringenden Ecken, dann Palmwedel, Rosetten, Krystallfächer und regelmäßige Sterne, die im Mikroschmelzpunktsapparat den Schmelzpunkt 137° zeigten. In der trockenen, besonders aber in der feuchten Kammer gelingt die Reaktion bis zu einer Verdünnung von 1:20000, wobei aber dann die Krystalle spärlich sind (Erfassungsgrenze 5 γ).

**Cuskhygrin,** $C_{13}H_{24}ON_2$.

Wahrscheinlich:

$CH_2—CH_2$ ... $CH_2—CH_2$
$CH_2$ $CH \cdot CH_2 \cdot CO \cdot CH_2 \cdot CH$ $CH_2$
N ... N
$CH_3$ (LIEBERMANN). $CH_3$

Farbloses, schwach riechendes Öl. $Kp._{32}$ 185°, $Kp._{16}$ 156°, $d_{17}^{17}$ 0,9767, $n_D$ = 1,48452 (18,4°). Mit Wasser ohne Trübung mischbar, mit 21,4 % Wasser versetzt, bildet es ein bei 40—41° schmelzendes Hydrat $C_{13}H_{24}ON_2 + 3^1/_2H_2O$. Aus ätherischer Lösung kann mit Salpetersäure (D = 1,4) das krystallinische, in Wasser leichtlösliche Nitrat (Zp. 209°) gefällt werden (s. Trennung vom Hygrin).

Es ist eine zweisäurige, bitertiäre Base, in der der Sauerstoff in Form einer Ketogruppe vorliegt, was auch hier zur Verwendung von Carbonylreagenzien zur Charakterisierung benützt werden kann. Zum Beispiel Oxim: $Kp._{14}$ 200 bis 210°, Fp. 53—54° (aus Petroläther)[1]. α-Hydrazon: $Kp._{14}$ 182—183°; β-Hydrazon: $Kp._{15}$ 119—120°. Chlorhydrat Fp. 228° u. Z. Pikrat Fp. 215 u. Z.

## C. Alkaloide mit Pyridin- bzw. Piperidinringsystemen.

### a) Alkaloid von Ricinus communis (Euphorbiaceae).

**Ricinin.** $C_8H_8O_2N_2$, N-Methyl-3-Cyan-4-methoxy-2-pyridon (Konstitution und Synthese E. SPÄTH[2]).

$OCH_3$
—CN
=O
$N \cdot CH_3$

Das Ricinin gehört zu den wenigen ohne Nebenbasen auftretenden Alkaloiden und entstammt der Ricinuspflanze bzw. ihrem Samen (Ricinus communis, Euphorbiaceae). Die Samen enthalten nach J. KELLER ca. 0,15 %, junge Blätter 1,37 %, etiolierte Pflänzchen ca. 2,5 % Ricinin. Am Licht gekeimte Pflänzchen enthalten die 12 fache, etiolierte Pflänzchen die 15fache Menge der ungekeimten Samen. Die in älteren Pflanzen sich immer mehr anreichernde Ricininmenge erreicht zur Blütezeit das 100fache der in den ungekeimten Samen enthaltenen Alkaloidmenge. Die Trockensubstanz ca. 4 Monate alter Pflanzen enthält ca. 0,29 % Ricinin.

Die Darstellung des Ricinins kann entweder von Preßrückständen der Ricinussamen oder von den Ricinussamen selbst ausgehen. 100 kg Preßrückstände liefern 150—180 g Ricinin (E. WINTERSTEIN, J. KELLER und A. B. WEIDENHAGEN [626]). Aus 300 kg ungeschälten Ricinussamen konnte BÖTTCHER (38) ca. 450 g Rohricinin erhalten. Der ungeschälte Samen von Ricinus communis wird zu diesem Zwecke zwischen rotierenden Walzen zerrieben, das Ricinusöl durch Extraktion mit Petroläther entfernt. Der Rückstand wird nun dreimal mit Wasser ausgekocht, wobei auf 10 kg Samenmaterial ca. 120 l Wasser verwendet werden. Der wäßrige Auszug wird zuerst durch ein Sieb, dann durch Filterpressen geklärt und die so erhaltene klare nur schwach gelb gefärbte Lösung im Vakuum (100 mm) zu einem dickem Sirup eingedampft. Schließlich wird der Sirup zur Trockene gebracht, das zurückbleibende Pulver im Soxhlet

[1] K. HESS und H. FINK (215). Oximdarstellung: 2,3 g Cuskhygrin werden in Methylalkohol gelöst, mit einer warmen konzentrierten Auflösung von 0,8 g Hydroxylaminchlorhydrat versetzt; nach 48stündigem Stehen wird der Alkohol im Vakuum eingedunstet, der Rückstand mit konzentrierter Pottasche zerlegt, das Oxim ausgeäthert, die ätherische Lösung mit Pottasche getrocknet und destilliert. Das Hydrazon wird in analoger Weise mit Hydrazinhydrat hergestellt.

[2] Konstitution · E. SPÄTH u. E. TSCHELNITZ (560), Synthese: E. SPÄTH u. G. KOLLER (533).

mit Alkohol extrahiert. Beim Einengen der alkoholischen Lösungen fällt das Ricinin krystallinisch aus und kann durch Umkrystallisieren aus Wasser in Gegenwart von Tierkohle weiter gereinigt werden.

Ricinin krystallisiert in farblosen Prismen (aus Wasser). Fp. 201°. Es sublimiert bei 20 mm unzersetzt bei 170—180°. Es ist optisch inaktiv, reagiert neutral, bildet keine Salze und wird von den meisten üblichen Alkaloidfällungsmitteln nicht gefällt. Es ist leicht löslich in heißem, schwer löslich in kaltem Wasser, wie in den meisten organischen Lösungsmitteln. Kaliumpermanganatlösung wird in saurer Lösung sofort entfärbt, wobei Blausäure entsteht. In konzentrierter Salpetersäure erhitzt, mit Wasser verdünnt und eingedampft gibt der Rückstand mit Ammoniak behandelt Rotfärbung (Murexidreaktion). Ricinin zeigt auch die WEIDELsche Reaktion (Verdampfen der Probe mit Salzsäure und Kaliumchlorat und Befeuchten des Rückstandes mit Ammoniak, wobei auch hier Rotfärbung eintritt).

*Quantitative Bestimmung.* Die quantitative Bestimmung des Ricinins erfolgt nach WINTERSTEIN und Mitarbeitern am besten durch eine möglichst quantitative Extraktion und Wägung des isolierten Alkaloids: Das fein gemahlene Pflanzenmaterial wird zuerst mit 90% Alkohol ausgekocht, der nach dem Verjagen des Alkohols zurückbleibende Rückstand mit warmem Wasser angerührt und mit aufgeschlämmtem Bleihydroxyd so lange versetzt, bis mit Bleiessig keine Fällung mehr entsteht. Nach mehrstündigem Rühren wird abfiltriert und aus der Lösung das Blei mit Schwefelwasserstoff ausgefällt. Der beim Eindunsten erhaltene sirupöse Rückstand wird mit ausgeglühtem Sand verrieben, das Gemisch gut getrocknet, zerkleinert, am Soxhlet mit Chloroform extrahiert und durch Wägung des getrockneten Rückstandes des Extraktes das Ricinin bestimmt.

Das Ricinin kann mikrochemisch in der Pflanze nach G. KLEIN und H. BARTOSCH (294a) sowohl durch Krystallisation und Sublimation im Schnitt und im Extrakte nachgewiesen werden. Durch Chloroform-Ammoniak-Lösung läßt sich das Alkaloid leicht aus dem Pflanzenmaterial gewinnen und liefert beim Eintrocknen dieselben Formen wie reines Ricinin. Mit Goldbromid geben die Krystalle die weiter unten ausführlich beschriebene charakteristische Reaktion. Das Ricinin läßt sich weiter aus allen Teilen der Pflanze bei 190° optimaler Sublimationstemperatur heraussublimieren. Da in reifen Samen das Fett störend wirkt, empfiehlt es sich, das Samenmaterial mit etwas Ammoncarbonat und ungefähr gleich viel $Pb_2O_3$ zu verreiben und das Gemisch durch $1^1/_2$ Stunden zu sublimieren. Aus fetthaltigen Extrakten kann das Alkaloid unter Zusatz von Bleiacetat rein sublimiert werden. Zur Extraktion empfiehlt es sich, das Material (0,1 g Trockenmaterial) zerkleinert 2 Stunden im Mikroextraktionsapparat mit 3 $cm^3$ Chloroform-Ammoniak zu extrahieren und den Extrakt auf ein Drittel einzuengen. Man erhält so einen etwas trüben Chloroform-Ammoniak-Extrakt, der sich sehr gut zu den Reaktionen eignet. Von den verschiedenen für den Nachweis des Ricinins erprobten Reagenzien hat sich die Reaktion mit Kaliumauribromid und die Reaktion mit Jodwasser am besten bewährt. Mit Kaliumauribromid (5% Goldchlorid und 5% Bromkalium) gibt das Ricinin eine sehr reichliche Fällung von gelben bis rotbraunen Fäden, die das Präparat wirr durchziehen (Erfassungsgrenze 2,5 $\gamma$). Jodwasser (kaltgesättigte Lösung) gibt mit einer konzentrierten Ricininlösung gelbe Nadeln oder haarförmige Krystalle, mit verdünnten Lösungen feine violette Haarbüschel (Erfassungsgrenze 10 $\gamma$).

### b) Alkaloide der verschiedenen Piperarten (s. S. 703).

**Piperin.** $C_{17}H_{19}O_3N$.

```
      CH2
     /   \
 H2C      CH2              /\ —O
  |        |              |  |      \
 H2C      CH2   HC—      |  |       CH2
     \   /       ||       \/ —O    /
       N       HC—CH
       |        ||
      OC———————CH
```

Das Alkaloid Piperin findet man in den verschiedenen Pfefferarten in Begleitung von Harzen, Terpenen und anderen Stoffen, z. B. auch N-Methylpyrrolin. Der Piperingehalt einzelner Piperarten wurde wie folgt festgestellt: Im schwarzen Pfeffer (der unreifen Frucht von Piper nigrum) 5—9% Piperin, im sog. Aschantipfeffer, im schwarzen Pfeffer von P. Clusii

(P. guinense) 5%, im langen Pfeffer (P. longum) 1—4%, in den als falsche Cubeben bezeichneten Früchten von P. Lowong 1,5%. In dem Pfefferharz von Piper nigrum konnte ein nicht krystallisiertes Isomeres des Piperins, das Chavicin, gewonnen werden, das wesentlich zur Geschmackswirkung des Pfeffers beiträgt (OTT und EICHLER [396]), und sich vom Piperin durch die Cis, Cis-Konfiguration der ungesättigten Säure unterscheidet.

Zur Darstellung werden die fein pulverisierten Pfefferkörner mit 95proz. Alkohol extrahiert. Der nach dem Verjagen des Alkohols zurückbleibende Rückstand wird mit verdünnter Sodalösung unter Schütteln behandelt, was zur Herauslösung von harzartigen Verbindungen führt. Nun wird der Rückstand in heißem 95proz. Alkohol aufgelöst und mit Tierkohle behandelt; beim Abkühlen krystallisiert das Piperin aus.

Das Piperin krystallisiert aus Alkohol in monoklinen Prismen, die den Fp. 128—129 zeigen. Es ist in Wasser wenig löslich, leicht löslich in Alkohol und Äther, ist optisch inaktiv und reagiert neutral. Salzbildung tritt nur mit starken Säuren ein; aber auch diese Salze werden in Wasser leicht hydrolytisch gespalten. Salze: Mit Kaliumperjodid gibt das Piperin ein Perjodid Fp. 145°. In Wasser unlöslich sind die Verbindungen mit Cadmiumchlorid, Quecksilberchlorid und Platinchlorid. Nach L. ROSENTHALER (443) kann zum Nachweise auch das Reineckat, nach W. M. CUMMING und D. G. BROWN (70, 71) auch das ferrocyanwasserstoffsaure Salz der Zusammensetzung $B + H_4[Fe(CN)_6] + {}^1/_2 H_2O$, das in citronengelben Prismen krystallisiert, verwendet werden.

Das Piperin ist das aus Piperidin gebildete Säureamid der Piperinsäure und kann durch alkoholisches Kali in seine beiden Komponenten: Piperinsäure und Piperidin gespalten werden,

$$\underset{\text{Piperin}}{C_{17}H_{19}O_3N} + H_2O = \underset{\text{Piperinsäure}}{C_{12}H_{10}O_4} + \underset{\text{Piperidin}}{C_5H_{11}N}$$

ein Reaktionsverlauf, der natürlich auch zum Nachweis und zur Identifizierung des Piperins verwendet werden kann. (Piperinsäure Fp. 217°, in Wasser fast unlöslich, aus Alkohol breite Nadeln.)

Das Piperin färbt sich mit konzentrierter Schwefelsäure blutrot.

*Quantitative Bestimmung.* Zur quantitativen Bestimmung wird das Pflanzenmaterial mit Kalk zu einer Paste geformt, getrocknet und nach dem Extrahieren mit Äther das Alkaloid im Rückstande des Ätherextraktes gewogen.

Die mikrochemischen Reaktionen der Piperinsäure wurden in der letzten Zeit zusammenfassend von M. WAGENAAR (595) beschrieben.

Der mikrochemische Nachweis des Piperins in der Pflanze kann nach G. KLEIN und M. KRISCH (297) in verschiedener Weise erfolgen: durch Krystallisation des Piperins und Reaktion mit Cadmiumchlorid im Gewebeschnitt bzw. im Pfefferpulver; durch Extraktion des Piperins aus dem Gewebe und Nachweis desselben im Extrakt, durch Mikrosublimation des Piperins aus dem Gewebe und Nachweis des Piperins im Sublimat und durch Spaltung des Piperins in Piperidin und Piperinsäure und den Nachweis der Spaltprodukte.

Zum Nachweise des Piperidins im Gewebeschnitt verschiedener Pfeffersamen empfiehlt es sich, die Schnitte zuerst mit einigen Tropfen Alkohol zu versetzen und diesen dann teilweise verdunsten zu lassen. Bei Zugabe von Cadmiumchlorid in starkem Überschuß und in stark salzsaurer Lösung entstehen gegen den Deckglasrand hin zahlreiche gelbe Nadeln von Piperin-chlorid-Cadmiumchlorid: Cadmiumchlorid (ROSENTHALER) gibt mit festem Piperin oder alkoholischer Lösung bei 1 : 100 eine starke Fällung langer gelber Nadeln, die vielfach zu Büscheln vereinigt sind. Mit konzentrierter Salzsäure allein gibt festes Piperin nach Sättigung des Tropfens linsen- und rhombenförmige Krystalle bzw. gebogene dicke Nadeln von intensiv gelber Farbe und kann nicht mit dem Cadmiumchlorid-Additionsprodukte verwechselt werden.

Für den direkten Nachweis des Piperins im Schnitt verfährt man nach MOLISCH folgendermaßen: die Schnitte werden unter Deckglas mit 96proz. Alkohol in Berührung gebracht; hierauf läßt man nach teilweisem Verdunsten des Alkohols vorsichtig Wasser zufließen. Dabei entsteht zuerst eine milchige, von Emulsionen herrührende Trübung; nach $^1/_4$—$^1/_2$ Stunde treten am Deckglasrande in Form großer flacher Prismen Piperinkrystalle auf, die den Mikroschmelzpunkt des Piperins 129° zeigen.

Der Nachweis des Piperins in den Extrakten wird in folgender Weise durchgeführt: Die fein zerriebenen Samen der verschiedenen Pfefferarten wurden zuerst im Mikroextraktionsapparat nach KLEIN mit Chloroform, dem einige Tropfen Ammoniak hinzugefügt waren, oder mit 96proz. Alkohol extrahiert; in einem Tropfen des Extraktes wird nun das Piperin entweder durch Auskrystallisierenlassen nach Wasserzusatz (Mikroschmelzpunkt) oder mit Cadmiumchlorid in stark salzsaurer Lösung unter Bildung der charakteristischen gelben Nadeln des Piperin-Cadmiumchlorid-Additionsproduktes nachgewiesen. Die kleinsten Mengen Pflanzenmaterial, die überhaupt noch einen eindeutigen Nachweis ermöglichten, lagen zwischen 0,01—0,05 g des Samenmaterials.

Die Mikrosublimation des Piperins wurde in der Weise durchgeführt, daß die zerkleinerten Samen der verschiedenen Pfefferarten entweder allein oder nach Behandlung mit Kalkmilch oder Kalilauge im Mikrosublimationsapparat von G. KLEIN und WERNER ungefähr $^1/_2$—1 Stunde bei Temperaturen zwischen 210—220° sublimiert wurden. Der feine weiße Belag des Sublimats konnte dann entweder zum Nachweis des Piperins mit Hilfe des Mikroschmelzpunktes oder mit Hilfe der oben ausführlich beschriebenen Cadmiumkomplexverbindung verwendet werden. Die geringsten Mengen an Pflanzenmaterial, die gerade noch verwertbare Sublimate ergaben, lagen zwischen 1—2 mg.

Zur Spaltung des Piperins in Piperidin und Piperinsäure wurden ungefähr 1 g des fein gepulverten Samenmaterials zunächst im Mikroextraktionsapparat mehrere Stunden mit Alkohol extrahiert, die alkoholische Lösung filtriert und bis auf ein Volumen von 1—2 $cm^3$ auf dem Wasserbade eingeengt. Nach Zusatz von fester Kalilauge wurde nun in dem extrahierten Material durch dreistündiges Kochen am Rückflußkühler die Spaltung durchgeführt. Das Piperidin blieb dabei in der alkoholischen Lösung, während das in Alkohol nicht lösliche piperinsaure Kalium in Form von feinen, schwach rosa gefärbten, glänzenden Schuppen ausfiel und abfiltriert werden konnte.

Das Filtrat wurde im Mikrodestillationsapparat destilliert, wobei das Piperidin mit dem Alkohol überging und im Destillat mit folgenden Reaktionen nachgewiesen werden konnte: Mit Platinchlorid und Natriumjodid (BEHRENS-KLEY) bildeten sich schwarze, haarfeine Krystalle; mit Platinchlorid und Natriumbromid wurden feine rotbraune Krystallnadeln erhalten, während Chloranil (BEHRENS-KLEY) grüne Prismen ergab.

Der am Filter verbliebene Rückstand wurde zuerst mehrmals mit Alkohol gewaschen und hierauf in heißem Wasser gelöst. Die so erhaltene wäßrige Lösung des piperinsauren Kaliums kann entweder direkt zu den Nachweisreaktionen angewandt oder auch auf freie Piperinsäure verarbeitet werden. Mit Bariumnitrat bildet das piperinsaure Kalium farblose, sternchen-, bäumchen- oder federförmige Krystallgruppen. Mit Calciumnitrat bildet es sehr zarte zu Garben oder Sternchen vereinigte Krystallnadeln. Zum Nachweis der freien Piperinsäure wurde die wäßrige Lösung des piperinsauren Kaliums mit Salzsäure angesäuert und gekocht. Dabei kommt es zur Abscheidung der Piperinsäure als hellgelbes lockeres, aus feinen Nadeln bestehendes Pulver. Die Piperinsäure konnte im Mikrosublimationsapparat bei ca. 212° sublimiert werden. Dabei wurde ein krystallinisches Sublimat erhalten, das den Mikroschmelzpunkt der Piperinsäure, 212°, zeigte.

### c) Coniumalkaloide (Schierlingsalkaloide) (s. S. 732).

Im Schierling (Conium maculatum L., Familie der Umbelliferen), sind bis jetzt folgende Alkaloide aufgefunden worden.

1. Coniin $C_8H_{17}N$ (in der d- und l-Form).
2. $\gamma$-Conicein $C_8H_{15}N$.
3. Conhydrin $C_8H_{17}ON$.

Diese Alkaloide werden von geringen Mengen folgender Basen begleitet:

4. vom Pseudo-conhydrin $C_8H_{17}ON$ und
5. vom N-Methyl-coniin $C_8H_{16}N \cdot CH_3$ (in der d- und l-Form).

Diese meist an Äpfelsäure und Kaffeesäure gebundenen Basen finden sich in allen Teilen der Pflanze, in größter Menge aber in den unreifen Früchten, die etwa 1% Coniin und 0,01% Conhydrin enthalten (HOFMANN [244], A. WERTHEIM [608], FARR und WRIGHT [110]).

Die Darstellung und Trennung der einzelnen Schierlingsalkaloide voneinander wird am besten nach den Angaben von v. BRAUN (43) durchgeführt. Dem aus dem Pflanzenmaterial dargestellten Rohbasengemisch wird das Hauptalkaloid, das Coniin, durch fraktionierte Destillation entzogen (Näheres s. Darstellung des Coniin, S. 483, 516). Die nach dem Abdestillieren des Coniins verbleibenden Rückstände enthalten neben noch nicht abdestilliertem Coniin die angereicherten Nebenalkaloide ($\gamma$-Conicein, Conhydrin, Pseudo-conhydrin und N-Methyl-coniin). Durch fraktionierte Destillation können aus diesem Gemische nur die am höchsten siedenden Basen das Conhydrin (Kp. 224 bis 226°) und das Pseudo-conhydrin (Kp. 236—237°) gewonnen werden. In den niedriger siedenden Fraktionen verbleiben demnach noch Coniin (Kp. 166 bis 167°), N-Methyl-coniin (Kp. 173—174°) und $\gamma$-Conicein (Kp. 173—174°), die durch fraktionierte Destillation voneinander nicht mehr getrennt werden können. Während die Isolierung des N-Methyl-coniins, weil es sich hier um eine tertiäre Base handelt, verhältnismäßig leicht gelingt, muß die Trennung von Coniin und $\gamma$-Conicein über die Benzoylderivate durchgeführt werden. Hierzu wird das bis 190° abdestillierende Basengemisch zuerst von etwa noch auskrystallisierendem Conhydrin befreit, dann nach SCHOTTEN-BAUMANN mit Benzoyl-chlorid und Natronlauge benzoyliert, wobei nur das Coniin und $\gamma$-Conicein benzoyliert werden, während das N-Methyl-coniin als tertiäre Base unverändert bleibt. Den nun in Äther aufgenommenen Reaktionsprodukten kann durch verdünnte Säuren das N-Methyl-coniin entzogen werden, das aus der sauren Lösung durch Natronlauge in Freiheit gesetzt, in Äther aufgenommen, mit Ätzkali getrocknet und zur Reinigung fraktioniert wird.

Das in der ätherischen Lösung zurückbleibende Gemisch des Benzoylconiin und des Benzoylierungproduktes des $\gamma$-Coniceins, des Benzoyl-4-amino-butyl-propylketon wird folgendermaßen zerlegt: Aus der eingeengten ätherischen Lösung kann beim Versetzen mit Ligroin der größte Teil des Benzoyl-4-amino-butyl-propylketons als schnell erstarrendes Öl abgeschieden werden, der Rest wird von dem in Lösung bleibenden Benzoylconiin dadurch getrennt, daß bei der Vakuumdestillation sich nur das Benzoylconiin als destillabel (Kp.$_{16}$ 200 bis 210°) erweist, während das nicht destillierbare Benzoylaminoketon im Kolben zurückbleibt und direkt isoliert werden kann. Durch Zerlegung der so getrennten Benzoylverbindungen durch Behandlung mit konz. HCl bei 120° kann aus dem Benzoyl-coniin das Coniin, aus dem Benzoyl-4-amino-butyl-propylketon allerdings nicht ohne Verluste das $\gamma$-Conicein regeneriert werden.

*Bestimmung der Gesamtalkaloide des Schierlings.* Die Bestimmung der *Gesamtalkaloide des Schierlings* erfolgt in folgender Weise[1]: 10 g des Pulvers der Frucht werden unter zeitweisem Umschütteln 4 Stunden mit 100 cm³ eines Gemisches von 98 Teilen Äther, 8 Teilen Alkohol und 3 Teilen wäßrigen Ammoniaks (D = 0,958 bei 25°) behandelt. 50 cm³ der klaren Lösung (entsprechend 5 g der Frucht) werden mit normaler Schwefelsäure angesäuert und der Äther verjagt. Nun werden 15 cm³ Alkohol zugesetzt, die Mischung 2 Stunden stehengelassen, damit das Ammonsulfat sich abscheiden kann. Die Lösung wird filtriert, Filter und Rückstand mit wenig Alkohol gewaschen und die Waschflüssigkeit zum Filtrat hinzugefügt. Das Filtrat wird am Wasserbad auf etwa 3 cm³ eingedampft, ein gleiches Volumen Wasser und 2 Tropfen normaler Schwefelsäure hinzugefügt. Jetzt wird die Lösung zweimal mit je 15 cm³ Äther gewaschen, dann im Scheidetrichter mit überschüssiger Natriumcarbonatlösung alkalisch gemacht und die Alkaloide unter Anwendung von 10, 15 und 10 cm³ Äther ausgeschüttelt. Die Extrakte werden in einem gewogenen Becherglase vereinigt, 5proz. Salzsäure bis zur sauren Reaktion hinzugefügt und am Wasserbade eingedampft. Der Rückstand wird zweimal mit je 3 cm³ Alkohol zur Vertreibung überschüssiger Salzsäure eingedampft, bei einer 60° nicht übersteigenden Temperatur getrocknet und gewogen. Das gefundene Gewicht multipliziert mit 0,777 · 20 ergibt den Prozentgehalt der Gesamtalkaloide in den Früchten[2].

[1] The United States Pharmacopoeia, 8. Revision (siehe auch ANDREWS [5a]).

[2] Auf eine von FARR und WRIGTH (111) herrührende Methode, die als Extraktionsmittel für die Chlorhydrate der Alkaloide Chloroform verwendet, wird verwiesen.

Die Mengen der Chlorhydrate der Gesamtalkaloide, die in den verschiedenen Teilen des Schierlings von FARR und WRIGHT (110) aufgefunden wurden, sind folgende: im Stengel 0,01—0,06%, in den Blättern 0,03—0,18%, in den Blüten 0,086—0,236% und in den grünen Früchten 0,725—0,975%.

Über die Möglichkeit qualitativ Coniin und seine Nebenalkaloide zu unterscheiden, hat W. J. DILLING (84) eine ausführliche Untersuchung veröffentlicht. Liegen die Chlorhydrate des Coniins und anderer ähnlicher Basen vor, so können die Alkaloide auf folgendem Wege erkannt werden:

1. Zur neutralen Lösung gibt man zuerst 1—2 Tropfen Sodalösung, dann einige Tropfen Alkohol und Schwefelkohlenstoff, kocht, versetzt mit einem Wasserüberschuß und einigen Tropfen Kupfersulfatlösung.

Coniin, Conhydrin, Pseudoconhydrin und $\gamma$-Conicein geben eine braune Färbung. Wird an Stelle des Kupfersulfats Uranylnitrat verwendet und am Schluß der Reaktion mit Toluol ausgeschüttelt, so erzeugt Coniin Rotfärbung, während bei Anwesenheit von Conhydrin und Pseudoconhydrin nur schwache Gelbfärbung oder gar keine Färbung auftritt.

2. Werden die Chlorhydrate durch Zusatz von Natronlauge zersetzt, ausgeäthert und die ätherische Lösung eingedampft, so kann schon aus dem Aggregatzustand des Rückstandes auf das Vorhandensein der einzelnen Basen geschlossen werden. Coniin und $\gamma$-Conicein bleiben als Flüssigkeiten zurück. $\gamma$-Conicein färbt sich bei Behandlung mit konzentrierter Salzsäure grün, Conhydrin und Pseudoconhydrin sind krystallinisch, wobei das Conhydrin in flachen Platten, Pseudoconhydrin in Nadeln krystallisiert. Werden die krystallisierten Fraktionen bei Wasserbadtemperatur sublimiert, so ergibt Conhydrin cholesterinartige Krystalle, Pseudoconhydrin Nadeln.

**Coniin**, $\alpha$-n-Propyl-piperidin, $C_8H_{17}N$.

$CH_2$
$H_2C$ $CH_2$
$H_2C$ $CH \cdot CH_2 \cdot CH_2 \cdot CH_3$
N
H

Das Coniin kommt in der Natur sowohl in der d- als auch in der l-Form vor (HOFMANN [243], AHRENS [1], LÖFFLER und FRIEDRICH [348]). Die Verteilung des Coniins in Conium maculatum ist nach TSCHIRCH (580) etwa folgende: Die Früchte enthalten 0,2—0,7%, die Stengel 0,065%, die Blätter 0,01 bis 0,09% und die Wurzeln 0,018—0,047%.

Zur Darstellung des Coniins werden die zerquetschten Früchte mit Kalilauge oder Sodalösung versetzt, die Basen hierdurch frei gemacht und mit Wasserdampf destilliert. Das Destillat wird nach dem Ansäuern mit Salzsäure oder Schwefelsäure zur Trockene verdampft und durch Behandlung des Abdampfrückstandes mit Alkohol oder Äther werden die Alkaloidsalze von den Ammoniaksalzen getrennt. Nun werden die Alkaloidsalze mit Lauge zerlegt, die Basen in Äther aufgenommen, aus der getrockneten ätherischen Lösung der Äther bei niedriger Temperatur vertrieben und die Basen im Wasserstoffstrome destilliert. Das Coniin zeigt unter diesen Bedingungen den Kp. 165—166°. Zur Gewinnung reinen Coniins wird die bei der Destillation gewonnene Base, die neben Coniin noch $\gamma$-Conicein enthält, entweder durch die Darstellung des Bitartrates oder bei Anwesenheit größerer $\gamma$-Coniceinmengen durch die fraktionierte Krystallisation der Chlorhydrate gereinigt. Das Chlorhydrat des Coniins ist in Aceton schwer, das Chlorhydrat des $\gamma$-Coniceins in Aceton leicht löslich (WOLFFENSTEIN [634]).

Das Coniin ist eine farblose, alkalisch reagierende Flüssigkeit, die den Kp. 166° zeigt. $D^{19} = 0{,}8438$. $n_D = 1{,}4505$. Wenig löslich in Wasser, leicht löslich in Alkohol, Äther und Chloroform. Auf die Gewinnung des Coniins durch Wasserdestillation bei Gegenwart von Alkali wurde besonders hingewiesen (siehe auch S. 483). Es ist an der Luft leicht oxydierbar.

Optische Aktivität: d-Coniin $[\alpha]_D^{19} = +15{,}7^0$. l-Coniin $[\alpha]_D = -15{,}21^0$. Chloroplatinat $C_{16}H_{36}N_2PtCl_6 + H_2O$ (wasserfrei) Fp. 175°. Pikrolonat, $C_8H_{17}N \cdot C_{10}H_8O_5N_4$, Fp. 195,5° (gelbe Rhomboeder).

Reaktionen. Verhalten gegen *Alkaloidfällungsmittel*: In salzsaurer Lösung fällen Jodjodkalium, Kaliumwismutjodid, Phosphorwolfram- und Phosphormolybdänsäure noch bei einer Konzentration 1:10000, ebenso Hexanitro-diphenylamin, Dinitroanthrachrysonsulfosäure (ROSENTHALER und GÖRNER [456]), Goldchlorid und Platinchlorid nur bei Konzentrationen, die stärker sind als 1 : 100.

Der Nachweis des Coniins kann nach L. ROSENTHALER (443) auch mit Reineckes Salz (Tetra-rhodanato-diamino-chromi-ammonium) durchgeführt werden.

Farbenreaktionen. Zu alkoholischer Coniinlösung werden einige Tropfen Schwefelkohlenstoff und nach einiger Zeit einige Tropfen Kupfersulfatlösung hinzugefügt, worauf nach einiger Zeit gelbe bis dunkelbraune Färbung bzw. Niederschlagsbildung auftritt. Nach GADAMER (365) ist dies eine allgemeine Reaktion sekundärer Basen (MELZER [366], s. S. 506).

Mit Nitroprussidnatrium tritt allmählich Rotfärbung ein, die mit Acetaldehyd in Violett und Blau übergeht (B. GABUTTI [140]).

Der Nachweis des Coniins im Pflanzenmaterial auf mikrochemischem Wege, besonders unter Benützung von Chloranil, wurde von KLEIN und E. HERNDLHOFER (295) durchgeführt.

Der mikrochemische Nachweis des Coniins in der Pflanze erfolgt nach G. KLEIN und E. HERNDLHOFER am besten in folgender Weise: Das zu untersuchende Organstück des Pflanzenmaterials wurde zerrieben in einen Glasring am Objektträger gebracht, mit einem Tropfen Natronlauge versetzt und der Glasring, möglichst dicht schließend, mit einem Uhrglase bedeckt, auf dem sich ein Tropfen Chloranillösung befand. Als Reagens hat sich am besten eine 1proz. Chloranillösung in Benzol (BEHRENS-KLEY) bewährt. Bei der nun eintretenden kalten Destillation des flüchtigen, durch die Natronlauge freigemachten Coniins tritt das Coniin mit dem Reagens in Berührung, wodurch es zur Abscheidung ganz charakteristischer wetzsteinförmiger, dunkelgrüner Krystalle kommt, die bei langsamer Bildung immer einzeln auftreten, aber bei Coniinüberschuß sich auch zusammenschließen können. Die Empfindlichkeit dieser Reaktion beträgt in dieser Anordnung 1 : 100000. Erfassungsgrenze 1 $\gamma$. Die Bildung des Chloranilproduktes des Coniins dauert längere Zeit, weshalb das Eintrocknen des Tropfens durch dichten Abschluß des Glasringes möglichst verzögert werden muß. Überschüssiges Chloranil selbst bildet beim Eintrocknen lichtgelbe plattenförmige Krystallaggregate, die aber mit dem Coniin-chloranilprodukt nicht verwechselt werden dürfen. Ammoniak, das bei dieser Anordnung auch mit dem Chloranil reagieren könnte, stört nicht, da das Ammoniak-chloranilderivat winzige lichtgrüne Krystalle bildet, die viel heller sind als die Coniinprodukte und auch nie die Krystallform dieser Krystalle aufweisen. Ammoniak bildet meist nur am Rande des Deckglases am Glasringe grün gefärbte Zonen, die aus dichten Krystallaggregaten bestehen und mit den dunkelgrünen Einzelkrystallen des Coniinproduktes nicht verwechselt werden können. Eine weitere Unterscheidungsmöglichkeit bietet die Bestimmung des Mikroschmelzpunktes. Das Chloranilderivat des Coniins zeigt den Fp. 95°, während das Ammoniakprodukt bei 82° braun wird und erst bei ca. 192° schmilzt. Das Coniin-chloranilprodukt kann in der obigen Anordnung durchschnittlich nach etwa halbstündigem Stehenlassen nachgewiesen werden.

Die mikrochemischen Reaktionen des Coniins wurden von M. WAGENAAR (596) hinsichtlich der Grenzkonzentrationen und der kleinsten nachweisbaren Mengen zusammenfassend beschrieben.

**$\gamma$-Conicein.** $\alpha$-Propyl-$\Delta^{\alpha}$-Tetrahydro-pyridin, $C_8H_{15}N$ (WOLFFENSTEIN [635]).

```
        CH2
       /  \
   H2C     CH
    |      ||
   H2C     C—CH2 · CH2 · CH3
       \  /
        N
        H
```

Das $\gamma$-Conicein ist eine in Wasser sehr wenig lösliche, in wässeriger Lösung stark alkalisch reagierende Flüssigkeit, die sich langsam an der Luft bräunt. $Kp._{752}$ 173—174°, $Kp_{14}$ 64—65°, $D_{22,5}$ 0,8724. Es ist eine optisch inaktive sekundäre Base. Chloroplatinat Fp. 192°. Cadmiumjodiddoppelsalz: $B \cdot HJ \cdot CdJ_2$, Fp. 146—147° (aus Wasser in langen Nadeln).

**d-Conhydrin.** d-Piperidyl(1)propan-1-ol. $C_8H_{17}ON$ (WERTHEIM [608]) (WILLSTÄTTER, LÖFFLER, HESS).

```
        CH2
       /  \
   H2C     CH2
    |      |
   H2C     CH · CHOH · C2H5
       \  /
        N
        H
```

Das d-Conhydrin kommt im Schierling in geringer Menge vor, krystallisiert aus Äther in farblosen Blättchen vom Fp. 120—121° und zeigt den Kp. 225—226° (unzersetzt). Es ist sublimierbar, riecht coniinähnlich, ist in Wasser ziemlich leicht, in Alkohol und Äther leicht löslich. Die sekundäre Base ist optisch aktiv (rechtsdrehend). $[\alpha]_D = +10°$.

**Pseudoconhydrin,** $C_8H_{17}ON$ (E. MERCK [370], ENGLER und Mitarbeiter [95] (LÖFFLER).

```
              CH2
        H    /  \
          \ C    CH2
        HO/ |    |
          H2C    CH·CH2·CH2·CH3
              \  /
               N
               H
```

[E. SPÄTH, FR. KUFFNER, L. ENNSFELLNER (535a)].

Die Base ist ein leicht zerfließliches krystallinisches Pulver, das in Wasser und in den meisten organischen Lösungsmitteln leicht löslich ist. Fp. 105—106° (aus trockenem Äther [Nadeln]). Kp. 236—237°. Es ist eine optisch-aktive (rechtsdrehende), schwach riechende sekundäre Base. $[\alpha]_D = +11°$. Chlorhydrat: B · HCl · Fp. 213—214° (aus $CH_3OH$ + Aceton). Die Konstitution ist durch E. SPÄTH, FR. KUFFNER u. L. ENNSFELLNER aufgeklärt worden.

**N-Methyl-d-coniin, N-Methyl-l-coniin,** $C_9H_{19}N$.

```
      CH2
     /  \
  H2C    CH2
   |     |
  H2C    CH·CH2·CH2·CH3
     \  /
      N
      |
      CH3
```

N-Methyl-d-coniin (WOLFFENSTEIN [633] und v. BRAUN [43]) ist ein farbloses coniinähnliches Öl vom Kp. 173—174°, $d^{24,3°} = 0,8318$, $[\alpha]_D^{24,3°} = +81,33°$. Chloroplatinat Fp. 158°.

N-Methyl-l-coniin (AHRENS [1]). Farblose, coniinähnliche Flüssigkeit. Kp. $_{767}$ 175,6°, $d^{20°}$ 0,8349, $[\alpha]_D^{20} = -81,92°$, Chloroplatinat Fp. 153—154° (orangegelbe Krystalle). Pikrat Fp. 121—122°.

### d) Alkaloide der Granatapfelbaumrinde (s. S. 727).

Die Rinde der Stengel und der Wurzeln des Granatapfelbaumes (Punica granatum L.) enthält eine Reihe von Alkaloiden, die wahrscheinlich an Gerbsäuren (z. B. Granatgerbsäure Rembald) gebunden sind. Neben dem Hauptalkaloid, dem Pseudo-pelletierin $C_9H_{15}ON$, findet sich eine größere Anzahl von Basen, die vor allem von TANRET und HESS untersucht wurden, wobei aber hinsichtlich der Klassifizierung der einzelnen Basen die beiden Autoren zu verschiedenen Ergebnissen gelangten. Inwieweit diese Unterschiede auf eventuell wechselnde Zusammensetzung der Rinden oder leichte Veränderlichkeit (vor allem Racemisierung) der Basen zurückzuführen sein dürfte, konnte bis jetzt noch nicht endgültig festgestellt werden. Als Begleiter des Pseudo-pelletierins wurden folgende *Basen der Bruttoformel* $C_8H_{15}ON$ aufgefunden: das Pelletierin von TANRET (571) (optisch aktiv), das Pelletierin von HESS [(209, 211), K. HESS und A. EICHEL (213), K. HESS und R. GRAU (216)] (optisch inaktiv), das Isopelletierin von TANRET (optisch inaktiv, vielleicht identisch mit dem Pelletierin von HESS), schließlich das Isopelletierin von HESS; weiter eine Reihe von *Basen der Bruttoformel* $C_9H_{17}ON$: das Methylpelletierin von TANRET, das Isomethyl-pelletierin von PICCINI (406) (wahrscheinlich identisch mit dem Methylpelletierin von TANRET), das Methyl-iso-pelletierin von HESS und das ($\alpha$-N-Methylpiperidyl)-propan-2-on[1].

[1] Nach den Untersuchungen von MEISENHEIMER und MAHLER (363), sowie HESS und LITTMANN (216a) hat sich ergeben, daß das Methylisopelletierin und das l($\alpha$-N-Methylpiperidyl)propan-2-on identisch sind. Da das von HESS als Naturstoff beschriebene l($\alpha$-N-Methyl-piperidyl)-propan-2-on sich mit dem synth. l($\alpha$-N-Methyl-piperidyl)-propan-2-on als nicht identisch erwiesen hat, bedarf dieser Naturstoff noch einer weiteren eingehenderen Untersuchung.

Die Mengen der einzelnen Basen, die aus 1 kg Rinde gewonnen werden können, sind nach HESS etwa folgende: 1,8 g Pseudopelletierin, 0,52 g Pelletierin, 0,01 g Iso-pelletierin, 0,2 g Methyl-iso-pelletierin und 0,01 g (α-N-Methylpiperidyl)-propan-2-on.

Die Darstellung der einzelnen Basen kann entweder nach dem Verfahren von TANRET oder nach dem Verfahren von K. HESS durchgeführt werden.

1. *Verfahren von* TANRET. Zuerst werden der mit Kalkmilch vermischten, fein pulverisierten Rinde alle Basen mit Chloroform entzogen. Aus der Chloroformlösung werden die Basen durch Salzsäure aufgenommen und damit eine Lösung der Chlorhydrate der Basen erhalten. Aus dieser Lösung werden die Alkaloide durch fraktionierte Fällung und Extraktion isoliert. Zuerst wird das Gemisch der Chlorhydrate mit Natriumcarbonat im Überschusse versetzt, wodurch Pseudopelletierin und das Methyl-pelletierin von TANRET mit Chloroform ausgeschüttelt werden können. Methylpelletierin T und Pseudo-pelletierin können auf verschiedene Weise voneinander getrennt werden, z. B. durch fraktionierte Destillation (Pseudopelletierin Kp. 246°, Methylpelletierin T. Kp. 215°) oder durch Lösung in Äther, wobei sich das krystallisierte Pseudopelletierin zuerst abscheidet, schließlich auch durch fraktionierte Fällung der Sulfate der beiden Basen durch Natrium-bicarbonat und Ausschütteln mit Chloroform, wobei sich in den ersten Fraktionen das Methylpelletierin T. ansammelt, die letzten Fraktionen hingegen das Pseudopelletierin enthalten.

Die nach der Extraktion des Pseudopelletierins und Methylpelletierins T zurückbleibende Lösung wird mit Alkali versetzt, wodurch Pelletierin T und Isopelletierin T freigemacht werden. Beide Basen werden in Chloroform aufgenommen und durch Ausschütteln mit verdünnter Schwefelsäure als Sulfate abgeschieden. Aus der über Schwefelsäure eingeengten Lösung der Sulfate scheidet sich krystallinisch das Pelletierinsulfat T aus und kann von dem öligen Isopelletierinsulfat durch Aufstreichen auf Papier getrennt werden. Aus den Sulfaten werden die Basen durch Alkali frei gemacht und im Wasserstoffstrome rektifiziert.

*Verfahren von* HESS (212) (K. HESS und A. EICHEL [214]). Das Verfahren von HESS führt gleichfalls zu einer Trennung der einzelnen Alkaloide, wobei die von HESS beschriebenen Basen dargestellt werden können. Die Trennung der nach den üblichen Methoden gewinnbaren Gesamtalkaloide beginnt mit der Abscheidung des Pseudopelletierins, das entweder durch Ausfrieren aus dem rohen Alkaloidgemisch oder als Bromhydrat abgeschieden werden kann. Zur Darstellung des gut krystallisierenden und in absolutem Alkohol schwer löslichen Bromhydrates werden 100 g Rohbasen in 150 $cm^3$ Alkohol mit Bromwasserstoff gesättigt. Beim Eindunsten dieser Lösung im Vakuum können drei Fünftel des Pseudopelletierins abgeschieden werden. Nach zweitägigem Stehen ist das Pseudopelletierin-bromhydrat fast vollständig krystallinisch ausgefallen; es kann nach dem Verreiben des Niederschlages mit absolutem Alkohol durch Abfiltrieren von den übrigen Bromhydraten befreit werden. Aus der so gewonnenen Lösung der Bromhydrate werden die Basen frei gemacht und im Vakuum fraktioniert, wobei ein gegen Luftsauerstoff empfindliches Öl gewonnen wird ($Kp._{13}$ 100—106°). Zur Trennung der einzelnen Basen wird dieses Öl (aus 100 kg Rinden etwa 76 g) nach den üblichen Methoden mit Chlorkohlensäureester behandelt, um die sekundären Basen in die sich im Siedepunkte stark unterscheidenden Urethane zu verwandeln. Bei der nun folgenden fraktionierten Destillation der Basen gelingt die Trennung der einzelnen Alkaloide: Es zeigen dabei das 1-(α-N-Methyl-piperidyl-)propan-2-on den $Kp._{13}$ 96—98°, das Methylisopelletierin den $Kp._{13}$ 100—102° und das Gemisch von Pelletierin- und Isopelletierin-urethan den $Kp._{13}$ 150—165°, das Pelletierin-urethan H. den $Kp._{13}$ 165 bis 166°. Durch Verseifung der aus Pelletierin- und Iso-pelletierin-urethan bestehenden Fraktion gewinnt man ein Gemisch der beiden Basen, aus dem nach dem Verharzen des Pelletierins das Iso-pelletierin rein dargestellt werden kann. Die Zerlegung des Pelletierin-urethans gelingt nur mit Säuren, aber auch hier nur in unbefriedigenden Ausbeuten.

*Quantitative Bestimmung der Gesamtalkaloide.* (Deutsches Arzneibuch, 6. Ausgabe.) 6 g fein pulverisierte Granatrinde wird in einem Arzneiglas (150 $cm^3$ Inhalt) mit 60 g Äther, nach kräftigem Umschütteln mit 10 g Natronlauge versetzt, und unter häufigem Umschütteln $^1/_2$ Stunde lang stehengelassen. Nach dem Absetzen wird die ätherische Lösung möglichst vollständig durch ein Wattebäuschchen in ein Arzneiglas (100 $cm^3$ Inhalt) gegossen und nach Zusatz von 1 $cm^3$ Wasser gut durchgeschüttelt. Nach erfolgter Klärung der Flüssigkeit werden 2 g getrocknetes Natriumsulfat hinzugefügt, einige Minuten gut durchgeschüttelt und 10 Minuten stehengelassen. 30 g der ätherischen Lösung (entsprechend 3 g Granatrinde) werden durch ein Wattebäuschchen in ein Kölbchen gegossen, der Äther durch Hindurchleiten eines Luftstromes auf die Hälfte abgedampft, 5 $cm^3$ n/10 Salzsäure und 10 $cm^3$ Wasser hinzugefügt und der Rest des Äthers unter häufigem Umherschwenken vollständig abdestilliert. Nach Zusatz von 2 Tropfen Methylrot zur erkalteten Lösung wird mit n/10 Kalilauge zurücktitriert (1 $cm^3$ n/10 Salzsäure entsprechen 0,01475 g Granatrindenalkaloide).

Nach H. DIETERLE (81) kann bei peinlicher Sorgfalt beim analytischen Arbeiten die Menge des zur Gesamtalkaliodbestimmung notwendigen Ausgangsmaterials außerordentlich stark eingeschränkt werden. Für die quantitative Alkaloidbestimmung in der Granatbaumrinde wurde folgendes, mit Rücksicht auf die Flüchtigkeit der Basen modifiziertes Verfahren vorgeschlagen: 3,0 g fein gepulverte Granatrinde wird in einer Arzneiflasche mit 40 g Äther übergossen; nach dem Umschütteln werden 8 g 15proz. Natronlauge hinzugefügt, das Gemisch unter häufigem Umschütteln $^1/_2$ Stunde lang stehengelassen und sodann 20 g Äther (entsprechend 1,5 g Rinde) in ein Kölbchen aus Jenaer Glas filtriert. Hierauf wird der Äther mittels Durchleitens eines trockenen Luftstromes ungefähr auf die Hälfte abgedampft, zu der ätherischen Lösung 5 $cm^3$ n/50 Salzsäure und 10 $cm^3$ Wasser zugesetzt und nun der Rest des Äthers unter häufigem Umschwenken vollständig abdestilliert. In der erkalteten Flüssigkeit wird die überschüssige Salzsäure mit n/50 Kalilauge unter Verwendung von Methylrot als Indicator zurücktitriert. (1 $cm^3$ n/50 Salzsäure entspricht 0,00296 g Gesamtalkaloiden.)

**Pseudo-pelletierin,** N-Methyl-granatonin, $C_9H_{15}ON$.

```
CH2—CH———CH2
|    |      |
CH2  N·CH3  CO
|    |      |
CH2—CH———CH2
```

Das Pseudo-pelletierin ist das einzige krystallisierende Alkaloid der Granatwurzelrinde. Es ist eine tertiäre, ziemlich starke Base. Es krystallisiert aus Ligroin wasserfrei in Prismen. Fp. 48°. Kp. 246°. Leicht löslich in Wasser, Alkohol, Äther, Chloroform, schwerer löslich in Ligroin. Optisch inaktiv. Das Sauerstoffatom des Pseudo-pelletierins ist als Ketosauerstoff für den Nachweis mit Carbonylreagenzien zugänglich. Es gibt gut krystallisierende Salze, mit den Alkaloidreagenzien Fällungen, mit Chromsäure eine intensiv grüne Färbung.

**Pelletierin** (β-Hexahydro-2-pyridyl-propion-aldehyd), $C_8H_{15}ON$.

```
     CH2
    /   \
H2C     CH2
 |       |                 H
 |       |               /
H2C     CH·CH2·CH2·C
    \   /                \\
     N                     O
     H
```

Mit Rücksicht auf die bis jetzt noch nicht geklärten Konstanten der von den einzelnen Autoren beschriebenen Pelletierine werden zunächst die nach den Autoren benannten Basen mit ihren Konstanten zusammengestellt.

*Pelletierin* TANRET (570). Farbloses, an der Luft empfindliches Öl. Löslich in Wasser und organischen Lösungsmitteln. Kp. 195° u. Z. $[\alpha]_D = -31,1°$ (in Äther); $-27,8°$ (in Wasser). Sulfat, $B_2 \cdot H_2SO_4 + 3H_2O$, Fp. 133° (wasserfrei). $[\alpha]_D = -30,3°$ $[H_2O]$. Pikrat Fp. 131—132°, Chloroplatinat Fp. 214—216°. Das Pelletierin wird durch Wärme oder Alkalien außerordentlich leicht razemisiert.

*Pelletierin* HESS. Luftempfindliche, leicht verharzende Flüssigkeit. Kp.$_{21}$ 106°. Optisch inaktiv, wurde von HESS in die Antipoden gespalten, wobei aber andere Werte der optischen Aktivität erhalten wurden als im Naturprodukt TANRETS. Es ist eine sekundäre, starke Base, deren Sauerstoff als Aldehydgruppe vorwiegend die Veranlassung zur leichten Verharzung, wie auch zu Reaktionen mit Carbonylreagenzien gibt. Chlorhydrat Fp. 143 bis 144°. Bromhydrat Fp. 140°. Pikrat Fp. 150—151°.

Das *Isopelletierin* TANRET gleicht dem Pelletierin TANRET vollständig, es ist nur optisch inaktiv.

Das Pelletierin gibt mit Alkaloidfällungsmitteln wie auch mit zahlreichen Nitroverbindungen Niederschläge. Tetranitro-phenolphthalein und Hexanitro-diphenylamin (1 : 50000—55000) sind empfindlicher als Pikrinsäure (1 : 1000—1100). Platinchlorwasserstoffsäure eignet sich nicht zur Fällung. Kaliumwismutjodid gibt eine krystallinische Fällung.

*Isopelletierin* HESS (216a), MEISENHEIMER und MAHLER (363), $C_8H_{15}ON$. 1-($\alpha$-Piperidyl)-propan-2-on.

Das Isopelletierin ist eine sekundäre Base. Kp.$_{11}$ 102—107°. Kp.$_{10}$ 86°. Pikrat Fp. 147 bis 148°. Bromhydrat Fp. 135—137°. Chlorhydrat Fp. 143° bzw. 144—145° (beide aus Aceton). Optisch inaktiv.

```
          CH2
         /   \
      H2C     CH2
       |       |
      H2C     CHCH2 · CO · CH3
         \   /
           N
           H
```

*Methyl-pelletierine und Methyl-isopelletierine*, $C_9H_{17}ON$.

*Methyl-pelletierin* TANRET. Flüssigkeit Kp. 215°. Kp.$_{45}$ 106—108°. $[\alpha]_D = +27{,}7°$. Chlorhydrat Fp. 168—170°, $[\alpha]_D = +41{,}2°$. Bromhydrat Fp. 165—167°. Pikrat Fp. 157—159°. Chloroplatinat Fp. 206—208°.

*Methyl-isopelletierin* HESS (216a), MEISENHEIMER und MAHLER (363). $C_9H_{17}ON$, 1-($\alpha$-N-Methyl-piperidyl)-propan-2-on.

Das Methyl-isopelletierin ist eine Flüssigkeit, die in einer Menge von etwa 0,02 % in den Rinden des Granatapfelbaumes vorkommt. Es ist eine tertiäre Base. Kp.$_{10}$ 101—102°. Pikrat Fp. 153—154°. Bromhydrat Fp. 151—152°. Chlorhydrat Fp. 157—158°. Semicarbazonchlorhydrat Fp. 208—209°. Semicarbazon Fp. 169°.

```
          CH2
         /   \
      H2C     CH2
       |       |
      H2C     CH · CH2 · CO · CH3
         \   /
           N
           |
          CH3
```

## e) Alkaloide der Betelnußpalme. Areca-alkaloide (s. S. 761).

In den Samen der Arecapalme (Areca catechu), den Areca- oder Betelnüssen finden sich folgende Alkaloide:

Als Hauptalkaloid Arecolin $C_8H_{13}O_2N$ in einer Menge von 0,1—0,4 %; als Nebenalkaloide Arecaidin $C_7H_{11}O_2N$ (identisch mit Arecain) (FREUDENBERG [136]), Guvacolin $C_7H_{11}O_2N$ (Norarecolin)[1], Guvacin $C_6H_9O_2N$ (Nor-arecaidin), Isoguvacin $C_6H_9O_2N$ (WINTERSTEIN und A. WEINHAGEN [629]), Arecolidin $C_8H_{13}O_2N$ (EMDE [94], s. insbesondere die Literaturübersicht JAHN [251]).

Neuere Untersuchungen scheinen darauf hinzuweisen, daß neben diesen Stoffen noch andere Basen vorhanden sein dürften. Die Empfindlichkeit einzelner Stoffe dieser Gruppe, vor allem die leichte Verseifung der Ester, erschwert die Beantwortung der Frage des natürlichen Vorkommens der einzelnen Basen sehr, weil oft schon durch die Gewinnungsmethodik Veränderungen der in der Natur vorkommenden Stoffe möglich sind. In der Betelnuß sind die Alkaloide meist an Gerbsäure gebunden, auch Cholin wird neben den Alkaloiden gefunden.

Die Darstellung kann nach zwei verschiedenen Verfahren erfolgen. So können mit Rücksicht auf die Empfindlichkeit der einzelnen Alkaloide die in organischen Lösungsmitteln leicht löslichen *Ester* dieser Gruppe aus dem schwach alkalisch gemachten Pulver der Nüsse direkt mit organischen Lösungsmitteln extrahiert und aufgearbeitet werden (WINTERSTEIN und TRIER [628]).

Die Methoden zur Gewinnung und Trennung aller Basen arbeiten hingegen mit Fällungsmitteln, was aber einerseits zu partieller Verseifung der Ester, andererseits auch zu Verlusten führen kann (s. JAHN [251]).

[1] E. MERCK, untersucht von K. HESS (210).

Die grob gepulverten Arecanüsse werden dreimal mit schwach angesäuertem Wasser (auf 1 kg Samen wird 2 g Schwefelsäure angewandt) extrahiert und die filtrierten Auszüge bis zum Gewicht des angewandten Rohmaterials eingeengt. Der filtrierte mit Schwefelsäure schwach angesäuerte Extrakt wird mit Wismutjodjodidkali gefällt, wobei ein Überschuß des Fällungsmittels zu vermeiden ist und hierauf der ziegelrote Niederschlag 2—3mal ausgewaschen. Durch Kochen mit Bariumcarbonat und Wasser wird er nun zerlegt, vom Wismutoxydjodid abfiltriert und Filtrat und Waschwasser bis zur Sirupkonsistenz eingeengt. Durch Zusatz von konzentrierter Ätzbarytlösung werden die Basen in Freiheit gesetzt und durch wiederholtes sofortiges Ausschütteln mit Äther extrahiert, wobei vom Äther nur das *Arecolin* aufgenommen wird, während die übrigen Basen in der Lösung zurückbleiben. Der nach dem Verjagen des Äthers verbleibende Rückstand wird durch Behandlung mit Bromwasserstoffsäure neutralisiert und das Bromhydrat des Arecolins durch Umkrystallisieren aus Alkohol gereinigt.

Für die Darstellung der Nebenalkaloide geht man von den beim Ausäthern des Arecolins verbleibenden Lösungen aus, die nach Neutralisation mit $H_2SO_4$ durch Behandlung mit Silbersulfat, Bariumhydroxyd und Kohlendioxyd von anderen Stoffen gereinigt werden. Die reinen Alkaloidlösungen werden zur Trockne verdampft und durch Extrahieren mit kaltem absoluten Alkohol oder Chloroform von Cholin, Farbstoffen und anderen Verbindungen befreit, während das *Arecain* (Arecaidin nach FREUDENBERG) ungelöst zurückbleibt. Das Guvacin soll in einzelnen Samensorten das Arecaidin vertreten und wird aus den Mutterlaugen der Arecolindarstellung wie folgt gewonnen (WINTERSTEIN und A. WEINHAGEN [629]). Die Mutterlauge wird stark verdünnt und mit Bleiessig so lange gefällt, bis keine Fällung mehr entsteht. Nach zwölfstündigem Stehen wird die Bleifällung abfiltriert, das Filtrat entbleit, unter Salzsäurezusatz eingedunstet, mit viel Alkohol vermischt und mit alkoholischer Sublimatlösung gefällt. Die filtrierte Lösung wird mit Schwefelwasserstoff vom Quecksilber befreit und zur Trockne eingedunstet. Die hinterbleibende Masse der Chlorhydrate wird in der Hitze mit 95% Alkohol extrahiert, wobei ein weißes Krystallpulver zurückbleibt, das nach dem Lösen in kaltem Wasser durch fraktionierte Krystallisation in 12 Fraktionen zerlegt werden kann. Die ersten 8 Fraktionen zeigen den Fp. 321° des *Guvacin-chlorhydrats*, die letzten 4 Fraktionen schmelzen bei 231° und sind das *Iso-guvacin-chlorhydrat.*

**Arecolin,** N-Methyl-$\Delta^3$-Tetrahydro-pyridin-$\beta$-carbonsäure-methylester, $C_8H_{13}O_2N$ (JAHN [251]).

```
      H
      C
    /   \\
H2C      C—COOCH3
 |       |
H2C      CH2
   \   /
     N
     ·
    CH3
```

Arecolin ist eine ölige, farblose, stark alkalisch reagierende, geruchlose, mit Wasserdämpfen flüchtige Flüssigkeit vom Kp. 209°. Leicht löslich in Wasser, Alkohol, Äther und Chloroform. Bromhydrat, B · HBr, Fp. 170—171° (aus Alkohol weiße luftbeständige Prismen). Die anderen Salze sind meist zerfließlich. Arecolin kann durch Säuren oder durch Alkalien zu Arecaidin und Methylalkohol verseift werden.

Das Arecolin zeigt folgendes Verhalten gegen Alkaloidfällungsmittel: Eine 1proz. Arecolinlösung wird durch Kaliumwismutjodid, Trinitro-phloroglucin, Trinitro-phenolphthalein und Hexanitro-diphenylamin gefällt. Konzentrierte Lösungen geben Niederschläge mit Quecksilberchlorid und Pikrinsäure; Gerbsäure und Platinchlorwasserstoffsäure eignen sich nicht zur Fällung.

Farbreaktionen. Wäßrige Arecolinlösung färbt sich mit Kaliumferricyanidlösung blau, mit Kaliumferrocyanidlösung grün. Beim Befeuchten der Trockenrückstände mit etwas HCl treten intensive Blau- bzw. Grünfärbungen auf. — Arecolin wird mit Bleiperoxyd und Eisessig erwärmt; nach Zusatz einiger Tropfen des essigsauren Filtrats zu Morphin-Schwefelsäure entsteht eine grünliche, dann violette Färbung, nach Zusatz zu Codeinschwefelsäure eine Blaufärbung.

Quantitative Bestimmung (D. A.-B. 6). 8 g mittelfein gepulverte Arecasamen übergießt man in einem Arzneiglas (150 $cm^3$ Inhalt) mit 80 g Äther, sowie nach kräftigem Umschütteln mit 4 $cm^3$ Ammoniakflüssigkeit und schüttelt das Gemisch 10 Minuten lang kräftig durch. Nach Zusatz von 10 g getrocknetem Natriumsulfat schüttelt man nochmals 5 Minuten lang durch, gießt die ätherische Lösung sofort nach dem Absetzen in ein Arzneiglas von 150 $cm^3$ Inhalt, gibt 0,5 g Talk und nach 3 Minuten langem Schütteln 2,5 $cm^3$ Wasser hinzu. Nachdem man das Gemisch weitere 3 Minuten lang durchgeschüttelt hat, läßt man es bis zur Klärung stehen, filtriert 50 g der ätherischen Lösung (= 5 g Arecasamen) durch ein trockenes, gut bedecktes Filter in ein Kölbchen und destilliert etwa zwei Drittel des Äthers ab. Die erkaltete ätherische Lösung bringt man in einen Scheidetrichter, spült das Kölbchen dreimal mit je 5 $cm^3$ Äther nach und gibt 5 $cm^3$ n/10 Salzsäure und 5 $cm^3$ Wasser in den Scheidetrichter. Nach 3 Minuten langem Schütteln wird die Lösung nach vollständiger Klärung in ein Kölbchen abfließen gelassen und das Ausschütteln dreimal mit 5 $cm^3$ Wasser in derselben Weise wiederholt. Zur salzsauren Lösung werden 2 Tropfen Methylrotlösung zugesetzt und mit n/10 Kalilauge titriert (1 $cm^3$ n/10 Salzsäure entspricht 0,015511 g Arecolin).

**Arecaidin,** N-Methyl-$\Delta^{\beta}$-Tetrahydro-pyridin-$\beta$-carbonsäure, $C_7H_{11}O_2N$.

```
      CH
    /    \\
H2C       C—COOH
 |        |
H2C       CH2
    \    /
      N
      ·
     CH3
```

Das Arecaidin krystallisiert mit 1 Mol Krystallwasser in farblosen vier- und sechsseitigen Tafeln, Fp. 223—224° (entwässert), Fp. 232° (aus absolutem Alkohol). Es ist in Wasser leicht löslich, sehr schwer löslich in absolutem Alkohol, unlöslich in Chloroform und Äther, worauf die Trennung von den anderen Nebenalkaloiden beruht (s. S. 522). Es ist optisch inaktiv.

**Guvacolin,** (Nor-arecolin) $\Delta^{\beta}$-Tetrahydro-nicotinsäure-methyl-ester (Guvacinmethylester), $C_7H_{11}O_2N$.

```
      CH
    /    \\
H2C       C · COOCH3
 |        |
H2C       CH2
    \    /
      N
      H
```

Guvacolin ist ein Öl vom Kp.$_{13}$ 114°. Bromhydrat Fp. 144—145° (prismatische Krystalle aus Aceton). Chlorhydrat Fp. 121—122° (Blättchen). Chloroplatinat Fp. 211°. Bei der Verseifung zerfällt Guvacolin in Guvacin und Methylalkohol.

**Guvacin,** (Nor-arecaidin) $\Delta^{\beta}$-Tetrahydro-nicotinsäure, $C_6H_9O_2N$.

```
      CH
    /    \\
H2C       C · COOH
 |        |
H2C       CH2
    \    /
      N
      H
```

Guvacin zeigt den Fp. 293—295°, ist ziemlich leicht löslich in Wasser und verdünntem Alkohol, beinahe unlöslich in den meisten anderen Lösungsmitteln. Chlorhydrat Fp. 312° u. Z. Chloroplatinat Fp. 233 u. Z., Chloroaurat 195—197° u. Z.[1]. Mit Eisenchlorid gibt Guvacin eine tiefrote Färbung. Beim Erhitzen gibt es Fichtenspanreaktion.

**Isoguvacin,** $C_6H_9O_2N$[2]. Konstanten Fp. 220°. Chlorhydrat Fp. 231° u. Z. Chloroplatinat Fp. 233—235° u. Z. Chloroaurat Fp. 198—200°. Gibt Pyrrolreaktion.

**Arecolidin,** $C_8H_{13}O_2N$. Das Arecolidin ist dem Arecolin isomer und wurde aus Mutterlaugen des Arecolinbromhydrats von EMDE (94) isoliert. Es ist ein sehr hygroskopisches zähes Öl, kann aber aus Äther in Nadeln krystallinisch gewonnen werden. Fp. 110°. Die Reinigung kann auch durch Sublimation erfolgen. Es ist leicht löslich in organischen Lösungsmitteln. Bromhydrat Fp. 268—271°. Chloroplatinat Fp. 222—223° u. Z. Chloroaurat Fp. 219—220°. Jodmethylat Fp. 264°. Die Konstitutionsaufklärung des Arecolidin ist bis jetzt noch nicht abgeschlossen.

## f) Lobeliaalkaloide (s. S. 750).

In der in Nordamerika wild wachsenden Pflanze Lobelia inflata (Familie der Campanulaceae) konnten neben dem Hauptalkaloid Lobelin

---

1 Konstanten: WINTERSTEIN u. A. WEINHAGEN (629).

2 Ist identisch mit Arecaidin, also $C_7H_{11}O_2N$ (WINTERSTEIN u. WALTER).

bis jetzt von H. WIELAND ([609], H. WIELAND und I. DRIESHAUS [611], H. WIELAND und O. DRAGENDORFF [612], H. WIELAND und M. ISHIMASA [615], H. WIELEND, W. KOSCHARA und E. DAME [614], H. WIELAND, CL. SCHÖPF und W. HERMSEN [618], G. SCHEUING und K. WINTERHALDER [473]) 10 Nebenbasen festgestellt werden. Durch die grundlegenden Untersuchungen WIELANDS ist es möglich geworden, die Lobeliaalkaloide ihrer Konstitution nach in Gruppen zusammenzufassen, wobei sich schon aus dieser Zusammenstellung die nahen Zusammenhänge und die gegenseitige Überführbarkeit der einzelnen Basen ohne weiteres ergeben. Auch wird die in der Pflanze auftretende Produktion einander nahestehender und leicht ineinander überführbarer Basen in diesem Falle besonders offenkundig.

Die wichtigsten Vertreter dieser Reihe, darunter auch das Hauptalkaloid Lobelin, gehören in die Reihe der $\alpha, \alpha'$-Diphenacyl-piperidine. Die einzelnen Basen können nach ihrem Charakter in eine Gruppe tertiärer und sekundärer Basen eingeteilt werden.

1. *Tertiäre Basen* der Lobeliaalkaloide.

a) *Lobelanin*, $C_{22}H_{25}O_2N$.

$H_2C—CH \cdot CH_2 \cdot CO \cdot C_6H_5$
$H_2C$ $N—CH_3$
$CH_2—CH \cdot CH_2 \cdot CO \cdot C_6H_5$

b) *l-Lobelin*, $C_{22}H_{27}O_2N$,

$CH_2—CH—CH_2 \cdot CO \cdot C_6H_5$
$CH_2$ $N—CH_3$
$CH_2—CH \cdot CH_2 \cdot CHOH \cdot C_6H_5$

und die früher als Lobelidin bezeichnete inaktive Base, die sich als *d-l-Lobelin* erwiesen hat.

c) *Lobelanidin*, $C_{22}H_{29}O_2N$.

$CH_2—CH \cdot CH_2 \cdot CHOH \cdot C_6H_5$
$CH_2$ $N—CH_3$
$CH_2—CH \cdot CH_2 \cdot CHOH \cdot C_6H_5$

d) *Lobinin*, $C_{18}H_{27}O_2N$. (Konstitutionsaufklärung noch nicht abgeschlossen [615].)

$CH_2—CH_2—CH—CH_2 \cdot CO \cdot C_6H_5$
? $N—CH_3$
$CH_2—CH_2—CH—CH_2 \cdot CHOH \cdot CH_3$

2. *Sekundäre Basen* der Lobeliareihe, die im Aufbau den unter a) und c) beschriebenen tertiären Basen gleichen und durch Methylierung in die tertiären Basen überführbar sind.

a) *Nor-lobelanin*, $C_{21}H_{23}O_2N$, früher Isolobelanin genannt.

$CH_2—CH \cdot CH_2 \cdot CO \cdot C_6H_5$
$CH_2$ $NH$
$CH_2—CH \cdot CH_2 \cdot CO \cdot C_6H_5$

b) *Nor-lobelanidin*, $C_{21}H_{27}O_2N$.

$$\begin{array}{l} \quad CH_2—CH \cdot CH_2 \cdot CHOH \cdot C_6H_5 \\ CH_2 \qquad NH \\ \quad CH_2—CH \cdot CH_2 \cdot CHOH \cdot C_6H_5 \end{array}$$

Die Darstellung der Lobeliabasen erfolgt nach den Angaben WIELANDS dadurch, daß das fein gepulverte Kraut oder der Samen mit möglichst wenig essigsäurehaltigem Wasser wiederholt durchfeuchtet und stehengelassen wird. Die entstehende braune Flüssigkeit wird durch Pressen abgetrennt, die Lösungen vereinigt und mit Bicarbonat bis zur stark alkalischen Reaktion versetzt. Der Extrakt wird nun mit Äther erschöpfend ausgezogen, das gelöste Alkaloidgemisch mit schwefelsäurehaltigem Wasser aufgenommen, neuerdings alkalisch gemacht und die Basen wieder in Äther gebracht. Dieser Vorgang gibt bei zweimaliger Wiederholung beim Verdunsten des Äthers das Gemisch der Alkaloide als gelb gefärbte honigartige ölige Masse. Die Isolierung des krystallisierten Lobelins gelingt dadurch, daß sein salzsaures Salz aus wäßriger Lösung durch Chloroform ausgeschüttelt werden kann, während die harzigen Salze der Begleitbasen im Wasser verbleiben. Die schwach übersäuerten Lösungen der Rohalkaloide werden zu diesem Zwecke zehnmal mit je dem zwanzigsten Teil ihres Volumens Chloroform durchgeschüttelt, die Chloroformlösung eingedampft (zuletzt im Vakuum), und der erhaltene braune Sirup wiederholt mit dem doppelten Volumen Wasser von 60° je 10 Minuten digeriert. Die einzelnen Auszüge werden nach dem Filtrieren durch ein trockenes Filter in Glasschalen zum Krystallisieren aufgestellt und, wenn die Krystallisation der Chlorhydrate ihren Anfang genommen hat, die Lösungen im Vakuumexsiccator über festem Alkali und Schwefelsäure eingeengt und, wenn nötig, aus heißem Wasser umkrystallisiert.

Zur Gewinnung der freien Lobelinbase werden die vereinigten Krystallisationen der Chlorhydrate in warmem Wasser gelöst und in der unterkühlten Lösung im Scheidetrichter unter Äther mit einem kleinen Überschuß von Natronlauge zerlegt. Die frei gemachte Base wird sofort in Äther aufgenommen, die ätherische Lösung nach dem Trocknen über Pottasche eingeengt und in konzentrierter Form der Krystallisation überlassen. Die sich abscheidenden Krystalle des Lobelins können aus Alkohol oder Benzol umkrystallisiert werden. Fp. 130 bis 131°. $(\alpha)_D^{15} = -42{,}85^0$ (Alkohol).

Aus den letzten ätherischen Mutterlaugen des Lobelins kann durch mechanische Trennung der vom Lobelin verschieden sich ausscheidenden Krystalle ein neuer Körper gewonnen werden, der durch Umkrystallisieren aus Alkohol weiter gereinigt wird. Er krystallisiert in sternförmigen, unregelmäßig begrenzten kleinen Prismen von Fp. 106° (d-l-Lobelin). $C_{22}H_{27}O_2N$. Chlorhydrat Fp. 165° (gegen 160° Gelb-, dann Rotfärbung).

Da die in den Mutterlaugen der Lobelindarstellung befindlichen Nebenalkaloide nach Entfernung der Lösungsmittel einen Sirup bilden, der nicht zur Krystallisation zu bringen ist, wird zur Isolierung des Lobelanins folgendermaßen verfahren: Der Sirup wird unter Eiskühlung mit 2 n alkoholischer Salzsäure oder Bromwasserstoffsäure neutralisiert und Äther bis zum Eintritt der Schichtenbildung zugesetzt, worauf nach einiger Zeit die Krystallisation des Brom- oder Chlorhydrates eintritt. Es wird nun scharf abgesaugt und die Krystalle aus der achtfachen Menge 25proz. Alkohols umkrystallisiert. Fp. des Lobelaninchlorhydrates 188°. Zur Darstellung der freien Base wird die heiße Lösung des Chlorhydrates auf überschüssige, mit viel Eis versetzte Sodalösung gegossen, ausgeäthert, die ätherische Lösung rasch mit geglühter Pottasche getrocknet und die Hauptmenge des Äthers abdestilliert. Beim Stehen krystallisiert das Lobelanin in dichten Nadeln von Fp. 99° (nach Umkrystallisieren aus Äther und Petroläther).

Die Mutterlaugen, aus denen das Lobelanin-chlorhydrat auskrystallisiert ist, werden mit Wasser verdünnt, Äther und Alkohol im Vakuum abdestilliert und durch Zusatz von 0,1 Mol 1 n NaOH braune Schmieren ausgefällt. Die klare Lösung wird mit Kaliumnitrat in der Kälte gesättigt, wobei sich die Nitrate der Basen schmierig ausscheiden. Nach 2 Tagen wird die überstehende Flüssigkeit abgegossen, mit Wasser nachgespült und der Rückstand mit wenig Aceton digeriert, worauf ein Teil der Nitrate krystallinisch wird. Er wird abfiltriert und mit verdünntem Alkohol gewaschen. Durch mehrfaches Umkrystallisieren aus 50proz. Alkohol wird der Fp. des Lobelanidin-nitrates 212 bis 213° u. Z. erreicht. Die freie Lobelanidinbase wird dadurch gewonnen, daß man die konzentrierte Lösung des Nitrates in heißem verdünnten Alkohol unter Rühren langsam in verdünnte überschüssige Sodalösung einträgt. Die sich dabei ausscheidenden Flocken werden abfiltriert, getrocknet und aus Alkohol umkrystallisiert. Fp. 150° (farblose breite, fast schuppenartige Prismen).

In den Mutterlaugen des Lobelanidin-nitrates kann die Isolierung des Norlobelanins durchgeführt werden: Zuerst werden aus den die Salze enthaltenden Mutterlaugen die Basen in Freiheit gesetzt, wobei sich in den alkoholischen Lösungen neben noch vorhandenem schwerer löslichem Lobelanidin eine weitere Base, das Nor-lobelanin, ausscheidet, die durch mehrfache Krystallisation aus 95proz. Alkohol gereinigt werden kann. Fp. 120—121°.

Neben dem Lobelanidin wird in derselben Fraktion auch das Nor-lobelanidin mitgefällt. Die Trennung dieser beiden Basen wird dadurch bewerkstelligt, daß beim Auskochen der Chlorhydrate mit absolutem Alkohol das Salz des Lobelanidins in Lösung geht, während als schwer lösliche Substanz das Chlorhydrat des Nor-lobelanidins zurückbleibt, das durch Umkrystallisieren aus 80—90proz. Alkohol gereinigt werden kann. Fp. 244 u. Z. Die freie Base wird durch Fällen der Lösung des Chlorhydrates mit Sodalösung und Aufnehmen in Äther gewonnen. Fp. des Nor-lobelanidins 120°.

**l-Lobelin** $C_{22}H_{27}O_2N$. Das l-Lobelin krystallisiert in farblosen glänzenden Nadeln, Fp. 130—131°. $[\alpha]_D^{15} = -42{,}85°$ ($C_2H_5OH$). Es ist schwer löslich in Äther und Petroläther, sehr schwer löslich in Wasser, löslich und umkrystallisierbar in Alkohol, Benzol und kochendem Äther. Chlorhydrat Fp. 182°. Mit konzentrierter Schwefelsäure, der etwas Salpetersäure zugesetzt ist, gibt es eine schwach grünliche, beim Erhitzen stärker werdende Färbung. Mit Molybdänschwefelsäure gibt es eine rosarote Färbung, die beim Erhitzen blaustichig wird.

**dl-Lobelin,** $C_{22}H_{27}O_2N$. Das dl-Lobelin kann durch Umkrystallisieren aus Äther in glänzenden tafelförmigen Krystallen erhalten werden. Fp. 110°. Chlorhydrat Fp. 170°. Nitrat Fp. 159—160°.

**Lobelanin,** $C_{22}H_{25}O_2N$. Das Lobelanin krystallisiert in zu Rosetten vereinigten Nadeln, ist optisch inaktiv, in Äther und Petroläther schwer, in Aceton, Benzol, Pyridin, Chloroform leicht löslich. Fp. 99°. Chlorhydrat Fp. 188 u. Z. Bromhydrat Fp. 188° u. Z. Nitrat Fp. 153—154° (aus Wasser). Perchlorat Fp. 173—174° (aus Wasser).

**Lobelanidin,** $C_{22}H_{29}O_2N$. Das Lobelanidin läßt sich zur Reinigung im Hochvakuum destillieren und krystallisiert in farblosen breiten schuppenartigen Prismen. Es ist optisch inaktiv, in Äther und Petroläther schwer löslich, in Wasser unlöslich, in Aceton, Benzol, Pyridin und Chloroform löslich. Chlorhydrat Fp. 135—138° (aus verdünntem Alkohol). Bromhydrat Fp. 188—190°. Nitrat Fp. 212—213° (aus 50proz. Alkohol).

**Lobinin,** H. WIELAND und MOTARO ISHIMASA (615) haben unter den Nebenalkaloiden der Lobeliapflanze eine neue Base der Bruttoformel $C_{18}H_{27}O_2N$ aufgefunden. Der Weg der Isolierung dieser Base war kurz folgender: zuerst wurden die Hauptmengen der Chlorhydrate der Hauptalkaloide aus wäßriger Lösung abgeschieden; weitere Beimengungen wurden aus der ätherischen Lösung mit Eisessig ausgefällt. Die im Äther verbleibenden Acetate der Basen wurden mit Lauge zerlegt und die ätherische Lösung der Basen nach dem Trocknen und Einengen völlig vom Äther befreit. Dem Rückstande wurden das Lobinin, begleitet von einigen anderen Basen, durch Schütteln mit niedrig siedendem

Petroläther entzogen, aus der Petrolätherlösung die Basen mit Salzsäure aufgenommen, worauf durch Ausschütteln der Lösung der Chlorhydrate mit Chloroform die Begleitbasen des Lobinins entfernt wurden. Nach Überführung der Chlorhydrate in die Perchlorate konnte das Perchlorat des Lobinins aus Alkohol krystallinisch erhalten werden. Fp. 146°. Während die freie Lobininbase bis jetzt nur amorph gewonnen werden konnte, krystallisieren einzelne Salze des Lobinins gut.

Chlorhydrat, B · HCl, Fp. 144° (Nadeln) $[\alpha]_D = -106,1°$ ($H_2O$); Chloroplatinat Fp. 190°. Oxim-chlorhydrat Fp. 182° (Prismen); Benzoyl-lobinin-chlorhydrat Fp. 146—147°.

*Quantitative Bestimmung der Lobeliaalkaloide.* Für die quantitative Bestimmung der Lobeliaalkaloide wurde von W. Peyer und F. Gstirner (405) folgende Methode beschrieben:

10 g grob gepulverte Droge werden in einer 200-cm³-Arzneiflasche mit 100 g Äther und 7 g Ammoniak versetzt und bei halbstündiger Maceration oft und kräftig durchgeschüttelt. Nun wird der Äther mit einem durch eine Glasplatte zu bedeckenden Trichter von 9 cm Durchmesser durch Watte in eine 150-cm³-Flasche filtriert. Durch Aufgießen von einigen Kubikzentimetern Wasser auf den Brei verdrängt man den Äther. Von 70 g ätherischer Flüssigkeit (= 7 g Droge) wird der Äther in einem 25-cm³-Kolben vollkommen abdestilliert und der Kolben nach dem Erkalten gewogen. Dann löst man den Rückstand in 10 cm³ Äther, fügt 30 cm³ Salzsäure (1 Teil 25proz. Salzsäure und 99 Teile Wasser) hinzu, schwenkt den Kolben einige Male kräftig um und vertreibt den Äther auf dem Wasserbade. Nach dem Erkalten ergänzt man das Gewicht der Flüssigkeit auf 35 g mit Salzsäure (1 + 99) und filtriert durch ein Faltenfilter (Durchmesser 10 cm). 30 g des Filtrates (= 6 g Droge) werden mit 10proz. Ammoniak schwach alkalisiert und dreimal mit je 25 cm³ Äther je 2 Minuten lang geschüttelt und die ätherische Flüssigkeit durch ein glattes Filter (Durchmesser 7 cm) in einen 200-cm³-Kolben filtriert. Dann destilliert man den Äther auf dem Wasserbade ab, löst den Rückstand in 10 cm³ Alkohol, fügt 25 cm³ Wasser und 3 Tropfen Methylrot hinzu und titriert mit n/10 Salzsäure bis zum Farbenumschlag. (1 cm³ n/10 Salzsäure entspricht 0,03372 g Alkaloide auf Lobelin berechnet.)

## D. Alkaloide mit Pyrrol- und Pyridinringsystemen.

### a) Alkaloide der Solanaceen (siehe auch Seite 744).

Die in den Solanaceen in einer größeren Anzahl von Pflanzen meist als Malate vorkommenden Alkaloide sind ihrer chemischen Zusammensetzung nach als Ester von Alkohol-aminen zu bezeichnen. Man kann sie in einzelne Gruppen von ähnlich gebauten Verbindungen zusammenfassen; in der Pflanze kann oft neben der optisch-aktiven Form auch die Racemform aufgefunden werden, die hier meist auch mit einem besonderen Namen bezeichnet wird.

*I. Ester, die als alkoholische Komponente das Tropin* ($C_8H_{15}ON$) *bzw. Nortropin* ($C_7H_{13}ON$) *enthalten.*

1. Atropin, $C_{17}H_{23}O_3N$, dl-Tropasäure-Tropinester.
2. Hyoscyamin, $C_{17}H_{23}O_3N$, l-Tropasäure-Tropinester.
3. Nor-Hyoscyamin (Pseudohyoscyamin), $C_{16}H_{21}O_3N$, l-Tropasäure-nor-Tropinester.
4. Apo-atropin (Atropamin), $C_{17}H_{21}O_2N$, Atropasäure-Tropinester.
5. Belladonnin, $C_{17}H_{21}O_2N$, Atropasäure-Tropinester.

*II. Ester, in denen sauerstoffreichere Alkoholamine der Tropinreihe als alkoholische Komponente auftreten.*

6. l-Scopolamin (Hyoscin), $C_{17}H_{21}O_4N$, Tropasäure-scopin-ester.
7. Atroscin, $C_{17}H_{21}O_4N_2 \cdot 2\,H_2O$, Tropasäure-scopin-ester (i-Scopolamin).
8. Meteloidin, $C_{13}H_{21}O_4N$, Tiglinsäure-teloidin-ester.

Von diesen Alkaloiden sind Hyoscyamin, Atropin, Scopolamin als Hauptalkaloide, alle anderen als Nebenalkaloide zu bezeichnen. Neben diesen Alkaloiden konnten noch eine Anzahl anderer Basen in den Solanaceen festgestellt werden, z. B. Pyridin, N-Methyl-pyrrolidin und N-Methyl-pyrrolin in Belladonnablättern (GORIS und LARSONNEAU [166a]) und Tetra-methyl-1,4-diamino-butan in Hyoscyamus muticus[1]. Über das mengenmäßige Auftreten der einzelnen Alkaloide in den wichtigsten Stammpflanzen, der Tollkirsche, Atropa belladonna, dem schwarzen Bilsenkraut, Hyoscyamus niger und dem Stechapfel Datura Strammonium, sowie in anderen Arten unterrichtet die nebenstehende Zusammenstellung (nach Henry [The Plant Alkaloids S. 63]) (s. S. 529).

Als Richtlinie für die präparative Darstellung der Solanaceenbasen muß man sich immer vergegenwärtigen, daß für die Darstellung spezieller Basen nicht alle erwähnten Pflanzen in gleicher Weise verwendbar sind, sondern für die einzelnen Alkaloide immer einzelne Pflanzen als Hauptausgangsmaterialien in Betracht kommen. Für die Darstellung des Atropins kommen vor allem Belladonnapflanzen und Stechapfelsamen, für die Darstellung von Hyoscyamin am besten Kraut und Samen von Hyoscyamus muticus, weil es fast frei von Nebenalkaloiden ist, für die Gewinnung von Scopolamin die typische Scopolaminpflanzen Datura metel, Datura arborea oder die Mutterlaugen der Hyoscyamindarstellung, für die Isolierung des Meteloidins Datura meteloides in Betracht. Was die Verteilung der Basen in den einzelnen Pflanzentypen anlangt, ist die Bemerkung von G. KLEIN und H. SONNLEITNER (304), die sich vor allem mit dem mikrochemischen Nachweis aller Solanaceenbasen nebeneinander in allen Teilen der Pflanze befaßt haben, wichtig, daß das Vorkommen, die Verteilung und die Menge der Alkaloide für jede Spezies, vielleicht jede Varietät, jedes Organ, jedes Altersstadium und vielleicht auch Standortsmilieu verschieden ist, daß auch in keiner Alkaloidgruppe eine derartige Mannigfaltigkeit und wechselnde Verschiedenheit bezüglich Vorkommen, Menge und Verteilung der Basen festgestellt werden kann wie in der Gruppe der Solanaceenbasen. Auf die genaue Verfolgung der Verteilung der einzelnen Basen in den die Alkaloide führenden Pflanzen muß auf die Originalarbeit verwiesen werden.

Eine ausführliche, mit quantitativen Analysen belegte ältere Untersuchung der Verteilung der Gesamtalkaloide in Datura Strammonium L. fand folgende Zahlen (J. FELDHAUS [113, 114]): Die aus Samen von 0,33 % Alkaloidgehalt gezogenen Pflanzen der gleichen Rasse und desselben Jahres enthielten: In den Hauptwurzeln 0,10 %, in den Wurzelzweigen 0,25 %, in der Hauptachse 0,09 %, in den Achszweigen höchster Ordnung 0,36 %, in den Blättern 0,39 %, in den Stempeln 0,54 %, in den Blumenkronen 0,43 %, in den Kelchröhren 0,30 %, in den reifen Perikarpien 0,082 %, in den Placenten der reifen Früchte 0,28 %, in den reifen Samen 0,48 % und in den aus diesen Samen erwachsenen Keimlingen 0,67 %; in den Blättern der Pflanzen des folgenden Jahres im Assimilationsgewebe 0,48 %, in den Mittel- und Sekundärnerven 1,39 %, in den Blattstielen 0,69 % Alkaloide. Die Hauptmenge der Alkaloide findet sich in der Nähe der Vegetationspunkte, in dem Parenchymzellen, in der nächsten Umgebung der Siebteile und in den peripheren Gewebeteilen. Das Assimilationsparenchym hat einen verhältnismäßig geringen Alkaloidgehalt.

---

[1] MERCK. Konstitutionsaufklärung WILLSTÄTTER-HEUBNER (621).

Solanaceenalkaloide.

| Name der Pflanze | Teil der Pflanze | Gesamt-alkaloidmenge % | Typen der Alkaloide |
|---|---|---|---|
| Atropa belladonna | Samen<br>Wurzeln[15]<br>Blätter<br>Gesamtpflanze | ca. 0,8<br>ca. 0,5<br>ca. 0,4<br>0,23—1,08 | Hauptsächlich Hyoscyamin, neben Scopolamin, Atropamin, Belladonin 0,01—0,09 %, Atropin und flüchtigen Basen Pyridin, N-Methyl-pyrrolidin und N-Methyl-pyrrolin |
| Hyoscyamusarten: | | | |
| H. albus | Samen<br>Blätter<br>Wurzeln | 0,16<br>0,21—0,56<br>0,10—0,14 | Hyoscyamin neben Scopolamin |
| H. muticus | Samen<br>Blätter<br>Blätter und Stengel<br>Stengel[2] | 0,87—1,34<br>1,4<br>0,6<br>0,6 | Hyoscyamin[1], daneben in geringer Menge Tetra-methyl-diamino-1,4-butan. |
| H. niger[3] | Samen<br>Wurzeln<br>Blätter | 0,06—0,10<br>0,15—0,17<br>0,045—0,08 | Vorwiegend Hyoscyamin neben Atropin und Scopolamin |
| H. reticulatus[4] | Samen<br>Gesamtpflanze | 0,082<br>0,116—0,240 | Vorwiegend Hyoscyamin, vielleicht auch andere Alkaloide |
| Datura-arten:[16] | | | |
| D. arborea[5] | Blätter<br>Stengel | 0,44<br>0,23 | Vorwiegend Scopolamin, in jungen Trieben und Wurzeln auch Hyoscyamin |
| D. factuosa[6] v. niger | Früchte<br>Blätter und Zweige<br>Wurzeln | 0,202<br>0,119<br>0,101 | Scopolamin und Hyoscyamin |
| v. flor coerul. plen.[7] | Samen | 0,223 | Scopolamin und Hyoscyamin |
| v. flor alb plen.[7] | Samen | 0,223 | Scopolamin und Hyoscyamin |
| D. Metel.[5 6 8 10] | Samen<br>Wurzel<br>Blätter<br>Früchte | 0,23—0,50<br>0,10—0,22<br>0,25—0,55<br>0,12 | Vorwiegend Scopolamin, begleitet von geringen Mengen Hyoscyamin und Atropin, Nor-hyoscyamin |
| D. meteloides[10 9 16] | Gesamtpflanze | 0,4 | Hyoscyamin 0,13 %, Atropin 0,03 %, Meteloidin 0,07 %, Nor-hyoscyamin |
| D. quercifolia[5] | Samen<br>Blätter | 0,29<br>0,42 | Scopolamin und Hyoscyamin |
| D. Strammonium[11] | Samen<br>Wurzeln<br>Blätter | 0,20—0,48<br>0,21—0,25<br>0,20—0,45 | Vorwiegend Hyoscyamin<br>Hyoscyamin und Scopolamin<br>Vorwiegend Hyoscyamin |
| Scopolia carniolica (S. atropoides, S. Hladnikiana)[12] | Rhizom | 0,43—0,51 | Hyoscyamin und Scopolamin |
| S. japonica[10 13] | Blätter | 0,18 | Hyoscyamin 0,15 %, Nor-hyoscyamin 0,03 % |
| Duboisia myoporoides[14] | Wurzeln | — | Hyoscyamin und Scopolamin, daneben auch Nor-hyoscyamin |
| Mandragora vernalis | Wurzel | — | Hyoscyamin, Scopolamin und Nor-hyoscyamin |

[1] Dunstan u. Brown (88). [2] Gadamer (141). [3] Umney (584). [4] (51).
[5] Kirchner (284). [6] Andrews (5). [7] Schmidt (475). [8] Schmidt (478).
[9] Pyman u. Reynolds (420). [10] Carr u. Reynolds (55). [11] Feldhaus (113).
[12] Dunstan u. Chaston (89), Ramson (429).
[13] Schmidt u. Henschke (481), Watanabe (607). [14] Merck (377).
[15] Blackie, J. (32). [16] Osada, S. (394) (Datura alba).

Für die Darstellung der Solanaceenalkaloide läßt sich auf Grund der Erfahrungen vieler Autoren[1] etwa folgender allgemein verwendbarer Gang angeben: Das fein zerkleinerte Material wird mit kaltem Alkohol extrahiert, das Lösungsmittel aus dem Extrakt bei vermindertem Druck abdestilliert und möglichst weitgehend entfernt. Handelt es sich bei dem Ausgangsmaterial um ölhaltige Stoffe, z. B. Samen, so wird das Öl zuerst durch Perkolation mit Petroläther entfernt, wobei aber darauf zu achten ist, daß das Perkolat auf Alkaloidgehalt zu untersuchen ist. Eventuell in den Petroläther übergegangene Alkaloide werden ihm durch Ausschütteln mit verdünnten Säuren entzogen. Die halbfesten Rückstände des vom Lösungsmittel befreiten Extraktes werden zuerst mit geringen Wassermengen ausgeschüttelt und erwärmt, schließlich aber so lange mit 0,5proz. Schwefelsäure ausgezogen, bis in den letzten Auszügen mit den üblichen Alkaloidfällungsmitteln keine Alkaloide mehr nachzuweisen sind. Die wäßrigen und sauren Auszüge werden miteinander vereinigt, filtriert und zur Trennung von Öl, Harz und nichtalkaloidischen Verunreinigungen mit Äther oder Chloroform ausgeschüttelt. Die geklärten Lösungen werden nun mit Ammoniak alkalisch gemacht und die Alkaloide vollständig mit Chloroform extrahiert, der Chloroformextrakt mit Wasser gewaschen, über trockenem Natriumsulfat getrocknet, das Lösungsmittel abdestilliert und schließlich unter vermindertem Druck vom Lösungsmittel befreit. Der verbleibende Rückstand ist meist gummiartig. Wenn er vorwiegend aus Hyoscyamin, wie z. B. bei der Extraktion von Hyoscyamus muticus, besteht, gelingt es, ihn in wenig Chloroform zu lösen und auf Zusatz von wenigen Tropfen Petroläther zur Krystallisation zu bringen.

In jedem anderen Falle wird aber die Trennung der einzelnen Basen auf einem anderen Wege vorgenommen. Der beim Eindampfen der Chloroformlösungen der Basen gewonnene Rückstand wird in einem schwachen Überschusse verdünnter Schwefelsäure gelöst, die Lösung filtriert, und zur Befreiung von Verunreinigungen mit Äther ausgeschüttelt. Nach Zusatz eines schwachen Überschusses an Ammoniak oder Bicarbonat wird fraktioniert extrahiert[2], wobei ein Teil der Basen durch längere Behandlung mit Äther, der Rest der Basen aber mit Chloroform ausgeschüttelt wird. Die endgültige Trennung und Reindarstellung der Basen kann aber nur dadurch erfolgen, daß sowohl aus der ätherischen als auch aus der Chloroformfraktion die Darstellung der Salze vor allem der Chloroaurate, Bromhydrate oder Oxalate durchgeführt wird, die dann durch Umkrystallisieren weiter gereinigt werden können. Zu diesem Zwecke werden beide Extrakte mit verdünnter Salzsäure aufgenommen und geben beim Versetzen mit Goldchlorid eine Reihe von Fraktionen, die durch Umkrystallisieren aus Wasser in Gegenwart verdünnter Salzsäure bis zu konstantem Schmelzpunkt gereinigt werden können. Atropin-chloroaurat fällt anfangs als Öl aus, zeigt dann den Fp. 137—138°, Hyoscyamin-chloroaurat zeigt den Fp. 165° und Scopolamin-chloroaurat den Fp. 208°.

*Quantitative gravimetrische Bestimmung* (DUNSTAN und BROWN [88], ANDREWS [7]) *der Gesamtalkaloide der Solanaceen.*

*Bestimmung der Alkaloide in den Wurzeln.* 20 g fein gepulvertes Wurzelmaterial werden im Soxhlet mit einem Gemisch aus gleichen Teilen Äther und trockenen Alkohol extrahiert. Der Extrakt wird zweimal mit je 20 cm³ Wasser ausgeschüttelt, wobei die Alkaloide in das Wasser übergehen. Die wäßrige Lösung wird zur Befreiung von Verunreinigungen mit wenig Chloroform ausgeschüttelt.

[1] Zum Beispiel RABOURDIN, GERRARD, PESCI, PROCTER, DUNSTAN u. CHASTON, DUNSTAN u. BROWN, PYMAN u. REYNOLDS, ANDREWS und CARR u. REYNOLDS.

[2] Siehe z. B. ANDREWS (5), H. THOMS u. H. WENTZEL (573).

In der wäßrigen Lösung werden nun durch Zusatz eines geringen Überschusses Ammoniak die Basen frei gemacht, mit Chloroform ausgeschüttelt, die Chloroformlösung in einen gewogenen Kolben abgegossen, das Chloroform abdestilliert und der bei 100° getrocknete Rückstand, „*die Gesamtalkaloide*“, gewogen.

*Quantitative Bestimmung der Gesamtalkaloide in Blättern, Stengeln, Fruchtkapseln, Früchten und Samen.* 20 g des fein zerkleinerten Materials werden mit trockenem Alkohol im Soxhlet extrahiert, das Lösungsmittel unter vermindertem Drucke abdestilliert und dabei ein halbfester Rückstand gewonnen. Durch Waschen mit Wasser und verdünnter Schwefelsäure (0,1%) werden ihm die Alkaloide entzogen. Die Lösung der Salze wird im Scheidetrichter mit Äther zur Befreiung von Verunreinigungen ausgeschüttelt, dann mit Ammoniak alkalisch gemacht und die Basen mit Chloroform extrahiert und wie oben die Gesamtalkaloide gravimetrisch bestimmt.

**Atropin** (dl-Tropasäure-Tropinester) und **Hyoscyamin** (l-Tropasäure-Tropinester), $C_{17}H_{23}O_3N$.

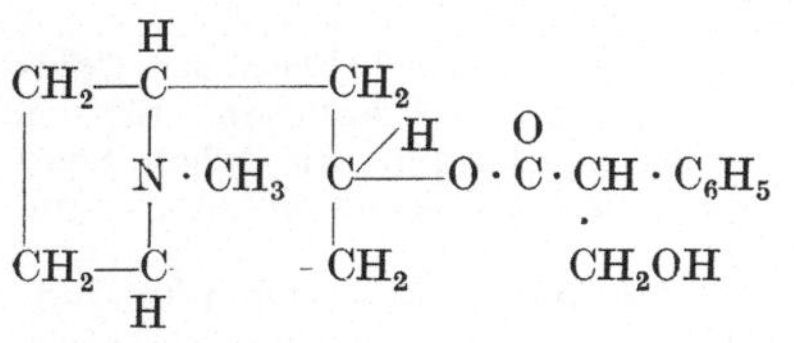

```
      H
CH2—C————————CH2
 |   |        | /H    O
 |   N·CH3    C———O·C·CH·C6H5
 |   |        |          ·
CH2—C        CH2      CH2OH
     H
```

Das optisch inaktive Atropin und das linksdrehende Hyoscyamin sind isomere Verbindungen. Das am häufigsten und in den größten Mengen vorkommende Hyoscyamin wird von Atropin in den Pflanzen begleitet. Es kann leicht durch Racemisierung in das optisch inaktive Atropin verwandelt werden, eine Tatsache, die zu der Vermutung führte, daß das Atropin in den Pflanzen überhaupt nicht primär vorhanden sei, sondern erst durch sekundäre, teilweise fermentative Prozesse nach dem Absterben der Pflanze entstehe. Es konnte aber in eindeutiger Weise nachgewiesen werden, daß das Atropin in einzelnen Pflanzen, z. B. Atropa belladonna (G. Klein und H. Sonnleitner [303]), vor allem im Herbste neben dem Hyoscyamin auftritt. In chemischer Beziehung sind beide Körper Ester und können als solche durch Verseifung in die Bausteine zerlegt werden. Das inaktive Atropin zerfällt dabei in dl-Tropasäure und Tropin, das optisch aktive Hyoscyamin in l-Tropasäure und Tropin. $C_{17}H_{23}NO_3$ (Atropin) + $H_2O$ = $C_8H_{15}ON$ (Tropin) + $C_9H_{10}O_3$ (dl-Tropasäure).

Die Darstellung des Atropins kann im Wege der schon beschriebenen allgemeinen Aufarbeitungsmethoden erfolgen, wobei aus dem in den Extrakten primär vorhandenen Hyoscyamin schon bei der Aufarbeitung, der Zerlegung der Salze mit Alkali, die Racemisierung, damit auch die Verwandlung des Hyoscyamins in das Atropin eintritt[1]. Die Reinigung des Atropins wird am besten durch Darstellung und Umkrystallisation der Oxalate durchgeführt.

Die Darstellung des Hyoscyamins muß viel vorsichtiger vor sich gehen, um die Racemisierung der durch Alkali frei gemachten Basen zu verhindern, was durch Arbeiten bei niedrigen Temperaturen, durch Zersetzen der Salzlösungen mit Soda und vorsichtiges Extrahieren mit Äther durchgeführt werden kann[2]. Auch empfiehlt es sich, als Ausgangsmaterial für die Hyoscyamingewinnung das von anderen Alkaloiden nahezu freie Kraut oder den Samen von Hyoscyamus muticus zu verwenden.

Die Trennung von Atropin und Hyoscyamin kann auf verschiedene Weise durchgeführt werden, z. B. unter Ausnützung der verschiedenen Löslichkeiten der Sulfate in Alkohol (in 100 g Alkohol lösen sich bei 15° 2,36 g Hyoscyamin-

[1] Neues Extraktionsverfahren. Siehe W. Rhodehamel u. E. H. Stuart (439).

[2] Die Gewinnung von Pyridin, N-Methyl-pyrrolidin und N-Methyl-pyrrolin neben Hyoscyamin und Atropin aus Belladonnablättern beschreiben A. Goris u. A. Larsonneau (166a) (s. auch S. 509).

sulfat bzw. 34,93 g Atropinsulfat) oder unter Anwendung der Löslichkeit der freien Basen in Benzin (in 100 g Benzin lösen sich bei 15° 9,214 g Atropin und 0,920 g Hyoscyamin) (A. GORIS und COSTY [173]).

*Atropin* krystallisiert aus Alkohol oder Chloroform in Prismen vom Fp. 115—116°. Es ist schwer löslich in Wasser, etwas löslich in Benzol und Äther, leicht löslich in Alkohol und Chloroform. Die Lösungen in Wasser schmecken sehr scharf und bitter und reagieren alkalisch. Die Salze zeigen nur geringes Krystallisationsvermögen und sind meist leicht löslich. Sulfat, $B_2 \cdot H_2SO_4 + H_2O$, Fp. 194° (bei 100° getrocknet), Bromhydrat: B·HBr, Fp. 163—164°. Oxalat, $B_2 \cdot H_2C_2O_4$, Fp. 198°. Chloroplatinat, Fp. 207—208° u. Z. Goldsalz, $B \cdot H \cdot AuCl_4$, Fp. 137—139°. Ist charakteristisch. Das Goldsalz schmilzt beim Erhitzen auf 100° unter Wasser. Es fällt ölig aus und läßt sich aus heißem Wasser unter Zusatz von Salzsäure umkrystallisieren. Fp. 137—139°. Ebenso das Pikrat Fp. 175—176°.

*Hyoscyamin* krystallisiert aus verdünntem Alkohol in langen Nadeln. Fp. 108,5°. Es ist linksdrehend. $[\alpha]_D^{15} = -20{,}3^0$ (3proz. Lösung in absolutem Alkohol) bzw. —22° (in 50proz. Alkohol). Es ist leicht löslich in Chloroform und Alkohol, schwer löslich in Äther, Benzol und kaltem Wasser. Sulfat, $B_2 \cdot H_2SO_4 + 2H_2O$, Fp. 206° (nach Entfernung des Krystallwassers bei 100°).

Bromhydrat, B · HBr, Fp. 151,8° (Prismen). Chloroplatinat Fp. 206° (Prismen). Goldsalz, $B \cdot H \cdot AuCl_4$, Fp. 165°. Pikrat Fp. 165°. Das Goldsalz und das Pikrat sind für das Hyoscyamin charakteristisch. Auf die leichte Racemierung zu Atropin, die schon beim Schmelzen oder bei Zusatz eines Tropfens Lauge zur alkoholischen Lösung eintritt, wurde schon verwiesen (S. 531).

Reaktionen. Fällungsreaktionen: In verdünnten schwefelsauren Lösungen fällt Jodjodkalium (1 : 65000), Kaliumquecksilberjodid (1 : 150000), Phosphormolybdänsäure (1 : 16000), Silicowolframsäure (1 : 40000), Phosphorwolframsäure (1 : 220000), weiter Trinitrothymol (1 : 600—700), Tetranitro-phenolphthalein (1 : 900—1000), Hexanitro-diphenylamin (1 : 40000—45000), Pikrinsäure (1 : 300—400).

Atropin gibt die Vitalische Reaktion: Violettfärbung des Verdampfungsrückstandes der salpetersauren Lösung durch Kalilauge (ähnliche Reaktionen geben Strychnin, Veratrin, Pseudo-aconitin). Mit Perhydrolschwefelsäure tritt eine laubgrün- olivgrün- mißfarbenbraungrüne Färbung ein, dieselbe Farbreaktion zeigen auch Atropin, Hyoscyamin, Scopolamin, Homatropin, Cocain. Reaktion von WASICKY: Rotfärbung beim Erwärmen mit einigen Tropfen eines Reagens, bestehend aus 2 g p-Dimethyl-amido-benzaldehyd, 6 cm³ konzentrierter Schwefelsäure und 0,4 cm³ Wasser, beim Erkalten wird die Färbung kirschrot bis violettrot. Mit Bromwasser und Brombromkalium, Jodjodkalium, Jodwasserstoffsäure (D · 1,7). Jodlösung, Jodglycerin, Chlorzinkjod entstehen sehr charakteristische mikrochemisch auswertbare Krystallfällungen (R. EDER [91]). Am sichersten kann der Nachweis des Atropins durch den physiologischen Versuch erfolgen. Die Pupillenerweiterung (die mydriatische Wirkung) kann noch mit Lösungen, die 0,002 mgr Atropin enthalten, nachgewiesen werden.

*Quantitative Bestimmung.* Für die quantitative Bestimmung sind verschiedene Verfahren ausgearbeitet worden. So kann sie unter Verwendung der Silicowolframate (M. JAVILLIER [254], H. B. RASMUSSEN [430]), der Kaliumquecksilberjodidverbindungen (G. HEICKEL [201]) oder der Pikrolonate (H. MATTHES und O. RAMSTEDT [361]) erfolgen.

Titrimetrische Verfahren sind in den einzelnen Pharmakopöen angegeben. Nach H. DIETERLE (81) kann bei peinlichster Sorgfalt beim analytischen Arbeiten die Menge der Ausgangsmaterialien, die zur Durchführung der quantitativen Alkaloidbestimmung notwendig ist, außerordentlich eingeschränkt werden. Das folgende Verfahren orientiert über die bei Tollkirschenblättern nach dem Verfahren von STOLL entwickelte Bestimmungsmethode: 5 g feingepulverte Tollkirschenblätter reibt man in einem kleinen Mörser mit einer Mischung, bestehend aus 6 Tropfen konzentrierter Schwefelsäure und 5 cm³ Wasser an, spült diese Mischung unter Vermeidung jeglichen Verlustes mit 50 g Äther in eine Arzneiflasche, läßt dieses Gemisch unter häufigem Umschütteln 2 Stunden lang stehen und alsdann absetzen. Nach dem Absetzen filtriert man den Äther durch einen Wattebausch möglichst vollständig ab, und zwar mit der Vorsicht, daß von dem Rückstand möglichst wenig auf den Wattebausch gelangt. Den Äther, der dem Rückstande in der Arzneiflasche noch anhaftet, läßt man verdunsten, stößt den Wattebausch mit einem Glasstab in die Flasche, spült Trichter und Stab mit 50 g Äther ab, fügt eine Mischung von 3 $cm^3$ 25proz. Ammoniak und 5 $cm^3$ Wasser hinzu und läßt das Gemenge unter häufigem Umschütteln $^1/_2$ Stunde lang stehen. Alsdann filtriert man 30 g der ätherischen Lösung (entsprechend 3 g der Droge) durch ein bedecktes kleines Filterchen und destilliert zwei Drittel des Äthers ab; den Rückstand spült man unter zweimaligem Nachspülen des Kölbchens mit je 5 $cm^3$ Äther in einen Scheidetrichter und fügt 5 $cm^3$ n/50 Salzsäure hinzu. Nach Umschütteln und Ablassen der salzsauren Lösung schüttelt man die ätherische Schicht noch dreimal mit je 5 $cm^3$ Wasser aus und titriert die vereinigten wäßrig-salzsauren Auszüge mit n/50 Kalilauge unter Verwendung von Methylrot als Indicator zurück (1 $cm^3$ n/50 Salzsäure entspricht 0,00578 g Hyoscyamin).

**Nor-hyoscyamin** (Pseudo-hyoscyamin), l-Tropasäure-nor-tropin-ester, $C_{16}H_{21}O_3N$.

```
CH2—CH——CH2
|    |    |/H
|   N·H   C——O·CO·CH·C6H5
|    |    |        ·
CH2—CH——CH2       CH2OH
```

In einer Reihe von Pflanzen, Datura metel, Datura meteloides, Duboisia myoporoides, Scopolia jap., Mandragora vernalis und Solandra longiflora kommt eine Base, das Nor-hyoscyamin, vor, das sich vom Hyoscyamin in der Konstitution dadurch unterscheidet, daß es als sekundäre Base an Stelle der $>N\cdot CH_3$-Gruppe im Tropanringe die $>NH$-Gruppe aufweist.

Die Darstellung des Nor-hyoscyamins aus dem trockenen Rhizom von Scopolia japonica, das neben 0,15% Hyoscyamin 0,03% Nor-hyoscyamin enthält, geschieht dadurch, daß man die nach den üblichen Methoden gewonnene Lösung der Sulfate der Basen mit Ammoniak alkalisch macht und durch Äther das Hyoscyamin extrahiert. Eine nun anschließende Chloroformextraktion bringt das Norhyoscyamin in Lösung, das durch Verwandlung in das Oxalat weiter gereinigt werden kann.

Nor-hyoscyamin krystallisiert aus Aceton in Nadeln vom Fp. 140,5°, ist leicht löslich in Alkohol und Chloroform, schwer löslich in Äther und Aceton, sehr wenig löslich in $H_2O$. $[\alpha]_D = -23,0$ (in 50proz. Alkohol). Chlorhydrat Fp. 207°. Nadeln aus Alkohol. Das Nor-hyoscyamin wird wie das Hyoscyamin leicht zum Noratropin racemisiert.

**Atropamin (Apoatropin), Belladonnin.** Atropasäure-tropinester, $C_{17}H_{21}O_2N$.

```
CH2—CH———CH2
|    |     |/OCO·C—C6H5
|   N·CH3  C—H    ||
|    |     |      CH2
CH2—CH———CH2
```

Das Atropamin und Belladonnin sind zwei steroisomere Basen, die in geringen Mengen in einzelnen Pflanzen aufgefunden wurden. In ihnen ist das Tropin mit der Atropasäure, einer um 1 Mol. Wasser ärmeren Säure als die Tropasäure, verestert. Atropamin wurde in der Wurzel der Tollkirsche, Belladonnin in der Tollkirsche (in Mengen von 0,01—0,04%) (A. Hesse [227]) aufgefunden.

*Apoatropin.* Fp. 60° (Prismen aus Äther). Leicht löslich in Alkohol, Äther und Chloroform, schwer löslich in Benzol, wenig löslich in Wasser und Ligroin. Chlorhydrat Fp. 237°. Chloraurat Fp. 110°. Optisch inaktiv.

*Belladonnin.* Gelbe, harzige Masse. Leicht löslich in den meisten Lösungsmitteln, schwer löslich in Wasser. Da auch die Salze nur amorph gewonnen wurden, sind Zweifel darüber aufgetaucht, ob das Belladonnin überhaupt ein einwandfrei definierter Körper sei.

**Scopolamin** (Hyoscin) (Atroscin), Tropasäure-scopin-ester, $C_{17}H_{21}O_4N$.

```
  /CH—CH———CH2
 /  |   |     |/OCO·CH·C2H5
O   |  N·CH3  C—H     |
 \  |   |     |      CH2OH
  \CH—CH———CH2
```

Das optisch aktive Alkaloid l-Scopolamin, das in der angelsächsischen Literatur meist als Hyoscin unter Rücksichtnahme auf die geschichtliche Entwicklung der Auffindung der Base bezeichnet wird, ist isomer dem ursprünglich als neue Base beschriebenen optisch inaktiven Atroscin, das sich als Dihydrat des inaktiven dl-Scopolamins erwiesen hat. Seiner chemischen Konstitution nach ist das Scopolamin ein Tropasäure-ester, dessen alkoholische Komponente das sog. Scopin (WILLSTÄTTER und E. BERNER [620]) ist, das aber wegen seiner großen Empfindlichkeit nur unter ganz bestimmten Bedingungen der Verseifung gewonnen werden kann. Unter den üblichen Bedingungen der Verseifung isomerisiert es sich sofort zu dem Scopolin, wobei eine Verlagerung der Ätherbrücke des Scopinrestes eintritt. Es ist also unter den gewöhnlichen

```
  ,HC—CH———CH2         HC—CH———CH2
 /   |  |     | /H      | \—|—O—\ |
O    | N·CH3  C—OH      |  N·CH3  CH
 \   |  |     |         |   |     |
  `HC—CH———CH2      HOHC—CH———CH
       Scopin               Scopolin
```

Verseifungsbedingungen nicht möglich, die in der Natur vorkommende alkoholische Komponente, sondern nur ein ihr entsprechendes isomeres Umlagerungsprodukt, das Scopolin, zu gewinnen.

Die Darstellung des Scopolamins kann entweder aus den Mutterlaugen der Hyoscyamindarstellung oder unter Benützung jener Pflanzen geschehen, die schon früher als typische Scopolaminpflanzen bezeichnet wurden (Datura metel oder Datura arborea). Die Darstellung erfolgt wie früher allgemein angegeben wurde, dadurch, daß die Lösungen der Basen in verdünnter Schwefelsäure mit Natrium- oder Kaliumbicarbonat schwach alkalisch gemacht werden und bei nun folgender Extraktion mit Chloroform das schwächer basische Scopolamin neben färbenden Verunreinigungen vom Chloroform aufgenommen wird, während das stärker basische Hyoscyamin fast völlig in der wäßrigen Lösung zurückbleibt. Von geringen Mengen Hyoscyamin, die doch in das Chloroform gehen, kann es durch Wiederholung dieses Verfahrens befreit werden. Die vom Chloroform befreiten Extrakte werden durch Neutralisation mit Bromwasserstoffsäure in die Bromhydrate verwandelt, die dann durch Umkrystallisieren aus Wasser oder Alkohol gereinigt werden können. Auf die für wissenschaftliche Zwecke brauchbare Trennung des Scopolamins über die Chloroaurate wurde schon früher (S. 530) hingewiesen.

Das Scopolamin ist wasserfrei ein in den meisten Lösungsmitteln leicht löslicher Sirup, der mit Wasser ein bei 59° schmelzendes Monohydrat bildet. $[\alpha]_D = -33{,}1^0$ (HESSE), $-28^0$ ($H_2O$) (GADAMER). Bromhydrat, B · HBr · $3H_2O$, Fp. 193—194°. $[\alpha]_D = -15{,}72^0$ (in Alkohol). Chloroaurat, B · $HAuCl_4$, Fp. 208—209°, Bromoaurat, B · $HAuBr_4$. Fp. 191—192°. Pikrat Fp. 191—192° (Nadeln). Das Scopolamin wird leicht durch Alkalien, kohlensaure Alkalien oder durch Silberoxyd inaktiviert. Man erhält so das i-Scopolamin, das als Monohydrat den Fp. 56°, als Dihydrat den Fp. 37—38° zeigt und sich als identisch mit dem früher von HESSE als neues Alkaloid beschriebenen *Atroscin* erwiesen hat. i-Scopolamin zeigt krystallwasserfrei den Fp. 82—83°. Bromhydrat Fp. 185—186°. Pikrat Fp. 192—194°.

In seinen Reaktionen gleicht das Scopolamin sehr dem Atropin und Hyoscyamin. Mit Brombromkalium, Jodjodkalium, vor allem aber mit Goldchlorid, Goldchlorid + Kaliumbromid wie auch mit Jodwasserstoffsäure (D 1,7), entstehen Fällungen, die sich bei der mikroskopischen Untersuchung als charakteristisch, in einzelnen Fällen sogar zur Unterscheidung von Atropin und Hyoscyamin als geeignet erwiesen haben (G. KLEIN und H. SONNLEITNER [302]).

Der *mikrochemische Nachweis* der Solanaceenalkaloide in der Pflanze kann nach G. KLEIN und H. SONNLEITHNER, da im Schnitt eindeutige Resultate nicht erhalten werden konnten, entweder im Extrakte der Pflanzen oder in den Sublimaten der Pflanzen durchgeführt werden. [Extraktionsapparat s. G. KLEIN, Bd. 1, S. 316.]

Die Extraktion der Alkaloide erfolgte dadurch, daß das Pflanzenmaterial möglichst klein zerrieben im Mikroextraktionsapparat von G. KLEIN mit Chloroform, dem noch etwas Ammoniak zugesetzt ist, bei Siedetemperatur $1^1/_2$—2 Stunden extrahiert wird. Um vergleichbare Resultate zu erhalten, empfiehlt es sich, immer von gleichen Substanzmengen,

z. B. 0,2 g Pflanzenmaterial, auszugehen. Da die Unterscheidung der einzelnen Solanaceenbasen, Atropin, Hyoscyamin und Scopolamin nach G. KLEIN und H. SONNLEITHNER vorwiegend durch die *Unterscheidung der Krystallformen, die sich nach Zusatz von Jodwasserstoffsäure abscheiden*, getroffen wird, muß wegen der Bilder der Krystallformen auf die Originalarbeit verwiesen werden. Immerhin wird es sich aber empfehlen, um vergleichbare Vorstellungen über die Krystallformen zu bekommen, sich zuerst aus den reinen Basen die entsprechenden Jodhydrate herzustellen oder doch am Anfange zuerst Pflanzen zu untersuchen, die vorwiegend eines der drei Solanaceenalkaloide enthalten, um auch auf diesem Wege Vorstellungen über die Art, wie die Jodhydrate krystallisieren können, zu gewinnen. Zum direkten Nachweis des Hyoscyamins empfiehlt es sich, mit Extrakten aus einem frischen oder getrockneten Blatte von Atropa Belladonna zu arbeiten. Dabei gibt Jodwasserstoffsäure (d = 1,7) sofort keine Fällung. Nach 2—3 Stunden, am besten, wenn nach eintägigem Stehen in der feuchten Kammer das Präparat wieder untersucht wird, zeigen sich die Krystallformen des Hyoscyaminjodhydrats. Die Krystalle sind rotbraun, rot bis schwarz gefärbt und zeigen häufig ein Irisieren besonders nach Violett und Grün. Sie bilden meist charakteristische Doppelformen, die von den Atropinjodhydratkrystallen leicht unterschieden werden konnten. Einige Zwischenformen zwischen Hyoscyamin und Atropinformen konnten aber in jedem Falle beobachtet werden (Erfassungsgrenze 0,5 $\gamma$).

Das Hyoscyamin kann in dem Extrakte auch mit Goldchlorid (5proz.) + Kaliumbromid (10proz.) nachgewiesen werden, wobei es nach 2—3 Stunden in der feuchten Kammer zur Bildung großer brauner Spieße, Krystallnadelbüschel und bäumchenartiger Formen kommt. Mit Goldchlorid (5proz.) allein kam es zur Ausbildung sehr labiler hellgelber Krystalle, die sich von den unter gleichen Bedingungen erzeugten Scopolaminformen durch den Schmelzpunkt unterscheiden, der bei 45—50° lag, im Gegensatz zu den Scopolamin-Goldchlorid-Verbindungen, die bei 180—182° den Mikroschmelzpunkt zeigten.

Als Beispiel einer Pflanze, in der etwa gleiche Mengen Atropin neben Hyoscyamin vorkommen, wird die Extraktion eines Rhizoms von Atropa belladonna (frisch im Herbst untersucht) oder der Stengel eines eben austreibenden unterirdischen Frühjahrsprosses angeführt. Dabei kann im Extrakt mit Hilfe von Jodwasserstoffsäure (d = 1,7) in der feuchten Kammer nach einiger Zeit die Bildung der charakteristischen Atropinformen neben den schon früher erwähnten Hyoscyaminformen festgestellt werden. Die Reaktion des Atropins mit Jodwasserstoffsäure ergibt nach BEHRENS-KLEY folgendes: die dabei entstehenden Krystalle besitzen verschiedene Farben, wobei neben irisierenden Formen auch Übergänge von tiefstem Schwarz bis zum leuchtendstem Rot festgestellt werden. Bei Verdünnungen von 1 : 100 geben Atropinlösungen zuerst einen starken Niederschlag von schwarzbraunen, öligen Tröpfchen, der sich beim Belassen in der feuchten Kammer in Krystalle umwandelt. Dabei entstehen neben den gewöhnlich auftretenden längeren, weniger gut ausgebildeten Krystallen (Prismen nach BEHRENS-KLEY) noch *spezielle Atropinformen*, das sind mächtige rotbraune bis grünbraune Krystallbüschel oder Krystallplatten, die Ähnlichkeit mit der Jodjodkaliumfällung des Atropins haben. Bei Verdünnungen 1 : 20000 bildeten sich keine Krystallbüschel mehr, sondern nur die charakteristischen Einzelkrystalle, auf deren Abbildung im Original verwiesen wird. In dem obenerwähnten Extrakte konnten nach G. KLEIN und H. SONNENLEITHNER diese beiden Typen von Krystallformen ohne weiteres voneinander unterschieden werden.

Zur richtigen Bewertung des Scopolaminnachweises empfiehlt es sich, eine typische Scopolaminpflanze, z. B. Datura arborea, und zwar die Korolle dieser Pflanze, zu verwenden. Der Extrakt des Pflanzenmaterials (mit Chloroform und Ammoniak gewonnen) ergibt zunächst nach dem Versetzen mit Jodwasserstoffsäure (d = 1,7) keine Reaktion. Nach eintägigem Stehen in der feuchten Kammer zeigten sich jedoch die charakteristischen schwarzen Scopolamin-jodhydratformen, deren Aussehen in der Originalabhandlung in Zeichnungen eingehend wiedergegeben ist. Goldchlorid (5proz.) und Kaliumbromid (10proz.) ergab nach längerem Stehen in der feuchten Kammer mächtige rotbraune Krystallfieder. Falls noch im Extrakt von der Extraktion überschüssiges Ammoniak vorhanden sein sollte, so müßte dieses im Scheidetrichter abgetrennt werden, da die Goldchlorid-Kaliumbromid-Fällung dadurch gestört wird.

Die zweite Möglichkeit, die Alkaloide rein aus den Pflanzen darzustellen, besteht darin, daß die fein zerriebenen Blattstücke im Sublimationsschälchen mit einem Tropfen Kalkmilch versetzt durch 2 Stunden bei 200—210° sublimiert werden. Dabei wird ein Sublimat erhalten, das mit Jodwasserstoffsäure behandelt viel Hyoscyaminformen neben wenig Atropinformen ergibt. Wenn nur geringe Scopolaminmengen in dem Pflanzenmaterial vorhanden sind, so konnte es neben den anderen Alkaloiden in den Sublimaten, die entweder direkt aus der Pflanze oder indirekt aus dem Extrakt erhalten wurden, *nicht* nachgewiesen werden. In Pflanzenmaterial, das viel Scopolamin enthielt, z. B. in der Korolle von Datura arborea, kann nach Aufschluß mit Calciumhydroxyd bei 200—210° ein Sublimat erzielt werden, das mit Jodwasserstoffsäure die typischen Scopolaminkrystallbüschel, mit Goldchlorid und Kaliumbromid oder auch Goldchlorid allein die charakteristischen Scopolaminfieder ergab.

Wegen der an und für sich nicht ganz einfachen Spaltung der Alkaloide in Tropin und Scopolin, die im Gewebe nicht ganz leicht durchgeführt werden kann, wird auf die Originalarbeit verwiesen.

**Meteloidin, tiglinsaures Teloidin,** $C_{13}H_{21}O_4N$. In Datura meteloides wurde von PYMAN und W. C. REYNOLDS (419) bei einem Gesamtalkaloidgehalt von 0,4 % neben Hyoscyamin und Atropin das Meteloidin (in etwa 0,07 %) gewonnen. Es ist auch esterartig aufgebaut; bei der Verseifung liefert es als alkoholische Komponente das Alkoholamin Teloidin, $C_8H_{15}O_3N$, und als Säurekomponente die Tiglinsäure (Methyl-crotonsäure, $CH_3 \cdot CH = C(CH_3) \cdot COOH$). Das Teloidin dürfte seiner Konstitution nach wahrscheinlich ein Dioxytropin sein (H. KING [281]).

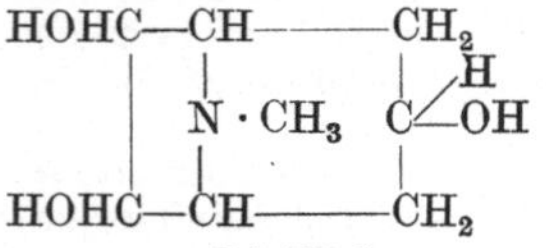

```
HOHC—CH———CH2
 |   |      |  /H
 |  N·CH3   C<
 |   |      |  \OH
HOHC—CH———CH2
     Teloidin ?
```

Zur Darstellung des Meteloidins wird die zerkleinerte Droge mit 95proz. Alkohol perkoliert, der Extrakt bis zur Abscheidung einer halbfesten Masse konzentriert, der die Alkaloide durch Digerieren mit 1proz. Salzsäure entzogen werden können. Die wäßrige Lösung der Salze wird mit Ammoniak alkalisch gemacht, die Alkaloide in Chloroform aufgenommen und der Chloroformlösung durch fraktionierte Ausschüttelung mit verdünnter Bromwasserstoffsäure wieder entzogen. In der ersten Fraktion kommt es beim Eindampfen zur krystallinischen Ausscheidung des Bromhydrats des Meteloidins, aus dem durch Zerlegung mit Natriumcarbonat die freie Base dargestellt werden kann.

Meteloidin krystallisiert aus Benzol in breiten Nadeln, Fp. 141—142°. Es ist leicht löslich in Alkohol, Aceton, Chloroform, schwer löslich in Wasser, Äther, Essigester und Benzol. Bromhydrat, $B \cdot HBr \cdot 2H_2O$, Fp. 250° (trocken). Chloroaurat, $B \cdot HAuCl_4 \cdot {}^1/_2H_2O$, Fp. 149—150°. Pikrat, gelbe, hexagonale Tafeln, Fp. 177—180°.

Teloidin, $C_8H_{15}O_3N$. Nadeln aus Aceton, Fp. 168—169. Sehr leicht löslich in Wasser und Alkohol, wenig löslich in den meisten anderen Lösungsmitteln. Bromhydrat, $B \cdot HBr$, Fp. 295 u. Z. Chloroaurat, $B \cdot H \cdot AuCl_4 {}^1/_2H_2O$, Fp. 225 u. Z.

## b) Alkaloide der Cocablätter (Cocaine).

Die in den Blättern von Erythroxylon coca (Familie der Erythroxylaceen) vorkommenden Alkaloide kann man ihrer chemischen Zusammensetzung nach in drei Hauptgruppen einteilen.

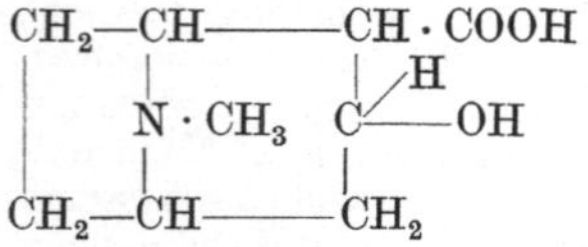

```
CH2—CH———CH·COOH
 |   |      |  /H
 |  N·CH3   C<
 |   |      |  \OH
CH2—CH———CH2
```

I. Abkömmlinge des Ekgonins (der Tropincarbonsäure).

1. Cocain, Benzoyl-ekgonin-methylester, $C_{17}H_{21}O_4N$.
2. Cinnamyl-cocain, Cinnamyl-ekgonin-methylester, $C_{19}H_{23}O_4N$.
3. Truxilline (Truxillsäure-ekgonin-methylester) $(C_{19}H_{23}O_4N)_2$.
4. Benzoyl-ekgonin, $C_{16}H_{11}O_4N$.

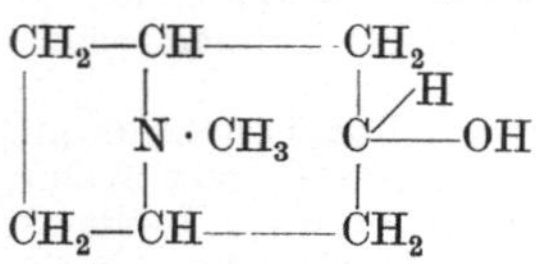

```
CH2—CH———CH2
 |   |      |  /H
 |  N·CH3   C<
 |   |      |  \OH
CH2—CH———CH2
```

II. Abkömmlinge des Tropins.

5. Tropa-cocain, Benzoyl-pseudo-tropin, $C_{15}H_{19}O_2N$.

III. Abkömmlinge der Pyrrolidinreihe.

6. α-Hygrin $C_8H_{19}ON$, β-Hygrin ($C_{14}H_{24}ON_2$?) und Cuskhygrin, $C_{13}H_{24}ON_2$, die schon früher als Nebenalkaloide der Cocareihe ausführlich besprochen wurden (s. S. 510).

Von den in der ersten Hauptgruppe zusammengefaßten Basen sind es vor allem die ersten drei Basen, die am häufigsten in der Natur vorkommen, und die auch im Charakter des Aufbaues einander sehr ähnlich sind, da sie bei der Verseifung in das sog. Ekgonin, in eine je nach der Art der Base wechselnde aromatische Säure (Benzoesäure, Zimtsäure oder Truxillsäuren) und Methylalkohol zerfallen, sich also vom Ekgonin durch Veresterung der Carboxylgruppe durch Methylalkohol und Veresterung der alkoholischen Hydroxylgruppe durch den aromatischen Säurerest ableiten. Die Cocabasen werden im Handel meist nach dem Erzeugungsort bzw. nach der Ursprungspflanze bezeichnet, was insoweit sehr wichtig ist, weil die Zusammensetzung der Basen mit dem Standorte stark variiert. Man unterscheidet demnach in der südamerikanischen Produktion Basen aus Erythroxylon coca LAMARCK, die unter dem Namen bolivianischer bzw. Huanuco-coca (auf 1 kg Blätter 8—10 g Cocain) und Basen aus Erythroxylon Truxillense RUBSY, die als peruvianischer oder Truxillo-coca (auf 1 kg Blätter 5—7 g Cocain) in den Handel kommen. In den asiatischen Produktionsgebieten ist besonders in Ceylon Erythroxylon novogranatense, in Java Erythroxylon coca var. Spurceanum hervorzuheben. Geringe Alkaloidmengen sind auch noch in E. pulchrum (Südamerika), E. monogynum (Indien), E. montanum, E. laurifolium, E. retusum, E. areolatum und E. ovatum nachgewiesen worden (KEW [280]). Die Blätter der einzelnen Cocapflanzen zeigen je nach ihrem Ursprungsorte nicht nur verschiedenen Alkaloidgehalt, sondern auch verschiedene Zusammensetzung der Alkaloidgemische. So z. B. zeigten in Java gewachsene Blätter im Jahre 1908 1,0—2,5 %, im Jahre 1909 1,22 % Gesamtalkaloidgehalt, der aber vorwiegend aus Cinnamyl-cocain bestand. Aus Ceylon stammende Blätter zeigten bei 0,7—1,6 % Gesamtalkaloidgehalt vorwiegend Cocain, in Bolivien gezogene 0,7—0,9 % und in Peru gesammelte 0,1 % Gesamtalkaloide, wobei auch hier Cocain vorherrschte. Die Darstellung des Cocains aus den Cocablättern wird entweder an Ort und Stelle, wie im südamerikanischen Produktionsgebiete, oder in Deutschland aus den aus Java oder Ceylon importierten Blättern vorgenommen. Da die Cocablätter durch Trocknen und Transport in ihrem Alkaloidgehalte bedeutende Einbußen erleiden können, wird die Verarbeitung in Südamerika sofort auf etwa folgendem Wege vorgenommen:

Die zerkleinerten Blätter werden nach BIGNON unter mäßigem Erwärmen und beständigem Umrühren mit einem Gemisch verdünnter Sodalösung und Petroleum (Fraktion 200—250°) behandelt, wobei die durch die Soda in Freiheit gesetzten Alkaloide vom Petroleum aufgenommen werden. Durch Ausschütteln mit verdünnten Säuren werden die Basen wieder dem Petroleum entzogen; in den Salzlösungen werden durch Sodazusatz im Überschuß aber wieder die Basen ausgefällt, wobei es zur Abscheidung des Cocains, wie eines Teiles seiner Nebenbasen, des Cinnamylcocains, der Truxilline und eines Teiles des Hygrins kommt. Der größere Teil des wasserlöslichen Hygrins bleibt aber in der Mutterlauge zurück. Das abfiltrierte, getrocknete und gepreßte Rohcocain oder die aus Rohbasen dargestellten Rohchlorhydrate werden dann nach Europa importiert und auf Reinbasen oder Salze verarbeitet. In den besten Qualitäten des Rohcocains finden sich 94 % l-Cocain, in minderwertigeren etwa 78—79 % l-Cocain.

Die Rohbasen enthalten noch Rechtscocain, Benzoyl-ekgonin, Cinnamylcocain, Hygrin, Truxilline und vielleicht noch andere unbekannte Säurederivate des Ekgonins. Die Darstellung des Cocains aus den Blättern wird zumeist nach von den Firmen geheimgehaltenen Verfahren durchgeführt. Das Verfahren von SQUIBB z. B. verläuft so, daß die gepulverten Cocablätter mit einer Mischung von 1 Teil Schwefelsäure und 60 Teilen 92proz. Alkohol in einem Perkolator extrahiert werden. Der Alkohol wird aus dem Extrakt durch Verdunsten entfernt, der Rückstand mit Wasser verdünnt, filtriert, das Filtrat im Überschuß mit Natriumcarbonat versetzt und die Basen mit Äther ausgeschüttelt. Der nach dem Verjagen des Äthers verbleibende Rückstand wird mit Wasser, das 0,2 % $H_2SO_4$ enthält, aufgenommen, die Lösung der Salze zur Befreiung von

Verunreinigungen mit Äther ausgeschüttelt, hierauf mit Natriumcarbonat die Salze zersetzt und die Basen neuerdings in Äther aufgenommen. Nach dem Verjagen des Äthers wird der Rückstand in schwefelsäurehaltigem Wasser aufgenommen, das Filtrat mit Tierkohle entfärbt und durch fraktionierte Fällung das Cocain isoliert, das durch Umkrystallisieren aus Alkohol weiter gereinigt wird. Das Cocain wird in der Pflanze von einer Reihe von Nebenalkaloiden begleitet, die sich auch vom Ekgonin ableiten, z. B. von den Truxillinen; in den in Java gezogenen Cocaarten vertritt das Cinnamylcocain das Cocain; da diese Körper aber durch Verseifung leicht in Ekgonin übergehen, das Ekgonin aber durch Benzoylierung und Veresterung mit Methylalkohol in praktisch verwertbares Cocain verwandelt werden kann, werden die Nebenalkaloide und Mutterlaugen der Cocaindarstellung, die amorphen Cocabasen, technisch auf Ekgonin und synthetisch auf Cocain verarbeitet, weshalb auch die ausführliche Beschreibung der präparativen Darstellung der Nebenalkaloide nicht mit derselben Exaktheit wie bei anderen Alkaloidgruppen gebracht werden kann. Über die Trennung des südamerikanischen Rohcocains von Nebenbasen wurden von L. REUTER DE ROSEMONT (438) eine Reihe von Verfahren beschrieben. Zum Beispiel wird das Rohcocain in heißem Petroläther gelöst, die Lösung nach dem Erkalten vom ölig-harzigen Rückstande abgegossen und nun das Cocain aus dem Petroläther durch wasserfreien Chlorwasserstoff ausgefällt. Aus der wäßrigen Lösung der Chlorhydrate werden durch Zusatz von Ammoniumcarbonat die Verunreinigungen und die Nebenbasen, durch weiteren Zusatz von Ammoniak nahezu chemisch reines Cocain ausgefällt.

Bei allen Darstellungsverfahren, sowie bei allen Verfahren der quantitativen Cocainbestimmung muß grundsätzlich berücksichtigt werden, daß das Cocain insofern empfindlich ist, als es durch Esterspaltung leicht in Verbindungen (Ekgonin) übergeht, die als innere Salze wasserlöslich sind und sich so der Extraktion mit hydroxylfreien Lösungsmitteln entziehen können, was natürlich, wenn die Extraktion nur mit derartigen Mitteln durchgeführt wird, zu Verlusten führen kann. Das Cocain wird, worauf hier besonders hingewiesen wird, durch Hydroxylionen (Alkalien) 1500mal schneller verseift, wie durch Wasserstoffionen (Säuren), wodurch das methodische Vorgehen bei der Darstellung und der Analyse verständlich wird.

*Quantitative Wertbestimmung der Cocablätter*[1]. Pharm. helvetica IV. Ed. 21 g zerkleinerte Cocablätter werden in einem 250 cm³ fassenden Arzneiglas mit 120 cm³ Äther übergossen und im Laufe von 10 Minuten öfter umgeschüttelt. Nach Zusatz von 5 cm³ Wasser wird im Laufe einer weiteren halben Stunde wiederholt kräftig durchgeschüttelt und hierauf absitzen gelassen. Nun werden 80 cm³ der klaren ätherischen Lösung durch einen Bausch gereinigter Baumwolle in einen Scheidetrichter abgegossen, und zuerst mit 30 cm³ 0,5proz. Salzsäure, dann so oft mit weiteren 10 cm³ dieser Salzsäure ausgeschüttelt, bis einige Tropfen der letzten Ausschüttelung durch MAYERsches Reagens nicht mehr getrübt werden. Die vereinigten Auszüge werden in einen Scheidetrichter filtriert, mit Ammoniak alkalisch gemacht und zuerst mit 40 cm³, dann mit 20 cm³ und noch zweimal oder so oft mit 10 cm³ Äther ausgeschüttelt, bis der Verdampfungsrückstand einiger Tropfen der letzten Ausschüttelung mit wenigen Tropfen 0,5proz. Salzsäure aufgenommen, durch MAYERS Reagens nicht mehr getrübt wird. Die ätherische Lösung wird durch einen Bausch gereinigter, völlig entfetteter Baumwolle in einen tarierten Kolben filtriert, der Äther abdestilliert und zweimal je 5 cm³ Äther zugesetzt und jedesmal der Äther wieder vollständig ver-

[1] Siehe auch E. BIERLING, K. PAPE u. A. VIEHÖVER (31). — Wertbestimmung der Cocablätter. Siehe DE JONG (257). Untersuchung der Java Coca DE JONG (259, 260).

trieben. Der bei 100⁰ bis zu konstantem Gewicht getrocknete Rückstand wird nach dem Erkalten gewogen. Der Alkaloidrückstand kann auch in 3—5 $cm^3$ absolutem Alkohol gelöst werden, und bei Anwesenheit von 0,5proz. Methylrotlösung mit n/10 bzw. n/100 HCl titriert werden. Man kann aber auch den Rückstand in Äther auflösen, die Alkaloide mit einer bestimmten Menge gestellter Salzsäure aufnehmen und nach dem Verdampfen des Äthers unter Anwendung von 1proz. Hämatoxylinlösung als Indicator bei Benützung von n/10 Lösungen, hingegen unter Anwendung von Jodeosinlösung als Indicator bei Benützung von n/100 Lösungen den Säureüberschuß zurücktitrieren.

Neben der Bestimmung der Gesamtalkaloide hat sich auch die Bestimmung des in den Alkaloiden vorhandenen Ekgonins als wertvoll erwiesen[1]. Die nach dem oben beschriebenen oder ähnlichen Verfahren gewonnenen Gesamtalkaloide aus etwa 15 g Blättermaterial werden in einem Kölbchen 1 Stunde am Rückflußkühler mit der dreißigfacheu Menge verdünnter Salzsäure und dem gleichen Volumen Wasser gekocht. Nach dem Abkühlen wird durch ein kleines Filter filtriert. Kölbchen und Filter mit wenig Wasser nachgewaschen und die Lösung zweimal mit dem gleichen Volumen Äther ausgeschüttelt. Die wäßrige Lösung wird in einer tarierten Schale zur Trockene gebracht und nach einstündigem Trocknen bei 90—95⁰ das Ekgoninchlorhydrat gewogen.

**l-Cocain.** Benzoyl-ekgonin-methylester, $C_{17}H_{21}O_4N$.

```
CH2—CH———CH · COOCH3
 |    |     | /H
 |   N · CH3  C———O · CO · C6H5
 |    |     |
CH2—CH———CH2
```

Das l-Cocain krystallisiert aus Alkohol in monoklinen 4—6seitigen Prismen. Fp. 98⁰. Es ist schwer löslich in Wasser, leicht löslich in Alkohol, Äther, Benzol, Schwefelkohlenstoff, Chloroform, Aceton und Petroleum. Es ist bei vermindertem Druck sublimierbar. $[\alpha]_D^{20} = -16{,}4^0$ (in 10—20proz. Chloroformlösung). Es ist von stark bitterem Geschmack und macht die Zungennerven vorübergehend gefühllos. Es ist eine relativ starke tertiäre Base, die Salze krystallisieren meist gut, reagieren neutral und werden als wäßrige Lösungen durch Ammoniak, Alkali und Alkalicarbonatlösungen gefällt. Durch Kochen mit Wasser zerfällt das Cocain in Benzoylekgonin und Methylalkohol, durch Verseifen mit Mineralsäuren, Barytwasser oder Alkalilaugen zerfällt das Cocain in Methylalkohol, Benzoesäure und Ekgonin, was die Konstitution als Benzoyl-ekgonin-methylester beweist. Salze: Chlorhydrat Fp. 183⁰ (prismatische Krystalle), Fp. 202⁰ (trocken), $[\alpha]_D = -71{,}95^0$ (in 2proz. wäßriger Lösung). Chromat, $B \cdot H_2CrO_4 \cdot H_2O$, Fp. 127⁰. Chlorplatinat, $B_2 \cdot H_2PtCl_6$, mikrokrystallin. Chloroaurat, $B \cdot HAuCl_4$, Fp. 198⁰. Pikrat Fp. 165—166⁰.

*Ekgonin*, $C_9H_{15}O_3N \cdot H_2O$.

```
CH2—CH———CH · COOH
 |    |     | /H
 |   N · CH3  C———OH
 |    |     |
CH2—CH———CH2
```

Krystallisiert aus trockenem $C_2H_5OH$ in farblosen, glänzenden Prismen. Fp. 198⁰. Ist *leicht* in *Wasser*, schwerer in Alkohol und *nicht löslich* in *Äther* und Chloroform. $[\alpha]_D = -45{,}4^0$ ($H_2O$). Chlorhydrat Fp. 246⁰. Chloroplatinat Fp. 226⁰. Gibt mit Alkaloidfällungsmitteln Niederschläge.

Gegen Alkaloidfällungsmittel sind die Lösungen des Chlorhydrats des *Cocains* nach ROSENTHALER (450) sehr empfindlich: Kaliumquecksilberjodid (1 : 160000), Jodjodkalium (1 : 100000), Phosphormolybdänsäure (1 : 50000), Silicowolframsäure (1 : 200000), Phosphorwolframsäure (1 : 1000000), Nitroderivate: Trinitrothymol (1 : 1900—2000), Trinitrophloroglucin (1 : 2000—2500), Hexanitrodiphenylamin (1 : 20000—21000). Auch die Fällungen mit Platinchlorid (1 : 10000), Platinbromid (1 : 20000), Goldchlorid (1 : 20000), Goldchlorid und NaBr (1 : 120000) können zum Nachweis wie zur mikroskopischen Identifizierung des Cocains verwendet werden (G. KLEIN und H. SONNLEITHNER [301]).

Der qualitative Nachweis kann durch die bei der Verseifung mit konzentrierter Schwefelsäure auftretende Benzoesäure und ihre Identifizierung geführt werden. Die VITALIsche Reaktion, das Auftreten einer violetten Färbung des mit konzentrierter Salpetersäure eingedampften Alkaloids beim Behandeln mit alkoholischem Kali, ist nach HARDY nicht für das Cocain spezifisch, sondern meist auf die Anwesenheit von α-Truxillin (Isatropylcocain)

---

[1] GRESHOFF (181) und DE JONG (258, 259) brachten Verbesserungsverschläge zu diesem Verfahren.

zurückzuführen (P. HARDY [197]). Zum Nachweis des Cocains dienen weiter noch folgende Reaktionen: Abscheidung eines violett gefärbten Permanganats beim Versetzen der Lösung der Chlorhydrate mit Kaliumpermanganat, in analoger Weise die Bildung eines unlöslichen Cocainchromats, wie auch die Bildung eines weißen Niederschlags mit Mercurichlorid.

Der Reinheitsgrad des Cocains bzw. seine vollständige Befreiung von den Nebenbasen bei der Reindarstellung kann folgendermaßen festgestellt werden: Die Prüfung auf Verunreinigungen durch amorphe Basen, durch die sog. Truxilline, erfolgt durch die MACLAGANsche Probe: 0,06 g Cocain-chlorhydrat werden in 60 $cm^3$ Wasser gelöst und 2 Tropfen Ammoniak zugesetzt. Ist das Cocain rein, so kommt es nach einiger Zeit beim Reiben mit einem Glasstab an der Wand zur Abscheidung des Cocains in fester Form in Krystallflittern. Sind aber amorphe Basen vorhanden (mehr als 4 %), so entsteht eine milchige Trübung. Die Prüfung auf im Cocain etwa noch vorhandenes Cinnamyl-cocain wird durch Behandlung der Lösung des Chlorhydrats mit Kaliumpermanganat in verdünnter schwefelsaurer Lösung durchgeführt, wobei sich das eine Doppelbindung aufweisende Cinnamyl-cocain durch Entfärbung der Permanganatlösung verrät.

Die quantitative Bestimmung des Cocains kann mit Hilfe von Kaliumquecksilberjodid nach HEIKEL (200), als Chloroplatinat (NYMANN u. BJÖRKSTEN [389]), auf alkalimetrischem Wege oder durch Abscheidung als Dijod-cocain-hydrojodid $B \cdot HI \cdot J_2$ (W. GARSED u. J. N. COLLIE [153]) erfolgen. Die quantitative Bestimmung der Verunreinigungen kann durch quantitative Bestimmung der Zimtsäure nach der Verseifung im Falle der Verunreinigung durch Cinnamyl-cocain, die der Truxilline auf Grund ihrer Unlöslichkeit in Wasser im Gegensatz zu den anderen Basen erfolgen. Auf eine Methode der direkten gravimetrischen Bestimmung des Cocains in den aus Südamerika kommenden Rohcocainen wird verwiesen (SQUIBB [562]).

Der *mikrochemische Nachweis* des Cocains in der Pflanze kann nach G. KLEIN und H. SONNLEITHNER (301) in vierfacher Weise: durch direkte Reaktion im Gewebschnitt, im Extrakt des Gewebes, durch Mikrosublimation des Cocains und durch Abspaltung und Sublimation der Benzoesäure durchgeführt werden.

Als beste Methode, das Cocain sicher nachzuweisen, wurde die Mikrosublimation erkannt. Hierzu wurden die frischen Blätter zerkleinert, mit $Ca(OH)_2$ aufgeschlossen und im Mikrosublimationsapparat bei einer optimalen Temperatur von 150—160° $1^1/_2$ bis 2 Stunden sublimiert. Dabei bilden sich weiße, mehlige, feine Beschläge, die keine Krystalle erkennen lassen, die aber eindeutige und empfindliche Reaktionen mit Platinbromid, Goldbromid und am sichersten mit Goldchlorid und Kaliumbromid ergeben. Goldchlorid (10proz.) und Natriumbromid (BEHERNS-KLEY, BAUER, ROSENTHALER) bilden mit Cocainsalzlösungen zuerst amorphe braune Fällungen, die sich jedoch nach kurzer Zeit in braune X-förmige Krystalle umsetzen. Diese Art der Fällung kann in der feuchten Kammer noch bis zu einer Verdünnung von 1 : 120000 erzielt werden. Bei der Benützung von Kaliumbromid statt Natriumbromid waren die Krystalle bei gleicher Empfindlichkeit noch schöner ausgebildet. Mit Goldchlorid (10%) allein bildet sich bei 1 : 1000 eine kleinkörnige, gelbgrüne Fällung, die sich aber nach kurzer Zeit zu hellgelben Fiedern umsetzte. Bis zu einer Verdünnung von 1 : 20000 konnte diese Reaktion noch verwendet werden.

Die Extraktion der fein zerriebenen Pflanzenteile wurde in einer Eprouvette mit einem Gemisch von Chloroform und wenig Ammoniak bei gewöhnlicher Temperatur durchgeführt. In einem Tropfen des Filtrats konnte mit Hilfe der oben beschriebenen Goldchlorid-Kaliumbromid-Reaktion das Cocain nachgewiesen werden. In der feuchten Kammer bilden sich nach einiger Zeit aus der anfangs amorphen gelbbraunen Fällung die charakteristischen X-förmigen Cocainbromoauratkrystalle.

Der einfachste, aber auch am wenigsten empfindliche Nachweis des Cocains gelingt dadurch, daß Blattschnitte oder Blattstücke mit Goldchlorid und Kaliumbromid nach 1—2 Tagen in der feuchten Kammer deutliche Cocainreaktion ergeben. Am Schnittrande sitzen dabei zahlreiche kleine spießige Drusen auf, unter dem Deckglase und am Rande bildet sich neben den Drusen aber auch viel amorphe rotbraune Fällung. Auch Goldchlorid allein ergab mit frischen Blattstückchen viele gelbe charakteristische stachelige Drusen.

Der Nachweis des Cocains durch Spaltung und Sublimation der Benzoesäure gelang nur dann, wenn nach BRANDSTETTER das Pflanzenmaterial im Glasring mit konzentrierter Schwefelsäure versetzt und über den Glasring ein Deckglas gegeben wurde, das mit einem Wassertropfen gekühlt wurde. Bei dem nun folgenden Sublimieren mit einer ganz kleinen Bunsenbrennerflamme müssen die Deckgläser häufig gewechselt werden. Bei Verwendung von frischem Blättermaterial fand sich im zweiten und dritten Sublimat Benzoesäure vor, wobei sich nach dem Umkrystallisieren aus Benzol und Chloroform die typischen Benzoesäureformen ergaben. Auch nach Zusatz von Silbernitratlösung und Ammoniak konnte die Benzoesäure als charakteristisch krystallisierendes Silberbenzoat (BEHRENS) nachgewiesen werden.

**l-Cinnamyl-cocain, Cinnamyl-ekgonin-methylester,** $C_{19}H_{23}O_4N$.

```
CH2—CH———CH · COOCH3
|    |      | ∕H
|  N · CH3  C<
|    |      | \O · CO · CH=CH · C6H5
CH2—CH—— ——CH2
```

Das Cinnamyl-cocain kommt in fast allen Cocapflanzen vor, am reichlichsten aber in den javanischen Varietäten, wo es beinahe 50 % der Gesamtalkaloide ausmacht. Es wurde von GIESEL (159) im Rohcocain aufgefunden und unterscheidet sich in seiner Konstitution vom Cocain nur dadurch, daß die Hydroxylgruppe des Ekgonins statt mit Benzoesäure mit Zimtsäure verestert ist, bei der Spaltung demnach Ekgonin, Zimtsäure und Methylalkohol resultieren.

Das Cinnamyl-cocain krystallisiert aus einem heißen Gemisch von Benzol und Petroläther in Nadeln vom Fp. 121°, $[\alpha]_D = -4{,}7^0$ (Chloroform). Chlorhydrat, $B \cdot HCl \cdot 2H_2O$, Fp. 176° (trocken). Chloroplatinat Fp. 217°. Chloroaurat Fp. 156°. (Über den Nachweis des Cinnamylcocains im Cocain s. S. 540.)

**α-β-Truxilline,** α- und β-Truxillsäure-ekgonin-methylester, $C_{38}H_{46}O_8N_2$.

```
⎡CH2—CH— ——CH · COOCH3 ⎤
⎢ |   |      |          ⎥
⎢ | N · CH3  CH · O— ———⎥ : C18H14O2
⎢ |   |      |          ⎥
⎣CH2—CH————CH2          ⎦2

C6H5 · CH—CH · COOH
       |   |
HOOC · CH—CH—C6H5
   α-Truxillsäure

C6H5 · CH—CH · COOH
       |   |
C6H5 · CH—CH · COOH
   β-Truxillsäure
```

Die Truxilline können aus dem gegen Permanganat beständigen Teil der amorphen Coca-alkaloide dadurch gewonnen werden, daß die amorphen Basen zuerst in die Chlorhydrate verwandelt und die Lösungen der Chlorhydrate mit Äther von Verunreinigungen befreit werden. Die durch Hindurchsaugen von Luft in der Kälte vom Äther vollständig befreiten Lösungen der Chlorhydrate werden fraktioniert mit Sodalösung oder Ammoniak gefällt, wobei sich die Truxilline als weißer kreidiger Niederschlag abscheiden. Die zuerst von HESSE (232) in peruanischen Cocablättern gefundene amorphe Base wurde von ihm Cocamin genannt. LIEBERMANN (341) konnte zeigen, daß sie sich in zwei isomere Basen zerlegen läßt, das α- und β-Truxillin. Die reinen Basen wurden, da ihre Darstellung und Trennung aus dem Pflanzenmaterial sehr schwierig ist, auf synthetischem Wege durch Aufbau aus den Spaltstücken dargestellt (LIEBERMANN [342]).

α- und β-Truxillin sind analog dem Cocain gebaut, doch werden bei ihrer Verseifung neben Methylalkohol und Ekgonin an Stelle der Benzoesäure die sog. Truxillsäuren- (α- und β-Truxillsäure-), Polymerisationsprodukte der Zimtsäure gewonnen, deren Konstitution als gesättigte Derivate des Tetramethylens im Sinne der oben angedeuteten Formeln anzunehmen ist.

α-Truxillin (Cocamin, γ-Isatropyl-cocain) ist ein amorphes Pulver vom Fp. ca. 80°. Es ist schwer löslich in Petroläther (Unterschied vom Cocain) und Wasser. In den übrigen organischen Lösungsmitteln leicht löslich. Es ist linksdrehend, die Lösungen schmecken bitter. Durch Verseifung zerfällt es in Ekgonin, Methylalkohol und α-Truxillsäure (γ-Isatropasäure):

$$\underset{\text{Truxillin}}{C_{38}H_{48}O_8N_2} + 4H_2O = \underset{\text{Truxillsäure}}{C_{18}H_{16}O_4} + \underset{\text{Ekgonin}}{2C_9H_{15}O_3N} + \underset{\text{Methylalkohol}}{2CH_3OH}.$$

β-Truxillin (Isococamin, δ-Isatropyl-cocain). Fp. 45°, ca. 120° Zersetzung. $[\alpha]_D = -29{,}3^0$. Schwer löslich in Wasser und Alkohol.

**Benzoyl-ekgonin,** $C_{16}H_{19}O_4N$.

```
CH2—CH————CH · COOH
|    |      | ∕O · CO · C6H5
|  N · CH3  C<
|    |      | \H
CH2—CH————CH2
```

Das Benzoyl-ekgonin entsteht durch partielle Verseifung des Cocains schon beim Kochen mit Wasser. Es wurde in sehr geringer Menge in den Cocablättern aufgefunden (ZD. SKRAUP [497] und MERCK [369]). Es krystallisiert aus heißem Wasser in Prismen mit 4 Mol. Krystallwasser. Fp. 92°, nach dem Trocknen Fp. 195°. $[\alpha]_D = -63{,}6^0$ ($H_{20}$). Es ist in Äther unlöslich, leicht löslich in Wasser, Alkohol und Alkalien.

**Tropa-cocain, Benzoyl-pseudo-tropin,** $C_{15}H_{19}O_2N$.

```
CH2—CH———CH2
|    |    | /H
|  N·CH3  C——O·CO·C6H5
|    |    |
CH2—CH———CH2
```

Das Tropa-cocain ist der Benzoesäureester des Pseudo-tropins, eines Isomeren des in der Gruppe Tropa-alkaloide beschriebenen Tropins. Es wurde in javanischen Cocapflanzen von GIESEL (158) und später auch von HESSE (233) in peruanischen Cocapflanzen aufgefunden.

Die Darstellung des Tropa-cocains aus javanischen Cocablättern erfolgt nach E. REENS (433) dadurch, daß man die Petroleumextrakte der Blätter mit verdünnter Schwefelsäure behandelt und die Lösung der unreinen Sulfate der Basen mit Ammoniak fällt, wobei das Tropa-cocain in Lösung bleibt und durch Extraktion gewonnen werden kann.

Die Base krystallisiert in Nadeln Fp. 49°, ist unlöslich in Wasser, löslich in $C_2H_5OH$, Äther und in verd. Ammoniak. Sie ist optisch inaktiv. Chlorhydrat Fp. 283 u. Z. Chloroaurat Fp. 208° (aus heißem Wasser). Pikrat Fp. 238—239°. Die Reaktionen des Tropacocains entsprechen im allgemeinen denen des Cocains. Mit Alkaloidfällungsmitteln treten Niederschläge auf. Charakteristisch sind die Niederschläge mit Palladiumchlorür, Palladiumchlorür + Chlorwasser, Nitroprussidnatriumlösung (weißer Niederschlag) und Bromkaliumlösung, wie auch die mikrochemisch verwerteten Niederschläge mit Goldchlorid, Platinchlorid, Mercurichlorid, Kaliumferrocyanid, Kaliumdichromat und Kaliumpermanganat[1].

### c) Alkaloide der Tabakpflanze.

In den Blättern der Tabakpflanze Nicotiana tabaccum L. (Familie der Solanaceen), die in vielen Arten angebaut wird (z. B. Nicotiana macrophylla oder Nicotiana rustica), findet sich als Hauptalkaloid das Nicotin, $C_{10}H_{14}N_2$, neben einer Reihe von Nebenalkaloiden (A. PICTET und A. ROTSCHY [407, 412], E. NOGA [388]).

[Nicotein, $C_{10}H_{12}N_2$, PICTET]
Nor-nicotin, $C_9H_{12}N_2$ (s. S. 547),
l-2-(β-Pyridyl)-piperidin, $C_{10}H_{1}\ N_2$ (s. S. 547),
Isonicotein, $C_{10}H_{12}N_2$,
Nicotimin, $C_{10}H_{14}N_2$,
Nicotellin, $C_{10}H_8N_2$,
Nicotoin, $C_8H_{11}N_2$.

Über die obenerwähnten Nebenalkaloide des Nicotins wäre zu bemerken, daß sie vor kurzem von M. EHRENSTEIN (s. S. 547) einer neuerlichen eingehenden Untersuchung unterzogen wurden, die bis jetzt als bemerkenswertestes Resultat ergab, daß die Nicoteinfraktion PICTETs nicht einheitlich, sondern aus zwei jetzt eindeutig charakterisierten Stoffen, aus Nor-nicotin und l-2-(β-Pyridyl)-piperidin bestehe. Inwieweit sich die Konstitutionsannahmen der übrigen Nebenalkaloide bei einer neuerlichen Untersuchung werden bestätigen lassen, ist noch nicht abzusehen.

Ohne nun auf die recht umfangreiche Spezialliteratur über das Vorkommen und die Lokalisation des Nicotins und seiner Nebenbasen in den verschiedenen Nicotinanapflanzen näher eingehen zu wollen, wird nur folgendes bemerkt: Nach G. KLEIN und E. HERNDLHOFER (295) ist in allen Organen, in Spuren auch in den Samen, Nicotin enthalten. Die Alkaloidmengen in den einzelnen Organen sind sehr verschieden. So kommt im Blatt etwa 7 mal so viel Nicotin vor als im Stengel. Im Blatt ist überhaupt die größte Menge Nicotin, nicht viel weniger in der Wurzel, in allen übrigen Organen tritt das Alkaloid mehr zurück. Auch im Samen fehlt es nicht, ist aber nur in sehr geringen Mengen vorhanden (etwa $^1/_{40}$ des Alkaloidgehaltes des Blattes. In den Blättern des Kentuckytabaks wurde

[1] Über die Möglichkeit, Tropa-cocain von Cocain zu unterscheiden, s. REICHHARDT (436).

folgende Lokalisierung der Alkaloide angegeben: Die Basalzone der Blätter ist am alkaloidärmsten, der Mittelteil und die Spitze des Blattes haben ungefähr den gleichen Alkaloidgehalt, während der Rand alkaloidreicher ist als die Zentralzone. In der Rippe nimmt der Alkaloidgehalt von der Spitze zur Basis ab. Die Rippe selbst enthält etwa $^2/_3$ weniger als die Spreite. In älteren Pflanzen kommen auch in der Wurzel, vor allem in den subepidermalen Rindenzonen, Alkaloide vor. Im Stamme führen die Epidermiszellen, die Basiszellen der Drüsenhaare, Alkaloide. Schließlich sollen auch Blütenteile alkaloidhaltig sein. (Zusammenstellung nach Czapek [71a].)

An einfacheren Basen sollen in der Tabakpflanze noch Pyrrolidin, N-Methylpyrrolidin (A. Pictet und Court [409]), Isoamylamin (Ciamician und Ravenna [63]), Betain (N. T. Deleano und G. Trier [78]), Asparagin (J. Behrens [25]), Allantoin (Scurti und Perciabasco [500]), neben einer das Tabakaroma bedingenden Base (S. Fränkel und A. Wogrinz [132]) vorhanden sein. In den Tabakblättern ist das Nicotin an Äpfel- oder Zitronensäure gebunden. Seine Menge beträgt 0,6—8,0%, im Mittel meist 2%. Die Nebenalkaloide treten neben dem Nicotin mengenmäßig zurück; auf etwa 100 Teile Nicotin kommen etwa 2 Teile Nicotein, 0,5 Teile Nicotimin und 0,1 Teil Nicotellin. Ihre Darstellung kann daher nur unter Anwendung von größeren Mengen der sog. Nicotinextrakte mit Erfolg durchgeführt werden. Die präparative Darstellung und Trennung der einzelnen Basen wird in folgender Weise durchgeführt (A. Pictet und A. Rotschy [407, 412]): Als Ausgangsmaterial dienen am besten konzentrierte Tabakslaugen, die aus trockenen Tabakblättern durch kurzes Ausziehen mit lauwarmem Wasser erhalten werden; aus 100 kg Tabak können so 10—11,4 kg eines Extraktes gewonnen werden, der etwa 10% Nicotin enthält, das durch Destillation mit Wasserdämpfen nach Zusatz von starker Natronlauge aus dem Extrakte leicht abdestilliert und gewonnen werden kann. Die Nebenalkaloide können einerseits als wasserdampf-nichtflüchtige Basen aus den nach der Wasserdampfdestillation zurückbleibenden Lösungen, andererseits als wasserdampfflüchtige Verbindungen aus dem überdestillierten Nicotin gewonnen werden. Zur Gewinnung der nichtflüchtigen Basen werden die Laugen nach der Wasserdampfdestillation mit Äther extrahiert, die Alkaloide dem ätherischen Extrakt durch verdünnte Salzsäure entzogen und beim Alkalischmachen als ölige Abscheidung, die allerdings noch beträchtliche Nicotinmengen enthält, gewonnen. Zur Befreiung von Nicotin werden die Basen noch einmal wasserdampfdestilliert, der Rückstand mit Salzsäure neutralisiert, eingedampft und durch Alkali die Basen frei gemacht. Aus 13 kg Lauge 40° Bé können etwa 40 g nichtwasserdampfflüchtige Nebenalkaloide gewonnen werden, die durch fraktionierte Destillation in zwei Hauptfraktionen zerlegt werden können: in die Nicoteinfraktion, Kp. 266—268°, und das Nicotellin, Kp. 300—310° (Fp. 148—149°).

Das bei der Wasserdampfdestillation gewonnene Rohnicotin enthält noch eine Base, die von ihm nicht durch fraktionierte Destillation zu trennen ist. Die praktisch durchführbare Trennung beruht darauf, daß sie als sekundäre Base in das bei der Destillation zurückbleibende Nitrosamin verwandelt und so vom Nicotin getrennt wird. Durch Zerlegung des Nitrosamins und Reinigung über die Benzoylverbindung wird dieses Nebenalkaloid, das Nicotimin, $C_{10}H_{14}N_2$, gewonnen (S. 548, [s. auch 407]).

Noga (388) isolierte die nichtflüchtigen Nebenalkaloide dadurch, daß er die nach dem Abdestillieren des Nicotins verbleibenden Laugen mit Benzol extrahierte und die gewonnenen Basen einer fraktionierten Destillation unterwarf. Es konnten hierbei 4 Fraktionen gewonnen werden, die zur Isolierung der Nebenbasen dienten. Nicotoin, $C_8H_{11}N_2$, Kp. 208°; Nicotein, $C_{10}H_{12}N_2$,

Kp. 267°; Isonicotein, $C_{10}H_{12}N_2$, Kp. 293°; Nicotellin, Kp. oberhalb 300°, Fp. 148°.

**Nicotin** (1-Methyl-2-β-Pyridyl-pyrrolidin), $C_{10}H_{14}N_2$.

Das Nicotin ist eine wasserdampfflüchtige, farblose, wenig riechende, an der Luft sich leicht bräunende Flüssigkeit. Kp.$_{730,5}$ 246,1° (im Wasserstoffstrom oder Vakuum unzersetzt destillierbar). $D_4^{20}$ = 1,0097, $n_D^{20}$=1,5280, $[\alpha_D^{20}]$ = —166,39°, —168,5°. Es ist leicht löslich in Alkohol, Äther, Petroläther, mischbar mit Wasser unter 60° und oberhalb 210°. Die Salze sind rechtsdrehend, leicht wasserlöslich und krystallisieren nicht leicht, z. B. das Chlorhydrat, $[\alpha]_D = +102{,}2^0 [H_2O]$, Sulfat, $[\alpha]_D = +84{,}8^0 [H_2O]$. — Charakteristisch ist das Pikrat Fp. 218°, $B \cdot 2C_6H_3N_3O_7$, gelbe kurze Prismen. Pikrolonat Fp. 213°. Chloroplatinat Zp. ca. 275°, $B \cdot H_2PtCl_6$, Silicowolframat, $12WO_3SiO_2 \cdot 2H_2O \cdot 2B + 2H_2O$ (aus salzsaurer Lösung mit Silicowolframsäure).

*Verhalten gegen Alkaloidfällungsmittel.* Nicotin wird in salzsaurer Lösung von Phosphorwolframsäure (1 : 1000000), Silicowolframsäure (1 : 500000), Kaliumwismutjodid (1 : 40000), Phosphormolybdänsäure (1 : 40000) gefällt. Die Fällungen mit Trinitrothymol (1 : 5000—6000) und Hexanitrodiphenylamin (1 : 50000—55000) sind empfindlicher als die Fällungen mit Pikrinsäure (1 : 3000—4000).

An weiteren analytisch brauchbaren Verbindungen wurden auch das Trichloracetat (G. FLORENCE [121]), das Salz der Ferrocyanwasserstoffsäure (W. M. CUMMING und D. G. BROWN [70]), die Verbindung mit Rufiansäure (1,4-Dioxyanthrachinon-2-sulfosäure) (W. ZIMMERMANN [645]) und das Nicotin-tetra-chlorojodid, $C_{10}H_{14}N_2 \cdot 2[HJC[HJCl_4]_4]$ (FR. D. CHATTAWAY und G. D. PARKES [58]), beschrieben. Diese letztere aus l-Nicotin-chlorhydrat und Jodtrichlorid gewinnbare charakteristische Verbindung kann sowohl zur Reindarstellung des Nicotins, als auch zur quantitativen Bestimmung dieser Base benutzt werden.

*Reaktionen.* Die ätherische Nicotinlösung wird mit dem gleichen Volumen ätherischer Jodlösung versetzt, wobei nach anfänglicher Niederschlagsbildung im geschlossenen Reagensglase lange rubinrote Nadeln des Perjodids, $C_{10}H_{14}N_2 \cdot J_2 \cdot HJ$, entstehen, die im reflektierten Lichte dunkelblau schillern (Empfindlichkeit 1 : 500 (KIPPENBERGER [282]).

Nicotin gibt nach Versetzen mit Formaldehydlösung und mehrstündigem Stehen mit konzentrierter Salpetersäure eine Rotfärbung (SCHINDELMEISER [474]).

Perhydrolschwefelsäure erzeugt eine dunkelschokoladenbraune Färbung (472), Vanillinsalzsäure in der Kälte eine rosarote bis kirschrote Färbung (SANCHEZ [467]).

*Quantitative Bestimmung.* Die quantitative Nicotinbestimmung kann auf verschiedene Weise unter Anwendung von gravimetrischen, titrimetrischen oder polarimetrischen Methoden durchgeführt werden.

H. BAGGESGAARD RASMUSSEN (16) hat in einer kritischen Übersicht, auf die in diesem Zusammenhange besonders verwiesen wird, die bis etwa zum Jahre 1912 bekannten Methoden zur quantitativen Nicotinbestimmung überprüft und miteinander verglichen. Allen Methoden gemeinsam ist das Vorgehen, daß nur das Nicotin bestimmt wird, und eine gesonderte Bestimmung der Nebenbasen wegen ihrer geringen Mengen nicht durchgeführt wird. Alle Verfahren bemühen sich auch, zu verhindern, daß gleichzeitig mit dem Nicotin auch Ammoniak bestimmt und als Alkaloid berechnet wird. Die Unterschiede zwischen den einzelnen Verfahren liegen vor allem in der Methodik der Gewinnung der Basen aus dem Pflanzenmaterial, die durch Wasserdampfdestillation oder Extraktion des alkalisierten Materials erfolgen kann und in der Vorsorge, wie die Titration des unter den gleichen Gewinnungsbedingungen auch mitgewonnenen Ammoniaks verhindert werden kann.

BAGGESGAARD RASMUSSEN bezeichnet die im folgenden zuerst beschriebene Methode nach BERTRAND, JAVILLIER, modifiziert von CHAPIN als eine der besten Methoden:

*Methode von* BERTRAND *und* JAVILLIER (30), *modifiziert nach* R. M. CHAPIN (57). So viel Substanz, als 1—2 g Nicotin entspricht (von Extrakten mit viel fremden Substanzen nicht mehr als 30 g), werden in einen Rundkolben gespült und mit 1—1,5 g Paraffin, wenig Bimsstein und 5—10 $cm^3$ Natronlauge (1—2 g) versetzt. Nun wird mit einem starken Wasserdampfstrome das Nicotin abdestilliert, wobei durch Anwendung einer dreifach gebogenen Glasröhre das Überspritzen zu verhindern ist. Das Destillat wird in einer geräumigen 10 $cm^3$ verdünnte Salzsäure (1:4) enthaltenden Flasche aufgefangen. Die Destillation wird unter Erhitzen des Destillationskolbens so lange durchgeführt, bis einige Kubikzentimeter des Destillates nach Zugabe eines Tropfens Salzsäure (1:4) und Kieselwolframlösung nicht mehr opalescieren[1]. Das Destillat wird auf ein geeignetes Volumen aufgefüllt und durch ein großes trockenes Filter filtriert, wobei der erste Teil des Filtrates verworfen wird (Prüfung auf Reaktion mit Methylorange). In ein Becherglas wird nun ein etwa 0,1 g Nicotin enthaltender Teil des Filtrates abgemessen, auf je 100 $cm^3$ Lösung mit 3 $cm^3$ verd. Salzsäure (1:4) versetzt, für je 0,01 g Nicotin 1 $cm^3$ einer 12proz. Silicowolframsäurelösung zugefügt, umgerührt und 18 Stunden stehen gelassen. Der krystallinische Niederschlag wird in einen Goochtiegel oder durch ein quantitatives Filter filtriert und mit kaltem Wasser, das auf 1 Liter 1 $cm^3$ konz. Salzsäure enthält, gewaschen, und zwar so lange, bis das Waschwasser beim Versetzen mit Nicotinlösung nicht mehr opalesciert. Der Niederschlag kann im Goochtiegel nach dem Trocknen bei 125° als wasserfreies Nicotinsilicowolframat, $2 C_{10}H_{14}N_2 2 H_2O \cdot SiO_2 \cdot 12 WO_3$, gewogen werden. Sonst wird das Filter quantitativ in einen Platintiegel gebracht, der Tiegel sorgfältig getrocknet, hierauf das Filter verkohlt und bei möglichst niedriger Temperatur die Kohle verascht. Eine Multiplikation des Gewichtes des Glührückstandes mit 0,114 ergibt das Gewicht des in der verwendeten Menge Destillat befindlichen Nicotins. — Man kann aber auch das Silicowolframat durch MgO und $H_2O$ zersetzen, das abgespaltene Nicotin durch Wasserdampf übertreiben und mit Schwefelsäure, die im Liter 3,024 g $H_2SO_4$ enthält, unter Verwendung von Alizarinsulfosäure als Indicator titrieren (1 $cm^3$ dieser Säure entspricht 10 mg Nicotin).

Von der soeben besprochenen Methode unterscheidet sich das von BAGGESGAARD RASMUSSEN ausgearbeitete Verfahren zur quantitativen Nicotinbestimmung, das auch später von N. HEIDUSCHKA etwas modifiziert als ausgezeichnete Methode bezeichnet wurde, durch die Art der Gewinnung der Alkaloide aus dem Pflanzenmaterial. Nach BAGGESGAARD RASMUSSEN werden 10 g getrockneter pulverisierter Tabak mit 8 $cm^3$ einer Mischung von 3 Teilen 33proz. Natronlauge und 1 Teil Weingeist vermischt und umgeschüttelt. Die halbfeuchte Masse wird mittels eines breiten Spatels vollständig in eine weithalsige Flasche gebracht und hier mit 50 $cm^3$ Äther und 50 $cm^3$ Petroläther versetzt. Die gut zugepfropfte Flasche wird 5 Stunden unter häufigem Schütteln stehengelassen und dann die Flüssigkeit durch ein mit einer Glasplatte bedecktes Faltenfilter in eine 100-$cm^3$-Fasche filtriert. Wenn diese reichlich halb gefüllt ist, werden 50 $cm^3$ abpipettiert und in einem Scheidetrichter dreimal mit 25 $cm^3$ 1proz. Salzsäure ausgeschüttelt. Die saure Flüssigkeit wird dann mittels einer 12proz. wäßrigen Kieselwolframsäurelösung gefällt. Nach zehnstündigem Stehen wird der Niederschlag entweder in einem Goochtiegel, der mit dem Wägeglas gewogen ist, oder auf einem aschefreien Filter gesammelt und mit 1 proz. Salzsäure so lange gewaschen, bis 10 $cm^3$ Filtrat mit einem Tropfen 1 proz. Nicotinlösung nicht mehr gefällt werden. Der Niederschlag wird dann in analoger Weise wie bei der ersten Methode (s. S. 545) analytisch ausgewertet.

Das in *frischen Pflanzenteilen* enthaltene Nicotin wird folgendermaßen bestimmt (R. MELLET [364]): Etwa 250 g der fein geschnittenen Pflanzensubstanz werden in verschlossenen Kolben mit siedendem Wasser übergossen, stehengelassen, nach 24 Stunden mit Kalkmilch versetzt und im verschlossenen Kolben weitere 24 Stunden stehengelassen. Das in Freiheit gesetzte Nicotin wird mit Wasserdampf so abdestilliert, daß sich das Flüssigkeitsvolumen im Destillationskolben verringert. Wenn das Dreifache der ursprünglichen Flüssigkeit überdestilliert ist, wird das Destillat mit Schwefelsäure angesäuert, unter möglichster Vermeidung von Luftzutritt eingeengt, Kaliumhydroxyd zugesetzt und ausgeäthert. Die ätherische Lösung wird eingedampft, wobei das in der *Lösung enthaltene Ammoniak entweicht.* Die ätherische Lösung wird, wenn die Dämpfe kein Ammoniak mehr enthalten, bei gewöhnlicher Temperatur zur Trockne gebracht, der Rückstand in Wasser gelöst und mit n/10 Schwefelsäure titriert. Der Gesamtverlust bei diesen Operationen beträgt im Mittel 0,06 g Nicotin, die zu den gefundenen Werten zuzurechnen sind.

Ein anderes Verfahren, das Nicotin neben Ammoniak zu bestimmen erlaubt, bedient sich der Pikrate. Das Nicotin-dipikrat reagiert in wäßriger Lösung neutral, in alkoholischer Lösung sauer und benötigt in diesem Lösungsmittel zur Neutralisation 1 Mol. Lauge, während sich Ammoniumpikrat in beiden Lösungsmitteln neutral verhält[2].

Für schnell durchzuführende Serienanalysen wurde von HEIDUSCHKA (202) insbesondere das von H. RUNDSHAGEN (458) modifizierte Verfahren von TÓTH

[1] Das im Kolben zurückbleibende Flüssigkeitsvolumen soll möglichst klein sein.
[2] Verfahren von R. SPALLINO (561).

(575) empfohlen: 10 g zuvor getrocknetes Tabakpulver werden in einer geräumigen Porzellanschale mit 2 g pulverigem Kalkhydrat durchmischt und dann mit Wasser gut durchfeuchtet. Im Verlauf von 15 Minuten wird der Brei mehrmals innig, um das Nicotin in Freiheit zu setzen, durchgerieben. Unter weiterem dauerndem Rühren mit einem Spatel fügt man so viel gebrannten Gips hinzu, daß alles beim Zerdrücken mit einem Pistill in ein homogenes Pulver zerfällt. Diesem Gemenge wird nun das Nicotin durch ein Gemisch von 50 $cm^3$ Äther und 50 $cm^3$ Petroläther oder Toluol entzogen, indem zuerst der Inhalt der Schale unter Nachspülen mit Gips in einen Kjeldahlkolben übergeführt wird, der nach dem Hinzufügen des Lösungsmittelgemisches geschlossen und 15 Minuten lang auf dem Schüttelapparat geschüttelt wird. Nach dem Zentrifugieren wird ein Teil der Lösung durch ein Filter gegossen und davon eine gemessene Menge, 55 $cm^3$, mit 40—50 $cm^3$ Wasser versetzt und mit Jodeosin als Indicator mit n/10 Schwefelsäure titriert, wobei ein Überschuß der Säure mit n/10 Natronlauge zurücktitriert wird. Sollte die Äther-Petroläther-Lösung des Nicotins trüb sein, so empfiehlt es sich, sie sofort in eine trockene Flasche abzugießen und nach Zusatz von 5—10 g Gips so lange zu schütteln, bis Klärung eintritt, um sie dann unter den oben erwähnten Vorsichtsmaßregeln aufzuarbeiten. Die Freimachung der Alkaloide durch Kalk hat hier den Vorteil, daß keine emulsionsbildenden Stoffe von den Lösungsmitteln aufgenommen werden, die die spätere Titration stören würden.

Als letztes Verfahren sei das auch schnell ausführbare und für Serienanalysen geeignete Verfahren der *Nicotinbestimmung nach* KÖNIG (307) und J. v. DEGRAZIA (77) erwähnt, das auch durch das Vorhandensein von Ammoniak nicht beeinträchtigt wird. Der Nicotingehalt wird hier durch die Bestimmung der optischen Aktivität ermittelt, da sich das Drehungsvermögen unter entsprechenden Bedingungen als der Konzentration proportional erwiesen hat: 20 g der Extrakte werden nach diesem Verfahren in einer glasierten Porzellanschale von 300—400 $cm^3$ Inhalt mit 4 $cm^3$ Natronlauge (1,1) und ausgeglühtem Sand zu einer halbtrockenen Masse zerrieben und so viel gebrannter Gips zugesetzt, daß ein nahezu trockenes Pulver entsteht. Nach dem Zerreiben des Pulvers in einem Mörser wird es in eine Glasstöpselflasche gebracht, Schale und Mörser mit Sand und Gips nachgespült. Nach dem Zusatz von 100 $cm^3$ Toluol wird die Flasche 1 Stunde auf der Schüttelmaschine geschüttelt. Nach dem Absetzen des Niederschlages werden durch ein bedecktes trockenes Filter 30—40 $cm^3$ abfiltriert und in einem 20-cm-Rohr polarisiert. Die abgelesene Drehung durch 3,40 dividiert gibt den Nicotingehalt in 100 $cm^3$ Lösung. Da sich nun Nicotin in Toluol ohne wesentliche Volumverminderung löst (1 $cm^3$ Nicotin und 100 $cm^3$ Toluol geben 101 $cm^3$ Lösung), kann man eine Korrektur nach der Formel $x = \frac{y \cdot 100}{100 - y}$ durchführen, wobei $y$ die gefundenen Gramm Nicotin in 100 $cm^3$ Lösung bedeudet. $x \times 5$ gibt den Prozentgehalt an Nicotin in dem Extrakt an. Diese Korrektur genügt für praktische Verhältnisse. Theoretisch müßte natürlich auf das spezifische Gewicht Rücksicht genommen werden (1,0112 bei 20,$^0$ C.), und dann müßte die Formel $x = \frac{y \cdot 101{,}12}{101{,}12 - y}$ lauten. Zur Kontrolle kann das Nicotin aus dem gleichen Ansatz auch maßanalytisch bestimmt werden: 25 $cm^3$ der filtrierten Toluollösung werden hierzu mit 50 $cm^3$ n/10 Salzsäure (Überschuß) und 50—75 $cm^3$ Wasser versetzt, dann 25 $cm^3$ Äther und 4 Tropfen Jodeosin (1:500) zugesetzt und mit n/10 Natronlauge bis auf helle Rotfärbung zurücktitriert (1 $cm^3$ n/10 Salzsäure entspricht 0,0162 g Nicotin). Die gefundene Nicotinmenge $\times 4 = y$ in 100 $cm^3$ Lösung, wie oben korrigiert, und mit 5 multipliziert ergibt den Nicotingehalt in Prozenten. Wegen des Ammoniakgehaltes der Toluollösung des Nicotins sind die titrimetrisch gewonnenen Resultate immer zu hoch.

Neben einer kritischen Wertung der üblichen Nicotinbestimmungen (N. HEIDUSCHKA [202]) sind auch in der letzten Zeit eine Reihe weiterer Verfahren zur quantitativen Bestimmung vorgeschlagen worden[1].

*Der mikrochemische Nachweis* des Nicotins in der Pflanze kann nach den Angaben von G. KLEIN und E. HERNDLHOFER (295) am günstigsten in folgender Weise durchgeführt

[1] Schnellmethode von L. FRANK (134); Nicotin im Tabak nach dem abgeänderten KELLERschen Verfahren (R. R. T. YOUNG [640]); Nicotin- und Ammoniakbestimmung im Tabak (YUSURA OKUDA [391]).

werden. Die genau gewogene Menge des Pflanzenmaterials kommt meist lufttrocken in in den Mikrodestillationsapparat nach GAWALOWSKY; dazu gibt man eine bei allen Bestimmungen gleichbleibende Menge Kalkwasser und eine bestimmte Anzahl Kubikzentimeter Wasser. Nun wird destilliert und in einem Tropfen des Destillates der Nicotinnachweis am besten mit Hilfe der Goldchlorid-natriumbromid-reaktion (BEHRENS-KLEY) durchgeführt. Da das Ausgangsmaterial gewogen und das Flüssigkeitsvolumen des Destillates gemessen werden kann, läßt die Menge des Reaktionsproduktes im Präparat einen Schluß auf die in dem Pflanzenmaterial vorhandene Nicotinmenge zu. Durch Zusatz von Natriumbromid zu der heißen Lösung der Fällung des Nicotins mit Goldchlorid wird die Empfindlichkeit des Nicotinnachweises sehr gesteigert. Es kommt dann zur Abscheidung geschweift deltoidischer lichtbrauner Krystalle, die sich bei größerem Nicotingehalt zu Bäumchen zusammengliedern (Empfindlichkeitsgrenze ist 1 : 400000, Erfassungsgrenze 0,2 $\gamma$). Da in den Destillaten das Goldchloridnatriumbromidreagens außer mit dem Nicotin auch noch mit dem Ammoniak reagiert, wird bemerkt, daß die dabei entstehende Ammoniakfällung braun und meist amorph ist, die Nicotinfällung nicht hindert und auch nicht mit ihr verwechselt werden kann. Deshalb ist eine Befreiung der Destillate von Ammoniak im allgemeinen nicht nötig, obwohl sie durch längeres Schütteln des Destillates mit Benzol ohne weiteres durchgeführt werden kann. (Destillationsapparatur s. Bd I, S. 316.)

Die mikrochemischen Reaktionen des Nicotins wurden hinsichtlich der Grenzkonzentrationen und der kleinsten erfaßbaren Mengen von M. WAGENAAR (597) beschrieben. Über ein neues mikrochemisch-quantitatives Bestimmungsverfahren wird von J. BODNAR, J. STRAUB und V. L. NAGY (34) berichtet (s. auch MOTHES [382]).

**Nicotein,** $C_{10}H_{12}N_2$, (PICTET). Die Nicoteinfraktion ist eine farblose, alkalische Flüssigkeit, zeigt den Kp. 266—267°, $D_4^{12,5} = 1{,}0778$, $[\alpha]_D = -46{,}41°$. Sie ist leicht löslich in Wasser und den meisten organischen Lösungsmitteln.

Die von PICTET (412) als einheitliche Nebenbase bezeichnete Nicoteinfraktion Kp. 266 bis 267° wurde von M. EHRENSTEIN (93) als nicht einheitlich erkannt und konnte in zwei chemisch eindeutig charakterisierte Einzelindividuen zerlegt werden. Die Reindarstellung dieser Nebenbasen, von 40 kg Tabakextrakt aus Kentuckytabak ausgehend, wurde so durchgeführt, daß zuerst die schwerer flüchtigen Nebenbasen von den Hauptbasen getrennt wurden, was durch Wasserdampfdestillation und nachfolgende fraktionierte Destillation bis zur Erreichung des Kochpunktes der sog. Nicoteinfraktion gelang. Die weitere Zerlegung der Nicoteinfraktion in einheitliche Körper gelang M. EHRENSTEIN durch fraktionierte Krystallisation der Pikrate. Dabei wurde eine niedriger und eine höher siedende einheitliche Base gewonnen.

Die niedriger siedende, als sekundäre Base erkannte Verbindung der Bruttoformel $C_9H_{12}N_2$ (Nicotin $C_{10}H_{14}N_2$), das Nornicotin, zeigte folgende Konstanten: Kp. $_{11 mm}$ 130,5 bis 131,3°, $d_4^{19,5} = 1{,}0737$, $[\alpha]_D^{20} = -17{,}70°$; $n_D^{18,5} = 1{,}5378$. Dipikrat Fp. 191—192°. Pikrololat Fp. 250—252°. Phenylthioharnstoff Fp. 176 und 177°. Die Base ist eine nahezu wasserklare Flüssigkeit von schwach basischem Geruch, die sich auch bei jahrelangem Aufbewahren im Einschmelzrohr nicht verfärbt.

CH₂—CH₂ / CH / CH₂ / N / H / N

Nornicotin $C_9H_{12}N_2$

Die höher siedende Base der Nicoteinfraktion der Bruttoformel $C_{10}H_{14}N_2$ (Nicotin $C_{10}H_{14}N_2$), das $\alpha$($\beta$-Pyridyl-)piperidin, zeigte folgende Konstanten: Kp. $_{10,5 mm}$ 137,5 bis 138,5°, $d_4^{20} = 1{,}0761$, $(\alpha)_D^{17,5} = -72{,}59°$; $n_D^{18,5} = 1{,}5428$. Dipikrat Fp. 201—204°. Pikrolonat Fp. 233—235°. Phenylthioharnstoff Fp. 162—164°.

CH₂ / CH₂ CH₂ / CH CH₂ / N / H / N

$\alpha$($\beta$-Pyridyl)-piperidin

Da hinsichtlich der chemischen Einheitlichkeit der übrigen Nebenbasen noch nicht völlige Klarheit herrscht, werden die bis jetzt bekannten Daten im folgenden kurz zusammengefaßt.

**Isonicotein,** $C_{10}H_{12}N_2$ (NOGA) (388).

CH—CH₂ / C CH₂ ? / N / N CH₃

Viscose farblose Flüssigkeit von starkem Geruch. Kp. 293°. Es ist in Wasser schwer löslich, in organischen Lösungsmitteln leicht, mit Ausnahme von Petroläther. Iso-nicotein ist eine ungesättigte optich-inaktive Base, die gut krystallisierende Salze bildet. $D_4^{20} = 1{,}0984$, $n_D^{20} = 1{,}5749$.

*Nicotimin*, $C_{10}H_{14}N_2$ (PICTET und ROTSCHY) (407, 412).

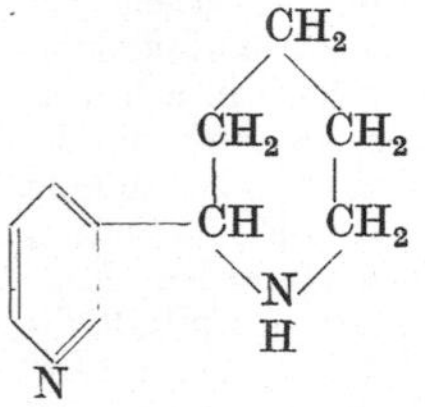

Nicotimin ist eine farblose alkalische Flüssigkeit, die in Geruch und physikalischen Konstanten dem Nicotin sehr ähnlich ist. Kp. 250—255°. Es ist eine sekundäre Base (Unterschied vom Nicotin) und kann deshalb auch vom Nicotin leicht getrennt werden (s. S. 543). Chloroplatinat Fp. 270° u. Z. Chloroaurat Fp. 182—185° u. Z. Quecksilberchloriddoppelsalz Fp. 190°. Pikrat (anfangs ölig, dann fest) Fp. 163°.

*Nicotellin*, $C_{10}H_8N_2$ (PICTET). Das Nicotellin ist das einzige krystallisierende Alkaloid dieser Gruppe. Es zeigt, in prismatischen Nadeln krystallisierend, den Fp. 148°, ist in organischen Lösungsmitteln und heißem Wasser mit neutraler Reaktion (Lackmus) leicht löslich. Es ist gesättigt und zeigt auch keine Fichtenspanreaktion. Seiner Konstitution nach dürfte es vielleicht ein Dipyridyl sein.

*Nicotoin*, $C_8H_{11}N$ (NOGA) (388). Das Nicotoin ist eine farblose, leicht bewegliche Flüssigkeit. Kp. 208°. $D_4^{21} = 0{,}9545$, $n_D^{20} = 1{,}5105$. Es ist in Wasser und den meisten organischen Lösungsmitteln leicht löslich und gibt mit Salzsäure, Schwefelsäure, Pikrinsäure, Quecksilberchlorid und Platinchlorid zum Teil gut krystallisierende Verbindungen.

## d) Alkaloide von Anabasis aphylla (s. S. 704).

Die Untersuchung der in Mittelasien weit verbreiteten giftigen Chenopodiaceae, Anabasis aphylla L., durch A. ORECHOW und G. MENSCHIKOFF (392) ergab das Vorhandensein einer Reihe verschiedener Basen. Die Trennung der einzelnen Basen erfolgte roh durch fraktionierte Vakuumdestillation, bei der etwa 85% der gesamten Basen zwischen 130 und 140°, der Rest aber um 200° übergingen.

Die weitere Zerlegung der niedrig siedenden Basen gelang durch Benzoylierung, bei der ein Teil, ein sekundäres Amin, eine krystallisierte Benzoylverbindung ergab, während der Rest, ein tertiäres Amin, unangegriffen zurückblieb und sich von der Benzoylverbindung durch Vakuumdestillation leicht trennen ließ.

Das tertiäre Amin dieser Fraktion der Bruttoformel $C_{10}H_{19}ON$ hat sich mit dem aus Lupinus luteus isoliertem Lupinin (s. S. 551) als identisch erwiesen. Dabei muß auf die eigenartige Tatsache hingewiesen werden, daß das Lupinin, das bis jetzt als Alkaloid der Familie der Papillionaceen bekannt ist, nun auch in einer Pflanze, die der Familie der Chenopodiaceen angehört, aufgefunden wurde.

Das sekundäre Amin der niedrig siedenden Fraktion der Bruttoformel $C_{10}H_{14}N_2$, das vom Lupinin entweder als Benzoyl- oder als Nitrosoverbindung abgetrennt werden konnte, war linksdrehend, wasserdampfflüchtig und zeigte stark basische Eigenschaften. Kp.$_{760\,mm}$ 276°; $d_{20}^{20} = 1{,}0455$; $n_D^{20} = 1{,}5430$; $[\alpha]_D^{20} = -82{,}20°$. Pikrat Fp. 200—205°. Es wurde *Anabasin* genannt.

Die Konstitutionsaufklärung des Anabasins hat es als 1, α-(Piperidyl)-β-pyridin erwiesen.

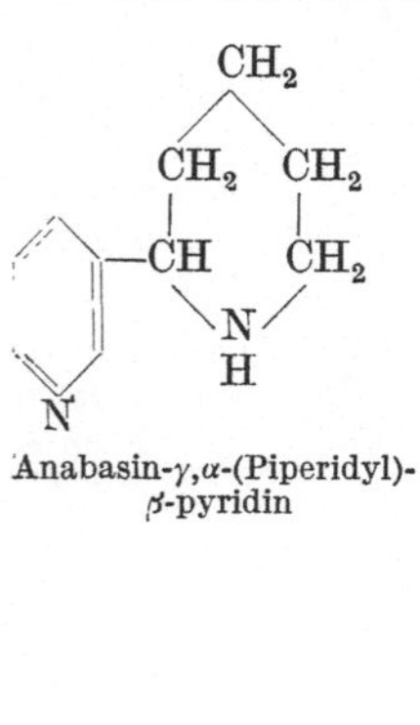

Anabasin-γ,α-(Piperidyl)-β-pyridin

Auch die Fraktion der hochsiedenden Basen von Anabis aphylla wurde von A. ORECHOW und G. MENSCHIKOFF (393) in ihre Komponenten zerlegt und näher beschrieben. Da die Trennung hier nicht mehr durch Vakuumdestillation allein gelang, wurde sie nach dem Verfahren des fraktionierten Alkalischmachens der Salzlösungen der Basen durchgeführt. Dabei konnten bis jetzt folgende drei Basen isoliert werden.

| Base | Aphyllin | Aphyllidin | Base V |
|---|---|---|---|
| Bruttoformel . . . | $C_{15}H_{24}ON_2$ | $C_{15}H_{22}ON_2$ | $C_{16}H_{26}O_2N_2$ oder $C_{16}H_{24}O_2N_2$ |
| Fp. der Base . . . | 52—53° | 100—103° | 137° u. Z. |
| Drehung $[\alpha]_D^{20}$ . . . | +10,3° (20% $CH_3OH$) | +27,5° (20% $CH_3OH$) | — |
| Chlorhydrat $[\alpha]_D^{20}$ . | +13,6° | — | — |
| Pikrolonat Fp. . . | 230—231° u. Z. | 235—236° | — |
| Jodmethylat Fp. . | 212—213° | 217—220° | — |

## e) Spartiumalkaloide (Spartein und Nebenalkaloide).

Das Spartein kommt im Besenginster (Spartium scoparium L.), einer Leguminose in einer Menge von 0,25—0,7% vor, wobei die höchste Ausbeute im März, die niedrigste im Herbst erzielt werden kann (STENHOUSE [563]). Als weiteres Vorkommen ist sein Auftreten im Samen von Lupinus luteus und Lupinus niger zu erwähnen, wobei das in diesen Pflanzen isolierte Alkaloid Lupinidin sich als mit dem Spartein identisch erwiesen hat (WILLSTÄTTER und MARX [622]), was darauf hindeutet, daß zwischen dem Spartein und den übrigen Lupinenalkaloiden gewisse konstitutionelle Beziehungen bestehen (s. S. 551). (Sparteinvorkommen siehe auch Seite 725).

Das Spartein wird in Spartium scoparium L. noch von zwei Nebenalkaloiden (VALEUR [586]) begleitet, auf die hier kurz hingewiesen werden soll. Ihre Darstellung erfolgt aus den bei der technischen Gewinnung des Sparteinsulfats auftretenden Mutterlaugen. Es sind eine amorphe, ungesättigte Base, das Sarothamin $C_{15}H_{24}N_2$, das nur mit verschiedenen Lösungsmitteln, wie Chloroform oder Alkohol, krystallisierte Additionsprodukte gibt, und eine zweisäurige, gesättigte Base, das Genistein $C_{16}H_{28}N_2$, Fp. 60,5°, Kp.$_5$ 139,5—140,5°.

Die Darstellung des Sparteins erfolgt dadurch, daß die Pflanzenteile zuerst mit verdünnter Schwefelsäure extrahiert werden. Die konzentrierte Lösung der extrahierten Sulfate wird mit Alkali stark alkalisch gemacht und das in Freiheit gesetzte Alkaloid mit Wasserdampf destilliert. Das Destillat wird nach exaktem Neutralisieren mit Salzsäure zur Trockene gebracht und über festem Alkali destilliert. Es kann durch wiederholte Destillation im Wasserstoffstrom über met. Natrium noch weiter gereinigt werden.

Die Konstitution des Sparteins ist noch nicht vollständig aufgeklärt. Es werden vielmehr auf Grund der Untersuchungen von KARRER und seinen Mitarbeitern (272) sowie von K. WINTERFELD (625) und seinen Mitarbeitern die folgenden Formeln vorgeschlagen, die nicht als abschließend, sondern nur als der Ausdruck der bis jetzt vorliegenden Ergebnisse der Konstitutionsaufklärung zu werten sind.

```
        CH2
       /   \
    CH2     CH2
     |       |
    CH2     CH
       \   /  \
         N     CH2
         |      |
        CH     CH
       /  \   /  \
    CH2    CH     CH2
     |     |       |
    CH2    N      CH2
       \  / \     /
       CH2    CH2
```

Spartein (KARRER)

```
                 CH2
                /   \
       CH2 —— CH     CH2
        |      |       |
  CH2   CH     N      CH2
  /  \  / \   / \    /
CH2   CH     CH     CH2
 |     |      |
CH2    N     CH2
   \  / \    /
   CH2    CH2
```

Spartein (KARRER)

```
        H2C —— CH2
         |       |
      *H2C      C —— CH3
          \    / \
            N     CH2
            |      |
           CH     CH
          /  \   /  \
       H2C    CH      CH2
        |      |       |
       CH2     N      CH2
          \   / \     /
           CH2    CH2
```

Spartein (WINTERFELDT)

* Die Methylgruppe könnte auch an der mit dem Stern bezeichneten Stelle stehen.

*Eigenschaften.* Das Spartein, $C_{15}H_{26}N_2$, ist ein farbloses, ähnlich wie Anilin riechendes Öl. $Kp._{745}$ 326° (im Wasserstoffstrom), $Kp._{18}$ 188°, $D^0 = 1{,}034$, $D^{20} = 1{,}0196$, $[\alpha]_D^{21} = -16{,}42°$ (Alkohol). Es hat einen bitteren Geschmack, ist schwer löslich in Wasser (1 Teil in 328 Teilen bei 22°), ist unlöslich in Benzol und Ligroin, leicht löslich in Alkohol, Äther und Chloroform. Es ist eine starke Base, die sich gegen Lackmus und Phenolphthalein einsäurig, gegen Methylorange zweisäurig verhält. Das Spartein bildet eine Reihe gut krystallisierender und zur Identifizierung geeigneter Salze. Das Sulfat, $B \cdot H_2SO_4 \cdot 5H_2O$, Fp. (trocken) 136°, $[\alpha]_D^{15} = -22{,}12°$ $[H_2O]$, ist in 1,1 Teilen Wasser von 25° und 2,4 Teilen Alkohol von 25° löslich. Das Di-jodhydrat $B \cdot 2HJ$ zeigt den Fp. 257—259°. Das Chloroplatinat $B \cdot H_2PtCl_6 \cdot 2H_2O$ zersetzt sich bei 243,5° (rhombische Prismen aus verdünnter Salzsäure). Das Pikrat, gelbe glänzende Nadeln aus kochendem Alkohol, zeigt den Fp. 208°.

Verhalten gegen Fällungsreagenzien: Das Spartein gibt Niederschläge mit Jodjodkalium, Mercurichlorid, Platinchlorid und Bromwasser. Am empfindlichsten ist die Fällung mit Silicowolframsäure, die in Gegenwart von 1proz. Natriumchlorid noch bei einer Verdünnung von 1 : 500000 eine Fällung ergibt, weiter die noch in einer Verdünnung von 1 : 1000000 auftretende Fällung mit Phosphorwolframsäure in Gegenwart von 1proz. HCl. Als Spezialreaktion auf Spartein dient die Reaktion von JORISSEN (261): Einige Zentigramm Sparteinsulfat werden in möglichst wenig Wasser gelöst, ein geringer Überschuß von Ätznatron zugesetzt und die Base in 10 cm³ Äther aufgenommen. Man bringt die ätherische Lösung der Base in ein trockenes Reagensglas, fügt 0,01—0,02 g Schwefel hinzu, schüttelt 1 Minute lang und leitet Schwefelwasserstoff ein, worauf bald ein rot gefärbter Niederschlag erscheint, der auf Zusatz von Wasser wieder verschwindet. Pyridin gibt diesen Niederschlag nicht, Coniin unter gleichen Bedingungen eine orangegelbe Fällung, Atropin einen gelben Niederschlag (siehe auch [506]).

Der mikrochemische Nachweis wird durch die Charakterisierung der krystallinischen Fällungen des Sparteins mit Ferrocyanwasserstoffsäure, Chromsäure, Quecksilberchlorid und Salzsäure wie auch mit Jodwasserstoffsäure geführt.

Für die quantitative Bestimmung des Sparteins eignet sich die obenerwähnte Fällung des Sparteins mit Silicowolframsäure in einer mit 1proz. Salzsäure angesäuerten Lösung. Das Sparteinsilicowolframat ist ein amorpher Körper, der bei 30° die Zusammensetzung $SiO_2 \cdot 12WO_3 \cdot 2H_2O \cdot 2C_{15}H_{26}N_2O_3 + 7H_2O$, bei 120° die Zusammensetzung $SiO_2 \cdot 12WO_3 \cdot 2H_2O \cdot 2C_{15}H_{26}N_2 + H_2O$ aufweist (M. JAVILLIER [253]).

## f) Lupinenalkaloide.

Die verschiedenen den Leguminosen angehörigen Arten von Lupinus enthalten eine Reihe genau charakterisierter Alkaloide, deren Verbreitung vor allem von E. SCHMIDT und seinen Schülern (482, 29) untersucht wurde. So wurden im Samen von Lupinus luteus und Lupinus niger das Lupinin $C_{10}H_{19}ON$ neben dem Lupinidin $C_{15}H_{26}N_2$ festgestellt, das sich aber, wie oben erwähnt, mit dem Spartein als identisch erwiesen hat. Lupinus albus, Lupinus angustifolius (die blaue Lupine) und Lupinus perennis enthalten das Lupanin $C_{15}H_{24}ON_2$, das in der Natur sowohl in rechtsdrehender, als auch in der racemischen Form auftritt. Lupinus perennis enthält ein weiteres Lupinenalkaloid, das Oxylupanin $C_{15}H_{24}O_2N_2$. In diesem Zusammenhange möge kurz darauf hingewiesen werden, daß die Lupinensamen vor und nach ihrer Keimung neben den Alkaloiden eine große Zahl anderer Verbindungen enthalten, und zwar Säuren, z. B. die Oxalsäure, Äpfelsäure, Citronensäure, wie auch eine größere Anzahl durch den Eiweißabbau entstandener Aminosäuren, z. B. Aminovaleriansäure, Arginin, Asparagin, Leucin, Lysin, Phenylalanin, Tyrosin, schließlich auch noch ein Glucosid der Bruttoformel $C_{19}H_{32}O_{16}$ (SCHULZE [488]).

Die Konstitutionsaufklärung dieser Basen hat in den letzten Jahren durch die Untersuchungen von KARRER, WINTERFELDT, CL. SCHÖPF und G. R. CLEMO zu Vorstellungen über die Konstitution geführt, die insbesondere durch die Untersuchungen von P. KARRER und Mitarbeitern (270) und von K. WINTERFELD und HOLSCHNEIDER (625a) einen gewissen Abschluß erfahren haben.

**Lupinin, $C_{10}H_{19}ON$.**

```
        CH2OH
          |
    CH2  CH
   /  \ /  \
H2C   CH   CH2
 |     |    |
H2C    N   CH2
   \  / \  /
   CH2   CH2
```

Lupinin, $C_{10}H_{19}ON$ (KARRER [270]), (WINTERFELD und F. HOLSCHNEIDER) (625a).

Die Trennung und die Darstellung der in gelben und schwarzen Lupinen vorkommenden Basen, des Lupinins und Lupinidins (Spartein) wird folgendermaßen durchgeführt: Die bei 100⁰ getrockneten und gepulverten Lupinenkörner werden zuerst mit 1% Chlorwasserstoff enthaltendem 95proz. Alkohol bis zur Erschöpfung maceriert. Nach dem Abdestillieren des größten Teils des Alkohols wird vom Fett und anderen unlöslichen Verbindungen abfiltriert, wobei es sich als zweckmäßig erweist, den Eindampfrückstand zur Fettabscheidung mit dem dreifachen Volum Wasser zu erhitzen; das Filtrat wird nach dem Neutralisieren mit Natriumhydroxyd zur Sirupkonsistenz eingedampft und abermals filtriert. Der nach dem Filtrieren gewonnene Extrakt wird nun mit 50% Natronlauge stark alkalisch gemacht und die Basen ausgeäthert. Die vom Äther befreiten Extrakte werden nun mit Salzsäure und konzentrierter Quecksilberchloridlösung, solange noch ein Niederschlag entsteht, versetzt. Das Spartein fällt dabei als Quecksilberdoppelsalz aus, während das Lupinin in Lösung bleibt. Das gefällte Spartein-Quecksilberdoppelsalz wird abfiltriert, hierauf im Filtrat das Quecksilber durch Schwefelwasserstoff entfernt und das nun nur noch das Chlorhydrat des Lupinins enthaltende Filtrat zur Trockene eingedampft. Aus dem zurückbleibenden Chlorhydrat wird die Base durch Natronlauge abgeschieden und mit Äther aufgenommen. Die weitere Reinigung kann entweder durch Umkrystallisieren aus Petroläther oder Destillation im Wasserstoffstrome erfolgen. Die Trennung von Gemischen von Lupinin und Spartein kann auch durch Extraktion des Lupinins mit Petroläther (WILLSTÄTTER und FOURNEAU [621]) oder durch fraktionierte Krystallisation der Sulfate erfolgen [479, 22].

Das Lupinin, $C_{10}H_{19}ON$, läßt sich nach dem Umkrystallisieren aus Petroläther in rhombischen Krystallen gewinnen, die den Fp. 68,5—69,2⁰ zeigen. Kp. im Wasserstoffstrome 255—257⁰. $[\alpha]_D^{17} = -19{,}0^0$. Das Lupinin hat einen angenehm fruchtartigen Geruch, bitteren Geschmack und geringe Giftigkeit. Es ist in kaltem Wasser leichter löslich als in heißem und leicht löslich in Alkohol, Äther, Benzol, Chloroform und niedrig siedendem Petroläther. Es ist eine starke Base, die Ammoniak aus den Salzen in Freiheit setzt. Salze. Das Chlorhydrat, B · HCl, bildet in Alkohol und Wasser leicht lösliche rhombische Prismen. Fp. 212—213⁰, $[\alpha]_D = -14^0$ ($H_2O$). Das in Nadeln krystallisierende Chloroaurat, B · $HAuCl_4$, zeigt den Fp. 196—197⁰. Chloroplatinat, B · $H_2PtCl_6$ · $H_2O$, gipsähnliche Krystalle. Als charakteristisch für das Lupinin muß angeführt werden, daß es aus verdünnt saurer Lösung mit Quecksilberchlorid nicht gefällt werden kann, worauf die oben geschilderte Trennungsmethode von Lupinin und Spartein aufgebaut ist. Der mikrochemische Nachweis des Lupinins wird durch die Charakterisierung der Krystalle des Chloroaurates und der mit Brombromkalium auftretenden Fällung durchgeführt (BOLLAND [39]).

**Lupanin, $C_{15}H_{24}ON_2$.**

```
 H2C——CH2
  |    |
*H2C   C—CH3
   \  / \
    N    CH
    |    |
   HC    CO
   / \  / \
H2C   CH   CH2
 |     |    |
H2C    N   CH2
   \  / \  /
   CH2   CH2
```

Lupaninformel nach WINTERFELD, A. KNEUER, FR. W. HOLSCHREIDER (625).

Das Lupanin wurde in der rechtsdrehenden Form in den Samen von Lupinus angustifolius (blaue Lupine) und Lupinus perennis, in der rechtsdrehenden und inaktiven Form in der weißen Lupine (506) aufgefunden.

Zur Darstellung des Lupanins (J. RANEDO [426]) werden 3,5 kg Lupinenmehl in einem großen Glasgefäß mit 95proz. Alkohol extrahiert, dem 1% konzentrierte Salzsäure zugesetzt ist; die alkoholische Lösung der Chlorhydrate wird am Wasserbad eingeengt und der ölige Rückstand nach dem Aufnehmen mit Wasser zur Entfernung der Fettstoffe mit Äther

* Die Methylgruppe könnte auch an der mit dem Stern bezeichneten Stelle stehen.

extrahiert. Die nun erhaltene Lösung wird mit Soda im Überschuß versetzt, mit Chloroform extrahiert und der Chloroformextrakt nach dem Trocknen mit entwässertem Glaubersalz eingeengt, wobei 36—40 g einer festen Masse erhalten werden, die beim Umkrystallisieren aus Petroläther Krystalle des inaktiven racemischen Lupanins, Fp. 92 bis 95°, liefern.

Geht man bei der Alkaloiddarstellung von Lupinus albus aus, so kann die Trennung der rechtsdrehenden und racemischen Base dadurch erfolgen, daß aus dem Gemisch der Chlorhydrate beider Basen das Chlorhydrat der d-Form krystallinisch sich abscheidet, während aus den nicht mehr krystallisierenden Mutterlaugen des optisch aktiven Chlorhydrates die inaktive Base gewonnen werden kann.

Das *dl-Lupanin* wird aus Petroläther in monoklinen bei 98° schmelzenden Nadeln gewonnen. Es ist eine starke Base, die sich leicht in den meisten organischen Lösungsmitteln löst. Das Chlorhydrat, $B \cdot HCl \cdot 2H_2O$, zeigt den Fp. 127—128° (trocken bei 250 bis 252°). Das Chloroaurat, $B \cdot HAuCl_4$, zeigt den Fp. 177—178° (200°) und ist schwer löslich in Wasser.

Das *d-Lupanin* zeigt den Fp. 44°, $[\alpha]_D^{18} = +51{,}5°$. Chlorhydrat, $B \cdot HCl \cdot 2H_2O$, Fp. 127°, $[\alpha]_D = +62{,}0°$. Chloroaurat Fp. 188—189°. Rhodanid Fp. 189—190°, $[\alpha]_D = +47{,}1°$. Das racemische Lupanin kann über die Rhodanide in seine optischen Antipoden zerlegt werden. R. G. CLEMO, R. RAPER, CH. R. S. TENNISWOOD (68) haben die optischaktiven Formen des Lupanins durch fraktionierte Krystallisation der Camphersulfonate aus Aceton erhalten. Es zeigte sich dabei, daß das d-Salz der d-Base und das l-Salz der l-Base hier weniger löslich sind als das d-Salz der l-Base und das l-Salz der d-Base. Über die Krystallwassergehalte, die Schmelz- bzw. Siedepunkte und das Drehungsvermögen der reinen Verbindungen orientiert die folgende Zusammenstellung.

| | d-Lupanin | l-Lupanin | dl-Lupanin |
|---|---|---|---|
| d-Camphersulfonat . | $2H_2O$, Fp. 112—115°, +42,5° (5,106proz. wäßrige Lösung) | — | — |
| l-Camphersulfonat . | — | $2H_2O$, Fp. 110—113°, —45,3° | — |
| Hydrojodid . . . . | $2H_2O$, Fp. 189°, +45,5 ($H_2O$) | $2H_2O$, Fp. 190°, —43,6° ($H_2O$) | — |
| Freie Base . . . . . | als Öl Kp.$_{0,08\,mm}$, 185 bis 186°, Fp. 40°, +61,4° (3,495proz. Acetonlösung) | Öl, Kp.$_{1\,mm}$, 186—188°, —61,0° (3,146proz. Acetonlösung) | Fp. 98° (aus Aceton) |
| Thiocyanat . . . . | Fp. 184° (Erweichen 143°), +55,6° (1,062proz. wäßrige Lösung) | Fp. 183—185° (Erweichen 142°), —55,3° (1,25proz. wäßrige Lösung) | — |

Das in den Mutterlaugen des Lupanins von KNEUER aufgefundene *Lupanidin*, $C_{15}H_{24}ON_2$, wurde von K. WINTERFELD und A. KNEUER (625) als isomeres Lupanin aufgefaßt.

Mit den übrigen Lupinenalkaloiden steht das Lupanin insofern in deutlich erkennbaren Beziehungen, als sowohl das optisch-aktive Lupanin als auch das racemische Lupanin bei der Reduktion mit Jodwasserstoffsäure und rotem Phosphor in die entsprechenden Sparteine übergeführt werden konnten. Aus d-Lupanin entstand dabei das l-Spartein, aus l-Lupanin das d-Spartein und aus racemischem Lupanin das racemische Spartein (G. R. CLEMO, G. R. RAMAGE, R. RAPER [67]; G. R. CLEMO, R. RAPER und CH. R. S. TENNISWOOD [68]; G. R. CLEMO, G. R. CUMMING, LEICHT, R. RAPER [66]). Durch Behandlung des Lupanins mit Jodwasserstoffsäure und rotem Phosphor unter anderen Bedingungen konnte auch eine Spaltung herbeigeführt werden, die zum β-Lupinan führte und auch hier wieder den Zusammenhang der einzelnen Lupinenalkaloide mit dem

Lupinin bewies, da das Lupinan auch aus dem Lupinin durch Reduktion gewonnen werden konnte (K. WINTERFELD und A. KNEUER [624]).

**Oxylupanin,** $C_{15}H_{24}O_2N_2$ (Lupinus perennis). Das Oxylupanin, $C_{15}H_{24}O_2N_2 \cdot 2H_2O$, krystallisiert in rhombischen Prismen. Fp. 76—77° (wasserfrei 172—174°), $[\alpha]_D^{20} = +64{,}12°$ (BERGH [29]). Es ist leicht löslich in Wasser und Alkohol, sehr schwer löslich in kaltem Äther und bildet gut krystallisierende Salze. Chloroaurat, $B \cdot HAuCl_4$, Fp. 205—206°. Prismen aus trockenem Alkohol. Mit den übrigen Lupininalkaloiden steht das Oxylupanin insoweit in Beziehung, als es durch 24stündiges Kochen mit Jodwasserstoffsäure und Phosphor in das d-Lupanin übergeführt werden kann.

## g) Alkaloide von Sophora flavescens (Leguminose).

**Matrin,** $C_{15}H_{24}ON_2$.

Die chinesische Droge „*Kuh-Seng*" enthält ,wie KONDO (310) (s. weiter H. KONDO und SATO [324]; H. KONDO, N. KISHI und CH. ARAKI [312]; H. KONDO und E. OCHIAI [317]; N. KISHI [283]; H. KONDO und E. OCHIAI [318]; H. KONDO und TH. SANADA [321]; H. KONDO und Mitarbeiter [314]) zeigen konnte, als wirksamen Bestandteil das Matrin, $C_{15}H_{24}ON_2$, das in seiner Bruttoformel dem Lupanin, $C_{15}H_{24}ON_2$, gleicht. Diese ähnliche Zusammensetzung wird dadurch verständlich, daß sich das Pflanzenmaterial, das das Matrin liefert, von der *Leguminose*, Sophora flavescens ART., herleitet.

Das Matrin tritt in vier Formen mit verschiedenen physikalischen Eigenschaften auf: als α-Form in Nadeln oder Platten vom Fp. 76°, als β-Form in rhombischen Prismen vom Fp. 87°, als γ-Form, flüssig, vom Kp.$_{6\,mm}$ 223°, $d_4^{85} = 1{,}088$, $n_D^{85,4} = 1{,}52865$ und als δ-Form in Prismen vom Fp. 84°. Aus einer Petrolätherlösung der β-Form scheiden sich die α- und δ-Formen bei 22—24° ab. während die β-Form aus einer Lösung der α-Form bei 10° auskrystallisiert. $[\alpha]_D^{10} = +39{,}11°$. Das Matrin ist in Chloroform, Benzol und Schwefelkohlenstoff leicht, in Äther etwas schwerer und schwer in Petroläther löslich. In kaltem Wasser löst es sich klar und scheidet sich beim Erwärmen als weißes Öl wieder ab. Chloroaurat, $B \cdot HAuCl_4$, Fp. 199°. Chloroplatinat, $B_2 \cdot H_2PtCl_6$, Zp. 249°. Monojodmethylat Fp. 211°, so wie ein in orangeroten Prismen krystallisierendes Dichromat.

Die Konstitution des Matrins ist noch nicht vollkommen aufgeklärt, doch ist von K. WINTERFELD, A. KNEUER und FR. W. HOLSCHNEIDER [625) die folgende Formel als Ergebnis der bis jetzt vorliegenden Erkenntnisse zur Diskussion gestellt worden, die jedoch noch eingehender Untersuchungen zur Bestätigung bedarf. Zwischen dem Matrin und den Lupinenalkaloiden besteht der Zusammenhang, daß das Matrin zum β-Lupinan abgebaut werden kann (s. Seite 552). Das β-Lupinan entsteht auch durch Reduktion des Lupinins und bildet deshalb auch die Grundlage für die Aufstellung des Formelbildes des Matrins.

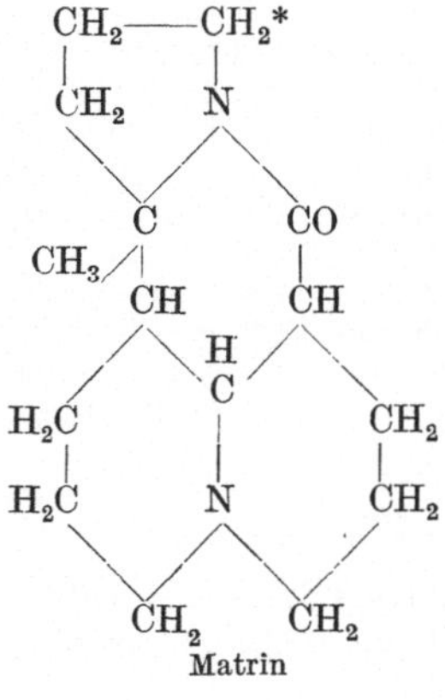

Matrin

Darstellung des Matrins. Ungefähr 52 kg des Drogenpulvers wurden dreimal mit der fünffachen Menge absolutem 90 proz. Alkohol durch 24 Stunden digeriert. Die Alkoholauszüge wurden vom Alkohol befreit und zur Extraktdicke eingedampft. Die durch dreimaliges Ausziehen des Extraktes mit 5% Salzsäure enthaltender Lösung wurde nach dem Filtrieren mit Tierkohle entfärbt. Die nun schwach gelb gefärbte Lösung wurde auf ein Drittel eingedampft mit Kaliumcarbonat stark alkalisch gemacht und mit Chloroform extrahiert. Nach dem Verjagen der Hauptmenge des Chloroforms krystallisierte das Matrin in Nadeln, die zuerst mit Hilfe von Äther und Petroläther gereinigt und dann im Vakuum destilliert wurden. Kp.$_{6\,mm}$ 223°. Fp. nach dem Umlösen aus Petroläther 77°.

* Die Methylgruppe könnte auch an der mit dem Stern bezeichneten Stelle stehen.

# E. Alkaloide mit Chinolinringsystemen.

## a) Alkaloide der Echinopsarten (s. S. 753).

In der zur Familie der Kompositen gehörigen javanischen blauen Kugeldistel (Echinops ritro L.), wie auch noch in 15 verschiedenen Pflanzen der Art Echinops wurden von GRESHOFF (155) folgende Basen beobachtet:

1. Das Echinopsin, $C_{10}H_9ON$, das von E. SPÄTH und KOLBE (531) als 1-Methyl-4-Chinolon erkannt und auch synthetisiert wurde. Weiter
2. das $\beta$-Echinopsin, Fp. 135°,
3. das Echinopsein.

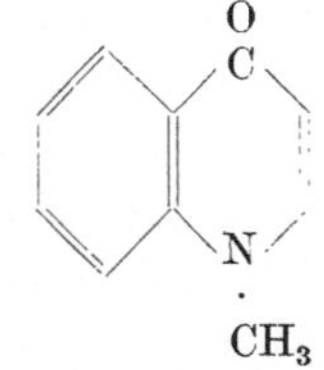


Die Darstellung des Echinopsins kann auf folgendem Wege erfolgen: Die pulverisierten Samen werden mit Petroläther zur Entfernung des fetten Öles erschöpfend extrahiert; der Rückstand wird mit 95proz. Alkohol, der 3% Essigsäure enthält, ausgezogen und die Lösung eingeengt. Der Abdampfrückstand wird mit Wasser aufgenommen, mit Alkali neutralisiert und mit Chloroform ausgeschüttelt. Durch Einengen der Chloroformlösung und Umkrystallisieren aus Wasser wird das Echinopsin rein gewonnen.

Das Echinopsin bildet krystallwasserfrei gelblichweiße Nadeln, die bei 152° schmelzen, ist ziemlich leicht löslich in Wasser und Chloroform, etwas schwerer löslich in Äther. Pikrat Fp. 223—224°, $HgCl_2$-Verbindung Fp. 204°, $HgJ_2$-Verbindung Fp. 178°. Chloroplatinat Fp. 210—212°.

Das Echinopsin ist giftig und besitzt brucin-strychninartige Wirkung.

Der mikrochemische Nachweis des Echinopsins in der Pflanze wurde von G. KLEIN und F. SCHUSTA (300) eingehend beschrieben.

Der mikrochemische Nachweis des *Echinopsins* in der Pflanze wird nach G. KLEIN und F. SCHUSTA in folgender Weise durchgeführt: Das zur Untersuchung gelangende Pflanzenmaterial wurde im Dunkeln bei 60° getrocknet, dann auf gleiche Gewichtsteile, meist 0,1 g, seltener, wenn nur geringe Mengen vorhanden sind, auf 0,2 g eingewogen, in der Reibschale zerrieben und mit 10 cm³ 96proz. Alkohol etwa 1 Stunde im Mikroextraktionsapparat von KLEIN und TAUBÖCK extrahiert. Die alkoholische Extraktlösung wurde am Wasserbade fast bis zur Trockne eingeengt, mit 2 cm³ destilliertem Wasser aufgenommen, filtriert, hierauf mit basischem Bleiacetat gefällt, das Filtrat durch Behandlung mit Schwefelwasserstoff vollständig entbleit und zuletzt wieder filtriert. Samen und Keimlingsmaterial werden vor der Extraktion noch mit Kalkmilch verrieben, um möglichst viel Fett abzubinden. Der so gereinigte Pflanzenextrakt ergab, wenn Echinopsin wirklich vorlag, mit folgenden Reagenzien eindeutige Reaktionen: Mit *Kaliumperjodid nach* STANĚK (Darstellung: Auflösung von 15,3 g Jod, 10 g Kaliumjodid in 20 cm³ destilliertem Wasser) charakteristische lange schwarze bzw. braune Nadeln. Die Reaktionsgrenze in feuchtem und trockenem Raum lag bei 1 : 150000. *Kaliumwismutjodid* (nach ROSENTHALER) ergab braune prismatische Krystalle, die bei gekreuzten Nicols Rotfärbung und schiefe Auslöschung zeigten (Reaktionsgrenze 1 : 100000). *Natriumgoldjodid* (nach GMELIN und KRAUT)[1] bildet lange Nadeln, Nadelbüschel, kurze Prismen und Sternformen. Die Krystalle sind dunkelbraun, zeigen bei gekreuzten Nicols Interferenzfarben und gerade Auslöschung. Die Reaktionsgrenze in trockenem und feuchtem Raume liegt bei 1 : 100000. *Trinitro-m-kresol* bildet blaßcitronengelbe Krystalldrusen, Nadelbüschel und Nadeldrusen, die bei gekreuzten Nicols fast gerade Auslöschung zeigen. Die Reaktionsgrenze liegt in feuchtem und trockenem Raum bei 1 : 40000. Für die einzelnen Reaktionen werden zweckmäßig der wäßrigen Extraktlösung immer gleiche Flüssigkeitsmengen, und zwar je 1 Tropfen (0,05 cm³) entnommen. Die Präparate wurden zuerst 15—30 Minuten in der feuchten Kammer gelassen und dann in die trockene Kammer gestellt, wo sie bis zur darauffolgenden Untersuchung verbleiben.

## b) Alkaloide der Angosturarinde (s. S. 729).

In der Angosturarinde, der Rinde von Cusparia trifoliata ENGLER (Galipea officinalis HANCOCK) (Rutacee) findet sich eine große Anzahl verschiedener Basen,

[1] Nach GMELIN und KRAUT (161) wird neutrale wäßrige Goldchloridlösung allmählich zu wäßriger Natriumjodidlösung gegeben, und zwar solange sich der entstehende Niederschlag noch auflöst (4 Mol. NaJ auf 1 Mol. $AuCl_3$).

von denen neben noch nicht näher untersuchten amorphen Basen folgende Basen näher untersucht und charakterisiert wurden.

1. Das *Chinolin*, $C_9H_7N$ (0,003 %) (SPÄTH und PICKL [551]).

N

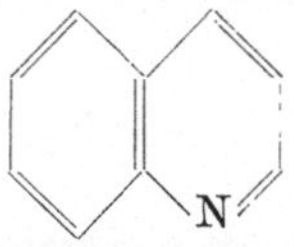

2. Das *N-Methyl-α-chinolon*, $C_{10}H_9ON$ (1-Methyl-2-keto-1,2-dihydrochinolin). (SPÄTH und PICKL [551]).

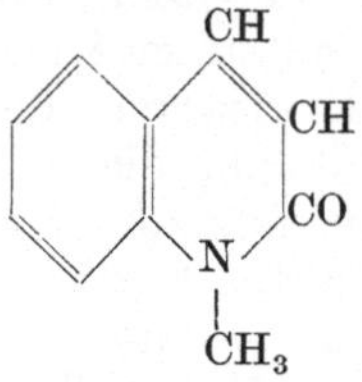

CH
CH
CO
N
$CH_3$

3. Das *2-Methyl-chinolin*, $C_{10}H_9N$ (Chinaldin) (0,003 %) SPÄTH und PICKL [551]).

$CH_3$
N

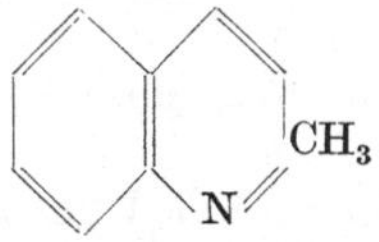

4. Das Hauptalkaloid *Cusparin*, $C_{19}H_{17}O_3N$ (KÖRNER-BÖHRINGER, TRÖGER [577], Konstitution und Synthese SPÄTH, BRUNNER und EBERSTALLER [523, 524]).

$OCH_3$
—$CH_2 \cdot CH_2 \cdot$ O $CH_2$
N O

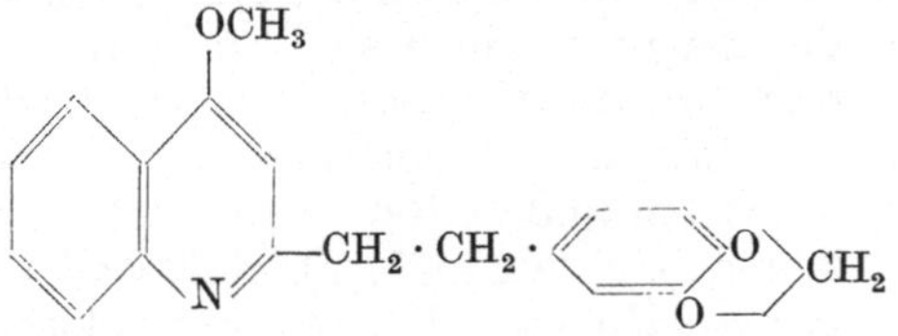

5. Das Hauptalkaloid *Galipin*, $C_{20}H_{21}O_3N$ (KÖRNER, BÖHRINGER, TRÖGER [577], Synthese und Konstitution SPÄTH, BRUNNER und EBERSTALLER [523, 524]).

$OCH_3$
—$CH_2$—$CH_2$— $OCH_3$
N $OCH_3$

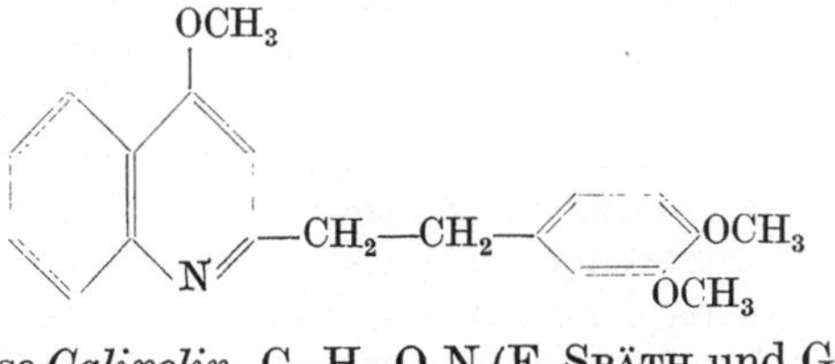

6. Die Phenolbase *Galipolin*, $C_{19}H_{19}O_3N$ (E. SPÄTH und G. PAPAIOANOU [549]).

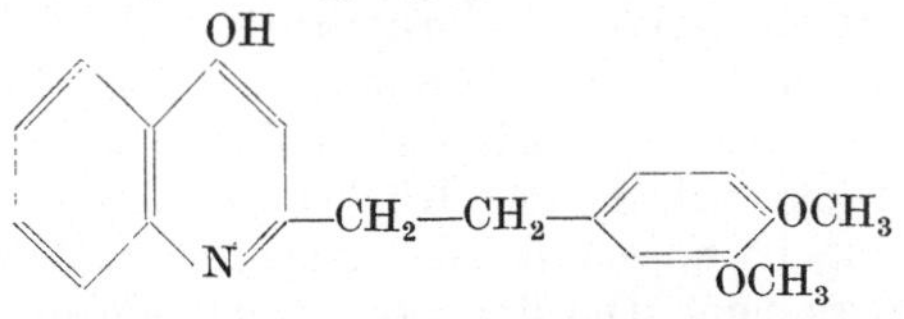

OH
—$CH_2$—$CH_2$— $OCH_3$
N $OCH_3$

7. Das *2-n-Amylchinolin*, $C_{14}H_{17}N$ (0,01 %) (SPÄTH und PICKL [551]).

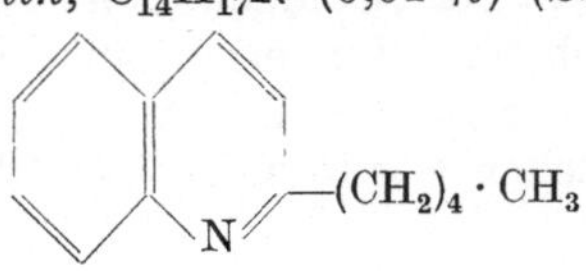

—$(CH_2)_4 \cdot CH_3$
N

8. Das *2-n-Amyl-4-methoxy-chinolin*, $C_{15}H_{19}ON$. (E. SPÄTH und PICKL [551]).

$OCH_3$

N —$(CH_2)_4 \cdot CH_3$

9. Das *Gallipoidin* (früher Angosturin genannt), $C_{19}H_{15}O_4N$ (TRÖGER [577]). Fp. 233°.

10. Das *Cusparein*, $C_{18}H_{19}O_2N$ (TRÖGER), Fp. 56 (Chloroplatinat $B_2 \cdot H_2PtCl_6$: Fp. 85° Sintern, bei 150° Schmelzen unter Schäumen [577a]).

Die Auffindung und Charakterisierung dieser beträchtlichen Anzahl von Alkaloiden in der Angosturarinde läßt dieses Material ähnlich reichhaltig an Basen erscheinen, wie das Opium oder die Knollen von Corydalis cava. Für physiologische Untersuchungen über die Entstehung der Alkaloide in den Pflanzen wird aber eine möglichst quantitative und vollständige Erfassung aller derartiger Basen in so alkaloidreichen Materialien besonders bedeutungsvoll sein, weil sich aus der oben wiedergegebenen Zusammenstellung der Basen Beziehungen über die Zusammenhänge der einzelnen Alkaloide untereinander ergeben, die zu Erkenntnissen über den Weg des Aufbaues in der Pflanze führen können.

Auf Versuche von CL. SCHÖPF und G. LEHMANN (485), die in der Angosturarinde aufgefundenen Basen, das Chinaldin und das α-n-Amyl-chinolin, synthetisch unter physiologischen Bedingungen aufzubauen, wie sie wirklich im Organismus vorliegen können, kann hier nur kurz verwiesen werden.

Die Inhaltsstoffe der Angosturarinde sind ein schwer trennbares Gemisch alkaloidischer Stoffe, deren Konstitutionsaufklärung und Synthese in den obenerwähnten Basen, soweit dies auch schon angedeutet wurde, E. SPÄTH und E. EBERSTALLER (524), E. SPÄTH und O. BRUNNER (523), E. SPÄTH und G. PAPAIOANOU (549), E. SPÄTH und J. PICKL (551) abschließend durchführten.

*Darstellung der Angosturaalkaloide.* Die fein gemahlene Rinde von Galipea officinalis HANCOCK wird in Portionen von 300 g am Soxhlet mit Äthylalkohol extrahiert, was in 24 Stunden beendigt ist. Der dabei gewonnene Extrakt wird im Vakuum bis zum dicken Sirup eingedampft und der dunkle Rückstand der Gesamtbasen durch Behandlung mit 25% Lauge (längeres Schütteln) von den Phenolbasen, die dabei in Lösung gehen, befreit. Die Nichtphenolbasen werden erschöpfend mit Äther extrahiert, die ätherische Lösung mit Wasser gewaschen und die klar filtrierte ätherische Lösung mit 1 proz. Salzsäure fraktioniert ausgeschüttelt, wobei eine Trennung der Basen in stärkere und schwächere stattfindet. Aus den Fraktionen der stärkeren Basen scheiden sich die in Salzsäure schwer löslichen Chlorhydrate des *Cusparins* und *Galipins* krystallinisch ab, während die Mutterlaugen dieser Chlorhydrate mit KOH nur ölige Basen ergeben. Aus 16 kg Angosturarinde können so 200 g eines derartigen öligen Basengemisches gewonnen werden. Die öligen Basen werden zuerst mit niedrig siedendem Petroläther extrahiert, der Rückstand des Petrolätherextraktes in Kochsalzlösung eingetragen und so lange mit gespanntem Wasserdampf behandelt, als noch Öltropfen übergehen. Die übergegangenen Basen werden nach Zusatz von Kalilauge und Kochsalz in Äther aufgenommen und im Vakuum destilliert. Die aus diesen Wasserdampfdestillaten erhaltenen Basen ergaben als Hauptfraktion das 2-n-Amyl-4-methoxy-chinolin, $Kp._{14\,mm}$ 190—200° (s. S. 557), das nach Abtrennung nichtbasischer Stoffe über das Chlorhydrat, Chloroplatinat und Pikrat gereinigt wurde.

Der Vorlauf dieser Fraktion konnte bei weiterem Fraktionieren in zwei Teilfraktionen vom $Kp._{14\,mm}$ 100—145° und $Kp._{14\,mm}$ 145—190° zerlegt werden. In der niedriger siedenden Fraktion wurden durch neuerliches Fraktionieren, partielle Wasserdampfdestillation und nochmaliges weiteres Fraktionieren das Chinolin und das 2-Methylchinolin als Pikrate und 2, 4, 6-Trinitro-1, 3-kresolate nachgewiesen. Den höheren Fraktionen wurde durch Auskochen mit Wasser das N-Methyl-2-chinolon entzogen, das selbst über das Chlorhydrat und nachfolgende Vakuumdestillation der Base gereinigt wurde. In den jetzt verbleibenden höher siedenden Fraktionen wurde das 2-n-Amyl-chinolin von dem 2-n-Amyl-4-methoxy-chinolin dadurch getrennt, daß durch Erhitzen mit Salzsäure auf 175° aus dem 2-n-Amyl-4-methoxy-chinolin das 2-n-Amyl-4-oxy-chinolin dargestellt wurde, das in Äther schwerer löslich ist und als höher siedende Verbindung abgeschieden wurde. Das zurückbleibende 2-n-Amyl-chinolin wurde als Jodmethylat abgeschieden und das Jodmethylat durch Destillation (10 mm) wieder zerlegt und das nun erhaltene 2-n-Amyl-chinolin als Pikrat isoliert und identifiziert.

Die Trennung der starken Basen, der Chlorhydrate des Galipins und Cusparins kann über die Oxalate erfolgen. Es scheidet sich dabei das schwer lösliche Cusparinoxalat aus, das durch Umkrystallisieren aus kalt gesättigter Oxalsäurelösung gereinigt wird, während in den Mutterlaugen das leicht lösliche Galipinoxalat verbleibt und daraus nach den üblichen Methoden isoliert werden kann[1].

Aus den alkalischen Fraktionen, die die Phenolbasen enthalten, wird das Galipolin dadurch gewonnen, daß die alkalischen Lösungen zuerst in Salzsäure eingetragen und die abgeschiedenen Harze mit Wasser ausgekocht werden. Der wäßrige Auszug wird zuerst mit Chloroform gereinigt, mit Soda alkalisch gemacht und die frei gemachten Phenolbasen in Chloroform aufgenommen. Der nach Verjagen des Chloroforms verbleibende Rückstand wird in 5proz. Lauge erwärmt und durch Einleiten von $CO_2$ in die Lösung der Phenolbasen ein Niederschlag abgeschieden, der, in Äther aufgenommen wird; beim Einengen des ätherischen Extraktes scheidet sich das krystallisierte Galipolin ab.

**Cusparin,** $C_{19}H_{17}O_3N_2$. Das Cusparin tritt in 3 Formen auf: in farblosen Nadeln vom Fp. 90—91°, in langen gelben Nadeln Fp. 91—92° und in braunen Nadeln Fp. 110—122° (7a). Es ist leicht löslich in Alkohol, Chloroform, Aceton, Benzol und Äther, schwer löslich in Petroläther und Wasser. Aus dem Basengemisch kann es, wie oben erwähnt, leicht in Form gut krystallisierender Salze abgeschieden werden. Chlorhydrat, $B \cdot HCl \cdot 3H_2O$, Fp. 183—184°. Oxalat, $B \cdot H_2C_2O_4 \cdot 1^1/_2 H_2O$, Fp. 140—150°. Chloroaurat, $B \cdot HAuCl_4$, Fp. 190°. Chloroplatinat, $B_2 \cdot H_2PtCl_6 \cdot 3H_2O$, glänzende, gelbe Nadeln, Fp. 210°.

Cusparin gibt mit konzentrierter Schwefelsäure eine Rotfärbung, mit Fröhdes Reagens eine Blaufärbung.

**Galipin,** $C_{20}H_{21}O_3N$. Das Galipin krystallisiert aus Alkohol oder Äther in Prismen, die bei 115,5° schmelzen. Es gibt, so wie das Cusparin, eine Reihe gut krystallisierender Salze, die jedoch leichter löslich sind wie die des Cusparins. Es ist löslich in Alkohol, schwer löslich in Petroläther. Chlorhydrat, $B \cdot HCl \cdot 4H_2O$, Fp. 165°. Chloroaurat, $B \cdot HAuCl_4$, Fp. 174 bis 175°. Chloroplatinat Fp. 174—175°. Pikrat Fp. 194°. Jodmethylat Fp. 146° aus Wasser.

**Galipolin,** $C_{19}H_{19}O_3N$. Galipolin kann aus Wasser krystallisiert erhalten werden. Fp. 193°. Seine Konstitution wird dadurch in Beziehung zum Galipin gebracht, daß es durch Methylierung leicht in Galipin übergeführt werden kann.

**n-Amyl-4-methoxychinolin.** Diese Base wird in Form eines farblosen Öls von schwachem Geruch, das in verdünnter Salzsäure löslich ist, gewonnen. $Kp._{14\,mm}$ 190—200°. Es gibt krystallisierende Salze, z. B. das Chloroplatinat, $B_2 \cdot H_2PtCl_6$, Zp. 220° (im Vakuum) oder das Pikrat Fp. 132° (aus Methylalkohol).

**Chinolin,** $C_9H_7N$. $Kp._{10\,mm}$ 100—102°. Pikrat Fp. 203—204 (aus Methylalkohol). 2,4,6-Trinitro-1,3-kresolat Fp. 224—225° (im Vakuum).

---

[1] Verfahren von Körner u. Böhringer (309); s. auch Tröger (576).

**Chinaldin,** $C_{10}H_9N$. Kp.$_{10\ mm}$ 120°. Pikrat Fp. 190—191°. 2,4,6-Trinitro-1,3-kresolat Fp. 221—222° (im Vakuumröhrchen) aus Methylalkohol umkrystallisiert.

**1-Methyl-2-keto-1,2-dihydro-chinolin,** $C_{10}H_9ON$. Kp.$_{0,3\ mm}$ 130—140°. Fp. 74°. Pikrat Fp. 129—130°.

**2-n-Amyl-chinolin,** $C_{14}H_{17}N$. Kp.$_{10}$ 130—145°. Pikrat Fp. 125—126° (aus Methylalkohol).

### c) Alkaloide der Rutaceen: Dictamnus albus und Skimmia repens Nakai.

**Dictamnin,** $C_{12}H_9O_2N$ (s. S. 728).

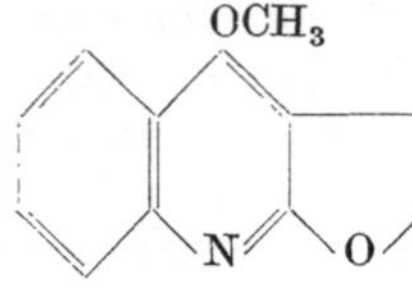


In der europäischen Diptamwurzel, der Wurzel von Dictamnus albus (Asch- oder Eschwurz, Spechtwurz, Hirschpoley) wurde von Thoms (572), in den Blättern der japanischen Rutacee Skimmia japonica Nakai von Asahina, T. Ohta und M. Inubuse (14) das gleiche Alkaloid, das *Dictamnin*, $C_{12}H_9O_2N$, nachgewiesen. Es krystallisiert aus Alkohol in farblosen Prismen vom Schmp. 132—133°, ist optisch inaktiv wenig löslich in Wasser, leicht löslich in heißem Alkohol, weniger in Äther, Chloroform und Essigester. Das Dictamin ist eine schwache Base, das salzsaure Salz spaltet beim Eindampfen wieder Salzsäure ab.

*Darstellung des Dictamnins aus Dictamnuswurzel.* 5,5 kg der grob gepulverten Droge wurden zunächst mit heißem Alkohol ausgezogen und die Lösung zum Sirup eingedampft. Der Extrakt wurde nun mehrmals mit 5proz. Salzsäure durchgeknetet, bis die saure Lösung mit Mayerschem Reagens keine Trübung mehr gab. Die nun mit Soda wieder alkalisch gemachte Lösung wurde nun mit Äther wiederholt ausgeschüttelt. Der beim Verdampfen des Äthers zurückbleibende Rückstand wurde zunächst mit 10proz. Alkalilauge erwärmt, wobei ein Teil weggelöst wird. Die in Alkali unlösliche Substanz ist das Dictamnin und zeigt aus Alkohol umkrystallisiert in weißen Nadeln krystallisierend den Fp. 132—133°.

**Alkaloid von Skimmia japonica Thunb. Skimmianin.** $C_{14}H_{13}O_4N$.

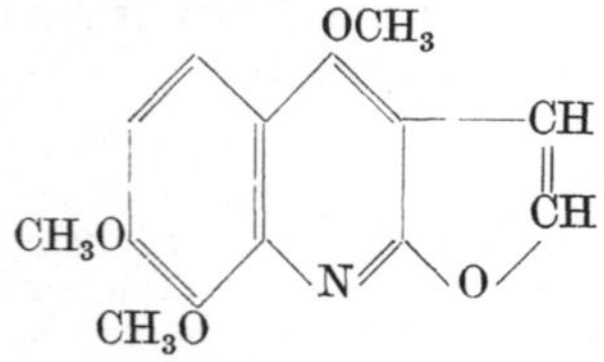

$OCH_3$ — CH — CH — $CH_3O$ — N — O — $CH_3O$

Das in den Blättern von Skimmia japonica Thunb. von A. Asahina und M. Inubuse (12) aufgefundene Alkaloid Skimmianin, $C_{14}H_{13}O_4N$, hat sich als 7, 8-Dimethoxy-dictamnin erwiesen. Das Skimmianin zeigt aus Alkohol umkrystallisiert den Fp. 176°. Es ist schwach basisch; die Salze werden durch Wasser vollkommen hydrolysiert.

*Darstellung des Skimmianins.* 4 kg noch etwas feuchte Blätter von Skimmia japonica Thunb. wurden mit 94% Alkohol bei Zimmertemperatur zweimal je 5 Tage maceriert und der alkoholische Auszug verdampft. Der klebrige dunkelgrüne Rückstand wurde mit 5proz. Salzsäure wiederholt geschüttelt, bis die saure Lösung mit Mayerschem Reagens keine Trübung mehr gab. Die saure Lösung wurde nun mit Soda alkalisch gemacht und mit Chloroform extrahiert. Beim Verdampfen des Chloroforms blieben 2,5 g Rohskimmianin zurück, das durch Umkrystallisieren aus Alkohol gereinigt wurde.

### d) Alkaloide der Chinarinde (s. S. 748).

In den Rinden verschiedener Bäume der Gattung Cinchona (Familie der Rubiaceen), der sog. echten Chinarinde, findet sich eine große Anzahl von Basen, die hier in Form von Salzen, gebunden an Chinasäure, Chinagerbsäure und Chinovasäure, auftreten. An Inhaltsstoffen enthalten diese Rinden neben den eben geschilderten Salzen der Basen noch Farbstoffe (z. B. Chinarot), Bitterstoffe (z. B. Chinovin) und cholesterinartige Körper (z. B. Cinchol). Die ursprünglich in Südamerika wildwachsenden Cinchonaarten wurden in der Mitte des 19. Jahrhunderts in Java und Britisch-Ostindien systematisch unter Verbesserung des Alkaloidgehaltes als Kulturpflanzen gezogen, wobei heute schon in einzelnen Fällen eine Anreicherung von über 10% Gesamtalkaloiden erzielt werden konnte. Die an Alkaloiden reichsten Rinden stammen von Cinchona succirubra, C. oficinalis, C. Ledgeriana und Cinchona Calisaya. Im Gegensatz zu diesen echten Chinarinden stehen die sog. falschen Chinarinden, die neben völlig den Basen der echten Rinden gleichenden Alkaloiden auch eine größere Anzahl von bis jetzt noch nicht ganz in ihrer Konstitution aufgeklärten Basen enthalten und deshalb im Interesse einer besseren Übersicht gesondert besprochen werden sollen. Es sind dies vor allem Basen, die aus Rinden den Cinchonaarten nahestehender Pflanzengattungen (Ladenbergia und vor allem Remijia) stammen. Auch die aus der Cuscorinde (Cinchona cordifolia var. Pelletieriana) stammenden Alkaloide sollen gesondert besprochen werden. Die folgende Zusammenstellung der einzelnen Typen der Chinaalkaloide stellt zuerst die bestuntersuchtesten Vertreter dieser Gruppe zusammen, wobei besondere Rücksicht auf den chemischen, wie stereochemischen Zusammenhang der einzelnen Basen genommen wird. Da in den Naturstoffen die Isomerie des Basenpaares Cinchonin und Cinchonidin den breitesten Raum einnimmt und sich die meisten in ihrer Konstitution erkannten Basen bezüglich ihrer chemischen und stereochemischen Konstitution in direkte Beziehung zu diesen Basen bringen lassen, sind auch in der folgenden Zusammenfassung die bekannten Naturstoffe im Rahmen dieser Abhängigkeit zusammengestellt.

I. Basen, $C_{19}H_{22}ON_2$ oder $C_{19}H_{21}N_2(OH)$.
Cinchonin (rechtsdrehend) . . . . . . Cinchonidin (linksdrehend)

II. Basen, $C_{19}H_{24}ON_2$:
Hydro-cinchonin (rechtsdrehend) (Cinchotin, Cinchonifin, Pseudo-cinchonin) — Hydrocinchonidin (linksdrehend) (Cinchamidin)

III. Basen, $C_{19}H_{22}O_2N_2$ bzw. $C_{19}H_{20}N_2(OH)_2$
Oxy-cinchonin[1] . . . . . . . . . . Cuprein (der Konstitution nach ein Oxycinchonidin)

IV. Basen, $C_{20}H_{24}O_2N_2$ bzw. $C_{19}H_{20}N_2(OH)\cdot(OCH_3)$
Chinidin (Conchinin) (rechtsdrehend) (der Konstitution nach ein Methoxy-cinchonin) . . . . . . . . . . . . . Chinin (linksdrehend) (der Konstitution nach ein Methoxycinchonidin). — Chinicin (Chinatoxin) (ein Derivat des Chinins)

V. Basen, $C_{20}H_{26}O_2N_2$:
Hydrochinidin (rechtsdrehend), Hydroconchinin . . . . . . . . . . . . . . Hydrochinin (linksdrehend) (der Konstitution nach ein Dihydro-methoxy-cinchonidin)

VI. Homochinin, $C_{39}H_{46}O_4N_4$:
Chinin-Cuprein (Doppelverbindung)

Außer diesen in den Zusammenhängen ihrer chemischen wie stereochemischen Konstitution erfaßten Basen finden sich in den Chinarinden noch eine ganze Reihe anderer Basen, z. B.:

1. Chinamin, $C_{19}H_{24}O_2N_2$,
2. Conchinamin, $C_{19}H_{24}O_2N_2$,
3. Paricin, $C_{16}H_{18}ON_2\,{}^1/_2H_2O$,
4. Dicinchonin (Dicinchonicin), $C_{38}H_{44}O_2N_4$.
5. Diconchinin (Dichinicin), $C_{40}H_{46}O_4N_4$,
6. Homocinchonidin, $C_{19}H_{22}ON_2$.

Ohne nun näher auf Fragen der Konstitutionsaufklärung und Synthese der Chinaalkaloide eingehen zu wollen, wird insbesondere auf die vor kurzem erst

[1] Das hier in Betracht kommende Oxycinchonin ist als Naturprodukt noch nicht aufgefunden worden.

abgeschlossenen langjährigen Untersuchungen P. RABES (P. RABE [422]; P. RABE und S. RIZA [425]; P. RABE, W. HUNTENBURG, A. SCHULTZE und G. VOGLER [423]) hingewiesen, die nun durch die Erschließung der Synthese der Chinaalkaloide auch die Möglichkeit zur vollständigen Aufklärung der stereochemischen Verhältnisse in der Reihe der Chinaalkaloide geboten haben. Der sich nun eröffnende Weg, auch durch die Synthese alle stereochemisch möglichen Stoffe und Derivate in reiner Form zu erhalten, wird vielleicht auch in der Zukunft eine Revision der Vorstellungen über Reindarstellung und Konstitution der bis jetzt noch nicht vollkommen erforschten Nebenalkaloide ermöglichen, da natürlich auch hier angestrebt werden muß, in möglichst vollkommener Erfassung aller Alkaloide der Chinarinde, vielleicht die Wege und Zwischenprodukte der Synthese in der Pflanze kennenzulernen.

In der Cuscorinde (Cinchona cordifolia var. Pelletieriana) wurden die krystallisierten Alkaloide, *Aricin* (Chinovatin), $C_{23}H_{26}O_4N_2$, *Cusconin*, $C_{23}H_{26}O_4N_2 \cdot 2\,H_2O$ und *Cuscamin*, neben den amorphen Basen *Cusconidin*, *Cuscamidin* aufgefunden (401 a), (217 a).

Die Mengen, in denen die einzelnen Alkaloide in den Rinden auftreten, hängen vom Boden, der Düngung, der Seehöhe, dem Klima und der Regenmenge, von dem Alter, dem Teile, der Bastardierung des Baumes, von dem Erneuerungszustand der Rinde, wie auch der Art der Trocknung ab und können je nach den Bedingungen stark variieren. Durch systematische Kultur kann der Gehalt an Gesamtalkaloiden 10% überschreiten. Mit Rücksicht auf diese schwankenden Werte werden hier nur einige herausgegriffene Zahlen, die über die Größenordnung der Mengenverteilung orientieren sollen, angeführt. Es werden dabei in dem Pflanzenmaterial das Chinin, Cinchonidin, Chinidin und Cinchonin als Hauptvertreter der Chinaalkaloide neben den übrigen Stoffen, den sog. amorphen Basen, analytisch erfaßt. Eine von PAUL herrührende Tabelle orientiert über den Alkaloidgehalt der Rinde von verschiedenen Stellen der Pflanze[1].

| | | Chinin | Chinidin | Cinchonidin | Cinchonin | amorphe Basen | Gesamtbasen |
|---|---|---|---|---|---|---|---|
| C. officinalis | Stammrinde . . . | 3,74 | 0,04 | 1,77 | 0,23 | 0,3 | 6,08 |
| | Zweigrinde . . . | 1,08 | Spur | 0,37 | 0,60 | 0,2 | 2,25 |
| | Wurzelrinde . . . | 2,90 | 1,01 | 0,67 | 4,60 | 0,58 | 9,76 |
| C. succirubra | Stammrinde . . . | 2,04 | 0,13 | 2,58 | 2,45 | 0,5 | 7,70 |
| | Zweigrinde . . . | 0,78 | — | 0,47 | 0,23 | 0,29 | 1,77 |
| | Wurzelrinde . . . | 1,76 | 0,34 | 1,39 | 4,40 | 0,9 | 8,79 |

In der Rinde sitzen die Alkaloide nicht so sehr in den Parenchymzellen der Phloemschicht, sondern mehr in den äußeren Parenchymlagen der Rinde. Die grünen Rindenparenchymzellen sollen festes amorphes Alkaloid als Zellinhalt enthalten, hingegen sollen die Siebröhren und die Milchsaftbehälter der Rinde alkaloidfrei sein. In den jungen Geweben des Vegetationspunktes sollen gelöste Alkaloide vorkommen. Die allerjüngsten Gewebe der Sproßscheitel, sowie das Cambium soll alkaloidfrei sein. Auch junge Wurzeln sollen alkaloidfrei sein (716).

Die Samen einzelner Cinchonaarten[2] sind nach P. v. LEERSUM (336) auch alkaloidhaltig, wobei vor allem Chinin nachgewiesen werden konnte. Auch das Holz einzelner Arten hat sich als alkaloidhaltig erwiesen; so enthielt z. B. C. Ledgeriana 0,25% Chinin, 0,17% Cinchonin, 0,06% amorphe Alkaloide.

[1] B. H. PAUL (399). Ähnliche Untersuchungen s. D. HOWARD (245) odsr A. GROOTHOFF (182). L. ROSENTHALER (442).

[2] Z. B. Cinderna Ledgeriana.

Die Laubblätter führen nach den Angaben verschiedener Autoren beträchtliche Alkaloidmengen (0,62—1,31 %), doch gelang es bis jetzt noch nicht, daraus krystallisierte Basen darzustellen (DE VRIJ [589]).

Über die Lokalisation der Alkaloide in den Blättern ist folgendes bekannt: In der Epidermis kommen keine Alkaloide vor, hingegen ist die chlorophyllfreie Hypodermis sehr reich an Alkaloiden. Erwachsene Blätter führen Alkaloide in dem Palisaden- und Schwammparenchym. Im unentwickelten Blatte ist das Mesophyll alkaloidfrei. Auf zahlreiche physiologische Experimente zum Studium der Alkaloidbildung in den Blättern, die in einer umfangreichen Spezialliteratur niedergelegt sind, kann hier nur ganz kurz verwiesen werden (Zusammenstellung siehe z. B. CZAPEK [71 b]).

Da die Trennung der Gesamtalkaloide, die Reindarstellung der einzelnen Basen, die Abscheidung seltener Basen nur nach Verarbeitung ganz großer Materialmengen unter systematischer Anreicherung der Basen in den Mutterlaugen möglich ist und heute vorwiegend in Großbetrieben durchgeführt wird, die über die von ihnen gemachten Erfahrungen nichts verlautbaren, kann der Weg der Darstellung nur im allgemeinen rückgreifend auf die ältere Literatur geschildert werden.

Da die Basen in den Chinarinden in Form von salzartigen Verbindungen vorliegen, die für die Extraktion teilweise nicht geeignet sind, müssen die Basen vor der Extraktion in eine hiefür geeignete Form gebracht werden. Das kann nun durch Säuren, die stärker sind als die schon im Naturstoffe vorhandenen Säuren, z. B. durch verdünnte Schwefel- oder Salzsäure erfolgen. Es können aber auch die Salze durch Zusatz von Basen, wie z. B. Kalilauge, Natronlauge, Kalk oder Magnesia, zerlegt und die Alkaloide durch geeignete Extraktionsmittel ausgezogen werden. Während man sich früher des Alkohols als Extraktionsmittel bediente, werden heute technisch vor allem erwärmtes Paraffinöl oder Kohlenwasserstoffe des Steinkohlenteeröles (vor allem Benzol), auch Petroleum oder Gemische der eben erwähnten Stoffe mit Amylalkohol verwendet. Die Benützung des Alkohols als Extraktionsmittel wurde deswegen aufgegeben, weil er ein zu großes Lösungsvermögen für Nebenalkaloide, für Farbstoffe, wie auch harzartige Verbindungen aufweist, die sich später aus den gereinigten Basen nur mehr sehr schwer entfernen lassen. Ist nach mehrmaliger Extraktion die Rinde erschöpft, so werden dem Extraktionsmittel die Alkaloide durch Ausschütteln mit verdünnter heißer Schwefelsäure entzogen. In diesen Lösungen der Sulfate wird die *überschüssige* Säure in der Hitze mit Soda neutralisiert; beim Erkalten kommt es zur Ausscheidung des schwer löslichen rohen Chininsulfats, das von der Mutterlauge getrennt und durch wiederholtes Umkrystallisieren, wie auch nach verschiedenen Geheimverfahren weiter gereinigt wird. In den Mutterlaugen des Chininsulfats bleiben dabei die meisten anderen Basen als leichter lösliche Sulfate zurück. Immerhin enthält das so gewonnene Chinin noch einige Prozente fremder Basen, vor allem Hydrochinin, oft auch Cinchonidin (HESSE [234]).

Die Trennung des Chinins vom Hydrochinin kann nun auf zwei Wegen vor sich gehen, entweder unter Benützung der leichteren Löslichkeit des Hydrochininsulfats in Wasser oder unter Anwendung einer chemischen Methode, die darin besteht, daß in diesem Gemisch durch Kaliumpermanganat das ungesättigte Chinin zerstört wird, während das gesättigte Hydrochinin vom Permanganat unangegriffen wieder gewonnen werden kann. Vollständige Freiheit des Chinins von den Nebenbasen wird durch Überführung in das Bi-sulfat $C_{20}H_{24}O_2N_2 \cdot H_2SO_4 + 7 H_2O$ oder durch Darstellung des schwefelsauren Jodchinins, des sog. Herapatits bzw. durch die Zerlegung dieser gereinigten Verbindungen erzielt (S. 572).

Aus den Mutterlaugen des Chininsulfats können, wie schon oben erwähnt wurde, noch eine ganze Reihe verschiedener Basen dargestellt werden. Zerlegt man die Sulfate durch Lauge, so kann durch Extraktion der abgeschiedenen Basen durch Alkohol (bei geringeren Mengen auch durch Äther)[1] das in diesen Lösungsmitteln schwerlösliche *Cinchonin* von den anderen in Lösung gehenden Basen getrennt werden. Das Rohcinchonin (bzw. das käufliche Cinchoninsulfat) ist meist von dem *Cinchotin* (dem Hydrocinchonin) begleitet. Die Darstellung des Cinchotins aus Rohcinchonin kann auch hier durch Behandlung mit Kaliumpermanganat erzielt werden, wobei das ungesättigte Cinchonin der Oxydation anheimfällt, während das gesättigte Cinchotin unangegriffen aus dem Reaktionsgemisch isoliert werden kann. Das Gemisch der Basen der Mutterlaugen des Chininsulfats, das früher mit dem Namen *Chinoidin* bezeichnet wurde, kann als Ausgangsmaterial für einige weitere Basen dienen. Hierzu wird das Chinoidin mit Äther vollständig extrahiert, der Äther verdunstet, der Rückstand nach dem Lösen in verdünnter Schwefelsäure mit Ammoniak neutralisiert und mit Seignettesalz

[1] Auch hier ist das Cinchonin in Äther schwerer löslich als das Chinin.

gefällt. *Chinin und Cinchonidin und andere Basen* scheiden sich als Tartrate aus, während im Filtrate des Niederschlages das *Chinidin* (*Conchinin*) mit Jodkalium niedergeschlagen und durch Zersetzung des Niederschlages gewonnen werden kann. Das Chinidin wird meist vom *Hydro-chinidin begleitet*. Das Hydrochinidin kann durch Umkrystallisieren des neutralen Hydrochlorids oder sauren Sulfats vom Chinidin getrennt werden. Auch durch Behandlung mit Kaliumpermanganat, das das ungesättigte Chinidin zerstört, das gesättigte Hydrochinidin aber unangegriffen läßt, kann man zu reinem Hydrochinidin gelangen[1].

Das rohe Cinchonidin, das neben Chinin auch noch einige andere Basen (das Homocinchonidin und das Hydrocinchonidin [Cinchamidin]) enthält, wird folgendermaßen gereinigt: Durch wiederholte Extraktion mit kaltem Äther kann es vom Chinin befreit werden. Im Rückstande wird das Cinchonidin über das Chlorhydrat in das Tartrat verwandelt und die Umfällung des Cinchonidins als Tartrat wiederholt. Das Cinchonidin wird durch Umkrystallisieren der Base aus Alkohol oder des Sulfates aus Wasser, gereinigt. In den Mutterlaugen des Cinchonidins scheidet sich ein gallertiges Sulfat, das Sulfat des Homo-cinchonidins, aus, das durch weiteres Umkrystallisieren rein gewonnen werden kann. In der Mutterlauge des Homo-cinchonidins kann durch Ammoniak eine weitere Base abgeschieden werden, die aus Alkohol umkrystallisiert, in das Chlorhydrat verwandelt und mit neutralem Natriumtartrat fraktioniert gefällt wird[2]. Anfangs fällt dabei Homo-cinchonidin-tartrat aus, die letzten Fraktionen bestehen aber aus Hydrocinchonidin, das durch Behandlung mit Permanganat als gesättigte Verbindung von den ungesättigten Begleitstoffen befreit werden kann. Zur Darstellung des Cupreins geht man am besten von China cuprea, der Rinde von Remijia pedunculata, aus und stellt nach den eben beschriebenen Methoden zuerst die Sulfate der Basen dar. In diesem Falle kommt es zur Abscheidung des krystallisierten Sulfates einer Base $C_{39}H_{46}O_4N_4$, die als molekulares Gemisch von Chinin und Cuprein in der Literatur den Namen Homochinin erhalten hat (siehe auch Seite 570). Die Zerlegung dieses Basengemisches gelingt dadurch, daß das Sulfat in verdünnter Schwefelsäure gelöst wird und nach dem Übersättigen mit Alkali das Chinin dem Gemisch durch Äther entzogen werden kann, während das Cuprein vermöge seiner phenolischen Hydroxylgruppe in der Lauge gelöst bleibt und durch Verwandlung in das Sulfat und Zerlegung des Sulfats mit Ammoniak rein dargestellt werden kann ([HESSE 225]. Weitere Trennungsverfahren der Chinabasen siehe Seite 565ff.).

Eine für den Laboratoriumsversuch der Darstellung der Chinaalkaloide geeignete Methode wurde von J. SCHWYZER (490) wie folgt beschrieben: Dabei werden zuerst 250 g Rinde in einer Kaffeemühle fein gemahlen und durch Netz Nr. 7 gesiebt. Daneben wird in einem Jenaer Kolben von 3,5 l Inhalt mit kurzem Hals aus 60 g gutem Ätzkalk durch allmähliches Hinzufügen von 600 g Wasser Kalkmilch bereitet und hierauf noch 30 g 30proz. NaOH hinzugefügt. Dann gibt man die gemahlene Rinde zu der Kalkmilch im Kolben und mischt darin mit einem Holzspatel vorsichtig, aber so homogen als irgendwie möglich, zu einem dicken Brei. Die durch die Kalkmilcheinwirkung aus den Salzen in Freiheit gesetzten Basen werden nun nach 24stündigem Stehen mit 1,5 l Benzol extrahiert. Das mit Benzol übergossene Gemisch wird in einem Dampfbad auf 60—65° erhitzt, der Kolben mit einem etwa 40 cm langen Steigrohr verschlossen und 20 Minuten gut durchgeschüttelt. Nach 20 Minuten läßt man absetzen, wobei sich die durch Chinarot gefärbte Benzollösung gut abscheidet. Nach 10 Minuten wird diese Lösung noch warm durch ein mit Benzol befeuchtetes Filter in einen 2 l enthaltenden Scheidetrichter gegossen, in dem sich schon vor dem Eingießen der Benzollösung 500 g destilliertes Wasser und 7 g reine *metall*freie Schwefelsäure befinden. Nach 10 Minuten langem Ausschütteln läßt man absitzen, gibt das Benzol wieder in den Extraktionskolben zurück und wiederholt den Vorgang der Extraktion und sauren Ausschüttelung, solange noch Basen in den Extrakten nachgewiesen werden können. Bei aufmerksamer Arbeit sind etwa 5—7 Extraktionen zur Erschöpfung des Rindenmaterials notwendig. Die Überprüfung der Benzolextrakte auf Alkaloidgehalt

[1] Hydrochinin HESSE (226, 230), Hydrochinidin FORST und BÖHRINGER (126, 128), Chinidin, Conchinin HESSE (217), Cinchonidin HESSE (221), Homocinchonidin HESSE (222), Hydrocinchonidin HESSE (224 und 229), FORST und BÖHRINGER (125), Cinchonin, Hydrocinchonin, Cinchotin HESSE (219) (SKRAUP [498]).

geschieht dadurch, daß eine Probe des Benzolauszuges mit derselben Menge Wasser ausgeschüttelt wird, der noch 3—4 Tropfen verdünnte Schwefelsäure zugesetzt sind. Nach Abheben der wäßrigen schwefelsauren Lösung wird eine Probe dieser Lösung mit Natronlauge 1 : 10 versetzt und geprüft, ob es noch zu deutlichen milchigen Trübungen der Lösung durch abgeschiedene Chinabasen kommt.

Die sauren Extrakte der Alkaloide, die das Chinin und die Nebenalkaloide als Bisulfate enthalten, werden nun in folgender Weise neutralisiert: die Auszüge werden unter Rühren in einem Becherglase auf Temperaturen von 88—90° erhitzt und bei dieser Temperatur aus einem Tropftrichter mit einer 5proz. *metall*freien Sodalösung *genau* neutralisiert. Die klare anfangs gelbrote Lösung trübt sich dabei meist unter Abscheidung von Harzteilchen. Zur Entfernung dieser Stoffe wird die neutralisierte Lösung mit 1—2 Tropfen verdünnter reiner Schwefelsäure angesäuert, mit 0,5 g *metall*freier Entfärbungskohle versetzt und bei 88—90° etwa $^1/_4$ Stunde weiter gerührt, wobei das verdampfende Wasser durch etwas destilliertes Wasser ersetzt wird. Hierauf wird die Lösung durch einen auf 80° erhitzten Heißwassertrichter filtriert und das Filter mit 100 $cm^3$ siedendheißem destilliertem Wasser nachgewaschen. Das im Filtrat insbesondere nach dem Stehen über Nacht und kurzem Kühlen in Eiswasser sich ausscheidende Chininsulfat wird abgenutscht, die Krystalle in einer Porzellanschale noch einmal mit 25—30 $cm^3$ eiskaltem Wasser angeteigt, von neuem abgesaugt und dann bei 30—35° getrocknet.

Das Filtrat vom Chininsulfat wird mit den Waschwässern vereinigt und dann in der Kälte die noch neben Chinin darin enthaltenen Alkaloide durch Neutralisieren mit 5% *metall*freier Solvaysoda gefällt. Wenn die Alkaloidfällung nach 3—4 Stunden krystallinisch geworden ist, wird sie abfiltriert, gründlich mit kaltem destilliertem Wasser gewaschen und bei 30—35° getrocknet. Das Chinin kann man aus diesen Fällungen dadurch von den anderen Basen trennen, daß man die Alkaloide in Bisulfate überführt und bei der Krystallisation Chininbisulfat, allerdings vermengt mit etwas Chinidin, erhält und auf diesem Wege isoliert.

*Quantitative Bestimmung der Gesamtalkaloide.* Die überaus zahlreichen, verschiedenen Methoden der Bestimmung des Alkaloidgehaltes der Chinarinden können je nach der Art des Extraktionsmittels bzw. der Präparierung des Rindenmaterials in verschiedene Gruppen geordnet werden. Die *Säuremethoden* benützen verdünnte Mineralsäuren als Extraktionsmittel (z. B. Salzsäure, verdünnte Salpetersäure oder Phosphorsäure) und isolieren aus den zuerst dargestellten Salzen die Basen (DE VRIJ [591], MATOLCSY [360]). Die *Kalkmethoden* versetzen das Rindenmaterial zur Zerlegung der natürlichen Salze mit Kalk und gewinnen die freigemachten Basen entweder durch die Anwendung von Extraktionsmitteln oder durch Verwandlung in die Salze und eine den Säuremethoden analoge Aufarbeitungsweise. Speziell die Behandlung mit Kalk und die nachfolgende Extraktion mit 90proz. Alkohol soll die Alkaloide quantitativ den Rinden entziehen (SCHACHT [470], FLÜCKIGER [123a], HIELBIG [241], H. MEYER [379]). In einzelnen Bestimmungsmethoden ist auch die Zersetzung der Salze in den Rinden durch Alkali vorgesehen, woran sich dann die Extraktion der Basen mit Amylalkohol oder die Verwandlung in die Sulfate durch verdünnte Schwefelsäure anschließt (GUNNING [185], HAGER [188]). Die *Ammoniakmethoden* behandeln das Rindenmaterial zuerst mit einem Gemisch von Ammoniak und organischen Extraktionsmitteln und bestimmen dann nach erfolgter Reinigung in den Extrakten die Basen (HAUBENSACK [198], C. C. KELLER [274], PROLLIUS [417]).

Als Beispiel für die praktische Durchführung der Gehaltsbestimmung wird hier zuerst die Methode des D. A.-B. 6 geschildert: 2 g fein gepulverte Chinarinde werden in einem

Arzneiglas (100 cm³ Inhalt) mit 1 g Salzsäure und 5 g Wasser 10 Minuten auf dem siedenden Wasserbade erhitzt. Nach dem Erkalten wird 15 g Chloroform und nach kräftigem Umschütteln 5 g Natronlauge zugesetzt. Nach 10 Minuten langem Schütteln gibt man 25 cm³ Äther und nach erneutem Umschütteln 1 g Traganthpulver dazu. Nach einigen Minuten weiterem Schütteln werden 30 g der klaren Äther-Chloroform-Lösung (entsprechend 1,5 g Chinarinde) durch ein Wattebäuschchen in ein Kölbchen gegossen, 10 cm³ Alkohol zugesetzt und das Gemisch bis zum Verschwinden des Äther-Chloroform-Geruches abdestilliert. Der Rückstand wird in 10 cm³ Alkohol unter gelindem Erwärmen aufgenommen, die Lösung mit 10 cm³ Wasser verdünnt und nach Zusatz von 2 Tropfen Methylrotlösung mit n/10 Salzsäure bis zum Farbumschlage titriert. 1 cm³ n/10 Salzsäure entspricht 0,03092 g Alkaloide, berechnet auf Chinin und Cinchonin (Methylrot als Indicator). Nach H. DIETERLE (81) kann bei peinlichster Sorgfalt beim analytischen Arbeiten die zur quantitativen Bestimmung der Gesamtalkaloide notwendige Menge Rindenmaterial bis auf 0,2 g herabgesetzt werden, ohne daß eine wesentliche Veränderung der Analysenwerte eintritt. Von einigen Autoren wird auch die Anwendung von Bromkresolpurpur (WILLIAM J. MCGILL [160]) und Bromphenolblau (N. EVERS [97] an Stelle des bis jetzt verwendeten Methylrots vorgeschlagen. Neben diesen einfachen Titrierverfahren sei noch auf die jodometrische Bestimmung (E. RICHTER [440]) der Chinaalkaloide, wie auch auf ihre Titration unter Anwendung von Pikrinsäure (F. LENCI [338]) hingewiesen.

Will man sich aber bei der Gehaltsbestimmung der Chinarinde nicht mit der Erfassung der Gesamtalkaloide begnügen, sondern auch die Verteilung der einzelnen Basen, vor allem des Chinins, Cinchonidins, Cinchonins, Chinidins und der amorphen Basen kennenlernen, so müssen zuerst die Gesamtalkaloide quantitativ abgeschieden und dann in ihre Bestandteile zerlegt werden.

Als Beispiel für die quantitative Abscheidung der Gesamtbasen aus der Chinarinde wird die von C. C. KELLER (273) modifizierte Methode von HAUBENSACK (198), eine Ammoniakmethode, beschrieben.

12 g trockenes feines Chinarindenpulver werden in einem Arzneiglase mit 120 g Äther geschüttelt, 10 g 10proz. Ammoniak zugesetzt und im Verlaufe einer halben Stunde das Gemisch wiederholt durchgeschüttelt. Nun wird für Cinchona Succirubra 10 g, für Cinchona Calisaya 15 g Wasser zugesetzt und 1 Minute kräftig durchgeschüttelt. 100 g der klaren Ätherlösung werden nun abgegossen, mit 3 cm³ Schwefelsäure und 37 cm³ Wasser kräftig durchgeschüttelt und die Mischung absitzen gelassen. Die Hauptmenge des Äthers wird hierauf abgegossen und der Rest des Gemenges in einen Scheidetrichter gebracht. Die saure Alkaloidlösung wird abgelassen und Kölbchen und Scheidetrichter mit 10 cm³ Wasser nachgespült. Die vom Äther befreite Alkaloidlösung wird im Scheidetrichter mit einer Mischung von 30 g Chloroform, 10 g Äther und 5 g Ammoniak ausgeschüttelt und nach Abtrennung der Alkaloidlösung die Ausschüttelung mit 15 g Chloroform und 5 g Äther wiederholt. Die vereinigten Alkaloidlösungen werden durch ein mit Chloroform benetztes Filter in ein tariertes Kölbchen gegossen und Chloroform und Äther abdestilliert. Der Rückstand wird mit 3—5 cm³ absolutem Alkohol übergossen und neuerdings am Wasserbade eingedunstet, bei 100° getrocknet und gewogen.

*Bestimmung des Chinins, des Cinchonidins, Chinidins, Cinchonins und der amorphen Basen in der Chinarinde* (ALLEN [2])[1]. 1—5 g der nach dem oben geschilderten Verfahren dargestellten Gesamtalkaloide der Chinarinde dienen als Ausgangsmaterial für die Bestimmung der einzelnen Basen. Zur Bestimmung des Chinins wird das Basengemisch genau mit n/10 Schwefelsäure neutralisiert und die erhaltene Lösung so stark verdünnt, bis 1 Teil der Gesamtalkaloide in 70 Teilen Wasser enthalten ist. Die Lösung wird nun 5 Minuten auf 90° gehalten, dann 30 Minuten auf 15° abgekühlt, wobei es, wenn in dem Gemisch der Basen mehr als 8% Chinin vorlagen, zur krystallinischen Abscheidung von Chininsulfat kommt. Die Krystalle werden auf einem gewogenen Filter gesammelt und mit Wasser von 15° so lange gewaschen, bis das Filtrat je 90 g

[1] Siehe auch HIELBIG (246).

Flüssigkeit für je 1 g der Gesamtalkaloide enthält. Die Krystalle werden bei 100° getrocknet und gewogen. Wegen der Löslichkeit des Chininsulfats in Wasser von 15° bedarf das bei der Wägung gefundene Gewicht einer Korrektur, die darin besteht, daß pro Kubikzentimeter Flüssigkeit (Filtrat und Waschwasser) 0,000817 g addiert werden. Die so gefundene Summe ergibt durch 0,855 dividiert die Menge des krystallisierten Chininsulfates.

Für die Bestimmung des Cinchonidins, Cinchonins und Chinidins wie der amorphen Basen wird das nach dem oben beschriebenen Verfahren von Chinin befreite Gemisch der Gesamtalkaloide weiter verwendet, wobei es aber notwendig ist, von 5 g Gesamtalkaloiden für diese Bestimmungen auszugehen. Die vom Chininsulfat befreite Lösung der Sulfate wird mit einem Überschuß von Sodalösung versetzt, die Alkaloide mit Chloroform extrahiert, die erhaltene Alkaloidlösung vom Chloroform befreit und der Rückstand mit verdünnter Schwefelsäure genau neutralisiert (Lösung A). Die Lösung wird nun mit einer gesättigten Lösung von Seignettesalz versetzt und das Gemisch unter zeitweisem Rühren 1 Stunde bei 15° stehengelassen. Der Niederschlag wird auf einem gewogenen Filter gesammelt, mit so wenig Wasser als möglich gewaschen, wobei das Filtrat und das Waschwasser in einem Meßzylinder aufgefangen und gemessen werden. Das so gewonnene Cinchonidintartrat wird bei 105° getrocknet und gewogen. Zu dem gefundenen Werte werden in Berücksichtigung der Löslichkeit des Salzes 0,00083 g pro Kubikzentimeter des Filtrates addiert.

Das Filtrat wird nun am Wasserbade auf das Volumen der Lösung A eingedampft, durch Zusatz eines Tropfens Essigsäure geklärt und die neutrale Lösung mit einem Überschusse einer Jodkaliumlösung gesättigt. Die Lösung wird unter zeitweiligem Rühren 2 Stunden stehengelassen, das ausgeschiedene Chinidin-jodhydrat unter den oben beim Cinchonidintartrat geschilderten Bedingungen abfiltriert und gewogen. Mit Rücksicht auf die Löslichkeit des Salzes muß das gefundene Gewicht für jeden Kubikzentimeter des Filtrates um 0,00077 g vermehrt werden.

Zur Bestimmung des Cinchonins und der amorphen Basen wird das Filtrat vom Chinidin-jodhydrat mit Sodalösung alkalisch gemacht, mit Chloroform extrahiert und nach dem Abdestillieren des Chloroforms getrocknet und als Roh-Cinchonin gewogen, wobei allerdings mit Rücksicht auf die frühere nicht ganz vollständige Abscheidung der einzelnen Basen noch folgende Korrekturen zu machen sind. Es muß aus diesem Grunde der gefundene Wert um 0,00052 g für jeden Kubikzentimeter der ursprünglichen Lösung A, wie auch um 0,00066 g für jeden Kubikzentimeter des Filtrates der Chinidinbestimmung vermindert werden. Zur Befreiung des Cinchonins von den amorphen Alkaloiden wird es mit verdünntem Alkohol (D 0,94), in dem das Cinchonin unlöslich ist, gewaschen und nach dem Trocknen noch einmal gewogen. Diese soeben geschilderte Methode ist vor allem zur Untersuchung ostindischer Chinarinden geeignet. Es kann auch in ihr an die Stelle der gravimetrischen Bestimmung der einzelnen Basen die Anwendung der Titration nach Zersetzung der abgeschiedenen Salze treten.

Die große Zahl der für die quantitative Bestimmung der Chinaalkaloide ausgearbeiteten Methoden, wie auch zahlreiche Untersuchungen, die sich mit dem kritischen Vergleich der Verwendbarkeit der einzelnen Methoden beschäftigen, deuten darauf hin[1], daß es bis jetzt noch nicht gelungen ist, Methoden zu finden, die allen Ansprüchen genügen könnten. Aus diesem Grunde wird noch eine von Eaton (90) ausgearbeitete Methode der Trennung der einzelnen China-

[1] Siehe Bauer (21a).

basen voneinander hier beschrieben: 0,5 g des Gesamtalkaloidgemisches werden in verdünnter Schwefelsäure gelöst, die Lösung filtriert, ammoniakalisch gemacht, mit Chloroform ausgezogen, der Rückstand bei $100^0$ getrocknet und gewogen. Nun wird neuerdings in 50 $cm^3$ 0,225 n Schwefelsäure gelöst, erwärmt und mit 5proz. Natronlauge schwach alkalisch gemacht, neuerdings mit 0,225 n Schwefelsäure neutralisiert und weitere 5 $cm^3$ dieser Lösung hinzugefügt. Durch Zusatz von 25 $cm^3$ einer gesättigten sauren Kaliumtartratlösung (Rochellesalz) wird das Chinin und Cinchonidin ausgefällt, nach 2 Stunden abfiltriert und mit halbgesättigter Rochellesalzlösung ausgewaschen (Filtrat A). Der Niederschlag wird in verdünnter Schwefelsäure gelöst, nach dem Versetzen mit Ammoniak mit Chloroform extrahiert und in dem nach dem Verjagen des Chloroforms gewonnenen Rückstand nach dem Trocknen bei $100^0$ das Gemisch des Chinins und Cinchonidins gewogen, dessen genaue Zusammensetzung durch eine polarimetrische Messung bestimmt werden kann. Im Filtrat A wird, wie oben, das Chinidin als Hydrojodid gefällt, getrocknet (bei $100^0$) und gewogen. Aus dem nun noch ammoniakalisch gemachten verbleibenden Filtrat werden die Basen mit Chloroform extrahiert, der Auszug wird nach dem Eindampfen bei $100^0$ getrocknet und ergibt bei der Wägung die Cinchoninmenge.

Der mikrochemische Nachweis der Chinaalkaloide kann am einfachsten nach BEHRENS und KLEY (26)[1] in folgender Weise durchgeführt werden: Je nach der bei der Untersuchung gewünschten Genauigkeit werden als Ausgangsmaterialien etwa 0,05—0,3 g Chininsalz, was etwa 1—5 g Drogenmaterial entsprechen dürfte, angewandt. Der Nachweis der einzelnen Chinabasen kann nur dann sicher erfolgen, wenn vorher das Chinin abgetrennt wird, weil es die Reaktion auf Chinidin stört und die Cinchoninreaktion vollkommen verdecken kann. Aus diesem Grunde empfehlen BEHRENS und KLEY, den mit dem doppelten Volumen Wasser erwärmten Chininsalzen so viel Schwefelsäure zuzusetzen, bis etwa drei Viertel der Salze in Lösung gegangen sind. Hierauf läßt man bei möglichst niedriger Temperatur auskrystallisieren, schleppt die Mutterlauge ab, engt sie ein und läßt eventuell noch einmal auskrystallisieren. Dabei fällt reines Chininbisulfat aus. Die Mutterlauge wird nun vorsichtig mit Natriumcarbonat neutralisiert, worauf nach einiger Zeit noch normales Chininsulfat ausfällt. Die Mutterlauge des Chininsulfates wird abgetrennt und noch einmal möglichst genau neutralisiert, ohne den Neutralisationspunkt zu überschreiten. Die nun übrigbleibende Mutterlauge läßt man bei gewöhnlicher Temperatur (neben Schwefelsäure) eindunsten und zieht mit einigen Tröpfchen kalten Wassers die Sulfate von Chinidin, Cinchonin und Cinchonidin neben sehr wenig Chininsulfat aus.

Als *Vorprobe* versetzt man nun mit einem Körnchen Natriumbicarbonat. Ein Niederschlag von krystallinischen Klümpchen und Rauten weist auf Chinidin, kurze Stäbchen und Nadeln auf Cinchonin und Cinchonidin hin. Ein bleibender pulveriger Niederschlag, der in der Siedehitze schmilzt, zeigt Chinin an.

Zur allgemeinen Trennung mit *Fällungs-* und *Lösungsmitteln* wird von BEHRENS und KLEY weiter eine Methode angegeben, nach der man die Mutterlauge nach dem Auskrystallisieren des Chinins als Sulfat mit Alkali versetzt, wodurch die Basen ausfallen. Dann schüttelt man mit so viel *Benzol* aus, daß etwa der dritte Teil des Niederschlages in Lösung geht. Das Benzol enthält Chinin, Chinidin, wenig Cinchonidin und Spuren von Cinchonin gelöst. Man läßt nun einige Tropfen der Benzollösung auf dem erwärmten Objektträger eindunsten und prüft mit einem Tröpfchen verdünnter Schwefelsäure auf Chinin. Die Krystalle des Chininsulfates sind lange Nadeln, an den freien Enden gewöhnlich scharf zugespitzt. Zwischen gekreuzten Nicols zeigen sie stark positive Doppelbrechung mit Auslöschung parallel zu ihrer Längsachse. Die Prüfung wird wie folgt durchgeführt: auf den beim Eindunsten verbleibenden harzähnlichen Rückstand wird eine dünne Wasserschichte gebreitet und wenn nach wiederholtem Säurezusatz der größte Teil in Lösung gegangen ist, wird ein Tropfen der Benzollösung hineingesetzt, der starke Abscheidung von Chininsulfat und, im Fall viel Chinidin zugegen ist, in der Regel auch stark (bis Grün zweiter Ordnung) polarisierende Täfelchen von Chinidin (verwitternd) zurückläßt.

Eventuell kann man das Chinidin auch in der Mutterlauge, die vom Chininsulfat abgezogen werden kann, mit Jodkali als Jodhydrat nachweisen. Das Jodhydrat krystallisiert aus neutraler Lösung nach kurzer Zeit in klaren, farblosen und lichtbrechenden Krystallen. Es neigt zu Übersättigungserscheinungen und krystallisiert in verschiedenen Formen aus.

[1] Zusammenstellung nach G. KLEIN und A. SCHILHAB (299).

Alle Formen lassen sich auf Kombinationen eines rhombischen Prismas mit einer hemiedrisch ausgebildeten Pyramide zurückführen. Die Auslöschung der Sechsecke erfolgt parallel ihrer längsten Diagonale, und in dieser Richtung sind sie optisch positiv; die Auslöschung der Prismen folgt den längsten Kanten.

Die wäßrige Lösung der Mutterlauge wird nun noch ein zweites bzw. ein drittes Mal mit Benzol ausgeschüttelt, bis die letzte Benzollösung nur mehr einen geringfügigen Verdunstungsrückstand liefert. Der Rest der Basen wird nun mit *Chloroform* ausgeschüttelt und dadurch gelöst. Das Benzol enthält hauptsächlich Cinchonidin, das Chloroform das Cinchonin. Beide Basen können nach dem Auskrystallisieren und Aufkochen mit Wasser für die mikroskopische Untersuchung bereitgestellt werden. Dabei empfiehlt es sich, das Cinchonin als Ferrocyanverbindung nachzuweisen. Kaliumferrocyanid erzeugt in Cinchoninlösung, die freie Salzsäure enthält, einen starken blaßgelben Niederschlag, in welchem große schiefwinkelige Krystallskelette (bis 5 mm) entstehen können. Sie sind teils gekrümmt, teils geradlinig, vier- und sechsstrahlig, aus schiefwinkeligen Stäben und Tafeln zusammengesetzt. Ihre Farbe ist citronengelb; dabei besitzen sie starken silberähnlichen Glanz und starke Polarisation mit diagonaler Auslöschung (Cinchonidinspezialnachweis siehe S. 569).

Cinchonin kann auch auf anderen Wegen mit Benzol isoliert werden, und zwar dadurch, daß dieses Alkaloid beim Erkalten der Benzollösung quantitativ ausfallen soll, während Chinin, Chinidin und Cinchonidin in Lösung bleiben. Man kann aus der Lösung der Chlorhydrate auch mit einem Überschuß von Natriumtartrat die Chinabasen als Tartrate fällen und abfiltrieren. In der Mutterlauge, die hauptsächlich noch Cinchonin enthält, werden die Basen mit Alkali gefällt, die Fällung zweimal mit Benzol ausgeschüttelt, so daß in einer nun folgenden Ausschüttelung mit Chloroform nur mehr Cinchonin enthalten ist, das, wie oben erläutert wurde, mit Kaliumferrocyanidlösung nachgewiesen werden kann.

Als Vorprüfung der vom Chininsulfat (s. S. 566) befreiten Lösung sind weiter zwei Methoden angegeben worden:

1. Man kann die Mutterlaugen der Chininsalze mit einem Überschuß von Ammoniak versetzen und bis zur teilweisen Lösung des Niederschlages erwärmen. Bei der nach einigen Minuten erfolgenden Krystallisation deuten Rauten auf Chinidin, gegabelte Nadeln auf Cinchonidin hin, während Chinin als krystallinisches Pulver ausfällt und etwa anwesendes Cinchonin amorph zurückbleibt.

2. Man kann auch versuchen, durch vorsichtige fraktionierte Fällung mit Natriumcarbonat sämtliche Chinaalkaloide in einer Operation nachzuweisen. Chinin und Chinidin werden dabei zuerst abgeschieden und können das Cinchonin und das zuletzt auskrystallisierende Cinchonidin verdecken, weshalb diese Art der Trennung sehr viel Übung und Behutsamkeit erfordert.

Bei der *Hauptprüfung* der vom Chininsulfat befreiten Lösung ist zunächst die Möglichkeit ins Auge zu fassen, Chinidin mittels Jodkali oder Kaliumferrocyanid abzutrennen. Jodkali bietet größere Sicherheit, weil es nur mit dem Chinidin allein reagiert. Man kann die Fällung noch einmal wiederholen und in der abgezogenen Mutterlauge Cinchonin und Cinchonidin mittels fraktionierter Fällung mit Natriumbicarbonat nachweisen. Es fallen dabei zuerst gerade Stäbchen von Cinchonin aus, während Cinchonidin bei genügender Wärme in Lösung bleibt; diese wird abgezogen und gibt bei weiterem Zusatz von Bicarbonat schlecht ausgebildete Mischkrystalle und nach wiederholter Fällung gegabelte Nadeln von Cinchonidin.

Genauer wird die Reaktion, wenn neben Chinidin auch der letzte Rest von Chinin entfernt wird, was auch durch einen Überschuß von Kaliumoxalat zu erzielen ist. Allerdings ist dann die Mutterlauge zur fraktionierten Fällung von Cinchonin und Cinchonidin wegen der übermäßigen Anhäufung von Alkalisalzen nicht geeignet. Abdampfen mit Natriumcarbonat, Ausziehen mit kaltem Wasser und Umwandlung der zurückbleibenden Alkaloide in neutrales Chlorhydrat ist hier nicht zu umgehen.

Auch durch fraktionierte Sublimation kann man mit steigender Temperatur zuerst Cinchonin, dann Cinchonidin, weiter Chinidin und zuletzt unter starker Bräunung Chinin an den einzelnen Deckgläsern angehäuft nachweisen, was allerdings von G. Klein und A. Schilhab nicht ganz bestätigt werden konnte.

Zum Nachweis der Chinaalkaloide in der Droge empfehlen G. Klein und A. Schilhab (299) einige Modifikationen des Verfahrens von Behrens und Kley: 0,05—0,1 g Droge werden fein pulverisiert, mit Ammoniak befeuchtet und mit 2 cm³ Benzol im Mikroextraktionsapparat ausgezogen. Die klar filtrierte Lösung wird mit ungefähr 1 cm³ Wasser und wenig Schwefelsäure versetzt und erhitzt. Das Benzol verdampft, die schwefelsaure Lösung der Alkaloide bleibt zurück, außerdem noch ganz wenig harzartige Substanzen, die sich nicht lösen und leicht mit dem Platindraht entfernt werden können. Versetzt man nun die Lösung mit einem Tropfen Ammoniak, so fällt zuerst ein weißer Niederschlag aus, der sich aber gleich wieder löst. Durch verdünnte Reagenzien ist nun eine möglichst genaue Neutralisation zu erreichen, eine eventuell bleibende Trübung kann durch einen in verdünnte

Schwefelsäure getauchten Platindraht entfernt werden. Aus dieser neutralisierten Lösung fällt nach kurzer Zeit eine reichliche Menge von Chininsulfat in charakteristischen Krystallen aus.

Da die Abscheidung des Chinins als Sulfat in Lösungen etwas langsam vor sich geht, empfehlen G. KLEIN und A. SCHILHAB die Fällung mit Seignettesalz, das als solches leicht löslich ist, vorzunehmen, wobei gleichzeitig Chinin und Cinchonidin gefällt werden, was bedeutend rascher geht, und in der Mutterlauge nur mehr Chinidin und Cinchonin zurückbleiben. Zu diesem Zwecke wird ein Lösungstropfen, der z. B. die aus der Droge extrahierten Alkalcide enthält, mit einem Körnchen Seignettesalz versetzt, worauf bald Mischkrystalle von Chinin und Cinchonidintartrat als Sternchen oder Nadelbüschel ausfallen. Die Fällung ist in etwa 15 Minuten beendigt, und nun kann die Mutterlauge, welche Cinchonin und Chinidin enthält, abgezogen werden. Dies geschieht am besten mit einer kleinen Pipette, deren capillares Ende man von rückwärts durch einen winzigen Wattepfropfen verschlossen hat. Saugt man nun am rückwärtigen Ende, so wird die Flüssigkeit durch den Wattepfropfen durchfiltriert. Schwemmt man nun das spitze Ende gut ab, um es von etwa außen anhaftenden Krystallen zu befreien, so kann man nachher durch Hineinblasen in die Pipette die Mutterlauge klar filtriert auf einen anderen Objektträger bringen. Am besten ist es, dabei die Flüssigkeit gleich auf zwei Objektträger zu teilen und getrennt Chinidin und Cinchonin durch Jodkali bzw. Natriumbicarbonat nachzuweisen. Chinidin gibt mit dem Reagens nach längerer Zeit grünliche bis gelbliche knollige Krystallformen, während Cinchonin bräunliche Tropfen bildet, die sich rasch in Sphäroide umwandeln, aus denen nach einiger Zeit auch die typischen kleinen Krystallprismen hervorschießen. Ist die Reaktion nicht zu sehr durch das Alkalisalz gehemmt, so treten beim Erwärmen die einzelnen Krystallprismen am Rande des Tropfens auf.

Die zurückgebliebenen Krystalle der Tartrate von Chinin und Cinchonidin werden nun zuerst etwas durchgewaschen und dann mit dem Platindraht in zwei Hälften geteilt. Die eine versetzt man mit kalt gesättigter Pikrinsäurelösung, worauf nach kurzem Erwärmen aus den Krystallen des Tartrates die Krystalle des Cinchonidinpikrates in Form von äußerst feinen Haarbüscheln auftauchen.

Die andere Hälfte kocht man mit einem Tropfen Wasser auf und setzt einige Körner Kaliumchromat zu. Die Umlagerung dauert hier etwas länger, doch sieht man nach einer halben Stunde, wie die ursprünglichen Tartratkrystalle zerfallen und aus ihnen die langen gelben Nadeln des Chininchromates entstehen. Eventuell treten auch sechseckige Plättchen von Cinchonidinchromat auf. Chinin kann in diesem Falle auch als Herapathit nachgewiesen werden. Man läßt hierzu die Chinin- und Cinchonidintartratkrystalle eintrocknen und versetzt mit einem Tropfen des von BEHRENS und KLEY angegebenen Reagens, worauf sich nach kurzer Zeit die bekannten Herapathitplättchen (s. S. 572, 488) bilden. Das Reagens besteht aus einer Mischung von 2 Volumen Wasser, 2 Volumen Alkohol und 1 Volumen Essigsäure, das mit ein wenig Schwefelsäure versetzt und mit Jodkalium gelb gefärbt wird.

### Cinchonin, $C_{19}H_{22}ON_2$ (219).

$CH_2$=CH·CH—CH—$CH_2$ N
$CH_2$
$CH_2$
$CH_2$—N—CH—CHOH

Das Cinchonin ist nach dem Chinin das in den meisten Cinchona- und Remijiarinden am häufigsten auftretende Alkaloid. Die beste Quelle für die Cinchonindarstellung ist die Rinde von Cinchona micrantha. Sonst wird das Cinchonin, das sich als Sulfat in den Mutterlaugen der Chininfabriken anreichert, aus diesen (s. S. 561) dargestellt. Das Cinchonin wird aus den wäßrigen Lösungen der Salze beim Versetzen mit Lauge als amorphe Fällung gewonnen, die beim Stehen krystallinisch wird.

Aus Alkohol krystallisiert es in rhombischen Prismen, die den Fp. 264° zeigen. Es ist im Vakuum unzersetzt destillierbar, in Wasser sehr schwer löslich (1 Teil bei 20° in 3670 Teilen). In Alkohol und Äther ist es bedeutend schwerer löslich als das Chinin, was auch zur Trennung der beiden Basen benützt werden kann. Es ist unlöslich in Alkalien, Ammoniak und Petroläther. Es gibt zum Unterschiede von Chinin und Chinidin keine Thalleiochinreaktion[1]. Auch zeigen seine Lösungen in verdünnter Schwefelsäure keine Fluorescenz. Im Gegensatz zum Cinchonidin ist das Cinchonin rechtsdrehend. $[\alpha]_D^{17} = +223°$ (in trockenem Alkohol), $= +234{,}33°$ (in einer Lösung von 1 Teil Alkohol, 2 Teilen Chloroform). Das Cinchonin ist eine zweisäurige Base und gibt zwei Reihen von Salzen, die entweder ein oder zwei Äquivalente Säure auf

[1] Siehe S. 572.

1 Mol. Base enthalten. Die auf 1 Mol. Base 1 Aequ. Säure enthaltenden Salze, die eigentlich basische Salze sind, werden *neutrale Salze* genannt, jene, die 2 Aequ. Säure auf 1 Mol. Base aufweisen, nennt man *saure Salze*. Die neutralen Salze des Cinchonins sind im allgemeinen leichter löslich als jene des Chinins, worauf auch die Trennung dieser beiden Basen beruht. Neutrales Sulfat, $B_2 \cdot H_2SO_4 \cdot 2H_2O$, Fp. 200° u. Z. (trocken), leicht löslich in 80proz. Alkohol, löslich in Wasser, $[\alpha]_D = +133^0$ (Chloroform). Saures Sulfat, $B \cdot H_2SO_4 \cdot 4H_2O$, leicht löslich in Alkohol und Wasser. Neutrales Chlorhydrat, $B \cdot HCl \cdot 2H_2O$, Fp. 217—218° (trocken), monokline Nadeln, löslich in kaltem Wasser, leicht löslich in Alkohol, $[\alpha]_D = +133^0$ ($CHCl_3$).

Das Cinchoninsulfat gibt mit Jod in analoger Weise wie das Chinin Jodosulfate (Herapatite) (s. auch S. 488, 572), die braun bis schwarz gefärbt sind, gut krystallisieren und sich von den gleichen Derivaten des Chinins durch viel größere Löslichkeit unterscheiden.

Alkaloidfällungsmittel geben in schwefelsaurer Lösung noch bei sehr großen Verdünnungen charakteristische Niederschläge (ROSENTHALER [454]). Phosphormolybdänsäure (1 : 400000), Kaliumquecksilberjodid (1 : 250000), Jodjodkalium (1 : 200000), Kaliumwismutjodid (1 : 200000), Goldchlorid (1 : 160000), Silicowolframsäure in Gegenwart von 1% HCl (1 : 1000000), Phosphorwolframsäure (1 : 600000).

Da die meisten Cinchoninreaktionen darauf beruhen, daß die wesentlichsten Chininreaktionen negativ ausfallen[1], ist die Identifizierung vor allem durch die chemischen Konstanten bzw. durch Anwendung der charakteristischen mikrochemischen Reaktionen zu ergänzen.

### Cinchonidin, $C_{19}H_{22}ON_2$.

```
H2C=CH·CH—CH—CH2      N
        |    |
            CH2
             |
            CH2
             |
     CH2—N———CH————CH·OH
```

Das Cinchonidin ist eine dem Cinchonin isomere Base, die in den meisten Cinchonarinden, vor allem aber in Cinchona succirubra, vorkommt. Bei der Darstellung der Alkaloide sammelt es sich vor allem in den Chinidinfraktionen an. Vom Chinidin kann es (s. S. 562) durch seine Fällbarkeit als Tartrat getrennt werden (HESSE [221]).

Das Cinchonidin krystallisiert in großen trimetrischen Prismen, Fp. 207,2° (LENZ), 202,4° (HESSE), $[\alpha]_D = -107,9^0$ (1 Vol. Alkohol + 2 Vol. $CHCl_3$). Es ist sehr schwer löslich in Wasser, schwer in Äther, leicht löslich in Alkohol. Es zeigt in verdünnter Schwefelsäure keine Fluorescenz und gibt auch keine Thalleiochinreaktion (s. S. 572). Es ist eine zweisäurige Base und gibt zwei Reihen von Salzen. Neutrales Sulfat, $B_2 \cdot H_2SO_4$, Fp. 205° (trocken). Monokline Prismen aus kaltem Wasser mit 6 Mol. $H_2O$, aus warmem Wasser mit 3 Mol. $H_2O$; löslich in Wasser und Alkohol. Saures Sulfat, $B \cdot H_2SO_4 \cdot 5H_2O$, leicht löslich in Wasser. Tetrasulfat, $B \cdot 2H_2SO_4 \cdot H_2O$, in kaltem Wasser nur langsam löslich. Neutrales Chlorhydrat, $B \cdot HCl \cdot H_2O$, Fp. 242° (trocken), $[\alpha]_D = -117,6^0$ (Wasser). Das trockene Salz ist wenig löslich in Wasser, Äther, leicht löslich in Chloroform. Mit 1 Mol. $H_2O$ ist es leicht löslich in Wasser und Alkohol, aus konzentrierten Lösungen fällt es mit 2 Mol. Krystallwasser aus. *Tartrat*, $B_2 \cdot H_2C_4H_4O_6 \cdot 2H_2O$, fällt als krystallinischer Niederschlag beim Versetzen des Salzes mit Seignettesalz. *Es ist schwer löslich in Wasser*, unlöslich in überschüssiger Seignettesalzlösung. Die Fällung als Tartrat wird deshalb zur Trennung von den anderen Chinabasen verwendet.

Das Cinchonidin unterscheidet sich vom Chinin und Chinidin dadurch, daß es keine Fluorescenz in verdünnter Schwefelsäure und auch keine Thalleiochinreaktion gibt. Vom Cinchonin unterscheidet es sich durch die Linksdrehung, durch seine etwas größere Löslichkeit in Äther und durch die Unlöslichkeit des Tartrates.

**Hydrocinchonin, Cinchotin** (Cinchonifin, Pseudo-cinchonin), $C_{19}H_{24}ON_2$ (219, 498).

```
C2H5·CH—CH—CH2      N
        |    |
       CH2
        |
       CH2
        |
  CH2—N— CH  ·  CH·OH
```

Das Cinchotin begleitet das Cinchonin meist in den Rinden und kann nach dem schon beschriebenen Verfahren aus dem Roh-

[1] Dabei fällt vor allem die Thalleiochinreaktion negativ aus, auch zeigt das Cinchonin keine Fluorescenz. KLEIN und SCHILHAB (299) haben allerdings beim Cinchonin das Fehlen der Fluorescenz *nicht* bestätigen können.

cinchonin dargestellt werden. Am geeignetsten hat sich für diese Trennungsverfahren das aus Remijia purdienna dargestellte Rohcinchonin erwiesen. Die Trennung kann mit Hilfe der Permanganatmethode oder mit Hilfe der Abscheidung des schwer löslichen Hydrojodids erfolgen.

Das Hydrocinchonin krystallisiert in Prismen vom Fp. 268—269°, $[\alpha]_D^{14} = +190°$ (RABE), $+204{,}5°$ (HESSE), (Alkohol). Es ist leichter löslich in Alkohol und Chloroform als Cinchonin. Als zweisäurige Base bildet es zwei Reihen Salze. Neutrales Sullfat, $B_2 \cdot H_2SO_4 \cdot 11H_2O$, Fp. 194,8—195° (trocken), löslich in Wasser. Chlorhydrat, $B \cdot HCl \cdot 2H_2O$, Fp. 216,5° (trocken u. Z.), $[\alpha]_D = +155—159°$ (JAKOBS und HEIDELBERGER [252]).

**Hydrocinchonidin (Cinchamidin)**, $C_{19}H_{24}ON_2$ (224).

$C_2H_5 \cdot$ CH—CH·—$CH_2$ N
$CH_2$
$CH_2$
$CH_2$—N——CH . CHOH

Das Hydrocinchonidin wurde zuerst in Cinchona Ledgeriana (FORST und BÖHRINGER [124]), später auch in anderen Cinchonaarten aufgefunden. Man gewinnt es aus den Mutterlaugen des Cinchonidinsulfates durch fraktionierte Fällung mit Natriumtartrat oder nach der Permanganatmethode (siehe S. 561, 562).

Es krystallisiert in sechsseitigen Blättchen vom Fp. 229°, $[\alpha]_D = -98{,}4°$ (Alkohol). Es ist unlöslich in Wasser, nur schwach löslich in anderen Lösungsmitteln mit Ausnahme von Alkohol. Es bildet zwei Reihen von Salzen. Chlorhydrat, $B \cdot HCl \cdot 2H_2O$, Fp. 202—203° (trocken), $[\alpha]_D = -89{,}4°$ (wasserfreies Salz in Wasser). Löslich in Wasser und Alkohol. Die Lösungen der Salze zeigen keine Fluorescenz und geben auch keine Thalleiochinreaktion.

**Cuprein**, $C_{19}H_{22}O_2N_2 \cdot 2H_2O$ (225).

$CH_2$=CH · CH—CH·—$CH_2$ N
$CH_2$ —OH
$CH_2$
$CH_2$—N——CH——CHOH

Das Cuprein wurde in China cuprea, einer von Remijia pedunculata abstammenden Rinde der sog. Cuprea-rinde, aufgefunden. Bei der Aufarbeitung dieser Rinde wird es zuerst in einer molekularen Verbindung mit Chinin (in der Form des Homochinins)[1] isoliert (Aufarbeitung s. S. 562).

Es krystallisiert mit 2 Mol. Krystallwasser, wird bei 120° krystallwasserfrei und zeigt dann den Fp. 198°. Es ist sehr wenig löslich in Äther und Chloroform, löslich in Alkohol, $[\alpha]_D^{17} = -175{,}5°$ (in trockenem Alkohol). Es ist eine bitertiäre zweisäurige Base, hat eine phenolische Hydroxylgruppe und ist als Phenol in Alkali im Gegensatz zu den anderen Chinabasen löslich, worauf auch die Methodik seiner Abscheidung beruht. Seiner Konstitution nach ist es ein entmethoxyliertes Chinin. *Salze.* Neutrales Sulfat, $B_2 \cdot H_2SO_4 + 6H_2O$, farblose Nadeln (schwer löslich in Wasser). Saures Sulfat, $B \cdot H_2SO_4 + H_2O$, ist etwas leichter löslich in Wasser.

Die alkoholische Lösung des Cupreins reagiert stark basisch, färbt sich auf Zusatz von Eisenchlorid dunkelrotbraun und gibt auf Zusatz von Chlorwasser und Ammoniak die gleiche intensiv dunkelgrüne Talleiochinreaktion wie das Chinin. Vom Chinin unterscheidet es sich auch dadurch, daß die Lösungen in verdünnter Schwefelsäure nicht fluorescieren.

**Chinidin (Conchinin)**, $C_{20}H_{24}O_2N_2$ (217).

$CH_2$=CH · CH—CH—$CH_2$ N
$CH_2$ —$OCH_3$
$CH_2$
$CH_2$—N——CH——CHOH

Das Chinidin ist eine dem Chinin stereo-isomere Base, die in geringen Mengen in den meisten Chinarinden auftritt, vor allem aber in Cinchona pitayensis, Cinchona amygdalifolia und Cin-

[1] Das Homochinin, die Komplexverbindung von 1 Mol. Chinin und 1 Mol. Cuprein ($C_{20}H_{24}O_2N_2 \cdot C_{19}H_{22}O_2N_2 \cdot 4H_2O$) krystallisiert aus Äther in Blättchen, Fp. 177° (wasserfrei), $[\alpha]_D = -235{,}6°$ (in salzsaurer Lösung), neutrales Sulfat $B \cdot B' \cdot H_2SO_4 \cdot 6H_2O$ hexagonale Prismen, sehr schwer löslich in $H_2O$, $CHCl_3$ und Äther.

chona Calysaya, eine Cinchona-Art, die vor allem in Java kultiviert wird und bis zu 3,2% an Chinidin enthalten kann.

Es krystallisiert aus den verschiedenen Lösungsmitteln, z. B. Alkohol, Äther oder Wasser in Verbindung mit diesen Stoffen. Aus Benzol Fp. 171,5°. Es ist in Wasser sehr wenig, in Chloroform und Petroläther schwer, in Äther, Alkohol leicht löslich. $[\alpha]_D = +274,7^0$ (1 Teil Alkohol, 2 Teile $CHCl_3$), $= +243,5^0$ (RABE). Die Lösungen des Chinidins reagieren alkalisch, als zweisäurige Base bildet es zwei Reihen von Salzen. Neutrales Sulfat, $B_2 \cdot H_2SO_4 \cdot 2H_2O$, löslicher als das entsprechende Chininsalz (1 Teil in 108 Teilen bei 10°), $[\alpha]_D = +184,17^0$ (Chloroform). Saures Sulfat, $B \cdot H_2SO_4 \cdot 4H_2O$, farblose Nadeln (löslich in 8,7 Teilen Wasser bei 10°). Neutrales Chlorhydrat, $B \cdot HCl \cdot H_2O$, Fp. 258—259° (trocken u. Z.), $[\alpha]_D^{20} = +200^0$ (Wasser), löslich in Alkohol und heißem Wasser.

Das *neutrale Jodhydrat*, B · HJ, entsteht als *unlösliches Krystallpulver* beim Versetzen einer neutralen wäßrigen Lösung eines Chinidinsalzes mit Jodkali. Es ist beinahe unlöslich in Wasser (es löst sich in 1250 Teilen Wasser von 15°) und wird deshalb zur Trennung des Chinidins von den anderen Chinabasen verwendet. Das saure Tartrat, $B \cdot C_4H_6O_6 + 3H_2O$ löst sich in 400 Teilen Wasser (10°).

Das Chinidin gibt die Talleiochinreaktion (S. 572), die Lösungen seiner Salze fluorescieren. Die Reaktionen sind sonst identisch mit den Chininreaktionen. Vom Chinin unterscheidet es sich durch den stereochemischen Aufbau, die Rechtsdrehung und durch die geringe Löslichkeit des Jodhydrates und des neutralen Sulfates in Wasser und Chloroform.

**Chinin,** $C_{20}H_{24}O_2N_2$.

```
CH2=CH · CH——CH · —CH2        N
         |     |       |     (Chinolinring)   OCH3
         |    CH2      |
         |     |       |
         |    CH2      |
         |     |       |
        CH2—N ——CH · ——CHOH
```

Das Chinin ist die verbreiteteste, wie auch die in den größten Mengen vorkommende und pharmazeutisch wichtigste Base der Chinaalkaloide. Es kommt sowohl in den echten Chinarinden, wie auch in einer falschen Chinarinde, der China cuprea, der Cuprearinde, vor. Durch systematische Kultur konnte in den Rinden von Cinchona calisaya, C. lancifolia, C. pitayensis, C. officinalis, C. tucujensis, eine besondere Anreicherung des Chinins erzielt werden. Die Gewinnung und Reinigung des Chinins wurde schon früher (S. 561, 562) ausführlich geschildert.

Aus den wäßrigen Lösungen der Salze des Chinins fällt das Chinin beim Alkalischmachen zunächst amorph und krystallwasserfrei aus, um dann, unter Aufnahme von 3 Mol. Krystallwasser, in Form des Trihydrates krystallinisch zu werden. Durch Fällung des Sulfates mit Sodalösung in der Wärme kann auch das wasserfreie Chinin krystallisiert erhalten werden. Durch Variation der Krystallisationsvorgänge gelingt es auch verschiedene andere Chininhydrate darzustellen, z. B. mit 1, 2, 7, 8, 9 Mol. $H_2O$. Das Trihydrat zeigt den Fp. 57° und verliert das Krystallwasser beim Trocknen bei 120° oder beim Stehen über Schwefelsäure. Chinin (krystallwasserfrei) zeigt den Fp. 174,5—175,4°. Löslichkeiten: Wasserfrei löst es sich in 1960 Teilen $H_2O$ (15°), in 0,6 Teilen Alkohol (25°), in 4,5 Teilen Äther (25°), in 1,9 Teilen Chloroform (25°) wie auch in siedendem Benzol. Die Lösungen schmecken sehr bitter. Das Chinin ist linksdrehend, $[\alpha]_D = -158^0$ (RABE), bei 15° (in 99proz. Alkohol) bzw. $-169,38^0$ (0,894 g wasserfreies Chinin in 100 cm³ Alkohol). Die spezifische Drehung der Base, wie auch ihrer Salze ist abhängig sowohl von der Temperatur als auch vom Lösungsmittel). Das Chinin hat die Eigenschaft, Komplexverbindungen zu bilden, es krystallisiert aus Benzol oder Toluol in Verbindungen der Formel $B \cdot C_6H_6$ oder $B \cdot C_7H_8$. Auch mit Phenolen, Äthern, Aldehyden und Ketonen entstehen derartige Komplexe, wobei auch auf die in der Natur vorkommende Komplexverbindung von Chinin und Cuprein, das sog. Homo-chinin (s. S. 570) hingewiesen wird. Das Chinin ist eine bitertiäre, zweisäurige Base. Es bildet drei Reihen von Salzen, neutrale, einfach und zweifach saure. Die neutralen Salze reagieren schwach alkalisch gegen Lackmus, stärker alkalisch gegen Methylorange. Neutrales Sulfat (käufliches Chininsulfat), $B_2 \cdot H_2SO_4 \cdot 8H_2O$, wird durch Neutralisieren der Base mit verdünnter Schwefelsäure (Lackmus als Indicator) und Umkrystallisieren aus kochendem Wasser dargestellt. Es bildet Nadeln, die an der Luft verwittern. Es löst sich in 550 Teilen Wasser (18°), $[\alpha]_D^{15} = -166,36^0$ (alkoholische Lösung des krystallwasserhaltigen Salzes) bzw. $[\alpha]_D = -233,75$ (für das krystallwasserfreie Salz). Die Lösungen zeigen starke Fluorescenz. Saures Sulfat, $B \cdot H_2SO_4 \cdot 7H_2O$. Farblose durchsichtige rhombische Krystalle, Fp. 160° u. Z., $[\alpha]_D = -159,1^0$. Leicht löslich in Wasser und Alkohol, schwer löslich in Äther und

Chloroform. Die wäßrige Lösung reagiert sauer gegen Lackmus und neutral gegen Methylorange. Tetrasulfat, $B \cdot 2H_2SO_4 \cdot 7H_2O$, farblose Prismen, leicht löslich in Wasser. Chlorhydrat, $B \cdot HCl.\ 2 \cdot H_2O$, Fp. 158—160° (nach Trocknen bei 100°), $[\alpha]_D^{17} = -133{,}7^0$ (Wasser). Es löst sich in 18 Teilen Wasser (25°), 0,6 Teilen Alkohol (25°) und 0,8 Teilen Chloroform (25°) und in 240 Teilen Äther (25°). Die wäßrigen Lösungen fluorescieren nicht. Andere schwerlösliche Chininsalze: Oxalat, $B_2 \cdot C_2H_4O_4 + 6H_2O$, löslich in 1652 Teilen Wasser (15°). Citrat, $B_2 \cdot C_6H_8O_7 \cdot 7H_2O$, löslich in 800 Teilen $H_2O$ (12°), Nitroprussidverbindung, lachsfarbige Nadeln, löslich in 2500 Teilen Wasser. Chromat, löslich in 2400 Teilen. Verhalten gegen Fällungsmittel (ROSENTHALER [453]). Jodjodkalium fällt in kaltem Wasser, in saurer Lösung bei einer Empfindlichkeit 1 : 200000, Kaliumquecksilberjodid 1 : 100000, Kaliumwismutjodid 1 : 150000, Silicowolframsäure (in Gegenwart von 1proz. HCl) 1 : 1000000, Phosphorwolframsäure 1 : 500000.

*Reaktionen. Fluorescenz.* Die mit Sauerstoffsäuren versetzten Chininlösungen, z. B. in Schwefelsäure, Phosphorsäure, Weinsäure, zeigen blaue Fluorescenz, bei Schwefelsäure noch in einer Verdünnung von 1 : 100000. Halogenwasserstoffsäuren, Hyposulfite und andere Stoffe bringen die Fluorescenz zum Verschwinden.

*Thalleiochinreaktion.* Eine wäßrige Lösung eines Chininsalzes wird in geringem Überschuß zuerst mit Brom oder Chlorwasser, dann in beträchtlichem Überschuß mit Ammoniak versetzt. Es resultiert eine grüne Färbung, die mit Chloroform ausschüttelbar ist. Die Thalleiochinreaktion geben Chinin, Chinidin und Cuprein, nicht aber Cinchonin und Cinchonidin.

*Herapatitbildung.* Eine Lösung von 0,25 g Chininsulfat, 2,5 cm³ Wasser und 1 cm³ verdünnte Schwefelsäure wird mit 0,1 g Jod am Wasserbade bis zur Lösung erwärmt. Beim Erkalten scheidet sich meist nach längerem Stehen der Herapatit ab. Das Jodosulfat des Chinins, der Herapatit, $B_4 \cdot 3H_2SO_4 \cdot 2HJ \cdot J_4 \cdot 6H_2O$ (umkrystallisierbar aus kochendem Alkohol), krystallisiert in wasserunlöslichen, metallglänzenden Krystallen, die durch Behandlung mit Schwefelwasserstoff wieder in Chininsulfat verwandelt werden können, worauf seine Verwendung zur Reindarstellung des Chinins beruht. Die Krystalle sind im durchfallenden Lichte blaßolivgrün, im reflektierten mattglänzend dunkelgrün (s. auch S. 488).

*Erythrochinreaktion.* Zu 10 cm³ wäßriger, schwach gesäuerter Chininlösung wird 1 Tropfen Bromwasser (1 Teil gesättigtes Bromwasser und 1 Teil Wasser), 1 Tropfen 10proz. Ferrocyankaliumlösung und 1 Tropfen Ammoniak zugesetzt. Es tritt eine Rotfärbung auf, die sich mit Chloroform ausschütteln läßt.

Auch der intensiv bittere Geschmack der Lösungen kann als Erkennungszeichen für das Chinin herangezogen werden.

Für die quantitative Bestimmung des Chinins in Gemischen mit den in der Chinarinde vorkommenden Stoffen wurden schon früher brauchbare Methoden namhaft gemacht (s. S. 564ff.). Da die exakte Prüfung des Chinins auf seine Reinheit (Freiheit von fremden alkaloidischen Beimengungen) letzten Endes auf die Durchführung einer quantitativen Chininbestimmung hinausläuft, sind, den Bedürfnissen der Pharmazie entsprechend, auch eine große Zahl quantitativer Methoden der Chininbestimmung ausgearbeitet worden, worauf kurz hingewiesen wird. Eine endgültige, für alle Fälle brauchbare Methode zu finden ist aber bis jetzt noch nicht gelungen.

Die Eigenschaften des Chinins, die sich zur analytischen Verwendung als brauchbar erwiesen haben, werden kurz noch einmal zusammengefaßt. Es ist die *Schwerlöslichkeit* des Herapatits (DE VRIJ [590]), Chromates (FLORENCE [122], VIGERON [587], DE VRIJ [592]), Oxalates (SCHÄFER [471]), Sulfates (HESSE [235]) und Citrates (M. NISHI [387]), des Pikrates, Pikrolonates (H. MATTHES und O. RHAMMSTEDT [361]) und der Kaliumquecksilberodidverbindungen (G. HEICKEL [200]); auch die *leichte Löslichkeit* des Chinins in Äther (HILLE [242]), ebenso die Löslichkeit des Chinintetrasulfates in Alkohol (LENZ [339]), die zur Trennung vom Cinchonidin, dessen Tetrasulfat in verdünntem Alkohol schwer löslich ist, können in der analytischen Chemie der Chinabasen verwendet werden. Schließlich ermöglicht auch noch die fraktionierte Krystallisation der Sulfate der Basen eine Trennung der Basen.

**Chinicin** (Chinotoxin), $C_{20}H_{24}O_2N_2$ (247, 252).

```
CH2=CH · CH--CH—CH2  N
         |   |
         |   CH2
         |   |                    OCH3
         |   CH2
         |   |
        CH2—NH    CH2—CO
```

Das dem Chinin isomere Aufspaltungsprodukt, das Chinicin, wurde auch in einzelnen Chinarinden aufgefunden. Es ist, trotzdem es über sein gut krystallisierendes Oxalat und Tartrat gereinigt wurde, ein gelbes, bitter schmeckendes Öl, $[\alpha]_D = +38{,}40^0$ ($CHCl_3$), das auch durch Bildung der Isonitrosoverbindung, oder des Phenylhydrazons, charakterisiert werden kann. Es kann auch durch andauerndes Kochen einer verdünnten essigsauren Lösung von Chinin dargestellt werden.

**Hydrochinidin (Hydroconchinin)**, $C_{20}H_{26}O_2N_2 \cdot 2^1/_2 H_2O$.

$C_2H_5 \cdot CH \cdot$—$CH \cdot$—$CH_2$ N
$CH_2$
$CH_2$ $OCH_3$
$H_2C$—N—CH—CHOH

Das Hydrochinidin, das im käuflichen Chinidin von FORST und BÖHRINGER (126, 127) isoliert wurde, krystallisiert in Tafeln oder prismatischen Nadeln, die $2^1/_2$ Mol Krystallwasser enthalten vom Fp. 166—167°, $[\alpha]_D = +230°$. Es gibt die Thalleiochinreaktion; die Lösungen des Sulfates fluorescieren in verdünnter Schwefelsäure; Chlorhydrat, B · HCl, Fp. 273—274° (trocken u. T.), $[\alpha]_D^{26} = +183{,}9°$ ($H_2O$).

**Hydrochinin**, $C_{20}H_{26}O_2N_2 \cdot 2H_2O$ (226).

$C_2H_5 \cdot CH$—$CH$—$CH_2$ N
$CH_2$ —$OCH_3$
$CH_2$
$CH_2$—N—CH—CHOH

Das Hydrochinin ist die häufigste Begleitbase des käuflichen Chinins, in dem es in Mengen von 1—2% vorkommen kann[1]. Es zeigt wasserfrei den Fp. 172°, $[\alpha]_D^{20} = -142{,}2°$ ($C_2H_5OH$). Es ist in Wasser schwer, in den meisten anderen Lösungsmitteln leicht löslich. Es zeigt die Thalleiochinreaktion; die Lösungen des Sulfates fluorescieren in Gegenwart von verdünnter Schwefelsäure. Es bildet wie das Chinin zwei Reihen von Salzen, die aber etwas leichter löslich sind als die entsprechenden Chininsalze.

Die übrigen Basen (s. S. 559) werden hier nicht ausführlich beschrieben, da sie meist in geringer Menge in der Chinarinde auftreten und chemisch in ihrer Reindarstellung und Konstitution durchaus nicht so scharf erfaßt sind wie die bis jetzt geschilderten Alkaloide, daher auch für eine direkte analytische Bestimmung bis auf weiteres nicht in Betracht kommen.

## e) Alkaloide von Remijia purdieana.

Die zu der Gruppe der falschen Chinarinde gehörige Rinde von Remijia purdieana enthält neben Cinchonin eine Reihe anderer bis jetzt noch nicht vollständig in ihrer Konstitution erfaßter Basen.

Cinchonamin $C_{19}H_{24}ON_2$, Fp. 194°, $[\alpha]_D + 121{,}1°$ (Alkohol) [246] [10].
Concusconin $C_{23}H_{26}O_4N_2$, Fp. 144° (Wiederschmelzen 206—208°), $[\alpha]_D^{15} = +40{,}8°$ ($C_2H_5OH$).
Chairamin $C_{22}H_{26}O_4N_2 \cdot H_2O$, Fp. 233° (rechtsdrehend), (trocken).
Conchairamin $C_{22}H_{26}O_4N_2 \cdot H_2O$, Fp. 120° (trocken), $[\alpha]_D^{15} = +68{,}4$ ($C_2H_5OH$).
Chairamidin $C_{22}H_{26}O_4N_2 \cdot H_2O$, amorph, Fp. 126—127°, $[\alpha]_D = +7{,}3°$ ($C_2H_5OH$).
Conchairamidin $C_{22}H_{26}O_4N_2 \cdot H_2O$, Fp. 114° (trocken), $[\alpha[_D^{15} = -60$($C_2H_5OH$).

Die präparative Darstellung dieser Basen gelingt auf folgende Weise[2]: Die Remijiarinden werden zuerst mit Alkohol extrahiert. Der beim Verjagen des Alkohols zurückbleibende Rückstand wird nach dem Übersättigen mit Natronlauge mit Äther extrahiert. Beim Durchschütteln der ätherischen Lösung mit verdünnter Schwefelsäure gehen Cinchonin und Cinchonamin in die wäßrige Lösung, während sich die Sulfate von Concusconin, Chairamin, Conchairamin, Chairamidin und Conchairamidin abscheiden.

Die Trennung von Cinchonin und Cinchonamin geschieht durch Versetzen der Lösung mit verdünnter Salpetersäure, wobei das Cinchonaminnitrat ausfällt, während das Cinchoninnitrat in Lösung bleibt.

[1] Über die Isolierung aus Cinchona Ledgeriana s. HESSE (226).
[2] HESSE (223).

Zur Trennung der übrigen Basen wird das Sulfatgemisch mit Soda zerlegt und die getrockneten Basen mit heißem Alkohol aufgenommen.

Durch Zusatz einer geringen Menge Schwefelsäure (auf 8 Teile Basengemisch 1 Teil) wird aus dem Gemisch das Concusconinsulfat abgeschieden, aus dem nach Zerlegung mit verdünnter Natronlauge die freie gereinigte Base durch Umkrystallisieren aus verdünntem Alkohol (80 %) gewonnen wird. Das Filtrat des Concusconinsulfates gibt beim Versetzen mit konzentrierter Salzsäure die Abscheidung des Chairaminchlorhydrates, aus dem nach Zerlegung mit Ammoniak das Chairamin durch Umkrystallisieren aus verdünntem Alkohol gewonnen wird. Das Filtrat des Chairamin-chlorhydrates ergibt in der Wärme mit Rhodankalium versetzt die Abscheidung des unlöslichen Conchairaminrhodanids, das aus heißem Alkohol umkrystallisiert, mit Natronlauge zerlegt, die freie Base liefert. Das Filtrat des Conchairaminrhodanids wird zur Abscheidung von Harzen so lange mit Rhodankalium versetzt, bis die Lösung hellbraun geworden ist. Die filtrierte Lösung wird nun mit Ammoniak im Überschusse versetzt und mit Benzol ausgeschüttelt. Die Benzollösung wird mit verdünnter Essigsäure geschüttelt und in der wäßrigen Lösung durch Zusatz von Ammonsulfat ein Gemisch von Chairamidinsulfat und Conchairamidinsulfat gefällt, das durch wiederholtes Umlösen aus heißem Wasser in seine Bestandteile zerlegt werden kann. Conchairamidinsulfat ist in Wasser unlöslich, Chairamidinsulfat geht in Lösung und scheidet sich beim Erkalten gelatinös aus. Die freien Basen werden durch Zerlegung der Sulfate mit Ammoniak gewonnen.

### f) Alkaloid von Cytisus laburnum (s. S. 725, 726).

**Cytisin,** $C_{11}H_{14}ON_2$. Das Cytisin ist eine in der Familie der Papilionaceen ziemlich verbreitete Base, die besonders in den reifen Samen von Goldregen (Cytisus laburnum L.) (bis zu 1,5 %) vorkommt. In geringer Menge ist es in den Blüten, in unreifen Schoten und in der Rinde, in sehr geringen Mengen auch in den Blättern von Cytisus laburnum aufgefunden worden. Es findet sich aber auch in einer größeren Anzahl von Leguminosen, in verschiedenen Arten von Cytisus, von Ulex (z. B. in den Samen von Ulex europaeus in einer Menge von 1,87 %), von Genista (z. B. Genista monosperma), von Baptisia (z. B. in den Wurzeln von Baptisia tictoria), von Sophora (z. B. in den Samen von Sophora tomentosa, speciosa und secundifloria), weiter in den Samen von Anagyris foetida und Euchresta Horsfiedii. In Anagyris foetida wird das Cytisin von dem amorphen Anagyrin begleitet, das nach seiner Zusammensetzung, $C_{15}H_{22}ON_2$, als Butylcytisin angesehen wurde, was jedoch später, da die Zusammensetzung noch nicht ganz klar erfaßt ist, wieder bezweifelt wurde. In der Berberidacee Caulophyllum thalictroides wurde ein Methylcytisin nachgewiesen ($C_{12}H_{13}ON_2$) (FR. B. POWER und A. H. SALVAY [416]) (siehe auch S. 715).

*Darstellung.* Die Darstellung des Cytisins erfolgt dadurch, daß die gepulverten Samen von Cytisus laburnum mit 60proz. mit Essigsäure angesäuertem Alkohol extrahiert werden. Der Alkohol wird größtenteils abdestilliert, in dem zurückbleibenden Extrakt werden die Farbstoffe mit Bleiacetat ausgefällt. Das Filtrat der Fällung wird mit Kalilauge stark alkalisch gemacht und mit Chloroform ausgeschüttelt. Das nach dem Verjagen des Chloroforms erhaltene Rohprodukt wird entweder durch Umkrystallisieren aus Alkohol oder durch Vakuumdestillation gereinigt[1].

---

[1] PARTHEIL (398). Ein etwas anderes Darstellungsverfahren beschreiben BUCHKA und MAGALHAES (49), E. SPÄTH u. F. GALINOWSKY (528).

Die Konstitutionsaufklärung des Cytisins ist noch nicht abgeschlossen; es wird vielmehr auf Grund der neuesten Ergebnisse der Untersuchungen von E. SPÄTH und F. GALINOWSKY (528)[1] eine der folgenden Formulierungen, als für das Cytisin in Betracht kommend, angesehen, wozu noch bemerkt wird, daß nach dem letzten Stande der Konstitutionsaufklärung (s. R. H. ING [248]) Formel III die Konstitution des Cytisins am besten wiedergegen dürfte.

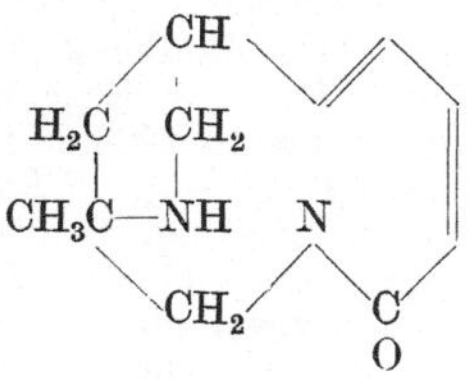

I 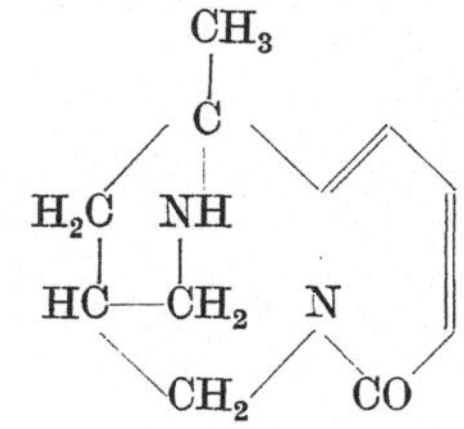 II 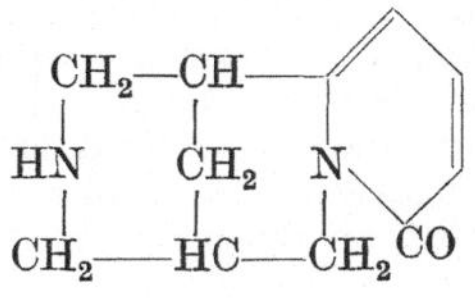 III

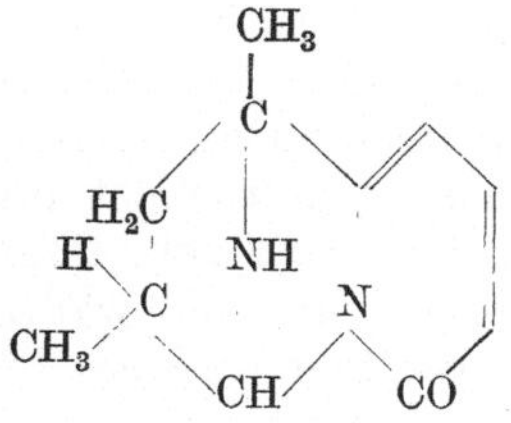

IV 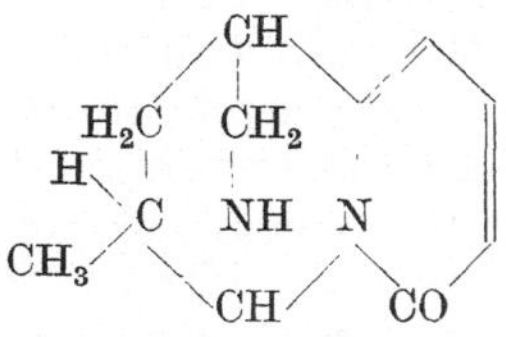 V

Das Cytisin, das mit Rücksicht auf sein Vorkommen in anderen Pflanzen Ulexin, Sophorin und Baptitoxin genannt wurde, krystallisiert in farblosen rhombischen wasserklaren Krystallen vom Fp. 152—153°, Kp. $_{2mm}$ 218°. $[\alpha]_D^{17} = -119{,}97^0$ (ca. 2% wäßrige Lösung). Das Cytisin ist leicht löslich in Alkohol, Wasser, Benzol und Chloroform, schwerer löslich in Äther, Amylalkohol, Aceton, sehr schwer löslich in kaltem Ligroin. Es ist eine starke zweisäurige Base und bildet gut krystallisierende Salze. Monochlorhydrat, $B \cdot HCl \cdot H_2O$ (farblose Prismen). Dichlorhydrat, $B \cdot 2HCl \cdot 3H_2O$, gelbe Nadeln. Chloroaurat: Rotbraune Nadeln, $B \cdot HAuCl_4$, Fp. 220° (schwer löslich in warmem Wasser).

Verhalten gegen Fällungsreagenzien: Cytisin gibt mit Kaliumwismutjodid, Jodjodkalium, Phosphormolybdänsäure und Phosphorwolframsäure Niederschläge, ebenso kann auch mit Bromwasser eine orangegelbe Fällung der Zusammensetzung $B \cdot HBr \cdot Br_2$ erhalten werden.

*Reaktionen.* Cytisin oder Cytisinsalz gibt auf Zusatz einer Ferrichloridlösung eine blutrote Färbung, die beim Verdünnen mit Wasser oder beim Ansäuern verschwindet. Die mit Ferrichlorid erhaltene blutrote Lösung verschwindet auch auf Zusatz von Wasserstoffsuperoxydlösung; beim Erwärmen auf dem Wasserbade wird die Lösung blau. Optimale Bedingungen sind bei dieser Reaktion dann vorhanden, wenn auf etwa 7,74 mg Cytisin 0,2 cm³ einer 5proz. Eisenchloridlösung und 5 cm³ einer 6proz. Wasserstoffsuperoxydlösung verwendet werden (GORTER [175]).

Cytisin gibt mit der doppelten Menge konzentrierter Salpetersäure auf dem Wasserbade erwärmt eine rotgelbe bis braune Lösung; beim Verdünnen mit Wasser fällt Nitronitroso-cytisin aus, das, aus 50% Alkohol umkrystallisiert, gelbliche Schuppen vom Fp. 242 bis 244° bildet (ROSENTHALER [452]). Mikrochemisch wird das Cytisin außer durch den Brechungsindex der Krystalle der Base, durch die beim Behandeln der Lösung mit Salzsäure und Kaliumferrocyanid, wie auch durch Behandlung mit Jodnatrium und Platinchlorid darstellbaren Krystalle identifiziert.

Dem mikrochemischen Nachweis des *Cytisins* liegen nach G. KLEIN und E. FARKASS (294b) folgende Überlegungen zugrunde: Cytisin ist wenig reaktionsfähig. Empfindliche Reaktionen geben bloß Platinbromid, Platinjodid, Pikrinsäure und Kaliumtrijodid. Alle anderen Reagenzien geben nur bei hohen Cytisinkonzentrationen gut ausgebildete Krystalle. Bei hohen Konzentrationen kann auch Goldbromid mit Erfolg angewandt werden. Die Ver-

[1] Frühere wichtige Untersuchungen siehe: FREUND u. GAUFF (137); EWINS (98); E. SPÄTH (510), E. SPÄTH und F. GALINOWSKY (528); R. H. ING (248).

wendung der obenerwähnten fünf Reagenzien nebeneinander gestattet eine sichere Schätzung der im Lösungstropfen vorliegenden Cytisinmenge und schließt Fehler, die sich bei der Abschätzung einer Reaktion ergeben könnten, aus. Zum Nachweise hat es sich am besten erwiesen, 0,2 g lufttrockenes fein pulverisiertes Samenpulver z. B. eine Stunde am Mikroextraktionsapparat mit 5 cm³ Chloroform-Ammoniak (9 : 1) zu extrahieren. Nach dem Eindampfen des Extraktes wurde der Rückstand in 5 cm³ Wasser aufgenommen und mit je 1 cm³ mit den obenerwähnten fünf Reagenzien die Reaktionen durchgeführt, wobei die Beurteilung des Reaktionserfolges nach 5—6 Stunden erfolgen soll. *Platinbromid* (10 %) gibt bei Verdünnungen von 1 : 100 bis 1 : 20000 feine gelbbraune, stark dichroitische Prismen, die in Bäumchen oder Sternen gelagert sind und gerade Auslöschung aufweisen. Bei größeren Verdünnungen finden sich bloß Einzelkrystalle (Empfindlichkeitsgrenze 1 : 100000). *Platinjodid* (10 %) (Mischung von 10 % Platinchlorid, 5 % Natriumjodid und $2^1/_2$ % Salzsäure) ergab in der trockenen und feuchten Kammer große und kleine Büschel von stahlblauen bis schwarzen Krystallen (Empfindlichkeitsgrenze 1 : 40000). *Pikrinsäure* ergab gut ausgebildete, stark dichroitische Krystalle von gerader Auslöschung. Häufig auch ganz kleine, zu Büscheln vereinigte Krystalle (Empfindlichkeitsgrenze 1 : 100000). *Kaliumtrijodid*, nach BERTHAUME, gibt tiefbraune Sterne, die aus Prismen zusammengesetzt sind und gerade Auslöschung zeigen. Bei höheren Verdünnungen treten nur einzelne Prismen auf (Empfindlichkeitsgrenze 1 : 100000).

*Beispiel einer quantitativen Bestimmung des Cytisins.* 5 g der gepulverten Samen von Sophora tomentosa, die vorher bei 50° getrocknet wurden, werden mit der gleichen Menge Ätzkali und so viel Wasser gemischt, daß ein dicker Brei entsteht. Dieser wird zuerst am Wasserbade ausgetrocknet und im Soxhletapparat mit Chloroform extrahiert. Der Extrakt wird vom Chloroform befreit, der Rückstand mit warmem Wasser ausgezogen und die wäßrige Lösung zur Trennung von Fettstoffen filtriert. Die so erhaltene wäßrige Lösung wird mit n/100 Schwefelsäure und Lackmustinktur als Indicator titriert.

## F. Alkaloide mit Isochinolinringsystemen.

### a) Anhalonium-alkaloide (s. S. 704).

In den Kakteen der Gattung Anhalonium: Anhalonium Lewinii, Anhalonium Williamsii, Anhalonium fissuratum, Anhalonium Jourdanianum finden sich eine Reihe gut identifizierter Basen:

1. Das Anhalin (identisch mit dem Hordenin), $C_{10}H_{15}ON$ (A. fissuratum).

$$HO-C_6H_4-CH_2 \cdot CH_2 \cdot N(CH_3)_2$$

2. Das Mezcalin, $C_{11}H_{17}O_3N$ (A. Lewinii).

CH CH₂ / CH₃O / C CH₂ / CH₃O CH NH₂ / CH₃O

3. Das Anhalamin, $C_{11}H_{15}O_3N$ (A. Lewinii). (Konstitution noch nicht ganz sicher, E. SPÄTH [511 a].)

CH₂ / CH₃O CH₂ / NH / CH₃O CH₂ / HO

4. Das Anhalonidin, $C_{12}H_{17}O_3N$ (A. Lewinii). E. SPÄTH (511a, 515).

$CH_2$
$CH_3O$ $CH_2$
NH
$CH_3O$ CH
OH $CH_3$

5. Das Pellotin, $C_{13}H_{19}O_3N$ (A. Lewinii und A. Williamsii, 3,5 %). (511a, 515.)

$CH_2$
$CH_3O$ $CH_2$
$N \cdot CH_3$
$CH_3O$
HO CH
$CH_3$

6. Das Anhalonin, $C_{12}H_{15}O_3N$ (A. Lewinii und Jourdanianum). (515.)

$CH_2$
$CH_3O$ $CH_2$
NH
O
$H_2C$-O CH
$CH_3$

7. Das Lophophorin, $C_{13}H_{17}O_3N$ (A. Lewinii).

$CH_2$
$CH_3O$ $CH_2$
$N \cdot CH_3$
O CH
O
$CH_2$ $CH_3$

Diese obenerwähnten, einander in der Konstitution nahestehenden Basen sind von E. SPÄTH (511, 511a, 516, 517), E. SPÄTH und H. RÖDER (556), E. SPÄTH und J. GANGL (526) in ihrer Konstitution aufgeklärt und auch synthetisch dargestellt worden.

Die Darstellung der einzelnen Basen erfolgt nach den Angaben von KAUDER (269) auf folgende Weise: Die gepulverten, getrockneten, abgeschnittenen Kakteenköpfe werden mehrmals mit 70proz. Alkohol extrahiert und der Rückstand abgepreßt. Der alkoholische Extrakt der Kakteen wird nach dem Eindampfen zunächst vom Fett befreit und dann mit Ammoniak und Chloroform ausgeschüttelt. Es scheidet sich dabei ein Harz ab, die Hauptmenge der Basen geht ins Chloroform und wird hierauf mit schwefelsäurehaltigem Wasser ausgeschüttelt. Nach dem neuerlichen Alkalisieren mit Ammoniak gelingt es dabei leicht, die Basen in zwei Fraktionen zu zerlegen, von denen die eine *Fraktion leicht in Äther* (I), die andere *Fraktion* leicht in *Chloroform* (II) *löslich* ist. Die erste Fraktion (I) wird in absolutem Alkohol gelöst, mit Salzsäure angesäuert, worauf sich während des Neutralisierens das krystallinische *Anhaloninchlorhydrat* (0,25 % Ausbeute) ausscheidet. Aus Wasser umkrystallisiert, kann das Chlorhydrat in die reine, bei 85° schmelzende Base verwandelt werden. Die alkoholische Mutterlauge des Anhalonin-chlorhydrates wird auf dem Wasserbade eingeengt und zur Abscheidung weiterer Mengen krystallisierter Chlorhydrate der langsamen Verdunstung ausgesetzt. Nach einigen Tagen scheidet sich neben harten, durchsichtigen Krystallkörnern noch eine zweite feine Krystallisation ab. Nach 14tägigem Stehen wird der Krystallbrei mit so viel lauem Alkohol angerührt, daß sofort abgesaugt werden kann; die leicht löslichen Krystalle des *Lophophorin-chlorhydrates* gehen dabei in Lösung, während das schwerer lösliche Pellotinchlorhydrat (0,2 % Ausbeute) ungelöst zurückbleibt. Beim Einengen und Auskrystallisierenlassen der Mutterlaugen wird das Chlorhydrat des Lophophorins (0,25 % Ausbeute) gewonnen.

Die Aufarbeitung der zweiten Fraktion der Alkaloide (II), die in Äther schwer, in Chloroform leicht löslich ist, wird in folgender Weise durchgeführt: Es werden die Sulfate hergestellt und in wäßriger Lösung der Krystallisation überlassen. Als erste Krystallfraktion fällt das *Mezcalinsulfat* (0,9 % Ausbeute) aus, das aus heißem Wasser umkrystallisiert werden kann. Beim Eindampfen der Mutterlauge kann eine zweite Krystallisation ($K_2$) gewonnen werden. Die Mutterlaugen werden mit Ammoniak und Chloroform ausgeschüttelt, das Chloroform vorsichtig verdunstet, der Rückstand in absolutem Alkohol gelöst und mit Schwefelsäure neutralisiert, wobei es zur Abscheidung neuer krystallisierter Körper kommt. Die beiden letzten Krystallisationen (die zweite Krystallisation aus Wasser $K_2$ und die erste Krystallisation aus Alkohol) werden vereinigt, mit Wasser angerührt, mit Ammoniak und Chloroform ausgeschüttelt, wobei ein krystallähnlicher Schlamm entsteht, der sich beim Digerieren in Chloroform nicht löst. Er wird abgetrennt und gibt bei der weiteren Aufarbeitung das *Anhalamin*. Der Chloroformauszug wird nach dem Eindunsten und Aufnehmen in absolutem Alkohol mit Salzsäure versetzt. Die Trennung der entstehenden Chlorhydrate gelingt leicht; das *Mezcalinchlorhydrat* ist in warmem Alkohol leicht löslich, während das *Anhalonidinchlorhydrat* ebenfalls krystallisiert, aber unlöslich zurückbleibt.

**Anhalin** (Hordenin), $\alpha$[p-Oxy-phenyl]-$\beta$-[dimethylamino]-aethan, $C_{10}H_{11}ON$. Das Anhalin krystallisiert in weißen Prismen vom Fp. 116—117°. Es ist leicht löslich in Alkohol, Methylalkohol, Äther und Chloroform, löslich in Petroläther, schwer löslich in kaltem Wasser. Die übrigen für die Charakterisierung brauchbaren Eigenschaften wurden schon S. 503 besprochen.

**Mezcalin,** $C_{11}H_{17}O_3N$. Das Mezcalin ist ein farbloses, alkalisches Öl, Kp. $_{12\,mm}$ 180—180,5°. Aus der Luft nimmt es Kohlendioxyd unter Bildung des krystallisierten Carbonates auf. Es ist löslich in Chloroform, Benzol, Alkohol und Wasser, unlöslich in trockenem Äther oder Petroläther. Es bildet eine Reihe charakteristischer, gut krystallisierender Salze. Sulfat, $B_2 \cdot H_2SO_4 \cdot 2\,H_2O$, Prismen Fp. 183—186°, Pikrat, Fp. 216—218°, Chloroplatinat $B_2 \cdot H_2PtCl_6$, gelbe Nadeln, Fp. 187—188°.

**Anhalamin,** $C_{11}H_{15}O_3N$. Das Anhalamin krystallisiert in mikroskopischen Nadeln, Fp. 187—188°. Es ist leicht löslich in Äther und heißem Alkohol, schwer löslich in Benzol und Chloroform, unlöslich in Petroläther. Es gibt krystallisierte Salze. Chlorhydrat, glänzende Blättchen, Fp. 256—258°, Pikrat, Fp. 234—236°, Metanitrobenzoylprodukt, Fp. 173 bis 175°.

**Anhalonidin,** $C_{12}H_{17}O_3N$. Das Anhalonidin krystallisiert nach vorheriger Reinigung durch Vakuumsublimation bei 150° in bei 160—161° schmelzenden Nadeln. Es ist leicht löslich in Chloroform, Alkohol und Wasser, sehr schwer löslich in trockenem Äther, unlöslich in Petroläther. Es gibt amorphe Platin- und Goldsalze, ein N-Metanitro-benzoylderivat vom Fp. 207° und ein bei 201—208° schmelzendes Pikrat.

**Pellotin,** $C_{13}H_{19}O_3N$. Das Pellotin krystallisiert aus Alkohol in durchsichtigen Tafeln vom Fp. 111—112° (wasserfrei). Es ist leicht löslich in Alkohol, Äther und Chloroform, schwer löslich in Petroläther, unlöslich in Wasser. Pikrat, Fp. 166—168°, Jodmethylat, Fp. 199°.

**Anhalonin,** $C_{12}H_{15}O_3N$. Das Anhalonin krystallisiert aus Petroläther in langen, bei 85,5° schmelzenden Nadeln. Es ist löslich in Wasser, Alkohol und Äther. Es kommt sowohl optisch aktiv als auch als Razemverbindung in der Natur vor. Chlorhydrat, farblose Prismen, $[\alpha]_D^{17} = -41{,}9°$ (Wasser). Chlorplatinat $B_2 \cdot H_2PtCl_6$, goldgelbe Nadeln. Raz. Jodmethylat des N-Methyl-anhalonins Fp. 242—243°.

**Lophophorin,** $C_{13}H_{17}O_3N$. Das Lophophorin wird als farbloser, in Wasser unlöslicher, in den meisten organischen Lösungsmitteln löslicher Sirup gewonnen. Das Chlorhydrat krystallisiert in farblosen Nadeln, $[\alpha]_D^{17} = -9{,}47°$ (Wasser).

### b) Cacteen-alkaloide (s. S. 704).

Im Zusammenhange mit den Anhaloniumbasen wird eine weitere Kakteenbase beschrieben, die von G. HEYL (239, 240) in zwei verschiedenen Kakteen aufgefunden und von E. SPÄTH und KUFFNER (509, 535) in ihrer Konstitution aufgeklärt wurde; dabei ergab sich, daß die ursprünglich von G. HEYL in zwei verschiedenen Kakteenarten aufgefundenen und mit verschiedenen Namen versehenen Basen identisch waren. Es sind das aus der Cactee Carnegiea gigantea (ENGELM.), Britt. und Rose (Cereus. giganteus ENGELM.) gewonnene Carnegin, $C_{13}H_{19}O_2N$ (G. HEYL [239]) und das aus der Cactee Cereus pecten aboriginum ENGELM. darstellbare Pectenin, $C_{13}H_{19}O_2N$ (G. HEYL [240]), da das Carnegin zuerst aufgefunden und beschrieben wurde, empfiehlt es sich, den Namen Pectenin zu streichen und durch den Namen Carnegin zu ersetzen.

Die Darstellung des Carnegins erfolgt dadurch, daß das zerkleinerte Material mit 70proz. Alkohol ausgezogen, der vom Alkohol befreite Extrakt in Wasser gelöst und nach dem Alkalischmachen mit Ammoniak wiederholt mit Äther extrahiert wird. Nun wird die Base dadurch gereinigt, daß sie aus dem Äther mit verdünnter Salzsäure aufgenommen und nach dem Alkalischmachen der salzsauren Lösung neuerdings ausgeäthert wird, wobei dieser Prozeß so lange wiederholt wird, bis die ätherische Alkaloidlösung farblos ist.

Die Konstitution des Carnegins wurde von E. SPÄTH als 1,2 Dimethyl-6,7-dimethoxy-1,2,3,4-tetrahydro-isochinolin klargestellt (E. SPÄTH [509], E. SPÄTH u. FR. KUFFNER [545]). Das Carnegin ist als freie Base ein farbloser Sirup; es ist zur Bildung gut krystallisierender Salze befähigt. Chlorhydrat, B · HCl · $H_2O$, Fp. 210—211°. Hydrobromid, Nadeln aus Alkohol, B · HBr, Fp. 228°. Trinitro-m-kresolat Fp. 169—170°. Jodmethylat Fp. 210—211°. Weiter gibt die Base krystallisierte Fällungen mit Quecksilberchlorid, Gold- und Platinchlorwasserstoffsäure.

$CH_3O$, $CH_3O$, $CH_2$, $CH_2$, $N \cdot CH_3$, CH, $CH_3$

## c) Hydrastisalkaloide (s. S. 711).

Die Wurzel von Hydrastis canadensis L. (einer in Nordamerika gedeihenden, der Familie der Ranunculaceen-Hydrastieen angehörigen Pflanze) enthalten als wirksames Prinzip das Hydrastin (ca. 1,5%), außerdem Berberin (2,5—4%) und Canadin (Tetrahydroberberin) sowie geringe Mengen Mekonin. Von R. H. CLARK und A. G. WINTER (64) wurde z. B. der Alkaloidgehalt der in Britisch-Kolumbien gedeihenden Hydrastis canadensis untersucht und dabei bei einem Gesamtalkaloidgehalt von 3,2%, ein Gehalt von 1,5% Hydrastinin und 1,7% Berberin festgestellt. Das Hydrastin tritt in der Pflanze teils frei, teils an Säuren gebunden auf. Da Berberin und Canadin bei den Berberisalkaloiden besprochen werden (s. S. 584, 590) wird hier vor allem vom Hydrastin die Rede sein. Eine makrochemische Untersuchung der Lokalisation des Hydrastin hat folgendes ergeben: Im Wurzelstock wurden 3,77%, in den Nebenwurzeln 1,92%, in Sproßachsen und Blattstielen 1,12% und in Blattspreiten 0,77% Hydrastin aufgefunden (R. WASICKY und M. JOACHIMOWITZ [606]).

Die Darstellung des Hydrastins kann auf schnellem Wege dadurch erfolgen, daß die fein pulverisierten Hydrastisrhizome mit Äther extrahiert werden, wobei vorwiegend Hydrastin in Lösung geht. Der Rückstand der eingedunsteten ätherischen Lösung wird mit Alkohol ausgekocht. Aus der filtrierten alkoholischen Lösung scheidet sich beim Einengen das Hydrastin krystallinisch beinahe rein ab. Will man die Gesamtalkaloide gewinnen, so wird das Hydrastisrhizom mit Alkohol oder mit mit Essigsäure angesäuertem Wasser vollständig extrahiert. Die Trennung der Alkaloide wird so durchgeführt, daß in den eingedampften Extrakten das schwer lösliche Berberin als Sulfat durch Zusatz von Schwefelsäure abgeschieden wird, während in der Mutterlauge das rohe Hydrastinsulfat zurückbleibt, das dann nach Verwandlung in die freie Base durch Umkrystallisation und Umfällung weiter gereinigt werden kann.

*Bestimmung des Hydrastins in Hydrastisrhizom* (D.A.-B. 6). 4 g mittelfein pulverisiertes Hydrastisrhizom wird in einem Arzneiglase mit 40 g Äther, nach kräftigem Umschütteln mit 4 g Ammoniakflüssigkeit übergossen und das Gemisch eine halbe Stunde lang stehengelassen. Nach weiterem Zusatz von 20 g Petroleumbenzin wird einige Minuten lang geschüttelt. Nach dem Absetzen wird die ätherische Lösung möglichst vollständig durch ein Wattebäuschchen in ein Arzneiglas gegossen und 2 $cm^3$ Wasser hinzugefügt. Nach kräftigem Durchschütteln des Gemisches werden nach dem Absetzen 45 g der ätherischen Lösung (entsprechend 3 g Hydrastisrhizom) durch ein trockenes gut bedecktes Filter in ein Kölbchen filtriert und die Flüssigkeit bis auf wenige Kubikzentimeter abdestilliert. Nun werden 5 $cm^3$ n/10 Salzsäure und 5 $cm^3$ Wasser zugesetzt und auf dem Wasserbade bis zum Verschwinden des Äthergeruches erhitzt. Nach dem Erkalten wird nach Zusatz von zwei Tropfen Methylorangelösung mit n/10 Kalilauge bis zum Farbenumschlage zurücktitriert (1 $cm^3$ n/10 Salzsäure = 0,03832 g Hydrastin).

Nach H. DIETERLE (81) kann bei peinlicher Sorgfalt im analytischen Arbeiten die Menge des zur Hydrastinbestimmung nach obigen Verfahren notwendigen Ausgangsmaterials bis auf 0,6 g herabgedrückt werden, ohne die Analysenwerte zu gefährden.

**Hydrastin.** $C_{21}H_{21}O_6N$.

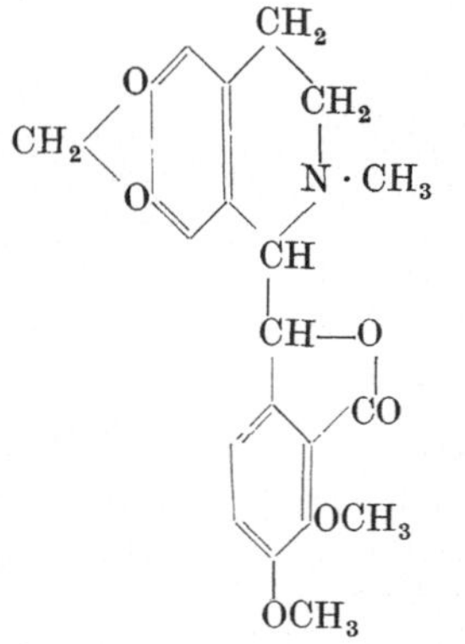

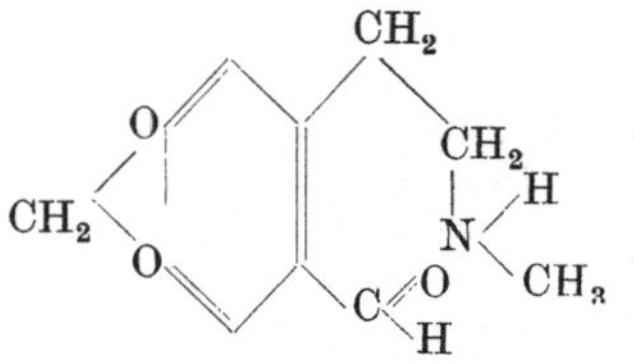

Hydrastinin

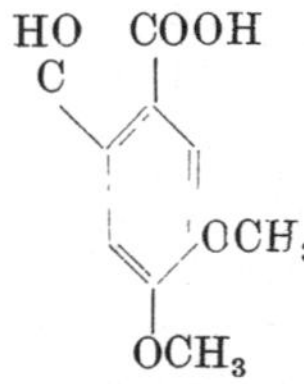

Opiansäure

Die für die Konstitutionsaufklärung wichtigste Reaktion läßt das Hydrastin bei schwacher Oxydation (Schwefelsäure, Mangandioxyd) fast quantitativ in Opiansäure und das physiologisch wirksame Hydrastinin zerfallen, wodurch der Aufbau des Hydrastins in vollkommene Parallele zu dem Aufbau des Narkotins bzw. zu dessen Zerfall in Mekonin und Kotarnin gebracht wird (s. S. 622).

$$\underset{\text{Hydrastin}}{C_{21}H_{21}O_6N} + H_2O + O = \underset{\text{Opiansäure}}{C_{10}H_{10}O_5} + \underset{\text{Hydrastinin}}{C_{11}H_{13}O_3N}$$

Das Hydrastin krystallisiert aus Alkohol in farblosen rhombischen Prismen, Fp. 132°. Es ist fast unlöslich in Wasser, leicht löslich in 14 Teilen Chloroform (25°), leicht löslich Benzol oder heißem Alkohol, löslich in 170 Teilen Alkohol (25°), in 175 Teilen Äther (25°), $[\alpha]_D^{17} = -67{,}8^0$ (Chloroform), $[\alpha]_D = -49{,}8^0$ (absoluter Alkohol); die Salze des Hydrastins sind hingegen rechtsdrehend, Chlorhydrat $[\alpha]_D = +127{,}3^0$ (verd. HCl). Das Hydrastin hat einen bitteren Geschmack, es wirkt alkalisch gegen Lackmus, seine Salze mit Säuren sind gegen Wasser unbeständig und besitzen geringe Krystallisationsfähigkeit. Hydrastin wird in salzsaurer Lösung von Kaliumferricyanid, Mercurichlorid, Gold- und Platinchlorid gefällt. Kaliumferrocyanid fällt es in neutraler Lösung bei Verdünnung 1 : 500. Mit den Nitrokörpern als Fällungsmittel gibt Hydrastin auch nur amorphe Niederschläge, mit Pikrinsäure bei einer Verdünnung 1 : 10000—11000, Trinitrothymol bei 1 : 11 000—12000 und Hexanitrodiphenylamin 1 : 13 000—14000.

*Farbreaktionen.* Hydrastin löst sich in konzentrierter Schwefelsäure in der Kälte farblos, in der Wärme violett, in Vanadinschwefelsäure rot-orangerot, in konzentrierter Salpetersäure orangegelb. Auch Oxydationsmittel rufen Farbreaktionen hervor, so gibt Hydrastin in konzentrierter Schwefelsäure gelöst auf Zusatz von Mangansuperoxyd zuerst Gelbfärbung, die in Kirschrot und Karminrot übergeht, bis sie schließlich nach einiger Zeit blaß orangegelb wird.

Wird eine Lösung Hydrastin in verdünnter Schwefelsäure mit einigen Tropfen einer Permanganatlösung versetzt, so verschwindet die Permanganatfarbe, während die Lösung eine blaue intensive Fluorescenz annimmt. Der fluorescierende Körper ist in Chloroform unlöslich und dadurch von Äsculin zu unterscheiden.

*Reaktion nach* VITALI. Hydrastin wird in einer Porzellanschale mit 4—6 Tropfen Salpetersäure übergossen und die Lösung nach Verjagen der salpetrigen Säure (Erwärmen zum Sieden) bei gelinder Wärme verdunsten gelassen. Der gelbliche Rückstand wird mit alkoholischer Lauge zur Trockene gebracht. Beim Übergießen dieses grünlichbraunen Rückstandes mit konzentrierter Schwefelsäure tritt eine intensive Violettfärbung auf.

Der mikrochemische Nachweis des Hydrastins gelingt vor allem dadurch, daß seine Verbindungen mit Alkalien, p-Nitrophenyl-propiolsäure, Dinitrobenzoesäure und Pikrolonsäure unter entsprechenden Bedingungen dargestellt und untersucht werden.

Zur quantitativen Bestimmung des Hydrastin sind eine Reihe gewichtsanalytischer und maßanalytischer Methoden ausgearbeitet worden[1]. Eine Methode, die die quantitative Trennung des Hydrastins vom Berberin ermöglicht, wird im folgenden beschrieben (GORDIN und PRESCOTT [172]): Die Basen werden dadurch getrennt, daß das Hydrastin in absolutem Äther ziemlich löslich ist und auf diesem Wege von dem äther-unlöslichen Berberin getrennt werden kann. Zur Bestimmung des abgeschiedenen Hydrastins wird eine jodometrische Methode angewandt, die darauf basiert, daß Hydrastin durch Jodjodkaliumlösung als Niederschlag von konstanter Zusammensetzung $C_{21}H_{21}O_6N \cdot HJ \cdot J_5$ also jodwasserstoffsaures Hydrastin-pentajodid ausgefällt wird. Das Berberin wird dadurch quantitativ bestimmt, daß es bei Gegenwart von Aceton auch aus sehr verdünnten Lösungen seiner Salze durch überschüssiges Natriumhydroxyd als Acetonverbindung gefällt werden kann. *Methode*: 10 g gepulverte Hydrastiswurzel werden in einem etwa 300 cm³ fassenden verschließbaren Salbentiegel mit einer Mischung von je 5 Vol. Alkohol und konzentriertem Ammoniak und 30 Vol. Äther zu einem dicken Brei verrieben und dann gut verschlossen 5—6 Stunden stehengelassen. Hierauf wird das Lösungsmittel durch Überleiten von Luft zur Vertreibung des Äthers verjagt und das Pulver über Schwefelsäure schließlich im Vakuum 5—6 Stunden vollständig getrocknet. Das trockene Pulver wird nun im Soxhlet zuerst mit absolutem Äther extrahiert, bis alles Hydrastin in Lösung gegangen ist. Von dem so gewonnenen ätherischen Auszuge wird der Äther abdestilliert, der Rückstand in angesäuertem Wasser gelöst und die Flüssigkeit ohne vorherige Filtration auf 100 cm³ gebracht, so daß je 10 cm³ dieser Lösung 1 g des extrahierten Ausgangsmaterials entsprechen. Das Hydrastin kann nun entweder gewichtsanalytisch (durch Freimachen der Base aus dem Salze und entsprechende Reinigung) oder auch jodometrisch bestimmt werden. Zur jodometrischen Bestimmung werden zu 20 cm³ der filtrierten Flüssigkeit, die sich in einem Meßkolben befinden, aus einer Bürette 20—30 cm³ Jodlösung von bekanntem Gehalt (etwa 1%) zugesetzt und das Reaktionsgemisch in einem Meßkolben auf 100 cm³ aufgefüllt. Es wird nun so lange geschüttelt, bis das Pentajodid sich ausgeschieden und die überstehende, dunkelrot gefärbte Lösung vollständig klar geworden ist. Das überschüssige Jod wird nun in 50 cm³ der vom Perjodid abfiltrierten Flüssigkeit bestimmt und daraus der Jodverbrauch des Hydrastins berechnet. (1 Teil Jod entspricht 0,00403 Teilen Hydrastin.)

Zur Bestimmung des Berberins wird das von der Ätherextraktion im Soxhlet verbliebene Pulver durch Durchsaugen von trockener Luft getrocknet. Hierauf wird es so lange mit Alkohol extrahiert, bis der ablaufende Alkohol nicht mehr gefärbt erscheint. Nach Verdünnen des alkoholischen Extraktes mit 200 cm³ Wasser wird am Wasserbade der Alkohol verjagt, die Lösung mit Essigsäure angesäuert und nach dem Erkalten in einen Erlenmeyerkolben (300 cm³ Inhalt) filtriert. Nach Zusatz von 5—8 cm³ Aceton wird allmählich 10% Natronlauge bis zur stark alkalischen Reaktion zugesetzt und nach 10 Minuten langem Schütteln 2—3 Stunden stehengelassen. Der ausgeschiedene Niederschlag der Acetonverbindung wird zuerst durch Dekantieren mit Wasser, dann auf einem kleinen

[1] Siehe auch S. 585, weiter KELLER (277), GORDIN (168).

Filterchen gewaschen und in den Kolben mit der Spritzflasche zurückgespült. Er wird nun mit 200—300 $cm^3$ sehr verdünnter Schwefelsäure bis zur Lösung erhitzt; die Lösung wird dann in einen langhalsigen Kjeldahlkolben gegossen und $1^1/_2$—2 Stunden am Drahtnetz weiter erhitzt. Nach dem Erkalten wird die Lösung zu 100 $cm^3$ n/20 normaler Jodkaliumlösung gegossen, die sich in einem 1000-$cm^3$-Meßkolben befindet. Sie wird nun mit Wasser auf 1000 $cm^3$ aufgefüllt und nach dem Umschütteln 12 Stunden beiseite gestellt. Hierauf werden 500 $cm^3$ in einen anderen 1000-$cm^3$-Meßkolben filtriert, das Filtrat mit 50 $cm^3$ n/20 Silbernitratlösung und Salpetersäure versetzt und wieder auf 1000 $cm^3$ aufgefüllt. Die aufgefüllte Lösung wird nun filtriert und in 500 $cm^3$ des neuen Filtrates mit 1/40 normaler Ammoniumrhodanidlösung nach Volhard der Silbernitratüberschuß bestimmt und daraus der Jodverbrauch des Berberins berechnet. (Durch Multiplikation der Anzahl der verbrauchten Kubikzentimeter Jodkaliumlösung mit 0,167125 wird der Prozentgehalt der Wurzeln an Berberin erhalten.)

Der mikrochemische Nachweis des Hydrastins in der Pflanze läßt sich nach G. Klein und A. Schilhab (299a) in folgender Weise durchführen:

1. Gewebestückchen werden mit Ammoniak durchfeuchtet, mit einem Gemisch von Äther und Petroläther im Mikroextraktionsapparat extrahiert und mit einem kleinen Stückchen Natronlauge versetzt, um die die Krystallisation hemmenden Stoffe (Chlorophyll und Lipoide) zu verseifen. Tropfen dieser Lösung werden auf dem Objektträger in die Ammoniakkammer eingestellt, bis (nach Stunden) die farblosen Krystallprismen von Hydrastin ausgefallen sind (Mikroschmelzpunkt 130—132°). Will man in demselben Präparate auch Berberin nachweisen, so versetzt man, nachdem die Hydrastinkrystalle ausgefallen sind, von einer Seite her mit einer Spur Salzsäure und nachfolgend mit wenig Chloroform und bedeckt diese eine Hälfte mit einem Deckglas, worauf an dieser Stelle das Berberin auskrystallisiert. Neben den farblosen breiten Prismen des Hydrastins sind dann die gelben Nadeln des Berberins zu sehen. Soweit das Berberin auch in Prismen krystallisiert, sind diese einerseits gefärbt und andererseits bedeutend schlanker und kleiner als die Hydrastinkrystalle.

2. Das feingepulverte und zerriebene Material wird mit verdünnter Salpetersäure zu einem Brei angerührt und bei 60° eintrocknen gelassen. Die rotgefärbte Masse wird mit einem Tröpfchen Phosphorsäure versetzt und auf 80—90° erwärmt. Der nun entstandene schwarze Brei wird im Mikrosublimationsapparat eine Viertelstunde auf 180° erhitzt. Das dabei erhaltene Sublimat zeigt neben Körnchen und Tropfen von Zersetzungsprodukten farblose dünne Nadeln und verzweigte, oft gebogene, bis 2 mm lange Krystalle der entstandenen Opiansäure, die bei 150° schmilzt und ein charakteristisches Ureid gibt. Hierzu wird nach Behrens und Kley die Opiansäure mit einer Harnstofflösung unter Zusatz eines Tropfens konzentrierter Schwefelsäure wiederholt aufgekocht, wobei es nach dem Erkalten zur Abscheidung bräunlicher federiger Krystalle des Ureids kommt. Der überschüssige Harnstoff kann mit Wasser weggewaschen werden, während das Reaktionsprodukt ungelöst zurückbleibt.

### d) Berberisalkaloide.

Das Berberin, der Hauptvertreter der Berberisalkaloide ist in der Natur sehr weit verbreitet und kommt außer, wie schon früher erwähnt, in Hydrastis canadensis in zahlreichen Pflanzen verschiedener Familien vor, wie die folgende kurze, nicht auf Vollständigkeit wertlegende Zusammenstellung zeigt. In der Familie der Berberidaceen in Berberis vulgaris, Berberis aquifolium (B. repens), Berberis buxifolia, Berberis glauca, Berberis lycium, Berberis lucida, Berberis canadensis, Berberis aetnensis, Berberis nervosa, Mahonia aquifolium, wie auch anderen Arten, weiter in Nandina domestica. In der Familie der *Menispermaceen* in Coscinium fenestratum, Archangelisia flava und leminiscata. In der Familie der *Papaveraceen* in Argemone mexicana, Chelidonium majus, Stylophorum diphyllum. In der Familie der *Ranunculaceen* in Coptis Teeta, Coptis trifolia, Hydrastis canadensis, Hydrastis bonadensis, Xanthorrhiza apiifolia. In der Familie der *Rutaceen* in Xanthoxylon clava Herculis und anderen Arten, in Toddalia aculeata und asiatica, in Evodea meliaefolia und Phellodendron amarense (Gordin [169], Klein und Bartosch [294]). Weiter in einzelnen Pflanzen, die den Gattungen Cocculus, Orixa, Podophyllum und anderen angehören (siehe auch Seite 639, 708, 710, 711, 712, 715, 718, 724, 729, 730).

Neben dem Berberin werden in diesem Zusammenhange als Nebenalkaloide noch das l-Canadin (l-Tetrahydroberberin), $C_{20}H_{21}O_4N$), das Nandinin, $C_{19}H_{19}O_4N$, das Oxyacanthin, $C_{37}H_{40}O_6N_2$, das Berbamin, $C_{37}H_{:0}O_6N_2$ und in weiterem Zusammenhange auch das Coptisin, $C_{19}H_{15}O_5N$ kurz erwähnt.

Berberin

l-Canadin[1]
l-Tetrahydro-berberin

Nandinin[2]
α-Tetrahydro-berberubin

Coptisin[3]

Palmatin[4]
(Colombo-alkaloid) (S. 592 ff.).

Corydalin[5]
(Corydalisalkaloid) (S. 595 ff.).

Die nahen phytochemischen Beziehungen zwischen den einzelnen obenerwähnten Basen werden auch durch die Betrachtung der Zusammenhänge in der Konstitution erwiesen. Dem Berberin ordnen sich direkt das Canadin als optisch aktives l-Tetrahydroberberin und das Nandinin als optisch aktives Tetrahydroberberubin zu. Das Nandinin unterscheidet sich, wenn die bis jetzt angenommene Formel richtig ist (s. dazu S. 591), von Canadin im Aufbau ohne Rücksicht auf die optische Aktivität nur dadurch, daß es an Stelle einer Methoxylgruppe eine freie phenolische Hydroxylgruppe aufweist. Das Coptisin entspricht dem Berberin in seinem allgemeinen Aufbau und unterscheidet sich von ihm nur dadurch, daß die beiden Methoxylgruppen des Berberins hier durch eine zweite Dioxymethylengruppe ersetzt sind. Auch das in eine andere Gruppe, die Gruppe der Colomboalkaloide gehörige Palmatin unterscheidet sich vom Berberin nur dadurch, daß die Dioxymethylengruppe des Berberins hier durch 2 Methoxylgruppen ersetzt ist. Auch das Corydalin, ein Vertreter der Corydalisalkaloide, gehört dem allgemeinen Aufbau nach in dieselbe Gruppe; es ist ein Tetrahydropalmatin, das an einem Zentralkohlenstoffatom noch eine Methylgruppe trägt.

[1] Canadin. Siehe S. 590. [2] Nandinin. Siehe E. Späth u. W. Leithe (544).
[3] Coptisin. Zenjiro Kitasato (286); E. Späth u. Robert Posega (554).
[4] Palmatin. Siehe z. B. E. Späth u. N. Lang (542); E. Späth u. H. Quietensky (555).
[5] Corydalin. Siehe z. B. E. Späth u. Krutta (534). Hinweis auf den Weg des Aufbaues in der Pflanze aus nicht bzw. partiell methylierten Ausgangsbasen der Tetrahydropapaverinreihe.

Schließlich wird noch auf die nahen konstitutionellen Beziehungen, die zwischen Berberin und Isoallokryptopin bzw. zwischen Coptisin und Protopin herrschen[1] (s. S. 625) hingewiesen.

**Berberin,** $C_{20}H_{19}O_5N$.

Die die Unlöslichkeit des Berberinsulfates benützende Darstellung des Berberins aus Hydrastisrhizom wurde schon auf S. 579 beschrieben. Die Darstellung des Berberins aus der Wurzelrinde von Berberis vulgaris gelingt nach folgendem Verfahren: man entzieht dem Pflanzenmaterial (J. A. und L. A. BUCHNER [50]) das Berberin durch Digestion mit warmem Wasser, verdampft den wäßrigen Extrakt zur Trockne, extrahiert den Rückstand mit Alkohol und dampft die alkoholische Lösung bis zur Krystallisation des Berberins ein. Das abgeschiedene Berberin wird mit kaltem Wasser gewaschen und von der Mutterlauge durch Abpressen befreit. Zur weiteren Reinigung wird das Berberin in ein Salz verwandelt, das umkrystallisiert und wieder in die Base zurückverwandelt wird. Die letzte Reinigung wird meist dadurch erzielt, daß aus dem Berberin die schwerlösliche Acetonverbindung hergestellt und nach erfolgter Reinigung wieder die Base regeneriert wird. Wird eine heiße Lösung von 5,0 g Berberinsulfat in 100,0 $cm^3$ Wasser mit 50,0 g Aceton und so viel Natronlauge versetzt, daß die Reaktion alkalisch ist, so fällt die Acetonverbindung als citronengelbes Krystallpulver aus. Zur Regenerierung der Base aus dieser Verbindung werden 2 g mit 50 $cm^3$ absolutem Alkohol und 5 $cm^3$ Chloroform 12 Stunden gekocht und der nach dem Verdunsten des Lösungsmittels erhaltene Rückstand aus Wasser umkrystallisiert.

Die durch Abbau und Synthese[2] bewiesene Konstitutionsformel des Berberins zeigt, daß es unter verschiedenen desmotropen Formen (genau so wie das Hydrastinin oder Kotarnin) auftreten kann. So erscheint es vor allem in wäßrigen Lösungen als quaternäre Ammoniumbase I aus der unter Wasseraustritt die Salze entstehen können. Weiter kann es auch in Form eines Aminoaldehyds II, früher mit dem besonderen Namen Berberinal bezeichnet, auftreten. Das Berberiniumhydroxyd ist nur in Lösung bekannt, in fester Form ist es nicht existenzfähig, sondern verwandelt sich bei der Abscheidung in fester Form in die Aldehydform des Berberinal II. Diese desmotropen Formen erklären auch das verschiedenartige chemische Verhalten des Berberins.

I — Ammoniumform Berberin

II — Aldehydform Berberinal

Das Berberin bzw. das Berberinal, die Aldehydform des Berberin krystallisiert aus Wasser in langen gelbbraunen Nadeln mit $5^1/_2$ Mol. Krystallwasser; bei 100° getrocknet enthält es noch immer $2^1/_2$ Mol. Wasser. Aus Chloroform krystallisiert es in triklinen Tafeln mit 1 Mol. Krystallchloroform. Fp. 144° (Zersetzung oberhalb 150°). Es ist in 4,5 Teilen Wasser (21°) und in 100 Teilen kaltem Alkohol löslich. Es ist leicht löslich in heißem Wasser und Alkohol, schwer löslich in Äther, Benzol, Essigester und Petroläther. Seine wäßrigen Lösungen reagieren neutral gegen Lackmus, sind optisch inaktiv und haben einen bitteren Geschmack. Die Salze sind stark gelb gefärbt, krystallisieren und sind

[1] Coptisin. ZENJIRO KITASATO (286); E. SPÄTH u. ROBERT POSEGA (554).

[2] Siehe z. B. W. H. PERKIN jun., J. NATH RAY, R. ROBINSON (402), E. SPÄTH und H. QUIETENSKY (555).

wegen ihrer Schwerlöslichkeit zum Nachweis der Base geeignet. Das Nitrat und Sulfat werden hierzu meist verwendet. Auch das Jodhydrat, $C_{20}H_{17}O_4N \cdot HJ$, ist in kaltem Wasser schwer löslich (1 Teil in 2130 Teilen). Weiter gibt das Berberin ein krystallisiertes Chloroaurat und Chloroplatinat. Auch mit einzelnen Alkaloidfällungsmitteln (Jodjodkali, Perchlorsäure, 5proz. Jodsäure, Kaliumquecksilberjodid) können krystallinische Fällungen erzielt werden; die Fällungen mit Nitrophenolen hingegen sind meist amorph.

An neuen Derivaten des Berberins wurde das Reineckat (ROSENTHALER [444]) beschrieben, weiter liegt von M. WAGENAAR (598) eine Zusammenfassung der mikrochemischen Reaktionen des Berberins vor.

*Reaktionen.* Wäßrige Berberinlösung gibt mit Salpetersäure (D 1,185) den in gelben Nadeln ausfallenden Niederschlag des Nitrats, mit Jodkalium den des Jodids und mit Jodjodkalium den grünglänzenden, flimmernden Niederschlag von rotbraun durchscheinenden Nadeln des Perjodids, $C_{20}H_{17}O_4N \cdot HJ \cdot J_2$. Eine wäßrige Berberinlösung gibt mit Aceton und überschüssiger Natronlauge (bis zur stark alkalischen Reaktion) versetzt den in charakteristischen gelblichen Nadeln ausfallenden Niederschlag der Acetonverbindung, $C_{20}H_{17}O_4N \cdot C_3H_6O$.

Berberin löst sich in konzentrierter Schwefelsäure mit gelber, dann schmutzig-olivgrüner Farbe, in konzentrierter Salpetersäure mit anfangs ähnlicher dann bald braunrot werdender Farbe. Die grünliche Lösung des Berberins in konzentrierter Schwefelsäure schlägt bei Zusatz von arsensäurehaltiger konzentrierter Schwefelsäure in Blaugrün um. — Wäßrige Berberinlösung wird auf Zusatz von Chlorwasser (Chlorkalk und Salzsäure) rot.

Durch reduzierenden Wasserstoff (Zink und Schwefelsäure) wird die wäßrige Berberinlösung entfärbt. Oxydationsmittel (z. B. konzentrierte Salpetersäure) regenerieren wieder die Färbung.

Mikrochemisch wird das Berberin durch die Darstellung und Charakterisierung der Krystallformen des Jodids, des Perjodids, des Nitrats, der Acetonverbindung und des Pikrolonats nachgewiesen.

Der mikrochemische Nachweis des Berberins in der Pflanze kann nach den Angaben von G. KLEIN und H. BARTOSCH (294) sowohl im Schnitt als auch noch besser im Extrakt des Pflanzenmaterials in folgender Weise durchgeführt werden: Zur Extraktion wurden bei alkaloidreichen Geweben etwa 0,1 g, bei Pflanzen und Organen, die schon durch ihre geringe Gelbfärbung wenig Berberin vermuten ließen, 1—2 g verwendet. Diese Mengen wurden fein zerrieben, im Mikroextraktionsapparat mit 3—4 cm³ Wasser oder Alkohol etwa $^1/_2$ Stunde gekocht und dann abfiltriert. Das so erhaltene Filtrat wurde auf 1—$1^1/_2$ cm³ eingedunstet und nun 1—2 Tropfen für die Reaktion angewandt. Die Reaktionen traten in reinem wäßrigem oder alkoholischem Extrakte besser und vorteilhafter auf als nach Zusatz von Kalilauge oder Ammoniak zur Freimachung der Base aus ihren Salzen vor der Extraktion. Zum Nachweis des Berberins in alkoholischem Extrakte haben sich am besten Jodjodkali, Bromkali und Salpetersäure, in wäßrigem Extrakte Jodkali, Bromkali und Salpetersäure erwiesen. Mit 2proz. *Salpetersäure* wurden in wäßriger und alkoholischer Lösung folgende Ergebnisse erzielt: bei stärkerer Konzentration 1 : 5000 trat augenblicklich eine reichliche Fällung von intensiv gelben Doppelbüscheln und schmalen Nadeln auf. Bei größeren Verdünnungen bilden sich erst in einiger Zeit Krystalle. In wäßriger Lösung liegt die Erfassungsgrenze bei 0,7 $\gamma$, in alkoholischer Lösung bei 2,5 $\gamma$. Wegen der Löslichkeit des Berberinnitrats in Wasser wird die Nachweisreaktion beim Arbeiten in der feuchten Kammer weniger empfindlich, die Erfahrungsgrenze verschiebt sich unter diesen Bedingungen von 0,7 auf 2,5 $\gamma$. *Kaliumbromidlösung* (10 %, wäßrig) gibt beim langsamen Abdunsten unter Deckglas schöne lichtgelbe Nadeln (Erfassungsgrenze 1,2 $\gamma$). *Jodjodkali* (MOLISCH) bewährt sich vor allem beim Arbeiten in alkoholischer Berberinlösung: es bilden sich dabei gelbe bis weiße Krystalle, die meist zangenförmig überkreuzt sind (Erfassungsgrenze 0,6 $\gamma$).

Auch für die quantitative Bestimmung des Berberins sind eine Reihe von Methoden ausgearbeitet worden. So wurde die Trennung des Berberins vom Hydrastin, sowie seine analytische Erfassung schon auf S. 581 geschildert. Ein weiteres Verfahren der quantitativen Bestimmung des Berberins arbeitet mit der gewichtsanalytischen Bestimmung des Berberins als Pikrolonat (RICHTER [441]):

2,5 g der Wurzelrinde von Berberis vulgaris werden im Soxhlet mit Alkohol erschöpfend extrahiert, der Extrakt wird von Alkohol befreit und der Rückstand in 15 g Wasser gelöst. Die Lösung wird mit 10 cm³ 15proz. Natronlauge und 60 g Äther versetzt und nach Zusatz von 1 g Traganth $^1/_4$ Stunde geschüttelt. Nach erfolgter Klärung der Flüssigkeit versetzt man 24 g der klaren ätherischen Flüssigkeit (entsprechend 1 g der Droge) mit 5 cm³ einer ätherischen, ca. $^1/_{10}$ normalen Pikrolonsäurelösung und saugt nach einigem Stehen den Niederschlag auf einem Goochtiegel ab, wäscht mit 5 cm³ eines Gemischs von 1 Teil Äther und 2 Teilen Alkohol nach, trocknet und wägt. (Die so gewonnene Zahl gibt mit 56,1 multipliziert den Prozentgehalt der Droge an Berberin.)

Während das Berberin sowohl in seiner Konstitutionsaufklärung und Synthese als auch in seinen analytischen Eigenschaften weitgehend bearbeitet und erschlossen ist, liegen die Verhältnisse bei den dem Berberin in der Konstitution nahestehenden Basen bzw. bei den neben dem Berberin in den Pflanzen vorkommenden Alkaloiden wesentlich anders. Hier ist in vielen Fällen die Konstitutionsaufklärung und Synthese entweder noch nicht abgeschlossen oder vor kurzem zum Abschluß gebracht. Damit sind die chemischen Beziehungen zwischen einzelnen Basen als geklärt anzusehen. Die *quantitative Bestimmung* dieser oft als Nebenalkaloide auftretenden Basen ist aber bis jetzt in den meisten Fällen noch nicht ausgearbeitet.

Um so höher ist im Hinblick auf diese Verhältnisse die im folgenden beschriebene Methode der Trennung der quaternären Basen von Berberis vulgaris von E. SPÄTH und N. POLGAR (553) zu bewerten, weil sie zeigt, daß auch aus verhältnismäßig geringen Mengen des Pflanzenmaterials doch eine große Anzahl von Basen gewonnen und nachgewiesen werden kann, deren Vorkommen bis jetzt noch nicht in diesem Pflanzenmaterial bekannt war. Die Voraussetzung für eine derartige exakte Pflanzenanalyse ist aber die genaue Kenntnis der Eigenschaften der zu bestimmenden bzw. zu isolierenden Körper, denn nur durch genaue Kenntnis der einzelnen Stoffe ist es möglich, die Trennung der einzelnen, oft sehr ähnlichen Verbindungen durchzuführen. Da ähnliche Trennungen sicher noch bei der analytischen Untersuchung einer größeren Anzahl verschiedener Pflanzen in Frage kommen werden, wird im folgenden der Gang dieser Pflanzenanalyse etwas ausführlicher dargestellt werden:

Als Ausgangsmaterial wurde die anfangs November 1928 in der Lobau bei Wien gesammelte *Wurzelrinde* von Berberis vulgaris angewandt, die von holzigen und erdigen Teilen sorgfältig befreit wurde und anfangs bei Zimmertemperatur, später dann bei 65° bis zur Gewichtskonstanz getrocknet wurde. Nach dem Mahlen wurde sie neuerdings bei 65° getrocknet. 142 g so vorbereitetes Ausgangsmaterial wurden nun in einem Soxhletapparat mit Methylalkohol vollkommen extrahiert, der vom Methylalkohol befreite Extrakt mit 1 Liter Wasser gekocht, wobei fast alles in Lösung ging. Die von der klar filtrierten Lösung abgetrennten Rückstände wurden mit verdünnter Salzsäure (15 cm³ rauchender Salzsäure gelöst in 85 cm³ Wasser) kurze Zeit gekocht, und dieser saure Auszug zur erhaltenen wäßrigen Lösung hinzufiltriert. Dabei entstand sogleich eine gelbe Fällung, die in der Hauptsache aus Berberinchlorid bestand. Dieselbe wurde abgesaugt und mit verdünnter Salzsäure und Äther gewaschen. Hierauf wurde zur Entfernung der nichtbasischen Stoffe aus dem *sauren Filtrat von Berberinchlorid* dieses mehrmals mit größeren Mengen Äther ausgeschüttelt. Beim Abdestillieren des Äthers blieb eine amorphe Substanz zurück, die das kaum basische Oxyberberin enthalten könnte, das aber bis jetzt trotz verschiedener Versuche noch nicht abgeschieden werden konnte.

Die folgenden Operationen zerfallen 1. in die weitere Aufarbeitung des zuerst ausgefällten Berberinchlorids, 2. in die weitere Aufarbeitung der vom Berberinchlorid abgetrennten salzsauren, die übrigen Basen enthaltenden Mutterlaugen.

1. Da das *Berberinchlorid* noch immer eine Spur *tertiärer Basen* enthielt, wurde seine wäßrige Lösung zuerst mit Soda versetzt und dann mit Äther ausgeschüttelt. Beim Abdestillieren des Äthers verblieb eine kleine Menge tertiärer Basen, die mit den späteren Fraktionen der tertiären Basen vereinigt wurde. Hierauf wurde die sodaalkalische Lösung der quaternären Basen mit Essigsäure angesäuert, das ausgeschiedene Salz durch Erwärmen gelöst und durch Versetzen mit Jodkalium die Gesamtmenge der in der Lösung vorhandenen *quaternären Salze* als *Jodide* ausgefällt (A.).

2. Die vom Berberinchlorid abfiltrierte salzsaure Lösung wurde zur Trennung der quaternären Basen von den tertiären Basen mit $1^1/_2$ Liter Äther überschichtet und dann so lange mit Sodalösung versetzt, bis die hierdurch erzeugte Fällung der amorphen tertiären Basen

nicht mehr zunahm. Die so ausgeschiedenen tertiären Basen wurden durch längeres Schütteln in den Äther aufgenommen; die sich dabei bildende Emulsion trennt sich durch 24stündiges Stehen zum größten Teile. Hierauf wird die klare wäßrige, die quaternären Basen enthaltende Lösung abgelassen und die Reste der Emulsion durch Zusatz von 150 $cm^3$ Methylalkohol geklärt, worauf eine vollkommene Scheidung und Trennung der beiden Flüssigkeitsschichten erzielt werden konnte. Das Ausschütteln der sodaalkalischen Lösung mit Äther erfolgte so oft, als noch eine gesondert eingedampfte Probe einen Rückstand gab. Zum Ausschütteln wurde immer der etwas Methylalkohol enthaltende Äther angewandt, der beim Eindampfen der Ätherlösung der amorphen tertiären Basen erhalten wurde. Die so gewonnenen amorphen tertiären Basen mit den unter 1 beschriebenen vereinigt, wogen 5,55 g (sie betrugen demnach 3,9% des verarbeiteten Pflanzenmaterials).

Die von den tertiären Basen befreite sodaalkalische Lösung der quaternären Basen wurde nun mit verdünnter Essigsäure angesäuert, der Methylalkohol verjagt und heiß mit Jodkali gefällt, solange noch eine Vermehrung des Niederschlages eintrat.

Die Fällung wurde nun 24 Stunden bei 0° stehengelassen und hierauf mit den quaternären Jodiden, deren Darstellung unter 1 (A) besprochen wurde, in derselben Nutsche vereinigt, abgesaugt und mit wenig wäßrigem Jodkali ausgewaschen. Zur Zerlegung dieser Fällung der Jodide wurde sie mit einer wäßrigen Lösung, die 4proz. Jodkalium und 4proz. Ätzkali enthielt, wiederholt durchgewaschen, wobei das Berberinjodid unverändert zurückblieb, die Phenolbasen hingegen mit brauner Farbe in Lösung gingen. Die wäßrige Lösung dieser Phenolbasen, die so lange ausgewaschen wurden, bis das Filtrat nur schwach gelb gefärbt war, wurde sofort mit verdünnter Salzsäure, die etwas Schwefeldioxyd enthielt, versetzt, wobei eine gelbbraune Fällung der Jodide der Phenolbasen entstand, die nach längerem Stehen krystallinisch wurde (3,2 g). Das auf dem Filter zurückbleibende Berberinjodid wurde mit wenig kaltem Wasser gewaschen und hierauf bei 100° und 10 mm Druck im Vakuum getrocknet (18,20 g) (BJ).

Die weitere Analyse mußte nun darin bestehen: 3. das gewonnene Berberinjodid auf seine Einheitlichkeit zu prüfen und eventuell zu zerlegen bzw. 4. auch die Fraktion der Phenolbasen in die Einzelindividuen zu zerlegen.

3. Das so erhaltene Berberinjodid (BJ), das neben geringen Mengen von Phenolbasen noch etwas Palmatinjodid enthielt, wurde wie folgt weiter aufgearbeitet: Es wurde in der Nutsche auf 110° erwärmt und mit 600 $cm^3$ siedendem Wasser ausgezogen. In dem wäßrigen Extrakt schied sich beim Erkalten wieder Berberinjodid aus, das abfiltriert und mit der Hauptmenge vereinigt wurde. Das leichter lösliche Palmatinjodid war in der wäßrigen Lösung gelöst geblieben und wurde auf folgendem Wege daraus gewonnen: das Filtrat wurde im Vakuum eingedampft, der Rückstand mit 3 $cm^3$ siedendem Wasser ausgezogen und die nach kurzem Stehen erhaltene Lösung von neuerlich ausgeschiedenem Berberinjodid abfiltriert. Das Filtrat wurde nun mit Zinkstaub und verdünnter Essigsäure bis zum Farbloswerden erhitzt, filtriert, das Filtrat schwach ammoniakalisch gemacht und mit genügend Äther ausgezogen. Die ätherische Lösung enthielt nun neben tertiären Phenolbasen, Tetrahydroberberin und Tetrahydropalmatin. Zur Abtrennung der Phenolbasen wurde die ätherische Lösung mehrmals mit verdünnter Kalilauge ausgeschüttelt. Die Phenolbasen gingen dabei in Lösung und wurden aus der Lösung durch Ansäuern mit Salzsäure und nachfolgendem Versetzen der Lösung mit Bicarbonat ausgeäthert. Die beim Verjagen des Äthers zurückbleibenden Phenolbasen (0,25 g) werden mit den übrigen Phenolbasen vereinigt und aufgearbeitet (s. Punkt 4).

Die im Äther nach dem Ausschütteln mit Kalilauge zurückbleibenden Basen wurden in folgender Weise getrennt: Nach dem Verjagen des Äthers wurden 0,05 g eines amorphen Basengemisches gewonnen, das mit 2 $cm^3$ 1proz. Salzsäure versetzt und der Krystallisation überlassen wurde. Dabei scheidet sich ein schwerlösliches Chlorhydrat ab, das sich nach Verwandlung in die freie Base als Tetrahydro-berberin erwies (0,03 g). Fp. 167—169°. Die Mutterlauge dieses Chlorhydrates wurde mit konzentrierter Salzsäure auf 7% gebracht und einige Tage im Eisschrank stehengelassen. Die dabei ausgeschiedenen Krystalle wurden abgesaugt, mit 7proz. Salzsäure gewaschen und nach dem Lösen in wenig Wasser mit Ammoniak und etwas Äther versetzt. Nach längerem Stehen scheiden sich aus dem Äther Krystalle ab (0,015 g), die nach einmaligem Umkrystallisieren aus Äther den Fp. des Tetrahydropalmatins, Fp. 147—148° (Lit. 148—149°) (Formel s. S. 595), zeigten.

Das bis jetzt im Verlaufe der Analyse als Berberinjodid angesprochene Produkt wurde dadurch auf seine Reinheit geprüft, daß es mit Silberchlorid in das Berberinchlorid verwandelt wurde und zum Tetrahydroberberin mit Zinkstaub und verdünnter Essigsäure reduziert wurde. Dabei wurde so vorgegangen: Das Berberinjodid wurde in 1 l Wasser gelöst und mit frisch gefälltem Silberchlorid, das aus 25 g Silbernitrat bereitet worden war, 2 Tage im Wasserbade erhitzt, die Lösung über eine Schicht Filterbrei klar filtriert und mit Zinkstaub, verdünnter Essigsäure und Schwefelsäure zum Sieden erhitzt, bis die gelbgefärbte Lösung farblos wurde. Das filtrierte Reduktionsgemisch wurde rasch abgekühlt, schwach ammoniakalisch gemacht und mit 2 l Äther mehrfach ausgeschüttelt, bis eine gesonderte Probe keinen Rückstand mehr ergab. Der gesamte Rückstand der ätherischen Lösungen wurde in 140 $cm^3$ siedender 1 proz. Salzsäure gelöst und die erkaltete Lösung einige Stunden im Eisschrank stehengelassen. Die Krystalle wurden abgesaugt, mit einer 1 proz. Salzsäure nachgewaschen; die Mutterlauge der Krystalle wurde mit starker Kalilauge versetzt und die sich dabei ausscheidenden Fällungen in Äther aufgenommen.

Das krystallisierte Chlorhydrat wurde in heißem Wasser gelöst, die Lösung mit verdünntem Ammoniak gefällt, wobei ein anfangs amorpher, bald aber krystallinisch werdender Niederschlag entstand, der sich als reines Tetrahydroberberin, Fp. 173—174°, erwies.

Die in Äther aufgenommene Fällung der Basen aus der Mutterlauge des krystallisierten Tetrahydroberberinchlorhydrates wurde zur Befreiung von Phenolbasen mit verdünnter Kalilauge ausgeschüttelt, die alkalischen Lösungen zuerst mit Salzsäure angesäuert und dann mit Natriumcarbonat schwach alkalisiert und ausgeäthert. Die beim Verjagen des Äthers erhaltene Phenolbase (0,18 g) hat sich als Tetrahydro-jatrorrhizin (Formel S. 595) erwiesen; es war demnach bei der Trennung der Phenolbasen die geringe Menge dieser Phenolbase noch im Berberinjodidniederschlage verblieben.

Im Äther verblieben nach der Entfernung dieser Phenolbase noch etwa 0,85 g amorpher Alkaloide, die nur durch Dehydrierung, Überführung in die quaternären Jodide, Abscheidung sowie neuerliche Reduktion in die Tetrahydrostufe, *teilweise* in Tetrahydroberberin und Tetrahydropalmatin, zerlegt werden konnten, während der Rest der Basen bis jetzt der Trennung und Aufarbeitung widerstand.

Der Gehalt der Wurzelrinde an Berberin wurde auf Grund dieser Ergebnisse mit 9,3 % errechnet.

4. Die Zerlegung der Phenolbasen wurde wie folgt durchgeführt: Die krystallinische Abscheidung der Phenolbasen (s. S. 587) wurde in heißem Wasser gelöst, mit Zinkstaub, verdünnter Schwefelsäure und Essigsäure versetzt und so lange gekocht, bis die Lösung farblos wurde. Nun wurde heiß filtriert, der Zinkstaub mit siedendem, essigsäurehaltigem Wasser nachgewaschen und das Filtrat so lange mit reinem Kochsalz versetzt, bis die Lösung gesättigt war. Hierauf wurde bei 0° einen Tag lang stehengelassen. Die nun ausgeschiedenen Chlorhydrate wurden abgesaugt und mit Kochsalzlösung nachgewaschen. Die noch im sauren Filtrate vorhandenen Basen wurden dadurch gewonnen, daß die Lösung mit so viel Ammoniak versetzt wird, daß das zuerst gefällte Zinkhydroxyd sich gerade löst. Zur Abbindung überschüssigen Ammoniaks wurde ein rascher Strom Kohlendioxyd eingeleitet und hierauf die Lösung mit Chloroform ausgeschüttelt.

Die durch Kochsalz ausgeschiedenen Chlorhydrate wurden in heißem Wasser gelöst, die Lösung nach dem Abkühlen mit Natriumcarbonat versetzt und auch mit Chloroform ausgeschüttelt. Die erhaltenen Chloroformlösungen der Phenolbasen wurden nun vereinigt und das Chloroform abdestilliert. Der erhaltene Rückstand wurde in heißem Methylalkohol gelöst. Beim Stehenlassen und Kratzen schieden sich bald Krystalle aus (1,81 g), die sich als Tetrahydrojatrorrhizin, Fp. 214—215° (Formel S. 595), erwiesen. Beim Einengen der Mutterlauge konnte noch eine neuerliche Abscheidung von Tetrahydrojatrorrhizin erzielt werden (0,19 g). Die Mutterlaugen nach dieser Base wurden reichlich mit Äther versetzt und durch mehrfaches Ausschütteln mit Wasser der Hauptteil des Methylalkohols entfernt. Der nach dem Vertreiben des Äthers erhaltene Rückstand wurde neuerdings aus wenig Methylalkohol bei 0° krystallisieren gelassen. Die sich nun bei langsamem Krystallisieren ausscheidenden Krystalle (0,015 g) haben sich als Tetrahydrocolumbamin, Fp. 220—222°, (Formel s. S. 596) erwiesen.

Die nach der Abscheidung des Tetrahydrocolumbamins erhaltene Mutterlauge ergab beim Eindampfen 0,17 g Rückstand. Dieser Rückstand konnte direkt nicht weiter zerlegt werden; deshalb wurde seine Zerlegung durch Destillation im Hochvakuum versucht, wobei bei 0,003 mm und 230° im Luftbad etwa 0,1 g des Rückstandes abdestilliert werden konnten, während der Rest als schwer flüchtige Substanz zurückblieb. Das Destillat wurde in Äther gelöst, die Phenolbasen durch Ausschütteln mit verdünnter Kalilauge dem Äther entzogen, die alkalischen Auszüge mit Salzsäure angesäuert, hierauf mit Natriumcarbonat alkalisiert und mit Äther ausgezogen. Das nach dem Verjagen des Äthers erhaltene Basengemisch wurde aus wenig Methylalkohol auskrystallisieren gelassen, wobei zuerst noch etwas Tetrahydrojatrorrhizin ausfiel. Die Mutterlauge dieser Base gab einen ein schwer lösliches Chlorhydrat liefernden Rückstand. Die aus diesem Chlorhydrate gewonnene Base hat sich nach dem Umkrystallisieren als Tetrahydro-berberubin (0,007 g) erwiesen, Fp. 165° (Lit. 167°, Mischfp. ohne Depression) (Formel s. S. 583).

Die Wurzelrinde von Berberis vulgaris enthält unter Berücksichtigung dieser Einzelergebnisse demnach 2,03 % Phenolbasen.

Da außer dieser grundlegenden Methode der Zerlegung der Inhaltstoffe der Wurzelrinde von Berberis vulgaris eine weitere Durcharbeitung der möglichst quantitativen Erfassung der Inhaltstoffe ähnlicher Pflanzen, die in dieselbe Reihe gehören, noch nicht vorliegt, werden bei den folgenden Basen dieser Gruppe zuerst die zur präparativen Isolierung dem Ausgangsmaterial angepaßten Wege geschildert und von den Konstanten und Eigenschaften möglichst jene namhaft gemacht werden, die für eine Identifizierung bzw. für eine weitere analytische Bearbeitung von Interesse sein könnten.

In der Wurzel von Berberis vulgaris und Berberis aquifolium finden sich neben dem quaternären Berberin und den eben erwähnten Alkaloiden noch andere Basen, vor allem die tertiären Basen, das *Oxyacanthin*, $C_{37}H_{40}O_6N_2$ und das *Berbamin*, $C_{37}H_{40}O_6N_2$.

Die Darstellung dieser beiden Basen erfolgt nach HESSE (231) dadurch, daß aus den Extrakten zuerst das Berberin als Chlorhydrat abgeschieden wird. Die Mutterlauge ergibt beim Neutralisieren mit Soda einen dunkel gefärbten Niederschlag, aus dem durch Ätherextraktion das Oxyacanthin und das Berbamin gewonnen werden können. Die zur Trockene gebrachte ätherische Lösung wird mit Essigsäure aufgenommen und ergibt beim Versetzen mit Glaubersalz als Fällung das Oxyacanthinsulfat. Aus den Mutterlaugen des Oxyacanthinsulfats kann durch Versetzen mit Natriumnitrat das Berbamin-nitrat abgeschieden werden.

Eine weitere verläßlich zu dem schwer zur Krystallisation zu bringenden Oxyacanthin führende Darstellungsmethode ist von E. SPÄTH und A. KOLBE (532) [auch E. SPÄTH und J. PICKL (552)] angegeben worden: 1130g trockene Wurzelrinde von Berberis vulgaris werden in einem Soxhletapparat so lange mit Äthylalkohol extrahiert, als das Lösungsmittel noch gelb abläuft. Der im Vakuum zur Trockne gebrachte Extrakt (253 g) geht beim Behandeln mit verdünnter Salzsäure zum größten Teil in Lösung. Die in der filtrierten Lösung durch Soda erzeugte dunkle Fällung wird in Chloroform aufgenommen, die Chloroformlösung auf reinen Sand auftropfen gelassen, zur Trockne gebracht und vor der Extraktion zerrieben. Nun wird mit Äther erschöpfend extrahiert, wobei das Berberin und andere dunkle Produkte ungelöst bleiben. Das aus dem nur schwach gefärbten Ätherextrakt gewonnene Oxy-acanthin wird in heißer, verdünnter Salzsäure gelöst und aus der Lösung durch Bromkalium als schwerlösliches Bromhydrat ausgefällt, das durch Umkrystallisieren aus Wasser unter Zusatz von Tierkohle in farblosen Krystallen gewonnen werden kann. Das Bromhydrat wird in die freie Base verwandelt, die freie Base in verdünnter Schwefelsäure gelöst und mit gesättigter Natriumsulfatlösung das Oxyacanthinsulfat ausgefällt. Das Sulfat wird zur Reinigung wiederholt aus heißem Wasser umgelöst und schließlich in der wäßrigen Lösung des Sulfates durch Zusatz von Ammoniak die freie Base als weiße amorphe Fällung abgeschieden. Zur Erzeugung von Krystallen wird die Fällung in einer größeren Menge reinen Äthers aufgenommen und die Lösung eingeengt. Bei längerem Stehen scheidet sich das Oxyacanthin krystallisiert aus.

Für die Konstitution des *Oxyacanthins* wird von E. SPÄTH und J. PICKL (552) folgende Formel I, von F. v. BRUCHHAUSEN und P. H. GERICKE (47) Formel II oder III diskutiert.

I

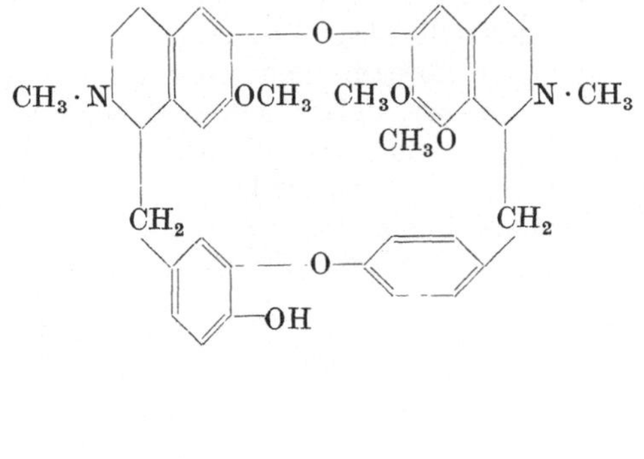

O
$CH_3 \cdot N$ $OCH_3$ $CH_3O$ $N \cdot CH_3$
$CH_3O$
$CH_2$ $CH_2$
O
OH

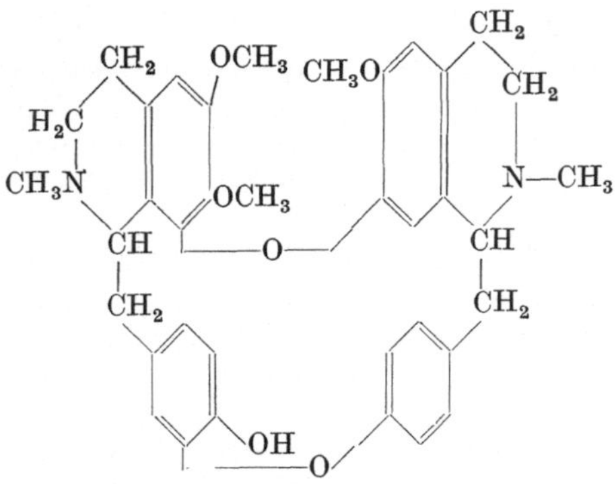

II 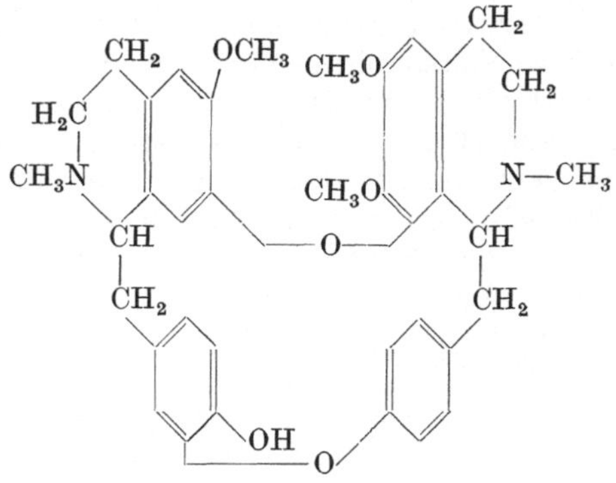 III

Die Konstitution des *Berbamins* ist auch noch nicht vollkommen erschlossen, doch soll eine der beiden Formeln II oder III nach F. v. BRUCHHAUSEN und P. H. GERICKE dafür in Frage kommen. Die endgültige Festlegung der Stellung der Methoxylgruppen und der Ätherbrücke an den Isochinolinkernen im Berbamin und Oxyacanthin, sowie die Stellung der Phenolgruppe im Berbamin sind noch ungeklärt. Auch F. FALTIS (106) hat neue Formulierungen des Oxyacanthins und Berbamins in Betracht gezogen (siehe auch S. 639).

**Oxyacanthin,** $C_{37}H_{40}O_6N_2$ bildet aus Alkohol nadelförmige Krystalle, Fp. 216—217° (im Vakuumröhrchen), $[\alpha]_D = +174,5^0$ (Alkohol), $[\alpha]_D = +131,6^0$ (Chloroform). Chlorhydrat, B · 2 HCl, sehr schwer löslich in salzsäurehaltigem Wasser, Fp. 270—271° (Vakuumröhrchen), $[\alpha]_D^{20} = +188,5^0$ (Wasser). Bromhydrat, B · HBr, Fp. 273—275° (Vakuumröhrchen). Nitrat, Nadeln, Fp. 195—200° u. Z. Das Chloroplatinat und Chloroaurat sind amorph.

*Reaktionen.* Oxyacanthin löst sich farblos in konzentrierter Schwefelsäure, mit gelber Farbe in konzentrierter Salpetersäure; in Molybdänschwefelsäure löst es sich zuerst schmutzigviolett, dann gelblichgrün; in Vanadinschwefelsäure löst es sich schmutzigviolett, dann rötlichviolett. Bromwasser gibt mit Oxyacanthin einen gelben Niederschlag. Oxyacanthin erzeugt in einer verdünnten Lösung von Ferricyankalium in Ferrichlorid eine blaue Färbung.

**Berbamin,** $C_{37}H_{40}O_6N_2$ (RÜDEL [457])[1]. Das Berbamin krystallisiert aus Alkohol in 2 Mol. Krystallwasser enthaltenden Blättchen, die wasserfrei den Fp. 156° zeigen $[\alpha]_D^{15} = +108,6^0$ ($CHCl_3$). Aus Petroläther in einer wasserfreien Form gewonnen, zeigt es nach RÜDEL den Fp. 197—210°. Das Berbamin gibt gut krystallisierende Salze, z. B. das in Nadeln krystallisierende Nitrat, das in kleinen Blättchen oder Nadeln krystallisierende Sulfat, oder das als gelber, in Wasser schwer löslicher Niederschlag gewinnbare Chloroplatinat. In den Farbenreaktionen soll das Berbamin mit dem Oxyacanthin übereinstimmen.

**l-Canadin** (l-Tetrahydro-berberin) $C_{20}H_{21}O_4N$.

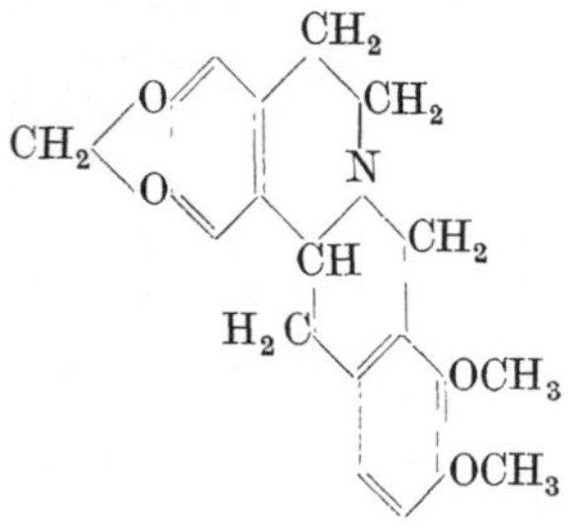

Eine dem Berberin in der Konstitution sehr nahestehende, optisch aktive Base, das Canadin, findet sich als Begleiter des Berberins im Hydrastisrhizom. Ein anderes Vorkommen (bis ca. 1,85%) des Canadins in Form des Methochlorids als l-α-Canadinmethochlorid wurde in der Rinde von Xanthoxylon brachyacanthum von JOWETT und PYMAN (262) festgestellt. Das l-Canadin wurde von YO GO (162) in der koreanischen Corydalisknolle (Corydalis ternata NAKAI) neben einer größeren Zahl verschiedener anderer Basen nachgewiesen. Seiner Konstitution nach ist das l-Canadin das optisch aktive, linksdrehende Tetrahydro-berberin.

Die Darstellung des Canadins erfolgt dadurch, daß der bei der Extraktion von Hydrastis canadensis mit essigsäurehaltigem Wasser gewonnene Extrakt

[1] BRUCHHAUSEN, F. v., P. H. GERICKE u. H. SANTOS (47).

mit Ammoniak versetzt wird, was zur Ausfällung eines Gemisches von Hydrastin mit Canadin führt. Die Basen werden in verdünnter Schwefelsäure gelöst, die Lösung mit Salpetersäure versetzt, wobei es zur Abscheidung von unreinem Canadinnitrat, das in Wasser schwer löslich ist, kommt. Durch Wiederholung dieser Abscheidung des Canadins als Nitrat wird es weitgehend angereichert, schließlich in das Sulfat verwandelt, das durch Umkrystallisieren aus Wasser weiter gereinigt werden kann.

Das Canadin, $C_{20}H_{21}O_4N$, krystallisiert in seidenglänzenden Nadeln vom Fp. 133—134° $[\alpha]_D = -299^0$ (Chloroform). Es ist unlöslich in Wasser, ziemlich leicht löslich in Alkohol, leicht löslich in Äther. Das Chlorhydrat, B · HCl, und das Nitrat $B \cdot HNO_3$ krystallisieren. Das Nitrat ist in kaltem Wasser sehr schwer löslich. Chloroplatinat und Chloroaurat sind amorph. Canadin löst sich in Vanadinschwefelsäure zuerst mit olivgrüner, später mit schwarzbrauner Farbe.

Auch der optische Antipode, das d-Canadin (d-Tetrahydroberberin), wurde von E. Späth und P. J. Lavon Julian (550) in den im Wiener Wald gesammelten Knollen von Corydalis cava in der Fraktion jener Nichtphenolbasen nachgewiesen, die als in Alkohol schwer lösliche d-weinsaure Salze abgeschieden wurden (s. S. 596).

**Nandinin,** $C_{19}H_{19}O_4N$.

Die schon lange bekannte, von Eykmann (99) zuerst dargestellte Base aus Nandina domestica (Thumb), das optisch aktive Nandinin, das aus den Wurzeln dieser Pflanze neben Berberin gewonnen werden kann, wurde auch als eine dem Berberin sehr nahestehende Base bezeichnet (Z. Kitasato [289])[1]. Es soll das d-Tetrahydroberberubin sein, das sich vom Tetrahydroberberin nur dadurch unterscheidet, daß eine Methoxylgruppe verseift ist und als phenolische Hydroxylgruppe vorliegt. Das Nandinin krystallisiert aus Äthylalkohol in bei 145—146° schmelzenden Blättchen; $[\alpha]_D = \text{ca} + 63^0$; es ist unlöslich in Wasser, leicht löslich in den meisten organischen Lösungsmitteln; seine Benzoylverbindung zeigt den Fp. 105°. Konzentrierte Schwefelsäure erzeugt rotviolette, auf Zusatz von Salpetersäure blaue Färbungen. Chlor- und Bromwasser geben grüne Färbungen.

Die von Z. Kitasato als optisch aktives d-Tetrahydro-berberubin bezeichnete, aus Nandina domestica gewonnene Base Nandinin versuchten E. Späth und W. Leithe (544) darzustellen. Hierzu wurde das Tetrahydroberberubin mit d-$\alpha$-bromcampher-$\pi$-sulfosaurem Ammonium der Spaltung in die optischen Antipoden unterzogen und dabei die reine d-Komponente isoliert. Da diese reine d-Base etwa die fünffache Drehung des von Z. Kitasato beschriebenen Nandinins und einen wesentlich höher liegenden Schmelzpunkt (Fp. 195—196°) $[\alpha]_D^{15} = +303^0$ (in $CHCl_3$) zeigte, ist eine neue Untersuchung des Naturproduktes notwendig, die zeigen muß, ob durch weitere Reinigung des Nandinins die Konstanten des reinen d-Tetrahydroberberubins erreicht werden können.

**Coptisin,** $C_{19}H_{15}O_5N$.

Eine weitere in diese Gruppe gehörige Base ist das Coptisin, das neben viel Berberin als gelbe krystallinische Base aus der Wurzel von Coptis japonica dargestellt werden kann[2]. Zur Identifizierung empfiehlt es sich, die Base mit Zink und Salzsäure zum gut krystallisierenden Tetrahydrocoptisin vom Fp. 214—215° (Kitasato) bzw. 228—229° im Vakuumröhrchen nach Umkrystallisieren aus Chloroform-Methylalkohol (Späth) zu reduzieren. Die Base ist in Alkohol sehr schwer, in Chloroform in der Hitze leichter löslich. Durch Oxydation mit Jod kann aus dem Hydrocoptisin das Coptisin regeneriert werden. Das Coptisin krystallisiert in gelben schwer löslichen Aggregaten. In seiner Konstitution unter-

[1] Siehe über die Synthese und Konstitution auch E. Späth und W. Leithe (544).
[2] Zenjiro Kitasato (292). Siehe auch über die Synthese E. Späth und R. Posega (554).

scheidet sich das Coptisin nur dadurch vom Berberin, daß die beiden Methoxylgruppen des Berberins durch eine Dioxymethylengruppe ersetzt sind.

Das d-Tetrahydro-coptisin wurde von E. SPÄTH und P. LAVON JULIAN (550) als Naturstoff in den im Wiener Walde gesammelten Knollen von Corydalis cava nachgewiesen (s. S. 596).

**Worenin,** $C_{20}H_{17}O_5N$.

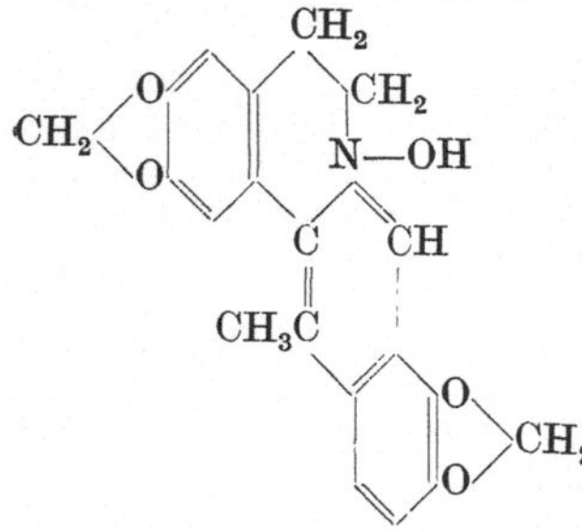

Das von Z. KITASATO [291, 285) in Coptis japonica neben Berberin und Coptisin aufgefundene Alkaloid Worenin, $C_{20}H_{17}O_5N$, konnte vom Berberin am besten nach Überführung in die Tetrahydroform (durch Reduktion) getrennt werden. Die Trennung selbst konnte entweder durch fraktionierte Krystallisation oder durch Erhitzen des Gemisches im Ammoniakstrom auf 180°, wobei das Tetrahydroberberin sublimiert, das Tetrahydro-worenin als Rückstand zurückbleibt, durchgeführt werden. Das Tetrahydro-worenin, $C_{20}H_{19}O_4N$, krystallisiert in bei 212—213° schmelzenden Nadeln; es ist leicht löslich in Chloroform, schwer löslich in Alkohol, in den meisten übrigen Lösungsmitteln fast unlöslich. Die essigsaure Lösung des Worenins wird durch konzentrierte Schwefelsäure grün, auf weiteren Zusatz eines Tropfens Salpetersäure gelbrot gefärbt. Das Worenin dürfte zwei Dioxymethylengruppen enthalten. Für seine Konstitution wurde von KITASATO, ohne bis jetzt allerdings endgültige Beweise dafür zu liefern, die Formel eines $\beta$-Methyl-coptisins in Betracht gezogen, woraus sich ein den Corydalinen ähnlicher Aufbau für das Worenin ergeben würde.

### e) Alkaloide von Berberis Thunbergii D. C. var. Maximowiczii, Franch.

H. KONDO und MASAO TOMITA (326) haben in einer in den japanischen Berggegenden wachsenden Berberidacee, Berberis Thunbergii D. C. var. Maximoviczii FRANCH., die auch landesüblich Megi oder Shobaku genannt wird, eine ähnliche Fülle verschiedener Alkaloide, wie E. SPÄTH und N. POLGAR (s. S. 586) in Berberis vulgaris nachweisen können.

So wurden das Oxyacanthin, $C_{37}H_{40}O_6N_2$, Fp. 217°, weiter eine dem Oxyacanthin bis auf den Fp. 207° vollkommen gleichende Base, sowie das Berbamin, $C_{37}H_{40}O_6N_2$ Fp. 156°, wasserfrei 172°, $[\alpha]_D^{10} = +103{,}9°$ ($CHCl_3$), Chlorhydrat, Fp. 264°, aufgefunden. Da die Absorptionsspektren des Oxyacanthins und Berbamins außerordentlich ähnlich waren, wurde für das Berbamin auch eine ähnliche Konstitution wie für das Oxyacanthin angenommen (s. auch S. 589, 590).

An weiteren Basen wurden neben Berberin nachgewiesen: Oxyberberin, Tetrahydroberberin und Tetrahydro-shobakumin, eine neue, optisch inaktive, drei Methoxygruppen enthaltende Base der Bruttoformel $C_{20}H_{23}O_4N$, Fp. 140° (aus Methylalkohol umkrystallisiert), Chlorhydrat Fp. 242—245°, Jodmethylat Fp. 253°. Schließlich wurden von den Phenolbasen noch das Tetrahydro-jatrorrhizin und ganz geringe Mengen Columbamin nachgewiesen.

### f) Colomboalkaloide (s. S. 711).

Die Inhaltsstoffe der Colombowurzel, Jatrorrhiza columbo (Familie der Menispermaceen) haben bis jetzt keine Rolle als Heilmittel gespielt. Aus diesem Grunde sind auch analytische Methoden, die die quantitative Erfassung und Trennung der Alkaloide voneinander bezwecken, noch nicht ausgearbeitet worden. Da in den letzten Jahren die Konstitution und der vom phytochemischen Standpunkte aus wichtige Zusammenhang der einzelnen Basen von E. SPÄTH und seinen Mitarbeitern aufgeklärt wurde, folgen zuerst die Konstitutionsformeln der Basen, die die Beziehungen zwischen den einzelnen in der Natur vorkommenden Stoffen erkennen lassen, weiter ein verläßlicher Weg zur präparativen Darstellung und Trennung, wie auch die zur Identifizierung notwendigen Konstanten als Grundlage für eine eventuelle spätere analytische Bearbeitung.

Nach Berichtigung der Angaben früherer Autoren und der abschließenden Konstitutionsaufklärung durch E. Späth und seine Mitarbeiter (548) konnten in der Colombowurzel bis jetzt folgende Basen, die in ihren Eigenschaften und chemischem Verhalten dem Berberin ähnlich sind, festgestellt werden.

1. Palmatin, $C_{21}H_{23}O_5N$.

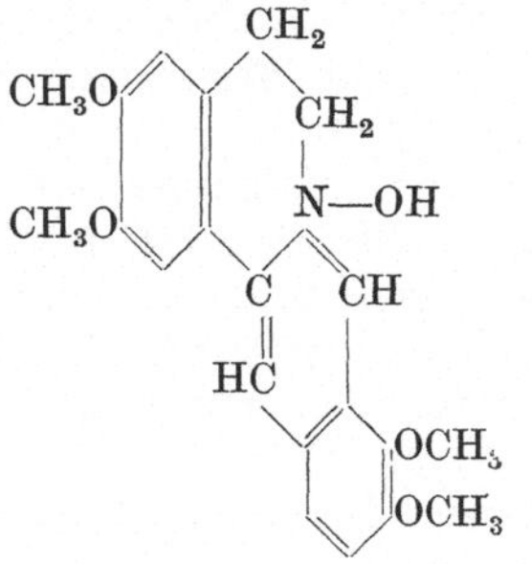

2. Jatrorrhizin, $C_{20}H_{21}O_5N$ bzw. $C_{17}H_{11}ON(OCH_3)_3(OH)$.

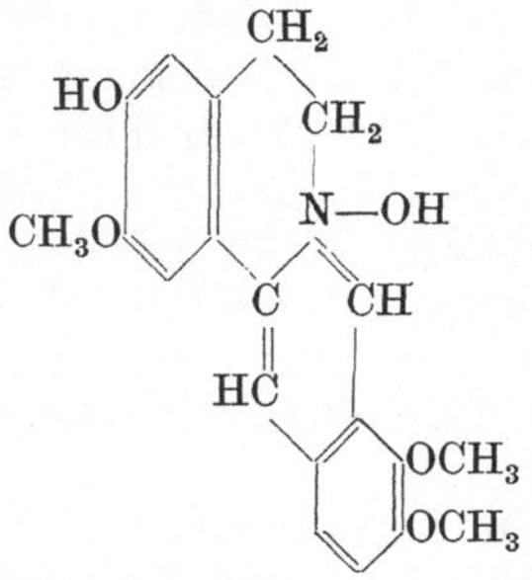

3. Columbamin, $C_{20}H_{21}O_5N$ bzw. $C_{17}H_{11}ON(OCH_3)_3(OH)$. (520.)

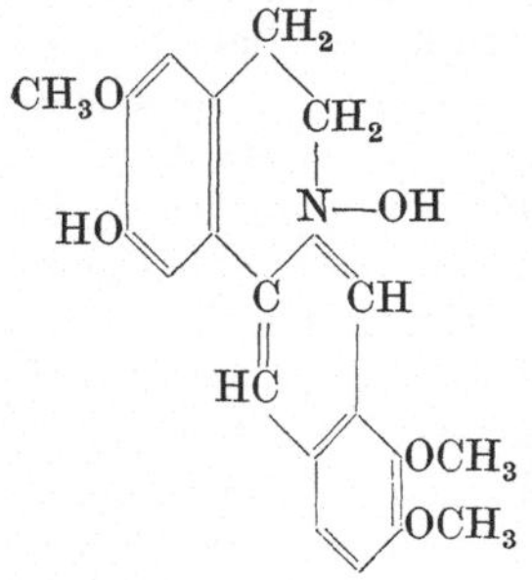

Ihren allgemeinen Eigenschaften nach sind die Colomboalkaloide quaternäre Basen, die, da es bis jetzt noch nicht gelungen ist, die freien Alkaloide rein darzustellen, meist in Form ihrer schwerlöslichen stark gefärbten Salze, der Jodide, untersucht werden. Durch Reduktion gehen sie in die farblosen Tetrahydroverbindungen über, die sich ausgezeichnet zur Identifizierung dieser Basen eignen und übrigens auch in anderen Pflanzen in der Natur vorkommen[1]. In ihrem allgemeinen Aufbau gleichen sie vollständig dem Berberintypus, von dem sie nur durch eine andere Substitution der Hydroxylgruppen unterschieden sind. Hinsichtlich des Vorkommens der charakteristischen Colomboalkaloide in anderen Pflanzen wäre insbesondere auf folgende Untersuchung hinzuweisen:

E. Späth und N. Polgar (553) konnten durch eine exakte Analyse der quaternären Basen von Berberis vulgaris[2] (Fundort Wiener Wald) den Nachweis führen, daß in diesem Pflanzenmaterial das Berberin von Palmatin, Jatrorrhizin und Columbamin begleitet wurde; es war in den Pflanzen demnach nicht nur ein Typus von Basen entstanden, sondern es konnten z. B. in Berberis vulgaris die verschiedenen Variationen, die durch die Methylierung bzw. Methylenierung der Grundphenolbase entstehen können, nebeneinander nachgewiesen werden. Während in der Colombowurzel, Jatrorrhiza palmata, als Hauptbasen das Palmatin und Jatrorrhizin auftreten, sind z. B. in den Wurzelrinden verschiedener Provenienz von Berberis vulgaris in allen Fällen neben Berberin beträchtliche Mengen Jatrorrhizin nachgewiesen worden. Das Vorkommen von Colomboalkaloiden in anderen Pflanzen wird noch später (S. 595 ff.) besprochen.

Die Schwierigkeit, einzelne wohldefinierte und einheitliche Basen aus der Colombowurzel zu isolieren, hat speziell für die Phenolbasen, das Jatrorrhizin und Columbamin, E. Späth dazu geführt, das von den früheren Bearbeitern

[1] Siehe S. 586 ff., 595.

[2] Das Material wurde Anfang November 1928 im Wiener Wald in der Umgebung von Wien gesammelt (Pflanzenanalyse siehe Seite 586 ff.).

angewandte Isolierungsverfahren zur Reindarstellung dieser Basen dahin abzuändern, daß er, statt die Trennung der quaternären Phenolbasen durchzuführen, sie durch Reduktion in die farblosen Tetrahydroverbindungen überführte, die sich leicht vollständig reinigen lassen.

Die Droge wird durch Extraktion mit Äthylalkohol erschöpft und der Rückstand des Extraktes nach dem Verjagen des Äthylalkohols mit sehr verdünnter Salzsäure ausgekocht. Im Filtrat werden die Jodide der Colomboalkaloide durch Zusatz von Jodkalium ausgefällt. Die zunächst amorphen, später krystallinisch werdenden Jodide werden abgesaugt und durch Waschen des Niederschlages mit Kaliumcarbonat und Ätzkali in verschiedene Fraktionen zerlegt. Der auf der Nutsche befindliche Niederschlag wird zu diesem Zwecke zuerst mit 10proz. Natriumcarbonatlösung, dann mit 5proz. Kalilauge gewaschen, bis das anfangs braun gefärbte Filtrat farblos durchgeht. Am Filter verbleibt das Palmatinjodid, das nach dem Lösen in heißem Wasser, Filtrieren und neuerlichem Ausfällen mit Jodkalium leicht rein erhalten werden kann. Die letzten Reste der Phenolbasen werden durch neuerliches Behandeln mit kalter Alkalilauge entfernt.

Die in Kaliumcarbonat löslichen Jodide werden durch Zusatz von verdünnter Salzsäure und Kaliumjodid wieder ausgefällt.

Auch in der Ätzkali lösliche Teil wird getrennt ausgefällt. Da die Trennung der Phenolbasen in Form der quaternären Jodide Schwierigkeiten bereitet, da dabei leicht Zersetzungsprodukte auftreten können, empfiehlt es sich, die Reinigung durch die Darstellung der Tetrahydroverbindungen nach folgendem Beispiel durchzuführen: 32 g der in Ätzkali löslichen quaternären Jodide werden in 3 l Wasser mit 200 $cm^3$ 10proz. Schwefelsäure, 200 $cm^3$ Eisessig und überschüssigem, mit Platinchlorid angeätztem Zink so lange zum Kochen erhitzt, bis die intensive Gelbfärbung der Lösung in Hellgelb übergegangen ist. Nun wird heiß vom Zink abfiltriert, mit Wasser nachgewaschen und die erkaltete Lösung so lange mit Ammoniak versetzt, bis das anfangs ausgeschiedene Zinkhydroxyd wieder in Lösung gegangen ist. Durch erschöpfendes Extrahieren mit Chloroform werden so 18 g rohe Tetrahydro-rohphenolbasen gewonnen. Das Reduktionsprodukt wird mit verdünnter Lauge erwärmt, wobei nur geringe Mengen harziger Substanzen ungelöst zurückbleiben. Nach neuerlicher Reduktion, Aufnehmen der Basen in Chloroform und Eindampfen wird der Gesamtrückstand in etwas mehr als der berechneten Menge heißer verdünnter Salzsäure gelöst und nach dem Abkühlen mit einem Überschuß Salzsäure versetzt. Das sich krystallinisch zuerst unlöslich abscheidende Chlorhydrat ist das Tetrahydro-jatrorrhizin-chlorhydrat, das durch Versetzen mit der berechneten Menge Soda in die freie Base übergeführt werden kann; Fp. 217—218° (aus Methylalkohol). Diese Abscheidungsoperation wird nun wiederholt, bis festgestellt werden kann, daß bei dem Abscheiden des Chlorhydrats und seiner Verwandlung in die freie Base eine neue Verbindung auftritt, das Tetrahydro-columbamin; Fp. 223—224° (Ausbeute aus 30 g Phenolbasen etwa 0,25 g).

**Palmatinjodid,** $C_{21}H_{22}O_4NJ \cdot 2H_2O$, krystallisiert in goldgelben Nadeln, Fp. 238—240°, das Nitrat in grüngelben Nadeln vom Fp. 239°. Durch Reduktion wird es in das Tetrahydropalmatin verwandelt, das in optisch aktiver Form in Corydalis cava nachgewiesen werden konnte (s. S. 595).

**Jatrorrhizinjodid,** $C_{20}H_{20}O_4NJ \cdot H_2O$, krystallisiert in rötlichgelben Nadeln vom Fp. 208—210°, das Chlorid, 1 Mol. Wasser enthaltend, aus Alkohol in kupferfarbigen Nadeln, Fp. 206°, das Nitrat in goldgelben Nadeln, Zp. 225°. Durch Reduktion wird es in das Tetrahydro-jatrorrhicin verwandelt, Fp. 217—218° (im Vakuumröhrchen).

Das **Columbamin** wurde nicht als quaternäre Base dargestellt, sondern nur die ihm entsprechende Tetrahydroverbindung, das Tetrahydro-columbamin: $C_{17}H_{13}ON(OCH_3)_3(OH)$, Fp. 224° (im Vakuumröhrchen) eingehender beschrieben.

Die mikrochemische Unterscheidung dieser Basen vom Berberin, wie auch untereinander geschieht durch die exakte Untersuchung der Eigenschaften der Krystalle, der Salze usw. (A. GRUTTERINCK [182 a])[1].

## g) Corydalisalkaloide (s. S. 718ff.).

Die Wurzelknollen der Corydalisarten können wegen ihres Reichtums an verschiedenartig konstituierten Basen mit dem Opium verglichen werden. Um nun in der großen Zahl der in der Natur vorkommenden Corydalisalkaloide sich orientieren zu können, wurde von GADAMER und seinen Mitarbeitern, die in diesem Gebiete umfassende Arbeit geleistet haben (140a), eine Gruppeneinteilung aufgestellt, die unter dem Gesichtspunkte der chemischen Konstitution die einzelnen Basen ordnete.

Corydalin

1. *Die Gruppe des Corydalins. Schwache* Basen, die dem Tetrahydroberberintypus entsprechen und die bei der Oxydation mit alkoholischer Jodlösung in berberinartige Produkte übergehen. Hierher gehören das Corydalin, $C_{22}H_{27}O_4N$ und die dem Corydalin zugehörigen Phenolbasen,

das Corybulbin, $C_{21}H_{25}O_4N$ [547] und das Iso-corybulbin, $C_{21}H_{25}O_4N$.

Weiter die von J. GADAMER, E. SPÄTH und E. MOSETTIG (147) teils als Nichtphenolbasen und teils als Phenolbasen aufgefundenen optisch aktiven Alkaloide,

das d-Tetrahydro-palmatin, $C_{21}H_{25}O_4N$, und das Corypalmin (d-Tetrahydro-jatrorrhizin), $C_{20}H_{23}O_4N$ [547].

[1] Siehe auch TUNMANN u. ROSENTHALER (583b).

das d-Tetrahydro-columbamin, $C_{20}H_{23}O_4N$ und das d-2-9-Dioxy-3,10-dimethoxy-tetrahydro-protoberberin. $C_{17}H_{13}N(OCH_3)_2(OH)_2$

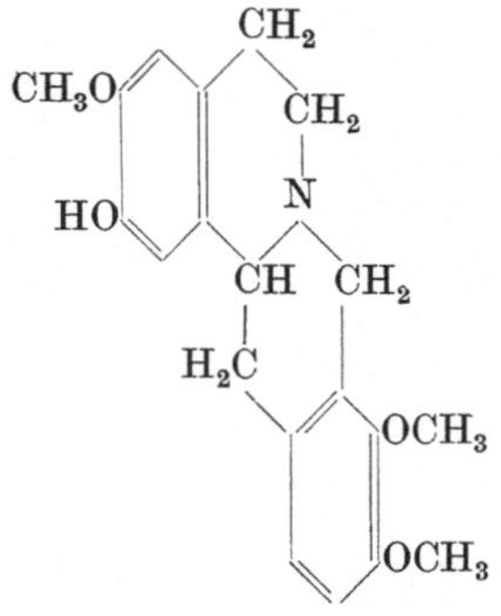

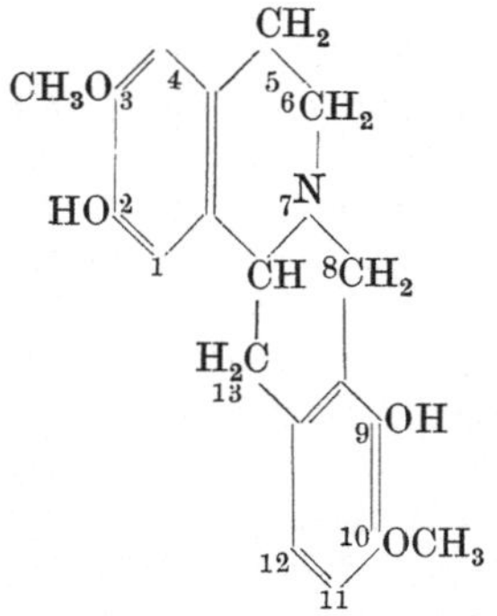

Schließlich haben E. SPÄTH und PERCY LAVON JULIAN (550) unter den *Nichtphenolbasen* von im Wiener Wald gewachsenen Corydalis cava Wurzeln in dem in Alkohol schwer löslichen krystallisierten Salzgemisch der sauren weinsauren Salze neben dem schon bekannten d-Tetra-hydro-palmatin zwei neue Basen aufgefunden, die als d-Tetrahydro-coptisin (s. S. 591) und d-Canadin (s. S. 590) erkannt wurden.

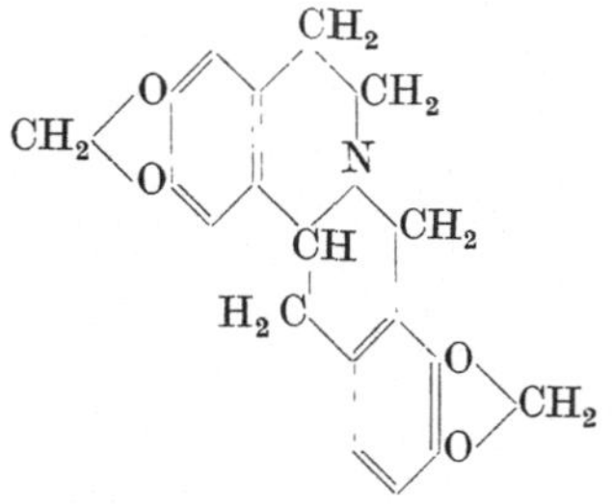

d-Tetrahydro-coptisin $C_{19}H_{17}O_4N$ 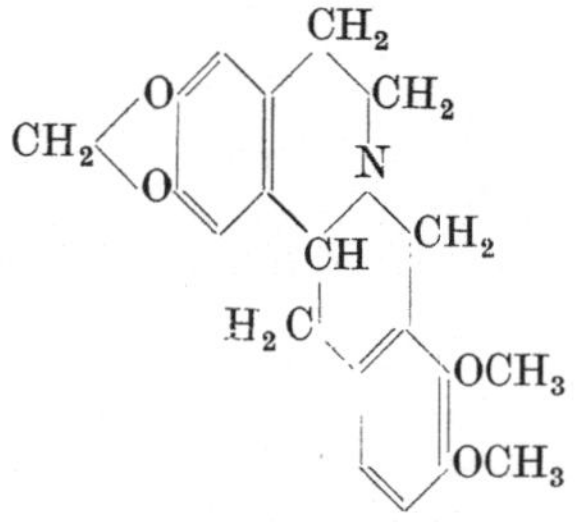 d-Canadin $C_{20}H_{21}O_4N$

2. Die *Corycavingruppe*, eine Gruppe protopinähnlicher *mittelstarker* Basen, die gegen Jodlösungen nicht beständig sind. Das *Corycavin*, $C_{21}H_{21}O_5N$, und

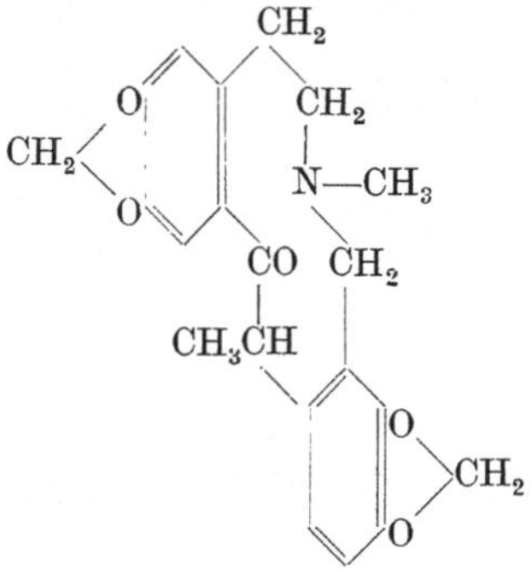

Corycavin

das ihm zugehörige Corycavamin $C_{21}H_{21}O_5N$, das von E. SPÄTH und H. HOLTER (529) als optisch aktive Form des Corycavins, von FR. v. BRUCHHAUSEN (44) als stabilisierte Enolform des Corycavins aufgefaßt wird. Weiter das *Cory-*

*cavidin*, $C_{22}H_{25}O_5N$, und das unter den Opiumbasen besprochene Protopin, $C_{20}H_{19}O_5N$ (s. S. 625).

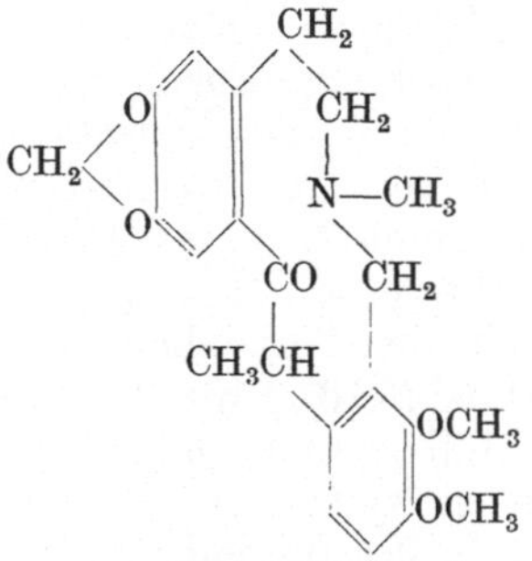

Corycavidin

3. Die *Bulbocapningruppe*, eine Gruppe apomorphinähnlicher *starker* Basen, die wegen der in ihnen enthaltenen freien Hydroxylgruppen auch durch Jod oxydiert werden.

*Bulbocapnin*, $C_{19}H_{19}O_4N$.

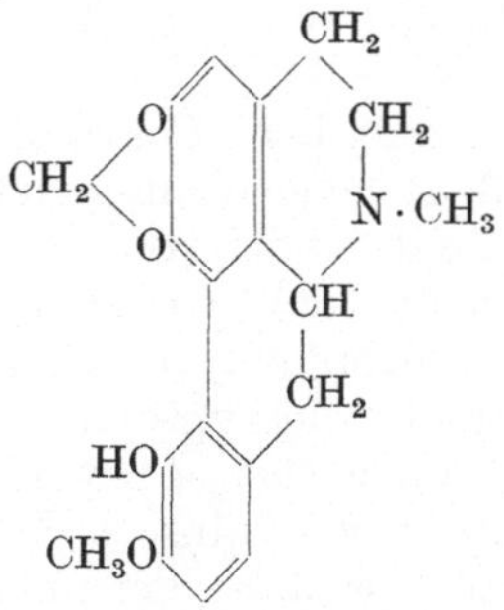

Das *Corytuberin*, $C_{19}H_{21}O_4N$, 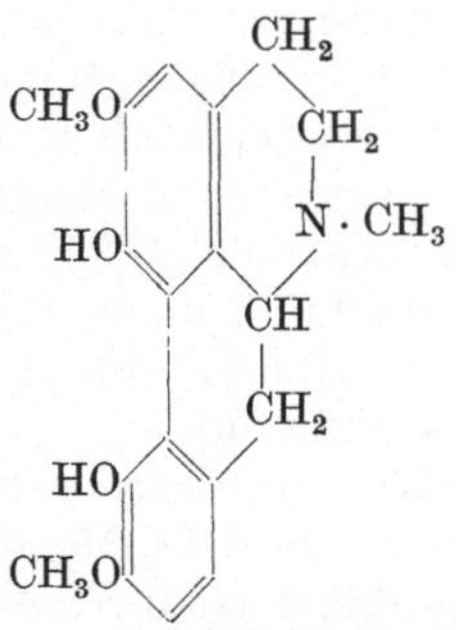 und das um eine Methoxygruppe reichere *Corydin*, $C_{20}H_{23}O_4N$. und das Isocorydin[1], $C_{20}H_{23}O_4N$.

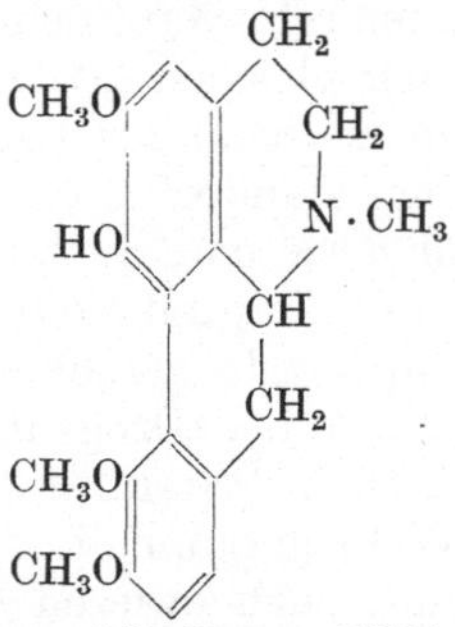

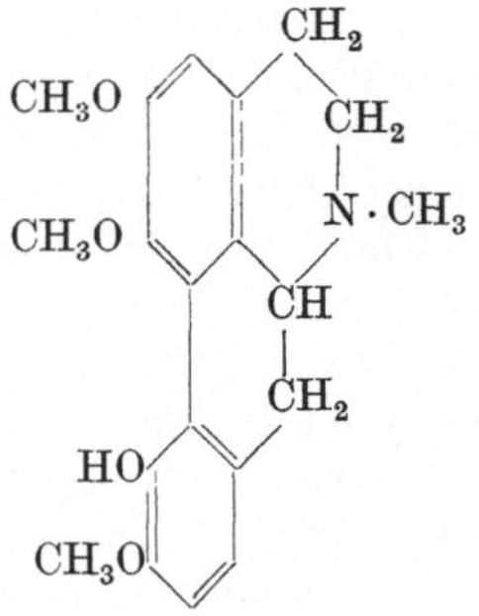

(Konstitution nach E. Späth und Fr. Berger [521].)

Daneben findet sich auch das Glaucin, $C_{21}H_{25}O_4N$, das auf S. 603 gesondert besprochen wird.

4. Schließlich haben E. Späth und Percy Lavon Julian aus der Mutterlauge der Nichtphenolbasen nach Abscheidung des Corydalins und d-Tetra-

[1] Das Isocorydin wurde nicht in C. cava, sondern in Corydalis ternata Nakai von Yo Go ([164], s. S. 597) als Naturprodukt nachgewiesen. Konstitution E. Späth [521].

hydropalmatins eine neue Base isoliert, die dem Typus der Protoalkaloide angehört und als Hydrohydrastinin erkannt wurde.

Hydro-hydrastinin

Außer diesen hier aufgezählten Corydalisalkaloiden gibt es noch eine Anzahl wenig erforschter, meist amorpher Basen in den Corydalisarten, auf deren Beschreibung in der Literatur verwiesen wird (Makoshi [358], Asahina und Motigase [13], Schmidt [476], Haars [186], Gadamer [142a], Heyl [237]). Die Ausbeuten an Alkaloiden in den Corydalisknollen werden meist mit 5—6% angegeben. Ziegenbein (644) fand in 10 kg Knollen folgende Mengen der einzelnen Basen: 57 g Corydalin, 41 g Bulbocapnin, 6 g Corycavin und 4 g Corybulbin, welche Basen in den Pflanzen an Äpfel- oder Fumarsäure gebunden vorkamen.

Die von Tsan Quo Chou (578) durchgeführte Untersuchung der Inhaltstoffe der chinesischen Corydalis ambigua, Cham et Sch. (der chinesischen Droge Yen-Hu-So) hat die Darstellung zahlreicher Alkaloidfraktionen ergeben, die aber bis jetzt nur in Einzelfällen mit den bekannten Corydalisbasen identifiziert werden konnten; so konnten neben dem Nachweise des Corydalins auch das Vorkommen von l-Corypalmin und Corybulbin wahrscheinlich gemacht werden. Wegen der Details dieser Untersuchungen muß auf die Originalarbeiten verwiesen werden.

Die Inhaltstoffe der koreanischen Corydalisknolle (Corydalis ternata Nakai) wurden von Yo Go (163) eingehend untersucht, wozu 2 kg Rohalkaloide, die aus 600 kg Knollen dargestellt waren, zur Verfügung standen. Bis jetzt konnten aus den Rohalkaloiden an Nichtphenolbasen berberinartiger Struktur das l-Canadin und das Tetrahydrocoptisin, an Nichtphenolbasen protopinähnlicher Struktur das Protopin und Allocryptopin ($\beta$-Homochelidonin) und an Basen der Aporphinreihe das Glaucin, das l-Corydin sowie das ihm isomere Isocorydin (Konstitutionsformel des Isocorydins, s. S. 597) nachgewiesen werden.

In der japanischen Pflanze Corydalis decumbens Pers. wurde von Sh. Osada (395) neben Bulbocapnin und d-Tetrahydro-palmatin auch Protopin nachgewiesen (s. S. 718 ff.).

Die im letzten Abschnitt wiedergegebenen, bis jetzt sicher noch nicht vollständigen Ergebnisse der Untersuchungen verschiedener Corydalisarten lassen erkennen, daß in den einzelnen Arten sehr verschiedene Gemische von Alkaloiden auftreten können. Aber auch in der gleichen Art, z. B. in den knolligen, hohlen Wurzeln von Corydalis cava (Fumariaceae) des Lerchensporns oder auch Hohlwurz genannt, wurden je nach den Standorten der Pflanze variierende Mengen der verschiedenen Alkaloide nachgewiesen. So konnte J. Gadamer (143) feststellen, daß in Corydalis cava als Hauptalkaloid Corydalin hie und da auch Bulbocapnin auftritt. Corytuberin wurde manchmal nur in Spuren, hie und da aber auch in Mengen von 1—2% des Drogenmaterials aufgefunden.

E. Späth, E. Mosettig und O. Tröthandel (546) haben in Wurzeln von Corydalis cava, die im Wiener Wald gesammelt wurden, beträchtliche Mengen Tetrahydropalmatin und Corypalmin nachgewiesen, die in norddeutschen Knollen bis jetzt noch nicht nachgewiesen wurden, woraus sich ergibt, daß bei verschiedenen Standorten beträchtliche Variationen der Mengenverhältnisse der einzelnen Alkaloide auftreten können.

Auch die Untersuchung der oberirdischen Pflanzenteile von Corydalis cava und Corydalis solida hat ergeben, daß die aus diesem Pflanzenmaterial isolierten Basen nur teilweise mit den aus den Wurzeln dargestellten Alkaloiden identisch waren.

Da bis jetzt auch diese Basen in pharmakologischer Hinsicht keine größere Rolle gespielt haben, ist die quantitative analytische Erfassung und Trennung der einzelnen Basen voneinander noch nicht ausgearbeitet worden. Im folgenden wird zuerst eine kurze Darstellung des Weges zur Trennung der einzelnen Basen gebracht, der dann die zur Identifizierung der Alkaloide notwendigen bzw. brauchbaren Konstanten folgen.

Da die Trennung der einzelnen Basen eine sehr komplizierte und langwierige präparative Arbeit darstellt, muß wegen der Details auf die Originalarbeiten verwiesen werden (J. GADAMER [142], E. SPÄTH, E. MOSETTIG und O. TRÖTHANDEL [546]). Der Gang der Trennung ist kurz folgender: Das zerkleinerte Ausgangsmaterial wird mit 94proz. Alkohol vollständig extrahiert; nach dem Abdestillieren des Alkohols wird der dicke Extrakt unter Zusatz von Essigsäure stark angesäuert und mit Wasser allmählich bis etwa auf das doppelte Gewicht der angewandten Corydalisknollen verdünnt, wobei sich Fett und harzige Substanzen ausscheiden und die Alkaloide in angereicherter und gereinigter Form in der Lösung zurückbleiben. Die filtrierte Lösung wird nun mit dem halben Volumen Äther durchgeschüttelt, mit Ammoniak alkalisch gemacht, wobei geringe Mengen schwarzer harziger Stoffe sich abscheiden, die auf Bulbocapnin verarbeitet werden können (Harz A), und sofort mit Äther erschöpfend extrahiert. In die ätherische Lösung gehen die meisten Basen, während in der wäßrig ammoniakalischen Lösung nur das Corytuberin zurückbleibt, das nach dem Eindampfen der Lösung und weiterem Zusatz von Ammoniak und wenig Chloroform sich zusammenballt, allmählich krystallinisch wird und durch Umkrystallisieren gereinigt werden kann. Die Aufarbeitung des Harzes A auf Bulbocapnin gelingt dadurch, daß das Harz zuerst in Chloroform aufgenommen wird. Die Chloroformlösung wird mit verdünnter Salzsäure ausgeschüttelt; das dabei von der Salzsäure aufgenommene Bulbocapnin wird durch Ammoniak in Freiheit gesetzt und mit Chloroform oder Äther aufgenommen; beim Eindampfen der Lösungen kann dann fast reines Bulbocapnin erhalten werden.

Aus der ätherischen Lösung krystallisieren nach schneller Abtrennung eine Reihe der schwerer löslichen Basen aus, während der Rest amorph zurückbleibt. Die auskrystallisierenden Basen sind das Corydalin, das Bulbocapnin, das Corycavin und das Corybulbin. Sie werden dadurch getrennt, daß sie entweder einer fraktionierten Krystallisation aus Alkohol unterzogen werden, oder daß sie wiederholt mit ungenügenden Mengen Alkohol ausgekocht und so in eine Reihe krystallisierender Fraktionen zerlegt werden können. Mischfraktionen werden nach dem Prinzip der fraktionierten Sättigung mit Salzsäure zerlegt.

Die amorphen Basengemische, die nach Ausscheidung der krystallisierten Fraktionen zurückbleiben, werden in Alkohol gelöst, mit Bromwasserstoffsäure von bekanntem Gehalt bis zur schwach sauren Reaktion versetzt und in einer flachen Schale durch Verdunsten vom Alkohol möglichst befreit, wobei es zur Abscheidung eines Niederschlages kommt, der vorwiegend aus Bulbocapninbromhydrat besteht. Die übrigen Basen werden durch fraktionierte Fällung mit Ammoniak ausgefällt, wobei durch richtige Einteilung der zur Fällung notwendigen Ammoniakmenge auf etwa 8—10 Fraktionen hingearbeitet wird.

Die krystallisierten Basen fallen bei dieser fraktionierten Fällung der Reihe nach, von den schwächsten anfangend, aus. Zuerst also die schwachen Basen: Corydalin, Corybulbin, Isocorybulbin, dann die mittelstarken Basen: Corycavin, Corycavamin und schließlich die starken Basen: Bulbocapnin und Corydin. Auch die amorphen Basen, die auf diesem Wege gewonnen werden können, sind noch in krystallisierte Salze überführbar, so daß die Fraktionierung so lange durchgeführt werden kann, solange überhaupt nach krystallisierte Substanzen, Salze oder Basen gewonnen werden können. Man kann so aus 10 kg Knollen 400 g Rohalkaloide gewinnen, die oft in 40—50 Fraktionen zerlegt, 290 g krystallisierte Basen ergeben.

Nach den Angaben von E. SPÄTH (546) erweist es sich als besser, die ätherische Lösung der Corydalisalkaloide dadurch etwas anders aufzuarbeiten, daß durch Ausschüttelung der ätherischen Lösung der Alkaloide mit Ätznatron von vornherein eine *vollständige Trennung der Phenolbasen* von den *vollständig alkylierten Basen*, den Nichtphenolbasen, durchgeführt wird. Die *Nichtphenolbasen* können dann weiter zerlegt werden, ebenso die Phenolbasen, wobei bei den im Herbst gesammelten Knollen die schon früher erwähnten neuen Basen, das d-Tetrahydro-palmatin und das Corypalmin, aufgefunden wurden. Die Phenolbasen werden nach Abscheidung des in größter Menge vorhandenen Bulbocapnins dadurch zerlegt, daß ihre Chloroformlösung fraktioniert mit verdünnter Salzsäure ausgeschüttelt wird.

Die Darstellung der selteneren Basen nach den Methoden von E. SPÄTH wird deshalb ausführlicher beschrieben, weil sie einen Einblick in die Verfahren gewährt, die zur Trennung ähnlicher Verbindungen, z. B. zur Gewinnung und Trennung der Phenolbasen von Corydalis cava, angewandt werden müssen (E. SPÄTH, E. MOSETTIG und OTHMAR TRÖTHANDEL [546]).

Zur Gewinnung der Phenolbasen Corybulbin und Corypalmin wurde die auf $1^1/_2$ l eingedampfte ätherische Lösung der freien Alkaloide (von 3,5 kg Ausgangsmaterial) etwa

2 Tage stehengelassen, wobei es zu einer Krystallabscheidung kam, die hauptsächlich aus Bulbocapnin bestand. Die vom Bulbocapnin abgetrennte Lösung wurde zuerst mit 5proz., dann mit 10proz. Lauge ausgeschüttelt, bis eine Probe mit verdünnter Salzsäure keinen Niederschlag mehr gab. Die alkalischen Lösungen gaben nach dem Ansäuern und Versetzen mit Soda eine reichliche Fällung, die in 100 $cm^3$ Chloroform aufgenommen und mit je 50 $cm^3$ einer verdünnten Salzsäure (8 $cm^3$ konzentrierte Salzsäure auf 1 l) fraktioniert ausgeschüttelt wurde. Die ersten Fraktionen ergeben die Abscheidung des schwerlöslichen Bulbocapninchlorhydrates. Die mittleren Fraktionen, deren Festpunkt nach Verwandlung in die Basen bei ca. 180—210° lag, wurden nochmals mit Salzsäure fraktioniert und gaben, neuerdings in die Basen verwandelt, nach dem Umkrystallisieren der Basen aus Methylalkohol, das bei 235—236° schmelzende *Corypalmin.* Die letzten Teile der fraktionierten Ausschüttelung mit Salzsäure ergaben das bei 239—241° schmelzende *Corybulbin.*

Trennung der Nichtphenolbasen von Corydalis cava nach E. SPÄTH und PERCY LAVON JULIAN (550): Zur Trennung der Nichtphenolbasen wurde von 62 g Nichtphenolbasen ausgegangen und das Material mit 300 $cm^3$ Äthylalkohol auf dem Wasserbade erhitzt, wobei der Hauptteil in Lösung ging. Das Nichtgelöste und das, was sich bei kurzem Stehen der erkalteten Lösung ausschied, war im wesentlichen *Corycavin.* Die abgetrennte alkoholische Lösung wurde mit 30 g d-Weinsäure erwärmt, bis alles in Lösung gegangen war. Nach Impfung der Lösung mit einer Spur von d-weinsaurem d-Tetrahydropalmatin trat bei längerem Stehen bei 0° reichliche Abscheidung von d-weinsaurem d-Tetrahydro-palmatin auf, das außerdem noch geringe Mengen von d-Tetrahydrocoptisin enthielt. Die Mutterlauge dieser Krystalle wurde im Vakuum von Alkohol befreit und aus dem Rückstand nach dem Lösen in Wasser, Alkalisieren, durch Ausäthern die freien Basen gewonnen. Die Lösung derselben in 100 $cm^3$ heißem Methylalkohol wurde abgekühlt und mit einer Spur *Corydalin* geimpft, wobei es zu einer reichlichen krystallinischen Abscheidung von *Corydalin* kam, das abfiltriert und mit kaltem Methylalkohol nachgewaschen wurde. Die Mutterlauge des Corydalins wurde von Methylalkohol befreit und der Rückstand aus 50 $cm^3$ Äthylalkohol als d-weinsaures Salz der Krystallisation überlassen. Die nach mehrtägigem Stehen bei 0° erhaltene Fällung wurde abgetrennt und in Form der freien Basen aus möglichst wenig heißem Methylalkohol krystallisieren gelassen. Durch mehrfaches Lösen der Krystalle in heißem Chloroform, Versetzen mit Methylalkohol und Verdampfen des Chloroforms wurde 0,52 g d-Tetrahydrocoptisin, Vak. Fp. 203—205°, gewonnen. Die Reinigung kann auch durch Umkrystallisieren des d-weinsauren Salzes aus Alkohol erfolgen.

Die nach der Abscheidung von d-Tetrahydro-palmatin und Corydalin erhaltenen Mutterlaugen der Nichtphenolbasen konnten aber auch noch in anderer Weise aufgearbeitet werden. Hierzu wurden die ätherischen Lösungen durch fraktioniertes Ausschütteln mit verdünnter Salzsäure in 5 Teile zerlegt. Die Basen der ersten Fraktion, die am stärksten basisch waren, wurden in einem Destillationsrohre bei 0,01 mm Druck auf 160° erhitzt und die übergegangene Flüssigkeit noch einmal bei niedrigerer Temperatur destilliert, durch Krystallisation der Pikrate aus wenig Alkohol gereinigt und die daraus dargestellte Base neuerdings im Hochvakuum destilliert, wobei das *Hydrohydrastinin* anfangs als Öl gewonnen wurde, das krystallinisch erstarrt, den Fp. 66° zeigte. Pikrat Fp. 175—176°.

Zur Gewinnung des d-Canadins wurde von E. SPÄTH und P. LAVON JULIAN folgendes Verfahren angewandt: Die aus den krystallisierten d-weinsauren Salzen von Corydalis cava erhaltenen freien Basen werden mit viel Äther ausgeschüttelt und diese Lösung auf ein Volumen von 150 $cm^3$ eingeengt, wobei die Hauptmenge des vorhandenen d-Tetrahydro-palmatins auskrystallisierte. Die von den Krystallen abgetrennte Lösung ergibt bei weiterem Einengen auf 20 $cm^3$ eine weitere Krystallabscheidung von d-Tetrahydropalmatin. Der beim Eindampfen der nunmehr erhaltenen Mutterlauge gewonnene Rückstand wurde mit einem Gemisch von 38 $cm^3$ Wasser und 2 $cm^3$ rauchender Salzsäure gekocht, bis klare Lösung eintrat. Die beim Erkalten aus dieser Lösung gewonnenen Krystalle wurden noch einmal aus Salzsäure derselben Konzentration umkrystallisiert und ergaben, in die freie Base verwandelt und aus Methylalkohol umkrystallisiert, 0,5 g d-Canadin, Fp. 130—131°, $[\alpha]_D^{15} = +299°$ ($CHCl_3$).

*I. Corydalingruppe.*

**Corydalin,** $C_{22}H_{27}O_4N$. Das Corydalin krystallisiert aus Alkohol in farblosen Prismen vom Fp. 135°, $[\alpha]_D^{20} = +317°$ (Chloroform). Es ist in Alkalien und Wasser unlöslich, leicht löslich in heißem Alkohol, Äther, Benzol und Chloroform. An der Luft oxydiert es sich leicht unter Bildung des gelben Dehydrocorydalins. Es gibt gut krystallisierende Salze, z. B. das Nitrat $B \cdot HNO_3$, Fp. 198° (aus Alkohol), Chlorhydrat, $B \cdot HCl \cdot 2H_2O$, Fp. 206—207°, Chloroaurat, orangerote Nadeln, Fp. 207° (aus verdünnter alkoholischer Salzsäure), das Chloroplatinat, braune Krystalle, Fp. 227°, das Hydrojodid, gelbliche Prismen (darstellbar durch Umsetzung des Chlorhydrates mit Jodkalium). Sehr charakteristisch ist weiter das bei 152,5° schmelzende, in langen Prismen krystallisierende Corydalin-äthylsulfat, $B \cdot C_2H_5HSO_4 \cdot H_2O$.

**Corybulbin,** $C_{21}H_{25}O_4N$. Das Corybulbin krystallisiert aus kochendem absolutem Alkohol in farblosen Nadeln, Fp. 237—238°, $[\alpha]_D = +303{,}3°$. Es ist unlöslich in Wasser, sehr schwer löslich in Alkohol, Äther oder Essigester, leicht löslich in Chloroform, Aceton, heißem Benzol und Alkalien. Es ist sehr lichtempfindlich und liefert bei der Oxydation (Jod in alkoholischer Lösung) das Dehydro-corybulbinhydrojodid, Fp. 210—211°. Das Corybulbinchlorhydrat, B · HCl, ist schwer löslich in heißem Wasser und kann daraus in gelblichen Prismen erhalten werden. Fp. 245—250° u. Z. Das Chloroplatinat und Chloroaurat sind amorph und eignen sich deshalb nicht zur Identifizierung. Farbreaktionen: Das Corybulbin löst sich farblos in konzentrierter Schwefelsäure, mit gelber, allmählich dunkler werdender Farbe in konzentrierter Salpetersäure, mit anfangs farbloser, später schwach gelblicher Farbe in Erdmans-Reagens, mit grüner Farbe in Mandelins-Reagens.

**Iso-corybulbin,** $C_{21}H_{25}O_4N$. Das Iso-corybulbin krystallisiert aus Alkohol in weißen glänzenden, sehr lichtempfindlichen, voluminösen Blättchen vom Fp. 179—180°, $[\alpha]_D^{20} = +299{,}8°$ (Chloroform). In seinen Farbreaktionen und sonstigen Eigenschaften gleicht das Isocorybulbin dem Corybulbin. So kann es auch durch Oxydation in das Dehydroisocorybulbin überführt werden.

**d-Tetrahydro-palmatin,** $C_{21}H_{25}O_4N$ (E. Späth, Mosettig u. Tröthandel [546]). Das d-Tetrahydropalmatin zeigt den Fp. 142°, $[\alpha]_D^{17} = +292{,}5°$ (Alkohol); es ist anfangs farblos und färbt sich an der Luft gelb. Die Krystalle zeigen Triboluminscenz. Das Chlorhydrat ist schwer löslich in Wasser. Durch Oxydation mit Jod in alkoholischer Lösung wird Palmatin-jodid, das als dehydrierte quaternäre Base dem Alkaloid entspricht, dargestellt.

**Corypalmin,** $C_{20}H_{23}O_4N$ (d-Tetrahydro-jatrorrhizin). Das Corypalmin krystallisiert in weißen, in Methylalkohol etwas schwerer löslichen Kryställchen als das d-Tetrahydropalmatin. Fp. 235—236°, $[\alpha]_D^{16} = +280°$ (Chloroform).

**d-Tetrahydro-columbamin,** $C_{20}H_{23}O_4N$, Vak. Fp. 240—241°, Fp. 223° (Knörck), synth. (Gadamer, Späth, Mosettig [147]). Vak. Fp. 239—241°.

**d-2,9-Dioxy-3,10-dimethoxy-protoberberin,** $C_{19}H_{21}O_4N$, Vak. Fp. 195°. Die Base bildet ein schwer lösliches Chlorhydrat (Gadamer, Späth, Mosettig [147]).

**d-Tetrahydrocoptisin,** $C_{19}H_{17}O_4N$, Vak. Fp. 203—205°, $[\alpha]_D^{15} = +310°$ ($CHCl_3$); die Base bildet farblose oder schwach gelbliche Krystalle, die in Chloroform leicht, in Äther, Methyl- oder Äthylalkohol hingegen schwer löslich sind.

**d-Canadin,** $C_{20}H_{21}O_4N$, Fp. 130—131° (aus wäßrigem Methylalkohol), $[\alpha]_D^{15} = +299°$ (Chloroform).

*II. Corycavingruppe.*

**Corycavin,** $C_{21}H_{21}O_5N$. Das Corycavin krystallisiert aus heißem absolutem Alkohol in rhombischen Tafeln vom Fp. 218—219°. Es ist unlöslich in Wasser, kaltem Alkohol und Alkali. Es ist optisch inaktiv und bildet gut krystallisierende Salze, z. B. das Chlorhydrat, B · HCl · $H_2O$, farblose Nadeln Fp. 219°, das Jodhydrat, B · HJ · $H_2O$, gelbliche Nadeln Fp. 236°, das Chloroplatinat, $B_2 \cdot H_2PCl_6$, gelbe Krystalle Fp. 214° u. Z., schließlich das Chloroaurat, B · $HAuCl_4$, Fp. 178—179° u. Z.

*Farbreaktionen.* Das Corycavin löst sich in konzentrierter Schwefelsäure mit zuerst schmutziggrüner, dann brauner und schließlich rotvioletter Farbe, in konzentrierter Salpetersäure zuerst mit grünlichgelber, nach wenigen Minuten tief orangeroter Farbe, in einer Mischung von konzentrierter Schwefelsäure und wenig Salpetersäure mit gelber, schnell schmutziggrün, dann oliv werdender Farbe, in Molybdänschwefelsäure mit zuerst oliv, dann schnell tief dunkelgrün werdender Farbe.

**Corycavamin,** $C_{21}H_{21}O_5N$. Das Corycavamin wird aus dem amorphen Alkaloiden als schwer lösliches Rhodanid abgeschieden und durch Umkrystallisieren des Nitrates aus heißem Wasser gereinigt. Die in rhombischen Säulen krystallisierende freie Base schmilzt bei 149°, $[\alpha]_D^{20} = +166{,}6°$ (Chloroform).

*Farbreaktionen.* Das Corycavamin wird von konzentrierter Schwefelsäure mit gelber, dann schnell oliver, später schwachbrauner und vom Rande her schmutzigvioletter Farbe gelöst. Beim Erwärmen wird die Lösung grün. In konzentrierter Salpetersäure löst es sich mit gelber, nach wenigen Sekunden orangerot werdender Farbe. In einem Gemisch von viel Schwefelsäure und wenig Salpetersäure löst es sich mit gelblicher, schnell grün werdender Farbe, in Molybdänschwefelsäure mit olivgrüner, in Vanadinschwefelsäure mit grünlicher, durch oliv zu braun werdender Farbe.

**Corycavidin,** $C_{22}H_{25}O_5N$[1]. Das Corycavidin krystallisiert aus Chloroform unter Zusatz von Alkohol in durchsichtigen glänzenden, etwas lichtempfindlichen Krystallen, die 1 Mol. Krystallchloroform enthalten und an der Luft verwittern. Fp. 212—213°, $[\alpha]_D^{20} = +203{,}1°$ (Chloroform). Beim Schmelzen verwandelt sich das Corycavidin in eine isomere, optischinaktive Substanz, das i-Corycavidin, Fp. 193—195°. Es ist in Äther und kaltem Alkohol

[1] Näheres über die Darstellung des Corycavidins s. Gadamer (143a).

beinahe unlöslich. Es gibt krystallisierende Salze, z. B. das Nitrat oder das Chlorhydrat, und ein amorphes, sich bei 170° zersetzendes Chloroaurat.

*Farbreaktionen.* Corycavidin löst sich in konzentrierter Schwefelsäure mit gelber Farbe, die einen Stich ins rötliche zeigt, beim Erwärmen wird die Lösung grau und zeigt dann einen Stich ins grünliche. Mit FRÖHDES Reagens (Molybdänschwefelsäure) löst sich das Corycavidin mit olivgrüner Farbe, die nach 10 Minuten vom Rande her grünlich, dann allmählich durchwegs grün wird. Mit Vanadinschwefelsäure tritt zuerst rotbraune Farbe auf, die nach 10 Minuten immer deutlicher rot wird.

*III. Bulbocapningruppe.*

**Bulbocapnin,** $C_{19}H_{19}O_4N$. Das Bulbocapnin krystallisiert aus absolutem Alkohol in rhombischen Nadeln vom Fp. 199°, $[\alpha]_D = +237{,}1°$ (Chloroform). Es ist unlöslich in Wasser, leicht in den meisten organischen Lösungsmitteln. In Alkali löst sich Bulbocapnin mit grünlicher Farbe und wird durch Kohlendioxyd aus der alkalischen Lösung wieder ausgefällt. Chlorhydrat: Nadeln Fp. 270° (beiläufiger Zersetzungspunkt). Chloroplatinat, Nadeln Fp. 200° (bei 230° Zersetzung). Jodmethylat, glänzende Nadeln Fp. 257° (aus heißem Wasser) (Wirkung s. [374]).

*Farbreaktionen.* Das Bulbocapnin löst sich in konzentriertem $H_2SO_4$ mit orangeroter Farbe, die nach 15 Minuten in violett übergeht, in konzentrierter Salpetersäure mit rotbrauner, in ERDMANNS-Reagens mit blauer, dann blauvioletter, in FRÖHDES-Reagens mit dunkelblauer und in MANDELINS-Reagens mit hellblauer, später dunkler werdender Farbe.

**Corytuberin,** $C_{19}H_{21}O_4N \cdot 5H_2O$[1]. Das Corytuberin krystallisiert in weißen, an der Luft bald grau werdenden Krystallblättchen, die in heißem Wasser (1 : 1000) und Alkohol gut löslich sind. Fp. 240° (u. Z.), $[\alpha]_D^{20} = +282{,}65°$ (Alkohol). Es ist unlöslich in Äther und Benzol, schwer löslich in Chloroform und Essigester, leicht löslich in Alkalien, wobei sich die Lösungen aber an der Luft rasch dunkel färben. Die Salze der Base sind krystallinisch, z. B. das Chlorhydrat, Bromhydrat, Sulfat, wie auch das Chloroplatinat, wobei aber zu bemerken ist, daß die meisten Salze außer dem Chlorhydrat unbeständig sind.

*Farbreaktionen.* Das Corytuberin löst sich in konzentrierter Schwefelsäure zuerst farblos, dann schmutziggrün, rötlich und schließlich schmutzigviolett. Mit Molybdänschwefelsäure gibt das Corytuberin zuerst eine stahlblaue bis indigoblaue Färbung, die dann zu einer blaugrünen mit gelbem Rande verblaßt.

**Corydin,** $C_{20}H_{23}O_4N$. Das Corydin krystallisiert aus Alkohol mit einem halben Molekül Krystallalkohol und zeigt so den Fp. 124—125° bzw. trocken 149°, $[\alpha]_D^{20} = +204{,}3°$ (Chloroform). Es ist leicht löslich in Alkohol und Chloroform. Es bildet krystallisierte Salze, z. B. das zur Reinigung geeignete Chlorhydrat.

*Farbreaktionen.* Das Corydin löst sich in konzentrierter Schwefelsäure farblos, in konzentrierter Salpetersäure mit blutroter Farbe, in Molybdän- bzw. Vanadinschwefelsäure unter Grünfärbung.

## h) Aporphin-alkaloide.

Eine Reihe von Basen, die in verschiedenen Pflanzen vorkommen und die oft als „*corydalisähnliche Alkaloide*" bezeichnet werden, stehen hinsichtlich ihrer Konstitution in nahem Zusammenhange mit den Basen der Bulbocapninreihe der Corydalisalkaloide und sind Abkömmlinge des Aporphins.

**Dicentrin,** $C_{20}H_{21}O_4N$ (s. S. 720).

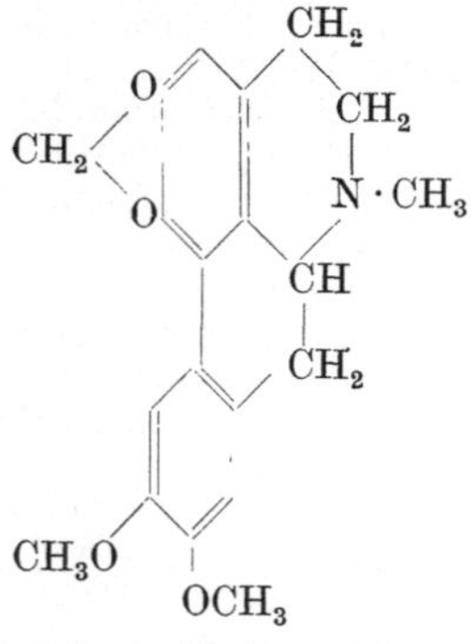


Das Dicentrin tritt, vor allem von Protopin (s. S. 625) neben anderen teilweise noch unerforschten Basen begleitet, in den verschiedenen Dicentraarten auf. So enthalten die Wurzeln von Dicentra formosa neben Dicentrin noch Protopin wie auch d-Tetrahydropalmatin (s. S. 595), während in Dicentra pusilla nur Dicentrin neben Protopin nachgewiesen werden konnten. Dicentra Cucullaria (FISCHER und SOELL [119]) und Dicentra spectabilis (DANKWORTH [72, 73]) enthalten neben Protopin noch einige bis jetzt nicht näher untersuchte Basen (siehe auch S. 720).

Die Darstellung des Dicentrins bzw. die Trennung von den anderen Basen erfolgt nach der Extraktion mit essigsäurehaltigem 95proz. Alkohol und

[1] Spezialverfahren für die Darstellung des Corytuberins s. GADAMER (143b).

Aufarbeitung der Extrakte des Rhizoms von Dicentra formosa oder der Blätter von Dicentra pusilla SIEB et ZUCC., durch fraktionierte Krystallisation der Bromhydrate der Basen aus verdünntem Alkohol, wobei das Dicentrinbromhydrat als schwer lösliches Salz abgeschieden werden kann[1].

Das Dicentrin, $C_{20}H_{21}O_4N$, dessen Konstitution durch die Synthese von R. D. HAWORTH, W. H. PERKIN jun. und J. RANKIN sichergestellt ist, krystallisiert aus Äther, Alkohol oder Essigester in Prismen, die den Fp. 168—169° zeigen, $[\alpha]_D = +62,1^0$ (Chloroform), und gibt gut krystallisierende Salze, z. B. das Chlorhydrat, B · HCl, farblose, sechsseitige Blättchen aus verdünntem Alkohol, schwer löslich in Wasser; Chlorplatinat $2B \cdot H_2PtCl_6 + H_2O$; gelblich weißer, allmählich krystallinisch werdender Niederschlag; das Chloroaurat ist leicht zersetzlich. Jodmethylat Fp. 224° (aus verdünntem Alkohol).

*Farbreaktionen.* Das Dicentrin löst sich in konzentrierter Schwefelsäure anfangs farblos, doch wird die Lösung rasch violett, in Molybdän- bzw. Vanadinschwefelsäure tritt Blaufärbung auf, auch in einem Gemisch von viel Schwefelsäure und wenig Salpetersäure wird die anfangs farblose Lösung rasch blau.

Die anderen in diese Gruppe fallenden Basen sind das Glaucin, $C_{21}H_{25}O_4N$, und die in ihrer Konstitution als Phenolbasen zum Glaucin zugehörigen Alkaloide, das Laurotetanin, $C_{19}H_{21}O_4N \cdot H_2O$, und das Boldin, $C_{19}H_{21}O_4N$.

**Glaucin,** $C_{21}H_{25}O_4N$.

$CH_2$
$CH_3O$ $CH_2$
$CH_3O$ $N \cdot CH_3$
$CH$
$CH_2$
$CH_3O$
$OCH_3$

Das Glaucin wurde in den Fraktionen der amorphen Alkaloide des Krautes von Corydalis cava in Begleitung von Protopin neben anderen Basen nachgewiesen (143). Weiter wurde es in Glaucium luteum aufgefunden, wobei in dem Pflanzenmaterial folgende Verteilung der Begleitbasen festgestellt wurde. In dem Kraut der zur Blütezeit gesammelten Pflanzen wurde Protopin und Glaucin, in den Wurzeln Protopin neben geringen Mengen von Chelerythrin und Sanguinarin nachgewiesen (R. FISCHER [117]).

Die Trennung des Glaucins von dem es meist begleitenden Protopin wird dadurch erzielt, daß die Basen in Form ihrer Chlorhydrate durch Ausschütteln mit Chloroform voneinander getrennt werden können, wobei das leichter lösliche Glaucinchlorhydrat von Chloroform aufgenommen wird.

Das Glaucin, $C_{21}H_{25}O_4N$, krystallisiert in gelblichen, rhombischen Prismen, Fp. 119 bis 120°, $[\alpha]_D = +113,3^0$ (Alkohol). Es ist leicht löslich in Alkohol, Essigester, Aceton oder Chloroform, mäßig löslich in Äther und sehr schwer löslich in Benzol oder Toluol. In kaltem Wasser ist es sehr schwer, in heißem Wasser etwas leichter löslich. Es gibt krystallisierte Salze, z. B. das Chlorhydrat, $B \cdot HCl \cdot 3H_2O$, farblose Krystalle (das Chlorhydrat kann aus saurer Lösung mit Chloroform ausgeschüttelt werden, worauf die Trennungsmethode von Protopin beruht), Bromhydrat, B · HBr, schwach rosa gefärbte Krystallnadeln, Fp. 235°. Glaucin gibt mit Quecksilberchlorid ein krystallisiertes Doppelsalz, während das Chloroplatinat und Chloroaurat amorph sind. Die freie Base ist geschmacklos, die Salze schmecken bitter.

*Farbreaktionen.* Glaucin löst sich in konzentrierter Schwefelsäure anfangs farblos, doch wird die Lösung langsam, schneller beim Erwärmen auf 100° himmelblau, bei weiterem Erwärmen dunkelblau bis violett. Konzentrierte Salpetersäure gibt eine vorübergehende

---

[1] Darstellung des Dicentrins siehe ASAHINA (11) und HEYL (238).

grüne Farbe, schließlich eine tiefrotbraune Flüssigkeit, FRÖHDEs Reagens (Sulfomolybdänsäure in konzentrierter Schwefelsäure) erzeugt zunächst eine grüne, später eine blaue bis indigoblaue Farbe, die nach 15 Minuten sich vom Rande her charakteristisch verfärbt. Mit Vanadinschwefelsäure gibt Glaucin zuerst eine hell-, dann dunkelgrüne Färbung, die nach einiger Zeit blau und schließlich violett wird.

**Boldin,** $C_{19}H_{21}O_4N$. Konstitution: E. SPÄTH u. K. THARRER (s. S. 709) sowie E. SCHLITTLER.

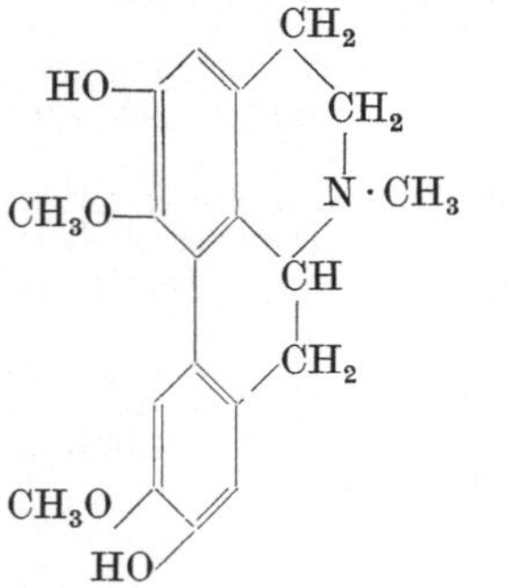

Als um zwei Methoxylgruppen ärmere Phenolbase ist das Boldin dem Glaucin direkt zuzuordnen. Das Boldin kommt in den Blättern und Stengeln von Pneumus Boldus MOL. (Moldea fragans GAY oder Boldea Chilensis JUSS), einer in Chile einheimischen strauchartigen Monimiacee, vor.

In dem alkoholischen Extrakte der Rinde von Litsea citrata (Java) wurde neben dem Laurotetanin von G. BARGER und R. SILBERSCHMIDT (20) eine neue Base nachgewiesen, die mit dem Boldin große Ähnlich-keit aufwies.

Boldin ist ein amorphes, lichtempfindliches, weißes, stark bitter schmeckendes, stark rechtsdrehendes, alkalisch reagierendes Pulver. Es kann auch mit Krystallchloroform krystallisierend gewonnen werden. Die krystallisierte Substanz ist wenig löslich in Wasser und Äther, löslich in Benzol, Amylalkohol, Schwefelkohlenstoff, leicht löslich in Alkohol, Essigester, Pyridin, Chloroform und heißem Eisessig. Auch in verdünnten Säuren, Alkalien und Ammoniak geht Boldin leicht in Lösung. Das aus Chloroform erhaltene krystallisierte Boldin verliert bei 98° getrocknet das Krystallchloroform und geht dabei in die amorphe Form über. Das aus Chloroform erhaltene krystallisierte Boldin kann durch wiederholtes Umkrystallisieren aus Benzol in fast weißen glänzenden Schüppchen gewonnen werden. Fp. 156° Erweichen, 161—163° Schmelzen. Mit Säuren bildet das Boldin keine krystallinischen Verbindungen. Seiner Konstitution nach gleicht das Boldin dem Glaucin, es ist eine Phenolbase, die zwei Methoxylgruppen weniger besitzt als das Glaucin. Die Konstitution des Boldins wurde in Ergänzung der Untersuchung von K. WARNAT (602) von E. SPÄTH u. K. THARRER (s. S. 709) aufgeklärt (s. auch E. SCHLITTLER).

*Farbreaktionen.* Boldin gibt mit konzentrierter Schwefelsäure, die 0,05 % Ferrisulfat enthält, eine tiefblaue Färbung. Wird eine Lösung von Boldin in Eisessig mit eisenhaltiger Schwefelsäure unterschichtet, so entsteht an der Berührungsfläche ein tiefblauer Ring. Mit konzentrierter Salpetersäure gibt Boldin eine tiefrote Färbung. Die Lösung des Boldins in konzentrierter Schwefelsäure gibt auf Zusatz eines Körnchens Salpeter oder auf Zusatz eines Tropfens verdünnter Salpetersäure eine Grünfärbung, die auf Wasserzusatz in Rot umschlägt. Die Lösung des Boldins in konzentrierter Schwefelsäure wird auf Zusatz von Formalin violett gefärbt. Die Lösung des Boldins in Ammoniak wird auf Zusatz von Bromwasser violettrot (E. MERCK [376], K. WARNAT [602]).

**Laurotetanin,** $C_{19}H_{21}O_4N$ (GRESHOFF [180], GORTER [176]). Konstitution[1].

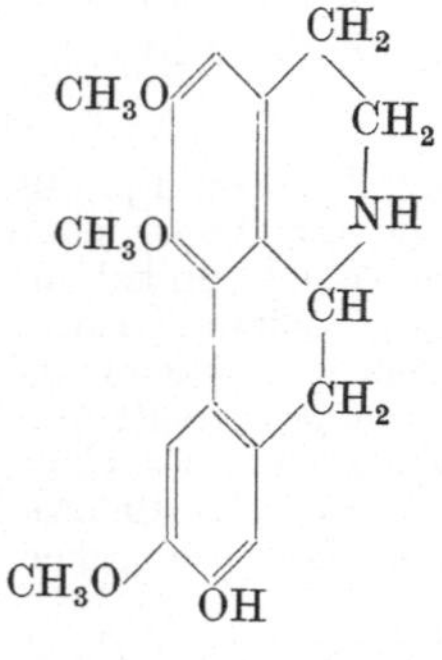

Das Laurotetanin gehört als Phenolbase in die Gruppe des Glaucins, von dem es sich vor allem auch dadurch unterscheidet, daß es im Gegensatz zum Glaucin eine sekundäre Base ist. Das Laurotetanin ist der Starrkrampf erzeugende Bestandteil vieler indischer Lauraceen, so konnte es z. B. in Litsea chrysocoma, in Litsea citrata und in Litsea cubeba nachgewiesen werden. Zu der Familie der Lauraceen, Reihe der Polycarpiceen, gehört auch Tetranthera citrata NEES, aus deren Rinde Laurotetanin dargestellt werden kann.

Zu diesem Zwecke wird die Rinde mit Methylalkohol extrahiert und nach Abscheidung der Gesamtalkaloide die Phenolbasen von den Nichtphenolbasen getrennt. Das rohe,

[1] Konstitutionsaufklärung s. E. SPÄTH u. F. STRAUHAL (558), E. SPÄTH u. K. THARRER (559a) und G. BARGER u. R. SILBERSCHMIDT (20), sowie G. BARGER, J. EISENBRAND, L. EISENBRAND u. SCHLITTLER (19a).

zu den Phenolbasen gehörige Laurotetanin wird durch Umkrystallisieren aus wäßrigem Alkohol gereinigt (weitere Vorkommen s. S. 709).

Das Laurotetanin krystallisiert in fast farblosen, aus Nadeln bestehenden Rosetten mit 1 Mol. Krystallwasser vom Fp. 130°, $[\alpha]_D^{25} = +98{,}5^0$ (Alkohol). Es ist schwer löslich in Wasser, Äther, Benzol und Petroläther, leicht löslich in Alkohol, Chloroform, Aceton, Essigester und Alkali. Es gibt eine Reihe gut krystallisierender Salze, z. B. das Chlorhydrat, Bromhydrat, Jodhydrat, Sulfat und Pikrat vom Fp. 148° mit 1,5 Mol. Krystallwasser.

Als sekundäre Base gibt das Laurotetanin mit Phenylsenföl auch einen charakteristischen Phenylthioharnstoff, $C_6H_5 \cdot NH \cdot CS \cdot NC_{19}H_{20}O_4$, Fp. 211—212°.

Das Laurotetanin wird in alkalischer Lösung leicht unter Braunfärbung und Oxydation verändert. Silbernitratlösung und FEHLINGsche Lösung werden durch Laurotetanin reduziert.

*Farbreaktionen.* Laurotetanin löst sich in konzentrierter Schwefelsäure mit blauer Farbe, die beim Erwärmen in Violett übergeht. Molybdänschwefelsäure löst mit indigoblauer Farbe, die beim Verdünnen mit Wasser gelb wird. Konzentrierte Schwefelsäure in Gegenwart von wenig Salpetersäure löst die Base zuerst blau, dann braun.

### i) Alkaloide von Nandina domestica THUNBG (s. S. 714).

Auf den Ergebnissen der Untersuchungen von Nandina domestica THUNB. von J. F. EYKMANN aufbauend, haben sich Z. KITASATO und Mitarbeiter, sowie S. OSADA mit den Inhaltsstoffen dieser Pflanze eingehend beschäftigt. Die Konstitutionsaufklärung des Nandinins als d-Tetrahydro-berberubin bedarf noch, worauf schon früher hingewiesen wurde (s. S. 591), einer eingehenden neuerlichen Überprüfung; die Konstitutionsaufklärung des Domesticins, Isodomesticins und des Domesticinmethyläthers ist gleichfalls noch nicht endgültig abgeschlossen; immerhin geben die in der folgenden Zusammenstellung angegebenen Konstitutionsformeln ein orientierendes Bild über die Gruppen von Alkaloiden, die in dieser Pflanze aufgefunden wurden. Über die Konstitution des stark dunkelblau gefärbten Nandazurins ist bis jetzt auch noch nichts Abschließendes bekannt.

Die Darstellung der Basen erfolgte nach EYKMANN und KITASATO in folgender Weise: die Wurzeln der Pflanzen wurden mit Wasser ausgezogen, der Auszug eingeengt, der Rückstand mit Alkohol ausgekocht und die nach dem Verjagen des Lösungsmittels zurückbleibende Masse mit Wasser und Ammoniak vermischt, wodurch ein Harz ausfiel, welches mit Äther erschöpft wurde. Die nach dem Verdunsten des Äthers zurückbleibende braune amorphe Substanz gab an verdünnte Essigsäure ein Alkaloid ab, das aus der essigsauren Lösung mit Ammoniak gefällt und neuerlich in Essigsäure aufgenommen wurde. Die essigsaure Lösung der Base wurde nach Zusatz von Bleiacetat mit Schwefelwasserstoff entfärbt und mit Ammoniak fraktioniert gefällt, wobei es zur Abscheidung des amorphen Nandinins kam, das aber nach KITASATO auch aus Alkohol in Blättchen krystallinisch erhalten werden konnte. Wurde der nach der Abscheidung des Nandinins verbleibende Rückstand in Methylalkohol gelöst, so krystallisiert nach einigem Stehen Domesticin in 1 Mol Methylalkohol enthaltenden Tafeln aus. Es ist sehr oxydabel, färbt sich, wenn unrein, an der Luft leicht grün und gibt mit konzentrierter Schwefelsäure eine rotviolette Färbung. In den Mutterlaugen des Nandinins und Domesticins verbleibt nun ein weiteres Alkaloid, das Isodomesticin, das nach Abscheidung der Chlorhydrate des Nandinins und Domesticins gelöst zurückbleibt. Durch Fällung der salzsauren Lösungen mit Ammoniumcarbonat kann es abgeschieden und durch mehrfaches Umfällen auf den Fp. 85° gebracht werden.

Über die Konstanten der aus Nandina domestica gewonnenen Alkaloide orientiert die folgende Zusammenstellung, zu der nur bemerkt wird, daß auch der Methyläther des Domesticins, der Nantenin oder Domestin genannt wurde, aus den Früchten von Nandina domestica gewonnen werden konnte.

Alkaloide von Nandina domestica THUNB.

| Namen | Bruttoformel | Schmelzpunkt | Drehung $[\alpha]$ | Konstitutionsformel |
|---|---|---|---|---|
| Nandinin[1] d-Tetrahydroberberubin? siehe auch S. 591 | $C_{19}H_{19}O_4N$ | 145—146° Blättchen aus Alkohol | ca. +63,2° in Alkohol | 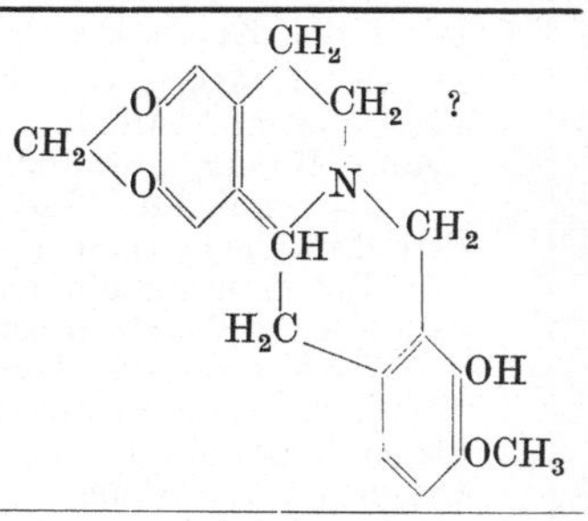 $CH_2$ O O $CH_2$ $CH_2$ ? N $CH_2$ CH $H_2C$ OH $OCH_3$ |
| Methyläther | | 139° | +246,75° | |
| Domesticin[2] | $C_{19}H_{19}O_4N$ | Tafeln mit 1 Mol $CH_3OH$ aus Methylalk. 115—117° | +60,51° | 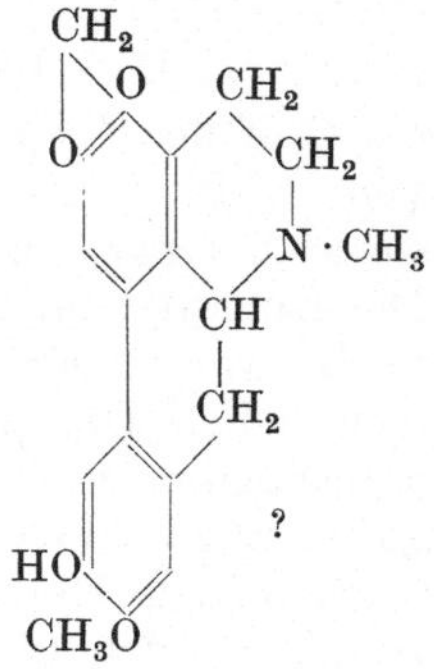 $CH_2$ O O $CH_2$ $CH_2$ $N\cdot CH_3$ CH $CH_2$ ? HO $CH_3O$ |
| synth. Methyläther | $C_{20}H_{21}O_4N$ | 139° | +107,7° $CHCl_3$ | |
| Domesticinmethyläther[3] (Nantenin) (Domestin) aus den Früchten dargestellt | $C_{20}H_{21}O_4N$ | 138—139° Nadeln lsl. $H_2O$ | +99,8° | 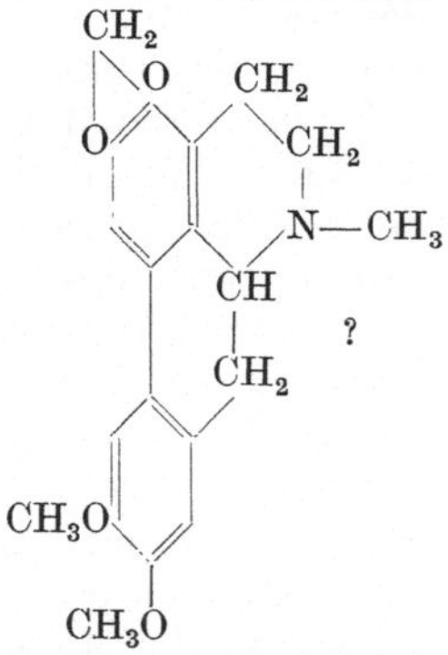 $CH_2$ O O $CH_2$ $CH_2$ N—$CH_3$ CH ? $CH_2$ $CH_3O$ $CH_3O$ |
| Isodomesticin[4] | $C_{19}H_{19}O_4N$ | 85° | | 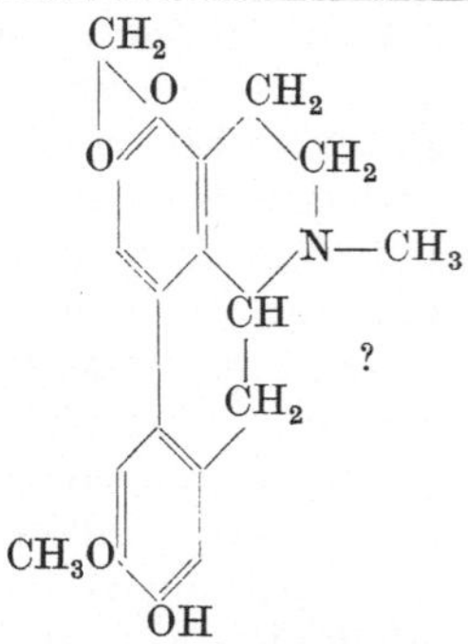 $CH_2$ O O $CH_2$ $CH_2$ N—$CH_3$ CH ? $CH_2$ $CH_3O$ OH |
| synth. Methyläther: | $C_{20}H_{21}O_4N$ | 139° | +101,7° $CHCl_3$ | |

[1] J. F. EYKMANN (99), Z. KITASATO (285, 290). [2] Z. KITASATO (288), S. OSADA (508).
[3] H. MANIWA, R. SAKAE, J. KAN (362); Z. KITASATO (287). [4] Z. KITASATO (285).

Alkaloide von Nandina domestica THUNB. (Fortsetzung).

| Namen | Bruttoformel | Schmelzpunkt | Drehung [α] | Konstitutionsformel |
|---|---|---|---|---|
| Nandazurin[1] mit verd. Säuren rotbraune Salze | $C_{28}H_{18}O_6N_2 \cdot H_2O$ | über 350° tiefblaue Nadeln | | |

## k) Alkaloide von Laurelia Novae-Zealandiae (s. S. 709).

Die in der Rinde der neuseeländischen Monimiacee, Laurelia Novae-Zealandiae, zuerst von B. C. ASTON (15) aufgefundenen Alkaloide wurden neuerdings von G. BARGER und A. GIRADET (19) eingehend untersucht. Dabei hat sich zum Unterschiede von der ersten Untersuchung durch ASTON ergeben, daß das von ASTON beschriebene Laurepukin nur aus einem Gemisch von Laurelin und Pukatein bestand; es wurde aber noch ein drittes neues Alkaloid aufgefunden, das den Namen Laurepukin erhielt. Das Laurelin und die Phenolbase Pukatein wurden als Alkaloide der Aporphinreihe erkannt; in dieselbe Gruppe dürfte auch das nur in geringer Menge nachgewiesene Laurepukin von BARGER und GIRARDET gehören.

Zur Darstellung der Alkaloide können verschiedene Verfahren verwendet werden. ASTON hat die zerkleinerte Rinde mit 0,5% Essigsäure enthaltendem Alkohol extrahiert, den Alkohol verjagt, die zurückbleibende saure Lösung mit Wasser verdünnt und nach dem Filtrieren mit Chloroform extrahiert. Beim Verreiben des Rückstandes des Chloroformextraktes mit kaltem Alkohol krystallisierte das Pukatein aus, während das Laurelin aus den Rückständen der alkoholischen Mutterlauge durch Behandlung mit verdünnter Schwefelsäure als Sulfat abgeschieden werden konnte. Von BARGER und GIRARDET wurden vier verschiedene Methoden der Aufarbeitung erprobt, deren Details in der Originalarbeit einzusehen sind. Im Prinzip geht das auch in großem Stile angewandte Verfahren so vor sich, daß das Rindenmaterial zuerst durch Perkolation mit 0,5% Eisessig enthaltendem Alkohol behandelt wurde. Aus den Perkolaten wurde der Alkohol im Vakuum am Wasserbade entfernt und die saure Lösung nach dem Verdünnen mit Wasser stehengelassen und filtriert. Nach dem Alkalischmachen der sauren Lösung mit Kaliumcarbonat werden die in Benzol löslichen Alkaloide in Benzol aufgenommen; durch Ausschüttelung der Benzolextrakte zuerst mit verdünnter 10proz. Essigsäure, dann mit 2n-Salzsäure wurden dem Benzol die Basen fraktioniert entzogen.

In dem essigsauren Extrakte, der neben viel Pukatein wenig Laurelin enthielt, wurde durch Zusatz von Natriumbromid das Laurelin als schwer lösliches Bromhydrat ausgefällt, das in der Mutterlauge gebliebene Pukateinbromhydrat wurde mit Kaliumcarbonat neutralisiert, mit Äther extrahiert und ergab beim Verreiben des Ätherrückstandes mit Alkohol das krystallisierte Pukatein.

Das Laurelinbromhydrat wurde zuerst gereinigt, dann mit Ammoniak zerlegt, mit Äther extrahiert und schließlich auch in Tafeln krystallisiert gewonnen.

Aus den Rückständen kann dann das Laurepukin gewonnen werden (Details siehe G. BARGER und GIRARDET [19]).

[1] Z. KITASATO u. CHAZABURO SONE (293).

Über die bis jetzt dargestellten Basen orientiert die folgende Zusammenstellung:

| Namen | Bruttoformel | Fp. | $[\alpha]_D^{15}$ | Ausbeute | Konstitutionsformel |
|---|---|---|---|---|---|
| Pukatein[1] | $C_{18}H_{17}O_3N$ | 200°<br>Kp.$_{2\,mm}$<br>210—215° | —220°<br>Alkohol | 0,108%—<br>0,117% | $CH_2$ / O, O / $CH_2$ / $CH_2$ / $N \cdot CH_3$ / CH / $CH_2$ / HO |
| Laurelin[1],<br>schwache Base<br>sehr oxydabl. | $C_{19}H_{19}O_3N$ | 97° | —98,5°<br>Alkohol | 0,031 bis<br>0,099% | $CH_2$ / O, O / $CH_2$ / $CH_2$ / $N—CH_3$ / CH / $CH_2$ / $CH_3O$ |
| Chlorhydrat | $C_{19}H_{19}O_3N \cdot HCl$ | 280° | | | |
| Bromhydrat | $C_{19}H_{19}O_3N \cdot HBr$ | | | | |
| Nitrat | | 238—240° | | | |
| Tartrat | | 220° | —25,1° | | |
| Laurepukin<br>sehr luftemp-<br>findlich | $C_{18}H_{17}O_4N$ | 230°—<br>231° | —222°<br>Chloroform<br>—252°<br>abs. Alk. | | $CH_2—O$ / O / $CH_2$ / $CH_2$ / $N—CH_3$ / CH ? / $CH_2$ / HO— / HO—<br>oder<br>HO / HO / $CH_2$ / $CH_2$ / $N—CH_3$ / CH ? / $CH_2$ / $CH_2$ / O, O |
| Sulfat | $B_2 \cdot H_2SO_4 \cdot 6H_4O$ | 99°—100° | | | |

## l) Opiumalkaloide.

Das Opium ist der durch das Anschneiden der unreifen Früchte von Papaver somniferum L. gewonnene, an der Luft eingetrocknete Milchsaft. Er enthält neben einer großen Anzahl von Alkaloiden eine Reihe verschiedenartigster Stoffe, z. B. Fette, Harze, kautschukähnliche Stoffe, Farbstoffe, Zucker, pektin-

[1] SCHINDLER, E.: Synthese und Spaltung von Pukateinmethyläther und von Laurelin. Dissert., Zürich 1932.

artige Stoffe, Eiweißsubstanzen, Mineralsalze, Schwefelsäure, daneben eine Reihe organischer Säuren, Essigsäure, Milchsäure, Mekonsäure (3 Oxy-$\gamma$-Pyron-2,6-dicarbonsäure) und neutrale Verbindungen, die mit diesen in Beziehung stehen, z. B. das Mekonin-[Dimethoxy-phtalid], $C_{10}H_{10}O_4$, oder das Mekonoiosin, $C_8H_{10}O_2$.

Die folgende Übersicht über die Alkaloide des Opiums ist ohne Rücksicht auf das quantitative Vorkommen der einzelnen Basen, sondern nur im Hinblick auf die Zusammengehörigkeit der einzelnen Basen hinsichtlich ihrer chemischen Konstitution zusammengestellt. Die Opiumalkaloide können demnach in folgende Gruppen eingeteilt werden.

*I. Abkömmlinge des Isochinolins.*

*1. Abkömmlinge des Tetrahydro-isochinolins.*

Hydro-cotarnin, $C_{12}H_{15}O_3N$

$CH_2$ — O — O — $CH_2$ — $CH_2$ — N—$CH_3$ — $CH_2$

*2. Abkömmlinge des 1-Benzyl-isochinolins.*

Papaverin (6,7 Dimethoxy-1-[3',4' dimethoxy-benzyl]-isochinolin), $C_{20}H_{21}O_4N$[1].

Xanthalin (Papaveraldin), $C_{20}H_{19}O_5N$, ein Oxydationsprodukt des Papaverins.

N — $CH_2$

*3. Abkömmlinge des 1-Benzyl-tetrahydro-isochinolins.*

dl-Laudanin dl-N-Methyl-1-(3' oxy-4' methoxy-benzyl)-6, 7-dimethoxy-1, 2, 3, 4-tetrahydro-isochinolin, $C_{20}H_{25}O_4N$.

Laudanidin, Tritopin (l-Form des rac. Laudanins), $C_{20}H_{25}O_4N$.

Kodamin N-Methyl-1-(3',4'-dimethoxy-benzyl)-6-methoxy-7 oxy-1, 2, 3, 4-tetrahydro-isochinolin), $C_{20}H_{25}O_4N$.

Laudanosin N-Methyl-1-(3',4'-dimethoxy-benzyl)-6, 7 dimethoxy-1, 2, 3, 4-tetrahydro-isochinolin, $C_{21}H_{27}O_4N$.

l-Narkotin, $C_{22}H_{23}O_7N$ (optisch aktiv).

Gnoskopin, $C_{22}H_{23}O_7N$ (dl-Narkotin).

Oxynarkotin, $C_{22}H_{23}O_8N$.

Narcein $C_{23}H_{27}O_8N$ (vom Narkotin sich ableitende Base mit aufgespaltenem Isochinolinringsystem).

$H_2$ C — $CH_2$ — N·$CH_3$ — CH — $CH_2$

*4. Abkömmlinge eines Di-isochinolins.*

$CH_2$ — $CH_2$ — N—$CH_3$ — CO — $CH_2$ — $H_2C$

[1] Das von MERCK (368a) im Opium aufgefundene Pseudopapaverin hat sich nach E. SPÄTH und N. POLGAR (553a) mit Papaverin als identisch erwiesen und ist demnach aus der Literatur zu streichen.

Kryptopin, $C_{21}H_{23}O_5N$
Protopin, $C_{20}H_{19}O_5N$.

*II. Basen, die beim Abbau Phenanthrenderivate ergeben.*

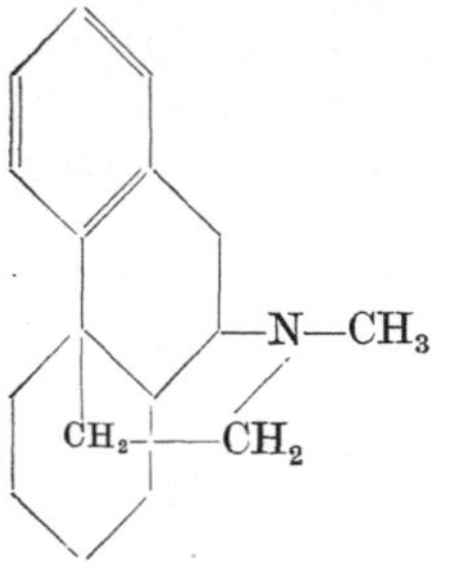

N—$CH_3$
$CH_2$—$CH_2$

Morphin, $C_{17}H_{19}O_3N$.
Kodein, $C_{18}H_{21}O_3N$.
Neopin, $\beta$-Kodein $C_{18}H_{21}O_3N$.
Pseudomorphin, $(C_{17}H_{18}O_3N)_2$.
Thebain, $C_{19}H_{21}O_3N$.
Porphyroxin, $C_{19}H_{23}O_4N$.

*III. Basen noch unbekannter Konstitution*[1].

Papaveramin, $C_{21}H_{25}O_6N$, Prismen Fp. 128°.
Mekonidin, $C_{21}H_{23}O_4N$, amorph Fp. 58°.
Lanthopin, $C_{23}H_{25}O_4N$, Prismen Fp. 200°.
Rhoeadin, $C_{21}H_{21}O_6N$ (217b).
Aporhein, $C_{18}H_{16}O_2N$ (400).

Für die analytische Bearbeitung des Opiums ist die Kenntnis der Mengenverhältnisse in denen die einzelnen Basen im Opium vorkommen, besonders wichtig, wenn auch mit Rücksicht auf die Schwankungen in den Werten nur annähernde Zahlen angegeben werden können. Man findet an Morphin ca. 9% (3—23%)[2], Narcotin ca. 5% (2—10%), Papaverin 0,8% (0,5—1%), Thebain 0,4% (0,2—0,5%), Kodein 0,3% (0 3—0,8%), Narcein 0,2%, Kryptopin 0,08%, Pseudomorphin 0,02%, Laudanin 0,01%, Lanthopin 0,006%, Protopin 0,003%, Kodamin 0,002%, Laudanidin (Tritopin) 0,0015%, Laudanosin 0,0008%, außerdem Mekonsäure 4%, Milchsäure 1,2%, Mekonin 0,3%. Aus der obigen Zusammenstellung ersieht man, daß der Gehalt an den einzelnen Basen recht schwankend sein kann, weil Opium verschiedener Produktionsgegenden die Basen in untereinander wechselnden Mengenverhältnissen aufweist. Das kleinasiatische oder Smyrnaer Opium wird hauptsächlich zu pharmazeutischen Zwecken, das indische und persische Opium zu Zwecken der fabriksmäßigen Darstellung der einzelnen Opiumalkaloide eingeführt. Andere Opiumsorten sind das ägyptische, chinesische und jugoslawische (mazedonische und serbische) Opium[3].

Hinsichtlich des Auftretens der Opiumalkaloide in den Papaverarten wäre festzustellen, daß nicht nur die unreifen, sondern auch die reifen Samenkapseln ziemlich viel Alkaloide enthalten (ALLAN [3]). In den Samen soll nur eine Spur von Narkotin vorkommen, aber schon in den ersten drei Keimungstagen wird ziemlich viel Narkotin gebildet; 5—7 cm lange Pflanzen enthalten schon Narkotin, Kodein, Morphin und Papaverin (M. G. KERBOSCH [279]). Die Untersuchung von Papaver somniferum var. nigrum ergab, daß schon die Samen etwas Morphin und Kodein enthielten, die Alkaloide sich in allen Teilen der blühenden Pflanze außer in den Staubblättern vorfanden und in den unreifen Früchten auch Narcein aufgefunden werden konnte. Das Opium aus dieser Pflanze ist frei von Narkotin, enthält vor allem Morphin, Kodein, Thebain, Narcein und Papaverin[4].

Die Betrachtung der Mengenverhältnisse der einzelnen Basen im Opium läßt für die Frage der Reindarstellung und Trennung verstehen, daß aus dem Opium direkt, vor allem Morphin, Narkotin, Papaverin, Thebain und Kodein isoliert werden können, während die anderen selteneren Basen, soweit sich ihre

---

[1] Auf eine ausführliche Beschreibung dieser seltenen, in ihrer Konstitution noch nicht vollständig aufgeklärten Basen muß, da sie für eine direkte analytische Erfassung in der Pflanze oder im Opium wohl kaum in Betracht kommen, verzichtet werden.

[2] Die eingeklammerten Zahlen zeigen, wie stark die Werte variieren können.

[3] Über die Zusammensetzung des japanischen Opiums s. E. MACHIGUCHI (350).

[4] L. v. ITTALIE u. VAN TOORENBURG (250); L. v. ITTALIE u. KERBOSCH (249). — Über die Physiologie der Papaveralkaloide s. CLAUTRIAU (65).

Darstellung aus dem Opium überhaupt lohnt, nicht direkt, sondern nur bei der fabriksmäßigen Aufarbeitung der Mutterlaugen der Hauptalkaloide gewonnen werden können, in denen die selteneren Basen systematisch angereichert werden. Die Zerlegung des Opiums in seine Bestandteile geschieht meist fabriksmäßig nach Verfahren, die in ihren Einzelheiten geheimgehalten werden. Das Verfahren von ROBERTSON, GREGORY, das von ANDERSON verbessert wurde, wird, weil es auch einen Einblick in die Methodik der Darstellung der seltenen Opiumalkaloide bietet, hier für die Hauptalkaloide den Angaben von J. SCHWYZER (490) folgend, zuerst kurz beschrieben.

Das Opium wird mit einem Messer aus nichtrostendem Stahl in Stücke von etwa 50 g geschnitten und dann, nachdem es vorher durch Wasser befeuchtet wurde, durch eine kleine Fleischhackmaschine geschickt (J. SCHWYZER [490]). Das Opium enthält die zuerst zu isolierenden Alkaloide in Form von Salzen mit Mekonsäure, Milchsäure und Schwefelsäure. Durch Extraktion mit warmem Wasser (37°), die im Sinne eines Gegenstromprinzipverfahrens durchgeführt wird, gelingt es, die in Form von Salzen vorliegenden Basen in Lösung zu bringen, wobei angestrebt wird, mit wenig Lösungsmittel möglichst quantitativ zu arbeiten. Zur Erzielung der richtigen Konzentration für das Weiterarbeiten empfiehlt es sich, von 1 kg verarbeitetem Opium auf etwa 2—2,5 Liter Opiumlauge zu kommen, wobei es notwendig ist, die verdünnteren Waschwässer des Opiumextraktes im Vakuum so weit einzuengen, daß das obenerwähnte Volumen erreicht wird. Die vereinigten Extrakte werden nun in einem Wasserbade auf 70—75° erwärmt und bei dieser Temperatur mit einer Lösung von 100 g geschmolzenen Chlorcalcium in 100 cm³ Wasser versetzt, gut umgerührt und nach dem Erkalten 48 Stunden in der Kälte stehengelassen. Dabei fallen durch doppelte Umsetzung die Calciumsalze der Mekonsäure, Milchsäure und Schwefelsäure aus und setzen sich mit einigen anderen Stoffen zu Boden, während in der Lösung die Chlorhydrate der Basen verbleiben.

Nach 48 Stunden wird die klare Lösung abgegossen, der Niederschlag auf einer Nutsche mit möglichst wenig Wasser alkaloidfrei gewaschen. Die Prüfung des Niederschlages auf Alkaloidfreiheit erfolgt im Waschwasser durch Versetzen mit verdünntem Ammoniak, wobei höchstens eine schwache Opalescens auftreten darf. Die erhaltenen Lösungen und Waschwässer, im ganzen etwa 2,5—3 Liter, werden nun im Vakuum bei einer 60° nicht übersteigenden Temperatur auf 500 cm³ eingedampft und hierauf in die Kälte zur Krystallisation gestellt, wobei es zur Ausscheidung des sogenannten GREGORY-Salzes, eines Doppelsalzes der Chlorhydrate von Morphin und Kodein, kommt, das aus etwa 1 Teil Kodeinchlorhydrat auf 10—20 Teile Morphinchlorhydrat besteht. Das GREGORY-Salz wird am besten abzentrifugiert und mit eiskaltem Wasser gewaschen. Die Mutterlaugen werden, wie oben besprochen, noch einmal auf 300 cm³ eingeengt und neuerdings auskrystallisieren gelassen, wobei noch eine zweite Krystallisation erhalten wird, die wie oben filtriert und gewaschen wird. Die Mutterlauge des GREGORY-Salzes ist eine zähflüssige, braunschwarze Brühe, die noch ungefähr 20 % des aus dem Opium extrahierten Morphins und Kodeins, ferner einen Teil des Narkotins und die Gesamtmenge der übrigen Basen enthält, deren Aufarbeitung später unter 3, 4 und 5 besprochen werden soll.

Die Zerlegung des erhaltenen GREGORY-Salzes, das auf je 10 Teile Morphin $^1/_2$—1 Teil Kodein enthält, erfolgt in folgender Weise: das Salz wird etwa in der 10fachen Menge destillierten Wassers bei 60° aufgelöst und mit 5proz. wäßrigem Ammoniak, am besten unter mechanischer Rührung, *genau gegen Phenolphthalein neutralisiert.* Dabei wird das Morphin unter optimalen Bedingungen ausgefällt, während das Kodein als Ammoniumkodeinchlorid in Lösung bleibt. Ein Überschuß von Ammoniak ist unbedingt zu vermeiden, weil sonst einerseits Morphin in Lösung gehen und andererseits das Morphin unter Sauerstoffaufnahme auch braun gefärbt werden könnte. Vom Morphin wird nun abfiltriert; aus den Mutterlaugen kann das Kodein, wie unter 2 auseinandergesetzt wird, gewonnen werden. Zur weiteren Reinigung kann das Morphin in dem doppelten Gewicht destillierten Wassers unter Anwendung von eisenfreier Salzsäure auf dem Dampfbade bei 90° gelöst werden. Nach halbstündigem Digerieren der Lösung mit 1,5 g metallfreier Entfärbungskohle bei 90—95° wird die Lösung durch einen gut geheizten Heißwassertrichter filtriert, worauf sich in dem Filtrate das Morphinchlorhydrat in der Kälte in weißen Nadeln abscheidet, die abfiltriert und mit eiskaltem Wasser gewaschen werden.

Aus den Mutterlaugen, deren Bildung schon früher erwähnt wurde, kann das Morphin am besten dadurch gewonnen werden, daß es durch Acetylierung in das Diacetylmorphin übergeführt wird, das durch Krystallisation aus Aceton oder Methyläthylketon leicht rein gewonnen werden kann; aus dem Diacetylmorphin kann durch Verseifung wieder das Morphin regeneriert werden.

2. Die Gewinnung des Kodeins erfolgt am besten aus den Mutterlaugen, die nach der Fällung des Morphins aus dem GREGORY-Salz gewonnen wurden. Die Mutterlauge wird hierzu im Vakuum auf etwa 80 cm³ eingedampft und hierauf bei 80° mit 25 g reiner 30proz. Natronlauge versetzt, wodurch das Ammoniumkodeindoppelsalz unter Ammoniakentwicklung zersetzt wird. Die Lösung wird nun nach dem Erkalten in einen $^1/_2$-Liter-Scheidetrichter gegossen und das Kodein der Lösung durch dreimaliges Ausschütteln mit je 50 cm³ Chloroform entzogen. Die vereinigten Chloroformauszüge werden nun wieder in den Scheidetrichter zurückgegossen und darin mit 40 cm³ verdünnter reiner Schwefelsäure (1 :10) ausgeschüttelt, wobei, da das Kodeinsulfat schwer löslich ist, für *schnelle Trennung* der beiden Schichten gesorgt werden muß. Die Kodeinsulfatlösung wird nun weiter bei 90° $^1/_2$ Stunde mit 0,2 g eisenfreier Tierkohle behandelt und durch ein kleines Faltenfilter filtriert. Wenn die Kodeinsulfatlösung hellgelb gefärbt ist, kann nun durch Zusatz von 10proz. reinster eisenfreier Natronlauge bei 40° daraus die Kodeinbase ausgefällt werden; bei dunkelgefärbten Lösungen empfiehlt es sich, den Reinigungsvorgang noch einmal zu wiederholen. Zu diesem Zweck wird die Kodeinsulfatlösung in einem Scheidetrichter bei 50° mit 40 g Benzol überschichtet und beim Alkalischmachen mit NaOH das Kodein in Benzol aufgenommen. Nach Abtrennung der wäßrigen Schicht kann das Kodein dem Benzol wieder durch Ausschütteln mit 40 cm³ $H_2SO_4$ (1 : 10) entzogen und wie oben weiter aufgearbeitet werden.

3. Die Gewinnung des Narkotins kann entweder aus den Mutterlaugen nach der Darstellung des Diacetylmorphins (s. S. 611) erfolgen, da etwa ein Drittel des Narkotins in die wäßrige Lösung gegangen ist (die Gesamtnarkotinmenge beträgt 5—8% des Opiums). Der größte Teil des Narkotins verbleibt aber in den nach der Auslaugung mit Wasser zurückbleibenden Opiumrückständen. Diese werden sofort nach der Wasserextraktion mit 5 Teilen Wasser und roher Salzsäure deutlich angesäuert (Kongo). Die Lösung wird abgenutscht und die Rückstände neuerdings mit 5 Teilen ihres Gewichtes mit verdünnter Salzsäure (bei kongosaurer Reaktion) angerührt und 24 Stunden stehengelassen. Nach neuerlichem Abnutschen wird noch ein drittes Mal mit verdünnter Salzsäure extrahiert. Die salzsauren Extrakte werden nun im Vakuum bei maximal 70° auf $^1/_6$ ihres Volums eingedampft und unter mechanischer Rührung in den hellbraunen Lösungen das Narkotin mit Solvaysoda ausgefällt, wobei die Soda anfangs als feines Pulver, gegen Ende der Reaktion in Lösung zugesetzt wird. Das Narkotin scheidet sich beim Stehen über Nacht aus, wird 4—5mal mit Wasser abdekantiert und nach dem Abfiltrieren zwei- oder dreimal aus Aceton umkrystallisiert (s. S. 621ff.).

4. Die Aufarbeitung der Mutterlaugen des GREGORY-Salzes kann nach LOHMANN und SIEDLER (348a) auch in folgender Weise erfolgen: Sie enthalten im wesentlichen noch die Chlorhydrate von Narkotin, Thebain, Papaverin und Narcein. Zur Zerlegung dieses Alkaloidgemisches werden die Mutterlaugen zuerst mit Wasser verdünnt und die sich dabei abscheidenden Harze durch Filtration entfernt. In der filtrierten Lösung kann nun durch reichlichen Ammoniakzusatz das Narkotin, das Thebain und der größte Teil des Papaverins niedergeschlagen werden (Niederschlag A), während das Narcein und der Rest des Papaverins in Lösung bleiben.

Die Zerlegung des Niederschlages A in seine Bestandteile gelingt dadurch, daß er zuerst abfiltriert und mit überschüssiger Kalilauge verrührt und dann mit Wasser versetzt wird. Dabei bleibt Narkotin ungelöst zurück, während Thebain und Papaverin in Lösung gehen. Thebain und Papaverin werden voneinander dadurch getrennt, daß man der Lösung bis zur neutralen Reaktion Essigsäure zusetzt und darauf das Papaverin mit basischem Bleiacetat ausfällt, während in der Mutterlauge, die zuerst z. B. durch Behandlung mit Schwefelwasserstoff entbleit werden muß, das Thebain durch Ammoniak ausgefällt wird.

Die noch bei der Abscheidung des Niederschlages A in der Mutterlauge verbleibenden Alkaloide werden dadurch voneinander getrennt, daß die Mutterlauge zuerst mit Bleiacetat behandelt, filtriert und wieder entbleit wird. Nun wird im Überschuß Ammoniak zugesetzt und die Flüssigkeit am besten im Vakuum bei möglichst niedriger Temperatur bis zur Bildung einer Oberflächenhaut eingedunstet. Beim Erkalten scheidet sich krystallinisch fast das ganze Narcein ab, während die anderen Basen in der Lösung bleiben. Zu ihrer Gewinnung wird die Mutterlauge noch stärker eingeengt und dann erschöpfend ausgeäthert. Der ätherischen Lösung kann durch Ausschütteln mit verdünnter Salzsäure nur das Papaverin entzogen werden, während z. B. das Meconin im Äther verbleibt. Alle auf diesem Wege gewonnenen Alkaloide sind als Rohprodukte zu betrachten, die erst nach mehrfachen Umkrystallisieren oder Verwandeln in Derivate usw. in die reinen Basen übergeführt werden können.

5. Um hier auch ein etwas ausführlicheres Trennungsverfahren zu schildern, wird die Mutterlauge des GREGORY-Salzes zur Aufarbeitung nach HESSE (218) und KAUDER (268) mit dem gleichen Volum heißen Wassers vermischt, und mit einem Überschuß von Ammoniak versetzt, wobei ein Teil der Basen in Lösung, ein anderer, in dem sich auch etwas Lanthopin befindet, in den sich ausscheidenden harzigen Niederschlag geht. Die Basen werden

nun aus der klaren Lösung in Äther aufgenommen, der ätherischen Lösung mit verdünnter Essigsäure entzogen und die in der essigsauren Lösung enthaltenen Basen durch Eintragen in überschüssige Lauge in eine *in Alkali unlösliche* und eine *in Alkali lösliche Fraktion* zerlegt. Das Eintragen in die Lauge muß dabei so vorgenommen werden, daß die in Lauge unlöslichen Bestandteile sich dabei *flockig* und nicht *harzig* abscheiden.

Die in *Alkali unlösliche Fraktion* enthält das Papaverin, Narkotin, Thebain, Kryptopin, Protopin, Laudanosin und Hydrocotarnin; die in Alkali lösliche Fraktion das Lanthopin, Laudanin, Laudanidin (Tritopin), Kodamin, Kryptopin und Mekonidin.

Zur Aufarbeitung der in Alkali unlöslichen Fraktion wird sie soweit als möglich in verdünntem Alkohol gelöst, die Lösung mit Essigsäure schwach angesäuert und mit dem dreifachen Volum heißen Wassers versetzt, wobei als *Essigsäure nicht neutralisierende Basen* (d. h. Basen, die keine löslichen Acetate geben), das Papaverin und Narkotin ausfallen[1]. Die Trennung des Papaverins vom Narkotin gelingt über die Oxalate. Das Basengemisch wird mit Oxalsäure neutralisiert, wobei es zur Abscheidung des schwer löslichen sauren Papaverinoxalates kommt, während das leichtlösliche Oxalat des Narkotins in Lösung bleibt. Aus den Oxalaten werden dann durch Behandlung mit Calciumchlorid die Chlorhydrate und aus diesen durch Zerlegen mit Ammoniak die freien Basen dargestellt (siehe auch S. 624, Kryptopindarstellung).

In den Mutterlaugen der Papaverin-Narkotin-Abscheidung sind noch die *Essigsäure neutralisierenden* Basen vorhanden (das sind Basen, die mit Essigsäure lösliche Acetate geben). Zu ihrer Trennung wird das Filtrat von Alkohol befreit, mit Weinsäure versetzt und dadurch das saure Thebaintartrat ausgefällt. Die Mutterlauge wird mit Ammoniak neutralisiert, mit 3 % des Gewichtes an Natriumbicarbonat versetzt, nach einwöchentlichem Stehen das abgeschiedene braune Harz abfiltriert und die Lösung mit Ammoniak übersättigt. Der Niederschlag, der so erhalten wird, wie auch die Lösung, wird durch Extraktion mit kochendem Benzin in einen „*benzinlöslichen*“ und einen „*benzinunlöslichen*“ Teil zerlegt. Im *benzinlöslichen Teil* ist das Laudanosin und Tetrahydro-kotarnin, im *benzinunlöslichen Teil* das Kryptopin und Protopin enthalten. Das *benzinlösliche* Basengemisch wird dadurch getrennt, daß aus der Benzinlösung durch Schütteln mit einer wäßrigen Natriumcarbonatlösung das Laudanosin ausgefällt wird, während beim Durchleiten von Chlorwasserstoff Hydrokotarnin-chlorhydrat gewonnen werden kann[2].

Die Trennung der in *Benzin nicht löslichen Basen*, des Kryptopins und des Protopins, gelingt nach ihrer Verwandlung in die Chlorhydrate, wobei sich das Kryptopin-chlorhydrat als leicht, das Protopin-chlorhydrat als schwer wasserlöslich erweist. Man kann aber auch aus dem Gemisch der Chlorhydrate zuerst mit Ammoniak die Basen abscheiden und die abgetrennten Basen hierauf mit überschüssiger Oxalsäure behandeln, wobei das schwerlösliche saure Kryptopinoxalat ausfällt und auf diesem Wege von dem löslichen sauren Protopinoxalat getrennt werden kann.

Die in *Alkali lösliche Fraktion* der Basen wird mit Salzsäure bis zur beginnenden Trübung versetzt, mit Ammoniak ausgefällt, ausgeäthert und die Alkaloide wieder in verdünnter Essigsäure ausgeschüttelt. Nach dem Entfernen des Äthers wird die saure Lösung genau mit Ammoniak neutralisiert und nach 24 Stunden von einer kleinen Menge Lanthopin, die sich ausgeschieden hat, abfiltriert. Aus dem Filtrat wird durch weiteren Zusatz von Ammoniak ein harziger Niederschlag abgeschieden. Der Niederschlag wird in siedendem verdünntem Alkohol gelöst, wobei sich beim Erkalten weiße Krystalle eines Gemisches von Laudanin und Kryptopin ausscheiden. Aus der Mutterlauge kann weiter noch das Mekonidin und Kodamin gewonnen werden. Zur Reinigung des Laudanins wird die essigsaure Lösung des Gemenges in verdünnte überschüssige Natronlauge eingetragen, wobei das Kryptopin bis auf Spuren, die in Lösung bleiben, ausfällt. Das krystallinisch ausgeschiedene Kryptopin wird abfiltriert, das Filtrat mit Salmiak versetzt und das anfangs amorph, später krystallinisch sich abscheidende Laudanin gesammelt. Es wird weiter in verdünnter Essigsäure gelöst und die Lösung mit etwas mehr als der halben Gewichtsmenge Jodkalium versetzt. Das anfangs farblos, später als gelbes Krystallpulver sich ausscheidende Laudanin-jodhydrat wird beim Filtrieren gut mit Wasser gewaschen, mit Ammoniak zersetzt, die ausgeschiedene Base in Essigsäure gelöst, mit Tierkohle behandelt, die Lösung schließlich mit Ammoniak gefällt und das Laudanin durch Umkrystallisieren aus Alkohol gereinigt. Die Trennung des Laudanins von dem ihm beigemengten Laudanidin kann durch die Unter-

---

[1] Dieser Niederschlag wird oft von Papaveramin, das gleichfalls Essigsäure nicht neutralisiert, begleitet.

[2] Die Trennung des Laudanosins kann auch durch die Fällbarkeit seiner Lösungen durch Jodkalium durchgeführt werden. Dabei wird der Rückstand zuerst in Essigsäure gelöst und die Lösung mit Jodkaliumlösung versetzt. Das abgeschiedene Laudanosinjodhydrat wird mit Ammoniak zerlegt und die in Freiheit gesetzte Base aus Alkohol umkrystallisiert.

schiede in der Löslichkeit der Chlorhydrate der beiden Basen in konzentrierter Salzsäure erfolgen. Bei der Lösung des Alkaloidgemisches in konzentrierter Salzsäure kann festgestellt werden, daß das schwerer lösliche Laudanin-chlorhydrat zuerst auskrystallisiert (was eventuell durch Versetzen mit Kochsalz unterstützt werden kann), während das leichter lösliche Laudanidin-chlorhydrat in Lösung bleibt.

6. Auf einige weitere Verfahren, das Opium in seine Bestandteile zu zerlegen, wird hier kurz verwiesen. Das ursprüngliche Verfahren von MERCK (368) wurde in etwas erweiterter Form vor kurzem von CHEMNITIUS (59) beschrieben. Das Opium wird auch hier zuerst mit Wasser von etwa 55° extrahiert und der geklärte Extrakt weiter verarbeitet. Der Rückstand dieses Extraktes enthält noch an Basen Narkotin und Papaverin, die ihm durch verdünnte Salzsäure entzogen werden können. Aus dem Filtrat des Opiumkuchens werden zuerst die Gesamtbasen mit überschüssigem Natriumcarbonat ausgefällt. Aus dem Niederschlage werden weiter durch Schütteln mit 95proz. Alkohol die meisten Alkaloide gelöst (Kodein, Thebain, Papaverin, Narkotin, Narcein usw.), während Morphin, vermischt mit wenig Narkotin, zurückbleibt. Die Trennung dieser beiden Basen erfolgt dadurch, daß Morphin sich in verdünnter Essigsäure löst und aus der Lösung durch Ammoniak wieder ausgefällt werden kann, während Narkotin in verdünnter Essigsäure unlöslich ist. Die weitere Aufarbeitung der in Alkohol löslichen Alkaloide geschieht durch die Trennung in Essigsäure neutralisierende und Essigsäure nicht neutralisierende Basen. Die zu den letzteren gehörenden Basen, Papaverin und Narkotin, werden auf diesem Wege abgeschieden und, wie oben besprochen, über die Oxalate getrennt. Die vom Papaverin und Narkotin befreite Mutterlauge gibt beim Versetzen mit Natriumcarbonat einen aus Kodein und Thebain bestehenden Niederschlag, während das Narcein in Lösung bleibt und aus der neutralisierten Lösung nach dem Eindampfen bis zur beginnenden Natriumacetatabscheidung als schwerlöslicher Rückstand gewonnen werden kann. Die Trennung des im Niederschlag befindlichen Kodeins von Thebain gelingt durch Benützung des schwerlöslichen sauren Thebaintartrats. Aus der Mutterlauge kann dann nach dem Alkalischmachen das Kodein mit Benzol ausgeschüttelt und weiter gereinigt werden.

Ein neues Opiumtrennungsverfahren von S. J. KANEWSKAJA (266) beschreitet einen anderen Weg der Trennung der Basen. Aus dem wäßrigen Opiumextrakt, der mit dem gleichen Volum Alkohol versetzt ist, werden durch Ammoniak zuerst Morphin und Narkotin abgeschieden, während alle anderen Basen in Lösung bleiben. Die Trennung des Morphins von Narkotin gelingt dadurch, daß das Narkotin in Benzol und Chloroform leicht, das Morphin dagegen fast unlöslich ist. Dem ammoniakalischen Filtrate der übrigen Basen werden durch Ausschütteln mit Benzol Kodein, Papaverin und Thebain entzogen. Die Trennung dieser Basen gelingt dadurch, daß die benzolische Lösung mit Essigsäure ausgeschüttelt wird. Dabei gehen die starken Basen Kodein und Thebain in die Essigsäure über, während Papaverin als schwache Base mit der Essigsäure kein Salz bildet und in der benzolischen Lösung verbleibt. Die Trennung von Thebain und Kodein kann in der schon geschilderten Weise erfolgen (s. S. 613 u. 614).

Die Betrachtung der Mengenverhältnisse der einzelnen Basen des Opiums läßt auch verstehen, daß der direkten quantitativen analytischen Erfassung nicht jede Base in gleicher Weise zugänglich sein wird, sondern daß vor allem jene Alkaloide, die in größeren Mengen auftreten, vorerst für eine quantitative Bestimmung erreichbar sein werden. Neben der besonders wichtigen Bestimmung des Hauptalkaloides, des Morphins, ist vor allem die Bestimmung des Kodeins, Papaverins und Narkotins von Bedeutung, und deshalb auch ausgearbeitet worden[1]. Die quantitative analytische Behandlung des Opiums läßt sich in Berücksichtigung dieser die Zahl der analytisch erfaßbaren Basen einschränkenden Bemerkung in zwei Hauptgruppen teilen[1]. In die den pharmazeutischen Bedürfnissen angepaßten quantitativen Bestimmungen von Einzelbasen, worunter auch die allgemeine Wertbestimmung des Opiums fällt, die in einer quantitativen Erfassung des Morphins besteht, und in jene Verfahren, in denen eine größere Gruppe von Basen, z. B. die Gesamtnebenalkaloide, erfaßt werden bzw. die quantitative Trennung und Bestimmung von Einzelbestandteilen der Gemische nebeneinander durchgeführt wird.

---

[1] Auf eine von PLUGGE (413) herrührende Methode der qualitativen Trennung der sechs Opiumalkaloide: Papaverin, Narkotin, Narcein, Morphin, Kodein und Thebain wird verwiesen.

Die in der ersten Gruppe erwähnten Einzelbestimmungen werden bei den einzelnen Basen besprochen, die Abscheidung und Bestimmung der Nebenalkaloide in Opiaten, wie auch die Trennung und quantitative Bestimmung von Narkotin und Papaverin in den Nebenalkaloiden wird im folgenden nach der Methode von E. ANNELER (8) geschildert.

Zur Trennung des Morphins von den Nebenalkaloiden wird hier die sog. *Benzolmethode* (s. auch S. 628) verwendet, die darauf beruht, daß das Morphin als freie Base praktisch in Benzol unlöslich ist, während die Nebenalkaloide mit Ausnahme des Narceins vom Benzol aufgenommen werden. Die Trennung des Narkotin von Papaverin und den übrigen Nebenalkaloiden wird dadurch vollzogen, daß sich das Narkotin in alkoholischem Kali in der Wärme vollständig unter Aufsprengung des Lactonringes und nach Zusatz von 2proz. wäßriger Natronlauge in das wasserlösliche narkotinsaure Natrium umwandeln läßt, und auf diesem Wege von den anderen unter diesen Bedingungen in Alkali unlöslichen Nebenalkaloiden getrennt werden kann.

*1. Nebenalkaloidbestimmung in Opiaten.* 1,5 g des Opium-alkaloid-chlorhydratgemisches wird in einem 150 cm³ fassenden Kölbchen in 8 cm³ Wasser unter gelindem Erwärmen gelöst und 90 cm³ reines Benzol zugesetzt. Unter Umschütteln wird nun allmählich 0,5 g festes Natriumcarbonat eingetragen und nach Verschluß 5 Minuten lang geschüttelt und dann eine halbe Stunde unter häufigem Schütteln stehengelassen. Zum Aufsaugen des Wassers werden nun 5 g wasserfreies Natriumsulfat hinzugefügt, dann 5 Minuten geschüttelt und noch 0,5 g Traganthpulver zugesetzt. Nach kräftigem Schütteln wird eine halbe Stunde absitzen gelassen. Das Benzol wird nun rasch durch ein Filter gegossen und 80 g oder ein aliquoter Teil in einem gewogenen Kölbchen zur Trockene am Wasserbade gebracht. Die letzten flüchtigen Reste werden durch Einblasen von Luft verjagt. Der Rückstand, in einigen Kubikzentimetern warmen Alkohols gelöst, wieder abgedampft und eine halbe Stunde im Dampftrockenschrank getrocknet, ergibt die *Gesamtnebenalkaloide.*

*2. Narkotin und Papaverin in den Nebenalkaloiden.* Die nach der oben beschriebenen Methode gewonnenen Nebenalkaloide werden bei Zimmertemperatur in 6 cm³ Benzol aufgelöst, 1 cm³ * alkoholische Kalilauge zugesetzt und unter kräftigem Umherschwenken bei Zimmertemperatur eine halbe Stunde stehengelassen. Das Gemisch wird in einem 100-cm³-Scheidetrichter zweimal mit je 10 cm³ Benzol nachgespült und dreimal mit je 7 cm³ 2proz. Natronlauge ausgeschüttelt. Die wäßrige Lösung wird in einen kleinen Scheidetrichter abgelassen, die benzolische Lösung noch zweimal mit je 10 cm³ Natronlauge ausgeschüttelt. Die wäßrigen Auszüge werden dreimal mit je 5 cm³ Chloroform ausgeschüttelt[1], dann im Becherglase mit Salzsäure neutralisiert, das Volumen mit destilliertem Wasser auf 100 cm³ gebracht, 3 cm³ Salzsäure (36proz. HCl) zugesetzt und 20 Minuten auf 80—90° erhitzt; nun wird die Lösung sogleich abgekühlt, in einem Scheidetrichter mit überschüssiger Sodalösung versetzt und das Narkotin mit Benzol (20 + 10 + 10 + 5 cm³) oder Chloroform ausgeschüttelt. Die Auszüge werden mit wenig Traganthpulver getrocknet, durch ein Filter in ein gewogenes Kölbchen filtriert und im Wasserbade zur Trockne verdampft. Der Rückstand wird in wenig warmem Alkohol aufgenommen, nochmals abgedampft, getrocknet und das Narkotin gewogen.

*Papaverin.* Die Benzollösung im Scheidetrichter wird durch ein mit Benzol benetztes kleines Filter in ein Kölbchen (50 cm³ filtriert) und darin zur Trockne verdampft. Auch die Chloroformauszüge werden in dem Kölbchen zur Trockne gebracht. Der Rückstand wird in 10 cm³ Wasser + 1 cm³ 10proz. Salzsäure gelöst, durch ein kleines Filter in ein 30 cm³ fassendes Becherglas filtriert und dreimal mit je 5 cm³ Wasser nachgewaschen. Zum Filtrat gibt man unter Umrühren tropfenweise 2proz. Ammoniaklösung, bis eben eine geringe bleibende Trübung auftritt, setzt dann 2 g reines Natriumacetat (in fester Form) zu, löst und läßt 24 Stunden stehen. Das Papaverin setzt sich als glasige oder pulverige Masse ab, wenn von Zeit zu Zeit kräftig mit dem Glasstabe unter Kratzen an der Wand gerührt wird. Die Mutterlauge wird durch ein Filterchen (Durchmesser 5,5 cm) abgegossen, dreimal mit je 5 cm³ Wasser nachgewaschen, das Filterchen in das Becherglas zurückgegeben und getrocknet. Nun wird das Papaverin mit warmem Alkohol vom Filterchen, Becherglas und Glasstab gelöst, durch ein zweites Filterchen in ein gewogenes Becherglas filtriert, mit Alkohol mehrmals nachgewaschen, zur Trockne verdampft und der Rückstand 1 Stunde bei 98° getrocknet und als Papaverin gewogen.

* 1 cm³ soll 0,14—0,16 g KOH titr. enthalten.

[1] Die Chloroformextrakte dienen auch zur Papaverinbestimmung.

Ein anderes Verfahren, das die quantitative Erfassung des Narkotins neben dem Kodein im Opium ermöglicht, wurde z. B. von P. VAN DER WIELEN (619) ausgearbeitet.

Für die *mikrochemische Untersuchung* des Opiums wurden von BEHRENS und KLEY (27) folgende Methoden, die sich vor allem auf den Nachweis des Morphins und Narkotins beschränken, beschrieben. Zu dieser Untersuchung genügt es, etwa 2 mg Opium entsprechend 0,2 mg Morphin und 0,1 mg Narkotin in folgender Weise in Arbeit zu nehmen: Das grob gepulverte Opium wird in einem kleinen Achatmörser mit verdünnter Salzsäure und ein paar Tröpfchen Alkohol befeuchtet und mit dem gleichen Volum Pfeifenton bis zum Eintrocknen verrieben. Hierauf reibt man die Masse mit Wasser zu einer dünnen Milch an, die am besten in einem Reagensröhrchen von 7—10 mm Durchmesser mittels einer Zentrifuge zum Absetzen gebracht wird. Nach dem Abschleudern der mit Ton verriebenen Flüssigkeit wird die etwas trübe Lösung nochmals mit Ton und ebensoviel Knochenkohle oder Blutkohle (mit HCl gereinigt) verrieben und nach mäßigem Erwärmen auf dem Wasserbade abgeschleudert und schließlich filtriert. Die weitere Untersuchung kann nun vor allem in zwei verschiedenen Richtungen durchgeführt werden.

1. Die filtrierte Lösung wird in einem Uhrglase auf dem Wasserbade vollständig verdampft. Auf Zusatz von Wasser scheidet sich Narkotin in gut ausgebildeten Krystallen ab; aus der Lösung kann durch Abdampfen mit wenig Ammoniumacetat und abermaligem Zusatz von Wasser noch ein wenig Narkotin und schließlich auf Zusatz von Natriumcarbonat (nach etwa 2 Stunden) auch das Morphin in großen gut ausgebildeten Krystallen abgeschieden werden.

2. Wenn mindestens 1 mg Opium in Arbeit genommen wurde, kann man ein Viertel der Lösung für unvorhergesehene Fälle absondern und aus dem größeren Anteile der Lösung sämtliche Alkaloide durch einen Überschuß von Natriumcarbonat niederschlagen. Durch Zusatz von Alkohol und Reiben des Glases sucht man die Krystallbildung sobald wie möglich herbeizuführen und bringt nach Beendigung derselben die Mutterlauge der Krystalle auf einen anderen Objektträger für den Fall, daß noch etwas auskrystallisieren sollte. Den krystallinischen Niederschlag erwärmt man mit Wasser und ein wenig Kaliumhydroxyd, trennt die alkalische Lösung von dem unlöslichen Rückstand und wäscht denselben mit einem Tropfen Wasser aus. Der alkalische Auszug von dem unlöslichen Rückstande wird mit dem Waschwasser vereinigt und das Morphin aus dieser verdünnten Lösung durch Erwärmen derselben mit Ammoniumcarbonat abgeschieden.

Der unlösliche Rückstand enthält vorwiegend Narkotin. Durch 10proz. Essigsäure kann aus demselben Papaverin ausgezogen werden, doch wird man dies mit weniger als 2 mg Opium wohl kaum versuchen dürfen. Man dampfe den Auszug ab, löse den Rückstand in verdünnter Salzsäure und erwärme mit einer Spur Mercurichlorid, um Papaverin nachzuweisen. Mercuri-chlorid bewirkt in Lösungen von Papaverin, auch in Gegenwart von freier Salzsäure, einen Niederschlag, welcher durch Erwärmen gelöst werden kann und sich schnell in quadratische Täfelchen umwandelt, die auch zu vierstrahligen Rosetten auswachsen können.

Das Narkotin zieht man mit 50proz. Essigsäure aus, verdampft die Lösung bis auf einen kleinen Rest und erhält durch Zusatz von Wasser und abermaliges Erwärmen erkennbare Kryställchen. Man kann das Narkotin aber auch in verdünnter Salzsäure lösen, zur Trockne eindampfen, den Rückstand in wenig Wasser lösen und aus der wäßrigen Lösung das Narkotin durch Hinzufügen von Natriumacetat und gelindes Erwärmen abscheiden.

Einen schnelleren Nachweis des Morphins und Narkotins im Opium empfiehlt ROSENTHALER durch folgende Reaktionen (573b): Behandelt man Opiumpulver mit ammoniakalischem Chloroform, so entstehen Krystalle verschiedener Art: vorwiegend Prismen, aber auch Sphärokrystalle und Stechäpfel. Die Krystallzone ergibt mit Formaldehyd-Schwefelsäure die Morphinreaktion (über Purpurfarbe Violettfärbung) und beim Erwärmen mit Arsen-Schwefelsäure, die allerdings nicht ganz eindeutige Narkotinreaktion (Rotfärbung).

Zum mikrochemischen Nachweis des Morphins in unreifen Mohnfrüchten empfiehlt ROSENTHALER (573b), das Pulver mit ammoniakalischem Chloroform auszuschütteln, zu filtrieren und den Rückstand mit n/10 Salzsäure aufzunehmen und auf 1—2 Tropfen zu konzentrieren. Auf Zusatz von Kaliumquecksilberbromid entstehen charakteristische Krystalle; die Formalin-Schwefelsäure-Reaktion gibt der Rückstand noch, wenn zur Probe 0,05 g Pflanzenmaterial verwendet wurde.

Neben der mikrochemischen Untersuchung des Opiums kann nach KERBOSCH (279)[1] das Pflanzenmaterial der Papaverarten selbst in folgender Weise mikrochemisch auf Alkaloide untersucht werden: zuerst werden den lufttrockenen pulverisierten Pflanzen die Alkaloide durch dreistündiges Schütteln mit der fünffachen Menge ammoniakalischer[2] Chloroform-Alkohol-Mischung entzogen und durch Filtration gereinigt. Die Gesamtausschüttelungen

[1] Zusammenstellung nach TUNMANN u. ROSENTHALER (583a): Pflanzenmikrochemie.
[2] Es ist notwendig, *pyridinfreies* Ammoniak zu verwenden.

werden vorsichtig eingedampft und der Rückstand in 2 $cm^3$ 1proz. Salzsäure aufgenommen. In dieser Lösung erfolgt nun der mikrochemische Nachweis der Hauptalkaloide. *Narkotin* kann beim Versetzen der Lösung mit Natriumacetat als charakteristische Fällung abgeschieden werden. Die Lösung wird dann von den Narkotinkrystallen abgezogen; in dem Lösungstropfen wird nun auf einem weiteren Objektträger unter Erwärmen und Zusatz von weiteren Natriumacetatmengen einerseits das restliche Narkotin und andererseits bei weiterer Fortsetzung der Fällung auch das Papaverin abgeschieden, das durch Behandlung mit 1proz. Schwefelsäure und Caesiumkadmiumjodid eine charakteristisch krystallisierte Verbindung ergibt. In Lösung bleiben nach diesen ersten Fällungen weiter das Narcein und Thebain. Nach weiterem Zusatz von Natriumacetat bleibt der Objektträger 24 Stunden liegen, wobei das Narcein auskrystallisiert und näher identifiziert werden kann (Blaufärbung mit Jod). Der vom krystallisierten Narcein abgezogene Lösungstropfen gibt nun mit Natriumcarbonat in geringem Überschusse versetzt krystallinisches Thebain.

Mit Caesiumkadmiumjodid geben auch Kodein und Morphin charakteristische Krystalle, wobei das Kodein moosförmige Bildungen, das Morphin hingegen sehr feine regellos angeordnete lange Nadeln bildet. Zur eindeutigen Charakterisierung empfiehlt es sich, von den abgeschiedenen Basen auch die Brechungsindices zu bestimmen. Die mikrochemischen Reaktionen einiger seltener Opiumalkaloide, des Laudanosins, Laudanins, Laudanidins, Kryptopins und Protopins, wurden von L. v. ITALLIE und J. VAN TOORENBURG (250a) beschrieben.

Da beim qualitativen Nachweis der einzelnen Opiumalkaloide vielfach mit Farbreaktionen zur Unterstützung der Identifizierung gearbeitet wird, soll eine tabellarische Zusammenfassung der Farbenreaktionen der Opiumalkaloide an die Spitze der Beschreibung der Eigenschaften der einzelnen Basen gestellt werden[1]. (K = Kälte, W = Wärme) (s. S. 618, 619).

## I. Derivate des Isochinolins.

### *1. Abkömmlinge des Tetrahydro-isochinolins.*

**Hydro-kotarnin,** $C_{12}H_{15}O_3N \cdot {}^1/_2H_2O$ N-Methyl-6, 7 dioxymethylen-8-methoxy-1, 2, 3, 4 tetrahydro-isochinolin (Darstellung s. S. 613).

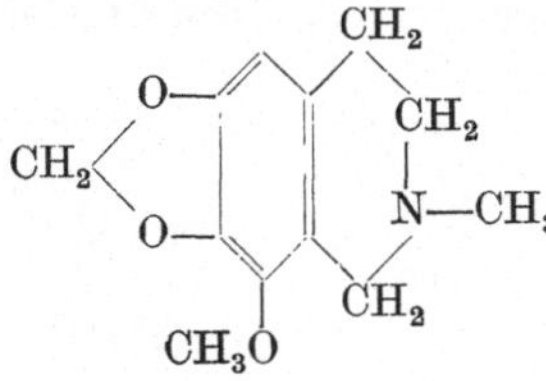

Das Hydro-kotarnin, das basische Spaltprodukt des Narkotins und Narceins, konnte auch im Opium selbständig vorkommend aufgefunden werden. Es krystallisiert aus Alkohol in monoklinen Prismen vom Fp. 55—56°, ist fast unzersetzt destillierbar, in den meisten organischen Lösungsmitteln leicht, in Wasser und Alkalien unlöslich, optisch inaktiv und gibt gut krystallisierende Salze. Bromhydrat, $B \cdot HBr \cdot 1^1/_2H_2O$, Fp. 236—237° (schwer löslich in Wasser).

### *2. Abkömmlinge des 1-Benzyl-isochinolins.*

**Papaverin,** $C_{20}H_{21}O_4N$, 1 (3′, 4′ Dimethoxy-benzyl)-6, 7 dimethoxy-isochinolin (Darstellung s. S. 612).

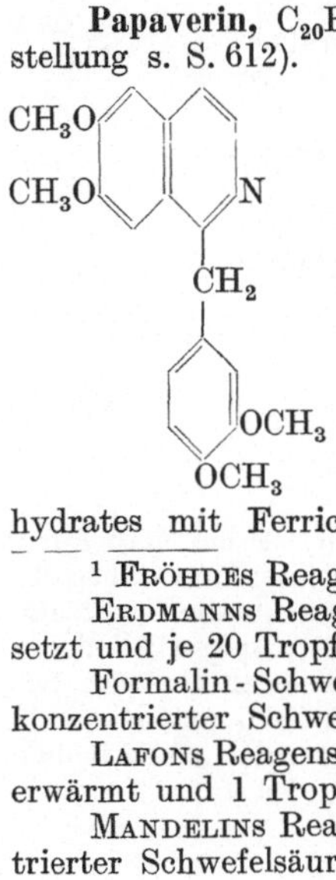

Papaverin krystallisiert in Prismen oder Nadeln vom Fp. 147°; es ist optisch inaktiv. Es ist unlöslich in Wasser und Alkalien, leicht löslich in heißem Alkohol und Chloroform, wenig löslich in kaltem Alkohol, Äther und Benzol. Es ist eine schwache, einsäurige, tertiäre, gegen Lackmus nicht reagierende Base. Aus essigsaurer, mit Natriumacetat versetzter Lösung wird es krystallinisch ausgeschieden. Salze: Chlorhydrat, $B \cdot HCl$, Fp. 210—211° (bzw. 231°), Chloroplatinat Fp. 196°, Pikrat Fp. 179° (gelbe Nadeln), Pikrolonat Fp. 220° (in $C_2H_5OH$ sehr schwer löslich). Andere zur Trennung von den übrigen Opiumbasen benützte schwerlösliche Salze sind das saure Oxalat, $B \cdot H_2C_2O_4$, Fp. 199°, und das Salz der Ferricyanwasserstoffsäure, das durch Versetzen einer Lösung des Chlorhydrates mit Ferricyankalium gewonnen werden kann. Bei dem Hinweis auf die Ab-

[1] FRÖHDES Reagens. 1 g Ammoniummolybdat in 100 $cm^3$ konzentrierter $H_2SO_4$ gelöst.

ERDMANNS Reagens. 10 Tropfen Salpetersäure (1,25) werden mit 20 $cm^3$ Wasser versetzt und je 20 Tropfen dieses Gemisches zu 40 $cm^3$ konzentrierter Schwefelsäure zugesetzt.

Formalin-Schwefelsäure. MARQUIS Reagens. 2—3 Tropfen Formalin in 2—3 $cm^3$ konzentrierter Schwefelsäure.

LAFONS Reagens. Der Stoff mit einem Gemisch gleicher Teile Schwefelsäure und Alkohol erwärmt und 1 Tropfen Eisenchlorid zugesetzt.

MANDELINS Reagens. 1 g fein gepulvertes Ammoniumvanadat wird in 100 $cm^3$ konzentrierter Schwefelsäure gelöst.

| Alkaloid | $H_2SO_4$ | $HNO_3$ | FRÖHDEs Reagens | ERDMANNs Reagens | Vanadin-Schwefelsäure |
|---|---|---|---|---|---|
| Papaverin | violettblau | gelborange | violettblau, gelb | schmutzig-violett, allmählich blaugrün | blaugrün, allmählich blau |
| Laudanin | *k.* schwach Rosa *w.* schmutzig violett | | | | |
| Laudanidin | *k.* hellrosa *w.* violettf. | | rosaviolett bis violett, dann braun | | |
| Narkotin | blaßgelb, dann gelbrot | gelbrot, dann farblos | blaugrün, dann grün *w.* rotbraun | orangerot | zinnoberrot, dann karminrot |
| Narcein | braun, nach 24 Stunden blutrot | gelb, dann braun *w.* dunkelorange | rotbraun | grünbraun | violett, dann rotorange, orange |
| Kryptopin | dunkelblauviolett, dann grün, dann gelb | | violett, dann blaugrün, dann grün, dann gelb | violettrosa, dann grau, dann gelb | lebhaft grün, dann gelb |
| Protopin | gelb, dann blau, dann rotviolett — vom Rande grün | | gelbolivfarben, dann schmutzig violett, dann grün, dann blau — vom Rande grün | gelb, dann blauviolett, blau, grün, gelb | rotviolett, dann tiefblau |
| Morphin | schwach bläulich bis rötlich *w.* rotviolett | orange bis gelb | violettrot, dann grünbraun, dann gelb | gelb | rotviolett, dann blauviolett |
| Kodein | farblos *w.* blauviolett | gelbrot | grün, dann blau | gelbbraun, allmählich schmutzig-grün | grün, dann blau |
| Thebain | blutrot, dann gelbrot | gelb | rotbraun | rotbraun | orangerot |
| Apomorphin | farblos | blutrot | grün, mit einem Stich ins Violette *w.* violett | blutrot | rot |
| Oxydimorphin | *k.* gelb *w.* grün | dunkelviolettrot | rein blau, dann violett mit grünlichem Rand, dann schmutzig grün | | |

scheidung des Papaverins aus den Opiumbasen als Oxalat muß erwähnt werden, daß auch eine andere Base, nämlich das Kryptopin, ein schwerlösliches Oxalat bildet und daher oft als Verunreinigung des käuflichen Papaverins vorkommt, das dann nicht nur die Farbreaktionen des Papaverins, sondern auch die des Kryptopins zeigt. Verhalten gegen Alkaloidfällungsmittel[1]: In 1proz. salzsaurer Lösung wird Papaverin von Silicowolframsäure bei einer Verdünnung von 1 : 500000, von Phosphorwolframsäure bei 1 : 200000 gefällt.

Die Methoden der quantitativen Papaverinbestimmung im Opium wurden schon früher ausführlich beschrieben (s. S. 615).

[1] Farbreaktionen s. S. 618, 619. (ROSENTHALER [449].)

| Formalin-Schwefelsäure | $H_2SO_4$ $NaNO_3$ | $H_2SO_4$ $NaNO_2$ | $H_2SO_4$ $KClO_3$ | Essigsäure $PbO_2$ | LAFONS Reagens | MANDELINS-Reagens |
|---|---|---|---|---|---|---|
| hellrosa, dann braun | | schmutzig grün | | | gelbgrün, dann gelb | |
| | | | | | | |
| | | | | | purpurrot, braunrot | violett, granatrot, d. braun |
| violett, bald schmutzig werdend | rot *w.* dunkelrotbraun, Farbstoff ätherunlöslich | rot *w.* dunkelbraun, Farbstoff ätherunlöslich | dunkelrot Farbstoff in Äther u. $CHCl_3$ unl. | grün | | |
| rotbraun, dann braun | braun *w.* dunkelrot | dasselbe | dunkelgrünbraun | grün, braun | | |
| violett, dann braun | | | | | grünlichblau, dann braun | grün, dann gelb |
| | | | | | | |
| *k.* dunkelrot *w.* dunkelbraun. Farbstoff von Äther u. $CHCl_3$ nicht aufgenommen | mahagonibraun, dann rot *w.* gelborange | dasselbe | dunkelbraun. Farbstoff in Äther violett, löslich aus Schwefelkohlen und $CHCl_3$ krystallinisch | blutrot | | |
| *k.* violettrot *w.* tiefdunkelbraun | mahagonibraun, dann rot *w.* dunkelbraun | dasselbe | | dunkelgelb | | |
| blutrot | rot *w.* dunkelrot | dasselbe | dunkel-grünbraun | braun | | |
| violett, dann grünlich blau | | | | | | |
| violett, dann blau | | rot | | | | |

$CH_3O$, $CH_3O$, N, CO, $OCH_3$, $OCH_3$

**Papaveraldin Xanthalin,** $C_{20}H_{19}O_5N$.

Das Oxydationsprodukt des Papaverins, das bei der Einwirkung von kalter Permanganatlösung auf Papaverin entsteht, das Papaveraldin, wurde auch im Opium von T. und H. SMITH (505), aufgefunden, Xanthalin genannt und von DOBSON und PERKIN (85a) (siehe auch MASON und PERKIN [359]) als mit dem Papaveraldin identisch erkannt. Es zeigt den Fp. 211° (aus Methyläthylketon), ist unlöslich in Wasser und Alkalien, gibt gut krystallisierende Salze und kann als Keton auch mit Hilfe der Carbonylreagenzien identifiziert werden.

*3. Abkömmlinge des 1-Benzyl-tetrahydro-isochinolins.*

In diese Gruppe gehören, neben einigen in beträchtlichen Mengen im Opium vorkommenden Basen, auch eine Reihe seltenerer Alkaloide, die nur aus Konzentraten der Mutterlaugen der fabrikmäßigen Alkaloiddarstellung gewonnen werden können und die bis jetzt einer direkten analytischen Erfassung im Opium nicht zugänglich sind. Auf eine kurze Beschreibung dieser selteneren Opiumbasen, soweit sie in ihrer Konstitution bekannt sind, kann nicht verzichtet werden, da die Erkenntnis der Konstitution und der Zusammenhänge zwischen der Konstitution einer möglichst großen Zahl der einzelnen Basen in einer Pflanzengruppe erst ein Bild der diesen Organismus charakterisierenden chemischen Kräfte gibt. Auch können wohl erst aus der Erfassung aller in einer Pflanzengruppe vorkommenden Stoffe die Wege zur Auffindung der Zwischenprodukte und Abbauprodukte der einzelnen Verbindungen ermittelt werden.

**dl-Laudanin** [N-Methyl-1-(3'oxy-4'-methoxy-benzyl)-6, 7-dimethoxy-1, 2, 3, 4-tetrahydro-isochinolin], $C_{20}H_{25}O_4N$ (Darstellung s. S. 614)[1].

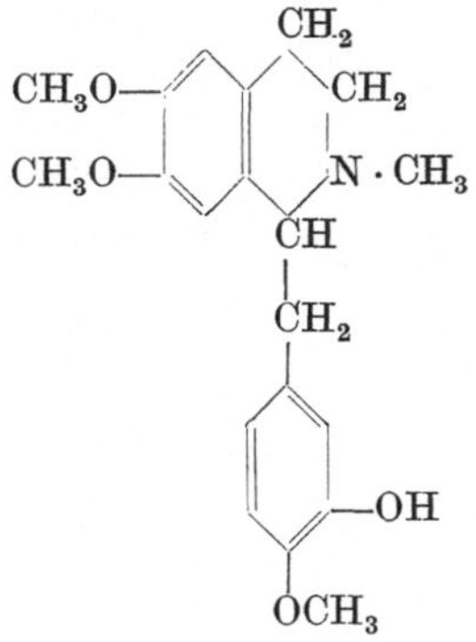

Das in sehr geringer Menge im Opium vorkommende Laudanin ist optisch inaktiv und zeigt nach dem Umkrystallisieren aus Alkohol oder Chloroform den Fp. 166°. Es ist leicht löslich in Chloroform, Benzol und Alkalien, schwer löslich in Alkohol und Äther. Es bildet ein in Wasser schwerlösliches Jodhydrat $B \cdot HJ \cdot H_2O$. Mit Eisenchloridlösung gibt es eine Grünfärbung. Es löst sich in konzentrierter Schwefelsäure mit schwacher Rotfärbung und wird beim Erwärmen schmutzigviolett.

**Laudanidin, Tritopin** (l-Form des rac. Laudanins), l-N-Metlyl-1-(3'oxy-4'methoxy-benzyl)-6, 7-dimethoxy-1, 2, 3, 4-tetrahydro-isochinolin), $C_{20}H_{25}O_4N$ (Darstellung S. 613),

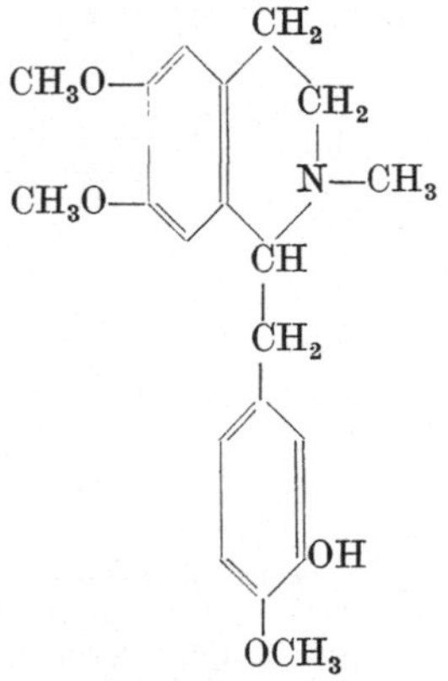

Konstitution: Späth (519, 522, 557)

Das Laudanidin (Tritopin) ist die l-Form des rac. Laudanins, zeigt den Fp. 184—185°, $[\alpha]_D^{15} = -87,8^0$ ($CHCl_3$), (Hesse), $[\alpha]_D^{18} = (-100,6^0)$ $-85,7^0$ ($CHCl_3$) (Späth).

[1] Konstitution und Synthese. Siehe E. Späth (514), E. Späth u. V. Lang (541).

**Kodamin,** $C_{20}H_{25}O_4N$. d-N-Methyl-1-(3′,4′-dimethoxy-benzyl)-6-methoxy-7-oxy-1,2,3,4-tetrahydro-isochinolin.

Konstitution u. Synthese: SPÄTH u. EPSTEIN (525)

Das Kodamin wurde im Opium in sehr geringer Menge aufgefunden und durch Konstitutionsaufklärung und Synthese von E. SPÄTH u. H. EPSTEIN als isomer dem Laudanin erkannt, wobei die Stellung der freien OH-Gruppe im Isochinolinring und die Lage der drei Methoxylgruppen an den übrigen OH-Gruppen in anderer Verteilung als beim Laudanin festgestellt werden konnte. Kodamin krystallisiert aus Äther in hexagonalen Prismen Fp. 126°. Es ist optisch aktiv, wenig löslich in Wasser, leicht löslich in Alkohol und Alkalien (wegen der freien Hydroxylgruppe). Mit Eisenchlorid färben sich wäßrige Lösungen grün. Mit Salpetersäure gibt es eine grüne Lösung. Die Salze sind meist amorph, mit Ausnahme des im Wasser schwer löslichen Jodhydrates $B \cdot HJ \cdot 1^1/_2 H_2O$.

**Laudanosin,** $C_{21}H_{27}O_4N$, d-N-Methyl-1-(3′,4′-dimethoxy-benzyl)-6,7-dimethoxy-1,2,3,4-tetrahydro-isochinolin. (Darstellung s. S. 613).

Konstitution u. Synthese: PICTET, ATHANASESCU u. FINKELSTEIN (408, 410)

Das Laudanosin krystallisiert aus Benzol in Nadeln vom Fp. 89°, $[\alpha]_D^{15} = +103,23°$ (Alkohol). Es ist löslich in Alkohol, Chloroform, heißem Benzol und Äther (1 Teil in 19,3 Teilen bei 16°), unlöslich in Wasser und Alkali. Es ist optisch aktiv und seiner Konstitution nach die Rechtsform des N-Methyl-tetrahydro-papaverins. Von den ähnlichen Basen unterscheidet es sich durch die Farbreaktionen (s. S. 618, 619) und durch das Fehlen der Reaktion mit Eisenchlorid, die das Laudanidin und Kodamin geben.

**l-Narkotin.** $C_{22}H_{23}O_7N$ (linksdrehend). **Gnoskopin** (dl-Narkotin). Darstellung, s. S. 612.

Das Narkotin kommt in wechselnden Mengen (0,75—9,6%) im Opium zum größten Teile als freie Base vor und verbleibt bei der Darstellung der wäßrigen Opiumextrakte hauptsächlich im Rückstande, aus dem es durch Extraktion mit Äther, Benzol oder verdünnter Salzsäure gewonnen werden kann. Am narkotinreichsten sind die indischen und persischen Opiumsorten.

Das Narkotin krystallisiert aus heißem Alkohol in langen platten Nadeln vom Fp. 176°. Es ist unlöslich in Wasser, schwer löslich in verdünntem Alkohol (85%) (1 Teil in 100 Teilen) und Äther (1 Teil in 166 Teilen) (16°). Leicht löslich in Aceton, Essigester und Benzol (Unterschied vom Morphin). Es ist unlöslich in kalten Alkalilösungen, wird aber von kochenden Alkalien, wie auch von Kalk- und Barytwasser unter Aufsprengung der Lactongruppe und

Bildung wasserlöslicher Salze aufgenommen, was zur Trennung des Narkotins von anderen Basen benutzt werden kann (s. S. 615). Narkotin ist optisch aktiv, in neutraler Lösung linksdrehend, in saurer Lösung rechtsdrehend, $[\alpha]_D = -198{,}0^0$ ($CHCl_3$) $= +50^0$ (1 % HCl).

Narkotin ist eine schwache tertiäre Base, die sich ziemlich leicht in Säuren löst (eine Ausnahme bildet z. B. die Unlöslichkeit des Narkotins in Essigsäure, die auch zur Trennung von den anderen Basen verwendet werden kann). Die Salze des Narkotins werden leicht durch Wasser zersetzt, ja es ist sogar möglich, das Narkotin wie auch das Papaverin und Narcein aus *saurer Lösung* durch Äther, Benzol, Chloroform oder Amylalkohol auszuschütteln. Auch werden aus den Lösungen der Salze dieser Alkaloide durch Zusatz von mit Essigsäure neutralisierter Natriumacetatlösung oder Ammoniumacetat, Natriumsalicylat, Kaliumtartrat, Natriumbenzoat und Natriumbicarbonatlösung die freien Basen ausgefällt. Die Salze krystallisieren schlecht und sind meist leicht wasser- und alkohollöslich. Sie sind deshalb wenig charakteristisch.

*Verhalten gegen Alkaloidfällungsmittel.* Silicowolframsäure fällt in Gegenwart von 1 % Natriumchlorid noch bei einer Verdünnung von 1 : 125000, Phosphorwolframsäure bei 1 : 400000, außerdem geben in schwach salzsaurer Lösung Kaliumquecksilberjodid bei 1 : 50000 und Jodjodkalium bei 1 : 50000 Niederschläge (ROSENTHALER [447]).

*Farbreaktionen* (s. S. 618, 619). Außerdem gibt Narkotin in Schwefelsäure, die mit oxydierend wirkenden Mitteln, wie z. B. Arsensäure, versetzt ist, beim Erwärmen intensive Rotfärbung. Mit MECKES Reagens (1 g selenige Säure in 200 cm³ konzentrierter $H_2SO_4$) zuerst Stahlblau-, dann Kirschrotfärbung. Weiter gibt Narkotin mit 20 Tropfen konzentrierter $H_2SO_4$ und 1—2 Tropfen 1proz. Rohrzuckerlösung am Wasserbade erhitzt zuerst eine grünlichgelbe Lösung, dann eine gelbbraun-braunviolette und schließlich eine intensiv blauviolette Färbung. Nimmt man an Stelle des Rohrzuckers wäßrige Furfurollösung, so tritt am Schluß eine tiefdunkelblaue Färbung auf, die allmählich in Grün übergeht (WANGERIN [601]). Die quantitative Bestimmung des Narkotins in den Nebenalkaloiden des Opiums wurde schon früher (S. 615) ausführlich beschrieben.

Das Narkotin geht leicht in seine Racemform, das dl-Narkotin, über, das auch aus dem Opium gewonnen und als Gnoskopin bezeichnet wurde (T. U. H. SMITH [504], RABE u. MCMILLAN [424], PERKIN u. ROBINSON 404]). Es krystallisiert aus Alkohol in Nadeln, Fp. 232—233°. Es ist sehr schwer löslich in Alkohol, schwer in Benzol, leicht in heißem Chloroform und gleicht in Reaktionen und Zerfallsprodukten dem Narkotin.

Als Zerfallsprodukte treten bei der Hydrolyse des Narkotins Opiansäure und Hydrokotarnin (Erhitzen mit Wasser auf 140° oder mit verdünnter Schwefelsäure oder mit Barytwasser), bei der oxydativen Spaltung (Behandlung mit Salpetersäure) Opiansäure und Kotarnin auf.

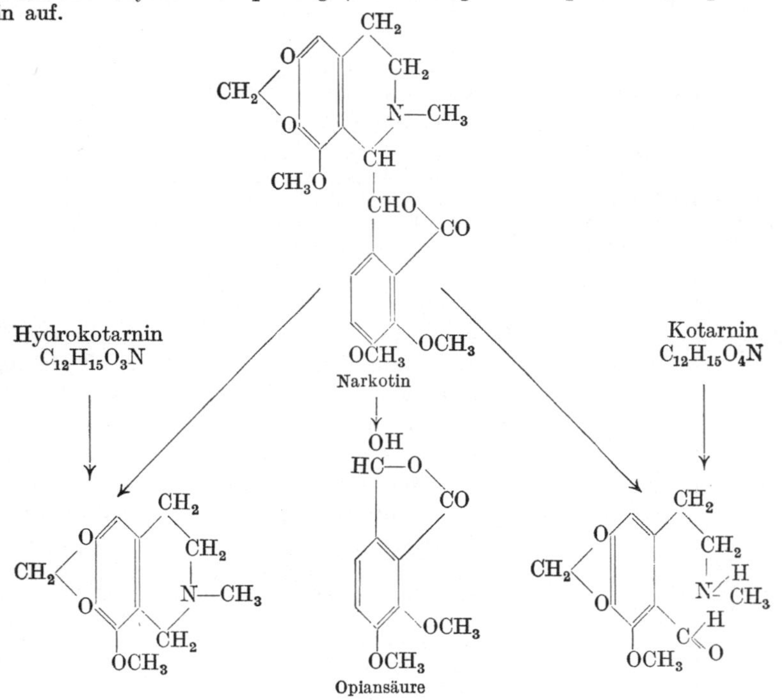

Hydrokotarnin $C_{12}H_{15}O_3N$

Narkotin

Kotarnin $C_{12}H_{15}O_4N$

Opiansäure

*Narkotin und Vitamin C.* O. RYGH (461), (O. RYGH, A. RYGH u. P. LABAND [463]) haben die Ansicht vertreten, daß das Vitamin C, dessen Fehlen in der Nahrung Skorbut erzeugt, ein Abkömmling des Narkotins, vielleicht das Methyl-nornarkotin sein soll, das sich als partielles Entmethylierungsprodukt des Narkotins in der Konstitution dadurch von ihm unterscheidet, daß es an Stelle der Methoxylgruppen im Mekoninteile des Moleküls zwei Hydroxylgruppen trägt.

Das Narkotin wäre in diesem Falle als Provitamin aufzufassen, das durch verschiedene Umsetzungen zum Vitamin C aktiviert werden sollte.

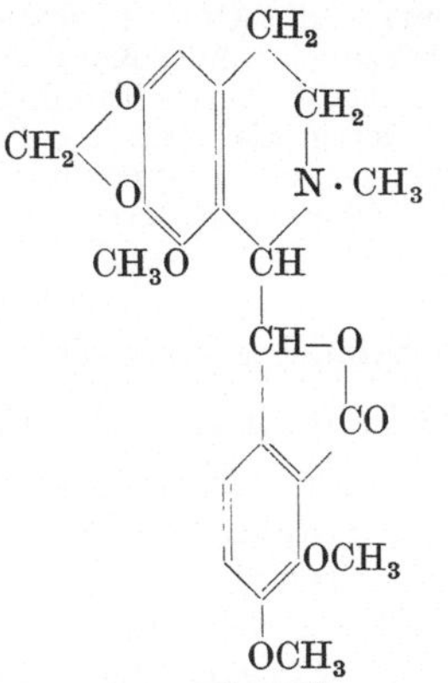

Narkotin 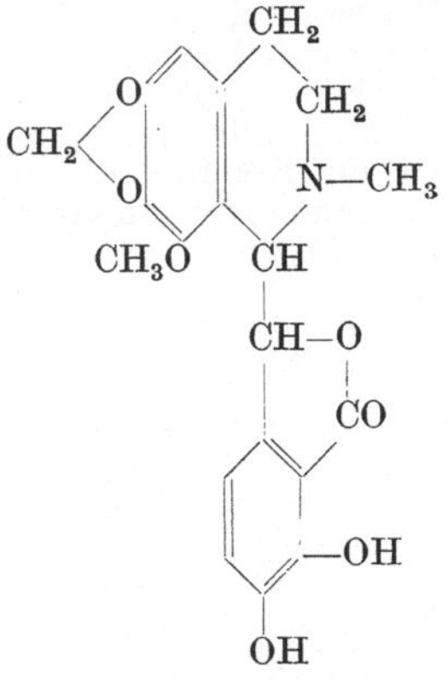 — Methylnornarkotin

Die Behauptungen O. RYGHs über die Wirksamkeit der Entmethylierungsprodukte des Narkotins als antiskorbutisch wirkende Substanz wurden von verschiedenen Autoren, O. DALMER u. TH. MOLL (76), von TILLMANS u. P. HIRSCH (574) und E. OTT u. K. PACKENDORFF (397) trotz eingehendster Versuche nicht bestätigt.

Bei dem Nacharbeiten der von RYGH angegebenen Darstellungsmethoden für das Narkotin und der wirksamen Verbindungen aus dem Pflanzenmaterial konnten O. DALMER und TH. MOLL aus den frischen Pflanzensäften (aus Kartoffeln, aus unreifen Orangen, aus geschälten Orangen und Citronen) bis jetzt kein Narkotin und auch keine wirksame Substanz, die sich vom Narkotin als Entmethylierungsprodukt abgeleitet hätte, nachweisen. Auch die synthetisch hergestellten Entmethylierungsprodukte des Narkotins haben sich im Gegensatz zu den Angaben RYGHs als nicht wirksam erwiesen.

E. OTT und K. PACKENDORFF hingegen konnten das Vorkommen von Narkotin in Preßsäften nichtgeschälter Citronen allerdings in schwankenden Ausbeuten (aus 600 Citronen ca. 600 mg) bestätigen.

Da das Methylnornarkotin nach den Überprüfungen sich nicht als der wirksame Stoff des Vitamins C erwiesen hat, wäre vielleicht noch in weiteren Untersuchungen festzustellen, ob nicht das Methylnornarkotin bei der Vitaminwirkung irgendwie mitwirkt. Der Nachweis des Narkotins und seine Entmethylierungsprodukte in Pflanzen, die bis jetzt als alkaloidfrei angesehen wurden, ist aber wohl als gesichert anzunehmen[1].

**Oxynarkotin.** $C_{22}N_{23}O_8N$. Krystallinisches Pulver, in Alkohol und Wasser sehr wenig, in Äther, Chloroform, Benzol fast unlöslich. BECKET und WRIGT (28a). Das Oxynarkotin soll nach P. RABE und MCMILLAN (424) mit Nornarcein identisch sein (siehe auch GADAMER und BRUCK [195a]).

**Narcein.** $C_{23}H_{27}O_8N \cdot 3\,H_2O$.

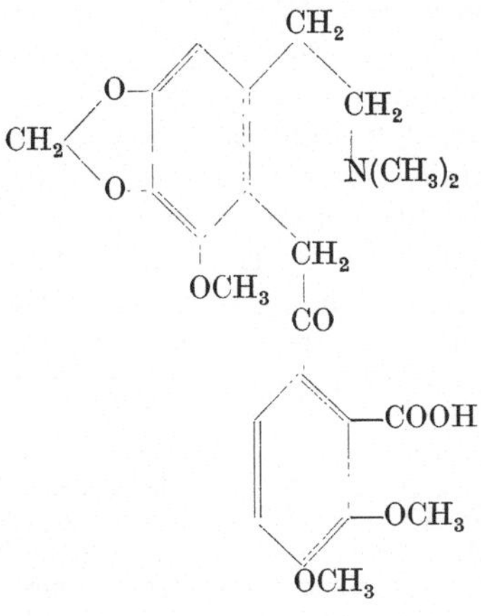

Das in geringen Mengen im Opium vorkommende Narcein unterscheidet sich in seiner Konstitution dadurch vom Narkotin, daß in ihm Ringöffnung eingetreten ist und an Stelle des Isochinolinringes hier eine Aminoketonbase vorliegt. Es krystallisiert in feinen Nadeln oder Prismen, Fp. 170°, ist schwer löslich in kaltem Wasser (1 Teil in 1285 Teilen $H_2O$ [13°]) und in verdünntem 80proz. Alkohol (1 Teil in 945 Teilen [13°]), unlöslich in Äther, Benzol und Petroläther, leichter löslich in kochendem Wasser, in Alkohol, in Ammoniak und in verdünnter Kalilauge. Es ist eine schwache, tertiäre, optisch inaktive Base. Die Salze mit Säuren krystallisieren gut und sind auch ziemlich beständig.

[1] Siehe weiter: OTTAR RYGH u. AAGOT RYGH (462); OTTAR RYGH (460).

*Verhalten gegen Alkaloidfällungsmittel* (ROSENTHALER [448]). In salzsaurer Lösung fällen Kaliumwismutjodid bei 1 : 20000, Jodjodkalium bei 1 : 25000, Kaliumquecksilberjodid bei 1 : 12800. Mikrochemischer Nachweis: WAGENAAR (593).

*Farbreaktionen* (s. S. 618, 619). Außerdem tritt bei der Behandlung von festem Narcein mit Jod und Joddampf Blaufärbung ein, die durch Morphin gestört wird. Übergießen mit Chlorwasser, dann mit Ammoniak, gibt Orange-, später Tiefrotfärbung. Eindampfen mit verdünnter Schwefelsäure gibt bei zunehmender Konzentrierung zuerst Violettfärbung, später eine Kirschrotfärbung. Narcein mit 0,01—0,02 g Tannin und 10 Tropfen konzentrierter $H_2SO_4$ erwärmt, gibt eine rein grüne Lösung, die beim Erkalten sich gelb bis braungelb verfärbt. Die durch Verdünnen mit Wasser farblose Lösung wird mit Ammoniak grün, beim Erhitzen blaugrün bis schmutziggrün. Narkotin und Hydrastin verhalten sich ähnlich (BATTANDIER [21]).

## *4. Abkömmlinge eines Di-isochinolins.*

**Kryptopin** $C_{21}H_{23}O_5N$ (Darstellung s. S. 613).

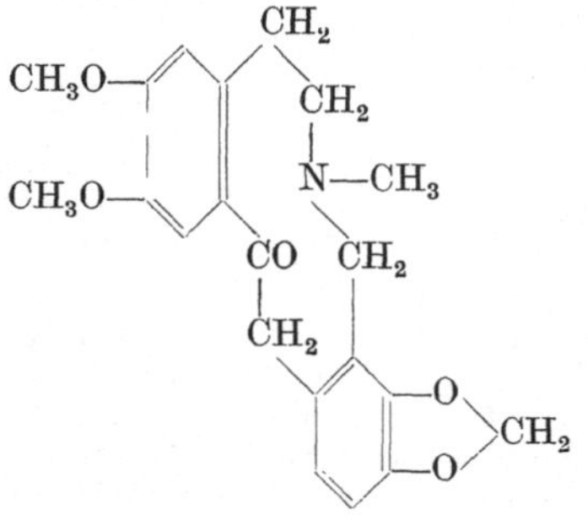

Kryptopin findet sich in geringer Menge unter den Opiumalkaloiden und wird oft, weil es auch ein schwerer lösliches Oxalat gibt, bei der Abscheidung des Papaverins als Oxalat mit diesem abgeschieden. Es kann demnach eine Verunreinigung des käuflichen Papaverins (bis 40%) bilden, eine Tatsache, die dazu geführt hat, das käufliche Papaverin als Ausgangsmaterial für die Darstellung des Cryptopins zu benützen. Die Trennung des Kryptopins vom Papaverin im käuflichen Papaverin kann mit Hilfe verschiedener Salze, des Pikrates, des Bichromats, des Nitrits, vor allem aber über das Oxalat vor sich gehen. Die Oxalattrennung beruht darauf, daß das saure Kryptopinoxalat leichter löslich ist als das saure Papaverinoxalat und deshalb bei einer exakten Reinigung des Papaverins über das saure Oxalat in die Mutterlauge geht. Der Vorgang dabei ist kurz folgender:

Das käufliche Papaverin wird in 95proz. Alkohol in der Hitze gelöst und mit der berechneten Menge Oxalsäure in das saure Oxalat verwandelt, das sich beim Erkalten ausscheidet und durch wiederholtes Umkrystallisieren gereinigt wird. Die Reinigung bzw. die Befreiung des Papaverins von Kryptopin kann dadurch leicht verfolgt werden, daß in reinem Papaverin die meisten Farbreaktionen, die sonst dem käuflichen Papaverin vom Kryptopin her anhaften, verschwunden sind, das Papaverin sich z. B. vollkommen farblos in konzentrierter Schwefelsäure auflöst. Die Mutterlaugen dienen zur Darstellung des Kryptopins. Sie werden zur Trockene eingedampft, mit möglichst wenig Wasser aufgenommen und mit Natronlauge gefällt. Der dabei sich abscheidende Niederschlag besteht aus Kryptopin, neben wechselnden Mengen Papaverin und Natriumoxalat. Diesem Gemisch wird durch Behandlung mit dem doppelten Gewicht heißen Alkohols das Papaverin und nach der Filtration dem Rückstande durch Extraktion mit Chloroform das Kryptopin entzogen, während das Natriumoxalat ungelöst zurückbleibt. Beim Verdampfen des Chloroforms hinterbleibt das Kryptopin. Ausbeute: aus 800 g Handelspapaverin ca. 30 g reines Kryptopin (A. PICTET und KRAMERS [451, 411]).

Kryptopin krystallisiert aus Alkohol in Prismen, Fp. 218°, ist löslich in kochendem Alkohol (1 Teil in 80 Teilen), sehr wenig löslich in kaltem Alkohol, Äther, Wasser oder Benzol. Die Salze scheiden sich anfangs oft gallertig ab, werden aber beim Erhitzen krystallinisch. Das saure Oxalat $B \cdot H_2C_2O_4 \cdot 4\,H_2O$ dient zur Abscheidung des Kryptopins. Chloroaurat, Fp. 205° u. Z., braungelbe Nadeln, Chloroplatinat, Fp. 204° u. Z., Pikrat, Fp. 215° (Farbreaktionen (s. S. 618, 619).

**Protopin.** $C_{20}H_{19}O_5N$ (Darstellung s. S. 613).

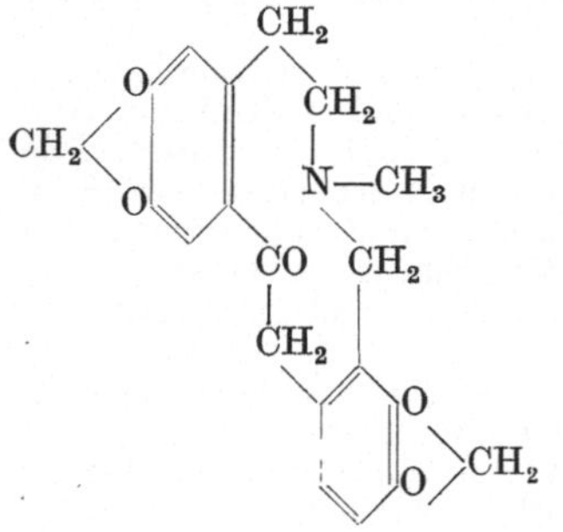

Das Protopin, das auch im Opium vorkommt, ist eine sehr weit im Pflanzenreich verbreitete Base, die allerdings meist nur in geringen Mengen auftritt und die in ihrer Konstitution eine weitgehende Ähnlichkeit mit dem Kryptopin aufweist. So findet es sich in Chelidonium majus, Stylophorum diphyllum, Sanguinaria canadensis, Eschholtzia californica, Glaucium luteum, Bocconia (Macleya) cordata und frutescens, Argemone mexicana, Adlumia cirrhosa, in verschiedenen Dicentraarten, in Corydalis verniji, Corydalis ambigua, Corydalis tuberosa und Fumaria officinalis. Das beste Ausgangsmaterial für die Darstellung des Protopins ist Dicentra spectabilis[1] (siehe auch S. 602, 716, 720).

Aus Alkohol umkrystallisiert zeigt das in Nadeln krystallisierende Protopin den Fp. 208°. Es ist unlöslich in Wasser, schwer löslich in Alkohol, Aceton, Benzol oder Ammoniak, leicht löslich in Chloroform (1 Teil in 15 Teilen)[2]. Das Chloroplatinat und das Chloroaurat (Fp. 198°) sind amorph. Chlorhydrat, B · HCl, Prismen in kaltem Wasser ziemlich schwer löslich (Farbreaktionen s. S. 618, 619).

## II. Basen, die beim Abbau Phenanthrenderivate geben.

Morphin, $C_{17}H_{19}O_3N$. Konstitution (184, 485 b).

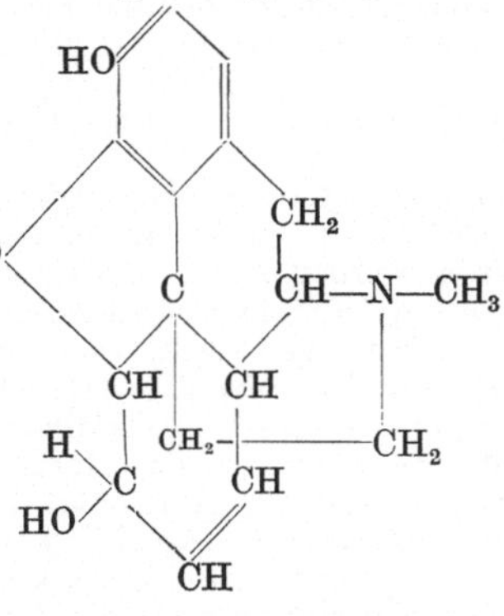

Das Morphin kommt als Hauptalkaloid in der größten Menge im Opium vor. Es ist eine tertiäre Base, die aus verdünntem Alkohol in Prismen mit 1 Mol. Krystallwasser krystallisiert, das es bei 110° verliert. Fp. 254° u. Z., $[\alpha]_D^{23} = -130,9^0$ ($CH_3OH$), $-70^0$ (in überschüssigem Alkali). Es zeigt folgende für seine Darstellung, wie auch für sein analytisches Verhalten wichtige Löslichkeiten. Es ist löslich in 5000 Teilen Wasser (15°), in 500 Teilen (bei 100°), weiter bei ca. 20° in 7630 Teilen Äther (D = 0,720), 10600 Teilen mit Wasser gesättigten Äther, 1600 Teilen Benzol, 1525 Teilen $CHCl_3$, 537 Teilen Essigester, 1170 Teilen Petroläther, 6396 Teilen Tetrachlorkohlenstoff, 781 Teilen Aceton und 300 Teilen Weingeist. Morphin ist weiter leicht löslich in Kalkwasser (1 Teil in 100 Teilen [25°]), in Natrium- und Kaliumhydroxyd, in verdünnten Säuren, schwerer in Ammoniak (1 Teil in 117 Teilen Ammoniak [D = 0,97]). Aus alkalischen Lösungen[3] kann das Morphin durch Zusatz von Chlorammonium oder Ammoniumcarbonat abgeschieden werden. Es ist eine einsäurige Base, die gut krystallisierende Salze gibt. Chlorhydrat, $B \cdot HCl \cdot 3H_2O$, $[\alpha]_D^{15} = -100,67^0$ ($H_2O$). Es ist in 17,2 Teilen 25° oder in 0,5 Teilen 80° Wasser, sowie in 42 Teilen Alkohol (25°) löslich. Sulfat, $B_2 \cdot H_2SO_4 \cdot 5H_2O$ (löslich in 15,3 Teilen Wasser [25°] und in 465 Teilen Alkohol [25°]).

*Verhalten gegen Fällungsmittel* (Rosenthaler [445]). In schwach salzsaurer Lösung fällt Jodjodkalium (1:24000), Phosphormolybdänsäure und Phosphorwolframsäure (1:33000), Kaliumwismutjodid (1 : 16000), Silicowolframsäure (1 : 12000), Goldchlorid (1 : 4200), Platinchlorid (1 : 200), Nitroverbindungen: Tetranitrophenolphthalein (1 : 11000—12000), Hexanitrodiphenylamin (1 : 40000—45000), Pikrinsäure (1 : 300—350).

Da das Morphin leicht oxydierbar ist, wobei als Oxydationsprodukt zuerst das auch unter den Opiumalkaloiden vorkommende Oxydimorphin (Pseudomorphin) (S. 631) entsteht, zeigt es reduzierende Eigenschaften. In der Kälte werden Gold- und Silbersalzlösungen, auch Jodsäure reduziert; in alkalischer Lösung wird es durch den Luftsauerstoff oxydiert, mit

[1] Zusammenfassung der Vorkommen im Pflanzenreich s. Danckwortt (72, 74).

[2] Über das Auftreten verschiedener Löslichkeitseigenschaften, wie auch verschiedener Farbenreaktionen (je nach der Krystallart des Protopins) siehe die oben erwähnte Arbeit von Danckwortt (72, 74).

[3] Für die Löslichkeit in Alkali ist die Phenolgruppe entscheidend.

Eisenchlorid-Ferricyankalium gibt es einen blauen Niederschlag. Für die Identifizierung werden oft auch die in der Tabelle (S. 618, 619) zusammengestellten Farbenreaktionen verwendet. Andere wichtige Reaktionen:

1. 10 $cm^3$ Morphinlösung werden mit 1 $cm^3$ 5—12% $H_2O_2$, 1 $cm^3$ Ammoniak und einem Tropfen einer Kupfersulfatlösung (1—4%) versetzt. Bei kräftigem Schütteln tritt rosa bis intensiv rote Färbung auf (Empfindlichkeit 0,03 mg Morphin im Liter). Die Reaktion tritt nicht auf mit Kodein, Thebain, Narkotin, Papaverin, Narcein (DENIGES [80]).

2. Wird eine Lösung von Morphin mit einer frisch bereiteten 2proz. Lösung von Diazobenzolsulfosäure versetzt, hierauf mit Soda alkalisch gemacht, so entsteht eine hellrote bis tiefrote Färbung, die nach dem Ansäuern in Orange umschlägt (L. LAUTENSCHLÄGER [335]).

3. Morphin gibt mit einer Lösung von Natriumnitrit eine Gelbfärbung, die auf Zusatz von Natronlauge orange wird (WIELAND u. KAPPELMEIER [613]). Setzt man mit dem Natriumnitrit Salzsäure hinzu, dann färbt sich nach Zusatz von konzentrierter wäßriger Kalilauge die alkalisch gewordene Flüssigkeit blaßrosa bis tiefrot. Die Farbe verschwindet mit Säuren und kommt mit Alkalien wieder.

4. Durch Erhitzen des Morphins mit einigen Kubikzentimetern Salzsäure und einigen Tropfen konzentrierter Schwefelsäure auf dem Dampfbade bis 15 Minuten nach dem Verschwinden der Salzsäure wird das Morphin in das Apomorphin verwandelt. Der so erhaltene rote Sirup wird in wenig Wasser gelöst, mit Bicarbonat neutralisiert und mit Jodtinktur unter Vermeidung eines Überschusses versetzt. Die Flüssigkeit färbt sich grün und gibt an Äther einen purpurroten Farbstoff ab (PELLAGRI [401]). Man erhitzt Morphin mit 2—3 Tropfen Schwefelsäure bis zur leichten Bräunung, verdünnt mit 5 $cm^3$ gesättigter Natriumacetatlösung und setzt 2 Tropfen 4proz. Quecksilberchloridlösung hinzu; beim Erhitzen entsteht eine Grünfärbung. Auch diese Reaktion beruht auf Apomorphinbildung.

5. HUSEMANNsche Reaktion. Morphin wird durch Erhitzen mit konzentrierter Schwefelsäure bis zum Auftreten weißer Dämpfe in Apomorphin verwandelt, das sich durch das Auftreten einer rotvioletten bis blutroten Färbung beim Versetzen der Lösung mit Kaliumnitrat oder Salpetersäure nachweisen läßt.

6. In neutraler Lösung gibt Morphin mit Eisenchlorid eine Blaufärbung, die aber wenig empfindlich ist (Unterschied vom Kodein).

*Qualitativer Nachweis des Morphins.* Das Morphin kann aus Gemischen mit anderen Stoffen dadurch isoliert und nachgewiesen werden, daß es sowohl aus stark natronlaugealkalischen, wie auch aus sauren Lösungen nicht ausgeschüttelt werden kann. Bei diesen Verfahren wird es weitgehend von Verunreinigungen befreit und kann nach Behandlung der alkalischen Lösung mit Chlorammonium mit Chloroform ausgezogen werden und im Rückstand des Chloroformextraktes, dann nach den geschilderten Farbenreaktionen nachgewiesen werden. Zur Reinigung des Rückstandes wird empfohlen, ihn in Amylalkohol zu lösen, der Lösung durch Behandlung mit heißer verdünnter Schwefelsäure das Morphin zu entziehen und dann aus der schwefelsauren Lösung nach Versetzen mit Ammoniak bis zur schwach alkalischen Reaktion das Morphin mit Chloroform zu extrahieren. Als Nachweisreaktionen für das Morphin werden die Farbenreaktionen mit Formaldehydschwefelsäure, mit FRÖHDEs Reagens und jene Reaktionen empfohlen, die auf der Überführung des Morphins in das sehr intensive Farbenreaktionen gebende Apomorphin beruhen (s. oben 4. u. 5.).

*Quantitativer Nachweis des Morphins im Opium.* Der Umstand, daß es heute schon weit über 125 verschiedene Verfahren zur Morphinbestimmung im Opium, aber kein allgemeines unter allen Bedingungen brauchbares Verfahren gibt, läßt sich nur dadurch erklären, daß die einzelnen Opiumsorten nicht nur in ihrem Morphingehalt, sondern insbesondere auch in der Zusammensetzung der Begleitstoffe derartig verschieden sein können, daß für alle Sorten eine gemeinsame *absolute* Methode, die alles Morphin quantitativ erfaßt, bis jetzt nicht aufgefunden werden konnte. Da aber zum Verständnis dieser so verschiedenartigen Methoden eine kurze Schilderung der bei der Ausarbeitung und Bewertung der einzelnen Verfahren zu berücksichtigenden Umstände notwendig ist, werden im folgenden insbesondere auf Grund der kritischen Untersuchungen über die Morphinbestimmung von F. REIMER (437) die analytischen Grundlagen der Morphinbestimmung kurz erörtert, die bis jetzt im Rahmen der Opiumanalyse besonders berücksichtigt wurden, aber natürlich auch bei vielen anderen quantitativen Alkaloidbestimmungen im Pflanzenmaterial, soweit das noch nicht geschehen ist, in Zukunft werden berücksichtigt werden müssen. Das Problem der Morphinbestimmung liegt darin, daß angestrebt werden muß, das Morphin quantitativ aus dem Opium herauszulösen, in der Lösung das Morphin von den Begleitstoffen und Nebenalkaloiden zu trennen; weiter muß das Morphin schließlich quantitativ abgeschieden, zur Krystallisation gebracht und nach der Filtration entweder gewogen oder titriert werden.

Da zur Beurteilung der Frage, ob es möglich ist, diese Trennungen und Bestimmungen durchzuführen, die Kenntnis der für die Analyse wichtigsten Konstanten und Löslichkeiten unumgänglich notwendig ist, orientiert die folgende Tabelle, die teils nach Kolthoff (306), teils nach den Angaben von L. Rosenthaler (445, 446, 447, 448) und E. Schmidt (480) zusammengestellt ist, über diese Eigenschaften.

| Alkaloid | Durchschnittsgehalt in Opium | $K_B$ | $K_S$ | $\frac{L}{C_{Alk}^{+} \cdot C_{OH}^{+}}$ | Löslichkeit in Äther D. A.-B. | ab. Äther | Essigäther | Benzol etwa |
|---|---|---|---|---|---|---|---|---|
| Morphin | 10% | $10^{\div 6,13}$ | $10^{\div 9,58}$ | $3,1 \cdot 10^{\div 10}$ | 1 : 250 | 1 : 4300 | 1 : 1665 | 1 : 5000 |
| Narkotin | 5% | $10^{\div 7,83}$ | | $6 \cdot 10^{\div 13}$ | 1 : 170 | | 1 : 31 | 1 : 22 |
| Papaverin | 0,7% | $10^{\div 8,07}$ | | | 1 : 258 | | | sl |
| Kodein | 0,6% | $10^{\div 6,05}$ | | | 1 : 25 | ll | ll | ll |
| Narcein | 0,2% | $10^{\div 10,7}$ | $10^{\div 9,3}$ | $2,6 \cdot 10^{\div 14}$ | unl | | unl | unl |
| Thebain | 0,3% | $10^{\div 6,05}$ | | $2 \cdot 10^{-9}$ | 1 : 140 | | | ll |

Schon die Betrachtung der Konstanten der Tabelle ergibt, daß sich das Morphin sowohl in der Basizität, als auch in dem Phenolcharakter, weiter auch in der Löslichkeit so stark von den anderen Basen unterscheidet, daß die Möglichkeit einer Trennung wirklich besteht.

Die zuerst wichtige Frage der quantitativen *Lösung* des Morphins im Opium wurde, da das Morphin meist mit Wasser herausgelöst wird, wegen der dabei auftretenden Schwierigkeiten unter den verschiedenartigsten Gesichtspunkten eingehend studiert. Dabei zeigte es sich, daß insbesondere die Wasserstoffionen-konzentration bei den verschiedenen Opiumsorten stark schwanken kann, und daß eine ungünstige H-Ionenkonzentration die Lösung der Morphinsalze im Opium in Wasser oft hindern oder auch ungünstig beeinflussen kann. Als günstig für die Löslichkeit des Morphins wird eine auch in normalen Opiumsorten auftretende oder nachgewiesene H-Ionenkonzentration von 4,00—5,05 angenommen. Auf die Einhaltung dieser Wasserstoffionenkonzentration wird in Zukunft bei der quantitativen Morphinbestimmung besonders zu achten sein.

Wenn die Opiumsorten hingegen mit Kalkmilch extrahiert werden, so entfällt, da das Morphin in diesem Falle als Phenolat in Lösung geht, diese Berücksichtigung der Wasserstoffionenkonzentration der einzelnen Opiumsorten. Die Beziehungen zwischen der Löslichkeit und Extraktion des Morphins und der Korngröße, sowie der Temperatur des Lösungsmittels muß auch hier eingehend berücksichtigt werden, weshalb in den meisten Vorschriften auch Bemerkungen über das Verreiben des Opiums bei der Extraktion mit Wasser sich vorfinden. Als günstig hat sich weiter die zehnfache Wassermenge, bezogen auf das Gewicht des Opiums, bewährt.

Die nächste Frage der quantitativen Abscheidung des Morphins von den Nebenalkaloiden wird in den meisten praktischen Methoden so gelöst, daß in den Lösungen durch einen geringen Ammoniakzusatz zuerst die Nebenalkaloide gefällt und filtriert bzw. entfernt werden. Daß bei dieser Fällung nicht auch gleichzeitig Morphin ausgefällt wird und dadurch Verluste entstehen, wie dies theoretisch unter Berücksichtigung der Löslichkeitsprodukte und Konzentrationen eigentlich vorauszusehen wäre, ist darauf zurückzuführen, daß unter den hier üblichen Methoden das Morphin durch andere noch im Opium befindliche Stoffe in *übersättigter* Lösung erhalten wird. Da nun bei der wäßrigen Extraktion die Wasserstoffionenkonzentrationen der Extrakte schwanken können, wird auch natürlich die zur Ausfällung der Nebenbasen notwendige Ammoniakmenge schwanken, weshalb einzelne Autoren (Stuber und Kljatschkina [569]) empfehlen, im Falle dieser Ausnahmen in einer Probe durch die Titration mit n/10 NaOH die zur Neutralisation notwendige Alkalimenge festzustellen und darnach die zur Fällung der Nebenbasen notwendige Ammoniakmenge zu bemessen.

Gleichzeitig mit der Fällung der Nebenbasen wird die Lösung auch mit einem Lösungsmittel versetzt, um die Reste der Nebenbasen auszuschütteln. Dabei haben sich mit Rücksicht auf die in der Tabelle S. 627 angegebenen Löslichkeiten, insbesondere Äther, weiter Essigester und Benzol, als brauchbar erwiesen. Trotzdem die Löslichkeit des Äthers für die Morphinbestimmung nicht besonders günstig erscheint, wird er doch heute von den meisten Autoren dem früher hauptsächlich angewandten Essigester vorgezogen.

Die nun auf die Fällung und Entfernung der Nebenbasen folgende Fällung des Morphins wird durch weiteren Zusatz von überschüssigem Ammoniak durchgeführt. Dabei hat es sich gezeigt, daß für die Fällung als günstigster Bereich die H-Ionenkonzentration von 9,2—9,5 (also in der Nähe des isoelektrischen Punktes des Morphins, der nach KOLTHOFF bei 8,96 liegt) anzusehen ist, da in diesem Bereiche 94,4 % des vorhandenen Morphins ausfallen bzw. in 50 $cm^3$ Lösung nur so viel Morphin in Lösung zurückbleiben, als durch 0,5 $cm^3$ n/10 Säure neutralisiert werden können. Die H-Ionenkonzentration beeinflußt auch die Krystallisationsgeschwindigkeit, die erfahrungsgemäß meist in der Nähe des isoelektrischen Punktes am größten wird oder doch einem Maximum zustrebt. Bei der Feststellung optimaler Bedingungen für die Fällung und Krystallisation des Morphins hat es sich als notwendig erwiesen, auch die Beeinflussung dieser Vorgänge durch die Temperatur (hier sind 15$^0$ optimal), die Morphinkonzentration, den Salzgehalt, die Anwesenheit der Kolloide, die die Fällung hindern können, eingehend zu berücksichtigen, wobei noch bemerkt wird, daß der Zusatz der organischen Lösungsmittel nicht nur zur Entfernung der Reste der Nebenalkaloide dient, sondern auch die Krystallisationsgeschwindigkeit des Morphins fördert.

Nach der quantitativen Fällung wird das Morphin abfiltriert, mit mit Äther gesättigtem oder mit Morphin gesättigtem Wasser gewaschen, getrocknet und schließlich entweder gewogen oder titriert. Bei der Rechnung der Analyse werden dann natürlich die bekannten im Verlaufe der Analyse eintretenden Fehler noch berücksichtigt.

Die im folgenden nun auch an Beispielen kurz beschriebenen Verfahren zur Morphinbestimmung im Opium lassen sich, wenn hier insbesondere jene Methoden berücksichtigt werden sollen, bei denen das Morphin krystallinisch ausgefällt wird, nach folgenden Gesichtspunkten gruppieren.

1. Die sogenannten HELFENBERGschen *Methoden* beruhen darauf, daß in dem wäßrigen Auszuge des Opiums, der die Alkaloide als Salze enthält, die Hauptmenge der Nebenalkaloide durch Zusatz einer genau bemessenen Ammoniakmenge ausgefällt und damit entfernt werden kann. Nach dieser Entfernung der Nebenalkaloide wird das Morphin selbst durch weiteren Ammoniakzusatz ausgefällt. Durch Waschen mit Essigester und Äther und anderen Lösungsmitteln, in denen es sehr schwer löslich ist, wird es von Resten der Nebenalkaloide, die darin leichter löslich sind, befreit. Das so abgeschiedene Morphin kann nun entweder gravimetrisch oder titrimetrisch bestimmt werden[1].

Die HELFENBERGsche Methode ist in verschiedenen Variationen jenes Verfahren, das heute von den meisten Pharmakopöen eingeführt wurde und sich im allgemeinen sehr bewährt hat.

2. Die sich an die HELFENBERGsche Methode anlehnende *Benzolmethode* von EDER (92) geht so vor, daß in einem wäßrigen Auszuge des Opiums die gesamten Alkaloide durch eine so bemessene Alkalicarbonat- oder Ammoniakmenge gefällt werden, daß die Mutterlaugen möglichst wenig Morphin gelöst enthalten. Dies ist dann der Fall, wenn die H-Ionenkonzentration möglichst nahe am isoelektrischen Punkte des Morphins liegt. Dem ausgefällten Alkaloidgemisch werden nun mit Benzol die Nebenalkaloide, die darin leicht löslich sind, entzogen. Das Morphin selbst ist in Benzol viel schwerer löslich als in Äther und Essigester. Das ausgefällte und abfiltrierte Morphin wird mit morphingesättigtem Wasser gewaschen. Die endgültige Bestimmung des Morphins kann durch Titration oder Wägung vorgenommen werden. (Beispiel der Titration s. S. 629.)

[1] Über Verbesserungen der HELFENBERGschen Methoden s. A. HEIDUSCHKA und M. FAUL (203, 205) und A. JERMSTADT (255, 256).

Die Benzolmethode kann als neuestes Verfahren noch nicht die Durcharbeitung und Erprobung aufweisen, die bei den anderen Methoden schon vorliegt; sie wird aber als sehr brauchbares Verfahren bewertet.

3. Die *Kalkmethoden* sind auf der Überlegung aufgebaut, daß durch Zusatz von frisch gelöschtem Kalk die Nebenalkaloide und das Narkotin ausgefällt werden, während das Calciummorphinat in Lösung bleibt. Das Calciummorphinat wird durch Chlorammonium zerlegt und das Morphin durch Schütteln mit Essigester abgeschieden und von restlichen Nebenalkaloiden gereinigt. Die weitere Aufarbeitung vollzieht sich wie oben geschildert. Nach A. JERMSTADT sollen die Resultate der Kalkmethoden, da das gewonnene Morphin unrein ist, zu *hohe* Werte ergeben, denen jedoch durch die Befreiung des Morphins von Calciummekonat und Narkotin durch Behandlung mit Benzol und Alkohol abgeholfen werden kann (A. JERMSTADT [255]).

Als Beispiel einer der Gruppe der HELFENBERGschen Methoden angehörigen Morphinbestimmungsmethode wird die verbesserte Methode von DIETERICH, die in das Deutsche Arzneibuch (6. Aufl.) aufgenommen wurde, hier beschrieben: 3,5 g mittelfein gepulvertes Opium werden mit 3,5 cm³ Wasser angerieben, das Gemisch mit Wasser in ein Kölbchen gespült und durch weiteren Wasserzusatz auf das Gewicht von 31,5 g gebracht. Das Gemisch wird unter häufigem Umschütteln 1 Stunde lang stehengelassen, durch ein trockenes Faltenfilter (Durchmesser 8 cm) filtriert. Nun werden zu 21 g des Filtrats (= 2,44 g Opium) unter Vermeidung starken Schüttelns 1 cm³ einer Mischung von 17 g Ammoniakflüssigkeit und 83 g Wasser zugesetzt und sofort durch ein trockenes Faltenfilter (Durchmesser 8 cm) in ein Kölbchen filtriert. 18 g des Filtrates (= 2 g Opium) versetzt man unter Umschwenken mit 5 cm³ Essigester und noch 2,5 cm³ der Mischung von 17 cm³ Ammoniakflüssigkeit und 83 cm³ Wasser. Das nun geschlossene Kölbchen wird 10 Minuten lang geschüttelt, 10 cm³ Essigäther hinzugesetzt und unter zeitweiligem Umherschwenken eine Viertelstunde lang stehen gelassen. Die Essigesterschicht wird nun möglichst vollständig auf ein glattes Filter (Durchmesser 7 cm) gebracht, die im Kölbchen zurückbleibende Schicht wird nochmals mit 5 cm³ Essigester bewegt und der Essigester wieder auf das Filter gebracht. Das Filter läßt man nach Ablaufen der Essigesterschicht lufttrocken werden; die wäßrige Lösung wird nun, ohne auf die an den Wänden des Kölbchens haftenden Krystalle Rücksicht zu nehmen, durch das Filter abfiltriert. Das Filter und das Kölbchen werden dreimal mit je 2,5 cm³ mit Äther gesättigtem Wasser nachgewaschen. Filter und Kölbchen werden nun nach vollständigem Abtropfen bzw. Auslaufen bei 100° getrocknet, die Morphinkrystalle in 10 cm³ n/10 Salzsäure gelöst, Filter, Kölbchen und Stöpsel mit Wasser gut nachgewaschen und schließlich die ganze Lösung auf ca. 50 cm³ gebracht. Nach Zusatz von 2 Tropfen Methylrot wird mit n/10 Kalilauge zurücktitriert (1 cm³ n/10 Salzsäure entspricht 0,02852 g Morphin [Methylrot als Indicator]).

Als Beispiel einer Kalkmethode wird im folgenden die für kleine Substanzmengen ausgearbeitete Morphinbestimmungsmethode von DIETERLE (83) beschrieben: 0,3 g Opium wird mit 0,12 g gepulvertem gelöschtem Kalk (hergestellt durch Löschen von 1,5 g Ätzkalk mit 10 Tropfen Wasser) in einem kleinen Glasschälchen vermischt und mit 6 g Wasser angerührt. Das Glasschälchen wird mit einem passenden Uhrglas bedeckt, das Gemenge unter häufigem Umrühren 1 Stunde lang stehen gelassen und durch ein trockenes Faltenfilter (Durchmesser 5 cm) in ein mit Glasstöpsel versehenes Fläschchen (Inhalt 50 cm³) filtriert. Zu 4 g des Filtrates werden 0,1 g Ammoniumchlorid und nach dessen Lösung 1 cm³ säurefreier Essigester oder Äther zugesetzt und das Gemenge 10 Minuten lang kräftig geschüttelt. Nach nochmaligem Zusatz von 2 cm³ Äther oder Essigester wird die ätherische Schicht durch ein Faltenfilter (Durchmesser 4 cm) filtriert oder abgesaugt. Hierauf wird nochmals zu der wäßrigen Schicht 1 $cm^3$ Äther oder Essigester zugesetzt. Nun wird auch die wäßrige Schicht durch das Filter gegossen, ohne auf die an den Wandungen hängenbleibenden Krystalle Rücksicht zu nehmen. Filter und Fläschchen werden bei 100° im Vakuum getrocknet. Man gibt nun 5 $cm^3$ n/50 Salzsäure in das Fläschchen, löst hiermit die an den Wänden hängenden Krystalle, gießt die Lösung tropfenweise auf das Filterchen und bringt auch die dort gesammelten Morphinkrystalle in Lösung. Fläschchen und Filterchen werden mit 2—3 $cm^3$ Wasser sorgfältig nachgespült und die Lösung auf 25 $cm^3$ aufgefüllt. In 20 $cm^3$ dieser Lösung (entsprechend 0,16 g Opium) wird nun unter Verwendung von Methylrot als Indicator mit n/50 Kalilauge die Säure zurücktitriert. (1$cm^3$ n/50 HCl = 0,005704 g Morphin.)

Da bei dem Gebrauch der Kalkmethoden bei einzelnen Opiumsorten noch besondere Schwierigkeiten auftreten können, hat N. RUSTIG (459) zur Vermeidung dieser Störungen eine Modifikation der Kalkmethoden vorgeschlagen. Als besonders störend gelten bei den Kalkmethoden die ungenügende Filtrationsfähigkeit der Lösung des Opiumkalkgemisches, dann die Emulsionsbildung beim Schütteln mit Äther, die Erschwerung der Erkennung des Umschlagpunktes bei der Titration durch die gefärbten Lösungen und schließlich auch die Möglichkeit einer Beimischung von Calciumcarbonat oder Calciummekonat zu den Morphinniederschlägen. N. RUSTIG (459) versucht, die ihm als Hauptstörung erscheinende Oxydation der alkalischen Morphinlösungen dadurch zu verhindern, daß durch den Zusatz eines Reduktionsmittels (Manganchlorür) die Oxydationen, damit auch die Verfärbungen und auch sonstige Störungen der Teilvorgänge der Analyse ausgeschaltet werden; die Arbeitsvorschrift ist dabei die folgende: 2 g Opium werden sorgfältig mit 2 $cm^3$ Wasser zu einer völlig homogenen Masse verrieben, hierauf langsam mit 10 $cm^3$ Wasser verdünnt, 500 mg Manganchlorür in der Mischung gelöst und schließlich 1 g Calciumhydroxyd hinzugefügt. Diese Flüssigkeit wird nun nach einigen Minuten ständigen Rührens in ein Jenaer Filter Nr. 3 G 3 gebracht, das auf einem 50-$cm^3$-Jenaer-Kolben in einem doppelt durchbohrten Gummistopfen sitzt. Die zweite Bohrung des Gummistopfens enthält ein Stückchen Glasrohr, das mit einem durch einen Glasstab verschließbaren Gummischlauch versehen ist. Die Filtration wird durch kurzes Ansaugen mit dem Munde in Gang gesetzt und das Filter sechsmal mit 2 $cm^3$ Wasser nachgespült, wobei die ersten Portionen zum Ausspülen der Schale verwendet werden. Am Schlusse wird stark gesaugt, bis das Filtrat so groß als möglich ist. Im Kolben befindet sich dann das ganze Morphin in Form einer ganz *klaren*, auch nicht von Calciumcarbonat verunreinigten Lösung. Zu dem etwa 20 g großen Filtrat werden nun 15 $cm^3$ Äther zugesetzt, 2 Minuten umgeschwenkt und ca. 300 mg Chlorammon hinzugefügt. Nun wird der Kolben 15 Minuten geschwenkt und bis zum folgenden Tage stehen gelassen. Hierauf wird die Ätherschicht abgegossen, die zurückbleibende Lösung noch einmal mit 5 $cm^3$ Äther geschwenkt und auch dieser Äther abgetrennt. Die Lösung wird nun durch ein Filter von 5 cm Durchmesser filtriert und auch das, was schon auf das Filter gebracht wurde, fünfmal mit je 3 $cm^3$ gesättigter Morphinlösung, um aus dem Niederschlag das Mekonat weitgehend zu entfernen, gewaschen. Das beim Filtrieren möglichst im Kolben zurückgehaltene Morphin wird nun in 15 $cm^3$ n/10 Säure gelöst, die Lösung erwärmt und allmählich auf das Filter gebracht, bis sich alles gelöst hat. Kolben und Filter werden nun mit kleinen Quantitäten ausgekochten Wassers ausgewaschen, bis die abfließenden Fitrate nicht mehr sauer reagieren. Der Säureüberschuß wird nun mit n/10 Lauge unter Anwendung von 1—2 Tropfen Methylrot zurücktitriert. Der beim Titrieren gegen Methylrot durch etwa noch vorhandenes Mekonat veranlaßte Fehler kann dadurch beseitigt werden, daß die Titration nach Zusatz von 2,5—3 $cm^3$ Äther und einigen Tropfen Phenolphthalein unter kräftigem Schütteln auf den Phenolphthaleinfarbumschlag beendigt wird.

Auf andere Verfahren, das Morphin quantitativ zu bestimmen, kann hier nur kurz verwiesen werden. Die leichte Oxydierbarkeit des Morphins in Oxydimorphin,

$$\underset{\text{Morphin}}{2\,C_{17}H_{19}O_3N} + O = \underset{\text{Oxydimorphin}}{(C_{17}H_{18}O_3N)_2} + H_2O,$$

gaben die Veranlassung, das Morphin mit Hilfe der jodometrischen Methoden zu bestimmen, in dem das bei dieser Oxydation aus Jodsäure frei gemachte Jod titriert wurde (REICHHARD [434]). Auch die Refraktometrie reiner Lösungen der Chlorhydrate (UTZ [585]), die Bestimmung des Drehungsvermögens sowie verschiedene Fällungsmethoden können zur Morphinbestimmung herangezogen werden. Schließlich ist es auch möglich, die Farbreaktionen colorimetrisch auszuwerten, wie die Morphinbestimmungen von HEIDUSCHKA und FAUL in Mohnköpfen, die mit Hilfe der Diazoreaktion colorimetrisch durchgeführt wurden, zeigen (HEIDUSCHKA und M. FAUL [204]).

*Oxydimorphin, Pseudomorphin,* $C_{34}H_{36}O_6N_2 \cdot 3\,H_2O$. Das bei vorsichtiger Oxydation aus Morphin entstehende Oxydimorphin (s. S. 625) (Pseudomorphin) wurde auch im Opium, und zwar in den Morphin-Kodeinfraktionen aufgefunden (s. S. 611). Das Pseudomorphin krystallisiert in Nadeln, die sich beim Erhitzen ohne zu schmelzen zersetzen. Es ist in den meisten organischen Lösungsmitteln unlöslich, in Ätzalkalien und alkoholischem Ammoniak hingegen löslich. Es ist linksdrehend, hat schwach basischen Charakter, ist bitertiär und geschmacklos. Chlorhydrat, $B \cdot 2\,HCl \cdot 2\,H_2O$, $[\alpha]_D = -103{,}13^0$ (wasserfrei).

*Farbreaktionen* (s. S. 618, 619). Die Lösung färbt sich in konzentrierter Schwefelsäure auf Zusatz eines Körnchens Rohrzucker grün (beim Morphin rosa).

Die Lösung färbt sich in konzentrierter Schwefelsäure auf Zusatz eines Körnchens Ammoniumselenit violett (Morphin grün).

**Kodein,** $C_{18}H_{21}O_3N$.

Das im Opium in viel geringerer Menge vorkommende Kodein (0,3—0,8 %) ist seiner chemischen Konstitution nach der Mono-methyläther des Morphins[1]. Es krystallisiert aus wasserhältigen Lösungsmitteln in rhombischen[2] Oktaedern mit 1 Mol Krystallwasser, Fp. 155° (wasserfrei), $[\alpha]_D = -137{,}7^0$ ($C_2H_5OH$). Es ist löslich in 120 Teilen $H_2O$ (25°), in 68 Teilen Ammoniak (15,5°), in 12,5 Teilen Äther (25°), in 1,5 Teilen Alkohol (25°), in 0,66 Teilen $CHCl_3$. Im Gegensatz zum Morphin löst es sich in 6,5 Teilen Anisol (16°) und 10,4 Teilen kaltem Benzol.

Kodein ist eine starke einsäurige Base. Salze: Chlorhydrat, $B \cdot HCl \cdot 2\,H_2O$, Nadeln $[\alpha]_D^{22,5} = -108{,}2^0$ ($H_2O$). Sulfat, $B_2H_2SO_4 \cdot 5\,H_2O$, rhombische Prismen Fp. 278° (wasserfrei), $[\alpha]_D^{15} = -101{,}2^0$ ($H_2O$). In konzentrierteren Lösungen wird das Kodein aus seinen Salzen durch Kaliumrhodanid als schwer lösliches krystallinisches Rhodanid abgeschieden. $B \cdot HCNS + {}^1/_2\,H_2O$ (Unterschied und Trennung vom Morphin) (PLUGGE [414]).

Alkaloidfällungsmittel (ROSENTHALER [446]). In phosphorsaurer Lösung gibt Kodein Fällungen mit Jod-Jodkalium noch bei einer Verdünnung von 1 : 100000, mit Kaliumwismutjodid bei 1 : 60000, mit Phosphormolybdänsäure bei 1 : 50000, mit Phosphorwolframsäure bei 1 : 120000 und mit Silicowolframsäure bei 1 : 35000. Gerbsäure fällt bei 1 : 150, Platinchlorid 1 : 275, Pikrinsäure bei 1 : 600—700, Tetranitrophenolphthalein 1 : 1100—1200 und Hexanitro-diphenylamin 1 : 24000.

In den Reaktionen ist das Kodein sonst meist dem Morphin sehr ähnlich. Unterschiede bilden vor allem die Löslichkeiten und die Farbreaktionen (s. S. 618, 619). Auch Eisenchlorid gibt mit Kodein keine Färbung. Schwefelsäure in Gegenwart einer geringen Menge Selensäure gibt Grünfärbung, dann Olivgrün-, in der Hitze Stahlblau-, schließlich Braunfärbung.

Die quantitative Bestimmung des Kodeins im Opium kann unter Anwendung von Benzol (CH. CASPARI [56]) oder Toluol (H. E. ANNET und Mitarbeiter [9]) oder Äther (N. J. RAKSHIT [427]) als Extraktionsmittel durchgeführt werden: 20 g Opium werden mit 200 cm³ Wasser 3 Stunden geschüttelt, filtriert und 100 cm³ des Filtrats mit 20 cm³ Ammoniak 1 Stunde geschüttelt und filtriert. 100 cm³ des Filtrats werden dann dreimal mit je 100 cm³ Äther ausgeschüttelt und filtriert, wobei mit 20 cm³ Äther nachgewaschen wird. Die ätherische Lösung wird nun zweimal je 10 Minuten mit je 25 cm³ 10proz. Salzsäure ausgeschüttelt; der Rückstand der Säureauszüge wird in 30 cm³ Wasser gelöst, schwach erwärmt und filtriert, dann nach Zugabe von 100 cm³ 10proz. Natronlauge dreimal mit je 50 cm³ Äther je 10 Minuten lang geschüttelt. Die ätherischen Auszüge werden mit Chlorcalcium getrocknet, filtriert, der Rückstand nach dem Verjagen des Äthers in 10 cm³ n/10 Schwefelsäure gelöst und die Lösung mit n/10 Alkalilauge unter Anwendung von Lackmus als Indicator zurücktitriert.

[1] Siehe auch GULLAND, ROBINSON (184), CLEMES SCHÖPF und Mitarbeiter (485b).
[2] Isolierung s. S. 611.

**Thebain,** $C_{19}H_{21}O_3N$.

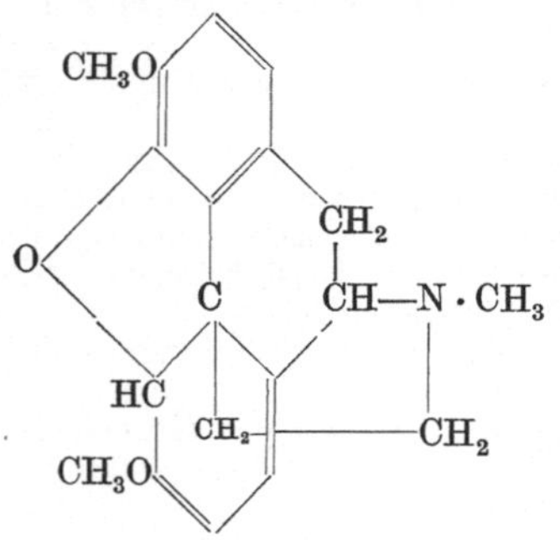

Das Thebain krystallisiert in Blättchen oder Prismen (s. S. 612, 614) vom Fp. 193°, $[\alpha]_D^{15} = -218,6^0$ ($C_2H_5OH$). Es ist leicht löslich in Chloroform, Alkohol und Benzol, weniger in Äther, fast unlöslich in kaltem Wasser. Aus seinen Salzlösungen wird es durch Alkalien ausgefällt. In Ammoniak ist es etwas löslich. Durch Natriumacetat wird es in essigsaurer Lösung erst beim Erhitzen gefällt. Es ist eine starke einsäurige tertiäre Base.

Von seinen Salzen sind vor allem das Bitartrat und das Salicylat schwer löslich und können deshalb auch zur Isolierung des Thebains von den übrigen Opiumalkaloiden dienen[1]. Zur Unterscheidung von Narcein, Narkotin und Papaverin wird folgende Reaktion angegeben (REICHARD [435]): Einige Krystalle Thebain werden mit Mercuronitrat innig verrieben, das Gemisch in einer Porzellanschale mit einigen Tropfen Wasser befeuchtet. Nach $^1/_2$—1 Stunde, während welcher Zeit das Wasser ergänzt werden muß, hat das Reaktionsgemisch eine schwärzliche Färbung angenommen. Versetzt man Thebainlösungen zuerst mit Chlorwasser, dann mit Ammoniak, so tritt eine intensiv rotbraune Färbung auf.

*Alkaloidfällungsmittel* (ROSENTHALER [446a]). In salzsaurer Lösung fällen Thebain Kaliumwismutjodid (1 : 80000), Jodjodkalium (1 : 80000), Kaliumquecksilberjodid (1:60000), Phosphormolybdänsäure (1 : 50000), Silicowolframsäure (1 : 200000) und Phosphorwolframsäure in 1 % HCl (1 : 500000).

**Neopin,** $C_{18}H_{21}O_3N$, $\beta$-Kodein. Das von DOBBIE und LAUDER (85) in den letzten Mutterlaugen der Opiumalkaloide aufgefundene Neopin ist nach C. F. v. DUIN, R. ROBINSON, J. CH. SMITH (87), GULLAND und ROBINSON (184) eine dem Kodein isomere Base. Es krystallisiert in Nadeln aus Petroläther vom Fp. 127—127,5° (in wäßriger Lösung inaktiv), Bromhydrat Fp. 282—283° u. Z., $[\alpha]_D^{23} = +17,32^0$ (Wasser).

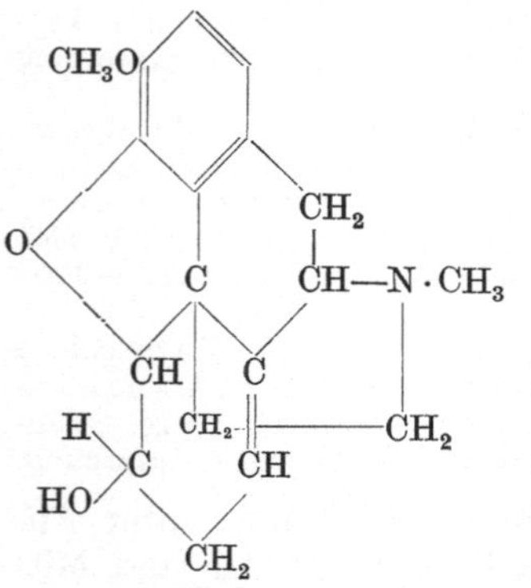

Neopin

**Porphyroxin,** $C_{19}H_{23}NO_4$. Das Porphyroxin ist jene von MERCK schon im Jahre 1837 beschriebene Base des indischen Opiums, die die Eigenschaft aufweist, sich in sauren Lösungen an der Luft rot zu färben. Sie wurde nach langwierigen Extraktionsverfahren aus dem indischen Opium von J. NATH RAKSITH (428) dargestellt, krystallisiert aus Petroläther in gelblichen oder weißlichen Prismen, Fp. 134—135°, $[\alpha]_D^{32} = -139,9$ ($CHCl_3$); Chlorhydrat Fp. 155°, Nadeln aus Wasser, $[\alpha]_D^{32} = -118,8^0$ ($H_2O$). Seiner Konstitution nach wäre es als ein Carbonyldihydro-kodein aufzufassen.

*Farbreaktionen.* Es gibt mit konzentrierter Schwefelsäure eine rote, mit Schwefelsäure und Kaliumbichromat eine grasgrüne, mit Salpetersäure eine gelbliche, mit konzentrierter Salzsäure eine orange Färbung.

### m) Alkaloide anderer Papaverarten (siehe auch S. 716ff.).

Im Zusammenhange mit der Besprechung der Alkaloide der verschiedenen Varietäten des schlafbringenden Mohns werden im folgenden in Kürze auch noch einige Basen anderer Pflanzen der Gattung Papaver, so weit sie schon erforscht sind, besprochen: In Papaver orientale wurden von J. GADAMER und KLEE (146) neben den schon besprochenen Basen Thebain und Protopin, noch zwei weitere Basen, das Isothebain und Glaucidin, nachgewiesen. Bei der Untersuchung dieser Pflanze in den verschiedenen Vegetationsperioden wurde festgestellt, daß je nach der Jahreszeit das Thebain in der Pflanze vom isomeren Isothebain abgelöst

[1] Farbreaktionen s. S. 618, 619.

werden kann. So tritt im Anfange der Entwicklung der Laubtriebe das Isothebain auf, im Mai und Juni wird es vom Thebain abgelöst, während an derselben Stelle im Herbst Isothebain aufgefunden wurde. Das Isothebain soll, was allerdings noch nicht ganz sichergestellt ist, der Apomorphinreihe angehören und würde dann den Corydalisalkaloiden der Bulbocapninreihe nahestehen, was insofern auch zu verstehen wäre, weil Papaver orientale im natürlichen System zwischen Papaver somniferum und Corydalis cava steht und demnach auch Alkaloide enthalten könnte, die der Gruppe der Aporphinbasen der Corydalisalkaloide entsprechen. Das Isothebain $C_{19}H_{21}O_3N$ krystallisiert in farblosen, stark lichtbrechenden Rhomben vom Fp. 203—204°. Es ist rechtsdrehend und enthält neben einer Methylimidgruppe und zwei Methoxylgruppen auch eine freie phenolische Hydroxylgruppe, doch steht seine exakte Konstitutionsaufklärung, die vom phytochemischen Standpunkte sehr wichtig wäre, noch aus. Das Glaucidin wurde auch noch nicht näher untersucht und nur wegen gewisser Ähnlichkeit mit dem Glaucin (s. S. 603) Glaucidin genannt.

2. In Papaver rhoeas (Klatschmohn) wurde das ungiftige Rhöadin, $C_{21}H_{21}O_6N$ aufgefunden[1], das, in dünnen Nadeln krystallisierend, sich bei 238—240° bräunt und bei 245—247° schmilzt. Es ist schwer löslich in Alkohol, leichter löslich in Benzol. Das Rhöadin ragiert schwach alkalisch; durch starke Säuren wird das Rhöadin in das stärker basische isomere Röagenin verwandelt, das krystallisierende Salze bildet.

3. In Papaver dubium[2] wurde neben anderen Alkaloiden (z. B. Aporheidin) das Aporhein, $C_{18}H_{16}O_2N$ gewonnen, das in farblosen oder gelbgrünen Prismen krystallisiert, die bei 88—89° zu einer fluorescierenden Flüssigkeit schmelzen. Es ist optisch aktiv $[\alpha]_D = 75{,}2°$ und erzeugt Krämpfe ähnlich wie das Thebain. Aporheidin: rhombische Tafeln, Fp. 176—178° (ungiftig).

### n) Alkaloide von Sinomenium acutum Rekd. et Wils. (Menispermacee) (s. S. 710).

In der japanischen Menispermacee Sinomenium acutum Rekd. et Wils. wurden von H. Kondo und seinen Mitarbeitern, sowie K. Goto und seinen Mitarbeitern eine größere Anzahl von Alkaloiden gewonnen, deren Konstitution bei den in der folgenden Tabelle zusammengefaßten ersten drei Basen eindeutig erkannt ist. So hat sich das Sinaktin als l-Tetrahydroepiberberin[3], das Sinomenin als d-7-Methoxythebainon und das Disinomenin als Dehydrierungsprodukt des Sinomenins, das wahrscheinlich unter Zusammentritt zweier Sinomeninreste an Stelle 1 entstanden sein dürfte, erwiesen. Das Sinomenin ist ein optisch isomeres 7-Methoxythebainon; es gehört einer anderen sterischen Reihe an als die meisten bekannten Morphiumderivate und dürfte wohl aus diesem Grunde insbesondere zur weiteren Erforschung der sterischen Verhältnisse in der Morphinreihe bedeutungsvoll sein (s. Tabelle S. 634).

### o) Pareiraalkaloide (s. S. 709, 711).

Die heute als Pareiraalkaloide bezeichneten Basen wurden ursprünglich aus der Rinde des Bebeerubaumes (Nectandra Rodiei Hoock), der in Brasilien und Guayana heimisch ist, gewonnen: Nach dieser Pflanze erhielt das Hauptalkaloid den Namen Bebeerin, die Nebenbasen entsprechend abgeleitete Namen. Aber auch aus der Pareirawurzel Radix Pereirae brevae konnten Basen dargestellt werden, die mit den früher besprochenen Alkaloiden als identisch angesehen wurden. Als Stammpflanze der echten Pareirawurzel ist früher die in

[1] Hesse, O. (217b).
[2] Pavesi (400).
[3] Synthese E. Späth und E. Mosettig (547a).

| Name | Bruttoformel | Fp. | [α] | Konstitutionsformel |
|---|---|---|---|---|
| *Sinaktin*[1]<br>l-Tetrahydro-epiberberin<br>Chlorhydrat<br>Chloroplatinat | $C_{20}H_{21}O_4N$ | Prismen 175⁰ (aus Alkohol)<br><br>272⁰<br>245—247⁰ (240⁰ Dunkelfärbung) | — 312⁰ (Chloroform) | 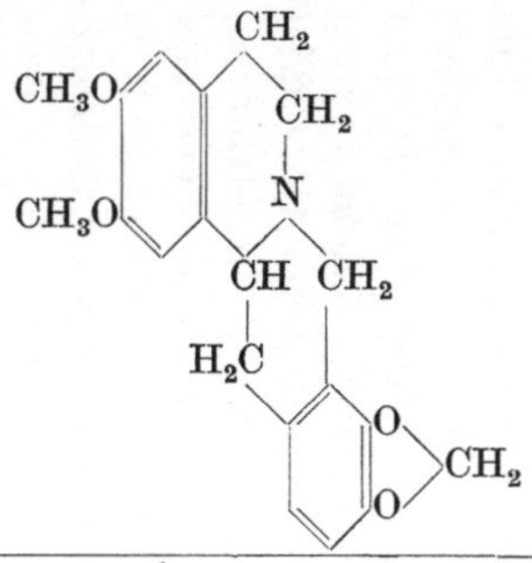 |
| *Sinomenin*-[2]<br>d-7-Methoxy-thebainon<br>Chlorhydrat<br>Oxim | $C_{19}H_{23}O_4N$<br><br>$B \cdot HCl \cdot 2\,H_2O$ | 162⁰ u. 182⁰<br><br>231⁰<br>233⁰ | —73,92⁰<br><br>— 82,4⁰ | |
| *Disinomenin*[3] | $C_{38}H_{44}O_8N_2$ | 218—220⁰ | + 97,4⁰ | 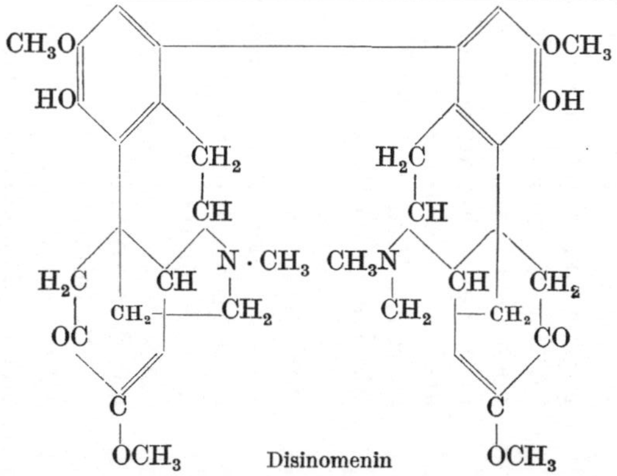 Disinomenin |
| *Diversin*[4]<br>amorph.<br>Chlorhydrat<br>Oxim<br>Monobenzoylverb. | $C_{20}H_{27}O_5N$ oder $C_{16}H_{16}(NCH_3) \cdot (OCH_3)_2(OH)_2(CO)$ | 80—93⁰<br><br>135—140⁰<br>145—150⁰<br>105⁰ | + 6,98⁰ | |
| *Acutumin*[5]<br><br>Chlorhydrat<br>amorhp. | $C_{20(21)}H_{27}O_8N$ oder $C_{14(15)}H_{14}O_2(OCH_3)_3(NCH_3)$ (>CO) (COOH) | Nadeln 240⁰ | <br><br>+ 60,2 ⁰ | |

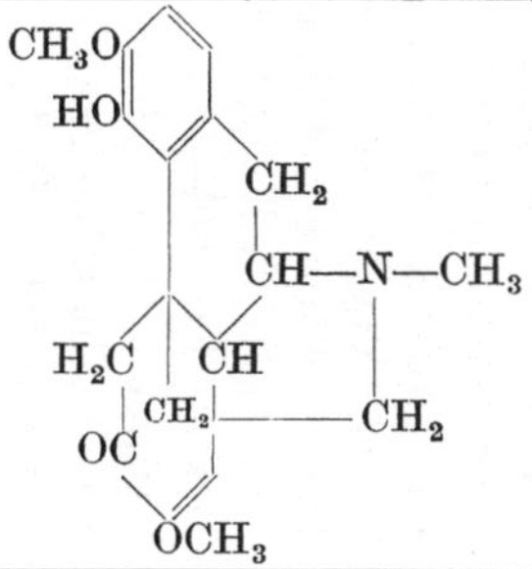

[1] K. GOTO und H. SUDZUKI (179), KAKUJI GOTO und ZENJIRO KITASATO (263).
[2] Zusammenfassende deutsche Arbeiten: H. KONDO und EIJI OCHIAI (319), K. GOTO (177), K. GOTO und Z. KITASATO (178), H. KONDO und E. OCHIAI (316 b).
[3] K. GOTO und Z. KITASATO (178).
[4] H. KONDO, E. OCHIAI und P. NAKAJIMA (320), H. KONDO und P. NAKAJIMA (315).
[5] K. GOTO und H. SUDZUKI (179).

den Tropen verbreitete Menispermacee Cissampelos Pareira L. betrachtet worden. Die Untersuchungen von FLÜCKINGER und D. HANBURY haben ergeben, daß Chondodendron tomentosum RUIZ et PAV. aus derselben Pflanzenfamilie oder eine sehr verwandte Art, die amerikanische Grieswurzel — Radix Pareira — liefert. Chondodendron platyphyllum (St. Hil) MIERS kommt in Brasilien sehr häufig vor, während die ihm sehr nahestehende Art Chondodendron tomentosum RUIZ et PAV. in Peru im Regenwaldgebiet des Amazonas heimisch ist. Die aus diesen Wurzeln gewonnenen Alkaloide haben im vorigen Jahrhundert eine zur Charakterisierung der einzelnen Individuen führende Bearbeitung erfahren und wurden wegen ihrer Identität mit den Basen aus Nectandra Rodiei mit den vom Hauptalkaloid Bebeerin sich ableitenden Namen bezeichnet, eine Nomenklatur, die, ohne auf die eindeutige Identität der aus verschiedenen Pflanzen gewonnenen Basen Rücksicht zu nehmen, von den späteren Autoren übernommen und ausgebaut wurde. Da aber die Pareirawurzel sich eindeutig von Chondodendron platyphyllum ableitet, wurde von F. FALTIS der Vorschlag gemacht, die aus der Pareirawurzel gewonnenen Basen nach ihrer Stammpflanze zu benennen. In der folgenden Zusammenstellung sind neben den von FALTIS neu eingeführten Namen noch die von den früheren Autoren verwendeten Namen angeführt. Bis jetzt wurden hier folgende Alkaloide beschrieben:

1. Das $\alpha$-Chondodendrin ($\alpha$-Bebeerin), $C_{18}H_{19}O_3N$.
2. Das $\beta$-Chondodendrin ($\beta$-Bebeerin), $C_{18}H_{19}O_3N$. Fp. 142—150° $[\alpha]_D^{21} = +28{,}6$ ($C_2H_5OH$).
3. Das Isochondodendrin (Iso-bebeerin), $C_{18}H_{19}O_3N$ ($C_{36}H_{38}O_6N_2$)?
4. Das Chondrodin, $C_{18}H_{21}O_4N$. Fp. 218—220° $[\alpha]_D = -75°$ ($C_2H_5OH$).
5. Das Alkaloid B der Zusammensetzung $C_{22}H_{23}O_5N$ nach FALTIS, wahrscheinlich aus einem molekularen, vielleicht auch salzartigen Gemisch von Chondodendrin und Chondrodin, $C_{18}H_{19}O_3N + C_{18}H_{21}O_4N$, bestehend.

E. SPÄTH, W. LEITHE und F. LADECK (545) haben in einer vom chemischen und botanischen Standpunkt sehr bedeutungsvollen Untersuchung nachgewiesen, daß das aus Tubocurare darstellbare Curin mit dem l-Chondodendrin (l-Bebeerin) identisch ist (s. S. 637), was vielleicht, da die Chondodendrin liefernden Pflanzen leichter feststellbar sein dürften, einen Aufschluß über das bis jetzt noch teilweise unbekannte Pflanzenmaterial geben könnte, das zur Darstellung des Tubocurares von den Eingeborenen verwendet wird.

Auch die Konstitution dieser Basen hat eine weitgehende Aufklärung erfahren. Für das $\alpha$-Chondodendrin wird von E. SPÄTH und seinen Mitarbeitern die folgende Formel zur Diskussion gestellt.

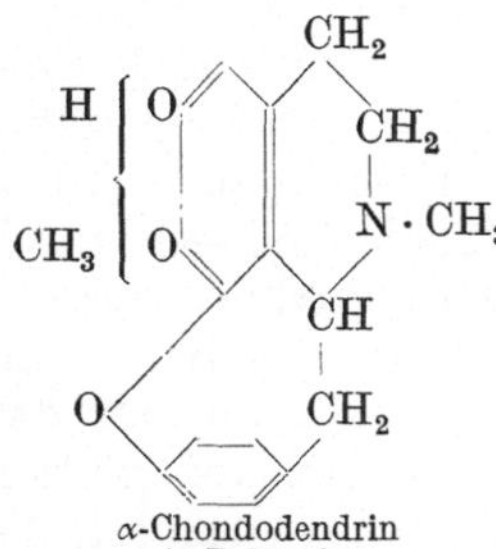

$\alpha$-Chondodendrin ($\alpha$-Bebeerin) (E. SPÄTH [445])

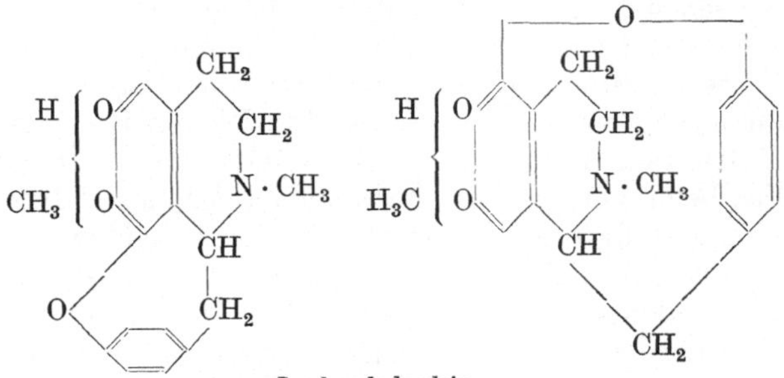

Isochondodendrin (Isobebeerin) (F. FALTIS [100, 101])

FALTIS und seine Mitarbeiter (104) haben sich vor allem mit der Konstitutionsaufklärung des Iso-chondodendrins beschäftigt und stellten anfangs zwei Formeln zur Diskussion.

Auf Grund neuer Molekulargewichtsbestimmungen und spekulativer Überlegungen haben F. FALTIS, S. WRANN und E. KÜHAS (107) auch noch folgende neue Formulierung für das Iso-chondodendrin, das nach den neuen Annahmen eine doppelt so große Bruttoformel, $C_{36}H_{38}O_6N_2$, aufweisen müßte, in Betracht gezogen.

Nor-Coclaurin

Isochondodendrin, $C_{36}H_{38}O_6N_2$

Dieser neuen Konstitutionsformel des Isochondodendrins liegt die für eine spätere physiologische Erforschung der Probleme der Bildung dieser Basen sehr interessante Vorstellung zugrunde, daß das Isochondodendrin, abgesehen von späteren Methylierungen, dadurch entstanden sein könnte, daß zwei Moleküle Norcoclaurin dadurch zu dem großen Isochondodendrinmolekül zusammengetreten sein sollten, daß in Orthostellung zu den entsprechenden Hydroxylgruppen unter zweimaliger Dehydrierung sich die Phenyläthergruppen ausgebildet hätten, die die Verknüpfungsstellen der Coclaurinreste zu dem großen Isochondodendrinmolekül bilden sollen. Diese neuen Annahmen bedürfen aber noch eingehender experimenteller Begründung, ebenso wie die Frage, ob nicht auch bei den anderen Pareiraalkaloiden eine Verdoppelung der bis jetzt angenommenen Molekulargewichte sich als notwendig erweisen wird.

*Darstellung der Pareirabasen.* Die Darstellung der Pareiraalkaloide kann entweder nach den Angaben von SCHOLZ (486), ausgehend von der Pareirawurzel, oder nach den Angaben von F. FALTIS (100), F. FALTIS und NEUMANN (105), ausgehend von dem von MERCK beziehbaren amorphen Bebeerinum sulfuricum erfolgen. Im ersten Falle werden die fein pulverisierten Wurzeln mit verdünnter Schwefelsäure extrahiert und aus den Auszügen mit Sodalösung das braune amorphe Basengemisch ausgefällt. Diesem Basengemisch kann durch fortgesetzte Extraktion mit Äther das ($\alpha$-Bebeerin) $\alpha$-Chondodendrin entzogen werden, das beim Verjagen des Äthers als amorphes Pulver zurückbleibt und sich durch Umkrystallisieren aus Methylalkohol in ein krystallisierbares Produkt verwandeln läßt. Nicht aus allen Pareirawurzeln ist das krystallisierte ($\alpha$-Berbeerin) $\alpha$-Chondodendrin zu gewinnen, sondern es kann an seiner Stelle oft nur das amorphe $\beta$-Chondodendrin gewonnen werden. Der nach der Ätherextraktion verbleibende, in Äther unlösliche Rückstand wird mit Chloroform extrahiert, die Chloroformlösung vernachlässigt und der unlösliche Rückstand durch Auskochen mit Wasser von löslichen und gefärbten Verunreinigungen befreit. Der nun noch verbleibende Rückstand wird in verdünnter Salzsäure gelöst und aus der salzsauren Lösung das Chondodendrin als gelbes amorphes Pulver ausgefällt und durch Lösen in Anilin und Fällen mit Alkohol gereinigt. Das zweite von FALTIS ausgearbeitete Verfahren geht vom käuflichen Bebeerinum sulfuricum aus, das nach dem Lösen in Salzsäure und Fällen mit Sodalösung erschöpfend mit Benzol extrahiert wird, wobei aus dem benzolischen Extrakt nicht das α-Chondodendrin (α-Bebeerin), sondern das β-Chondodendrin gewonnen werden kann. Durch Extraktion des Rückstandes mit Alkohol können zwei Alkaloide gewonnen werden: als leichter lösliche Base, ein von FALTIS als Alkaloid B bezeichneter Körper und schließlich als der am schwersten in Alkohol lösliche Teil des Extraktes, eine krystallisierte Base, die durch Versetzen ihrer Pyridinlösung mit Methylalkohol gereinigt wird. Es ist das Isochondodendrin (Iso-bebeerin), das sich als identisch mit dem käuflichen Bebeerinum sulfuricum crystallisatum erwiesen hat.

Das α-Chondodendrin kommt in der Natur sowohl in der d-Form, als auch in der l-Form (identisch mit dem Curin), wie auch in der Racemform vor. Das optisch aktive d-Chondodendrin (d-Bebeerin) zeigt den Fp. (im Vakuum), 221—221,5⁰, $[\alpha]_D^{20} = +332^0$ (Py)·Cer (+ 298⁰) l-α-Chondodendrin (l-α-Bebeerin) bzw. l-Curin Fp. 221—221,5⁰ (Vakuumröhrchen) (nach Umlösen aus Methylalkohol) (s. S. 638). Racemat Fp. 299—300⁰. Chlorhydrate der optisch aktiven Basen, B · HCl, Fp. 271—273⁰ (im Vakuumröhrchen), unter Bläschenbildung und knapp vorhergehendem Sintern. Jodmethylat Fp. 268—270⁰. Acetylderivat Fp. 147—148⁰. Benzoylderivat Fp. 139—140⁰. Mit Alkaloidfällungsmitteln wie Quecksilberchlorid und Ferricyankalium entstehen nur amorphe Niederschläge. Das α-Chondodendrin ist in Chloroform, Aceton und heißem Methylalkahol löslich, enthält eine freie phenolische Hydroxylgruppe und ist aus diesem Grunde alkalilöslich. Mit Äther gibt es schon bei der Extraktion ein Ätherat, das aus Benzol umkrystallisiert den Fp. 161⁰ zeigt.

*Iso-chondodendrin* (*Isobebeerin*), $C_{18}H_{19}O_3N$ bzw. $C_{36}H_{38}O_6N_2$. Das Isochondodendrin krystallisiert aus Pyridin unter Alkohol bzw. Wasserzusatz in Nadeln, die bei 290⁰ (FALTIS) bzw. 297⁰ (SCHOLZ) schmelzen. $[\alpha]_D^{22} = +47{,}7^0$ (Py). Es ist leicht löslich in Pyridin, löslich in Chloroform, schwer löslich in Alkohol, Wasser und Petroläther. Chlorhydrat Fp. kein Schmelzen bis 300⁰ $[\alpha]_D = +140^0$ ($H_2O$), Jodhydrat Fp. 300⁰ u. Z., Jodmethylat Fp. 275⁰ u. Z. Auch das Isobebeerin enthält eine freie phenolische Hydroxylgruppe und ist deshalb alkalilöslich.

Über das chemische Verhalten der übrigen Nebenbasen wird auf die Originalliteratur verwiesen. A. SCHOLZ (486a), F. FALTIS und Mitarbeiter (100, 105).

## p) Curarealkaloide (s. S. 734).

Curare ist der giftige eingetrocknete Extrakt verschiedener südamerikanischer Strychnosarten, z. B. Strychnos Castelnaei, Str. Crevauxii, Str. cogens, Str. Gubleri, Str. Schomburghii und Str. toxifera u. a. m. Da die Rezepte der Curaredarstellung (das von den Eingeborenen als Pfeilgift und Arzneimittel bereitet wird) unbekannt sind, werden die Curarearten auch nicht nach ihrem pflanzlichen Ursprung, nach ihrer Gewinnung aus bestimmtem Pflanzenmaterial, sondern bis jetzt vorwiegend nach ihrer Verpackungsart klassifiziert. Man unterscheidet *Tubocurare*, das in Bambusröhrchen verpackt versandt wird, *Calebassencurare*, das in Flaschenkürbissen aufbewahrt wird und *Topfcurare*, das in Töpfchen aus ungebranntem Ton verpackt ist. Die chemische Untersuchung der Curarealkaloide wird noch dadurch erschwert, daß die wenig wirksamen Basen oft krystallinisch, die wirksamen Basen aber meist amorph sind und deshalb einer eindeutigen Charakterisierung Schwierigkeiten bereiten. Da in analytischer Hinsicht nicht viel Material über die Curarealkaloide vorliegt, wird im folgenden kurz über die Darstellungsmethodik der einzelnen Basen, ihre Konstanten und einige Farbenreaktionen berichtet. Die Konstitution der Curarealkaloide ist, wenn man vom Curin absieht, bis jetzt unerforscht.

Das am besten untersuchte *Tubocurare* enthält in einer Menge von etwa 13—15% einen wenig wirksamen krystallisierten Stoff, das Curin, $C_{18}H_{19}O_3N$, neben einer amorphen und physiologisch sehr wirksamen Base, dem Tubocurarin, $C_{19}H_{21}O_4N$. Die Darstellung dieser Basen erfolgt dadurch, daß der wäßrige Extrakt des Tubocurares mit Ammoniak gefällt wird, wobei sich das Curin abscheidet. Die Mutterlaugen des Curins werden eingedampft, wobei zuerst verschiedene Salze organischer Säuren ausfallen. In der Mutterlauge dieser Salze, die mit Alkohol verdünnt wurde, wird das Tubocurarin mit alkoholischer Sublimatlösung ausgefällt, die Fällung mit Schwefelwasserstoff zersetzt und in der verbleibenden alkoholischen Lösung durch Äther das Chlorhydrat des Tubocurarins ausgefällt (BÖHM [35, 36]).

Die erste wesentliche über die chemische Konstitution und botanische Zusammenhänge orientierende Feststellung über das Curin rührt von E. SPÄTH, W. LEITHE und F. LADECK (545) her. Es konnte dabei gezeigt werden, daß das linksdrehende Curin identisch ist mit dem schon früher besprochenen Pareira-alkaloid, dem l-$\alpha$-Chondodendrin (l $\alpha$-Bebeerin) (s. S. 635). Das racemische $\alpha$-Chondodendrin ($\alpha$-Bebeerin) kann demnach aus einem Gemisch gleicher Teile von l-Curin und d $\alpha$-Bebeerin dargestellt werden. Damit wurde ein auch botanisch sehr wichtiger Anhaltspunkt über das Vorkommen des Pareira-alkaloids $\alpha$-Chondodendrins in den Pflanzen, die zur Herstellung des Tubocurares dienen, aufgefunden. Von E. SPÄTH, LEITHE und LADEK wurde folgende Konstitutionsformel für das Curin zur Diskussion gestellt.

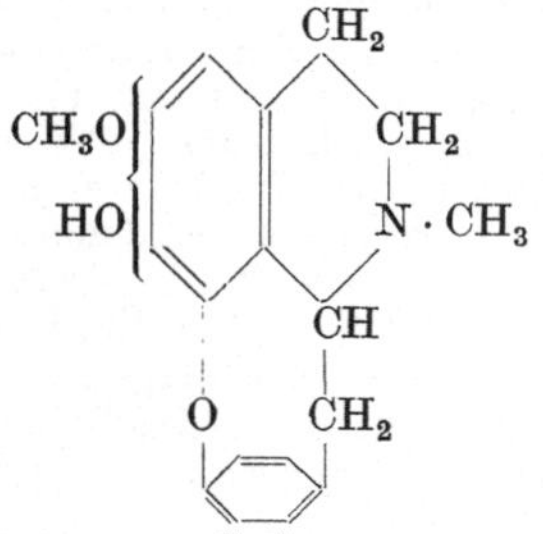

$CH_2$   $CH_3O$   $CH_2$   HO   $N \cdot CH_3$   CH   O   $CH_2$

Curin

Das Curin zeigt nach Umlösen aus Methylalkohol bzw. Chloroform unter Zusatz von Methylalkohol den Fp. 221 bis 221,5° (Vakuumröhrchen), $[\alpha]_D^{20} = -328°$ (Pyridin c = 5,04). Es ist leicht löslich in verdünntem Alkohol und Chloroform, wenig löslich in absolutem Alkohol, Methylalkohol und Benzol, unlöslich in Wasser. Das Curin ist eine tertiäre Base. Die Lösungen der Salze geben außer mit den gewöhnlichen Alkaloidfällungsmitteln auch mit einfachen Salzen, z. B. Chlorcalcium, Bromkalium, Jodkalium und Alkaliphosphaten, voluminöse Niederschläge. Auch durch Metaphosphorsäure, wie auch durch alkoholische Sublimatlösung wird es gefällt. Ammoniakalische Silberlösung wird von Curin reduziert. Chlorhydrat, Fp. 271—273° (Vakuumröhrchen). Chloroplatinat: gelbes, in Wasser und Alkohol unlösliches Pulver.

*Farbreaktionen.* Curin, in konzentrierter Schwefelsäure gelöst, gibt auf Zusatz von Oxydationsmitteln, z. B. Kaliumbichromat, Schwarzfärbung. Vanadinschwefelsäure wird von Curin zuerst tiefschwarz, dann blau und schließlich zwiebelrot gefärbt, konzentrierte Salpetersäure färbt sich dunkelbraun.

Das Tubocurarin, $C_{19}H_{21}O_4N$, ist das wirksame Prinzip des Tubocurares, eine amorphe quaternäre Base von bitterem Geschmack, die in den meisten ihrer Reaktionen dem Curin gleicht. Sie wird durch mehrmaliges Lösen in Alkohol und Fällen mit Äther gereinigt.

**Calebassencurare.** Das Calebassencurare soll vorwiegend aus Strychnos toxifera dargestellt werden. Die Alkaloidaufarbeitung hat vor allem zu einer amorphen, stark giftigen Base, dem Curarin, $C_{19}H_{26}ON_2$, geführt. Zur Darstellung dieser Base wird die wäßrige Curarelösung mit Platinchlorid gefällt; das Platinsalz der Base wird hierauf nach Suspension in Alkohol mit Schwefelwasserstoff zerlegt und dann nach Zusatz von etwas alkoholischem Ammoniak die Base durch Äther gefällt. Die Fällung wird in einem Chloroform-Alkoholgemisch (4 : 1) gelöst, und der nach dem Verdunsten der Lösung an der Luft zurückbleibende rote Lack nach dem Aufnehmen in Alkohol mit Äther gefällt. Das amorphe Curarin ist eine optisch inaktive, sehr bitter schmeckende, wahrscheinlich quaternäre Base, die den Zp. über 150° zeigt. Sie ist in Wasser, Methyl- und Äthylalkohol leicht löslich, unlöslich in Äther, Benzol und Chloroform. Hervorzuheben ist ihre Fällbarkeit mit Platinchlorid; Goldchlorid wird von ihr reduziert.

*Farbreaktionen.* Eine wäßrige Curarinlösung gibt mit konzentrierter Schwefelsäure eine purpurviolette Färbung an der Berührungszone. Konzentrierte Schwefelsäure löst Curarin mit blauvioletter, Vanadinschwefelsäure mit dunkelveilchenblauer, konzentrierte Salpetersäure mit vorübergehend blutroter Farbe auf.

Auch aus dem *Topfcurare*, das vorwiegend von Strychnos Castelnaei herrühren soll, sind von BÖHM (36) eine Reihe von Basen dargestellt worden, auf die hier nur kurz verwiesen wird, da sie bis jetzt analytisch noch nicht eingehend bearbeitet wurden. Es sind das *Protocurin*, $C_{20}H_{23}O_3N$, farblose Nadeln aus Methylalkohol, Fp. 306°; das *Protocuridin*, $C_{19}H_{21}O_3N$, Prismen aus kochendem Chloroform, Fp. 274—276°; das *Protocurarin*, $C_{19}H_{25}O_2N$, eine amorphe, stark giftige, in Wasser leicht lösliche Base. Das Chlorid ist ein in Wasser

Methyl- und Äthylalkohol leichtlösliches Pulver. Mit Kaliumbichromat und Schwefelsäure gibt es eine violette, mit konzentrierter Salpetersäure eine kirschrote Färbung.

### q) Alkaloide einzelner japanischer Menispermaceen (s. S. 710ff.).

**Alkaloid von Cocculus laurifolius.** Das aus dem Stamm und der Wurzel von Cocculus laurifolius von H. KONDO und T. KONDO (313) isolierte und als 7-Oxy-6-methoxy-l-(4′-oxy-benzyl)-1,2,3,4-tetrahydroisochinolin erkannte Alkaloid Coclaurin, $C_{17}H_{19}O_3N$, muß hier deshalb besonders besprochen werden, weil es von verschiedenen Autoren, insbesondere aber von F. FALTIS (108), als Muttersubstanz einer größeren Anzahl höhermolekularer Alkaloide, z. B. des Isochondodendrins (S. 635), des Oxy-acanthins und Berbamins (S. 590), des Phäanthins (S. 643) und des Dauricins (S. 639) angesehen wird, weshalb ihm im Hinblick auf die Frage der Entstehung diesen Alkaloidtypen in den Pflanzen besondere Bedeutung zuzukommen scheint.

**Coclaurin,** $C_{17}H_{19}O_3N$.

Zur Gewinnung des Coclaurins haben H. KONDO und T. KONDO das Ausgangsmaterial dreimal mit 90proz. Alkohol durch 24 Stunden digeriert, die Auszüge verdampft und den Rückstand mit 5proz. Schwefelsäure ausgezogen. Die erhaltene Lösung wurde nun mit Soda alkalisch gemacht und in der Wärme mit Äther extrahiert. In der ätherischen Lösung wurde die Base mit konzentrierter Salzsäure als Chlorhydrat gefällt, das ausgeschiedene Chlorhydrat mit Chloroform gewaschen und aus Alkohol umkrystallisiert. Das Coclaurin ist eine sekundäre Base vom Fp. 221°, ist unlöslich in Benzol und Petroläther, wenig löslich in kaltem Äther, Alkohol, Chloroform und Aceton, ziemlich leicht löslich in Essigester und Ameisensäureester, leicht löslich in heißem Alkohol, Aceton und Alkali. Das Chlorhydrat (Fp. 264°) gibt mit Eisenchloridlösung in der Kälte eine violette, in der Wärme eine grüne Farbreaktion. Als weitere charakteristische Reaktion gibt das Coclaurin als sekundäre Base die LIEBERMANNsche Nitrosoreaktion.

*Alkaloide von Menispermum dauricum* DC. In den Stengeln und den Wurzeln der in Südsibirien, Korea und Japan vorkommenden Pflanze Menispermum dauricum DC. haben H. KONDO und S. NARITA (316) durch Alkoholextraktion und weitere Ausarbeitung eine Base in geringer Menge gewinnen können (aus 15,4 kg trocknem Material 13 g), die sie *Dauricin* nannten.

Das Dauricin ist eine hellgelbe amorphe Substanz, die den Fp. 115° zeigte. Es ist löslich in Alkohol, Aceton und Benzol, schwer löslich, wenn nicht frisch gefällt, in Äther, $[\alpha]_D^{11} = -139°$, Jodmethylat, Fp. (wasserfrei) 204°, Methyldauricin-jodmethylat Fp. 152° u. Z. Die Fragen der Bruttoformel und der Konstitution des Dauricins sind noch nicht

Dauricin
$C_{38}H_{44}O_6N_2$

vollkommen geklärt. Während die japanischen Forscher für das Dauricin die Bruttoformel $C_{19}H_{23}O_3N$ aufgestellt haben, liegt von F. Faltis und H. Frauendorfer (102), F. Faltis u. Mitarbeiter (103) (s. a. F. v. Bruchhausen u. P. H. Gericke [47]) der Vorschlag vor, für das Dauricin die doppelte Bruttoformel $C_{38}H_{44}O_6N_2$ in Betracht zu ziehen, weil sich aus dieser Formel nicht nur die bis jetzt vorliegenden Ergebnisse des Abbaues, sondern auch die mögliche Bildung dieses Alkaloids in der Pflanze erklären lassen.

Man könnte nämlich in Berücksichtigung der obigen Formelbilder sich vorstellen, daß das Dauricin durch Verknüpfung zweier Coclaurinreste durch Dehydrierung und nachfolgende Methylierung entstanden sein könnte. Die endgültige Klärung dieser Fragen bedarf natürlich noch eingehender experimenteller Begründung.

**Alkaloide von Cocculus trilobus und Cocculus sarmentosus.** Die aus den frisch gesammelten Wurzeln und Rhizomen von Cocculus trilobus und den Stengeln und Wurzeln der auf Formosa gewachsenen Pflanze Cocculus sarmentosus von H. Kondo und M. Tomita (327) gewonnenen Alkaloide werden hier deshalb besonders erwähnt, weil sie, so viel sich aus dem Abbau ergeben hat, in ihrer Konstitution Verbindungen darstellen, die derselben Gruppe von Alkaloiden zugeordnet werden müssen, der auch das Berbamin, das Oxyacanthin, das Phäanthin u. a. m. (s. S. 590, 635, 639) angehören.

In Cocculus trilobus und Cocculus sarmentosus wurden bis jetzt folgende Basen aufgefunden:

*Trilobin,* $C_{36}H_{36}O_5N$, Hauptalkaloid von Cocculus trilobus.

$CH_2$ $CH_2$
$H_2C$ O $CH_2$
$CH_3N$ O N—$CH_3$
CH —$OCH_3$ CH
$CH_2$ $CH_2$
O
$OCH_3$

*Isotrilobin,* $C_{36}H_{36}O_5N_2$, früher Homotrilobin genannt.
außerdem die *Phenolbasen Trilobamin,* $C_{35}H_{36}O_6N_2$ oder $C_{36}H_{38}O_6N_2$
*Base B,* $C_{22}H_{21}O_4N$ oder $C_{23}H_{23}O_4N$.

Während die Konstitution des Trilobins im Sinne der obigen Formeln von H. Kondo und M. Tomita (325) aufgeklärt wurde, ist das Isotrilobin, das früher „Homolitrobin“ genannt wurde, jetzt als dem Trilobin isomer erkannt worden; das Trilobamin hingegen wurde als Phenolbase in nahe Beziehung zum Berbamin und Oxyacanthin (Formeln s. S. 590) gebracht.

*Darstellung der Alkaloide.* Das Trilobin und Isotrilobin wurden von H. Kondo und M. Tomita (207) durch Extraktion frisch gesammelter Wurzeln und Rhizome von Cocculus trilobus D. C. mit Alkohol gewonnen, und aus dem alkoholischen Extrakte der Gesamtbasen durch Zusatz von Bromwasserstoffsäure als schwer lösliche Bromhydrate gefällt. Dieselben Basen konnten auch aus Extrakten von Cocculus sarmentosus gewonnen werden. Die Gewinnung des Isotrilobins (früher Homotrilobin) kann entweder aus den Mutterlaugen des Trilobins oder unter Benützung der verschiedenen Löslichkeit der Basen in Aceton erfolgen. Das Trilobin krystallisiert aus heißem Aceton in langen farblosen Prismen vom Fp. 235°. Die krystallisierte Base ist schwer löslich in Aceton, Äther, Alkohol und Methylalkohol, leicht löslich in Chloroform und Benzol. Das Bromhydrat und das Chlorhydrat sind in Wasser schwer löslich. Die Base selbst ist in Ammoniak, Alkalicarbonat und Ätzalkalien unlöslich. In Berichtigung früherer Annahmen wurde dem Trilobin jetzt die Bruttoformel $C_{36}H_{36}O_5N_2$ zuerkannt. $[\alpha]_D^{12} = +296{,}3^0$ (Chloroform). Die zweite neben dem Trilobin auftretende, in Aceton leichter lösliche Base, das Homotrilobin, hat sich jetzt als dem Trilobin isomer erwiesen, weshalb seine

Benennung auf *Isotrilobin* umgeändert wurde. Das Isotrilobin, $C_{36}H_{36}O_5N_2$ krystallisiert aus Alkohol in farblosen Prismen vom Fp. 215⁰. Die krystallisierte Base ist löslich in Aceton, Chloroform und Benzol, schwer löslich in Äther, Alkohol und Methylalkohol. $[\alpha]_D^8 = +314{,}8$ (Chloroform). Isotrilobin-methin Prismen Fp. 115⁰. Die Mutterlauge der Bromhydrate des Trilobins und Isotrilobins wurde mit Ammoniak verdünnt und ergab beim Versetzen mit Wasser eine graue Fällung, die in Essigsäure gelöst und mit Kalilauge versetzt wurde. Dabei kam es in der alkalischen Lösung zur Abscheidung einer alkaliunlöslichen Base, die mit Äther extrahiert wurde; nach dem Verjagen des Äthers blieb eine amorphe Nichtphenolbase zurück. Die KOH-alkalische Lösung, die nun die Phenolbasen enthielt, wurde mit Ammoniumcarbonatlösung versetzt, wobei das Trilobamin ausfiel, das nach dem Filtrieren und Trocknen aus Methylalkohol umkrystallisiert, den Fp. 195⁰ (Zers. 212⁰) zeigte.

Die methylalkoholische Trilobaminmutterlauge wurde vom Lösungsmittel befreit und in einem Gemisch von Alkohol und Aceton gelöst. Bei *längerem* Stehen kristallisierte in geringer Menge die Base B aus.

Über die Konstanten der einzelnen Basen orientiert die folgende Zusammenstellung:

| Namen | Bruttoformel | Fp. | $[\alpha]_D$ |
|---|---|---|---|
| Trilobin | $C_{36}H_{36}O_5N_2$ | Prismen Fp. 235⁰ | + 296,3⁰ Chloroform |
| Isotrilobin | $C_{36}H_{36}O_5N_2$ | Prismen Fp. 215⁰ | + 314,8⁰ Chloroform |
| Phenolbasen Trilobamin | $C_{35}H_{36}O_6N_2$ oder $C_{36}H_{38}O_6N_2$ | Prismen Fp. 195⁰ | + 356,6⁰ Essigsäure |
| Base B | $C_{22}H_{21}O_4N$ oder $C_{23}H_{23}O_4N$ | Krystallkörner 223⁰ | + 190,3⁰ Chloroform |
| Menisarin aus Cocculus sarmentosus | $C_{37}H_{38}O_6N_2$ | mikroskopische Tafeln 203⁰ | + 149,4⁰ Chloroform |

**Alkaloide von Stephania tetrandra S. Moore.** Aus den Wurzeln der in Formosa wild wachsenden Arzneipflanze Stephania tetrandra S. Moore haben H. Kondo und Yano (329), K. Yano (637, 638), neben einem in Äther nichtlöslichen Alkaloid und einer Phenolbase als Hauptalkaloid das Tetrandrin, $C_{38}H_{42}O_6N_2$, gewonnen.

Eine nähere, allerdings bis jetzt noch nicht abgeschlossene Konstitutionsaufklärung des Tetrandrins hat ergeben, daß das Tetrandrin seinem Aufbaue nach als isomerer Oxyacanthin-methyläther anzusehen ist[1]; das Tetrandrin gehört demnach in dieselbe Klasse von Stoffen, deren Aufbau man sich nach F. Faltis (s. S. 639) durch Dehydrierungen von 2 Mol Coclaurin vorstellen könnte.

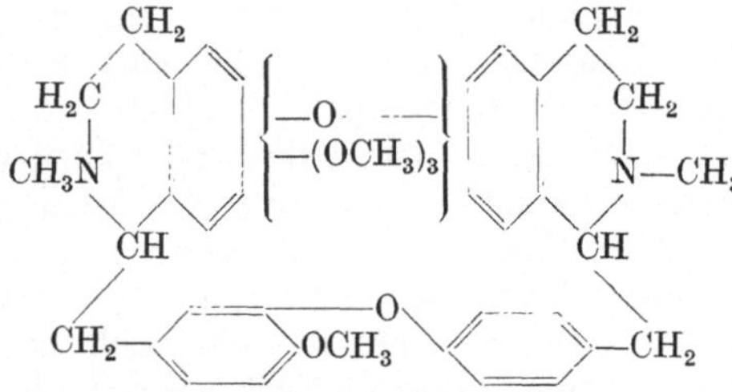

Das Tetrandrin $C_{38}H_{42}O_6N_2$ krystallisiert in bei 217⁰ schmelzenden Nadeln und ist in den meisten organischen Lösungsmitteln mit Ausnahme von Petroläther leicht löslich, $[\alpha]_D = -263{,}1^0$ (Chloroform), Jodmethylat, Fp. 264—269⁰ u. Z., α-Methylmethin: Fp. 172⁰.

Tetrandin nach H. Kondo und Yano (328).

**Alkaloide von Stephania japonica.** Auch aus der südjapanischen Liane Stephania japonica, deren Stengel

[1] Kondo, H., u. Jano (328).

seit alters her als Mittel gegen Fieberschauer Verwendung fanden, haben H. KONDO und seine Mitarbeiter (323) bis jetzt 8 verschiedene Basen gewinnen können, deren Konstanten im folgenden kurz übersichtlich zusammengestellt sind:

Alkaloide von Stephania japonica.

| Namen | Bruttoformel | Schmelzpunkt | $[\alpha]_D$ | Vorkommen in Prozenten des Extraktes |
|---|---|---|---|---|
| Stephanolin (Phenolbase) | $C_{31}H_{42}O_7N_2$ oder $C_{27}H_{29}O_2N_2(OH) \cdot (OCH_3)_4$ | 186° | — 255,4 | |
| Homostephanolin (Phenolbase) | $C_{32}H_{44}O_7N_2$ | 232° Chlorhydrat Fp. 238° | — 255,5 | 0,3 |
| Pseudo-epistephanin | $C_{19}H_{21}O_3N$ oder $C_{16}H_{11} \cdot (OH) \cdot (OCH_3)_2(NCH_3)$ | 257° (Zers.) | +174,55° | |
| Metaphanin | $C_{18}H_{29}O_3N$ Nadeln | 229° | inaktiv | 0,03 |
| Protostephanin | $C_{39}H_{57}O_8N_3 + 5\,CH_3OH$ säulenförmige Kristalle | 75° | + 3,4° | 0,6 |
| Epistephanin | $C_{19}H_{23}O_3N$ oder $C_{15}H_{14}(NCH_3) \cdot (OCH_3)_2 \cdot (>CO)$ | 198° | + 195,8° | 0,55 |
| Stephanin | $C_{34}H_{36}O_5N_2$ oder $C_{30}H_{25}O_2 \cdot (OCH_3)(O_2CH_2)(NCH_3)_2$ | 157° Dichlorhydrat $B \cdot 2\,HCl + H_2O$ Fp. 280° | — 91,51° | 0,03 |
| Base noch unbenannt | $C_{31}H_{36}O_5N_2$ | 102—103° Chlorhydrat Fp. 267—286° | — 83,35° | 0,02 |

Die Konstitution der meisten Basen dieser Reihe ist noch unerforscht. Immerhin ergibt sich aus den bis jetzt vorliegenden Ergebnissen der Konstitutionsaufklärung, daß das Pseudoepistephanin seiner Konstitution nach in die Reihe des Morphins gehören muß, da H. KONDO und T. SANADA (322) nachweisen konnten, daß das Pseudo-epistephanin-methyläther-jodmethylat, $C_{21}H_{26}O_3N \cdot J$, und das Morphothebain-dimethyläther-jodmethylat, $C_{21}H_{26}O_3NJ$, optische Antipoden sind und vermischt ein optisch inaktives Racemat ergeben. Auch das Epistephanin muß der Morphinreihe angehören, weil sein Abbauprodukt, das Desoxy-dehydro-epistephanin, sich mit dem Apomorphindimethyläther als identisch erwies.

Die Darstellung der einzelnen Basen erfolgte so, daß die mit Bleizucker-gereinigte wäßrige Lösung des alkoholischen Extraktes mit Natriumcarbonatlösung einen Niederschlag ergab, aus dem die Rohbasen mit Äther extrahiert werden konnten. Ein Teil des Ätherextraktes, der sich als in Äther weiterhin löslich erweist, kann in Phenolbasen sowie in andere Basen zerlegt werden, die als Chlorhydrate[1], Sulfate, sowie amorphe, nicht mehr krystallisierende Verbindungen voneinander getrennt werden können (Details siehe die Originalarbeiten [323]).

**Alkaloide von Phaeanthus ebracteolatus (Pres.) MERILL** (s. S. 708). Das von ALFREDO C. SANTOS (468, 469 [109]) aus der Rinde von Phaeanthus ebracteolatus (Pres.) MERILL, einer auf den Philippinen wachsenden Anonaceae, die als Mittel gegen Augenentzündungen angewandt wird, dargestellte Alkaloid Phäanthin, $C_{37}H_{38}O_6N_2$, wird hier deshalb kurz besprochen, weil es mit zu jener Gruppe von höher molekularen Alkaloiden gehört, deren Entstehung durch folgende Hypothese von F. FALTIS (108, 109), die natürlich noch eingehender experimenteller Begründung bedarf, interpretiert wurde: die Bildung des Phäanthins könnte dabei

[1] Homostephanolin, Metaphanin und Stephanin bilden schwerlösliche Chlorhydrate.

auf die Verknüpfung zweier Coclaurinmoleküle durch Dehydrierung an drei Stellen zurückgeführt werden. Außer der Verknüpfung der beiden Coclaurinmoleküle müßte natürlich auch noch eine entsprechende Methylierung eingetreten sein, wie sich aus der folgenden von FALTIS in Betracht gezogenen Formulierung ergibt.

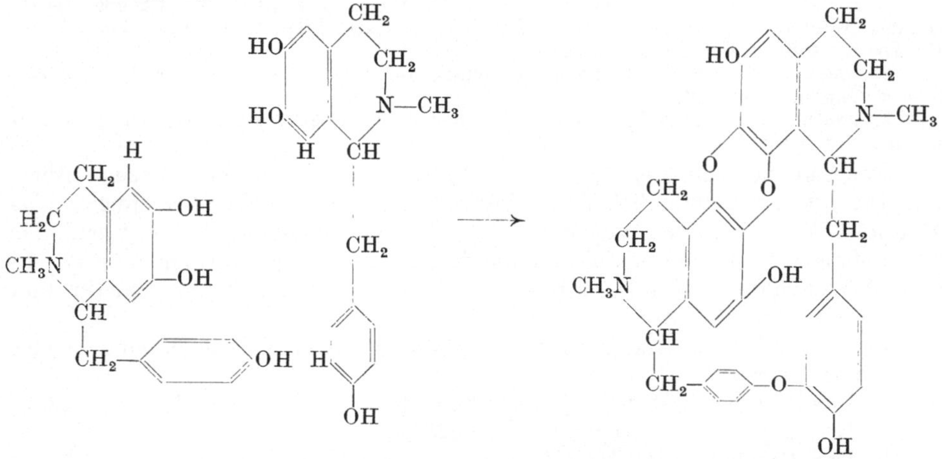

Phaeanthinskelett, hypothetisch nach FALTIS

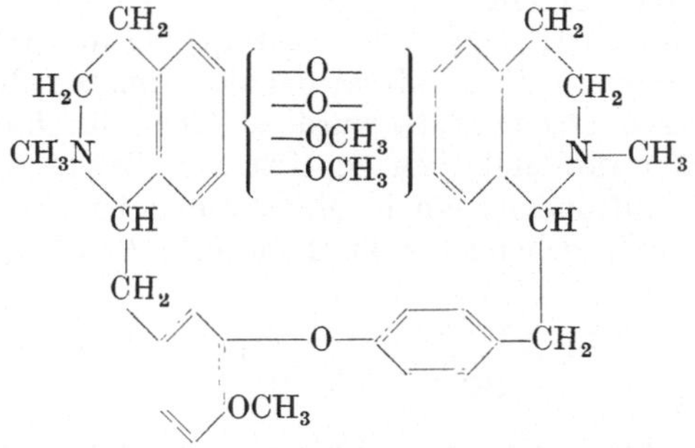

Phäanthin nach A. SANTOS auf Grund der Abbauergebnisse

Wie sich aus der hypothetischen Formel von F. FALTIS, aber auch aus dem bis jetzt durch Abbau erkannten Teilaufbau des Phäanthins ergibt, ist das Phäanthin in dieselbe Gruppe von Basen einzureihen, der auch das Berbamin, das Oxyacanthin, das Trilobin, Isotrilobin, das Tetrandrin und vielleicht auch das Isochondodendrin angehören (s. S. 590, 635, 639).

Zur Darstellung des Phäanthins wurde so vorgegangen, daß die gepulverte Rinde mit Alkohol, der mit Salzsäure versetzt war, perkoliert wurde. Der aus dem Perkolat nach dem Verjagen des Alkohols erhaltene sirupöse Rückstand wurde in Wasser gegossen und das nach dem Filtrieren erhaltene salzsaure Filtrat ausgeäthert, dann mit Ammoniak neutralisiert und noch einmal ausgeäthert. Aus der sauren Lösung wurde durch Ätherextraktion das Phäanthin in einer Ausbeute von 0,7 % erhalten, das durch wiederholte Überführung in das Chlorhydrat gereinigt wurde. Der aus der ammoniakalisch gemachten Lösung gewonnene Ätherextrakt enthielt ein anderes noch nicht näher beschriebenes Alkaloid.

Das Phäanthin krystallisiert aus Äther beim Verdunsten in hexagonalen Prismen vom Fp. 210°, $[\alpha]_D^{30} = -278^0$ ($CHCl_3$). Es ist wenig löslich in Alkohol, ziemlich löslich in Methylalkohol und Aceton, leicht löslich in Äther und Chloroform. Das Chlorhydrat ist sehr hygroskopisch, Jodhydrat, B · 2HJ, Körner, Zp. 268, Pikrat, Prismen, Zp. 263°, Jodmethylat, B · 2 $JCH_3$, Zp. 265°. Das Chloroaurat und das Chloroplatinat sind amorph.

## r) Alkaloide aus Psychotria Ipecacuanha (Rubiaceae). Brechwurzelalkaloide.

Als Ausgangsmaterial für die Darstellung der Brechwurzelalkaloide kommen folgende Pflanzen in Betracht (siehe auch Seite 749):

1. Die Rinde von Psychotria ipecacuanha (Mueller Argoviensis), syn. Uragoga ipecacuanha (WILLDENOW BAILLON), eine in Brasilien heimische Pflanze, die unter dem Namen Rio-Ipecacuanha in den Handel kommt.
2. Dieselbe Pflanze, in Ostindien gezüchtet, unter dem Namen Johore-Ipecacuanha in den Handel kommend.
3. Das als Karthagena Ipecacuanha bezeichnete Material, das sich von Uragoga acuminata Karsten ableitet.

Der Alkaloidgehalt der Drogen, die ein Gemisch verschiedener Basen enthalten, beträgt durchschnittlich 2,07—2,9%, kann aber bis über 4% steigen. Als Hauptalkaloide kommen vor allem Emetin und Cephälin vor, während das Psychotrin und die anderen Basen nur in geringer Menge vorhanden sind. In den oben erwähnten Handelswaren sind durchschnittlich 1,5% Emetin und 0,5% Cephaelin enthalten.

Zusammenfassend sind bis jetzt folgende Brechwurzelalkaloide eingehender beschrieben worden[1].

1. Das Emetin, $C_{29}H_{40}O_4N_2$ (ca. 1,35%)[2] (CARR und PYMAN [54], HESSE [228]).
2. Das Cephaelin, $C_{28}H_{38}O_4N_2$ (ca. 0,25%).
3. Das Psychotrin, $C_{28}H_{36}O_4N_2$ (sehr geringe Mengen).
4. Das O-Methylpsychotrin, $C_{29}H_{38}O_4N_2$ (ca. 0,015—0,035%).
5. Das Emetamin, $C_{29}H_{36}O_4N_2$ oder $C_{30}H_{36}O_4N_2$ (ca. 0,002—0,006%).

Wenn auch die Konstitutionsaufklärung des Emetins bis jetzt noch nicht vollständig abgeschlossen erscheint, so wurde sie doch durch die Untersuchungen von KELLER, HESSE, CARR und PYMAN, KARRER, SPÄTH und LEITHE so weit gefördert, daß Konstitutionsformeln in allgemeinen Umrissen dem Stande der heutigen Forschung entsprechend für das Hauptalkaloid Emetin zur Diskussion gestellt wurden.

E. SPÄTH u. LEITHE (544a) W. H. BRINDLEY u. PYMAN (43a)

Besser als über die Einzelheiten der Konstitution ist man über den Zusammenhang der einzelnen Basen untereinander orientiert, wie folgende Zusammenstellung zeigt.

| Emetin $C_{25}H_{28}N_2(OCH_3)_4$ | $+ H_2 \leftarrow$ <br> $- H_2 \rightarrow$ | O-Methylpsychotrin $C_{25}H_{26}N_2(OCH_3)_4$ |
|---|---|---|
| Methylierung ↑ | | Methylierung ↑ |
| Cephaelin $C_{25}H_{28}N_2(OCH_3)_3OH$ | $+ H_2 \leftarrow$ | Psychotrin $C_{25}H_{23}N_2(OCH_3)_3(OH)$ |

[1] Eine eingehende Darstellung findet sich in der Dissertation von H. STAUB (Zürich 1927): „Ein Jahrhundert chemischer Forschung über Ipecacuanha-Alkaloide, zur Frage der Constitution des Emetins."

[2] Kann vorkommen bei einem Gesamtalkaloidgehalt von 2,7%.

Das Psychotrin kann unter Anlagerung von zwei Wasserstoffatomen in das Cephaelin verwandelt werden, das durch Methylierung in das Emetin übergeht, weshalb man auch das Emetin als Methyläther des Cephaelins bezeichnen kann.

*Darstellung der Alkaloide* (KUNZ-KRAUSE [332]). Das mit Äther entfettete und getrocknete Rindenpulver wird mit Alkohol extrahiert; hierauf wird der nach dem Verjagen des Alkohols verbleibende Extrakt zur Fällung von Gerbsäuren mit konzentriertem Eisenchlorid in einer Menge von 10—13 % vom ursprünglichen Gewicht des Pulvers versetzt. Das so erhaltene Gemisch wird nun mit sehr konzentrierter Sodalösung bis zu stark alkalischer Reaktion vermischt, das Gemisch am Wasserbade getrocknet und nach dem Pulverisieren mit heißem Alkohol erschöpfend extrahiert. Das nach dem Verjagen des Alkohols aus der alkoholischen Lösung gewonnene noch unreine Emetin wird in verdünnter Schwefelsäure gelöst, durch Ammoniak fraktioniert gefällt und in kochendem Petroläther aufgenommen, aus dem sich dann beim Erkalten das Emetin als weiße amorphe Substanz abscheidet.

Zur Darstellung des Cephaelins wird der alkoholische Auszug aus den Brechwurzeln mit basischem Bleiacetat gefällt, das Filtrat nach dem Entbleien eingeengt, der Rückstand mit verdünnter Säure aufgenommen und die Lösung mit Alkali und Äther versetzt. Das Emetin geht dabei in den Äther, während das Cephaelin in der alkalischen Lösung verbleibt, aus der es, wieder in Freiheit gesetzt, und auf diesem Wege vom Emetin getrennt, gewonnen werden kann.

Gehaltbestimmung nach D. A.-B. 6: 2,5 g fein gepulverte Brechwurzel wird in einem Arzneiglas mit 25 g Äther, nach kräftigem Umschütteln mit 2 g Ammoniak versetzt, und unter häufigem Umschütteln eine halbe Stunde stehengelassen. Nach Zusatz von 2 cm³ Wasser wird die Mischung noch so lange geschüttelt, bis sich die ätherische Schicht vollständig geklärt hat; hierauf gießt man 20 g der klaren Lösung (2 g Brechwurzel entsprechend) durch ein Wattebäuschchen in einen Kolben, destilliert den Äther ab und erwärmt auf dem Wasserbade bis zum Verschwinden des Äthergeruches. Der Rückstand wird in 1 cm³ Alkohol gelöst, 5 cm³ n/10 Salzsäure und 5 cm³ Wasser zugesetzt und unter Anwendung von 2 Tropfen Methylrot mit n/10 KOH zurücktitriert (1 cm³ n/10 Salzsäure entsprechen 0,02482 g Alkaloide ber. auf Emetin). Die Methode arbeitet darauf hin, daß nur das Emetin und Cephaelin, die physiologisch wirksamen Basen, erfaßt werden, während das in Äther unlösliche Psychotrin bei diesem Verfahren ungelöst zurückbleibt, was aber mit Rücksicht auf den geringen Psychotringehalt der Basen sicher keinen allzu großen Fehler ausmacht.

Nach H. DIETERLE (81) kann bei peinlichster Sorgfalt beim analytischen Arbeiten die Menge der zur quantitativen Bestimmung notwendigen Ausgangsmaterialien außerordentlich eingeschränkt werden; das folgende Rezept schildert ein für die Gehaltsbestimmung von Radix Ipecacuanha ausgearbeitetes Verfahren: 0,5 g fein gepulverte Brechwurzel werden in einem mit Glasstöpsel verschlossenen Arzneiglas von ungefähr 20 cm³ Inhalt mit 5 g Äther und 3 g Chloroform, sowie nach kräftigem Umschütteln mit 0,5 g Natriumcarbonatlösung und 0,5 g Wasser übergossen. Das Gemisch wird nun unter häufigem Umschütteln 1 Stunde lang stehen gelassen, alsdann 0,2 g Tragantpulver hinzugefügt und 2 Minuten lang kräftig durchgeschüttelt. Nach vollständiger Klärung wird das Chloroform-Äthergemisch vollständig in ein Kölbchen aus Jenaer Glas abgegossen und der Rückstand noch zweimal mit je 3 cm³ einer Chloroform-Äther-Mischung (3 : 5) ausgewaschen. Die vereinigten Ausschüttelungen werden nun bis zur Trockene eingedampft, der Rückstand in 5 cm³ Äther gelöst und 5 cm³ n/10 Salzsäure, sowie 5 cm³ Wasser hinzugefügt. Nach dem Verjagen des Äthers läßt man zur Titration unter vorsichtigem Umschwenken n/10 Kalilauge unter Verwendung von Methylrot als Indicator hinzufließen (1 cm³ n/10 Salzsäure entspricht 0,02482 g Alkaloide).

**Emetin,** $C_{29}H_{40}N_2O_4$. Das Emetin ist ein amorphes, weißes, lichtempfindliches Pulver vom Fp. 74°, $[\alpha]_D^{15} = -22,1°$ (2proz. alkoholische Lösung) bzw. —25,8° (50% $C_2H_5OH$) oder —50,0° ($CHCl_3$). Es ist leicht löslich in Äther, Aceton, Alkohol, Chloroform und heißem Benzol, unlöslich in kaltem Wasser und beinahe unlöslich in Petroläther. Das Emetin gibt eine Reihe gut krystallisierender Salze. Chlorhydrat, $B \cdot 2HCl \cdot 7H_2O$. Farblose Nadeln aus heißem Wasser Fp. 235—255° (trocken u. Z.), $[\alpha]_D = +53°$ (Chloroform). Bromhydrat, $B \cdot 2HBr \cdot 4H_2O$ (farblose Nadeln) Fp. 250—260°. Jodhydrat, $B \cdot 2HJ \cdot 3H_2O$, Fp. 235—238°. Nitrat, $B \cdot 2HNO_3 \cdot 3H_2O$, Fp. 245° (nach vorhergehendem Sintern bei 188°). Sulfat, $B \cdot H_2SO_4 \cdot 7H_2O$, Fp. 205—245°. Das Chlorplatinat ist amorph, Fp. 253—265° bzw. 248 bis 249° (ROSENTHALER). Weiter gibt das Emetin Fällungen mit Jodjodkalium, Kaliumquecksilberjodid. Kaliumwismutjodid und Pikrinsäure.

*Farbreaktionen.* Das Emetin löst sich in Molybdänschwefelsäure mit smaragdgrüner Farbe, in Vanadinschwefelsäure mit anfangs olivgrüner, später rein grüner Farbe.

**Cephaelin,** $C_{28}H_{3.}O_4N_2$. Das Cephaelin krystallisiert aus Äther in weißen Nadeln vom Fp. 115—116° und zeigt nach längerem Trocknen bei 100° den Fp. 120—130°, $[\alpha]_D = -43,4°$ (Chloroform). Es ist leicht löslich in Chloroform, Alkohol, Aceton, heißem Ligroin, wie auch in verdünnter Kalilauge und Natronlauge, schwer löslich in Äther, unlöslich in Wasser. Krystallisierte Salze: Chlorhydrat, $B \cdot 2HCl \cdot 7H_2O$, Prismen aus verdünnter Salzsäure, Fp. 245—270°; Bromhydrat, $B \cdot 2HBr \cdot 7H_2O$, farblose Prismen, Fp. 266—293°. Das Sulfat, Nitrat und Jodhydrat sind amorph. Gegen Alkaloidfällungsmittel verhält sich das Cephälin ähnlich wie das Emetin.

*Farbreaktionen.* Das Cephaelin gibt in alkoholischer Lösung mit Eisenchlorid zuerst eine rotbraune, dann eine blaugrüne Färbung. Mit Molybdänschwefelsäure gibt es eine braunrote, dann blaue, später grüne, schließlich nach einigen Stunden verblassende Farbe. Mit Vanadinschwefelsäure eine bleibend olivgrüne Farbe, mit MILLONschem Reagens bei gewöhnlicher Temperatur eine Violettfärbung, die durch alle Farben hindurch sich nach Dunkelbraun verändert. Mit Mercuriacetat (2 : 100) gibt es beim Erwärmen eine Violettfärbung, die immer dunkler wird, um sich schließlich nach dunkelgraubraun zu verändern.

**Psychotrin,** $C_{2.}H_{36}O_4N_2 \cdot 4H_2O$. Das Psychotrin wird bei der Extraktion der Mutterlaugen des Emetins und Cephaelins mit Chloroform gewonnen und durch Umkrystallisieren aus Aceton oder Alkohol in gelblichen Prismen erhalten, die blau fluorescieren, Fp. 138° (nach vorherigem Sintern bei 120°). Es ist leicht löslich in Alkohol, Chloroform und Aceton, schwer löslich in Wasser, kann aber aus heißem Wasser umkrystallisiert werden, unlöslich in Ligroin, $[\alpha]_D^{11} = +69,3°$ (2proz. alkoholische Lösung). Die Lösungen in Alkohol, Wasser und Aceton zeigen stark blaue Fluorescenz. Krystallisierte Salze: Jodhydrat, $B \cdot 2HJ$, gelbe mikroskopisch kleine Nadeln, Fp. 200—222°. Nitrat, $B \cdot 2HNO_3 \cdot H_2O$, Fp. 184 bis 187° (nach dem Trocknen bei 100°). Sulfat, $B \cdot H_2SO_4 \cdot 3H_2O$, Fp. 214—217° (getrocknet bei 100°), $[\alpha]_D = +39,2°$ ($H_2O$) (für das wasserfreie Salz).

*Farbreaktionen.* Das Psychotrin gibt mit Eisenchloridlösung zuerst eine rotbraune Färbung, die schließlich in eine blauschwarze flockige Fällung übergeht. Das Chlorhydrat gibt mit Eisenchlorid eine Blaufärbung. Das Psychotrin löst sich in Molybdänschwefelsäure mit grüner Farbe.

**O-Methylpsychotrin** $C_{29}H_{38}O_4N_2$. Amorph $[\alpha]_D = +43,9—46,1°$ ($C_2H_5OH$). Salze: Sulfat $B \cdot H_2SO_4 \cdot 7H_2O$, Fp. 247° (u. Z.) (nach dem Trocknen bei 160 bis 170°) $[\alpha]_D = +54,1°$ (wasserfrei). $B \cdot 2HBr \cdot 4H_2O$, schwach gelbe Nadeln, Fp. 190—200°, $[\alpha]_D = +48,0°$ (wasserfreies Salz). Saures Oxalat $B \cdot 2H_2C_2O_4 \cdot 3^1/_2H_2O$, Fp. 150—162° (u. Z.), $[\alpha]_D = +45,9°$ (wasserfreies Salz in $H_2O$). Verdünnte wäßrige Lösungen des Salzes fluorescieren.

*Farbreaktionen.* Das O-Methylpsychotrin färbt sich mit FROEHDEs Reagens grün.

**Emetamin** $C_{29}H_{36}O_4N_2$. Farblose Nadeln aus Äthylacetat, Fp. 155—156°, $[\alpha]_D = +9,9° — +11,20°$ ($CHCl_3$). Das Emetamin ist unlöslich in Alkali, leicht löslich in Alkohol, Benzol und Chloroform, schwer löslich in Äther. Bromhydrat $B \cdot 2HBr \cdot 7H_2O$, prismatische Nadeln aus Äthylalkohol, Fp. 210—225°, $[\alpha]_D = -24,3° — 22,0°$ ($H_2O$). Oxalat $B \cdot 2H_2C_2O_4 \cdot 3H_2O$, farblose Nadeln zu Rosetten vereinigt. Fp. 165—171° (im Vakuum), $[\alpha]_D = -6,0°$ ($H_2O$).

### s) Chelidoniumalkaloide (s. S. 716ff.).

In der Wurzel des Schöllkrautes (Chelidonium majus) (Familie der Papaveraceen) ist eine ganze Reihe verschiedener Basen nachgewiesen worden.

Die grundlegenden Untersuchungen von GADAMER und seinen Mitarbeitern (144) haben die Zusammenhänge zwischen den einzelnen Basen und damit die organische Gruppierung der Basen ergeben. Die endgültige Konstitutionsaufklärung in der Hauptgruppe der Chelidoniumalkaloide wurde beim Chelidonin und Sanguinarin sowohl von F. v. BRUCHHAUSEN und W. H. BERSCH (46) als auch von E. SPÄTH und F. KUFFNER (536), die Konstitutionsaufklärung des α-Homochelidonins und Chelerythrins von E. SPÄTH und F. KUFFNER (536) durchgeführt; über den Aufbau der Hauptgruppe der Chelidoniumalkaloide als Abkömmlinge des α-Naphtho-phenanthridins herrscht, wenn von der bis jetzt noch nicht durchgeführten Konstitutionsaufklärung einiger Nebenalkaloide abgesehen wird, Klarheit. Bis jetzt wurden folgende Chelidoniumalkaloide beschrieben:

*I. Hauptgruppe der Basen, die sich vom α-Naphtho-phenanthridin ableiten.*

**a) Chelidonin** $C_{20}H_{19}O_5N$ (Stylophorin). α-Homochelidonin, $C_{21}H_{23}O_5N$.

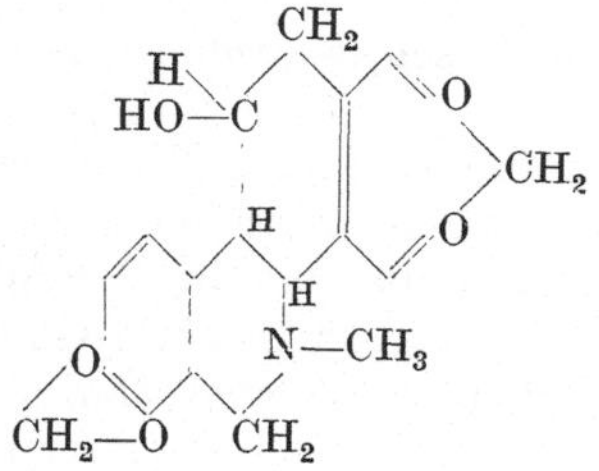

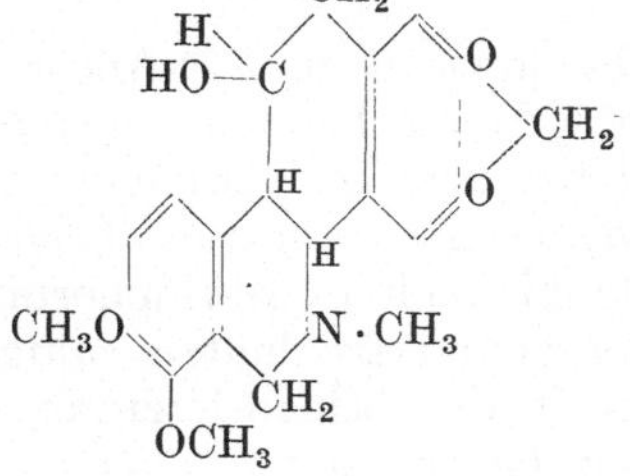

*Oxychelidonin*, $C_{20}H_{17}O_6N$ (GADAMER und THEYSEN [149]). Aus Alkohol und Chloroform feine wollige Nadeln. Fp. 285° $[\alpha]_D = +102{,}5°$. $(CHCl_3 + C_2H_5OH)$.

*Methoxy-chelidonin*, $C_{21}H_{21}O_6N$ (GADAMER und WINTERFELD [150]). Derbe prismatische Krystalle aus Alkohol vom Fp. 221°. $[\alpha]_D^{15} = +115{,}8°$ $(CHCl_3)$; Chloroaurat amorph Fp. 237—238°.

b) Sanguinarin, $C_{20}H_{13}O_4N \cdot H_2O$ (Pseudochelerythrin). Chelerythrin, $C_{21}H_{17}O_4N \cdot H_2O$.

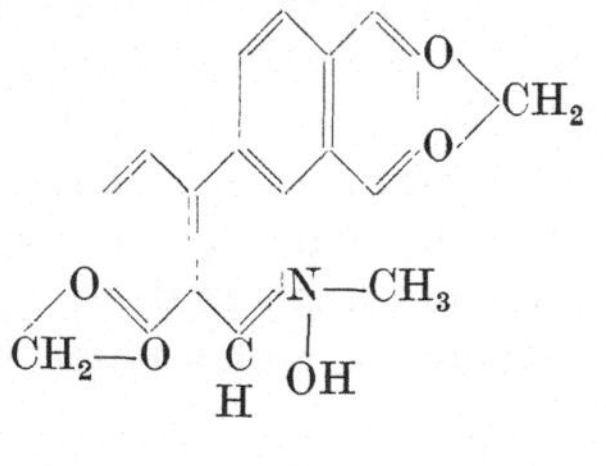

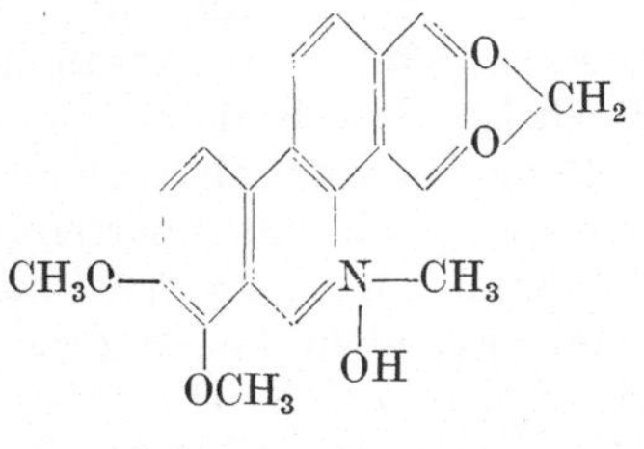

Zur besseren Übersicht wurde eine Unterteilung der Hauptgruppe der Chelidoniumalkaloide vorgenommen, um in ihrem allgemeinen Aufbau möglichst gleichwertige Typen zusammenzufassen; außerdem muß noch darauf hingewiesen werden, daß auch auf experimentellem Wege Chelidonin in Sanguinarin und α-Homochelidonin in Chelerythrin unter Abspaltung eines Moleküls Wasser und Dehydrierung unter Austritt von 4 Atomen Wasserstoff umgewandelt werden konnten (GADAMER u. Mitarbeiter [148]).

Die Basen Sanguinarin und Chelerythrin sind weitgehend dehydrierte quaternäre Ammoniumbasen, die intensiv gefärbte Salze aufweisen; die Basen Chelidonin und α-Homochelidonin entsprechen ihnen als hydrierte und hydroxylierte, aber sonst im Aufbau ganz gleichartig konstituierte tertiäre Basen.

II. Basen, die dem *Protopintypus* angehören: es sind dies das im Rahmen der Opiumalkaloide schon näher (S. 625) besprochene Protopin, $C_{20}H_{19}O_5N$, und die beiden steroisomeren Allocryptopine, $C_{21}H_{23}O_5N$.

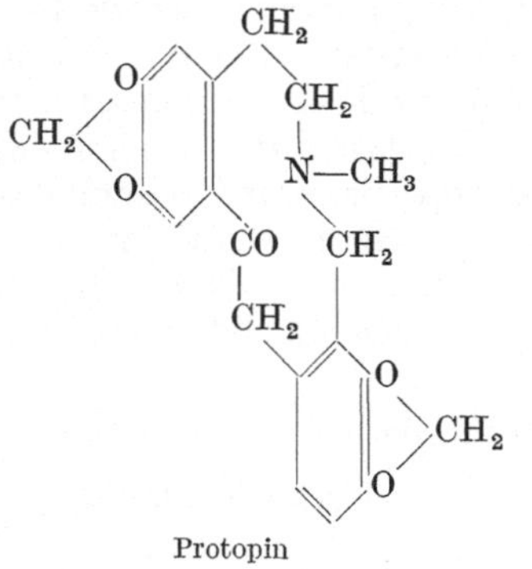

Protopin

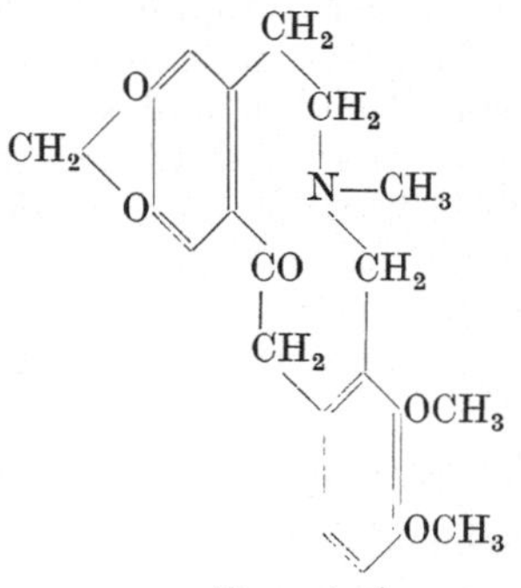

Allocryptopin

Die jetzt $\alpha$- und $\beta$-Allocryptopin genannten Basen wurden früher auch $\beta$- und $\gamma$-Homochelidonin genannt.

Neben dem Vorkommen dieser Basen in Chelidonium majus sind noch weitere Papaveraceen bekannt, in denen diese Basen einzeln vorkommen, so wurde z. B. Chelidonin noch in Stylophorum diphyllum, das Sanguinarin in Sanguinaria canadensis und Eschholtzia californica, weiter in Bocconia cordata und Glaucium luteum, in den beiden letzteren Fundorten allerdings noch nicht eindeutig nachgewiesen (siehe auch S. 717).

Auch die beiden Allocryptopine haben eine größere Verbreitung. Beide Basen wurden in Chelidonium majus und Sanguinaria canadensis, $\alpha$-Allocryptipin in Bocconia cordata und in der Fumariaceae Adlumia cirrhosa, $\beta$-Allocryptopin auch in der Rutacee Xanthoxylum brachyacanthum, eines von beiden auch in Eschholzia californica nachgewiesen. Das $\alpha$-Allocryptopin krystallisiert in bei 159—160° schmelzenden monoklinen Prismen und bildet farblose Salze. Das $\beta$-Allocryptopin krystallisiert in $^1/_2$ Mol. Alkohol enthaltenden Nadeln vom Fp. 170—171° (siehe auch S. 716ff.).

III. Als Begleitstoff der Chelidoniumalkaloide konnten E. SPÄTH und F. KUFFNER (539) in den Abfällen der Chelidoninfabrikation der Firma E. Merck eine flüchtige Base isolieren, die als Spartein, $C_{15}H_{26}N_2$, erkannt wurde. Diese Feststellung ist vom phytochemischen Standpunkte deshalb sehr wichtig, da hier ein Alkaloid, das Spartein, das bis jetzt nur in den Leguminosen, die zu den Papilionaceen gehören, nachgewiesen wurde, nun auch in der mit dieser Pflanzenklasse nicht verwandten Klasse der Papaveraceen aufgefunden werden konnte (Spartein s. S. 549).

IV. Noch unaufgeklärte Chelidoniumbasen, z. B. die von GADAMER und WINTERFELD (150) beschriebene Base $C_{19}H_{24}ON_2$. Nadeln Fp. 198—199°. $[\alpha] = -40°, 42'$ ($CHCl_3$), Chloroaurat $B \cdot 2HAuCl_4 \cdot 2H_2O$; gelbbraune Kryställchen Fp. 122—124°.

Da auch die Chelidoniumalkaloide bis jetzt keine größere pharmazeutische Auswertung gefunden haben, sind auch hier exakte analytische und quantitative Methoden noch nicht ausgearbeitet worden, weshalb im folgenden eine kurze Übersicht über das allgemeine Darstellungs- und Trennungsverfahren der Chelidoniumalkaloide, sowie über die zur Identifizierung und zum Nachweis brauchbaren Eigenschaften dieser Basen gegeben wird.

*Darstellung* (E. SCHMIDT und F. SELLE [484]). Die getrockneten und gepulverten Wurzeln werden mit essigsäurehaltigem Alkohol extrahiert; der Alkohol wird nach Wasserzusatz abdestilliert und eventuell abgeschiedenes Harz abgetrennt. Die erhaltene Lösung wird nach dem Versetzen mit Ammoniak mit Chloroform ausgeschüttelt und die dabei gewonnene Chloroformlösung am Wasserbad eingedunstet. Der Rückstand wird mit möglichst wenig salzsäurehaltigem Alkohol behandelt, wobei die Hydrochloride des Protopins und Chelidonins ungelöst bleiben bzw. nach dem Erkalten der Lösung auskrystallisieren. Die alkoholische Lösung wird mit Wasser versetzt, der Alkohol abdestilliert, der Rückstand mit salzsäurehaltigem Wasser stark verdünnt, filtriert und Ammoniak im Überschuß hinzugefügt, wobei es zur Abscheidung eines Niederschlages kommt. In Lösung bleibt das $\beta$-Homochelidonin ($\alpha$-Allocryptopin), das durch Ausschütteln der Lösung mit Chloroform gewonnen wird. Im Niederschlag befinden sich hingegen das $\alpha$-Homochelidonin und das Chelerythrin, das durch längeres Digerieren mit Äther vom $\alpha$-Homochelidonin getrennt werden kann. Die Trennung von Protopin und Chelidonin geschieht durch Auflösen in Äther, wobei das schwerlösliche Protopin nach anfänglicher Lösung wieder ausfällt, während das Chelidonin in Lösung bleibt. Wegen der genauen Beschreibung der Reindarstellung der einzelnen Basen muß, soweit sie nicht im folgenden erwähnt werden kann, auf die Originalarbeit verwiesen werden.

Auf die mikrochemischen Studien zum Nachweise der Chelidoniumalkaloide im Milchsaft von Chelidonium majus von E. KRATZMANN (330) kann hier auch nur kurz verwiesen werden.

**Chelidonin,** $C_{20}H_{19}O_5N$.

H, $CH_2$, C, O, HO, $CH_2$, H, O, H, O, $N \cdot CH_3$, $CH_2$, O, $CH_2$

Chelidonin
(F. v. BRUCHHAUSEN u. H. W. BERSCH) (46)
(E. SPÄTH und F. KUFFNER) (536)

Zur Reinigung wird das Rohchelidonin in möglichst wenig schwefelsäurehaltigem Wasser gelöst, die Lösung mit dem doppelten Volumen konzentrierter Salzsäure versetzt und das abgeschiedene Chlorhydrat mit Ammoniak zerlegt. Nach mehrfachem Wiederholen dieser Reinigungsoperationen erreicht man nach Umkrystallisieren der Base aus Essigsäure den Fp. 135—136° des reinen Chelidonins. $[\alpha]_D^{20} = +115{,}4^0$ (96proz. Alkohol).

Das Chelidonin krystallisiert in glashellen monoklinen Tafeln oder Nadeln mit 1 Mol. Krystallwasser, das erst beim Trocknen über 100° entfernt werden kann. Es zeigt die Eigenschaft der Triboluminiscenz in ausgesprochenem Maße. Es ist leicht löslich in Äther und Alkohol, unlöslich in Wasser. Von den gut krystallisierenden Salzen sind das Chlorhydrat und das Nitrat schwer löslich in Wasser. Das Chloroaurat krystallisiert aus Alkohol in dunkelpurpurroten Nadeln.

*Farbreaktionen.* Mit ERDMANNS Reagens (viel Schwefelsäure neben wenig Salpetersäure) gibt Chelidonin eine grüne, mit Furfurolschwefelsäure eine violette Färbung. Ein Gemisch von einem Tröpfchen Guajacol und 0,5 $cm^3$ konzentrierter Schwefelsäure gibt mit einem Körnchen Chelidonin eine Rotfärbung.

**$\alpha$-Homochelidonin,** $C_{21}H_{23}O_5N$.

H, $CH_2$, C, O, HO, $CH_2$, H, O, H, $CH_3O$, $N—CH_3$, $CH_2$, $OCH_3$

$\alpha$-Homo-chelidonin
(E. SPÄTH u. F. KUFFNER) (536)

Das $\alpha$-Homochelidonin kann entweder aus der Wurzel von Chelidonium majus oder aus der Wurzel von Sanguinaria canadensis gewonnen werden (s. S. 650).

Es krystallisiert aus Essigester in bei 182° schmelzenden Prismen; es ist rechtsdrehend und zeigt folgende Löslichkeitsverhältnisse: es ist in Äther schwer löslich, in Essigester und Alkohol mittelschwer und in Chloroform leicht löslich. In seiner Konstitution unterscheidet es sich vom Chelidonin vor allem dadurch, daß hier an Stelle einer Dioxymethylen-gruppe des Chelidonins zwei Methoxylgruppen treten. Von den Salzen krystallisiert nur das Chloroaurat $B \cdot HAuCl_4$ in gelbroten Nadeln. Das Chlorhydrat und das Chloroplatinat, wie auch andere Salze sind amorph.

**Sanguinarin,** $C_{20}H_{13}O_4N \cdot H_2O$.

O
$CH_2$
O
O
N—$CH_3$
$CH_2$—O C
H OH

Sanguinarin
(F. v. Bruchhausen u. H. W. Bersch) (46)
(E. Späth und F. Kuffner [536])

Das Sanguinarin ist das eigentliche Hauptalkaloid der Blutwurz Sanguinaria canadensis und erreicht dort nach dem Abblühen der Pflanzen einen Gehalt von ca. 6,5%. Es wird aber auch noch in einer ganzen Reihe anderer Pflanzen angetroffen, z. B. in Chelidonium majus, Stylophorum diphyllum, Escholtzia californica und Bocconia cordata.

Seine Darstellung kann entweder aus den bei der fabrikmäßigen Darstellung des Chelidonins anfallenden Mutterlaugen oder durch Aufarbeitung der Wurzel von Sanguinaria canadensis erfolgen. Zu diesem Zweck wird die Wurzel mit essigsäurehaltigem Alkohol erschöpfend extrahiert, aus der Lösung der Alkohol abdestilliert, der Rückstand in Wasser gegossen und die Lösung vom Harz abfiltriert. Beim Übersättigen der rotbraunen Lösung mit Ammoniak wird ein aus Sanguinarin, Chelerythrin und Protopin bestehender Niederschlag (N) ausgefällt, während die Allokryptopine ($\beta$- und $\gamma$-Homochelidonin) in Lösung bleiben. Zur Gewinnung der in der ammoniakalischen Lösung verbleibenden Basen wird sie eingedampft und nach Zusatz von Ammoniak mit Chloroform ausgeschüttelt. Der Rückstand des Chloroformextraktes, wiederholt aus alkoholhaltigem Essigester umkrystallisiert, ergab $\beta$- und $\gamma$-Homochelidonin und etwas Protopin.

Zur weiteren Aufarbeitung wird der Niederschlag (N) zuerst wiederholt in sehr verdünnter Essigsäure gelöst, mit Ammoniak gefällt, filtriert und getrocknet. Bei längerer Behandlung des so vorbereiteten Niederschlages mit Äther geht ein Teil der Basen in Lösung, während Sanguinarin und Protopin vorwiegend im Rückstand (C) verbleiben. Der Destillationsrückstand der Ätherauszüge gibt mit Alkohol erwärmt einen weißen Rückstand — das Chelerythrin — das aus Essigester umkrystallisiert wird. — Die Mutterlauge des Chelerythrins, eine rotbraune alkoholische Lösung, scheidet beim Eindunsten einen dicken Krystallbrei aus, der abfiltriert und mit Wasser gewaschen wird. Nach weiterem Extrahieren dieses Krystallbreies mit heißem Wasser hinterläßt er einen aus Sanguinarin bestehenden Rückstand, während aus den Mutterlaugen noch Protopin, Allokryptopin und $\gamma$-Homochelidonin herausgearbeitet werden können (König und Tietz [308]). Dazu werden die wäßrigen Auszüge zuerst mit Ammoniak gefällt. Der abfiltrierte und getrocknete Rückstand gibt nach dem Lösen in Aceton beim Eindunstenlassen die Krystallabscheidung des Protopins.

Aus dem nach dem Auskochen mit Äther verbleibenden Rückstand (C) konnte durch Extrahieren mit Amylalkohol und verdünnter Salzsäure noch Sanguinarin und Protopin gewonnen werden.

Wenn die Darstellung des Sanguinarins durch Aufarbeitung der von der technischen Darstellung des Chelidonins herrührenden Mutterlaugen durchgeführt wird, so ist die Trennung zwischen Sanguinarin und Chelerythrin ziemlich schwierig, wenn auch verläßlich benützbare Verfahren hierfür ausgearbeitet sind (Gadamer und H. Stichel [148]).

Als Ausgangsmaterial wird das bei der fabrikmäßigen Gewinnung des Chelidonins erhaltene Alkaloidgemisch verwendet: die wäßrige Lösung der Chlorhydrate wird im Überschuß mit Kaliumcyanid versetzt. Dabei fallen neben den Pseudocyaniden des Chelerythrins und Sanguinarins die freien Basen der übrigen Alkaloide aus, die aber durch Zusatz von Essigsäure bis zur stark sauren Reaktion wieder in Lösung gebracht werden können. Die Lösung wird nun noch einmal mit Kaliumcyanid im Überschusse versetzt und noch einmal die neben den Pseudocyaniden ausgefallenen freien Basen in Essigsäure aufgenommen. Der anfangs voluminöse Niederschlag der Pseudocyanide wird durch längeres Erwärmen am Wasserbade in eine kompaktere Form gebracht, sorgfältig abgesaugt und ausgewaschen. Zur weiteren Reinigung wird die braune Masse in Chloroform gelöst, mit Alkohol verdünnt und mit rauchender Salzsäure bis zur eingetretenen Lösung am Rückflußkühler erhitzt. Das nach dem Erkalten ausgeschiedene Gemisch der Chloride der Basen wird abfiltriert, nochmals mit Cyankalium gefällt und so die reinen Pseudocyanide der Basen gewonnen. Durch fraktionierte Krystallisation der Pseudocyanide aus Chloroform-Alkohol kann man zu reinem Chelerythrinpseudocyanid (Fp. 256—258$^0$) gelangen, besonders wenn sie über die Chloride, die Zerlegung der Chloride durch Neutralisieren der Salze mit Ammoniak, durch Ausäthern und neuerliches Verwandeln in die Pseudocyanide gereinigt sind,

Die vollständige Trennung der Basen, die jetzt nach der teilweisen Ausscheidung des Chelerythrins an Sanguinarin angereichert sind, gelingt über die Tartrate; die Darstellung der Tartrate erfolgt durch Versetzen der Lösung der Basen mit 2 Mol. d-Weinsäure, wobei eine solche Verdünnung der Lösungen gewählt werden muß, daß sich höchstens die Hälfte des zu erwartenden Salzes abscheiden kann. Zur Reinigung wird das ausgeschiedene Chelerythrintartrat abfiltriert und mit lauwarmem Wasser so lange gewaschen, bis es rein gelb erscheint (die Farbe des Chelerythrintartrates ist rein gelb). In der Mutterlauge fallen dann die fast gelatinös erscheinenden blutroten Sanguinarinbitartratkrystalle aus, die nach den üblichen Verfahren in die freie Base verwandelt werden können. Es empfiehlt sich aber, den Verlauf der Trennung durch Methoxylbestimmungen zu verfolgen.

Das reine Sanguinarin schmilzt, aus alkoholfreiem Äther umkrystallisiert bei langsamem Erhitzen bei 242—243$^0$, sonst wird der Fp. 266$^0$ festgestellt. Aus alkoholhaltigem Medium umkrystallisiert liegt der Fp. bei 195—197$^0$ (Alkoholat). Es löst sich in den meisten organischen Lösungsmitteln, wobei die Lösung eine blauviolette Fluorescenz zeigt. Die Salze des Sanguinarins sind blutrot, bzw. kupferrot, das Chlorhydrat und Nitrat bilden rote Nadeln, während das Chloroplatinat und Chloroaurat amorph sind.

*Farbreaktionen.* Das Sanguinarin löst sich in konzentrierter Schwefelsäure dunkelrotgelb, in ERDMANNS Reagens (Gemisch von viel $H_2SO_4$ und wenig $HNO_3$) färbt sich die Lösung zuerst orangerot, dann unter Trübung scharlachrot, mit Vanadinschwefelsäure wird die Lösung zuerst dunkelrot, dann violett bis bordeauxrot und schließlich braun.

**Chelerythrin,** $C_{21}H_{17}O_4N \cdot H_2O$.

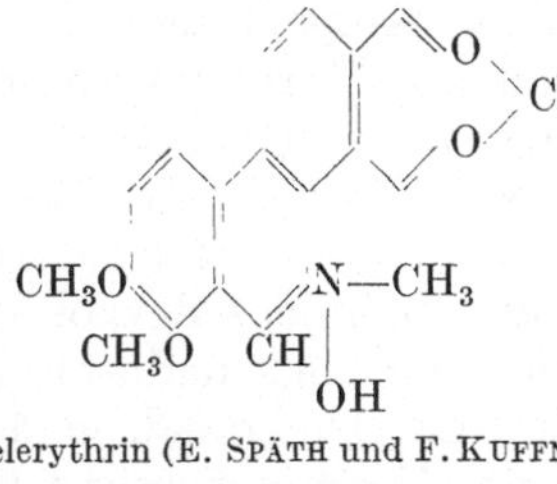

Chelerythrin (E. SPÄTH und F. KUFFNER [546])

Das Chelerythrin wird (Darstellung s. S. 650, 651) durch wiederholtes Umkrystallisieren aus Alkohol und Essigester in farblosen, 1 Mol. Krystallalkohol enthaltenden Krystallen erhalten, Fp. 207$^0$. Es ist gegen die Säuren der Luft sehr empfindlich, ist leicht löslich in Chloroform und Benzol, schwerer in Alkohol, Äther, Aceton, Essigester und Methylalkohol. Die alkoholische Lösung des reinen Alkaloids zeigt keine Fluorescenz und ist farblos. Die Salze des Chelerythrins sind intensiv eigelb gefärbt, eine Färbung, die beim Versetzen mit Ammoniak unter Ausfällung der farblosen Base wieder verschwindet. Die eigelben Salze des Chelerythrins sind quaternäre Salze, die freie Ammoniumbase ist nicht existenzfähig und geht sofort in die durch Ammoniak fällbare farblose Carbinolbase über (Analogie zum chemischen Verhalten des Berberins). Das Chelerythrin gibt gut krystallisierte Salze, z. B. das schwer lösliche Chlorhydrat, $B \cdot HCl \cdot H_2O$, oder das Sulfat: citronengelbe bzw. goldgelbe Nadeln; weiter das in gelben Nadeln krystallisierende Chloroplatinat und das bei 233$^0$ sich zersetzende braune, in Nadeln krystallisierende Chloroaurat, $B \cdot HAuCl_4$.

*Farbreaktionen.* Chelerythrin löst sich in konzentrierter Schwefelsäure mit grünlichgelber, später schmutziggelber Farbe. Mit Vanadinschwefelsäure gibt es eine violettrote Färbung, die in Dunkelbordeauxrot und schließlich in Braunrot übergeht.

## G. Alkaloide mit Indolringsystemen (mit Indol- und Pyrrol- bzw. Pyridinringsystemen).

### a) Alkaloide der Steppenraute (Peganum Harmala) (s. S. 728).

In den Samenhüllen der in Südrußland wild wachsenden Steppenraute (Peganum Harmala) finden sich vorwiegend als Phosphate vorkommend eine Reihe verschiedener Basen. Die Menge der Gesamtalkaloide beträgt ca. 4% vom Gewicht der Samenhüllen. Es sind das Harmin, $C_{13}H_{12}ON_2$, das Harmalin, $C_{13}H_{14}ON_2$ (seiner Konstitution nach als Dihydro-harmin zu bezeichnen), das Harmalol, $C_{12}H_{12}ON_2$, auch *Harmalarot* genannt (seiner Konstitution nach die dem Harmalin entsprechende Phenolbase).

Diese Basen stehen zueinander in folgenden durch die Formelbilder leicht erkennbaren Zusammenhängen:

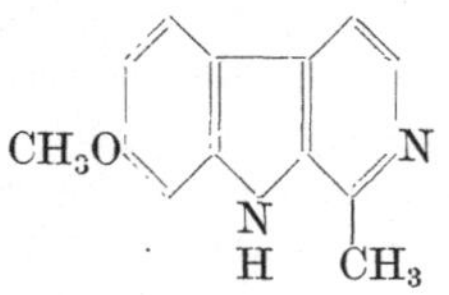

Harmin 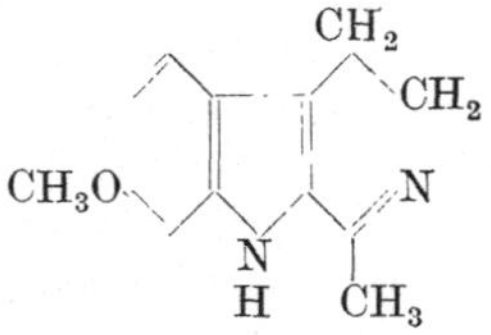 Harmalin 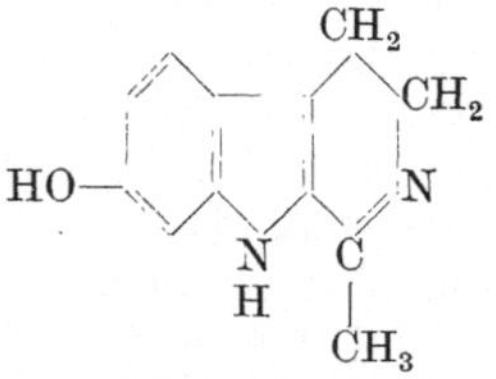 Harmalol

Die Harmalaalkalcide sind in ihrer Konstitution aufgeklärt und durch die Synthesen[1] von Perkin, Robinson und Mitarbeitern (404a), sowie von E. Späth und E. Lederer (543) auch in ihrer Struktur bewiesen.

Bemerkenswert ist es, daß das Harmin auch in anderen Pflanzen aufgefunden werden kann. So ist das in der südamerikanischen Liane Banisteria Caapi (einer Malpighiacee) aufgefundene Banisterin bzw. das aus der Droge Yaje dargestellte Yagein (E. Merck [375]) mit dem Harmin identisch. Während die Basen der Steppenraute früher als Farbstoffe im Orient Verwendung fanden, wird das Banisterin bzw. Yagein-Harmin in Südamerika als Rauschgift, in Europa als Heilmittel verwendet (s. S. 728).

Die Darstellung der Alkaloide der Steppenraute (O. Fischer [116]) erfolgt durch Extraktion der Samen durch sehr verdünnte Schwefelsäure zuerst in der Kälte, später in der Wärme. Die Extrakte werden nach dem Absitzenlassen auf ein Drittel ihres Volumens eingedunstet, filtriert und mit Kalilauge in schwachem Überschuß versetzt, wobei es zur Abscheidung von Harmin und Harmalin kommt, während Harmalol in Lösung bleibt. Der Niederschlag wird neuerlich in Schwefelsäure gelöst, mit Soda neutralisiert und durch Zusatz von Kochsalz die Basen als Chlorhydrate gefällt. Die Trennung des Harmalins von Harmin erfolgt durch Umkrystallisieren aus Methylalkohol, dem ein Drittel des Volumens Benzol zugesetzt ist. Die Trennung des Harmins vom Harmalin kann auch dadurch erfolgen, daß die Lösungen der Chlorhydrate fraktioniert mit Ammoniak gefällt werden. Dabei fällt zuerst das Harmalin aus, während das Harmin sich erst bei Zusatz von überschüssigem Ammoniak abscheidet. Aus der alkalischen Lösung der zuerst abgeschiedenen Basen wird das Harmalol durch Essigsäure und Natriumacetat teilweise ausgefällt, der Rest durch Extraktion mit Äther gewonnen.

[1] Siehe auch Y. Asahina u. S. Osada (14b).

**Harmin**, $C_{13}H_{12}ON_2$. Das Harmin krystallisiert aus Methylalkohol in farblosen rhombischen Prismen vom Fp. 257—259° bzw. rein synth. 264—265°. Es ist optisch inaktiv und leicht sublimierbar. Es ist unlöslich in Wasser, schwer löslich in Alkohol und Äther. Das Harmin ist eine optisch inaktive einsäurige Base. Es gibt gut krystallisierende Salze (z. B. das Chlorhydrat, Chloroplatinat, Chromat und Oxalat). Seine farblosen Salze zeigen die Eigenschaft, in verdünnter Lösung rein indigoblau zu fluorescieren.

**Harmalin**, $C_{13}H_{14}ON_2$, krystallisiert aus einem Alkohol-Benzolgemisch in farblosen glänzenden Prismen, die sich bei 250—251° zersetzen. Es ist leicht löslich in heißem Alkohol, schwer löslich in kaltem Alkohol, Wasser und Äther. Seine gut krystallisierenden Salze sind gelb gefärbt und zeigen in Lösung blaue Fluorescenz. Das Harmalin ist eine optisch inaktive einsäurige Base. Von schwer löslichen Salzen sind das mikrokrystallinische Chloroplatinat, das Chromat, die $HgCl_2$-Verbindung und das gelbe, in Salzlösungen oder Salzsäure unlösliche Chlorhydrat zu nennen.

**Harmalol**, $C_{12}H_{12}ON_2$. Das in der Natur vorkommende Harmalol kann auch durch Verseifung der Methoxylgruppe des Harmalins dargestellt werden. Es krystallisiert aus Alkohol in braungrün schillernden Nadeln vom Fp. 212° (u. Z.), ist leicht löslich in Chloroform, Aceton oder heißem Wasser, schwer löslich in kaltem Wasser oder Benzol. Die freie phenolische Hydroxylgruppe des Harmalols bewirkt auch seine leichte Löslichkeit in Alkalien.

**Harman**, $C_{12}H_{10}N_2$ (Aribin und Loturin) (s. S. 749 u. 733).

N
N H CH₃

Auch der Grundkörper der Harmala-basen, das Harman, konnte in der Natur vorkommend aufgefunden werden. Das in der Rinde von Arariba rubra, einer im östlichen Brasilien wachsenden Rubiacee, von RIETH aufgefundene Aribin wurde von E. SPÄTH nach erfolgter Richtigstellung der Bruttoformel mit dem Harman identisch befunden. Auch das von O. HESSE aus der Rinde der in Indien heimischen Symplocos racemosa (der Loturinde) neben Colloturin (0,02%) und Loturidin (0,06%) gewonnene Loturin (0,24%), ist, wie E. SPÄTH (513) feststellen konnte, mit dem Harman identisch.

Das Vorkommen des Harmans in der Pflanzenwelt gewinnt deshalb ein erhöhtes Interesse, weil es gelungen ist, das Harman in direkte Beziehung zu einer Aminosäure, dem Tryptophan, zu bringen (HOPKINS und COLE [244a], KERMACK und PERKIN und ROBINSON [279a]). Es entsteht nämlich neben anderen Stoffen bei der Oxydation des Tryptophans mit Eisenchlorid. In besseren Ausbeuten wird es aber dann erhalten, wenn Tryptophan in saurem Medium in Gegenwart von Acetaldehyd mit Kaliumbichromat oder Eisenchlorid oxydiert wird.

CH₂ CH · COOH CH NH₂ N H O ‖ CH CH₃ ⟶ N N H C CH₃

Dieser Reaktionsverlauf zeigt den Übergang von Aminosäuren in die entsprechenden Isochinolinsysteme am allerdeutlichsten, da er in diesem Falle zu einem auch als Alkaloid bekannten Stoffe, dem Harman, führt.

Darstellung des Harmans (Aribins): Die zerkleinerte Rinde wird mit schwefelsäurehaltigem Wasser extrahiert, die erhaltene Lösung auf etwa ein Zehntel ihres Volumens eingedunstet, mit Soda nahezu neutralisiert und die Farbstoffe mit Bleiacetat ausgefällt. Nach dem Filtrieren und Entbleien mit Schwefelwasserstoff wird das Aribin durch Zusatz von überschüssiger Sodalösung als hellbrauner, gallertartiger Niederschlag ausgefällt. Aus dem Niederschlag läßt sich die Base durch Äther extrahieren. Dem ätherischen Auszug wird das Aribin durch Ausschütteln mit verdünnter Salzsäure entzogen. Durch Zusatz von überschüssiger konzentrierter Salzsäure zu der verdünnten salzsauren Lösung der Base läßt sich das Chlorhydrat der Base abscheiden. Die aus dem Chlorhydrate durch Sodalösung in Freiheit gesetzte Base wird durch Umkrystallisieren aus Äther gereinigt.

Das Harman (Aribin) bildet farblose Krystalle, die wasserfrei und nach dem Reinigen durch Sublimation bzw. Umlösen aus Benzol den Fp. 237—238° (im Vakuum) zeigen. Es ist schwer löslich in Wasser, leicht in Äther, Alkohol und besitzt sehr bitteren Geschmack. Das Chlorhydrat bildet in Wasser leicht lösliche, in Salzsäure schwer lösliche glänzende Prismen, das Chloroplatinat strohgelbe Nadeln: Fp. 255—260° Bräunung, bei 280° noch nicht geschmolzen. Chloroaurat Fp. 211—214° (u. Z.) im Vakuum. Pikrat 250—255° (u. Z.) (im Vakuum).

### b) Alkaloide von Evodia rutaecarpa (s. S. 729).

Aus der in Japan und China als Droge verwendeten Frucht von Evodia rutaecarpa BENTH et HOOCK (Rutacee) konnten bis jetzt folgende der Indolgruppe angehörige und mit den Harmala-alkaloiden in naher Beziehung stehende Basen gewonnen werden, deren Konstitution vollständig geklärt ist (ASAHINA und Mitarbeiter [11a], ASAHINA, MANSKE, R. ROBINSON [14a]).

1. Das Evodiamin, $C_{19}H_{17}ON_3$.
2. Das Rutaecarpin, $C_{18}H_{13}ON_3$.

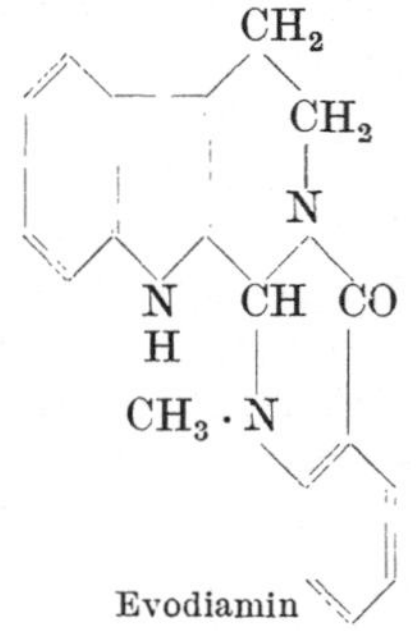

Evodiamin

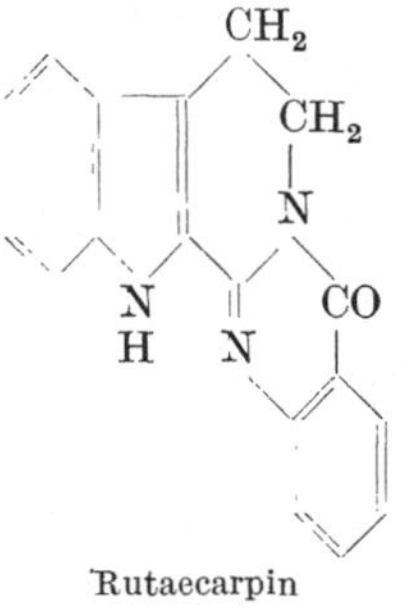

Rutaecarpin

Die Isolierung der Alkaloide gelingt durch oftmaliges Perkolieren der Droge mit Aceton bei gewöhnlicher Temperatur. Beim Einengen der Acetonlösungen scheiden sich Krystalle aus, die sich beim Schütteln mit Alkalilösung noch vermehren. Zur Befreiung der Alkaloide von Evodin ($C_{17}H_{20}O_6$) werden sie mit 2% alkoholischem Kali gekocht. Beim Umkrystallisieren aus Alkohol bestehen die ersten Fraktionen aus Evodiamin, in den späteren Fraktionen wird ein mit Evodiamin verunreinigtes Rutaecarpin gewonnen. Die Reinigung des Rutaecarpins erfolgt durch Kochen mit 2% alkoholischer Salzsäure, bis eine Probe mit konzentrierter Salzsäure keine Violettfärbung mehr ergibt. Das dabei entstandene Iso-evodiamin-chlorhydrat wird mit siedendem Wasser extrahiert, der unlösliche Rückstand, das Rutaecarpin, aus Alkohol umkrystallisiert.

**Evodiamin,** $C_{19}H_{17}ON_3$, Fp. 278°, $[\alpha]_D^{15} = +352°$ (Aceton). Es ist eine schwache, in verdünnten Säuren unlösliche Base. Das Evodiamin ist löslich in kaltem Aceton, wenig löslich in kaltem Alkohol, Äther, Essigsäure und Chloroform, leicht löslich in Wasser, Benzol, Petroläther. Es gibt eine violette Fichtenspanreaktion. Beim Erhitzen mit alkoholischer Salzsäure verwandelt es sich unter Wasseraufnahme in das inaktive Isoevodiamin, $C_{19}H_{19}O_2N_3$ (Fp. 146—147°), aus dem es durch Erhitzen mit Essigsäureanhydrid in inaktiver Form wieder regeneriert werden kann. Das Chlorhydrat B · HCl krystallisiert aus Alkohol in rhombischen oder hexagonalen Platten, Fp. 255—256° (bzw. 265—267° trocken). Nitrosamin Fp. 120°.

**Rutaecarpin,** $C_{18}H_{13}ON_3$, Fp. 258°. Es ist leichter löslich als das Evodiamin und löst sich in Salzsäure oder Schwefelsäure mit gelber Farbe.

**c) Alkaloide der Calabarbohne** (Physostigma venenosum) (s. S. 727).

Aus den Samen der Calabarbohne (Physostigma venenosum), einer in Oberguinea vorkommenden Papilionacee, kann eine Reihe verschiedener Basen isoliert werden:

1. Das Physostigmin (Eserin), $C_{15}H_{21}O_2N_3$.
2. Das Geneserin, $C_{15}H_{21}O_3N_3$, das seiner Konstitution nach in nahem Zusammenhange mit dem Physostigmin steht: es ist das Aminoxyd des Physostigmins.

Neben diesen als Hauptalkaloide zu bezeichnenden Basen finden sich in der Calabarbohne noch eine Reihe von Nebenalkaloiden, deren Erforschung noch nicht abgeschlossen ist, weshalb auf sie auch hier nicht näher eingegangen wird. Es ist das Eseridin, $C_{15}N_{23}O_3N_3$, das Eseramin, $C_{16}H_{25}O_3N_4$ (Fp. 245° u. Z.), das Isophysostigmin, $C_{15}H_{21}O_2N_3$, und das Physovenin, $C_{14}H_{18}O_3N_3$ (Fp. 123°).

Die Konstitution der Hauptalkaloide, vor allem des Physostigmins, ist durch die Untersuchungen von SALVAY, STRAUS, POLONOWSKI, STEDMAN, BARGER, SPÄTH und BRUNNER, sowie R. ROBINSON und Mitarbeitern weitgehend geklärt, wenn auch natürlich noch nicht abgeschlossen. Gegenwärtig werden für das Physostigmin folgende Formeln diskutiert:

$CH_3HN \cdot CO \cdot O$ — C= / C— ; $C_3H_3$ ; N—$CH_3$ ; N ; $CH_3$

$CH_3$ ; CO · O ; NH ; $CH_3$ ; C ; $CH_2$ ; CH ; $CH_2$ ; N ; N ; $CH_3$ ; $CH_3$

Physostigmin (Eserin). M. u. M. POLONOWSKI (1925). STEDMAN u. BARGER (1925).

Die quantitative Bestimmung der Basen erfolgt nach SALVAY (466) folgendermaßen: 20 g feinst pulverisierte Calabarbohnen werden mit 200 cm³ Äther unter Zusatz von 10 cm³ 10proz. Natriumcarbonatlösung mehrere Stunden geschüttelt. 100 cm³ der ätherischen Lösung werden die Basen durch wiederholtes Ausschütteln mit n/10 Schwefelsäure entzogen. Die vereinigten Auszüge werden mit 10proz. Natriumcarbonatlösung alkalisch gemacht und die Basen wieder durch 10maliges Ausschütteln in Äther aufgenommen. Die ätherischen Lösungen werden mit 5 cm³ Wasser durchgeschüttelt, die ätherische Lösung wird abgetrennt und eingedampft. Der Rückstand wird in 5 cm³ n/10 Säure aufgenommen und mit n/50 Alkalilauge in Gegenwart von Jodeosin als Indicator zurücktitriert.

**Physostigmin (Eserin),** $C_{15}H_{21}O_2N_3$. Die Darstellung des Physostigmins erfolgt nach J. SCHWYZER (493) am besten nach folgendem Verfahren: Die fein gemahlenen Bohnen werden zu gleichen Gewichtsteilen mit Strohhäcksel gemischt und dieses Gemisch mit einer 10proz. Lösung von *metallfreiem Natriumbicarbonat* besprengt, jedoch nur so weit, daß das Pulver sich zwar in der Hand zusammenballen läßt, aber bei Nachlassen des Druckes der Hand sofort wieder auseinanderfällt. Das Pulver wird nach Übergießen mit Äther in großen Kolben stehen gelassen und extrahiert, wobei insbesondere in Betracht zu ziehen ist, daß das Physostigmin licht- und luftempfindlich ist und auch nicht erhöhte Temperaturen oder Kontakt mit Metallen, vor allem Eisen, verträgt. Die vereinigten Ätherextrakte werden nun auf dem Wasserbade bis zur Schlierenbildung eingeengt, der Extrakt nach dem Erkalten mit Äther bis zur klaren Lösung verdünnt und von einer ev. gebildeten Wasserschicht abgetrennt. Das Alkaloid wird nun aus dem Äther mit 10proz. reiner Essigsäurelösung bis zur Erschöpfung ausgeschüttelt. (Für

100 kg Calabarbohnen werden hierzu ca. 1—2 l 10proz. Essigsäure benötigt.) Die wäßrige, essigsaure Lösung wird nun in einer mit Korkstopfen verschlossenen Glasflasche mit mechanischer Rührung mit metallfreier Entfärbungskohle behandelt und in der Kälte 2—3 Stunden gerührt (auf 100 kg Calabarbohnen werden 2 g Tierkohle verwendet). Die Lösung wird nun durch ein Faltenfilter filtriert und zur weiteren Aufhellung mit schwefliger Säure versetzt. Wenn die Lösung trotz dieser Operationen noch stärker gefärbt sein sollte, so wird sie in einer Schüttelflasche mit Bodentubus mit allerreinstem Äther, welcher nicht den geringsten Destillationsrückstand enthält, überschichtet und hierauf das Alkaloid mit einer Lösung von chemisch reinem Natriumbicarbonat gefällt; die Base wird sofort in Äther aufgenommen und die ätherische Lösung von der wäßrigen getrennt. Aus der ätherischen Lösung wird nun das Physostigmin wieder mit 10proz. Essigsäure ausgeschüttelt, die essigsaure Lösung wie oben entfärbt und aus der nun hellgelben Lösung das Physostigmin mit chemisch reinem Bicarbonat gefällt, abgenutscht, mit destilliertem Wasser nachgewaschen und in Vakuumexsiccatoren aus braunem Glas über Schwefelsäure vollkommen getrocknet. Zur weiteren Reinigung werden 100 g der trockenen Rohbase mit 50 cm³ absolutem Alkohol unter Außenkühlung auf —15° gemischt; wenn keine vollständige Lösung eintritt, wird noch etwas absoluter Alkohol zugesetzt. Zu der auf —15° gekühlten Lösung der Base wird nun etwas weniger als die zur Neutralisation notwendige Menge reinster Schwefelsäure, gelöst in zwei Teilen absoluten Alkohol, die vorher auch auf —15° gekühlt wurde, zugesetzt. Zu der nun entstandenen Lösung von Eserinsulfat wird unter fortwährender Kühlung auf —15° das sechsfache Volumen von reinstem, vollkommen acetonölfreiem und wasserfreiem Aceton von —15° zugesetzt, wobei nach dem Impfen mit einem Eserinsulfatkrystall die Krystallisation einsetzt und fast quantitativ verläuft. Nach 2—3 Stunden wird auf einer vorher gekühlten Nutsche abgenutscht und das Eserinsulfat mit auf —15° gekühltem Aceton gewaschen und hierauf in braunen Vakuumexsiccatoren über konzentrierter Schwefelsäure getrocknet. Für die Krystallisation des Eserinsulfats ist es vor allem wichtig, mit möglichst wenig absolutem Alkohol bei der Lösung der Base auszukommen, weil Alkohol die Krystallisation stört. Die freie Base wird aus dem Eserinsulfat dadurch gewonnen, daß aus einer wäßrigen Lösung des Sulfats, wie oben besprochen, die freie Base ausgefällt, abgenutscht, gewaschen und gründlich getrocknet wird. Zur Krystallisation wird die Base dadurch gebracht, daß sie bei 30° in der zur Lösung gerade notwendigen Menge *reinsten* und frisch destillierten Äthers aufgelöst wird; die ätherische Lösung wird nun in einer flachen Schale auf — 15° eingekühlt, bedeckt und nach zwei- bis dreistündigem Stehen mit einigen Eserinkrystallen geimpft, wobei es unter langsamem Verdunsten des Äthers zur Abscheidung des krystallisierten Eserins (Physostigmins) kommt.

Das Physostigmin krystallisiert in zwei Formen, in einer unbeständigen Form vom Fp. 86—87° und einer beständigeren Form vom Fp. 105—106°, $[\alpha]_D^{20} = -75{,}8^0$ (Chloroform). Es ist leicht löslich in Alkohol, Äther oder Chloroform, schwer löslich in Wasser. Die Lösungen reagieren alkalisch. Die Base wie auch die Salzlösungen färben sich durch Licht und Luft leicht rot, besonders rasch beim Erhitzen. Das Physostigmin ist eine einsäurige tertiäre Base, entfärbt Kaliumpermanganatlösung in saurer Lösung und bildet eine Reihe gut krystallisierender Salze, z. B. das Hydrobromid, $B \cdot 2HBr$, farblose, bei 224—226° schmelzende Nadeln (aus Alkohol), das Salicylat Fp. 186—187°, das Chloroaurat, $B \cdot 2HAuCl_4$, gelbe Blättchen, Fp. 163—165°, das Chloroplatinat, orangegelbe Nadeln, Fp. 180°, das Pikrat, gelbe Nadeln aus verdünntem Alkohol, Fp. 114°, das Quecksilberjodiddoppelsalz, $B \cdot HJ \cdot HgJ_2$, Fp. 170°. Salzlösungen des Physostigmins geben auch mit den Fällungsmitteln, wie Phosphormolybdänsäure, Jodjodkalium und Kaliumwismutjodid, Niederschläge.

*Farbreaktionen.* Physostigmin löst sich in Salpetersäure mit gelber Farbe; die Lösung wird beim Erwärmen rot und gibt nach dem Eindampfen einen grünen, mit grüner Farbe in

Wasser löslichen Rückstand. Auch die anfangs gelbe Lösung in Schwefelsäure wird nach kurzer Zeit grün. Mit Jodsäure gibt Physostigmin vor allem beim Erwärmen eine veilchenblaue Färbung.

Mit Nitroverbindungen, z. B. Trinitrothymol, Trinitrophloroglucin, Tetranitrophenolphthalein und Hexanitrodiphenylmethan, können noch günstiger als durch Pikrinsäure Fällungen erzielt werden (ROSENTHALER u. GÖRNER [455]).

Die mikrochemischen Reaktionen wurden von M. WAGENAAR (594) beschrieben.

*Reaktionen.* Wird 1 Tropfen Physostigminlösung mit 1 Tropfen 5proz. Kalilauge zusammengebracht, so tritt an der Berührungsstelle eine Rotfärbung unter Bildung von Rubreserin ein. Beim Eindampfen von Physostigminlösung mit überschüssigem Ammoniak hinterbleibt bei Anwesenheit geringer Alkaloidmengen ein grüner, bei größeren Alkaloidmengen ein blauer Rückstand. Beide Reaktionen beruhen auf einer Farbstoffbildung aus dem Physostigmin:

$CH_3$—NH—CO · O— ... C, $C_3H_8$, $NCH_3$, N, $CH_3$ ⟶ HO— ... C, $C_3H_8$, $NCH_3$, N, $CH_3$

Eserin — Eserolin

Das Rubreserin $C_{13}H_{16}O_2N_{20}$, ein in tiefroten Nadeln krystallisierender, bei 152° schmelzender Körper entsteht bei dieser Reaktion dadurch, daß zuerst durch Alkalieinwirkung die Urethangruppe des Eserins aufgespalten wird, wobei Eserolin entsteht, das bei der weiteren Oxydation das Rubreserin ergibt. Das Physostigminblau $C_{17}H_{23}O_2N_3$ soll eine Verbindung des Eserolins mit seinen Oxydationsprodukten darstellen.

Diazotierte Sulfanilsäure bildet mit Physostigmin einen roten Farbstoff.

**Geneserin,** $C_{15}H_{21}O_3N_3$. Das Geneserin steht in nahem Zusammenhang mit dem Physostigmin; es ist das dem Physostigmin entsprechende Aminoxyd und kann durch Behandlung von Physostigmin mit Wasserstoffsuperoxyd aus diesem synthetisch dargestellt werden. Zur Darstellung des Geneserins wird das Drogenpulver mit 2proz. Natronlauge behandelt und die frei gemachte Base mit Äther extrahiert, wobei in einer Ausbeute von 1 g pro Kilogramm Drogenmaterial das Geneserin gewonnen werden kann (POLONOWSKY u. NITZBERG [415a].

Das Geneserin bildet orthogonale Krystalle vom Fp. 128—129°, $[\alpha]_D = -175°$ (Alkohol). Es ist unlöslich in Wasser, schwer löslich in kaltem Äther, löslich in verdünnten Säuren (in verdünnter Schwefelsäure z. B. mit charakteristischer gelber Farbe), löslich in Alkohol, Benzol und Chloroform. Es ist eine schwache Base, bildet mit verdünnten Säuren keine krystallinischen Salze. Charakteristisch sind: das Salicylat Fp. 89—90°, das in blaßgelben Krystallen krystallisierende Pikrat Fp. 175° und das Jodmethylat Fp. 215°.

**Eseramin,** $C_{16}H_{25}O_3N_4$, farblose Nadeln aus Alkohol, Fp. 245° u. Z., wenig löslich in Äther, Chloroform, Benzol, leicht löslich in heißem Alkohol.

**Physovenin,** $C_{14}H_{18}O_3N_2$, farblose Prismen, Fp. 123°, darstellbar aus den Mutterlaugen des Eseramins. Das Physovenin ist leicht löslich in Alkohol, Benzol, Chloroform, schwer löslich in Äther, unlöslich in Wasser und Petroläther.

### d) Strychnosalkaloide (s. S. 734).

Die Strychnosarten, die der Familie der Longaniaceen angehören, enthalten eine Reihe sehr stark wirkender Alkaloide. Während nun die ostindischen und afrikanischen Arten der Gattung Strychnos vor allem zwei Alkaloide enthalten, das Strychnin und Brucin, bezeichnet man die in den südamerikanischen Arten der Gattung Strychnos vorhandenen Alkaloide als die Curarealkaloide (S. 637) (z. B.

Basen aus Strychnos toxifera oder Strychnos castelnaei). In größeren Mengen treten die Strychnosalkaloide vor allem in den Samen von Strychnos nux vomica, den sogenannten Brechnüssen oder Krähenaugen auf, wo 2—3 % an Gesamtalkaloiden gewonnen werden können (ca. 1,5 % Strychnin und etwas mehr Brucin). Auch in der Rinde dieses Baumes, die früher mit Angosturarinde vermischt unter dem Namen falsche Angosturarinde in den Handel kam, ebenso im Holz (0,2285 % Strychnin, 0,077 % Brucin) und in den Blättern konnten die Alkaloide neben einer dritten, weniger giftigen Base, dem Strychnicin (Boorsma [33]) nachgewiesen werden. Auch die Ignatiusbohne, die Frucht von Strychnus Ignatii Bergius zeigt denselben Alkaloidgehalt wie die Brechnüsse. Strychnin und Brucin kommen weiter im Schlangenholz, dem Wurzelholze der ostindischen Strychnos colubrina und der Wurzelrinde von Strychnos Tieutè (1,47 % Strychnin neben Spuren von Brucin), einer javanischen Schlingpflanze, vor. Die oft verschiedenartige Verteilung der Strychnosalkaloide erhellt auch aus folgendem: Das Holz und die Rinde von Strychnos ligustrina enthält 2,2—7,3 % Brucin und ist frei von Strychnin. Auch die Samen von Strychnos Rheedei (einer indischen Art), wie die Samen von Strychnos aculeata, sowie Strychnos suaveolens (Westafrika) enthalten vorwiegend Brucin. Es gibt aber auch Strychnosarten, die weder Strychnin noch Brucin enthalten, z. B. die Samen von Strychnos potatorum[1].

Die Alkaloide sind in den Samen an organische Säuren gebunden, so z. B. an Äpfelsäure bzw. an eine Gerbsäure, die sogenannte Igasursäure oder Strychnossäure, die mit der Kaffeegerbsäure identisch ist und wahrscheinlich zur sogenannten Chlorogensäure in naher Beziehung stehen dürfte. Der Samen von Strychnos nux vomica, der vor allem als Ausgangsmaterial für die Darstellung der Strychnosalkaloide dient, hat einen Fettgehalt von 3,1—4,1 %, enthält weiter 11 % Protein und neben einem nicht krystallisierenden Zucker, der Seminose, $C_6H_{12}O_6$, ein Glucosid, das Longanin $C_{25}H_{34}O_{14}$.

Das Strychnin kommt in der Brechnuß, an Igasursäure gebunden, in Öltröpfchen gelöst vor, die in dem Inhalt der Endospermzellen suspendiert sind. Die Frage des Verhaltens der Alkaloide bei der Keimung der Samen wurde von verschiedenen Autoren eingehend studiert. Th. Sabalitschka und C. Jungermann (464) haben dabei gezeigt, daß anfangs ein Rückgang des Alkaloidgehalts um etwa 25 % eintritt, daß aber nicht, wie Tunmann und Jenzer (582) und O. Tunmann (581) vermuteten, bei der Keimung unter normalen Bedingungen die Alkaloide zum Teil durch das Keimwasser ausgelaugt werden und etwa zum Schutze der heranwachsenden Pflanze dienen sollen. Dieser anfängliche Rückgang des Alkaloidgehalts wird aber wieder aufgeholt und auch ohne Zufuhr weiteren Stickstoffs enthalten die Samen schließlich mehr Alkaloide als vor Beginn der Keimung. Da unter den Versuchsbedingungen auch keine Kohlenstoffassimilation eingetreten war, muß die Alkaloidneubildung auf Kosten des Reserveeiweißes zustande gekommen sein. Was die Keimung selbst anbelangt, so überwiegen in den ersten 47 Tagen die abbauenden Vorgänge, während in der Zeit vom 47. bis 121. Tage die Alkaloidbildungsprozesse vorherrschen.

Die Darstellung der Strychnosalkaloide, deren Ausgangsmaterial bei der fabriksmäßigen Darstellung meist die Brechnüsse sind, kann nach verschiedenen Verfahren erfolgen. So wird meist das Material durch Kochen mit Wasser aufgeweicht, dann zerkleinert und entweder mit kochendem Wasser oder mit Alkohol oder mit verdünnter Schwefelsäure extrahiert. Aus der erhaltenen Alkaloidsalz-

[1] Über andere alkaloidfreie Strychnosarten siehe G. Klein u. E. Herndlhofer (295a).

lösung werden die Basen mit Kalkmilch gefällt und dem aus Gips und den gefällten Alkaloiden bestehenden Niederschlag das Strychnin und Brucin durch Extraktion mit verdünntem Alkohol oder anderen organischen Lösungsmitteln entzogen. Die Reinigung der Basen erfolgt durch die Verwandlung in die Sulfate oder Acetate, ihre Behandlung mit Tierkohle und Fällung der Basen mit Soda oder Ammoniak. Die Trennung[1] von Strychnin und Brucin geschieht am einlachsten durch Umkrystallisieren des Basengemisches aus Alkohol, wobei das leichter lösliche Brucin in Lösung bleibt und bei der Aufarbeitung der Mutterfaugen des Strychnins isoliert werden kann.

*Quantitative Bestimmung der Gesamtalkaloide* (D. A.-B. 6). 3 g mittelfein pulverisierte Brechnüsse werden in einem Arzneiglas mit 20 g Äther und 10 g Chloroform sowie nach kräftigem Umschütteln mit 3 g Natriumcarbonatlösung übergossen und das Gemisch unter häufigem Umschütteln eine halbe Stunde stehen gelassen. Nach Zusatz von 7 g Wasser und einige Minuten langem kräftigem Umschütteln werden nach vollständiger Klärung 20 g der Äther-Chloroform-Lösung (entsprechend 2 g Brechnuß) durch ein trockenes bedecktes Filter in ein Kölbchen filtriert und zwei Drittel der Lösungsmittel abdestilliert. Der erkaltete Rückstand wird in einen Scheidetrichter gebracht, das Kölbchen einmal mit 5 cm$^3$ Chloroform und zweimal mit je 5 cm$^3$ Äther nachgespült. Hierauf werden 5 cm$^3$ n/10 Salzsäure und 5 cm$^3$ Wasser zugesetzt und unter Zusatz von so viel Äther 2 Minuten kräftig ausgeschüttelt, daß die Chloroform-Äther-Lösung auf der sauren wäßrigen Flüssigkeit schwimmt. Nach vollständiger Klärung wird die salzsaure Lösung in ein Kölbchen abgelassen und das Durchschütteln noch zweimal mit je 5 cm$^3$ Wasser wiederholt. Nach Zusatz von 2 Tropfen Methylrotlösung wird mit n/10 Kalilauge die überschüssige Säure zurücktitriert (1 cm$^3$ n/10 Salzsäure = 0,03642 g Alkaloide, ber. auf Strychnin und Brucin).

Nach H. Dieterle (82) kann bei peinlichster Sorgfalt beim analytischen Arbeiten auch bei der Gesamtalkaloidbestimmung in den Brechnüssen die Menge des zur Alkaloidbestimmung notwendigen Ausgangsmaterials bedeutend verringert werden. Für die Gehaltsbestimmung in Semen Strychni wurde dabei folgendes Verfahren angegeben: 0,5 g fein gepulverte Brechnüsse werden in einem mit Glasstopfen verschließbaren Fläschchen von ungefähr 50 cm$^3$ Inhalt mit 3 g Chloroform und 6 g Äther übergossen und die Mischung unter häufigem Umschütteln $^1/_2$ Stunde lang stehen gelassen. Alsdann wird 1 cm$^3$ 10proz. Ammoniakflüssigkeit und 1 cm$^3$ Wasser zugesetzt und 10 Minuten kräftig durchgeschüttelt. Nach Zusatz von 0,2 g Tragant und weiterem Umschütteln wird das klare Chloroformäthergemisch ohne Benützung eines Filters in ein Jenaer Kölbchen gegossen. Der Rückstand wird noch zweimal mit je 2,0 g Chloroform und 4,0 g Äther nachgewaschen. Die vereinigten Auszüge werden nun zur Trockene eingedampft und der Rückstand in 4 cm$^3$ n/10 Salzsäure gelöst, wobei zu der Lösung noch weitere 4 cm$^3$ destilliertes Wasser und 2 cm$^3$ Äther hinzugefügt werden. Nach dem Verdunsten des Äthers auf dem Wasserbade und dem Erkalten der Lösung wird die überschüssige Salzsäure mit n/10 Kalilauge unter Verwendung von Methylrot als Indicator zurücktitriert. (1 cm$^3$ n/10 Salzsäure entspricht 0,0364 Alkaloidgemisch.)

**Strychnin,** $C_{21}H_{22}O_2N_2$. Die Konstitution des Strychnins ist bis jetzt noch nicht aufgeklärt; gegenwärtig werden auf Grund der neuesten Untersuchungen von K. N. Menon und Robert Robinson (378) (s. R. Cl. Fawcett, W. H. Perkin jun. und R. Robinson [112], W. H. Perkin jun. und R. Robinson [403]) Formel I, von B. K. Blount u. R. Robinson [322] Formel II und von H. Leuchs hingegen Formel III als Ausdruck der bis jetzt erzielten Ergebnisse der Konstitutionsaufklärung, die jedoch noch nicht abgeschlossen ist, diskutiert (H. Leuchs [340]).

---

[1] Über weitere Trennungsmethoden s. S. 661, 662, 663.

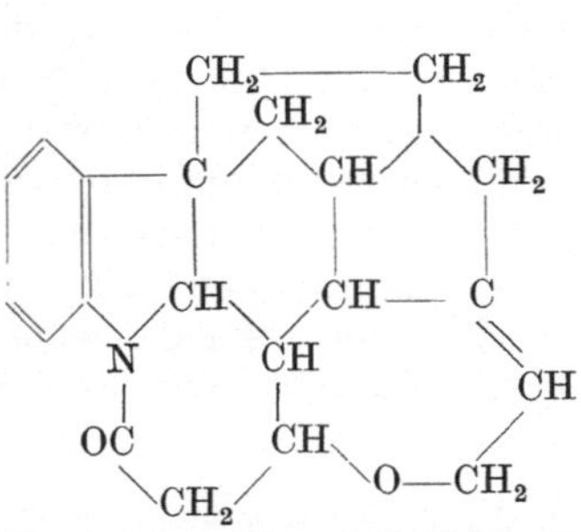

Strychninformel I nach K. N. MENON und R. ROBINSON (1932).

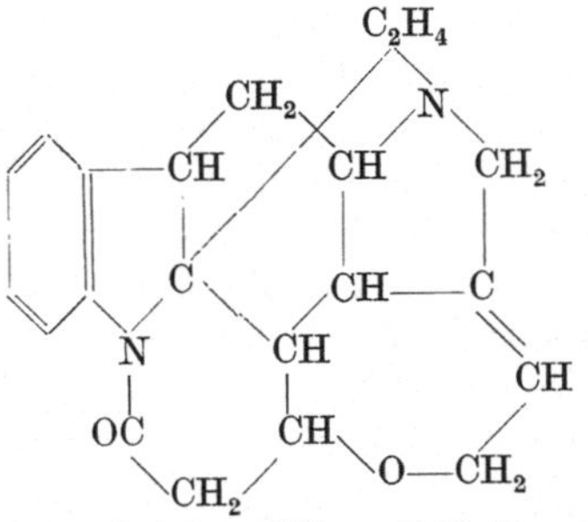

Strychninformel II von B, K. BLOUNT u. R. ROBINSON (1932).

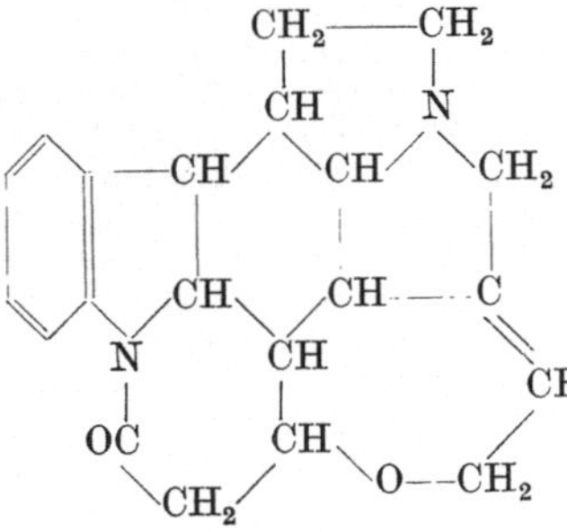

Strychninformel III nach H. LEUCHS (1932).

Das Strychnin krystallisiert aus Alkohol in rhombischen Prismen vom Fp. 286 bis 288°, Kp. $_{5\,mm}$ = 270°, $[\alpha]_D^{18} = -104{,}5^0$ (absoluter Alkohol) bzw. $[\alpha]_D^{20} = -109{,}9^0$ (80 proz. Alkohol), $[\alpha]_D^{18} = -139{,}3^0$ ($CHCl_3$) (K. WARNAT [604]). *Löslichkeit.* Es ist löslich in 5 Teilen Anilin (20°), 6 Teilen Chloroform (25°), 12 Teilen 90 proz. kochendem Alkohol, 60 Teilen Diäthylamin, 66,6 Teilen Pyridin, 165 Teilen Benzol (25°), 155 Teilen Tetrachlorkohlenstoff, 180 Teilen Amylalkohol, 3000 Teilen Wasser (80°) und 6400 Teilen Wasser (25°), 1250 bzw. 5500 Teilen Äther (25°). Das Strychnin ist eine einsäurige Base von intensiv bitterem Geschmack (1 Teil in 700000 Teilen Wasser kann noch deutlich am Geschmack wahrgenommen werden). Es bildet gut krystallisierende Salze, von denen das Nitrat schwer löslich ist. Das Nitrat, Sulfat und Chlorhydrat werden medizinisch verwendet. Strychninnitrat, $B \cdot HNO_3$, farblose Nadeln, ist löslich in 42 Teilen Wasser (25°), 120 Teilen Alkohol (25°) und 156 Teilen Chloroform (25°). Sulfat, $B_2 \cdot H_2SO_4 \cdot 5\,H_2O$, Fp. 200° (trocken). Bichromat, schwer löslich in kaltem Wasser (1 Teil in 1815 Teilen Wasser, [18°]), orangegelbe Nadeln. Chloroaurat, $B \cdot HAuCl_4$, orangegelbe Nadeln aus Alkohol. Pikrolonat, $B \cdot C_{10}H_8O_5N_4$, Zp. über 290°. Pikrat, $B \cdot C_6H_3O_7N_3$, Zp. 270° (240° Bräunung).

*Verhalten gegen Fällungsmittel.* In schwach salpetersaurer Lösung fällt Kaliumwismutjodid noch bei einer Verdünnung von 1 : 400000, Kaliumquecksilberjodid bei 1 : 100000, Silicowolframsäure bei 1 : 300000, Phosphorwolframsäure in Gegenwart von 1 proz. HCl bei 1 : 600000, Trinitrothymol und Hexanitrodiphenylamin bei 1 : 10000—11000, Pikrinsäure bei 1 : 9000—10000. Auch mit Chlor- und Bromwasser treten Fällungen auf (ROSENTHALER [452 a]).

Strychnin zeigt auch eine Reihe wichtiger *Farbreaktionen.*

1. Strychnin wird von konzentrierter Schwefelsäure farblos gelöst. Auf Zusatz geringer Mengen von Oxydationsmitteln[1]: Kaliumdichromat, Kaliumpermanganat, Braunstein, Bleisuperoxyd, Kaliumchlorat und Kaliumjodid, Ferricyankalium, Ceroxyduloxyd und Ammoniumvanadat entstehen blaue bis blauviolette Färbungen. Die Reaktion kann auch so durchgeführt werden, daß zuerst das Chromat hergestellt wird, das dann beim Auflösen in Schwefelsäure die Farbreaktionen gibt. Die mit MANDELINschen Reagens[2] erhaltenen Färbungen sind zuerst vorübergehend violettblau, dann blauviolett, schließlich violett bis zinnoberrot. Diese Farbreaktionen kommen nicht allein dem Strychnin zu, sondern

[1] Über die Aufklärung der chemischen Umwandlungen des Strychnins bei dieser Farbreaktion s. H. WIELAND, F. CALVET, WENDELL W. MOYER (610).

[2] 1 Teil Vanadat in 200 Teilen Schwefelsäuremonohydrat.

auch alle Äthylderivate des Anilins und Tetrahydrochinolins, sofern nicht die p-Stellung zum Stickstoff besetzt ist, geben ähnliche Reaktionen.

2. In konzentrierter Salpetersäure (D = 1,4) geht Strychnin mit gelber Farbe, Brucin mit roter Farbe in Lösung. Wird salpetersaure Lösung der Basen eingedampft, so resultieren bei beiden Alkaloiden gelbe Eindampfrückstände. Beim Strychnin wird der Eindampfrückstand bei Behandlung mit Ammoniak orangegelb, mit alkoholischer Kalilauge rotviolett (analog der Reaktion von Vitali auf Atropin). Diese Reaktion wird beim Strychnin auch durch die Anwesenheit größerer Brucinmengen nicht gestört. Der Eindampfrückstand des Brucins wird bei der Behandlung mit Ammoniakdampf grasgrün und durch Schwefelwasserstoffwasser violett gefärbt, doch stört die Anwesenheit des Strychnins die Ausbildung dieser Farben.

3. 4 $cm^3$ einer etwa 4—5 mg enthaltenden Strychninlösung werden mit 4 $cm^3$ Salzsäure (D = 1,18) und 2—3 g amalgamiertem oder granuliertem Zink aufgekocht. Nach einigen Minuten wird abgegossen, und nach dem Erkalten zu 2 $cm^3$ der Lösung 1 Tropfen einer Natriumnitritlösung (1 : 1000) zugesetzt. Die sich dabei sofort rotfärbende Flüssigkeit zeigt zwei Absorptionsbänder im Grünblau (l = 495 und 510), Empfindlichkeit 0,003—4 mg. Werden zu dem Reste der Flüssigkeit 1—2 Tropfen Bromwasser zugesetzt, so entsteht eine purpurrote Färbung, die auf weiteren Zusatz von Bromwasser einen Niederschlag ergibt, der sich in Alkohol mit rotvioletter Farbe löst (Absorptionsspektrum im Gelb $\lambda = 550$).

4. Strychnin gibt mit Schwefelsäure und Mangancarbonat versetzt eine Blaufärbung, die über Violett nach Rosa hin umschlägt.

Mikrochemisch wird das Strychnin durch die Charakterisierung der Krystallform der Base selbst, wie auch ihrer Verbindungen mit Pikrinsäure, Pikrolonsäure, p-Nitro- und Trinitro-benzoesäure, Ferrocyanwasserstoffsäure, Perchlorsäure und Jodsäure erfaßt (s. auch S. 663ff.).

Die quantitative Bestimmung des Strychnins im Pflanzenmaterial, meist als Wertbestimmung der Strychnossamen ausgearbeitet, bestimmt die Gesamtalkaloide (s. S. 659ff.) und berechnet die Strychninmenge unter der Annahme, daß meist Strychnin und Brucin in gleichen Mengen vorhanden sind. Unter diesem Gesichtspunkte sind maßanalytische, gewichtsanalytische und fällungsanalytische Verfahren ausgearbeitet worden. Das Verfahren der Isolierung der Basen aus dem Pflanzenmaterial unterscheidet sich bei diesen Methoden meist nur durch die Wahl der Extraktionsmittel; z. B. werden Äther, Chloroform und Petroläther bzw. Gemische dieser Lösungsmittel verwendet, oder durch die Wahl der Base, die aus den Alkaloidsalzlösungen die Basen frei macht, wofür entweder Ammoniak oder Kalilauge[1] sich als brauchbar erwiesen haben[2].

Aber auch für die Trennung von Strychnin und Brucin gibt es eine Reihe von ausgearbeiteten Verfahren, die auf folgenden Prinzipien aufgebaut sind: 1. Ist es möglich, in den Gemischen das Brucin zu zerstören, was z. B. durch Behandlung des Gemisches mit Kaliumpermanganat oder mit Salpetersäure nach bestimmten Verfahren durchgeführt werden kann. Kennt man die Menge der Gesamtalkaloide und bestimmt man nach Zerstörung des Brucins das Strychnin, so ergibt eine einfache Rechnung den Brucingehalt. Die Zerstörung des Brucins kann auch so erfolgen, daß die Pikrate der Basen mit Salpetersäure behandelt werden (GEROCK [154]). 2. Kann die Trennung der beiden Basen auch ohne Zerstörung des Brucins so durchgeführt werden, daß bei der Behandlung einer etwa 1proz. Lösung der Chlorhydrate mit 0,05% Ferrocyankaliumlösung das unlösliche Ferrocyanat des Strychnins abgeschieden werden kann, während das Brucin in Lösung bleibt (BECKURTS [23], M. GADRAU [151]). Die Fällung wird dabei so lange fortgesetzt, bis eine abfiltrierte Probe der Lösung auf feuchtem,

[1] Hier sind zu nennen: z. B. die Methode von GORDIN (167), das Verfahren von BECKURTS (24) oder das Verfahren von KELLER (273) oder die Methode von W. B. COWIE (69).

[2] Weitere quantitative Bestimmungsmethoden der Strychnosalkaloide: Fällung mit Silicowolframsäure (neues ausgearbeitetes Verfahren STUBER u. KLJATSCHKINA (569a); Fällung des Strychnins als Ferrocyanid [BECKURTS u. HOLST (24a)]; Fällung als Pikrat [GEROCK (154)]; Fällung als Pikrolonat [MATTHES u. RHAMSTEDT (429a)]).

mit Eisenchlorid getränktem Filtrierpapier eine Blaufärbung erzeugt. Es kann demnach dabei das Strychnin auch direkt titrimetrisch erfaßt werden.

Die von GORDIN (170) verbesserte KELLERsche (274, s. auch 151) Methode ist ein Beispiel für eine unter Zerstörung des Brucins vor sich gehende Trennungsmethode der beiden Basen: Das gewogene Gemisch der Basen, etwa 0,2—0,3 g, wird unter Erwärmen in 15 $cm^3$ 3proz. Schwefelsäure gelöst; die Lösung wird nach *völligem Erkalten* mit 3 $cm^3$ eines vorbereiteten Gemisches gleicher Teile konzentrierter Salpetersäure (D = 1,42) und Wasser versetzt. Nach 10 Minuten langem Stehen wird die Flüssigkeit in einen Scheidetrichter gegossen, stark alkalisch gemacht und das Strychnin der Lösung durch dreimaliges Ausschütteln mit Chloroform entzogen. Die Chloroformlösung wird durch ein doppeltes Filter in ein gewogenes Kölbchen filtriert, 2 $cm^3$ Amylalkohol zugesetzt und die Flüssigkeit vollständig abdestilliert. Die letzten Flüssigkeitsspuren werden aus dem Rückstand im Wasserbade durch einen Luftstrom entfernt. Nach 2—3stündigem Trocknen bei 135—140° wird das Strychnin gewogen.

**Brucin,** $C_{23}H_{26}O_4N_2$. Auch beim Brucin ist die Konstitutionsaufklärung noch nicht abgeschlossen; gegenwärtig werden von K. N. MENON und ROBERT ROBINSON (378) Formel I, von B. K. BLOUNT u. R. ROBINSON (32a) Formel II und von H. LEUCHS Formel III als Ausdruck der bis jetzt erzielten Ergebnisse der Konstitutionsaufklärung diskutiert (s. S. 660).

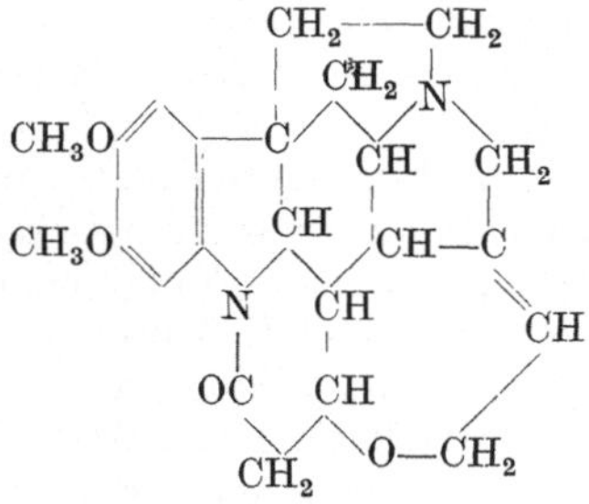

Brucinformel I K. N. MENON u. R. ROBINSON 1932.

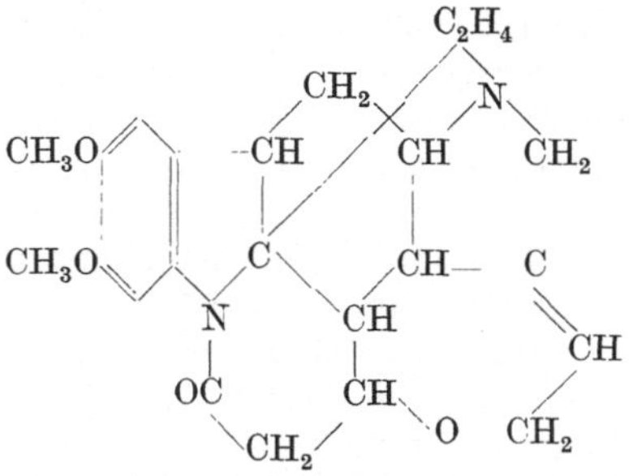

Brucinformel II nach B. K. BLOUNT u. R. ROBINSON (1932).

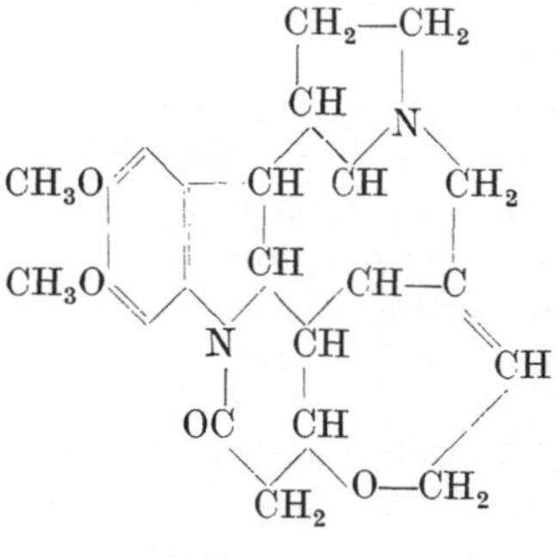

Brucinformel III H. LEUCHS 1932.

Zur Darstellung des Brucins dienen vor allem die Mutterlaugen der Strychnindarstellung, aus denen das Brucin zuerst in Form des Oxalates ausgefällt wird, das durch Waschen mit absolutem Alkohol bei 0° von Verunreinigungen befreit werden kann. Das Oxalat wird in Wasser gelöst, mit Tierkohle entfärbt, die Base mit Ammoniak ausgefällt, nach dem Abfiltrieren mit Aceton und Äther gewaschen und schließlich aus verdünntem Alkohol umkrystallisiert. Ein anderes Verfahren trennt die beiden Basen dadurch, daß beim Fällen der Salzlösungen der Alkaloidgemische mit Jodkalium das schwerer lösliche Jodhydrat des Brucins ausfällt und durch Umkrystallisieren aus Alkohol gereinigt werden kann, während das leichter lösliche Strychninjodhydrat in Lösung bleibt. Ein weiteres Trennungsverfahren besteht darin, daß man die essigsaure Lösung der Basen mit Kaliumchromat versetzt, wobei zuerst nur Strychninchromat ausfällt.

Das Brucin wird entweder in monoklinen Prismen oder in perlmutterglänzenden Nadeln gewonnen, die aus verdünntem Alkohol mit 4 Mol. $H_2O$, aus konzentriertem Alkohol mit 2 Mol. $H_2O$ krystallisieren. Fp. (wasserfrei) 178° (nachdem bei 100° Schmelzen im Krystallwasser eingetreten ist). $[\alpha]_D^{20} = -80,1°$ (in ca. 2proz. absoluter alkoholischer Lösung) bzw. $= -119$—127° (in Chloroform). Das Brucin ist sehr leicht löslich in Chloroform, 1 Teil in 2 Teilen Alkohol, in 3,5 Teilen Pyridin (20°), in 8,3 Teilen Anilin (20°), in 23,5 Teilen Essigester (20°), in 62,5 Teilen Diäthylamin (20°), in 90 Teilen Benzol (20°), in 100 Teilen Piperidin (20°), in 133,5 Teilen Äther (20°) (D = 0,720), in 320 Teilen Wasser (20°), in 1140 Teilen Petroläther (D = 0,663) und in 1286 Teilen Tetrachlorkohlenstoff, sehr schwer löslich in absolutem Äther. Das Brucin ist eine einsäurige Base von stark bitterem Geschmack, die gut krystallisierende Salze gibt, die meist leicht löslich in Wasser sind (eine Ausnahme bildet das Jodhydrat). Auch die Niederschläge mit Fällungsmitteln sind leichter löslich als die des Strychnins. Das Chloroaurat entsteht noch bei einer Verdünnung von 1 : 25000, die Fällung mit Kaliumquecksilberjodid bei 1 : 50000, das Jodjodkalium bei 1 : 65000, die beiden letzteren in schwach schwefelsaurer Lösung, Silicowolframsäure fällt bei Gegenwart von 1proz. HCl noch bei einer Verdünnung von 1 : 160000, Phosphorwolframsäure von 1 : 500000. Pikrolonat, $B \cdot C_{10}H_8O_5N_4$, Zp. über 290°.

*Farbreaktionen.* 1. Brucin löst sich in konzentrierter Salpetersäure (D = 1,42) mit blutroter Farbe auf, die allmählich über Rotgelb nach Gelb verblaßt. Auf Zusatz von Zinnchlorür oder Thiosulfat tritt vorübergehend Violettfärbung auf.

2. Brucin gibt mit einer Reihe von Oxydationsmitteln Rotfärbungen, z. B. Chlorwasser, Chromsäure oder Perchlorsäure. Bei der Reaktion nach FLÜCKIGER (123) dürfte eine ähnliche Oxydationswirkung vorliegen: Wird in eine Lösung von Mercuronitrat, die wenig freie Säure enthalten soll und die sich in einem mäßig erhitzten Dampfbad befindet, etwas Brucin eingetragen, so tritt in der farblosen Lösung allmählich eine Carminrotfärbung auf, die sehr haltbar ist.

3. Brucin gibt mit Bromwasser eine allmählich verschwindende Violettfärbung, eine Reaktion, die durch weiteren Zusatz von Bromwasser wiederholt erzielt werden kann, bis sich schließlich ein gelber Niederschlag abscheidet.

Brucin kann mikrochemisch durch die Krystallform und Krystalleigenschaften der Base, wie auch der Verbindungen mit Kaliumferrocyanid, Opiansäure, Dinitrobenzoesäure, Pikrinsäure und Natriumchlorat charakterisiert werden.

Der mikrochemische Nachweis des Strychnins und Brucins in der Pflanze kann nach G. KLEIN und E. HERNDLHOFER (295a) in verschiedener Weise erfolgen: Das Strychnin kann in der Pflanze, im Schnitt, durch Extraktion des Gewebes und durch Sublimation aus Pflanzenteilen durchgeführt werden. Das Brucin hingegen konnte direkt nicht im Schnitt, dafür im Extrakt und im Sublimat eindeutig nachgewiesen werden. Im Schnitt kann es nur durch die mit konzentrierter Salpetersäure auftretende Rotfärbung, aber auch nicht in jedem Pflanzenmaterial, nachgewiesen werden.

Der Nachweis des Strychnins im Schnitt erfolgt durch Versetzen des Schnittes mit einem Tropfen 5proz. Salzsäure und 5proz. Ferrocyankaliumlösung, wobei es sofort zur Abscheidung flügelartiger Gebilde kommt, die an $NH_4MgPO_4$ erinnern. Das Brucin konnte hier nur durch die charakteristische Rotfärbung mit Salpetersäure nachgewiesen werden.

Die Extraktion des Pflanzenmaterials wurde im Mikroextraktionsapparat mit Chloroform, dem etwas Ammoniak hinzugefügt war, durchgeführt. Der Extrakt wurde nach dem Filtrieren bis auf wenige Tropfen eindunsten gelassen und damit dann die Reaktionen durchgeführt. Der Nachweis des Strychnins erfolgte mit 5proz. Kaliumferrocyanidlösung in 5proz. Salzsäure, wobei bei Verdünnungen von 1 : 10000 noch sofort flügelartige Gebilde, ähnlich dem $NH_4MgPO_4$, auftreten. Brucin wird in derselben Verdünnung nicht sofort gefällt, gibt erst beim Eindunsten nach einigen Stunden kleine Stäbchen, nie aber Fiedern. Aus einem Strychnin-Brucin-Gemisch (1 : 10000) fällt demnach das Strychnin sofort in charakteristischen Fiedern aus (Erfassungsgrenze 10 $\gamma$), wobei diese Reaktion auch durch andere Begleitstoffe nicht gestört wird. Der Nachweis des Brucins kann mit 10proz. Platinchlorwasserstoffsäure (BEHRENS-KLEY) erfolgen. Dieses Reagens gibt mit Strychnin bei 1 : 10000 Zerrfiguren, die ebenso oder fast so breit als lang sind. Brucin hingegen gibt mehr lange Prismen, die an den Enden etwas verzweigt sind. Sie sind im allgemeinen kleiner als die Strychninkrystalle. Aus einem Gemisch 1 : 5000 bei *ganz schwach saurer* Reaktion entstehen zuerst kleine dunkelgelbe Doppelbüschel des Brucins, viel später hingegen erst die Zerrformen des Strychnins (Erfassungsgrenze 20 $\gamma$).

Auch das direkte Heraussublimieren der Alkaloide aus den Schnitten ohne Aufschlußmittel im Sublimationsapparat nach KLEIN und WERNER konnte für den Strychnin- und Brucinnachweis herangezogen werden. Hierzu wird ein Schnitt auf das Schälchen gelegt und sublimiert. Das Sublimat wurde mit Salzsäure und Ferrocyankaliumlösung, wie oben ausführlich auseinandergesetzt wurde, behandelt und ergab eine deutliche Strychninreaktion. In einem aus einem zweiten Schnitte gewonnenen Sublimate kann das Brucin, z. B. aus einem Schnitt durch den Samen von Str. Ignatii, auch mit Platinchlorwasserstoffsäure eindeutig nachgewiesen werden.

### e) Neue Strychnosalkaloide.

1. α-Kolubrin, $C_{22}H_{24}O_3N_2$.
2. β-Kolubrin, $C_{22}H_{24}O_3N_2$.
3. Pseudostrychnin, $C_{21}H_{22}O_3N_2$ bzw. $C_{21}H_{24}O_3N_2$.
4. Vomicin, $C_{22}H_{24}O_4N_2$.

K. WARNAT (604) hat aus den Restlaugen der Strychninfabrikation drei weitere Strychnosbasen isoliert: das α-Kolubrin, das β-Kolubrin und das Pseudostrychnin. Die beiden Basen α-Kolubrin $C_{22}H_{24}O_3N_2$, und β-Kolubrin, $C_{22}H_{24}O_3N_2$, sind nahe miteinander verwandt; sie unterscheiden sich vom Strychnin durch den Mehrgehalt einer Methoxylgruppe, deren Stellung durch den oxydativen Abbau unter Erhaltung des aromatischen Ringsystems eindeutig geklärt werden konnte. Die Beziehungen der vier Alkaloide Strychnin, α-Kolubrin, β-Kolubrin und Brucin lassen sich durch folgende Formelbilder ausdrücken:

—C≡ / —N—C≡ — Strychnin

CH₃O — —C≡ / —N—C≡ — α-Kolubrin

CH₃O — —C≡ / —N—C≡ — β-Kolubrin

CH₃O, CH₃O — —C≡ / —N · C≡ — Brucin

Die beiden Basen stehen als Methoxystrychnine, wie dies auch aus den angedeuteten Formelbildern hervorgeht, zwischen Strychnin und Brucin. Das dritte Alkaloid wurde, da es viele Eigenschaften mit dem Strychnin gemeinsam hat, Pseudostrychnin genannt. Pseudostrychnin ist eine schwächere Base als Strychnin, es schmeckt bitter und ist auch wenig giftig. Die Bruttoformel ist noch nicht ganz sichergestellt, sie wurde zu $C_{21}H_{22}O_3N_2$, eventuell auch $C_{21}H_{24}O_3N_2$, angenommen.

| Base<br>Fp. | α-Kolubrin<br>184° | β-Kolubrin<br>222° | Pseudostrychnin<br>266—268° |
|---|---|---|---|
| $[\alpha]_D^{19}$ $H_2O$-haltige | — 66,4°<br>(80% $C_2H_5OH$) | | |
| $[\alpha]_D^{19}$ trocken | — 76,5°<br>(80% $C_2H_5OH$) | — 107,7°<br>(80% Alkohol) | |
| $[\alpha]_D^{23}$ | | | — 58,0°<br>(80% Alkohol) |
| $[\alpha]_D^{26}$ | | | — 85,9° ($CHCl_3$) |
| Chlorhydrat<br>$[\alpha]_D^{18}$ | B · HCl · 3 $H_2O$<br>(80% $C_2H_5OH$)<br>— 3,1% | B · HC · 1 $H_2O$<br>— 32,7° ($H_2O$) | B · HCl · 2 $H_2O$<br>+ 3,9° ($H_2O$) (19°) |
| Sulfat | $B_2 \cdot H_2SO_4 \cdot 10 H_2O$<br>glänzende Blättchen | $B_2 \cdot H_2SO_4 \cdot 9 H_2O$<br>lange Prismen | |

| Base Fp. | α-Kolubrin 184° | β-Kolubrin 222° | Pseudostrychnin 266—268° |
|---|---|---|---|
| Nitrat | | | $B \cdot HNO_3$ |
| $[\alpha]_D^{28}$ | | | $+7{,}6^0$ (80% Alkohol) |
| Nitrosokörper | | | $C_{21}H_{21}O_4N_3$ |
| Fp. | | | $292^0$—$294^0$ |
| $[\alpha]_D^{19}$ | | | $+223{,}8^0$ ($CHCl_3$) |

*Farbreaktionen.* Die α-Kolubrinbase und die β-Kolubrinbase geben mit FRÖHDEs Reagens (1 g Ammoniummolybdat in 100 cm³ konzentrierter Schwefelsäure) Violettfärbung. α-Kolubrin gibt mit 25proz. nitrithaltiger Salpetersäure, nachdem es sich farblos gelöst hat, nach kurzer Zeit eine tiefolivgrüne Färbung, die nach 15—20 Minuten in ein trübes Dunkelbraun umschlägt. β-Kolubrin gibt mit demselben Reagens nach farbloser Auflösung eine orangegelbe, lange beständige Färbung.

Pseudostrychnin gibt dieselbe Violettfärbung mit Schwefelsäure und Bichromat wie Strychnin. In Salpetersäure löst es sich farblos oder nur mit schwach gelber Farbe.

**Vomicin,** $C_{22}H_{24}O_4N_2$. Strychnin

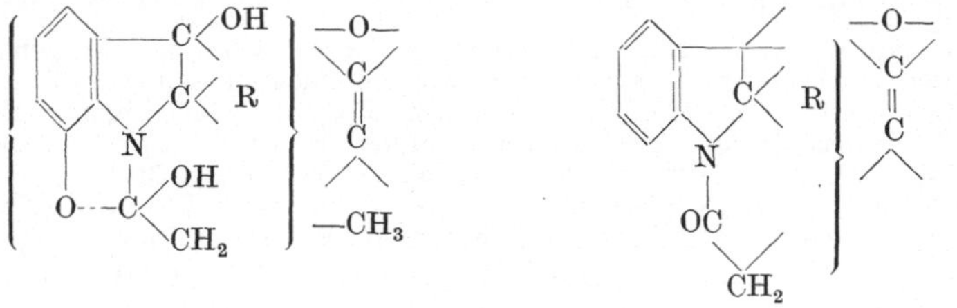

Eine weitere aus den Mutterlaugen der Strychninfabrikation von Dr. GMELIN isolierte Base haben H. WIELAND und G. OERTEL (617) als neues Strychnosalkaloid erkannt und eingehend untersucht. Die Konstitutionsaufklärung dieses neuen Alkaloids ist noch nicht abgeschlossen, doch sind, wie das im Vergleich zum Strychnin die charakteristischen Gruppen wiedergebende Formelbild andeutet, schon gewisse Unterschiede von den übrigen Strychnosbasen in der Konstitution erkannt und näher charakterisiert worden.

Die neue, Vomicin genannte Base hat die Bruttoformel $C_{22}H_{24}O_4N_2$; sie zeigte den Fp. 182° (u. Z.), $[\alpha]_D^{22} = +80{,}4^0$ ($C_2H_5OH$). Chlorhydrat, Fp. 245°. Das Vomicin gibt mit Chromsäure eine tiefrote, mit Salpetersäure eine orangegelbe bis gelbe, mit methylalkoholischem Kali eine grüne Farbreaktion, die in letzterem Falle auf Zusatz von $FeCl_3$ violett wird.

## f) Alkaloide von Calycanthus glaucus (s. S. 707).

In den Samen von Calycanthus glaucus und floridus, die zu den Gewürznelkensträuchern gehören, sind bis jetzt folgende Alkaloide in einer Menge von 2—4% aufgefunden worden:

1. Das Calycanthin, $C_{22}H_{28}N_4 \cdot H_2O$ (E. SPÄTH und STROH [559]).
2. Das Isocalycanthin, $C_{11}H_{14}N_2 + {}^1/_2 H_2O$. (H. M. GORDIN [171]).

Das Calycanthin konnte von R. H. F. MANSKE (357) auch aus Meretia praecox REHD. et WILS, einem in Asien heimischen Strauch, gewonnen werden.

Die Konstitution des Calycanthins ist noch nicht aufgeklärt. Immerhin konnte R. H. F. MANSKE (356) den Nachweis dafür erbringen, was übrigens schon E. SPÄTH und STROH vermutet hatten, daß das Calycanthin ein Indolabkömmling sein dürfte, da bei der Oxydation des benzoylierten Calycanthins das Benzoyl-N-methyltryptamin, $C_{18}H_{18}ON_2$, erhalten wurde. Das Calycanthin dürfte demnach physiologisch auch in gewissen Beziehungen zum Tryptophan stehen.

$$\text{Indol-3-yl}-CH_2-CH_2N(CH_3)-CO\cdot C_6H_5$$

N-Benzoyl-N-methyl-tryptamin

Die Darstellung der Alkaloide erfolgt nach SPÄTH und STROH (559) durch Extraktion der mit Benzin oder Petroläther entölten Samen mit heißem 75proz. Alkohol. Der Rückstand des alkoholischen Extraktes wird mit schwefelsäurehaltigem Wasser aufgenommen, aus dieser Lösung das Alkaloid mit überschüssigem Kaliumhydroxyd gefällt und das nun gewonnene Rohalkaloid dadurch gereinigt, daß seine Lösung in absolutem Alkohol mit einer Mischung von absolutem Alkohol und konzentrierter Schwefelsäure versetzt wird, wobei das Sulfat in feinen Nadeln ausfällt. Wird dieses Salz in Wasser gelöst und mit verdünnter Lauge versetzt, so scheidet sich das *Calycanthin* zuerst amorph ab, um später krystallinisch zu werden. Fp. 245° (im Vakuum).

Das Calycanthin hat einen bitteren Geschmack, ist schwach alkalisch gegen Lackmus und ist leicht löslich in Äther oder Chloroform. Die Base gibt eine Reihe gut krystallisierender Salze: Chlorhydrat, Fp. 216—217° (trocken). Jodhydrat, Fp. 221—222°. Chloroplatinat, Fp. 222 bis 237° u. Z. Nitrat, Fp. 208—209°. Neutrales Sulfat, Fp. 229° (wasserfrei). Saures Sulfat, Fp. 184°. Pikrat, Fp. 186—187° (wasserfrei). Oxalat (neutral), Fp. 231°.

*Isocalycanthin*, $C_{11}H_{14}N_2 \cdot {}^1/_2H_2O$ (nach GORDIN), dicke Prismen, Fp. 235—236°, $[\alpha]_D^{18} = +684{,}3°$ (absoluter Alkohol) (E. SPÄTH u. W. STROH [559]), $[\alpha]_D^{22} = +697{,}97°$ (GORDIN [171]). Sehr schwer löslich in Wasser, wenig löslich in Äther, löslich in Äthylalkohol und Pyridin.

## H. Alkaloide mit Imidazolringsystemen.

### Jaborandialkaloide (s. S. 729).

Die Jaborandialkaloide finden sich vorwiegend in den echten Jaborandiblättern, die sich von den verschiedenen Arten der Gattung Pilocarpus herleiten. Hauptausgangsmaterial sind die Blätter von Pilocarpus pennatifolius LEMAIRE (Familie der Rutaceen), die etwa 0,4% Pilocarpin enthalten. Auch die Blätter von Pil. Jaborandi HOLMES mit 0,72% Basen, von Pil. microphyllus STAMPF mit 0,765—0,783% Basen, von Pil. trachylophus mit 0,4% Basen, von Pil. spicatus ST. HILAIRE mit 0,16% Basen, wie von Pil. heterophyllus mit 0,25% Basen und Pil. racemosus enthalten eine Reihe zu den Jaborandialkaloiden gehöriger Alkaloide.

Als Hauptalkaloide gelten das **Pilocarpin,** $C_{11}H_{16}O_2N_2$, und das **Isopilocarpin,** $C_{11}H_{16}O_2N_2$; daneben findet sich auch das **Pilocarpidin,** $C_{10}H_{14}O_2N_2$, das in seiner sterischen Konstitution dem Pilocarpin sehr ähnlich und nur durch das Fehlen der Methylgruppe an Stickstoff von ihm unterschieden ist, wie die folgenden Formelbilder der beiden Basen zeigen; es kommt aber nur in geringen Mengen neben dem Pilocarpin vor.

```
C2H5·CH—CH·CH2·C—N·CH3          C2H5·CH—CH·CH2·C—NH
     |   |       ‖   >CH             |   |       ‖  >CH
     OC  CH2     HC—N                OC  CH2     HC—N
      \ /                             \ /
       O                               O
```

Pilocarpin Pilocarpidin

Außer diesen beiden Basen sind noch eine Reihe anderer Basen in den Jaborandiblättern aufgefunden worden. Es sind einerseits sterisch isomere Verbindungen der oben beschriebenen beiden Basen, andererseits aber auch Verbindungen, über deren Einheitlichkeit und Konstitution die Untersuchungen noch nicht abgeschlossen sind, z. B. das Pilosin (Carpilin), $C_{16}H_{18}O_3N_2$, oder das Jaborin und Jaboridin, Pseudopilocarpin und Pseudojaborin.

*Darstellung der Jaborandialkaloide:* Die zerkleinerten Blätter werden zuerst mit 1 proz. Salzsäure enthaltendem Alkohol extrahiert, der alkoholische Auszug im Vakuum bei niedrigen Temperaturen eingedampft, mit Wasser verdünnt und vom ausgeschiedenen Fett und Harz abgetrennt. Die filtrierte wäßrige Lösung wird mit Ammoniak alkalisch gemacht und die Basen mit Chloroform extrahiert. Beim Verjagen des Lösungsmittels hinterbleiben die Basen von amorphen Verbindungen verunreinigt als dunkler Sirup zurück. Zur Trennung des Pilocarpins und Pilocarpidins von den übrigen Basen wird die Eigenschaft dieser Stoffe, mit Ätzalkalien basische, in Äther und Chloroform unlösliche Verbindungen zu geben, benützt. Man gibt zu dem Basengemisch einen Überschuß von Natronlauge und schüttelt mit Chloroform aus, wobei alle anderen Basen in Lösung gehen, während das Pilocarpin und Pilocarpidin in der wäßrig alkalischen Lösung zurückbleiben und nach dem Neutralisieren durch Ausschütteln in Chloroform aufgenommen werden können. Die Trennung des Pilocarpins vom Pilocarpidin erfolgt durch fraktionierte Krystallisation der Chlorhydrate aus Alkohol. Die Basen kann man aber auch dadurch gewinnen, daß die nach dem Verjagen des Chloroforms erhaltenen Rohbasen in Wasser aufgenommen und mit Salpetersäure neutralisiert werden. Die so gewonnenen Nitrate des Pilocarpins und Isopilocarpins können durch Umkrystallisieren aus Alkohol getrennt werden.

*Bestimmung des Pilocarpins in Folia Jaborandi* nach CAESAR und LORETZ (52) (BAUER [22a]). 15 g mittelfeines Blätterpulver wird mit 150 g Chloroform und 10 proz. Ammoniakflüssigkeit übergossen und eine halbe Stunde unter Umschütteln stehengelassen. Hierauf wird das Gemisch auf ein Filter (Durchmesser 10—12 cm) gebracht, der Trichter mit einer Glasplatte bedeckt und, sobald das Chloroform langsam abzutropfen beginnt, wird Wasser auf den Pulverbrei gegossen. Wenn 100 g Filtrat gesammelt sind, wird der Chloroformauszug mit 1 $cm^3$ Wasser im Scheidetrichter durchgeschüttelt. 100 g dieses klaren Chloroformauszuges (entsprechend 10 g Material) werden nacheinander mit 30, 20, 10 $cm^3$ einer 1 proz. Salzsäure ausgeschüttelt und die wäßrigen Auszüge, wenn sie von mitgerissenem Chlorophyll grün erscheinen sollten, durch Ausschütteln mit 15—20 $cm^3$ Äther von dieser Färbung befreit. Der wäßrige, ohne Verlust filtrierte Auszug wird mit der hierzu notwendigen Menge von 10% Ammoniak gerade alkalisch gemacht und mit 30, 20 und 10 $cm^3$ Chloroform ausgeschüttelt. Die Chloroformauszüge werden nun in ein gewogenes Kölbchen filtriert und nach dem Verjagen des Chloroforms und Trocknen im Exsiccator bis zu konstantem Gewicht gewogen. Man kann die Basen auch titrieren, wozu der Rückstand in 5 $cm^3$ Alkohol gelöst, mit 20 $cm^3$ Wasser verdünnt und unter Anwendung von Hämatoxylin als Indicator mit n/10 Salzsäure titriert wird (1 $cm^3$ n/10 Salzsäure entspricht 0,0208 g Pilocarpin). Neben diesen gravimetrischen und titrimetrischen Verfahren kann das Pilocarpin auch als Chloroaurat (CHRISTENSEN [62]), als Pikrolonat (429a) oder auch Silicowolframat (A. GUILLAUME [184]) gravimetrisch bestimmt werden.

**Pilocarpin,** $C_{11}H_{16}O_2N_2$. Die freie Pilocarpinbase bildet meist einen farblosen Sirup, der nur schwer zu den bei 34° schmelzenden Krystallnadeln erstarrt. Die Base löst sich leicht in Wasser, Alkohol, Chloroform, ist schwer löslich in Benzol, wenig löslich in Äther, unlöslich in Petroläther; $[\alpha]_D = +101{,}6°$ (in 7 proz. $H_{20}$-Lösung), Kp.$_{5\,mm}$ 260° (unter teilweiser Isomerisierung). Das Pilocarpin ist eine einsäurige tertiäre Base, reagiert alkalisch und bildet mit Säuren gut krystallisierende Salze, die gegen Lackmus schwach sauer reagieren. Das Nitrat $B \cdot HNO_3$ ist luftbeständig: Prismen Fp. 178°, $[\alpha]_D = +82{,}9°$ ($H_2O$); es ist in 6,4 Teilen Wasser von 20° oder in 146 Teilen 95proz. Alkohol von 15° löslich. Chlorhydrat: Prismen Fp. 204 bis 205°, $[\alpha]_D = +91{,}74°$ ($H_2O$), Bromhydrat: Prismen Fp. 185°, $[\alpha]_D = +77{,}05°$ ($H_2O$), Chloroaurat: $B \cdot HAuCl_4 \cdot H_2O$ citronengelbe Nadeln, Fp. 117—130° (trocken). Pikrat: charakteristische lange gelbe Nadeln, Fp. 147° bzw. 159—160°. In verdünnten Alkalien löst sich das Pilocarpin auf, da es eine Lactongruppe enthält, die sich dabei zur Oxycarbonsäure aufspaltet und so ein lösliches Alkalisalz bildet. Durch Neutralisieren der alkalischen Lösungen wird Pilocarpin regeneriert.

*Verhalten gegen Fällungsmittel.* Lösungen des Chlorhydrates werden gefällt durch Jodjodkaliumlösung bei 1 : 250000, Phosphormolybdänsäure bei 1 : 200000, Kaliumquecksilberchlorid bei 1 : 60000, Pikrinsäure bei 1 : 700—800, Tetranitro-phenolphthalein bei 1 : 900—1000, Hexanitro-diphenylamin bei 1 : 30000—35000. Chromsäure: z. B. Salzsäure und Kaliumchromat, fällt Pilocarpin nicht.

*Reaktionen.* HELCHsche Reaktion: 0,01 g Pilocarpinchlorhydrat in 1 $cm^3$ Wasser gelöst wird mit 1 Tropfen verdünnter Schwefelsäure, 1 $cm^3$ Wasserstoffsuperoxydlösung, 1 $cm^3$ Benzol und 1 Tropfen Kaliumdichromatlösung versetzt. Beim Umschütteln färbt sich das Benzol blauviolett.

EKKERTsche *Reaktion.* 1 $cm^3$ einer 1 proz. wäßrigen Pilocarpinchlorhydratlösung wird zuerst mit 1 $cm^3$ einer frisch bereiteten Nitroprussidnatriumlösung, dann mit 1 $cm^3$ n-Natronlauge versetzt. Nach einigen Minuten wird die gelbe Lösung mit verdünnter Salzsäure angesäuert, wobei sofort eine wein- bis rubinrote Färbung entsteht. Auf Zusatz einiger Tropfen n/10 Natriumthiosulfatlösung schlägt die Farbe nach Grün um: die weinrote Färbung kann durch Zusatz einiger Tropfen Wasserstoffsuperoxydlösung nach Karminrot verstärkt werden.

Pilocarpin löst sich in Vanadinschwefelsäure mit zuerst gelber, dann hellgrüner Farbe.

Mikrochemisch kann das Pilocarpin durch die Charakterisierung der Krystallform des Pikrates, des Trinitroresorzinates und des Jodoplatinates identifiziert werden (s. a. M. WAGENAAR [600], H. STOLZ [567].

**Isopilocarpin,** $C_{11}H_{16}O_2N_2$. Das Isopilocarpin begleitet das Pilocarpin in den Blättern von Pilocarpus pennatifolius, P. Jaborandi und P. microphyllus. Die Trennung des Isopilocarpins vom Pilocarpin gelingt durch fraktionierte Krystallisation der Nitrate aus Alkohol. Das Isopilocarpin bildet sich aus dem instabilen Pilocarpin auch durch Kochen mit alkoholischem Kali oder durch Behandlung einer alkoholischen Lösung von Pilocarpin mit Natriumäthylat. Auch beim Schmelzen des Pilocarpinchlorhydrates tritt die Isomerisierung des Pilocarpins zu Isopilocarpin ein. Pilocarpin und Isopilocarpin stehen, wie zuerst W. LANGENBECK (334) zeigte, im Verhältnis der Enantiomerie (Spiegelbildisomerie). Der Sitz der Isomerie zwischen Pilocarpin und Isopilocarpin liegt in der aliphatischen Seitenkette der Alkaloide. TSCHITSCHIBABIN und N. A. PREOBRASHENSKI (579) haben die Isomerieverhältnisse zwischen Pilocarpin und Isopilocarpin endgültig in folgender Weise geklärt:

$C_2H_5 \cdot \overset{*}{C}H—\overset{*}{C}H—CH_2 \cdot C—N—CH_3$ (OC, $CH_2$, O; HC—N, CH) ⟶ $C_2H_5 \cdot \overset{*}{C}H—\overset{*}{C}H \cdot COOH$ (OC, $CH_2$, O)

Pilocarpin instabil ⟶ d-Pilopsäure instabil

↓ ↓

Isopilocarpin stabil ⟶ d-Isopilopsäure stabil

Beide Alkaloide können durch Abbau unter Zerstörung des Imidazolringsystems in die noch den charakteristischen sterischen Unterschied aufweisenden Abbausäuren, die d-Pilop- und die d-Isopilopsäure (W. LANGENBECK [334]) abgebaut werden. TSCHITSCHIBABIN und PREOBRASHENSKI (579) haben die beiden Abbausäuren synthetisiert und gezeigt, daß die synthetische instabile d-Pilopsäure der Abbausäure des labilen Pilocarpins, die synthetische stabile d-Isopilopsäure der Abbausäure des stabilen Isopilocarpins entspricht. Da auch die d-Pilopsäure leicht in die d-Isopilopsäure umgelagert werden kann, ist dadurch einerseits die Isomerie, andererseits der Unterschied in der Konstitution aufgeklärt.

Das Isopilocarpin bildet einen schwer krystallisierenden Sirup, $Kp._{10\,mm}$ 261°, $[\alpha]_D = +42{,}8°$ ($H_{20}$). Es ist leicht löslich in Wasser und organischen Lösungsmitteln und bildet gut krystallisierende Salze. Das Nitrat krystallisiert aus Wasser in Prismen vom Fp. 159°, $[\alpha]_D = +35{,}68°$ ($H_{20}$). Chlorhydrat, $(B \cdot HCl)_2H_2O$, Fp. 127 bzw. 159° (trocken). Chloroaurat, $B \cdot H \cdot AuCl_4$ citronengelbe Nadeln vom Fp. 158—159°.

**Pilocarpidin,** $C_{10}H_{14}O_2N_2$. Der nahe Zusammenhang von Pilocarpin und Pilocarpidin wurde von E. SPÄTH und E. KUNZ (540) dadurch aufgeklärt, daß durch vorsichtige Methylierung, durch Substitution einer Iminogruppe mit einer Methylgruppe das Pilocarpidin in das Pilocarpin verwandelt werden konnte (s. Formelbilder S. 666).

Das Pilocarpidin ist ein farbloses, viskoses mit Wasser mischbares Öl, $[\alpha]_D = +81{,}3°$ ($H_{20}$). Das Nitrat $B \cdot HNO_3$ krystallisiert in farblosen Prismen, Fp. 137°, $[\alpha]_D = +73{,}2°$, ist leicht löslich in Wasser (1 Teil in 2 Teilen von 15°). Das Chloroaurat ist im Gegensatz zu dem des Pilocarpins leicht löslich in Wasser und krystallisiert aus Essigsäure mit dem Fp. 124 bis 125°. Chloroplatinat, $Br \cdot H_2PtCl_6 \cdot 4\,H_2O$. Fp. 178° (trocken), gelbe Nadeln.

## J. Alkaloide mit Purinringsystemen.

Da die Purinbasen Gegenstand eines eigenen Kapitels dieses Werkes bilden (s. A. WINTERSTEIN [627]), kann auf ihre Beschreibung im Rahmen der Alkaloide verzichtet werden.

## K. Alkaloide mit unbekannter oder teilweise bekannter Konstitution.

**Alkaloide der Aconitumarten** (s. S. 714). Die über die ganze Erde verbreiteten Aconitumarten (Familie der Ranunculaceen) weisen bei ihrer Untersuchung eine Fülle verschiedener meist außerordentlich giftiger Alkaloide auf, die nach der Pflanzenart, wie auch nach dem Standorte in verschiedene Hauptgruppen eingeteilt werden können. In der auf S. 669 gebrachten Tabelle sind, um eine gewisse orientierende Übersicht zu bieten, die wichtigsten Aconitine wie auch ihre Ursprungspflanzen und ihre charakteristischen Spaltprodukte zusammengestellt.

Die Aconitine sind ihren allgemeinen Eigenschaften nach Alkaminester, die in der Pflanze an Aconitsäure gebunden vorkommen und sich von den Aconinen der allgemeinen Formel $C_{25}H_{41}O_9N$ oder von Aconinen, die sich im Sauerstoff, und Wasserstoffgehalt nur wenig von dieser Zusammensetzung unterscheiden, ableiten. Sie enthalten mehrere Hydroxylgruppen, von denen einzelne als Methoxylgruppen, zwei durch Säuregruppen im Molekül verestert, nachgewiesen wurden. Eine von diesen veresterten Gruppen ist meist durch einen Acetylrest, die andere durch einen aromatischen Säurerest, Benzoyl-Anisoyl-Anthranyl- oder Veratroylrest verestert. Über die Art der in den einzelnen Aconitinen vorhandenen Säurereste orientiert die frühere Zusammenstellung. Durch Verseifung einer Acetylgruppe gelangt man, um ein Beispiel des Abbaues hier zu bringen, vom Aconitin zum entsprechenden Benzoylaconin, durch Verseifung und Abspaltung eines Benzoesäureesters zum Aconin, $C_{25}H_{39}O_9N$.

$$\begin{array}{l} CH_2 \cdot COOH \\ | \\ C \cdot COOH \\ \| \\ HC \cdot COOH \end{array}$$

Aconitsäure

$$\underset{\text{Aconitin}}{C_{34}H_{47}O_{11}N} + H_2O \longrightarrow \underset{\text{Benzoylaconin}}{C_{32}H_{45}O_{10}N} + \underset{\text{Essigsäure}}{CH_3COOH}$$

$$\underset{\text{Benzoylaconin}}{C_{32}H_{45}O_{10}N} + H_2O \longrightarrow \underset{\text{Aconin}}{C_{25}H_{41}O_9N} + \underset{\text{Benzoesäure}}{C_6H_5COOH}$$

Die Konstitution der Aconitine und der den Aconitinen zugrunde liegenden Aconine ist noch wenig erforscht, da es bei den Abbauversuchen bis jetzt nur sehr schwer gelang, zu krystallisierten Derivaten zu gelangen. Im Abbau des Aconitins $C_{34}H_{47}O_{11}N$ ist es unter Richtigstellung früherer Formulierungen gelungen, folgende krystallisierte Abbauprodukte zu gewinnen: Oxonitin (früher $C_{25}H_{33}O_{10}N$) jetzt nach E. SPÄTH und GALINOWSKY (527) $C_{32}H_{43}O_{12}N$, nach HENRY und SHARP (208) $C_{31}H_{41}O_{12}N$, Pyroxonitin (früher $C_{23}H_{29}O_8N$)

Übersicht über die Aconitumbasen und ihre Verseifungsprodukte.

| Pflanze | Alkaloid | Säuren | Alkamin |
|---|---|---|---|
| Aconitum napellus W. (blauer Eisenhut) | Aconitin krystall. $C_{34}H_{47}O_{11}N$ Fp. 204° | Essigsäure<br>Benzoesäure | Aconin $C_{25}H_{41}O_9N$ |
| Aconitum Stoerkianum REICHENBACH (Chumbi-aconitum) | Neopellin amorph. $C_{32}H_{45}O_8N \cdot 3\,H_2O$ | Essigsäure<br>Benzoesäure | Neolin $C_{23}H_{39}O_6N$ |
| Aconitum Zuccarini NAKAI usw. | Japaconitin $C_{34}H_{47(49)}O_{11}N$ | Essigsäure<br>Benzoesäure | Japaconin $C_{25}H_{41}O_9N$<br>siehe auch Seite 674 |
| Aconitum Fischeri | Jesaconitin amorph. $C_{35}H_{49}O_{12}N$<br>Chloroaurat Fp. 128—130° | Essigsäure<br>Anissäure | Aconin $C_{25}H_{41}O_9N$<br>siehe auch Seite 674 |
| Aconitum ferox (Aconitum Balfourii, Aconitum deinorrhizum) | Pseudoaconitin $C_{36}H_{51}O_{12}N$, krystall., Fp. 214° | Essigsäure<br>Veratrumsäure | Pseudoaconin $C_{25}H_{41}O_8N$ |
| Aconitum chasmantum STAPF | Indaconitin $C_{34}H_{47}O_{10}N$, kryst. Nadeln,<br>Fp. 202—203° $[\alpha]_D = +18°$ | Essigsäure<br>Benzoesäure | Pseudoaconin $C_{25}H_{41}O_8N$ |
| Aconitum spicatum BRÜHL | Bickhaconitin $C_{36}H_{51}O_{11}N$, kryst. Körner,<br>Fp. 118—123° $[\alpha]_D = +12°$ | Essigsäure<br>Veratrumsäure | Bickhaconin $C_{25}H_{41}O_7N$ |
| Aconitum heterophyllum | Atisin amorph. $C_{22}H_{31}O_2N$ | | |
| Aconitum palmatum | Palmatisin kryst., völlig ähnlich dem Atisin | | |
| Aconitum luciduscullum NAKAI | Luciduscalin kryst. $C_{24}H_{37}O_4N$. Fp. 170—172° | Essigsäure | Lucikulin $C_{22}H_{35}O_3N \cdot H_2O$ |
| Aconitum licoctonum (gelber Eisenhut) | Lycaconitin $C_{36}H_{46}O_{10}N_2$, amorph $[\alpha]_D = +42°$. | Lycoctoninsäure<br>$C_{11}H_{11}O_5N$<br>$C_6H_4\langle^{COOH}_{NH \cdot CO \cdot CH_2}$<br>$HOOC \cdot CH_2$ | Lycoctonin<br>$C_{25}H_{39}O_7N \cdot H_2O$,<br>weiße Nadeln<br>Fp. 131—133°<br>$[\alpha]_D = +50°$ |
| | Myoctonin (dimeres Lycaconitin).<br>$(C_{36}H_{46}O_{10}N_2)_2$ amorph. | dasselbe | dasselbe |
| Aconitum septentrionale | Lappaconitin $C_{32}H_{44}O_9N_2$, kryst., Fp. 214° | Essigsäure<br>Anthranilsäure | Lappaconin $C_{23}H_{37}O_6N$ |
| | Septentrionalin $C_{33}H_{46}O_9N_2$ amorph., Fp. 131° | Säure $C_8H_9O_3N$ zerfällt bei der Spaltung in Anthranilsäure | Base $C_{25}H_{39}O_7N$ |
| | Cynoctonin $C_{36}H_{55}O_{13}N_2$ ? amorph., Fp. 137° | $C_7H_7O_2N$ | $C_{25}H_{39}O_7N$ |
| Aconitum paniculatum (rispenförmiger Eisenhut) (BRUNNER [48]) | Paniculatin $C_{29}H_{35}O_7N$,<br>rhomb. Prismen, Fp. 263° | | |
| Aconitum anthora L (GORIS u. MÉTIN [166]) | Anthorin<br>Pseudoanthorin | | |

jetzt nach SPÄTH und GALINOWSKY $C_{30}H_{39}O_{10}N$, nach HENRY und SHARP $C_{29}H_{37}O_{10}N$; Pyroxonin (früher $C_{16}H_{23}O_6N$) jetzt nach E. SPÄTH und GALINOWSKY $C_{23}H_{33}O_8N$, nach HENRY und SHARP $C_{22}H_{31}O_8N$ und Oxonin nach E. SPÄTH und F. GALINOWSKY $C_{23}H_{37}O_{10}N$, nach HENRY und SHARP $C_{22}H_{35}O_{10}N$ (R. MAIJMA und H. SUGINOME [354]). Eine nähere Konstitutionsaufklärung dieser immerhin höhermolekularen Stoffe steht noch aus.

Die Darstellung der Aconitumbasen hat sich von einem ursprünglich relativ einfachen Verfahren zu einem sehr schwierigen Problem entwickelt, als R. MAIJMA und seine Mitarbeiter (351, s. auch 353) zeigen konnten, daß das ursprünglich als einheitlich angesehene Aconitin, Japaconitin und Jesaconitin aus folgenden isomeren Aconitinen zusammengesetzt sind: aus dem Aconitin $C_{34}H_{47}O_{11}N$, dem Mesaconitin $C_{33}H_{45}O_{11}N$, dem Hypaconitin $C_{33}H_{45}O_{10}N$ und dem Jesaconitin $C_{35}H_{49}O_{12}N$ (MAJIMA u. MORIO).

Die Trennung dieser einzelnen isomeren Basen war wegen der großen Ähnlichkeit, wegen der Bildung von Mischkrystallen und wegen des Auftretens der Basen in geringen Mengen, die zur Bearbeitung außerordentliche Pflanzenmaterialmengen erforderten, sehr schwierig. Da neben den natürlich genau bearbeiteten japanischen Aconitumarten auch festgestellt werden konnte, daß das aus Aconitum napellus stammende MERCKsche Aconitin ein Gemisch dieser isomeren Aconitine darstellt, wird in der folgenden, vom pflanzenchemischen Standpunkte wichtigen Tabelle gezeigt, in wie wechselnden Mengen die einzelnen isomeren reinen Aconitumbasen in den Pflanzen auftreten können.

Verbreitung der Reinbasen in den einzelnen Pflanzen[1].

| Pflanzenart | Ausbeute an Rohalkoloid | Mengenverhältnisse der vier Alkaloide Notiert pro 10 Teile | | | |
|---|---|---|---|---|---|
| | % | Aconitin | Mesaconitin | Hypaconitin | Jesaconitin |
| Aconitum Zuccarini NAKAI | 0,14 | 7 | 3 | Spur | — |
| A. grossedentatum NAKAI | 0,4 | 6 | 3 | 1 | — |
| A. subcuneatum NAKAI Standort I | 0,72 | 4 | — | — | 6 |
| A. subcuneatum NAKAI Standort II | 0,55 | 2 | — | — | 8 |
| A. sachalinense FR. SCHMIDT | 0,31 | Spur | — | — | etwa 10 |
| A. manschuricum NAKAI sp. nov. | 0,76 | — | etwa 10 | — | — |
| A. manschuricum NAKAI Drogen | 0,61 | 1 | 9 | — | — |
| A. mokchangense, NAKAI | 0,36 | 1 | 9 | — | — |
| A. Majimai NAKAI | 0,23 | 1 | 9 | — | — |
| A. Faurici LÉVEILLÉ u. VANIOT | 0,36 | 2 | 8 | — | — |
| A. ibukiense NAKAI | 0,32 | 2 | 4 | 4 | — |
| A. senanense NAKAI | 0,37 | Spur | — | 10 | — |
| A. kamtschatikum WILD et REICHB. | 0,19 | — | 0,5 | 9 | — |
| A. tortuosum WILDENOW | 0,32 | 0,5 | Spur | 9 | — |
| A. callianthum Koidzumi | 0,28 | Spur | 0,5 | 9 | — |
| A. hakusanense NAKAI | 0,38 | 4 | 1 | 4 | — |
| Aconitin (krystall.) aus Ac. Napellus MERCK | — | 8 | 1 | 1 | — |
| Aconitin e. Radice Japonica MERCK | — | 1 | 6 | 3 | — |

*Darstellung der Rohalkaloide aus Aconitumwurzeln* (355). Die folgende kurze Beschreibung zeigt den Weg, auf dem R. MAIJMA, H. SUGINOME und SH. MORIO (355, 353) die Darstellung der Rohalkaloide durchführten. Wegen der Details der sehr schwer durchführbaren Trennung der Basen wird auf die Originalarbeiten verwiesen: 100 Teile der an freier Luft an der Sonne gut getrockneten Aconitwurzeln werden zerkleinert, mit 3 Teilen Calciumcarbonat gut gemischt, in einem Perkolator mit 600 Teilen 95proz. Alkohol unter häufigem Schütteln belassen und filtriert. Die alkoholische Lösung wird bei einer $30^0$ nicht übersteigenden

[1] MAJIMA und MORIO (352).

Temperatur im Vakuum eingedunstet. Die zerkleinerten Aconitwurzeln werden nach der ersten Extraktion noch zweimal in derselben Weise mit Alkohol extrahiert und die alkoholischen Extrakte eingedampft. Zu dem dabei verbleibenden sirupösen Rückstand, der vom Alkohol möglichst befreit wird, fügt man die doppelte Menge Wasser hinzu und schüttelt das Gemisch, um Öle und Fette zu entfernen, mit unterhalb 60° siedendem Petroläther aus. Zur Entfernung der letzten Spuren des Petroläthers wird Luft durch die Lösung geleitet und hierauf die Lösung von kleinen Mengen eines ausgeschiedenen Harzes durch Filtrieren befreit. Dem braunen klaren Filtrat wird vorsichtig gesättigte Sodalösung unter Vermeidung jedes Überschusses zugesetzt, wobei sich das rohe Japaconitin als gelblich gefärbter amorpher Körper abscheidet. Es wird beim Abfiltrieren gut mit Wasser gewaschen, dann am Tonteller und schließlich im Exsiccator über Schwefelsäure getrocknet. Die braune Mutterlauge wird nach dem Versetzen mit Ammoniumsulfat und Sodalösung mit Chloroform ausgeschüttelt. Beim Durchschütteln der Chloroformlösung mit dem gleichen Volumen Salzsäure bleibt das Chlorhydrat des Japaconitins in Chloroform gelöst zurück, während eine andere verwandte Base in die wäßrige Säurelösung geht. Nach dem Verjagen des Chloroforms wird der Rückstand in Wasser aufgenommen, filtriert und durch Zusatz von Sodalösung noch geringe Roh-Japaconitinmengen ausgefällt. Die bei der Extraktion der Fette und Öle in den Petroläther übergegangenen Japaconitinmengen können auch durch Ausschütteln mit n-Salzsäure wieder gewonnen werden. Die Ausbeute beträgt ca. 0,13—0,40 %.

Um auch die Methode der Aufarbeitung einer europäischen Aconitumart darzustellen, wird im folgenden kurz das zur Gewinnung des Aconitins von H. SCHULZE und G. BERGER (489) auf Aconitum Stoerckianum REICHENBACH angewandte Verfahren wiedergegeben: Zur Aufarbeitung gelangten dabei 23,4 kg pulverisierte Tubera Aconiti, die in sechsjähriger Kultur aus Samen auf den Versuchsfeldern der Firma Caesar und Loretz in Halle gezogen wurden. Zur Gewinnung der Rohalkaloide wurden zuerst die Wurzeln mit 94,5 % Alkohol ausgezogen. Das Perkolat wurde nun bei 50° und 40—50 mm Druck vom Alkohol zum größten Teil befreit und die nach der Destillation hinterbleibenden dünnflüssigen Konzentrate ca. 14 Tage bei Zimmertemperatur stehengelassen, wobei es zur Abscheidung von krystallisiertem Rohrzucker kam, der entfernt wurde. Nach der Entfernung des Rohrzuckers wurde bis zu einem dicken Extrakte weiter eingedampft und die etwa 6 kg Ausgangsmaterial entsprechenden Extraktmengen einzeln wie folgt weiter aufgearbeitet: Der Extrakt wurde mit der dreifachen Menge Wasser versetzt und die Hauptmenge des sich abscheidenden Fettes durch Filtration entfernt. Die letzten Fettanteile wurden durch Extraktion im HAGEMANNschen Apparat mit Äther entfernt. Die so vom Fett befreite Flüssigkeit wurde nun zur Fällung der Hauptbase mit konzentriertem Ammoniak versetzt, wobei der noch in der Flüssigkeit vorhandene Äther die Fällung insofern günstig beeinflußte, als die Base sich als dickes Öl zuerst am Boden absetzte und beim Kratzen der Wände mit dem Glasstabe langsam krystallin wurde. Die so gewonnene Hauptbase wurde abfiltriert, die stark alkalische Lösung am Extraktionsapparat vollkommen mit Äther erschöpft. Der Äther hinterließ nach dem Eindampfen einen Körper als amorphen gelben Firnis, der beim Trocknen im Vakuum über Schwefelsäure in ein gelbes, amorphes Pulver überging. Nach Entfernung des Äthers wurde die Lösung mit Chloroform ausgeschüttelt, wobei auch aus dem Chloroform ein amorpher, brauner Firnis als Rückstand erhalten wurde, der beim Trocknen in ein braunes Pulver überging.

Da die am Anfange der Aufarbeitung abgeschiedenen Fettmengen noch beträchtliche Alkaloidmengen zurückhielten, wurden sie wie folgt aufgearbeitet: Das Fett wurde in Äther aufgelöst und die dunkelgrüne ätherische Lösung wiederholt mit 2proz. Salzsäure ausgeschüttelt. Die filtrierte, schwach bräunlich gefärbte salzsaure Lösung ergab bei vorsichtiger Übersättigung mit Ammoniak eine amorphe Fällung, die später krystallin wurde. Aus den Mutterlaugen konnten nach derselben Methode noch äther- bzw. chloroformlösliche Basen gewonnen werden.

Zur Reinigung wurde die Hauptbase zuerst wiederholt aus Äther umkrystallisiert und dann zur Erzielung großer Krystalle in Methylalkohol aufgelöst und der freiwilligen Verdunstung überlassen. Fp. 191,5°. Aus den Nebenbasen konnten bis jetzt keine krystallisierten Verbindungen dargestellt werden.

Da sich aus den in der früheren Tabelle beschriebenen Acontitumarten, die früher als einheitlich angesehenen Basen als Gemische verschiedener homologer oder isomerer Verbindungen erwiesen haben, erhebt sich natürlich die Frage, ob die in anderen Aconitumarten dargestellten Basen wirklich einheitlich gewesen sind. Da man auch die anderen Aconitumbasen unter Benützung der an den japanischen Aconitumarten gemachten Erfahrungen auf ihre Einheitlichkeit neuerdings wird untersuchen müssen, werden die bis jetzt gefundenen Daten der übrigen Aconitumbasen hier nicht ausführlich wiedergegeben; es muß vielmehr in dieser Hinsicht auf die Originalliteratur hingewiesen werden.

Auch die bis jetzt angewandten Methoden des qualitativen und quantitativen Nachweises der Aconitumbasen sind nicht mit den reinen Basen, sondern nach den neuen Erfahrungen mit den Gemischen der einzelnen Basen durchgeführt worden. Sie können deshalb nur hier mit Vorbehalt einer Korrektur durch die mit reinsten Substanzen gemachten Erfahrungen angeführt werden.

*Bestimmung des Aconitins in den Aconitumdrogen* (Caesar und Loretz [53], s. auch Bauer [21 b]). 7 g mittelfein pulverisierte Droge übergießt man mit 70 g Äther und mit 5 g 15proz. Natronlauge und stellt unter häufigem Umschütteln auf eine halbe Stunde beiseite. Man filtriert nun durch einen Wattebausch so viel wie möglich von dem Ätherauszuge ab, fügt dem Filtrat 1 g Wasser hinzu und läßt nach gutem Durchschütteln absitzen. 50 g der völlig klaren Ätherlösung schüttelt man nacheinander nun mit 15, 10 und 10 g 1proz. Salzsäure aus. Die sauren Auszüge werden mit Ammoniak eben alkalisch gemacht und nacheinander mit 15, 10 und 10 g Chloroform ausgeschüttelt. Die Chloroformauszüge filtriert man durch ein doppeltes Filter in einen gewogenen Kolben, destilliert das Chloroform ab, nimmt den Rückstand zweimal mit je 5 g Äther auf, dunstet ab und trocknet im Exsiccator bis zu konstantem Gewicht. Zur Titration löst man die Basen mit einigen Kubikzentimetern absolutem Alkohol, fügt 20 g Wasser hinzu und titriert mit 1/10 n Salzsäure unter Anwendung von Hämatoxylin als Indicator. (1 $cm^3$ n/10 Salzsäure entspricht 0,0645 g Aconitin.)

Das Aconitin kann auch fällungsanalytisch (Ecalle [90 a]) als Silicowolframat der Zusammensetzung $12 WO_3 \cdot SiO_2 \cdot 2 H_2O + 3,5$ Alkaloid $+ 2 H_2O$ bestimmt werden.

Die folgende Zusammenstellung enthält die Krystallwassergehalte, Zersetzungspunkte und Drehungswerte, $[\alpha]_D$-Werte der einzelnen reinsten Alkaloidfraktionen der Aconitumreihe, wobei noch bemerkt wird, daß die Zerlegung der Rohbasengemische, auf die schon früher hingewiesen wurde, durch Fraktionierung unter Benützung der verschiedenen Löslichkeiten der Bromhydrate, Perchlorate und Chloroaurate der einzelnen Basen gelungen ist (siehe R. Majima u. Mitarbeiter [351, 353]). Tabelle S. 674.

Reaktionen des Rohaconitins.

*Verhalten gegen Fällungsmittel.* Aconitin wird durch Kaliumwismutjodid bei 1 : 11000, durch Kaliumquecksilberjodid bei 1 : 12800, bei Gegenwart von Salzsäure durch Jodjodkalium bei 1 : 22000, bei Gegenwart von 1 % Salzsäure durch Silicowolframsäure 1 : 45000, durch Phosphorwolframsäure bei 1 : 400000 gefällt.

*Farbreaktionen.* Handelsaconitin löst sich in konzentrierter Schwefelsäure wie auch in sirupöser Phosphorsäure unter Violettfärbung. Mit Arsenschwefelsäure (Natriumorthoarseniat und konzentrierter Schwefelsäure) und Kaliumferrocyanid gibt Aconitin eine tiefdunkelblaue Färbung. Auch mit Ammoniummolybdat und konzentrierter Schwefelsäure entsteht eine tiefdunkelblaue Färbung.

Das mikrochemische Verhalten des Aconitins wurde von M. Wagenaar (599) zusammenfassend dargestellt.

Krystallwasser, Zersetzungsprodukt und Drehung $[\alpha]_D$ der vier Reinalkaloide nach R. MAJIMA und S. MORIO (352).

| | Aconitin | Mesaconitin | Hypaconitin | Jesaconitin |
|---|---|---|---|---|
| Base | 202—203°, + 18,7° | 208—209°, + 25,7° | 197,5—198,5°, + 22,7° | 128—130° amorph |
| HCl-Salz (aus $H_2O$) | 3½, 165—166°, — 31,3° | — | — | — |
| HCl-Salz (aus Alkohol-Äther) | 194—195° | — | — | — |
| HBr-Salz (aus Wasser) | 3½, 172—173°, — 27,7° | 3½, 172—173°, + 24,8° | 2½, 178—179°, — 19,7° | — |
| HBr-Salz (aus Alkohol-Äther) | 209—210° | — | — | — |
| $AuCl_3$-Doppelsalz | 1½, 157—158° | 224—226° | 243—245° | 208—209° |
| $HClO_4$-Salz | 1½, 215—222°, — 18,9° | ½, 217—225°, — 14,8° | 178—180°, — 10,8° | 230—232°, — 16,7° |

**Pseudoaconitin,** $C_{36}H_{51}O_{12}N$. Das Pseudoaconitin ist giftiger als das Aconitin und hat in der letzten Zeit durch TH. ANDERSON HENRY (208a) und TH. MA. SHARP (496a) eine eingehende Untersuchung erfahren, die unter anderem auch zum Nachweise einer Reihe charakteristischer Gruppen im Pseudaconitin geführt hat. Das Pseudoaconitin, in einer Ausbeute von 0,4% aus dem trockenen Wurzelmaterial von Aconitum Balfourii und Aconitum deinorrhizum dargestellt, zeigt folgende Konstanten: Fp. 214°, in Nadeln oder Körnern aus Äther krystallisierend. Es ist schwer löslich in Wasser, leichter löslich in Alkohol oder Äther. $[\alpha]_D^{20} = +17{,}06^0$ ($C_2H_5OH$), $+22{,}75^0$ ($CHCl_3$). Das Pseudoaconitin gibt mit Rhodankalium, sowie mit Goldchlorid (in diesem Falle noch aus sehr verdünnten Lösungen) charakteristische krystallisierte Fällungen. Jodkalium fällt aus essigsaurer Lösung zuerst ölig, später krystallinisch. Salze. *Bromhydrat*: $B \cdot HBr + 3H_2O$, Fp. 199° (Prismen aus Alkohol), $[\alpha]_D^{20} = -18{,}5^0$ ($H_2O$). *Jodhydrat*: $B \cdot HJ \cdot H_2O$, Fp. 230°. *Chlorhydrat*: $B \cdot HCl + 4H_2O$ (nach dem Trocknen $+3H_2O$), Fp. 179—182°, $[\alpha]_D^{20} = -18{,}1^0$ ($H_2O$). *Nitrat*: $B \cdot HNO_3 + H_2O$, Fp. 198°, $[\alpha]_D^{20} = -17{,}95^0$ ($H_2O$). *Chloroaurat*: Fp. 233°. *Oxalat*: Würfel aus Alkohol, Fp. 216°. *Perchlorat*: $B \cdot HClO_4$, Fp. 239°. *Pikrat*: orangegelbe Prismen, Fp. 196. Das Pseudoaconitin zerfällt bei der Hydrolyse in Essigsäure, Veratrumsäure und Pseudaconin $C_{25}H_{41}O_8N$: Prismen mit 1 Mol Krystallaceton, Fp. 93—94°, $[\alpha]_D^{20} = +38{,}7^0$ ($H_2O$).

$$C_{19}H_{21}\begin{cases}(OCH_3)_4\\(CH \cdot OH)\\N \cdot CH_3\\OH\\O \cdot CO \cdot CH_3\\O \cdot CO \cdot C_6H_3(OCH_3)_2\end{cases}$$

**Alkaloide aus der Wurzel von Helleborus viridis** (s. S. 712). Bei einer eingehenden Untersuchung der Inhaltsstoffe von Helleborus viridis wurden von O. KELLER (276) Alkaloide in einer Menge von 0,2% gewonnen. Zur Isolierung der Alkaloide wurden verschiedene Verfahren erprobt. Dabei hat sich eine Modifikation des STOLLschen Alkaloiddarstellungsverfahrens besonders bewährt, bei der nach Behandlung des Pflanzenmaterials mit Aluminiumsulfat durch eine Vorextraktion mit Benzol zuerst die Hauptmenge der Verunreinigungen entfernt wurde. Nach dem Alkalisieren des vorextrahierten Materials, z. B. durch Einleiten von Ammoniakgas, können durch weitere Benzolextraktion die Alkaloide extrahiert werden. Die Zerlegung des Rohbasengemisches in die Einzelalkaloide erfolgte nach verschiedenen Verfahren, die in der Originalarbeit einzusehen sind. Dabei wurden folgende 4 Basen isoliert und näher beschrieben:

1. Das Zelliamin, $C_{21}H_{45}O_2N$, eine tertiäre Base, die wahrscheinlich eine Methylimidgruppe, aber keine Methoxylgruppe enthält, Fp. 115° (Sintern), 127—131° (Schmelzen).

2. Das Sprintillamin, $C_{28}H_{45}O_4N$, eine tertiäre Base, die keine Methoxylgruppe, aber eine Methylimidgruppe enthält, und ein schwerlösliches Chlorhydrat, $C_{28}H_{45}O_4N \cdot HCl$, bildet. Fp. der Base 228—229°.

3. Sprintillin, $C_{25}H_{41}O_3N$, eine tertiäre Base, die keine Methoxylgruppen aber wahrscheinlich eine Methylimidgruppe enthält. Chlorhydrat, $C_{25}H_{41}O_3N \cdot HCl$, Fp. der Base 132° (Sintern), 141—142° (Schmelzen.)

4. Schließlich ein Alkaloid V von geringer Basizität, das die Bruttoformel $C_{25}H_{43}O_6N$ aufwies. Fp. 267—268° (ab 210° Dunkelfärbung).

**Alkaloide von Heliotropium lasiocarpum** (s. S. 733). In der der Familie der Boraginaceen angehörenden Pflanze Heliotropium lasiocarpum Fisch. und Mey. wurden von G. Menschikoff (367) folgende krystallisierte Alkaloide aufgefunden:

1. Das Heliotrin, $C_{16}H_{27}O_5N$, Fp. 125—126°, das an charakteristischen Gruppen eine tertiäre Stickstoffgruppe, zwei Hydroxylgruppen und eine Methoxylgruppe aufweist und befähigt ist, ein krystallisierendes Jodmethylat zu bilden.

2. Das Lasiocarpin, $C_{21}H_{33}O_7N$, Fp. 94—95°, in einer Menge von 0,025% vorkommend.

Das in einer Menge von 0,25% auftretende Heliotrin hat sich bei seiner näheren Untersuchung als Ester erwiesen.

$$\underset{\text{Heliotrin}}{C_6H_{11}(OH)(OCH_3) \cdot COOC_8H_{11}N(OH)}$$

$$\underset{\text{Heliotridin}}{C_8H_{11}(OH)(OH)N} + \underset{\text{Heliotrinsäure}}{C_6H_{11}(OH)(OCH_3) \cdot COOH}$$

Bei der Verseifung des Heliotrins wurde die gesättigte aliphatische Heliotrinsäure, $C_6H_{11}(OH)(OCH_3) \cdot COOH$, und eine den Stickstoff enthaltende Komponente, das Heliotridin, $C_8H_{11}(OH)(OH)N$ erhalten. Die Heliotrinsäure enthält neben der Carboxylgruppe eine Methoxylgruppe und eine Hydroxylgruppe. Das den Stickstoff enthaltende Heliotridin enthält zwei Hydroxylgruppen.

*Darstellung.* Die Darstellung der Alkaloide erfolgte nach folgenden Verfahren: die getrockneten Pflanzen werden mit 95proz. Alkohol, der 1% Ammoniak enthält, extrahiert. Die nach dem Verjagen des Alkohols am Wasserbade zurückbleibende schwarze Masse wurde zuerst mit 5%, dann mit 2% Salzsäure ausgezogen, die erhaltene Lösung mit Chloroform gewaschen, hierauf mit Ammoniak alkalisch gemacht und die Alkaloide mit Chloroform ausgeschüttelt. Das nach dem Verjagen des Chloroforms verbleibende Alkaloidgemisch (aus 16 kg Pflanzenmaterial 59 g) wird mit einem Gemisch von gleichen Teilen Benzol und Petroläther am Rückflußkühler ausgekocht, die Lösungen mit Tierkohle entfärbt und filtriert, wobei sich beim Erkalten gelbe nadelförmige Krystalle des Heliotrins abscheiden. Der nach dem Verjagen der Lösungsmittel der Mutterlauge verbleibende Rückstand wird mit 2 n Salzsäure neutralisiert, die bei dieser Neutralisation entstandenen Salze der Basen werden durch Zusatz entsprechender Mengen 2 n Kalilauge fraktioniert zerlegt, wobei jede einzelne in Freiheit gesetzte Fraktion gesondert in Chloroform aufgenommen wird. Aus den Mittelfraktionen gelingt es durch Auskochen mit Petroläther, Befreien der Petrolätherlösungen von suspendierten Harzen und Kochen mit Tierkohle das zweite Alkaloid Lasiocarpin beim Erkalten der Lösungen zu erhalten.

Die Reinigung des Heliotrins erfolgte durch Umkrystallisieren aus Aceton. Das Heliotrin krystallisiert in farblosen länglichen Prismen vom Fp. 125—126°. Das Heliotrin ist in Petroläther und Äther schwer löslich, leichter in Benzol und Wasser, besonders leicht in Alkohol und Chloroform. Wäßrige Heliotrinlösungen reagieren gegen Lackmus stark alkalisch. Beim Erhitzen der Base mit Zinkstaub entweichen Dämpfe, die einen mit Salzsäure befeuchteten Fichtenspan intensiv rot färben. Eine Lösung von Heliotrin in 10proz. Schwefelsäure entfärbt verdünnte Kaliumpermanganatlösung sofort. $[\alpha]_D = -75^0$ ($CHCl_3$). Die Reinigung des Lasiocarpins erfolgt durch Umkrystallisieren aus Petroläther unter Zusatz von Tierkohle. Das Lasiocarpin krystallisiert in farblosen Blättchen vom Fp. 94—95,5°. Lasiocarpin ist in Wasser schwer löslich, leichter in Äther, besonders leicht in Alkohol und Benzol. Es gibt mit Zinkstaub destilliert starke Fichtenspanreaktion und erweist sich gegen Permanganatlösung als leicht oxydierbar.

**Alkaloide der Holarrhenaarten** (s. S. 735). Conessin, $C_{24}H_{40}N_2$. Das Conessin (J. Stenhouse [564], R. Haines [196], Warnecke [605]), eine in ihrer physiologischen Wirkung interessante Base, wurde zuerst in den Samen und der Rinde von Wrightia antidysenterica (Apocynaceae), Holarrhena antidysenterica, der sog. ostindischen Conessirinde, aufgefunden. Später fand man es auch in der afrikanischen Conessirinde, der Rinde von Holarrhena africana (0,7—0,8 %), Holarrhena dysenterica, weiter neben Holarrhenin, $C_{24}H_{38}ON_2$ (418), in der Rinde von Holarrhena congolensis.

Bei der Untersuchung der indischen Holarrhena (Kurcheerinde), der Rinde von Holarrhena antidysenterica wurden von S. GHOSH und N. NATH GHOSH (156) neben Conessin zwei neue Nebenalkaloide, das Kurchizin und das Kurchin, nachgewiesen (siehe auch S. 735, 736, 737)[1].

Während die früheren Autoren (K. POLLSTROFF und SCHIRMER [415]) sich mehr um die Darstellung des Conessins bemühten, beschäftigten sich ULRICI (583c), GIEMSA und HALBERKANN (157), F. L. PYMAN (418), KANGA, AGYAR und SIMMONSEN (267) sowie E. SPÄTH und O. HROMATKA (530) um die Konstitutionsaufklärung, ohne jedoch bis jetzt zu abschließenden Vorstellungen über den Aufbau des Conessins kommen zu können.

Die Darstellung des Conessins erfolgt nach E. SPÄTH und O. HROMATKA aus den Samen von Wrightia antidysenterica R. Br. auf folgendem Wege: Die gemahlenen Samen werden im Soxhletapparat mit heißem Alkohol erschöpfend extrahiert. Der mit überschüssiger 5proz. Salzsäure versetzte, vom Alkohol befreite Extrakt wird mit Äther zur Befreiung von Fetten und nichtbasischen Verbindungen ausgeschüttelt. Die salzsaure Lösung wird mit Ammoniak alkalisiert, wobei nahe am Neutralisationspunkt, jedoch noch bei deutlich saurer Reaktion sich schwarzbraune Massen ausscheiden, die entfernt werden. Nach Zusatz von überschüssigem Ammoniak tritt eine hellgelbe Fällung auf, die in Chloroform aufgenommen wird. Die nach dem Abdestillieren des Lösungsmittels zurückbleibenden Rohbasen werden in 5proz. Salzsäure gelöst, von geringen Mengen nichtbasischer Stoffe abfiltriert und nach Versetzen mit überschüssigem Ammoniak mit Petroläther ausgeschüttelt. Der nach dem Verjagen des Petroläthers verbleibende Rückstand krystallisiert zum Teil nach Zusatz von Aceton und kann über das krystallisierte saure Oxalat, wie dessen Zerlegung in die freie Base, vollständig gereinigt werden.

**Conessin.** $C_{24}H_{40}N_2$, krystallisiert aus Aceton in farblosen Plättchen vom Fp. 123 bis 124°, $[\alpha]_D^{20} = -1{,}9°$ (Chloroform), $= +21{,}6°$ (in trocknem Alkohol). Es ist eine bitertiäre Base, sie ist in den meisten Lösungsmitteln leicht löslich, schwer löslich in Wasser, leichter in Gegenwart von Salzen. Die wäßrige Lösung rötet Phenolphthalein schwach. Unter Einfluß von Licht und Luft färbt sich Conessin bereits bei gewöhnlicher Temperatur gelb. Es gibt eine Reihe gut krystallisierender Salze. Das Chlorhydrat, $B \cdot 2HCl \cdot H_2O$, Fp. 340°, $[\alpha]_D^{20} = +9{,}3°$ ($H_2O$); das Bromhydrat, $[\alpha]_D = +7{,}4°$ ($H_2O$); das saure Oxalat, $B \cdot 2C_2H_2O_4$, Prismen aus $H_2O$, Fp. 280° (u. Z.); weiter das als Krystallpulver gewinnbare Chloroplatinat und das Jodmethylat, $B \cdot (CH_3J)_2 \cdot 3H_2O$, Fp. 285°.

*Farbreaktionen.* Die Lösung des Conessins in konzentrierter Schwefelsäure ist zuerst farblos, später citronen- bis sattgelb (breites Absorptionsband im blauen Teil des Spektrums). Mit konzentrierter Schwefelsäure erwärmt gibt Conessin Grünfärbung, die beim Verdünnen mit Wasser nach Blau umschlägt. In Vanadinschwefelsäure löst sich das Conessin anfangs farblos, doch wird die Lösung später grünlich bis grün mit schwacher Fluorescenz. Eine Lösung des Conessins in konzentrierter Schwefelsäure zeigt mit Bromwasser überschichtet nach einigen Stunden einen grünen Ring. Conessin gibt in Schwefelsäure gelöst beim Schütteln mit thiophenhaltigem Benzol schließlich eine rote Farbe mit grüner Fluorescenz. Mit Formaldehydschwefelsäure behandelt wird die anfangs bräunlichgelbe Lösung des Conessins bald grünlich fluorescierend und nimmt schließlich einen karmoisinroten Farbton an.

---

[1] *Weitere Nebenalkaloide*: Conessimin $C_{23}H_{38}N_2$, Fp. 100°, Holarrhimin $C_{21}H_{36}ON_2$, Fp. 183°, Holarrhin $C_{20}H_{38}O_3N_2$, Fp. 240°, siehe S. SIDDIQUI u. P. P. PILLAY (495a); Conconessidin $C_{21}H_{32}N_2$, Conkurchin $C_{20}H_{32}N_2$ (Fp. 153°) und Kurchenin $C_{21}H_{32}O_2N_2$ (Fp. 335 bis 336°), siehe A. BERTHO, G. v. SCHUCKMANN, W. SCHÖNBERGER (29a) (s. S. 736).

In den Mutterlaugen des aus den Samen von Holarrhena antidysenterica gewonnenen Conessins wurde von R. DOWNS HAWORTH (86) ein neues Alkaloid aufgefunden, das *Norconessin* genannt wurde. Norconessin hat die Bruttoformel $C_{23}H_{38}N_2$, es ist ein farbloses Öl vom Kp.$_{0,7\,mm}$ 238—240°. $[\alpha]_D = +6,7°$ (absoluter Alkohol). Das Norconessin löst sich leicht in Säuren und bildet folgende krystallisierte Salze: ein in Nadeln aus Alkohol und Aceton krystallisierendes Dichlorhydrat B · 2HCl, Zp. 340°, sowie ein in Klümpchen gewinnbares Dioxalat, Zp. 225—227°. Das Norconessin bildet auch ein in blaßgelben Prismen krystallisierendes Dijodmethylat, $C_{25}H_{44}N_2J_2$, Zp. 310—312°.

**Holarrhenin** $C_{24}H_{38}ON_2$: Fp. 197—198° (Nadeln aus Essigester); $[\alpha]_D = -7,1°$ ($CHCl_3$). Es ist unlöslich in $C_2H_5OH$, $CHCl_3$, schwer löslich in kaltem Essigester, Aceton und Äther. Bromhydrat: B · 2HBr · 3$H_2O$. Nadeln aus Wasser Fp. 265—268° (u. Z.) (trocken); $[\alpha]_D = +11,0°$ $H_2O$).

**Alkaloide des Mutterkorns** (s. S. 701). Das Mutterkorn, Secale cornutum, ist das auf Roggen gewachsene, bei gelinder Wärme getrocknete Sclerotium des Pilzes Claviceps purpurea (FRIES) TULASNE. Es enthält neben einer Reihe von Basen eine große Anzahl verschiedenartigster Verbindungen. Da ein Teil der basischen Verbindungen sehr labil und schwer isolierbar ist, war die Gewinnung einheitlicher Stoffe und die Übersicht über die einzelnen Stoffe lange sehr erschwert. Hierzu kommt noch der Umstand, daß im Hinblick auf die große medizinische Bedeutung der Basen vor allem die Darstellung physiologisch wirksamer Stoffe angestrebt wurde, da die einzelnen Verbindungen verschiedene Wirkungen ausüben und die Zuteilung der einzelnen physiologischen Wirkungen zu den Basen große Schwierigkeiten bereitete.

Zur Erreichung einer besseren Übersicht werden die Mutterkornalkaloide in zwei Gruppen zusammengefaßt: in Basen, die für das Mutterkorn spezifisch sind und in Basen, die als Eiweißzersetzungsprodukte in den Auszügen eiweißreicher Pilze häufig aufgefunden wurden.

1. Für das Mutterkorn spezifische Basen:

Ergotamin (STOLL), $C_{33}H_{35}O_5N_5$, physiologisch sehr stark wirksam.
Ergotaminin, $C_{33}H_{35}O_5N_5$, schwächer wirksam.
Ergotoxin[1], $C_{35}H_{41}O_6N_5$, physiologisch wirksam.
Ergotinin[2], $C_{35}H_{39}O_5N_5$, physiologisch unwirksam.
Pseudoergotinin, Bruttoformel noch nicht festgestellt (SMITH u. TIMMIS).
Ergothionin, $C_9H_{15}O_2N_3S\,2\,H_2O$, unwirksam (s. Beitrag 38, WINTERSTEIN, Betaine).

```
                    HC—NH
                          \
                           C—SH
                          //
OC—CH—CH2 · C——N
|    |
O—N(CH3)3
```

β-2-Thiolimidazolyl(-4,5)-propio-betain

2. Basen, die als Eiweißzersetzungsprodukte je nach dem Alter und den äußeren Umständen in verschiedenen Mengen in den Mutterkornextrakten vorkommen können. Zum Beispiel Thyramin, Histamin, Agmatin, Acetylcholin, Triäthylamin, Isoamylamin, Tetra- und Penta-methylendiamin, Cholin, Betain u. a. m. (s. auch Beitrag Nr. 37 WINTERSTEIN, Amine). Während über die Konstitution dieser zweiten Gruppe von Basen Klarheit herrscht, ist man über den Aufbau der ersten Basengruppe mit Ausnahme des Ergothionins noch im unklaren.

---

[1] Auch amorphes Ergotoxin (BARGER), Hydroergotinin (KRAFT), amorphes Ergotinin (TANRET), genannt.

[2] Auch krystallisiertes Ergotoxin (BARGER), Ergotinin (KRAFT), krystallisiertes Ergotinin (TANRET) genannt.

Eine vor kurzem erschienene eingehende Untersuchung verschiedener Mutterkornsorten durch G. SMITH und G. M. TIMMIS (501) hat ergeben, daß aus verschiedenen Mutterkornhandelsmustern von *Roggen*, gesammelt aus Spanien, Portugal, Rußland, Polen, Skandinavien, Ungarn und der Tschechoslowakei, *nur Ergotoxin* und *Ergotinin* gewonnen werden konnte. *Ergotamin* und *Ergotaminin* hingegen konnten *nur* aus auf neuseeländischen Grashalmen Festuca gewachsenem Mutterkorn isoliert werden, was darauf hinzudeuten scheint, daß für die Gewinnung der einzelnen spezifischen Mutterkornbasen nicht so sehr die Arbeitsmethodik, als vielmehr die *Provenienz* des Mutterkornes in Frage kommt.

Wenn auch vielleicht hinsichtlich der Bruttoformeln und der Konstitutionsaufklärung der Mutterkornalkaloide trotz der Untersuchungen von TANRET, BARGER, KRAFFT, EWINS, STOLL, SOLTYS, SMITH und TIMMIS keine abschließenden Resultate vorliegen, sollen im folgenden doch kurz die Wege erörtert werden, die zur Darstellung dieser Basen beschritten worden sind. Die Konstanten der Alkaloide haben durch die letzten Untersuchungen von G. SMITH und G. M. TIMMIS (503) eine Revision erfahren.

**Ergotamin**, $C_{33}H_{35}O_5N_5$, und **Ergotaminin**, $C_{33}H_{35}O_5N_5$. Für die Darstellung dieser besonders labilen, dafür aber auch außerordentlich wirksamen Substanz hat A. STOLL (566) ein eigenes Verfahren ausgearbeitet. Zunächst wird durch Zusatz von sauren Reagenzien, z. B. Aluminiumsulfatlösung zu gepulvertem Mutterkorn, die Wasserstoffionenkonzentration in den Geweben so eingestellt, daß das Alkaloid auf der Gewebesubstanz fixiert bleibt, während durch eine erschöpfende Vorextraktion mit Äther oder Benzol etwa 40 % vom Gesamtgewicht an extrahierbaren sauren oder neutralen Begleitstoffen, z. B. Pflanzensäuren, Phytosterin, Farbstoffen u. a. m. entfernt werden können. Dann wird alkalisch gemacht und die Rohbasen selbst in einer Menge von 0,2—2,0 g pro Kilogramm Material durch Extraktion mit Äther oder Benzol gewonnen.

Das Ergotamin, $C_{33}H_{35}O_5N_5 \cdot 2CH_3 \cdot CO \cdot CH_3 \cdot 2H_2O$, wird aus Aceton in lichtbrechenden, gerade abgeschnittenen rhombischen Prismen gewonnen, die an der Luft verwittern. Es ist eine schwache einsäurige Base, die leicht löslich ist in verdünnter Lauge, unlöslich hingegen in wäßriger Natriumcarbonatlösung, Fp. 213—214° (u. Z.), $[\alpha]_D^{20} = -155°$ (in 0,6proz. Chloroformlösung), trocken $[\alpha]_{4561}^{20} = -181°$, $[\alpha]_{5790}^{20} = -159°$ ($CHCl_3$) (G. SMITH und G. M. TIMMIS [501]). Es gibt auch krystallisierte Salze, wenn man die Lösung der Base in einem mit Wasser mischbaren Lösungsmittel wie Äthylalkohol, Methylalkohol oder Aceton mit den Säuren versetzt, wobei die Salze krystallinisch ausfallen (STOLL [566]). Das Ergotamin geht beim Kochen der methylalkoholischen Lösung, langsamer auch beim Stehenlassen mit Alkohol in einen isomeren schwächer basischen und schwächer wirksamen Stoff, das Ergotaminin, $C_{33}H_{35}O_5N_5$ über, das in dreieckigen Blättchen aus Methylalkohol krystallisiert. Es ist in Essigsäure und Pyridin löslich, in fast allen anderen organischen Lösungsmitteln mittelschwer löslich. Fp. 252° (u. Z.), $[\alpha]_D^{20} = +381°$ (in 0,6proz. $CHCl_3$-Lösung), $[\alpha]_{5461}^{18} = +450°$, $[\alpha]_{5790}^{18} = +385°$ ($CHCl_3$). Beide Basen geben eine Blaufärbung, wenn die unter Zusatz von Essigsäure erzeugte Lösung in Essigester mit Schwefelsäure unterschichtet wird. Ergotamin ist sehr unbeständig und wird sogar in 1proz. weinsaurer Lösung an der Luft unter Braunfärbung zersetzt. Ergotamin wird in salzsaurer Lösung durch Kaliumquecksilberjodid bei 1 : 50000, durch Pikrinsäure bei 1 : 20000 gefällt.

**Ergotoxin**, $C_{35}H_{41}O_6N_5$, und **Ergotinin**, $C_{35}H_{39}O_5N_5$. Ergotoxin und Ergotinin stehen nach BARGER und EWINS (18) in dem Verhältnis zueinander, daß im Ergotoxin eine Säure vorliegt, während das Ergotinin das dazugehörige Anhydrid (Lactam bzw. Lacton) darstellt. Ergotoxin kann durch Einwirkung von verdünnter Phosphorsäure in Alkohol aus dem Ergotinin und Ergotinin durch Kochen mit Methylalkohol oder durch Behandlung mit Essigsäureanhydrid aus dem Ergotoxin dargestellt werden. Das Ergotoxin ist seiner Säurenatur entsprechend in Alkali löslich, während das Ergotinin darin unlöslich ist, ein Umstand, der zur Trennung dieser beiden Stoffe voneinander ausgenutzt werden kann. Weiter können beide Alkaloide aus neutraler bzw. schwach saurer Lösung durch Chloroform ausgeschüttelt werden.

*Darstellung* (96). Zur Darstellung der beiden Basen nach BARGER und CARR (17) dient folgendes Verfahren: Das Mutterkorn wird mit Alkohol extrahiert, das Lösungsmittel abdestilliert und der Rückstand durch Behandlung mit Petroläther von öligen Verunreinigungen befreit, dann in Essigester gelöst und so lange immer mit wenig Citronensäurelösung ausgeschüttelt, bis die Basen von der wäßrigen Lösung aufgenommen sind. Zur Lösung der Alkaloide in der Citronensäure wird nun Natriumbromid zugesetzt, wobei es zur Abscheidung eines Gemisches von Ergotinin- und Ergotoxinbromhydrat kommt. Beim Schütteln dieses Niederschlages mit verdünnter Natronlauge und Äther wird das Ergotinin vom Äther aufgenommen und kann nach dem Verjagen des Äthers aus Alkohol umkrystallisiert werden. In den wäßrigen Mutterlaugen hinterbleibt das Ergotoxin. Es wird dann auch in Äther aufgenommen, nachdem die alkalische Lösung zuerst neutralisiert und dann nach Zusatz von Natriumcarbonat neuerlich alkalisch gemacht wurde. Die ätherische Lösung wird vom Äther befreit, in 80proz. Alkohol aufgenommen und mit überschüssiger, in Alkohol gelöster Phosphorsäure versetzt, wobei im Laufe mehrerer Tage das krystallisierte Ergotoxinphosphat sich abscheidet, das aus Alkohol umkrystallisiert werden kann.

*Ergotoxin.* Das Ergotoxin ist leicht löslich in Alkohol, etwas schwerer löslich in Äther. Das Ergotoxin kann auch in heißem Benzol in sechsseitigen, etwa 21 % Benzol enthaltenden Prismen gewonnen werden. $[\alpha]_{5461}^{19} = -179^0$, $[\alpha]_{5790}^{19} = -156^0$ ($CHCl_3$). Auch aus Toluol, den Xylolen und Mesitylen kann das Ergotoxin krystallinisch erhalten werden. Nach Entfernung des Lösungsmittels zeigte es folgende Konstanten: $[\alpha]_{5461}^{18} = -226^0$, $[\alpha]_{5790}^{19} = -197^0$ ($CHCl_3$). Aus Schwefelkohlenstoff umkrystallisiert gibt das Ergotoxin Prismen, aus Aceton und Wasser fällt es amorph aus und zeigt getrocknet folgende Schmelzpunktseigenschaften: bei 180° wird es weich, zwischen 190—200° schmilzt es unscharf. Es ist leicht löslich in 1—3proz. Natronlauge und unlöslich in Natriumcarbonatlösung[1]. Das Ergotoxin gibt auch eine Reihe gut krystallisierender Salze, die am besten dadurch hergestellt werden, daß zu einer Lösung des Ergotoxins in Äther die betreffenden Säuren in alkoholischer Lösung zugesetzt werden. Die Salze mit den anorganischen Säuren sind meist schwer löslich in Wasser, z. B. das Phosphat, $B \cdot H_3PO_4 \cdot H_2O$, Fp. 186—187° (u. Z.) (Nadeln). Es ist in 14 Teilen siedenden und 313 Teilen kalten 90proz. Alkohols löslich. Chlorhydrat Fp. 205°, weiter sind das Oxalat und das Sulfat beschrieben worden.

*Ergotinin*, $C_{35}H_{39}O_5N_5$. Das Ergotinin krystallisiert aus Alkohol in langen, bei 229° schmelzenden Krystallen, $[\alpha]_D = +338^0$ (Alkohol) + 396° (Chloroform) + 367 (Aceton) (BARGER und CARR) + 365° (Chloroform) + 348° (absolutem Alkohol) + 331° (Aceton) (SMITH und TIMMIS). Es ist kaum löslich in Wasser, leichter in absolutem Alkohol (1 Teil in 471 Teilen bei 15,5°) in Äther, (1 Teil in etwa 50—60 Teilen siedendem Äther) in Benzol und leicht löslich in Aceton (1 Teil in 34 Teilen Aceton bei 15,5°) und Chloroform. Die Salze des Ergotinins sind meist amorph. Angesäuerte Lösungen zeigen blauviolette Fluorescenz. Die alkoholische Lösung färbt sich an der Luft zuerst grün, dann braun. Bei einer Verdünnung von 15000 wird die Alkaloidlösung noch durch Bromwasser, Jodjodkalium, Gerbsäure, Pikrinsäure und Kaliumferrocyanid gefällt.

*Pseudoergotinin* wird bei der Krystallisation des rohen Ergotinins aus Aceton als leichter lösliche, mit dem Ergotinin wahrscheinlich isomere Verbindung erhalten. Konstanten $[\alpha]_D = +410^0$, $[\alpha]_{5161} = +513^0$ ($CHCl_3$), $[\alpha]_D = +403^0$, $[\alpha]_{5461} = +509^0$ (Aceton).

*Farbreaktionen des Ergotoxins und Ergotinins.* Die anfangs hellgelbe Lösung der Basen in Schwefelsäure wird später violett, schließlich blau. Mit einer eine Spur Eisenchlorid enthaltender Schwefelsäure tritt anfangs eine orangerote Farbe auf, die sich über tiefrot zu bläulichen und grünlichen Farbtönen vertieft. Auch die schon früher (s. S. 678) beschriebene Farbreaktion wird von den beiden Basen gegeben.

*Chemische Eigenschaften der Mutterkornalkaloide.* Die in der letzten Zeit durchgeführte eingehende Untersuchung der Chemie der Mutterkornalkaloide durch A. SOLTYS (507) und S. SMITH und TIMMIS (502) hat zu einer bemer-

[1] Die neuen Konstanten sind von S. SMITH und G. M. TIMMIS (501) angegeben worden.

kenswerten Erweiterung der allgemeinen Erkenntnisse über die Mutterkornalkaloide geführt. So hat A. Soltys bei einer neuerlichen Analyse der Mutterkornalkaloide hinsichtlich der Bruttoformeln folgendes festgestellt: Die von Barger und Carr für das Ergotinin und die von A. Stoll für das Ergotamin und Ergotaminin aufgestellten Bruttoformeln sind als richtig, die Bruttoformel des Ergotoxins hingegen noch nicht als ganz gesichert anzusehen, wenn auch bis jetzt keine neuen endgültigen Vorschläge in dieser Richtung vorliegen. Für alle vier Basen, für das Ergotinin, Ergotamin, Ergotoxin und Ergotaminin hat A. Soltys gefunden, daß die zwischen den einzelnen Stoffen früher festgestellten Unterschiede in der Löslichkeit in *Alkalien* vom *Verteilungsgrade* bzw. von der Form abhängig sind, in der die einzelnen Alkaloide mit dem Alkali in Berührung gebracht werden. In fein verteilter Form (z. B. nach Lösung in Alkohol und Fällung in heißem Wasser) gehen die vier Stoffe gleichmäßig in Lösung und werden aus den alkalischen Lösungen durch Kohlendioxyd wieder unverändert ausgeschieden. Da diese Alkaloide sich auch in Säuren lösen, werden sie als amphotere Verbindungen betrachtet, in denen entweder eine phenolische Hydroxylgruppe oder eine durch die basischen Gruppen stark geschwächte Carboxylgruppe vorliegt.

Bei der Behandlung der vier Basen mit 1,0 n-methylalkoholischer Kalilauge in einer Stickstoffatmosphäre kann nach S. Smith und G. M. Timmis aus den vier Basen ein basisches Spaltprodukt der Bruttoformel $C_{17}H_{21}ON_3$ gewonnen werden, das *Ergin* genannt wurde. Das Ergin hat eine Bruttoformel, die in ihrer Größe etwa der Hälfte des ursprünglichen Moleküls entspricht. Das Ergin krystallisiert in 1 Mol. Methylalkohol enthaltenden Prismen vom Fp. 135°, aus wäßrigem Aceton in Platten vom Fp. 115°. Beide Körper zeigen bei höherem Erhitzen den Fp. 230°. Das Ergin fluoresciert blauviolett in Acetonlösungen, $[\alpha]_{Hg}^{20} = +432°$ (Aceton), $= +503°$ ($CHCl_3$).

Das Ergin reagiert gegen Lackmus alkalisch, gibt mit Kaliumquecksilberjodid, Kaliumjodid-Wismutjodid und Pikrinsäure Fällungen. Die Farbreaktionen des Ergins werden hier deshalb kurz erwähnt, weil sie gewisse Ähnlichkeiten mit den Farbreaktionen einzelner *Indol*verbindungen aufweisen: so gibt eine 0,1proz. Lösung der Base in wäßriger 1proz. Weinsäurelösung mit Benzaldehyd und konzentrierter Schwefelsäure einen blauen Ring, mit Glyoxylsäure und Schwefelsäure eine tiefblaue, mit Salpetersäure und Natriumnitrit eine gelbe und mit alkoholischer p-Dimethylamidobenzaldehydlösung und Salzsäure eine violettrote Färbung. Beim Erhitzen entwickelt das Ergin Dämpfe, die einen mit Salzsäure befeuchteten Fichtenspan rötlich anfärben.

*Gehaltsbestimmung der Mutterkornbasen nach dem D. A.-B. 6.* 100 g grob gepulvertes Mutterkorn werden in einer Flasche von etwa 1000 cm³ Inhalt mit 4 g gebrannter Magnesia und 40 cm³ Wasser vermischt. Nach Zusatz von 300 cm³ Äther läßt man das Gemisch unter häufigem Umschütteln 3 Stunden lang stehen, gibt 100 cm³ Wasser und nach weiterem Umschütteln 10 g Tragant hinzu und schüttelt bis zum Zusammenballen des Mutterkorns. Die Ätherlösung gießt man durch einen mit einem Wattebausch verschlossenen Trichter in ein 500 cm³ fassendes Arzneiglas, setzt 1 g Talk und nach weiterem 3 Minuten langem Schütteln etwa 20 cm Wasser hinzu, schüttelt kräftig durch, läßt bis zur völligen Klärung stehen und filtriert schließlich durch ein Faltenfilter (Durchmesser 15 cm). Zu 180 g des Filtrates (entsprechend 60 g Mutterkorn) gibt man in einem Scheidetrichter 50 cm³ mit Wasser verdünnter Salzsäure (1 : 99) und schüttelt 3 Minuten kräftig durch. Nach Abtrennung der salzsauren Lösung wird weiter mit 10 cm³ $H_2O$ und mit 20 cm³ gleich verdünnter Säure (1:99) ausgeschüttelt. Aus den vereinigten salzsauren Lösungen wird durch 20 Minuten langes Eintauchen in auf 50° erwärmtes Wasser der Äther verjagt, der salzsaure Extrakt nach dem Abkühlen durch ein mit Wasser befeuchtetes Filter filtriert und zweimal Kolben und Trichter mit je 5 cm³ Wasser nachgewaschen. Das Filtrat wird mit so viel Natriumcarbonatlösung (1 : 9) versetzt, daß die Lösung Lackmuspapier bläut und der entstandene Niederschlag sich nicht mehr vermehrt. Nach zwölfstündigem Stehen an einem kühlen Orte filtriert man durch ein glattes gehärtetes Filter (Durchmesser 9 cm) und wäscht den Niederschlag bis zum Verschwinden der Chlorreaktion aus. Der noch feuchte Niederschlag wird unter Verwendung von etwa 30 cm³ Wasser in einen weithalsigen Kolben gespritzt, 3 cm³ n/10 Salzsäure und 3 Tropfen Methylorange hinzugefügt und mit n/10 Kalilauge zurücktitriert (1 cm³ n/10 Salzsäure entspricht 0,0600 g wasserunlöslichen Alkaloiden).

*Farbreaktionen.* 10 cm³ der titrierten Lösung werden in einem Scheidetrichter mit einigen Tropfen Natriumcarbonatlösung und 5 cm³ Essigester versetzt und nach dem Abtrennen der Schichten die wäßrige Lösung abfließen gelassen. 10 cm³ der Essigesterlösung, 1 cm³ Essigsäure und 1 Tropfen Eisenchloridlösung (1 : 99) werden miteinander vermischt. Beim Unterschichten dieses Gemisches mit Schwefelsäure bildet sich eine kornblumenblaue Zone.

Die große Bedeutung der Mutterkornbasen für die Therapie hat dazu geführt, daß zum Nachweis und zur quantitativen Bestimmung vor allem auch biologische Methoden verwendet werden, worauf hier, da sie eine ganz spezielle Methodik erfordern, nur kurz hingewiesen wird (s. Bd. 4 Beitrag KOFLER).

**Alkaloide der Solanumarten.** Viele Solanumarten zeigen Inhaltstoffe, die bei ihrer Hydrolyse in Alkaloide und verschiedenartige Zucker zerfallen und aus diesem Grunde Glucoalkaloide genannt werden. Die Frage, ob in den verschiedenen Solanumarten in ihrem Aufbau und in ihrer Zusammensetzung gleichartige Stoffe vorkommen, ist noch nicht mit Sicherheit zu beantworten, da über die Zusammensetzung dieser Stoffe in der Literatur stark voneinander abweichende Angaben vorliegen. Man wird bis auf weiteres annehmen müssen, daß in den verschiedenen Solanumarten auch verschiedene Glucoalkaloide — Solanine — enthalten sind. Es ist sogar möglich, daß die einzelnen Solanumarten je nach der Vegetationsperiode Glucoalkaloide von ähnlichen Eigenschaften aber verschiedener Zusammensetzung enthalten dürften.

Chemisch wurden bis jetzt untersucht die Glucoalkaloide von Solanum nigrum (Nachtschatten), Solanum tuberosum (Kartoffel), Solanum sodomaeum, Sol. lycopersicum (Tomate), Sol. dulcamara (Bittersüß), Sol. chenopodium, Sol. verbascifolium, Sol. angustifolium u. a. m. (siehe auch S. 745).

In einzelnen Fällen haben auch die aus verschiedenen Solanumarten isolierten Verbindungen neue Namen bekommen: so wurde das aus Solanum grandiflorum gewonnene Alkaloid Grandiflorin (FREIRE [135]) genannt; in Solanum angustifolium wurde von TUTIN und CLEVER (583) das Solangustin, $C_{33}H_{53}O_7N \cdot H_2O$, gewonnen, das bei der Hydrolyse in Traubenzucker und Solangustidin, $C_{27}H_{43}O_2N$, zerfiel; in Solanum Melongena (K. YOSHIMURA [639]) wurde Histamin und Trigonellin nachgewiesen.

Die vom phytochemischen Standpunkte außerordentlich wichtige Frage, ob zwischen den schon bekannten Solanaceenalkaloiden (den Alkaloiden der Atropingruppe) (s. S. 527) und den den Glucoalkaloiden zugrunde liegenden Basen Beziehungen in der Konstitution bestehen, kann bis jetzt, da die Konstitutionsaufklärung der entsprechenden Solanidine noch nicht erfolgt ist, nicht beantwortet werden. Immerhin wurden auch von einzelnen Autoren in Pflanzen, aus denen Glucoalkaloide der Solaninreihe isoliert wurden, auch mydriatisch wirkende Basen nachgewiesen, z. B. haben SCHMIDT und SCHÜTTE (483) im Kartoffelkraut und im Kraut des Nachtschattens mydriatisch wirkende Basen gewonnen; auch von ANDERSON (4) wurde aus den Früchten von Solanum dulcamara zu 0,15% eine Base beschrieben, die ein Isomeres des Atropins sein soll. In den Kartoffelknollen soll hingegen Atropin dann auftreten, wenn sie mit Datura gepfropft sind (A. LINDEMUTH [347], E. STRASSBURGER [568]).

Mit Rücksicht auf die Tatsache, daß die aus den Solanumarten gewonnenen Glucoalkaloide mit wenigen Ausnahmen in ihrer Charakterisierung viel zu wünschen übriglassen, wird im folgenden nur auf das Ergebnis der Untersuchung und Charakterisierung der Solanine aus Solanum sodomaeum (Solanin S genannt) und aus Sol. tuberosum (Solanin T genannt) eingegangen werden.

*Darstellung von Solanin S* (G. ODDO und Mitarbeiter [390]). Die Beeren werden in einem Marmormörser sorgfältig verrieben und 24 Stunden mit 2,5 % Schwefelsäure bedeckt unter zeitweisem Umschütteln stehengelassen. Nach 24stündigem Stehen wird abfiltriert, der Rückstand ausgepreßt und dann neuerlich mit 2,5 % Schwefelsäure maceriert. Das fast klare gelbgefärbte Filtrat wird mit Lauge stark alkalisch gemacht, wobei sich die Lösung anfangs blutrot färbt; bei weiterem Alkalizusatz fällt ein voluminöser Niederschlag aus, der nach dem Waschen mit Wasser getrocknet wird. Das so erhaltene Produkt wird pulverisiert und mit viel Alkohol ausgekocht. Die filtrierte alkoholische Lösung wird auf die Hälfte eingedunstet, dann bis zur beginnenden Trübung mit Wasser versetzt und nach neuerlichem Aufkochen und Filtrieren der Krystallisation überlassen, wobei beim Abkühlen sich das Solanin S in langen schmutzig weißen Nadeln abscheidet. Gereinigt wird es durch wiederholte Krystallisation aus 80proz. Alkohol.

Über die Konstitution des Solanins S gibt ein aus der Hydrolysengleichung sich ergebendes Schema ODDOs Aufklärung. Die Hydrolyse hatte gezeigt, daß 1 Mol. Solanin S in 2 Mol. Solanidins und je 1 Mol. d-Galaktose, d-Glucose und d-Rhamnose zerfällt.

| $HN < C_{18}H_{29}$—O— | CH—O— | —CH—O— | —CH—O— | —$C_{18}H_{29} > NH$ |
|---|---|---|---|---|
| | $(CHOH)_4$ | $(CHOH)_4$ | $(CHOH)_4$ | |
| | $CH_2OH$ | $CH_3$ | $CH_2OH$ | |
| Solanidin S | d-Glukose | Rhamnose | Galaktose | Solanidin S |

Das Solanin S $(C_{27}H_{48}O_9N)_2H_2O$, krystallisiert in Nadeln, die den Fp. 245—250° (u. Z.) zeigen, aus Methylalkohol in bei 275—280° schmelzenden Krystallen. Das in Wasser unlösliche Chlorhydrat zeigt den Fp. 265°, das Chloroaurat und Chloroplatinat sind mikrokrystallinisch. Es ist eine schwache sekundäre zweisäurige Base.

*Farbreaktionen.* Mit konzentrierter Schwefelsäure gibt das Solanin S eine gelbe Färbung, die sich über Rot, Violett nach Braun verwandelt, während mit alkoholischer Schwefelsäure nur eine blaßrosa Farbe entsteht. Eine auf 65—70° erhitzte Solanin-S-Lösung gibt auf Zusatz von einigen Tropfen Platinchlorwasserstoffsäure eine purpurviolette Färbung.

Bei der Hydrolyse (mit 2proz. Salzsäure) zerfällt das Solanin wie oben angedeutet in eine Reihe von Zuckern und als basische Substanz in das Solanidin S, $C_{18}H_{31}ON$ bzw. $(C_{18}H_{31}ON)_3 2H_2O$, das in weißen Schuppen vom Fp. 197—198° krystallisiert. $[\alpha]_D = -81° 23'$ (Benzol). Es ist eine in Äther schwerlösliche Base, die krystallisierte Salze gibt.

**Solanin aus Solanum tuberosum** (Solanin T). Das Solanin kann in verschiedenen Teilen der Kartoffelpflanze (Solanum tuberosum) nachgewiesen werden. Nach COLOMBANO enthalten die grünen Beeren der Kartoffelpflanze ca. 1 %, die Blüten ca. 0,6—0,7 % Solanin. Die Kartoffelknolle selbst enthält unter normalen Bedingungen durchschnittlich 0,012 % Solanin; frische gut eingekellerte Kartoffeln sollen sogar im Durchschnitt nur 0,002—0,004 % Solanin enthalten. Wenn man nun in Betracht zieht, daß etwa 70 % des Solaningehaltes in der Schale vorliegen, so ist die Frucht beinahe solaninfrei.

Die Lokalisierung des Solanins in der Kartoffelknolle wurde durch neue mikrochemische Saponinreaktionen mit Blutgelatine, auf die hier besonders hingewiesen wird, von R. FISCHER und JOHANNES THIELE (120) eingehend studiert. Dabei zeigte sich, daß das Solanin hauptsächlich in den ersten zehn Zellschichten des Speichergewebes lokalisiert ist. In den Schößlingen findet es sich im ganzen Querschnitt, wobei in der Rinde etwa achtmal so viel als im Mark nachgewiesen werden konnte. Mit der Schale gekochte Kartoffeln behalten ihr ganzes Solanin, während geschälte Kartoffeln nach dem Kochen nur noch Spuren enthalten.

Unter ungünstigen Bedingungen hingegen, z. B. bei erst im Dezember geernteten Kartoffeln, wurden Solaningehalte, die zwischen 0,02 und 0,079% lagen, nachgewiesen. Der Solaningehalt der Kartoffel wächst insbesondere beim Austreiben, und zwar vor allem in den Keimen und an jenen Stellen, von denen sie ausgehen. Die Untersuchung der Kartoffel auf Solaningehalte ist deswegen sehr wichtig, weil zahlreiche durch Kartoffelgenuß hervorgerufene Solaninvergiftungen beschrieben wurden.

In grünen Tomaten wurden 0,004%, in halbreifen 0,005% und in reifen Tomaten 0,0076% Solanin nachgewiesen.

Das aus Solanum tuberosum darstellbare Solanin, das auch dem käuflichen Solanin (Solanin puriss. crist. MERCK) zugrunde liegt, ist Gegenstand zahlreicher Untersuchungen geworden, die aber, schon was die Aufstellung der Bruttoformel anlangt, bei den verschiedenen Autoren nicht zu übereinstimmenden Resultaten geführt haben. Es sind für das Solanin folgende Formeln aufgestellt worden, von denen insbesondere die von ZEMPLEN und GERECS aufgestellte Formel die bis jetzt bei der Hydrolyse gemachten Erfahrungen am besten wiedergibt: $C_{52}H_{93}O_{18}N \cdot 4^1/_2 H_2O$ (FIRBAS), $C_{28}H_{47}O_{11} \cdot 2H_2O$ (CAZENEVEU und BRETEAU), $C_{42}H_{75}O_{12}N$ (DAVIS), $C_{32}H_{51}O_{11}N$ (COLOMBANO), $C_{52}H_{91}O_{18}N$ (HEIDUSCHKA und H. SIEGER [206]), $C_{44}H_{71}O_{15}N$ (ZEMPLEN und GERECS (643). Schon aus dieser Zusammenstellung ist zu ersehen, daß über die Einheitlichkeit dieser Stoffe bis jetzt keine Übereinstimmung in der Literatur zu finden ist. Auch der Fp. ist nach HEIDUSCHKA wegen der leichten Zersetzlichkeit und der Sublimierbarkeit des Solanins für die Charakterisierung der Reinheit nur von untergeordneter Bedeutung.

Nach seinen Angaben hat das von ihm untersuchte, aus MERCKschem Solanin entstammende gereinigte Solanin der Bruttoformel $C_{52}H_{91}O_{18}N$ folgende Konstanten: Fp. 254° in der zugeschmolzenen Kapillare unter Schäumen, nachdem schon bei 190° Gelbfärbung und Sintern eingetreten war. $[\alpha]_D = -42,16°$ (in 2proz. HCl-Lösung). Aus der alkoholischen Lösung fällt Chlorwasserstoffgas ein mikrokrystallinisches Chlorhydrat, Fp. 212° (u. Z.) (177° Sintern).

Durch Hydrolyse (2proz. Salzsäure) zerfällt dieses Solanin nach folgender Gleichung in je 1 Mol Solanidin, Glucose, Galaktose und Rhamnose,

$$C_{52}H_{91}O_{18}N + H_2O = C_{34}H_{57}O_2N + C_6H_{12}O_6 + C_6H_{12}O_6 + C_6H_{12}O_5$$

Einen gleichartigen Zerfall hatten auch ZEMPLEN und GERECS bei dem von ihnen untersuchten Solanin der Bruttoformel $C_{44}H_{71}O_{15}N$, $[\alpha]_D = -59,45°$, (Py.) festgestellt, das in je 1 Mol Solanidin, d-Glucose, Rhamnose und d-Galaktose zerfällt, wobei aber auch schon eine Aufklärung über die Reihenfolge der Anordnung der Zucker im Solanin erzielt werden konnte. Das Solanin zerfällt nämlich unter entsprechenden Bedingungen in ein Solanidinglucosid und eine Rhamnosidogalaktose, so daß angenommen werden muß, daß der Solanidinrest ursprünglich an ein Trisaccharid gebunden ist, in dem die Glucose-Galaktose-Rhamnose so aufeinander folgen, daß die Glucose mit dem basischen Bestandteil, dem Solanidin, direkt verbunden ist. Das von HEIDUSCHKA beschriebene Solanin ist fast unlöslich in Wasser, schwer löslich in kaltem, leichter in heißem Alkohol und Amylalkohol, unlöslich in Äther und Chloroform. Kaliumquecksilberjodid fällt Solanin noch bei 1 : 10000; Platinchlorwasserstoffsäure fällt bei 1 : 400, Phosphormolybdänsäure bei 1 : 4000, wobei purpurrote Niederschläge entstehen.

*Farbreaktionen.* Mit Schwefelsäure gibt es eine hellrötlichgelbe Färbung, die später sich über Rot nach Violett verfärbt.

**Solanidin,** $C_{34}H_{57}O_2N$ (HEIDUSCHKA und SIEGER), $C_{26}H_{41}ON$ (ZEMPLEN und GERECS), $C_{27}H_{43}ON$ (CL. SCHÖPF, R. HERRMANN [485a]); $C_{27}H_{43}ON$ (A. SOLTYS [507b]), krystallisiert aus Äther in fast rein weißen Nadeln vom Fp. 207°

bzw. 218—219°; es ist schwer löslich in Methylalkohol, Äthylalkohol, wenig löslich in Äther, Chloroform und Benzol. Es gibt ähnliche Farbreaktionen wie das Solanin. Die Salze krystallisieren schlecht.

Das Solanidin kommt frei auch in den Blättern und jungen Trieben von Solanum dulcamara (DAVIS), sowie auch in jenen der Kartoffel vor (JORISSEN und GROSJEAN). Der Nachweis des Solanidins ist, weil das Solanidin eine leicht sublimierbare Substanz darstellt, auch mit Hilfe der Mikrosublimation durchzuführen (EDER).

Wegen der übrigen, von anderen Autoren gemachten Angaben über Zusammensetzung und spezielle Eigenschaften der von ihnen dargestellten Solanine, muß auf die Spezialliteratur verwiesen werden.

*Quantitativer Nachweis und Bestimmung des Solanins in Kartoffeln* (A. BÖHMER und H. MATTHIS [37]). 200 g Kartoffeln werden verrieben, mit 250 cm³ Wasser abgespült und das Gemisch in einem Leinenbeutel mittelst Saftpresse stark abgepreßt; der Preßrückstand wird dreimal mit 250 cm³ Wasser + 5 Tropfen Essigsäure je $^1/_2$ Stunde digeriert und ausgepreßt. Die Preßflüssigkeit wird mit Ammoniak alkalisch gemacht, mit 10 g Kieselgur in einer Porzellanschale verdampft, wobei auf gute Mischung mit der Kieselgur zu achten ist. Der Rückstand wird 5 Stunden im Soxhlet mit 95proz. Alkohol extrahiert, zerrieben und nochmals 5 Stunden extrahiert, der Alkohol verdampft, der Rückstand in Wasser mit etwas Essigsäure gelöst, die Lösung mit Ammoniak schwach alkalisch gemacht; hierauf wird im Wasserbade bis zur flockigen Ausscheidung des Solanins erwärmt, filtriert, mit 2,5proz. Ammoniak gewaschen, nochmals in Alkohol gelöst, in gleicher Weise mit Ammoniak als farbloser Niederschlag gefällt, getrocknet und gewogen. In solaninreichen Kartoffeln werden 0,261—0,588 $^0/_{00}$, in normalen 0,020 bis 0,075 $^0/_{00}$ gefunden.

Auf eine weitere Methode des Solaninnachweises, die die Saponineigenschaften des Solanins, und zwar die hämolytische Wirkung des Solanins benützt, muß mit Rücksicht auf die subtile Durchführung der Reaktionen auf die Originalarbeiten von R. FISCHER (118), R. FISCHER und J. THIELE (120) verwiesen werden (siehe auch S. 682).

**Alkaloide der Veratrumarten** (s. S. 754). 1. Alkaloide des Sabadillsamens. Der Sabadillsamen, der Samen von Veratrum Sabadillae RETZ (Syn. Sabadilla officinalis BRANDT [Melanthioidae]) enthält eine Reihe von Basen, von denen vor allem folgende in ihrer Zusammensetzung einigermaßen charakterisiert sind:

1. Das krystallisierte Veratrin (Cevadin) $C_{32}H_{49}O_9N$ bzw.

$$C_{27}H_{42}O_7N \cdot O \cdot CO \cdot \overset{\displaystyle CH_3}{\overset{/}{C}}{=}CHCH_3$$

2. Das amorphe Veratrin (Veratridin), $C_{37}H_{53}O_{11}N$ [$C_{28}H_{44}O_7N \cdot OCO \cdot C_6H_3(OCH_3)_2$]. Ein Gemisch dieser beiden Basen bildet das medizinisch verwendete käufliche Veratrin.

3. Das Sabadillin (Cevadillin) $C_{34}H_{53}O_8N$ (WRIGHT u. LUFF) bzw.

$$C_{29}H_{46}O_6N \cdot OCO \cdot \overset{\displaystyle CH_3}{\overset{/}{C}} = CH \cdot CH_3.$$

4. Das Sabadin, $C_{29}H_{51}O_8N$ (MERCK).

Mengenmäßig treten die einzelnen Basen so auf, daß man aus 10 kg Sabadillsamenkörnern 60—70 g basische Verbindungen darstellen kann, aus denen wieder ca. 8—9 g reines krystallisiertes Veratrin, ca. 5—6 g Veratridin und ca. 2 bis 3 g Sabadillin isoliert werden können.

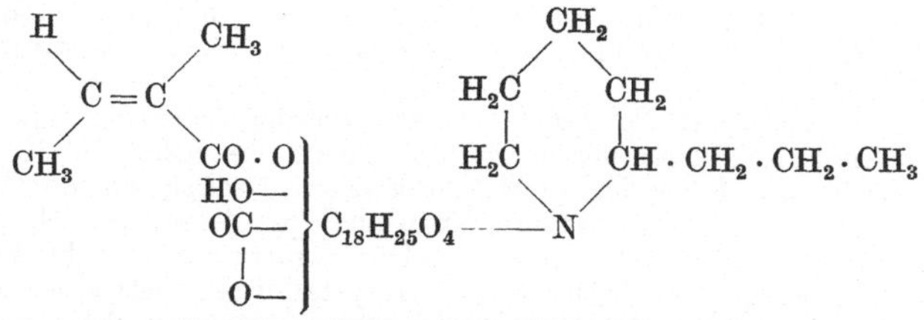

```
H        CH3                     CH2
 \      /                       /   \
  C = C                     H2C      CH2
 /      \                    |        |
CH3      CO · O |           H2C      CH · CH2 · CH2 · CH3
         HO—    |               \    /
         OC—    } C18H25O4 ------ N
          |     |
          O—    |
```

Cevadin nach MACBETH und ROBINSON (349).

Immerhin läßt die von MACBETH und ROBINSON (349) für das Cevadin vorgeschlagene Formel erkennen, daß im Cevadin neben der Angelicasäure ein noch unerforschter stickstofffreier Rest vorliegt, der mit einem Molekül Coniin in Verbindung steht, da das Cevadin bei verschiedenen Abbaureaktionen l-Coniin lieferte. Das Cevadin wäre demnach, allgemein betrachtet, als ein Abkömmling eines substituierten Coniins anzusehen.

Über den Aufbau der einzelnen Basen ist man, wie die folgende Übersicht zeigt, im allgemeinen orientiert. Die Basen sind zumeist Alkaminester, bei denen sowohl die Alkamine als auch die Säuren ihrer Natur nach verschieden sind. So zerfällt das krystallisierte Veratrin bei der Verseifung mit alkoholischer Kalilauge in das Alkamin Cevin, Angelicasäure und Tiglinsäure.

$$C_{32}H_{49}O_9N + H_2O = \underset{\text{Cevin}}{C_{27}H_{43}O_8N} + \underset{\text{Tiglinsäure}}{C_5H_8O_2}.$$

Auch Veratridin zerfällt beim Kochen mit alkoholischem Natron in das Alkamin Verin und Veratrumsäure.

$$C_{37}H_{53}O_{11}N + H_2O = \underset{\text{Verin}}{C_{28}H_{45}O_8N} + \underset{\text{Veratrumsäure}}{C_9H_{10}O_4}.$$

Schließlich zerfällt auch Sabadillin bzw. das ihm analoge Cevadillin bei der Verseifung in ein Alkamin Cevillin und Tiglinsäure.

Über die Natur der hier beschriebenen Alkamine ist noch nichts Abschließendes bekannt.

*Darstellung der Basen* (BOSETTI [40]). Die Samen werden zu einem Pulver zerkleinert und mit Alkohol, der auf je 100 Teile Samen 1 Teil Weinsäure enthält, bei Siedetemperatur extrahiert. Die eingeengten alkoholischen Lösungen werden nach Zusatz von Wasser vom Harze befreit. Das Filtrat wird mit Natriumcarbonat übersättigt und die freigemachten Basen in Äther aufgenommen, um sie der ätherischen Lösung neuerdings durch Ausschütteln mit weinsäurehaltigem Wasser zu entziehen. Nach neuerlichem Übersättigen mit Soda werden die freigemachten Basen wieder in Äther aufgenommen und zur ätherischen Lösung eine zur Bildung eines bleibenden Niederschlages notwendige Menge Benzol zugesetzt, wobei sich die Basen anfangs als klebrige Masse abscheiden. Ungefähr fünf Sechstel der Basen fallen dabei zuerst klebrig aus, dann schließlich beginnt die Abscheidung des krystallisierten Veratrins. Die klebrig ausfallenden Massen enthalten das amorphe Veratrin und das Cevadillin; sie werden durch Überführung in die unlöslichen Nitrate gereinigt und weiter zerlegt. Auf die von J. SCHWYZER (494) ausführlich beschriebene technische Darstellung des Veratrins wird hier noch besonders verwiesen.

*Quantitative Bestimmung des Veratrins in Sabadillsamen nach* KELLER (278). 15 g gepulverter Sabadillsamen (Sieb 5) werden mit 150 g Äther 1 Stunde lang maceriert, dann 10 g Ammoniak zugesetzt und nach einer weiteren Stunde mit 30 g Wasser kräftig geschüttelt. Nach zweistündigem Stehen werden nun 100 g Ätherlösung klar abgegossen und mit 1proz. Salzsäure ausgeschüttelt. Aus der salzsauren Lösung wird die Base wieder mit Ammoniak in Freiheit gesetzt, mit Äther aufgenommen und der nach dem Trocknen der ätherischen Lösung und dem Verjagen des Äthers zurückbleibende Rückstand gewogen. Er kann auch in 10 $cm^3$ säurefreiem Alkohol gelöst und unter Anwendung von Hämatoxylin mit n/10 Salzsäure titriert werden (1 $cm^3$ n/10 Salzsäure entsprechen 0,0625 g Alkaloid).

Der mikrochemische Nachweis der Sabadilla-alkaloide in der Pflanze kann nach den Angaben von G. KLEIN, E. HERNDLHOFER und O. TRÖTHANDL (296) wie folgt durchgeführt werden: Ungefähr 0,1 g gepulverter Samen (Semen Sabadillae) wird mit 96proz. Alkohol extrahiert, der Extrakt wird stehen gelassen oder im Vakuum vom Alkohol befreit und angetrocknet. Mit diesem Rückstand (von 0,1 g Ausgangsmaterial) gelingen die folgenden Reaktionen noch reichlich:

1. Ein aliquoter Teil des Rückstandes wird im Glasring (eventuell mit einem Tropfen Phosphorsäure) sublimiert. Das Sublimat zeigt in einem Fettbelag die Kryställchen von Veratrumsäure, welche die folgenden charakteristischen Reaktionen mit Calciumchlorid und Bromwasser ergeben. (Die Sublimation geht in analoger Weise vor sich, wenn man das Samenpulver direkt zur Sublimation benützt.) Die Veratrumsäure gibt auf Zusatz von 2proz. Calciumchloridlösung eine Fällung von Krystalldrusen (Erfassungsgrenze 50 $\gamma$); beim Versetzen der sublimierten Veratrumsäure-krystalle mit überschüssigem Bromwasser bzw. noch besser Bromwasser und Kaliumbromidlösung entsteht das in charakteristischen Nadeln krystallisierende Dibromveratrol. Mikroschmelzpunkt 79—83° (Erfassungsgrenze 5 $\gamma$).

2. Eine zweite Portion des Rückstandes wird am Objektträger mit einem Tropfen heiß gesättigter alkoholischer Kalilauge über kleiner Flamme bis zur Blasenbildung erhitzt. Beim Erkalten fallen Nadeln und Plättchen von Cevinkalium aus, die sich von den Krusten und Büscheln der sich mitausscheidenden Lauge immer unterscheiden lassen.

3. Ein dritter Teil des Extraktes wird mit einem Überschuß der alkoholischen Lauge im Mikrorückflußkühler 20 Minuten im Sieden erhalten; nach dem Abkühlen wird die Lösung mit Phosphorsäure angesäuert und im Mikrodestillationsapparat destilliert. Die überdestillierten Säuren lassen sich im Destillate schon *geruchsmäßig* erkennen.

Das Destillat wird entweder im Vakuumexsiccator eingetrocknet oder mit Äther ausgeschüttelt. Nach dem Abdunsten des Äthers gibt der Rückstand das charakteristische Kupfersalz der Angelica- und Tiglinsäure (blaugrüne Prismen und Drusen). Als Reagens empfiehlt es sich eine Lösung zu verwenden, die folgendermaßen hergestellt wird: 0,5 g Cuprichlorid werden in 20 $cm^3$ Methylalkohol gelöst, mit 20 $cm^3$ Glycerin gemischt und nun so lange Ammoniak hinzugefügt, bis nach gutem Umschütteln eine eben noch bestehende Trübung der Lösung wahrzunehmen ist.

**Krystallisiertes Veratrin (Cevadin),** $C_{32}H_{49}O_9N$. Das krystallisierte Veratrin, auch Cevadin genannt, krystallisiert aus Alkohol in rhombischen Prismen, häufig mit 2 Mol.

```
                                          CH2
   H\     /CH3                           /  \
     C=C<                            H2C    CH2
     |    \CO·O—  )                   |      |
    CH3           |                  H2C    CH·CH2·CH2·CH3
           HO—    |                     \   /
                  } C18H25O4—  —N
           OC—    |
           |      |
           O—     )
```

Cevadin nach MACBETH und ROBINSON (349).

Krystallalkohol. Fp. 205° (trocken), $[\alpha]_D^{17} = +12{,}5°$ (Alkohol). Es ist leicht löslich in Äther, heißem Alkohol, unlöslich in Wasser. Es ist sehr giftig und wirkt schon, in den kleinsten Mengen in die Nase gebracht, heftig niesenerregend. Es gibt ein krystallisiertes Chlorhydrat, Nitrat, Chloroaurat, $B \cdot HAuCl_4$, gelbe Nadeln, Fp. 182° u. Z., während das Chloroplatinat amorph ausfällt.

*Farbreaktionen.* Cevadin gibt mit konzentrierter Salzsäure eine Violettfärbung, die beim Erhitzen rot wird; mit konzentrierter Schwefelsäure gibt es eine gelbe Färbung, die auch schließlich rot wird. Eine Mischung von Veratrin und der 2—4fachen Menge Rohrzucker wird beim Durchmischen mit konzentrierter Schwefelsäure erst gelb, dann grasgrün und schließlich blau.

Das dem Cevadin entsprechende Alkamin, das bei der Verseifung neben Angelicasäure $\begin{matrix} CH_3 \\ H \end{matrix}\!\!>C{=}C\!<\!\!\begin{matrix} CH_3 \\ COOH \end{matrix}$ entsteht, ist das Cevin, $C_{27}H_{43}O_8N \cdot 3^1/_2H_2O$. Es krystallisiert aus verdünntem Alkohol[1] in Prismen, die bei 195° schmelzen (sintern 165—170°), $[\alpha]_D = -17{,}52°$ (Alkohol). Das Cevin reduziert FEHLINGsche Lösung und gibt mit alkoholischem Kali eine charakteristische Kaliverbindung. Krystallisierte Salze: Chlorhydrat, $B \cdot HCl$, Nadeln, Fp. 247°; Chloroaurat Fp. 162 (u. Z.); Jodmethylat, $B \cdot CH_3J \cdot 2H_2O$, Fp. 257°.

**Veratridin: amorphes Veratrin,** $C_{37}H_{53}O_{11}N$. Das Veratridin ist eine amorphe, firnisartige Substanz vom Fp. 180°. Es gibt ein in Wasser unlösliches Nitrat und ein in Nadeln ausfallendes Sulfat. Durch Kochen mit alkoholischer Natronlauge zerfällt es in das Alkamin

[1] Darstellung s. M. FREUND u. H. P. SCHWARZ (139).

Verin und Veratrumsäure. Das Verin, $C_{28}H_{45}O_8N$ (?), ist eine gelbe amorphe, dem Cevin sehr ähnliche Verbindung, Fp. 132°.

**Sabadin,** $C_{29}H_{51}O_8N$. Das Sabadin von MERCK, aus den Sabadillsamen hergestellt, krystallisiert aus Äther in bei 238—240° u. Z. schmelzenden Nadeln. Es ist leicht löslich in Aceton und Alkohol, unlöslich in Petroläther. Krystallisierte Salze: Chlorhydrat, $B \cdot HCl \cdot 12H_2O$, Nadeln, vom Fp. 282—284° u. Z., das in Wasser schwerlöslichen Nadeln krystallisierende Nitrat und das in goldgelben Nadeln krystallisierende Chloroaurat.

**Alkaloide der weißen Nieswurz** (s. S. 752). Auch in anderen Veratrumarten, in den Wurzeln der weißen Nieswurz (Veratrum album) und verwandten Arten, z. B. Veratrum, viride AIT, und Veratrum Lobelianum BERH., sind neben geringen Mengen des oben geschilderten Veratrins noch eine Reihe weiterer Basen nachgewiesen worden, die in ihrer Zusammensetzung zwar erkannt, aber in ihrem Aufbau noch vollkommen unerforscht sind, weshalb hier auf diese Alkaloide nur kurz in Form einer Übersicht verwiesen wird. Beschrieben wurden bis jetzt:

1. das Jervin, $C_{26}H_{37}O_3N \cdot 2H_2O$, Fp. 238—242°, Prismen,
2. das Pseudojervin, $C_{29}H_{43}O_7N$, Fp. 300—307°, hexagonale Tafeln,
3. das Rubijervin, $C_{26}H_{43}O_2N \cdot H_2O$, Fp. 240—246°, Prismen,
4. das Protoveratrin, $C_{32}H_{51}O_{11}N$, Fp. 245—250°, vierseitige Plättchen,
5. das Protoveratridin, $C_{26}H_{45}O_8N$, Fp. 265°, vierseitige Täfelchen.

Über die genauen Daten der Darstellung muß auf die Spezialliteratur verwiesen werden (WRIGHT und LUFF [636]), SIMON (496), SALZBERGER (465), BREDEMANN (Bestimmung des Alkaloidgehaltes [45]).

**Alkaloide von Corynanthe Yohimbe** (s. S. 748). Die Rinde und die Blätter der in Westafrika heimischen Rubiacee Corynanthe Yohimbe, des Yohimbe-Baumes, und die Rinde des im französischen Kongo wachsenden Baumes Pausinystalia Trillesii PIERRE enthalten eine Reihe basischer Stoffe, von denen als Hauptalkaloide das Yohimbin zuerst von SPIEGEL, später von einer großen Anzahl von Forschern wie THOMS, BARGER und FIELD, DANKWORTT, FOURNEAU und PAGE, KARRER u. SIEDLER, WARNAT (603), STEDMAN, SPÄTH, LILLIG und KREITMAIR (345) und in der letzten Zeit vor allem von HAHN und seinen Mitarbeitern (192) eingehend untersucht wurde. Der Umstand, daß es von einer Reihe sehr ähnlicher Nebenbasen begleitet wird, hat dazu geführt, daß die Reindarstellung der einzelnen Basen wie auch die Aufhellung der Zusammenhänge der Konstitution große Schwierigkeiten bereitet hat. Allgemein ist über die Konstitution festzuhalten, daß das Yohimbin seinem Aufbau nach ein Methylester ist, dem als Säure die sog. Yohimboasäure zugrunde liegt. Durch Verseifung kann das Yohimbin leicht in die Yohimboasäure, die Yohimboasäure wieder hingegen leicht durch Veresterung in das Yohimbin rückverwandelt werden.

$$\text{Yohimbin } C_{21}H_{26}O_3N_2 \underset{\text{Veresterung}}{\overset{\text{Verseifung}}{\rightleftarrows}} \text{Yohimboasäure } C_{20}H_{24}O_3N_2$$

Diese Eigenschaft der leichten Verseifbarkeit der Ester und leichten Veresterbarkeit der den in der Natur vorkommenden Estern zugrunde liegenden Säuren, die ja sicher beim Aufbau in der Pflanze die Rolle eines Zwischenproduktes spielen, hat die Trennungsmethodik der einzelnen isomeren Basen sehr gefördert, da man sowohl die Ester als auch die Aminosäuren für die Trennungsmethoden heranziehen konnte.

Neben dem Hauptalkaloid

| | |
|---|---|
| Yohimbin $C_{21}H_{26}O_3N_2$, Fp. 234—234,5° bzw. 235°, $[\alpha]_D^{20} = +107{,}9°$ (Pyridin) | und der ihm entsprechenden Yohimboasäure $C_{20}H_{24}O_3N_2$, Fp. 265—269°, $[\alpha]_D^{20} = +138{,}8°$ (Pyridin) |

sind vor allem aus technischen Endlaugen von HAHN und seinen Mitarbeitern, sowie auch von anderen Autoren eine Reihe von Nebenalkaloiden beschrieben worden. Da auch noch eine Reihe von anderen Alkaloiden hinsichtlich ihrer Konstitution in die Gruppe des Yohimbins gehören, sind mit den Nebenalkaloiden des Yohimbins auch diese Körper in die folgende Tabelle aufgenommen worden:

| Alkaloid | Zersetzungs-Punkt | Drehung | Krystall-wasser | Krystallform | Anmerkung |
|---|---|---|---|---|---|
| *Yohimben* | 278° | + 43,7° Py | — | rhombische Blättchen | G. HAHN u. W. BRANDENBERG (189) |
| Yohimbenchlorhydrat | 234° | — 8,8° $H_2O$ | 3 $H_2O$ | Nadeln | |
| Yohimbensäure | 230° | — 17,1° Py | 2 $H_2O$ | rhombische Tafeln | |
| Yohimbol | 306° | — 100° Py | — | Nadeln aus $C_2H_5OH$ | |
| Dehydrierungsprodukt | 211° | Keine | — | Nadeln aus Benzol | |
| *Alloyohimbin* | 135—140° | — 72,7° Py | 3 $H_2O$ | Blättchen aus $C_2H_5OH$ | G. HAHN u. W. BRANDENBERG (189), identisch mit „*Dilydroyohimbin*" von K. WARNAT (603) |
| Chlorhydrat | 279° | + 30,3° $H_2O$ | — | Nadeln | |
| Alloyohimboasäure | 250° | — 79,5° Py | 1 $H_2O$ | sechsseitige kurze Prismen | |
| *Isoyohimbin* | 238° | + 108,8° Py | — | Nadeln aus verdünntem $C_2H_5 \cdot OH$ | G. HAHN u. W. BRANDENBERG (190) |
| Chlorhydrat | 299—300° | + 100,0° ($H_2O$) | — | Nadeln | |
| Isoyohimboasäure | 269—270° | + 146,0° Py | 1 $H_2O$ | kurze derbe Prismen | |
| *Yohimbin* | 234—235° | + 107,9° Py | — | Nadeln | WARNAT (603) |
| Chlorhydrat | 298—300°, 302° | + 102,9° $H_2O$ | — | Blättchen | |
| Yohimboasäure | 265—269° | + 138,8° Py | 1 $H_2O$ | Prismen | HAHN und JUST (191) |
| α-*Yohimbin* | 246° | — 25,05° $C_2H_5OH$ | — | — | LILLIG u. KREITMAIR (MERCK) (346), ist identisch mit dem „*Isoyohimbin*" (WARNAT) (603) |
| Chlorhydrat | 286° | + 58,3° $H_2O$ | — | — | |
| α-Yohimboasäure ($H_2O$-frei) | 280° | + 56,9° Py | — | — | |
| α-*Yohimbin* | 235° | — 22,5, — 9,3° Py | — | Nadeln aus verdünnter $C_2H_5OH$ | G. HAHN u. W. SCHUCH (194), identisch mit dem α-Yohimbin von LILLIG u. KREITMAIR |
| Chlorhydrat | 286° | + 55,0° $H_2O$ | — | Nadeln | |
| α-Yohimboasäure | 287° | +49,6° Py | 1 $H_2O$ | derbe Prismen | |
| γ-*Yohimbin* | 100° 240° Zers. | — 28,3° Py | 3 $H_2O$ | Blättchen aus $C_2H_5OH$ | G. HAHN u. W. SCHUCH (193) |
| Chlorhydrat | 312° | + 37,6° $H_2O$ | — | Nadeln | |
| γ-Yohimboasäure | 250° | + 88,1° Py | 1 $H_2O$ | schlanke Prismen | |
| *Quebrachin* | 235° | + 107,9° Py | — | Nadeln aus verdünnter $C_2H_5OH$ | G. HAHN u. F. JUST (191), FOURNEAU u. PAYE identisch mit Yohimbin WARNAT (603 b) |
| Chlorhydrat | 282° | + 102,9° $H_2O$ | — | Blättchen | |
| Quebrachosäure | 269° | + 138,8° Py | 1 $H_2O$ | kurze derbe Prismen | |
| *Korynanthin* | 242° | — 125° (97% $C_2H_5OH$) | 2—3 $H_2O$ | Nadeln | FOURNEAU |
| Chlorhydrat | 285—290° | — 63° $H_2O$ | — | Nadeln | FOURNEAU |
| Korynanthesäure | 256° | — 58,0° Py | 2 $H_2O$ | zu Drüsen vereinigte breite Nadeln | |

Die obige Zusammenfassung der bis jetzt bekannten Basen ergibt, daß in den natürlichen Basengemischen das Yohimbin von den Nebenalkaloiden Isoyohimbin, Alloyohimbin, Yohimben, $\alpha$-Yohimbin und $\gamma$-Yohimbin begleitet wird. Das aus Cortex Quebracho blanco der Rinde einer Apocynacee von HESSE isolierte Quebrachin hat sich nach chemischen Untersuchungen von E. FOURNEAU und PAGE (131), G. HAHN und F. JUST (191) sowie K. WARNAT (603 b) und pharmakologischen Untersuchungen von RAYMOND und HAMET (431) mit dem Yohimbin als identisch erwiesen.

Auf weitere entweder noch nicht ganz eindeutig erfaßte oder auch noch nicht in ganz klarem Zusammenhang mit dem Hauptalkaloid gebrachte Basen aus den Mutterlaugen kann nur kurz verwiesen werden. Es sind dies das von P. KARRER und H. SALOMON (271) beschriebene Pseudoyohimbin und das Corynanthein. Das Pseudoyohimbin krystallisiert in rhombischen Tafeln vom Fp. 264—265$^0$ und unterscheidet sich von dem isomeren Yohimbin durch seine Schwerlöslichkeit in siedendem Alkohol. Das Corynanthein $C_{22}H_{28}O_4N_2$ enthält eine Methoxylgruppe mehr als das Yohimbin und konnte als freie Base bis jetzt nicht krystallisiert gewonnen werden. Es unterscheidet sich vom Yohimbin und Pseudoyohimbin durch die Schwerlöslichkeit seines Chlorhydrates in Chloroform.

Eine andere amorphe Base, $C_{20}H_{24}O_3N_2$, vom Fp. 135$^0$, deren Salze auch nicht krystallisiert erhalten werden konnten, wurde von P. W. DANKWORTT und P. LUY (75) beschrieben.

In dieselbe Gruppe von Basen gehört auch das von E. FOURNEAU und FIORE (130) beschriebene, aus Pseudocinchona africana dargestellte Corynanthin, dessen Zugehörigkeit zu dieser Reihe durch die von G. HAHN und W. SCHUCH (194) durchgeführte Untersuchung der Corynanthesäure wahrscheinlich gemacht wurde.

Schließlich soll nach den Angaben von H. KONDO, F. FUKUDA und M. TOMITA (311) das aus der Rubiacee Ouronparia rhynchophylla Matsum dargestellte Rhynchophyllin $C_{22}H_{28}O_4N_2$ mit dem Yohimbin in nahem Zusammenhange stehen.

Aus den Untersuchungen von G. HAHN und seinen Mitarbeitern ergibt sich, daß die Charakterisierung der einzelnen Basen der Yohimbe-reihe nicht durch die Bestimmung der Zersetzungspunkte der einzelnen Basen allein erfolgen darf, sondern daß es notwendig ist, auch die optische Aktivität und die Krystallform der Basen beim Vergleiche zu berücksichtigen; weiter ist es notwendig, auch die bei der Verseifung erhältlichen, den Basen zugrunde liegenden Säuren in derselben Weise eindeutig zu charakterisieren, um die richtigen Anhaltspunkte über die Identität oder Nichtidentität der einzelnen sehr ähnlichen Stoffe zu erhalten.

Die Zusammengehörigkeit dieser einzelnen Basen konnte von G. HAHN und seinen Mitarbeitern auch auf chemischem Wege bewiesen werden. So ergaben Yohimbensäure, Isoyohimboasäure, Yohimboasäure, $\gamma$-Yohimboasäure und Quebrachosäure bei der Decarboxylierung (Erhitzen mit Natronkalk bei 0,01 bis 0,02 mm Druck auf 250$^0$) das gleiche Decarboxylierungsprodukt, der Zusammensetzung $C_{19}H_{24}ON_2$, das Yohimbol genannt wurde. Weiter lieferten mit Selen dehydriert Yohimben, Alloyohimbin, Isoyohimbin, Yohimbin $\alpha$- und $\gamma$-Yohimbin und Quebrachin das gleiche Dehydrierungsprodukt vom Fp. 211$^0$, so daß auch aus dieser Tatsache der nahe Zusammenhang des Aufbaues der einzelnen Basen erhellt. Das Alloyohimbin ergab bei der Decarboxylierung das Alloyohimbol (Zp. 230$^0$, $[\alpha] = +144^0$) und dürfte ein hydriertes Produkt dieser Reihe darstellen.

Auch in der Frage der Aufhellung der Konstitutionsunterschiede zwischen den einzelnen Yohimbe-alkaloiden konnten G. HAHN und W. STENNER (195) gewisse Anhaltspunkte namhaft machen, die sich aus dem eingehenden Studium der chemischen Eigenschaften der einzelnen Säuren ergaben.

Der Vergleich verschiedener chemischer Eigenschaften, sowie der Vergleich des Säurecharakters der den Naturstoffen zugrunde liegenden Säuren mit den isomeren Pyridincarbonsäuren hat es nahegelegt, die Yohimbensäure als $\alpha$-Carbonsäure, die Isoyohimboasäure als $\beta$-Carbonsäure und die Yohimboasäure selbst als $\gamma$-Carbonsäure aufzufassen. Auch hinsichtlich der pharmakologischen Wirksamkeit sind die einzelnen Säuren verschieden. Die als $\alpha$-Carbonsäure aufgefaßte Yohimbensäure und die als $\gamma$-Carbonsäure aufgefaßte Yohimboasäure sind viel stärkere Gifte als die als $\beta$-Carbonsäure aufgefaßte

Isoyohimboasäure, was mit der pharmakologischen Differenzierung der einzelnen Pyridincarbonsäuren übereinstimmt. Da diese Vorstellungen über den Konstitutionszusammenhang der einzelnen Yohimboasäuren vielfach bis jetzt nur auf Analogieschlüssen aufgebaut sind, müssen sie in Zukunft noch eingehend experimentell bewiesen werden; sie bieten aber immerhin einen Weg, die Isomerieverhältnisse der einzelnen Basen zu formulieren und weiter zu verfolgen.

*Darstellung des Yohimbins.* Das Yohimbin wird nach J. SCHWYZER (492) auf folgendem Wege dargestellt: 1 kg Yohimbe-rinde wird in einer starken Kaffeemühle möglichst fein gemahlen. Das Rindenpulver wird mit einer kleinen Gießkanne mit 7proz. Sodalösung zur Freimachung der Alkaloide besprengt, wobei während des Besprengens das Material mit einem Holzspatel gemischt wird. Dabei soll das Rindenpulver nur so feucht sein, daß eine Probe sich in der Hand zusammenpressen läßt, aber beim Öffnen der Hand wieder auseinanderfällt. Die Extraktion des Rindenmaterials wird am besten im Soxhletapparat mit Äther durchgeführt. Man kann sie aber auch durch Extraktion des Materials im Kolben durchführen, muß aber dann den Äther immer wieder abdekantieren und die Extraktionen so lange fortsetzen, bis das Material erschöpft ist. Als besonders wesentlich wird dabei Wert darauf gelegt, daß der Extraktionsapparat womöglich nur aus Glas besteht, da das empfindliche Yohimbin bei Berührung mit Metall auch in Form seines Oxalates einen gelbbraunen Stich bekommt, der nicht wieder entfernt werden kann. Der ätherische Extrakt aus der Rinde wird in einem Kolben abdestilliert, der außer dem Ätherextrakt noch 400 cm$^3$ Wasser, in dem 40 g Oxalsäure gelöst ist, enthält. Dabei gehen die Alkaloide der Rinde in die wäßrige Oxalsäurelösung, während der Äther abdestilliert und von neuem zur Extraktion verwendet werden kann. Die Oxalate der Basen bilden eine dunkelgelbe wäßrige Lösung, die zuerst durch ein Faltenfilter filtriert, hierauf in einem Glasstutzen mit mechanischem Rührer 2—3 Stunden mit 30 g Zinkstaub behandelt wird, wobei die Reaktion der Lösung immer deutlich sauer bleiben soll. Die Lösung hellt sich dabei deutlich auf; sie wird nach der angegebenen Zeit durch ein Faltenfilter in einen Scheidetrichter filtriert. In dem Scheidetrichter wird die Lösung der Oxalate mit 200 cm$^3$ Äther überschichtet; durch Zusatz von filtrierter Sodalösung werden nun die Basen in Freiheit gesetzt und vom Äther aufgenommen. Die wäßrige Lösung wird nun abgetrennt und verworfen. Aus der ätherischen Lösung werden nun die Alkaloide mit alkoholischer Salzsäure gefällt. Diese Operation wird so durchgeführt, daß anfangs je 1—1,5 cm$^3$ Salzsäure, später aber weniger zugesetzt wird. Beim Zusatz der Salzsäure entsteht eine Trübung, die sich beim Umschütteln der Lösung als harzige Masse an der Wand des Scheidetrichters absetzt. Der Punkt der vollständigen Ausfällung muß möglichst genau erreicht werden, weil ein Übersäuern der Lösung zu Yohimbinverlusten führt. Aus diesem Grunde erfolgt auch die Neutralisation so vorsichtig. Die Yohimbealkaloide kleben am Ende der Neutralisation als hellgelbes Harz an der Wand des Scheidetrichters. Der Äther wird nun abfließen gelassen und möglichst vollständig von dem zurückbleibenden Harz getrennt. Das im Scheidetrichter zurückbleibende Harz wird mit 200 cm$^3$ reinem Aceton oder Methyläthylketon versetzt und energisch durchgeschüttelt. Dabei gehen die Nebenalkaloide mit gelber oder bräunlicher Farbe in Lösung, während das reine Yohimbinchlorhydrat als weißes Pulver ungelöst zurückbleibt. Nach etwa 1—2stündigem Schütteln ist diese Trennung vollständig, worauf dann das farblose Yohimbinchlorhydrat abgenutscht und mit Aceton oder Methyläthylketon gründlich gewaschen wird.

Die Trennung der Nebenbasen des Yohimbins wird am vorteilhaftesten mit den *Endlaugen* der *technischen Yohimbindarstellung* durchgeführt. Die Methodik dieser Trennung ist von HAHN und W. BRANDENBERG (192) unter folgenden Gesichtspunkten ausgearbeitet worden: Die Trennung der Nebenalkaloide beruht auf der Benützung der verschiedenen Basizität der einzelnen Stoffe. Ausgehend von einer wäßrig-ammoniakalischen Lösung der Aminosäuren konnte festgestellt werden, daß bei sinkender Ammoniakkonzentration die stärker basischen und schwerer löslichen Aminosäuren sich zuerst abscheiden. So wurde als stärkst basische Säure zuerst die Yohimbensäure und in den später ausfallenden Fraktionen auch die Alloyohimbensäure gewonnen, die dann wieder durch die unterschiedliche Löslichkeit der Chlorhydrate gereinigt werden (das Chlorhydrat der Yohimbensäure ist in 2n Salzsäure unlöslich). Die Trennung der noch in dem Gemisch verbleibenden Yohimboasäure und Iso-yohimboasäure wird nach der Veresterung der freien Aminosäure mit absolutem Äthylalkohol und Chlorwasserstoff durchgeführt, wobei einerseits das schwer lösliche Yohimbäthylinchlorhydrat, andererseits das in der Mutterlauge verbleibende und daraus isolierbare leichter lösliche Iso-yohimbäthylinchlorhydrat gewonnen werden kann.

Das *Yohimbin*, $C_{21}H_{26}O_3N_2$, krystallisiert aus verdünntem Alkohol in mattglänzenden weißen Nadeln, die den Fp. 234—234,5° bzw. 235° zeigen, $[\alpha]_D = +107{,}9°$ (Pyridin). Es ist leicht löslich in Chloroform und Alkohol und heißem Benzol, schwerer löslich in Äther, sehr schwer löslich in Wasser. Krystallisierte Salze: Chlorhydrat, Fp. 298°—300°, 302° u. Z., $[\alpha]_D = +102{,}9°$ ($H_2O$) schwer löslich in kaltem Wasser; Nitrat, Fp. 276° (schwer löslich in Wasser); Rhodanid, Fp. 233—234° u. Z. (aus heißem Wasser umkrystallisiert).

Jodmethylat, $B \cdot CH_3J \cdot H_2O$, Fp. 250°. Das Yohimbin gibt mit Phosphormolybdänsäure, Phosphorwolframsäure, wie auch mit Pikrinsäure Niederschläge.

*Farbreaktionen.* Yohimbinchlorhydrat gibt in konzentrierter Schwefelsäure gelöst auf Zusatz eines Körnchens Kaliumbichromat violett gefärbte Schlieren, die schnell in Schieferblau übergehen, bis die Lösung schließlich schmutziggrün gefärbt ist. Aus Zusatz von Chlorkalk färbt sich eine Lösung von Yohimbin in konzentrierter Schwefelsäure zuerst grün, dann orangerot. Auf Zusatz von Vanadinschwefelsäure entsteht eine dunkelblauviolettstichige Färbung, die allmählich über Grüngelb in Rot übergeht. Beim Eindampfen mit konzentrierter Salpetersäure hinterläßt das Yohimbinchlorhydrat einen gelben Rückstand, der sich beim Befeuchten mit Ammoniak blaurot färbt.

Mit FRÖHDES Reagens (Ammoniummolybdat in konzentrierter Schwefelsäure) gibt Yohimbin eine Tiefblaufärbung, mit MILLONschem Reagens eine tiefbraunrote Färbung. Mit einem Tropfen absoluter alkoholischer Benzaldehydlösung und etwas konzentrierter Schwefelsäure entsteht zuerst eine dunkelbraune Färbung, die dann langsam an den Rändern zuerst kirschrot, dann violett wird.

Schließlich muß noch auf die von G. DENIGES (80) herrührende mikrokrystallographische Methode der Identifizierung des Yohimbins verwiesen werden.

*Quantitative Yohimbinbestimmung.* Das Yohimbin kann sowohl gravimetrisch als auch titrimetrisch bestimmt werden[1]. Das Verfahren von VOGTHERR und KING (588) verwendet 50 g pulverisierte Rinde (Sieb 4), die mit 30 $cm^3$ Ammoniak (D 0,19) vermischt, durch das Sieb 3 hindurchgepreßt und 1 Stunde am Rückflußkühler mit 270 $cm^3$ Chloroform extrahiert wird. Nach dem Kolieren, Abpressen wird noch einmal mit 220 und 200 $cm^3$ Chloroform extrahiert. Die filtrierten Extrakte werden auf 100 $cm^3$ eingedampft und viermal mit je 30 $cm^3$ 1proz. Essigsäure erschöpft; hierauf werden die essigsauren Lösungen mit etwas schwefeliger Säure versetzt, filtriert, nachgewaschen und mit 50 $cm^3$ Äther extrahiert. Nun wird nach dem Alkalischmachen mit Ammoniak mit Äther erschöpfend extrahiert, die vereinigten ätherischen Lösungen werden mit Wasser gewaschen, mit Natriumsulfat getrocknet, filtriert und der Äther verjagt. Mit dem letzten Rest des zurückbleibenden Lösungsmittels bringt man den Extrakt in einen Erlenmeyerkolben (30 $cm^3$ Inhalt), spült nach und befreit restlos vom Lösungsmittel. Der Rückstand wird in 3 $cm^3$ absolutem Alkohol gelöst, mit 4 Tropfen Salzsäure (D 1,19) versetzt und die über Nacht ausgeschiedenen Krystalle auf einem gewogenen Filter gesammelt, mit 4—5 $cm^3$ eines Gemisches von absolutem Alkohol und Äther 1 : 3 nachgespült und tropfend ausgewaschen. Nach dem Trocknen wird das Chlorhydrat gewogen (Fp. 285—287°).

## Literatur.

(*1*) AHRENS: B. **35**, 1330 (1902). — (*2*) ALLEN: Commercial organ. Analysis, 4. Aufl., S. 495. — (*3*) ALLAN-MALIN-PUNKALAIDUN: Ber. Dtsch. Pharm. Ges. **17**, 60 (1907); C. **1907 I**, 1057. — (*4*) ANDERSON: C. **1911 II**, 1245. — (*5*) ANDREWS: Soc. Chem. **99**, 1876 (1911). — (*5a*) Amer. Chem. Journ. **13**, 123; Ztschr. f. anal. Ch. **40**, 70; **32**, 270 (1901). — (*6*) C. **1912 I**, 357. — (*7*) Trans. Chem. Soc. **99**, 1871 (1911). — (*7a*) ANGELIS, M. DE: Atti R. Accad. dei Lincei, Roma **30**, 328 (1921); C. **1922 III**, 381. — (*8*) ANNELER, E.: Arch. der Pharm. **258**, 130 (1920). — (*9*) ANNETT, H. E., u. Mitarbeiter: Analyst **45**, 321 (1920); **48**, 16—18 (1922); C. **1921 II**, 202; **1923 II**, 886. — (*10*) ARNAUD: C. R. D. **93**, 593 (1881); **97**, 174 (1883); C. **1881**, 788; C. **1883**, 612. — (*11*) ASAHINA: Arch. der Pharm. **247**, 202 (1909); C. **1909 II**, 548. — (*11a*) ASAHINA, Y., u. Mitarbeiter: C. **1922 I**, 357; C. **1923 III**, 248; C. **1926 II**, 2728; C. **1927 I**, 1478, 1479; C. **1927 II**, 1848; C. **1928 I**, 1776, **II 58**; C. **1930 I**, 1313. — (*12*) ASAHINA, Y., u. M. INUBUSE: B. **63**, 2053 (1930). — (*13*) ASAHINA u. MOTIGASE: Journ. Pharm. Soc. Jap. **1920**, 766. — (*14*) ASAHINA, Y., T. OHTA u. M. INUBUSE: B. **63**, 2045 (1930); C. **1930 II**, 2655. — (*14a*) ASAHINA, Y., R. H. F. MANSKE u. R. ROBINSON: Soc. **1927**, 1708. — (*14b*) ASAHINA, Y., u. SH. OSADA: C. **1927 I**, 1479. — (*15*) ASTON, B. C.: Journ. Chem. Soc. London **97**, 1381; C. **1910 II**, 817.

[1] Siehe die Titrationsmethode von BRAND (41), die gravimetrische Methode von A. SCHOMER (487).

(16) BAGGESGAARD RASMUSSEN, H.: Ztschr. f. anal. Ch. **55**, 81 (1916). — (17) BARGER u. CARR: Journ. Chem. Soc. London **91**, 337 (1907); C. **1907 I**, 1435. — (18) BARGER u. EWINS: Journ. Chem. Soc. London **113**, 235 (1918); C. **1919 I**, 658; siehe auch C. **1910 I**, 1363. — (19) BARGER, G., u. A. GIRARDET: Acta helv. Chem. **14**, 481 (1931); C. **1931 II**, 61. — (19a) BARGER, G., J. EISENBRAND u. E. SCHLITTLER: Ber. **66**, 450 (1933). — (19b) BARGER, G., u. E. SCHLITTLER: Helv. Acta chim. **15**, 381, 394 (1932); C. **1932 I**, 2853, 2854. — (20) BARGER, G., u. R. SILBERSCHMIDT: Journ. Chem. Soc. London **1928**, 2919; C. **1929 I**, 541. — (21) BATTANDIER: C. R. D. **1895 I**, 270. — (21a) BAUER: Analytische Chemie der Alkaloide, S. 270 bis 332. 1921. — (21b) Ebenda S. 251. — (22) BAUMERT: Liebigs Ann. **227**, 207 (1885). — (22a) BAUER: Analytische Chemie der Alkaloide, S. 345. — (23) BECKURTS: Arch. der Pharm. **228**, 315 (1890); Ztschr. f. anal. Ch. **29**, 728 (1890). — (24) Ztschr. f. anal. Ch. **29**, 728 (1890). — (24a) BECKURTS u. HOLST: Pharm. Zentralhalle **30**, 574 (1889). — (25) BEHRENS, J.: Landw. Vers.-Stat. **41**, 191 (1892) (Grüne Blätter und Keimpflanzen). — (26) BEHRENS u. KLEY: Anleitung zur mikrochemischen Analyse, Org. Teil, 2. Aufl., S. 253—273. 1922. — (27) Organische mikrochemische Analyse, 2. Aufl., S. 250ff. 1922. — (28) BEITTER, A.: Dissert., Straßburg 1900. — (28a) BECKETT u. WRIGHT: Journ. Chem. Soc. London **29**, 461 (1876). — (29) BERGH: Arch. der Pharm. **242**, 416 (1904). — (29a) BERTHO, A., G. v. SCHUCKMANN u. W. SCHÖNBERGER: B. **66**, 786 (1933). — (30) BERTRAND u. JAVILLIER: Bull. Sciences Pharmacol. (4) **5**, 241 (1909); **16**, 7 (1909); Ztschr. f. anal. Ch. **51**, 328 (1912). — (31) BIERLING, E., K. PAPE u. A. VIEHÖVER: Arch. **248**, 303 (1910); C. **1910 II**, 765. — (32) BLACKIE, J. J.: Pharm. Journ. **116**, 231 (1926). — (32a) BLOUNT, B. K., u. R. ROBINSON: Journ. Chem. Soc. London **1932**, 2305; C. **1932 II**, 3410. — (33) BOORSMA: Bull. Inst. Bot. Buitenweg **1902**, Nr. 14, 3. — (34) BODNAR, J., J. STRAUB u. V. L. NAGY: Biochem. **195**, 103ff. (1928), **206**, 410 (1929); C. **1928 II**, 1502, C. **1929 II**, 2954. — (35) BÖHM: Arch. der Pharm. **244**, 555 (1906); **249**, 416 (1911); **251**, 136 (1913). — (36) BÖHM, R.: Arch. der Pharm. **235**, 660 (1897); Pflügers Arch. **136**, 203 (1911); C. **1897 II**, 1079. — (37) BÖHMER, A., u. H. MATTHIS: Ztschr. f. Unters. Nahrgs.- u. Genußmittel **45**, 288 (1923); C. **1923 IV**, 736. — (38) BÖTTCHER: B.: **51**, 673 (1918). — (39) BOLLAND: Sitzungsber. K. Akad. Wiss. Wien, Math.-naturwiss. Kl., Abt. IIb **119**, Dezember 1910; Monatshefte f. Chemie **32**, 117ff. (1911); C. **1911 I**, 1320. — (40) BOSETTI: Jahresber. Chemie **1883**, 1351. — (41) BRAND: Arch. der Pharm. **260**, 49 (1922); C. **1923 I**, 609. — (42) BREDEMANN: Apoth.-Ztg. **21**, 41, 53 (1906). — (43) BRAUN, v.: B. **38**, 3108 (1905). — (43a) BRIDLEY, W. H., u. F. L. PYMAN: Soc. **1927**, 1067. — (44) BRUCHHAUSEN, F. v.: Arch. der Pharm. **263**, 548 (1925). — (45) C. **1926 I**, 2703. — (46) BRUCHHAUSEN, F. v., u. H. W. BERSCH: B. **63**, 2520 (1930); Ber. **64**, 947 (1931), — (47) BRUCHHAUSEN, F. v., u. P. H. GERICKE: Arch. der Pharm. **269**, 119 (1931). — (48) BRUNNER: C. **1922 III**, 1007. — (49) BUCHKA u. MAGELHAES: B. **24**, 255 (1894). — (50) BUCHNER, J. A., u. L. A.: A. **24**, 228 (1837). — (51) Bull. Imperial Inst. London **9**, 115 (1911).

(52) CAESAR u. LORETZ: Pharm. Ztschr. **46**, 812 (1901). — (53) Pharm. Zentralhalle. **46**, 809; Ztschr. f. anal. Ch. **48**, 134 (1909). — (54) CARR u. PYMAN: Trans. Chem. Soc. **105**, 1599 (1914); Proceedings Chem. Soc. **29**, 226 (1913). — (55) CARR u. REYNOLDS: Chem. Soc. **101**, 946 (1912). — (56) CASPARI, CH.: Pharm. Review **22**, 348; Ztschr. f. anal. Ch. **45**, 729 (1906). — (57) CHAPIN, R. M.: U. S. Dep. Agricult. Bull. **133**, 19 (1911); C. **1911 II**, 799. — (58) CHATTAWAY, FR. D., u. G. D. PARKES: Journ. Chem. Soc. London **1929**, 1344; C. **1929 II**, 888. — (59) CHEMNITIUS, F.: Pharm. Zentralhalle **1927**, 307—310; C. **1927 II**, 305. — (60) CHEN, K. K.: C. **1929 II**, 774. — (61) CHOU, T. Q.: Journ. Biol. Chem. **70**, 109; C. **1927 I**, 75. — (62) CHRISTENSEN: Ztschr. f. anal. Ch. **21**, 589 (1882). — (63) CIAMICIAN, G., u. RAVENNA: Atti R. Accad. dei Lincei, Roma (5) **20 I**, 614 (1911). — (64) CLARK, R. H., u. A. G. WINTER: C. **1927 II**, 1710. — (65) CLAUTRIAU: Bull. Soc. Belg. Mikrsk. **1894**, 18; Rec. Inst. Bot. Brux. **2**, 237, 253 (1906); siehe CZAPEK, Bd. III **3**, S 355. — (66) CLEMO, G. R., GR. CUMMING LEICHT u. R. RAPER: B. **64**, 1520. — (67) CLEMO, G. R., G. R. RAMAGE u. R. RAPER: Journ. Chem. Soc. London **1931**, 3190; C. **1932 I**, 1539. — (68) CLEMO, G. R., R. RAPER u. CH. R. S. TENNISWOOD: Journ. Chem. Soc. London **1931**, 429ff.; C. **1931 I**, 3127. — (69) COWIE, W. B.: Pharm. Journ. (4) **38**, 545; Ztschr. f. anal. Ch. **56**, 174 (1917). — (70) CUMMING, W. M., u. D. C. BROWN: C. **1928 I**, 2406. — (71) C. **1925 II**, 1602. — (71a) CZAPEK: Biochemie der Pflanzen **3**, 279. — (71b) Ebenda **3**, 310, 311ff.

(72) DANKWORTT: Arch. der Pharm. **250**, 590 (1912). — (73) Ebenda **260**, 94 (1922). — (74) C. **1913 I**, 429. — (75) DANKWORTT, P. W., u. P. LUY: Arch. der Pharm. **262**, 81 (1924); C. **1924 II**, 675. — (76) DALMER, O., u. TH. MOLL: Ztschr. f. physiol. Ch. **209**, 211 (1932). — (77) VON DEGRAZIA: Fachl. Mitt. d. österr. Tabakregie **1910**, 87. — (78) DELEANO, N. T., u. G. TRIER: H. **79**, 243 (1912). — (79) DENIGES, G.: Mikrochemie **6**, 113 (1928); C. **1929 I**, 907. — (80) DENIGES: C. R. D. **151**, 1062 (1910); C. **1911 I**, 355. — (81) DIETERLE, H.: Arch. der Pharm. **261**, 77ff. (1923); C. **1923 IV**, 555. — (82) Ebenda **261**, 86 (1923). — (83) Ebenda **261**, 87 (1923). — (84) DILLING, J. W.: Pharm. Journ. (4) **29**, 34 (1909). — (85) DOBBIE u. LAUDER: Soc. **99**, 34 (1911); C. **1911 I**, 740. — (85a) DOBSON, B., u. W. H. PERKIN jun.: Soc. **99**, 135 (1911); C. **1911 I**, 987. — (86) HAWORTH, R. DOWNS: Journ. Chem. Soc.

London **1932**, 631; C. **1932 I**, 2593. — (*87*) DUIN, C. F. v., R. ROBINSON u. J. CH. SMITH: Soc. **1926**, 903 (1926); C. **1926 II**, 437. — (*88*) DUNSTAN u. BROWN: Trans. Chem. Soc. **75**, 72 (1899); **79**, 71 (1901). — (*89*) DUNSTAN u. CHASTON: Pharm. Journ. **20**, 461 (1889).

(*90*) EATON, E. O.: Journ. Assoc. Official Agricult. Chem. **8**, **44**; C. **1924 II**, 2540. — (*90a*) ECALLE, H.: C. **1901 II**, 712; C. **1902 II**, 468, s. auch H. RIBAUT: C. **1911 I**, 431. — (*91*) EDER, R.: Schweiz. Apoth.-Ztg. **54**, 501, 517, 534, 544, 560, 609, 621, 669, 717 (1916). — (*92*) Pharm. acta Helv. **2**, 21—29; **3**, 41—50; C. **1927 I**, 3213, 3214; Festschr. f. ALEXANDER TSCHIRCH **1926**, 392—409. — (*93*) EHRENSTEIN, M.: Arch. der Pharm. **269**, 627 (1931); C. **1932 I**, 3447. — (*94*) EMDE: Apoth.-Ztg. **30**, 240. — (*95*) ENGLER u. Mitarbeiter: B. **27**, 1775 (1894); **42**, 559 (1909). — (*96*) E. P. Nr. 286400, 286582; C. **1929 I**, 1511. — (*97*) EVERS, N.: Pharm. Journ. **106**, 470 (1921); C. **1922 II**, 731. — (*98*) EWINS: Trans. Chem. Soc. **103**, 97 (1913). — (*99*) EYKMANN, J. F.: B. **17**, R. 441 (1884).

(*100*) FALTIS, F.: M. **33**, 875 (1912). — (*101*) M. **42**, 315 (1921). — (*102*) FALTIS, F., u. H. FRAUENDORFER: B. **63**, 806 (1930); C. **1930 I**, 3314. — (*103*) FALTIS, F., u. Mitarbeiter: Ann. der Chemie **497**, 76 (1932). — (*104*) B. **61**, 345 (1928); **62**, 1035 (1929); **63**, 806 (1930). — (*105*) FALTIS, F., u. F. NEUMANN: M. **42**, 315 (1921). — (*106*) FALTIS, F., S. WRANN u. E. KÜHAS: Ann. der Chemie **497**, 68 (1932). — (*107*) Ebenda **497**, 69 (1932). — (*108*) Ebenda **497**, 74 (1932); **499**, 301, (1932). — (*109*) C. **1932 I**, 2187. — (*110*) FARR u. WRIGHT: Pharm. Journ. [4] **1**, 89 (1895). — (*111*) Ebenda **18**, 13, 511 (1887/8); [**3**] **21**, 875, 936 (1891). — (*112*) FAWCETT, R. CL., W. H. PERKIN jun. u. R. ROBINSON: Journ. Chem. Soc. **1928**, 3085 (1928); C. **1929 I**, 755. — (*113*) FELDHAUS, J.: Arch. **243**, 328 (1905). — (*114*) C. **1905 II**, 558. — (*115*) FENG, CH. T.: C. **1928 I**, 1211. — (*116*) FISCHER, O.: B. **18**, 400 (1885); **22**, 637 (1890); **30**, 2481 (1897); **38**, 329 (1905); C. **1901 I**, 959. — (*117*) FISCHER, R.: Arch. der Pharm. **239**, 395, 426 (1901). — (*118*) Pharm. Monatshefte **9**, 1 (1928). — (*119*) FISCHER u. SOELL: Pharmaceut. Archives **1902**, 5, 121. — (*120*) FISCHER, R., u. J. THIELE: Österr. Bot. Ztsch. **78**, 325; C. **1930 II**, 2164. — (*121*) FLORENCE, G.: Bull. Soc. Chim. France (4) **41**, 1097 (1927); C **1927 II**, 2090. — (*122*) Ztschr. f. anal. Ch. **47**, 195 (1908). — (*123*) FLÜCKIGER: Arch. der Pharm. [**3**] **6**, 403 (1875). — (*123a*) FLÜCKIGER: Pharm. Ztg. **26**, 245 (1881); Ztschr. f. anal. Ch. **21**, 466 (1882). — (*124*) FORST u. BÖHRINGER: B. **14**, 1266 (1881). — (*125*) B. **14**, 1270 (1881). — (*126*) B. **14**, 1954 (1881). — (*127*) B. **15**, 519, 1656 (1882). — (*128*) B. **15**, 520, 1656 (1882). — (*129*) FOURMENT, P., u. H. ROQUERS: Bull. Soc. pharm. Bordeaux **65**, 26; C. **1927 II**, 1062. — (*130*) FORNEAU, E., u. FIORE: C. R. D. **148**, 1770; **150**, 976 (1910); Bull. Soc. Chim. France (4) **9**, 1037 (1911). — (*131*) FOURNEAU, E., u. PAGE: Bull. Sciences Pharmacol. **21**, 7 (1914). — (*132*) FRANKEL, S., u. A. WOGRINZ: M. **23**, 236 (1902). — (*133*) FRANCOIS, M., u. G. BLANC: Bull. (4) **31**, **1304**; **33**, 333 (1923); C. **1923 III**, 1167, 1279. — (*134*) FRANK, L.: Chem.-Ztg. **51**, 658 (1927); C. **1927 II**, 2022. — (*135*) FREIRE: C. R. D. **105**, 1074 (1887). — (*136*) FREUDENBERG: B. **51**, 1668 (1918). — (*137*) FREUND u. GAUFF: Arch. der Pharm. **256**, 33 (1918). — (*138*) EWINS: Trans. Chem. Soc. **103**, 97 (1913). — (*139*) FREUND, M., u. H. P. SCHWARZ: B. **32**, 800 (1899).

(*140*) GABUTTI, B.: Jahresber. Pharmaz. **41**, 318 (1906). — (*140a*) GADAMER u. BRUNS: Arch. der Pharm. **239**, 39 (1901); C. **1901 I**, 633; GADAMER u. Mitarbeiter (Corydalin, Isocorydalin): Ebenda **240**, 19 (1902); C. **1902 I**, 530; (Corycavin, Corycavamin, Bulbocapnin, Corydin): ebenda **240**, 81 (1902); C. **1902 I**, 819ff.; GADAMER: Ebenda **241**, 630 (1903); C. **1904 I**, 180; GADAMER u. O. PETERS: Ebenda **243**, 147 (1905); C. **1905 II**, **53**; HAARS, O.: Ebenda **243**, 154, 165 (1905); C. **1905 I**, 54, 55; GADAMER: Ebenda **248**, 204 (1910); C. **1910 I**, 2022; (Corycavidin): Ebenda **249**, 30 (1911); C. **1911 I**, 1064; (Protopin, Glaucin): Ebenda **249**, 224 (1911); C. **1911 I**, 1695; (Bullocapnin): Ebenda **249**, 498 (1911); C. **1911 II**, 1735; (Corytuberin): ebenda **249**, 503 (1911); C. **1911 II**, 1736; (Bulbocapnin) GADAMER u. KUNTZE: Ebenda **249**, 598 (1911); C. **1912 I**, 35; (Corytuberin) GADAMER: Ebenda **249**, 641 (1911); C. **1912 I**, 147; (Corydin und Isocorydin): Ebenda **249**, 669 (1911); C. **1912 I**, 149; Ebenda **253**, 266 (1915); C. **1915 II**, 711; Ebenda **253**, 277 (1915); C. **1915 II**, 712; GADAMER u. KLEE: Ebenda **254**, 295 (1916); GADAMER u. A. v. BRUCHHAUSEN: Ebenda **259**, 245 (1922); C. **1922 III**, 1047; (Corycavin und Protopin): Ebenda **260**, 97 (1923); C. **1923 III**, 68; GADAMER u. K. F. KNÖRCK: Apoth.-Ztg. **41**, 928; C. **1926 II**, 1957; GADAMER u. SAYRE (Corybulbin): Arch. der Pharm. **264**, 401 (1926); C. **1927 I**, 441; GADAMER: C. **1929 I**, 3244. — (*141*) GADAMER, J.: Arch. der Pharm. **236**, 704 (1898). — (*142*) Ebenda **240**, 19, 81 ff. (1902); C. **1902 I**, 529, 819. — (*142a*) Ebenda **248**, 207 (1910). — (*143*) Ebenda **249**, 224 (1911); C. **1911 I**, 1695. — (*143a*) Ebenda **249**, **33** (1911); C. **1911 I** 1064. — *143b*) Ebenda **249**, 641 (1911). — (*144*) Ebenda **257**, 298 (1919); **258**, 148 (1920); **262**, 249, 452, 578 (1924). — (*145*) GADAMER, J., u. F. v. BRUCHHAUSEN: Ebenda **264**, 193 (1926). — (*145a*) GADAMER u. BRUCK: Ebenda **261**, 117 (1923). — (*146*) GADAMER, J., u. W. KLEE: Ebenda **249**, 39 (1911); **252**, 211, 274 (1914); **253**, 266 (1915); C. **1911 I**, 1064; **1914 II**, 542; **1914 II**, 791; **1915 II**, 711; Ztschr. f. angew. Ch. **26**, 625 (1913); C. **1913 II**, 2046. — (*147*) GADAMER, J., E. SPÄTH u. E. MOSETTIG: Arch. der Pharm. **265**, 675 (1927); C. **1928 I**, 811. — (*148*) GADAMER, J., u. A. STICHEL: Arch. der Pharm. **262**, 498 (1924). — (*149*) GADAMER, J., u. M. THEYSEN: Ebenda **262**, 578 (1924); C. **1925 I** 2001. — (*150*) GADAMER, J., u. K. WINTERFELD: Ebenda

**262**, 589 (1924); C. **1925 I**, 2001. — (*151*) Gadreau, M.: C. **1927 II**, 2061; Journ. Pharm. et Chim. (8) **6**, 145—151. — (*152*) Gaebel: Arch. der Pharm. **244**, 435 (1906). — (*153*) Garsed, W., u. J. N. Collie: Chem. News **83**, 222 (1901); Ztschr. f. anal. Ch. **41**, 636 (1902). — (*154*) Gerock: Arch. der Pharm. **227**, 158 (1889); Ztschr. f. anal. Ch. **29**, 209 (1890). — (*155*) Greshoff: Rec. trav. chim. **19**, 360 (1900); C. **1901 I**, 784. — (*156*) Ghosh, Sudhamoy, u. Nagendra Nath Ghosh: C. **1928 II**, 2259. — (*157*) Giemsa u. Halberkann: Arch. der Pharm. **256**, 201 (1918). — (*158*) Giesel: Pharm. Ztg. **1891**, 419; B. **24**, 2336 (1891). — (*159*) B. **22**, 2661 (1889). — (*160*) Gill, William J. Mc: Am. **44**, 2156 (1923); C. **1923 II**, 659. — (*161*) Gmelin-Krauts Handbuch 8, 282. — (*162*) Go, Yo: Journ. Pharm. Soc. Jap. **49**, 125 (1929); C. **1930 I**, 234. — (*163*) Journ. Pharm. Soc. Jap. **49**, 125, 128 (1929); C. **1930 I**, 234, 235; C. **1931 I**, 791. — (*164*) C. **1930 I**, 235. — (*165*) Ghosh, T. B., u. S. Krishna: Arch. der Pharm. **268**, 636 (1930). — (*166*) Goris u. Metin: C. **1925 I**, 2384; **1925 II**, 194. — (*166a*) Goris, A., u. A. Larsonneau: C. **1922 I**, 757. — (*167*) Gordin: Arch. der Pharm. **238**, 335 (1900); Ztschr. f. anal. Ch. **42**, 787 (1903). — (*168*) Arch. der Pharm. **238**, 340 (1900); Ztschr. f. anal. Ch. **42**, 789 (1903). — (*169*) Arch. der Pharm. **240**, 146 (1902). — (*170*) Ebenda **240**, 641 (1902); Ztschr. f. anal. Ch. **46**, 469 (1907). — (*171*) Journ. Amer. Chem. Soc. **31**, 1305; C. **1905 I**, 1029; **1906 I**, 59; **1910 I**, 661; **1911 II**, 1816. — (*172*) Gordin u. Prescott: Arch. der Pharm. **237**, 439 (1899); Ztschr. f. anal. Ch. **40**, 437 (1901). — (*173*) Goris, A., u. Costy: Bull. Sciences Pharmacol. **29**, 113 (1922); C. **1922 III**, 268. — (*174*) Goris, A., u. A. Larsonneau: Ebenda **28**, 499 (1921); C. **1922 I**, 757. — (*175*) Gorter: Arch. der Pharm. **233**, 527 (1895); Ztschr. f. anal. Ch. **37**, 66 (1898). — (*176*) C. **1921 III**, 345. — (*177*) Goto, K.: Liebigs Ann. **485**, 247 (1931). — (*178*) Goto, K., u. Z. Kitasato: Liebigs Ann. **481**, 81 (1930). — (*179*) Goto, K., u. H. Sudzuki: Bull. Chem. Soc. Jap. **4**, 220; C. **1930 I**, 533. — (*180*) Greshoff: B. **23**, 3546 (1890). — (*181*) Pharm. Weekblad **44**, 961 (1907); C. **1907 II**, 1023. — (*182*) Groothoff, A.: Chimie et Industrie **7**, 792 (1922); C. **1922 IV**, 814. — (*182a*) Grutterink, A.: Beiträge zur mikrochemischen Analyse. Dissert. 1920. — (*183*) Guillaume, A.: Bull. Sciences Pharmacol. **34**, 151 (1927); C. **1927 II**, 144. — (*184*) Gulland u. Robinson: Soc. **123**, 980, 998 (1923); Mem. Manchester Phil. Soc. **69**, Nr. 10 (1925). — (*185*) Gunning: Ztschr. f. anal. Ch. **9**, 498 (1870).

(*186*) Haars, O.: Arch. der Pharm. **243**, 154 (1905); C. **1905 II**, 54. — (*187*) Ebenda **243**, 165 (1905); C. **1905 II**, 54. — (*188*) Hager: Ztschr. f. anal. Ch. 8, 477 (1869). — (*189*) Hahn, G., u. Brandenberg: B. **60**, 669 (1927). — (*190*) B. **65**, 716 (1932). — (*191*) Hahn, G., u. F. Just: Ber. **65**, 714 (1931). — (*192*) Hahn, G., u. Mitarbeiter: Ber. **59**, 2189 (1926); **60**, 669, 707, 1684 (1927); **61**, 278 (1928); **62**, 2953 (1929); **63**, 1638, 2961 (1930), **65**, 714, 717 (1932). — (*193*) Hahn, G., u. W. Schuch: Ber. **63**, 1638 (1930). — (*194*) B. **63**, 1639 (1930). — (*195*) Hahn, G., u. W. Stenner: B. **61**, 279 (1928). — (*196*) Haines, R.: Pharm. Journ. Trans. (2) **6**, 432 (1865). — (*197*) Hardy, P.: Journ. Pharm. et Chim. [7] **24**, 325 (1921); C. **1922 II**, 673. — (*198*) Haubensack: Schweiz. Wchschr. f. Pharmazie **1891**, 147; Ztschr. f. anal. Ch. **31**, 228 (1892). — (*199*) Heffter, A.: B. **27**, 2976 (1894). — (*200*) Heickel, G.: Chem.-Ztg. **32**, 1149, 1162, 1186, 1212 (1908). — (*201*) Ebenda **32**, 1149, 1162, 1212 (1908). — (*202*) Heiduschka, N.: Pharm. Zentralhalle **68**, 337, 355, 368 (1927); C. **1927 II**, 884. — (*203*) Heiduschka, A., u. M. Faul: Arch. der Pharm. **255**, 441—466 (1917); C. **1918 I**, 242. — (*204*) Arch. der Pharm. **255**, 172 (1917); C. **1917 II**, 200. — (*205*) Schweiz. Apoth.-Ztg. **56**, Nr. 5; C. **1918 II**, 227. — (*206*) Heiduschka, A., u. H. Sieger: Arch. der Pharm. **255**, 18ff.; C. **1917 I**, 868. — (*207*) Heisaburo Kondo u. Masao Tomita: Arch. der Pharm. **269**, 433 (1931). — (*208*) Henry, Th. A., u. Th. M. Sharp: Journ. Soc. **1931**, 581. — (*208a*) Journ. Chem. Soc. London **1928**, 1105; C. **1929 II**, 153. — (*209*) Hess, K.: B. **50**, 368 (1917). — (*210*) B. **51**, 1004 (1918). — (*211*) B. **52**, 964, 1004 (1919). — (*212*) B. **52**, 1005 (1919); C. **1919 III**, 95. — (*213*) Hess, K., u. E. Eichel: B. **50**, 380, 1192, 1386 (1917); **51**, 741 (1918). — (*214*) B. **50**, 1386 (1917); C. **1917 II**, 628. — (*215*) Hess, K., u. H. Fink: B. **53**, 794 (1920). — (*216*) Hess, K., u. R. Grau: A. **441**, 101 (1925). — (*216a*) Hess, K., u. O. Littmann: Ann. der Chemie **494**, 7 (1932). — (*217*) Hesse, O.: A. **146**, 358 (1868); **166**, 234 (1873). — (*217a*) Hesse: Liebigs Ann. **166**, 259 (1873); **181**, 58 (1877); **185**, 304, 310 (1877); **200**, 304 (1880). — (*217b*) Ebenda **140**, 145 (1866); **149**, 35 (1869). — (*218*) A. **153**, 47 (1870); Suppl. **8**, 262, 272 (1872); **282**, 209 (1894); B. **4**, 693 (1871). — (*219*) A. **166**, 256 (1873); **300**, 44 (1898); B. **28**, 1298 (1895). — (*220*) A. **200**, 304 (1880); **225**, 211 (1884). — (*221*) A. **205**, 196 (1880). — (*222*) A. **205**, 203 (1880). — (*223*) A. **225**, 211 (1884). — (*224*) A. **214**, 1 (1882). — (*225*) A. **230**, 57 (1885); **226**, 240 (1884). — (*226*) A. **241**, 255 (1887); B. **15**, 854 (1882); **28**, 1298 (1895). — (*227*) A. **261**, 87 (1891); **271**, 123 (1892); **277**, 295 (1893). — (*228*) A. **405**, 1 (1914). — (*229*) B. **14**, 1683 (1881); A. **214**, 1 (1882). — (*230*) B. **15**, 854 (1882); A. **241**, 257 (1887). — (*231*) B. **19**, 3190 (1886). — (*232*) B. **22**, 665 (1889). — (*233*) Journ. f. prakt. Ch. (2) **66**, 401 (1902). — (*234*) Pharm. Journ. **15**, 869 (1884); **16**, 358, 818 (1885); **17**, 585 (1886). — (*235*) Ztschr. f. anal. Ch. **26**, 656 (1887). — (*236*) Heubner u. R. Willstädter: B. **40**, 3869 (1907). —

(*237*) HEYL, G.: Apoth.-Ztg. **25**, 36, 137 (1910). — (*238*) Arch. der Pharm. **241**, 313 (1903); C. **1903 II**, 1284. — (*239*) Arch. der Pharm. u. Ber. Dtsch. Pharm. Ges. **266**, 668 (1928); C. **1929 I**, 1698. — (*240*) Arch. der Pharm. **239**, 459 (1901). — (*241*) HIELBIG: Ztschr. f. anal. Ch. **20**, 144 (1881). — (*242*) HILLE: Arch. der Pharm. **241**, 54 (1903). — (*243*) HOFMANN: B. **14**, 705 (1881). — (*244*) B. **17**, 1922 (1894). — (*244a*) HOPKINS u. COLE: Journ. of Physiol. **29**, 481; C. **1903 II**, 1011. — (*245*) HOWARD, D.: Pharm. Journ. (3) **8**, 1 (1877). — (*246*) HOWARD u. CHICK: Journ. Soc. Chem. Ind. **24**, 1281 (1909); **28**, 53 (1909); C. **1909 I**, 1013. — (*247*) Chem. News **24**, 61 (1870); C. **1871 I**, 179; Journ. Chem. Soc. London (2) **9**. 301; C. **1871 I** 290.

(*248*) ING, R. H.: Journ. Chem. Soc. **1931**, 2195; **1932**, 2778; C. **1933 I**, 94. — (*249*) ITTALIE, L. v., u. KERBOSCH: Pharm. Weekblad **47**, 1186 (1910); C. **1910 II**, 1940. — (*250*) ITTALIE, L. v., u. VAN TOORENBURG: Pharm. Weekblad **52**, 1601 (1915); C. **1916 I**, 424. — (*250a*) Ebenda **1918**, 169; Apoth.-Ztg. **39**, 135 (1918).

(*251*) JAHN: B. **21**, 3404 (1888); **23**, 2972 (1890); **24**, 2615 (1891); Arch. **229**, 669 (1892). — (*252*) JAKOBS u. HEIDELBERGER: Journ. Amer. Chem. Soc. **41**, 817 (1919). — (*253*) JAVILLIER, M.: Bull. Sciences Pharmacol. **17**, 315 (1910). — (*254*) Ebenda **17**, 629 (1910). — (*255*) JERMSTADT, A.: Ber. Dtsch. Pharm. Ges. **30**, 398 (1920); C. **1921 II**, 383; **1921 II**, 914. — (*256*) Ber. Dtsch. Pharm. Ges. **30**, 398 (1920); C. **1921 II**, 383. — (*257*) JONG, DE: Arch. **249**, 209 (1911); C. **1911 I**, 1722; Rec. trav. chim. **92**, 950 (1923); C. **1924 I**, 1046. — (*258*) Pharm. Weekblad **45**, 42 (1908); C. **1908 I**, 559; Indische Mercuur **46**, 305 (1923); Chem. Soc. Abst. **1923**, 798. — (*259*) Rec. trav. chim. Pays-Bas **25**, 1 (1906); **30**, 204 (1911); C. **1906 I**, 708; C. **1911 II**, 219; C. **1913 I**, 1886. — (*260*) Ebenda **42**, 980 (1924); C. **1924 I**, 1046. — (*261*) JORISSEN: Journ. Pharm. et Chim. (7) **4**, 251 (1911). — (*262*) JOWETT u. PYMAN: Soc. **103**, 290 (1913); C. **1913 I**, 1886.

(*263*) KAKUJI GOTO u. ZENJIRO KITASATO: Journ. Chem. Soc. London **1930**, 1231 bis 1237; C. **1930 II**, 1555. — (*264*) KANAO, S.: C. **1930 I**, 2720; **1930 II**, 1695, 1696. — (*265*) Journ. Chem. Soc. Jap. **1927**, Nr. 540; **49**, 26ff.; C. **1927 I**, 2538; **1929 I**, 2411. — (*266*) KANEWSKAJA, S. J.: Journ. f. prakt. Ch. **108**, 247 (1925); C. **1925 I**, 265. — (*267*) KANGA, AGYAR u. SIMMONSEN: Journ. Chem. Soc. **1926**, 2123. — (*268*) KAUDER: Arch. der Pharm. **228**, 424 (1890). — (*269*) C. **1899 I**, 1244; Arch. der Pharm. **237**, 190 (1899); siehe auch HEFFTER, Ber. **27**, 2975 (1894); **29**, 221 (1896); C. **1896 I**, 653; **1898 I**, 741; Ber. **31**, 1193. — (*270*) KARRER, P., F. CANNEL, K. TOLMER u. R. WIDMER: Acta helv. Chim. **11**, 2062 (1928); C. **1929 I**, 538. — (*271*) KARRER, P., u. H. SALOMON: Acta helv. Chim. **9**, 1059 (1926); C. **1927 I**, 900. — (*272*) KARRER, P., B. SHIBATA, A. WETTSTEIN u. L. JAKUBOWICZ, Helv. chim. Acta **13**, 1292 (1930); C. **1931 I**, 465. — (*273*) KELLER, C. C.: Apoth.-Ztg. **8**, 542 (1893); Ztschr. f. anal. Ch. **33**, 491 (1894). — (*274*) Apoth.-Ztg. **8**, 542 (1893); Ztschr. f. anal. Ch. **33**, 493 (1894). — (*275*) Apoth.-Ztg. **8**, 542 (1893); Ztschr. f. anal. Ch. **33**, 496 (1894). — (*276*) KELLER, O.: Arch. der Pharm. **266**, 545 (1928); C. **1929 I**, 402. — (*277*) KELLER: Ztschr. f. anal. Ch. **34**, 113 (1895). — (*277a*) Apoth.-Ztg. **8**, 542 (1893). — (*277b*) Ztschr. f. anal. Ch. **33**, 496 (1894). — (*278*) Ebenda **34**, 113 (1895). — (*279*) KERBOSCH, M. G.: Pharm. Weekblad **47**, 1062; C. **1910 II**, 1762; Arch. der Pharm. **248**, 536 (1910). — (*279a*) PERKIN, W. H. jun., u. R. ROBINSON: Soc. **115**, 967 (1919); KERMACK, W. O., W. H. PERKIN jun. u. R. ROBINSON: Ebenda **119**, 1602 (1921); C. **1922 I**, 568. — (*280*) KEW Bulletin **1889**, 8. — (*281*) KING, H.: Chem. Soc. **115**, 487 (1919). — (*282*) KIPPENBERGER: Ztschr. f. anal. Ch. **42**, 275 (1903). — (*283*) KISHI, N.: C. **1926 I**, 410. — (*284*) KIRCHNER: Arch. der Pharm. **243**, 309 (1905); **244**, 66 (1906). — (*285*) KITASATO, ZENJIRO: Acta phytochim. **3**, 175; C. **1927 II**, 1962. — (*286*) C. **1926 II**, 2727. — (*287*) C. **1927 II**, 1035. — (*288*) Journ. Pharm. Soc. Jap. **1926**, Nr. 535, 71ff.; C. **1927 I**, 105. — (*289*) Journ. Pharm. Soc. Jap. **1925**, Nr. 522, 1—2; C. **1926 I**, 409. — (*290*) Journ. Pharm. Soc. Jap. **1925**, Nr. 522, 19; C. **1926 I**, 409. — (*291*) Journ. Pharm. Soc. Jap. **1927**, Nr. 542, 48; C. **1927 II**, 264. — (*292*) Proc. Imp. Acad. Tokio **1926**, **2**, 124; C. **1926 II**, 2727. — (*293*) KITASATO, Z., u. CHUZABURO SONE: Bull. Chem. Soc. Jap. **5**, 348 (1930); C. **1931 I**, 1451. — (*294*) KLEIN, G., u. H. BARTOSCH: Österr. Bot. Ztschr. **77**, 1 (1928). — (*294a*) Ebenda **77**, 241 (1928). — (*294b*) KLEIN, G., u. FARKASS: Österr. Bot. Ztschr. **79**, 107 (1930). — (*295*) KLEIN, G., u. E. HERNDLHOFER: Ebenda **76**, 222 (1927). — (*295a*) Ebenda **76**, 89 (1927). — (*296*) KLEIN, G., E. HERNDLHOFER u. O. TRÖTHANDL: Ebenda **77**, 111 (1928). — (*297*) KLEIN, G., u. M. KRISCH: Ebenda **78**, 257 (1929); C. **1930 II**, 1104. — (*298*) KLEIN, G., u. G. POLLAUF: Österr. Bot. Ztschr. **78**, 251 (1929); C. **1930 II**, 1104. — (*299*) KLEIN, G., u. A. SCHILHAB: Österr. Bot. Ztschr. **77**, 251. — (*299a*) Ebenda **77**, 14 (1928). — (*300*) KLEIN, G., u. F. SCHUSTA: Ebenda **79**, 231f.; C. **1930 II**, 3821. — (*301*) KLEIN, G., u. H. SONNLEITHNER: Österr. Bot. Ztschr. **76**, 263 (1927). — (*302*) Ebenda **78**, 16 (1929). — (*303*) Ebenda **78**, 45 (1929). — (*304*) Ebenda **78**, 65 (1929). — (*305*) KLEIN, C., u. G. SOOS: Ebenda **78**, 157 (1929). — (*306*) KOLTHOFF: Biochem. Ztschr. **162**, 289 (1925). — (*307*) KOENIG, W.: Chem.-Ztg. **35**, 521, 1047 (1911); **36**, 86 (1912). — (*308*) KÖNIG u. TIETZ: Arch. der Pharm. **231** 145, 161 (1893); C. **1893 I**, 785, 983. — (*309*) KÖRNER u. BÖHRINGER: B. **16**, 2305 (1883);

G. **13**, 363 (1886). — (*310*) KONDO, H.: Arch. der Pharm. **266**, 1 (1928); C. **1928 I**, 2407. — (*311*) KONDO, H., u. T. FUKUDA, M. TOMITA: C. **1928 II**, 55. — (*312*) KONDO, H., N. KISHI u. CH. ARAKI: C. **1922 I**, 695. — (*313*) KONDO, H., u. T.: Journ. Pharm. Soc. Jap. **1925**, Nr. **524**, **3**, **4**; C. **1926 I**, 1204; Journ. f. prakt. Chemie (2) **126**, 24 (1930); C. **1930 I**, 3441. — (*314*) KONDO, H., u. Mitarbeiter: C. **1927 I**, 1481, 1961; **1928 I**, 2407; **1928 II**, 56; **1929 I**, 247, 757, 758. — (*315*) KONDO, H., u. T. NAKAJIMA: Journ. Pharm. Soc. Jap. **1924**, Nr. 512; C. **1927 I**, 1839. — (*316*) KONDO, H., u. Z. NARITA: Journ. Pharm. Soc. Jap. **1927**, Nr. 542, 40; **49**, 103 (1929); C. **1927 II**, 264; **1929 II**, 1927; **1930 II**, 3571; Ber. **63**, 2420 (1930). — (*316b*) KONDO, H., u. E. OCHIAI: B. **63**, 646 (1930). — (*317*) C. **1926 I**, 410. — (*318*) C. **1926 II**, 1422. — (*319*) Liebigs Ann. **470**, 224 (1929). — (*320*) KONDO, H., F. OCHIAI u. T. NAKAJIMA: Journ. Pharm. Soc. Jap. **497**, 39; C. **1923 III**, 1167. — (*321*) KONDO, H., u. TH. SANADA: C. **1927 I**, 1961. — (*322*) Journ. Pharm. Soc. Jap. **51**, 55 (1931); C. **1931 II**, 2163. — (*323*) Journ. Pharm. Soc. Jap. **1924**, Nr. 514, 5; **1927**, Nr. 541, 31, 126; **48**, 163 (1928); **51**, 55 (1931); C. **1925 I**, 1750; **1927 II**, 263; **1928 I**, 929; **1929 I**, 1111; **1931 II**, 2163. — (*324*) KONDO, H., u. SATO: C. **1921 III**, 1427. — (*325*) KONDO, H., u. M. TOMITA: Ann. der Chemie **497**, 104 (1932). — (*326*) Arch. der Pharm. **268**, 549 (1930); C. **1931 I**, 1115. — (*327*) Journ. Pharm. Soc. Jap. **511**, 691 (1924); **532**, 462, 465 (1926); **557**, 659 (1928); **585**, 1035 (1930); C. **1927 I**, 1839; **1926 II**, 1422; **1928 II**, 1337; **1931 I**, 1114. — (*328*) KONDO, H., u. K. YANO: Ann. der Chemie **497**, 90ff. (1932). — (*329*) Journ. Pharm. Soc. Jap. **48**, 15ff. (1928); C. **1928 I**, 2407. — (*330*) KRATZMANN, E.: Pharm. Monatshefte **3**, 45 (1922). — (*331*) KRISHNA, S., u. T. P. GHOSE: C. **1930 II**, 430. — (*332*) KUNZ-KRAUSE: Arch. der Pharm. **225**, 461 (1887); **232**, 466 (1894).

(*333*) LADENBURG, A., u. C. OELSCHLÄGEL: B. **22**, 1823 (1884). — (*334*) LANGENBECK, W.: Ber. **57**, 2072 (1929). — (*335*) LAUTENSCHLÄGER, L.: Arch. der Pharm. **257**, 13 (1919). — (*336*) LEERSUM, P. v.: Pharm. Weekblad **50**, 1464 (1913). — (*337*) LEGER, E.: C. R. D. **142**, 108; **143**, 234, 916 (1906); **144**, 208, 488 (1907). — (*338*) LENCI, F.: Boll. Chim. Farm. **54**, 417 (1915). — (*339*) LENZ: Ztschr. f. anal. Chemie **27**, 573 (1888). — (*340*) LEUCHS, H.: Ber. **65**, 1232 (1932). — (*341*) LIEBERMANN: B. **21**, 2346 (1889); **22**, 672 (1890). — (*342*) B. **22**, 682 (1889). — (*343*) LIEBERMANN, C., u. G. CYBUSKI: B. **28**, 578 (1895). — (*344*) LIEBERMANN, C., G. KÜHLING, O. CYBULSKI u. F. GIESEL: B. **22**, 675 (1889); **24**, 407 (1891); **26**, 851 (1893); **28**, 578 (1895); **29**, 2050 (1896); **30**, 1113 (1897). — (*345*) LILLIG u. KREITMAIR: Ber. **63**, 2680 (1930); siehe dazu auch Ber. **64**, 1408. — (*346*) In Mercks Jahresber. **1928**, 20ff. — (*347*) LINDEMUTH, A.: Ber. Dtsch. Botan. Ges. **24**, 428 (1907). — (*348*) LÖFFLER u. FRIEDRICH: B. **42**, 107 (1909). — (*348a*) LOHMANN-SIEDLER: ULLMANS Enzyklopädie der technischen Chemie, 2. Aufl., **1**, 221.

(*349*) MACBETH, A. K., u. ROBINSON, R.: Journ. Chem. Soc. **121**, 1571 (1922). — (*350*) MACHIGUCHI, E.: Journ. Pharm. Soc. Jap. **1926**, Nr. 529, 19ff.; C. **1926 I**, 3553. — (*351*) MAIJMA, R., u. Mitarbeiter: B. **57**, 1456, 1463, 1472 (1924); **58**, 2047 (1925); A. **476**, 171 (1929). — (*352*) MAIJMA, R., u. MORIO: A. **476**, 210 (1929). — (*353*) MAIJMA, R., u. SHIN-ICHI-MORIO: B. **65**, 599 (1931). — (*354*) MAIJMA, R., u. H. SUGINOME: B. **58**, 2048 (1925). — (*354a*) MAJIMA, R., H. SUGINOME u. H. SHIMANUKI: Ber. **65**, 595 (1932). — (*355*) MAIJMA, R., H. SUGINOME u. SH. MORIO: B. **57**, 1458 (1925). — (*356*) MANSKE, R. H. F.: Canadian Journ. Res. **4**, 275 (1931); C. **1931 I**, 3689. — (*357*) Journ. Amer. Chem. Soc. **51**, 1836 (1929). — (*358*) MAKOSHI: Arch. der Pharm. **246**, 381, 401 (1908). — (*359*) MASON u. PERKIN: Trans. Chem. Soc. **105**, 2013 (1914). — (*360*) MATOLCSY: Pharm. Zentralhalle **48**, 881 (1909); Ztschr. f. anal. Ch. **48**, 766 (1909). — (*361*) MATTHES, H., u. O. RAMMSTEDT: Ztschr. f. anal. Ch. **46**, 565 (1907). — (*362*) MANIWA, H., R. SAKAE u. J. KAN: Journ. Pharm. Soc. Jap. **1926**, Nr. 536, 80; C. **1927 I**, 466. — (*363*) MEISENHEIMER, J., u. E. MAHLER: Liebigs Ann. **462**, 301 (1928); C. **1928 II**, 14. — (*364*) MELLET, R.: Schweiz. Wchschr. f. Chemie u. Pharm. **49**, 117 (1911); C. **1911**, **I**, 1561. — (*365*) MELZER: Ztschr. f. anal. Ch. **37**, 352 (1898); **41**, 327 (1902). — (*366*) Ebenda **37**, 453 (1898); **41**, 327 (1902). — (*367*) MENSCHIKOFF, G.: **65**, 974 (1932). — (*368*) MERCK, E.: A. **18**, 79 (1835/39); **21**, 202 (1837); **24**, 46 (1837). — (*368a*) Liebigs Ann. **66**, 125 (1848); **73**, 50 (1850). — (*369*) B. **18**, 1594 (1885). — (*370*) B. **24**, 1671 (1888). — (*371*) Ber. **1929**, 127. — (*372*) C. **1894 I**, 470. — (*373*) Jahresber. **1893**, 13. — (*374*) Jahresber. **1926**, 15. — (*375*) Jahresber. **1928**, 42, S. 5ff., Literaturzus. — (*376*) Wissenschaftl. Abhandlungen Nr. 22, 60; Jahresber. **1922**, 36, S. 110. — (*377*) Journ. Soc. Chem. Ind. **16**, 515 (1897). — (*378*) MENON, K. N., u. R. ROBINSON: Journ. Chem. Soc. **1932**, 780 (1932); C. **1932 I**, 2956. — (*379*) MEYER, H.: Ztschr. f. anal. Ch. **22**, 293 (1883); Arch. d. Pharm. **220**, 721, 801 (1882). — (*380*) MILLER, R.: Arch. der Pharm. **240**, 481 (1902). — (*381*) MORAW, H. O.: Journ. Amer. Pharm. Assoc. **17**, 431; C. **1928 II**, 799. — (*382*) MOTHES, K.: Planta **5**, 563 (1928).

(*383*) NAGAI, W.: Berl. klin. Wchschr. **1887**, Nr. 38. — (*384*) Chem.-Ztg. **1890**, 441. — (*385*) NAGAI, W., u. S. KANAO: Journ. Pharm. Soc. Jap. **48**, Nr. 9, 101; C. **1928 II**, 2553. — (*386*) Liebigs Ann. **470**, 157 (1929); C. **1929 II**, 163. — (*387*) NISHI, M.: Arch. f. exp. Pathol. u. Pharmak. **60**, 312 (1909). — (*388*) NOGA, E.: Fachl. Mitt. d. österr. Tabakregie **1914**;

C. **1915 I**, 434. — (*389*) Nymann u. Björksten: Ztschr. f. anal. Ch. **54**, 62 (1915); Pharm. Ztschr. **52**, 71.

(*390*) Oddo, G., u. Mitarbeiter: C. **1901 II**, 757; **1905 I**, 1251; **1906 II**, 127, 1650; **1907 I**, 169; C. **1911 II**, 757, 759; **1914 II**, 1155; C. **1915 I**, 144; B. **62**, 267 (1930). — (*391*) Okuda, Yusura: Journ. Biochem. **8**, 361; C. **1928 I**, 2674. — (*392*) Orechow, A., u. G. Menschikoff: B. **64**, 266 (1931); **65**, 232 (1932). — (*393*) Ber. **65**, 234 (1932). — (*394*) Osada, S.: Arch. **262**, 277 (1924). — (*395*) Journ. Pharm. Soc. Jap. **1927**, 99; C. **1928 I**, 75. — (*396*) Ott u. Eichler: B. **55**, 2653 (1922). — (*397*) Ott, E., u. K. Packendorff: Ztschr. f. physiol. Ch. **210**, 94 (1932).

(*398*) Partheil: B. **24**, 634 (1894). — (*399*) Paul, B. H.: Pharm. Journ. (3) **13**, 897 (1883). — (*400*) Pavesi, V.: C. **1905 I**, 826; **1907 II**, 820; **1914 II**, 837. — (*401*) Pellagri: B. **10**, 1384 (1877). — (*401a*) Pelletier u. Coriol: Journ. Pharm. **15**, 565 (1829). — (*402*) Perkin, W. H. jun., u. J. Nath Ray, R. Robinson: Soc. **127**, 740 (1925). — (*403*) Perkin, W. H. jun., u. R. Robinson: Journ. Chem. Soc. **1929**, 964; C. **1929 II**, 1304. — (*404*) Soc. **99**, 775 (1911); C. **1911 I**, 1861. — (*404a*) Perkin, W. H. jun., R. Robinson u. Mitarbeiter: Soc. **101**, 1775; **103**, 1973; **115**, 933, 967; **119**, 1602; **121**, 1872; **125**, 626, 657; Soc. **1927**, 1; C. **1913 I**, 115; C. **1914 I**, 395; C. **1920 III**, 11; C. **1923 I**, 1176; C. **1924 I**, 2520, 2521; C. **1927 I**, 1683. — (*405*) Peyer, W., u. F. Gstirner: Arch. der Pharm. **270**, 44 (1932). — (*406*) Piccini: Gazz. **29 II**, 311 (1899); C. **1899 II**, 879. — (*407*) Pictet, A.: Ber. Dtsch. Chem. Ges. **34**, 696 (1901); Arch. der Pharm. **244**, 375 (1906); C. **1901 I**, 951; C. **1904 I**, 104, 1277; C. **1906 II**, 1619. — (*408*) Pictet u. Athanasescu: B. **33**, 2346 (1900). — (*409*) Pictet, A., u. G. Court: B. **40**, 3771 (1907). — (*410*) Pictet u. Finkelstein: B. **42**, 1979 (1909). — (*411*) Pictet u. Kramers: B. **43**, 1329 (1910). — (*412*) Pictet, A., u. A. Rotschy: B. **34**, 697 (1901). — (*413*) Plugge: Arch. der Pharm. **224**, 993 (1806); **225**, 343 (1887); Ztschr. f. anal. Ch. **30**, 104, 385 (1891). — (*414*) Arch. der Pharm. **225**, 348 (1887). — (*415*) Polstroff, K., u. Schirmer: B. **19**, 78, 1682 (1886). — (*415a*) Polonowsky u. Ch. Nitzberg: Bull. Soc. Chim. **17**, 244 (1915); C. **1915 II**, 1108. — (*416*) Power, Fr. B., u. A. H. Salvay: Journ. Chem. Soc. **1913**, 191 (1913); C. **1913 I**, 1700. — (*417*) Prollius: Arch. der Pharm. **219**, 85 (1881); Ztschr. f. anal. Ch. **22**, 132 (1883). — (*418*) Pyman, F. L.: Journ. Chem. Soc. **115**, 163 (1919); C. **1919 III**, 343. — (*419*) Pyman, F. L., u. W. C. Reynolds: Trans. Chem. Soc. **93**, 2077 (1908); C. **1909 I**, 555. — (*420*) Trans. Chem. Soc. **93**, 2077 (1908).

(*422*) Rabe, P.: Liebigs Ann. **492**, 242 (1932); C. **1932 I**, 1245. — (*423*) Rabe, P., W. Huntenberg, A. Schultze u. G. Vogler: B. **64**, 2487. — (*424*) Rabe, P., u. McMillan: A. **377**, 223 (1910); B. **43**, 800 (1910). — (*425*) Rabe, P., u. S. Riza: Liebigs Ann. **496**, 151 (1932). — (*426*) Ranedo, J.: C. **1923 III**, 1283. — (*427*) Rakshit, N. J. N.: Analyst **46**, 484 (1921); C. **1922 II**, 1006. — (*428*) B. **59**, 2473 (1926); C. **1927 I**, 291; siehe auch C. **1919 III**, 885. — (*429*) Ramson: Pharm. Journ. **20**, 462 (1889). — (*429a*) Matthes u. Rammstedt: Arch. der Pharm. **245**, 112 (1907). — (*430*) Rasmussen, H. B.: Ber. Dtsch. Pharm. Ges. **27**, 193 (1917). — (*431*) Raymond u. Hamet: C. R. D. **187**, 142; C. **1925 I**, 1641; **1928 II**, 1097. — (*432*) Read, B. E., u. Ch. T. Feng: C. **1927 II**, 2198. — (*432a*) Journ. Amer. Pharm. Assoc. **17**, 1189 (1928); C. **1929 I**, 1840. — (*433*) Reens, E.: Pharm. Weekblad **57**, 341 (1920). — (*434*) Reichhard: Chem.-Ztg. **25**, 328 (1901); Ztschr. f. anal. Ch. **45**, 653 (1906). — (*435*) C. Reichard: Pharm. Zentralhalle **47**, 727 (1906); C. **1906 II**, 1221. — (*436*) C. Reichhard: Pharm. Zentralhalle **49**, 337 (1908); C. **1908 I**, 2211. — (*437*) Reimers, F.: Arch. der Pharm. **269**, 506 (1931). — (*438*) Reuter de Rosemont, L.: Bull. Sciences Pharmacol. **27**, 395 (1920); C. **1921 I**, 90. — (*439*) Rhodehamel, H. W., u. E. H. Stuart: Journ. Ind. and Engin. Chem. **13**, 218; C. 1921 **IV**, 512. — (*440*) Richter, E.: Apoth.-Ztg. **30**, 254 (1915). — (*441*) Arch. der Pharm. **252**, 192 (1914); C. **1914 II**, 592. — (*442*) Rosenthaler, L.: Apoth.-Ztg. **28**, 33 (1913); C. **1913 I**, 714. — (*443*) Arch. der Pharm. **265**, 319f. (1927); C. **1927 II**, 613. — (*444*) Arch. der Pharm. **265**, 319 (1927); C. **1927 II**, 613. — (*445*) Der Nachweis organischer Verbindungen, 2. Aufl., S. 701. — (*446*) Ebenda S. 707. — (*446a*) Ebenda S. 719. — (*447*) Ebenda S. 716. — (*448*) Ebenda S. 718. — (*449*) Ebenda S. 720. — (*450*) Der Nachweis organischer Verbindungen, 2. Aufl. S. 732. — (*451*) Ebenda 1914. — (*452*) Ebenda S. 744. — (*452a*) Ebenda S. 750 — (*453*) Ebenda S. 774. — (*454*) Ebenda S. 780. — (*455*) Rosenthaler u. Görner: Ztschr. f. anal. Ch. **49**, 340 (1910). — (*456*) Ebenda **49**, 348 (1910). — (*457*) Rüdel: Arch. der Pharm. **229**, 631 (1891). — (*458*) Rundshagen, H.: Chem.-Ztg. **50**, 42 (1926); C. **1926 I**, 1897. — (*459*) Rustig, N.: Arch. der Pharm. **269**, 609 (1931). — (*460*) Rygh, Ottar: Ztschr. f. Vitaminforsch. **1**, 134ff.; C. **1932 II**, 3574. — (*461*) Ztschr. f. angew. Ch. **45**, 307 (1932). — (*462*) Rygh, Ottar, u. Aagot Rygh: Ztschr. f. physiol. Ch. **211**, 275 (1932); C. **1932 II**, 3574. — (*463*) Rygh, O., A. Rygh u. P. Laband: Ztschr. f. physiol. Ch. **204**, 105—122 (1932); C. **1932 I**, 834.

(*464*) Sabalitschka, Th., u. C. Jungermann: Biochem. Ztschr. **167**, 479 (1926). — (*465*) Salzberger: Arch. der Pharm. **228**, 462 (1890). — (*466*) Salvay: Amer. Journ. Pharm. **84**, 49 (1912); C. **1912 I**, 1126. — (*467*) Sanchez: C. **1921 IV**, 559. — (*468*) Santos,

ALFREDO C.: Ber. **65**, 472 (1932). — *(469)* Rev. Fil Med. Farm. **22**, 243 (1931); C. **1932 I**, 395. — *(470)* SCHACHT: Pharm. Ztg. **26**, 260; Ztschr. f. anal. Ch. **51**, 468 (1912). — *(471)* SCHÄFER: Ztschr. f. anal. Ch. **26**, 662 (1887). — *(472)* SCHÄR: Arch. **248**, 705 (1910). — *(473)* SCHEUING, G., u. L. WINTERHALDER: A. **473**, 126 (1929). — *(474)* SCHINDELMEISTER: Pharm. Zentralhalle **40**, 703 (1899); C. **1900 I**, 67. — *(475)* SCHMIDT, E.: Arch. der Pharm. **244**, 66 (1906). — *(476)* Ebenda **246**, 575 (1908). — *(477)* Ebenda **247**, 149 (1909). — *(478)* Ebenda **248**, 641 (1910). — *(479)* C. **1897 I**, 1232; **1897 II**, 361, 554; Ann. der Pharm. **235**, 262 (1895). — *(480)* Pharm. Chemie **6**, Udg. II. — *(481)* SCHMIDT u. HENSCHKE: Arch. der Pharm. **26**, 185 (1888). — *(482)* SCHMIDT, E., u. Mitarbeiter: Ebenda **235**, 192 (1897); **237**, 566 (1899); **242**, 416 (1904). — *(483)* SCHMIDT, E., u. SCHÜTTE: Ebenda **229**, 527 (1891). — *(484)* SCHMIDT, E., u. F. SELLE: Ebenda **228**, 441 (1890); C. **1890 II**, 706. — *(485)* SCHÖPF, CL., u. G. LEHMANN: Ann. der Chem. **497**, 7 (1932). — *(485a)* SCHÖPF, CL., u. R. HERRMANN: B. **66**, 298 (1933). — *(485b)* SCHÖPF, CL., u. Mitarbeiter: Liebigs Ann. **452**, 211, 232, 249 (1927); **458**, 148 (1927). — *(486)* SCHOLZ, M.: Arch. **249**, 409 (1911). — *(486a)* SCHOLTZ, A.: Arch. der Pharm. **236**, 530 (1898); **237**, 199 (1899); **244**, 555 (1906); **249**, 408 (1911); **250**, 684 (1912); **251**, 513 (1914). — *(487)* SCHOMER, A.: C. **1921 IV**, 81; **1922 IV**, 919. — *(488)* SCHULZE: Ztschr. f. physiol. Ch. **28**, 465 (1897). — *(488b)* SCHULZE, H., u. E. WINTERSTEIN: Ztschr. f. physiol. Ch. **45**, 38—60 (1905); C. **1905 II**, 498; ebenda **35**, 299—314 (1902); C. **1902 II**, 264. — *(489)* SCHULZE, H., u. G. BERGER: Arch. der Pharm. **265**, 524 (1927). — *(490)* SCHWYZER, J.: Die Fabrikation der Alkaloide, S. 29, 1927. — *(491)* Ebenda S. 31ff. — *(492)* Ebenda S. 89. — *(493)* Ebenda S. 99. — *(494)* Ebenda S. 100. — *(495)* SCURTI u. PERCIABASCO: Gazz. **36 II**, 626 (1906) (Samen). — *(495a)* SIDDIQUI, S., u. P. P. PILLAY: Journ. Ind. Chem. Soc. **9**, 551 (1932). — *(496)* SIMON: Ann. Chim. **24**, 214. — *(496a)* SHARP, TH. MARVEL: Journ. Chem. Soc. London **1928**, 3094; C. **1929 I**, 906. — *(497)* SKRAUP, ZD.: M. **6**, 556 1885). — *(498)* A. **300**, 357 (1898); s. auch G. Pum. M. **16**, 68 (1895). — *(499)* SMITH, S.: Journ. Chem. Soc. London **1928**, 51f.; C. **1928 I**, 1422. — *(500)* Journ. Chem. Soc. London **1927**, (2056; C. **1927 II**, 2404. — *(501)* SMITH, S., u. G. M. TIMMIS: Journ. Chem. Soc. London **1930**, 1390; C. **1930 II**, 3031. — *(502)* Journ. Chem. Soc. London **1930**, 1390; **1931**, 1888; **1932**, 763, 1532; C. **1930 II**, 3031; C. **1931 II**, 3490; **1932 I**, 2957; **1932 II**, 384. — *(503)* Journ. Chem. Soc. London **1931**, 1888; C. **1931 II**, 3489. — *(504)* SMITH, T. H.: Pharm. Journ. (3) **8**, 415 (1867); **9**, 81 (1878); **52**, 794 (1893). — *(505)* SMITH, T. H.: Ebenda **52**, 793 (1893); Trans. Chem. Soc. **99**, 135 (1911). — *(506)* SOLDAINI: Arch. der Pharm. **231**, 327 (1893), C. **1893 II**, 276, 372. — *(507)* SOLTYS, A.: Ber. **65**, 553 (1932). — *(507a)* Ebenda **66**, 762 (1933). — *(508)* SH. OSADA: Journ. Pharm. Chem. Soc. Jap. **48**, 85 (1928); C. **1928 II**, 672. — *(509)* SPÄTH, E.: B. **62**, 1021 (1929). — *(510)* Monatshefte f. Chemie **40**, **15**, **93** (1921); Ing. Journ. Chem. Soc. **1931**, 2195. — *(511)* Monatshefte f. Chemie **40**, 129 (1919); C. **1919 III**, 434. — *(511a)* Ber. **65**, 1771 (1932); C. **1932 II**, 3895. — *(512)* Monatshefte f. Chemie **40**, 129 (1919); **42**, 263 (1921). — *(513)* Ebenda **40**, 351 (1919); **41**, 401 (1920). — *(514)* Ebenda **41**, 297 (1920). — *(515)* Ebenda **42**, 112 (1921). — *(516)* Ebenda **42**, 263 (1921). — *(517)* Ebenda **43**, 478 (1922). — *(518)* Ebenda **60**, 15, 93 (1921). — *(519)* SPÄTH, E., u. BERHAUER: B. **58**, 200 (1925). — *(520)* SPÄTH, E., u. G. BURGER: B. **59**, 1487 (1926). — *(521)* SPÄTH, E., u. FR. BERGER: B. **64**, 2038 (1931); C. **1931 II**, 2882. — *(522)* SPÄTH, E., u. A. BURGER: M. **47**, 733 (1926); C. **1927 I**, 2831. — *(523)* SPÄTH, E., u. O. BRUNNER: B. **57**, 1243 (1920). — *(524)* SPÄTH, E., u. E. EBERSTALLER: B. **57**, 1687 (1924). — *(525)* SPÄTH, E., u. H. EPSTEIN: B. **59**, 2791 (1926); **61**, 336 (1928); C. **1927 I**, 1320. — *(526)* SPÄTH, E., u. J. GANGL: M. **44**, 103 (1923). — *(527)* SPÄTH, E., u. F. GALINOWSKY: Ber. **64**, 2201 (1931). — *(528)* B. **65**, 1526 (1932). — *(529)* SPÄTH, E., u. H. HOLTER: B. **60**, 1891 (1927). — *(530)* SPÄTH, E., u. O. HROMATKA: B. **63**, 127 (1930). — *(531)* SPÄTH, E., u. A. KOLBE: M. **43**, 469 (1923). — *(532)* B. **58**, 2280 (1925). — *(533)* SPÄTH, E., u. G. KOLLER: B. **56**, 882, 2454 (1923); **58**, 2124 (1925). — *(534)* SPÄTH, E., u. KRUTTA: B. **62**, 1025 (1929). — *(535)* SPÄTH, E., u. FR. KUFFNER: B. **62**, 2243 (1929). — *(535a)* SPÄTH, E., F. KUFFNER u. L. ENNSFELLNER: Ber. **66**, 591 (1933). — *(536)* Ber. **64**. 370, 1123, 2034 (1931). — *(537)* B. **64**, 1123, 2034 (1931). — *(538)* Ber. **64**, 1123, 2034 (1931). — *(539)* B. **64**, 1127 (1931). — *(540)* SPÄTH, E., u. E. KUNZ: B. **58**, 513 (1925). — *(541)* SPÄTH, E., u. V. LANG: M. **42**, 273 (1921). — *(542)* SPÄTH, E., u. N. LANG: B. **54**, 3064 (1921). — *(543)* SPÄTH, E., u. E. LEDERER: B. **63**, 120, 2102 (1930). — *(544)* SPÄTH, E., u. W. LEITHE: B. **63**, 3007 (1930); C. **1931 I**, 623. — *(544a)* B. **60**, 688 ff. (1927). — *(545)* SPÄTH, E., W. LEITHE u. F. LADEK: B. **61**, 1698 (1928). — *(546)* SPÄTH, E., E. MOSETTIG u. O. TRÖTHANDEL: B. **56**, 875 (1923). — *(547)* B. **56**, 877 (1923). — *(547a)* SPÄTH, E., u. E. MOSETTIG: Ber. **64**, 2048 (1931); C. **1931 II**, 2884. — *(548)* SPÄTH, E., u. Mitarbeiter: B. **54**, 3064 (1921); **55**, 2985 (1922); **58**, 1939, 2267 (1925); **59**, 1487 (1926). — *(549)* SPÄTH, E., u. G. PAPAIOANOU: M. **52**, 129 (1929); C. **1929 II**, 1685. — *(550)* SPÄTH, E., u. PERCY LAVON JULIAN: B. **64**, 1131 (1931); C. **1931 I**, 3570. — *(551)* SPÄTH, E., u. J. PICKL: B. **62**, 2245 (1929); M. **55**, 352 (1930). — *(552)* B. **62**, 2254 (1929). — *(553)* SPÄTH, E., u. N. POLGAR: Monatshefte f. Chemie **52**, 117 (1929); C. **1929 II**, 1682. — *(553a)* B. **59**, 2787 (1928); C. **1927 I**, 1320. — *(554)* SPÄTH, E., u. R. POSEGA: B. **62**,

1029 (1929). — (*555*) Späth, E., u. H. Quietensky: B. **58**, 2267 (1925). — (*556*) Späth, E., u. H. Röder: M. **43**, 93 (1922). — (*557*) Späth, E., u. R. Seka: B. **58**, 1272 (1925). — (*558*) Späth, E., u. F. Strauhal: B. **61**, 2395 (1928); C. **1929 I**, 1006. — (*559*) Späth, E., u. W. Stroh: B. **58**, 2131 (1925). — (*559a*) Späth, E., u. K. Tharrer: Ber. **66**, 583 (1933). — — (*560*) Späth, E., u. E. Tschelnitz: M. **42**, 251 (1921). — (*561*) Spallino, R.: Gazz. **43 II**, 493 (1913); C. **1914 I**, 500. — (*562*) Squibb: Pharm. Rundsch. **1889**, 7; Ztschr. f. anal. Ch. **28**, 743 (1889). — (*563*) Stenhouse, J.: Journ. Chem. Soc. **4**, 216 (1852). — (*564*) Pharm. Trans. (2) **5**, 493 (1864). — (*565*) Stockmann, R.: Journ. Pharm. and Exp. Therapeutics **1912**, 251. — (*566*) Stoll, A.: C. **1922 III**, 1007, C. **1922 II**, 230, 666. — (*567*) Stolz, H.: Österr. Bot. Ztschr. **81**, 194—208; C. **1932 II**, 2694. — (*568*) Strasburger, E.: Ber. Dtsch. Botan. Ges. **24**, 599 (1907). — (*569*) Stuber u. Kljatschikina: Arch. der Pharm. **268**, 209 (1930). — (*569a*) Ebenda **266**, 33 (1928).

(*570*) Tanret, G.: C. R. D. **170**, 1118 (1920); Bull. Soc. Chim. (4) **27**, 612; C. **1920 III**, 193, 745. — (*571*) Bull. Soc. Chim. (4) **27**, 612 (1920); C. R. D. **170**, 1118 (1920); **176**, 1659 (1923). — (*572*) Thoms, H.: Ber. Dtsch. Pharm. Ges. **33**, 68 (1923); C. **1923 III**, 1030. — (*573*) Thoms, H., u. M. Wentzel: B. **34**, 1023 (1901). — (*574*) Tillmanns, J., u. P. Hirsch: Biochem. Ztschr. **250**, 312 (1932). — (*575*) Tóth: Chem.-Ztg. **1901**, 610. — (*576*) Tröger: Arch. der Pharm. **250**, 503 (1912). — (*577*) Tröger u. Mitarbeiter: Apoth.-Ztg. **18**, 697 (1903); Arch. der Pharm. **248**, 1 (1910); **249**, 174 (1911); **250**, 494 (1912); **251**, 246 (1913); **252**, 459 (1914); **258**, 250 (1920); C. **1911 I**, 163, 1695; **1912 II**, 1838; **1913 II**, 271; **1915 I**, 90; **1921 III**, 111. — (*577a*) Tröger u. H. Runne: Apoth.-Ztg. **25**, 957, 969, 977 (1910); C. **1911 I**, 163. — (*578*) Tsan Quo Chou: C. **1928 I**, 3083; **1929 I**, 1705; **1929 II**, 3156. — (*579*) Tschitschibabin, A. E., u. N. A. Preobrashensky: B. **63**, 460 (1930); C. **1930 I**, 1793. — (*580*) Tschirch, A.: Handbuch der Pharmakognosie **3**, 216—217. 1923. — (*581*) Tunmann, O.: Arch. der Pharm. **248**, 644 (1910); Ber. Dtsch. Pharm. Ges. **24**, 271 (1914); C. **1911 I**, 575; C. **1914 II**, 345. — (*582*) Tunmann, O., u. R. Jenzer: Schweiz. Wchschr. f. Chem. u. Pharm. **48**, 17 (1910). — (*583*) Tutin, F., u. H. B. W. Clever: Journ. Chem. Soc. London **105**, 559 (1914). — (*583a*) Thunmann u. Rosenthaler: Pflanzenmikrochemie, 2. Aufl., S. 476. — (*583b*) Ebenda S. 472.

(*583c*) Ulrici: Arch. der Pharm. **256**, 57 (1918). — (*584*) Umney: Pharm. Journ. **15**, 492 (1903). — (*585*) Utz: C. **1909 I**, 591.

(*586*) Valeur: C. R. D. **150**, 1069 (1910); **167**, 26, 163 (1918); C. **1918 II**, 542; C. **1919 I**, 89. — (*587*) Vigneron: Ztschr. f. anal. Ch. **51**, 74 (1912). — (*588*) Vogtherr, H., u. R. N. King: Pharm. Ztg. **68**, 447 (1923); C. **1923 IV**, 310. — (*589*) Vrij, de: C. **1892 II**, 527. — (*590*) Ztschr. f. anal. Ch. **21**, 296 (1882). — (*591*) Ebenda **25**, 598 (1886). — (*592*) Ebenda **26**, 659 (1887).

(*593*) Wagenaar, M.: Pharm. Weekblad **64**, 354 (1927); C. **1927 I**, 3008. — (*594*) Pharm. Weekblad **66**, 381 (1929); C. **1929 II**, 462. — (*595*) Pharm. Weekblad **66**, 405; C. **1929 II**, 461. — (*596*) Pharm. Weekblad **66**, 757ff.; C. **1929 II**, 1949. — (*597*) Pharm. Weekblad **66**, 773 (1929); C. **1929 II**, 2082. — (*598*) Pharm. Weekblad **67**, 77 (1930); C. **1930 I**, 2458. — (*599*) Pharm. Weekblad **67**, 165 (1930); C. **1930 I**, 2458. — (*600*) Pharm. Weekblad **67**, 285 (1930); C. **1930 I**, 3087. — (*601*) Wangerin: Pharm. Ztg. **48**, 668 (1903). (*602*) Warnat, K.: B. **58**, 2768 (1925); **59**, 85 (1926). — (*603*) Ber. **59**, 2388 (1926); **63**, 2960 (1930); **64**, 1409 (1931). — (*603a*) Ber. **63**, 2960 (1930). — (*603b*) B. **64**, 1408 (1931). — (*604*) Helv. chem. Acta **14**, 997 (1931); C. **1932 I**, 829. — (*605*) Warnecke: B. **19**, 60 (1886); Arch. der Pharm. (3) **26**, 248, 281. — (*606*) Wasicky, R., u. M. Joachimowitz: Arch. der Pharm. **255**, 497 (1917). — (*607*) Watanabe: Abstr. Chem. Soc. **1911**, 427. — (*608*) Wertheim: A. **100**, 328 (1856). — (*609*) Wieland, H.: Ber. **54**, 1784 (1926). — (*610*) Wieland, H., F. Calvet, Wendell, W. Moyer: Liebigs Ann. **491**, 107 (1931); C. **1932 I**, 947. — (*611*) Wieland, H., u. Irmgard Drieshaus: A. **473**, 102 (1929). — (*612*) Wieland, H., u. O. Dragendorff: A. **473**, 83 (1929). — (*613*) Wieland, H., u. Kappelmeier: A. **382**, 306 (1911). — (*614*) Wieland, H., W. Koschara u. Elisabeth Dame: A. **473**, 118 (1929). — (*615*) Wieland, H., u. Motaro Ishimasa: Liebigs Ann. **491**, 14 (1932). — (*616*) A. **491**, 14 (1931). — (*617*) Wieland, H., u. G. Oertel: Liebigs Ann. **469**, 193 (1929); C. **1929 I**, 2885. — (*618*) Wieland, H., Cl. Schöpf u. W. Hermsen: A. **444**, 40 (1925). — (*619*) Wielen, van der: Pharm. Weekblad **40**, 938 (1903); C. **1903 I**, 939. — (*620*) Willstätter u. Endre Berner: B. **56**, 1079 (1923). — (*621*) Willstätter u. Fourneau: B. **35**, 1914 (1903). — (*621a*) Willstätter u. Heubner: B. **40**, 3869 (1907). — (*622*) Willstätter u. Marx: B. **37**, 2351 (1904). — (*623*) Windaus u. Mitarbeiter: C. **1911 I**, 1638; **1914 II**, 1455; **1923 III**, 675; **1924 II**, 2164; Ann. **439**, 59 (1924). — (*624*) Winterfeld, K., u. A. Kneuer: B. **64**, 150 (1931); C. **1931 I**, 1292. — (*625*) Winterfeld, K., A. Kneuer u. Fr. W. Holschneider: B. **64**, 2415 (1931). — (*625a*) Winterfeld, K., u. F. Holschneider: Liebigs Ann. **499**, 109 (1932). — (*626*) Winterstein, E., J. Keller u. A. B. Weidenhagen: Arch. der Pharm. **255**, 513 (1917). — (*627*) Winterstein, D., u. W. F. Somlo: Beitrag Nr. 60. — (*628*) Winterstein u. Trier:

Die Alkaloide, S. 255. — (*629*) WINTERSTEIN u. A. WEINHAGEN: Arch. **257**, 5 (1919). — (*630*) WOLFES, O.: Arch. der Pharm. **268**, 81—83 (1930); C. **1930 I**, 3197. — (*631*) Arch der Pharm. **268**, 81 (1930). — (*632*) Ebenda **268**, 327 (1930). — (*633*) WOLFFENSTEIN: B. **27**, 2611 (1894). — (*634*) B. **27**, 2611 ff. (1894). — (*635*) B. **28**, 302 (1895); **29**, 1956 (1896). — (*636*) WRIGHT u. LUFF: Trans. Chem. Soc. **1879**, 35, 405.

(*637*) YANO, K.: Journ. Pharm. Soc. Jap. **49**, 51 (1929); C. **1929 II**, 752. — (*638*) Journ. Pharm. Soc. Jap. **50**, 26 (1930); C. **1930 II**, 407. — (*639*) YOSHIMURA, K.: Journ. Chem. Soc. Jap. **42**, 16 (1921). — (*640*) YOUNG, R. R. J.: Analyst **52**, 15; C. **1927 I**, 1765.

(*641*) ZEISEL: M. **7**, 568 (1908). — (*642*) M. **7**, 585 (1886). — (*643*) ZEMPLÉN, G., u. A. GERECS: B. **61**, 2295 (1928). — (*644*) ZIEGENBEIN: Arch. der Pharm. **234**, 492 (1896); C. **1896 II**, 792. — (*645*) ZIMMERMANN, W.: Ztschr. f. physiol. Ch. **188**, 180 (1930); C. **1930 I**, 3436.

## L. Übersicht über das Vorkommen in ihrer Konstitution noch nicht erforschter Alkaloide.

Der spezielle Teil dieses Beitrages hat sich mit dem Nachweise der meist gut bekannten Alkaloide beschäftigt, deren Konstitution entweder schon erforscht oder deren Eigenschaften mit Rücksicht auf ihre pharmakologische Bedeutung sehr gut bekannt sind, wobei, um das schon Geleistete herausarbeiten zu können, die Anordnung des Gebietes im wesentlichen nach dem Gesichtspunkte der chemischen Konstitution der Alkaloide erfolgte.

Außer diesen schon eingehend beschriebenen Pflanzenbasen ist noch eine weitere sehr große Zahl von Alkaloiden bekannt, die bis jetzt noch nicht in ihrer Konstitution aufgeklärt ist und deren exakte Beschreibung manchmal noch viel zu wünschen übrig läßt. In vielen Fällen wurden Alkaloidvorkommen überhaupt nur durch allgemeine mikro- oder makrochemische Reaktionen belegt und bedürfen schon aus diesem Grunde einer gründlichen Überprüfung und Neubearbeitung.

Zur Vermittlung einer etwas umfassenderen Übersicht insbesondere über diese noch eingehenderer Erforschung bedürftigen Gruppen von Alkaloiden und Alkaloidpflanzen wird im folgenden eine kurze schlagwortartige Zusammenstellung der wichtigsten hier noch in Frage kommenden Pflanzen mit den aus ihnen bis jetzt dargestellten Basen gegeben. Die Anordnung dieses Teiles erfolgte nach den botanischen Gesichtspunkten der Gruppierung der Pflanzenwelt (R. WETTSTEIN: Handbuch der systematischen Botanik. Wien 1924).

Da es für viele Zwecke, insbesondere für die Erkenntnis der Beziehungen zwischen erforschten und noch nicht erforschten Alkaloiden ein und derselben Pflanzenfamilie, wichtig ist, auch das schon eingehend studierte Material jederzeit übersehen zu können, wurden in diese Übersicht auch entsprechende kurze Hinweise auf die schon im speziellen Teile ausführlicher besprochenen Alkaloidgruppen aufgenommen.

Auf die in vielen Fällen schon erfolgte Untersuchung der mikrochemischen Lokalisation der Alkaloide in den Pflanzen kann im folgenden ohne den Beitrag allzu umfangreich werden zu lassen, im Detail nicht näher eingegangen werden. Es muß vielmehr hinsichtlich dieser Spezialfragen der pflanzlichen Mikrochemie insbesondere auf die „Mikrochemie der Pflanzen“ von MOLISCH-KLEIN, 3. Aufl., und die erst vor kurzem erschienene Zusammenfassung dieses Gebietes in TUNMANN ROSENTHALERS Pflanzenmikrochemie 2. Aufl., S. 426—552, hingewiesen werden.

| | | |
|---|---|---|
| **Kryptogamen** | | |
| **Fungi-Pilze** | | |
| Pyrenomyceten | | |
| Claviceps purpurea | *Mutterkornalkaloide* siehe ausführlich S. 677 | |
| Ustilago maïdis Maismutterkorn | *Ustilagin* | RADEMAKER u. FISCHER 1887: C. **1887**, 1257. |
| Sclerotinia Libertiana | wirkt ähnlich wie *Mutterkorn* | SOKOLOW 1930: Ref. Ber. ges. Physiol. u. exp. Pathol. **52**, 672 (1930) |
| Amanita muscaria | *Muscarin* $[C_8H_{18}O_2N]^+$<br>Reineckat: $C_{12}H_{24}O_2N_7S_4Cr$<br>Chlorid $[\alpha]_D^{20} = +1{,}57^0$<br>Chloroaurat: $C_8H_{18}O_2N \cdot AuCl_4$, hellgelbe Blättchen<br>Benzoyl-muscarin-chloroplatinat: $C_{30}H_{44}O_6N_2 \cdot PtCl_6$, Krystalle aus verd. HCl; Zersp.: 256—257⁰<br>$CH_3 \cdot CH_2 \cdot CHOH \cdot CH(N(CH_3)_3OH) \cdot C\langle^{H}_{O}$ oder<br>$CH_3 \cdot CH_2 \cdot CH(N(CH_3)_3OH) \cdot CHOH \cdot C\langle^{H}_{O}$ . | letzte Untersuchung s. F. KÖGL, H. DUISBERG u. H. ERXLEBEN: Liebigs Ann. **489**, 156 (1931); C. **1931 II**, 3613<br>siehe A. WINTERSTEIN Beitrag Nr. 38 |
| Amanita pantherina (Pantherschwamm) | *Muscarin* nicht ganz sicher | |
| Boletus luridus (Hefenpilz) | *Muscarin* nicht ganz sicher | |
| Boletus satanas (Satanspilz) | neben *Cholin*: *Boletin*, weiße farblose Krystalle aus abs. Alkohol, unl in $H_2O$, ll in Alkohol und in verd. Säuren; gibt mit $PtCl_4$ und NESSLERS Reagens kryst. Niederschläge | UTZ, F.: Apoth.-Ztg. **20**, 993 (1905); C. **1906 I**, 252 |
| Clitocybe dealbata | *Muscarin* nicht sicher nachgewiesen | FORD, W. W., u. STERRIK: Journ. Pharm. exp. Pathol. **2**, 547 (1911) |
| Agaricus ruber (Russula rubra) | *Agarythrin* | PHIPSON 1882: Ber. **16**, 244 (1883) |
| Amanita phalloides (Knollenblätterschwamm) | *Amanitin* = Cholin<br>*Bulbosin* (BUDIER 1867)<br>*Toxin* | neue Beschreibung s. H. A. RAAB: H. **207**, 157 (1932); C. **1932 II**, 233 |
| Polyporus frondosus Fl. Dan. | *N-haltige Base*, weißes amorphes Pulver, gibt ein gut krystallisierendes Chlorhydrat, Bromhydrat, Nitrat, Sulfat, Pikrat sowie Chloroplatinat | BAMBERGER, M., u. A. LANDSIEDL: Monatshefte f. Chemie **32**, 641 (1911); C. **1911 II**, 1351 (1911) |
| Marasmius Scorodonius | *neutraler Stoff*, $C_7H_{15}O_3N$, Fp. 242⁰, sublimierbar, gibt keine Farbreaktionen ähnlich dem Betonicin | FRÖSCHL, N., u. J. ZELLNER: Monatshefte f. Chemie **50**, 201 (1928); C. **1929 I**, 545 |
| **Algae-Algen** | | |
| Porphyria laciniata | *Stachydrin* | TODA, S.: Journ. of Biochem. **2**, 429 (1923) |
| **Lichenes Flechten** | | |
| Roccella fuciformis | *Pikroroccellin* $C_{27}H_{28}O_5N_3$, lange, bitter schmeckende Prismen, Fp. 192—194⁰, aus Alkohol unl $H_2O$, sl in heißem Alkohol, l in heißem Eisessig, liefert bei der Oxydation Benzaldehyd und Benzoesäure | STENHOUSE, J., u. C. E. GROVES: Liebigs Ann. **185**, 14 (1877) |

| | | |
|---|---|---|
| **Gefäßkryptogamen.** | | |
| **Pteridophyten, farnartige Pflanzen** | | |
| Equisetaceae, Schachtelhalme | | |
| Equisetum palustre | *Equisetin?* | LOHMAN: Journ. f. Landw. **50**, 397 (1903) |
| Lycopodiaceae, Bärlappgewächse | | |
| Lycopodium complanatum | *Lycopodin* $C_{32}H_{52}O_3N_2$, lange Prismen, Fp. 114—115°, in $H_2O$ und Äther zl, ll in Alkohol, $CHCl_3$, $C_6H_6$, zweisäurige, sehr bitter schmeckende Base | BOEDECKER, K.: Liebigs Ann. **208**, 363 (1881) |
| Lycopodium Saururus LAM. vulgo Pillijan (Südamerika) | *Pillijanin* $C_{15}H_{24}ON_2$, Nadeln, Fp. 64—65°, riecht coniinähnlich, wirkt abführend und brechenerregend<br>Sulfat: mikrokrystallin, bei 150° Schwärzung ohne Schmelzen<br>Chloroplatinat: gelbe Blättchen, Zersp. bei 200°<br>Chloroaurat: gelb mikrokrystallin<br>Konstitution: vielleicht ein Oxyamylnicotin | ARATA, P. N., u. F. CANZONERI: Gazz. chim. ital. **22 I**, 146 (1892)<br>DOMINGUEZ, JUAN A.: C. **1932 I**, 3452 |
| Filicinae-Farne | | |
| Aspidium filix mas, Wurmfarnöl | *Filicin* unsicher | PARRY: Sitzungsber. Chem.-Ztg. **1912**, 17 |
| Pteridium aquifolium | *zwei nicht näher beschriebene Basen*, daneben reichlich *Betain* und wenig *Cholin* | TODA, S.: Journ. of Biochem. **2**, 433 (1923) |
| **Phanerogamen** | | |
| **Gymnospermen** | | |
| Coniferen | | |
| Taxus baccata, Eibe: Europ. Eibe: Gehalt: Nadeln 0,7 bis 1,4 % (trockenes Material), Samen sind taxinhaltig, Fruchtfleisch taxinfrei | *Taxin* (HILGER u. BRANDL) $C_{37}H_{52}O_{11}N$<br>*Taxin* (WINTERSTEIN) $C_{37}H_{51}O_{11}N$ schneeweißes Pulver, bei 100° Sinterung, bei 110° Schmelzen, $[\alpha]_D = +51{,}5°$ (abs. Alkohol), Einheitlichkeit des Taxins ist noch unsicher<br>$C_6H_5CH \cdot CH_2 \cdot COO(C_{24}H_{34}O_6) \cdot O \cdot CO \cdot CH_3$<br>(an CH: $N(CH_3)_2$)<br>*Taxin* (CALLOW, GULLAND, VIRDEN)<br>$C_{37}H_{51}O_{10}N$<br>$C_{23}H_{30}\begin{cases} O \cdot CO \cdot CH_2 \cdot CH(N(CH_3)_2) \cdot C_6H_5 \\ —O \cdot CO \cdot CH_3 \\ —O \\ \quad \vert \\ —CO \\ \equiv (OH)_4 \end{cases}$<br>*Konstanten*: Erweichen 87°, Fp. 108 bis 115°, nach dem Umfällen mit 1proz. $H_2SO_4 + NH_4OH$ Erweichen 115°, Fp. 121—124°, $[\alpha]_D^{17} = +95{,}7°$, Farbr.: in konz. $H_2SO_4$ tiefrot. SALKOWSKIsche Rk.: Saure, rotorange, $CHCl_3$ hellrot. LIFSCHÜTZsche Rk.: Rot, dunkelblau, dunkelgrün, grün fluorescierend<br>Hydrolysenprodukte: $C_{24}H_{32}(_{34})O_7$, Anhydroxatin (Verbindung vom Typus des Angelicalactons), Fp. 155—156° | E. WINTERSTEIN u. D. JATRIDES: H. **117**, 240 (1921); C. **1922 I**, 503<br>E. WINTERSTEIN u. A. GUYER: H. **128**, 175 (1923); C. **1923 III**, 451<br>CALLOW, R. K., J. M. GULLAND u. C. J. VIRDEN: Journ. Chem. Soc. London **1931**, 2138; C. **1931 II**, 2617 |

| | | |
|---|---|---|
| Aus 25 kg trockenen Eibenblättern in einer Menge von 0,0017 % nachgewiesen | *Ephedrin* $C_{10}H_{15}ON$ (siehe auch S. 504) | GULLAND, J. M., u. C. J. VIRDEN: Journ. Chem Soc. London **1931**, 2148; C. **1931 II**, 2618 |
| Taxus baccata, jap. Eibenblätter | *Taxin* (KONDO) $C_{37}H_{51}O_{10}N$, $C_{16}H_{21}O_5 \cdot C_{19}H_{24}O_5 \cdot N(CH_3)_2$, amorph: Sintern 82°, Fp. 105—111°, unl $H_2O$, ll in Alkohol und Äther, zwl in $CHCl_3$, $[\alpha]_D = +32^0 20'$ (Alk.) (5 % Lsg), $[\alpha]_D = +35{,}0^0$ (Alk.) (10 % Lsg) | KONDO, H., u. UMETARO AMANO: Journ. Pharm. Soc. Jap. **1922**, Nr. 490; C. **1923 I**, 770. — KONDO, H., u. TAKAHASHI: Journ. Pharm. Soc. Jap. **1925**, Nr. 524; C. **1926 I**, 1204 |
| Gnetaceae | | |
| Ephedraarten | *Ephedra-alkaloide* siehe ausführlich S. 504ff. | |
| **Angiospermen** | | |
| **Dicotyledonae** | | |
| Fagales | | |
| *Betulaceae* | | |
| Betula alba: Blätter | *alkaloidhaltig?* | CAESAR u. LORETZ: 1897<br>CZAPEK: Bd. 3, S. 252. |
| Urticales | | |
| *Moraceen* | | |
| Humulus lupulus: Samen | angeblich *coniinähnlich* riechende *Alkaloide* enthaltend<br>nachgewiesen wurde *Cholin* | E. HANTKE u. KRÄMER: C. **1903 I**, 1099<br>POWER, F. B., F. TUTIN u. H. ROGERSON: Journ. Chem. Soc. London **103**, 1267 (1913); C. **1913 II**, 1414 |
| Cannabis sativa | *Alkaloide* noch ungeklärt<br>*Cannabinin?*, *Tetanocannabinin?*<br>*Cholin*<br>*Nicotin? usw.* | siehe z. B. E. JAHNS Arch. der Pharm. **225**, 479 (1887)<br>MARINO ZUCCO u. VIGNOLIO: Gazz. **25**, 262; C. **1895 I**, 1069 |
| Javanische Urticaceen | | |
| Celtis reticulosa MIQ.: Holz | leicht zersetzliches Alkaloid | |
| Elatostemma macrophyllum BWNG.<br>Covellia hispida MIQ.<br>Ficus altissima BL. | alkaloidhaltig | GRESHOFF: B. **23**, 3537 (1890); Ber. Dtsch. Pharm. Ges. **9**, 214 (1899) |
| Piperales | *Piperin* siehe ausführlich S. 512 | |
| Piper nigrum<br>Betha, Chaba<br>Cubeba excelsum, methysticum, silvestre, smaragdinum<br>Cubeba macrophyllum, porphyrophyllum<br>Ottonia carpinifolia | in Stamm und Blättern, also in vegetativen Teilen, Piperin mikrochemisch *nicht* nachweisbar | KLEIN, G., u. M. KRISCH: Österr. bot. Ztschr. **78**, 258 (1929) |
| Piperfrüchte (schwarzer Pfeffer) | flüssige Base $C_5H_9N$: HC——CH · $CH_3$ / ‖ \| / HC \ / $CH_2$ / N / H<br>*C. Methylpyrrolin*<br>Chlorhydrat: lange Nadeln aus $H_2O$, $[\alpha]_D^{21} = +2{,}77^0$ ($H_2O$) öliges Nitrosamin<br>Chloroaurat: gelbe Blättchen, Fp. 280°<br>Chloroplatinat: orangefarbene Prismen, Fp. 204°<br>Pikrat: goldgelbe Prismen, Fp. 165°<br>Pikrolonat: Fp. 216—217°, wl in $H_2O$ | PICTET, A., u. R. PICTET: Acta helv. Chim. **10**, 593 (1927); C. **1927 II**, 2406 |

| | | |
|---|---|---|
| Piper ovatum | *Piperovatin* $C_{16}H_{21}O_2N$, farblose Nadeln, Fp. 123°, ll in Alkohol, wl in Äther, schwache Base, keine Salzbildung (Herzgift) | DUNSTAN, W., u. H. GARNETT: Journ. Chem. Soc. London **1895**, 94; C. **1895 I**, 492; C. **1896 I**, 206 |
| Anocaperi: bolivianische Droge: Piper curvatum nahestehend | *Piperin* oder eine dem Piperin ähnliche Base | KELLER, O., u. F. GOTTAUF: Arch. der Pharm. **267**, 373 (1929) C. **1929 II**. 1563. |
| Piper methysticum: Kawawurzel | *Alkaloid* nicht näher untersucht | LAVIALLE u. P. SIEDLER: Verh. Nat. Ges. **1903 II** 1, 114. |
| Santalales<br>*Loranthaccen*<br>Viscum album: grüne Blätter | *fl. Base* $C_8H_{11}N$, gibt ein hygroskopisches Chlorhydrat; beim Erhitzen mit Zinkstaub Pyrroldämpfe<br>nach GUGGENHEIM vielleicht *Phenyläthylamin*<br>die Base $C_8H_{11}N$ wurde von ZELLNER nicht bestätigt, dafür aber Cholin nachgewiesen | LEPRINCE, M.: C. r. d. **145**, 940 (1907)<br>BARBIERI: C. **1912 II**, 1479.<br>FUBINI u. ANTONINI: C. **1912 I**, 592.<br>EINLEGER, J., J. FISCHER u. J. ZELLNER: Monatshefte f. Chem. **44**, 277 (1924). C. **1924**. **II**, 679. |
| Centrospermae<br>*Chenopodiaceae* | | |
| Anabasis aphylla | *Anabasin* usw. siehe ausführlich S. 548 | |
| *Phytolaccaceae*<br>Phytolacca decandra | *Alkaloid*vorkommen unsicher<br>*Phytolaccin* | PRESTON, E.: Amer. Journ. Pharm. **1884**, 567 |
| Phytolacca americana LINNÉ | 0,16 % Alkaloid | JENKINS, G. L.: Journ. Amer. Pharm. Assoz. **18**, 573 (1929); C. **1929 II**, 1820 |
| *Aizoaceae*<br>Mesembryanthemum expansum L. (Channa): Blätter 0,3 %<br>Mesembryanthemum tortosum: Achsen u. Wurzel 0,86 %<br>Südafrika<br>Insgesamt wurden in 23 von 37 untersuchten Mesembrianthemum-Arten Alkaloide nachgewiesen | *Mesembrin* $C_{16}H_{19}O_4N$, gibt keine kryst. Salze, ll in Chloroform, Alkohol, Aceton, wl in Äther, $H_2O$ und Alkalien, swl in Petroläther und Benzol, Fp. 86—93°<br>Wirkung cocainähnlich | HARTWICH, C., u. E. ZWICKY: Apoth.-Ztg. **29**, 925, 939, 940 (1914); C. **1915 I**, 95 |
| *Cactaceae* | | |
| Cereus pecten aboriginum ENGELM. | *Pectenin* siehe ausführlich S. 578 | |
| Carnegia giganthea | „ „ „ „ 578 | |
| Pilocereus Sargentianus Orcult: 6 bis 7 % Alkaloide<br>Cereus Sargentianus | *Pilocerein* $C_{30}H_{44}O_4N_2$, amorph, giftig, Fp. unscharf 82—86°, unl. in $H_2O$;<br>Cl. org. L. M. gibt keine krist. Salze | HEYL, G.: Arch. der Pharm. **239**, 451 (1901); C. **1901 II**, 813 |
| Echinocactus Williamsii<br>Anhalonium Williamsii, fissuratum<br>Anhalonium Lewinii, Jourdanianum | *Anhaloniumalkaloide* siehe ausführlich S. 576 | |

| | | |
|---|---|---|
| Phyllocactus Ackermannii | alkaloidhaltig nach HEFFTER | HEFFTER, A.: Ber. **27**, 2975 (1894); **29**, 216 (1896); **34**, 3004 (1901); Apoth.-Ztg. **11**, 746 (1896); Arch. f. exp. Pathol. u. Pharmak. **34**, 65 (1894); **40**, 385 (1898) |
| (Epiphyllum) Russelianus (HOOK) | „ „ „ | |
| Echinocereus mamillosus | „ „ „ | |
| Ariocarpus retusus SCHEIDW. (Anhalonium prismaticum) | „ „ „ | |
| Mamillaria cirrhifera (Echinocactus Visnagra) | „ „ „ | |
| Mamillaria centricirrha | „ „ „ | |
| Gymnocalycium gibbosum (HAW.) PFEIFF. | 2 Alkaloide<br>vielleicht ein Gemisch von *Anhalonin und Lophophorin*<br>vielleicht *Mezkalin* | DUCLOUX, E. H.: C. **1931 I**, 1772 |
| *Caryophyllaceae* | | |
| Herniaria glabra | *Paronychin*, nicht näher untersucht | SCHNEEGANS: Journ. de Pharm. de Alsace-Lorr. **1890**, 206 |
| Lychnis flos cuculi (Kuckucksblume) | neben Saponinen auch basische, wirksame, die Erregbarkeit des Uterus steigernde Substanz enthaltend | STEPPUHN, O.: Arch. f. exp. Pathol. u. Pharmak. **147**, 79 (1929) |
| Lychnis (Agrostemma) Githago | | |
| Tricoccae | | |
| *Euphorbiaceae* | | |
| Daphniphyllum bancanum KURZ: Rinde u. Samen | *Daphniphyllin* | PLUGGE, P. C.: Arch. f. exp. Pathol. u. Pharmak. **32**, 266 (1893) |
| Daphniphyllum macropodum (Japan) | *Daphnimacrin* $C_{27}H_{41}O_4N$ | YAGI, S.: Arch. internat. Pharm. Ther. **20**, 117 (1910) |
| Croton tiglium: Samen | *Ricinin* siehe ausführlich S. 511<br>das Alkaloid von TUSON wurde von E. CHERBULIEZ nicht bestätigt | TUSON: Journ. Chem. Soc. London **17**, 195 (1864)<br>CHERBULIEZ, E., u. K. BERNHARD: Helv. chim. Acta **15**, 464 (1932); C. **1932 I**, 3068<br>CHERBULIEZ, E., E. EHNINGER u. K. BERNHARD: Helv. chim. Acta **15**, 658, 855; C. **1932 II**, 1028 |
| Mercurialis annua | neben Trimethylamin, Mercurialin?, giftiges Alkaloid | ARRAGON, CH., u. M. BORNAND: Mitt. Lebensmittelunters. u. Hyg. **25**, 306 (1924)<br>Das Vorkommen wurde von SCHALLER: Dissert., Zürich 1928, nicht bestätigt |
| Julocroton Montevidensis (Turubita): Wurzel | *Julocrotin* $C_{19}H_{26}O_3N_2$, Fp. 105° | ANASTASI, C.: C. **1926 II**, 41 |
| Croton Gubouga: Rinde | Alkaloid nicht näher untersucht<br>4 Oxyhygrinsäure $C_6H_{11}O_3N$, Fp. 242° | GOODSON, J. H., u. H. W. B. CLEWER: Journ. Chem. Soc. **115**, 923 (1919); C. **1920 I**, 712 |

| | | |
|---|---|---|
| Ricinus communis: Samen Endosperm 0,03 % Samenschalen 0,15 % Weitere mikrochemisch erfaßte Ricinusvorkommen im ruhenden Samen von: Ricinus barboniensis arboreus Ricinus zanzibarensis, R. zanzibarensis cinerascens R. zanzibarensis enormis, R. z. niger, R. z. maculatus Ricinus africanus, Ricinus cambodgensis Ricinus Gibsonii, Ricinus communis major, minor Ricinus sanguineus, Ricinus laciniatus | *Ricinin* siehe ausführlich S. 511 | KLEIN, G., u. H. BARTOSCH: Österr. bot. Ztschr. **77**, 241 (1928) |
| Jatropha gossipifolia L. var. elegans: Rinde (0,4 %) (Columbien) | *Jatrophin* $C_{14}H_{20}O_6N$, gelbliches Pulver, ll in $H_2O$ und Alkohol, Lösungen fluorescieren stark | BARRINGA VILLALBA, A. M.: C. **1927 II**, 2605 |
| Joanesia princeps: Samen | *Johannesin* nicht näher untersucht | OLLIVEIRA, M.: Pharm. Journ. **1881**, 380 |
| Stillingia silvatica: Wurzel | *Stillingin* unvollkommen untersucht | BICHY, W.: Just. bot. Jahresber. **1886 II**, 336 |
| Euphorbia Drummondii BOIS. | *Drumin* unvollkommen untersucht | REID: Amer. Journ. Pharm. **18**, 263 (1887) |
| Weiter sollen alkaloidhaltig sein: | | |
| Pierardia | alkaloidhaltig | GRESHOFF: Ber. **23**, 3537 (1890); Ber. Dtsch. Pharm. Ges. **9**, 214 (1899) |
| Prosorus | ,, | |
| Antidesma | ,, | |
| Galearia | ,, | |
| *Buxaceae* | | |
| Buxus sempervirens: grüne Zweige u. Blätter | *Buxin*, nach WALZ 1860 identisch mit dem Bebeerin; wird jedoch stark angezweifelt, verschiedene nicht ganz eindeutig erfaßte Basen: *Buxin* *Parabuxin* $C_{29}H_{43}N_3O$? *Buxidin* *Parabuxidin* *Buxamin* | FAURÈ 1830: Journ. de Pharm. **16**, 428 (1830) SCHOLZ, M.: Arch. der Pharm. **236**, 530 (1898) PAVESI u. ROTONDI: Ber. **7**, 590 (1874) ALESSANDRI: Pharm. Journ **1882**, 23 BARBAGLIA: Ber. **17**, 2655 (1884); Gazz. chim. ital. **13**, 249 (1883); Justs bot. Jahresber. **1887 II**, 499; **1891 I**, 62 siehe auch TUNMANN-ROSENTHALER: Pflanzenmikrochemie, S. 454 |

| | | |
|---|---|---|
| Weiter sind alkaloidhaltig: | | MARTIN-SANS, E.: C. r. d. l'Acad. des sciences **191**, 625 (1930); C. **1931 I**, 98 |
| Simmondsia californica | Alkaloide sind nicht näher untersucht | |
| Pachysandra terminalis<br>Pachysandra axillaris<br>Sarcococca pruniformis<br>Hookeriana ruscifolia<br>Hookeriana tonkinensis<br>Styloceras laurifolia<br>Styloceras Kuthianum | die Alkaloide sind nicht näher beschrieben | |
| *Magnoliaceae* | | |
| Calycanthus glaucus, floridus: Samen 2—4 % | *Calycanthin* und *Isocalycanthin* siehe ausführlich S. 665 | |
| Meretia praecox | „ „ „ 665 | |
| Liriodendron tulipifera | *Tulipiferin* | MOREL, P., u. TOTAIN CAPEK Bd. 3, S. 327 |
| Weitere alkaloidhaltige Pflanzen: | | |
| Magnolia Blumei PRANTL (Manglietia glauca BL.) | | EIJKMANN 1888: Ann. jard. bot. Buitenzorg **7**, 224 (1888) |
| Michelia parviflora und verschiedene Talaumaarten | | GRESHOFF 1899: Ber. Dtsch. Pharm. Ges. **9**, 214 (1899) |
| *Anonaceae* | | |
| Anona muricata | amorphe Basen | CALLAN, T. u. F. TUTIN: Pharm. Journ. **33** (IV), 743 (1911); C. **1912 I**, 268 |
| Anona squamosa (Zimtapfel), Peru: Blätter, Samen, Wurzel | verschiedene nicht näher beschriebene Alkaloide | TRIMURTI, N.: C. **1925 I**, 679 |
| Anona reticulata (Stammrinde), 0,7 g aus 1,8 kg lufttrockener Rinde (Philippinen) | *Anonain* $C_{17}H_{16}^{?}O_3N$, Nadeln aus Äther, Fp. 122—123°, $[\alpha]_D^{32,5°} = -83,01°$ ($CHCl_3$)<br>Chlorhydrat: $C_{17}H_{17}^{?}O_3NCl$, seidige Nadeln aus $H_2O$<br>Chloroplatinat: gelb amorph | SANTOS, C. A.: C. **1931 I**, 1299 |
| Anona triloba: Samen (Asimia triloba) | *Asiminin* nicht näher beschrieben | LLOYD: Journ. Pharm. et Chim. (5) **16**, 332 (1887) |
| Artabotrys suaveolens: Rinde (Stamm, Wurzel) | *Artabotrin* $C_{36}H_{55}O_6N$, Nadeln aus $CHCl_3$, Fp. 187°, unl $H_2O$, ll in $CHCl_3$, $C_2H_5OH$, Äther, Aceton | MARANON, JOAQUIM M.: Philippine Journ. Science **38**, 259 (1929); C. **1929 II**, 759 |
| Alphonsea ventricosa: Blätter 0,5 % Alkaloid | *Alphonsein* | CZAPEK Bd. 3, S. 327 |
| Popowia pisocarpa: Rinde | krystallinisches, schwach giftiges Alkaloid | EIJKMANN u. BOORSMA: CZAPEK Bd. 3, S. 327 |
| Xylopiaarten Xylopia frutescens, Xylopia grandiflora | Vorkommen von *Berberin* nicht ganz sicher | nach G. KLEIN u. H. BARTOSCH kein Berberin nachweisbar. Österr. bot. Ztschr. **77**, 1ff. (1928) |

| | | |
|---|---|---|
| Guaterria pallida BL.: Blätter | | CZAPEK Bd. 3, S. 327 |
| Polyalthia affinis | | ebenda |
| Monoon costigatum MIQ. | | ebenda |
| Oxymitra BL. | | CZAPEK Bd. 3, S. 327 |
| Melodorum DUN. | | ebenda |
| Orophea BL. sowie einzelne | | ebenda |
| Saccopetalumarten | | ebenda |
| Phaeanthus ebracteolatus (Pres.) Merill, Philippinen | *Phäanthin* $C_{37}H_{38}O_6N_2$, siehe ausführlich S. 642 | |
| Coelocline polycarpa: Rinde (Westafrika)<br>Abeokutarinde | *Berberin* | MOLISCH, H.: Mikrochemie der Pflanze, 2. Aufl., S. 301 |
| Aristolochiales<br>Aristolochiaceae (Osterluzeigewächse) | | |
| Aristolochia rotunda bzw. longa, argentina: Wurzeln<br>Aristolochia clematitis: reife Samen | *Aristolochin* $C_{32}H_{22}O_{13}N_2$? oder $C_{17}H_{11}O_7N$, orangefarbige Nadeln, Zp. 215°, l in h. $H_2O$ und *Alkali*, unl in Benzol giftig, erzeugt starke Blutdrucksenkung | POHL, J: B. **25**, R. 635 (1892)<br>POHL, J.: Arch. f. exp. Pathol. u. Pharmak. **29**, 282, 642 (1891)<br>FERGUSSON, J. H.: Amer. Journ. Pharm. (4) **18**, 481 (1887) |
| Aristolochia argentina: Wurzeln | *Aristinsäure* $C_{18}H_{13}O_7N$, aus $CH_3 \cdot COOH$ gelbgrüne Blättchen oder Nadeln, Zp. 275°, Methylester, Fp. 250°, bildet ein Kaliumsalz<br>*Aristidinsäure* $C_{18}H_{13}O_7N$, gelbgrüne Nadeln, Fp. 260°, isomer mit der Aristinsäure; $C_{17}H_{10}O_6N(OCH_3)$<br>*Aristolsäure* $C_{15}H_{11}O_7N$, orangerote Nadeln, Fp. 260—270°<br>*Aristolochin* amorph | HESSE, O.: Arch. der Pharm. **233**, 684 (1895); Ber. **29**, 38 (1896) |
| Aristolochia serpentaria LAM., Nordamerika | *Aristolochiasäure* | CHEVALIER: Journ. d. Pharm. (2) **55**, 565 |
| Aristolichia indica, bracteata | | |
| Aristolochia reticulata NUTT. | *Aristolochin* | FERGUSSON, J. H.: Amer. Journ. Pharm. (4) **18**, 481 (1887) |
| *Monimiaceae*<br>Daphnandraarten<br>Daphnandra repandula: Rinde<br>Daphnandra micrantha (Australien) | *Daphnandrin* $C_{36}H_{38}O_6N_2$, farblose Nadeln aus $CHCl_3$, Fp. 280°, ll nur in $CHCl_3$, sonst sehr wl, $[\alpha]_D = +474{,}7°$ ($CHCl_3$)<br>zweisäurige Base: $C_{32}H_{26}O_3N\left\{\begin{matrix}=NCH_3\\ =(OCH_3)_3\end{matrix}\right.$<br>Chlorhydrat: $B \cdot 2HCl \cdot 5H_2O$, Zp. 282°, $[\alpha]_D = +296—314°$ ($H_2O$)<br>Bromhydrat: $B \cdot 2HBr \cdot 6H_2O$, Zp. 291°<br>saures Oxalat: $B \cdot 1^1/_2 H_2C_2O_4 \cdot 5^1/_2 H_2O$, Fp. 225° (aus $C_2H_5OH$)<br>*Daphnolin* $C_{34}H_{34}O_6N_2$, schmale Hexaeder, Fp. 190—215° (aus $CHCl_3$ oder $C_2H_5OH$), schwerer l als Daphnandrin, $[\alpha]_D = +459°$ ($CHCl_3$)<br>Chlorhydrat: $B \cdot 2HCl \cdot 3^1/_2 H_2O$, farblose Pyramiden aus $C_2H_5OH$, Zp. 290°, $[\alpha]_D = +283°$ ($H_2O$) | PYMAN, F. L.: Journ. Chem. Soc. **105**, 1679 (1914); C. **1914 II**, 720 |

| | | |
|---|---|---|
| | Hydrobromid: $B \cdot 2HBr \cdot 4H_2O$, mikroskopische Nadeln, Fp. 286° (Zers.)<br>zweisäurige Phenolbase<br>$C_{31}H_{25}O_4N\begin{cases}=NCH_3\\=(OCH_3)_2\end{cases}$<br>*Mikranthin* $C_{36}H_{32}O_6N_2$, farblose Nadeln aus $CHCl_3$, Fp. 190—196° (u. Zers.), unl $H_2O$ und Äther, wl $C_2H_5OH$ oder $CHCl_3$<br>$C_{34}H_{26}O_5N\begin{cases}=N \cdot CH_3\\—OCH_3\end{cases}$<br>Sulfat: krystall., $B \cdot H_2SO_4 \cdot 10H_2O$, farblose Nadeln, Fp. 312° (Zers.) | |
| Boldea fragans (Pneumus Boldus): Blätter<br>Boldea chilensis | *Boldin* $C_{19}H_{21}O_4N$, siehe ausführlich S. 604 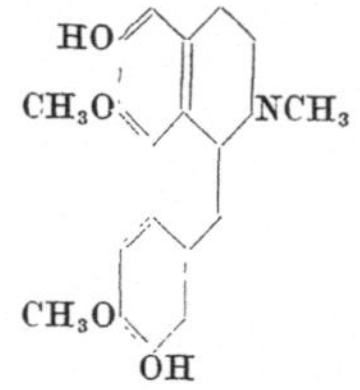<br>HO, $CH_3O$, $NCH_3$, $CH_3O$, OH<br>E. Späth u. K. Tharrer. | Bourgoin u. Verne: Journ. Pharm. et Chim. **16**, 191 (1872)<br>Warnat, K.: B. **58**, 2768 (1925); B. **59**, 85 (1926)<br>Späth, E., u. K. Tharrer: Ber. **66**, 904 (1933)<br>E. Schlittler: Ber. **66**, 988 (1933) |
| Atherosperma moschatum: Rinde | *Atherospermin* $C_{30}H_{40}O_5N_2$?, amorph, Fp. 128°, gibt nur amorphe Salze | Zeyer Jahresber. **1861**, 769 |
| Doryphora Sassafras: Rinde | *Doryphorin* $C_{18}H_{21}O_4N$, Fp. 115°—117° | Petrie, J. M.: Proc. Linnean Soc. N. S. Wales **37**, 139 (1912) |
| *Lauraceae* | | |
| Litsea chrysocoma, cubeba, citrata, latifolia<br>Actinodaphnearten<br>Tetranthera citrata (Litsea citrata): Rinde (Indien, Java) | *Laurotetanin* $C_{19}H_{21}O_4N \cdot H_2O$, siehe ausführlich S. 604 | siehe Winterstein u. Trier: Die Alkaloide, 2. Aufl., S. 745 |
| Laurelia Novae-Zealandiae: Rinde (Neuseeland) | *Pukatein*, *Laurelin*, *Laurepukin*, siehe ausführlich S. 607 | |
| Nectandra Coto Rusby nov. 0,6% (echte Cotorinde) 0,78% | Phenolbase *Parostemenin*<br>Nichtphenolbase *Parostemin* | Seil, H. A.: Journ. Amer. Pharm. Assoc. **11**, 904 (1922); C. **1923 I**, 1631 |
| Nectandra Rodioei (Bebeerubaum, Greenheartholz) | *Bebeerin* (*Nectandrin*, *Pelosin*, *Sepeerin*), siehe Pareiraalkaloide, S. 633 | Maclagan, D., u. T. Tilley: Ann. der Chemie **48**, 106 (1843); **55**, 105 (1845); Journ. f. prakt. Ch. **37**, 247 (1846)<br>Planta, v.: Ann. **77**, 333 (1851) |
| Actinodaphne Hookeri, Meissn. | *Actinodaphnin* $C_{18}H_{19}O_4N$, Fp. 210—211°, $[\alpha]_D^{20} = +32{,}77°$ (abs. $C_2H_5OH$); swl in $H_2O$; wl in Äther, 1 in $C_2H_5OH$<br>*Chlorhydrat*: $B \cdot HCl$, Nadeln aus $C_2H_5OH$ und Äther, Fp. 280—281° (Zers.), $[\alpha]_D^{20} = +8°\ 45'$ ($H_2O$)<br>*Jodhydrat*: $B \cdot HJ$, Nadeln aus $C_2H_5OH$, Fp. 264—265° (Zers.)<br>*Sulfat*: Nadeln aus $C_2H_5OH$; $B_2 \cdot H_2SO_4$, 249—250° (Zers.)<br>*Pikrat*: Nadeln aus verd. Alkohol, Fp. 220 bis 222° | Krishna, S., u. T. P. Ghose: Journ. Indian Chem. Soc. **9**, 429 (1932); C. **1933 I**, 2412 |

| | | |
|---|---|---|
| | *Methojodid*: B · $CH_3J$, Krystalle aus Alkohol-Äther, Fp. 243—244° <br> *Acetylverb.*: Fp. 229—230° | |
| Weitere alkaloidführende Lauraceen: | | |
| Dehaasia squarrosa (Blätter u. Rinde) Java | Alkaloide noch nicht näher untersucht | GRESHOFF, M.: Ber. **23**, 3537 (1890) |
| Dehaasia firma, Java | | |
| Cryptocarya australis (Rinde) | | BANCROFT: Amer. Journ. Pharm. (4) **18**, 448 (1887) |
| Cyrocarpus asiaticus (BOORSMA) | | |
| Hernandia sonora L. | | EIJKMANN <br> BOORSMA, W. G., 1899 |
| Illigera pulchra u. a. m. (Java) | | |
| *Menispermaceae* | | |
| Sinomenium acutum | *Sinomenin* usw., siehe S. 633 | |
| Sinomenium diversifolium | | |
| Menispermum canadense | *Berberin* | BARBER, H. L.: Amer. Journ. Pharm. **56**, 401 (1885) |
| | *Menispin*, berberinähnliche Base | |
| Menispermum dauricum, Japan | *Dauricin*, siehe S. 639 | |
| Cocculus laurifolius, Japan | *Coclaurin* $C_{17}H_{19}O_3N$, siehe S. 639, kein Berberin nachweisbar | siehe G. KLEIN u. H. BARTOSCH |
| Cocculus trilobus, Japan | *Trilobin* $C_{36}H_{36}O_5N_2$, siehe S. 640 | |
| Cocculus sarmentosus | *Homotrilobin* $C_{36}H_{36}O_5N_2$, siehe S. 640 | |
| Cocculus umbellatus STEUD. | alkaloidhaltig | nach GRESHOFF, siehe CZAPEK Bd. 3, S. 327 |
| Cocculus ovalifolius | ,, | |
| Stephania japonica | *Stephanolin* usw., siehe S. 642 | |
| Stephania tetrandra | *Tetrandrin* usw., siehe S. 641 | |
| Anamirta cocculus <br> Anamirta paniculata | *Menispermin* $C_{18}H_{24}O_2N_2$, Prismen, Fp. 120°, ll in $C_2H_5OH$ und Äther; das Sulfat krystallisiert | PELLETIER u. COUERBE: Ann. Chim. u. Phys. **10**, 198 (1834) |
| Kokkelskörner: Schale | *Menispermin*, $C_{36}H_{24}O_4N_4$ (STEINER), physiologisch unwirksam, toxisch wirkt das N-freie Pikrotoxin | STEINER, F.: Just **1877**, 632 <br> CZAPEK Bd. 3, S. 327 |
| | *Paramenispermin*, rechteckige Prismen, Fp. 250°, l in $C_2H_5OH$, wl in $H_2O$ oder Äther | |
| Arten von Pachygone u. Pycnarrhena | alkaloidhaltig | CZAPEK Bd. 3, S. 327 |
| Cissampelos insularis, Japan: Wurzel | *Insularin* $C_{19}H_{21}O_3N$, Fp. 160°, ll in abs. Äther, hellgelb amorph, gibt keine krystallisierenden Salze, $[\alpha]_D^7 = +27{,}95°$ <br> Jodmethylat: $C_{20}H_{24}O_3NJ + H_2O$; Schuppen, Zers. bei 300° <br> $C_{16}H_{12}\begin{cases} -OCH_3 \\ -OCH_3 \\ >O \\ =N-CH_3 \end{cases}$ wahrscheinlich ein N-Methyltetrahydroisochinolinderivat <br> *Base II*, Fp. 240°, wl in abs. Äther | KONDO, H. u. K. JANO: Journ. Pharm. Soc. Jap. **1927**, 107; C. **1928 I**, 357 |

| | | |
|---|---|---|
| Cissampelos Pareira Stammpflanze der falschen Pareira: Wurzel (Tropen) | *Sepeerin, Flavobuxin, Pelosin, Cissampelin,* wenig untersuchte Alkaloide (s. S. 709) | WEHMER, C.: Pflanzenstoffe, S. 208. Jena 1911<br>siehe auch MACLAGAN: Ann. **43**, 106 (1843); **55**, 105 (1845)<br>WIGGERS: Ann. **33**, 81 (1840) |
| Chondodendron tomentosum: Wurzel<br>Radix Pareira bravae: echte Pareirawurzel (Südamerika) | *Pareiraalkaloide,* siehe ausführlich S. 633 | |
| Cyclea peltata H. F. u. TH.: Rhizom | *Cyclein,* angeblich mit dem Bebeerin verwandt | BOORSMA, W. G.: CZAPEK Bd. 3, S. 326 |
| Jatrorrhiza palmata MIERS.<br>Radix Colombo | *Colomboalkaloide* siehe ausführlich S. 592 | |
| Coscinium fenestratum, Coleb.: Stengel (Indien u. Ceylon) | außer *Berberin Base I,* Fp. 205—206°<br>*Base II,* 223—224° | TUMMIN, M. C., KATTI u. V. P. SHINTRE: Arch. der Pharm. u. Ber. Dtsch. Pharm. Ges. **268**, 314 (1930); C. **1930 II**, 577 |
| Coscinium Blumeanum MIERS. | *Berberin* nicht ganz sicher | CZAPEK Bd. 3, S. 327 |
| Tinospora Bakis MIERS.: Wurzel | *Sangolin*<br>*Pelosin*<br>*Columbin*<br>nicht näher beschriebene Alkaloide | HECKEL, SCHLAGDENHAUFFEN: Justs bot. Jahresber. **1895 II**, 382 |
| *Tinospora cordifolia* | *Berberin* nicht nachgewiesen | KLEIN, G., u. H. BARTOSCH: Österr. bot. Ztschr. **77**, 12 (1928) |
| Fibraurea tinctoria LOUR. | *Berberin* nicht ganz sicher | CZAPEK Bd. 3, S. 327 |
| Tiliacora acuminata MIERS.: Rinde | *Tiliacorin* $C_{30}H_{27}O_2N(OCH_3)_2$, krystallisiert<br>*Alkaloid,* amorph, nicht näher beschrieben | ITALLIE, L. v., u. H. J. STEENHAUER: Pharm. Weekblad **59**, 1381 (1922); C. **1923 I**, 548 |
| Archangelisia flava | Berberin | ANDERSON HENRY, TH.: The Plant Alkaloids, 2. Aufl., S. 208. 1924 |
| Archangelisia leminiscata | ,, | |
| Chasmanthera cordifolia | ,, | MOLISCH: Mikrochemie, 2. Aufl., S. 301. 1921 |
| *Ranunculaceen* | | |
| Hydrastis canadensis | siehe ausführlich S. 579 | |
| Paeonia peregrina: Samen, Wurzel | sehr geringe Mengen *Peregrinin*<br>wirkt auf die Uterusmuskulatur, verengt die Nierenkapillaren, steigert die Gerinnungsfähigkeit des Blutes | DRAGGENDORFF: Arch. der Pharm. **214**, 412 (1879)<br>HOLSTE, A.: Ztschr. f. exper. Path. u. Ther. **18**, 1 (1916); C. **1916 I**, 1154 |
| Caltha palustris (Sumpfdotterblume): blühendes Kraut | *Berberin?* ARNAUDON (1891)<br>*flüchtige Base*: vielleicht Nicotin<br>*nichtflüchtiges Alkaloid*: KELLER 1910 (in geringen Mengen) | KELLER, O.: Arch. der Pharm. **248**, 463 (1910); C. **1910 II**, 1310<br>POULSSON, E.: Arch. f. exper. Path. u. Ther. **80**, 173 (1916); C. **1916 II**, 826 |

| | | |
|---|---|---|
| | | ORMEROD, M. J., u. F. D. WHITE: Trans. Proc. Roy. Soc. Canada **23**, 189 (1929) |
| Helleborus niger: Schwarzer Nieswurz: Wurzel | nach dem Verfahren von STAS-OTTO *keine* Alkaloide nachzuweisen | KELLER, O., u. W. SCHÖBEL: Arch. der Pharm. **265**, 238 (1927); C. **1927 II**, 98 |
| Helleborus viridis: Wurzel | *Celliamin* $C_{21}H_{45}O_2N$, Fp. 115° Sintern, 127—131° Schmelzen, farblose, seidenglänzende Nadeln, $H_2O$ unl, ll in $C_2H_5OH$, Äther, $CHCl_3$; $C_6H_6$, tertiäre Base<br>*Sprintillamin* $C_{28}H_{45}O_4N$, Fp. 228—229°, seidenglänzende Nadeln, tertiäre Base<br>*Sprintillin* $C_{25}H_{41}O_3N$, Fp. 132° Sintern, 141 bis 142° Schmelzen<br>*Alkaloid V* $C_{25}H_{43}O_6N$, Fp. 267—268° (ab 210° Dunkelfärbung), sehr schwach basisch | KELLER, O., u. O. SCHÖBEL: Arch. der Pharm. **266**, 545 (1928); C. **1929 I**, 402<br>siehe auch Mikrochemie der Helleboreen<br>PEYER, W., W. LIEBSCH u. H. IMHOF: Süddtsch. Apoth.-Ztg. **68**, 545 (1928) |
| Nigella damascena[1]: Samen 0,5—6 % (Damascenin-chlorhydrat)<br>Nigella aristata[2]: Samen 0,1 % (Damascenin u. Methyldamascenin) | *Damascenin* $C_{10}H_{13}O_3N$, Fp. 24—26°, Kp. 270°, $Kp._{5\,mm}$ 154°; wl in $H_2O$, ll in org. LM Chlorhydrat: 156°; Nitrat Fp. 94—96°; Pikrat Fp. 158—159°<br>$COOCH_3$ $NHCH_3$ $OCH_3$ | [1]SCHNEIDER: Pharm. Zentralhalle **31**, 177 (1890)<br>[2]KELLER, O.: Arch. der Pharm. **242**, 299 (1904); **246**, 1 (1908); C. **1904 II**, 456; C. **1908 I**, 1289<br>EWINS: Journ. Chem. Soc London **101**, 544 (1912); C. **1912 I**, 1724<br>POMMEREHNE, H.: Arch. der Pharm. **237**, 475 (1899); **238**, 531 (1900); **239**, 34 (1901); **242**, 295 (1904) |
| Nigella sativa: Samen (Schwarzkümmel) | *Nigellin* } *Connigellin* } nicht näher untersucht | PELLACANI: Arch. f. exper. Pathol. u. Pharmak. **16**, 440 (1883)<br>nach O. KELLER alkaloidfrei; siehe TUNMANN-ROSENTHALER: Pflanzenmikrochemie, 2. Aufl., S. 459 |
| Isopyrum thalictroides: Wurzel | *Isopyroïn* $C_{28}H_{46}O_9N$, Krystalle Fp. 160° sowie 2 weitere Alkaloide HARTSEN (1872) | FRANKFORTER, G. B.: Journ. Amer. Chem. Soc. **25**, 99 (1903); C. **1903 I**, 650<br>MIRANDE, M.: C. R. D. **168**, 316 (1919); C. **1919 III**, 102; mikrochem. Nachweis |
| Isopyrum biternatum TORR: Blätter u. Stengel | Alkaloid nicht ganz sicher nachgewiesen | MACDOUGAL: TUNMANN-ROSENTHALER: Pflanzenmikrochemie, 2. Aufl., S. 458 |
| Xanthorrhiza apiifolia | *Berberin* | MOLISCH, H.: Mikrochemie der Pflanze, 2. Aufl., S. 301 |
| Coptis Teeta | *Berberin* | HENRY: The Plant alkaloids, S. 208 |
| Coptis trifolia | *Berberin* | MOLISCH, H. (wie oben), nach G. KLEIN u. H. BARTOSCH (loc. cit.) kein Berberin nachweisbar |

| | | |
|---|---|---|
| Coptis japonica | *Berberin und Coptisin* siehe ausführlich S. 582 ff. u. 591 ff. | |
| Delphiniumarten (Rittersporn):<br>Delphinium bicolor: Rhizom 0,27 %<br>Delphinium Menziesii: Rhizom 0,35 %<br>Delphinium Nelsonii: Rhizom 0,27 %<br>Delphinium scopolorum: Rhizom 1,3 %, Samen, Gehalt schwankt nach dem Reifezustand | *Delphocurarin* (HEYL), Alkaloidgemisch, Hauptbestandteil: Base $C_{23}H_{33}O_7N$ Krystallnadeln Fp. 184—185°; l in $C_2H_5OH$, $CHCl_3$; unl in Petroläther; Salze amorph; Wirkung curareähnlich | HEYL, G.: C. **1903 I**, 1187 |
| Delphinium glaucum<br>Delphinium D. Geygeri (Amerika) | noch nicht näher charakterisierte Alkaloide | HEYL, T. W., F. E. HEPNER u. K. LOY: Journ. Amer. Chem. Soc. **35**, 880 (1913); C. **1913 II**, 969 |
| Delphinium Ajacis, Samen enthält 1,43—1,83 % Rohalkaloidgemisch | *Ajacin* $C_{15}H_{21}O_4N \cdot H_2O$; farblose Nadeln, Fp. 142—143° (verd. $C_2H_5OH$) ($C_{12}H_{12}ON(OCH_3)_3H_2O$); tertiäre ungesättigte Base, $H_2O$ swl; bildet schlecht krystallisierende Salze<br>*Ajaconin* $C_{17}H_{29}O_2N$?, glänzende Prismen, Fp. 162—163°; vielleicht sekundäre Base; enthält kein Methoxyl, mindestens 1 Hydroxyl; bildet schlecht krystallisierende Salze; keine charakteristischen Farbreaktionen | KELLER, O., u. O. VÖLKER: Arch. d. Pharm. **251**, 207 (1913); C. **1913 I**, 2143 |
| Delphinium consolida: im Samen (Feldrittersporn) am alkaloidärmsten | nach O. KELLER: 3 Basen, eine davon in hexagonalen Prismen vom Fp. 195—197° krystallisierend<br>nach L. N. MARKWOOD: *Delsolin* $C_{25}H_{41}O_8N$, Fp. 207—209°; wl in $H_2O$, l in $C_2H_5OH$, $CHCl_3$<br>*Delcosin* $C_{21}H_{23}O_6N$, Fp. 198—199°; swl in $H_2O$, Äther, l in $CHCl_3$, $C_2H_5OH$<br>weiter ein drittes noch nicht rein dargestelltes *Alkaloid* | KELLER, O.: Arch. der Pharm. **248**, 468 (1910); C. **1910 II**, 1310<br>MARKWOOD, L. N.: Journ. Amer. Pharm. Soc. **13**, 696 (1924); C. **1924 II**, 2854 |
| im Kraut | *Calcatrippin* MASING (1883) | |
| Delphinium staphisagria (Stephanskörner): Samen 0,85—1 % Alkaloide | *Delphinin* $C_{31}H_{49}O_7N$ [1] bzw. $C_{34}H_{47}O_9N$ [2], rhombische Krystalle: Fp. 191,8° (bei 120° Beginn der Zersetzung) bzw. Fp. 187,5° [4], $[\alpha]_D^{20} = +18{,}96$ ($C_2H_5OH$) bzw. Fp. 187,5 bis 187,8° [5]<br>tertiäre Base: unl in $H_2O$, l in org. LM, schwach alkalisch, schmeckt bitter und brennend, wirkt auf Herz und Kreislauf stark toxisch; gibt ein krystall. Oxalat<br>$C_{23}H_{29}O_3\begin{cases}OC \cdot C_6H_5\\ \equiv N\\ \equiv(OCH_3)_4\\ -OH\end{cases}$<br>*Delphisin*, wahrscheinlich isomer dem Delphinin, Krystalle, Fp. 189°<br>*Delphinoidin* $C_{25}H_{42}O_4N$ (?), amorph<br>*Staphisagroin* (AHRENS) $C_{40}H_{46}O_7N_2$, farbloses, amorphes Pulver, Fp. 275—277° | [1] STOJANOW, KARA: C. **1890 II**, 628<br>[2] WALZ: Arch. der Pharm. **260**, 9 (1922); C. **1923 I**, 1127<br>[3] KELLER, O.: Arch. der Pharm. **248**, 648 (1910); C. **1910 II**, 1310<br>[4] KELLER, O.: Arch. der Pharm. **263**, 274 (1925); C. **1925 II**, 1174<br>[5] MARKWOOD, L. W.: Journ. Amer. Pharm. Assoc. **16**, 928 (1926); C. **1928 I**, 213 |

| | | |
|---|---|---|
| | *Staphisagroidin* (AHRENS) $C_{40}H_{40}O_7N_2$, amorph, in den meisten Lösungsmitteln fast unl *Staphisagrin* nach KARA STOJANOW ein Gemisch der amorphen Basen Staphisagroin und Staphisagroidin | AHRENS, F. B.: B. **32**, 1584, 1669 (1899) |
| Delphinium elatum: 0,85% Alkaloide im Samen | $^1/_3$ der Alkaloide konnte aus verd. $C_2H_5OH$ krystallisiert werden. *Base* $C_{33}H_{51}O_8N$, Fp. 218° | KELLER, O.: Arch. der Pharm. **263**, 274 (1925); C. **1925 II**, 1174 |
| Weiter sind alkaloidhaltig die Samen von: Delphinium hybridum, formosum Delphinium rhinante, Chinese | | |
| Delphinium Andersonii Gray (Nevada): oberirdische Teile | 1,6—1,9% Alkaloide *Dephinin* $C_{31}H_{49}O_7N$ | MILLER, M. R.: Journ. Amer. Pharm. Assoc. **12**, 492 (1923); C. **1923 III**, 788 |
| Aconitumarten: Wurzeln Eisenhutarten | *Alkaloide* siehe ausführlich S. 669 | |
| Thalictrum macrocarpum | *Thalictrin* nicht näher untersucht *Macrocarpin* nicht näher untersucht | DOASSANS u. MOURRUT: Journ. Pharm. et Chim. (5) **2**, 329 (1880); Bull. Soc. Chim. (2) **34**, 85 (1880) |
| Thalictrum flavum L. Thalictrum aquilegifolium L.: Rhizom, Blütenstielen, Samen | *Alkaloide* mikrochemisch nachgewiesen | CUOGHI-CONSTANTINI siehe TUNMANN u. ROSENTHALER: Pflanzenmikrochemie, 2. Aufl., S. 457 |
| Adonis vernalis L. Adonis aestivalis L. | Alkaloidreaktionen zwar positiv, mit Rücksicht auf Glucoside, die ähnlich reagieren. Alkaloidvorkommen *nicht* sicher | TUNMANN u. ROSENTHALER: Pflanzenmikrochemie, 2. Aufl., S. 458 |
| Syndesmon thalicroides: Anemonenart (Amerika) in *erkrankten* Teilen | *1-Oxyisochinolin-3-carbonsäure-methylester*, Fp. der freien Säure 320° [Formel: COOCH$_3$, N, C, OH] *Py-3-Methyl-chinolin-4-carbonsäure-methylester*, Fp. der freien Säure 254° [Formel: COOCH$_3$, CH$_3$, N] | BEATTLIE: Amer. Chem. Journ. **40**, 415 (1908); C. **1909 I**, 87 |
| *Berberidaceae* | | |
| Nandina domestica: Wurzel | Alkaloide siehe ausführlich S. 605 | |
| Epimedium alpinum: Wurzel | Alkaloide mikrochemisch nachgewiesen | TUNMANN u. ROSENTHALER: Pflanzenmikrochemie, 2. Aufl., S. 469 |
| Leontice thalictroides | Berberin | MOLISCH, H.: Mikrochemie der Pflanzen, 3. Aufl., S. 304. 1923 |
| Leontice Eversmanii BGE. (Mittelasien), 0,4% Gesamtalkaloidgehalt | *Leontamin* $C_{14}H_{26}N_2$, farbl. unzersetzt dest. Öl, starke, zweisäurige bitertiäre Base, Kp.$_{4\,mm}$: 118—119°, $[\alpha]_D^{15} = +2{,}53°$ (ohne Lsgmittel) *Chlorhydrat*: Blättchen aus Aceton-Alkohol | ORECHOW, A., u. R. KONOWALOWA: Arch. d. Pharm. **270**, 329 (1932); C. **1932 II**, 1308 |

| | | |
|---|---|---|
| | *Chloroplatinat*: $B_2 \cdot H_2 \cdot PtCl_6$, orangefarb. Nadeln, Fp. 248° (Zers.) (ab 245° Dunkelfärbung)<br>*Pikrat*: $C_{14}H_{26}N_2 \cdot 2C_6H_2(NO_2)_3OH$, Fp. 194—195°<br>*Dijodmethylat*: Fp. 265—268°<br>*Leontidin*: Fp. 116—118°<br>*Pikrat*: ab 250° Dunkelfärbung und Verkohlen<br>*Chlorhydrat*: farblose Nadeln aus $C_2H_5OH$ + Äther, Fp. 293 (u. Zers.) (bei 280° Sintern)<br>*Chloroplatinat*: Fp. 258—259° (Zers.) (ab 245° Dunkelfärbung) | |
| Berberisarten: | | |
| Berberis vulgaris: Wurzel, Stamm überall, Blatt, Blüte u. Frucht<br>B. aquifolium (B. repens)<br>B. buxifolia, B. glauca<br>B. aetnensis, B. nervosa<br>B. lycium, B. lucida<br>B. canadensis | *Berberin* usw. siehe ausführlich S. 582 ff. | siehe auch den mikrochemischen Nachweis KLEIN, G., u. BARTOSCH: Österr. bot. Ztschr. **77**, 12 (1928) siehe hier auch die mikrochemisch festgestellte Verteilung in der Pflanze |
| Berberis cretica | *kein Berberin* mikrochemisch nachgewiesen | KLEIN, G., u. H. BARTOSCH: a. a. O. |
| *Berberis Thunbergii D. C.* var. Maximowiczii FRANCH. | siehe S. 592 | |
| Mahonia pinnata<br>Mahonia aquifolium überall in der Wurzel, wenig im Stamm, Spuren im Blatt | *Berberin* siehe ausführlich S. 582 ff. | KLEIN, G., u. H. BARTOSCH loc. cit. |
| Podophyllum peltatum<br>Podophyllum Emodi | *Berberin?* nach G. KLEIN u. H. BARTOSCH mikrochemisch Berberin nicht nachweisbar | MOLISCH, H.: Mikrochemie der Pflanzen, 3. Aufl., S. 304. 1923 siehe auch TUNMANN u. ROSENTHALER: Pflanzenmikrochemie, 2. Aufl., S. 469 |
| Jeffersonia diphylla PERS. | *Berberin?* nach TSCHIRCH berberinfrei | TSCHIRCH, A.: Handbuch der Pharmakognosie **3**, 669. 1923 |
| Caulophyllum thalictroides: unterirdische Teile: Rhizom u. Wurzeln, Alkaloidausbeute 0,086 % | *Caulophyllin*(Lloyd) $C_{12}H_{16}ON_2$, vielleicht ein Methylcytisin (POWER u. SALWAY), farblose Nadeln aus $C_6H_6$ + Petroläther, Fp. 137°, ll in $H_2O$, $C_2H_5OH$, $CHCl_3$, $C_6H_6$, wl in Äther, $[\alpha]_D$ = —221,6° ($H_2O$)<br>Chlorhydrat: $C_{12}H_{16}ON_2 \cdot 2HCl + 1H_2O$, farblose Nadeln aus $C_2H_5OH$ + Essigester, Fp. 250—255° (Zers.)<br>Chloroaurat: $C_{12}H_{16}ON_2 \cdot HAuCl_4$, goldgelbe Nadeln, Fp. 205° (Zers.) | POWER, FR. B., u. A. H. SALWAY: Journ. Chem. Soc. London **103**, 191 (1913); C. **1913 I**, 1700 |
| | *Berberin* nicht nachweisbar | KLEIN, G., u. H. BARTOSCH: Österr. bot. Ztschr. **77**, 12 (1928) |

| | | |
|---|---|---|
| Polycarpicae | | |
| *Nymphaeaceae* | | |
| Nuphar luteum (gelbe Seerose): Rhizom | *Nupharin* $C_{18}H_{44}O_2N_2$, weiße, amorphe Masse, opt. inaktiv, unwirksam; sintert bei 40 bis 45° zusammen und wird bei 60° sirupös; spaltet, mit Barytwasser behandelt, Zimtaldehyd ab | GRÜNING: Ber. **16**, 969 (1883)<br>GORIS, A., u. L. CRÉTÉ: Bull. Sciences Pharmacol. **17**, 13 (1910) |
| Nelumbo nucifera GÄRTN.: Cotyledonen der Samen, junge Blätter | *Nelumbin* nicht näher untersucht | BOORSMA (1900)<br>ALBANESE, M.: Biochem. Zentralblatt[2] Ref. 240, **1904**<br>CZAPEK Bd. 3, S. 317 |
| Nymphaea alba | *Nupharin* mikrochemischer Nachweis und Lokalisation | TUNMANN u. ROSENTHALER: Pflanzenmikrochemie, 2. Aufl., S. 454 |
| Rhoeadales | | |
| *Papaveraceae* | | |
| Eschholtzia californica: Wurzel | *Protopin, β- und γ-Homochelidonin* (= α- und β-Allocryptopin), sehr kleine Mengen von *Sanguinarin* und *Chelerythrin* | FISCHER, R.: Arch. der Pharm. **239**, 421 (1901) |
| | weiter *Alkaloid a*, aus $CHCl_3 + C_2H_5OH$ farblose Prismen, Fp. 242—243° (Bräunung bei 234°), swl in k., l in h. $C_2H_5OH$, ll in $CHCl_3$; Farbreaktionen: $H_2SO_4$, farblos; FROEDEs Reagens: rötlichbraun — später weinrot; ERDMANNs Reagens: schmutziggelb, später hellbraun; konz. $HNO_3$: dunkelorange, später verblassend<br>*Alkaloid b*, aus $CHCl_3 + C_2H_5OH$ grobkörnige Krystalle: Fp. 217°, swl in h. $C_2H_5OH$, leichter in $CHCl_3$; Farbreaktionen: $H_2SO_4$, violett bis dunkelschiefer; FROEDEs Reagens: hellviolett, später beständig dunkelviolett; ERDMANNs Reagens: violett | FISCHER, R., u. M. E. TWEEDEN: Pharm. Arch. **5**, 117 (1902; C. **1903 I**, 345 |
| Eschholtzia californica: Wurzel, auf fruchtbaren Boden in der Bretagne kultiviert 2,5 g Alkaloid pro trokkene Wurzel | nur ein Alkaloid: *Ionidin* $C_{19}H_{25}O_4N_4$, farblose, luftbeständige Prismen, Fp. 154 bis 156°, wl in k. $C_2H_5OH$, Äther, fast unl in $H_2O$, ll in $CHCl_3$, $C_6H_6$ und $CH_3COCH_3$; frisch aus den Salzen abgeschieden ist Ionidin in $C_2H_5OH$ und Äther ll. Farbreaktionen: konz. $H_2SO_4$ farblos löslich; FROEDEs Reagens: violett, später in Braun übergehend. Salze sind amorph, ll und von bitterem Geschmack<br>Physiologische Wirkung: für Frösche ein kaum giftiges, schwaches Narcoticum | BRINDEJONE, G.: Bull. Soc. Chim. France (4) **9**, 97 (1911); C. **1911 I**, 823 |
| Chelidonium majus: Wurzel | Chelidoniumalkaloide siehe ausführlich S. 646 ff. | mikrochemischer Nachweis siehe E. KRATZMANN: Pharm. Monatshefte **1922 III**, 45; **1924 V**, 161 |
| Stylophorum diphyllum | *Chelidonin, Sanguinarin, Protopin* siehe S. 646 ff. | |
| | *Stylopin* $C_{19}H_{19}O_5N$, farblose Nadeln, Fp. 202°, $[\alpha]_D = -315° 12'$ (abs. Alkohol), ll in Eisessig, schwerer l in verd. $CH_3COOH$<br>Chlorhydrat: krystallinisch auf Zusatz von konz. HCl zu der Lösung des Acetats<br>Chloroplatinat: hellgelber Niederschlag, $B_2H_2PtCl_6$ | SCHLOTTERBECK, J. O., u. H. C. WATKINS: B. **35**, 7 (1902) |

| | | |
|---|---|---|
| | *Diphyllin*, Fp. 216°; Farbreaktionen: $HNO_3$: schmutziggelb, violett, rot, dunkelgrün, rötlichbraun; MARQUIS Reagens: violettblau, dann weinrot; ERDMANNS Reagens: gelblichgrün bis leuchtendgrün; FROEDES Reagens: tiefgrün, olivgrün mit blauem Rand, gleichmäßig blau | |
| Sanguinaria canadensis | *β- und γ-Homochelidonin* (= α- und β-Allokryptopin) siehe S. 648<br>*Protopin* siehe S. 625<br>*Chelerythrin* und *Sanguinarin* siehe S. 650, 651 | mikrochemischer Nachweis siehe H. MOLISCH: Mikrochemie der Pflanze, 2. Aufl., S. 293 |
| Bocconia (Macleya) cordata | *β-Homochelidonin* (= α-Allo-Kryptopin) S. 648<br>*Protopin* S. 625<br>*Chelerythrin* S. 651<br>*Sanguinarin* S. 650 | HOPFGARTNER: Monatshefte f. Chemie **19**, 179 (1898)<br>MURRIL u. SCHLOTTERBECK: B. **33**, 2802 (1900)<br>SCHLOTTERBECK u. BLOME: Pharm. Review **23**, 310 (1905)<br>MOMOYA: Journ. Pharm. Soc. Japan **1919**, Nr. 444; Chem. Soc. Abstr. **1919** [I], 450 |
| Bocconia (Macleya) frutescens L.: Blätter | *β- und γ-Homochelidonin* (= α- und β-Allokryptopin)<br>*Protopin* siehe S. 625<br>*Chelerythrin?* nicht ganz sicher | BATTANDIER: Bull. Soc. Chim. **15**, 541 (1896)<br>FISCHER: Arch. der Pharm. **239**, 421 (1901)<br>BRINDEJONE: Bull. Soc. Chim. **1911** (**IV**), 9, 97 (1911)<br>mikrochemischer Nachweis siehe H. MOLISCH: Mikrochemie der Pflanze, 2. Aufl., S. 294<br>MILLER, EMERSON R.: Journ. Amer. Pharm. Assoc. **18**, 12—14 (1929); C. **1929 I**, 1705 |
| *Papaverarten* | | |
| Papaver somniferum | *Opiumalkaloide* siehe ausführlich S. 608 | |
| Papaver Rhoeas | *Rhoeadin* siehe S. 633 | |
| Papaver hybridum | | |
| Papaver dubium | *Aporhein* $C_{18}H_{16}O_2N$, siehe S. 633<br>Chlorhydrat: B · HCl, Fp. 230°<br>*Aporheidin*, rhombische Tafeln, Fp. 176 bis 178° | PAVESI: C. **1907 II**, 820; C. **1914 II**, 837 |
| Papaver orientale, Rohausbeute 0,5 % | *Isothebain* siehe S. 632<br>*Protopin* siehe S. 625<br>*Isothebain* $C_{19}H_{21}O_3N$, farblos glänzende, rhombische Krystalle aus Äther oder $C_2H_5OH$, Fp. 203—204°, ll in $CHCl_3$, ziemlich l in $C_2H_5OH$ und $CH_3OH$, schwerer in Äther, $[\alpha]_D^{18} = +285,1°$ ($C_2H_5OH$)<br>Sulfat: $B_2H_2SO_4$, Fp. 120—121 (Zers.)<br>Chlorhydrat: sll<br>Tartrat: gut krystallisierend | KLEE: Arch. der Pharm. **252**, 211 (1914); C. **1914 II**, 540; siehe auch C. **1913 II**, 2046 |

| | | |
|---|---|---|
| | *Glaucidin*: krystallisiert, Fp. 209—210°. Phenolbase. Farbreaktionen ähnlich wie Glaucin, $[\alpha]_D = +47°$ bis $+54°$<br>weiter ein Gemisch amorpher Basen, enthaltend mindestens ein Alkaloid ohne Phenolcharakter und mindestens zwei Alkaloide mit Phenolcharakter | GADAMER, J.: Arch. der Pharm. **252**, 274 (1914); C. **1914 II**, 791 |
| Papaver lateritium, Rohausbeute 0,33 % | *Phenolbasen* noch nicht näher erforscht. Rohalkaloide in 5 % NaOH vollkommen l. Protopin dürfte wahrscheinlich nicht anwesend sein | GADAMER u. KLEE: Arch. der Pharm. **249**, 39 (1911); C. **1911 I**, 1064 |
| Argemone mexicana stacheliger Mohn (Mexiko) | *Protopin*<br>*Berberin*<br>*Argemonin* hat sich als unreines Protopin erwiesen<br>*Tetrahydroberberin* | SCHLOTTERBECK: Journ. Am. Chem. Soc. **24**, 238 (1902)<br>mikrochemischer Nachweis siehe H. MOLISCH: Mikrochemie der Pflanze, 2. Aufl., S. 294<br>ALF. SANTOS, PACIFICA ADKILEN: Journ. Amer. Soc. **54**, 2923; C. **1932 II**, 1640 |
| Glaucium luteum | *Protopin, Glaucin* siehe ausführlich S. 603, 625 | |
| Glaucium flavum | *Protopin, Chelerythrin, Sanguinarin* S. 625, 650 | PROBST: Ann. **31**, 250 (1839) |
| Corydalisarten<br>Corydalis cava<br>Corydalis tuberosa | *Corydalisalkaloide* | mikrochemischer Nachweis siehe H. MOLISCH: Mikrochemie der Pflanze, 2. Aufl., S. 295, 296 |
| Corydalis ambigua (Chin) | *Corydalin, Dehydrocorydalin, Protopin, Corybulbin?*, weiter<br>*Alkaloid I*, quaternäre Base<br>Chlorid: $C_{20}H_{18}O_4NCl, 2\,H_2O$, rote Nadeln, aus sied. $C_2H_5OH$, ll mit roter Farbe in h. $H_2O$, swl in verd. HCl<br>Chloroaurat: $C_{20}H_{18}O_4NCl \cdot AuCl_3$, Fp. 280° Zers. ohne Schmelzen<br>Tetrahydroprodukt: $C_{20}H_{21}O_4N$, Fp. 218 bis 219°, grauweiße Nadeln<br>*Alkaloid II*, kompakte, grauweiße Nadeln aus $C_2H_5OH + CHCl_3$, Fp. 197—199°<br>nach TSAN QUO CHOU: *9 Alkaloide A—I* siehe auch S. 598 | MAKOSHI, K.: Arch. der Pharm. **246**, 401 (1908); C. **1908 II**, 807, 1369<br>TSAN QUO CHOU: C. **1928 I**, 3083; C. **1929 I**, 1705; C. **1929 II**, 3157 |
| Corydalis vernyi, Japan: Knollen | *Protopin* in 0,13 % Ausbeute<br>*Dehydrocorydalin?* nicht ganz sicher, evtl. auch *Berberin* in 0,013 % Ausbeute | MAKOSHI, K.: Arch. der Pharm. **246**, 401—402 (1908); C. **1908 II**, 1369 |
| Corydalis decumbens | *Protopin*<br>*Bulbocapnin*<br>d-*Tetrahydropalmatin*<br>*Nichtphenolbase*, Fp. 228—230° (OSADA)<br>*Phenolbase*, Fp. 175° (ASAHINA)<br>*Phenolbase*, Fp. 205° (OSADA) | OSADA, SHOJI: Journ. Pharm. Soc. Jap. **127**, 99 ff.; C. **1928 I**, 75<br>ASAHINA u. MOTIGASE: Journ. Pharm. Soc. Jap. **1920**, Nr. 463 |
| Corydalis aurea: Rhizomstücke, Stengel, Blätter | *Kryst. Base*, Fp. 148—149°, ll in 96 % $C_2H_5OH$, Äther und $CHCl_3$, gibt Fällungen mit Alkaloidreagenzien | HEYL, G.: Apoth.-Ztg. **25**, 137 (1910); C. **1910 I**, 1265; Apoth.-Ztg. **1910**, Nr. 17 |

| | | |
|---|---|---|
| Corydalis solida (C. bulbosa), Ende April zur Blütezeit gesammelt: Knollen | *Protopin* (HEYL)<br>*Base*, Fp. 145⁰ (HEYL)<br>*Base*, Fp. 132—133⁰ (HEYL) | HAARS, O.: Arch. der Pharm. **243**, 154 ff. (1905); C. **1905 II**, 54<br>HEYL, G.: Apoth.-Ztg. **25**, 36—37 (1910); C. **1910 I**, 751 |
| Corydalis solida und Corydalis cava: Kraut | *Bulbocapnin*<br>2 weitere Alkaloide, aber *kein* Protopin<br>*Alkaloid* $C_{21}H_{21}O_8N$, gelblichweiße Krystalle, Fp. 230⁰, zl in warmem $CHCl_3$, unl. in $C_2H_5OH$, $[\alpha]_D^{20} = -112{,}8^0$ ($CHCl_3$); gibt ein krystallisiertes Perchlorat<br>*Alkaloid* $C_{21}H_{23}O_7N$ oder $C_{21}H_{25}O_7N$, Prismen, Fp. 137,5⁰, ll in $C_2H_5OH$, $[\alpha]_D^{20} = +96{,}8^0$ ($C_2H_5OH$), vielleicht *d*-Tetrahydropalmatin | HAARS, O.: Arch. der Pharm. **243**, 154 (1905); C. **1905 II**, 54<br>SPÄTH, E., MOSETTIG u. O. TRÖTHANDL: B. **56**, 875 (1923) |
| Corydalis lutea: Samen | kein *Protopin nachweisbar* | HENRY: The plant Alkaloids, S. 230<br>SCHMIDT, E.: Arch. der Pharm. **246**, 575 (1908); C. **1909 I**, 32 |
| Corydalis nobilis: Samen | Corydalinobilin (BIRSMANN) $C_{22}H_{25}O_5N$<br>kein *Protopin nachweisbar* | Ebenda<br>BIRSMANN, E.: C. **1893 I**, 35 |
| Corydalis ternata Nakai | *Protopin*<br>*β-Homochelidonin*, Allokryptopin<br>*l-Canadin*<br>*l-Corydin*<br>*l-Isocorydin*<br>siehe S. 598 | Jô Go: Journ. Pharm. Soc. Jap. **49**, 125 (1929); C. **1930 I**, 234, 235 |
| Fumaria officinalis | *Protopin* siehe S. 625 (früher *Fumarin* genannt) | PESCHLER: Berzelius' Jahresber. **1832**, 245 |
| Adlumia cirrhosa: ganze zweijährige Pflanze | *Protopin*<br>*β-Homochelidonin*<br><br>*Adlumin* $C_{39}H_{39}O_{12}N$ oder $C_{39}H_{41}O_{12}N$, $C_{37}H_{34}O_9N(OH)(OCH_3)_2$, große, orthorhombische Krystalle aus $CHCl_3 + C_2H_5OH$, Fp. 188⁰, $[\alpha]_D = +39{,}88^0$; Farbreaktionen: konz. $H_2SO_4$, citronengelb; ERDMANNS Reagens: olivgrün bis braun, dann weinrot; $HNO_3$: citronengelb bis orange; MARQUIS Reagens: hellgelb, dann lavendelfarben; $AuCl_3$ gibt ein Doppelsalz, das aber beim Umkrystallisieren aus $H_2O$ reduziert wird<br>Acetylderivat: farblose Krystalle, Fp. 177⁰<br>*Adlumidin* $C_{30}H_{29}O_9N$, farblose Plättchen, Fp. 234⁰; Farbreaktionen: konz. $H_2SO_4$: hellrot, oliv, braun, rosa; ERDMANNS Reagens: ziegelrot, grünlich, dann braun; $HNO_3$: orange bis hellgelb; MARQUIS Reagens: keine Reaktion<br>*Krystall. Base*, Fp. 176—177⁰; Farbreaktionen: konz. $H_2SO_4$: hellgelb; ERDMANNS Reagens: schmutzigoliv, braun, weinrot; $HNO_3$: hellgelb; MARQUIS Reagens: keine Reaktion | SCHLOTTERBECK, J. O.: Ber. **33**, 2799 (1900)<br>SCHLOTTERBECK, J. O., u. H. C. WATKINS: Amer. Chem. Journ. **24**, 249 (1900); C. **1900 II**, 576; Pharm. Arch. **6**, 17 (1903); C. **1903 I**, 1142; C. **1903 II**, 447 |

| | | |
|---|---|---|
| Adlumia fungosa GREENE (Dicentra cucullaria), (Corydalis sempervirens) | *Bicucullin* $C_{20}H_{17}O_6N$, identisch mit dem „Alkaloid α“ aus Dicentra cucullaria (siehe S. 720 unten), Fp. 177° und 196° (2 Formen) 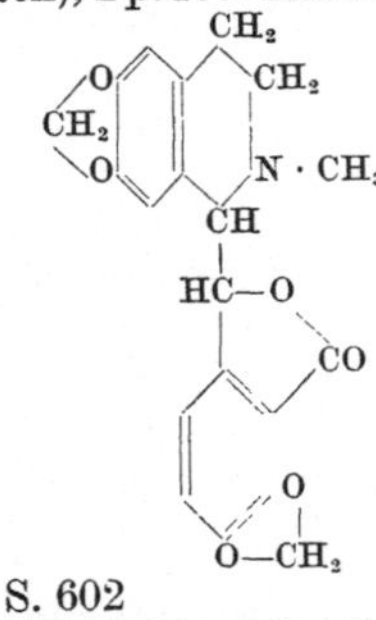 | MANSKE, R. H. F.: Canad. Journ. Research **8**, 142 (1933); C. **1933 I**, 2698 |
| Dicentraarten | siehe auch S. 602 | |
| Dicentra formosa (Diclytra formosa): Rhizom | *Dicentrin* $C_{20}H_{21}O_4N$, siehe S. 602<br>*Protopin* $C_{20}H_{19}O_5N$ S. 625<br>*Base*, Fp. 142,5°; vielleicht *d-Tetrahydropalmatin* | HEYL, G.: Arch. der Pharm. **241**, 313 (1903); C. **1903 II**, 1284<br>SPÄTH, E., u. O. TRÖTHANDL: Ber. **56**, 876 (1923) |
| Dicentra pusilla SIEB. et ZUCC. Kraut | *Dicentrin* $C_{20}H_{21}O_4N$, siehe S. 602<br>*Protopin* $C_{20}H_{19}O_5N$ | ASAHINA: Arch. der Pharm. **247**, 201 (1909); C. **1909 II**, 548 |
| Dicentra spectabilis: Wurzel | *Protopin* $C_{20}H_{19}O_5N$<br>*Sanguinarin?*, *Chelerythrin?*<br>*Alkaloid*, Fp. 142,5°<br>gibt ein schwerlösliches Perchlorat | DANCKWORTT, P. W.: Arch. der Pharm. **250**, 615 (1912); C. **1913 I**, 429; Arch. der Pharm. **260**, 94—97 (1922); C. **1923 I**, 606 |
| Dicentra cucullaria D.C. (Bicuculla cucullaria MILLSP., Fumaria cucullaria W., Diclytra cucullaria DC., Diclytra cucullaria T. u. G.), Anfang Mai als blühende Pflanze in der Umgebung von Madison (Wis.) gesammelt: Kraut und Knollen | *Protopin* $C_{20}H_{19}O_5N$<br>*Base C*, Nadeln aus $CHCl_3$, Fp. 230—231° (Zers.), fast unl in $C_2H_5OH$, wl in $CHCl_3$; Farbreaktionen: konz. $H_2SO_4$: ziegelrot, orange, hellgelb, dann braun; ERDMANNS Reagens: rötlich, orange, braun, dann violett; FROEHDES Reagens: rötlich, orange, braun, dann violett; konz. $HNO_3$: blutrot, dann gelb<br>*Base D*, aus $C_2H_5OH$, körnige Krystalle, Fp. 215°, nicht näher untersucht | FISCHER, R., u. O. A. SOELL: Pharm. Archives **5**, 121—124 (1902); C. **1903 I**, 345 |
| Dicentra cucullaria: obere Pflanzenteile u. Wurzeln | *Cucullarin*, aus $C_2H_5OH + CHCl_3$ farblose, prismatische Krystalle, die am Lichte blaßrot werden, Fp. 169°, l in Äther, $CHCl_3$, unl in $C_2H_5OH$, gibt mit Alkaloidfällungsmitteln Fällungen; Farbreaktionen: konz $H_2SO_4$: violett, später braun | BLACK, O. F., W. W. EGGLESTON, J. W. KELLY u. H. C. TURNER: Journ. Agricult. Research **23**, 69ff. (1923); C. **1925 I**, 392 |
| Dicentra cucullaria (L.) BERNH.: Knollen, gesammelt Provinz Quebec | *Protopin* $C_{20}H_{19}O_5N$<br>*Kryptopin* $C_{21}H_{23}O_5N$<br>*Alkaloid α*, $C_{20}H_{17}O_6N$, Platten, $CH_3OH + CHCl_3$, Fp. 177°; Farbreaktionen: konz. $H_2SO_4$: grünlichgelb, Erwärmen rot, dann violett<br>*Alkaloid β*, $C_{20}H_{23}O_6N$ oder $C_{20}H_{23}O_7N$, mikrokrystallin, Fp. 215°<br>*kein Cucullarin* | MANSKE, R. H. F.: Canadian Journ. Research **7**, 265 (1932) C. **1932 II**, 3901 |

| | | |
|---|---|---|
| Dicentra canadensis: obere Pflanzenteile und Wurzeln | geringe Mengen *Cucullarin* | |
| Dicentra canadensis: Knollen, gesammelt in der Provinz Quebec | *Protopin* $C_{20}H_{19}O_5N$ reichlich,<br>*Bulbocapnin* $C_{19}H_{19}O_4N$<br>*Corydin* $C_{20}H_{23}O_4N$<br>*Isocorydin* $C_{20}H_{23}O_4N$<br>*Farbstoff*: orangerote Nadeln aus $CHCl_3$(Kohle)$CH_3OH$, $C_{37}H_{38}O_{10}N_2$, Fp. 237—238° | MANSKE, R. H. F.: Canadian Journ. Research **7**, 258 (1932); C. **1932 II**, 3900 |
| Dicentra (Bikukulla) eximia: getrocknete Blätter und Zweige | *Eximin*, Nadeln, Fp. 165°, ll in $C_2H_5OH$, $CHCl_3$, unl in $H_2O$<br>Chloroplatinat und Chloroaurat: amorph<br>Chlorhydrat: in verd. HCl unl<br>Pikrat: Krystalle aus $C_2H_5OH$, Fp. 175° und andere nicht näher beschriebene Alkaloide | EGGLESTON, W. W., O. F. BLACK u. W. J. KELLY: Journ. Agricult. Research **39**, 477 (1929); C. **1930 I**, 697 |
| *Capparidaceae* | | |
| Capparis persicifolia<br>Capparis spinosa | Alkaloide sind nicht näher beschrieben worden | CANTONI, V.: Arch. internat. Pharm. **23**, 103 (1914) |
| Moringa pterygosperma | Alkaloid nicht näher untersucht, scharf schmeckend | ITALLIE, VAN, u. NIEUWLAND: Arch. der Pharm. **244**, 159 (1906); C. **1906 I**, 1894 |
| *Cruciferae* | siehe ausführlich Beitrag SCHNEIDER: Senföle Bd. 2. Spezielle Analyse S. 1063. | |
| Cheiranthus Cheiri (Goldlack): Samen, Blätter | *Cheirinin* $C_{18}H_{35}O_{17}N_2$, Fp. 73—74°<br>*Cheiranthin* | REEB: Arch. f. exp. Pathol. u. Pharmak. **41**, 302 (1898); **43**, 130 (1899)<br>WAGNER, TH.: Chem.-Ztg. **32**, 76 (1908) |
| Samen 1,6—1,7 % | *Glucocheirolin* $C_{11}H_{20}O_{11}NS_3K$, Nadeln, Fp. 158—160°, wird zu Cheirolin, Glucose und Kaliumbisulfat gespalten<br>*Cheirolin* | SCHNEIDER, W.: Ber. **41**, 2954, 4466 (1908); **42**, 3416 (1909); Liebigs Ann. **375**, 207 (1910) |
| Erysimum arkansamum 1,3 % | $C_5H_9O_2NS_2$; $CH_3 \cdot SO_2 \cdot CH_2 \cdot CH_2 \cdot CH_2N{=}C{=}S$<br>Fp. 47—48°, antipyretische, chininähnliche Wirkungen | |
| Erysimum perowskianum: Samen 0,05 % | *Erysolin* $C_6H_{11}O_2NS_2$, Fp. 59—60°<br>$CH_3 \cdot SO_2 \cdot CH_2 \cdot CH_2 \cdot CH_2 \cdot CH_2N{=}C{=}S$<br>Methyl-δ-thiocarbimino-butylsulfon | SCHNEIDER, W., u. KAUFMANN: Liebigs Ann. **392**, 1 (1912) |
| Brassica (Sinapis) nigra (schwarzer Senf): Samen | *Sinapin* $C_{16}H_{25}O_6N$<br>$(CH_3O)_2(HO)C_6H_2{-}CH{=}CH \cdot COOCH_2 \cdot CH_2N(CH_3)_3(OH)$<br>Jodid, Fp. 185—186°<br>schwerlösliches Rhodanat: $C_{16}H_{24}O_5N \cdot SCN + H_2O$, Fp. 178°<br>Bisulfat: $C_{16}H_{24}O_5N \cdot HSO_4 \cdot 3H_2O$, Fp. 127° (trocken 188°) | HENRY u. GAROT: Journ. Pharm. **20**, 63 (1825)<br>GADAMER, J.: Arch. der Pharm. **235**, 44, 81, 570 (1897); Ber. **30**, 2322, 2327, 2330 (1897)<br>SPÄTH, E., u. G. GIBIAN Monatshefte f. Chemie **41**, 271 (1920) |
| Sinapis alba L.: Samen | *Sinalbin* $C_{30}H_{42}O_{15}N_2S_2SH_2O$, Glucoalkaloid, zerfällt durch Myrosin in Dextrose, p. Oxybenzylsenföl und Sinapinbisulfat | WILL u. LAUBHEIMER: Liebigs Ann. **199**, 162 (1879)<br>MOLISCH: Mikrochemischer Nachweis: Gelbfärbung mit Alkalien |

| | | |
|---|---|---|
| Sinapis nigra: Samen 1% | *Sinigrin* $C_{10}H_{16}O_9NS_2K \cdot H_2O$ | siehe ausführlich Beitrag W. SCHNEIDER: Handbuch der Pflanzenanalyse: Spezielle Analyse, II. Teil, II. Hälfte, S. 1063ff. |
| Cochlearia armoracea | $C_3H_5N = C<{OSO_2OH \atop S \cdot C_6H_{11}O_5}$ | |
| sowie in vielen Brassicaarten | Fp. 128°, 179° (wasserfrei) | |
| | *Senföl* $C_4H_5NS(CH_2{:}CH \cdot CH_2 \cdot N{=}C{=}S)$, Öl, Kp. 151° | |
| Brassica napus: Samen 0,2% (Raps) | *Gluconapin*, Glucosid nicht rein dargestellt, zerfällt neben anderen Stoffen in *Crotonylsenföl* $C_5H_7NS$ $(CH_3 \cdot CH{=}CH \cdot CH_2 \cdot N{=}C{=}S)$, Öl, Kp. 179° | |
| Cochlearia officinalis: Löffelkraut<br>Cochlearia danica<br>Cochlearia amara | *Isobutylsenföl* $C_5H_9NS$ $(C_2H_5)(CH_3) \cdot CH \cdot N{=}C{=}S$, Kp. 159° rechtsdrehend | |
| Cochlearia pratensis<br>Lepidium sativum | *Benzylsenföl* $C_8H_7NS$, $C_6H_5 \cdot CH_2 \cdot N{=}C{=}S$, Öl, Kp. 243° | siehe ausführlich W. SCHNEIDER, Handbuch der Pflanzenanalyse, Bd. 3, S. 1063ff. |
| Raphanus sativus: Samen | dasselbe | |
| Isatis tinctoria: Wurzel | dasselbe | |
| Tropäolum majus: Kapuzinerkresse | tritt wahrscheinlich in Glucosidform auf: vermutlich als *Glucotropäolin* $C_{14}H_{18}O_9NS_2K$, das zu Benzylsenföl, Glucose und Kaliumbisulfat hydrolisiert wird | ebenda |
| Nasturtium officinale: Brunnenkresse | *Gluconasturtiin* $C_{15}H_{20}O_9NS_2K$, zerfällt bei der Hydrolyse in Glucose, Kaliumbisulfat und β-Phenyläthylsenföl | ebenda |
| Barbaraea praecox: Winterkresse<br>Reseda odorata | β-Phenyläthylsenföl $C_9H_9NS(C_6H_5 \cdot CH_2 \cdot CH_2N{=}C{=}S)$, Öl, Fp. 256 | |
| Lunaria biennis (L. annua): Samen 1,0% Alk. (Mondveilchen) | Kryst. Base vom Fp. 220°, fast unl in $H_2O$, ll in Säuren und in $HCCl_3$; nicht näher untersucht, bewirkt zentrale Lähmung | HAIRS, E.: Bull. Acad. roy. Belgique **1909**, 1042; C. **1910 I**, 456 |
| *Moringaceae*<br>Moringa pterygosperma Rinde enthält 0,105% Alkaloidbasen | amorphes Alkaloid, wirkt biologisch ähnlich wie Ephedrin | CHOPRA, R. N.: Indian med. Gazette **67**, 128 bis 130 (1932); C. **1932 I**, 2349 |
| Parietales | | |
| *Violaceae* | | |
| Viola tricolor (Stiefmütterchen): Blüten | *Alkaloidspuren* | SCHMIDT, E., u. A. WUNDERLICH: Arch. der Pharm. **246**, 214, 224 (1908); C. **1908 I**, 1841 |
| Viola odorata: Wurzeln | *Alkaloidspuren* | LINDE, O.: Apoth.-Ztg. **34**, 37 (1919); C. **1919 I**, 473 |
| Viola Ipecacuanha (Hybanthus) Ionidium ipecacuanha L.: Wurzel (Südamerika) | *Emetin?* unsicher und umstritten | VAUQUELLIN u. TANNAY: Ann. Chim. et Phys. (2) **38**, 155 (1828) |

| | | |
|---|---|---|
| *Caricaceae* | | |
| Carica Papaya, Melonenbaum, in allen Teilen: Frucht, Samen, Blätter | *Carpain* $C_{14}H_{25}O_2N$, Fp. 121° monokline Prismen, bzw. Kp. 215—235° (im Vakuum), $[\alpha]_D = +21{,}55°$ ($C_2H_5OH$), sek. Base, unl in $H_2O$, l in den meisten org. LM., schmeckt sehr bitter; Herzgift<br>Chlorhydrat: B ·HCl krystallisiert aus $H_2O$ in sehr bitter schmeckenden Nadeln<br>Chloroaurat: $B \cdot HAuCl_4 \cdot 5H_2O$, gelbe Nadeln aus $C_2H_5OH$, Fp. 205°<br>Nitrosocarpain: Fp. 144—145°; Methylcarpain: Fp. 71°<br>$CH_2$—$CH_2$ O—CO / $CH_2$ CH · $(CH_2)_7$ · CH—$CH_2$ / N / H<br>vorläufige Carpainformel (1933) G. BARGER, A. GIRARDET u. R. ROBINSON | GRESSHOF, M.: Ber. **23**, 3537; MERCK 1891<br>RIJN, T. v.: C. **1893 I**, 1023; **II**, 84; C. **1897 I**, 985; **II**, 554<br>BARGER, G.: Journ. Chem. Soc. London **97**, 466 (1910); C. **1910 I**, 1618<br>BARGER, G., A. GIRARDET u. R. ROBINSON: Helv. chim. Acta **16**, 90 (1933); C. **1933 I**, 3319 |
| Vasconella hastata Epidermiszellen der Blätter, alle Zellen des Hauptnervs, Blatt, Blütenstiel: Epidermis und Markzellen | *Carpain* | WESTER, D. H.: Ber. Dtsch. Pharm. Ges. **24**, 125 (1919); C. **1914 I**, 1352 |
| *Ancistrocladaceae* | | |
| Ancistrocladus Vahlii | *Alkaloid* nicht näher untersucht | EIJKMANN: Ann. jard. bot. Buitenzorg **7**, 224 (1888) |
| Guttiferales | | |
| *Theaceae* | *Purinbasen* (Coffein, Theophyllin) | siehe den Beitrag Purinbasen Nr. 40 A. WINTERSTEIN u. F. SOMLÖ |
| Rosales | | |
| *Mimosaceae* | | |
| Pentaclethra macrophylla Pauco-nuß | *Paucin* $C_{27}H_{39}O_5N_5 \cdot 6^1/_2H_2O$, gelbe Blättchen, Fp. 126° (Zers.)<br>Chlorhydrat: $B \cdot 2HCl \cdot 6H_2O$, farblose Nadeln, Fp. 245—247°<br>Pikrat: rote Prismen, Fp. 220° (Zers.)<br>Chloroplatinat: $B \cdot H_2PtCl_6 \cdot 6^1/_2H_2O$, Fp. 185° | MERCK: Jahresber. **1894**, 11 |
| Weiter sollen folgende javanischen Pflanzen Alkaloide enthalten | | |
| Acacia tenerrima JUNGH. | Alkaloide | GRESHOFF, M.: (1890), (1899) |
| Albizzia lucida | „ | |
| Pithecolobium Saman | *Pithecolobin*, amorphe, herzaktive Base | GRESHOFF, M.: Ber. **23**, 3541 (1890); Ber. Dtsch. Pharm. Ges. **9**, 214 (1899)<br>siehe auch MOLISCH: Mikrochemie der Pflanze, 2. Aufl., S. 291 |

| | | |
|---|---|---|
| Pithecolobium Saman BENTHAM: Samen((Südamerika, Niederl., Engl.-Westindien, Kamerun) | *Alkaloid* $C_8H_{17}ON$, nur als Chlorhydrat isoliert<br>$C_8H_{17}ON \cdot HCl$<br>$[\alpha]_D^{17} = -13{,}90^0$<br>kommt nur in geringen Mengen vor<br>*Pithecolobin* $C_{17}H_{36}N_3O$ ?, $[\alpha]_D^{17} = -12{,}12^0$<br>Chlorhydrat: $C_{17}H_{36}N_3O \cdot 2HCl$, $[\alpha]_D^{17} = -19{,}27^0$, Zinkstaubdestillation liefert Piperidin und Methylamin, Fällung mit MAYERschem Reagens am empfindlichsten (1 : 200000)<br>Pithecolobin gibt mit Chinon Rotfärbung | ITALLIE, L. VAN: Pharm. Weekblad **69**, 941 (1932); C. **1932 II**, 2845 |
| Siehe weiter | | |
| Acacia Farnesiana WALL.<br>Acacia tenerrima MIQU. | Alkaloid mikrochemisch nachgewiesen | TUNMANN u. ROSENTHALER: Pflanzenmikrochemie, 2. Aufl., S. 492 |
| *Papilionaceae* | | |
| Erythrophleum Guinense (Sassy-Rinde), 0,1 % Alkaloide (West- und Zentralafrika) | *Erythrophlein* $C_{28}H_{43}O_7N$ ? amorph, Hydrochlorid und Sulfat gelblichweiße Pulver, wird durch Säuren hydrolysiert zu Methylamin und die N-freie Erythrophleinsäure $C_{27}H_{40}O_8$ | GALLOIS u. HARDY: Ber. **9**, 1034 (1876); Arch. der Pharm. **214**, 562 (1879)<br>MERCK, E.: Nicht offizinelle Alkaloide, S. 222 |
| Rinde des Muawibaumes (Mozambique) (wahrscheinl. verwandt mit Erythrophleum Guinense) | *Muawin*, amorphe, sirupöse Masse, l in $C_2H_5OH$, $CHCl_3$, Äther und verd. Säuren, bildet amorphe, in $H_2O$ ll Salze, Bromhydrat gelbliches Pulver | MERCK, E.: Nicht offizinelle Alkaloide, S. 291 |
| Erythrophleum Coumingo BAILL. | enthält ein dem *Erythrophlein* ähnliches Alkaloid | |
| Cassia Siamea | *Alkaloid* $C_{14}H_{19}O_3N$, giftig | WELLS: Philippine Journ. of Science **14**, 1 (1919) |
| Gleditschiaarten | *Gleditschin* } unsicher<br>*Triacanthin* } | |
| Gleditschia triacanthos: Samen | Alkaloidvorkommen wurde *nicht* bestätigt | PAUL u. COWNLEY: Pharm. Journ. **1887**, 317 |
| Geoffroya jamaicensis: Rinde | Berberin ? | MOLISCH: Mikrochemie der Pflanze, 2. Aufl., S. 301<br>nach TSCHIRCH nicht nachweisbar<br>Handbuch der Pharmakognosie **3**, 669 (1923) |
| Gastrolobium calycinum | *Cygnin* $C_{19}H_{22}O_3N_2HCl$, freie Base sehr zersetzlich, gibt beim Erhitzen einen stickstofffreien Körper $C_{12}H_{22}O_3$<br>Chloroaurat $B \cdot HAuCl_4$, Fp. 220° | MANN, E. A., u. INCE: Proc. Royal Soc. London **79** B, 485 (1907); C. **1907 II**, 1347 |
| Oxylobium parviflorum | *Lobin* $C_{23}H_{37}O_4N_3$, gibt beim Erhitzen einen N-freien Körper $C_9H_{14}O_3$ | MANN, E. A., u. INCE: C. **1907 II**, 1347 |
| Ormosia dasycarpa JACKS: Früchte, Samen<br>Ormosia coccina: Früchte, Samen | 0,15 % *Ormosin* $C_{20}H_{33}N_3 \cdot 3H_2O$, Fp. 85 bis 87°, (wasserfrei) zähe Masse, *unl* in $H_2O$, ll in $CHCl_3$, ungesättigte Base<br>Pikrat: Fp. 178° (Zers.)<br>hypnotische morphinähnliche Wirkung<br>0,023 % *Ormosinin* $C_{20}H_{33}N_3$, Fp. 203—205°, in $H_2O$ unl, wl in abs. $C_2H_5OH$ und Äther<br>Jodmethylat $B \cdot CH_3J$, Nadeln, Fp. 245°<br>daneben 0,5—0,6 % *amorphe Basen* | E. MERCKS Jahresber. **1888**, 42<br>HESS, K., u. E. MERCK: Ber. **52**, 1976 (1919) |

| | | |
|---|---|---|
| Lupinenarten | Lupinenalkaloide siehe ausführlich S. 550 | mikrochemische Lokalisation der Lupinenalkaloide s. TUNMANN u. ROSENTHALER: Pflanzenmikrochemie, 2. Aufl., S. 488ff. |
| Alkaloidgehalt der Samen: | | TÄUBER, E.: Landw. Vers.-Stat. **29**, 451 (1883)<br>HILLER, E.: Landw. Vers.-Stat. **31**, 336 (1884)<br>MARSH u. CLAWSON: U. S. Dep. Agricult. Bull. Nr. **405**, Washington 1916 |
| Lupinus luteus | *Lupinin* und *Spartein* | |
| 0,81 % u. niger | *Lupanin*, Razemform und d-Form | |
| albus 0,51 % | | |
| polyphyllus 0,48 % | *Lupanin* | |
| Termis 0,39 % | *Lupanin*, Razemform und d-Form | |
| angustifolius 0,29 % | | |
| hirsutus 0,02 % | | |
| Cruikshankii 1,0 % | | |
| Lupinus perennis<br>Lupinus augustifolius, Samen 0,9 bis 1,2 % | *Lupanin* und *Oxylupanin* $C_{15}H_{24}O_2N_2 \cdot 2H_2O$, rhombische Prismen, Fp. 76—77°, 172 bis 174° (wasserfrei), $[\alpha]_D = +64{,}12°$, l in $H_2O$, $C_2H_5OH$; bildet kryst. Salze: $BHAuCl_4$, Fp. 205—206° | |
| Lupinus spathulatus (RYDL) (Colorado, Utah): Samenhüllen (2,5 % Alkaloide) | *Spathulin* $C_{33}H_{64}O_5N + C_6H_6$, Fp. 86°, $[\alpha]_D^{27} = -1{,}88°$ ($CHCl_3$) — 2,44 ($H_2O$) aus Wasser rhomb. Prismen mit 2 Mol $H_2O$, aus $C_2H_5OH$ amorphes Pulver, Fp. 227° ll in $H_2O$, $C_2H_5OH$, $C_6H_6$, $CHCl_3$, wl in Äther und Petroläther | COUCH, JAMES FITTON: Journ. Amer. Chem. Soc. **46**, 2507 (1924); C. **1925 I**, 391 |
| Cytisus scoparius (Sarothamus Scoparius), Besenginster | 0,23—0,68 % *Spartein*, ausführlich s. S. 549<br>*Sarothamnin* $C_{15}H_{24}N_2 \cdot {}^1/_2CHCl_3$, Fp. 127°, $[\alpha]_D = -38{,}7°$ ($CHCl_3$)<br>ungesättigte Base, $C_{15}H_{24}N_2 \cdot {}^1/_2C_2H_5OH$, Fp. 99°, $[\alpha]_D = -25{,}6°$ ($C_6H_6$)<br>*Genistein* $C_{16}H_{28}N_2$, Fp. 60,5°, Kp.$_{5\,mm}$ 139,5 bis 140,5°, zweisäurige, gesättigte, flüchtige Base, enthält *kein* Methylimid<br>Hydrat: $C_{16}H_{28}N_2 \cdot H_2O$, Fp. 117°, $[\alpha]_D = -52{,}3°$ ($C_2H_5OH$)<br>Pikrat: $B \cdot 2C_6H_2(NO_2)_3OH$, Fp. 215° (Zers.), farnblattähnliche Krystalle aus $H_2O$-haltigem Aceton<br>Chloroplatinat: $B \cdot H_2PtCl_6\, 2^1/_2H_2O$, Fp. 110°, Verlust des Krystallwassers, 235° Schwärzung ohne Schmelzen<br>Chloroaurat: $(2B \cdot 2HCl)AuCl_3$, gelbe Prismen aus $H_2O$-haltigem Aceton, Fp. 165° Schwärzung, 188° Schmelzen unter Aufschäumen | Alkaloidgehalt in verschiedenen Entwicklungsstadien siehe J. CHEVALIER: C. R. D. **150**, 1068 (1910); C. **1910 II**, 97<br>VALEUR, A.: C. r. d. l'Acad. des sciences **167**, 26, 163 (1918); C. **1918 II**, 542; C. **1919 I**, 89 |
| *Cytisusarten* | *Cytisin* siehe ausführlich S. 574 (*Ulexin, Baptitoxin, Sophorin*) | KLEIN, G., u. E. FARKASS: Österr. bot. Ztschr. **79**, 107 (1930) |

Übersicht über das Vorkommen des Cytisins: in den Gattungen Genista, Ulex, Sophora, Baptisia, Euchresta, Anagyris, Thermopsis u. a.

Mikrochemisch nachgewiesen (G. KLEIN u. E. FARKASS): in den Blüten von Cytisus leiocarpus, Cytisus, multiflorus, in Spuren im Stamm von Cytisus versicolor, im Blatt von Genista radiata, in Spuren im Blatt von Genista ovata und im Blatt und Stiel von Genista pilosa; in Spuren im Stiel von Retama retam, im Blatt und Stamm von Sophora alopecuroides; im Stamm von Sophora arborea, S. flavescens, S. japonica; in der Wurzel von Baptisia tinctoria, im Blatt und Stamm von Baptisia exaltata, B. australis und B. leucantha

Die Identität der mikrochemisch in Pflanzen der Gattung Petteria und Ulex nachgewiesenen Alkaloide mit Cytisin erscheint fraglich

| | | |
|---|---|---|
| Weiter sollen folgende Podalyrieae cytisinhaltig sein:<br>Lotus suaveolens PERS.<br>Colutea orientalis LAM.<br>Euchresta Horsfieldii BENN. | | CZAPEK Bd. 3, S. 255 |
| Cytisinfrei sind Cytisus nigricans und die heimischen Genistaarten | | |
| Anagyris foetida | *Cytisin* siehe ausführlich S. 574 ff.<br>*Anagyrin*, firnisähnliche, hygroskopische Masse, $C_{15}H_{22}ON_2$ (vielleicht ein Butylcytisin), Kp. $_{30\,mm}$ 245°, ll in $CHCl_3$, linksdrehende bitertiäre Base<br>Chlorhydrat: rhombische Platten, $B \cdot HCl \cdot H_2O$, $[\alpha]_D = -142^0 28'$ ($H_2O$)<br>Chloroplatinat $B \cdot H_2PtCl_6 \cdot 1^1/_2 H_2O$, Fp. 235° | PARTHEIL u. SPASSKI: Apoth.-Ztg. **10**, 903 (1895); SCHMIDT u. KLOSTERMANN: Arch. der Pharm. **238**, 227 (1900); C. **1896 I**, 375, C. **1900 I**, 1162<br>GOESSMANN, G.: Arch. der Pharm. **244**, 20 (1906); C. **1906 I**, 1365 |
| Thermopsis fabacea DC.: Stengel, Blatt, Samen<br>Thermopsis lanceolata R. BR.: Stengel, Blatt, Samen | *Alkaloide* mikrochemisch nachgewiesen | TUNMANN u. ROSENTHALER: Pflanzenmikrochemie, 2. Aufl., S. 492 |
| Retama (Genista) sphaerocarpa | *Retamin* $C_{15}H_{26}ON_2$, farblose Nadeln, Fp. 162°, $[\alpha]_D = +43{,}15^0$ ($C_2H_5OH$), starke, zweisäurige Base, gibt krystallisierende Salze; zeigt ähnliche Farbreaktionen wie das Spartein, könnte vielleicht ein Hydroxylderivat des Sparteins sein; ist physiologisch unwirksam | BATTANDIER u. MALOSSE: C. R. D. **125**, 360, 450 (1897)<br>LITTERSCHEID, F. M.: Arch. d. Pharm. **238**, 191 (1900); C **1900 I**, 1163 |
| Sophora angustifolia (Sophora flavescens) | *Matrin* $C_{15}H_{24}ON_2$, Fp. 80°, siehe ausführlich S. 553 | KLOSTERMANN C **1899 I**, 1130. |
| Sophora tomentosa: Wurzel, Stengel, Blatt und Samen | *Alkaloid* mikrochemisch nachgewiesen | TUNMANN u. ROSENTHALER: Pflanzenmikrochemie, 2. Aufl., S. 492 |
| Trigonella foenum graecum<br>Pisum sativum | *Trigonellin* $C_7H_7O_2N \cdot H_2O$<br>Betain<br>—CO<br>N—O<br>$CH_3$ | siehe ausführlich Beitrag WINTERSTEIN: Betaine, Nr. 38 |
| Amorpha fructicosa W.: Rindenparenchym | Alkaloide mikrochemisch nachgewiesen | MIRANDE 1900<br>TUNMANN u. ROSENTHALER: Pflanzenmikrochemie, 2. Aufl., S. 492 |
| Galega officinalis: Samen 0,5 % | *Galegin* $C_6H_{13}N_3$, Fp. 60—65°, inaktiv, gibt gut krystallisierende Salze, reagiert schwach alkalisch gegen Lackmus, siehe ausführlich S. 154, 161, 162, 215 | TANRET: C. R. D. **158**, 1182, 1426 (1911); **159**, 108 (1914); Bull. Soc. Chim. **35**, 404 (1924); C. **1924 I**, 2783<br>SPÄTH, E. u. Mitarbeiter: B. **57**, 474 (1924); **58**, 2273 (1925)<br>KLEIN, G., u. C. SCHLÖGL: Österr. bot. Ztschr. 34, **790** (1930) |

| | | |
|---|---|---|
| Robinia pseudo-acacia: Rinde | *Robin* (vielleicht ein Phytotoxin) | |
| (Robinia Nicou) Lonchocarpus rufescens | *Nicoulin?* (Fischgift) | GEOFFROY, G.: Ann. Inst. Colon. Marseille **3**, 1 (1895) |
| Arachis hypogaea (Samen), Erdnuß | *Arachin* $C_5H_{14}ON_2$, neben *Cholin* und *Betain*, grüner Sirup, gibt ein krystallisiertes Chloroplatinat u. Chloroaurat | MOOSER: Landw. Vers.-Stat. **60**, 321 (1904); C. **1905 I**, 118 |
| Abrus precatorius L, Paternostererbse: scharlachrote Samen | *Abrin* $C_{12}H_{14}O_2N_2$, Fp. 295°, weiße Nadeln aus $H_2O$, etwas l in Alkohol, in den org. Lgm. sehr wl.<br>Chlorhydrat: seidige Nadeln, mit $AuCl_3 + HCl$ blauschwarzer Niederschlag, mit $PtCl_4$ brauner, gelatinöser Niederschlag | NARENDRANATH GHATAK u. RAMJEE KAUL: Journ. Indian. Chem. Soc. **9**, 383 (1932); C. **1932 II**, 3730 |
| Physostigma venenosum, Calabarbohne | siehe ausführlich S. 657 | |
| Weiter sollen folgende Leguminosen Alkaloide enthalten: | | |
| Derris uliginosa BTH., Zweigrinde | Alkaloide nicht näher beschrieben | PERREDÈS u. F. B. POWER: Just. bot. Jahresber. **1904 II**, 868 |
| *Oxytropis Lamberti* | Alkaloide nicht näher beschrieben | PRESCOTT: Amer. Journ. Pharm. **50**, 564 (1878) |
| Crotolaria-arten | *Cytisin* vermutet | TUNMANN u. ROSENTHALER: Pflanzenmikrochemie, 2. Aufl., S.493 |
| Crotolaria verrucosa L. | Alkaloide mikrochemisch nachgewiesen | GROGG: Inaug.-Dissert., Bern 1921.<br>TUNMANN u. ROSENTHALER, 2. Aufl., S. 493 |
| Crotolaria retusa | Alkaloide nicht näher untersucht | GRESHOFF, M.: Ber. **23**, 3537 (1890) |
| Erythrina Broteroi HASSK | ,, ,, ,, ,, | ebenda |
| Erythrina viarum u. insignis | Alkaloide mikrochemisch nachgewiesen | TUNMANN u. ROSENTHALER: Pflanzenmikrochemie, 2. Aufl., S.494 |
| Erythrina corallodendron | | |
| Erythrina variegata var. orientalis (LIN.) MERILL., (Erythrina indica LAM.): Samen | *Hypaphorin* siehe Beitrag Nr. 38 WINTERSTEIN, Betaine<br>Chlorhydrat: Fp. 227°<br>Bromhydrat: Fp. 225° | MARAÑON, J., u. J. K. SANTOS: C. **1932 II**, 2834 |
| Myrtales | | |
| *Punicaceae* | | |
| Punica granatum | *Granatapfelbaumalkaloide* s. ausführlich S. 518 | |
| *Myrtaceae* | | |
| Eugenia jambos: Wurzel, Rinde<br>Jambosa vulgaris, Aprikosenjambuse, südasiatische-tropische Obstpflanze | *Jambosin* $C_{10}H_{15}O_3N$, Fp. 77°, geschmacklose Krystalle, ll in $C_2H_5OH$ u. $CHCl_3$ | GERRARD, A. W.: Pharm. Journ. **14**, 717 (1884) |
| Columniferae | | |
| *Sterculiaceae* | | |
| Theobroma cacao | *Coffein*, *Theobromin* | siehe den Beitrag Nr. 40 Purinbasen A. WINTERSTEIN u. SOMLÓ |

| | | |
|---|---|---|
| Cola acuminata | *Coffein, Theobromin* | ebenda |
| Sterculia platanifolia | *Coffein* | ebenda |
| Sterculia javanica R. BR.: Samen | alkaloidhaltig | BOORSMA 1900 |
| Gruinales | | |
| *Erythroxylaceae* | *Cocabasen* siehe ausführlich S. 536 | |
| *Malphiaceae* | | |
| Banisteria caapi | siehe ausführlich S. 652 (*Harmin*) | |
| Jajé: Droge | *Base II* (ELGER) *Jajenin,* wenig untersucht | Helv. Acta chim. **11**, 162 (1928); C. **1928 I**, 1535 |
| *Zygophyllaceae* | | |
| Peganum Harmala | *Harmala-alkaloide* siehe ausführlich S. 652 | |
| Terebinthales | | |
| *Rutaceae* | | |
| Ruta graveolens L.: Blatt | Alkaloid? nicht näher beschrieben Lokalisation | WESTER, D. H.: Ber. Dtsch. Pharm. Ges. **24**, 125 (1914); C. **1914 I**, 1353. |
| Dictamnus albus Wurzel | *Dictamnin* siehe ausführlich S. 558 | |
| Skimmia repens Blätter | „ „ „ | |
| Skimmia japonica: Blätter | *Skimmianin* siehe ausführlich S. 558 | |
| Fagara xanthoxyloides: Wurzel (Xanthoxylum senegalense) | *Fagaramid,* Krystalle, Fp. 119—120° <br> $CH_2(O_2)C_6H_3$—CH=CH—OC—NH—$CH_2$—$CH(CH_3)_2$ | THOMS, H., u. THÜMEN: Ber. **44**, 3717 (1911) s. Bd. 4, S. 220. |
| Xanthoxylum macrophyllum Rinde | | GOODSON, J. A.: Biochem. Journ. **15**, 123 (1921) |
| Xanthoxylum clava Herculis | *Berberin* | |
| Xanthoxylum ochroxylon DC, LEPRINCE (Südamerika): Rinde 0,3°/₀₀ (Busaga blanca) | berberinähnliche Alkaloide: <br> *α-Xantherin* $C_{24}H_{23}O_6N$, farblose Nadeln aus $C_6H_6$, Fp. 186—187°, unl in $H_2O$, swl in $C_2H_5OH$ und Äther, wl in $C_6H_6$, gibt gelbe Salze; wirkt lähmend auf den Herznerven <br> *β-Xantherin,* zeigt größere Löslichkeit des Chlorhydrates | LEPRINCE, M.: Bull. Sciences Pharmacol. **18**, 337 (1912); C. **1912 I**, 586 |
| Xanthoxylum senegalense: Wurzel, Rinde (Artar roots) | *Artarin* $C_{21}H_{23}O_4N$ oder $C_{20}H_{17}O_4N$, amorph, gibt krystallisierende gelbe Salze <br> Chlorhydrat: $B \cdot HCl \cdot 4 \cdot H_2O$, gelbe Nadeln, Fp. 194° <br> Chloroplatinat: $(BHCl)_2 \cdot PtCl_4$, gelbe Nadeln, Fp. 290° | GIACOSA-MONARI: Gazz. chim. ital. **17**, 362 (1887) <br> GIACOSA u. SOAVE: Gazz. chim. ital. **19**, 303 (1889) |
| | *Fagaramid* siehe S. 220 | THOMS, H., u. F. THÜMEN: Ber. **44**, 3717 (1911) |
| | und *zwei* weitere *Alkaloide* | THOMS, H.: Chem.-Ztg. **1922**, 856 |
| Xanthoxylum brachyacanthum F. MUELL., Rinde enthält 1,85 % | *l-Canadin-α-methochlorid* $C_{21}H_{24}O_4NCl \cdot 2H_2O$ farblose prismatische Nadeln, Fp. 262°, $[\alpha]_D = -137{,}0°$ ($H_2O$), Jodid aus $H_2O$; Fp. 220° | JOWETT, H. A. D., u. PYMAN, F. L.: Journ. Chem. Soc. London **103**, 291, 825 (1913); C. **1913 I**, 1886 |
| und 0,06 % | *γ-Homochelidonin* siehe S. 648 | |
| Xanthoxylum piperitum | *Xanthoxylin* | STENHOUSE: Liebigs Ann. **89**, 251 (1854); **104**, 236 (1857) |

| | | |
|---|---|---|
| Xanthoxylum carolinianum | Alkaloidvorkommen wenig geklärt | COLTON, G. H.: Amer. Journ. Pharm. **52**, 191 (1880) |
| Xanthoxylum caribaeum L. | „ „ „ | HECKEL u. SCHLAGDENHAUFFEN: C. R. D. **98**, 996 (1884) |
| Xanthoxylum Perrottelii DC. | „ „ „ | |
| Xanthoxylum scandens BL. | „ „ „ | HAAR, A. W. VAN DER: C. **1903 II**, 386 |
| Xanthoxylum Bossua Stamm, Borke, Phloem | *Berberin* (mikrochemisch nachgewiesen) | KLEIN, G., u. H. BARTOSCH: Österr. bot. Ztschr. **77**, 1 (1928) |
| Xanthoxylum odontalgicum | *Berberin* | ebenda |
| Evodia meliifolia: Rinde | *Berberin?* früher angegeben, aber von G. KLEIN u. H. BARTOSCH mikrochemisch nicht bestätigt | |
| Evodia hortensis: Rinde | *Berberin?* | siehe auch G. KLEIN u. H. BARTOSCH: Österr. bot. Ztschr. **77**, 6 (1928) |
| Evodia glauca: Rinde: | *Berberin?* | |
| Evodia rutaecarpa | Evodiaalkaloide siehe ausführlich S. 654 | |
| Orixa japonica THUNB.: Wurzelrinde, Japan, wildwachsendes Gesträuch Kokusagi | *Orixin* $C_{18}H_{23}O_6N$ oder $C_{18}H_{21}O_6N$ aus $C_2H_5OH$, Mikroprismen, Fp. 152,5°, $[\alpha]_D^{17} = +83{,}29°$ ($CHCl_3$), unl in Petroläther, wl in $H_2O$, sonst l mit blauvioletter Fluorescenz, unl in Alkalien, schwache tertiäre Base, Salze schwer isolierbar Chloroaurat $(C_{18}H_{24(22)}O_6N)AuCl_4$, Prismen, Zp. 155°<br>zerfällt bei der Hydrolyse mit 10 % HCl (2 Stunden auf 150—160° erhitzt) in<br>*Orixidin* $C_{15}H_{13}O_4N$, $1^1/_2$ $H_2O$; aus $C_2H_5OH$, Fp. 195°.<br>*Phenolbase* $C_{15}H_{15}O_5N \cdot 1^1/_2H_2O$, Fp. 113°, wasserfrei 210°<br>*Isoorixin* $C_{18}H_{23(21)}O_6N$ (isomer dem Orixin), aus $C_2H_5OH$, Prismen, Fp. 195°, $[\alpha]_D^{20} = +27{,}44°$, unl in $H_2O$, wl in Alkohol und Äther<br>*Kokusagin* $C_{13}H_9O_4N$, Nadeln aus $C_2H_5OH$, Fp. 201°, optisch inaktiv; unl in $H_2O$, Petroläther, wl in $C_2H_5OH$, Äther, l in $CH_3COOH$, Essigester, ll in $CHCl_3$, schwache tertiäre Base<br>$C_{11}H_4ON\begin{cases}-OCH_3\\ -O\\ \quad\rangle CH_2\\ -O\end{cases}$<br>Pikrat: $C_{19}H_{12}O_{11}N_4$, citronengelbe Nadeln, Fp. 178°<br>Chloroaurat: $B \cdot HAuCl_4$, Tafeln, Zp. 171° | TERASAKA, M.: Journ. Pharm. Soc. Japan **51**, 99 (1931); C. **1932 I**, 243 |
| Pilocarpusarten, Südamerika | *Jaborandialkaloide* siehe ausführlich S. 669 | |
| Cusparia trifoliata (W.), Südamerika | *Angosturaalkaloide* siehe ausführlich S. 554 | |
| Esenbeckia febrifuga (Evodia f. ST. HILL.): brasilianische Angosturarinde | *Esenbeckin* und fünf andere Alkaloide | HARTWICH, C., u. M. GAMPER: Arch. der Pharm. **238** (1900)<br>TUNMANN u. ROSENTHALER: Pflanzenmikrochemie, 2. Aufl., S. 498 |

| | | |
|---|---|---|
| Flindersia australis Holz, Moahholz, Native Teak | *Flindersin* $C_{23}H_{26}O_7N_2$, Fp. 182—183° (Zers. ca. 170°), ungesättigt, optisch inaktiv, ll in $C_2H_5OH$, sehr wl in Äther; Farbreaktion: mit konz. $H_2SO_4$ gelbgrün<br>Pikrat: aus $C_2H_5OH$, Fp. 174°<br>Chloroplatinat: aus $C_2H_5OH$, Fp. 262° | MATTHES u. SCHREIBER: Ber. Dtsch. Pharm. Ges. **24**, 385 (1914); C. **1915 I**, 162 |
| Chloroxylon swietenia (Seidenholz), Ostindien | *Chloroxyloin* $C_{22}H_{23}O_7N$, farblose Prismen, Fp. 182—183°, $[\alpha]_D^{18} = -9°\ 18'$ ($CHCl_3$)<br>$C_{18}H_{11}O_3N \left\{ \begin{array}{l} - \\ - \\ - \\ - \end{array} \right. (OCH_3)_4$<br>schwache, einsäurige Base<br>Chlorhydrat: B · HCl, Fp. ca. 95°<br>Bromhydrat: B · HBr, Fp. 125°<br>Chloroaurat: B · $HAuCl_4$, Fp. 70° | AULD, S. J. MANSON: Trans. Chem. Soc. **95**, 964 (1909) C. **1909 II**, 373 |
| Phellodendron amarense | *Berberin* | HENRY, TH. ANDERSON: The Plant Alkaloids S. 208. |
| Toddalia aculeata | *Berberin* | |
| Toddalia Asiatica | *Berberin* | |
| Casimiroa edulis, Mexiko Fruchtfleisch 0,9 % Alkaloide Samen 0,63 % Alkaloide, auch die Rinde und die Blätter enthalten Alkaloide | *Casimiroin* $C_{24}H_{20}O_8N_2$, Rosetten von Nadeln, Fp. 196—197°, optisch inaktiv, physiologisch unwirksam<br>$C_{22}H_{14}O_6 \left\{ \begin{array}{l} OCH_3 \\ OCH_3 \end{array} \right.$<br>Pikrat: Fp. 165°<br>Chloroaurat: B · $HAuCl_4$, orangegelbe Nadeln, Fp. 195—196°<br>bei der Behandlung mit alkoholischem Kali geht das Casimiroin unter $CO_2$-Abspaltung und Wasseraufnahme in Casimiroitin $C_{23}H_{22}O_7N_2$ über<br>*Casimiroedin* $C_{17}H_{24}O_5N_2$, schmale Nadeln, Fp. 222—223°, $[\alpha]_D = -36{,}5°$ (verd. HCl), Chloroaurat: B · $HAuCl_4 \cdot 2\,H_2O$, gelbe, mikroskopische Nadeln, Zp. ca. 145—148° (trocken), enthält keine Methoxylgruppen und ist physiologisch unwirksam<br>*Casimirin* $C_{30}H_{32}O_5N_2$ (BICKERN), Glucoalkaloid, hygroskopische Nadeln, Fp. 106°, konnte von POWER und CALLAN im Samen nicht wieder aufgefunden werden | POWER, FR. B., u. TH. CALLAN: Journ. Chem. Soc. London **99**, 1993 (1911); C. **1912 I**, 357<br>BICKERN, W.: Arch. der Pharm. **241**, 166 (1903); C. **1903 II**, 125 |
| Lunasiaarten Stammpflanzen vielleicht | | BOORSMA 1900 |
| Lunasia costulata | *Lunasin*, flüchtig | BRILL u. WELLS: Philippine Journ. of Science **12** A, 167 (1917) |
| Lunasia amara—Lunasia amara Blanco var. costulata Rinde alkaloidreich | *Lunacrin* $C_{16}H_{20}O_3N$, Nadeln, Fp. 115,5 bis 116° | WIRTH, E. H.: Pharm. Weekblad **68**, 1011 bis 1020 (1931); C. **1932 I**, 85 |
| Rabelaisia philippensis (Philippinen), könnte auch von der Celestracee Lophopetalum toxicum abstammen! (s. S. 731) | *Lunasin*, Nadeln, Fp. 188—189° | |
| *Simarubaceae* | | |
| Brucea sumatrana ROXB., Bitterstoff der Früchte | *Brucamarin* nicht näher beschrieben | EYKEN, F.: C. **1892 I**, 211 |

| | | |
|---|---|---|
| Radix Picramniae, gehört vielleicht zu einer Simarubaceae | *Picramnin* nicht näher beschrieben | THOMPSON, Amer. Journ. Pharm. **1884**, 330 |
| *Meliaceae* | | |
| Naregamia alata: Wurzelrinde | *Naregamin* | HOOPER: Pharm. Journ. **1888, 317** |
| Weiter sollen alkaloidhaltig sein: | | |
| Sandoricum indicum CAR.: Rinde | Alkaloide nicht näher beschrieben | BOORSMA (1900) CZAPEK Bd. 3, S. 267 |
| Sandoricum nervosum BL.: Rinde | " " " " | |
| Aphanamixis grandifolia BL.: Samen | " " " " | |
| Lansium domesticum JACK: Samen | " " " " | |
| *Anacardiaceae* | | |
| Loxopterigium Lorentii (Schinopsis) Quebrachia Lorentii: rote Quebrachorinde | *Loxopterygin* $C_{26}H_{34}O_2N_2$? amorph, Fp. 81°, reagiert stark alkalisch, gibt bittere, amorphe Salze, ll in org. Lösungsmitteln, wl in kaltem $H_2O$, schmeckt sehr bitter | HESSE, O.: Ann. der Chemie **211**, 275 (1882) |
| *Sapindaceae* | | |
| Paullinia sorbilis: Guaranapaste | *Coffein* | |
| Paullinia cupana H, B u. K: Samen u. Guaranapaste | *Coffein, Theobromin* | BERTRAND, G., u. P. d. CARNEIRO: C. **1932 I**, 1387; C. **1932 II**, 1191 |
| Aclastrales | | |
| *Aquifoliaceae* Ilex paraguayiensis: Blätter, Paraguaytee (Mate): Kraut des Matebaumes | *Coffein, Theobromin* | siehe Beitrag Nr. 40 Purinderivate A. WINTERSTEIN u. F. SOMLÓ |
| Ilex vomitaria, Apalachentee | *Coffein* | siehe Beitrag Nr. 40 Purinderivate A. WINTERSTEIN u. F. SOMLÓ |
| *Celastraceae* | | |
| Catha edulis: Blätter (Celastrus edulis) südliches Arabien, Abessinien, Ostafrika, Südafrika | *Kathin*, *d*-Nor-iso-ephedrin, siehe ausführlich S. 507 *Cathidin*, weißes, amorphes Pulver *Cathinin*, amorph, gibt ein krystall. Sulfat | BEITTER, A.: Arch. der Pharm. **239**, 17 (1901) STOCKMANN, R.: Pharm. Journ. [4] **35**, 676 (1912); C. **1913 I**, 178 |
| Siehe hier vielleicht auch die schon, S. 730 erwähnten Lunasiaarten | | |
| Lophopetalum toxicum | | siehe S. 730 |
| Rhamnales | | |
| *Rhamnaceae* | | |
| Ceanothus americanus: Rinde, Blätter (New-Jersey-Tee) | *Ceanothyn* (GERLACH), nicht einheitlich *krystall. Base*, Fp. 255° (GORDIN) *krystall. Base*, 200° (GORDIN) | GERLACH, F.: Amer. Journ. Pharm. **1891**, 332 GORDIN, H.: Pharm. Review **18**, **266** (1900); Apoth.-Ztg. **15**, 522 (1900) |

| | | |
|---|---|---|
| | nach späteren Untersuchungen *krystall. Base, Fp. 260—263°*; $H_2O$ unl, in Alkohol schwerer l als die morphen Basen, Pikrat und Ptsalz kristallisieren<br>neben anderen amorphen Basen<br>Wirkung blutdrucksenkend | CLARK, A. H.: Amer. Journ. Pharm. **98**, 147 (1926); C. **1926 I**, 3414<br>Amer. Journ. Pharm. **100**, 240 (1928); C. **1928 I**, 2966 |
| Weiter sollen alkaloidhaltig sein: | | |
| Gouania leptostachya DC. | | GRESHOFF: B. **23**, 3537 (1890); Ber. Dtsch. Pharm. Ges. **9**, 214 (1899) |
| *Cornaceae* | | |
| Garrya racemosa RAM. | *Garryin* nicht näher untersucht | ROSS, D. W.: Amer. Journ. Pharm. **49**, 585 (1877) |
| Garrya Fremontii | | ARMENDARIZ: C. **1898 I**, 948 |
| Alangium Lamarckii | Alkaloid | SCHUCHHARDT, B.: C. **1893 I**, 399 |
| Alangium hexapetalum LAM. | alkaloidhaltig | GRESHOFF: Ber. **23**, 3537 (1890); Ber. Dtsch. Pharm. Ges. **9**, 214 (1899) |
| Alangium sundanum MIQ. | ,, | |
| Marlea tomentosa ENDL. | ,, | |
| Marlea rotundifolia HASSK. | ,, | |
| Umbelliflorae | | |
| *Umbelliferae* | | |
| Chaerophyllum bulbosum: Kraut Kerbelrübe | *Chaerophyllin* nicht näher beschrieben | POLSTORFF 1839 |
| Conium maculatum, gefleckter Schierling | *Coniumalkaloide* siehe ausführlich S. 514 | |
| Aethusa cynapium, Hundspetersilie | *Coniin* oder ein coniinähnliches Alkaloid in sehr geringen Mengen | POWER, FR. H., u. F. TUTIN: Journ. Amer. Chem. Soc. **27**, 1461 (1905); C. **1906 I**, 479<br>BERNHARDT, W.: Arch. der Pharm. **213**, 117 (1880) |
| Cicuta virosa, Wasserschierling: Wurzel | *Cicutoxin* $C_{19}H_{26}O_3$ und *Cicutoxinin*, spektroskopisch untersucht<br>die Wurzel enthält *keine* Alkaloide, sondern nur Toxine | ŠVAGR: C. **1924 II**, 676<br>SCHNEIDER, JOSEF Z., u. J. KOTZBA: C. **1932 I**, 689 |
| Peucedanum sativum: Pastinakfrüchte | *Pastinacin* unsicher<br>nicht flüchtiges, hautreizendes Alkaloid | WITTSTEIN 1839<br>URK, H. W. VAN: Pharm. Weekblad **56**, 1390 (1919); C. **1919 III**, 1064; Pharm. Weekblad **57** 883 (1920); C. **1920 III**, 419 |
| Daucus carota, Mohrrübe: | siehe auch S. 509 | |
| Samen | Spuren einer nicht näher untersuchten Base | PICTET, A., u. G. COURT: Ber. **40**, 3771 (1907) |
| Blätter | *Pyrrolidin*<br>*Daucin* $C_{11}H_{18}N_2$, Kp. 240—250°, rechtsdrehende, starke Base, ll in $H_2O$, $C_2H_5OH$, Äther; nikotinähnlich riechendes Öl | |

| | | |
|---|---|---|
| Plumbaginales<br>*Plumbaginaceae* | | |
| In der Wurzel einer Statice art. | *Baycurin* sehr zweifelhaft | DALPE: Pharm. Journ. **1884,** 86 |
| Bicornes<br>*Ericaceae* | | |
| Calluna vulgaris: Heidekrautblüten | *Ericodinin,* alkaloidähnlich, bildet mit $HgCl_2$ ein schwer lösliches Doppelsalz, mit Phosphormolybdänsäure in Gegenwart von Spuren freier HCl eine Blaufärbung | BODINUS, F.: Apoth.-Ztg. **33,** 151 (1918); C. **1918 I,** 934 |
| Diospyrales<br>*Symplocaceae* | | |
| Symplocos racemosa ROXB: Loturinde (Indien) | 0,24% *Loturin* = Harman siehe ausführlich S. 653<br>0,02% *Colloturin*<br>0,06% *Loturidin* | HESSE: Liebigs Ann. **1879,** 673; Ber. **11,** 1542 (1878)<br>SPÄTH, E.: Mh. f. Chemie **41,** 797 (1920) |
| *Sapotaceae* | | |
| Achras sapota L., Sapote oder Sapotillbaum | *Sapotin* | BERNOU: Journ. Pharm. et Chim. (5) 8, 306 (1883) |
| Tubiflorae<br>Convolvulaceae | | |
| Convolvulus pseudocantabricus SCHENK. (Mittelasien) | *Convolvin* $C_{15}H_{21}O_4N$, $C_{13}H_{15}O_2N(OCH_3)_2$, starke tertiäre Base, farblose Nadeln, Fp. 114—115°, ll in $C_2H_5OH$, $CHCl_3$, Aceton, wl in h Wasser, Äther, Petroläther<br>*Chlorhydrat*: B · HCl, Fp. 260—261° (aus alkoholischem HCl)<br>*Oxalat*: Fp. 265—266°, Blättchen<br>*Pikrat*: gelbe Nadeln aus $C_2H_5OH$; Fp. 261—263°<br>*Chloroplatinat*: Fp. 240—241° (Zers.)<br>*Chloroaurat*: B · $HAuCl_4$. Fp. 217° (Zers.)<br>*Jodmethylat*: Fp. 230—231° | ORECHOFF, A., u. R. KONOWALOWA: Arch. der Pharm. u. Ber. Dtsch. Pharm. Ges. **271,** 145 (1933); C. **1933 I,** 3459 |
| *Boraginaceae* | | |
| Heliotropium lasiocarpum, Turkestan | siehe ausführlich S. 675 | |
| Heliotropium europaeum: Samen | *Alkaloide* identisch mit *Cynoglossin* | BATTANDIER 1876; CZAPEK Bd. 3, S. 276 |
| Heliotropium peruvianum: Samen | ,, ,, ,, ,, | |
| Cynoglossum officinale | *Cynoglossin,* gibt ein kryst. Chlorhydrat | SCHLAGDENHAUFFEN u. REEB: Pharm. Post **1892,** 1 |
| Echium vulgare | ,, | GREIMER, K.: Arch. f. exp. Pathol u. Pharmak. **41,** 287 (1898); Arch. d. Pharm. **238,** 505 (1900)<br>VOURNAZOS: Just. bot. Jahresber. **1901 II,** 111 |
| Symphytum officinale | *Symphytocynoglossin* | |
| Anchusa officinalis | *Consolidin,* Glucoalkaloid wird durch Säuren zu Zucker und dem toxischen Consolicin hydrolysiert. Consolidin soll auch in den anderen oben erwähnten Boraginaceen mit Ausnahme von Heliotropium lasiocarpum vorkommen<br>*Cynoglossin* (wie oben) | GREIMER, K.: Arch. der Pharm. **238,** 505 (1900); C. **1900 II,** 981 |

Contortae

*Loganiaceae*

| | | |
|---|---|---|
| Strychnos nux vomica sowie indische Strychnosarten | *Strychnosalkaloide* siehe ausführlich S. 657 | |
| Südamerikanische Strychnosarten | *Curarealkaloide* siehe ausführlich S. 657 | |
| Strychnos Henningsii: Rinde (Südafrika) | *amorphe Basen*, die noch nicht näher identifiziert werden konnten; sie sind weniger giftig wie Strychnin und wirken auch anders | RINDL, M.: C. **1931 I**, 1772; C. **1932 II**, 2834 Trans. Roy. Soc. South. Africa **20**, 59 (1931) |
| Strychnos Vacacoua BAILL. (Madagaskar) Bakanko | *Bakankosin* $C_{16}H_{23}O_8N + H_2O$, farblose Nadeln, Fp. 157°, rechtsdrehend; ungiftig stickstoffhaltiges Glucosid, das bei der Hydrolyse in Traubenzucker und eine Verbindung $C_{10}H_{13}O_3N$ zerfällt | LAURENT, J.: Journ. Pharm. et Chim. **25**, 225 (1907); C. **1907 I**, 1339<br>BOURQUELOT, E., u. H. HÉRISSEY: C. r. d. l'Acad. des sciences **144**, 575 (1907); C. **1907 I**, 1504; **147**, 750 (1908); C. **1907 II**, 164; C. **1908 II**, 1929; C. **1909 I**, 857 |
| Gelsemium sempervirens (gelber Jasmin), amerikanische Wurzeln | *Gelsemin* $C_{20}H_{22}O_2N_2$ [1] oder $C_{22}H_{26}O_3N_2$ [2] oder $C_{21}H_{26}O_3N_2$, glänzende Prismen aus Aceton mit einem Mol Krystallaceton krystallisierend, das bei 120° entweicht; Fp. 178°, $[\alpha]_D = +15{,}9°$ ($CHCl_3$), $[\alpha]_D^{24} = +10°$ ($CHCl_3$) (T. QU. CHOU), einsäurige, tertiäre Base, enthält eine Hydroxylgruppe, *keine* Methoxylgruppe; ll in $C_2H_5OH$, $CHCl_3$, Äther, wl. in $H_2O$<br>Chlorhydrat: B · HCl, Prismen aus $H_2O$ oder verd. $C_2H_5OH$, Fp. 300°, $[\alpha]_D = +2{,}6°$ ($H_2O$)<br>Nitrat: B · $HNO_3$ aus $H_2O$ in glänzenden Prismen, Fp. 280°<br>das Gelsemin wird auch „krystallisiertes Gelseminin" genannt<br>weiter zwei amorphe Basen, die stärker wirken als das kryst. Gelsemin | MOORE [1], CH. W.: Journ. Chem. Soc. London **97**, 2223 (1910); C. **1911 I**, 165; **99**, 1231 (1911); C. **1911 II**, 466<br>SPIEGEL [2], L.: Ber. **26**, 1045 (1893)<br>GÖLDNER: Ber. Dtsch. Pharm. Ges. **5**, 330 (1895)<br>GÖLDNER u. L. SPIEGEL: Apoth.-Ztg. **1895**, 113<br>HAHN, G.: Ber. **60**, 1681 (1927) |
| Gelsemium sempervirens: Wurzel enthält 0,17 % Alkaloide Rhizom enthält 0,2 % Alkaloide Stamm alkaloidfrei | *kryst. Gelsemin* = *kryst. Gelseminin* (MERCK)<br>*amorphes Gelseminin* (TOMPSON 1887) = *Sempervirin* (SAYRE)<br>*amorphes Gelsemoidin* (SAYRE) | SAYRE, S. E.: Pharm. Journ. (4) **32**, 242 (1911); C. **1911 I**, 1695; C. **1911 II**, 1650; C. **1912 II**, 378; Journ. Amer. Pharm. Assoc. **8**, 708 (1919) |
| Gelsemium sempervirens, amerikanische Wurzel | *Gelsemin*, identisch beschrieben mit dem Gelsemin, S. 734<br>*Gelsemicin* $C_{20}H_{25}O_4N_2$, breite, orthorhombische Prismen, Fp. 171°, $[\alpha]_D^{24} = -140°$ ($C_2H_5OH$), färbt sich an der Luft schnell, ll in $C_2H_5OH$, $CHCl_3$, Aceton, weniger l in Äther, Bzl, unl in $H_2O$<br>*Sempervirin*, blutrote, prismatische Nadeln aus $CHCl_3$, Fp. 223°, aus $C_2H_5OH$ rote, orthorhombische Krystalle, Fp. 254°, wl | CHOU T. QU.: Chin. Journ. Physiol. **5**, 131ff.; C. **1931 II**, 2342, 2891 |

| | | |
|---|---|---|
| | in $H_2O$, unl in Äther, $C_6H_6$, Petroläther; wärmeempfindlich<br>Nitrat: gelbe Prismen, Fp. 282° (Zers.), wl in $H_2O$<br>Chlorhydrat: gelbe Prismen, Fp. über 300°<br>*hellgelbes amorphes Alkaloid*<br>Chlorhydrat: $[\alpha]_D^{25} = 35^0$ ($H_2O$) | mikrochemischer Nachweis siehe TUNMANN u. ROSENTHALER: Pflanzenmikrochemie, 2. Aufl., S. 514 |
| Gelsemium elegans BTH., chinesische Droge Kou Wen, enthält 0,3 % Gesamtalkaloide: Stengel, Wurzel, Blätter | *Koumin* $C_{20}H_{22}ON_2$, aus Aceton, Prismen, Fp. 170°, $[\alpha]_D^{23} = -265^0$ ($C_2H_5OH$), ll in $C_2H_5OH$, $CHCl_3$, $C_6H_6$, zl in Äther, unl in Petroläther und $H_2O$<br>Monochlorhydrat: Prismen aus $C_2H_5OH$, Fp. 255° (Zers.)<br>Bromhydrat: Prismen aus $H_2O$, Fp. 269° (Zers.)<br>wirkt ähnlich wie Gelsemin<br>*Kouminin, Base amorph,* Fp. trocken ca. 115°, in den meisten Lösungsmitteln l, wl in $H_2O$<br>Chlorhydrat: kryst. Prismen, Fp. > 300°, optisch inaktiv<br>Bromhydrat: Fp. > 300°<br>*Kouminicin, Base amorph,* vielleicht noch unrein<br>Chlorhydrat linksdrehend: am stärksten wirksam<br>*Kouminidin,* Prismen, Fp. 200°, in den meisten Lösungsmitteln l<br>Chlorhydrat und Bromhydrat krystallisieren gut | CHOU, T. QU.: Chin. Journ. Physiol. **5**, 345 (1931); C. **1932 II**, 722 |
| Spigelia antihelmia L. | *Spigeliin,* amorph und sehr toxisch | BOORSMA 1900 |
| Spigelia marilandica | „ | DUDLEY: Amer. Chem. Journ. **1881** (1), 150 |
| Potalia amara AUBL. | Alkaloide nicht näher beschrieben | HECKEL u. HALLER: Journ. Pharm. et Chim. (4) **24**, 247 (1876) |
| Verschiedene Fagraeaarten | sind alkaloidhaltig | CZAPEK Bd. 3, S. 301 |
| Anthocleista Vogelii | *Strychnin* nicht ganz sichergestellt | CZAPEK Bd. 3, S. 301 |
| *Apocynaceae* | | |
| Holarrhenaarten | siehe ausführlich *Conessin,* S. 675 | |
| Holarrhena (Wrigtia) antidysenterica<br>Holarrhena africana<br>Holarrhena congolensis<br>Holarrhena Wulffbergii | *Holarrhenin* $C_{24}H_{38}ON_2$, Fp. 197—198°, $[\alpha]_D = -7{,}1^0$ ($CHCl_3$)<br>Bromhydrat: $B \cdot 2HBr \cdot 3H_2O$, Fp. 265 bis 268° (trocken), $[\alpha]_D = +11{,}0^0$ ($H_2O$) | PYMAN, F. L.: Journ. Chem. Soc. London **115**, 163 (1919); C. **1919 III**, 343 |
| Indische Holarrhenaarten | *Conessin* $C_{24}H_{40}N_2$ (S. 675)<br>weiter *Kurchin* und *Kurchicin*<br>*Kurchin* $C_{23}H_{38}N_2$, Nadeln aus Äther, Fp. 75°, Kp. ${}_{1\,mm}$ 233°, $[\alpha]_D^{32} = -7{,}57$ ($CHCl_3$), $[\alpha]_D^{32} = +6{,}9$ ($C_2H_5OH$ abs.)<br>gibt mit Alkaloidreagenzien Niederschläge<br>Chlorhydrat: $B \cdot 2HCl \cdot H_2O$, Krystalle zers. oberhalb 220°, schmilzt nicht bis 270°, $[\alpha]_D^{32} = -0{,}88^0$ ($H_2O$) | GHOSH, S., u. IN. BHUSHAN BOSE: Arch. der Pharm. u. Ber. Dtsch. Pharm. Ges. **270**, 100 (1932); C. **1932 II**, 3730 |

| | | |
|---|---|---|
| | Bromhydrat: B · 2HBr, Nadeln, $[\alpha]_D^{29} = -3{,}08^0$ ($H_2O$)<br>Jodhydrat: B · 2HJ, Fp. 275⁰ (Zers.), $[\alpha]_D^{29} = -7{,}75^0$ ($H_2O$)<br>Sulfat: B · $H_2SO_4$, Krystalle aus $H_2O$, $[\alpha]_D^{34} = -13{,}68^0$ ($H_2O$)<br>Sres Oxalat: B · $2H_2C_2O_4 \cdot {}^1/_4H_2O$, Fp. 221⁰ (Zers.), $[\alpha]_D^{30} = -1{,}2^0$ ($H_2O$)<br>Chlorplatinat: Chamoisfarbiger, mikrokrystall. Niederschlag, Fp. über 240⁰ (Zers.)<br>Chloroaurat: Fp. 160—166⁰<br>*Kurchicin* $C_{20}H_{36}ON_2$, Nadeln aus $CHCl_3$ + Petroläther, Fp. 175⁰ $[\alpha]_D^{32} = -11{,}44^0$ ($CHCl_3$), $[\alpha]_D^{32} = -8{,}45$ (abs. $C_2H_5OH$)<br>Chlorhydrat: B · 2HCl, $[\alpha]_D^{32} = -27{,}17^0$ ($H_2O$), Nadeln<br>Bromhydrat: B · 2HBr, $[\alpha]_D^{30} = -22{,}63^0$ ($H_2O$), Fp. 260⁰ (Zers.)<br>Jodhydrat: B · 2HJ, $[\alpha]_D^{32} = -22{,}7^0$ ($H_2O$) Fp. 259—260⁰<br>Sulfat: B · $H_2SO_4 \cdot 2H_2O$, Plättchen schmilzt nicht bis 270⁰, $[\alpha]_D^{29} = -12{,}72^0$ ($H_2O$)<br>Oxalat: B · $H_2C_2O_4$, Plättchen aus $H_2O$, schmilzt nicht bis 270⁰<br>Chlorplatinat: B · $H_2PtCl_6$, amorph<br>Chloroaurat: B · $2HAuCl_4$, gelb, Fp. bei 195⁰ Verkohlung, bis 270⁰ *kein* Schmelzen | |
| Holarrhena antidysenterica, indische Arten | *Conessimin* $C_{23}H_{28}N_2$, Fp. 100⁰, Nadeln aus Petroläther, Essigester oder $CHCl_3$, Kp.$_{1,8\,mm}$: 230⁰, $[\alpha]_D^{35} = -22{,}25^0$ ($CHCl_3$), mit konz. $H_2SO_4$: nach kurzem Erwärmen Gelbfärbung, an der Luft in Grün, Blau und schließlich Rötlichviolett übergehend<br>*Chlorhydrat*: B · 2HCl, amorph, Fp. 342 bis 344⁰, $[\alpha]_D^{36} = -15{,}1^0$ ($H_2O$)<br>*Chloroaurat*: B · $2HAuCl_4$, Fp. 165⁰ (Zers.)<br>*Chloroplatinat*: B · $H_2PtCl_6$, Fp. 301⁰ (Zers.)<br>*Jodhydrat*: B · 2HJ, Fp. 318—319⁰ (Zers.)<br>*Pikrat*: gelbe Prismen, Fp. 172—174⁰<br>*Holarrhimin* $C_{21}H_{36}ON_2$, Nadeln aus Essigester, Fp. 183⁰, $[\alpha]_D^{25} = -14{,}19^0$ ($CHCl_3$)<br>*Chlorhydrat*: B · 2HCl, Tafeln aus $H_2O$, Fp. 345⁰ (Zers.), $[\alpha]_D^{25} = -22{,}8^0$ ($CH_3OH$)<br>*Bromhydrat*: Tafeln und Nadeln aus $H_2O$, Fp. 358—360⁰ (Zers.)<br>Pikrat: Fp. 198—200⁰<br>Sulfat: Fp. 337⁰ (Nadeln)<br>*Holarrhin* $C_{20}H_{38}O_3N_2$, Nadeln aus $CH_3OH$ + Essigester, Fp. 240⁰, $[\alpha]_D^{25} = -17{,}01^0$ ($CH_3OH$)<br>*Pikrat*: gelb, schmilzt nicht bis 300⁰ | SIDDIQUI, S., u. P. P. PILLAY: Journ. India Chem. Soc. **9**, 553 (1932); C. **1933 I**, 2122 |
| Kurchi, Rinde, Rohextrakt | *Conessidin* $C_{21}H_{32}N_2$, Fp. 123⁰, $[\alpha]_D^{21} = -52{,}2^0$ ($CHCl_3$), ll in org. Lgm.<br>*Jodhydrat*: B · 2HJ, schwach gelbliche Nadeln aus Wasser, Fp. 259⁰ (Zers.) (ab 200⁰ Braunfärbung) | BERTHO, A., G. v. SCHUCKMANN u. W. SCHÖNBERGER: B. **66**, 787 (1933) |

| | | |
|---|---|---|
| | *Perchlorat*: B · $2HClO_4 \cdot H_2O$, feinste Nadeln, Fp. aus $H_2O$ Fp. 243° (u. Zers.)<br>*Conkurchin* $C_{20}H_{32}N_2$, Fp. 153°, $[\alpha]_D^{21} = -67{,}4^0$ (96 % $C_2H_5OH$), ll in $CHCl_3$, l in $CH_3OH$ und $C_2H_5OH$, Aceton, Eisessig, Benzol, wl in Äther und Petroläther, unl in $H_2O$<br>*Jodmethylat*: Fp. 274° (ab 220° Verfärbung)<br>*Sulfat*: lange, dünne Nadeln aus $H_2O$, Fp. 342°, B · $^1/_2 H_2SO_4$<br>*Oxalat*: Fp. 325°<br>*Kurchenin* $C_{21}H_{32}O_2N_2$, Fp. 335—336°, unl in Äther, swl in $CH_3OH$ und $C_2H_5OH$, $[\alpha]_D^{21} = -92{,}0^0$ (2 n HCl)<br>*Sulfat*: Krystallwarzen aus $C_2H_5OH$, $[\alpha]_D = -78{,}3^0$ ($H_2O$) | |
| Alstonia scholaris, Ditarinde<br>Alstonia spectabilis, Poelérinde, malaiische Inseln | *Ditamin* $C_{16}H_{19}O_2N$, amorph, Fp. 75°, sehr bitter, reagiert stark alkalisch<br>*Echitamin* (*Ditain*) $C_{22}H_{28}O_4N_2 \cdot H_2O$, Fp. 206° u. Zers., $[\alpha]_D = -28{,}8^0$ ($C_2H_5OH$), ll in $H_2O$ u. $C_2H_5OH$<br>Chlorhydrat: B · HCl, wl in $H_2O$, Fp. 290°, $[\alpha]_D^{15} = -58^0$ ($H_2O$)<br>Chloroplatinat: $(B \cdot HCl)_2PtCl_4$, amorph<br>*Echitenin* $C_{20}H_{27}O_4N$, amorph, Fp. 120°, bildet auch amorphe Salze | HESSE, O.: Ann. der Chemie **203**, 147, 162 (1880) |
| Alstonia spectabilis, Poelèrinde | *Alstonamin*, Zusammensetzung noch nicht erforscht | |
| Alstonia (Echites) congonensis | *Echitamin* $C_{22}H_{28}O_4N_2 \cdot H_2O$, ist ein empfindlicher Methylester, der sehr leicht hydrolysiert wird und dabei das Desmethylechitamin $C_{21}H_{26}O_4N_2$ ergibt<br>Chlorhydrat: $C_{22}H_{28}O_4N_2 \cdot HCl$, lange Nadeln aus $H_2O$, Fp. 295° (Zers.) $[\alpha]_D^{15} = -58^0$ ($H_2O$)<br>Bromhydrat: B · HBr · $H_2O$, Fp. 258°, Fp. wasserfrei 268° (Zers.), $[\alpha]_D^{15} = -43{,}5^0$ ($H_2O$)<br>Jodhydrat: B · HJ, lange Prismen aus $H_2O$, Fp. wasserfrei 267° (Zers.)<br>Sulfat: ll in $H_2O$, Fp. 275°<br>Nitrat: Fp. $H_2O$-frei 176°, $[\alpha]_D^{15} = -51{,}4^0$ | GOODSON, J. AUG., u. TH. ANDERSON HENRY: Journ. Chem. Soc. **127**, 1640 (1925); C. **1925 II**, 2278 |
| Alstonia congensis: Rinde 0,0045 %<br>Alstonia scholaris: Rinde 0,0018 % | neben *Echitamin*<br>*Echitamidin* $C_{20}H_{26}O_3N_2$, aus $H_2O + C_2H_5OH$ sechsseitige Platten, Fp. 135°, Fp. $H_2O$-frei 244° u. Zers. $[\alpha]_D^{16} = -515^0$ (Alkohol)<br>Chlorhydrat: B · HCl · $4H_2O$, Prismen aus $H_2O$, Fp. 105°, $[\alpha]_D^{16} = -473^0$ ($H_2O$), Fp. $H_2O$-frei 179° u. Zers.<br>Bromhydrat: B · HBr · $2H_2O$, Prismen, Fp. 114°, Fp. $H_2O$-frei 181° u. Zers., $[\alpha]_D^{15} = -422^0$ ($H_2O$)<br>Jodhydrat: B · HJ · $3H_2O$, Platten wl in $H_2O$, Fp. 110°, Fp. $H_2O$-frei 181°, $[\alpha]_D^{15} = -389^0$ ($H_2O$)<br>Sulfat: $B_2 \cdot H_2SO_4 \cdot 11H_2O$, Nadelrosetten, Fp. 87°, Fp. $H_2O$-frei 169° u. Zers., $[\alpha]_D^{17} = -362^0$ ($H_2O$) | GOODSON, J. A.: Journ. Chem. Soc. London **1932**, 2626; C. **1933 I**, 434 |

| | | |
|---|---|---|
| | Nitrat: $B \cdot HNO_3 \cdot 2H_2O$, große Prismen, Fp. 103°, Fp. $H_2O$-frei 170°, $[\alpha]_D^{18} = -403°$ ($H_2O$). | |

Übersicht über die Alkaloidverteilung in einzelnen Alstoniaarten:

| | | Total-alkaloide % | Echitamin-hydrochlorid | GOODSON, J. A.: Journ. Chem. Soc. London **1932**, 2626; C. **1933 I**, 434 |
|---|---|---|---|---|
| A. angustiloba | Malaiische Inseln | 0,17 | 0,04 | |
| A. congensis ENGL. | Goldküste | 0,38—0,56 | 0,18—0,34 | |
| „ „ „ | Nigeria | 0,11—0,12 | 0,03—0,04 | |
| „ „ „ | Kamerun | 0,18 | 0,09 | |
| A. constricta F. MUELL. | Australien | 0,40 | — | |
| A. Gilletii, DE WILD | Belgisch-Kongo | — | 0,21 | |
| A. macrophylla WALL. | Philippinen | 0,99 | — | |
| A. scholaris R. BR. | Belgisch-Kongo | — | 0,04 | |
| | Indien | 0,16—0,27 | 0,08—0,10 | |
| | Philippinen | 0,28—0,40 | 0,20—0,31 | |
| A. spathulata, Blume | Malaiische Inseln | 0,06 | 0,03 | |
| A. villosa, Blume | Australien | 1,61 | — | |

| | | |
|---|---|---|
| Alstonia constricta: Rinde (Australien) | *Alstonin* (*Chlorogenin*) $C_{21}H_{20}O_4N_2 \cdot 3^1/_2H_2O$, Fp. 195°, braune, amorphe, wasserlösliche Masse<br>*Porphyrin* $C_{21}H_{25}O_2N_3$, amorph, Fp. 97°<br>*Porphyrosin*<br>*Alstonidin*, krystallisiert, Fp. 181° | HESSE, O.: Liebigs Ann. **205**, 360 (1880) |
| Aspidosperma Quebracho SCHLECHT<br>Quebracho blanco | siehe auch Yohimbealkaloide, S. 687 | |
| Weiße Quebrachorinde, Argentinien, Südamerika<br>Rinde 0,3—1,4% Alkaloide | *Aspidospermin* $C_{22}H_{30}O_2N_2$, Nadeln aus $C_2H_5OH$, Fp. 208°, Kp. $_{1-2\,mm}$ = 220°, $[\alpha]_D^{18} = -99°$ ($C_2H_5OH$), —93° ($CHCl_3$), ll in org. Lösungsmitteln, schwerer in $H_2O$; schwache, tertiäre, einsäurige Base, gibt nur mit zweibasischen Säuren krystallisierte Salze | EWINS, A. J.: Journ. Chem. Soc. **105**, 2738 (1914); C. **1915 I**, 321<br>HESSE, O.: Liebigs Ann. **211**, 249 (1882) |
| | *Base* nach EWINS, Fp. 176—177°, Oktaeder aus Äthylacetat, wl in $CHCl_3$<br>*Base* nach EWINS, Fp. 149—150°, Prismen aus Petroläther, wl in Äther<br>*Basen* nach O. HESSE:<br>*Aspidosamin* $C_{22}H_{28}O_2N_2$, undeutlich krystallisierend, Fp. gegen 100°, isomer dem Aspidospermin, reagiert alkalisch, schmeckt schwach bitter, nach ERWINS ein unreines Zersetzungsprodukt des Aspidospermins | weitere Aspidosperminvorkommen siehe TH. PECKOLT: Ber. Dtsch. Pharm. Ges. **19**, 525 (1909); C. **1910 I**, 1151 |
| | *Aspidospermatin* $C_{22}H_{28}O_2N_2$, Fp. 162°, $[\alpha]_D = -73{,}3°$ ($C_2H_5OH$), starke Base mit bitterem Geschmack, ll in organ. Lösungsmitteln, wl in $H_2O$ | FORNEAU u. PAGE: C. **1914 I**, 986 |
| | *Quebrachin* $C_{21}H_{26}O_3N_2$, Fp. 233—234°, $[\alpha]_D^{19} = +105{,}1°$ Py, +52,5° (als $C_2H_5OH$)<br>Chlorhydrat: Fp. 297—298°, $[\alpha]_D^{18} = +100{,}8°$ ($H_2O$), identisch mit Yohimbin siehe S. 687 | WARNAT, K.: Ber. **64**, 1409 (1931)<br>HALM, G. u. JUST: Ber. **65**, 714 (1931) |
| | *Hypoquebrachin* $C_{21}H_{26}O_2N_2$, Firnis, Fp. 80°, starke Base, gelbe Salze bildend; nach EWINS ein unreines Zersetzungsprodukt des Aspidospermins | |

| | | |
|---|---|---|
| | *Quebrachamin* nach FIELD $C_{19}H_{26}N_2$, Fp. 147° Blättchen, im Hochvakuum destillierbar (240—250° Ölbad). | FIELD, E.: Journ. Chem. Soc. **125**, 1444 (1924); C. **1924 II**, 1351 |
| Weiße Paytarinde, weiße Chinarinde Rinde eines Baumes der Gattung Aspidosperma | *Paytin* $C_{21}H_{24}ON_2 \cdot H_2O$, Prismen aus Alkohol, Fp. 156°, $[\alpha]_D = -149{,}5°$ ($C_2H_5OH$), reagiert stark alkalisch und schmeckt sehr bitter, ll in den organ. Lösungsmitteln, wl in $H_2O$<br>Chlorhydrat $B \cdot HCl$: Prismen aus $H_2O$ gibt mit Perchlorsäure eine magentarote Färbung<br>*Paytamin* $C_{21}H_{24}ON_2$, isomer dem Paytin, amorph, bildet auch amorphe Salze, ist vielleicht auch ein Umwandlungsprodukt des Paytin | HESSE, O.: Ber. **10**, 2161 (1877); Liebigs Ann. **154**, 287 (1870); **166**, 272 (1873); **211**, 280 (1882) |
| Geissospermum Vellosii: Rinde<br>Pereiro-Rinde, Brasilien: Rinde 2,72 % Pereirin, 0,125 % Geissospermin und Vellosin | *Geissospermin* (HESSE) $C_{19}H_{24}O_2N_2 \cdot H_2O$, Prismen aus $C_2H_5OH$, Fp. unscharf 160°, $[\alpha]_D = -93{,}37°$ ($C_2H_5OH$), wl in $H_2O$, Äther und kaltem $C_2H_5OH$, gibt ein kryst. Sulfat und Chloroplatinat<br>*Pereirin* (HESSE) $C_{19}H_{24}ON_2$, amorph, Fp. 118° sintern, 124° schmelzen | HESSE, O.: Liebigs Ann. **202**, 141 (1890)<br>PECKOLT, TH.: Ztschr. österr. Apoth.-Ver. **1896**, 889<br>auch Früchte und Blätter sind alkaloidhaltig |
| | *Vellosin* $C_{23}H_{28}O_4N_2$ (FREUND u. FAUVET), Prismen aus $C_2H_5OH$, Fp. 189° $[\alpha]_D = +22{,}8°$ ($CHCl_3$), einsäurige, tertiäre Base, sehr giftig; nach Zusammensetzung und Wirkung vielleicht mit Brucin verwandt, ll in heißem $C_2H_5OH$, $C_6H_6$, kaltem $CHCl_3$ und Äther<br>Bromhydrat: Fp. 194—195°<br>Jodhydrat: Fp. 217—218° | FREUND, M., u. CH. FAUVET: Liebigs Ann. **282**, 247 (1894): Ber. **26**, 1084 (1893) |
| Geissospermum Vellosii: Rinde, Brasilien (Tabernae montana laevis VELL.) | *Geissospermin* (BERTHO, v. SCHUCKMANN), Dihydrat: $C_{40}H_{49}O_3N_4 \cdot 2H_2O$, Fp. 210 bis 212° (Zers.), $[\alpha]_D^{20} = -108{,}2°$ (0,6 % $C_2H_5OH$), —112° ($CHCl_3$), gut l in $CH_3OH$, $C_2H_5OH$, $CH_3COOC_2H_5$, $C_6H_6$, Pyridin, wl in $H_2O$, Äther, Gasolin<br>Sesquihydrat: $C_{40}H_{48}O_3N_4$, 1,5$H_2O$, Fp. 145—147° (Zers.), $[\alpha]_D = -101{,}9°$ (96 % $C_2H_5OH$), starke, zweisäurige Base, die mit 1 Mol einer zweibasischen Säure gut krystallisierende Salze gibt, z. B. Sulfat, Oxalat<br>Dijodmethylat: $C_{42}H_{54}O_3N_4J_2 \cdot 4H_2O$, Plättchen oder Nadeln, Fp. ab 240° gelb, 261—262° Zers., $[\alpha]_D^{20} = -61{,}5°$ ($C_2H_5OH$)<br>*Pereirin* (BERTHO u. v. SCHUCKMANN), bitterer Geschmack, mangelndes Krystallisationsvermögen | BERTHO, A., u. G. v. SCHUCKMANN: Ber. **64**, 2278 (1931); C. **1931 II**, 2886 |
| Tabernanthe, Iboga, Kongogebiet: Stamm-Rinde, Blätter, Holz, insbesondere Wurzel | *Ibogain* $C_{26}H_{33}O_2N_6$[2] bzw. $C_{52}H_{66}O_2N_6$[1], bernsteingelbe Prismen, Fp. 152°, $[\alpha]_D = -48{,}3°$ ($C_2H_5OH$), reagiert stark alkalisch; unl in $H_2O$, ll in organ. Lösungsmitteln, verharzt an der Luft<br>*Ibogin* $C_{26}H_{32}O_2N_2$, wahrscheinlich identisch mit Ibogain farbl. rhombische Krystalle, Fp. 152°; unlsl $H_2O$, l $C_2H_5OH$, Äther, $CHCl_3$, $C_6H_6$, $CH_3COCH_3$, $[\alpha]_D = -12{,}88°$, gibt mit Säuren Salze. | DYBOWSKI, J., u. E. LANDRIN[1]: C. r. d. l'Acad. des sciences **133**, 748 (1901); C. **1901 II**, 1352<br>HALLER, A., u. E. HECKEL[2]: C. r. d. l'Acad. **133**, 850 (1901); C. **1902 I**, 126<br>LAMBERT u. E. HECKEL: C. r. d. l'Acad. des sciences **133**, 1236 (1901) |

| | | |
|---|---|---|
| Gonioma kamassi, südafrikanischer Buxbaum: Holz | Alkaloid nicht näher beschrieben, wirkt curareähnlich | DIXON, W. E.: Proc. Royal Soc. London, Serie B **83**, 287 (1911); C. **1911 I**, 1308 |
| Rauwolfia caffra: Rinde (Südafrika) Alkaloidgehalt 0,1% der trockenen Rinde | *Rauwolfin* $C_{20}H_{26}O_3N_2 + 2{,}5 H_2O$, aus $H_2O$ gelbliche Tafeln, Fp. ab 200° dunkel werdend, 235—238° (Zers.), quaternäre Ammoniumbase, l in $H_2O$ mit stark alkalischer Reaktion, unl in allen mit $H_2O$ nicht mischbaren Lösungsmitteln<br>Chlorhydrat: $C_{20}H_{25}O_2N_2Cl$, Fp. $H_2O$-frei 300—303° (Zers.), $[\alpha]_D^{20} = +29°$ ($H_2O$), $[\alpha]_D^{20} = +45°$ ($C_2H_5OH$)<br>Bromhydrat: $C_{20}H_{25}O_2N_2Br + H_2O$, Fp. 250—253° (Zers.)<br>Jodhydrat: $C_{20}H_{25}O_2N_2J + H_2O$, Fp. 220 bis 225° (Zers.)<br>weiter eine nicht näher beschriebene *Base A* und *Base B* | KOEPFLI, J. B.: Journ. Amer. Chem. Soc. **54**, 2412 (1932); C. **1932 II**, 1190 |
| Rauwolfia serpentina BENTH. (Ophioxylon serpentinum L.): Wurzelrinde | *Alkaloid* mikrochemisch lokalisiert | EIJKMANN, J. F., GRESHOFF, TUNMANN u. ROSENTHALER: Pflanzenmikrochemie, S. 540 |
| Rauwolfia Serpentina BENTH. (Indien) | *Ajmalin* $C_{21}H_{26}O_2N_2 + 3^1/_2 H_2O$, bernsteingelbe Tafeln, aus Essigester mit $3^1/_2$ Mol $H_2O$ krystallisierend, Fp. 158—160° (150° Erweichen), $[\alpha]_D^{33} = +128°$ ($CHCl_3$)<br>*Chlorhydrat*: $B \cdot HCl + 2 H_2O$, bernsteingelbe Prismen, Fp. 133—134° (wasserhältig), Fp. 253—255° (wasserfrei), $[\alpha]_D^{40} = +84{,}63°$ ($H_2O$)<br>*Pikrat*: Tafeln aus $C_2H_5OH$, Fp. 126—127° ($H_2O$-haltig), Fp. 223° (wasserfrei)<br>*Chloroplatinat*: $2B + 2H_2PtCl_6$, Fp. 217 bis 218°<br>*Ajmalinin* $C_{20}H_{23}O_4N + H_2O$, farblose Nadeln aus feuchtem Essigester, Fp. 180 bis 181°<br>*Chlorhydrat*: $B \cdot HCl$, Fp. 240—245° (Zers.)<br>*Chloroplatinat*: $2B \cdot H_2PtCl_6$, amorph, Fp. 254—258° (Zers.)<br>*Pikrat*: gelbes Pulver, Fp. 200—205° (175° Erweichen)<br>*Ajmalicin*, Nadeln aus $C_2H_5OH + H_2O$, Fp. 250—252°<br>*Chlorhydrat*: Fp. 260—263° (Zers.)<br>Pikrat: Fp. 212—215° (Zers.)<br>*Serpentin* $C_{21}H_{23}O_4N \cdot 1^1/_2 H_2O$, gelbe Tafeln aus Alkohol, Fp. 153—154°<br>*Chlorhydrat*: amorph, $B \cdot HCl$, Fp. 260 bis 261° (Zers.) oder aus Wasser wasserhaltige Nadeln, Fp. 133—135°, $[\alpha]_D^{40} = +188°$ ($H_2O$)<br>*Chloroplatinat*: $2B \cdot H_2PtCl_6$, Nadeln aus Alkohol, Fp. 217—220° (Zers.)<br>*Pikrat*: amorph, gelb, Fp. 261—262°<br>*Serpentinin*, gelbe Prismen aus verd. $C_2H_5OH$, Fp. 263—265°<br>*Chlorhydrat*: amorph, Fp. 260—262°<br>*Chlorplatinat*: amorph, gelb, Fp. 260—263° (Zers.)<br>*Pikrat*: gelbes Pulver, Fp. 225—227° | SIDDIQUI, S., u. R. H. SIDDIQUI: Journ. Ind. Chem. Soc. **8**, 667 (1931); C. **1932 I**, 244; C. **1933 I**, 2121<br>Ajmalin dürfte identisch sein mit dem *Rauwolfin* von VAN ITALLIE u. STEENHAUER (siehe die folgenden Basen, S. 741)<br>Ajmalinin dürfte identisch sein mit dem Alkaloid C von VAN ITALLIE u. STEENHAUER<br>Serpentinin dürfte identisch sein mit dem Alkaloid B von L. VAN ITALLIE u. A. J. STEENHAUER |

| | | |
|---|---|---|
| Rauwolfia serpentina BENTH. | Rauwolfin wahrscheinlich identisch mit Ajmalin $C_{21}H_{26}O_2N_2 + CH_3OH$, Prismen aus Methanol, Fp. 263—265°, $[\alpha]_D = +131{,}1^0$ ($CHCl_3$)<br>Zinkstaubdestillation ergibt Skatol, Chinolin, Carbazol<br>Chlorhydrat: $B \cdot HCl + 2H_2O$, Fp. 139 bis 140°, $[\alpha]_D = +96{,}6^0$ ($H_2O$)<br>*Alkaloid B*: Fp. 262°, wahrscheinlich identisch mit Serpentinin<br>*Alkaloid C*: farblose Prismen, Fp. 177°, $[\alpha]_D = -76{,}4^0$, wahrscheinlich identisch mit Ajmalinin | ITALLIE, L. VAN, u. A. J. STEENHAUER: Pharm. Weekblad **69**, 334 (1932); Arch. der Pharm. **270**, 313 (1932); C. **1933 I**, 1459 |
| Weiter sind alkaloidhaltig: | | |
| Cyrtosiphonia spectabilis | „*Pseudobrucin*“<br>Alkaloide nicht näher untersucht | EIJKMANN: CZAPEK Bd. 3, S. 275 |
| Cyrtosiphonia madurensis sowie eine Ophioxylonart | | |
| Tabernaemontana sphaerocarpa | alkaloidhaltig, aber nicht näher untersucht | ebenda |
| Wallichiana STEUD. | „ „ „ „ „ | ebenda |
| Voacanga (Orchipeda) foetida (BL.) | „ „ „ „ „ | ebenda |
| Ochrosiaarten: | | |
| Ochrosia Ackeringiae | „ „ „ „ „ | ebenda |
| Lactaria acuminata | „ „ „ „ „ | ebenda |
| Kopsia flavida BL.: Blatt, Samen, Rinde | *Alkaloid* | GRESHOFF u. VAN DEN DRIESSEN MARCEUW: C. **1896 II**, 451; VAN GRIFFEN 1917 |
| | mikrochemischer Nachweis u. Lokalisation | POOL, J. F. A.: Pharm. Weekblad **65**, 905 (1928)<br>TUNMANN u. ROSENTHALER: Pflanzenmikrochemie, 2. Aufl., S. 540 |
| Tanghinia venenifera, Dup. THON., Madagaskar | *Tanghinin* | ARNAUD: C. r. d. l'Acad. **108**, 1255 (1889) |
| Vinca rosea L. | *Alkaloid* | |
| Vinca pusilla | | GRESHOFF u. BOORSMA: |
| Nerium Oleander | *Oleandrin ?*<br>*Pseudocurarin* | CZAPEK Bd. 3, S. 275<br>BETTELI, C.: Ber. **8**, 1197 (1875) |
| Kickxia Africana: Samen | Alkaloid, schmeckt stark bitter, Sulfat, Zp. 187° | WATTIEZ, N., u. F. STERNON: Journ. Pharm. Belg. **13**, 139—145 (1931); C. **1931 II**, 1025 |
| Kickxia arborea BL. | *Kickxiin* geringe Mengen. Der giftige Bestandteil des Milchsaftes scheint ein Toxalbumin zu sein. Mikrochemische Lokalisation. | BOORSMA 1899: CZAPEK Bd. 3, S. 275<br>POOL, J. A. F.: Pharm. Weekblad **65**, 905 (1928)<br>TUNMANN u. ROSENTHALER: Pflanzenmikrochemie, S. 539 |
| Picralima klaineana PIERRE: Samen; Zuteilung an dieser Stelle fraglich, | *Akuammin* $C_{22}H_{28}O_4N_2$, Nädelchen aus $C_2H_5OH$, Fp. 255°, $[\alpha]_D^{20} = -66{,}7^0$ ($C_2H_5OH$), $-73{,}4^0$ ($CHCl_3$), wl in Aceton und Äther | CLINQUART, EDOUARD: Journ. Pharm. Belg. **9**, 187 (1927); C. **1927 I**, 2661; kur- |

könnte auch zu den Simarubaceen gezählt werden; Goldküste, Belg.-Kongo, Uganda, Gesamtalkaloidgehalt 3,5—4,8 % nach CLINQUARD enthalten auch die Blätter und die Rinde mikrochemisch nachweisbare Alkaloide

Bromhydrat: lange, dünne Prismen aus $H_2O$ oder $C_2H_5OH$, Fp. 228°, $[\alpha]_D^{20} = -26{,}05^0$ ($H_2O$), enthält 1 Mol Krystallwasser
Chlorhydrat: 1 Mol Krystallwasser enthaltend, Fp. 227°, $[\alpha]_D^{22} = -26{,}6^0$ ($H_2O$), wäßrige Lösung des Chlorhydrates, reduziert $AuCl_3$, $AgNO_3$, $PtCl_4$
Jodhydrat: mattgraue Nadeln, zersetzt sich in heißem $H_2O$, Fp. 226°
weiter sind beschrieben: Sulfat, Nitrat, Fp. 224°, Thiocyanat, Perchlorat, Pikrat, Fp. 199°, Pikrolonat, Fp. 194°
Ausbeute 0,560 % in den Samen

$$C_{20}H_{21}O_2N\begin{cases}-OH\\-OCH_3\\=NCH_3\end{cases}$$

*Akuamminhydrat* $C_{22}H_{28}O_4N_2 \cdot H_2O$, Nädelchen, die bis 310° nicht schmelzen und durchaus unlöslich sind

*Akuammidin* $C_{21}H_{24}O_3N_2 \cdot H_2O$, bzw. $C_{20}H_{21}O_2N_2(OCH_3)$, Nadeln, lufttrocken, Fp. 248,5°, $[\alpha]_D^{16} = +21^0$ ($C_2H_5OH$) $= +70{,}23^0$ (n/10 HCl)
Jodhydrat: $B \cdot HJ \cdot 3H_2O$, Prismen aus $H_2O + C_2H_5OH$, Fp. 90° bzw. 238° wasserfrei
Perchlorat: Prismen, Fp. 70 und 110°
Pikrat: Fp. 215°
Ausbeute: 0,340 % in den Samen
*Akuammilin* $C_{22}H_{24}O_4N_2$, bzw. $C_{21}H_{21}O_3N_2(OCH_3)$
Prismen aus $C_2H_5OH$, Fp. 160°
$[\alpha]_D^{20} = +47{,}9^0$ ($C_2H_5OH$)
Chlorhydrat: $B \cdot HCl \cdot H_2O$, Nadeln aus $H_2O$ oder $C_2H_5OH$, Fp. 196°
$[\alpha]_D^{20} = -29{,}6^0$ ($H_2O$)
Jodhydrat: $B \cdot HJ$, haarfeine Nadeln aus 25 % $C_2H_5OH$, Fp. 210°
Nitrat: Fp. 204°, Prismen
Jodmethylat: $C_{23}H_{27}O_4N_2J$, Nadelrosetten aus $H_2O$, Fp. 233°, $[\alpha]_D^{20} = -83{,}3^0$ ($C_2H_5OH$)
Ausbeute 0,0107 % in den Samen

*Akuammigin* $C_{22}H_{26}O_3N_2 \cdot H_2O$ aus $C_2H_5OH + H_2O$, gelbliche Tafeln, Fp. 125°, $[\alpha]_D^{20} = -44{,}4^0$ ($C_2H_5OH$), $C_{21}H_{23}O_2N_2(OCH_3)$
Chlorhydrat: $B \cdot HCl$, aus $H_2O$, $C_2H_5OH$, oder 50 % $CH_3OH$, winzige Prismen, Fp. 287°, $[\alpha]_D^{20} = -37{,}8^0$ ($CH_3OH$)
Nitrat: $B \cdot HNO_3$, Prismen aus 50 % $C_2H_5OH$, Fp. 261°
Pikrat: granatrote Prismen, Fp. 240°
Ausbeute 0,0100 % in den Samen

*Pseudoakuammigin* $C_{22}H_{26}O_3N_2$, aus $C_2H_5OH + H_2O$ Prismen, Fp. 165°, $[\alpha]_D^{20} = -53{,}8^0$ ($C_2H_5OH$)

$$C_{20}H_{20}O_2N\begin{cases}-OCH_3\\=NCH_3\end{cases}$$

zer Hinweis auf den Alkaloidgehalt

HENRY, THOMAS ANDERSON, u. THOMAS MARVEL SHARP: Journ. Chem. Soc. London **1927**, 1950; C. **1927 II**, 2311

HENRY, THOMAS A.: Journ. Chem. Soc. London **1932**, 2759; C. **1933 I**, 613

| | | |
|---|---|---|
| | Chlorhydrat: B · HCl · $H_2O$, Prismen aus $H_2O$, Fp. 183° lufttrocken, 218° ($H_2O$-frei), $[\alpha]_D^{20} = -15,4°$ ($C_2H_5OH$)<br>Jodhydrat: B · HJ · $H_2O$, haarförmige Krystalle aus $H_2O$, Fp. 215°, $[\alpha]_D^{20} = -1,43°$ (Aceton)<br>Pikrat: gelbe Nadelrosetten aus Aceton, Fp. 223°<br>Jodmethylat: $C_{23}H_{29}O_3N_2J$, Täfelchen aus $C_2H_5OH$, Fp. 275°<br>Ausbeute 0,0170 % in den Samen<br>*Akuammenin* $C_{20}H_{22}O_4N_2$, bzw. $C_{19}H_{19}O_3N_2(OCH_3)$<br>Pikrat: $C_{20}H_{22}O_4N_2 \cdot C_6H_3O_7N_3$, scharlachrote Schuppen, Fp. 225°<br>Ausbeute 0,0006 %<br>*Akuammicin* (früher Base D) $C_{19}H_{20}O_2N_2$, $C_{18}H_{17}ON_2(OCH_3)$, Blättchen aus $C_2H_5OH$, Fp. 177,5° (wasserfrei), $[\alpha]_D^{19} = -737,5°$ ($C_2H_5OH$), $[\alpha]_D^{19} = -737,7°$ ($CHCl_3$).<br>Die Base gibt mit Vanillin indigoblaue, mit Piperonal Magentafarbe, die nach einigen Tagen in Ultramarinblau umschlagen.<br>Chlorhydrat: B · HCl · 2 $H_2O$ aus $H_2O$ oder $C_2H_5OH$, Prismen, Fp. 144° (lufttrocken), 171° ($H_2O$-frei), $[\alpha]_D^{16} = -626,2°$ ($C_2H_5OH$)<br>Sulfat: aus $H_2O$ krystallwasserhaltige Würfel, Fp. 161°, $[\alpha]_D^{14,5} = -594,1°$ ($H_2O$)<br>Nitrat: Nadeln, Fp. 180—181°<br>Pikrat: aus $CHCl_3 + C_2H_5OH$, schmutziggelbe Nadeln vom Fp. 169°<br>Jodmethylat: $C_{20}H_{23}O_2N_2J$, aus $H_2O$, winzige, gelbliche Prismen, Fp. 252°<br>Ausbeute 0,0064 % in den Samen<br>*Pseudoakuammicin* $C_{19}H_{20}O_2N_2$, Platten aus $C_2H_5OH$, Fp. 187,5°, $C_{18}H_{17}ON_2$ ($OCH_3$)<br>Hydrochlorid: $C_{19}H_{20}O_2N_2 \cdot HCl \cdot H_2O$, aus $C_2H_5OH + H_2O$, Nädelchen, Fp. 216°<br>Pikrat: dunkelolivgrüne Prismen, Fp. 196°<br>Ausbeute 0,0037 % in den Samen | |
| *Asclepiadaceae*<br>Tylophoraarten | | |
| Tylophora asthmatica: Wurzeln und Blätter | *Tylophorin* kryst. | HOOPER, D.: Pharm. Journ. **21**, 6 (1891) |
| Tylophora lutescens | alkaloidhaltig | GRESHOFF, M.: Ber. **23**, 3537 (1890); Ber. Dtsch. Pharm. Ges. **9**, 214 (1899) |
| Tylophora brevipes (TURCZ) F. VILL. | *Alkaloid*, ähnlich dem Tylophorin | BRILL, H. C., u. A. H. WELLS: Philippine Journ. of Science **12**, 167 (1917); C. **1923 I**, 547 |
| Morrenia brachystephana GRISEB.: Rhizom (Südamerika) | *Morrenin*, zentrales Reizmittel | ARRATA, P., u. C. GELZER: B. **24**, 1849, 1851 (1891), siehe auch PERROT, E., u. J. CHEVALIER: Bull. gen. de Therap. **158**, 913 (1909); C. **1909 II**, 303 |
| Chlorostigma | *Chlorostigmin* | WINTERSTEIN u. TRIER: Die Alkaloide, S. 773 |

| | | |
|---|---|---|
| Marsdenia tinctoria R. BR. | *alkaloidhaltig* | GRESHOFF, M.: B. **23**, 3537 (1890); Ber. Dtsch. Pharm. Ges. **9**, 214 (1899) |
| Sarcolobus Spanoghei MIQ. | *Coniin?* | BOORSMA: CZAPEK Bd. 3, S. 276 |
| *Solanaceae* | | |
| Nicandra physaloides | mikrochemisch mit Alkaloidreagenzien *Niederschläge* nachgewiesen | MOLLE: Rec. d. l'Inst. bot. Univ. Bruxelles **1906**<br>MOLISCH: Mikrochemie, 2. Aufl., S. 290<br>siehe auch G. KLEIN u. H. SONNLEITHNER: Österr. bot. Ztschr. **78**, 9 (1929) |
| Lycium barbarum | geringe Mengen eines *mydriatisch wirkenden Alkaloids* | SCHMIDT, E.: Arch. der Pharm. **230**, 207 (1892); Apoth.-Ztg. **1890**, 511 |
| Atropa belladonna | siehe ausführlich S. 527 | |
| Atropa lutea: reife Früchte | *Atropin* und *Atropamin* | PATER: Pharm. Post **49**, 887 (1916) |
| Scopolia carniolica JACQU. | *Alkaloide* siehe S. 533<br>*Solanin*, in der Wurzel (RENTELEN) sehr fraglich | CZAPEK Bd. 3, S. 291 |
| Scopolia Hladnickiana FREY | Alkaloide siehe S. 529 | |
| Scopolia japonica MAX. | Alkaloide siehe S. 529, 533, Atropin, Hyoscyamin, Scopolamin<br>*Solanin*, in der Wurzel (MARTIN) sehr fraglich | MARTIN, G.: Arch. der Pharm. **213**, 336 (1878) |
| Scopolia lurida (Anisodus lurida) | *Hyoscyamin*, soll erst nach der Samenreife *Atropin* enthalten | SIEBERT: Arch. der Pharm. **228**, 145 (1890) |
| Scopolia atropoides | *Atroscin* HESSE, ist nach GADAMER ein mit 2 Mol. $H_2O$ krystallisierendes inaktives *Scopolamin* (dl-Tropasäure-i-Scopinester) | GADAMER, J.: Arch. der Pharm. **236**, 382 (1898); **239**, 294 (1901); C. **1898 II**, 664; C. **1901 II**, 128 |
| Hyoscyamusarten | siehe ausführlich S. 529 ff. | |
| Physalis alkekengi (Judenkirsche): Früchte | *Alkaloid*, wahrscheinlich *nicht* verwandt mit dem Solanin | WINTERSTEIN u. TRIER: Die Alkaloide, 2. Aufl. S. 779. Siehe auch MOLLE: MOLISCH Mikrochemie der Pflanze 2. Aufl. S. 290 |
| Withania flexuosa (Physalis flexuosa) | *narkotisches Alkaloid?* | TRÉBUT 1886 |
| Withania somnifera: Wurzel, Blätter, Stengel | *amorphes Alkaloid*, aus dem beim Kochen mit Alkohol Lauge, die *Base* $C_{12}H_{16}N_2$, entsteht<br>*Base* $C_{12}H_{16}N_2$, farblose Blättchen, Fp. 116°, sublimierbar, ll in $C_2H_5OH$, Äther, $CHCl_3$, $C_6H_6$, wl in Petroläther und $H_2O$<br>Chlorhydrat: Nadeln aus $C_2H_5OH$ + Äther, Fp. 201° (190° Sintern)<br>Pikrat: gelbe Nadeln aus $H_2O$, Fp. 171° | POWER, F. B., u. H. H. SALVAY: Journ. Chem. Soc. London **99**, 490 (1911); C. **1911 I**, 1426 |
| Capsicumarten<br>Capsicum annuum<br>Capsicum fastigiatum | *Capsaicin* $C_{18}H_{27}O_3N$, Fp. 65°, siehe ausführlich Bd. IV, S. 219, unl in kaltem $H_2O$, wl in heißem $H_2O$, ll in Äther, $C_2H_5OH$, $CHCl_3$, $C_6H_6$<br>$CH_3O$, HO-$C_6H_3$-$CH_2$-NH·CO·$(CH_2)_4$·CH=CH·CH$(CH_3)_2$ | NELSON, E. K.: Journ. Amer. Chem. Soc. **41**, 1115, 1472, 2141 (1919); **42**, 597 (1920); **45**, 2179 (1923)<br>SPÄTH, E., u. DARLING: B. **63**, 737 (1930) |

| | | |
|---|---|---|
| Solanumarten | | |
| Solanum sodomaeum | Solanin S siehe S. 682 | |
| Solanum tuberosum | Solanin T siehe S. 682<br>*Solanthren* $C_{26}H_{41}N$ (DIETERLE u. SCHOFFNIT), aus den Mutterlaugen des Solanidins ($C_{26}H_{41}ON$, Fp. 218°) gewonnen, Fp. 172°, bei der Hydrierung bildet es Dihydrosolanthren $C_{26}H_{43}N$, feine Nadeln, Fp. 163°, Ausbeute aus 40 kg Kartoffelkeimen 0,2 g Solanthren | Neueste Untersuchungen siehe H. DIETERLE u. K. SCHAFFNIT: Arch. der Pharm. u. Ber. Dtsch. Pharm. Ges. **270**, 550 (1932); C. **1933 I**, 1135 |
| | *Solanidin* $C_{27}H_{43}ON$ (SCHÖPF u. R. HERRMANN), aus $C_2H_5OH$, Fp. 218—219°, Solanidin löst sich in viel konz. $H_2SO_4$ mit citronengelber Farbe | SCHÖPF, CL., u. R. HERRMANN: Ber. **66**, 298 (1933) |
| | Chlorhydrat: $C_{27}H_{44}ONCl$, Fp. 335° (unkorr.)<br>siehe auch S. 683. | siehe weiter G. ODDO u. G. CARONNE: Gazz. chim. ital. **62**, 1108 (1932); C. **1933 I**, 2820 |
| Kartoffelkraut | mydriatisch wirkende Basen, weiter flüchtige Basen (Ciamician-Ravenna) | SCHMIDT, E., u. SCHÜTTE: Arch. der Pharm. **229**, 527 (1891) |
| Solanum nigrum | *Solanin T* | |
| Solanum carolinense: Wurzel und Beeren | *Solanin* | LLOYD: Amer. Journ. Pharm. **1894**, 161<br>TRUSH: Amer. Journ. Pharm. **1897**, Nr. 2<br>CZAPEK Bd. 3, S. 291 |
| Solanum insanum: Früchte | *Solanin* | ALLESSANDRI 1889<br>CZAPEK Bd. 3, S. 291 |
| Solanum jasminoides | *Solanin* | ebenda RENTELEN |
| Solanum lycopersicum | *Solanin* | |
| Sol. crispum | *Solanin T*, früher Natrin oder Witbergin genannt | |
| Sol. auriculatum AIT.: Java | sehr solaninreich | GRESHOFF, M.: Ber. **23**, 3537 (1890); Ber. Dtsch. Pharm. Ges. **9**, 214 (1899) |
| Sol. chenopodium | *Solanin* | TIER u. WINTERSTEIN: Die Pflanzenalkaloide, S. 775 |
| Sol. verbascifolium | *Solanin* | ,, |
| Sol. villosum | *Solanin* | ,, |
| Sol. melanocarpum | *Solanin* | ,, |
| Solanum dulcamara: reife Früchte 0,3 bis 0,7% Alkaloidgehalt<br>Kraut enthält 1% Solacein | *Solacein*, weißer, sich aus heißer alkoholischer Lösung gelatinös abscheidender Körper, Fp. 236—237°, unl in $H_2O$, Äther, l in $C_2H_5OH$<br>Chloroplatinat: gelb, in $C_2H_5OH$ l, in Äther unl<br>Sulfat: sehr beständig<br>zerfällt bei der Hydrolyse in Zucker und ein amorphes in Äther unlösliches Solanidin, Fp. 190° | MASSON, G.: Bull. Sci. Pharm. **19**, 283 (1912), C. **1912 II**, 366 |
| | *Solanidin*, reichlich in den Blättern und jungen Trieben | DAVIS, FR.: C. **1902 II**, 804 |
| Früchte 0,15% | *Alkaloid*, vielleicht ein isomeres *Atropin*, „Solanin" genannt | ANDERSON, B. R.: C. **1911 II**, 1245<br>siehe auch H. A. WELLS u. G. S. REEDER: C. **1907 II**, 2067 |

| | | |
|---|---|---|
| Solanum aviculare: grüne, unreife Beeren 0,3 %, Blätter enthalten nur geringe Mengen neuseeländischer Strauch Pura-pura | *Purapurin* $C_{48}H_{73}O_{18}N_2$, Fp. 220—230° (Zers.) $[\alpha]_D = -87^0$ ($C_2H_5OH$)<br>sehr hygroskopische, amorphe Masse<br>l in heißem $CH_3OH$, $C_2H_5OH$, Butyl-Amylalkohol, Glycerin, Terpineol, Anilin; getrocknet unl in abs. $C_2H_5OH$, l in 70 % Alkohol<br>Thiocyanat: krystallisiert aus essigsaurer Lösung<br>Phosphat: hellgrünes Pulver aus Aceton, sll in $H_2O$<br>Chloroplatinat: aus verd. Essigsäure flokkiger Niederschlag, der beim Trocknen schwarz wird<br>Hydrolyse ergibt neben unbekannten Zuckern *Purapuridin* $C_{37}H_{57}O_6N_2$, amorph, unl in allen gebräuchlichen Lösungsmitteln | LEWI, ALFRED A.: Journ. Soc. Chem. Ind. **49**, Transact. 395 bis 396; C. **1930 II**, 3294 |
| Solanum paniculatum | Jurubebin nicht näher untersucht | GREENE: Amer. Journ. Pharm. **49**, 506 (1877) |
| Anthoceris viscosa | *Anthocerin* | MUELLER, F. v.: Ztschr. Allg. Österr. Apoth.-Ver. **1897**, 257 |
| Mandragora officinarum (Alraunwurzel) | neben *Hyoscyamin* und *Scopolamin*, *Pseudohyoscyamin* = *Norhyoscyamin?* S. 529 ff.<br>*Mandragorin* $C_{15}H_{19}O_2N$, amorph<br>Chloroaurat: krystallinisch, Fp. 124—126° | AHRENS: Ber. **22**, 2159 (1889)<br>THOMS, H., u. WENTZEL: Ber. **34**, 1023 (1901)<br>HESSE, A.: Journ. f. prakt. Ch. (3), **64**, 274 (1901) |
| Mandragora vernalis<br>Daturaarten | *Hyoscyamin*, *Norhyoscyamin*, *Scopolamin* siehe ausführlich S. 529 ff. | |
| Cestrum Parquii, Südamerika | *Parquin* $C_{21}H_{39}O_8N$? Fp. 180—181°<br>Ausbeute 0,8°/₀₀ in den Blättern<br>kleine, gelbliche Würfel von sehr bitterem Geschmack, unl in $H_2O$, ll in $C_2H_5OH$, l in $CHCl_3$, wl in Äther, unl in Petroläther und $C_6H_6$, anscheinend nicht licht- und luftbeständig<br>Nerven- und Muskelgift von ähnlicher Wirkung wie Strychnin und Atropin | MERCIER, J., u. J. CHEVALIER: Bull. Sciences Pharmacol. **20**, 584 (1913); C. **1913 II**, 2142 |
| Cestrum foetidissimum | Alkaloide noch nicht näher untersucht | GRESHOFF, M.: CZAPEK Bd. 3, S. 292 |
| Petunia violacea | Niederschläge mit Alkaloidfällungsmitteln mikrochemisch nachgewiesen | MOLLE (siehe MOLISCH: Mikrochemie, 2. Aufl., S. 290 |
| Fabiana imbricata | Alkaloid noch nicht näher untersucht | CZAPEK Bd. 3, S. 288<br>RUSBY 1886 |
| Nicotianaarten<br>Nicotiana tabacum L.<br>Nicotiana macrophylla SPR.<br>Nicotiana rustica L.<br>Nicotiana glutinosa L.<br>Nicotiana suaveolens | siehe ausführlich S. 542 | |
| Salpiglossis sinuata | Alkaloide mikrochemisch durch Niederschläge wahrscheinlich gemacht, MOLLE | MOLISCH: Mikrochemie, 2. Aufl., S. 290 |
| Duboisia myoporoides | siehe S. 529 ff. | CARR u. REYNOLDS: Journ. Chem. Soc. London **101**, 946 (1912); C. **1912 II**, 934 |

| | | |
|---|---|---|
| Duboisia Hopwoodi, Pituripflanze | *Piturin*, früher für Nicotin gehalten, soll dem Nicotin näher stehen als den Tropinderivaten, nach anderen Autoren mit Hyoscyamin identisch | ROTHERA: Biochem. Journ. **5**, 913 (1910) |
| Duboisia Leichthardtii F. v. M. | *Scopolamin* | CZAPEK Bd. 3, S. 288 |
| Brunfelsia Hopeana, Südamerika: Manacawurzel | *Manacin* $C_{22}H_{32}O_{16}N_2$, krampferregendes Gift, zerfällt durch $H_2O$, erhöhte Temperatur oder zu langes Erwärmen in *Manacein* $C_{15}H_{25}O_6N_2$, krampferregendes Gift | BRANDL, F.: Ztschr. f. Biologie **31**, 251 (1894)<br>PECKOLT, TH.: Ber. Dtsch. Pharm. Ges. **19**, 292 (1909); C. **1909 II**, 138 |
| Brunfelsia americana | Niederschläge mit Alkaloidfällungsmitteln mikrochemisch nachgewiesen, MOLLE | MOLISCH: Mikrochemie, 2. Aufl., S. 290 |
| *Scrophulariaceae* | | |
| Scoparia dulcis | alkaloidhaltig | CZAPEK Bd. 3, S. 292 |
| Linaria striata | vielleicht alkaloidhaltig | DUFOUR, J., in TUNMANN-ROSENTHALER: Pflanzenmikrochemie, 2. Aufl., S. 540 |
| *Bignoniaceae* | | |
| Jacaranda procera (Blätter und Wurzelrinde) | Alkaloidgehalt nicht ganz sichergestellt | PECKOLT, TH.: Mercks Jahresber. **1908**, 241 |
| Spathodea stipulata | alkaloidhaltig | BOORSMA 1900: CZAPEK Bd. 3, S. 292 |
| Oroxylum indicum VENT. | „ | ebenda |
| Tecoma stans JUSS. | „ | ebenda |
| *Acanthaceae* | | |
| Adhatoda Vasica NEES. Justicia Adhatoda, Indien, Himalaya: Blätter 0,2 bis 0,4 % Alkaloide | *Vasicin* $C_{11}H_{12}ON_2$, Nadeln, Fp. 190—191° (Zers.), wl in $H_2O$, Äther, Benzol, ll $CHCl_3$ und $C_2H_5OH$, einsäurige Base<br>H<br>N<br>CH · $CH_2$ · CH=$CH_2$<br>N<br>C<br>OH<br>Chlorhydrat: weiße Nadeln, Fp. 208° (wasserfrei)<br>Jodhydrat: weiße Nadeln, Fp. $H_2O$-frei 195°<br>Chloroplatinat: $B_2 \cdot H_2PtCl_6$, gelbbraune Nadeln<br>Chloroaurat: $B \cdot HAuCl_4$, orangefarbene Tafeln<br>Pikrat: Nadeln, Fp. 199° (Zers.)<br>Jodmethylat: weiße Nadeln aus Methylalkohol, Fp. 187° | HOOPER, D.: Pharm. Journ. (3) **18**, 841 (1888)<br>SEN, J. N., u. T. P. GHOSE: C. **1925 II**, 1767<br>Journ. Chem. Soc. London **1932**, 2740; C. **1933 I**, 614 |
| Javanische Acanthaceen | | |
| Phlogacanthus cardinalis | alkaloidhaltig | BOORSMA 1900; CZAPEK Bd. 3, S. 292 |
| Asystasia gangetica | „ | |
| Graptophyllum pictum | „ | |
| Justicia Gendarussa L. | „ | |
| Strobilanthesblätter | „ | |

| | | |
|---|---|---|
| *Verbenaceae* | | |
| Lantana brasiliensis: Blätter | *Lantanin* | BUIZA: Arch. d. Pharm. **1886**, 984 |
| Vitex agnus castus L.: Samen | *Alkaloidgehalt zweifelhaft* | CZAPEK Bd. 3, S. 276 |
| Ligustrales | | |
| *Oleaceae* | | |
| Fraxinus americana: Rinde | soll alkaloidhaltig sein | POWER: Amer. Journ. Pharm. **54**, 99 (1882) EDWARDS: Amer. Journ. Pharm. **54**, 282 (1882) |
| Olea glandulifera WALL.: Rinde | geringer Alkaloidgehalt | CZAPEK Bd. 3, S. 274 |
| Ligustrum robustum: Rinde und Blätter | „ „ | ebenda |
| Nyctanthes arbortristis ist *alkaloidfrei* | | |
| Jasminum glabriusculum BL.: Blätter | „ „ | ebenda |
| Jasminum scandens VAHL: Blätter | „ „ | ebenda |
| Rubiales | | |
| *Rubiaceae* | | |
| Gattung Cinchona usw. | siehe ausführlich *Chinaalkaloide*, S. 558 | |
| Crossopterix Kotschyana FENZL: Rinde | *Crossopterin* | HESSE, O.: Ber. **11**, 1547 (1878) |
| Hymenodictyon excelsum (ROXB.) WALL.: Rinde (Indien) | *Hymenodictyonin* $C_{23}H_{40}N_2$, nadelförmige Krystalle, Fp. 66°, zweisäurige, bitertiäre Base, bitter schwach giftig, unl in $H_2O$, l in organischen Lösungsmitteln | NAYLOR, W.: Ber. **16**, 2771 (1883); **17**, 493 (1884) das Hymenodictyonin wurde später nicht mehr wiedergefunden |
| Pausinystalia Trillesii PIERRE Corynanthe Yohimbe Pseudocinchona africana: Rinde (Westafrika) | *Yohimbealkaloide* siehe ausführlich S. 687 | |
| Mitragyna speziosa: Blätter 0,3 % Alkaloidgehalt; Alkaloid als Pikrat isoliert dient in Siam als Opiumersatz | *Mitragynin* $C_{22}H_{31}O_5N$ $C_{17}H_{22}N\left\{\begin{array}{l}-OCH_3\\-COOCH_3\\-COOCH_3\end{array}\right.$ amorph, Fp. 102—106°, Kp. $_{5mm}$ 230 bis 240° Pikrat: B · $C_6H_3O_7N_3$, orangerote Nadeln aus Methanol, Fp. 223—224° Chlorhydrat: rhombische Blättchen, Fp. 243° Acetat: seidenartige Nadeln aus Essigsäure und Äther, Fp. 142° Trichloracetat: B · $CCl_3$ · COOH, Nadeln aus Aceton und Äther, Fp. 157° | FIELD, E.: Journ. Chem. Soc. **119**, 887 (1921); C. **1921 III**, 1032 |
| Mitragyna diversifolia: Blätter 0,27 % Alkaloidgehalt | *Mitraversin* $C_{22}H_{26}O_4N_2$? $C_{20}H_{20}O_2N_2\left\{\begin{array}{l}OCH_3\\OCH_3\end{array}\right.$ aus $CH_3OH$ Krystalle, Fp. 237°; etwas l in siedendem $H_2O$, ll in verd. NaOH und verd. Säuren Chlorhydrat: B · HCl, rhombische Blättchen, Fp. 208—210° | |

| | | |
|---|---|---|
| Mitragyna macrophylla KORTH. | *Mitraphyllin*, mikrochemischer Nachweis | MICHIELS, L.: Journ. Pharm. Belg. **13**, 159 (1931); C. **1931 I**, 2491 |
| Mitragyna africana<br>Mitragyna parvifolia | | HOOPER: Pharm. Journ. **78**, 453 (1907) |
| Cephanthus occidentalis W. | *Cephalanthin* fraglich | CLASSEN, JUST: **II**, 370 (1899) |
| Sarcocephalus esculentus AFZ. | *Doundakin* sehr zweifelhaft | CZAPEK Bd. 3, S. 313 |
| Sarcocephalus Diederichi: Holz | *alkaloidhaltig* | GIBSON, R. J. H.: Biochem. Journ **1906**, 39 |
| Arariba (Sickingia) rubra K. SCH., Brasilien: Rinde | *Aribin* = Harmin $C_{12}H_{10}N_2$, siehe ausführlich S. 653 | |
| Pogonopus febrifugus: Rinde | *Moradein* | ARATA, P., u. F. CANZONERI: Gazz. chim. ital. **18**, 409 (1888) |
| Coffea arabica<br>Coffea liberica usw. | *Coffein* | siehe Beitrag Nr. 40 Purine, WINTERSTEIN u. SOMLÓ |
| Uragoga Ipecacuanha (W.) BAIL.: Rhizom<br>Radix Iepacacuanha<br>Cephaelis Ipecacuanha<br>Psychotria Ipecacuanha<br>Carthagena Ipecacuanha stammt wahrscheinlich von Cephaelis acuminata | *Ipecacuanha-alkaloide* siehe ausführlich S. 644 | |
| Chiococca racemosa | Vorkommen der Ipecacuanhaalkaloide unsicher | siehe TRIER u. WINTERSTEIN: Die Alkaloide, S. 636 |
| Hedyotis auricularia, Indien | alkaloidhaltig | BHANDARKAR, P. R. 1930 |
| Weiter sind folgende javanische Rubiaceen alkaloidhaltig:<br>Unicariaarten, Anthocephalus cadamba MIQ., Greenia latifolia T. und B.; Hedyotis latifolia MIQ., Bobbea hirsutissima T. und B., Timonius Rumphii, Pavetta tomentosa ROXB.; Grumilea aurantiaca MIQ., Wendlandia, Borreria und Polyphragmonarten<br>Spurenweise sollen Alkaloide enthalten:<br>Sacrocephalus cordatus MIQ. und subditus MIQ. | | GRESHOFF: CZAPEK Bd. 3, S. 315 |
| Ouronparia rhynchophylla Matsum: Stengel und Hecken (Südjapan) | *Rhynchophyllin*, $C_{22}H_{28}O_4N_2$, Krystalle, Fp. 216°, $[\alpha]_D^{13} = -14{,}7^0$ ($CHCl_3$), ll in den meisten org. Lgm., außer Petroläther<br>*Chloroaurat*: $B \cdot HAuCl_4$, gelb amorph, Fp. 134°, Zers. 155°<br>*Chloroplatinat*: hellgelb amorph, Zersp. 238°<br>Farbreaktionen analog wie Yohimbin | KONDO, H., T. FUKUDA u. M. TOMITA: Journ. Pharm. Soc. Japan **48**, 54 (1928); C. **1928 II**, 55<br>siehe auch S. 687 Besprechung der Yohimbealkaloide |
| Uncaria kawakamii HAGATA | *Hanadamin* $C_{21}H_{24}O_4N_2$, Krystalle, Fp. 187°, krystallisiert, $[\alpha]_D^{18} = -123{,}7^0$ ($C_2H_5OH$)<br>*Chloroaurat*: $B \cdot HAuCl_4$, gelb, krystallin, Fp. ca. 156° (u. Zers.)<br>*Chloroplatinat*: gelb, amorph, Fp. 228 bis 229° (Zers.)<br>*Perchlorat*: Nadeln aus $CHCl_3$<br>$C_{19}H_{20}O\left\{\begin{array}{l}COOCH_3\\-OH\\(=N)_2\end{array}\right.$ | KONDO, H., u. K. OSHIMA: Journ. Pharm. Soc. Japan **52**, 63—64 (1932); C. **1932 II**, 2823<br>Hanadamin dürfte in seinem Aufbau dem Rhynchophyllin ähnlich sein |

| | | |
|---|---|---|
| | Hanadamin gibt mit alk. KOH eine amorphe Aminosäure, die methoxylfrei ist | |
| *Caprifoliaceae* | | |
| Sambucus niger (schwarzer Holunder): Rinde | *Sambucin* unsicher | MALMEJAC: Journ. Pharm. et Chim. [6], **14**, 17 (1901) |
| Blätter u. Stengel | | SANCTIS, DE: C. **1895 I**, 435 |
| | *Coniin* nicht bestätigt | KLEIN u. HERNDLHOFER: Österr. bot. Ztschr. **76**, 229, 1927 |
| Triosteum perfoliatum: Rhizom (wilde Ipecacuanha) | *Triostein* | HARTWICH, C.: Arch. der Pharm. **233**, 118 (1895); C. **1895 I**, 968. |
| *Valerianaceae* | | |
| Valeriana officinalis: 0,1 g Alkaloide aus 1 kg frischer Wurzel, davon $^1/_4$ Valerin und $^3/_4$ Chatinin | *Valerin* | WALLICZEWSKY: C. **1891 I**, 927<br>CHEVALIER, J.: C. r. d. l'Acad. des sciences **144**, 154 (1907); C. **1907 I**, 651 |
| | *Chatinin*, Hydrobromid, Sulfat, Nitrat und Chloroplatinat sind amorph<br>Chlorhydrat: Fp. 115° (bei 100° Zersetzungsbeginn)<br>Pikrat: Fp. 97—98° | GORIS, A., u. CH. VISCHNIAC: C. r. d. l'Acad. des sciences **172**, 1059 (1921); C. **1921 III**, 484 |
| Cucurbitales | | |
| *Cucurbitaceae* | | |
| Cucumis myriocarpa Südafrika | *Myriocarpin* | ATKINSON, G. A.: Pharm. Journ. (3) **18**, 1 (1888) |
| Bryonia dioica L. | *amorphe Alkaloide* | POWER, F. B. u. CH. W. MOORE: Trans. Chem. Soc. London **99**, 937 (1911); C. **1911 II**, 219 |
| Bryonia Rhizom | *Bryonicin* $C_{10}H_{17}O_2N$ | KONICK, L. DE, u. P. C. MARQUART: Ber. **3**, 281 (1870) |
| Bryonia laciniosa, Australien | alkaloidhaltig? | CZAPEK Bd. 3, S. 293 |
| Citrullus colocynthis | Alkaloid mikrochemisch im Mark der Früchte nachgewiesen | nach POWER u. MOORE: TUNMANN u. ROSENTHALER: Pflanzenmikrochemie 2. Aufl. S. 550. |
| Synandrae | | |
| *Lobelianae* | | |
| Lobelia inflata, nicotianifolia, purpurescens | siehe ausführlich *Lobeliaalkaloide*, S. 523 | |
| Isotoma longiflora, Westindien | *Isotomin*, zähes, schwach rot gefärbtes Harz, lähmt das Gehirn, Herzgift | PLUGGE, P. C.: Arch. f. exp. Pathol. u. Pharmak. **32**, 266 (1893) |
| *Compositae* | | |
| Vernonia Hildebrandtii: Wurzel, Blätter, Blüten (Kilimandscharo) | *Pfeilgift*: *Ol abai* (LEWIN), coniinähnlich riechender Stoff, nicht verharzend, in $H_2O$ unl, gibt mit Alkaloidreagenzien Fällungen, zeigt curareähnliche Wirkung | LEWIN, L.: Arch. f. exp. Pathol. u. Pharmak. **85**, 230 (1919); C. **1920 I**, 272 |
| Ageratum conyzoides | Alkaloid nicht näher untersucht | CHEVALIER, J.: Bull. gén. Thér. **159**, 466 (1910) |
| Trachonanthus camphoratus L.: Blätter | sehr zersetzliches Alkaloid | CANZONERI, F., u. G. SPICA: Ber. **15**, 1760 (1882) |

| | | |
|---|---|---|
| Arten der Gattung Buphtalmum, Zinnia u. Rudbeckia | nicht näher untersuchte Alkaloide | GRESHOFF, M.: Ber. Dtsch. Pharm. Ges. **10**, 148 (1900) |
| Helianthus annuus: Sonnenblumenblätter | Alkaloide nicht ganz sicher | ZANOTTI: Boll. Chim. Farm. **53**, 1—4 (1914) |
| Spilanthes oleracea: Kraut (0,1 % aus blühenden Pflanzen) Parakresse | *Spilanthol*, amorph, $C_{14}H_{25}ON$, Kp. 1 mm 165°, $CH_3 \cdot CH_2 \cdot CH_2 \cdot CH{=}CH \cdot CH{=}$ $=CH \cdot CH_2 \cdot CH_2 \cdot CONH \cdot CH_2 \cdot CH\langle^{CH_3}_{CH_3}$ Hydrospilanthol: durch katalytische Hydrierung, krystallisiert, $C_{14}H_{29}ON$, Fp. 28°, Kp. 6 mm 175—178°, Caprinsäureisobutylamid, siehe auch Bd. IV, S. 218 | GERBER: Arch. der Pharm. **241**, 270 (1903) ASAHINA, Y., M. ASANO u. P. KANEMATSU: B. **65**, 1602 (1932) u. C. **1927 II**, 1039 |
| Achillea moschata Achillea Millefolium (Schafgarbe) | *Achillein* $C_{20}H_{38}O_{15}N_2$, amorphe Masse, Glucoalkaloid: Hydrolyse mit Säuren ergibt: Ammoniak, Zucker und eine amorphe Base Achilletin $C_{11}H_{17}O_4N$ | ZANON: Liebigs Ann. **58**, 21 (1846) PLANTA, v.: Liebigs Ann. **155**, 153 (1870) |
| Achillea moschata | *Moschatin* $C_{21}H_{27}O_7N$, in $H_2O$ kaum l, vielleicht auch ein Glucoalkaloid | SCHALLER, H.: Dissert., Zürich 1928; konnte ein einheitliches Achillein nicht auffinden siehe TRIER u. WINTERSTEIN: Die Pflanzenalkaloide, S. 793 |
| Anacyclus (Anthemis) Pyrethrum, römische Bertramwurzel aus 13 kg nordafrikanischer Pyrethrumwurzel wurden 5 g Pellitorin gewonnen | *Pellitorin* (früher Pyrethrin) nach DUNSTAN u. GARNETT angeblich identisch mit Piperovatin (s. S. 704) *Pellitorin* $C_{14}H_{25}ON$, Nadeln aus Petroläther, Fp. 72°, Kp.Vakuum 162—165°, unl in HCl und Lauge, wl in $H_2O$, ll in organischen Lösungsmitteln, optisch inaktiv, zersetzt sich an der Luft, bewirkt starken Speichelfluß Isobutylamid einer Nonadiencarbonsäure, siehe ausführlich Bd. IV, S. 219 | THOMPSON, C.: Pharm. Journ. **17**, 567 (1887) BUCHHEIM, R.: Arch. f. exp. Pathol. u. Pharmak. **5**, 458 (1876). DUNSTAN, W. R., u. H. GARNETT: Journ. Chem. Soc. London **67**, 100 (1895) GULLAND, J. M., u. G. U. HOPTON: Journ. Chem. Soc. **137**, 6 (1930); C. **1930 I**, 2106 |
| Pyrethrum roseum (Chrysanthemum roseum), persisches Insektenpulver (Blütenpulver) | enthält *keine* wirksamen Alkaloide | WAAL, M. DE: Pharm. Weekblad **57**, 1100 (1920) |
| Helenium autumnale: Blütenpulver | enthält *keine* wirksamen Alkaloide | |
| Chrysanthemum cinerariifolium: Blüten (dalmatinisches Insektenpulver) | *Gemisch von Stachydrin und Cholin, früher Chrysanthemin* genannt | YOSHIMURA, K., u. G. TRIER: Ztschr. f. physiol. Ch. **77**, 290 (1912); C. **1912 I**, 2037 |
| Artemisia abrotanum | *Abrotin* (*Abrotanin*) $C_{21}H_{22}ON_2$, krystallisierte bitertiäre Base, gibt ein krystallisiertes Sulfat und Chloroplatinat, wirkt fäulniswidrig, in $H_2O$ sl | GIACOSA: Jahresber. **1883**, 1356 |
| Senecio vulgaris (Kreuzkraut, Grindkraut) | *Senecionin* $C_{18}H_{25}O_6N$, Tafeln aus trockenem $C_2H_5OH$, $[\alpha]_D = -80{,}50°$ wl in Alkohol und Äther, ll in $CHCl_3$, bildet amorphe Salze *Senecin*, amorph *Base* nach MÜLLER: Chloroaurat, Fp. 155 bis 157° | GRANDVAL u. LAJOUX: C. r. d. l'Acad. des sciences **120**, 1120 (1895); C. **1895 II**, 136 MÜLLER, ARTHUR: C. **1925 II**, 1049 |

| | | |
|---|---|---|
| Senecio latifolius D. C., Pflanzen enthalten vor der Blüte 1,2 %, nach der Blüte 0,49 % (Südafrika) | *Senecifolin* $C_{18}H_{27}O_8N$, farblose, rhombische Tafeln aus $CHCl_3$ auf Zusatz von Petroläther, Fp. 194—195° (Zers.), $[\alpha]_D^{22} = +28^0, 8'$ ($C_2H_5OH$), l in $CHCl_3$, $C_2H_5OH$, Äther, unl in $H_2O$ und Petroläther<br>Nitrat: rhombische Prismen, Fp. 240° (Zers.), $[\alpha]_D^{20} = -15^0, 48'$ ($H_2O$)<br>Chlorhydrat: Nadeln aus $C_2H_5OH$ und Äther, Fp. 260° (Zers.), $[\alpha]_D^{20} = -20^0$ ($H_2O$)<br>Jodhydrat: Tafeln aus $C_2H_5OH$, Fp. 248° (Zers.)<br>Chloroaurat: $B \cdot HAuCl_4 \cdot C_2H_5OH$, Fp. 105°, Fp. 220° (trocken) (Zers.)<br>durch Stehen alkoholisch-alkalischer Lösung wird Senecifolin zu Senecifolinin $C_8H_{11}O_2N$ und Senecifolsäure $C_{10}H_{16}O_6$ hydrolysiert<br>*Senecifolidin* $C_{18}H_{25}O_7N$, farblose, rhombische Tafeln aus trockenem Alkohol, Fp. 212° (Zers.), $[\alpha]_D^{20} = -13^0\ 56'$ ($C_2H_5OH$), l in $CHCl_3$, Äther und $C_2H_5OH$, unl in Petroläther<br>Nitrat: $B \cdot HNO_3 \cdot {}^1/_2 C_2H_5OH$ aus Alkohol, Fp. 145°, $[\alpha]_D^{20} = -24^0\ 21'$ ($H_2O$)<br>Chloroaurat: $B \cdot HAuCl_4$, gelbe Krystalle aus $C_2H_5OH$<br>Senecifolin und Senecifolidin zeigen bitteren Geschmack; bei chronischer Vergiftung Leberschädigungen | WATT, H. E.: Journ. Chem. Soc. **95**, 466 (1909); C. **1909 I**, 1768<br><br>physiologische Wirkung siehe C. **1911 II**, 976, 1254 |
| Senecio Fuchsii | *Fuchsisenecionin* $C_{12}H_{21}O_3N$, dunkel gefärbte, teilweise krystallisierende, mäuseartig riechende Flüssigkeit, l in heißem Wasser mit alk. Reaktion und bitterem Geschmack; es wirkt reduzierend<br>Chlorhydrat: $B \cdot HCl$, prismatische Krystalle, Fp. 225—227°<br>Pikrolonat: gelbe Krystalldrusen<br>Styphnat: krystallisiert; Chloroaurat: krystallinisch und sehr zersetzlich<br>*Base* $C_9H_{15}O_2N$ nicht näher beschrieben | MÜLLER, ARTHUR: C. **1925 II**, 1049; Heil- und Gewürzpflanzen 1924 |
| Senecio silvatica | *Silvasenecin*, Chlorhydrat, $C_{12}H_{22}O_4NCl$ | MÜLLER, ARTHUR: C. **1925 II**, 1049<br>die Reinalkaloide sind physiologisch unwirksam, während die Rohprodukte wirksam sind |
| Senecio Jakobaea (9,9 kg trockenes Material geben 4,5 g Alkaloide) (Nordamerika) | *Jakobin* $C_{18}H_{23}O_5N$ (MANSKE), aus $CHCl_3 + CH_3OH$ Platten, Fp. 223 bis 224° (Zers.)<br>Jodmethylat: $C_{19}H_{26}O_5NJ$, Platten aus $H_2O + C_2H_5OH$, Fp. ab 238° dunkel, 252° Zers.<br>Hydrolysenprodukte (mit alkoh. Kali):<br>*Retronecin* $C_8H_{13}O_2N$, tertiäre Base mit einer OH-Gruppe<br>Chlorhydrat: $C_8H_{14}O_2NCl$, Platten, Fp. 164°<br>*Jaconecsäure* $C_{10}H_{16}O_6$, Nadeln aus Äther, Fp. 178—179° | WATT: Journ. Chem. Soc. **95**, 466 (1909); C. **1909 I**, 2768<br>MANSKE, R. H. F.: Canadian Journ. Res. **5**, 651 ff. (1931); C. **1932 I**, 1540 |

| | | |
|---|---|---|
| Senecio retorsus: Blätter u. Stengel (Nordamerika) | *Retorsin* $C_{18}H_{25}O_6N$, tetragonale Prismen, Fp. 214—215°, unscharf<br>Jodmethylat: $C_{19}H_{28}O_6NJ$, aus $H_2O$ Prismen, Fp. ab 256° dunkel, 266° Zers.<br>Hydrolysenprodukte (mit alkoh. Kali):<br>*Retronecin* $C_8H_{13}O_2N$<br>Chlorhydrat: $C_8H_{14}O_2NCl$, Platten, Fp. 164°<br>*Retronecsäure* $C_{10}H_{16}O_6$ (zweibasisch)<br>daraus Monolacton $C_{10}H_{14}O_5$, Nadeln, Fp. 186° | MANSKE, R. H. F.: Canadian Journ. Res. **5**, 651ff. (1931); C. **1932 I**, 1540 |
| Senecio aureus | Alkaloidspuren | MANSKE, R. H. F.: a. a. O. |
| Echinopsarten | siehe ausführlich *Echinopsin*, S. 554 | |
| Herbstmaterial:<br>Echinops commutatus, niveus, Ritro, sphaerocarpus<br>Frühjahrsmaterial:<br>Echinops banaticus, E. commutatus JUR, E. dahuricus FISCH., E. exaltatus, E. horridus DESF., E. niveus WALL., E. Ritro L., sphaerocephalus, E. Szowitzii FISCH. et MEY — sowie einige Bastarde | Echinopsin mikrochemisch nachgewiesen | KLEIN, G., u. F. SCHUSTER: Österr. bot. Ztschr. **79**, 231ff. (1930). |
| Saussurea Lappa (Aplotaxis Lappa, Aucklandia Costus, Costus: Wurzel Kut-root): Wurzel 0,05 % Alkaloide | *Saussurin*, farblose Nadeln, Wurzeln dienen in Indien als Insektenvertilgungsmittel | GHOSH, S., N. R. CHATTERJEE u. A. DUTTAR: Journ. Indian. Chem. Soc. **6**, 517 (1929) C. **1929 II**, 3229<br>CHOPRA, R. N., u. P. DE: Indian Journ. Med. Res. **17**, 351 (1929) |
| Centaureaarten | sollen alkaloidhaltig sein, sind aber nicht näher untersucht | GRESHOFF, M., siehe CZAPEK Bd. 3, S. 294 |
| Lactucaarten | mydriatisch wirkendes Alkaloid nicht ganz sicher | DYMOND: Journ. Chem. Soc. **61**, 90 (1892) |
| Lactuca virosa (Giftlattich) | nach DYMOND *Hyoscyamin*, von BRAITHWAITE und STEVENSON nicht bestätigt, nach FARR und WRIGHT *kein* Hyoscyamin, aber ein mydriatisch wirkendes Alkaloid | BRAITHWAITE u. STEVENSON: Pharm. Journ. **17**, 148, 1485 (1903); C. **1903 II**, 762<br>FARR E. H. u. R. WRIGHT: Pharm. Journ. **18**, 186 (1904); C. **1904 I**, 1091 |
| Lactuca sativa | *Alkaloid* ähnlich wie Lactuca virosa | DYMOND: a. a. O. |
| Lactuca muralis: in allen Teilen | Spuren eines *mydriatisch wirkenden Alkaloids;* Wurzel 0,15°/₀₀, Stengel 0,02°/₀₀, Blätter 0,06°/₀₀; Blüten 0,46°/₀₀ | WRIGHT, R.: Pharm. Journ. **20**, 548 (1905); C. **1905 I**, 1474 |
| Weitere alkaloidführende Compositen: | | |
| Picrisarten | alkaloidführend | GRESHOFF, M.: Ber. Dtsch. Pharm. Ges. **10**, 148 (1900)<br>GRESHOFF, M., siehe CZAPEK Bd. 3, S. 295 |
| Dicoma anomala, Südafrika | geringe Mengen eines amorphen Alkaloids | TUTIN, F., u. J. S. NAUNTON: Pharm. Journ. (4) **36**, 694 (1913); C. **1913 II**, 57 |

| | | |
|---|---|---|
| **Monokotyledonen** | | |
| Liliiflorae | | |
| *Liliaceae* | | |
| Tofieldia calyculata<br>Tofieldia glacialis | *Colchicin* mikrochemisch nachgewiesen | KLEIN, G., u. G. POLLAUF: Österr. bot. Ztschr. **78**, 251 (1929) |
| Veratrumarten<br>Veratrum Sabadilla RETZ<br>(Schoenocaulon officinale)<br>(Asagraea officinalis LINDLEY): Samen | siehe ausführlich Veratrumalkaloide, S. 684 | |
| Veratrum album W.<br>Veratrum Lobelianum: weißer Nießwurz | siehe ausführlich S. 687 | |
| Veratrum viride | siehe ausführlich S. 684 | |
| Veratrum nigrum | siehe ausführlich S. 684 | |
| Zygadenus intermedius:<br>Blätter 0,3—0,4 %<br>Zwiebel 0,24 bis 0,37 %<br>Hauptalkaloidmengen in den Blüten<br>„Death Camas" | *Zygadenin* $C_{39}H_{63}O_{10}N$[1],<br>Krystalle aus Äther, Fp. 200—201°<br>Nadeln aus Benzol, $[\alpha]_D = -48{,}2°$ ($CHCl_3$)<br>in $CHCl_3$ ll, in Essigester wl, in Äther swl<br>Chloroaurat: undurchsichtige Prismen, in $H_2O$ l, in konz. $H_2SO_4$: orangerote, bald in Kirschrot übergehende Färbung, Farbreaktionen ähnlich dem Cevadin, physiologische Wirkung ähnlich dem Veratrin | HEYL, F. W., u. L. C. RAIDFORD: Journ. Amer. Chem. Soc. **33**, 206 (1911); C. **1911 I**, 823<br>HEYL, F. W., F. E. HEPNER u. S. K. LOY[1]: Journ. Amer. Chem. Soc. **35**, 258 (1913); C. **1913 I**, 1519<br>HEYL, F. W., u. F. E. HEPNER: Journ. Amer. Chem. Soc. **35**, 803 (1913); C. **1913 II**, 1156 |
| Weitere Zygadenusarten | alkaloidhaltig | LLOYD 1903<br>HEYL, G.: Süddtsch. Apoth.-Ztg. **43**, Nr 28 (1903) |
| Death-Camas | enthalten nach SLADE: Sabadin, Sabadinin und Verotralbin | SLADE, H. B.: Amer. Journ. Pharm. **77**, 262 (1905); C. **1905 II**, 262 |
| Gloriosa superba: Knollen<br>Methonica superba (javanisches Arzneimittel) | früher wurden die nichtkrystallisierenden Alkaloide Superbin und Gloriosin angegeben<br>nach CLEVER, GREEN und TUTIN enthalten die Knollen jedoch<br>*Colchicin* siehe ausführlich S. 507<br>*Base* $C_{23}H_{27}O_6N$, Methylcolchicin? Nadeln aus Essigester, Fp. 267°<br>*Base* $C_{33}H_{38}O_9N_2$ oder $C_{15}H_{17}O_4N$, blaßgelbe Blättchen aus Essigester, Fp. 177—178°, kommt nur in sehr geringen Mengen vor | WARDEN, C. J.<br>CLEVER, H. W. B., ST. J. GREEN u. F. TUTIN: Journ. Chem. Soc. **107**, 835 (1915); C. **1915 II**, 545 |
| Colchicum autumnale<br>Knollen 0,2 %,<br>Blätter Spuren,<br>Blüten 0,1 %,<br>Samen 0,4 %<br>sowie in fast allen Arten von Colchicum | *Colchicin* siehe ausführlich S. 507 | |

| | | |
|---|---|---|
| sowie Merendera, z. B. Blätter von Merendera caucasica BIEL. u. Merendera sobolifera FISCH. | Colchicin mikrochemisch nachgewiesen | TUNMANN u. ROSENTHALER: Pflanzenmikrochemie, 2. Aufl., S. 440 |
| Merendera bulbocodium, getrocknete Zwiebel | 0,9 % Colchicin | |
| Bulbocodium ruthenium<br>Bulbocodium vernum | Colchicin mikrochemisch nachgewiesen | KLEIN, G., u. G. POLLAUF: Österr. bot. Ztschr. **78**, 251 (1929) |
| Asphodelus albus | Spuren von *Colchicin* mikrochemisch nachgewiesen | KLEIN, G., u. G. POLLAUF: Österr. bot. Ztschr. **78**, 251 (1929) |
| Anthericum racemosum | *Colchicin* mikrochemisch nachgewiesen | ebenda |
| Hemerocallis fulva | *Colchicin* mikrochemisch nachgewiesen | ebenda |
| Lilium tigrinum SAWL., im Farbstoffe des Blütenstaubes | *Colchicein?* oder *Imperialin?* eindeutige Charakterisierung steht noch aus | DUCLOUX, E. HERRERO: Revista Facultad Ciencias Quîmicas Univ. Nac. de La Plata **3 II**, 23 (1925); C. **1926 II**, 2317 |
| Fritillaria imperialis, Zwiebel (Kaiserkrone) 0,08 bis 0,12 % | *Imperialin* $C_{35}H_{59}O_4N$, farblose kurze Nadeln, Fp. 254°, unscharf, $[\alpha]_D = -35° 40'$ ($HCCl_3$); wl in $H_2O$ und organischen Lösungsmitteln, ll in $CHCl_3$, sehr bitter schmeckend; Herzgift<br>Chlorhydrat: große, harte, milchige Krystalle aus Alkohol; Chlorplatinat und Chloroaurat amorph, Sulfat sehr hygroskopisch, Oxalat krystallisiert nur aus sehr konz. Lösungen | FRAGNER, K.: Ber. **21**, 3284 (1888) |
| Fritillaria verticella, Japan und China: Zwiebel | *Fritillin* (YAGI) $C_{25}H_{41}O_3N + H_2O$ | YAGI, S.: Arch. internat. Pharm. et Ther. **23**, 277 (1913) |
| Fritillaria verticillata WILLQ. var. Thunbergii, BACKER | *Verticin* $C_{18}H_{33}O_2N$ oder $C_{19}H_{35}O_2N$, Nadeln aus $C_2H_5OH$, Fp. 224—224,5°, $[\alpha]_D = -10{,}66°$ ($C_2H_5OH$)<br>Chloroplatinat: $(C_{18}H_{34}O_2N)_2PtCl_6$ oder $(C_{19}H_{36}O_2N)_2PtCl_6$<br>*Verticillin* $C_{19}H_{33}O_2N$, Krystalle: Fp. bei 148—150° sinternd, bei 157—159° wieder fest werdend, bei 212—213° Schmelzen unter Zersetzung<br>Chloroplatinat: $(C_{19}H_{34}O_2N)_2PtCl_6$<br>*Fritillarin* $C_{19}H_{33}O_2N$, gelbe amorphe Masse, Fp. 130—131°<br>Chloroplatinat $(C_{19}H_{34}O_2N)_2PtCl_6$: gibt ein farbloses Perchlorat | FUKUDA, M.: C. **1930 I**, 988 |
| Fritillaria montana | Alkaloidspuren mikrochemisch nachgewiesen | siehe G. KLEIN u. G. POLLAUF: a. a. O. |
| Tulipa silvestris | Alkaloide (Colchicin?) | ebenda |
| Tulipa Gesneriana | *Tulipin* (Herzgift), nach STEYN ähnlich den Giftstoffen der Meerzwiebeln | TRIER u. WINTERSTEIN: Die Pflanzenalkaloide, S. 717<br>STEYN, D. G.: Ref. in Ber. ges. Physiol. u. exp. Pharmak. **51**, 608 (1929) |
| Scilla maritima Meerzwiebel | die Giftstoffe sind *keine* Alkaloide, sondern stickstofffreie Glucoside | STOLL, A., u. SUTER 1922 |

| | | |
|---|---|---|
| Rote Meerzwiebel | Gift, das von den Herzgiftglucosiden der weißen Merezwiebel abweicht | WINTON, F. R.: Journ. Pharm. and Exp. Therapeutics **31**, 123ff. (1927); C. **1928 I**, 1790<br>MUNCH, J. C., J. SILVER u. E. E. HORN: U. S. Dep. Agricult. Techn. Bull. **1929**, Nr. 134 |
| Ornithogalum nutans | Alkaloid mikrochemisch nachgewiesen | KLEIN, G., u. G. POLLAUF: a. a. O. |
| Lloydia serotina | Alkaloidspuren mikrochemisch nachgewiesen | ebenda |
| Muscari tenuiflorum | ,, ,, ,, | ebenda |
| *Stemonaceae* | | |
| Stemona sessilifolia MIQUEL: Wurzel 0,0126 % (Japan) | *Hodorin* $C_{19}H_{31}O_5N$, amorph, gibt kryst. Salze<br>Chlorhydrat: B · HCl, Fp. 244—247° Zers.<br>Bromhydrat: B · HBr, Fp. 258—259°, weißes Krystallpulver, ll in $H_2O$, $C_2H_5OH$, $CH_3OH$; swl in Petroläther | FURUYA, T.: Arb. a. d. pharm. Inst. Berlin **9**, 112 (1913); Abstr. Chem. Soc. London **1913 I**, 1037; C. **1913 I**, 1823 |
| Stemona japonica | *Stemonin* $C_{17}H_{23}O_4N$, Fp. 151°, Prismen, $[\alpha]_D^{10} = -113{,}84°$<br>sekundäre Base kommt nur in geringer Menge vor<br>Chlorhydrat: Zp. 302°<br>Methyl-stemoninjodmethylat: $C_{19}H_{28}O_4NJ$, Zp. 276° | SUZUKI, K.: Journ. Pharm. Soc. Japan **49**, 78; C. **1929 II**, 1013 |
| | *Stemonidin* $C_{17}H_{27}O_5N$, Fp. 116°, $[\alpha]_D^{12} = -7{,}65°$<br>$C_{15}H_{21}\left\{\begin{array}{l} -OCH_3 \\ (-OH)_2 \\ -CO \\ \vert \\ -O \\ >NH \end{array}\right.$<br>sekundäre Base, gibt ein kryst. Chlorhydrat und Chloroaurat<br>Chlorhydrat: $C_{17}H_{28}O_5NCl$, Krystalle, Zp. 260° | Journ. Pharm. Soc. Jap. **51**, 43; C. **1931 II**, 2163 |
| *Amaryllidaceae* | | |
| Buphane disticha: Zwiebel | *Lycorin* (Narcissin) $C_{16}H_{17}O_4N$, siehe S. 757<br>*Buphanin*, amorphe, krämpfeerzeugende Base, bildet amorphe Salze. Durch Hydrolyse mit viel Alkali entsteht aus dem Buphanin das *Buphanitin* $C_{23}H_{24}O_6N_2$: Fp 240° (alkoholfrei), ll in $CHCl_3$, Essigester, zl in heißem $C_2H_5OH$ und $H_2O$; physiologisch fast indifferent<br>Buphanitin-Chlorhydrat: B · HCl, farblose Nadeln aus Essigester + $C_2H_5OH$, Fp. 265 bis 268° (Zers.)<br>Buphanitin-Jodmethylat: B · $CH_3J$, Prismen aus $C_2H_5OH$, Fp. 278 (Zers.) | TUTIN, F.: Journ. Chem. Soc. London **99**, 1240 (1911); C. **1911 II**, 565 |
| Haemanthus toxicarius (Synonym mit Buphane disticha) | *Haemantin* $C_{18}H_{23}O_7N$, farblos<br>Chlorhydrat: amorph, hygroskopisch, ll in $H_2O$ und Alkohol, Fp. 161° unscharf unter Blasenbildung, $[\alpha]_D = 1{,}30°$ ($H_2O$), Phosphorwolframat weiß, Pikrat und Chloroaurat gelbe Niederschläge; Nitrat: ll in $H_2O$, Fp. 125°, Erweichen unter Schaumbildung. Vielleicht auch ein Gemisch zweier Alkaloide<br>mydriatische Wirkung ähnlich den Tropinderivaten | LEWIN, L.: Arch. f. exp. Pathol. u. Pharmak. **68**, 333 (1912); C. **1912 II**, 525 |

| | | |
|---|---|---|
| Clivia miniata BENTH.: frische Wurzeln 0,3‰ | *Lycorin* $C_{16}H_{17}O_4N$ siehe Seite 758 | mikrochemische Untersuchung siehe TUNMANN u. ROSENTHALER: Pflanzenmikrochemie, 2. Aufl., S. 450 |
| Amaryllis Belladonna: frische Knollen 0,9‰ | Belamarin von K. FRAGNER, Nadeln, ll in $CHCl_3$, $C_2H_5OH$, Äther: Fp. 175° gelb, 179° braun, 181° Schmelzen, konnte von GORTER nicht bestätigt werden<br>nach GORTER identisch mit *Lycorin* $C_{16}H_{17}O_4N$ | FRAGNER, K.: B. **24**, 1500 (1891) |
| Amaryllis formosissima, Südamerika | *Amaryllin* (K. FRAGNER), aus Alkohol kurze, in kleine Gruppen gehäufte Nadeln. wl in $H_2O$, ll in $CHCl_3$, $C_2H_5OH$, Äther, nach GORTER identisch mit Lycorin | FRAGNER, K.: B. **24**, 1500 (1891) |
| Cyrthanthes pallidus: Wurzelknollen geringe Mengen | *Lycorin* $C_{16}H_{17}O_4N$, siehe S. 758 | GORTER, K.: Bull. Jard. Bot. Buitenzorg (3) **1**, 352 (1919); **2**, 931 (1920);<br>C. **1920 III**, 842, 846;<br>C. **1921 I**, 92 |
| Zephyrantes, Rosen: Wurzel | *Lycorin* $C_{16}H_{17}O_4N$ siehe S. 758 | |
| Crinum asiaticum: Wurzel 1—1,8‰ | ,, | Pancratium zeylanicum W. Hippeastrum Reginae Polianthes tuberosa W. sind *frei* von Lycorin |
| Crinum pratense: Wurzel 0,9‰ | ,, | |
| Crinum giganteum: Samen: 1—1,5‰, sehr gutes Ausgangsmaterial für die Lycorindarstellung! | ,, | |
| Hymenocallis litoralis | ,, | |
| Sperkelia formosissima: Zwiebel 0,9‰ | ,, | |
| Eucharis grandiflora 0,45‰—0,75‰ | ,, | |
| Cooperia Drummondii | ,, | |
| Weiter wurden mikrochemisch auf Alkaloide und ihre Lokalisation untersucht: Galanthus nivalis L., Leucojum aestivum L. und vernum W., Eucharis amaronica Hort. LINDEN, Hymenocallis adnata W. HERB., Pancratium maritimum L., Pancratium illyricum L., Sternbergia lutea KER. GAWL., Hippeastrum vittatum u. a. m. | | COMOTTI, Paris 1910 siehe TUNMANN-ROSENTHALER: Pflanzenmikrochemie, 2. Aufl., S. 450 |
| Narcissus pseudonarcissus: Zwiebel<br><br>Narcissus Tazetta | *Narcissin*, identisch mit *Lycorin* $C_{16}H_{17}O_4N$, farblose Prismen aus $C_2H_5OH$, Fp. 266 bis 267°, bzw. Fp. 270°, bzw. Fp. 280° (H. KONDO), wl in $C_2H_5OH$, $CHCl_3$, Bzn, Äther, unl in $H_2O$, Lauge, ll in verd. Säuren,<br>$[\alpha]_D = -120^0$ (abs. Alk.) (GORTER),<br>$[\alpha]_D^{10} = -95{,}8^0$ ($C_2H_5OH$) (EWINS),<br>$[\alpha]_D^{13} = -123{,}7^0$ (Pyridin + $C_2H_5OH$) (ASAHINA u. SUGII)<br>Chlorhydrat: $B \cdot HCl + H_2O$, weiße Nadeln, Fp. 206° (Zers.) bzw. 217°, $[\alpha]_D = +43{,}0^0$ ($H_2O$)<br>Chloromerkurat: Rosetten aus kleinen Nadeln bestehend, aus Essigsäure, Fp. 149° (Zers.) | EWINS, A. J.: Journ. Chem. Soc. London **97**, 2406 (1911);<br>C. **1911 I**, 398<br><br>ASAHINA, Y., u. Y. SUGII: Arch. d. Pharm. **251**, 357 (1913);<br>C. **1913 II**, 1494<br><br>GORTER, K.: Bull. Jard. bot. Buitenzorg (3) **2**, 1—7 (1919);<br>C. **1920 III**, 842 |

| | | |
|---|---|---|
| | Pikrat: goldgelbe Nadeln, Fp. 195—202° (Zers.)<br>Perchlorat: Platten aus warmen Wasser, Fp. 230° (Zers.) ohne vorheriges Schmelzen<br>$C_{15}H_{13}$ { —O—$CH_2$—O—, —OH, —OH } nicht phenolisch, ≡N }<br>Formulierungsvorschlag nach GORTER<br>[Strukturformel: $CH_2$, O, $CH_2$, O, $CH_2$, $N\cdot CH_3$, C, CH, $CH_2$—CH, O, $CH_2$—CO]<br>siehe dagegen bis jetzt herausgearbeitete neue Formulierung nach H. KONDO und K. TOMIMURA<br>[Strukturformel: CH, H, N, C—OH, C, C] | KONDO u. TOMIMURA: C. **1928 II**, 158 |
| Lycoris radiata<br>Nerine japonica | *Lycorin* $C_{16}H_{17}O_4N$<br>Fp. 280°<br>$C_{15}H_{13}$ { —O—$CH_2$—O—, —OH, —OH } nicht phenolisch, ≡N }<br>nach H. KONDO und K. TOMIMURA<br>[Strukturformel: CH*, N, CH · OH, CH, CH]<br>*Sekisanin* $C_{16}H_{19}O_4N$, Prismen, Fp. 207 bis 209°, ll in $C_2H_5OH$, Äther, $CHCl_3$, $C_6H_6$, $CH_3CO\cdot CH_3$, unl in Petroläther, $[\alpha]_D = +114{,}6°$; tertiäre Base, die wahrscheinlich eine $=N—CH_3$- und eine Dioxymethylengruppe enthält; isomer mit Dihydrolycorin<br>Chlorhydrat: seidige Krystalle, Zp. 211°, $[\alpha]_D = +106{,}4°$<br>Chloroplatinat: Fp. 194°<br>Jodmethylat: Fp. 287°<br>Diacetylderivat: Fp. 72°<br>Dihydroderivat: Fp. 250°, $[\alpha]_D^{16} = -57{,}14°$<br>Chlorhydrat des Dihydroderivates: Fp. 261°, $[\alpha]_D^{16} = -16{,}4°$<br>Nitrat des Dihydroderivates: Fp. 250° | MORISHIMA, K.: Arch. f. exp. Pathol. u. Pharm. **40**, 221 (1897); C. **1898 I**, 254<br>ASAHINA u. SUGII: Arch. der Pharm. **251**, 357 (1913); C. **1913 II**, 1493<br>KONDO, H., u. K. TOMIMURA: Journ. Pharm. Soc. Japan **49**, 76 (1929); C. **1929 II**, 1013<br>KONDO, H., u. K. TOMINURA: Journ. Pharm. Soc. Japan **48**, 36; C. **1928 II**, 158<br>KONDO, H., u. K. TOMIMURA: Journ. Pharm. Soc. Japan **1927**, 545—582; C. **1927 II**, 1851 |
| | *Sekisanolin* $C_{18}H_{23}O_5N$, Zp. 152°, $[\alpha]_D^{17} = -60{,}27°$ ($CHCl_3$), ll in $CHCl_3$, l in $C_2H_5OH$, Aceton, wl in Äther und Benzol; tertiäre Base,<br>$C_{17}H_{19}O$ { —OH, —OH } nicht phenolisch, —O—$CH_2$—O—, ≡N } | C. **1929 II**, 1013 |

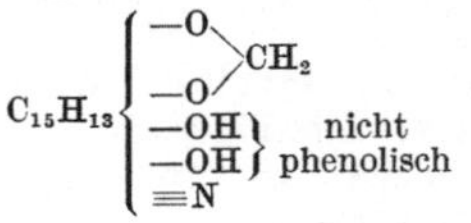

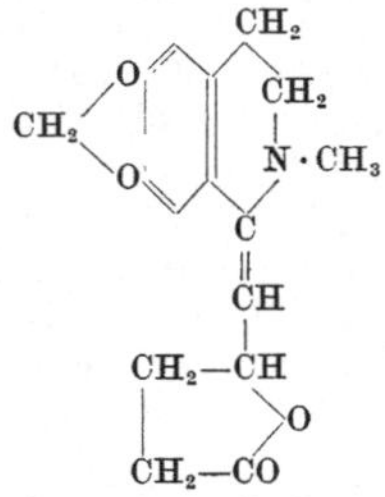

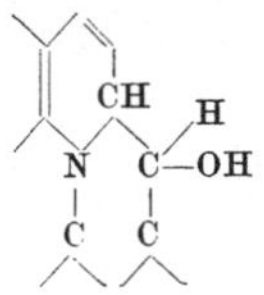

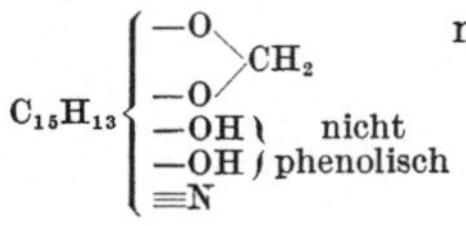

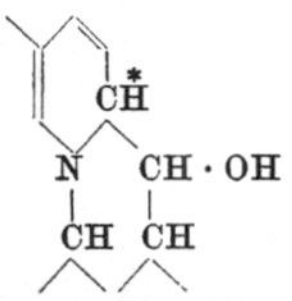

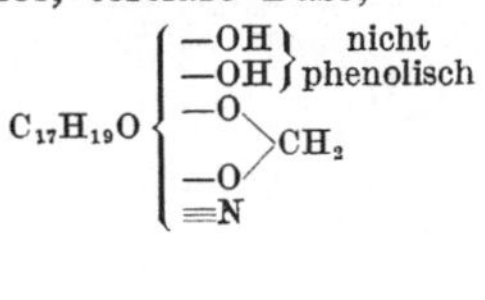

| | | |
|---|---|---|
| | Chlorhydrat: amorph, Zp. 125°; Chloroplatinat: Zp. 211°; Pikrat: Zp. 127—133°<br>Jodmethylat: $C_{19}H_{26}O_5NJ$, Zp. 117—122°<br>Diacetylderivat: $C_{22}H_{27}O_7N$, Zp. 155° | |
| | *Homolycorin* $C_{19}H_{23}O_4N$, Prismen aus $H_2O$, Fp. 175°, ll in $C_2H_5OH$, $CH_3CO \cdot CH_3CHCl_3$, zl in Äther und $C_6H_6$, $[\alpha]_D^{19} = +65{,}10°$ ($C_2H_5OH$)<br>$C_{17}H_{15}$ { —OH, —OH } nicht phenolisch; —OCH$_3$; —OCH$_3$; ≡N<br>Chlorhydrat: $B \cdot HCl + 2\,H_2O$, Prismen, Zp. 285° (ll in $CHCl_3$, l in $C_2H_5OH$, $CH_3 \cdot CO \cdot CH_3$, $C_6H_6$), $[\alpha]_D^{30} = +86{,}20°$ ($H_2O$)<br>Chloroaurat: $B \cdot HAuCl_4$, Fp. 137°<br>Pikrat: Fp. 268° (Zers.)<br>Jodmethylat: Fp. 256° (Zers.)<br>Diacetylverb.: Fp. 173° (Zers.) | C. **1929 II**, 1013 |
| *Dioscoraceae*<br>Dioscorea hirsuta, javanischer „Gadoeng" | *Dioscorin* $C_{13}H_{19}O_2N$, gelbgrüne Platten, Fp. 43,5°, destilliert unzersetzt im Vakuum, l in $H_2O$, $C_2H_5OH$, $CHCl_3$, swl in $C_6H_6$ und Äther; Krampfgift<br>Chlorhydrat: $B \cdot HCl + 2\,H_2O$, Fp. wasserfrei 204°, farblose Nadeln, $[\alpha]_D = +4°, 40'$ ($C_2H_5OH$)<br>Bromhydrat: $B \cdot HBr$, weiße Krystalle aus $C_2H_5OH$, Fp. 213—214°<br>Chloroplatinat: $B_2 \cdot H_2PtCl_6 + 3\,H_2O$, orangegelbe Tafeln, Fp. 199—200° (wasserfrei)<br>Chloroaurat: $B \cdot HAuCl_4$, gelbe Nadeln, Fp. 171° (wasserfrei)<br>Pikrat: Fp. 183—184°<br>Oxalat: $2\,B \cdot C_2H_2O_4 + 2\,H_2O$, weiße Prismen, Fp. 69,5—70,5°<br>$CH_2$—CH——$CH_2$<br>N · $CH_3$  CH · O—CO<br>$CH_2$—CH——CH——C=C($CH_3$)$_2$<br>nach Gorter | Boorsma: Medeel. uit's Lands Plant. **13**, 68 (1894); **31**, 141 (1899)<br>Gorter, K.: Rec. trav. chim. Pays-Bas **30**, 161 (1911)<br>C. **1910 II**, 1228;<br>C. **1911 II**, 32 |
| Glumiflorae<br>*Gramineae*<br>Oryza sativa, Reis, Reiskleie enthält alkaloidische Bestandteile, Oryzaningehalt beträgt 0,4 % vom Ausgangsmaterial | *Rohoryzanin*, über die *Wirkung* siehe den Beitrag über das Vitamin *B*,<br>Farbreaktionen: mit p-Diazobenzolsulfosäure blutrote Färbung, mit Phosphormolybdänsäure weißlichgrüne Färbung, nach $NH_3$ Zusatz tiefindigoblaue Färbung, gibt mit Alkaloidreagenzien Fällungen<br>Hydrolyse des Rohoryzanins mit 3 % HCl oder $H_2SO_4$ ergibt folgende Spaltprodukte:<br>30 % Nicotinsäure,<br>30 % Cholin,<br>23 % Traubenzucker,<br>10 % N-haltige Säuren: α-Säure und β-Säure<br>*α-Säure*: $C_{18}H_{16}O_9N_2$, in kaltem $H_2O$ wl | Suzuki, U., Th. Shimamura u. S. Odake: Biochem. Ztschr. **43**, 89 (1912); C. **1912 II**, 1675 |

| | | |
|---|---|---|
| | *β-Säure*: $C_{10}H_7O_4N$, Fp. kein Schmelzen nach Zersetzung bis 315° aus $H_2O$ gelbe Nadeln mit 1 Mol Krystallwasser, aus $C_2H_5OH$ wasserfreie Prismen; l in h $H_2O$, h $C_2H_5OH$, h $CH_3COOH$, konz. HCl, $H_2SO_4$ und Alkalien, swl in k $H_2O$, unl in $CHCl_3$, $C_6H_6$<br>Äthylester $C_{12}H_{11}O_4N$: gelbe, seidenartige Krystalle<br>Konstitution 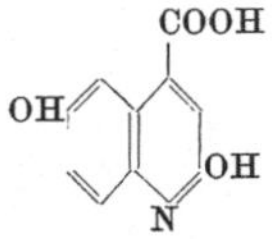 | SAHASHI, Y.: Biochem. Ztschr. **159**, 211 (1925); C. **1925 II**, 925; **168**, 69 (1926); C. **1926 II**, 1148; **189**, 208 (1927); C. **1928 I**, 514<br>C. **1928 I**, 87<br>C. **1929 I**, 1231<br>C. **1930 II**, 939 |
| Oryza sativa, Reiskleie | *Oridin?* $C_5H_{11}O_2N$, aus den Alkaloidfraktionen der Reiskleie<br>nach TRIER u. WINTERSTEIN wahrscheinlich ein Gemisch, bestehend aus viel Glykokoll-betain mit wenig Trigonellin und Stachydrin, nach KLEIN u. Mitarbeitern Nicotinsäure und Trigonellin | HOFMEISTER, F., u. M. TANAKA: Biochem. Ztschr. **103**, 218—224 (1920); C. **1920 III**, 14<br>TRIER u. WINTERSTEIN: Die Alkaloide, 2. Aufl., S. 812<br>KLEIN, G., u. Mitarbeiter: Österr. bot. Ztschr. **80**, 273 (1931) |
| Oryza sativa, Reiskleie, aus 100 kg Reiskleie 3 g Material | *basische Körper aus Reiskleie*<br>Chlorhydrat: $C_6H_{10}ON_2 \cdot HCl$? krystallisiert, Fp. 250°, l in $H_2O$, $CH_3OH$, $C_2H_5OH$, gibt mit $HgCl_2$ Niederschläge, gibt Diazoreaktion (nach PAULY)<br>Chloroaurat: $C_6H_{10}ON_2 \cdot HCl \cdot AuCl_3$, krystallisiert | JANSEN, B. C. P., u. W. F. DONATH: C. **1926 II**, 607; C. **1927 I**, 1850; C. **1930 I**, 1641; Rec. trav. chim. Pays-Bas **48**, 984 (1929) |
| Hordeum, Malzkeime | *Hordenin* siehe ausführlich S. 503 | |
| Lolium temulentum, Taumellolch: Samen | *Temulin* $C_7H_{12}ON_2$, sirupöse, stark alkalische Masse in $H_2O$ ll<br>Chlorhydrat: $C_7H_{12}ON_2 \cdot 2HCl$<br>vielleicht ein Pyridinderivat, steht in der Wirkung dem Atropin nahe<br>die Bildung des Temulins ist auf einen endophytischen Pilz zurückzuführen! | HOFMEISTER, F.: Arch. f. exp. Pathol. u. Pharmak. **30**, 202 (1892) |
| Gynandrae<br>*Orchidaceae* | | |
| Phalaenopsis amabilis LINDL.: in allen Teilen | Alkaloid mit toxischer Wirkung | mikrochemischer Nachweis von D. H. WESTER: Ber. Dtsch. Pharm. Ges. **31**, 179 (1921); C. **1921 III**, 551 |
| Phalaenopsis Ludemannia: in Rindenparenchym der Luftwurzeln und Endodermiszellen | geringe Alkaloidmengen | ebenda |
| Chysis bractescens, Blatthauptnerven | „ „ | ebenda |
| Weitere alkaloidführende Arten: | | CZAPEK Bd. 3, S. 251 |
| Catasetum, Dendrobium, Eria, z. B. Dendrobium nobile | | |

| | | |
|---|---|---|
| Dendrobium Ainsworthii<br>Eria stellata<br>Catasetum tabulare, C. Hookeri, C. macrocarpum, C. discolor, C. Bungerothii | | weitere Literatur siehe WILDEMANN: Bull. Soc. Belg. Microsc. **18**, 101 (1892); Rec. Inst. Bot. Bruxelles **2**, 337 (1906)<br>DROOG, E. DE: Bull. Acad. roy. Belg. **1896**; Rec. Inst. Bot. Bruxelles **2**, 347 (1906) |
| Spathiciflorae | | |
| *Palmae* | | |
| Areca Catechu | *Arecabasen* siehe ausführlich S. 521 | |
| Pseudophoenix vinifera BECC.: Fruchtkern „Grains cartiers" | kleine Alkaloidmengen | SCHERPENBERG, VAN: Chem. Weekblad **13**, 862 (1916); C. **1916 III**, 663 |
| Phytelephas macrocarpa: Samen | *Phytelephantin* | LIEBSCHER, G.: Journ. f. Landw. **33**, 470 (1885) |
| *Araceae* | nach PEDLER u. WARDEN alkaloidfrei | PEDLER, A., u. WARDEN: Ber. **22**, 693 (1889), Ref. |
| | leicht flüchtige Basen, vielleicht Conicin-ähnlich | CHAULIAGUET, J., HÉBERT u. HEIM: C. r. d. l'Acad. des sciences **124**, 1368 (1897) C. **1897 II**, 363 |
| Arum maculatum L. | alkaloidhaltig | KLEIN u. STEINER siehe Amine |
| Arum italicum MILL. | „ | |
| Arisarum vulgare TARG. | „ | |
| Caladium bulbosum | „ | |
| Amorphophallus Rivieri | „ | |
| Pinellia tubifera: Wurzelknollen | vielleicht alkaloidhaltig | ROBOZ, P.: C. **1932 I**, 2349 |
| Pinellia ternata BREIT.: Knöllchen | alkaloidhaltig | TATSU SUZUKI: C. **1932 I**, 415<br>TOHOKU: Journ. exper. Med. **17**, 529 (1930) |

# Systematische Verbreitung und Vorkommen der Alkaloide[1].

Von **C. WEHMER** und **M. HADDERS**, Hannover.

## Übersicht.

I. Oxy-phenyl-alkyl-aminbasen (Phenyl-oxy-alkyl-aminbasen) S. 762.

| | | |
|---|---|---|
| Hordenin (Anhalin), | Colchicin, | Methylcolchicin. |
| Ephedrine, | Colchicein, | |

[1] *Literaturnachweise*: E. WINTERSTEIN u. TRIER: Die Alkaloide, 2. Aufl. von TRIER. Berlin 1931. — R. WOLFENSTEIN: Pflanzenalkaloide, 3. Aufl. Berlin 1922. — JULIUS SCHMIDT: Die Alkaloide. In ABDERHALDEN: Biochemisches Handlexikon **5**, 1—452. Berlin 1911. — J. SCHMIDT u. GRAFE: Alkaloide. In ABDERHALDEN: Handbuch der biologischen Arbeitsmethoden, Abt. I, Teil 9. Berlin 1920. — C. WEHMER: Pflanzenstoffe, 2. Aufl. Jena 1929/31. — G. KLEIN u. Mitarbeiter: Mikrochemischer Nachweis der Alkaloide in der Pflanze 1929f. (s. unten bei den einzelnen Alkaloiden). — E. MERCKS Index, 6. Aufl. 1929, S. 351f. — E. MERCKS Wissenschaftliche Abhandlungen Nr. 22: Nicht officinelle Alkaloide.

Diese Aufstellung beschränkt sich plangemäß in der Hauptsache auf die in dem voraufgehenden Beitrag näher besprochenen, *ihrer Konstitution nach besser bekannten* Alkaloide, soweit sie in die genannten 8 chemischen Gruppen fallen. Gruppe IX und X stehen außerhalb. *Purinalkaloide* und *Betaine* s. oben S. 405, und S. 291. — C. C. = Chem. Centralbl.

## I. Oxy-phenyl-alkyl-aminbasen, Phenyl-oxy-alkyl-aminbasen, Fettaromatische Basen.

(Hordenin, Ephedrine, Colchicin, Colchicein, Methylcolchicin).

### 1. Hordenin, $C_{10}H_{11}ON$

(*p-Oxy-phenyl-dimethyl-äthylamin, Anhalin*).

Vorkommen: Bislang nur in zwei Familien aufgefunden.

**Fam. Gramineae:** *Hordeum sativum* JESS. (*H. vulgare* L.), Gerste; in jungen Keimpflanzen u. in Malzkeimen.

**Fam. Cactaceae:** *Anhalonium fissuratum* ENGELM. (*Mamillaria f.* ENGELM.), „*Chante*"; Alkaloid *Anhalin*, mit ihm ist *Hordenin* identisch.

### 2. Ephedrine.

Von den sieben nachgewiesenen Ephedrinen sind die zwei erstgenannten fast regelmäßig gefunden (*Hauptalkaloide*), ihre Begleitalkaloide bislang nur in bestimmten Fällen.

a) **l-Ephedrin,** $C_{10}H_{15}ON$,
b) **d-Pseudo-ephedrin** (*d-Iso-ephedrin*), $C_{10}H_{15}ON$,
c) **d-nor-pseudo-ephedrin** (*d-nor-iso-ephedrin, Cathin*), $C_9H_{13}ON$,
d) **l-nor-ephedrin** (ohne Formel),
e) **l-N-Methyl-ephedrin,** $C_{11}H_{17}ON$,
f) **d-N-Methyl-pseudo-ephedrin** (*d-N-Methyl-iso-ephedrin*), $C_{11}H_{17}ON$,
g) Alkaloid $C_{13}H_{19}ON$ („**Mon-ephedrin**").

Vorkommen: Fast ausschließlich in *Ephedra*-Arten (Fam. *Gnetaceae*), einzelne ausnahmsweise auch in drei Pflanzen anderer Familien (*Taxaceen, Celastraceen* und *Malvaceen*). Vorwiegend in vegetativen Organen, insbesondere der Stengelrinde.

Fam. **Taxaceae:** *Taxus baccata* L., Eibe, Taxus; in Blättern[1] [a][2] (neben *Taxin*, Spur!).

**Fam. Gnetaceae:** In Rinde der Stengel und Zweige (Droge) folgender Arten: *Ephedra vulgaris* RICH. (*E. distachya* L.) Meerträubel [a und b]. — *E. vulgaris* var. *monostachya* (*E. monostachya* L.) [g]. — *E. vulgaris* RICH. var. *helvetica* HOOK. et THOMPS. (*E. helvetica* C. A. MEYER) [a, b, d und e]. — *E. intermedia* SCHNK. var *tibetica* STPF. [a und b]. — *E. equisetina* BNGE. [a und b]. — *E. pachyclada* BOISS. [a und b]. — *E. alata* DECNE. [a und b]. — *E. fragilis* L. [a]. — *E. Gerardiana* WALL. [a und b]. — *E. sinica* STPF.; Bestandteil der Droge „*Ma Huang*"[3] [a, b, c, d, e und f]. — *E. Shennungiana* TANG (*E. equisetina* READ et LIU); ebenfalls in „*Ma-Huang*" [wie vorige].

*Alkaloidfrei* sind anscheinend folgende: *E. nevadensis* WATS. (ist nach anderen aber alkaloidhaltig!). — *E. californica* WATS. (wie vorige). — *E. viridis* (?). — *E. trifurca* TORR. — *E. americana* HUMB. et BONPL. (*E. andina* POEPP. et ENDL.). — *E. triandra* TUL. — *E. antisyphilitica* C. A. MEY.

*Alkaloidgehalt unbekannt* (ohne Angaben): *E. altissima* DESF. — *E. foliata* BOISS. (*E. kokanica* REG.). — *E. fragilis* DESF. (*E. campylopoda* DC.). — *E. monosperma* GMEL.

Fam. **Celastraceae:** *Catha edulis* FORSK. (*Celastrus e.* VAHL.); in Blättern („*Catha leaves*"), früheres Alkaloid *Cathin* ist identisch mit *d-Nor-isoephedrin* [c] (neben *Cathidin* u. *Cathinin*).

Fam. **Malvaceae:** *Sida cordifolia* L.; *l-Ephedrin* [a], in Samen, Blättern, Stengeln u. Wurzel[4].

### 3. Colchicin, $C_{22}H_{25}O_6N$.

Vorkommen: Nur in einer monocotylen Familie, in verschiedenen Organen.

**Fam. Liliaceae:** *Gloriosa superba* L. (*Menthonica s.* LAM.), Prachtlilie; im knolligen Wurzelstock. — *Colchicum autumnale* L., Herbstzeitlose; in Knolle, Blüten, Blätter u. Samen. — Ebenso in folgenden: *C. montanum* L. — *C. arenarium* WALDST. et K. — *C. neapolitanum* TEN. — *C. alpinum* DC. — *C. multiflorum* BROT. — *Merendera Bulbocodium* RAM.; in Zwiebel. — *M. caucasica* BIEL. u. *M. sobolifera* FISCH.; in Zwiebel. — Wahrscheinlich auch in anderen Arten der Familie (mikrochemischer Nachweis[5]), so in *Blüten* von *Bulbocodium ruthenicum* BUNG. (*B. vernum* L.). — *Tofieldia glacialis* GAUD. u. *T. calyculata* WHLND.; in Blüten, Blättern u. Wurzel, Spur. — *Veratrum album* L., Weiße Nieswurz, *V. nigrum* L. u. *V. vernum* (?); in Blüte, Blatt, Wurzel u. Samen. — In Herbar.-Pflanzen folgender: *Anthericum ramosum* L. — *Hemerocallis fulva* L., Taglilie (auch frisch). — *Ornithogalum um-*

---

[1] GULLAND a. VIRDEN: Journ. Chem. Soc. **1931**, 2148 (C. C. **1931 II**, 2618).

[2] Die Art des Alkaloids ist kürzehalber durch die *Buchstaben* der obigen Zusammenstellung bezeichnet. — Für g (unbenannt) schlug ich die Bezeichnung *Monephedrin* vor.

[3] Stammpflanze der seit über 5000 Jahren in China als Heilmittel verwendeten Droge „*Ma-Huang*", aus der 1885 das Alkaloid *Ephedrin* zuerst dargestellt wurde, war lange strittig. Nach neueren Feststellungen sind es zwei Arten: *E. sinica* STPF. (*E. Ma-Huang* LIU) und *E. Shennungiana* TANG (*E. equisetina* READ et LIU), letztere früher fälschlich als *E. equisetina* BNGE. bezeichnet. Als Verfälschung außerdem oft *E. intermedia* SCHR., seltener *E. Gerardiana* WALL. und *E. equisetina* BNGE. — Früher wurden *E. vulgaris* RICH. var. *helvetica* HOOK. et THOMS., auch *E. intermedia* SCHR. et C. A. MEYER var. *tibetica* STPF. als Stammpflanzen genannt. Man vgl. TANG TENG-HAN: Dissert., Berlin 1929, wo auch ausführliche Beschreibung der E.-Arten. — In Europa finden sich nur *E. vulgaris* RICH. und *E. helvetica* MEY., Heimat der Mehrzahl ist Asien, auch Amerika. — Die Angaben der chemischen Literatur über die Bestandteile der chinesischen Droge sind botanisch schwer zu verwerten.

[4] GHOSH a. DUTT: Journ. Indian. Chem. Soc. **7**, 825 (1930) (C. C. **1931 I**, 1463).

[5] KLEIN, G., u. POLLAUF: Nachweis des Colchicins. Österr. Botan. Ztschr. **78**, 251 (1929).

*bellatum* L., Doldentraubige Vogelmilch. — *O. comosum* L. — *Tulipa silvestris* L., Wilde Tulpe. — *Asphodelus albus* WILLD. — *Fritillaria montana* HOPPE. — *Lloydia serotina* SALISB. — *Muscari tenuiflorum* TAUSCH. — In frischen Pflanzen von *Ornithogalum nutans* L., Nickende Vogelmilch, Spur.

### 4. Colchicein, $C_{21}H_{23}O_6N$.

Vorkommen: Wie voriges, doch sekundär!

Fam. **Liliaceae:** *Colchicum autumnale* L., Herbstzeitlose; in Knolle, sekundär aus *Colchicin* (Nr. 3). — *Lilium tigrinum* SAWL.; im Blütenstaub (*Colchicein* oder *Imperialin* ?).

### 5. Methylcolchicin, $C_{23}H_{27}O_6N$.

Vorkommen: Nur in einer Pflanze.

Fam. **Liliaceae:** *Gloriosa superba* L. (*Menthonica s.* LAM.), Prachtlilie; im Wurzelstock (neben *Colchicin* und Alkaloid $C_{33}H_{38}O_9N_2$).

## II. Alkaloide mit Pyrrol- bzw. Pyrrolidinringsystemen.

(Pyrrolidin, N-Methyl-pyrrolin, N-methyl-pyrrolidin, Hygrin, Cuskhygrin).

### 1. Pyrrolidin, $C_4H_9N$
(*Tetramethylen-imid*).

Vorkommen: In drei dicotylen Familien vereinzelt nachgewiesen.

Fam. **Papaveraceae:** *Papaver somniferum* L., Schlafmohn; aus frischem Mohnsaft bei Destillation (neben *Methylpyrrolidin*) erhalten.

Fam. **Umbelliferae:** *Daucus Carota* L., Möhre, Mohrrübe; in Blättern (neben *Daucin*).

Fam. **Solanaceae:** *Nicotiana Tabacum* L., Virginischer Tabak; in getrockneten Blättern = „*Tabak*" (neben *N-Methyl-pyrrolin, Nicotin, Nicotein, Nicotellin, Nicotimin, Nor-nicotin, Nicotoin* u. *Iso-nicotein*).

### 2. N-Methyl-pyrrolin, $C_5H_9N$.

Vorkommen: In zwei dicotylen Familien, in Blättern und Früchten.

Fam. **Piperaceae:** *Piper nigrum* L. (*P. aromaticum* LAM.), Schwarzer Pfeffer; in unreifen Früchten = *Schwarzer Pfeffer, opt. aktives β-Methyl-pyrrolin* (neben *Piperin, Chavicin* u. *Piperidin*).

Fam. **Solanaceae:** *Atropa Belladonna* L., Tollkirsche; in Blättern (neben *N-Methylpyrrolidin, Atropin* u. *Hyoscyamin*). — *Nicotiana Tabacum* L., Virginischer Tabak; in getrockneten Blättern = „*Tabak*" (neben *Pyrrolidin* u. anderen Alkaloiden, s. Nr. 1), im Rohnicotin.

### 3. N-Methyl-pyrrolidin, $C_5H_{11}N$.

Vorkommen: Für zwei dicotyle Familien angegeben.

Fam. **Papaveraceae:** *Papaver somniferum* L., Schlafmohn; aus frischem Mohnsaft bei Destillation (neben *Pyrrolidin*).

Fam. **Solanaceae:** *Atropa Belladonna* L., Tollkirsche; in Blättern (neben *N-Methylpyrrolin, Atropin* u. *Hyoscyamin*).

### 4. Hygrin, $C_8H_{15}ON$ [1]
(*1-Methyl-2-acetonyl-pyrrolidin*).

Vorkommen: Als α- und β-*Hygrin* nur in einer dicotylen Familie[2].

Fam. **Erythroxylaceae:** *Erythroxylon Coca* LAM., Cocastrauch; in peruanischen *Cusco-Blättern* neben *Cocain* u. a. (s. unten S. 769), auch in Blattknospen, Kork u. Rinde, sehr wenig in Holz u. Mark (G. KLEIN). — *E. Coca* var. *Spruceanum* BURCK (*E. truxillense* RUSB.); in Blättern = *Javanische Cocablätter* (neben zahlreichen anderen Alkaloiden s. S. 769). — *E. australe* (?); in Rinde.

### 5. Cuskhygrin, $C_{13}H_{24}ON_2$.

Vorkommen: Neben vorigem in *peruanischen Cuscoblättern* und *Java-Coca*.

---

[1] KLEIN, G., u. G. SOOS: Mikrochemischer Nachweis von Hygrin. Österr. Botan. Ztschr. **78**, 158 (1929).

[2] Siehe bei *Cocain*, S. 769.

## III. Alkaloide mit Pyridin- bzw. Piperidinringsystemen.

### a) Ricinus-Alkaloide.

**Ricinin,** $C_8H_8O_2N_2$
(*N-methyl-3-Cyan-4-methoxy-2-pyridon*).

Vorkommen: Nur in der Gattung *Ricinus* (Blätter, Blüten, Samen, Keimpflanzen) der *Euphorbiaceen*.

**Fam. Euphorbiaceae:** *Ricinus communis* L., Christuspalme, Ricinus; in Blüten, Blättern, Samen (reif u. unreif), Samenschale von grünen u. etiolierten Keimpflanzen (Cotyledonen, Hypocotyl u. Wurzel); im Samen beider Varietäten (*major* und *minor*). — *R. zanzibarensis*, Varietät voriger: in Samen und grünen Keimpflanzen (Blatt, Stengel, Wurzel); auch in den Varietäten *cinerascens*, *enormis*, *niger* u. *maculatus* (Same u. Keimpflanzen, mikrochem.[1]). — Ebenso in Samen u. grünen Keimpflanzen folgender Varietäten: *R. c. borboniensis arboreus*. — *R. c. cambodgensis*. — *R. c. sanguineus* hort. — *R. c. laciniatus*. — *R. c. africanus* WILLD.; im Samen. — *R. c. Gibsonii*; wie vorige (mikrochem.[1]).

*Ricininähnliches Alkaloid* bzw. *Ricinin* sollte nach älteren Angaben (1864) in dieser Familie in folgenden vorhanden sein: *Croton Tiglium* L. (*Tiglium officinale* KLTZ.), Purgierbaum; im Samen, *Purgierkörner*, neuerdings aber nicht gefunden. — *C. niveus* JACQ.; in Rinde (*Copalchirinde*). — *C. Eluteria* BEEM. (*Cascarilla Clutia* WOODW.); in Rinde (*Cascarillrinde*).

### b) Piper-Alkaloide.

**Piperin,** $C_{17}H_{19}O_3N$.

Vorkommen: Nur bei *Piperaceen* sicher nachgewiesen[2].

**Fam. Piperaceae:** *Piper nigrum* L. (*P. aromaticum* LAM.); in reifen u. unreifen Früchten (= *Schwarzer* u. *Weißer Pfeffer*), neben *Chavicin* u. *N-Methyl-pyrrolin*. — *P. officinarum* DC. (*Chavica o.* MIQ.); in unreifen Früchten (= „*Langer Pfeffer*“). —*P. longum* L. (*Chavica Roxburghii* MIQ.); ebenso (gleichfalls als „*Langer Pfeffer*“). — *P. Famechoni* HECK., Kissipfeffer; in der Frucht. — *P. Clusii* DC. (*P. guineense* THONN.), Aschantipfeffer; wie vorige. — *P. Lowong* BL.; in Frucht („*Falsche Cubeben*“). — *Artanthe geniculata* MIQ. (*Piper g.* Sw.), „Unechte Jaborandi“; in Wurzelrinde.

**Piperidin,** $C_5H_{11}N$, nur als Spaltprodukt des *Piperins*.

**Piperovatin,** $C_{16}H_{21}O_2N$, in *P. ovatum* VAHL. (Blätter, Zweige und Wurzel).

**Chavicin,** $C_{17}H_{19}O_3N$, in *P. nigrum* L.

### c) Conium-Alkaloide.

**1. Coniin,** $C_8H_{17}N$ (als *d-* u. *l-Coniin*)
(*α-n-Propyl-piperidin*).

Vorkommen: Sicheres Vorkommen nur in *Conium maculatum* (Schierling), Fam. *Umbelliferen*. Angaben über Vorkommen *coniinähnlicher* Alkaloide in anderen Familien oder Arten sind sehr unsicher. — In allen Teilen der Pflanze, gebunden, wie fast alle Alkaloide, an organische Säuren.

Fam. **Umbelliferae:** *Conium maculatum* L., Gefleckter Schierling; in Blättern (*d-Coniin* neben *Methylconiin* u. *Conhydrin*); besonders Frucht, im inneren Pericarp (*d-Coniin* neben den folgenden Begleitalkaloiden); in Blüten (neben *Conhydrin*), Stengel u. Wurzel (*Coniin*), Samen u. Keimpflanzen (Stengel, Blatt, Wurzel)[3].

2. Begleiter des *Coniins* in *Conium maculatum*:

| | |
|---|---|
| **γ-Conicein,** $C_8H_{15}N$, | **Pseudo-conhydrin,** $C_8H_{17}ON$, |
| **d-Conhydrin,** $C_8H_{17}ON$, | **d- und l-Methylconiin,** $C_9H_{19}N$. |

*Coniinähnliches* Alkaloid (ob *Coniin*?) ist angegeben für: *Cicuta maculata* L.; in Frucht. — *Aethusa Cynapium* L., Hundspetersilie; in Kraut u. Frucht. — *Peucedanum Ostruthium* KOCH (*Imperatoria O.* L.), Meisterwurz; in Wurzel (?).

---

[1] KLEIN, G., u. H. BARTOSCH: Mikrochemischer Nachweis von Ricinin (Vorkommen und Verteilung. Österr. Botan. Ztschr. **77**, 241 (1928).

[2] Mikrochemischer Nachweis von Piperin: KLEIN, G., u. K. KRISCH: Österr. Botan. Ztschr. **78**, 257 (1929).

[3] KLEIN, G., u. E. HERNDLHOFER: Mikrochemischer Nachweis von Coniin (Verteilung des Coniins in den Organen während der Entwicklung). Österr. Botan. Ztschr. **76**, 229 (1927).

Frühere Angaben über *Coniin* oder *C.-ähnliches Alkaloid* in folgenden Familien:

Fam. **Moraceae** (*Cannabinoideae*): *Humulus Lupulus* L., Hopfen; in Fruchtständen = *Hopfen*, früher angegeben, später nicht gefunden.

Fam. **Myrtaceae:** *Pimenta officinalis* Lindl. (*Eugenia Pimenta* DC.), Pimentbaum; in unreifen Beeren (*Piment*), *coniinähnliches Alkaloid*! (1871).

Fam. **Asclepiadaceae:** *Sarcolobus Spanoghei* Miq.; in Rinde (?), später bestritten!

Fam. **Solanaceae:** *Capsicum annuum* L., Spanischer Pfeffer; in Frucht *coniinähnliches* Alkaloid.

Fam. **Caprifoliaceae:** *Sambucus nigra* L., Schwarzer Holunder, Flieder; angeblich in Blättern u. Zweigen (1894), fraglich, nach neueren unzutreffend.

### d) Granatrinden-Alkaloide.

**1. Pseudo-pelletierin,** $C_9H_{15}ON$
(*N-Methyl-granatonin*).

Vorkommen: Nur in einer Familie.

Fam. **Punicaceae:** *Punica Granatum* L., Granatapfelbaum; in Wurzel-, Stamm- u. Zweigrinde (*Granatrinde*) als Hauptalkaloid, neben den folgenden.

**2.** Begleitalkaloide des Hauptalkaloids Pseudo-pelletierin in der Granatrinde (Nr. 1) sind folgende:

**Pelletiérin,** $C_8H_{15}ON$,
**Isopelletierin,** $C_8H_{15}ON$,
**Methyl-pelletierin,** $C_9H_{17}ON$,
**Methyl-iso-pelletierin,** $C_9H_{17}ON$,
**α-N-Methyl-piperidyl-propan-2-on.**

### e) Areca-Alkaloide.

**1. Arecolin,** $C_8H_{13}O_2N$

Vorkommen: Nur in der *Arecanuß*, als Hauptalkaloid.

Fam. **Palmae:** *Areca Catechu* L., Betelpalme, Arecapalme; im Samen = *Arecanuß*, neben folgenden.

**2.** Nebenalkaloide:

**Arecaidin,** $C_7H_{11}O_2N$ (*Arecain*),
**Guvacolin,** $C_7H_{11}O_2N$,
**Guvacin,** $C_6H_9O_2N$,
**Isoguvacin,** $C_6H_9O_2N$,
**Arecolidin,** $C_8H_{13}O_2N$.

### f) Lobelia-Alkaloide.

**1. l-Lobelin,** $C_{22}H_{27}O_2N$.

Vorkommen: Nur in Gattung *Lobelia*, Familie *Campanulaceen*.

Fam. **Campanulaceae:** *Lobelia inflata* L., Lobelie; im Kraut (neben zahlreichen anderen Alkaloiden). — *L. sessilifolia* Lamb.; enth. ein Alkaloid, das vielleicht identisch mit *Lobelin* (1929). — Ähnlich wirkende Alkaloide sollen nach zweifelhaften älteren Angaben auch folgende Arten enthalten: *L. nicotianifolia* Heyne; in Blättern. — *L. syphilitica* L. — *L. Delisseana* Gaud. — *L. purpurascens* R. Br.

**2.** Nebenalkaloide des *Lobelins* in *Lobelia inflata*:

**dl-Lobelin** (*Lobelidin*), $C_{22}H_{27}O_2N$,
**Lobelanin,** $C_{22}H_{25}O_2N$,
**Lobelanidin,** $C_{22}H_{29}O_2N$,
**Lobinin,** $C_{18}H_{27}O_2N$,
**Nor-lobelanin,** $C_{21}H_{23}O_2N$ (*Isolobelanin*),
**Nor-lobelanidin,** $C_{21}H_{27}O_2N$.

Von diesen ist *Lobinin* auch für die Zweigrinde von *Rhus Toxicodendron* (Fam. **Anacardiaceae**) angegeben[1].

## IV. Alkaloide mit Pyrrol- und Pyridinringsystemen.

### a) Solaneen-Alkaloide (auch S. 789).

(*Atropin, Hyoscyamin, Scopolamin* und fünf Nebenalkaloide; *Nicotin* und Nebenalkaloide).

Fam. **Solanaceae**[2]**:**

[1] McNair: Journ. Amer. Chem Soc. **43**, 159 (1921).

[2] Mikrochem. Nachweis der Solanaceenalkaloide (Atropin, Hyoscyamin, Scopolamin, Vorkommen und Verteilung): G. Klein u. H. Sonnleitner: Österr. Botan. Ztschr. **78**, 9 (1929); Liter.

α) Atropa-Alkaloide und Verwandte.

**1. Atropin,** $C_{17}H_{23}O_3N$
(*dl-Tropasäure-Tropinester*).

Nur in dieser Familie sicher nachgewiesen[1]. Ob immer primär, ist zweifelhaft.

Vorkommen: *Lycium barbarum* L., Bocksdorn, Teufelszwirn; in Stengeln mit Blättern, sehr unsicher!

*Atropa Belladonna* L., Tollkirsche; in Blättern, *Folia Belladonnae* (neben *Hyoscyamin, Belladonnin, Pyridin, N-Methylpyrrolin* und *N-Methylpyrrolidin*), in Wurzel (neben *Hyoscyamin, Scopolamin* und *Atropamin*), in Blüte, Frucht, Samen (neben *Hyoscyamin*) und Rhizom. — *A. lutea* Döll.; in Früchten (neben *Atropamin*) und in Blättern (neben *Hyoscyamin*).

*Scopolia japonica* Max., „Roto", Japanische Belladonna; im Wurzelstock (neben *Hyoscyamin, Norhyoscyamin, Noratropin, Scopolamin*). — *S. carniolica* Jacq. (*S. atropoides* Bercht. et Presl.); in Wurzelstock und Kraut (neben *Hyoscyamin* und *Scopolamin*). — *S. lurida* Dun.; angeblich in ganzer Pflanze (nach der Fruchtreife), nach späterer Untersuchung nicht vorhanden.

*Hyoscyamus niger* L., Schwarzes Bilsenkraut; in Rinde, Blättern, Wurzel und Samen (neben Hyoscyamin, Scopolamin nur im Samen)[2]. — *H. albus* L., Weißes Bilsenkraut; im Kraut (neben *Hyoscyamin*)![2] — *H. muticus* L.; im Stengel (neben *Hyoscyamin*).

*Solanum Lycopersicum* L. (*Lycopersicum esculentum* Mill.), Tomate; in Früchten von Tomatenpflanzen, die auf *Atropa Belladonna* gepfropft waren.

*Mandragora autumnalis* Spr.; im Rhizom mit Wurzeln (*Mandragorawurzel, Alraunwurzel*), aber sekundär (neben *Hyoscyamin, Scopolamin, Norhyoscyamin, Mandragorin*).

*Datura Stramonium* L., Stechapfel; in Blättern und Samen (neben *Hyoscyamin* und *Scopolamin*)[2], früheres „*Daturin*". — *D. Metel* L.; im Samen (neben *Hyoscyamin* und *Norhyoscyamin*). — *D. quercifolia* Hk., Bth. et K.; in Blättern, Früchten, Wurzel und Samen (neben *Hyoscyamin* und *Scopolamin*). — *D. meteloides* DC.; in Blättern (neben *Hyoscyamin, Scopolamin, Norhyoscyamin* und *Meteloidin*). — *D. arborea* L.; in Wurzel und Keimpflanzen (neben *Hyoscyamin*)[2]. — *D. fastuosa* L. (*D. alba* Nees); in Blüten und Samen (neben *Hyoscyamin* und *Scopolamin*)[2].

*Duboisia myoporoides* R. Br.; in Blättern, Gemenge von *Hyoscyamin, Atropin* und *Scopolamin*.

**2. Hyoscyamin,** $C_{17}H_{23}O_3N$[3]
(*l-Tropasäure-Tropinester*).

Vorkommen: *Atropa Belladonna* L., Tollkirsche; in Blättern, Wurzel, Blüte, Kelch mit jungen Fruchtknoten, Früchten (*Tollkirschen*), Samen und Belladonnaextrakt (neben anderen Alkaloiden s. bei Atropin Nr. 1). — *A. lutea* Döll.; in Blättern (neben *Atropin*).

*Scopolia japonica* Max., „Roto", Japanische Belladonna; im Wurzelstock (neben *Atropin* und anderen, s. Nr. 1). — *S. carniolica* Jacq. (S. *atropoides* Bercht. et Presl.); in Wurzelstock und Kraut (wie vorige). — *S. lurida* Dun.; in der ganzen Pflanze zur Blütezeit und nach der Fruchtreife. — *S.* „*Hladnikiana*"[4] Fleischm. (= *S. carniolica* Jacq. s. oben!).

*Hyoscyamus niger* L., Schwarzes Bilsenkraut; in Rinde, Blüte, Blättern, Wurzel und Samen, als *l-Hyoscyamin* (neben anderen Alkaloiden, s. bei *Atropin*). — *H. niger* L. var. *pallidus*; in Wurzel, Stengel und Samen. — *H. albus* L., Weißes Bilsenkraut; im Kraut, angeblich nur zur Blütezeit (neben *Atropin*), in Wurzel und Samen. — *H. reticulatus* L.; in Droge. — *H. muticus* L.; in Blättern und Kapseln mit Samen (neben *Tetra-methyl-diamino-1,4-butan*).

*Mandragora autumnalis* Spr.; im Rhizom mit Wurzeln (*Mandragorawurzel, Alraunwurzel*), neben anderen Alkaloiden, s. bei *Atropin* Nr. 1. — *M. officinarum* L.; in Wurzel, Frucht und Samen).

---

[1] *Atropin-ähnliche* Verbindungen sollten nach älteren Angaben auch enthalten: *Crataegus macrocantha* Lodd., Großstachliger Weißdorn, in Frucht (Fam. **Rosaceae**) und *Jaborandiblätter* der *Pilocarpus*-Species (Fam. **Rutaceae**).

[2] Mikrochemisch war *Atropin* in den Organen dieser Pflanze meist nicht nachweisbar (s. G. Klein, Note 2 auf S. 766); ebenso nicht in *Hyoscyamus aureus* (bei *H. muticus* nur im Stengel), *Datura-*, *Scopolia-*, *Mandragora-* und *Duboisia*-Arten. Mehrfach wurde aber freies *Tropin* (sekund.) beobachtet.

[3] Mikrochem. Nachweis s. G. Klein u. H. Sonnleitner: s. Note 2, S. 766.

[4] „*Hlardnackiana*" (so in Literatur) ist wohl Druckfehler? Obiger Name nach Index Kewensis.

*Datura Stramonium* L., Stechapfel; in Blättern (neben *Atropin* und *Scopolamin*), in Wurzel, Stengel und Frucht, im Samen (neben *Atropin* und *Scopolamin*). — *D. Metel* L.; im Samen (neben *Atropin, Scopolamin* und *Norhyoscyamin*). — *D. quercifolia* HK., BTH. et K.; in Blättern, unreifen Früchten, Stengel und Wurzel (neben *Atropin* und *Scopolamin*) und im Samen. — *D. meteloides* DC.; in Blättern (neben *Scopolamin, Atropin, Meteloidin* und *Norhyoscyamin*) und in Samen. — *D. Knightii* (?). — *D. Tatula* L.; in Blättern, Blüte und unreifer Frucht (neben *Scopolamin*) und in Wurzel und Stengel. — *D. arborea* L.; in Blüten, Blättern, Samen und Wurzel (neben *Scopolamin*, in Wurzel auch *Atropin*) und Keimpflanzen. — *D. fastuosa* L. (*D. alba* NEES); in Blüten, Blatt, unreifer Frucht und Samen (neben *Atropin* und *Scopolamin*).

*Duboisia Hopwoodii* F. v. MÜLL., Pituripflanze; im „*Pituri*", Alkaloid „*Piturin*" sollte *Nicotin* sein, ist nach neueren aber *Hyoscyamin*. — *D. myoporoides* R. BR.; im Blatt, nicht regelmäßig (neben *Scopolamin, Pseudohyoscyamin, Atropin* und *Norhyoscyamin*).

Angebliches *Hyoscyamin*-Vorkommen in folgender Familie:

Fam. **Compositae:** *Lactuca virosa* L., Giftlattich; im Kraut, neuerdings bestritten. — *L. sativa* L., Garten-Lattich, Salat; im Kraut (1891), angeblich!

### 3. Nor-hyoscyamin, $C_{16}H_{21}O_3N$

(*Pseudo-hyoscyamin, l-Tropasäure-nor-tropin-ester*).

Vorkommen: *Scopolia japonica* MAX., „Roto", Japanische Belladonna; im Wurzelstock (neben anderen Alkaloiden, s. bei *Atropin*, Nr. 1).

*Mandragora autumnalis* SPR.; im Rhizom mit Wurzeln (*Mandragorawurzel, Alraunwurzel*), neben *Hyoscyamin, Scopolamin* u. *Atropin*). — *M. officinarum* L. (*M. vernalis* BERT.); in Wurzel (neben *Hyoscyamin*).

*Datura Metel* L.; im Samen (neben *Scopolamin, Hyoscyamin* u. *Atropin*). — *D. meteloides* DC.; in Blättern (neben *Hyoscyamin, Scopolamin, Atropin* u. *Meteloidin*).

*Dubosia myoporoides* R. BR.; in Blättern (neben *Scopolamin, Hyoscyamin* u. *Atropin*).

### 4. Atropamin, $C_{17}H_{21}O_2N$

(*Apo-atropin, Atropasäure-tropinester*).

Vorkommen: *Atropa Belladonna* L., Tollkirsche; in Wurzel, zeitweise, (neben anderen Alkaloiden, s. bei *Atropin*, Nr. 1). — *A. lutea* DÖLL.; in der Frucht (neben *Atropin*).

In der Frucht (*Tollkirsche*) erstgenannter Species auch folgendes:

### 5. Belladonnin, $C_{17}H_{21}O_2N$.

### 6. Scopolamin (ident. oder isomer mit *Hyoscin, Atroscin ?*), $C_{17}H_{21}O_4N$[1]

(*l-* bzw. *dl-Tropasäure-scopin-ester*).

Vorkommen: *Atropa Belladonna* L., Tollkirsche; in Wurzel (neben *Hyoscyamin, Atropin* und *Atropamin*).

*Scopolia japonica* MAX., „Roto", „Japanische Belladonna"; im Wurzelstock (neben *Hyoscyamin, Atropin, Norhyoscyamin, Noratropin, Scopolein* und „*Rotoin*") und im Blatt. — *S. carniolica* JACQ. (*S. atropoides* BERCHT. et PRESL.); im Wurzelstock und Kraut, als *l-* und *n-Scopolamin* (neben *Hyoscyamin* und *Atropin*).

*Hyoscyamus niger* L., Schwarzes Bilsenkraut; im Samen, als *l-Scopolamin* (neben *l-Hyoscyamin* und *Atropin*) und in Blüte und Frucht. — *H. muticus* L.; im Samen scheint Scopolamin zu fehlen (aber *Hyoscyamin* und *Tetra-methyl-diamino-1,4-butan*).

*Mandragora autumnalis* SPR.; im Rhizom (*Mandragorawurzel, Alraunwurzel*); neben anderen Alkaloiden, s. bei *Atropin*.

*Datura Stramonium* L., Stechapfel; in Blättern und Samen (neben *Hyoscyamin* und *Atropin*). — *D. Metel* L.; in Blättern, Samen, Kelch mit Fruchtknoten, Blumenkrone mit Staubblättern, Stengel und Wurzel (neben *Hyoscyamin* und *Norhyoscyamin* im Samen). — *D. quercifolia* HK., BTH. et K.; in Blättern, Früchten, Stengel und Wurzel (neben *Atropin* und *Hyoscyamin*). — *D. meteloides* DC.; in Blättern und Samen (neben *Atropin, Meteloidin, Norhyoscyamin* und *Hyoscyamin*). — *D. Tatula* L.; in Blättern, Blüte und Frucht (neben *Hyoscyamin*). — *D. arborea* L.; in Blüten, Blättern, Stamm und Wurzel (neben *Hyoscyamin* und *Atropin*) und in Keimpflanzen. — *D. fastuosa* L. (*D. alba* NEES); in Blüten und Samen, als *l-Scopolamin* (neben *Hyoscyamin* und *Atropin*).

---

[1] Mikrochem. Nachweis s. G. KLEIN u. H. SONNLEITNER: Note 2, S. 766.

*Duboisia myoporoides* R. BR.; in Blättern (neben *Hyoscyamin, Atropin* und *Norhyoscyamin*), außerdem in Rinde und Holz. — *D. Leichardtii* F. v. MÜLL.

**7. Meteloidin,** $C_{13}H_{21}O_4N$
(*Tiglinsaures Teloidin*).

Vorkommen: *Datura meteloides* DC.; in Blättern (neben *Scopolamin, Atropin, Norhyoscyamin* u. *Hyoscyamin*).
Als Spaltprodukt von diesem:

**8. Teloidin,** $C_8H_{15}O_3N$
(*Alkoholamin-teloidin*).

**9. Mandragorin,** $C_{15}H_{19}O_2N$.

Vorkommen: *Mandragora officinalis* L. (*M. autumnalis* SPR.); im Rhizom (*Alraunwurzel, Mandragorawurzel*), neben *Hyoscyamin* und *Scopolamin* (?); „*Mandragorin*" ist aber vielleicht *Hyoscyamin*? (s. auch Nr. 1, S. 767).

β) Nicotiana-Alkaloide.

**Nicotin,** $C_{10}H_{14}N_2$[1]
(*1-Methyl-2-β-Pyridyl-pyrrolidin*).

Hauptalkaloid der *Nicotiana*-Arten, vorzugsweise in Blättern[2].

Vorkommen: *Nicotiana Tabacum* L., Virginischer Tabak; in Blättern = *Tabak* (neben *Pyrrolidin, n-Methylpyrrolidin* und den unten genannten Nebenalkaloiden), in Stengel, Blüte, Frucht, Samen, Wurzel und Keimpflanzen. — *N. rustica* L., Bauerntabak; in Blättern, Blüte, Stengel, Wurzel und Frucht. — In Blättern folgender: *N. macrophylla* SPR. — *N. glutinosa* L. — *N. angustifolia* WILL. — *N. paniculata* L. — *N. affinis* hort. (kein oder wenig *Nicotin*). — *N. attenuata* TORR.; in Blättern, Stengel und Wurzel.

*Duboisia Hopwoodii* F. v. MÜLL., Pituripflanze, angeblich *Nicotin*, auch als „*Piturin*", scheint nach anderen *Hyoscyamin* zu sein.

Nebenalkaloide des Nicotins in Tabakblättern (s. oben):

**Nicotein,** $C_{10}H_{12}N_2$, **Isonicotein,** $C_{10}H_{12}N_2$,
**Nicotimin,** $C_{10}H_{14}N_2$, **Nicotellin,** $C_{10}H_8N_2$,
**Nor-Nicotin,** $C_9H_{12}N_2$, **Nicotoin,** $C_8H_{11}N$,
**1-2-(β-Pyridyl)-piperidin,** $C_{10}H_{14}N_2$.

Außerdem **Pyrrolidin, N-Methylpyrrolin** u. a. (s. oben S. 764).

b) Coca-Alkaloide.

Fam. **Erythroxylaceae:**

**1. Cocain,** $C_{17}H_{21}O_4N$
(*Benzoyl-ecgonin-methylester*).

Vorkommen: *Erythroxylon Coca* LAM., Cocastrauch; in Blättern verschiedener Varietäten der Pflanze (*Ceylon-, Java-, Bolivia-, Truxillo-* und *Cuscoblättern*) (neben *d-Cocain, α-* und *β-Hygrin*[3], *Cinnamyl-cocain, α-* und *β-Truxillin, Cuskhygrin, Tropacocain, Benzoyl-ecgonin, Homo-cocamin* und *Homoiso-cocamin*) und in Blüten, Kork, Rinde, Holz, Mark und Samen. — *E. Coca* var. *Spruceanum* BURCK (*E. truxilense* RUSB.); in Blättern = *Javanische Cocablätter* (neben *Cinnamyl-cocain, Truxillin, Tropa-cocain, Hygrin* und *Pseudo-tropin*) und in Rinde. — *E. monogynum* ROXB., „Bastard-Sandel"; in Blättern, von anderen nicht gefunden. — In Blättern folgender: *E. areolatum* L. — *E. lucidum* MOON. — *E. ovatum* CAV. — *E. pulchrum* ST. HIL. — *E. australe* F. MUELL.; in Rinde[4]. — Nur als „alkaloidhaltig" sind bekannt: *E. montanum* (?). — *E. retusum* BAUER und *E. laurifolium* LAM. (Blätter). — *E. novogranatense* MORR. und *E. bolivianum* BURCK, sind Varietäten von *E. Coca*.

2. Nebenalkaloide des Cocains sind besonders die schon genannten:

**Cinnamyl-cocain,** $C_{19}H_{23}O_4N$, **Benzoyl-ecgonin,** $C_{16}H_{19}O_4N$,

[1] KLEIN, G., u. HERNDLHOFER: Mikrochem. Nachweis des Nicotins. Österr. Botan. Ztschr. **76**, 222 (1927); hier auch frühere Liter.

[2] Früher (1891) ist eine *nicotinähnliche* Base („*Cannabinin*") im *Haschisch* aus *Cannabis indica* LAM. (Fam. **Moraceae,** *Cannabinoideae*) angegeben.

[3] *Hygrin* s. auch S. 764 oben.

[4] Mikrochem. Nachweis des Cocains s. G. KLEIN u. H. SONNLEITNER: Österr. Botan. Ztschr. **76**, 263 (1927).

**Tropa-cocain** (*Benzoyl-pseudo-tropain*), $C_{15}H_{19}O_2N$,
**Truxillin**, $C_{38}H_{46}O_8N_2$, als *α-T.* (= *Cocamin*) und *β-T.* (= *Isococamin*),
**Cuskhygrin**, $C_{13}H_{24}ON_2$ (s. auch S. 764).

Vorkommen: In südamerikanischen und javanischen Cocablättern verschiedener Herkunft (s. oben!), einzelne auch im *Cocain* des Handels.

### c) Chenopodiaceen-Alkaloide.

Fam. **Chenopodiaceae:**

**Anabasin**, $C_{10}H_{14}N_2$
[*l-α-(Piperidyl)-β-pyridin*].

Vorkommen: *Anabasis aphylla* L.; in der Droge, neben *Lupinin* und folgenden:

**Aphyllin**, $C_{15}H_{24}ON_2$, **Aphyllidin**, $C_{15}H_{22}ON_2$,
Base V $C_{16}H_{26}O_2N_2$ ($C_{16}H_{24}O_2N_2$).

### d) Leguminosen-Alkaloide.

Einzelne derselben auch in zwei sonstigen Familien vorkommend.

**1. Spartein**, $C_{15}H_{26}N_2$
(*Lupinidin*).

Vorkommen:

Fam. **Papaveraceae:** *Chelidonium majus* L., Schöllkraut; aus „*Chelidoninabfällen*" (1931).

Fam. **Leguminosae** (*Papilionatae*): *Lupinus luteus* L., Gelbe Lupine; *Spartein*, identisch mit *Lupinidin*, im Samen (neben *Lupinin*). — *L. l.* var. *niger*, Schwarze Lupine; wie vorige. — *L. barbiger* WATS.; in Blättern und Stielen. — *Spartium junceum* L., Spanischer Ginster; in Blüten. — *Cytisus scoparius* LK. (*Sarothamnus s.* KCH., *Spartium s.* L.), Besenginster; in Blättern und Zweigen (neben *Sarothamnin* und *Genistein*), in Kraut und Frucht.

**2. Sarothamnin**, $C_{15}H_{24}N_2$.

Vorkommen:

Fam. **Leguminosae** (*Papilionatae*): *Cytisus scoparius* LK. (*Sarothamnus s.* KCH., *Spartium s.* L.), Besenginster; in Blättern und Zweigen (neben *Genistein* und *Spartein*), aus den Mutterlaugen des *Sparteins* dargestellt, vielleicht sekundär (?).

**3. Genistein**, $C_{16}H_{28}N_2$.

Vorkommen:

Fam. **Leguminosae** (*Papilionatae*): *Genista tinctoria* L., Färberginster; in Blüten. — *Cytisus scoparius* LK. (*Sarothamnus s.* KCH., *Spartium s.* L.), Besenginster; in Blättern und Zweigen (neben *Spartein* und *Sarothamnin*).

**4. Lupinin**, $C_{10}H_{19}ON$.

Vorkommen:

Fam. **Chenopodiaceae:** *Anabasis aphylla* L.; in der Droge (neben *Anabasin*).

Fam. **Leguminosae** (*Papilionatae*): *Lupinus luteus* L., Gelbe Lupine; in Blüten und Samen (neben *Spartein* = *Lupinidin*). — *L. l.* var. *niger*, Schwarze Lupine; im Samen (neben *Spartein*). — In den Mutterlaugen **Lupanidin**.

Leguminosen-Alkaloide (*Papilionatae*) dieser Gruppe sind auch folgende:

**5. Lupanin**, $C_{15}H_{24}ON_2$.

Vorkommen: *Lupinus perennis* L., Ausdauernde Lupine; im Samen, als *d-Lupanin*. — *L. polyphyllus* LINDL., Vielblättrige Lupine; wie vorige. — *L. Kingii* WATS.; im Kraut. — *L. albus* L., Weiße Lupine; im Samen, als *d-* und *i-Lupanin* und in Keimpflanzen. — *L. angustifolius* L., Blaue Lupine, Schmalblättrige L.; im Samen, als *d-* und *i-Lupanin*, nach anderen kein *i-Lupanin*.

**6. Oxylupanin**, $C_{15}H_{24}O_2N_2$ (sekundär [?]).

Vorkommen: *Lupinus perennis* L., Ausdauernde Lupine; im Samen (neben *d-Lupanin*). — *L. angustifolius* L., Blaue Lupine, Schmalblättrige L.; im Samen (vielleicht sekundär bei Verarbeitung entstanden).

**7. Matrin,** $C_{15}H_{24}ON_2$
(isomer *Lupanin*).

Vorkommen: *Sophora angustifolia* SIEB. et ZUCC. (*S. flavescens* AIT.); in Wurzel (japan. Droge „*Kuh-Seng*").

**8. Retamin,** $C_{15}H_{26}ON_2$
(*Oxyspartein*).

Vorkommen: *Retama sphaerocarpa* BRISS. (*Genista s.* LAM.); in Rinde und jungen Zweigen.

**9. Spathulatin,** $C_{33}H_{64}O_5N_4$.

Vorkommen: *Lupinus spathulatus* RYDB.; in Samenschale.

**10. Thermopsin,** $C_{15}H_{20}ON_2$.[1]
(isom. *Matrin* und *Lupanin*).

Vorkommen: *Thermopsis lanceolata* R. BR. (*Sophora lupinoides* LINK); im Kraut (neben *Pachycarpin* und unbestimmten Basen).

**11. Pachycarpin,** $C_{15}H_{26}N_2$[2].

Vorkommen: *Sophora pachycarpa* SCHRENK; im Kraut. — *Thermopsis lanceolata* R. BR. (*Sophora lupinoides* LINK); im Kraut (neben *Thermopsin* und unbestimmten Basen).

**12. Sophoridin** $C_{15}H_{26}ON_2$ (oder $C_{15}H_{24}ON_2$) und **Sophoramin** $C_{15}H_{20}ON_2$ (isomer *Thermopsin*)[3].

Vorkommen: *Sophora alopecuroides* L.; im Kraut.

Weitere Leguminosen-Alkaloide s. unten S. 774.

## V. Alkaloide mit Chinolinringsystemen.

### a) Compositen-Alkaloide.

(*Echinopsin, β-Echinopsin, Echinopsein*).

**1. Echinopsin,** $C_{10}H_9ON$
(*1-Methyl-4-Chinolin*).

Vorkommen:
Fam. **Compositae:** *Echinops Ritro* L.; in Früchten (neben *β-Echinopsin* und *Echinopsein*), in etiolierten und grünen Keimpflanzen, Blatt, Stamm, Holz und Rinde und Rhizom mit Wurzeln. — Mikrochem. nachgewiesen auch in Früchten, grünen und etiolierten Keimpflanzen folgender[4]: *E. albidus* BOISS. et SPRUN. — *E. bannaticus* ROCH. — *E. sphaerocephalus* L. — *E. dahuricus* FISCH. — *E. horridus* DESF. — *E. Szowitzii* FISCH. et MEY. — *E. commutatus* JUR.; in Frucht, etiol. und grünen Keimlingen, Blatt, Stamm, Mark, Holz, Rinde und unreifer Frucht. — *E. niveus* WALL.; wie vorige. — *E. exaltatus*; in Blatt und Stamm.

**2.** Nebenalkaloide:

**β-Echinopsin** und **Echinopsein.**
Vorkommen: *Echinops Ritro* L.; in Früchten (neben *Echinopsin*, oben).

### b) Rutaceen-Alkaloide (*Angostura-* u. *Skimmia*-Alkaloide).

Fam. **Rutaceae:**
α) *Angostura-Alkaloide.*

**Cusparin,** $C_{19}H_{17}O_3N$,
**Galipoidin** (*Angosturin*), $C_{19}H_{15}O_4N$,
**N-Methyl-α-chinolon,** $C_{10}H_9ON$,
**Chinaldin,** $C_{10}H_9N$ (*α-Methyl-chinolin*),
**Galipin,** $C_{20}H_{21}O_3N$,
**Galipolin,** $C_{19}H_{19}O_3N$,
**2-n-Amylchinolin,** $C_{14}H_{17}N$,
**2-n-Amyl-4-methoxy-chinolin,** $C_{15}H_{19}ON$,
**Cusparein,** $C_{18}H_{19}O_2N$,
**Chinolin,** $C_9H_7N$.

[1] ORECHOFF, NORKINA u. GUREWITSCH: Ber. Chem. Ges. **66**, 625 (1933) (C. C. **1933 I**, 3945).
[2] ORECHOFF, RABINOWITCH u. KONOWALOWA: Ber. Chem. Ges. **66**, 621 (1933) (C. C. **1933 I**, 3945).
[3] ORECHOFF, Ber. Chem. Ges. **66**, 948 (1933).
[4] Mikrochem. Nachweis des Echinopsins s. G. KLEIN u. SCHUSTA: Österr. Botan. Ztschr. **79**, 231 (1930).

Vorkommen: (*Rutoideae*): *Cusparia trifoliata* ENGL. (*C. febrifuga* HUMB., *Galipea Cusparia* ST. HIL., *G. officinalis* HANC., *Bonplandia Angostura* RICH.), Angosturabaum; in Rinde (*Cortex Angosturae, Angosturarinde*).

*Chinolinartige Substanz* ist im Kraut von *Ruta graveolens* L., Raute, dieser Familie (1902) angegeben.

β) *Skimmia-Alkaloide.*

**1. Dictamnin,** $C_{12}H_9O_2N$.

Vorkommen: (*Rutoideae*): *Dictamnus albus* L., Weißer Diptam; in der Wurzel (= *Diptamwurzel*). — (*Toddalioideae*): *Skimmia repens* NAK.; in Blättern.

**2. Skimmianin,** $C_{14}H_{13}O_4N$ ($C_{32}H_{29}O_9N_3$)
(*7,8-Dimethoxy-dictamnin*).

Vorkommen: (*Toddalioideae*): *Skimmia japonica* THBG.; in Blättern, auch in anderen Teilen der Pflanze (neben *Dictamnin*).

### c) Chinarinden-Alkaloide[1].

Fam. **Rubiaceae:** Alkaloide der Gattungen *Cinchona* und *Remijia* (*Cuprea-Rinden*).

α) *Chinaalkaloide im engeren Sinne*[2].

**1. Chinin,** $C_{20}H_{24}O_2N_2$.

Vorkommen: (*Cinchonoideae*): In Stamm-, Zweig- und Wurzelrinde (neben anderen *Alkaloiden*, s. diese bei *Cinchonin*, Nr. 3) folgender Species: *Cinchona succirubra* PAV.; *Rote Chinarinde* (auch im Holz). — *C. Calisaya* WEDD. (*C. Weddeliana* KTZE.); *Gelbe* oder *Echte Königschina.* — *C. Ledgeriana* MOENS (*C. Calisaya* var. *Ledgeriana* How.); *Gelbe Königschina*, auch im Samen (von anderen nicht gefunden). — *C. lancifolia* MUT.; *Bogotarinde.* — *C. officinalis* HOOK.; *Loxarinden.* — *C. robusta* How. — *C. lanceolata* R. et P. und *C. micrantha* R. et P.; *Graue* und *Braune Lima-China.* — *C. cordifolia* MUT.; Rinde, „*China flava fibrosa*“. — *C. Condaminea* H. et BONPL. — *C. carabayensis* WEDD. — *C. Hasskarliana* MIQ. — *C. oblongifolia* MUT. — *C. tucujensis* KARST. — *C. scrobiculata* H. et B. var. *Delondriana* WEDD. — *C. caloptera* MIQ. — *C. nitida* RZ. et PAV.; *Pseudo-Loxa.* — *C. lucumaefolia* PAV. — *C. macrocalyx* PAV. — *C. Obaldiana* KLSCH. (?). — *C. pitayensis* WEDD. (*C. corymbosa* KARST., *Antirrhoea aristata* B. et H.); Rinde (*Pitayarinde*) früher als „*China bicolorata*“ und „Pseudochina von Südamerika“ im Handel, *Chinin* neben *Cinchonin* sind angegeben, von anderen aber nicht gefunden, früheres „*Pitayin*“ ist *Chinidin.*

*Remijia pedunculata* FL. (*Cinchona p.* KARST.); Rinde als „*Cuprearinde*“, „*China cuprea*“. — *R. Purdieana* WEDD. — *R. bicolorata* (?); Rinde als „*China colorata*“.

**2. Chinidin,** $C_{20}H_{24}O_2N_2$
(*Conchinin*).

Vorkommen: In Stamm-, Zweig- und Wurzelrinde (neben anderen *Alkaloiden*, s. diese bei *Cinchonin* Nr. 3) folgender Species: *Cinchona succirubra* PAV. (*Rote Chinarinde*). — *C. Calisaya* WEDD. (*C. Weddeliana* KTZE.); Rinde als *Gelbe* oder *Echte Königschina.* — *C. Ledgeriana* MOENS (*C. Calisaya* var. *Ledgeriana* How.); *Gelbe Königschina, Cortex Chinae fuscus.* — *C. lancifolia* MUT.; *Bogotarinde, Cortex chinae flavus fibrosus.* — *C. officinalis* HOOK.; *Loxarinde.* — *C. lanceolata* R. et P. und *C. micrantha* R. et P.; *Graue* und *Braune Lima-China.* — *C. ovata* WEDD.; „*Weiße Loxa-China*“. — *C. cordifolia* MUT.; „*China flava fibrosa*“. — *C. Condaminea* H. et BONPL. —

[1] Mikrochemischer Nachweis s. G. KLEIN u. A. SCHILHAB: Österr. Botan. Ztschr. 77, 252 (1928).

[2] 1. *China-alkaloide* im engerenSinne (aus *Cinchona-Rinden*): 4 Hauptalkaloide (*Chinin, Chinidin* [= *Conchinin*], *Cinchonin, Cinchonidin*) und zahlreiche Nebenalkaloide in geringer Menge und nicht regelmäßig (Homocinchonin, Homocinchonicin, Diconchinin, Dicinchonin, Chinamin, Conchinamin, Paricin, Javanin, Homocinchonidin und die meist aus Mutterlaugen dargestellten: Cinchamidin (Hydrocinchonidin), Hydrochinin, Hydrochinidin, Chinicin, Hydrocinchonin. — Hauptalkaloid im strengen Sinne ist nur *Chinin.*

2. *Cusco-alkaloide* (aus Rinde von *Cinchona Pelletierana* WEDD., *Cuscorinde*): Aricin (Chinovatin), Cusconin, Cusconidin, Cuscamin, Cuscamidin.

3. *Remijia-alkaloide* (aus *Cuprearinden* der Gattung *Remijia*): Cuprein, Cheiramin, Concheiramin, Cheiramidin, Concheiramidin, Cinchonamin, Concusconin, „Homochinin“ (in Cuprearinden außerdem verschiedene Cinchonaalkaloide).

*C. Hasskarliana* Miq. — *C. tucujensis* Karst.; angeblich. — *C. amygdalifolia* Wedd. — *C. lucumaefolia* Pav. — *C. pitayensis* Wedd. (*C. corymbosa* Karst., *Antirrhoea aristata* B. et H.); in *Pitayarinde*, früheres „*Pitayin*" ist *Chinidin*, s. auch Nr. 1. — *Remijia bicolorata* (?); Rinde = „*China colorata*".

### 3. Cinchonin, $C_{19}H_{22}ON_2$.

Vorkommen: *Cinchona succirubra* Pav.; in Stamm-, Zweig- und Wurzel-Rinde (*Rote Chinarinde* = *Cortex Chinae ruber*), neben *Chinin*, *Cinchonidin* und *Chinidin*; in Stammrinde außerdem „*Chinoidin*" (Gemisch), *Chinamin*, *Conchinamin*, *Dicinchonin* und *Paricin*. — *C. Calisaya* Wedd. (*C. Weddeliana* Ktze.); in Stamm-, Zweig- und Wurzelrinde (*Gelbe* oder *Echte Königschina*, *China regia*), neben *Chinin*, *Chinidin*, *Chinamin* und *Cinchonidin*. — *C. Ledgeriana* Moens (*C. Calisaya* var. *Ledgeriana* How.); in Stamm- und Wurzelrinde (gleichfalls *Gelbe Königschina* = *Cortex chinae fuscus*) und im Holz (neben *Chinin*, *Hydrochinin* und *Cinchonidin*). — *C. lancifolia* Mutis (*C. angustifolia* Pav.); in *Bogotarinde* = *Cortex Chinae flavus fibrosus* (neben *Cinchonin und Chinin*). — *C. officinalis* Hook.; in *Loxarinden* (*Loxa-China*), neben *Chinin*, *Cinchonidin* und *Chinidin*. — *C. robusta* How.; in Blättern (neben *Cinchonidin*). — *C. lanceolata* R. et P. und *C. micrantha* R. et P.; in Rinde, *Graue* und *Braune Lima-China* oder *Huanuco-China* (neben *Chinin*, *Cinchonidin* und *Chinidin*).

*C. cordifolia* Mut. (*C. pubescens* Vahl.); in Rinde („*China flava fibrosa*"), neben *Chinin* und *Chinidin*. — *C. Condaminea* H. et Bonpl.; *Chinin* und *Cinchonin* hier zuerst gefunden, neben *Chinin* und *Chinidin*. — *C. carabayensis* Wedd.; in Rinde (neben *Chinin* und *Cinchonidin*). — *C. Hasskarliana* Miq.; neben *Chinin*, *Cinchonidin* und *Chinidin*. — *C. oblongifolia* Mut., neben *Chinin*. — *C. tucujensis* Karst.; in *Maracaiborinde* (neben *Chinin* und *Cinchonidin*). — *C. scrobiculata* H. et B. var. *Delondriana* Wedd.; in Rinde (*China de Cusco rubra plana*), neben *Chinin*. — *C. caloptera* Miq.; neben *Chinin*. — *C. nitida* Rz. et Pav.; in Rinde (*Pseudo-Loxa*), neben *Chinin*. — *C. lucumaefolia* Pav.; neben *Chinin*, *Chinidin* und *Cinchonidin*. — *C. Obaldiana* Klsch. (?); neben *Chinin*.

*Remijia Purdieana* Wedd.; in *Cuprearinde* („*Falsche Chinarinde*"); neben *Chinin*, *Cinchotin*, *Cinchonamin*, *Cheiramin*, *Concheiramin*, *Cheiramidin*, *Concheiramidin* und *Concusconin*. — *R. bicolorata* (?); in Rinde („*China colorata*"), neben *Chinin*, *Cinchonidin* und *Chinidin*. — *R. pedunculata* Fl. (*Cinchona p.* Karst.); Rinde gleichfalls als *Cuprearinde*, *China cuprea*, eine „Falsche Chinarinde" (neben *Cuprein*, *Chinin*, *Chinamin*, *Conchinamin* und *Diconchinin*).

### 4. Cinchonidin, $C_{19}H_{22}ON_2$.

Vorkommen: In *Stamm-*, *Wurzel-* und *Zweigrinden* (neben anderen *Alkaloiden*, s. bei *Cinchonin* Nr. 3) folgender Species angegeben: *Cinchona succirubra* Pav. (auch im Holz). — *C. Calisaya* Wedd. (*C. Weddeliana* Ktze.). — *C. Ledgeriana* Moens (*C. Calisaya* var. *Ledgeriana* How.). — *C. lancifolia* Mut. — *C. officinalis* Hook. — *C. lanceolata* R. et P. und *C. micrantha* R. et P. — *C. carabayensis* Wedd. — *C. Hasskarliana* Miq. — *C. tucujensis* Karst. — *C. caloptera* Miq. — *C. lucumaefolia* Pav. — *C. robusta* How.; hier in Blättern und Samen. — *Remijia bicolorata* (?).

5. *Nebenalkaloide*, als Begleiter der Hauptalkaloide, nicht regelmäßig in allen Rinden und meist in geringerer Menge, sind[1]:

**Chinicin** (*Chinotoxin*), $C_{20}H_{24}O_2N_2$ (sekundär aus Chinin),
**Hydrochinin**, $C_{20}H_{26}O_2N_2$ (*C. Ledgeriana* Moens),
**Hydrochinidin**, $C_{20}H_{26}O_2N_2$,
**Diconchinin**, $C_{40}H_{46}O_3N_4$ (*Remijia pedunculata* Fl.), s. $\gamma$, 2,
**Dicinchonin**, $C_{38}H_{44}O_2N_4$ (*Cinchona succirubra* Pav.) (s. Nr. 3 und *C. rosulenta* How.),
**Chinamin**, $C_{19}H_{24}O_2N_2$ (*Cinchona succirubra* Pav., s. Nr. 3, *C. Calisaya* Wedd., *C. Ledgeriana* Moens, s. Nr. 3 und *Remijia pedunculata* Fl.), s. unten $\gamma$, 2.
**Conchinamin**, $C_{19}H_{24}O_2N_2$ (*Remijia pedunculata* Fl.), s. $\gamma$, 2,
**Paricin**, $C_{16}H_{18}ON_2$ (*Cinchona succirubra* Pav.), s. Nr. 3,
**Javanin**, $C_{16}H_{18}ON_2$ (?) (*C. Calisaya* var. *javanica* und *C. Ledgeriana*),
**Hydrocinchonin** (*Cinchotin*, *Pseudo-cinchonin*), $C_{19}H_{24}ON_2$ (*Remijia Purdieana*), s. $\gamma$, 1.
**Hydrocinchonidin** (*Cinchamidin*), $C_{19}H_{24}ON_2$ (*Cinchona Ledgeriana* Moens), in Rinden u. Mutterlaugen.

---

[1] Nur teilweise genauer bekannt und in diese Gruppe gehörig. — Aufzählung mit Literatur s. „Pflanzenstoffe", 2. Aufl. Bd. 2, S. 1152 (1931).

**Homocinchonin, Homocinchonicin, Homocinchonidin** (= *Cinchonin*).

*β) Cusco-Alkaloide:*

**Aricin** (*Chinovatin*), $C_{23}H_{26}O_4N_2$,
**Cusconin**, $C_{23}H_{26}O_4N_2$,
**Cuscamin, Cusconidin** und **Cuscamidin** (letztere drei unbekannter Zusammensetzung).

Vorkommen: *Cinchona Pelletierana* WEDD. (*C. pubescens* VAHL. var. *Pelletierana*); in Rinde = *Cuscorinde* (*Cuscochina*, „*China de Cusco flava*", *Quinquina de Cusco jaune*).

*γ) Remijia-Alkaloide:*

1. **Cinchonamin**, $C_{19}H_{24}ON_2$,
**Cheiramin**, $C_{22}H_{26}O_4N_2$,
**Cheiramidin**, $C_{22}H_{26}O_4N_2$,
**Concheiramin**, $C_{22}H_{26}O_4N_2$,
**Concheiramidin**, $C_{22}H_{26}O_4N_2$,
**Concusconin**, $C_{23}H_{26}O_4N_2$.

Vorkommen: *Remijia Purdieana* WEDD.; in *Cuprearinde, Cinchonaminrinde*, einer „*Falschen Chinarinde*"[1], neben *Chinin, Cinchonin* und *Cinchotin* (= *Hydrocinchonin* = *Pseudocinchonin*).

2. **Cuprein**, $C_{19}H_{22}O_2N_2$.

Vorkommen: *Remijia pedunculata* FL. (*Cinchona p.* KARST.); in Rinde (*Cuprearinde, China cuprea*, eine „Falsche Chinarinde"), neben „*Homochinin*" (= *Chinin* + *Cuprein*), *Chinamin, Conchinamin, Cinchonin* und *Diconchinin*).

## d) Leguminosen-Alkaloide II[2].

**Cytisin**, $C_{11}H_{14}ON_2$.

Vorkommen: Mit einer Ausnahme ausschließlich bei *Leguminosen* vorkommend.

Fam. **Berberidaceae:** *Caulophyllum thalictroides* MICHX., Blauer Hahnenfuß; in Rhizom und Wurzeln als *Methylcytisin* $C_{12}H_{16}ON_2$ (früher als *Caulophyllin*).

Fam. **Leguminosae** (*Caesalpinioideae*): *Gleditschia triacanthos* L., Amerikanischer Bohnenbaum; im Samen. — (*Papilionatae*): Im Samen aller folgenden: *Sophora tomentosa* L., Schnurbaum (auch in Blättern), unsicher! — *S. angustifolia* SIEB. et ZUCC. (*S. flavescens* AIT.), auch im Stamm. — *S. alopecuroides* L.; hier in Blatt und Stamm. — *S. arborea* (?), wie vorige. — *S. speciosa* BENTH.; in Keimling und Testa, früheres *Sophorin*. — *S. secundiflora* LAG. — *S. sericea* NUT. — *S. japonica* L.; hier im Stamm. — *Anagyris foetida* L., Stinkstrauch; neben *Anagyrin*, auch in Blättern und Rinde. — Auch bei allen folgenden im Samen.

*Baptisia tinctoria* R. BR. (*Sophora t.* L.), „Wilder Indigo"; auch in Wurzel (früheres *Baptitoxin*). — *B. versicolor* RAF. — *B. minor* LEHM. — *B. exalata* SWEET, auch in Blatt und Stamm. — *B. alba* R. BR. — *B. australis* R. BR., auch in Blatt und Stamm. — *B. bracteata* MUHL. — *B. leucantha* TORR. et GREY, auch in Blatt und Stamm. — *B. perfoliata* R. BR.

*Genista tinctoria* L., Färberginster. — *G. ovata* WALDST. et KIT.; hier im Blatt. — *G. radiata* SCOP.; wie vorige. — *G. pilosa* L.; hier in Blatt und Stiel. — *G. monosperma* LAM. — *G. florida* L. — *G. germanica* L. — *G. ephedroides* DC. — *G. ramosissima* TEN. — *G. racemosa* MARN. — *G. spicata* POIR.

*Cytisus Laburnum* L. (*Laburnum vulgare* GRISB.), Goldregen (auch in Blättern, Rinde, Blüten und Schoten). — *C. Adami* POIR (*C. Laburnum* × *C. purpureus*). — *C. scoparius* LK. (*Sarothamnus s.* KCH., *Spartium s.* L.), Besenginster. — *C. alpinus* MILL. — *C. supinus* L. — *C. elongatus* W. et K. — *C. Weldeni* VIS. — *C. ruthenicus* FISCH. — *C. hirsutus* L. — *C. nigricans* L. — *C. formosissimus* (?). — *C. biflorus* L'HERIT. (*C. leiocarpus* KERN.); hier auch in Blüte. — *C. angustifolius* MNCH. — *C. Alschingeri* VIS. — *C. polytrichus* BIEB. — *C. monspessulanus* L. — *C. Attleanus* (?). — *C. ponticus* WILLD. — *C. proliferus* L. — *C. candicans* LAM. — *C. fragrans* WELD. (*Pittaria ramentacea* VIS.). — *C. multiflorus* (?); wie vorige. — *C. versicolor*; hier nur im Stamm[3].

*Ulex europaeus* L., Stechginster. — *U. parviflorus* POURR. — *U. hibernicus* DON. — *U. Jussiaei* WEBB. — *Crotalaria retusa* L. — *C. sagittalis* L., *C. striata* L. und *C. sericea* RETZ.; nicht sicher. — *Lotus suaveolens* PERS. — *Colutea orientalis*

[1] *Remijia-Rinden* (*Cuprea-R.*, *China Cuprea*) als „*Falsche Chinarinden*"; früher als Fälschung der *echten Chinarinden*.

[2] Weitere *Leguminosen-Alkaloide* s. S. 770 (unter Abschnitt IV).

[3] Mikrochem. Nachweis von Cytisin: G. KLEIN u. FARKASS., Österr. Botan. Ztschr. **79**, 107 (1930).

LAM. — *Euchresta Horsfieldii* BENN. (*Andira H.* LESCH.). — *Genista Raetam* FORSK. (*Retama R.* WEBB. et BERT.); hier im Stiel. — Auch in der Gattung *Thermopsis* angegeben.

## VI. Alkaloide mit Isochinolinringsystemen.

### a) Cacteen-Alkaloide.

Fam. **Cactaceae:**

**1. Pellotin,** $C_{13}H_{19}O_3N$.

Vorkommen: *Anhalonium Williamsii* LEM. (*Echinocactus W.* LEM.); in der Droge, „Pellote". — *A. Lewinii* HENNG. (*Echinocactus L.*), Peyotl; in der Droge, doch zweifelhaft, vielleicht infolge Beimengung von *A. Williamsii* (neben anderen Alkaloiden, s. Nr. 3 unten).

**2. Carnegin,** $C_{13}H_{19}O_2N$.

Vorkommen: *Cereus Pecten aboriginum* ENGELM.; als „*Pectenin*" beschrieben. — *Cereus giganteus* ENGELM. (*Carnegia g.* BR. et R.); *Carnegin.*

**3. Mescalin,** $C_{11}H_{17}O_3N$, **Anhalonidin,** $C_{12}H_{17}O_3N$, **Anhalonin,** $C_{12}H_{15}O_3N$, **Anhalamin,** $C_{11}H_{15}O_3N$, **Lophophorin,** $C_{13}H_{17}O_3N$.

Vorkommen: *Anhalonium Lewinii* HENNG. (*Echinocactus L.*), Peyotl; in getrockneter Pflanze (= „*Mescal buttons*", Droge). — [*Anhalonin* auch in *A. Jourdanianum* LEM.; ebenso, in Droge]. — *Echinocactus gibbosus* DC. (*Gymnocalycium g.* PFEIFF.); im Saft zwei Alkaloide (Gemisch von *Anhalonin* und *Lophophorin*) und *Mescalin.* **Anhalin** (in *Anhalonium fissuratum* ENGELM.) ist identisch mit *Hordenin* (s. Gruppe I, Nr. 1).

### b) Alkaloide der Ranunculaceen, Berberidaceen, Rutaceen u. a.

Berberis-Alkaloide.

**1. Hydrastin,** $C_{21}H_{21}O_6N$ [1].

Vorkommen: Nur in einer Familie.

Fam. **Ranunculaceae:** *Hydrastis canadensis* L., Blutkraut; in Rhizom und Wurzeln (neben *Berberin, Canadin, Meconin* und *Hydrastinin*), frei und gebunden.

**2. Berberin,** $C_{20}H_{19}O_5N$.

Vorkommen: In einer Mehrzahl dicotyler Familien, besonders *Berberidaceen, Ranunculaceen, Menispermaceen, Papaveraceen* und *Rutaceen*, vereinzelt auch *Leguminosen*, unsicher bei *Anonaceen*; in Rinde und Holz von Stamm und Wurzel (bzw. Rhizom), Zweigen, auch in Blättern, Blüten und Frucht mehrerer Arten[2]. Ist früheres *Chelidoxanthin, Jamaicin* (?) u. *Xanthopicrit.*

Fam. **Ranunculaceae:** *Hydrastis canadensis* L., Blutkraut; in Rhizom und Wurzeln (neben *Hydrastin, Canadin* und *Hydrastinin*) und im Blatt. — Im Rhizom folgender: *H. bonadensis* (?). — *Coptis trifolia* SALISB. (*Helleborus t.* L.), neben „*Coptin*"? — *C. anemonaefolia* SIEB. et ZUCC. (neben „*Coptin*"). — *C. japonica* MAK. (neben *Palmatin, Columbamin?, Coptisin* und *Worenin*). — *C. Teeta* WALL. (neben „*Coptin*"). — *Xanthorriza apiifolia* L'HÉRIT; hier in Wurzel. — *Delphinium saniculaefolium* BOISS.; unsicher! — *Thalictrum macrocarpum* GREN., Wiesenraute; angeblich! (neben „*Thalictrin*" und „*Macrocarpin*"). — *Th. flavum* L. — *Adonis vernalis* L., Adonisröschen; hier in Blättern. — *Caltha palustris* L., Sumpfdotterblume; Kraut soll gleichfalls Berberin enthalten (1891).

Fam. **Berberidaceae:** *Berberis vulgaris* L., Berberitze, Sauerdorn; in Blättern, Holz und Rinde des Stammes, in Blüten (neben *Oxyacanthin*), Wurzelrinde (neben *Oxycanthin, Jatrorrhizin, Columbamin, Berberrubin* und *Berbamin*) und in Frucht[3]. —

[1] Mikrochem. Nachweis von Hydrastin: G. KLEIN u. A. SCHILHAB: Österr. Botan. Ztschr. **77**, 14 (1928).

[2] Nach älterer Angabe (1871) eine *berberinähnliche Substanz* auch im Rhizom von *Curcuma longa* L. (*Amomum Curcuma* MURS.), Curcuma, Gelbwurzel (**Zingiberaceae**).

[3] Mikrochem. Nachweis von Berberin s. G. KLEIN u. BARTOSCH: Österr. Botan. Ztschr. **77**, 1 (1928). (Verbreitung und Lokalisation). *B. vulgaris* enthielt *kein* Berberin in Blatt, Blüte und Frucht. — Zusammenstellung berberinhaltiger Familien auch MOLISCH: Ebenda **77**, 1 (1928).

*B. Thunbergii* DC. var. *Maximowiczii* Franch.; in Wurzel (= „*Megi*", „*Shobaku*"), neben *Oxyacanthin*, *Berbamin*, *Yatrorrhizin*, *Columbamin*, *Shobakumin* und *Oxyberberin*. — *B. cretica* (?); in Blüte. — *B. canadensis* Pursh, in Zweigen, Rinde und Holz. — *B. repens* Don.; in Wurzel (neben *Oxyacanthin* und *Berbamin*). — Ebenso in folgenden: *B. nervosa* Pursh. — *B. Aetnensis* Presl. — *B. buxifolia* Lam. — *B. Lycium* Boyle; in Stamm und Borke. — *B. lucida* Schrad.; in Rinde und Holz. — *B. lutea* R. et P. — *B. glauca* DC. — *B. tomentosa* Thunb. — *B. pallida* Hartw. — *B. domestica* Thunb.

*Mahonia Aquifolium* Nutt. (*Berberis A.* Pursh.) und var. *repens* Lindl.; in Wurzel (neben *Oxyacanthin* und *Berbamin*) u. Stamm, Holz und sek. Rinde. — *M. pinnata* (?); in Rinde und Holz. — *M. japonica* Thunb.; ebenso. — *Leontice Leontopetalum* L.; zweifelhaft. — *Caulophyllum thalictroides* Michx. (*Leontice Thallictrum* L.), Blauer Hahnenfuß; in Rhizom und Wurzeln, nach älteren Angaben! — *Nandina domestica* Thbg.; in Wurzelrinde (neben *Nandinin*) und Zweigen. — *N. tomentosa* [?]. — *Podophyllum peltatum* L., Amerikanisches Podophyllum; im Rhizom, nach früheren fehlend. — *Jeffersonia diphylla* Pers.; bestritten!

Fam. **Menispermaceae:** *Coscinium fenestratum* Colebr.; im Holz (= *Columboholz*). — *Menispermum canadense* L.; in Wurzel (*Texas-Sarsaparille*), später bezweifelt. — *Tinospora Rumphii* Boerl., „Makabuhay"; in Zweigen und Wurzel (Rinde). — *T. crispa* Miers; wie vorige, aber zweifelhaft! — *Fibraurea tinctoria* Lour.; in Holz, Rinde und Wurzeln. — *Archangelisia lemniscata* Becc.; im Holz. — *A. flava* Merr.; wie vorige. — *Chasmanthera cordifolia* ?). — *Cocculus*-Species? — Kein Berberin in *Chondrodendron tomentosum*!

Fam. **Anonaceae:** *Xylopia polycarpa* Oliv. (*Coelocline p.* DC.), Rinde soll nach alter Angabe (1858) *Berberin* enthalten (?).

Fam. **Papaveraceae:** *Chelidonium majus* L., Schöllkraut; im Kraut, „*Chelidoxanthin*" ist *Berberin* (neben *Chelilysin*). — *Argemone mexicana* L., Stachelmohn; im Kraut (neben *Protopin*). — *Dicentra formosa* Borkh. et Gray (*Dielytra f.* DC.); im Rhizom, „*Chelidoxanthin*" = *Berberin*, unsicher! — *Stylophorum diphyllum* Nutt., „Yellow poppy"; in Wurzel, „*Chelidoxanthin*". — *Eschscholtzia californica* Cham. — Unsicher ist Vorkommen in *Corydalis tuberosa* DC., Lerchensporn; in Wurzelknollen (alte Angabe!) und in *C. decumbens* Pers. (oder *C. Vernyi* Fr. et S.); in *Japanischen Corydalisknollen*.

Fam. **Leguminosae** (*Papilionatae*): *Andira inermis* H. B. et K. (*Geoffroya jamaicensis*); in *Jamaikanischer Geoffroyarinde*, früheres „*Jamaicin*" ist *Berberin*, doch bezweifelt.

Fam. **Rutaceae** (*Rutoideae*): *Xanthoxylum caribaeum* Lam. (*X. Clava Herculis* DC.); in Zweigen, Blatt und Rinde. — *X. Bossua* (?); im Stamm (Rinde). — *X. odontalgicum* (?); in Rinde. — *X. Perrottetii* DC. — *X. fraxineum* Willd.; in Rinde. — *X. hermaphroditum* Willd. — *X. heterophyllum* Sm. — *X. rigidum* H. et Bonpl. — *X. piperitum* DC., Japanischer Pfeffer; in Wurzel und Rinde. — *Evodia meliifolia* Benth. (*E. glauca* Miq.); in Rinde, von neueren nicht gefunden. — *E. hortensis* Forst.; im Blatt. — *Orixa japonica* Thbg. (*Celastrus Orixa* S. et Zucc.); in Rinde. — (*Toddalioideae*): *Toddalia aculeata* Pers. (*T. asiatica* L.), „Wild Orange tree"; in Wurzel, nach anderen fehlend. — *Phellodendron amurense* Rupr.; in Rinde.

*Berberinähnliches Alkaloid* sollen in dieser Familie nach älterer Angabe auch enthalten: *Zieria lanceolata* R. Br. und *Z. octandra* Sw.

### 3. Oxyberberin.

Vorkommen:

Fam. **Berberidaceae:** *Berberis Thunbergii* DC. var. *Maximowiczii* Franch., „Megi", „Schobaku"; in Wurzeln (neben anderen Alkaloiden, s. Nr. 10).

### 4. Oxyacanthin, $C_{37}H_{40}O_6N_2$ ($C_{36}H_{42}O_6N_2$?) (*Vinetin*).

Vorkommen: Bei einigen *Berberidaceen* und einer *Menispermacee* bislang nachgewiesen.

Fam. **Berberidaceae:** *Berberis vulgaris* L., Berberitze, Sauerdorn, „Vinetier"; in Blüten und Wurzelrinde (neben *Berberin*, *Berbamin* u. a.). — *B. repens* Don.; in Wurzelrinde (hier neben *Berberin*, *Berbamin* u. a., s. Nr. 2). — *B. Thunbergii* DC. var. *Maximowiczii* Franch., Japanische Berberitze; in Wurzel (neben anderen Alkaloiden, s. Nr. 10). — *Mahonia Aquifolium* Nutt. und var. *repens*. Lindl. (= *Berberis repens* Don.); in Wurzel (neben *Berberin* und *Berbamin*).

Fam. **Menispermaceae:** *Menispermum canadense* L.; in Wurzel (= *Texas-Sarsaparille*).

### 5. Berbamin $C_{37}H_{40}O_6N_2$ (oder $C_{36}H_{38}O_6N_2$).

Vorkommen: Neben *Oxyacanthin* in den bei diesem (Nr. 4) angeführten Pflanzen.

**5a. Berberrubin** s. oben bei *Berberis vulgaris* (auch unten S. 778!).

**6. l-Canadin,** $C_{20}H_{21}O_4N$
(*l-Tetrahydro-berberin*).

Vorkommen: In fünf dicotylen Familien vereinzelt.

Fam. **Ranunculaceae:** *Hydrastis canadensis* L., Blutkraut; im Rhizom, „*Yellow root*" (neben *Berberin, Hydrastin* und *Hydrastinin*).

Fam. **Berberidaceae:** *Berberis Thunbergii* DC. var. *Maximowiczii* FRANCH.; in Wurzel (neben anderen Alkaloiden, s. Nr. 10).

Fam. **Menispermaceae:** *Archangelisia flava* MERR.; im Stengel (1931).

Fam. **Papaveraceae:** *Corydalis ternata* NAK.; in Knollen (neben *Protopin, β-Homochelidonin, l-Corydin* und *Isocorydin*).

Fam. **Rutaceae** (*Rutoideae*): *Xanthoxylum brachyacanthum* F. MÜLL.; in Rinde (als *l-α-Canadinmethochlorid*), neben *γ-Homochelidonin.*

**7. Nandinin,** $C_{19}H_{19}O_4N$
(*d-Tetrahydro-berberrubin*).

Vorkommen: Nur in einer Familie.

Fam. **Berberidaceae:** *Nandina domestica* THBG.; in Wurzelrinde (neben *Berberin* und *Domesticin*) und in Frucht (neben *Nantenin*).

**8. Coptisin,** $C_{19}H_{15}O_5N$.

Vorkommen: In einer Familie nachgewiesen.

Fam. **Ranunculaceae:** *Coptis japonica* MAK.; im Wurzelstock (neben *Berberin, Columbamin?, Worenin* und *Palmatin*). — **Coptin** (?) in *C. trifolia* u. *C. Teeta.*

In derselben Pflanze:

**9. Worenin,** $C_{20}H_{17}O_5N$.

**10. Shobacumin,** $C_{20}H_{23}O_4N$.

Vorkommen: Nur in einer Pflanze und Familie nachgewiesen[1].

Fam. **Berberidaceae:** *Berberis Thunbergii* DC. var. *Maximowiczii* FRANCH., „Megi", „Schobaku"; in Wurzeln (neben *Oxyacanthin, Berbamin, Berberin, Jatrorrhizin, Columbamin* und *Oxyberberin*).

## c) Columbo-Alkaloide.

**1. Palmatin,** $C_{21}H_{23}O_5N$.

Vorkommen: In 4 dicotylen Familien nachgewiesen, meist nur in unterirdischen Organen (Rhizom, Wurzel).

Fam. **Ranunculaceae:** *Coptis japonica* MAK.; im Wurzelstock = *Coptiswurzel* (neben *Berberin, Columbamin, Coptisin* und *Worenin*).

Fam. **Berberidaceae:** *Berberis vulgaris* L., Berberitze, Sauerdorn; in Wurzelrinde (neben *Berbamin, Oxyacanthin, Berberin, Jatrorrhizin, Columbamin* und *Berberrubin*).

Fam. **Menispermaceae:** *Jateorhiza*[2] *palmata* MIERS (*J. Columba* MIERS); in Wurzel = *Radix Colombo* (*Columbowurzel*) neben *Jateorhizin* (*Jatrorrhizin*), *Dihydropalmatin, Oxypalmatin, Berberrubin* und *Palmatrubin* (doch kein Berberin!).

Fam. **Rutaceae** (*Toddalioideae*): *Phellodendron amurense* RUPR., japan. „Obaku"; in Rinde (neben *Berberin*).

**2. Jatrorrhizin,** $C_{20}H_{21}O_5N$.

Vorkommen: In Fam. **Berberidaceae** und **Menispermaceae** wie *Palmatin,* s. Nr. 1. — Außerdem in *Berberis Thunbergii* DC. var. *Maximowiczii* FRANCH.; in Wurzel (neben anderen Alkaloiden, s. Nr. 10 oben).

**3. Columbamin,** $C_{20}H_{21}O_5N$ [nicht frei dargestellt].

Vorkommen: Wie *Jatrorrhizin,* s. vorige.

---

[1] KONDO, H., u. M. TOMITA: Arch. Pharm. u. Ber. Pharm. Ges. **268**, 594 (1930).

[2] *Jateorhiza* und *Jatrorrhiza* in Liter. nebeneinander (ebenso *Jateorhizin* und *Jatrorrhizin*).

**4. Berberrubin, Palmatrubin,** $C_{20}H_{19}O_4N$, **Dihydropalmatin** und **Oxypalmatin.**
Vorkommen:
Fam. **Menispermaceae:** *Jateorhiza palmata* MIERS; in der *Columbowurzel*, s. Nr. 1 (1932)[1]. — *Berberrubin* auch in *Berberis vulgaris* (oben).

## d) Papaveraceen-Alkaloide.

Fam. **Papaveraceae:**

### 1. Corydalis-Alkaloide.

*α) Corydalin- und Tetrahydro-berberin-Gruppe*

(Corydalin, Corybulbin, Iso-corybulbin, d-Tetrahydro-columbamin, 2,9-Dioxy-3,10-dimethoxy-tetrahydro-protoberberin, d-Tetrahydrocoptisin, d-Canadin, d-Tetrahydro-palmatin, Dehydro-corydalin und Corypalmin).

**1. Corydalin,** $C_{22}H_{27}O_4N$.

Vorkommen: *Corydalis tuberosa* DC. (*C. cava* SCHWG., *C. bulbosa* PERS.), Lerchensporn; in Wurzelknollen (neben *Corybulbin, Isocorybulbin, Bulbocapnin, Corytuberin, Corycavin, Corydin, Corycavamin, Dehydrocorydalin, i-Corycavidin, Protopin, Glaucin, Corypalmin, d-Tetrahydropalmatin, d-Canadin, d-Tetrahydrocolumbamin, Hydrohydrastinin* und *Dioxydimethoxytetrahydroprotoberberin*) und im Kraut (neben *Bulbocapnin.* — *C. nobilis* PERS.; in Wurzel und Kraut, als „*Corydalinobilin*", vielleicht identisch mit *Corydalin.* — *C. fabacea* PERS. (*C. intermedia* MER.); in Knollen. — *C. solida* SUR. (*C. digitata* PERS.); in Knollen zur Blütezeit (neben *Protopin*). — *C. ambigua* CHAM. et SCH.; in *Chinesischen Corydalisknollen* (neben *Dehydrocorydalin, Corypalmin, Corybulbin, Protopin, Base I* und *II* und anderen noch nicht ganz sicheren Basen als *Corydalin A—F* bezeichnet).

**1a. Dehydro-corydalin,** $C_{22}H_{25}O_5N$.

Vorkommen: *Corydalis tuberosa* DC., Lerchensporn; in Wurzelknollen. — *C. ambigua* CHAM. und *C. nobilis* PERS.; ebenso (neben anderen Basen, s. Nr. 1).

**2. Corybulbin,** $C_{21}H_{25}O_4N$.

Vorkommen: *Corydalis tuberosa* DC., Lerchensporn; in Wurzelknollen (neben anderen Alkaloiden, s. bei *Corydalin,* Nr. 1). — *C. ambigua* CHAM. et SCH.; in *Chinesischen Corydalisknollen,* neben *Corydalin* u. a. (s. Nr. 1).

**3. Iso-corybulbin,** $C_{21}H_{25}O_4N$.

Vorkommen: *Corydalis tuberosa* DC., Lerchensporn; in Wurzelknollen (neben anderen Alkaloiden, s. *Corydalin,* Nr. 1). — In den Knollen außerdem die folgenden Nebenalkaloide (*Tetrahydro-berberin-Gruppe*):

**4. Tetrahydro-columbamin,** $C_{20}H_{23}O_4N$,
**2,9-Dioxy-3,10-dimethoxy-tetrahydro-protoberberin,** $C_{19}H_{21}O_4N$,
**Tetrahydro-coptisin,** $C_{19}H_{17}O_4N$ (*Corydalin D*),
**d-Canadin,** $C_{20}H_{21}O_4N$.

Ebenso kommen *sämtliche weiterhin genannten Corydalis-Alkaloide* auch in den Knollen von *C. tuberosa* vor.

**5. Tetrahydro-palmatin,** $C_{21}H_{25}O_4N$.

Vorkommen: *Corydalis tuberosa* DC., Lerchensporn; in Wurzelknollen (neben anderen *Alkaloiden*, s. Nr. 1). — *C. decumbens* PERS. (nicht *C. Vernyi* FR. et S.!); in Knollen, *Japanische Corydalisknollen* (neben *Protopin* und *Bulbocapnin*). — *Dicentra formosa* BORKH. et GRAY; im Kraut (neben *Dicentrin* und *Protopin*).

**6. Corypalmin,** $C_{20}H_{23}O_4N$
(*d-Tetrahydro-jatrorrhizin, Corydalin B*).

Vorkommen:
Fam. **Menispermaceae:** *Archangelisia flava* MERR.; im Stengel[2].
Fam. **Papaveraceae:** *Corydalis tuberosa* s. Nr. 1. — *C. ambigua* CH. et SCH., *corypalminähnliche Base* (*Corydalin F*) u. andere.

---

[1] FEIST u. AWE: Arch. der Pharm. u. Ber. Pharm. Ges. **269**, 660 (1931) (C. C. **1932 I**, 2185).
[2] SANTOS: Univ. Philipp. Natur. Appl. Scienc. Bull. **1931 I**, 153 (C. C. **1931 II**, 3219).

*β) Corycavin-Gruppe* (Protopin-Gruppe):

**Corycavin,** $C_{21}H_{21}O_5N$, **Corycavamin,** $C_{21}H_{21}O_5N$,
**Corycavidin,** $C_{22}H_{25}O_5N$, **Protopin** (s. *Opium-Alkaloide* S. 782).

Vorkommen: Sämtlich wie *Iso-corybulbin,* s. oben Nr. 3.

*γ) Bulbocapnin-Gruppe* (Aporphin-Gruppe).
(Bulbocapnin, Corytuberin, Corydin, *Isocorydin*).

**1. Bulbocapnin,** $C_{19}H_{19}O_4N$.

Vorkommen: *Corydalis tuberosa* DC. (*C. cava* Schwg., *C. bulbosa* Pers.), Lerchensporn; in Wurzelknollen (neben anderen *Alkaloiden,* s. oben S. 778) und im Kraut (neben *Corydalin* und *Protopin*). — *C. solida* Sm. (*C. digitata* Pers.); im Kraut. — *C. decumbens* Pers. (nicht *C. Vernyi* Fr. et S.); in Knollen, *Japanische Corydalisknollen* (neben *Protopin* und *d-Tetrahydro-palmatin*). — *Dicentra canadensis* Walp.; in Knollen (neben *Protopin, Corydin* und *Isocorydin*), 1932[1].

**2. Corytuberin,** $C_{19}H_{21}O_4N$.

Vorkommen: *Corydalis tuberosa* DC., s. Nr. 1 oben, S. 778.

**3. Corydin,** $C_{20}H_{23}O_4N$.

Vorkommen: *Corydalis tuberosa* DC., Lerchensporn; in Wurzelknollen (neben anderen *Alkaloiden,* s. Nr. 1). — *C. ternata* Nak.; in Knollen (*Koreanische C.-Knollen*), als *l-Corydin* (neben *Protopin, β-Homochelidonin* (*Allocryptopin*), *l-Canadin, l-Glaucin, l-Tetrahydrocoptisin* [= *Stylopin*] und *l-Isocorydin*). — *Dicentra canadensis* Walp.; in Knollen, s. Nr. 1).

**4. Isocorydin,** $C_{20}H_{23}O_4N$.

Vorkommen: *Corydalis ternata* Nak.; in Wurzelknollen (neben anderen Alkaloiden, s. Nr. 3).

## 2. Corydalinähnliche Alkaloide der Aporphin-Gruppe

(Dicentrin, Glaucin, Boldin, Domesticin, Laurotetanin u. a.).

**1. Dicentrin,** $C_{20}H_{21}O_4N$.

Vorkommen: *Dicentra pusilla* Sieb. et Zucc. (*Dielytra p.* [?]); im Kraut (neben *Protopin*). — *D. formosa* Borkh. et Gray.; wie vorige (neben *Protopin* und *d-Tetrahydro-palmatin*).

**2. Glaucin,** $C_{21}H_{25}O_4N$.

Vorkommen: *Glaucium luteum* Scop. (*G. flavum* Crtz.), Hornmohn; im Kraut (neben *Protopin*), in Wurzel *Protopin* und vielleicht Spuren von *Chelerythrin* und *Sanguinarin*. — *Corydalis tuberosa* DC. (*C. cava* Schng., *C. bulbosa* Pers.), Lerchensporn; in Wurzelknollen (neben vielen anderen *Alkaloiden,* s. Nr. 1, S. 778). — *C. ternatu* Nak.; in Knollen (*koreanische Corydalisknollen*), neben anderen Alkaloiden, s. Nr. 3.

**2a. Eximin** (ohne Formel).

Vorkommen: *Bicuculla eximia* (*Adlumia e.* ?); in Blättern und Zweigen (neben anderen Basen).

Hierher gehören auch folgende Alkaloide anderer Familien.

**3. Boldin,** $C_{19}H_{21}O_4N$
(isomer *Laurotetanin*).

Vorkommen:

Fam. **Monimiaceae:** *Peumus Boldus* Baill. (*Boldea fragrans* Juss.); in Blättern (*Boldoblätter*).

**4. Laurotetanin,** $C_{19}H_{21}O_4N$
(isomer *Boldin*).

Vorkommen: Mit Sicherheit nur in einer dicotylen Familie nachgewiesen.

Fam. **Lauraceae:** *Dehaasia squarrosa* Hassk. (*Haasia s.* Miq.); in Rinde und Blättern, unsicher! — *Haasia firma* Miq.; wie vorige. — In Stammrinden folgender: *Litsea latifolia* Bl. — *L. chrysocoma* Bl. — *Aperula speciosa* Bog. (*Actinodaphne sp.* New.). — *Actinodaphne procera* Nees. — *Tetranthera intermedia* Bl. — *T. citrata* Nees (*Litsea*

[1] Manske, R.: Canadian Journ. Res. **7**, 258 (1932).

*citrata* BL., *L. Cubeba* PERS.) neben *boldinähnlich.* Alkaloid.—*Notaphoebe umbelliflora* BL. — Auch in den Gattungen *Cassytha, Cryptocarya, Carynodaphne* u. a.).
Fam. **Hernandiaceae:** *Illigera pulchra* BL.; anscheinend!

### Nandina-Alkaloide.

5. **Domesticin,** $C_{19}H_{19}O_4N$, **Domestin** (*Nantenin*), $C_{20}H_{21}O_4N$, **Isodomesticin,** $C_{19}H_{19}O_4N$, **Nandasurin,** $C_{28}H_{18}O_6N_2$.

Vorkommen:

Fam. **Berberidaceae:** *Nandina domestica* THBG.; in Wurzelrinde (neben *Nandinin* u. *Berberin*), in Frucht nur *Domestin* (*Domesticinmethyläther, Nantenin*). — **Nandinin** s. unter b, Nr. 7, S. 777.

### Laurelia-Alkaloide.

6. **Pukatein,** $C_{17}H_{17}O_3N$, **Laurelin,** $C_{19}H_{21}O_3N$. **Laurepucin,** $C_{16}H_{19}O_3N$.

Vorkommen:

Fam. **Monimiaceae:** *Laurelia Novae-Zelandiae* CUNN., Pukatea; in Rinde.

## 3. Chelidonium-Alkaloide

Fam. **Papaveraceae:**

### 1. Chelidonin, $C_{20}H_{19}O_5N$.

Vorkommen: *Eschscholtzia californica* CHAM.; in Wurzel, als *β-Chelidonin* (neben *Protopin, Chelerythrin, Morphin* und *Jonidin*). — *Chelidonium majus* L., Schöllkraut; in Wurzel (neben *Chelerythrin, α-, β-* und *γ-Homochelidonin, Protopin, Sanguinarin* und *Allokryptopin*). — *Dicentra formosa* BORKH. et GRAY; im Rhizom, unsicher! — *Stylophorum diphyllum* NUTT. (*Chelidonium d.* MICH.), „Yellow poppy"; in Wurzel (neben *Protopin, Stylopin, Diphyllin* und *Sanguinarin*).

### 2. α-Homo-chelidonin, $C_{21}H_{23}O_5N$, Oxy-chelidonin, $C_{20}H_{17}O_6N$ und Methoxy-chelidonin, $C_{21}H_{21}O_6N$.

Vorkommen: *Chelidonium majus* L., Schöllkraut; in Wurzel (neben anderen *Alkaloiden,* s. Nr. 1).

### 3. Sanguinarin, $C_{20}H_{15}O_5N$ (*Pseudochelerythrin*).

Vorkommen: *Eschscholtzia californica* CHAM.; in der ganzen Pflanze (neben *β-* und *γ-Homochelidonin, Protopin* und *Chelerythrin*). — *Bocconia cordata* WILLD. (*Macleya c.* R. Br.); in Wurzeln, Stengel und Blättern (neben *Protopin, β-Homochelidonin* und *Chelerythrin*), zweifelhaft, höchstens in Spuren. — *Glaucium luteum* SCOP., Hornmohn; in Wurzel, anscheinend! (neben *Chelerythrin, Glaucopicrin* und *Protopin*). — *Sanguinaria canadensis* L., Blutwurz; im Wurzelstock (neben *Chelerythrin, Sanguinaria-Protopin, β-* und *γ-Homochelidonin*). — *Chelidonium majus* L., Schöllkraut; in Wurzel (neben anderen *Alkaloiden,* s. Nr. 1). — *Dicentra spectabilis* L., Herzblume; in Wurzel (neben *Protopin* und *Chelerythrin*). — *Stylophorum diphyllum* NUTT., „Yellow poppy"; in Wurzel (neben anderen *Alkaloiden,* s. Nr. 1).

### 4. Chelerythrin, $C_{21}H_{17}O_4N$.

Vorkommen: *Eschscholtzia californica* CHAM.; in Wurzel und ganzer Pflanze (neben anderen *Alkaloiden,* s. Nr. 1). — *Bocconia frutescens* WILLD.; in Blättern, Rinde und Holz. — *B. cordata* WILLD. (*Macleya c.* R. BR.); in Wurzel, Stengel und Blättern (neben *Protopin, β-Homochelidonin* und *Sanguinarin*). — *Glaucium luteum* SCOP., Hornmohn; in Wurzel (neben *Glaucopicrin, Protopin* und *Sanguinarin*). — *Sanguinaria canadensis* L., Blutwurz; im Wurzelstock (neben anderen *Alkaloiden,* s. Nr. 3). — *Chelidonium majus* L., Schöllkraut; in Wurzel (neben anderen *Alkaloiden,* s. Nr. 1), im Kraut (neben *Chelilysin* und *Chelidoxanthin = Berberin*) und in Frucht. — *Dicentra spectabilis* L., Herzblume; in Wurzel (neben *Sanguinarin* und *Protopin*), unsicher!

### 5. α- und β-Allocryptopin, $C_{21}H_{23}O_5N$ ($C_{19}H_{24}ON_2$ ?) (*β-* und *γ-Homochelidonin*).

Vorkommen: *Eschscholtzia californica* CHAM.; in der ganzen Pflanze (neben *Protopin, Chelerythrin* und *Sanguinarin*). — *Bocconia frutescens* WILLD.; in Blättern (neben

*Protopin*). — *B. cordata* WILLD. (*Macleya c.* R. BR.); in Wurzel, Stengel und Blättern, *β-Homochelidonin* (neben *Protopin, Chelerythrin* und *Sanguinarin*). — *Sanguinaria canadensis* L., Blutwurz; im Wurzelstock (neben *Chelerythrin, Sanguinarin* und *Protopin*). — *Chelidonium majus* L., Schöllkraut; in Wurzel (neben anderen *Alkaloiden*, s. Nr. 1 S. 780). — *Adlumia cirrhosa* RAF., Kletternder Erdrauch; in der ganzen Pflanze, *β-Homochelidonin* (neben *Adlumin, Protopin* und *Adlumidin*). — *A. fungosa* GREEN.; wie vorige, *α-Allocryptopin* (neben *Protopin, Adlumin, Adlumidin* und *Bicucullin*). — *Corydalis ternata* NAK.; in Knollen, *β-Homochelidonin* (neben *Protopin, l-Canadin, l-Corydin, Isocorydin* u. a., s. Nr. 3 S. 779).

Außerdem in folgender Familie:

Fam. **Rutaceae:** *Xanthoxylum brachyacanthum* F. MÜLL.; in Rinde (*γ-Homochelidonin*).

## 4. Opium-Alkaloide.

Fam. **Papaveraceae:**

Gruppeneinteilung der zahlreichen Alkaloide nach chemischen Merkmalen s. im vorhergehenden Kapitel S. 609).

**Papaverin,** $C_{20}H_{21}O_4N$,
**Papaveraldin** (*Xanthalin*) $C_{20}H_{19}O_5N$,
**dl-Laudanin,** $C_{20}H_{25}O_4N$,
**Laudanidin** (*Tritopin*) $C_{20}H_{25}O_4N$,
**Codamin,** $C_{20}H_{25}O_4N$,
**Laudanosin,** $C_{21}H_{27}O_4N$,
**Gnoskopin** (*dl-Narkotin*), $C_{22}H_{23}O_7N$,
**Cryptopin,** $C_{21}H_{23}O_5N$,
**Oxynarkotin,** $C_{22}H_{23}O_8N$,
**Hydro-cotarnin,** $C_{12}H_{15}O_3N$,
**Porphyroxin,** $C_{19}H_{23}O_4N$,
**Lanthopin,** $C_{23}H_{25}O_4N$,
**Morphin,** $C_{17}H_{19}O_3N$,
**Protopin,** $C_{20}H_{19}O_5N$,
**Narcein,** $C_{23}H_{27}O_8N$,
**Narkotin,** $C_{22}H_{23}O_7N$,
**Rhoeadin,** $C_{21}H_{21}O_6N$,
**Codein,** $C_{18}H_{21}O_3N$,
**Thebain,** $C_{19}H_{21}O_3N$,
**Neopin,** $C_{18}H_{21}O_3N$,
**Pseudomorphin** (*Oxydimorphin*) $(C_{17}H_{18}O_3N)_2$,
**Mekonidin,** $C_{21}H_{23}O_4N$,
**Papaveramin,** $C_{21}H_{25}O_6N$.

Vorkommen: *Papaver somniferum* L., Schlafmohn; im Milchsaft (*Opium*), besonders unreifer Früchte, doch auch in reifen vorkommend, einzelne Alkaloide bereits im Samen, alkaloidhaltig sind außerdem alle vegetativen Teile.

*Hauptalkaloide:* Morphin, Narcotin, Papaverin, Thebain, Codein, Narcein in größerer Menge (0,2 bis über 9 %), alle übrigen in Mengen unter 0,1 % bis auf Spuren herabgehend (0,0008 %) und meist nur aus den Mutterlaugen der Hauptalkaloide darstellbar. Unterschiede der einzelnen Opiumsorten!

Von diesen Alkaloiden kommen die nachfolgend aufgezählten (außer in *P. somniferum*) noch *in anderen Species* (*Papaverarten und Papaveraceen-Gattungen*) sowie in einigen *sonstigen Familien* vor:

### 1. Narkotin, $C_{22}H_{23}O_7N$.

Vorkommen:

Fam. **Papaveraceae:** *Papaver Rhoeas* L., Klatschmohn; in Fruchtkapseln (neben *Rhoeadin, Morphin* und *Paramorphin*). — *P. orientale* L.; in Blättern, Stengeln und Kapseln, nach alter Angabe! (neben *Morphin, Thebain, Isothebain, Protopin* und *Glaucidin*).

Fam. **Cruciferae:** *Brassica oleracea capitata alba* L., Weißkohl; in Blättern[1].

Fam. **Rutaceae** (*Aurantioideae*): *Citrus Aurantium* RISSO, Apfelsinenbaum; im Fruchtsaft (*Apfelsine*), 1932[1]. — *C. Limonum* RISSO, Citronenbaum; wie vorige[1].

Fam. **Ericaceae:** *Vaccinium Vitis Idaea* L., Preiselbeere, Kronsbeere; im Fruchtsaft[1].

Fam. **Solanaceae:** *Solanum Lycopersicum* L. (*Lycopersicum esculentum* MILL.), Tomate; in Frucht (= *Tomate*), 1932[1]. — *S. tuberosum* L., Kartoffel; im Kartoffelpreßsaft[1].

### 2. Cryptopin, $C_{21}H_{23}O_5N$.

Vorkommen: *Dicentra Cucullaria* BERNH.; in Knollen (neben *Protopin*)[2].

### 3. Thebain, $C_{19}H_{21}O_3N$.

Vorkommen: *Papaver orientale* L.; in Blättern, Stengel und Kapseln (neben *Morphin, Narkotin, Isothebain, Protopin* und *Glaucidin*).

---

[1] RYGH u. LALAND: Ztschr. f. physiol. Ch. **204**, 105 (1932) (C. C. **1932 I**, 834). — LALAND: Ebenda **204**, 112 (1932) (C. C. **1932 I**, 834).

[2] MANSKE: Canadian Journ. Res. **7**, 265 (1932) (C. C. **1932 II**, 3901).

### 4. **Narcein,** $C_{23}H_{27}O_8N$.

Vorkommen:
Fam. **Caprifoliaceae:** *Diervilla florida* SIEB. et ZUCC. (*Weigelia rosea* LINDL.); in der Frucht (1912).

### 5. **Rhoeadin,** $C_{21}H_{21}O_6N$.

Vorkommen: *Papaver Rhoeas* L., Klatschmohn; in Blättern, Wurzeln, reifen und unreifen Samenkapseln (neben *Morphin, Paramorphin* und *Narkotin*).

### 6. **Protopin,** $C_{20}H_{19}O_5Na$ (*Macleyin, Fumarin*).

Vorkommen: *Eschscholtzia californica* CHAM.; in Wurzel (neben *β-Chelidonin*), in der ganzen Pflanze. — *Bocconia cordata* WILLD. (*Macleya c.* R. BR.); in allen Teilen, hauptsächlich in Wurzel, Stengel und Blatt, *Macleyin* ist *Protopin* (neben *β-Homochelidonin, Chelerythrin* und *Sanguinarin*). — *B. frutescens* L.; in Blättern (neben *β-* und *γ-Homochelidonin* und *Chelerythrin*). — *Glaucium luteum* SCOP. (*G. flavum* CRTZ.), Hornmohn; in Kraut und Wurzel (neben *Glaucin* im Kraut und *Chelerythrin*, „*Glaucopicrin*" und *Sanguinarin* in Wurzel). — *Gl. corniculatum* CURT. var. *phoeniceum*; im Kraut, *Fumarin* ist *Protopin.* — *Hypecoum procumbens* L.; enth. *fumarinartiges Alkaloid.* — *Sanguinaria canadensis* L., Blutwurz; im Wurzelstock; als *Sanguinaria-Protopin* (neben *Chelerythrin, Sanguinarin, β-* und *γ-Homochelidonin*). — *Chelidonium majus* L., Schöllkraut; Wurzel, im Milchsaft (neben *Chelidonin, Chelerythrin, α-, β-* und *γ-Homochelidonin* und *Sanguinarin*).

*Papaver somniferum* L., s. S. 781). — *P. orientale* L.; in Blättern, Stengeln und Kapseln (neben *Thebain, Isothebain, Glaucidin, Narcotin* und *Morphin*). — *P. lateritium* KOCH; in der ganzen Pflanze, nur Spur oder fehlt. — *Argemone mexicana* L., Stachelmohn; im Kraut (neben *Berberin*). — *Dicentra Cucullaria* BRNH. (*Dielytra C.* DC.); in Kraut und Knollen (neben *Cucullarin* u. a.). — *D. canadensis* WALP.; in Knollen (neben anderen Alkaloiden s. Nr. 1 S 779). — *D. spectabilis* L., Herzblume; in Wurzel (neben *Sanguinarin* und *Chelerythrin*). — *D. formosa* BORKH. et GRAY (*Dielytra f.* DC.); im Kraut und im Rhizom (neben *Berberin*, nach anderen *Protopin* neben *Dicentrin* und wahrscheinlich *d-Tetrahydropalmatin*). — *D. pusilla* SIEB. et ZUCC.; im Kraut (neben *Dicentrin*). — *Adlumia cirrhosa* RAF., Kletternder Erdrauch; in Wurzel, in ganzer Pflanze (neben *Adlumin* und *β-Homochelidonin*). — *A. fungosa* GREEN.; in ganzer Pflanze (neben *α-Allocryptopin, Adlumin, Adlumidin, Bicucullin*).

*Stylophorum diphyllum* NUTT., „Yellow poppy"; in Wurzel (neben *Chelidonin, Stylopin, Diphyllin, Sanguinarin* und *Berberin*). — *Corydalis tuberosa* DC., Lerchensporn; in Wurzelknollen und im Kraut (neben anderen *Alkaloiden*, s. Nr. 1 S. 778). — *C. decumbens* PERS. (nicht *C. Vernyi* FR. et S.); in *Japanischen Corydalisknollen* (neben *Bulbocapnin* u. a.). — *C. ambigua* CHAM. et SCH.; in *Chinesischen Corydalisknollen* (neben *Corydalin, Dehydrocorydalin* und *Corybulbin*). — *C. ternata* NAK.; in Knollen (*Koreanische Coydalisknollen*), neben *β-Homochelidonin, l-Canadin, l-Corydin, Isocorydin, l-Glaucin* u. *l-Tetrahydrocoptisin* (= *Stylopin*). — *C. solida* SM.; in Knollen. — *Fumaria officinalis* L., Erdrauch; im Kraut, als *Fumarin.* — Als *Fumarin* auch in folgenden: *Platycapnos spicatus* BERNH., *Petrocapnos, Sarcocapnos, Ceratocapnos* und *Dielytra*).

### 7. **Morphin,** $C_{17}H_{19}O_3N$ [1].

Vorkommen: *Eschscholtzia californica* CHAM.; in der Wurzel (neben *Protopin, β-Chelidonin* und *Chelerythrin*), nach anderen *nicht* vorhanden. — *Papaver somniferum* L. (s. S. 781). — *P. Rhoeas* L., Klatschmohn; in Blättern, Wurzel und reifen sowie unreifen Kapseln (neben *Rhoeadin*). — *P. orientale* L.; in Blättern, Stengeln und Kapseln, nach alter Angabe (neben *Narcotin, Thebain, Isothebain, Protopin* und *Glaucidin*).

### 8. **Iso-thebain,** $C_{19}H_{21}O_3N$, und **Glaucidin** (?).

Vorkommen: *Papaver orientale* L.; in Blättern, Stengel und Kapseln (neben *Morphin, Narcotin, Protopin* und *Thebain*). — (*Nicht* im Opium!)

### 9. **Aporhein,** $C_{18}H_{16}O_2N$, und **Aporheidin** (?).

Vorkommen: *Papaver dubium* L.; im Milchsaft; *Aporhein* allein auch in Kapseln. (Nicht im Opium!)

---

[1] Außerdem soll nach alter Angabe *Morphin* vorhanden sein in *Solidago microglossa* DC. (**Fam. Compositae**) und das *Hopein* der Fruchtstände des wilden amerikanischen *Hopfens*(*Humulus Lupulus* L., Fam. **Moraceae**) identisch sein mit *Morphin* (1885/86).

### e) Menispermaceen-Alkaloide.

Fam. **Menispermaceae:**

1. **Sinactin,** $C_{20}H_{21}O_4N$, **Sinomenin,** $C_{19}H_{23}O_4N$, **Disinomenin,** $C_{38}H_{44}O_8N_2$, **Acutumin,** $C_{20}H_{27}O_8N$ (oder $C_{21}H_{27}O_8N$), **Diversin,** $C_{20}H_{27}O_5N$ (auch $C_{16}H_{20}O_4N$), **Cocculin** $C_{16}H_{20}O_3N$.

Vorkommen: *Sinomenium acutum* R. et W. (*S. diversifolium* (?), *Cocculus d.* DC., *Menispermum acutum* THBG.); in Wurzel. *Cocculin* außerdem noch in *Cocculus umbellatus* STEUD.; in Wurzel.

2. **Coclaurin,** $C_{17}H_{19}O_3N$.

Vorkommen: *Cocculus laurifolius* DC.; in Rinde und Blättern. — *C. ovaliformis* DC. und *C. umbellatus* STD.; wie vorige.

3. **Dauricin,** $C_{19}H_{23}O_3N$.

Vorkommen: *Menispermum dauricum* DC.; in Stengel und Wurzel.

4. **Trilobin,** $C_{19}H_{19}O_3N$ (Hauptalkaloid), **Trilobamin,** $C_{35}H_{36}O_6N_2$ (oder $C_{36}H_{38}O_6N_2$), **Isotrilobin,** $C_{36}H_{36}O_6N_2$, **Homotrilobin,** $C_{20}H_{21}O_3N$.

Vorkommen: *Cocculus trilobus* DC.; in Wurzeln und Rhizom. — *C. sarmentosus* DIELS; in Stengel und Wurzel (neben *Menisarin* $C_{37}H_{38}O_6N_2$). — *Stephania tetrandra* MOOR.; in Wurzel *Trilobin* (neben *Tetrandrin*).

5. $\alpha$- und $\beta$-**Chondrodendrin** ($\alpha$- und $\beta$-**Bebeerin**), $C_{18}H_{19}O_3N$[1].

Vorkommen: *Chondrodendron tomentosum* R. et P.; in Wurzel (*Echte Pareirawurzel, Radix Pareirae bravae*), neben *Chondrodin* und *Isochondrodendrin*, s. unten. — *Cissampelos Pareira* L.; in Wurzel (*Falsche Pareirawurzel*), früher als *Cissampelin, Pelosin* und *Sepeerin* identisch mit *Bebeerin*[2]. — (l-$\alpha$-*Chondrodendrin* ist identisch mit *Curin*, s. S. 784).

In der *Echten Pareirawurzel* (s. oben) außerdem:

6. **Isochondrodendrin** (*Iso-bebeerin*), $C_{18}H_{19}O_3N$, und **Chondrodin** (*Oxybebeerin*), $C_{18}H_{21}O_4N$.

7. **Insularin,** $C_{19}H_{21}O_3N$.

Vorkommen: *Cissampelos insularis* MAK.; in Wurzel (neben einem unbekannten Alkaloid).

8. **Tetrandrin,** $C_{19}H_{23}O_3N$.

Vorkommen: *Stephania tetrandra* MOORE; in Wurzel (neben *Trilobin*).

9. **Stephanolin,** $C_{31}H_{42}O_7N_2$, **Pseudo-epistephanin,** $C_{19}H_{21}O_3N$, **Protostephanin,** $C_{39}H_{57}O_8N_3$, **Stephanin,** $C_{34}H_{36}O_5N_2$, **Homostephanolin,** $C_{32}H_{44}O_7N_2$, **Metaphanin,** $C_{18}H_{29}O_3N$, **Epistephanin,** $C_{19}H_{23}O_3N$, und unbenannte Base $C_{31}H_{36}O_5N_2$.

Vorkommen: *Stephania japonica* MIERS; im Stengel.

### f) Anonaceen-Alkaloide.

**Phaeanthin,** $C_{34}H_{38}O_6N_2$ (oder $C_{35}H_{40}O_6N_2$)[3]

Vorkommen:

Fam. **Anonaceae:** *Phaeanthus ebracteolatus* MERRILL, „Kalimatas"; in Rinde. — S. auch S. 793, Nr. 9 und 11.

### g) Rubiaceen-Alkaloide (Ipecacuanha-A.).

Fam. **Rubiaceae:**

---

[1] In Literatur auch *Chondodendrin* geschrieben, was TRIER für richtiger hält.

[2] **Bebeerin** außerdem für folgende Familien angegeben:
*Nectandra Rodioei* HOOK., Bebeerubaum; in Rinde (*Bebeeru-* oder *Bibirurinde*) und Samen (Fam. **Lauraceae**).
*Hernandia lovigera* L.; in Frucht, unsicher! (Fam. **Hernandiaceae**). 1890.

[3] SANTOS: Rev. Filip. Med. Farm. **22** (1931) (C. C. **1932 I**, 395).

**1. Emetin,** $C_{29}H_{40}O_4N_2$[1].

Vorkommen: (*Cinchonoideae*): *Chiococca racemosa* L. und *Ch. anguifuga* MART.; in Wurzel (= *Caincawurzel*), *emetin*ähnliches „*Chiococcin*" soll identisch sein mit *Emetin*. — (*Coffeoideae*): *Psychotria Ipecacuanha* MÜLL.-ARG. (*Cephaelis I.* WILLD.), Brechwurzel; im Wurzelstock (= *Echte Ipecacuanhawurzel, Radix Ipecacuanha*), neben *Cephaelin*, *Psychotrin*, *Emetamin*, *o-Methylpsychotrin*, *Ipecamin*, *Hydroipecamin* und *Emetoidin*. — *P. emetica* MUT.; im Wurzelstock (neben *Cephaelin* und *Psychotrin*). — *P. tomentosa* HEMSL.; in Wurzel. — *Richardsonia pilosa* H. B. K.; in Wurzel. — Die Alkaloide überall vorwiegend in der Rinde. Nebenalkaloide sind:

**2. Cephaelin,** $C_{28}H_{38}O_4N_2$ und **Psychotrin,** $C_{28}H_{36}O_4N_2$.

Vorkommen: (*Coffeoideae*): *Psychotria Ipecacuanha* MÜLL.-ARG. (*Cephaelis I.* WILLD.); im Wurzelstock (= *Echte Ipecacuanha*, „*Brechwurzel*"), neben anderen *Alkaloiden*, s. Nr. 1. — *P. emetica* MUT.; im Wurzelstock (neben *Emetin*).

In der *Echten Ipecacuanha* außerdem die weiteren Nebenalkaloide:

3. **Methylpsychotrin,** $C_{29}H_{38}O_4N_2$, und **Emetamin,** $C_{29}H_{36}O_4N_2$ (oder $C_{30}H_{36}O_4N_2$). **Hydroipecamin,** $C_{28}H_{38}O_4N_2$, und **Ipecamin** sind bestritten.

### h) Curare-Alkaloide.

Fam. **Loganiaceae:**

**l-Curin** (= *l-Bebeerin*), $C_{18}H_{19}O_3N$,
**Curarin,** $C_{19}H_{26}ON_2$,
**Tubo-Curarin,** $C_{19}H_{21}O_4N$,
**Proto-Curarin,** $C_{19}H_{25}O_2N$,
**Proto-Curin,** $C_{20}H_{23}O_3N$,
**Proto-Curidin,** $C_{19}H_{21}O_3N$,
**Pseudo-Curarin** (?).

Vorkommen: Bestandteile des Pfeilgiftes *Curare*, im wesentlichen einer eingedickten Rinden-Abkochung von *Strychnos*-Arten (Fam. *Loganiaceae*), über die wenig Sicheres bekannt ist; genannt werden insbesondere *St. Castelnaei* WEDD. — *St. Crevauxii* BAILL. — *St. toxifera* SCHOMB. — *St. cogens* BENTH. — *St. Gubleri* PLANCH u. a. — Die Alkaloide[2] in den verschiedenen Curare-Arten (*Tubo-*, *Calebassen-* und *Topf-Curare*) sind nicht dieselben. *Tubo-Curare* (mit *Curin*!) stammt kaum von einer St.-Art s. Nr. 5 S. 783,

Strychnos-Alkaloide s. auch S. 785.

## VII. Alkaloide mit Indolringsystemen (mit Indol- und Pyrrol- bzw. Pyridinringsystemen).

### a) Harmala-Alkaloide.

**1. Harmin,** $C_{13}H_{12}ON_2$
(*Leukoharmin*, *Banisterin*, *Yagein*).

Vorkommen: In zwei Familien nachgewiesen.

Fam. **Zygophyllaceae:** *Peganum Harmala* L., Steppenraute; im Samen (neben *Harmalin* und *Harmalol*).

Fam. **Malpighiaceae:** *Banisteria Caapi* SPRUCE; Stengel, in Droge (*Yage* oder *Yaje*), Alkaloid *Yagein* (= *Banisterin*, *Telepathin*), ist *Harmin* (neben *Yagenin* u. a.).

**2. Harmalin,** $C_{13}H_{14}ON_2$ (Harmalol-Methyläther).

Vorkommen:

Fam. **Zygophyllaceae:** *Peganum Harmala* L., Steppenraute; im Samen (neben *Harmin* und *Harmalol*).

---

[1] **Emetin** außerdem angegeben für die folgenden Familien:

Fam. **Violaceae:** *Jonidium Ipecacuanha* VENT.; im Rhizom (= *Weiße Ipecacuanha; Radix Ipecacuanha albae*), ist jedoch bestritten. — *J. indecorum* ST. HIL.; wie vorige.

Fam. **Caprifoliaceae:** *Triosteum perfoliatum* L., „Wilde Ipecacuanha"; ist irrtümlich, später ein Alkaloid *Triostein* angegeben.

Fam. **Cucurbitaceae:** *Cucumis Melo* L. (*Melo sativus* SAG.), Echte Melone; in Wurzel, als *Melonenemetin* (alte Angabe!).

[2] Zusammenstellung und Literatur s. E. WINTERSTEIN u. TRIER: a. a. O. S. 624f. (Note 1, S. 761). — Auch Pflanzenstoffe, 2. Aufl., 2, 965f., 1931, wo Aufzählung zahlreicher Pfeilgifte und Curare liefernden Strychnos-Arten.

**3. Harmalol,** $C_{12}H_{12}ON_2$ (Harmalarot).

Vorkommen: Wie Nr. 2 (Spaltprodukt des *Harmalins*).

**4. Harman,** $C_{12}H_{10}N_2$
(identisch mit *Aribin* und *Loturin*).

Vorkommen: In zwei Familien, nur in zwei Pflanzen.

Fam. **Symplocaceae:** *Symplocos racemosa* ROXB.; in Rinde = *Loturinde* (neben „*Colloturin*“ und „*Loturidin*“).

Fam. **Rubiaceae** (*Cinchonoideae*): *Sickingia rubra* SCHUM. (*Arariba r.* MART.); in Rinde (*Cantagallo-China*).

## b) Evodia-Alkaloide.

**Evodiamin,** $C_{19}H_{17}ON_3$,
**Rutaecarpin,** $C_{18}H_{13}ON_3$.

Vorkommen:

Fam. **Rutaceae** (*Rutoideae*): *Evodia rutaecarpa* HOOK.; Frucht enthält beide Alkaloide. — [*E. meliifolia* BENTH. (*E. elegans* MIQ.) enth. aber angeblich *Berberin!* s. S. 776].

## c) Calabarbohnen-Alkaloide.

Fam. **Leguminosae** (*Papilionatae*):

**1. Physostigmin,** $C_{15}H_{21}O_2N_3$
(*Eserin*).

Vorkommen: *Physostigma venenosum* BALF., Calabarbohnenbaum; im Samen (*Calabarbohne, Esère-Bohne, „Gottesgerichtsbohne“*). — *Ph. cylindrospermum* HOLM. (*Mucuna c.* WELW.); im Samen (ob *Calinüsse?*).

2. In *Calabarbohnen* außerdem die Nebenalkaloide:

**Geneserin,** $C_{15}H_{21}O_3N_3$,
**Eseramin,** $C_{16}H_{25}O_3N_4$,
**Physovenin,** $C_{14}H_{18}O_3N_2$,

(**Isophysostigmin,** $C_{15}H_{21}O_2N_3$ und **Eseridin,** $C_{15}H_{23}O_3N_3$, sind zweifelhaft, später nicht gefunden, letzteres wohl identisch mit *Geneserin*).

## d) Strychnos-Alkaloide

Fam. **Loganiaceae:**

**1. Strychnin,** $C_{21}H_{22}O_2N_2$[1].

Vorkommen[2]: *Strychnos Nux vomica* L., Krähenaugenbaum; in Blättern (neben *Brucin* und *Strychnicin*), in Rinde, Holz, Wurzel, Frucht und Samen (= *Brechnüsse, Krähenaugen*), neben *Brucin.* — *St. Ignatii* BERG. (*Ignatia amara* L.); im Samen (*Ignatiusbohne*), neben *Brucin.* — *St. Tieuté* LESCH.; in Rinde und Samen (neben *Brucin*), in Blättern und Holz. — *St. colubrina* L.; in Wurzel (als „*Echtes Schlangenholz*“), Same, Rinde und Holz. — *St. ligustrina* ZIPP.; in Wurzelrinde. — *St. guianensis* MART.; Frucht (im Pericarp), neben *Brucin.* — *St. Dekindtiana* (?); in Rinde und Fruchtschale (neben *Brucin*). — *St. Gaultheriana* PIER. (*St. malaccensis* BENTH.); in Rinde und Pfeilgift (neben *Brucin*). — *St. Kipapa* GILG; in Stamm- und Wurzelrinde. — *St. Quaqua* GILG.; im Samen (neben Spuren *Brucin*). — *St. Maingayi* CLARK; Wurzelrinde, im Pfeilgift, ob von dieser Species? (neben Curarin). — *St. javanica* (?); in Rinde (neben *Brucin*). — *St. Icaja* BAILL.; in Rinde, Blättern und Wurzel. — *St. lanceolaris* MIQ.; im Samen (neben *Brucin*).

**2. Strychnicin.**

Vorkommen: *Strychnos Nux vomica* L., Krähenaugenbaum; in Blättern (neben *Strychnin* und *Brucin*), im Samen nur Spur. — *St. Tieuté* LESCH.; in Blättern (neben *Strychnin*).

**3. Brucin,** $C_{23}H_{26}O_4N_2$.

Vorkommen: *Strychnos Nux vomica* L., Krähenaugenbaum; in Blättern (neben *Strychnin* und *Strychnicin*), in Rinde, Holz, Wurzel, Frucht und Samen (= *Brech-*

---

[1] Mikrochem. Nachweis von Strychnin und Brucin: G. KLEIN: Österr. Botan. Ztschr. **76,** 89 (1927).

[2] Nach einer alten Angabe sollten auch Samen von *Carapa guianensis* AUBL. (Fam. **Meliaceae**) etwas *Strychnin* enthalten; ebenso Blüten von *Arnica montana* L. (Fam **Compositae**).

*nüsse, „Krähenaugen“*), hier neben *Strychnin.* — *St. Ignatii* Berg. (*Ignatia amara* L.); im Samen (= *Ignatiusbohnen*), neben *Strychnin.* — *St. Tieuté* Lesch.; in Rinde und *Samen* (neben *Strychnin*). — *St. colubrina* L.; in Wurzel („*Echtes Schlangenholz*“), Samen, Rinde und Holz (neben *Strychnin*). — *St. ligustrina* Zipp.; in Holz und Rinde. — *St. guianensis* Mart.; in Frucht. — *St. Dekindtiana*; in Rinde und Fruchtschale (neben *Strychnin*). — *St. Gaultheriana* Pier. (*St. malaccensis* Bnth.); in Rinde und Pfeilgift („*Hoang-Nan*“), neben *Strychnin.* — *St. Kipapa* Gilg; in Blättern. — *St. Quaqua* Gilg.; im Samen, höchstens minimale Spuren (neben *Strychnin*). — *St. javanica* (?); in Rinde (neben *Strychnin*). — *St. lanceolaris* Miq., „Blay-Hitam“; in Rinde, Holz und Samen (neben *Strychnin* im Samen). — *St. suaveolens* Gilg; im Stamm. — *St. aculeata* Sol.; in Frucht. — *St. Rheedei* Clark.

#### 4. $\alpha$- und $\beta$-Colubrin, $C_{22}H_{24}O_3N_2$, Vomicin, $C_{22}H_{24}O_4N_2$ und Pseudostrychnin, $C_{21}H_{22}O_3N_2$ (?).

Vorkommen: In den Restlaugen der Strychnindarstellung (*Strychnos Nux vomica* u.a.) aus dem Samen.

Curare-Alkaloide s. S. 784.

### e) Calycanthus-Alkaloide.

#### 1. Calycanthin, $C_{22}H_{28}N_4$.

Vorkommen:

Fam. **Calycanthaceae:** *Calycanthus floridus* L., Gewürznelkenstrauch; im Samen. — *C. glaucus* Willd.; im Samen (neben *Iso-calycanthin*).

Fam. **Compositae:** *Meratia praecox* Rehd. et Wils. (*Elvira p.*); im Samen (neben noch unbestimmten Nebenalkaloiden).

#### 2. Iso-calycanthin, $C_{11}H_{14}N_2$.

Vorkommen: Neben *Calycanthin* im Samen von *Calycanthus glaucus* Willd., s. voriges.

## VIII. Alkaloide mit Imidazolringsystemen.

Jaborandi-Alkaloide[1].

Fam. **Rutaceae** (*Rutoideae*):

#### 1. Pilocarpin, $C_{11}H_{16}O_2N_2$.

Vorkommen[2]: In den Blättern = *Jaborandiblätter* (*Folia Jaborandi*) folgender Species (z. T. auch in Blüten? und Rinde): *Pilocarpus Jaborandi* Holm. — *P. pennatifolius* Lem. — *P. microphyllus* Stpf. — *P. spicatus* St. Hil. — *P. racemosus* Vahl. — *P. trachylophus* Holm. — *P. Selloanus* Engl. — *P. macrocarpus* Engl. — *P. heterophyllus* Gries. — In den Blättern auch folgende:

Nebenalkaloide des *Pilocarpins*:

**2. Iso-pilocarpin** (*Pseudo-P.*), $C_{11}H_{16}O_2N_2$,
**Pilocarpidin,** $C_{10}H_{14}O_2N_2$,
**Pilosin** (*Carpilin*), $C_{16}H_{18}O_3N_2$ (in *P. mycrophyllus*).

Angegeben sind auch die nicht näher bekannten: **Jaborin** (Gemenge), **Pseudojaborin, Jaborandin** und **Pseudopilocarpin.**

## IX. Alkaloide mit wenig bekannter oder unbekannter Konstitution.

### a) Ranunculaceen-Alkaloide II (s. S. 775).

Fam. **Ranunculaceae:**

$\alpha$) Aconitum-Alkaloide[3].

#### 1. Aconitin, $C_{34}H_{47}O_{11}N$ (oder $C_{34}H_{49}O_{11}N$).

Vorkommen: *Aconitum Napellus* L., Echter Eisenhut; in Blättern, Wurzelknollen (*Eisenhutknollen, Aconitknollen*), neben *Neopellin, Indaconitin* und anderen. —

[1] Mikrochem. Nachweis von Pilocarpin und Pilocarpidin: H. Stolz: Österr. Botan. Ztschr. **81**, 194 (1932).

[2] Ein *pilocarpinähnliches Alkaloid* soll nach älteren Angaben (1894) vorkommen in *Piper ceanothifolium* H. B. K. (**Piperaceae**).

[3] Die Aufzählung dieser Alkaloide folgt der Darstellung von Trier: a. a. O., S. 729f. (s. Note 1 S. 761); ihr Vorkommen meist nach den „Pflanzenstoffen“, 2. Aufl., **1**, 314f.

*A. Anthora* L., Feinblättriger Eisenhut; im Kraut (so nach früherer Angabe). — *A. Anthora* L. × *A. Napellus* L. („*Bastard Randu*"); im Kraut (neben *Anthorin* und *Pseudoanthorin*). — *A. Stoerckianum* REHB. (*A. Cammarum* L.); in Knollen, nicht sicher! — In Wurzel (Knolle) und Blättern folgender: *A. variegatum* L. — *A. orientale* MILL. — *A. chinense* SIEB. — *A. autumnale* SIEB. — *A. barbatum* PATR.; angegeben, aber bezweifelt! — *A. ferox* WALL.; in Wurzelknollen (neben *Pseudaconitin*). — *A. Species* unbekannt, „Chumbi-Aconitum"; in Wurzel, *Acetylbenzoylaconin* u. a., ist vielleicht identisch mit *Aconitin!* — *A. Fischeri* REHB.; in *Japanischen Aconitknollen* (*Kusauzuknollen*), „*Japaconitin*", ist nach neueren *Aconitin* (neben *Japabenzaconin* und *Jesaconitin*).

*Nebenalkaloide* des *Aconitins* in verschiedenen A.-Arten sind:

**Aconin** (sekundär?), **Homoisoconitin, Hypaconitin, Isaconitin** (= **Picroaconitin**?, sekundär?), **Mesaconitin, Napellin.**

### 2. Neopellin, $C_{32}H_{45}O_8N$.

Vorkommen: *Aconitum Stoerckianum* RCHB.; in Wurzelknollen (neben *Aconitin*). — *A. Napellus* L., Echter Eisenhut; ebenso (neben anderen Alkaloiden, s. Nr. 1 oben).

### 3. Japaconitin, $C_{34}H_{47(49)}O_{11}N$
(= *Aconitin*?).

Vorkommen: *Aconitum Fischeri* RCHB. (*A. japonicum* THBG.); in *Japanischen Aconitknollen* (*Kusauzuknollen*), ist nach neueren *Aconitin*, neben *Japabenzaconin* und *Jesaconitin*. — *A. senanense* NAK.; in Knollen. — *A. kamtschaticum* WILD. et REICHB.; wie vorige. — *A. Zuccarini* NAK.; ebenso.

### 4. Jesaconitin, $C_{40}H_{49(51)}O_{12}N$
(*Benzoyl-Anisoylconin, Acetyl-anisoyl-aconitin*).

Vorkommen: *Aconitum Fischeri* RCHB.; in *Japanischen Aconitknollen* (*Bushiknollen, Kusauzuknollen*), neben *Aconitin*. — *A. subcunetatum* NAK. und *A. sachalinense* SCHUM.; in Wurzelknollen.

### 5. Pseudaconitin, $C_{36}H_{51}O_{12}N$
(*Nepalin*).

Vorkommen: *Aconitum Napellus* L., Echter Eisenhut; in Wurzelknollen (*Eisenhutknollen*), nach anderen *kein* Pseudaconitin! aber *Aconitin* und *Indaconitin*. — *A. uncinatum* L.; unsicher! — *A. Lycoctonum* L., Wolfs-Eisenhut; im Rhizom. — *A. ferox* WALL. (*A. Balfourii* (?)); in Wurzelknollen (neben *Aconitin*). — *A. luridum* HOOK. fil. et TH. und *A. palmatum* DON.; in Knollen. — *A. deinorrhizum* (?); ebenso.

### 6. Indaconitin, $C_{34}H_{47}O_{10}N$
(*Acetyl-benzoyl-pseudaconin*).

Vorkommen: *Aconitum Napellus* L., Echter Eisenhut; in Wurzelknollen (neben *Aconitin* und *Pseudaconitin*). — *A. Chasmanthum* STPF. (*A. Napellus* var. *hians* RCHB.); in Wurzelknollen (= „*Mohri*").

### 7. Atisin, $C_{22}H_{31}O_2N$.

Vorkommen: *Aconitum heterophyllum* WALL. (*A. Ates* ROYL.); in Wurzelknollen.

### 8. Bikhaconitin, $C_{36}H_{51}O_{11}N$.

Vorkommen: *Aconitum spicatum* DONN. (*A. ferox* WALL. var. *spicatum*); in Wurzelknollen. — *A. laciniatum* (?) (ob *A. laciniosum* SCHLEICH.?).

### 9. Palmatisin.

Vorkommen: *Aconitum palmatum* DON.; in Knollen.

### 10. Lucidusculin, $C_{24}H_{37}O_4N$.

Vorkommen: *Aconitum lucidusculum* NAK., in Rinde.

### 11. Lycaconitin, $C_{36}H_{46}O_{10}N_2$
und **Myoctonin** $(C_{36}H_{46}O_{10}N_2)_2$ (isom.).

Vorkommen: *Aconitum Lycoctonum* L., Wolfs-Eisenhut; im Rhizom (nach früheren auch *Aconitin* und *Pseudaconitin*).

**12. Lappaconitin,** $C_{32}H_{44}O_8N_2$,
**Septentrionalin,** $C_{33}H_{46}O_9N_2$, und **Cynoctonin,** $C_{36}H_{55}O_{13}N_2$ (?).

Vorkommen: *Aconitum septentrionale* KOELLE; in Kraut und Knollen.

**13. Paniculatin,** $C_{29}H_{35}O_7N$.

Vorkommen: *Aconitum paniculatum* LAM.; in Knollen.

**14. Anthorin** und **Pseudo-anthorin.**

Vorkommen: *Aconitum Anthora* L., Feinblättriger Eisenhut; im Kraut (kein *Aconitin!*). — *A. Anthora* L. × *A. Napellus* L. („*Bastard Randou*"); im Kraut (neben *Aconitin*).

**15. Mesaconitin,** $C_{33}H_{45}O_{11}N$.

Vorkommen: *Aconitum manschuricum* NAK. (Organ?). — *A. Napellus* L., Eisenhut (neben *Aconitin* und *Hypaconitin*).

β) Helleborus-Alkaloide.

**Celliamin,** $C_{21}H_{35}O_2N$, **Sprintillamin,** $C_{28}H_{45}O_4N$,
**Sprintillin,** $C_{25}H_{41}O_3N$, *Alkaloid „V"*, $C_{25}H_{43}O_6N$.

Vorkommen: *Helleborus viridis* L., Grüne Nieswurz; im Wurzelstock.

γ) Delphinium-Alkaloide.

**1. Ajacin,** $C_{15}H_{21}O_4N$, und **Ajaconin,** $C_{17}H_{29}O_2N$.

Vorkommen: *Delphinium Ajacis* L., Gartenrittersporn; im Samen.

**2. Delphinin,** $C_{31}H_{49}O_7N$ (oder $C_{34}H_{47}O_9N$), **Delphinoidin,** $C_{25}H_{42}O_4N$,
**Delphisin,** $C_{31}H_{50}O_7N$ (oder $C_{31}H_{49}O_7N$), **Staphysagrin** (neuerdings identisch mit *Delphinin*),
**Staphisagroin,** $C_{40}H_{46}O_7N_2$, **Staphisagroidin,** $C_{40}H_{40}O_4N_2$.

Vorkommen: *Delphinium Staphisagria* L., Läusekraut; im Samen (*Stephanskörner*). — *D. Andersonii* GRAY; im Kraut.

**3. Delphocurarin** (Gemisch).

Vorkommen: *Delphinium Nelsonii* GR.; in Blüten, Samen, Früchten, Blättern und Wurzeln. — *D. bicolor* NUTT.; im Wurzelstock. — *D. Menziesii* DC.; wie vorige. — *D. scopulorum* GR. var. *stachydeum*; in Samen und Wurzelstock.

**4. Delsolin,** $C_{25}H_{41}O_8N$, und **„Delcosin"**, $C_{21}H_{33}O_6N$.

Vorkommen: *Delphinium Consolida* L., Feldrittersporn; im Samen (neben einem nicht näher bekannten Alkaloid, im Kraut nur „*Calcatrippin*").

Auch andere D.-Arten enthalten (nicht näher untersuchte) Alkaloide.

δ) Sonstige Ranunculaceen-Alkaloide.

**Damascenin** (*Nigellin*), $C_9H_{11}O_3N$ (oder $C_{10}H_{13}O_3N$).

Vorkommen: *Nigella damascena* L., Schwarzkümmel; im Samen. — *N. aristata* SB.; ebenso.

**Isopyroin,** $C_{28}H_{46}O_9N$.

Vorkommen: *Isopyrum thalictroides* L.; in Rhizom, Wurzeln, Blättern und Stengeln (neben — nach alten Angaben — *Isopyrin* und *Pseudoisopyrin*, sind nach neueren Angaben aber nur *Isopyroin*).

## b) Heliotropium-Alkaloide.

**Heliotrin,** $C_{16}H_{27}O_5N$, und **Lasiocarpin,** $C_{21}H_{33}O_7N$.

Vorkommen:
**Fam. Borraginaceae:** *Heliotropium lasiocarpum* FISCH. et MEY. (= *H. Eichwaldi* STEUD.); in oberirdischen Teilen.

## c) Apocyneen-Alkaloide.

**Fam. Apocynaceae:**

**1. Conessin,** $C_{24}H_{40}N_2$ (*Wrightin*).

Vorkommen: *Wrightia ceylanica* R. BR. (*W. antidysenterica* R. BR.); in Rinde und Samen. — *Holarrhena africana* DC.; wie vorige. — *H. antidysenterica* WALL. (*Wrightia a.* GRAH.); in Rinde (*Kurchirinde* = *Kurcheerinde*, auch als *Conessirinde* in Liter.), neben *Kurchin Kurchicin* u. a. (s. unten!), auch im Samen. — *H. congolensis* STPF.; in Wurzelrinde (neben *Holarrhenin*).

**2. Holarrhenin,** $C_{24}H_{38}ON_2$.

Vorkommen: *Holarrhena congolensis* STPF.; in Wurzelrinde (neben *Conessin*).

3. **Kurchin,** $C_{23}H_{38}N_2$, **Kurchenin,** $C_{21}H_{32}O_2N_2$, **Conessimin,** $C_{23}H_{38}N_2$, **Kurchicin** $C_{20}H_{36}ON_2$, **Conkurchin,** $C_{20}H_{32}N_2$, **Holarrhimin,** $C_{21}H_{36}ON_2$, **Nor-conessin,** $C_{23}H_{38}N_2$, **Conessidin,** $C_{21}H_{32}N_2$ **Holarrhin,** $C_{20}H_{38}O_3N_2$ [1].

Vorkommen: *Holarrhena antidysenterica* WALL. (*Wrightia a.* GRAH.); in Rinde; im Samen nur *Norconessin* (neben *Conessin*).

## d) Solaneen-Alkaloide II (s. S. 766).

**Fam. Solanaceae:**

**1. Solanin,** $C_{44}H_{71}O_{15}N$.

Vorkommen: *Scopolia japonica* MAX., „Roto", „Japanische Belladonna"; im Wurzelstock, nach früherer Angabe (1878), (neben *Hyoscyamin, Atropin, Scopolamin* und *Scopolein*)?. — *S. carniolica* JACQ. (*S. atropoides* BERCHT. et PRESL.); wie vorige (neben *Hyoscyamin, Atropin* und *Scopolamin*), auch im Kraut. Desgl. zweifelhaft!

*Solanum Dulcamara* L., Bittersüß, in Blättern, Stengel und Frucht, nach späteren im Kraut aber *kein* Solanin. — *S. nigrum* L., Schwarzer Nachtschatten; in Beeren (neben *Solanin T*). — *S. melanocarpum* DUN. (*S. Melongena* L.); „Eierpflanze"; in Frucht, unregelmäßig. — *S. villosum* WILLD.; in Beeren. — *S. aculeatissimum* JACQ. — *S. Caavurana* VELL., in Blättern und Früchten. — *S. asperum* VAHL. var. *β-angustifolium* SENDT.; in Frucht. — *S. auriculatum* AIT.; in Blättern und Frucht. — *S. cernuum* VELL.; in Blättern und Wurzel. — *S. Peckoltii* DAMM. et LOES.; in Frucht und Blättern. — *S. paniculatum* L.; in Frucht, Spur, und in frischer Wurzel (als „*Jurubeba*"). — *S. Juciri* MART.; in Blüten, Blättern und Beeren. — *S. carolinense* L.; in Rinde, Wurzel und Beeren (neben *Solanidin*). — *S. mammosum* L.; in Frucht. — *S. grandiflorum* R. et PAV. var. *pulverulentum* SENDT. (*S. cycocarpum* ST. HIL.); nur in *unreifer* Frucht. — *S. insanum* ALEX. — *S. verbascifolium* L.; in Kraut und Beeren. — *S. sodomaeum* L.; in Beeren (neben *Solanidin*), *Solanin S*, $C_{54}H_{96}N_2O_{18}$ (besonderer Art). — *S. angustifolium* R. et PAV.; in Blättern, Zweigen, Blüten, als *Solangustin*. — *S. chenopodinum* F. MUELL. — *S.*-Species unbekannt, „Wilde Kartoffel"; in Knollen. — *S. tuberosum* L., Kartoffel; in Kraut, Blüten, unreifer Frucht, Knollen, „Keimen" und Samen; *Solanin T* (neben *Solanidin*), auch während Keimung und Entwicklung. — *S. bacciferum* (?) (wohl *S. baccatum* hort.?); in Beeren. — *S. jasminoides* PAXT.; wie vorige. — *S. Tomatillo* PHIL., *S. Gayanum* PHIL. und *S. crispum* R. et P. (*Witheringia c.* L'HERIT.); in Droge „*Paolo Natri*", *Alkaloid* „*Natrin*" (oder „*Witheringin*") ist *Solanin*. — *S. Lycopersicum* L. (*Lycopersicum esculentum* MILL.), Tomate; in Kraut, Keimlingen, Frucht (*Tomate*), Blüten (Fruchtknoten) und Samen.

*Physochlaina orientalis* DON.; in Wurzel. — *Capsicum annuum* L., Spanischer Pfeffer; in Frucht, alte Angabe! — *Nicotiana Tabacum* L., Virginischer Tabak; im Samen, ist bestritten und nach neuerer Untersuchung auch nicht gefunden[2]. — *Mandragora officinalis* L. (*M. autumnalis* SPR.); in Wurzel (*Alraunwurzel*), s. auch S. 769.

**2. Solanidin,** $C_{34}H_{57}O_2N$ ($C_{26}H_{41}ON$) später $C_{27}H_{43}ON$[3].

Vorkommen: *Solanum Dulcamara* L., Bittersüß; frei in Blättern und jungen Trieben, als Spaltprodukt des *Solanins* in Früchten. — *S. carolinense* L.; in Rinde, Wurzel und Beeren (neben *Solanin*). — *S. sodomaeum* L.; in Beeren, sekundär aus *Solanin*, verschieden von *Solanidin* aus *Kartoffelsolanin*. — *S. tuberosum* L., Kartoffel; in Kraut, Blüten, unreifer Frucht, Knollen und Keimen, sekundär (durch Hydrolyse), angeblich *frei* in Knolle. — In den Trieben dieser Pflanze auch:

---

[1] BERTHO, v. SCHUCKMANN u. SCHÖNBERGER: Ber. Chem. Ges. **66**, 786 (1933) (C. C. **1933 I**, 3721). — SIDDIQUI a. PILLAY: J. Ind. Chem. Soc. 1932, **9**, 553 (C. C. 1933, **I**, 2122).

[2] Die Angaben über Vorkommen von *Solanin* in *Scopolia japonica* MAX., *S. carniolica* JACQ., *Capsicum* und *Nicotiana* sind mindestens zweifelhaft.

[3] SOLTYS, Ber. Chem. Ges. **66**, 762 (1933) (C. C. 1933, **II**, 69).

**3. Solanthren,** $C_{26}H_{41}N$[1], neuerdings $C_{25}H_{39}N$[2].

In Mutterlaugen des *Solanidins* aus *Solanin* „MERCK“ (gleich Solanidin in diesem als Glykosid vorhanden).

**4. Solacein** (ohne Formel).

Vorkommen: *Solanum Dulcamara* L., Bittersüß; im Kraut (nach früheren Angaben *Solanin* und *Solanein*).

**5. Solangustin,** $C_{33}H_{53}O_7N$.

Vorkommen: *Solanum angustifolium* R. et PAV.; in Blättern, Zweigen und Blüten.

**6. Grandiflorin** (Formel ?).

Vorkommen: *Solanum grandiflorum* R. et PAV. var. *pulverulentum* SENDT. (*S. cycocarpum* ST. HIL.); in Frucht (*Wolfsfrucht*), ist nach anderen *Solanin*.

**7. Purapurin,** $C_{48}H_{73}O_{18}N_2$[3].

Vorkommen: *Solanum aviculare* FORST., „Purapura“; in grünen unreifen Beeren (nicht in *reifen* Beeren!).

## e) Liliaceen-Alkaloide.

**Fam. Liliaceae:**

### Sabadill- und Veratrum-Alkaloide.

**1. Veratrin,** $C_{32}H_{49}O_9N$[4]
(**Cevadin,** *krystallisiertes Veratrin*).

Vorkommen: *Sabadilla officinalis* BR. (*Veratrum o.* CH. et SCHL.), Sabadill; im Samen (*Semen Sabadillae*, „*Läusesamen*“), nicht in Blättern, Blüte u. unterird. Teilen[5] (neben *Veratridin, Sabadillin, Sabatrin, Sabadin* und *Sabadinin*). — *Veratrum viride* SOL.; im Rhizom (*Rhizoma Veratri viridis*), neben *Jervin, Pseudojervin, Rubijervin* und *Veratralbin*.

**2. Veratridin,** $C_{37}H_{53}O_{11}N$ (*Amorphes Veratrin*).

Vorkommen: *Sabadilla officinalis* BR. (*Veratrum o.* CH. et SCHL.), Sabadill; im Samen (*Semen Sabadillae*, „*Läusesamen*“) neben anderen Alkaloiden, s. vorige. — *Veratrum viride* SOL.; im Rhizom (*Rhizoma Veratri viridis*), s. auch bei Nr. 1. — *V. album* L.; im Rhizom (s. auch Nr. 5).

**3. Sabadillin,** $C_{21}H_{27}O_7N_2$ ($C_{34}H_{53}O_8N$?) (*Cevadillin*).

Vorkommen: *Sabadilla officinalis* BR., im *Sabadillsamen* (s. bei Nr. 1!). Hier auch die folgenden:

**4. Sabadin,** $C_{29}H_{51}O_8N$, **Sabadinin** (*Cevin*), $C_{29}H_{51}O_8N$, und **Sabatrin,** $C_{26}H_{45}O_9N$.
Die ersten zwei auch in *Zygadenus intermedius* RYDB., „Death camas“; in Zwiebeln (neben *Zygadenin* und *Veratralbin*).

**5. Jervin,** $C_{26}H_{37}O_3N$, **Pseudojervin,** $C_{29}H_{43}O_7N$, und **Rubijervin,** $C_{26}H_{43}O_2N$.

Vorkommen: *Veratrum album* L., Weiße Nieswurz; im Rhizom (*Rhizoma Veratri albi*), neben *Protoveratrin* und *Protoveratridin*. — *V. viride* SOL.; im Rhizom (*Rhizoma Veratri viridis*), neben *Cevadin, Veratroidin* und *Veratridin*. — *V. lobelianum* BERNH. (*V. albo-viridiflorum* W. et GROB.); in Rhizom und Blättern (neben *Veratroidin* u. a. wie *V. album*[6]) und *V. nigrum* L.

**6. Protoveratrin,** $C_{32}H_{51}O_{11}N$, und **Protoveratridin,** $C_{26}H_{45}O_8N$.

Vorkommen: *Veratrum album* L. s. vorige.

---

[1] DIETERLE u. SCHAFFNIT: Arch. der Pharm. u. Ber. Pharm. Ges. **270**, 550 (1932) (C. C. **1933 I**, 1135).

[2] SOLTYS, Ber. Chem. Ges. **66**, 762 (1933) (C. C. 1933 **II**, 69).

[3] LEVI: Journ. Soc. Chem. Ind. **49**, 395 (1930) (C. C. **1930 II**, 3294).

[4] *Veratrin* ist früher auch angegeben, aber bestritten, im Kraut von *Caltha palustris* L., Sumpfdotterblume (Fam. **Ranunculaceae**), der Wurzel von *Sarracenia flava* L. (Fam. **Sarraceniaceae**) und der Zwiebel der Meerzwiebel (*Scilla maritima* L. = *Urginea m.* BAK., Fam. **Liliaceae**), nach alter, recht zweifelhafter Angabe.

[5] Mikrochem. Nachweis der Sabadilla-Alkaloide: G. KLEIN, HERNDLHOFER u. TRÖTHANDL: Österr. Botan. Ztschr. **77**, 111 (1928).

[6] *Veratroidin*, $C_{24}H_{37}O_7N$, im Rhizom dieser drei Veratrum-Arten, s. MERCKs Index **1929**, 474.

**7. Imperalin,** $C_{35}H_{59}O_4N$.

Vorkommen: *Fritillaria imperialis* L., Kaiserkrone; in Zwiebel.

**8. Fritillarin,** $C_{19}H_{33}O_2N$. — **Verticin,** $C_{18}H_{33}O_2N$ ($C_{19}H_{35}O_2N$). — **Verticillin** $C_{19}H_{33}O_2N$, und **Fritillin.**

Vorkommen: *Fritillaria verticillata* WILLD. var. *Thunbergii* BAK.; in Zwieb

**9. „Tulipin"** (ohne Formel).

Vorkommen: *Tulipa Gesneriana* L., Tulpe; in Blättern, Blüten und Zwiebeln.

**10. Zygadenin,** $C_{39}H_{63}O_{10}N$.

Vorkommen: *Zygadenus intermedius* RYDB., „Death-camas"; in Blättern, Blüten und Zwiebeln (neben angeblich *Sabadin, Sabadinin* und *Veratralbin*).

**11. Peimin,** $C_{19}H_{30}O_2N$, und **Peiminin,** $C_{18}H_{28}O_2N$ [1].

Vorkommen: *Fritillaria Roylei* HOOK., in chines. Droge „*Pei-Mu*".

f) Amaryllidaceen-Alkaloide.

Fam. **Amaryllidaceae:**

**1. Lycorin** (*Narcissin*), $C_{16}H_{17}O_4N$ (früher $C_{32}H_{32}O_8N_2$).

Vorkommen: *Clivia miniata* BENTH.; in Wurzeln. — *Crinum asiaticum* L.; ebenso. — *C. giganteum* ANDR.; im Samen. — In Wurzel folgender: *C. pratense* HERB. — *Zephyranthes rosea* LINDL. — *Hymenocallis litoralis* SALISB. — *Eucharis grandiflora* BLANCK. — *Eurycles silvestris* SALISB. — *Cyrtanthus pallidus* SIMS. — *Cooperia Drummondii* HERB. — *Sprekelia*-Species ungenannt. — In Zwiebel folgender Arten: *Nerine japonica* MIQ. (*Lycoris radiata* HERB.); neben *Sekisamin, Lycorenin* u. a., s. folgende Nr. 2. — *Sprekelia formosissima* HERB. (*Amaryllis f.* L.) als *Amaryllin* und *Bellamarin*, identisch mit *Lycorin*. — *Buphane disticha* HERB.; neben *Buphanin*. — *Narcissus Pseudo-Narcissus* L., Wiesennarzisse. — *N. poeticus* L., Weiße Narzisse. — *N. princeps* (?). — *Leucojum vernum* L.; (*Leucojin* wahrscheinlich identisch mit *Narcissin*). — *Amaryllis Belladonna* L ; hier in Knollen (*Bellamarin* identisch mit *Lycorin*).

**2. Lycorenin,** $C_{18}H_{21}O_4N$. — **Pseudo-lycorin,** $C_{16}H_{17}O_4N$. — **Pseudohomo-lycorin,** $C_{19}H_{23}O_4N$. — Base, $C_{38}H_{44}O_{11}N_2$ ($C_{38}H_{42}O_{11}N_2$)[2], und **Homo-lycorin,** $C_{19}H_{23}O_4N$.

Vorkommen: *Nerine japonica* MIQ. (*Lycoris radiata* HERB.); in Zwiebel.

**3. Sekisanin** (*Dihydrolycorin*), $C_{16}H_{19}O_4N$ ($C_{34}H_{36}O_9N_2$), und **Sekisanolin,** $C_{18}H_{23}O_5N$.

Vorkommen: *Nerine japonica* MIQ. (*Lycoris radiata* HERB.); in Zwiebel (neben *Lycorin* u. a., s. Nr. 2).

**4. Haemanthin,** $C_{18}H_{23}O_7N$.

Vorkommen: *Haemanthus toxicarius* AIT. (*Buphane disticha* HERB.); in Zwiebel (war nach späterer Angabe Gemisch von Alkaloiden, u. a. *Buphanin* enthaltend).

**Buphanin, Clivianin** und **Cliviin,** s. S. 793 u. 794.

g) Yohimbe-Alkaloide.

Fam. **Rubiaceae:**

**1. Yohimbin,** $C_{21}H_{26}O_3N_2$
(*Corynin, Aphrodin,* = *Quebrachin*).

Vorkommen: (*Cinchonoideae*): *Corynanthe Yohimbe* SCHUM. (*Pausynistalia Y.* PIERRE), Yohimbe-Baum; in Rinde (*Cortex Yohimbéhé, Yohimberinde*); auch in Blättern. — *C. macroceras* SCHUM.; in Rinde („*Falsche Yohimberinde*").

---

[1] CHOU: Chin. Journ. Physiol. **6**, 265 (1932) (C. C. **1932 II**, 3576).

[2] TOMIMURA a. ISHIWATARI: Journ. Pharm. Soc. Japan **52**, 51 (1932) (C. C. **1932 II**, 877).

2. Nebenalkaloide des *Yohimbin*[1]:

**Iso-Yohimbin** (*Meso-Y.*) $C_{21}H_{26}O_3N_2$,
**Allo-Yohimbin** (*Dihydro-Yohimbin*), $C_{21}H_{26}O_3N_2$,
**α-Yohimbin** (Merck),
**Yohimbenin** (nicht einheitlich),
**Yohimben,** $C_{21}H_{26}O_3N_2$,
**α-, β- und γ-Yohimbin,** $C_{21}H_{26}O_3N_2$,
**Pseudo-yohimbin,** $C_{21}H_{26}O_2N_2$,
**Corynanthein,** $C_{22}H_{28}O_4N_2$,
Base, $C_{20}H_{24}O_3N_2$.

Vorkommen: In den Endlaugen der Yohimbin-Gewinnung und Yohimbin-Präparaten des Handels aufgefunden, sind meist Isomere desselben.

**3. Corynanthin,** $C_{21}H_{26}O_3N_2$ (isomer *Yohimbin*).

Vorkommen: *Corynanthe africana* BR. (*Pseudocinchona a.* CHEV.); in Rinde.

### h) Quebracho-Alkaloide.

Fam. **Apocynaceae:**

**1. Quebrachin,** $C_{21}H_{26}O_3N_2$
(identisch mit *Yohimbin*).

Vorkommen: *Aspidosperma Quebracho-blanco* SCHLECHT.; in Rinde (*Cortex Quebracho-blanco, Weiße Quebrachorinde*).

2. Begleitalkaloide des *Quebrachin*:

**Aspidospermin,** $C_{22}H_{30}O_2N_2$,
**Hypoquebrachin,** $C_{21}H_{26}O_2N_2$,
**Aspidospermatin,** $C_{22}H_{28}O_2N_2$.
**Quebrachamin,** $C_{19}H_{26}N_2$,
**Aspidosamin,** $C_{22}H_{28}O_2N_2$,

**Aspidospermin** auch in: *A. peroba* ALLEM.; in Rinde, früher als „*Perobin*". — *A. polyneuron* MÜLL.-ARG.; im Holz. — *A. pyricollum* MÜLL.-ARG.; in Zweigen. — *A. sessiliflorum* ALLEM.; in Blättern und Rinde.

### i) Mutterkornalkaloide.

**Ergotaminin,** $C_{33}H_{35}O_5N_5$,
**Ergotinin,** $C_{35}H_{39}O_5N_5$,
**Ergothionin,** $C_9H_{15}O_2N_3S$,
**Ergotamin,** $C_{33}H_{35}O_5N_5$,
**Ergotoxin** (*Hydroergotinin*), $C_{35}H_{41}O_6N_5$,
**Pseudoergotinin** (?).

Vorkommen:

Fam. **Hypocreaceae** (Pilze, *Ascomycetes*): *Claviceps purpurea* KÜHN; in Sclerotien = *Mutterkorn* (*Secale cornutum, Ergot*).

## X. Sonstige Alkaloide[2].

**1. Abrin,** $C_{12}H_{14}O_2N_2$ [3].

Fam. **Leguminosae** (*Papilionatae*): *Abrus precatorius* L., Paternostererbse; in den Samen (*Paternostererbse*).

**2. Abrotin,** $C_{21}H_{22}ON_2$.

Fam. **Compositae:** *Artemesia Abrotanum* L., Eberraute; im Kraut.

**2a. Actinodaphnin,** $C_{18}H_{19}O_4N$.

Fam. **Lauraceae:** *Actinodaphne Hookeri* MEISSN., in Rinde[5].

**3. Adlumidin,** $C_{30}H_{29}O_9N$, (später $C_{19}H_{15}O_6N$ oder $C_{19}H_{17}O_6N$) und **Adlumin,** $C_{39}H_{41}O_{12}N$ (später $C_{21}H_{21}O_6N$).

Fam. **Papaveraceae:** *Adlumia cirrhosa* RAF., Kletternder Erdrauch; in der ganzen Pflanze (neben *Protopin* und *β-Homochelidonin,* s. auch S. 782, Nr. 6). — A. *fungosa* GR. (neben *Protopin, α-Allo-cryptopin* u. *Bicucullin,* s. S. 793)[4].

[1] Siehe E. WINTERSTEIN-TRIER: a. a. O. S. 782 (Note 1 S. 761).

[2] Es sind hier nur die vom Jahre 1900 ab beschriebenen, in den Abschnitten I—IX nicht genannten Alkaloide in alphabetischer Reihenfolge kurz aufgeführt. Die *älteren Alkaloide* findet man in MERCKS Index (s. Note 1, S. 761), es sind meist amorphe Substanzen ohne nähere Beschreibung und Analyse. Auch die hier genannten sind nicht ausnahmlos sichergestellt.

[3] GHATAK a. KAUL: Journ. Indian Chem. Soc. **9**, 383 (1932) (C. C. **1932 II**, 3730).

[4] R. MANSKE, Canad. Journ. Res. **8**, 210 (1933) (C. C. 1933, **I**, 3953).

[5] KRISHNA a. GHOSE, Journ. Indian. Chem. Soc. **9**, 429 (1932) (C. C. **1933 I**, 2412).

**4. Ageratin** (ohne Formel)

Fam. **Compositae:** *Ageratum conycoides* L., „Appa-Gras"; in der ganzen Pflanze.

**5.** Ophioxylon-Alkaloide[1]:

**Ajmalin,** $C_{20}H_{26}O_2N_2$, **Ajmalinin,** $C_{20}H_{23}O_4N$,
**Ajmalicin,** (keine Formel) **Serpentin,** $C_{21}H_{23}O_4N$.
**Serpentinin,** (keine Formel)

Fam. **Apocynaceae:** *Ophioxylon serpentinum* WILLD. (*Rauwolfia s.* BENTH.); in Wurzel.

**6.** Picralima-Alkaloide[2]:

**Akuammin,** $C_{22}H_{28}O_4N_2$, **Akuammidin,** $C_{21}H_{24}O_3N_2$,
**Akuammilin,** $C_{22}H_{24}O_4N_2$, **Akuammenin,** $C_{20}H_{22}O_4N_2$,
**Akuammigin,** $C_{22}H_{26}O_3N_2$, **Pseudoakuammigin,** $C_{22}H_{26}O_3N_2$,
**Akuammicin,** $C_{19}H_{20}O_2N_2$, **Pseudoakuammicin,** $C_{19}H_{20}O_2N_2$,
**Benzoylakuammicin,** $C_{29}H_{32}O_5N_2$, **Akuamminhydrat,** $C_{22}H_{28}O_4N_2$.

Fam. **Apocynaceae:** *Picralima Klaineana* PIERRE, „Akuamma"; im Samen.

**7. Alstonin** (*Chlorogenin*), $C_{21}H_{20}O_4N_2$, und **Alstonidin** (ohne Formel).

Fam. **Apocynaceae:** *Alstonia constricta* F. v. MÜLL.; in *Alstoniarinde* (*Cortex Alstoniae constr.*), neben *Porphyrin*, „*Porphyrosin*" und *Alstonidin*). — *A. costulata* MIQ.; im Milchsaft (neben *Isoalstonin*).

**8. Anagyrin,** $C_{15}H_{22}ON_2$.

Fam. **Leguminosae** (*Papilionatae*): *Anagyris foetida* L., Stinkstrauch; im Samen (neben *Cytisin*).

**9. Anonain,** $C_{17}H_{16}O_3N$.

Fam. **Anonaceae:** *Anona reticulata* L.; in Stammrinde.

**10. Aristolochin,** $C_{32}H_{22}O_{13}N_2$ (oder $C_{17}H_{11}O_7N$).
(*Aristolochinsäure* ist identisch mit *Aristolochin*).

Fam. **Aristolochiaceae:** *Aristolochia Clematitis* L., Osterluzei; im Samen. — Im Wurzelstock aller folgenden: *A. Serpentaria* L.; unsicher! — *A. argentina* GRISEB. (neben *Aristidin-*, *Aristin-* und *Aristolsäure*). — *A longa* L. — *A. rotunda* L. — *A. Sipho* L'HÉRIT., Pfeifenstrauch.

**11. Artabotrin,** $C_{36}H_{55}O_6N$.

Fam. **Anonaceae:** *Artabotrys suaveolens* BL. (*Cananga odorata* HOOK.); in Stamm- und Wurzelrinde. — *A. Blumei* H. et TH.; in Zweigrinde.

**12. Artarin,** $C_{21}H_{23}O_4N$.

Fam. **Rutaceae** (*Rutoideae*): *Xanthoxylum senegalense* DC.; in Wurzelrinde.

**13. Bicucullin,** $C_{20}H_{17}O_6N$[3].

Fam. **Papaveraceae:** *Corydalis sempervirens* PERS.; in Knollen. — *Adlumia fungosa* GREEN; in der ganzen Pflanze (s. auch Nr. 3).

**14. Boletin** (ohne Formel).

Pilze (*Basidiomycetes*):

Fam. **Polyporaceae:** *Boletus Satanas* LENZ; im Fruchtkörper (?).

**15. Bryonicin,** $C_{10}H_{17}O_2N$.

Fam. **Cucurbitaceae:** *Bryonia dioica* JACQ., Rotbeerige Zaunrübe; im Rhizom.

**16. Buphanin,** $C_{23}H_{24}O_6N_2$.

Fam. **Amaryllidaceae:** *Buphane distachia* HERB.; in Zwiebel (neben *Lycorin*).

**17. Buxin,** $C_{19}H_{21}O_3N$.

Fam. **Buxaceae:** *Buxus sempervirens* L., Buchsbaum; in Rinde und Blättern (neben *Parabuxin*, *Buxinidin*, *Parabuxinidin* und *Buxinamin*).

---

[1] SIDDIQUI: Journ. Indian Chem. Soc. 8, 667 (1931) (C. C. **1932 I,** 244).
[2] HENRY, T. A.: Journ. Chem. Soc. London **1932,** 2759 (C. C. **1933 I,** 613).
[3] MANSKE, R.: Canadian Journ. Res. 8, 142 (1933) (C. C. **1933 I,** 2698).

### 18. Capsaicin, $C_{18}H_{27}O_3N$.

Fam. **Solanaceae:** *Capsicum annuum* L., Spanischer Pfeffer; in Frucht (*Paprikaschoten*). — *C. crassum* Willd.; in Frucht. — *C. fastigiatum* Bl.; in Frucht = *Cayennepfeffer*. — In Früchten folgender: *C. frutescens* Willd. var. *baccatum* Vell. — *C. frutescens* Willd. var. *odoriferum* Vell. — *C. baccatum* L. und var. *quiya apuam* Mg. — *C. conoides* Mill. und var. *chorda* Fingh. — *C. bicolor* Jacq. — *C. microcarpum* DC.

### 19. Carpain, $C_{14}H_{25}O_2N$.

Fam. **Caricaceae:** *Vasconcellea hastata* (?); in Blättern. — *C. Papaya* L., Melonenbaum; im Milchsaft von Blättern, Frucht, Stamm und Wurzel.

### 20. Casimiroin, $C_{24}H_{20}O_8N_2$ (oder $C_{22}H_{14}O_6N_2$) und Casimiroidin, $C_{17}H_{24}O_5N_2$.

Fam. **Rutaceae** (*Aurantioideae*): *Casimiroa edulis* Llv.; in Frucht, Samen und Rinde (frühere Angaben über *Casimirin* $C_{30}H_{32}O_5N_2$ konnten nicht bestätigt werden).

### 21. Ceanothin (ohne Formel).

Fam. **Rhamnaceae:** *Ceanothus americanus* L., Seckelblume; in Wurzelrinde und Blättern.

### 22. Chatinin (ohne Formel).

Fam. **Valerianaceae:** *Valeriana officinalis* L., Arzneilicher Baldrian; in frischer Wurzel (neben *Valerin*).

### 23. Cheirinin, $C_{18}H_{35}O_{17}N_2$.

Fam. **Cruciferae:** *Cheiranthus Cheiri* L., Goldlack; im Samen.

### 24. Chloroxylonin, $C_{22}H_{23}O_7N$.

Fam. **Rutaceae** (*Rutoideae*): *Chloroxylum Swietenia* DC.; im Holz (= *Ostindisches Seidenholz*), in Rinde und Blättern neben *Chloroxylin*.

### 25. Clerodendrin (keine Formel).

Fam. **Verbenaceae:** *Clerodendron siphonanthus* R. Br.; in Blättern.

### 26. Clivianin (keine Formel).

Fam. **Amaryllidaceae:** *Clivia nobilis* Lindl.; in Zwiebel.

### 27. Cliviin (keine Formel).

Fam. **Amaryllidaceae:** *Clivia miniata* Benth.; in Wurzel und Blättern.

### 28. Consolidin und Consolicin (keine Formel).

Fam. **Borraginaceae:** *Cynoglossum officinale* L., Hundszunge; in Wurzel. — *Anchusa officinalis* L., Ochsenzunge; in Blättern. — *Echium vulgare* L., Gemeiner Natternkopf; im Kraut. — *Symphytum officinale* L., Schwarzwurz; im Kraut.

### 29. Cucullarin (ohne Formel).

Fam. **Papaveraceae:** *Dicentra Cucullaria* Brnh.; in Kraut und Wurzel. — *D. canadensis* Walp.; wie vorige.

### 30. Cygnin, $C_{19}H_{22}O_3N_2$.

Fam. **Leguminosae** (*Papilionatae*): *Gastrolobium calycinum* Benth.; in ganzer Pflanze.

### 31. Cynoglossin (ohne Formel).

Fam. **Borraginaceae:** *Cynoglossum officinale* L., Hundszunge; in Wurzel (neben *Cynoglossein*). — *Anchusa officinalis* L., Ochsenzunge; in Blättern (neben *Consolidin* und *Consolicin*). — *Echium vulgare* L., Gemeiner Natternkopf (neben *Consolidin* und *Consolicin*). — *Symphytum officinale* L., Schwarzwurz; im Kraut, als *Symphyto-Cynoglossin* (wie vorige).

32. Daphnandra-Alkaloide:

**Daphnandrin**, $C_{36}H_{38}O_6N_2$, **Daphnolin**, $C_{34}H_{34}O_6N_2$, **Micranthin**, $C_{36}H_{32}O_6N_2$.

Fam. **Monimiaceae:** *Daphnandra micrantha* Benth.; in Rinde. — *D. repandula* Bancr.; ebenso.

**33. Daphnimacrin,** $C_{27}H_{41}O_4N$.

Fam. **Euphorbiaceae:** *Daphniphyllum macropodon* MIQ.

**34. Daucin,** $C_{11}H_{18}N_2$.

Fam. **Umbelliferae:** *Daucus Carota* L., Möhre; in Blättern (neben *Pyrrolidin*).

**35. Dendrobin,** $C_{16}H_{25}O_2N$ (oder $C_{16}H_{23}O_2N$)[1].

Fam. **Orchidaceae:** *Dendrobium nobile* Lindl.; in getrockneten Stengeln (= Chinesiche Droge „*Chin-Shi-Hu*").

**36. Dicomin** (ohne Formel).

Fam. **Compositae:** *Dicoma anomala* SOND.; in ganzer Pflanze.

**37. Dioscorin,** $C_{13}H_{19}O_2N$.

Fam. **Dioscoreaceae:** *Dioscorea hirsuta* BL.; in Knollen (neben zweifelhaftem *Dioscorein*, von anderen aber nicht gefunden).

**38. Diphyllin** (ohne Formel).

Fam. **Papaveraceae:** *Stylophorum diphyllum* NUTT.; in Wurzel (neben *Chelidonin*, *Protopin*, *Stylopin* und *Sanguinarin*).

**39. Ditamin,** $C_{16}H_{19}O_2N$.

Fam. **Apocynaceae:** *Alstonia scholaris* R. BR. (*Echites sch.* L.); in Rinde (*Ditarinde*). — *A. spectabilis* R. BR.; ebenso (neben *Echitamin*, *Echitenin* und *Alstonamin*).

**40. Doryphorin,** $C_{18}H_{21}O_4N$.

Fam. **Monimiaceae:** *Doryphora Sassafras* ENDL.; in Rinde.

**41. Doundakin** (ohne Formel).

Fam. **Rubiaceae** (*Cinchonoideae*): *Sarcocephalus esculentus* AFZ.; in Wurzelrinde.

**42. Echitamin,** $C_{22}H_{28}O_4N_2$, **Echitamidin,** $C_{20}H_{26}O_3N_2$[2], und **Echitenin,** $C_{20}H_{27}O_4N$.

Fam. **Apocynaceae:** *Alstonia scholaris* R. BR.; in Rinde (*Ditarinde*), neben *Ditamin*. — *A. spectabilis* R. BR.; in Rinde (*Poëlérinde*), *Echitamin* und *Echitenin* (neben *Alstonamin* und *Ditamin*). — *A. congonensis* ENGL.; in Rinde (*Alstoniarinde*), *Echitamin* und *Echitamidin*.

**43. Erythrophlein,** $C_{28}H_{43}O_7N$?

Fam. **Leguminosae** (*Caesalpinioideae*): *Erythropheum guineense* DON.; in Rinde (= *Sassyrinde*). — *E. Coumingo* BAILL.; *erythrophlein*ähnliches Alkaloid.

**44. Esenbeckin** (ohne Formel).

Fam. **Rutaceae** (*Rutoideae*): *Esenbeckia febrifuga* JUSS. (*Evodia f.* ST. HIL.); in Rinde (= *Brasilianische Angosturarinde, Cortex Esenbeckiae febr.*) neben anderen Alkaloiden.

Fam. **Rubiaceae** (*Cinchonoideae*): *Exostemma Souzanum* MART.; in Rinde.

**45. Fagarin,** $C_{22}H_{23}O_7N$.

Fam. **Rutaceae** (*Rutoideae*): *Xanthoxylon cribosum* SPRENG. (*Fagara flava* KRUG. et URB.); im Holz (= *Satinholz*).

**46. Flindersin,** $C_{23}H_{26}O_7N_2$.

Fam. **Rutaceae** (*Flindersioideae*): *Flindersia australis* MÜLL.; im Holz (*Moahholz*).

**47. Forsteronin** (ohne Formel).

Fam. **Apocynaceae:** *Forsteronia pubescens* DC. var. *cordata* MÜLL.-ARG.; in Blättern.

**48. Fuchsi-Senecionin,** $C_{12}H_{21}O_3N$.

Fam. **Compositae:** *Senecio Fuchsii* GM.; im Kraut (neben Base $C_9H_{15}O_2N$).

---

[1] SUZUKI, KEIMATSU a. ITO: Journ. Pharm. Soc. Japan **52**, 162 (1932) (C. C. **1933 I**, 1476). — SUZUKI a. KEIMATSU: Ebenda **52**, 183 (1932) (C. C. **1933 I**, 2255).

[2] GOODSON: Journ. Chem. Soc. London **1932**, 2626 (C. C. **1933 I**, 434).

**49. Geissospermin, $C_{19}H_{24}O_2N_2$ ($C_{40}H_{98}O_3N_4$[1]) und Pereirin, $C_{19}H_{24}ON_2$.**

Fam. **Apocynaceae:** *Geissospermum Vellosii* ALL.; in Rinde der Wurzel (= *Pereiro-Rinde*), neben *Vellosin, Pereirin,* auch in Blättern und Frucht.

**50. Gelsemin, $C_{22}H_{26}O_3N_2$, $C_{20}H_{22}O_2N_2$ od. $C_{21}H_{26}O_3N_2$? — Gelsemicin, $C_{20}H_{25}O_4N_2$ — Sempervin[2]. — Gelseminin. — Gelsemoidin und Sempervirin** (ohne Formeln).

Fam. **Loganiaceae:** *Gelsemium sempervirens* AIT., Gelber Jasmin; im Rhizom mit Wurzeln, *Gelsemoidin* nur in Rinde.

**51. Hanadamin** ist wohl **Kawakamin**?, $C_{21}H_{24}O_4N_2$[3].

Fam. **Rubiaceae** (*Cinchonoideae*): *Uncaria kawakamii* HAY.; in Blättern, Stengeln und Haken.

**52. Hodorin, $C_{19}H_{31}O_5N$.**

Fam. **Stemonaceae:** *Stemona sessilifolia* FR. et SAV. (*Roxburghia s.* MIQ.); in Wurzel.

**53. Hydrohydrastinin, $C_{11}H_{13}O_2N$[4].**

Fam. **Papaveraceae:** *Corydalis tuberosa* DC. (*C. cava* SCHWG.), Lerchensporn; in Knollen (neben anderen Alkaloiden, s. S. 778).

**54. Hymenodictin** (*Hymenodictyonin*), $C_{23}H_{40}N_2$.

Fam. **Rubiaceae** (*Cinchonoideae*): *Hymenodiction excelsum* WALL.; in Rinde.

**55. Ibogain** (*Ibogin*), $C_{52}H_{66}O_2N_6$ (auch $C_{26}H_{32}O_2N_2$).

Fam. **Apocynaceae:** *Tabernanthe Iboga* BAILL., Iboga; in Holz, Wurzel, Rinde und Blatt.

**56. Jacobin, $C_{18}H_{23}O_5N$[5].**

Fam. **Compositae:** *Senecio Jacobaea* L., Jakobs-Kreuzkraut; in Blättern und Stengeln (neben *Retronecin*, s. auch S. 798).

**57. Jambosin, $C_{10}H_{15}O_3N$.**

Fam. **Myrtaceae:** *Eugenia Jambosa* L. (*Jambosa vulgaris* DC.); in Rinde.

**58. Jatrophin, $C_{14}H_{20}O_6N$.**

Fam. **Euphorbiaceae:** *Jatropha gossipifolia* L. var *elegans* MÜLL.-ARG.; in Rinde.

**59. Jonidin, $C_{19}H_{25}O_4N_4$.**

Fam. **Papaveraceae:** *Eschscholtzia californica* CHAM.; in Wurzel (neben anderen Alkaloiden, s. S. 780).

**60. Julocrotin** (*Yulocrotin*), $C_{19}H_{26}O_3N_2$.

Fam. **Euphorbiaceae:** *Julocroton montevidensis* KLOTZSCH; in Wurzel.

**61. Koumin, $C_{20}H_{22}ON_2$. — Kouminin. — Kouminicin und Kuminidin**[6] (die letzten drei ohne Formel).

Fam. **Loganiaceae:** *Gelsemium elegans* BENTH., „Kou Wen"; in Blatt, Stengel und Wurzel.

**62. Leontamin, $C_{14}H_{26}N_2$[7].**

Fam. **Be beridaceae:** *Leontice Eversmannii* BGE.; in Knollen.

---

[1] BETHO, A., u. G. v. SCHUCKMANN: Ber. Chem. Ges. **64**, 2278 (1931) (C. C. **1931 II**, 2886).

[2] CHOU: Chin. Journ. Physiol. **5**, 131, 295 (1931) (C. C. **1931 II**, 2342, 2891).

[3] KONDO a. OSHIMA: Journ. Pharm. Soc. Japan **52**, 63 (1932) (C. C. **1932 II**, 2823). *Hanadamin* (so im Refer.) ist anscheinend Druckfehler.

[4] SPÄTH u. JULIAN: Ber. Chem. Ges. **64**, 1131 (1931) (C. C. **1931 I**, 3570).

[5] MANSKE: Canadian Journ. Res. **5**, 651 (1931) (C. C. **1932 I**, 1540).

[6] CHOU: Chin. Journ. Physiol. **5**, 345 (1931) (C. C. **1932 II**, 722).

[7] ORECHOW u. KONOWALOWA: Arch. der Pharm. u. Ber. Pharm. Ges. **270**, 329 (1932) (C. C. **1932 II**, 1308).

**63. Lobin,** $C_{23}H_{32}O_4N_3$.

Fam. **Leguminosae** (*Papilionatae*): *Oxylobium parviflorum* BENTH.; in ganzer Pflanze.

**64. Lunacrin,** $C_{16}H_{29}O_3N$ [1]. — **Lunacridin.** — **Lunasin** und **Lunin** (ohne Formeln)

Fam. **Rutaceae** (*Rutoideae*): *Lunasia costulata* MIQ. (*L. amara* BLANC. var. *costulata* HOCH., *Rabelaisia philippensis*); in Rinde (*Lunasia-Rinde*), Blättern und im Holz von Zweigen.

**65. Lycopodin,** $C_{32}H_{52}O_3N_2$.

Fam. **Lycopodiaceae:** *Lycopodium complanatum* L.; im Kraut.

**66. Manacin** (*Franciscein*), $C_{15}H_{22}O_5N_4$ (auch $C_{22}H_{32}O_{16}N_2$).

Fam. **Solanaceae:** *Brunfelsia hopeana* BENTH. (*Franciscea uniflora* POHL); in Wurzel (*Manaca-Wurzel*) und Blättern.

**67. Mesembrin,** $C_{16}H_{19}O_4N$.

Fam. **Aizoaceae:** *Mesembrianthemum expansum* L.; in der ganzen Pflanze. — *M. tortuosum* L.; ebenso.

**68. Mitragynin,** $C_{22}H_{31}O_5N$.

Fam. **Rubiaceae** (*Cinchonoideae*): *Mitragyne speciosa* KORTH.; in Blättern.

**69. Mitraphyllin,** $C_{37}H_{40}O_5N_5$ [2].

Fam. **Rubiaceae** (*Cinchonoideae*): *Mitragyne macrophylla* KORTH.; in Rinde.

**70. Mitraversin,** $C_{22}H_{26}O_4N_2$ (?).

Fam. **Rubiaceae** (*Cinchonoideae*): *Mitragyne diversifolia* HOOK.; in Blättern.

**71. Moringin** (ohne Formel).

Fam. **Moringaceae:** *Moringa pterygosperma* GAERTN., Ölmoringie; im Samen.

**72.** $\alpha$- **und** $\beta$-**Mycetosin** (ohne Formel).

Pilze (*Basidiomycetes*):
Fam. **Agaricaceae:** *Amanita muscaria* L. (*Agaricus m.* PERS.), Fliegenpilz (1911).

**73. Narcissin** (*Pseudonarcissin*) s. **Lycorin,** Nr. 1, S. 791.

**74. Nupharin,** $C_{18}H_{24}O_2N_2$.

Fam. **Nymphaeaceae:** *Nymphaea lutea* L. (*Nuphar l.* SIBTH. et SM.), Gelbe Teichrose; im Rhizom. — *N. alba* L., Weiße Teichrose; wie vorige.

**75. Orixin,** $C_{18}H_{23}O_6N$ ($C_{18}H_{21}O_6N$). — **Isoorixin** (isomer). — **Orixidin,** $C_{15}H_{13}O_4N$. — **Kokusagin,** $C_{13}H_9O_4N$. — **Isokokusagin** (isomer) und *Phenolbase* $C_{15}H_{15}O_5N$ [3].

Fam. **Rutaceae** (*Rutoideae*): *Orixa japonica* THBG., „Kokusagi"; in Wurzelrinde.

**76. Ormosin,** $C_{20}H_{33}N_3$, und **Ormosinin** (isomer).

Fam. **Leguminosae** (*Papilionatae*): *Ormosia dasycarpa* JACKS.; in Frucht und Samen. — *O. coccinea* JACKS.; ebenso.

**77. Parquin,** $C_{21}H_{39}O_8N$.

Fam. **Solanaceae:** *Juanulloa aurantiaca* OTT.; in Rinde. — *Cestrum foetidissimum* JACQ. und *C. Parqui* l'HERIT.; in Blättern.

**78. Parsonin** (ohne Formel).

Fam. **Apocynaceae:** *Parsonia Minahassae* KDS.; in Rinde (1902).

---

[1] WIRTH: Pharm. Weekblad **68**, 1011 (1931) (C. C. **1932 I**, 85).
[2] MICHIELS: Journ. Pharm. Belg. **13**, 159 (1931) (C. C. **1931 I**, 2491).
[3] TERASAKA: Journ. Pharm. Soc. Japan **51**, 99 (1931) (C. C. **1932 I**, 243).

**79. Paucin,** $C_{27}H_{39}O_5N_5$.

Fam. **Leguminosae** (*Mimosoideae*): *Pentaclethra macrophylla* BENTH., Owala; im Samen (*Owalasamen, Pauconuß*).

**80. Pellitorin** (*Pyrethrin*), $C_{14}H_{25}ON$ [1].

Fam. **Compositae:** *Anacyclus Pyrethrum* DC. (*Anthemis P.* L.) und *A. officinarum* HAY.; in Wurzel (*Bertramswurzel, Radix Pyrethri*).

**81. „Perobin"** (ohne Formel).

Fam. **Apocynaceae:** *Aspidosperma peroba* ALL.; in Rinde, vermutlich identisch mit *Aspidospermin* (1909).

**82. Pillijanin** (*Piliganin*), $C_{15}H_{24}ON_2$ [2].

Fam. **Lycopodiaceae:** *Lycopodium Saururus* LAM.; im Kraut.

**83. Pilocerein,** $C_{30}H_{44}O_4N_2$ (?).

Fam. **Cactaceae:** *Pilocereus Sargentianus* ORC.; in Trieben.

**84. Pithecolobin,** $C_{17}H_{36}ON_3$ [3].

Fam. **Leguminosae** (*Mimosoideae*): *Pithecolobium Saman* BENTH.; in Rinde. — Angegeben (1890 und 1900) auch für folgende: *P. bigeminum* MART.; in Rinde und Samen. — *P. lobatum* BENTH.; ebenso. — *P. hymaenifolium* BENTH.; in Rinde. — Ebenso in *P. moniliferum* BENTH., *P. Unguis cati* BENTH. und *P. fasciculatum* BENTH.

**85. Porphyrin,** $C_{21}H_{25}O_2N_3$, und **Porphyrosin** [4] (ohne Formel).

Fam. **Apocynaceae:** *Alstonia constricta* F. v. MÜLL.; in Rinde (= *Alstoniarinde*), neben *Alstonin* und *Alstonidin* (s. S. 793).

**86. Pseudophoenicin** (ohne Formel).

Fam. **Palmae:** *Pseudophoenix vinifera* BECC. (*Phoenix v.* [?]); in Frucht (Kerne).

**87. Rauwolfin,** $C_{20}H_{26}O_3N_2$ [5].

Fam. **Apocynaceae:** *Rauwolfia canescens* L.; in Rinde. — *R. caffra* SOND.; ebenso.

**88. Retrorsin,** $C_{18}H_{25}O_6N$. — **Retrornecin** $C_8H_{13}O_2N$.

Fam. **Compositae:** *Senecio retrorsus* DC. (=*S. barbellatus* DC.); in Blättern und Stengeln. — *S. Jacobaea* L., Jakobskreuzkraut; hier nur *Retrornecin*.

**89. Rhynchophyllin,** $C_{22}H_{28}O_4N_2$.

Fam. **Rubiaceae** (*Cinchonoideae*): *Ourouparia rhynchophylla* MATS.; in Stengeln und Haken.

**90. Salsolin,** $C_{11}H_{15}O_2N$.

Fam. **Chenopodiaceae:** *Salsola Richteri* KARREL.; im Kraut[7].

**91. Sangolin** (ohne Formel).

Fam. **Menispermaceae:** *Tinospora Bakis* MIERS; in Wurzel (neben *Pelosin*).

**92. Saussurin** (ohne Formel).

Fam. **Compositae:** *Saussurea Lappa* CLARKE; in Blättern und Wurzel (*Costuswurzel, Kut-root*).

[1] GULLAND a. HOPTON: Journ. Chem. Soc. **1930**, 6 (C. C. **1930 I**, 2106). — OTT u. BEHR: Ber. Chem. Ges. **60**, 2284 (1927); **61**, 246 (1928) (C. C. **1928 I**, 212 .

[2] DOMINGUEZ: Rev. Centro Estud. Farmac. Bioquim. **20**, 534 (1931) (C. C. **1932 I**, 3452).

[3] ITALLIE, VAN: Pharm. Weekblad **69**, 941 (1932) (C. C. **1932 II**, 2845).

[4] Als *Porphyrin* ist später auch das in Pflanzen gefundene Abbauprodukt des Chlorophylls bezeichnet.

[5] KOEPFLI: Journ. Amer. Chem. Soc. **54**, 2412 (1932) (C. C. **1932 II**, 1190).

[6] MANSKE: s. Note 5, S. 796.

[7] ORECHOFF u. PROSKURNINA: Ber. Chem. Ges. **66**, 841 (1933).

**93. Senecifolin,** $C_{18}H_{27}O_8N$, und **Senecifolidin,** $C_{18}H_{25}O_7N$.

Fam. **Compositae:** *Senecio latifolius* DC.; in der ganzen Pflanze.

**94. Senecionin,** $C_{18}H_{25}O_6N$.

Fam. **Compositae:** *Senecio vulgaris* L., Gemeines Kreuzkraut; in der ganzen Pflanze (neben *Senecin,* ob Alkaloid?). — *S. Jacobaea* L., Jakobskreuzkraut; in Wurzel. — *S. Cineraria* DC., Cinerarie; im Kraut.

**95. Silvasenecin,** $C_{12}H_{21}O_4N$.

Fam. **Compositae:** *Senecio silvaticus* L.; im Kraut.

**96. Spigeliin** (*Spigelein*), ohne Formel.

Fam. **Loganiaceae:** *Spigelia marylandica* L.; in Wurzel. — *Sp. Anthelmia* L. und *Sp. glabrata* MART.; in ganzer Pflanze.

**97. Stemonin,** $C_{17}H_{23}O_4N$, und **Stemonidin,** $C_{17}H_{27}O_5N$ [1].

Fam. **Stemonaceae:** *Stemona japonica* MIQ.; in Wurzel.

**98. Stylopin** (*l-Tetrahydrocoptisin*), $C_{19}H_{19}O_5N$.

Fam. **Papaveraceae:** *Stylophoron diphyllum* NUTT.; in Wurzel (neben *Chelidonin, Diphyllin* u. a., s. S. 782). — *Corydalis ternata* NAK.; in Knollen (*Koreanische Corydalisknollen*), *l-Tetrahydrocoptisin* ist anscheinend identisch mit *Stylopin*[2].

**99. Superbin,** $C_{52}H_{60}O_{17}N_2$.

Fam. **Liliaceae:** *Gloriosa superba* L., Prachtlilie; im Wurzelstock.

**100. „Tabernaemontanin"** (ohne Formel).

Fam. **Apocynaceae:** *Tabernaemontana Salzmanni* DC.; in Blättern, Samen und Rinde. — *T. sphaerocarpa* BL.; ebenso.

**101. „Tanacetin"** (ohne Formel).

Fam. **Compositae:** *Tanacetum vulgare* L., Raifarn; angeblich in Blüten.

**101a. Taxin,** $C_{37}H_{51}O_{10}N$[3].

Fam. **Taxaceae:** *Taxus baccata* L., Eibe, Ibe; in Nadeln.

**102. Temulin,** $C_7H_{12}ON_2$.

Fam. **Gramineae:** *Lolium temulentum* L., Taumellolch; im Samen.

**103. Thalictroidin,** $C_{10}H_7O_3N$.

Fam. **Ranunculaceae:** *Anemone thalictroides* L.; in fasciierten Pflanzen.

**104. Tiliacorin,** $C_{32}H_{33}O_4N$.

Fam. **Menispermaceae:** *Tiliacora acuminata* MIERS; in Rinde.

**105. Toddalin**[4] (ohne Formel).

Fam. **Rutaceae** (*Toddalioideae*): *Toddalia aculeata* PERS. und *T. angustifolia* LAM.; in Blättern.

**106. Vasicin,** $C_{11}H_{12}ON_2$.

Fam. **Acanthaceae:** *Adhatoda vasica* NEES (*Justicia Adhatoda* L.); in Blättern (Droge *Folia Adhatodae*).

**107. Vellosin,** $C_{23}H_{28}O_4N_2$.

Fam. **Apocynaceae:** *Geissospermum Vellosii* ALL.; in Rinde (neben *Geissospermin* und *Pereirin*).

**108. α- und β-Xantherin,** $C_{24}H_{23}O_6N$.

Fam. **Rutaceae** (*Rutoideae*): *Xanthoxylum ochroxylum* DC.; in Rinde.

---

[1] SUZUKI: Ann. der Chem. **488**, 242 (1931) (C. C. **1931 II**, 2163).
[2] GO: Journ. Pharm. Soc. Japan **50**, 124 (1930) (C. C. **1931 I**, 791).
[3] CALLOW, GULLAND a. VIRDEN, J. Chem. Soc. London **1931**, 2138 (C. C. **1931 II**, 2617).
[4] LOBSTEIN et P. HESSE: Bull. Sciences Pharmacol. **38**, 157 (1931) (C. C. **1932 I**, 2734)

# 43. Cerebroside[1].

Von **H. THIERFELDER** †, Tübingen.

Unter Cerebrosiden versteht man Substanzen, die aus je einem Molekül Galaktose, der Base Sphingosin und einer höheren Fettsäure aufgebaut sind.

Das Verdienst, derartige Verbindungen zuerst, und zwar aus dem Gehirn (cerebrum) isoliert und in ihrer Zusammensetzung erkannt zu haben, gebührt THUDICHUM (1874), von dem auch der Name stammt. Er bezeichnet die beiden von ihm dargestellten Stoffe als *Phrenosin*, für das auch der Name *Cerebron* gebraucht wird und *Kerasin*. Erst viele Jahre später gelang es KLENK (1925) ebenfalls im Gehirn zwei weitere Vertreter dieser Gruppe nachzuweisen, von denen der eine, *Nervon*, in reinem Zustande von ihm dargestellt, der andere, *Oxynervon*, zwar nicht isoliert, aber in seiner Existenz nicht zu bezweifeln ist. Es spricht manches dafür, daß es weitere Cerebroside nicht gibt.

Sie finden sich nicht nur im Nervengewebe, sind vielmehr vermutlich allgemeine Zellbestandteile und in vielen tierischen Geweben und Flüssigkeiten nachzuweisen oder wahrscheinlich gemacht. Das Vorkommen in Pflanzen, an und für sich nicht unwahrscheinlich, ist von verschiedenen Seiten vermutet worden, aber bis jetzt keineswegs bewiesen. Siehe darüber die Ausführungen am Schluß dieses Abschnitts.

Die Cerebroside sind weiße Substanzen und enthalten C, H, N und O, aber weder P noch S. Sie werden im allgemeinen amorph erhalten, haben aber die Eigenschaft, flüssige Krystalle zu bilden. Einige können auch als richtige Krystalle erhalten werden. Sie sind entsprechend der weitgehenden Übereinstimmung in ihrer Zusammensetzung (sie unterscheiden sich nur durch ihre Fettsäurekomponenten) wie ihren Eigenschaften einander sehr ähnlich, so daß ihre Reindarstellung große Schwierigkeiten macht. Mühevoll ist auch ihre Abtrennung von der Gruppe der Phosphatide, die ebenfalls in weiter Verbreitung vorkommen.

Sie sind in Wasser unlöslich, ebenso in Äther und Petroläther; in Alkohol und vielen organischen Lösungsmitteln lösen sie sich in der Wärme, in Pyridin auch bei gewöhnlicher Temperatur. Sie sind optisch aktiv, geben einige Farbenreaktionen, die auf den Gehalt von Galaktose und Sphingosin beruhen und verbrennen unter Geruch nach verbrennendem Fett.

Der Nachweis von Cerebrosiden auf färberischem Wege in den Geweben ist bis jetzt nicht möglich.

Verbindungen der Cerebroside sind nur verhältnismäßig wenige bekannt. Manche von ihnen haben für die Aufklärung der Konstitution gute Dienste geleistet. Für die Trennung von anderen Substanzen und voneinander ist kaum eine brauchbar, so daß im folgenden auf sie nicht eingegangen wird.

## A. Die einzelnen Cerebroside.

### a) Cerebron (Phrenosin) $C_{48}H_{93}O_9N$.

M 827,75 C 69,59%, H 11,33%, N 1.69%, Jz. 30.65.

```
              CH3—(CH2)21—CH—CO                      Cerebronsäure
                          |   |
                          OH  |
                              NH
                              |3    2    1
CH3—(CH2)12—CH=CH—CH—CH—CH2OH      Sphingosin
                                   |
                                   O
                                   |
          CH2OH—CH—(CHOH)3—CH              Galaktose
                  \            /
                   \____O_____/
```

[1] Ergänzt von E. KLENK, Tübingen.

*Zusammensetzung.* Es besteht aus je einem Molekül Cerebronsäure, Sphingosin und Galaktose, die unter Austritt von zwei Molekülen Wasser zusammengetreten sind.

*Konstitution.* Die Konstitution ergibt sich aus obiger Strukturformel.

*Eigenschaften.* Weiße Substanz, in Wasser unlöslich, ebenso in Äther und Petroläther, beim Kochen mit Wasser aufquellend, in Pyridin schon bei gelinder Wärme löslich und bei Zimmertemperatur nicht ausfallend, löslich in heißem Alkohol, Benzol, Eisessig, Essigester, Aceton, Chloroform. Beim Abkühlen seiner heißen Lösungen scheidet es sich gewöhnlich in Form mikroskopischer, knollenförmiger Gebilde ab, welche, abfiltriert und getrocknet, ein weißes Pulver bilden, gelegentlich aber auch mehr oder weniger vollständig als cholesterinähnliche Krystalle, die abgesaugt und im Vakuum getrocknet, eine zusammenhängende, verfilzte, silberglänzende Masse von elastischer Beschaffenheit darstellen. Bei genügender Konzentration kann auch die Lösung beim Abkühlen zu einer Gallerte erstarren.

Über das Verhalten unter dem Polarisationsmikroskop und der Gipsplatte s. unten.

Es geht leicht in den flüssig-krystallinischen Zustand über. Es kann aber auch seiner ganzen Masse nach, in schon makroskopisch erkennbare richtige Krystalle von dem Aussehen des Cholesterins übergeführt werden (s. darüber Krystallisationsprobe.

Beim schnellen Erhitzen im Schmelzröhrchen erweicht es unter Annahme eines feuchten Ansehens und Ausscheidung feiner Tröpfchen bei etwa 130° und wird bei 212° flüssig. Dieses Verhalten erklärt sich aus dem Übergang in den flüssig-krystallinischen und weiter in den flüssigen Zustand. Bei ungefähr 95° beginnt es in den anisotropen flüssig-krystallinischen Zustand einzutreten, und bei 130° ist es völlig in ihn eingetreten. Der Übergang der flüssig-krystallinischen in die flüssige (isotrope) Modifikation findet bei 212—215° (Klärungspunkt) statt.

In Beziehung zu dem flüssig-krystallinischen Zustand steht auch die Neigung Myelinformen zu bilden. Beim gelinden Erwärmen einer feinen Suspension in Wasser auf einem Objektträger unter dem Mikroskop sieht man die amorphen Formen plötzlich aufschwellen und mit Nadeln sich bedecken, die allmählich in die genannten Formen übergehen.

Es dreht rechts, und zwar in 75% Chloroform enthaltender Methylalkohollösung bei einem Prozentgehalt von etwa 5 $[\alpha]_D^{50^\circ}$ = etwa 8°, in Pyridinlösung bei einem Prozentghalt von etwa 10 $[\alpha]_D^{20^\circ}$ = etwa 3,7°.

Es addiert Brom.

Durch einstündiges Erhitzen mit gesättigtem Barytwasser im kochenden Wasserbad wird es kaum angegriffen, ebensowenig durch einstündiges Erhitzen in einer 2,8% Ätznatron enthaltenden methylalkoholischen Lösung.

*Reaktionen.* Mit konzentrierter Schwefelsäure gibt es zuerst Gelb-, dann Purpurfärbung, welche auf der Anwesenheit von Galaktose und Sphingosin beruht.

Verteilt man eine Spur in einem halben Kubikzentimeter Wasser durch kurzes Erhitzen, fügt nach dem Erkalten einen Tropfen einer 15proz. Lösung von α-Naphtol in Methylalkohol und 1 cm³ *reiner* konzentrierter Schwefelsäure hinzu und schüttelt stark, so färbt sich die Flüssigkeit violett (Reaktion von MOLISCH). Sie beruht auf der Anwesenheit von Galaktose.

Kocht man eine Spur mit Orcin und eisenchloridhaltiger, konzentrierter Salzsäure, so entsteht Grün- bis Blaugrünfärbung, ebenfalls auf der Anwesenheit von Galaktose beruhend.

*a) Prüfung auf Reinheit.* Ein völlig reines Präparat gibt auch in größerer Menge (einige Zehntelgramm) nach Veraschen mit Soda und Salpeter keine Spur einer Phosphorsäurereaktion mit molybdänsaurem Ammoniak.

*b) Krystallisationsprobe.* Ein völlig reines Präparat muß in einem kleinen, mit Steigrohr versehenen Rundkölbchen mit einer zur Lösung auch beim Sieden unzureichenden Menge Methylalkohol oder 10% Chloroform enthaltenden Methylalkohol versetzt, beim Kochen auf dem Wasserbad sich in kurzer Zeit seiner ganzen Menge nach in prächtige, dem Cholesterin ähnliche Krystalle verwandeln. Beobachtet man bei der mikroskopischen Betrachtung noch amorphe Formen, so ist mit der Reinigung fortzufahren.

*c) Gipsplattenprobe.* Zur Prüfung, ob dem Phrenosin noch Kerasin oder umgekehrt, dem Kerasin noch Phrenosin beigemengt ist, empfiehlt sich folgende

Probe, welche auf dem verschiedenen Verhalten beider Cerebroside unter dem Polarisationsmikroskop beruht. Man löst eine kleine Menge (8—10 mg) in einem kleinen Reagensglas (0,5 × 4 cm) in zwei Tropfen Pyridin bei etwa 37°, bringt einen Tropfen mittelst einer warmen Capillarpipette auf einen erwärmten Objektträger, bedeckt mit einem Deckglas und läßt langsam erkalten. Es bilden sich Sphärokrystalle zuerst an den Rändern, wodurch das weitere Verdunsten des Lösungsmittels verhindert wird. Da die Krystalle denselben Brechungsindex wie das Pyridin haben, so sind sie bei gewöhnlichem Licht unter dem Mikroskop kaum sichtbar. Im polarisierten Licht mit gekreuzten Nicols heben sie sich hell von dem dunkeln Untergrund ab und zeigen das wohlausgebildete Kreuz. Bringt man nun die Gipsplatte mit Roth I unmittelbar über den Polarisator so an, daß ihre Achse diagonal zu den Polarisationsebenen der gekreuzten Nicols liegt, so beobachtet man einen charakteristischen Unterschied zwischen Cerebron und Kerasin. Auf dem roten Hintergrund erscheinen die Krystalle in Quadranten geteilt, von denen zwei entgegengesetzt die Additionsfarbe Blau, die anderen beiden die Subtraktionsfarbe Gelb zeigen, und zwar zeigen die Sphärolithe des Phrenosins die blaue Farbe im oberen rechten und unteren linken Quadranten, die des Kerasins umgekehrt die blaue Farbe im oberen linken und unteren rechten. Die Sphärolithe erscheinen zunächst einheitlich und haben eine Größe, die zwischen 0,05 und 0,5 mm schwankt, nach einigen Stunden beobachtet man wohl den Sphärokrystall des einen Cerebrosides umwachsen von einem des andern. Mit Hilfe dieser Probe kann man mit sehr wenig Substanz feststellen, ob ein Präparat völlig frei von Kerasin ist und umgekehrt.

d) Bestimmung der Jodzahl, die am besten nach dem Verfahren von ROSENMUND und KUHNHENN in der Modifikation von KLENK ausgeführt wird. Die Jodzahl ist für Cerebron 30,65, für Kerasin (wasserfrei) 31,3, für Nervon 62,7.

e) Bestimmung der spezifischen Drehung.

Die beiden letzteren Verfahren eignen sich natürlich nicht für die Feststellung kleiner Beimengungen.

Als endgültiger Beweis für die Reinheit muß die Spaltung verlangt werden, bei der andere Säuren als Cerebronsäure nicht auftreten dürfen.

**Spaltung des Cerebron.** Bei der vollständigen Spaltung entstehen Cerebronsäure, Sphingosin und Galaktose zu gleichen Molekülen nach der Gleichung

$$C_{48}H_{93}NO_9 + 2\,H_2O = C_{24}H_{48}O_3 + C_{18}H_{37}NO_2 + C_6H_{12}O_6.$$

Am besten spaltet man mit methylalkoholischer Schwefelsäure. Dabei geht die Cerebronsäure z. T. in den Methylester, das Sphingosin z. T. in Methylsphingosin, die Galaktose in Methylgalaktosid über.

Man erhitzt etwa 3 g in einem Rundkolben mit 150 cm³ 10proz. Schwefelsäure enthaltendem Methylalkohol 3—4 Stunden am Rückflußkühler auf kochendem Wasserbad, läßt die farblose Flüssigkeit auf 0° abkühlen, saugt den entstandenen Niederschlag ab und wäscht ihn mit kaltem Methylalkohol aus.

a) Der *Filterrückstand* (Cerebronsäure und Cerebronsäuremethylester) wird mit methylalkoholischer Natronlauge verseift, das erhaltene Natronsalz aus Alkohol umkrystallisiert und nach Zusatz von Schwefelsäure die freie Säure mit Äther ausgeschüttelt. Die ätherische Lösung wird durch Schütteln mit Wasser von Schwefelsäure befreit und verdunstet. Es hinterbleibt Cerebronsäure. Über diese s. S. 806.

b) Das *Filtrat* wird nach Zusatz von etwa 300 cm³ Wasser einige Zeit im kochenden Wasserbad erhitzt und dann in einer Schale eingeengt. Beim Erkalten scheidet sich an der Oberfläche eine zusammenhängende weiße oder schwach rötliche Masse ab, welche nach Verreiben mit Wasser abfiltriert und mit Wasser gewaschen wird.

α) *Filterrückstand.* Seine alkoholische Lösung hinterläßt beim Verdunsten Sphingosin- und Methylsphingosinsulfat, welche durch Krystallisation aus Alkohol getrennt werden, in dem letzteres leichter löslich ist als ersteres. Zur Reinigung löst man die Sulfate in alkoholischer Natronlauge, schüttelt die freien Basen nach Zufügen von Wasser mit Äther aus, verdunstet den Äther, löst den Rückstand in Alkohol und bringt das Sphingosin durch vorsichtigen Zusatz von alkoholischer Schwefelsäure wieder als schön krystallisierendes Sulfat (s. S. 807), das Methylsphingosin durch vorsichtigen Zusatz von alkoholischer Salzsäure als schön krystallisierendes Chlorid (s. S. 807) zur Abscheidung.

β) *Filtrat.* Es kann daraus nach Abstumpfen der Schwefelsäure mit Natriumacetat die α-Galaktose mit Methylphenylhydrazin als Hydrazon (Schmp. 191°) zur Abscheidung gebracht werden. Zur Isolierung der Galaktose als solcher spaltet man das Cerebron am besten mit 3proz. wäßriger Schwefelsäure durch mehrstündiges Erhitzen im siedenden Wasserbad, filtriert vom Ungelösten ab und entfernt aus dem Filtrat die Schwefelsäure mit Barytwasser, den überschüssigen Baryt mit Kohlensäure. Nach dem Einengen des Filtrats und nochmaligem Filtrieren krystallisiert Galaktose aus. Sie wird durch Überführen in Schleimsäure und in das obenerwähnte Hydrazon charakterisiert.

**Darstellung des Cerebron.** Für die präparative Darstellung des Cerebron kann als Ausgangsmaterial nur das Gehirn in Betracht kommen. Es können hier nur die Grundzüge des Verfahrens erwähnt werden. Sie dürften auch bei der Untersuchung der Pflanzen als Richtlinien dienen.

Dem zerkleinerten, mit Aceton entwässertem, und mit Äther ausgezogenem Gehirn werden durch heißen Alkohol die Cerebroside entzogen. Sie scheiden sich beim Abkühlen der Lösung zusammen mit Phosphatiden als sog. Protagon ab. Zur Abtrennung der Cerebroside aus diesem Gemenge löst man es bei gelinder Wärme in 75proz. Chloroform enthaltendem Methylalkohol, bei dessen Erkalten sie ausfallen oder man extrahiert es mit warmem Pyridin, filtriert und versetzt das Filtrat mit Aceton, worauf sie sich abscheiden. Eine vollständige Entfernung der Phosphatide läßt sich auf diese Weise nicht erreichen, dazu bedarf es einer weiteren umständlichen Behandlung. Schneller kann dieses Ziel erreicht werden, wenn man das Protagon mit Barytwasser erhitzt, wobei die Phosphatide gespalten werden, während die Cerebroside unverändert bleiben. Man filtriert ab und kocht den Rückstand mit Aceton aus. Die Cerebroside gehen in Lösung und scheiden sich beim Erkalten phosphorfrei ab. Die Isolierung von Cerebron und Kerasin aus dem Cerebrosidgemenge beruht im wesentlichen darauf, daß ersteres sich beim Abkühlen einer heißen Lösung *vor* letzterem abscheidet.

### b) Kerasin $C_{48}H_{93}NO_8$.

$C_{48}H_{93}NO_8 + H_2O$.
M 829,8 C 69,41%, H 11,54%, N 1,69%, Jz. 30,6.
$C_{48}H_{93}NO_8$.
M 811,78 C 70,95%, H 11,55%, N 1,73%, Jz. 31,3.

$$
\begin{array}{ll}
CH_3-(CH_2)_{22}-CO & \text{Lignocerinsäure} \\
\quad\quad | & \\
\quad\quad NH & \\
\quad\quad | & \\
CH_3-(CH_2)_{12}-CH{=}CH-\overset{3}{C}H-\overset{2}{C}H-\overset{1}{C}H_2OH & \text{Sphingosin} \\
\quad\quad | & \\
\quad\quad O & \\
\quad\quad | & \\
CH_2OH-CH-(CHOH)_3-CH & \text{Galaktose} \\
\quad\quad \diagdown\ O\ \diagup &
\end{array}
$$

Es besteht aus je einem Molekül Galaktose, Sphingosin und Lignocerinsäure, die unter Austritt von zwei Molekülen Wasser zusammengetreten sind.

*Konstitution.* Die Konstitution ergibt sich aus obiger Strukturformel.

*Eigenschaften.* Weiße amorphe Substanz, welche im Vakuum bei 125° getrocknet ein Molekül Wasser verliert. Es zeigt ganz ähnliche Löslichkeitsverhältnisse wie das Cerebron, ist aber im allgemeinen in der Wärme leichter löslich als dieses, so daß seine Abscheidung beim Abkühlen später erfolgt. Auf dieser Eigenschaft beruht im wesentlichen die Trennung der beiden Cerebroside (s. Darstellungsverfahren). Aus seiner alkoholischen Lösung scheidet es sich beim Abkühlen in zusammenhängender Gallerte aus, die im Vakuum getrocknet leicht pulverisiert werden kann, beim Trocknen an der Luft zu einer weißen, durchsichtigen, wachsartigen Masse wird.

Über sein Verhalten unter dem Polarisationsmikroskop und der Gipsplatte s. S. 802.

Es geht beim Erwärmen, ebenso wie das Cerebron, in den flüssig-krystallinischen Zustand über, und bei weiterem Erhitzen schmilzt es bei 180° (Klärungspunkt).

In wahren Krystallen ist es bisher nicht erhalten worden. Myelinformen gibt es wie das Cerebron, wenn auch nicht so leicht.

Es dreht links. Die Angaben schwanken. In etwa 10proz. Lösung in Pyridin und bei einer Temperatur von 15—18° betrug $[\alpha]_D = -9°$, doch werden auch niedrigere Werte angegeben. In einer etwa 2,7proz. Lösung von 10 % Pyridin enthaltendem Chloroform bei einer Temperatur von 57° fand sich $[\alpha]_D = -8{,}8—11°$.

Es addiert Brom.

Durch einstündiges Erhitzen mit gesättigtem Barytwasser auf kochendem Wasserbad wird es nicht verändert.

*Reaktionen.* Sie sind dieselben wie beim Cerebron (S. 801).

*Prüfung auf Reinheit.* Auch hier kommen die für das Cerebron angegebenen Proben in Betracht, mit Ausnahme der Krystallisationsprobe (S. 801).

**Spaltung des Kerasins.** Bei der Spaltung entstehen Lignocerinsäure, Sphingosin und Galaktose zu gleichen Molekülen nach der Gleichung

$$C_{48}H_{93}NO_8 + 2H_2O = C_{24}H_{48}O_2 + C_{18}H_{37}NO_2 + C_6H_{12}O_6 .$$

Sie geschieht am besten mit methylalkoholischer Schwefelsäure. Dabei geht die Lignocerinsäure in den Methylester, das Sphingosin in eine Base über, deren Natur noch nicht feststeht und die Galaktose in das Methylgalaktosid. Man erhitzt etwa 3 g in einem Rundkolben mit etwa 250 cm³ 10proz. Schwefelsäure enthaltenden Methylalkohol 7—8 Stunden auf kochendem Wasserbad am Rückflußkühler, läßt auf 0° abkühlen und saugt den Niederschlag ab.

*a) Filterrückstand.* Er wird durch Kochen mit alkoholischer Kalilauge verseift, die Lösung eingeengt, der sich beim Erkalten abscheidende Niederschlag abgesaugt und im Scheidetrichter mit Schwefelsäure und Äther geschüttelt. Die mit Wasser gewaschene ätherische Lösung hinterläßt beim Verdunsten Lignocerinsäure (S. 806).

*b) Filtrat.* Es wird ebenso behandelt, wie bei der Cerebronspaltung beschrieben, d. h. nach Zufügen von Wasser eine Zeitlang im kochenden Wasserbad erhitzt und dann in einer Schale eingeengt. Die dabei entstehende Abscheidung wird abfiltriert und mit Wasser gewaschen.

*α) Filterrückstand.* Bei der Krystallisation aus Alkohol scheidet sich das schwerlösliche Sphingosinsulfat ab, während ein lösliches Sulfat in Lösung bleibt. Die Reinigung des ersteren geschieht wie bei der Cerebronspaltung angegeben (s. auch S. 803), das leichtlösliche Sulfat führt man in die freie Base über (Lösung in alkoholischer Natronlauge, Zufügen von Wasser und Ausschütteln mit Äther, bei dessen Verdunsten es krystallisiert) und leitet in ihre Lösung in wasserfreiem Äther Salzsäuregas ein. Das Chlorid scheidet sich ab, wird abfiltriert, mit Äther und Aceton gewaschen und aus einer Mischung von Alkohol und Aceton umkrystallisiert. Der Schmelzpunkt wurde bei 141° gefunden. Die Natur dieser Base ist noch weiter zu untersuchen.

*β) Filtrat.* Es enthält α-Galaktose, deren Identifizierung und Isolierung, wie bei der Cerebronspaltung angegeben, geschieht.

**Darstellung des Kerasin.** Über die Darstellung des Kerasin und seine Trennung von Cerebron s. S. 803.

In sehr viel einfacherer Weise läßt sich dieses Cerebrosid gewinnen aus Milz und Leber von Menschen, welche an Spleno-hepatomegalie Typus GAUCHER gestorben sind.

### c) Nervon $C_{48}H_{91}NO_8$.

M 809,74, C 71,13%, H 11,33%, N 1,73%, Jz. 62,7.

$$
\begin{array}{ll}
CH_3-(CH_2)_7-CH{=}CH-(CH_2)_{13}-CO & \text{Nervonsäure} \\
\qquad\qquad\qquad\qquad\qquad\quad | & \\
\qquad\qquad\qquad\qquad\qquad\quad NH & \\
\qquad\qquad\qquad\qquad\qquad\quad |_3 \quad\ _2 \quad\ _1 & \\
CH_3-(CH_2)_{12}-CH{=}CH-CH-CH-CH_2OH & \text{Sphingosin} \\
\qquad\qquad\qquad\qquad\qquad\qquad\quad | & \\
\qquad\qquad\qquad\qquad\qquad\qquad\quad O & \\
\qquad\qquad\qquad\qquad\qquad\qquad\quad | & \\
CH_2OH-CH-(CHOH)_3-CH & \text{Galaktose} \\
\qquad\ \diagdown \qquad\qquad \diagup & \\
\qquad\qquad\quad O & 
\end{array}
$$

Es wurde von KLENK aus dem Gehirn dargestellt und ist bisher nur hier gefunden worden.

Es besteht aus je einem Molekül Nervonsäure, Sphingomyelin und Galaktose, die unter Austritt von zwei Molekülen Wasser zusammengefügt sind.

*Konstitution.* Die Konstitution ergibt sich aus obiger Strukturformel.

*Eigenschaften.* Weiße zerreibliche Masse. In seinen Löslichkeitsverhältnissen stimmt es mit den beiden anderen Cerebrosiden, insbesondere mit dem Kerasin, überein. Diesem gleicht es auch in der Art, wie es sich aus seinen Lösungen abscheidet. Die Abscheidung bildet eine nicht an der Wandung haftende zusammenhängende Masse, die die ganze Flüssigkeit erfüllt und das Lösungsmittel so festhält, daß das Gefäß ohne Gefahr umgedreht werden kann.

Die krystallinische Struktur ist schon makroskopisch zu erkennen, mikroskopisch sieht man feinste Nädelchen, die von einem Punkt radiär ausstrahlen und so große Rosetten bilden. Unter dem Polarisationsmikroskop und der Gipsplatte verhält es sich genau wie Kerasin (S. 801).

Es schmilzt bei 180° (Klärungspunkt), nachdem es schon lange vorher in halbflüssigen Zustand übergegangen ist; auch unreine Präparate verhalten sich so.

Es zeigt Linksdrehung. Die Drehung konnte bisher nur an einem noch nicht ganz reinem Präparat bestimmt werden. $[\alpha]_D^{16^0} = -4{,}33^0$ (10proz. Lösung in Pyridin).

Es addiert Brom.

*Reaktionen.* Sie sind dieselben wie die des Cerebron (S. 801).

*Prüfung auf Reinheit.* Auch hier gelten die für das Cerebron aufgeführten Proben mit Ausnahme der Krystallisationsprobe, die ebenso wie für das Kerasin negativ ausfällt. Bei der Gipsplattenprobe ist zu beachten, daß Kerasin und Nervon sich gleich verhalten, bei der Polarisationsprobe, daß Kerasin und Nervon Linksdrehung zeigen. Sehr charakteristisch ist auch die Art der Abscheidung aus Methylalkohol: aus der heißen Lösung muß sie in der oben beschriebenen Weise erfolgen. Amorphe Einlagerungen dürfen nicht vorhanden sein.

**Spaltung des Nervon.** Bei der Spaltung entstehen Nervonsäure, Sphingosin und Galaktose zu gleichen Molekülen nach der Gleichung

$$C_{48}H_{91}NO_8 + 2H_2O = C_{24}H_{46}O_2 + C_{18}H_{37}NO_2 + C_6H_{12}O_6.$$

Die Spaltung wird in der für Cerebron angegebenen Weise durch Kochen mit methylalkoholischer Schwefelsäure ausgeführt. Die Säure geht dabei in den Ester über und wird der Lösung durch Ausschütteln mit Petroläther entzogen. Über die Nervonsäure s. S. 806. Ob neben dem Sphingosin auch methyliertes Sphingosin entsteht, ist nicht untersucht worden.

### d) Oxynervon $C_{48}H_{91}NO_9$.

M 825,74. C 69,76 %, H 11,11 %, N 1,70 %. Jz. 61,5.

Dieses Cerebrosid, welches aus Oxynervonsäure, Sphingosin und Galaktose bestehen muß, ist allerdings noch nicht dargestellt worden. An seiner Existenz ist aber nicht zu zweifeln, denn die bei der Spaltung eines Cerebrosidgemenges isolierte Oxynervonsäure (sie betrug 30—40 % der Gesamtmenge der gewonnenen Säuren) ist eine so große, daß eine andere Art des Vorkommens als die innerhalb eines Cerebrosides nicht gut annehmbar ist.

## B. Produkte vollständiger Spaltung der Cerebroside.

### a) Fettsäuren.

**Cerebronsäure** $C_{24}H_{48}O_3$.

M 384,38, C 74,92 %, H 12,59 %, O 12,49 %.

$CH_3—(CH_2)_{21}—CHOH—COOH$.

Weißes, krystallinisches Pulver, in Wasser unlöslich, in Äther, Pyridin löslich, ebenso in warmem Alkohol und Aceton. Beim Erkalten der alkoholischen Lösung scheidet sie sich in runden oder mehr ovalen, auch leicht gelappten, dicht aneinanderliegenden Gebilden, welche eine deutliche, feine radiäre Streifung erkennen lassen und manchmal gelblich gefärbt erscheinen, ab.

Unter dem Polarisationsmikroskop sieht man ein Konglomerat irregulärer Sphärokrystalle, welche bei der Gipsplattenprobe (S. 801) sich wie Phrenosin verhalten. Schmelzpunkt 100—101°.

Natriumsalz, acetylcerebronsaures Natrium, Methylester (Schmp. 65°) krystallisieren aus heißem Alkohol. Die siedende alkoholische Lösung der Säure wird durch überschüssige heiße, methylalkoholische Magnesiumacetatlösung gefällt. Zur Trennung von Lignocerinsäure, welche erst beim Abkühlen als Magnesiumsalz gefällt wird, geeignet. Das Lithiumsalz fällt aus heißer alkoholischer Lösung auf Zusatz von Lithiumacetat voluminös und armorph, zum Unterschied von lignocerinsaurem Lithium, welches sich körnig und krystallinisch abscheidet. Sie ist optisch aktiv, und zwar beträgt in 3—9proz. Pyridinlösung bei etwa 20° $[\alpha]_D + 3,3 — + 3,9°$. In Chloroformlösung ist die Drehung links.

**Lignocerinsäure** $C_{24}H_{48}O_2$.

M 368,38, C 78,18 %, H 13,13 %, O 8,69 %.

$CH_3—(CH_2)_{22}—COOH$.

Sie löst sich in der Wärme in Äther, Petroläther, Alkohol, Aceton, Benzol, Schwefelkohlenstoff, Eisessig, Chloroform, Pyridin, um beim Erkalten auszukrystallisieren. Die Abscheidung der reinen Säure aus Alkohol erfolgt in glänzenden Blättchen, welche abgesaugt eine glänzende, etwas zähe, nicht zu Pulver zerreibliche Masse darstellt.

Der Schmelzpunkt wird in der Regel bei 80—81° gefunden. Methylester Schmp. 57°, Äthylester Schmp. 51°, löslich in heißem Alkohol und Aceton. Über das unterschiedliche Verhalten des Magnesium- und Lithiumsalzes gegenüber den betreffenden Salzen der Cerebronsäure siehe diese.

**Nervonsäure** $C_{24}H_{46}O_2$.

M 366,36, C 78,62 %, H 12,65 %, O 8,73 %, Jz. 69,26.

$CH_3—(CH_2)_7—CH = CH—(CH_2)_{13}—COOH$.

Weißes krystallinisches Pulver, in Äther, Alkohol, Aceton leicht löslich, aus Alkohol und Aceton bei starker Abkühlung umkrystallisierbar.

Schmelzpunkt 40—41°.

Natriumsalz in heißem Alkohol löslich, beim Abkühlen fast völlig ausfallend, in kaltem Methylalkohol wesentlich leichter löslich. Bleisalz in kaltem

Äther sehr schwer, in warmem etwas leichter löslich. Aus alkoholischer Lösung wird die Säure durch Magnesiumacetat nicht gefällt, im Gegensatz zur Oxynervonsäure, die fast quantitativ ausfällt.

**Oxynervonsäure** $O_{24}H_{46}O_3$.

M 382,36, C 75,31 %, H 12,13 %, O 12,55 %, Jz. 66,3.

$CH_3—(CH_2)_7—CH = CH—(CH_2)_{12}—CHOH—COOH$.

Weißes krystallinisches Pulver, in Äther, Alkohol, Aceton, Chloroform leicht löslich, etwas weniger in Petroläther. Aus wenig 75proz. Alkohol in meist zu Büscheln vereinigten Nadeln krystallisierend.

Schmelzpunkt 65°.

Natriumsalz in Methyl- und Äthylalkohol nur in der Wärme löslich, aus der warmen methylalkoholischen Lösung sich in Drusen abscheidend, welche am Boden und Wandung des Gefäßes haften und aus einzelnen, spießartigen Krystallen bestehen. Wasser löst das Salz nur in der Wärme, beim Abkühlen fällt es als voluminöse Masse aus. Das Bleisalz ist auch in heißem Äther unlöslich. Aus heißer alkoholischer Lösung wird die Säure mit Magnesiumacetat fast quantitativ gefällt (Unterschied gegenüber der Nervonsäure). Sie ist optisch aktiv, und zwar dreht sie in Pyridinlösung rechts ($[\alpha]_D^{20} = + 2{,}87°$ in 24,93proz. Lösung), in Chloroformlösung links.

Zur Trennung der Fettsäuren, welche bei der Spaltung eines phosphatidfreien Gemenges von verschiedenen Cerebrosiden erhalten werden, ist ein Verfahren angegeben worden.

### b) Sphingosin $C_{18}H_{37}NO_2$.

M 299,31, C 72,17 %, H 12,46 %, N 4,68 %.

$CH_3—(CH_2)_{12}—CH = CH—\overset{3}{C}HNH_2—\overset{2}{C}HOH—\overset{1}{C}H_2OH$.

Die Konstitution ergibt sich aus obiger Strukturformel.

Es krystallisiert aus Äther oder Petroläther in Nadeln und ist in Alkohol, Methylalkohol, Aceton leicht löslich, in Wasser unlöslich. Es verbrennt unter Geruch nach verbrennendem Fett.

Sulfat $(C_{18}H_{37}NO_2)_2H_2SO_4$ krystallisiert aus heißem Alkohol in Form von Spießen oder Rosetten, die aus radiärgestellten Nadeln bestehen. Es schmilzt unter Zersetzung bei 240—250° oder etwas niedriger, ist hygroskopisch und löst sich in Alkohol bei geringstem Überschuß von Schwefelsäure. Es dreht links, und zwar betrug in methylalkoholischer Lösung (c 1,585) $[\alpha]_D^{18°}—9{,}47°$. Für die Analyse ist das Sulfat nicht geeignet, da es beim Umkrystallisieren leicht seine Zusammensetzung ändert. Auch das Pikrolonat und andere Salze sind dargestellt. Das Triacetylderivat, in Alkohol leicht lösliche Nadeln, schmilzt bei etwa 100°.

Es addiert Brom.

#### Methylsphingosin $C_{18}H_{36}NO_2(CH_3)$

entsteht aus Sphingosin bei der Spaltung des Cerebron mit methylalkoholischer Schwefelsäure.

Es krystallisiert aus ätherischer Lösung in langen, schmalen, zum Teil fächerförmig zusammenliegenden Blättchen von Schmp. 87°. Das Sulfat ist in Alkohol sehr viel leichter löslich als das Sphingosinsulfat. Das Chlorid $C_{18}H_{36}NO_2(CH_3) \cdot HCl$ krystallisiert aus Alkohol und Aceton in großen, glashellen, cholesterinähnlichen Tafeln von Schmp. 132—133°.

#### Äthylsphingosin $C_{18}H_{36}NO_2(C_2H_5)$

entsteht aus Sphingosin bei der Spaltung des Cerebron in äthylalkoholischer Schwefelsäure

Das Chlorid scheidet sich aus heißem Aceton in glitzernden Krystallen aus, welche mikroskopisch als vielfach übereinandergeschobene Blättchen erscheinen und abgesaugt eine silberglänzende filzige Masse darstellen. Schmp. vielfach bei etwa 107°. Es löst sich leicht in Alkohol und warmem Äther. Das Sulfat ist in Alkohol löslich. Die freie Base wurde nicht krystallisiert erhalten.

### c) Galaktose $C_6H_{12}O_6$.

Dieser bekannte Zucker wird hier keine Besprechung erfahren.

## C. Produkte unvollständiger Spaltung.

### a) Psychosin $C_{24}H_{47}NO_7$.

M 461,39. C 62,42 %, H 10,27 %, N 3,04 %.

$$\begin{array}{l} CH_3\text{—}(CH_2)_{12}\text{—}CH{=}CH\text{—}CHNH_2\text{—}CH\text{—}CH_2OH \\ \qquad\qquad\qquad\qquad\qquad\qquad\qquad\quad | \\ \qquad\qquad\qquad\qquad\qquad\qquad\qquad\quad O \\ \qquad\qquad\qquad\qquad\qquad\qquad\qquad\quad | \\ \qquad\qquad CH_2OH\text{—}CH\text{—}(CHOH)_3\text{—}CH \\ \qquad\qquad\qquad\qquad\diagdown\quad O \quad\diagup \end{array}$$

Es entsteht durch Hydrolyse mit Barytwasser, unter bestimmten Bedingungen aus Cerebron unter Abspaltung von Cerebronsäure. Weiße Substanz, in Alkohol löslich, unlöslich in Äther, nur schwer krystallisierbar. Schmp. unscharf bei 215°. Zersetzungspunkt bei etwa 223°. Es bildet ein in Wasser und Pyridin leicht lösliches, in Pyridinlösung links drehendes Sulfat. Es reagiert mit salpetriger Säure und zerfällt bei der Spaltung mit Säuren in Sphingosin und Galaktose.

### b) Cerebronyl-N-Sphingosin $C_{42}H_{83}NO_4$.

M 665,67. C 75,71 %, H 12,56 %, N 2,10 %.

$$\begin{array}{l} \qquad CH_3\text{—}(CH_2)_{21}\text{—}CHOH\text{—}CO \\ \qquad\qquad\qquad\qquad\qquad\qquad\quad | \\ \qquad\qquad\qquad\qquad\qquad\qquad\quad NH \\ \qquad\qquad\qquad\qquad\qquad\qquad\quad | \\ CH_3\text{—}(CH_2)_{12}\text{—}CH{=}CH\text{—}CH\text{—}CHOH\text{—}CH_2OH \end{array}$$

Es entsteht unter bestimmten Bedingungen bei der sauren Hydrolyse des Cerebrons unter Abspaltung von Galaktose. In Methylalkohol, Aceton, Äther in der Wärme löslich, krystallisiert aus Aceton in Sphärolithen mit zentrisch radialfaseriger Struktur und stachlicher Oberfläche.

Bei der Spaltung zerfällt es in Sphingosin und Cerebronsäure.

## D. Über das Vorkommen von Cerebrosiden in den Pflanzen.

Wie schon eingangs erwähnt wurde, ist dieses Vorkommen von verschiedenen Seiten erwähnt, ein Beweis aber bisher ganz und gar nicht erbracht worden. Das ergibt sich ohne weiteres aus der folgenden Zusammenstellung der Angaben, die sich über diese Frage in der Literatur finden.

1. Einen Stoff, den sie für ein Cerebrosid zu halten geneigt waren, erhielten BAMBERGER und LANDSIEDL (1) aus Lycoperdon Bovista in folgender Weise:

Unreifes, zerkleinertes Material wurde, nachdem es einige Wochen in 96proz. Alkohol gelegen, abgepreßt und mit 96proz. Alkohol ausgekocht, der beim Erkalten sich abscheidende fettige, mit Krystallen durchsetzte Niederschlag mit heißem Äther behandelt und der dabei sich nichtlösende Anteil nach Verdunsten des Äthers mit Chloroform ausgekocht. Die dabei zu einer dicken Gallerte aufquellende Masse trocknete nach Entfernung der Chloroformlösung zu bräunlich-gelben, sich fettig anfühlenden Klumpen ein. Sie wurde fein zerrieben, mit heißem, absolutem Alkohol ausgezogen und der unlösliche Teil in heißem Eisessig gelöst. Diese Lösung gab mit heißem Wasser bis zur Trübung versetzt, beim Erkalten eine feinkrümelige Ausscheidung, die gewaschen und im Exsiccator getrocknet ein lockeres, weißes Pulver darstellt.

Es enthält Stickstoff, aber kein Phosphor und Schwefel, gibt beim Kochen mit Wasser Kleister, der spermaartig riecht. Unlöslich in kalter Natronlauge und konzentrierter Schwefelsäure. Letztere zersetzt es beim Erwärmen rasch unter Bräunung. Mit verdünnter (2%) Schwefelsäure gibt sie nach kurzem Kochen Reduktionsvermögen. Im Reagensglas erhitzt Braunfärbung und Schmelzen unter Entwicklung des Geruchs nach verbrennendem Fett. Schmp. 180—200°.

C 64,48%, H 11,41%, N 1,48%.

Die Vermutung, daß hier ein Cerebrosid vorliegt, scheint nicht genug gestützt. Manche der beschriebenen Eigenschaften, z. B. die Unlöslichkeit in heißem Alkohol, sprechen direkt gegen dis Cerebrosidnatur. Spaltungsversuche sind nicht ausgeführt worden.

2. Auch aus anderen Pilzen sind von verschiedenen Seiten Stoffe, die in Beziehung zu Cerebrosiden gebracht wurden, dargestellt worden.

Die Darstellung aus Polyporus pinicola (Hartmann und Zellner [3]) geschah in folgender Weise. Aus dem Auszug des zerkleinerten Materials mit 95proz. Alkohol schied sich nach dem Einengen auf die Hälfte eine graue, flockige Substanz ab, die nach mehrmaligem Umkrystallisieren aus 85proz. Alkohol unter Anwendung von Tierkohle als weißes, weiches Pulver erhalten wurde, und unter dem Mikroskop stärkeähnliche, häufig von Sprüngen durchsetzte, längliche Gebilde darstellte. Schmp. 140—141°. Über die Analyse s. die Tabelle. Sie quillt in kochendem Wasser, ohne sich zu lösen, löst sich in Alkohol, Äther, Benzol, Essigester, Chloroform in der Kälte sehr wenig, in der Hitze leicht, um sich beim Abkühlen in den oben beschriebenen Formen oder in Flocken (bei den Präparaten aus anderen Pilzen wird auch von amorphen Gallerten gesprochen) abzuscheiden (s. die Tabelle). Gegen konzentrierte Schwefelsäure auch in der Wärme resistent. $\alpha$-Naphtol und Orcinreaktion negativ. Nach der Hydrolyse mit Mineralsäure kein Reduktionsvermögen. Das Acetylprodukt krystallisiert aus Essigester oder wäßrigem Alkohol in bis zu 1 cm langen, feinen Nadeln. Schmp. 67—68°. Substanzen von demselben Verhalten und demselben mikroskopischen Bild wurden auch (z. B. nach vorangegangener Verseifung mit alkoholischer Lauge) aus Marasmius Scorodonius (Fröschl und Zellner [2]), Amanita muscaria (Fliegenpilz) (Rosenthal [5]), Hypholoma fasciculare (Zellner [9]; Rosenthal [5]) dargestellt. Analytische Angaben und solche über den Schmelzpunkt s. in der Tabelle. Das Acetylderivat des Körpers aus Fliegenpilz krystallisiert ebenso wie das eben erwähnte, aus Polyporus aus wäßrigem Alkohol in zentimeterlangen Nadeln. Über Schmelzpunkt und Analyse s. die Tabelle. Die aus ihm zurückgewonnene Substanz ähnelt der ursprünglichen im mikroskopischem Aussehen stark. Über Schmelzpunkt und Analyse s. Tabelle. Die Spaltung des Körpers (aus Fliegenpilz) führt zu keinen brauchbaren Ergebnissen. Methylalkoholische Barytlösung, welche als Spaltungsmittel benutzt wurde, war vermutlich für diesen Zweck ungeeignet.

Um Cerebroside kann es sich schon deswegen nicht handeln, weil der Kohlehydratkomplex fehlt (negativer Ausfall der $\alpha$-Naphthol und Orcinreaktion, kein Reduktionsvermögen nach der Hydrolyse). Man könnte an Substanzen denken, die durch Abspaltung der Galaktose aus Cerebrosiden entstanden sind, also nur aus Fettsäure und Sphingosin bestehen. Eine solche, das Cerebronylsphingosin wurde aus Cerebron durch vorsichtige Hydrolyse in saurer Lösung gewonnen, eine andere, Lignoceryl-sphingosin, in noch unreinem Zustande bei der Verarbeitung von Cerebrosidfraktionen ohne vorangegangene Hydrolyse erhalten.

In der folgenden Tabelle sind die Angaben über elementare Zusammensetzung und Schmelzpunkte der aus den Pilzen erhaltenen Substanzen und ihrer Acetylderivate zusammengestellt und daneben die errechneten Zahlen für Cerebronyl- und Lignoceryl-sphingosin und ihrer Acetylverbindungen.

| Pilz | Isolierte Substanz | | | | Acetylderivat | | | | |
|---|---|---|---|---|---|---|---|---|---|
| | % C | % H | % N | Schmp. | % C | % H | % N | Schmp. | |
| Polyporus | 73,18 | 12,81 | 2.41 | 140—141° | — | — | — | 67—68° | gefunden |
| Marasmius | — | — | 2,40 | 133° | — | — | — | — | gefunden |
| Amanita | 73,44 | 12,85 | 2,52 | 135-136,5° | 70,52 | 11,26 | 2,47 | 62—63° | gefunden |
| Amanita (aus der Acetylverbindung zurückgewonnen) | 72,63 | 12,60 | 2.04 | 118—121° | — | — | — | — | gefunden |
| Hypholoma | 73,4 | 12,44 | 4,08 | 139° | — | — | — | — | gefunden |
| Cerebronyl-sphingosin | 75,71 | 12,56 | 2,10 | 83—84° | — | — | — | — | berechnet |
| Lignoceryl-sphingosin | 77,57 | 12,85 | 2,16 | — | — | — | — | — | berechnet |
| Triacetyl-cerebronyl-sphingosin | — | — | — | — | 72,75 | 11,33 | 1,77 | — | berechnet |
| Diacetyl-lignoceryl-sphingosin | — | — | — | — | 75,24 | 11.95 | 1,91 | — | berechnet |

3. Aus Getreide-, speziell Reissamen, wurde von TRIER (8) nach den Methoden der Phosphatidgewinnung eine weiße, pulverige Substanz erhalten, welche praktisch P-frei, aber N-haltig war. In Petroläther unlöslich, in heißem Alkohol ziemlich schwer löslich. Bei mehrstündigem Kochen mit verdünnter Schwefelsäure schieden sich Fettsäuren ab. Das Filtrat zeigte Reduktionsvermögen. Eine genaue Untersuchung der Spaltungsprodukte liegt nicht vor.

4. SULLIVAN (7) isolierte aus faulem Eichenholz neben Lignocerinsäure auch Cerebronsäure und hielt daraufhin das Vorkommen von Cerebrosiden im frischen Eichenholz für wahrscheinlich. SCHREINER und SHOREY (6) gewannen aus Torfboden Lignocerinsäure.

Aus allem ergibt sich, daß das Vorkommen von Cerebrosiden oder ihnen nahestehender Substanzen in Pflanzen nicht bewiesen ist. Es handelt sich nur um Vermutungen, welche experimentell nicht gestützt sind.

## E. Nachtrag.

Kurz nach Fertigstellung des vorliegenden Kapitels aus der Hand THIERFELDERS ist eine Arbeit von REINDEL (4) erschienen, durch welche die Natur des sog. Pilzcerebrins etwas weitergehend geklärt wurde. Die Arbeit bezieht sich auf das Cerebrin der Hefe, das bei der Darstellung von Ergosterin aus dem Hefefett als Nebenprodukt anfällt, und das nach den Eigenschaften und der elementaren Zusammensetzung mit den oben erwähnten Produkten von ZELLNER und Mitarbeitern, sowie von ROSENTHAL identisch zu sein scheint.

*Darstellung*. Das Rohcerebrin scheidet sich aus der durch Verseifung von Hefe oder Hefefett gewonnenen ätherischen Lösung des Ergosterins nach 1—2tägigem Stehen als amorpher Bodensatz ab. Durch eintägiges Behandeln desselben mit Äther im Extraktionsapparat werden zunächst Reste von Sterinen und andere leichter lösliche Verbindungen entfernt. Durch fortgesetzte Ätherextraktion, wobei der Äther alle 2 Tage gewechselt wird, gewinnt man das aus der ätherischen Lösung sich abscheidende Cerebrin. Zur Beschleunigung der Extraktion kann gegen Schluß Methylalkohol als Extraktionsmittel verwendet werden.

Die elementare Zusammensetzung stimmt auf die Formel $C_{42}H_{85}NO_5$ (gef. 73,4/73,6 % C; 12,6/12,6 % H; 2,2/2,2 % N. ber. 73,7 % C; 12,5 % H; 2,4 % N). Die Substanz ist in Äther, Ligroin, Aceton, auch in der Wärme sehr schwer löslich; kalt schwer, warm leichter löslich ist sie in Alkohol, Methylalkohol, Essigester, Benzol und Eisessig. Die Abscheidung aus diesen Lösungsmitteln erfolgt meist in Form von rundlichen, fettsäureähnlichen Krystallen oder in Form steifer Gallerten (besonders aus Benzol). In Pyridin löst sie sich auch in der Kälte verhältnismäßig leicht, und zwar zu 3,3 % in kaltem Pyridin. Aus der Pyridinlösung scheidet sich die Substanz beim längeren Stehen in schönen Krystallen aus, die wahrscheinlich ein Mol Krystallpyridin enthalten. Schmp. 143—144°. Die Substanz ist rechtsdrehend.

$[\alpha]_D^{35} = + 12,1^0$ (in etwa 2 proz. Pyridinlösung).

Nach ZEREWITINOFF lassen sich 5 aktive Wasserstoffatome nachweisen, die sich auf 4 OH-Gruppen und eine CO-NH-Bindung verteilen sollen. Bei der Acetylierung mit Essigsäureanhydrid in Pyridinlösung treten nur 3, nicht 4 Acetylgruppen ein. Schmp. des Triacetylkörpers 68—69°.

Die Spaltung mit wäßrig-methylalkoholischer Salzsäure führt zu einer optisch inaktiven Oxy-hexakosansäure $C_{26}H_{52}O_3$ vom Schmp. 103,5—105°. Sie ist der Cerebronsäure sehr ähnlich. So geht sie bei der Oxydation mit Kaliumpermanganat in Acetonlösung oder besser mit Chromsäure in Eisessiglösung in eine um ein C-Atom ärmere Fettsäure $C_{25}H_{50}O_2$ vom Schmp. 79—81° über, während bei der Reduktion mit Eisessig-Jodwasserstoffsäure eine Fettsäure $C_{26}H_{52}O_2$ vom Schmp. 85,5—86,5° entsteht. Die Fettsäure des Cerebrins ist demnach ebenso wie die C rebronsäure eine $\alpha$-Oxysäure, was auch durch die Fähigkeit zur Bildung eines gut charakterisierten Chloralids gestützt wird.

Neben der Fettsäure entsteht als zweites Spaltprodukt eine N-haltige Base bzw. unter den angewandten Hydrolysenbedingungen ein Basengemisch. Die genauere Charakterisierung dieser Körper steht noch aus. Zweifellos dürften hier ein dem Sphingosin nahestehender höhermolekularer Aminoalkohol bzw. Derivate davon vorliegen.

Aus dem neutralen Charakter des Cerebrins kann wohl mit Recht geschlossen werden, daß in diesem die organische Base und die Fettsäure amidartig miteinander verknüpft sind.

Damit ist die oft behauptete, bis dahin nie bewiesene chemische Verwandtschaft des sog. Pilzcerebrins mit den Cerebrosiden der höheren Tiere sichergestellt. Mit demselben Recht können wir aber auch von einer Verwandtschaft zu einer Gruppe von Phosphatiden — den Sphingomyelinen — reden. Der wesentlichste Unterschied des Pilzcerebrins gegenüber den Cerebrosiden besteht darin, daß in ihm die Zuckerkomponente fehlt. Den Sphingomyelinen gegenüber unterscheidet es sich vor allem durch das Fehlen des Phosphorsäurecholinesterkomplexes.

In Anbetracht der gebotenen Kürze der Darstellung ist auf eine Anführung der umfangreichen Literatur verzichtet worden. Es wird verwiesen auf HUGH MACLEAN and IDA SMEDLEY MACLEAN: Lecithin and allied substances. The lipins. Second edition. Longmans, Green and Co., London (1927). H. THIERFELDER und E. KLENK: Die Chemie der Cerebroside und Phosphatide. Berlin: Julius Springer (1930). Nur die Arbeiten, welche sich auf das Vorkommen von Cerebrosiden in Pflanzen beziehen, werden hier aufgeführt.

## Literatur.

(*1*) BAMBERGER, M., u. A. LANDSIEDL: Monatshefte f. Chemie **26**, 1109 (1905).
(*2*) FRÖSCHL, N., u. J. ZELLNER: Monatshefte f. Chemie **50**, 201 (1928).
(*3*) HARTMANN, E., u. J. ZELLNER: Monatshefte f. Chemie **50**, 193 (1928).

(4) REINDEL, F.: Liebigs Ann. **480**, 76 (1930). — (5) ROSENTHAL, R.: Monatshefte f. Chemie **43**, 237 (1924).

(6) SCHREINER, O., u. E. C. SHOREY: Journ. Amer. Chem. Soc. **32**, 1674 (1910). — (7) SULLIVAN, M. X.: Journ. Ind. and Engin. Chem. **8**, 1027 (1916), ref. Chem. Zentralblatt **1918 I**, 632.

(8) TRIER, G.: Ztschr. f. physiol. Ch. **86**, 153, 407 (1913).

(9) ZELLNER, J.: Monatshefte f. Chemie **32**, 1057 (1911).

# 44. Auswahl chemisch nicht näher klassifizierter Stoffe.

Von **R. BRIEGER**, Berlin.

## A. Bitterstoffe.

Literaturzusammenstellungen über Bitterstoffe finden sich bei

ABDERHALDEN: Biochemisches Handlexikon.
MERCK, E.: Index.
SCHMIDT, E.: Lehrbuch der pharmazeutischen Chemie.
WIESNER: Rohstoffe des Pflanzenreiches.

Die Bezeichnung „*Bitterstoffe*" kann in keiner Weise als Klassifikationsbegriff gewertet werden. Das einzige Merkmal, das diesen Stoffen gemeinsam ist, ist die Tatsache, daß es sich um aus Pflanzen isolierte stickstofffreie Körper handelt, die aus Kohlenstoff, Wasserstoff und Sauerstoff bestehen. Nicht einmal der bittere Geschmack, der ursprünglich wohl als Kennzeichen gedacht war, ist in Wirklichkeit ein Charakteristikum dieser Stoffe, da mit vorschreitender Technik der Reindarstellung oft genug aus den bitteren Erstauszügen nicht oder nur noch kaum bittere Stoffe herausgeholt werden konnten. Viele von den Stoffen, die man ursprünglich zu den Bitterstoffen gerechnet hat, sind unterdessen als Glucoside erkannt worden, und es bedarf auch kaum der Erwähnung, daß der Bittergeschmack nicht etwa bei stickstoffhaltigen Pflanzenstoffen ausgeschlossen ist; es braucht ja nur an das bitter schmeckende Chinin erinnert zu werden.

Immerhin kann vielleicht mit allem Vorbehalt angedeutet werden, daß verwandtschaftliche Zusammenhänge insofern bestehen könnten, als bei einer Reihe von Stoffen dieser Gruppe Beziehungen zum Phloroglucin aufgedeckt worden sind, und daß die Stoffe selbst oder, falls sie Glucosidcharakter zeigen, die Aglykone als Oxysäuren bzw. deren Anhydride oder Lactone erkannt worden sind.

Während die arzneilich gebräuchlichen Bitterdrogen bzw. Bitterstoffe häufig pharmakologisch indifferent sind, sind andere Bitterstoffe stark giftige Substanzen.

In Anbetracht der Heterogenität dieser Bitterstoffe kann naturgemäß von einem einheitlichen *Isolierungsverfahren* keine Rede sein. Manche dieser Stoffe sind nichts anderes als die Trockensubstanzen wäßriger oder weingeistiger Drogenauszüge, manche wieder krystallisieren beim Eindampfen derartiger Drogenauszüge aus, oder sie lassen sich aus ihnen durch Gerbsäure, durch neutrales oder basisches Bleiacetat ausfällen und können dann aus den Bleiverbindungen durch Behandlung mit Schwefelwasserstoff in wäßriger oder weingeistiger Suspension abgeschieden werden. Schließlich lassen sich auch manche dieser Stoffe aus wäßrigen Auszügen an Tierkohle adsorptiv binden, und sie können dann nach dem Abfiltrieren der Tierkohle aus dieser wieder durch Auskochen mit Weingeist herausgelöst werden. Darüber hinaus gibt es in bestimmten Einzelfällen noch Sonderverfahren, so etwa beim Santonin, das als leicht lösliches

Kalksalz extrahiert wird, oder etwa bei gewissen Inhaltsstoffen des Farnkrautrhizoms, die aus mit Äther bereiteten Auszügen mittels Bariumhydroxydlösung ausgeschüttelt werden.

Ebensowenig lassen sich natürlich einheitliche Angaben über die *Erkennung*, den *Nachweis* und die *quantitative Bestimmung* der Bitterstoffe in den Pflanzen machen. Es möge hier erwähnt werden, daß in Anbetracht des häufigen Gebrauchs bitter schmeckender Drogen in der Heilkunde auf Veranlassung der Fédération Internationale Pharmaceutique durch WASICKY, STERN und ZIMET ein Verfahren zur Wertbestimmung von Bitterdrogen ausgearbeitet worden ist (66). Es handelt sich dabei um eine degustative Methode, bei der als Vergleichslösung eine wäßrige Chininhydrochloridlösung 1 : 150000 genommen wird:

„Man stellt sich von der zu prüfenden Substanz oder Droge eine konzentriertere Lösung bzw. einen konzentrierteren Auszug als Stammlösung her, aus der durch Verdünnen mit Trinkwasser abgestufte Konzentrationen bereitet werden. In derselben Weise fertigt man eine Vergleichslösung an. Nach Spülen des Mundes mit Wasser wird der Geschmack der größten Verdünnung der Standardlösung geprüft, indem 5 cm³ der Lösung eine Minute lang im Munde bewegt werden, so daß alle Teile des Mundes in gleicher Weise der Wirkung der Bittersubstanzen ausgesetzt werden. Dann wird die Flüssigkeit ausgespuckt und der Mund gründlich mit Wasser gespült. Bei den meisten Bitterdrogen kann nach einer viertel bis halben Stunde die Prüfung der nächstfolgenden Konzentration in der gleichen Weise vorgenommen werden. Man setzt die Untersuchung fort, bis eine Konzentration als zweifelhaft bitter, die nächstfolgende als deutlich bitter empfunden wird. Diese Konzentration (deutlich bitter) nehmen wir als Endpunkt der Reaktion. Bei der Untersuchung einer noch unbekannten Substanz wird man zuerst durch raschere Durchführung die ungefähre Größenordnung des Bittergrades zu erfahren trachten. Dann untersucht man unter Variierung der Zeitabstände, bei welchem Zeitintervall eine Konzentration, die in genügend weiten Intervallen geprüft, immer zweifelhaft bitter schmeckt, einen deutlich bitteren Geschmack annimmt. Offensichtlich ist das letztere Zeitintervall zu kurz bemessen. Den Abschluß bildet die genaue Wertbestimmung. Eine Genauigkeit bis zu 5% läßt sich, wie unsere Untersuchungen gezeigt haben, ohne jede Schwierigkeit erreichen. Als Vergleichssubstanz dient uns in der Regel Chininum hydrochloricum, das von den meisten Personen noch in einer Verdünnung 1 : 150000 deutlich bitter empfunden wird."

Über ein zur Aufnahme in die Pharmacopoea Austriaca Ed. IX bestimmtes Verfahren zur Bitterwertbestimmung berichtet WASICKY (66a) folgendes, wobei er bemerkt, daß dieses Verfahren als eine biologische Wertbestimmungsmethode von recht großer Genauigkeit anzusprechen sei:

„Ungefähr 0,01 g Brucin wird genau abgewogen; im Wägeglas in wenig Alkohol gelöst, mit Trinkwasser verdünnt und quantitativ unter Nachspülen mit Trinkwasser in einem 1000 cm³ fassenden Meßzylinder gebracht. Man verdünnt die Lösung mit Wasser, so daß eine Brucinlösung 1 : 50000 entsteht. 0,01 g Brucin würde in dieser Weise 500 cm³ Lösung ergeben. In einem zweiten Meßzylinder von 1000 cm³ Inhalt stellt man eine Brucinlösung 1 : 4000000 durch Eingießen von 12,5 cm³ der konzentrierten Brucinlösung in etwa 500 cm³ Trinkwasser und Ergänzen mit Wasser auf 1000 cm³ her. Aus dieser Stammlösung erhält man die unmittelbar zur Geschmacksprüfung verwendeten Verdünnungen durch Zufügen von 5 %, 10 % Wasser usw. zur Stammlösung. Zu diesem Zwecke füllt man in 4 Meßzylinder von 150 cm³ Fassungsraum je 100 cm³ der Stammlösung ein und setzt in den ersten Zylinder 5 cm³, in den zweiten 10 cm³, in den dritten 15 cm³ und in den vierten 20 cm³ Wasser zu, so daß nach Durchschütteln Brucinverdünnungen 1 : 4200000, 1 : 4400000, 1 : 4600000 und 1 : 4800000 erhalten werden. Nunmehr spült man den Mund mit Wasser aus, kostet 5 cm³ der Brucinlösung 1 : 4800000 derart, daß man die Lösung 1 Minute lang im Munde bewegt und alle Teile des Mundes gleichmäßig mit der Flüssigkeit in Berührung kommen. Dann spuckt man die Lösung aus und spült den Mund gründlich mit Wasser. Nach 10 Minuten wird die in der Konzentration folgende Lösung in der gleichen Weise geprüft und so die Untersuchung der stärkeren Konzentrationen fortgesetzt, bis eine Konzentration als zweifelhaft, die nächstfolgende als deutlich bitter empfunden wird. Meist erfolgt dies bei den Konzentrationen 1 : 4200000 bis 1 : 4600000. Gleichzeitig stellt man aus der zu untersuchenden Droge oder aus dem zu untersuchenden Extraktpräparat in der bei den einzelnen Heilmitteln im Text des Arzneibuches angegebenen Weise eine Stammlösung her. Aus dieser fertigt man in gleicher Weise wie aus der Brucinlösung abgestufte Verdünnungen an und untersucht, von der größten Verdünnung ausgehend, welche Konzentration gerade noch deutlich bitter empfunden wird. Die Verdünnungszahl der letzteren, dividiert durch jene der am stärksten verdünnten, gerade noch deutlich bitter empfundenen Brucinlösung, ergibt, mit 100000 multipliziert, die Bitterzahl des geprüften Heilmittels (Bitterzahl des Brucins willkürlich mit 100000 festgesetzt). Es wäre z. B. die Bestimmung der Bitterzahl von Radix Gentianae durchzuführen. Unter der Annahme, daß die Brucinlösung bei einer Verdünnung 1 : 4200000, die Enziandroge bei der Prüfung nach der im Pharmakopöetext bei diesem Artikel angegebenen Methode in einer Verdünnung von 1 : 30000 noch bitter schmeckt, würde die Bitterzahl von Radix Gentianae 30000 : 4200000 = 0,00714 · 100000 = 714 betragen. Demnach würde der Forderung des Arzneibuches entsprochen sein, falls dieses als Mindestwert 600 vorschreibt. Natürlich können an Stelle der Bitterzahlen einfach die Verdünnungen angegeben werden, die unter der Voraussetzung der normalen Empfindlichkeit deutlich bitter empfunden werden."

1. **Agaricin** ist der Bitterstoff aus dem Lärchenschwamm (Polyporus officinalis Fries). Das was ursprünglich als Agaricin bezeichnet wurde, ist ein undefiniertes Harzgemisch, das dem Fruchtkörper durch Erschöpfen mit hochprozentigem Alkohol entzogen wurde. Wird diese alkoholische Lösung stark konzentriert, so scheidet sich beim Erkalten eine Harzmasse aus, der durch Auskochen mit der 10fachen Menge 60proz. Alkohols, wobei „weißes Harz" unlöslich zurückbleibt, die *Agaricinsäure*, die arzneilich verwendet und als Agaricin bezeichnet wird, entzogen werden kann. Diese Agaricinsäure ist eine aliphatische Oxysäure, Cetylcitronensäure

$$\begin{array}{ccccccc} & & COOH & & COOH & & COOH \\ C_{16}H_{33} & — & C & — & C & — & C \\ & & H & & OH & & H_2 \end{array}$$

Agaricinsäure stellt ein weißes Krystallmehl dar, Fp. (nach dem Trocknen bei 100°) etwa 140—142°, in kaltem Wasser wenig löslich, ebenso in Äther und Chloroform. In heißem Wasser quillt sie auf, löst sich in kochendem Wasser zu einer stark schäumenden Flüssigkeit, die gegen Lackmus sauer reagiert und sich beim Erkalten trübt. In Alkali und Ammoniak tritt klare Lösung ein; die Lösung schäumt seifenartig.

Die krystallisierte Agaricinsäure ist geschmacklos.

Über den mikrochemischen Nachweis siehe die ausführlichen Angaben bei Tunmann-Rosenthaler (65). Besonders charakteristisch sind die federförmigen, manchmal gebogenen Krystallnadeln oder (seltener) Nadelsterne, die beim Kochen von Schnitten unter dem Deckglas mit wäßriger Chloralhydratlösung entstehen. Mit Kupferacetat reagiert Agaricinsäure unter Bildung tiefgrün gefärbter Aggregate.

2. **Hopfenbitterstoffe.** Unter *Lupulin* versteht man nicht mehr wie in der älteren Literatur „Hopfenbitterstoff", sondern das aus den Hopfendrüsen bestehende Hopfenmehl. Die späterhin aufgetauchten Hopfenbitterstoffe, wie etwa das *Hopfenbitter von Ißleib*, sind als überholt am besten zu streichen. Die Arbeiten von Wöllmer (70) sowie von Wieland und Schülern (69) haben über die Existenz und Zusammensetzung der Bitterstoffe des Hopfens entsprechende Aufklärung gebracht.

a) Humulon (α-Hopfenbittersäure, α-Lupulinsäure), $C_{21}H_{30}O$ , wird erhalten, wenn man Hopfendrüsen (Lupulin) mit kaltem Methylalkohol extrahiert und die braune Lösung bei 60° rasch mit heißgesättigter methylalkoholischer Bleiacetatlösung fällt. Der Bleiniederschlag wird in Äther suspendiert und mit Schwefelsäure (1 + 3) zerlegt. Aus dem Rohhumulon stellt man eine salzartige Verbindung mit o-Phenylendiamin her, gelbe Nadeln, Fp. 115—117°, die in Äther mit verdünnter Salzsäure zwecks Reinigung zerlegt wird.

Gelbliche Krystalle, linksdrehend, Fp. 65—66°, in fester Form fast geschmacklos, in Wasser schwer, in organischen Lösungsmitteln leichter löslich. Reduziert ammoniakalische Silberlösung und gibt in alkoholischer Lösung mit Eisenchlorid Violettfärbung (Phenolcharakter). Konstitutionsformel:

```
                                     CO
(CH3)2 · CH · CH = CH · CH/    \C · CO · CH2 · CH(CH3)2
                       O = C      C · OH
                               \  /
                                C
                               / \
                            HO    CH = CH · CH(CH3)2
```

Die Phenolgruppe bedingt schwachsauren Charakter; die Verbindung läßt sich alkalimetrisch wie eine einbasische Säure titrieren. Mehrstündiges Erhitzen mit wäßrig-alkoholischer Natronlauge bewirkt Spaltung in Humulinsäure, $C_{14}H_{24}O_4$, fast farblose Nadeln oder Blättchen, Fp. = 93°, Essigsäure, eine ungesättigte, flüssige Säure $C_6H_{10}O_2$ und Isobutyraldehyd.

b) Lupulon ($\beta$-Hopfenbittersäure, $\beta$-Lupulinsäure), $C_{26}H_{38}O_4$, wird erhalten, wenn Lupulin mit Petroläther extrahiert wird (Zimmertemperatur). Der Verdunstungsrückstand wird mit kaltem 90proz. Methylalkohol behandelt und das Unlösliche aus heißem Methylalkohol umkrystallisiert, wobei das Lupulon in langen, glänzenden Prismen vom Fp. 92° auskrystallisiert. Die Konstitution ähnelt der des Humulon. An Stelle der OH-Gruppe am unsymmetrischen C-Atom befindet sich eine zweite $C_5H_9$-Gruppe, so daß Lupulon optisch inaktiv ist.

Humulon und Lupulon sind Bestandteile des sog. *Hopfenweichharzes*. Dieses, wie auch das *Hopfenhartharz*, wird nach der nachfolgend beschriebenen Methode a bestimmt, während zur Bestimmung der „*Hopfenbittersäuren*" in der lebensmittelchemischen Analytik das Verfahren b angewendet wird:

*a) Harzbestimmung in Hopfen.* Man entfernt aus 4 g einer Durchschnittsprobe die Blätter und Stengel und extrahiert den Rückstand mit 120—150 cm³ Petroläther (Kp. 30—50°) 10—24 Stunden lang. Der Auszug wird filtriert, eingedunstet und getrocknet und das hinterbliebene Weichharz gewogen.

In gleicher Weise wird nach Entfernung des Petroläthers das Hartharz mit Äther extrahiert.

*b) Bestimmung der Bittersäure.* 10 g der zerkleinerten Durchschnittsprobe werden in einem mit zwei Marken, bei 500 und 505 cm³ versehenen Meßkolben mit 300 cm³ Petroläther (30—50°) 8 Minuten am Rückflußkühler erhitzt, wobei man den Kolben nur 2—3 cm tief in ein Wasserbad von 50° eintaucht. Nach raschem Abkühlen auf 17,5° füllt man mit Petroläther zu 505 cm³ auf und filtriert durch ein Falterfilter in eine Stöpselflasche. 100 cm³ Filtrat werden mit 80 cm³ Alkohol (96%) und 10 Tropfen Phenolphthalein versetzt und mit n/10-Kalilauge zur Rotfärbung titriert. Die in einem blinden Versuche mit Petroläther und Alkohol verbrauchte Menge wird abgezogen. 1 cm³ $^1/_{10}$ n-Lauge = 0,04 g Gesamtbittersäure.

Um in Bier Hopfensurrogate nachzuweisen, hat DRAGENDORFF (13) einen Untersuchungsgang entwickelt, der hier nach BEYTHIEN-HARTWICH-KLIMMER (4) folgendermaßen auszuführen ist:

2 l Bier werden so lange auf dem Wasserbade erhitzt, bis die größere Menge der Kohlensäure und die Hälfte des Wassers verflüchtigt worden sind. Die noch heiße Flüssigkeit wird

sodann mit möglichst basischem Bleiessig (eventuell mit gewöhnlichem Beiessig unter Zusatz von etwas Ammoniak) so lange versetzt, als noch ein Niederschlag entsteht, dann unter Abschluß der Kohlensäure rasch filtriert und aus dem Filtrat, ohne auszuwaschen, der Bleiüberschuß durch Schwefelsäure gefällt. Ein schnelles Absitzen des Niederschlages erreicht man durch Zusatz von 40 Tropfen einer wäßrigen Gelatinelösung (1 : 20) vor dem Versetzen mit Schwefelsäure. Die von neuem filtrierte Flüssigkeit, welche bei unverfälschtem Bier nicht mehr bitter schmeckt, wird mit so viel Ammoniak versetzt, daß alle Schwefelsäure und ein Teil der Essigsäure neutralisiert sind und Methylviolett durch einige Tropfen der Lösung nicht mehr blau wird, und darauf im Wasserbade auf 250—300 $cm^3$ eingedampft. Zur Fällung des Dextrins versetzt man den Rückstand mit 4 Raumteilen absoluten Alkohols, schüttelt gut durch und filtriert nach 24stündigem Stehen im Keller. Nachdem der größte Teil des Alkohols abdestilliert ist, schüttelt man zunächst die saure Flüssigkeit nacheinander mit Petroläther (Kp. 33—60°), Benzol (Kp. 80—81°) und Chloroform aus, entfernt die Chloroformreste durch Ausschütteln mit etwas Petroläther, macht darauf die wäßrige Flüssigkeit mit Ammoniak deutlich alkalisch und schüttelt von neuem mit den drei Lösungsmitteln in der gleichen Reihenfolge aus.

Hierbei zeigt reines, aus Malz und Hopfen bereitetes Bier folgendes Verhalten:

*Saure Ausschüttelung.* Petroläther nimmt nur geringe Mengen fester und flüssiger Bierbestandteile auf, unter letzteren den in jedem Bier enthaltenen Fusel. Der feste Anteil des Verdunstungsrückstandes schmeckt kaum bitterlich und wird durch konzentrierte Schwefelsäure, ferner durch Schwefelsäure und Zucker sowie durch Salpetersäure nur gelblich, durch konzentrierte Salzsäure fast farblos gelöst.

Benzol entzieht nur sehr geringe Mengen einer harzigen Substanz, welche sich gegen die vorgenannten Reagenzien analog der vorigen Ausschüttelung verhält und, in verdünnter Schwefelsäure (1 : 50) gelöst, mit den gewöhnlichen Alkaloidreagenzien — Jod- und Bromlösung, Kaliumquecksilberjodid, Kaliumcadmiumjodid, Gold-, Platin-, Eisen- und Quecksilberchlorid, Pikrin- und Gerbsäure, Kaliumbichromat — keine Niederschläge gibt, auch Goldchlorid beim Erwärmen nicht reduziert. Mit Phosphormolybdänsäure gibt sie erst nach einiger Zeit eine geringe Trübung. Der Geschmack ist nur schwach bitterlich.

Chloroform verhält sich ähnlich wie Benzol.

*Ammoniakalische Ausschüttelung.* Petroleumäther nimmt so gut wie nichts auf. Benzol entzieht nur Spuren einer Substanz, welche mitunter aus ätherischer Lösung krystallisiert, aber keine charakteristischen Farbenreaktionen gibt und ebensowenig das physiologische Verhalten des Strychnins, Atropins, Hyoscyamins zeigt.

Sauer gewordenes Bier gibt an Benzol und Chloroform in saurer Ausschüttelung geringe Mengen einer Substanz ab, welche beim Erwärmen Goldchlorid, bisweilen auch Silbernitrat reduziert, verhält sich im übrigen aber wie normales Bier.

Betreffs der Einzelheiten des Nachweises der folgenden Hopfensurrogate: Wermut, Ledum palustre (Sumpfporst), Bitterklee (Menyanthes trifoliata), Quassia, Kokkelskörner, Koloquinten, Weidenrinde, Capsicum annuum, Daphne mezereum, Erythraea centaurium, Cnicus benedictus, Pikrinsäure, Aloe, Enzian sei auf DRAGENDORFF (13) verwiesen.

**3. Alantwurzel-Bitterstoffe.** Aus der Wurzel von Inula helenium L. wird durch Wasserdampfdestillation, aber auch durch Extraktion mit Alkohol und Verdünnen des alkoholischen Auszuges mit Wasser eine Substanz erhalten, die aus Alkohol in farblosen, nadelförmigen Krystallen krystallisiert, in Wasser fast unlöslich, in organischen Lösungsmitteln leicht löslich ist; einen Fp. von 70—72° (nach anderer Angabe 76°) zeigt, eigenartig riecht und medizinische Anwendung als Expektorans unter dem Namen *Helenin*, *Alantcampfer*, *Heleninum album* findet. Nach den Untersuchungen von KARL FR. W. HANSEN (21) handelt es sich bei diesem „Helenin" um ein Gemisch dreier Bitterstoffe, *Alantolacton*, *Isoalantolacton* (beide $C_{15}H_{20}O_2$) und *Dihydro-iso-alantolacton* ($C_{15}H_{22}O_2$). Zu ihrer Darstellung wird zunächst Helenin des Handels im Hochvakuum destilliert, wobei die übergehende Masse zu Krystallen erstarrt. In die alkoholische Lösung dieser Krystalle wird unter Kühlung trockenes Ammoniakgas eingeleitet. Nach 12—15stündigem Stehen haben sich die Amide des Alanto- und Iso-alanto-Lactons krystallinisch ausgeschieden. Sie werden abfiltriert. Die Mutterlauge wird zur Trockne verdampft und aus Eisessig zweimal umkrystallisiert, wobei noch vorhandene Amide in Lösung bleiben. Die Krystalle, die aus Dihydroisoalantolacton bestehen, werden aus Alkohol mehrfach umkrystallisiert, Fp. 174°.

Das Amidgemisch wird auf 210—240° erhitzt und der Vakuumdestillation unterworfen, wobei Ammoniakabspaltung und Rückbildung der Lactone eintritt. Durch Umkrystallisation aus Alkohol lassen sich Alantolacton (Fp. 76°) und Iso-alantolacton (Fp. 112°) trennen. Durch Kochen mit wäßriger Kalilauge entstehen bei Alantolacton und Iso-alantolacton die Kaliumsalze der zugehörigen Oxysäure; bei Dihydro-iso-alantolacton ist Kochen mit alkoholischer Kalilauge erforderlich. Folgende Formeln veranschaulichen die Konstitution dieser Körper:

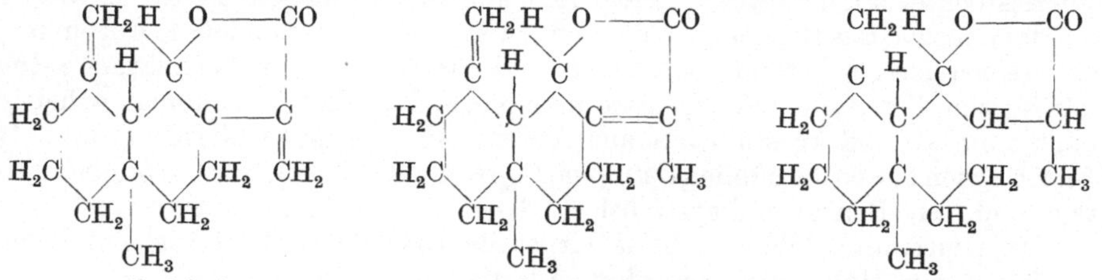

Alantolacton — Iso-alantolacton — Dihydro-iso-alantolacton

Dihydro-iso-alantolacton kann auch aus Iso-alantolacton durch Reduktion mit Natriumamalgam erhalten werden.

Die zugehörigen Säuren können aus den wäßrigen Lösungen der Alkalisalze durch vorsichtige Zugabe nicht überschüssiger Mengen Salzsäure abgeschieden werden. *Alantsäure* Fp. 94°, *Iso-alantosäure,* Fp. 114°, *Hydro-iso-alantonsäure* Fp. 122—123°.

Über die mikrochemische Identifizierung der Alantwurzelbitterstoffe siehe TUNMANN-ROSENTHALER (65), S. 367, wobei allerdings dahingestellt sein möge, ob die a. a. O. aufgeführten Reaktionen gerade die dort genannten Einzelkörper betreffen.

**4. Peucedanin,** $C_{15}H_{14}O_4$, ist ein Bitterstoff aus dem Wurzelstock der Umbellifere Peucedanum officinale L., der daraus in einer Menge von etwa 2% isoliert werden kann, indem man das mit Alkohol von 90% bereitete Extrakt bei gelinder Wärme von Alkohol befreit und den Rückstand der Krystallisation überläßt. Die abgesaugte Krystallmasse wird aus siedendem Petroläther umkrystallisiert. In den Mutterlaugen verbleibt eine geringe Menge *Oxypeucedanin* (s. d.). Peucedanin bildet farb- und geruchlose rhombische Säulen oder Nadeln, Fp. 108° (andere Angabe gelbliche Krystalle vom Fp. 95—99°). Peucedanin ist optisch inaktiv, in Wasser gar nicht, in kaltem Alkohol wenig, in heißem Alkohol und in Äther leicht löslich; die alkoholische Lösung schmeckt brennend aromatisch. Peucedanin ist ein Fischgift. Bei der Behandlung mit Säuren oder Alkalien wird es leicht verseift, es bildet sich *Oreoselon,* das aus Alkohol umgelöst, farblose Krystalle liefert, die nach der Sublimation und Resublimation bei 0,02 mm Hg bei 177 bis 178° schmelzen. Die von SPÄTH, KLAGER und SCHLÖSSER (52) durchgeführte Konstitutionsaufklärung, die von SPÄTH und KLAGER (52a) endgültig bestätigt wurde, ergab, daß beide Verbindungen Lactoncharakter aufweisen. Peucedanin ist danach der Enolmethyläther des Ketons Oreoselon.

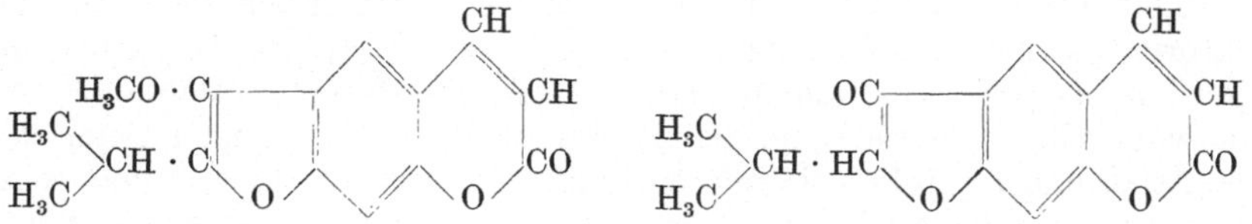

Peucedanin — Oreoselon

Bei der Alkalischmelze liefert Peucedanin und insbesondere Oreoselon Resorcin, bei der Behandlung mit Salpetersäure wird neben Oxalsäure Trinitroresorcin (Styphninsäure) gebildet. *Monobrom-oreoselon*, Fp. 141°, entsteht, wenn Peucedanin oder Oreoselon in Chloroform mit Brom behandelt werden. *Oreoselonphenylhydrazon*, Fp. 194°, gelbe Blättchen.

**5. Oxypeucedanin,** $C_{13}H_{12}O_4$, ein aus dem Wurzelstock von Peucedanum officinale L., in größerer Menge aber aus dem Wurzelstock der Umbellifere Imperatoria ostruthium L. isolierbarer Bitterstoff, führt seinen Namen aller Wahrscheinlichkeit nach nicht zu Recht. Es kann aus dem an zweiter Stelle genannten Wurzelstock erhalten werden, indem man ihn mit siedendem Benzol extrahiert, von dem Auszug das Benzol bis auf einen etwa $^1/_{12}$ der angewendeten Drogenmenge entsprechenden Rückstand abdestilliert und das Vierfache an Petroläther zufügt. Sobald sich Krystalle bilden, setzt man noch das gleiche Volumen Äther zu, saugt dann ab und krystallisiert aus Aceton, Alkohol und Chloroform um. Die Mutterlaugen lassen allmählich *Ostruthol*, $C_{24}H_{24}O_4$, ausfallen, das Lactoncharakter trägt und, aus Benzol umkrystallisiert, den Fp. 134—134,5° aufweist.

Oxypeucedanin bildet farblose Krystalle vom Fp. 142°. Es ist ein Lacton und bildet mit Halogenwasserstoffen Additionsprodukte.

Aus den Mutterlaugen der Oxypeucedaninherstellung kann nach völliger Abscheidung des Ostruthols mittels Zugabe weiterer Mengen Petroläther (bis sich nichts mehr ausscheidet) durch freiwillige Verdunstung des klaren Filtrats ein weiterer Bitterstoff, *Osthol*, $C_{15}H_{16}O_3$, Fp. 83—84°, erhalten werden. Auch hierbei handelt es sich um ein Lacton. Es ist in Petroläther und siedendem Alkohol leicht löslich, enthält eine Methoxylgruppe und gibt mit Chlorwasserstoff ein Additionsprodukt. Seine Konstitutionsformel wurde, nachdem BUTENANDT und MARTEN (10a) sich mit dieser Frage befaßt hatten, von SPÄTH und PESTA (53a) entsprechend nebenstehender Formel aufgeklärt:

CH
CH
$CH_3O$ CO
O
$CH_2$—CH=C $CH_3$ $CH_3$

Ob die Droge noch einen weiteren Bitterstoff, *Ostin*, enthält, ist fraglich, dagegen enthält sie bestimmt noch größere Mengen *Ostruthin* (s. bei *Imperatorin*).

Über Oxypeucedanin siehe ferner SCHMIDT, JASSOY und HENSEL (50) sowie HERZOG und KROHN (26), über Ostruthol siehe HERZOG und KROHN (26), über Osthol ebenda, über Ostin siehe E. MERCK (43).

**6. Athamantin,** $C_{24}O_{30}O_7$, ist der Bitterstoff aus der Wurzel und dem Samen der Umbellifere Athamanta oreoselinum L. Zur Darstellung wird das alkoholische Extrakt der betreffenden Pflanzenteile zur Entfernung des Alkohols abgedampft, mit der achtfachen Menge Äther verrieben und die ätherische Lösung mit Tierkohle entfärbt. Man läßt den Äther verdunsten und krystallisiert den allmählich körnig-krystallinisch erstarrenden Rückstand aus verdünntem Alkohol um. Weiße, glänzende Nadeln oder Prismen, Fp. = 79°. Athamantin ist unlöslich in Wasser, löslich in Alkohol, Äther, Fetten und ätherischen Ölen, riecht besonders beim Erwärmen seifenartig ranzig und schmeckt ranzig und bitter. Beim Behandeln mit Säure oder Alkalien in der Wärme wird es in *Oreoselon* (s. unter Peucedanin) und *Baldriansäure* gespalten. (SCHMIDT, JASSOY und HENSEL [50].)

**7. Imperatorin** (*Ostruthin*) ist einer der im Wurzelstock des Umbellifere Imperatoria ostruthium L. enthaltenen Bitterstoffe (s. a. Oxypeucedanin). Man gewinnt Imperatorin, indem man das mit 85—90proz. Alkohol bereitete Extrakt vom Alkohol befreit und den Extraktrückstand mit einem Gemisch von 3 Teilen Äther und 1 Teil Petroläther erschöpft. Zu dem Auszug gibt man so lange Petroläther zu, bis das Ausfallen schmieriger Massen aufhört. Überläßt man das

Filtrat der freiwilligen Verdunstung, so scheiden sich gelbliche (bei der Reinigung farblos werdende) Krystalle vom Fp. 119° aus, die in Wasser gar nicht, in Benzol und Petroläther wenig, in Äther und Alkohol leicht löslich sind. Die alkoholische Lösung fluoresciert auf Wasserzusatz blau. Das gleiche Phänomen zeigt die alkalisch-wäßrige Lösung. Bruttoformel $C_{18}H_{19}O_2 \cdot OH$. Aus der alkalisch-wäßrigen Lösung wird das Imperatorin durch Kohlendioxyd wieder unverändert abgeschieden, bei intensiverer Behandlung mit Alkalien oder Säuren entsteht *Oreoselon* (s. Peucedanin). Bei der Alkalischmelze wird Resorcin neben Essigsäure und Buttersäure erhalten, bei der Oxydation mit Salpetersäure Trinitroresorcin (Styphninsäure). Halogenwasserstoffe liefern Additionsprodukte, Brom in Chloroformlösung bei Gegenwart von Natriumbicarbonat führt das Imperatorin in *Tribrom-Imperatorin* (Tribrom-Ostruthin) vom Fp. 168° über. Acetyl-Imperatorin (Acetyl-Ostruthin), Fp. 81°, Propionyl-Imperatorin (Propionyl-Ostruthin), Fp. 99—100°, Isobutyryl-Imperatorin (Isobutyryl-Ostruthin), Fp. 81°, Benzoyl-Imperatorin (Benzoyl-Ostruthin), Fp. 93°. (JASSOY [31] und HERZOG und KROHN [26].)

**8. Quassiin.** Unter der Bezeichnung *Quassiin* (Quassin, Quassit) und *Picrasmin* wird der Bitterstoff aus dem Holz bzw. auch der Stammrinde von Quassia amara L. (Surinam-Quassiaholz und Picrasma excelsa (SWARTZ), PLANCHON (Picraena excelsa LINDLEY) (Jamaica-Quassiaholz) genannt. Das seit Mitte des 18. Jahrhunderts medizinisch gebrauchte Quassiaholz hat als Fiebermittel und später als Bittermittel eine gewisse Berühmtheit erlangt. Außerdem dienen Quassiaholzauszüge zur Herstellung von Fliegenpapier, da sie auf Fliegen tödlich wirken.

Über diesen Bitterstoff, bei dem es sich vielleicht auch um ein Gemisch verschiedener Körper handelt, ist von einer großen Zahl von Autoren gearbeitet worden. Literatur bei MERCK (44) sowie bei MASSUTE (41).

Von den verschiedenen *Darstellungsverfahren* dürfte besonders das von CHRISTENSEN (11) angegebene Verfahren Bedeutung haben. Danach wird eine wäßrige Abkochung aus dem Holze bis zum Gewicht der ausgezogenen Droge eingeengt, vorsichtig mit Natriumcarbonat neutralisiert und mit Gerbsäure so lange, als etwas ausfällt, versetzt. Das „Tannat" wird abfiltriert, mit Bleicarbonat zum Brei angerührt und im Dampfbade unter Rühren eingetrocknet. Das gepulverte Material wird dann viermal mit 80proz. Weingeist ausgekocht und die alkoholischen Auszüge werden vereinigt und konzentriert, worauf bei langsamem weiteren Eindunsten das Quassiin auskrystallisiert.

MASSUTE (a. a. O.), der den Gegenstand eingehend bearbeitet hat, ist der Ansicht, daß es mehrere Quassiine und davon verschiedene Picrasmine gebe, wobei wahrscheinlich Zersetzungsprodukte und Verunreinigungen eine Rolle spielen. Es gibt folgende Zusammenstellung von Formeln und Schmelzpunkten:

*Quassiin:*

| | |
|---|---|
| 1. WIGGERS | $C_{32}H_{40}O_{10}$, Fp. 210—211° |
| 2. OLIVIERI und DENARO | $C_{32}H_{40}(H_4)O_{10}$, Fp. 210—211° |
| 3. MASSUTE | $C_{32}H_{40}O_{10}(CH_2)_3$, Fp. 215—217° |
| 4. MASSUTE | $C_{32}H_{40}O_{10}(CH_2)_5$, Fp. 221—226° |
| 5. MASSUTE | Fp. 239—242°. |

*Picrasmin:*

| | |
|---|---|
| 1. MASSUTE | $C_{20}H_{34}O_{10}$ (Spaltprodukt), Fp. 212—216° |
| 2. MASSUTE | $C_{20}H_{34}O_{10}(CH_2)_6$, Fp. 204° |
| 3. MASSUTE | $C_{20}H_{34}O_{10}(CH_2)_7$, Fp. 209—212° |
| 4. MASSUTE | Fp. 231—234° |
| 5. MASSUTE | Fp. 239—247° (Rindenpicrasmin). |

Durch Einwirkung von Chlorwasserstoffsäure (auf 5 g Substanz 80 $cm^3$ rauchende Salzsäure und 80 $cm^3$ Wasser); im Druckrohr entstehen *Quasiinsäure* (Fp. 244—245°) bzw. *Picrasminsäure* (Fp. 230—231°). Beide Säuren sind zweibasisch. Picrasminsaures Barium wird als goldgelbe Krystallmasse beschrieben, leicht löslich in warmem Wasser, weniger in siedendem Alkohol. Quassiinsäure (Quassiasäure) soll die Formel $C_{30}H_{33}O_{10} \cdot H_2O$, Picrasminsäure die Formel $C_{33}H_{42}O_{10} \cdot 5H_2O$ aufweisen.

OLIVIERI-DENARO sind der Ansicht, daß Quassiin ein Anthrachinonderivat mit 4 Hydroxylgruppen, 2 Carboxymethylgruppen und 2 Ketongruppen sei. Demgegenüber ist allerdings beachtlich, daß nach MASSUTE (a. a. O.) Phenylhydrazin mit Picrasmin kein Reaktionsprodukt liefert.

Erhitzt man Quassiin mit 10proz. Schwefelsäure 24 Stunden lang, so entsteht das amorphe *Quassid* (Fp. 191—194°). Quassiin und Picrasmin geben mit vielen Alkaloidfällungsmitteln Fällungen; sie sollen auch in der Droge von alkaloidartigen, stickstoffhaltigen Stoffen begleitet sein.

Ein das Quassiin begleitender Stoff *Quassol*, $C_{40}H_{70}O$ wurde von E. MERCK (42) isoliert. Fp. 149—151°.

GLÜCKSMANN (16) beschreibt als Indentitätsreaktion des Quassiins folgende mit Quassiaholzauszügen anzustellende Reaktion. 5 $cm^3$ einer 1 : 50 bereiteten Lösung von Quassiaextrakt mit starkem Weingeist wird mit einer Spur Phloroglucin und 5 $cm^3$ rauchender Salzsäure versetzt. Nach kurzer Zeit tritt eine rosenrote, für Quassiin charakteristische Färbung auf. Das D.A.B. 6 hat die Reaktion zur Unterscheidung des Quassiaholzes von anderen Hölzern in folgender Fassung aufgenommen:

„Werden 0,5 g Quassiaholz mit 5 $cm^3$ Weingeist einige Minuten lang in schwachem Sieden erhalten, so muß das Filtrat nach Zusatz von 2 Tropfen Phloroglucinlösung (2 : 100 in Weingeist) und 4 $cm^3$ Salzsäure in wenigen Minuten eine rosarote Färbung annehmen."

E. MERCK, Darmstadt, bringt folgende „Quassine" in den Handel: 1. Unter dem Namen „*Quassinum uso gallico*", ein gereinigtes Extrakt aus Jamaica-Quassiaholz; 2. unter dem Namen „*Quassinum depuratum*", ein Gemenge der Quassiabitterstoffe; 3. „*Quassinum purissum pulv.*" Dieses Quassiin wird als „reiner amorpher Bitterstoff, der neben dem krystallisierten Bitterstoff in Picraena excelsa vorkommt" beschrieben. Er stellt ein gelbes, in Alkohol lösliches Pulver dar. Schließlich führt E. MERCK noch 4. „*Quassinum puriss. crystallisatum*" an und beschreibt es als „weiße, bei etwa 210° schmelzende Krystalle, die sich leicht in Alkohol, nur wenig dagegen in Wasser lösen."

Quassiin ist außer in Alkohol noch in Chloroform und Essigsäure leicht, in Äther und Petroläther schwer löslich. Die mit Brom behandelte Chloroformlösung des Quassiins läßt ein unlösliches amorphes Tribromquassid ausfallen.

**9. Urson.** Die Blätter von Arctostaphylos Uva Ursi (L.), SPRENGEL und anderer Ericaceen, ferner die Blätter von Empetrum nigrum L., Blätter verschiedener Ilexarten enthalten eine Urson genannte ätherlösliche Substanz. Nach VAN DER HAAR (19) ist auch das Prunol aus Prunus serotina mit Urson identisch; DODGE (12) fand chemische Übereinstimmung (nicht aber physikalische) zwischen Urson und Caryophyllin.

Urson wird dargestellt, indem man die Droge mit warmem Äther extrahiert. Der aus dem Auszug mit der Zeit abgeschiedene pulverförmige Niederschlag wird mit kaltem Äther gewaschen und aus heißem Alkohol umkrystallisiert.

Urson in Essigsäureanhydrid gelöst, gibt mit wenig konzentrierter Schwefelsäure zuerst eine Rotfärbung, die über Violett in Blau übergeht. Ferner gibt es die LIEBERMANNsche Sterinreaktion.

Die Formel wird verschieden angegeben. Nach VAN DER HAAR (a. a. O.) ist sie $C_{31}H_{50}O_3$ und nicht $C_{30}H_{48}O_3$. Bei 165° werden $1^1/_2$ Mol. Krystallwasser abgespalten. Fp. 279—280°, nach anderen 285° (korrigiert). VAN DER HAAR löste die Formel in $C_{30}H_{48}OH \cdot COOH$ auf. Bei der Zinkstaubdestillation im Wasserstoffstrom entsteht ein Sesquiterpen. Ursonmethylester, Fp. 148°. Nach VAN DER HAAR läßt sich ein Monoacetyl-urson herstellen, dagegen kein *Diacetyl-urson*

(DODGE). DODGE (12) beschreibt auch ein Kalium- und ein Magnesiumsalz des Ursons sowie ein Kaliumsalz des Monoacetyl-ursons. Urson läßt sich als Säure titrieren; VAN DER HAAR schlägt vor, die Verbindung nicht Urson, sondern *Ursolsäure* zu benennen. (DODGE [12]; VAN DER HAAR [19]; VAN ITALLIE [29]; NOOYEN [47]).

**10. Columbin** ist zu etwa 0,8% in der Columbowurzel von Jatrorrhiza palmata MIERS. enthalten. Man kann es durch Extraktion der Droge mit siedendem Äther darstellen, indem man das Extrakt vom Äther befreit und die sich ausscheidenden Krystalle aus Äther umkrystallisiert. Es krystallisiert in weißen Säulen oder Nadeln, die bei 182° schmelzen. In Wasser, kaltem Alkohol und Äther ist es schwer löslich, in konzentrierter Schwefelsäure löst es sich mit dunkelroter Farbe. Mit Essigsäureanhydrid und Natriumacetat bildet es ein *Diacetylcolumbin*, Fp. 218°. Mit der fünffachen Menge 5proz. wäßriger Kalilauge bildet sich bei mehrstündigem Kochen *Columbosäure*, Fp. 220°. Kochen mit Salzsäure soll den gleichen Körper liefern. Die Bruttoformel wird verschieden angegeben: $C_{21}H_{22[24]}O_7$ bzw. $C_{28}H_{30}O_9$. FEIST (14) (a.a.O. s. auch weitere Literatur über Columbin) entscheidet sich für die Formel $C_{21}H_{24}O_7$. Derselbe Autor hat aus der gleichen Droge noch einen zweiten Bitterstoff isoliert, der in der Mehrzahl der Lösungsmittel unlöslich ist und bei 246° schmilzt. Auch dieser Bitterstoff zeigt, ebenso wie Columbin, Lactoncharakter.

**11. Pikrotoxin**, $C_{30}H_{34}O_{13}$ (Pikrotoxinsäure) ist der wirksame Bestandteil der Kokkelskörner, der Früchte von Anamirta paniculata COLEBR. (A. Cocculus W. et C., Menispermum cocculus, L.). Es findet sich im Endosperm der Samen mit Fetten gemischt und bedingt ihre Giftwirkung (Fischgift). Zur Gewinnung von Pikrotoxin aus den Kokkelskörnern werden diese grob gepulvert und mit Petroläther entfettet. Man kann aus der entfetteten Masse nun entweder im Heißwasserextrakt herstellen und dieses mit Bleiacetat fällen, wobei das Pikrotoxin in das Filtrat geht, das nach dem Entbleien eingeengt wird, worauf beim Stehen Pikrotoxin auskrystallisiert. Oder man extrahiert die entfettete Masse mit Alkohol in der Hitze, engt die Auszüge ein und erhält so durch Krystallisation das Rohpikrotoxin, das aus heißem Wasser umkrystallisiert wird. Farblose, sternförmige Nadelaggregate oder derbe Prismen, Fp. 199—200°. Pikrotoxin ist in kaltem Wasser wenig, in heißem leicht löslich, ebenso in wäßrigen Alkalien und Ammoniak. In Äther ist es wenig, in Alkohol gut löslich; die alkoholische Lösung ist linksdrehend.

Pikrotoxin schmeckt stark bitter und ist sehr giftig. Über seinen Nachweis in Bier als Hopfensurrogat siehe die lebensmittelchemische Literatur.

Pikrotoxin ist höchstwahrscheinlich kein einheitlicher Körper, sondern ein Stoffgemisch aus *Pikrotoxinin* und *Pikrotin*. Gegen das Vorliegen eines einheitlichen Pikrotoxins spricht die Tatsache, daß bereits Auskochen mit der 20fachen Menge Benzol genügt, um die Spaltung in Pikrotoxinin und Pikrotin zu bewirken. Das erste geht in Lösung, das zweite bleibt ungelöst. Die gleiche Trennung kann in ätherischer oder wäßriger Lösung durch Brom bewirkt werden, wobei neben unverändertem Pikrotin *Brompikrotoxinin* entsteht, das durch Zinkstaub in Gegenwart von Ammoniumchlorid in Pikrotoxinin umgewandelt werden kann.

*Pikrotoxinin*, $C_{15}H_{16}O_6$, Fp. 209—210°; krystallisiert teils ohne, teils mit 1 Mol. Krystallwasser in farblosen Prismen oder Tafeln, ist stark giftig und ist linksdrehend. Vom Pikrotoxinin leiten sich verschiedene Derivate in zwei Modifikationen ab, so eine $\alpha$-Pikrotoxininsäure und eine $\beta$-Pikrotoxininsäure sowie $\alpha$-Brompikrotoxinin und $\beta$-Brompikrotoxinin.

Über diese Derivate siehe besonders bei HORRMANN (27), der eine Reihe von Arbeiten über Pikrotoxin und seine Spaltprodukte veröffentlicht hat. Dort ist auch über die recht umfangreiche ältere Literatur Näheres zu finden. Horrmann hält Pikrotoxinin für ein Dilacton.

*Pikrotin*, $C_{15}H_{18}O_7$ bildet feine, weiße Nadeln, Fp. 240—245°; ist ebenfalls sehr giftig und linksdrehend. Auch Pikrotin ist nach Horrmann ein Dilacton.

Die von anderer Seite für Pikrotoxin aufgestellte Konstitutionsformel dürfte den tatsächlichen Verhältnissen nicht Rechnung tragen. Für den Nachweis des Pikrotoxins z. B. in toxikologischen Fällen ist zu beachten, daß Pikrotoxin aus neutraler oder saurer wäßriger Lösung von Äther, Chloroform und Amylalkohol, nicht aber von Benzol oder Petroläther ausgenommen wird, daß es hingegen aus alkalischen Lösungen auch durch Äther, Chloroform und Amylalkohol nicht extrahiert werden kann.

Neben Pikrotoxin enthalten die Kokkelskörner noch einen Bitterstoff, *Cocculin* (*Anamirtin*), $C_{19}H_{26}O_{10}$, der wenig untersucht ist.

Über den mikrochemischen Nachweis des Pikrotoxins hat O. Tunmann (64) ausführliche Angaben gemacht.

Natriumwolframat-Schwefelsäure gibt eine goldgelbe, beim Verrühren tief safrangelbe Färbung. Die Langleysche Reaktion besteht darin, daß Pikrotoxin beim Befeuchten eines Gemisches von 1 Teil Pikrotoxin und 3 Teilen Salpeter mit einer Spur Schwefelsäure nach Zugabe überschüssiger Natronlauge intensiv rot gefärbt wird. Nach Rosenthaler entsteht beim Kochen mit Vanillin-Salzsäure Grünfärbung, die auch am Objektträger gut zu beobachten ist. Die beiden Reaktionen nach Gielisch (s. Tunmann, a. a. O.) sind wohl weniger zum Nachweis geeignet. Die Reaktion nach Melzer mit Benzaldehyd-Schwefelsäure ist sehr empfindlich. Tunmann gibt von dieser Reaktion folgende Mikromodifikation an:

„Man verrührt ein Pikrotoxinsublimat mit einem Tropfen Alkohol-Benzaldehyd (es entsteht eine gelbe Lösung) und setzt einen Tropfen konzentrierter Schwefelsäure zu; es erscheinen ziegelrote Stellen, vom Rande her violette. Die Färbung nimmt in den folgenden 10 Minuten an Tiefe zu, dann wird die gesamte Lösung hellrosa. Die Farben sind am Objektträger sowohl im mikroskopischen Bilde als makroskopisch sichtbar. Empfindlichkeitsgrenze 15 $\mu$g. Die Reaktion gelingt mit jedem kräftigen Pikrotoxinsublimat."

Bei der Mikrosublimation entstehen zunächst keine Krystalle; durch Eisenchlorid oder konzentrierte Salzsäure entstehen besonders beim Erwärmen charakteristische Krystallbildungen (Abb. bei Tunmann, a. a. O.). Auch die Bildung von Monobrompikrotoxinin aus Brombromkalium und Pikrotoxin ist mikrochemisch gut durchführbar.

**12. Santonin,** $C_{15}H_{18}O_3$, ist ein Säurelacton, das aus den noch nicht völlig entwickelten Blüten von Artemisia cina Berg in Mengen von bis zu 3% erhalten werden kann. Santonin ist auch in anderen Teilen der Pflanze (Samen, Blütenstiele) enthalten; über die Vorkommen in anderen Artemisiaarten gehen die Angaben in der Literatur sehr auseinander. Sicher ist jedenfalls, daß die Droge, die als Wurmmittel im Handel ist, vielfach durch santoninfreie Blüten anderer oft sehr ähnlicher Artemisiaarten verfälscht wird.

Santonin bildet glänzende, bitter schmeckende, in Wasser sehr schwer lösliche Krystallblättchen, die im Lichte eine gelbe Farbe annehmen. In Weingeist ist es leichter, in Chloroform leicht löslich. Fp. 170°. Die alkoholische Lösung ist linksdrehend.

Zur Darstellung wird die Droge mit Kalkhydrat und Wasser behandelt, wobei das lösliche Calciumsalz der Santoninsäure entsteht. Die breiartige Mischung wird mit Weingeist in der Wärme ausgezogen. Man destilliert den Weingeist aus dem Extrakt ab und neutralisiert die verbliebene wäßrige Lösung mit Salzsäure bei etwa 70° C. Nach mehrtägigem Stehen ist das Santonin auskrystallisiert; es wird ausgewaschen, in Alkohol gelöst, mit Knochenkohle entfärbt und erneut zur Krystallisation gebracht.



Die Konstitutionsformel ist neuerdings von Wedekind und Tettweiler (67) restlos geklärt worden.

Über den Nachweis des Santonins in der Droge und an der Droge — vielfach finden sich Santoninkrystalle den Hüllkelchblättern aufgelagert — s. bei TUNMANN-ROSENTHALER (65). Zu beachten ist insbesondere, daß der vielfach empfohlene Nachweis mit Natronlauge oder weingeistiger Kalilauge nicht eindeutig ausfällt. Eindeutig ist dagegen der Nachweis mit methylalkoholischer Natrium-Methylatlösung nach GILG-SCHÜRHOFF (a. a. O.).

In Eisessig und in anderen konzentrierten Säuren, in fetten Ölen und in Lösungen der Alkalien, Alkalicarbonate und Erdalkalien ist Santonin leicht löslich, in den letzten drei Lösungsmitteln unter Bildung von Salzen der Santoninsäure $C_{15}H_{20}O_4$, aus welchen Lösungen das Santonin durch Säuren wieder abgeschieden werden kann.

Mit Hydroxylamin wird, da Santonin Ketoncharakter trägt, ein Oxim gebildet. Fp. 216—217°.

Mit alkoholischer Alkalilauge liefert Santonin eine schön karminrot gefärbte Lösung. Die Farbe ist nicht beständig; sie verblaßt über Gelbrot.

Über eine weitere mikrochemische Identifizierung s. F. AMELINK (1). Das von dem Autor empfohlene Verfahren besteht in einer Behandlung eines Pröbchens der Droge mit Salzsäure und Extraktion mit Chloroform. Aus dem Rückstand des Chloroformauszuges wird dann ein Sublimat erhalten, das durch Verreiben mit etwas salzsäurehaltigem Wasser charakteristische Krystalle liefert.

Zur *quantitativen Bestimmung* des Santonins in Santonindrogen sind zahlreiche Verfahren angegeben worden, bei denen zwei Typen zu unterscheiden sind. Bei der einen Art handelt es sich um Extraktionen mit organischen Solventien, wie z. B. bei der unten wiedergegebenen Arzneibuchmethode, bei anderen wird das Santonin ähnlich wie bei der Herstellung als Salz der Santoninsäure in Lösung gebracht. Da die häufigen Verfälschungen der Santonindroge sicher nur durch quantitative Santoninbestimmung zu erkennen sind, vollwertige Flores Cinae sollen 2% Santonin enthalten, so seien zwei solche Methoden hier wiedergegeben:

*Methode des D.A.B. 6.:* 10 g mittelfein gepulverte Zitwerblüten übergießt man in einem Arzneiglas von etwa 150 cm³ Inhalt mit 100 g Benzol und läßt das Gemisch unter häufigem Umschütteln eine halbe Stunde lang stehen. Hierauf filtriert man 80 g der Benzollösung (= 8 g Zitwerblüten) durch ein trockenes, gut bedecktes Faltenfilter von 18 cm Durchmesser in ein Kölbchen, destilliert die Benzollösung ab und entfernt die letzten Anteile des Benzols durch Einblasen eines Luftstromes. Den Rückstand übergießt man mit 40 cm³ einer Mischung von 15 g absolutem Alkohol und 85 g Wasser und erhitzt eine Viertelstunde lang am Rückflußkühler. Die heiße Lösung gießt man alsdann durch einen mit einem Wattebäuschchen verschlossenen Trichter in ein zweites Kölbchen und wäscht das erste Kölbchen und das Wattebäuschchen zweimal mit je 5 cm³ der heißen obigen Alkoholmischung nach. Nach dem Erkalten gibt man etwa 0,1 g weißen Ton hinzu und erhitzt wiederum eine Viertelstunde lang am Rückflußkühler. Danach filtriert man die heiße Lösung durch ein glattes Filter von 6 cm Durchmesser in ein gewogenes Kölbchen, wäscht Filter und Kölbchen dreimal mit je 5 cm³ der obigen Alkoholmischung nach und läßt das Kölbchen verschlossen unter zeitweiligem, leichtem Umschwenken an einem vor Licht geschützten Orte bei etwa 15—20° 24 Stunden lang stehen. Alsdann filtriert man die alkoholische Lösung, ohne auf die an den Wänden des Kölbchens haftenden Krystalle Rücksicht zu nehmen, durch ein glattes Filter von 6 cm Durchmesser, spült dieses sowie das Kölbchen dreimal mit je 2 cm³ Wasser nach und trocknet beide. Darauf wird das auf dem Filter befindliche Santonin durch Auftropfen von 5 cm³ Chloroform gelöst und die Lösung in das Kölbchen zurückgegeben. Das Chloroform läßt man unter gelindem Erwärmen verdunsten und trocknet den Rückstand 1 Stunde lang bei 100°. Das Gewicht des krystallinischen Rückstandes muß nach Addition von

0,04 g mindestens 0,16 g betragen, was einem Mindestgehalte von 2 % Santonin entspricht.

*Nach* P. S. Massagetow (40): 5,0 g Blütenköpfe oder bei geringem Santoningehalt eine entsprechend größere Menge derselben oder eines anderen Pflanzenteils werden zerkleinert, in einem Mörser mit 1,0 g gelöschtem Kalk verrieben und in einem Becherglase oder Erlenmeyerkolben mit 250 cm³ Wasser 10 Minuten lang gekocht, dann wird sogleich durch einen Büchnertrichter filtriert und der Rückstand mit heißem Wasser ausgewaschen, bis das Gesamtfiltrat etwa 500 cm³ beträgt. Das noch warme Filtrat wird in einen Scheidetrichter gegeben und mit 20 cm³ Salzsäure (1,12) angesäuert. Nach dem Erkalten wird mit 50, 30, 20 und 20 cm³ Chloroform jedesmal unter energischem Schütteln extrahiert. Die Chloroformauszüge werden in einen anderen Scheidetrichter filtriert und mit 50 cm³ einer etwa 4proz. Ätznatronlösung ausgeschüttelt. Die Chloroformlösung wird abgelassen, mit 0,1—0,2 Tierkohle geschüttelt und in einen 300-cm³-Erlenmeyerkolben filtriert. Das Chloroform wird auf dem Wasserbade abdestilliert, der Rückstand in 1—2 cm³ Alkohol gelöst, 100 cm³ kochendes Wasser zugegeben, die Lösung auf 50—70 cm³ eingekocht und an einem kühlen Ort zur Krystallisation hingestellt. Nach 16—24 Stunden wird filtriert, Filter und Kolben bei 100—105° getrocknet, die Krystalle in wenig Chloroform gelöst, die Lösung in einem gewogenen Kolben abgedampft, wieder bei 100—105° getrocknet, im Exsiccator abgekühlt und gewogen. Zu dem erhaltenen Santonin wird die im Filtrat gelöst gebliebene Menge (0,0002 je 1 cm³) hinzugezählt. Die Summe mit 20 multipliziert, ergibt den Prozentgehalt. Der Schmelzpunkt der erhaltenen Krystalle ist der des reinen Santonins (168—170°).

Dem Santonin nahe steht das *Artemisin*, $C_{15}H_{18}O_4$, das als Oxysantonin aufgefaßt wird. Es findet sich in Artemisiaarten teils allein, teils neben Santonin. Es bildet mit 1 Mol. Chloroform eine aus Chloroformlösung leicht auskrystallisierende Chloroform-Additionsverbindung und läßt sich dadurch vom Santonin trennen und unterscheiden. Artemisin schmilzt bei 202°, die alkoholische Lösung dreht links, $[\alpha]_D = -84{,}3^0$. Das Artemisinchloroform läßt sich durch Erwärmen auf 80° in seine Komponenten zerlegen. Artemisin-Oxim besitzt den Fp. 135—136°.

Gegen Alkalien verhält sich Artemisin auch bezüglich der auftretenden Rotfärbung ähnlich wie Santonin, doch tritt die Färbung beim Artemisin bereits beim Kochen mit wäßriger Sodalösung auf, während Santonin nur beim Erhitzen mit alkoholischer Alkalilauge die Färbung gibt. Die Farbe ist auch hier unbeständig. Im Sonnenlicht färbt Artemisin sich gelblich.

Das in Artemisia brevifolia aufgefundene *Brevifolin* ist von T. und H. Smith (51) als 2-Hydroxy-4,6-dimethoxy-acetophenon identifiziert worden.

**13. Pimpinellin** ist der krystallisierte Bitterstoff aus dem Holzkörper der Wurzel von Pimpinella saxifraga. Zur Darstellung des Pimpinellins wird das alkoholische Extrakt der Droge mit Wasser verdünnt, mit Kalilauge neutralisiert und der dabei ausfallende Niederschlag gesammelt. Das Alkoholextrakt dieses Niederschlags wird vom Alkohol befreit und ausgeäthert. Das vom Äther befreite Ätherextrakt, eine braune Masse, wird mit Petroläther gewaschen und dann aus Alkohol unter Entfärben mit Tierkohle umkrystallisiert. Oder man extrahiert die Droge mit Benzol, konzentriert das Benzolextrakt auf $^1/_{10}$ des Drogengewichts und versetzt mit der doppelten Gewichtsmenge Petroläther. Bei Aufbewahrung im Eisschrank krystallisiert dann das Pimpinellin aus. Farblose, seidenglänzende Nadeln von scharf brennendem Geschmack. Als Fp. werden 106°, 117,5° (Tunmann) sowie 119° angegeben. Zur Erkennung wird das Wurzelpulver unter dem Deckglas mit Petroläther befeuchtet (Tunmann), wobei am Deckglasrande

Pimpinellinkrystalle anschießen. Zur Darstellung des Pimpinellins extrahiert man die Wurzel heiß mit Benzol und versetzt das weitgehend eingedampfte Extrakt mit Petroläther. Nach WESSELY und KALLAB (68) hat Pimpinellin die Konstitutionsformel I, es ist also ein Säurelacton. Das von den genannten Autoren in der Droge ebenfalls gefundene *Isopimpinellin* (II) ist ein Isomeres des Pimpinellins. Durch Oxydation mit Wasserstoffsuperoxyd wird Pimpinellin zu Furan-2,3-Dicarbonsäure oxydiert. Pimpinellin kann auch durch Mikrosublimation aus der Droge abgeschieden werden.

I Pimpinellin

II Isopimpinellin

**14. Podophyllotoxin,** $C_{22}H_{22}O_8$, ist der Bitterstoff aus der Wurzel der Berberidaceen Podophyllum peltatum L. und P. Emodi WALL. Es wird erhalten, wenn man das Chloroformextrakt aus den Wurzeln mit Benzol auszieht und die so erhaltenen Krystalle aus Benzol, Essigester und verdünntem Alkohol umkrystallisiert. Fp. = 179° (ältere Literaturangaben erwähnen viel niedrigere Schmelzpunkte). Aus verdünntem Alkohol krystallisiert der Körper nach THOMS und PUPKO (63) mit Krystallalkohol, $[\alpha]_D^{20}$ aus Alkohol = — 111,4°. Podophyllotoxin ist ein Lacton wahrscheinlich einer $\gamma$-Oxysäure, der *Podophyllsäure*. Erhitzt man die alkoholische, heißgesättigte Podophyllotoxinlösung mit alkoholischer Natronlauge, so krystallisiert das Natriumpodophyllat aus. Frisch bereitet ist das Salz leicht wasserlöslich; beim Stehen zersetzt es sich und wird dabei zum Teil wasserunlöslich. Löst man das Podophyllotoxin in wäßrigem Alkali und fällt mit Mineralsäure, so fällt das mit dem Podophyllotoxin isomere *Pikropodophyllin* aus. Es ist (nach obigen Autoren) optisch inaktiv, krystallisiert aus Alkohol mit Krystallalkohol und zeigt den Fp. 219° nach mehrfachem Umkrystallisieren.

Die Autoren konnten aus den Mutterlaugen auch eine rechtsdrehende Modifikation erhalten, die bei 216° schmolz und ein $[\alpha]_D^{20} = + 53{,}26°$ zeigte (aus Alkohol).

Nach BORSCHE und NIEMANN sind sowohl Podophyllotoxin als auch Pikropodophyllin optisch aktiv. Beide haben die Eigenschaft, aus Lösungsmitteln mit Krystall-Wasser, -Alkohol, -Aceton, -Benzol zu krystallisieren.

BORSCHE und NIEMANN (7) sowohl wie auch SPÄTH, WESSELY und NADLER (53) haben die Konstitution der beiden Körper aufgeklärt.

Podophyllotoxin

Pikro-podophyllin

**15. Cascarillin** wird aus der Rinde von Croton Eluteria, Benn. (Cascarillrinde) gewonnen, indem eine wäßrige Abkochung mit Bleiacetat gefällt wird. Die von der Fällung abfiltrierte Flüssigkeit wird mit Schwefelwasserstoff entbleit, mit Tierkohle entfärbt, eingedampft und der entstehende Sirup sich selbst überlassen. Es scheiden sich Krystalle aus, die mit Alkohol gewaschen und dann aus kochendem Alkohol umkrystallisiert werden. Krystallnadeln vom Fp. 205°, die in Wasser, kaltem Weingeist und Chloroform schwerer, in siedendem Weingeist und Äther leicht löslich, in Schwefelsäure mit roter Farbe löslich sind. Die Bruttoformel wird zu $C_{12}H_{18}O_4$ angegeben.

## B. Andere Stoffe.

**1. Pyrethrosin.** Die Blüten der Composite Chrysanthemum cinerariaefolium BOCC. liefern ein Ätherextrakt, das die bekannten insektiziden Eigenschaften besitzt. Verdampft man den Äther, so scheiden sich aus dem übrigbleibenden Sirup allmählich bitter schmeckende Krystalle aus, die, aus Äther oder Alkohol umkrystallisiert, farblos sind und bei 188—189° schmelzen. Die Bruttoformel $C_{34}H_{44}O_{10}$ ist unsicher. Die in Wasser unlösliche, in Äther und Petroläther schwer, in Chloroform und siedendem Alkohol leichter lösliche Substanz gibt beim Kochen mit 25proz. Salzsäure eine rote bis rotviolette Färbung. Die Substanz ist anscheinend physiologisch unwirksam. (THOMS [61].)

**2. Pyrethrine.** Die insektentötenden Stoffe des Insektenpulvers sind von H. STAUDINGER und Mitarbeitern (57, 58) eingehend untersucht worden. Das aus den Blüten von Chrysanthemum cinerariaefolium BOCC. (bzw. P. roseum) gewonnene Öl enthält die wirksamen Stoffe in Form von Estern. Sie können als Semicarbazongemisch isoliert werden. Die alkoholische Verseifung liefert den Alkohol *Pyrethrolon* (Methylpentadienyl-cyclopentanolon) (I). Dieser ist verestert

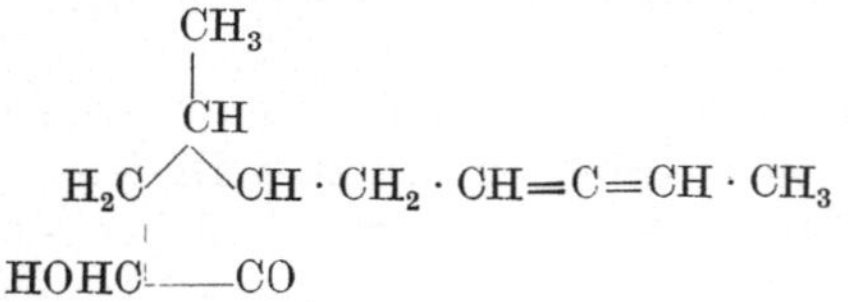

```
           CH3
           |
           CH
H2C/  \CH · CH2 · CH=C=CH · CH3
  |
HOHC——CO
           I
```

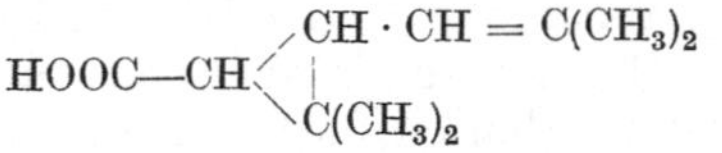

```
                 ,CH · CH = C(CH3)2
HOOC—CH<   |
                 \C(CH3)2
           II
```

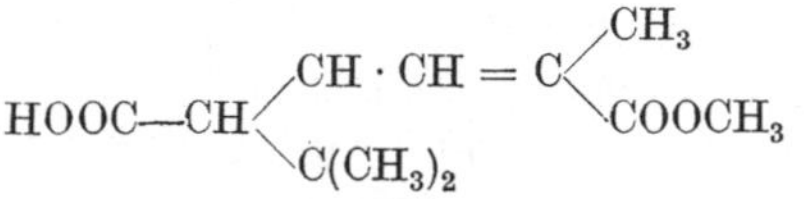

```
                                          CH3
                 ,CH · CH = C<
HOOC—CH<                     \COOCH3
                 \C(CH3)2
                 III
```

mit *Chrysanthemum-monocarbonsäure* (II) (Dimethyl-isobutenyl-trimethylencarbonsäure) und mit einer Estersäure (III), deren Spaltprodukt als *Chrysanthemum-dicarbonsäure* bezeichnet wird. Giftig sind nur die Ester, das *Pyrethrin I*, entstanden durch Veresterung von I und II und das *Pyrethrin II*, das aus I und III durch Veresterung gebildet wird. Die wirksame Substanz des Insektenpulvers enthält Pyrethrin I und II im Verhältnis von 40 : 60.

*Pyrethrin I-semicarbazon*, Fp. 117—119°, *Pyrethrin II-semicarbazon*, Fp. 56 bis 59°, *Pyrethrolon-semicarbazon*, Fp. 203°. *Pyrethrin I* siedet im absoluten Vakuum bei 150°, *Pyrethrin II* zersetzt sich selbst im absoluten Vakuum beim Erhitzen, ohne zu sieden. *Pyrethrolon* siedet bei 0,1 mm Hg bei 110—112°, *Pyrethrolonacetat*, Kp. $_{0,5\,mm}$, 104—105°. *Pyrethrolon-p-Nitrophenylosazon* schmilzt bei 350° unter Zersetzung. *Pyrethrolonmethyläther* Kp. $_{0,25\,mm}$ = 82—83°. *Tetrahydropyrethrolon* Kp. $_{10\,mm}$ = 160—162°, Acetat, Kp. $_{0,15\,mm}$ = 110°, Semicarbazon, Fp. 168°.

*Chrysanthemum-monocarbonsäure* ist rechtsdrehend. Kp.$_{12\,mm}$ = 135°, Methylester, Kp.$_{14\,mm}$ = 99°, Anilid, Fp. 101°, Amid, Fp. 131°. *Chrysanthemum-dicarbonsäure* ist ebenfalls rechtsdrehend, $[\alpha]_D^{17} = +72{,}8°$, Anilid, Fp. 204—205°. Der rechtsdrehende ($[\alpha]_D^{18} = +103{,}9°$) Monomethylester (Formel III) hat den Kp.$_{0,5\,mm}$ = 140°, der Dimethylester, Kp.$_{16\,mm}$ = 149°.

Zur Feststellung des Pyrethringehalts in der Droge sind zahlreiche Methoden angegeben worden, so von STAUDINGER und HARDER (57), von GNADINGER und CORL (17).

Andere Autoren haben biologische Wertbestimmungsmethoden angegeben, so unter anderen BUCHMANN (9).

Die Methode von GNADINGER-CORL sei hier (nach dem Zentralblattreferat) wiedergegeben:

„20 g zerkleinerte Blüten werden im Soxhletapparat 5 Stunden mit Petroläther (Kp. 20—40°) extrahiert; der Extrakt wird auf 20° abgekühlt und mindestens 1/2 Stunde stehengelassen. Man filtriert durch ein quantitatives Filter in ein 400-cm³-Becherglas, fügt etwas ausgeglühten Sand zu und dampft ein (Temperatur nicht über 75°). Sobald der Petroläther verschwunden ist, führt man mit siedendem 95proz. aldehydfreien Alkohol in einen 100-cm³-Meßkolben über und bringt auf 80—85 cm³, versetzt die heiße Lösung mit 15 cm³ basischer Bleiacetatlösung und füllt auf 100 cm³ mit heißem Alkohol auf. Man schüttelt heftig, kühlt plötzlich auf 20° ab und füllt wieder mit Alkohol auf 100 cm³ auf, filtriert, versetzt das Filtrat mit ca. 1,0 g Soda, läßt 10—15 Minuten unter öfterem Schütteln stehen und filtriert. 10 cm³ des Filtrats werden mit 6 cm³ alkalischer Kupferlösung versetzt und das reduzierte Kupfer durch kolorimetrischen Vergleich mit Glucoselösung (2 mg in 10 cm³) nach FOLLIN bestimmt". Zur Ermittlung des Pyrethringehaltes vgl. Tabelle des Originals; z. B. entspricht 1,000 mg Glucose 6,66 mg eines Gemisches gleicher Teile Pyrethrin I und II.

Zu beachten ist, daß in der Literatur mit dem Namen „Pyrethrin" auch ein Bitterstoff aus Radix Pyrethri (Anacyclus Pyrethri D. C.) bezeichnet wird. Bei diesem Körper (Fp. 45°) handelt es sich um n-Undecadiensäureisobutylamid.

**3. Anemonin** (Anemonencampher, Pulsatillacampher). Verschiedene Arten der Gattungen Anemone, Clematis und Ranunculus enthalten ein scharfes, blasenziehendes Prinzip, das beim Trocknen und Lagern der Pflanzen unwirksam wird. Destilliert man frische Pflanzen mit Wasserdampf und schüttelt man das Kondensat mit Chloroform aus, so verbleibt nach dem Abdestillieren des Chloroforms ein gelbes, scharf riechendes, zu Tränen reizendes und brennend schmeckendes Öl, das auf der Haut Blasen erzeugt (BECKURTS). Überläßt man das Öl sich selbst, so krystallisiert das nicht mehr hautreizende Eigenschaften besitzende Anemoninin, $C_{10}H_8O_4$, aus. Es ist nicht mehr mit Wasserdämpfen flüchtig und ist in der Pflanze nicht vorgebildet, sondern entsteht durch Dimerisation aus dem *Protoanemonin (Asahina)*. Anemoninin schmilzt bei 150—152°. Die Mutterlaugen der Anemonindarstellung erstarren nach einiger Zeit zu einer Krystallmasse von *Anemonencampher*. Dieser besitzt die hautreizenden Eigenschaften des Anemonenöls. Diese Krystallmasse, die bei 300° verkohlt, läßt sich durch Umkrystallisieren aus Chloroform oder Alkohol nicht reinigen. Vielmehr zerfällt sie in einen löslichen Anteil, Anemonin, und einen in diesen Lösungsmitteln unlöslichen Teil, *Anemonsäure* bzw. *Isoanemonsäure* (BECKURTS, ASAHINA).

Die Konstitution des Anemonins (I) und Protoanemonins (II) ist von ASAHINA und FUJITA geklärt und durch Synthese aus $\beta$-Bromlävulinsäure bestätigt worden.

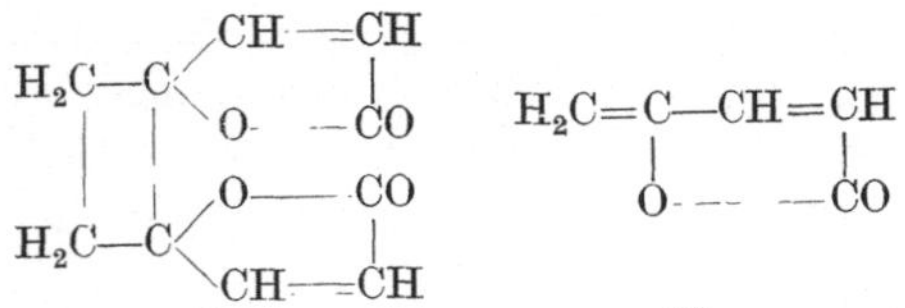

```
        CH==CH
H2C—C<  |    |              H2C=C—CH=CH
 |   |  O——CO                   |    |
 |   |  O——CO                   O————CO
H2C—C<  |    |
        CH==CH
   I                              II
```

*Protoanemonin*, $C_5H_4O_2$, ist ein gelbes Öl, das von selbst durch Dimerisation bald in Anemonin übergeht. Durch Reduktion mit Natriumamalgan und Essigsäure in Methylalkohol entsteht Lävulinsäure.

*Anemonin*, $C_{10}H_8O_4$, farblose und geruchlose rhombische Krystalle, die neutral reagieren. Es ist geschmacklos; bei längerer Berührung entsteht jedoch ein brennendes Gefühl auf der Zunge. In kaltem und warmem Wasser und Äther ist es kaum löslich, in kaltem Alkohol ist es wenig, in heißem Alkohol und in Chloroform leichter löslich. Fp. des umkrystallisierten Produktes 157—158°. Mit Bromwasserstoffeisessig entsteht *Anemonindihydrobromid*, Fp. 182° (aus Alkohol). Brom in Chloroformlösung erzeugt bei mehrtägigem Stehen *Tetrabromanemonin*, Fp. 175°, das durch Zink und Salzsäure zu Hydroanemonin, Fp. 78°, reduziert wird (aus Petroläther). Die katalytische Reduktion von Anemonin führt zu *Tetrahydroanemonin*, Fp. 155° (aus Wasser). In konzentrierter Schwefelsäure ist Anemonin ohne Färbung löslich. Beim Erwärmen mit konzentrierter Salzsäure auf nicht mehr als 60° oder beim Kochen mit den Lösungen ätzender Alkalien in Wasser entsteht unter Wasseraufnahme *α-Anemoninsäure*, eine hygroskopische, in Alkohol leicht, in Äther schwer lösliche, gut krystallisierende Substanz vom Fp. 117°, die beim Erhitzen mit Salzsäure auf Temperaturen über 60° in das Cis-trans-Isomere, die β-Anemoninsäure, Fp. 189°, übergeht, die schwerer löslich ist als die α-Säure. Die Anemoninsäuren haben die Bruttoformel $C_{10}H_{12}O_6$, durch katalytische Reduktion gehen beide unter Aufnahme von 2H-Atomen je Mol. in *Anemonolsäure*, die in farblosen, bei 152° schmelzenden Blättchen krystallisiert. Anemonolsäure-Semicarbazon, Fp. (JASSOY) 185°. Die gleiche Säure entsteht auch bei der Reduktion der alkoholischen Lösung von Anemonin mit Zink und Salzsäure und nachfolgender saurer Hydrolyse des Reaktionsproduktes. Durch dreistündiges Erhitzen mit Essigsäureanhydrid auf 100° wird Anemonin in *Isoanemonin* umgelagert, das ein in allen Lösungsmitteln unlösliches gelbliches Pulver darstellt.

Anemonin reduziert FEHLINGsche Lösung und Edelmetallsalzlösungen; beim Kochen mit Bleioxyd und Wasser bildet sich *β-anemonsaures Blei*, $C_{10}H_8O_5Pb$, das in weißen Nadeln krystallisiert. β-Anemonsäure, $C_{10}H_{10}O_5$, krystallisiert aus heißem Wasser in Nadeln, die bei 210° schmelzen. Erhitzt man Anemonin mit Natrium- oder Kaliumalkoholat und absolutem Alkohol, so krystallisieren die Salze der *α-Anemonsäure* aus, die selbst in bei 120° schmelzenden Nadeln (aus Äther) erhalten werden kann. Sie ist in Wasser und Alkohol leicht löslich und geht beim Kochen mit verdünnter Salzsäure in β-Anemonsäure über. Beide Säuren können katalytisch zu *Tetrahydroanemonsäure*,. $C_{10}H_{14}O_5$, Fp. 135°, reduziert werden. α-Anemonsäureoxim, Fp. 189°, β-Anemonsäureoxim, Fp. (JASSOY) 275°.

*Isoanemonsäure*, $C_{10}H_{10}O_5$, ein weißes, geruch- und geschmackloses Pulver, das in Wasser, Weingeist und Äther unlöslich ist, löst sich in Alkalien und Erdalkalien mit gelblicher Farbe.

Von der umfangreichen Literatur sei hier nur auf BECKURTS (3) und ASAHINA (2) verwiesen; dort siehe die weitere Literatur.

**4. Cardol und Anacardsäure.** Die Früchte von Anacardium occidentale L. (westindische Elefantenläuse) und von Semecarpus anacardium L. (ostindische Elefantenläuse) enthalten eine braune, ölige Substanz, die auf der Haut Blasen zieht. Das Ätherextrakt des Pericarpiums dient als Ausgangsmaterial der Herstellung von Cardol und Anacardsäure; wurde wohl auch früher unter der Bezeichnung Cardolum pruriens bzw. C. vesicans gehandelt. Aus dem Ätherextrakt wird nach STAEDELER (56) durch Behandlung mit Bleihydroxyd die *Anacardsäure*, $C_{22}H_{32}O_3$ (?) erhalten, die eine weiße, wasserunlösliche, bei 20° schmelzende, fettige, krystallische Masse darstellt, die in Alkohol und Äther leicht löslich ist und hautreizend wirken soll. *Cardol* wird aus der von Anacardsäure befreiten Flüssigkeit gewonnen (STAEDELER, a. a. O.). Dieser Autor gibt die Formel zu $C_{21}H_{30}O_2$ an, während SPIEGEL und DOBRIN (55) $C_{32}H_{25}O_3 \cdot H_2O$ als Formel angeben.

*Cardol* ist eine ölige, gelbliche Flüssigkeit, $d_{23°} = 0,978$, die sich an der Luft bald dunkel färbt. Es ist unlöslich in Wasser, löslich in Alkohol und Äther und besitzt cantharidinähnliche Eigenschaften, wenn es auf die Haut gebracht wird. SPIEGEL und DOBRIN (a. a. O.) beschreiben die Oxydationsprodukte *Cardsäure, Cardolsäure* und *Cardensäure* und als Produkt der Zinkstaubdestillation den Kohlenwasserstoff *Carden*. Aus der Behandlung mit Schwefelsäure wird auf das Vorhandensein von Isopropylgruppen geschlossen. Bei der Vakuumdestillation des Cardols entsteht ein farbloses Öl, *Apocardol*, das von SPIEGEL und CORELLI (54) für ein Depolymerisationsprodukt des Cardols angesehen wird.

Nach THOMS und MANNICH (62) soll auch Semecarpus venenosa VEKS. die beiden Reizstoffe enthalten. KOBERT schreibt übrigens, daß Cardolum pruriens ein schwächeres Produkt sei und von Semecarpus Anacardium L. stamme, während das stärker wirksame Cardolum vesicans von Anacardium occidentale L. stammen soll.

**5. Primin** ist der in den oberirdischen Organen der Primula obconica HANCE enthaltene, die Primeldermatitis hervorrufende Reizstoff. Der zuerst von NESTLER (46) beobachtete Stoff wurde von BLOCH und KARRER (5) rein dargestellt. Das Pflanzenmaterial wurde hierzu sowohl vor als nach dem Trocknen mit Äther extrahiert. Nach Entfernung des Äthers wurde der Rückstand mit Wasserdampf destilliert und das Destillat wiederum ausgeäthert. Das vom Äther befreite Extrakt, eine ölige, mit Krystallen durchsetzte Masse, wurde dann mit kochendem Petroläther ausgezogen, wobei das Primin in Lösung ging. Aus der Lösung krystallisiert es in gelben Nadeln. KLEIN und TRÖTHANDL (34) haben die Darstellungsmethode dahin abgeändert, daß sie das Ätherextrakt, anstatt es mit Wasserdampf zu destillieren, im Mikrovakuumsublimationsapparat bei 12 mm Hg und bei einer Temperatur von 110—115° der Sublimation unterworfen haben, wobei Primin in gelben Krystallen sublimiert.

Primin ist unlöslich in Wasser, in Äther, Alkohol und Chloroform leicht, in kaltem Petroläther schwer löslich. Schiefe Rhomben, Fp. 62—63°. Bruttoformel $C_{14}H_{18}O_3$ oder $C_{14}H_{20}O_3$. Primin ist keine Säure, vielleicht ein Lacton, ein O-Atom liegt als Hydroxylsauerstoff aliphatischen oder hydroaromatischen Charakters vor. Primin entfärbt in Eisessig Kaliumpermanganat und reduziert ammoniakalische Silbernitratlösung schon in der Kälte sofort. Eine Aldehydgruppe ist jedoch nicht nachweisbar.

Zum Nachweis des Primins in der Pflanze eignet sich nach KLEIN und TRÖTHANDL (a. a. O.) die Sublimation direkt aus der Pflanze. Für das Sublimat sind charakteristisch der Mikroschmelzpunkt und die NESTLERsche Schwefelsäurereaktion: Mit viel Schwefelsäure, besonders bei Gegenwart von Feuchtigkeit, entsteht eine gelbgrüne Lösung, deren Farbe in Olivgrün übergeht. Mit wenig konzentrierter Schwefelsäure färben die Krystalle sich erst grün und dann ultramarinblau.

Mengen von 0,01—0,02 mg genügen, um Primeldermatitis hervorzurufen.

Andere Primelarten scheinen den gleichen Reizstoff nicht zu enthalten. Nach KLEIN und TRÖTHANDL (a. a. O.) ist der Reizstoff aus Cortusa Matthioli von dem der Primula obconica sicher verschieden.

**6. Cicutoxin** ist das giftige Prinzip des Wasserschierlings, Cicuta virosa, L. Es ist nach Jacobson (30) auch in C. maculata L., C. bulbifera und C. occidentalis enthalten. Zur Darstellung wird das frische Rhizom zerstampft und bei gewöhnlicher Temperatur mit Äther extrahiert. Die ätherischen Auszüge werden über wasserfreiem Kupfersulfat getrocknet und im trockenen Luftstrom ohne Erwärmen von Äther befreit. Es bleibt eine gelbliche, flüssige, harzartige Masse zurück, die in kurzer Zeit halbfeste, rotbraune bis braunrote Polymerisationsprodukte bildet. Als Formel wird $C_{19}H_{26}O_3$ vorgeschlagen; es wird sogar eine Strukturformel entwickelt, nach der ein Pyronderivat vorliegen soll. Läßt man die alkoholische Cicutoxinlösung im viel niedriger siedenden Petroläther eintropfen, so entsteht eine feste, amorphe Ausscheidung von Cicutoxin. Beim Erhitzen zersetzt sich Cicutoxin bereits bei $100^0$ und verkohlt bei $150^0$. Äthyl-, Methylalkohol, Äther, Aceton, Chloroform, Eisessig lösen es gut, Tetrachlorkohlenstoff, Benzol und Petroläther wenig, Wasser und Glycerin gar nicht. $d_{22^0} = 0{,}9650$, $n_D^{25^0} = 1{,}5885$.

Folgende Reaktion wird beschrieben: Zu einer 5proz. alkoholischen Lösung von Cicutoxin fügt man so lange 2proz. Bariumhydroxydlösung, wobei ein voluminöser Niederschlag ausfällt, bis die Lösung hellgrün geworden ist. Nach Zugabe einiger weiterer Tropfen Bariumhydroxydlösung stellt man beiseite. In 1—10 Minuten nimmt der Niederschlag eine erbsen- bis olivgrüne Farbe an, die auf Zusatz von mehr Bariumhydroxyd ins Rotbraune übergeht.

Die anfangs neutral reagierende alkoholische Lösung nimmt beim Stehen saure Reaktion an. Bei der Oxydation mit verdünnter Salpetersäure entstehen $CO_2$, Oxalsäure, Cyanwasserstoff, Isobuttersäure und Acetyl-2-cyclopentanon. Jacobson (a. a. O.) beschreibt auch Brom- und Jodverbindungen, satzartige Verbindung, ein Cicutoxin-Hydrochlorid und ein Diacetyl-Cicutoxin.

Cicutoxin ist ein Krampfgift nach Art des Pikrotoxins.

Neben Cicutoxin soll ein *Cicutoxinin* bestehen, doch ist die Existenz dieses Körpers ungewiß.

**7. Rotenon.** Die Wurzel der im tropischen Asien heimischen und von den Malaien zu Fisch- und Pfeilgift verarbeiteten Leguminose (Papilionatae) Derris elliptica Benth. und verwandter Arten enthält ebenso wie einige andere Leguminosen einen insbesondere für Insekten giftigen Stoff, der von zahlreichen Autoren bearbeitet worden ist. Er wurde von Nagai (45) unter dem Namen Rotenon beschrieben, welcher Name gegenüber den Synonymen *Derrid* (Greschoff [18]), *Derrin* (W. Lenz [38]), *Tubain*, *Tubatoxin* (Ishikawa [28]) sich jetzt allgemein durchgesetzt hat.

Betreffs der als *Tubawurzel* oder *Derriswurzel* im Handel befindlichen, als Schädlingsbekämpfungsmittel beachtlichen Droge sei auf Peyer und Hünerbein (48) sowie auf Koolhaas (35a) verwiesen, wo auch über Versuche zur mikrochemischen, kapillaranalytischen usw. Identifizierung der Droge berichtet wird. Das Rotenon scheint hauptsächlich im Holzteil der Wurzel enthalten zu sein. Die in der Wurzel enthaltene Rotenonmenge scheint sehr starken Schwankungen zu unterliegen.

Beachtlich erscheint, daß, obwohl Rotenon in Wasser unlöslich ist, das Kaltwassermacerat der Droge physiologisch stark wirksam ist. Bei der Hydrolyse mit schwachen Alkalien geht die insektizide Wirkung rasch zurück.

Eine Farbreaktion auf Rotenon gibt H. A. Jones (31a):

Man versetzt 1 $cm^3$ der Lösung des Rotenons in Aceton mit 1 $cm^3$ Salpetersäure (1 + 1) und läßt 30 Sekunden stehen. Dann fügt man 8—9 $cm^3$ Wasser und 1 $cm^3$ starke Ammoniakflüssigkeit (30 %) hinzu. Bei Gegenwart von mehr als 0,1 mg Rotenon entsteht eine Blaufärbung, die der von Bromthymolblau bei $p_H$ 7,2 gleicht.

Für die Isolierung des Rotenons aus der Droge sind mehrere Verfahren angegeben worden. Sie basieren auf der Extraktion mit organischen Lösungsmitteln, wobei entweder vorher die Droge oder nachher das Extrakt mit Wasser behandelt wird, um wasserlösliche Bestandteile zu entfernen. Es wird dann aus anderen organischen Lösungsmitteln umgelöst bzw. umgefällt, wobei schließlich Rotenon in Form farbloser Blättchen (aus verdünntem Aceton) bzw. farblosen Blättchen oder Nadeln (aus Alkohol) vom Fp. 163° erhalten wird. Rotenon, $C_{23}H_{22}O_6$, reduziert FEHLINGsche Lösung und ammoniakalische Silberlösung, gibt mit Eisenchlorid keine Farbreaktion, ist nicht acetylierbar. *Rotenonoxim*, Fp. 249°, *Rotenonhydrazon*, Fp. 258°.

Die folgende Konstitutionsformel dürfte allen Beobachtungen gerecht werden:

CH₂—O
O——CH
H₂C—CO—CH—OCH₃
H₂C
C—HC O OCH₃
H₃C

Rotenon

Durch Erhitzen mit Eisessig und Schwefelsäure erfolgt Umlagerung zu *Isorotenon*, Fp. 178°. Durch Verkochen mit alkoholischer Kalilauge wird aus dem Rotenon die *Tubasäure*, $C_{12}H_{12}O_4$ (Fp. 129°) abgespalten. Sie ist optisch aktiv, $[\alpha]_D^{18}$ aus Chloroform = — 76,0° und läßt sich durch Erhitzen mit Eisessig und Schwefelsäure oder durch gelinde Alkalischmelze in die isomere inaktive *Rotensäure* (Fp. 182°) umlagern. Ein anderer Spaltling des Rotenons ist die *Rissäure*, Fp. 255—256°.

OH
H₂C— COOH
H₂C
C—HC O
H₃C

Tubasäure

H₃CO O · CH₂ · COOH
H₃CO COOH

Rissäure

Für die *Bestimmung des Rotenongehalts* in der Derriswurzel gibt D. R. KOOLHAAS (35a) folgendes Verfahren an:

Die Wurzel wird zerkleinert und so lange vermahlen, bis mindestens 75% sich durch Sieb 80 (29 Maschen je Zentimeter) sieben lassen. Die Wurzel soll nicht mehr als 10% Wasser (Xylolmethode) enthalten. 50 g Wurzelpulver werden im Soxhletapparat 48 Stunden lang mit absolutem Äther extrahiert. Die Ätherlösung wird dann in ein 100 cm³ fassendes Zentrifugenglas gegossen, das schon ausgeschiedene Roh-Rotenon wird in das Zentrifugenglas übergeführt, und der Soxhletkolben wird mit absolutem Äther nachgespült. Der Inhalt des Zentrifugenglases wird dabei auf etwa 25 cm³ im Wasserbad eingedunstet und, wenn der Inhalt sehr viscos ist, mit Äther auf etwa 35 cm³ gebracht. Dann wird das Zentrifugenglas verkorkt und erst 2 Tage bei gewöhnlicher Temperatur, dann ebenso lange im Eisschrank aufbewahrt, wobei sich das Rotenon ausscheidet. Man zentrifugiert 2—3 Minuten in einer eisgekühlten Metallkapsel bei 3500 Umdrehungen je Minute und gießt dann die über den Krystallen stehende Lösung ab. Die Krystallmasse wird mit 10 cm³ absolutem Äther verrührt und nach eintägigem Stehen im Eisschrank wieder abgeschleudert. Dann wird abgegossen und die Krystallmasse 5—10 Minuten lang im Vakuumexsiccator bei 80° getrocknet und gewogen. Die Krystallmasse wird nun im Mörser verrieben und eine Schmelzpunktbestimmung ausgeführt. Wenn der Fp. unter 120° liegt, so wird die Behandlung mit 10 cm³ Äther so oft wiederholt, bis dieser Mindestschmelzpunkt erreicht ist. Liegt der Fp. über 163°, so liegt überhaupt kein Rotenon vor.

Übrigens wird neuerdings von H. A. Jones (31a) empfohlen, an Stelle von Äther Tetrachlorkohlenstoff zur Extraktion zu verwenden, wobei reine Präparate erhalten werden können.

Aus der umfangreichen chemischen und pharmakologischen Literatur über Rotenon seien noch die folgenden Arbeiten erwähnt: Butenandt[1] (10, 10a), Takei[1] (59), Kariyone und Mitarbeiter (32), La Forge und Smith (15), Haller und La Forge (20), Clarke (11a), sowie Dannell (11b).

Außer Rotenon enthalten die Derriswurzel und verwandte Drogen noch einige insectizid wirkende Stoffe, so *Deguelin*, $C_{23}H_{22}O_6$, *Thephrosin*, $C_{23}H_{22}O_7$ und *Toxicarol*, $C_{23}H_{22}O_7$, die jedoch weniger untersucht sind und deren insectizide Wirksamkeit hinter der des Rotenons stark zurückbleibt. Hierüber siehe Näheres bei Butenandt (10, 10a), sowie bei Clarke (11a). Die Konstitutionserforschung dieser Stoffe ist zur Zeit noch nicht beendet.

Neuerdings wird übrigens über eine Reihe verschiedener Drogen berichtet, die Rotenon bzw. nahe verwandte und als Insectizide brauchbare Stoffe enthalten sollen, so die *Kubewurzel* aus Peru, für die allerdings die Stammpflanze noch nicht festzustehen scheint, da z. B. Jacquinia armillaris N. O., Lonchocarpus nicou (Aubl.) DC. sowie Tephrosia piscatoria bzw. T. cinerea als solche[2] genannt werden. Ferner soll die in U. S. A. weit verbreitete Cracca virginiana Rotenon führen.

**8. Filixinhaltstoffe.** Das Rhizom von Dryopteris filix mas (L.) Schott und verwandter Arten enthält eine Reihe von ätherlöslichen Stoffen, die in ihrer Gesamtheit das wurmtreibende Wirkung aufweisende Farnwurzelextrakt bilden. Abgesehen von ätherischem und fettem Öl konnte eine Anzahl von Körpern isoliert werden, die bei Spaltungsversuchen in der Hauptsache Buttersäure (bzw. Isobuttersäure) und Phloroglucin bzw. dessen Derivate liefern. Zu nennen sind: *Filicin* (*Filixsäure*), *Flavaspidsäure, Albaspidin, Aspidinol, Phloraspin* (Flavaspidinin), *Filmaron* und *Filixnigrine*. Die fast ausnahmslos ältere Literatur über diese Körper ist insbesondere an die Namen Hausmann (23), Kraft (36) und Böhm (6) geknüpft. Dort finden sich auch eingehende Erörterungen der Konstitution dieser Körper mit Aufstellung komplizierter Formelbilder, die jedoch bis auf den Fall des Aspidinols, dessen Konstitution Karrer (33) durch Synthese bestätigt hat, als unbewiesen anzusehen sein dürften. Die Mehrzahl der Stoffe zeichnet sich durch leichte Zersetzlichkeit aus.

*a) Filmaron.* Als Stammsubstanz der genannten Körper dürfte vielleicht das physiologisch stark wirksame, amorphe Filmaron (Aspidinolfilicin), $C_{47}H_{52}O_{16}$ (Kraft), anzusehen sein. Es ist ein gelbliches Pulver, das etwa nach der weiter unten wiedergegebenen (Frommeschen) Rohfilicinbestimmungsmethode des Deutschen Arzneibuches aus dem ätherischen Farnwurzelextrakt hergestellt werden kann. Es ist unlöslich in Wasser, löslich in Alkalihydroxyd- und -carbonatlösungen, ferner schwer löslich in Alkohol und Petroläther, leicht löslich in Äther, Chloroform, Aceton, Essigäther, Schwefelkohlenstoff. Die alkoholische Lösung reagiert sauer. Die quantitative Bestimmung des Rohfilicins in der Farnwurzel erfolgt nach folgender Arzneibuchmethode:

„50 g gepulverte Farnwurzel werden in einem über dem Abflußhahne mit einem Wattebausche versehenen Scheidetrichter mit Äther durchtränkt und 3 Stunden lang stehengelassen; dann läßt man unter Nachfüllen von Äther die Flüssigkeit in der Weise abtropfen, daß in 1 Minute höchstens 20 Tropfen ab-

---

[1] z. T. mit Mitarbeitern.

[2] Siehe Pharm. Journ. **130**, 362 (1933).

fließen, bis das Ablaufende farblos ist. Wird der Äther in einem gewogenen Kölbchen abdestilliert, so muß der bei 100° getrocknete Rückstand mindestens 4 g wiegen.

3 g dieses Rückstandes werden in 30 g Äther gelöst und mit einer Mischung aus 40 g Barytwasser und 20 cm³ Wasser ausgeschüttelt. Nach völliger Klärung der wäßrigen Schicht werden 43 g derselben (= 2 g Rückstand) in einem zweiten Scheidetrichter mit 2 g Salzsäure versetzt und dreimal mit je 20 cm³ Äther ausgeschüttelt. Werden die filtrierten Ätherlösungen in einem gewogenen Kölbchen abdestilliert, so muß der bei 100° getrocknete Rückstand mindestens 0,5 g betragen."

Während die trockene Substanz haltbar ist, zersetzen sich die Lösungen rasch, sogar schon während der Ausführung der quantitativen Bestimmung sollen solche Zersetzungen auftreten. Dabei entstehen Filixsäure und *Filixnigrine*, amorphe, braunschwarze, physiologisch unwirksame Stoffe, die nicht näher charakterisierbar sind.

*b) Filixsäure* (Filicin) krystallisiert aus dem ätherischen Farnwurzelextrakt bei der Lagerung aus. Es kann auch aus Extrakten aus den Rhizomen von Aspidium rigidum und Athyrium Filix femina erhalten werden. Dieses Filicin, das physiologisch unwirksam ist, darf nicht mit der „Rohfilicin" genannten wirksamen Gesamtsubstanz (s. oben) verwechselt werden. Wenn Filixextrakte körnige Niederschläge abgesetzt haben, so wäscht man mit Äther-Alkohol, löst das Ungelöste in heißem Äthylacetat oder Methylalkohol und überläßt es der Krystallisation. Es entstehen kleine, gelbliche Täfelchen, Fp. 184,5°, die in Wasser und Alkohol völlig unlöslich, in Äther und Essigäther wenig löslich sind. In Säuren tritt keine Lösung ein, wohl aber mit Alkalien. Gießt man die alkalische Lösung in überschüssige Säure, so fällt nach POULSSON eine amorphe, physiologisch wirksame Substanz.

Die Angaben über die Bruttoformel schwanken in der Literatur sehr erheblich. Die Angabe, daß Filixsäure (Filicin) Dibutyrylphloroglucin sei, dürfte der Nachprüfung bedürfen. Bei der Alkalischmelze entstehen Phloroglucin und Isobuttersäure; behandelt man Filicin in der fünffachen Menge 15proz. Natronlauge mit 2 Teilen Zinkstaub, so entstehen Buttersäure, Phloroglucin, Methylphloroglucin, Dimethylphloroglucin, Trimethylphloroglucin und *Filicinsäure* ($C_8H_{10}O_3$), Fp. 213 bis 215°, die aus dem alkalischen Filtrat nach dem Ansäuern erhalten werden kann. Sie löst sich in Wasser, in der zehnfachen Menge siedenden Alkohols, Eisenchlorid färbt die wäßrige und alkoholische Lösung rot. Durch Permanganatoxydation ließ sich Filicinsäure zu Essigsäure, Isobuttersäure und Dimethylmalonsäure abbauen.

Ein weiteres Abbauprodukt der Filixsäure ist das Albaspidin (s. dort).

*c) Flavaspidsäure*, $C_{23}H_{28}O_8$, findet sich in den Mutterlaugen der Filicindarstellung. Sie ist alkohollöslich. Es existiert eine $\alpha$-Flavaspidsäure, Fp. 92°, und eine $\beta$-Flavaspidsäure, Fp. 156°, die aus der $\alpha$-Säure durch Schmelzen und Umkrystallisieren aus Benzol oder Eisessig entsteht, während nach dem Umlösen aus Alkohol wieder $\alpha$-Säure auskrystallisiert.

*d) Albaspidin*, $C_{25}H_{32}O_8$, Fp. 148—149°, ist wenig in Alkohol, in Äther und Benzol ziemlich leicht löslich. Die alkoholische Lösung wird durch Eisenchlorid dunkelrot gefärbt. Schwefelsäure löst es mit gelber Farbe. Albaspidin-diphenylhydrazon, Fp. 242°. Durch wäßrige Alkalien und Zinkstaub wird es in Buttersäure und *Filicinsäure* gespalten, die auch bei der gleichen Behandlung der Filixsäure entsteht. Albaspidin entsteht auch, wenn man Filixsäure tagelang mit absolutem Alkohol kocht, neben anderen Zersetzungsprodukten.

*e) Aspidinol*, $C_{12}H_{16}O_4$, Methylphloroglucin-n-butanon-monomethyläther, ist wasserlöslich und krystallisiert daraus in gelblichweißen, bei 156—161° schmelzenden Nadeln. In organischen Lösungsmitteln, mit Ausnahme von Benzol und Petroläther, ist es leicht löslich. Die alkoholische Lösung wird durch Eisenchlorid grün gefärbt. Konstitutionsformel nach KARRER (a. a. O.).

$CH_3$ / HO, $OCH_3$ / H, $COC_3H_7$ / OH

Aspidinol

*f) Phloraspin* (Flavaspidinin), $C_{23}H_{28}O_8$ bildet blaßgelbe Krystalle, Fp. 211°, schwer löslich in Äther, Benzol und Schwefelkohlenstoff, leichter in Chloroform, Keton und siedendem absolutem Alkohol. Die alkoholische Lösung färbt sich mit Eisenchlorid rotbraun.

Erwähnt sei noch das aus dem Rhizom von Aspidium spinulosum Sw. isolierte *Aspidin*, $C_{25}H_{32}O_8$ (BÖHM, a. a. O.), Fp. 124°. Es steht den obenerwähnten Stoffen nahe. Über den Nachweis von Aspidin in Farnkrautextrakt, herrührend von Verfälschungen der Farnwurzel mit Aspidium-spinulosum-Rhizom s. HAUSMANN (a. a, O.). Aus dem Rhizom von Aspidium spinulosum, Sw. (Polystichum sp. D. C.) hat übrigens POULSSON (49) eine Reihe von Körpern mit wurmtreibender Wirkung isoliert, *Polystichin*, $C_{22}H_{24}O_9$, *Polystichalbin*, $C_{22}H_{26}O_9$, *Polystichinin*, $C_{18}H_{22}O_8$, *Polystichocitrin*, $C_{15}H_{22}O_9$ und *Polystichoflavin*. Inwieweit diese Körper mit den Farnwurzelinhaltstoffen identisch sind, ist ununtersucht. Pharmakologisch sind sie ihnen sehr ähnlich.

Aus dem südafrikanischen Aspidium athamanticum HOOK., Pannawurzel, wurden mehrere Inhaltstoffe isoliert, die gewisse Ähnlichkeiten mit den oben beschriebenen Stoffen aufweisen, *Pannasäure*, *Flavopannin* und *Albopannin*, *Pannol*, *Panarsäure* (Monobutyl-methyl-phloroglucin).

*Pannasäure* wird in einer physiologisch wirksamen und einer unwirksamen Modifikation erhalten, wenn man das ätherische Extrakt mit Sodalösung auszieht. Der Sodalösung kann man die unwirksame Pannasäure mit Äther entziehen, die wirksame wird aus der von unwirksamer Säure befreiten Lösung durch verdünnte Schwefelsäure in Freiheit gesetzt und kann dann ausgeäthert werden. Die wirksame Pannasäure bildet fast farblose Krystalle vom Fp. 136 bis 137°, die unwirksame bildet blaßgelbe Prismen vom Fp. 192°. Die alkoholische Lösung der wirksamen Säure wird durch Eisenchlorid rotbraun, die der unwirksamen schwarzgrün gefärbt. Als Bruttoformel wird $C_{11}H_{14}O_4$ angegeben.

*Flavopannin*, $C_{21}H_{26}O_7$ und *Albopannin*, $C_{21}H_{24}O_7$ werden durch ihre verschiedene Löslichkeit in Aceton getrennt. Flavopannin, citronengelbe Prismen, Fp. 151°, Albopannin, weiße Nadeln, Fp. 147°.

**9. Koso-Inhaltstoffe.** Die als wurmtreibendes Mittel benutzten weiblichen Blüten von Hagenia abyssinica WILLD., einer Rosacee, enthalten mehrere Inhaltstoffe, die ähnlich wie die Filixstoffe bei Abbaureaktionen Phloroglucin bzw. Phloroglucinderivate und Buttersäure (Isobuttersäure) liefern. Von den in der Literatur beschriebenen Stoffen Kosin, Protokosin, Kosidin und Kosotoxin sind die erstgenannten drei Körper wahrscheinlich Zersetzungsprodukte des Kosotoxins.

Das *Kosin* wird hergestellt, indem man die mit Kalk- oder Magnesiamilch zu Brei vermahlenen und dann getrockneten Blüten mit absolutem Alkohol extrahiert und die alkoholischen Auszüge mit Essigsäure fällt. Es resultiert das *amorphe* (BEDALLsche) *Koussin*, das physiologisch wirksam ist und, aus Alkohol oder Eisessig umkrystallisiert, das in gelben Krystallen erhältliche *Kosin* erhalten läßt, das durch fraktionierte Krystallisation aus absolutem Alkohol in das citronengelbe, bei 160° schmelzende *α-Kosin* (schwerer lösliche Anteile) und das intensiv gelbe, leichter lösliche, bei 120° schmelzende *β-Kosin* zerlegt werden kann.

Beide Fraktionen, die dieselbe Bruttoformel $C_{23}H_{30}O_7$ besitzen sollen, sind physiologisch unwirksam.

Behandelt man Kosoblüten mit Äther, so erhält man ein Extrakt. Diesem kann man mit Petroläther einen Anteil entziehen. Das nicht in Petroläther Lösliche wird in Äther gelöst und mit Sodalösung extrahiert, die dann mit verdünnter Schwefelsäure gefällt wird, wobei sich ätherlösliche Anteile ausscheiden, die aus absolutem Alkohol umkrystallisiert werden. Die bei 176° schmelzenden weißen Krystalle bilden das physiologisch unwirksame *Protokosin*, $C_{29}H_{38}O_9$.

Aus den Mutterlaugen der Protokosindarstellung gewinnt man durch Aufnehmen in Sodalösung und Fällen mit Essigsäure das *Kosotoxin*, $C_{26}H_{34}O_{10}$. Es ist ein gelbes, amorphes, physiologisch wirksames Pulver. Fp. 80°. Kocht man es kurze Zeit (20 Minuten) mit 5proz. Barythydratlösung, so erhält man nach dem Ansäuern mit Essigsäure und Ausschütteln mit Äther $\alpha$-Kosin.

*Kosidin* ist ebenfalls aus den Mutterlaugen der Protokosindarstellung zu gewinnen. Es wird ihm die Formel $C_{31}H_{46}O_{11}$ zugeschrieben. Farblose Täfelchen, Fp. 178°. (LEICHSENRING [37], LOBECK [39], KONDAKOW und SCHATZ [35].)

**10. Rottlerin** (Mallotoxin), $C_{33}H_{30}O_9$ bzw. $C_{31}H_{30}O_8$, ist der aus der „Kamala", dem Haarkleid der Früchte der Euphorbiacee Mallotus phillipinensis (LAMARCK), MUELLER ARGOV. dargestellte Bitterstoff, der, wenn auch in geringerem Maße wie die Droge selbst, bandwurmtreibend wirkt. Zur Darstellung entfettet man die Kamala mit Petroläther und erschöpft sie dann mit siedendem Benzol. Das Extrakt wird von der Hauptmenge des Benzols befreit. Es krystallisieren lachsfarbene, bei 200° schmelzende Tafeln oder Nadeln aus, die nach etwa viermaligem Umkrystallisieren aus der dreißigfachen Menge Toluol bei 206—207° schmelzen und die in Wasser gar nicht, in kaltem Alkohol schwer, in Äther, Chloroform und wäßrigen Aklalilösungen leichter löslich sind. Beim Kochen mit Barytwasser entsteht unter anderem Methylphloroglucin. Durch vorsichtiges Lösen in 60° warmer Sodalösung, Zugabe von Methylalkohol bis zur Klärung und nachfolgende starke Abkühlung kann in *Natriumrottlerin*, das mit 1 Mol. Krystallwasser krystallisiert, erhalten werden. Bei der Alkalischmelze in Gegenwart von Zinkstaub entstehen ebenfalls Phloroglucinderivate. Natriumrottlerin läßt sich mit $BaCl_2$ zu *Bariumrottlerin* (mit 2 Mol. Krystall-$H_2O$) und mit Silbernitrat zu *Silberrottlerin* umsetzen. Bei der Behandlung mit Essigsäure wird Rottlerin regeneriert. Es werden mehrere Acetylderivate beschrieben. Nach HOFFMANN und FARI (26a) existiert ein farbloses *Hexaacetyl-rottlerin* (Fp. 212°), das in Kalilauge mit roter Farbe löslich ist und in Eisessig mit Palladiumkohle und Wasserstoff zu *Tetrahydro-hexacetyl*-rottlerin (Fp. 183—185°) reduziert werden kann. *Tetrahydrorottlerin* (Fp. 200 bis 201°) krystallisiert in gelben Prismen und färbt sich in wäßrig alkoholischer Lösung mit Eisenchlorid violett.

Die von verschiedenen Seiten (DUTT, DUTT und GOSWAMI) diskutierte Konstitutionsformel des Rottlerins dürfte noch recht ungesichert sein.

Die Existenz des *Isorottlerins* und *Homorottlerins* ist zweifelhaft. (Literatur: TELLE [60], HERRMANN [25], DUTT [13a], DUTT und GOSWAMI [13b], HOFFMANN und FARI [26a]).

**11. Embeliasäure** ist der wirksame Inhaltsstoff der Früchte von Ribes embelia BURM., die in ihrer indischen Heimat als Bandwurmmittel Anwendung finden. In Form der salzartigen Ammoniumverbindung, Ammonium embelicum, hat der Stoff auch Eingang in unsere Therapie gefunden. Zur Darstellung der Embeliasäure werden die gepulverten Beeren mit Äther ausgezogen. Beim Eindunsten des Äthers scheidet sich unreine Säure aus, die durch Umkrystallisieren aus Alkohol und Benzol gereinigt wird. Orangerote, dünne Blättchen von starkem

Glanze, Fp. 142°. Die Säure sublimiert bereits reichlich unterhalb des Schmelzpunktes.

Embeliasäure ist in Wasser unlöslich, in wäßrigen Alkalien und Alkalicarbonatlösungen löst sie sich mit rotvioletter Farbe. Alkaliüberschuß bewirkt Fällung von Alkaliverbindungen, die grauviolette Pulver bzw. violette Täfelchen oder Nadeln darstellen. Die alkoholische Lösung reagiert schwach sauer und gibt mit Eisenchlorid, Bleiacetat, Kupferacetat und Zinkacetat farbige Fällungen, nicht aber mit Quecksilber- oder Silbersalzen.

Mit primären Aminen entstehen beim Kochen in Eisessig salzartige Verbindungen, z. B. *Anilino-Embeliasäure*, Fp. 185°, *o-Toluido-Embeliasäure*, Fp. 130°. In Pyridin entsteht mit Benzoylchlorid *Dibenzoylembeliasäure*, Fp. 97 bis 98°. Mit nascierendem Wasserstoff entsteht *Hydroembeliasäure*, lange weiße Prismen, Fp. 116—117°, die an der Luft, besonders in alkalischer Lösung sehr rasch wieder zu Embeliasäure oxydiert werden. Bei der Oxydation mit Kaliumpermanganat entsteht Laurinsäure (HEFFTER und FEUERSTEIN [24]). Bruttoformel $C_{18}H_{28}O_4$.

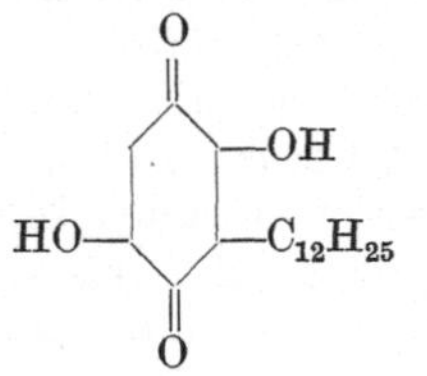

Embeliasäure ist ein Chinon nebenstehender Struktur-Formel, wie durch HASAN und STEDMAN (22) erwiesen worden ist.

Über den mikrochemischen Nachweis der Embeliasäure s. TUNMANN-ROSENTHALER (65). Es kommen neben der Sublimation in der Hauptsache die oben beschriebenen Reaktionen mit Schwermetallsalzen und mit Ammoniak in Frage.

**12. Kawawurzel-Inhaltstoffe.** Der Wurzelstock von Piper methysticum FORST enthält nach Literaturangaben neben großen Mengen Harz ein Alkaloid Kawain (?), ein Glucosid, Bitterstoffe usw. Nach den zahlreichen und über fast 20 Jahre sich erstreckenden Arbeiten von BORSCHE und Mitarbeitern (8) sind in dem Harz folgende fünf nahe miteinander verwandte Stoffe aufgefunden worden, deren Synthese von den genannten Forschern durchgeführt worden ist: Methysticin, $C_{15}H_{14}O_5$, Dihydromethysticin, $C_{15}H_{16}O_5$, Kawain, $C_{14}H_{14}O_3$, Dihydrokawain, $C_{14}H_{16}O_3$, Yangonin, $C_{15}H_{14}O_4$. Alle fünf Körper zeigen Lactoncharakter.

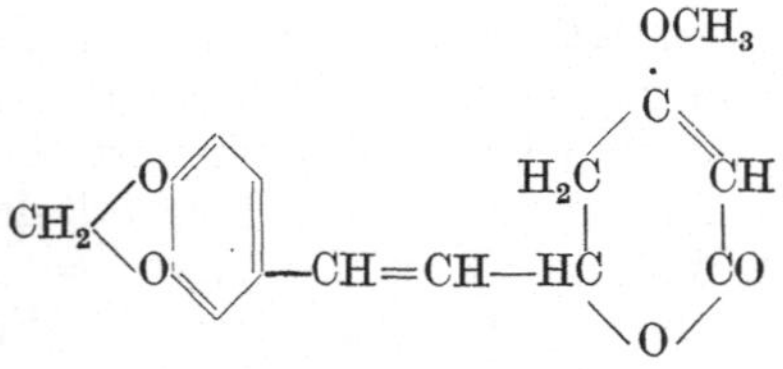

Methysticin

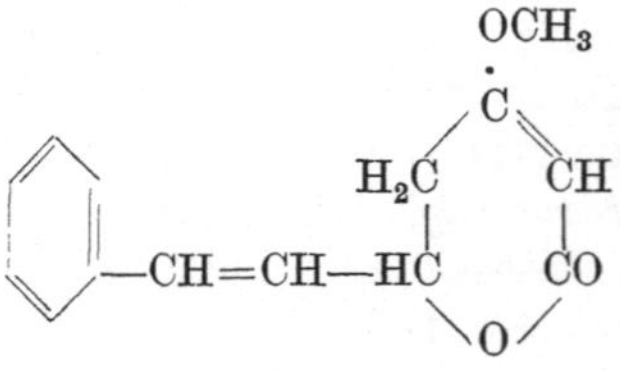

Kawain

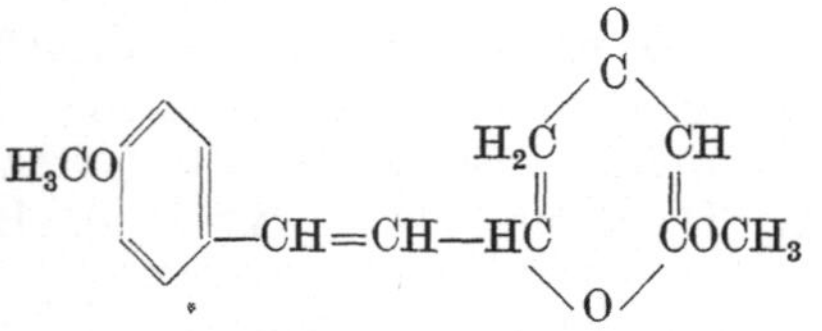

Yangonin

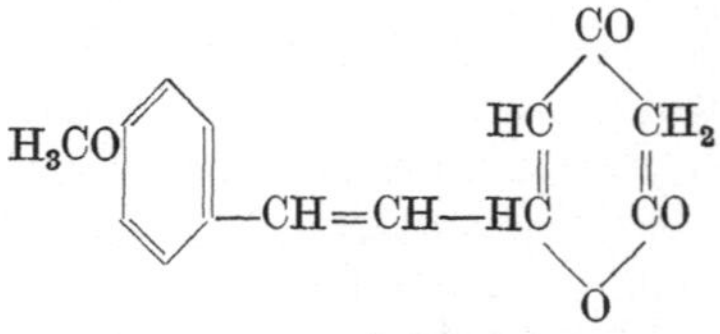

Yangonalacton

Zieht man das Kawa-Kawa-Harz mit Alkohol aus und krystallisiert man den Verdunstungsrückstand dieses Alkoholauszuges aus Aceton um, so erhält man zuerst *Yangonin*, später *Methysticin*. Die weitere Reinigung geschieht durch Umkrystallisieren mittels Eisessig. Fp. des Methysticins 135—137°, des Yangonins 153—154°. Beide Körper sind farblos; in Schwefelsäure ist Methysticin mit rotvioletter, Yangonin mit gelber, grün fluorescierender Farbe löslich. Die Angaben TUNMANNS über den mikrochemischen Nachweis des Methysticins (s. TUNMANN-ROSENTHALER [65]) bedürfen aller Voraussicht nach der Revision.

*Kawain* kann aus dem zuerst mit 3proz. Natronlauge, dann mit gesättigter Kochsalzlösung gewaschenem und über Natriumsulfat getrocknetem Ätherauszug des Harzes dadurch gewonnen werden, daß der Ätherauszug zur Trockne verdampft und der Rückstand in einem Spezialapparat (s. BORSCHE und Mitarbeiter (a. a. O.) mit Hexan extrahiert wird. Fp. 105—106°. Kawain gibt mit Schwefelsäure eine Rotfärbung. $[\alpha]_D^{20}$ (aus absolutem Alkohol = + 105°.

Auch Dihydromethysticin und Dihydrokawain (—$CH_2$—$CH_2$—) sind im Harz vorgebildet.

Durch Verseifen entstehen aus Kawain und Methysticin *Kawasäure* (Fp. 164 bis 165°) und *Methysticinsäure* (Fp. 190—191° unter Zersetzung). Yangonin kann in *Yangonasäure* bzw. *Yangonalacton* übergeführt werden.

Das in der Literatur häufig erwähnte *Pseudomethysticin* ist zu streichen. Es ist kein einheitlicher Körper, sondern ein Gemisch von Methysticin und Dihydromethysticin. (S. auch dieses Handbuch 3, 748.)

Die reinen Stoffe weisen die arzneiliche Wirkung des Kawa-Kawa-Harzes nicht auf.

## Literatur.

(*1*) AMELINK, F.: Pharm. Weekblad **66** (1929). — (*2*) ASAHINA: Arch. der Pharm. **253**, 590 (1915); Acta Phytochim. **1**, 1 (1922).

(*3*) BECKURTS: Arch. der Pharm. **230**, 182 (1892). — (*4*) BEYTHIEN, HARTWICH u. KLIMMER: Handbuch der Nahrungsmitteluntersuchung. Leipzig 1914. — (*5*) BLOCH, BR., u. P. KARRER: Vrtljschr. naturforsch. Ges. Zürich **72** (1927), Beiblatt 13. — (*6*) BÖHM: Arch. f. exp. Pathol. u. Pharmak. **38** (1897); Ann. **318** (1901). — (*7*) BORSCHE u. NIEMANN: Ann. **499**, 59 (1932). — (*8*) BORSCHE, W., u. Mitarbeiter: B. **47**, 2902 (1914); **54**, 2229 (1921); **60**, 982, 1135, 2112, 2113 (1927); **62**, 360, 368, 2515 (1929); **63**, 2414, 2418 (1930); **65**, 820 (1932). — (*9*) BUCHMANN, W.: Ztschr. f. Desinfektion **22**, 414 (1930). — (*10*) BUTENANDT, A.: Dissert., Göttingen 1928; Ann. **464**, 253 (1928); **477**, 245 (1930); **494**, 17 (1932); **495**, 172 (1932). — (*10a*) BUTENANDT u. MARTEN: A. **495**, 187 (1932).

(*11*) CHRISTENSEN: Arch. der Pharm. **220**, 481 (1882). — (*11a*) CLARKE, E. P.: Journ. Amer. Chem. Soc. **52**, 2461 (1930); **53**, 313, 729 (1931); **54**, 3000 (1932).

(*11b*) DANNEEL: Arch. f. exp. Pathol. u. Pharmak. **170**, 59 (1933). — (*12*) DODGE: Journ. Amer. Chem. Soc. **40** (1918). — (*13*) DRAGENDORFF: Ermittlung der Gifte. Göttingen 1895. — (*13a*) DUTT, S.: Journ. Chem. Soc. London **127**, 2044 (1925). — (*13b*) DUTT, S., u. D. P. GOSWAMI: Journ. Ind. Chem. Soc. **5**, 21 (1928).

(*14*) FEIST, K. : Arch. der Pharm. **245**, 586 (1907). — (*15*) FORGE, F. B. LA, u. L. E. SMITH: Journ. Amer. Chem. Soc. **51**, 2574 (1929); **52**, 1088, 2878, 3603 (1930); **53**, 3072, 3896 (1931); **54**, 810 (1932).

(*16*) GLÜCKSMANN, C.: Pharm. Monatshefte **1**, 176 (1920). — (*17*) GNADINGER, C. B., u. C. S. CORL: Journ. Amer. Chem. Soc. **51**, 3054 (1929); **52**, 680 (1930). — (*18*) GRESCHOFF: B. **23**, 3538 (1890).

(*19*) HAAR, VAN DER: Rec. trav. chim. Pays-Bas **42**, 1080 (1923); **43**, 542 (1924). — (*20*) HALLER u. LA FORGE: Journ. Amer. Chem. Soc. **52**, 4509 (1930); **53**, 3426, 4000 (1931). — (*21*) HANSEN, KARL FR. W.: B. **64**, 67, 943, 1904 (1931). — (*22*) HASAN, K. H., u. E. STEDMAN: Journ. Chim. Soc. **1931**, 2112. — (*23*) HAUSMANN, A.: Arch. der Pharm. **237**, 544 (1899). — (*24*) HEFFTER, A., u. W. FEUERSTEIN: Ebenda **238**, 15 (1900). — (*25*) HERRMANN, F.: Ebenda **245**, 572 (1907). — (*26*) HERZOG u. KROHN: Pharm. Ztg. **54**, 753 (1909); Arch. der Pharm. **247**, 553, 563 (1909). — (*26a*) HOFFMANN, ALEXANDER, u. LÁSZLÓ FARI: Arch. der Pharm. **271**, 97 (1933). — (*27*) HORMANN, P.: B. **43**, 1903 (1910); **45**, 2090, 3080, 3434 (1912); **46**, 2793 (1913); **49**, 1554, 2107 (1916); Ann. **411**, 273 (1916); Arch. der Pharm. **258**, 200 (1920); **259**, 7, 69, 165 (1921).

(*28*) ISHIKAWA: Journ. Med. Soc. Tokio **31**, 187 (1917). — (*29*) ITALLIE, L. VAN: Pharm. Weekblad **55**, 709 (1918).

(*30*) JACOBSON, C. A.: Journ. Amer. Chem. Assoc. **37**, 916 (1915). — (*31*) JASSOY: Arch. der Pharm. **228**, 544 (1890). — (*31a*) JONES, H. A.: Ind. and Engin. Chem., Anal. Edit. **5**, 1, 23 u. 75.

(*32*) Kariyone, T., u. Mitarbeiter: Journ. Pharm. Soc. Jap. **44**, 1049; **45**, 377 (1925); **48**, 674 (1928); **50**, 513 (1930). — (*33*) Karrer: C. **1920 III**, 378. — (*34*) Klein, G., u. O. Tröthandl: Beitr. z. Biol. d. Pflanzen **17**, 211 (1929). — (*35*) Kondakow u. Schatz: Arch. der Pharm. **237**, 481, 493 (1899). — (*35a*) Koolhaas, D. R.: Bull. Jard. bot. Buitenzorg, Ser. III, **12**, 563. — (*36*) Kraft, F.: Ebenda **242**, 489 (19 04).

(*37*) Leichsenring: Arch. der Pharm. **232**, 50 (1894). — (*38*) Lenz, W.: Ebenda **249**, 298 (1911). — (*39*) Lobeck: Ebenda **239**, 672 (1901).

(*40*) Massagetow, P. S.: Arch. der Pharm. **270**, 392 (1932). — (*41*) Massute, Friedr.: Ebenda **228**, 147 (1890). — (*42*) Merck, E.: Jahresbericht **1894**, 19. — (*43*) Ebenda **1895**. — (*44*) Wissenschaftliche Berichte, Darmstadt, Nr. 26.

(*45*) Nagai: Journ. Chem. Soc. Jap. **23**, 740 (1902). — (*46*) Nestler, A.: Hautreizende Primeln. Berlin 1904. — (*47*) Nooyen: Pharm. Weekblad **57**, 1128 (1920); Dissert., Leiden 1920.

(*48*) Peyer, W., u. H. Hünerbein: Apoth.-Ztg. **46**, 1485 (1931). — (*49*) Poulsson, E.: Arch. f. exp. Pathol. u. Pharmak. **35**, 97 (1895); **41**, 246 (1898).

(*50*) Schmidt, E., Jassoy u. Hensel: Arch. der Pharm. **236**, 664, 690 (1898). — (*51*) Smith, T. u. H.: Pharm. Journ. **126** (1929). — (*52*) Späth, Ernst, Karl Klager u. Carl Schlösser: B. **64**, 2203 (1931). — (*52a*) Späth u. Klager: B. **66**, 749 (1933). — (*53*) Späth, Wessely u. Nadler: B. **65**, 1773, (1932). — (*53a*) Späth u. Pester: B. **66**, 754 (1977). — (*54*) Spiegel u. Corelli: Ber. Dtsch. Pharm. Ges. **23**, 356 (1913). — (*55*) Spiegel u. Dobrin: Ebenda **5**, 309 (1895). — (*56*) Staedeler: Ann. **63**, 141, 154 (1847). — (*57*) Staudinger u. Harder: Ann. Acad. Scient. Fennicae, Ser. A Nr. 18, 3; C. **1927 II**, 2282. — (*58*) Staudinger u. Ruzicka: Helv. chim. Acta **7**, 177, 201, 212, 236, 245, 377 (1924).

(*59*) Takai: Biochem. Ztsch. **157**, 1 (1925); B. **61**, 1003 (1928); **62**, 3030 (1929); **63**, 508, 1369 (1930); **64**, 248, 1000 (1931); **65**, 279, 1041 (1932). — (*60*) Telle, H.: Arch. der Pharm. **244**, 441 (1906). — (*61*) Thoms: Pharm. Ztg. **36**, 503 (1901). — (*62*) Thoms u. Mannich: Notizbl. Bot. Garten, Berlin **27**, 136 (1901). — (*63*) Thoms u. Pupko: Arb. Pharm. Inst. Berlin **13**, 110 (1927). — (*64*) Tunmann, O.: Apoth.-Ztg. **32**, 441 (1917). — (*65*) Tunmann u. Rosenthaler: Pflanzenmikrochemie, Berlin 1931.

(*66*) Wasicky, Stern u. Zimet: Bull. Féd. Internat. Pharm. **12**, 92 (1931). — (*66a*) Wasicky: Pharm. Presse **38** (1933), wissenschaftl. prakt. Beiheft Februar 1933, 20. — (*67*) Wedekind, E., u. K. Tettweiler: B. **64**, 1796 (1931). — (*68*) Wessely u. Kallab: Monatshefte f. Chemie **59**, 161. — (*69*) Wieland u. Schüler: B. **58**, 102, 2012 (1925); **59**, 2352 (1926). — (*70*) Wöllmer: B. **49**, 780; **58**, 672.

**Emil Fischer †, Gesammelte Werke.** Herausgegeben von **M. Bergmann.**
**Untersuchungen über Aminosäuren, Polypeptide und Proteine I (1899—1906).** X, 770 Seiten. 1906. Unveränderter Neudruck 1925. RM 48.—; gebunden RM 51.—*
**Untersuchungen über Aminosäuren, Polypeptide und Proteine II (1907—1919).** X, 922 Seiten. 1923. RM 29.—; gebunden RM 32.—*

**Die biogenen Amine** und ihre Bedeutung für die Physiologie und Pathologie des pflanzlichen und tierischen Stoffwechsels. Von **M. Guggenheim.** (Bildet Band III der „Monographien aus dem Gesamtgebiet der Physiologie der Pflanzen und der Tiere".) Zweite, umgearbeitete und vermehrte Auflage. VIII, 474 Seiten. 1924. RM 20.—; gebunden RM 21.—*

**Aus: „Biochemisches Handlexikon".** Bis Sommer 1933 erschienen 14 Bände.

4. Band: Proteine der Pflanzenwelt, Proteine der Tierwelt, Peptone und Kyrine, Oxydative Abbauprodukte der Proteine, Polypeptide. Aminosäuren, Stickstoffhaltige Abkömmlinge des Eiweißes und verwandte Verbindungen, Nucleoproteide, Nucleinsäuren, Purinsubstanzen, Pyrimidinbasen. VI, 1190 Seiten. 1911. Gebunden RM 98.—*

9. Band (2. Ergänzungsband): Proteine der Pflanzenwelt und der Tierwelt. Peptone und Kyrine. Oxydative Abbauprodukte der Proteine. Polypeptide. Aminosäuren. Stickstoffhaltige Abkömmlinge des Eiweißes unbekannter Konstitution. Harnstoff und Derivate. Guanidin, Kreatin. Kreatinin. Amine. Basen mit unbekannter und nicht sicher bekannter Konstitution. Cholin, Betaine. Indol und Indolabkömmlinge. Nucleoproteide. Nucleinsäuren. Purin- und Pyrimidinbasen und ihre Abbaustufen. Tierische Farbstoffe. Blutfarbstoffe. Gallenfarbstoffe. Urobilin. VI, 415 Seiten. 1915. Unveränderter Neudruck 1922. Gebunden RM 39.—*

11. Band (4. Ergänzungsband): Polypeptide. Aminosäuren. Stickstoffhaltige Abkömmlinge des Eiweißes unbekannter Konstitution. Harnstoff und Derivate. Guanidin, Kreatin, Kreatinin. Amine. Basen mit unbekannter und nicht sicher bekannter Konstitution. Cholin, Betain, Neurin, Muscarin. Indol und Indolabkömmlinge. Biologisch wichtige Aminosäuren, die im Eiweiß nicht vorkommen. Gerbstoffe. Mit Generalregister der Bände I—XI. V, 675 Seiten. 1924. RM 66.—; gebunden RM 69.—*

12. Band (5. Ergänzungsband): Harnstoff und Derivate. Guanidin. Kreatin. Kreatinin. Amine. Basen mit unbekannter und nicht sicher bekannter Konstitution. Cholin. Betain. Neurin. Muscarin. Stachydrin. Indol und Indolabkömmlinge. Aminosäuren, die im Eiweiß vorkommen. Biologisch interessante Aminosäuren, die im Eiweiß nicht vorkommen. Abbauprodukte von solchen und von im Eiweiß vorkommenden Aminosäuren. Polypeptide. Diketopiperazine. V, 1103 Seiten. 1930. RM 136.—; gebunden RM 139.—*

**Die Chemie der Cerebroside und Phosphatide.** Von Professor Dr. **H. Thierfelder,** Tübingen, und Privatdozent Dr. **E. Klenk,** Tübingen. (Bildet Band XIX der „Monographien aus dem Gesamtgebiet der Physiologie der Pflanzen und der Tiere".) VIII, 224 Seiten. 1930. RM 19.60; gebunden RM 21.20*

**Histamin.** Seine Pharmakologie und Bedeutung für die Humoralphysiologie. Von **W. Feldberg** und **E. Schilf,** am Physiologischen Institut der Universität Berlin. (Bildet Band XX der „Monographien aus dem Gesamtgebiet der Physiologie der Pflanzen und der Tiere".) Mit 86 Abbildungen. XII, 582 Seiten. 1930. RM 48.—; gebunden RM 49.80*

**Die chemischen Vorgänge im Muskel** und ihr Zusammenhang mit Arbeitsleistung und Wärmebildung. Von Professor **Otto Meyerhof,** Direktor des Instituts für Physiologie am Kaiser Wilhelm-Institut für Medizin. Forschung, Heidelberg. (Bildet Band XXII der „Monographien aus dem Gesamtgebiet der Physiologie der Pflanzen und der Tiere".) Mit 66 Abbildungen. XIV, 350 Seiten. 1930. RM 28.—; gebunden RM 29.80*

* Auf die Preise der vor dem 1. Juli 1931 erschienenen Bücher wird ein Notnachlaß von 10% gewährt.

**Die Eiweißkörper und die Theorie der kolloidalen Erscheinungen.** Von **Jacques Loeb †**, Mitglied des Rockefeller-Instituts für Medizinische Forschung, New York. Deutsch herausgegeben von Carl van Eweyk, Berlin. Mit 115 Abbildungen. VIII, 298 Seiten. 1924. RM 15.—*

---

Ⓦ **Eiweißkörper und Kolloide.** Zwei Vorträge für Biologen und Chemiker. Von Professor Dr. **Wolfgang Pauli**, Vorstand des Institutes für Medizinische Kolloidchemie der Universität Wien. Mit 20 Abbildungen im Text. IV, 32 Seiten. 1926. RM 2.40

---

**Die Fabrikation der Alkaloide.** Von Dr. **Julius Schwyzer.** Mit 30 Textabbildungen. IV, 123 Seiten. 1927. RM 10.50; gebunden RM 12.—*

---

**Die Wasserstoffionenkonzentration.** Ihre Bedeutung für die Biologie und die Methoden ihrer Messung. Von **Leonor Michaelis**, New York. Zweite, völlig umgearbeitete Auflage. Unveränderter Neudruck mit einem die neuere Forschung berücksichtigenden Anhang. Mit 32 Textabbildungen. XII, 271 Seiten. 1922. Unveränderter Neudruck 1927. Gebunden RM 16.50*

Als zweiter Teil der „Wasserstoffionenkonzentration" erschien:

**Oxydations-Reductions-Potentiale** mit besonderer Berücksichtigung ihrer physiologischen Bedeutung. Von **Leonor Michaelis**, New York. Zweite Auflage. Mit 35 Abbildungen. XI, 259 Seiten. 1933. RM 18.—; gebunden RM 19.60

*Bilden Band I und XVII der „Monographien aus dem Gesamtgebiet der Physiologie der Pflanzen und der Tiere"*

---

**Die Bestimmung der Wasserstoffionenkonzentration von Flüssigkeiten.** Ein Lehrbuch der Theorie und Praxis der Wasserstoffzahlmessungen in elementarer Darstellung für Chemiker, Biologen und Mediziner. Von Dr. med. **Ernst Mislowitzer**, Privatdozent für physiologische und pathologische Chemie an der Universität Berlin. Mit 184 Abbildungen. X, 378 Seiten. 1928. RM 24.—; gebunden RM 25.50*

---

**Die Maßanalyse.** Von Dr. **I. M. Kolthoff**, o. Professor für Analytische Chemie an der Universität von Minnesota in Minneapolis, USA. Unter Mitwirkung von Dr.-Ing. H. Menzel, a. o. Professor an der Technischen Hochschule Dresden.

Erster Teil: **Die theoretischen Grundlagen der Maßanalyse.** Zweite Auflage. Mit 20 Abbildungen. XIII, 277 Seiten. 1930. RM 13.80; gebunden RM 15.—*

Zweiter Teil: **Die Praxis der Maßanalyse.** Zweite Auflage. Mit 21 Abbildungen. XI, 612 Seiten. 1931. RM 28.—; gebunden RM 29.40

---

**Die kolorimetrische und potentiometrische pH-Bestimmung.** Die Anfangsgründe der elektrometrischen Titrationen. Von Dr. **I. M. Kolthoff**, o. Professor der Analytischen Chemie an der Universität von Minnesota in Minneapolis, USA. Autorisierte Übertragung ins Deutsche von Dipl.-Ing. Oskar Schmitt, Technische Hochschule Dresden. Mit 36 Abbildungen. IX, 146 Seiten. 1932. RM 9.60

---

* Auf die Preise der vor dem 1. Juli 1931 erschienenen Bücher des Verlages Julius Springer-Berlin wird ein Notnachlaß von 10% gewährt. Ⓦ Verlag von Julius Springer-Wien.